Final 토목시공기술사

1차 개정

I

박효성

KB210944

【 이 책의 특징 】

◆ 우리나라 기술사 필기시험은 기출문제 70%, 신출문제 30% 정도로 배분하여 출제되므로 기출문제를 완벽하게 이해하여 쓸 수 있다면 합격 가능합니다.

◆ 이 책은 토목시공기술사 제63회부터 제120회까지 출제되었던 1,798문제를 11개 분야로 구분하여 단답형 및 논술형으로 쓸 수 있도록 편집하였습니다.

◆ 이 책 발간 후에 출제되는 주제는 NAVER 블로그 『기술사 자료 내려받기』를 검색하여 이 책과 함께 정독하면 좋은 결실이 있을 것으로 여깁니다.

머 리 말

우리나라는 '70~'80년대에 축적한 국가경쟁력을 바탕으로 선진국의 시장개방 대열에 동참하기 위하여 1996년 UN 산하 경제개발협력기구(OECD)에 가입하였고, 2012년 한·미 FTA협정을 체결하였다. 그 이후부터 건설산업의 각 분야에 근무하는 엔지니어들은 개인적으로 느끼든 못 느끼든 선진국 시스템에서 업무를 수행하고 있다.

잠시 되돌아보면 1994년 성수대교 붕괴를 계기로 『시설물의 안전관리에 관한 특별법』이 제정되고, 이어서 삼풍백화점이 붕괴되어 책임감리제도가 전면 도입될 당시, 국가기술자격 제도마저 뒷받침되지 못한 상태에서 정부는 국민들의 생명과 재산을 보호할 목적으로 학·경력인정기술자를 양산하여 건설현장의 안전과 품질을 맡겨야 했다.

그동안 이러한 난관들이 어느 정도 수습되면서 이제 건설산업정책이 선진국 시스템으로 업그레이드되고 있다. 일례로 20여년 동안 시행되어온 책임감리제도가 2014년에 건설사업관리(CM)제도로 전환된 점을 들 수 있다. 이에 따라 건설업계는 시공사와 용역사가 건설사업관리 방식으로 발주된 공사 수주에 공동으로 참여하는 사례가 늘고 있다.

당연히 엔지니어들도 건설사업관리와 함께 도입된 역량지수 등급체계(ICEC)에 의해 학력·자격·경력을 모두 갖추어야 한다. 책임감리에서는 경력만 갖추면 책임기술자로서 업무수행이 가능했지만, 건설사업관리에서는 국가기술자격을 취득해야 한다. 이는 곧 건설현장을 책임지려면 실무뿐만 아니라 이론도 습득해야 하는 선진국 시스템이다.

이와 같은 시대적 상황을 고려하여 국내·외 건설현장을 진두지휘하고 있는 엔지니어들이 이미 알고 있는 공학이론에 실무경험을 엮어 『토목시공기술사』 자격 시험장에서 자~알 풀어쓸 수 있도록 저자는 이 교재를 다음과 같이 편집하였다. 이 책 발간에 협조해 주신 예문사 정용수 사장님께 감사드립니다. 끝.

『토목시공기술사』 시험 과목	이 교재의 주요 편집 내용
토목건설사업관리, 토공사, 기초공사, 콘크리트, 도로포장·하천·댐·상하수도·해안·항만공사, 교량·터널·지하공간, 토목시공법규·신기술	정책·관리, 안전·재난, 토질·기초, 사면·옹벽, 지반·암석, 콘크리트, 철근·기계, 포장, 교량, 터널·지하, 수자원, 기출문제 출제경향 분석

2020년 3월

저 자 씀

목 차

제 1 권

01. 정책·관리

1. 건설정책

2. 공정관리

3. 품질·원가관리

4. 시스템관리

02. 안전·재난

1. 현장안전관리

2. 시설물유지관리

3. 재해·지진

4. 첨단공학

03. 토질·기초

1. 흙의 특성

2. 지지력시험

5. 케이슨기초

04. 사면·옹벽

1. 비탈면

2. 땅깎기·흙쌓기

3. 흙막이벽

4. 옹벽

05. 지반·암석

1. 조사·시험

2. 암석·암반

3. 연약지반

06. 일반콘크리트

1. 콘크리트재료

2. 거푸집·동바리

3. 콘크리트성질

4. 배합·양생·관리

01. 정책·관리

◆기출문제의 분야별 분류 및 출제빈도 분석   **01. 정책·관리**

분야	063회~115회 분석					최근 5회 분석					계
	063 ~073	074 ~084	085 ~094	095 ~104	105 ~115	116	117	118	119	120	
1. 건설정책	16	16	17	11	15	2	2			2	81
2. 공정관리	7	6	5	7	4			1	2	1	33
3. 품질·원가관리	3	2	4	1				1		1	13
4. 시스템관리	5	6	1	3	2		1				18
계	31	30	27	22	21	2	4	2	2	4	145

◆기출문제 분석에 따른 학습 중점방향 탐색

토목시공기술사 필기시험 제63회부터 120회까지 출제되었던 1,798문제(31문항×58차분) 중에서 '01. 정책·관리'분야에서 공사입찰, 민간투자사업, 감리·건설사업관리, PERT·CPM, 통합관리 등을 중심으로 145문제(6.5%)가 출제되었다. 최근 건설산업이 아날로그에서 디지털로 전환되는 추세에서 건설공학과 IT공학이 결합되는 현장관리시스템(PMIS) 관련 문제들이 새로 출제되었다. 물론 건설공사 부실공정 만회대책이나 사후유지관리 등 전통적인 문제도 여전히 출제되고 있다.

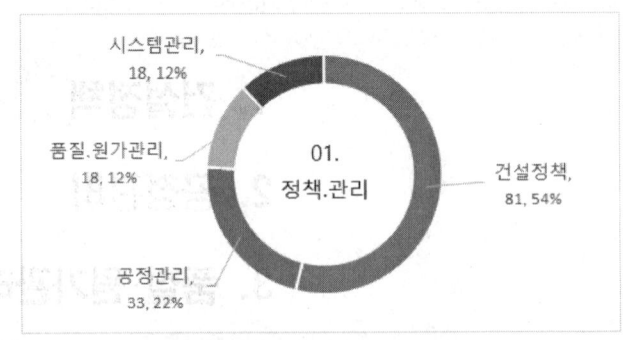

기술사 시험에 법률문제가 출제되면 엔지니어들은 일단 피하려는 경향이 있다. 역설적으로 다른 수험생들이 선택하지 않는 법률문제를 선택하면 차별화된 답안을 작성할 수 있어 합격 확률이 높아진다. 기술사 준비할 때, 맨처음 『국가를 당사자로 하는 계약에 관한 법률』에 의한 입찰제도, 설계변경, 클레임 등을 체계적으로 정리하여 무엇을 묻든(질문은 유사함) 쓸 수 있어야 한다. '토목시공'에 응시하는 분들은 책임감리나 건설사업관리(CM)는 모두 선택해서 쓰겠지만, 문제는 대충 써봐야 점수 안 준다. 전문가답게 써야 한다. 충분히 쓸 수 있도록 이 교재에 모두 담았다(저자가 국토교통부 건설감리과장 역임했고, CM관련 주제를 연구하여 공학박사 학위 취득했음).

공사관리 4대 요소 중 공정관리에서 PERT·CPM, 바나나 곡선, MCX 이론, 자원배당 등의 문제는 반복적으로 출제되고 있으므로, 예전이나 지금이나 같은 내용으로 쓰면 된다. 21세기에는 대규모 건설프로젝트를 시스템 공학적으로 관리할 줄 알아야 한다. 시스템 공학적 분야에서 자주 출제되고 있는 EVMS, EAC, WBS, CPI, PMIS, CALS, GIS, EIS 등은 용어 정의뿐만 아니라 각각의 시스템 그 자체를 숙지해야 한다.

01.01 토목(土木)

1. 토목공학(土木工學)

(1) 토목공학(土木工學, civil engineering)은 도로, 하천, 도시계획 등 토목에 관한 이론과 실제를 연구하는 공학의 한 부문으로, 국토를 대상으로 하여 보전(保全), 개수(改修), 개발경영(開發經營)을 맡는 공학이다.

(2) 토목공학은 역사적으로 군사시설을 갖추면서 인간의 생활환경 향상을 위해 발전된 공학을 총칭하는 학문으로 태동되었다. 인류사회의 문명이 건축, 기계, 전기 등의 공학분야에서 각각 진보되면서 전문화되고 분리·독립되어 왔으며 오늘날 서로 관련성이 깊고 공공성이 강한 분야만을 통합하여 토목공학이라 칭한다.

(3) 토목공학은 교통의 편리성을 추구하고 물자를 수송하는데 필요한 도로(道路), 철도(鐵道), 항만(港灣), 공항(空港) 등의 시설물을 다루기 위하여 교량공학, 터널공학, 하천공학, 댐공학 뿐만 아니라 도시계획, 상하수도계획과도 관련되어 있다.

(4) 토목공학은 측량학을 기본으로 구조역학, 콘크리트공학, 토질공학, 수문학(水文學) 및 수리학(水理學)을 필요로 하며, 최근에는 환경관리 측면에서 하천의 홍수방어를 위한 하천공학, 항만의 침식·해일대책을 위한으로 해안공학, 도시의 공해방지를 위한 위생공학까지 그 영역이 확장되는 추세이다.

2. 토목시공기술사

(1) 기술사(技術士, Professional Engineer)란 『기술사법』제2조에 의해 해당 기술 분야에 관한 고도의 전문지식과 실무경험에 입각한 응용능력을 보유한 사람으로, 『국가기술자격법』제10조에 의해 기술사 자격을 취득한 사람을 말한다.

(2) 기술사 자격시험은 『국가기술자격법시행규칙』제8조에 규정된 84개 종목별로 시행되고 있으며, 그 중 토목분야는 토목시공기술사 외 13개 종목으로 세분된다.

(3) 토목시공기술사(Professional Engineer Civil Engineering Execution)의 시험과목은 한국산업인력공단 출제기준에 의하면 "시공계획, 시공관리, 시공설비 및 시공기계 기타 시공에 관한 사항"으로, 주요항목은 "토목건설사업관리, 토공사, 기초공사, 콘크리트, 도로포장·하천·댐·상하수도·해안·항만공사, 교량·터널·지하공간, 토목시공법규·신기술" 분야로 그 범위를 설정하고 있다.

01.02 예비타당성조사, AHP기법

Ⅰ. 개요

1. 예비타당성조사(預備妥當性調査, preliminary feasibility study)는 공공건설사업에 대한 개략조사를 통해 경제적·정책적 분석과 함께 투자우선순위, 적정투자시기, 재원조달방법 등 타당성을 검증함으로써 정부재정의 투자 효율성을 높이기 위하여 1996년 외환위기 당시 도입된 제도이다.

2. 예비타당성조사는 한국개발연구원(KDI, Korean Development Institute)에서 계층화 분석기법(AHP, Analytic Hierarchy Process)을 통해 수행되며, AHP 결과에 따라 당해 사업의 추진 또는 유보(취소)를 결정한다.

Ⅱ. 예비타당성조사 주요내용

1. 대상사업

(1) 국고지원을 수반하는 신규 공공건설사업은 총사업비 500억원 이상

(2) 지자체사업 및 민자유치사업은 총사업비 500억원, 국고지원 300억원 이상

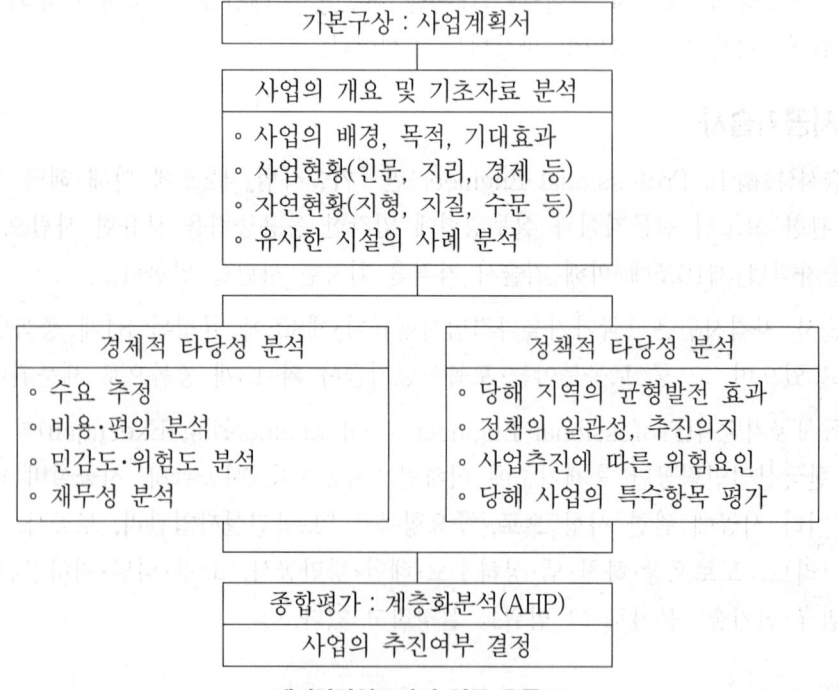

예비타당성조사의 업무 흐름도

2. 예비타당성조사의 분석

(1) 경제적 타당성 분석

　① 수요 추정, 비용/편익 분석

(2) 정책적 타당성 분석

① 지역 균형발전	◦ 지역 낙후도
	◦ 지역경제 파급효과
② 정책의 추진의지	◦ 관련계획 및 정책방향과의 일치성
	◦ 사업의 추진의지, 선호도, 준비정도
③ 사업 추진 위험요인	◦ 재원조달 가능성
	◦ 환경영향, 재해영향
④ 사업 특수평가 항목	◦ 남북경제협력 기여도
	◦ 사업 미추진시 지역에 미치는 영향
	◦ 지역 특수성 항목 추가(선택사항)

(3) 종합평가

　① 계층화 분석기법(AHP)에 의한 종합평가를 통해 당해 사업의 추진여부 결정

Ⅲ. 타당성조사와 예비타당성조사의 차이점

1. **조사대상** : 예비타당성조사에서는 주로 경제적 타당성을 검토하지만, 타당성조사에서는 기술적 타당성을 검토 대상으로 삼는다.
2. **조사기관** : 예비타당성조사는 정부의 재정을 총괄하는 기획재정부가 주관하지만, 타당성조사는 해당 사업시행기관(국토교통부, 해양수산부 등)이 주관하고 있다.
3. **조사기간** : 예비타당성조사는 6개월 정도로 단기간에 수행되지만, 타당성조사는 현지 조사를 포함하여 2년 정도로 충분한 기간에 수행된다.

예비타당성조사와 타당성조사의 비교

구분	예비타당성조사	타당성조사
근거	예산회계법시행령 제9조의2	건설기술진흥법 제38조의2
검토대상	경제적 타당성 + 정책적 타당성	주로 기술적 타당성
조사기관	기획재정부	국토교통부, 해양수산부 등
조사기간	단기간(6개월)	충분한 기간(2년)
조사비용	0.5~1억 원	3~20억 원

Ⅳ. 예비타당성조사에서 검토되는 쟁점사항

1. 『다른 대안』에 대한 검토가 필요하다.

(1) 제안된 사업계획의 비용/편익을 추정하는 과정 못지않게 다른 대안, 즉 고속도로 건설사업의 경우에 고속도로 건설 대신 다른 국도나 지방도를 확장하는 대안이라 든가 철도를 건설하는 등의 대안이 더욱 바람직하지는 않은지 반드시 짚고 넘어 가야 한다.

(2) 다만, 다른 대안을 검토하는 데에는 한 가지 제약이 있다. 가능하면 모든 대안에 대하여 개략적이나마 비용/편익을 계산해야 모든 대안들이 동일 선상에서 비교될 수 있는데 이는 적지 않은 시간과 노력을 요구한다.

(3) 따라서, 제안된 사업계획에 대해 정밀한 조사를 근거로 하여 비용/편익 분석을 실시하되, 나머지 검토 가능한 대안들에 대해서는 기존의 데이터 등을 활용하여 비용/편익을 추정하는 과정을 병행할 필요가 있다.

2. 『어떤 사업이 추진되는 대안』만이 다른 대안이 아니다.

(1) 다른 대안을 검토하는 과정에 잊지 말아야 할 것은 반드시 '어떤 사업이 추진되는 것(Do-Something)'만이 대안이 아니라는 사실이다.

(2) 예를 들어, 고속도로 건설사업의 경우에 고속도로 대신 국도를 확장하거나 철도를 건설하는 것만이 대안이 아니며 '아무 것도 하지 않는 것(Do-Nothing)'도 중요한 대안으로 포함하여 검토해야 한다.

(3) 해당 사업의 타당성 유무는 항상 사업을 추진하지 않았을 경우(Do-Nothing)와 비교하여 기회비용을 따져 보아야 하기 때문에 오히려 해당 사업을 추진하지 않는 것이 더 좋은 대안이 될 수도 있다.

3. 사업 추진 외에 쟁점사항 검토가 필요하다.

(1) 해당 사업으로 추진되는 대안 외에도 예비타당성조사에서 부각될 수 있는 쟁점은 다양하다. 즉, 어떤 사업은 기술적 타당성 여부가 쟁점이 되며, 어떤 사업은 재원 마련 가능성 여부가 쟁점이 될 수도 있다.

(2) 어떤 사업은 지역갈등 문제 혹은 국방안보 문제 등이 쟁점이 되고, 어떤 사업은 민자유치 가능성 여부가 쟁점이 될 수도 있다.

(3) 결론적으로 쟁점이 무엇이든 불문하고 해당 사업의 예비타당성조사 과정에 가장 중요한 쟁점이 무엇인지를 반드시 부각시키고, 그 쟁점에 대한 해결방안을 제시하여야 한다.

Ⅴ. 계층화 분석기법(AHP)

1. 개요

⑴ 계층화 분석기법(AHP, Analytic Hierarchy Process)은 다수의 속성들을 계층적으로 분류하여 각 속성의 중요도를 파악함으로써 최적대안을 선정하는 기법으로, 의사결정자(decision maker)가 선택할 수 있는 여러 대안에 대하여 가중치를 9점 척도로 쌍대비교하면서 순위화하는 다(多)기준 의사결정이론이다.

⑵ 한국개발연구원(KDI)에서 신규 공공건설사업의 예비타당성조사를 AHP기법으로 수행하고 있으며, AHP분석을 통해 사업의 추진 여부를 검증한다.

2. AHP(Analytic Hierarchy Process) 6단계 분석

[1단계] 브레인스토밍(brainstorming)

최종 평가목표를 제시하고 계층구조 설정에 필요한 요인 도출을 위해 여러 전문가들이 참석하여 마음에 떠오르는 평가항목과 대안을 열거한다.

[2단계] 계층구조 설정(structuring)

제1기준 : 최종 평가목표에 영향을 미치는 주요 평가기준

제2기준 : 제1기준에 영향을 미치는 세부(하위) 평가기준

각 기준은 평가항목(element)으로 구성된다.

[3단계] 가중치 산정(weighting)

평가항목 간의 가중치를 9점 척도로 표시하고, 항목 간에 쌍대비교를 통해 중요도를 나타내는 가중치를 산정한다.

[4단계] 일관성 검증(consistency test)

응답자가 완전한 일관성을 유지하며 쌍대비교에 응답하였는지를 판단한다. 만약 일관성이 부족하다고 판단되면 재조사를 실시한다.

[5단계] 평점(measurement)

상기 내용을 기준으로 각 대안별 중요도를 점수로 표현하여 순위를 매긴다.

[6단계] 검토(feedback)

응답일관성이 낮은 응답자에게 비일관성 내용을 알려주고 의사결정을 다시 하도록 권고하여 의사결정의 비일관성을 줄여나간다. 만약 응답자가 적절히 응답하지 못한다면 AHP 계층구조 자체를 재설정한다.[1]

---

[1] 한국개발연구원, '도로·철도부문 예비타당성조사 표준지침 수정·보완 연차보고서', 2013.

01.03 경제성분석

비용편익비(B/C ratio), 내부수익률(IRR, internal rate of return) [3, 0]

Ⅰ. 개요

1. 경제성분석(經濟性分析, economic analysis)은 특정한 건설사업에 투자될 총비용과 총편익을 현재가치로 환산하여 비교함으로써, 사업에 대한 경제적 타당성을 평가하고, 투자우선순위, 최적투자시기 등을 결정하는 과정을 말한다.

2. 건설사업에 대한 경제성분석은 주로 B/C, NPV, IRR 기법으로 평가하고 있다.

Ⅱ. 경제성분석을 위한 평가기준

1. 사회적 할인율

⑴ 한국개발연구원(KDI) 일반지침에서 제시된 사회적 할인율을 적용한다.

2. 분석기간

⑴ 공공사업에서 30년을 설정한다. 경제성분석 최종연도가 기종점(起終點, Origin-destination) 제공 최종연도 이후로 설정되는 경우, O-D 제공 이후의 편익은 O-D 제공 최종연도와 동일하다고 가정한다.

3. 사업비 지출

⑴ 분석기간 동안에 사업비의 연차별 지출형태는 용지보상비, 공사비, 시설부대경비 등에 대하여 동일한 지침을 적용한다.

4. 유지관리비 지출

⑴ 종전 타당성 조사에서는 유지관리비 및 잔존가치는 무시하고 초기공사비만 고려하여 분석하였으나,

⑵ 최근에는 초기공사비 대신 생애주기비용(life cycle cost)을 고려해야 된다는 주장이 제기되어, 유지관리비 및 잔존가치도 중요한 항목으로 포함한다.

5. 잔존가치 처리

⑴ 도로사업에서 잔존가치는 용지보상비가 해당되므로, 분석 최종연도의 비용에서 이를 공제한다. 생애주기비용을 적용하므로 필히 공제해야 한다.

6. 세금·이자 등의 이전(移轉)비용 처리

⑵ 기업의 재무성 분석에서 세금은 중요한 요소가 되지만, 도로사업의 경제성 분석에서 세금은 국가재원에 영향을 미치지 않으므로 비용에서 제외한다.

Ⅲ. 경제성분석의 주요내용

1. 경제성분석 고려사항

⑴ 비용/편익에 대한 화폐가치화

⑵ 수익성을 분석하는 재무 분석과 별도로 실시

⑶ 사업시행의 전·후에 분석

⑷ 분석기간은 30년 기준

⑸ 사회적 할인율(한국은행 연도별 결정)

⑹ 화폐가치화가 곤란한 간접편익은 최종평가에서 고려

⑺ 완전한 객관적인 판단으로 분석

⑻ 순비용/순편익으로 비교하여 중복 배제

⑼ 동일한 시점에서 비교

⑽ 불확실성을 고려하여 민감도·위험도 분석을 동시에 실시

⑾ 가능한 모든 대안을 검토

⑿ 평가의 기준과 관점을 명확히 설정

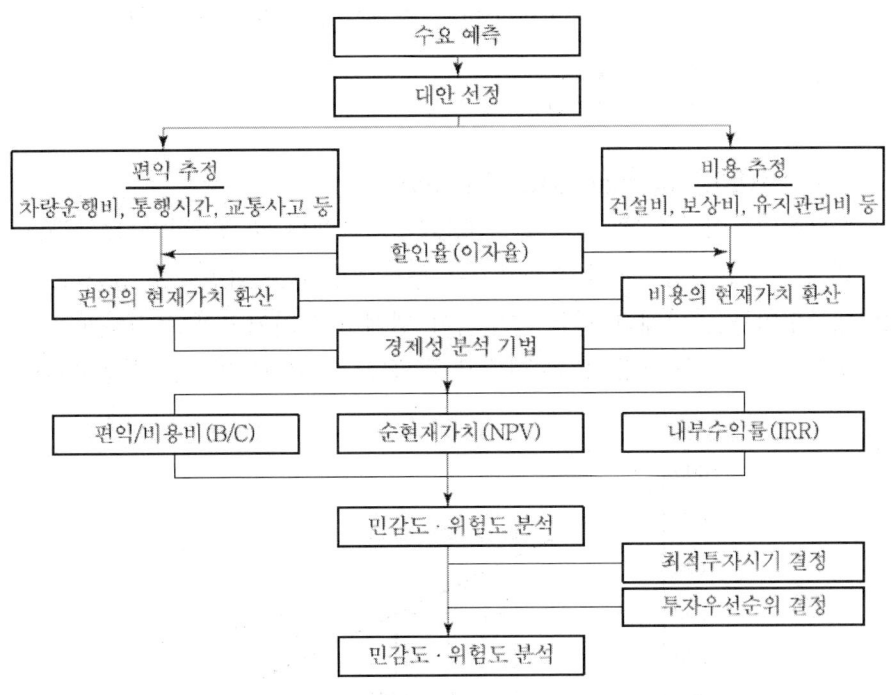

경제성분석의 업무 흐름도

2. 경제성분석 기법

(1) 편익/비용 비율(B/C, Benefit Cost ratio)

① 사회 전체의 입장에서 비용과 편익을 비교하여 정책결정을 하거나 새로운 투자 기회가 존재할 때 투자여부를 결정할 때 쓰이는 경제성분석 기법이다.

② 사업에 수반되는 모든 비용과 편익을 현재가치로 할인하여, 총편익(B_i)을 총비용(C_i)으로 나눈 값으로, B/C≥1이면 경제성이 있다고 판단한다.

$$B/C = \sum_{i=0}^{n} \frac{B_i}{(1+r)^i} / \sum_{i=0}^{n} \frac{C_i}{(1+r)^i}$$

여기서, n : 분석기간

$\quad\quad\quad r$: 사회적 할인율

(2) 순현재가치(NPV, Net Present Value)

① 미래에 발생이 예상되는 특정시점의 현금흐름을 이자율로 할인하여 현재시점의 금액으로 환산하는 경제성분석 기법이다.

② 사업에 수반되는 모든 비용과 편익을 현재가치로 할인하여, 총편익(B_i)에서 총비용(C_i)을 뺀 값으로, NPV≥0이면 경제성이 있다고 판단한다.

$$NPV = \sum_{i=0}^{n} \frac{B_i}{(1+r)^i} - \sum_{i=0}^{n} \frac{C_i}{(1+r)^i}$$

(3) 내부수익률(IRR, Internal Rate of Return)

① 내부수익률이란 당초 투자에 소요되는 지출액의 현재가치가 그 투자로부터 기대되는 현금수입금액의 현재가치와 동일하게 되는 할인율을 말한다.

② 내부수익률은 미래의 현금 수입액이 현재의 투자가치와 동일하게 되는 수익률로서, 내부수익률(IRR)은 순현재가치(NPV)를 0으로 만드는 할인율이다.

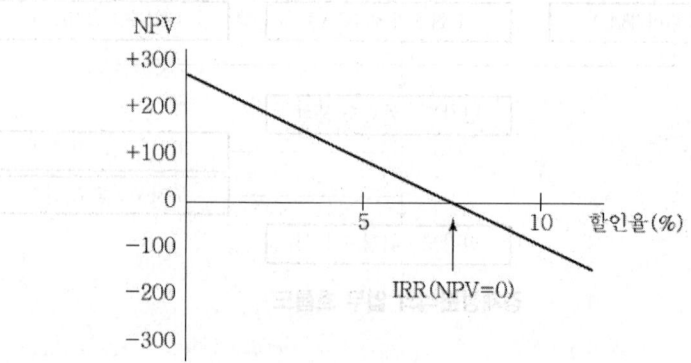

내부수익률(IRR)과 순현재가치(NPV)의 관계

③ 사업에 수반되는 모든 비용과 편익을 현재가치로 환산했을 때, 그 값이 같아지는 할인율을 구하는 방법으로, 내부수익률(r)≥사회적 할인율(d)이면 경제성이 있다고 판단한다.

$$\sum_{i=0}^{n}\frac{B_i}{(1+r)^i} = \sum_{i=0}^{n}\frac{C_i}{(1+r)^i}$$ 을 만족하는 r 값이 내부수익률(IRR)이다.

3. 경제성분석 기법의 적용성

⑴ 건설사업을 B/C, NPV, IRR기법으로 경제적인 타당성 유무(有無)를 평가하는 경우에 그 결과가 항상 동일하지는 않다.

⑵ IRR은 수익률(%)로, NPV는 수익량(+,−)으로 표시하므로 여러 대안이 있는 경우에 사업규모에 따라 평가 결과가 서로 다르다.

　① 총사업비가 1,000억 원이면 IRR은 작아도(8%), NPV는 크다.(80억)

　② 총사업비가 100억 원이면 IRR은 커도(15%), NPV는 작다.(15억)

⑶ B/C와 IRR은 수익성은 상대평가할 수 있으나 절대규모를 평가하지 못한다.

⑷ 반면 NPV는 절대규모는 평가할 수 있으나 수익성을 평가할 수 없기 때문에, 그 편익이 만족스러운지 아닌지를 판단할 수 없다.

⑸ 따라서 건설사업에 대한 경제성을 평가할 때는 3가지 기법으로 모두 비교·분석하여 정책결정을 하는 과정이 바람직하다.[2]

경제성분석 기법의 비교

구분	장점	단점
B/C	보고과정이 이해하기 쉬워서 공공사업의 투자심사 평가기준에 주로 사용된다.	특정 항목을 편익/비용 어느 쪽으로 처리하느냐에 따라 값이 달라진다.
NPV	순편익/순비용의 흐름을 사업개시연도의 현재가치로 평가하므로, 그 결과를 판단하기 쉽다.	성격은 같으나 규모가 다른 두 사업의 순현재가치만으로 수익성을 비교하는 것은 바람직하지 않다.
IRR	수익률을 분석하므로 사업의 규모에 관계없이 수익성을 평가할 수 있다.	수익성이 극히 낮거나 매우 높은 사업의 경우는 계산되지 않는다.

---

[2]국토교통부, '교통시설투자평가지침', 제6장 경제적 타당성 분석방법, pp.360~368, 2007.

01.04 시공상세도

I. 개요

1. 설계도면(engineering drawing)이란 시공하려는 공사의 성격과 범위를 표시하고 설계자의 의사를 KS 및 관련규격에 근거하여 공사 목적물의 내용을 구체적으로 표시한 도면을 말한다.

2. 설계자가 작성한 설계도면은 과업내용에 의해 제시된 공사 목적물의 형상과 규격 등을 표현하기 위한 물량과 내역 산출의 기초가 되며, 시공자가 시공상세도를 작성할 수 있도록 모든 지침이 표현되어야 한다.

3. 시공상세도(施工詳細圖, shop drawing)란 시공자가 공사 목적물의 품질확보 및 안전시공을 할 수 있도록 공사의 진행단계별로 요구되는 시공방법과 시공순서 등을 설계도면을 근거로 작성하는 도면으로, 감리원의 검토·승인이 요구되며 가시설물의 설치·변경에 필요한 제반 도면이 포함되어야 한다.

II. 건설공사 시공상세도 작성 지침 (국토교통부, 2010)

1. 일반사항

(1) 시공상세도 작성은 실시설계도면을 기준으로 각 공종별, 형식별 세부사항들이 표현되도록 현장여건을 반영하여 상세하게 작성되어야 한다.

(2) 각종 구조물의 시공상세도는 현장여건과 공종별 시공계획을 최대한 반영하여 시공단계에서 문제점이 발생하지 않도록 작성되어야 한다.

(3) 시공상세도를 작성할 때 주철근의 경우 안정성에 문제가 발생할 우려가 있으므로 철근의 길이나 겹이음 위치 등 철근상세도 변경에 관한 사항은 반드시 전문기술사의 검토·확인을 거쳐 책임감리원의 승인을 받아야 한다.

(4) 시공자가 감리원에게 가시설물의 시공상세도를 승인 요청할 때는 구조계산서가 첨부되고, 관련기술사의 서명·날인이 포함되어야 한다.

(5) 시공계획서와 시공상세도가 서로 중복되는 부분이 있는 경우에는 감리원과 협의하여 시공상세도 작성을 생략할 수 있다.

(6) 이 지침에 수록된 설계기준은 개정된 최신 설계기준에 따른다.

2. 작성 의무자

(1) 시공상세도는 원칙적으로 시공현장 책임자인 현장대리인이 작성하여 감리원의 승

인을 받는 것으로 한다.

3. 작성 범위

(1) 시공상세도는 원칙적으로 해당 건설공사의 모든 공종을 대상으로 작성하는 것으로 한다.

(2) 다만, 감리원과 협의하여 필요 없다고 판단되는 보통·단순공종에 대해서는 구체적인 사유와 근거를 제시하는 경우에 시공상세도 작성을 생략하거나 해당 공종의 표준도로 대체할 수 있다.

Ⅲ. 건설공사 시공상세도 작성 책임

1. 발주청

(1) 발주청은 사업목표를 설정하고 설계 및 계약변경에 대한 최종책임을 진다.

(2) 『건설기술관리법』제48조에 의거 시공자가 건설공사의 시공상세도 및 기타 관계서류의 내용과 적합하지 않게 해당 건설공사를 시공하는 경우에는 재시공·공사중지 명령이나 그 밖에 필요한 조치를 취할 수 있다.

2. 감리원

(1) 감리원은 시공자가 계약서류의 내용을 올바로 해석하고 재료의 요구조건을 적정하게 수용하여 제출한 시공상세도를 검토할 책임이 있다.

(2) 감리원은 ▲승인(Approved), ▲권고사항 이행을 전제로 조건부 승인(Approved as note), ▲권고사항과 함께 불허(NOT Approved as note) 중 하나를 선정하여 승인서류에 서명하고 발주처에 제출해야 한다.

① 승인(Approv)된 시공상세도를 기준으로 수급자는 공사를 착수할 수 있다.

② 조건부로 승인(Approved as note)된 도면들은 권고사항을 수정하여 감리원 확인을 득한 후 공사를 수행할 수 있다.

③ 권고사항과 함께 불허(NOT Approved as note)된 도면은 계약요구조건에서 현격히 벗어났거나, 다수의 오류발생 또는 판독곤란으로 시공상세도를 보완하여 재작성이 필요한 경우이다.

(3) 감리원은 시공자가 시공상세도를 작성하였는지 검토·확인해야 한다. 특히 주요구조물(관련 가시설물을 포함)의 구조적 안전에 관한 사항은 반드시 비상주감리원이 검토·확인해야 한다.

3. 시공자

(1) 시공자는 계약서류와 정확히 일치되는 상세한 치수, 재료 요구조건, 구조물 부재

의 제작·가설에 필요한 요구조건 등을 보여주는 시공상세도를 작성하여 감리원에게 제출·승인받을 책임이 있다.

(2) 시공자가 계약서의 오류 또는 모순을 발견한 경우에는 이를 즉시 감리원에게 통보하여 후속조치를 취하도록 해야 한다.

(3) 발주청 또는 책임감리원이 승인하였다고 해서 공사 목적물의 하자에 대하여 시공자의 책임이 면제되는 것은 아니다.

Ⅳ. 건설공사 시공상세도 작성 목록

1. 일반사항

(1) 시공자는 실시설계도면과 시방서 등에 표기된 부분을 명확히 하여, 시공의 오류 예방과 공사안전을 확보할 수 있도록 시공상세도를 작성해야 한다.

(2) 감리원은 『건설기술진흥법 시행규칙』제41조(설계도서 검토)에 의해 시공자가 작성한 시공상세도를 검토기간 내에 확인하고 승인여부를 결정해야 한다.

(3) 시공자는 감리원과 협의하여 발주청이 특별시방서에 명시한 사항 및 공사조건에 따라 필요한 사항 등을 시공상세도를 작성할 때 조정·포함할 수 있다.

2. 작성 목록

(1) 시공상세도의 작성 목록에 제시되지 않은 도면이더라도 현장여건에 따라 필요한 경우, 시공자는 감리원과 협의하여 시공상세도를 작성해야 한다.

(2) 다만, 본 시공상세도 작성 목록의 구분은 현장에서 시공상세도 작성에 필요한 세부사항과 대가산정을 위하여 정해진 기준을 따른다.

(3) 전문기술사의 기술검토를 요하는 사항은 보통·단순공종이라 하더라도 발주청과의 협의·조정을 통하여 공종 난이도를 조정할 수 있으며, 반드시 시공상세도의 세부사항으로 구분된 공종 난이도를 따를 필요는 없다.[3]

---

3) 국토교통부, '건설공사 시공상세도 작성지침', 2010.

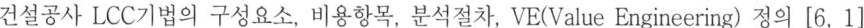

01.05 건설공사 LCC & VE 분석

건설공사 LCC기법의 구성요소, 비용항목, 분석절차, VE(Value Engineering) 정의 [6, 1]

Ⅰ. 개요

1. 건설공사의 생애주기비용(生涯週期費用, LCC, life cycle cost)란 초기투자비용(공사비, 설계비, 감리비, 보상비 등), 유지관리비용(점검·진단비, 관리비, 에너지비용, 보수비, 교체비, 보강비 등), 이용자비용, 사회·경제적 손실비용, 해체·폐기비용, 잔존가치 등 시설물의 생애주기 동안에 발생되는 모든 비용의 합계를 말한다.

2. 'LCC 분석'은 초기투자비, 유지관리비 등 시설물의 내용연수 동안에 발생되는 생애주기비용의 일부 또는 전부를 산출하는 것을 말한다.

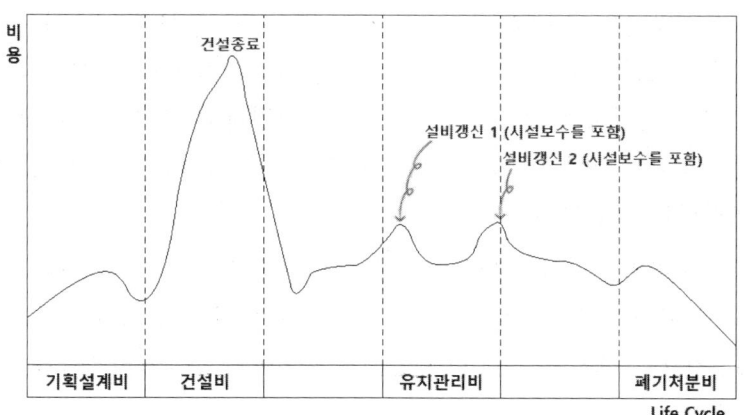

건설사업관리의 생애주기비용(LCC) 개념도

Ⅱ. 건설공사 생애주기비용(LCC) 분석

1. LCC 분석기간

⑴ 공공건설공사의 발주청은 시설물의 '공용수명'과 당해 건설공사의 특성 등을 고려하여 당해 공사의 LCC 분석기간 및 대상항목을 결정하여 입찰안내서에 제시하여야 한다.

⑵ '공용수명'은 시설물의 노후화로 인하여 시설물을 구성하는 재료나 부재 등이 필요한 성능을 유지할 수 없게 되거나, 안전에 문제가 발생되거나, 기대되는 서비스를 더 이상 제공할 수 없게 되는 수명을 말한다.

2. LCC 분석방법

⑴ LCC 분석방법에는 확정적 분석방법(deterministic approach)과 확률적 분석방법

(probabilistic approach) 등이 있다.

(2) 입찰에 참가하는 건설업체는 기본적으로 확정적 분석방법에 의한 LCC 분석결과를 제시해야 한다. 더불어, 건설업체는 확정적 분석방법에 의한 LCC 분석결과와 함께 LCC 분석 기초자료의 값을 변화시키면서 결과의 차이를 분석하는 민감도 분석 결과를 제시할 수 있다. 발주청은 필요한 경우에 민감도 분석을 실시하여야 할 LCC 분석 기초자료의 대상과 범위 등을 지정할 수 있다.

(3) 입찰에 참가하는 건설업체는 필요한 경우에 확률적 분석방법에 의한 LCC 분석결과를 추가로 제시할 수 있다. 이 경우에 확률적 분석방법에 적용된 LCC 분석 기초자료 각각의 분포형태, 기댓값, 변동성 등 확률적 특성치와 확률적 LCC 분석결과 제시된 LCC의 확률밀도함수와 누적분포함수 등을 제시해야 한다.

(4) 확정적 분석방법은 유지보수 주기나 비용 등 LCC 분석의 기초자료의 변동성이나 불확실성을 고려하지 않고 특정한 값을 확정하여 적용하는 방법이다.
특정한 값을 확정하여 적용할 경우 적용이 간편하고 분석결과를 직관적으로 인식하기 용이하다는 장점이 있는 반면, 기초자료를 특정함에 따라 불확실성을 처리하지 못한다는 단점이 있다.

(5) 확률적 분석방법은 LCC 분석 기초자료에 대해 특정한 값이 아닌 일정한 분포를 따르는 확률특성값을 적용하고 컴퓨터 시뮬레이션을 실시하여, LCC 분석결과도 확률특성값으로 제시하고 LCC가 각각의 값이 될 수 있는 확률을 함께 제시하는 분석방법이다.
입찰에 참가하는 건설업체는 자신이 제시한 설계안의 경제성에 대한 다각도의 정보를 제공하기 위하여 확정적 분석방법에 적용한 기초자료에 대한 민감도 분석 결과를 제시해야 한다. 발주청은 필요한 경우 특정 변수에 대한 민감도 분석을 요구할 수 있다.

3. LCC 비용집계

(1) 입찰에 참가하는 건설업체는 시간의 흐름에 따른 비용의 가치 변화를 고려하여 LCC 분석을 실시해야 하며, 발생시점이 서로 다른 비용을 모두 현재가치로 환산하여 집계한 결과를 제시해야 한다.

(2) LCC 분석은 장기간에 걸쳐 발생되는 비용을 다루므로 이 비용을 동일시점의 가치로 환산해야 한다. 환산방법에는 모든 비용을 현재가치로 환산하는 방법과 연간평균 투자비용으로 환산하는 방법이 있으며, 현재가치 환산방법이 가장 보편적으로 자주 쓰인다.

① 현재가치 환산방법

  ○ 현시점으로부터 미래의 비용발생 시점까지의 기간과 할인율을 기초로 하는 현재가치환산계수(PWF, present worth factor)를 곱하여 미래시점의 비용을 현재시점의 비용으로 환산하는 방법

$$PWF = \frac{1}{(1+i)^n}$$

    여기서, i : 할인율

             n : 현재시점으로부터 미래의 비용발생 시점까지의 기간(년)

  ○ 매년 동일하게 발생하는 비용의 경우는 매년 발생하는 비용에 연등가액현재가치환산계수(PWAF, present worth of annuity factor)를 곱하여 일괄적으로 현재가치로 환산하는 방법

$$PWAF = \frac{(1+i)^n - 1}{i(1+i)^n}$$

    여기서, i : 할인율

             n : 년수

② 연등가액 환산방법

  ○ 연등가액과 연등가액현재가치환산계수(PWAF)를 곱하여 현재가치를 계산할 수 있으므로, 현재가치를 연등가액현재가치환산계수(PWAF)로 나누면 즉, 현재가치에 PWA의 역수를 곱하면 연등가액으로 환산할 수 있다.

  ○ PWA의 역수 = 현재가치연등가액환산계수(PPF, periodic payment factor)

$$PPF = \frac{1}{PWAF} = \frac{i(1+i)^n}{i(1+i)^n - 1}$$

4. LCC 할인율

⑴ 할인율은 시간의 흐름에 따른 비용의 가치 변화를 나타내는 비율을 말한다.

⑵ 발주청은 LCC 분석기간과 분석항목 등 당해 건설공사의 특성을 고려하여 할인율을 정한다. 이때 LCC 분석에 적용할 할인율을 실질할인율을 적용하는 것을 원칙으로 한다.

⑶ 할인율은 시간의 흐름에 따른 비용의 가치 변화를 나타내는 비율을 말하며, 물가변동과 기대이익을 모두 고려하는 명목할인율(nominal dicounted rate)과 물가변동 효과는 고려하지 않는 실질할인율(real discounted rate)이 있다.

⑷ 명목할인율은 장기정부채권 이율이나 은행이자율 등을 의미하며, 실질할인율(I_R)은 명목할인율(I_N)과 물가변동율(F, 인플레이션)을 토대로 다음 식에 의해 산출된다.

$$I_R = \frac{(1+I_N)}{1+F} - 1$$

(5) 일괄입찰 및 대안입찰의 LCC 분석 관련 할인율은 할인율 수치 그 자체 보다는 복수의 입찰참가 업체들이 동일한 할인율을 적용하도록 하는 것이 중요하다.

5. LCC 분석 기초자료

(1) 입찰에 참가하는 건설업체는 LCC 분석 기초자료(유지관리 항목별 주기, 보수·수선비율, 각종 비용 산출의 기초자료 등)를 제출해야 한다.

(2) 다만, 유지관리비 산출과 관련하여 관계법령이나 시설물별 보수주기 및 비율, 보수단가기준 등 유지관리비 산정기준에 따라 발주청에서 별도로제시한 기준이 있는 경우 입찰참가업체는 이를 적용해야 한다.

6. LCC 평가

(1) 발주청은 LCC 분석대상, 분석기간, 할인율 등 LCC 분석과 관련하여 입찰안내서에 제시한 사항의 준수여부를 확인하여 설계검토서에 반영해야 한다.

(2) 기술위원회는 설계검토서의 LCC 분석 관련 내용과 입찰참가업체가 제출한 LCC 분석 기초자료 등의 객관성과 적정성을 검증해야 한다.

7. LCC 분석·평가 세부지침

(1) 발주청은 LCC 분석·평가에 관한 세부사항을 정할 수 있다.

Ⅲ. 건설분야 LCC & VE 관계

1. LCC는 구조물의 기획-설계-시공-운용-폐기에 이르는 전(全)생애에 요구되는 비용의 합계로서, LCC 중 시공비용이 차지하는 비중은 빙산의 일각에 불과하다.

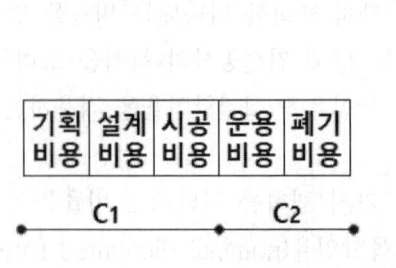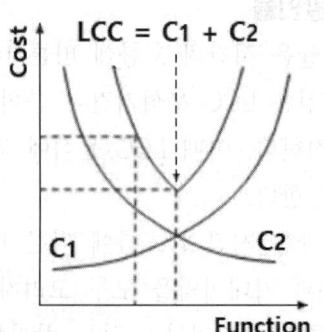

건설 구조물의 LCC 구성요소

2. 따라서, 특정한 건설 구조물의 기획단계에서 여러 대안에 대한 경제성분석을 시공비용과 LCC 전(全)생애 비용 관점으로 선정한다. 물론, 그 결과는 당연히 다르다.

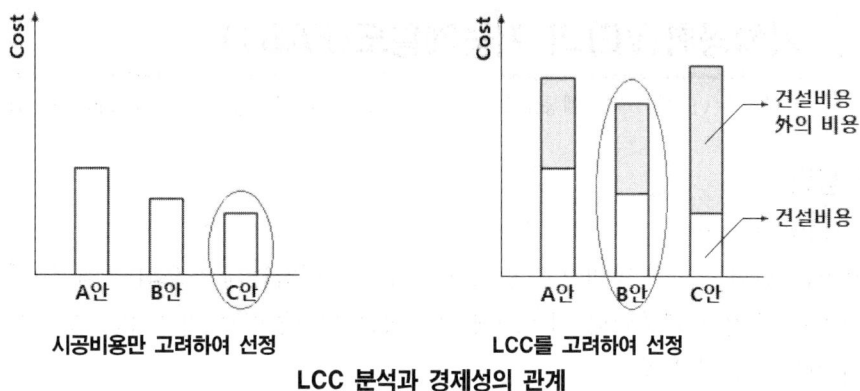

시공비용만 고려하여 선정 LCC를 고려하여 선정

LCC 분석과 경제성의 관계

3. LCC 분석기법은 경제적인 요소에 근거하므로 대안 선정과정에 비경제적인 요소에 대하여 그 필요성 여부를 반드시 고려해야 한다. 이러한 관점에서 LCC 분석과정에 VE 분석기법과 연동하여 접근하면 더욱 효과적일 수 있다.[4]

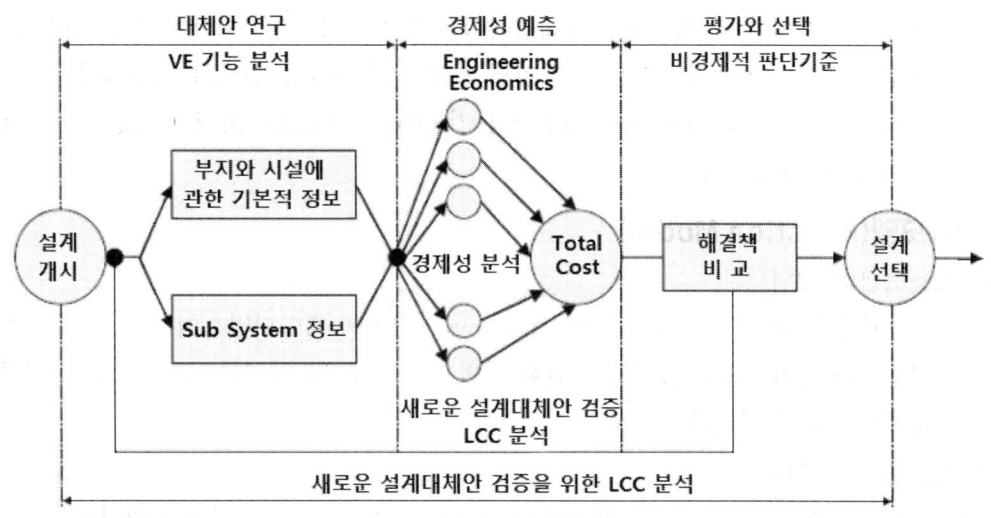

LCC & VE 관계

구분	LCC	VE
차이점	◦ LCC분석은 최소한의 기능과 기술적인 요구조건을 충족하는 실현가능한 대안 중 가장 비용이 적게 드는 대안 선택 ◦ LCC분석은 비용 측면을 강조	◦ VE분석은 기능 자체에 초점을 맞추어 필요한 기능과 불필요한 기능을 구분하여 비용을 절감 ◦ VE분석은 기능 측면을 강조
유사점	◦ LCC분석은 독립적으로 또는 VE분석의 일부분으로 수행 ◦ LCC와 VE의 목적은 모두 건설프로젝트의 비용 절감을 위한 분석방법	

---

4) 국토교통부, '생애주기비용 분석 및 평가요령', 2008.

01.06 가치공학(VE)의 기능계통도(FAST)

가치공학(VE)에서 기능계통도(FAST, function analysis system technique diagram) [1, 0]

1. 용어 정의

(1) 가치(價値, value)

① 가치는 신뢰할 만한 방법으로 필요한 기능을 제공하는데 소요되는 최저비용이다.

② 가치는 특정한 제품이나 서비스에 요구되는 수행능력과 기능적인 특성을 화폐가치의 척도로 표시한 것이다.

③ 사용가치(use value), 귀중가치(esteem value), 비용가치(cost value), 교환가치(exchange value), 희소가치(scarcity value) 등

(2) 기능(機能, function)

① 기능은 어떤 실체의 존재 목적 또는 특징적인 동작이다.

② 데이터 통신에서 복귀(carriage return)와 행 이송과 같은 기계적인 동작이다.

③ 컴퓨터 언어에서 프로그램이나 루틴의 목적을 수행하는 동작의 집합이다.

④ 상위기능(higher order function), 기본기능(basic function), 2차 기능(secondary or support function) 등

2. 기능모델(Function Model)

(1) 기능모델의 개념

① 기능모델은 1964년 Charles. W. Bytheway에 의해 개발되었으며, 기능파악을 보다 확실하고 논리적으로 접근하기 위한 기법으로 프로젝트에 있는 모든 기능의 관계를 도표로 나타낸 것이다.

(2) 기능모델의 개발 목적

① 프로젝트의 각기 다른 모든 기능의 상호관계를 시각적으로 표시하기 위하여

② 프로젝트의 타당성 검토, 해결해야 할 문제 등을 폭넓고 깊게 이해하기 위하여

③ 연구 중에 여러 기능의 타당성을 검증하여 정확한 기능을 결정하기 위하여

④ 시각적으로 표시할 수 있는 기능 대비 비용 관계를 제공하기 위하여

⑤ 의사결정자에게 건의할 수 있는 해결방안을 제시하기 위하여

(3) 기능모델의 종류

① Hierarchy : 여러 기능을 수직적인 'Tree' 도표로 표현하는 방식

② FAST : 여러 기능을 '논리적 관계' 중심으로 구성하거나, '계층적 분류' 중심으로 구성하는 방식

3. FAST(Function Analysis System Technique)

⑴ FAST 개념

① 기능분석(function analysis)은 가치공학(VE)을 일반적인 원가절감이론과 차별화할 수 있는 VE만의 톡특한 기법이다.

② 기능분석계통도(FAST, function analysis system technique)란 기능분석(FA)을 확실하고 논리적으로 접근하기 위한 기법으로, 다양한 기능의 상호 관련성을 시각적으로 도표화한 것이다.

⑵ FAST 종류

① 논리적 관계 중심으로 구성된 FAST

 ○ Bytheway FAST Diagram (Classical FAST)

 ○ Technical FAST Diagram

② 계층적 분류 중심으로 구성된 FAST

 ○ Customer(Task) FAST Diagram

 ○ Function Hierarchy Model[5]

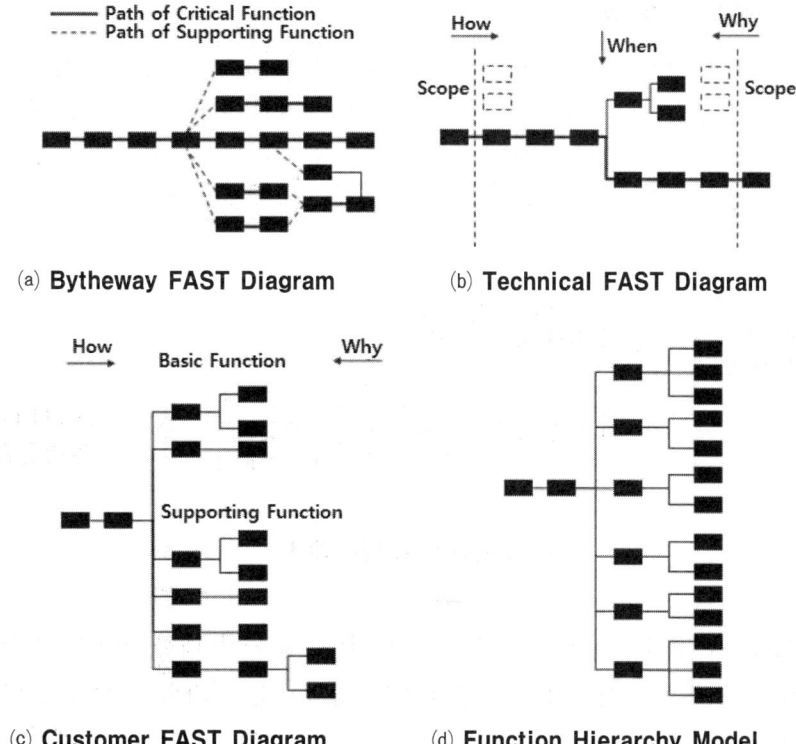

(a) **Bytheway FAST Diagram**   (b) **Technical FAST Diagram**

(c) **Customer FAST Diagram**   (d) **Function Hierarchy Model**

---

5) 김태준, 'VE자료', 한국건설기술관리협회, KACEM 소식, 2006.
  GIGUMI, 'FAST(Function Analysis System Technique)', 2019, https://www.gigumi.com/

01.07 　건설분야 LCA (Life Cycle Assessment)

건설분야 LCA(Life Cycle Assessment) [1, 0]

1. 용어 정의

(1) LCA(Life Cycle Assessment)는 원료 및 에너지의 소비, 오염물질과 폐기물의 발생 등 생산·유통·폐기의 전체과정에 걸쳐 환경에 미치는 영향을 평가하는 것을 말한다.

(2) LCA 평가를 통해 에너지 사용량과 오염물질 방출량을 산정하여 환경경영의 구체적인 방안을 찾을 수 있을 뿐만 아니라 환경규제의 대응정책도 마련할 수 있으므로 반드시 필요하다.

(3) 이미 독일·스위스·스웨덴 등 EU와 미국 등은 독자적인 전체과정 LCA 평가방법을 개발하여 왔으며, 최근 국내에서도 대기업을 중심으로 LCA 평가방법이 도입되어 시행되고 있다.

2. 건설분야 LCA 평가 개념

(1) 건설분야 LCA 평가란 평가대상 건설사업의 전체과정에 걸쳐 공사자재를 조달하는 초기단계에서부터 생산-수송-시공-유지관리-폐기에 이르는 동안에 에너지와 광물자원의 사용량과 이로 인한 대기·수질·토양으로 폐기물의 배출량을 정량화하고 이들이 환경에 미치는 잠재적인 영향을 평가하는 과정을 말한다.

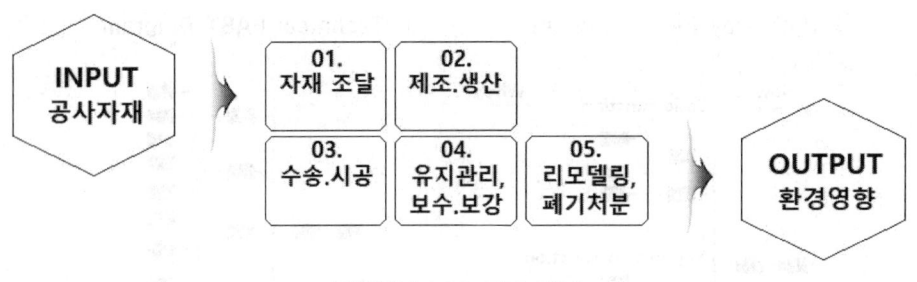

건설분야 LCA 평가 개념

(2) 건설분야 LCA 평가는 관련된 투입재료과 산출구조물에 대한 목록을 작성하고 이들과 연관된 잠재적인 환경영향을 평가하며, 전체과정 평가의 목적과 관련하여 목록분석 결과와 영향평가 결과를 해석함으로써 건설산업과 연관된 잠재적인 환경영향을 평가한다.

3. 건설자재 LCA 평가 절차

(1) 최근 지속가능한 건설자재 개발 및 관련 산업의 활성화에 따라 자연 친환경적인 건설자재 개발이 건설산업의 다양한 분야에서 요구되고 있다.

(2) 예를 들어 콘크리트, 시멘트 등 건설자재의 종합 환경영향을 정량적으로 평가하는 솔루션을 정립함과 동시에, 이를 통해 탄소성적표지인증 및 환경성적표지인증을 취득할 수 있도록 지속가능한 건설자재의 기술개발 및 상용화가 필요하다.6)

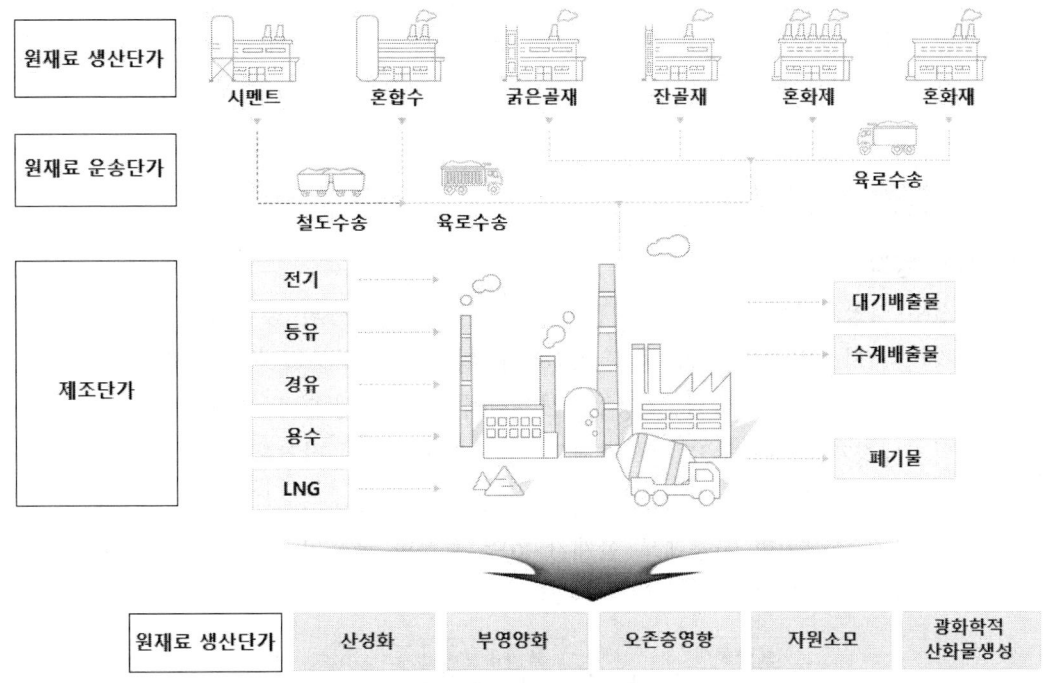

건설자재 LCA 평가 절차

---

6) S-BEE, '건설 LCA 컨설팅', 건설자재 및 구조물 LCA, 2019, http://www.s-bee.co.kr/

01.08 | 표준품셈, 실적공사비, 표준시장단가

표준품셈과 실적공사비 적산방식의 비교, 문제점, 개선방향 [1, 6]

Ⅰ. 개요

1. 공사비 적산제도는 정부·지방자치단체 등의 공공기관에서 시행하는 사회기반시설 (SOC)공사에 관한 예정가격의 적정성·객관성·투명성을 확보하기 위하여 공사비 산정에 관한 일반적인 기준을 제공하는 것이다.

2. 우리나라는 SOC공사 발주기관이 당해 건설공사의 예정가격을 결정할 때는 표준품셈에 의한 적산방식과 실적공사비 적산방식을 적용하도록 규정하고 있다.

Ⅱ. 표준품셈 적산방식

1. 적산 원리

(1) 정부·지방자치단체 등 공공기관이 발주하는 건설공사의 공사비는 자재비·노무비·장비비·가설비·일반경비 등 1,430여개 항목으로 구분되어 정부고시가격에 따라 산출된다. 이때 적용되는 정부고시가격이 '표준품셈'으로 발주기관은 이에 따라 낙찰예정가를 결정하고 건설업체도 이를 기준으로 응찰가를 산출한다.

(2) 표준품셈 적산방식은 수시로 변하는 시장가격을 제대로 반영하지 못할 뿐만 아니라 신기술·신공법 수용에도 한계가 있어 적정한 공사비를 산출하는데 부적절하다는 비판을 받아왔다.

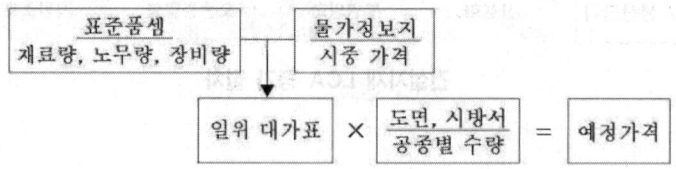

표준품셈에 의한 공사비 적산 원리

(3) 이에 따라 미·영 등 선진국에서는 일찍이 공사비 적산기능을 민간에 이양하여 전문적인 자격을 갖춘 적산사로 하여금 적정한 공사비를 산출케 하고 정부와 업체는 이에 따라 공사비를 결정하고 있다. 통상 1년마다 가격이 조정된다.

2. 표준품셈에 의한 공사비 적산 절차

(1) 다음 그림과 같은 적산 흐름도에 따라 당해 건설공사의 단위작업에 소요되는 자재, 인력, 장비 등을 각각의 단위수량으로 표시한다.

(2) 이 단위수량에 대한 원가비목을 재료비, 노무비, 경비, 일반관리비, 이윤 등으로

구분한다.

⑶ 각 공종별 단위작업에 표준적으로 투입되는 인력, 재료, 작업시간 등을 국토교통부에서 고시(필요한 경우에 변경 고시)한 '표준품셈'에서 찾는다.

⑷ 그 단위작업시간에 물가상승률을 감안하여 통계청에서 매년 변경 고시하는 '건설업 임금(노임단가)'을 곱한다.

⑸ 통계청의 소비자물가동향에 의한 '물가자료'에서 찾은 각각의 '자재단가' 및 '중기단가'를 곱하여, 최종적으로 당해 건설공사의 예정가격을 산정한다.

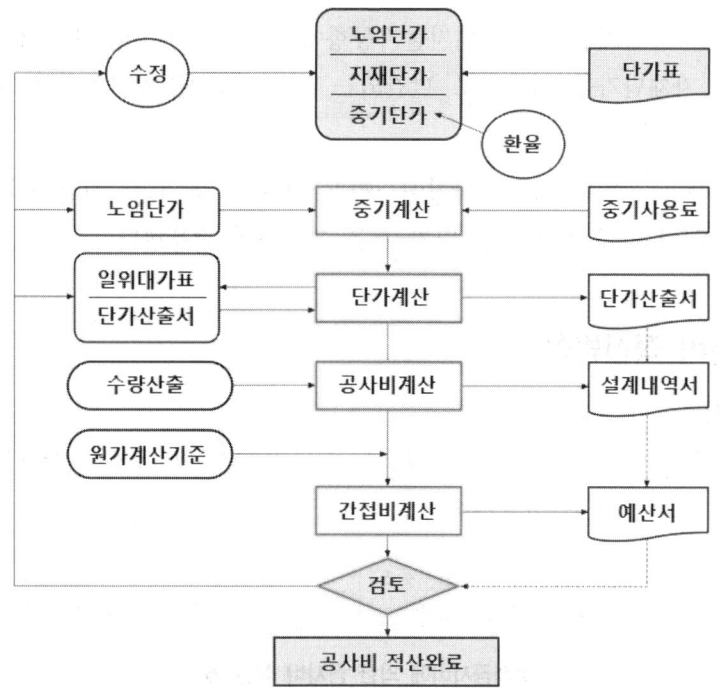

표준품셈에 의한 공사비 적산 흐름도

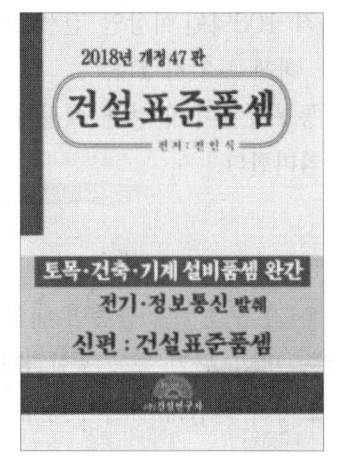

① 표준품셈 : 국토교통부(건설기술연구원)는 매년 2회 '공사비산정기준 종합심의위원회'를 개최하여 당해 연도 상반기 또는 하반기에 적용하는 '건설표준품셈' 개정(안)을 심의·확정한 후 발표하고 있다.

② 건설업 임금(노임단가) : 통계청은 『국가를당사자로하는계약에관한법률시행령』 제9조(예정가격의 결정기준)제1항 및 『통계법』(법률 제13818호, 2016.1.27.)제17조(지정통계의 지정 및 지정취소)에 의해 매년 2회 당해 연도에 적용되 '건설업 임금(시중노임단가)'을 상반기(1월1일)와 하반기(9월1일)에 고시하고 있다.

③ 자재단가 : 자재단가는 소비자물가동향에 따라 조달청이 매년 월별로 발표하는 각각의 자재단가를 기준으로 발간되는 '물가자료'를 보고, 최저가격을 선정하여 적용한다.

④ 중기단가 : 중기단가는 조달청이 매년 1월에 발표하는 '시설공사 중기기초단가 결정기준'에 따라 환율, 유류단가 등을 고려하여 적용한다.

Ⅲ. 실적공사비 적산방식

1. 적산 원리

(1) 건설공사를 계약할 때 공사의 예정가격을 각 공사의 특성을 감안하여 조정한 뒤 입찰을 통해 계약된 시장가격을 그대로 적용하는 방법이다.

| 과거 시행된 계약단가에 시간, 장소, 규모의 차이를 보정한 실적단가 | × | 도면, 시방서 공종별 수량 | = | 예정가격 (실적공사비) |

실적공사비에 의한 공사비 적산 원리

(2) 입찰을 통해 계약된 단가가 낙찰률에 맞춰 계단식으로 떨어지는 구조적 모순을 갖고 있기 때문에 2015.3월부터는 추정가격 100억원 이상인 건설공사에 대해 표준시장단가로 적정공사비 책정하는 방법을 대체 도입하였다.

(3) 여기서 적용되는 '표준시장단가'는 국토교통부장관이 인정한 예정가격 작성 기준에 따른 1,968개 항목의 표준시장단가를 의미한다.

2. 실적공사비에 의한 공사비 적산 절차

(1) 수량산출기준의 구성

① 실적공사비 적산 절차에서 '수량산출기준'은 각 구조물의 공종별 내역서를 쉽고 객관적으로 작성할 수 있도록 수량산출의 기준, 방법, 단가 등을 포함한다.

② 따라서 발주되는 건설공사의 특성과 범위에 따라 작업의 위치나 목적물의 구성형태

를 기준으로 발주처별로 단위시설을 분류하듯, 실적공사비 적산 절차에서도 건설공사 공종의 분류체계를 기반으로 전산체계(D/B code)를 구축하였다.

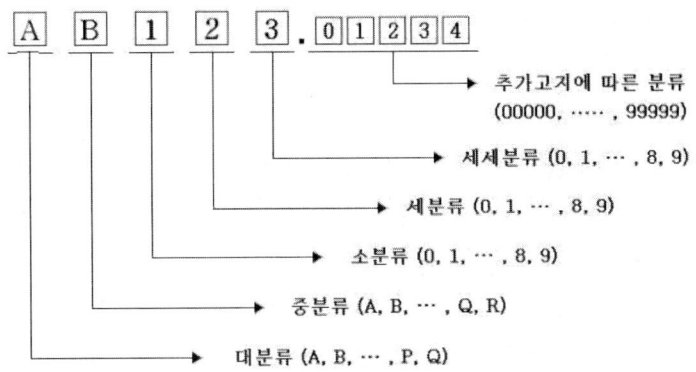

실적공사비에 의한 공사비 적산 공종의 분류체계

(2) 수량산출기준에 따른 내역서(예정가격) 작성

① '내역서(예정가격)'는 건설공사의 목적물을 시공하는데 필요한 세부작업을 설명하고 예상 소요물량에 대한 공사비를 정해진 양식에 따라 기입한 목록으로, 전문(全文), 총괄집계표 및 산출(물량)내역서로 구성되어 있다.

② 전문(前文) : 입찰금액 산정 및 계약금액 조정과정에 공사비 산정의 기준이 되는 내용으로 계약상의 일부분이다.

③ 총괄집계표 : 공사비 산출내역서에 의한 각 내역 분류체계의 단위 대공종별 금액을 자재비, 본체공사비, 공통공사비, 부가가치세 등으로 산출(물량)내역서에 기재된 내용을 요약하여 집계한다.

④ 산출(물량)내역서 : 총괄집계표에 명기된 세부공종의 산출자료로서, 수량산출기준의 공종분류체계에 의한 공종의 분류체계에 따라 작성한다.

Ⅳ. 무근콘크리트 1m³ 타설 공사비 적산 비교

【문】 무근콘크리트 1m³의 토목구조물을 레드믹스트콘크리트로 타설하는데 소요되는 공사비를 표준품셈과 실적공사비로 각각 산출하고, 그 결과를 비교하시오.

1. 표준품셈 적산

산출 근거	建設표준품셈	[2013. 01. 20. 국토교통부, (주)建設硏究社]
	物價資料 상권	[2013. 02. 01. 기획재정부, (사)한국물가협회]

1. 무근콘크리트 타설의 노무비 산출

(1) 콘크리트공 : 0.24인 × 117,989원=28,317.4

(2) 보통인부 : 0.30인 × 81,443원=24,432.9   노무비 소계=52,750.3원

건설표준품셈	제6장 콘크리트	6-1 콘크리트

6-1-1 콘크리트 타설(m³ 당)					209p.

공 종	직종 \ 구분	무근구조물	철근구조물	소형구조물 (토목)
㉮ 레디믹스트콘크리트	콘크리트공(인)	0.12	0.14	0.24
	보통인부(인)	0.15	0.16	0.30

건설표준품셈	부록	Ⅳ. 2013년 상반기 적용 : 건설 노임

<공사 직종> 2013.1.1. 적용 직종별 노임단가					1169p.

직종 번호	직종명	2013년 상반기	2012년 하반기	2012년 상반기	2011년 하반기
1003	콘 크 리 트 공	117,989	116,958	109,535	107,217
1002	보 통 인 부	81,443	80,732	75,608	74,008

2. 콘크리트 믹서의 작업량 계산 및 경비 산출

(1) 작업량 계산식 $Q=\dfrac{60}{4}\cdot q\cdot E$	216p.

여기서, Q : 콘크리트 믹서의 시간당 생산량(m³/hr)

4 : 4분(재료의 투입·혼합·배출 등 작업시간)

q : 콘크리트 믹서의 용량(0.45m³ 적용)

0.10, 0.17, 0.20, 0.30, 0.40, 0.45m³ 등의 6종 중 0.45m³ 적용

E : 작업효율(0.8 적용)

∴ $Q=\dfrac{60}{4}\cdot q\cdot E=\dfrac{60}{4}\times0.45\times0.8=5.40\,\text{m}^3/\text{hr}$

(2) 재료비

휘발유 : 3.9(l/hr)×1,668(원/l)(조달청가격)=6,505.2

잡류 : 휘발유의 2%=6,505.2 × 0.02=130.1   재료비 소계=6,635.3원

※ 콘크리트 믹서의 경비							214p.
기계명	규격 (m³)	주연료 (l/hr)	잡재료 (주연료 의 %)	조종원 (인/월)	조수 (인/월)	건설기계 조 장 (인/월)	장비가격 $, ( )천 원
콘크리트 믹서	0.45	휘발유 3.9	2	1	-	-	13,990

※ 연료유 가격		【조달청 시설공사 중기기초단가 결정기준】		
구 분	종전기준	01.02조정	변동일자	전기준 대비
USD기준환율	1,167.6원/$	1,071.1 원/$	2013.01.02	감 9%
무연휘발유	1,415원/l	1,668 원/L	2013.01.02	증3.7%
저유황경유	1,223원/l	1,469 원/L	2013.01.02	증16.7%
중 유	611원/l	922 원/L	2013.01.02	증 33.7%

(3) 기계손료(경비) (2013.05.09-환율 : 1,090원/$)

  콘크리트 믹서의 가격＝13,990$ × 1,090원/$＝15,249,100원

  콘크리트 믹서의 손료＝$(1,286+1,071+614)×10^{-7}$

  ∴ 경비 ＝$15,249,100×(1,286+1,071+614)×10^{-7}$＝4,531원/hr＝2,067원/m³

※ 콘크리트 믹서의 손료									214p.
규격 (m³)	내용 시간	연간표준 가동시간	상각 비율	정비 비율	연간 관리 비율	시간당(10^{-7})			
						상각비 계수	장비비 계수	관리비 계수	계
0.01~ 0.45	7,000	1,000	0.9	0.75	0.1	1,286	1,071	614	2,971

(4) 콘크리트 믹서의 사용료

구 분	A 단가(원/hr)	B 작업량 Q(m³/hr)	A/B적산금액(원/m³)
재 료 비	6,635.3	5.40	1,228
경 비	4,531	5.40	839
합 계			2,067

3. 콘크리트 진동기[엔진식ϕ45(2.6kW)]의 재료비 및 경비 산출

(1) 재료비

  휘발유 : 1.0(l/hr)×1,668(원/l)(조달청가격)＝1,668

  잡류 : 휘발유의 10%＝1,668×0.10＝166.8   재료비 소계＝1,834.8원

건설표준품셈	제11장 기계 경비 산정	11-35 콘크리트 진동기

11-35-2 운전 경비 산정				359p.
기 계 명	규 격	주연료 (l/hr)	잡재료(주연 료의%)	장비가격 $,0천 원
콘크리트진동기	엔진식 플렉시블형Φ45(2.6kw)	휘발유 1.0	10	(315)

(2) 기계손료(경비)

콘크리트 진동기의 가격＝315,000원

콘크리트 믹서의 손료＝(3,000+ 1,333+ 700)×10⁻⁷

∴ 경비＝315,000×(3,000+ 1,333+ 700)×10⁻⁷＝158.5원/hr

| 11-35-1 콘크리트 진동기의 손료 | | | | | | | | | 359p. |

규격 (mm)	내용 시간	연간표준 가동시간	상각 비율	정비 비율	연간 관 리 비율	시간당(10⁻⁷)			
						상각비 계수	정비비 계수	관리비 계수	계
엔진식플렉시 블형Φ45 (2.6kw)	3,000	1,000	0.9	0.40	0.1	3,000	1,333	700	5,033

(3) 콘크리트 진동기(2대)의 사용료＝317 × 2대＝634원/m³

구 분	A 단가(원/hr)	B 작업량 Q(m³/hr)	A/B적산금액(원/m³)
재 료 비	1,834.8	5.40	340
경 비	158.5	5.40	29
합 계			369

4. 바이브레이터 건설기계의 경비 산출

(1) 기계손료(경비)

바이브레이터 가격＝88,000원

바이브레이터 손료＝(4,500)×10⁻⁷

∴ 경비＝88,000×(4,500)×10⁻⁷＝396원/hr

| 건설표준품셈 | 부록 | Ⅲ. 건설 기계 가격표 |

| (2013.5.9 기준환율 1$: 1,090.00원) | | 1167p. |

기 종	분류번호	가격 $, ( )천 원	비고
바이브레이터	8802-001	(88)	

| 건설표준품셈 | 제11장 기계 경비산정 | 11-36 코어 드릴의 손료 |

| 에어 호스 등의 손료 | | | 363p. |

명 칭	규 격	내용시간	시간당(10⁻⁷)
바이브레이터	봉상 플렉시블	2,000	4,500

5. 양생 급수용 에어호스(3/4")의 경비 산출

(1) 기계손료(경비)

에어호스의 가격＝97,000원

에어호스의 손료＝(5,625)×10⁻⁷

∴ 경비＝97,000×(5,625)×10⁻⁷＝54.56원/hr

| 건설표준품셈 | 부록 | Ⅲ. 건설 기계 가격표 |

| (2013.5.9 기준환율 1$: 1,090.00원) | | 1167p. |

기 종	분류번호	가격 $, ( )천 원	비고
에어호스	8801-0019	(97)	

건설표준품셈	제11장 기계 경비산정	11-36 코어 드릴의 손료
에어 호스 등의 손료		363p.

명 칭	규 격	내용시간	시간당(10^{-7})
에어호스	(1.91cm)×3B×50m	1,600	5,625

6. 바이브레이터 및 에어호스의 경비

구 분	A 단가(원/hr)	B 작업량Q(m³/hr)	A/B적산금액(원/m³)
바이브레이터 경비	396	5.40	73
에어호스 경비	54.56	5.40	10
합 계			83

7. 무근콘크리트 1m³ 타설에 대한 공사비 합계

구분	타설	믹서	진동기	바이브레이터 및 에어호스	합계
재료비		1,228	340		1,568
노무비	52,750				52,750
경비		839	29	83	951
합계	52,750	2,067	369	83	55,269

정답 1 표준품셈에 의한 무근콘크리트 1m³ 레미콘 타설 단가 : 55,269(원/m³)

2. 실적공사비 적산

산출 근거	건설공사 실적공사비	2014년 상반기 적용 공종 및 단가
		[국토교통부, 한국건설기술연구원]

대분류 E 현장타설 콘크리트 공사 〈 토목-30 〉

■ EC***(EC****) 콘크리트타설

공종코드	공종명칭	규격	단위	단가	노무비율
EC110.11002	무근콘크리트타설	빈배합(leanmix)	m³	23,296	100%

정답 2 실적공사비에 의한 무근콘크리트 1m³ 레미콘 타설 단가 : 23.299(원/m³)

3. 표준품셈과 실적공사비 무근콘크리트 1m³의 레미콘 타설비 적산 비교

공종	수량	단위	공사비	
			표준품셈	실적공사비
무근콘크리트 타설	1	m³	55,269원 (100.0%)	23,296원 (42.2%)

4. 문제점 및 대책

(1) 위의 공사비 계산 사례에서 보듯, 표준품셈 대비 실적공사비 적산방식에 의한 무근콘크리트 $1m^3$의 레미콘 타설비가 42.2%에 불과하다.

(2) 현행 가격 평가 위주의 입·낙찰 제도 하에서 실적공사비 제도 도입 이후, 건설회사들은 수익성 악화로 신기술·신공법을 선택할 여유가 없어 기술개발 유도효과가 나타나지 못함에 따라 실적공사비의 폐지를 주장하여 왔다.

(3) 이에 대한 개선대책으로 기획재정부는 공공건설공사의 예정가격을 작성하는 각 중앙관서의 장은 '표준시장가격'을 토대로 예정가격의 단가를 적용하는 개선대책을 마련하여 2015.03.01.부터 적용하고 있다.

V. 표준시장단가

1. 정의

(1) 표준시장단가는 과거 수행된 공사(계약단가, 입찰단가, 시공단가)로부터 축적된 공종별 단가를 기초로 매년의 인건비, 물가상승률, 시간·규모·지역 등에 대한 보정을 실시하여 향후 공사의 예정가격 산출에 활용하는 원리이다.

(2) 미국·영국 등 선진국에서는 이미 수행한 공사의 공종별 단가를 이용하여 향후 유사한 공사비를 산정하는 적산방식을 오래 전부터 시행하고 있다.

2. 표준시장단가 제도의 도입과정

2009.03.24.   표준시장단가 적산제도 전담기관 지정(한국건설기술연구원)

2015.03.01.   기획재정부 계약예규 개정,
                실적공사비의 명칭변경 : '실적공사비' → '표준시장단가'

표준품셈과 표준시장단가 적산방식의 비교

구분	표준품셈	표준시장단가
내역서 작성	설계자 및 발주기관에 따라 상이	수량산출기준에 의해 통일
단가산출방법	표준품셈을 기초로 원가계산	공종별 표준시장단가에 의해 산출
직접공사비	재료비·노무비·경비 등으로 분리	재료비·직접노무비·직접경비 포함
간접공사비	비목(노무비 등)별 기준	직접공사비 기준

부문별 표준시장단가 관리부처 및 관리기관

부문별	관리부처	관리기관
토목·건축·기계설비	국토교통부	한국건설기술연구원
정보통신	과학기술정보통신부	(재)한국정보통신산업연구원
전기	산업통상자원부	한국전기산업연구원

3. 기대효과
⑴ 시공환경 및 현장여건 반영으로 적정공사비 확보 기대
⑵ 적정한 공사비가 확보되어 시공품질 향상 기대
⑶ 적산능력 배양으로 견적 및 기술능력 향상과 거래가격 투명성 확보 기대
⑷ 예정가격 산정업무 간소화로 행정업무 효율 극대화 기대[7]

2019년 상반기 건설공사 표준시장단가 공종 및 단가 공고
국토교통부 공고 제2018-1788호

『국가를당사자로하는계약에관한법률시행령』제9조제1항제3호 및 『예정가격작성기준(기획재정부 계약예규제380호, 2018.6.7)』제38조제4항, 건설기술진흥업무운영규정(국토교통부훈령 제1044호, 2018.6.29)』제88조제4항에 따라 '2019년 상반기 건설공사 표준시장단가 공종 및 단가'를 다음과 같이 공고합니다.

2018.12.28.
국토교통부장관

1. 제정목적 : 정부 공공기관에서 시행하는 건설공사 예정가격 산정을 위한 기초자료 제공
2. 적용일시 : 2019년 1월 1일부터
3. 적용범위 : 국가, 지방자치단체, 공기업·준정부기관, 기타공공기관 및 위 기관의 감독과 승인을 요하는 기관에서 시행하는 건설공사
4. 구성내용
   제1장 총칙
   제2장 토목공사 표준시장단가
   제3장 건축공사 표준시장단가
   제4장 기계설비공사 표준시장단가
   제5장 표준시장단가 적용시 간접공사비 등 산정 참고자료
5. 관리기관 : 한국건설기술연구원 공사비원가관리센터(☎031-910-0469)
6. 기 타
   2019년 상반기 건설공사 표준시장단가 적용공종 및 단가집의 내용은
   국토교통부 누리집(www.molit.go.kr, 정보마당/법령정보/행정규칙) 및
   한국건설기술연구원 누리집(www.kict.re.kr, 기업지원/표준품셈)에 게재되어 있습니다.

---

7) 김낙석·박효성, '실무중심 건설적산학', 피앤피북, pp.383~419, 2016.

01.09 건설공사의 입찰제도

종합심사낙찰제, 물량내역 수정입찰제, 순수내역입찰제도, Turn key, [7, 3]

Ⅰ. 개요

1. 1997년부터 국내 공공건설시장이 국제적으로 개방됨에 따라 대규모 SOC사업이 국제입찰에 부쳐지면서 건설업계에 더욱 가혹한 경쟁력이 요구되고 있다.

2. 국내 건설시장의 40%를 점유하는 공공건설공사는 예정가격 결정부터, 계약방법, 입찰절차 및 낙찰자 결정, 계약금액의 조정, 검사 및 대가지급, 지체상금, 보증금제도 등에 이르기까지 공정성 확보가 중요하다.

Ⅱ. 건설공사 입찰절차

| 1. 입찰공고 | ⇨ | 2. 참가등록 | ⇨ | 3. 견적 | ⇨ | 4. 입찰등록 | ⇨ | 5. 계약 | ⇨ | 6. 착공 |

공공건설공사의 입찰절차

1. **입찰공고 : 관보, 신문, 게시판 등에 공고**
   (1) 공사명, 설계도서 열람장소, 입찰보증금, 입찰자격, 입찰방법 등 명시

2. **참가등록 : 현장설명 참가에 필요한 등록서류 제출**
   (1) 설계도서 교부
     ○ 현장설명할 때 교부 또는 사전에 교부
   (2) 현장설명
     ○ 공사지역의 지형·지질, 인접부지, 도로, 지상·지하 매설물 등에 대하여 도면, 시방서에 표기하기 곤란한 사항을 현장에서 직접 설명
   (3) 질의응답
     ○ 설계도서를 현장설명할 때 의문사항에 대한 질의응답을 진행하며, 현장에서 즉시 응답할 수 없는 사항은 빠른 시일 내에 서면으로 통보

3. **견적 : 설계도서와 현장설명을 근거로 하여 적산 및 견적서 작성**
   (1) 설계도서를 받고 입찰할 때까지의 기간을 견적기간으로 간주

4. **입찰등록 : 입찰보증금, 입찰에 필요한 제반서류 등을 제출**
   (1) 입찰 : 입찰금액 또는 내역명세서를 첨부한 입찰서 제출

⑵ 개찰 : 관계자 입회하에 개찰 → 재입찰(예정가격 초과시) → 수의계약

⑶ 낙찰 : 사전 공고된 낙찰제도(부찰제, 최저가낙찰제 등)에 의해 낙찰자 결정

5. 계약

⑴ 계약보증금, 계약보증서, 보험계약서 및 쌍방 서명날인 등에 의해 체결

6. 착공

⑴ 관계기관에 착공관련서류를 제출한 후에 공사 착공

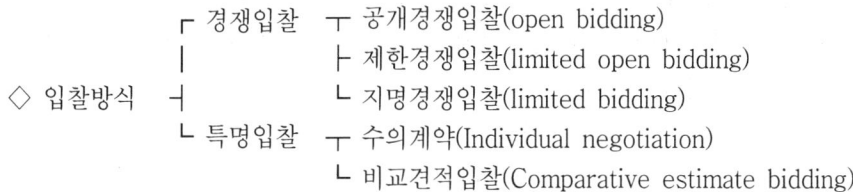

공공건설공사 입찰방식의 분류

Ⅲ. 건설공사 입찰방식

1. 공개(일반)경쟁입찰 『국가를당사자로하는계약에관한법률』제11조

⑴ 정의

① 입찰참가자의 범위가 가장 널리 개방되어 있어 동일한 종류의 공사에 경험이 있고 규정된 자격이 있는 시공자라면 누구나 입찰할 수 있는 방식이다.

② 시공자에게는 공사를 도급할 수 있는 균등한 기회가 주어지나, 발주자에게는 많은 입찰자가 참여하므로 입찰준비를 위한 관리부담이 가중된다.

공개경쟁입찰 제도의 특징

장점	단점
◦ 공사비 절감이 가능	◦ 응찰자 과다로 입찰행정이 복잡
◦ 입찰담합의 가능성을 배제	◦ 부적격자 낙찰시 부실공사가 유발
◦ 자유경쟁 원칙에 부합되는 제도	◦ 과당경쟁 또는 덤핑경쟁이 우려
◦ 입찰자 선정이 공정	◦ 건설업의 건전한 발전을 저해

2. 제한경쟁입찰 『국가를당사자로하는계약에관한법률』제21조

⑴ 정의

① 일반경쟁입찰에서 예상되는 부담을 사전에 보완하기 위한 방식이다.

② 수주자의 실적, 능력, 경영 등에 따라 입찰참가자의 범위를 제한하기 위하여 입

찰을 희망하는 수주자의 관련자료를 제출받아 자격이 있는 시공자만이 입찰에 참가할 수 있도록 하는 예비심사제도를 널리 채택하고 있다.

(2) 제한경쟁입찰의 분류

① 지역 제한경쟁입찰
- 시공되는 해당지역의 업체만이 입찰에 참가할 수 있는 방식이다. 공사금액이 소규모인 경우에는 지방 건설업체 보호정책으로 채택되기도 한다.

② 군(group) 제한경쟁입찰
- 건설업체의 시공능력별로 편성된 군(1군, 2군, …)을 대상으로 제한한다. 공사 규모, 공사금액에 따라 입찰참가 대상업체를 군으로 제한할 수도 있다.

③ 도급한도액 제한경쟁입찰
- 발주처에서 도급 예상금액의 일정한 배수를 정하여, 도급한도액이 그 이상을 초과하는 건설업체는 입찰참가를 제한한다.

④ 실적 제한경쟁입찰
- 시공실적의 많지 않은 특수한 구조물공사에 대하여 시공기술과 시공경험을 보유한 업체만 입찰에 참가할 수 있다.

⑤ 사전입찰참가자격(PQ, Pre-Qualification)제도
- PQ제도는 입찰자격의 사전심사제도로서 공고를 통해 회사의 기술능력, 재정 상태, 동종공사의 시공경험 등을 제출토록 하여 매 공사마다 자격을 얻는 업체만 입찰에 참여시키는 제도이다.
- 이 제도는 SOC사업(철도, 지하철, 항만 등)의 부실공사를 근원적으로 방지하기 위해 1993년 3월부터 정부가 발주하는 일정한 공사비 이상의 공공건설공사에 적용하고 있다.

사전입찰참가자격(PQ, Pre-Qualification) 제도의 특징

장점	단점
◦ 부실시공 방지	◦ 자유경쟁 원리에 위배
◦ 기업의 경쟁력 확보	◦ 대기업에 유리한 제도
◦ 입찰자 감소로 입찰시 소요시간 단축,	◦ 평가의 공정성 확보 곤란
◦ 요비용 절감	◦ 신규 참여업체가 진입 곤란
◦ 무자격자로부터 유능업체 보호	◦ PQ심사 통과 후 담합 우려

3. 지명경쟁입찰 『국가를당사자로하는계약에관한법률』제21조

(1) 정의

① 발주자가 사전에 공사의 규모, 품질, 공기 등을 고려하여 수주자의 자격(실적,

장비보유, 자본금, 기술자 등)을 검토하고 신뢰성이 있는 업체들을 선정하여 입찰에 참여시키는 방식이다.

② 공정하게 다룰 경우 가장 신뢰할 수 있고 능력이 확실한 업체를 선정할 수 있으나, 일부 무모한 덤핑(dumping)에 의하여 공사에 많은 지장을 줄 우려가 있어 낙찰금액에 하한선을 정하여 실격시키는 방식을 취하고 있다.

(2) 적용대상

① 예정가격 1억 원 이하의 공사를 대상으로 다음과 같은 경우에 적용한다.
  ○ 계약목적상 특수한 설비·기술·자재나 실적이 필요한 경우
  ○ 입찰예정자가 3~7인 이내인 경우
  ○ 발주자가 번잡한 입찰수속을 피하면서, 양질의 시공을 필요로 하는 경우

지명경쟁입찰 제도의 특징

장점	단점
○ 공사특성에 맞는 적격업체 선정 가능	○ 소수업체만 참가하여 담합이 우려
○ 시공의 품질향상이 도모	○ 입찰참가자 선정기준에 분쟁이 우려
○ 부적격업체를 사전 배제 가능	○ 균등한 입찰기회를 제공하기 곤란
○ 발주자의 입찰행정 간소화가 기대	○ 적격 시공업체 선정이 곤란

4. 수의계약

(1) 정의

① 처음부터 한 업체를 선정하여 견적을 제출하도록 의뢰하는 방식으로, 발주자와 수주자의 상호 신뢰에 의하여 수의계약을 한다.

② 공사의 특성, 발주자의 형편 등을 고려하여 경쟁입찰이 불가능한 경우 발주자가 신뢰할 수 있다고 판단되는 특정한 업체와 계약을 체결한다.

③ 수의계약은 『특정조달을위한국가를당사자로하는계약에관한법률 시행령 특례규정』제2조제6호에 '발주기관이 경쟁입찰에 의하지 아니하고, 계약상대자를 결정하는 계약'이라고 규정되어 있다.

(2) 적용대상

① 비밀을 요하는 공사, 특수공법의 공사
② 여러 회사가 입찰에 응할 여지가 없는 공사
③ 실비정산 보수가산식 도급에 의한 공사
④ 추가공사, 재해복구 등의 긴급공사

수의계약 제도의 특징

장점	단점
◦ 양질의 시공을 기대 가능	◦ 공사금액 결정이 불확실 우려
◦ 업체선정에 관한 행정업무가 간단	◦ 부적격업체 선정이 우려
◦ 군사시설 등 공사보안 유지 가능	◦ 부실공사 초래가 우려
◦ 재해복구 긴급공사를 조기 착수 가능	◦ 공사비의 증가가 우려

5. 비교견적입찰 『국가를당사자로하는계약에관한법률』제30조

(1) 정의

① 비교견적은 발주자가 해당 건설공사의 규모와 특성에 가장 적합하다고 판단되는 2~3개 업체의 견적을 받아서 시공자를 지명하고 도급계약을 체결하는 방식으로, 일종의 수의계약에 해당된다.

(2) 적용대상

① 여러 회사가 입찰에 응할 여지가 없는 공사
② 특수공법을 적용해야 하는 추가공사 등[8]

비교견적입찰 제도의 특징

장점	단점
◦ 발주자가 신뢰하는 업체 선정 가능	◦ 균등한 입찰기회 박탈 우려
◦ 입찰행정이 비교적 간단	◦ 입찰과정에서 담합이 우려
◦ 특명입찰 장점을 이용 가능	◦ 공사비 상승이 우려
◦ 양질의 시공을 기대 가능	◦ 신뢰가 상실되면 부실공사 우려

IV. 턴키 입찰제도

1. 개요

(1) 턴키(Turn key) 입찰제도란 정부가 발주하는 고난도 복합공종의 공공건설공사를 대상으로 건설업체가 설계·시공을 책임지고 시행하는 입찰방식을 말한다.

(2) 일반공사는 발주청이 설계한 후 가격경쟁으로 낙찰자를 결정하지만, 턴키 입찰제도는 입찰가격과 설계평가점수와의 조합으로 낙찰자를 결정한다.

2. 턴키 도입과정

1975년 : 대형공사에 관한 예산회계법시행령 특례규정에 최초 도입

---

8) 김낙석·박효성, '앞서가는 토목시공학', 개정 1판1쇄, 예문사, pp.36~44, 2018.

1996년 : 턴키·대안 활성화대책 수립시 대형국책사업 위주로 적용 확대
2008년 :『대형공사입찰방법심의기준』 및 『건설기술개발및관리운영규정』 개정

3. 턴키 주요내용

(1) 절차

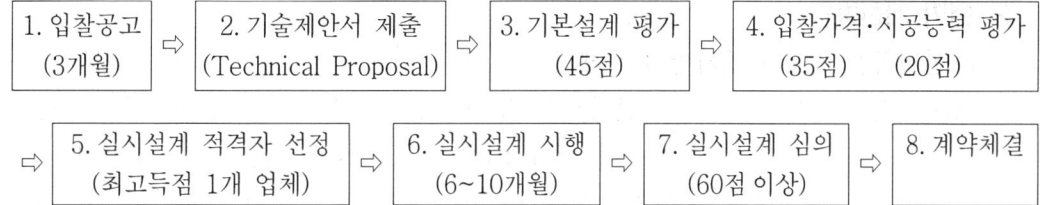

턴키 입찰제도의 업무흐름도

(2) 평가기준

평가항목	평가내용	배점
합계		100
기본설계	·설계심의 기술위원회 및 평가위원회 점수	45
입찰가격	·입찰자 획득점수$=\dfrac{입찰자 중 최저입찰가격}{입찰가격}\times 35$ 단, 입찰가격이 추정가격의 80% 미만이면 감점 처리 감점$=$획득점수$-\left[\dfrac{추정가격의 80\% 상당가격 - 입찰가격}{추정가격}\times 35\right]$	35
시공능력	·시공경험, 기술능력, 경영상태, 신인도 등 PQ항목을 평가	20

4. 턴키 특징

(1) 장점

① 최근 전문인력이 부족한 발주기관의 기술업무 대행 가능 : 책임감리 시행 이후 발주기관 직원들의 기술능력이 현저히 감소된 점을 보완할 수 있다.

② 당초 예정가격보다 낮은 수준으로 시공 가능 : 일반 입찰에서는 시공 중 설계 변경으로 공사비가 상승할 수 있지만, 턴키는 설계변경이 불가하다.

③ 대형공사를 효율적으로 수행하여 공기단축 가능 : 공기단축이 턴키 계약방식의 가장 큰 장점이다.

④ 건설산업의 기술개발 촉진, 생산성 향상 기여 : 설계기술과 시공능력을 동시에 평가하므로 건설업체의 국제경쟁력 향상에 기여할 수 있다.

(2) 단점

① 실시설계 적격자 선정에 잡음 우려 : 심사과정의 비공개 원칙에 따른 설계심의 위원 상대로 음석적인 로비 시도 사례가 있다.

② 입찰준비를 위한 비용부담 발생 : 고급설계가 필수적이므로 설계도서 작성비용
이 과다하게 소요될 수 있다.

③ 대형건설업체가 수주를 과점 : 도급순위 상위 5개 시공사의 턴키 시장점유율이
매년 평균 63% 수준에 이른다.

5. 턴키 개선방안

(1) 설계적합 최저가 평가방식의 개선

① 턴키제도에서 낙찰자를 선정하기 위하여 설계적합 최저가 평가방식을 활용하기
도 한다. 이때 일정 수준의 평가점수(60~85) 이상의 설계적합 업체만을 우선
적으로 선정하여 고품질의 설계작품을 확보한 후, 그 작품 중에서 가격경쟁을
통해 최저가격을 낙찰자로 선정하면 예산절감 효과를 기대할 수 있다.

② 설계적합 최저가 평가방식은 과다설계 방지 및 예산절감 효과를 거둘 수는 있
으나, 설계품질보다는 가격경쟁이 심화되는 경향이 있어 그동안 턴키 발주공사
에서 널리 적용되지 못하였다.

③ 이 방식을 국방부 관련 시설공사 신월 빗물저류시설 등 방재시설확충공사에서
일부 적용한 사례가 있었으나, 설계기법보다는 사실상 가격경쟁으로 운용되었
기에 설계품질 향상 유도에는 한계가 있었다는 평가이다.

④ 이 사례를 감안할 때 설계평가 2~3위 업체에게만 가격입찰 자격을 부여하여
경쟁토록 함으로써 설계품질뿐만 아니라 가격도 동시에 경쟁하는 최고가치 기
반의 낙찰자 선정방식으로 개선할 필요가 있다.

(2) 확정가격 최상설계방식의 확산 유도

① 고난도 신규 공공공사를 대상으로 추정가격 확정 후, 설계기술 점수로만 낙찰
자를 선정하는 최상설계방식은 아직 활성화되지는 못하고 있다.

② 그동안 확정가격 최상설계방식은 국회의원회관 신축공사, 태릉선수촌, 강원랜드
의 하이원리조트 콘도증설공사 등에 제한적으로 적용되었으나, 확정가격 산정
에 대한 객관성 입증문제 때문에 시행실적이 부진할 수밖에 없었다.

③ 이 부진사유를 감안할 때 확정가격 산정에 대한 객관성 입증이 필요하다. 이를
위하여 발주청에서 개념설계를 시행하여 적정한 기초가격을 산정하고 이를 근
거로 평가 및 배점기준을 제시하는 대안이 있을 수 있다.

④ 확정가격 최상설계방식을 개선함으로써 발주기관의 창의적인 설계의도를 반영
하면서 동시에 입찰담합 방지에 기여할 것으로 기대된다.[9]

---

9) 국토교통부, '턴키 등 설계심의 공정성 확보방안 마련', 2012.

V. 순수내역 입찰제도

1. 용어 정의

⑴ 순수내역 입찰제도란 발주기관에서 공사물량을 제시하지 않고 입찰참가자가 직접 공사물량과 단가 등을 산출하여 입찰과정에 제출하는 제도이다.

⑵ 순수내역 입찰제도란 발주기관이 확정한 설계서 범위 내에서 입찰참가자가 직접 물량내역을 작성하여 단가를 적어 제출하는 입찰방식을 말한다.

⑶ 순수내역 입찰제도란 발주자가 설계도면, 시방서, 공사현장 지질 등의 물량산정 기초자료만 제공하고 응찰자가 공종·물량·가격 등을 포함한 입찰금액 산출내역서와 기초자료를 제출하는 방식으로 견적능력이 수주의 핵심경쟁력이다.

2. 도입 필요성

⑴ 현재 시행되고 있는 내역입찰제의 가격경쟁 체제에서 탈피하기 위하여

⑵ 전문분야의 공종에서 경쟁력 있는 가격으로 작성된 내역서와 실행가능은 금액으로 경쟁을 유도하기 위하여

⑶ 시공업체의 견적능력 향상을 도모하기 위하여

⑷ 시공업체에게 책임의식을 부여하고, 신공법·신기술 활용을 유도하기 위하여

3. 참여기관 역할

⑴ 발주처 : 도면, 시방서, 재료규격, 현장조사자료 등 건설공사의 물량을 제외한 모든 관련자료를 제공

⑵ 입찰자 : 공종, 물량, 금액을 모두 세부 공정별로 산정하여 입찰내역서 작성

⑶ 기타 참고사항

① 시공방식에 대해서는 시공업체에게 일임하며, 시공 중에 계약금액의 조정은 허용되지 않는다.

② 발주처의 책임 있는 사유, 현장여건 변경 등으로 인한 설계변경은 가능하다.

4. 제도 장점

⑴ 건설업체 간에 견적능력 발휘에 따른 차별화가 가능하여 기술력의 상대적인 수준을 비교·평가할 수 있다.

⑵ 입찰을 통하여 견적능력과 시공능력이 떨어지는 업체는 점차 사라지고 역량이 갖춰진 업체 중심으로 입찰 참여가 이루어 질 수 있다.

⑶ 시공업체에서 일정 부분 리스크를 부담하면서 입찰에 참가하기 때문에, 철저한 책임시공이 가능해지고 불필요한 설계변경을 다소 줄일 수 있다.

5. 제도 단점

⑴ 발주처가 사전에 책임한계를 명확히 제시하지 않을 경우, 발주처의 책임회피로

인한 시공업체의 과도한 부담 또는 이에 따르는 설계변경 및 다수의 클레임이 발생할 수 있다.

(2) 시공업체가 리스크 부담을 느껴 입찰자의 수가 줄어들 수 있다.

(3) 입찰자 감소로 인하여 올바른 가격경쟁이 변질될 수 있고, 발주처로서는 선택의 폭이 좁아질 수 있다.

(4) 견적능력을 갖춘 특정한 상위 건설업체들의 독과점으로 이어질 수 있다.[10]

VI. 건설공사 입찰제도 개선방향

1. 현행 총공사비 300억원 이상 공공건설공사에 적용되고 있는 최저가낙찰제는 정부의 예산절감을 위하여 입찰가격을 기준으로 평가함으로써 저가낙찰과 분쟁유발의 요인이 되고 있으며, 특히 품질관리 측면에서 심각한 문제점을 드러내고 있다.

2. 따라서 입찰가격 외에 공사수행능력, 사회적 책임 등을 종합평가함으로써 저가낙찰을 방지하고 품질확보, 하도급 개선, 안전관리 제고 등을 도모할 필요가 있다. 이와 같이 입찰가격과 공사수행능력을 종합 평가하는 입·낙찰제도(종합평가방식)를 도입하는 경우의 기대효과는 다음과 같다.

(1) 입찰가격 평균에 의한 균형가격 설정을 통하여 지나친 가격경쟁의 부작용을 방지하며, 높은 입찰가격 구간에서는 가격점수 차이를 크게 벌림으로써 담합비리를 예방할 수 있다.

(2) 공사수행능력을 평가함으로써 시공경험을 갖춘 업체, 해당 공사의 유형에 전문성을 갖춘 업체를 우대할 수 있어 고품질의 공사를 유도하고 특화된 중견·중소기업 육성이 가능하다.

(3) 입찰자가 제시한 물량, 단가, 시공계획, 하도급계획 등의 적정성을 평가함으로써 불균형 입찰단가에 따른 예산낭비 가능성을 예방할 수 있다.

(4) 사회적 책임을 평가함으로써 고용창출 유발을 통해 경제 활성화를 유도하고 원·하도급 거래의 공정성과 투명성을 제고하여 공공건설부문에서의 산업재해를 감소시킬 수 있다.

---

10) 조달청, '최저가낙찰제 대상공사에 대한 입찰금액의 적정성심사 세부기준', 2011.

01.10 건설공사의 공동도급, 하도급

건설공사의 공동도급 운영방식, 하도급계약의 적정성심사 [1, 2]

Ⅰ. 건설공사의 공동도급

1. 용어 정의

(1) 『건설산업기본법』제22조에 따른 『건설공사 공동도급운영규정(국토교통부고시 제
2016-210호)』에 건설업의 균형발전과 건설공사의 효율적인 수행을 위해 대기업
인 종합건설업자와 중소기업인 전문건설업자 간의 상생협력 관계가 유지·발전되
도록 공동도급 및 하도급에 관한 내용을 규정하고 있다.

(2) 정부는 건설공사의 저가 하도급 문제점을 개선하기 위하여 발주자가 종합건설업
자와 전문건설업자 간의 공동수급체와 계약을 체결하고, 종합건설업자가 주계약
자가 되어 시공하는 '주계약자 공동도급' 제도를 도입하였다.
행정안전부는 '주계약자 공동도급' 방식을 2009년 시범사업 이후, 2010년부터 추
정가격 2억원 이상 100억원 미만 공사에 대하여 전면 시행하였다.

2. 주계약자 공동도급의 법률관계 해석

(1) 공동도급은 도급인과 공동으로 도급계약을 체결하는 것을 말하며 도급인과의 관
계를 기준으로 '공동수급체'라고 한다.
공동수급체 : 2인 이상이 연합하여 각각 출자하고 특정한 공사를 공동으로 수행
하기 위해 인적 결합 단체로 조인트 벤처(joint venture)와 유사한 개념

(2) 공동수급체는 도급받은 건설공사를 수행방식에 따라 ▲공동이행방식, ▲분담이행
방식, ▲주계약자관리방식 등으로 구분된다.
① 공동이행방식 : 건설공사 계약수행에 필요한 인력·자금·자재 등을 공동으로 출
자하거나 파견하여 수행하고 이에 따른 이익 또는 손실을 각 구성원의 출자비
율에 따라 배당하거나 분담
② 분담이행방식 : 공동수급체 각각의 구성원이 도급받은 공사를 분할하여 각자
분담부분에 대해서만 자기 책임시공하고 공통경비는 모두 갹출하여 이행
③ 주계약자관리방식 : 공동수급체 구성원 중 주계약자를 선정하여 전체 건설공사
수행에 관하여 종합적으로 계획·관리·조정하는 방식. 주계약자는 자신의 분담
부분 이외에 다른 구성원의 계약 이행에 대해서도 연대책임을 부담

건설공사 공동도급 방식의 비교

구분	공동이행방식	분담이행방식	주계약자관리방식
구성방식	출자비율로 구성	분담내용으로 구성 (면허분담 가능)	主계약자는 종합조정·관리 및 분담시공 副계약자는 분담내용에 따라 시공
대표자	공동수급체 총괄관리	공동수급체 총괄관리	주계약자가 총괄관리
하자책임	구성원 연대책임	구성원 각자 책임	구성원 각자 책임(원칙) 다만, 하자구분이 곤란한 경우 관련 구성원 연대책임
하도급	구성원 전원 동의하면 하도급 가능	구성원 각자 책임 하에 하도급 가능	副계약자 중 전문건설업자는 직접시공 의무
실적인정	금액 : 출자비율로 산정 규모 : 실제 시공부분	구성원별 분담시공 부분	主계약자 : 전체실적 인정 副계약자 : 분담시공 부분

자료 : 행정안전부, '지방자치단체 입찰 및 계약집행 기준', 2010.

3. 주계약자관리방식에서 공동수급체의 법적 성질

(1) 주계약자 공동도급은 분담이행방식의 공동수급체이다.

분담이행방식의 공동수급체 관계는 민법상의 조합 성격이 아니므로, 구성원 하나의 과실이 전체공사에 부정적 영향(공사기간, 품질관리 등)을 미치는 경우에 그 책임은 그 過失의 주체만 부담해야 한다.

(2) 주계약자 공동도급에서는 副계약자의 공사대금을 발주자가 직접 지급하고 있어 공동수급체 구성원 간의 연대성이 약하므로, 민법상 분할계약이다.

따라서 주계약자 공동도급제도는 기본적으로 민법과 배치되므로 무리하게 종합건설업체에게 과도한 책임을 부과하는 행정 편의적인 제도에 불과하다.

4. 주계약자 공동도급의 문제점 및 개선방안

(1) 주계약자 공동도급은 당초 목적과는 달리 건설현장에서 '상생협력' 대신 '경쟁' 관계를 유발하고 원하도급 간 장기적 협력관계를 붕괴시키는 결과 초래

① 실적 우수한 전문건설업체가 부족한 상태에서 공사입찰에 참여하기 위해 종합건설업체와 전문건설업체 사이에 임시적으로 1회성 관계 형성

② 전문건설업체는 발주자로부터 직접 원도급을 받기 때문에 주계약자의 시공관리 조정 권한이 약화되어 유기적 협력에 근거한 공사 수행 곤란

③ 공동수급체 구성할 때 副계약자(전문건설업체)가 부족하여 副계약자를 선정하지 못한 종합건설업체는 사실상 입찰참가 제한되는 결과 초래

⑵ 주계약자 공동도급은 분담이행방식이므로, 주계약자에게 하자보수에 대하여 연대
책임을 부과하는 것은 타당하지 않음

① 책임주체가 애매한 하자에 대한 분쟁이 발생되고 하자처리 지연 사례가 있어,
발주자 리스크가 증가하고 소비자 피해가 우려됨

⑶ 주계약자 공동도급은 전세계적으로 유일한 제도로서 Grovel Standard에 부합되
지 않으므로 폐지 혹은 적용대상 축소 필요

① 외국의 경우 원도급업체 뿐만 아니라 하도급 협력업체의 시공실적이나 기술능
력을 평가하는 사례는 존재하지만, 공사계약은 별도 관리

② 즉, 공사계약은 종합건설업체를 대상으로 하며 발주자가 전문건설업체와 직접
계약할 때는 공정이나 품질에 대하여 발주자가 직접 책임지고 관리

⑷ 현행 방식을 존치할 경우, 주계약자 공동도급 방식을 적용할 때는 발주자에게 재
량권을 부여할 필요성이 있음

① 주계약자 공동도급 제도의 취지가 저가 하도급 문제를 해결하기 위한 것이라면
최저가 낙찰대상 공사에 한하여 적용하는 것이 바람직함

② 하자책임 구분이 不분명한 건축공사, 조경공사, 복합공사 등은 제외

③ 주계약자의 계획·관리·조정 기능 원활하도록 최소참여비율 50% 이상 부과

④ 30억원 미만 공사는 30% 이상 원도급자의 직접시공이 의무화되어 있으며, '주
계약자 방식'에 의한 공동도급은 효율성이 저하되므로 대상에서 제외 필요[11]

---

11) 국토교통부, '건설공사 공동도급운영규정', 제2016-210호, 2016.
강운산 외, '주계약자 공동도급 제도의 개선 방안', 건설이슈포커스, 2010.

Ⅱ. 건설공사의 하도급

1. 용어 정의

(1) 공공건설공사에서 하도급계약의 적정성 심사제도는 하수급인의 시공능력과 계약금액의 적정성을 심사하는 제도이다. 이 제도는 여러 심사항목이 있으나 현실적으로 하도급 금액의 적정성을 확보에 운용의 초점이 있다.

(2) 그러나 건설경기 침체가 장기화되면서 제도의 허점을 이용하여 권장수준(하도급율 82%) 미만으로 저가하도급 하는 경우가 증가하는 추세이다.

(3) 이에 국토해양부는 편법적인 저가 하도급을 방지하기 위하여 2012.7월 하도급계약 심사기준을 개정하여 2012.10월부터 시행한 바 있다.

(4) 또한 국토교통부는 『건설산업 혁신방안('18.6)』의 후속조치로서 직접시공 확대 및 하도급 적정성 심사 강화 등을 포함하는 『건설산업기본법 시행령·시행규칙』을 개정하여 2019.3.26.일부터 시행하고 있다.

2. 하도급계약 적정성 심사기준 개정 (2012.10월, 국토해양부)

(1) 개정 주요내용

① 종전에는 원도급공사 대비 하도급률 82% 미만인 경우에 하도급 적정성 심사를 실시하였으나, 하도급금액이 발주자의 예정가격 대비 60% 미만인 경우까지 적용대상을 확대하였다.

② 하도급 적정성 심사 통과점수를 종전의 85점 이상에서 90점 이상으로 상향조정하였다.

③ 하도급 적정성 심사 통과점수에 미달하는 경우라도 계약내용 등을 변경하지 않아도 되는 것으로 규정했던 종전의 예외사항(하도급공사의 시공 및 품질확보에 지장이 없다는 객관적인자료를 제출하여 발주자가 인정하는 경우)을 신기술 또는 특허를 보유한 하수급인에게 하도급하는 경우로 제한하였다.

④ 하도급가격의 적정성 심사요소 중의 하나인 원도급공사 낙찰비율에 대하여 종전에는 적격심사 및 최저가낙찰제 대상공사에 대한 배점요령만 있었으나, 설계시공 일괄입찰 및 대안입찰 공사에 대한 배점요령을 추가하였다.

(2) 개정 기대효과

① 하도급 적정성 심사 대상공사를 발주자의 예정가격 대비 60% 미만인 경우까지 확대함으로서,

수급인들이 하도급 적정성 심사를 회피하기 위하여 하도급률 82% 기준을 충족하는 편법(직영공사의 원도급공사 단가는 높이고 하도급공종의 원도급공사 단가는 낮추는 행태)이 개선될 수 있을 것으로 보인다.

② 하도급 적정성 심사 통과점수 5점 상향조정(85점→90점)으로 하도급률이 최저가낙찰제 공사는 2.5~5.0%, 적격심사 대상공사는 2.5% 상향될 것으로 보여, 하도급업체들의 직접공사비 확보에 긍정적인 효과를 줄 것으로 예상된다.

③ 하도급 통과점수에 미치지 못하는 경우에 대비하여 계약내용을 변경하지 않아도 되는 예외규정을 구체화하였기에,
수급인의 편법적인 행태가 개선될 수 있을 것으로 예상된다.[12]

3. 직접시공 확대 및 하도급 적정성 심사 강화 (2019.3월, 국토교통부)

(1) 국토교통부는『건설산업 혁신방안('18.6)』의 후속조치로서 직접시공 확대 및 하도급 적정성 심사 강화 등을 포함하는『건설산업기본법 시행령·시행규칙』을 개정하여 2019.3.26일부터 시행한다.

※『건설산업 혁신방안』 : 건설산업의 근본적 체질개선 및 지속가능한 성장을 위해 기술, 생산구조, 시장질서, 일자리 등 4대 분야의 핵심 혁신전략 마련

[현행]	[개선]
- 직접시공 의무제 대상공사 : 50억 미만	- 70억 미만으로 확대
- 하도급 적정성심사 : 예정가격 대비 60% 이하	- 64% 이하로 확대
- 건설기술자 중복 배치 : 3개 현장 (5억원 미만 공사 현장)	- 3억원 이상~5억원 미만 : 2개 현장, 3억원 미만 : 3개 현장

(2) 직접시공을 활성화하여 지나친 외주化를 막고 시공품질을 제고하기 위한 조치로서, 원청이 소규모 공사의 일정 비율 이상을 직접 시공해야 하는 직접시공 의무제 대상공사를 현행 50억원에서 70억원 미만으로 확대하였다.

① 또한, 직접시공 의무제 대상을 초과하는 공사에서 자발적으로 직접 시공하는 경우 시공능력 평가할 때 실적을 가산*하도록 하였다. 앞으로도 입찰조건을 통한 1종 시설물 직접시공 유도** 등을 병행하여 대형 공사에서도 직접시공을 확대하는 방향으로 제도개선을 지속 추진할 계획이다.

* 시공능력 평가할 때 직접 시공한 금액의 20/100을 공사실적에 가산

** 1종 시설물의 입찰공고문, 계약조건을 통해 핵심공종 직접시공 조건 부여

(3) 이번 개정을 통해 원청의 갑질 근절을 위하여 공공발주자의 하도급 적정성 심사* 대상을 확대(예정가격 대비 60% → 64%)하였고,

* 하도급금액이 도급금액 대비 82% 또는 예정가격 대비 60% 미달될 때, 발주기관은 하도급계약 적정성을 심사하여 시정명령 등 개선 조치

---

12) 대한건설정책연구원, '하도급계약 적정성 심사제도의 개정내용 및 기대효과', 2012.

① 공사현장 안전을 강화하고 부실업체의 과다수주 방지를 위하여 소액 공사현장 배치 기술자 중복허용 요건을 축소*하였다.

  * (현재) (5억 이상) 1명/1개소, (5억 미만) 1명/3개소 중복배치 허용

    (개선) (5억 이상) 1명/1개소, (3억∼5억) 1명/2개소, (3억 미만) 1명/3개소

② 건설엔지니어 위상 제고를 위하여 '건설기술자'를 '건설기술인'으로 용어 변경하고, 창업한 신설업체가 현장경력자를 보유할 경우 혜택*를 부여하고, 부당 내부거래하는 경우에 벌점** 부과조항을 포함하였다.

  * 시공능력 평가를 위한 기술자 수 산정할 때 현장경력 기술자의 경우에 기술자 수를 2배로 인정

  **『공정거래법』부당내부거래로 처분받은 경우에 신인도평가의 5/100분 삭감

(4) 국토교통부는『건설산업 일자리개선대책('17.12)』,『타워크레인 안전대책('18.4)』 등의 후속조치로 ▲노동법령 벌점제, ▲공공공사 하도급 참여제한, ▲타워크레인 계약심사제 등에 대한『건설산업기본법 하위법령』개정 중이며,

① 향후에도 업역규제 폐지, 불공정 관행 근절 등 건설산업 혁신을 위한 후속조치를 관계기관 의견수렴을 통해 차질 없이 추진할 계획이다.13)

---

13) 국토교통부, '직접시공 확대, 하도급 심사 강화 …혁신노력 차질 없이 추진', 2019.

01.11 건설공사의 발주방식

순차적 공사진행방식과 설계시공병행방식의 개요와 장단점을 비교 [0, 1]

Ⅰ. 용어 정의

1. 정부가 발주하는 공공건설공사의 발주방식은 크게 협의(狹義)의 발주방식과 광의(廣義)의 발주방식으로 구분할 수 있다.

2. 협의(狹義)의 발주방식은 '특정한 의무와 권한을 사람과 조직에 할당하고 다양한 요소 간의 관계를 정의하는 조직체계'로 정의되며, 전통적인 설계·시공분리, 설계·시공일괄, 건설사업관리(CM) 발주 외에 민자유치방식(BOT, BOO 등)이 포함된다.

3. 광의(廣義)의 발주방식은 건설업자 간의 조직구성에만 국한되지 않고, 입찰·계약방식, 계약체결 이후의 관리방식 등이 모두 포함되며, 공기단축형 계약, 성능보장형 계약, 2단계(two-stage) 입찰, 최고가치(best-value) 입찰 등이 포함된다.

Ⅱ. 건설공사의 발주방식

1. 정부가 발주하는 공공건설공사의 발주방식과 관련되는 법률에는 『건설산업기본법』, 『건설기술진흥법』, 『국가를 당사자로 하는 계약에 관한 법률』, 『예산회계법』, 『조달사업에 관한 법률』 등이 있다.

   (1) 이 중 『국가계약법』은 공공건설공사의 발주 관련 가장 기본적인 법률로서, 건설공사 발주단계에서 입찰·계약업무만을 위임받아 규정하는 조달 관련법이 있다.

   (2) 또한 건설사업의 시공방식을 규정하는 『건설산업기본법』, 건설사업의 설계감리 수행절차 등을 규정하는 『건설기술진흥법』이 있으며, 건설공사 참여기술자의 전문기술자격을 규정하는 『기술사법』 등으로 구성되어 있다.

2. 이와 같이 공공건설공사의 발주방식과 관련되는 법률이 다양하듯, 건설산업의 다양한 특성을 반영하기 위하여 다양한 형태의 발주방식이 적용되고 있다.

   (1) 국내에서는 오랫동안 설계와 시공을 분리하여 시행하는 설계·시공분리 발주방식이 주로 적용되고 있다.

   (2) 최근 들어 건설사업의 시공 중에 비용절감, 공기단축, 품질향상 등의 효율적인 추진을 위하여 설계·시공병행(Fast Track), 건설사업관리(CM for Fee, CM at Risk) 발주방식 등과 같은 다양한 형태가 부각되고 있다.

3. 이상과 같은 관점에서 우리나라 건설공사의 발주방식을 규정하고 있는 법령 및 제도의 틀은 법규체계로 정리하면 다음 표와 같다.

공공건설공사 발주방식과 관련된 법률

구분		관련 법령	주요 업무
인·허가 및 기술관리	국토교통부	건설산업기본법 건설기술진흥법	◦ 건설업체의 등록 및 관리에 관한 사항 ◦ 건설공사의 설계·감리용역에 관한 사항
	산업자원부 정보통신부 행정안전부	관련법령	◦ 전기공사업에 관한 사항 ◦ 정보통신공사업에 관한 사항 ◦ 소방설비공사업에 관한 사항
계약 및 예산회계	기획재정부	국가계약법	◦ 정부공사의 입찰·계약에 관한 사항 ◦ 건설공사 관련 예산편성·지출에 관한 사항
공사 집행	조달청	국가계약법 조달법	◦ 주요 시설공사의 입찰·계약에 관한 사항 ◦ 입찰·계약 관련 발주관서의 집행에 관한 사항
	발주관서	관련법령	◦ 사업계획 수립, 예산 확보, 설계자·감리자 선정에 관한 사항 ◦ 조달청 위임대상 이외의 건설공사에 대한 입찰·계약·집행에 관한 사항

Ⅲ. 공공건설공사 발주방식의 종류

1. 설계·시공분리(Design-Bid-Build) 발주방식

⑴ '설계·시공분리' 발주는 공공건설공사에서 가장 오랫동안 전통적으로 적용하여 왔던 순차적인 방식이다.

⑵ 즉, 설계와 시공이 분리되어 수행되므로 실시설계가 완료된 후에 별도의 입찰과정을 통해 시공자가 선정되는 방식(Design-Bid-Build)이다.

⑶ 설계·시공분리 발주의 가장 큰 특징은 하도급업체와 자재공급업자를 제외한 건설프로젝트의 관련 발주자가 대부분 직접적인 계약관계에 있다는 점이다.

2. 설계·시공일괄(Design-Build) 발주방식

⑴ 국내 공공건설공사에서 턴키·대안, 설계·시공일괄입찰, Fast Track 등의 용어로 혼용하여 사용되고 있다.

⑵ '설계·시공일괄입찰' 발주방식은 『대형공사계약에관한예산회계법시행령특례규정(대통령령 제11104호, 1983.04.20)』에서 정의하고 있는 '정부가 제시하는 공사일괄입찰기본계획 및 지침에 따라 입찰 시에 그 공사의 설계서 기타 시공에 필요한 도면 및 서류를 작성하여 입찰서와 함께 제출하는 입찰'을 의미한다.

⑶ 이 방식의 특징은 발주자와 설계자 간에 계약관계가 존재하지 않는다는 점이다. 발주자는 입찰안내서 작성, 설계·시공일괄 계약자 관리 등의 업무를 담당하는 컨

설턴트를 별도의 계약으로 고용하여 건설사업관리(CM) 업무를 대행시키는 것이 일반적이다.

공공건설공사 발주방식의 종류

발주방식	장점	단점
전통적 설계·시공분리	◦총액계약으로 계약체결 이전에 예상 공사비 산출 가능, 단가계약은 공사 물량변화에 따라 대금 지불 가능 ◦발주자의 참여도와 위험도 최소화 ◦발주자는 경쟁입찰을 통해 원가절감 ◦시공자는 시공시 각종 위험부담을 하청업체에게 이전 가능 ◦시공자는 신기술·신공법 도입으로 공기단축 및 비용절감 가능	◦분할발주로 설계단계에서 가치공학 적용 가능, 시공성 향상은 불가능 ◦순차적 계약방식으로 건설프로젝트 수행기간 증가 ◦발주자·설계자·시공자 간에 이해관계가 상충되어 적대적 관계 존재 ◦중재·소송비용, 공기연장, 상호 간에 불만족 야기 ◦과다 수주경쟁으로 부실공사 원인
설계·시공병행 (Fast Track)	◦품질·비용·공기에 대한 책임 단일화 ◦시설물의 품질에 대한 책임전가 곤란 ◦가치공학의 도입 및 시공성 향상이 이루어져 공사비 절감 가능 ◦Fast Track 활용으로 공기단축 가능 ◦발주자의 행정부담 감소 ◦일괄계약자가 소요 예상비용 조기 파악 가능	◦실시설계 완료 전에 계약체결이 이루어지기 때문에 총공사금액 사전 파악 곤란 ◦발주자의 점검과 조정기능이 결여 ◦설계비의 선투자가 이루어져야 하기 때문에 개별기업의 입찰비용 증대 ◦자금력·기술력·수행실적 등이 부족한 중소업체 참여기회 제한
건설사업관리 (CM)	◦건설사업관리자가 신뢰를 바탕으로 발주자의 대리인·조언자·자문 역할 수행으로 조직 간의 협력관계 증진 ◦공기·품질·비용 절감 가능 ◦설계단계에서 가치공학 적용 용이 ◦설계단계에서 시공지식 반영 가능 ◦시공자 위험이 상당부문 발주자에게 전가되어 저렴한 입찰가 제시 가능	◦자격미달의 CM회사가 선택될 경우 프로젝트 실패 가능성 증가 ◦CM for Fee 계약은 최종 비용·품질을 보증하지 않으며, 최종 법적 책임은 발주자에게 귀속 ◦CM at Risk 계약은 CM업체가 사업 위험을 부담해야 하므로 결과적으로 전통적 이해관계를 벗어날 수 없음

3. 건설사업관리(CM) 발주방식

(1) ‘건설사업관리’라는 용어는 『건설산업기본법』제2조제8항에 ‘건설공사에 관한 기획, 타당성 조사·분석, 설계·조달·계약, 시공관리·감리·평가 또는 사후관리 등에 관한 관리를 수행하는 것’으로 정의되었다.

(2) 그러나 국내 건설사업관리(CM) 발주방식은 2개의 법률에 각기 규정되어 있다. 하나는 『건설산업기본법』제2조제9항에 ‘시공책임형 건설사업관리(CM at Risk)’

란 '종합공사를 시공하는 업종을 등록한 건설업자가 건설공사에 대하여 시공以前
단계에서 건설사업관리 업무를 수행하고, 아울러 시공단계에서 발주자와 시공 및
건설사업관리에 대한 별도 계약을 통하여 종합적인 계획, 관리·조정하면서 미리
정한 공사금액과 공사기간 내에 시설물을 시공하는 것'을 말한다.

(3) 또 하나는 『건설기술진흥법』제39조제1항 및 같은법 시행령제55조제1항에 발주청
은 필요한 경우에 총공사비가 200억원 이상인 건설공사 등에 대하여 건설기술용
역업자에게 '감독 권한대행 등 건설사업관리(CM for Fee)'를 발주할 수 있도록
규정하고 있다.

Ⅳ. 공공건설공사 발주방식의 문제점

1. 발주방식의 획일화

(1) 국내 건설공사는 국가계약법령이 정한 발주방식을 그대로 적용하여 100억 이상
은 턴키 발주, 1,000억 이상은 최저가 낙찰 적용 등 공사예정가격 규모에 따라
일률적으로 적용하고 있다.

(2) 건설공사 특성에 맞는 발주방식이 적용될 수 있는 법률체제의 기본은 갖추어져
있으나, 그 법령이 발주자의 적극적인 기능의 발휘를 요구하지 않고 있어 다양한
발주방식 적용의 필요성이나 동기부여가 없는 실정이다.

(3) 국토연구원(2002) 설문조사 결과, 현행 발주방식이 획일적 제도 적용에 따른 공
사특성을 반영하지 못하는 문제점 지적이 전체의 42.7%를 차지하였다.

2. 발주방식의 선정기준 미흡

(1) 대형공사 입찰방법은 100억원 이상 건설공사를 중심으로 발주청이 명확한 기준
이나 절차 없이 '대형공사 집행기본계획서'에 의해 발주방침을 결정하고 있어, 세
부적인 발주방식 선정기준이 미흡한 실정이다.

3. 잦은 설계변경으로 경제성 저하

(1) 건설공사 시공 중 잦은 설계변경은 국내 설계·시공 분리발주방식의 가장 큰 문제
점으로 오랫동안 지적되고 있다.

(2) 공공공사의 설계변경 원인 및 개선대책의 연구(김홍일, 1998) 결과, 1997년 이후
발주된 10억원 이상 369개 공사에서 총 158회 설계변경으로 공사비 711억원이
증가된 것으로 조사되었다.

(3) 이는 비용증가와 공기지연을 초래하고 부실공사 원인으로 작용된다. 설계·시공분
리 발주방식은 기본조사·설계용역을 완벽하게 수행하여야 시공 중 설계변경을 최
소화 할 수 있다는 사실을 모두 알면서 못하고 있는 현실이다.

4. 실시설계·시공병행 발주방식 적용 미흡

⑴ 국내 실시설계·시공일괄 발주방식은 공사의 시급성 및 특수한 공사에 시행하도록 『대형공사계약에관한예산회계법시행령특례규정)』에 규정되어 있다.

⑵ 그러나 국내법에 연차별로 착공·준공 절차를 모두 거쳐 해당년도의 예산범위 내에서만 공사를 수행하도록 제한하는 장기계속공사방식으로 계약하기 때문에, 턴키입찰의 가장 큰 장점인 실시설계·시공병행 발주방식(Fast Track)으로 공기단축을 적용할 수 없는 체계이다.

V. 공공건설공사 발주방식의 개선방향

1. 발주방식의 다양화

⑴ 국내 건설공사의 발주방식은 관련 법률·제도에 의해 획일화된 규정의 틀을 벗어날 수 있어야 한다. 즉, 민간분야 기술력을 활용하고 공기단축, 비용절감 등 보다 효율적인 공사수행을 위해 새로운 발주방식을 시범적용할 필요가 있다.

⑵ 최근 정부는 발주제도의 선진화를 위하여 수요기관이 건설공사의 특성과 현장여건을 반영하여 유연하게 입찰제도를 운용할 수 있도록 재량권을 확대하는 방향으로 제2차 건설산업기본계획을 마련하였다.

⑶ 또한 발주자가 자율적으로 공공건설공사를 분리발주 또는 통합발주 방식으로 선정·시행할 수 있는 세부규정이 마련되어야 한다.

2. 발주방식의 세부 선정기준 마련

⑴ 국내 턴키·대안공사 성과는 그동안의 연구에 따르면 지하철, 교량·터널, 아파트, 건축물, 플랜트 등의 공사 유형별로 각 발주방식의 사업기간, 사업비용, 발주자의 품질 만족도 조사 결과, 턴키방식이 가장 우수하였다.

⑵ 현재 국내 공공건설공사의 발주방식 선정기준은 국토교통부의 '대형공사 입찰방법 심의기준"에서 발주자의 재량권을 확대하는 방향으로 개선되었지만, 구체적인 발주방식 선정절차와 방법이 더 연구되어야 한다.

⑶ 따라서, 발주방식은 공사의 특성과 발주자의 경험 등을 함께 고려할 수 있도록 체계적·합리적인 발주방식의 세부 선정절차를 마련하여 각 발주기관에서 탄력적으로 활용할 수 있어야 한다.

3. 발주기관의 전문성 향상

⑴ 공공건설공사에 참여하는 모든 기관의 전문성이 확보되어야 한다. 특히 발주기관의 전문성은 건설프로젝트의 특성별로 발주방식의 선정뿐만 아니라 공사수행에 지대한 영향을 끼친다.

(2) 즉, 발주자는 발주과정에서 가장 적합한 발주방식을 선택하여 당해 발주자가 지향하는 목적을 달성할 수 있도록 문제를 사전에 발굴하여 예방하는 능력을 갖추도록 지원되어야 한다.

(3) 발주자는 당해 건설공사 발주와 관련하여 발주방식에 대한 폭넓은 전문지식과 경험을 갖추어야 하므로, 전문가 양성을 위한 체계적인 직무교육 프로그램이 마련되어야 한다.

4. 실시설계·시공병행 확대 적용을 기반 마련

(1) 턴키공사에서는 계속비 계약을 『예산회계법』제22조 및 『국가계약법시행령』제79조에 의해 필요에 따라 계속비 예산으로 계상할 수 있도록 계약규정을 의무화하여야 된다.

(2) 그리고, 발주처에서는 해당 건설공사에 대한 명확한 업무범위와 적정한 공사기간을 산정하여 각 공종별 실시설계 및 시공에 필요한 운용기준 및 계약절차를 마련하여야 한다.

VI. 맺은말

1. 그동안 국내 건설산업의 발주체계는 짧은 역사에도 불구하고 다양한 발주시스템을 도입하여 운영하여 왔다. 국내 건설산업은 어떠한 방식으로 합리적인 발주시스템을 갖추느냐에 따라 경쟁력 향상과 시설물의 품질확보가 결정된다.

2. 국내 공공건설공사 발주방식을 선진국 시스템으로 개선하려면 건설산업의 특성을 고려하여 다양한 발주방식을 적용할 수 있는 환경조성이 필요하고, 그에 걸맞게 발주자가 다양한 발주방식을 선정할 수 있는 세부기준·절차를 마련해야 한다.

3. 더불어, 장기적으로 건설사업의 설계·시공·유지관리단계를 모두 포함할 수 있는 다양하고 새로운 발주방식을 선정·운영하기 위해서는 발주기관이 전문성을 확보할 수 있도록 지속적인 직무교육체계가 지원되어야 한다.[14]

---

14) 박환표, '건설발주체계의 비교·분석', 한국건설기술연구원, 2003.

01.12 건설공사의 계약금액 조정

국가계약법에서 설계변경으로 인한 계약금액 조정 [1, 5]

Ⅰ. 설계변경 사유

1. 설계변경은 다음 중 어느 하나에 해당하는 경우에 한다. 기획재정부계약예규『공사계약일 반조건』제19조제1항

   (1) 설계서 내용이 불분명하거나 누락·오류 또는 상호 모순되는 점이 있을 경우

   (2) 지질, 용수 등 공사현장의 상태가 설계서와 다를 경우

   (3) 신기술·신공법 사용으로 공사의 비용절감 및 기간단축 효과가 현저할 경우

   (4) 그 밖에 발주기관이 설계서를 변경할 필요가 있다고 인정할 경우 등

2. 설계변경은 설계변경이 필요한 부분의 시공 전에 완료해야 한다.『국가를당사자로하는계 약에관한법률시행규칙』제74조의2제1항 본문

3. 다만, 계약담당공무원은 공정이행 지연으로 품질저하가 우려되는 등 긴급공사 수행 이 필요한 때는 계약자와 협의하여 설계변경의 시기 등을 명확히 정하고, 설계변경 완료 전에 우선 시공할 수 있다.『국가계약법시행규칙』제74조의2제1항 단서

Ⅱ. 설계변경으로 인한 계약금액 조정

1. 계약금액 조정

   (1) 계약담당공무원은 공사계약을 체결한 후, 설계변경으로 인하여 계약금액을 조정 할 필요가 있을 때에는 그 계약금액을 조정한다.『국가계약법』제19조

   (2) 공사계약에서 설계변경으로 인해 공사량의 증감이 발생한 경우에는 해당 계약금 액을 조정한다.『국가계약법시행령』제65조제1항 본문

   (3) 계약담당공무원은 계약금액을 증액하여 조정할 경우에는 계약자로부터 계약금액 조정을 청구받은 날부터 30일 이내에 조정해야 한다.

   ① 이 경우 예산배정 지연 등 불가피한 사유가 있는 경우에는 계약자와 협의하여 조정기한을 연장할 수 있으며, 계약금액을 증액할 수 있는 예산이 없는 때에는 공사량을 조정하여 그 대가를 지급할 수 있다.『국가계약법시행규칙』제74조의2제2항 및 제74조제9항

   (4) 계약자는 계약금액조정을 준공대가(장기계속계약는 연도별 준공대가) 수령 전까 지 청구해야 조정금액을 지급받을 수 있다.『공사계약일반조건』제20조제10항

2. 계약금액 조정에 대한 심의·승인

   (1) 계약담당공무원은 예정가격의 86/100 미만으로 낙찰된 공사계약의 계약금액을

설계변경을 사유로 증액조정할 경우로서 해당 증액조정금액(2차 이후의 계약금액 조정은 그 전에 증액조정한 금액까지 모두 합한 금액)이 당초 계약서의 계약금액의 10/100 이상인 경우에는,

(2) 계약심의회, 예산집행심의회 또는 기술자문위원회 심의를 거쳐 소속 중앙관서의 장의 승인을 얻어야 한다. 『국가계약법시행령』제65조제2항

3. 계약금액 조정의 기준

(1) 계약금액 조정기준은 다음과 같다. 『국가계약법시행령』제65조제3항 및 『공사계약일반조건』 제20조제1항

① 증감된 공사량의 단가는 산출내역서의 계약단가로 한다. 다만, 계약단가가 예정 가격단가보다 높은 경우로서 물량이 증가하는 경우에는 증가된 물량에 대한 적 용단가는 예정가격단가로 한다. ☞ 정부는 놀부!

② 산출내역서에 없는 품목의 단가는 설계변경 당시를 기준으로 하여 산정한 단가 에 낙찰률을 곱한 금액으로 한다.

③ 정부에서 설계변경을 요구한 경우에는 위의 ① 및 ②에도 불구하고 증가된 물 량의 단가는 설계변경 당시를 기준으로 하여 산정한 단가와 동 단가에 낙찰률 을 곱한 금액의 범위에서 계약당사자 간에 협의하여 결정한다.

다만, 계약당사자 간에 협의가 이루어지지 않는 경우에는 설계변경 당시의 단 가와 동 단가에 낙찰률을 곱한 금액을 합한 금액의 50/100으로 한다.

(2) 신기술·신공법의 사용으로 비용절감·기간단축 효과가 현저하게 나타남에 따라 계 약자 요청에 의해 계약금액을 조정할 때에는 해당 절감액의 30/100을 감액한다. 『국가계약법시행령』제65조제4항

(3) 계약금액 증감분에 대한 일반관리비 및 이윤은 산출내역서의 일반관리비율 및 이 윤율 등에 의하되 『(계약예규)예정가격작성기준』으로 정한 율을 초과할 수 없다. 『국가계약법시행령』제65조제6항

4. 계약금액 조정의 제한

(1) 입찰에 참가하려는 자가 물량내역서를 직접 작성하고 단가를 적은 산출내역서를 제출하는 경우로서 그 물량내역서의 누락이나 오류 등으로 설계변경이 있는 경 우에는 그 계약금액을 변경할 수 없다. 『국가계약법시행령』제65조제1항 단서[15]

---

15) 법제처, '설계변경으로 인한 계약금액 조정', 찾기 쉬운 생활법령정보, 2019.

Ⅲ. 물가변동으로 인한 계약금액 조정 요건

1. 조정 요건

(1) 계약담당공무원은 공사계약을 체결한 후, 물가변동으로 인하여 계약금액 조정이 필요할 때는 그 계약금액을 조정한다. 『국가계약법』제19조

(2) 다음 요건에 모두 해당되는 경우 계약금액(장기계속공사는 제1차 계약 총공사 금액)을 조정한다. 『국가계약법시행령』제64조제1항

① 공사계약[장기계속공사는 제1차 계약]을 체결한 날부터 90일 이상 경과

② 입찰일 기준으로 품목조정률 또는 지수조정률이 3/100분 이상 증감한 경우

2. 조정 신청시기

(1) 계약자는 준공대가(장기계속계약는 연차별 준공대가) 수령 전까지 조정신청을 해야 조정금액을 지급받을 수 있다. 『공사계약일반조건』제22조제3항

(2) 계약담당공무원은 환율변동을 원인으로 위의 계약금액 조정요건이 성립된 경우에는 계약금액을 조정한다. 『국가계약법시행령』제64조제7항

3. 조정 제한기간

(1) 공사계약을 체결한 날부터 90일 이상 경과해야 계약금액을 조정할 수 있다. 『국가계약법시행령』제64조제1항

① 이 경우 조정기준일(조정사유가 발생한 날)부터 90일 이내에는 계약금액을 다시 조정하지 못한다. 『국가계약법시행령』제64조제1항

(2) 다음 경우에는 90일 이내에 계약금액 조정이 가능하다.

① 천재지변 또는 원자재 가격급등으로 인하여 해당 조정 제한기간 내에 계약금액을 조정하지 않고는 계약이행이 곤란한 경우에는 계약을 체결한 날부터 90일 이내에 계약금액을 조정할 수 있다. 『국가계약법시행령』제64조제5항

4. 품목조정률

(1) 품목조정률과 이에 관련된 등락폭 및 등락률 산정은 다음의 산식에 의한다. 『국가계약법시행규칙』제74조제1항

① 품목조정률 $= \dfrac{\text{각 품목의 수량에 등락폭을 곱하여 산출한 금액의 합계액}}{\text{계약금액}}$

② 등락폭 산정은 다음의 기준에 의한다. 『국가계약법시행규칙』제74조제3항

* 등락폭 = 계약단가 × 등락률

√입찰 당시가격 < 계약단가 < 물가변동 당시가격: 등락폭 = 물가변동 당시가격 계약단가

√입찰 당시가격 < 물가변동 당시가격 < 계약단가: 등락폭 = 0

③ 등락률 $= \dfrac{물가변동\ 당시가격\ 입찰\ 당시가격}{입찰\ 당시가격}$

(2) 품목조정률을 산정할 때에는 다음에 따른다. 『국가계약법시행규칙』제74조제1항

① 계약단가 : 산출내역서의 각 품목의 계약단가

② 물가변동 당시가격 : 물가변동 당시 산정한 각 품목의 가격

③ 입찰 당시가격 : 입찰서 제출마감일 당시 산정한 각 품목의 가격

④ 품목 및 계약금액은 조정기준일 이후에 이행될 부분을 그 대상으로 한다.

(3) 물가변동 당시가격을 산정할 때에는 다음에 따른다.

① 입찰 당시가격을 산정한 때에 적용한 기준과 방법을 동일하게 적용해야 한다.

② 다만, 천재지변 또는 원자재 가격급등 등 불가피한 사유가 있는 경우에는 입찰 당시가격을 산정한 때에 적용한 방법을 달리할 수 있다.

5. 지수조정률

(1) 지수조정률은 계약금액의 산출내역을 구성하는 품목군 및 다음 지수의 변동률에 따라 산출한다. 『국가계약법시행규칙』제74조제4항

① 한국은행이 조사하여 공표하는 생산자물가기본분류지수 또는 수입물가지수

② 정부·지방자치단체 또는 공공기관이 결정·허가 또는 인가하는 노임·가격 또는 요금의 평균지수

③ 『국가를당사자로하는계약에관한법률시행규칙』제7조제1항제1호에 따라 조사·공표된 가격의 평균지수

Ⅳ. 물가변동으로 인한 계약금액 조정 내용

1. 계약금액의 조정 청구

(1) 계약자는 준공대가(장기계속계약은 연차별 준공대가) 수령 전까지 조정신청을 해야 조정금액을 지급받을 수 있다.

(2) 계약금액의 증액을 청구하는 경우에는 계약금액조정 내역서를 제출해야 한다.

2. 계약금액의 조정 내용

(1) 계약담당공무원은 물가변동으로 계약금액을 증액 조정하려는 경우에 계약자로부터 계약금액의 조정을 청구받은 날부터 30일 이내에 계약금액을 조정한다.

이 경우 예산배정 지연 등 불가피한 경우에는 계약자와 협의하여 조정기한을 연장할 수 있으며, 계약금액을 증액할 수 있는 예산이 없는 때에는 공사량을 조정하여 그 대가를 지급할 수 있다. 『국가계약법시행규칙』제74조제9항

(2) 품목조정율 및 지수조정율의 적용은 다음에 의한다.

계약담당공무원은 물가변동으로 인한 계약금액을 조정할 때 동일한 계약에는 품목조정율 방법과 지수조정율 방법 중에서 선택한다. 계약자가 지수조정율 방법을 원하는 경우 외에는 품목조정율 방법으로 계약금액을 조정한다는 뜻을 계약서에 명시해야 한다. 『국가계약법시행령』제64조제2항

특정규격의 자재별 가격변동에 따른 계약금액을 조정할 경우에는 품목조정율에 의한다. 『공사계약일반조건』제22조제2항 단서

3. 계약금액의 조정 금액

(1) 계약금액을 조정할 때 그 조정금액은 물가변동적용대가에 품목조정률 또는 지수조정률을 곱하여 산출한다. 『국가계약법시행규칙』제74조제5항

  *조정금액＝물가변동적용대가×품목조정률 또는 지수조정률

① 물가변동적용대가는 조정기준일 후에 이행되는 부분의 대가를 말하며, 계약상 조정기준일 전에 이행 완료되어야 할 부분은 물가변동적용대가에서 제외한다. 다만, 정부에 책임 있는 사유 또는 천재지변 등 불가항력의 사유로 이행이 지연된 경우에는 물가변동적용대가에 포함한다. 『국가계약법시행규칙』제74조제5항

② 장기계속공사계약에서 물가변동적용대가는 연도별 계약체결분 또는 연도별 이행금액을 기준으로 한다. 『국가계약법시행규칙』제74조제6항

(2) 계약자에게 선금을 지급한 것이 있는 경우에는 조정금액에서 다음의 금액을 공제한다. 『국가계약법시행령』제64조제3항 및 『국가계약법시행규칙』제74조제6항

  *공제금액＝물가변동적용대가×(품목조정률 또는 지수조정률)×선금급률

4. 단품 슬라이딩

(1) 계약담당공무원은 공사계약의 경우에 특정규격의 자재[해당 공사비(재료비＋노무비＋경비)의 1/100을 초과하는 자재]별 가격변동으로 인해 입찰기준일로 하여 산정한 해당 자재의 가격증감률이 15/100 이상인 때에는 그 자재만 계약금액을 조정한다. 『국가계약법시행령』제64조제6항

(2) 위에 따른 계약금액 조정요건을 충족하였으나 계약자가 계약금액 조정신청을 하지 않을 경우 하수급인은 이러한 사실을 계약담당공무원에게 통보할 수 있으며, 통보받은 계약담당공무원은 계약자에게 계약금액 조정신청과 관련된 필요한 조치를 해야 한다. 『공사계약일반조건』제22조제7항[16]

---

16) 법제처, '물가변동으로 인한 계약금액 조정', 찾기 쉬운 생활법령정보, 2019.

01.13 건설공사비지수 (Construction Cost Index)

건설공사비지수(Construction Cost Index) [1, 0]

1. 정의 및 목적

(1) 건설공사비지수(Construction Cost Index)는 건설공사에 투입되는 직접공사비를 대상으로 특정시점(생산자 물가지수 2000년)의 물가를 100으로 하여 재료·노무·장비 등의 세부 투입자원에 대한 물가변동을 추정하기 위해 작성된 가공의 통계자료를 말한다.

(2) 실적공사비 적산제도는 이미 수행된 유사사업을 통해 축적된 신뢰성 있는 공사비자료를 이용하여 향후 사업의 실제가격을 추정하는 것을 전제로 하고 있어, 과거에 축적된 계약단가를 바탕으로 차기사업의 설계가격을 산정하게 되므로, 계약시점의 차이로 인해 발생되는 계약단가 간의 물가변동에 의한 노이즈(noise)를 제거하는 과정이 필요하다.

(3) 따라서, 건설공사비지수는 공사비 실적자료의 시간 차이에 대한 보정과 물가변동에 의한 계약금액 조정기준, 건설물가변동의 예측, 건설시장 동향의 분석 등에 활용될 수 있는 통계자료이다. 2004.2월부터 발표하고 있는 건설공사비지수는 우리나라의 건설관련 기초 통계자료 특성을 감안하여 개발된 것으로, 2000년 연평균 지수를 100으로 설정하여 작성되고 있다.

2. 정의 및 목적

(1) 대상품목

① 모집단은 산업연관표 상의 건설부문 총산출액 중 부가가치부문(영업잉여, 고정자본소모, 간접세 등)을 제외한 금액으로, 건설공사의 직접공사비를 구성하는 비목으로 설정

② 모집단의 비목 중 1/1,000이상(635.8억)의 가중치를 갖는 품목 중 가격자료와 연결이 가능한 75개 품목을 선정

③ 산업연관표 상의 75개 품목을 생산자물가지수의 세부 비목과 연결하여 최종적으로 232개 세부품목을 선정

(2) 가중치 자료

① 한국은행의 2000년 산업연관표와 생산자물가지수(2000년=100)

② 산업연관표 품목(75개)에 해당되는 생산자물가지수 세부품목(232개)을 연결한 후 산업연관표 상의 가중치와 생산자물가지수 상의 가중치를 곱하여 최종적으로 가중치 선정

(3) 가격자료

 ① 한국은행의 생산자물가지수를 기본으로 활용

 ② 생산자물가지수에는 노무비(피용자보수) 가격자료가 존재하지 않으므로, 노무비
(피용자보수)부문은 대한건설협회 공사부문 시중노임을 활용

(4) 분류체계

 ① 산업연관표 상의 건설부문 기본부문 17가지 시설물별로 상향 집계하여 총 25개
지수가 산출되는데, 최종 산출되는 최상위 지수가 '건설공사비지수'

 ② 7개의 기본 시설물지수(소분류지수)와 5개의 중분류지수, 2개의 대분류지수, 최종
적인 건설공사비지수로 분류

(5) 지수산식

 ① 한국은행의 생산자물가지수를 활용하였으므로, 지수의 산출에는 생산자물가지수
의 산정에 이용되는 라스파이레스 수정식을 활용

(6) 통계청 승인 및 발표주기

 ① 한국건설기술연구원에서는 건설공사비지수를 개발하고 통계청 일반통계 승인(일
반통계 승인번호 제 39701호)을 득함

 ② 2004.2월부터 매월 건설공사비지수 동향을 발표[17]

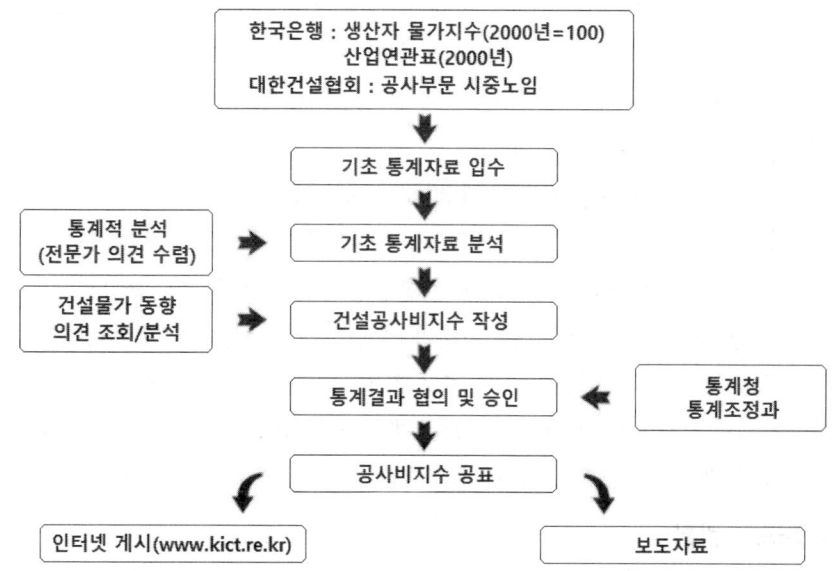

건설공사비지수 산출 과정

---

17) 통계청, '건설공사비지수', 통계정보 보고서, 2016.

01.14 공사계약보증금

Ⅰ. 공사계약의 이행보증

1. 계약이행보증 방법

(1) 계약담당공무원은 계약체결일까지 계약상대자에게 다음 중 하나의 방법을 선택하여 계약이행보증을 하도록 해야 한다. 『국가계약법시행령』제52조제1항 본문

① 계약보증금을 계약금액의 15/100 이상 납부하는 방법

② 계약보증금을 납부하지 않고 공사이행보증서를 제출하는 방법.('공사이행보증서'는 해당 공사의 계약의무 이행을 보증한 기관이 계약자 대신 계약의무를 이행하지 않는 경우에는 계약금액의 40/100 이상 납부를 보증해야 함)

(2) 계약담당공무원은 필요한 경우에 계약이행보증을 ②방법으로 한정할 수 있다.

2. 계약이행보증 방법의 변경

(1) 계약담당공무원은 계약이행을 보증한 경우에 계약자가 계약이행보증방법 변경을 요청하면 1회에 한하여 변경할 수 있다. 『국가계약법시행령』제52조제2항

3. 계약보증금의 면제

(1) 다음 어느 하나에 해당하는 계약자에게는 계약보증금의 전부 또는 일부의 납부를 면제할 수 있다. 『국가계약법』제12조제1항 단서

① 다음 중 어느 하나에 해당하는 자와 계약을 체결하는 경우

○ 국가기관 및 지방자치단체

○ 『공공기관의운영에관한법률』에 따른 공공기관

○ 국가 또는 지자체가 기본재산의 50/100분 이상을 출연 또는 출자한 법인

○ 『농업협동조합법』에 따른 조합·조합공동사업법인 및 그 중앙회,

○ 『수산업협동조합법』에 따른 어촌계·수산업협동조합 및 그 중앙회,

○ 『중소기업협동조합법』에 따른 중소기업협동조합 및 그 중앙회

② 계약금액이 5천만원 이하인 계약을 체결하는 경우

③ 일반적인 계약의 관습에 따라 계약보증금 징수가 적합하지 않은 경우

4. 계약보증금의 반환

(1) 계약담당공무원은 납부된 계약보증금의 보증목적이 달성된 때에는 계약자의 요청에 따라 즉시 반환해야 한다. 『국가계약법시행규칙』제63조제1항

5. 공사이행보증서에 의한 이행보증

(1) 계약담당공무원은 공사이행보증서를 제출한 계약상대자가 계약의무를 이행하지 않는 경우에 지체 없이 공사이행보증서 발급기관에 의무이행을 청구해야 한다. 『국가계약법시행령』제52조제4항, 『국가계약법시행규칙』제66조제2항

(2) 계약담당공무원은 위 청구에 의하여 공사이행보증서 발급기관이 지정한 보증이행업체가 의무이행한 경우에 계약금액 중 보증이행업체가 이행한 금액을 공사이행보증서 발급기관에 지급할 수 있도록 계약체결할 때 미리 조치해야 한다.

Ⅱ. 공사계약보증금의 국고귀속

1. 국고귀속의 사유

(1) 계약자가 정당한 이유 없이 계약의무를 이행하지 않는 경우에 계약보증금은 국고에 귀속된다. 『국가계약법』제12조제3항

(2) 계약담당공무원은 공사이행보증서를 받은 경우에 공사이행을 하지 않아 계약보증금의 국고귀속사유가 발생한 때에는 해당 계약보증금을 현금으로 징수하거나 정부소유 유가증권으로 전환해야 한다. 『국가계약법시행령』제38조제1항

(3) 계약보증금의 전부 또는 일부를 면제받은 경우에 계약보증금 국고귀속사유가 발생한 때는 계약보증금에 상당하는 현금을 내야 한다. 『국가계약법』제12조제3항 후단

2. 국고귀속의 예외

(1) 단가계약으로 여러 차례 분할계약하는 경우에 당초 계약보증금 중 이행완료된 부분의 계약보증금은 국고에 귀속하지 않는다. 『국가계약법시행령』제51조제5항

(2) '단가계약'은 계약담당공무원이 일정기간 계속하여 제조·수리·가공·매매·공급·사용 등의 계약을 하는 경우에 해당 연도 예산 범위에서 단가(單價)로 계약하는 것을 말한다. 『국가계약법』제22조

3. 계약보증금의 국고귀속 시 통지

(1) 계약보증금을 국고귀속시킨 경우에 계약담당공무원은 당해 계약을 해제·해지하고 계약상대자에게 그 사유를 통지해야 한다. 『국가계약법시행령』제51조제1항 후단

4. 상계처리

(1) 계약보증금을 국고귀속할 때 그 계약보증금을 기성부분에 대한 미지급액과 상계처리하면 아니 된다. 『국가계약법시행령』제51조제3항 본문

(2) 다만, 계약보증금을 면제하는 경우에 국고귀속 계약보증금은 기성부분에 대한 미지급액과 상계처리할 수 있다. 『국가계약법시행령』제51조제3항 단서[18]

---

18) 법제처, '공사계약보증금', 찾기 쉬운 생활법령정보, 2019.

01.15 건설공사 클레임의 유형 및 해결방법

건설공사 클레임(claim)의 발생원인, 유형, 해결방법 [1, 5]

Ⅰ. 개요

1. 클레임(claim)이란 건설공사에 대한 이의신청 또는 이의제기로서 쌍방계약 당사자 중 어느 일방이 계약과 관련하여 발생되는 제반 분쟁에 대하여 금전적 또는 그 밖의 어떠한 조치를 청구하는 것을 말한다.

2. 클레임이란 계약당사자 간에 이의제기를 하는 권리주장이지만, 이의제기가 곧 분쟁은 아니다. 즉, 클레임이 발생해도 협상에 의하여 타결되면 분쟁이 아니다.

Ⅱ. 건설공사에서 클레임의 발생 원인

1. 일반적인 상황에 따라

(1) 건설공사의 복잡성으로 인한 사전 예측의 불확실성(Project uncertainty)

(2) 미래상황에 대비할 수 있는 완전한 계약의 불가능성(Imperfect contracts)

(3) 공사과정에서 참여자 간에 생기는 이해관계의 상충성(People issues)

2. 일부 학자 주장에 따라 (George F. Jerges & Francis T)

(1) 입찰 전의 불충분한 준비기간, 부적절한 현장조사

(2) 적절하지 못한 입찰정보, 설계도서, 시방서

(3) 입찰단계에서 시공자의 공사내용 저평가

(4) 계약도서와 현장조건의 상이로 인한 공사진행 지연

(5) 시공단계에서 장비·자재공급의 차질, 공사물량의 증가

(6) 시공단계에서 발주자의 공사진행 독촉

(7) 공해가 심한 지역이나 교통이 복잡한 지역에서의 시공난관

(8) 사업관리 행위, 설계도서 내용, 장비·자재 문제로 인한 공사중지 등

Ⅲ. 국내 건설공사에서 클레임의 발생 영향

1. 긍정적 측면

(1) 발주자는 착공 전에 공사용 부지확보를 위한 사전조치를 보장해야 한다.

(2) 발주자는 임의적인 설계변경 조치·지시 행위를 최소화해야 한다.

(3) 계약당사자 간에 공사수행 중 예상되는 위험부담을 명확히 배분해야 한다.

⑷ 시공사는 부실공사를 예방해야 한다.

⑸ 클레임을 자주 발생시키는 불분명한 계약조항이나 시방서는 개선되어야 한다.

⑹ 천재지변 및 일반적 상황에서 클레임에 대한 평가기준을 명확화 해야 한다.

2. 부정적 측면

⑴ 계약당사자 간의 관계악화, 계약금액 조정곤란, 엄격한 시공관리 등에 따른 공사 능률의 저하 초래가 우려된다.

⑵ 계약당사자 간의 관계는 본질적으로 계약관계이며, 또한 공사계약의 범위를 벗어 나는 비협조에 대해서도 클레임이 제기될 수 있다.

⑶ 그러나 동일한 내용에 대한 반복적인 클레임 제기가 가능하므로 설계의 정확성 유도, 시공과정의 갈등 원인 등이 원천적으로 방지되는 효과도 기대된다.

3. 종합적 측면

⑴ 현실적으로 건설공사에서 클레임은 계약당사자 간의 의견 불일치를 해결하기 위 해서는 없어서는 아니 되는, 없을 수도 없는 사안이다.

⑵ 특히 건설공사는 다단계 일품·주문생산의 특성을 지니고 있어 현장여건 변화, 책 임소재 불분명 등 클레임이 제기될 수 있는 여지가 매우 많다.

⑶ 불평등한 계약관계, 부적절한 공사정보, 부정확한 설계도·시방서, 불충분한 입찰 준비기간 등이 상존하고 있어 클레임의 역할과 효과가 기대된다.

Ⅳ. 국내 건설공사에서 클레임의 문제점

1. 클레임 형성여지의 미비

⑴ 건설공사에서 클레임이란 초기단계에서는 단순한 행위를 부분적으로 변경시키려 는 공문(position paper)으로 이의신청 또는 설계변경 요청하는 정도이다.

⑵ 이러한 이의신청을 공사참여자가 각 단계별로 해결을 시도하고 그것이 여의치 못 할 경우에 보다 중립적인 판정을 요구하는 분쟁으로 발전한다.

⑶ 그러나 우리나라의 현행 설계변경 제도는 '先시공, 後설계변경'체제로 운영될 수 밖에 없는 까닭에 이러한 자연스런 클레임 형성과정을 어렵게 만든다.

⑷ 또한 클레임에 대한 각 단계별 소송판례가 별로 없기에 클레임의 쟁점이나 관련 증거서류가 미비하여 분쟁을 제기할 여지는 더욱 적다.

2. 클레임 처리절차의 미비

⑴ 『공사계약일반조건』에서 건설분쟁이 제기되면 당사자 간에 협의하도록 되어 있으 나, 협의를 어떠한 '룰과 게임'으로 하느냐에 대한 규정은 없다.

⑵ 클레임을 제기하기 이전이나 이후에 당사자 간에 문제를 합리적으로 해결하려는 다양한 시도(합의점, 쟁점)에 대한 의견접근이 쉽지 않다.

⑶ 즉, 제기된 클레임의 각 사안에 따라 의견접근과 쟁점정리의 과정이 분쟁초기부 터 계약자 쌍방의 협의에 의해 처리될 수 있는 여지가 거의 없다.

V. 국내 건설공사에서 클레임의 개선방안

1. 현행 설계변경 체제가 클레임에 미치는 부정적 영향을 해소하기 위하여 설계변경 제도를 '시공변경지시 제도'로 개선해야 한다.

2. 클레임 제기 과정의 불명확성을 없애기 위해서는 우선 '시공변경지시 제도'를 기반 으로 클레임이 자연적으로 형성될 수 있는 기반이 제공되어야 한다.

3. 단계별로 클레임이 처리될 수 있는 절차규정이 마련되어야 한다. 이를 위해 클레임 前단계에서는 이의신청하고, 後단계에서는 계약자 쌍방이 각 단계별로 협의·해결할 수 있는 절차가 『공사계약일반조건』에 명확히 규정되어야 한다.

4. 계약당사자 책임관계를 명확히 하기 위하여 계약도서에 책임범위를 명확히 규정하 고, 계약도서에 명시되지 않는 법규상 의무이행에 대한 비용부담 책임도 명확히 규 정하는 클레임의 판단기준을 마련해야 한다.

5. '중재절차의 다양화'를 위하여 미국과 같이 중재절차를 클레임(또는 분쟁) 규모에 따라 소규모 중재방식, 일반 중재방식, 대규모 중재방식 등으로 구분하여 시도할 수 있도록 규정해야 한다.

VI. 결론

1. 공사내용에서 불확실한 부분의 존재, 계약내용의 완전성 미흡, 참여자 간의 이해관 계 상충 등에 의하여 시공과정에 발주자와 시공자 간의 의견차이가 발생함은 당연 하다. 현실적으로 시공계획이나 설계도서는 문제발생을 최소화시키기 위한 과정이 지 모든 문제를 사전에 알고 처리할 수 없고 또 그럴 필요도 없다.

2. 현행 법률체제에서 클레임이 형성될 수 있는 여지가 없어, 설계변경에 클레임이 반 영되지 않을 경우에 비로소 시공자가 건설분쟁의 형태로 클레임을 제기한다. 이러 한 현실에서 미국처럼 하나의 건설프로젝트에서 시공자가 발주자를 대상으로 수십 건의 클레임을 제기하면서 문제 해결하기를 기대할 수 없다.[19]

---

19) 이상학, '건설산업의 클레임 발생원인과 대책', 군산대학교 사회환경디자인공학부, 2015.

01.16 대체적 분쟁해결(ADR)제도

대체적 분쟁해결 제도(ADR; alternative dispute resolution) [2, 0]

Ⅰ. 개요

1. 대체적 분쟁해결(ADR, Alternative Dispute Resolution)제도는 법원소송 이외의 방식으로 이루어지는 분쟁해결 방식을 말한다. 미국에서 ADR이 가장 다양하게 논의되어 왔고, 실제로 다양하게 활용되고 있다.
2. ADR제도는 형식적으로는 법원소송 이외의 방식으로 이루어지는 분쟁해결 방식이며, 실질적으로는 법원판결에 의뢰하지 않고 화해, 중재, 조정 등 제3자의 관여 또는 직접 당사자 간의 교섭·타협으로 이루어지는 분쟁해결 방식이다.

Ⅱ. 대체적 분쟁해결(ADR)제도 내용

1. ADR 필요성

(1) 분쟁이 발생되면 법원판결을 통하는 것이 전통적인 방법이다. 그러나 모든 정치·경제·사회적 분쟁을 법원판결로 해결하는 것은 복잡한 절차, 최종판결까지 장기간 소요, 법원업무 가중, 변호사 선임비 등으로 매우 비효율적이다.
(2) 기업 간 상사분쟁의 경우, 법원판결에 따라 상사분쟁이 해결되더라도 소송 상대 기업 간 지속적인 관계유지가 힘들며 소송 중 자율적 합의를 도출하기 어렵기 때문에, 신속하게 경제적·자율적으로 분쟁해결할 수 있는 절차가 필요하다.

2. ADR 수단

(1) 화해
① 화해는 계약의 하나로서, 보통 '합의를 본다'고 표현한다. 『민법』제731조 내지 제733조에서 화해계약에 대하여 규정되어 있다.

(2) 중재
① 중재는 분쟁 당사자가 중재재판관과 『중재법』에 의한 계약을 체결하여 분쟁을 해결한다. 국가의 판사가 아니라 분쟁 당사자가 합의하여 선정한 제3자가 재판을 한다.
② 즉, 『민법』에 따르지 않고 당사자가 합의하여 정한 근거규범으로 재판을 한다. 민간재판의 일종이다.

(3) 조정
① 조정은 조정위원의 권고에 의해 분쟁 당사자가 서로 양보하여 합의함으로써 해

결하는 자주적 분쟁해결 방식이다. 재판 외의 분쟁해결 방법의 일종이다. 최근 최근 한국과 미국 법원에서는 조정제도를 자주 이용하고 있다.

② 중재는 중재재판관의 판결에 강제적으로 구속되지만, 조정은 조정재판관이 권고만 한다. 그 권고에 동의여부는 당사자의 자유이다. 즉, 조정재판관의 '법적 조언(legal advice)'을 참고하여 당사자가 화해계약을 체결하는 방식이다.

3. ADR 운동

(1) 미국법원에서는 민사소송제도와 관련하여 다양한 문제점이 오랫동안 제기되어 왔다. 예를 들어 소송개시절차의 남용, 소송기간의 지연, 소송비용의 고액화, 소송 건수의 폭발적 증가 등이 심각하다.

(2) 이에 대한 반작용으로 미국에서는 1960년대에 ADR 운동이 시작된 결과, 다음 사항이 밝혀졌다.

① 종래 사법제도에서 법의 조력을 받지 못했던 시민들이 도움을 얻었다.

② 당초 우려와는 달리 결코 2류 법률서비스가 아니었다.

③ 많은 ADR 전문가가 양성되어 새로운 분쟁해결 영역이 개척되었다.

III. 대체적 분쟁해결(ADR)제도 평가

1. ADR 장점

(1) 법원판결에 따른 감정대립을 어느 정도 방지할 수 있고 당사자의 임의 변제를 기대할 수 있기 때문에, 집행법 절차를 수반하지 않아 채권자가 만족한다.

(2) 법원의 소송업무가 크게 경감되어 다른 소송사건에 진력할 수 있다.

(3) 미연방대법원은 1984년 ADR을 제도화하여, 오늘날 소송사건의 5% 이하만이 판사·배심원이 있는 법정에서 다루고, 대부분 ADR절차에 의해 해결된다.

2. ADR 단점

(1) ADR제도가 국가 전체의 민사분쟁 해결에 크게 기여했다는 점은 인정되지만, 이를 너무 강조하여 그 영역을 지나치게 확대하면 국민의 준법정신이나 법치주의의 이념을 퇴색시킬 수 있다.

(2) ADR제도가 국민의 재판을 받을 권리를 침해할 염려가 있다는 점에서 국가를 상대로 하는 공법(公法) 영역에 대한 적용은 바람직하지 않다.[20]

---

20) 이건묵, '대체적 분쟁해결제도(ADR)법제의 주요 쟁점과 입법과제', NARS 현안보고서 제164호, 국회입법조사처 법제사법팀 입법조사관, 2012.

01.17 공공참여(PI) Public Involvement

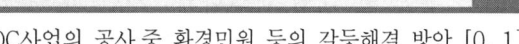

SOC사업의 공사 중 환경민원 등의 갈등해결 방안 [0, 1]

Ⅰ. 개요

1. 최근 들어 정부가 발주한 도로건설사업이 지역주민과 환경단체들의 반대 때문에 사업 자체가 장기간 추진되지 못하는 사례가 늘고 있다.

2. 선진국에서는 이와 같은 사례에 대한 사전적(事前的) 예방을 위하여 주민설명회, 공청회, 설문조사 등과 같은 공공참여(PI, Public Involvement)제도를 도입하여 합리적으로 갈등(葛藤)관리 방안을 마련하고 있다.

Ⅱ. 도로사업 관련 갈등발생 현황

1. 갈등 정의

(1) 『공공기관의 갈등 예방과 해결에 관한 규정(대통령령 제26928호)』제2조에 "갈등이란 공공정책(법령 제정·개정, 각종 사업계획 수립·추진을 포함)을 수립하거나 추진하는 과정에서 발생되는 이해관계의 충돌을 말한다"라고 정의되어 있다.

(2) 갈등의 종류는 일반적으로 정부 간의 갈등, 정부와 주민 간의 갈등, 주민 간의 갈등으로 구분할 수 있다. 갈등의 원인은 경제적, 기술적, 정치적, 행정·제도적, 심리·문화적 요인 등으로 다양하다.

(3) 도로와 관련된 분쟁(갈등)은 주로 2가지 이유 때문에 발생한다. 첫째는 도로건설로 인한 생활환경이 악화된다는 점이고, 둘째는 도로건설이 자연환경을 훼손한다는 점이다.

2. 갈등 사례

(1) 용인-서울고속도로는 연장 23.7km, 차로수 4~6차로의 신설도로이다. 사업초기단계에 양재-영덕 구간은 서울시 접속지점에 대하여 국토교통부·서울시·경기도 간의 이견으로 갈등을 겪다가, 접속지점이 헌릉로로 결정된 이후에 수원시·성남시 일부 주민들이 환경훼손을 이유로 반대하였다. 반면, 용인시 주민들은 도로의 조기건설을 요구하고 있어 사업시행기관과 주민 갈등뿐만 아니라 주민 간의 갈등이 발생되었던 대표적인 사례이다.

(2) 죽전~분당도로는 경기도 용인시 죽전동과 성남시 분당구 구미동을 연결하는 도시계획도로 연장 280m, 왕복 6차로 도로이다. 이 도로가 연결되면 분당주민들은 내부생활도로가 간선도로기능을 수행하게 되어 교통량 증가되면 교통안전 및 생

활환경에 악영향이 예상되어 반대하였다. 분당주민 반발로 사업추진이 지연되고 주민 간 대립이 심화되었지만, 공권력 투입으로 해결된 사례이다.

3. 갈등 시사점

(1) 주민의 참여기회 확대

① 현행 도로사업 추진체계에는 주민참여 및 의견수렴 절차가 미흡하다. 도로사업에 수반되는 갈등을 귀찮은 일로 생각하기 보다는, 주민들에게 충분한 정보를 제공하고 합리적인 사업추진 방안을 논의하는 마음자세가 필요하다.

(2) 갈등의 체계적인 관리

① 공무원의 빈번한 인사이동으로 인하여 도로 담당자가 전문성을 확보하기 매우 어렵다. 전문인력이 부족한 상태에서 지자체 간 또는 주민 간 협의를 통한 합의 도출이 힘들기 때문에 갈등을 체계적으로 관리할 필요가 있다.

(3) 적극적 해결방안 제시

① 수도권 교통 지체·애로구간이 주로 행정구역 경계선 상에서 발생되고 있으나, 지자체의 재원확보 어려움 때문에 사업우선순위가 일치하지 않고 있다. 상급기관에서 사업조정을 통한 예산 조기 투입으로 해소하는 것이 바람직하다.

4. 외국 사례

(1) 미국

① 1991년 『육상교통체계효율화법(ISTEA, Intermodal Surface Transportation Efficiency Act) 시행으로 공공참여(Public Involvement)제도가 도입되었다.

② 공공참여의 유도는 공청회, 오픈하우스, 워크숍, 브레인스토밍(Brainstorming), 슈레(Charrettes, 전문가 집단토론), 비져닝(Visioning) 등을 활용한다.

(2) 일본

① 일본도 전략적 환경영향평가에 관한 조사·연구를 지속하여 2000년 『환경기본계획』에 전략적 환경영향평가에 관한 내용을 포함시켰다.

② 2003년 『사회자본정비중점계획』에 계획수립과정을 공개하도록 의무화한 이후, 사회자본정비 관련 법률을 정비하여 시민참가제도가 도입되었다.

(3) 시사점

① 민주적 절차를 정비하여 도로사업 초기단계부터 정보공개, 국민의견조사, 토론 확대 등을 통하여 주민들의 합의절차를 중요하게 다루고 있다.

② 사업초기 타당성조사 단계부터 전략적 환경영향평가제도를 의무화하여 환경영향평가에 대한 주민들의 불신을 해소하고 있음을 주시할 필요가 있다.

Ⅲ. 도로사업 관련 갈등 관리방안

1. 공공참여 기회의 적극적인 제공

(1) 도로사업 기획단계에서 해당 도로의 필요성에 대한 객관적인 근거를 충분히 확보하고, 설계단계에서부터 이해 당사자 의견을 수렴·조정함으로써 주민참여를 적극 유도하여 상호 공감대를 형성한 후 사업을 추진할 필요가 있다.

2. 갈등관리 주체의 해결능력 강화

(1) 현행 『공공기관의 갈등 예방과 해결에 관한 규정』에 의하여 갈등영향분석 실시, 갈등관리심의위원회 설치, 참여적 의사결정방법 활용, 갈등관리지원센터 설립, 갈등조정회의 설치 등을 적극 활용하면 크게 개선될 것으로 예상된다.

3. 갈등을 고려한 선전 도로설계기법 도입

(1) 현재 도로건설 관련 민원은 주로 도로건설로 인한 환경훼손, 소음·진동, 조망권침해, 교육환경저해, 성토로 인한 지역단절, 지가하락 등으로 집약된다.

(2) 주거지 통과 노선의 경우 설계단계에서 소음·진동, 조망권 등을 사전 검토하여 3D BIM 시뮬레이션 결과를 주민들에게 제시하여 실제 상황을 보여 주면 시공 중에 민원이 제기되어 지연되는 사례가 많이 감소될 것으로 예상된다.

4. 갈등해소를 위한 예산확보·집행 방안 마련

(1) 현행 『공공기관의 갈등 예방과 해결에 관한 규정』에 갈등해소를 위해 소요되는 예산확보에 대해 별다른 방안이 제시되어 있지 않다.

(2) 공공참여(PI)제도의 실효성을 높이려면 공공참여 소요 재원을 확보하여 사업비에 포함시킴으로써 사업시행자가 적극 제도를 운영할 수 있어야 한다.

5. 관련 법률 및 제도의 정비

(1) 『건설기술진흥법』 : 도로사업의 구상단계에서 공청회를 실시하여 주민의견을 수렴하고, 타당성조사단계에서 주민설문조사를 실시하여 찬·반 여론을 파악할 수 있도록 구체적인 설문조사 방법 및 지침을 제정하여 시행하고 있다.

(2) 『도로법』 : 도로정비기본계획의 심의·승인 전에 주민공청회를 개최하여 주민의견을 수렴하는 절차를 거치도록 규정되어 있다. 또한, 공고 및 열람의 경우에도 인터넷에 계획내용을 공개하여 주민의견이 적극 개진되도록 하고 있다.

(3) 『환경정책기본법』 : 사전환경성검토단계에서 해당 지역주민, 관계전문가, 환경단체, 민간단체 등의 의견수렴을 거치도록 규정함으로써 개발사업의 효율적인 추진과 환경보전과의 조화를 도모하고 있다.[21]

---

21) 조응래 외, '공공참여를 통한 도로사업의 갈등관리방안', 국토연구원, 2005.

01.18 민간투자사업의 추진방식

민간투자사업 추진방식, 위험분담형(BTO-rs)과 손익공유형(BTO-a), Project Financing [6, 4]

I. 개요

1. 민간투자사업은 『사회기반시설에 대한 민간투자법』제9조(민간부분 사업제안)에 따라 민간부문이 제안하는 사업 또는 제10조(민간투자시설사업기본계획 수립·고시)에 따른 민간투자시설사업기본계획에 따라 제7호(공공부문 외의 민간투자사업을 시행하는 법인)에 따른 사업시행자가 시행하는 사회기반시설사업을 말한다.

2. 사회기반시설(SOC, Social Overhead Capital)은 인간의 부가가치 생산활동에 직접 사용되지는 않지만 각종 생산활동의 기반이 되는 도로·철도·항만·공항 등의 시설과, 해당 시설의 효용을 증진시키거나 이용자의 편의를 도모하는 시설 및 국민생활의 편익을 증진시키는 각종 연료공급, 상하수도, 통신시설을 의미한다. 일반적으로 infrastructure의 약어로서 인프라(infra)라고 부른다.

II. 민간투자사업의 변천과정

[제1기] 1968~1994년 : 개별법에 의한 민간투자사업 추진
　① 대부분의 SOC를 정부 재정사업으로 추진하였으나, 투자재원 부족 해결을 위해 1968년부터 도로법, 항만법 등 개별법에 의해 일부 민자유치 추진

[제2기] 1995~1997년 : 『민자유치촉진법』 제정
　① 민간투자사업 추진절차가 명확해지고, 정부가 매년 '민자유치기본계획'을 수립하여 대상사업을 고시하는 등 능동적으로 정책 추진
　② 금융시장 여건 미조성, 민간과 정부의 사업추진 역량 부족, 1997년 외환위기 등으로 민간투자 실적이 저조하여 『민자유치촉진법』 개정 필요성 제기

[제3기] 1998~2005년 : 『사회간접자본시설에대한민간투자법』 제정
　① 국제적 관행에 맞는 제도 확립으로 투자자의 신뢰와 경쟁을 유도, 합리적인 위험분담으로 투자의 안정성을 확보하고 민간책임을 명확히 규정
　② 민간투자사업의 대상시설을 수익성이 없는 사업까지 확대하고, 추진방식을 기존 BTO, BOT, BOO 등에 BTL방식을 추가
　③ 법명을 『사회기반시설에대한민간투자법』으로 개정

[제4기] 2006년~현재 : SOC 민간투자 비중에 점차 증가
　① 민간투자사업의 최소수입보장(MRG, Minimum Revenue Guarantee) 개선

② 2006년 정부고시사업 MRG 축소·폐지, 민간제안사업 MRG 폐지

③ 2014년 수서고속철도의 민간사업주체를 (주)SR로 최종 변경하여 출범하면서, 한국철도공사(41%), 사립학교교직원연금공단(31.5%), IBK기업은행(15%), KDB산업은행(12.5%) 등의 공적자금으로 구성되어 공기업과 비슷한 형태로 운영

④ 『민간투자사업기본계획(기획재정부공고 제2017-99호)』에 따라 2017년 도로부문 총투자비 22.5조 원[37건] 중 2.9조 원[22건]을 민간자본으로 건설하는 등 민간투자사업 활성화 추세[22]

III. SOC 중 민간투자사업 대상 분야

『사회기반시설에 대한 민간투자법』제2조제1호에 의거 도로·철도·항만·공항 등 15개 분야, 47개 사업의 사회기반시설을 민간투자사업 대상으로 한다.

사회기반시설 중 민간투자사업의 대상 분야

분야		민간투자사업의 대상
(1) 도로	3	도로·도로부속물, 노외주차창, 지능형교통체계
(2) 철도	3	철도, 철도시설, 도시철도
(3) 항만	3	항만시설, 어항시설, 신항만시설
(4) 공항	1	공항시설
(5) 수자원	3	다목적댐, 하천시설, 수도·중수도
(6) 정보통신	5	전기통신설비, 정보통신망, 초고속정보통신망, 지리정보체계, 유비쿼터스 도시기반시설
(7) 에너지	3	전원설비, 가스공급시설, 집단에너지시설
(8) 환경	6	폐기물처리시설, 하수도, 공공하수처리시설·분뇨처리시설, 가축분뇨공공처리시설, 폐수종말처리시설, 재활용시설
(9) 유통	3	물류터미널·물류단지, 여객자동차터미널, 복합환승센터
(10) 문화관광	9	관광지·관광단지, 청소년수련시설, 생활체육시설, 도서관, 박물관·미술관, 국제회의시설, 문화시설, 과학관, 도시공원
(11) 교육	1	유치원·학교시설
(12) 국방	1	군주거시설·부속시설
(13) 주택	1	공공임대주택
(14) 보건복지	3	아동보육시설, 노인주거·노인의료·재가노인복지시설, 공공보건의료
(15) 산림	2	자연휴양림, 수목원

---

22) 기획재정부, '민간투자사업기본계획', 제2017-99호, 2017.

IV. 민간투자사업의 도입

1. 國外 도입 배경

⑴ 1984년 터키 Turgut Otal 수상이 공공부분을 민영화하면서 BOT라는 용어를 처음 사용하였다.

⑵ 과도한 재정적자와 국가채무에 시달렸던 국가들은 민간이 소유·운영하는 인프라시설 프로젝트를 구상하여 1990년대 이후 전세계적으로 확대·적용되었다.

2. 國內 도입 배경

⑴ 우리나라 역시 경제규모가 확대되면서 도로·철도·공항·항만·전력·용수·하수처리시설 등 인프라시설의 부족문제가 발생하였다.

⑵ 1990년대 이후 지방화·개방화가 진행되고 국민들의 소득수준이 향상되면서 교육·복지·환경 등에 대한 투자수요도 급증하였다.

⑶ 투자재원 부족 해결을 위해 사용자부담원칙에 의한 민자유치를 모색하였다.

3. 國內 도입 필요성

⑴ 민간투자사업은 SOC분야에 대한 정부예산 부족을 보완하여 사회기반시설을 적기에 확충하기 위하여 필요하다.

⑵ 민간이 SOC사업의 설계-건설-자금-운영-유지관리를 일괄 수행함으로써 민간의 창의와 경영기법을 활용하고 비용절감 효과를 기대할 수 있다.

⑶ 다만, 민간투자사업으로 선정되기 위해서는 적격성조사(VFM test) 과정을 거쳐 재정사업에 비해 비용·편익 면에서 우월성이 인정되는 경우에만 가능하다.

VFM(value for money) : 재정사업 대비 민자사업의 비용/편익 효율성을 나타내는 값으로 VFM>0이면 민자사업, VFM<0이면 재정사업으로 추진한다.

V. 민간투자사업의 특징

1. 정부재정사업과 민간투자사업

⑴ 정부재정사업은 정부가 세출예산으로 시설을 건설하고 운영하는 형태

⑵ 민간투자사업은 민간이 자체자금으로 시설을 건설하고 운영하는 형태

정부재정사업과 민간투자사업

구분	건설			운영		
	재원	발주	시공	주체	위탁	수입
정부재정사업	정부예산	정부(조달청)	민간건설사	정부	정부투자기관	재투자
민간투자사업	민간자본	특수목적회사	민간건설사	전문운영사	위탁하지않음	회수

2. 민간투자사업 추진방식

(1) BTO(Build-Transfer-Operate, 건설-양도-운영)

① 도로·철도·항만 등의 인프라를 민간자금으로 건설(Build)하고, 소유권을 정부로 이전(Transfer)하되, 민간사업자가 일정기간 사용료 징수·운영권(Operate)을 갖고 투자비를 회수하는 민자사업 방식이다.

② 인천공항고속도로, 지하철 9호선, 우면산 터널 등에 적용되었다. 이 방식은 민간이 사업위험을 대부분 부담하는 대신 요금결정권을 갖는다.

(2) BTL(Build-Transfer-Lease, 건설-양도-임대)

① 민간기업이 지은 사회기반시설을 정부가 빌려 쓰는 방식이다. 시설 사용료의 부과만으로는 투자비를 회수하기 어려운 교육·문화·복지시설에 적용된다.

② 정부는 임대료 명목으로 민간사업자에 공사비와 이익을 분할 상환하여 적정한 수익률을 보장해준다. 사업위험은 정부가 대부분 부담하게 된다.

BTO방식과 BTL방식의 비교

추진방식	Build-Transfer-Operate	Build-Transfer-Lease
대상시설 및 성격	최종이용자에게 사용료 부과로 투자비 회수가 가능한 사업 (고속도로, 경전철, 항만 등)	최종이용자에게 사용료 부과로 투자비 회수가 어려운 사업 (학교기숙사, 복지, 군인아파트 등)
투자비 회수	최종이용자의 사용료	정부의 시설임대료
사업 리스크	사업위험이 높다. 위험이 높은 만큼 수익률도 높다. 운영수입이 변동적이다. 민간이 수요위험을 부담한다.	사업위험이 낮다. 위험이 낮은 만큼 수익률도 낮다. 운영수입이 확정적이다. 민간이 수요위험을 부담하지 않는다.
사용료 산정	총사업비 기준(고시·협약체결 시점) 기준사용료 산정 후, 매년 물가변동분을 별도 반영	총민간투자비 기준(시설준공 시점) 총임대료 산정 후, 매년 균등하게 분할지급
재정 지원	대부분 정부 재정지원 없다. 주무관청이 필요 시 재정지원 가능	대부분 정부 재정지원 없다. 주무관청이 필요 시 재정지원 가능

(3) BOT(Build-Operate-Transfer, 건설-운영-양도)

① 도로·항만·교량 등의 인프라를 건설한 시공사가 일정기간 이를 운영하여 투자
비를 회수한 뒤에 발주처에 넘겨준다. 건설(Build)하여 소유권을 취득한(Own)
후 국가에 귀속시켜 기부채납하는 방식(Transfer)이다. 투자개발형 사업의 대
표적인 방식으로 시공사가 소유권이 없다는 점에서 BOO 방식과 다르다.

(4) BOO(Build-Own-Operator, 건설-소유-운영)

① 민간자본으로 인프라를 건설(build)한 후에 소유권(own)을 가지며 직접 운용
(operate)하여 투자비를 회수한다. 민간기업이 스스로 자금을 조달하여 인프라
를 준공과 동시에 당해 시설의 소유권(운영권 포함)을 영원히 갖는 방식이다.

3. 위험분담형(BTO-rs)과 손익공유형(BTO-a) 비교

기존의 민자유치사업은 정부 또는 민간 한쪽에서 사업위험을 대부분 부담해야 했다.
그러나 제3의 새로운 방식은 정부와 민간이 위험을 나누는 것이 핵심이다.

(1) 위험분담형 민자사업(BTO-risk sharing)

① 정부와 민간이 시설 투자비와 운영비를 일정비율로 나누는 새로운 민자사업 방
식이다. 민간이 사업위험을 대부분 부담하는 BTO와 정부가 부담하는 BTL로
단순화되어 있는 기존 방식을 보완하는 제도로 도입되었다.

② 손실과 이익을 절반씩 나누기 때문에 BTO 방식보다 민간이 부담하는 사업 위
험이 낮아진다. 정부는 이를 통하여 공공부분에 대한 민간 투자가 활성화되기
를 기대하고 있다.

(2) 손익공유형 민자사업(BTO-adjusted)

① 정부가 전체 민간 투자금액의 70%에 대한 원리금 상환액을 보전해 주고 초과
이익이 발생하면 공유하는 방식이다. 손실이 발생하면 민간이 30%까지는 부담
하고, 30%가 초과되면 정부재정에서 지원된다.

② 초과이익은 정부와 민간이 7 : 3의 비율로 나눈다. 민간의 사업위험을 줄이는
동시에 시설 이용요금을 낮출 수 있는 장점이 있다. 대표적으로 하·폐수처리시
설 등의 환경시설에 적용할 수 있다.[23]

VI. 민간투자사업의 참여자

1. 민간 측 참여자

(1) 건설회사 : 특수목적회사(SPC, Special Purpose Company)에 지분 참여하며, 사

---

23) Chopark, '새 민자사업 방식 BTO-rs와 BTO-a', 연합뉴스 [용어설명], 2015.

업 초기비용을 부담하고 해당시설의 시공권을 확보하여 공사를 담당한다.
(2) 금융기관 : 수익률에 대한 배당을 목적으로 하는 지분 참여하거나, 원금회수 및 이자수익을 목적으로 하는 대출 참여하기도 한다.
(3) 전문운영사 : 창의적이며 효율적으로 사업을 운영해야 한다.
(4) 설계회사 : 기본설계 또는 기본설계 수준의 설계도서를 작성한다.

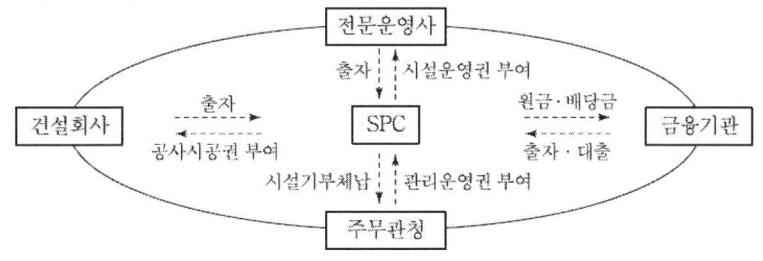

민간투자사업의 민간 측 참여자

2. 정부 측 참여자
(1) 기획재정부 : 정부 측을 대표하여 민간투자사업의 정책수립, 예산지원 담당
(2) 민간투자사업심의위원회 : 민간투자사업의 기본계획 확정, 대상사업 선정, 사업시행자 지정 등을 심의·의결
(3) 주무관청 : 민간투자사업의 선정부터 관리~운영까지 전반을 직접 추진
(4) 공동투자관리센터 : 기획재정부 산하 한국개발원(KDI)의 조직으로 민간투자사업에 관련된 정책수립 업무 지원

3. 민간과 정부의 역할
(1) 민간의 역할
　① 정부가 고시한 계획에 따라 사업의 설계를 담당(Plan)
　② 정부와 합의한 바에 따라 공사를 수행(Build)
　③ 사업에 필요한 자금[자본금, 차입금]을 조달(Financing)
　④ 정부에 시설기부체납 대가로 관리운영권을 부여받아 운영(Operation)
(2) 정부의 역할
　① 민간투자사업 추진을 위한 계획 수립(Plan)
　② 민간의 사업계획을 평가(Evaluation)
　③ 사업시행자로 지정된 민간의 실시계획을 승인(Approval)
　④ 민간의 사업수행을 지원(Support)

Ⅶ. 민간투자사업의 트랜드 및 전망

1. 국내 민간투자사업은 2008년 이후 민간투자사업이 포화상태이기 때문에 감소 추세에 접어들었다. 최근 민간투자사업은 기존 사업을 위험분담형(BTO-rs) 또는 손익공유형(BTO-a)으로 변경하는 리파이낸싱이 주로 진행되고 있다.

2. 발전분야 중에서 신재생에너지 발전분야는 성장 추세이다. 발전사업자들이 정부 규제에 따라 발전량의 일정부분을 의무적으로 신재생에너지 발전으로 충당해야 하는 RPS제도의 도입에 따라, 향후 국내에서 신재생에너지 발전에 대한 민간투자가 활성화될 것으로 보인다.

3. 국내 민간투자사업의 포화는 해외 민간투자사업에 대한 진출로 이어진다. 정부의 재정상태가 취약한 신흥국에서 민간투자사업 PPP(Public Private Partnership) 논의가 활발하다. 현재 PPP제도는 한국, 캐나다, 호주 등을 중심으로 활성화되어 있고 신흥국에서는 미미한 수준이다. 이러한 상황에서 우리 법인은 국내 민간투자사업의 발전분야 기회를 포착하는 한편, 해외 민간투자사업에 진출하려는 국내 업체들을 대상으로 재무부분을 포함한 포괄적 자문업무를 수행할 것으로 전망된다.

4. 국내시장은 신규 민간투자방식의 사업에서 신규투자자의 모색 및 재무모델 구축에 법인이 참여할 수 있을 것으로 보이며, 국외시장은 진출 대상 사업에 대한 사업타당성 검토부터 국내 투자자와의 연계 및 국가 사업환경 분석 등의 자문업무를 수행할 것으로 보인다. 이러한 업무에는 우리 법인이 가진 국제적인 네트워크를 유용하게 활용할 것으로 보이며, 신사업 모색 측면에서 이러한 부분에 인프라 자문그룹은 더욱 역량을 집중할 전망이다.[24]

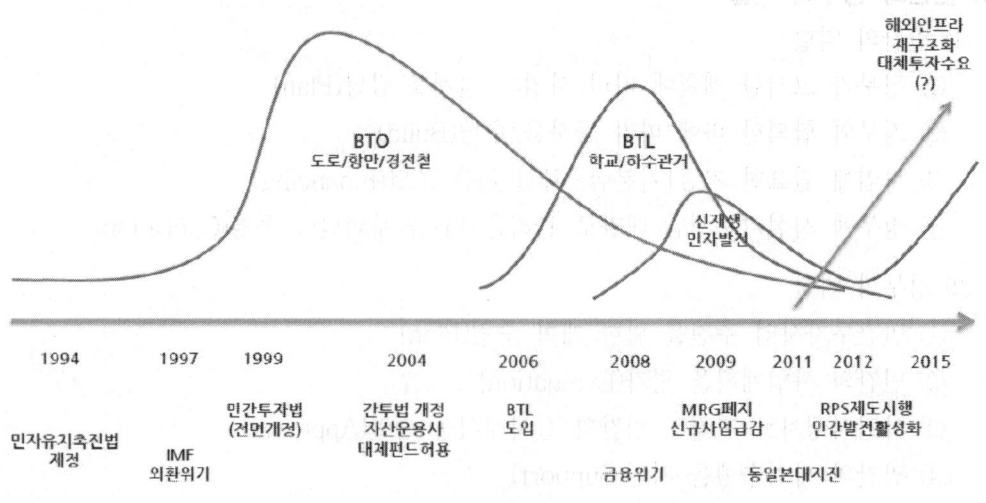

24) 김용훈, '민간투자사업의 트랜드 및 전망', 딜로이트 안진회계법인, 2016.

01.19 건설기술용역업자 선정(PQ, SOQ, TP)

건설기술진흥법 PQ(사업수행 능력평가), 기술자평가서(SOQ), TP(기술제안서) [0, 1]

1. 법적 근거

(1) 『건설기술진흥법 시행규칙』제28조(건설기술용역업자 등의 선정)에 의해

(2) 발주청은 『같은법 시행령』제52조(건설기술용역업자 등의 선정)제1항에 따라 건설기술용역을 발주하는 경우에는 사업수행능력평가(PQ) 기준에 따라 평가하여 입찰에 참가할 자를 선정해야 한다.

(3) 발주청은 (2)항에도 불구하고 아래[제1호]의 어느 하나에 해당하는 용역은 아래[제2호]에 따라 기술자평가서(SOQ) 또는 기술제안서(TP)를 제출토록 하여 각각의 용역별 기술평가기준에 따라 평가하여 입찰에 참가할 자를 선정할 수 있다.

2. 용어 정의

(1) 사업수행능력평가(PQ, Pre-Qualification)는 발주청에서 발주하는 고시금액(2.1억원) 이상의 건설기술용역사업에 대하여 가격입찰 이전에 참여하는 업체의 능력, 사업의 수행실적, 신용도 등을 종합적으로 고려한 사업수행능력 평가기준에 따라 평가하여 입찰에 참가할 자를 선정하는 것으로, 용역적격심사 종류 중 하나이다.

① 평가점수는 총 100점 중 정성평가(QBS)가 3점, 정량평가는 97점이며, 정성평가는 업체수에 따라 등급별로 점수를 10% 차등하여 적용한다.

② 여기서, 정성평가(QBS, Qualification Based Selection)는 사업책임기술자의 기술능력 및 업무관리능력을 평가하는 것을 말한다.

PQ 평가 배점 : 참여기술자(50점), 유사용역 수행실적(15점), 신용도(10점), 기술개발 투자실적(15점), 업무중복도(10점)

(2) 기술자평가서(SOQ, Statement of Qualification), 기술제안서TP(Technical Proposal)는 발주 용역비 고시금액(SOQ는 10억 이상, TP는 15억 이상) 및 사업난이도를 고려하여 사업수행능력평가(PQ)를 통과한 업체를 대상으로 기술평가(SOQ, TP) 기준에 따라 평가하여 입찰에 참여할 자를 선정하는 것을 말한다.

① 평가점수는 총 100점 중 정성평가는 SOQ 30점, TP 70점이고, 나머지는 정량평가 점수이며, 정성평가는 업체수에 따라 등급별로 점수를 5% 차등하여 적용한다.

SOQ 평가 배점 : 설계팀의 경력·역량(70점), 수행계획(15점), 수행방법(15점)

TP 평가 배점 : 설계팀의 경력·역량(30점), 수행계획(20점), 수행방법(35점), 기술향상(15점)

3. PQ, SOQ, TP 평가 대상용역 결정기준

(1) 용역 규모별 적용기준

용역비	기본계획 / 기본설계	실시설계
2.1~10억		PQ
10~15억	PQ & SOQ	
15~25억		PQ & SOQ
25억 이상	PQ & TP	

주) 시공단계의 건설사업관리(CM) 용역은 20억 이상 용역에 대하여 PQ & SOQ 시행

(2) '㉮ 금액기준'과 '㉯ 난이도 기준'을 모두 만족하는 사업에 대하여 결정

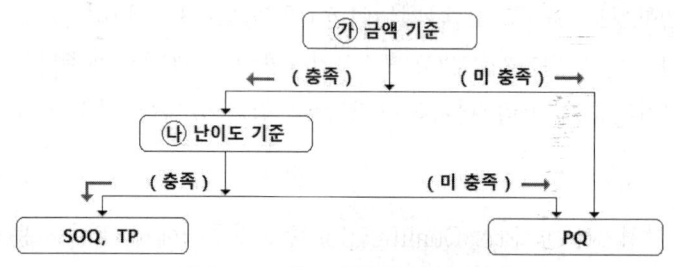

SOQ, TP 평가 대상용역 선정조건

㉮ 금액기준

SOQ 평가대상 용역의 범위

대상용역	대상 범위
기본계획, 기본설계 및 실시설계	◦ 용역비가 10억원 이상~15억원 미만인 기본계획 및 기본설계
	◦ 용역비가 15억원 이상~25억원 미만인 실시설계

TP 평가대상 용역의 범위

대상용역	대상 범위
기본계획, 기본설계 및 실시설계	◦ 용역비가 15억원 이상인 기본계획 및 기본설계
	◦ 용역비가 25억원 이상인 실시설계

㉯ 난이도 기준

- ◦ 공공의 안전 확보, 역사문화 보전 등을 위하여 기술자의 특별한 경험과 기술력이 필요하다고 발주청이 인정하는 경우
- ◦ 국내 실적이 많지 않거나 복합공종, 입지, 지반조건 및 인접시설 등으로 인하여 특별한 고려가 필요한 경우
- ◦ 신기술·신공법 및 친환경건설기법 등 기술발전을 도모하기 위하여 발주청에서 특별한 평가가 필요하다고 인정하는 경우

⑶ 발주청은 입찰공고 前에 SOQ, TP 대상용역 및 입찰공고(안)의 적정 여부에 대하여
기술자문위원회의 심의를 거쳐야 한다. 다만, 지자체는 지방건설기술심의위원회
의 심의를 거쳐야 한다.[25]

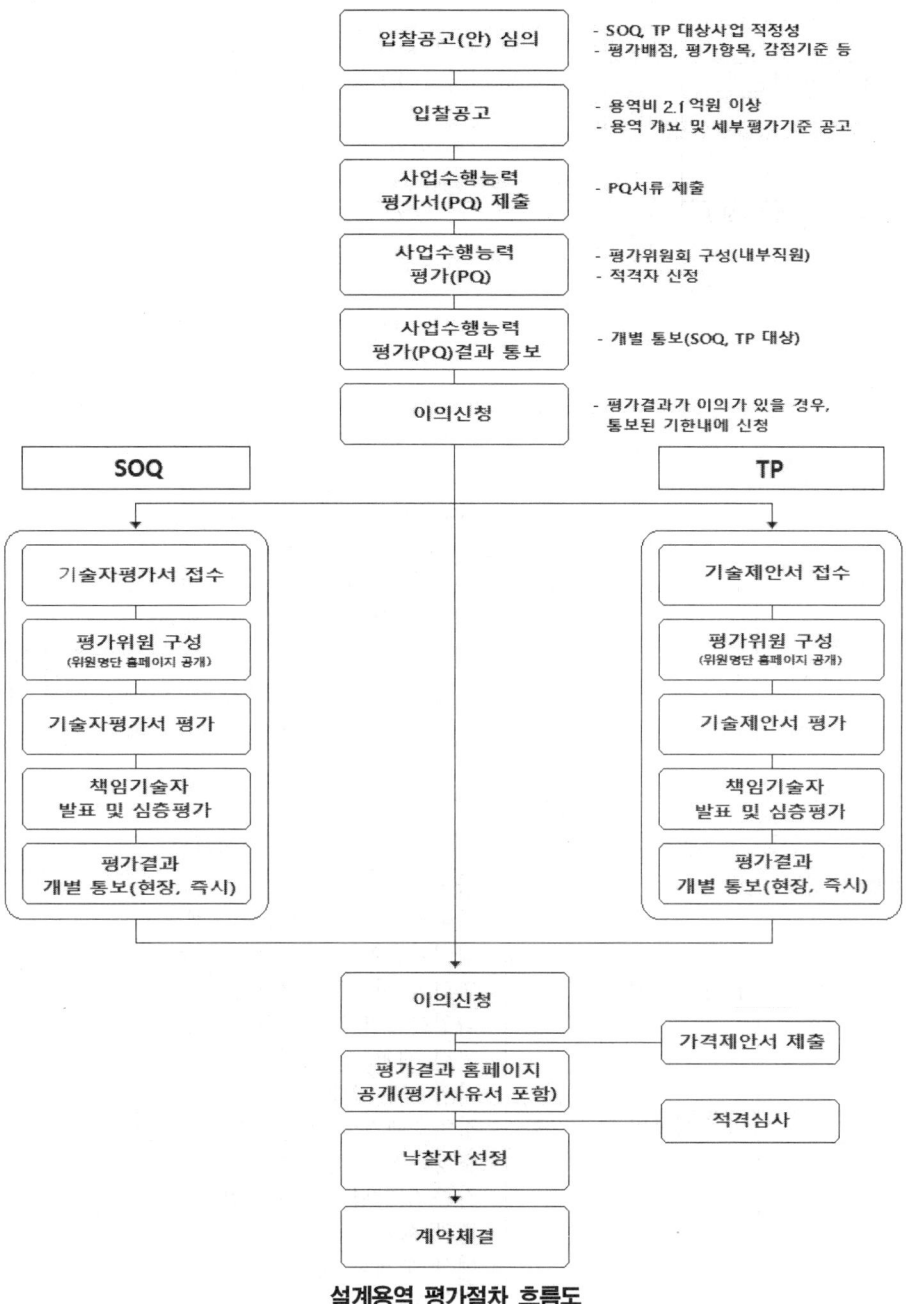

설계용역 평가절차 흐름도

---

25) 국토교통부, '설계용역 평가업무(PQ, SOQ, TP) 매뉴얼', 2017.

4. 기본계획·기본설계·실시설계의 사업수행능력 평가기준

『건설기술진흥법 시행규칙』제28조 관련

사업수행능력(PQ) 평가기준

평가항목	배점	평가방법
가. 참여기술인	50	◦ 참여기술인의 등급·경력·실적 및 교육·훈련 등에 따라 평가
나. 유사용역 수행실적	15	◦ 업체의 전차(前次) 용역 등 수행실적에 따라 평가
다. 신용도	10	◦ 관계 법령에 따른 입찰참가제한, 업무정지, 벌점 등의 처분 내용에 따라 평가 ◦ 재정상태 건실도에 따라 평가
라. 기술개발 및 투자실적	15	◦ 기술개발 및 투자 실적 등에 따라 평가
마. 업무중첩도	10	◦ 참여기술인의 업무하중 등에 따라 평가

주) 발주청은 용역의 특성에 맞도록 평가항목·배점범위·평가방법 등을 보완하여 세부평가기준을 작성·적용할 수 있으며, 평가항목별 배점범위는 ±20% 범위에서 조정·적용할 수 있다.

기술자평가서(SOQ) 평가기준

구분	세부사항	배점	평가항목
가. 설계팀의 경력·역량		70	◦ 참여기술인의 경력 ◦ 참여기술인의 유사용역 수행실적 ◦ 참여기술인의 업무중첩도 등
나. 수행계획·방법	1) 수행계획	15	◦ 과업의 성격 및 범위에 대한 이해도 ◦ 과업단계별 작업계획 및 체계 ◦ 관련 계획, 법령 등 검토 및 설계적용 방안
	2) 수행방법	15	◦ 수행용역에 대한 특정경험 및 해당 용역 적용성 ◦ 예상 문제점 및 대책

기술제안서(TP) 평가기준

구분	세부사항	배점	평가항목
가. 설계팀의 경력·역량		30	◦ 참여기술인의 경력 ◦ 참여기술인의 유사용역수행실적 ◦ 참여기술인의 업무중첩도 등
나. 수행계획·방법 및 기술향상	1) 수행계획	20	◦ 과업의 성격 및 범위에 대한 이해도 ◦ 과업단계별 작업계획 및 체계 ◦ 관련 계획, 법령 등 검토 및 설계적용 방안 ◦ 사업효과 극대화 방안 등
	2) 수행방법	35	◦ 작업수행기법(사전조사 및 작업방법 등) ◦ 수행용역에 대한 특정 경험 및 해당 용역 적용성 ◦ 각종 영향평가 수행방법, 친환경 건설기법 도입 ◦ 경관 설계 등 ◦ 예상 문제점 및 대책 등
	3) 기술향상	15	◦ 신기술·신공법의 도입과 그 활용성의 검토 정도 및 관련 기술자료 등재 ◦ 시설물의 생애주기비용을 고려한 설계기법 등

01.20 책임감리제도

건설공사 감리제도 종류, 감리원 임무, 책임감리 현장참여자 업무지침서 [2, 3]

Ⅰ. 책임감리제도의 변천과정

1. 최초 시공감리 도입

(1) 우리나라의 건설감리제도는 1986년 준공 직전 발생된 독립기념관 화재사고를 계기로 1987년 『건설기술관리법』이 제정되었고, 이어서 1989년 공무원 감독업무의 아웃소싱을 기반으로 하는 '시공감리'제도가 최초 도입되었다.

(2) 시공감리제도는 감독공무원과 민간감리원이 공사현장에 동시 상주하면서 업무를 함께 수행함으로써 양자 간의 업무범위, 책임과 권한의 한계 등이 불분명하여 여러 문제점이 제기되었다.

(3) 시공감리제도는 감리원이 공사중지 명령 등의 실질적 권한 행사를 하지 못하여 시공자에 대해 책임 있는 감리업무를 수행할 수 없었고 감리대가도 낮아 ,우수한 기술인력이 참여하지 않음으로써 효과적이지 못했다.

2. 시공감리를 책임감리로 보완

(1) 1994년 발생된 성수대료 붕괴사고를 계기로 감리원에게 공사중지 명령 등 실질적인 권한과 책임을 부여하는 '책임감리'제도가 종전의 시공감리 대상과 동일하게 총공사비 50억원 이상의 건설공사를 대상으로 도입되었다.

(2) 책임감리제도가 확대 적용되면서 각 발주기관은 기술인력을 줄임에 따라 공공건설공사의 계획·조사·설계 과정이 설계도서 및 표준시방서에 따라 적정하게 시행되는지 관리하는 '설계감리'제도가 추가 도입되었다.

(3) 책임감리제도를 탄력적으로 적용하기 위하여 총공사비 50억원 이상 22개 공종은 계약단위별로 '전면책임감리'하고, 그 외의 교량·터널·배수문 등은 '부분책임감리'할 수 있도록 1997년 개정되었다.

3. 검측감리 도입, 감리대상 축소

(1) 1996년 『국가를당사자로하는계약에관한법률시행규칙』 제정 시 입찰참가자격사전심사(PQ, pre-qualification) 대상이 추정가격 100억원 이상 22개 공종으로 규정되면서, PQ 대상과 책임감리 대상을 서로 일치시킬 필요성이 대두되었다.

(2) 이에 따라 책임감리 대상을 총공사비 100억원 이상 PQ대상 22개 공종으로 2001년 개정되었다. 책임감리 대상이 아닌 중·소규모 공사를 설계도서에 따라 시공하는지 관리·확인하는 '검측감리'가 추가되었다.

(3) 2006년 PQ대상이 추정가격 100억원 이상에서 200억원 이상으로 축소됨에 따라 2008년 책임감리 대상도 총공사비 100억원에서 200억원 이상 22개 공종으로 또 축소되어 시행 중에 건설사업관리(CM)로 전환되었다.

Ⅱ. 책임감리제도 시행 20년 평가

1. 대형 건설사고의 재발 방지
(1) 1995.06.29. 서울 강남 삼풍백화점 붕괴로 502명이 사망하고 937명이 다치는 대형 참사가 발생되어 정부는 더욱 강력한 건설안전대책이 필요하였다.
(2) 특히 삼풍 붕괴사고 원인제공자에 대해 7년6월 징역형이 확정되면서 언론과 유가족들은 처벌 강화를 요구하였다.
(3) 1995.12.30. 『시설물의안전관리에관한특별법』 제정 및 『건설기술관리법』 개정, 1997.07.01. 『건설산업기본법』 개정 시 무기징역 처벌 조항이 신설되었다.
(4) 그 후 책임감리제도가 20년간 시행되면서 공사현장을 지킨 감리자들의 열정에 힘입어 시특법 1종 및 2종 시설물의 안전사고는 지금껏 단 1건도 없었다.

2. 발주기관의 업무 수행능력 저하
(1) 책임감리가 본격 시행되면서 공공발주기관에서 오랫동안 감독업무를 수행했던 기술직 정원이 매년 줄어들기 시작하였다.
(2) 오늘날 공직 근무경력 20년 미만, 즉 책임감리 도입 이후 임용된 기술직 공무원들은 대형 국책사업을 직접 공사감독할 기회가 원천적으로 없다.
(3) 그 결과 발주기관에서 감리원의 실정보고를 이해할 수 없는 경우가 발생되자, 보완대책으로 설계VE(value engineering) 제도가 도입되었다.
(4) 설계VE 심의안건들은 종전에 공사감독관이 직접 검토·시행했던 설계변경사항이 대부분이다. 그만큼 발주기관의 기술적 업무수행 능력이 저하되었다.

3. 상주 및 비상주 감리제도 도입
(1) 2001년 『건설기술관리법시행규칙』 개정 시 공사현장에 배치되는 '상주감리원'과 이를 본사에서 지원하는 '비상주감리원'으로 구분하도록 규정되었다.
(2) 건설기술교육원에서 직무교육을 받고 있는 감리원에 대한 설문조사 결과, 수강자의 연령대별 분포는 61~70세 18.1%, 71세 이상 2.2%이다.
(3) 응답자 중 '비상주감리원'은 비상근 재택근무하면서 공사현장 요청에 따라 출장가서 공사시행 부분에 대한 기성검사 임무를 주로 수행하고 있다.
(4) 책임감리 도입 당시에는 오랜 경륜을 갖춘 건설전문가에게 국민의 안전을 맡기자

는 논리였으나, 오늘날 초고령 사회를 대비하는 제도라고 할 수 있다.

4. 해외건설의 수익성 악화

⑴ 설계용역은 많은 투자와 고급 인력이 필요하지만, 감리용역은 경력을 갖춘 기술자를 현장에 배치하면 정기적으로 기성금을 받을 수 있는 제도이다.

⑵ 최근 20년간 국내 업계가 감리용역에 집중하는 사이에 우리나라 설계용역의 세계 엔지니어링시장 점유율은 2018년에도 1.2% 수준에 불과하다.

⑶ 건설산업의 시공능력 대비 설계용역 국제경쟁력 저하는 해외건설 플랜트 분야에서 수익성 악화의 원인으로 작용되고 있어 업계의 고민이다.

⑷ 1990년대 이후 해외건설에서 큰 비중을 차지했던 플랜트 공사는 설계단계부터 운영단계까지 CM계약으로 참여해야 수익을 기대할 수 있는 구조이다.

5. R&D 투자 저조로 감리업계 위축

⑴ 국내에서 시공감리가 책임감리, 설계감리, 전면책임감리, 부분책임감리, 검측감리 등으로 확대되기까지 건설정책에 대한 고민은 정부 몫이었다.

⑵ 엔지니어링업계는 감리용역을 수익창출 수단으로만 인식하고, 감리를 CM제도와 같이 세계시장을 향하여 영역확장을 위한 R&D 투자는 없었다.

⑶ 일례로 국내 대학교에 건설감리학과(department of construction supervision) 대신 건설관리학과(department of construction management)가 개설되었다.

⑷ 2014년 책임감리가 건설사업관리(CM)으로 전환됨에 따라 용역업계는 국내에서 외국계 CM전문회사들과 직접 경쟁해야 되는 어려운 상황에 이르렀다.[26]

III. 책임감리 현장참여자 업무지침서

이 지침(국토해양부고시 제2008-872호, 2008.12.31)은 『건설기술관리법시행규칙』제34조제4항에 따라 발주청·건설업자·주택건설등록업자·감리전문회사 및 감리원이 책임감리 업무를 효율적으로 수행할 수 있도록 감리업무 수행의 방법·절차 등에 관하여 필요한 세부기준을 정하고 있다.

1. 발주청(지원업무수행자)의 기본업무

⑴ 감리 및 시공에 필요한 설계도면, 문서, 참고자료와 감리용역계약문서에 명기한 자재·장비·비품·설비의 제공

⑵ 공사 시행에 따른 업무연락, 문제점 파악 및 민원해결에 대한 지원 및 의사결정

26) 박효성, '합리적 건설사업관리를 위한 역량지수 활용 연구', 경기대학교, 박사논문, pp.8~14, 2015.

   (3) 건설공사 시행에 필요한 용지 및 지장물 보상, 국가·지자체·공공기관의 허가·인가 등의 처분을 얻을 수 있도록 조치 또는 협력

   (4) 감리원이 감리계약 이행에 필요한 시공자의 문서, 도면, 자재, 장비, 설비, 직원 등에 대한 자료제출 및 조사의 보장

   (5) 감리원이 보고한 설계변경, 준공기한 연기요청, 기타 현장실정보고 등의 방침 요구사항에 대하여 감리업무 수행에 지장이 없도록 의사 결정 및 통보

   (6) 특수공법 등 주요공종에 대해 외부 전문가의 자문·감리가 필요하다고 인정되는 경우에는 별도 조치

   (7) 기타 감리전문회사와 계약으로 정한 사항 등 용역 발주자로서의 감독업무

2. 감리원의 기본업무

   (1) 시공계획 및 공정표의 검토

   (2) 건설업자 또는 주택건설등록업자가 작성한 시공상세도면의 검토·확인

   (3) 시공이 설계도면·시방서 내용에 적합하게 행하여지고 있는지에 대한 확인

   (4) 구조물규격 및 사용자재 적합성의 검토·확인

   (5) 건설업자 또는 주택건설등록업자가 수립한 품질관리계획에 대한 확인, 품질관리계획의 지도, 품질시험 및 검사성과에 관한 검토·확인

   (6) 재해예방대책·안전관리 및 환경관리의 확인

   (7) 설계변경에 관한 사항의 검토·확인

   (8) 공사 진척부분에 대한 조사 및 검사

   (9) 완공도면의 검토 및 준공검사

   (10) 하도급에 대한 타당성 검토

   (11) 설계내용의 현장조건 부합 및 실제 시공가능 여부 등의 사전검토

   (12) 기타 공사의 질적 향상을 위하여 국토해양부령이 정하는 사항

3. 시공자의 기본업무

   (1) 시공자는 공사계약문서에 따라 현장작업, 시공방법에 대하여 모든 책임을 지고 신의·성실의 원칙에 입각하여 시공하고, 정해진 기간 내에 완성해야 한다.

   (2) 시공자는 감리원으로부터 재시공, 공사중지명령, 기타 필요한 조치에 대한 지시를 받을 때에는 특별한 사유가 없는 한 이에 응해야 한다.

   (3) 시공자는 발주청과의 공사계약문서에 따라 감리원 업무에 적극 협조해야 한다.

Ⅳ. 책임감리를 건설사업관리(CM)로 전환

1980년대 후반 정부는 88서울올림픽 유치를 계기로 대규모 공공건설사업을 착수하면서 국내법에 CM 관련 규정을 도입하기도 전에 선진국의 CM제도를 도입하였다.
이를 계기로 그동안 공사현장에서 시공 중심으로 접근하여 발전해왔던 전근대적인 국내 건설산업구조가 선진화되는 계기를 맞았다.

1996년 『건설산업기본법』에 '발주자는 필요한 경우 CM업무를 CM에 관한 전문지식과 기술능력을 갖춘 자에게 위탁할 수 있다'고 국내법에 처음 규정되었다.
이를 근거로 건설사업관리자(CMr, Construction Manager)가 건설공사 전반에 관한 관리업무를 발주자로부터 CM계약으로 위탁받아 수행할 수 있게 되었다.

2001년 『건설기술관리법』개정 시 CM용어를 정의하면서 책임감리 대상공사를 CM계약하는 경우 책임감리 업무를 포함하도록 CM와 책임감리와의 관계가 정립되었다.
아울러 CMr의 사업수행능력 평가기준, CM계약의 대가기준 및 업무지침 등을 제정함으로써 CM제도의 적용 확대에 필요한 토대가 구축되었다.

2002년 『건설산업기본법』 개정 시 CMr의 능력평가제도 및 손해배상제도, 건설산업정보 종합관리제도 등의 CM시행과 관련된 세부적인 규정이 마련되었다.

2011년 『건설산업기본법』 개정 시 종합건설공사에 대하여 시공이전 단계에서부터 CM계약할 수 있도록 '시공책임형 건설사업관리' 제도가 도입되었다.
책임감리 시행 이후 CM제도가 법제화되기 이전까지는 감리와 CM이 별개로 인식되어 대규모 공공건설사업의 경우 공종별 계약할 때는 책임감리를 채택하고, 사업 전체 일괄계약할 때는 CM제도를 채택하면서 두 제도가 공존하였다.
그러나 『건설산업기본법』에 이어 『건설기술관리법』에도 CM제도가 법제화되면서 책임감리와 CM의 업무영역, 기능, 역할 등에 대한 논란이 가열되었다.

2014년 『건설기술관리법』이 『건설기술진흥법』으로 전부개정되면서 책임감리가 CM제도로 전환되었다.
같은법 시행령 개정 시 총공사비 200억원 이상 PQ대상 22개 공종 책임감리 대상은 CMr에게 '감독권한대행 등 건설사업관리'로 CM계약할 수 있게 되었다.
이어서 '감독권한대행 등 건설사업관리'가 실제 적용될 수 있도록 건설기술자를 경력·자격·학력으로 종합평가하는 역량지수(ICEC, Index of Construction Engineer's Competency) 등급체계가 도입되어 현재 시행되고 있다.

01.21 건설사업관리(CM) Construction Management

건설사업관리(CM, Construction Management)의 정의, 목표, 도입 필요성, 단계별 업무내용 [0, 7]

Ⅰ. 개요

1. 1980년대 후반 경부고속철도, 인천국제공항 등의 대규모 국책사업을 착수하면서 국내법에 건설사업관리 제도를 도입하기도 전에 선전외국에서 오래 전부터 시행되고 있었던 CM(Construction Management) 방식으로 계약·발주하였다.

2. 2011년 『건설산업기본법』이 개정되면서 종합건설공사에는 시공이전 단계에서부터 건설사업관리 방식으로 계약할 수 있도록 '시공책임형 건설사업관리(CM at Risk)' 제도가 최초로 도입되었다.

3. 이어서 2014년 『건설기술진흥법시행령』제55조제1항에 의해 발주청은 건설공사의 품질 확보 및 향상을 위하여 건설기술용역업자에게 건설사업관리를 의뢰할 수 있도록 '감독권한대행 등 건설사업관리(CM for Fee)' 제도가 도입되었다.

Ⅱ. CM 정의

1. 국내법

(1) 건설사업관리(CM) :『건설산업기본법』제2조(정의)제6호에 '건설사업관리'란 건설공사에 관한 기획, 타당성 조사, 분석, 설계, 조달, 계약, 시공관리, 감리, 평가 또는 사후관리 등에 관한 관리를 수행하는 것을 말한다.

(2) 시공책임형 건설사업관리(CM at Risk) :『건설산업기본법』제2조(정의)제8호에 '시공책임형 건설사업관리'란 종합공사를 시공하는 업종을 등록한 건설업자가 건설공사에 대하여 시공 이전 단계에서 건설사업관리 업무를 수행하고 아울러 시공단계에서 발주자와 시공 및 건설사업관리에 대한 별도의 계약을 통하여 종합적인 계획, 관리 및 조정을 하면서 미리 정한 공사 금액과 공사기간 내에 시설물을 시공하는 것을 말한다.

(3) 감독권한대행 등 건설사업관리(CM for Fee) :『건설기술진흥법』제39조(건설사업관리 시행)제1항 발주청은 건설공사를 효율적으로 수행하기 위하여 건설기술용역업자에게 건설사업관리(시공단계에서 품질·안전관리 실태 확인, 설계변경사항 확인, 준공검사 등 발주청의 감독권한대행 업무를 포함)를 하게 할 수 있다.

2. 미국건설관리협회(CAMM, Construction Management Association of America)

(1) CM이란 건설사업의 비용절감, 품질향상, 공기단축 등을 목적으로 발주자가 전문

지식과 경험을 지닌 건설관리자(CMr)에게 발주자가 필요로 하는 건설관리 업무의 전부 또는 일부를 전문적으로 위탁하여 의뢰하는 계약방식을 말한다.

Construction Management is a professional service that applies effective management techniques to the planning, design and construction of a project from inception to completion for the purpose of controlling time, cost and quality.

(2) 미국은 CM을 건설공사 발주를 위한 계약방식의 일종으로 규정하고 있음에 비해, 한국은 『국가를 당사자로 하는 계약에 관한 법률』의 예외 조항으로 『건설산업기본법』에 '시공책임형 건설사업관리(CM at Risk)', 『건설기술진흥법』에 '감독권한대행 등 건설사업관리(CM for Fee)'를 각각 규정하고 있는 점이 다르다.

Ⅲ. 국내 건설사업관리(CM) 제도

1. 건설사업관리(CM) 도입 필요성

(1) 국내 건설산업의 효율성 제고 : 국내 공공건설사업은 만성적으로 공사비용 증가, 공사기간 연장, 부실공사 만연 등의 문제점이 누적되어 있기에 선진국의 사업관리 기법을 도입함으로써 효율성을 제고하기 위하여

(2) 세계적인 EC 추세에 부응 : 1960년대부터 시공 중심으로 발전되어온 국내 건설업체에게 엔지니어링 역할을 접목시킴으로써 세계적인 EC(Engineering and Construction) 추세에 적극적으로 부응하기 위하여

(3) 분리되어 있는 건설업역 재편 : 일반(종합)건설업과 전문(하도)건설업, 시공업체와 용역업체 등으로 분리되어 있는 건설업역 체계를 종합적인 CM기업으로 재편함으로써 장기적으로 건설산업의 활성화를 위하여

(4) CM의 사업관리 역량 활용 : 건설사업 추진과 관련하여 사업관리 역량이 총체적으로 미흡한 공공건설공사의 발주기관(정부, 공기업)의 업무를 외부 전문기관에게 위탁 시행함으로써 CM 장점을 활용하기 위하여

(5) 건설업계의 국제경쟁력 제고 : 최근 미국·EU를 비롯한 선진국의 건설시장, 동남아·중동 등의 건설시장에서 CM방식으로 발주하는 건설프로젝트 비중이 증가하고 있으므로 건설업계의 국제경쟁력 제고를 위하여

2. 건설사업관리(CM) 도입 기대효과

(1) 설계단계에 주요 협력사를 포함한 시공사가 조기 참여하여 3D BIM을 활용한 가상시공을 수행함으로써 설계 완성도를 더욱 높일 수 있다.

(2) 3D BIM을 통해 설계 오류 및 재시공 요소를 줄이는 한편, 발주자의 정확한 요구

를 미리 설계에 반영하여 설계변경을 최소화할 수 있다.

(3) 발주자는 시공사와 공사비 상한(GMP)을 설정하여 계약하기 때문에 향후 설계변경 등으로 인한 공사비 증가 위험을 줄일 수 있다.

(4) 공사비 절감부분은 계약에 따라 발주자와 시공사가 일정비율로 공유함으로써 추가 혜택을 얻고, 참여자 간의 분쟁을 최소화할 수 있다.

(5) 사후 정산과정에서 공사비 내역이 발주자에 공개되기 때문에 건설사업 관리의 투명성 및 신뢰도를 높일 수 있을 것으로 기대된다.

Ⅳ. 국내 건설사업관리(CM) 업무지침서 『건설기술진흥법시행령』제59조제4항 관련

1. 건설사업관리의 주요 업무

(1) 건설공사의 기본구상 및 타당성조사 관리

(2) 건설공사의 계약관리

(3) 건설공사의 설계관리

(4) 건설공사의 사업비 관리

(5) 건설공사의 공정관리

(6) 건설공사의 품질관리

(7) 건설공사의 안전관리

(8) 건설공사의 사업정보관리

(9) 건설공사의 준공 후 사후관리

(10) 그밖에 당해 건설사업관리 용역계약에서 정하는 사항

2. 건설사업관리의 시공단계 일반행정업무

(1) 지급자재 수급 요청서, 대체사용 신청서, 공급원 승인요청서

(2) 각종 시험성적표

(3) 설계변경 여건보고, 준공기한 연기신청, 기성·준공 검사보고

(4) 하도급 통지 및 승인요청서

(5) 안전관리 추진실적 보고서, 발파계획서

(6) 확인측량 결과보고서

(7) 물량 확정보고서 및 물가 변동지수 조정율 계산서

(8) 품질관리계획서 또는 품질시험계획서

(9) 시공과 관련된 필요한 서류 및 도표(천후표, 온도표, 수위표, 조위표 등)

(10) 건설공사 관련 근로자보험료, 일용근로자 근로내용확인신고서 등[27]

---

27) 박효성, '합리적 건설사업관리를 위한 역량지수 활용 연구', 경기대학교, 박사논문, pp.17~23, 2015.

01.22 CM for Fee, CM at Risk

용역형 건설사업관리(CM for fee) [2, 1]

1. 감독권한대행 등 건설사업관리(CM for Fee)

(1) 개념

① '감독권한대행 등 건설사업관리'란 건설관리자(CMr)가 설계 및 시공에 직접 관여하지 않으며, 건설사업 수행에 관한 발주자에 대한 조언자 역할을 수행하고 대가(fee)를 받는 계약방식이다.

② CM for Fee is a fee-based service in which the construction manager is responsible exclusively to the owner and acts in the owner's interests at every stage of the project.

(2) 도입 배경

① 최근 국내 건설산업이 복잡화·전문화·첨단화 추세로 발전됨에 따라 건설프로젝트의 공정·품질·안전·원가관리 등의 목표를 효과적으로 달성하기 위하여 체계적이며 전문적인 건설관리 능력이 요구된다.

② 종전 책임감리제도는 시공단계에서 안전·품질 위주의 관리체계이었으나, 건설프로젝트의 모든 단계에서 안전·품질뿐만 아니라 공정·원가 등을 종합적으로 관리할 수 있는 체계가 요구된다.

③ OECD 선진국에서 이미 일반화되어 있는 건설관리(CM)체계를 국내법에 도입하여 발주자의 사업관리능력을 제고하고, 건설시장 개방에 대비하여 건설사업 수행체계의 다양화·국제화를 도모한다.

④ 현재 등록하여 활동하고 있는 '감리전문회사'가 아래 표와 같이 '건설기술용역업자'로 변경등록 절차를 거치면 '감독권한대행 등 건설사업관리' 계약에 참여 가능하므로, 현행 엔지니어링 업계는 별도의 법률적·재정적 부담이 없다.

건설기술용역업 등록요건 및 업무범위

전문분야	세부분야	기술인력	자본금
종합	종합	특급기술자 2명을 포함한 15명 이상	2억원 이상
설계·사업관리	일반	특급기술자 2명을 포함한 15명 이상	2억원 이상
	설계 등 용역	특급기술자 1명을 포함한 5명 이상	0.5억원 이상
	건설사업관리	특급기술자 1명을 포함한 10명 이상	1.5억원 이상
품질검사	일반, 토목 등 7분야	토목, 건축 품질시험기술사 각 1명 이상	해당 없음

주) 『건설기술진흥법시행령』제44조(건설기술용역업의 등록 등)제2항 관련

(3) 발주(계약) 방식   법제39조제2항, 영제55조제3항 및 규칙제33조제1항

① 발주청은 건설공사의 품질 확보 및 향상을 위하여 건설기술용역업자에게 건설사업관리(시공단계에서 품질·안전관리 확인, 설계변경사항 확인, 준공검사 등 발주청의 감독 권한대행 업무를 포함)를 의뢰하여야 한다.

② 발주청은 여러 건의 건설공사를 동시에 발주할 때, 그 건설공사의 공종(工種)이 유사하고 공사현장 간의 직선거리가 20km 이내로 인접된 경우에는 감독권한대행 등 건설사업관리 용역을 통합 발주할 수 있다.

③ 행정안전부의 행정자치통계연보(2017년)에 따르면 아래 표와 같이 전국 226개 기초지자체 행정구역의 직선거리는 평균 28km 정도이므로, 기초지자체가 소규모 건설공사 여러 건을 묶어 통합 발주함으로써 초고령 사회 진입에 대비하여 행정력을 복지분야에 더욱 집중할 수 있다.

④ 1995년 책임감리 도입 이후, 기초지자체는 기술직 공무원 숫자를 점차 줄여서 소규모 공사마저 자체 감독할 수 없는 수준이므로 감독권한대행 등 건설사업관리 계약으로 통합 발주할 필요성이 증대되고 있다.

기초지자체 행정구역의 면적크기 및 직선거리

기초자치단체	면적순위	면적크기(m²)	최대직선거리(km)	
			동서	남북
강원 홍천군	1	1,819.67	96.74	45.54
강원 고성군	61	664.29	33.47	35.69
경남 거제시	121	402.05	26.83	39.63
인천 서구	151	114.00	13.42	20.18
서울 강서구	181	41.43	10.64	9.16
부산 중구	226	2.83	2.25	2.43
평균	(광역17+ 기초=243)	491.95	28.87	28.87

2. 시공책임형 건설사업관리(CM at Risk)

(1) 개념

① '시공책임형 건설사업관리'란 발주자와 합의된 계약 조건 하에서 건설관리자(CMr)가 시공자 역할까지 하면서, 그에 따른 최대의 이윤을 추구 할 수 있도록 역할을 수행하는 계약방식이다.

② CM at Risk is a delivery method, which entails a commitment by the construction manager to deliver the project within a Guaranteed Maximum Price(GMP).

외국의 CM제도 비교

구분	CM for Fee (감리용역형)	CM at Risk (사업관리형)
정의	건설사업관리자(Construction Manager)는 설계 및 시공에 직접 관여하지 않으며, 건설사업 수행에 관해 해당 공사의 발주자에게 조언자로서 역할 수행	CMr은 계약과 관리 주체로서 위험(risk)을 모두 부담하며 GMP 방식으로 계약을 체결하고, 발주자와 CMr과 시공자 간에는 수직적인 업무관계 유지
구조	Owner — Architect / Construction Manager — General Contractor — Sub-Contractor A / Sub-Contractor B / Sub-Contractor C	Owner — Construction Manager ---- Architect — Sub-Contractor A / Sub-Contractor B / Sub-Contractor C
특징	CMr은 발주자 외에 시공자·설계자와 계약관계 없고, 발주자가 직접 전문건설업체 대상으로 분할계약 체결	GMP(Guaranteed Maximum Price)는 공사비와 관리비가 포함된 총공사비를 예측하여 CRr과 수의계약 체결
공통	징벌적 손해배상(懲罰的 損害賠償, punitive damages) : 가해자의 행위가 악의적이고 반사회적일 경우에 실제 손해액보다 훨씬 더 많은 손해배상을 부과하는 제도	
국내	감독권한대행 등 건설사업관리	시공책임형 건설사업관리

(2) 도입 배경

① 우리나라의 경우는 1950년대 6.25 직후 선진국 원조를 받아 설계·감독 하에 전후복구사업을 착수할 때부터 건설공사를 시공 중심으로 분리 발주하였다.

② 설계·시공 분리발주는 표준화된 시공현장에는 유리하지만, 설계단계에서 시공 리스크를 모두 찾을 수 없기 때문에 시공단계에서 잦은 설계변경, 비용초과, 공기지연 등을 초래하는 문제점이 계속 제기되어 왔다.

③ 시공책임형 건설사업관리(CM at Risk)로 발주하면 설계단계에 시공사도 참여하여 가상시공(3D BIM)을 통해 설계 완성도를 높일 수 있어, 발주자 요구를 설계에 정확히 반영함으로써 설계변경 리스크를 최소화할 수 있다.

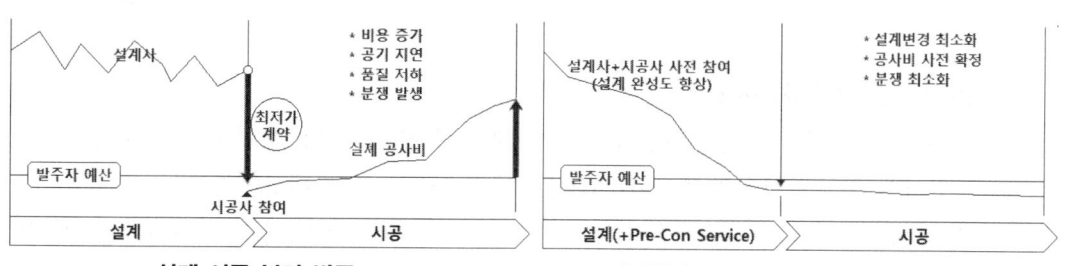

설계·시공 분리 발주   **시공책임형 건설사업관리 통합 발주**

④ CM at Risk는 1980년대부터 중동 지역에서 자주 적용되었으며, 건설프로젝트의 설계단계에서부터 시공사가 참여하여 발주자와 계약한 최대공사비 보증가격 (GMP, Guranteed Maximum Price) 내에서 공사를 시행하는 방식이다. 이미 미국 등 선진국에서 널리 적용되며, 국내 민간부문에도 적용되고 있다.

(3) 발주(계약) 방식

① 전국 지자체(광역 17, 기초 227)는 책임감리 도입 이후, 기술직(토목·건축)의 정원을 줄이고 고령사회의 행정수요 증가에 대비하여 보건직(의료·양로)의 정원을 확대하여 왔다.

② 책임감리 대상이 1995년 총공사비 50억원 이상으로 정해진 이후, 100억원 → 200억원 이상으로 축소되었지만 기초지자체는 기술인력 부족으로 소규모 건설공사들을 묶어 통합감리로 발주하고 있다.

③ 조달청 통계에 의하면 기초지자체는 2013년 기준 137억원 정도의 공사를 발주하고 있는 상황에서 시·군·구청장 협의회는 시공책임형 건설사업관리 대상공사를 200억원 이상에서 100억원 이상으로 확대하여 감리용역형 CM뿐만 아니라 시공책임형 CM도 시·군·구에서 발주할 수 있도록 건의하고 있다.

④ 현실적으로 건설사업관리(CM) 발주 대상을 소규모 지역사업까지 확대하는 방안은 바람직하지 않다는 의견이 다수를 이루고 있다.

2013년 기초지자체 발주 건설공사 총 140건 일부 발췌(조달청)

No.	기초지자체	건설공사	발주 연월	도급액(백만원)
1	강원 강릉시	오죽헌선비문화체험관 건축 외 4건	2013.08.	9,348
24	경기 안성시	죽림 소하천정비공사 외 8건	2013.01.	17,010
46	경북 고령군	내곡천(저전제) 수해복구공사 외 5건	2013.01.	16,460
84	서울 송파구	풍납펌프장 유입관거 개량 외 7건	2013.02.	14,890
96	전남 고흥군	고분자융복합단지 진입연결도로 외 5건	2013.02.	10,661
134	충북 옥천군	보청천(지전,예곡)하도개선사업 외 5건	2013.05.	12,895
140	충북 충주시	단월서부우회도로개설공사 외 4건	2013.03.	8,320
	평균			137,127

(4) 시범사업 발주(계약) 현황

① 정부(국토교통부)가 공공건설공사 발주제도 혁신을 위해 추진하는 CM at Risk 시범사업 6건을 확정하여 2016.10월부터 순차적으로 집행하였다.

② 시범사업 중 한국토지주택공사(LH)가 발주한 시흥 은계 S4블록 아파트 건설사업이 2017.06.27. GS건설과 계약되었고, 나머지 5건은 추진 중이다.

시공책임형 건설사업관리(CM at Risk) 시범사업 발주 현황

구분	토지주택공사(3건)			철도공단	도로공사	수자원공사
사업	시흥 은계 S4블록 건설	하남 감일 B3블록 건설	행복도시 1생활권 환승	이천-충주 간 철도역사신축	영동고속도로 서창-안산확장	원주천댐 건설
내용	1,719세대 (공공분야)	578세대 (공공분야)	지상주차장 건설(2곳)	역사 신축 (2동)	8~10차로로 확장(14.8km)	콘크리트댐 H50xL265m
금액	2,281억원	1,096억원	250억원	200억원	2,900억원	320억원
기간	'17년~36개월	'19년~27개월	'19년~18개월	'19년~18개월	'19년~60개월	'19년~40개월
계약	GS건설					

③ 시공책임형 CM 시범사업 6건 중 1건만 계약될 정도로 추진이 지연되는 사유는 그동안 공공발주기관(LH공사 등)이 CM 발주 사례가 없었고, 국토교통부 역시 CM 시범사업 발주방식을 쉽게 결정하지 못하고 있기 때문으로 보인다.

④ 시공책임형 CM은 최종 낙찰자(시공사+ 설계사 공동)가 발주자를 대신하여 기획·설계·시공·감리·사후관리까지 모두 포함하는 계약이므로, 향후 사업 실패하면 리스크를 모두 부담해야하는 업체 간에 분쟁을 우려하여 결정이 어렵다.

(5) 시흥 은계 시범사업 발주 사례

① 공공건설사업은 『국가재정법』상의 연도별 국가재정운영계획에 따라 예비타당성조사 결과 타당성이 입증된 사업에 한하여 국토교통부에 신규 사업비가 배정되어 기본계획 수립 → 타당성조사 발주 등의 순서로 사업이 추진된다.(최근 예비타당성 결과와 관계 없이 대규모 국책사업을 발주한다는 정부 발표는 국가재정법에 어긋남)

② 이 과정에 시업사업으로 발주되는 CM at Risk는 발주자-설계사-시공사가 설계단계에서 하나의 팀을 구성하여 준공단계까지 모든 과정을 가상현실(3D BIM)에서 실제처럼 구현함으로써, 시공의 불확실성, 설계변경 리스크 등을 사전에 제거하여 프로젝트 운영을 최적화할 수 있는 선진 건설공사 시행 방식이다.

③ 참고로 『건설기술진흥법시행령』제55조제2항에 의거 국토교통부의 지도·감독을 받는 토지주택공사 등의 공공기관이 발주하는 건설공사는 책임감리에서와 같이 감독권한대행 등 건설사업관리도 적용 대상에서 제외된다.

④ 따라서, 그동안 책임감리 제도에서 토지주택공사 등은 공공건설공사 발주기관으로서 총괄적인 CM역할을 수행해 왔다. 이 제도에서 토지주택공사는 '종전의 특례기준'에 따라 시흥 은계 S4블록 아파트 건설공사의 기본설계를 감리용역형 CM으로 발주하였고, 이어서 시공책임형 CM 시범사업으로 발주하였다.

⑤ 결론적으로 시흥 은계 S4블록 아파트의 시공책임형 CM 시범사업은 기본설계가 완성된 후에 실시설계단계에서 발주됨에 따라 설계품질, 원가절감, 공기단축 등에서 기본설계에 제한을 받아 효과적인 CM수행에 한계가 있다는 평가이다.

⑥ 현재 국토교통부가 각 공공발주기관의 '시공책임형 건설사업 방식 특례기준'을 개정하여 나머지 5개 사업을 발주 예정이므로 더 나은 CM사업이 기대된다.

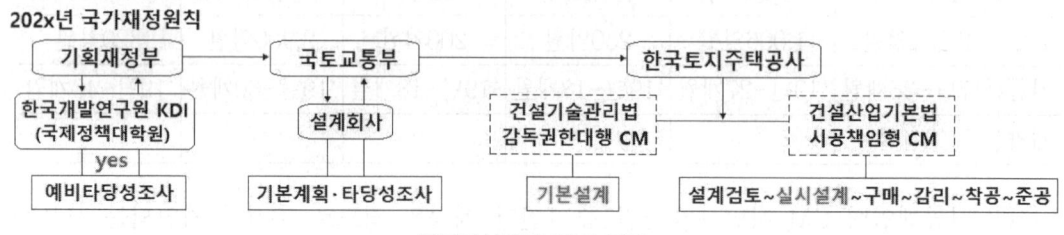

공공건설공사 발주 과정

3. 국내 토목분야에서 건설사업관리(CM) 발주 지연 사유

(1) CM 발주 현황

① 국내에서 건설사업관리(CM) 제도는 1996년 『건설산업기본법』에 CM 용어를 처음 정의한 이후, 2000년대 후반부터 활기를 띄기 시작하여, 2017년 건설사업관리 수행평가 결과 5,405억원으로, 최근 3년간 평균 5,000억원 수준이다.

② 2017년 CM발주기관별로는 민간 3,107억(57%), 공공 2,297억(43%)으로 민간에서 활발하며, 공종별로는 건축부문이 5,123억(95%)으로 주종을 이루며, 이중 시공책임형 건설사업관리(CM at risk)가 1,670억(23%)을 점하고 있다.

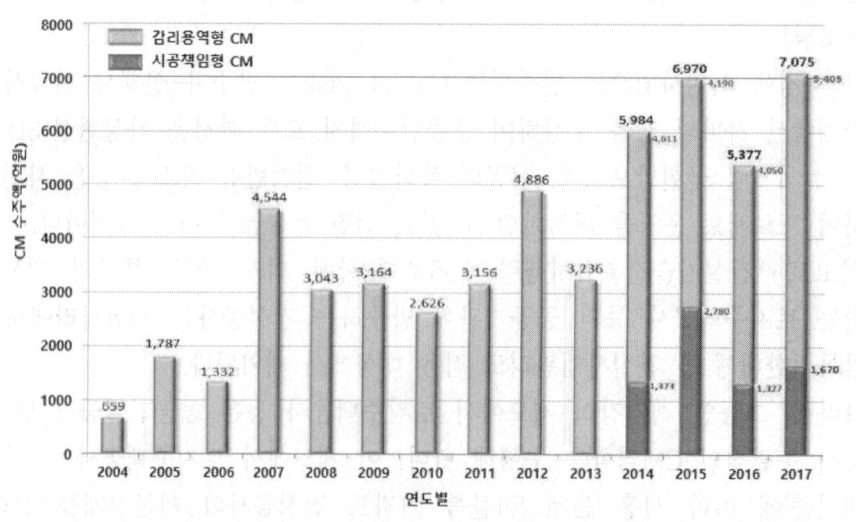

국내 연도별 건설사업관리(CM) 수주 실적 추이

(2) 토목분야 CM 발주 지연 사유

① 1996년 『건설산업기본법』에 CM용어가 정의된 이후 20여년이 지났지만, CM적용 공사의 90% 이상이 건축공사일 만큼 토목공사는 적용 사례조차 거의 없다. 건축 공사가 제한된 공간에서의 반복작업이므로 CM적용이 용이하며, 민간공사는 투자 비용 결정이 신속한 이점이 있다 하더라도 비정상적이다.

② CM분야는 우리와 선진국 간에 기술격차가 별로 없는 분야로서 건축과 토목분야 에서 폭넓게 시행될 때 시너지 효과를 얻을 수 있다. 최근 사업시행 방식이 복잡 화·대형화되면서 책임감리의 대안으로 CM제도가 도입되었다.

③ 역설적으로 토목분야에 CM도입이 늦은 가장 큰 장애요인이 바로 책임감리라는 의견도 있다. 즉, 발주기관이 감리와 CM의 차이점을 인식하지 못한 상태에서 선 진국에 없는 우리만의 독특한 책임감리를 20여년 시행했다는 점이다.

④ 토목공사는 생애주기(LCC) 중에서 시공단계 비중이 매우 크므로 CM을 활성화하 려면 시공책임형 CM계약이 필요하다. 시공사의 업무영역을 CM분야까지 확장하 여 CM회사가 설계단계부터 시공단계까지 일괄 수주할 수 있어야 한다.

⑤ 토목구조물에 대한 장기계속공사 계약제도는 폐지되어야 한다. 최초 5년 공사기 간의 프로젝트가 정부세출예산 제약으로 10년 이상으로 지연되는 사례가 빈번한 토목구조물의 장기계약공사에서는 CM제도의 효율성은 없다.

⑥ 지난 얘기지만 4대강 건설사업은 공사기간과 사업비가 명확히 고정되어 CM효과 예측이 가능한 대표적인 토목사업이었으나, 책임감리 대비 CM의 추가비용 발생 과 효과 불확실성 등을 이유로 CM을 적용하지 못한 점이 아쉽다.

⑦ 국토교통부는 우리나라의 건설산업 국제경쟁력이 7위라고 발표하지만, 시공능력 대비 설계기술의 경쟁력이 현저히 낮고, 프로젝트 관리능력은 더욱 낮다는 점을 놓치면 아니 된다. 시공과 설계 격차를 줄이려면 토목사업에 CM적용을 활성화하 여 시너지효과를 얻을 수 있어야 한다.

⑧ 공공발주기관은 CM적용 효과측정이 가능한 다양한 공종의 시범사업을 지속적으 로 추진하면서 검증하고, 시공업계는 CM분야로의 시장확대 요구 이전에 CM에 대한 신뢰성을 높일 수 있도록 실체적인 서비스를 제공해야 한다.

⑨ 대한민국이 해외건설 5대강국 실현을 앞당기려면 선진 CM관리기법 함양을 심도 있게 다룰 수 있도록 정부, 기업, 학·협회, 연구기관 모두가 참여하는 '건설사업 관리(CM) 선진화 위원회' 구성이 필요하다.[28]

---

28) 박효성, '합리적 건설사업관리를 위한 역량지수 활용 연구', 경기대학교, 박사논문, pp.17~23, 2015.
강인석, '한심한 토목CM…낯부끄러운 글로벌 건설한국', 경상대학교 교수, 2015.

01.23 건설공사의 시공관리

시공관리의 목적과 관리내용, 공정관리의 주요기능 [1, 3]

I. 개요

1. 건설공사의 시공관리는 주어진 기간 내에 양질의 구조물을 경제적으로 안전하게 만들기 위하여 소요일정을 수립하고 필요한 경우에 일정을 조정하는 기법이다.

2. 건설공사를 수행할 때는 시공관리의 4대 요소를 실현하기 위하여 생산수단 5M을 통하여 생산목표 5R을 달성하는 것이 바람직하다.

건설공사 시공관리의 4대 요소

공사요소	목표	시공관리
공사기간	신속하게	공정관리
품 질	양호하게	품질관리
경 제 성	저렴하게	원가관리
안 전	안전하게	안전관리

건설공사의 생산수단 5M과 생산목표 5R

생산수단 5M	생산목표 5R
사람(Man)	적정한 생산(Right product)
공법(Method)	적정한 품질(Right quality)
재료(Material)	적정한 수량(Right quantity)
장비(Machine)	적정한 시간(Right time)
자금(Money)	적정한 가격(Right price)

II. 건설공사의 시공관리

1. 시공관리의 4대 요소

(1) 공정관리

① 건설공사의 공정관리는 발주자의 요구기간 내에 주어진 도면과 설계도서에 상응하는 시설물을 창출하기 위하여 실행예산으로 계획·관리·통제하는 것이다.

② 오늘날 공정관리는 전산도구(ez-PERT)로 수행되며, 건설현장에 ez-PERT의 활용정도는 공정관리의 수준을 평가할 수 있는 척도이다.

(2) 품질관리

① 건설공사의 품질관리는 합리적·경제적·내구적인 구조물을 생산하기 위하여 소정의 품질을 확보하고 개선하며 오차를 줄이고 균일한 품질을 보증함으로써,

예상되는 하자발생을 미연에 방지하여 원가를 절감하는 과정이다.

② 여기서, 품질보증(品質保證)은 제품 또는 서비스가 주어진 품질요구를 충족시킬 것이라는 적절한 확신을 주기 위하여 품질시스템 내에서 수행되는 모든 계획적이고 체계적인 활동을 말한다.

(3) 원가관리

① 최소의 비용으로 최대의 품질을 달성하고자 하는 경제원칙에 따라 건설공사를 성공적으로 수익창출 완수하기 위해서는 체계적인 원가관리가 필요하다.

② 원가관리는 건설공사의 모든 관리요소와 관련되어 있으며, 품질향상과 원가절감이라는 두 가지 명제는 모든 산업분야에서 달성해야 하는 목표이다.

③ 원가관리는 주어진 기간과 예산을 토대로 건설공사가 원만히 진행되어 공기·품질·원가 등의 목표를 성공적으로 달성할 수 있도록 제반 자원을 효율적으로 관리하고 통제하는 것을 의미한다.

(4) 안전관리

① 안전관리란 사고가능성이 있는 모든 현상에 대하여 안전조치를 이행하는 것을 말한다. 근로자 보호측면에서 100인 이상의 근로자를 고용하는 사업장은 안전보건관리책임자를 두고, 위원회를 구성하여 안전관리를 도모해야 한다.

② 안전관리는 크게 작업관리와 설비관리로 나눈다. 작업관리는 정리정돈, 안전점검, 안전작업을 일관성 있게 효율적으로 실시하는 것이며, 설비관리는 설계·시공·관리의 각 단계에서 일관성 있게 안전관리를 실시하는 것이다.

2. 공정-품질-원가 관계

(1) 공정-원가 : 공정을 어느 한도 이상으로 신속히 추진하면 원가 상승한다.

(2) 품질-원가 : 품질이 좋아지면 원가 상승, 품질이 나빠지면 원가 하락하다.

(3) 품질-공정 : 품질이 향상되면 공정 지연, 공정이 빨라지면 품질 저하된다.

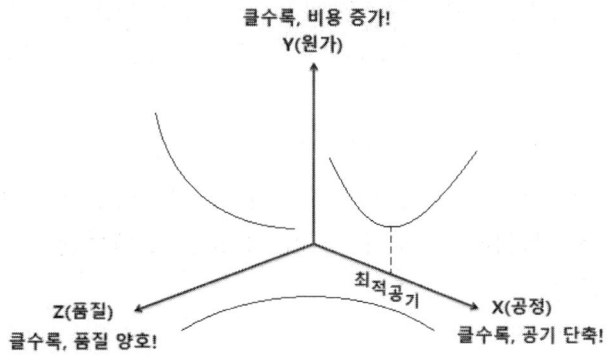

건설공사의 공정-품질-원가 관계

3. 시공관리의 구분

(1) 1차 시공관리

① 건설공사의 수행 목적에 직접적으로 관련되는 공정관리, 품질관리, 원가관리, 안전관리 등의 4대 관리가 1차 시공관리 대상이다.

(2) 2차 시공관리

① 1차 시공관리를 보충하기 위하여 필요한 자재관리, 노무관리, 장비관리, 자금관리, 하도급관리, 건설공해관리 등이 2차 시공관리 대상이다.

ㅇ 자재관리 : 가공해야 하는 자재는 사전에 주문·제작을 의뢰하여 공정관리에 차질 없도록 적기에 구입해서 현장에 공급되도록 한다.

ㅇ 노무관리 : 인력배당계획에 의해 적정한 소요인원을 산출하여 현장에 적기에 배치할 수 있는 과학적이며 합리적인 노무관리가 되도록 한다.

ㅇ 장비관리 : 현장 공종에 적합한 기종을 선택하여 적기에 임대할 수 있도록 계약하고, 장비의 가동률을 극대화할 수 있는 운용관리가 필요하다.

ㅇ 자금관리 : 공정진도에 따른 직접비(자재비, 장비비 및 노무비) 및 간접비의 흐름을 파악하여 자금의 수입·지출, 어음, 전도금 기성금 등을 관리한다.

ㅇ 하도급관리 : 우수한 하도급업자의 선정은 공사 전체의 성과를 좌우하므로 실적 중심으로 신뢰성 있는 업체 선정기준을 마련하여 공정하게 집행한다.

ㅇ 건설공해관리 : 특히 도심지 공사에서는 무소음·무진동 공법을 채택하여야 하며, 건설폐기물이 합법적으로 반출·처리되어 재활용되도록 관리한다.

ㅇ 기타 대외업무관리로서 공사현장과 밀접하게 관련되는 시청, 구청, 동사무소, 고용노동부지방청, 국토교통부지방청, 경찰서, 병원 등이 있다.[29)]

Ⅲ. 맺음말

1. 일반적으로 '관리'란 어떤 업무를 수행하는 과정에 업무를 효율적으로 수행하여 업무의 목표를 효과적으로 달성하는데 필요한 수단을 조화롭게 배분하여 운용하는 기법을 의미한다.

2. 건설공사의 시공관리란 공사를 수행하는데 필요한 계통적 절차를 설정하고 이용 가능한 모든 생산수단을 선정·활용하여 소기의 목적을 달성하는 것을 말한다. 즉 공사시행의 계획 및 관리를 총괄하여 도급금액 또는 실행예산 한도 내에서 완공하는 것이 가장 중요하다.

---

29) 김낙석·박효성, '앞서가는 토목시공학', 개정 1판1쇄, 예문사, pp.60~62, 2018.

01.24 공정표(Network)의 종류

공정표 종류, 진도관리(follow up) 바나나 곡선, Bar chart, Milestone chart [4, 7]

I. 개요

1. 공정표란 주어진 건설공사의 공정관리를 수행하기 위하여 공정계획에 따라 작업순서도와 시공속도를 결정하여 이를 도표화한 것으로서, 막대그래프(bar chart), 기성고 공정곡선, Network 공정표 등이 있다.

공정표의 종류

구분	막대그래프(bar chart)	바나나 곡선(banana curve)	Network 공정표
장점	○작성이 용이하다. ○보기 쉽고 알기 쉽다. ○수정하기 쉽다.	○예정과 실적의 차이를 파악하기 쉽다. ○전체의 추진상황과 시공속도를 파악할 수 있다. ○공정표의 작성이 용이하다.	○공사내용을 합리적으로 설득할 수 있다. ○주요공정을 중점적으로 관리할 수 있다. ○전체적 및 부분적으로 관계가 명확하다.
단점	○작업 간의 관계가 명확하지 못하다. ○전체적으로 합리성이 결여되어 있다. ○대형공사에서 세부사항을 표현할 수 없다.	○각각의 작업내용을 조정할 수 없다. ○보조적인 수단으로만 사용 가능하다.	○Network 작성에 많은 시간이 소요된다. ○수정, 변경하는데도 많은 시간에 소요된다. ○Network가 복잡하면 이해하기 어렵다.
용도	○간단한 공정의 공사 ○개략적 공정의 공사 ○시간이 촉박한 공사	○보조 수단 ○원가 관리 ○경향 분석	○대규모 공사 ○중요한 공사 ○복잡한 공사

II. 바나나 곡선(banana curve)

1. 정의

(1) 바나나곡선은 미국 캘리포니아주에서 도로건설공사를 수행하는 과정에 고안된 것으로, 공정계획선의 상·하에 허용한계선을 설치하고 공정이 그 한계선 이내에 수렴되도록 조정하는 기법이다.

(2) 바나나곡선은 가로축에 공사의 일정을 표시하고 세로축에 공사의 완성률을 표시할 때 나타나는 공사의 진도범위를 바나나 형상으로 나타낸 것을 말한다.

(3) 바나나곡선은 작업의 상호 관련성은 표시할 수는 없으나, 공사의 기성고를 표시하기 편리하고 공사가 지연되는 경우 조속한 대처가 가능하여 Network 공정표(PERT, CPM)의 보조수단으로 이용되고 있다.

2. Banana curve 특징

(1) **장점** ① 실적공정과 예정공정을 파악하기 쉽다.
② 공사진척에 따른 시공속도를 파악하기 쉽다.
③ 전체적인 진도관리를 효과적으로 할 수 있다.

(2) **단점** ① 세부사항을 파악하기 곤란하다.
② 개별 작업의 조정이 불가능하다.
③ Network 공정표와 함께 검토해야 한다.

3. Banana curve 형태

(1) **벌림형**

① 공사 초기단계부터 작업을 진행하면서 임금지불 지연, 재료반입 지연, 작업능률 저하 등의 공기지연 사유가 점차 누적됨에 따라 계획공정 대비 실적공정이 늦어지고 있는 상태

(2) **후반벌림형**

① 공사 초기에는 정상적으로 추진되었으나, 후반에 공기지연이 현저하게 발생하여 준공일까지 잔여공기가 짧아 공기지연 회복이 곤란한 상태

(3) **평행형**

① 공사 초기부터 착공 전 준비부족(용지 미확보, 민원 발생), 착공 후 공정지연(지반불량, 근로자 미숙련) 등으로 계획공정보다 전체적으로 지연되고 있어, 현재 상황이 지속되면 준공일까지 완료 불가능할 것으로 예측되는 상태

(4) **후반닫힘형**

① 공사 초기에 작은 사고 등으로 인해 다소 공정이 지연되었으나, 중반 이후부터 공정이 만회되고 있어 계획공정대로 준공 가능할 것으로 예측되는 상태

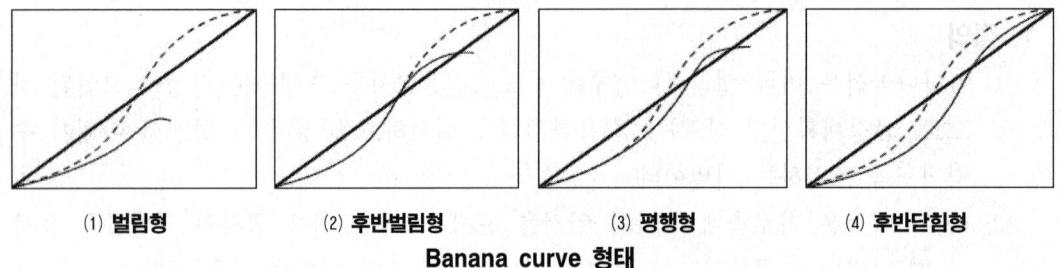

(1) **벌림형**　　(2) **후반벌림형**　　(3) **평행형**　　(4) **후반닫힘형**
Banana curve 형태

4. Banana curve에 의한 진도관리

(1) 공사진도의 허용한계(상한선, 하한선)

① 상한선과 하한선은 공사관리의 기본조건인 공기, 품질, 원가 등을 모두 만족시키는 공정의 상·하 한계를 의미한다.

② 공사진도의 허용한계를 준수하기 위해 돌관작업을 할 수 있으나, 품질저하와 비용증가가 초래되므로 피하는 것이 바람직하다.

(2) 공사진도의 평가방법

A : 예정보다 많이 진척되어 있으나 허용한계선 밖에 있으므로, 비경제적인 시공이 되지 않도록 검토해야 한다.

B : 대체적으로 예정대로 진행되고 있으므로 그 속도를 유지하면서 공사를 진행해도 좋다.

C : 공사진도의 허용한계선을 벗어나 늦어지고 있으므로 공사를 매우 촉진시킬 필요가 있다.

D : 허용한계선 상에서 추진되고 있으나 공기가 지연되기 쉬우므로 공정을 더욱 촉진시켜야 한다.

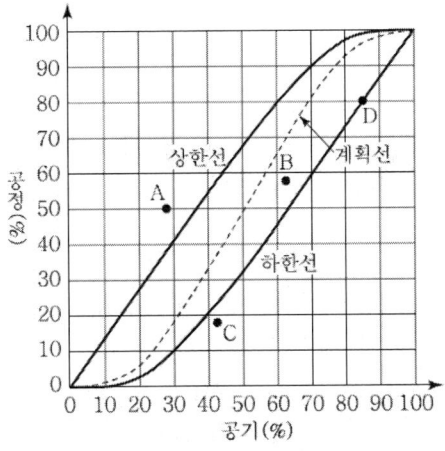

Banana curve에 의한 진도관리

Ⅲ. 마일스톤 공정표(milestone chart)

1. 정의

(1) 마일스톤 공정표는 각 단계의 완료시점, 중요한 구조물의 완료시점, 중요한 방침(자재반입, 설계변경 등)의 결정시점 등과 같이 건설프로젝트 추진과정에서 대단히 중요한 시점을 나타낸다.

(2) 마일스톤 공정표는 완료의 개념이므로 기간이 zero(0)이다, 따라서 인력이나 자

원을 할당하더라도 공정은 연장되지 않는다.

2. 마일스톤 공정표의 특징

(1) Gantt chart보다 다소 진보된 형태로서, 중요한 의사결정 시점을 표시한다.

(2) 공사수행 중에 특정한 단계에서 완성기일의 달성여부에 중점을 둔다.

(3) PERT/CPM의 직전 단계로서 상위작업이 완료되는 목표시점을 마일스톤 공정표에 의해 설정할 수 있다.

Event	Jan	Feb	Mar	Apr	May	Jun	Jul	Aug
Subcontracts Signed			△ ▼					
Specifications Finalized				△ ▽				
Design Reviewed					△			
Subsystem Tested						△		
First Unit Delivered							△	
Production Plan Completed								△

Milestone Chart

Ⅳ. Network 공정표

1. 정의

(1) Network 공정표란 작업의 상호관계를 event와 activity에 의해 망상형으로 표시하고, 필요한 정보를 기입하여 project의 진척을 관리하는 공정표를 말한다.

2. 종류

(1) PERT(Program Evaluation and Review Technique)

① PERT는 최초 1957년 미 해군이 우주시대 계획에 관한 과학적 관리기법 개발에 착수한 이래, 1958년 폴라리스 미사일의 제1회 발사 계획에 PERT가 처음으로 적용되어 그 실용적 가치를 인정받았다.

② 점차 민간분야로 파급되어 지금은 빌딩건축, 공장건설, 토목공사, 제품개발, 우주개발 등에 널리 활용되고 있다.

(2) CPM(Critical Path Method)

① CPM은 최초에 듀퐁회사에서 임계경로기법으로 개발되었으나, 점차 공업, 기술, 상업용 프로젝트 등에서 PERT와 CPM이 혼용되면서 발전되어 왔다.

② 지금은 Excel sheet에서 ezCPM 사용법을 30분~1시간 정도만 익히면 누구든지 쉽게 PERT/CPM 공정표를 작성할 수 있다.

PERT와 CPM의 비교

구분	PERT기법	CPM기법
개발 응용	◦ 美국방부 군수국 특별계획부(S.P) 개발 ◦ 美해군 핵잠수함 탄도탄 개발에 응용	◦ Walker(Dupont)와 Kelly(Remington) 개발 ◦ Dupont社에서 자재관리에 응용
대상	◦ 경험이 없는 신규사업, 비반복사업	◦ 경험이 있는 반복사업
공기 추정	◦ 3점 시간 추정(t_o, t_m, t_p) : Simpson ◦ 기대시간 $t_e = \dfrac{t_o + 4t_m + t_p}{6}$ 　－ t_o : 낙관적인 최소시간 　－ t_m : 정상적인 최적시간 　－ t_p : 비관적인 최대시간 ◦ 분산 $\sigma = \left(\dfrac{t_p - t_o}{6}\right)^2$	◦ 1점 시간 추정(t_m) ◦ t_m이 곧 t_e가 된다.
일정 계산	$\boxed{\begin{array}{c\|c} T_E & T_L \end{array}}$ ◦ Event(단계)중심의 일정 계산 　－ 최조(最早)시간 　　T_E : Early event Time 　－ 최지(最遲)시간 　　T_L : Late event Time	$\boxed{\begin{array}{c\|c} \text{EST} & \text{LST} \end{array}}$　$\triangle$ LFT / EFT ◦ Activity(활동)중심의 일정 계산 　－ 최조(最早)개시시간 　　EST : Earliest Starting Time 　－ 최지(最遲)개시시간 　　LST : Latest Starting Time 　－ 최조(最早)완료시간 　　EFT : Earliest Finish Time 　－ 최지(最遲)완료시간 　　LFT : Latest Finish Time
여유 시간	◦ 正여유(PS : Positive Slack) ◦ 零여유(ZS : Zero Slack) ◦ 負여유(NS : Negative Slack)	◦ 총여유(TF : Total Float) ◦ 자유여유(FF : Free Float) ◦ 독립여유(DF : Dependent Float)
주공정	◦ $T_L - T_E = 0$(굵은 선)	◦ TF=FF=0(굵은 선)
검토 이론	◦ 확률론적 이론으로 검토 $Z = \dfrac{T_P - T_E}{\sqrt{\Sigma \sigma_{T_E}{}^2}}$ ◦ Z값을 정규표준분포 편차표에서 찾아 확률을 검토	◦ MCX(minimum cost expending)으로 비용견적, 비용구배, 일정단축 검토 　－ 정상 소요 공기 및 공비 　－ 특급 소요 공기 및 공비 　－ 비용구배 $C = \left\|\dfrac{\text{특급비용} - \text{정상비용}}{\text{정상공기} - \text{특급공기}}\right\|$

[30]

---

30) 김낙석·박효성, '앞서가는 토목시공학', 개정 1판1쇄, 예문사, pp.63~67, 2018.

화살표(ADM)와 마디도표방식(PDM) 공정표

구분	화살표 표기방식 (ADM, Arrow Diagram Method)	마디도표 표기방식 (PDM, Precedence Diagram Method)
개념 용어	◦ 전체 활동들이 상호 연관관계(가상활동 포함)를 가지고 표현되므로 다소 복잡하지만, 구체적인 공정계획에 활용 가능 (수계산에 적합)	◦ 활동명칭이 마디 내에서 표현되므로 가상활동(dummy activity)이 없어지며, 반복활동이 많은 공사 표현에 적합 (컴퓨터 S/W에 적합)
	◦ Arrow(화살표)형 표기방법 ◦ 활동을 화살표에 표현(Activity on Arrow)	◦ Box(마디도표)형 표기방법 ◦ 활동을 마디에 표현(Activity on Node)
활동 표시	◦ 1개 작업 표현에 2개의 절점번호 사용 ◦ Activity에 작업내용과 선·후행 연계내용을 동시에 표현 	◦ 1개 작업 표현에 1개의 작업마디 사용 ◦ Activity에 작업내용과 선·후행만 표현
연결 방법	① FS관계(A-B,C-D, D-E관계) 	*ADM ① → PDM 표기
	② SS관계(A2, B1관계) 	*ADM ② → PDM 표기
	③ FF관계(A2, B1관계) 	*ADM ③ → PDM 표기
	④ SF관계(A2, B관계) 	*ADM ④ → PDM 표기

01.25 Network 일정계산, 여유시간(Float)

공정관리에서 자유여유(free float [1, 0])

Ⅰ. Network 공정표

1. Network 구성

(1) Network 표시방법

① 컴퓨터 S/W로 사용되고 있는 ez-PERT에서 Network 공정표를 작성할 때는 해당 건설공사의 공정관리에 필요한 활동, 작업명칭, 작업일수, 명목상의 활동, 결합점 등을 아래 Network 사례와 같이 실선, 점선, 화살표, 숫자, 알파벳 등으로 간략하게 표시한다.

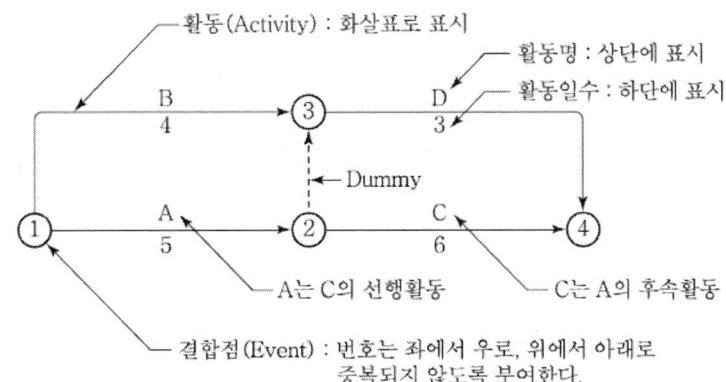

Network 표시방법

(2) Network 작성에 필요한 기호

① 활동(Activity)은 공사 진척에 따라 좌측의 시작 결합점(①)에서 우측의 종료 결합점(②)까지 실선과 화살표로 표시한다.

② 작업명칭은 해당 활동(터파기, 거푸집 설치, 콘크리트 타설, … 등)을 표시하는 실선의 위쪽에 알파벳(A, B, C, … 등)으로 부호화하여 표시한다.

③ 작업일수는 해당 활동에 소요되는 일수(3일, 4일, 5일, … 등)를 실선의 아래쪽에 숫자(3, 4, 5, … 등)로만 표시한다.

④ 명목상의 활동(Dummy)은 넘버링 더미(Numbering dummy)와 로지컬 더미(Logical dummy)를 구분하지 않고 똑같이 점선과 화살표로 표시한다.

⑤ 결합점(Event)은 선행활동(A)과 후속활동(C)의 중간에 임의의 숫자(②)로 표시하여 선·후 활동을 연결한다.

2. Network 작성의 기본원칙

(1) 공정의 원칙

① 모든 공정은 활동순서에 따라 배열되도록 계획공정표를 작성한다.

(2) 단계의 원칙

① 활동(activity)의 시작과 끝은 반드시 결합점(event)에 연결되어야 한다.

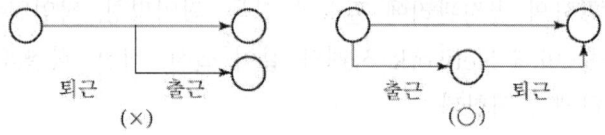

(3) 활동의 원칙

① 결합점(event)과 결합점(event) 사이에는 1개의 활동(activity)으로 연결한다.

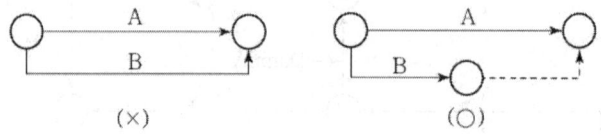

(4) 연결의 원칙

① Network의 최초 개시결합점과 최종 종료결합점은 1개이어야 한다.

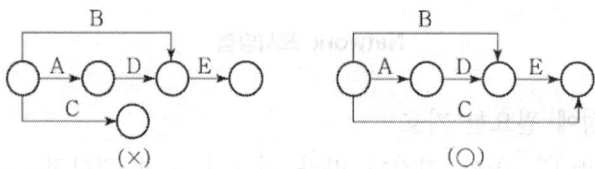

3. 주공정선(C.P, Critical Path)

(1) 주공정선(C.P) 정의

① 주공정선은 개시결합점에서 종료결합점에 이르는 가장 긴 경로이며, 주공정선 상의 모든 활동에는 공정에 전혀 여유(Float)가 없다.

② 즉, 주공정선 상의 모든 활동에서 전체여유 TF=0이다.

③ 주공정선은 굵은 실선으로 표시하며, 명목상의 활동(Dummy)에서의 주공정선은 굵은 점선으로 표시한다.

(2) 주공정선(C.P) 정의

① 개시결합점에서 종료결합점에 이르는 주공정선은 1개 이상이다.

② 주공정선은 공사현장 책임자로서 중점 관리해야 하는 활동의 연속을 뜻한다.

③ 주공정선 활동의 지연은 곧 전체 공사기간의 지연을 뜻한다.

④ 주공정선 활동은 자재와 장비를 최우선적으로 투입해야 하는 공정이다.

4. 명목상의 활동(Dummy)

(1) 정의

① 활동의 중복을 회피하거나 활동의 선후관계를 규정하기 위한 활동으로, 실제 시간소요가 필요 없는 활동을 명목상의 활동(Dummy)라고 한다.

(2) 표시

① 명목상의 활동(Dummy)은 점선 화살표(…→)로 표시한다.

② 명목상의 활동(Dummy)의 소요시간은 0(zero)이다.

③ 명목상의 활동(Dummy)도 주공정선(Critical Path)이 될 수 있다.

작업명	선행작업
A	없음
B	없음
C	없음
D	A

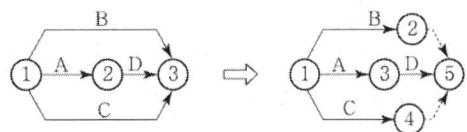

(3) 종류

① 넘버링 더미(Numbering dummy) : 하나의 event 구간에서 병행활동을 표시할 때, 활동명의 중복을 피하기 위하여 사용되는 명목상의 활동

② 로지컬 더미(Logical dummy) : 선행활동과 후속활동을 표시할 때, 더미가 없으면 공정표가 성립되지 않는 경우에 사용되는 명목상의 활동

작업명	선행작업
A	없음
B	없음
C	없음
D	A, B
E	B, C

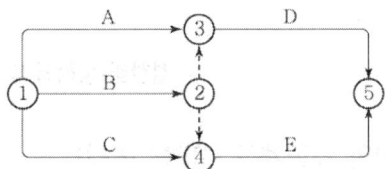

Ⅱ. Network 일정계산

1. 결합점 중심의 일정계산 [PERT 원리]

(1) T_E(Early event Time) : 전진(前進)계산

① 각 단계에서 가장 빨리 시작될 수 있는 시점

② 첫 결합점에서 마지막 결합점으로 전진(前進)하면서 계산하며, 동시활동 중에서

가장 긴 일수를 취한다.

③ 최초단계의 T_E는 0이다. 즉, $T_E = 0$이다.

④ $T_{Ej} = (T_{Ei} + D)_{\max}$ 이며, T_{Ej}는 $\left\{ \dfrac{T_{El} + D_{lj}}{T_{Em} + D_{mj}} \right\}$ 중에서 가장 큰 값이다.

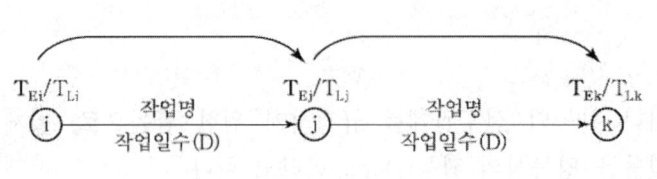
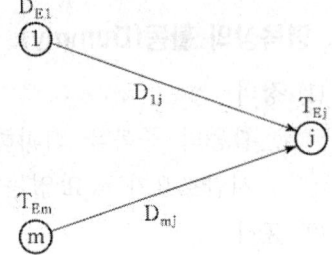

결합점 중심의 전진(前進)계산

(2) T_L(late event time) : 후진(後進)계산

① 각 단계에서 가장 늦게 시작해도 좋은 시점

② 마지막 결합점에서 첫 결합점으로 후진(後進)하면서 계산하며, 동시활동 중에서 가장 짧은 일수를 취한다.

③ 최종단계의 T_L은 T_E가 된다.

④ $T_{Li} = (T_{Lj} - D)_{\min}$ 이며, T_{Li}는 $\left\{ \dfrac{T_{Lj} - D_{li}}{T_{Lm} - D_{mi}} \right\}$ 중에서 가장 작은 값이다.

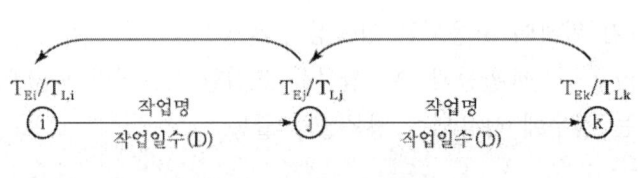
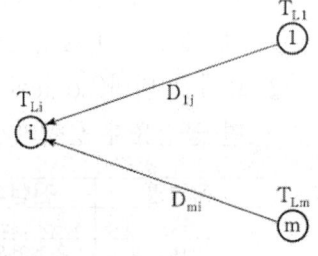

결합점 중심의 후진(後進)계산

2. 활동 중심의 일정계산 [CPM 원리]

(1) 전진계산(EST, EFT)

① EST(Earliest Starting Time)

    ◦ 작업을 시작할 수 있는 가장 빠른 개시시각

    ◦ $EST = T_{Ei}$

② EFT(Earliest Finishing Time)

    ◦ 작업을 끝낼 수 있는 가장 빠른 종료시각

    ◦ $EFT = T_{Ei} + D$

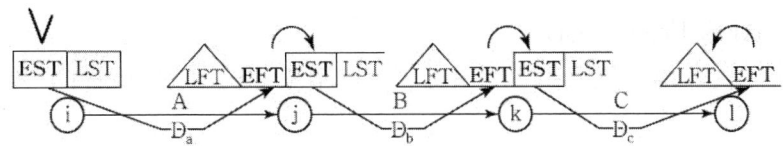

활동 중심의 전진(前進)계산

(2) 후진계산(LFT, LST)

① LFT(Latest finishing time)
  ○ 작업을 가장 늦게 종료하여도 좋은 가장 늦은 종료시각(LFT = T_{Lj})
② LST(Latest starting time)
  ○ 작업을 시작할 수 있는 가장 늦은 개시시각(LST = $T_{Lj} - D$)

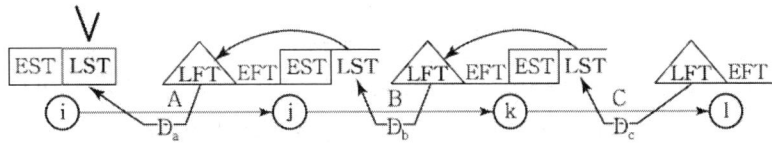

활동 중심의 후진(後進)계산

Ⅲ. Network 여유시간(Float)

1. Float 정의

⑴ 한 공사의 각 활동은 조기시작시간(EST)과 만기종료시간(LFT)의 사이에서 종료되어야 하고, 활동(activity)이 이러한 관계 내에서 완료된다면 그 공사는 예정된 준공시간 내에 종료될 수 있다.
⑵ 두 한계시점의 차이가 한 활동(activity)에 소요되는 시간을 초과하여 그 활동의 시작 전이나 종료 후에 여유가 있는 것을 여유시간(float)이라 한다.

2. Float 종류

⑴ 전체여유(TF, Total Float)
  ① TF는 여러 여유시간 중에서 가장 중요하며, 한 활동이 공사의 예정준공기간을 연장시키지 않고 지연시킬 수 있는 여유일수이다.
  ② TF는 한 활동의 늦은종료시간(LFT)에서 그 활동의 빠른시작시간(EST)을 빼고 다시 소요일수를 뺀 값이다.
  ② TF는 한 작업을 EST로 시작하고 LFT로 완료할 때 생기는 여유일수
     TF = LFT - (EST + 소요일수) = LFT - EFT

(2) 자유여유(FF, Free Float)

① FF는 한 작업을 EST로 시작하고 후속작업도 EST로 시작하여도 생기는 여유일수이다.

FF=후속작업의 EST-그 작업의 EFT

(3) 종속여유(DF, Dependent Float)

① DF는 후속작업의 전체여유시간(TF)에 영향을 미치는 여유일수이다.

② DF는 전체여유시간(TF)과 자유여유시간(FF)의 차이 값이다.

DF=TF-FF

3. Float 계산 문제

(1) 전체여유(TF, Total Float)

① TF는 해당 작업의 LFT(뒤)-EFT이므로 A에는 2일, B에는 2일이다.

② 그러나 A의 2일은 종속여유(DF)이고, B의 2일은 자유여유(FF)이므로, A와 B의 연속되는 경로에서 실제 존재하는 여유는 2일이다.

(2) 자유여유(FF, Free Float)

① D의 선행작업은 B와 C이므로 D는 B와 C가 모두 완료돼야 개시한다.

② 따라서 B의 조기종료시간이 10일이 되어도 C가 끝나는 12일까지는 D를 개시할 수 없으므로, B에 생기는 여유는 D의 개시와 관계없는 자유여유이다.

③ FF는 어느 종료 결합점 앞의 선행작업이 2개 이상인 경우에만 생긴다.

(3) 종속여유(DF, Dependent Float)

① A와 B작업은 C작업이 완료될 때까지 2일의 여유가 있다.

② 따라서 A의 조기개시시간(LST)은 2일이며, A의 전체여유는 2일이다.

③ 그러나 만일 A작업 중에 여유일수만큼 늦어지면 B의 여유는 없어진다.

④ 이와 같이 후속작업에 영향을 주는 여유를 종속여유(DF)라고 한다.[31]

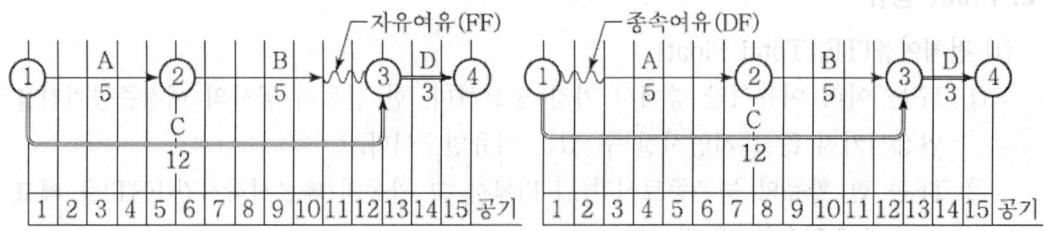

Float 계산 문제

31) 김낙석·박효성, '앞서가는 토목시공학', 개정 1판1쇄, 예문사, pp.74~111, 2018.

01.26 최소비용 공기단축(MCX), 공정관리 3단계 절차

비용경사(cost slope), 최소비용 공기단축기법(minimum cost expediting), 공정관리 3단계 절차 [7, 3]

Ⅰ. 개요

1. 건설공사 수행 과정에 공사기간을 단축하려면 완공까지의 소요기간과 투입비용의 관계로부터 최소한의 추가비용을 산출해야 하다. 추가비용을 최소화하려면 각 활동의 소요기간과 투입비용 관계를 조사하여 시간-비용의 적정점을 구하면 된다. 이때 활동 완료에 필요한 소요기간을 당초보다 단축하면 비용이 증가한다.

2. 즉, 공사에 필요한 소요기간을 단축하면 간접비는 감소하지만, 직접비가 증가한다. 반대로, 소요기간이 늘어나면 직접비는 감소하지만, 간접비가 증가된다. 이와 같이 건설공사의 소요기간 단축에 필요한 직접비의 증가비용과 간접비의 감소비용을 함께 고려한 총비용이 최소가 되는 적정점을 찾는 기법을 최소비용 공기단축기법(MCX, Minimum Cost Expediting)이라 한다.

Ⅱ. 최소비용 공기단축기법(MCX)

1. 정의

(1) 최소비용 공기단축기법(MCX)은 각 작업의 소요일수와 투입비용과의 관계를 연결·조정하여 최소비용으로 최적공기를 산출하는 공사관리 수단이다.

(2) 최소비용기법에서 비용경사(cost slope)란 공기-비용 그래프의 표준점과 특급점을 연결한 기울기, 즉 작업 1일 단축할 때 추가되는 비용을 말한다.

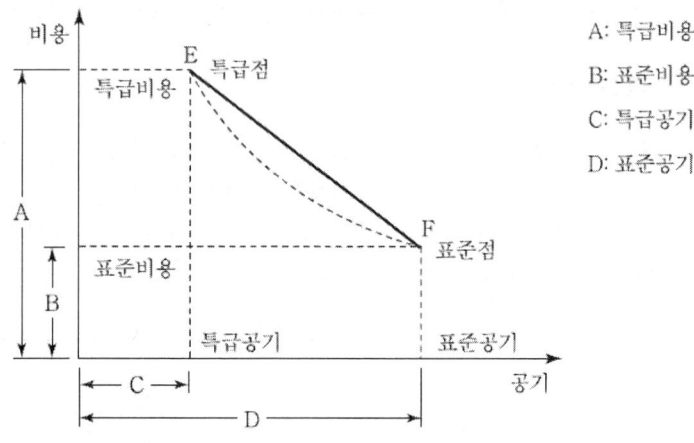

$$Cost\ slope = \frac{특급비용 - 표준비용}{표준공기 - 특급공기} \qquad ☜ \quad \frac{비용\ 증가금액}{공기\ 단축일수}$$

2. 공기단축 필요성

(1) 지정된 공기 내에 작업을 달성하기 어려울 경우에는 인원투입, 자재증가, 초과근무 등을 실시하여 소요공기를 단축한다.

(2) 공기를 단축하면 활동에 소요되는 직접비는 증가하고 간접비는 감소한다.

(3) 따라서 직접공사비와 간접공사비가 균형을 이루는 어느 시점에서 총공사비가 최저비용이 되며, 이때의 공기가 최적공기가 된다.

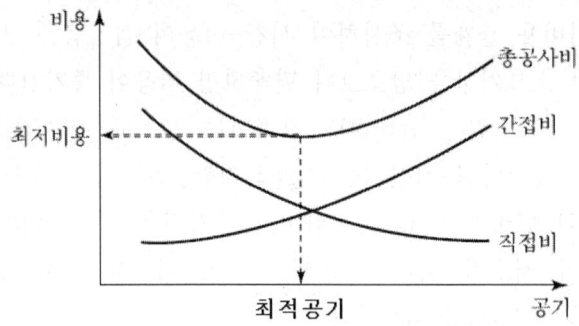

3. 공기단축 순서

(1) 비용경사(cost slope)를 계산한다.

(2) 주공정선(critical path)을 찾는다.

(3) 단축 가능 일수를 계산한다.

(4) 계획공정표상의 주공정 활동을 대상으로 공기를 단축한다.

(5) 주공정 중에서 비용구배가 최소인 활동 또는 활동군을 찾는다.

(6) 상기 (5)항에서 발견된 활동 또는 활동군을 대상으로 공기를 단축한다.

(7) 상기 (6)항에서 단축된 공기로 일정계획을 재수립하여 (1)항부터 반복한다.

4. 공기단축 계산 문제

【문】아래 그림과 같은 화살선도가 있다. 화살선 밑의 숫자 좌측은 표준시간, 우측이 특급시간이다. ( ) 내 숫자는 1일 단축에 필요한 직접비 할증비용, 즉 공비증가율이다. 표준시간에 대한 간접비가 60만 원이고 1일 단축시 5만 원씩 감소하며, 표준시간에 대한 직접비는 60만 원일 때 다음 사항을 구하시오.

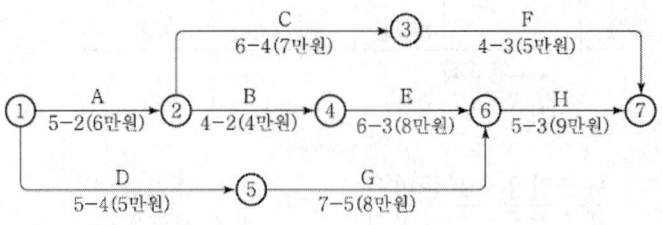

【답】 1. 주공정선(C.P) 계산

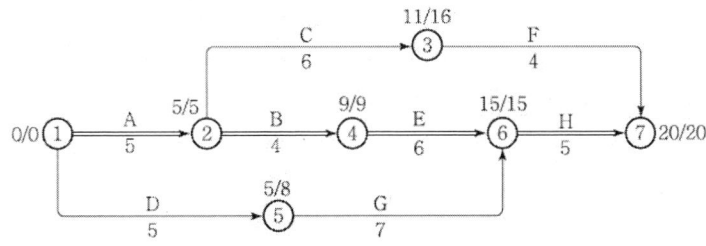

주공정선 : ① → ② → ④ → ⑥ → ⑦

2. 비용 계산

(1) B에서 1일 단축(20일 → 19일) : +4만원

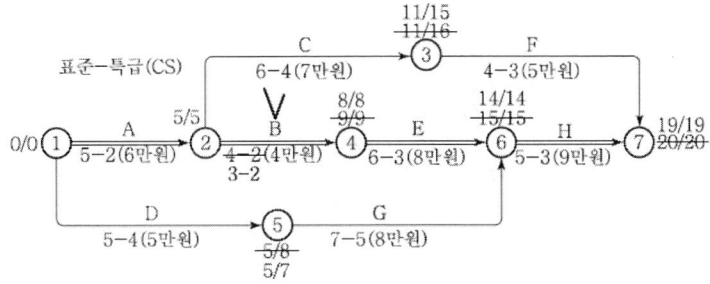

(2) B에서 1일 단축(19일 → 18일) : +4만원

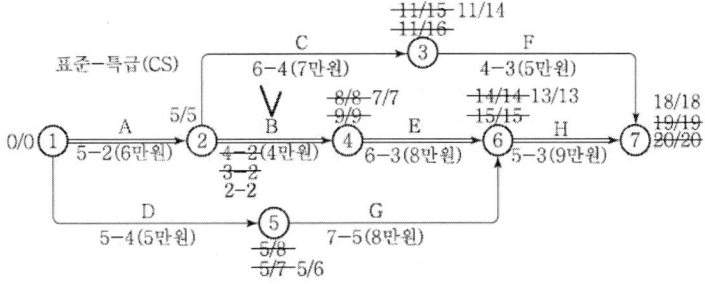

(3) A에서 1일 단축(18일 → 17일) : +6만원, ①→⑤→⑥도 주공정선이다.

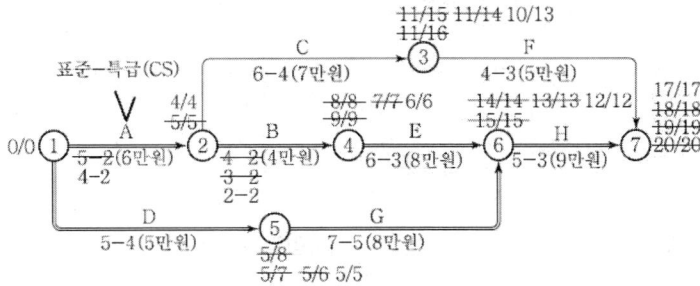

(4) H에서 1일 단축(17일 → 16일) : +9만원

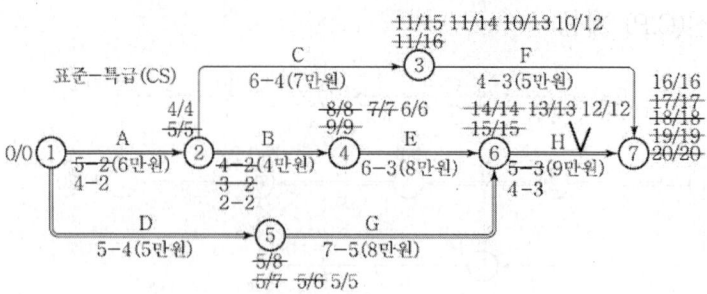

(5) H에서 1일 단축(16일 → 15일) : +9만원

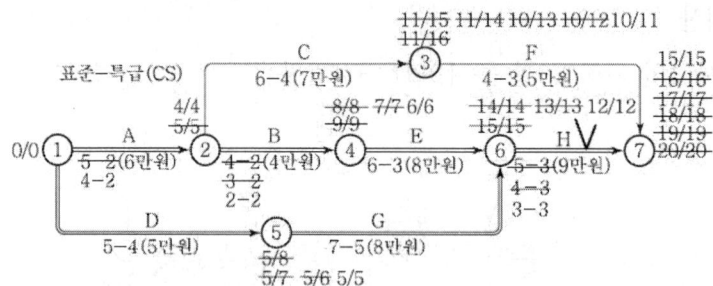

(6) A와 D에서 각각 1일 단축(15일 → 14일) : +6+5=11만원

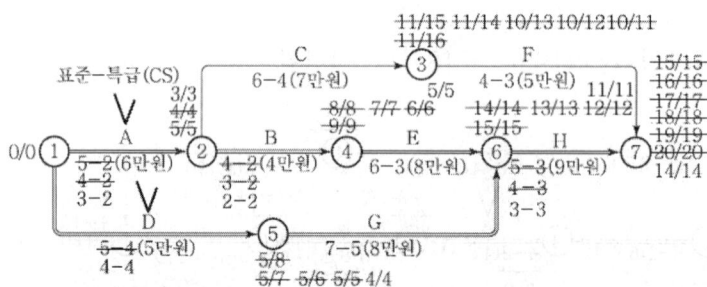

(7) A와 G에서 각각 1일 단축(14일 → 13일) : +6+8=14만원

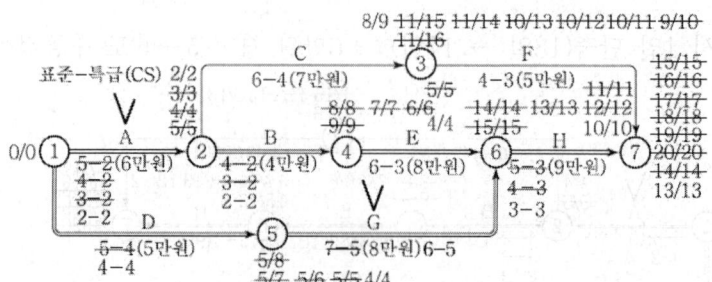

(8) E와 G에서 각각 1일 단축(13일 → 12일) : +8+8=16만원,
　　이때, ②→③→⑦도 주공정선이다.

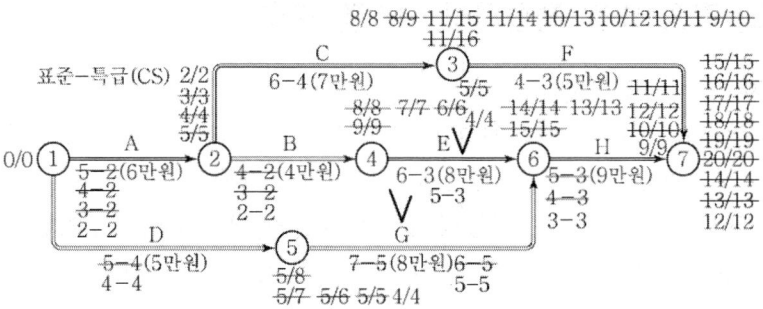

작업명	단축일수	비용경사	20	19	18	17	16	15	14	13	12
A	3	6만원				1			1	1	
B	2	4만원		1	1						
C	2	7만원									
D	1	5만원							1		
E	3	8만원									1
F	1	5만원									
G	2	8만원								1	1
H	2	9만원					1	1			
직 접 비(만원)			60	64	68	74	83	92	103	117	133
간 접 비(만원)			60	55	50	45	40	35	30	25	20
총공사비(만원)			120	119	118	119	123	127	133	142	153

3. 그래프 작도

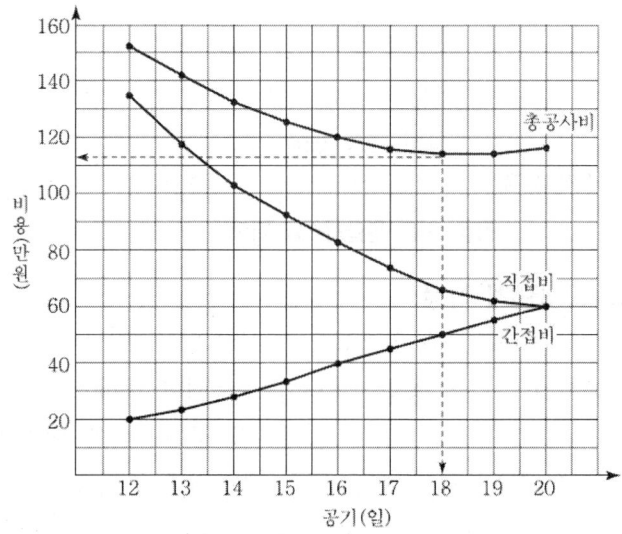

∴ 최적 공사기간 18일, 총공사비 118만원[32]

---

32) 김낙석·박효성, '앞서가는 토목시공학', 개정 1판1쇄, 예문사, pp.112~125, 2018.

Ⅲ. 건설공사의 공정-비용 통합관리 시스템 구축

1. 시스템 개요

⑴ 공정-비용 통합시스템은 네트워크에 의해 자동 작성되며 공정에 비용을 통합하는 형태로 공정계획단계와 공정운영단계로 나누어 구성된다.

⑵ 공정계획단계에서는 공정표 자동생성 프로그램을 이용하여 현장여건별 공사조건을 입력함으로써 네트워크 작성 정보를 연결하고, 입찰할 때의 도급내역을 입력하여 비용정보를 연결함으로써 공정표를 자동으로 생성한다.

⑶ 공정표가 작성되면 시공자가 수정·보완하여 발주자의 승인을 거쳐 관리기준공정표가 완성된다. 공정관리운영단계에서는 이 관리기준 공정표를 토대로 공정관리 운영프로그램을 이용하여 현장에서 공정관리 업무를 수행한다.

⑷ 건설공사의 공정-비용 통합공정표 자동 작성 전산프로그램을 全社的으로 수행하기 위해서는 C/S(Client/Server) 환경에서 종합공정관리 시스템과 웹(Web)을 기반으로 하는 ASP(Application Service Provider)를 구축하는 종합공정관리 시스템이 구축되어야 한다.

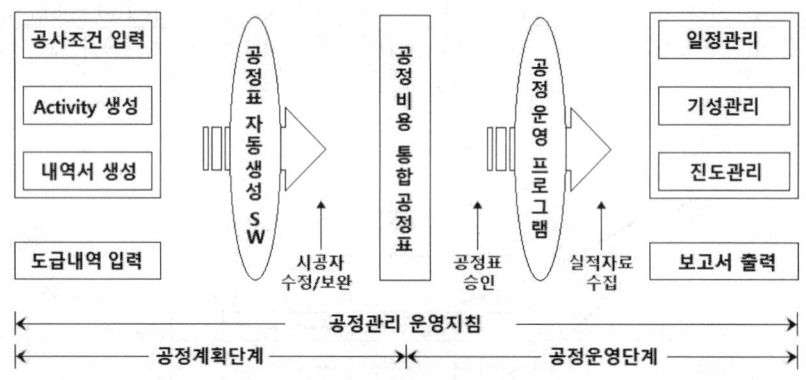

공정-비용 통합시스템 개요

2. 공정-비용 통합공정표 3단계 작성

⑴ 공정과 비용을 통합한 관리기준 공정표를 작성하기 위해서는 작업분류체계와 내역분류체계를 연계시켜 하나의 통합된 DB를 구축해야 한다.

⑵ 통합된 DB를 공정관리운영프로그램에 입력하면 공정정보와 내역정보가 서로 연계되는 통합관리할 수 있는, 공정-비용 통합 관리기준 공정표가 작성된다.

⑶ 관리기준 공정표 작성절차는 크게 1→2→3단계 절차로 구분되는데, 이 중 2단계 절차에 가장 많은 시간이 소비되어 이에 대한 개선방안 필요하다.

⑷ 개발 초기에는 1단계 공정계획 자동프로그램과 3단계 공정관리 운영프로그램이 서로 별개의 S/W로 구성되어 입력(import)하고 출력(export)하는 번거로움이 있

었지만, 이는 프로그램을 upgrade하면서 모두 자동화되어 개선되었다.

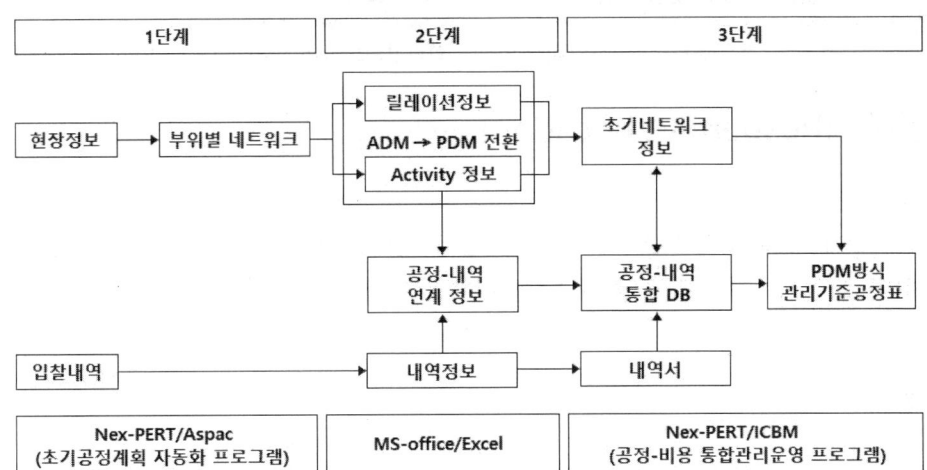

공정-비용 통합공정표 3단계 작성 절차

3. 공정-비용 통합 전산관리의 기대효과
⑴ 발주자와 시공자의 공사수행능력 향상과 함께 참여 기술자의 기술력을 향상
⑵ 현장에서 단위작업의 일정별 예정공정률, 작업진척에 따른 기성률 파악 용이
⑶ 2~3시간 이내에 신뢰성 있는 공정현황을 파악할 수 있어 공기지연 사전 예방
⑷ 작업진척별 불요불급한 자금지출을 방지하여 금융비용의 부담을 경감 가능
⑸ 적정한 시기에 자재반입, 효율적 자원배분 등이 가능하여 공사 원가절감 기대
⑹ 작업진척에 따른 공정률, 기성률 파악이 용이하여 감독업무의 효율성 향상
⑺ 시공사는 공사수행방법에 가장 적합한 통합공정표를 단시간 내에 작성 가능

4. 개선·보완사항
⑴ 발주자와 시공자 간의 상호신뢰 및 투명성 확보를 위해 기성지급방법, 설계변경 등의 공정관리 업무수행 절차·지침이 명확하게 수립되어야 한다.
⑵ 현장 기술자라면 누구나 공정-비용 통합관리 전산프로그램을 범용적으로 활용할 수 있도록 교육되어야 한다.
⑶ 기존의 최소비용 공기단축기법(MCX)에 의한 공정관리 운영방법과 현장관리 관행에 익숙한 현장기술자들의 의식전환이 요구된다.
⑷ 향후 공정-비용 통합관리 전산프로그램을 보다 더 효과적으로 적용하기 위해서는 설계정보를 시공정보로 정확하게 전환할 수 있는 견적방법이 실용화되어야 한다. 즉, 수량을 부위별, 공간별로 상세히 산출해야 한다.[33]

---

33) 대한주택공사 주택연구소, '공정-비용을 통합한 전산공정관리 실용화', 2000.

01.27 자원배당, 진도관리(Follow up)

자원배분(resource allocation), 인력평준화(leveling), 진도관리(Follow up) [1, 5]

Ⅰ. 자원배당(Resource allocation)

1. 목적

(1) 건설공사 중에 시행하는 '자원배당'이란 자원의 소요량과 투입가능량을 상호 조정하여 노동력, 기자재 등을 유효하게 배분하고 평균화함으로써, 자원을 효율적으로 사용하여 비용을 절감하는 데 그 목적이 있다.

2. 대상

(1) 노무(man), 자재(material), 장비(machine), 자금(money) 등

3. 순서

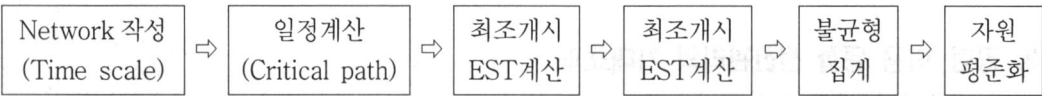

| Network 작성
(Time scale) | ⇨ | 일정계산
(Critical path) | ⇨ | 최조개시
EST계산 | ⇨ | 최조개시
EST계산 | ⇨ | 불균형
집계 | ⇨ | 자원
평준화 |

4. 인력평준화 과정

(1) EST에 의한 평준화

　○ EST에 의하여 자원을 배당할 때의 평준화로서, EST에서부터 자원배당

(2) LST에 의한 평준화

　○ LST에 의하여 자원을 배당할 때의 평준화로서, LST에서부터 자원배당

(3) 인력평균화 완료

　○ EST와 LST 간에 여유작업을 이동시켜 자원배당하여 인력평준화를 완료

5. 인력평준화 문제

【문】 다음 Network에서 인력부하도(EST, LST, 평균화)를 구하시오. 단, ( ) 내의 숫자는 1일당 소요인원이며, 지정 공사기간은 계산 공사기간과 같다.

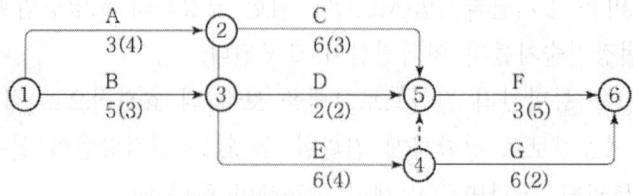

【답】 (1) 주공정선(C.P) 계산

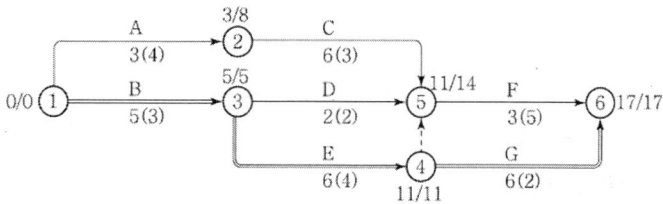

(2) EST에 의한 평준화

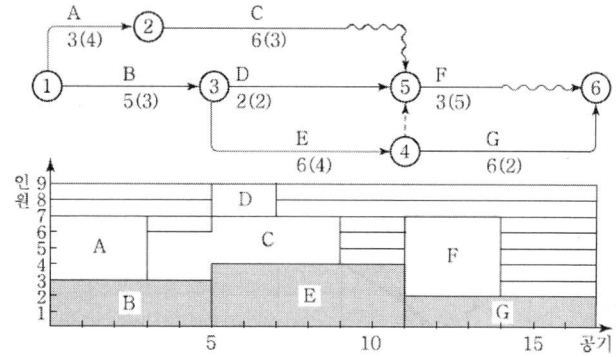

(3) LST에 의한 평준화

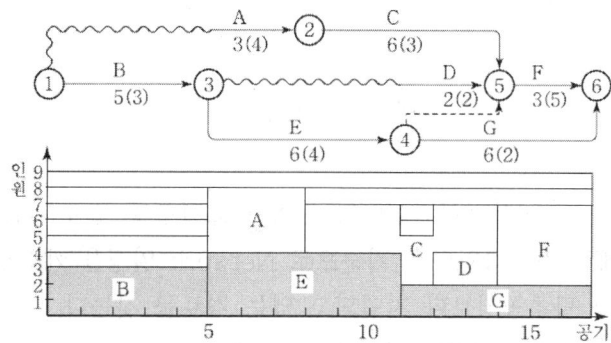

(4) 인력평준화 완료

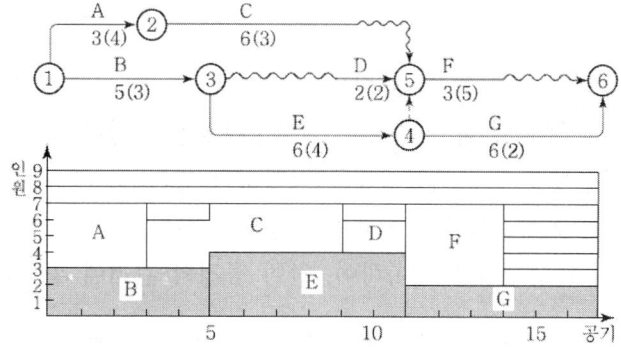

Ⅱ. 진도관리(Follow up)에 의한 공정만회대책

1. 정의

(1) 진도관리(Follow up)란 각 공정의 계획공정표와 실시공정표를 비교·분석하여, 전체공기를 준수할 수 있도록 현 시점에서 공기지연 만회대책을 강구하고 수정·조치를 하는 것을 말한다.

(2) 진도관리(Follow up)란 각 공정이 계획공정에 맞도록 완성되어 가는가를 지속적으로 감독하고 차질이 있을 경우에 수정 조치하는 과정으로, 실제공정표를 정확히 작성하여 계획공정표와 비교함으로써 조치 가능하며 전체공사에 대한 종합적인 최적화를 고려하여 탄력적으로 관리하는 것을 목표로 한다.

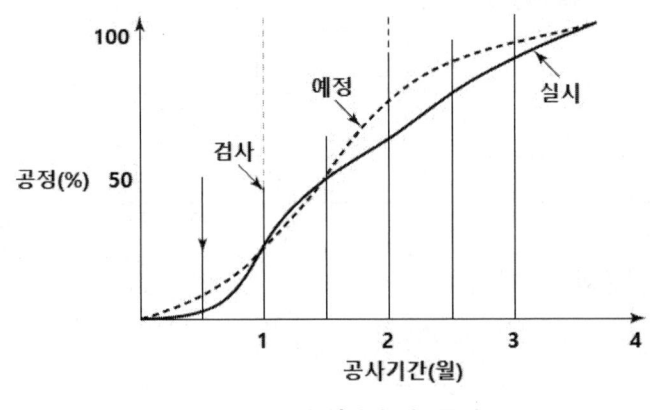

실시/예정 진도곡선

2. 순서

(1) 작업이 진행되는 도중에 완료작업량과 잔여 소요일수를 조사한다.

(2) 진도관리 시점에서 잔여작업량을 기준으로 Network 일정을 계산한다.

(3) 잔여 소요일수가 당초공기보다 지연되고 있는 경로를 찾는다.

(4) 잔여공기를 최소비용기법(MCX)에 따라 단축한다.

(5) 단축된 Network 공정표를 재작성하고 이에 따라 잔여 공정을 관리한다.

3. 유의사항

(1) 진도관리의 주기는 공사의 종류, 난이도, 공기의 장단(長短)에 따라 다르다.

(2) 통상 2주(15일), 4주(30일)를 기준으로 실시공정표를 작성하여 관리한다.

(3) 부분공정마다 해당 부분의 상세공정표를 작성하여 관리(check)한다.

(4) 진도관리의 주기는 최대 30일을 초과하지 않도록 한다.

(5) 각 작업의 실적치를 상세하게 기록하여, 잔여 공정의 관리에 활용한다.[34]

---

34) 김낙석·박효성, '앞서가는 토목시공학', 개정 1판1쇄, 예문사, pp.126~132, 2018.

3. 진도관리 문제

【문】다음 Network 공정표에 의하여 공사 시작 후 24일째에 진도관리(Follow up)를 실시한 결과, 각 작업별 잔여 공사기간이 아래 표와 같이 판단되었다면 당초 공사기간과 분석하여 전체 공사기간에 어떠한 영향을 미치겠는가?

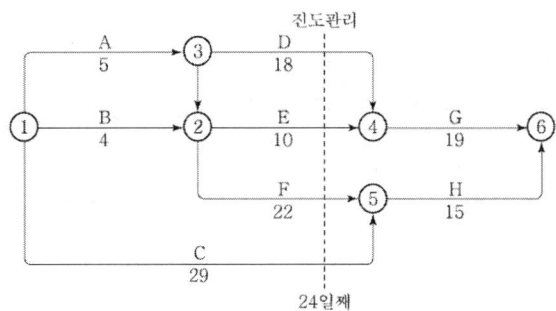

작업	당초 작업일수	잔여 소요일수	비고
A	5	0	완료
B	4	0	완료
C	29	5	작업 중
D	18	2	작업 중
E	10	0	완료
F	22	4	작업 중
G	19	19	미 착수
H	15	15	미 착수

【답】(1) 주공정선(C.P) 계산 : ① → ⑤ → ⑥

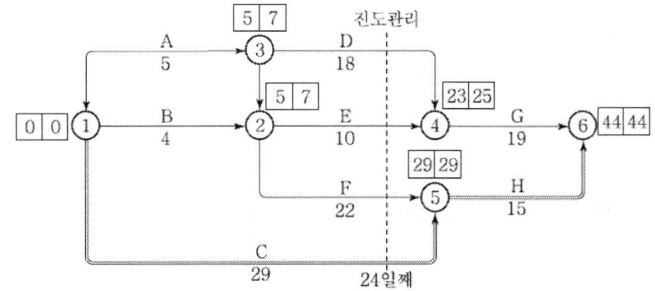

(2) 24일 기준으로 분석한 결과, 작업 D에서 1일 지연되는 영향을 미친다.

작업	여유일	잔여일	비고
A	완료		완료
B	완료		완료
C	29-24=5일	5일	정상
D	25-24=1일	2일	1일 지연
E	25-24=1일	0	정상
F	29-24=5일	4일	정상

01.28 건설공사의 품질관리

건설공사의 품질관리, 품질시험 및 검사, 통계적 품질관리 PDCA Cycle [0, 2]

Ⅰ. 개요

1. 품질관리의 정의

(1) 품질관리(quality control)는 설계서 및 시방서에 명기된 규격에 적합한 구조물을 경제적으로 만들기 위한 수단이다.

(2) 품질관리는 시공자의 사명을 구체적으로 실시하려고 하는 활동이다.

(2) 품질관리는 수요자의 요구에 맞는 품질의 제품을 경제적으로 만들어 내기 위한 수단의 시스템이다.

※ 건설공사 4요소 : 공정관리, 품질관리, 원가관리, 안전관리

2. 품질관리의 목적

(1) 시공능률 향상 : 건설공사의 불필요한 노력과 시간 낭비 방지

(2) 품질·신뢰성 향상 : 건설공사 품질의 불량률 감소 및 건설시장의 신뢰성 향상

(3) 설계의 합리화 : 건설공사 품질의 불량요인을 파악하여 설계에 적절히 반영

(4) 원가절감 : 건설공사 문제점 조기 발견으로 인한 원가절감 추구

3. 품질관리의 구분

(1) 품질시험 : 건설공사 시행 前에 이루어지는 재료 선정개념의 품질시험으로, 토질조사시험, 골재원시험 등이 있다.

(2) 품질검사 : 건설공사 시행 中에 시공상태(설계도서·시방서 규정에 적합하도록 시공되는지 여부)를 검사하는 관리개념의 품질시험으로, 코아채취, 콘크리트압축강도, 들밀도시험, 평판재하시험 등이 있다.

통계적 품질관리 활동의 PDCA Cycle 단계

계획(Plan)	⇒	실시(Do)	⇒	검사(Check)	⇒	조치(Action)
◦ 설계도서 검토 ◦ 품질관리계획서 작성 ◦ 품질시험계획서 작성		◦ 시공과정에서 ◦ 품질관리계획서 이행 ◦ 품질시험계획서 이행		◦ 재료선정시험 ◦ 현장관리시험 ◦ 품질검사시험		◦ 검사결과로부터 ◦ 이상원인의 배제 및 조치

4. 품질관리 주요 벌칙규정(발췌)

(1) 『건설기술진흥법』제55조(건설공사의 품질관리)

① 건설업자와 주택건설등록업자는 건설공사의 종류에 따라 품질·공정관리 등의 품질관리계획 또는 시험시설·인력확보 등의 품질시험계획을 수립하여 발주자

에 제출·승인을 받아야 한다.

② 건설업자와 주택건설등록업자는 품질관리계획 또는 품질시험계획에 따라 품질시험 및 검사시험을 하여야 한다.

③ 발주청은 품질관리계획 수립 대상 건설공사의 건설업자와 주택건설등록업자가 제2항의 품질관리계획에 따른 품질관리를 적절히 하는지 확인할 수 있다.

(2) 『건설기술진흥법』제88조(벌칙) 2년 이하의 징역 또는 2천만원 이하의 벌금

① 법제55조에 따른 품질관리계획·품질시험계획을 수립·이행하지 않거나 품질시험 및 검사를 하지 않는 건설업자 또는 주택건설등록업자

② 품질이 확보되지 아니한 건설자재·부재를 공급하거나 사용한 자

③ 반품된 레디믹스트콘크리트를 품질인증을 받지 않고 재사용한 자 등

II. 건설공사의 품질시험 및 검사

1. 품질시험 및 검사의 실시 (법제55조제1항·제2항)

(1) 품질시험 및 검사를 하거나 대행하는 자는 별지 서식의 품질검사 대장에 품질검사의 결과를 전자적 처리가 가능한 방법으로 작성·관리해야 한다.

(2) 건설공사 현장에서 하는 것이 적절한 품질검사는 현장에서 해야 하며, 구조물의 안전에 중요한 영향을 미치는 시험종목의 품질시험은 발주자가 확인해야 한다.

2. 품질시험 및 검사의 기준

(1) 한국산업표준(KS)

(2) 건설공사 설계기준 및 건설공사 시공기준 (법제44조제1항)

① 건설공사 설계기준

② 건설공사 시공기준 및 표준시방서 등

③ 그 밖에 건설공사의 관리에 필요한 사항

(3) 국토교통부장관이 정하여 고시하는 건설공사 품질관리기준

3. 품질시험 및 검사를 생략할 수 있는 재료 (영제91조제2항)

(1) 품질검사전문기관의 시험성적서가 제출되는 재료. 이 경우의 재료는 발주자 또는 건설사업관리용역업자의 봉인(封印)·확인을 거쳐 시험한 것으로 한정한다.

(2) 한국산업표준 인증제품

(3) 『주택법』등 관계 법령에 따라 품질검사를 받았거나 품질을 인증받은 재료

(4) 다만, 시간경과 또는 장소 이동 등으로 재료의 품질변화가 우려되어 발주자가 품질검사가 필요하다고 인정하는 경우에는 제외하다.

III. 건설공사의 품질관리계획

1. 품질관리계획의 이행절차

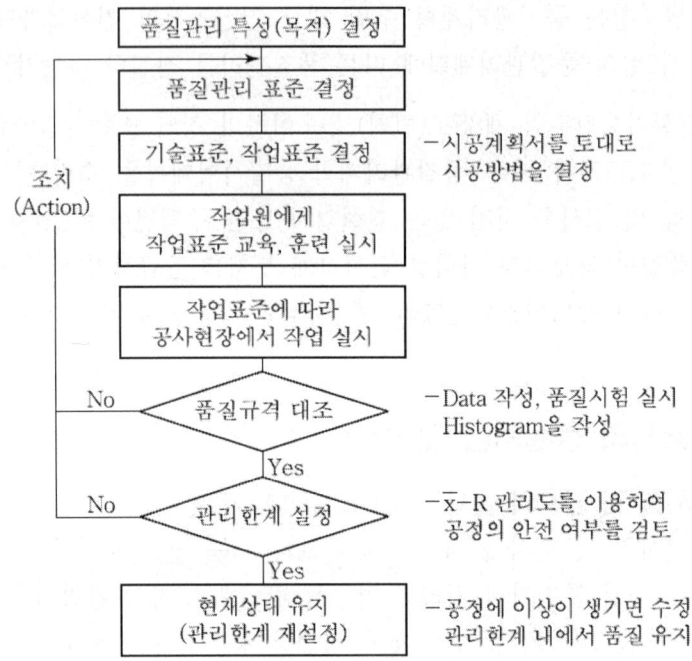

건설공사의 품질관리 순서

2. 품질관리계획 수립 대상공사의 범위 (영제89조)

(1) 감독권한대행 등 건설사업관리 대상 공사로서 총공사비(관급자재비를 포함하되, 토지 등의 취득·사용에 따른 보상비는 제외한 금액)가 500억원 이상인 공사

(2) 『건축법시행령』제2조제17호에 따른 다중이용 건축물로서 연면적 3만m^2 이상인 건축물의 건설공사

(3) 해당 건설공사의 계약에 품질관리계획을 수립하도록 되어 있는 건설공사

(4) 원자력시설공사와 건설공사의 성질상 품질관리계획 수립이 필요없다고 인정되는 건설공사(조경·식재공사, 가설물설치공사, 철거공사)는 품질관리계획을 수립하지 아니할 수 있다. 다만, 설계도서에서 품질관리계획을 수립하도록 되어 있는 건설공사는 품질관리계획을 수립하여야 한다.

3. 품질관리계획의 수립 (법제55조제2항, 영제92조제1항)

(1) 건설업자와 주택건설등록업자는 품질관리계획 또는 품질시험계획에 따라 품질시험 및 검사를 해야 한다.

⑵ 건설업자나 주택건설등록업자에게 고용되어 품질관리 업무를 수행하는 건설기술인은 품질관리계획 또는 품질시험계획에 따라 그 업무를 수행해야 한다.

⑶ 발주자는 건설업자 또는 주택건설등록업자가 품질검사를 해야 하는 대상 공종 및 재료를 설계도서에 구체적으로 표시해야 한다.

4. 품질관리계획의 수립기준 (영제89조제4항)

⑴ 건설공사의 품질관리계획은 『산업표준화법』제12조(한국산업표준)에 의한 한국산업표준(KS Q ISO) 9001 등에 따라 국토교통부장관이 정하여 고시하는 기준에 적합해야 한다.

5. 품질관리계획의 확인

(1) 확인 시기 (규칙제52조제1항)

① 품질관리 적절성 확인은 연 1회 이상, 준공 2개월 전까지 실시해야 한다.

(2) 지도 감독 (영제92조제2항, 규칙제52조제2항)

① 발주자는 건설업자 또는 주택건설등록업자가 수립한 품질관리계획 또는 품질시험계획에 따라 건설공사의 시공 및 사용재료에 대한 품질관리 업무를 적절하게 수행하고 있는지 확인할 수 있다.

② 국토교통부장관이 정하여 고시하는 '품질관리 적절성 확인요령'에 따른다.

(3) 확인 의뢰 (영제92조제4항)

① 발주자는 품질관리 적절성 확인을 품질검사 대행 전문기관 또는 건설기술용역업자에게 의뢰하여 실시할 수 있다.

(4) 시정 요구 (영제92조제4항)

① 발주자는 품질관리 적절성 확인 결과 시정이 필요하다고 인정하는 경우에는 해당 건설업자 또는 주택건설등록업자에게 시정을 요구할 수 있다.

② 이 경우에 시정을 요구받은 건설업자 또는 주택건설등록업자는 지체 없이 이를 시정한 후 그 결과를 발주자에게 통보해야 한다.[35]

---

35) 김낙석·박효성, '앞서가는 토목시공학', 개정 1판1쇄, 예문사, pp.134~137, 2018.

01.29 ISO 9000, ISO 14000

ISO(International Organization for Standardization) 9000, ISO 14000 [2, 0]

I. 개요

1. 국제표준화기구(ISO, International Organization for Standardization)는 비(非)정부 기구로서 많은 국가의 산업기술표준 관련 연구기관들이 참여하고 있는 세계적인 표준화 담당 국제기구이다.

2. 'ISO 9000시리즈(series)'는 국제표준화기구(ISO)가 제정한 품질보증 및 품질관리를 위한 국제규격으로, 국제적으로 인정할 수 있는 품질보증 기준을 설정하여 국가 간 기술장벽을 제거하고 상호 인정할 수 있는 여건을 조성하여 세계시장에서 공급자와 수요자 모두에게 품질에 대한 신뢰감을 제공하기 위해 제정되었다.

   (1) 국내 건설사업에 적용되는 품질관리계획은 『산업표준화법』제12조(한국산업표준) 에 의한 한국산업표준(KS Q ISO) 9001 등에 따라 국토교통부장관이 건설산업분야 표준적용지침으로 "건설공사 품질관리계획 수립 및 운영요령"을 2006년 제정·시행하고 있다.

3. 'ISO 14000시리즈(series)'는 국제표준화기구(ISO)가 제정한 환경경영시스템에 관한 국제 표준화 규격의 통칭으로, 기업활동 전반에 걸친 환경경영시스템을 평가하여 객관적으로 인증(認證)하는 제도이다.

   (1) 기업이 단순히 해당 환경법규나 국제기준을 준수했는지를 평가할 뿐만 아니라 경영활동 전(全)단계에 걸쳐 환경방침, 추진계획, 실행·시정 조치, 경영자 검토, 지속적 개선 등의 포괄적인 환경경영 실시 여부도 평가하고 있다.

II. ISO 9000 : 건설공사의 품질관리시스템

1. 제정 목적

   (1) 이 기준은 건설공사를 수행하는 건설업자 또는 주택건설등록업자가 『건설기술진흥법』제55조제1항에 따라 품질관리계획을 수립하고 품질시험 및 품질검사를 체계적으로 실시하도록 규정함으로써, 건설공사의 품질확보를 위한 업무수행을 원활하게 수행할 수 있도록 하는데 그 목적이 있다.

2. 적용 범위

   (1) 이 기준은 시공자가 KS A 9001:2001 규격에 따라 당해 건설공사의 품질관리계획을 수립하고 감독/감리원의 검토와 발주청의 승인을 받아야 하는 다음에 해당

하는 건설공사에 적용한다.

① 전면책임감리대상 건설공사로서 총공사비가 500억원 이상인 건설공사

② 다중이용건축물로서 연면적 3만m^2 이상인 건축물의 건설공사

③ 계약문서에 품질관리계획의 수립이 포함된 건설공사

⑵ 이 기준은 상기 ⑴항의 품질관리계획 수립대상 건설공사 이외의 공사에도 적용될 수 있다. 다만, 건설공사의 현장 특성상 이 요령의 어떤 요건이 적용될 수 없는 특별한 경우에는 그 요건의 제외를 고려할 수 있다.

Ⅲ. ISO 14000 : 기업의 환경경영시스템

1. ISO 14000 필요성 및 목적

⑴ 1992년 개최된 리우 지구정상회의를 계기로 환경적으로 건전하고 지속가능한 개발(ESSD, Environmental Sound and Sustainable Development)을 달성하기 위하여 실천적 방법으로 환경경영이라는 새로운 기업경영 패러다임이 등장하였다.

⑵ 이는 기존의 환경관리 방법이나 사후처리 위주의 기술개발 및 투자활동이 더 이상 충분한 수준이 될 수 없다는 공감대의 반영이며, 경제적 수익성과 환경적 지속가능성을 전제로 하는 기업경영 전략의 도입을 강력히 요구하는 것이다.

⑶ 즉 기업의 일부 환경담당자들에 의해 사후처리 방식으로 운영되었던 기존의 환경관리방식에서 탈피하여 전(全)직원의 참여를 통하여 事前에 환경문제를 해결할 수 있는 체계적인 방안을 모색할 것을 촉구하고 있다.

⑷ 기업의 환경경영체제는 이와 같이 환경의 경영시스템과 통합을 고려함은 물론 기업의 성장과 환경성과 개선을 도모하는 것을 그 목적으로 제시한다.

2. ISO 14001 환경경영시스템 정의

⑴ 국제표준화기구(ISO)의 환경경영 위원회(TC 207)에서 개발한 ISO 14000 시리즈 규격 중의 하나로서 조직의 환경경영시스템을 실행, 유지, 개선 및 보증하고자 할 때 적용 가능한 규격이며,

⑵ 기업 조직에서 발생되는 환경영향을 저감시키기 위해 조직이 갖추어야 할 시스템의 기본조건을 요구하며 환경방침, 경영목표를 정하여 이를 달성하기 위한 활동을 실시하고, 실시되는 상황을 감시, 검토하는 일련의 과정으로 구성된다.

3. ISO 14001 환경경영시스템 용어

⑴ 환경경영체제 : 환경방침을 개발, 실행, 달성, 검토 및 유지하기 위한 조직/단체의 조직, 구조, 계획 활동, 책임, 관행, 절차, 공정 및 자원을 포함한 전반적인 경영체제의 일부분

⑵ 환경방침 : 조직의 전반적인 환경성능과 관련하여 조직이 발표하는 의도 및 원칙으로서, 이는 환경목적 및 목표 설정하는 체계를 제공

⑶ 환경목표 : 환경방침 및 측면에 근거하여 조직이 양성하고자 하는 전체적인 환경목표의 기능한 정량화하여 설정한 목표

⑷ 환경 세부목표 : 환경목표에 따라 설정되고 환경목적의 달성을 위해 정해지는 조직의 일부나 전체에 적용되는 상세한 성과요건

⑸ 환경성과 : 조직의 환경방침, 목표, 세부목표에 근거하여 환경에 대한 제품, 서비스 및 활동의 효과(환경측면관리 효과 등)에 대한 조직의 통제와 관련하여 측정 가능한 환경경영체제의 산출물

⑹ 환경경영체제 감사 : 심사요건에 조직의 환경경영체제가 적합한지를 결정하는 증거를 객관적으로 획득하고 평가하는 문서화되고 체계적인 확인과정

⑺ 이해관계자 : 조직의 환경영향에 이해를 가진 자들, 이를테면 법정 환경관리자, 지역사회, 종업원, 투자자, 보험업자, 고객, 소비자, 환경 단체 및 일반대중

⑻ 지속적 개선: 전체적인 환경성과의 개선을 성취하고자 하는 목적을 가지고 환경 경영체제를 추진하는 과정을 말하며 모든 분야에서 동시에 개선을 이루는 것이 아니고 지속적인 노력을 통해 지속적인 노력을 통해 개선을 이룬다.

⑼ 조직 : 어떤 결성집단 또는 설립체, 즉 회사, 정부기관, 비영리 조직 등

⑽ 오염방지 : 오염이나 폐기물 발생을 줄이기 위한 공정, 활동, 물질, 제품 또는 에너지 등의 사용. 여기에는 재생, 처리, 공정변경, 통제 시스템, 자원의 효율적 사용 및 자재대체 등의 활동이 포함될 수 있다.

4. ISO 14001 환경경영시스템 규격

ISO 14000 시리즈 체계

규격명	규격번호	담당
환경경영시스템 (Environment Management System)	ISO 14000-14009	SC 1
환경감사 (Environment Auditing)	ISO 14010-14019	SC 2
환경성 표시 (Environment Labelling)	ISO 14020-14029	SC 3
환경성과 평가 (Environment Performance Evaluating)	ISO 14030-14039	SC 4
전 과정 평가 (Life Cycle Assesment)	ISO 14040-14049	SC 5
용어 및 정의 (Term & Definitions)	ISO 14050-14059	SC 6
기타 환경적 측면 (Environmental Aspects in Product Standards)	ISO 14060-14109	WG 1

SC : Steering Committee, WG : Working Group

⑴ ISO 14001 : 2004 Environmental Management Systems-Requirements with guidance(환경경영시스템-요구사항 및 사용지침) 환경경영시스템 구축의 뼈대

⑵ ISO 14004 : 2004 Environmental Management Systems-General guidelines on supporting techniques(환경경영시스템-원칙, 시스템, 지원기법 일반지침)

⑶ ISO 19011 : 2002 Guidelines for quality and/or environmental management systems auditing(품질경영 혹은 환경경영시스템 감사)

⑷ IISO 14021 : 1999 Environmental labels and declarations-Self-declared environmental claims (Type Ⅱ environmental labelling)(환경성 표시 및 주장-자체주장-제2유형 환경성 표시)

⑸ ISO 14024 : 1999 Environmental labels and declarations-Type Ⅰ environmental labelling-principles and procedures(환경성 표시 및 주장-제1유형 환경성 표시-원리 및 절차)

⑹ ISO/TR 14025 : 2000 Environmental labels and declarations-Type Ⅲ environmental declarations(환경성 표시 및 주장-제3유형 환경성 선언)

⑺ ISO 14031 : 1999 Environmental management-Environmental performance evaluation Guidelines(환경경영-환경성과 평가지침)

⑻ ISO 14032 : 1999 Environmental management-Examples of Environmental performance evaluation(환경경영-환경성과 평가사례)

⑼ ISO 14040 : 1997 Environmental management-Life cycle assesment-principles and framework(환경경영-전과정 평가-원칙 및 기본구조)

⑽ ISO 14041 : 1998 Environmental management-Life cycle assesment-Goal and scope definition and inventory analysis(환경경영-전 과정 평가-목록분석)

⑾ ISO 14050 : 2002 Environmental management-vocabulary(환경경영-용어 및 정의)

⑿ ISO/TR 14062: 2002 Environmental management-integrating environmental aspects into product design and development(환경경영-제품 설계 및 개발에 대한 환경측면 통합화)

⒀ ISO/CD 14063 : Environmental management-Environmental communications Guidelines and examples(환경경영-환경 의사소통 지침 및 사례)

⒁ ISO Guide 64 : 1997 Guide for the inclusion of environmental aspects in product standards(제품 표준의 환경측면 포함 지침)[36]

---

36) 에스이코리아(주), 'ISO 14000 해설 시리즈 - 환경경영시스템의 구조', 노동부지정 안전관리대행기관, 안전보건교육기관, 2012.

01.30 품질관리비 산출 및 사용기준

품질관리비, 품질시험비 산출 단위량 기준 [0, 1]

『건설기술진흥법』제56조 ① 건설공사의 발주자는 계약을 체결할 때는 건설공사의 품질관리에 필요한 '품질관리비'를 국토교통부령으로 정하는 바에 따라 공사금액에 계상해야 한다. ② 건설공사의 규모 및 종류에 따른 '품질관리비의 산출 및 사용기준'은 국토교통부령으로 정한다.

1. 일반사항

(1) 발주자는 해당 건설공사의 품질확보를 위하여 필요한 경우에는 품질시험 및 검사의 종목·방법·횟수를 설계도서(수량산출서, 단가산출서 등)에 명시해야 한다.

(2) 건설업자 및 주택건설등록업자는 설계도서에 누락된 품질시험 및 검사의 종목·방법·횟수에 관하여 감리자 및 발주자와 협의하여 설계도서에 반영해야 한다.

(3) 건설업자 및 주택건설등록업자는 시방서 등의 설계도서를 검토하여 품질관리계획 또는 품질시험계획을 작성하고 이를 토대로 품질관리를 해야 한다.

(4) 건설업자 및 주택건설등록업자는 현장 품질시험의 원활한 실시를 위하여 발주자와 협의하여 현장여건을 고려한 적정 시험인력을 배치해야 한다.

2. 품질관리비

(1) 품질시험비

① 품질시험에 필요한 비용에는 인건비, 공공요금, 재료비, 장비손료(損料), 시설비용, 시험·검사기구의 검정·교정비, 차량 관련 비용 등을 포함한다.

② 품질시험 인건비는 국토교통부장관이 고시하는 인건비 산출단위량기준을 토대로 『통계법』제27조제1항에 따라 대한건설협회 및 한국엔지니어링진흥협회가 조사·공표하는 노임단가를 적용하되, 시험관리인의 인건비는 포함하지 않는다.

③ 공공요금은 정부가 고시하 는공공요금을 적용하되, 해당 시험 에필요한 공공요금의 산출단위량기준은 국토교통부장관이 정하여 관보에 고시한다.

④ 재료비는 인건비 및 공공요금의 1/100로 한다. 다만, 특별한 경우에는 조달청장이 구매하는 물품의 가격을 기준으로 실비를 산출하여 적용할 수 있다.

⑤ 장비손료는 다음 계산식에 따라 산출한 금액 또는 품질시험 인건비의 1/100을 계상한 금액으로 한다.

$$\frac{(상각률+수리율)\times기계가격}{연간\ 표준장비\ 가동시간\times내용연수}\times장비\ 가동시간$$

여기서, 기계가격은 구입가격을 말한다.

연간 표준장비가동시간은 2,000시간으로 한다.

장비가동시간은 해당 시험을 위하여 실제 가동되는 시간을 말한다.

내용연수는 기계류 및 계량기는 10년, 유리류 및 금속류 등의 기구는 3년으로 한다.

장비별 상각률과 수리율은 다음 값으로 한다.

장비명	모터·기계	게이지기계	유리류	금속류	게이지
상각율	0.8	0.8	1.0	0.9	1.0
수리율	0.6	0.6	-	0.3	0.6

⑥ 품질시험에 필요한 시설비용, 시험 및 검사기구의 검정·교정비는 품질시험비의 3/100을 계상한다.

⑦ 품질시험용 차량의 감가상각비·유류비·보험료 등 각종 경비는 실비계상한다.

⑧ 외부의뢰 시험은 품질시험비의 한도 내에서 실시하며, 건설사업관리용역업자와 협의하여 결정해야 한다.

(2) 품질관리활동비

① 품질관리 업무를 수행하는 건설기술자 인건비 : 대한건설협회 및 한국엔지니어링 협회가 조사·공표하는 노임단가 적용

② 품질관련 문서작성 및 관리에 관련한 비용 : 품질관리업무 수행 건설기술자 인건비의 1/100 계상

③ 품질관련 교육·훈련비 : 품질관리업무 수행 건설기술자 인건비의 1/100 계상

④ 품질검사비 : 품질시험비의 1/100 계상

⑤ 그 밖의 비용 : (①+②+③+④)의 1/100을 초과할 수 없다.

3. 품질관리비 사용기준

⑴ 건설업자 및 주택건설등록업자는 품질관리비를 품질관리비 산출기준에 따른 용도 외에는 사용할 수 없다. 다만, 발주자 또는 인·허가기관의 장이 품질관리업무 수행과 관련하여 필요하다고 인정하는 경우에는 제외한다.

⑵ 건설업자 및주택건설등록업자는 품질관리비의 사용명세서 및 증명서류를 갖추어 두고, 발주자 또는 건설사업관리용역업자가 요청하면 이를 제시해야한다.

⑶ 품질관리비는 발주자 또는 건설사업관리용역업자가 확인한 시험성적서 등에 의한 품질관리 활동실적에 따라 정산한다.[37]

---

37) 김낙석·박효성, '앞서가는 토목시공학', 개정 1판1쇄, 예문사, pp.137~138, 2018.

01.31 건설공사의 원가관리

건설공사의 원가관리 방법, 비용절감을 위한 여러 활동 등을 설명 [0, 1]

I. 개요

1. 건설공사에서 원가계산은 건설업체의 경영실적을 재무제표를 통하여 기업외부에 공개하기 위한 기초수단이며, 동시에 기업의 경영목표를 달성하는 자료로 활용하기 위해 수행되는 경영관리의 일환이다. 따라서 원가계산은 재무회계 체계와 유기적인 관계를 갖고 지속적으로 수행되어야 한다.

2. 국내 건설업계는 1983년부터 한국상장회사협의회·대한건설협회 공동으로 제시하는 『건설업 회계처리기준』에 의해 예산원가와 실제원가를 산정하고 있다. 건설공사의 원가를 구성요소별로 분류·관리하는 과정은 적산업무의 기초이다. 건설공사의 규모·내용에 따라 원가를 효과적으로 관리하기 위하여 총공사비를 직접공사비, 간접공사비, 일반관리비, 이윤 등으로 나눈다.

II. 공공건설공사의 총공사비 구성요소

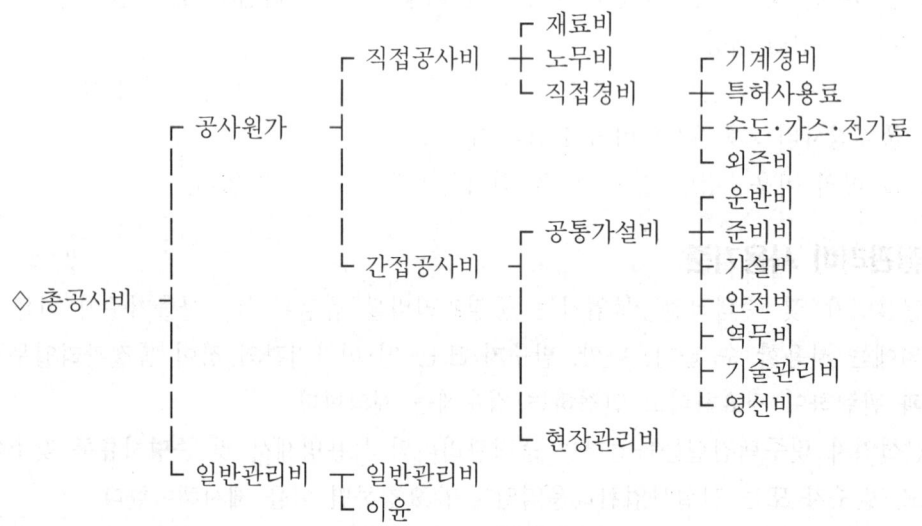

공공건설공사의 총공사비 구성요소

1. 직접공사비

(1) 재료비

① 시공에 소요되는 일정규격의 재료량에 단위당 가격(또는 재료단가)을 곱한 금

액의 합계액이며, 직접재료비와 간접재료비 등으로 구성된다.

② 재료단가는 거래실례가격 또는 가격조사전문기관의 물가지수에 따라 산정한다. 재료단가를 적용할 때는 조달청 가격과 가격조사전문기관의 월별 공표가격 중에서 최저 공표가격을 기준으로 한다.

(2) 노무비

① 직접노무비 : 1일 8시간의 기준임금, 휴일, 야간, 시간 외 수당 등은 통상임금의 100분의 50 이상을 지급한다.

② 간접노무비 : 직접계산(노무량 × 노무비 단가), 비율분석(직접 노무비× 간접노무비 비율), 보완적용(공시원가 계산 자료 이용) 등에 의해 산출한다.

③ 노임단가 : 정부고시 노임단가로서 50~60개 현장을 대상으로 연 1회 실사하여 매년 1월1일부터 공표·적용한다.

(3) 직접경비

① 직접경비는 공사원가 중에서 재료비·노무비를 제외한 22개 비목으로 구성되며, 시공 중 예상되는 소요량을 측정하거나 원가계산자료를 근거로 산출한다.

2. 간접공사비

(1) 공통가설비

① 운반비 : 공통가설에 따른 운반비용

② 준비비 : 부지측량, 벌개·제근 등에 관한 비용

③ 가건물비 : 현장사무실, 창고, 실험실, 숙소 등의 비용

④ 가설물비 : 공사용 도로, 공사에 필요한 비계·동바리 등 가설비, 울타리 등에 관한 간접 가설비 등의 비용

⑤ 안전관리비 : 공사 진행 중의 안전관리를 위한 비용

⑥ 역무비 : 야적장부지 임대료, 전기수도료, 도로점용료 등에 관한 비용

⑦ 기술관리비 : 현장설계, 공정관리 또는 품질관리 등에 관한 비용

⑧ 영선비 : 가건물, 가설물의 보수 및 유지에 관한 비용

(2) 현장관리비

① 현장관리비는 공사현장 운영에 필요한 간접경비로서 노무관리비, 제세공과금(자동차세 등), 보험료, 복지후생비, 교제비 등으로 구성된다.

3. 일반관리비, 이윤 등

(1) 일반관리비＝(재료비＋노무비＋경비)×(일반관리비율 × 1/100)

(2) 이윤＝(노무비＋경비＋일반관리비)×(이윤율 × 1/100)

III. 공공건설공사 원가의 효율적인 구성방안

1. 원가계획 관점

⑴ 원가계획은 실행예산서 작성, 실행예산 조기확정, 실행예산 표준사용 등이 중요한 변수가 된다. 실행예산서는 원가계획의 일환으로 작성하는 것이 바람직하며, 작성할 때는 원가의 구조·항목·용어 등에 대한 표준화가 필요하다.

⑵ 건설공사 현장에서 실행예산을 작성하는 것보다 건설업체 본사에서 표준단가와 표준내역서를 이용하여 일괄 작성하여 실행예산을 조기에 확정해야 경영관리 목표를 제시할 수 있다.

2. 원가예측 관점

⑴ 원가예측은 주기적으로 수행해야 하고, 실적원가율에 의해 단순화된 원가예측시스템을 사용하여 신뢰성을 높여야 한다. 실적원가율을 이용하여 원가예측을 단순화할 필요가 있다.

⑵ 원가산정은 표준품셈방식, 실적공사비 적산방식, 현장에서 실제 기성고 산정방식 등으로 예측할 수 있다. 건설업계에서는 실적공사비 적산방식을 표준품셈방식으로 단일화해야 한다는 의견이 많다.

3. 원가산정 관점

⑴ 원가산정을 효율적으로 하려면 건설공사 현장과 본사 간에 동일한 시스템이 구축되어야 한다. 기성고를 다양하게 산정하여 원가산정의 정확성을 향상시킨다.

⑵ 건설원가 산정할 때 비목분류체계를 단일화하고 통일된 건설원가 계산제도를 구축하여야 한다.

4. 원가정보관리 관점

⑴ 전산시스템에 의한 원가정보관리는 기획단계와 설계단계의 통합시스템, 재정기능과 원가기능을 통합하는 네트워크시스템 등이 구축되어야 한다.

⑵ 재정기능과 원가기능의 통합시스템이란 건설회사 내부의 모든 재정회계기능과 경영관리기능을 통합하는 것을 말한다.

⑶ 전산시스템에 의한 공정/공사비 통합관리체계(EVMS)를 구축·운영하면 사용자의 필요에 따라 적절한 형식의 결과물을 출력할 수 있으므로 효과적으로 원가관리가 가능해 진다.[38]

---

38) 한국건설기술연구원, '2009년 하반기 건설공사 실적공사비 적용 공종 및 단가', 2009.

01.32 공사원가의 비용요소별 적산체계

공사원가 계산에서 경비의 세비목(細費目), 총공사비의 구성요소 [2, 2]

Ⅰ. 개요

1. 일반적으로 건설공사의 실행예산은 공종별로 편성하지만 소규모 공사, 도급금액이 고정되어 있는 공사, 공사내용이 간단하여 예산상 큰 변동이 없는 공사의 경우에는 직접 실행예산을 기준으로 하여 요소별로 편성하기도 한다.

2. 최근에는 공정/공사비 통합관리체계(EVMS)에 의해 모든 항목을 비용요소별로 비용분류체계(cost breakdown structure)에 따라 분류하여 각 항목마다 비용의 과소 또는 과다를 알 수 있어 원가의 수집·검토·분석이 용이하다.

3. 건설공사 시공관리의 본질은 원가절감에 있으므로 공사를 수행하면서 각 공종이 계획대로 수행되는지를 통제하여 원가절감 요소를 파악하며 신기술·신공법을 연구·개발하고 건설사업관리시스템을 개선하는 노력이 수반되어야 한다.

Ⅱ. 공사원가의 요소

1. 재료비

(1) 재료비는 적산업무에서 가장 방대한 자료이며 금액으로도 큰 비중을 차지한다. 재료비는 공사에 직접 투여되는 직접재료비와 보조적으로 소비되는 간접재료비(공사완성물의 구성재료는 아님)로 구분된다.

(2) 재료비는 품셈 또는 시공경험에서 축적된 소요수량×재료단가로 구하며, 자재의 단가는 조달청이나 물가조사전문기관에서 발간하는 물가자료를 근거로 구한다.

2. 노무비

(1) 공사에 필요한 노무비의 소요인원수는 공사의 종류·조건을 세분화하여 당해 공사의 품셈조사를 통해서 직종별로 산출한다.

(2) 노무비 산출에 필요한 소요인원은 품셈을 활용하여 산정하되, 품셈 적용이 적절하지 않은 경우에는 현장에서 작성한 실행예산내역서를 참고한다.

(3) 직접노무비는 (소요인원수×임금단가)로 산정하며, 노무비는 직종코드별 일당(日當) 단가로 구성된다.

(4) 간접노무비는 다음과 같이 산출한다.

① 간접노무비=표준품셈에 의한 직접노무비×간접노무비율

② 간접노무비율＝간접노무비/직접노무비

3. 기계경비

(1) 최근에는 거의 모든 토목공사가 기계화 시공으로 수행고 있어 전체공사비에서 기계경비가 차지하는 비율이 높아져 원가관리에 중요한 요소가 되고 있다.

(2) 기계경비의 내역은 원료, 운전비, 운전노무비, 관리비 등으로 구성되며 이들을 모두 합하여 기계경비라고 하며 日當 또는 時間當 금액으로 산출한다.

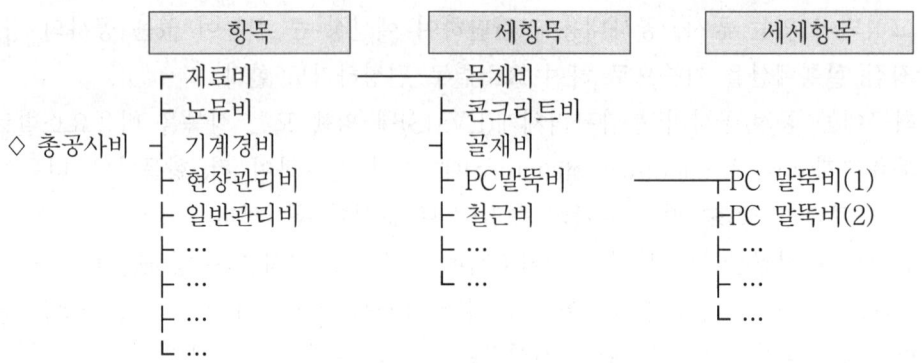

공사원가의 요소별 적산체계(예)

Ⅲ. 공사원가의 산정방식

1. 표준품셈 산정방식

정부 발주 공공건설공사의 공사비를 자재비·노무비·장비비·가설비··일반경비 등 1,430여개 항목별로 정부고시가격에 따라 산정한다. 이때 정부는 고시가격을 표준품셈에 의해 결정하고 건설업체도 이를 기준으로 응찰가격을 산출한다.

2. 실적공사비 적산방식

공사의 예정가격을 이미 수행된 유사한 공사의 표준공종별 계약단가를 기준으로 각 공사의 특성을 감안하여 조정하면서 산정한다. 선진국은 이미 일반화되어 있고, 우리나라도 표준품셈을 실적공사비로 전환하여 시행하고 있다.

3. 기성고 산정방식

기성고란 건설공사 현장에서 진척도에 따른 공정을 산출하여 현재까지 시공된 부분 만큼의 소요자금을 나타낸다. 기성고율은 전체 공사 비중에서 현재까지 완성된 부분이 차지하는 비율을 표시한다. 따라서, 현장에서 실제 달성된 기성고에 의해 산출된 공사원가를 실제로 투입된 비용과 비교하면 일부 차이가 발생될 수 있다.[39]

---

39) 김낙석·박효성, '앞서가는 토목시공학', 개정 1판1쇄, 예문사, pp.220~221, 2018.

01.33 건설공사의 준공, 인계인수

건설공사의 준공, 목적물 인계인수 조치사항 [0, 1]

Ⅰ. 건설공사의 준공

1. 준공검사

⑴ 계약자가 계약의 전부의 이행을 완료한 경우에는 계약서, 설계서, 그 밖의 관계서류에 따라 준공검사를 받는다. 『국가를당사자로하는계약에관한법률』제14조제1항

⑵ 계약자는 공사를 완성했을 때는 그 사실을 서면(준공신고서)으로 계약담당공무원에게 통지하고 필요한 검사를 받아야 한다. 『공사계약일반조건』제27조제1항

⑶ 계약자는 준공검사에 입회하고 협력해야 한다. 계약자가 입회를 거부 또는 협력하지 않아 지체된 경우에는 그 시정이 완료된 날로부터 검사기간을 계산하고, 지체에 대한 지체상금이 부과된다. 『공사계약일반조건』제27조제1항·제3항

2. 검사기간

⑴ 준공검사는 계약자로부터 해당 계약의 이행을 완료한 사실을 통지받은 날부터 14일 이내에 완료해야 한다. 『국가를당사자로하는계약에관한법률』제55조제1항

⑵ 다만, 다음의 경우에는 검사기간을 연장할 수 있다. 『국가를당사자로하는계약에관한법률』제55조제1항 단서·제5항,.

① 천재지변 등 불가항력적인 사유로 검사를 완료하지 못한 경우에는 해당 사유가 존속되는 기간과 해당 사유가 소멸된 날로부터 3일까지 연장할 수 있다.

② 공사계약금액이 100억원 이상이거나 기술적 특수성 등으로 14일 이내에 검사를 완료할 수 없는 경우에는 7일 범위에서 검사기간을 연장할 수 있다.

3. 시정조치

⑴ 준공검사 중 계약내용의 전부 또는 일부가 위반되거나 부당한 때에는 지체 없이 시정조치를 한다. 이 경우 계약자로부터 그 시정을 완료한 사실을 통지받은 날부터 검사기간을 계산한다. 『국가를당사자로하는계약에관한법률』제55조제6항

⑵ 시정조치에 따라 계약이행기간이 연장될 때에는 지체상금이 부과된다. 『공사계약일반조건』제27조제4항

4. 검사완료통지

⑴ 준공검사가 완료된 때에는 그 결과가 지체 없이 계약자에게 통지된다. 다만, 계약자는 검사에 대한 이의가 있을 때에는 재검사를 요청할 수 있다. 『공사계약일반조건』제27조제6항

(2) 계약자는 검사완료통지를 받은 때에는 모든 공사시설, 잉여자재, 폐기물 및 가설물을 공사장으로부터 즉시 철거하고 반출하며 공사장을 정돈해야 한다. 『공사계약일반조건』제27조제7항

Ⅱ. 완성된 공사목적물의 인수

1. 공사목적물의 인수

(1) 검사완료통지를 받은 후 계약자는 완성된 공사목적물의 인수를 서면(준공신고서)으로 요청할 수 있다. 『공사계약일반조건』제28조제1항

(2) 공사규모 등을 고려하여 필요한 경우, 계약자는 다음 사항이 첨부된 준공명세서를 제출해야 한다. 『공사계약일반조건』제28조제2항

 ① 완성된 공사목적물의 전면·후면·측면사진(10˝×15˝) 각 5매 및 사진원본파일

 ② 주요 검사과정을 촬영한 동영상물(CD 등) 5본

 ③ 착공에서 준공까지의 행정처리과정, 참여기술자, 관련 참여업체 등의 내용을 포함하는 준공보고서. 『건설기술진흥법시행령』제28조

(3) 계약담당공무원은 계약자로부터 완성된 공사목적물의 인수 요청을 받으면 즉시 현장인수증명서를 발급하고 해당 공사목적물을 인수해야 한다. 『공사계약일반조건』제28조제1항

(4) 계약담당공무원은 계약자가 검사완료통지를 받은 날부터 7일 이내에 인수요청을 하지 않을 때는 계약자에게 현장인수증명서를 발급하고 해당 공사목적물을 인수할 수 있다. 이 경우 계약자는 지체 없이 준공명세서를 제출해야 한다. 『공사계약일반조건』제28조제1항

2. 준공대가 지급기한

(1) 계약담당공무원은 국제관례 등 부득이한 사유가 인정되는 경우를 제외하고 검사조서를 작성한 후에 공사계약 대가를 지급한다. 『국가를당사자로하는계약에관한법률』제15조제1항

(2) 공사계약 대가는 검사완료 후 계약자의 대가 지급청구일로부터 5일 이내(공휴일·토요일 제외)에 지급한다. 『국가를당사자로하는계약에관한법률』제15조제2항

 ① 이 경우 계약당사자와 합의하여 5일을 초과하지 않는 범위에서 대가 지급기한을 연장할 수 있다. 『국가를당사자로하는계약에관한법률시행령』제58조제1항

(3) 천재지변 등 불가항력의 사유로 지급기한 내에 대가를 지급할 수 없는 경우, 해당 사유가 소멸된 날부터 3일 이내에 대가를 지급해야 한다. 『국가를당사자로하는계약에관한법률시행령』제58조제2항

⑶ 계약담당공무원은 대가지급 청구를 받은 후, 청구내용의 전부 또는 일부가 부당한 때에는 그 사유를 명시하여 계약자에게 해당 청구서를 반송할 수 있다. 이 경우 반송한 날부터 재청구를 받은 날까지 기간은 대가 지급기간에 산입하지 않는다. 『국가를당사자로하는계약에관한법률시행령』제58조제5항

3. 준공대가 지급지연에 대한 이자

⑴ 대가지급 청구를 받은 후 지급기한까지 대가를 지급할 수 없는 경우, 지연일수에 해당 미지급 금액 및 대출평균금리를 곱하여 산출한 금액을 이자로 지급한다. 『국가를당사자로하는계약에관한법률』제15조제2항, 동법시행령제59조

대가 지급지연 이자=지연일수×미지급금액×대출평균금리

① '지연일수'는 지급기한의 다음 날부터 지급하는 날까지의 일수를 말하며, 천재지변 등 불가항력인 사유로 대가지급이 지연된 경우에 대가지급 연장기간은 대가지급 지연일수에 산입하지 않는다. 『공사계약일반조건』제41조제1항

② '대출평균금리'는 지연발생 시점의 한국은행 통계월보의 대출평균금리를 말한다. 『국가를당사자로하는계약에관한법률시행령』제59조

⑵ 동일한 계약에서 대가 지급지연에 대한 이자와 지체상금은 상계(相計)할 수 있다. 『국가를당사자로하는계약에관한법률』제15조제3항

4. 준공대가의 정산

⑴ 계약담당공무원은 준공대가의 지급청구를 받은 경우, 하도급공사를 포함하여 해당 건설공사 전체에 대한 보험료 납부 여부를 최종 확인하며, 이를 확인한 후 입찰공고에 고지된 국민건강보험료 범위 내에서 최종 정산한다. 『정부 입찰·계약 집행기준』제94조제2항

⑵ 사업자부담분의 국민건강보험료에 대한 납입확인서의 금액을 다음과 같은 방법으로 정산한다. 『정부 입찰·계약 집행기준』제94조제3항

① 일용근로자는 해당 사업장단위로 기재된 납입확인서의 금액으로 정산한다.

② 생산직 상용근로자는 소속회사에서 납부한 납입확인서에 의하여 정산하되, 현장인 명부를 확인하여 해당 사업장 공사기간 대비 실제 투입일자를 계산하여 보험료를 일할 정산한다.

⑶ 퇴직급여충당금은 계약체결 후 발주기관이 승인한 산출내역서 금액과 계약상대자가 실제 지급한 금액을 비교하여 정산한다.[40]

---

40) 법제처, '건설공사의 준공, 인계인수', 찾기 쉬운 생활법령정보, 2019.

01.34 건설공사의 사후평가 제도

건설공사의 사후평가 [1, 0]

Ⅰ. 개요

1. 도입 배경

⑴ 정부 발주 공공건설사업의 사후평가는 계획단계에서 수립된 이용수요·사업비·기간 등 예측치를 준공 후에 평가하는 제도로서, 향후 유사한 사업의 추진·관리에 활용함으로서 공공건설사업 효율화에 기여하기 위하여 도입되었다.

2. 근거 법령

『건설기술진흥법』제52조(건설공사의 사후평가)

『건설기술진흥법 시행령』제86조(건설공사의 사후평가)

『건설기술진흥법 시행규칙』제46조(사후평가 결과의 공개)

『건설공사 사후평가 시행지침』(국토교통부고시 제2015-441호)

3. 제도 연혁

2000.03.28.	『건설기술진흥법 시행령』개정, 건설공사 사후평가 제도 도입
2001.05.10.	『건설공사 사후평가 시행지침』 제정
2008.01.01.	건설공사 사후평가 시스템 개통
2012.01.17.	건설공사 사후평가 법적근거 마련, 대통령령을 법률로 변경
2004.05.23.	건설공사 사후평가 대상공사 조정, 총공사비 500억 ⇨ 300억 확대
2015.06.30.	건설공사 사후평가 용역대가 산정방법 등 기준 마련

국내·외 공공건설공사 사후평가 제도의 비교

구분	한국	일본	미국
내용 및 목적	◦경제지표(B/C, 수요) 등의 검증에 중점	◦한국의 평가지표와 유사 ◦유사 사업의 계획단계로의 피드백 정보에 중점	◦향후 설계·시공단계 효율화를 위한 평가에 중점
주관 및 검증	◦발주청 자체평가(용역) ◦발주청 자체 사후평가위원회 심의 있으나 검증 미비	◦발주청 자체평가 ◦국토교통성의 '사후평가결과감시위원회'에서 검증	◦전문기관(CII)에서 평가(객관성, 전문성 확보)
결과활용 및 관리	◦발주청별 별도관리(홈페이지 또는 관보 게재) ◦건설CALS 시스템에 결과 DB 축적, 공개	◦국토교통성 총괄관리 ◦국토교통성 홈페이지에 게재 사후평가 결과 공개	◦평가결과 분석을 통해 기관별, 공사별 피드백 ◦평가결과 DB화, 관리주체 일원화

Ⅱ. 건설공사의 사후평가 제도

1. 평가 대상·시기·주체

(1) 평가대상

　① 총공사비 300억원 이상 건설공사

(2) 평가시기

　① 건설공사 준공 후 5년 이내

(3) 평가주체

　① 건설공사를 발주한 발주청이 직접 수행(용역사 대행 가능)하고, 평가결과는 사후평가위원회(건설기술심의위원회 등)의 자문을 받을 수 있도록 규정

2. 평가 절차

평가단계	평가내용	평가지표
단계별 사업추진 완료 후 (타당성조사, 설계, 시공)	사업성과	공사비·기간 증감율, 안전사고, 설계변경, 재시공 등
준공 후 3~5년 내 종합평가	사업효율	수요(예측, 실제), B/C(예측, 실제)
	파급효과	민원발생, 하자, 지역경제, 지역사회, 환경 등

(1) 건설공사 시행단계별 자료 입력 후, 사업전반에 걸쳐 사후평가 수행

　① 단계별 용역·시공 준공 후 60일 이내에 건설CALS 포털시스템 내의 '건설공사 사후평가 시스템'에 관련 자료 등록

　② 건설공사 준공 후 60일 이내에 사후평가(사업성과·사업효율·파급효과) 수행
　　300억~500억원 미만 공사는 '사업성과'만 실시(사업효율·파급효과 제외)

　③ 건설공사 준공 후 5년 이내에 사후평가(사업효율·파급효과) 수행

(2) 사후평가 결과의 신뢰성 제고

　① 검증체계 : 평가결과 확인·점검, 검증 체크리스트

　② 자료보관 : 수요예측 등 자료보관을 위한 시스템 개선

　③ 평가대상 : 300억원 이상은 간이평가를 통해 DB 확대

(3) 사후평가 결과의 활용도 개선

　① 활용확대 : 신규사업은 활용 의무화, 활용 가이드라인, 종합분석 보고서 작성

　② 수요예측 : 수요오차 자료 분석을 통하여 제도개선

　③ 발주청 교육 : 발주청을 대상으로 사후평가 교육 실시 및 이해 제고

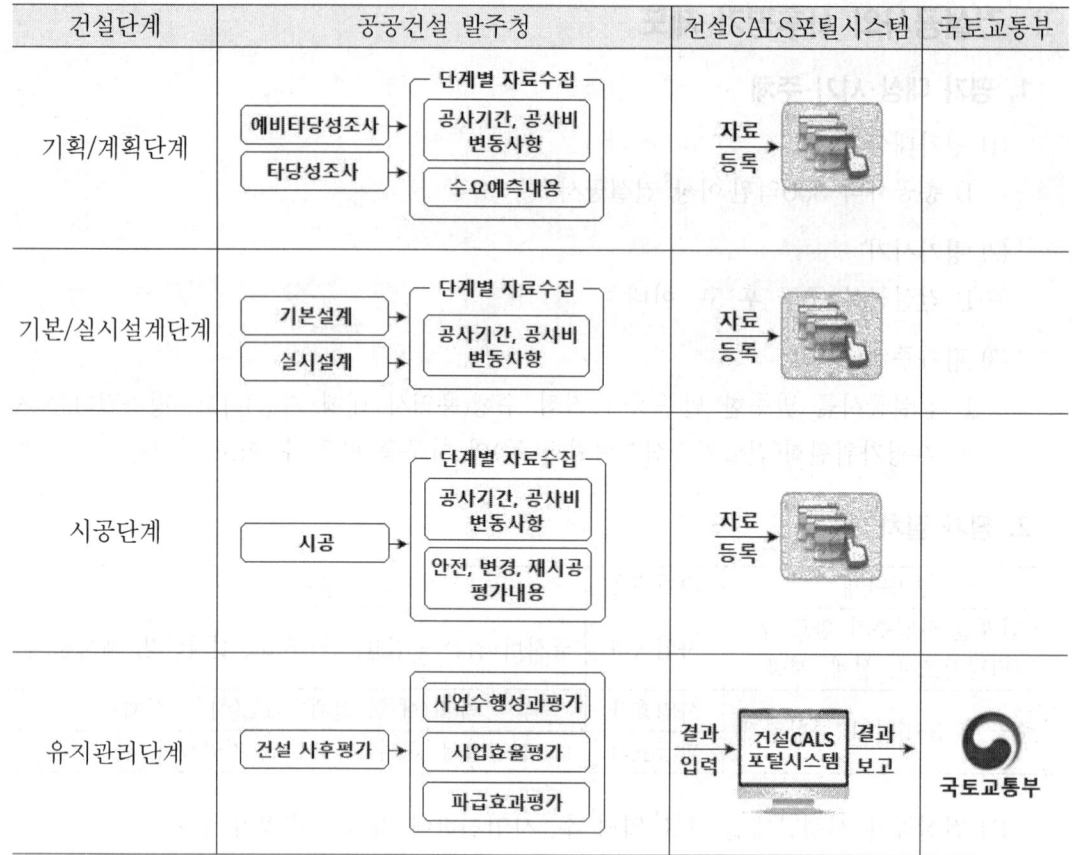

건설단계	공공건설 발주청		건설CALS포털시스템	국토교통부
기획/계획단계	예비타당성조사 → 타당성조사 →	┌ 단계별 자료수집 ┐ 공사기간, 공사비 변동사항 수요예측내용	자료 등록	
기본/실시설계단계	기본설계 → 실시설계 →	┌ 단계별 자료수집 ┐ 공사기간, 공사비 변동사항	자료 등록	
시공단계	시공 →	┌ 단계별 자료수집 ┐ 공사기간, 공사비 변동사항 안전, 변경, 재시공 평가내용	자료 등록	
유지관리단계	건설 사후평가 →	사업수행성과평가 사업효율평가 파급효과평가	결과 입력 → 건설CALS 포털시스템 → 결과 보고	국토교통부

건설공사의 사후평가 절차 흐름도

3. 평가 방법

⑴ 발주청에서 관계공무원 또는 전문가를 참여시켜 평가를 실시하되, 직접 수행하기
곤란한 경우 외부전문기관을 통해 수행

⑵ 사후평가 결과의 정리·분석·활용 등을 위해 국가·지방자치단체의 출연연구기관을
전담기관으로 지정·운영 가능

4. 건설공사 사후평가위원회

⑴ 목적 : 사후평가서의 적절성 등에 대한 발주청의 자문에 응할 수 있도록 개별 발
주청 내에 건설공사 사후평가위원회' 설치·운영

⑵ 임무 : 사후평가 수행 및 결과의 적절성 심의

  ① 사후평가 수행방법, 절차, 평가내용 등에 대한 적절성 심의

  ② 사후평가 수행결과의 적절성 심의

(3) 구성 : 발주청의 사후평가위원회 활동경험이 있는 위원과 중앙위·지방위·특별위
위원 및 시민단체가 추천하는 사람 등
『건설기술진흥법시행령』제86조제3항(사후평가위원회 위원 자격)

(4) 전문가 Pool 구성·운영 : 발주청의 사후평가 수행지원 목적

① 국토교통부를 제외한 타 부처, 지자체 등은 대형공사 수행경험이 적어 사후평
가위원회 구성에 어려움이 있음

② 발주청이 사후평가단계에서 전문가를 확보·배치할 수 있도록 건설공사 사후평
가 전문가 Pool 구성·운영

5. 사후평가결과 공개 및 활용

(1) 법적 근거

① 『건설기술진흥법시행령』제68조제1항제7호(건설공사 사후평가 결과 활용)에 의
해 건설공사 입찰방법 심의과정에 발주청에서 제출한 턴키·대안입찰 집행 추
진 성과표와 사후평가위원회 심의결과를 심의위원에게 사전에 배포하여 참고
자료로 활용할 수 있다.

(2) 평가결과 공개

① 발주청은 건설공사 사후평가 결과를 '건설공사 사후평가시스템'에 입력하고 발
주청 홈페이지 등을 통해 공개

(3) 평가결과 활용

① 발주청은 건설공사를 시행하고자 하는 경우 '건설공사 사후평가시스템'에 접속
하여 유사한 공사의 사후평가결과 사례가 있는지 아래 내용을 검색

② 유사한 공사가 있는 경우 사후평가결과보고서의 관련 내용을 참고하여 시행하
고자 하는 기본구상 등에 의무적 활용

① 발주청은 건설공사를 시행하고자 하는 경우 '건설공사 사후평가시스템'에 접속
하여 유사한 공사의 사후평가결과 사례가 있는지 아래 내용을 검색[41]

건설공사의 사후평가 전문가 Pool 구성·운영

---

41) 국토교통부, '건설공사 사후평가 제도', 2019.

01.35 수급인의 하자담보책임

1. 공사도급계약에서 하자담보책임 : 손해배상

(1) 도급계약이란 단사자 일방인 수급인이 알을 완성할 것을 약정하고, 상대방인 도급인이 그 일의 결과에 대하여 보수를 지급할 것을 약정함으로써 성립하는 계약을 의미한다.

(2) 이를 실무적으로 해석하면, 특정 회사가 제작물을 완성하는데 있어 특정 공장설비 등의 완성과 관련하여 제작물 공급계약을 체결하거나, 건축주가 공사업자에게 건물의 신축 또는 리모델링에 관하여 공사도급계약을 체결하는 경우를 말한다.

2. 제작물 공급계약에 있어 보수의 지급시기

(1) 도급계약에 대하여 『민법』제665조(보수의 지급시기)제1항에 "보수는 그 완성된 목적물의 인도와 동시에 지급하여야 한다. 그러나 목적물의 인도를 요하지 아니하는 경우에는 그 일을 완성한 후 지체없이 지급하여야 한다."라고 규정되어 있다.

(2) 따라서, 특정 회사가 수급인에게 제품 가공에 있어서 필요한 공장설비 등에 대한 제작을 의뢰한 경우, 수급인이 공장설비 등을 완공하여 도급인에게 인도하면 그 때 도급인은 수급인에게 보수를 지급하여야 한다.

(3) 위와 같은 제작물 공급계약에 있어서 제작물이 정상적으로 완성되어 적절히 가동되는지 여부에 고나하여는 수급인에게 기본적으로 입증책임이 있으므로 수급인이 해당 제작물이 적절히 가동되었는지를 입증하지 못하면 도급인을 상대로 제작물 설비 제작에 따른 보수를 청구할 수 없다.

(4) 실무적으로는 수급인이 제작물을 완성하면 도급인과 수급인이 함께 참여하여 몇 단계의 실한 가동을 거쳐 위와 같은 실험가동을 통과하면 상호 보수를 지급하고 있는 것이 현실이다.

(5) 도급인이 수급인으로부터 위와 같은 제작물을 공급받거나, 건물공사에 관한 리모델링 도급계약에 따른 공사를 발주하여 공사가 완공된 경우 뜻하지 않게 해당 제작물이나 공사부분에 하자가 발생할 수 있다. 위와 같은 경우 도급인은 수급인을 상대로 하자에 대한 보수를 청구하거나 보수청구와 함께 손해배상을 청구할 수 있다.

3. 도급계약에 있어 하자담보책인 기간

(1) 도급인의 손해배상 청구는 원칙적으로 목적물의 인도를 받은 날로부터 1년 이내에 하여야 하고, 대신 건물의 신축이나 리모델링 공사와 같이 토지, 건물 기타 공작물

에 관한 도급계약의 경우에는 5년 내에 하자담보책임에 따른 손해배상청구를 할 수 있고, 그 목적물이 석조, 석회조, 연화조, 금속 기타 이와 유사한 조성된 것인 때에는 10년 내에 하자담보책임에 따른 손해배상청구를 할 수 있다.

【문】 공사도급계약의 목적물에 하자가 있는 경우 수급인은 하자담보책임을 지게 되는데, 이 하자담보책임의 법적 성질은 무엇인가?

하자담보책임은 채무자인 수급인에게 채무이행 과정에서 과실이 있어야 인정되는 채무불이행책임인가, 아니면 수급인에게 특별한 과실이 없더라도 하자가 존재하면 법에서 정하는 책임을 지는 것인가?

【답】 채무불이행을 이유로 하는 손해배상책임은 원칙적으로 채무자에게 고의나 과실이 있어야 한다. 『민법』제390조
따라서, 채무자가 채무를 이행하지 않았더라도 자신에게 귀책사유가 없다는 사실을 입증하면 손해배상책임을 면할 수 있다. 채무의 내용에 적합하게 이행을 하지 아니하였다면 그 자체가 위법한 것이지만 채무불이행에 채무자의 고의나 과실이 없는 때에는 채무자는 손해배상책임을 부담하지 않는다. 대법원 2013.12.26. 선고 2011다85352 판결

수급인의 담보책임의 법적 성질에 관한 판례는 법정無과실책임으로 본다. 수급인의 하자담보책임은 법률의 규정에 의하여 특별히 인정되는 법정 무과실 책임이라는 것이다. 대법원 1980.11.11. 선고 80다923, 924 판결.
따라서, 수급인은 자신에게 과실이 없다는 이유로 하자담보책임의 면책을 주장할 수 없다.

민법에서 그 하자가 수급인의 과실에 의하여 발생한 것임을 필요로 하지 아니함은 물론 그것이 숨은 하자인가 아닌가를 묻지 아니하고 하자보수청구권을 인정하는 등 수급인에게 엄격한 하자담보책임을 지우고 있는 것은 한편으로는 도급인으로 하여금 하자 없는 완전한 목적물을 취득케 함을 목적으로 하고, 다른 한편으로는 수급인에게 보수청구권을 쉽게 확보할 수 있도록 하기 위한 것이기도 하다. 대법원 1994.09.30. 선고 94다32986 판결[42]

---

42) 윤영환, '수급인의 담보책임과 관련한 몇 가지 판례', 윤영환 변호사의 법률산책, 건설경제, 2017.

01.36 공정/공사비 통합관리체계(EVMS)

공정/비용 통합관리체계(EVMS), 공사비수행지수(CPI), 변경추정예산(EAC) [5, 1]

Ⅰ. 개요

1. 공정/공사비 통합관리체계(EVMS, Earned Value Management System)는 광의적
인 의미에서 건설공사 수행 중에 필요한 기성관리(旣成管理)를 뜻한다. 여기서, 기
성관리라 함은 공사진척에 따른 기성 산정을 포함하여 타당성조사, 설계·감리 등을
포함하여 건설공사 전체의 기간과 비용 모두를 대상으로 한다.

   EVMS는 예산단가(budgeted cost)와 실제단가(actual cost)의 비교, 계획(work
scheduled)과 실적(work performed)의 비교 등을 통하여 투자된 비용의 성과를
검토·측정·분석함으로써 손익을 예측하는 일련의 과정을 말한다.

2. EV(Earned Value)는 단위작업에 대한 기성실적(physical progress)을 관리할 때,
공사의 진척상황을 나타내는 진도율(進度率)로 나타낸다는 의미이다.

   EV는 건설공사 수행 중의 실적측정 방법으로, 실적분석의 근거자료를 제공하여 공
사 전체의 작업물량을 공정과 비용 관점에서 측정한 결과이다.

Ⅱ. 국내·외 EVMS 도입과정

1. KOREA

1999.12.	'건설산업 효율화 대책'을 수립하면서 공정/공사비에 관한 성과측정의 관리도구로서 EVMS기법의 도입방침 결정
2000.03.	『건설기술관리법』개정하면서 500억원 이상 건설공사에 EVMS기법 적용을 의무화하도록 규정
2001.05.	EVMS기법 적용을 위한 절차, 성과측정 및 분석기준 등에 관한 지침을 개발하여 고시
2002.06.	공공건설공사 발주 시설별로 EVMS기법 적용을 위한 세부절차, WBS, 원가계정, 진도율 산정기준 등을 정비하여 고시
2002이후	총공사비 500억원 이상 건설공사에 EVMS기법 본격 적용

2. U.S.A.

1890	Factory Floor : Earned Standard, 단위작업의 성과측정 기준 정립
1962	FERT Cost : EVM system 형성, PERT Network을 기반으로 주요 공정의 작업일정에 따른 비용성과를 추적하며 감시(EV개념 태동)

1967-96   C/SCSC : 공정/공사비 통합관리체계로 발전, WBS를 활용하여 공정/공사비 성과를 통합된 기준에 의해 관리

1998   EVM ANSVEIA Standard : EVM의 제도화, EVM 적용 과정을 32개 기준으로 규정하여 공공부문 계약에 의무적으로 적용

2001   Simple EVPM : 민간부문까지 EVM 확대 적용, 공공·민간 계약방식에 따른 EVM 기준을 단순화·일원화하여 적용

Ⅲ. EVMS 구성요소 및 성과측정

1. EVMS 구성요소

구분	용어	약어	내용
계획요소 (성과측정의 기준)	Work Breakdown Structure	WBS	작업분류체계
	Control Account	CA	공정/공사비 통합관리 기본단위
	Project Management Baseline	PMB	공정/공사비 통합관리 기준선
	Baseline(Target) Schedule		사업계획 시 실행기준이 되는 일정
측정요소 (측정·경영 분석을 위한 요소)	Budgeted Cost for Work Scheduled	BCWS	사업계획 시 집행예정이 되는 공사비 : 계약금액 기준의 비용
	Budgeted Cost for Work Performed(Earned Value)	BCWP (EV)	실제 집행물량에 해당되는 공사비 : 계약금액 기준의 기성
	Actual Cost for Work Performed	ACWP	실제 투입된 비용 : 실제 투입금액 기준
	Updated Schedule		사업 수행결과 및 예상되는 잔여 일정
분석요소	Schedule Variance	SV	BCWP-BCWS (공정편차=달성공사비-계획공사비)
	Cost Variance	CV	BCWP-ACWP (비용편차=달성공사비-실제투입비)
	Cost Performance Index	CPI	BCWP/ACWP
	Schedule Performance Index	SPI	BCWP/BCWS

2. EVMS 적용기준

⑴ EVMS를 적용할 때 Baseline(Target) Schedule을 염두에 두고 관리해야 한다. 이는 사업계획단계에서 실행기준이 되는 일정관리를 하는 것이다.

⑵ Updated Schedule(사업 수행결과 및 예상되는 잔여 일정)과 Target Schedule을 대비하여 Schedule Variance(SV), Cost Variance(CV), Completion Variance(기준일 시점에서 투입예산과 예상되는 총투입액의 차이)를 산출한다.

⑶ 산출된 Schedule Variance를 이용하여 공기준수의 가능성을 예측하고, Cost

Variance를 참조하여 현재의 예산관리 수준을 평가하며, Completion Variance 에 의하여 향후 투입해야 되는 예산의 수요를 조정한다.

3. EVMS 성과측정 지표

(1) EVM기법은 계약체결 전에 소요예산을 수립하여 추후 계약체결 이후, 일련의 업무가 수행되면서 예산지출이 발생되면 이를 당초 예상했던 예산과 비교·검토하는 데 적용된다. 즉, 제조업이나 미래가치를 염두에 둔 사업에 맞추어 개발된 이론이기 때문에 건설사업과 같이 계약체결 이후에 지불·정산방법이 확고하게 결정되는 사업에 적용할 때는 성과측정 지표에 대한 수정이 필요하다.

(2) 국내 공공건설사업의 경우에 EVM을 적용할 때 성과측정 지표를 다음과 같다.

① BCWS : ∑(당초계약단가×예정물량)

② BCWP : ∑(당초계약단가×기성물량)

③ ACWP : ∑(실제투입단가×기성물량)

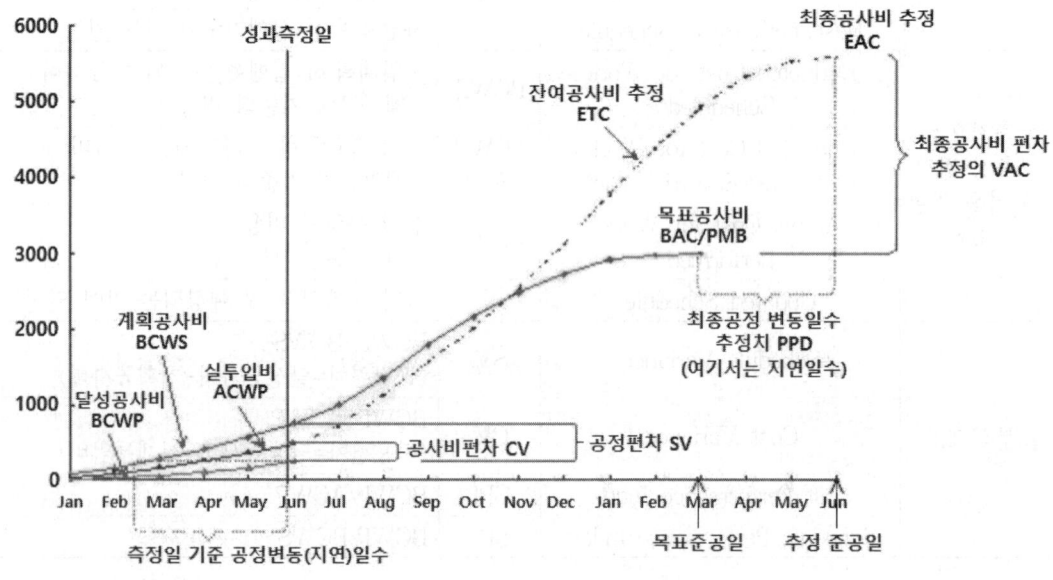

건설프로젝트 성과측정 지표 사례

(3) 성과측정 지표 중 원가계정(CA, Cost Account)의 개념·용도는 다음과 같다.

① 개념

o CA는 하나의 WBS 요소와 연관된 작업을 나타내며, 이 작업은 단일조직의 책임 하에서 정의되고 계획·관리·감독되어야 하는 기본단위이다.

o EVMS는 CA 단위로 예산, 공정, 작업승인, 원가집계, 진도측정, 문제발견 및 시정조치 등이 동시에 추진되는 시스템이다.

- 일선 공사현장에서 단위작업별 관리는 CA단계(level)에서 수행된다.
- CA는 명확하게 정의되고, 책임질 수 있는 작업(work package)으로 분류되어야 한다.

② 용도

- CA는 건설공사의 원가를 관리하는 기본단위로서 공사계획 수립, 담당업무 배정, 계획 대비 실적 차이의 분석, 시정조치 등에 활용된다.
- CA는 건설공사 수행에 필요한 조직의 관리책임 한계를 규정하고, 공정/원가의 계획 대비 실적 자료의 집계 등에 활용된다.

⑷ 성과측정 지표 중 완료시점의 변경추정예산(EAC)의 개념·용도는 다음과 같다.

① EAC=AC(현재까지 집행된 실제원가)+ETC(앞으로 들어갈 원가/예산)

② EAC(Estimates At Completion)는 현재 시점에서 누적 데이터를 근거로 하여 향후 완료시점까지 소요될 것으로 예상되는 추정예산

③ AC(Actual Cost)=ACWP(Actual Cost of Work Performed)는 현재까지 완료된 작업에 투입된 실제원가

- 특정 시점까지 완료된 작업의 수행에 투입된 실적원가
- AC는 상한선 없이 CA를 달성하기 위해 지출한 총액을 측정하고, 기준선으로부터 차이도 감시한다.

성과측정 지표의 해석

구분	분석요소	분석지표	
편차 (Variance)	Schedule Variance 공기분산 SV=BCWP−BCWS	SV>0	공기 단축 Ahead of Schedule
		SV<0	공기 지연 Behind Schedule
	Cost Variance 원가분산 CV=BCWP−ACWP	CV>0	공사비 절감 Under Cost
		CV<0	공사비 과투입 Over Cost
지수 (Index)	Schedule Performance Index 공기수행지수 SPI=BCWP/BCWS	SPI>0	공기 단축 Ahead of Schedule
		SPI<0	공기 지연 Behind Schedule
	Cost Performance Index 원가수행지수 CPI=BCWP/ACWP	CPI>0	공사비 절감 Under Cost
		CPI<0	공사비 과투입 Over Cost

* SPI=0.8 : 100원으로 계획된 공사를 80원 만큼의 공사를 수행했다는 의미이다.
* CPI=0.8 : 100원의 공사비를 투입하여 80원 어치의 공사를 수행했다는 의미이다.

Ⅳ. EVMS 적용절차

1. 기준수립/설계단계

(1) 작업분류체계(WBS) 수립
- 발주청별로 공사의 내용과 특성, 발주청의 여건 등을 감안하여 시설물/공간/부위/공종/자원 등을 종합적으로 고려한 작업분류체계를 구축한다.
- 작업분류체계는 각 공정표의 작업 단위공정을 결정하기 위한 기초자료가 되며, 작업분류체계를 구축할 때는 정부에서 고시하는 '건설정보분류체계' 및 '수량산출기준' 등을 활용한다.

(2) 원가계정(Control Account)
- 발주청이 작업분류체계를 기초로 하여 공정/공사비 통합관리의 기본단위가 되는 원가계정을 설정한다.
- 원가계정은 시공자가 작성하여 제출하는 '관리기준공정표'와 공정/공사비 통합관리를 위한 성과측정 및 경영분석 등의 기본단위가 된다.

2. 입찰/계약단계

(1) 작업분류체계 및 원가계정 제공
- 발주청은 시공자가 작업분류체계와 원가계정에 의거하여 관리기준공정표, 공사공정예정표 등을 작성할 수 있도록 현장설명할 때 일정한 상세레벨을 고려한 작업분류체계와 원가계정을 제시한다.

3. 시공단계

(1) 공정계획 수립 및 공정표 작성
- 시공자는 각 원가계정과 원가계정을 구성하는 세부작업 간의 선·후행 관계, 착수일 및 종료일, 소요기간 등에 관하여 상세한 계획을 수립한다.
- 시공자는 건설공사 착공일까지 상세한 공정계획에 입각하여 '공사공정예정표'를 CPM(Critical Path Method)에 의거하여 작성한 후, 발주청에 제출한다.

(2) 공사비 배분(Budgeting)
- 시공자는 상세 공정계획을 고려하여 각 원가계정 및 원가계정을 구성하는 세부작업에 소요되는 공사비를 배분하여 공사착공 후 2개월 이내 제출한다.
- 각 원가계정에 배분된 공사비의 합계금액은 공사비 총액과 동일해야 하며, 각 원가계정을 구성하는 세부작업에 배분된 공사비의 합계금액은 원가계정에 배분된 공사비와 동일해야 한다.

(3) 관리기준선의 설정
- 시공자는 원가계정과 세부작업에 공사비를 배분한 후, 각 원가계정별로 배분된 공사비의 누계곡선인 관리기준선을 표기한다. 이는 향후 공정/공사비 통합관리를 위한 기준선이 된다.

⑷ 공정표 및 공사비 배분결과 승인
  ○ 시공자가 제출하는 공정표 및 공사비 배분결과는 책임감리원 또는 건설사업관리자의 검토를 거쳐 발주청이 최종 승인한다.
⑸ 성과측정 및 경영분석
  ○ 시공자는 공사비가 배분된 관리기준공정표와 공사공정예정표의 승인을 득한 후 1개월 단위로 공정/공사비의 성과를 측정하고, 이 결과를 나타내는 수치를 근거로 경영분석을 실시하여 예상되는 문제점 등에 대한 원인·대책을 수립하한 후, 발주청과 건설사업관리자(또는 책임감리원)에게 보고한다.
  ○ 책임감리원(또는 건설사업관리자)은 성과측정의 관리감독 및 경영분석 결과와 이에 따른 예상문제점 및 대책 등을 검토하여 발주청에 보고한다.
⑹ 변경사항의 관리
  ○ 시공자는 공사의 진행상황과 변경사항 등을 반영하여 공정표를 지속적으로 수정·유지관리하고 설계변경 등으로 인하여 공정표의 수정이 필요한 경우에 시공자는 책임감리원(또는 건설사업관리자)을 경유하여 발주청에 보고한다.

V. EVMS 적용효과

1. 단일화된 관리기법의 활용을 통하여 건설공사 수행의 정확성, 일관성 및 적시정을 유지할 수 있다.
2. 작업분류체계(WBS)의 통일을 추구할 수 있다.
3. 공정과 공사비를 동시에 고려한 치밀한 사전계획이 가능하다.
4. 객관적인 기준에 의한 공정/공사비의 성과측정, 성과측정에 따른 사전예측 및 대응, 위험관리 등이 가능하다.
5. 건설공사 수행 과정에서 발주자와 도급자가 비용과 일정의 성과를 통일된 측정단위로 측정/분석하여 객관적이고 투명한 공사관리의 기반을 제공한다.
6. 비용과 일정에 대한 실적 측정결과를 토대로 건설공사에 내재되어 있는 리스크 요인을 사전에 발굴하여 그에 대한 대책을 수립할 수 있다.
7. 건설공사 종료시점까지의 소요비용과 기간을 사전 예측하고 그에 필요한 대책을 적기에 수립할 수 있다.[43]

---

43) 무소뿔, 'EVMS 개요 -공정관리-', 2009, http://blog.naver.com/

01.37 비용분류체계(CBS), 작업분류체계(WBS)

작업분류체계(WBS, work breakdown structure) [3, 1]

1. 용어 정의

(1) 비용분류체계(cost breakdown structure)란 한마디로 비용과 일정을 통합한 공정 관리시스템(Cost and Time United Schedule Management System)을 의미한다.

(2) 도로, 댐 등의 토목구조물 건설공사에서 설계자가 2D CAD 또는 3D BIM Program 을 이용하여 설계도면을 작성하면, 해당 설계도면에 의거하여 각종 자재의 원가항 목에 대한 수량산출서와 설계내역서를 작성한다.

(3) 이어서, 해당 건설공사 공정계획 담당자는 수량산출서와 설계내역서를 기초로 하는 공정계획에 따라 각 원가항목에 대해 공간분류 레벨 및 공종분류 레벨을 手작업에 의해 기본요소(item)를 생성하고, PERT/CPM 공정표를 작성하여 공사를 수행한다.

(4) 이와 같은 전통적인 공정계획 방식에서는 水작업에 의해 공간분류 레벨 및 공종분 류 레벨을 정하여 공정표를 작성하기 때문에, 그 공정표 상에서 비용 및 일정에 대 한 정확한 데이터가 포함될 수 없는 문제점이 있다.

(5) 또한, 비용분류체계 내역을 기준으로 작업분류체계 내역을 생성하기 때문에, 정확성 이 떨어지고 시간이 많이 소요되는 문제점이 있다.

(6) 비용분류체계(CBS)는 비용과 일정을 통합함으로써, 공정관리에 필요한 비용정보와 일정정보를 통합적으로 관리할 수 있는 공정관리시스템을 제공하는 것이다.

(7) 비용분류체계(CBS)에서는 수량산출 기본요소(item)와 산출과정(process)을 표준화 하여, PERT/CPM 공정표를 생성한다.

① 수량산출을 표준화하는 단계 : 대가기준 기본요소(item)를 표준화하고, 수량산출 기본요소(item)별 대가를 표준화한다.

② 설계도면에 의해 수량산출하는 단계 : 대가기준 기본요소(item)별로 작업분류체계 (WBS) 코드, 비용분류체계(CBS) 코드, 사업번호체계(PBS) 코드, 작업활동 (activity) 코드를 매핑(mapping)한다.

③ 수량산출에 의한 비용분류체계(CBS)와 작업분류체계(WBS) 내역서를 생성하여, 이를 기초로 하는 PERT/CPM 공정표를 완성해 나간다.

2. 작업분류체계(WBS)의 발전 배경

(1) 국내에 오래 전부터 알려진 PERT/CPM은 각 작업의 소요기간, 착수·종료시점 등 시간적 관점에서 공정관리가 주목적이었다. 1960년대 이후 美공군에 의해 개발된 PERT-COST는 각 작업에 예산의 편성·조정, 현황보고 기능 등을 추가함으로써 비

용의 시간적 관점에서 접근할 수 있도록 발전되었다.

(2) 이때부터 PERT/CPM에 비용가치(earned value) 개념이 추가된 실적측정시스템이 사업관리 도구로서 활용된 이후, WBS(Work Breakdown Structure) 개념이 도입되어 일정/비용을 통합관리하였다. 이 개념에 계획·통제·분석 등을 더하여 표준화된된 일정/비용 통합관리시스템(C-Spec)이 美공군에 의해 마련되었다.

(3) 1970년 美국방성은 일정/비용 통합관리시스템(C-Spec)의 기능과 역할을 인정하고 C/SCSC(Cost/Schedule Control System Criteria)를 공식 채택하여 국방성 사업에 적용하기 위해 공통의 데이터베이스와 통합한 WBS를 일정/비용 통합관리시스템의 기준으로 설정한 이후, 오늘날 ANSI(American National Standard Institute)에 의해 일정/비용 통합관리시스템(EVMS)이 채택되면서 거듭 발전되고 있다.

3. 작업분류체계(WBS)의 주요 내용

(1) 건설사업관리(CM)를 위한 작업분류체계(WBS)는 전체 건설사업에 대한 분야별 작업기준을 설정하고, 시공 중의 관리기준을 제공할 수 있도록 작업공종을 계층구조(Hierarchical Structure)로 분류하여 계층별/관리단위(Control Account)별 과업범위를 정의(SOW)함으로써, 작업공종에 대한 계층적 책임한계를 제공한다.

(2) 이러한 작업분류체계(WBS)가 일정/비용 통합관리시스템(EVMS)에 꼭 필요한 이유는 건설사업의 설계·시공단계에서 EVMS의 실적관리단위(Work Package)를 설정하는 과정에 작업분류체계(WBS)의 작성기준과 직접 연계되기 때문이다.

(3) 따라서 건설사업의 작업공종 및 분류체계는 건설사업관리(CM)의 기본적인 활동임과 동시에 일정/비용 통합관리시스템(EVMS)의 기본요소라고 할 수 있다.

(4) 건설사업을 수행할 때 각 작업공종을 계층적으로 구분하고 인식할 수 있도록 공통된 명칭(또는 번호)을 부여하여야 효율적인 사업관리가 가능하므로, 일정/비용 통합관리와 직접 관련되는 사업관리정보화시스템(Integrated Project Control System)과의 효율적인 연계를 위하여 과업수행의 범위, 조직, 과정 등을 반영하여 작업분류체계가 아래와 같은 기준에 따라 작성되어야 한다.

① 작업분류체계(WBS, Work Breakdown Structure)의 구축은 일정/비용 통합관리시스템(EVMS) 운용을 전제로 하는 작성기준을 마련하고 계층적인 레벨의 작업분류체계를 작성한다.

② 또한 사업번호체계(PNS, Project Numbering System)의 구축기준을 마련하여 동시에 적용해 나가야 한다.

도로건설공사의 7단계 작업분류체계 구조도 예시

도로시설	공종	시설물	분류1 방향공간	분류2 확장공간	분류3 작업단위공간	분류4 세부작업관리단위
도로						
	구조물공					
		교량명				
			공동/상행/하행			
				하부공		
					교대N	
						토공 하부기초 기초 벽체 교과장치 접속슬래브 교대기타
					교각N	
						토공 하부기초 기초 기둥 코핑 교과장치 교각기타
				상부공		
					거더N	
						거더제작 거더설치 거더기타
					슬래브N	
						슬래브N 슬래브N 기타
					상부기타	
						신축이음 난간설치 중앙분리대 박하물방지공 Cover Plate 상부기타
				교량부대		
					교량부대	
						배수시설 교명판 및 설명판 측량기준점 설치 교량유지관리 표지판 안전점검통로 가도 및 측도 가시설 교량부대 기타

44)

---

44) 심영호, '건설공사의 공정관리 −일정/비용 통합관리−', 건설관리시스템, 2012.
 Google Patents, 비용과 일정을 통합한 공정관리 시스템, 2019, https://patents.google.com/

01.38 프로젝트 수행 통제 (Project Performance Status)

프로젝트 퍼포먼스 스테터스(project performance status) [2, 1]

1. 프로젝트 수행 일반적인 문제점

(1) 외주 시공회사의 능력판단이 곤란하여 업체선정의 어려움에 직면

(2) 외주 업무범위가 분명하지 않아 수행 중 정보교환의 어려움에 직면

(3) 외주 사양이 불명확하여 결정 곤란하고 의사소통의 어려움에 직면

(4) 외주 작업상황을 알 수 없어 무얼 하는지 파악하는 어려움에 직면

→ 이 어려움을 해결하기 위하여 Project Performance Status가 필요하다.

2. 프로젝트 수행 단계별 문제 원인

(1) 프로젝트 계획 : 목표 설정이 과도하게 높아 잘못된 계획을 수립

(2) 프로젝트 착수 : 불확실한 첨단기술 중심으로 위험성 식별이 곤란

(3) 프로젝트 분석/설계 : 요구사항이 불명확하고 누락되어 산출결과 미흡

(4) 프로젝트 개발 : 핵심 요원의 이직으로 숙련도 저하, 의사소통 미흡

(5) 프로젝트 실행/구현 : 부적절한 데이터 실행, 사용자 교육 부족

3. 프로젝트 수행 통제(PPS) 사례

프로젝트 수행 통제 분야	프로젝트 수행 통제 영역
(1) 요구사항을 명확히 제시 ◦ 단계별로 할당된 요구사항 기준을 설정	요구사항 관리
(2) 프로젝트 수행계획을 문서로 작성 ◦ 프로젝트의 규모, 개수, 비용, 자원 등에 대한 종합적인 예측 ◦ 프로젝트의 계획과 수행 위험성 식별	프로젝트 소프트웨어 계획 관리
(3) 프로젝트 수행단계를 실시간 추적 ◦ 프로젝트 수행작업을 적시에 수정할 수 있도록 진행상황을 실시간 측정 ◦ 요구사항에 적합하게 출력되는지 검증	프로젝트 소프트웨어 품질 보증
(4) 프로젝트 출력물의 품질을 통제 ◦ 출력물의 품질 합격여부에 따라 변경, 문제점 보고 등을 통제 ◦ 자격 있는 외주업체 선정 및 활동 관리	외주업체 관리

01.39 현장관리시스템(PMIS)

PMIS(Project Management Information System) [1, 0]

Ⅰ. PMIS

1. PMIS 정의

(1) 건설사업은 단일 시설물의 차원에서는 발주자, 인·허가권자, 건설사업관리자, 설계자, 시공자, 감리자, 소유자, 유지관리자 등이 유기적인 관계를 형성하고 시설물의 전생애주기(life cycle)를 생산·관리하는 활동이며, 이와 같은 전생애과정을 포괄하는 정보화 요소가 필요하다.

(2) 건설프로젝트 단위의 정보화는 발주자의 건설사업관리 기능 정보화를 구현하는 것이 핵심이며, 건설업체 단위의 정보화는 현장업무절차 정보화를 구현하는 현장관리시스템(PMIS, Project Management Information System)이 핵심이다.

(3) PMIS는 각각의 건설공사 현장단위로 적용되는 현장관리시스템이며, 건설업체 본부 입장에서는 여러 현장을 개별적 및 통합적으로 관리할 수 있는 시스템이며, 동시에 공사현장에서는 당해 현장에 참여하는 발주자·설계자·감리자·협력업체 등과 연계되어 기능을 발휘할 수 있는 솔루션이다.

(4) 현재 적용되고 있는 대부분의 PMIS는 ERP 등의 핵심 솔루션과 연계되어 있으며, 점차 공급관리부문과도 연계성이 강화되는 추세를 보이고 있다.

(5) 최신 버전 PMIS는 인터넷 기반으로 운영되며, 별도 H/W & S/W 구입이 필요 없는 임대형 제품(ASP, Application Service Provider)이 시판되고 있다.

2. PMIS 필요성

(1) 국내에서 최근까지 적용된 감리제도의 한계가 인식됨에 따라 선진국 건설사업관리(CM)제도가 국내에 도입되었다. 기존의 감리제도는 시공위주의 관리, 현장경험에 의한 관리, 현장상황의 부실한 기록 등의 단점이 있었다. 이를 극복하기 위하여 건설사업의 모든 단계에 걸쳐 체계적인 현장관리가 필요하다.

(2) 건설사업은 다양한 분야의 많은 기술자가 참여하기 때문에 각 분야 간에 간섭요인이 상존하고 참여자에 대한 책임과 권한을 부여해야 하는 상황에서 현장참여자 간의 실시간 정보공유를 위하여 체계적인 현장관리가 필요하다.

(3) OECD 가입 및 FTA 체결 이후, 선진국 건설업체가 국내시장에 진입하면서 입찰·계약절차의 국제화 및 건설시장의 선진화가 실현되었다. 이에 따른 발주기관의 의식변화에 대응하기 위하여 체계적인 현장관리가 필요하다.

3. PMIS 특징 (Web based PMIS)
 (1) Anyone　　　인가된 사람은 누구나 보안기능에 의한 선택적 정보접근 가능
 (2) Anytime　　 24시간 어느 때나 사용 가능
 (3) Anywhere　 인터넷이 접속되면 어디서나 웹브라우저만으로도 사용 가능
 (4) Any Device Desktop PC, Notebook, PDA 등 기종에 상관 없이 사용 가능

4. PMIS (기본)요구성능
 (1) 사용자 인증 및 통제 (사용자 등급별 권한 설정기능 요구)
 (2) 도면 및 문서의 추적관리 (수신·발신 확인 및 Revision 관리기능 요구)
 (3) 참여조직 상호 커뮤니케이션 (전자결재 도면 및 문서 Mark up, 게시판 등)
 (4) 공정·원가 관련 공사현장의 각종 현황정보 집계

5. PMIS 구성요소
 (1) 사업현황관리 : 공사개요, 조감도, 마일스톤/마스터 스케줄, 기성·공정현황, 조직도, 비상연락망, 방문자현황
 (2) 공정관리 : 공정관리 S/W 데이터의 Import & Export, 관리기준시점의 공정현황(진도율) 조회, 공정현황 사진관리, 지연공정관리 및 만회대책관리
 (3) 공사비관리 : 공사내역 S/W 데이터의 Import & Export, 계약공사비현황관리(계약변경관리 포함), 기성현황관리
 (4) 품질관리 : 품질교육관리, 품질점검관리, 시험 및 검사관리, NCR 관리, CAR 관리, 품질 관련 절차서 관리
 (5) 설계관리 : 도면 및 시방서 등록/Revision 관리, 도면검토(Mark up), 준공도면 처리 및 관리
 (6) 구매관리 : 소요자재 총괄현황 등록관리, 공정계획과 연계된 자재의 조달관리
 (7) 시공관리 : 작업일보관리, 하도급현황관리, 기상정보관리
 (8) 안전/환경관리 : 안전교육 및 점검관리, 안전관리비 집행현황관리, 재해관리, 안전조직관리 환경교육 및 점검관리
 (9) 문서관리 : 전자결재, 문서 수·발신관리(문서추적관리), 회의록관리, 온라인미팅
 (10) 시스템관리 : 사용자등록 및 권한 설정 PMIS 사용자 매뉴얼, 게시판

Ⅱ. PMIS와 e-collaboration
 1. PMIS는 참여자 간에 정보흐름을 파악하고 정보소통을 원활히 하는 인터넷 기반 Collaboration 도구라는 의미로 발전하고 있다.

2. 미국의 경우에는 건설산업의 생산관리기법과 관련하여 인터넷 기반의 해결방안을 제시하는 솔루션(Solution)분야를 통칭하여 e-Collaboration으로 부른다.

3. PWC (Price Waterhouse Coopers)에 따르면, 1990년대 이후 e-collaboration 보급효과가 나타나기 시작하여 참여자 다수에게 상당한 이익을 주고 있다는 분석 보고서가 발표되었다.

Ⅲ. PMIS와 건설CALS/CITIS

1. 건설산업에서 생산과정은 개별 건설공사 현장이나 기업단위의 정보화보다 더욱 광범위한 건설산업 전체의 정보화 수준을 요구한다.

2. 이러한 요구에 부응하여 건설정보통합시스템을 구축하는 개념이 건설CALS이다. 정부는 2005년까지 건설CALS체계 구축하였으며, 건설CALS체계 내에서 PMIS 솔루션과 직접 관련 있는 부분을 공공건설공사에 적용한 것이 건설CITIS이다.

3. 건설CITIS는 공공건설공사 계약이 체결되면 발주자가 사업수행에 필요한 기술·비즈니스정보를 시공자에게 전자적으로 제공하며, 시공자 역시 전자적으로 접근하여 전자적 수단으로 성과물을 납품하는 기능을 유지하는 시스템이다.

○ 건설사업정보시스템(CITIS, Contractor Integrated Technical Information)은 계약자가 건설사업 발주자와 계약서에 명시된 자료를 인터넷을 통하여 교환·공유할 수 있도록 공사수행 기간 동안에 건설사업관리를 지원하는 건설계약자 통합기술정보서비스체계이다.45)

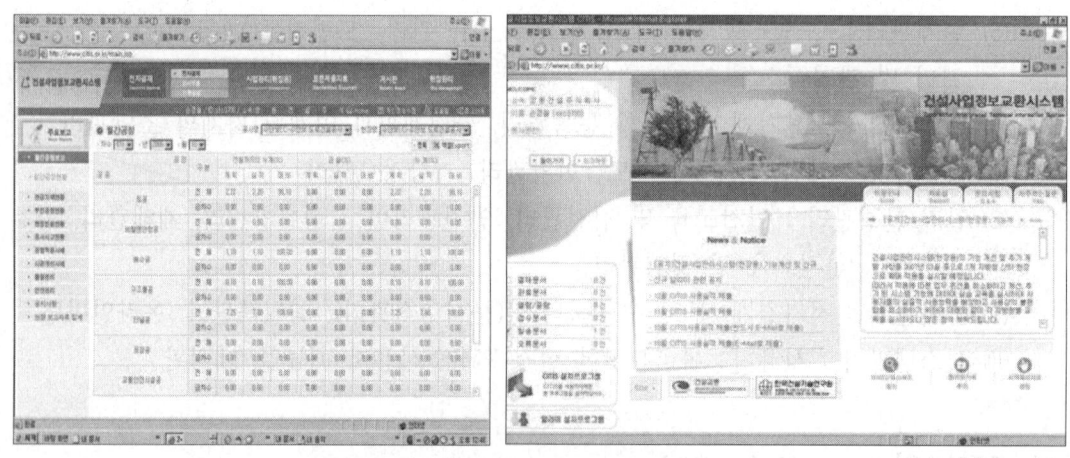

건설사업정보교환시스템 http://www.citis.or.kr

---

45) 장석권, 'PMIS(Project Management Information System)', 건설기술, 쌍용 WINTER, CM팀, 2019.

01.40 건설 CITIS

건설 CITIS [1, 0]

1. 용어 정의

1. 건설 CITIS(Contractor Intergrated Technical Information System)는 '건설사업 관리시스템'을 뜻하는데. 건설사업시행자가 발주자에게 건설사업관리에 필요한 공문서, 설계도서 등의 자료를 종이문서로 납품하는 대신 인터넷을 이용하여 전산(電算)으로 처리하는 시스템이다. 즉, 건설사업시행자[乙]가 발주기관[甲]에 직접 방문하여 종이문서로 보고·제출하는 현행 체계를 인터넷을 통하여 디지털 자료로 납품하고 승인받는 제도이다.

2. 건설 CITIS는 건설사업의 착수단계에서 준공단계까지 공사현장(건설업체, 감리용역업체 및 설계용역업체)과 발주기관 간의 제반 문서(공문서, 설계도서 등)의 수·발신과 각종 업무보고 자료를 온라인으로 처리함으로써 업무처리시간을 단축하고 공사관리를 효율적으로 지원하기 위한 시스템이다.

2. 도입 과정

1999년	시공/감리 CITIS 개발
2000년	익산지방국토관리청의 2개 공사현장 대상 시범사업 적용
2001년	설계/유지보수 CITIS 개발
2003년	건설사업관리시스템 운영(발주처用, 현장用)
	CITIS 시범사업을 400개 공사현장으로 확대 적용
2004년	건설사업관리시스템(현장用)과 건설사업정보교환시스템(CITIS)을 통합하여 단일(單一)시스템으로 구축
2006년	건설사업관리시스템(발주처用)을 건설사업관리시스템(기관用)으로, 건설사업정보교환시스템(CITIS)을 건설사업관리시스템(계약사用)으로 명칭 변경
2007년	기관用 및 계약사用 건설사업관리시스템의 데이터(DB) 통합
2011년	작업분류체계(WBS)를 적용하여 건설사업관리시스템 기능 고도화
2014년	모바일 검측用 체크리스트 관리기능 개발
2015년	안드로이드 기반의 모바일 검측用 관리프로그램 기능 고도화
2016년	작업분류체계(WBS) 시각화 프로그램 개발
2017년	전자정부 프레임워크를 적용하여 시스템 개선

3. 주요 기능

(1) 시스템의 사용자는 시공사, 설계사, 감리단(건설기술용역업자)으로 구분

(2) 시공사는 전자결재, 업무보고, 계약, 시설물, 공종관리, 관리자 등 6개 기능 사용

(3) 설계사·감리사는 공통적으로 전자결재, 업무보고, 계약, 관리자 등 4개 기능 사용

(4) 감리사는 전자결재, 업무보고, 계약, 관리자 등 4개 기능 사용

(5) 전자결재 기능 : 공사현장과 지방국토관리청 간에 수·발신되는 각종 공문을 작성, 결재, 발송 및 수신할 수 있도록 지원하는 기능

(6) 업무보고 기능 : 공사현장에서 발주청(지방국토관리청)으로 보고하는 각종 자료를 작성·승인 요청할 수 있도록 지원하는 기능

(7) 계약 기능 : 공사개요 및 계약정보를 작성·관리하는 기능

(8) 관리자 기능 : 공사현장별로 소속직원에게 시스템 사용권한을 발급·관리하는 기능

(9) 시설물 기능 : 교량·터널 등 도로·하천분야의 시설물정보를 작성·관리하는 기능

(10) 사업비내역체계 기능 : 건설정보 분류체계에 따라 공종별 내역서를 관리하는 기능

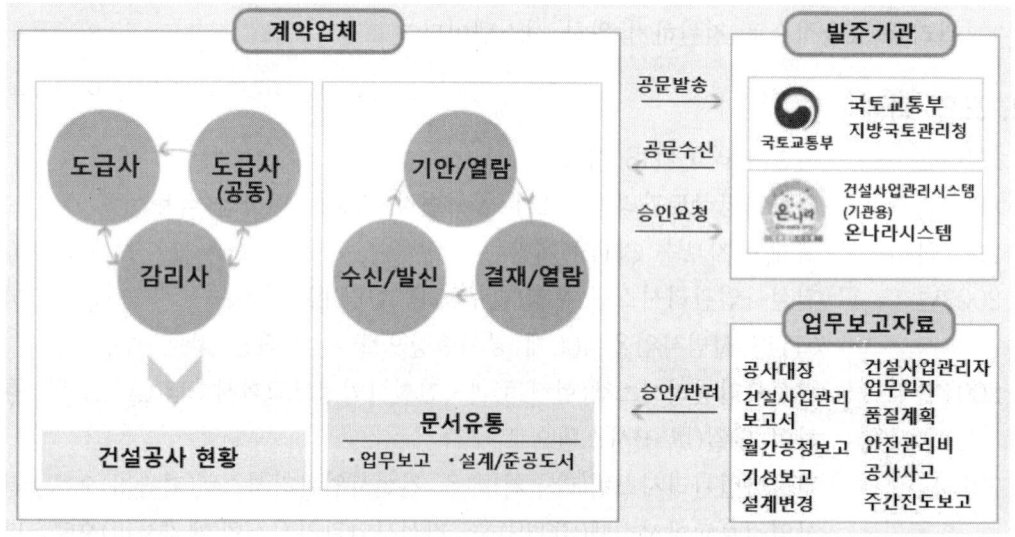

건설사업관리시스템 CITIS 개념도

4. 기대 효과

(1) 건설사업 참여자 간 실시간 정보공유하여 공기단축 15~20%, 예산절감 10~20%

(2) 종이 없는(Paperless) 정보교환체계 구축으로 서식문서·설계도서 절감 80~90%

(3) 건설사업관리 관련 자료 제출·협의기간 단축 15→2일 이내

(4) 발주자와 계약자 간의 신속·명확한 의사소통 가능[46]

---

46) 국토교통부, '건설사업정보화(CALS)소개>건설사업정보시스템', 한국건설기술연구원, 2019.

01.41 제6차 건설 CALS 기본계획

건설 CALS의 정의, 제3차 기본계획의 배경 및 필요성 [1, 2]

1. 개요

1. 건설 CALS(Construction Continuous Acquisition & Life-Cycle Support), 즉 건설사업정보화란 기획·설계·계약·시공·유지관리 등 건설 생산활동에 필요한 모든 과정의 정보를 발주자 및 건설관련자가 전산망을 통해 신속히 교환·공유함으로써 건설사업을 지원하는 통합 정보시스템이다.

2. 『건설기술진흥법』제18조(건설기술정보체계 구축) 및 제19조(건설공사 지원 통합정보체계 구축)에 의해 국토교통부 주관으로 제6차 건설CALS 기본계획(2018-2022)을 수립·시행하고 있다.

2. 제6차 건설 CALS 기본계획 : 추진방향

비전	"Smart Construction 2025" - 2025년까지 BIM, AI 적용한 건설자동화 기술 개발 -
주요목표	■ 건설 노동생산성 40% 향상*, 사망자 수 30% 감소** 　건설 Eng. 근로시간 단축 20%*** 　　* 　시간당 생산성(한국생산성본부) : ('15) 13.6$ → ('20) 19$ 　　** 　건설업 사망자 수(안전보건공단) : ('16) 54명 → ('21) 38명 　　*** 연간 근로시간(Eng. 노동계) : ('13) 2,560시간 → ('21) 2,100시간 ■ 건설Eng 해외수주 100% 확대* 　　* 해외수주 통계(해외건설협회) : ('16) 17억$ → ('2) 34억$
주요전략 Ⅰ~Ⅱ 및 중점추진과제 (1)~(10)	전략Ⅰ : 4차 산업혁명에 대응하는 기술개발·신산업 육성 　　(1) 스마트 건설기술을 통한 생산성 향상 　　(2) 해외 수요 대응형 건설기술 개발 　　(3) 분야 간의 융·복합을 통한 경쟁력 강화 　　(4) 건설 Big Data 유통을 통한 신사업 육성 　　(5) 건설의 안전·환경 관리 전략Ⅱ : 글로벌 시장 경쟁력 강화를 위한 제도 개선 　　(6) Eng.의 역량 강화 및 해외진출 지원 　　(7) 국제 기준에 부합 하는 제도 구축 　　(8) 글로벌 기준에 맞는 경력 관리체계 구축 　　(9) 국제경쟁력을 갖춘 기술인력 육성 　　(10) 기술력 중심의 발주·심의 강화

3. 제6차 건설 CALS 기본계획 : 중점추진과제

(1) 스마트 건설기술을 통한 생산성 향상
① 4차 산업혁명 대응 스마트 건설기술 개발
② 새로운 기술의 현장 적용 유도
③ 건설신기술 적용 활성화 방안 마련 추진

(2) 해외 수요 대응형 건설기술 개발
① 고부가가치 기술확보를 위한 메가스트럭쳐, 플랜트 R&D 추진
② 민간 기술수요 반영 및 R&D 역량 강화
③ 수요대응형 R&D 강화

(3) 분야 간의 융·복합을 통한 경쟁력 강화
① 인프라 BIM 활성화 추진
② Big Data 유통을 통한 산업역량 강화
③ Big Data 연계 활용 기술 개발
④ 융 복합 촉진을 위한 제도 유연화

(4) 건설 Big Data 유통을 통한 신사업 육성
① 건설정보 개방을 통한 건설 신산업 육성
② 건설 컨설팅 산업 육성

(5) 건설의 안전·환경 관리
① 스마트 건설 관리 체계 구축
② 시설물 안전관리정보체계 일원화
③ 인프라의 유지관리 재원확보
④ 친환경 기술개발 및 환경관리비 개선

(6) Eng.의 역량 강화 및 해외진출 지원
① 해외진출역량 강화를 위한 공공 공동진출 및 통합발주
② 설계자 주도형 발주사업
③ 우수인력 확보를 위한 인센티브 강화
④ 해외지원기구 설립 검토 및 정보시스템 확대 등을 통한 해외진출 지원 강화

(7) 국제 기준에 부합 하는 제도 구축
① 국내기준을 국제적 수준으로 개선
② 국내기준의 해외 이전을 통한 기준 국제화 추진
③ 공사비 단가 국제화를 통한 해외수주 역량 강화

(8) **글로벌 기준에 맞는 경력 관리체계 구축**

① 우수기술자의 경력관리 강화 및 우대방안 마련

② 역량 중심의 경력관리 실시

③ 건설기술자 등급기준 개선

④ 허위경력 검증 제재 강화

⑤ 건설기술자 국내 외 취업 지원 실시

(9) **국제경쟁력을 갖춘 기술인력 육성**

① 수요자 중심의 교육 실시 유도

② 교육체계 개선 및 교과개발을 통한 교육 혁신

③ 해외건설 Eng. 전문인력 양성

⑩ **기술력 중심의 발주·심의 강화**

① 글로벌 기준으로 발주제도 재정비

② PQ의 변별력 확보

③ 평가발주를 합리적으로 개선

④ 强小 Eng. 업체 육성

⑤ Eng. 손해보험배상 개선

4. 제6차 건설 CALS 기본계획 : 주요 시사점

(1) 제4차 산업혁명 기술을 활용하여 건설 생산성 안전성을 혁신하기 위한 건설기술개발 전략 및 제도개선방안 마련 필요

(2) 계획·건설·운영 각 단계에서 발생하는 정보를 축적·활용할 수 있는 기반을 조성하여 사업관리, 기술컨설팅 등 고부가가치 산업 육성

(3) 기술경쟁 활성화, 발주제도와 건설기준의 글로벌 스탠다드화로 건설Eng. 기업의 해외 진출 경쟁력 제고

(4) 건설Eng 산업구조와 처우 개선으로 젊은 우수인력의 유입을 유도하고, 경력관리 교육제도 혁신으로 우수기술자를 양성[47]

---

47) 국토교통부, '제6차 건설CALS 기본계획(2018~2022)', 2018.

01.42 지리정보시스템(GIS)

G.I.S(Geographic Information System) [1, 0]

I. 개요

1. 지리정보시스템(GIS, Geographic Information System)은 지리적 자료를 수집·관리·분석할 수 있는 정보시스템으로, 방대한 지형공간 정보를 D/B화하여 목적에 따라 다양한 결과물을 생산·활용할 수 있는 시스템이다.

2. GIS의 D/B는 공간자료(spatial data)와 속성자료(attribute data)로 구성된다. 공간자료는 지형요소에 대한 유형, 위치, 크기, 다른 지형요소와의 공간적 위상관계 등을 말하며, 벡터자료(vector data)와 레스터자료(raster data)로 구분된다. 속성자료는 지형요소의 속성에 대한 자료로서 수학적 의미를 포함하는 정량적 자료와 지도명칭, 주기, 라벨 등 대상물 설명에 필요한 정성적 자료가 있다.

3. 종전에 땅에 대한 정보를 얻기 위한 전통적 수단이었던 종이지도는 자료범위의 한계가 있었고, 수시로 변화하는 정보를 적용하지 못하였다. 그러나 컴퓨터 하드웨어, 소프트웨어, 통신설비 등의 발달에 따라 방대하고 다양한 공간 자료를 효율적으로 처리할 수 있는 지리정보시스템(GIS)이 등장하게 되었다.

4. 1960년대에 등장한 GIS는 컴퓨터 관련 기술의 발전과 더불어 성장하여 1990년대 이후 우리사회에 폭넓게 활용되고 있다. 특히, 1990년대 공간 데이터의 표준화 추세를 거쳐 인터넷의 등장과 확산으로 GIS 활용이 더욱 고차원화되고 범용화되고 있다. 오늘날 GIS는 국토계획, 도시계획, 환경관리, 시설물관리, 교통물류분야 등의 공공분야는 물론 민간사업분야에서도 다양하게 활용되고 있다.

※ GPS(Global Positioning System) : 미국 국방부에서 개발한 위치결정시스템으로 지구 주변 정지궤도에 쏘아 올린 24개의 위성 중 3~4개의 위성으로부터 전파를 수신하여 사용자가 위치정보와 시각정보를 제공받을 수 있는 시스템이다. GPS는 사용자에게 3차원의 위치·속도·시각정보를 제공하므로 많은 분야에서 활용되는데 특히, 자동차·선박·항공기의 항법과 측량분야에서 널리 사용되고 있다.

지리정보시스템(GIS) 개념

Ⅱ. 지리정보시스템(GIS)

1. GIS 정의

(1) GIS(Geographic Information System)는 인간생활에 필요한 지리정보를 컴퓨터 데이터로 변환하여 효율적으로 활용하기 위한 정보시스템이다.

(2) GIS는 의사결정에 필요한 정보를 생성하기 위한 제반 과정으로서 정보를 수집, 관측, 측정하고 컴퓨터에 입력하여 저장, 관리하며 저장된 정보를 분석하여 의사결정에 반영할 수 있는 시스템이다.

(3) GIS는 지리적 위치를 갖고 있는 대상에 대한 위치자료와 (spatial data)와 속성자료(attribute data)를 통합·관리하여 지도, 도표 및 그림들과 같은 여러 형태의 정보를 제공한다.

(4) 즉, GIS란 넓은 의미에서 인간의 의사결정능력 지원에 필요한 지리정보의 관측과 수집에서부터 보존과 분석, 출력에 이르기까지의 일련의 조작을 위한 정보시스템을 의미한다.

(5) GIS는 인간의 현실생활과 밀접한 관계가 있는 모든 자료를 취급하기 때문에 활용분야가 광범위하다. GIS 활용분야는 토지, 자원, 도시, 환경, 교통, 농업, 해양 및 국방에 이르기까지 다양한 산업 전반에 걸쳐 빠르게 발전하고 있다.

2. GIS 기능

(1) GIS는 모든 정보를 수치의 형태로 표현한다. 모든 지리정보가 수치데이터의 형태로 저장되어 사용자가 원하는 정보를 선택하여 필요한 형식에 맞추어 출력할 수 있다. 이것은 기존의 종이지도의 한계를 넘어 이차원 개념의 정적인 상태를 삼차원 이상의 동적인 지리정보의 제공이 가능하다.

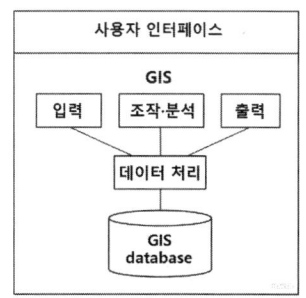

지리정보시스템(GIS) 기능

(2) GIS는 다량의 자료를 컴퓨터 기반으로 구축하여 정보를 빠르게 검색할 수 있으며 도형자료와 속성자료를 쉽게 결합시키고 통합 분석 환경을 제공한다.

(3) GIS에서 제공하는 공간분석의 수행과정을 통하여 다양한 계획이나 정책수립을 위한 시나리오 분석, 의사결정모형 운영, 변화탐지 및 분석기능에 활용한다.

(4) 다양한 도형자료와 속성자료를 가지고 있는 수많은 데이터 파일에서 필요한 도형이나 속성정보를 추출하고 결합하여 종합적인 정보를 분석, 처리할 수 있는 환경을 제공하는 것이 GIS의 핵심 기능이다.[48]

---

48) 국토교통부, 'GIS란?', 국가공간정보포털, 2019.

01.43 DGPS, ECDIS, GNSS

국가 DGPS 서비스 시스템 [1, 0]

1. 개요

(1) 일반적으로 인공위성으로부터 지상의 GPS 수신기로 송신되는 정보에는 오차가 있다. 특히, 서로 가까운 거리에 2개의 수신기가 위치해 있을 경우에는 2개의 수신기에는 거의 비슷한 오차가 있다.

(2) DGPS(Differential GPS)는 2개의 수신기가 가지는 공통의 오차를 서로 상쇄시킴으로써 보다 정밀한 데이터를 얻기 위한 기술이다. 정밀측량에 의해 정확한 위치를 파악하고 있는 고정국에서 오차의 범위를 이동국에 전송한 후, 오차를 보정하는 방식을 취한다.

2. DGPS & ECDIS

(1) 해양수산부는 2003년부터 위성측위정보를 정밀보정하여 선박에 제공하는 해양용 위성항법보정시스템(DGPS, Differential Global Positioning System)서비스를 한반도 전역을 대상으로 제공하기 시작하였다.

① DGPS는 연안에 기준국을 설치하고, 그 기준국에서 오차가 보정된 정보를 실시간으로 전송하는 첨단항법체시스템이다.

② GPS 인공위성으로부터 위치정보를 수신했을 때 발생되는 30m의 위치 오차를 DGPS 서버스를 통해 1m 내외로 정밀하게 보정하여 항행하는 선박 이용자에게 정확한 위치정보를 제공한다.

③ 해양수산부는 1998년부터 DGPS를 구축하기 시작하여 남해 소흑산도, 서해 북단 소청도 및 동해 북단 저진 등 11곳에 기준국을 설치, 북한을 포함한 한반도 전(全)해역을 탐지하는 측위정보시스템을 구축하였다. 따라서 입출항 선박이나 협수로 항행 선박의 해양사고를 방지하고 해양자원조사·어장구역관리·항만공사 등 해양 개발·측량 업무에 활용할 수 있는 기반을 갖추었다.

(2) 해상 종합정보체계 디지털해양지도시스템(ECDIS, Electronic Chart Display and Information System)의 국가표준 제정 역시 본격화되고 있다.

① ECDIS는 바닷속 지형·지물 정보를 지도상에 종합적으로 표시하고 검색할 수 있는 전자해양지도(ENC, Electronic Navigational Chart), 항해 중인 선박의 위치 확인과 항로설정을 위한 인공위성위치확인시스템(GPS), 항해 중인 다른 선박의 위치확인을 통해 해양사고를 예방하는 레이더 시스템 및 자동항법장치 등과 연계되는 선박용 종합정보시스템이다.

3. GNSS

⑴ 글로벌항법위성시스템(GNSS, Global Navigation Satellite System)은 GPS로부터
인공위성 신호를 수신하여 네비게이션, 측량, 기상기후, 지구물리 연구 등에 활용하
는 대표적인 첨단과학 응용기술이다.

⑵ 우리나라는 2015년 현재 국토교통부, 해양수산부, 미래창조과학부 등의 정부기관별
로 전국에 걸쳐 169개소의 GNSS를 운영하고 있다.

GNSS 운영 현황

기관명		활용분야	개소
국토교통부	국토지리정보원	측량 및 공간정보	59개소
		지적측량 및 공간정보	30개소
미래창조과학부	국립전파연구소	우주전파재난 대응	5개소
미래창조과학부	한국지질자원연구소	지질분야 연구	9개소
미래창조과학부	한국천문연구원	우주천문분야 연구	9개소
해양수산부	위성항법중앙연구소	항법 및 수로측량	31개소
기상청	위성항법중앙연구소	기상·기후	21개소
서울특별시		지적측량 및 공간정보	5개소

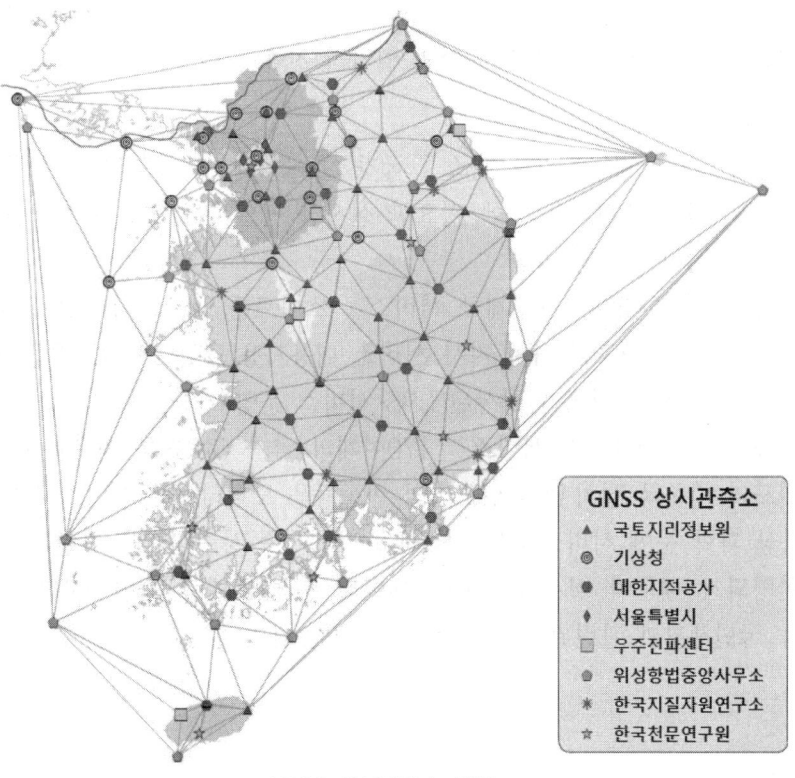

GNSS 상시관측소 현황

4. 통합 GNSS 데이터 구축

(1) 추진배경

① 개별 기관에서 GPS 데이터 활용을 위한 GPS 관측소 확보의 한계를 극복하고, 기관 간의 정보단절로 인한 관측소 중복설치 등의 문제 해소

(2) 추진내용

① 정부기관별로 별도 구축·사용하던 GPS 데이터를 한 곳으로 통합, 공동 활용

② 산업현장에서 실제 적용 가능하도록 공공측량 제도 등 관련 제도를 개선하고 표준품셈을 마련하여, 업체 종사자를 대상으로 지속적인 교육 실시

③ GPS 데이터 활용성을 높이기 위하여 데이터 표준 마련, 기관별 데이터 통합, 허브센터 구축 등 GPS 데이터 통합 및 공동 활용에 필요한 기반체계 마련

④ GPS 데이터 통합으로 전국 어디서든 20km 간격의 165개 관측소에서 수신하는 실시간 데이터를 자유롭게 이용 가능

(3) 기대효과

① 학계·공공기관은 관측소 별도 설치 없이 GPS 데이터를 자유롭게 활용함으로써 고정밀 위치결정·안전항행·지질연구·지구환경 등 다양한 연구 효율성 증대

② 산업계는 항법 내비게이션, 초고층 빌딩, 초장대 교량 등 특수구조물의 건설·안전관리 등에 응용하여 신(新)산업과 일자리 창출 기여

(4) 민간 활용분야(예상)

① 무인자동차용 정밀측위 서비스 : 국가 GNSS 데이터를 활용하여 무인자동차, 첨단 운전자 보조시스템 등에 필요한 실시간 정밀 위치결정용 보정신호를 계산·제공하는 서비스 운영 가능

② 스마트폰용 DGPS 신호 제공 서비스 : 스마트폰 제작회사 또는통신회사는 국가 GNSS 데이터를 이용하여 자사 서비스 이용자용 DGPS 신호 생성·제공 서비스를 운영함으로써 정확도가 향상된 LBS 서비스 운영 가능

③ 국가시설물 안전관리 서비스 : 170여개의 국가 GNSS를 자유롭게 활용함으로써 별도의 기준국 설치 없이 인프라의 변동량을 모니터링하 서비스 운영 가능

④ 기상·과학 분야 서비스 : GNSS 신호에는 우주 상층대기와 관련된 다양한 현상이 반영되기 때문에 실시간 GNSS 데이터 분석·모델링을 연구하면 기상예보 활용 등 국민생활과 관련된 다양한 서비스 개발 가능[49]

---

49) 국토교통부, 'GNSS(글로벌항법위성시스템)', 2019.

01.44 토석정보공유시스템(EIS) TOCYCLE

토석정보시스템(EIS, earth information system) [1, 0]

1. EIS 정의

(1) 토석정보공유시스템(EIS, earth information system) TOCYCLE은 건설공사의 설계부터 시공~준공까지의 사토·순성토의 발생정보를 발주자 및 민간사업자가 정보시스템을 통하여 입력하고, 토석자원이 필요한 발주자·설계자·시공사는 조회시스템을 통하여 조회하고 토석정보를 상호 공유하도록 구축된 시스템이다.

2. EIS 기능

(1) 토석자원 수요자는 시스템에 등록된 정보를 제한 없이 조회할 수 있고, 비용·효과 측면에서 자기 공사현장 여건에 가장 유리한 타 공사현장과 토석자원의 거래를 요청할 수 있다.

(2) TOCYCLE은 GIS 기반의 디지털 맵을 이용하여 정확한 위치정보를 제공한다.

(3) TOCYCLE을 통한 토석자원의 공유는 자원의 재활용이라는 측면에서 공공건설공사 수행 중 국가예산 절감 뿐만 아니라 민간공사의 비용 절감도 가능하며, 토취장 개발을 줄여 자연환경을 보호할 수 있다.

(4) 공공건설공사를 관리·감독하는 행정기관에서는 토석자원의 반입·반출 및 재활용이 효율적으로 수행되고 있는지 현황 및 통계자료를 실시간으로 조회할 수 있어 과학적인 행정·정책을 구현할 수 있다.

3. TOCYCLE 의미

(1) 국토교통부는 토석자원이 필요한 수요자에게 보다 쉽고 편리하게 다가가기 위하여 2007년 토석정보공유시스템 상호(CI, Corporate Identity)를 TOCYCLE(토싸이클)로 확정하고, 인터넷 접속주소(URL) www.tocycle.com으로 개설하였다.

(2) TOCYCLE은 Transaction of soil and rock Open potal reCYCLE system의 약어이며, 또한 합성어로 TO는 한자로 흙토(土)와 영어의 to(위하여, 향하여)를 의미하여 고객지향의 흙 재활용 포털시스템이라는 의미를 지니고 있다.

4. TOCYCLE 구성

(1) TOCYCLE은 토석정보를 입력하는 메뉴와 토석정보를 조회하는 메뉴로 구분된다.

(2) 발주기관(또는 토석자원 입무를 이관받은 업체)은 입력메뉴를 이용하여 건설공사의 설계단계부터 시공~준공까지의 토석자원 반·출입 내역을 입력하여, 타 공사현장의

토석자원 담당자가 조회할 수 있도록 정보를 공개적으로 제공한다.

⑶ TOCYCLE에 입력된 정보는 건설산업중앙데이터베이스에 저장되고 '토석정보검색' 메뉴에서 디지털 지도로 정보를 제공한다. 또한 이 정보는 동시에 건설산업지식정보시스템(ww.kiscon.net)에서도 제공하고 있다.

⑷ 건설현장의 토석정보는 모든 국민을 대상으로, 특히 토석자원이 필요한 수요자를 대상으로 누구나 시스템에 접속하면 데이터베이스에 저장된 토석정보를 GIS 디지털 지도 기반으로 조회할 수 있다.[50]

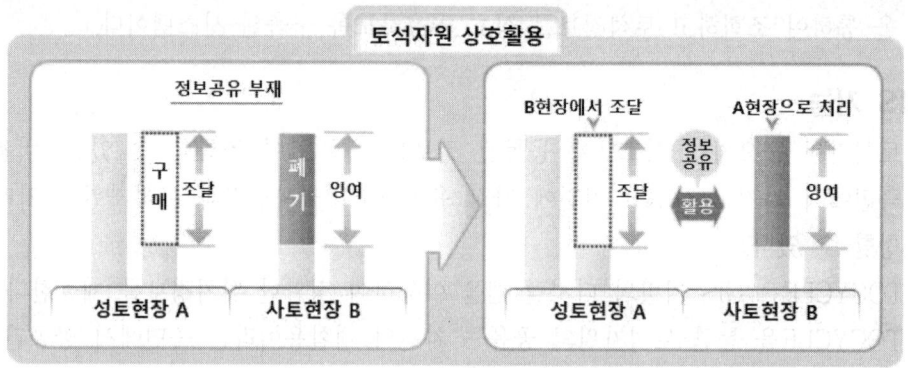

토석정보공유시스템(EIS) 업무 흐름도

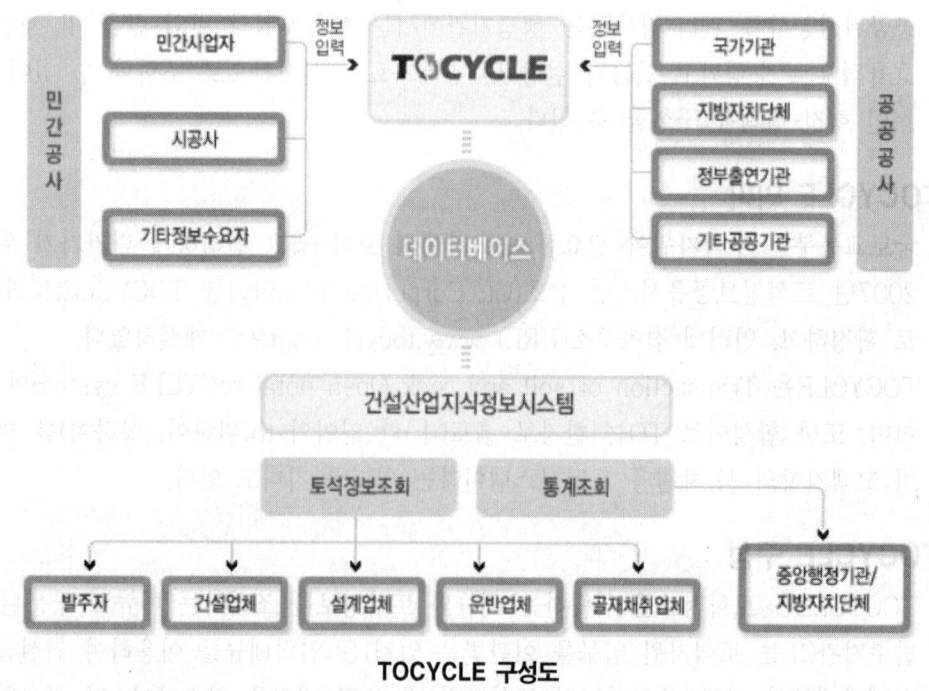

TOCYCLE 구성도

---

50) 국토교통부, '토석정보공유시스템 TOCYCLE 사용자 매뉴얼 version 5.0', 2019.

02. 안전·재난

◆**기출문제의 분야별 분류 및 출제빈도 분석**　　　　　　　　　　**02. 안전·재난**

분야	063회~115회 분석					최근 5회 분석					계
	063~073	074~084	085~094	095~104	105~115	116	117	118	119	120	
1. 현장안전관리	2	4	2	5	3		1	1	1	2	21
2. 시설유지관리		1			2	1			2		6
3. 재해·지진	2	4	8	6	10	2	1		1		34
4. 첨단공학			4		4	2		1			11
계	4	9	14	11	19	5	2	2	4	2	72

◆**기출문제 분석에 따른 학습 중점방향 탐색**

토목시공기술사 필기시험 제63회부터 120회까지 출제되었던 1,798문제(31문항×58차분) 중에서 '02. 안전·재난' 분야에서 안전관리 유해·위험 통합계획, 재난수습, 사면붕괴, 내진성능 보강 등을 중심으로 72문제(4.0%)가 출제되었다. 최근에는 제4차 산업혁명 시대와 관련하여 3D BIM 뿐만 아니라 5D BIM까지 출제되었다. 집중호우로 인한 건설현장 피해예방대책을 계속 묻는다. 경주·포항 지진 후 내진설계에 대한 전문가들의 뜨거운 관심만큼 출제빈도 역시 높아 졌다.

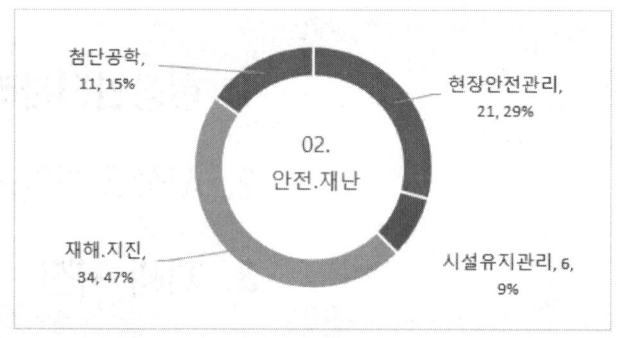

건설프로젝트의 안전관리와 재난예방 분야는 건설현장 책임자를 포함하여 우리 모두가 익히 알고 있는 평이한 주제이다. 그럼에도 불구하고 주변에서 안전사고는 자주 발생되며 그에 따른 인명·재산 손실도 적지 않다. 그 이유는 딱 하나 안전규정을 준수하지 않기 때문이다. 정부는 건설산업으로부터 국민들의 생명과 재산을 보호하기 위하여 너무 과도한 규제이며 처벌이라고 기업주와 근로자 양쪽에서 볼멘소리를 할 정도로 재해예방 법령·기준·지침 등을 거의 완벽하게 세계적인 수준으로 제정하여 시행 중이다. 이 기준들이 지켜지지 않아 사고가 재발된다.

정부가 인체공학적 및 심리학적 이론을 기본으로 제정한 안전·재난 관련 기준을 암기한다. 위험도 분석, 표준안전난간, 시설물 성능평가, 사업연속성 관리, 내진성능 향상대책, 액상화, 불연속면 등은 이론을 기본으로 정확한 내용을 써야 합격이다. 안전과 재난에 관해서는 표준적인 모범답안 작성 훈련이 필요하다. 안전과 재난에 관한 문제를 접했을 때는 먼저 묻는 질문에 대하여 현행 안전 관련 기준을 이 교재에 담고 있는 내용에 따라 기술하고, 이어서 현장에서 실제 사고를 일으켰던 규정위반 사례를 예시하면서 관련 기준을 발췌하여 예방대책으로 기술한다.

02.01 『건설기술진흥법』 주요내용

Ⅰ. 법률 연혁

『건설기술관리법』 제정

◇ 1986년 : 독립기념관 화재사건 등 부실시공 발생
◇ 1987년 2월 : 건설공사 제도 개선 및 부실대책 발표
◇ 1987년 10월 : 『건설기술관리법』 제정
　　　　(건설기술연구개발 촉진, 건설기술수준 향상, 공공복리 증진, 국민경제 발전 기여)
◇ 대형 건설사고 발생(91년 팔당대교, 92년 신행주 대교, 94년 성수대교)
◇ 국내 건설투자 축소에 따른 건설시장 축소
◇ 건설업계의 해외시장으로 진출 필요

◇ 건설기술 경쟁력 강화 절실
　∘ 건설Eng. 관련 제도의 글로벌화, 우수 기술인력 양성 기반 마련
　∘ 건설Eng. 산업 지원 강화, 해외진출 지원 강화
◇ 『건설기술관리법』 전부개정　☞　『건설기술진흥법』으로 개명

『건설기술진흥법』 전부개정

◇ 건설기술용역업을 국내 건설산업의 세계 시장 진출 확대와 건설산업의 고부가가치화, 일자리 창출, 녹색 국토의 실현 등을 위한 핵심적인 업역으로 위상을 제고
　∘ 종전에는 용역업이 시공업의 부수적인 영역으로 취급
◇ 국내 건설기술용역업은 내수시장 정체, 향후 국내 시장전망 불투명 등으로 해외시장 진출이 시급하나, 여전히 기술능력이 미흡한 수준
　☞ 국내 건설기술용역업이 해외시장에서 인정받을 수 있는 여건·환경 조성 미흡

국내 경쟁력이 해외에서 활용 가능한 제도적 기반 마련 필요	건설기술용역분야에 특화된 종합적인 지원체계 구축 필요

건설기술용역업의 선진화 및 해외진출역량 확보가 필요한 시점

Ⅱ. 『건설기술관리법』을 『건설기술진흥법』으로 전부개정

1. 개정 기본방향

(1) 칸막이식 업역 해소 : 건설기술용역 업역체계의 개선
① 건설기술용역의 정의를 광역적으로 명시
② 설계, 감리 및 CM 등 업역의 통합 및 단순화
③ 용역 등록기준의 통합 및 완화
④ PQ, 대가기준 등 건설기술용역 관리체계의 통합 등

(2) 용역 현황관리 통합 : 종합적인 건설기술용역 현황 관리체계 구축
① 수행실적의 자진신고 및 확인체계 구축
② 실적관리를 위한 시설물별 분류체계 도입
③ 통합관리시스템 구축 및 실시간 현황관리 추진

(3) 경쟁력강화 기반 구축 : 건설기술용역의 육성, 진흥기반 제공
① 건설기술용역 고도화 및 해외진출 촉진 명문화
② 건설기술용역업자의 해외진출 지원 강화 등

건설기술의 관리체계 선진화 및 용역산업 육성

2. 개정 주요내용

(1) 업역 및 기술인력의 단일화
① 설계, 감리 등으로 분리된 업역을 건설기술용역업으로 통합하여 단일체계로 등록, 영업양도, 실적관리 수행
② 건설기술자, 감리원, 품질관리자를 건설기술자로 단일체계로 통합하여 경력관리, 업무내용 등을 규정

(2) 감리와 건설사업관리 통합
① 책임감리 관련 용어 폐지, 책임감리 의무적용 건설공사는 동일한 수준의 건설사업관리를 의무 수행토록 규정
② 감리원의 공사중지 권한을 건설사업관리 책임자에게 한정

(2) 건설기술용역업 등록요건 단일화 및 협회관련 규정 통합
① 시·도지사에게 등록업무 위임
② 협회관련 규정 통합, 공제조합의 법인 분리

Ⅲ. 정부 및 건설업계의 대응전략

1. 정부의 대응전략

(1) 글로벌 환경에 맞는 기술인력 관리

① 건설기술인력 수급예측시스템과 해외건설 경력자 DB를 구축하고, 시공업계와 용역업계 정보를 상호 연계하여 운영

② 건설기술인력의 학력, 자격 및 경력을 종합적으로 고려하는 역량지수(ICEC)제도를 도입하여 기술력을 객관적으로 평가

(2) 건설 ENG 해외진출 지원체계 구축

① 국내 ENG기업의 해외진출 가능한 전략국가를 선정하여 해외진출 전략수립 등 다양한 정보 제공

② 건설프로젝트의 기획, 설계 등에서 글로벌 경쟁력을 갖춘 원천요소기술을 확보할 수 있도록 기반 구축

2. 건설업계의 대응전략

(1) 책임감리 수행체계를 CM 수행체계로 전환

① CM 전문가 육성 : 교육체계 구축, 대학·기업과 일반교육기관의 역할분담

② CM 기술 개발·보급 : 지식체계 구축, 요소기술 개발, 사업관리 절차 개선

③ 해외 CM 시장 진출 : 글로벌 수행능력 강화, 상품 개발, 해외리스크 관리

(2) 시공책임형 건설사업관리(CM at Risk) 적극 참여

① 기획 및 영역 능력 강화

ㅇ 프로젝트의 발굴 및 기획, 인적 네트워크 구축

ㅇ 민간부문, 대형 민자사업의 진출 등 다양한 수주전략 구축

② 대외협력 강화

ㅇ CM 전문업체와의 협력을 통한 사업관리 능력 배양

ㅇ 특화된 기술력을 보유한 중소업체와의 네트워크 구축으로 전문성 보유

③ 리스크 관리역량 강화

ㅇ 계약 전·후에 프로젝트와 관련된 리스크 예측, 관리능력 확보

ㅇ 시공기술, 관리방법, 공사비 관련 실적자료 DB 구축

④ 공사수행 및 사업관리 역량 강화

ㅇ 종합적인 사업관리체계 구축, 과학적인 관리기법 개발 및 적용

ㅇ 설계과정을 관리하고 검증할 수 있는 능력 배양51)

---

51) 국토교통부, '제5차 건설기술진흥기본계획', 2012.
박환표, '건설기술진흥법 개정에 따른 건설업계의 대응전략', 한국건설기술연구원, 2013.

02.02 건설현장 안전관리계획서

건설공사 현장의 안전관리계획 수립 대상공사의 종류 [2, 3]

Ⅰ. 개요

1. 건설업자 또는 주택건설등록업자는 『건설기술진흥법』제62조(건설공사의 안전관리)에 따라 당해 건설공사의 안전관리계획을 작성하여 착공 15일 전에 공사감독자 또는 감리원의 확인을 받아 발주기관에게 제출해야 한다. 다만, 안전관리계획을 제출받은 발주자 중 발주청이 아닌 자는 당해 건설공사의 허가·인가·승인 행정기관에게 제출해야 한다.

2. 안전관리계획을 제출받은 발주자는 안전관리계획 내용을 심사하여 10일 이내에 적정, 조건부적정, 부적정 등으로 판정하여 회신해야 한다. 발주청 또는 인·허가기관장이 안전관리계획 내용을 심사할 때 건설안전점검기관에게 검토·의뢰할 수 있다. 다만, 『시설물안전특별법』 제1·2종 시설물 건설공사의 안전관리계획은 한국시설안전공단에 검토·의뢰해야 한다.

Ⅱ. 안전관리계획 수립 대상공사

1. 『시설물의 안전 및 유지관리에 관한 특별법』 제1·2종 시설물의 건설공사
2. 지하 10m 이상을 굴착하는 건설공사
3. 폭발물을 사용하는 건설공사로서 20m 안에 시설물이 있거나 100m 안에 사육하는 가축이 있어 당해 건설공사로 인한 영향을 받을 것이 예상되는 건설공사
4. 당해 건설공사의 계약에 품질보증계획 수립을 명시하고 있는 건설공사
   전면책임감리 대상 건설공사로서 총공사비 500억원 이상 건설공사
   다중이용 건축물 건설공사로서 연면적 3만m² 이상인 건설공사
5. 10층 이상 16층 미만인 건축물의 건설공사
   10층 이상인 건축물의 리모델링 또는 해체공사
   『주택법』에 따른 수직증축형 리모델링
6. 『건설기계관리법』에 따라 다음의 건설기계가 사용되는 건설공사
   천공기(높이 10m 이상인 것만 해당), 항타기, 항발기 및 타워크레인
   상기 각 호의 가설구조물을 사용하는 건설공사
7. 상기 외의 건설공사로서 발주청 또는 인·허가기관장이 안전관리가 특히 필요하다고 인정하는 건설공사

Ⅲ. 안전관리계획서 주요 골자

제1장 안전관리계획

(1) **공사개요** : 공사 전반을 파악할 수 있는 위치도, 공사개요, 전체공정표 및 설계도서(해당 공사를 인·허가 또는 승인한 행정기관에 이미 제출된 경우는 제외)

(2) **안전관리조직** : 공사관리조직 및 임무에 관한 사항으로서 시설물의 시공안전 및 공사장 주변에 대한 점검·확인 등을 위한 관리조직표

(3) **공정별 안전점검계획** : 자체안전점검, 정기안전점검 시기·내용, 안전점검공정표 등의 실시계획(안전 모니터링 장비의 설치·운영계획 포함)

(4) **공사장 주변 안전관리계획** : 공사 중 지하매설물 방호, 인접 시설물 및 지반의 보호 등 공사장 및 주변에 대한 안전관리계획

(5) **통행안전시설 설치 및 교통소통계획** : 공사장 및 주변의 교통소통대책, 교통안전시설물, 교통사고예방대책 등 교통안전관리계획

(6) **안전관리비 집행계획** : 안전관리비 계상액, 산정명세, 사용계획

(7) **안전교육계획** : 안전교육계획표, 교육 종류·내용, 교육관리계획

(8) **비상 긴급조치계획** : 공사현장의 비상사태에 대비한 비상연락망, 비상동원조직, 경보체제, 응급조치 및 복구계획

제2장 대상 시설물별 세부 안전관리계획서 (해당 공종 착공 전에 제출 가능)

(1) **가설공사**
① 가설구조물의 설치개요, 시공상세도면
② 안전시공 절차 및 주의사항
③ 안전점검계획표 및 안전점검표
④ 가설물 안전성 계산서

(2) **굴착·발파공사**
① 굴착·흙막이·발파·항타 등의 개요, 시공상세도
② 안전시공절차 및 주의사항
③ 안전점검계획표 및 안전점검표
④ 굴착비탈면, 흙막이 등 안전성 계산서

(3) **콘크리트공사**
① 거푸집·동바리·철근·콘크리트 등 공사개요, 시공상세도면
② 안전시공 절차 및 주의사항
③ 안전점검계획표 및 안전점검표
④ 동바리 등 안전성 계산서

(4) **강구조물공사**
① 자재·장비 등의 개요, 시공상세도면
② 안전시공 절차 및 주의사항
③ 안전점검계획표 및 안전점검표

④ 강구조물의 안전성 계산서

(5) 성·절토(흙댐)공사 ① 자재·장비 등의 개요, 시공상세도면

② 안전시공 절차 및 주의사항

③ 안전점검계획표 및 안전점검표

④ 안전성 계산서

(6) 해체공사 ① 구조물의 해체대상, 공법 등의 개요, 시공상세도면

② 해체순서, 안전시설 및 안전조치 등에 대한 계획

(7) 건축설비공사 ① 자재·장비 등의 개요 및 시공상세도면

② 안전시공 절차 및 주의사항

③ 안전점검계획표 및 안전점검표

④ 안전성 계산서

제3장 기타

건설공사의 안전확보를 위해 안전관리계획에 포함해야 하는 세부사항은 국토교통부 장관이 정하여 고시할 수 있다.

Ⅳ. 안전관리계획서의 검토 의뢰

1. 법적 근거

(1) 『건설기술진흥법시행령』제98조(안전관리계획의 수립)제4항에 의해 발주청 또는 인·허가기관장이 안전관리계획의 내용을 심사하는 경우에는 건설안전점검기관에 의뢰하여 검토하게 할 수 있다.

(2) 다만, 『시설물의 안전 및 유지관리에 관한 특별법』에 의한 제1·2종 시설물의 건설공사는 한국시설안전공단에 안전관리계획을 검토·의뢰해야 한다.

2. 제출 서류

(1) 검토의뢰 공문(발주청 또는 인·허가기관)

(2) 당해 건설공사의 안전관리계획서

3. 의뢰 유의사항

(1) 안전관리계획서 검토시스템을 통하여 제출하면 검토기간이 단축될 수 있으므로, 인터넷을 활용하면 효과적이다.

(2) 특히, 취약공종이 포함된 안전관리계획서는 검토시스템을 통하여 접수 및 검토절차를 진행하면 조기에 결과를 받아볼 수 있다.52)

---

52) 국토교통부, '건설공사 안전관리계획서', 한국시설안전공단, 2016.

02.03 건설공사 시공자의 안전관리 업무

현장 안전관리를 위한 현장소장의 임무 [1, 0]

Ⅰ. 개요

1. '시공자'란 『건설산업기본법』제2조(정의)제7호 또는 『주택법』제4조(주택건설사업 등의 등록)에 따라 등록을 하고 건설업 또는 주택건설업을 영위하는 건설업자 또는 주택건설등록업자를 말한다.

2. 연간 대통령령으로 정하는 호수(단독주택 20호, 공동주택 20세대) 이상의 주택건설사업을 시행하려는 자 또는 연간 대통령령으로 정하는 면적(1만m²) 이상의 대지조성사업을 시행하려는 자는 국토교통부에 등록해야 한다.

3. 『건설산업기본법』또는 다른 법률에 따라 등록을 하고 건설업을 하는 건설업자(시공자)의 업무는 국토교통부고시 제2016-718호(2016.10.31) 『건설공사 안전관리 업무수행 지침』에 규정되어 있다.

Ⅱ. 시공자의 안전관리 업무

1. 일반사항

(1) 시공자는 『건설기술진흥법』제62조와 동법 시행령 제98조 및 제99조에 따라 착공 전에 안전관리계획을 수립해야 한다.

(2) 시공자는 작업공종에 따라 공종별 안전관리계획서를 작성하여 착공前에 건설사업관리기술자 검토를 거쳐 발주자에게 승인받고 작업현장에 비치해야 한다.

(3) 시공자는 안전관리계획서에 따라 건설현장의 안전관리업무를 수행하며, 안전관리계획서 이행여부에 관하여 건설사업관리기술자에게 서면 보고해야 한다.

(4) 시공자는 법제62조제7항에 따라 가설구조물 설치공사 할 때는 가설구조물 구조적 안전성 확인 분야의 『국가기술자격법』기술사에게 확인받아야 한다.

(5) 시공자는 안전관리비가 해당 목적에만 사용되도록 관리하며, 분기별 안전관리비 사용현황을 공정에 따라 작성하고, 건설사업관리기술자에게 안전관리 활동실적에 따른 안전관리비 집행실적을 정기적으로 보고해야 한다.

(6) 건설공사 현장에서 사고 발생사실을 인지한 시공자는 즉시 필요한 조치를 취하고 지체 없이 사고발생 일시·장소, 사고발생 경위, 조치사항, 향후 조치계획 등의 사고개요를 발주자에게 보고해야 한다.

2. 설계안전성 검토

(1) 영제75조의2에 따른 설계안전성 검토 대상공사의 경우, 시공자는 안전관리계획을
　　수립할 때 다음 사항을 확인하여 대책을 포함해야 한다.

　　① 설계단계에서 가정된 각종 시공법과 절차에 관한 사항

　　② 설계단계에서 지적되어 시공단계에서 반드시 고려해야 하는 위험요소의 저감대
　　　책에 관한 사항

　　③ 설계에서 확인하지 못한 위험요소의 저감대책에 관한 사항

(2) 시공자는 건설공사가 준공되면, 향후 유사한 건설공사의 안전관리와 유지관리에
　　유용한 정보제공을 위해 안전관리문서를 작성하여 건설사업관리기술자 검토를
　　받은 후 발주자에게 제출해야 한다.

III. 직접시공 의무제도

1. 직접시공 의무제도 도입배경

(1) 1990년대말 닥친 IMF 외환위기 이후 건설공사 물량은 감소하였음에도 불구하고
　　등록기준을 갖추지 못한 무자격 부실업체(페이퍼 컴퍼니)들이 난립하면서,

(2) 이러한 부실업체들이 낙찰받은 공사를 직접 시공하지 않고 공사 전체를 일괄 하
　　도급 줌에도 발주청이 하도급업체들을 관리·감독하지 않는 사례가 많아,

(3) 부실시공 문제가 발생하였기에 이를 방지함과 동시에 시공능력이 없는 건설사를
　　도태시키기 위하여 도입되었다.

2. 직접시공 의무제도 주요내용

(1) 직접시공 의무대상공사의 범위

　　① 시공능력이 없는 건설업자가 공사를 따낸 뒤 일괄 하도급 줌에 따른 부실시공
　　　방지를 위하여 '직접시공 의무제도'가 확대 적용되었다.

　　② 시공능력이 없는 '페이퍼 컴퍼니'를 퇴출시키기 위하여 2012년부터 적용된 직
　　　접시공 의무대상공사의 범위는 50억원 미만 공사를 대상으로 한다.

　　③ 현행 30%로 되어있는 직접 시공비율도 아래와 같이 일부 상향 조정되었다.

　　　○ 3억원 미만은 50% 이상으로,

　　　○ 3억원 이상~30억원 미만은 30% 이상으로,

　　　○ 30억원 이상~50억원 미만은 10% 이상으로 차등 적용된다.

(2) 하도급 계약 범위 조정

　　① 건설사(원도급자)가 동일한 하도급자와 시공·제작·납품계약을 각각 체결하더라
　　　도 1건의 하도급 계약으로 간주된다.

② 건설사가 편법 분리계약을 통해 하도급이 82% 미만일 때에 한하여 발주자가
하도급 계약 적정성을 심사하는 현행 규정을 회피하려는 부작용을 막기 위하여
다음과 같은 경우에는 부당특약 대상으로 된다.
  ○ 하도급 대금의 현금 지급을 담보로 하도급 금액을 감액하는 경우
  ○ 선급금을 주지 않는 경우
  ○ 선급금 지급을 이유로 기성금을 주지 않거나 하도급 금액을 줄이는 경우
③ 위와 같은 하도급 부당특약 내용을 계약서에 명시하는 건설사에게 시정명령하
고, 시정하지 않는 경우에 영업정지 또는 과징금을 부과한다.

(3) 직접시공 예외규정
① 당해 공사를 직접 시공하기 곤란한 경우로서 발주자가 공사의 품질이나 능률
향상을 위하여 서면으로 승낙한 경우에는 직접 시공하지 않아도 된다.

4. 직접시공계획 통보

(1) 공사를 직접시공하려는 자(건설업자 또는 주택건설등록업자)는 도급계약 체결한
날로부터 30일 이내에 '직접시공계획'을 작성하여 발주자에게 통보해야 한다.
(2) '직접시공계획'에는 직접시공 및 하도급하려는 공사수량, 공사단가, 공사금액 등
이 명시된 공사내역서, 예정공정표 등을 첨부한다.

5. 직접시공계획 위반 시 제재사항

(1) '직접시공계획'을 위반하는 경우에는 영업정지 6월 또는 직접시공 위반한 공사
도급금액의 30%에 상당하는 금액 이하의 과징금을 부과한다.
(2) 건설업자가 '직접시공계획'을 통보하지 않는 경우 또는 '직접시공계획'에 따라 공
사를 시공하지 않는 경우, 발주자는 당해 공사의 도급계약을 해지할 수 있다.
(3) '직접시공계획'을 통보를 하지 않는 경우에는 150만원 과태료를 부과한다.

6. 결론

(1) 직접시공 의무제도의 직접시공 대상 기준을 설정할 때 공종별 차이점을 고려하여
세분화함으로써, 불법 하도급 문제를 근원적으로 해결할 수 있어야 한다.
(2) 직접시공 의무제도의 준수여부를 확인할 수 있는 상시적인 감시체계를 구축하고,
직접시공 의무 준수를 유도하는 인센티브(PQ 가점 등)를 도입해야 한다.
(3) 직접시공 의무제도의 직접시공 대상 기준을 전체공사비에서 노무비 비중으로 단
순화하여, 상기 (1)안 및 (2)안과 연계할 수 있도록 제도 개선이 필요하다.[53]

---

[53] 강황식, '건설공사 직접시공 의무제 확대', 한국경제, 2011.

02.04 위험관리 (Risk Management)

건설공사의 위험관리(Risk Management) [2, 1]

I. 개요

1. 위험관리의 정의

(1) 위험관리란 개인·기업·조직의 리스크 요소를 파악하고 측정한 후, 관리할 수 있는 대안을 강구하여 기업의 목표나 주어진 여건에서 최선의 위험관리 수단을 선택·실행하고 그 과정과 결과를 체계적·지속적으로 감시하는 것을 말한다.

(2) 따라서, 위험관리의 궁극적인 목적은 최소의 비용으로 손실(리스크 비용)을 최소화하여 개인·기업·조직의 생존력을 확보하는데 있다.

2. 손실발생 前 위험관리의 목적

(1) 경제적 목적 : 최소비용을 투입하여 최대효과를 달성할 수 있는 위험관리방법을 선택하여 위험에 의한 손해발생에 대처한다.

(2) 불안감소 목적 : 위험관리를 통해 위험의 존재로 인한 불안을 제거하거나 최소화한다.

(3) 의무규정충족 목적 : 기업은 외부기관에 의한 의무규정을 충족시켜야 하는데, 위험관리는 이러한 의무규정을 충족시키려는 목적을 가지고 있다.

3. 손실발생 後 위험관리의 목적

(1) 생존 목적 : 손실발생 후 위험관리의 목적 중 가장 중요한 것으로 손실에도 불구하고 가계나 기업이 존재하도록 관리한다.

(2) 활동계속 목적 : 손해발생에도 불구하고 활동을 계속할 수 있도록 하는 것으로 기업의 경우 영업활동을 지속하도록 관리한다.

(3) 안정수입 목적 : 기업이 영업활동을 지속하면서 수입창출을 추구하도록 안정적으로 관리한다.

(4) 성장계속 목적 : 기업이 계속적으로 성장할 수 있도록 관리한다.

(5) 사회책임 목적 : 기업은 발생된 손해가 사회에 끼치는 영향이 최소화되도록 위험을 관리한다.

II. 위험관리의 절차

1. 위험의 발견·확인

(1) 위험관리를 위해서는 기업·조직체·근로자의 활동에 영향을 미치는 위험대상이 무

엇인지 발견·확인해야 한다.

① 기업이 관리해야 되는 위험의 대상이 무엇인지?

② 기업에 어떠한 유형의 위험이 존재하고 있는지?

③ 기업이 그 위험에 얼마나 노출되어 있는지?

④ 기업에 어떤 형태의 손해가 발생될 수 있는지?

(2) 위험의 발견·확인은 위험관리 방법에서 가장 중요하면서 힘든 일에 속하며, 이는 기업·조직체·근로자의 활동이나 목적이 상이하고 이에 따른 위험의 종류도 다르기 때문이다.

① 점검표(Check list)에서 위험의 발견·확인 방법

② 재무제표 상에서 위험의 발견·확인 방법

③ 플로차트(Flow chart)에서 위험의 발견·확인 방법

2. 위험의 분석·평가 (risk evaluation)

(1) 위험의 분석·평가는 위험의 발견·확인을 통해서 얻은 자료를 사용하여 위험이 얼마나 자주 발생하는지, 이러한 위험이 기업에 어느 정도 영향을 미치는지를 분석하는 것이다.

(2) 기업이 직면하고 있는 위험의 빈도(frequency)와 위험의 강도(severity)를 조사하는 것으로 기업에 존재하는 위험을 객관적으로 파악할 수 있다.

(3) 기업이 위험관리계획을 수립하고 목표설정에 필요한 기초자료를 마련한다.

3. 위험관리기법의 선택 (selection of risk treatment devices)

(1) 기업주가 선택할 수 있는 위험관리기법에는 손실발생前 위험제어(risk control)와 손실발생後 위험재무(risk financing)가 있다.

손실발생前 위험제어(risk control)	손 실 발 생	손실발생後 위험재무(risk financing)
① 회피(차단, 우회) ② 제거(예방, 경감) ③ 분산(분리, 분할) ④ 결합(협정, 합병) ⑤ 제한(이전, 제한)		① 보유(기업의 불특정 재산을 담보로 하는 부담) ② 준비(준비금설정, 자가보험) ③ 전가(보험, 공제, 기금) ④ 연계(hedging)

위험관리기법의 구분

4. 위험관리기법의 시행·수정

(1) 위험관리기법의 시행·수정단계에서는 이미 시행된 위험관리기법의 결과에 대한 재평가를 통하여 수정한다.

(2) 선택된 위험관리기법이 효율적으로 시행되는 과정에 그 결과를 수정하려면 다음
과 같은 절차가 필요하다.

① 위험관리지침서의 작성과 활용 : 위험관리의 목적과 방침이 포함되어야 하며,
위험관리에 수반되는 손해처리방침, 위험관리에 대한 권한과 책임이 명시되어
야 한다.

② 다른 부서의 협조 획득 : 기업이나 조직에 속한 모든 사람들이 관심을 기울여
야 할 분야이며, 특히 기업주 입장에서 위험관리가 효율적으로 수행되기 위해
서는 관련 부서 간의 협조가 절대적으로 필요하다.

o 마케팅 부서는 상품포장 부정확과 상품유통 불안정에 따른 위험관리 협조

o 회계부서는 회사내부 구성자에 의한 자금의 절취나 사기행위 등

o 생산부서는 결함 있는 상품생산으로 인한 배상책임위험과 안전사고로 인한
위험을 제거, 감소하도록 협조

③ 결과에 대한 수정 : 위험관리기법이 실행되는 과정에 각 단계마다 정기적으로
점검이 필요하다.

o 선택된 위험관리기법을 실행한 후에는 그 결과를 평가하고, 원래 목표한 대
로 계획이 진행되지 않은 경우에는 적극적인 수정이 필요하다.

Ⅲ. 위험관리의 기대효과

1. 적극적인 관리를 촉진하여 목표 달성의 가능성 향상
2. 조직 전반적 위험을 식별 및 처리할 필요성을 인식
3. 기회와 위협 식별을 향상하여 조직에 적절한 위험 관리 관행 적용
4. 관련된 법규·규제 요구사항 및 국제 기준 준수
5. 재무 보고를 개선하여 이해관계자의 신임과 신뢰 향상
6. 의사 결정과 기획의 신뢰할 만한 기반을 수립하여 관리 수준 향상
7. 위험 처리를 위한 효과적 리스크 배분 및 활용
8. 운영 효과성 및 효율성을 향상하여 환경적 보호는 물론 보건 안전성 향상
9. 손실 방지 및 사고 관리 능력을 향상하여 손실 최소화 도모
10. 조직적 학습을 통하여 조직의 복원력 향상 및 유지[54]

---

54) 국토교통부, '설계 안전성 검토 업무 매뉴얼', 2017.

02.05 위험성 평가 절차

위험도 분석(Risk Analysis) [2, 0]

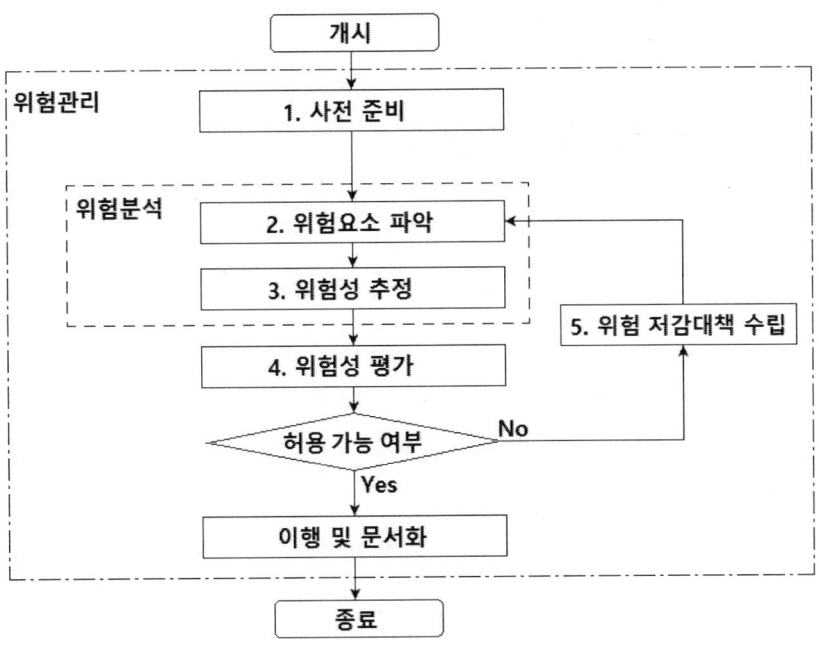

건설공사 위험성 평가 절차

1. 사전 준비

1. 위험요소 인식
   (1) 건설공사에 사용될 재료·장비의 적합성을 고려하여 사용자와 작업장에 위험이 없는지 화재인화성, 실내공기질, 물질안전보건자료(MSDS) 등을 분석

2. 위험요소 도출
   (2) 설계단계에서 가설구조물은 구조검토를 통해 위험요소를 분석하여 설계도에 반영하고, 시공단계에서 작업자가 인지할 수 있도록 설계도에 표기(note)

2. 위험요소 파악

(1) 위험요소 구분
   ① 물적 위험요소 : 가설구조물의 무너짐(붕괴·도괴) 또는 넘어짐(전도), 화학물질의 화재·폭발·파열·누출 등
   ② 인적 위험요소 : 떨어짐(추락), 넘어짐(전도), 깔림, 부딪침(충돌), 맞음(낙하), 끼임(협착), 베임(절단), 감전, 화학물질 접촉, 산소결핍(질식), 교통사고, 익사 등

(2) 위험요소 분석

① 위험요소 분석은 설계자와 건설안전 전문가 등이 협의하여 객관적으로 판단하며, 의견이 다르거나 불가피한 경우에는 주관적 입장에서 판단

② 도출된 위험요소는 공종별로 재해원인, 물적피해, 인적피해, 관리주체, 설계안전성 검토 결과 반영여부 등을 규정된 서식에 따라 집계한다.

3. 위험성 추정 : 발생빈도와 사고심각성

(1) 위험성의 발생빈도(가능성)와 사고심각성(손실크기)의 추정은 설계자가 중간등급으로 안이하게 추정하는 것을 피하기 위하여 4등급으로 설정

(2) 위험성의 발생빈도 4단계의 상세기준은 건설공사의 특성을 고려하여 정성적 방법으로 다음과 같이 설정

발생빈도와 사고심각성 4등급의 상세기준

	발생빈도	사고심각성	상세기준
4	발생 가능성 빈번함	사망 재해, 목적물 붕괴	최근 3개월간 동일(유사)사고 발생
3	발생 가능성 높음	휴업 재해, 심각한 파손	최근 1년간 동일(유사)사고 발생
2	발생 가능성 낮음	경미한 재해, 약간 손상	최근 3년간 동일(유사)사고 발생
1	발생 가능성 거의 없음	상해 없음, 경미한 손상	최근 5년간 동일(유사)사고 발생

4. 위험성 평가

(1) 설계자는 발생빈도(가능성)와 사고심각성(손실크기)의 곱으로 평가하는 매트릭스 (4×4) 방법을 채택하여 위험요소를 평가

(2) 평가된 위험요소에 대한 위험성의 허용여부는 저감대책 수립여부를 결정하는 기준이 되며, 발생빈도 값에 따라 다음과 같이 표시

○ 발생빈도 3이하 : 허용, 별도의 저감대책 수립 불(不)필요

○ 발생빈도 4~7 : 조건부 허용, 설계자가 임의로 저감대책 수립 가능

○ 발생빈도 8이상 : 허용불가, 반드시 저감대책을 의무적으로 수립

심각성(S) \ 발생빈도(L)	1	2	3	4
1	1	2	3	4
2	2	4	6	8
3	3	6	9	12
4	4	8	12	16

허용　　　　조건부 허용　　　　허용 불가

위험성 허용여부 기준

5 위험 저감대책 수립

(1) **저감대책 선정** : 허용불가로 판정된 위험요소에 대해 다양한 저감대책을 도출하여 통제의 계층구조(HOC, Hierarchy of Controls)에 따라 저감대책을 선정

① 설계단계에서 최선대책 선정

- 제거(Elimination) : 계획·공법 변경을 통해 위험요소 완전 제거
- 대체(Substitution) : 재료·공법 대체 등의 다른 수단을 통해 위험요소 저감
- 기술적 제어(Engineering Control) : 위험요소를 격리 또는 방호조치 강구

② 시공단계에서 최선대책 선정

- 관리적 통제(Administrative Control) : 교육, 계획, 감독, 작업을 통한 저감
- 개인보호구(Personal Protective Equipment) : 보호구 착용은 최후의 수단

(2) **저감대책 평가** : 도출된 다양한 저감대책을 1차 평가하여 복수의 대안으로 압축한 후, 평가표의 각 항목을 기입하면서 비교하여 최선의 저감대책을 선정

① 위험요소 : 해당 공종에 존재하는 위험요소를 기록

② 인적·물적 위험성 : 해당 위험요소로 인한 인적·물적 피해의 유형을 기록

③ 평가목적 : 해당 위험요소를 개선하기 위한 저감대책을 평가하는 주요 목적

④ 대안1, 대안2 : 해당 위험요소의 등급을 저감시키기 위해 도출된 대책들을 기입 (대안이 많을 경우 대안3, 대안4, …로 칸을 늘려서 기입)

⑤ 대안의 평가 : 설계자는 발주청과 협의하여 평가항목(안전관리, 미관, 기능, 기술, 비용, 시간, 환경)과 평가등급(A, B, C)을 기입

⑥ 가중치 : 해당 건설공사에서 중요도가 높은 공종의 평가항목에 대해서는 가중치를 높여서(1 대신 2, 3, 4…) 적용

⑦ 총점 : 평가항목별 점수와 가중치를 곱한 전체 항목의 합계를 기입

⑧ 결정 : 해당 위험요소의 저감대책 중 선정된 최선의 저감대책을 기입

⑨ 선정된 최선의 저감대책에 대한 위험성 평가 : 해당 위험요소에 저감대책을 적용하여 재평가한 위험성 평가결과(빈도, 강도, 만족여부)를 기입

⑩ 서명 : 해당 건설공사에 대한 설계자 및 총괄책임자가 서명·날인

(3) **잔여 위험요소 관리대책**

⑴ 설계자가 설계단계에서 저감대책을 수립하여 허용수준 이내로 평가된 잠재적 위험요소는 시공단계에서 여전히 일정한 수준으로 잔존

⑵ 따라서 설계자는 잔존 위험요소를 시공자와 발주자가 시공단계에서 지속적으로 관리하도록 통합계획서(안전관리+ 위해·위험방지)에 반영[55]

---

55) 국토교통부, '설계 안전성 검토 업무 매뉴얼', pp.61~84, 2017.

02.06 건설공사의 부실시공 방지대책

```
┌──────── < 단계별 부실방지 대책의 목표 > ────────┐
│  ○ 합리적인 시장경제원리를 바탕으로 다양한 제도의 탄력적 운용    │
│  ○ 불필요한 규제성 업무를 간소화하고, 공정성과 투명성을 확보    │
│  ○ 건설주체의 자율성을 최대한 확보하되, 책임소재를 명확히 설정   │
└────────────────────────────────────────┘
```

1. 기획 단계

(1) 건설사업 타당성조사의 공정성·투명성 확보를 위한 표준지침을 마련하고, 용역기관을 선정할 때 국책·민간 연구기관 참여폭을 확대하여 전문성·객관성 확보

(2) 기획·설계단계부터 유지관리단계까지 생애주기비용(LCC) 분석 절차·기법에 관한 세부지침을 마련하여 계획의 타당성분석에 활용

(3) 『건설기술진흥법』에 건설사업 사전조사의 세부항목·지침을 마련하여 합리적인 계획 수립과 예산의 효율적 집행

(4) '건설CALS연차별 시행계획'에 따라 건설사업 수행절차 개선, 정보인프라 확충, 제도정비 등을 병행하여 추진

2. 설계 단계

(1) 설계용역의 입찰·계약 제도 개선

① 설계용역 과업지시서를 발주기관별 설계자문회의에서 심도 있게 검토함으로써 내실 있는 과업지시서 작성 유도

② 우수한 용역업자를 선정하기 위해 사업수행능력 평가기준을 기술력 위주로 운영하고 장기적으로 有자격업자 명부제 도입 추진

③ 발주청별로 전문시방서를 작성·활용하되 시방서 간의 상충해소를 위해 표준화된 공종분류체계를 정립하고 건설공사 기준에 대한 D/B를 구축·활용

④ 용역업자의 설계과실에 대한 제재를 강화하기 위해 해당업체를 부정당업자로 제재하고 입찰참가 제한

(2) 설계 내실화 및 적정 설계비 확보

① 설계자문회의의 효율적 운영을 위하여 운영지침·절차를 마련하고, 설계·감리 내실화를 위하여 설계감리 업무의 범위 및 수행기준 마련

② 설계용역 손해배상보증제도를 보험제도로 전환하여 설계과실 피해에 대한 현실적

이고 공정한 안전장치를 마련

(3) R&D를 통한 설계 기술력 제고

① 설계분야 고급기술 개발을 위해 정부 R&D예산을 확충하고, 선진국의 요소기술을 벤치마킹하여 국내 기술수준을 제고할 수 있는 전략 수립

② 설계분야 중급·고급 기술자를 대상으로 신기술·신공법에 관한 교육과정을 신설하여 기술력 향상 촉진

③ 설계업체의 국제경쟁력 강화를 위해 대외경제협력기금을 지원할 때 국내업체의 연계진출방안을 강구하고 해외용역입찰에 대한 정보공급체계를 구축

④ 엔지니어링산업의 전문화를 위해 기본전략을 수립하고 업체의 전문성 평가시스템을 개발하여 입찰과정에 반영

3. 시공 및 감리 단계

(1) 시공업체 입찰·계약 제도 개선

① 공정한 공사발주를 위해 설계·시공일괄 입찰방식을 특수교량, 복합플랜트 등의 고난도 공사 위주로 적용토록 기준을 강화하고 업체선정 심의제도 개선

② 공동도급제도를 현실에 맞게 개선하고, 발주청이 예정가격을 일률적으로 삭감하는 관행 철폐

③ 설계변경, 물가상승 등의 계약금액 변경사유에 대하여 발주청의 법령준수 여부를 확인하고, 계약상대자에게 합리적인 대가 지급되도록 유도

(2) 기능공 능력향상 및 품질관리 제고

① 기능공 능력 향상을 위하여 교육을 확대하고 기능공 경진대회를 개최하여 평가등급에 따라 인센티브 부여, 부실 작업하는 기능공 배제방안 마련

② 품질관리와 안전관리가 연계적으로 이루어질 수 있도록 '품질·안전관리 통합 정보 시스템'을 구축

(3) 공정한 하도급 관행 정착

① 하도급자 선정의 공정성 확보와 저가 하도급 행위를 방지하기 위해 주계약자 관리방식 공동도급제도의 세부운용 기준 마련

② 물가상승으로 인한 공사비 변경할 때 발주기관이 하도급업체에게도 통보하여 하도급대금 지급관행을 개선, 이중계약하는 경우 입찰참가제한 처벌 강화

③ 발주기관은 원도급자의 직접시공 여부를 감독하고, 민관합동조사기구를 운영하여 불공정하도급 건설비리 단속을 강화, '인터넷 고발센터' 개설 운용

④ 업체난립 방지를 위해 일반·전문 건설업체의 등록요건을 강화하고 업체 실태조사를 수시로 실시

(4) 감리 기술력 제고

① 대규모 특수공사의 경우에는 감리기술제안서 평가제도를 도입하여 기술력 위주로 감리 업체를 선정

② 감리방식을 책임감리, 시공감리, 검측감리로 다양화하고 발주청이 공사특성·자체 기술력 보유 등을 감안하여 감리방식을 자율적으로 선정

③ 감리회사 및 감리원에 대한 감리수행 평가제를 도입하고 평가 및 제재처분결과를 평생관리하여 부실감리자 퇴출

④ 감리원 등급을 국제기준에 부합토록 조정하는 등 감리원 자질향상을 유도하고, 감리원 교육을 전문화하며, 인터넷 교육방식 활용

⑤ 시험·검측사항 등 구체적인 감리업무 수행내용별로 감리원 실명제를 시행하여 책임소재 명확화

⑥ 감리업무 전산화로 효율성·객관성을 확보하고, 중장기적으로는 공사현장의 지도·감독·점검 업무를 체계적으로 통합

⑦ 책임감리의 건설사업관리(CM) 전환 대책으로 CM기술력 확보를 위한 업무지침서 등 수행기준을 발간·보급하고, CM전문인력 육성과 기술정보 보급촉진

(5) 적정 감리 비용·기간 확보

① 감리손해배상 보증제도를 보험제도로 전환하고, 시공과의 형평성을 감안하여 보험료를 원가에 반영

② 공기연장 등에 대한 감리대가지급 근거를 명확히하고, 충실한 감리를 위해 착공 전 설계검토 기간을 포함하고, 준공 후 최소한의 감리수행 기간 확보

③ 예비준공검사를 준공 2개월 전에 시행하여 보수·재시공 기간을 충분히 확보

4. 유지관리 단계

(1) 시설물 안전진단의 신뢰성 확보를 위하여 국토교통부가 지정하는 기관(시설안전공단)이 진단결과 검증 및 진단업체 관리업무를 할 수 있도록 강화

(2) 시설물 유지관리 예산을 연차적으로 확충하고, 유지관리에 고도의 기술을 요하는 시설물에 대해서는 시공자가 일정기간 동안 유지관리하는 방안 검토

(3) 『시설물의 안전 및 유지관리에 관한 특별법』에 규정된 시설물 안전관리에 필요한 설계도서 미제출자에 대한 처벌규정을 신설하여 제도의 실효성 확보

(4) 시설물 안전관리 유공자 및 기관을 선정·표창하여 자율적 안전관리 유도[56]

---

56) 국토교통부, '건설공사 부실방지 종합대책', 2000.

02.07 『산업안전보건법』 주요내용

Ⅰ. 개요

1. 제정 목적

(1) 『산업안전보건법』은 산업안전·보건에 관한 기준을 확립하고 그 책임의 소재를 명확하게 하여 산업재해를 예방하고 쾌적한 작업환경을 조성함으로써 근로자의 안전과 보건을 유지·증진함을 목적으로 한다.

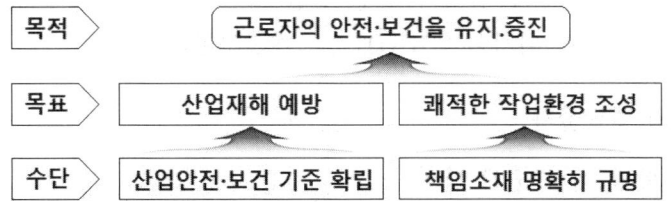

목적 ▷	근로자의 안전·보건을 유지.증진
목표 ▷	산업재해 예방 / 쾌적한 작업환경 조성
수단 ▷	산업안전·보건 기준 확립 / 책임소재 명확히 규명

2. 법령 체계

산업안전보건법, 시행령, 시행규칙
산업안전 기준에 관한 규칙 / 산업보건 기준에 관한 규칙
유해·위험작업 취업제한에 관한 규칙 / 고시 58개, 예규 13개, 훈령 3개, 기타 기술지침, 작업환경표준 등

3. 제정 연혁

(1) 1953.05.10. 『근로기준법』 최초 제정·공포, 10개 조문으로 구성

(2) 1961.09.11. 『근로보건규칙』 제정, 1962.05.07. 『근로안전관리규칙』 제정

(3) 1981.12.31. 『산업안전보건법』 전부개정·공포

4. 『산업안전보건법』 특징

(1) 복잡성 : 사업장의 기계·설비의 다양성, 유해물질 사용량 급증에 따른 위험성 등의 다양한 요소를 포함해야 하므로 법률 자체가 복잡하다.

(2) 기술성 : 사업장의 기계·설비, 유해물질 등의 사용에 따른 위험요소를 제거하기 위하여 제정된 법률이므로 고도의 기술성을 지니고 있다.

(3) 강행성 : 산업재해를 예방하기 위하여 제정된 법률이므로 당사자의 동의여부를 불문하고 강제적으로 적용하며, 불이행하면 처벌이 따른다.

(4) 규제성 : 산업재해를 예방하기 위하여 제정된 법률이므로 기본적으로 사업주의 책임이행과 근로자의 의무준수를 규제하도록 구성되어 있다.

II.『산업안전보건법』전부개정

1. 개정이유

(1) 최근 산업사회가 제조업에서 서비스산업으로 빠르게 변화하면서 업무수행과정에서 자신의 감정을 절제하고 조직적으로 감정 표현이 요구되는 '감정노동'이 증가하는 추세에서, 장시간 감정노동으로 정신적 스트레스 및 건강장해 등의 피해를 겪는 근로자가 늘어나는 실정이다.

(2) 이에 사업주로 하여금 고객의 폭언으로부터 고객응대 근로자의 건강장해 예방을 위한 조치를 마련하도록 하고, 고객응대 근로자에게 건강장해 발생이 우려되는 경우에는 해당 업무의 일시적 중단·전환 등을 규정함으로써 감정노동 근로자의 건강권을 보장하기 위하여 2018.02.27. 개정하였다.

2. 전부개정안의 주요골자

(1) **산업재해 예방 책임 주체 확대 등**

① 안전·보건 조치에 관한 도급인의 책임범위가 현재는 도급인 사업장 내 열거된 위험장소이었으나, 개정안은 도급인의 사업장, 도급인이 제공하거나 지정한 경우로서 도급인이 지배·관리하는 대통령령으로 정하는 장소에서 수급인의 근로자가 작업하는 경우까지 확대됨(시행: 공포 후 1년).

② 안전·보건 조치에 관한 도급인의 책임 범위가 현행 도급인 사업장 내 열거된 위험장소에서 도급인의 사업장, 도급인이 제공하거나 지정한 경우로서 도급인이 지배·관리하는 대통령령으로 정하는 장소에서 수급인 근로자가 작업하는 경우까지만 확대됨(시행: 공포 후 1년).

(2) **산업재해 예방을 위한 제재 강화**

① 안전조치 또는 보건조치 위반으로 사망사고 발생 후 5년 이내에 다시 같은 죄를 범했을 경우 가중처벌 규정을 신설함(7년 이하의 징역 또는 1억원 이하의 벌금형의 2분의 1까지 가중), 법인인 사업주는 벌금을 10억원 이하로 상향함(1억원 이하의 벌금 → 10억원 이하의 벌금)(시행: 공포 후 1년).

(3) **법의 목적 및 보호대상 확대**

① 산업재해의 정의를 '근로자'에서 '노무를 제공하는 자'가 업무로 인하여 사망 또는 부상하거나 질병에 걸리는 것으로 확대 변경(시행: 공포 후 1년).

② 근로자뿐만 아니라 특수형태근로 종사자와 음식점 배달대행원 등 다양한 고용형태의 노무제공자에 대한 법의 보호를 가능케 함(시행: 공포 후 1년).

(4) **위험의 외주화 방지를 위한 도급 제한**

① 도금작업 등 유해작업의 도급을 원천적으로 금지하되, 일시·간헐적 작업, 도급인의 사업에 필수불가결한 수급인의 기술을 활용하기 위한 목적의 도급은 금지의 예외로 함(시행: 공포 후 1년).

(5) 근로자의 작업중지권 강화

① 산업재해가 발생할 급박한 위험 시 근로자가 작업을 중지하고 대피할 수 있음을 명확히 규정하고, 작업중지를 이유로 사업주가 불이익 처우를 하지 못하도록 함(시행: 공포 후 1년).

(6) 건설업의 산업재해 예방책임 강화

① 대통령령으로 정하는 건설공사 발주자로 하여금 건설공사의 계획단계에서 안전보건대장을 작성토록 하고, 설계·시공단계에서 안전보건대장의 이행 등을 확인토록 함(시행: 공포 후 1년).

(7) 물질안전보건자료의 영업비밀 심사

① 화학물질관리법상의 허가나 신고 의무와는 별도로, 유해·위험한 화학물질을 제조·수입하는 자는 물질안전보건자료를 고용노동부장관에게 제출하도록 함. 화학물질의 명칭과 함유량을 영업비밀로 인정받기 위해서는 고용노동부장관의 사전승인을 받도록 함(시행: 공포 후 2년).

3. 기대효과

(1) 이번 개정안은 2018.12.27. 국회 본회의를 통과하여 공포된 상태에서 대통령령 등 관련 하위법령 개정의 후속 절차가 남아 있으나, 사업주로서는 위 내용을 숙지하고 미리 이에 대비하여 개정 법률이 시행되는 경우 법 위반에 따른 민·형사 및 행정상의 법적 제재를 받지 않도록 유의해야 한다.

(2) 특히, 이번 개정안은 외주를 제한하고, 산업재해 예방책임의 주체를 확대하였으며, 법 위반에 따른 처벌 및 제재를 대폭 강화하였는바, 기존에 발주자 또는 도급인의 지위에 있었던 사업주도 이제는 수급인의 안전보건조치에 대한 지원 차원이 아닌 산업안전 전반에 대한 법적 위험을 초래할 수 있는 내부 체크리스트를 작성하고, 정기적인 모니터링을 실시하여 적극적, 지속적으로 법규를 준수할 수 있는 산업안전보건 상시 관리체계를 정비하는 것이 필요하다.[57]

---

[57] 고용노동부, '산업안전보건법 전부개정안 국회 본회의 통과', 2019.

02.08 유해·위험방지계획서

공사 착공 전 건설재해를 예방하기 위한 유해·위험방지계획서 [1, 1]

I. 개요

1. 『산업안전보건법』제48조에 따라 공사현장의 안정성 확보를 위하여 해당 공사를 수주한 시공회사는 스스로 유해·위험방지계획서를 작성하여 고용노동부(산업안전보건공단)에 제출·심사받고, 시공 중 계획서 내용의 이행여부를 주기적으로 확인토록 함으로써 근로자의 안전·보건을 확보하는 제도이다.

II. 건설업 유해·위험방지계획서의 주요내용

1. 제출대상 사업장

(1) 지상높이 31m 이상 및 연면적 3만m² 이상 건축물,
   연면적 5천m² 이상 문화·집회시설(전시장, 동물원·식물원 제외),
   판매시설, 운수시설(고속철도 역사, 집·배송시설 제외),
   종교시설, 의료시설 중 종합병원, 숙박시설 중 관광숙박시설, 지하도상가 또는 냉동·냉장창고시설의 건설·개조·해체 등

(2) 연면적 5천m² 이상 냉동·냉장창고시설의 설비·단열공사

(3) 최대 지간길이 50m 이상 교량 건설공사

(4) 터널 건설공사

(5) 다목적댐, 발전용댐, 저수용량 2천만톤 이상 용수전용댐, 지방상수도댐 건설공사

(6) 깊이 10m 이상 굴착공사

2. 제출자격을 갖춘 자

(1) 건설안전분야 산업안전지도사

(2) 건설안전기술사 또는 토목·건축분야 기술사

(3) 건설안전산업기사 이상으로 건설안전 실무경력 7년(기사 5년) 이상인 자

3. 제출서류

(1) 건설공사 유해·위험방지계획서 : 『산업안전보건법시행규칙』별지26호 서식

(2) 건설공사 유해·위험방지계획서 첨부서류

   ① 공사개요서

   ② 산업안전보건관리비 사용계획서

   ③ 개인보호구 지급계획

4. 제출일자 및 처벌규정

(1) 일정한 자격을 갖춘 자의 검토를 거쳐 해당 공사 착공 전일까지 산업안전보건공단 관할지부에 제출한다.

(2) 동일 공사장 내에서 착공시기를 달리하여 수행하는 건설공사의 사업주는 당해 현장별로 유해·위험방지계획서를 분리하여 별도로 작성한다.

(3) 제출 위반한 경우에는 1년 이하 징역 또는 1천만원 이하 벌금에 처한다.

5. 심사 및 확인절차

(1) 계획서 제출 : 사업주가 산업안전보건공단에 유해·위험방지계획서를 제출한다.

(2) 심사결과 통보 : 사업주에게 제출 후 15일 이내에 통보한다. 다만, 고용노동부와 지방자치단체에게는 부적정(不適正) 판정에 한하여 통보한다.

(3) 사업주 확인 : 사업주에게 확인 일정이 통보되면, 사업주는 현장을 확인한다.

(4) 확인결과 통보 : 사업주에게 5일 이내에 통보한다. 다만, 고용노동부에게는 부적합(不適合) 판정에 한하여 통보한다.

(5) 행정조치 : (2) 부적정(不適正) 통보되면 공사착공중지 및 계획변경을 명령하고, (4) 부적합(不適合) 통보되면 작업중지·사용중지 명령 및 시정 지시한다.

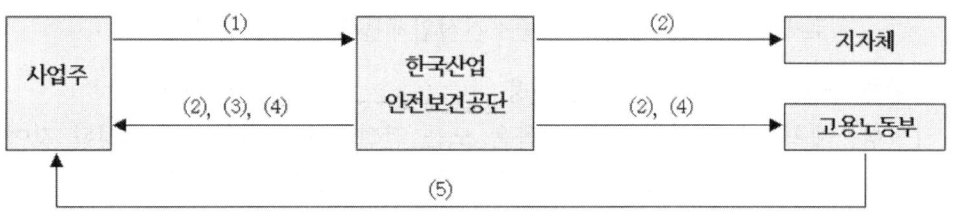

유해·위험방지계획서의 확인절차

Ⅲ. 건설업 유해·위험방지계획서의 효과적인 작성방안

1. 중대재해 발생 및 계획서 작성 추세

(1) 발생연도별

1997년 이후 최근까지 일반 건설현장에서 발생된 중대재해는 조금씩 감소하고 있지만, 일정수준에서 더 이상 낮아지지 않고 있다.

(2) 공사금액별

사망재해의 대부분은 공사비 10억원 미만의 소규모 건설현장과 100억원 이상의 대규모 건설현장에서 주로 발생되고 있다.

(3) 발생형태별

건설현장에서 발생된 중대재해의 거의 절반은 추락사고로 나타나고 있어, 매년 비슷한 안전사고가 반복되고 있다.

(4) 작성시기별

계획서의 작성주체는 당해 건설공사 현장의 안전관리자가 직접 작성하지 않고, 본사 업무팀에서 작성하거나 용역업체에 의뢰하여 작성하고 있다.

2. 유해·위험방지계획서 작성요령 개선

(1) 일반사항 및 특수사항 분리 작성

[현행] 계획서가 공사현장의 특성이나 위험요소를 고려하지 않고, 일반적인 규정이나 최소한의 요구조건을 충족하도록 평이하게 작성되고 있다.

[개선] 일반규정이나 최소요구조건을 충족하는 부분과 공사현장에 따라 차별화해야 되는 부분을 분리 작성하여 실질적인 내용을 수록해야 된다.

(2) 작성 프로세스의 개발 및 활용

[현행] 대부분의 중소건설업체들은 계획서 작성 전문인력을 보유하지 않고, 안전 관련업체에 계획서 작성 용역을 의뢰하고 있다.

[개선] 공사현장 안전관리자가 계획서 작성과정에 쉽게 접근할 수 있도록 작성 프로세스 S/W를 개발하여 중소건설업체들에게 보급한다.

(3) 항목 중요도에 따라 차별화된 내용

[현행] 계획서에 제시된 10개 항목은 모든 건설공사를 대상으로 작성된 것이므로, 특정한 건설현장에서 모든 항목이 모두 중요하지는 않다.

[개선] 최근 중대재해의 절반 이상이 추락사고이므로, 추락에 중점을 두고 현장별 추락의 위험요소 및 대응방안을 수립해야 효과적이다.58)

(4) 공사현장 특성을 고려한 맞춤형 계획서

[현행] 중소건설업체들은 자체적으로 계획서를 작성하더라도 주로 공통적인 요소를 중심으로 일반적인 내용을 기술하고 있어 실효성이 낮다.

[개선] 해당 공사현장별 지리적·사회적 주변 현장여건을 고려할 수 있는 맞춤형 계획서를 수립해야 실제 상황에서 실효성이 있다.

---

58) 한국재해예방관리원, '건설업 유해·위험방지계획서', 2016.
  최진우, '건설공사 유해·위험방지계획서의 효과적 작성방법에 관한 연구', 산업안전학회지, 제17권 제4호, pp.168~172, 2002.

02.09 통합계획서, 산업안전보건관리비

건설업 산업안전보건관리비 계상기준, 유의사항, 개선대책 [0, 1]

Ⅰ. 개요

1. 『건설기술관리법』제62조에 따른 건설공사 안전관리계획서와 『산업안전보건법』제48
   조에 따른 유해·위험방지계획서를 수립함에 있어 양 계획서를 모두 제출해야 하는
   건설공사에 대하여 해당 업체가 희망하는 경우에 함께 작성할 수 있도록 통합작성
   지침서에 대한 세부적인 기준을 정함으로써,

2. 해당 업체에게 통합계획서의 작성을 용이하게 하여 체계적·효율적인 건설안전관리
   를 정착시키며, 규제완화조치 측면에서 건설업체 부담을 경감시켜 안전관리업무를
   원활하게 수행토록 하는 제도이다.

Ⅱ. 통합계획서의 주요내용

1. 통합계획서 작성

(1) 통합계획서는 기본사항, 공사장 및 주변 안전관리계획, 작업공종별 안전관리계획,
   작업환경조성계획으로 구성한다.

(2) 통합계획서는 당해 공사의 시공자(건설업자 또는 주택건설등록업자)가 직접 작성
   함을 원칙으로 한다.

(3) 통합계획서의 내용 중 구조계산서 및 안전성검토서 등을 당해 공사 시공자가 작성
   한 경우에는 책임자가 작성일과 함께 서명날인 한다.

(4) 통합계획서는 작성지침서 순서에 따라 작성하되 당해 공사와 관련 없는 항목은
   제외하고 관련 있는 항목만 작성한다.

(5) 작업공종별 안전관리계획은 작업공종별로 분리 작성하여 해당 공종 착공 전에 제
   출할 수 있다.

2. 통합계획서 제출

(1) 유해·위험방지계획서

　① 계획서 작성 대상공사를 착공하려는 사업주는 일정한 자격*을 갖춘 자의 의견
   을 들어 작성한 후, 공사착공 전일까지 안전보건공단에 2부를 제출한다.

　② 일정한 자격을 갖춘 자
   ○ 건설안전분야 산업안전지도사
   ○ 건설안전기술사 또는 토목·건축분야 기술사

ㅇ 건설안전기사 이상으로 건설안전 실무경력 5년(산업기사 7년) 이상인 자

② 자율안전관리업체로 지정된 업체는 자체심사를 거쳐 공사착공 전일까지 자체 심사서류를 안전보건공단에 제출한다.

(2) 안전관리계획서

① 시공자는 계획서를 2부 작성하여 공사감독자 또는 감리원의 확인을 받아 공사 착공 전일까지 발주자에게 제출한다.

3. 통합계획서 심사

(1) 유해·위험방지계획서

① 안전보건공단은 동 계획서 접수일로부터 15일 이내에 심사하여 그 결과(적정, 조건부 적정, 부적정)를 사업주에게 통보한다.

ㅇ 적정 : 근로자의 안전과 보건 상 필요한 조치가 구체적으로 확보

ㅇ 조건부 적정 : 근로자의 안전과 보건을 확보하기 위하여 일부개선 필요

ㅇ 부적정 : 중대한 위험발생 우려가 있거나 계획에 근본적 결함 존재

② 부적정 판정을 한 경우에는 지방노동관서에 통보하여 공사착공중지 또는 계획 변경명령 등 필요한 조치를 취하도록 한다.

(2) 안전관리계획서

① 총괄 안전관리계획서 및 공종별 안전관리계획서의 확인은 당해 건설공사의 공 사감독자 또는 감리원이 총괄하여 수행한다.

② 확인결과의 통지 내용

ㅇ 적정 : 확인필이 날인된 안전관리계획서

ㅇ 조건부 적정 : 보완이 필요한 사항을 구체적으로 명시한 내용 첨부

ㅇ 부적정 : 부적정 판정에 대한 이유와 대책을 구체적으로 명시한 내용 첨부

③ 확인결과 '조건부 적정' 또는 '부적정'으로 평가된 항목에는 반드시 보완 또는 대안 등 확인자의 의견을 명시한다.

④ 안전관리계획서의 확인결과 통지 기한은 접수 후 15일 이내로 한다.

4. 통합계획서 확인

(1) 건설업체에 대한 통합계획서 시행여부의 확인은 3월에 1회 이상 실시한다.

(2) 확인완화

① 최근 2년간 환산재해율이 매년 평균환산재해율 미만인 업체 : 1년에 1회

② 직전연도 환산재해율이 당해연도 평균환산재해율 미만인 업체 : 6개월에 1회

(3) 확인제외

① 자율안전관리업체 : 당해공사 준공 시까지

Ⅲ. 통합계획서 합본 제출에 따른 문제점 및 대책

1. 법적 근거

(1) 건설현장에서 발생되는 중대재해에 대한 예방대책은 『건설기술진흥법』과 『산업안전보건법』에 의해 위임된 시행령·규칙 등과 같은 하위 행정명령이다.

(2) 행정명령은 넓은 의미로 볼 때 정부가 개입하는 '규제'에 해당되므로, 법적 근거는 『기업활동 규제완화에 관한 특별조치법』과 『행정규제기본법』이어야 한다.

2. 문제점

(1) 논리상 문제점

① 『기업규제특별법』에 따른 각종 산업안전보건 규제완화조치의 명분은 자유로운 기업활동을 장려하고 지원하기 위한 것이다.

② 따라서, 규제완화조치는 노동자의 안전과 건강을 희생시켜 이를 바탕으로 기업의 경제활동을 지원하겠다는 것을 분명히 하고 있다.

(2) 규제완화=경제발전이라는 분위기 조성

① 규제는 경제발전의 걸림돌이므로 제거해야할 공적(公賊)으로 간주하는 범정부 차원의 규제완화는 일반 국민들에게 왜곡된 정보를 전달할 우려가 있다.

② 또한 정부가 앞장서서 무작정 규제완화 여론을 형성하는 것은 또 다른 사회질서를 왜곡하는 결과를 초래할 우려가 있다.

(3) 이해당사자의 참여

① 산업안전보건 규제와 같은 사회적 규제는 사업주와 근로자라는 이해집단의 상반된 이해당사자가 첨예하게 맞물려 있다.

② 따라서 규제완화는 사업주와 근로자에게 상반된 영향을 미치게 된다는 점에서 규제완화 과정에 이해당사자의 참여는 확실히 보장되어야 한다.

3. 대책 : 사후(事後)규제 강화를 통한 형법(刑法)체계 구축

(1) 안전관리계획서와 유해·위험방지계획서의 통합계획서 작성과 같은 규제완화는 그 대상이 행정명령이므로 형법(刑法)과 관련된 사항은 아니다.

(2) 따라서 건설현장에서 발생된 중대재해 중에서 미필적 고의에 의한 위반(willful violation)이나 반복성 사고(repetitive accidents)에 대해서는 반드시 형사처벌의 대상이 되도록 하는 규제완화방식을 도입할 필요가 있다.[59]

---

59) 고용노동부·국토교통부, '유해·위험방지계획서 및 안전관리계획서 통합작성지침서', 2014.
박두용, '산업안전보건규제완화의 문제점과 대책', 한성대학교 산업시스템공학부, 2001.

통합계획서의 목차 비교

유해·위험방지계획서	통합계획서	안전관리계획서
제1장 안전보건관리계획 　1. 공사개요서 　2. 공사현장 및 주변과의 　　관계를 나타내는 도면 　　(매설물 현황 포함) 　3. 건설물, 사용 기계설비의 　　배치를 나타내는 도면 　4. 전체 공정표 　5. 산업안전보건관리비 계획 　6. 안전관리 조직표 　7. 재해발생 연락·대피방법 **제2장 작업 유해·위험방지계획** 　1. 건축물, 인공구조물공사의 　　가설·설치·마감·해체 　2. 냉동·냉장창고 설비공사 　　가설·단열·기계설비 　3. 교량건설공사 　　가설·하부공·상부공 　4. 터널건설공사 　　가설·굴착·발파·구조물 　5. 댐건설공사 　　가설·굴착·발파·댐축조 　6. 굴착공사 　　가설·굴착·발파·흙막이공	**제1장 일반사항** 　1. 목적 　2. 적용범위 　3. 관련법령 및 기준 　4. 통합계획서 작성·제출 **제2장 통합계획서 작성기준** 　Ⅰ. 기본사항 　1. 공사개요 　2. 안전관리조직 　3. 안전교육계획 　4. 재해발생 긴급조치계획 　Ⅱ. 공사장·주변안전관리계획 　1. 안전보건관리계획 　2. 개인보호구 지급계획 　3. 공정별 안전점검계획 　4. 공사장 주변 안전관리계획 　5. 통행안전시설 설치계획 　Ⅲ. 작업공종별 안전관리계획 　1. 가설공사 　2. 굴착공사 및 발파공사 　3. 성토 및 절토공사 　4. 구조물공사 　5. 마감공사 　6. 전기 및 기계설비공사 　7. 기타공사 　Ⅳ. 작업환경조성계획 　1. 분진·소음발생 방호계획 　2. 위생시설 설치·관리계획 　3. 근로자 건강진단 실시계획 　4. 조명시설물 설치계획 　5. 환경설비 설치계획 　6. 위험물질 안전작업계획 **제3장 부록** 　1. 표지서식 및 별지서식	**제1장 안전관리계획** 　1. 건설공사의 개요 　2. 안전관리조직 　3. 공정별 안전점검계획 　4. 공사장주변 안전관리계획 　5. 통행안전시설 설치 및 　　교통소통계획 　6. 안전관리비 집행계획 　7. 안전교육계획 　8. 비상 긴급조치계획 **제2장 대상시설물별 세부계획** 　(해당공종 착공 전 제출가능) 　1. 가설공사 　2. 굴착·발파공사 　3. 콘크리트공사 　4. 강구조물공사 　5. 성·절토(흙댐)공사 　6. 해체공사 　7. 건축설비공사 **제3장 기타 사항** 기타 안전관리계획에 포함할 세부사항은 국토교통부장관이 정하여 고시 가능

Ⅳ. 산업안전보건관리비

1. 법적 근거

⑴ 건설공사에 계상(計上)되는 산업안전보건관리비는 『산업안전보건법』제30조에 의거 공사현장과 본사의 안전전담부서에서 근로자의 산업재해 예방을 위하여 사용해야 되는 비용으로, 건설공사의 금액과 종류에 따라 계상기준이 달리 정하고 있다.

2. 계상기준

⑴ 건설공사의 발주자는 산업안전보건관리비를 다음과 같이 계상해야 한다. 다만, 발주자가 재료를 제공하거나 완제품을 설치하는 경우에는 해당 재료비 또는 완제품 가액을 포함시키지 않은 산업안전보건관리비의 1.2배를 초과할 수 없다.

① 대상액이 5억원 미만 또는 50억원 이상 : 대상액에 "[별표1] 공사 종류·규모별 산업안전보건관리비 계상기준표" 비율을 곱한 금액

② 대상액이 5억원 이상~50억원 미만 : 대상액에 "[별표1] 공사 종류·규모별 산업안전보건관리비 계상기준표" 비율을 곱한 금액에 기초액을 합한 금액

⑵ 하나의 사업장 내에 공사 종류가 둘 이상인 경우(분리발주 제외)에는 공사금액이 가장 큰 공사를 적용한다.

⑶ 발주자는 예정가격 작성할 때 계상기준에 따라 산업안전보건관리비를 계상하되, 도급계약 대상액으로 계상기준 적용하여 조정 계상할 수 있다.

⑷ 대상액이 구분되지 않은 공사에는 총공사금액의 70%를 대상액으로 간주하여 계상기준에 따라 산업안전보건관리비를 계상한다.

[별표1] **공사 종류·규모별 산업안전보건관리비 계상기준표**

구분 공사종류	대상액 5억원 미만	대상액 5억원 이상 50억원 미만		대상액 50억원 이상	영[별표5]에 따른 보건관리자 선임 대상 건설공사
		비율(X)	기초액(C)		
일반건설공사(갑)	2.93%	1.86%	5,349,000원	1.97%	2.15%
일반건설공사(을)	3.09%	1.99%	5,499,000원	2.10%	2.29%
중 건설공사	3.43%	2.35%	5,400,000원	2.66%	2.66%
철도·궤도신설공사	2.45%	1.57%	4,411,000원	1.81%	1.81%
특수및기타건설공사	1.85%	1.20%	3,250,000원	1.38%	1.38%

3. 사용기준

⑴ 건설공사의 수급자는 산업안전보건관리비를 다음 사용기준에 따라 건설사업장 근로자의 산업재해 및 건강장해 예방을 위한 목적으로만 사용해야 한다.

① 안전관리자 등의 인건비 및 각종 업무수당

　▶ 안전관리자의 인건비 및 업무수행 출장비, 건설용 리프트 운전자의 인건비

　▶ 공사장 내에서 양중기·건설기계 등의 유도자 또는 신호자의 인건비

　▶ 관리감독자의 안전관리 업무수당(월 급여액의 10% 이내)

② 안전시설비 : 안전표지시설, 감시시설, 방호장치, 안전·보건시설 설치비용

③ 개인보호구·안전장구 구입비 : 개인보호장구의 구입·수리·관리비용, 안전보건 관계자의 식별용 의복 및 업무용 기기 비용

④ 사업장의 안전·보건진단비 : 자체실시 또는 외부전문기관 의뢰하는 진단·검사·심사·시험·자문, 작업환경측정, 유해·위험방지계획서의 작성·심사비용

⑤ 안전보건교육비 및 행사비 : 안전보건교육비용, 안전보건관계자의 교육비, 자료수집비, 안전기원제 등의 안전보건행사비용

⑥ 근로자의 건강관리비 : 근로자의 건강관리비용 및 건강보호비용

⑦ 기술지도비 : 재해예방전문지도기관에 지급하는 기술지도비용

⑧ 본사 사용비 : 안전전담부서를 갖춘 건설업체 본사에서 사용하는 ①~⑦항목 과 본사 안전전담직원 인건비·업무수행 출장비(전체 안전관리비 5% 이내)

　▶ 본사 안전전담부서는 안전관리자 자격 갖춘 자 1명 이상을 포함하여 3명 이상으로 구성된 별도조직으로, 사용금액은 5억원을 초과할 수 없다.

(2) 상기 (1)항에도 불구하고 다음 항목에 해당하는 경우에는 사용할 수 없다.

　① 공사 도급내역서에 반영되었거나, 다른 법령에 의무사항으로 규정된 경우

　② 시공이나 작업을 용이하게 하기 위한 목적이 포함된 경우

　③ 환경관리, 민원 또는 수방대비 등 다른 목적이 포함된 경우

　④ 근로자의 근무여건 개선, 복리·후생 증진, 사기진작 등이 포함된 경우

(3) 건설공사의 일부를 타인에게 도급한 경우 그의 수급인이 상기 (1)항 및 (2)항의 기준에 따라 사용한 비용을 산업안전보건관리비 범위 내에서 지급할 수 있다.

(4) 건설공사의 수급자는 공사진척에 따라 [별표3]과 같이 산업안전보건관리비를 사용해야 한다.

[별표3] **공사 진척에 따른 산업안전보건관리비 사용기준**

공정율	50% 이상~70% 미만	70% 이상~90% 미만	90% 이상
사용기준	50% 이상	70% 이상	90% 이상

4. 목적 외 사용금액에 대한 감액

(1) 발주자는 수급인이 『산업안전보건법』제30조제2항을 위반하여 다른 목적으로 사용하거나 사용하지 않은 산업안전보건관리비를 감액조정 또는 반환요구를 할 수 있다.

5. 산업안전보건관리비 사용내액의 확인

(1) 건설공사 수급자는 산업안전보건관리비 사용내역을 착공 후 6개월마다 1회 이상 발주자(감리자)의 확인을 받아야 한다.

(2) 상기 (1)항에도 불구하고 발주자 또는 고용노동부 관계 공무원은 사용내역을 수시 확인할 수 있으며, 수급자는 이에 따라야 한다.

(3) 발주자(감리자)는 상기 (1)항에 따른 산업안전보건관리비 사용내역을 확인할 때 기술지도 계약 체결여부를 확인하고, 문제점 및 개선방안을 검토해야 한다.[60]

산업안전보건관리비의 문제점 및 개선방안

문제점	개선방안
• 산업안전보건관리비 항목별 사용기준이 불명확하여 목적 외 사용하거나, 개인보호구·안전장구 구입비, 근로자 건강관리비, 안전시설비 등의 일부 항목에 편중하여 집행	• 산업안전보건관리비 항목별 사용 비율을 제한할 수 있는 기준의 제정이 필요 • 산업안전보건관리비 항목별 사용 비율을 관리할 수 있는 전산시스템 개발 -항목별 코드를 부여하여 목적 외 사용 예방 -연도별·사업장별 사용현황을 수시 모니터링
• 자체(발전소, 아파트)공사의 경우에는 안전관리비 실행예산 절감방안으로 법적(계상)비용의 80%만 집행	• 안전공정표를 사전 작성하여 공사 전에 안전관리비 사용내역서를 제출하고 공정진척에 따라 책임감리원 확인 후 정산처리시스템 도입
• 공정률 기준으로 사용시기에 따라 집행하는 경우에는 공사 초기에 사용비율이 집중되는 문제가 있음	• 발주자(감리자)가 안전관리비 집행, 위험성 평가 등의 안전관리를 감독할 수 있도록 안전전문가 배치방안 마련이 필요
• 산업안전보건관리비사용내역 중 인건비 비중에 대한 정확한 기준이 없어 인건비 비중이 점차 확대되는 추세	• 공사 초기에 안전관리비 사용 비율이 너무 높지 않도록 제도를 완화하여 공정률에 기초하되 집행시기 조정이 필요
• 안전보건관리자, 신호자, 유도자, 안전보건보조원 등의 인건비에 대한 공사 규모별 정확한 기준이 없음	

---

60) 산업안전보건연구원, '건설업 산업안전보건관리비 계상요율 및 사용기준 개선방안 연구', 2015.

02.10 건설재해의 발생원인 및 예방대책

교량현장 대형사고의 수습방안, 건설재해의 종류, 원인 및 예방대책 [0, 3]

Ⅰ. 개요

1. 2014년 세월호 사고 이후 정부가 '국가 大개조'까지 내걸며 大개혁 작업을 펼쳐서
   인지, 2008년 이후 증가하던 건설업 재해율이 최근 주춤하는 모습이다.

2. 그러나 고용노동부가 발표한 '2014년 산업재해 발생현황'에 따르면 건설업 재해자
   는 23,669명으로 전년 대비 0.3%가 증가했으며, 건설업 사망자(434명, 업무상 사
   고)가 여전히 전체 업종 중 가장 많은 43.8%이다.

Ⅱ. 건설재해의 발생원인

1. 직접적인 원인

(1) 가설구조물 붕괴

  ① 구조검토 미실시 또는 미흡 : 구조·하중 검토를 작성하지 않거나 안전성 검토
     가 미흡하여 거푸집·동바리 지지력 부족에 의한 붕괴

  ② 가설구조물 설치 불량 : 동바리 수직도 불량, 경사면 쐐기 미설치, 수평연결재
     (철선고정) 및 수평하중 지지부재(가새) 설치불량, 지반침하에 의한 붕괴

  ③ 가설구조물 재료 불량 : 목재의 옹이·균열, 강재의 부식·휨 등 불량한 재료를
     사용하여 부재파손 등에 의한 붕괴

  ④ 작업방법 불량 : 콘크리트 집중 타설, 슬래브·벽체 일괄 타설, 슬래브 거푸집
     위에 자재 집중적치 등에 의한 붕괴

(2) 지반굴착(터파기) 붕괴

  ① 지반조사 불충분 : 2010년 시설안전공단 조사 결과, 전체 조사대상 붕괴사고
     (25건)의 48%가 지반조사를 제대로 하지 않아 사고 발생

  ② Anchor, H-pile, Rock bolt, Strut 등 가시설 벽체를 지탱하는 구조체의 설계
     또는 설치 결함으로 붕괴사고가 주로 발생

  ③ 기타 굴착바닥면의 Boiling 또는 Heaving에 대한 불안정, 차수·배수 등 지하수
     처리 미흡에 따른 불안정, 시공실수, 과다굴착, 사면활동, 관리소홀 등

(3) 비탈면 붕괴

  ① 토사사면 : 집중강우 영향이 28%로 가장 높은 붕괴원인 차지

  ② 혼합사면 : 집중강우와 인장균열이 55%를 차지

③ 암반사면 : 불연속면의 지질적 요인 49%, 집중강우의 수리적 요인 34%

2. 간접적인 원인

(1) 최저가낙찰제로 인한 저가 수주

　① 철도시설공단의 최근 5년간 안전사고 분석결과, 저가낙찰 현장(전체의 17%)에서 전체 건설사고의 77.8%가 발생

　② 건설산업연구원 발표에서도 최저가낙찰제 현장의 재해율이 16배 높게 발생

(2) 공기단축을 통한 원가절감, 공사지체에 따른 지체보상금 부과 회피 등을 위하여 무리한 돌관작업으로 부실공사 및 재해 발생

(3) 기타 발주자의 공사비 삭감, 사업주의 근로자 안전의식 개선 노력 미흡, 근로자의 안전의식 부족, 외국인 근로자 증가, 빨리빨리 안전문화 등

Ⅲ. 건설재해의 저감을 위한 노력

1. 건설현장 안전관리체계 개선방안 마련

(1) 국토교통부에서 '건설현장 안전관리체계 개선방안('14.4)'을 마련하여 추진 중

비전	안전한 건설환경 조성으로 국민행복 실현
	2017년까지 건설사고 손실액 반으로 줄이기 손실액 : 총 공사비 1천억원당 12.7억원('12) ➡ 6.3억원('17)

추진전략	모두가 참여하는 건설사업 생애주기형 안전관리	
	시공자 중심	➡ 모든 건설주체가 참여
	시공단계 중심	➡ 건설 全단계의 안전관리
	규제 중심	➡ 자발적 참여 유도
	대형공사 중심	➡ 소규모 공사까지 확대

2. 건축물 안전종합대책 마련

(1) One Strike-Out : 불법행위 건축물 안전 사망사고가 발생한 경우, 연루된 건축관계자는 건축업무 수행 금지

(2) Two Strike-Out : 기타 불법행위 적발되면 6개월간 업무 제한, 2년간 2회 적발되면 건축업무 수행 제한

(3) 건축물 안전영향평가 : 초고층 건축물(50층 이상)과 대형건축물(연면적 $10만m^2$ 이상)에 대한 구조안전과 인접대지 안전성을 착공 전에 종합 평가

(4) 지자체에 건축지원센터 설립 : 이행강제금 재원을 활용하여 설계도서 검토, 현장

조사 등 인·허가 건축행정 업무를 지원

⑸ 다중이용건축물 확대 : 불특정 다수가 이용하는 건축물의 기준을 현행 5천m^{2}에서 1천m^2 이상으로 범위를 확대 적용

⑹ 주요 공정 동영상 촬영 및 제출 : 건축공사 중 주요 공정을 동영상으로 촬영하여 사용 승인 때 인·허가 기관에 제출

3. 『건설기술진흥법』 개정을 통한 안전 강화

⑴ 안전관리계획서 심사 강화 : 시특법 1종 및 2종 시설물이 포함된 안전관리계획은 의무적으로 한국시설안전공단 검토를 받도록 기준 강화

⑵ 건설기술용역평가, 시공평가 및 종합평가 : 공사비 100억원 이상의 건설공사에 대해 평가를 실시하여 우수건설용역업자 선정

⑶ 가설구조물 설계 및 확인 강화 : 동바리, 거푸집, 비계 등 가설구조물에 대해 건설기술용역업자는 구조검토, 건설업자·주택건설등록업자는 안전성 확인 의뢰

⑷ 지반침하(싱크홀) 예방대책 마련 및 추진 : '지하공간 통합지도'를 3D기반으로 구축하고,『지하공간의 안전관리에 관한 특별법』제정 및 R&D 투자 확대

4. 건설안전정보시스템(COSMIS) 운영

⑴ 국토교통부가 건설안전정보시스템(COSMIS, www.cosmis.or.kr)을 개발하여 한국시설안전공단으로 통해 온라인 서비스 제공 중

⑵ 향후, COSMIS를 '건설공사 안전관리 종합정보망'으로 확대하여 운영할 계획

Ⅳ. 건설재해의 저감대책

1. 취약공종 안전대책

⑴ 가설구조물 안전사고 예방대책

① 거푸집·동바리 구조검토 철저 : 수직하중, 수평하중, 굳지 않은 콘크리트 측압, 특수하중 등으로 인한 비틀림, 처짐, 좌굴 등의 강성 검토

② 거푸집·동바리 조립도 작성 철저 : 조립도에는 사용되는 부재의 재질, 단면규격, 설치간격, 이음방법 등을 상세하게 명기

③ 거푸집·동바리 재료검사 철저 : 성능이 검정된 제품만 사용하며, 손상·균열·부식 등의 결함으로 구조 안전성 확보가 곤란한 자재는 사용금지

④ 거푸집·동바리 조립기준 준수 : Pipe support, 시스템 동바리, 갱폼, 슬립폼, 클라이밍폼, 코핑폼 등 대형 특수 거푸집 조립기준 준수

⑤ 콘크리트 타설 작업기준 준수 : 1회 타설높이 이내에서 분산타설 등 집중하중 방지 조치, 콘크리트 양생기간 준수, 주변 고압전선 확인

⑥ 거푸집·동바리 조립·해체 작업기준 준수 : 작업발판 설치, 안전대 사용 등 추락위험 방지 조치, 근로자 개인보호구(안전모, 안전대 등) 착용태 확인

(2) 지반굴착(터파기) 안전사고 예방대책

① 충분하고 내실있는 지반조사 실시 : 지반조사의 불충분 또는 지반조사에서 취약대를 제대로 파악하지 못하여 발생되는 붕괴사고의 관행 방지

② 지반굴착 코너부 설계 및 시공 철저 : 코너 버팀재의 구조적 취약성으로 인해 비대칭 구조를 이루거나, 불규칙한 편토압 작용을 방지

③ 앵커 설계 및 시공품질 관리 철저 : 활동파괴면 계산을 잘못으로 앵커의 정착장 길이가 짧아 활동면 내부에서 앵커가 정착되는 사례 방지

④ 지하수 관리 철저 : 흙막이 벽체 배면을 통해 지하수가 유입되어 수압이 증가하여 흙막이벽체 파괴를 유발하는 사례 방지

(3) 비탈면 안전사고 예방대책

① 정확하고 신빙성있는 지반조사 실시 : 시공단계에서 현장 지반여건이 변경되면 즉시 안정성 검토를 실시하여 현재 상태의 안정성 여부 판단

② 우수 등 수리제어 철저 : 시공 중 집중강우 때 간극수압 증가에 따른 전단강도 감소에 대비하여 주변지반의 지질학적 취약지점(계곡부, 단층대) 파악

③ 시공 중 안전확보 대책 수행 : 암반 파쇄발파 작업 중 방호시설을 철저히 준비하고 비계 등 안전시설을 사전에 적절히 설치

2. 간접적인 안전대책

(1) 안전의식 전환

① '안전과 이익은 경쟁관계가 아니다', '안전은 이윤이다', '안전은 번거로운 것이 아니라 행복이다'라는 생각으로 안전 최우선 경영방침 실천

(2) 적정 공사비 확보

① 전체 건설재해의 72%가 20억 이하의 소규모 현장에서 발생된다는 점을 고려하여 소규모 현장에서도 적정공사비 확보되도록 제도 보완

(3) 적정 공사기간 확보

① 설계자는 현장여건을 고려하여 적정한 공기를 설계에 반영, 시공자는 공기에 쫓기어 부실공사 및 안전사고 발생되지 않도록 돌발상황에 사전 대비

V. 맺음말

1. 의사결정권자의 의식 변화

⑴ 안전은 규제대상이 아니다. 안전부서는 징계만 받는 자리, 승진과 거리가 먼 자리, 아무 권한도 없는 자리로 인식되고 있는 악순환의 고리를 끊어야만 한다.

2. 작은 것부터 실천하는 자세

⑴ 실천하는 자세가 중요하다. 발주청은 안전 최우선 정책을 수립하고, 시공사는 최고경영자부터 안전을 챙기고, 근로자는 안전활동을 습관化 한다.[61]

---

61) 신주열, '최근 건설사고 사례 분석 및 예방대책', 한국시설안전공단 건설안전실장, 건설기술/쌍용, 2015.

02.11 공사 중 인명피해 발생 조치사항

공사 중에 인명피해 발생시 조치해야 할 사항 [0, 1]

Ⅰ. 개요

1. 우리나라 산업현장에서 크고 작은 사고가 끊이지 않고 있어 근로자들의 안전이 항상 위협받고 있다. 사고가 주로 발생되는 업종은 건설업, 조선업, 제조업 등으로 우리나라의 경제성장을 이끌어온 대표 업종들이다.

2. 특히, 건설현장은 기계화 시공에 따른 대형 중장비가 근로자와 함께 가동되기 때문에 사상자가 발생하는 비상사태에 대비하여 상시적으로 응급처치할 수 있도록 『건설기술진흥법』 및 『산업안전보건법』에 안전관리조직을 운영하도록 되어 있다.

3. 건설현장에서 산업재해가 발생된 경우, 일반적인 처리절차는 다음과 같다.

Ⅱ. 공사 중 인명피해 발생 조치사항

1. 재해자 병원 후송

(1) 재해발생 즉시 ▲먼저 119에 재해발생 신고를 하고, ▲이어서 현장 비상연락망에 따라 가까운 지정병원 응급실에 재해발생 신고를 하면서 엠블런스 요청

(2) 먼저 도착한 엠블런스에 재해자를 싣고 병원 응급실로 긴급후송

2. 사고현장 보존

(1) 사고발생 현장을 보존하고, 사고 관련자와 목격자로부터 재해발생 경위 파악

(2) 관련기관(경찰, 고용노동부)이 현장 도착 전에 안전교육일지 등의 서류 준비

3. 재해발생 긴급 보고

(1) 본사에 6하 원칙(일시, 장소, 인적사항, 발생경위, 재해정도, 수습상황 등)에 따라 재해발생 긴급보고

4. 업무처리 분담

(1) 재해 관련 관리감독자 회의를 소집하여 현장업무와 행정업무를 분담 시행

(2) 현장업무

- 영안실 대기조 편성 : 식음료 준비, 문의전화 상담
- 분양소 준비 : 영안실 제사상, 재해자 사진 확대복사, 대표이사 명의 조화
- 재해자 유족에게 연락 : 유족의 숙소 준비 등

(3) 행정업무

- 사고보고서 작성

○ 산재보상 신청 준비 : 평균임금 산출, 법률적인 가족관계 확인
○ 재해보상 협의안 마련 등

5. 진단서 발급

(1) 사체검안서 : 재해자가 병원 도착 前에 사망하는 경우에 발급
(2) 사망진단서 : 재해자가 병원 도착 後에 사망하는 경우에 발급
(3) 진단서 용도 : 경찰서·고용노동부 제출, 매·화장신고, 사망신고, 합의서 공증

6. 사고현장 확인

(1) 육안 확인 : 사고현장 사진, 목격자 진술, 관련자 증언 등
(2) 서류 확인 : 안전교육일지(일일, 주간, 월간, 정기, 특별교육), 보호구 지급대장,
    안전교육 이수자 명단, 정기건강진단서 등

7. 중대재해발생보고서, 요양신청서 작성·제출

(1) 사망사고 : 고용노동부에 '중대재해발생보고서'를 작성·제출
    비(非)사망사고 : 근로복지공단에 '요양신청서'를 작성·제출
(2) 보고내용 : 공사개요, 재해자 인적사항, 재해개요(사고경위, 사고원인, 상황도면,
    사후조치 등)

8. 산업재해보상금 청구용 서류준비 ☞ 어려운 과제①

(1) 합의각서, 장례비 청구서, 유족보상금 전액 청구서 및 가지급 영수증
(2) 보험금 수령위임장 및 위임수령 확인각서, 보험금 수급권자의 가족관계확인서·주
    민등록초본·인감증명서,
(3) 사망진단서 또는 사체검안서, 장례실행 확인서
(4) 임금산정 내역서, 임금지불대장(사망직전 3개월), 근로계약서, 출근카드, 사고현장
    사진, 재해현장 약도, 안전교육일지 등

9. 산업재해보상금 수령

(1) 산업재해 보상금 및 장례비를 수령하여 유족 대표 수급권자에게 전달

10. 유족과 별도 합의금 협상 ☞ 어려운 과제②

(1) 합의금 산출하여, 유족대표와 보상급 합의
(2) 회사와 유족대표 간의 합의각서 작성·서명

11. 합의금 지급을 위한 서류 작성

(1) 회사와 유족대표 간의 합의각서에 따라 합의금 지급, 영수증 수령
(2) 공증용 보상금 지급권자(회사대표)의 위임장·인감증명서·인감도장
(3) 공증용 보상금 수급권자(유족대표)의 인감증명서·인감도장

⑷ 회사대표와 유족대표 간의 합의각서 공증서 발급(법률사무소 의뢰)

12. 검찰수사 지휘서 발급

⑴ 검찰수사 지휘서를 발급받아 병원 영안실에 제출

⑵ 회사(가능하면 유족대표)가 사체 인수

13. 사망신고, 가족관계증명서, 매·화장신고서

⑴ 본적지 및 주민등록지에 사망신고, 가족관계증명서의 제적증명 발급

⑵ 매·화장신고서를 제출하여 매·화장 승인서를 수령

14. 매·화장 실시, 제경비 지급 및 정산

⑴ 회사가 유족대표와 장례절차 협의, 장지까지 운구인원 및 운구방법 결정

⑵ 장지의 매·화장사무실에 신고서 제출, 승인서를 발급받아 매·화장 실시

⑶ 사체의 보관료·처치료·관리료·염사료·운구료, 수의구입비, 제물비, 화장장 사용료·화부수고료, 매장장 구입비, 인부수고료, 유족 식대숙박비 등 제경비를 회사비용으로 최종 정산

15. 인사발령, 관계기관 출두, 종결

⑴ 재해발생으로 인한 사망자의 퇴직 처리 인사발령

⑵ 사고 관련자목격자, 지휘감독자, 안전관리자, 현장책임자, 유족대표 등이 관계기관(경찰서, 고용노동부)에 출두하여 6하 원칙에 따라 진술서 작성·서명

⑶ 중대재해 발생에 따른 회사 제재, 관계자 처벌 등 업무 종결[62]

Ⅲ. 결론

1. 『산업안전보건법』에 산업재해 발생 보고기한이 30일 이내로 되어 있으나 현실적으로 건설현장에서 산업재해 발생 후 사고보고서 작성은 불가피한 경우를 제외하고는 2~3일 이내에 완료하는 것이 일반적이다.

2. 따라서, 30일이라는 산업재해 보고기한이 너무 길어 오히려 산업재해발생 보고를 건설현장 상황에 따라 또는 사업주 방침에 따라 보고를 은폐할 수 있는 시간 제공 가능성이 커져서 불합리하다.

---

62) 김영신, '건설현장 중대재해 처리요령', 대한산업안전협회 산업재해 관련자료, 2008.

02.12 표준안전난간

표준안전난간 [1, 0]

1. 안전난간의 구조 및 설치요건

『산업안전보건기준에관한규칙』제13조(고용노동부령 제242호, 2019.01.31)

(1) 상부난간대, 중간난간대, 발끝막이판 및 난간기둥으로 구성할 것. 다만, 중간난간대·발끝막이판·난간기둥은 비슷한 구조·성능을 가진 것으로 대체할 수 있다.

(2) 상부난간대는 바닥면·발판·경사로표면으로부터 90cm 이상 지점에 설치하고, 상부난간대를 120cm 이하에 설치하는 경우에는 중간난간대는 상부난간대와 바닥면의 중간에 설치할 것. 다만, 계단의 개방된 측면에 설치된 난간기둥 간의 간격이 25cm 이하인 경우에는 중간난간대를 생략할 수 있다.

(3) 발끝막이판은 바닥면으로부터 10cm 이상의 높이를 유지할 것. 다만, 물체가 떨어질 위험 방지를 위해 망을 설치하는 등의 예방조치를 한 장소는 제외한다.

(4) 난간기둥은 상부난간대와 중간난간대를 견고하게 떠받칠 수 있도록 적정한 간격을 유지할 것

(5) 상부난간대와 중간난간대는 난간 길이 전체에 걸쳐 바닥면등과 평행을 유지할 것

(6) 난간대는 지름 2.7cm 이상의 금속제 파이프나 그 이상의 강도가 있는 재료일 것

(7) 안전난간은 구조적으로 가장 취약한 지점에서 가장 취약한 방향으로 작용하는 100 킬로그램 이상의 하중에 견딜 수 있는 튼튼한 구조일 것

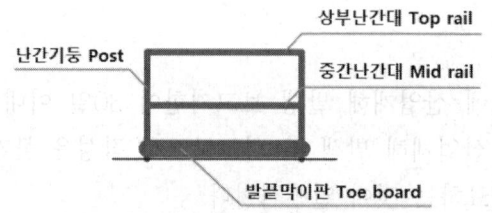

표준안전난간

02.13 미세먼지, 황사, 연무, 스모그

대규모 단지공사에서 비산먼지 발생 저감방안 [0, 1]

Ⅰ. 미세먼지

1. 대기환경기준

항목	기준		측정방법
미세먼지(PM$_{10}$)	연간평균치	$50\mu g/m^3$ 이하	베타선흡수법
	24시간평균치	$100\mu g/m^3$ 이하	(β--Ray Absorption Method)
미세먼지(PM$_{2.5}$)	연간평균치	$25\mu g/m^3$ 이하	중량농도법 또는 이에 준하는
	24시간평균치	$50\mu g/m^3$ 이하	자동측정법

주 1) 24시간 평균치는 99백분위수의 값이 그 기준을 초과해서는 아니 된다.

   2) 미세먼지(PM$_{10}$)는 입자의 크기가 $10\mu m$ 이하인 먼지를 말한다.

   3) 미세먼지(PM$_{2.5}$)는 입자의 크기가 $2.5\mu m$ 이하인 먼지를 말한다.(2015년부터 적용)

2. 초미세먼지(PM$_{2.5}$)는 1군 발암물질 ··· 황사와는 다른 물질

(1) 미세먼지는 황사보다 작은 $10\mu m$ 이하로 입자 크기에 따라 PM$_{10}$과 PM$_{2.5}$로 구분된다. 초미세먼지 PM$_{2.5}$는 호흡기에 걸러지지 않고 폐포까지 침투해 호흡기 질환을 유발하고 혈관에 염증을 발생시키는 매우 위험한 물질이다.

(2) 세계보건기구(WHO)는 PM$_{2.5}$를 1군 발암물질로 분류했다. 1군은 벤젠이나 석면과 같이 인체에 매우 위험한 물질들이다. 호흡기질환은 물론 심혈관계질환, 각종 암 등 심각한 질병을 유발한다.

① PM$_{2.5}$는 노인, 어린이, 임산, 심장질환, 순환기질환을 겪는 환자들에게 심장과 혈관뿐만 아니라, 당뇨병, 우울증 같은 만성질환에도 영향을 준다.

② PM$_{2.5}$는 단순한 먼지가 아니라 독성물질이다.

(3) 국립환경과학원이 공개한 일일 PM$_{2.5}$ 데이터를 종합하면 수도권보다 지방이 더 심각하다(PM$_{2.5}$ 측정값 공개는 2015년부터 시작됐다).

지역별 PM$_{2.5}$ 오염도 순위

단위 : $\mu g/m^3$

지역	전북	충남,충북	대전,인천	경기,강원,울산,대구,경남,광주	부산	전남,경북	서울
오염도	34	32	29	28	27	26	24

II. 황사

1. 황사의 분류

명칭	구분		기준
황사	레벨 0 약한 황사	1시간 평균 미세먼지(PM$_{10}$) 농도	$400\mu g/m^3$미만
	레벨 1 강한 황사		$400{\sim}800\mu g/m^3$정도
	레벨 2 매우 강한 황사		$800\mu g/m^3$이상

주 1)황사 판정에 사용하는 기상 요소 : 시정과 대기 에어로졸(aerosol)의 농도
  2)에어로졸은 '인간에 의한 발생 또는 자연 발원에 의해 대기 속으로 진입하는 액체 및 고체 미립자'를 말한다.

2. 황사의 특징

(1) 황사(黃砂, yellow dust)는 주로 봄철에 중국과 몽골 사막의 모래·먼지가 상승하여 편서풍을 타고 멀리 날아가 서서히 가라앉는 토우(土雨), 흙비를 말한다.

(2) 아시아 대륙에서는 중국과 대한민국, 일본 순으로 봄철 황사 피해를 가장 많이 입는다. 발생기간이 길어지고 오염물질이 포함되는 등 매년 심해지는 추세다.

(3) 황사에 섞여 있는 석회 알칼리성 성분이 산성비를 중화함으로써 토양과 호수의 산성화 방지, 식물과 바다의 플랑크톤에 유기염류 제공 등의 장점이 있다. 그러나 인체 건강, 여러 산업에 피해를 끼쳐 황사 방지를 대책이 요구된다.

3. 황사의 원인

(1) 바람에 의해 지표의 토양 일부가 대기 중으로 올라가서 먼 곳까지 이동하려면 ▲ 강한 바람이 필요하고,
지표면 토양은 흙가루가 매우 작고 건조해야 하며, 지표면에 식물 군락 없어 공중으로 떠오르는 것을 방해해서는 안 된다.

(2) 황사 발원지 중국·몽골의 사막지역의 대부분은 해발 약 1,000m 이상으로 강한 바람을 타고 눈·비가 적게 내리는 봄철에 한반도로 이동하기 수월하다.

(3) 지구온난화 영향으로 사막화가 가속되고 있는 중국의 반(半)건조지역은 기후의 영향을 민감하게 받아, 겨울철 가뭄이 심한 경우에 지표가 매우 건조해져 봄철에 강한 바람에 의해서 대기 중에 황사가 발생한다.

(4) 황사 발원지는 편서풍대에 위치하여 서쪽에서 동쪽으로 바람이 분다. 특히, 봄철에는 강한 저기압이 만주지역에 자리를 잡아 강한 바람의 풍향이 한반도와 일본으로 향하면서 황사가 발생한다.

Ⅲ. 연무

1. 용어 정의

⑴ 연무(煙霧, haze)는 공기 중의 먼지나 연기 등으로 시정이 흐려진 것을 말한다.

⑵ 연기와 안개를 아울러 이르는 용어이다(예, 연무가 짙게 끼다).

⑶ 고운 먼지와 그을음이 공중에 떠다니면서 생기는 대기의 혼탁현상을 의미한다. 주로 공장에서 배출된 매연과 자동차 따위의 배기가스에 의하여 일어난다.

2. 기상예보 사례

⑴ 기상청은 '서울은 지난 주말 1월12일 새벽 눈이 내리고 난 뒤 아침에 박무 현상을 보이다가 기온이 점차 오르면서 정오 무렵부터는 연무 현상이 나타났다. 이후 3일 동안 낮에 연무 현상이 나타나면서 뿌연 하늘이 보였다'고 말했다.

⑵ 이처럼 '서산지역엔 옅은 안개인 박무가 나타났다. 하지만 서울은 현재 연무현상을 보이고 있다'라는 기상캐스터의 멘트가 자주 들린다.

3. 안개(fog), 박무(薄霧, mist), 연무(煙霧, haze)

⑴ 안개, 박무(엷은 안개), 연무는 시야를 악화시킨다는 공통점이 있으나, 주요 입자가 어떤 것인지에 따라 다르다.

① 수평시정이 1km 미만이면 '안개', 그 이상이면 '박무'와 '연무'로 구분한다.

② 안개와 박무(薄霧)는 물 현상, 연무는 먼지 현상이라는 점에서 다르다.

③ 안개 : 상대습도 75% 이상, 시정 1km 미만

　　박무 : 상대습도는 안개와 같으나, 시정 1km 이상~10km 미만

　　연무 : 상대습도 75% 미만으로 습기·먼지로 인하여 시야가 확보되지 않으며, 시정은 1~10km로 박무와 같다.

⑵ 연무는 습도가 낮으면서 대기 중에 연기·먼지 등의 건조하고 미세한 입자가 떠 있어 육안으로 보이지 않는 경우가 많다.

① 도시나 공업지대의 주택·공장에서 나오는 연기나 자동차 배기가스 등 인간활동에 따라 발생하는 인공 오염물질을 포함하는 경우가 많다.

② 연무의 입자는 $1\mu m$ 이하로서 최대 $18\mu m$인 황사보다 훨씬 작아 폐의 가장 깊은 곳까지 침투하기에 황사보다 더 위험한 요소로 여겨진다.

Ⅳ. 스모그

1. 용어 정의

(1) 영어의 'smoke'(연기)와 'fog'(안개)의 합성어이다. 이 용어는 1905년 H. A. 데보외가 영국 도시들의 대기 상태를 지칭하는 말로 처음 사용했다. 1911년 매연감소를 위한 전국연맹의 맨체스터 회의에서 1909년 가을 글래스고와 에든버러에서 '매연-안개'로 인해 1,000명 이상의 사상자가 생겼던 사건이 보고되면서 보편화되었다.

(2) 오늘날에는 대기오염물질로 하늘이 뿌옇게 보이는 현상을 부르는 말로 쓰인다. 자동차 배기가스나 화력 발전소·공장 등에서 나오는 대기오염물질 때문에 생긴다. 대도시에서 많이 생기지만, 바람에 실려가 다른 곳에 피해를 주기도 한다.

① 런던형 스모그(황화 스모그) : 화석연료를 태워서 생긴 이산화황, 일산화탄소

② LA형 스모그(광화학 스모그) : 자동차 배기가스에 들어 있는 질소산화물

③ 화산 스모그 : 자연적으로 생기는 스모그로서, 화산폭발로 분출된 이산화황

④ 혼합형 스모그(서울 스모그) : 런던형 스모그와 LA형 스모그가 함께 발생

2. 원인물질과 배출원

(1) 아황산가스 : 공장·빌딩의 연소시설, 산업체·가정의 난방시설이 주요 배출원이나, 최근에는 연료개선정책에 의해 배출량이 상당히 감소되었다.

(2) 질소산화물 : 연료가 고온연소될 때 공기 중의 질소와 산소가 반응하여 생성된다. 주요 배출원은 자동차, 기차, 비행기, 선박 등의 이동 배출원과 산업장, 빌딩·가정용 보일러 등의 고정 배출원으로 알려져 있다.

(3) VOCS(휘발성 유기화합물) : 석유의 불완전 연소로 배출되므로 자동차가 주요 배출원이다. 그 밖에 주유소, 정유시설, 저유소, 세탁소, 아스팔트 등 배출원이 다양하다. 유럽과 미국의 교외지역에서는 산림에서 배출되는 자연배출 VOCS도 오존 생성의 주요 원인물질로 보고된다.

(4) 미세먼지 : 시정이 나빠지는 것은 에어로솔이 빛을 산란시키거나 흡수하여 소멸시키기 때문에 입자의 주요 성분은 황산염, 질산염, 원소탄소, 유기탄소들이다. 시정에 직접 영향을 주는 것은 $PM_{2.5}$이다.

(5) 안개 : 기온 급강하로 아침에 주로 생기는 안개는 시야를 방해하는 물질의 하나이다. 서울의 경우 과거보다 더 많은 양의 안개현상이 나타나면서 기온이 올라가도 잘 소멸되지 않는 이유는 안개에 포함된 미세입자가 원인으로 추정된다.

02.14 성수대교 붕괴의 특성 및 원인

1994년 성수대교 붕괴의 특성 및 원인 [0, 1]

I. 개요

1. 서울특별시의 한강에 위치한 성수대교(聖水大橋)가 1994.10.21. 07:38분 출근길 교통이 붐비는 시간대에 상부 트러스가 무너져 강바닥으로 추락하여 32명이 사망하였고 17명이 다쳤다.

II. 붕괴사고 개요

1. 성수대교 구조

(1) 위치

　○ 서울 성동구 성수동과 강남구 압구정동을 잇는 한강교량

(2) 형식

　○ Gerber truss bridge, L=1,160m, B=19.4m(4차로)

　○ 주경간 36m인 2개의 anchor truss와 그 사이를 Pin으로 연결한 길이 48m의 중앙 현수 truss로 구성된 지간장 120m의 장대교량

(3) 구조

　○ 상부구조는 강재, 하부구조는 콘크리트로 구성

2. 성수대교 사고

(1) 설계는 대산콘설턴트, 시공은 동아건설(주), 유지관리는 서울특별시 담당

(2) 공사기간은 1977.04.09~1979.10.15(2년 6개월)

(3) 공용 15년째인 1994.10.21.07:40 출근길에 붕괴되어, 차량 6대가 한강으로 추락하면서 익사 32명, 중경상 17명 피해 발생

(4) 교각 10번과 교각 11번 사이의 내부힌지 상현재의 핀 플레이트와 수직재 사이에서 용접불량(용접면적 부족)으로 '피로균열'이 누적되어 내부힌지 사이 1개 구간 48m가 탈락하여 추락

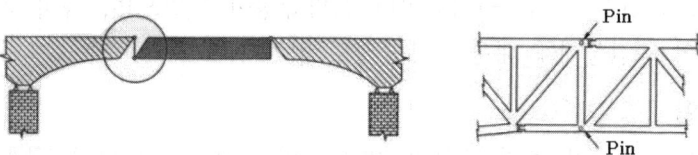

성수대교 특성 : Gerber truss bridge

III. 성수대교 개황 : Gerber truss bridge

1. 게르버 트러스교의 특성

(1) 연속교의 휨모멘트 $M=0$이 되는 지점에 내부힌지(hinge)를 넣어 정정(靜定)구조로 설계된 연속보이다.

(2) 지반이 불량한 경우에는 효과적이지만, 내부힌지 부분을 정확하게 연결시켜야 처짐이 발생하지 않는다.

(3) 사하중이 작은 짧은 지간의 트러스교에서 내부힌지 부분에 큰 활하중(중차량)이 통과할 때에 충격을 받는다.

(4) 내부힌지 사이의 보(suspended span)에 과다한 처짐이 발생하는 경우에 내부힌지가 매우 취약하게 된다.

2. 게르버 트러스교의 이점

(1) 연속교로이므로 지점침하의 영향이 적다.

(2) 설계단과정에 하중의 계산이나 가설이 간단하다.

(3) 시공사례 : 한강 성수대교, 캐나다 퀘벡교, 영국 포스교 등 다수

IV. 성수대교 붕괴사고의 발생 배경

1. 제도적 원인

(1) 당시의 공공건설사업 최저가입찰제도는 60~70%의 덤핑수주를 초래하여, 부실시공의 원인을 제공하였다.

(2) 또한 표준품셈, 노임단가 역시 시장가격에 비하여 터무니 없이 낮아 시공사들은 이를 부실공사로 보충할 수 밖에 없었다.

(3) 공공건설공사에 대한 공무원들의 감독제도는 부실공사를 예방할 수 없었고, 공사 완료 후에 구조물의 안전성을 진단하는 제도 자체가 없었다.

(4) 선진국은 국가 주요시설물의 유지관리비를 건설비의 1~2% 확보하는데 비해, 우리나라는 유지관리에 대한 정부예산이 형편 없는 수준이었다.

2. 시방서 원인

(1) 도로교량에 관한 유지관리지침이나 시방규정이 없었으며, 특히 피로파괴에 취약한 강재의 용접상세에 대한 설계규정도 없었다.

3. 환경적 원인

(1) 정치·사회적 요구에 따라 대국민 전시용 및 홍보용으로 단기간 내에 대규모 구조물의 건설공사를 추진하였던 시대였다.

V. 성수대교 붕괴사고의 주요 원인

1. 설계 결함

⑴ 수직재가 여유응력이 없는 구조로 설계되어 있어 사고를 예고할 수 없었다.

⑵ 수직재와 핀 플레이트의 용접에 대한 시공 결함을 고려하지 않은 구조였다.

⑶ 사고 당시, 현수 트러스와 앵커 트러스가 접속되는 핀 연결부 하단에서 횡방향 브레싱이 완전히 분리되어 있어, 횡력 전달기능이 불합리한 구조였다.

⑷ 시공 당시, 기술축적이 부족한 상태에서 무리하게 신공법을 도입하였다.

2. 시공 결함(용접불량)

⑴ 상현재의 핀 플레이트와 수직재 플렌지 사이의 용접이 X형 맞댐용접으로 설계되었으나, 실제는 I형 수동식 맞댐용접으로 시공되었다.

맞댐용접 부분에 설계응력($1,400kg/cm^2$) 이상의 실제응력($4,300kg/cm^2$ 추정)이 장기간 집중되어 강재의 피로균열이 가중되었다.

⑵ 설계 당시 수직재 플렌지 두께가 18mm이었으나, 사고조사 결과 미용입 길이가 최대 16mm(유효 용입두께 2mm에 불과)까지 확장된 부재도 있었다.

접합단면의 全體두께가 용접되지 않고 접합표면 일부분에만 용접되었다.

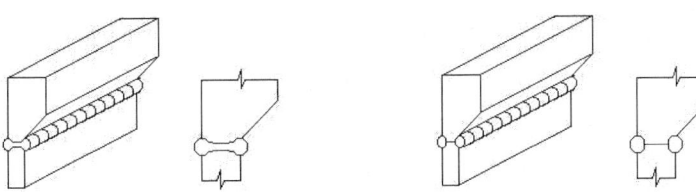

최초 설계 용접단면   사고 당시 용접단면

성수대교 수직재 용접상태

3. 유지관리 결함

⑴ 균열 방치

① 장기간에 걸쳐 균열 부분이 그대로 방치 : 무너진 성수대교 10번과 11번 교각 사이의 H빔 용접부분, 교각과 상판을 연결하는 내부힌지 H빔 용접부분에서 발생한 길이 5cm 정도의 균열은 오랫동안 보수되지 않은 채 방치되었다.

② 정기점검 및 유지관리 미비로 균열상태 사전 확인 불가 : 용접 등 취약한 철 구조물 접합부위로 구성된 트러스교는 20년 경과하기 전부터 수시로 비파괴시험 등의 정밀검사를 실시해야 한다.

⑵ 신축이음장치

① 수직재 용접 연결부를 통하여 빗물과 염화칼슘이 유입되었으나, 신축이음장치

는 연결핀으로 보호되어 있어 부식이 크게 발생하지 않았다.

② 신축이음장치의 부식은 수직재 붕괴의 직접적인 원인으로 판단되지 않았다.

(3) 과적차량 통행

① 설계하중 DB18(32.4t)을 초과하는 과적 중차량이 반복하여 통행하였다.

② 붕괴된 Gerber bridge를 구성하는 31개의 철골부 중에서 14개가 초과응력을 지속적으로 감당하도록 설계되었다.

(4) 염화칼슘 살포

① 용접부위는 그 특성상 미세한 구멍이 생길 수 있는데 도장이 손상되면 이 구멍을 통해 물이 스며들어 부식이 가속화되면서 미세한 균열이 발생한다.

② 염화칼슘과 같은 강염성분이 스며드는 경우 교량의 안전에 치명적인 손상을 주게 된다.

③ 염화칼슘을 뿌릴 때는 그에 앞서 용접부위의 도장관리를 철저히 하고, 뿌린 뒤에는 즉시 세척을 실시하여야 하는데, 이를 시행하지 않았다.

VI. 성수대교 복구공사

1. 대한토목학계는 성수대교 붕괴 구간만 보수·보강하면 재사용할 수 있다는 의견을 제시하였으나 시민들의 정서를 감안하여 개축하는 방향으로 결정되어 1995.4월 현대건설이 착공, 1997.7월 직선 차로만 우선 개통하였다. 이후 진입램프 확장공사를 계속 진행하여 2004. 9월 최종 완공하여 오늘에 이르렀다.

2. 성수대교 붕괴 사고 이후 동일한 트러스 공법으로 시공된 당산철교도 문제가 제기되어 1997.1월부터 철거·개축공사를 시작하여 1999.11월 재개통하였다.

VII. 맺음말

1. 성수대교 붕괴사고는 용접불량 등 시공불량, 유지관리 부실, 규정을 초과하는 과적차량 통행단속 소홀 등이 직접적인 원인이었음이 판명되었다.

2. 성수대교 붕괴원인으로 지목된 '피로균열'은 성수대교를 건설할 당시에는 개념조차 정립되지 않았으며, 붕괴될 당시에도 실무지침마저 없었다.

3. 강재의 용접불량이 성수대교 붕괴의 1차적인 원인이었지만, 정부는 이 사고를 계기로 『시설물의 안전 및 유지관리에 관한 특별법』을 제정하게 되었다.[63]

---

63) 국가기록원, '성수대교 붕괴 발생원인', 재난방재, 2006.

02.15 『시설물 안전·유지관리 특별법』 주요내용

'시설안전법'과 동법 '시행령'에 따른 시설물 범위(건축물 제외)와 안전등급 [1, 1]

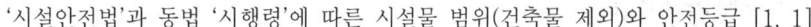

I. 개요

1. 제정 배경

(1) 우리나라의 건설산업은 기간시설의 확충과 물량위주의 주택건설 등 신규 건설공사에만 주력하여 시설물 준공 후 유지관리에 소홀

(2) '90년대 이후 대형시설물의 안전사고(성수대교 붕괴 '94.10.21, 삼풍백화점 붕괴 '95.6.29)가 빈발함에 따라 시설물 준공 후 유지관리의 중요성 부각

2. 제정 목적

(1) 시설물의 안전점검과 적정한 유지관리를 통하여 재해와 재난을 예방하고 시설물의 효용을 증진시킴으로써

(2) 공중(公衆)의 안전을 확보하고 나아가 국민의 복리증진에 기여하는데 있다.

3. 용어 정의

(1) 시설물 : 건설공사를 통하여 만들어진 구조물 및 그 부대시설로서 교량, 터널, 항만, 댐. 건축물, 하천, 상하수도, 옹벽·절토사면 및 공동구로 구분하며, 시설물의 중요도 및 규모에 따라 제1종시설물, 제2종시설물 및 제3종시설물로 구분

(2) 관리주체 : 해당 시설물의 관리자, 소유자, 계약에 의한 시설물의 관리책임자를 말하며, 공공(公共)관리주체와 민간(民間)관리주체로 구분

공공(公共)관리주체 : 국가, 지방자치단체, 공공기관, 지방공기업

(3) 안전점검 : 경험과 기술을 갖춘 자가 육안이나 점검기구 등으로 검사하여 시설물에 내재(內在)되어 있는 위험요인을 조사하는 행위를 말하며, 점검 목적·수준을 고려하여 정기안전점검 및 정밀안전점검으로 구분

제1,2종시설물은 안전점검을 모두 실시, 제3종시설물은 정기안전점검만 실시

(4) 정밀안전진단 : 시설물의 물리적·기능적 결함을 발견하고, 신속하고 적절한 조치를 하기 위하여 구조적 안전성과 결함의 원인 등을 조사·측정·평가하여 보수·보강 등의 방법을 제시하는 행위

제1종시설물은 정밀안전진단을 의무적으로 실시, 제2,3종시설물은 안전점검을 실시한 결과 필요하다고 인정되는 경우에만 정밀안전진단을 실시

(5) 긴급안전점검 : 시설물의 붕괴·전도 등으로 인한 재난 또는 재해가 발생할 우려가 있는 경우에 시설물의 물리적·기능적 결함을 신속하게 발견하기 위하여 실시하는 점검

II. 제1종·제2종 시설물의 범위

1. 제1종 시설물

(1) 정의

① 공중의 이용편의와 안전을 도모하기 위하여 특별히 관리할 필요가 있거나 구조상 안전 및 유지관리에 고도의 기술이 필요한 대규모 시설물로서, 대통령령으로 정하는 시설물

(2) 범위

① 고속철도 교량, 연장 500m 이상의 도로 및 철도 교량

② 고속철도 및 도시철도 터널, 연장 1000m 이상의 도로 및 철도 터널

③ 갑문시설 및 연장 1000m 이상의 방파제

④ 다목적댐, 발전용댐, 홍수전용댐 및 총저수용량 1천만톤 이상의 용수전용댐

⑤ 21층 이상 또는 연면적 5만m^2 이상의 건축물

⑥ 하구둑, 저수량 8천만톤 이상의 방조제

⑦ 광역상수도, 공업용수도, 1일 공급능력 3만톤 이상의 지방상수도

2. 제2종 시설물

(1) 정의

① 제1종 시설물 외의 사회기반시설로서 재난발생 위험이 높거나 재난예방을 위하여 계속 관리할 필요가 있는 시설물로서, 대통령령으로 정하는 시설물

(2) 범위

① 연장 100m 이상의 도로 및 철도 교량

② 고속국도, 일반국도, 특별시도 및 광역시도 도로터널 및 특별시 또는 광역시에 있는 철도터널

③ 연장 500m 이상의 방파제

④ 지방상수도 전용댐 및 총저수용량 1백만톤 이상의 용수전용댐

⑤ 16층 이상 또는 연면적 3만m^2 이상의 건축물

⑥ 저수량 1천만톤 이상의 방조제

⑦ 1일 공급능력 3만톤 미만의 지방상수도

3. 제3종 시설물

(1) 정의

① 제1종 및 제2종 시설물 외에 안전관리가 필요한 소규모 시설물로서, 시특법제8조, 영제5조 및 규칙제5조에 따라 지정·해제 요청된 시설물

[별표 1] **제1종 시설물 및 제2종 시설물의 종류** (법제2조제1항 관련)

구분	제1종 시설물	제2종 시설물
1. 교량		
(1) 도로교량	◦상부구조형식이 현수교·사장교·아치교·트러스교인 교량	
	◦최대 경간장 50m 이상 교량 (1경간 교량은 제외)	◦경간장 50m인 1경간 교량
	◦연장 500m 이상 교량	◦1종 아닌, 연장 100m 이상 교량
	◦폭 12m 이상으로 연장 500m 이상 복개구조물	◦1종 아닌, 폭 6m 이상·연장 100m 이상 복개구조물
(2) 철도교량	◦고속철도 교량	◦1종 아닌, 연장 100m 이상 교량
	◦도시철도의 교량·고가교	
	◦상부구조형식이 아치교·트러스교 교량	
	◦연장 500m 이상 교량	
2. 터널		
(1) 도로터널	◦연장 1천m 이상 터널	◦1종 아닌, 고속국도·일반국도·특별시도·광역시도 터널
	◦3차로 이상 터널	
	◦터널구간에서 연장 500m 이상 지하차도	◦1종 아닌, 터널구간에서 연장 100m 이상 지하차도
(2) 철도터널	◦고속철도 터널	◦1종 아닌, 특별시·광역시 터널
	◦도시철도 터널	
	◦연장 1,000m 이상 터널	
3. 항만		
(1) 갑문	◦갑문시설	
(2) 방파제, 파제재, 호안	◦연장 1,000m 이상 방파제	◦1종 아닌, 연장 500m 이상 방파제 ◦연장 500m 이상 파제제 ◦방파제 기능 연장 500m 이상 호안
(3) 계류시설	◦20만톤 이상 선박 하역시설로서, 원유부이(buoy)식 계류시설 및 부대시설 해저송유관 ◦5만톤 이상 말뚝구조 계류시설	◦1종 아닌, 1만톤 이상 원유부이식 계류시설 및 부대시설 해저송유관 ◦1종 아닌, 1만톤 이상 말뚝구조 계류시설 ◦1만톤 이상 중력식 계류시설
4. 댐		
	◦다목적댐·발전용댐·홍수전용댐 및 총저수용량 1천만톤 이상 용수전용댐	◦1종 아닌, 지방상수도전용댐 및 총저수용량 1백만톤 이상 용수전용댐

구분	제1종 시설물	제2종 시설물
5. 건축물		
(1) 공동주택		◦16층 이상 공동주택
(2) 공동주택 외의 건축물	◦21층 이상 또는 연면적 5만m² 이상 건축물	◦1종 아닌, 16층 이상 또는 연면적 5천m² 이상 건축물
	◦연면적 3만m² 이상 철도 역시설·관람장	◦1종 아닌, 고속철도·도시철도·광역철도 역시설
		◦1종 아닌, 연면적 5천m² 이상 문화집회시설·종교시설·판매시설·운수여객시설·의료시설·노유자시설·수련시설·운동시설·관광숙박시설·관광휴게시설
	◦연면적 1만m² 이상 지하도 상가(지하보도면적 포함)	◦1종 아닌, 연면적 5천m² 이상 지하도 상가(지하보도면적 포함)
6. 하천		
(1) 하구둑	◦하구둑 ◦포용조수량 8천만톤 이상 방조제	◦1종 아닌, 포용조수량 1천만톤 이상 방조제
(2) 수문·통문	◦특별시·광역시 국가하천의 수문·통문	◦1종 아닌, 국가하천의 수문·통문 ◦특별시·광역시·특별자치시·시 지방하천의 수문·통문
(3) 제방		◦국가하천의 제방(통관·호안 포함)
(4) 보	◦국가하천의 높이 5m 이상 다기능 보	◦1종 아닌, 국가하천의 다기능 보
(5) 배수펌프장	◦특별시·광역시 국가하천의 배수펌프장	◦1종 아닌, 국가하천의 배수펌프장 ◦특별시·광역시·특별자치시·시 지방하천의 배수펌프장
7. 상하수도		
(1) 상수도	◦광역상수도, 공업용수도 ◦1일 공급능력 3만톤 이상 지방상수도	◦1종 아닌, 지방상수도
(2) 하수도		◦공공하수처리시설(1일 500톤 이상)
8. 옹벽,절토사면		
(1) 옹벽		◦높이 5m 이상 합이 100m 이상 옹벽
(2) 절토사면		◦높이 30m 이상 절토부로서, 단일 수평연장 100m 이상 절토사면
9. 공동구		◦공동구

Ⅲ. **시설물의 중대한 결함** 『시특법 시행령』제18조 관련

1. 『시특법』제22조제1항에서 '시설물기초의 세굴, 부등침하 등 대통령령으로 정하는 '중대한 결함'이란 시설물의 구조안전에 중대한 영향을 미치는 것으로 인정되는 다음 각 호의 결함을 말한다.

   (1) 시설물기초의 세굴

   (2) 교량교각의 부등침하

   (3) 교량받침의 파손

   (4) 터널지반의 부등침하

   (5) 항만 계류시설 중 강관 또는 철근콘크리트파일의 파손·부식

   (6) 댐의 파이핑(piping) 및 구조적 균열

   (7) 건축물의 기둥·보 또는 내력벽의 내력(耐力) 손실

   (8) 하천시설물의 본체, 교량 및 수문의 파손·누수·파이핑 또는 세굴

   (9) 시설물의 철근콘크리트의 염해(鹽害) 또는 탄산화에 따른 내력 손실

   (10) 절토·성토 사면의 균열·이완 등에 따른 옹벽의 균열 또는 파손

   (11) 그 밖에 시설물의 구조안전에 영향을 미치는 것으로 인정되는 결함으로서 국토교통부령으로 정하는 결함

2. 『시특법』제22조제1항에 의해 안전점검을 실시하는 자가 해당 시설물에서 시설물기초의 세굴, 부등침하 등 '중대한 결함'을 발견하여 그 사실을 관리주체 및 관할 시장·군수·구청장에게 통보할 때 다음 각 호의 사항을 포함해야 한다.

   (1) 시설물의 명칭 및 소재지

   (2) 관리주체의 상호, 명칭, 성명(관리주체가 법인인 경우에는 대표자 성명을 말한다) 및 주소

   (3) 안전점검 등의 실시기간과 실시자

   (4) 시설물의 상태별 등급과 중대한 결함의 내용

   (5) 관리주체가 조치하여야 할 사항

   (6) 그 밖에 안전관리에 필요한 사항

3. 『시특법』제22조제1항에 의해 시설물의 '중대한 결함'을 통보받은 관리주체 및 관할 시장·군수·구청장은 통보를 받은 날부터 2년 이내에 시설물의 보수·보강 등 필요한 조치에 착수해야 하며, 특별한 사유가 없는 한 착수한 날부터 3년 이내에 이를 완료해야 한다.

Ⅳ. 시설물 안전 및 유지관리 일원화 효과

『재난법』 특정관리대상시설과 『시특법』 제1·2종 시설물 비교

구분	『재난법』 특정관리대상시설		『시특법』 제1·2종 시설
소관	행정안전부 해당 지자체		국토교통부 한국시설안전공단
안전관리 책임	정부책임기관, 지자체, 공공기관		공공시설: 정부책임기관 민간시설: 개별소유자
비용부담 주체	정기점검 비용	정부책임기관, 지자체, 공공기관	공공시설: 정부책임기관 민간시설: 개별소유자
	D·E 등급의 정밀점검 및 정밀안전진단 비용	공공시설: 정부책임기관, 민간시설: 개별소유자	
안전점검 책임	담당 공무원, 민간전문가		정부책임기관 또는 안전진단전문기관, 유지관리업자
안전점검 지침	특정관리대상시설 지정·관리지침		안전점검·정밀안전진단 세부지침
안전등급 분류	중점관리대상시설 / 재난위험시설 A B C D E		안전시설물 / 취약시설물 A B C D E
안전점검 종류	수시점검, 긴급점검, 정기점검		수시점검, 긴급점검, 정기점검, 정밀점검, 정밀안전진단
점검결과 조치	정부책임기관에서 안전조치에 대한 명령권한 행사 안전조치를 통보받은 관리주체는 안전점검 실시 안전점검 결과를 정부책임기관에 통보		점검결과에 따라 비용부담주체가 안전조치 실시 시설물에 중대한 결함이 발견된 경우, 정부책임기관장에게 통보

1. 제1·2종 시설물(71,109개) 중 현재 30년 이상 경과된 SOC는 2,292개로 제1·2종 SOC(21,878개)의 10.5%이며, 10년 후에 5,241개 24.0%로 증가 예상된다.
2. SOC 노후화에 사전 대응하기 위해 현행 안전진단체계에 내구성, 사용성 등을 추가하여 시설물 성능을 종합평가하고, 평가결과를 반영하여 유지관리하도록 안전·유지관리체계를 더욱 강화할 필요가 있다.[64]

---

64) 송창영, '시설물 안전관리체계 일원화 방안 연구 용역 최종보고서', (재)한국재난안전기술원, 2015.

02.16 『시특법』 안전관리 체계, 제3종 추가

시건설공사를 준공하기 전에 실시하는 초기점검 [1, 1]

I. 『시특법』 전부개정의 주요 내용

1. 법 제명을 『시설물의 안전 및 유지관리에 관한 특별법』으로 변경
2. 시설물의 종류를 제1종, 제2종 및 제3종 시설물로 구분
   『재난관리법』에 규정된 '특정관리대상시설'을 3종 시설물로 편입하고, 관리주체에게 시설물 관리계획 수립 및 안전점검 의무를 부여
3. 교량·터널·항만·댐 등 대통령령으로 정하는 SOC 시설물의 관리주체는 소관 시설물에 대한 '성능평가'를 실시하도록 의무화 규정 도입
4. 관리주체는 시설물의 구조상 공중의 안전에 미치는 영향이 중대하여 긴급한 조치가 필요하다고 인정하는 경우에는 사용제한, 사용금지, 철거, 주민대피 등의 안전조치 하도록 의무화 규정 도입

II. 『시특법』 전부개정의 상세 내용

1. 제3종 시설물 추가

(1) 제3종 시설물의 범위

① 토목분야

구분	제3종 시설물
1. 교량	◦ 준공 후 10년이 경과된 교량으로 - 『도로법』상의 도로교량으로, 연장 20m 이상 ~ 100m 미만의 교량 - 『농어촌도로정비법』상의 도로교량으로, 연장 20m 이상의 교량 - 非법정도로 상의 도로교량으로, 연장 20m 이상의 교량 - 연장 100m 미만 철도교량
2. 터널	◦ 준공 후 10년이 경과된 터널로 - 연장 300m 미만의 지방도, 시도, 군도 및 구도의 터널 - 농어촌도로의 터널 - 법 제1·2종 시설물에 해당되지 않는 철도터널
3. 육교	◦ 설치된 지 10년 이상 경과된 보도육교
4. 지하차도	◦ 설치된 지 10년 이상 경과된 연장 100m 미만의 지하차도
5. 기타	◦ 그 밖에 건설공사를 통하여 만들어진 교량·터널·항만·댐 등의 구조물과 그 부대시설로서 중앙행정기관의 장 또는 지방자치단체의 장이 재난예방을 위하여 안전관리가 필요한 것으로 인정하는 구조물

② 건축분야

구분	제3종 시설물
1. 공동주택	◦ 준공 후 15년이 경과된 5층 이상 ~ 15층 미만의 아파트 ◦ 준공 후 15년이 경과된 연면적 $660m^2$ 이상, 4층 이하의 연립주택
2. 공동주택 외 건축물	◦ 준공 후 15년이 경과된 연면적 1천m^2 이상~5천m^2 미만의 판매시설, 숙박시설, 운수시설, 문화·집회시설, 의료시설, 장례식장, 종교시설, 위락시설, 관광휴게시설, 수련시설, 노유자시설, 운동시설, 교육시설 ◦ 준공 후 15년이 경과된 연면적 1천m^2 이상~5천m^2 미만의 문화·집회시설 중 공연장·집회장, 종교시설, 운동시설 ◦ 준공 후 15년이 경과된 연면적 $300m^2$ 이상~1천m^2 미만의 위락시설, 관광휴게시설 ◦ 준공 후 15년이 경과된 11층 이상 ~ 16층 미만 또는 연면적 5천m^2 이상~3만m^2 미만의 건축물 ◦ 5천$0m^2$ 미만의 상가가 설치된 지하도상가(지하보도 면적 포함) ◦ 준공 후 15년이 경과된 연면적 1천m^2 이상의 공공청사
3. 기타	◦ 그 밖에 건설공사를 통하여 만들어진 교량·터널·항만·댐 등의 구조물과 그 부대시설로서 중앙행정기관의 장 또는 지방자치단체의 장이 재난예방을 위하여 안전관리가 필요한 것으로 인정하는 구조물

(2) 제3종 시설물의 안전점검 시기

① 정기안전점검 　◦ A·B·C등급은 반기에 1회 이상
　　　　　　　　◦ D·E등급은 해빙기, 우기, 동절기 등 1년에 3회 이상
② 정밀안전진단 　◦ 정기안전점검 결과, 필요하다고 인정되는 경우에 실시

(3) 제3종 시설물의 정기안전점검 수행자(책임기술자) 자격

①『건설기술진흥법』에 따른 토목·건축 또는 안전관리(건설안전) 직무분야의 건설기술자 중 **초급**기술자 이상으로, 해당 교육을 이수한 자

2. 시설물 성능평가

(1) 성능평가 대상 시설물의 범위

구분	성능평가 대상 시설물
1. 교량	
가. 도로교량	제1종시설물 및 제2종시설물에 해당하는 고속국도·일반국도의 교량
나. 철도교량	제1종시설물 및 제2종시설물에 해당하는 고속철도·일반철도의 교량
2. 터널	
가. 도로터널	제1종시설물 및 제2종시설물에 해당하는 고속국도·일반국도의 터널
나. 철도터널	제1종시설물 및 제2종시설물에 해당하는 고속철도·일반철도의 터널

3. 항만	제1종시설물 및 제2종시설물에 해당하는 무역항·연안항의 계류시설
4. 댐	제1종시설물에 해당하는 다목적댐
5. 건축물	제1종시설물 및 제2종시설물에 해당하는 공항청사

6. 하천
  가. 하구둑
  나. 수문·통문
  다. 제방
	
	제1종시설물 및 제2종시설물에 해당하는 국가하천의 하구둑·방조제
	제1종시설물 및 제2종시설물에 해당하는 국가하천의 수문·통문
	제2종시설물에 해당하는 국가하천의 제방(부속시설인 통관·호안을 포함)

7. 상수도	제1종시설물에 해당하는 광역상수도
8. 옹벽 및 절토사면	제2종시설물에 해당하는 고속국도·일반국도·고속철도·일반철도의 옹벽 및 절토사면

(2) 성능평가 실시시기 : 5년에 1회 이상

① 최초로 실시하는 성능평가는 성능평가 대상 시설물 중 1종 시설물의 경우에는 최초로 정밀안전진단을 실시하는 때, 2종 시설물의 경우에는 정밀안전점검을 실시하는 때에 실시

(3) 성능평가 수행자(책임기술자) 자격

① 정밀안전진단 책임기술자 자격을 갖춘 자로서 해당 분야(교량·터널, 수리, 항만, 건축)의 성능평가 교육을 이수한 자

Ⅲ. 『시특법』 안전관리체계

1. 점검 및 진단의 목적

⑴ 시설물의 현 상태를 판단하여 상태평가 및 안전성평가의 기본자료를 제공하고,

⑵ 시설물의 상태와 노후화 정도에 대한 지속적인 기록을 제공하며,

⑶ 시설물의 보수 및 성능회복 보강작업의 우선순위 등을 결정함으로써,

⑷ 궁극적으로 시설물 재해를 사전에 예방하여 국민의 인명과 재산을 보호하는데 그 목적이 있다.

2. 점검 및 진단 체계

⑴ 안전점검

① **일상점검** : 유지관리 주체가 도보 또는 차량 등으로 일상적인 순찰 중에 실시하는 육안점검

② **정기점검** : 경험과 기술을 갖춘 전문가에 의해 세심한 외관조사 수준을 정기적으로 실시하는 점검

③ **정밀점검** : 정기점검보다 정밀한 육안검사와 측정기구를 통해 구성암종, 불연속면, 상부자연사면 등의 절토사면 상태와 붕괴이력, 절토사면 시설현황 등을 정확히 조사하는 점검

④ **긴급점검** : 유지관리 주체가 시설물의 붕괴·전도 등이 발생할 위험이 있다고 판단하는 경우에 실시하는 긴급점검은 손상점검과 특별점검이 있다.

(2) 정밀안전진단

① 안점점검 3단계로는 쉽게 발견할 수 없는 결함 부위를 발견하기 위하여 절토사면에 대한 정밀한 외관조사와 각종 측정기구 등을 통해 측정·시험을 실시하여 상태평가 및 안전성평가를 실시한 후 보수·보강공법을 제시

② 절토사면의 경우, 정밀점검 결과에 따라 필요한 경우에 한하여 정밀안전진단을 선택적으로 실시

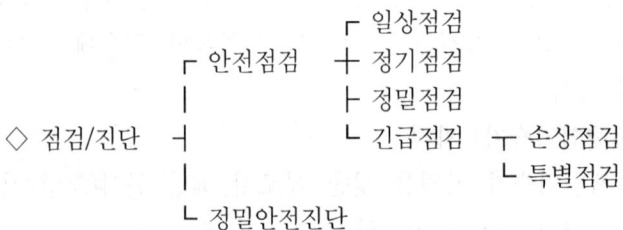

점검 및 진단 체계

3. 점검 및 진단 실시 시기

(1) 정기점검의 실시 주기

① A·B·C 등급의 경우 : 반기에 1회 이상

② D·E 등급의 경우 : 해빙기·우기·동절기 등 1년에 3회 이상

(2) 긴급점검의 실시 주기

① 관리주체가 필요하다고 판단한 때 또는 관계 행정기관의 장이 필요하다고 판단하여 관리주체에게 긴급점검을 요청한 때

(3) 정밀점검 및 정밀안전진단의 실시 주기[65]

안전등급	정밀점검		정밀안전진단
	건축물	그 외 시설물	
A등급	4년에 1회 이상	3년에 1회 이상	6년에 1회 이상
B·C등급	3년에 1회 이상	2년에 1회 이상	5년에 1회 이상
D·E등급	2년에 1회 이상	1년에 1회 이상	4년에 1회 이상

65) 한국시설안전공단, '시특법 해설 및 정책', 시설안전교육센터 정밀안전진단과정, 2018.

02.17 정밀안전진단 비파괴시험
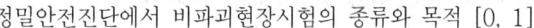

정밀안전진단에서 비파괴현장시험의 종류와 목적 [0, 1]

Ⅰ. 개요

1. 시설물의 상태평가 및 안전성평가를 적절히 수행하기 위하여 안전점검 및 정밀안전
   진단 목적에 부합하는 현장 재료시험 및 실내시험을 실시해야 하며, 이를 위해 사
   전 현장조사, 도면 및 이전의 점검·진단보고서 검토 등을 통하여 필요한 시험항목
   및 시험횟수를 산정한다.

2. 안전점검 및 정밀안전진단 중에 시설물별로 필요한 재료시험의 최소항목과 기준수
   량은 시설물별 세부지침을 따르며, 시설물의 특성과 안전점검 및 정밀안전진단 목
   적에 따라 시험을 조정할 경우에는 시험결과 보고서에 그 사유를 명시한다.

Ⅱ. 재료시험의 구분

1. 현장 재료시험

⑴ 현장 재료시험은 시설물이 위치하는 현장에서 구조물에 손상을 입히지 않고 강
   도·결함 등을 측정하는 시험으로, 세부사항은 시설물별 세부지침에 따른다.

⑵ 재료시험방법은 구조물의 특성을 간접적으로 측정하는 시험방법으로 시험장비 및
   측정방법의 특징, 적용한계 등을 고려하여 측정한다. 시험담당자는 시험장비 사
   용법을 숙지한 충분한 경험을 갖추고, 검·교정을 필한 장비를 사용한다.

⑶ 구조물에 손상을 입히지 않는 현장 비파괴시험 종류는 콘크리트의 강도, 균열깊
   이, 철근배근, 철근부식, 중성화(탄산화), 염화물 함유량 시험 등이 있다.

2. 실내시험

⑴ 구조물로부터 재료의 일부를 채취하여 시험실에서 실시하는 실내시험은 특정부분
   에 대한 자료가 필요할 경우에 실시한다. 실내시험은 구조물에 손상을 주기 때문
   에 가능하면 전체적인 시설물의 평가에만 제한적으로 실시한다.

⑵ 시험용 재료채취에 의해 손상을 입은 부위는 원래 상태로 복구해야 한다.

⑶ 실내시험은 KS규격 시험으로 실시하고 KS규격에 없는 시험은 ASTM이나
   AASHTO 등의 외국기준에 의해 실시할 수 있다.

⑷ 시험실에서 실시하는 실내시험에는 ▲콘크리트시험(강도, 수분함량, 공기량, 염화
   물함유량, 탄산화깊이 시험 등), ▲강재시험(강도 등), ▲토질재료시험(입도, 함수
   비, Atterberg한계, 투수, 다짐, 압밀, 압축시험 등)이 있다.

III. 비파괴시험의 종류

1. 반발경도법(Schmidt hammer)

콘크리트 표면을 Schmidt hammer로 타격하면서 반발계수를 계측하여 콘크리트의 강도를 추정하는 시험

2. 초음파법(Ultrasonic method)

콘크리트 표면에 붙인 발신자와 수신자 사이의 음파 통과시간을 측정하여 음속 크기에 의해 강도를 추정하는 시험

3. 방사선법(Radiation method)

방사선 동위원소에서 방사되는 x선, γ선을 이용하여 철근의 위치·크기·개수·내부 결함 등을 조사하는 시험

4. 진동법(Vibration method)

콘크리트 공시체에 진동을 가할 때 발생하는 공명·진동 등으로 콘크리트의 탄성계수를 추정하는 시험

5. 인발법(Pullout method)

철근을 종류별로 배근하고 콘크리트를 타설하여 경화한 후에 잡아당겨서 철근과 콘크리트의 부착력을 검사하는 시험

6. 철근탐사법(Steel Bar prospecting method)

전자유도에 의한 병렬 공진회로의 진폭 감소를 응용하여 콘크리트 구조물의 철근을 탐사하는 시험

IV. 비파괴시험의 내용

1. 반발경도법(Schmidt hammer)

(1) 정의

① 반발경도법(Schmidt hammer)은 콘크리트 표면을 타격하면서 반발계수를 계측하여 콘크리트의 강도를 추정하는 시험으로, 비파괴시험의 일종이다.

② 반발경도법은 콘크리트의 벽·기둥·보 등의 측면에 측정지점을 선정하여 3cm 가로·세로 정방형 간격으로 선을 그어 교차지점 20곳을 측정한다.

(2) 특징

① 시험장비가 소형이며, 시험방법이 간단하여 편리하다.

② 시험비용이 비교적 저렴하다.

③ 콘크리트 구조물의 습윤 정도에 따라 시험결과가 달라진다.

④ 타격지점에 따라 측정치가 달라지므로 신뢰성이 부족하다.

(3) 시험순서

① 슈미트 해머를 측정지점의 각도에 맞추어 콘크리트 벽체를 겨냥한다.

② 슈미트 해머 몸통만 잡고 스위치는 누르지 않은 상태에서 콘크리트 벽체에 밀어 붙인다('따닥'하는 소리가 날 때까지).

③ 콘크리트 벽체에 밀착한 슈미트 해머를 그대로 유지시킨 상태에서 뒤쪽 상부에 있는 스위치를 누른다.

④ 콘크리트 벽체에서 슈미트 해머를 분리시킨 후 스위치를 놓으면 슈미트 해머의 앞부분은 그대로 들어간 상태를 유지하게 된다. 이때 해머 옆의 눈금을 읽어 측정지에 적는다.

⑤ 콘크리트 벽체에 들어간 슈미트 해머의 앞부분을 다시 밖으로 나오게 하기 위해 몸통만 잡고(스위치는 누르지 말고), 앞부분을 손으로 누르면 앞부분이 튀어나오면서 원상복구된다.

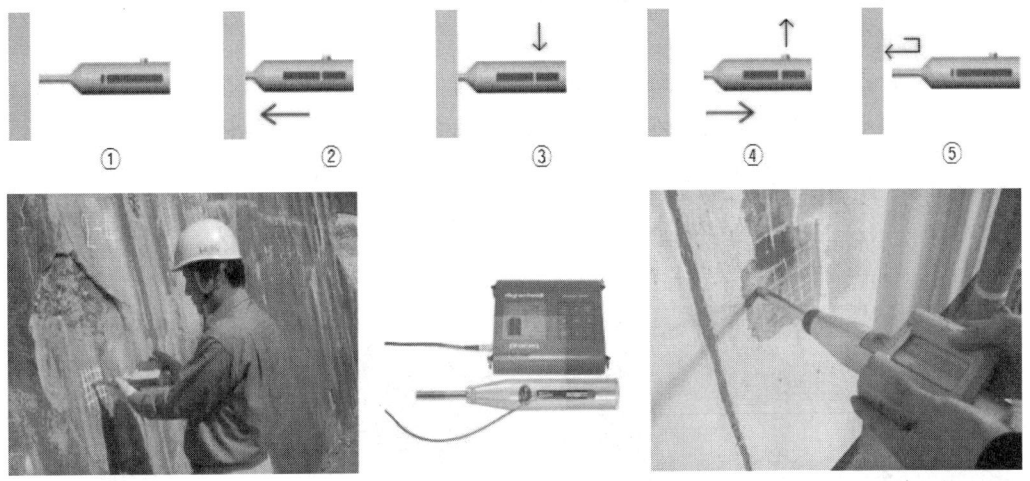

Schmidt hammer

(4) 유의사항

① 두께 10cm 이하의 판재 피복, 단면 15cm 이하의 기둥·보 등은 피한다.

② 콘크리트 재령 28일 경과 후에 실시한다.

③ 미장, 도장 등의 표면처리는 제거 후에 실시한다.

④ 슈미트 해머를 타격면에 수직으로 세우고 서서히 힘을 가하여 타격한다.

⑤ 화재로 소실되었던 구조물은 강도를 정확히 계측하기 어렵다.

2. 초음파법(Ultrasonic method)

(1) 정의

① 콘크리트 표면에 붙인 발신자와 수신자 사이의 음파 통과시간을 측정하여, 전달속도(Velocity, V_p)의 크기에 의해 강도를 추정하는 시험이다.

(2) 특징

① 콘크리트 내부의 강도를 측정할 수 있다.

② 콘크리트 타설 후 6~9시간이 경과하면 측정할 수 있다.

③ 음속측정장치는 50~100kHz 정도의 초음파를 이용한다.

④ 콘크리트의 강도가 작을 경우에는 철근의 유무에 따라 오차가 크다.

(3) 시험순서

① 초음파 시험장비는 Pundit 또는 TR-300을 사용하는데, 여기서는 Pundit를 중심으로 기술한다.

② 부속장치의 교정용 기기를 이용하여 장비를 초기화한다. 이때 전파시간은 25.6 μsec에 맞춘다.

③ 콘크리트 구조물의 측정위치에 탐촉자(시험자)와 수신자(결함부)의 거리(L)를 측정한다.

④ 탐촉자와 수신자를 측정위치의 표면에 구리스 등으로 밀착시킨 상태에서 시간 표시 단자의 수신호가 안정될 때의 전파시간(T)을 기록한다.

⑤ 다음 식으로부터 초음파의 전파속도(V_p)를 구한다.

$$전달속도 \ V_p = \frac{L}{T} = \frac{전달길이(L : Path \ Length)}{전달시간(T : Transit \ Time)} \ (m/sec)$$

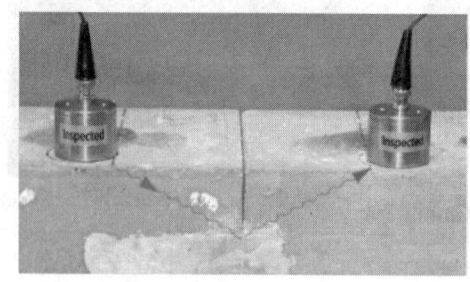  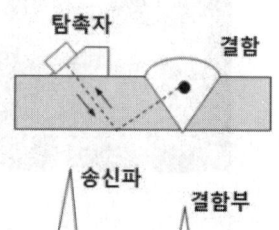

초음파법

3. 철근부식 자연전위 시험법

(1) 원리

① 자연전위법은 콘크리트 중의 철근부식 여부를 비파괴적으로 검사할 수 있는 전기화학적 방법 중 가장 많이 쓰이고 있으며, 비교적 간편한 시험법이다.

② 자연전위란 콘크리트 내부의 철근이 그 부식상태에 따라 나타내는 전위를 말한다. 따라서 자연전위를 측정하여 철근의 부식상태를 추정할 수 있다. 콘크리트

는 강(强)알칼리성 환경 하에서는 철근 표면에 부동태피막이 형성되어 높은 자연전위를 나타낸다.

③ 그러나, 콘크리트가 중성화되거나 내부에 염화물 이온이 존재하면 철근 표면의 부동태피막이 파괴되어 부식이 발생하면서 전위가 낮아진다.

(2) 측정방법

① 철근콘크리트 내부의 자연전위 측정은 100MΩ 이상의 입력저항이 큰 직류 전압계와 조합전극을 이용하여 나타낼 수 있다.

② 조합전극은 일반적으로 염화은 전극이나 구리, 황산구리 전극을 사용한다.

③ 조합전극 측정값은 마감재나 피복콘크리트의 품질에 영향을 받으므로 사전에 배근상태를 비파괴 탐사하여 철근 바로 위쪽에서 측정하도록 한다.

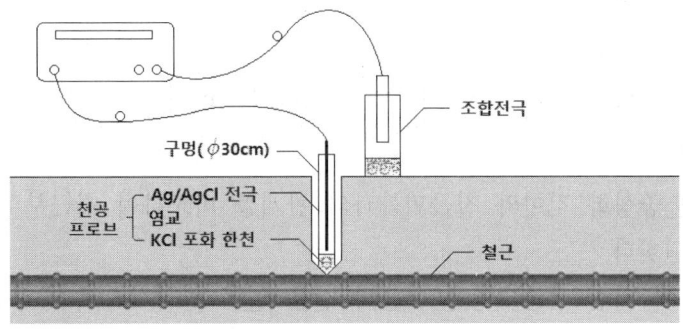

철근부식 자연전위 시험법

4. 콘크리트 중성화 페놀프탈레인 시험법

(1) 시험목적

① 콘크리트는 알칼리 환경에서 철근 표면에 부동태피막이 생겨 부식이 발생되지 않는다. 환경적 요인 중 CO_2의 영향을 받으면 콘크리트는 중성으로 변화되면서, 철근이 부식하게 된다.

② 따라서 페놀프탈레인법에 의해 철근콘크리트 구조물에서 중성화(탄산화) 깊이를 측정하는 시험은 매우 중요하다.

(2) 시험원리

① 중성화에 의해 pH값이 감소되면 점차 콘크리트 내부가 알칼리성에서 중성 쪽으로 변해가며 콘크리트 내부의 철근을 둘러싼 알칼리성 부동태피막을 불안정하게 만들어 철근에 부식이 발생된다.

② 콘크리트 표면에 페놀프탈레인 1% 용액을 분무하였을 때 pH값이 9 이하에서는 무색(無色), 이보다 높은 pH값에서는 적색(赤色)을 나타내므로 매우 간편하게 중성화(탄산화) 깊이를 측정할 수 있다.

페놀프탈레인과 변색의 관계

변색범위 (pH값)	4	5	6	7	8	9	10	11	12	13
페놀프탈레인 1% 용액	백색(白色) 變化 없음									

(3) 시험방법

① 페놀프탈레인 1% 용액(페놀프탈레인 1g을 95% 에틸알콜 90㎖로 용해하고, 증류수(純水)를 첨가하여 100㎖로 희석한 용액)을 사용한다.

② 콘크리트 측정부위를 드릴로 천공하고, 모서리부 국부파손, 코어채취 등을 이용하여 시험체를 만들어 압축공기 뿜기, 솔질, 물청소하여 표면을 청소한다.

③ 페놀프탈레인 1% 용액을 스프레이로 측정표면에 분무한다. 표면 물청소를 하였을 경우에는 표면이 완전히 건조되었을 때 분무한다.

② 중성화 깊이에는 착색 후에 퇴색되는 영역도 중성화 영역에 포함시키면서, 조사 위치마다 3군데씩 측정하여 그 평균값을 mm단위로 사사오입한다.

(4) 평가방법

① 측정된 중성화 깊이와 철근피복과의 관계를 비교하여 철근부식의 위험성 여부를 판단한다.

② 중성화에 의한 잔존수명은 다음과 같은 일본 안곡식으로 중성화속도를 산출하여 추정할 수 있다.

$$t = \frac{0.3(1.15 + 3x)}{R^2(x - 0.25)^2}C^2 \quad (x \geq 0.6)$$

$$t = \frac{(7.2)}{R^2(4.6x - 1.76)^2}C^2 \quad (x \leq 0.6)$$

여기서, t : C 까지 중성화되는 기간(年)

x : 강도 상의 물-시멘트비

C : 중성화 깊이(cm)

R : 중성화 비율(콘크리트 종류별 중성화 비율 표는 생략)

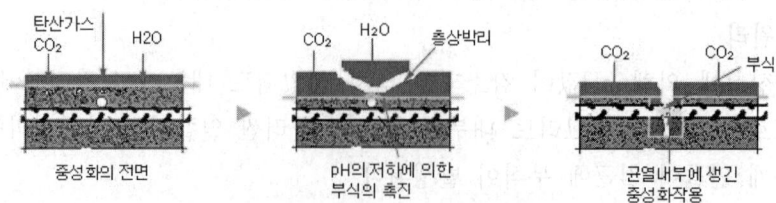

콘크리트의 중성화(탄산화) 검사

5. 콘크리트 염화물 함유량 시험

(1) 원리

① 염화물에 의해 발생되는 콘크리트 염해(鹽害)는 ▲ 해사(海沙) 사용에 의한 내부 염해, ▲ 해안환경이나 제설용 염화물 살포에 의한 외부 염해로 구분된다.

② 해사(海沙) 중에는 염화나트륨이 포함되어 있으므로, 세척하지 않고 사용하면 강재 부식과 콘크리트 백태가 생겨 심각한 문제를 일으킬 수 있다.

(2) 국내에서 철근부식을 고려한 염화물 함유량의 기준

① 콘크리트표준시방서 : 굳지 않은 콘크리트에서 염화물이온량 $0.3kg/m^3$ 이하

② 콘크리트구조설계기준 : 경화된 콘크리트(28-42일)에서 수용성 염화물이온량이 사용시멘트 중량의 0.3% 이하일 것.

(3) 시험방법

① 국내에서 경화된 콘크리트의 염화물 함유량 시험 기준은 없다. 시설안전공단에서 염화물 함유량 측정장비에 의한 연구 결과, 전위차 적정법 시험이 가장 신뢰성 있는 것으로 평가되었다.

② 경화된 콘크리트의 허용염화물량 기준은 『안전점검및정밀안전진단세부지침』에 의해 시설물별로 임계발청농도(全염화물 $1.2kg/m^3$)를 기준으로 5등급으로 나누어 산정하고 있다.

Ⅴ. 시험결과의 해석 및 평가

1. 현장 재료시험 및 실내시험 결과는 그 분야에 경험이 있는 자에 의하여 해석되고 평가되어야 하며, 이전에 같은 시험이 실시된 경우에는 시험결과를 비교하여 차이점을 분석 평가해야 한다.

2. 또한 같은 재료 특성을 평가하는데 다른 형식의 시험방법이 사용되는 경우에는 각 시험결과를 비교하여 차이점을 파악해야 한다.

3. 필요한 경우 기존자료와 현장 계측자료를 토대로 예상되는 문제점을 분석하기 위하여 모델링을 통하여 이론적 해석을 실시할 수 있다.

Ⅵ. 시험결과 보고서

1. 모든 현장 재료시험 및 실내시험 결과는 시험결과 보고서의 형태로 안전점검 및 정밀안전진단 보고서에 수록하여 시설물의 안전 및 유지관리에 필요한 자료의 일부로 사용하도록 조치한다.[66]

---

66) 김낙석·박효성, '실무중심 건설적산학', 피앤피북, pp.309~311, 2016.

02.18 시설물의 성능평가

Ⅰ. 용어 정의 『시설물의 안전 및 유지관리에 관한 특별법』제2조

1. '시설물'이란 건설공사를 통하여 만들어진 교량·터널·항만·댐·건축물 등 구조물과 그 부대시설로서 제1종시설물, 제2종시설물 및 제3종시설물을 말한다.

2. '안전점검'이란 경험과 기술을 갖춘 자가 육안이나 점검기구 등으로 검사하여 시설물에 내재(內在)되어 있는 위험요인을 조사하는 행위를 말하며, 점검목적 및 점검수준을 고려하여 정기안전점검 및 정밀안전점검으로 구분한다.

3. '정밀안전진단'이란 시설물의 물리적·기능적 결함을 발견하고 그에 대한 신속하고 적절한 조치를 하기 위하여 구조적 안전성과 결함의 원인 등을 조사·측정·평가하여 보수·보강 등의 방법을 제시하는 행위를 말한다.

4. '긴급안전점검'이란 시설물의 붕괴·전도 등으로 인한 재난 또는 재해가 발생할 우려가 있는 경우에 시설물의 물리적·기능적 결함을 신속하게 발견하기 위하여 실시하는 점검을 말한다.

5. '내진성능평가(耐震性能評價)'란 지진으로부터 시설물의 안전성을 확보하고 기능을 유지하기 위하여 『지진·화산재해대책법』에 따라 시설물별로 정해진 내진설계기준에 따라 시설물이 지진에 견딜 수 있는 능력을 평가하는 것을 말한다.

※ 전점검 등 = 안전점검(정기안전점검 + 정밀안전점검) + 긴급안전점검 + 정밀안전진단

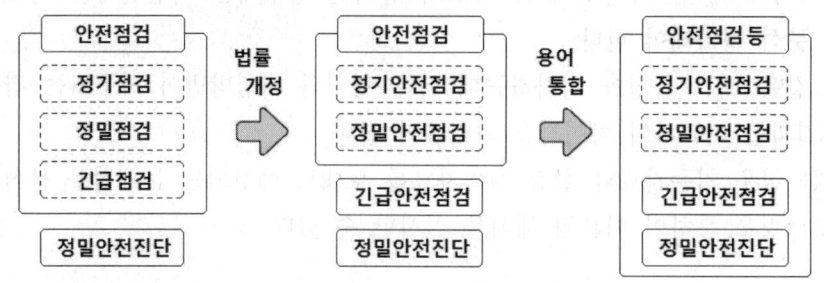

Ⅱ. 시설물의 성능평가

1. 성능평가의 목적

(1) 안전점검 등의 현장조사 및 재료시험에 의해 시설물의 성능을 종합적으로 평가하여 객관적인 현재의 상태와 장래의 성능변화를 파악·예측함으로서,

⑵ 이를 통해 관리주체가 보수·보강·개량·교체 등의 최적시기를 결정하는 합리적인 유지관리 전략을 마련하는데 성능평가의 목적이 있다.

2. 성능평가의 종류

⑴ 제1종 성능평가 : 제1종 시설물에 대해 정밀안전진단과 연계되는 성능평가
⑵ 제2종 성능평가 : 제2종 시설물에 대해 정밀안전진단과 연계되는 성능평가

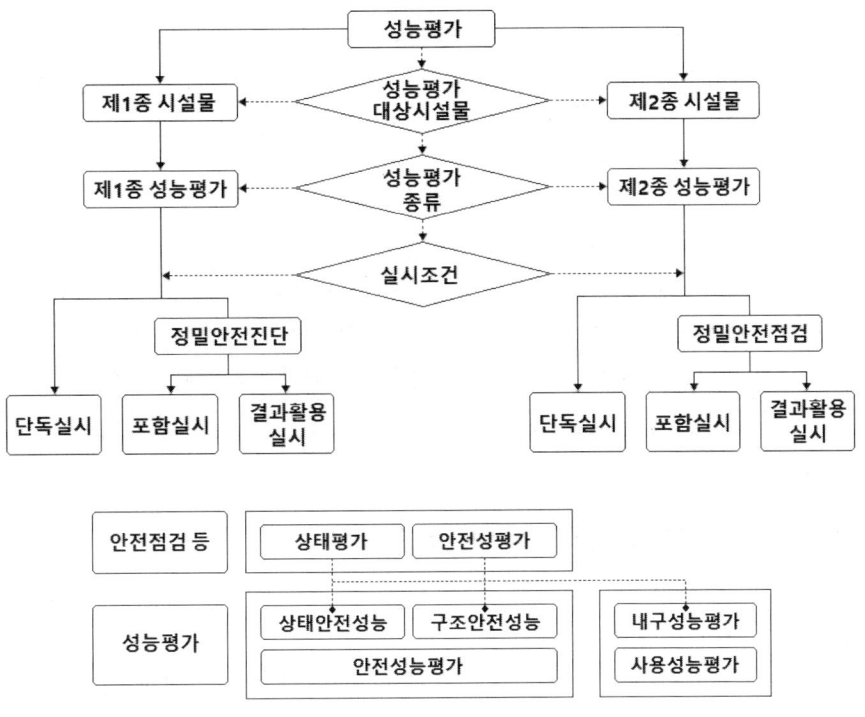

구조물 평가 업무 흐름도

3. 성능평가와 안전점검 등과의 관계 시특법제38조

⑴ 성능평가는 정밀안전점검 및 정밀안전진단을 포함하여 실시하거나, 최근 1년 이내에 실시한 정밀안전점검 및 정밀안전진단 결과를 활용할 수 있다.

⑵ 제1종 시설물은 정밀안전진단을, 제2종 시설물은 정밀안전점검을 포함하거나 그 결과를 활용하여 성능평가를 실시해야 한다.

⑶ 정밀안전점검 및 정밀안전진단 실시 결과를 활용하는 경우, 성능평가 착수일 기준으로 1년 이내 결과를 활용할 수 있다.

4. 성능평가의 실시시기

⑴ 최초로 실시하는 성능평가는 성능평가 대상시설물 중 제1종 시설물의 경우에는

최초로 정밀안전진단을 실시하는 때, 제2종 시설물의 경우에는 『시특법』제11조제
2항에 따른 하자담보책임기간이 끝나기 전에 마지막으로 실시하는 정밀안전점검
을 실시하는 때에 실시한다.

(2) 다만, 준공 및 사용승인 후 구조형태의 변경으로 인하여 성능평가대상시설물로
된 경우에는 정밀안전점검 또는 정밀안전진단을 실시하는 때에 실시한다.

(3) 성능평가의 실시주기는 이전 성능평가를 완료한 날을 기준으로 한다.

(4) 증축·개축·리모델링 등을 위하여 공사 중이거나 철거예정인 시설물로서, 사용되
지 않는 시설물에 대해서는 국토교통부장관과 협의하여 안전점검, 정밀안전진단
및 성능평가의 실시를 생략하거나 그 시기를 조정할 수 있다.

시설물 성능평가의 실시시기

안전등급	정기안전점검	정밀안전점검		정밀안전진단	성능평가
		건축물	건축물 외 시설물		
A등급	반기에 1회 이상	4년에 1회 이상	3년에 1회 이상	6년에 1회 이상	5년에 1회 이상
B·C등급		3년에 1회 이상	2년에 1회 이상	5년에 1회 이상	
D·E등급	1년에 3회 이상	2년에 1회 이상	1년에 1회 이상	4년에 1회 이상	

5. 성능평가의 실시결과에 따라 종합성능등급 지정

(1) 시설물 성능평가의 실시결과에 따라 안전성능, 내구성능, 사용성능 등급과 종합성
능등급을 다시 지정한다.

(2) 즉, 안전등급은 안전점검 등의 실시결과에 따라 등급을 지정하고,
성능등급은 성능평가 실시결과에 따라 등급을 지정한다.[67]

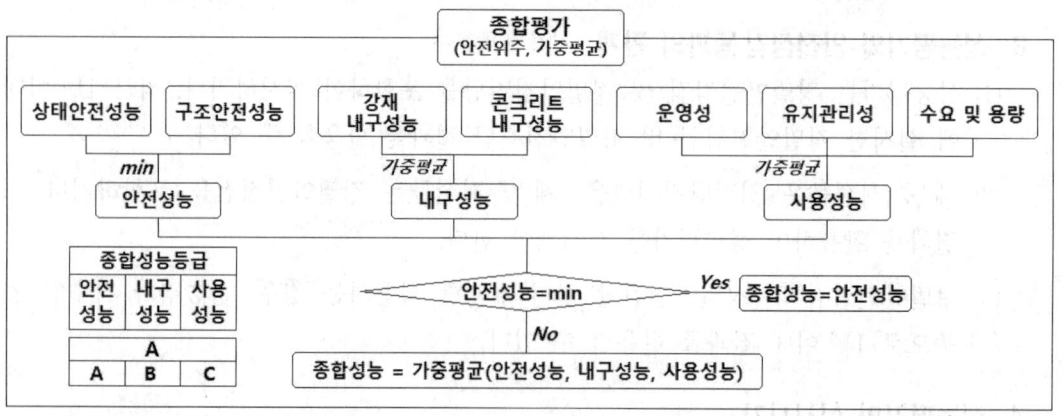

---

67) 한국시설안전공단, '성능평가 시스템', 시설안전교육센터 성능평가과정, 2019.

02.19 시설물관리시스템(FMS)

Ⅰ. 개요

1. 『시설물관리시스템(FMS, Facility Management System)』은 시설물 안전·유지관리 정보체계 구축을 위하여 국토교통부장관이 『시설안전특별법』에 따른 시설물 정보, 한국시설안전공단, 안전진단전문기관, 『건설산업기본법』에 의해 등록한 유지관리업자 정보 등을 종합적으로 관리하는 시스템이다.

   (1) FMS 기능 : 시설물관리대장, 유지관리계획·실적보고, 시설물비용정보, 점검·진단 대가산정, 설계도서, 관련업계(안전진단, 유지관리)정보, 실적확인서발급, 기술정보(사고사례), 현황·통계, 커뮤니티 등

2. FMS는 제1·2종 시설물 검증, 안전·유지관리 정책 수립을 위하여 도입되었다.

   (1) 제1·2종 시설물 검증체계 부재 : 점검·진단, 보수·보강 실적 등 데이터 입력 누락·오기, 등록여부 적정성 검증체계 부재로 정확성과 신뢰도 미흡

   (2) 시설물 안전·유지관리 자료 미흡 : 시설물 자체정보 외에 기타정보(기술인력, 전문기관, 관리업체, 관리주체) 수집체계 구축 미흡으로 현황파악 곤란

Ⅱ. FMS 운영규정

1. 관리주체 : 안전·유지관리 계획 제출

   (1) 시설물의 관리주체는 안전·유지관리계획을 매년 2.15일까지 FMS에 입력하여 취합기관의 승인을 취득

   (2) 관리주체는 D급 및 E급 시설물(취약시설물)에 대한 사용제한, 사용금지, 보강·개축, 철거 등 안전조치계획을 입력

   (3) 관리주체는 취약시설물에 대한 보강·개축 등을 완료한 경우 FMS 유지관리 기술정보에 그 내용을 등록

2. 취합기관 : 안전점검, 정밀안전진단 및 유지관리 실적 제출

   (1) 관리주체가 안전점검, 정밀안전진단 및 유지관리 실적을 제출하는 경우 그 실적을 완료한 날부터 30일 이내에 FMS에 입력하여 취합기관의 승인을 취득

   (2) 취합기관은 그 실적을 제출받은 날부터 15일 이내에 FMS에서 승인하여 제출기관에게 보고, 제출기관은 15일 이내에 국토교통부장관에게 제출

3. 시설공단 : 안전점검 및 정밀안전진단 실시결과 정보 공개

(1) FMS에 입력된 시설물 정보의 공개 대상

① 시설물의 명칭, 종류, 규모

② 주소(시, 군, 구까지만 공개)

③ 최종 정밀점검 또는 정밀안전진단 일자

④ 시설물의 안전등급

⑤ 다음번 정밀점검 또는 정밀안전진단 도달 예정 일자

(2) 다만, FMS에 입력된 공동주택 정보는 공개 대상에서 제외한다.

Ⅲ. 현행 FMS 문제점

1. 보고의무 없는 민간 관리주체는 사용 불가

(1) 현행 FMS에서 관리되지 않은 『시설안전특별법』 제1·2종 시설물 외의 소규모 시설물의 관리대장 및 유지관리계획/실적 데이터에 대해서는 국토교통부 국도관리사무소의 건설CALS시스템에서 관리하고 있다.

(2) 그러나, 현행 FMS는 제1·2종 시설물만을 관리하는 시스템이므로, 자체적인 유지관리시스템을 보유하지 못한 일반 아파트 관리사무소 등 민간 관리주체에서는 시설물의 현황관리, 유지관리, 이력관리 등을 위하여 이용할 수 없다.

2. 2003년 FMS 초기 구축 후, 콘텐츠 갱신 미흡

(1) 현행 FMS의 기능적 측면이 대부분 『시설안전특별법』 의무사항인 보고 위주의 콘텐츠로 구성되어 있어, 유지관리용 기술적 콘텐츠가 부족하여 사용자들에게 시스템에 대한 부정적 선입관을 갖게 하고 있다.

(2) 이로 인해, 회원 가입한 일반사용자는 초기 방문 후 재방문이 거의 없다. 또한 기술정보메뉴에 수록된 시설물 사고사례 및 유지관리기술정보는 2003년 초기 구축 후 콘텐츠 갱신이 거의 되지 않고 있다.

3. 현행 FMS 표준연계서비스가 도로시설물에만 가능

(1) FMS의 연계서비스 기능을 요구하는 시설물 관련 분야는 도로시설물 외에도 실계도서관리시스템(Ontong), 시설물안전관리연계시스템, 점검진단실시결과 평가시스템(IREMS), 모바일점검진단시스템 등 다양하다.

(2) 현행 FMS의 표준연계서비스가 도로시설물(교량, 터널, 지하차도, 복개구조물, 옹벽, 절토사면)에 대해서만 구축되어 있어, 하천, 항만 등 다른 시설물의 연계요구에는 대응하지 못하고 있다.

4. FMS 전문인력 부족으로 입력 데이터 신뢰성 저하

(1) 시설물정보팀에서 수행하는 시설물관리대장 승인, 점검진단결과 보고서(e-보고서) 승인 등의 업무는 각 시설물별 전문인력 부족으로 비전문가가 이를 대행하고 있어 입력 데이터의 신뢰성을 저하시키고 있다.

(2) 이로 인해, 비전문가가 시설물에 대한 각종 통계정보를 왜곡하여 입력하는 사례가 있어 점검진단실시결과에 대한 평가 등 해당 입력자료를 재활용하는 유관 시설물관리기관의 업무 효율성을 떨어뜨리고 있다.

Ⅳ. FMS 기능고도화 사업 [국토교통부 2017년 업무계획 중 일부 발췌]

1. 정부3.0 일환으로 추진

(1) 국토교통부는 FMS의 정보관리기능을 강화하고 정부3.0 일환으로 국민들의 편의성을 증진시키기 위하여 더욱 향상된 시설물정보 서비스를 제공하고 있다.

(2) 제1.2종 시설물 준공 때 제출해야 하는 설계도서 및 감리보고서 등 준공도서를 제출·보관·관리하는 설계도서관리시스템 기능이 대폭 개선되었다.

(3) 설계도서관리시스템이 FMS에 통합됨으로서 이원화되어 있던 시설물정보의 등록업무가 일괄처리 가능하다.

2. 『시설안전특별법』과 FMS 운영규정 동시 개정

(1) 『시설안전특별법』개정으로 대상 시설물(방파제, 파제제, 호안, 배수펌프장 및 공동구 등 5개 시설물)이 확대됨에 따라 이에 대한 안전정보 관리를 위해 FMS 운영규정을 동시에 개정되었다.

(2) 준공 20년이 지난 시설물의 정밀안전진단을 실시할 때 의무적으로 실시해야 하는 내진성능평가 결과에 대한 관리기능을 강화하였다.

(3) 안전취약(D·E등급) 시설물과 결함발생 시설물에 대하여 집중적으로 관리할 수 있는 별도 메뉴를 신설하여 관리기능을 보강하였다.

3. FMS 사용자 편의성 증진

(1) FMS에서 제1·2종 시설 명칭으로만 검색할 수 있었으나 등급·종류·형식, 차기 안전점검 및 정밀안전진단 실시예정일 등으로 검색할 수 있도록 리뉴얼되었다.

(2) 국토교통부로부터 FMS를 위탁·관리하고 있는 시설안전공단은 대상 시설물 확대에 따라 약 3,400여개를 신규 등록하였고, 항만·공동구 등의 시설물까지 지속적으로 확대할 예정이다.[68]

---

68) 정인수, '유관 시스템 분석을 통한 시설물정보관리종합시스템 개선방향', 한국건설기술연구원, 한국산학기술학회논문지 제16권 제10호, 2015.

02.20 사전재해영향성 검토협의

사전재해영향성 검토협의 항목을 나열하고 설명 [0, 1]

Ⅰ. 개요

1. 우리나라의 경우에 풍수해의 근본 원인을 기상학적 및 지형학적 특성에 기인한다고 볼 수 있지만, 풍수해를 예방하기 위해서는 도시화 및 산업화에 따른 각종 개발사업으로 인하여 증가될 수 있는 재해영향의 요인을 해당 개발사업 시행이전에 예측·분석하여 적절한 저감방안을 수립·적용할 필요가 있다.

2. 이와 같은 관점에서 정부는 개발사업으로 인해 발생 가능한 재해영향을 개발사업 이전에 예측·분석하고 저감방안을 수립·시행할 수 있도록 『자연재해대책법』에 근거를 두는 재해영향평가 제도를 1996년 최초로 도입하였다.

3. 이 후 정부는 각종 개발계획을 수립할 때 재해영향평가 제도를 적용하면서 사전에 풍수해를 예방할 수 있도록 2005년 『자연재해대책법』제4조(재해영향평가 등의 협의)를 개정하여 사전재해영향성 검토협의 제도를 추가 도입·시행하고 있다.

Ⅱ. 사전재해영향성 검토협의 제도의 주요 내용

1. 제도의 개념

(1) 사전재해영향성 검토협의 정의

① 자연재해에 영향을 미치는 각종 행정계획 및 개발사업으로 인한 재해유발요인을 예측·분석하고 이에 대한 대책을 강구하는 것으로,

② 개발계획수립 초기단계에서 재해영향성에 대한 검토를 받는 절차를 거치도록 함으로써 개발로 인하여 발생할 수 있는 재해를 예방하려는 제도이다.

(2) 행정계획 관점

① 자연재해에 영향을 미치는 행정계획을 수립·확정(지역·지구·단지 등의 지정을 포함)하는 단계에서 개발예정지역이 재해측면에서 입지의 적정성을 확보할 수 있는 지를 사전에 검토하려는 제도이다.

(3) 개발사업 관점

① 개발사업 허가(실시계획수립)단계에서 정성적 및 정량적 분석을 병행하여 구체화된 토지이용계획을 바탕으로 사전에 재해영향성을 검토협의하고

② 특히 배수처리계획, 비탈면처리계획 및 재해저감시설의 위치·규모(제원)를 제시하기 위하여 상세한 정량적 분석을 수행하려는 제도이다.

2. 제도의 법률체계

(1) 1995.12월 전부개정된 『자연재해대책법』은 자연재해로부터 국토와 국민의 생명·신체·재산 보호를 위하여 방재조직, 방재계획 등 재해예방·재해응급대책·재해복구 등의 재해대책을 규정하여 재해의 사전예방에 대비하는 법률이다.

(2) 그러나 기상이변에 따라 자연환경이 변화되면서 사회생활환경의 개발로 인한 인위적인 변화가 가중되어 재해의 위험도는 점차 증가하는 추세이다.

(3) 정부는 기존의 방재제도로는 재해위험으로부터 국민의 생명과 재산을 지키기에 한계가 있다고 판단하여 2005.1월 『자연재해대책법』을 개정할 때 '사전재해영향성 검토협의' 제도를 반영하여 재해의 사전예방에 대응하기 시작하였다.

3. 대상사업 : 총 95개 분야(행정계획 48, 개발사업 47)

(1) 국토계획, 지역계획, 도시개발

(2) 산업단지, 유통단지 조성

(3) 에너지 개발

(4) 교통시설 건설

(5) 하천의 이용 및 개발(유출계수)

(6) 수자원 및 해양 개발

(7) 산지개발, 골재채취

(8) 관광단지, 체육시설 개발 등

4. 협의기관

(1) 관계행정기관장이 재해에 영향을 미치는 각종 행정계획 및 개발사업을 수립·확정하거나 허가·승인하는 경우, 중앙·지역 재난안전대책본부장과 재해영향검토에 관하여 사전 협의해야 한다.

(2) 중앙·지역 재난안전대책본부장이 사전재해영향성 검토요청을 받은 경우, 30일 이내에 관계행정기관장에게 결과 통보하고 10일 이내에서 연장할 수 있다.

(3) 검토사항

① 사업의 목적, 필요성, 추진배경, 추진절차 등 사업계획

② 배수처리계획, 침수흔적도, 사면경사 현황

③ 행정계획을 수립할 경우에는 재해예방에 관한 사항

④ 개발사업을 검토할 경우에는 재해영향의 예측·저감대책 등

5. 협의절차

(1) 개발사업시행기관(사업자)은 재해영향 검토내용이 포함된 사업계획서를 승인기관에 사전 제출한다.

(2) 승인기관장은 자연재해에 영향을 주는 행정계획을 수립·확정 또는 개발사업을 인·허가하는 경우 중앙·지역 재난안전대책본부장에게 사전 협의 요청한다.

(3) 행정계획 재해영향을 검토하는 경우와 개발사업 재해영향을 검토하는 경우, 『환경·교통·재해 등에 관한 영향평가법』에 의한 재해영향 대상사업은 제외한다.

(4) 협의사항

① 지형여건 등 주변 환경변화에 따른 재해위험 요인

② 당해 사업으로 인하여 인근지역이나 인근시설에 미치는 재해영향

③ 사업시행자가 승인기관에 제출한 재해저감계획

④ 중앙재해대책본부장이 고시하는 중점 검토사항

Ⅲ. 사전재해영향성 검토협의 제도의 문제점 및 개선방안

1. 문제점

(1) 행정계획과 개발사업 검토의 실효성 저조 및 차별성 부재

① 행정계획에서는 입지를 중심으로 주변지역의 재해영향을 검토해야 하나, 개발사업의 실시계획에서 취급할 사항을 미리 논의하여 실효성이 낮다.

② 즉 행정계획과 개발사업에 대하여 공통적으로 토사유실 대책, 우수유출 저감대책, 배수처리계획 등을 검토하고 있어 차별성이 부각되지 않는다.

(2) 행정계획 협의의견이 추후 개발사업에 반영 미흡

① 행정계획에서 논의되었던 사항들이 추후 개발사업에서 반영되도록 연계되어야 하나, 현실적으로 실시계획에 반영되지 못하고 있다.

② 제도적으로는 검토를 위한 회의개최를 할 수 있도록 규정하고 있으나, 대부분의 지방자치단체들은 서면심사 의결하고 있어 연계성이 낮다.

(3) 협의내용 미 이행 사업장에 대한 실태점검과 제재수단의 실효성 부재

① 협의기관은 검토의견에 대한 이행여부를 연 1회 이상(필요시 추가) 점검확인하고 있지만, 재제수단이 없어 실효성을 기대하기 곤란하다.

② 개발사업이 진행 중인 사업장에 협의내용 미 이행을 사유로 공사중지 조치를 취할 수 있지만, 현실적으로 발주기관에도 공사중지는 부담스럽다.

(4) 객관적인 검토·판단 기준이 없어 검토 자체에 한계 존재

① 환경영향평가에서 불가 판정을 받은 개발사업이 사전재해영향성 검토협의에서 가능 판정을 받는 모순이 발생하는 사례가 있다.

② 상세한 공학적 판단기준이 없는 상태에서 사전재해영향성 검토협의서 작성단계에서 정량적 분석에 의한 '불가' 또는 '가능' 판단은 무리이다.

2. 개선방안

(1) 행정계획 및 개발사업의 검토의견서 작성기준 보완

행정계획 단계에서는 입지선정의 타당성을 중심으로, 개발사업 단계에서는 재해 저감대책을 중심으로 검토할 수 있도록 작성기준을 보완한다.

(2) 검토를 위한 회의소집 원칙 준수

'사전재해영향성 검토협의 실무지침서'에 면적 150,000m², 연장 10km 이상은 의무적으로 회의소집을 검토하도록 제도 보완이 필요하다.

(3) 조치계획 미 이행 사업장에 대한 과태료·벌점 부과

협의내용 미 이행 여부 이행점검의 실효성을 확보하기 위하여 과태료·벌점 부과 제도는 반드시 개발사업자의 영업 불이익과 연계하도록 개선한다.

(4) 객관적 검토·판단을 위한 근거 마련

국토환경성지도(地圖)와 같이 재해등급이 제시되는 재해지도를 제작·배포하여 사전재해를 검토·판단할 수 있는 근거를 제시하도록 개선한다.

(5) 구체적이며 명확한 조치계획 제시

사업자가 '~조치하겠음'과 같은 모호한 조치계획이 아니고, '무엇을 언제까지 어떻게 조치하겠음'으로 답변하도록 의무화 한다.

Ⅳ. 사전재해영향성 검토협의 제도의 적용 사례

1. 적용 사례 개황

(1) 우리나라의 대규모 택지개발사업은 1989년 주택 200만호 건설정책의 일환으로 시작된 분당·일산·평촌·중동·산본 등 5개 신도시건설사업이 그 효시였다.

(2) 분당·일산은 자족기능을 갖춘 서울 동남부와 서북부의 중심도시를 목표로 하였고, 평촌·산본·중동은 기존 도시 연계형 신도시로 택지를 개발하였다.

(3) 이 중 군포시에 위치한 산본신도시의 도시기본계획은 다음과 같다.

① 위치 : 경기도 군포시 산본동, 금정동, 당동 및 안양시 안양동 일원

② 규모 : 면적 4,189,365m², 세대 42,500가구, 인구 164,000명 수용

③ 입지조건 : 본 지구는 서고동저(西高東低)지형의 평탄한 형상으로, 하천 수계는 서쪽 수리산도립공원에서 동쪽 안양천으로 흘러가고 있다.

(4) 산본신도시의 도시기본계획 중 사전재해영향성 검토협의 결과에 따라 반영된 내용을 발췌하면 다음과 같다.

① 녹지체계는 기존 군포시의 삼면을 에워싸고 있는 수지산 주변의 자연을 신도시

내부로 자연스럽게 끌어들일 수 있도록 배치하면서, 북서쪽 수리산의 정상을 어디서도 볼 수 있도록 배려하였다.

② 각 지구마다 點·線·面을 묶는 공원녹지축을 조성하여 수리산 경관과 조화를 추구하며, 중앙공원을 중심으로 공공편의시설을 균등하게 배치하여 홍수에 대비한 조절지 기능을 부여하도록 도시기본계획에 반영하였다.

2. 산본 중앙공원에 홍수 조절지 기능을 부여한 사유

⑴ 산본신도시는 경기도 군포시의 기존 시가지에 인접하여 수리산 지역 수계의 상류부에 42,500가구, 164,000명을 수용하는 대단위 택지개발사업이다.

⑵ 산본신도시 개발사업이 이 지역의 50년 강우량 빈도에서 기존 시가지에 홍수피해를 주지 않도록 사업예정지구의 최대 방류량을 하류부 하천의 기존 강우량 빈도에 맞추어 홍수 조절지 규모를 설계하였다.

⑶ 이 사업에 대한 사전재해영향성 검토 결과, 산본신도시 사업예정지구가 종전에 경작하는 산지였을 때는 유출계수가 0.5 정도였으나, 신도시로 개발되어 포장되면 유출계수가 0.9 수준으로 상승하게 된다.

우리나라 지형조건에 적용하는 유출계수(C) 평균값

포장면	0.9	경작하는 산지	0.5
가파른 산지·비탈면, 논	0.8	수림	0.3
완만한 산지·경작지, 도시지역	0.7	밀림, 덤불숲	0.2

⑷ 산본신도시가 들어선 후에는 지구 내에 50년 강우량 빈도의 유출계수가 포장면 0.9 수준으로 빨라지므로 사업예정지구 내에 별도의 홍수조절지를 확보해야 기존 군포 시가지의 침수피해를 사전 방지할 수 있다는 검토의견이었다.

① 문제는 산본신도시 개발사업에 현행 저류지 설계빈도 결정방법(Q=0.2778CIA)을 적용하여 50년 강우량 빈도를 적용하는 경우, 저류지 면적이 신도시 전체 면적 대비 너무 과다하여 경제성 측면에서 치수대책이 불합리하다는 점이다.

② 사업예정지구에 42,500가구의 주택지 과 함께 도로용지, 공공시설용지 등 각종 기반시설용지를 필수적으로 공급해야 하는 상황에서 근린공원과 홍수조절지를 별도 확보하는 경우에 경제적 타당성을 심각하게 저하시켜 사업 자체의 추진이 불투명해진다.

⑸ 따라서, 산본신도시 중심부의 근린공원 부지를 계단식으로 깊게 굴착하여 각종 공원시설을 설치하였고, 동시에 50년 강우빈도의 홍수량을 대비할 수 있도록 조절지 기능을 함께 부여하였다.

(6) 결론적으로 땅값 비싼 수도권에서 주택지 공급면적을 최대한 확보하여 경제성 있는 택지개발사업을 수립하기 위하여 무상으로 공급해야 하는 근린공원용지에 홍수조절지 기능을 동시에 부여했다는 이야기이다.

산본신도시의 중앙공원 전경

Ⅳ. 향후 전망

1. 우리나라가 수도권 주택난 해결을 위하여 분당·일산 등 5개 신도시건설사업을 추진했던 1990년대에는 『도시공원 및 녹지 등에 관한 법률』에 따른 근린공원에 주로 청소년들의 야외활동공간 기능을 부여하였다.

2. 그러나 65세 이상 인구비율이 20% 이상을 차지하는 초고령 사회 진입을 앞둔 오늘날 근린공원 기능에 어르신 산책로 개념을 추가로 부여해야 하므로 인위적으로 계단을 설치하여 보행에 불편을 주는 동선으로 설계하기는 어렵다.

3. 자연재난에 대비하여 설치하는 홍수조절지는 언제든지 물을 담을 수 있어야 하므로 엘리베이터나 에스컬레이터 등의 기계장치를 설치하면 홍수기에 침수되어 고장날 수 있으므로 입·출구 수문 외의 기계장치는 설치할 수 없다.

4. 따라서, 향후에는 근린공원 기능과 홍수조절지 기능을 별도로 부여해야 하는 도시기본계획의 수립이 필수적이므로, 그만큼 주택지 공급비율이 감소되어 대규모 신도시건설사업의 경제성이 낮아진다는 문제점이 대두될 것으로 보인다.[69]

---

69) 국토교통부, '2011 경제발전경험모듈화사업 : 한국형 신도시 개발', 국토연구원, 2012.

02.21 『재난·안전관리기본법』특별재난지역

재난 및 안전관리기본법에서 재난·재해의 종류, 예방대책 [0, 1]

Ⅰ. 개요

1. 1995.6.29. 17:57분 서울 강남 삼풍백화점이 붕괴되어 502명이 사망하고 937명이 다치는 사상 초유의 인적재난사고가 발생되었다. 정부는 이 사고가 발생된 지 불과 20일 후에 『재난관리법』을 제정하여 이 사고지역을 특별재난지역으로 소급지정하고 예비비에서 500억원을 긴급지원하는 등 사고수습에 나섰다.

2. 정부는 삼풍사고 수습 이후, 비정상적으로 소급제정했던 『재난관리법』을 우리나라의 재난 및 안전관리에 관한 최상위 법률로 자리매김하려는 목적으로 2004.3.11.『재난 및 안전관리기본법』으로 전부개정하였다.

3. 현행 재난안전법은 각종 재난으로부터 국토를 보존하고 국민의 생명·신체·재산보호를 위하여 ▲국가와 지방자치단체의 재난 및 안전관리체제를 확립하고, ▲재난을 자연재난과 사회재난으로 구분하며, ▲발생된 재난의 종류·규모에 따라 '재난사태' 또는 '특별재난지역'으로 선포하여 사고수습을 지원하고, ▲재난 발생 위험이 높은 시설은 특별관리대상시설로 지정하는 등의 조치를 하도록 규정하고 있다.

Ⅱ. 『재난·안전관리기본법』

1. 삼풍백화점 붕괴사고를 계기로 최초 제정

1995.06.29 서울 서초구 서초동에 위치한 삼풍백화점이 붕괴되어 사망자 502명, 부상자 937명 등 많은 인명·재산 피해 발생

1995.07.18 정부는 이와 같은 초유의 대형 참사를 처리하기 위하여 『재난관리법』을 소급입법 제정한 후, 이 지역을 특별재난지역으로 소급 지정하고, 정부예산 예비비 500억원을 서울시에 지원하면서 보상 착수

2003.02.18 대구지하철 방화사건으로 사망자 192명, 부상자 148명 등 많은 인명·재산 피해가 또 발생되어 상시적인 재난대응체계의 필요성 대두

2004.03.11 『재난관리법』을 『재난 및 안전관리기본법』으로 전부개정하여 인적재난 관련 최상위 법률로 공포 시행

2014.11.13 세월호 전복사고를 현행 『재난 및 안전관리기본법』으로 처리하지 못하고, 또다시 『4·16세월호참사 진상규명 및 안전사회건설 등을 위한 특별법』을 제정하여 재난 관련 소급입법의 악순환 반복

2. 대한민국 건국 이후 소급입법 제정 사례

1948년 『반민족행위 처벌법』을 제정하여 일제강점기 반민족적 행위자 소급 처벌
1960년 『반민주행위자 공민권 제한법』을 제정하여 4·19 발포책임자 등 소급 처벌
1962년 『정치활동 정화법』을 제정하여 5·16 세력이 기존 정치세력을 소급 처벌
1980년 『정치활동 쇄신을 위한 특별조치법』 제정하여 10·26 세력이 소급 처벌
1995년 『재난관리법』을 제정하여 삼풍백화점 붕괴사고 보상을 소급 지원
2014년 『4·16세월호참사 진상규명 및 안전사회건설 등을 위한 특별법』 소급 제정

3. 재난의 구분

(1) 자연재난

① 태풍, 홍수, 호우, 강풍, 풍랑, 해일, 대설, 낙뢰, 가뭄, 지진, 황사, 조류 대발생, 조수, 화산활동, 소행성·유성체 등 자연우주물체의 추락·충돌
② 그 밖에 이에 준하는 자연현상으로 인하여 발생하는 재해

(2) 사회재난

① 화재, 붕괴, 폭발, 교통사고(항공·해상사고 포함), 화생방사고, 환경오염사고 등으로 인하여 발생하는 대통령령으로 정하는 규모 이상의 피해
② 에너지, 통신, 교통, 금융, 의료, 수도 등 국가기반체계의 마비
③ 『감염병의 예방 및 관리에 관한 법률』에 따른 감염병 또는 『가축전염병예방법』에 따른 가축전염병의 확산 등으로 인한 피해

Ⅲ. 재난사태

1. 재난사태의 선포

(1) 행정안전부장관은 대통령령으로 정하는 재난이 발생하거나 우려가 있는 경우 국민의 생명·신체·재산에 미치는 중대한 영향이나 피해를 줄이기 위해 긴급한 조치가 필요하다고 인정하면 중앙위원회 심의를 거쳐 재난사태를 선포한다.
(2) 다만, 행정안전부장관은 재난상황이 긴급하여 중앙위원회 심의를 거칠 시간적 여유가 없다고 인정하면 즉시 재난사태를 선포할 수 있다.

2. 재난사태의 선포 대상

(1) 대통령령으로 정하는 재난 중 극심한 인명·재산 피해가 발생하거나 발생할 것으로 예상되어 시·도지사가 중앙대책본부장에게 재난사태 선포를 건의하거나 중앙대책본부장이 재난사태의 선포가 필요하다고 인정하는 경우에 선포한다.

(2) 다만, 『노동조합 및 노동관계조정법』제4장(쟁의행위)에 의한 국가기반시설의 일시 정지는 선포 대상에서 제외한다.

Ⅳ. 특별재난지역

1. 특별재난지역의 선포

(1) 중앙대책본부장은 대통령령으로 정하는 규모의 재난이 발생하여 국가안녕 및 사회질서 유지에 중대한 영향을 미치거나 피해수습을 위하여 특별한 조치가 필요하다고 인정하는 경우에 선포한다.

(2) 지역대책본부장은 관할지역에서 발생한 재난으로 인하여 (1)항의 사유가 발생한 경우에는 중앙대책본부장에게 특별재난지역 선포 건의를 요청할 수 있다.

(3) 중앙대책본부장은 중앙위원회 심의를 거쳐 해당 지역을 특별재난지역으로 선포할 것을 대통령에게 건의할 수 있다.

(4) 중앙대책본부장으로부터 특별재난지역 선포를 건의 받은 대통령은 해당지역을 특별재난지역으로 선포할 수 있다.

2. 특별재난지역의 선포 범위

(1) 자연재난으로서 『재난구호 및 재난복구 비용 부담기준 등에 관한 규정』제5조제1항에 따른 국고지원대상 피해 기준금액의 2.5배를 초과하는 재난

(2) 사회재난 중 재난이 발생한 해당 지방자치단체의 행정·재정능력으로는 재난수습이 곤란하여 국가차원 지원이 필요한 재난

(3) 그 밖에 재난발생으로 인한 생활기반 상실 등 극심한 피해의 수습·복구를 위하여 국가차원의 특별한 조치가 필요한 재난

(4) 대통령이 특별재난지역을 선포하는 경우 중앙대책본부장은 특별재난지역의 구체적인 범위를 정하여 공고해야 한다.

3. 특별재난지역 지정 사례

1995년 삼풍백화점 붕괴사고지역

2000년 고성·삼척·강릉·동해·울진 산불피해지역

2002년 태풍 루사 피해지역

2003년 대구지하철 화재참사지역

2003년 태풍 매미 피해지역

2007년 충남 태안군 일대 해상 원유유출사고 피해지역

2008년 경북 봉화군 등 67개 시·군·구 태풍 및 집중호우 피해지역

2012년   태풍 산바 피해지역

2016년   경북 경주 지진 피해지역

2016년   태풍 차바 피해지역

2017년   충북 청주·괴산 및 충남 천안 홍수 피해지역

2017년   경북 포항 지진 피해지역

4. 특별재난지역에 대한 지원

(1) 특별재난지역에 대한 중앙정부의 직접 지원

① 『재난구호 및 재난복구 비용 부담기준 등에 관한 규정』제7조(국고의 추가지원)에 따라 지방비 부담총액이 중앙정부의 직접 지원금액의 2.5배를 초과하는 경우에는 국고에서 추가지원

② 『재난구호 및 재난복구 비용 부담기준 등에 관한 규정』제4조(재난복구 비용 등의 부담기준)에 따라 ▲이재민 구호사업, ▲재난복구사업에 대한 비용지원

③ 의료·방역·방제(防除) 및 쓰레기 수거 활동 등에 대한 지원

④ 『재해구호법』에 따른 의연금품의 지원

⑤ 농어업인의 영농·영어·시설·운전자금 및 중소기업의 시설·운전자금의 우선융자, 상환유예, 상환기한연기 및 이자감면, 중소기업에 대한 특례보증 지원

⑥ 그 밖에 재난응급대책의 실시와 재난의 구호·복구를 위한 지원

(2) 특별재난지역에 대한 지자체 소요비용의 일부 지원

① 재난으로 사망하거나 실종된 사람의 유족 및 부상당한 사람에 대한 지원

② 피해주민의 생계안정을 위한 지원

③ 피해지역의 복구에 필요한 지원

④ 상기 제1항 ③호 및 ⑤호에 해당하는 지원

⑤ 그 밖에 중앙대책본부장이 필요하다고 인정하는 지원

(3) 상기 제1항 ③호에 따른 사망자 유족 및 부상자 보상금의 상한액

① 사망자 유족의 경우: 사망 당시 『최저임금법』에 따른 월 최저임금액에 240을 곱한 금액 또는 『국가배상법』 배상기준을 준용하여 산출한 금액 중 많은 금액

② 부상자의 경우: 상기 ①호에 따라 산출된 금액의 2분의 1 이하의 범위에서 부상의 정도에 따라 행정안전부령으로 정하는 금액

재난사태 및 특별재난지역 비교

구분	재난사태	특별재난지역
선포 대상	극심한 인명·재산피해가 발생되거나 발생될 것으로 예상되어, 시·도지사가 재난사태 선포를 건의하거나, 본부장이 재난사태 선포가 필요하다고 인정하는 재난	자연재난으로서 선포기준에 해당하는 인명·재산피해가 발생된 재난, 인적재난 중 시·도 자체 수습이 곤란하여 국가차원의 지원이 필요한 재난, 그 밖에 국가차원의 특별한 조치가 필요한 재난
선포 요건	국민의 신체·생명·재산에 중대한 영향을 주어 피해경감을 위해 긴급조치가 필요한 재난	국가안녕 및 사회질서 유지에 중대한 영향을 주어 재난의 수습·복구를 위해 특별조치가 필요한 재난(국가차원의 행정·재정적 지원 필요)
선포 절차	중앙본부장(시·도지사 건의)→중앙위원회 심의→국무총리 건의 또는 직접 선포 [긴급하면 先선포, 後승인 가능]	중앙본부장→중앙위원회 심의 →대통령 건의→대통령 선포
선포자	국무총리 : 3개 시·도 이상 중앙본부장 : 2개 시·도 이하	대통령
선포후 조치	재난경보발령, 대피명령 등 응급조치, 당해 지역 공무원 비상소집, 당해 지역 여행자제 권고 등 조치	재난관리책임기관장이 재난복구계획 수립·시행
우선 집행		중앙(지역)본부장은 재난복구계획 수립시행 前에 재난 응급대책 및 구호복구를 위해 예비비, 재난관리기금, 재해구호기금, 의연금 등의 예산집행 가능
선포 해제	추가 재난발생 우려 해소되면 즉시 해제	특별재난지역을 명시하여 해제 공고

V. 문제점 및 향후과제

1. 조직의 지휘·명령체계

  (1) 대규모 재난 발생 시 중앙재난안전대책본부장이 중앙사고수습본부를 지휘하도록 규정하였는데, 이는 동일한 지위의 장관이 다른 장관을 지휘하는 것이다.

  (2) 그 필요성은 충분히 인정될 수 있으나, 실질적으로 장관이 다른 부처 장관을 명령체계에 의해 지휘한다는 것은 쉽지 않다.

2. 안전관리민간협력위원회 구성 관련 법률체계

⑴ 개정법률에 '안전관리민관협력위원회' 설치의 법적근거를 명시하였을 뿐, 기능·역할을 모두 대통령령에 위임하여 실질적으로 미흡하다.

⑵ 정부가 재난발생 시 민간(단체·국민 개개인)의 참여 및 공동대응방안을 '재난관리 매뉴얼'에 명시하여 신속한 민관 대응체제를 마련하는 것이 중요하다.

3. 재난분야 위기관리 매뉴얼 이행의 평가

⑴ 개정법률에 재난분야 위기관리 매뉴얼 작성·운용의 법적근거를 명시하였을 뿐, 실제 재난발생 시 매뉴얼에 따른 위기대응 결과의 평가기준이 누락되었다.

⑵ 대규모 재난발생 시 매뉴얼에 따른 위기대응 여부를 평가한 후, 재난안전관리 결과보고서를 작성하여 국회 해당 상임위원회 보고를 의무화해야 한다.

4. 안전문화 관련 조직신설의 법적 근거

⑴ 개정법률에 안전교육, 안전훈련, 캠페인, 안전문화 우수사례 발굴 등 다양한 안전문화활동을 규정하고 있으나, 실제 추진할 전담조직이 명확하지 않다.

⑵ 개정법률 시행령에 규정된 '안전문화협의체'의 설치·운영 조항은 모법의 '안전관리민관협력위원회'와 혼동할 가능성이 높다.

VI. 맺음말

1. 최근 기후변화, 도시화 등에 따라 재난은 점점 복잡·다양해지고 대형화되고 있다. 이번 개정법률은 안전행정부가 재난과 관련하여 각 부처를 총괄·조정할 수 있도록 재난안전 총괄·조정기능을 강화하는 제도적 장치를 마련한 것이다.

2. 하지만 이의 원활한 실행을 위해 범정부적인 협조가 필요하다. 또한 신설된 재난현장 통합지휘소는 부단체장을 소장으로 하고 있어, 재난현장에서의 지휘체계에 따라 소장의 지휘·통솔에 적극 협조해야 할 것이다.

3. 『재난·안전관리기본법』상의 특정관리대상시설을 시특법 제3종 시설물로 편입서켜 국토교통부와 행정안전부로 이원화되어 있는 시설물 안전관리체계를 일원화함으로써, 시설물의 중요도·안전취약도 등을 고려하여 안전·유지관리체계를 강화하여 시설물에 대한 국민불안을 해소하고 체계적 인전관리를 기대할 수 있게 되었다.[70]

---

[70] 배제현 외, '재난및안전관리기본법 개정의 의의와 향후과제', 이슈와 논점, 국회입법조사처, 2013.

02.22 사업연속성관리(BCM)

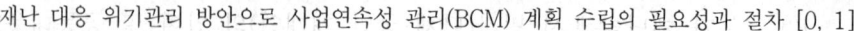

재난 대응 위기관리 방안으로 사업연속성 관리(BCM) 계획 수립의 필요성과 절차 [0, 1]

I. 용의 정의

1. 사업연속성관리(BCM, Business Continuity Management)는 조직이 재해로 인한 위험에도 불구하고, 조직의 업무를 사전에 결정한 최소한의 수준으로 영위하기 위해서 전개되는 일련의 통제행위로서,
재해·사고로 인한 업무중단에 대비하여 핵심적인 업무기능을 한정된 시간 내에 재개할 수 있도록 전사적인 정책과 시스템을 수립하여 관리하는 것이다.

2. BCM이란 재해·재난으로 인해 업무수행이 불가능한 위기상황에서 제한된 시간 내에 기업의 핵심기능을 복구해내는 총체적인 경영활동을 의미한다.
현재 글로벌 기업들의 필수적인 경영관리체계로 자리 잡았으며, ISO 22301와 같은 국제표준으로도 제정되어 있다. 국내에는 대기업을 중심으로 BCM에 대한 인식이 제고되고 있어, 업무 연속성을 위한 전략수립을 진행하는 추세이다.

3. BCM이란 재해·재난이 발생할 경우를 대비하여 각 기업의 사업본부 및 지원본부의 모든 업무를 적시에 복구할 수 있는지 확인하는 절차이다.
기업의 사업연속성이 보장이 되지 않을 경우에 기업이 입을 피해는 돈으로 환산할 수 없을 정도로 막대하므로. 최근에는 글로벌 기업들에 이어 국내 대기업을 중심으로 BCM 체계를 도입하고 있는 분위기이다. 재해·재난이 발생되어 위기상황에 처한 기업이 사업의 재개 및 복구전략을 신속히 실행하여 기업의 비즈니스 복원력(Business Resilience)을 확보하는 절차가 곧 BMS 체계이다.

II. 사업연속성관리(BCM)

1. BCM이 추구하는 목표
(1) 기업이 사업 중단 위기에서 최적의 초기 대응으로 피해 최소화를 추구
(2) 대내·외 중요 이해관계자를 대상으로 적시에 위기극복을 위한 소통 재개
(3) 위기상황에서 경영진의 의사결정 체크 리스트를 즉시 가동
(4) 컨트롤 타워(Control Tower) 및 종합상황실의 신속한 가동
(5) 긴급사태(Contingency)에 대비한 전사적인 사업계획 실행
(6) 백업(Backup) 생산, 대체 사업장 가동 및 업무 재개, 긴급 구매 및 조달
(7) 기업의 존폐위기를 최단 시간에 정상화시키는 복원역량(Resilience) 확보

2. 제품 공급업체의 BCM 전략 사례

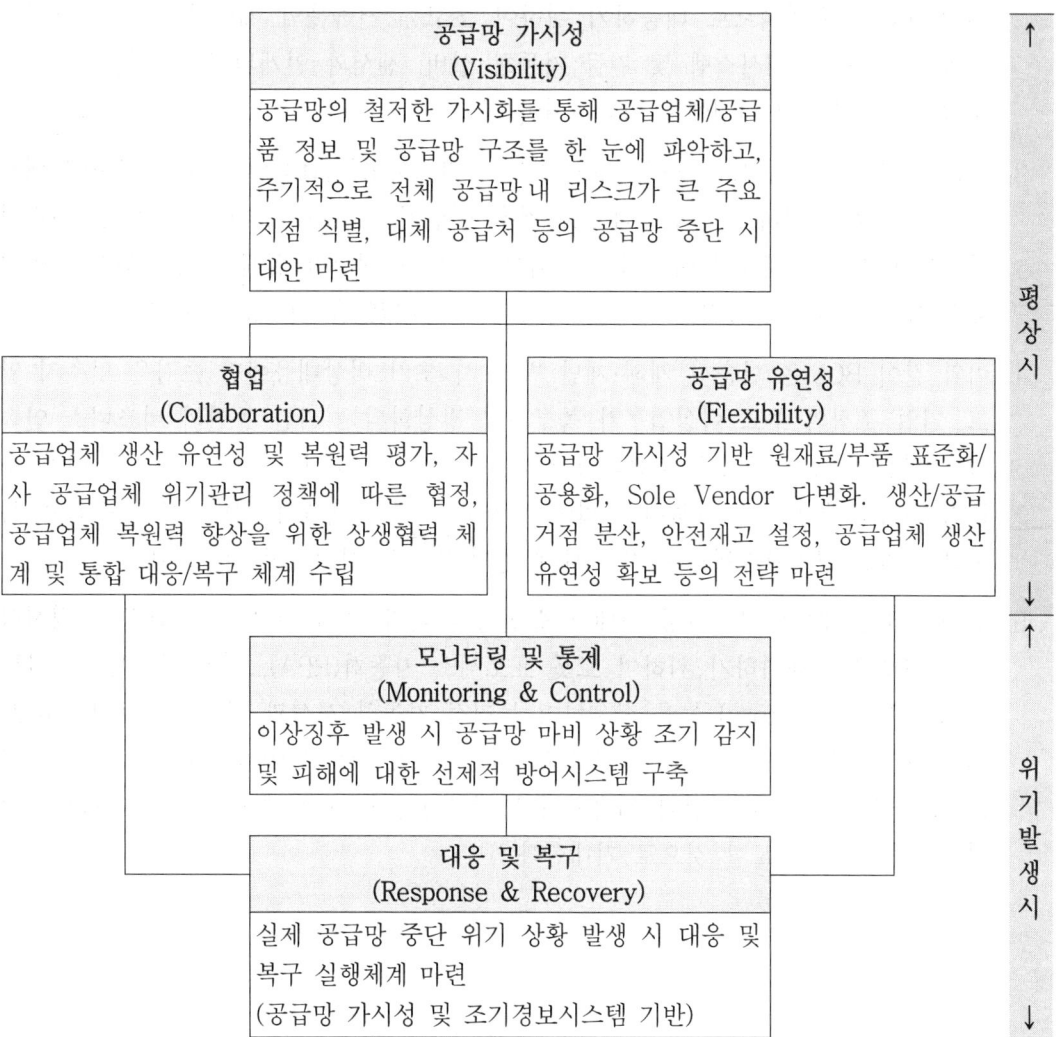

Ⅲ. BCM의 21세기 대응전략 사례

- 빌딩 재해·재난 대비 '초고층빌딩 재난관리체계' 전략 확보 -

1. 오늘날 전 세계적으로 초고층 빌딩 건설이 증가하고 있다. 지진, 화재 등 재해·재난에 매우 취약한 구조를 가지고 있는 초고층 건물의 경우에는 초기 대응에 실패하게 되면 인명 고립으로 인한 다수 인원의 사망, 인접지역 2차 재난으로 확산될 가능성이 매우 높다. 따라서 재해·재난 발생 시 신속하게 가동될 수 있는 통합시스템 기반 대응체계 마련이 필수적이다.

2. 앞으로 서울을 비롯한 수도권에 빠르게 증가할 것으로 예상되는 초고층 건축물의 재해·재난에 효과적으로 대응하기 위하여 초고층 건축물의 재난관리 법적 요건을 충족하고, 통합관제시스템 및 건물 자동화 설비, 센서와 연계된 통합 재난관리체계 구축을 범정부적인 차원에서 마련하여야 한다.

3. 최근 발생된 아현동 KT지사의 통신 공동구 화재사고 사례를 비춰보면 사고에 대한 원인을 모두 제거하기는 현실적으로 매우 어렵지만, 사고 발생 즉시 업무 연속성 관점에서 전략과 계획이 사전에 수립되어 있고 그 계획이 실제로 가동됐다면, 통신 중단 사고로 인한 2차, 3차 피해는 최소화 할 수 있었을 것으로 판단된다.

4. 이와 같이 BCM은 단순히 재해·재난 발생 시 초기 비상대응에만 초점을 맞추지 말고, 기업 조직의 주요 핵심업무가 복구되고 정상화되는 기간 동안의 비즈니스 연속성을 위한 전략과 계획을 포함해야 한다. 고객 및 이해관계자가 요구하는 적정 수준의 연속성 목표를 포함하여 기업이 제공하는 핵심 제품과 서비스를 신속하게 복구하기 위한 경영관리체계로 기업 내에 정착 및 내재화되어야 할 것이다.

5. 21세기에는 제4차 산업혁명 시대가 실현됨에 따라 재해·재난 위기 대응의 적시성과 효과성을 극대화하기 위하여 로봇 프로세스 자동화(RPA), 인공지능(AI), 스마트 팩토리(Smart Factory) 등을 활용하여 물리적 자동화 시설과 연계된 '스마트 재해·재난/위기관리시스템' 구축에 연구하면서 투자가 지속되어야 한다. 범정부적인 BCM 구축에 투자와 혁신이 지속되어야 대한민국이 전 세계적으로 위기관리 선진화 및 자동화를 선도할 것으로 기대한다.[71]

---

71) Deloitte, '재해·재난에도 사업중단 없다', Crisis Management 서비스 그룹, Team Spotlight 제35호, 2018. https://www2.deloitte.com/

02.23 장마철 집중호우(豪雨) 대책

하천교량의 홍수피해 원인과 대책, 대도시 집중호우로 인한 내수피해 예방대책 [0, 8]

Ⅰ. 개요

1. 최근 10년간 여름철 자연재난으로 연평균 16명이 사망·실종하고 3,221억 원의 재산피해가 발생하였다.

2. 대표적인 호우피해는 2011.7월 우면산 산사태 등으로 52명이 사망하고 3,768억 원의 피해가 발생했고, 2014.8월 부산지역에 시간당 130mm의 비가 내리는 등 기록적인 집중호우가 내려 2명이 사망하고 1,131억 원의 피해가 발생했다.

Ⅱ. 하절기 호우(豪雨)

1. 6~8월 국지성 호우 빈발

(1) 우리나라에서 여름철에 통상 기온이 평소보다 높고 강수량도 많을 것으로 예상하지만, 언제 어디에 어떻게 찾아올지 미리 알기 위한 연구가 필요하다.

(2) 지구온난화와 도시화가 가속되면서 국지 기후가 변하고 강수 패턴도 변하고 있어, 국지성 호우가 빈발하고 태풍도 자주 내습하기 때문이다.

2. 강한 국지성 호우 대비 필요

(1) 집중호우는 호우세포들이 계속 생겨나며 몇 시간 동안 한 곳에 시간당 40mm 이상의 강한 비를 뿌릴 때 발생한다.

(2) 특히 6~8월에 기온이 높고 대기 중에 수증기가 많아 언제든지 강한 비구름이 만들어 질 수 있어, 기상특보를 청취하여 상시 대비하는 태세가 필요하다.

3. 호우와 태풍·폭염 동시 대비 필요

(1) 여름에는 예년과 마찬가지로 집중호우가 태풍과 함께 내습 가능성이 높고, 그 사이사이마다 폭염 가능성도 상존하므로 시간단위별 대응이 필요하다.

(2) 건설현장에서 다양한 날씨 시나리오를 수립하고 안전점검을 철저히 하면서, 일기예보를 통해 대안의 폭을 좁혀 간다면 기상이변을 극복할 수 있다.

Ⅲ. 하절기 호우(豪雨) 건설현장대책

1. 집중호우

(1) 위험요인

① 일(日)강우량 100mm 초과하는 집중호우에 의한 토사유실 또는 무너짐(붕괴)

② 주변지반 약화로 인한 인접건물, 시설물의 손상 또는 지하매설물의 파손

③ 현장의 침수로 인한 공사 중단 및 물적 손실 등

(2) 안전대책

① 비상대기반을 편성·운영하며, 수해방지 자재 및 장비를 확보하여 비치

② 지하매설물 현황파악 및 관련기관과 공조체계 유지

③ 현장주변 우기 취약시설(공사용 가설도로)에 대한 사전 안전점검 실시

2. 감전재해

(1) 위험요인

① 장마철 전기 기계·기구 취급 도중에 발생되는 감전재해 발생

② 공사장 임시 전기시설 침수로 인한 감전재해 발생

③ 공사장 전기 충전부에 근로자 신체접촉에 의한 감전재해 발생

(2) 안전대책

① 모든 전기기계·기구는 누전차단기 연결사용 및 외함 접지를 사용

② 임시 수전설비 설치장소는 침수되지 않는 안전한 장소에 설치

③ 활선 근접작업 중 가공전선 접촉 예방, 작업자는 절연용 방호구 착용

3. 낙뢰재해

(1) 위험요인

① 적재함 아래에서 비를 피하던 중 낙뢰재해 발생

② 터널 발파를 위해 뇌관연결 후 철수하던 중 낙뢰로 인한 폭발재해 발생

③ 터널 장약작업 중 폭발재해 발생

(2) 안전대책

① 야외작업을 중단하고 완전히 금속체(자동차 내부)로 둘러싸인 곳으로 대피

② 금속류 자재의 운반작업, 크레인에 의한 자재의 인양작업을 금지

③ 발파작업은 중지하고 발파모선을 차단(피뢰침 설치, 비전기식뇌관 사용)

4. 굴착사면의 토사 무너짐

(1) 위험요인

① 우수가 사면내부로 침투하여 유동성 증가 및 전단강도 저하로 무너짐

② 함수량 증가에 따른 배면(뒷면) 토압 증가, 흙막이 지보공의 무너짐

③ 배수불량으로 인한 옹벽 및 석축의 붕괴

(2) 안전대책

① 굴착사면의 무너짐 방지를 위한 안전점검 및 사전 안전조치 실시

② 굴착사면 상부에는 하중을 증가시키는 차량운행 금지 또는 자재 쌓기를 금지

③ 현장주변 옹벽·석축 상태를 점검하고, 시설관리주체와 협조

5. 밀폐공간에서 질식재해

(1) 위험요인

① 하절기 탱크·맨홀에 우수가 체류하여 미생물 증식, 산소결핍으로 질식

② 밀폐공간에서 방수·도장작업 중 유기증기 흡입으로 인한 질식

(2) 안전대책

① 밀폐공간 출입자는 개인 휴대용 측정기구를 휴대하여 작업 중 산소 및 유해가스 농도에 대하여 수시로 측정

② 밀폐공간 내에서 콘크리트 양생(갈탄난로) 중 유해가스 발생 가능성이 있을 경우에는 산소농도 및 유해가스 농도를 연속 측정

③ 밀폐공간 출입자가 착용하고 있는 휴대용 측정기 경보음이 울릴 경우, 지휘자는 출입자가 작업현장에서 떠나는 것을 필히 확인

6. 타워크레인의 넘어짐

(1) 위험요인

① 태풍·강풍에 따른 타워크레인 무너짐(붕괴), 넘어짐 위험

(2) 안전대책

① 설치된 타워크레인 구조검토서의 최대풍속을 재검토하여, 순간 최대풍속에도 안전하도록 지지물을 보강

② 자립고(自立高) 이상의 높이로 설치된 타워크레인은 건축물 벽체에 지지하며, 건축물이 없는 경우에는 와이어로프로 지지

③ 타워크레인을 건축 중인 시설물에 지지하는 경우에는 그 시설물의 구조적 안정성에 영향이 없는지 검토

IV. 맺음말

1. 최근 3년간 여름 장마철에 발생된 감전재해자가 연간 감전재해자의 41.2%, 사망자의 60.5%를 차지한다는 통계가 나왔다.

2. 장마철은 집중호우로 인한 토사 무너짐, 침수 등 산업재해 취약시기이므로 건설현장에서는 위험요인별 사고원인과 예방대책을 미리 숙지하여야 한다.[72]

---

72) 산업안전보건공단, '장마철 건설현장 안전대책', 웹매거진, 2019.

02.24 집중호우 土石流 산사태

집중호우 시 산지 계곡부의 토석류 산사태 발생요인과 방지시설 [1, 3]

Ⅰ. 개요

1. 산비탈면 속에는 흙과 암반 경계면이 있다. 비가 많이 오면 빗물을 담는 흙 속의 공간에 물이 차서 암반 위의 흙은 비탈면 아래로 미끄러진다. 즉, 산사태는 물이 경계면에서 윤활유 역할을 하여 암반 위의 흙이 무너지는 현상이다.

2. 산사태의 종류는 발생위치에 따라 산비탈붕괴와 계류비탈붕괴로 구분하며, 발생모양에 따라 나뭇가지형, 조개껍질형, 선형, 판형으로 구분한다.

3. 우리나라의 산사태는 대부분 토심이 얕은 지표면이 떨어져 내려가는 표층붕괴의 형태를 나타내고 있다.

Ⅱ. 산사태 발생원인

1. 내적 원인

(1) 자연적 원인　　① 임상 : 임종, 수종, 경급, 영급

　　　　　　　　　② 토질 : 입도분포, 토성

　　　　　　　　　③ 지형 : 경사도, 경사방향

　　　　　　　　　④ 지질 : 지질구조, 암석

2. 외적 원인

(1) 자연적 원인　　① 강우 : 강우강도

　　　　　　　　　② 지진 : 지진강도, 진폭

　　　　　　　　　③ 하천 및 해안 침식

(2) 인위적 원인　　① 절·성토, 벌목, 개발

Ⅲ. 산지토사재해

1. 산지토사재해의 종류

(1) 산사태 : 빗물로 인해 무거워진 토층이 암반경계면을 따라 일시적으로 흘러내려 토층이 붕괴되는 현상

(2) 토석류 : 유역 내 다수의 산사태로 발생한 토석 및 유목이 빗물과 함께 섞여 계곡하류로 빠르게 이동하는 현상

(3) 땅밀림 : 땅속 깊은 곳에서 점토층이나 지하수의 영향으로 인해 토괴가 천천히

이동하는 현상

2. 최근 산지토사재해 피해증가의 원인

(1) 최근 산지토사재해의 피해가 늘어나는 원인은 ▲기후변화에 따른 강우패턴의 변화, ▲토심 증가 등의 산림환경변화, ▲산지주변 개발 및 훼손에 있다.

(2) 최근에는 기후변화에 따라 과거보다 큰 강우강도를 가진 많은 비가 국지적으로 내리는, 일명 게릴라성 폭우현상을 보이기도 한다.

(3) 또한, 지속적으로 실시한 숲가꾸기 사업과 사방사업의 효과로 인해 붕괴될 수 있는 계곡부 사면의 토심이 깊어졌고 퇴적물이 집적되어 있다.

(4) 더불어, 도시화에 따른 산지주변의 무분별한 개발 및 산지전용 등으로 인하여 산지토사재해가 발생되면 피해에 노출되는 인명 및 시설이 증가된다.

Ⅳ. 토석류

1. 토석류 정의

(1) 토석류(土石流, debris flow)는 산지에 큰 비가 내려 산사태로 생긴 토석·나무와 계곡부 바닥에 쌓인 흙·돌·바위들이 계곡물과 함께 동시에 엄청난 힘을 가지고 아래로 흘러내려오는 재해이다.

(2) 토석류는 계곡부 하류의 민가, 농지 및 도로를 덮쳐 큰 피해를 초래한다.

(3) 도심지와 달리 산지 계곡부는 산사태로 인한 직접적인 피해보다는 산지 계곡부에서 발생된 산사태가 토석류로 발전되어 피해를 입히는 경우가 많다

2. 토석류의 발생유형

(1) 토석류가 발생되기 위해서는 고정된 돌과 흙을 이동시킬 수 있을 만큼 빗물의 힘이 강해야 한다.

(2) 일반적인 경우에 토석류는 다음과 같은 2가지 형태로 발생된다.

① 붕괴형 : 큰 비에 의해 비탈면에 산사태가 생겨서 흘러내린 토석이 물과 함께 일시에 계곡을 따라 흘러내리는 경우

② 계곡 침식형 : 계곡 바닥에 쌓인 토석이 홍수에 의하여 급격히 흐르면서 계곡 하부를 깎아 토석과 함께 동시에 흘러내리는 경우[73]

Ⅴ. 산사태 방지대책

1. 산사태 방지정책의 변화

---

73) 국립산림과학원, '국민안전과 국토보전을 위한 산사태 바로알기', 2014.

1962년 국토의 황폐화를 방지하기 위해 『사방사업법』(산림청)이 제정되어 사방지 (砂防地) 지정, 사방시설물의 설치·관리에 관한 사항 등이 정해졌다.

1967년 『풍수해대책법』(소방방재청)이 제정되어 방재계획의 수립과 재해예방, 응급 대책 및 복구에 관한 사항 등이 정해졌다.

1995년 『풍수해대책법』이 전부개정되면서 법명이 『「자연재해대책법』(소방방재청)으로 바뀌었다. 이 법에서는 산사태 위험지역 지정, 자연재해위험지구 지정 등에 관한 사항이 정해졌다.

1995년 『시설물의 안전관리에 관한 특별법』(국토교통부)이 제정되어 도로·철도·항만·댐 또는 건축물 부대시설로서 옹벽(擁壁) 및 절토사면(切土斜面) 등 급경사지의 안전관리에 관한 사항이 정해졌다.

2002년 『산지관리법』(산림청)이 제정되어 산사태 등 재해발생이 우려되는 산지에서 개발행위를 제한하였다. 아울러, 산림청에서 『산지관리법』을 근거로 '산사태 위험지 관리시스템'을 운영하기 시작하였다.

2007년 『급경사지 재해예방에 관한 법률』(소방방재청)이 제정되어 붕괴위험지역의 지정·관리, 응급대책에 관한 사항 등이 정해졌다. 이 법에서의 급경사지는 인공사면뿐만 아니라, 일부 자연사면의 관리가 포함되었다. 하지만, 이 법의 관리대상에서 제외되는 자연사면에서의 산사태 예방·대응·복구에 관한 체계적인 제도는 아직도 마련되지 않았다.

2011년 서울 우면산 산사태 붕괴사고 이후, 『산림보호법』(산림청) 개정 시 산사태 예방 장기대책 수립, 산사태 정보체계의 구축 및 예측정보 제공, 산사태 취약지역의 관리, 산사태대응의 평가·분석 등이 추가로 정해졌다.

이상과 같이 우리나라의 산사태 방재정책은 산림청과 소방방재청을 중심으로 추진되며, 국토교통부도 급경사지 시설물의 안전점검·유지관리 업무를 수행하고 있다.

2. 문제점 및 개선방안

(1) 산사태 이력정보의 작성·활용에 관한 지침서 개발

① 『산림보호법』제45조8에 따라 지방산사태예방기관장(지자체장, 지방산림청장, 국유림관리소장)은 산사태 취약지역을 지정·고시하고, 그 결과를 시·도지사를 거쳐 산림청장 및 관계 중앙행정기관장에게 보고해야 한다.

② 지역산사태예방기관장이 지정한 산사태 취약지역(과거 산사태 발생지역 포함) 정보가 불충분하여 국가차원의 체계적인 관리가 미흡하다.

③ 산사태 취약지역의 정기적인 실태조사, 표준화된 취약지역 DB 구축을 위한 제도적 보완, 지방과 중앙기관의 유기적인 협력체계 구축 등이 필요하다.

(2) 산사태 예·경보시스템 및 정보전달체계 실효성의 재평가

① 우면산 산사태 발생 당시 산사태 예·경보시스템이 정상 작동하고, 정보전달체계가 신속 조치되었다면 피해를 최소화할 수 있었을 것이다.

② 산림청 '산사태 위험지 관리시스템'은 위험등급에 상관없이 기상청 전국 76개 강우관측소의 連續·日·時 강우량 기준으로 경보를 일괄 발령함에 따라, 그 범위가 너무 넓어 산사태 예상지역을 예측하기 어렵다.

③ 이미 구축된 산사태 위험지의 정보와 실시간 기상정보를 연계한 산사태 조기 예·경보시스템의 고도화를 통해 신속·정확히 대응해야 한다.

(3) 산사태 취약지역 토지매입 등 분쟁해결을 위한 재원확보

① 산림청은 2012년부터 사방댐(695개), 산림내 계곡정비(416km) 등 산사태 예방을 위한 사방사업을 추진하고 하고 있다.

② 사방사업은 산사태 취약지 토지의 매수·교환·수용을 위한 재원을 확보하고 사방시설물 설치에 따른 토지소유주 손실을 先보상해 주어야 효과가 있다.

③ 지역주민과의 민원 최소화를 위해 '산사태 취약지역 지정위원회'를 구성하여 이해관계가 없고 전문성과 공정성을 갖춘 위원을 선임할 수 있는 합리적인 위원회 구성 지침을 마련되어야 한다.

V. 맺음말

1. 그간 정부는 산사태 피해저감을 위해 다양한 방재기술을 개발하고, 『산림보호법』 개정 등을 통하여 산사태 예방·대응에 필요한 제도적인 개선·보완대책을 지속적으로 마련하고 있다.

2. 산사태 방지를 개선방안이 아무리 훌륭하다고 하여도 시민들의 자연재해에 대한 안전 불감증이 지속되는 현실에서 산사태로 인한 피해는 끊이지 않을 것이다.

3. 산림청과 소방방재청 등 관련기관은 집중호우로 인한 산사태 대피요령을 시민들이 쉽게 인지할 수 있도록 다양한 프로그램을 개발하고, 지속적으로 교육·홍보함으로써 자발적인 참여를 유도해야 할 것이다.[74]

---

74) 김명수 외, '도심지 토사재해 관리현황 및 개선방안 제안', 국토연구원 국토정책 Brief, 2016.

02.25 지진(地震)

하지진파(지반 진동파), 지중 매설구조물에서 지진 피해사항 및 대책 [1, 1]

Ⅰ. 지진

1. 용어 정의

(1) 지진(地震, earthquake)은 자연적 원인으로 인해 지구의 표면이 흔들리는 현상이다. 자연적 원인 중 단층면에서 순간적으로 발생하는 변위 자체를 지진이라 한다. 지진은 지각(地殼) 내 암석파괴로 인하여 일어난다. 특히 화산활동에 의해 일어나는 지진은 일반 지진과 구별하여, 화산성 지진이라 한다.

(2) 화산성 지진은 일반적으로 작고 그 진원도 얕지만, 장기간 많은 지진이 한꺼번에 일어나는 일이 있다. 지진은 화산활동과 관련하여 일어날 수 있다. 지하 마그마의 움직임은 지진을 유발할 수 있으며, 이러한 지진을 관측함으로써 화산활동을 감시하고 분화를 예측할 수 있다.

2. 진원·진앙

(1) 지진은 지구내부 에너지가 축적되어 암석파열이 일어나는 한계를 넘어설 때 일어나는데, 그 발생장소를 진원역(震源域)이라 한다. 대규모 지진일수록 진원역이 확대되어 수백 km에 이르기도 한다.

(2) 진원역에서 파괴는 한 점에서 시작되어 일정한 속도로 퍼져 나가는데, 파괴가 최초로 시작된 점이 진원(震源, focus)이며 대부분 진원역의 가장자리에 있다. 진원 바로 위의 지표상의 점이 진앙(震央, epicenter)이다.

3. 지진소

(1) 지진이 일어나는 장소는 지각(地殼) 또는 상부 맨틀(mantle)의 일정한 부분에 집중적으로 일어나는 일이 많다. 이를 지진소(地震巢)라 한다.

(2) 가령 일본의 동북지방의 지진소는 크고 두꺼우며, 맨틀 상부에 위치하고 있다. 이에 반하여 일본의 서남지방의 지진소는 작고, 지표에서 30~40km 깊이에 있다.

4. 지진대

(1) 옛날부터 지진이 일어나기 쉬운 곳을 띠모양으로 분포되는 지진대라고 칭했다. 즉, 환태평양 지진대(環太平洋地震帶)는 태평양 둘레의 지진대로 알려져 있었다.

(2) 일본 부근의 지진분포를 조사한 결과, 지진소(地震巢)로서 한 덩어리로 되어 있음이 밝혀져 띠모양의 지진대가 있다는 생각은 잘못된 것으로 결론지었다.

II. 세계의 지진활동

1. 북아메리카
(1) 1931년부터 1980년까지 약 50년간 전세계에서 발생한 릭터 규모 7.0 이상의 천 발지진은 490차례, 이 가운데 릭터 규모 8.0 이상의 지진은 무려 18회이었다.
(2) 그 중에서 알류산 열도를 포함하는 알래스카 주의 태평양 해안은 호상열도형의 지진활동이 활발하여 20세기에도 8~9급의 대지진이 5차례 일어났다.

2. 일본
(1) 일본은 태평양板, 유라시아板(중국板), 필리핀板, 북아메리카板이 관계하고 있는 불안정한 땅 위에 자리를 잡아 지진이 자주 일어난다. 2000년대 지진이 도호쿠 지방, 주부지방 북부(니가타현, 나가노현)에 집중되어 피해가 심각하였다.

3. 대한민국
(1) 대한민국은 유라시아板 내부에 있기 때문에 일본과 같은 경계지역보다 안전하다. 대한민국에서 발생한 역대 최대규모의 지진은 1978년 충북 속리산과 2004년 경 북 울진군 앞바다에 발생한 규모 5.2 정도였다.
(2) 그러나 2016.9.12. 경북 경주시에서 규모 5.8 지진이 발생하여 최고기록이 경신 되었다. 또한, 2017.11.15. 경북 포항시에서 규모 5.5 지진이 발생한 후 약 100 차례의 여진이 감지되었다.

III. 지진파

1. 용어 정의
(1) 지진파(地震波, Seismic wave)는 지진이 발생될 때의 진동의 움직임을 의미한다.
(2) 지진파는 지진계로 측정하며, 실체파(Body wave)와 표면파(Surface wave)로 구 분한다.

2. 실체파(實體波, Body wave)
(1) 지진이 발생되면 지각 내부를 통과하여 P파와 S파가 전달된다.
(2) P파(Primary wave)는 종파로서, 고체·액체·기체 상태의 물질을 통과한다. 속도 는 7~8km/sec로 빠르나 진폭이 작아 피해가 적다. 지구 모든 부분을 통과한다.
(3) S파(Secondary wave)는 횡파로서, 고체 상태만 통과한다. 속도는 3~4km/sec로 느리지만 진폭이 커서 피해가 크다. 지구 내부의 핵은 통과하지 못한다.
(4) 지진이 발생되면 지진계에는 처음에 약하게 흔들리는 P파가 그려지고, 잠시 뒤에 세찬 S파의 파형이 그려진다. 지진 조기경보는 먼저 감지한 P파를 확인하고 S파

가 도달하기 전에 대비하라고 사전에 알려주는 원리이다.

3. 표면파(表面波, Surface wave)

(1) 표면파는 일명 L파라고 하는데, 지표면을 따라 전달되는 지진파를 말한다. 속도는 2~3km/sec로서 통과하는 매질은 지표면으로만 전달되어 가장 느리고 진폭도 크고 피해도 크다. 표면파의 종류에는 러브파와 레일리파가 있다.

(2) 러브파(Love wave)는 표면파로서, 파동속도는 P파나 S파의 속도보다 느리며 분산현상을 보인다. 1911년 영국의 수학자 Augustus Edward Hough Love가 처음 탄성론적으로 유도하였다. 지각 두께 연구에 이용된다.

(3) 레일리파(Rayleigh wave)는 진행방향을 포함한 연직면 내에서 타원 형태로 진동을 일으킨다. 1885년 영국의 물리학자 John William Strutt Rayleigh가 처음 이론적으로 유도하였다. 레일리파를 통해 횡파의 속도분포를 구할 수 있다.

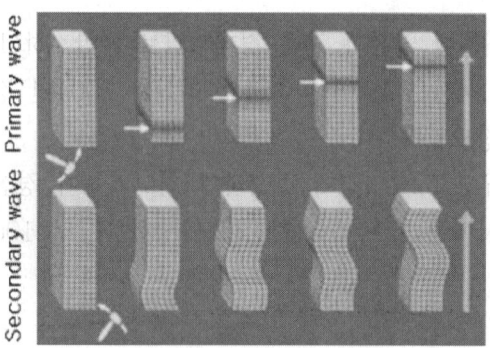

실체파(Body wave)

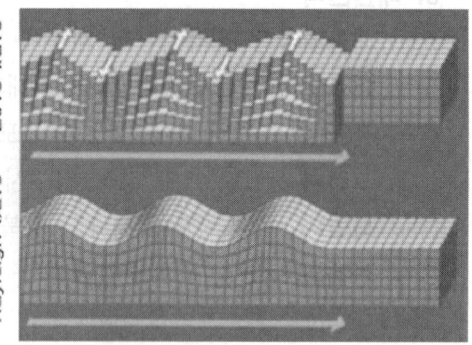

표면파(Surface wave)

Ⅳ. 구조물에 대한 지진설계

1. 내진(耐震)

(1) 설계할 때 지진피해를 최소화하기 위하여 내진, 제진, 면진 등이 쓰이는데, 모두 건축물의 내진력(耐震力)을 증가시켜 건축물의 지진피해를 줄이는 원리이다.

(2) 그 중에서 내진설계는 구조물의 변형이나 손상으로 지진에너지를 흡수·저장하는 시스템으로, 내진설계구조물은 지진으로 손상되면 복구하기 어렵다. 취약한 구조물을 보강하고 유연하게 설계하여 지진에 의해 손상을 입어도 건물이 붕괴되지 않도록 하여 인명피해를 최소화로 줄이는 방법이다.

(3) 그러나 내부 기물은 상당히 파손되기 때문에 파손방지를 위해 고층빌딩에는 안전성을 기하기 위하여 면진설계와 제진설계를 병행한다. 대부분의 건축물에서 병행설계가 가장 많이 사용된다.

2. 제진(制震)

⑴ 제진설계는 건물에 설치된 제진장치에 변형을 집중시켜 지진에너지를 흡수함으로
써 건물의 진동을 저감시키는 시스템이다.

⑵ 건물 내부에 건물 총중량의 1% 정도의 추나 댐퍼를 설치하여 지진이 발생할 때
건물의 진동 반대방향으로 추나 댐퍼를 이동시켜서 진동을 상쇄시키는 원리이다.
타이페이 101빌딩 등의 100층이 넘는 초고층 빌딩에 사용되었다.

3. 면진(免震)

⑴ 면진설계는 구조물과 지반 사이에 면진층을 설치하여 면진층 위로는 지진력이 전
달되지 않도록 하는 시스템으로, 성능이 가장 우수하다.

⑵ 건물과 지반 사이에서 지진의 피해를 줄여주는 설계다. 건물지하와 지반 사이에
적층고무, 댐퍼, 베어링 등을 이용하여 지진이 발생할 때 충격을 어느 정도 줄여
서 실제 건물에는 진동수가 줄어들어 내부에 손상이 적어지는 원리이다.

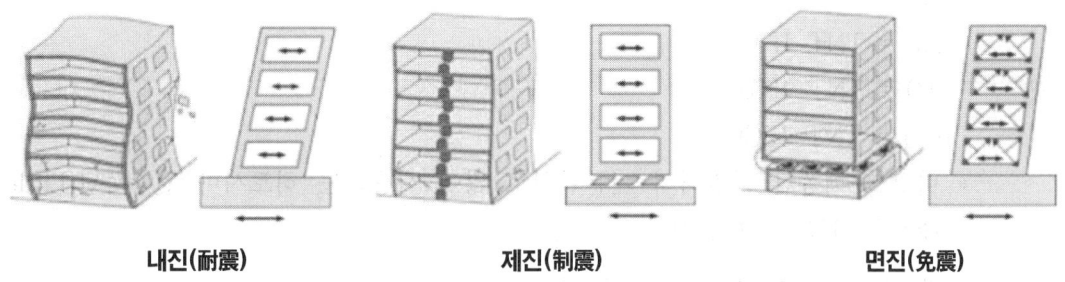

내진(耐震)   제진(制震)   면진(免震)

Ⅴ. 지진 릭터 규모

1. 릭터?

⑴ 릭터 규모(Richter magnitude scale)는 지진강도를 나타내는 단위로서, M_L로 표
기한다. 1935년 미국 지진학자 찰스 릭터(Charles Richter)가 지진파를 측정하여
지진에너지를 추정하는 릭터 규모 방법을 개발하였다.

⑵ 릭터 규모는 지진계에서 관측되는 가장 큰 진폭으로부터 계산된 로그값으로 만들
어진 단위이다. 예를 들어, 릭터 규모 5.0의 지진이 갖는 진폭은 릭터 규모 4.0의
지진보다 진폭이 10배 크다. 지진 발생할 때 방출되는 에너지는 파괴력과도 밀접
한 관계가 있는데, 이때 발생하는 진폭의 $\frac{3}{2}$제곱만큼 커진다.

⑶ 릭터 규모가 1.0만큼 차이가 나면, 방출되는 에너지는 $31.6\left(=(10^{1.0})^{\frac{3}{2}}\right)$배 만큼
커지고, 릭터 규모가 2.0만큼 차이를 보이면 $1,000\left(=(10^{2.0})^{\frac{3}{2}}\right)$배의 에너지가 방

출된다는 뜻이다. 방출되는 에너지의 크기를 알아보기 편하게 31.6 대신 32로 반올림 표기하기도 한다.

(4) 에너지 E(erg)와 릭터 규모(M)의 관계식은 $\log_{10} E = 11.8 + 1.5M$ 이다.

2. 지진규모

(1) 지진 릭터 규모와 폭약(TNT)의 폭발력과의 관계는 다음과 같다.

    1.0 = TNT 480g
    2.0 = TNT 15kg
    3.0 = TNT 480kg
    4.0 = TNT 15t
    5.0 = TNT 480t
    6.0 = TNT 15kt
    7.0 = TNT 480kt
    8.0 = TNT 15Mt
    9.0 = TNT 480Mt
   10.0 = TNT 15Gt

* 비교 : 핵폭탄 폭발력의 기본단위로 많이 사용되는 히로시마 원자폭탄(Little Boy)는 TNT 20kt급이다.

(2) 지진 릭터 규모의 힘 단위를 표시하면 다음과 같다.

(사실 1.0보다 낮은 규모도 존재하지만, 거의 1.0~9.9까지의 지진이 발생하므로 사용하지 않는다.)

1.0 ~ 2.0 = 지진계가 감지할 수 있는 정도
2.1 ~ 4.9 = 땅이 조금 흔들리는 정도(여진)
5.0 ~ 5.9 = 전봇대가 파손되는 정도
6.0 ~ 6.9 = 땅이 뚜렷하게 흔들리고 주택 등이 무너지는 정도
7.0 ~ 8.9 = 땅이 심하게 흔들리는 정도 아파트 등 큰 빌딩이 무너지는 정도
9.0 ~ 9.9 = 땅이 넓게 갈라지고 지면이 파괴되는 정도
(9.9보다 높은 규모도 존재하지만, 대부분 1.0~9.9까지의 지진이 발생한다.)[75]

---

75) 기상청, '지진의 분류, 지진정보, 국내지진 규모별 순위', 2019.

02.26 내진설계와 면진설계

면진설계(isolation system)의 기본개념, 주요기능, 국내에서 사용되는 면진장치 종류 [1, 1]

Ⅰ. 개요

1. 돌로 만든 아치 구조물은 수직력인 중력에는 견디지만 수평력인 지진하중에는 쉽게 무너진다. 내진설계란 구조물이 수평력인 지진하중에 견디도록 설계하는 개념이다.

2. 우리나라는 70년대 후반 원자력발전소 건설을 통하여 내진설계 개념이 도입되기 전까지 풍하중을 제외한 지진하중과 같은 수평력에 대한 고려는 전혀 없었다.

3. 1986년 『건축법』에 '건축물은 지진에 대해 안전한 구조이어야 한다'고 규정된 후, 1988년 '건축물의 구조기준 등에 관한 규칙'에서 내진설계기준이 처음 제정되었다.

4. 1992년 개정된 『도로교표준시방서』에 교량의 내진설계기준이 도입된 후, 현재 적용되는 교량받침을 이용한 면진설계는 경제성·안전성을 동시에 충족하는 개념이다.

Ⅱ. 지진의 발생원인

1. 판구조 이론

(1) 1960년대 후반에 정립된 판구조 이론은 단층운동으로 발생된다고 생각되는 지진의 힘(지진력)의 원인을 규명하는 학설이다.

(2) 대서양을 끼고 있는 유럽·아프리카 대륙의 서해안과 남북 아메리카 대륙의 동해안을 짜 맞추면 접합부분이 잘 맞는 판구조 형상이다.

(3) 지구표면의 해령(海嶺)과 해구(海溝)를 연결하면 지구의 표층은 바다에서 70km 두께, 육지에서는 그 이상 두께의 암석층이 태평양판, 유라시안판, 북아메리카판 등 13개의 판으로 나누어져 5~7cm/년의 속도로 움직이고 있다.

(4) 1960년대 후반부터 최근까지 발생된 지진의 진원지를 조사한 결과, 대부분의 지진은 이러한 판의 경계지역 또는 경계지역 부근의 판 내부에서 발생되고 있다.

2. 판운동의 원동력

(1) 판구조 이론에 의한 판은 지구내부의 아세노프페어(asthenosphere)라는 비교적 연약한 마그마층 위에 놓여 있다.

(2) 암석 덩어리 판의 중량이 판 하부에 있는 마그마보다 차고 무겁기 때문에 자중에 의해 뜨거운 마그마 속으로 빨려 들어가 판이 이동되는 것으로 생각된다.

(3) 지진의 궁극적인 원인은 지구내부의 열 때문이라고 여겨지며, 이러한 열은 주로 지구내부에 포함되어 있는 방사선 물질의 붕괴에 의해 공급되고 있다.

3. 탄성반발론

(1) 탄성반발론은 판운동과 지진과의 상관관계를 연결시키는 이론이다. 마그마 이동으로 상부판이 하부판 표면에 있는 산맥 밑으로 끌려 들어가려는 힘을 받는다.

(2) 이 힘에 의해 상부판은 응력을 받아 축적되어 암석의 탄성한계를 넘으면 단층운동(탄성반발현상)에 의해 에너지가 해방되는 현상으로 지진이 발생된다.

(3) 지금까지 알려진 지진피해가 어느 한정된 지역에 많이 발생되고 있다. 이러한 지진대의 분포가 판구조의 경계면과 일치하여 탄성반발론에 대한 증거가 된다.

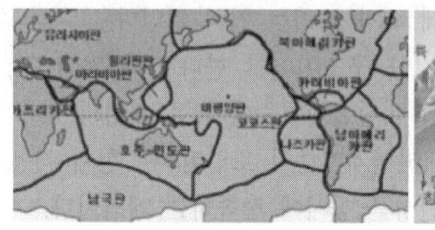 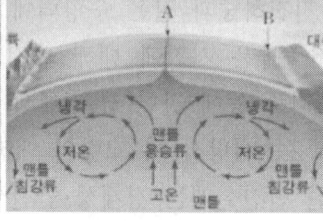 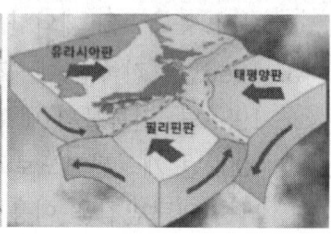

| 판구조 이론 | 판운동의 원동력 | 탄성반발론 |

Ⅲ. 지진파와 구조물의 상관관계

1. 응답스펙트럼

(1) 어떤 물체가 진동하는 주기는 물체의 재료와 형상에 따라 다르다. 물체가 진동하면서 열과 소리로 에너지를 소비하는 현상을 감쇠(減衰, damping)라고 한다.

(2) 이러한 주기와 감쇠를 갖추고 진동하는 물체를 매개로 하여 지진파의 주파수 성분을 분석한 결과가 응답스펙트럼이다.

(3) 응답스펙트럼의 모양은 지진파에 따라 다르지만, 全세계적으로 관측된 지진파의 스펙트럼은 가속도, 속도 및 변위의 3가지 성분을 비슷하게 지니고 있다.

(4) 예를 들어 지진력의 크기와 관련되는 가속도 응답스펙트럼을 분석하면, 어떤 짧은 주기까지는 값이 일정하나 주기가 길어지면 응답치가 급속히 떨어진다.

2. 공진현상

(1) 지진에 의한 구조물 피해는 지진의 크기뿐만 아니라, 지진의 주기와 구조물의 주기가 공진(共振, resonance)현상을 일으켰을 경우에 더 큰 피해가 발생된다.

(2) 두 물체의 진동주기가 인접하는 경우에는 공진현상이 발생되므로, 내진설계에서 외력을 가하는 지진과 외력을 받는 구조물과의 공진관계를 고려해야 된다.

(3) 지진에 대한 구조물의 안전성 여부는 '지진 주기와 건물 주기가 일치하여 공진현상을 일으키느냐, 서로 어긋나 공진현상을 일으키지 않느냐'의 차이에 있다.

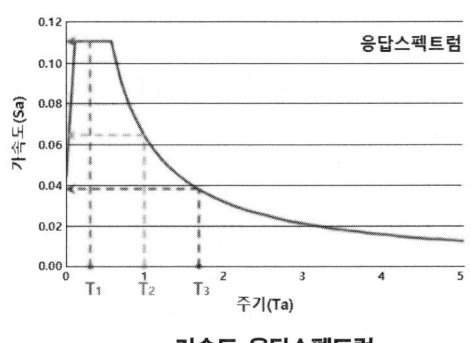

가속도 응답스펙트럼

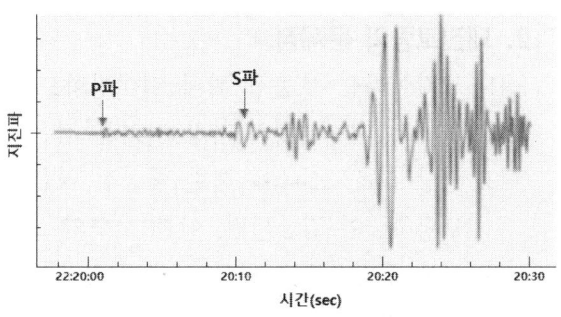

지진파 공진현상

3. 내진구조, 제진구조, 면진구조

(1) 내진구조

① 구조물을 튼튼하게 설계하여 무조건적으로 지진에 대항하기 위하여 구조물 내에 보조부재(내진벽)를 설치하여 지진에 견딜 수 있도록 설계되는 내진구조

(2) 제진구조

① 신무기를 개발하여 지진에 효율적으로 대항하여 지진에 의한 피해를 극복하려는 능동적인 개념

② 구조물 자체에서 구조물의 진동과 반대되는 방향으로 인위적인 힘을 가하여 진동을 제어하는 설비를 갖춘 제진구조. 이론적으로 가능하나 실제 미세한 착오로 인해 오히려 구조물을 파괴하는 방향으로 가력(加力)하는 위험성 상존

(3) 면진구조

① 지진파가 갖고 있는 강한 에너지 대역으로부터 도피하여 지진과 대항하지 않고 지진을 피하려는 수동적인 개념

② 지반과 구조물 사이에 절연체(탄성고무)를 설치하여 지진의 진동주기가 구조물에 크게 전파되지 않도록 구조물의 고유주기를 길게 하거나, 지진파가 구조물에 전달되지 않도록 원천적으로 봉쇄하는 면진구조

Ⅳ. 내진구조물

1. 내진건축물

(1) 건축물이 지진하중을 견딜 수 있는 효율적이며 손쉬운 내진설계는 건축물 내부에 철근콘크리트구조의 전단벽(shear wall), 즉 내진벽을 설치하는 방법이다.

(2) 내진벽의 배치가 구조적으로 평면대칭을 이루고 내진벽의 면적이 층별로 급격한 변화가 생기지 않도록 배치하는 것이 내진설계의 핵심이다. 원자력발전소 구조물은 전단벽을 많이 배치한 대표적인 내진구조물이다.

2. 내진교량의 문제점

(1) 교각이라는 부동점 위에 길이방향으로 장대한 형상의 교량상판을 갖는 교량구조
물에서 내진설계의 가장 어려운 점은 교량상판의 온도신축 영향이다.

(2) 평상시 온도신축에 대한 중심점 역할을 수행하는 고정단에 지진시 발생되는 모든
수평하중이 집중되면, 이를 소수의 고정단 교각이 수용할 수 없게 된다.

(3) 상부 교량상판과 하부 교대·교각을 가동단과 고정단으로 연결하는 교량받침 형식
은 고정단 교각의 단면 증가, 기초지반의 보강이 필요하여 비경제적이다.

(4) 고정단 교각에서 상부와 하부를 연결하는 교량받침이 완전히 고정되지 못한 경우
에는 교량상판의 어긋남 및 낙교 위험성을 내포하여 불합리하다.

(5) 지진을 정확히 예측할 수 없는 현실에서 구조물의 절대적인 안정성을 보장받기
위해 면진구조물 및 제진구조물과 같은 새로운 개념이 고안되고 있다.

V. 면진구조물

1. 면진건축물

(1) 고층건물은 고유주기가 길어지면 그 자체가 면진구조물 역할을 하지만, 저층건물
은 구조적으로 고유주기를 길게 할 수 없으므로 지반과 건물 연결부에 적층고무
를 삽입하여 건물의 고유주기를 강제적으로 길게 하는 방법이다.

(2) 유연한 구조로 설계되는 면진구조물은 변위가 커지는 단점이 있다. 이 단점을 보
완하기 위해 건물의 진동에너지를 소비하는 감쇠장치를 설치하기도 한다.

(3) 면진설계는 건축물 자체의 안전성 확보보다 내부시설·기기의 안전성이 더욱 중요
한 박물관, 소방서, 관공서, 병원 등에서 관심을 집중하고 있다.

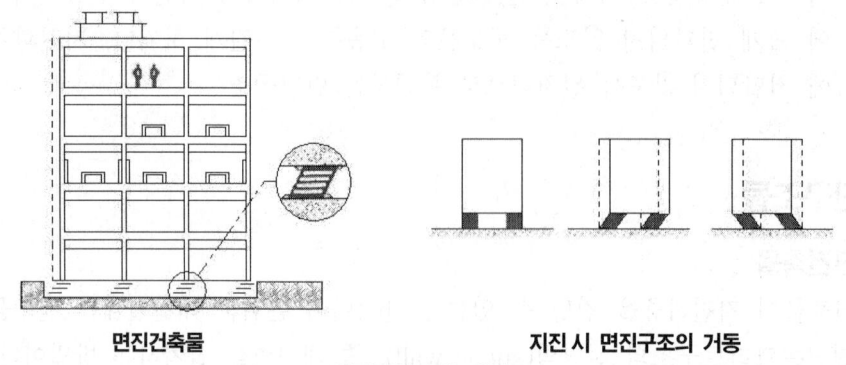

면진건축물 　　　　　　　지진 시 면진구조의 거동

면진건축물의 개념

2. 면진교량

(1) 교각 높이가 낮은 일반 교량구조물에서 상부하중을 지탱할 정도의 교각 단면으로

는 고유주기를 지진에너지가 강한 주기대역을 벗어나게 할 수 없으므로, 수평강
성이 약한 고무재료를 사용하여 고유주기를 인위적으로 길게 할 수는 있다.

⑵ 순수한 고무받침은 교량상부의 큰 사하중이 재하되면 좌굴되므로, 고무와 고무
사이에 보강용 강판을 수평으로 설치하여 고유주기를 인위적으로 길게 하는 탄성
고무받침이 실용화되었다.

⑶ 탄성받침 내부에 코아(core) 형태의 납을 삽입하여 고유주기를 늘리는 기능과 납
의 비선형거동으로 진동에너지를 흡수하는 기능을 동시에 갖춘 납면진받침(LRB)
이 개발되어 全세계적으로 가장 널리 사용되고 있다.

⑷ 최근에는 금속의 비선형을 이용한 강재 댐퍼형 면진받침, 미끄럼판 마찰력을 이
용한 마찰받침, 고무 자체에 감쇠기능을 첨가한 고감쇠 고무받침, 친환경적으로
납 대신 주석면진받침, 스프링을 사용한 면진받침 등이 소개되고 있다.

국내 최초의 면진교량 (지하철2호선 당산철교)

3. 고무계열 면진받침(탄성받침)

⑴ 고무재료의 특성

① 고무는 고분자화합물(고분자 10만 이상)로서 1개의 분자가 고리로 연결된 형상
으로 뒤엉켜있는 화학구조를 갖추고 있다.

② 고무원료에 유황, 카본, 연화재, 노화방지재 등을 혼합하여 고온·고압으로 가열
하면 유황분자가 고무분자에 가교(架橋)를 형성하여 탄력성을 갖게 된다.

③ 고무분자는 형상적으로는 고체이면서 다른 고체와 차이점은 유체분자와 유사한
특징을 갖추어, 액체분자의 운동형태를 나타내는 탄력성이 있다는 점이다.

⑵ 고무의 내구성

① 탄성받침에 사용되는 재료는 고무와 보강철판이며 보강철판은 고무로 보호되어
있으므로 탄성받침의 내구성이란 결국 고무의 經年變化를 의미한다.

② 100년 前 오스트레일리아 멜본 철도교의 방진용 천연고무의 경우에 표면에서 5mm 정도까지는 오존 및 산소에 의한 산화열화로 균열이 발생되었으나, 내부는 거의 변화하지 않았다는 사실이 확인되었다.

③ 오존에 의한 산화현상은 고무가 인장된 상태에서는 급속히 진행되지만, 고무를 압축한 상태에서는 거의 산회가 진행되지 않는 내구성을 갖추고 있다.

(3) 탄성받침의 구조

① 탄성받침은 얇은 고무층과 보강철판이 적층으로 구성되고, 상·하부에는 철골 및 콘크리트 구조물에 고정하기 위한 플렌지 철판을 갖추고 있다.

② 탄성받침의 평면형상은 방향성이 없는 원형으로 사용하는 것이 바람직하나, 상부구조 및 하부구조의 형상에 따라 사각형으로 제작되는 경우도 많다.

③ 현재 국내에서 생산되는 대부분의 탄성받침은 탄성받침과 상·하부철판이 분리형으로 제작되지만, 점차 일체형 탄성받침 사용이 증가할 것으로 보인다.

④ 일체형 제조방식은 탄성받침을 제작할 때 연결용 강판을 삽입하여 제작하고 상·하부 철판을 연결용 강판과 볼트로 체결하는 볼트식 체결방법, 탄성받침과 상·하부 철판을 고무로 접착하는 일체식 접착방법이 있다.

VI. 내진교량과 면진교량의 차이점

1. 교각에 상부하중의 배분 기능

(1) 교량구조물에서 상부하중을 배분하는 내진장치와 고유주기를 길게 하는 면진장치는 모든 교각에 하중을 배분하는 측면에서 동일한 기능을 수행한다.

(2) 내진장치는 각 교각에 잠금장치로 작동되어 모든 교각의 강성으로 상부구조물을 지지하므로 고유주기가 짧아져서 큰 지진력을 유발하지만, 지진력을 각 교각에 배분하기 때문에 효과적으로 대처할 수 있다.

(3) 면진장치는 고유주기를 길게 하여 감소된 지진력을 각 교각에 균등 배분하므로 하중 측면에서는 면진장치가 유리하며, 변위 측면에서는 내진장치가 유리하다.

2. 교량구조물의 고유주기

(1) 내진장치는 교량구조물의 짧은 고유주기로 인하여 큰 지진력의 유발은 감수하나 이를 구조물에 적절히 배분함으로써 지진력에 대항하려는 개념이다.

면진장치는 구조물의 고유주기를 길게 하여 지진력 발생 그 자체를 줄이면서 지진에 적절히 대비하는 개념이다.

(2) 내진설계와 면진설계는 교량구조물을 지진에 대비하여 안전하게 건설하려는 보다 큰 관점에서의 지진 대비 설계개념은 동일하다. 다만, 지진에너지를 주기특성별로

분류하여 지진력 크기를 능가하는 구조물 저항력으로 안전을 도모할 것인가? 아니면, 지진력의 주기특성을 이용하여 지진력의 강한 주기대역으로부터 구조물의 고유주기를 벗어나게 하여 공진현상을 피할 것인가의 차이에 불과하다.

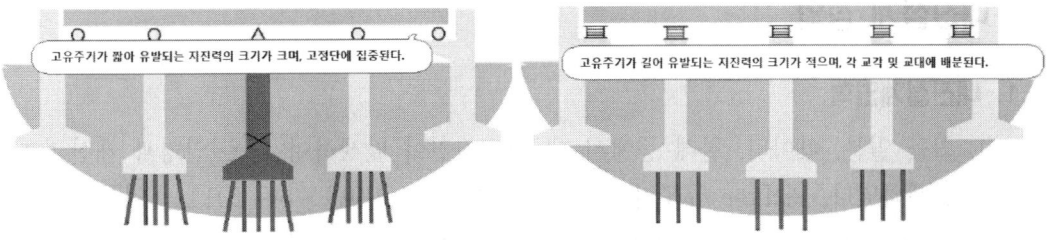

내진설계 : 기초파일 증가로 공사비 증가　　　**면진설계 : 기초파일 감소로 공사비 절감**

Ⅶ. 지진 방재대책 및 교량의 사회적 기능

1. 지진발생의 예측은 현대과학으로서도 아직 불가능하지만, 대처방안을 마련하는 것은 인간의 지혜로 가능하다.

2. 우리나라는 지리적으로 환태평양지진대 중 지진활동이 가장 활발한 일본열도 근처에 속해 있으나 태평양판(plate)이 일본열도 우측 편에서 아시아판 밑으로 매몰(埋沒)되면서 주로 일본지역에 지진을 발생시키고 있어, 일본열도의 좌측 편에 있는 우리나라는 지리적으로 지진의 영향을 별로 받지 않는 행운을 누리고 있다.

3. 때 늦은 감은 있지만 최근 『건축법』 개정으로 6층 이상의 건축물에는 내진설계를 하도록 의무규정이 도입되었다. 그렇다면, 『건축법』 규제를 받지 않는 低層 주거용 건축물의 지진 대비는 어떻게 할 것인가?

4. 일본의 경우 東京都의 블록건물을 전멸시킨 關東大地震 이후, 조적조(블록벽돌) 건물의 신축을 금지시켜 지금의 저층건물은 모두 목조건물로 되어 있다.[76]

---

76) 박효성 외, 'Final 도로및공항기술사, 2차 개정', 예문사, pp.1072~1074. 2012.
　　국토교통부, '교량 내진설계기준', 국가건설기준 표준시방서, 2017.
　　굴렁쇠, '내진설계 및 면진설계', 2019, http://blog.naver.com/

02.27 시설물 내진설계기준 및 개선방안

I. 내진설계 정의

1. 내진설계연혁

(1) 최근 일본, 아이티, 칠레 등에서 대규모 지진이 발생하여 많은 인명과 재산피해가 발생하였다. Richter 규모가 적용되기 시작한 1990년 이후 2011년 일본에서 4위에 해당되는 M9.0 지진이 발생하여 20,352명이 사망하였다.

(2) 우리나라에서 내진설계는 1972년 원자력시설물에 처음 도입되었다. 1985년 발생한 멕시코시티 지진을 계기로 1986년 아시안게임을 앞둔 우리나라에서 아래 표의 내진설계 연혁에서 보듯 건축물에도 내진설계가 시작되었다.

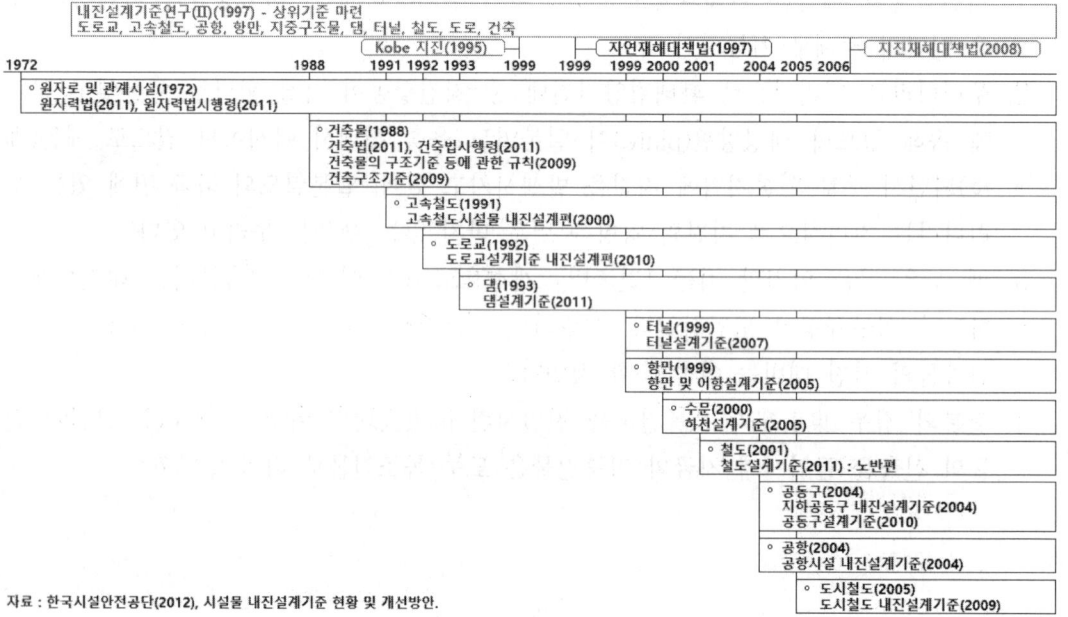

자료 : 한국시설안전공단(2012), 시설물 내진설계기준 현황 및 개선방안.

우리나라의 시설물별 내진설계 연혁

2. 내진설계기준 체계

(1) 1995년 발생한 일본 고베지진은 M6.9, 진원깊이 22km로 도심지 直下에서 발생하여 5,502명이 사망하고, 36,896명이 다쳤다. 이러한 고베지진을 계기로 선진국들이 내진설계에 관심을 가지게 되었다.

(2) 우리나라 정부도 한국지진공학회 공동으로 모든 시설물에 대한 내진설계기준연구

(II)를 수행한 결과, ▲지진재해지도, ▲내진설계등급(특등급, I등급, II등급), ▲내진성능목표(기능수행수준, 붕괴방지수준), ▲지진하중산정을 위한 표준설계응답스펙트럼 등의 상위 『성능기준』을 규정하였다. 또한, 개별 시설물의 내진성능 목표에 대한 구체적인 기술과 절차는 아래와 같이 하위 『기술기준』에 규정하였다.

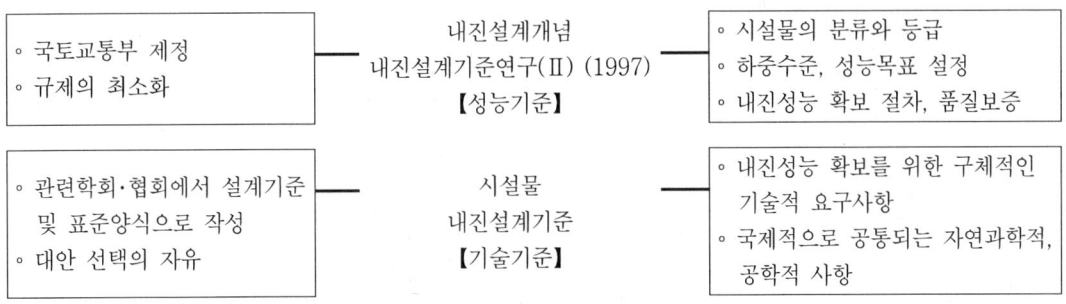

우리나라의 내진설계기준 체계

3. 기존 시설물에 대한 내진보강

(1) 2004년 국토교통부·한국지진공학회 공동으로 『기존시설물의 내진성능평가 및 향상요령(교량, 터널, 건축, 댐, 기초, 상수도, 제방)』을 발간하고, 교량, 터널, 건축은 2011년 개정·발간하고, 댐, 기초, 항만, 수문은 2013년 개정·발간하였다.

(2) 2008년 제정된 『지진재해대책법』은 31개 법정시설물에 대한 지진재해경감 내진대책 수립을 규정한 이후, 기존시설물의 내진보강에 상당한 수준의 국가예산이 집행되고 있다.

II. 시설물의 내진설계기준

1. 내진설계 대상 시설물의 설계기준

(1) 지진 규모가 진원에서의 에너지 방출량을 표현하는 지표이지만, 이를 내진설계 하중으로 직접 적용하기에는 많은 무리가 따른다.

(2) 우리나라는 역사적 피해기록을 해석하여 MMI 진도등급으로 표현한 후(평가자의 주관), 이를 다시 미국의 경험식을 이용하여 지진 규모로 정량화하였다.

(3) 또한, 각 시설물별로 별도 식으로 같은 최대지반가속도를 적용하였지만, 설계지진 규모가 다양하여 국토교통부와 소방방재청과 아래와 같이 합의하였다.
『지진재해대책법』에 따른 내진설계 대상 중 국토교통부 소관은 13개 시설물이며, 이 중에서 공항과 도시철도의 내진설계기준을 제외한 11개 시설물은 내진설계편에 제시한다.

국토교통부 소관 내진설계 대상 13개 시설물의 설계기준

No	대상시설		관련법령	설계기준	시설물 내진등급	설계지진 가속도	설계 지진 규모
1	건축물	°3층이상 °연면적 1,000m²이상	°건축법 °건축물의 구조기준 등에 관한 기준	건축구조기준(88)	특, I, II	0.07~ 0.22g	5.1 ~ 6.5
2	공항시설	°비행장시설 °건축물 °교량 °지중구조물 °기타시설물	°항공법	공항시설내진설계기준(04) 건축구조기준(88) 도로교설계기준(92) 터널설계기준(99)			
3	도로시설물	°교량 °터널	°도로법	도로교설계기준(92) 터널설계기준(99)	I, II	0.07~ 0.154g	5.1 ~ 6.2
4	철도시설	°교량 °터널 °역사	°철도산업발전기본법	철도설계기준(01) 터널설계기준(99) 건축구조기준(88)			
5	고속철도	°교량 °터널 °역사	°철도건설법	철도설계기준(01) 터널설계기준(99) 건축구조기준(88)			
6	배수갑문	°방조제 (배수갑문 포함)	°공유수면 관리 및 매립에 관한 법률 °방조제관리법	항만및어항설계기준(05)			
7	수문 (국가하천)	°수문	°하천법	하천설계기준(05)			
8	항만시설	°접안시설(안벽) °도로교량 °여객터미널	°항만법	항만및어항설계기준(05) 도로교설계기준(92) 건축구조기준(88)			
9	다목적댐	°다목적댐	°댐 건설 및 주변지역 지원 등에 관한 법률	댐설계기준(93)	특, I		
10	일반댐	°용수전용 °홍수조절					
11	도시철도	°교량 °터널 °역사	°도시철도법	도시철도내진설계기준(05) 터널설계기준(99) 건축구조기준(88)	I	0.098~ 0.154g	5.4 ~ 6.2
12	공동구	°공동구	°국토의 계획 및 이용에 관한 법률	공동구설계기준(04)			
13	궤도	°사면 °옹벽 °기초구조물 °지주(강지주) °정거장 및 건축물	°궤도운송법	궤도시설의 건설에 관한 설비기준(10)	II	0.07~ 0.11g	5.1 ~ 6.0

2. 지진발생횟수의 빈도

(1) 미국지질조사국(USGS)은 『우리는 많은 사람들로부터 지진발생횟수가 증가하는지에 대해 끊임없이 질문을 받고 있다. 비록 그렇게 보일지는 모르지만 실제로 규모 7.0이상의 지진은 거의 일정하다』고 답한다. 1931년 전세계에 지진계가 350

개였으나, 오늘날 8,000개 이상의 지진계 데이터가 인공위성으로 집계된다.

(2) 1900년 이후 1년에 규모 8.0이상의 대지진은 1번 발생하며, 규모 7.0~7.9 지진은 약 17번 발생하였다. 이를 바탕으로 우리나라의 지진환경을 비교하면 다음과 같다. 아직은 우리의 내진설계 기술력이 매우 낮은 수준임을 감안할 때 시설물에 대한 내진설계, 내진성능평가 및 보강은 상당히 신중할 필요가 있다.

지진위험도 비교

규모(M)	한국	일본	전세계
6.0 이상	0	14	150
5.0~5.9	0.1	120	1,319
4.0~4.9	1	820	13,000
3.0~3.9	7.8	2,600	130,000

III. 내진설계기준의 적정성

1. 국내 내진설계기준의 문제점

(1) 우리나라 지진재해도의 암반노두 가속도는 역사지진을 바탕으로 작성되었다. 즉, 지표면 토사지반 계측값을 암반노두 값으로 적용하여 지진하중을 과대평가한다.

(2) 지반의 분류기준이 우리나라와 달리 매우 연약한 지반인 미국 서부 지반의 분류법을 적용하였다는 점이다. 아직까지 지진피해가 없는 우리나라 현실을 고려할 때 설계지진가속도를 증가시키는 것은 바람직하지 않다고 판단된다.

(3) 향후 우리나라에 발생되는 규모 5.0이상의 지진 계측자료가 누적되면 우리나라 특성(중 약진지역)이 반영된 설계기준이 제정될 수 있다.

(4) 내진설계 대상 중에서 가장 중요한 건축물은 국제건물코드(IBC, International Building Code)에 따라 기술기준이 가장 선도적으로 개정되어 왔다.

(5) 15년 동안 변경되지 않은 성능기준을 근거로 만든 지진위험지도의 설계응답스펙트럼은 개정되어야 하며, 각 시설물별 기술기준도 뒤따라 개정되어야 한다.

2. 각 시설물별 기술기준의 향후 개정사항

(1) 건축물의 『건축구조기준』은 성능기준의 설계응답스펙트럼이 결정되면 이에 따라 수정되어야 한다. 만약 성능기준을 우리나라 지반에 적합한 지반의 증폭계수로 개정한다면 이를 반영하여야 한다.

(2) 교량(도로, 철도, 고속철도, 도시철도, 공항, 항만 등)은 AASHTO 설계응답스펙트럼을 적용하였다. 그러나, AASHTO도 2010년부터 IBC와 동일하게 설계응답스펙

트럼을 개정하였으므로 우리나라도 성능기준이 개정되면 이를 따라야 한다.

(3) 터널(도로, 철도, 고속철도, 도시철도, 공동구 등)은 각각의 시설기준에서 내진설계기준연구(II)와 조금 상이한 설계응답스펙트럼을 적용하여 왔다. 터널은 굴착식과 개착식 공법에 따라 구조적 특성이 상이하므로 구분하여 제시해야 한다.

(4) 다목적댐 및 일반댐에서의 내진등급은 재현주기 1000년을 내진 특등급, 재현주기 500년을 내진 1등급으로 적용하므로 성능기준과 동일하게 개정되어야 한다.

(5) 공항시설물 중 활주로, 유도로, 계류장 등의 비행장시설은 액상화만 수행하도록 규정되어 있으므로 『구조물기초설계기준』을 준용하고, 여객터미널, 관제탑, 화물터미널 등의 건축물은 『건축구조기준』의 중요도 등급을 준용하고, 교량은 『도로교설계기준』을 준용하고, 지중구조물은 『터널설계기준』을 준용하도록 개정하는 것이 바람직하다.

(6) 항만시설물도 교량은 『도로교설계기준』, 여객·화물터미널은 『건축구조기준』을 준용하며, 안벽 등 접안시설과 부두시설만 성능기준이 개정되면 이에 따르면 된다.

(7) 배수갑문 중 방조제만 국토교통부 소관시설물이고, 다른 시설물은 농림수산식품부 소관시설물이지만, 내진설계기준과 부합하므로 성능기준에 따르면 된다.

(8) 수문(국가하천)은 제방을 횡단하는 문짝 구조물만이 내진설계대상이며, 통문과 통관은 내진설계 제외 시설물이다. 그러나 수문에는 통문과 통관을 포함하므로 용어 정의부터 혼동을 피하여야 한다.

(9) 궤도시설물 중 사면·옹벽의 내진설계는 『건설공사비탈면설계기준』을, 기초구조물은 『구조물기초설계기준』을, 지주·정거장·건축물은 『건축구조기준』을 준용하고 있다. 다만, 지반분류 등 부분적으로 상이한 규정은 개정하여야 한다.

(10) 철도역사는 『건축구조기준』의 중요도 등급에 따라 『건축구조기준』을 준용하도록 개정하여야 한다.

IV. 내진성능 평가 및 내진보강 개선

1. 내진성능 평가기준의 통합

(1) 국토교통부는 내진설계 대상 13개 시설물에 대하여 2004년 한국지진공학회 공동으로 『기존시설물의 내진성능 평가 및 향상요령(한국시설안전공단, 2011)』을 발간하였다.

(2) 이 중 건축물은 ▲위의 향상요령 외에, ▲학교시설 내진성능평가 및 내진성능 가이드라인(교육과학기술부, 2011), ▲건축물 내진성능평가 가이드라인(소방방재청, 2012) 등의 3가지 내진성능평가 기준이 있다. 장기적으로 통합되어야 한다.

⑶ 교량에서 『도로교설계기준』은 일본 도로교시방서를 번역하여 오랫동안 사용하였으나, 1992년 내진설계를 처음 도입하면서 미국 설계기준으로 적용하였다.
따라서 교량하부구조를 설계·평가할 때 構造전공자는 『도로교설계기준』을 준용하고 있지만, 地盤전공자는 『구조물기초설계기준』을 준용하고 있다. 이 역시 장기적으로 통합되어야 한다.

⑷ 1997년 제정된 지진재해도의 경우는 소방방재청에서 업그레이드 된 지진재해지도와 활성단층지도를 제작 중에 있다.

⑸ 이와 같이 우리나라의 내진설계 및 내진성능평가 기술은 그동안의 외국 지진피해를 계기로 여러 평가기법이 난무하고 있다. 전체적인 통합기준이 필요하다.

2. 세분화된 내진보강공법 제시

⑴ 현재 국내 기술수준이 각 구조물의 내진성능 평가도 어려운데, 내진성능을 향상시켜야 한다. 하지만, 내진성능 평가든 향상이든 불확실한 지진하중을 다양한 실험을 통하여 증명해야 한다.

⑵ 일례로 교량구조물의 내진보강에 사용되는 지진격리장치들이 다양하게 개발되고 있지만, 이에 대한 시험방법·규정이 없어 AASHTO 규정을 적용하고 있다.

⑶ 2012년 『도로교설계기준(한계상태설계법)』이 발간될 때 제9장에 신축이음, 받침 및 방호울타리가 신설되었다. 이는 AASHTO가 아닌 ISO를 준용하였고, ISO는 일본 기준을 따르고 있다.

⑷ 앞으로 세분화된 내진성능수준에 따른 구조물의 내진성능평가와 내진보강공법이 제시될 수 있도록 지속적인 연구가 뒷받침되어야 한다.[77]

77) 박광순, '시설물 내진설계기준 현황 및 개선방안', 한국시설안전공단, 시설물저널, SUMMER, 2012.

02.28 교량·터널 내진설계, 지진격리교량

거더교에서 지진피해 유형과 대책, 기존 교량에 대한 내진 보강방안 [0, 4]

1. 도로시설물

(1) 도로시설물은 교량, 옹벽, 터널, 암거 및 도로포장으로 구성된다. 그 중에서 지진과 관련하여 도로의 기능과 인명·재산피해에 직접 영향을 줄 수 있는 도로시설물로서 내진설계의 대상이 되는 시설물은 크게 교량과 터널이다.

도로시설물의 분류

구분	세부항목
도로시설물	교량, 옹벽, 터널, 암거, 도로포장

2. 교량·터널 내진설계기준

1. 교량

(1) 교량의 내진성능 평가는 『도로교설계기준』에 따른다. 도로교는 『도로교설계기준』에서 요구하는 교량의 성능과 동등한 성능을 발휘할 수 있어야 한다.

(2) 『도로교설계기준』에 규정된 지진구역계수, 지반계수, 설계응답스펙트럼 등을 사용하고, 이 기준에서 요구하는 강도 및 연성도를 달성할 수 있어야 한다.

(3) 따라서 교량에 대한 내진성능 평가는 기존 교량이 이러한 목표성능을 확보하고 있는지를 내진등급별로 아래와 같이 평가해야 한다.

교량의 내진등급

내진등급	내용
내진특등급	◦ 내진Ⅰ등급교 중 복구 난이도가 높고 경제적 측면에서 특별한 교량(예, 장대교)
내진Ⅰ등급	◦ 고속도로, 자동차전용도로, 특별시도, 광역시도 또는 일반국도 상의 교량 ◦ 지방도, 시도 및 군도 중 지역의 방재 계획상 필요한 도로에 건설된 교량, 해당 도로의 일일계획교통량을 기준으로 판단했을 때 중요한 교량과 내진Ⅰ등급교가 건설되는 도로 위를 넘어가는 고가교량
내진Ⅱ등급	◦ 내진특등급 교량과 내진Ⅰ등급 교량으로 분류되지 않은 시설물

2. 터널

(1) 터널에 대한 내진성능 평가는 『도시철도내진설계기준』을 따른다. 地中에 건설되는 터널은 『도시철도내진설계기준』에서 요구하는 성능과 동등한 성능을 발휘할 수 있어야 한다.

(2) 『도시철도내진설계기준』에 규정된 지진구역계수, 지반계수, 설계응답스펙트럼 등을 사용하고, 이 기준에서 요구하는 강도 및 연성도를 달성할 수 있어야 한다.

(3) 따라서 터널에 대한 내진성능 평가는 기존 터널이 이러한 목표성능을 확보하고 있는지를 평가해야 한다.

터널의 내진등급

내진등급	내용
내진특등급	◦ 긴급구조와 구호, 국방 및 치안유지에 필요한 터널로 설계지진 발생 후에도 터널로서의 기능이 유지되어야 함 ◦ 특히, 내진특등급교와 연계되어 하나의 연결체계인 경우 내진특등급 터널
내진 I 등급	◦ 구조물의 피해를 입으면 사회적 혼란이 야기되고 많은 인명과 재산상의 손실을 줄 수 있는 구조물로서, 설계지진 발생 후에도 터널로서의 기능이 유지되어야 함
내진 II 등급	◦ 그 외의 일반적인 터널

3. 교량·터널의 내진현황

(1) 『제3차 지진방재종합대책』에 따르면 교량·터널 총 31,749개소 중에서 55.4%인 17,599개소가 내진설계가 되어 있고, 나머지 14,150개소는 내진보강이 필요하다고 조사되었다. 교량·터널의 내진현황과 내진보강방안은 다음과 같다.[78]

교량·터널의 내진현황 (소방방재청, 2009)

구분	총계	내진 적용	내진 未적용				내진율
			계	내진양호	내진보강 完了시설물	내진보강 必要시설물	
교량	30,783	10,003	20,780	5,797	942	14,041	54.4%
터널	966	192	774	663	2	109	88.7%
계	31,749	10,195	21,544	6,460	944	14,150	55.4%

도로·터널의 내진성능평가 및 내진보강방안

시설물명		내진성능 예비평가	내진성능 상세평가	내진보강
교량	상부구조	교량 예비평가 (3.3.1절)	교량 상세평가 (3.3.2절)	교량 내진보강 (4.3절)
	교대·기초	기초구조물 예비평가 (3.9.1절)	기초구조물 상세평가 (3.9.2절)	기초구조물 내진보강 (4.9절)
	액상화	액상화 예비평가 (3.8.1절)	액상화 상세평가 (3.8.2절)	액상화 내진보강 (4.8절)
터널		지중구조물 예비평가 (3.4.1절)	지중구조물 상세평가 (3.4.2절)	지중구조물 내진보강 (4.4절)

---

78) 국토교통부, '교량·터널 내진설계기준', 건설기술정보시스템, 2019.

4. 마찰받침

(1) 국내에서 교량 내진설계는 1992년 『도로교시방서』에 AASHTO의 『내진설계기준』을 도입하면서 적용되었으나, 최근 완공된 일부 교량도 내진성능이 부족하다.

(2) 내진성능이 부족한 교량을 보강할 수 있는 방법은 다음 2가지이다.
   ① 기존 교량을 개축하는 방법 : 비경제적으로 현실성이 없다.
   ② 기존 교량에 지진보호장치를 추가하는 방법 : 경제적인 발상이다.

(3) 지진보호장치에 의해 교량의 고유진동수를 동적증폭계수가 작은 진동수 영역으로 이동시켜 내진거동을 향상시키는 지진격리장치가 최근 사용되고 있다.
   ① 지진격리장치는 장(長)주기가 컸던 1985년 Mexico City나 1995년 일본 Kobe 지진파에서는 변위가 너무 커져서 낙교나 기능적 손상을 일으킬 수 있다.

(4) 지진격리효과와 마찰력에 의한 감쇠효과를 동시에 고려하는 마찰형 지진격리장치(마찰받침, frictional bearing)를 도입한 교량받침이 특허·개발되었다.

(5) 마찰형 지진격리장치는 지진의 주기·강도 변화에 따른 교량 응답이 민감하지 않고 마찰력에 의한 감쇠효과가 있어 지진에너지를 소산시켜 피해를 줄일 수 있다.
   ① 특히, 다른 지진격리장치보다 변위응답을 크게 줄일 수 있어 낙교방지공이나 신축이음장치 거동을 고려할 때 교량에 보다 효율적인 지진격리장치이다.

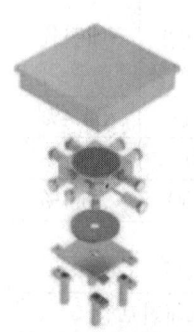

마찰받침(frictional bearing)

5. 마찰받침에 의한 지진격리교량 설계

(1) 『도로설계편람(2016)』제5편(교량) 제510장(내진설계) 510.3(지진격리시스템 설계)에 의해 마찰받침이 설치되어 있는 지진격리교량 설계 순서는 다음과 같다.

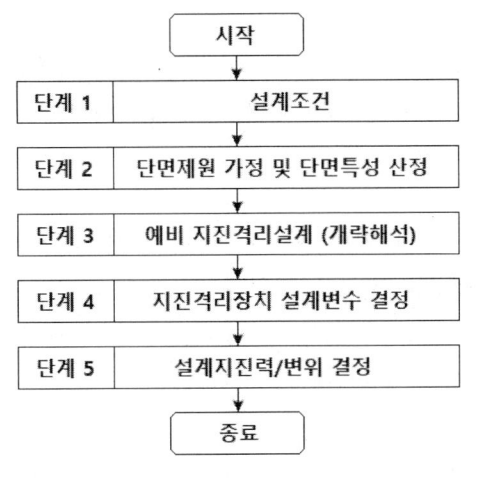

지진격리시스템의 설계흐름도

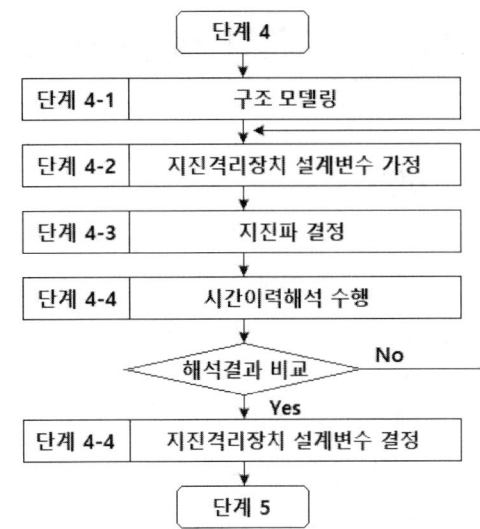

단계 4 : 지진격리장치 설계변수 결정

⑵ 지진격리장치 설계변수 결정 [단계 4-1] 구조 모델링은 다음과 같이 수행된다.
  ① 편람 510.2.3.4 내진설계편 상부 및 하부구조 모델링과 동일하다.
  ② 지진격리받침 모델링 : 비선형 연결요소의 스프링 중 이력거동 시스템 및 납삽입 고무받침형 지진격리장치 전단스프링이 사용된다.

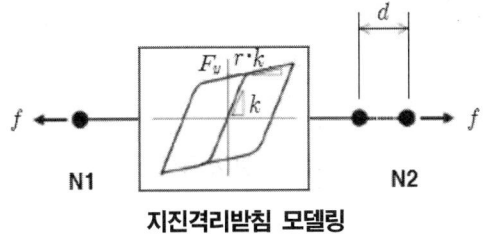

지진격리받침 모델링

⑶ 지진격리시스템의 성능 및 품질기준은 다음과 같다.
  ① 성능확인 : 온도의존성, 주기의존성, 압축피로, 전단피로시험 등을 통하여 해당 지진격리시스템이 신뢰할 수 있는 성능을 가지고 있는지 확인한다.
  ② 성능시험 : 해당 받침 혹은 장치가 품질기준을 만족하고 있는지 전수시험 혹은 검사를 실시한다.
  ③ 품질기준 : ▲다수의 지진격리장치를 대상으로 측정한 평균유효강성은 설계값의 ±10% 이내, 각각의 유효강성은 설계값의 ±20% 이내이어야 한다. ▲평균 EDC값은 –15% 이상이어야 한다. ▲지진 후에 교량 기능에 악영향을 주는 잔류변위가 발생하지 않도록 설계되어야 한다.[79]

79) 김두훈 외, '건축물용 지진격리시스템', 한국강구조학회지, 제13권 제2호, 2001.

02.29 지진과 액상화(liquefaction)

하흙의 액상화(liquefaction), 액상화 검토대상 토층과 발생 예측기법 [4, 1]

Ⅰ. 정의

1. 액상화(液狀化, liquefaction)란 땅속 퇴적층에 섞여 있던 토양과 물이 강한 지진의 충격으로 지반이 흔들리면서 서로 분리돼 나타나는 현상을 말한다.

2. 물이 쏠린 지역은 지표면이 물렁해지며 흙탕물이 지표면으로 솟아오르기도 하며, 땅이 액상화되면 지반이 늪과 같은 상태로 변하여 붕괴위험이 커진다.

3. 액상화는 지진, 항타하중 등과 같이 지반 내에서 작용하는 반복전단응력에 의하여 지반 중에 생기는 과잉간극수압이 초기 지반유효응력과 동일하게 되고 유효응력이 0(zero)이 되어 전단저항력을 상실하게 된다.

4. 액상화가 발생되는 주요한 영향요소는 지반의 성질 및 응력조건, 지진 발생 중에 생기는 응력과 구속조건 등이다.

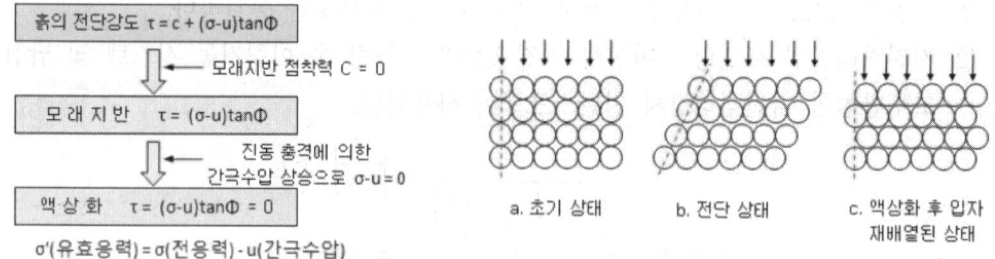

액상화 발생 과정

Ⅱ. 액상화 현상

1. 2017년 포항 지진의 경우

(1) 포항 지진은 2017.11.15. 경북 포항시 흥해읍에서 발생한 규모 5.4의 지진으로, 2016년 경주 지진에 이어 대한민국 지진 사상 두 번째로 큰 규모이다.

(2) 부산대 연구팀은 '포항 지진의 진앙 주변에서 나타난 물과 진흙이 땅 위로 솟구쳐 오른 현상은 지진에 의한 액상화 때문'이라고 분석하였다.

(3) 액상화는 지진 이후 지반이 지속적으로 흔들리면서 지하수와 흙이 섞여 지반을 약화시키는 현상이다. 강변·해안 등 퇴적층 지역에 지진이 발생하면 나타난다.

(4) 액상화가 도심에서 발생하면 건물 붕괴 등 대형 사고로 이어질 수 있다. 지진이 잦은 일본에선 이 현상으로 건물이 쓰러지고 기우는 사고가 발생했다.

2. "물이 끓는 듯 솟아올라"

(1) 부산대 연구팀은 '포항 진앙 주변 2km 반경에서 흙탕물이 분출된 흔적 100여곳을 발견했다'고 밝혔다. 현지 주민들은 지진 발생 당시 '논밭에서 물이 부글부글 끓으며 솟아올랐다'고 증언하였다.

(2) 부산대 연구팀은 2016년 경주 지진 이후 정부 의뢰로 국내 활성단층 지도 제작 사업을 진행 중이다. 현재까지 국내에서 액상화 현상이 관측된 기록은 없다.

3. 일본에서는 광범위하게 발생

(1) 2011년 동일본 대지진 때 진앙과 가까운 도호쿠(東北)지방만 피해를 본 게 아니었다. 진원에서 수백km 떨어진 수도권 지바현 우라야스(浦安)시에서도 연립주택이 기울고 도로가 함몰되었다.

(2) 일본 국토교통성은 대지진 당시 액상화 현상 때문에 건물이 기울거나 무너지고 도로가 함몰되는 사태를 2만 여건 넘게 집계하였다.

(3) 일본이 처음으로 액상화 문제에 확인한 것은 1964년 니가타 지진 때였다. 당시 니가타 공항 지반에 액상화 현상이 나타나 도로가 꺼지고 대형 아파트 건물이 장난감 블록처럼 기울어졌다.

Ⅲ. 액상화 발생지반 및 예측방법

1. 액상화 발생 가능성이 있는 지반은 다음 표에서 보듯 균등계수(C_u) 10 미만으로, 실트 및 점토 입자 함량 10% 이하이며, 평균입경 0.075~2.0mm이다

액상화 발생 가능성이 있는 지반

구분	액상화 발생 조건
포화도	포화도가 100%에 가까울 때
균등계수(C_u)	$C_u < 10$
평균입도(D_{50})	$0.075mm < D_{50} < 2.0mm$
입도분포	실트 및 점토 입자 함량이 10% 이하
N값	포화지반에서 N값이 작을수록

2. 액상화 예측방법은 발생 지반의 입도분포와 N값을 이용하는 간이법부터 진동 3축 압축시험 결과를 이용하는 상세법까지 대상구조물에 따라 적용한다.

3. 액상화 예측방법은 지반의 액상화 강도 측정방법과 지진의 진동에 의한 전단응력비(γ_d / δ_u) 추정방법의 조합에 따라 다음 표와 같이 분류할 수 있다.

액상화 예측방법의 분류

지반의 액상화 강도 측정방법		지진동에 의한 전단응력비(γ_d/δ_u) 추정방법	예측방법 사례
간 이 법 ↑ · ↓ 상 세 법	입도, N값	지표의 최대 가속도	Iwasaki & Tatsuoka (일본 도로교시방서, 동해선)
		지표의 최대 가속도	Tokimatsu % Yoshimi (일본 건축기초 설계기침)
		등가선형 중복반사모델	Ishihara (일본 항만시설 기술기준)
		등가선형 중복반사모델	Seed & Idriss
	진동3축압축시험 등	유효응력모델	Finn

Ⅳ. 액상화 지도 제작

1. 일본정부의 경우에 전국 토지의 액상화 리스크를 표시한 '액상화 지도'를 제작하여, 지반의 위험정도를 5단계로 표시하고 과거의 액상화 이력까지 표시하고 있다.

   (1) 일본 각 지자체는 이를 토대로 지속적으로 지반개량사업을 하고, 건설회사들도 액상화 피해를 줄일 수 있는 다양한 공법을 개발하였다.

      ○ 땅속에 파이프를 묻어 지하수를 빼내는 공법

      ○ 부지별로 격자형 콘크리트벽을 매립해 지반을 안정시키는 공법 등

   (2) 일본 각 지금도 지자체들이 나서서 댐 주변, 간척지 등 위험도가 큰 곳부터 우선적으로 지반보강공사를 수시로 시행하고 있다.

2. 문제는 일본의 경우에 끊임없이 땅 밑을 고르며 대비할 수 있을 뿐 액상화 현상 자체를 근본적으로 막을 수는 없다는 점이다.

   (1) 액상화 대책을 강구하였으나, 1995년 한신 대지진과 2011년 동일본 대지진, 2016년 구마모토 지진 때 광범위한 지역에서 액상화 피해가 반복되고 있다.

   (2) 그때마다 일본 정부는 국고를 보조하여 현지주민, 건설회사, 지자체 협의 하에 지역 특성에 알맞은 보강공사를 지원하고 있다.[80]

---

80) 김수혜, '늪처럼 변한 땅…포항 피사의 아파트 불렀나', 조선일보, 2017.

02.30 단층(Fault)

1. 용어 정의

⑴ 지반의 단층(斷層, Fault)이란 지진 등의 지질 활동으로 인하여 지층이 어긋나있는 상태를 말한다.

2. 단층 종류

⑴ 정단층 : 상반이 아래에 있고 하반이 위에 있는 단층을 말하며, 양쪽에서 잡아당기는 장력에 의해서 발생한다.

⑵ 역단층 : 상반이 위에 있고 하반이 아래에 있는 단층을 말하며, 양쪽에서 미는 힘인 횡압력에 의해 발생한다.

⑶ 수평단층 : 주향이동단층이라고도 하며, 상반과 하반이 단층면에 대해 위아래가 아닌 수평으로 이동한 단층이다.

⑷ 수직단층 : 단층면이 수직인 단층으로, 위·아래로 이동되어 상반과 하반을 구분할 수 없다.

⑸ 힌지단층 : 단층의 어긋나는 정도가 달라, 한쪽 지층이 회전한 것처럼 엇갈린 지층이다.

⑹ 오버스러스트 : 횡와습곡이 힘을 더 받으면서 발생되는 단층으로, 단층면 경사가 45°이하인 역단층 모양이다.

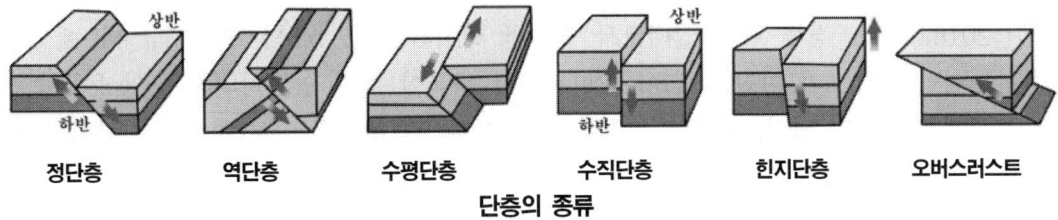

| 정단층 | 역단층 | 수평단층 | 수직단층 | 힌지단층 | 오버스러스트 |

단층의 종류

3. 활성단층

⑴ 활성단층이란 지진일 일어났거나 움직임이 있는 단층을 말한다. 최근 경주, 포항지역에서 지진으로 인한 흔들림을 몸소 체험해본 사람들은 활성단층대에 생활하고 있다는 의미이다.

⑵ 단층(fault)은 지진활동 때문에 지층이 어긋나거나 끊겨서 생기게 된다. 즉, 활성이란 에너지가 충만하여 어떤 반응이나 기능이 활발해진 상태를 말한다.

⑶ 최근 발생된 양산, 경주, 포항 일대의 단층도 예전에는 비활성 단층이라 추정하였으

나, 이번에 활성단층대라는 사실을 알게 되었다.

(4) 우리나라 활성단층은 1994년 일본 지질분야 교수의 연구를 통하여 양산 월평마을에 양산단층대가 지나가는 사실이 처음 확인되었다. 그 당시 연구는 주거생활지역 아파트나 건축물보다는 원자력발전소 후보지를 중심으로 수행되었다.

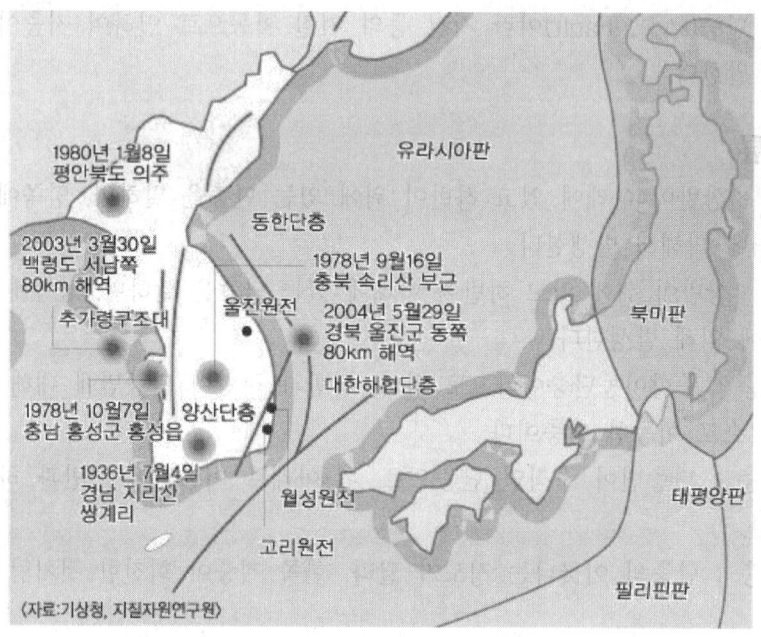

한반도 주변의 지각구조

4. 활성단층 대책

(1) 2016.09.12. 경북 경주 일대에서 일어난 리히터 규모 5.8의 강진(强震)과 예상을 뛰어넘는 규모의 여진(餘震)이 잇따르면서 한국이 지진 안전지대라는 인식이 송두리째 흔들리고 있다. 지진의 원인이 되는 활성단층(活性斷層)이 한반도 전역에 최소 450개 이상 퍼져 있다고 추정된다는 전문가 분석이 나왔다.

(2) 전국 어느 곳에서 당장 지진이 일어나도 이상하지 않다는 것이다. 하지만 현재로서 대비할 방법이 마땅치 않다. 지진 발생 가능성이 있는 지역을 파악하는 데만 25년 이상이 걸릴 것으로 예상된다.[81]

---

81) 박건형, '지진 청정국, 흔들리는 韓國… 활성단층 대책은?', 조선일보, 2016.

02.31 불연속면(Discontinuity)

1. 용어 정의

(1) 지구 내부는 다양한 물질로 구성되어 있다. 이 물질에 따라 중심부터 내핵-외핵-맨틀-지각으로 구분하는데, 이 각각의 물질이 구분되는 경계면을 불연속면(不連續面, discontinuity plane)이라고 한다.

(2) 내핵/외핵의 경계면은 레만 불연속면, 외핵/맨틀의 경계면은 구텐베르크 불연속면, 맨틀/지각의 경계면은 모호로비치치 불연속면이라고 부른다. 각각 발견한 사람의 이름을 따서 만들었다.

(3) 지구 내부의 불연속면에서는 물질의 조성이 급격하게 바뀐다. 따라서 여러 가지 특성이 나타나는데, 대표적으로 지진파(地震波)의 속도가 급격하게 변한다.

(4) 지구 내부의 불연속면은 지각과 맨틀의 경계면을 말하며, 땅속 20~60km 부근에 존재한다. 이 불연속면을 경계로 하여 더 깊은 곳에서는 지진파의 전달속도가 갑자기 빨라지는 특징이 있다.

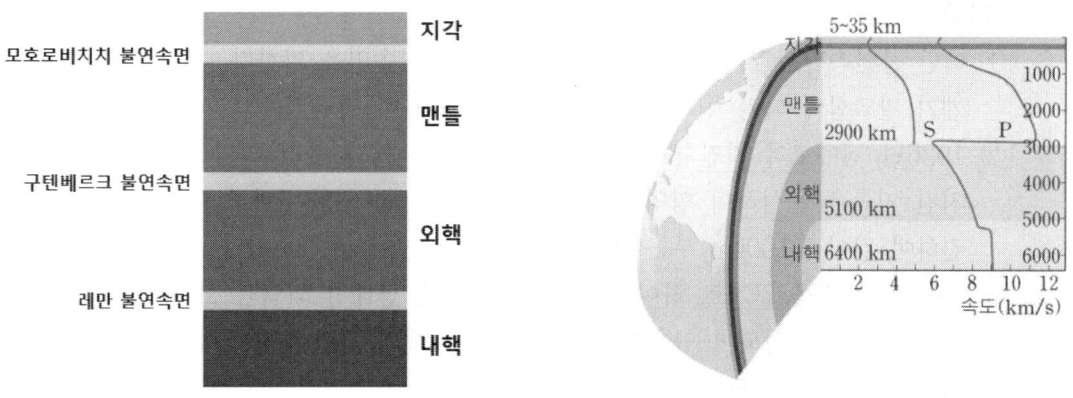

지구 내부의 불연속면 구조

2. 불연속면 종류

(1) 모호로비치치 불연속면

① 모호로비치치 불연속면은 지각과 맨틀 사이에 존재한다. 모호면을 경계로 맨틀과 대양지각껍질 및 대륙지각껍질이 나뉘며, 암석권 안에 주로 위치해 있다.

② 1909년 크로아티아 지진학자 안드리야 모호로비치치는 지진파(특히 P파) 속도의 갑작스러운 증가를 관찰하면서 모호면을 확인하였다.

③ 모호면은 해저는 평균 7km 아래에 있고, 대륙은 30~50km 사이에 위치하는데 티베트 고원은 하부 75km 깊이에 위치하여 가장 깊다.

④ 지구 표면에서 모호면에 도달하는 것은 중요한 과학적 과제로 남아 있다. 최근에는 방사성 물질 붕괴에 의해 생기는 열에 의해 가열된 텅스텐 캡슐을 모호면 근처로 떨어뜨리는 방안이 추진되고 있다.

(2) 구텐베르크 불연속면

① 구텐베르크 불연속면은 맨틀과 핵사이의 경계를 나타내는 불연속면이다.

② 1914년 독일 지구과학자 베노 구텐베르크는 지진을 관측하면서 진앙에서 각거리 103도 내에서 P파와 S파가 모두 관측되지만 진앙으로부터 각거리 103도에서 142도 사이에서는 P파와 S 파가 도달하지 않고 미약한 P 파만 관측된다는 사실을 발견하였다. 이때 103도에서 142도 사이의 지역을 특정 진앙에 대해 암영대라 한다. 암영대는 지하 2900km 깊이에 불연속면이 존재하기 때문에 P 파가 크게 굴절하여 각거리 142도 이상인 지역으로는 전파되고 S파는 전파되지 못하기 때문에 나타난다. 이 사실에서 이 불연속면 아래의 물질은 S 파가 통과하지 못하는 액체 상태라는 것을 알아 내었다.

(3) 레만 불연속면

① 레만 불연속면은 지구의 내핵-외핵 사이의 불연속면을 말한다. 지구의 핵은 지진계가 발달함에 따라 두 부분으로 구성되어 있음이 밝혀졌다.

② 1936년 덴마크의 지진학자 잉에 레만은 뉴질랜드의 불러 지방 근처에서 발생한 지진 기록을 분석하여 암영대 내의 110도 부근에 약한 P파가 도달하는 것을 발견하여 깊이 5,100km 부근에 불연속면이 존재함을 주장하였다.

③ 그는 이 주장을 근거로 하여 지구의 핵은 액체 상태인 외핵과 고체상태의 내핵의 두 부분으로 구성되어 있으며, 이들 P파는 내핵의 표면에서 반사되었거나 굴절되어 온 것으로 설명하였다.[82]

---

82) 사이언스올, '불연속면(discontinuity plane)', 과학백과사전, 2015.

02.32 제4차 산업혁명

I. 개요

1. 제4차 산업혁명은 정보통신기술(IT)의 융합으로 이루어낸 기술혁신으로, 인공지능(AI), 로봇공학(Robotics), 사물인터넷(IoT), 가상현실(VR)/증강현실(AR), 무인항공기·자동차, 스마트시티, 3차원 인쇄, 나노기술 등이 있다.

2. 제4차 산업혁명은 2016년 세계경제포럼(World Econmic Forum, WEF)대회에서 클라우스 슈밥(Klasu Schwab)의장이 처음 주창하였다. 제3차 산업혁명을 저술한 제러미 리프킨(Jeremy Rifikin)은 현재 제3차 산업혁명이 진행 중이라고 한다.

II. 제4차 산업혁명

1. 인공지능(AI)

(1) 인공지능(AI, Artificial Intelligence)은 기계로부터 만들어진 지능이다. 컴퓨터 공학에서 이상적 지능을 갖춘 시스템에 의해 만들어진 인공적 지능을 뜻한다.

(2) 인공지능(AI)은 자율주행자동차, 의학진단, 예술, 수학공식증명, 게임 등과 같이 어떠한 지능과 관련된 일을 수행할 수 있다.

2. 로봇공학(Robotics)

(1) 로봇공학(Robotics)은 로봇에 관한 과학으로, 로봇이 인간을 대신하여 설계·제조하거나 응용분야를 다루는 일을 직접 수행하는 공학이다.

(2) 로봇공학은 전자공학, 역학, 소프트웨어 기계공학 등 관련 학문의 지식을 필요로 하며, 아래와 같이 다양한 분야에 적용되고 있다.

① 범용로봇 : 낮에는 안내자, 밤에는 경비원 역할을 수행

② 공장로봇 : 자동차 생산공장의 완전자동 생산라인에서 하나의 중앙로봇 지휘 하에 수백 개의 산업용 로봇과 10여명의 기술자가 작업을 수행

③ 우주탐사선 : 1960년대에 비행능력과 착륙능력을 갖춘 무인우주탐사선 로봇(Luna9)이 개발, 오늘날 보이저(Voyager), 갈릴레오(Galileo) 등으로 발전

3. 사물인터넷(IoT)

(1) 사물인터넷(IoT, Internet of Things)은 각종 사물에 센서와 통신기능을 내장하여 인터넷에 연결하는 기술이다. 인터넷으로 연결된 사물들이 데이터를 스스로 분석하여 사용자에게 제공하면 사용자가 이를 원격조정하는 인공지능이다.

(2) 사물이란 가전제품, 모바일 장비, 웨어러블 컴퓨터 등 다양한 컴퓨터 시스템으로, 아래와 같이 다양한 분야에서 활용되고 있다.
　① 개인부문 : 차량을 인터넷으로 연결하여 안전하고 편리한 운전을 돕는다. 심장박동, 운동량 등의 정보를 제공하여 개인의 건강을 증진시킨다.
　② 산업부문 : 생산·가공·유통부문에서 공정을 분석하고 시설물을 모니터링하여 작업의 효율성·생산성을 향상시키고 안전한 유통체계를 확보한다.
　③ 공공부문 : CCTV와 자동차번호판 인식장치를 연계하여 의심스러운 사람이나 차량 정보를 경찰에 전달하는 대테러 감지시스템을 구축한다.

4. 가상현실(VR)/증강현실(AR)

(1) 가상현실(假想現實, VR, Virtual Reality)은 컴퓨터를 사용한 인공적 기술로 만들어낸 실제와 유사하지만 실제가 아닌 어떤 특정한 환경이나 상황 혹은 그 기술 자체를 의미한다.
　VR은 현실에서 존재하지 않는 환경에 대한 정보를 디스플레이 장비를 통하여 사용자가 볼 수 있게 한다. 3차원 기반을 사용하므로 사용자가 현실감각을 느낄 수는 있지만 현실과 다른 공간에 몰입하게 된다.

(2) 증강현실(增強現實, AR, Augmented Reality)은 VR의 한 분야로서 실제 환경에 가상 사물이나 정보를 합성하여 원래의 환경에 존재하는 사물처럼 보이도록 하는 컴퓨터 그래픽 기법이다.
　AR은 사용자가 현재 보고 있는 환경에 가상정보를 추가한다. 즉 가상현실이 현실과 접목되기 때문에 사용자가 실제 환경을 볼 수 있다. 예를 들어 가상의 정보(기후정보, 버스노선, 맛집안내)가 현실에 있는 간판에 표시된다.

(3) 가상현실과 증강현실의 구분 : 디스플레이를 통해 모든 정보를 보여주는 것은 가상현실(VR)이며, 음식점 간판에 외부 투영장치를 통하여 현재 착석 가능한 자리 정보를 제공하는 것은 증강현실(AR)이다.

5. 무인항공기·자동차

(1) 무인항공기(UAV, Unmanned Aerial Vehicle)는 벌이 윙윙거리는 소리를 의미하는 드론(drone)이다. 조종사가 비행체에 직접 탑승하지 않고 지상에서 원격조종하면 자율비행하면서 임무를 수행하는 시스템이다.
　드론은 군사용뿐만 아니라 지형측량, 영화촬영, 구조물점검, 야생관측, 격지·오지 구호품 전달 등의 다양한 용도에 널리 사용된다.

(2) 무인자동차(autonomous, driverless, self-driving or robotic car)는 인간이 운전하지 않는 자동주행자동차이다. 무인자동차는 레이더, GPS, 카메라로 주위환경

을 인식하여 목적지를 지정하면서 자율주행한다.

무인자동차는 2020년부터 고속도로뿐만 아니라 도심에서도 주행 가능할 것으로 전망되나, 가격이 1억 원에 달해 상용에는 많은 시간이 필요하다.

6. 나노기술

(1) 나노기술(NT, Nano Technology)은 10억분의 1미터인 나노미터 단위에 근접한 원자, 분자 및 초분자 정도의 작은 크기 단위에서 물질을 합성하고, 조립, 제어하며 혹은 그 성질을 측정·규명하는 기술이다.

(2) 나노기술은 의학, 전자공학, 생체재료학처럼 광대한 적용범위를 가진 창조물을 만들 수 있지만, 아래와 같은 문제점이 해결되어야 한다.

석면보다 훨씬 더 작은 나노 입자의 인체 유해성 여부를 확신할 수 없다.

나노 입자도 체내로 유입되면 DNA까지 파괴될 수 있는 위험성이 있다.

7. 3차원 인쇄

(1) 3차원 인쇄(3D printing)는 연속적인 계층의 물질을 뿌리면서 3차원 물체를 만들어내는 제조기술이다. 3차원 인쇄는 밀링 또는 절삭이 아닌, 기존 잉크젯 프린터에 쓰이는 것과 유사한 적층방식으로 입체물을 제작하는 장치이다.

(2) 3차원 인쇄기술을 활용하여 여성만이 입을 수 있는 여성경찰보호복 패턴을 개발하였으며, 용접, 정형외과, 건축 분야에도 활용되고 있다.

8. 스마트 시티

(1) 스마트시티(Smart city)는 다양한 유형의 전자 데이터 수집 센서를 사용하여 자산·자원을 효율적으로 관리하는데 필요한 정보를 제공하는 도시지역이다.

(2) 강력하고 건전한 경제·사회·문화적 발달을 지원하기 위해 인공지능 및 데이터 분석을 통한 물리적 인프라를 보다 효율적으로 사용할 수 있다.

III. 향후 전망

1. 제4차 산업혁명의 특징은 다양한 제품·서비스가 네트워크와 연결되는 초연결성과 사물이 지능화되는 초지능성을 들 수 있다.

2. 향후에는 인공지능기술과 정보통신기술이 3D 프린팅, 무인 운송수단, 로봇공학, 나노기술 등 여러 분야의 혁신적인 기술들과 융합함으로써 더 넓은 범위에 더 빠른 속도로 변화를 초래할 것으로 전망된다.[83]

---

83) 과학기술정보통신부, '4차 산업혁명에 대응한 지능정보사회 중장기 종합대책', 지능정보추진단, 2019.

02.33 건설공사 자동화(Robot)

건설자동화(construction automation) [1, 0]

Ⅰ. 개요

1. 현대사회가 고도화·복잡화되면서 모든 산업분야가 자동화 추세이다. 특히 오늘날 건설현장은 기능인력의 수급 불균형 문제가 심각하게 제기되고 있다. 이에 대한 방안으로 건설산업 자동화(Robot)가 필요하지만, 건설산업은 옥외분산적 수주방식, 노동집약적 생산방식의 보수성 때문에 자동화 활용이 저조이다.

2. 미국과 EU에서도 건설 로봇의 연구가 진행되고 있지만, 일본의 건설 로봇이 우리나라와 가장 유사하고 인접 국가인 만큼 국내에 미치는 영향이 크다. 또한 일본은 전세계 로봇의 절반 이상을 개발하여 활용하고 있기에 우리와 비교·분석하면서 건설로봇의 발전방향을 모색할 필요가 있다.

Ⅱ. 건설 로봇의 필요성

1. 기능인력 부족

건설공사가 대형화·복잡화될수록 인터넷 기반 정보통신기술(IT) 향상으로 건설산업이 3D 기피 업종으로 내몰리고 있다. 그로 인하여 젊은 기능인력의 건설시장 진입이 저조하여 숙련공 부족으로 생산성이 급격히 저하되고 있다.

2. 건설재해 빈발

건설현장에서 발생되는 안전사고로 인한 인명피해에 대하여 정부의 강력히 처벌하고 있다. 건설재해로 유발되는 건설업계의 경제적 손실은 경영악화를 가져올 뿐만 아니라, 현장 근로자의 사기저하로 공사 진행에 큰 차질을 초래한다.

3. 건설경쟁 심화

첨단기술의 적용은 건설업체의 선도적인 경쟁전략의 일환으로 필요하다. 경쟁이 치열한 해외건설시장에서 발주자들은 신기술·신공법을 활용한 생산성 향상, 공기단축, 원가절감, 품질향상 등 다양한 주문을 시공자에게 요구하고 있다.

4. 첨단기술 적용

컴퓨터기술, GPS 항공측량기술, 드론기술, 무선정보통신기술, 데이터베이스를 활용한 그래픽 시뮬레이션, 3차원 디지털 이미지 프로세싱을 활용한 BIM 등의 급속한 신장으로 건설 자동화의 하드웨어 및 소프트웨어 기반이 구축되었다.

II. 건설 로봇의 특성

1. **산업 로봇** : 작업 대상물이 고정된 상태에서 로봇이 실내의 고정된 위치에서 반복작업을 수행하며, 진동·소음·분진·충격 등의 영향을 비교적 적게 받는다.

2. **건설 로봇** : 작업 대상물이 고정된 상태에서 로봇의 이동반경이 실내·외 제한 없이 매우 크며, 진동·소음·분진·충격 등의 영향을 크므로 내구성이 요구된다.

산업 로봇과 건설 로봇의 비교

항목	산업 로봇	건설 로봇
작업방법	◦ 작업 대상이 이동 ◦ 고정된 위치에서 반복 작업	◦ 기계의 이동성 필요 ◦ 이동반경 크고 비반복적 일회성 작업
작업환경	◦ 주로 실내 작업 수행 ◦ 소음, 진동, 분진 낮음	◦ 주로 실외 작업 수행 ◦ 소음, 진동, 분진, 충격 높음
동작특성	◦ mm 단위 규모 ◦ mm, g 정도 이동	◦ cm 단위 규모 ◦ km, kg/ton 정도 이동
기대효과	◦ 품질 향상, 성력화	◦ 공사비 절감, 품질 향상, 성역화, 인력난 해소, 작업환경 개선

3. **건설공사 자동화** : 일본의 경우에 자동화와 로봇화는 건설 기계화를 발전시킨 무인화 시공을 의미하며, 동일한 개념이다.

   광의개념에서 기계화와 자동화 모두 궁극적으로 로봇화를 추구한다. 협의개념에서 기존 건설기계에 자동제어장치, 센싱장치 등을 부착하는 것이 자동화이며, 여기에 인공지능(Artificial Intelligence, AI)을 첨가하면 로봇화가 된다.

인력 시공	단순 노동 인력에 의한 시공
기계화 시공	노동력을 대체하기 위하여 자연의 에너지나 힘을 이용한 도구로 대체하는 것으로 일반적인 건설기계·장비
반자동화 시공	일반적인 건설기계·장비에 자동제어장치를 부착하여 인력에 의한 제어 및 작업수행 능력을 부여하는 것으로 인력과 기계가 연계된 상태
자동화 시공	기존의 건설기계·장비 또는 공법에 자동제어장치와 센싱장치를 장착하여 작업효율을 향상시킨 상태
로봇화 시공	기계화 및 자동화 시공장비에 인공지능(AI)를 부여하여 인간과 동일한 판단기능을 보유하고 스스로 작업응 수행하는 상태

건설공사 기계화·자동화·로봇화의 개념

III. 건설 로봇의 종류

1. 철골기둥 용접 로봇

(1) 필요성

① 정밀성이 요구되는 현장용접은 노동강도가 높을 뿐만 아니라 전형적인 3D작업
이기에 숙련공을 대체할 수 있는 용접 로봇이 필요하다.

(2) 특징

① 로봇 본체와 본체 주행용 레일은 경량 소형으로 간단하게 탈착되며, 숙련된 용
접공보다 높은 정밀도를 확보할 수 있어 결점 없는 용접이 가능하다.

② 레이저 센서를 이용한 용접제어방식이므로 관리자가 데이터 입력과 같은 티칭
작업을 할 필요 없이 쉽게 조작할 수 있다.

2. 외벽 도장 로봇

(1) 필요성

① 고층건물의 외벽도장작업은 도장공 부족, 도장비 상승, 도장품질 저하, 고소작
업 추락사고가 사회문제로 논란이 가중되어 로봇이 필요하다.

(2) 특징

① 요철(50cm 정도) 있는 도장표면에서도 자동 도장할 수 있으며, 도장관리자의
기량에 좌우되지 않고 품질확보 가능하다.

② 더러운 작업과 고소 발판작업이 없어져 작업환경이 개선되며, 도장재료 '아크릴
고무계 방수치장재' 도료를 사용한다.

3. 콘크리트 바닥 마무리 로봇

(1) 필요성

① 건물 콘크리트 바닥 마무리를 미장공이 불편한 자세로 장시간 작업하는 대신
로봇으로 대체하면 작업효율이 3~4배 이상 향상된다.

(2) 특징

① 로봇 무게가 90kg 정도로 쉽게 운반할 수 있고, 충전 가능한 착탈식 배터리를
장착하여 3시간 작업할 수 있다.

② 건축이나 토목 작업에 구애받지 않고 콘크리트 바닥을 마무리 현장에 이용할
수 있고, 컨트롤러를 활용하여 무선 조종 가능하다.[84]

---

84) 정상진 외, '건축시공 신기술공법', 기문당, 2002.
장현승 외, '건설공사의 자동화·기계화의 효과 및 확대 방안', 한국건설산업연구원, 2003.

02.34 건설공사 모듈화

공사의 모듈화 [1, 0]

1. 모듈화 정의

(1) 모듈화(modularization)는 자동차·선박·플랜트 등의 조립공장에서 개별 단품들을 차체에 직접 장착하지 않고 몇 개의 관련된 부품들을 하나의 덩어리로 생산하여 장착하는 기술방식을 말한다.

(2) 예를 들어, 모듈화주택이란 주택 각 부재의 치수를 조정하여 표준치수를 만들어서 그에 따라 일괄생산하는 주택으로, 각 건설회사들이 시공하는 특징 있는 주택상품을 말한다. 이 주택은 모듈화하여 생산한 각 부재들을 공장에서 생산하여 공사현장에서 조립하는 방식으로 짓는다. 신축·해체·증축이 용이하며 재사용이 가능한 신개념 리사이클링 주택이다. 이 주택은 콤팩트한 실내(室內)구성과 단열(斷熱)성능, 디자인에 역점을 두어 개발하며 소형임대주택시장을 대상으로 한다.

2. 모듈화 필요성

(1) 모듈화가 과거에는 주로 화학분야의 공장건설에 많이 사용되었으나, 지금은 주택, 일반 및 특수구조물 등으로 사용 대상이 확대되고 있다. 모듈화는 물적 및인적 자원이 제한되어 있고 현장작업이 어려운 환경에서 시설물을 건설할 때 경제적인 해결대책이라 한다. 이를 알기 쉽게 한마디로 설명하는 사례가 국제우주정거장(ISS, International Space Station) 건설프로젝트이다.

(2) 모듈화는 건설사업의 위험부담을 줄이면서 비용절감과 공기단축에 효과적인 수단이지만 매우 복잡하여 혼돈을 초래하기도 한다. 따라서, 특정한 건설프로젝트의 모듈화를 최종 결심하기 前에 과다한 현장작업 중심의 일반공법보다 모듈화가 더욱 경제적이고 실행 가능한지를 비교·검토해야 한다.

(3) 에너지 효율화, 고객 주문형 등의 특성을 지닌 대규모 플랜트건설은 시설물 규모가 클수록 모듈화가 경제적이지만, 시설물 규모가 작은 소규모 플랜트가 반복설치의 강점을 살릴 수 있는 모듈화에 유리하다. 현재 화학플랜트산업이 직면하고 있는 안전성 문제, 수송비 증가, 생산규모에 따른 진입장벽 등을 고려할 때 소규모 플랜트건설의 모듈화는 비즈니스 모델에서 시범사업이 될 수 있다.

3. 건설공사 모듈화 사례

(1) 모듈화를 통한 비용절감 효과를 확인하기 위해 미국 Great Lake 지역 가스오일 수

소처리(GOHT, Gas Oil Hydro Treating) 건설프로젝트 사례를 분석하였다. 이 프로젝트는 가솔린의 유황함량을 낮추기 위한 시설물의 건설로서 일괄 턴키도급으로 2003.8월 계약체결하여 불과 26개월 후인 2005.9월 완공해야 한다.

⑵ 대부분의 산업공장 프로젝트가 직면하고 있는 주된 문제점은 과다한 현장작업으로 인한 비용상승이다. 현장 주변에서 조달 가능한 인력은 숙련공이 없어 멀리 떨어진 지역의 근로자를 확보해야 하는 조건이다.

⑶ 짧은 공기를 맞추기 위해서는 설계-구매-조립-설치작업의 기능이 상호 유기적으로 조정되어야 하는데, 추운 겨울에는 현장적업의 노동생산성이 저하되고 수송효율성도 저하된다. 이 지역은 11월에서 3월까지 도로통제율이 35%이 이른다.

⑷ 모듈화는 현장작업을 제작소(shop) 환경으로 전환하는 방식으로, 경비절감 내용을 정확히 분석하기 하여 노무비, 노동생산성, 구조설계·조립, 조립시간(assembly hour), 외주비용(단열, 소방), 간접노무비, 기초설계·설치비, 수송비 및 크레인 임차료 등의 8개 항목을 상세히 비교·검토해야 한다.

⑸ GOHT 프로젝트의 전체비용 내역을 비교·산출한 결과, 현장건설의 경우가 모듈화보다 예산기준으로 지정선적항(FOB, free on board) 단가는 4.6% 감소하지만, 현장시공비는 9.7% 증가로 예측되었다. 실제 프로젝트 비용분석에서는 현장건설비용이 모듈화의 경우보다 전체적으로 18.1% 증가한 것으로 분석되었다.[85]

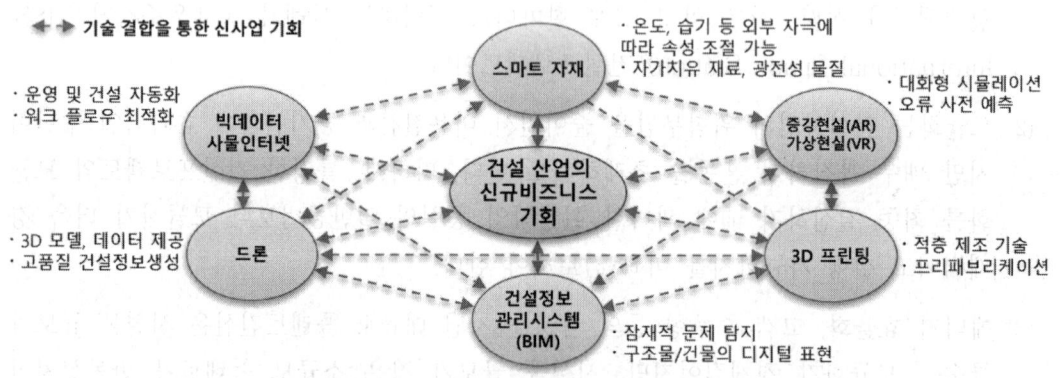

기술혁신을 통한 건설산업의 신규 비즈니스 기회

85) 윤종량, '모듈화의 적합성', 한국과학기술정보연구원 KISTI, 2019.
　　이명구 외, '건설산업의 오픈 이노베이션: 모듈화, 자동화, 디지털화를 주목하라', 삼정KPMG 경제연구원 제107호, 2019.

02.35 건설분야 RFID

건설분야 RFID(Radio Frequency Identification) [1, 0]

Ⅰ. 개요

1. 무선인식(RFID)은 반도체 칩이 내장된 태그(tag), 라벨(label), 카드(card) 등에 저장된 데이터를 무선주파수를 이용하여 비접촉으로 읽어내는 시스템이다.

2. RFID 시스템은 태그, 안테나, 리더기 등으로 구성된다. 태그와 안테나는 정보를 무선으로 수m에서 수십m까지 보내며, 리더기는 이 신호를 받아 상품정보를 해독한 후 컴퓨터로 보낸다.

3. RFID 태그가 달린 모든 상품은 언제 어디서나 자동적으로 확인·추적이 가능하며 태그는 메모리를 내장하여 정보의 갱신·수정이 가능하다. RFID 태그는 전원을 필요로 하는 능동형(active)과 리더기의 전자기장에 의해 작동되는 수동형(passive)으로 나눌 수 있다.

4. RFID 기술은 제2차 세계대전 당시 영국에서 자국 전투기와 적군 전투기를 자동적으로 식별하기 위해 개발되었다. 초기에는 태그가 크고 값이 비싸 일반보급은 못하고 군사장비에만 사용되었으나, 점차 태그의 소형화와 반도체 기술 발달로 저가격·고기능 태그가 개발되면서 다양한 분야로 확대 적용되고 있다.

Ⅱ. 건설분야 RFID

1. 건설현장에서 RFID 시스템은 주로 직원들의 출입관리에 사용되고 있다. 유럽에서는 고가의 대형 건설자재에 RFID 태그를 부착하여 사용하는 사례도 있다.

2. 건설자재 정보관리 RFID를 사용하면 모든 단계의 건설공정에서 RFID 시스템을 이용할 수 있어 생산성이 향상되어 다양한 효과를 기대할 수 있기 때문이다

Ⅲ. 건설자재 RFID 통합정보시스템

1. 건설자재 RFID 통합정보시스템은 건설현장에서 사용되는 건설자재의 종합적인 정보를 관리하고 제공하는 D/B시스템으로, 다음 2가지 역할을 수행한다.

2. 첫째, 건설자재에 태그 코드를 발급하는 역할을 수행한다. 생산자가 건설자재 RFID 통합정보시스템에 새로운 자재의 등록을 요청하면, 미리 정의된 규칙에따라 MC를 부여하고, 이에 따른 SC를 '0000001'부터 순차적으로 발급한다.

이미 심사를 거친 건설자재의 경우에는 D/B에 존재하는 건설자재의 MC에 새로 발

급된 SC 이후의 일련번호를 부여하여 순차적으로 발급한다.

3. 둘째, 건설자재 RFID 통합정보시스템에 이미 등록된 건설자재의 각종 정보를 담은 D/B를 관리하면서 새로 요청받은 정보를 제공하는 역할을 수행한다.

D/B에는 이미 등록된 건설자재의 코드 발급현황, 현장RFID 서버로부터 제공받는 이력정보, 건설자재 생산공장으로부터 제공받는 상세정보 등의 종합적인 정보를 보유하고 있는 상태에서 현장RFID 서버 또는 시스템 사용자로부터 건설자재에 관한 정보를 요청받으면 해당 정보를 제공한다.[86]

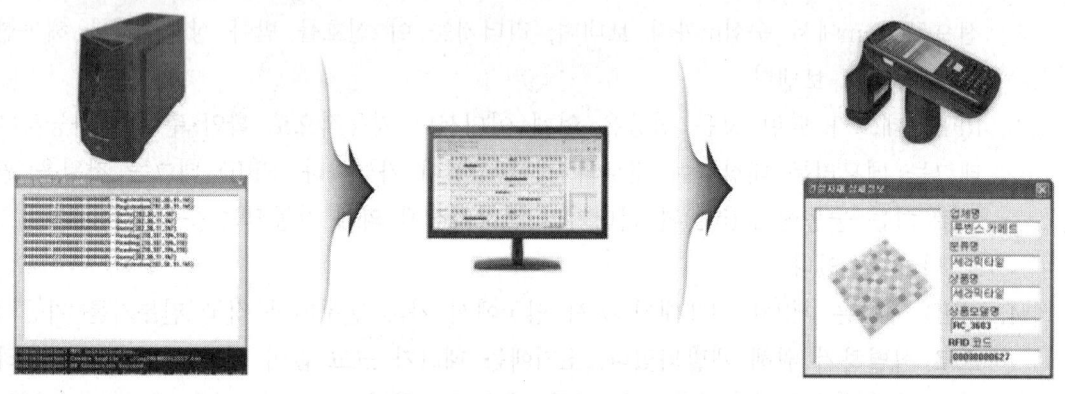

건설자재 RFID 통합정보시스템

선진국 건설현장에서 RFID 시스템 활용 사례

국가	활용 사례	생산 기업
미국	트럭 위치 추적 대형 금속 파이프 관리	Watsonville Flour Construction
핀란드	건설현장 직원 출입관리 건설자재 위치추적 시스템	ELKU Ekahau Inc.
영국	건설자재 태그 부착 건설자재 경로탐색 시스템	Bovis Lend Ltd. Lating O'Rourke
독일	건설장비 위치추적 시스템	Bosch Group
홍콩	콘크리트 관리	MTR Corporation

---

86) 김신구 외, '건설생산성 향상을 위한 건설현장 내 RFID 네트워크 시스템 적용 방안', 한국통신학회논문지, Vol 35, No.8, 2010.

02.36 건설 드론(Drone) 이용방안

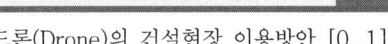
드론(Drone)의 건설현장 이용방안 [0, 1]

Ⅰ. 개요

1. 용어 정의

(1) 드론(Drone)은 고정익 또는 회전익 항공기와 유사한 형태로 제작된 무인비행체를 의미한다.

(2) 드론이란 용어는 국제민간항공기구(ICAO)의 UAV(Unmanned Aerial Vehicle), 미연방항공청(FAA)의 UA(Unmanned Aircraft)와 같은 전문용어가 있으나, 일반적으로 드론(Drone)이라 부른다.

(3) 무인비행체 드론(Drone)과 RC(Remote Control)비행체의 가장 큰 차이점은 자율비행(Autonomous Flight) 기능의 유무로 구분된다. 즉, 미리 입력된 프로그램에 따라 비행체 스스로 주위환경(각종 장애물, 항로 등)을 인식하고 판단하여 스스로 제어하는 기능의 탑재여부에 따라 분류된다.

2. 드론의 발달사

1960년대	초기에는 무인비행체가 개발되면서 1회용 표적기, 무인폭탄 운반기 등 주로 군사용으로 사용되었다.
1970년대	드론에 탑재기능이 결합되면서 발전의 계기가 되었고, 전자통신기술(IT)과 함께 본격적으로 성장세에 접어들었다.
1980년대	무인기 시스템이 개발되어 低고도·近거리 무인기 운용이 가능함에 따라 점차 민간용으로 사용되기 시작하였다.
1990년대	인공위성을 통한 실시간 영상획득과 GPS 실용화에 따라 세계 각지의 분쟁현장에서 미군 무인기를 통한 작전·정찰이 본격 사용되었다.
2010년대	최근에는 드론이 군사용뿐 아니라, 민간용 범위가 확대되어 다양한 분야에서 新성장 동력의 하나로서 국가적 핵심사업으로 성장되었다.

3. 드론의 분류

(1) 드론은 다양한 형식으로 개발되어 있지만, 일반적으로 회전익 드론과 고정익 드론이 가장 많이 쓰이고 있다.

(2) 드론은 비행방식, 무게, 비행반경, 체공시간, 이·착륙 방식, 비행·임무수행방식, 운용고도 등에 따라 다양하게 분류된다.

드론(Drone)의 비교

구분	회전익 드론	고정익 드론
특징	◦ 수직 이·착륙 비행이 가능하다. ◦ 비행 중 바람 저항이 강하다. ◦ 비행시간 20~30분으로 제한된다. ◦ 리모콘으로 원격조종이 가능하다.	◦ 이·착륙 공간이 별도로 필요하다. ◦ 비행 중 바람 저항이 약하다. ◦ 장시간 체공 가능하다. ◦ 자동항법으로 비행 가능하다.
외형		

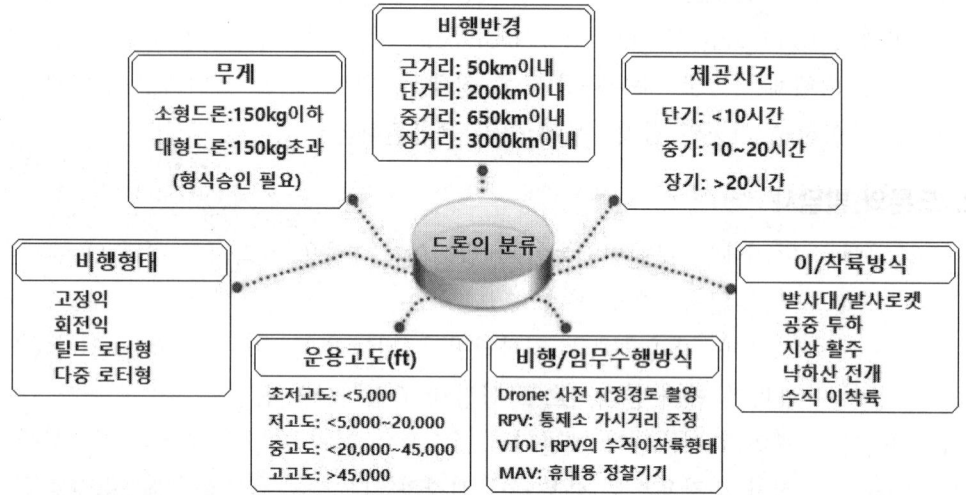

드론의 분류

- **무게**: 소형드론:150kg이하 / 대형드론:150kg초과 (형식승인 필요)
- **비행반경**: 근거리: 50km이내 / 단거리: 200km이내 / 중거리: 650km이내 / 장거리: 3000km이내
- **체공시간**: 단기: <10시간 / 중기: 10~20시간 / 장기: >20시간
- **비행형태**: 고정익 / 회전익 / 틸트 로터형 / 다중 로터형
- **운용고도(ft)**: 초저고도: <5,000 / 저고도: <5,000~20,000 / 중고도: <20,000~45,000 / 고고도: >45,000
- **비행/임무수행방식**: Drone: 사전 지정경로 촬영 / RPV: 통제소 가시거리 조정 / VTOL: RPV의 수직이착륙형태 / MAV: 휴대용 정찰기기
- **이/착륙방식**: 발사대/발사로켓 / 공중 투하 / 지상 활주 / 낙하산 전개 / 수직 이착륙

Ⅱ. 國內 건설산업의 드론 활용

1. 지장물 현황조사

(1) 국토교통부는 30만m² 이상 공공건설사업 토지보상 현장조사의 효율성 향상과 불법 보상투기 방지를 위하여 초기단계에 드론으로 현장사진을 촬영하여 지번·지장물이 표기된 지적지형중첩도와 연계하면서 판독하고 있다.

(2) 이를 위해 2016년 댐·택지사업지구 2개소애서 시범사업을 실시하여 드론 활용 업무처리요령을 배포하는 등 국토교통부는 드론 활성화를 추진하고 있다.

(3) 드론촬영은 항공사진보다 저렴하게 低고도비행으로 高해상도 영상을 획득하고,

현장조사의 어려움(조사인력 부족, 조사거부, 접근난이 등)도 해결할 수 있다.

2. 태풍피해 현황조사

⑴ ㈜공간정보가 2015.7월 울진 봉평해수욕장 일대를 드론 촬영하였고, 1개월 후 8월 봉평지역에 태풍 고니가 닥쳐 해안 방파제가 손상되는 피해를 입었다.

⑵ 방파제 피해 발생 후 봉평 일대를 드론 재촬영으로 3차원 모델 생성하여 태풍 전·후 상황을 비교하면서 시각적인 상황 파악하였다.

3. 건설현장 안전관리

⑴ 원주지방국토관리청은 강원지역 도로건설 현장의 무사고 자율 안전관리 정착을 위하여 드론 활용 돋보기 현장점검을 실시하고 있다.

⑵ 드론 활용 돋보기 현장점검은 실제 접근할 수 없거나 육안점검이 어려운 부분(교량 고교각 상부, 터널 입·출구 절토사면, 산마루 측구, 옹벽 등)을 드론으로 점검하여 안전사고의 발생요인을 사전에 제거하고 있다.

4. 교량 안전점검

⑴ 부산교통공사는 육안점검이 어려운 케이블 형식의 장대교량 상부·교각에 대해 드론 기반의 정밀점검·진단을 수행하고 있다.

⑵ senseFly사의 회전익 드론(eXom)은 수직이동이 가능하여 교각의 하부에서부터 상부까지 발생된 미세한 균열을 조사하고, 근접 모니터링하면서 교량 하부의 나사 조임상태를 정밀관측할 수 있다.

5. 절토사면 유지관리

⑴ 건설기술연구원 절토사면관리시스템(CSMS, Cut Slope Management System) 운영팀은 도로사면 정밀점검, 계곡부 붕괴비탈면 등의 정밀조사를 위하여 연간 약 400회 이상의 현장조사를 수행하고 있다.

⑵ 물리적으로 인력접근이 어려운 장대비탈면의 위험요소에 대한 육안조사 한계를 극복하기 위하여 2015년 드론을 도입하여 skyview 차원의 자료를 획득·관리하기 시작하였다.

Ⅲ. 國外 건설산업의 드론 활용

1. 도로표면 포트홀·러팅 현황조사 (호주 멜버른대학)

⑴ Zhang(2012) 연구에서 비포장도로에 대한 3D DSM(Digital Surface Model)을 구현하기 위하여 드론 촬영을 통해 도로표면 포트홀·러팅 변형의 크기를 측정할 수 있는 3D DSM 생성 알고리즘이 개발되었다.

(2) 이 연구를 통해 도로표면 포트홀·러팅 변형에 대한 3D 모델과 현장 측정값을 비교했을 때 0.5cm 차이를 확인하여 드론을 이용한 도로표면 모니터링 방법의 신뢰도 및 상용가능성을 확인하였다.

2. 도로보수 토공량 자동 산출 (미국 버몬트대학)

(1) Zylka(2014) 연구에서 senseFly사의 드론 eBee sUAS를 이용하여 자연재해로 손상되어 도로보수해야 되는 토공량 산출하였고, 이 값을 지상 LiDAR 측량과와 비교함으로써 토공량 산정에 드론의 활용 가능성을 확인하였다.

(2) 두 가지 지형에서 테스트를 통해 드론으로 도출된 체적을 지상 LiDAR 측량결과와 비교한 결과, 4% 이내의 정확도를 확인하였다.

(3) 이 연구에 투입된 상업용 드론은 레이저 스캐너의 1/10 가격이므로 비용 측면에서 경제적이며, 재해발생 재해지역에 대해 신속한 지형조사가 가능하여 재해복구에 사용할 수 있는 주변의 토공량 파악이 용이하다.

Ⅳ. 맺음말

1. 국내 드론시장 전망

국내 드론시장은 軍用 중심으로 2015년 연간 2억불 수준에서 2022년 연간 5억불 수준으로 연평균 22% 정도 성장할 것으로 전망되고 있다. 특히, 민간 무인기 드론시장은 다양한 분야에서 더욱 급격한 증가세가 전망되고 있다.

2. 세계 드론시장 전망

세계 드론시장은 집계기관에 따라 다르지만 향후 10년간 매년 10%씩 빠르게 성장하여 2023년에는 125억달러 규모에 이를 것으로 전망되고 있다. 특히, 민간 무인기 드론시장은 연평균 35% 이상의 급속한 성장세가 전망되고 있다.[87]

---

87) 한국교통안전공단, '드론 기반의 도로안전 기술적용 시범연구', 2017.

02.37 가상건설(Virtual Construction)

가상건설시스템(Virtual Construction System) [1, 0]

1. 가상건설(VC) 필요성

(1) 국가 IT 수준은 높으나 건설 IT 수준이 선진국 대비 저조한 상태에서 가상건설 (VC) 기술격차를 극복하고 경쟁력을 확보할 수 있는 국가표준이 필요하다.

(2) 현재 민간분야 주도하고 있는 가상건설(VC) 기술에 대한 정부 R&D 예산지원이 필요하다. 싱가포르 정부는 건설생산성 펀드를 조성하여 BIM 교육, SW/HW 구입비용의 50%를 지원하고 있다.

(3) 국내·외에서 3D BIM 기반의 가상건설(VC) 기술이 건설프로젝트에 널리 사용되고 있다. 건설사업의 프리젠테이션에 널리 사용 중이다.

2. 가상건설(VC) 시뮬레이션 구성

(1) 구성 요소

① 건설 프로젝트의 시공계획을 복합적으로 검토하기 위한 핵심적인 4가지 요소는 시공방법, 공사 스케줄, 적절한 장비의 선정·운영, 각 시공단계에서 작업자의 책임과 역할 등으로 구성된다.

② 가상건설(VC) 시뮬레이션은 4가지 요소가 통합적으로 검토될 수 있도록 시스템이 구성되므로 현장기술자가 미처 파악하지 못하거나 판단오류에 의한 잘못된 결정을 사전에 예방할 수 있다.

(2) 3D BIM 기반의 가상건설(VC)

① 가상건설(VC) 시뮬레이션은 설계~시공단계에서 활용되고 있는 BIM 기반이다. 건설현장에서 3D BIM 정보를 역(逆)설계하는 방식으로 레이저 스캐닝을 통한 Point Cloud 데이터를 이용하면 가상건설 현장을 구축할 수 있다.

② 건설현장의 정확한 형상·좌표·거리를 나타내고 있는 3D BIM에 항공사진을 결합하여 가상현장을 구축하는 경우, 시공과정에서 요구되는 주변 시설물에 대한 개략적인 3D 모델을 추가하여 나타낼 수 있다.

③ 250톤 이동식 크레인에서 부재 간의 각 절점에 수직·수평·회전의 구속조건을 부여하여 이동 중에 각각의 제한값을 적용하도록 구성한다. 백호우, 덤프트럭의 3D 형상에도 충돌방지 모델을 적용할 수 있다.[88]

---

88) 우제윤, '가상건설 설계 및 시공체계 구축 기획 연구', 한국건설기술연구원, 2013.
　　김성훈 외, '토목시설물에 대한 BIM 기반 가상건설장비 시뮬레이션 시스템 개발', 한국전산구조공학회 논문집 제30권 제3호, 2017.

02.38　3D BIM

BIM을 이용한 건설공사의 시공효율화 방안, 토목 BIM 활용분야, 5D BIM [1, 4]

Ⅰ. 개요

1. BIM(Building Information Modelling)은 건축·토목·조경 등의 건설정보를 3차원 형 상으로 만들면서, 2차원의 평면도·입면도 역시 추출할 수 있는 모델이다.

2. BIM을 활용하면 유지보수를 위한 3차원 그래픽 모델과 속성정보를 입력할 필요없 이 이미 만들어진 모델에 유지보수정보를 포함하면 된다. 또한, 건설공사 물량 견적 용 모델을 만들면 견적과정을 거쳐 물량을 산출할 수도 있다.

Ⅱ. BIM에 필요한 4가지 정보

1. 기하(Geometry)정보 : 형상과 관련된 원·호·곡면·곡선 등의 정보를 활용하면 물체 의 형상을 3차원으로 구성할 수 있다.

2. 위상(Topology)정보 : 기하정보끼리 연결에 관련된 정보를 활용하면 곡면조각을 연 결하여 3차원 물체를 구성할 수 있다.

3. 지식(Knowledge)정보 : 물량 견적이나 시뮬레이션 대안 평가에 필요한 공학지식을 활용하면 설계과정을 3차원 모델로 추출할 수 있다.

4. 객체(Object)정보 : 파라메트릭(Parametric)데이터*와 속성(Attribute)데이터**를 활 용하면 모든 물체를 3차원 모델로 구성할 수 있다.

* Parametric data : Revit(3차원 CAD 소프트웨어)에서 제공하는 좌표로서 프로젝트 의 모든 요소들 간의 관계를 소프트웨어가 자동으로 만들어 준다.

** Attribute data : 공간의 특징을 설명하는 데이터이다. PC 지도 위의 서울시청 지 점을 작은 동그라미로 표시하고, 데이터베이스에 연결하여 서울시청을 설명한다.

Ⅲ. BIM 구조적 특징

1. BIM은 행위를 강조하고 있다. 단순히 표준화된 모델로는 이와 같은 행위를 처리하 기 어렵다. Model이 아닌 Modelling 관점에서 통합적인 구조를 필요로 한다. 재활용과 공유를 해야 하므로 네트워크 인프라에서 수행하는 작업을 서로 협업할 수 있도록 모델을 전생애주기(life cycle)를 따라 구축해 나간다.

2. BIM은 다윈이 주장하는 종의 기원처럼 모델 DNA(Deoxyribonucleic acid, DNA, 디옥시리보核酸)가 진화하는 과정을 나타내는 구조이다.

찰스 다윈(1859)의 『종의 기원에 대하여(On the Origin of Species)』는 진화생물학의 토대를 구축한 과학문헌으로, 자연선택을 통한 종의 진화이론을 제시했다.

3. BIM은 모델링 과정에서 발생된 정보를 관리하면서 통합적·효과적으로 필요한 정보를 활용할 수 있는 구조이다.

모델링 정보의 너비와 깊이를 다르게 표현한다. 너비를 정의하면 2차원의 범위가 정해진다. 깊이를 LOD(Level of Detail)를 정의하면 3차원으로 표현된다.

Ⅳ. 건설 BIM 트랜드

1. 가상현실(VR)

가상현실(VR) 증강현실(AR)을 결합한 혼합현실(MR) 기술이 주목받고 있다. 예를 들어, 마이크로소프트의 홀로랜즈를 사용하면 직장, 외부의 건설현장, 자신의 거실 등 어디서든 가상현실을 체험할 수 있다.

2. 스마트 디자인

사전조립(prefabrication)은 건축물 시공과정에 예측가능성, 일관성 및 반복성을 증가시켜 효율적으로 시공할 수 있게 해준다. BIM 라이브러리는 사전조립과정의 정보를 담고 있다.

MEP content는 BIM 라이브러리를 이용하여 제조업에 축적된 정보를 활용한다. 부품의 최신가격, 치수·규격, 설치정보가 검증되기 때문에 정확한 정보이다.

3. 사물 인터넷

사물 인터넷(IoT)은 인터넷 기반으로 센서를 연결한 것이다. 데이터가 온라인 상태로 데이터베이스에 저장되고, 응용프로그램으로 모니터링을 한다.

사전고장진단시스템 HVAC장치는 초음파 진동센서로 데이터를 모으고, 실시간 변화를 감지하여 시스템에 문제가 있으면 사용자 스마트폰에 실시간 전송된다.

4. 5D BIM

5D BIM에서는 설계와 비용을 통합한다. 표준설계 파라미터뿐 아니라, 형상, 열, 음향 등의 세부 특성을 포함한다. 이는 설계에서 비용이 미치는 경제성을 초기 디자인 단계에서 분석할 수 있도록 지원한다는 의미이다.[89]

---

89) The BIM principle and philosophy, '2017년 BIM 트랜드', 2017. https://sites.google.com/

Ⅴ. BIM에서 해결되어야 할 문제점

BIM은 민간 참여 없이는 성공할 수 없다. 상생차원에서 접근해야 한다. 정부, 학계, 민간이 협업해야 예전 CALS와 같은 과오를 반복하지 않을 거라고 본다. 시행착오를 극복하려면 우리나라 건설산업은 시간이 촉박하다. BIM 상용화를 위하여 꼭 해결해야 할 과제는 다음과 같다.

1. IFC 납품하라 하는데 지속가능한 모델은 어느 수준인가?

⑴ IFC*는 지속가능한 모델을 공공부문에서 재활용(유지보수)하기 위한 지침이다. 따라서, IFC를 어느 수준으로 납품하는지를 서로 협의하여 결정할 문제이다.

⑵ CALS 표준처럼 상세수준의 디자인 납품요구는 민간시장의 반발이 예상되고, 애매한 수준의 IFC 납품은 재활용에 효용성이 없다.

* IFC(Industry Foundation Classes): 서로 다른 소프트웨어 응용프로그램 간에 상호 운용성 솔루션을 제공하는 파일이므로, 건물 객체와 해당 특성을 나타낼 수 있는 국가표준으로 설정해야 한다.

2. BIM 납품요구에 대한 비용은 누가 지불해야 하나?

⑴ BIM 납품에 필요한 BIM 작업비용은 발주처가 지불해야 한다. 지속가능한 모델이 불필요한 상황에서 BIM 납품요구는 비용낭비이다.

⑵ 현재 BIM 프로젝트는 발주자가 BIM 작업비용을 지원하되, 어느 정도 비용지출이 효과적인지 B/C분석하고 있다. 현재는 이중비용(작업)이지만, 향후 BIM 솔루션 시스템이 정착되면 종전 CAD 도입 이후처럼 생산성이 향상될 것이다.

⑶ 따라서 BIM의 독창성과 경쟁력 있는 비지니스 모델을 선점(투자)한 기업이 크게 성장할 것으로 전망된다.

3. 내가 설계한 것을 모두 납품하면 디자인 보호는 어떻게 받나?

⑴ 국내 현실에서 디자인 유출은 불가피하지만, 정부가 제도적으로 보완해야 한다. 공공·대기업 위주의 발주관행을 고려할 때 완벽하게 보호받는 것은 어렵다.

⑵ BIM은 아직 미완성 상태의 개념이기 때문에 토론을 거쳐 상생할 수 있는 방안이 수렴되어 제도에 반영되어야 한다.[90]

---

[90] The BIM principle and philosophy, 'BIM의 논쟁거리들', 2011. https://sites.google.com/

VI. 5 BIM

1. BIM 정의

(1) BIM은 건설분야에서 컴퓨터를 이용한 객체의 디지털 모델과 모델을 만들기 위한 업무절차이다. 객체의 디지털 모델은 3D로 표현해야 하며, 3D는 그래픽의 시각적 표현뿐 아니라 특정한 정보나 객체의 속성을 포함하고 있어야 한다.

(2) BIM은 객체의 속성정보를 가진 3D 모델링으로 가상의 시뮬레이션을 통해 건설공사를 예측·준비하여 시행착오를 줄이고 양질의 시설물을 생산하는 과정이다.

2. 4D BIM

(1) 4D BIM은 3D BIM 적산(積算)정보에 일정과 관련되는 공정관리(time schedule) 정보를 통합적으로 관리하는 개념이다.

(2) 4D BIM은 소요 일정(schedule)과 관련되는 시간정보를 추가하는 개념으로, 건설 프로젝트의 수행과정을 각 단계별로 시각화하여 시간정보를 연계시키는 모델링을 말한다. 즉, 공정관리 프로그램을 의미한다.

(3) 4D BIM은 특정 건설프로젝트 수행과정에 일정의 단축과 관련되는 정확한 스케줄 정보를 구성하는 것으로, 효율적인 공사 수행을 통하여 원가절감을 궁극적인 목표로 하기 때문에 중요하지만 아직 현장에서는 낯선 프로그램이다.

3. 5D BIM

(1) 5D BIM은 3D BIM 적산(積算)정보에 공정관리(time schedule)와 원가관리(cost down)를 추가하여 설계초기단계에 공정(time)과 비용(cost)이 미치는 영향을 분석할 수 있도록 지원하는 개념이다.

(2) 5D BIM은 건설산업에서 전통적으로 '적산'으로 표현된다. 즉, 5D BIM은 기존의 2D CAD와 3D BIM 적산(積算)에 필요한 공정과 비용을 산출하는 개념이다.

(3) 국내에서는 3D BIM을 단순히 3차원으로 보여주는 모델링(visual modeling)으로 인식하고 있어, 건설현장에서 5D BIM 적용은 다소 빠르다. 하지만 대규모 건설 프로젝트는 5D BIM 속성정보를 제대로 활용할 수 있어야 국제경쟁력이 있다.

4. 6D BIM

(1) 3D BIM에 '공정관리'와 '원가관리'를 포함하면 5D BIM 개념이며, 6D BIM은 구조물의 '수명주기관리'를 추가하는 개념이다.

02.39 IoT를 이용한 시설물의 유지관리

제4차 산업혁명 IoT를 이용한 장대교량의 유지관리 방안 [0, 1]

Ⅰ. 개요

1. 사물인터넷(IoT, Internet of Things)은 영국 케빈 애쉬튼(Kevin Ashton)에 의해 처음 제안된 용어로서, 각종 사물(가전제품, 모바일 장비 등)에 센서와 통신기능을 내장하여 정보통신기술(IT, Internet)에 연결하는 시스템이다.

2. 건설현장은 근로자와 장비가 동시에 빈번하게 이동하여 항상 위험에 노출되어 있는 상황에서 안전관리자와 근로자가 멀리 떨어져 있는 경우, IoT를 활용하면 재해발생에 신속하게 대처하여 사전에 예방할 수 있다.

Ⅱ. 건설산업의 IoT 연구 동향

1. 건설장비

(1) 최신 원격 모니터링 기술은 건설장비의 동작과정에 대한 실시간 정보를 제공할 수 있다. 즉, 건설장비에 IoT기술을 적용하는 센서로 장비를 모니터링하고 운영하면 많은 이익을 올릴 수 있다.

(2) 인도 JCB 회사는 건설장비를 제조하면서 2만개 장치를 연결하는 프로그램 개발을 위하여 클라우드 기반 Industrial Internet Platform을 사용하고 있다.

2. 안전장구

(1) 미국 HCS(Human Condition Safety) 회사는 IoT기술을 사용하여 산업재해를 줄일 수 있는 착용형 안전장구(HCS wearable device)를 개발하였다.

(2) 공사현장 근로자가 HCS 안전장구를 착용하고 중장비가 가동 중인 위험지역에 들어가는 경우, 위험경고 하면서 그 중장비를 자동 셧다운시킬 수 있다.

3. 기타 국내·외 연구 동향

(1) 센서 기반 건설유해 화학물질 누출사고 실시간 예방·대응시스템

(2) 실시간 근로자 위치인식기술을 적용한 건설현장 안전관리시스템

(3) 웨어러블 기기(Wearable devices)를 적용한 건설현장 안전관리시스템

(4) IC Tag & PDA를 활용하여 기계설비의 과거 점검이력을 바탕으로 현재 점검위치를 자동 표시함으로써 문제점을 사전 경고하는 산업재해 방지시스템 연구

(3) 사람과 설비의 위치를 식별하는 IC Tag를 활용하여 초보 근로자의 위해·위험 장소 접근을 방지하는 인간과오(Human error) 경고시스템 연구 등

Ⅲ. 국내 건설분야 IoT 응용 사례

1. SK텔리콤 로라(RoLa)

⑴ 최근 IoT 플랫폼이 개발·확산되는 추세에서 인터넷 기반으로 훨씬 개방적이고 확장성 있게 다양한 서비스가 아래와 같이 제공되고 있다.

SK텔리콤의 IoT 전용망 로라(LoRa) 기반 솔루션

업체명	주요 내용	비고
대우건설	공사현장 내 안전사고 방지	
케이스 마트피아	수도검침 정보 자동 수집·전송	
엔코아 링크	교통 신호등 오작동 모니터링	
리니어블	치매노인과 장애인 위치 추적	
모바일 어플라이언스	주차장 뺑소니 알림(블랙박스)	

2. IoT에 의한 건설분야 효과

⑴ 근로자의 안전 : 건설현장의 안전사고 통계(감전, 걸려 넘어짐, 고압전선, 유해가스, 떨어짐, 부딪침, 끼임, 베임, 소음, 뇌졸중, 심근경색, 고혈압 등) 기반으로 IoT 센서(거리측정센서, 유해가스센서, 먼지센서, 심장박동/체온센서, 움직임감지센서, 경고센서, 압력감지기 등)를 작업자 또는 가설시설물에 설치하면 안전사고 위해요인을 사전 감지하여 대응방안을 강구 가능

⑵ 비용 절감 : RFID기반 자재관리, 자체검출센서로 유지보수·수리, 빌딩온도 모니터링 등을 통한 에너지 절감

⑶ 스마트한 디자인 : 공사현장에서 BIM 모델을 중첩하여 활용함으로써 공정관리 모니터링, 유지보수 가능

Ⅳ. 결론

1. 2013년 『사물인터넷국제표준기구』는 IoT를 정보화시대의 기반시설로 정의하였다. 모바일 기기(스마트폰)와 네트워크(유·무선 인터넷)가 대중화되면서 인간의 삶의 질을 개선할 수 있다면 IoT는 그 어떤 분야에도 적용 가능하다.
2. 국내 건설분야에서 IoT기술의 융합수준은 선진국에 비해 저조하지만, 현장시설물과 근로자, 기계·장비 등의 안전관리를 IoT기술로 개선할 수 있다.[91]

---

91) 류한국, '사물인터넷 기술 기반의 건설 작업자 안전관리 방안', 대한건축학회 춘계학술발표대회논문집 제37권제1호(통권 제67집), pp.873~874, 2017.

03. 토질·기초

◆**기출문제의 분야별 분류 및 출제빈도 분석**　　　　　　　　　　　　　　**03. 토질·기초**

분야	063회~115회 분석					최근 5회 분석					소계
	063~073	074~084	085~094	095~104	105~115	116	117	118	119	120	
1. 흙의 특성	7	10	6	7	6	1		1	1		39
2. 지지력시험	5	3	3	3	3			1	2		18
3. 기성말뚝기초	11	11	11	10	6		1	3		1	56
4. 현장타설기초	5	3	5	2	2				1	2	20
5. 케이슨기초	6		2	2	1		1				11
소계	34	27	27	24	18	1	2	5	4	3	144

◆**기출문제 분석에 따른 학습 중점방향 탐색**

토목시공기술사 필기시험 제63회부터 120회까지 출제되었던 1,798문제(31문항×58차분) 중에서 '03. 토질·기초'분야에서 흙의 다짐원리, 평판재하시험, 지지력측정, 기성말뚝, 현장말뚝, 케이슨말뚝 등을 중심으로 144문제(8.9%)가 출제되었다. 토질·기초 분야는 기술사 시험제도가 처음 도입되었던 1960년대나 21세기 첨단과학을 논하는 오늘날이나 비슷한 유형의 문제들이 교대로 반복하여 출제되고 있다. 특정한 문제만 묻지도 않기에 요령을 부릴 수도 없다.

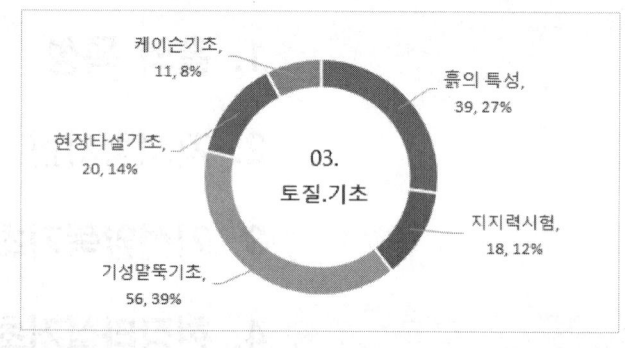

토질·기초 분야의 문제를 접할 때는 100% 토질공학적인 접근이 필요하다. 실제 건설현장에서 사고예방대책을 마련할 때나 시험장에서 답안을 작성할 때나 동일한 관점에서 토질공학적 이론과 학문을 근거로 해석해야 한다. 결국은 학교 때 배웠던 토질공학을 복습해야 한다. 하지만, 60점 고지를 넘어 합격하려면 학교 때 배웠던 내용으로 남들과 비슷한 수준에서 써본들 떨어진다. 빠른 길을 스스로 찾아야 한다. 토질·기초 문제별로 key work를 작성하여 출·퇴근 전철에서, 휴식시간에도 반복적으로… 들여다보면서 내 머릿속에 사진 찍듯이 내 것으로 소화해야 한다.
시험장에서 문제를 접하는 순간 내 머릿속에 파노라마처럼 해당 문제의 key word가 펼쳐져야 한다. 혹자는 답안 골자를 요약해서 시험지 모퉁이에 메모하고 쓰기 시작하라고 말하는데, 그럴 시간이 없다. 즉시 쓰기 시작해야 합격이다. 혹독한 유격훈련과 공수훈련이 답이다. 이 책 저자가 정부과천청사에서 국토교통부 재직 시절, 구내식당 점심 후 주차장 뒤편 의자에 혼자 앉아 손바닥 크기의 key word를 들쳐보면서 짧은 시간이나마 답안 구성에 집중했던 기억이 새롭다.

03.01 흙의 분류

I. 통일분류법

1. 배경

(1) 흙을 분류하는 방법 중 가장 많이 알려진 통일분류법은 1969년 미국재료시험협회(ASTM, American Society for Testing and Materials)에서 흙의 공학적인 표준분류방법으로 채택된 이후, 도로·비행장·흙댐 등의 대부분의 토목공사현장에서 흙의 종류·성질·용도 등을 판단할 때 쓰이고 있다.

2. 분류방법

(1) 제1문자

① No.4(4.76mm)체 통과량이 50% 이상이면 모래(S)로 분류한다.

② No.4(4.76mm)체 통과량이 50% 미만이면 자갈(G)로 분류한다.

(2) 제2문자

① No.200(0.074mm)체의 통과량이 5% 미만이고, 균등계수(Cu)>4이면서 1<곡률계수(Cg)<3의 조건에 맞으면 GW로 분류한다. 이 경우에 GW를 만족하지 못하면 GP로 분류한다.

② No.200(0.074mm)체의 통과량이 5% 이상이고, 균등계수(Cu)>6이면서 1<곡률계수(Cg)<3의 조건에 맞으면 SW로 분류한다. 이 경우에 SW를 만족하지 못하면 SP로 분류한다.

(3) 균등계수와 곡률계수

① 균등계수(Cu, coefficient of uniformity) : 조립토의 입도분포가 좋고 나쁜 정도를 나타내는 계수로서, 입도분석 자료를 토대로 하여 작성한 입경가적곡선에서 통과백분율 10%와 60%에 해당하는 입경으로 구할 수 있다.

② 곡률계수(Cg, coefficient of curvature) : 입도분석자료에서 통과백분율 10%, 30%, 60%에 해당하는 입경을 각각 D10, D30, D60이라 할 때 구해지는 계수로서 균등계수와 함께 입도분포 판정에 이용된다.

③ 균등계수(C_u) 값이 클수록 흙의 입도범위는 넓어지며, 곡률계수(C_g) 값이 1~3 정도일 때 입도분포가 양호한 흙으로 판정된다.

$$균등계수 \ C_u = \frac{D_{60}}{D_{10}} , \qquad\qquad 곡률계수 \ C_g = \frac{D_{30}{}^2}{D_{60}D_{10}}$$

통일분류법에 의한 흙의 분류기호

구분	제1문자		제2문자	
	기호	설명	기호	설명
조립토	G S	자갈(자갈질 흙) 모래(모래질 흙)	W P M C	양호한 입도의 불량한 입도의 실트를 함유한 점토를 함유한
세립토	M C O	실트 무기질 점토 유기질 점토	L W	소성 또는 압축성이 낮은 소성 또는 압축성이 높은
유기질토	P_t	이탄		

(4) 세립토의 세분

① 아래 그래프 『통일분류법 소성도』에서 액성한계와 소성지수가 A선 아래에 있으면 실트질(또는 유기질토), A선 위에 있으면 점토로 분류된다.

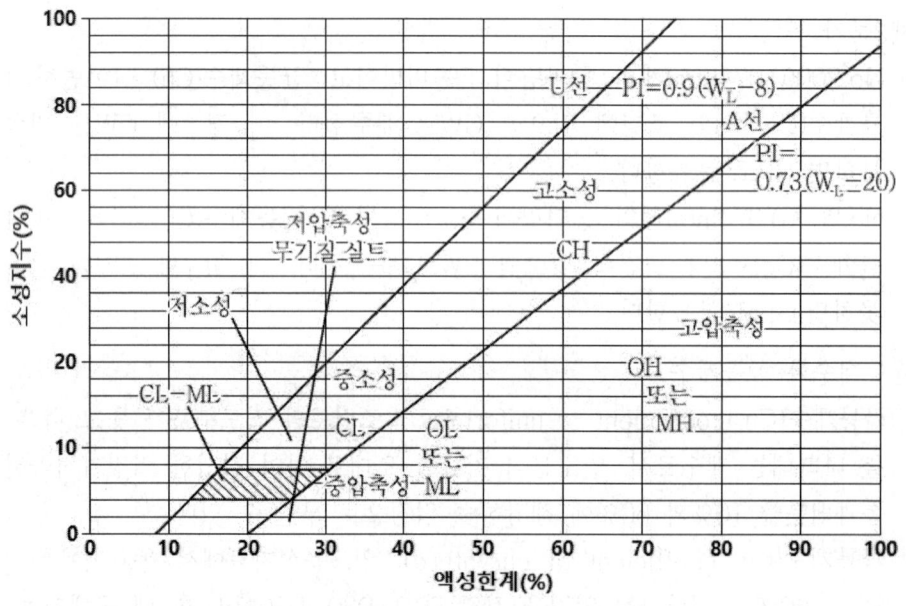

<그림 3.1> **통일분류법 소성도**

Ⅱ. AASHTO 분류법

1. 배경

(1) AASHTO 분류법은 미국도로교통공무원협회(ASSHTO, American Society of State Highway and Transportaton Officials)에서 개발한 흙의 분류법이다.

⑵ AASHTO 분류법은 체 분석으로 구한 입도분포와 소성지수, 액성한계, 그리고 군지수(GI)를 이용하여 다음과 같이 흙을 분류한다.

$$GI = 0.2a + 0.005ac + 0.01bd$$

여기서, a : 0.074mm체 통과 중량백분율에서 35%를 뺀 값
(0~40 사이의 정수만 취급)

b : 0.074mm체 통과 중량백분율에서 15%를 뺀 값
(0~40 사이의 정수만 취급)

c : 액성한계에서 40%를 뺀 값(0~20의 정수만 취급)

d : 소성지수에서 10%를 뺀 값(0~40의 정수만 취급)

2. 분류방법

⑴ 입상토와 실트-점토의 구분

① 0.074mm체 통과율이 35% 以下이면 입상토(granular materials)

② 0.074mm체 통과율이 35% 以上이면 실트-점토(silt-clay materials)

⑵ 군지수(GI, Group Index)로 구분

① 아래 그래프『AASHTO 분류법 실트-점토 분류도』에서 보듯 액성한계가 높고 낮은 한계는 액성한계 50%를 기준으로 구분한다.

② 소성지수(PI), 액성한계, 0.074mm(No.200)체 통과율 등을 비교하면서 어느 분류기호에 해당하는지를 판별하여 군지수(GI)를 구한다.

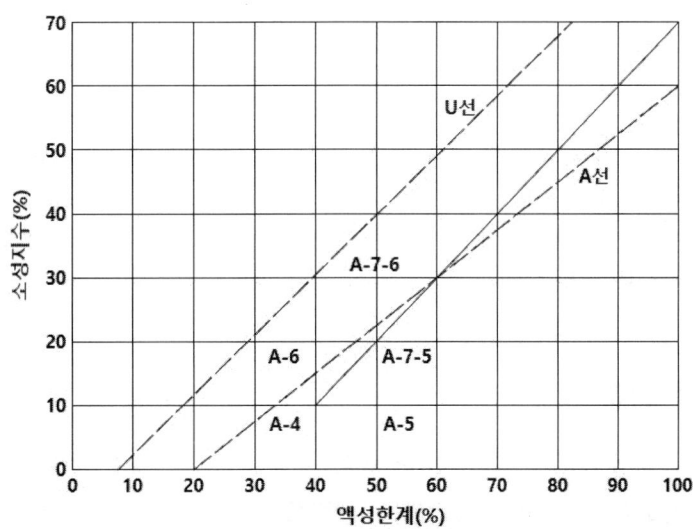

AASHTO 분류법 실트-점토 분류도

⑶ 분류기호로 구분

① 흙을 A-1에서 A-7까지 분류하며, 입경과 Atterberg 한계에 따라 세분한다.

② 아래 표는 A-4에서 A-7까지 실트~점토를 소성지수와 액성한계에 따라 분류하는 도표이며, 통일분류법 소성도의 U선과 A선을 함께 표시한다.

AASHTO 분류법에 의한 흙의 분류

구분		입상토 (0.074mm체 통과율 35% 이하)							실트-점토(0.074mm체 통과율 35% 이상)			
분류기호		A-1		A-3	A-2				A-4	A-5	A-6	A-7 A-7-5 A-7-6
		A-1-a	A-1-b		A-2-4	A-2-5	A-2-6	A-2-7				
체 통과분 (%)	0.2mm 체	50 이하										
	0.42mm 체	30 이하	50 이하	51 이상								
	0.74mm 체	15 이하	25 이하	10 이하	35 이하	35 이하	35 이하	35 이하	36 이상	36 이상	36 이상	36 이상
0.42mm 체 통과분 성질	액성 한계	6 이하		N.P	40 이하	41 이상	40 이하	41 이상	40 이하	41 이상	40 이하	41 이상
	소성 지수				10 이하	10 이하	11 이상	11 이상	10 이하	10 이하	16 이하	11 이상
군지수(GI)		0		0	0			4이하	8 이하	12 이하	16 이하	20 이하
주요 구성재료		석편, 자갈, 모래		세사	실트질 또는 점토질자갈모래				실트질 흙		점토질 흙	
노상토로서 일반적인 등급		우			양				가		불가	

주) ① A-7-5군의 소성지수는 액성한계에서 30을 뺀 값과 같거나 그보다 작아야 한다.
　② A-7-6군은 이 값보다 커야 한다.

Ⅲ. 흙의 분류법 비교

1. 0.074mm체 통과율이 50% 정도인 조립토는 공극을 채울 수 있는 세립토가 충분히 존재하여 조립토를 서로 분리시키므로 세립토와 같은 거동을 보인다. 이 점에서는 통일분류법보다 AASHTO 분류법이 더 적절한 경우가 있다.

2. 통일분류법에서는 자갈질 흙과 모래질 흙을 명확히 구별하고 유기질토를 세분할 수 있으나, AASHTO 분류법에서는 이를 구별하기 어렵다.[92]

흙 분류법의 비교

구분	통일분류법	AASHTO 분류법
흙의 분류방식	알파벳 2문자로 표시	군지수(GI), A-1~A-7
세립토	0.074mm체 통과율 50% 이상	0.074mm체 통과율 35% 이상
모래와 자갈 구별	4.76mm체 이용	2.0mm체 이용
유기질토	OL, OH, Pt 등으로 제시	–

Ⅳ. 세계의 토양분류

1. 흙을 조사하여 종류를 구분하려면 그 흙이 있는 주변의 기후나 지형조건 등을 조사한 후, 흙을 수직으로 파서 관찰하면서 높이에 따라 다르게 형성된 토층별로 특징 및 상태를 조사하여 흙의 종류를 결정하게 된다.

2. 흙의 종류는 대단히 많고, 분류방법에 따라 또다시 여러 종류로 분류할 수 있다. 흙의 분류법이 각 나라마다 달라 서로 오해와 불편함이 존재하여 이를 통일하여 하나의 세계적인 분류기준을 통일할 필요성이 제기되었다.

3. 세계의 모든 흙을 하나의 기준으로 통일하여 분류하는 방안을 1936년 미국 농무성 Thorp에서 처음 제안했다. 이를 보완하여 1949년 Marbut, Smith 등이 체계화시킨 흙의 분류법이 전 세계에 널리 퍼져 사용되었다. 우리나라도 예전에는 이와 같은 舊분류법에 따라 흙을 분류하였다.

4. 시간이 경과하면서 舊분류법의 문제점을 보완하기 위해 1950년부터 7번에 걸쳐 새로운 분류법들이 나왔다. 그러나 그 내용이 舊분류법과 너무 다르고 라틴어와 희랍어로 구성된 명칭이 이해하기 어려워 많은 반대에 부딪쳤다.

5. 1975년 드디어 흙의 새로운 분류법으로『세계의 토양분류(Soil Taxonomy)』가 완성되어 현재 전 세계적으로 사용되고 있고, 우리나라도 이 기준에 따라 우리의 흙을 분류하고 있다.

6. 『세계의 토양분류(Soil Taxonomy)』는 토양의 생성발달에 따른 감식층위의 유무·종류를 최상위 12개 목으로 분류하고, 다음으로 아목(亞目, suborder), 대군(大群, great group) 아군(亞群, subgroup) 속(屬:family) 통(統, series)으로 세분하고 있다. 12목 이름은 ①알피졸, ②안디졸, ③아리디졸, ④엔티졸, ⑤젤리졸, ⑥히스토졸,

---

92) 국토교통부, '도로설계편람', 제3편 토공 및 배수, pp.402-2~8, 2012.

⑦인셉티졸, ⑧몰리졸, ⑨옥시졸, ⑩스포도졸, ⑪울티졸, ⑫버티졸 등이다.

7. 『세계의 토양분류(Soil Taxonomy)』 기준으로 현재까지 밝혀진 우리나라 흙의 최상위 목은 ①알피졸, ②안디졸, ④엔티졸, ⑥히스토졸, ⑦인셉티졸 ⑧몰리졸, ⑪울티졸 등 7개 종류이고, 통(統)은 390개이다.[93)]

『세계의 토양분류(Soil Taxonomy)』 최상위 분류단위 12개 목 기준

최상위 분류	특징 및 내용
① 알피졸(Alfisols)	점토집적층이 있으며, 염기포화도가 35% 이상인 토양
② 안디졸(Andisols)	화산회토. Allophane과 A1-유기복합체가 풍부한 토양
③ 아리디졸(Aridisols)	건조지대의 염류 토양으로 토양 발달이 미약
④ 엔티졸(Entisols)	토양 생성 발달이 미약하여 층위의 분화가 없는 새로운 토양
⑤ 젤리졸(Gelisols)	영구동결층을 가지고 있는 토양
⑥ 히스토졸(Histosols)	물이 포화된 지역이나 늪지대에 분포하는 유기질 토양
⑦ 인셉티졸(Inceptisol)	토양의 층위가 발달하기 시작한 젊은 토양
⑧ 몰리졸(Mollisols)	초원지역의 매우 암색이고 유기물과 염기가 풍부한 무기질토양
⑨ 옥시졸(Oxisols)	A1과 Fe의 산화물이 풍부한 적색의 열대토양. 풍화가 가장 많이 진척된 토양
⑩ 스포도졸(Spodosols)	심하게 용탈된 회백색의 용탈층을 가지고 있는 토양
⑪ 울티졸(Ultisols)	점토집적층이 있으며, 염기포화도가 35% 이하인 산성토양
⑫ 버티졸(Vertisols)	팽창성 점토광물 함량이 높아 팽창과 수축이 심하게 일어나는 토양

---

93) 국립농업과학원, '세계토양분류', 토양과 농업환경, 흙토람, 2019.

03.02 흙의 다짐곡선

흙의 최대건조밀도, 최적함수비(OMC), 영공기 간극곡선(zero air void curve) [11, 0]

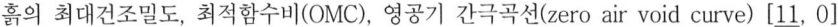

I. 개요

1. 용어 정의

(1) 토질역학에서 흙의 다짐(compaction)은 함수비를 크게 변화시키지 않고 공극 내의 공기를 배출시켜 토립자 간의 결합을 치밀하게 함으로써 단위 중량을 증가시키는 과정이라고 정의되어 있다. 사질토 지반을 다질 때는 진동 롤러로 다지고, 점성토 지반을 다질 때는 탬핑 롤러를 사용하여 다진다.

(2) 흙은 함수비가 증가함에 따라 흙 속의 물이 윤활제 역할을 하여 다짐효과와 건조밀도가 높아져 다짐효과가 가장 좋을 때 최대건조밀도($\gamma_{d\max}$)가 얻어지는데, 이때의 함수비가 최적함수비(OMC, Optimum Moisture Content)이다.

2. 흙의 다짐효과

(1) 흙의 단위 중량 증가

(2) 흙의 전단강도, 부착력 증가

(3) 흙의 동상, 팽창, 건조, 수축의 감소

(4) 지반의 지지력 증가

(5) 지반의 압축성, 투수성 감소

(6) 지반의 침하나 파괴의 방지

II. 흙의 다짐곡선

1. 다짐곡선이란?

(1) x축을 함수비(w), y축을 건조단위중량(γ_d)으로 하는 직교 좌표 상에 함수비와 건조단위중량 사이의 관계를 나타낸 곡선을 흙의 다짐곡선이라 한다.

(2) 다짐곡선은 위쪽이 볼록한 종(鐘)모양으로 나타나는데, 건조밀도(γ_d)가 최대가 되는 값이 최대건조밀도($\gamma_{d\max}$), 이때의 함수비가 최적함수비(OMC, W_{opt})이다.

(3) 최적함수비보다 작은 쪽(함수비가 감소되는 방향)을 건조 측, 큰 쪽(함수비가 증가하는 방향)을 습윤 측이라 한다.

2. 다짐곡선의 특징

(1) 조립토(모래질)일수록 다짐곡선은 급하고, 세립토(점토질)일수록 다짐곡선은 완만하게 그려진다.

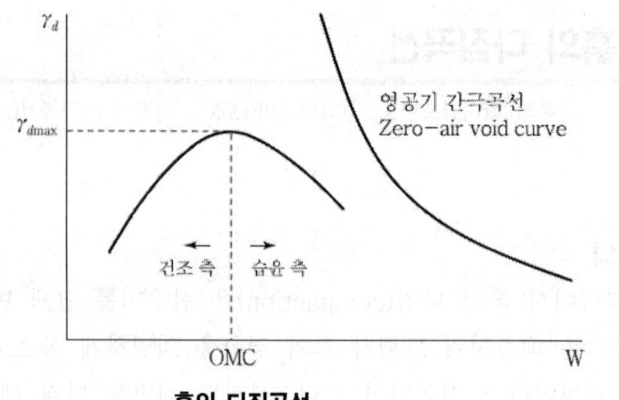

흙의 다짐곡선

⑵ 사질토에서는 최대건조밀도(γ_{dmax})가 증가하고, 최적함수비(OMC)는 감소한다. 즉, 곡선이 직교 좌표의 왼쪽 상(上)방향에 그려진다.

점토분이 많은 흙은 최대건조밀도(γ_{dmax})가 감소하고, 최적함수비(OMC)는 증가한다. 즉, 곡선이 직교 좌표의 오른쪽 하(下)방향에 그려진다.

⑶ 양입도의 흙에서는 최대건조밀도(γ_{dmax})가 높고, 최적함수비(OMC)는 낮다. 즉, 곡선이 직교 좌표의 왼쪽 상(上)방향에 그려지게 된다.

⑷ 사질토에서 다짐되는 흙의 량(量)이 점질토에서 다짐되는 흙의 량(量)보다 많다.

⑸ 최적함수비(OMC)보다 약간 건조 측에서 전단강도가 최대가 된다.

최적함수비(OMC)보다 약간 습윤 측에서 투수계수가 최소가 된다.

⑹ 흙을 건조 측에서 다질수록 팽창성이 크고, 최적함수비(OMC)에서 다질수록 팽창성이 최소가 된다.

⑺ 흙을 건조 측에서 다지면 면모구조, 습윤 측에서 다지면 이산구조가 된다.

⑻ 다짐에너지가 증가하면 최대건조밀도(γ_{dmax})가 증가하고, 최적함수비(OMC)는 감소한다. 반대로 다짐에너지가 감소하면 최대건조밀도(γ_{dmax})가 감소하고, 최적함수비(OMC)는 증가한다.

⑼ 다짐도(Rc)는 현장 건조밀도를 시험실의 최대 조밀도로 나눈 백분율 값이다.

$$R_c = \frac{\gamma_{d(field)}}{\gamma_{dmax(lab)}} \times 100(\%)$$

⑽ 다짐곡선에서 영공기 간극곡선(零空氣 間隙曲線, Zero-air Void Curve)이란 흙 속의 간극에 물이 충만하여 공기간극이 전혀 없을 때의 함수비와 건조밀도 간의 관계를 나타내는 곡선이다. 일반적으로 흙의 다짐곡선은 영공기 간극곡선의 좌측에서만 그려지도록 되어 있다.[94]

---

94) 김낙석·박효성, '앞서가는 토목시공학', 개정 1판1쇄, 예문사, pp.257~258, 2018.

03.03 흙의 연경도, Atterberg 한계

흙의 연경도(Consistency), Atterberg 한계, 소성지수(Plasticity Index) [7, 0]

1. 용어 정의

(1) 점착성 있는 흙은 함수량 변화에 따라 성질이 달라진다. 함수량이 매우 높으면 흙 입자는 수중에 떠있는 액체상태로 있다가 함수량 감소에 따라 점착성이 있는 소성 상태, 반고체상태, 고체상태로 변한다. 이와 같이 점착성 있는 흙이 함수량에 따른 연하고 딱딱해지는 정도를 연경도(軟硬度, Consistency of soil)라고 한다.

(2) 함수량의 변화는 연경도 뿐만 아니라 부피에도 영향을 미친다. 함수량이 매우 높아 서 액체인 상태에서는 흙의 부피가 가장 크며, 함수량의 감소에 따라서 소성, 반고 체상태로 변화함에 따라서 흙의 부피는 점차 감소한다. 그러다 함수량이 줄어 흙이 고체상태로 되는 경우에는 함수량이 줄어도 부피의 변화는 없게 된다.

2. 흙의 연경도와 Atterberg 한계

(1) 일반적으로 함수량이 매우 높은 액체상태의 흙이 건조되어 가면서 거치는 4가지의 상태 즉 액성상태, 소성상태, 반고체상태, 고체상태의 변화하는 한계지점의 함수비 를 아터버그 한계(Atterberg limits)라고 한다.

(2) 아터버그 한계는 1911년 스웨덴의 아터버그(Atterberg)가 제시한 시험방법에 의해 서 구해지는 값으로, 세립토의 성질을 나타내는 지수로 활용된다.[95]

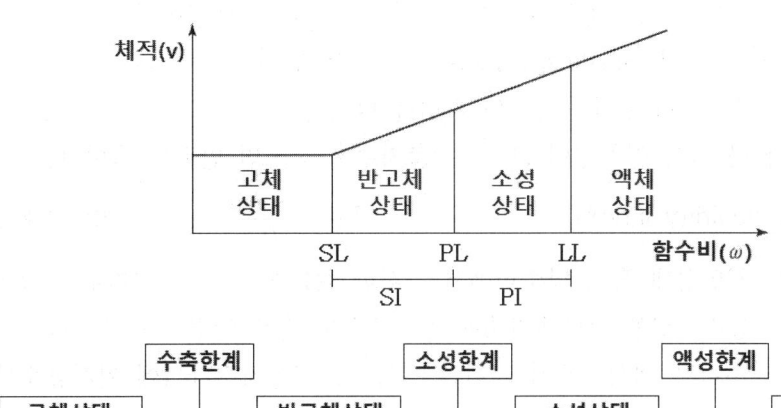

흙의 연경도와 Atterberg 한계

---

95) 김낙석·박효성, '앞서가는 토목시공학', 개정 1판1쇄, 예문사, pp.254~256, 2018.

흙의 상태와 Atterberg 한계

흙상태	아터버그한계	정의	시험방법	시험규정
액체상태	액성한계	액체상태와 소성상태의 경계가 되는 함수비 (LL, Liquid Limit)	KS F 2304 액성한계시험	1cm 높이에서 황동접시를 1초간 2회의 비율로 25회 떨어뜨렸을 때, 양분된 부분의 흙이 양측에서 흘러내려 1.5cm의 길이로 합쳐졌을 때의 함수비
소성상태	소성한계	소성상태와 반고체상태의 경계가 되는 함수비 (PL, Plastic Limit)	KS F 2304 소성한계시험	흙을 손바닥으로 굴려서 지름 3mm인 줄 모양으로 늘려 막 잘리려는 상태가 되었을 때의 함수비
반고체상태				
고체상태	수축한계	반고체상태와 고체상태의 경계가 되는 함수비 (SL, Shrinkage Limit)	KS F 2305 수축한계시험	함수량을 감소시키면 흙의 용적이 줄지 않고, 함수량이 증가하면 흙의 용적이 증가하는 상태의 함수비

2. Atterberg 한계와 관련된 지수(指數, Index)

(1) 소성지수(PI, Plastic Index)   PI=LL-PL

① 소성지수는 액성한계와 소성한계의 차이를 말한다.

② 소성지수는 흙이 소성상태로 존재할 수 있는 함수비의 범위로서, 균열이나 점성적 흐름 없이 쉽게 흙의 모양을 변형시킬 수 있는 구간의 크기이다.

③ 소성지수가 클수록 세립분을 포함하는 소성이 풍부한 흙이다. 즉, 소성지수가 클수록 물을 함유할 수 있는 범위가 크다는 의미이다.

④ 소성지수는 흙이 소성상태로 존재할 수 있는 함수비의 범위이다.

(2) 수축지수, 압축지수(SI, Shrinkage Index)   SI=PL-SL

① 수축지수는 소성한계와 수축한계의 차이를 말한다.

② 수축지수가 큰 흙은 팽창성이 크고, 수축지수가 작으면 안정된 흙이다.

(3) 액성지수(LI, liquidity index) $LI=\dfrac{\omega-PL}{\Pi}$ ω : 자연상태 함수비

① 액성지수는 자연상태 흙의 함수비에서 소성한계를 뺀 값을 소성지수로 나눈 값으로, 흙의 유동가능성을 나타내며 0에 가까울수록 흙은 안정된 상태이다.

② 자연상태 함수비가 액성한계에 가까울수록, 즉 액성지수가 1에 가까울수록 불안정한 흙이다. 액성지수가 1이면 정규압밀점토, 0이면 과압밀점토이다.

(4) 활성도(A, activity) A=PI/[0.002mm보다 가는 입자의 중량백분율(%)]

① 활성도는 소성지수와 0.002mm보다 가는 입자 함량의 비율이다.

② 흙의 함수비는 입자의 단위중량당 표면적에 따라 달라지는데, 활성도는 흙이 물을 흡수하려는 정도이다. 즉, 활성도가 크면 지반의 팽창잠재력이 크다.

03.04 흙의 압밀 특성

과소압밀(under consolidation) 점토, 압밀도, 흙의 압밀 특성과 침하 종류 [3, 0]

Ⅰ. 개요

1. 압밀(壓密, consolidation)은 포화된 점토층이 하중을 받음으로써 오랜 시간에 걸쳐 간극수가 빠져나감과 동시에 침하가 발생하는 현상이다.

2. 흙은 흙 입자와 물과 공기[간극, void]로 구성되는데, 흙 입자와 물 자체의 압축성은 미소하므로 흙의 부피변화는 주로 공기[간극]의 부피변화이다.

3. 모래와 같이 큰 입자로 구성된 흙은 간극 속의 물과 공기가 쉽게 빠져나갈 수 있어 외부하중으로 인한 부피 변화도 빠른 속도로 일어난다. 하지만, 투수계수가 낮은 포화된 점토층에서는 간극수가 빠져나가는 속도가 매우 느리므로 토층의 부피 변화속도 역시 느리게 일어나는데, 이러한 현상을 압밀(壓密)이라 한다.

Ⅱ. 흙의 압밀 특성

1. 과압밀비 (OCR, Over Consolidation Ratio)

(1) 과압밀비는 흙이 과거에 받았던 최대하중(선행압밀하중 $\bar{p}_c$)과 초기유효상재하중($\bar{p}_0$)의 비를 말한다.

$$OCR = \frac{\bar{p}_c}{\bar{p}_0}$$

(2) 과압밀비를 기준으로 하여 현재 지반의 상태를 ▲정규압밀상태, ▲과압밀상태 및 ▲과소압밀상태로 구분할 수 있다.

2. 선행압밀하중

(1) 흙이 과거에 받았던 가장 큰 하중을 선행압밀하중(preconsolidation pressure) 또는 최대유효상재하중이라 한다.

(2) Casagrande(1936)가 선행압밀하중을 간극비 대 대수로 나타낸 하중곡선 상의 최대곡률(최소곡률반경) 점에서 그은 수평선과 접선의 이등분선이 곡선의 직선부분의 연장선과 만나는 점으로 정의하였다.

3. 정규압밀 (NC, Normal Consolidation)

(1) 초기유효상재하중($\bar{p}_0$)이 선행압밀하중과 같은 크기일 때의 압밀을 정규압밀, 이에 해당하는 흙을 정규압밀점토(normally consolidated clay)라 한다.

$$OCR = \frac{\overline{p_c}}{p_0} = 1$$

(2) 정규압밀 점토는 초기유효상재하중보다 큰 크기의 하중을 경험한 적이 없다.

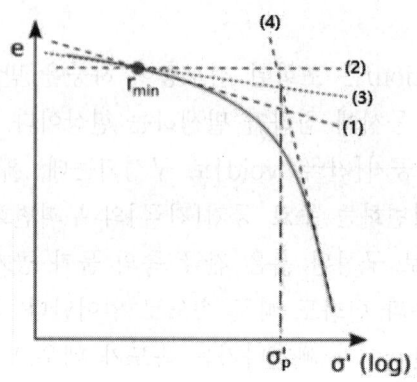

최소곡률반경 점 r_{min}에서 수평선(2)과 접선(1)을 긋고, (1)과 (2)의 2등분선
(3)을 긋고, 곡선의 직선부분을 연장한 선(4)와 (3)의 교점을 찾으면,
선행압밀하중 $\overline{p_c}$를 찾을 수 있다.

선행압밀하중을 찾는 과정

4. 過壓密 (OC, Over Consolidation)

(1) 초기유효상재하중($\overline{p_0}$)보다 선행압밀하중이 클 때의 압밀을 過壓密이라 하며, 그 흙을 過壓密 점토(overconsolidated clay)라 한다.

즉, 過壓密은 과압밀비가 1보다 큰 경우이다. $OCR = \frac{\overline{p_c}}{p_0} > 1$

(2) 현재 하중과 추가된 하중의 합이 선행압밀하중보다 작은 경우에는 압밀침하가 거의 발생하지 않는다.

5. 過小압밀

(1) 초기유효상재하중($\overline{p_0}$)보다 선행압밀하중이 작을 때의 압밀을 過小압밀이라 하며, 그 흙을 過小압밀 점토라 한다.

즉, 過小압밀은 과압밀비가 1보다 작은 경우이다. $OCR = \frac{\overline{p_c}}{p_0} < 1$

(2) 준설토 매립지 또는 강(江)하구와 같이 느슨하게 퇴적된 점토층의 경우가 과소압밀 점토이다. 이와 같은 지반은 추가하중 없이도 압밀이 발생할 수 있다.[96]

---

96) 박효성 외, 'Final 토목시공기술사 핵심문제', 예문사, pp.291~292, 2008.

03.05 | 압밀과 다짐의 차이

과전압(Over compaction), 압밀과 다짐의 차이, 과다짐(over compaction) [4, 0]

Ⅰ. 압밀(壓密)

1. 용어 정의

(1) 투수성이 작은 포화된 점토질 토층에 하중에 의한 응력이 작용하는 경우에 하중의 대부분이 간극수로 부담되면서, 이 간극수에는 주위의 간극수보다 높은 수압이 가해진다.

이에 따라 서서히 간극수가 유동하면서 점토층의 흙입자에 하중으로 부담되기까지 점토층이 수축되는 현상을 압밀(壓密, consolidation)이라 한다.

(2) 압밀은 포화된 점토층이 하중을 받음으로써 오랜 시간에 걸쳐 간극수(물)가 빠져나감과 동시에 침하가 발생하는 현상을 말한다.

투수계수가 낮은 포화된 점토층에서는 간극수가 빠져나가는 속도가 매우 느리므로 토층의 부피변화 속도 역시 느리다. 이러한 현상을 압밀이라 한다.

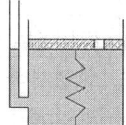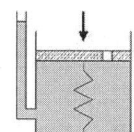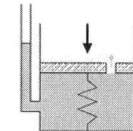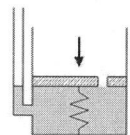

압밀과정 : 스프링 유사법

2. 압밀침하량과 유효연직응력

(1) 연약지반 개량 중에 계측관리에 따른 침하실측치와 시간경과에 따른 침하추정치를 근거로 하여 유효연직응력을 산출(式 유도)한 결과는 다음과 같다.

(2) 시간이 경과할수록 간극수압은 감소하며, 유효연직응력은 증가한다.

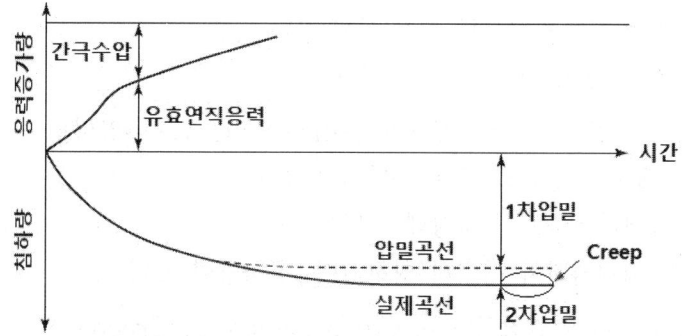

시간경과에 따른 간극수압과 유효연직응력 변화

II. 압밀과 다짐의 차이

1. 용어 정의

(1) 다짐은 외력에 의하여 토립자 사이가 좁아져 흙의 체적이 감소하는 현상이며, 압밀은 흙속의 간극수가 배제되고 간극이 좁아져 밀도가 증대되는 현상이다.

(2) 다짐과 압밀은 外的으로는 침하 형태로 나타나며, 內的으로는 압밀하중에 비례하여 강도증가 형태로 나타난다.

(3) 압밀에 소요되는 시간은 투수성과 압축성에 지배되고 압밀침하가 장기간 계속되는 이유는 흙의 투수성이 불량하기 때문이다.

다짐과 압밀의 특성 비교

구분	다짐	압밀
적용지반	사질토 지반	점성토 지반
거동주체	토립자(공기)	간극수(물)
거동형태	토립자 밀착	간극수 배체
침하속도	외력에 의해 즉시 침하	다짐 후 서서히 침하
침하→변형 형태	탄성침하→탄성변형	압밀침하→소성변형
공법원리	진동·충격·폭파 다짐공법	전압다짐, 배수·탈수공법
공법적용	치환(굴착·강제·폭파) Sand compaction pile 쇄석말뚝, 동다짐(중추낙하)	압성토, 선행재하(Preloading) 연직배수(Sand·Paper drain) 지하배수(Well point, Deep well)
개량효과	공기가 빠져나간 후, 내부마찰각 증대	물이 빠져나간 후, 입자 간 점착력 증대

2. 침하→변형의 단계별 형태

(1) 탄성침하, 즉시침하(Se, Elastic Settlement=다짐)

① 하중을 재하하면 동시에 나타나는 침하

② 하중을 제거하면 원상으로 회복(환원)한다.

③ 모래는 전(全)침하량이 탄성침하이다.

(2) 압밀침하, 1차 압밀침하(Sc, Consolidation Settlement=압밀)

① 점토지반에서 탄성침하 후에 나타나는 침하

② 하중을 제거하더라도 침하상태로 남아있다.

③ 간극수가 배제되면서 서서히 침하되며, 침하량이 크다.

(3) Creep 침하, 2차 압밀침하(Sce, Creep Settlement=Creep)

① 1차 압밀침하 완료 후에도 시간 경과에 따라 계속되는 침하

② 점토지반에서 Creep 특성에 의해 침하가 나타난다.

③ 결국에는 콘크리트 구조물의 균열(crack) 원인이 된다.

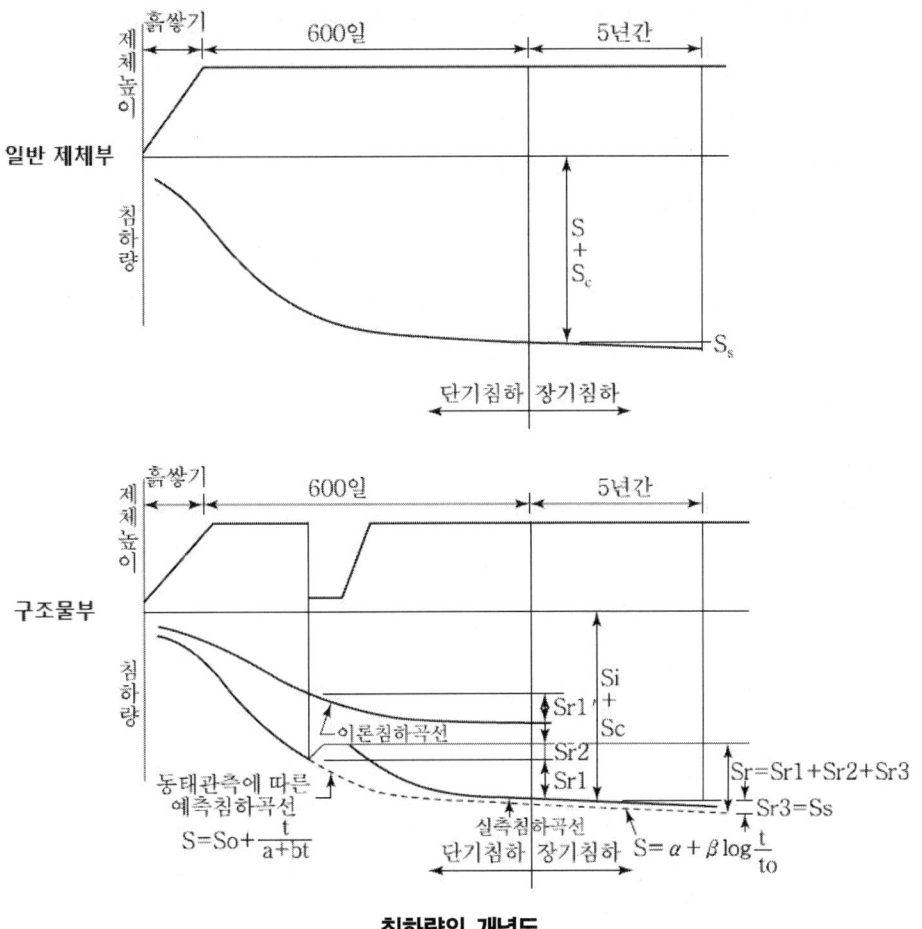

침하량의 개념도

여기서, Si + Sc : 흙쌓기를 한 후 600일까지의 침하

Ss : 600일 이후의 침하

Sr_1, Sr_2, Sr_3 : 철근콘크리트 암거의 여분, 내공단면 여유를 예상하는 침하량

Sr_1 : 과재하중 제거시부터 흙쌓기 후 600일까지의 침하량

(Sr_1' : 테르자기의 1차원 압밀이론공식으로부터 구한 설계침하량)

Sr_2 : 과재하중 제거 후의 리바운드량

Sr_3 : 시공 600일 이후의 장기침하량

Ⅲ. 과다짐(over compaction)

1. 용어 정의

(1) 흙의 함수비가 최적함수비(OMC, Optimum Moisture Content=100% 습윤상태)를 초과한 상태에서 OMC 변화 없이 높은 에너지로 다짐을 계속하였을 때, 흙 입자가 파괴되어 결합력을 상실하고 재배열되는 전단파괴 현상을 과다짐(over compaction)이라 한다.

(2) 흙의 과다짐 현상에 대한 특징을 예시하면 아래와 같다.

① 화강 풍화토(一名 마사토)를 다짐할 때 주로 발생된다.

② 흙 입자가 파괴되면 결합력(Interlocking)이 저하되고, 강도 역시 저하된다.

③ 다짐에너지에 큰 차이가 발생되었거나 함수비가 잘못 관리되었을 때 잉여수가 발생되어 다짐효과가 저하되면 과다짐 현상이 생길 수 있다.

2. 과다짐 거동분석

(1) 다짐에너지 크기 순서 : ③>②>①

(2) 定常거동 상태에서 함수비를 조절하면서 다짐하는 경우

다짐에너지가 증가되면 ①→②→③ 쪽으로 거동된다.

(3) 過다짐 상태에서 함수비를 조절하지 않고 오직 다짐만하는 경우

다짐에너지만 증가되면 ①→②→④ 쪽으로 최적함수비(OMC)선이 급격히 꺾인다.

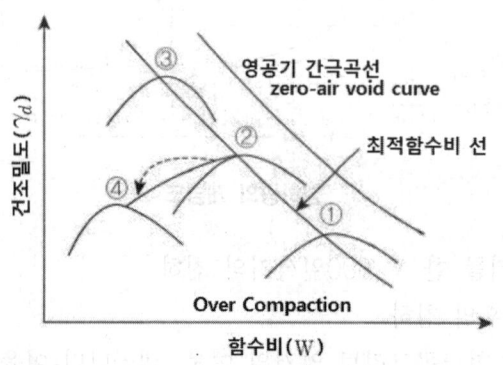

3. 과다짐 발생원인

(1) 최적함수비(OMC) 습윤측(wet side)에서 너무 높은 에너지로 다짐하면 흙 입자가 파괴되어 전단파괴가 발생되면서 흙이 분산되어 오히려 전단강도가 감소된다.

(2) 현장에서 너무 중량이 무거운 Roller로 다짐하거나, 1층당 다짐횟수가 너무 많은 경우에 다짐에너지가 과다하여 전단파괴가 발생된다.

4. 과다짐 문제점

(1) 투수계수가 증가되고, 수밀성이 저하된다.

(2) 흙 입자가 전단파괴되어 최대건조밀도($\gamma_{d\max}$)가 감소된다.

(3) 다짐작업에 대한 경제성이 저하된다.

(4) 흙의 구조가 면모구조에서 → 이산구조 → 면모구조로 다시 바뀐다.

5. 과다짐 방지대책

(1) 최적함수비(OMC)가 결정되면 시험성토다짐을 통해 적정한 다짐에너지를 결정하고, 그 기준에 맞추어서 다짐관리한다.

(2) 1층당 다짐두께와 다짐횟수 기준을 준수한다.

(3) 다짐기종이 결정되면 그에 적합한 다짐속도를 준수한다.[97]

---

97) 박효성 외, 'Final 토목시공기술사 핵심문제', 예문사, pp.291, 2008.
    김낙석·박효성, '앞서가는 토목시공학', 개정 1판1쇄, 예문사, pp.380~381, 2018.

03.06 Bulking, Swelling, Slaking

용적팽창현상(bulking), 비화작용(slaking) [3, 0]

Ⅰ. 개요

1. 흙의 팽창작용에는 Bulking(용적팽창현상)과 Swelling(팽윤현상)이 있다. Bulking은 사질토에서 발생되고, Swelling은 점성토에서 발생된다.

2. 모래의 겉보기 점착력으로 모래의 Bulking(용적팽창현상)이 생기는 원인을 설명할 수 있다. 즉, 함수비가 5~6%일 때 용적이 125%까지 증가하여 최대에 이른다.

3. 한편, 흙의 Slaking(비화작용)이란 사전적 의미 slake(-을 둔화·약화시키다)의 뜻과 같이 흙의 전단강도가 감소되어 갑자기 붕괴되는 현상이다.

Ⅱ. Bulking(용적팽창현상)

1. 용어 정의

(1) 모래나 실트가 물을 약간 머금고 있는 경우에 그 흙은 극히 느슨한 상태가 되어 마치 벌집처럼 엉켜 있는 구조로 변하여 건조한 경우에 비해 체적이 훨씬 증가한다. 이를 용적팽창현상(Bulking)이라 한다.

(2) Bulking현상은 두 입자 사이의 수막에 작용되는 표면장력 때문에 용적이 팽창되는 현상으로, 용적변화는 흙의 입자크기와 함수비에 따라 달라지는데, 함수비가 5~6%일 때 용적팽창율이 최대가 된다.

2. 모래 다짐시험에서 Bulking

(1) 점성이 없는 깨끗한 모래로 다짐시험을 하면 다짐곡선은 정상적인 포물선 모양으로 그려진다

① 다짐하는 동안에 배수가 충분히 잘 되어 과잉간극수압이 생기지 않는 사질토라면 다짐곡선은 정상적으로 그려진다.

(2) 그러나 함수비가 대단히 적을 때는 다짐하는 동안에 흙입자의 이동은 입자 간의 마찰력에 의해 저항을 받는다.

① 이때 물을 약간 첨가하면 모관장력이 생겨서 저항력이 더욱 증가된다.

② 따라서 이때는 건조단위중량이 대기 중에서의 건조 때보다 더 떨어진다. 이를 용적팽창현상(Bulking)이라 한다.

③ 그러나 물을 더 첨가하면 반대로 모관장력이 없어지므로 처음의 단위중량과 거의 비슷해지거나 약간 더 증가한다

3. 결론적으로 점성이 없는 깨끗한 모래에 대한 최적함수비(OMC)는 완전포화시의 함수비와 거의 같지만,
   - 그 이상 물을 가하면 여분의 물은 간극을 통해 쉽게 배수되어 버린다.

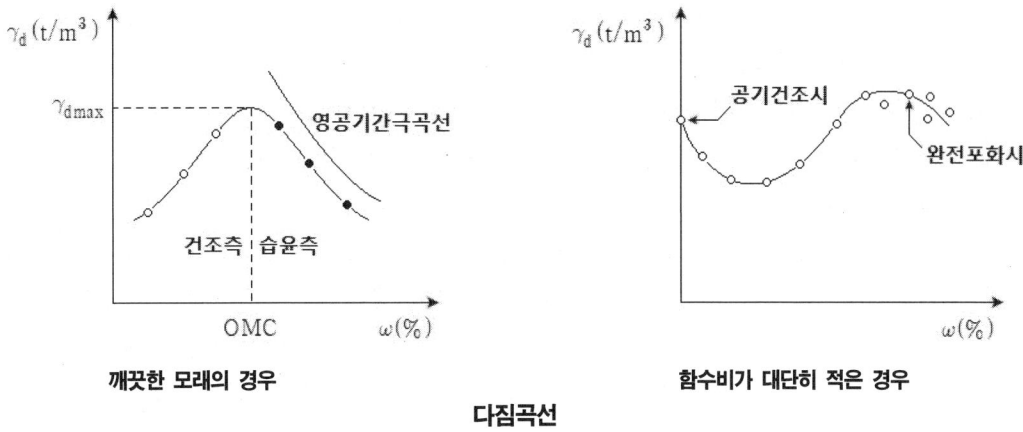

다짐곡선

III. Swelling(팽윤현상)

1. 용어 정의

⑴ 점토광물 중에 몬모릴로나이트, 加水할로이사이트와 같은 특정한 점토광물을 함유한 암석이 물에 잠기는 경우에 광물의 결정구조와 물이 용매결합을 하면서 암석의 실질 부분인 결정이 다량의 물을 흡수하여 체적이 크게 팽창하면서 수중에서 분산된다. 이를 Swelling[팽윤(澎潤)현상]이라 한다.

⑵ Swelling은 점성토에 물이 흡수되어 점차 공극 사이에 물이 채워지다가 결국 다량의 물을 함유하게 되면 모세관 현상에 의해 흙입자가 상호 분산되면서 팽창되는 현상을 말한다.

⑶ Swelling은 점성토 흙입자의 흡착이온의 종류에 따라 달라지며, 대표적인 물질로는 Sodium bentonite로서 원래 체적의 약 13배 정도 팽창된다.

2. 특징

⑴ Swelling(팽윤현상)은 흡착이온의 종류에 따라 팽창정도가 크게 달라진다.

⑵ 특히, 몬모릴로나이트는 당초 체적의 10배 정도까지 가장 크게 팽창한다.

⑶ 일반적으로 팽윤성이 큰 암석은 건조강도가 크고, 소량의 물로 반죽하면 안정된 현탁액이 되는 경향이 있다.

⑷ 암석의 용적팽창과 팽윤은 기본적으로 다른 현상이지만, 실제는 흙의 팽윤현상에는 용적팽창이 수반되고 있으므로 이들 용어가 혼용되고 있다.

Ⅳ. Slaking(비화현상)

1. 용어 정의

(1) Slacking[비화(沸化)현상]이란 매우 건조한 고체상태 점토의 경우에 물을 흡착함과 동시에 입자 간의 결합력이 약화되어 고체-반고체-소성-액체단계를 거치지 않고 갑자기 붕괴되는 현상을 말한다.

(2) 입자 간의 결합력이 약한 검조암석 또는 점토지반이 물을 흡수하여 체적이 팽창되고 다시 건조하면 수축되는 건조~수축을 반복함으로써 쉽게 부서지는 현상을 Slacking이라 한다.

(3) 건조한 토괴(흙덩이, clod)는 물에 젖으면 발포하면서 부서진다. 이는 흙덩이가 외측에서부터 급하게 포화될 때 내측에 갇힌 공기의 압력이 침입하는 물에 의하여 높아지고, 높은 압력의 공기는 흙덩이를 부수면서 방출된다. 이와 같이 갇혔던 공기가 방출되면서 흙덩이가 부서지는 것을 비화작용(沸化作用)이라 한다.

2. 발생 원인(순서)

(1) 건조한 점토를 물속에 넣으면 물은 모세관 현상으로 흡입된다.

(2) 표면점토는 물의 함유로 결합력이 저하된다.

(3) 점토 내부의 공기는 스며드는 물에 의해 압력을 가진다.

(4) 점토 표면의 결합력보다 점토 입자 간의 공기압력이 높아진다.

(5) 공기가 점토 표면의 약점을 밀고 분출한다.

(6) 점토 덩어리가 갑자기 붕괴되는 비화현상을 일으킨다.

3. 적용성

(1) Slacking(비화현상)이 발생되면 점토의 전단강도가 급격히 감소한다.

(2) 도로포장공사 현장에서 조립토에 점토를 가하여 살수하면서 다지면 점토의 비화작용에 의해 조립토와 결합력이 증가되므로 매우 조밀하게 다질 수 있다.

(3) 그러나, 처음부터 습윤상태의 점토에 살수하면서 다지면 Slacking(비화현상)이 발생되어 오히려 흙의 안정화가 저해된다.

4. Swelling과 Slacking이 생기는 지반

(1) 흙의 경우,
점토광물을 함유한 점토지반에서 생긴다.

(2) 암석의 경우,
셰일, 이암, 응회암, 사문암, 천매암, 편암 등을 함유한 점토지반에서 생긴다.

V. 지반 안정성에 미치는 영향

1. 기초지반

(1) Swelling(팽윤현상)이 생기면 기초가 융기, 균열, 파손되면서,

(2) 기초지반의 지지력이 감소되어 장기침하량이 점차 증가되고,

(3) 기초지반의 지지력계수가 감소되어 결국에는 극한지지력이 감소된다.

2. 사면지반

(1) 사면내 붕괴

① Slacking(비화현상)에 의해 팽창성 암반 사면이 건습을 반복하면 결합력이 저하되어 점차 절리가 발달되며,

② 사면안전율 $F_s = \dfrac{S}{\tau}$ 에서 전단강도가 작아지므로 안전율도 작아진다.

③ 이 상태에서 사면굴착을 하면 급격하게 사면내 붕괴가 발생된다.

(2) 사면붕괴

① Slacking(비화현상)에 의해 사면내 붕괴가 발생되면 사면은 급경사가 되며,

② 사면안전율이 점점 감소되면서

③ 이 상태에서 사면굴착 후, 장기간이 경과하면 결국 사면붕괴까지 이어진다.

3. 터널지반

(1) 공사中

① Swelling(팽윤현상)이 반복되면 굴착면의 암반강도가 저하되면서,

② 암석이 탈락되고 암반 이완영역이 확대되어 변위량이 증가한다.

③ 터널 지보재에 팽윤압력이 과다하게 작용되어 부재에 악(惡)영향을 미친다.

(2) 공사後

① 팽윤압력이 반복되면 관리 중에 라이닝이 균열되어 박리현상이 생기면서,

② 장기적으로 터널 전체에 침하현상이 발생될 수 있다.[98]

---

98) 박효성 외, 'Final 토목시공기술사 핵심문제', 예문사, pp.287~288, 2008.

03.07 점토의 강도회복(thixotropy)

점토의 딕소트로피(thixotropy)현상 [2, 0]

Ⅰ. 틱소트로피(thixotropy)

1. 틱소트로피(thixotropy)란 점토를 계속해서 뭉개어 반죽하면 강도가 점차 저하되지만, 그대로 방치해 두면 강도가 회복되는 현상을 말한다.

2. 틱소트로피(thixotropy)란 이산구조(離散構造)의 점성토가 시간이 지남에 따라 면모구조(綿毛構造)로 바뀌면서 강도를 회복하는 현상을 말한다.

3. 수중(水中)에서 퇴적된 점토를 인위적으로 교란시키면 흙의 전단강도가 현저하게 저하된다. 교란된 흙은 시간이 지남에 따라 서서히 강도가 증가되지만, 교란 전의 강도까지 회복되지는 못한다. 이와 같이 점성토에서 잃었던 강도가 다시 원래 상태로 회복되려는 현상을 틱소트로피(Thixotropy)라고 한다.

4. 틱소트로피로 인한 강도 회복의 원인은 교란으로 인해 이산구조(離散構造)로 되었던 점성토가 면모구조(綿毛構造)로 바뀌려는 경향 때문인 것으로 알려져 있다.

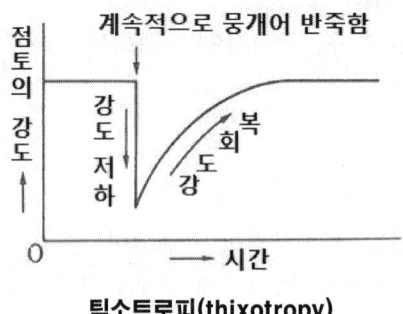

틱소트로피(thixotropy)

Ⅱ. 점성토의 입자구조

1. 용어 정의

⑴ 흙의 구조는 非점성토와 점성토로 크게 구분할 수 있다. 점성토의 입자는 직접적인 결합구조가 아니고, 전기화학적 힘에 의해 형성되는 평면이나 비늘형태를 이루고 있다.

⑵ 非점성토는 단립구조(單粒構造)와 봉소구조[蜂巢構造,벌집]로 나누고, 점성토는 면모구조(綿毛構造)와 분산구조(分散構造)로 나누어진다.

2. 점성토의 면모구조(綿毛構造, Flocculated structure)

⑴ 콜로이드와 같은 미세립자 점성토가 현탁액 중에서 브라운 운동을 하던 중에 서

로 접근하여 음(陰)전하를 띤 면(面)과 양(陽)전하를 띤 단(團)이 결합되어 침강될 때 생기는 구조이다.

(2) 면모구조는 미세한 토립자 즉, 점토광물의 배열상태를 표시하는 모델이다.

(3) 점성토 구조는 비표면적이 대단히 커서 중력에 의한 배열보다는 입자 간의 전기력에 의해 결정되며 입자의 모서리는 (+)로 대전되고 측면은 (-)로 대전되어 서로 유인하여 면모구조를 형성한다.

(4) 면모구조는 약 3.5%의 전해질(Na+)이 용해되어 있는 해수(海水)에 점성토가 퇴적될 때 두드러지게 형성된다.

(5) 점성토 입자가 두께에 비해 폭과 길이가 너무 커서 대단히 느슨하게 엉키는 배열을 하고 있다.

(6) 간극비와 압축성이 커서 기초지반 흙으로는 부적당하다.

(7) 면모구조는 분산구조보다 투수성과 강도가 크다.

 ① 非점성토 구조 : 단립구조(單粒構造, Single-grained structure)

        봉소구조(蜂巢構造,벌집, Honey-comb structure)

 ② 점성토 구조 : 면모구조(綿毛構造, Flocculated structure)

        분산구조(分散構造,이산, Dispersed structure)

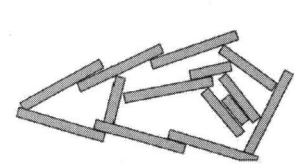
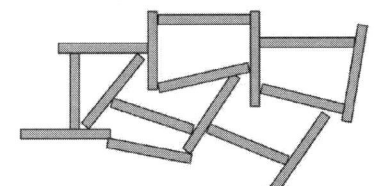
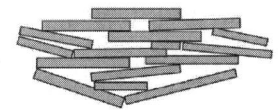

Flocculated structure
(saltwater environment)
    Flocculated structure
(freshwater environment)
    Dispersed structure

3. 점성토의 분산구조(分散構造, Dispersed structure)

(1) 점성토가 현탁액 속에 용해되어 침강될 때 입자 간의 거리가 먼 상태로 침강되면 반발력이 인장력보다 크므로 각각의 입자상태로 천천히 침강되어 평형한 구조를 이루는데, 이를 분산구조라고 한다.

(2) 분산구조는 혼합되거나 리몰딩된 흙, 습윤상태로 다져진 흙 등에서 생성된다. 분산구조는 면모구조보다 투수성과 강도가 작다.[99]

---

99) 박효성 외, 'Final 토목시공기술사 핵심문제', 예문사, p.289, 2008.

03.08 분니현상(mud pumping)

분니현상(mud pumping) [1, 1]

Ⅰ. 개요

1. 분니(噴泥, mud pumping)는 철도 또는 도로가 반복하중의 영향을 받으면서 우수의 침입에 의해 이토(泥土)로 변하여, 노반의 흙이 철도 상부도상(上部道床) 또는 도로 노면(路面) 위로 솟구치는 현상을 말한다.

Ⅱ. 분니(噴泥)의 발생원인 및 선로보수

1. 분니의 원인

(1) 철도 노반토와 도상 내에 혼입된 토사가 우수 또는 지하수, 열차하중과 충격에 의해 세립화되어 열차통과 중 펌핑작용으로 도상표면으로 분출되는 현상을 분니 (mud pumping)라고 한다.

(2) 분니는 노반토사와 도상 내 토사의 분출로 궤도침하가 발생되고, 점차 건조되면 도상고결 현상으로 궤도탄성저하와 궤도틀림을 유발시킨다.

(3) 이러한 분니의 원인은 도상불량에 의해 발생되는 경우가 있다.

2. 분니의 형태

(1) 노반분니

① 노반토가 점토와 같이 투수성이 적은 흙으로 되어 있을 때 우수와 지하수에 의해 흙의 함수비가 높은 상태에서 열차하중이 작용하면 노반토는 도상의 간극을 따라 상승 분출되고 열차하중이 없어지면 도상은 공동이 되어 새로운 세립토를 빨아올린다.

② 이와 같이 열차하중이 반복될 때 도상자갈은 노반 내로 파고들면서 노반은 물주머니(water pocket)를 형성하게 된다.

③ 암반으로 된 노반에서도 오랜 세월 동안의 열차하중과 풍화작용에 의해 분니가 발생되는데, 노반토 불량으로 발생되는 분니를 노반분니라고 한다.

(2) 도상분니

① 도상은 오랜 세월에 걸쳐 열차하중과 도상다지기 작업에 의해 파괴되며, 풍화와 토사혼입으로 불투수층을 형성하게 된다.

② 불투수층 형성으로 배수가 불량한 도상은 노반분니에서와 같이 세립토의 분출이 발생된다. 이러한 형상을 도상분니라고 한다.

(3) 뜬침목발생에 따른 분니

① 최근 콘크리트 침목의 증가에 따라 뜬침목이 발생하면 열차통과의 반복하중에 따라 레일과 침목이 일체가 되어 상하로 움직이면서 침목하면(下面)에 도상을 타격하여 자갈의 파쇄와 펌핑작용으로 도상 및 노반의 수분이 함유된 미세입자를 침목상면으로 빨아올린다.

② 이로 인하여 뜬침목은 급격히 진전되고 노반에 수맥을 형성하여 열차통과 중에 반복적인 침목의 상하 펌핑작용으로 분니는 점차 광범위하게 진행된다.

(4) 이음매부 다지기 불균형에 따른 분니

① 콘크리트 침목구간에서 레일 이음매는 木침목을 사용함에 따라 ,동종의 침목이 아닌 콘크리트 침목사이에 木침목을 부설하여 탄성이 서로 다르다.

② 또한 이음매부는 레일 결손부로 고저가 발생되면 다짐작업의 불균등 등으로 선로의 처짐량이 서로 달라 뜬침목으로 분니가 발생된다. 즉, 木침목은 탄성이 좋아 PC침목보다 침하가 적게 발생된다.

2. 분니의 제거 및 예방

(1) 분니는 물, 토질, 하중(뜬침목)의 3가지 발생조건을 만족시켰을 때 발생된다. 이 중에서 하나라도 개선하면 분니현상은 발생되지 않는다.

(2) 도상분니는 토사혼입 도상의 자갈치기와 도상갱신으로 제거할 수 있으나, 제거 이전에 뜬침목이 발생되지 않도록 선로관리를 해야 한다.

(3) 뜬침목이 발생되면 즉시 다지기를 시행하여 뜬침목을 해소해야 하며, 뜬침목 다지기는 정밀하게 작업함으로써 작업 후에 인접침목에서 또 다른 뜬침목이 발생되지 않도록 예방해야 한다.

(4) 노반분니는 측구 맹하수 설치로 수위를 저하시키는 방법, 몰탈약액 주입으로 간극을 채우는 방법, 노반의 불량토를 치환하는 방법 등으로 해결할 수 있다.

(5) 이음매부와 같은 경우 분니제거작업을 하더라도 분니가 계속 발생되는 지점에는 도상버릇, 레일버릇이 분니발생의 원인이 될 수도 있으며 2종 기계작업 중에 노반 깎임여부에 대해서도 주의해야 한다.

(6) 특히 분니개소 뜬침목 다지기 작업 중에 너무 높이 들면 인접침목이 또다시 뜬침목이 되어 분니가 오히려 확산 될 수도 있다. 따라서, 분니개소 다지기 작업은 콩자갈 삽입 등으로 정확한 고저작업이 되도록 해야 한다.[100]

---

100) 김경수, '분니의 발생원인과 선로보수', 선로이야기, 2008, http://blog.daum.net/

03.09 흙의 전응력, 유효응력

흙의 전응력(Total Stress)과 유효응력(Effective Stress) [1, 0]

1. 용어 정의

(1) 흙의 외부에서 힘이 가해질 때, 그 흙 내부에서 이에 저항하려는 힘이 발생된다. 이 힘을 응력(應力, stress)이라 하며, 응력의 단위는 kgf/cm², kgf/mm²이다.

(2) 흙의 유효응력(有效應力, effective stress)은 포화된 지반에서 흙입자의 접촉면을 통해 전달되는 압력을 말하며, 전응력(全應力, total stress)에서 간극수압(間隙水壓, pore water pressure)을 뺀 값으로 나타낸다.

$$\bar{\sigma}(유효응력) = \sigma(전응력) - U(간극수압)$$

2. 유효응력 산출식

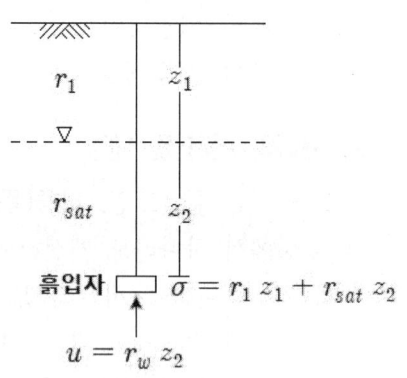

(1) 전응력 $\sigma = r_1 z_1 + r_{sat} z_2$

(2) 간극수압 $u = r_w z_2$

(3) 유효응력 $\bar{\sigma} = \sigma - u$

                 $= r_1 z_1 + r_{sat} z_2 - r_w z_2$

                 $= r_1 z_1 + (r_{sat} - r_w) z_2$

                 $= r_1 z_1 + r_{sub} z_2$

(4) 전단강도 $S = c + \bar{\sigma} \tan \phi$

흙의 전응력, 유효응력

3. 유효응력 특징

(1) 유효응력($\bar{\sigma}$)은 전응력(σ)에서 간극수압(u)을 뺀 값이다.

(2) 유효응력은 흙입자의 변형과 전단강도에 관계가 있다.

(3) 모관현상 영역에서는 負의 간극수압(u)이 생기므로 유효응력($\bar{\sigma}$)이 증대된다.

(4) 상향의 흐름이 있는 사질토 지반에서 유효응력($\bar{\sigma}$)이 0이 될 때의 동수경사를 한계 동수경사라 한다.

(5) 유효응력($\bar{\sigma}$)이 0인 지점에서 모래가 위로 솟구쳐 오르는 분사현상이 발생된다.

(6) 느슨한 사질토 지반이 진동과 충격을 받으면 간극수압(u) 상승으로 유효응력($\bar{\sigma}$)이 감소되며, 전단저항을 상실하고 지반이 액체상태로 변하는 액상화가 발생된다.[101]

---

101) 박효성 외, 'Final 토목시공기술사 핵심문제', 예문사, p.296, 2008.

03.10 들밀도시험(Field Density Test)

들밀도 시험(Field Density) [1, 0]

1. 용어 정의

(1) 들밀도시험(field density test)이란 자연상태의 흙이나 공사과정에서 인위적으로 다진 흙의 밀도를 알기 위한 시험으로, 현장밀도시험이라고도 한다.

(2) 현장밀도시험은 도로성토에서 노체는 다짐도 90%이상, 노상은 다짐도 95%이상으로 다짐하도록 규정되어 있다.

(3) 이때의 다짐도는 들밀도시험으로 얻어진 값을 동일한 흙으로 시험실에서 구한 최대 밀도값으로 나눈 백분율이다.

$$다짐도(율) = \frac{들밀도\ 시험값}{시험실에서\ 구한\ 최대밀도값} \times 100(\%)$$

2. 모래치환법을 이용한 흙의 현장밀도시험 구하는 방법

(1) 공사현장 지반의 밀도를 구하기 위해서는 현장에 구멍(test hole)을 판 후, 파낸 흙의 무게를 측정한 다음 구멍의 체적을 구하면 된다.

(2) 이때 구멍의 체적을 구하는 방법에는 고무풍선법(rubber ballon method)과 모래치환법sand-cone method)이 쓰인다.

(3) 모래치환법은 현장밀도를 구할 수 있는 가장 간단한 방법이다. 모래치환법에 사용되는 장비는 얇은 철판으로 만든 콘(cone)모양의 깔때기에 플라스틱이나 유리로 만든 병(jar)이 연결되어 있는 형태이다.

(4) 모래치환법에서 구멍의 체적은 구멍을 채운 건조모래의 질량(M_1)과 검증과정에서 구한 모래의 건조밀도($\rho_{d(sand)}$)를 이용하여 아래 식(1)과 같이 구할 수 있다.

(5) 식(1)에서 구한 체적과 파낸 흙의 질량(M_2)을 이용하여 식(2)와 같이 현장지반의 건조밀도(ρ_d)를 구하면 된다.[102]

$$V = \frac{M_1}{\rho_{d(sand)}} \quad \cdots\cdots\cdots 식(1)$$

$$\sigma_d = \frac{M_2}{V} \quad \cdots\cdots\cdots 식(2)$$

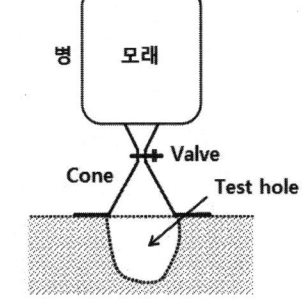

모래치환법을 이용한 현장밀도시험

---

102) 박성식 외, '모래치환법을 이용한 흙의 밀도시험에 관한 고찰', 원광대학교 석사과정, 2009.

03.11 평판재하시험

I. 개요

1. 평판재하시험(PBT, plate bearing test)은 특정한 걸설공사 예정현장에서 기초저면 위치까지 굴착한 후, 그 지반 위에 재하판을 놓고 하중을 가하여 그 때의 침하량을 다이알 게이지로 측정함으로써 허용지내력을 알아내는 시험이다.

2. 평판재하시험은 KS F 2444 규정에 따라 기초의 지내력을 파악하여 구조물의 기초 설계 및 시공관리계획 수립에 필요한 제반 자료를 수집함으로써, 보다 경제적이고 안전한 시공이 될 수 있도록 하는데 그 목적이 있다.

3. 평판재하시험의 기간은 일반적인 현장조건에서 총 14일(시험 7일, 성과분석·보고서 작성 7일) 정도 소요된다.

4. 평판재하시험의 위치는 감리자 입회 하에 현장을 확인하여 선정하며, 시험용 장비는 다음과 같다.

(1) 포크레인(excavator) 1대   (2) 유압 jack(30톤) 1대

(3) 재하판(직경 30cm) 1개   (4) Dial gauge(1/100mm) 또는 LVDT 2개

(5) Stop watch 1개   (6) 수평기 및 부대장비 1식

II. 평판재하시험

1. 시험 방법

(1) 재하판의 위치선정

① 평판재하시험은 설계 대상 기초저면에서 실시함을 원칙으로 한다.

② 상재하중의 영향을 받지 않도록 재하판 외단과 시험내벽과의 거리를 지반 토질 조건에 따라 다음 값 이상을 확보해야 한다.

○ 점성토   : $D \geq 1.5B$

○ 느슨한 모래   : $D \geq 2.5B$

○ 조밀한 모래   : $D \geq 4.0B$

여기서, D : 재하판외단과 시험내벽과의 거리

B : 재하판의 폭

③ 시험은 자연상태에서 실시해야 하므로 굴착은 시험지반 위에서 재하판 설치위 치가 반력장치 중심과 일치되는지 확인하고 지반까지 습기를 제거한다.

④ 재하판과 지반과 일치되지 않으면 모래를 약간 뿌리고 재하판을 설치한다

⑤ 지하수위의 위치에 따라 침하량이 달라지므로 지하수위가 기초저면보다 높은 경우에는 배수용 수조를 설치하여 설계 기초저면까지 저하시킨다.

(2) 지하판·기준빔 설치, 준비완료

① 재하판의 크기는 직경 30cm의 원형판을 사용하며, 재하판의 두께는 하중에 의해 변형되지 않도록 25mm 철판을 사용한다.

② 다이알 게이지를 게이지 홀더에 설치한 후, 이를 기준빔에 고정시킨다. 이때 기준빔의 위치는 재하판 지름의 2~3배 정도 분리시켜 설치한다.

③ 재하판의 침하량은 설계 기초저면에서 다이알 게이지를 1/100mm까지 측정하여 직접 판독할 수 있도록 준비완료한다.

(3) 시험순서

① 시험은 single type, stress control method 방식으로 실시한다.

② 재하는 설계하중의 2~3배를 4단계로 나누어 단계적으로 하중을 가한다.

③ 침하량은 하중을 가한 후 0, 1, 2, 3, 4, 5, 10, 15…分 간격으로 측정한다.

④ 침하량은 좌우 2개의 다이알 게이지로 측정하여 평균치로 한다.

2. 시험 결과정리

(1) 시험방법

① 평판재하시험은 하중-침하곡선 위에 항복점이 나타날 때까지 계속하지만, 하중에 여유가 있으면 지반의 파괴하중에 도달할 때까지 하중을 가한다.

② 재하하중-재하시간-침하량의 관계를 일반 그래프에 점(plot)을 찍으면, 하중(P)과 침하량(S)의 관계 곡선은 그림(a)와 그림(b) 2가지 유형이 그려진다.

(2) 전반전단파괴(General shear Failure)

① 그림(a) 곡선은 조밀한 모래나 굳은 점성토에서 나타난다. 어떤 하중까지는 경사가 작고 거의 직선이지만, 그 이상의 하중(qu)에 달하면 침하가 급격히 커지면서 주위 지반이 솟아오르고 지표면에 균열이 생긴다.

② 그 이유는 지반 중에 그림(b) 활동파괴면이 생겨서 흙이 양쪽으로 이동하기 때문이다. 이를 전반전단파괴, 그때의 하중(q)을 극한지지력이라 한다.

(3) 국부전단파괴(Local Shear failure)

① 느슨한 모래나 연약한 점성토에서는 그림(b) 활동파괴면이 명확하지 않으며, 국부적인 파괴가 점차 확대되어 파괴된다.

② 이때의 하중-침하곡선은 경사가 한층 더 급하게 되어 직선으로 옮아가는 하중(qu')을 극한지지력으로 간주하며, 이를 국부전단파괴라고 한다.

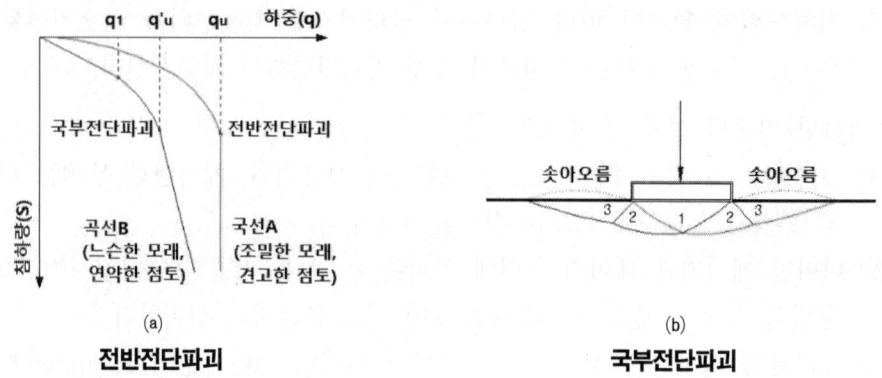

(a)	(b)
전반전단파괴	**국부전단파괴**

(4) 항복하중 결정법

① 항복하중강도는 비례한도 내에서의 지지력이며, 극한지지력은 그림(a)의 'a'점과 같이 침하는 계속되지만 하중이 증가하지 않는 상태의 지지력이다.

② 항복하중강도와 극한지지력에 안전율을 고려한 지지력을 허용支持力이라 하며, 허용지력에 침하요소를 고려한 지지력을 허용支耐力이라 한다.

③ 『하중(P)-침하량(S) 곡선법』에서 '항복하중'은 하중(P)과 이에 대응하는 총침하량(S)를 일반 그래프에 점(plot)을 찍었을 때 곡선이 가장 크게 변했을 때의 하중으로 결정한다. 그러나 이 곡선 변곡점을 구하기 곤란할 때가 많다.

④ 『logP-logS 곡선법』에서 '항복하중'은 재하중(P)과 이에 대응하는 총침하량(S)를 양대수 그래프에 점(plot)을 찍었을 때 절선이 생기는데, 이 절선에 대응하는 하중을 항복하중으로 결정한다. 매우 간단하여 많이 사용된다.

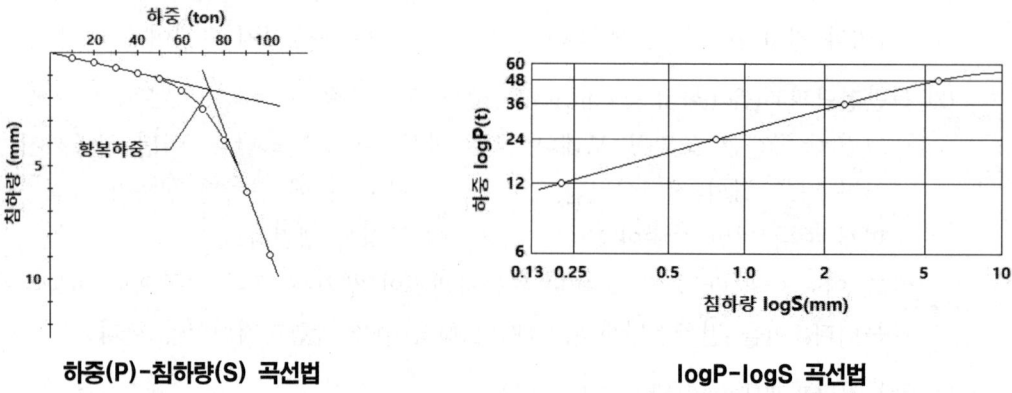

하중(P)-침하량(S) 곡선법	**logP-logS 곡선법**

(5) 허용지지력 결정

① 평판재하시험 결과에 의해 허용지지력을 구할 때는 다음 3개 항에 최소값을 선택하여 허용지지력으로 결정한다.

  ○ 항복하중의 1/2

○ 극한하중의 1/3

○ 상부 구조물에 따라 정한 허용침하량에 상당하는 하중 이하 중의 최소값

Ⅲ. 맺음말

1. 평판재하시험은 구조물의 기초설계를 위한 토질조사 절차의 일부로서 재하판 지름의 2배에 해당하는 깊이까지만의 흙에 대한 자료를 제공할 뿐이며, 장기간의 하중 재하결과를 실제적으로 고려할 수는 없다.

2. 하지만, 평판재하시험은 어느 측정한 지반에서 실제 구조물을 축조하였을 때 지지력이나 침하 측면에서 안전성 확인을 위한 절차로서, 이제까지 개발된 지지력측정 시험 중 가장 확실한 방법이다.

3. 결론적으로 평판재하시험 결과를 이용할 때는 다음 사항에 유의해야 한다.

   ⑴ 평판재하시험을 실시한 지점의 토질종단을 고려해야 한다. 기초하중에 의하여 지반 내부에서 발생되는 응력범위는 재하면적 크기에 따라 달라지기 때문이다. 재하시험시에는 응력이 미치지 않았던 깊이에 연약지반이 존재할 수도 있다.

   ⑵ 지하수위와 그 변동상태를 고려해야 한다. 지하수위가 얕았던 지점이 어떤 원인으로 지하수가 상승하면 흙의 유효단위중량이 대략 50% 정도 저하되므로 지반의 극한지지력도 대략 반감되기 때문이다.

   ⑶ Scale effect를 고려해야 한다. 굴착(boring) 및 기타 조사에 의해 지반이 어느 깊이까지 동일하고 하부에 연약지반이 없더라도 재하시험결과를 그대로 적용할 것이 아니라, 재하판 크기의 영향(scale effect)을 고려해야 한다.[103]

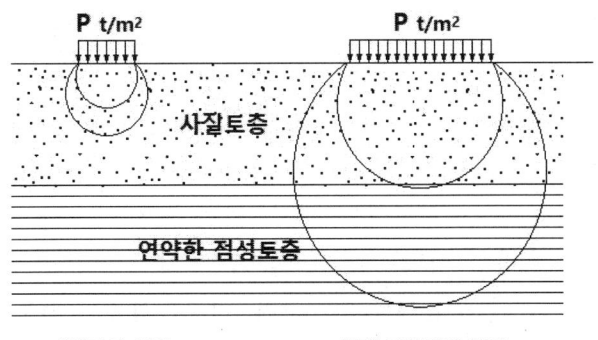

재하판과 실제기초에서 압력분포의 범위 비교

---

103) 박효성 외, 'Final 토목시공기술사 핵심문제', 예문사, pp.312~313, 2008.

03.12 말뚝의 지지력시험

말뚝의 지지력 계산 평가, 정재하시험, 동재하시험, 원위치시험 [3, 7]

Ⅰ. 개요

1. 말뚝기초는 구조물의 하중을 상대적으로 깊은 지지층까지 전달하는 깊은 기초의 일
   종으로, 말뚝의 근입깊이(D_f)가 3m 이상 또는 직경의 3배 이상을 말한다.

2. 말뚝의 허용지지력(許容支持力, allowable bearing capacity of pile)은 말뚝부재가
   허용되는 응력도 이내에 있을 때의 연직력을 말한다.

3. 말뚝의 허용지지력은 말뚝의 극한지지력 또는 기준지지력(말뚝 지름의 10% 침하될
   때의 지지력)을 안전율로 나눈 값을 말한다.

Ⅱ. 말뚝의 허용지지력

1. 말뚝의 축방향 허용지지력

(1) 말뚝의 축방향 허용지지력은 3가지 허용하중을 비교하여 최소값을 취한다.

 ① 지반의 지지력이 부족하여 전단파괴를 일으키지 않을 정도의 허용하중

 ③ 말뚝본체 재료의 허용압축응력을 고려한 허용하중

 ② 말뚝의 허용변위를 고려한 허용하중

(2) 단항(單杭)의 축방향 극한지지력은 다양한 방법으로 구할 수 있으나 반드시 신뢰
   도와 적용성에 주의한다. 군항(群杭)은 무리말뚝 효과를 고려해야 한다.

2. 말뚝의 횡방향 허용지지력

(1) 말뚝의 횡방향 허용지지력은 다음의 2가지 조건을 만족해야 한다.

 ① 말뚝에 발생되는 휨응력이 말뚝재료의 허용휨응력을 넘어서는 안 된다.

 ② 말뚝머리의 변위량은 상부구조물에서 정해지는 허용변위량 이내이어야 한다.

(2) 단항(單杭)의 횡방향 허용지지력은 실제 말뚝의 거동상태를 고려하는 재하시험을
   통하여 구해야 한다. 재하시험을 할 수 없는 경우에는 해석적 방법 또는 다른 현
   장시험 결과를 이용한 방법으로 추정할 수 있다.

(3) 군항(群杭)은 무리말뚝 효과를 고려하며, 하중특성을 고려하여 횡방향 허용지지력
   을 감소시켜야 한다.

3. 말뚝의 허용지지력(R_a) 결정방법

(1) 허용지지력은 $R_a = \dfrac{1}{3} R_u$(극한)와 $R_a = \dfrac{1}{2} R_y$(항복) 중 작은 값으로 정한다.

III. 기초말뚝의 지지력 재하시험

1. 재하시험이란?

(1) 말뚝 재하(載荷)시험은 설계하중의 2~3배 정도의 하중을 말뚝머리에 직접 재하하여 말뚝의 허용지지력을 구하는 시험이다.

(2) 말뚝 재하시험은 사하중 재하시험이 바람직하며, 재하방법에 따라 다음 3가지가 쓰인다.

① 실물 사하중에 의한 재하방법

② 유압 Jack에 의한 재하방법

③ 반력말뚝 또는 인발저항력에 의한 재하방법

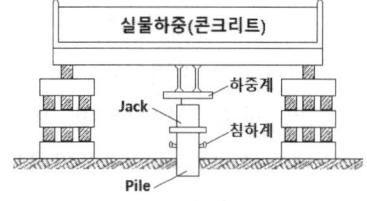

말뚝 사하중 재하시험

2. 완속 재하시험

(1) 재하시험의 하중은 총 8단계로 나누어 재하한다.(설계하중의 25%, 50%, 75%, 100%, 125%, 150%, 175% 및 200%로 나누어 재하)

(2) 각 하중재하 단계별 침하율은 시간당 0.25mm 이하가 될 때까지 유지한다.(단, 최대 2시간 넘지 않게 재하)

(3) 설계하중의 200%를 재하하는 최종단계에서 하중을 유지하되 시간당 0.25mm 이하이면 12시간 유지, 그렇지 않을 경우 24시간 유지한다.

(4) 하중을 제거할 때는 총 시험하중을 25%씩 단계별로 1시간 간격으로 제거한다.

(5) 시험 중에 말뚝파괴가 발생되는 경우에는 총침하량이 말뚝머리 직경 또는 대각선 길이의 15%에 달할 때까지 재하를 계속한다.

3. 급속 재하시험

(1) 표준재하방법은 30~70시간 정도가 소요되고, 침하량은 0.25mm/hr 환산기준으로 실시한다.

(2) 하중재하는 각 단계별로 10~15%씩 2.5~15분마다 급속히 실시한다.

(3) 각 하중재하 단계마다 2~4차례 침하량을 읽어 기록한다.

(4) 최종 하중재하 단계에서 2.5~15분간 유지 후에 하중을 제거한다.

(5) 이 방법은 모든 시험과정을 대략 2~5시간 내에 종료한다.

4. 반복하중 재하시험(Cycle loading test)

(1) 재하하중의 하중단계를 표준재하방법과 동일하게 정한다.

(2) 재하하중 단계가 설계하중의 50%<100% 및 150%에 도달하였을 때, 재하하중을 각각 1시간 동안 유지시킨 후 표준재하방법의 재하와 동일한 단계를 거쳐 단계별로 20분 간격을 두면서 하중을 제거한다.

(3) 하중을 완전히 제거한 후 설계하중의 50%씩 단계적으로 다시 재하하고 표준시험

방법에 따라 다음 단계를 재하한다.

⑷ 재하하중이 총 시험하중에 도달하면 12시간 또는 24시간 동안 하중을 유지시킨 후, 하중을 제거하되 그 절차는 표준재하방법과 같다.

5. 정(靜)재하시험

⑴ 정(靜)재하시험은 말뚝의 지지력 결정단계에서 말뚝의 거동을 파악하는 가장 확실한 방법이다.

⑵ 말뚝두부에 직접 시험하중을 재하하는 방식으로 가압·반력시스템에 따라 고정하중 이용방식, 반력말뚝 이용방식 및 반력앵커 이용방식으로 분류된다.

⑶ 재하(在荷) 또는 제하(除荷)하는 방법에 따라 7가지 방법이 있는데, 이 중에 완속 재하시험법이 가장 많이 채택되고 있다.

6. 동(動)재하시험

⑴ 동(動)재하시험은 말뚝타격 중에 발생되는 충격파의 전달에 대한 파동방정식을 이론적 근거로 하여 미국 오하이오(Ohio)주 케이스웨스턴(Case Western)대학교에서 1964년에 개발되었다.

⑵ 말뚝에 측정장치를 부착한 후, 말뚝이 타격·관입되는 과정에 측정되는 변형과 응력파를 말뚝항타분석기(PDA, pile driving analyzer)로 측정하고, 그 측정결과를 CAPWAP(case pile wave analysis program)로 해석한다.

⑶ 그 결과로부터 말뚝의 지지력, 응력분포, 압축력과 인장력, 응력파 전달속도 등의 자료를 얻어 말뚝이 타격·관입되는 과정의 변화를 판단한다.

⑷ 동재하시험의 장점은 다음과 같다.

① 시험 소요시간이 매우 짧다, 비용이 비교적 적게 든다.

② 말뚝이 타격·관입되는 중에 말뚝의 파괴 여부와 위치, 각 깊이별 저항력 분포, 각 시점에서 지지력 확인 등이 가능하다.

③ 말뚝과 해머의 성능을 동시에 측정하여 합리적 시공관리가 가능하다.

④ 말뚝이 타격·관입되고 일정시간이 경과된 후, 시간경과에 따른 말뚝의 지지력 변화를 알 수 있다

Ⅳ. 재하시험 결과 해석

1. 극한지지력 R_u

⑴ 극한지지력(R_u)이란?

① 하중(P)의 증가 없이 말뚝의 침하가 계속되는 하중

② 말뚝 최소폭의 10%에 해당되는 침하량(S)을 발생시키는 하중

③ 극한지지력(R_u)의 침하량을 $2S$라 할 때, $0.9R_u$의 침하량이 S인 하중

⑵ 극한지지력(R_u) 판정

① 하중침투곡선에서 세로축과 평행하게 될 때의 하중(a)

② Hansen 방법 : 90% 개념의 하중(b)

③ 침하량이 말뚝직경의 10%일 때

④ Davisson 방법 : 말뚝의 탄성침하량+X$\{=3.18+\dfrac{D}{120}(mm)\}$될 때의 하중(c)

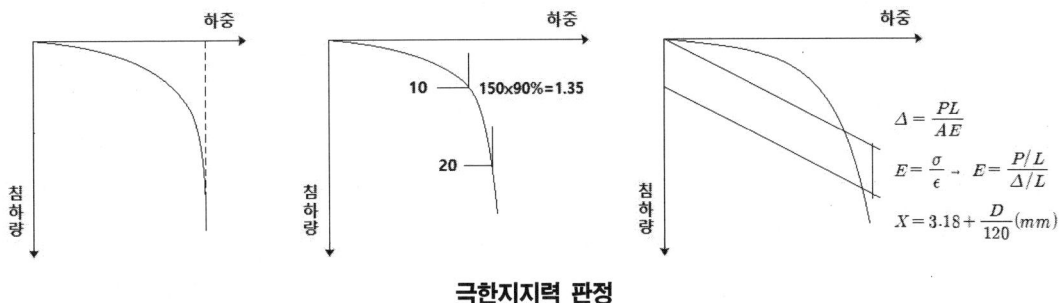

극한지지력 판정

2. 항복지지력 R_y

⑴ S-log t 방법

① 하중 단계별로 경과시간(t)에 대한 침하량(S)의 변화를 도시하여, 침하량(S)이 급격하게 변하는 하중 단계를 항복하중(R_y)으로 결정하는데,

② 즉, 각 하중단계의 관계선이 직선이 되지 않을 때가 항복하중이다.

⑵ log P-log S 방법

① 하중(P)과 침하량(S)을 2개의 직선으로 선형화하여, 절곡부의 하중을 항복하중(R_y)으로 결정한다.

② 즉, log P-log S 곡선에서 연결선의 꺾이는 점이 항복하중이다.

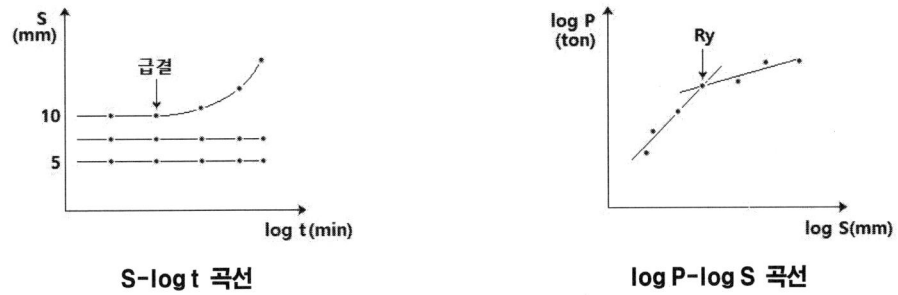

S-log t 곡선   **log P-log S 곡선**

V. 기초말뚝의 허용지지력 산정에 영향을 주는 요소

1. 말뚝조건에 따른 영향

(1) 단항(單抗)의 침하에 따른 지지력 감소의 영향을 고려한다.

(2) 전체기초의 지지력을 결정할 때는 군항(群抗)효과를 검토한다.

2. 세장비에 따른 영향

(1) 세장비(말뚝길이/직경 比)의 증가하면 편심 또는 휨 발생 가능성이 우려된다.

(2) 장대말뚝은 타입 중 타격에너지가 커서 말뚝두부 재질에 손상을 주기 쉽다.

(3) 현장타설콘크리트말뚝은 말뚝이 길어지면 콘크리트 품질의 균질성 저하 등의 원인에 의하여 허용응력이 감소된다.

3. 말뚝이음에 따른 영향

(1) 공장에서 제작되는 강말뚝은 운반을 고려하여 충분한 길이로 제작 불가능하다.

(2) 따라서 현장에서는 말뚝이음의 시공불량에 의한 지지력 감소를 고려해야 한다.

(3) 이음부 상·하말뚝의 접촉면이 불균질하여 응력집중의 가능성이 우려된다.

(4) 또한 철물의 부식, 휨 강성의 감소, 이음부의 휨거동 발생을 고려해야 한다.

4. 시험조건에 따른 영향

(1) 말뚝시험의 현장조건에 대한 토질의 종단특성을 파악한다.

(2) 실제하중은 항타 후 사질토는 5일, 점성토는 14일 이상 경과 후에 재하한다.

(3) 재하시험은 단기지지력이므로, 장기지지력은 creep효과를 별도 고려한다.

(4) 지반 침하와 지지말뚝 침하가 예상되는 경우에는 부주면마찰력을 고려한다.

(5) 지반 액상화 등 환경변화에 의한 말뚝의 변형가능성을 고려한다.[104]

104) 박효성 외, 'Final 토목시공기술사 핵심문제', 예문사, pp.525~526, 2008.
유재명, '토질 및 기초기술사 해설', 예문사, pp.383~384, 401~411, 1998.

03.13 지반반력계수

1. 지반반력계수

(1) 지반반력계수(coefficient of subgrade reaction, k)
는 기초에 작용되는 구조물 하중에 대한 지반침하량
의 비(比)이며, 하중-침하량 관계도에서 구한다.

지반반력계수 $k = \dfrac{P_1}{S_1}$

여기서, P_1 : 초기 직선구간의 임의하중(kg/cm²)

S_1 : P_1에 대한 침하량(cm)

(2) 『구조물기초설계기준(국토교통부, 2014)』에서 P_1을
구조물 항복하중의 1/2로 규정하고 있다.

즉, 지반반력계수 $k = 10kg/cm^2$이면 기초에 하중이
10kg/cm² 작용할 때 지반이 1cm 침하한다.

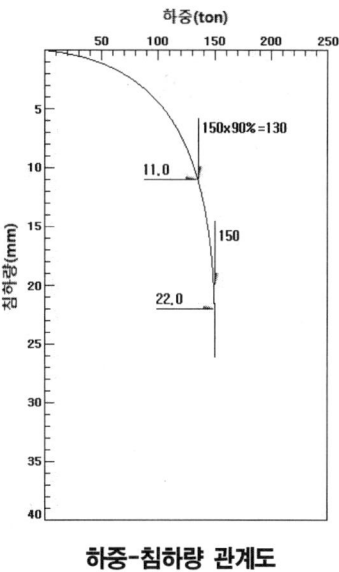

하중-침하량 관계도

2. 지반반력계수 추정

연직방향 지반반력계수(kg/cm²) $K_v = K_{vo}(B_v/30)^{\frac{3}{4}}$

K_{vo} : 지름 30cm 강체원판의 평판재하시험에 의한 연직방향 지반반력계수

B_v : 기초의 환산 재하폭(cm)으로, $B_v = \sqrt{A_v}$으로 구한다.

다만, 기초저면 형상이 원형이면 지름으로 구한다.

A_v : 연직방향의 재하면적(cm²)

3. 지반반력계수 특징

(1) 지반반력계수는 지반의 탄성적 거동을 표현한다는 의미에서 탄성계수와 동일하다.
다만, 탄성계수는 일정한 값이지만, 지반반력계수는 지반의 조건에 따라 변한다.
즉, 지반반력계수가 크면 지반이 견고하여 압축성이 작다는 의미이다.

(2) 기초의 크기가 커지면 지중응력이 미치는 범위가 커지게 되어 같은 하중이 작용할
때 침하량이 커지므로 지반반력계수가 적어진다. 따라서, 지반반력계수를 설계에
반영할 때는 기초의 크기를 고려해야 한다.

(3) 기초의 형상은 직사각형기초보다 원형기초가 모서리 응력의 불균형이 없어지므로
지반반력계수가 커진다. 또한 근입깊이가 깊어질수록 지반반력계수가 커진다.[105]

---

105) 박효성 외, 'Final 토목시공기술사 핵심문제', 예문사, p.313, 2008.

03.14 기초공법의 분류

말뚝기초의 종류, 시공 측면의 특징 [0, 1]

I. 개요

1. 용어 정의

(1) 기초(基礎, footing)란 구조물의 기둥, 벽, 토대, 동바리 등으로부터 가해지는 하중을 지반으로 전달하여 구조물을 안전하게 지탱하는 기능을 가진 구조체이다.

(2) 기초를 하부구조(下部構造)라고 부르며, 이에 대응하여 구조물 본체를 상부구조라고 한다. 구조물의 기초를 만드는 공사를 기초공사(基礎工事)라고 한다.

2. 기초 역할

(1) 건물에 작용되는 하중은 슬래브(slab), 작은보(beam), 큰보(girder), 벽체(wall), 기둥(column), 기초(footing) 등의 수평부재와 수직부재를 거쳐서 지반(ground)으로 전달되는 경로를 가지고 있다.

(2) 기초는 기둥 하부의 최하층에 위치하여 하중이 최종 집결되어 지반에 전달되는 통로이므로 지반침하·파괴에 대한 구조적 안전성을 유지해야 하는 구조이다.

(3) 따라서 기초는 지반과 밀접한 관계가 있고, 기초가 설치되는 지지층은 상부구조물을 안전하게 지지할 수 있도록 기초구조의 시공이 가능한 지층이어야 한다.

3. 기초 형식

(1) 기초의 형식은 상부구조물 하중과 지반 지지력에 따라 크게 영향을 받는다.

(2) 기둥의 하중에 대하여 상대적으로 지반상태가 좋으면 독립기초로 충분하지만, 지반상태가 좋지 않을수록 인접한 기초가 서로 붙는 복합기초로 구성하였다가, 최하층 바닥 전체를 덮는 전면기초로 구성한다. 지반의 지지력이 더욱 나쁘면 말뚝(pile)을 박거나 지반 자체를 개량해야 한다.

(3) 기초는 기초슬래브와 말뚝의 총칭으로, 기둥과 바닥슬래브 하부에 있는 기초슬래브, 기초보, 지정(地定), 말뚝 등을 말한다.

(4) 지정(地定)은 기초구조물 하부지반의 안전성 확보를 위한 것으로 자갈지정, 밑창콘크리트지정 등이 있다. 즉 지정은 기초나 최하층 바닥슬래브 하부의 흐트러진 연약한 땅바닥을 편평하게 잘 다짐하여 구조물 침하를 방지하는 역할을 한다.

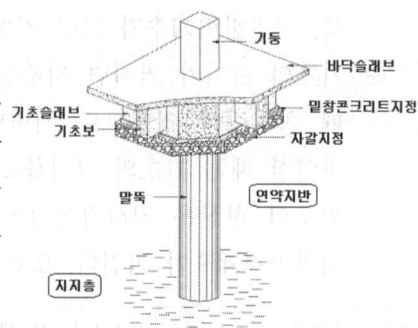

II. 기초공법의 분류

1. 얕은 기초

얕은 기초(Shallow foundation)는 상부구조물의 하중을 기초저면을 통하여 직접 지반에 전달하며, 기초저면 지반의 전단저항력으로 하중을 지지하는 형식이다. 압축성이 큰 지지층이 없을 때 지반에 직접 설치하므로 직접기초, 하중전달기둥의 하부를 넓힌 형식이므로 확대기초 라고도 한다.

얕은 기초는 저면의 기초폭(B)에 대한 근입깊이(Df)의 비(比) Df/B가 1~4이다.

(1) 푸팅기초(Footing foundation)

① 독립기초(Individual foundation) : 단일 기둥 지지, 기둥간격 넓을 경우

② 복합기초(Combined foundation) : 2개 이상 기둥 지지, 기둥간격 좁을 경우

③ 연속기초(Continuous foundation) : 다수의 연속기둥 또는 벽체 지지

(2) 전면기초(Mat or Raft foundation)

① 허용지내력에 대한 하중 증가로 인해 기초저면적이 최하층바닥의 2/3 이상을 차지할 때 적용하는 단일 슬래브 형식의 확대기초이다.

2. 깊은 기초

깊은 기초는 기초슬래브 하부지층이 하중을 지지할 수 없는 경우에 깊은 지중에 있는 굳은 지층까지 말뚝(pile) 또는 피어(pier)로 하중을 전달하는 구조이다.

깊은 기초는 저면의 기초폭(B)에 대한 근입깊이(Df)의 비(比) Df/B가 4보다 크다.

(1) 하중지지 형태에 따라

① 선단지지말뚝 : 말뚝 선단지지력으로 단단한 지지층에 하중을 전달한다.

② 마찰말뚝: 말뚝 주면부의 마찰저항력으로 하중을 지지시켜 단단한 지지층에 말뚝이 닿지 않아도 된다.

(2) 말뚝 형태에 따라

① 말뚝(pile)기초 : 재료에 따라 강말뚝, 기성콘크리트말뚝, 현장타설콘크리트말뚝 등이 있다. 이미 완성된 말뚝을 타격·삽입·진동에 의해 지중에 박는다.

② 피어(pier)기초 : 구조물 하중을 견고한 지지층에 전달하기 위해 지반에 뚫은 구멍 속에 현장타설콘크리트를 채워 설치하는 깊은 기초이다.

③ 케이슨기초 : 케이슨을 소정의 지지층까지 속파기하여 침하시킨 후, 그 바닥을 콘크리트로 막고 속을 채우는 중공(中空)대형 철근콘크리트구조의 기초로서, 오픈케이슨(우물통)과 공기케이슨의 2종류가 있다.[106]

---

106) 박효성 외, 'Final 토목시공기술사 핵심문제', 예문사, pp.505~508, 2008.
유재명, '토질 및 기초기술사 해설', 예문사, pp.383~384, 401-411, 1998.

Ⅲ. 기초말뚝공사의 안전대책

1. 말뚝공사 공통사항

(1) 말뚝공사 前에 작업협의를 통하여 신호방법을 결정하고 신호수를 배치한다.

(2) 와이어로프는 이음매, 꼬임, 비틀림(킹크) 등의 결함이 없는 것을 선정한다.

(3) 와이어로프는 한 가닥의 소선이 10% 이상 절단되거나, 직경 감소가 공칭직경의 7%를 초과하거나, 변형된 것은 사용금지한다.

(4) 항타장비의 브레이크, 정도방지장치, 권과방지장치 등의 이상유무를 확인한다.

(5) 콘크리트, 몰탈, 강재 등의 형태·규격·수량, 도착시간, 하차장소 등을 파악한다.

(6) 자재에 손상을 주지 않는 운반방법과 보관관리에 대한 안전대책을 확인한다.

(7) 장비 가동 중에 회전반경 내에 출입금지하고, 운전 책임자 성명을 표기한다.

2. 말뚝세우기 작업

(1) 항타기·천공기는 동요되거나 이동되지 않도록 고정시킨다.

(2) 항타기·천공기의 선단 가드레일을 수직으로 정확한 위치에 세운다.

(3) 해머를 내린 후 말뚝을 세우고, 해머를 올려서 굴착작업을 시작한다.

3. 천공기굴착 작업

(1) 굴착작업 시작 후, 구멍은 케이싱을 사용하여 토사붕괴를 방지한다.

(2) 구멍에 가스가 발생되는 경우, 원인조사 및 방지대책을 수립한다.

(3) 발생되는 토사가 비산되지 않도록 방호설비를 갖추고, 즉시 반출한다.

4. 말뚝박기 작업

(1) 크레인과 항타기·천공기는 신호수의 신호에 따라 운전을 시작한다.

(2) 항타작업을 잠시 중지할 때 붐을 60° 이하로 세우지 않도록 한다.(전도 우려)

(3) 항타작업 후 이동할 때 해머와 리더를 반드시 내리고 출발한다.

5. 말뚝박기 작업 체크포인트

(1) 크레인과 항타기·천공기 운전자가 운전 유자격자 여부

(2) 항타작업의 지휘자와 신호수를 모두 배치 여부

(3) 권상장치에 하중을 걸은 상태로 운전자가 운전석 이탈 여부

(4) 와이어로프가 꼬인 상태에서 하중을 거는 행위 금지 여부

(5) 연약지반에 항타기·천공기를 설치할 때 침하방지(아웃트리거/철판) 조치 여부

(6) 점검 및 수리 중 안전대 착용, 수직 구명로프 설치 여부

(7) 파일 관입구멍에 추락방지용 뚜껑 설치 여부[107]

---

107) 산업안전보건공단, '기초 파일 작업안전', KOSHA 자율안전클럽(건설업), 2008.

03.15 직접(얕은)기초

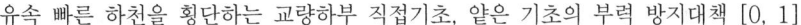

유속 빠른 하천을 횡단하는 교량하부 직접기초, 얕은 기초의 부력 방지대책 [0, 1]

Ⅰ. 개요

1. 얕은 기초(Shallow foundation)는 상부구조물 하중을 직접 지반에 전달하며, 기초저면 지반의 전단저항력으로 하중을 지지하는 형식이다. 얕은 기초는 상부구조로부터의 하중을 직접 지반에 전달하는 직접기초(Direct Foundation)이다.

2. 얕은 기초는 푸팅저면의 기초폭(B)에 대한 근입깊이(D_f)의 비(D_f/B)가 1~4이다. 압축성이 없는 지지층에서 직접기초의 하중전달면적을 넓힌 것이 확대기초이다.

Ⅱ. 얕은 기초

1. 푸팅기초(Footing foundation)

(1) 독립 푸팅기초 : 1개 기둥을 지지하는 확대기초, 기둥간격 넓을 때 적용

(2) 복합 푸팅기초 : 2개 이상 기둥을 지지하는 확대기초, 기둥간격 좁을 때 적용

(3) 연속기초 : 줄기초로서, 다수의 연속기둥 또는 벽체를 지지할 때 적용

(4) 캔틸레버 기초 : 2개의 독립 확대기초를 들보로 연결할 때 적용

2. 전면기초(Mat or Raft foundation)

(1) 하나의 슬래브에 의해 상부구조물을 지지하는 기초로서, 상부구조 전(全)단면 아래의 지지층 위에 있는 슬래브 형식의 확대기초이다.

(2) 전면기초는 고층건물, 중량건물, 연약지반, 지하수위가 높은 지하실 바닥 등에서 기초 바닥면적이 최하층 바닥의 2/3 이상을 차지할 때 적용된다.

Ⅲ. 얕은 기초의 시공방법

1. 얕은 기초의 굴착방법

(1) Open cut method : 지반이 양호하고 부지에 여유가 있을 경우에 적용할 수 있는 얕은 기초의 대표적인 공법

(2) Island method : 중앙부를 먼저 굴착하여 중앙기초를 축조한 후, 버팀대를 받치고 주변부를 굴착하여 주변기초를 축조하여 완성하는 공법

(3) Trench cut method : Island method와 역순으로 주변부를 먼저 굴착하여 기초의 일부분을 축조한 후, 이어서 중앙부를 굴착하여 기초를 완성하는 공법

2. 기초 저면의 형태에 따른 마무리 대책

(1) 기초타설 전에 저면의 수평 또는 경사 여부를 확인하고 Face mapping을 통하여 불연속면의 활동가능성을 반드시 검토하도록 계획을 수립한다.

(2) 기초타설 전에 버림콘크리트를 최소 5cm 타설하여 기초가 지반에 직접 접촉되지 않도록 분리를 유도한다.

   기초굴착할 때 노출된 불연속면은 이방성에 대한 강도변화 가능성을 검토

(3) 기초 저면의 암반이 수평(水平)상태에 있을 때

   암반 굴착면의 요철을 ±10cm 이내로 평탄하게 정리하고, 무근콘크리트 두께 10cm 정도를 타설하여 마무리

(4) 기초 저면의 암반이 경사(傾斜)상태에 있을 때

   기초폭이 7m 미만일 때는 수평굴착, 7m 이상일 때는 계단굴착을 한 후, 무근콘크리트 두께 50cm 정도를 타설하여 마무리

(5) 기초 지지층이 견고한 기반암층일 때는 암반강도를 측정하여 허용지지력과 비교하여 지지력에 미치는 영향을 검토한다.

   기초 지지층이 연암층일 때는 과다 굴착된 부분을 시멘트 몰탈로 충진

3. 인접 기초와 근접 시공에 따른 지반 보강

(1) 가시설 없이 경사지게 굴착하는 경우, 신설기초의 침하방지를 위하여 45° 이상의 이격거리를 확보하여야 한다.

(2) 가시설을 설치하고 굴착하는 경우, 굴착에 따른 응력이완으로 가시설의 횡방향 변위발생에 대한 안정성을 검토한다.

(3) 인접지반 굴착에 따른 기존기초의 지지력감소 및 굴착지반의 융기(piping)억제를 위하여 고강성 흙막이벽(강널말뚝 연속벽)을 설치한다.

4. 얕은 기초 굴착에 따른 품질관리

(1) 기초의 크기에 따른 지지력-침하량의 관계

   ① 기초는 상부구조물 하중을 지지하면서 동시에 구조물 특성에 따른 침하량이 허용치 이내이어야 한다.

   ② 일반적으로 기초폭을 결정할 때 크기가 적은 기초는 지지력이 중요하고, 크기가 큰 기초는 침하량이 중요한 요소로 작용한다.

   ③ 기초지반 종류에 상관없이 침하량은 기초폭이 커지면 증가한다. 그러나 사질토층에서 지지력은 기초폭이 커지면 증가하지만, 점성토층에서는 일정하다.

(2) 평판재하시험을 실시하여 Scale effect의 영향을 반영

   ① 1회의 재하압력은 $10tonf/m^2$ 이하 또는 예상지지력의 1/5 이하로 제한하며, 최

소 6회 이상 침하량을 측정한다.

② 각 단계 침하량이 15분에 1/100mm 이하가 되면 다음 단계 하중을 가하며, 마지막 단계에서 다음 조건이 충족되면 시험을 종료한다.

    ○ 원칙적으로 극한지지력 나타날 때까지,

    ○ 항복지지력 나타날 때까지,

    ○ 재하판 직경의 10%가 침하될 때, 하중을 가한다.

③ 평판재하시험 결과가 나오면 재하판의 크기에 의한 영향(Scale Effect)을 고려하여 기초의 지지력 및 침하량을 산정하여야 한다.

    ○ 평판재하시험 과정에 응력이 미치지 않았던 깊은 곳에 연약지반이 있는 경우에는 Scale effect를 고려했더라도 예기치 못한 침하가 발생하거나 상층이 파괴되기 전에 하층의 연약층이 파괴될 우려가 있다.

    ○ 이와 같은 변수에는 하부 연약층의 전단특성과 압밀특성을 파악한 후 실제 기초의 지지력 및 침하량을 산정하여야 한다.

V. 얕은 기초의 문제점 및 안전대책

1. 부등침하가 발생되는 경우

(1) 부등침하는 구조물이 비교적 비압축성인 기반암 위에 설치된 경우는 고려할 필요가 없다. 그러나 구조물이 연약한 풍화암이나 흙 위에 놓일 때는 침하량이 허용치 내에 있는지, 침하가 커서 방지하거나 조절할 수 있는 대책이 필요한지 여부를 결정하기 위해 전체침하량 및 부등침하량을 산정하여야 한다.

(2) Terzaghi는 모래지반에 설치한 기초에서 부등침하량이 최대 침하량의 75%를 넘지 않으며, 일반 구조물은 인접기둥 사이에 20mm 침하를 견딜 수 있으므로, 한계 최대침하량을 25mm로 제안하였다. Skempton은 점토지반 위의 기초에서 전체침하량의 한계치를 독립기초에는 65mm, 전면기초에는 65~100mm, 최대 부등하침하의 한계치를 40mm로 규정하였다.

2. 허용침하 및 지지력이 만족하지 못하는 경우

(1) 지지력 확보 대상

① 기초와 상부 구조물을 완전 연성으로 가정하여 침하해석을 한 결과, 전체 및 부등침하량이 안전치를 초과한 경우에는 적절한 수단(치환, 지반보강, 말뚝기초 등)에 의해 침하를 방지거나 조절하여 지지력을 확보하여야 한다.

(2) 치환공법

① 현장실험 결과 지지력 또는 침하량이 허용범위를 만족하는 경우 가장 먼저 생

각하는 것 중 하나가 치환공법(잡석치환)이다. 그러나, 기초의 크기를 무시할 경우 가장 많은 오류를 범하게 되는 것이 이 선택이다.

② 기초의 하중은 기초폭에 비례하여 지중에 전달되는데 크기가 작은 평판으로 시험하는 경우 50~60cm 정도만 잡석으로 치환하여도 지지력 및 침하량이 모두 양호하게 검토되어 기초의 안정성에 심각한 문제를 초래 할 수 있다.

③ 치환공법에서 치환깊이의 산정할 때 절대적으로 만족되어야 하는 기준은 기초폭의 최소 2배 이상 양질의 재료로 치환하거나 연약한 지층이 이보다 얕다면 그 층 전체를 치환할 필요가 있다.

(3) 지반보강공법

① 지반이 연약할 경우 치환공법 다음으로 많이 고려하는 것이 지반보강이다. 이 공법 역시 우수하지만, 적용할 때 신중해야 한다. 지반보강공법에 팽이말뚝기초, 그라우팅, 다짐말뚝(SCP, GCP) 등이 있는데, 이 공법들은 말뚝기초와 직접기초의 중간등급 정도로 생각하면 이해가 쉽다.

② 지반보강공법에 의한 지지력 증가 및 침하량 감소 사례는 풍부하나 그 효과의 정량적 설계는 아직 연구 중이므로 정확한 이해가 필요하다.

(4) 말뚝기초공법

① 기초의 지지력과 침하는 기초형식을 결정짓는 중요한 요소이나, 단지 연약지반이라는 사유만으로 말뚝기초가 적용되는 경우를 빈번히 볼 수 있다.

② 그러나 구조물과 침하의 관계를 정확히 이해할 수 있다면, 말뚝기초 보다 국내 시공사례를 보더라도 보상기초를 적용하는 것이 더 좋을 수 있다.

VI. 맺음말

1. 우리는 구조물 설계자료에 대한 신뢰성이 부족한 상태에서 연약지반 상의 기초설계에 대한 경험·지식이 부족하여 기초설계 과정에 많은 시행착오를 겪고 있다.

2. 비슷한 상부구조물에서 연약층 두께가 거의 동일함에도 불구하고 설계자에 따라 얕은 기초(선행압밀 잡석치환) 또는 기초(강관선단 지지말뚝)로 설계한다.

3. 최적의 기초설계를 하려면 상부구조물의 응력분포 상태를 면밀히 조사하여 설계자료를 충실히 확보함으로써 설계자가 침하량과 지지력 추정값에 대해 확고한 자신감을 가지는 것이 중요하다.[108]

---

108) 육백, '직접기초', 토질및기초기술사, 2007, http://blog.daum.net/

03.16 직접기초에서 부력과 양압력

얕은 기초에서 부력 방지대책 [1, 0]

Ⅰ. 용어 정의

1. 부력(浮力, buoyancy)이란 유체 속에 있는 물체가 표면에 작용하는 유체의 압력 때문에 전체가 받는 수직 상향의 힘을 말한다. 물체 비중이 유체 비중보다 크면 물체는 가라앉으며, 물체 비중 유체의 비중보다 작으면 물체가 유체 위에 뜨며, 또한 비중이 서로 같으면 물체는 유체 내의 어떤 곳에도 머무를 수 있다.

2. 양압력(揚壓力, uplift pressure)이란 중력방향의 반대 방향으로 작용하는 연직성분의 수압으로, 콘크리트 댐의 경우에 기저면 또는 내부의 수평타설 이음에 작용되는 간극수압을 말한다. 댐을 들어 올리는 방향으로 작용하는 압력이기 때문에 양압력이라 부른다. 댐의 안정에 惡영향을 미치므로 드레인 홀(drain hole, 구멍)을 설치하여 양압력을 감소시키는 공법이 채택된다.

Ⅱ. 직접기초에서 부력 방지대책

1. 부력의 惡영향

(1) 구조물의 자중이 기초바닥에 작용되는 양압력보다 적으면 건물이 浮上하게 된다.

(2) 구조물의 浮上으로 인한 부재의 균열, 누수, 파손 등 여러 문제점이 발생된다.

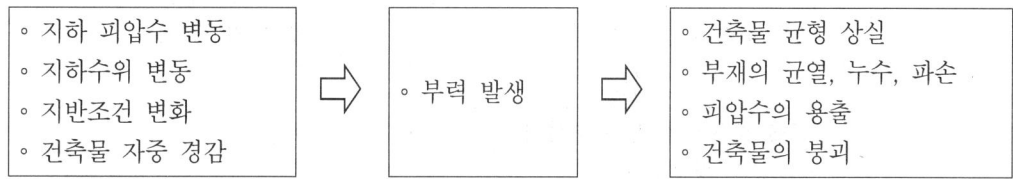

2. 부력에 대한 검토 필요사항

(1) 구조물의 자중, 마찰력, 부력 사이의 관계
자중(W)+마찰력(P)<부력(U) : 안정성 저하

(2) 부력에 의한 모멘트와 저항모멘트 사이의 관계
부력모멘트(Mr)<저항모멘트(Md) : 안정성 저하

(3) 구조물의 기둥사이 지간과 부력 사이의 관계
구조물의 기둥사이가 長경간인 경우 : 長경간의 중앙부에서 발생되는 부력에 대하여 안정성 저하

(4) 따라서, 부력에 대한 구조물의 안전율은 다음 조건을 만족해야 한다.

① 자중(W)＞부력(U) : 안정성 유지
② 자중(W)＜부력(U) : 안정성 저하 → 불안정
③ 따라서 부력(U)에 대한 자중(W)의 안전율은 W≥1.25U를 확보하여야 한다.

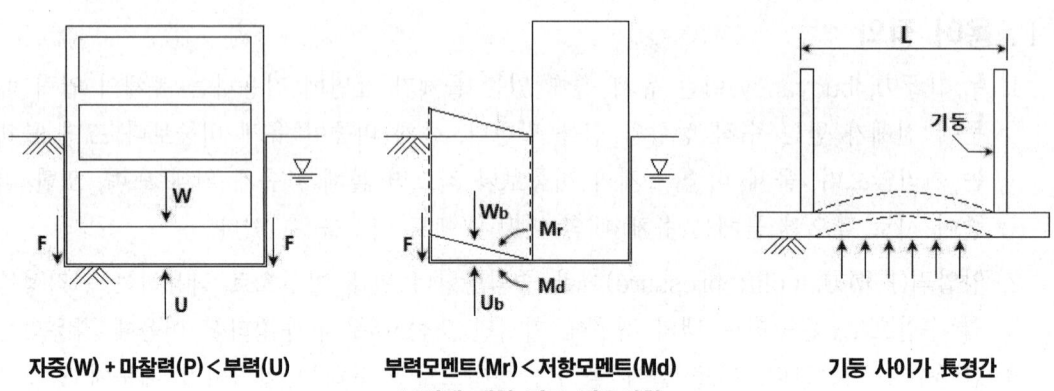

자중(W) + 마찰력(P)＜부력(U)　　**부력모멘트(Mr)＜저항모멘트(Md)**　　**기둥 사이가 長경간**
　　　　　　　　　　　　　　　　　　　　부력에 대한 검토 필요사항

```
┌─────────────────────────────────┐
│ ◦ 구조물 개요 파악                │
│  - 구조물의 형식, 규모, 하중조건   │
└─────────────────────────────────┘
              ⇓
┌─────────────────────────────────┐
│ ◦ 양압력에 대한 기본 검토          │
│  - 지하수위, 지층조건              │
│  - 주변현황, 투수성 분석           │
└─────────────────────────────────┘
              ⇓
┌─────────────────────────────────┐        ┌──────────────┐
│ ◦ 양압력에 대한 고려 필요?         │   ⇒   │  추가 지반조사 │
└─────────────────────────────────┘        └──────────────┘
              ⇓
┌─────────────────────────────────┐
│ ◦ 상세 지반조사 및 투수시험         │
│  - 지반의 성층조사                 │
│  - 각 지층의 투수시험              │
│  - 지층 특성 분석에 필요한 물리적인 │
│    강도, 변형시험                  │
└─────────────────────────────────┘
              ⇓
┌─────────────────────────────────┐
│ ◦ 양압력 처리방법 검토             │
└─────────────────────────────────┘
              ⇓
┌─────────────────────────────────┐
│ ◦ 양압력 처리방법 결정 및 설계      │
└─────────────────────────────────┘
```

양압력 대책공법 선정 흐름도

3. 부력 방지대책

(1) 영구적인 外力증가공법

① 死하중(자중) 증가공법 : 구조물의 고정하중을 증대시킨다.

② 영구 앵커공법 : 지반을 천공 후에 인장재를 삽입하여 암반에 긴결시킨다.

  ○ Rock anchor method

  ○ Rock bolt 공법

(2) 영구적인 강제배수공법

① 外部배수공법 : 구조물의 지하벽체 외부에 배수층을 형성하여 지하수를 집수정으로 유도한 후, 펌프에 의해 배수처리한다.

② 內部배수공법 : 구조물의 기초저면에 배수층을 형성하여 지하수를 집수정으로 유도한 후, 펌프에 의해 배수처리한다.

  ○ Trench system

  ○ Drain mat system

(3) 임시적인 지하수위 저하공법

① 공사 중 장마철 집중폭우에 대비하기 위해 지하연속벽 배면의 지하수위를 고려하여 부상(浮上)발생 가능한 높이에 우수 배출구를 설치하면,

② 지하수위를 낮추면서 동시에 구조물의 자중을 증대시켜 부상(浮上)을 방지할 수 있다.[109]

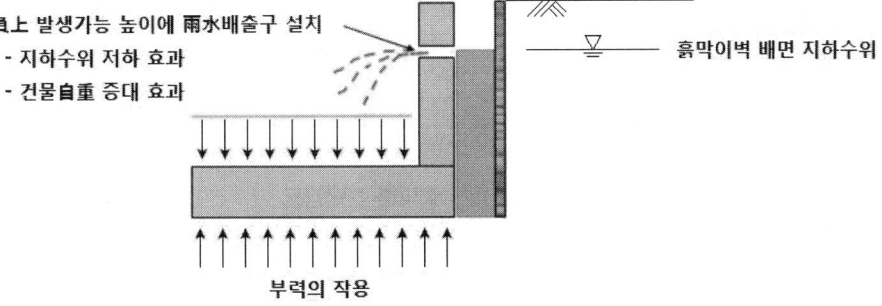

공사 중 폭우에 대비한 浮上 방지대책

---

109) GIGUMI, '부력과 양압력 및 해결방안', 2013, https://www.gigumi.com/

03.17 | 직접기초에서 지반 파괴형태

I. 흙의 전단강도

1. 흙은 보통의 고체재료와 같이 인장이나 전단에 의하여 파괴되는데, 인장력이 극히 작으므로 인장저항력이 없다고 간주한다. 따라서 흙 지반은 전단저항력만이 문제가 되며 흙의 최대 전단저항력을 전단강도(shear strength)라 한다.

2. 흙이 전단파괴될 때의 응력상태를 나타내는 완만한 곡선을 Mohr-Coulomb 파괴포락선(Mohr-Coulomb failure envelope)이라고 정의한다. 흙은 응력수준이 매우 낮고 Mohr-Coulomb 파괴포락선은 낮은 응력상태에서는 직선으로 가정한다.

3. 흙의 점착력(cohesion)을 c, 내부마찰각(internal friction angle) ϕ라 하면 임의의 응력상태에서 흙의 전단강도 τ_f는 다음의 직선식으로 표현할 수 있다.

    $$\tau_f = c + \sigma \tan\phi$$

4. 흙의 점착력(c)과 내부마찰각(ϕ)은 고유한 값이며, 이 값을 알고 있으면 임의의 응력상태에서 흙 지반의 전단강도를 구할 수 있다.

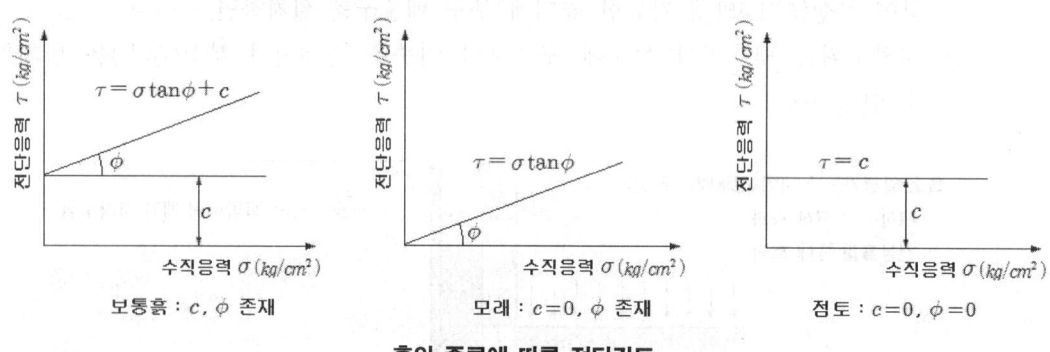

흙의 종류에 따른 전단강도

II. 기초지반의 전단파괴

1. 전면전단파괴(general shear failure)

(1) 푸팅의 모서리에서 지표면까지 파괴면이 분명히 나타나는 파괴형태로서, 파괴가 갑자기 발생되며 피해가 크다.

(2) 지표면의 융기가 크고 하중-침하곡선 상에서 최대하중이 분명히 나타나며 이를 극한하중으로 결정한다.

(3) 보통 조밀한 사질토지반이나 견고한 과압밀 점성토지반에서 발생된다.

2. 국부전단파괴(local shear failure)

(1) 최초 1차 파괴면이 기초 아래지역에서만 부분적으로 발생되고(그림에서 실선), 1차 파괴 후 기초가 크게 침하되면서 극한하중에 도달한다.

(2) 하중-침하 관계가 불분명하며, 변곡점이 2개 지점(첫째 변곡점 : 1차 파괴하중, 둘째 변곡점 : 극한하중)에서 발생된다.

(3) 지표면의 융기량은 약간 발생되는 정도이다.

(4) 중간 정도 밀도의 사질토지반과 정규압밀 점성토지반에서 많이 발생된다.

3. 펀칭전단파괴(punching shear failure)

(1) 푸팅 아래에서만 변형량이 크게 발생되며, 푸팅 측면 주변지반의 이동량이 거의 없어 지표면 융기량은 없다.

(2) 파괴면이 지표면까지 분명히 나타나지 않고, 붕괴나 기울어짐도 보이지 않는다.

(3) 최대하중을 결정하기가 용이하지 않으나, 통상적으로 최대하중 이후 곡선기울기가 급해지는 선형으로 나타난다.

(4) 느슨한 사질토지반과 예민한 점성토지반에서 많이 발생된다.[110]

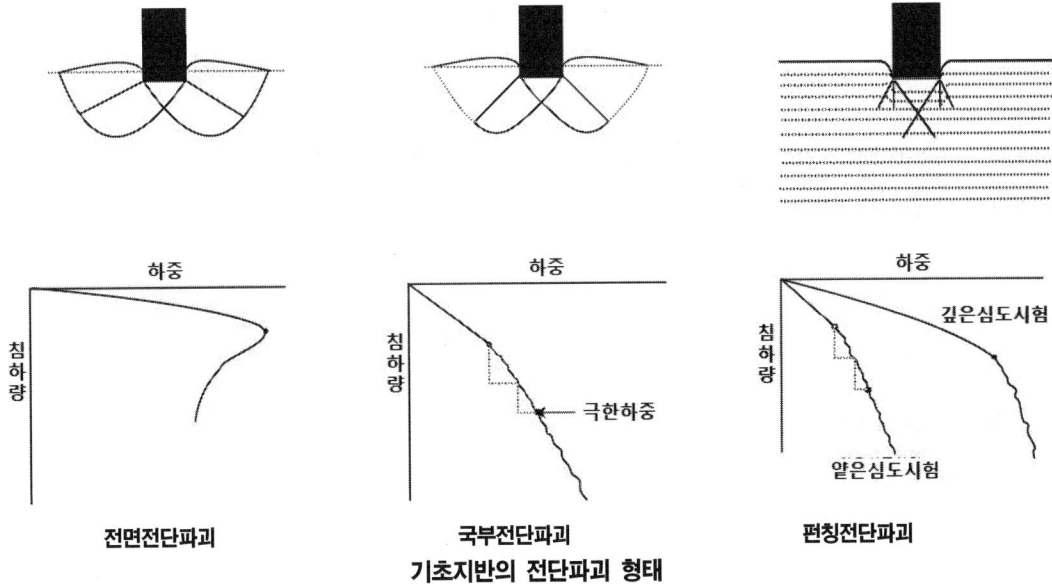

기초지반의 전단파괴 형태

---

110) 박효성 외, 'Final 토목시공기술사 핵심문제', 예문사, pp.509~511, 2008.

03.18 보상기초(compensated foundation)

1. 용어 정의

(1) 보상기초(compensated foundation)는 연약지반에서 지지층이 깊은 경우에 구조물의 기초가 설치될 예정인 지반을 굴착하여 구조물로 인한 하중 증가를 감소 또는 완전히 감소시키는 형식을 말하며, 일종의 얕은기초라고 할 수 있다.

(2) 건축공사에서는 고층빌딩에 지하실을 추가 설계하여 純하중을 감소($q_{net} = 0$)시킴으로써 지반의 침하량을 줄이는 기초형식을 보상기초(compensated foundation) 또는 부동기초(floating foundation)라고 한다.

2. 보상기초 산출

(1) 특정 구조물의 설계단계에서 구조물의 하중에 대한 지반의 總지지력(total bearing capacity)은 기초깊이에 해당되는 부분의 지지력을 포함하는 지지력을 의미하는데, 이를 Terzaghi 공식으로 표현하면 다음과 같다.

$$總지지력 \quad Q_{ult} = \alpha C N_c + \beta \gamma_1 B N_r + \gamma_2 D_f N_q$$

(2) 반면, 純지지력(net bearing capacity)은 總지지력에서 기초깊이의 상재하중을 제외한 지지력이다.

$$純지지력 \quad Q_{net} = Q_{ult} - \gamma_2 D_f$$

(3) 보상기초를 설계할 때 純지지력(Q_{net}) 개념으로 純하중(P_{net})을 검토해야 한다. 즉, 純하중($P_{net} = P - \gamma_2 D_f$)은 안전율($F_s$)을 고려한 純지지력($Q_{net}$)보다 적어야 한다.

$$\frac{Q_{net}}{F_s} = \frac{Q_{ult} - \gamma_2 D_f}{F_s} > P_{net}$$

3. 보상기초 평가

(1) 總지지력은 總하중에 대한 검토이며, 독립기초 또는 연속기초와 같이 비교적 근입깊이가 적은 경우에 적용된다.

(2) 純지지력은 純하중에 대한 검토이며, 전면기초 또는 지중구조물과 같이 비교적 근입깊이가 큰 경우에 적용된다.

(3) 결론적으로 總지지력이든 혹은 純지지력이든 구조물을 설계할 때는 지지력에 대해 적정한 수준의 안전율이 확보되어야 하고, 동시에 침하량이 허용기준 이내로 수렴되어야 한다.

03.19 포인트 기초(point foundation)

포인트 기초(Point Foundation) 공법 [<u>1</u>, 0]

1. 포인트 기초공법은 Head, Cone, Tail 형태의 球根을 동시에 형성하기 위하여 연약지반 지중에 고화재(바인더스)를 주입하면서 교반함과 동시에 상부에 1차 지지층, 하부에 2차 침하방지층(토사경화체)를 형성하여 지내력 확보, 침하 억제하는 공법이다.

   (1) 적용대상 : 중·저층 아파트 지하주차장, 물류창고, 공장건물 등 낮은 지지력(허용지내력 300kN/m²)을 요구하는 구조물의 기초공사에서 말뚝기초 대신 적용

   (2) 시공방법 : 1차 지지층과 2차 지지층으로 나누어 시공

   ○ 1차 지지층은 기초에 작용되는 응력이 75%로 감소되는 깊이까지 큰 직경(ϕ 1400)의 구근체(Head)를 시공하여 高개량

   ○ 2차 지지층은 응력이 25%로 감소되는 깊이까지 N치 20~30 정도의 작은 직경(ϕ 500~800)의 구근체(tail)를 시공하여 低개량

2. 말뚝기초는 풍화암 이상의 견고한 암반에 구조물을 지지시키지만, 포인트 기초는 연약한 지반에서 지반개량율을 개량심도에 따라 다르게 2단계로 시공하여 N치 20~30인 견고한 지지층까지만 지내력 형성하기 때문에 말뚝기초보다 시공범위가 증가하지만 경제적으로 시공할 수 있다.

포인트 기초공법의 적용성

공종 단계	적용 심도	적용 장비	적용 대상
표층 PF-S 처리	0~3m	Backhoe 1.0 Attachment, ROD	구조물 기초, 중층처리 상단, 구조물 뒷채움, 도로, 주차장 등
중층 PF-S 처리	3~11m	Backhoe 1.0 PF-driver, ROD	구조물 기초, 지하주차장 기초, 물류창고 및 공장 기초, 연약지반 개량 등
심층 PF-S 처리	11~40m	Pileman, PF-driver, PF-ROD	

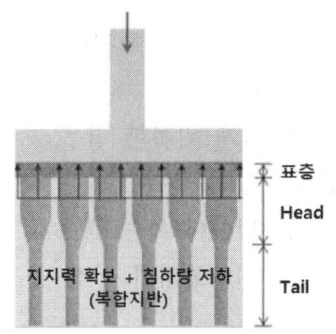
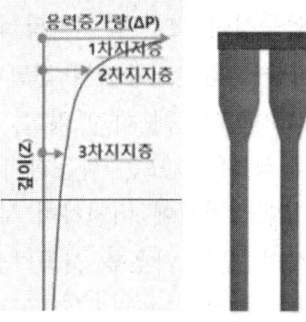
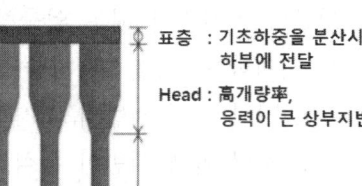

포인트 기초공법의 개념도

03.20 기성말뚝기초

기성말뚝박기, 프리보링말뚝, 직접항타말뚝, 매입말뚝, 폐단말뚝, 개단말뚝, 타입강관날뚝 [6, 7]

Ⅰ. 개요

1. 기성말뚝기초의 정의

(1) 기성말뚝기초는 구조물의 하중을 깊은 지지층까지 전달하는 깊은 기초의 일종이다. 기성말뚝 기초는 근입깊이(D_f)가 3m 이상 또는 직경의 3배 이상을 말하며, 말뚝의 기능·재질, 제조방법, 시공방법 등에 따라 다양하게 분류된다.

(2) 기성말뚝기초는 기초밑면에 접하는 토층이 적당한 지내력을 갖지 못해 푸팅이나 전면기초와 같은 얕은 기초로 할 수 없거나, 상부구조물을 말뚝으로 지지하는 것이 공사비가 저렴하다고 분석될 때 적용되는 기초공법이다.

(3) 여기서 말뚝이란 쳐서 넣거나 눌러 넣거나, 또 다른 방법으로 흙속에 만들어지는 일종의 기둥구조를 말한다. 구조물의 하중이 일정간격으로 배치된 말뚝의 무리를 거쳐 지반에 전달되면서 기초가 구조물을 지지하게 된다.

2. 기성말뚝기초의 안정조건

(1) 말뚝은 설계하중을 받았을 때 말뚝재료의 허용응력을 초과해서는 아니 된다.

(2) 말뚝은 손상되지 않고 소정의 관입량에 도달될 때까지 지중에 박혀져야 한다.

(3) 말뚝기초는 구조물의 하중을 충분한 안전율로 지지할 수 있는 하부의 토층으로 전달되어야 하며, 과도한 침하를 일으켜서는 아니 된다.

(4) 구조물의 하중 또는 그 합력의 작용선은 말뚝의 중심축과 일치되어야 한다. 하중이 편심으로 작용되어 발생되는 하중증가량은 설계에 반영되어야 한다.

(5) 말뚝기초가 수평하중을 받을 때는 경사말뚝 또는 이에 저항할 수 있는 다른 방법으로 충분한 안전율을 확보하여야 한다.

3. 기성말뚝기초가 필요한 경우

(1) 지반의 지지층이 매우 압축성이 크거나 연약하여 상부구조물에서 가해지는 하중을 지지할 수 없을 때 하중을 암반지층까지 전달시키는 경우

(2) 기초 저면 아래 지반의 지지력이 충분하지 않고, 지지층이 깊게 위치한 경우

(3) 기초 저면 아래 지반이 침식, 유실 또는 활동파괴의 위험이 있을 경우

(4) 구조물의 강성도가 크지 않고 침하에 예민하며 부등침하를 막아야 하는 경우

(5) 케이슨기초 등 다른 형식의 깊은 기초를 시공하면 지반이 연약화되어 인접 구조물의 안정성에 문제가 되는 경우

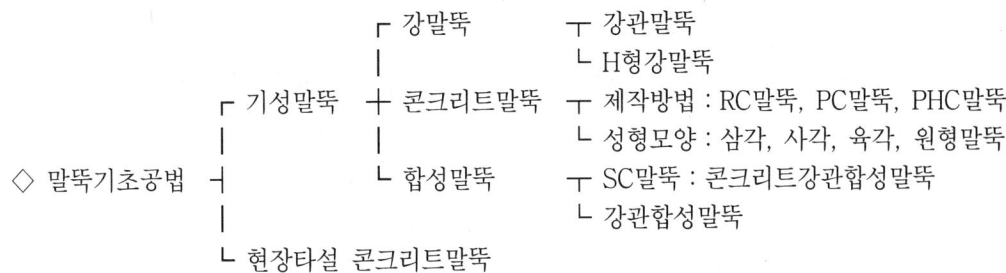

말뚝재질에 의한 기성말뚝기초 분류

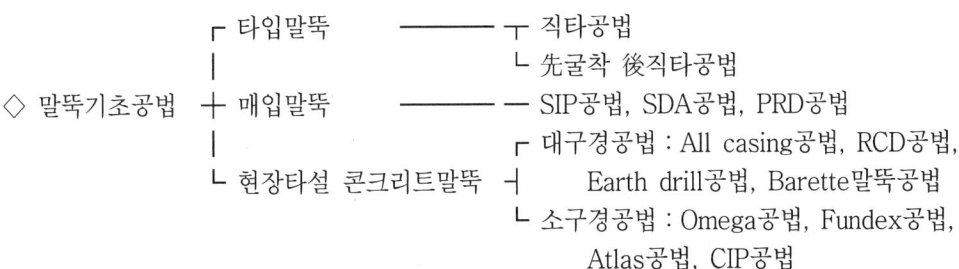

시공방법에 의한 기성말뚝기초 분류

Ⅱ. 기성말뚝기초의 분류

1. 기능에 따른 분류

(1) 선단지지말뚝(point bearing pile)

① SPT의 N값에 사질토에는 50이상, 점성토에는 30이상인 지층이 두께 5m이상 존재하는 지반에서 말뚝선단을 통하여 축하중을 지지층에 전달하는 말뚝

② 선단지지말뚝은 잔류침하량이 적어 침하에 까다로운 구조물 기초에 적합하다.

(2) 지지말뚝(bearing pile)

① 하부에 존재하는 견고한 지반까지 말뚝을 어느 정도 관입시켜 지지시키는 것으로 관입된 부분의 마찰력과 선단지지력에 의존하는 말뚝

(3) 마찰말뚝(friction pile)

① 연약지반이 너무 깊어서 지지층까지 말뚝을 박을 수 없는 경우에 상부구조물의 하중을 주로 말뚝의 주면마찰력으로 지지하는 말뚝

② 마찰말뚝의 길이는 상부구조물 하중의 크기, 흙의 전단강도, 말뚝의 크기(단면) 등에 따라 달라진다.

(4) 다짐말뚝(compaction pile)

① 느슨한 사질토 지반을 개량하는 경우에 말뚝을 지반에 타입하여 지반의 간극을 말뚝의 부피만큼 감소시켜서 다짐효과를 얻기 위해 사용하는 말뚝

② 다짐말뚝의 길이는 다짐 이전 흙의 당초 상대밀도, 다짐 이후 흙의 필요 상대밀도, 필요한 다짐깊이 등에 따라 달라진다.

(5) 활동억제말뚝(sliding control pile)

① 사면활동을 억제·중지시키기 위하여 유동 중인 지반에 설치하는 말뚝

② 충분한 전단강도를 얻기 위하여 단면 2~3m의 대구경 말뚝으로 시공한다.

(6) 수평저항말뚝(lateral load bearing pile)

① 말뚝에 작용되는 수평력은 말뚝의 강성, 주변지반, 표층의 지반반력으로 저항해야 하므로 말뚝과 지반의 강성이 충분히 확보되어야 하는 말뚝

② 수평하중을 지지하기 위해서는 연직말뚝보다 경사말뚝이 더 바람직하다.

(7) 인장말뚝(tension pile)

① 말뚝 자체가 인장력을 받으므로 인장에 강한 재질을 사용하므로 마찰말뚝과 원리는 같으나 힘의 방향이 다른 말뚝

② 기초에 양압력이 작용할 때 인장력이 걸리고, 또한 기초판에 작용하는 하중의 합력이 기초판 중앙 3분폭 밖에 있을 때 반대편 말뚝에 인장력이 걸린다.

③ 인장하중의 저항은 주면마찰력과 말뚝자중에 의존하는데 지하수위 아래에 있는 부분은 수중무게로서 부력을 제한하는 값이다.

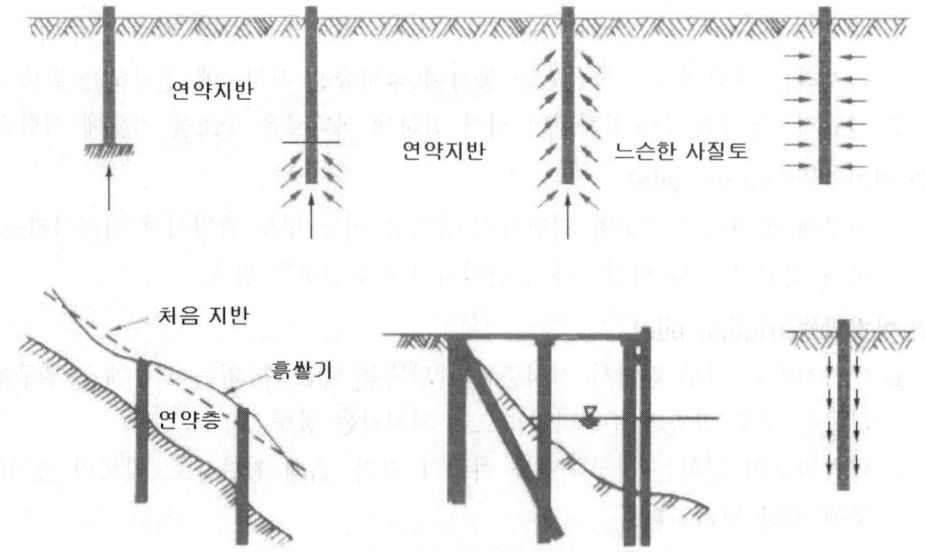

기능에 따른 기성말뚝기초의 분류

2. 재질에 따른 분류

(1) 나무말뚝(timber or wooden pile)

① 나무말뚝에 주로 낙엽송, 미송 등이 쓰인다. 항타 중 말뚝선단부 파손을 방지하고 관입이 쉽도록 강재 말뚝슈와 말뚝캡을 씌운다.

② 나무말뚝은 허용지지력 5~15t, 압축강도 $50kg/cm^2$, 길이 9~18m 기준이다.

③ 단점 : 지지력이 약하고 지하수면에 제한받는다.

　　　 : 단위길이당 가격이 싸더라도 비경제적이어서 사용되지 않는다.

(2) 강말뚝(steel pile)

① 강말뚝은 지지력이 우수하고 시공능력도 탁월하여 오늘날 많이 쓰인다. 단면형상에 따라 H형말뚝(H pile)과 (Pipe pile)으로 분류된다.

② H형말뚝은 강관말뚝보다 가격이 20~30% 정도 싸고 흙 배제량이 적어 좁은 곳에 조밀하게 박을 수 있다.

③ 강관말뚝은 모든 방향으로 강성이 고르게 강하며 단위중량당 단면계수, 외주면적 등의 공학적 특성이 H형말뚝보다 우수하다. 강관말뚝은 선단부를 폐쇄한 폐단말뚝과 폐쇄하지 않은 개관말뚝으로 구분된다.

④ 장점 : 재료비가 비싸지만 지지력이 크고 시공능률이 좋아 공사기간을 단축할 수 있어 대규모 공사에 매우 경제적이다.

⑤ 단점 : 수분에 노출되면 부식되어 단면 감소되고 지지력 저하된다. 1년에 보통 지반에서 0.05mm, 해수에서 0.1~0.2mm 부식을 예상하고 설계한다.

나무말뚝과 강말뚝 비교

구분	나무말뚝(wooden pile)	강말뚝(steel pile)
장점	◦ 타입 중 지반이 다져진다. ◦ 취급이 용이하고 절단하기 쉽다. ◦ 원형 단면으로 지지력이 크다. ◦ 값이 비교적 싸다. ◦ 가볍고 수송·타입이 쉽다.	◦ 변형량 적고, 지지력 크고, 단면·길이 제한 없고, 부재의 이음·절단이 용이하다. ◦ 지반을 관통하여 100t 이상 지지력 확보 ◦ 단면 휨강성이 좋아 수평저항력이 크다. ◦ 소형기계로 쉽게 운반·타입할 수 있다.
단점	◦ 지하수위 이하에서만 부식방지 가능 ◦ 단면의 크기·길이·지지력이 한정된다. ◦ 강하게 항타하면 손상되는 경우가 있다. ◦ 부재를 연결하기 어렵다.	◦ I형 말뚝은 휨강성이 약하여 타입 중 휘어질 가능성이 있다. ◦ 단가가 비싸다. ◦ 부식에 잘 된다.

(3) 콘크리트말뚝(concrete pile)

① 최근 가장 많이 사용되며, 형상·길이를 다양하게 할 수 있는 말뚝

② 설치방법에 따라 기성 콘크리트말뚝과 현장타설 콘크리트말뚝이 있다.

(4) 복합말뚝

① 부재의 상부(현장타설 콘크리트)와 하부(강재)를 다른 재질로 만든 말뚝

② 영구 지하수위 아래에서는 상부는 콘크리트, 하부는 목재로 만든다.

③ 특징 : 단순히 현장타설 말뚝만으로 지지력을 확보할 수 없을 때 쓰인다.

　　　　 : 다른 재질 간에 결합이 어렵고 취약하여 널리 사용되지 않는다.

(5) 특수말뚝(Cored pedestal pile)

① Pedestal pile을 말뚝의 형상유지와 강도향상을 위하여 개량한 말뚝

② 말뚝 core는 원통형 구조로서 내관은 종대철, 외관은 대철로 보강하여 말뚝의 강도와 신뢰성을 향상시킨다.

③ 시공순서 ㉠ 외관 하부에 기초 철근콘크리트 shoe를 삽입

　　　　　 ㉡ 보통 Pedestal pile처럼 소정 깊이까지 박아 구군 형성

　　　　　 ㉢ Core를 외관 안으로 내리고 콘크리트 타설

　　　　　 ㉣ Core를 내관으로 누르면서 외관을 뽑으면 말뚝 완성

(6) 특수말뚝(Pre-packed concrete pile)

① 현장타설 콘크리트말뚝에 Pre-packed 공법을 적용하여 개량한 말뚝

② Pre-packed 공법은 골재를 미리 넣은 후, pre-packed 모르타르를 주입한다.

③ 주입모르타르는 cement, fly ash, 모래, intrusion aid 및 물을 섞어 만든다.

④ 제자리 말뚝 이외에 콘크리트 구조물의 보수·신축기초공사에 널리 쓰인다.

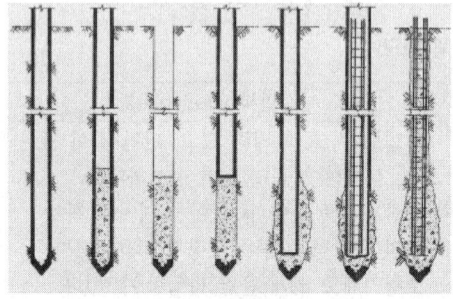
Cored pedestal pile

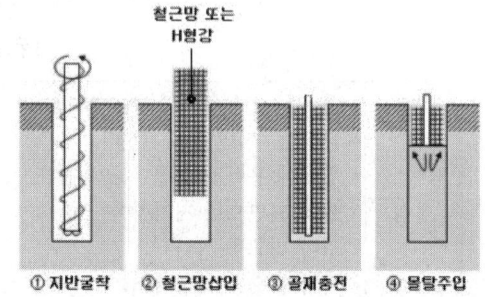
Pre-packed concrete pile

3. 설치방법에 따른 분류

(1) 기성철근콘크리트말뚝(precast reinforced concrete pile)

① 현장 또는 공장에서 부재를 제작 후 설치장소로 옮겨 압입·타입, 진동관입, 선행보링한 공간에 삽입하여 RC, PC, PHC 말뚝을 설치하는 공법

② 특징 : 비교적 큰 지지력이 필요하거나 지하수위가 깊은 경우에 유리하다.

　　　　 : 길이 조절이 어렵고, 타입 중 소음이 많고, 횡방향 저항력이 약하다.

③ 원심력 철근콘크리트말뚝(RC pile) : 원심력을 이용하여 양생과정에 콘크리트의 밀도·강도를 높인 말뚝. 현재 가장 많이 사용되고 있다.

④ 프리스트레스 콘크리트말뚝(PC pile) : Pretension & Post tension
  ◦ Pretension type : PC강선을 미리 인장하고 주위에 콘크리트를 타설하여 굳은 후, PC강선의 인장장치를 풀어서 말뚝에 인장력을 가하는 방식
  ◦ Post tension type : PC강선 구멍을 미리 뚫고 콘크리트 타설·경화 후, 그 구멍에 PC강선을 넣고 인장하여 양끝을 정착해서 인장력을 가하는 방식

⑤ 원심력 고강도 콘크리트말뚝(PHC pile) : 구모물의 규모와 하중이 더 커지고 지반조건이 더 열악해져 더 깊고 단단한 지지층까지 관입하는 말뚝. 일본에서는 PHC pile이 기성 철근콘크리트말뚝 사용량의 90% 이상 차지한다.

RC pile & PC pile 비교

구분	RC pile	PC pile
특징	◦ 말뚝 구입이 쉽고 시공 신뢰성 보장 ◦ 15m 이하에서 강도 커서 지지말뚝 적합 ◦ 상부구조와의 연결 용이 ◦ 이음이 어렵고, 무거워서 취급 곤란 ◦ 중간 이상의 강성을 가진 토층(N치 30 이상)에서는 타입이 거의 불가능 ◦ 타입 중 균열이 생기면, 균열 사이로 수분이 유입되어 철근부식이 우려	◦ 균열이 생기지 않으므로 강재 부식이 없어 내구성이 매우 향상 ◦ 휨력을 받았을 때 휨량이 감소 ◦ 타입 중 인장력을 받더라도 프리스트레스가 유효하여 인장파괴 방지 가능 ◦ 길이의 조절이 비교적 용이 ◦ 이음에 신뢰성이 좋고, 지지력 유지 가능

(2) 현장타설콘크리트말뚝

① 지반에 보링구멍을 뚫고 그 속에 콘크리트를 타설하여 만드는 말뚝으로, 무각(Franky, Pedestal 등)과 유각(Raymond, Compressed 등)이 있다.

② 장점 : 지지층 깊이에 따라 길이 조절이 가능
      : 선단부 구근으로 지지력을 향상, 양생기간 생략 가능
      : 운반·야적 중 부재가 손상될 염려 없음

③ 단점 : 말뚝 몸체가 지반 중에 형성되므로 품질관리 곤란
      : 케이싱 타입 중에 소음 발생
      : 중간 지층이 N>30 이상 굳은 지반에서 외관의 타입·회수 불가

④ 무각 현장타설 콘크리트말뚝 : 케이싱 없는 현장타설콘크리트말뚝으로, 지반과의 접촉이 잘 되어 주변마찰저항이 커져서 지지력이 우수하다.
  케이싱 없는 형식은 지하수 화학성분 영향으로 시멘트 경화가 늦어지는 문제점이 있다. Franky pile, Pedestal pile이 대표적이다.

```
━━━━━━━━━━━━━━━  < Franky pile >  ━━━━━━━━━━━━━━━
```

∘ 구근이 될 콘크리트를 된반죽으로 하여 강관의 선단에 채운다.

∘ 그 위를 드롭해머로 타격하여 강관과 콘크리트를 함께 지반에 관입한다.

∘ 원하는 지지층에 도달되면 강관을 약간 올려 지표에 고정하고, 선단의 구근을 형성한다.

∘ 이 과정을 반복하면 지반이 압축되면서 혹 같은 돌기를 많이 가진 말뚝이 형성된다.

```
━━━━━━━━━━━━━━━  < Pedestal pile >  ━━━━━━━━━━━━━━━
```

∘ 케이싱(내·외관)을 직접 지반에 타입하여 지지층에 도달시킨 후, 선단에 구군을 형성하고

∘ 주상 부분에 콘크리트를 투입하여 케이싱을 뽑아 올리면서

∘ 콘크리트를 다지면서 소정의 깊이까지 이와 같은 작업을 반복한다.

∘ 강재케이싱을 타입하면서 지지력이 충분한 하부층까지 콘크리트말뚝을 형성한다.

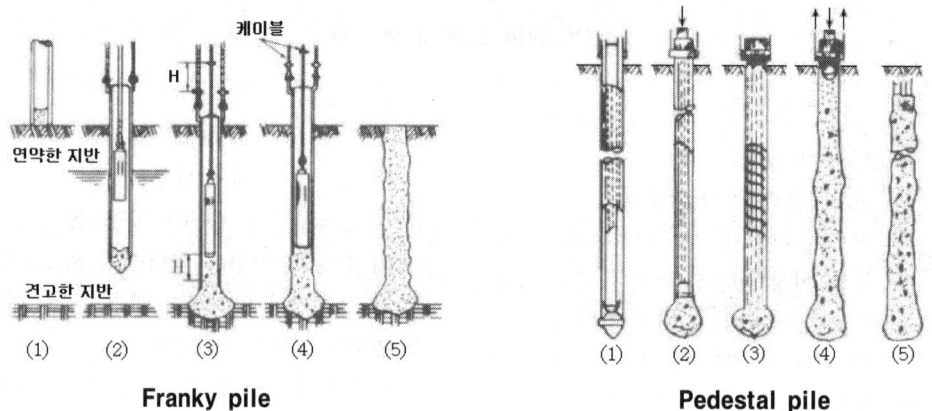

Franky pile   Pedestal pile

⑤ 유각 현장타설 콘크리트말뚝: 케이싱과 내관을 동시 타입한 후, 내관만 뽑고 케이싱에 콘크리트를 타설하여 만드는 말뚝

느슨한 사질토나 연약한 점성토 지반에서 주변 흙이 굴착공간에 들어오는 것을 케이싱으로 막는다. Raymond pile, Compressed pile이 대표적이다.

```
━━━━━━━━━━━━━━━  < Raymond pile >  ━━━━━━━━━━━━━━━
```

∘ 얇은 철판으로 만들어진 외관과 여기에 잘 맞는 내관을 선정한다.

∘ 내·외관을 지반에 동시에 타입하여, 소정의 깊이에 도달하면 내관을 뽑아내고

∘ 외관 속에 콘크리트를 타설하여 말뚝을 형성한다(지중에 외관을 남긴다).

∘ 말뚝 몸체의 단면을 1~30cm의 경사지게 만들어 내관을 뽑기 쉽다는 점이 특징이다.

```
━━━━━━━━━━━━━━━  < Compressed pile >  ━━━━━━━━━━━━━━━
```

∘ 외관 속에 심봉을 넣고 지반 속에 삽입한다.

∘ 소정의 깊이에 도달하면 심봉을 뽑아내고, 콘크리트를 타설하여 말뚝을 형성한다.

∘ 지반조건에 따라 여분의 콘크리트를 타설하여 외관의 하단에 주각을 만드는 경우가 있다.

∘ 반면, 각관을 사용하지 않는 경우도 있다.

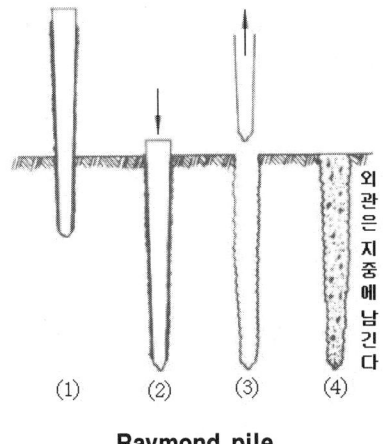

Raymond pile

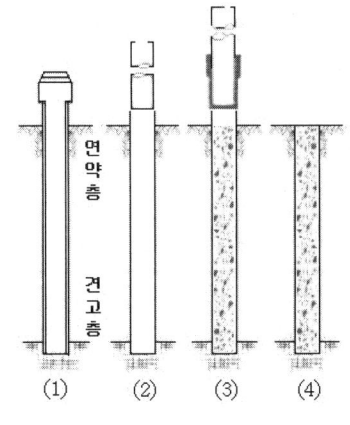

Compressed pile

4. 배토말뚝과 비배토말뚝

(1) **배토말뚝** : 말뚝을 항타할 때 주변지반의 흙을 배토하는 말뚝

  ① 사례 。지반을 굴착하지 않고 직접 항타하는 폐단말뚝

  ② 특징 。말뚝의 지지력이 크다. 그만큼 항타 중 소음·진동이 크다.

       。항타 중 주변지반에 교란, 압밀 현상이 발생한다.

       。말뚝 타입이 곤란하고, 말뚝 두부·이음부 파손이 우려된다.

(2) **비배토말뚝** : 말뚝을 항타할 때 주변지반의 흙을 배토하지 않는 말뚝

  ① 사례 。지반을 굴착하여 공벽을 형성한 후, 제조되는 현장타설말뚝

       。지반을 굴착하지 않고 직접 타입하는 중굴말뚝

  ② 특징 。말뚝의 지지력이 작다. 그만큼 저소음·저진동으로 시공한다.

       。항타 중 주변지반에 교란·압밀현상이 발생한다.

       。항타 중 공벽이 붕괴되고, 말뚝 선단부 폐쇄가 우려된다.

5. 單말뚝

(1) 원리

  ① 단말뚝은 지반에 박혀있는 1개의 말뚝으로 구조물 기초를 지지한다.

(2) 종류

  ① 연직말뚝 : 말뚝의 굽힘저항력을 이용하여 수평력에 저항하는 말뚝

  ② 경사말뚝 : 말뚝의 인발저항력을 이용하여 양력, 수평력에 저항하는 말뚝

  ③ 이음말뚝 : 말뚝의 두부에서 2개의 말뚝을 1개로 결합시킨 말뚝

(3) 단말뚝의 지지력 증대방안

  ① 단말뚝의 지지력을 높이려면 근입깊이를 증가시키거나, 다짐도를 향상시켜서

지지말뚝으로 개량하면 효과적이다.

② 단말뚝의 허용지지력 = 선단지지력 + 주면마찰력

6. 群말뚝

(1) 원리

① 군말뚝은 지반에 여러 개의 말뚝을 박아 연직력과 수평력에 저항한다.

(2) 군말뚝 단점

① 말뚝 사이의 거리가 가까워 서로 영향을 주기 때문에, 군말뚝 1개의 단독지지력은 단말뚝 1개의 지지력보다 작아진다.

② 군말뚝은 지중에서 응력이 중복되어 압력구근이 커져서 지지력이 적어져 침하량이 증가하는 군말뚝의 효과가 발생하므로, 이를 고려해야 한다.

(3) 군말뚝의 최대중심간격

$$D_o = 1.5\sqrt{r \cdot l}$$

여기서, D_o : 말뚝의 최대중심간격

r : 말뚝의 반경

l : 말뚝의 길이

(4) 군말뚝의 허용지지력

$$R_{ag} = R_a \cdot N \cdot E$$

여기서, R_{ag} : 군말뚝의 허용지지력

R_a : 말뚝 1개의 허용지지력

N : 말뚝의 갯수

E : 군말뚝의 효율($E < 1$)

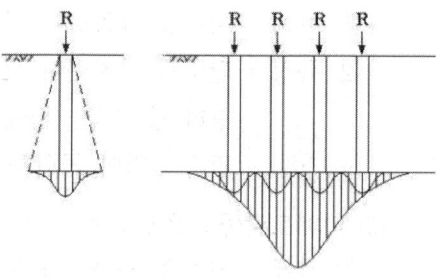

군말뚝의 효과

(5) 군말뚝의 지지력 증대방안

① 군말뚝은 지중에 박을 때 내측에서 차츰 외측으로 향하여 박아야 하고, 하중을 가할 때 응력의 영향이 겹치는 특징을 고려하여야 한다.

② 군말뚝은 주변지반과 일체로 거동하므로 압력구근이 커지면서 말뚝의 침하량이 증가하므로, 군말뚝의 지지력을 높이려면 말뚝 개수증가(마찰력 증가), 말뚝 간격증가(압력구근 증가) 등이 필요하다.[111]

111) 박효성 외, 'Final 토목시공기술사 핵심문제', 예문사, pp.514~529, 2008.
    유재명, '토질 및 기초기술사 해설', 예문사, pp.410~411, 443~444, 1998.
    Civil Engineering, '말뚝기초의 종류', 2008, http://civileng7.tistory.com/

03.21 무리[群]말뚝의 중심간격, 배열

무리[群]말뚝의 중심간격, 말뚝의 배열 [2, 1]

1. 개요

(1) 말뚝기초는 하나의 말뚝을 단독으로 설치하는 경우보다 여러 개의 말뚝을 무리[群]지어 설치하는 경우가 더 많다. 이러한 말뚝의 집합체를 무리[群]말뚝이라 한다.

(2) 무리말뚝은 개개의 말뚝에 의해 지반에 전달되는 응력이 중복되기 때문에 무리말뚝의 지지력은 단독말뚝과 다르게 추정하여 침하거동을 평가해야 한다.

(3) 무리말뚝의 지지력 추정방법은 2가지가 있다. 첫째, 단독말뚝의 지지력을 합한 값에 무리말뚝의 효율을 곱하여 구하는 방법이다. 둘째, 무리말뚝의 바깥면을 연결하는 가상의 선을 케이슨 기초로 간주하고 구하는 방법이다.

(4) 무리말뚝에서는 지중 응력이 중복되어 압력 구근이 커져 침하량이 증가하는 무리말뚝 효과가 발생하여, 무리말뚝 1개의 지지력은 단독말뚝 1개의 지지력보다 작다.

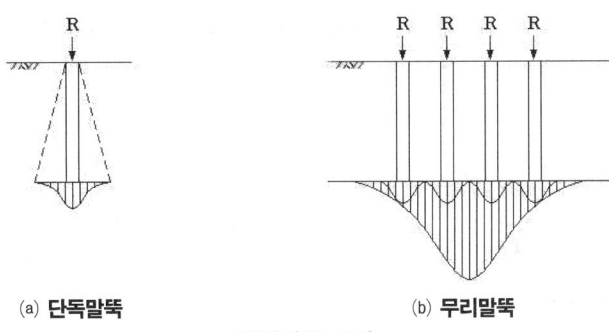

(a) **단독말뚝**　　　　　(b) **무리말뚝**

무리말뚝 효과

2. 무리[群]말뚝

(1) 무리말뚝의 판정기준

　　$S < D_o$ 이면, 무리말뚝으로 판정하고,

　　$S > D_o$ 이면, 단독말뚝으로 판정한다.

　　여기서, S : 말뚝의 중심간격

　　　　　　D_o : 무리말뚝의 최대 중심간격

(2) 무리말뚝의 허용지지력(R_{ag})

　　$R_{ag} = R_a \cdot N \cdot E$

　　여기서, R_a : 말뚝 1개의 허용지지력

　　　　　　N : 말뚝의 갯수

　　　　　　E : 무리말뚝의 효율($E < 1$)

3. 무리[群]말뚝의 중심간격

(1) 사질토 지반의 경우

① 자갈층에 埋入된 선단지지말뚝은 지지층 내에서의 응력집중이 크게 문제되지 않으므로 무리말뚝의 효과를 고려하지 않아도 되고,

② 모래층에 打入된 마찰말뚝은 말뚝 타입으로 주변모래를 다져서 전단강도가 증가되므로 역시 무리말뚝의 효과를 고려하지 않고, 다음과 같이 중심간격을 정한다.

  ○ D≥3B 로 타입된 경우, 무리말뚝 효율을 1.0으로 간주한다.

  ○ D=3B 로 타입된 경우, 무리말뚝 효율을 2/3~3/4로 간주한다.

    여기서, D : 말뚝의 중심간격

       B : 말뚝의 직경

(2) 점성토 지반의 경우

① 점성토 지반에서 무리말뚝의 지지력은 단독말뚝 지지력 합과 무리말뚝 바깥면을 연결하는 가상 케이슨의 극한지지력을 구하여 그 중에서 작은 값을 택한다.

② 이때 가상 케이슨의 지지력은 케이슨 바닥면의 극한지지력과 케이슨 벽면의 마찰저항력의 합으로 구한다.

(3) 암반의 경우

① 경사진 암반에 무리말뚝을 시공한 경우에는 기초저면 암반의 활동파괴에 대한 검토가 필요하며, 지지력을 구할 때는 무리말뚝의 효과를 고려하지 않는다.

4. 무리[群]말뚝의 배열

(1) 무리말뚝의 배열은 연직하중 작용점에 대하여 가능하면 대칭으로 배치함으로써, 각 말뚝의 하중 분담율에 큰 차이가 발생하는 않도록 한다.

(2) 무리말뚝 간의 간격은 말뚝직경의 1.25배 이상으로 하고, 다음 사항을 고려한다.

① 설계된 당초의 위치에 정확히 시공할 수 있는 간격을 확보한다. 말뚝의 간격이 너무 좁으면 말뚝이 서로 밀어서 소정의 위치에 시공할 수 없다.

② 말뚝중심과 햄머중심을 일치시킨다. 햄머를 일정하게 항타 중에 편타가 발생하지 않도록 수시로 간격을 확인한다.

③ 현장타설콘크리트말뚝은 인접 공벽이나 굳지 않는 콘크리트에 영향을 주지 않을 정도로 간격을 유지한다.

④ 경제성을 고려한 말뚝 간격, 흙의 밀도와 강도 특성을 고려한 말뚝 간격에 되도록 검토하여 결정한다.[112]

---

112) 박효성 외, 'Final 토목시공기술사 핵심문제', 예문사, pp.514, 2008.

03.22 PHC pile

PHC(pretensioned spun high strength concrete)파일, 합성PHC말뚝, 대구경(ϕ600) 강관파일 [2, 2]

1. 용어 정의

(1) PHC(Pretensioned Spun High Strength Concrete) pile이란 특정한 배합의 콘크리트를 증기양생(autoclave)에 의해 압축강도 800kg/cm^2 이상(종래의 PC pile 압축강도 500kg/cm^2 수준)의 고강도 기초 pile을 생산하여 연약지반 상에 시공되는 대규모 구조물공사의 기초에 쓰이는 기성말뚝의 일종을 말한다.

(2) 최근 PHC파일과 강관파일의 장점을 이용하는 합성 PHC파일이 상용화되어 있다.

2. PHC pile

(1) 합성 PHC pipe 특징
① 콘크리트의 허용 압축응력이 대단히 커서 축방향 하중 지지력이 크다..
② 타격에 강하다.
  ○ 압축강도 800kg/cm^2 이상의 고강도 콘크리트로 성형된 단면에 prestress를 균일하게 도입하여 항타 중에 저항력이 우수하다.
  ○ 항타 중 발생되는 반사파에 의한 인장응력을 완전 흡수하여 균열이 없다.
③ 종래 PC pile로 항타할 수 없는 깊고 보다 단단한 지층까지 관입이 가능하다.
  ○ 콘크리트의 휨인장응력이 크므로 축력과 수평력을 동시에 받는 내진설계에 가장 적합한 기성말뚝기초이다.
④ 휨내력이 크다.
⑤ 증기양생(autoclave)이므로 재령 1일에 압축강도 800kg/cm^2 이상의 초고강도가 발휘되는 즉시 공장에서 출고하여, 현장에서 항타 가능하다.
⑥ 건조수축(shrinkage), 크리프(creep) 발생량이 극히 적다.

(2) 합성 PHC pipe 제작순서
① PS강선 설치
② Pretension 방식으로 Prestressing 도입
③ 콘크리트 타설 : A종(4MPa), B종(8MPa), C종(10MPa)
④ 증기양생(autoclave) 실시 : 압력 0.8MPa, 온도 177℃, 시간 60분
⑤ PHC파일의 두부 보호, 마무리, 출고

(3) 합성 PHC pipe 유의사항
① PHC파일은 PS강선의 긴장력과 콘크리트의 부착력을 이용하여 압축력을 도입하

였기 때문에 부착강도가 저하되면 품질 손상이 발생된다.
② PHC파일 항타할 때, 말뚝두부 손상 방지를 위하여 pile cap을 씌운다.
③ PHC파일의 침하와 변형의 허용한계 내에 수렴되도록 항타관리한다.

3. 합성 PHC pile

(1) 합성 PHC pipe 정의

① SPC(Steel & PHC Composite) pile이란 PHC파일과 강관파일의 장점을 이용하기 위하여 하부에는 PHC파일을 시공하고, 상부에는 강관파일을 시공하여 재료의 사용효율을 극대화시킨 제품이다.

(2) 합성 PHC pipe 특징

① 구조 안정성
  ○ 이음부를 에서 PHC pile 강선과 강관파일 두부를 일체형으로 용접 접합하기 때문에 축방향의 압축력과 인장력 향상
  ○ 강관파일 선단부의 폐쇄 효과를 개선하여 파일의 건전도 증대
② 이음 우수성
  ○ 이음부에서 PHC pile 강선과 강관파일 두부를 직접 용접 정착하기 때문에 응력 집중 최소화되어 안정성 향상
③ 시공 경제성
  ○ 용접작업의 단순화, 기존 항타 장비 그대로 사용 가능[113]

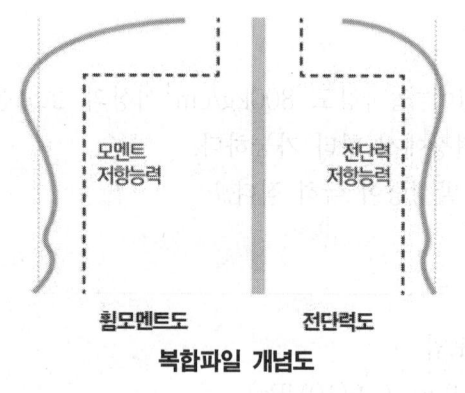

복합파일 개념도

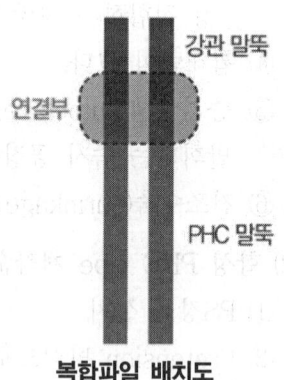

복합파일 배치도

113) 박효성 외, 'Final 토목시공기술사 핵심문제', 예문사, p.531, 2008.
DAELIM, 'PHC PILE', Pretensioned Spun High Strength Concrete Pile, 2019.

03.23 경사파일[斜杭]

교량 기초공사에서 경사파일(pile)이 필요한 사유, 특징, 시공관리대책 [1, 2]

1. 개요

(1) 말뚝기초가 큰 횡방향 하중을 받을 때, 수직말뚝과 함께 경사말뚝이 함께 사용된다.

(2) 경사말뚝은 횡방향 하중을 축력으로 저항하기 때문에 정적 횡방향 하중에는 저항성이 크지만, 지진하중과 같은 동적 횡방향 하중에는 과도한 축력이 발생하여 말뚝부두에서 파괴될 가능성이 높다.

(3) 과거 지진피해 사례에서도 수직말뚝보다 경사말뚝이 지진하중에 대해 파괴된 경우가 훨씬 많다. 이러한 이유로 지진이 자주 발생되는 지역에서는 경사말뚝보다 수직말뚝을 사용하도록 권장하고 있다.

2. 경사말뚝과 수직말뚝의 거동 비교

(1) 지반높이 36cm에서 말뚝두부 구속조건이 고정된 경우, 정적 횡방향 하중재하시험으로부터 얻은 하중-변위 곡선은 다음과 같다.

(2) 위 곡선에서 보듯 정적(靜的) 횡방향 하중재하 상태에서 경사말뚝의 강성이 수직말뚝의 강성보다 크다. 즉, 경사말뚝에 발생되는 응력이 항복응력보다 작은 경우에는 횡방향 정적하중에 대해 경사말뚝이 수직말뚝에 비해 효과적이다.

(3) 그러나, 경사말뚝은 동적(動的) 횡방향 하중재하 상태에서 수직말뚝에 비해 압축력뿐만 아니라 인장력도 크게 발생된다. 즉, 경사말뚝이 수직말뚝에 비해 모멘트와 축력의 증가로 인해 동적 하중에는 취약하다.

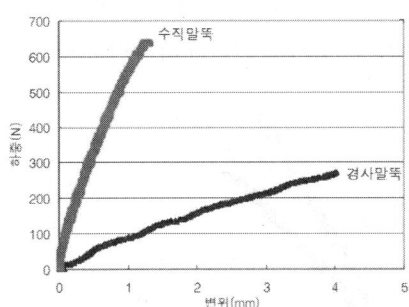

정적 횡방향 하중에서 하중-변위 곡선

3. 경사말뚝의 내진성능 향상 대안

(1) 말뚝머리 구속조건 개선

① 경사말뚝은 수직말뚝보다 동적 하중에서 불리한 거동을 보인다. 이러한 경사말뚝의 내진성능을 향상시키려면 말뚝두부 구속조건을 변화시키면 효과적이다.

② 시험 결과, 말뚝두부 조건이 고정된 경우에 비하여 힌지, 고무 20, 고무 40일 때의 정적 횡방향 강성이 작은 것으로 밝혀졌다.

③ 상판에서의 변위는 말뚝두부 조건이 힌지나 고무일 때가 고정일 때보다 크게 나타났으나, 그 증가량이 미소하여 고무가 경사말뚝의 내진성능을 향상시키는 역할을 하는 것으로 판단되었다.

④ 따라서, 경사말뚝의 두부와 말뚝캡 사이는 힌지보다 고무를 사용하여 연결하는 것이 말뚝두부의 모멘트와 축력을 감소시키는데 효과적이다.

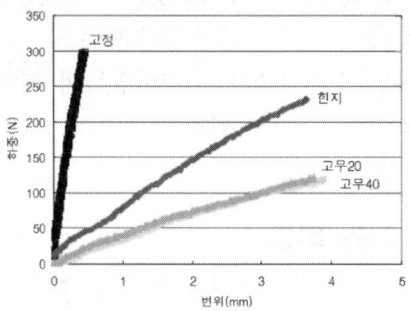

말뚝두부 구속에 따른 하중-변위 곡선

(2) 경사말뚝의 경사각 제한

① 공사현장에서 일반적으로 경사말뚝은 경사각 수직 : 수평=8 : 2로 시공되고 있다.

② 경사각의 변화에 따른 정적 횡방향 하중재하 실험 결과, 경사말뚝의 경사각이 커질수록 정적 횡방향 하중에 대한 강성이 커지는 것으로 밝혀졌다.

③ 지진하중 해하상태에서 경사말뚝의 경사각이 수직 : 수평=8 : 3일 때 말뚝에 작용되는 모멘트와 축력이 가장 크게 감소하였으며, 경사각이 수직 : 수평=8 : 1일 때 상판의 가속도와 변위가 최소가 되어 유리하다.[114]

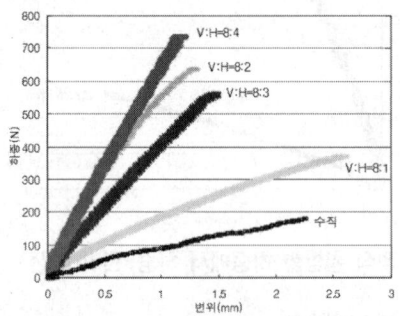

경사각 변화에 따른 하중-변위 곡선

---

114) 김재홍 등, '경사말뚝의 동적거동과 내진성능 향상을 위한 실험적 고찰', 서울대학교 공과대학 지구환경 시스템공학부 석사과정, 2012.

03.24 Micro CT-Pile 공법

1. 개요

⑴ Micro CT-Pile은 250mm 이하의 소구경 파일로서 파일체의 주변마찰력에 의하여 대부분의 하중을 지반에 전달하는 공법이다.

⑵ Micro CT-Pile의 시공원리는 천공 후에 보강재인 철근다발이나 강관 등의 파일체를 삽입하고 시멘트를 주재료로 만든 주입재를 주입·고결시켜서 말뚝을 형성한다.

⑶ 기초말뚝의 사용목적에 따라 구조물 지지용 파일(Bearing Pile), 지반보강용 파일(Soil Reinforcement Pile), 인장용 파일(In Tension Pile) 등으로 분류된다.

⑷ Micro CT-Pile을 개량한 Injection Micro Pile은 철근다발의 중앙에 T.A.M Tube를 삽입하거나 강관을 Tube로 이용하여 Packer를 사용하는 압력 그라우팅을 실시하여 파일시공과 지반보강의 효과를 동시에 얻을 수 있다.

2. Micro CT-Pile

⑴ 시공순서

① 천공 시작	천공과 동시에 케이싱 삽입
① 천공 시작	천공과 동시에 케이싱 삽입
② 천공비트 제거	
③ 보강재 삽입	보강재 삽입과 동시에 그라우팅 실시
④ 케이싱 제거	필요한 경우에 추가 주입 및 가압 실시
⑤ 두부 정리	

Micro CT-pile 시공 흐름도

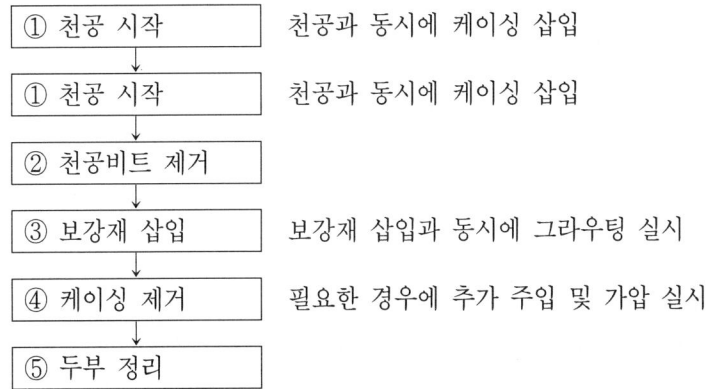
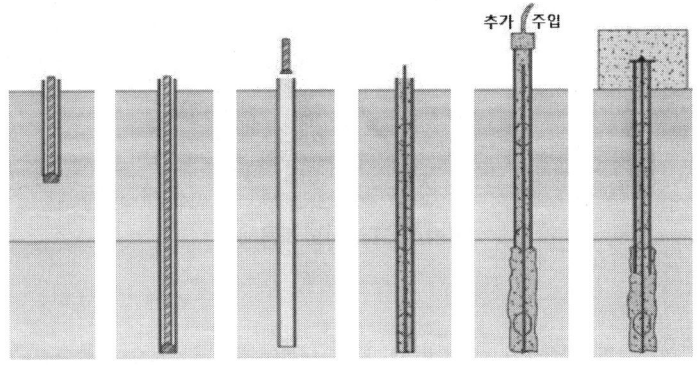

추가 주입

(2) 특징(장점)

① 지반에 소구경을 천공하므로 장비가 작고, 소음·진동이 거의 없고 주변지반 교란이 적어, 도심부의 인접지역의 주거지, 협소한 장소 등에 적용할 수 있다.

② 호박돌이 혼재되어 있는 전석층이나 지지층이 깊은 구멍도 시공할 수 있다.

③ 소구경인 직경에 비해 큰 압축력과 인장력을 발휘할 수 이Y다.

④ Micro CT-pile의 주요 요소인 철근(강관)은 작은 단면적에도 불구하고 큰 휨모멘트에 저항할 수 있다.

⑤ 개량형 Injection Micro Pile은 압력주입에 따른 유효직경이 증가되어 파일 근입부의 지반 전단강도를 더욱 증가시킬 수 있다.

(3) 적용대상

① 구조물 지지 파일(Bearing piles)
   ○ 도심 주거지, 소규모의 산업 구조물에 약한 토사, 팽창성 토사, 침하성 토사 및 신·구 구조물 사이의 차별적인 침하 방지용 말뚝
   ○ 구조물의 보강을 위해 조합된 Underpinning을 위한 말뚝
   ○ 기존 구조물의 증축 또는 리모델링 공사에서 구조물 내에 신규 중장비를 설치하기 위한 국부적인 지반보강용 말뚝
   ○ 기존 구조물 기초의 침하 억제용 말뚝

② 지반 보강용 파일(Soil Retaining and Reinforement)
   ○ 옹벽 보강을 위한 말뚝
   ○ 사면 보강을 위한 말뚝

③ 인장용 파일(In Tension Pile)
   ○ 항만에서 부력 구조물용 말뚝
   ○ Tower crane 설치할 때 Mast 하부의 말뚝[115]

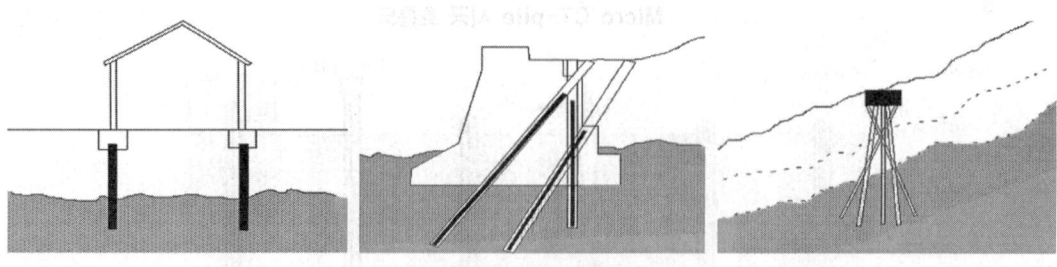

Micro CT-pile 적용대상

---

115) 최재호 등, '마이크로파일(Micropile) 공법 소개 및 적용사례', 건설기술/쌍용, pp.47~51, 2018.

03.25 주동말뚝과 수동말뚝

1. 개요

⑴ 수평력을 받는 말뚝은 말뚝과 지반 중에서 어느 쪽이 움직이는 주체(主體)인가에 따라 주동말뚝(active pile)과 수동말뚝(passive pile)으로 대별된다

⑵ 주동(主動)말뚝은 말뚝이 지표면 상에서 수평하중을 받고 있어, 그 결과 말뚝이 변형함에 따라 말뚝 주변지반이 저항하고 이 저항력이 하중으로 지반에 전달된다. 이 경우에는 말뚝이 움직이는 주체(主體)가 되어 먼저 움직인 후에 말뚝의 변위가 주변지반의 변형을 유발시킨다.

⑶ 수동(受動)말뚝은 어떤 원인에 의하여 말뚝 주변지반이 먼저 변형하고, 그 결과 말뚝에 측방토압이 작용되고 나아가 부등지반 아래의 지반으로 이 측방토압이 전달된다. 이 경우에는 말뚝 주변지반이 움직이는 주체(主體)가 되어 말뚝이 지반변형의 영향을 받게 된다.

⑷ 차이점은 말뚝에 작용되는 수평력이 주동(主動)말뚝에서는 미리 계산되지만, 수동(受動)말뚝에서는 지반과 말뚝 사이의 상호작용 결과에 의해서 계산된다는 점이다. 따라서, 수동(受動)말뚝이 주동(主動)말뚝에 비해 더욱 복잡한 변형을 보인다.

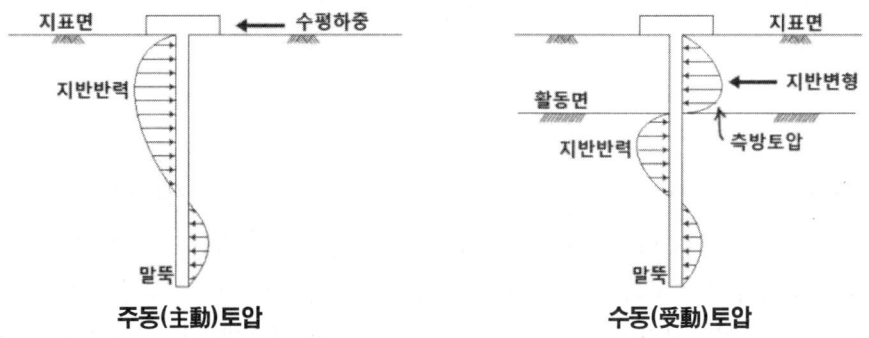

주동(主動)토압　　　　　수동(受動)토압

2. 주동(主動)말뚝

⑴ 검토사항

① 주동말뚝의 원리는 말뚝이 연직하중을 받을 경우에 지반으로부터 마찰저항 및 선단저항을 받는 현상과 유사하다.

② 주동말뚝의 설계단계에서 2가지를 검토해야 된다. '지반의 극한저항파괴에 대하여 적절한 안전율을 가지는가', '말뚝의 변위량이 허용범위에 있는가'이다.

③ 말뚝 주변지반의 수평력(배면성토, 바람, 파도, 충격, 지진 등)을 표현하기 위하여

전통적으로 수평방향의 '지반반력계수'가 사용되고 있다.

(2) 주동말뚝 종류

① 교대기초말뚝 : 비교적 높은 강도특성을 가지는 지반 상에 교대를 설치하면 교대 배면에서 교대를 수평으로 이동시키려는 주동토압이 발생된다.

② 해양구조물기초말뚝 : 해양구조물(석유 굴착용 플랫폼)은 바람과 파도에 의하여 끊임없이 수평력을 받기 때문에 이를 지지하는 기초는 전형적인 주동말뚝이다.

③ 항만구조물기초말뚝 : 항만구조물[잔교(landing pier), 돌핀(dolphin)]은 정박 중인 배에 작용되는 충격과 파도에 의해 지표면 상의 기초말뚝이 수평력을 받는다.

④ 지진 시의 구조물기초말뚝 : 지진이 발생되면 수평진동에 의해 엄청 큰 수평력이 모든 구조물의 말뚝기초에 작용된다.

3. 수동(受動)말뚝

(1) 검토사항

① 수동말뚝을 안전성을 확보하려면 우선적으로 지반변형에 의해 말뚝에 작용되는 측방토압의 발생원인(물체)을 규명해야 한다.

② 예를 들어, 연약지반 상의 성토·굴착으로 하중이 재하(在荷)되거나 제거(除去)되면 지반은 수평방향으로 측방유동이 발생된다.

③ 대부분의 경우에 지반의 측방유동은 바람직하지 못한 현상이므로 가능하면 측방 유동이 발생하지 않도록 대책을 마련해야 한다.

(2) 수동말뚝 종류

① 흙막이벽 말뚝 : 연약지반을 굴착하여 흙막이용 말뚝을 박으면 배면지반 침하나 말뚝사이 지반의 소성변형에 의해 측방토압으로 인해 수평으로 이동된다.

② 사면안정 말뚝 : 산사태로 인한 사면붕괴 방지를 위하여 사면에 말뚝을 설치하는 경우는 역으로 수평하중에 저항하는 수동말뚝을 활용하는 사례이다.

③ 교대 기초말뚝 : 교대가 연약지반 중에 설치되면 배면성토의 침하와 하중의 증가로 인하여 연약지반이 측방으로 유동되고, 교대 기초말뚝도 수평으로 이동된다.

④ 항만잔교 기초말뚝 : 불안정한 해저(海底)사면에 잔교가 설치되면 임의의 파괴면을 따라 해저지반이 변형되고, 이에 따라 말뚝에 측방토압이 작용된다.

⑤ 구조물 기초말뚝 : 연약지반에 기성말뚝 타설, 샌드파일 타설, 심층혼합처리 등은 지반 내에 체적이 추가되므로 그만큼 지반이 측방으로 변형된다.

⑥ 지진 시의 수동말뚝 : 지진이 발생되어 지반이 액상화되면서 수평방향으로 변형을 일으키므로 말뚝에 측방토압을 작용된다.[116]

---

116) 박효성 외, 'Final 토목시공기술사 핵심문제', 예문사, pp.446~447, 2008.

03.26 시험항타의 목적과 관리항목

기초 파일공에서 시험항타 [0, 1]

1. 시험항타 계획

⑴ 특정한 건축물신축공사의 계획·설계단계에서 초기에 말뚝기초에 대한 시험항타계획을 수립하여 파일재하시험을 실시하고,
본 공사현장의 말뚝기초 설계의 적정성 파악, 항타공법 및 시공장비의 적정성 검토 등을 통하여 말뚝기초의 시공관리기준을 제시하는데 시험항타의 목적이 있다.

⑵ 본 공사현장의 지반조건(사례)은 지층 중간에 매립층이 있고 그 하부에 연약층이 분포하고 있으므로 직접 항타로 시공이 불가하다고 판단되어,
본 공사 착공 전에 지반 G.L+0에 오거 천공 후 케이싱을 삽입하여 시험항타하는 "천공, 시멘트페이스트 주입 후 경타공법"을 채택하여 다음과 같이 실시한다.

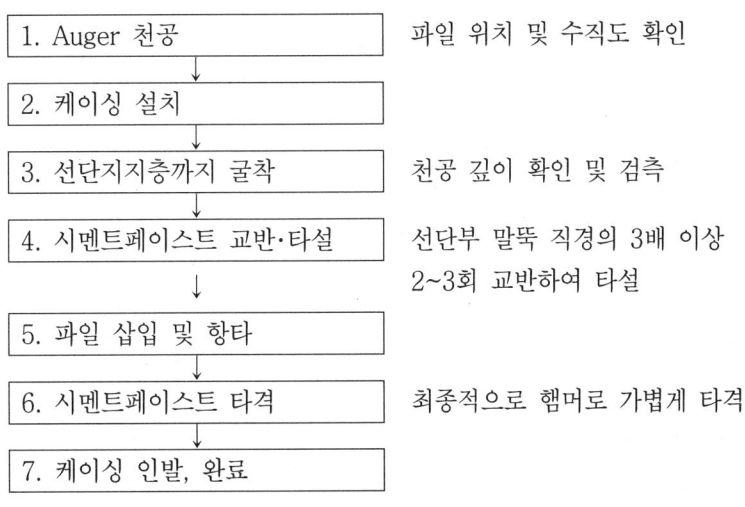

1. Auger 천공	파일 위치 및 수직도 확인
2. 케이싱 설치	
3. 선단지지층까지 굴착	천공 깊이 확인 및 검측
4. 시멘트페이스트 교반·타설	선단부 말뚝 직경의 3배 이상 2~3회 교반하여 타설
5. 파일 삽입 및 항타	
6. 시멘트페이스트 타격	최종적으로 햄머로 가볍게 타격
7. 케이싱 인발, 완료	

시험항타 흐름도

2. 시험항타 실시

⑴ 시험항타 목적
① 본 항타 말뚝의 관입길이 결정
② 본 항타 말뚝의 시공방법(말뚝의 중심간격, 배열 등) 확정
③ 본 항타 말뚝의 시공방법(타입공법, 매입공법)에 따른 장비 적합성 판정
④ 본 항타 말뚝의 설계하중 검토

(2) 시험항타 장비(일반적인 경우)

  ① 항타 장비 : 50톤 Crane 및 Leader, 보조장비

                   5톤 Hydraulic hammer

                   Hydraulic power pack

  ② 쿠션 자재 : Plywood 100mm

(3) 시험항타 위치·수량

위치 (가정)	수량	방법
X2-Y3 교차부 X3-Y1 교차부	2개소 2본	동(動)재하시험

3. 시험항타 관리사항

(1) 시험항타는 개소당 2본 이상을 시행하고, 본 공사의 말뚝기초 길이를 결정할 수 있도록 본 공사의 기초설계보다 2m 정도 긴 말뚝을 사용한다.

(2) 시험말뚝의 매달은 위치는 말뚝길이 12m 이하는 2m 지점에서 매달고, 13m 이상은 1/4 지점에 매달아 항타를 시작한다.

(3) 본 항타용 말뚝으로 본 항타용 장비로 동일하게 타격에너지를 가하여 박는다.

(4) 시험항타를 시행하면서 말뚝번호를 기록하고 항타모습을 촬영한다.

(5) 시험항타 말뚝마다 측정용지를 부착하여, 관입량을 기록한 후 보관한다.

(6) 시험항타 위치선정은 지형이 상이한 지층, 길이에 변화가 있는 지점 등 확인이 필요한 지점을 선정한다.

(7) 2대 이상의 본 항타장비를 투입할 계획인 경우에는 투입 예정인 모든 항타장비로 시험항타를 실시한다.

(8) 시험항타 결과, 사전지반조사 자료와 큰 차이가 발생된 경우에는 지반조건의 변화를 확인 할 수 있도록 시험항타 갯수를 적절히 조정하여 시행한다.[117]

---

117) ㈜강남토건, '시험항타계획', 갈천해수탕 신축공사, 2007.12, https://www.google.co.kr/

03.27 말뚝 항타작업 중 파손방지

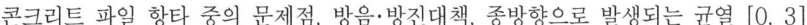

콘크리트 파일 항타 중의 문제점, 방음·방진대책, 종방향으로 발생되는 균열 [0, 3]

Ⅰ. 개요

1. 항타공법은 말뚝을 지반에 박을 때 가장 많이 쓰이는 공법으로, 무거운 해머를 끌어 올렸다가 낙하할 때 타격하기 때문에 소음·진동이 발생되며, 또한 말뚝머리 파손이 발생되는 문제점이 있다. 최근 도심지 기초공사 항타공법에는 무소음·무진동의 압입(壓入)공법, 주수(注水)공법 등이 쓰인다.

Ⅱ. 말뚝박기

1. 항타(杭打)공법

(1) 드롭해머(drop hammer)

① 원리 : 윈치로 해머를 끌어 올렸다가 말뚝상단에 자유낙하시켜 타격하는 장비

② 특징 : 해머무게를 크게 하면 윈치와 비계설비가 커지고, 낙하고를 크게 하면 말뚝두부 파손이 커진다. 일반적으로 해머무게를 말뚝무게의 3배 정도로 사용

③ 장점 : 설비가 간단하여 소규모 공사에서 짧은 나무말뚝 타입에 적합

④ 단점 : 타격할 때마다 중추를 끌어 올리는데 시간이 걸려 시공능률이 나빠 대규모 공사에는 부적합

(2) 증기해머(Steam hammer)

① 원리 : 단동식 또는 복동식 증기해머를 낙하시켜 말뚝을 타격하는 장비

② 특징 : 피스톤, 램 및 자동증기조종레버로 구성

③ 단동식 증기해머 : 피스톤 하부에 증기압을 가하여 피스톤과 램을 밀어 올렸다가 증기압을 배출시켜 자중으로 피스톤과 램을 말뚝상단에 낙하

④ 복동식 증기해머 : 피스톤과 램을 밀어 올렸던 증기를 배출할 때 동시에 새로운 증기압을 피스톤 상부에 가하여 피스톤과 램을 말뚝상단에 빠르게 낙하

(3) 디젤해머(Diesel hammer)

① 원리 : 말뚝상부를 타격할 때 디젤이 압축·폭발하여 램을 원위치까지 밀어 올려 말뚝에 반력을 가하므로 램 낙하와 연소·폭발 에너지의 합으로 타격하는 장비

② 특징 : 디젤해머 모델이 제작사마다 다양하므로, 현장조건을 고려하여 적합한 장비를 선정해야 한다.

③ 장점 : 연료소비량 적고, 보조장비 필요 없고, 경사말뚝 타입에도 적합

④ 단점 : 단단한 지반에 적합하나, 연약한 지반에는 저항이 적어 점화 곤란

(4) 진동해머(Vibro hammer)

① 원리 : 말뚝상단에 진동을 가하는 기진기를 설치하여 말뚝을 종방향으로 강제로 진동시켜 지반에 관입시키는 장비

② 특징 : 기진력과 자중을 일정하게 하여 진동수를 변화시키면 말뚝의 관입속도가 최대가 되는 특정한 최적의 진동수를 구할 수 있다.

③ 특징 : 포화된 조립토 지반에서 sheet pile 관입에 적합

항타(杭打)공법의 장·단점 비교

구분	장점	단점
드롭해머	◦ 설비가 간단하다. ◦ 낙하고를 자유롭게 조절할 수 있다. ◦ 가격이 저렴하다.	◦ 튜브가 손상되기 쉽다. ◦ 편심 타격이 우려된다. ◦ 타격 속도가 느리다.
증기해머	◦ 타격횟수가 증가된다. ◦ 긴 말뚝 박을 때 적합하다. ◦ 말뚝 두부의 손상이 적다.	◦ 소규모 현장에 부적합하다. ◦ 연속타격으로 소음이 크다. ◦ 장비 설치비용이 비싸다.
디젤해머	◦ 기동성이 우수하다. ◦ 큰 타격력을 가할 수 있다. ◦ 연료 소모율이 적다.	◦ 중량이 크고 설비가 무겁다. ◦ 연약지반에는 효율이 떨어진다. ◦ 타격 소음이 크다.
진동해머	◦ 정확한 위치에 타격할 수 있다. ◦ 타격 소음이 적다. ◦ 말뚝 두부의 손상이 적다.	◦ 기동성이 불리하다. ◦ 반력을 얻기 위해 설비가 필요하다. ◦ N=30 지반에는 곤란하다.

2. 압입(壓入)공법

(1) 원리 : 압입저항에 대한 반력에 의해 압입기계의 자중과 반력하중을 가하는 원리이다. 즉, 오일 잭을 사용하여 말뚝을 강제로 지반에 압입시키는 장비이다.

(2) 장점 : N=30 정도의 지반까지는 압입이 가능하며, 압입이 불가능한 지층에서는 auger로 압입하면서 water jet을 병행 시공하면 효율적이다.

(3) 단점 : 말뚝의 주변 또는 선단부의 지반을 교란시키지는 않으나, 압입할 때 말뚝 주변에 생기는 마찰저항으로 인한 압입저항이 크다.

3. 주수(注水)공법, Water jet method

(1) 원리 : 말뚝 선단부에 압력수를 분출시켜 저항을 줄이며 말뚝을 관입하는 장비

(2) 장점 : 해머와 병용하면 말뚝을 효과적으로 관입할 수 있다.

(3) 단점 : 점성토에서는 함수비가 변하여 지지력이 저하되므로 부적합하다.[118]

118) 박효성 외, 'Final 토목시공기술사 핵심문제', 예문사, pp.519~521, 2008.

항타(杭打)공법과 압입(壓入)공법 비교

구분	항타(杭打)공법	압입(壓入)공법
장점	◦ 시공성이 양호하다. ◦ 원지반의 토성이 변화한다. ◦ 지반 압밀로 주면마찰력이 증가한다.	◦ 매입 중에 말뚝이 손상되지 않는다. ◦ 무소음·무진동으로 시공할 수 있다.
단점	◦ 편타에 의해 말뚝두부와 이음부가 파손되면, 타입이 곤란하다. ◦ 소음·진동 등의 건설공해가 발생한다.	◦ 굴착토의 배토설비가 필요하다. ◦ 지지력 확보를 위해 약액을 침투시킬 때 토양환경이 오염된다. ◦ 대형장비가 필요하여 시공비가 비싸다.

말뚝두부 파손의 원인 및 대책

구분	파손원인	방지대책
(1) 운반·취급 부주의	운반 중에 부주의로 충격·손상 주거나, 배수 불량한 연약지반에 보관할 때	운반 중 충격·손상 주지 않도록 유의, 2단 이하로 종류별로 나누어 보관
(2) 말뚝 강도 부족	재료(시멘트, 골재, 철근, PC강선) 불량, 제조 중 원심력, 양생 부족할 때	시멘트 강도, 골재 입도·분포 시험 콘크리트 타설, 원심력, 양생 관리
(3) 편심 항타	항타 중 햄머의 편심 타격, 이질층 또는 전석층 지반에서 편심 발생할 때	말뚝 연직도를 주기적으로 검사하고, 수직 허용오차는 L/50 이하로 관리
(4) 타격에너지 과다	제조된 말뚝강도보다 과다한 타격에너지로 반복하여 항타할 때	말뚝 50cm 관입될 때마다 측정, 3m 이내 남았을 때부터 10cm마다 측정
(5) 말뚝 축선 불일치	항타 중 말뚝 선단부의 리더(leader)와 말뚝 중심선이 불일치할 때	말뚝 리더와 중심선을 일치시키고, 말뚝 단면 일부에 집중적인 타격 금지
(6) 햄머 용량 과다	말뚝 무게에 비하여 햄머 중량이 너무 과다할 때	대용량 햄머는 파손 유발하므로 사용금지, 타격력 조정 가능한 햄머 사용
(7) 쿠션 두께 부족	쿠션 재료는 합판이나 목재를 사용하는데 지나치게 두께가 얇을 때	항타 충격에 파손되지 않을 정도의 쿠션 두께를 확보하여 파손 방지
(8) 연약지반	연약지반에서 타격 중 중간부·이음부가 이완되어 인장균열이 발생될 때	지반조사 하여 적합한 항타공법 선정, 시험말뚝박기 하여 적합한 장비 선정
(9) 이음부 불량	이음공법(장부식, 충전식, 볼트식, 용접식) 중 용접이 불량할 때	말뚝이음부 내구성·수직성 유지, 용접 이음으로 강성 우수한 품질 확보
(10) 타격횟수 과다	선단 지지력 확보 후에 타격을 반복하여 항타에너지가 과다할 때	타격횟수를 RC말뚝 1,000회, PC말뚝 2,000회, 강재말뚝 3,000회 이하 준수
(11) 지반 경사	지반에 이질층·전석층이 존재하여 말뚝 선단부에 경사가 발생될 때	항타 초기에 서서히 관입시켜 수직도 확인, 수직 허용오차 L/50 이내 관리
(12) 지중 장애물	말뚝 선단부의 지반에 호박돌, 전석, 암반 등이 존재할 때	Rebound량과 관입량 조사하여 타격횟수 결정, 선단부 friction cutter 부착

03.28 말뚝쿠션(File cushion)

파일 쿠숀(Pile cushion) [1, 0]

1. 말뚝의 동적 재하시험 방법 (한국산업규격 KS F 2591)

⑴ 말뚝은 동재하시험기구가 극한지지력에 도달되었다고 지시하는 깊이까지 박아야 한
다. 말뚝에 작용하는 응력은 결정된 값이 허용 값을 초과하지 않도록 동재하시험기
구로 말뚝박기 중에 감시해야 한다.

⑵ 필요한 경우에 응력을 허용 값 이하로 유지하기 위하여 쿠션을 추가하거나 해머 에
너지 출력을 감소시켜 말뚝에 전달되는 타격에너지를 감소시켜야 한다.

2. 항타말뚝의 시험시공계획서

⑴ 시험말뚝 시공에 앞서 수급인은 시공에 관련한 세부 시공계획을 작성하여 제출하여
야 하며 시공계획서에는 아래 내용을 포함하여야 한다.
  ① 해머규격
  ② 해머쿠션 및 말뚝쿠션 규격
  ③ 예상말뚝 관입깊이
  ④ 예상 최종관입량 기준
  ⑤ 정재하시험 계획
  ⑥ 항타 중 동재하시험 계획
  ⑦ 말뚝머리정리 계획 등

⑵ 수급인은 제출된 시공계획서에 대하여 공사감독자의 검토·승인을 득한 후에 시험말
뚝 시공을 실시한다.

3. 해머쿠션 규정

⑴ 드롭해머를 제외한 모든 타격말뚝 타격장비는 해머나 말뚝의 손상방지와 균일한 타
입거동 보장을 위하여 적당한 두께의 해머쿠션을 장착한다.

⑵ 해머쿠션은 타입하는 동안 균일한 성능을 유지할 수 있는 내구성을 가진 재료로 제
작되어야 한다. 단, 목재, 와이어 로프, 석면 해머쿠션을 사용을 금지한다.

⑶ 타격판(strike plate)은 쿠션재료의 균일한 압축을 보장하기 위하여 해머쿠션 위에
설치한다.

⑷ 해머쿠션은 말뚝 타입을 시작할 때와 말뚝타입이 완료된 후, 매 100시간마다 점검
한다. 또한 해머쿠션은 두께가 25% 이상 감소되기 전에 교체한다.

⑸ 해머쿠션의 적합성은 항타 중에 동재하시험을 실시하여 확인한다.

4. 말뚝쿠션 규정

(1) 기성 콘크리트말뚝 항타할 때 합판 또는 통나무 재질의 말뚝쿠션을 사용한다.

(2) 말뚝쿠션의 적절한 두께는 항타 중 동재하시험을 실시하여 결정한다.

(3) 타입 중에 말뚝쿠션에 과도한 변형이 발생하거나 발생하기 시작하면 새로운 말뚝쿠션을 사용한다.

(4) 말뚝머리가 깨지는 것을 방지하는 보호조치를 한다.

(5) 해머쿠션 재질은 항타 중 균일한 성능이 유지되는 내구성 있는 재료로 제작하며, 말뚝쿠션은 말뚝타입을 시작 또는 종료 후에 점검하고 파손 및 편타가 우려되는 경우에는 즉시 교체한다.

5. 항타로 인한 말뚝쿠션의 재료별 소음 측정

(1) SIP공법에서 말뚝쿠션 재료의 요구조건은 고효율의 에너지 전달율을 만족하면서 효과적으로 소음을 제어할 수 있도록 규정되어 있다.

(2) 말뚝쿠션 재료를 두께 6cm와 9cm 합판, 강재(無쿠션), 실리콘고무+합판, 미카타, 폴리우레탄, 고무, 폴리우레탄+말뚝캡 등으로 교체하면서 램의 낙하높이를 변화시키며 낙하해머로 동재하시험 중에 소음원으로부터 35m 이격된 위치에서 소음측정을 실시하였다.

(3) 말뚝쿠션 재료별 소음측정 결과는 다음 3가지로 요약할 수 있다.

① 램의 낙하에너지 2tonf-m로 최종 경타 중에 말뚝쿠션 재료를 사용하지 않은 경우보다 두께 6cm 합판을 사용한 경우에 소음증분량이 700% 낮게 나타났다.

② 합판 두께가 6cm, 9cm에 대하여 동일한 낙하에너지 2tonf-m로 타격하였을 때 말뚝에 전달되는 에너지 전달율은 각각 55%, 25%로 합판 두께가 얇을수록 에너지 전달율이 높게, 소음크기는 낮게 나타났다.

③ 소음측정에 사용된 말뚝쿠션 재료 중에서 두께 6cm 합판이 소음을 가장 적게 발생하였을 뿐만 아니라 에너지 전달율도 강재보다 더 우수하였다.[119]

---

119) 김낙영 외, '항타로 인한 말뚝쿠션재료별 소음 분석', 한국소음진동공학회 2010년 춘계학술대회논문집, pp.660~661, 2010.

03.29 강(鋼)말뚝의 부식방지, 국부좌굴

강관말뚝의 부식원인과 방지대책, 국부좌굴의 원인, 두부보강방법 [2, 3]

Ⅰ. 개요

1. 강말뚝(steel pile)에는 강관(鋼管)말뚝과 H형말뚝이 있으며, 타입 관통력이 크고 이음시공이 확실하며, 수평하중에 대한 휨저항이 매우 강하여 깊은기초에 이용된다.

2. 강관말뚝은 강판을 둥글게 하거나 나선형으로 감아서 그 이음매를 용접하여 만들며 바깥지름이 2000mm 대구경도 있다.

3. H형말뚝은 압연 또는 용접으로 만들며 단면의 크기는 500mm까지 생산된다.

Ⅱ. 강말뚝(steel pile)의 부식방지대책

1. 일반적인 부식방지대책

(1) 두께 증가 : 두꺼운 부재를 사용하면 효과적이지만, 공사비가 비싸다.

(2) 표면 도장 : 부식 방지를 위하여 표면을 방식도장한다.

(3) 콘크리트 피복 : 부식이 심한 지표면, 건습 반복 부분을 피복하면 방지된다.

(4) 전기 방식 : 전기적으로 처리하면 부식량을 1/10 이하로 줄일 수 있다.

2. H형말뚝의 부식방지대책

(1) 화합물의 침투 또는 전류에 의한 부식이 우려되는 공업단지에서 H형말뚝을 사용할 때, 위의 일반적인 대책(두께증가, 펴면 도장, 콘크리트 피복)으로 설계하면 부식 방지에 효과적이다

(2) H형말뚝은 말뚝이 기둥으로서 지상에 돌출되거나 강한 타입을 필요로 하는 지반에서 부식 방지에 효과적이다.

(3) H형말뚝의 허용압축강도는 일반적으로 $600 \sim 800 \text{kg/cm}^2$ 이하로 설계하지만, 암반에서 강하게 타입하는 경우에도 선단지지력이 충분하며 강철의 탄성한계강도까지의 하중도 버틸 수 있다.

3. 강관말뚝의 부식방지대책

(1) 강관말뚝 선단부의 폐단말뚝과 개관말뚝 2종류가 있다. 직경은 25~50mm가 일반적으로 쓰이며, 흙속에 개관말뚝을 박으면 폐단말뚝보다 주변 흙의 이동이나 융기가 적어 항타작업에 효과적이다.

(2) 강관말뚝은 H형말뚝보다 항타 중에 장애물에 걸려 옆으로 기울어지는 경우가 거

의 없고, 타입 후에 그 속을 콘크리트로 채우면 우수한 말뚝이 된다.

⑶ 콘크리트로 속을 채운 강관말뚝은 하중이 콘크리트와 강철에 분담되므로 각각의 허용응력(콘크리트 45kg/cm^2, 철근 700kg/cm^2)을 초과하면 아니 된다.

⑷ 강관말뚝의 설계하중은 25cm관(두께 6mm)에서 60톤을 기준으로 한다.

Ⅲ. 강말뚝(steel pile)의 국부좌굴

1. 용어 정의

⑴ 좌굴(buckling)에는 부재의 국부적 영역에서 지역적으로 발생되는 국부좌굴(local buckling), 전단력에 의하여 발생되는 전단좌굴(shear buckling), 비틀림에 의해 발생되는 비틀림 좌굴(torsion buckling) 등이 있다.

⑵ 강말뚝의 국부좌굴(局部座屈, local buckling)이란 부재 전체의 파괴를 유발할 수도 있는 압축재 판요소가 국부적으로 변형을 일으키는 현상을 말한다.

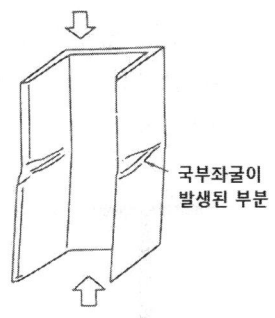

국부좌굴이 발생된 부분

2. 국부좌굴 대책

⑴ H형강(H形鋼, H-steel)

① H형강은 국부좌굴을 일으키지 않는 범위 내에서 플랜지 두께를 동일하게 제작하고, 폭이 넓은 형상을 하고 있다.

② H형강은 주로 열(熱)압연재이지만, 일부를 용접으로 성형한 제품도 있다. 건축물의 골조, 기성말뚝기초 등에 널리 쓰인다.

⑵ 수직보강재(vertical stiffener)

① 강(鋼)부재를 구성하는 강판의 강성을 높여 국부좌굴을 방지하며 내하력(耐荷力)을 크게 향상시키기 위하여 거더(girder)의 복판에 수직방향으로 설치한 부재를 장치한 것을 수직보강재라 한다.

② 수직보강재 중에서 지점(支点) 위에 설치된 부재를 단보강재(端補剛材), 지간부(支間部)에 설치된 부재를 중간보강재라고 한다.

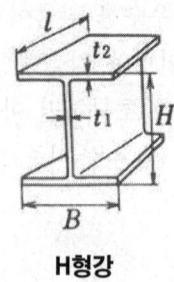

H형강

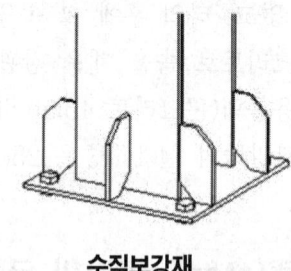

수직보강재

(3) 와이드 플랜지 형강(wide flange shape steel)
① H형강과 같은 형상으로, 폭넓은 플랜지 계열의 단면을 갖는 형강이다. 압연재
와 용접 조립재가 사용되고 있다.
② 플랜지는 판모양으로 거의 두께가 같고, 휨에 대한 성능은 좋다. 다만, 국부좌
굴을 방지하기 위하여 폭과 두께의 비(比)를 제한한다.

(4) 립(rip)
① 경량 형강의 단면 끝을 구부린 형태와 같은 모양을 한 것을 말한다.
② 립 홈형강, 립 Z형강, 립 산형강 등이 있다. 단면형을 유지하는 것이 국부좌굴
을 방지하는데 효과가 있다.[120]

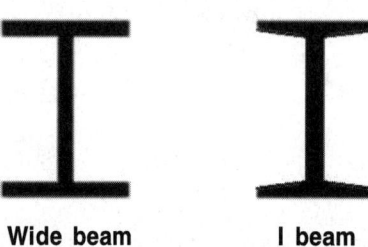

Wide beam   **I beam**

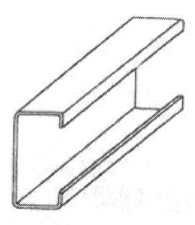

립 홈형강

120) 박효성 외, 'Final 토목시공기술사 핵심문제', 예문사, pp.515~524, 2008.
   Civil engineering, '말뚝기초의 종류', http://civileng7.tistory.com/

03.30 말뚝지지력의 시간효과(Time Effect)

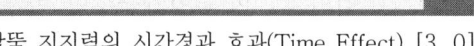

타입말뚝 지지력의 시간경과 효과(Time Effect) [3, 0]

Ⅰ. 개요

1. 말뚝지지력의 시간효과(Time effect)는 항타 완료 후에 시간이 경과함에 따라 말뚝 지지력이 증가하는 Set-up, 지지력이 감소하는 Relaxation 현상을 말한다.

Ⅱ. 말뚝지지력에 영향을 주는 요인

1. 부(負)의 주면마찰력
2. 무리[群]말뚝의 작용
3. 세장비에 의한 말뚝지지력의 감소
4. 말뚝이음부의 결함 : 이음부 재료가 갈라지거나, 이음부 상·하 말뚝 축선이 불일치
5. 말뚝의 변형 : 액상화가 발생되는 등 지반환경이 변화되면 말뚝이 변형
6. 말뚝의 침하 : 무리[單]말뚝이 침하되면 말뚝지지력이 감소

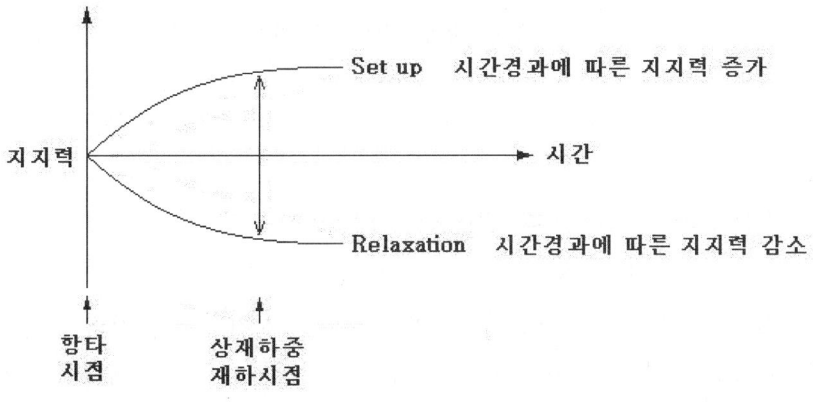

말뚝지지력의 시간효과(Time effect)

Ⅲ. Set-up & Relaxation

1. 지지력 증가(Set-up)

⑴ 용어 정의

① Set-up은 말뚝 항타 후에 시간이 경과함에 따라 점차 말뚝지지력이 증가하는 현상으로, 느슨한 모래, 정규압밀점토에서 발생된다.

② Set-up은 과다설계, 공사비 증가 등의 요인으로 작용된다.

(2) Set-up 발생의 메커니즘

① 항타 ⇨ ② 과잉간극수압 발생 ⇨ ③ 과잉간극수압 소산 ⇨ ④ 함수비 저하
⇨ ⑤ 전단강도 증가 ⇨ ⑥ 지지력 증가(Set-up)

(3) 토질별 지지력 증가비(US DOT, 1996)

토질 종류	점성토	실트질	사질토
지지력 증가비	2.0	1.5	1.0

2. 지지력 감소(Relaxation)

(1) 용어 정의

① Relaxation은 말뚝 항타 후에 시간이 경과함에 따라 점차 말뚝지지력이 감소하는 현상으로, 세암, 조밀한 모래, 과(過)압밀점토에서 발생된다.

② Relaxation은 지지력 감소에 의한 불안정 설계의 요인으로 작용된다.

(2) 지지력 변화의 메커니즘

흙의 전단강도	$\tau = c + (\sigma - u)\tan\phi$

↓　　　　　항타 진동 충격에 의한 간극수압 상승으로 $\sigma - u = 0$

전단강도 감소	$\tau = c + 0$

↓　　　　　시간이 경과하면서 간극수압이 소산하여 유효응력이 증가

전단강도 증가	$\tau = c + (\sigma - u)\tan\phi$

$$\sigma'(\text{유효응력}) = \sigma(\text{전응력}) - u(\text{간극수압})$$

Ⅳ. 시간효과(time effect)를 고려한 현장관리

1. 말뚝지지력의 변화를 예측 : 지질조건에 따라 말뚝의 시간경과에 따른 개략적 거동을 예측할 수 있다. 다만, 화강풍화토의 경우에는 시간효과가 거의 없다.

2. 말뚝의 과소설계 방지, 경제적 설계 : 시간경과 효과를 정확히 예측해야 가능하다.

3. 靜的재하시험 : 시간효과를 고려하여 항타 완료하고 충분한 시간이 경과된 후에 시험을 실시하여야 지지력 변화를 제대로 추정할 수 있다.

4. 動的재하시험 : 시간효과에 의해 재하시험의 지지력과 달라지므로, 動的재하시험으로 구한 지지력에서 시간효과의 영향을 보정(補正)해야 한다.

5. 시험말뚝 항타 후에 일정 시간이 경과하면 반드시 재항타를 실시하여 시간경과 효과를 확인해야 한다.[121]

---

121) 박효성 외, 'Final 토목시공기술사 핵심문제', 예문사, p.529, 2008.

03.31 말뚝의 매입(埋入)공법

말뚝시험방법 중 타입공법과 매입공법 [1, 0]

I. 개요

1. 기성말뚝 타입(打入)공법은 햄머로 타격하는 방식으로, 시공이 간단하나 타격 중에 원지반 토성변화, 편타에 따른 말뚝파손, 소음·진동 공해문제 등이 발생된다.

2. 기성말뚝 매입(埋入)공법은 유압 jack으로 지반에 강제(强制)압입 또는 중공(中空)관입하는 방식으로, 무소음·무진동이므로 말뚝파손은 없으나 대형장비가 필요하다.

구분	공벽붕괴 방지대책	최종경타	품질관리	공기	공비	사용빈도	사용말뚝
SIP공법	없음	실시	어려움	빠름	저가	많음	PHC, 강관
SDA공법	케이싱	미실시	보통	보통	고가	적음	PHC, 강관
PRD공법	말뚝본체	미실시	보통	보통	고가	많음	강관

II. 말뚝의 매입(埋入)공법

1. 매입(埋入)공법의 특징

(1) 매입 중에 말뚝이 손상되지 않는다.

(2) 무소음·무진동으로 시공할 수 있다.

(3) 굴착토를 배토할 수 있는 설비가 필요하다.

(4) 지지력 확보를 위해 약액을 주입·침투하면 토양환경이 오염된다.

(5) 대형장비 필요하며 시공비용이 비싸다.

2. 매입(埋入)공법의 시공

(1) SIP(Soil-cement injecting precast)

① 원리 ◦ Auger로 굴착하고 선단고정액(시멘트풀) 주입하여 auger를 인발한다.

◦ 이어서 말뚝을 삽입하고 가볍게 타격하면서 말뚝머리를 마무리한다.

② 장점 ◦ 기성말뚝과 현장타설말뚝의 장점을 채택한 공법이다

◦ 말뚝 시공이 간단하고, 말뚝 강도·내구성이 우수하다.

◦ 저소음·저진동으로, 도심지에서 기존 구조물 근접시공에 유리하다.

③ 단점 ◦ 원지반의 토성이 변화되어, 지반의 교란이 우려된다.

◦ 지지층이 깊을 경우에 굴착 중 지반교란과 공벽붕괴를 방지하기 위하여 별도 대책이 필요하다.

◦ 지하수가 유입될 경우에는 환경오염이 발생된다.

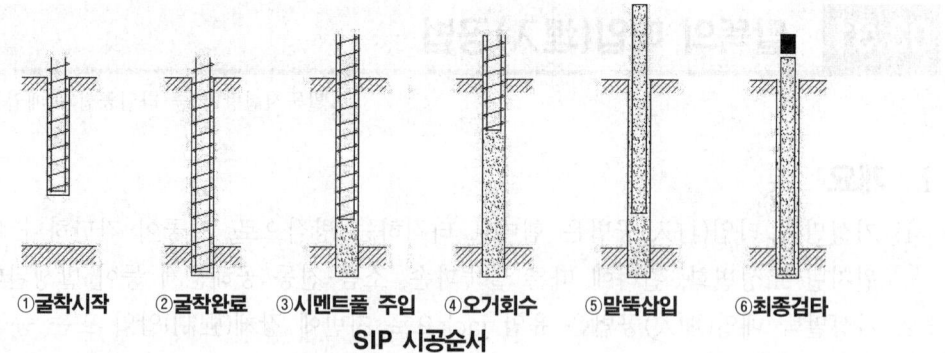

①굴착시작　②굴착완료　③시멘트풀 주입　④오거회수　⑤말뚝삽입　⑥최종검타
SIP 시공순서

(2) SDA(Separated doughnut auger)

　① SDA는 一名 이중 오거(double rotary auger)공법이라 부른다.

　② SDA는 SIP의 굴착공벽 붕괴, 선단지지층 확인 곤란 등을 개선할 수 있다.

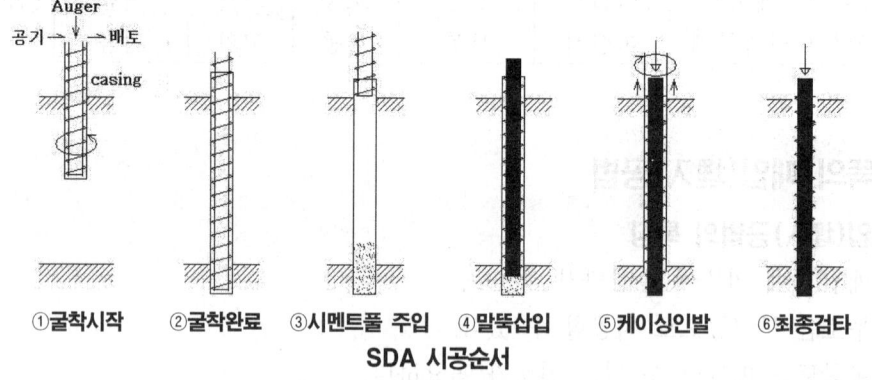

①굴착시작　②굴착완료　③시멘트풀 주입　④말뚝삽입　⑤케이싱인발　⑥최종검타
SDA 시공순서

(3) PRD(Percussion rotary drill)

　① PRD는 암반천공장비를 말뚝 내부에 삽입하고, 말뚝 선단부 지반을 굴착하면서
　　 말뚝을 회전·관입시켜, 말뚝 내부를 속파기하면서 말뚝을 매입하는 공법이다.

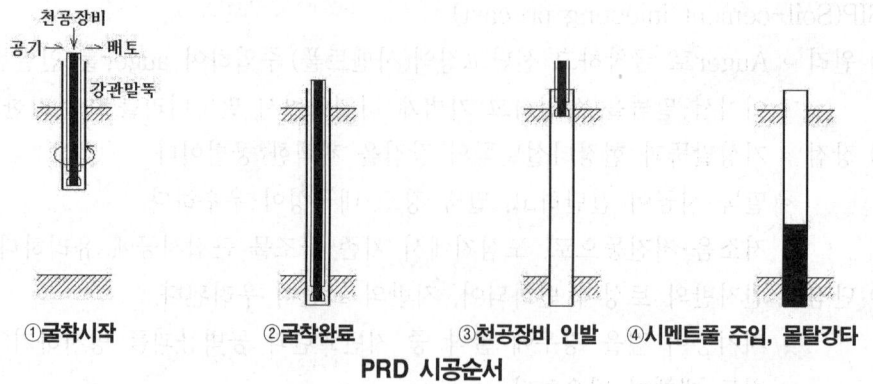

①굴착시작　②굴착완료　③천공장비 인발　④시멘트풀 주입, 몰탈강타
PRD 시공순서

Ⅲ. 기성말뚝의 매입공법 시공 유의사항

1. 사전준비

(1) 주변정비 : 지하·지상 매설물을 확인하고, 지면은 평탄하게 다짐하고, 시공 중에 강우를 대비하여 배수시설을 철저히 보강한다.

(2) 눈금표시 : 말뚝에 눈금자의 숫자를 사전에 표시하여, 항타 중에 진도관리한다.

(3) 공법선정 : 현장여건, 원지반의 토성변화 등을 고려하여 안정성, 시공성, 경제성이 우수하고 환경오염이 적은 공법을 선정한다.

(4) 시험시공 : 시험말뚝 시행단계에서 본 시공을 위한 시공관리기준을 설정하기 위해 정적 및 동적 재하시험을 실시한다.

(5) 관리기록 : 항타기록부, 말뚝배치도 등의 시공관리 기록을 준비한다.

2. 천공

(1) 천공 중에 붕괴 우려가 있는 지반에는 항타높이, 햄머무게 등을 조절한다.

(2) 특히 지지층이 깊을 경우에는 케이싱을 이용하여 공벽붕괴를 방지한다.

(3) 굴착 선단에 혼합자갈층이 존재하는 경우에는 지지층을 확인하면서 재천공한다.

(4) Auger 직경은 말뚝 직경보다 조금 크게 결정한다.

(5) 천공깊이는 말뚝이 소요지지력을 발휘할 수 있는 깊이로 결정한다.

3. 시멘트 주입, 말뚝 삽입

(1) 시멘트풀은 시험말뚝을 통해 결정한 배합비로 교반한다.

(2) 단위시멘트량은 수밀성·내구성을 고려하여 $300kg/m^3$ 이상으로 한다.

(3) Soil cement의 압축강도는 20MPa 이상으로 한다.

(4) 교반된 시멘트풀은 60분 이내에 타설 완료해야 한다.

(5) 천공깊이를 측정 후에 시멘트풀을 주입하면서 auger를 인발한다.

(6) 말뚝 삽입할 때는 가급적 낙하고를 낮추어 말뚝두부 파손을 방지한다.

(7) 햄머와 말뚝의 균형이 맞지 않으면 타입효율이 저하되고, 말뚝의 파손과 변형이 발생하므로 이에 대한 검토가 필요하다.

(8) 본 공사 시행단계에서도 말뚝의 품질확인을 위해 재하시험을 실시한다.

4. 마무리 경타(輕打)

(1) 시험말뚝을 통해 경타관리기준(낙하높이, 햄머중량 등)을 결정한다.

(2) 타격당 관입량은 10회 기준으로 설정하고, 모눈종이에 기록한다.

(3) 마무리 경타 중에 암반 지지층에 도달하면 즉시 종료한다.[122]

---

122) 박효성 외, 'Final 토목시공기술사 핵심문제', 예문사, pp.515~518, 2008.

03.32 말뚝의 부마찰력(Negative Skin Friction)

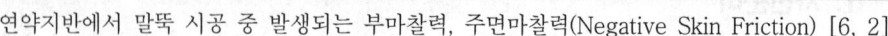

연약지반에서 말뚝 시공 중 발생되는 부마찰력, 주면마찰력(Negative Skin Friction) [6, 2]

Ⅰ. 개요

1. 연약지반을 관통하여 설치된 지지말뚝에는 상부의 연약토층이 말뚝머리에 대하여 상향(上向)의 정(正)마찰력으로 작용한다. 지지말뚝의 주위 지반이 침하되면 말뚝의 주면마찰력은 하향(下向)으로 바뀌어 말뚝에 하중으로 작용하는데, 이를 부(負)주면마찰력(Negative Friction)이라 한다.

2. 구조물 기초하부의 지지말뚝에 부(負)마찰력이 발생되면 말뚝에 작용하는 최대축력의 크기와 작용위치의 변화로 말뚝침하가 증가된다.

3. 부(負)마찰력은 마찰말뚝에는 발생하지 않고 지지말뚝에만 발생된다. 부마찰력을 줄이려면 지하수위 저하, 흙 전단력 증대 등의 조치가 필요하다.

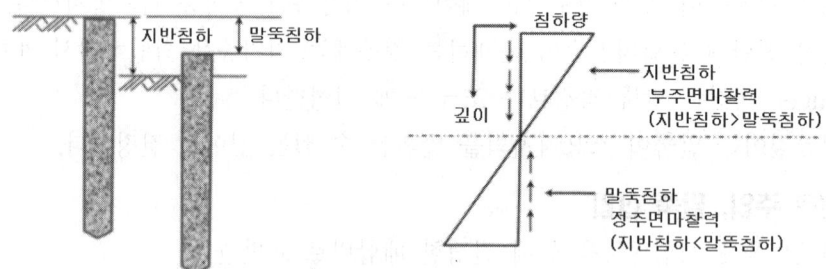

정(正)주면마찰력과 부(負)주면마찰력

Ⅱ. 지지말뚝의 부(負)마찰력

1. 부마찰력의 발생원인

(1) 지반 중에 연약지반이 있을 때

(2) 되메우기를 했거나 치환상태 불량지역에 항타했을 때

(3) 파일간격을 조밀하게 항타했을 때

(4) 진동으로 인하여 압밀침하가 발생했을 때

(5) 함수율이 큰 지반일 때

(6) 피압수의 영향이 큰 지반일 때

(7) 지표면에 과도한 적재물을 장기간 적재할 때

(8) 말뚝이음부의 단면적이 기존 말뚝의 단면적보다 클 때[123]

---

123) 박효성 외, 'Final 토목시공기술사 핵심문제', 예문사, p.513, 2008.

2. 부마찰력 발생에 따른 영향
(1) 지반침하 초래
(2) 구조물균열 유발
(3) 말뚝의 지지력 감소
(4) 건축물 누수 등의 피해발생

3. 설계·시공단계에서 부마찰력을 검토해야 하는 경우
(1) 총 침하량 100mm 이상인 경우
(2) 지표면에서 성토높이 2m 이상인 경우
(3) 지하수위가 4m 이상 저하된 경우
(4) 연약층 깊이가 10m 이상인 경우
(5) 말뚝길이가 2m 이상인 경우
(6) 파일 항타할 때 침하량이 10mm 이상인 경우

4. 부마찰력의 방지대책
(1) 항타이전에 연약지반을 개량하여 지지력 확보
(2) 치환공법, 재하공법, 혼합공법 등 사용
(3) 파일표면적을 적게하여 마찰력을 감소시킨다.
(4) 말뚝에 진동을 주지 말 것
(5) 지하수위를 저하시켜 수압변화 방지
(6) 중력배수공법, 강제배수공법, 전기침투공법 등 사용
(7) 내외관을 분리한 Sliding방식의 이중관말뚝 시공
(8) 지표면에 하중금지로 압밀침하 억제
(9) 말뚝이음부의 단면적을 기존말뚝의 단면적과 같게 시공하여 마찰력 감소

부(負)주면마찰력의 발생조건 및 방지대책

구분	발생조건	방지대책
지반조건	◦ 느슨한 사질토 지반 ◦ 침하량이 많은 지반 ◦ 지하수위의 변동이 심한 지반	◦ 지반개량으로 선행압밀침하 촉진 ◦ 마찰말뚝 대신 지지말뚝으로 변경 ◦ 지하수위의 변동 억제
말뚝조건	◦ 표면적이 큰 말뚝 ◦ 이음부의 요철이 많은 말뚝 ◦ 표면이 거친 말뚝	◦ 이중관 말뚝, 소직경 말뚝, 군말뚝 ◦ 말뚝표면에 윤활유 도포 ◦ 말뚝 이음부의 요철 제거
주변조건	◦ 주변 공사로 인한 진동 발생 ◦ 말뚝 주변에 상재하중이 작용	◦ 진동의 차단 ◦ 절토 등으로 상재하중 제거

03.33 현장타설말뚝의 종류, 문제점, 슬라임

깊은기초에서 사용되는 대구경 현장타설말뚝, All casing, RCD, Earth drill, 슬라임 처리 [1, 8]

I. 현장타설말뚝

1. 말뚝기초공법은 기성말뚝과 현장타설말뚝으로 구분된다.
2. 현장타설말뚝은 지반에 굴착한 구멍으로 철근을 삽입하고 콘크리트를 타설하여 현장에서 만드는 말뚝이다. All casing, Earth drill, 역순환굴착(RCD) 공법 등이 널리 사용되고 있다.

기성말뚝과 현장타설말뚝 비교

구분	기성말뚝	현장타설말뚝
장점	∘ 말뚝재료 품질의 사전조사 가능하다. ∘ 말뚝의 단면과 재질이 균일하다. ∘ 지하수위에 제약 없이 시공 가능하다. ∘ 인장·휨 응력에 대한 저항이 크다. ∘ 시공 용이하다.	∘ 천공으로 지지층 확인이 가능하다. ∘ 지지층 깊이 변화에 맞춰 말뚝의 단면과 길이 조절이 가능하다. ∘ 호박돌·전석층도 뚫고 시공할 수 있다. ∘ 무진동·무소음으로 시공 가능하다.
단점	∘ 지지층 깊이가 불규칙한 지반은 말뚝길이 결정이 어렵다. ∘ 항타 중 말뚝 파손되면 교체 어렵다. ∘ 항타 중 진동·소음이 발생된다. ∘ 항타 중 주변 구조물 피해가 우려된다.	∘ 시공 후 콘크리트 품질확인이 어렵다. ∘ 공벽의 붕괴·병목현상으로 단면이 불규칙해질 우려가 있다. ∘ 지하수위 아래 콘크리트양생이 어렵다. ∘ 주변마찰저항을 크게 기대할 수 없다.

현장타설말뚝의 시공방법 비교

구분	All casing 공법	Earth drill 공법	역순환굴착(RCD) 공법
굴착방법	Casing 요동 압입 Hammer grab 굴착	회전식 bucket	회전식 bit 굴착 Suction pump
공벽 안정성	Casing tube	Bentonite 안정액	정수압
적용성	모든 지반 가능 암반 굴착 불가 느슨한 사질토 넓은 작업공간 필요	주로 점성토에 적용 점성토에 부적합 암반 굴착 가능 시공속도 빠르다.	모든 지반(암반 포함) 가능 사질토 적용 가능 좁은 작업공간 가능 시공속도 빠르다
최대구경	1.5m	1.5m	2.5m
최대심도	40m	27m	50m
환경공해	소음·진동 발생 우물 고갈	소음·진동 없음 Bentonite용액 처리	소음·진동 없음 이토 처리

II. 현장타설말뚝 시공방법

1. All casing 공법

(1) 공법 원리

① All casing 공법은 요동기(oscillator)로 casing을 요동시키면서 내부의 토사를 hammer grab로 배토하며 지반을 굴진하여 기초를 형성하는 공법이다.

② 지반조건에 따라 굴진순서를 정하여 시공한다.

   ○ 연약한 지반 : 선(先) casing, 후(後) hammer grab 형식
   ○ 견고한 지반 : 선(先) hammer grab, 후(後) casing 형식

(2) 공법 특징

① 케이싱 튜브를 요동압입하면서 굴착하는 방식이므로 시공 중 공벽붕괴가 없어 콘크리트에 불순물이 혼입되지 않고, 말뚝주변까지 밀실하게 채워진다.

② 지반에 대한 적용성이 높아 암반을 제외한 모든 토질에 적합하다. 특히 15° 정도의 경사말뚝도 시공 가능하다.

③ 굵은 자갈 또는 호박돌이 섞인 지층에서 casing tube 압입이 어려워 시공 곤란하다. 특히 현장타설말뚝 공법 중 소음·진동이 가장 크다.

2. Earth Drill 공법

(1) 공법 원리

① 어스드릴 공법은 켈리바라고 하는 롯드의 아랫면에 개폐가 가능한 밑뚜껑이 달린 드릴링 버킷을 설치하고 이를 회전시켜서 굴착하고 배토하는 공법이다.

② 기본적으로는 구멍벽을 보호하지 않으나, 표층 부근은 3m 정도의 짧은 케이싱을 사용하고, 붕괴성이 있는 지반에서는 인공 이수를 사용하기도 한다.

(2) 공법 특징

① 경점토 지반에서는 공벽을 보호하지 않고, 드릴 버킷만으로 굴착 가능하다.

② 기계설치가 간편하고 이동이 용이하며, 굴착속도가 빠르다.

③ 공사비용이 절감되고, 소음·진동 건설공해가 적다.

④ 지반 중에 피압수 또는 복류수가 있으면 시공이 곤란하다.

3. 역순환굴착(RCD) 공법

(1) 공법 원리

① 역순환굴착공법(Reverse Circulation Drill Method)으로, 현장타설말뚝 중에서 대구경 말뚝을 가장 깊은 심도까지 굴착 시공할 수 있는 공법이다.

② 굴착된 토사를 구멍 내에서 기 투입된 니수와 혼합하여 흡입·배출한 후, 침전지에서 굴착토사만 침전시키고 니수는 구멍으로 역순환시키는 공법이다.

(2) 공법 특징

① 굴착장비를 오르내릴 필요 없이 연속굴착이 진행되므로 깊은 심도까지 굴착이 가능하고 심도가 깊을수록 다른 공법보다 효율이 양호하다.

② 물을 이용하는 공법이고 Stand pipe 하부는 케이싱 없는 상태로 굴착하기 때문에 수상 시공이 가능하다(케이싱 튜브 불필요).

③ 세사층 굴착도 용이하다. 특수한 빗트를 사용하면 연경암층도 무진동·무소음으로 굴착 가능하다.

④ 이수 순환설비를 위한 공간이 확보되어야 하며, 정수압 또는 안정액 만으로 수위가 유지되지 않는 지층조건에서는 시공이 곤란하다.

Ⅲ. 현장타설말뚝 품질관리 방안

1. 현장타설말뚝 시공 중 문제점 발생원인

구분	문제점	발생원인
굴착	공벽붕괴, 굴착불능	◦ 지반조사에 없던 큰 입경의 전석·자갈돌 존재 ◦ Casing 관입 부족, 지지층 경사, 중간에 경질층 존재 ◦ 인접 말뚝 시공에 의해 구멍 내부의 지하수위 상승
	구멍의 휨·편심·굴곡	◦ 이완된 지반 쪽으로 굴착구멍이 기울어짐 ◦ 중간에 경질층에서 과도한 충격을 가하여 굴착 ◦ Casing 튜브가 처짐·마모되면서 중심 이탈
말뚝본체	콘크리트 품질불량	◦ 슬라임의 완전한 제거 미흡 ◦ 철근간격이 너무 좁아 콘크리트의 유동성 부족 ◦ 트레미관 이음부 누수에 의해 배합비 변화 초래
	단면형상 불균등	◦ 콘크리트 측압에 의해 연약층 단면이 확대 ◦ 연약층 구간에서 공벽이 부풀음 ◦ 느슨한 지반에서 철근망 편심 발생
철근망	철근망 공상(空狀)	◦ 이어붓기 시간 지연으로 콘크리트 경화 시작 ◦ 콘크리트 타설속도가 너무 빨라 충진 미흡 ◦ 철근망과 케이싱 사이에 자갈층 존재로 재료분리
	철근망 변형(變形)	◦ 콘크리트 타설에 따라 하부 철근이 좌굴 ◦ 연약층이 철근망 자중에 의해 침하 ◦ 말뚝과 철근망 길이가 서로 불일치
지지력	지지력 부족	◦ 굴착에 따른 응력해방으로 모래층 이완 ◦ 구멍 선단부에 슬라임 퇴적 ◦ 실제 지지층 두께가 지반조사 결과보다 부족

2. 현장타설말뚝 시공 중 문제점 대책

(1) Stand pipe 세우기

① 굴착 중 지표면 붕괴방지 및 공내 수두압 확보를 위하여 stand pipe 설치

② Stand pipe 직경은 설계말뚝 직경보다 0.15~0.20cm 큰 것을 사용

③ 점성토층이 깊은 지반에서는 깊이 10m까지 stand pipe를 타입하여 설치

(2) 굴착 중 공벽붕괴

① 공벽붕괴 우려가 없는 풍화암 상단까지 casing을 압입하여 설치

(3) 굴착 중 공벽 품질상태 유지

① Drill pipe 이음부의 긴결성을 유지하고, 변형이 생기면 즉시 보강 조치

② 말뚝 연직도 검사를 통하여 말뚝의 연직도 검사 및 연직상태 유지

(4) 공내 굴착속도 관리

① 점성토층에서 굴착속도가 너무 빠르면 양질의 머드케이크가 형성되지 않아 공벽붕괴가 우려되므로, 적절한 굴착속도 유지 필요

(5) 말뚝본체 결함 발생 방지

① 트레미관 이음부 누수를 방지하면서 콘크리트 타설속도를 조절

② 말뚝본체 건전도시험(Sonic logging test)을 실시하여 결함발생 여부를 확인

(6) 철근망 변형

① 콘크리트 타설 중 철근망의 뒤틀림·변형 방지를 위해 철근을 추가 배근

② 철근망 선단부에 스페이서를 설치하여 주철근과 지반의 직접 접촉 방지

(7) 지지력 부족

① 굴착 중 공내 지층구성을 육안으로 확인하여 양질의 지지층 존재 확인

② 굴착 후 재하시험을 통하여 양질의 지지력 존재 추가 확인

3. 현장타설말뚝 시공 중 슬라임 처리

(1) 슬라임 정의

① 슬라임(slime)이란 현장타설콘크리트말뚝 시공 중에 굴착 저면에 침전되어 있는 물질(찌꺼기)을 말한다.

② 슬라임은 말뚝 선단부 콘크리트의 품질불량 및 지지력 감소를 초래하는 원인이 되며, 완료 후에는 제거 불가능하므로 시공 중에 철저히 제거해야 한다.

(2) 슬라임 발생원인

① 현장타설콘크리트말뚝 시공 중 굴착 선단부에 이토(泥土) 찌꺼기 잔류

② 기초지반 굴착 중 공벽이 붕괴되면서 안정액에 포함된 부유물질 침전

③ 기초지반 굴착 후 철근망 삽입 중 지표면으로부터 공벽이 붕괴되어 침전

④ 기초지반 굴착 후 슬라임 제거방법이 부적절하여 찌꺼기 잔류

⑤ 인접공 굴착 중 장비진동에 의해 이미 굴착한 공벽이 붕괴되어 침전

(3) 슬라임 발생에 따른 피해

① 말뚝길이가 비교적 짧은 기초(길이 20m 이하)일수록 슬라임에 의해 콘크리트가 지반 선단에 고정되지 않아 선단지지력이 저하된다.

② 트래미관을 이용하여 콘크리트를 타설할 때 공내의 슬라임이 타설 중인 콘크리트 속으로 말려들어가 부분적으로 콘크리트의 품질 및 강도를 저하시킨다.

③ 콘크리트 타설 중에 슬라임이 콘크리트에 밀려 상승하게 되면 철근과의 저항이 크기 때문에 철근망이 전체적으로 부상하는 원인이 될 수도 있다.

④ 말뚝 타설 중 이토(泥土) 농도, 바닥 청소시기, 굴착종료 후 철근망 삽입과 콘크리트 타설까지의 경과시간, 보일링(boiling) 발생 등을 슬라임의 침전 상황과 함께 관찰하면서 슬라임 제거방법을 고려해야 한다.

⑤ 현장타설콘크리트말뚝 공법 중 특히 RCD 공법에서 트래미관으로 펌핑할 때는 흡입력이 강력하기 때문에 1~2분 이내에 펌핑을 종료하지 않으면 반대로 선단지반이 느슨해지면서 슬라임이 급격히 침전되므로 주의해야 한다.

(4) 슬라임 발생 前 방지대책

① 기초지반 굴착 중에 Grab bucket을 이용하여 슬라임을 지속적으로 제거

② 안정액에는 깨끗한 물을 혼입하고 항상 맑은 상태를 유지하도록 수시 교환

③ 굴착 중에 공벽이 붕괴되지 않도록 서서히 굴진과 인발을 반복

④ 굴착하는 구멍 간격을 일정하게 유지하고, 굴착순서를 설계대로 준수

(5) 슬라임 발생 後 제거단계

① 1차 제거 : 철근망 삽입 전에 분사펌프(jet pump)를 이용하여 제거

② 2차 제거 : 콘크리트 타설 직전에 기포펌프(air lift pump)를 이용하여 제거

③ 콘크리트 타설은 2차 제거 후 슬라임이 발생되기 전에 신속히 타설 종료

(6) 슬라임 발생 後 제거장비

① 분사펌프(jet pump)

  ◦ 수중에 제트(jet)를 설치하고 벤튜리관 원리를 이용하여 증기 또는 물을 고속으로 노즐에서 분사시켜 압력저하에 의한 흡인작용으로 양수하는 펌프

  ◦ 펌프 자체에 가동부분이 없어 고장이 적고 취급이 간단하나 효율이 낮다.

  ◦ 증기를 사용하여 보일러 급수에 사용하는 인젝터(injector),
    물 또는 공기를 사용하여 오수를 배출시키는 배수펌프,
    깊은 우물의 양수에 사용되는 가정용 제트펌프(흡상높이 12m 까지 가능) 등

② 기포펌프(air lift pump), 一名 공기양수펌프

- 양수관 하단의 물속으로 압축공기를 송입하여 물의 비중을 가볍게 하면서, 발생되는 기포의 부력을 이용해서 양수하는 펌프
- 펌프 자체에 가동부분이 없어 구조가 간단하고 고장이 적다.
- 모래, 泥土, 슬라임, 고형물 등의 이물질이 포함된 물의 양수에 적합하다.

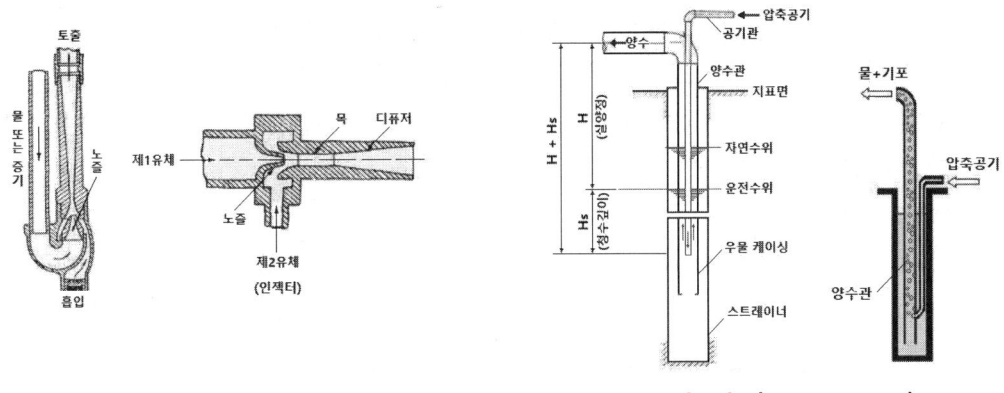

분사펌프(jet pump)　　　**기포펌프(air lift pump)**

(7) 맺음말

① 슬라임은 현장타설말뚝 시공 중에 필연적으로 발생되며, 슬리암은 기초말뚝의 지지력 감소, 침하 등의 피해를 유발하는 원인이 된다.

② 교량현장의 경우에 기초말뚝공사 완료 후에는 슬라임 제거가 불가능하므로 시공 중에 슬라임을 최대한 섬세하게 제거해야 한다.124)

124) 박효성 외, 'Final 토목시공기술사', 예문사, pp.430~434, 2008.

03.34 All casing(Benoto) 공법

대구경 현장타설말뚝기초의 품질시험방법, 슬라임(Slime)처리방법 [0, 2]

1. RCD 공법의 문제점

(1) RCD 공법이 현장타설말뚝공법 중에서 상당히 우수하지만, 공벽 보호를 위해 시추이수(試錐泥水, drilling mud)의 재사용으로 시공 중에 설계도와 같이 균일한 직경을 형성하지 못하고 심도에 따라 직경 변화가 심한 경우가 많다.

(2) RCD 공법은 누수가 심한 배수층을 만나거나 피압수가 있을 경우에는 공벽 유지가 곤란하거나 불가능하여 더 이상 굴진할 수 없게 된다.

(3) 또한, drill pipe 곡선부가 막히는 경우에는 굴삭이 곤란하여 hammer grab를 이용하여 제거해야 한다. 이때 hammer grab의 반복적인 승강에 의해 공내 이수(泥水)의 유속이 빨라지고 파랑이 생겨서 공벽이 붕락하게 된다.

(3) 공벽은 붕락되면 원상회복이 불가능하여 계획단면보다 훨씬 크고 모양도 울퉁불퉁하게 변하여, (spacer가 제 역할을 하지 못해) 삽입된 철근망에 굴곡이 생기면서 콘크리트 손실이 많게 된다.

(4) 이수(泥水)가 충만된 상태에서 철근망이 삽입되기 때문에 콘크리트 타설 전에 이미 철근은 이수(泥水)로 coating되어 철근과 콘크리트의 접착력이 상당히 저하된다.

(5) 이러한 RCD 공법의 문제점을 해결하기 위하여 개발된 공법이 all casing 공법이다. 일명 Benoto 공법이라 한다. 최근 기계공업의 비약적 발전에 따라 막대한 힘을 필요로 하는 all casing 공법 전용장비와 부품들이 高價에 시판되고 있다.

2. All casing 공법의 시공순서

(1) 말뚝의 중심에 casing 설치하고 압입

(2) 최초 굴착 개시

(3) 절삭 칼날이 부착된 길이 6m casing에 진동(회전력 15 정도 반복)을 가하여 압입

(4) Hammer grab를 낙하하여 굴착과 배토를 반복

(5) 계획심도에 도달하면 slime 제거하고 굴착 완료

(6) 철근망 삽입

(7) 트레미관(trime pipe) 삽입

(8) 콘크리트 타설(콘크리트 속에 트레미관 2m 이상 삽입 유지)

(9) 계획높이까지 콘크리트 타설 중에 casing에 진동을 가하면서 인발

(10) 안정액, 토사혼입 등으로 불량해진 최상부 콘크리트(두께 50~80cm) 제거, 완성

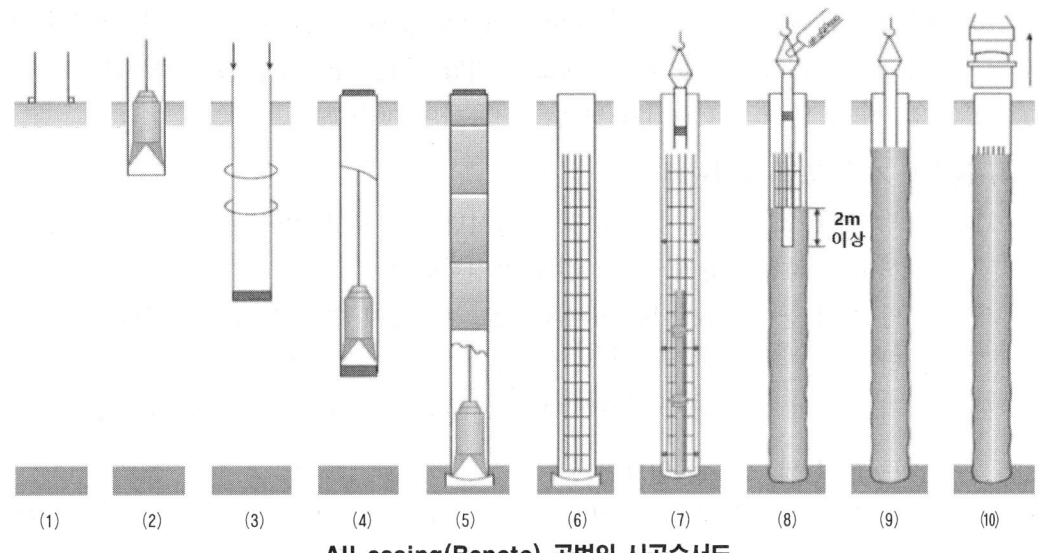

All casing(Benoto) 공법의 시공순서도

2. All casing 공법의 유의사항

(1) 대형장비 이동·설치단계

① 장비가 대형이므로 진입도로 및 작업장소 확보계획을 검토한다.

② 장비가 무거우므로 작업장소 바닥을 균일하게 정지한다.

③ 지중 매설물은 이설 또는 방호 대책을 수립한다.

④ 인접 구조물이 있으면 굴착토의 배토 방향을 고려하여 장비를 설치한다.

⑤ 지반이 불안정하면 철판·복공판을 설치하여 작업 중 지반침하에 대비한다.

⑥ Casing tube 연직성은 초기 압입 5~6m 중 결정되므로 연직도를 확인한다.

(2) 굴착단계

① 굴착토 처리 중 hammer grab가 casing crown 선단보다 선행하지 않게 한다.

② Casing tubeg 압입 및 인발 중에 연결부가 분리되지 않도록 강결한다.

③ 심도별로 굴착토질·굴삭시간을 확인하고, 기반암 근입은 다음 사항을 확인한다.

  ○ 기반암 근입 확인을 위하여 casing에 의해 굴삭된 암편 상태를 확인

  ○ 퇴적 기저암반층 여부를 기초조사 boring data의 기저암반층 위치와 비교

  ○ 기저암반층이 연약하면 당초 설계심도보다 깊은 견고한 지반까지 현장타설말뚝
    이 확실히 근입되도록 계속 굴진

(3) Slime 제거단계

① 굴착 후 casing 내부에 가라앉은 침전물(slime)은 콘크리트 타설 전에 제거한다.

② Slime 제거 후 중추를 낙하시켜 slime 유무 확인하고, 다음과 같이 처리한다.

③ 작업용수가 없을 때 : 진공펌프(suction pump)로 slime과 孔內水를 제거하거나, hammer grab로 침전물을 제거하고 공기압축기(high washer)로 뽑는다.

④ 작업용수가 있을 때 : air lift 방식을 사용하여 제거한다.

(4) 철근망 가공·조립·설치단계

① 철근망 가공·조립은 설계도면 및 특별시방에 따르고, 연결은 충분히 이음길이를 확보하고 수직성을 유지하면서 결속·용접한다.

② 철근망 설치 중에 cross beam 철근으로 보강하여 원형이 되도록 한다.

③ 콘크리트 피복유지 및 철근망 위치고정을 위하여 철근망에 spacer를 부착한다.

④ 콘크리트 타설 중 철근망 하부에 철판을 부착하여 철근망 浮上을 방지한다.

(5) 콘크리트 타설 및 casing 인발단계

① 콘크리트 품질은 현장배합설계에 따르고, 재료분리 방지 및 유동성 유지를 위해 slump 18~20cm, 조골재 최대입경 25mm, 혼화제를 첨가한다.

② 트레미관은 말뚝 저부에서 20cm 이상 들지 말고, 콘크리트 타설 중 트레미관의 깊이는 콘크리트 속에 2m 이상 유지하면서 타설한다.

③ 트레미관은 수밀성 및 접합성을 유지하고, 콘크리트를 연속적으로 타설한다.

⑤ 콘크리트 타설 중 타설량과 타설깊이를 확인하며, 특히 casing tube를 인발하면 casing tube 체적만큼 콘크리트 타설면이 내려감을 고려한다.

(6) 말뚝 頭部정리 및 되메우기단계

① 트레미관으로 콘크리트를 타설하면 침전물과 레이턴스가 말뚝頭部에 형성되므로 설계높이보다 50~100cm 높게 타설한 후, breaker로 두부정리를 실시한다.

② 콘크리트 타설 후에 지면에서 콘크리트 타설면까지 여굴장이 있을 경우에는 안전 철책을 설치하고, 여굴장을 되메우기하여 최종 마무리한다.[125]

---

125) 무소뿔, '돗바늘식 공법', 2010, https://m.blog.naver.com/

03.35 돗바늘식 공법(Rotator type all casing)

1. 개요

⑴ 돗바늘식 공법은 기초바닥까지 굴착한 뒤 콘크리트를 타설하여 현장에서 말뚝을 조성하는 현장타설말뚝공법의 일종이다. 이 공법은 일본에서 개발되었으며, 全선회식 올케이싱(Rotator type all casing)공법이라 부른다.

⑵ 돗바늘식 공법의 특징은 케이싱 하부 선단에 모든 지층을 뚫을 수 있는 특수강 비트가 장착된 상태에서 케이싱을 항상 지반 내에 깊이 1~2m 박아놓고 회전하므로 heaving & boiling 현상이 없고, 말뚝을 수직으로 곧게 완성한다.

⑶ 돗바늘식 공법은 시공순서는 먼저 케이싱을 땅속에 삽입하고 예정깊이까지 굴착한 후, 굴착 중에 가라앉은 슬라임을 제거한 뒤 철근망을 설치하고 트레미관을 삽입하여 콘크리트를 타설한다. 트레미관과 케이싱을 뽑아 올리면 말뚝이 완성된다.

⑷ 돗바늘식 공법의 장점은 콘크리트말뚝 품질이 좋고, 지반과 접착이 우수하다. 경사진 암반에서도 시공할 수 있고 시공속도도 빠르다. 단점은 대형장비가 필요하며, bit & casing이 잘 마모되어 공사비용이 비싸다.

2. 돗바늘식(Rotator type all casing) 공법

⑴ 도입 배경

① 현재 대용량의 항타용 신장비, 신기술로 개량된 현장타설말뚝공법 등이 해외에서 국내에 다수 도입되어 대규모 기초공사 현장에 많은 변화가 일고 있다.

② 종래의 일반 all casing 시공기계로는 굴착이 곤란한 산악지에서 호박돌, 전석층 및 암반층을 대상으로 기초말뚝을 박고, 도심지 초고층 재개발현장에서 지중 장애물을 제거·이설하며 기초말뚝을 박는 대규모 공사들이 발주되고 있다.

③ 특히, 항만에서 기존의 안벽과 호안 사석부를 관통하는 해저(海底)구조물의 설치·개량하고 기능을 회복시키는 기초말뚝공사를 하면서 全선회식 all casing(돗바늘식 all casing) 공법이 국내에서 적용되고 있다.

④ 돗바늘식 all casing은 종래의 일반 all casing의 단점을 보완하기 위하여 특수 cutting bit를 부착한 casing tube로 말뚝 저부까지 굴착하고 hammer grab casing 내부를 굴착·배토하여 소정의 깊이까지 굴착완료한 후,
Casing 내부의 Slime 제거와 응력재(철근망, 강관, H-beam) 삽입 후에 tremie pipe를 이용하여 콘크리트를 타설하고 全선회식 유압장치로 casing을 인발함으로써 현장타설 콘크리트말뚝을 완성하는 공법이다.

(2) 시공 순서

① 시공위치에 대형장비를 정확하게 설치

② 특수강 bit가 장착된 cutting edge에 casing을 연결하여 地中 압입, 굴진 개시

③ Casing으로 선행굴진 중에 casing 내부로 절삭되어 들어온 토사, 사력, 전석 등을 hammer grab로 배출. 이 공정을 반복하면서 굴진

④ 계획심도에 도달하면 수중양수기로 孔低 청소, Tremie pipe & 철근망 삽입

⑤ Tremie pipe로 수중콘크리트 타설, 계획표고보다 50~100cm 더 높게 타설

⑥ 수중콘크리트 타설과 병행하여 tremie pipe & casing 인발

⑦ 콘크리트 양생 후에 杭頭 정리하면 현장타설말뚝 완성

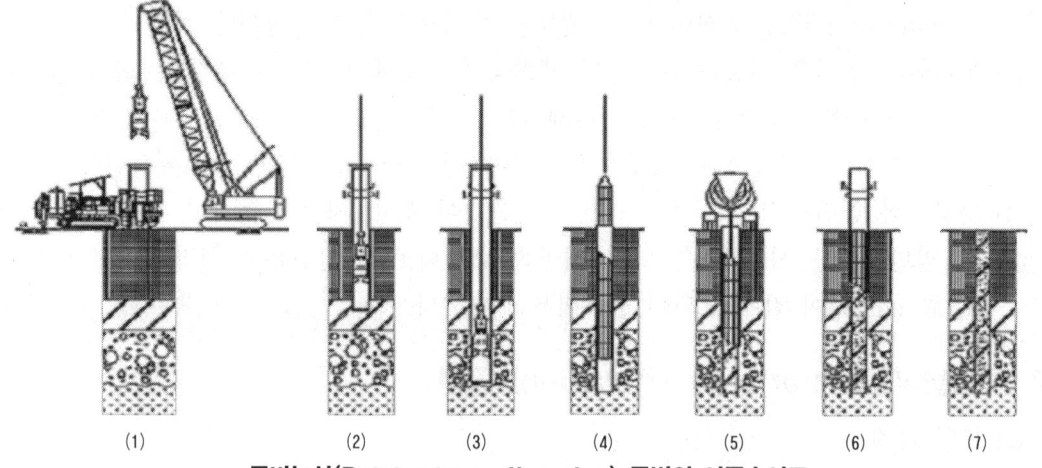

돗바늘식(Rotator type all casing) 공법의 시공순서도

(3) 공법 특징

① 특수 cutting bit를 부착한 全선회식 cCasing으로 천공하기 때문에 종래 공법으로 불가능했던 호박돌, 전석층, 암반 및 지중 장애물을 쉽게 굴삭할 수 있다.

② All casing 공법이므로 굴삭 중에 공벽 보호가 확실하다. 특히, 지지층이 경사진 암반에서도 천공을 확실히 굴삭한다.

③ Base machine 탑재식이므로 종전의 정치식 장비에 비해 기동성이 우수하며, 구석진 협소한 곳까지 근접시공할 수 있다.

④ Casing 회전력으로 굴삭과 병행하여 hammer grab로 버력을 배출하기 때문에 최대 굴착심도 40~50m에서도 시공능률이 좋다.

⑤ 굴삭대상 지반은 연질지반에서 경질지반까지 모두 굴삭 가능하며, 별도의 부대설비의 교환 없이 일련의 연속적인 굴삭작업을 할 수 있다.

⑥ 굴삭 직경은 ϕ1000mm, ϕ1500mm, ϕ2000mm의 3가지 직경으로 단순화하여 굴삭장비가 개발되어 시판 중이며, 대부분 현장에서 이 3가지로 모두 해결된다.

(4) 공법 長點

① All casing에 의한 굴진이므로 굴삭 중에 공벽 유지가 확실하다.

② 선단지지층이 암반일 경우, 암석을 core 채취하여 성분 확인할 수 있다.

③ 콘크리트말뚝의 수직형태 유지가 가능하다.

④ All casing 선행 굴진이므로 heaving & boring 현상이 없고, 경사진 암반에서도 별 무리 없이 시공 가능하다.

⑤ 사력, 전석 등 견고한 지층에서도 chisel(돌 파쇄 정) 사용 없이 굴진할 수 있다.

⑥ 깨끗한 물로 공 내부 청소하기 때문에 원지반과 콘크리트 접착이 양호하다.

⑦ 시추이수(試錐泥水, drilling mud) 재사용하지 않아 콘크리트 품질이 양호하다.

⑧ 현재까지 개발된 현장타설말뚝공법 중 시공속도가 가장 빠르다.

(5) 공법 短點

① 대형장비가 高價이므로, 당연히 시공비용이 비싸다.

② 대형장비가 무거워 진입도로나 시공위치에서 기울지 않도록 준비가 필요하다.

③ 고가의 bit & casing의 마모율이 높아 교환비용이 비싸다.

(6) 적용 대상

① 현장타설말뚝공사 : 교각·교대 기초말뚝, 국도·고속도로 고가교기초말뚝, 도로교·철도교 기초말뚝, 토목·건축공사 기초말뚝 등

② 구조물철거공사 : 기존 구조물 기초 및 지중 장애물(철근 콘크리트 H-beam, 상·하수도관, 기존 기초나무말뚝) 등의 철거공사

③ 지중연속벽공사 : 차수 및 토류벽 등의 주열식 연속벽 공사

④ Pre-boring공사 : 강관 말뚝 및 강널말뚝 건입을 위한 pre-boring공사

⑤ 억지말뚝공사 : 지반의 활동을 억지하는 말뚝공사

⑥ 지반치환공사 : 호안의 방파제, 사석 등의 장애물 철거·치환공사

⑦ 대구경 우물공사 및 수직갱공사 등

(7) 적용 실적

① 국내 건설사업에 1990년 최초 도입·시공된 이후, 시공의 완벽성, 양호한 품질, 공사기간 단축 등의 장점 덕분에 적용 대상이 점차 늘어가고 있는 추세이다.

② 적용 실적 중에 ϕ1500mm의 경우에는 심도 45.8m까지 시행되었으며 그 중에는 풍화암, 연암 및 경암이 13.8m 포함되어 있다.[126]

---

126) 무소뿔, '돗바늘식 공법', 2010, https://m.blog.naver.com/

03.36 어스 드릴(Earth drill) 공법

Earth Drill 공법 [1, 0]

Ⅰ. 개요

1. Earth drill 공법은 carry bar라고 하는 rod 아랫면에 개폐가 가능한 밑뚜껑이 달린 drilling bucket을 설치하고, 이 bucket를 회전시켜서 굴착·배토하는 현장타설콘크리트말뚝 기초공법 중의 하나이다.

2. Earth drill 공법의 시공장비는 굴착장치 1식이 크롤러에 장착되어 있으므로, 건설현장장에서의 小회전으로 이동할 수 있는 기동성이 매우 우수하다.

3. Earth drill 공법은 기본적으로는 구멍벽 보호(casing)를 하지 않지만 표층에서 3m 깊이의 짧은 casing을 설치하고, 붕괴성 지반에서는 이수(泥水)를 사용한다.

4. 최근 구조물 대형화 추세에 따라 기초지반의 연직·수평지지력 확대가 요구됨에 따라 말뚝하부를 확대 굴착하는 강관보강 합성말뚝의 적용이 늘어나고 있다.

Ⅱ. 어스 드릴(Earth drill) 공법

1. 특징

(1) 장점

① 기계의 설치가 간편하고 이동이 용이하다.

② 다른 공법에 비해 시공속도가 빠르고 경제성 측면에서 유리하다.

③ 굴착 중에 충격·진동 등의 건설공핵 없다.

④ 점성토 지반에서는 안정액이 필요 없어 굴착효율이 가장 높다.

(2) 단점

① 지하수위 이하의 지층을 굴착할 때는 공벽 붕괴방지를 위해 안정액을 사용해야 하고 시공관리에 유의해야 한다.

② 안정액을 사용에 따라 배출해야되는 토사 처리가 곤란하다.

③ 호박돌·전석·암반층, 복류수·피압지하수가 있는 지반에서는 시공 곤란하다.

④ 기종에 따라 굴착심도에 한계가 있다.

⑤ 다른 공법에 비해 현장타설말뚝기초의 지지력이 다소 떨어진다.

⑥ 말뚝선단 지반이 bucket 회전·흡입작용에 의해 약해질 우려가 있다.

2. 시공순서

(1) Bucket 설치 : 말뚝 중심에 carry bar 중심축을 맞추고 굴착용 bucket 설치

⑵ 최초 굴착 개시 : 선단 개폐 가능한 밑뚜껑이 달린 drilling bucket을 회전하며 계획심도까지 연속하여 굴착·배토

⑶ 표층 casing 삽입 : 공벽붕괴 방지를 위하여 3m 깊이의 짧은 casing 설치

⑷ 계획심도까지 굴착 완료 : bentonite 안정액을 공급하면서 계획심도까지 굴착

⑸ Slime 1차 제거 : 굴착된 hole 상부의 중앙에 연직도 검사장비(Koden)를 거치하고, 하부로 추를 내리면서 초음파 탐상 검측 실시

⑹ 철근망 삽입 : 철근망과 철골은 x-y 방향으로 레벨로 정확히 측정하며 건입하고, 콘크리트 타설 중 유동 없도록 견고히 고정

⑺ 트레미관 삽입 : treime pipe 삽입 후에 slime 2차 제거, service crane을 이용하여 toe grouting pipe와 tremie pipe 설치하면 굴착 완료

⑻ 콘크리트 타설 : 콘크리트 속에 트레미관 2m 이상 삽입 유지

⑼ 콘크리트 타설 완료 : tremie pipe를 통해 pump car를 이용하여 콘크리트를 압입 타설. 타설 높이를 체크하면서 타설 완료, 표층 casing 인발

⑽ 현장타설말뚝 완성 : 콘크리트 2~3일 양생 후에 말뚝두부 절단하고, 자갈 채움

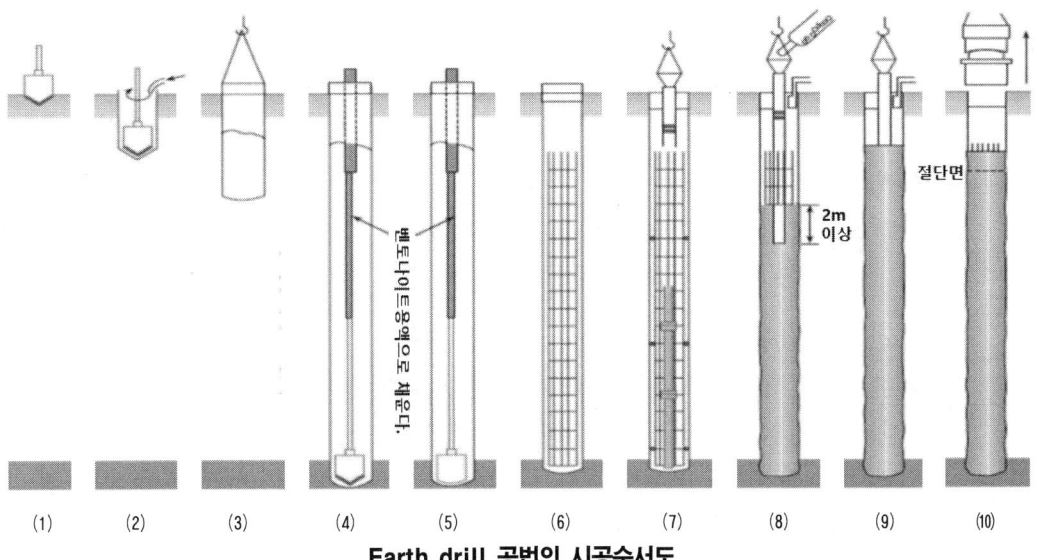

Earth drill 공법의 시공순서도

3. 현장타설말뚝의 관리사항

⑴ 설계기준

① 지반을 굴착하여 현장에서 콘크리트기둥을 만드는 형식이므로 시공특성을 고려할 때 주변의 토층지반을 이완시키는 경향이 있으므로,

항타말뚝 등의 비배토 방식의 말뚝기초와 비교할 때 하중-변위곡선의 강성도

가 낮고 지지력도 저하된다.

② 굴착 중에 여러 요소들을 고려해야 되는데 그 중에서 가장 주요한 요소는 지지력 유지이다.

③ 지지력 외에도 상부하중의 크기, 최대상부하중이 작용될 때의 상부구조물 및 기초지반의 허용변위, 지층형상, 지반조건, 지하수위의 불확실성, 선단지지력 계산방법 및 설계안전율, 구조물의 시공성, 장비의 가용성 및 소음·진동 공해유발요인 등을 종합적으로 고해야 한다.

⑵ 공벽붕괴 방지대책

① Earth drill 공법에서 가장 큰 문제는 굴착 중에 공벽 붕괴 방지이다.

② 굴착 중 안정액을 사용하더라도 붕괴를 방지할 수 없는 지반(복류수·피압수)에서는 현실적으로 공벽이 붕괴되면 시공이 불가능하다.

③ 따라서 Earth drill 공법에서도 All casing 공법에서 사용되는 요동압입장치를 부착하여 casing을 설치해야 한다.

⑶ 장비의 안정유지

① 장비의 설치상태는 시공정도에 큰 영향을 미치므로 장비설치지반을 평탄하게 하고 지반이 연약할 경우에는 복공판으로 지반보강을 한다.

② 이때 kellt bar 연직도를 확인하고 bucket 중심과 말뚝 중심을 일치시킨다.

⑷ 안정액의 사용

① 국내 지반조건에서는 극히 일부를 제외하고는 안정액을 사용해야 하며, 안정액의 배합·사용기준은 지하연속벽의 안정액 사용기준에 따른다.

⑸ Bucket의 인발속도

① 굴착토가 담긴 bucket을 급속히 인양하면 말뚝의 선단지반이 연약하게 되고 공내의 안정액이 심하게 교반되어 붕괴원인이 될 수 있다.

② 일반적인 인양속도는 굴착직경이 클수록 느리게 하고, 사질토 굴착을 점성토 굴착보다 느리게 한다.[127]

---

127) 보링그라우팅공사업협의회, 'EARTH-DRILL 공법', 시공법 소개, 2019, http://www.kbgwbc.or.kr/

03.37 RCD(reverse circulation drill) 공법

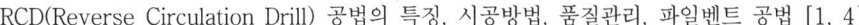

RCD(Reverse Circulation Drill) 공법의 특징, 시공방법, 품질관리, 파일벤트 공법 [1, 4]

Ⅰ. 개요

1. 역순환 굴착(RCD, Reverse Circulation Drill)공법은 1954년 독일 Salz Gitter Co.
   에서 개발한 공법으로, RCD장비를 이용하여 靜水壓으로 공벽을 보호하며 drill rod
   pipe 선단에 장착된 특수 drill bit를 360° 회전시켜 천공 후에 철근망을 삽입하여,
   가장 깊은 심도까지 대구경 현장타설콘크리트 말뚝을 시공할 수 있는 공법이다.

2. 일반적인 로터리 보링(Rotary Boring)공법에서 물의 정상적인 순환방식과는 반대로
   drill rod pipe를 통해 순환수와 굴착토를 함께 흡입하여 지상으로 배출한 후, 배출
   된 순환수는 침전지를 거쳐 다시 굴착공으로 보내는 역순환 방식이다.

3. RCD에서 상부 토사층은 hammer grab로 굴착하고, 하부 연·경암층은 특수한 bit를
   회전시켜 굴착한다. Drill rod pipe를 통해 순환수와 함께 굴착토를 역순환시켜 배
   출한다. 지반조건에 따라 孔內水 대신 bentonite 안정액을 사용하기도 한다. 국내의
   경우, 인천대교에서 직경 3,000mm 현장타설말뚝기초에 RCD공법이 적용되었다.

Ⅱ. RCD(reverse circulation drill) 공법

1. 특징

(1) 장점
① 굴착장비를 오르내릴 필요 없이 깊은 심도까지 연속적으로 굴착 가능하다.
② 굴착심도가 깊을수록 다른 공법보다 효율이 양호하다.
③ 물을 이용하므로 stand pipe 하부는 이수(泥水)상태에서 水上이 가능하다.
④ 세사층 굴착이 쉽고, 특수한 bit를 장착하면 연·경암층도 무진동 굴착한다.
⑤ 機種에 따라서는 傾斜 굴착도 가능하다.

(2) 단점
① Drill pipe 직경(150~200mm)보다 큰 호박돌 지반은 굴착이 불가능하다.
   (Drill bit 대신 hammer grab로 호박돌 제거 후 계속 가능하나 능률 저하)
② 지층조건에 따라 말뚝선단 및 주변지반에서 이완현상이 발생된다.
③ 이수(泥水)순환설비 설치 공간이 필요하고, 굴착토·이수 처리가 어렵다.
④ 정수압 안정액 만으로 수위 유지가 어려운 지반은 시공 곤란하다.
   (이때는 pre grouting 또는 누수방지제 등으로 보강 필요)

2. 시공순서

(1) Casing 설치 : 장비(crane, hammer grab 등) 거치되면, 굴착 중 공벽붕괴 방지를 위하여 oscillater를 이용하여 casing을 풍화암층까지 압입

(2) 토사 굴착 : casing 내부의 토사·자갈·풍화토를 hammer grab로 배토하며 굴착

(3) RCD 굴착 : drill bit에 360° 회전하는 roller bit를 장착하고 설계심도까지 굴착하며, 굴착된 편암은 물과 함께 침전지로 배출(정수압 0.2 kgf/cm^2 이상 유지)

(4) 연직도 검측 : 굴착된 hole 상부의 중앙에 연직도 검사장비(Koden)를 거치하고, 하부로 추를 내리면서 초음파 탐상 검측 실시

(5) Desanding(slime 제거) : suction pump & air lift를 이용하여 굴착저면에 침전된 토사 이물질을 깨끗한 물로 치환하면서 지상으로 배출

(6) 철근망·철골 삽입 : 철근망·철골은 x-y 방향으로 레벨로 정확히 측정하며 건입하고, 콘크리트 타설 중 유동 없도록 견고히 고정. 이어서 service crane을 이용하여 toe grouting pipe와 tremie pipe 설치하면 굴착 완료

(7) 콘크리트 타설 : tremie pipe를 통해 pump car를 이용하여 콘크리트를 압입 타설. 타설 높이를 체크하면서 타설이 완료되면 tremie pipe 제거

(8) Casing 인발 및 자갈 채움 : 콘크리트 2~3일 양생 후에 casing 인발, 말뚝두부 콘크리트 타설하고, 최종 마무리

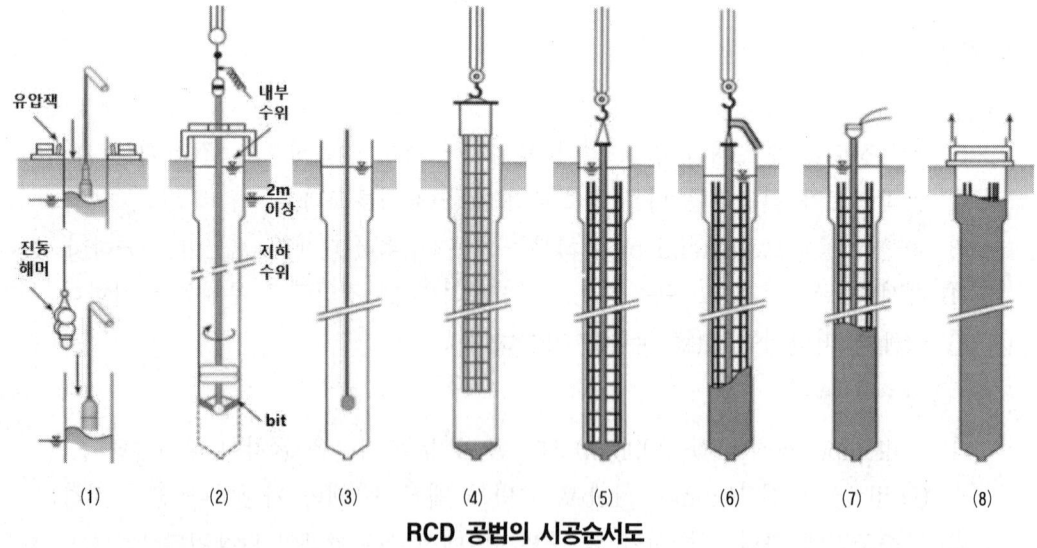

RCD 공법의 시공순서도

3. 시공 유의사항

(1) 장비 거치단계

① 정확한 위치에 장비를 거치하고, 지표층 붕괴·침하를 방지한다.

(2) Casing 내부 굴착단계

① 굴착 중에 공벽 수직도를 유지하며, 공벽 붕괴를 방지한다.

② 굴착 중에 주변지반 이완, 주변건물 균열 등을 방지한다.

(3) 철근망 압입단계

① 철근망과 철골의 수직도를 유지하면서 압입한다.

② 철근망에 spacer를 부착하여 공벽과 일정간격 유지하고, 피복두께를 확보한다.

(4) Tremie 콘크리트 타설시공단계

① Tremie pipe 설치 중에 연결부를 완전하게 조인다. 이때, 연결부에 고무링을 끼우고 조이면 누수를 방지할 수 있다.

② Tremie pipe 선단은 굴착저면으로부터 15cm 이격하고, 선단은 콘크리트 속에 항상 일정한 매입깊이를 유지한다.

③ Tremie pipe를 대칭으로 설치하여 편도압 발생을 억제하며, 연속타설한다.

④ 콘크리트 타설 완료 후에 tremie pipe를 상하로 움직이면서 인발한다.

(5) Tremie 콘크리트 품질관리단계

① 콘크리트의 소요 강도를 확인하고, 굴착저면까지 압입을 유동화제를 첨가한다. 연속적으로 빨리 타설해야 신선한 콘크리트로 굴착저면까지 충진할 수 있다.

② 공벽과의 피복두께는 10cm 이상을 유지하면서, 콘크리트는 설계면보다 50cm 이상의 높이까지 타설을 완료한다.

③ 콘크리트 양생 후에 말뚝머리 위의 추가높이 50cm는 제거하고, 한다.

(6) Slime 제거단계

① 1차 제거 : 철근망 압입 직전에 suction pump로 slime을 흡입하여 제거

② 2차 제거 : 콘크리트 타설 직전에 water pump로 slime을 부유시킨 후 제거

③ 2차 제거 후에 slime이 재발되기 전에 콘크리트를 신속하게 타설 완료한다.

Ⅲ. RCD공법에서 희생강관말뚝 역할

1. 희생말뚝(Pile bent)

1) 연약지반에 현장타설말뚝(RCD) 시공시 굴착하는 동안에 공벽붕괴 방지를 위해 강관케이싱을 삽입해야 한다.

2) 이 과정에서 강관케이싱은 지반 속에 묻혀 회수가 불가능하여 재활용이 안되므로 희생강관(Pile bent)이라 한다.

2. 강관케이싱(희생강관) 재활용 기술

(1) 필요성

① 해상교량에서 말뚝은 지지력을 발휘하고, 내구연한 동안 강관이 구조재로 작용하도록 부식방지 역할도 필요하다.

② 말뚝외부에 사용된 강관케이싱은 콘크리트 타설을 위한 거푸집이므로, 회수되지 못하고 해상의 심각한 부식환경에 그대로 방치된다.

③ 부식문제 해결, 재료낭비 방지, 성능과 내구성을 향상시킨 '강관합성 현장타설 말뚝공법' 개발이 필요하다.

(2) 개발방안

① 해상장대교량의 내구성·경제성을 향상시킨 '고효율 하이브리드 대형기초공법' 연구를 추진 중이다.(한국건설기술연구원)

강관케이싱(희생강관)을 영구적인 구조재로 사용하도록 설계에 반영

② 해양환경에서 내구연한 100년을 유지할 수 있는 내부식성·내충격성·내마모성이 우수한 '강관말뚝 금속코팅방식'을 연구 준비 중이다.(한국건설기술연구원)

기존 현장타설말뚝보다 더 큰 하중 지지, 말뚝본수 감소 가능

③ 희생강관(pile bent)으로 시공되는 말뚝의 지지력은 최대 7500ton/본당 정도이므로 지지층(연암)층에 1.5D~2.0D정도 근입하여 침하를 방지하여야 하며, 초음파탐사(sonic coring test)를 실시하여 말뚝의 건전성을 확인해야 한다.

(3) 기대효과

① '강관합성 현장타설말뚝'의 재하시험 결과

기존 현장타설말뚝보다 지지력이 2.2배 향상

기존 현장타설말뚝보다 경제성이 매우 향상

② 인천대교 현장타설말뚝 적용 중 효과분석 결과

기존 현장타설말뚝의 공사비 : 92억원 투입

강관합성 현장타설말뚝 공사비 : 79억원 예상(14.4% 절감)

③ 인천대교 주탑기초 총공사비(말뚝공사비 포함) 효과분석 결과

기존 말뚝공법 : 114억원 투입

강관합성 말뚝공법 : 100억원 예상(11.8% 절감)[128]

---

128) 박효성 외, 'Final 토목시공기술사 핵심문제', 예문사, pp.544~545, 2008.

03.38 현장타설말뚝 콘크리트 건전도(CSL) 시험법

현장타설콘크리트말뚝의 콘크리트 품질관리, 공대공 CSL 평가 [1, 3]

1. 서론

(1) 기성말뚝은 KS 표준에 의한 공장제조 제품을 사용하기 때문에 말뚝본체의 균질성 확보가 용이하고 제작과정에서 품질시험을 거쳐 재료적 품질평가가 원활하게 수행 되므로 말뚝본체의 건전도가 확보된 상태에서 현장에서 시공된다.

(2) 그러나 현장타설말뚝은 현장시공방법, 품질관리방법, 콘크리트 타설·양생방법, 지반 지지력조건, 지하수 조건 등 시공현장의 다양한 요인이 말뚝본체의 강도, 타설상태, 결함여부 등 건전성에 영향을 미친다. 따라서, 현장타설말뚝에 대한 시공품질을 확 인하고 평가하기 위한 건전도 시험(Integrity Test)이 필요하다.

(3) 시공현장에서 활용되고 있는 현장타설말뚝의 건전도 시험은 다음 3가지 방법이 일 반적이다.

① 검측공을 이용하는 비파괴 CSL(Cross-hole Sonic Loggings) 시험 : 공대공 탄 성파탐사 또는 공대공 초음파검층 시험이라 한다.

② 저변형율(Low-strain) 건전도 시험 : 충격반향(Impact Echo)을 측정하는 PIT (Pile Integrity Test)방법이 주로 쓰인다.

③ 말뚝의 내부 및 그 하부지반을 일정한 깊이까지 코어링(Coring)하여 직접 건전도 를 측정하는 방법도 쓰인다.

현장타설말뚝의 건전도 시험 비교

방법	장점	단점
CSL 방법	◦ 비교적 정확한 결과 도출 ◦ 말뚝길이 제한 없이 적용	◦ 타설 전에 튜브 매설 필요
충격반향 방법	◦ 시험방법이 간편	◦ 말뚝길이에 제한 받음 (말뚝직경의 30배 이내 적용)
코어링 방법	◦ 가장 정확한 결과 도출 ◦ 결함부 육안 관찰 가능	◦ 상대적으로 많은 경비와 시간 소요 ◦ 타설된 말뚝 일부에 손상 우려

2. 공대공 CSL(Cross-hole Sonic Loggings) 시험

(1) 시험방법

① 공대공 탄성파탐사(CSL)는 최소 7일 양생된 현장타설말뚝을 대상으로 한다.

② 현장타설말뚝의 철근망에 미리 설치한 최소 2개 이상의 탐사용 튜브에 물을 채우

고, 음파 발신센서와 수신센서를 삽입한 후 말뚝하단부터 끌어올리면서 말뚝길이 방향으로 매 5cm마다 말뚝본체 단면(탐사경로)에 대하여 음파(탄성파)의 도달시간을 기록·작성(Logging)한다.

③ 탐사용 튜브의 간격이 일정하다고 가정하여 도달시간으로부터 콘크리트 탄성파 전달속도를 산정함으로써 말뚝본체의 강도와 건전한 콘크리트 탄성파 전달속도의 관계를 적용해서 현장타설말뚝의 상대적 건전도를 평가하는 원리이다.

(2) 탐사용 튜브의 개수

① 탐사용 튜브는 현장타설말뚝의 직경에 따라 최소개수를 설치하며, 강관으로 제작되는 탐사봉(probe) 직경은 원활하게 삽입·제거되는 규격으로 한다.

② 탐사용 튜브의 직경은 50mm 이내이며, 말뚝저면의 품질 확인을 위하여 3중 코아(triple tube core barrel)을 사용할 때는 100mm 튜브를 설치한다.

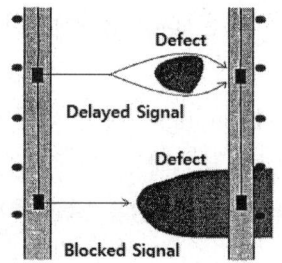

결함 위치에서 파의 진행경로

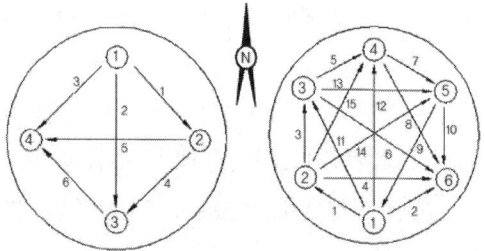

튜브의 개수와 배치단면

현장타설말뚝 직경에 따른 탐사용 튜브의 최소개수

말뚝직경(D, m)	탐사용 튜브 개수	탐사경로 개수
D ≤ 0.6	2	1
0.6 < D ≤ 1.2	3	3
1.2 < D ≤ 1.5	4	6
1.5 < D ≤ 2.0	5	10
2.0 < D ≤ 2.5	7	21
D ≥ 2.5	8	28

(3) CSL 건전도 시험빈도

① CSL 건전도 방법은 주로 교량기초에 적용되므로 국내의 주요 시방서에는 아래 표와 같은 시험빈도를 따르고 있다.

② 고층 또는 초고층 건축물에도 현장타설말뚝 적용이 일반화되는 추세이므로 아래 표의 최소 빈도를 기준한다.

③ 다만, 교량이든 건축이든 시공되는 현장타설말뚝의 전체 개수가 적은 경우에는

모든 말뚝에 대하여 CSL 시험을 실시하는 것이 바람직하다.

CSL 건전도 시험의 빈도(수량)

말뚝 평균길이	시험빈도(수량)	비교
30m 미만	20%	◦ 교각기초(Footing) 당 말뚝수량에 대한 백분율 (단, 교각기초 당 최소 1개소 이상)
30m 이상	30%	◦ 건축물의 경우에는 전체 말뚝개수 대비 비율

주) 상·하행선이 분리된 교량의 교각기초는 각각 별도의 교각기초로 간주하여 수량을 결정하며, 단일형 현장타설말뚝은 모든 말뚝에 대하여 탐사를 실시해야 한다.

(4) CSL 판정결과에 따른 결함 보강

① 공대공 CSL 탄성파탐사에 의한 현장타설말뚝의 건전도 등급은 아래 표를 기준으로 판정한다.

공대공 CSL 탄성파탐사의 건전도 등급

등급	판정 기준
A (양호)	◦ 초음파 주시곡선의 신호왜곡이 거의 없음 ◦ 속도저감율 10% 미만
B (결함의심)	◦ 초음파 주시곡선의 신호왜곡이 다소 발견 ◦ 속도저감율 10~20%
C (불량)	◦ 초음파 주시곡선의 신호왜곡 정도 심각 ◦ 속도저감율 20% 이상
D (중대결함)	◦ 초음파 신호가 감지 안됨 ◦ 전파시간이 초음파 전파속도 1.5km/s에 근접

② 보강이 필요한 것으로 판정된 말뚝에는 결함위치와 불량원인을 조사하기 위해 해당 말뚝에 대한 코어링(coring)을 실시한다.

③ 결함위치에 대한 보강은 그라우팅, 마이크로파일, 재시공 등의 적용 가능한 보강 대책을 검토하여 실시한다.

④ 보강이 완료된 말뚝에는 필요한 시험을 실시한 후, 해당 시험방법에 따른 판정결과를 비교·검토하여 최종적으로 현장타설말뚝의 건전도를 평가한다.

(5) CSL 장·단점

① 장점 ◦ 서로 다른 깊이에 존재하는 여러 결함을 감지할 수 있다.
◦ 시험 깊이에 제한 없고, 주변지반의 강성에 영향을 받지 않는다.
◦ 해석이 용이하고, 결함 깊이를 정확히 알 수 있다.

② 단점 ◦ 주철근 외곽 콘크리트의 품질상태나 결함여부를 감지하기 어렵다.

○ 결함을 정확히 알려면 모든 말뚝에 센서 강관을 설치해야 한다.

○ 말뚝 단면에서 수평방향으로 발생된 미세균열을 찾기 어렵다.

3. 충격반향시험(Low Strain Impact Test)

⑴ 현장타설말뚝의 상부표면에 물리적 충격을 가하면, 탄성파가 발생되어 말뚝의 길이 방향으로 아래쪽을 향해 전달된다.

⑵ 이때 말뚝의 선단 형상, 내부 결함, 직경 증감, 서로 다른 매질의 경계, 주위 토층의 마찰 등이 탄성파 진행에 영향을 주며, 이러한 반사파의 진행을 말뚝의 상부표면에 부착된 가속도계가 감지한다.

⑶ 동시에 햄머 타격에 의한 충격신호를 측정하여 LSIT System을 이용해서 탄성파의 도달시간 및 반사파의 특성을 시간영역, 주파수영역 등에 따라 분석하여 말뚝의 길이 및 품질상태를 파악하는 시험이다.

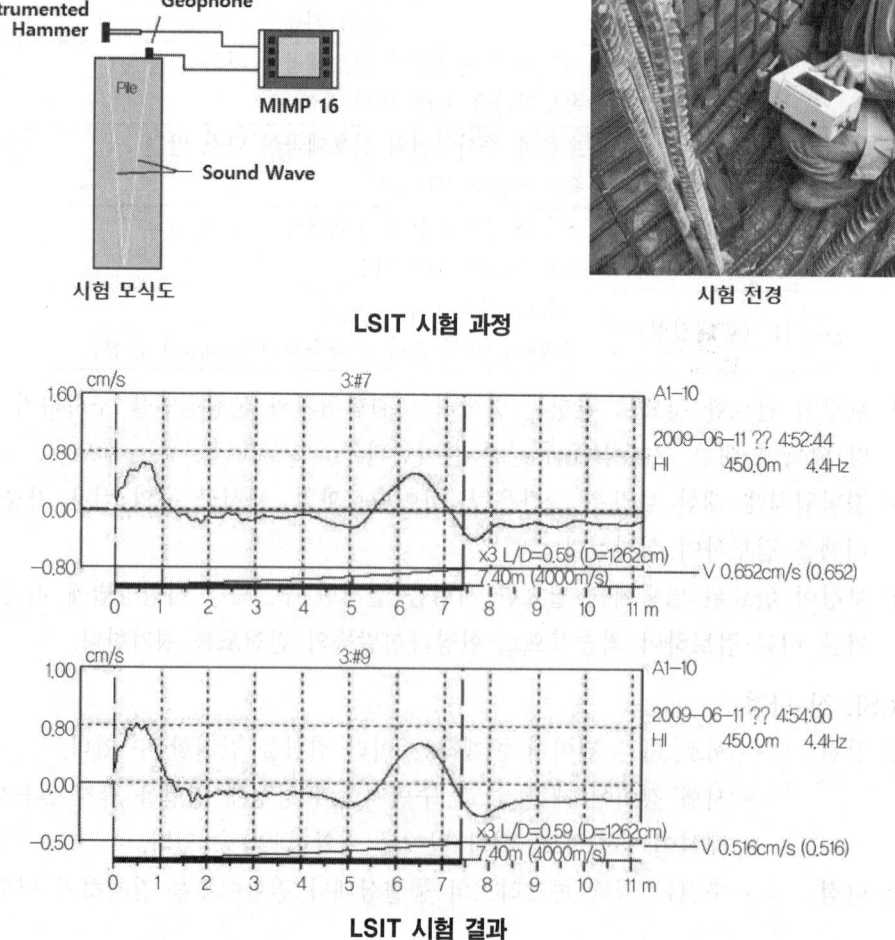

시험 모식도

시험 전경

LSIT 시험 과정

LSIT 시험 결과

(4) 아래 그림은 길이 7.5m 말뚝에 대한 LIST 시험 결과로서 지표면에서의 깊이 6.5m 부근에서 현장타설말뚝의 단면 감소가 확인된 것을 보여주고 있다.

4. 코어링 방법(Proof Coring)

(1) 다이아몬드 코어 배럴(diamond coring barrel)을 이용하여 현장타설말뚝의 기초저면 아래 0.5m까지 콘크리트 코어를 채취하여 육안 확인하는 시험이다.

(2) 재령 28일 이상 양생된 현장타설말뚝에 대하여 시험하며, 코어 채취가 완료 후에 코어 채취부는 그라우팅으로 충진해야 된다.

(3) 채취된 시료는 흠결이 없고, 콘크리트는 소요강도 이상을 확보하고, TCR(total core recovery) 및 RQD(rock quality designation)는 100%를 확보해야 한다.

5. 맺음말

(1) 이상 언급된 시험방 최소기준이므로 현장에서 지반조건에 큰 변화가 있거나 인명안전과 관련된 중요한 구조물에는 시공관리 품질기준이나 시험회수를 별도로 설정하여 안전성을 충분히 확인해야 한다.

(2) 현장타설말뚝에 대한 품질시험 및 재하시험에서는 시험자의 경험과 분석 능력이 중요하므로 자격 있고 경험 풍부한 시험자가 수행하고, 시험성과에 대하여 지반전문가의 검토·확인을 거쳐야 한다.[129]

---

129) 양성호 외, '말뚝시험의 종류 및 기준', 기술정보, 2015하반기호, 쌍용엔지니어링, 2015.

03.39 케이슨(Caisson)의 종류·제작

교량 기초공사에 사용되는 오픈 케이슨(open caisson)공법의 시공단계별 시공방법 [0, 7]

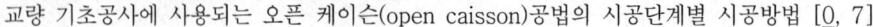

I. 개요

1. 케이슨은 항만의 방파제, 안벽, 호안, 물양장, 교량기초 등에 널리 이용되는 구조물이다. 케이슨은 육상에서 제작되어 해상의 필요한 위치까지 예항해서 소정의 구조물을 만들기 위해 콘크리트로 속채움을 하여 만든 box형 구조물이다.

2. 케이슨의 제작은 슬립폼(slip form) 또는 강재거푸집(gang form)을 이용하며, 海中에 설치할 때는 철근부식 방지를 위해 콘크리트 다짐, 시공이음 처리 등의 품질관리, 제작설비 대형화에 따른 안전관리 등이 요구된다.

3. 해상교량에서 케이슨 기초는 작업방법에 따라 오픈 케이슨(Open caisson), 뉴메틱 케이슨(Pneumatic caisson), 박스 케이슨(Precast box caisson) 등으로 구분된다. 최근 항만공사에는 하이브리드 케이슨(Hybrid caisson)도 쓰인다.

II. 구조물 기초형식의 결정

1. 기초형식 결정을 위한 검토사항
   (1) 단면 : 상부구조물의 내구성, 내진성 등을 보장할 수 있는 단면의 크기
   (1) 범위 : 연직·수평 방향의 변위량을 허용치 이내로 억제할 수 있는 범위
   (3) 지지력 : 상부구조물+교각(또는 교대) 하중으로 인한 기초지반의 전단파괴에 충분히 지지할 수 있는 지지력

2. 기초형식의 구분

구분		깊이·하중	현장조건	공법
직접기초		6m 이하 제한 없음	터파기 범위에 장애물이 없고 배수처리에 지장 없는 지반	◦ 독립기초 ◦ Footing 기초 ◦ 전면(mat) 기초
깊은기초	기성말뚝	6m 이상 1톤	상부하중이 비교적 적고, 지지력이 양호한 지반	◦ RC pile ◦ H pile ◦ 강관 pile
	현타말뚝	6m 이상 5톤	상부하중이 비교적 크고, 지지력이 불량한 지반	◦ Benoto ◦ RCD ◦ Earth drill
	케이슨	6~30m 15m 이상	지하구 영향이 크고, 수심이 매우 깊은 지반	◦ Open caisson ◦ Pneumatic caisson ◦ Box caisson

Ⅲ. 케이슨(caisson)의 종류

1. 오픈 케이슨(Open caisson)

(1) 원리

① 바닥이 없는 원통모양 상자 내부를 굴착하면서 침하시키는 것을 오픈 케이슨 (Open caisson) 또는 우물통이라 한다.

② 오픈 케이슨은 상·하 개방된 케이슨을 지표면에 거치한 후에 내부 지반을 굴착 하면서 지지층까지 침하시켜 형성하는 기초이다.

(2) 장점

① 적용심도에 제한이 없다.(깊은 심도까지 가능)

② 시공설비가 간단하다.

③ 공사비가 저렴하다.

④ 무소음·무진동 공법이다.

⑤ 무소음·무진동 공법이다.

⑥ 장대교량, 해상철탑, 취수탑 등 다양한 구조물의 기초에 쓰인다.

(3) 단점

① 침하속도가 일정하지 않아 작업공정이 불확실하다.

② 경질지반이나 경암반의 경우에 침하가 곤란하여 공기가 지연된다.

③ 연약지반이나 경사면의 경우에 급속히 침하되면서 기울어진다.

④ 편심굴착하는 경우에 케이슨의 경사변위가 발생한다.

⑤ 케이슨의 경사변위가 발생하면, 경사조정이 어렵다.

⑥ 굴착 중에 전석, 암반 등의 장애물을 제거하기 어렵다.

⑦ 케이슨의 선단지지력을 직접 확인하기 곤란하다.

⑧ 굴착 중에 주변지반에서 교란이 발생한다.

(4) 침하조건

[상재하중＋자중] ＞ [선단지지력＋마찰력＋부력]

2. 뉴메틱 케이슨(Pneumatic caisson)

(1) 원리

① 뉴메틱 케이슨(Pneumatic caisson)은 케이슨 하부에 기밀한 작업공간을 만들 고 그 속에 압축공기로 지하수를 배제하면서 인력 또는 특수 기계를 이용하여 침하시키는 것을 말한다.

② 뉴메틱 케이슨은 케이슨 하부에 밀폐된 작업실을 설치한 후에 작업실 내부로 고압공기를 공급하고 지하수와 토사의 분출을 방지하면서 인력굴착으로 케이슨

을 침하시키는 공법이다.

(2) 장점

① 침하속도가 일정하므로 작업공정이 확실하다.

② 굴착 중에 장애물을 인력으로 제거할 수 있다.

③ 케이슨의 선단지지력을 확인할 수 있다.(재하시험 가능)

④ 지하수위 변동에 따른 지반침하의 영향이 없다.

⑤ 주변지반의 교란, 인접구조물의 침하 등 피해가 없다.

(3) 단점

① 적용심도가 수심 40m 이하로 제한된다.

② 기갑설비(air lock), 압기설비, 의료설비 등이 필요하다.

③ 공사비가 비싸고, 공사기간이 길어질 수 있다.

④ 안전사고에 유의해야 한다.

⑤ 고압실 작업원의 교대투입에 필요한 의료지원시설이 필요하다.

(4) 침하조건

[상재하중＋자중] ＞ [선단지지력＋마찰력＋壓氣양압력＋부력]

3. 박스 케이슨(Precast box caisson)

(1) 원리

① 박스 케이슨(Precast box caisson)은 육상에서 여러 격벽으로 구성된 상자형 케이슨을 제작하여 해상에 진수시킨 후, 예인선으로 소정의 위치까지 운반하고 케이슨 내부에 注水하여 海中에 침하시킨다.

(2) 장점

① 육상에서 케이슨을 제작하므로 품질확보가 용이하다.

② 海中에 설치가 용이하다.

③ 방파제, 안벽에 적용 가능하다.

(3) 단점

① 기초지반의 평탄성 확보를 위해 사석 mound를 설치해야 한다.

② 예인선, 해상크레인 등 대형설비가 필요하다.

③ 공사비가 비싸다.

④ 연약지반이나 불규칙한 암반의 경우, 지반개량이 필요하다.

④ 연약층이 두껍고 준설이 불가능한 경우, 말뚝기초를 병행 설치한다.

(4) 침하조건

[상재하중＋자중] ＞ [마찰력＋壓氣양압력＋부력]

케이슨 형식의 비교

구분	Open caisson (우물통, wall)	Pneumatic caisson (공기, 압기)	Precast box caisson (박스)
단면		 작업실	
적용심도	◦ 제한없음	◦ 수면아래 최대 30m	◦ 제한 없음
시공설비	◦ 간단	◦ 복잡	◦ 대형
굴착방법	◦ Clamshell 굴착	◦ 인력굴착 (수중잠함 작업)	◦ 인력굴착 (사석mouind 설치)
케이슨선단 장애물제거	◦ 곤란	◦ 가능(인력굴착)	◦ 가능(인력굴착)
지반지지력 확인	◦ 확인곤란 (신뢰성 저하)	◦ 확인 가능 (신뢰성 우수)	◦ 확인 가능 (신뢰성 우수)

케이슨
침하
	◦ 침하속도 불안정
	◦ 2차침하 발생
	◦ 공정관리 불안정
		◦ 작업실 압력조절로
		  침하속도 일정
		◦ 2차침하 없음
		◦ 공정관리 안정
			◦ 함내 注水로
			  침하속도 일정
			◦ 2차침하 없음
			◦ 공정관리 안정

케이슨 침하조건	[상재하중+ 자중] > [선단지지력+ 마찰력 + 부력]	[상재하중+ 자중} > [선단지지력+ 마찰력 + 압기 양압력+ 부력]	[상재하중+ 자중] > [마찰력+ 압기 양압력 + 부력]
시공 정밀도	◦ 편심, 경사 발생 ◦ 경사조정 곤란 ◦ 전도위험 있음	◦ 경사조정 용이 ◦ 전도위험 없음	◦ 경사조정 곤란 ◦ 전도위험 없음
주변영향	◦ 소음공해 없음 ◦ 지반교란 발생 ◦ 인접침하 발생	◦ 소음공해 심함 ◦ 지반교란 없음 ◦ 인접침하 없음	◦ 소음공해 심함 ◦ 지반교란 없음 ◦ 인접침하 없음

유의사항	◦ 침하관리대책 수립
	  (급속침하 시 경사,
	  침하곤란 시 편심)
	◦ 충분한 공기 확보
		◦ 근로자의 잠함병
		  (케이슨병)에 유의
		◦ 침하 후 작업실을
		  그라우팅 실시
			◦ 대형 시공장비 필요
			◦ 기초지반의 평탄성
			  확보에 유의

Ⅳ. 케이슨(caisson)의 제작

1. 강재거푸집(Gang form)에 의한 케이슨 제작순서
(1) 제작착수 : 제작장 선정 및 바닥정리

(2) 기초 철근 및 거푸집 조립

(3) 콘크리트 타설

(4) 헌치부 철근 및 거푸집 조립

(5) 콘크리트 타설

(6) 벽체 철근 및 거푸집 조립

(7) 콘크리트 타설

(8) 들고리 설치

(9) 콘크리트 양생 : 제작완료

2. 케이슨(caisson) 제작 위험요인 및 안전대책

공종	위험요소	안전대책
철근 조립	◦ 헌치부 철근 조립작업(1.8~3.7m)이 수평철근 위에서 수행되어 추락 위험	◦ 작업발판 설치 ◦ S-고리 설치(권상철근 적재용) ◦ 안전대 착용
	◦ 케이슨 내부가 격실로 나누어져 있어 헌치부 철근 조립작업을 위한 이동 중에 추락 위험	◦ 이동식 크레인의 달기구에 전용탑승설비(케이지)를 설치하여 케이슨 내부를 안전하게 이동
거푸집 조립	◦ 외부거푸집 작업발판에서 추락 위험	◦ 안전난간, 수직보호망 및 수직승강용 출입문·사다리 설치
	◦ 내부거푸집 격벽 이동(내부거푸집의 확장·수축을 위한 유압 잭 조정작업)에 따른 추락 위험	◦ 철재거푸집 내부에 추락방지망 설치
	◦ 내부거푸집에 박리제 도포작업을 위한 이동 중 추락 위험	◦ 이동식 사다리 상부에 전도방지장치를 설치하여 전도추락 방지
	◦ 케이슨 상·하부 수직 작업장으로 이동 중 추락 위험	◦ 케이슨 상·하부 수직 작업장으로 이동하기 위한 walking tower 설치 및 벽이음을 설치하여 전도추락 방지
	◦ 외부거푸집 전도에 따른 통행 근로자 협착 위험	◦ 외부거푸집 先전도방지 조치, 後콘크리트 타설작업 시행

콘크리트 타설	◦ 케이슨 격벽 및 벽체에서 콘크리트 타설작업 중 추락 위험	◦ 작업장 내부에 콘크리트 타설부위를 제외하고 개구부 발생 않게 조치 후, 이동식 크레인 인양작업 실시
이동식 크레인 인양작업	◦ 케이슨 제작공정은 건설기계 작업이 므로 항상 근로자와의 충돌 위험	◦ 건설기계 작업반경 내에 근로자 출입 금지 조치 및 신호수 배치

3. 케이슨(caisson) 제작 유의사항

(1) 케이슨 제작을 위한 거푸집·철근조립, 콘크리트타설, 케이슨인양 중 추락재해

① 거푸집·철근조립 중 추락방지를 위하여 추락방지망 및 작업발판 설치

② 케이슨 내부가 격실로 나누어져 있으므로, 철근조립 중에 다른 격실로 이동 중 추락재해를 예방하기 위한 이동경로 확보

③ 해상 바지선에서 작업하는 근로자의 익사사고에 대비하여 구명복 착용

③ 케이슨 상·하부 수직 작업장 이동용 walking tower가 높아질수록 우려되는 전도·추락 재해예방을 위하여 벽이음, 아웃트리거 등의 안전시설 설치

④ 케이슨 인양 연결작업은 최상부 케이슨의 상단에서 수행되므로 추락 재해예방을 위하여 케이슨 격실 내부 및 작업발판 주변에 추락방지망 설치

(2) 케이슨 제작장에 설치된 타워크레인에 대한 안전조치 사항 확인·점검

① 안전인증 및 안전검사 실시

② 이동식 크레인 간에 상호 간섭이 없도록 주행로 단부에 stopper 설치

③ 주행로 rail의 변형·침하 방지를 위해 하부지반 다짐 실시

(3) 대형 기중기로 케이슨 인양 중 정격하중 준수, 와이어로프 달기기구 안전확보

(4) 현장에 가설된 전기시설의 감전 재해예방을 위해 가설전기용량 검토, 가설전선의 지중 또는 공중 설치에 필요한 분·배전반 안전확보

(5) 기타 케이슨 제작장에 대한 전반적인 안전조치 사항 확인·점검

① 타워크레인의 안전한 주행로 확보

② 케이슨 제작장의 지반침하 방지를 위한 다짐 실시

③ 강풍·파고에 대한 안전대책 확보[130)]

---

130) 박효성 외, 'Final 토목시공기술사 핵심문제', 예문사, pp.532~538, 2008.
    산업안전보건공단, '케이슨(Caisson) 제작순서에 따른 위험요인 및 안전대책', 2018.

03.40 우물통 케이슨(Open caisson)의 침하관리

우물통(Open caisson) 공법에서 침하저항력, 침하촉진방법 [1, 3]

Ⅰ. 개요

1. Open caisson을 연약지반에서 시공하면 지반지지력 부족으로 케이슨이 급속침하되어 경사가 발생된다.

2. Open caisson을 경질지반에서 시공하면 역으로 침하가 매우 곤란하므로 침하촉진 대책이 필요하다.

3. Open caisson 침하 중에 발생되는 기울어지는 현상은 일반적으로 최초침하에서 많이 발생하며, 일단 케이슨이 기울어지면 교정하기 쉽지 않다.

4. 케이슨 기초의 종류별로 침하조건을 요약하면 다음과 같다.

   (1) Open caisson

   $$[상재하중+자중] > [선단지지력+마찰력+부력]$$

   (2) Pneumatic caisson

   $$[상재하중+자중] > [선단지지력+마찰력+壓氣양압력+부력]$$

   (3) Precast box caisson

   $$[상재하중+자중] > [마찰력+壓氣양압력+부력]$$

Ⅱ. 연약지반에서 open caisson 급속침하

1. 문제점

(1) 케이슨의 급속침하에 따라 수직도 관리불량으로 경사 발생

(2) 케이슨의 급속침하로 주변지반이 교란되면서 전단강도 저하

(3) 케이슨의 내부굴착에 따라 사질토 지반에서는 heaving 발생

2. 급속침하 방지대책

(1) 우물통 거치 전에 지지력 확보를 위해 연약지반을 개량한다.

(2) 우물통 거치 전에 케이슨의 선단형상을 개선한다.

   ① 연약지반에서 friction cut 설치를 생략하여 선단부를 둔화

   ② 연약지반에서 선단부를 60°둔각으로 하여 선단부를 둔화

(3) 우물통 굴착 중에 케이슨의 중앙부에만 굴착한다.

(4) 우물통 굴착 중에 케이슨의 상부에서 재하하는 중량물을 우물통 원주에 그르게 배치하여 하중의 균형을 유지한다.

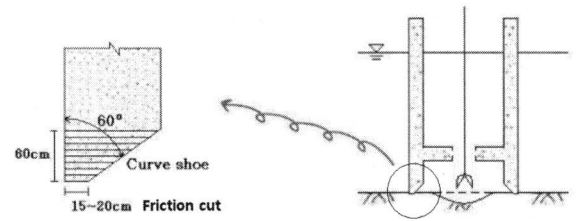

우물통 급속침하 방지대책

Ⅲ. 경질지반에서 open caisson 침하지연

1. 침하지연 원인

(1) 케이슨의 선단지반이 경질지반(암반, 전석)인 경우

(2) 케이슨의 외벽과 지반과의 마찰력이 증대된 경우

(3) 케이슨의 선단부 friction cut 각도가 적합하지 않는 경우

2. 침하 촉진대책

(1) 자중(自重) 증대 : 우물통의 자중을 증대시켜 침하를 촉진하되, 침하 중에 우물통 중심의 편기, 위치이동, 기울어짐 등에 유의

(2) 물하중 증대 : 케이슨 침하작업을 중단하고 그 하부에 수밀한 선반을 설치한 후, 물을 펌핑하여 물하중에 의해 침하 촉진

① 자중 증대를 위한 현지재료 구입이 어려운 지역에서 적용

② 물의 중량을 재하중으로 이용하므로, 하중을 균등하게 재하 가능

③ 비싸지만 단기간에 완료할 수 있어 사질토·점성토 지반에 적용

(3) 재하중 증대 : 초기에는 자중에 의해 쉽게 침하되지만, 굴착심도가 깊어질수록 침하기 곤란해지면 재하중을 증대시켜 침하 촉진

① 재하 재료는 현지에서 콘크리트 덩어리, 흙가마니, 강재, rail, 철괴 등을 케이슨 위에 재하시켜 침하 촉진

② 시공이 간단하고 경제적이어서 일반토사나 사질지반 침하촉진에 적용

③ 케이슨에 새로운 lot를 연결할 때는 하중을 제거(除去)하고, 양생완료 이후에 하중을 다시 재하(在荷)

④ 중간단계 침하 중에는 재하(在荷)와 제하(除荷)를 반복해야 되므로 효율 저하

(4) 자갈채움 : 우물통 주변의 공간에 매끄럽고 둥근 자갈을 충진하여 침하 촉진

① 우물통 주변에 자갈을 충진함으로써 우물통 구조체와 주변 흙을 절연시킴과 동시에 마찰력을 감소시켜 침하 촉진 가능

(5) Friction cut 설치 : 케이슨 선단부에 friction cutter를 설치하면 침하 촉진 가능

① 케이슨 선단부 각도를 30°예각으로 설치

② 케이슨 선단부 보호를 위하여 철재날끝(curve shoe)을 부착

⑹ 용액(溶液) 주입 : 우물통 주변에 미끄러운 용액을 주입·분사하여 마찰력 감소에 의해 침하를 촉진한다.

⑺ Water jet : 케이슨 외벽과 지반 사이에 water jet을 분사하여 마찰력 감소

① Water jet nozzle을 케이슨 벽체에 매입하거나, 케이슨 외벽에 pipe를 부착하여 분사

② 케이슨의 벽두께가 얇아질 가능성이 있고, 침하 중에 지반교란 발생

⑻ Air jet 분사 : 케이슨 주변과 지반 사이에 공기를 분사시켜 벽면을 따라 상승하는 기포를 형성, 침하 촉진 가능

① Air nozzle은 케이슨 외벽에 수평방향으로 부착하고 종방향의 송기관에 연결하여 공기를 주입

② 토양오염이나 지반교란 우려 없고, 경사(傾斜)수정에도 효과적임

③ 점성토에는 물만 분사하고, 사질토에는 물·공기를 혼합하여 분사

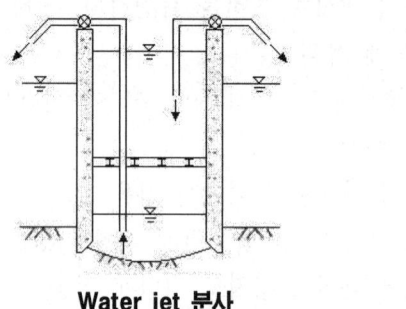

Water jet 분사

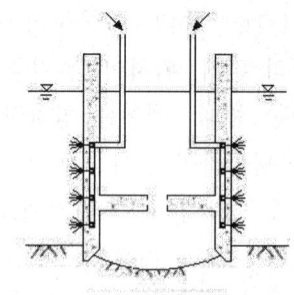

Air jet 분사

⑼ 발파 : 최종단계에서 더 이상 침하가 곤란한 경우에는 발파에 의해 케이슨에 충격을 가하면 순간적으로 마찰력 감소

① 발파는 수심 4m 이하의 깊이에서 적합하며, 깊어지면 폭발에너지에 의한 횡압력이 가해져 케이슨이 기우러질 수 있음

② 케이슨 내부에 물이 약간 있는 것이 발파에 좋으나, 수심이 너무 깊으면 벽체에 횡압력이 작용하므로 진동이 고루 퍼지도록 화약 배치에 유의

⑽ 수위(水位)저하 : 케이슨 수중(水中)굴착 중에 내부 수위를 저하시키면 내부 부력이 감소되어 침하 촉진

① 내부 수위저하가 극심하면 내·외부 수위차에 의해 boiling, heaving 현상이 발생될 수 있으므로 유의

② 수위저하는 점토, silt 등의 연약지반에 적합

Ⅳ. Open caisson 침하 중 경사(傾斜)

1. 경사 발생원인

(1) 급속침하

　① 선단부 지반이 연약하여 급속침하되는 경우

(2) 지반조건 불량

　① 선단부 지반이 상이하여 암반이 일부 노출되는 경우

　② Boiling, Heaving으로 선단부 지반이 연약화되는 경우

(3) 굴착조건 불량

　① 케이슨 선단부를 과다하게 편심굴착을 하는 경우

2. 경사 발생前 방지대책

(1) 케이슨 선단부의 지질조건, 지층조건 등을 면밀하게 조사한다.

(2) 케이슨 선단부의 형상을 조정한다.(30°예각 → 60°둔각)

(3) 케이슨 굴착순서를 준수하면서 대칭적으로 굴착한다.

　① 점성토 : 중앙 → 외측 굴착

　② 사질토, 암반 : 외측 → 중앙 굴착

(4) 케이슨 선단부 주변을 일시에 과다하게 굴착하지 않는다.

3. 경사 발생後 수정대책

(1) 지표면 대책

　① 배면굴착, 하중성토 등에 의한 수정

(2) 지중 대책

　① 배면굴착, water jet, air jet 등에 의한 수정[131]

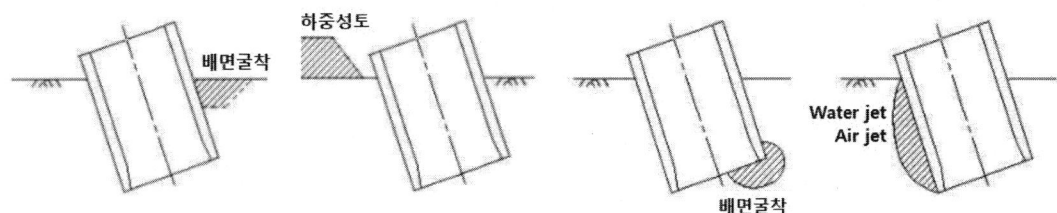

케이슨 경사 수정대책

---

131) 박효성 외, 'Final 토목시공기술사 핵심문제', 예문사, pp.536~538, 2008.

04. 사면·옹벽

분야	063회~115회 분석					최근 5회 분석					계
	063 ~073	074 ~084	085 ~094	095 ~104	105 ~115	116	117	118	119	120	
1. 비탈면	5	9	5	5	4		2	1			31
2. 땅깎기·흙쌓기	12	6	3	5	9				2		37
3. 흙막이벽	13	15	19	15	16	1	1	3			83
4. 옹벽	7	6	5	6	6				1		31
계	37	36	32	31	35	1	3	4			182

◆기출문제 분석에 따른 학습 중점방향 탐색

토목시공기술사 필기시험 제63회부터 120회까지 출제되었던 1,798문제(31문항×58차분) 중에서 '04. 사면·옹벽' 분야에서 절토사면, 토공사 시공계획, 유토곡선, 흙막이, 지하수 처리, 옹벽 등을 중심으로 182문제(10.1%)가 출제되었다. 토목공학의 신기술·신공법이 컴퓨터 S/W와 결합되어 상용화되어 있는 사면붕괴 예측시스템을 물었다. 경량인공자재의 품질기준이 표준화되어 대량 공급되면서 도심지 흙공사에서 재래식 옹벽 대신 자주 쓰이는 보강토 공법도 자주 묻고 있다.

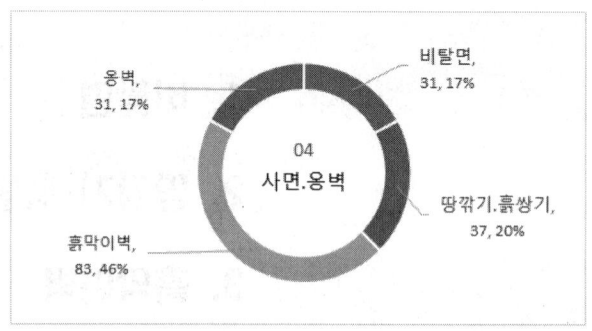

사면·옹벽 분야도 토질·기초 분야와 함께 동일한 토질공학 범주에 속한다. 자연사면, 절토사면, 성토사면 등의 비탈면은 계절변화에 따른 강수량, 강설량, 동결융해 등의 영향을 받아 구조적으로 변하기 때문에 붕괴사고가 발생된다. 대절토나 고성토 사면의 붕괴원인 및 안정대책을 토질공학적으로 접근하여 기술해야 한다. 『시특법』이 개정되면서 3종 시설물에 포함된 비탈면의 점검·진단 및 보수·보강을 절차에 따라 정리한다.

흙막이공사 현장에서 발생되는 붕괴사고의 원인은 heaving, boiling, quick sand, arching 등의 토질공학 원리를 설명하면 된다. 연속벽(slurry wall) 공법 중 최근에 신공법·특허 등록되어 설계·시공과정에 적용되고 있는 개량(R.F) C.I.P 공법을 이 교재에 요약하였다.

토질조건(방수·투수), 지역조건(도시·지방), 기후조건(건습·동결) 등에 따라 다양한 사면공법이 적용되고 있어 복수의 공법을 비교·설명하라는 문제가 출제된다. Soil nailing, rock bolt 및 earth anchor를 비교한다. Open cut, Island 및 Trench cut을 비교한다. 종래의 콘크리트 옹벽과 땅값 비싼 도심지에서 자주 쓰이는 보강토 옹벽의 붕괴원인 및 방지대책을 비교한다.

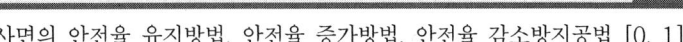

04.01 비탈면의 설계기준

사면의 안전율 유지방법, 안전율 증가방법, 안전율 감소방지공법 [0, 1]

Ⅰ. 개요

1. 비탈면의 붕괴원인은 잠재적 요인(지질, 토질 등)과 직접적 원인(강우, 지진, 땅깎기, 흙쌓기 등)으로 구분할 수 있다.
2. 땅깎기와 흙쌓기는 비탈면이 붕괴하려는 힘에 대해 비탈면의 안전율을 증대시키는 방향으로 거동할 수도 있고 감소시키는 방향으로 거동할 수도 있다.

Ⅱ. 흙쌓기 비탈면의 표준경사

1. 흙쌓기 비탈면의 표준경사는 흙쌓기 재료, 비탈면 높이 등에 따라 다르겠지만 일반적으로 다음 표와 같은 경험적인 값을 적용한다.

흙쌓기 비탈면의 표준경사

흙쌓기 재료	흙쌓기 높이	표준경사	비고
입도가 좋은 모래(SW), 자갈 및 자갈 섞인 모래(GW, GP, GM, GC)	5m 이하	1 : 1.5~1 : 1.8	기초지반 지지력이 충분하며, 침투수 우려가 없는 흙쌓기일 경우에 적용한다.
	5~15m	1 : 1.8~1 : 2.0	
입도가 나쁜 모래(SP)	10m 이하	1 : 1.8~1 : 2.0	
암괴(암버럭 포함)	10m 이하	1 : 1.5~1 : 1.8	
	10~20m	1 : 1.8~1 : 2.0	
사질토(SM, SC), 굳은 점질토, 굳은 점토	5m 이하	1 : 1.5~1 : 1.8	
	5~10m	1 : 1.8~1 : 2.0	
연약한 점성토	5m 이하	1 : 1.8~1 : 2.0	

2. 흙쌓기 비탈면의 표준경사을 적용할 때, 다음과 같은 경우에는 반드시 안정성 검토를 해야 한다.
   ⑴ 흙쌓기 높이가 10m 이상으로 높은 경우
   ⑵ 흙쌓기 재료가 고함수비 점성토 등 전단강도가 약한 토질인 경우
   ⑶ 연약지반 상에 흙쌓기하려는 경우
   ⑷ 비탈면 붕괴가 우려되는 불안정한 지반 또는 급경사지에 흙쌓기하려는 경우
   ⑸ 무한사면에서 표준경사 기준을 벗어나 흙쌓기하려는 경우
   ⑹ 용수가 있든지, 비탈면이 침식될 우려가 있는 경우

(7) 급속하게 흙쌓기를 하면 불안하다고 판단되는 경우

(8) 비탈면이 붕괴되면 인적·물적 피해가 크고 복구비가 많이 소요되는 경우

(9) 제방형태의 주요 진입도로인 경우

(10) 하천, 저수지 등에 의해 침수된 적이 있는 지역에 흙쌓기하려는 경우

(11) 지반조건에 따라 지표수가 침투할 우려가 많은 경우

II. 흙쌓기 비탈면의 소단(小段)

1. 소단(小段) 설치 이유

(1) 강우 중 비탈면에 흘러내리는 빗물의 유속을 감속하기 위하여

(2) 강우 중 빗물이 비탈면 내부로 침투하는 것을 방지하기 위하여

(3) 빗물의 집수면적을 줄여 비탈면의 침식작용을 사전 방지하기 위하여

(4) 종합적으로 비탈면의 안정성 향상, 토지이용 효율성 증대를 위하기 위하여

소단(小段)의 일반적인 설치기준

구분		소단 적용	비고
쌓기부	5m 이하	5m 마다 소단 1m	한국도로공사 도로설계요령 기준
	5m 이상		
깎기부	토사층	5m 마다 소단 1m	
	리핑암		
	발파암(연암, 경암)	20m 마다 소단 3m	

2. 소단(小段) 설치 유의사항

(1) 소단을 설치할 때 높이와 폭은 유지관리용 통로, 작업대 기능, 비탈면 보호공의 기초 설치를 위한 여유폭, 배수시설 등 상황변화에 따라 변경하여 설치한다.

(2) 특히, 토사와 암반의 경계부가 되는 이방성 지반의 비탈면에서는 용수를 고려하여 소단의 설치 규모를 결정한다.

III. 흙쌓기 비탈면의 안정

1. 흙쌓기 비탈면의 안정성 해석

(1) 일반적인 해석방법

① 방법 : 한계평형이론(limit equilibrium theory)으로 산정한 안전율이 허용안전율 이상연 경우에는 비탈면은 붕괴에 대하여 안전하고, 비탈면의 변형은 허용

치 이내에 있다고 판단한다.

② 원리 : 활동면을 따라 파괴가 일어나려는 순간에 성토체의 안정성 해석문제를 단순화하기 위해 가정을 설정하여 정역학 이론으로 해석한다.

③ 특징 : 비탈면의 기하학적 조건에 따라 강도정수 해석의 정밀도가 좌우된다. 즉, 기하학적 조건에 따라 흙 비탈면은 일반적으로 곡면활동이지만, 불면속면이 존재하는 경우에는 평면활동이 자주 발생한다.

(2) 적용 가능한 해석방법

① Fellenius방법, Modified Bishop방법, Janbu방법, Morgenstern-Price방법, Spencer방법 등이 적용 가능하다.

② 해석방법은 힘의 분력에 대한 가정을 달리 설정하여 산정하므로 안전율이 다르게 계산되지만, 수치적으로 차이가 크지는 않다.(Fredlunt, 1981)

(3) 안정성 해석 적용요령

① 비탈면의 안정성 해석에는 해석방법 차이보다 정확한 강도정수 산정 및 기하학적 조건이 더 큰 영향을 미친다.

② 지질학적 측면을 고려하여 예상 활동면 상태에 따라 활동붕괴가 발생되는 경우에는 다음 표와 같은 흙쌓기 비탈면의 최소안전율과 비교하여 판단하는 것이 바람직하다.

흙쌓기 비탈면의 최소안전율 비교

구분		최소안전율	
한국	국토교통부	구조물 기초설계기준	Fs≥1.3
	한국도로공사	도로설계요령	Fs≥1.3
	항만협회	항만시설 기술상의 기준 및 동 해설	Fs≥1.5
일본	건설성	표준적인 계획안전율	Fs≥1.1~1.3
	도로실무강좌 5	도로토공, 연약지반 대책공법 지침	Fs≥1.2~1.3
	토질공학회 연약지반 조사설계 시공법	가설구조물, 건설 중인 비탈면 안정 등 일시적인 안정에 적용하는 경우	Fs≥1.0~1,2
		일반적인 구조물인 경우	Fs≥1.3
		중요구조물인 경우	Fs≥1.5

2. 흙쌓기 비탈면의 최소안전율

(1) 현재 국내·외에서 흙쌓기 비탈면의 전단강도에 대한 안정성을 검토하는 경우에 적용되는 안전율은 1.1~1.5 정도이며, 다음 식으로 계산한다.

$$Fs = \frac{S}{\tau}$$

여기서, Fs : 안전율

S : 흙의 전단강도(t/m²)

τ : 활동면에 대한 전단응력(t/m²)

(2) 위의 식으로 계산 결과 안전율이 1.3 이상이면 일단 안정성이 확보되었다고 판단해도 좋지만, 계산 결과를 과신하지 말고 현지의 토질조건, 시공조건 등을 종합적으로 고려하여 최종 판단한다.

3. 흙쌓기 비탈면의 안정대책

(1) 흙쌓기부의 기초지반 안정대책

① 기초지반 표층에 고함수비의 연약층이 존재하는 경우에는 시공기계 진입을 위해 모래·막자갈 등을 포설하여 지반을 강화한다.

② 흙쌓기 내부에 용수가 존재하는 경우에는 지하배수공을 설치하여 용수를 흙쌓기 외부로 배수처리한다.

③ 기초지반 내부에 폐갱 등의 공동(空洞)이 존재하는 경우에는 사전에 조사하여 채움 등 적절한 조치를 강구한다.

(2) 흙쌓기부의 침투수 배수대책

① 흙쌓기 작업 중 항상 배수에 유의하여 표면에 물이 고이지 않도록 하며, 외부 표면수와 용출수가 흙쌓기 내부로 유입되지 않도록 배수처리를 한다.

② 일일작업을 종료할 때 또는 작업을 중단하는 경우에는 흙쌓기 다짐면을 4% 이상의 횡단 기울기로 평평하게 마무리하여 지표수가 고이지 않도록 한다.

③ 비가 멎은 후 즉시 작업을 개시할 필요가 있을 때는 비 오기 전에 미리 폴리에틸렌 등의 방수재료로 시공면을 덮어 빗물 침투를 막도록 한다.

④ 흙쌓기부 비탈면의 표면수는 흙쌓기부 가장자리에 가배수시설을 설치하여 배수처리하고, 외부로 유출시키기에 적당한 지점에 가마니 또는 마대, 비닐 등으로 임시 도수로를 만들어 유출시키로록 한다.[132]

---

132) 국토교통부, '도로설계편람', 제3편 토공 및 배수, pp.406-33~36, 2012.

04.02 안전율, 안식각, 내부마찰각

흙의 안식각(安息角), 내부 마찰각 [2, 0]

1. 용어 정의

⑴ 안전율(安全率, safety ratio)은 구조물 전체 또는 각 부재에 대한 안전의 정도를 나타내는 계수이다.

⑵ 안식각(安息角, angle of repose)은 흙을 쌓거나 깎아 냈을 때 자연상태에서 생기는 경사면이 수평면과 이루는 각으로, 안전율과 같은 개념이다. 안식각은 흙의 종류, 함수비 등에 따라 크게 변하기 때문에 정확히 일정 값으로 표시할 수는 없다

⑶ 탄성설계기법에서 구조물 각 부재에 파괴가 생기지 않도록 계산응력이 재료강도(σ_0)의 1/S 이하로 되도록 형상치수를 결정하는데, 이때 S가 안전율(S_f)이다.

⑷ 안전율(S_f)은 구조물의 설계상 허용응력을 정하기 위한 계수이다. 허용응력을 정하는 기준은 재료의 인장강도, 항복점, 피로강도, 크리프(creep)강도 등이 있는데, 이와 같은 재료의 강도들을 기준강도(응력)라 하고, 이 기준강도와 허용응력과의 비율을 안전율이라 한다.

$$안전율 \ S_f = \frac{재료의 \ 기준강도}{재료의 \ 허용응력} = \frac{\sigma_s}{\sigma_a}$$

⑸ 안전율(S_f)을 크게 하면 설계의 안전성을 확보되지만 경제성이 저하되므로 건설기계 및 구조물을 설계하는 경우에는 안전성과 경제성을 동시에 고려하는 안전율을 선정하여 최적설계(Optimum design)를 하는 것이 바람직하다.

2. 안전율 유도

(1) 조건

① 포화된 점토의 비배수 전단강도는 C_u로서, 이때의 내부마찰각 $\phi_u = 0$ 이다.

② 따라서, $\phi_u = 0$ 해석법이란 비배수 조건의 점토지반에 대한 사면해석방법이다.

③ 이때의 전단강도는 '전응력' 개념이므로, 수압은 고려할 필요 없다.

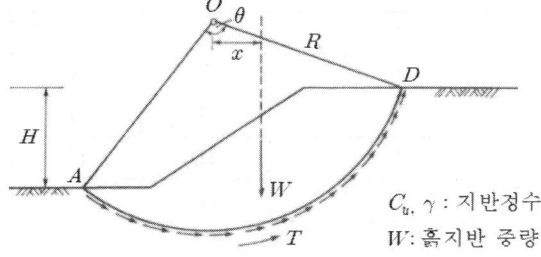

(2) 유도

① 작용모멘트 $M_d = W \cdot x$

② 유발되는 저항모멘트 $M_r = T \cdot R$

　　T는 $\widehat{AD}$에서 유발되는 전단강도로 인한 저항력 $T = \tau_m\,(\widehat{AD}) = C_m \cdot R \cdot \theta$

　　유발되는 전단강도(mobilized shear strength) $\tau_m = C_{um} = \dfrac{C_u}{F_s}$

③ 평형조건에 의해 작용모멘트(M_d)와 저항모멘트(M_r)는 같아야 하므로

$$W \cdot x = T \cdot R = (C_{um}\,R\theta)R = \left(\dfrac{C_u}{F_s}R\theta\right)R = \dfrac{CU}{F_s}R^2\theta$$

④ 따라서, 원호활동으로 인한 사면파괴에 대한 안전율 F_s은

$$F_s = \dfrac{C_u R^2 \theta}{W \cdot x}$$

그에 따라 유발되는 비배수 전단강도 C_{um}은

$$C_{um} = \dfrac{C_u}{F_s} = \dfrac{W \cdot x}{R^2 \cdot \theta}$$

3. 경험적 안전율

(1) 안전율은 여러 인자를 고려하여 각각의 경우에 대해 결정되므로 일반적으로 통용될 수 있는 값을 결정하기는 어렵다. 따라서, 안전율은 과거 경험에서 얻어진 자료로부터 안전율을 정하는 경험적 안전율로 결정하는 경우가 많다.

(2) Raymond Unwin(1863~1940, 영국)은 재료의 인장강도를 기준강도로 하는 평균 안전율을 경험에 의하여 제시하였다. 예비설계할 때 Unwin의 경험적 안전율로 개략 계산할 수 있다. 정확한 안전율은 재질, 하중 등의 작용조건을 고려하여 직접 허용응력(σ_a)을 제시하여야 한다.[133]

Unwin의 경험적 안전율

재료	정하중	반복하중		충격하중
		편진	양진	
주철	4	6	10	15
단철, 연강	3	5	8	12
주강, 강	3	5	8	15
구리, 연한금속	5	6	9	15
목재	7	10	15	15
석재, 벽돌	20	30	-	-

133) 박효성 외, 'Final 토목시공기술사 핵심문제', 예문사, p.421, 2008.

04.03 한계성토고

1. 한계성토고

⑴ 성토고가 높지 않는 경우에는 일시에 성토하여도 지반의 지지력 부족으로 인한 전단파괴나 사면활동파괴가 발생되지 않으나, 연약지반에 고성토를 하는 경우에는 단계별 성토를 해야 한다. 이때 연약지반에 일시에 성토할 수 있는 최대성토고를 한계성토고라 하며, 지반의 지지력이 견딜 수 있는 최대성토고를 의미한다.

⑵ 연약지반에서 지반 지지력에 의한 한계성토고(H_c)는 연약층의 일축압축강도(q_u)에 대한 지반의 극한지지력(q_d)을 구하여 결정한다.

⑶ 흙쌓기할 때 사면의 안전율(S_F)은 일반적으로 1.2 이상을 표준으로 한다.

$$S_F = \frac{q_d}{H_c \gamma_t}$$

여기서, q_d : 한계지지력(t/m^3)은 연약층의 토질·두께에 따라 적용

H_c : 한계성토고(m)

γ_t : 성토체의 단위중량(t/m^3)

2. 단계성토고와 안전율

⑴ 연약지반 위에 급속성토를 할 때 안전율(S_F)이 부족하여 슬라이딩(sliding) 위험이 있어 단계성토를 검토하는 경우, 이때, 단계성토는 한계성토고 이내로 결정한다.

⑵ 단계별로 한계성토고 이내로 성토하면 성토하중으로 인하 강도증가가 발생되므로, 계획고까지 단계성토 후에 시간이 경과되면 강도가 증가되고, 안전율도 증대된다.

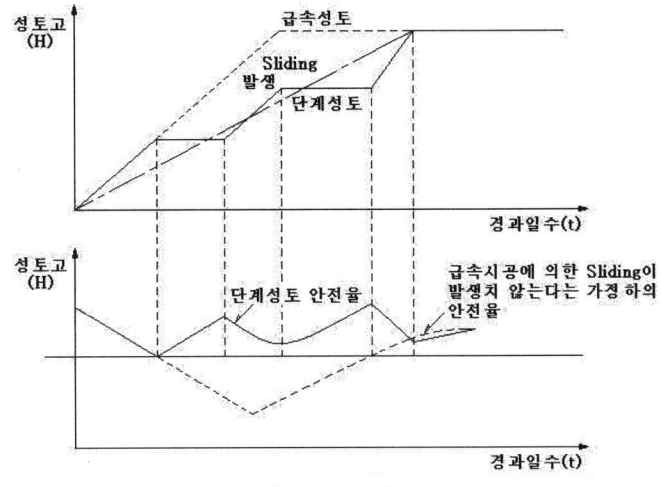

단계성토고와 안전율

04.04 절토사면의 붕괴유형, 붕괴원인

절토사면의 붕괴원인, 파괴형태, 방지대책 [0, 4]

I. 개요

1. 절토사면은 자연적으로 이루어져 있는 지반을 깎아서 만든 인공사면으로, 흙과 암석이 불규칙하게 뒤섞인 불균일한 지층을 이루기도 하고, 단층과 절리 등을 포함하고 있어 상당히 복잡한 지질구조로 구성되어 있다.

2. 절토사면은 크게 상부자연사면, 절토부, 이격부로 구성되어 있다.

   (1) 상부자연사면은 하강형, 평탄형, 상승형 등으로 구성된다.

   (2) 절토부의 사면경사는 소단경사가 아닌 평균경사를 의미한다.

   (3) 이격부는 낙석포획거리, 낙석방호시설, 길어깨를 포함한다.

3. Hoek & Bray(1981)는 절토사면을 기하학적 형상으로 해석하기 위하여 절토사면의 파괴를 평면파괴, 쐐기파괴, 전도파괴 및 원호파괴의 4가지로 분류하였다.

4. Varnes(1978)는 절토사면이 파괴되면서 이동하는 형태, 속도 등의 동역학적 메커니즘에 따라 낙하, 전도, 활동, 퍼짐 및 유동의 5가지로 분류하였다.

II. 절토사면의 붕괴유형 기하학적 형상 해석

1. 평면파괴(planar failure)

   (1) 사면의 경사방향과 같은 방향의 불연속면을 따라 미끄러짐이 발생되는 파괴형태

   (2) 절리면의 주향이 절토사면 주향의 ±20°에 나타난다.

   (3) 절토사면 경사(ϕf)가 절리면 경사(ϕp)보다 크고, 절리면 경사(ϕp)가 절리면 내부마찰각(ϕ)보다 크다($\phi f > \phi p > \phi$).

2. 쐐기파괴(wedge failure)

   (1) 두 불연속면으로 이루어진 하나의 블록이 사면의 경사방향(교선방향)을 따라 미끄러지는 파괴형태

   (2) 절토사면의 경사방향과 두 절리면이 만나 이루는 교선의 경사방향이 유사하다.

   (3) 절토사면 경사(ϕf)가 두 절리면 교선의 경사(α)보다 크고, 두 절리면 교선의 경사(α)가 절리면 내부마찰각(ϕ)보다 크다($\phi f > \alpha > \phi$).

3. 전도파괴(toppling failure)

   (1) 암주나 암석블록들이 고정된 어떤 기준점에 대해 회전하면서 파괴되는 형태

   (2) 절리면의 주향이 절토사면의 주향과 비슷하다.

(3) 절토사면의 경사방향과 절리면의 경사방향이 반대이다.

4. 원호파괴(circular failure)

(1) 지반이 매우 약하거나 절리의 발달이 아주 심한 암반에서 원호(또는 원형)의 경로를 따라 발생되는 파괴형태

(2) 일정한 지질구조 형태를 보이지 않는 토사, 풍화암, 파쇄암반 등에서 주로 발생

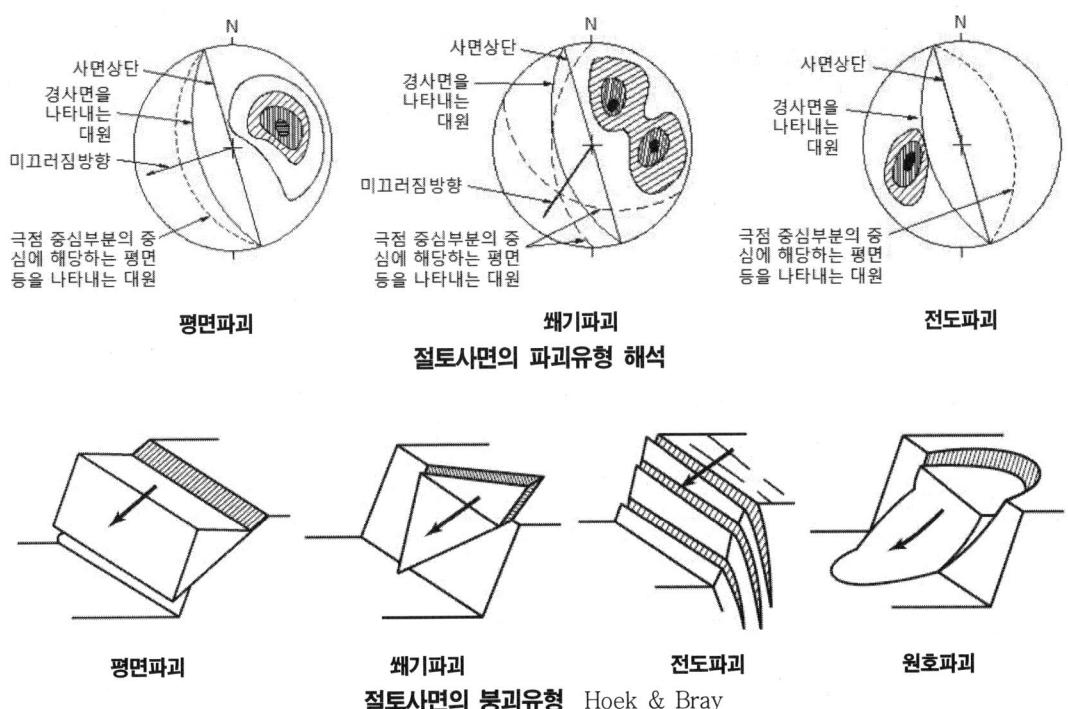

평면파괴   쐐기파괴   전도파괴
절토사면의 파괴유형 해석

평면파괴   쐐기파괴   전도파괴   원호파괴
절토사면의 붕괴유형 Hoek & Bray

Ⅲ. **절토사면의 붕괴유형** 동역학적 현상 해석

1. **낙하(fall)** : 전단변위가 거의 발생하지 않는 상태에서 급한 경사면의 흙이나 암석이 분리되면서 발생되는 파괴형태

2. **전도(topple)** : 중심 아래의 점(또는 축)에 대해 흙 또는 암괴로 구성된 사면이 주로 중력에 의해 회전하면서 발생되는 파괴형태

3. **활동(slide)** : 흙 또는 암괴가 파괴면 또는 전단변형에 의한 전단면 등을 따라 미끄러지면서 발생되는 파괴형태

4. **퍼짐(spread)** : 하부의 연약한 물질 속으로 점성토 또는 암석블록이 침하하면서 인장됨에 따라 발생되는 파괴형태

5. **유동(flow)** : 공간적으로 연속적인 운동에 의해 발생되는 파괴형태

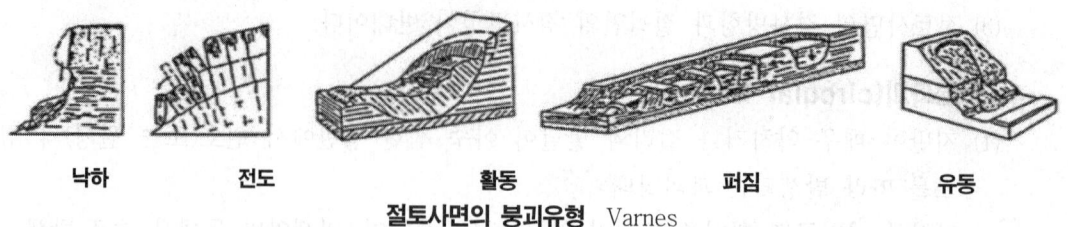

낙하	전도	활동	퍼짐	유동

절토사면의 붕괴유형 Varnes

Ⅳ. 절토사면의 붕괴원인

```
                                  ┌ 기후적 수리
                    ┌ 수리적 원인  ┼ 인위적 수리
                    │              └ 지형적 수리
◇ 절토사면의 붕괴원인 ┼ 지질적 원인  ┬ 불연속면 : 단층, 전단대
                    │              └ 취약암질 : 절리, 층리, 암맥
                    └ 인위적 원인  ┬ 설계·시공 부실
                                  └ 유지관리 부실
```

절토사면의 붕괴원인

1. 수리적 원인

(1) 기후적 수리

① 집중강우는 지하수 활동력 증가, 간극수압 증가, 지반강도 저하 등을 유발하여 절토사면의 주요 파괴원인으로 작용

② 동결융해가 장기간 지속되면 절토사면의 표층 유실뿐만 아니라 표층 동상에 의한 들뜸으로 녹화재 박락을 유발

(2) 인위적 수리

① 전답, 과수원 등은 강우 중 지표수가 쉽게 침투되어 지하수 활동력을 증가시켜 절토사면 방향으로의 유선을 형성하여 사면안정성 저하를 초래

(3) 지형적 수리

① 절토사면 내·외부의 계곡부(집수지형)는 지표수·지하수의 지속적인 공급경로가 되어 지반강도 저하, 풍화·열화 촉진으로 사면안정성 저하를 초래

2. 지질적 원인

(1) 단층, 전단대

① 단층은 암반 내에 형성된 틈을 경계로 그 양측 암괴에 상대적인 변위가 발생되어 어긋난 형태를 말한다. 단층 한쪽의 점토층에 불투수막이 형성될 때 반대쪽의 지하수위가 상대적으로 상승되어 사면붕괴를 유발

454

② 전단대는 전단응력의 영향으로 암석이 부스러지면서 형성된 작은 틈들이 나란히 배열된 부분을 말한다. 전단대는 상대적으로 연약한 지반이 응력을받아 변형된 것이므로 일련의 불연속면이 휘어지면서 파괴되는 형태

(2) 절리

① 절리는 암석에서 변위가 없이 분열되거나 갈라진 표면이 평행하게 발달된 부분을 말한다. 절리의 기하학적 특성이 파괴유형이 큰 영향을 미친다.

(3) 층리

① 층리는 지중에 퇴적물이 층상으로 쌓여 지층에 평행한 단면으로 만들어진 부분을 말한다. 연약한 충진물질이 분포되어 있어 대규모 평면파괴를 유발

(4) 암맥

① 암맥은 절토사면에서 기존 암석 층리의 불연속면을 따라 다른 종류의 암체가 용융상태에서 뚫고 들어온 부분을 말한다. 풍화과정에 암맥과 기존 암석의 경계면이 취약부위로 작용되어 사면붕괴를 유발

| 단층 | 절리 | 층리 | 암맥 |

절토사면의 지질적 붕괴원인

3. 인위적 원인

(1) 설계·시공 부실

① 도로건설의 계획·설계과정에 지질·지형·수리조건을 고려하지 않고 일률적인 설계기준에 따라 과도한 발파공법을 적용

(2) 유지관리 부실

① 절토사면은 다른 토목·건축시설물과 달리 그 변화를 감지하기 어려워 유지관리 단계에서 방치할 경우에 사면붕괴 피해를 유발[134]

---

134) 한국시설안전공단, '절토사면의 붕괴유형 및 안전대책', 시설안전교육센터 정밀안전진단과정, 2018.

비탈면 붕괴의 요인별 검토항목   (Cruden & Varnes, 1996)

붕괴요인	검토항목
지질학적 요인	(1) 지반강도 자체가 약한 연약지반 (2) 예민한 지반 (3) 풍화된 지반 (4) 기존의 전단된 지반(단층 혹은 과거에 1차 붕괴된 비탈면) (5) 절리가 발달된 지반 (6) 불연속면이 불리한 방향으로 경사진 지반 (7) 지층들 간의 투수계수가 다른 지반 (8) 지층 사이에 강도 차이가 있는 지반(소성변형을 보이는 물질 위에 강한 물질이 존재)
지형학적 요인	(1) 물에 의한 비탈면 토(toe) 부분의 침식 (2) 파도에 의한 비탈면 토(toe) 부분의 침식 (3) 비탈면 측면 부분의 침식 (4) 비탈면 내부의 침식(석회암과 같은 물질의 용해 혹은 퇴적물의 유출에 기인한 파이핑) (5) 비탈면 정상부에 퇴적물에 의한 하중 증가 (6) 초목의 제거(산불이나 가뭄에 의해)
물리학적 요인	(1) 매우 심한 폭우 (2) 눈의 녹는 속도가 매우 빠름 (3) 장기간 지속되는 강우 (4) 수위의 매우 빠른 저하(홍수나 조수) (5) 화산 폭발 (6) 해빙 (7) 동결융해의 기후
인간활동에 의한 요인	(1) 비탈면이나 비탈면 토(toe) 부분의 절개 (2) 비탈면이나 비탈면 정상부의 하중 증가 (3) 저수지의 수위 강하 (4) 산림 훼손 (5) 농업용 관개시설 (6) 광산 활동 (7) 인위적인 진동(발파) (8) 시설물의 누수

135]

---

135) 국토교통부, '도로설계편람', 제3편 토공 및 배수, pp.406~47, 2012.

04.05 산사태, 소단(小段)

자연사면의 붕괴원인과 파괴형태 및 안정대책, 산사태의 붕괴원인 및 대책 [0, 2]

1. 산사태

(1) 우리나라는 연평균 강우량 1,200mm 중 절반 이상이 7~8월에 집중되기 때문에 하절기에는 대형 산사태 발생이 우려된다.

(2) 특히, 자연사면 산사태는 토석류의 이동속도가 최대 30m/sec로 매우 빨라 하부에서 방호대책을 수립하지 않으면 치명적인 피해를 당할 수 있다.

(3) 산사태는 지반재료, 붕괴형태 등에 따라 다양하게 분류된다.

① 지반재료에 따른 분류 : 산사태의 발생지반을 단단한 기암반, 2mm보다 굵은 토석, 2mm보다 가는 토질 등으로 분류하며, 물의 작용이 중요하다.

② 붕괴형태에 따른 분류 : 산사태의 붕괴형태를 낙반(fall), 전도(topple), 슬라이드(slide), 퍼짐(spread), 유동(flow), 복합(complex)산사태 등으로 분류한다.

2. 산사태의 복구공법

(1) 산사태 복구공법의 분류

① 산복 사방 : 황폐되거나 붕괴된 산지의 산복부에서 산림식생을 복구 및 보전하여 재해를 방지하는 사방공법

② 계간 사방 : 황폐계류 바닥의 종횡침식을 방지하여 산복을 보전하고, 하류로의 유송토사를 억제하는 사방공법

③ 야계 사방 : 집중호우로 인해 자주 범람하는 황폐성 계류에 계안구조물을 설치하여 종횡침식을 방지하고 안전유출을 도모하는 사방공법

(2) 산사태 복구공법의 특징

① 흙막이 : 사면 기울기의 완화, 표면 유하수의 분산, 배수로 기초의 구축 등으로 흙이 무너지거나 흘러내림을 방지

② 산비탈 수로내기 : 빗물에 의한 비탈면 침식을 방지하고 시공구조물이 파괴되지 않도록 일정한 장소에 유수를 모아 배수

③ 비탈다듬기 : 사면의 경사가 심한 비탈면은 일정한 경사도를 유지하도록 땅깎기와 흙쌓기를 하여 안정된 비탈면을 조성

④ 선떼붙이기 : 비탈다듬기에서 생긴 부토를 고정하고 식생을 조성하기 위해 떼를 쌓거나 붙인 후 그 뒷면은 흙으로 채우고 풀을 파식

⑤ 씨뿌리기(seeding) : 초본류와 목본류의 종자를 산복비탈면과 계단에 직접 파종, 줄(strip)씨뿌리기, 흩어(broadcast)씨뿌리기, 점(spot)씨뿌리기

⑥ 옹벽 : 토압이 커서 다른 기초공법으로 안정시킬 수 없는 붕괴위험지 하부에 콘크리트, 콘크리트블록, 돌망태 등으로 토압을 안정

⑦ 사방댐 : 황폐된 계류에서 종힝 침식과 붕괴물질을 억제하여 산사태로 인한 토석류 피해를 저지하기 위해 계류를 횡단하여 설치하는 댐

⑧ 섬유망 : 이완된 암괴, 테일러스, 산사태 물질 등이 경사면을 따라 이동할 때 생기는 운동에너지를 흡수하도록 유연한 탄소섬유망을 설치[136)

3. 소단(小段) 설치

(1) 소단의 설치목적

① 사면의 안정성을 높이고 사면에 흘러내리는 빗물의 유속을 늦추고, 빗물의 집수면적을 줄여 침식이 진행되는 것을 방지하기 위하여,

② 유지관리용 통로, 작업대 기능, 사면 보호공의 기초설치를 위한 여유, 배수시설 등을 고려하여 소단의 높이와 폭을 결정하여 설치한다.

(2) 소단의 설치기준

① 『산지관리법 시행규칙』[별표1의3]제2호라목 본문에 산지전용허가기준의 세부사항의 하나로 사면(옹벽 포함)의 수직높이가 5m 이상인 경우에는 5m 이하의 간격으로 너비 1m 이상의 소단을 설치하도록 규정되어 있다.

② 따라서, 토사층 또는 리핑암 깎기부 높이가 5m 이상의 사면에는 그 중간에 소단을 설치해야 한다. 이 경우 토질조건에 따라 사면어깨로부터 수직거리 5m 마다 소단을 설치하고, 소단의 폭은 1m를 표준으로 한다.

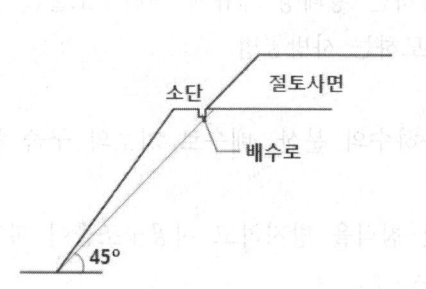

절토사면 소단 설치

136) 국토교통부, '도로설계편람', 제5편 교량, pp.A1-5~15, 2012.
    한국방재협회, '풍수해저감종합계획수립', pp.458~496, 2011.
    박효성, '토목시공기술사 기출문제 실제답안', 예문사, pp.648~651, 2012.

04.06 Land slide, Land creep

Land slide, Land creep [3, 0]

1. Land slide(산사태)

(1) 경사면은 흙의 자중(自重)에 의하여 높은 곳에서 낮은 곳으로 이동하려는 위치에너지를 가지고 있다. 경사면 내부에는 전단응력이 발생하고 이 전단응력이 사면의 전단저항보다 커지는 경우에는 land creep나 land slide 현상이 발생된다.

(2) 랜드 슬라이드는 경사면이 30° 이상 급경사인 경우에는 중력의 작용에 의하여 높은 곳에 있는 흙이 낮은 곳을 이동하는 현상으로, 이동의 속도가 극히 빠르며 대부분 순간적으로 발생된다.

(3) 랜드 슬라이드 현상은 주로 호우(폭우)나 지진 등에 의하여 흙속의 응력이 증대하고 역학적으로 강도가 감소하면 발생된다.

2. Land creep(붕괴)

(1) 랜드 클리프는 경사면이 5~20° 정도로 완만한 경우에 중력의 작용에 의하여 높은 곳에 있는 흙이 낮은 곳을 이동하는 현상으로, 주로 풍화된 토층의 토사난 암층의 표층이 이동하여 발생된다.

(2) 랜드 클리트는 흙이 이동하는 속도가 매우 완만하여 일반적인 강우, 융설 등에 의하여 지하수위가 상승하거나 침식이 서서히 진행되는 과정에 주로 발생된다.[137]

Land slide와 Land creep

구 분	Land slide	Land creep
원인	집중호우와 지진발생으로 인하여 전단응력이 증가할 때 발생	지하수의 상승과 침투로 인하여 전단강도가 감소할 때 발생
지형	급경사(30°이상)	완경사(5~20°이하)
발생시기	집중호우 중이나 직후에 발생	강우 후에 시간이 경과하여 발생
이동속도	빠르다.	느리다.
형태	순간적으로 일시에 발생	연속적으로 발생되며, 재발생 가능
규모	소규모	대규모
지반조건	모래, 점토, 암반	토사와 암반의 경계
안정대책	절토공법, 압성토공법 토류벽 설치공법, 옹벽공법 Earth anchor 공법 Soil nailing 공법	지하수위 저하공법 지하수 차단공법 말뚝억지공법

---

137) 박효성 외, 'Final 토목시공기술사 핵심문제', 예문사, pp.423~426, 2008.

04.07 절토사면의 붕괴방지대책

사면활동의 형태 및 원인과 사면안정 대책, 사면보호공법의 종류 [0, 6]

Ⅰ. 개요

1. 절토사면에 대한 안정검토 결과, 안전하다고 계산된 절토사면인 경우에도 장기간에 걸쳐 강우·강설에 노출되면 세굴·침식으로 인하여 토사가 유출될 수 있다.

2. 절토사면의 장기적인 안정유지, 미관향상, 유지관리 편의성 도모 등을 위하여 토질· 암반의 상태, 사면의 경사·높이, 용수발생 가능성 등을 고려하여 적절한 붕괴방지책 을 선정하여 시행해야 한다.

3. 절토사면의 붕괴방지대책은 목적과 활용성에 따라 다음 2가지로 구분한다.
   (1) 사면보호공법
   ① 녹생토, 평떼, 줄떼, 돌붙임 등
   ② 현재 비탈면이 안정한 것으로 판정됐지만 장기적 침식·풍화 방지를 위하여
   ③ 비탈면의 활동에 대한 전단저항력 증가, 경사 완화, 활동력 감소를 위하여

   (2) 사면보강공법
   ① rock bolt, anchor, soil nailing 등
   ② 현재 비탈면이 불안정한 것으로 판정될 때 비탈면 안정성 증가를 위하여
   ③ 비탈면의 활동에 대한 전단저항력 증가, 경사 완화, 활동력 감소를 위하여

4. 절토사면의 붕괴방지대책은 공법원리에 따라 다음과 같이 구분할 수도 있다.

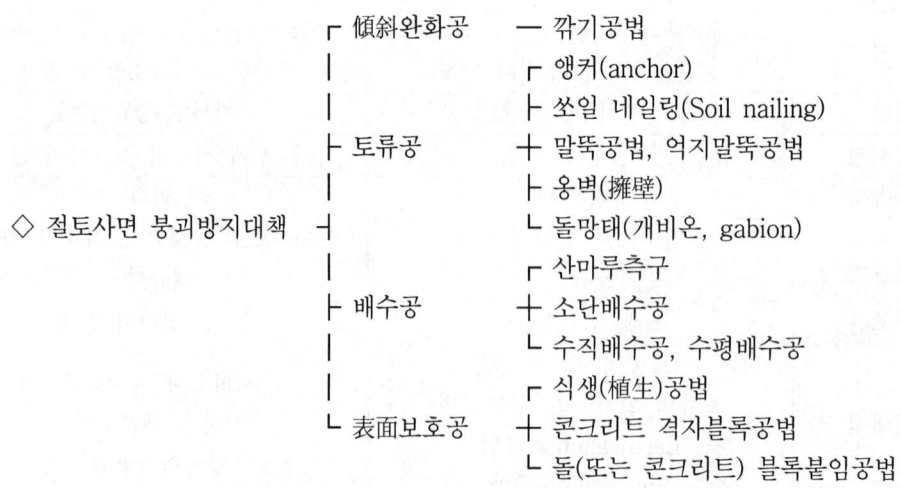

┌ 傾斜완화공 ── 깎기공법
│   ┌ 앵커(anchor)
│   ├ 쏘일 네일링(Soil nailing)
├ 토류공 ┼ 말뚝공법, 억지말뚝공법
│   ├ 옹벽(擁壁)
◇ 절토사면 붕괴방지대책 ┤   └ 돌망태(개비온, gabion)
│   ┌ 산마루측구
├ 배수공 ┼ 소단배수공
│   └ 수직배수공, 수평배수공
│   ┌ 식생(植生)공법
└ 表面보호공 ┼ 콘크리트 격자블록공법
            └ 돌(또는 콘크리트) 블록붙임공법

절토사면의 붕괴방지대책

II. 절토사면의 붕괴 방지대책

1. 깎기공법

(1) 활동하려는 토괴를 제거하고 하중을 줄여 비탈면을 안정화시키는 공법으로, 주로 구조물 터파기 작업을 할 때 규준틀 설치와 준비, 배수공사 등에 적용

(2) 단점 : 땅깎기 후 사면의 지반파괴면으로 스며드는 물 침투 방지대책 필요

: 규준틀을 정밀하게 설치해야 되는 경우에 공사비가 많이 소요

2. 앵커(anchor)

(1) 토목·건축 구조물을 지반에 정착시키기 위하여 고강도 강재를 천공구멍에 삽입, 그라우트 주입하여 지반에 정착시키고, 앵커두부에 인장력을 가하여 구조물과 지반을 일체화하여 안정시키는 공법

(2) 대상 : 파쇄가 심한 풍화암에 지층 간 경계가 뚜렷하고 활동이 일어난 곳

3. 쏘일 네일링(soil nailing)

(1) 수직높이 8m 이상의 높은 절토부 시공 중에 비탈면이 불안정한 경우에 네일(nail) 보강재에 인장력(prestressing)을 가하지 않고 좁은 간격으로 지반에 삽입하여 비탈면의 전체적인 전단강도를 증대시키는 공법

(2) 단점 : 지하수가 없거나, 지하수위 저하에 의해 안정화된 지반에만 적용

4. 말뚝공법, 억지말뚝공법

(1) 활동 가능성이 있는 비탈면의 토피를 관통하여 견고한 암반지반까지 말뚝을 일렬로 설치함으로써, 경사면 활동하중을 말뚝의 수평저항력으로 지지하여 견고한 암반지반에 전달하는 공법

(2) 단점 : 말뚝 직경은 최대 4m 이내, 간격은 말뚝직경의 5~7배 이내로 제한

5. 옹벽(擁壁)

(1) 비탈면을 안정 경사도 이상으로 절토한 후에 안정성 확보를 위하여 설치하는 벽구조물로서, 전도·미끄러짐·지반지지력에 대한 안정검토가 필요한 공법

(2) 미끄러짐 안정성이 부족하면 옹벽바닥에 활동방지용 턱(shear key)을 설치하며, 최근에는 땅값 비싼 도심지에서 옹벽 대신 보강토 옹벽이 많이 적용

6. 돌망태(개비온, gabion)

(1) 토목구조물의 자연침식을 미리 막고 절개지와 하천 수로를 보호하고 재해방지를 위하여, 일정규격의 직사각형 아연도금 철망상자 속에 돌을 채운 돌망태를 쌓아 올려서 벽구조물을 형성하는 공법

(2) 깎기면의 수직고가 10m 이상이거나, 작용토압이 너무 큰 구간에는 부적합

7. 산마루측구

(1) 산마루측구에 토사나 나뭇잎이 퇴적되어 막히기 쉽고 청소하기도 어려운 경우, 절개면 상부의 자연비탈면에 콘크리트 U형 배수구를 수평 또는 수직으로 설치하여 강우·강설에 의한 절개면 침식을 방지하는 공법

(2) 배수구의 품질관리(비탈면과의 밀착)를 위해 현장타설콘크리트로 시행

8. 소단배수공

(1) 비탈면에 흐르는 빗물이나 용출수에 의한 비탈면의 침식을 방지하기 위하여 설치하는 공법, 폭이 3m 이상인 넓은 소단에는 소단 배수구를 설치한다.

(2) 배수구 품질관리(비탈면과의 밀착)를 위하여 현장타설콘크리트로 시공하며, 소단 배수구의 연장이 100m를 초과하는 경우에는 종배수구를 추가 설치하여 보완

9. 수평(또는 수직)배수공

(1) 깎기비탈면에서 지하수위와 유출유량을 고려하여 수평배수공의 설치를 검토하며, 수직배수공은 수평배수공과 함께 지하수위가 높은 구간에 설치하여 강우·강설에 의한 절개면 침식을 방지하는 공법

(2) 배수구의 품질관리(비탈면과의 밀착)를 위해 현장타설콘크리트로 시행

10. 식생(植生)공법

(1) 비탈면을 식생으로 피복함으로써 우수에 의한 침식을 방지하고 보호하는 공법으로, 떼심기, 씨앗뿌리기(seed spray), 코-메트(co-mat) 등으로 시공

(2) 식생공법은 안정성이 확보된 비탈면에 한하여 적용 가능한 공법이며, 식생에 따른 억지효과를 평가하기 어렵기 때문에 비탈면의 안정계산 대상에서는 배제

11. 콘크리트 격자블록공법

(1) 토류식 구조물의 거푸집 형틀로서 고강도 조립식 폴리프로에틸렌 시멘트 모르타르를 격자형틀 안에 뿜어 넣어 철근콘크리트 격자블록을 형성하는 공법

(2) 격자블록으로 경사면을 덮어 토층의 이동방지, 풍화·침식 차단으로 안정성 확보하는 공법으로, 용수가 있거나 굵고 거친 사질토, 단단한 풍화토에는 부적합

12. 돌(또는 콘크리트) 블록붙임공법

(1) 경사도가 1 : 1보다 낮고 점착력이 없어 무너지기 쉬운 점토로 구성된 경사면의 풍화·침식 방지를 위한 공법으로, 배면 배수를 위해 자갈 뒷채움이 필요

(2) 담쟁이·유인철선을 이용한 등나무를 비료와 함께 식재하고, 물빼기 구멍은 직경 5cm 규격으로 2~4m²에 1개 정도 설치.[138]

---

138) 국토교통부, '도로설계편람', 제3편 토공 및 배수, pp.406-45~57, 2012.

04.08 절토사면의 점검 및 보수·보강공법

대사면 절토공사 현장에서 사면붕괴 발생원인, 예방대책, 억제공법 [0, 6]

Ⅰ. 절토사면의 점검사항

1. 제원 측정

(1) 연장 : 절토사면을 바라보며 右측을 始점, 左측을 終점으로 설정

워킹미터(또는 줄자)를 사용하여 총 연장을 측정

연장 측정 중 조사 및 결과 분석의 편의를 위해 측점(sta.)별로 구분

(2) 높이 : 개략 측정은 거리 측정기, 클리노 콤파스(Keullino compass) 이용

정밀 측정은 측량기 이용

(3) 경사 : 개략 측정은 클리노 콤파스(Keullino compass) 이용

정밀 측정은 측량기 이용

(4) 방향 : 개략 측정은 클리노 콤파스(Keullino compass) 이용

굴곡진 절토사면의 경우에는 시·종점과 변곡점에서 경사방향으로 측정

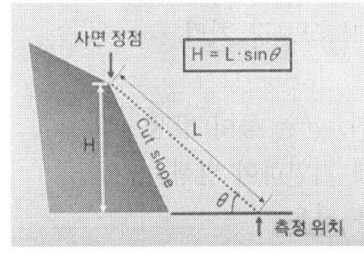
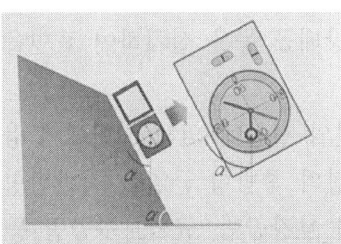
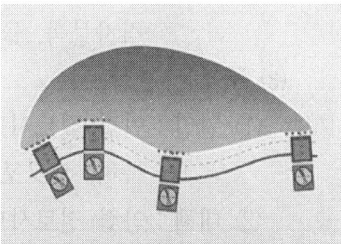

| 높이 측정 | 경사 측정 | 방향 측정 |

2. 상부자연사면

(1) 인장균열·단차

① 원인 : 절토사면에서 붕괴활동면이 연성적(軟性的)으로 거동할 때 발생

주로 상부자연사면에서 관찰되며, 붕괴부 이동방향에 수직으로 발달

② 대책 : 방수포 피복으로 강우침투 억제를 통하여 활동력 증가를 방지

조사·분석 결과에 따라 보수·보강공법 선정

(2) 인공시설물(전답, 참호)

① 원인 : 전답 참호 등이 상부자연사면에 미치는 수리적 영향을 면밀히 조사

② 대책 : 민가, 봉분 등의 유무는 대책공법 선정할 때 필수적인 고려요소

(3) 뜬돌

① 원인 : 자연적 열화, 차별적 풍화 등으로 모암에서 이탈되어 분포된 암석

식생으로 인하여 관찰이 어렵고, 낙하거리가 높을수록 큰 에너지를 보유

② 대책 : 모두 제거하거나, 사면경계부에 포켓식 낙석방지망을 설치하여 유도

(4) 계곡부

① 원인 : 주변지형, 연장, 유역면적 등에 따라 강우 중 계곡부에서 토석류 유하, 절토사면 경계부의 유실, 세굴 등이 집중적으로 발생

② 대책 : 유송잡물 제거, 수리시설 설치, 토석류 낙석유도대책 등을 적용

3. 절토부

(1) 배부름

① 원인 : 점성토성분이 포함된 절토부 지반이 연성변형 형태로 거동하면서 발달 주로 배부름 상부에 인장균열이나 단차, 하부에 지하수 용출을 동반

② 대책 : 조사·분석 결과에 따른 보수·보강공법 선정

(2) 파이핑

① 원인 : 사질토 지반에서 지하수위 상승 영향으로 생기는 파이프 형태의 공동이 발생하며 점차 붕괴로 확대

② 대책 : 수평배수공을 설치하여 지하수를 유도배수 처리 격자블록, 돌망태공 등을 설치하여 표면을 보호·보강 처리

(3) 구조물 결함

① 원인 : 인접 절토사면의 활동에 의해 지반에서 융기, 균열 등이 발생 특히, 도로포장의 종방향 균열은 지반변형에 기인하여 발생

② 대책 : 인접 절토사면 보강공법, 균열보수공법 등을 적용

(4) 하부암 이탈

① 원인 : 절토사면 끝단(toe)이 세굴, 침식, 낙석 등으로 인해 이탈되는 현상 지지력이 상실되면 상부지반이 연쇄적으로 탈락하면서 발생

② 대책 : 상부지반 제거, 콘크리트옹벽 설치 등으로 지지력 보강

(5) 세굴

① 원인 : 지표수 유량이 많은 절터사면 하부에서 발생되어 점차 상부로 확대 배수불량이 때라 생기는 세굴은 배수시설 하단부에서 집중적으로 발생

② 대책 : 배수시설 정비, 표면정리, 표면녹화 등으로 통한 보수

(6) 보수·보강시설 결함

① 원인 : 기존 콘크리트옹벽, 낙석방호시설 등에 균열, 파손 수리시설의 지반 이격, 유실물 적치 등으로 파손

② 대책 : 절토사면 안전성 확보를 위해 필요한 경우에 보수·보강시설 재정비

Ⅱ. 절토사면의 보수·보강공법

1. 활동하중경감공법

(1) 사면깎기

① 활동하려는 토사·암반을 제거해서 하중을 경감시켜 지반을 안정화시키는 공법

② 단층, 파쇄대, 엽리 등의 특별한 지질조건에서는 경제성, 시공성 등을 종합적으로 검토하여 적용여부를 결정

(2) 표면정리

① 경사면의 표면에 소규모 뜬돌이 존재하여 낙석 발생이 우려되는 경우

② 보강공법 적용 前에 해당 보강공법의 적용구간에 대한 정비가 필요한 경우

(3) 이완암 깎기

① 경사면에 부분적으로 이완암 블록이 존재하여 낙석 발생 가능성이 높은 경우, 이를 제거하기 위하여 수목제거 등과 병행하여 적용

2. 활동억제공법

(1) 옹벽

① 흙 또는 암반으로부터 경사면의 안정 유지가 불가능한 경우, 붕괴방지를 위해 사용목적에 따라 기대기옹벽, 계단식옹벽, 합벽식옹벽, 중력식옹벽 등을 설치

② 기대기옹벽 : 절토사면 하단부에 생긴 지지력 상실 공간으로 암이탈 위험성이 높거나, 단층 파쇄대 발달로 불안정성이 커질 때 사면 안전성을 높이는 공법

③ 계단식옹벽 : 절토사면이 완만하고 어는 정도 이격거리를 확보하고 있을 때 계단형벽체가 사면에 밀착되도록 시공하여 토압에 저항하는 공법

④ 합벽식옹벽 : 절토사면의 보강효과를 높이기 위해 사면이 자립하지 않고 앵커에 의해 원지반과 결합되도록 시공하여 자중으로 토압에 저항하는 공법

⑤ 중력식옹벽 : 절토사면 하단부에 생긴 지지력 상실 공간에 콘크리트를 타설하여 자중에 의해 지지력을 확보하는 공법

(2) 네일(nail)

① 네일이라 부르는 보강재를 인장력 없이 좁은 간격으로 지중에 삽입하여 절토사면의 전체적인 전단강도를 증대시켜 활동을 억제시키는 공법

② 함수비가 높고 절토사면에서 용수가 발생되는 연약한 지반조건에서는 반드시 배수시설을 함께 설치 필요

(3) 록볼트(rock bolt)

① 절토사면에 볼트를 삽입한 후 지중에 정착시켜 활동 가능성이 높은 소규모의 암블록을 원지반에 고정시키는 공법

② 원지반 보강의 범위·규모에 따라 랜덤볼트, 패턴볼트 형태로 구분

③ 낙석방지망, 콘크리트 뿜어붙이기 등과 병용 적용하면 효과 상승

(4) 앵커(anchor)

① 절토사면에 그라우트를 주입하고 강재를 삽입하여 지중에 정착시켜 인장력을 가하는 앵커체를 형성함으로써, 두부에 작용된 하중을 원지반에 전달하는 공법

② 네일이나 록볼트에 비해 개개의 앵커가 부담하는 안정성 기여도가 크기 때문에 시공 중에 철저한 품질관리 필요

③ 앵커와 지반의 정착방식에 따라 마찰형, 지압형, 복합형으로 구분

④ 기대기옹벽을 시공한 후에 전도방지를 위한 지지앵커로 적용하면 효과 상승

3. 수리제어공법

(1) 수평배수공

① 지하수 용출이 빈번한 절토사면 내부에 인위적으로 수평방향 유로를 형성시켜 상시적으로 지하수위 상승을 억제할 필요가 있을 때 설치하는 배수공

② 유출구가 지표수 배수시설과 연계되어 배수될 수 있도록 충분한 길이 확보

(2) 산마루배수구

① 상부자연사면으로부터 절토사변 내로 유입되는 지표수 흐름을 사면 외곽으로 유도하기 위하여 설치하는 배수구

② 콘크리트 배수관(L형, U형), 현장타설 배수구 등을 지반에 밀착되도록 시공

(3) 소단배수구

① 소단부 침식 방지 및 절토사면의 지표수 배수 처리를 위하여 소단부에 배수구를 설치하고 소단전면을 콘크리트 라이닝으로 표면처리하는 배수구

② 절토사면 높이 20m마다 원칙적으로 폭 1~3m의 소단배수구를 설치

(4) 종(縱)배수구

① 절토사면 내부에 집수지형이 형성되어 있어 유수가 지속될수록 풍화·침식이 예상될 때, 이를 방지하면서 원활한 배수를 위하여 설치

② 소단배수구 연장이 100m 초과하는 경우에 종배수구를 설치하여 신속히 처리

4. 표면보호공법

(1) 비탈면 녹화

① 우수에 의한 침식 방지를 위해 절토사면에 식생을 피복하여 보호하는 공법

② 경암 또는 풍화에 대하여 내구성이 강한 연암으로 구성되어 안정성이 확보된 절토사면에 선택적으로 적용 가능

(2) 콘크리트 격자블록

① 절토사면 표면부에 격자모양의 콘크리트 블록을 덮어 토층의 풍화·침식 작용을 차단시켜 표면을 보호하는 공법

② 프리캐스트 또는 현장타설 격자블록을 앵커, 록볼트 등과 병용하면 효과 증대

(3) 콘크리트 뿜어붙이기

① 절토사면 표면부에 압축공기를 사용하여 몰탈을 뿜어붙여 불연속면의 접착을 강화하고 구속압을 일정하게 유지하여 안정성을 확보하는 공법

② 사면의 경사가 심하거나 돌출지형에도 시공 가능

(4) 돌(블록)쌓기(붙이기)

① 절토사면 표면부에 자연석 쌓거나 또는 콘크리트 불록을 붙여서 토층의 유실·침식을 차단하는 공법

② 사면 경사가 1:1보다 급하면 돌(블록)쌓기, 완만하면 돌(블록)쌓기 적용

5. 낙석대책공법

(1) 낙석방지망

① 예상치 못한 소규모 낙석 발생 가능성이 있는 절토사면을 철제망으로 덮어 낙석이 하부 시설물로의 유입되는 것을 차단하는 공법

② 포켓식 : 상부에 입구를 설치하고 낙석이 망에 충돌되도록 하여 에너지 흡수

③ 비포켓식 : 지반에서 이탈된 암석을 망과 지반의 마찰력에 의해 구속

(2) 낙석방지울타리

① 소규모 낙석이 도로시설물로 유입되는 것을 차단하기 위하여 낙석이 튀는 높이보다 낮을 것으로 예상되는 절토사면 하단에 설치하는 공법

② 시공성·경제성이 우수하여 소규모 낙석방지에 효과 증대

(3) 낙석방지옹벽

① 붕괴 예상 지역에 유실되는 토사·낙석이 도로시설물로 유입되는 것을 방지하기 위하여 옹벽 뒷채움을 하지 않고 포획공간을 확보하는 공법

② 낙석방지울타리보다 낙석의 충격에너지 흡수 효과 우수

(4) 피암터널

① 철근콘크리트 또는 강재를 이용한 터널형태의 시설물로서 절토사면 상부에서 발생된 낙석을 도로·철노 노선 밖으로 유도하여 피해를 방지하는 공법

② 대규모 낙석 가능성이 있으나 여유공간이 없고 별도의 방지조치가 필요한 급경사 사면에 적용[139]

---

139) 한국시설안전공단, '절토사면의 점검 및 보수·보강', 시설안전교육센터 정밀안전진단과정, 2018.

04.09 비탈면붕괴 사전 예측시스템

사면붕괴를 사전에 예측할 수 있는 시스템 [1, 2]

I. 개요

1. 산사태 계측은 궁극적으로 산사태 예·경보 발령을 통해 인명·재산피해를 줄이기 위한 것으로 실시간 모니터링을 통한 상시감지 안전진단 시스템 구축이 필요하다.

2. 산사태 피해저감을 위해 많은 연구가 있었지만, 아직도 산사태 발생 예측은 거의 불가능하며 어떤 경우든 무너지는 산을 막을 방법은 없는 것으로 알려져 있다.

3. 정부는 산사태 발생을 확률적으로 줄일 수 있는 붕괴위험 경감(reduction) 또는 산사태 발생에 따른 인명·재산피해 저감(mitigation)을 위하여 '비탈면 붕괴 사전 감지시스템'SSCS, system for sensing collapse of the slope)'을 연구·개발하여 고속도로 및 일반국도 상의 대절토 사면 일부 구간에 시범 매설·적용하고 있다.

II. 현행 사면 유지관리 시스템

1. 신기술 필요성

(1) 우리나라는 산지가 많은 지형적 특성과 연평균 강우량(1300~1500mm)의 2/3가 하절기에 집중되는 기후적 특성 때문에 사면붕괴가 자주 발생되고 있다.

(2) 현재 한국건설기술연구원과 한국도로공사 도로교통연구소에서 고속도로 및 일반국도 변의 절토사면을 대상으로 사면 유지관리 시스템을 각각 개발 중에 있다. 이 시스템은 위험사면 분포현황 조사, 안정해석 수행, 대책공법 수립, 사면자료 DB 구축 등을 근간으로 개발되고 있다.

(3) 이제는 원거리에서도 실시간 사면거동 감시할 수 있는 사면 자동계측 시스템을 개발하여 조기 예·경보함으로써 적절한 대책수립으로 피해를 최소화할 수 있는 신기술 계측 시스템이 필요하다.

2. 현행 시스템의 문제점

(1) **사면계측시스템** (특허공개 제2009-0116208호)

① 현행 사면계측시스템은 파일 중 하나에 결합되는 본체와, 그 본체에 설치되는 변위계측센서와, 파일 간의 상대변위에 의해 사면 침하량을 계측하도록 본체에 설치된 침하량 계측기를 포함하여 매설·계측하는 기술이다.

② 이 기술은 비탈면에 잡초가 자라 숲이 우거지면 침하량 계측기 작동이 원활하지 않아 사면 변위를 정확하게 감지할 수 없고, 사면 붕괴조짐이 없는 평소에

도 계속 전원공급상태를 유지해야 되어 에너지 과다소비가 문제이다.

(2) 실시간 사면 무인감시시스템 (실용신안 제0293128호)

① 현행 무인감시시스템은 사면 감시영상 획득·처리수단, 사면 계측데이터 수집·처리수단, 중앙제어수단 등으로 구성되어 촬영된 영상과 계측데이터를 통해 실시간 사면을 감시하는 기술이다.

② 이 기술은 센서를 통해 사면 변위를 계측해야 되는데 센서가 미세한 변위까지 측정하기 어렵고, 또한 계속 전원공급상태를 유지해야 하는 문제가 있다.

Ⅲ. 비탈면 붕괴 사전 감지시스템(SSCS)

1. SSCS 필요성

(1) 비탈면 붕괴 사전 감지시스템은 현행 기술의 문제점 해결을 해 개발된 기술로서, 숲의 우거짐에 관계없이 전류 흐름 여부를 통해 비탈면의 변위 감지함으로써 붕괴 조짐이 있을 때 사전에 정확하게 예측할 수 있고, 붕괴조짐이 있을 때만 접점이 연결되어 전원공급되기 때문에 에너지 절약형 시스템이다.

2. SSCS 감지기의 구성요소

(1) 지주 : 비탈면에 직접 매설 또는 비탈면에 설치한 기둥의 상단에 지주를 결합

(2) 감지수단 : 상기 지주에 설치되어 비탈면의 기울기를 항상 감지하는 감지수단

(3) 제어부 : 상기 감지부에서 감지된 감지정보와 주변에 매설된 감지기의 감지정보를 현장제어기에 전달하는 제어부

(4) 통신모듈 : 상기 현장제어기와 자동통신하여 감지정보를 송신하기 위한 통신모듈

(5) 배터리 : 상기 감지부, 제어부, 통신모듈 및 주변감지기에 접점이 연결될 때에만 전원을 공급하기 위한 배터리

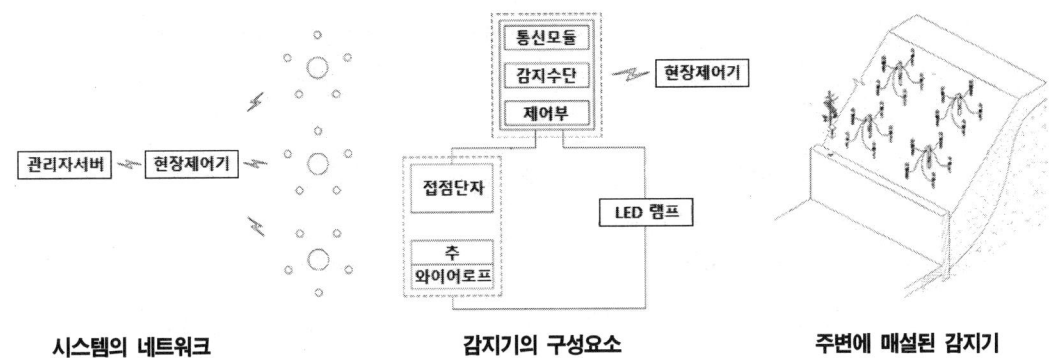

| 시스템의 네트워크 | 감지기의 구성요소 | 주변에 매설된 감지기 |

비탈면 붕괴 사전 감지시스템 구성

3. SSCS 무선통신

(1) SSCS를 구성하는 감지기와 주변에 매설된 감지기는 유선통신망을 연결되며, 감지기와 현장제어기는 시스템의 네트워크 통신망으로 연결되는 무선통신망이다. 이때, 주변에 매설된 감지기는 비탈면에 기울어짐이 발생되는 경우에만 전기접점이 연결되도록 구성되어 있다.

(2) 따라서, 주변에 매설된 감지기 중에서 어느 한 곳에서 비탈면의 기울어짐, 미끄러짐 등이 발생되면 해당 주변감지기의 전기접점이 연결되면서 전류가 흐르게 되고, 이에 따라 감지부에서는 현장제어기나 관리자서버로 접점감지신호를 전송하여 비탈면 붕괴 위험성을 사전에 알리고, 관리자는 이를 즉시 인지할 수 있다.

4. SSCS 특징

(1) SSCS의 감지기와 주변에 매설된 감지기의 지주에는 각기 다른 방향으로 절곡되도록 관절부가 각각 형성된 점을 특징으로 한다. 관절부는 90°간격으로 2곳에 형성되면 충분하지만, 경우에 따라 60°간격으로 3곳에 형성될 수도 있다.

(2) 현장제어기의 일단(一端)에는 카메라가 설치되어 있기 때문에 감지 중에 감지정보를 수신받은 경우, 그 감지정보를 송신한 해당 감지기의 설치지역을 자동촬영하여 현장제어기에서 촬영된 동영상과 함께 관리자서버에게 전달된다.

(3) 상기 감지기의 구성요소로 이루어지는 비탈면 붕괴 사전 감지시스템(SSCS)은 바탈면에 기울어짐 발생되는 경우에 추(錐)가 자동으로 이동하기 때문에 접점이 연결되어 전원이 자동공급되면서 비탈면 변위를 감지할 수 있다.140)

Ⅳ. 맺음말

1. 최근 일부 광역자치단체에서 고속도로 및 일반국도 변의 절토사면을 포함하여 기존 SOC 공공시설물을 대상으로 IoT(사물인터넷) 기술을 적용해서 상시 자동계측하여, 계측 빅데이터를 분석함으로써 시설관리 플랫폼 서비스를 구현하고 있다.

2. IoT, 빅데이터, 클라우드, AI 등의 ICT 융합기술을 활용한 시설물의 안전관리종합계획을 수립하기 위하여 공공시설물 대상으로 수집한 상태 데이터를 분석하여 디지털 기반의 안전한 시설관리와 함께 예방적 재난대응체계 구축이 목표이다.

3. 기존 시설물에 설치된 IoT센서가 진동·균열·기울기 등 이상(異狀)상황을 감지하면 관제 클라우드에 전송되어 시설관리자에게 알람을 보내 즉각 대응할 수 있도록 하고, 안전 데이터를 축적하여 시설물 점검·보수 및 수명 예측 등이 가능하다.

---

140) Patents, '비탈면 붕괴 사전 감지시스템', 2014, https://patents.google.com/

04.10 환경친화적인 비탈면 절취방법

절취 사면의 안정과 유지관리를 위한 환경친화적인 조치방법 및 지침 [0, 1]

I. 개요

1. 정부는 『도로법』제10조에 따른 도로에 대한 환경친화적인 도로건설지침(환경부고시 제2015-160호, 2015.09.01)을 제정하여 환경친화적인 도로건설을 위해 계획·설계·시공과정에 적용하도록 도로노선 선정방안과 도로설계기법을 제시하고 있다.

2. 이 지침 중 환경친화적인 비탈면 절취방법과 관련하여 도로건설사업의 기본·실시설계 단계에서 고려해야 되는 검토항목과 설계기법을 요약하면 다음과 같다.

II. 환경친화적인 도로 비탈면 절취방법

1. 지형·지질 검토항목

(1) 지반의 안정성

① 자연계에서 지진, 지반침하, 지반함몰, 비탈면붕괴 등의 가능성은 항상 존재하지만 이를 예측·평가하는 것은 쉬운 작업이 아니다.

② 계획노선의 영향범위 안에서 광산·갱도 등으로 인한 붕괴 위험성 문제, 연약지반의 지반침하에 따른 안정성 문제를 검토한다.

③ 또한, 해당지역의 지진현황, 지반균열지역, 지반침하지역, 지하공동지역 등을 분석하여 계획노선의 타당성을 검토한다.

(2) 대규모의 지형변화를 가져오는 땅깎기·흙쌓기의 최소화

① 장대비탈면은 지형 단절, 식생 훼손, 동물의 이동 방해, 생태계의 분절, 녹화 복원·복구 곤란, 경관악화, 장기적으로 비탈면 붕괴의 위험을 내포하고 있으므로 가능하면 지형훼손을 줄일 수 있는 노선대안을 선정한다.

② 도로건설에 따른 땅깎기·흙쌓기로 자연지형의 훼손은 불가피하지만 대규모의 지형훼손은 가능하면 발생되지 않도록 한다.

2. 환경훼손 회피방안에 대한 설계기법

(1) 보전가치가 있는 지형·지질유산은 법적으로 경계나 대상이 구체적으로 정해져 있으므로 이러한 지역은 가능하면 우회방안을 검토하고, 근접할 경우 경계부의 얼마까지 접근할 수 있는가를 개별법에 따라 검토한다.

(2) 관련법이나 특정의 관리규정이 없어 법적으로 경계가 설정되지 아니한 경우에는 관련전문가의 의견을 참조하여 면밀한 조사·평가 후에 우회 정도를 정한다.

3. 환경훼손 완화방안에 대한 설계기법

(1) 보전가치가 있는 지형·지질유산 훼손의 최소화 방안

① 보전가치가 있는 지형·지질유산 영향 최소화를 위하여 대상시설 위치에 따라 계획노선의 일부조정, 종단경사 조정으로 터널, 교량, 옹벽 설치를 검토한다.

② 보전가치가 있는 지형·지질유산이 직접 훼손되는 경우, 중요한 지형·암석·광물, 지질구조, 화석산지, 자연현상 등을 기록하여 보전·관리방안을 강구한다.

(2) 지형훼손 저감방안

① 터널화를 고려하여야 하는 지역

○ 땅깎기 높이가 40m 이상, 연장 200m 이상 발생하는 지역

○ 편측 비탈면 높이가 50m 이상, 연장 200m 이상 발생하는 지역

○ 땅깎기 높이가 40m, 연장이 200m 이하인 경우라도 노선 및 주변지형 특성, 생태적 연결성 등에 따라 필요한 지역

○ 자연경관이 아주 수려한 국립공원·도립공원

○ 『자연환경보전법』제34조에 따른 생태·자연도 1등급권역

○ 도심지역 산림을 통과하는 노선은 자연·사회환경 측면에서 가급적 터널화

② 장대비탈면 발생지역 저감방안

○ 터널화 가능성, 노선 평면선형을 적절히 조정·분리하는 방안을 검토한다.

○ 지반 안정성이 허용하는 범위 내에서 도로노선을 분리하여 한쪽방향만 터널을 설치하는 방안도 검토한다.

○ 터널 입·출구부의 대절토 발생에 의한 지형변화 최소화를 위해 터널연장을 증가함으로써 땅깎기 비탈면을 줄이는 방안을 검토한다.

○ 땅깎기 비탈면높이를 줄일 수 있는 비탈면 보강공법을 검토한다. 비탈면보강은 장기적인 비탈면안정 측면을 최우선적으로 검토한다.

○ 장대비탈면 발생이 불가피할 경우에는 지질재해 측면에서 안정성 검토를 수행하고 적절한 대책(피암터널, 방호벽 등)을 강구한다.

③ 지형훼손의 적정성 판단기준

○ 땅깎기 높이와 연장을 고려한 지형훼손의 적정성 여부는 지형훼손면적, 훼손지역의 복구가능성, 장기적인 비탈면 안정성 등을 고려하여 결정한다.

○ 노선이 계곡부를나 주거지역을 통과하는 경우에는 조망권 가시각도, 생활권 단절, 통과노선과 마을과의 이격거리 등을 고려하여 통과방법을 검토한다.

④ 지형훼손이 불가피한 사유

○ 대규모 땅깎기 발생 지역에 터널 설치가 곤란한 경우에는 토질조건, 토피부족 등 토질조사 결과를 근거로 그 사유를 구체적으로 제시한다.

○ 입지여건상 순성토 지역으로 토취장 개발이 불가피한 경우에는 땅깎기 비탈면을 완화하거나 땅깎기 높이를 높게 유도할 수 있다.

(3) 비탈면 안정대책

① 땅깎기·흙쌓기 비탈면 붕괴에 의한 산사태, 강우에 따른 토사유출 등을 방지하기 위한 비탈면 안정화 대책이 필요하다. 비탈면 보호공법과 비탈면 안정공법 중에서 경제성, 시공성, 경관적 측면을 고려하여 적절한 공법을 선정한다.

② 구조적으로 안정된 비탈면 중 녹화에 의한 표면보호와 경관복원이 필요한 비탈면은 『도로비탈면 녹화공사의 설계·시공지침(국토교통부)』을 준용한다.

(4) 연약지반의 처리

① 연약지반인 경우 토질조사를 시행하여 대책을 수립하고 흙쌓기에 따른 침하의 영향을 고려하여 설계토록 한다.

② 연약지반 처리공법선정은 적용지반의 토성, 설계상의 기대효과 뿐만 아니라 유발될 수 있는 환경문제 등을 고려하여 적절한 공법을 선정한다.

(5) 잔여토량 처리계획 및 부족토량 공급계획

① 사업시행으로 발생하는 토공량 처리계획은 토석정보공유시스템에 연계하여 토공처리시 발생하는 환경적 영향을 저감하는 방안을 마련한다.

② 도로계획 노선이 비옥토가 분포하는 구간을 관통하거나 토취장에서 비옥토가 발생할 경우 성토사면을 녹화할 수 있는 조경 식재를 최대한 활용한다.

(6) 자연친화적 토취장 계획 및 복구

① 토취장은 다양한 조사를 통하여 토질, 채취가능토량, 방재대책, 법적규제, 흙 운반로, 현지조건, 보전가치가 있는 지형·지질유산 존재여부, 생태적 중요성, 환경영향 등을 파악하여 토취장을 선정한다.

② 주변의 토지이용현황, 주민의견을 수렴하여 토취장 복구계획을 수립하며, 토석정보공유시스템을 활용하여 토취장 개발 최소화로 환경피해를 예방한다.

Ⅲ. 맺음말

1. 환경친화적인 도로설계기법은 항목별 검토요소 중 도로사업 관련 10개 평가항목에 대하여 환경훼손 저감방안에 대한 설계기법을 제시하고 있다.

2. 환경훼손 저감방안에 대한 설계기법은 항목별로 환경훼손을 저감하기 위한 다양한 설계기법을 회피·완화로 구분하여 계획노선 특성에 따라 적용할 수 있다.[141]

---

141) 환경부·국토교통부, '환경친화적인 도로건설 지침', 2015.

04.11 토공사의 시공계획, 성토관리

고성토 단지조성공사의 사전조사, 준비사항, 시공기면, 시공계획, 성토재료 관리 [2, 13]

Ⅰ. 개요

1. 토공사(土工事, earthwork)란 지하실이 없는 비교적 소규모 공사에서는 부지정리 (敷地整理), 지반 틈처리, 구덩이파기, 되메우기, 흙쌓기, 땅고르기, 잔토처분(殘土處 分) 등의 흙 관련 공사를 의미한다.

2. 구덩이파기란 지반을 굴착하는 작업으로 굴파기, 수갱굴하(堅坑掘下)라고도 한다. 지하실 공사, 기초가 깊은 대규모 공사에서는 흙붕괴 방지공사나 용수(湧水)·우수 (雨水)·유수(留水) 등에 대처하는 배수공사가 필요하다.

3. 흙붕괴(산사태) 방지공사는 구덩이파기가 깊어졌을 경우에 주변의 토압(土壓)을 지 지(支持)하여 허물어지지 않도록 방지하는 공사이다. 보통의 경우에는 널말뚝 거푸 집으로 흙을 누르고, 흙막이 띠장이나 빗대공으로 가설연속벽(假設連續壁)을 설치하 고 본공사를 진행한다.

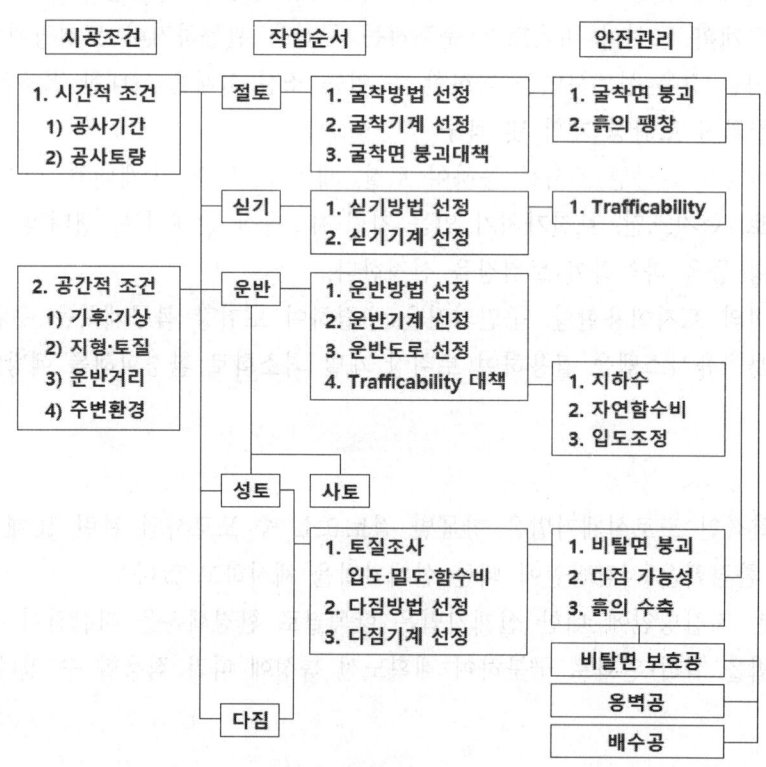

토공사의 작업 흐름도

Ⅱ. 토공사의 사전조사

1. 사전조사 의미

(1) 토공사의 사전조사는 지반을 구성하는 지층 및 토층의 형성, 지하수의 상태, 각 지층 및 토층의 성상을 알아내어 그 안에 계획하는 구조물의 설계 및 공사 계획에 필요한 자료를 제공하기 위해 하는 조사를 의미한다.

2. 사전조사 내용

(1) 예비조사 : 계획단계의 자료수집 및 현장답사를 조사로서 현장 관련 모든 기존자료를 수집하고, 공사현장의 지형·지질·기후·재해·교통 등 시공에 필요한 정보를 입수하기 위하여 현장을 답사하는 단계이다.

(2) 개략조사 : 예비조사에서 수집한 결과를 토대로 현장에서 보링(boring)을 실시하면서 본조사의 실내시험을 대비하여 불교란 시료를 채취하기도 한다.

(3) 본조사 : 상세설계를 위한 예비조사와 개략조사에서 얻은 공사정보를 토대로 하여 현장에서 원위치·실내시험, 지반조사, 하천조사, 환경조사, 연약지반조사, 산지 객고부조사, 근접시공기초자사 등을 본격적으로 실시한다.

(4) 보충조사 : 본조사에서 시추했던 지층구조와 시공 중에 실제 확인된 지층구조의 서로 달라 대상 구조물의 설계변경이 필요한 경우에 시공방법의 결정, 설계의 적정성 및 안전성 평가 등을 위하여 실시한다.

Ⅲ. 토공사의 준비작업

1. 벌개제근

(1) 벌개제근(伐開除根, clearing and ruffing)이란 토공사의 준비과정에 미리 지표에 있는 나무뿌리, 초목 등을 불도저나 레이크 도저로 제거하는 작업이다.

(2) 수목을 절취하기 전에 표토를 걷어내고 뿌리를 제거해야 토공사가 완성된 후에 초목 부식으로 인한 지반의 침하나 처짐 현상을 방지할 수 있다.

2. 규준틀

(1) 규준틀(規準-, finishing stake)이란 토공사를 할 때 시공의 기준면을 말뚝판, 줄 등으로 설치하는 것을 말한다.

(2) 규준틀은 토공사 예정지역 비탈면의 위치·경사, 노체·노상의 완성고 등 시공단면을 예측할 수 있도록 현장에서 시공기면(Formation level) 상부의 치수·형상 등을 표시한 가설물로서 시공의 기준면이 된다.

(3) 규준틀의 필요성

① 시공과정의 기준면을 제시한다.

② 부실시공을 사전에 방지한다.

③ 토공사의 진행방향을 제시한다.

④ 공기를 단축하고 비용을 절감한다.

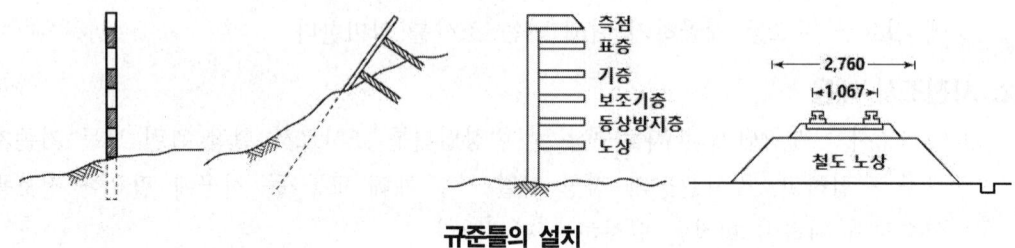

규준틀의 설치

3. 시공기면

(1) 시공기면(施工基面, formation level)이란 도로·철도건설 현장에서 노상 상부면 및 포장층 두께를 표시해 주는 기준면으로, 암거·옹벽 등의 구조물은 시공기준면의 높이를 기준으로 시공해야 한다.

(2) 시공기면 결정 시 고려사항

① 토공량을 최소로 하고 절·성토를 평형시킬 것

② 절·성토를 유용할 수 없을 경우, 토취장(토사장)까지 운반거리를 짧게 할 것

③ 연약지반, 산사태(landslide), 낙석 등의 위험지역은 가능하면 피할 것

④ 부득이하게 위험지역에 시공기면을 결정할 경우, 별도 대책을 세울 것

⑤ 절·성토를 할 때 팽창·다짐에 의한 압축, 하중에 의한 지반침하를 고려할 것

⑥ 비탈면은 흙의 안식각(ϕ)을 고려할 것

⑦ 암석 굴착은 비용이 추가되므로 충분히 조사하여 가능한 적게 할 것

4. 지하배수층

(1) 지하배수층은 토공사 지반의 안정성 유지에 필요하다. 배수시설의 규모는 집수(集水)유역이 작거나 경사지는 단시간의 집중강우량, 유역이 크거나 평탄지는 장시간의 연속강우량을 대상으로 계획한다.

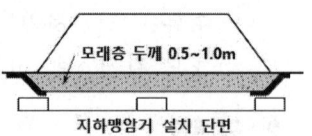

(2) 토공사에서 성토구간에는 미리 지하배수층을 설치하여 배수(排水, drainage)를 유도한다. 성토 후에 침수가 우려되는 구간에는 유공관, 맹암거 등을 설치한다. 강우기에는 공사용 임시도로에 대한 배수대책을 강구하여 민원발생을 방지한다.

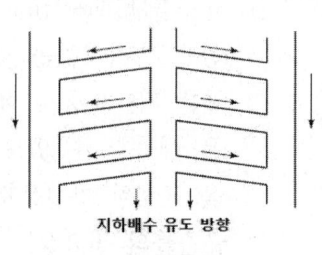

지하배수층

5. 토취장

(1) 토취장(土取場, borrow pit)은 도로·철도건설 현장에서 필요한 성토재료를 얻기 위하여 자연상태의 토사를 절취하는 장소이다. 토취장의 위치는 토질, 양, 운반거리 등을 고려하여 선정해야 한다.

(2) 토취장 선정조건

① 토질이 양호하고, 토량이 충분할 것

② 공사장을 향하여 내리막 경사 1/50~1/100 정도일 것

③ 운반도로가 양호하며 장해물이 적고 유지가 용이할 것

④ 지하 용출수 및 산비탈 붕괴우려 없고, 배수가 양호할 것

⑤ 용지매수가 쉽고 보상비가 쌀 것

⑥ 흙 싣기에 편리한 지형일 것

⑦ 흙 싣는 기계의 작업이 용이할 것

6. 사토장

(1) 사토장(捨土場, spoil bank)은 도로·철도건설 현장에서 불량토사 또는 절토하여 성토에 쓰고 남은 토사를 버리는 장소이다. 일반적으로 불량재료이므로 이를 버리기 위한 장소를 선정할 때는 주변 환경영향을 우선적으로 고려해야 한다.

(2) 사토장 선정조건

① 사토량을 충분히 수용할 수 있는 용량(체적)을 확보할 것

② 사토장을 향하여 내리막 경사 1/50~1/100 정도일 것

③ 운반도로가 양호하며 장해물이 적고 유지가 용이할 것

④ 지하 용출수 및 산비탈 붕괴우려 없고, 배수가 양호할 것

⑤ 용지매수가 쉽고 보상비가 쌀 것

Ⅳ. 토공사의 성토계획·관리

1. 성토일정계획

(1) 일정계획 기초

① 각 공정의 적절한 시공순위 및 시공기간을 정할 것

② 전 공정을 통하여 가능하면 작업능률을 균등하게 할 것

③ 각 공정의 단위작업별 시간을 정하여 공기 내에 완료할 것

(2) 작업가능일수

① 역일(曆日)을 기준으로 시공기간 중의 年일수에서 정기휴일, 기상·기후, 기타 조건에 의한 작업불능일수를 제외한 후, 순수한 작업가능일수를 결정한다.

⑶ 1일 평균시공량

① 토공사의 1일 평균시공량을 대상으로 근로자의 1일 평균작업시간, 건설기계의 1일 평균작업시간 등을 정한다.

⑷ 건설기계의 (1시간당) 시공속도

① 건설기계의 공칭능력 또는 카탈로그를 기준으로 최대시공속도, 정상시공속도, 평균시공속도 등을 정한다.

⑸ 노무계획

① 토공사의 PERT 예정공정표를 기준으로 공종별 근로자의 소요인원과 투입 가능인원을 조사하여 노무계획을 정한다.

⑹ 건설기계 및 성토재료의 수송계획

① 토공사의 시공방법을 결정한 후, 건설기계의 기종별 조합방법을 정하고, 이에 따른 성토재료의 수송계획을 정하여 본공사 준비를 마무리한다.

2. 토량배분계획(Mass curve)

⑴ 유토곡선 필요성

① 토공사의 설계단계에서 흙쌓기·땅깎기의 토량배분계획을 수립할 때 유토곡선 (Mass curve)을 이용하면 경제적으로 토공작업의 균형을 맞추어 노선계획고 (elevation)를 결정할 수 있다.

② 국토교통부는 지형정보체계(GIS, Geographic Information System)를 기반으로 하는 토석정보공유시스템(TOCYCLE, Transaction of soil & rock Open portal reCYCLE system)을 구축하여 토량을 전국적으로 관리하고 있다.

⑵ 유토곡선의 작성목적

① 흙쌓기와 땅깎기의 토량 배분

② 평균 운반거리 산출

③ 운반거리에 의한 토공기계 선정

④ 흙쌓기와 땅깎기의 시공방법 결정

⑶ 현재 대규모 토공사에서 유토곡선을 작성할 때 xcel software를 활용하여 절·성토해야 되는 토공량을 쉽고 정확하게 산출하고 있다.

3. 성토재료 품질관리

⑴ 도로공사의 경우, 노상(路床)재료의 품질기준은 원칙적으로 상부(上部)노상의 품질조건을 적용한다.

⑵ 현장 주변 토취장 흙이 상부노상의 품질기준에 부적합한 경우, 하부(下部)노상의 품질기준으로 완화하여 적용할 수 있다.

도로공사에서 노상재료의 품질기준

구분	상부노상		하부노상		시험법
굵은골재 최대치수	100mm 이하		150mm 이하		
4.75mm체 통과량	25~100%				
0.075mm체 통과량	0~25%		50% 이하		
0.425mm체 통과량의 소성지수(PI)	10% 이하		20% 이하		
다짐도	95% 이상		90% 이상		KS F 2312
시공 함수비	다짐도 및 수정CBR 10 이상의 최적함수비 ±2%		다짐도 및 수정CBR 5 이상의 함수비		KS F 2306 KS F 2312
시공 층두께	20cm 이하		20cm 이하		1층당 마무리두께
수침CBR	일반노상	안정처리노상	일반노상	안정처리노상	
	10 이상	20 이상	5 이상	10 이상	

4. 성토공사 다짐관리

(1) 도로공사의 경우, 노상(路床)재료의 다짐조건은 최소관리기준이므로 각 층의 모든 부위가 소정의 다짐도를 만족시켜야 한다. 따라서, 노상은 균일한 지지력과 강성도를 갖도록 얇고 균일하게 포설하여 다진다.

(2) 최근 구조물의 대형화·고심도화에 따라 성토공사 다짐 중에 지하수 관리대책의 중요성이 크게 부각되고 있다. 다짐 중에 지하수 유출로 인한 지반침하 때문에 인접지 민원이 발생되면 공사지연, 원가상승에 직접 영향을 주고 있다.[142]

도로공사에서 노상재료의 다짐조건

시공 조건	1층 두께	20cm 이하		1층당 마무리 두께
	함수비	수정CBR 10 이상 함수비, 최적함수비의 ±2%	수정CBR 5 이상 함수비	
다짐 후의 조건	다짐도	95% 이상	90% 이상	각 층 최대건조밀도 기준
	지지력계수 K_{30}, kg/cm²	콘크리트포장 10 이상 아스팔트포장 15 이상		평판재하시험 실시
	허용침하량	5mm 이하	–	proof rolling
	마무리면의 규격	最凹部 깊이 2.5cm 이하(고속국도 1.0cm) 흙쌓기 또는 땅깎기 시공오차 ±3cm 이내 땅깎기 凹凸部 평균 15cm 이내		–

---

142) 김낙석·박효성, '앞서가는 토목시공학', 개정 1판1쇄, 예문사, pp.228~231, 2018.

04.12 | 비탈면 땅깎기의 시공방법

절취사면에 소단을 설치하는 이유, 사면을 정밀조사하여 안정분석하는 이유 [0, 1]

I. 개요

1. 도로변 땅깎기 구간은 통행에 필요한 공간을 안전하게 보호·유지하기 위해 낙석과 붕괴가 일어나지 않도록 적합한 설계·시공대책을 강구해야 한다.

2. 자연비탈면을 땅깎기할 때는 원지반을 구성하는 암반과 토층을 평지구간과 경사구간으로 구분하고, 경사구간에 식생보호공을 전제로 하는 표준경사도를 적용하여 토질조건, 암반상태, 절토높이 등에 따른 비탈면 형상을 결정한다.

3. 자연비탈면을 땅깎기하면 시간이 경과할수록 풍화·침식이 진행되면서, 호우에 의해 침투수가 증가하면 급격한 붕괴가 우려된다. 특히, 파쇄구간, 풍화암·퇴적암 지반 또는 경사진 불안정한 지반 등에서 대규모 땅깎기할 때 주의해야 한다.

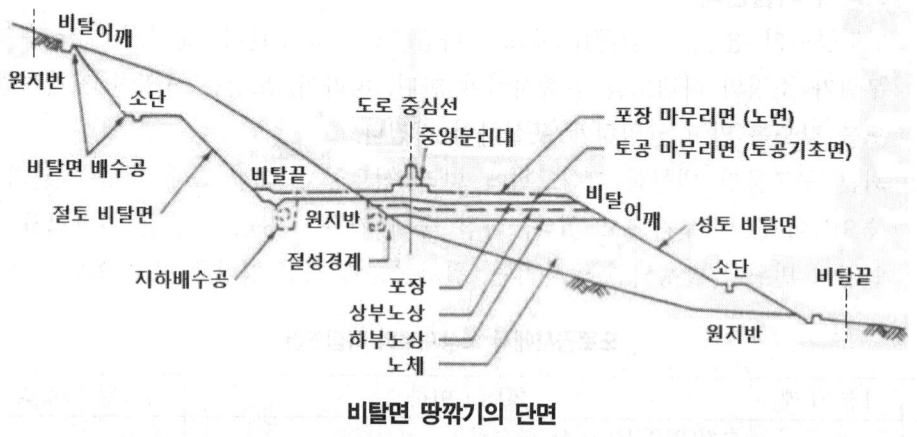

비탈면 땅깎기의 단면

II. 재해발생이 우려되는 땅깎기 구간의 지반

1. 파쇄구간, 풍화암·퇴적암 지반

(1) 단층·절리·균열·파쇄가 형성된 풍화암 지반에서 땅깎기를 하면 지하수 영향을 쉽게 받고 불안정해져 대규모 붕괴사고가 발생될 수 있다.

(2) 사문암·유문암·응회암·혈암 등의 퇴적암 지반에서 땅깎기를 하면 물리·화학적 작용과 함께 물에 의한 팽창 연약화가 발생될 수 있다.

2. 경사진 불안정한 지반

(1) 붕괴지 : 호우에 의하여 연약화된 표층부에서 얕은 붕괴가 자주 발생된 사례가 있

는 비탈면 지반
(2) 애추지 : 단층, 급경사, 산지부, 산기슭 등에서 암반이 퇴적되면서 분쇄되어 굵은 자갈이 널려있는 암석지반
(3) 비탈면 : 애추퇴적물과 풍화암류로 이루어진 암괴 비탈면, 조약돌이 널려있는 비탈면, 균열이 많은 단단한 암반의 비탈면, 풍화·침식에 약한 지질층으로 구성되어 낙석이 발생할 위험성이 큰 비탈면
(4) 지반붕괴지역 : 현재 매우 미소한 활동만 보이지만 과거에 지반붕괴지역, 이미 활동이 멈추어 졌지만 과거에 지반붕괴지역 등에서 새롭게 땅깎기를 하면 대규모 붕괴사고가 발생될 수 있다.
(5) 토석류 : 비교적 큰 산악지에서 경사도 15°이상으로 토사가 현재 불안정하게 퇴적되고 있는 계곡부에 땅깎기를 하면 토석류 붕괴사고가 우려된다.

3. 특수한 지반
(1) 강도가 약하고 침식되기 쉬운 화강토, 실트질 점토 등으로 구성된 지반
(2) 연약화가 심각하게 진행된 이암 등으로 구성된 지반

Ⅲ. 땅깎기 구간의 시공방법

1. 인력 땅깎기
(1) 땅깎기 면적을 가능하면 넓게 하여 동시에 많은 인부가 작업하도록 한다.
(2) 땅깎기는 가능하면 중력을 이용하여 상부에서 하부로 진행한다.
(3) 흙싣기 높이가 1m 이상 높아지면 인력작업이 곤란하므로 높이를 낮춘다.
(4) 한쪽만 땅깎기하는 경우, 비탈면과 배수용 측구를 조기 설치해야 한다.
(5) 지형과 지질조건에 따라 땅깎기 방법(인력, 기계)을 선택해야 한다.

2. 기계 땅깎기
(1) 비탈면을 보호하기 위해 원칙적으로 계단형 땅깎기(bench cut)를 한다.
(2) 땅깎기할 때 중력을 이용하면 작업 중 붕괴사고가 발생할 우려가 있다.
(3) 토질조건에 따라 다르지만 땅깎기 깊이는 3m 이하가 적합하다.
(4) 땅깎기 작업은 ① → ② → ③ → ④ → ⑤의 순서에 실시한다.

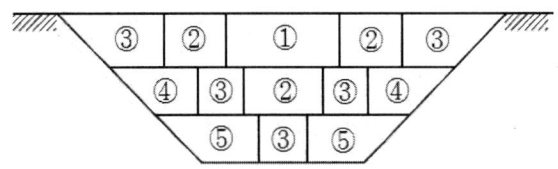

기계 땅깎기 작업 순서

3. 땅깎기 비탈면에 소단(小段) 설치

(1) 소단의 설치이유

① 우기에 빗물에 의한 침투작용, 비탈면의 침식작용을 방지하기 위하여

② 토사와 암반 경계부의 이방성 지반에서 용수를 처리하기 위하여

③ 지역적 상황변화(용지확보)에 따라 비탈면의 설치 폭을 변경하기 위하여

(2) 소단의 설치방법

① 토사층 또는 리핑암 깎기부 높이가 5m 이상 높은 비탈면에서는 소단 설치를 원칙으로 한다. 소단은 비탈어깨부터 수직거리 5m마다 설치한다.

② 소단의 폭은 1m를 표준으로 설치한다. 다만, 유지관리 통로, 배수시설, 작업대 및 비탈면 보호공 기초의 설치를 위한 여유 등을 고려하여 필요한 경우에는 폭을 확장할 수 있다.

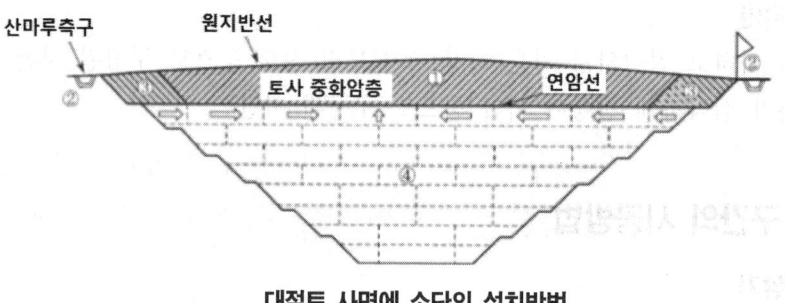

대절토 사면에 소단의 설치방법

Ⅳ. 땅깎기 구간의 시공 유의사항

1. 계측빈도

(1) 일반 절토면(높이 20m 미만) : 완료 시까지 1회

(2) 대규모 절토면(높이 20m 이상) : 20m까지 1회, 완료 시까지 1회 이상

2. 비탈면 파괴징후 발견 시 조치사항

(1) 비탈면의 균열, 상부함몰, 배부름현상 등이 발견될 경우 절토를 중단하고, 현장조사, 원인분석 및 대책강구를 한다.

(2) 비탈면의 지표변위, 지중변위, 지하수관측 등을 지속적으로 계측하여 안정성을 검토하고, 수리·수문, 수목 이식, 지장물 이설 등을 검토한다.

(3) 착공 후 배수시설 설치, 시공 중 안전대책, 주변생태계 보호 등의 조치를 강구하고, 시공 중 발생하는 수질오염·분진·소음 대책을 마련한다.143)

---

143) 국토교통부, '도로설계편람', 제3편 토공 및 배수, pp.403-14~15, 2012.

04.13 │ 노체에서 흙쌓기의 시공방법

노체 흙쌓기에 사용하는 토사 또는 암버력 선정 유의사항, 노체 성토부의 배수대책 [1, 5]

Ⅰ. 개요

1. 도로포장에서 노체는 대부분 흙쌓기에 의한 흙구조물로 형성되는데, 상부에 놓이는 노상 및 포장체를 지지하면서 현장에서 발생되는 흙을 효과적으로 사용하여 주변 환경과 외력에 대해 안정적인 구조물이 되도록 설계한다.

2. 노체의 다짐은 장비종류, 다짐횟수, 함수비, 재료종류 등에 따라 다짐효과가 달라지 므로, 흙쌓기할 때는 그레이더로 먼저 땅을 고르고, 함수비를 다짐에 적합한 상태로 조절하며, 다짐장비를 사용하여 수평으로 얇게 다진다.

Ⅱ. 노체 재료선정

1. 토사 또는 암버력으로 노체를 시공하는 경우

⑴ 노체재료의 품질기준에 다음 표에 적합한 것을 사용한다.

노체 재료의 품질기준

항목	토사	암버력[1]	시험방법
기본사항	초목, 뿌리, 유기질토 등의 유해물질 함유 금지	노체 완성면 60cm 이하에만 적용 가능	
다짐도	90% 이상	시험시공 결정	KSF 2312 A, B
수침CBR	2.5 이상	–	
시공 중 함수비	최적함수비와 90% 밀도에 대응하는 습윤 측 함수비 사이	자연함수비	
다짐 후 건조밀도	1.5t/m^3 이상	1.5t/m^3 이상	
최대치수	30cm 이하	시험시공 결정	1층당 마무리 두께

주 1)광석이나 석탄을 캘 때 나오는 암석, 광물 성분이 섞이지 않은 잡돌은 암버력이다.
  2)암파쇄 후 남는 쪼개진 암석(암조각), 탄광에서 나오는 쓸모 없는 잡돌은 암버력 아니다.

2. 토사 또는 암버력 외의 재료로 노체를 형성하는 경우

⑴ 폐콘크리트 등의 건설부산물을 사용하는 경우,
  폐콘크리트 덩어리를 최대입경 100mm 이하로 파쇄하여 사용한다.
⑵ 석탄회, 고로슬래그 등의 산업부산물을 사용하는 경우,

다짐두께 30cm 이하 또는 다짐 후 마무리두께 15cm 이하로 다짐한다.

(3) 발포폴리스티렌(EPS)를 사용하는 경우,

EPS 블록의 압축강도 $10t/m^2$ 이상, 블록 간은 연결고리로 결합한다.

Ⅲ. 노체 다짐관리

1. 다짐기준

(1) 다짐도는 흙의 다짐시험(KSF 2312)에 의한 최대건조밀도의 90% 이상 다진다.

① 19mm체 잔류량이 30% 이하인 재료 : 흙의 다짐시험(KSF 2312) 실시

② 19mm체 잔류량이 30% 이상인 재료 : 다음 식으로 최대건조밀도 추정

$$X = \frac{100}{\frac{(100-P)}{M} + \frac{P}{S}}$$

여기서, X : 최대건조밀도(kg/m^3)

M : 19mm체 통과재료의 최대건조밀도(kg/m^3)

P : 19mm체 잔류율(%)

S : 19mm체 잔류골재의 비중

③ 19mm체 잔류량이 50% 이상인 재료 : 평판재하시험(KSF 2310)으로 다짐관리
를 하며, 이때 지지력계수(K_{30})는 다음 표를 만족시켜야 한다.

노체의 지지력계수(K30) 기준

구분	토사		암버럭
	콘크리트포장	아스팔트포장	
침하량(cm)	0.125	0.25	0.125
지지력계수(K_{30})(kg/m^3)	10 이상	15 이상	20 이상

(2) 암버럭은 대형기계로 다짐하여도 잘 다져지지 않아 압축침하 발생이 우려되므로,
시공성을 고려하여 최대크기 60cm 이하로 제한한다.

2. 다짐층 두께

(1) 박층으로 다짐하면 흙쌓기 품질이 향상되므로 가급적 얇게 다짐을 실시한다.

(2) 암버럭 흙쌓기 : 층다짐 마무리 두께를 최대입경의 1.0~1.5배 정도로 결정하며,
두께 60cm 이하를 기본으로 하고 최대 90cm 이하로 제한한다.

(3) 토사 흙쌓기 : 두께 30cm 이하를 기준으로 다음 표와 같이 두께를 조절한다.

토사로 흙쌓기를 하는 경우에 다짐층의 두께

구분	노체 완성면에서의 깊이	
	60cm 이하	60cm 이상
1층 다짐의 마무리 두께	60cm 이하[1]	30cm 이하[2]

주 1) 깊이 60cm 이하인 경우에 한하여 1층 다짐의 마무리 두께를 완화
   2) 기초지반이 경사진 지반인 경우에는 1층 다짐의 마무리 두께는 30cm 이하

3. 함수비 조절

(1) 노체 함수비의 기본

 ① 다짐시험(KSF 2312)에 의한 최적함수비 부근과 다짐곡선의 90% 밀도에 대응하는 습윤 측 함수비를 기본으로 적용한다.

(2) 노체 함수비의 조절

 ① 함수비가 높은 재료는 포설 후 건조시킨다.

 ② 함수비가 낮은 재료는 포설 중 물을 뿌려 조절하면서 다진다.

 ③ 함수비 조절이 불가능하거나 우기, 동절기에는 흙쌓기를 중단한다.

4. 다짐장비

(1) 시험시공

 ① 전체구간을 시험시공에서 이용한 장비로 다지며, 다짐장비를 변경하려는 경우에도 시험시공을 재실시한다.

(2) 구조물에 인접한 부분

 ① 롤러로 다짐할 때는 포장표면에 과도한 압력을 가해 손상 우려가 있으므로, 램머, 진동식 다짐장비, 기타 소형 장비로 균일하게 다진다.

(3) 노체 완성면에서의 깊이 60cm 이하에서 토사로 흙쌓기

 ① 1층 다짐 마무리 두께가 30~60cm인 점을 고려하여, 시험시공을 통해 효과가 입증된 대형 진동다짐장비로 균일하게 다진다.

5. 암버력 다짐

(1) 암버력 흙쌓기는 1층 다짐 마무리 두께 60~90cm 정도

 ① 표면에 요철이 많으므로, 대형 진동다짐장비로 균일하게 다짐한다.

(2) 암버력 흙쌓기 재료가 최대치수 15cm 이상(입자크기 70% 이상)

 ① 암버력은 사용을 제한하되, 비용 때문에 사용할 때는 지정된 곳만 사용한다.

(3) 암버력 흙쌓기의 최상부에 입상재료층 또는 소일시멘트 중간층 설치

 ① 세립자가 암버력 사이의 간극으로 이동하면서 침하발생을 방지한다.

6. 시험시공

(1) 다짐작업의 시험시공 구간

① 노체에서 흙쌓기 시험시공은 2차선 기준 연장 450m를 표준으로 설정한다.

(2) 시험시공 결과에 대한 조정

① 1층 다짐 마무리 두께를 조정할 때는 규정된 범위 내에서 변경할 수 있다.

IV. 노체 흙쌓기 배수대책

1. 필요성

(1) 성토작업을 할 때 시공관리의 주요 공정은 성토재료의 선정, 다짐방법, 다짐도 확보, 성토체 시공 후의 배수대책 등을 들 수 있다.

(2) 노체를 성토시공할 때 매 층마다 시공 마무리면은 강우 중에 성토체의 함수비 증가에 따른 유실 방지를 위하여 적절한 배수대책을 강구해야 한다.

2. 주요 배수대책

(1) 횡방향 구배

① 빗물이 노체 표면을 통해 성토체로 침투되어 연약화되는 것을 방지

② 강우 중에 노체 표면으로 흘러드는 빗물은 표면배수 처리

③ 이때, 노체 표면에서 빗물의 고임현상이 없도록 횡단경사(4%)의 평탄성 확보

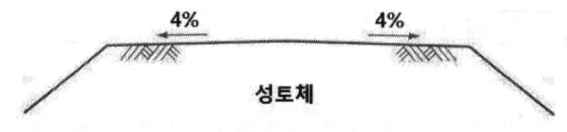

횡단경사의 평탄성 확보

(2) 배수로 설치

① 성토사면 양측에 배수로를 설치

② 배수로는 세굴방지공법으로 시공

③ 빗물 유입부는 비닐로 덮어 세굴을 방지

(3) 유도배수로 설치

① 노체의 성토 시공면이 넓은 경우에는 유도배수로를 설치

② 성토재료를 이용하여 배수도랑을 설치

(4) 가배수로 설치

① 집중강우가 예상되는 경우에는 노면부에 가배수로 설치

② 일정한 간격으로 비닐, 가마니 등을 이용하여 가도수로를 설치

⑸ 평탄성 관리

① 포설작업 중에 평탄성을 관리하면서, 특히 다짐 마감면의 평탄성 확보

② 강우 중 또는 강우 후 작업차량이 통과하면 성토면에 배수가 지연되고, 성토면이 교란되어 연약화되므로 차량통행을 전면 차단

⑹ 필터층 설치 및 밀실 다짐 마무리

① 1일 작업 마무리할 때 포설재료는 밀실 다짐으로 작업을 마무리

② 성토재료(산모래, 화산회질점성토 등)의 종류를 고려하여 필터층을 설치[144]

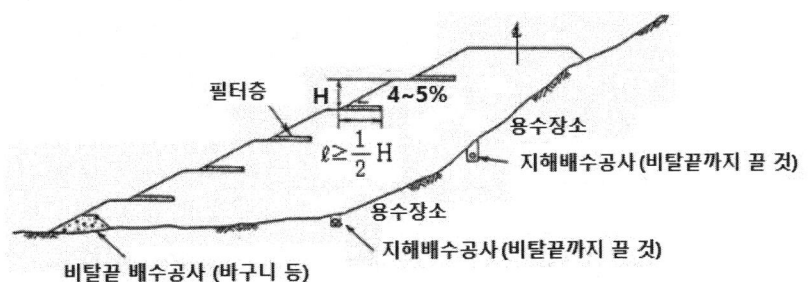

성토재료가 산모래인 경우, 필터층 설치

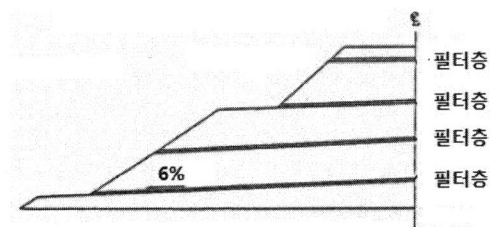

성토재료가 화산회질점성토인 경우, 필터층 설치

---

144) 국토교통부, '도로설계편람', 제3편 토공 및 배수, pp.404-1~7, 2012.
박효성 외, 'Final 토목시공기술사 핵심문제', 예문사, p.339, 2008.

노체 흙쌓기 배수대책

흙쌓기 구분		배수대책
투수성이 불량한 흙쌓기 재료		◦ 비탈 끝에 배수공(필터층)
비탈 끝에 중요시설이 있는 높은 흙쌓기		◦ 비탈 끝에 배수공(필터층)
기초지반	용수	◦ 용수부위에 지하배수공 ◦ 비탈 끝에 배수공
	표층이 고함수비 연약층	◦ 골을 파서 부지 건조(다짐장비 시공성 확보) ◦ 골에 모래·막자갈 부설(성토 후 지하배수공 역할) ◦ 기초부의 전면에 모래·막자갈 포설
편절·편성	기본대책	◦ 노체면 또는 땅깎기면에 지하배수공 ◦ 비탈 끝에 배수공(필터층)
	용수발생	◦ 용수부위에 지하배수공(필터층) ◦ 용수량에 따라 유공관 설치 검토
	투수층으로 지하수 유입	◦ 투수층 하단에 지하배수공
	시공 중	◦ 배수를 위해 4~5%의 횡단경사 ◦ 절토·성토 경계부에 가배수로 설치(시공단계에 따라 순차적으로 위치 이동)
절토·성토 경계부		◦ 노체면 또는 땅깎기면에 지하배수공
오목부	매립에 의한 흙쌓기	◦ 표면에 배수공 ◦ 흙쌓기 저면에 배수층
	평면선형이 곡선부이고 종단경사가 오목부	지하배수공

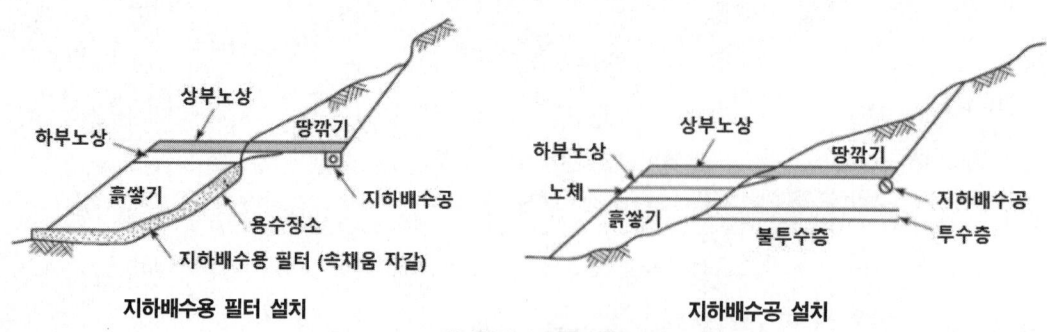

지하배수용 필터 설치　　　　　지하배수공 설치

노체 흙쌓기 배수대책

04.14 흙쌓기 비탈면의 다짐방법

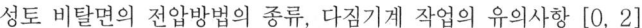

성토 비탈면의 전압방법의 종류, 다짐기계 작업의 유의사항 [0, 2]

Ⅰ. 개요

1. 흙쌓기 비탈면은 균일한 밀도를 얻기 위해 다짐 전에 땅고르기를 하고, 물을 뿌리거나 혹은 적당한 방법으로 건조시켜 최적함수비 상태를 유지하면서 다져야 한다. 흙쌓기 비탈면의 다짐은 유수(流水)로 인한 세굴과 침투수(浸透水)로 인한 비탈면 붕괴를 방지하기 위하여 충분히 밀실하게 다짐을 해야 한다.

2. 일반적으로 흙쌓기 비탈면의 다짐공법을 피복토를 설치하는 방법과 피복토를 설치하지 않는 방법으로 구분한다. 또한, 비탈면의 경사도에 따라 완경사 다짐 후에 절취·성형하는 방법과 더돋기 다짐 후에 절취·성형하는 방법으로 구분하기도 한다.

Ⅱ. 흙쌓기 비탈면의 다짐설계

1. 다짐기준

(1) 흙쌓기 비탈면은 최대건조밀도($\gamma_{d\max}$)의 90% 이상 다짐도를 갖도록 하며, 최대 0.2m의 다져진 두께로 수평하게 분할하여 균일하게 층쌓기를 한다.

(2) 흙쌓기의 포설과 다짐을 충분히 하고 폭원이 부족하지 없도록 시공관리한다.

(3) 성토비탈면은 완성 후 잔류침하가 발생할 것을 고려하여 설계높이보다 더 높게 쌓고 다짐을 실시하여 잔류침하에 대비한다.

(4) 흙쌓기 비탈면의 상부에 도로·철도의 노상, 노반 등을 시공하여 다질 경우에는 해당 공사의 전문시방서 다짐기준에 따른다.

2. 시공함수비

(1) 기준밀도로 시공관리하는 흙에 대하여는 다짐시험에서 구한 함수비의 관리범위 내에서 다짐을 실시한다.

(2) 쌓기재료가 고함수비의 점성토인 경우에는 시공 중에 수시로 흙을 검조시켜 함수비의 저하를 도모해야 한다.

3. 다짐장비

(1) 다짐장비는 쌓기재료를 고르고 다지는데 필요한 충반한 용량과 대수를 확보하며, 흙 및 암의 종류에 따라 적합한 다짐장비를 선정한다.

4. 흙쌓기 비탈면 다짐

(1) 흙쌓기 비탈면 표층부의 시공은 흙쌓기 본체와 동시에 다행 다짐장비를 투입하여

균일하게 다짐한다.

⑵ 인력·소형기계로 비탈면을 다짐하는 경우에는 흙쌓기 본체를 구성한 후 비탈면에 흙을 보충하면서 진동램머, 진동평판, 진동로울러 등의 소형다짐기계로 다진다.

⑶ 흙쌓기 용지 폭이 여유가 있는 경우, 부체도로가 있는 경우 등은 흙쌓기 폭보다 넓게 완성한 후에 굴착·정형하는 방법으로 시공한다. 이때 다짐이 불충분한 흙쌓기 단부를 세심하게 정형하여 다짐 마무리한다.

⑷ 흙쌓기 본체와 흙쌓기 비탈면의 다짐은 동일하게 품질관리를 실시한다.

⑸ 흙쌓기 본체의 길어깨에 측구를 설치하는 경우, 흙쌓기 비탈면에 가배수로를 설치하여 비탈면이 세굴되지 않도록 보호한다.

5. 암성토 비탈면 마무리

⑴ 암성토 비탈면 마무리는 암석이 비탈면으로부터 굴러 떨어지지 않도록 암석을 안정된 위치에 고종시키고, 충분히 두드려서 다짐을 마무리한다.

6. 구조물 주변 흙쌓기

⑴ 기존 구조물 주변의 흙쌓기는 구조물에 손상을 주지 않고 편압을 주지 않도록 충분히 밀실하게 다져가면서 쌓는다.

⑵ 흙쌓기 각 층은 전체적으로 균등한 지지력을 갖도록 다지며, 폭이 협소하여 전압기계를 투입할 수 없는 경우에는 램머(rammer), 콤팩터(compactor) 등의 소형기계를 사용하여 다진다.

Ⅲ. 흙쌓기 비탈면의 다짐시공

1. 비탈면을 기계로 다짐하는 방법

⑴ 성토체 상부에서 다짐장비를 winch로 끌어올리면서 비탈면을 다짐한다.

2. 완경사 다짐 후 절취·성형하는 방법

⑴ 정규 비탈면보다 완만한 경사로 다진 후에 절취하고 성형하여 마무리 다짐한다.

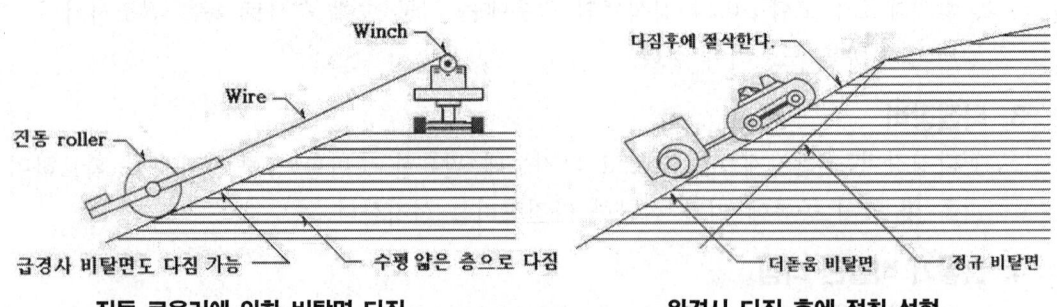

진동 로울러에 의한 비탈면 다짐　　　완경사 다짐 후에 절취·성형

490

3. 더돋기 다짐 후 절취·성형하는 방법

⑴ 흙쌓기 본체와 비탈면의 폭원보다 50~100cm 더돋기를 하고 수평다짐을 실시한 후에 규정된 비탈면으로 절취·성형하여 마무리 다짐한다.

더돋기 다짐 후에 절취·성형

4. 피복토를 더돋기하여 설치하는 방법

⑴ 흙쌓기 본체와 비탈면에 30~50cm의 피복토를 더돋기하면서 협소한 구간에 대하여 램머(rammer), 탬퍼(tamper) 등으로 마무리 다짐한다.

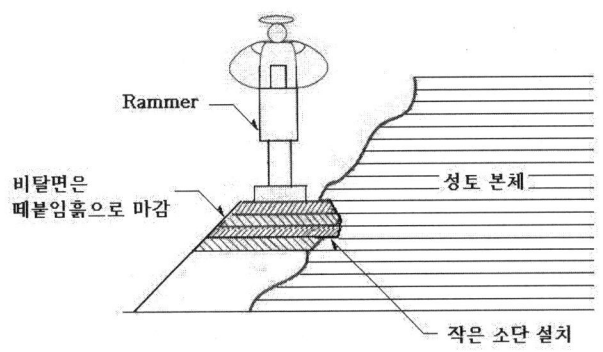

피복토를 더돋기 하면서 마무리 다짐

Ⅳ. 맺음말

1. 흙쌓기 비탈면의 시공과정에 다짐이 부족한 경우에는 다짐 완성 후에 세굴과 붕괴가 발생하므로 특히 유의한다.

2. 또한, 흙쌓기 비탈면의 다짐 후에 비탈면보호공을 설치하기 전까지는 세굴과 붕괴에 대비하여 별도의 보호대책이 강구되어야 한다.[145]

---

145) 박효성 외, 'Final 토목시공기술사 핵심문제', 예문사, pp.346~347, 2008.

04.15 유토곡선(Mass curve)

단지조성공사에서 평면상 토량배분계획, 유토곡선(Mass Curve)인 [3, 5]

I. 개요

1. 도로·철도와 같은 선형공사의 설계단계에서 흙쌓기와 땅깎기의 토량배분계획을 수립
하는 경우, 유토곡선(mass curve)을 이용하면 경제적으로 토공작업의 균형을 맞추
어 노선 계획고(elevation)를 결정할 수 있다.

2. 국토교통부는 지형정보체계(GIS, Geographic Information System)를 기반으로 하
는 토석정보공유시스템(TOCYCLE, Transaction of soil & rock Open portal
reCYCLE system)을 구축하여 건설공사 현장에서 발생되는 순성토와 순사토의 토
량을 체계적으로 종합관리하고 있다.

II. 유토곡선(mass curve)

1. 유토곡선의 작성목적

(1) 흙쌓기와 땅깎기의 토량 배분

(2) 평균 운반거리 산출

(3) 운반거리에 의한 토공기계 선정

(4) 흙쌓기와 땅깎기의 시공방법 결정

2. 유토곡선의 적용방법

(1) 당해 선형공사와 주변지역 건설공사를 연계하는 토량배분계획을 수립

① 당해 선형공사에 대한 구간별 토량배분계획을 우선 수립

② 주변지역 건설공사에 대한 토량 관련 개략적인 정보를 수집

③ 시공단계에서 주변지역 건설공사와 연계하여 토량을 배분

(2) 공사 발주시기와 관계없이 전체 노선을 대상으로 토량배분계획을 수립

① 일반 건설공사는 연차별 토지보상, 구간별 착공 방식으로 추진

② 구간별로 착공시기가 너무 차이가 발생하면 토량배분이 곤란

③ 특히 교량·터널 등 구조물 구간에는 별도의 토량배분이 필요

(3) 공사 현장조건을 고려하여 운반거리별로 적합한 토공장비 기종을 선정

① 운반거리 70m 이내 : Bull dozer로 단거리 운반

② 운반거리 70~500m : Scraper로 중거리 운반

③ 운반거리 500m 이상 : Dump truck으로 장거리 운반

⑷ 토적곡선은 종방향 토량배분만 표시하므로, 횡방향 토량은 별도 고려
　① 토적곡선은 동일한 단면 내에서 횡방향 유용토량은 제외하고 종방향 운반토량
　만을 표시한다.
　② 따라서, 도로폭이 넓은 4차로 이상 도로공사 현장의 경우에는 토적곡선만으로
　는 횡방향 운반토량을 산출할 수 없다.

Ⅲ. 유토곡선(mass curve) 특징

1. 기울기
　⑴ 하향곡선(ac)은 성토구간이다.
　⑵ 상향곡선(ce)은 절토구간이다.

2. 극대점, 극소점
　⑴ 극소점(g)은 성토에서 절토로 바뀌는 변이점, 흙은 우에서 좌로 유용된다.
　⑵ 극대점(e)은 절토에서 성토로 바뀌는 변이점, 흙은 좌에서 우로 유용된다.

3. 수평선
　⑴ 수평선과 교차되는 구간은 절토량과 성토량이 균형을 이룬다.
　⑵ 기선(ab)에 평행한 임의 수평선(nu)을 그어 mass curve와의 교점을 구하면, 서로
　인접한 교점(d-e-f) 사이는 d에서 e까지의 절토량(re)과 e에서 f까지의 성토량
　(re)이 같다.

4. 평균운반거리
　⑴ 인접한 교점(d-e-f) 사이에서 종거(re)의 1/2 지점(s)를 지나는 수평선을 그어 유
　토곡선과 교차하는 두 점을 연결한 길이(p, q)가 평균운반거리이다.

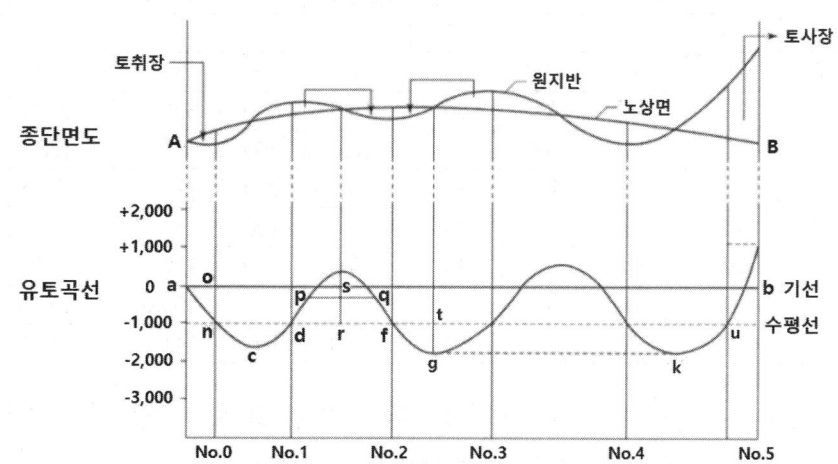

5. 운반토량

⑴ 임의 수평선(nu)에서 no는 토취량(土取量)이고, uv는 토사량(土捨量)이다.

⑵ 임의 수평선(nu)을 f에서 끊고 다른 수평선(gk)을 취하면, 이 두 수평선의 높이 (gt)가 운반토량이다.

【예】 특정한 도로건설 구간의 노상측량을 실시하여 측점 간의 거리와 단면적을 다음과 같이 구하였다. 이 값을 기준으로 토량계산서를 완성하고 토적곡선(Mass curve)을 작도하시오.(단, 토량환산계수는 C=0.9이다.)

측점	거리 (m)	땅깎기량				흙쌓기량				차인 토량 (m³)	누가 토량 (m³)
		단면적 (m²)	평균 단면적 (m²)	토량 (m³)	단면적 (m²)	평균 단면적 (m²)	토량 (m³)	보정 토량 (m³)		
No.0	0	0			5					
No.1	20	20			10					
No.2	20	50			20					
No.3	20	30			15					
No.4	20	10			10					
No.5	20	20			30					
No.6	20	10			40					
No.7	20	0			10					
No.8	20	10			0					

1. 토량계산서 작성

측점	거리 (m)	땅깎기량			흙쌓기량				차인 토량 (m³)④	누가 토량 (m³)⑤
		단면적 (m²)	평균 단면적 (m²)①	토량 (m²)②	단면적 (m²)	평균 단면적 (m²)①	토량 (m²)②	보정 토량 (m²)③		
No.0	0	0			5					
No.1	20	20	10	200	10	7.5	150	166.7	+33.3	+33.3
No.2	20	50	35	700	20	15.0	300	333.3	+366.7	+400.0
No.3	20	30	40	800	15	10.0	300	333.3	+466.7	+866.7
No.4	20	10	20	400	10	10.0	200	222.2	+177.8	+1,044.5
No.5	20	20	15	300	30	20.0	400	444.4	−144.4	+900.1
No.6	20	10	15	300	40	35.0	700	777.8	−477.8	+423.3
No.7	20	0	5	100	10	25.0	500	555.6	−455.6	−33.3
No.8	20	10	5	100	0	5.0	100	111.1	−11.1	−44.4

① 평균단면적 $= \dfrac{A_i + A_j}{2}$, ② 토량＝거리×평균단면적, ③ 보정토량＝흙쌓기량$\times \dfrac{1}{C}$

④ 차인토량＝땅깎기량－보정토량, ⑤ 누가토량＝차인성토량의 누계

2. 유토곡선 작도

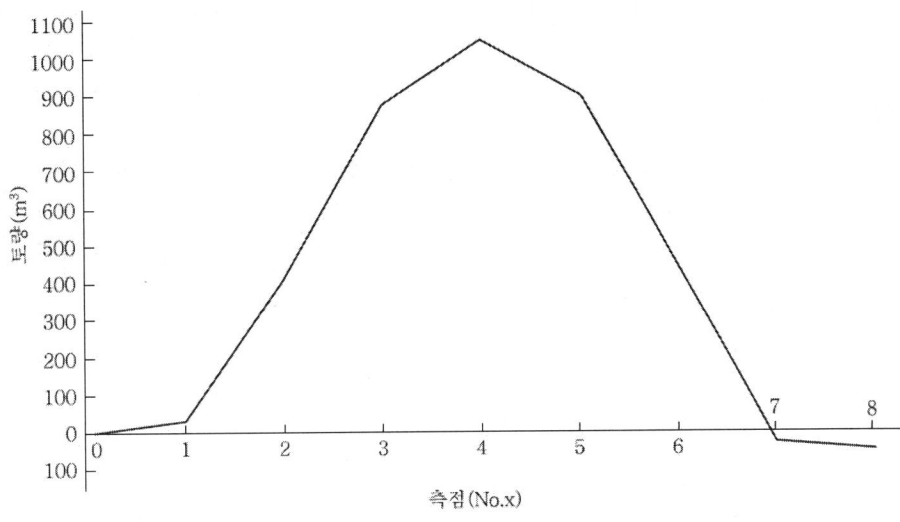

유토곡선(mass curve)

IV. 맺음말

1. 현재 국내·외 대부분의 설계회사들은 고속도로, 고속철도 등의 대규모 선형공사에 대한 유토곡선을 작성할 때 다음과 같은 Excel software를 활용하여 절·성토해야 되는 토공량을 쉽고 정확하게 산출하고 있다.[146)]

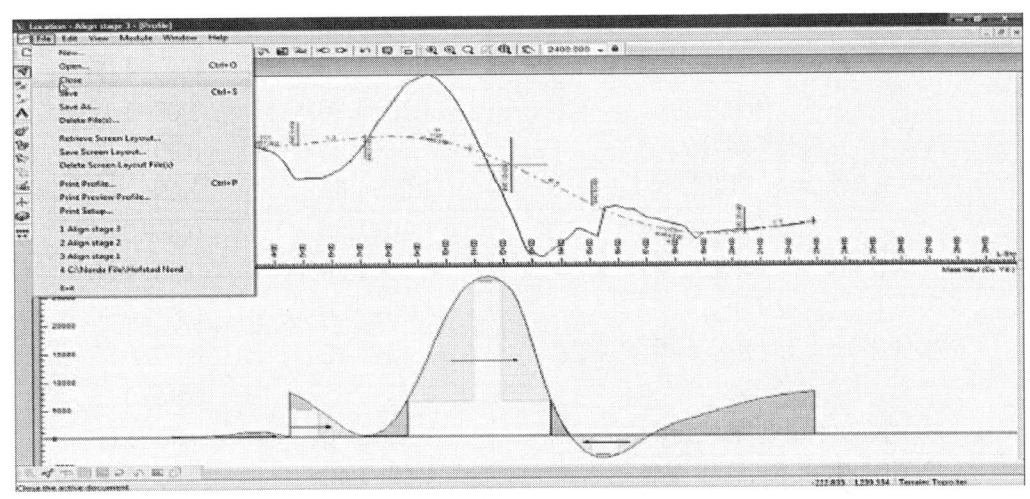

Mass curve using Excel software

146) 김낙석·박효성, '앞서가는 토목시공학', 개정 1판1쇄, 예문사, pp.271~274, 2018.

04.16 토량변화율(L,C), 토량환산계수(f)

토량변화율, 토량환산계수(f) [6, 0]

I. 개요

1. 파워셔블(power shovel)로 자연상태의 체적 1m³인 땅을 굴착하여 운반하는 중에 체적이 1.3m³로 증가되었다면, 이 흙의 굴착에 의한 팽창율은 30%이다.

2. 운반 중에 느슨했던 흙을 다짐하여 체적이 0.9m³로 줄었다면 원래 자연상태 흙보다 체적이 0.1m³ 감소되었으므로, 이 흙의 다짐에 의한 수축율은 10%이다.

II. 토량변화율(L, C)

1. 모든 흙은 토공사의 작업상태에 수축율과 팽창율에 차이가 있다. 즉, 흙은 굴착→운반→다짐 과정에 밀도가 바뀌고 체적이 변화한다. 이와 같은 흙의 체적변화 상태를 '토량변화율'이라 하며, 다음 표와 같이 L값 또는 C값으로 표현한다.

토량변화율(L값, C값)

종별	L	C
경암(硬岩)	1.70~2.00	1.30~1.50
보통암(普通岩)	1.55~1.70	1.20~1.40
연암(軟岩)	1.30~1.50	1.00~1.30
풍화암(風化岩)	1.30~1.35	1.00~1.15
폐콘크리트	1.40~1.60	별도 설계
호박돌(玉石)	1.00~1.15	0.95~1.05
역(礫)	1.10~1.20	1.05~1.10
역질토(礫質土)	1.15~1.20	0.90~1.00
고결(固結)된 역질토(礫質土)	1.25~1.45	1.10~1.35
모래(砂)	1.10~1.20	0.85~0.95
암괴(岩塊)나 호박돌이 섞인 모래	1.15~1.20	0.90~1.00
모래질흙	1.20~1.30	0.85~0.90
암괴(岩塊)나 호박돌이 섞인 모래질흙	1.40~1.45	0.90~0.95
점질토	1.25~1.35	0.85~0.95
역(礫)이 섞인 점질토(粘質土)	1.35~1.40	0.90~1.00
암괴(岩塊)나 호박돌이 섞인 점질토	1.40~1.45	0.90~0.95
점토(粘土)	1.20~1.45	0.85~0.95
역(礫)이 섞인 점질토(粘質土)	1.30~1.40	0.90~0.95
암괴(岩塊)나 호박돌이 섞인 점토	1.40~1.45	0.90~0.95

2. 일반토사의 경우 L값은 1.1~1.4 정도이다. L값은 자연상태의 흙을 굴착해서 느슨해진(Loosed) 상태로 운반할 때의 토량 산출에 사용된다.

$$L = \frac{흩어진상태의\ 토량}{자연상태의\ 토량}$$

3. 일반토사의 경우 C값은 0.85~0.95 정도이다. C값은 자연상태의 흙을 운반하여 도로·철도 등의 공사현장에 장비로 다짐(Closed)할 때 사용된다.

$$C = \frac{다짐상태의\ 토량}{자연상태의\ 토량}$$

Ⅲ. 토량환산계수(f)

1. 토공사 현장에서 토량변화율 L값 또는 C값을 실제의 작업토량으로 보정하기 위하여 토량환산계수(f)를 사용한다. 일반적으로 구하려는 작업토량을 Q, 기준이 되는 작업토량을 q로 하여 다음과 같이 계산한다.

토량환산계수(f)

구하려는 Q / 기준이 되는 q	자연 상태의 토량	흐트러진 상태의 토량	다져진 상태의 토량
자연 상태의 토량	1	L/1=L	C/1=C
흐트러진 상태의 토량	1/L	1	C/L
다져진 상태의 토량	1/C	L/C	1

2. 공사현장에서 토량변화율(L값, C값)은 현장 흙의 밀도와 다짐시험을 거쳐 정하는 것이 원칙이다, 다만, 토공작업계획을 수립할 때는 다음 조건에 따라 계산한다.
  ⑴ 굴착, 적재, 운반토량은 느슨한 체적(L)을 사용한다.
  ⑵ 성토량은 원래상태의 체적(A)을 다짐체적(C)으로 환산한 값을 사용한다.
  ⑶ 기계화 토공 작업량을 결정할 때는 느슨한 체적(L)으로 환산하여 사용한다.
  ⑷ 성토의 성형고를 결정할 때는 느슨한 체적(L)으로 환산하여 사용한 기계의 작업량을 다짐체적(C)으로 환산해야 한다.

Ⅳ. 토량환산계수(f) 적용

1. 내역서 입력토량 산출할 때 토량환산계수(f) 적용 사례

⑴ 내역서 입력토량은 다짐상태인 0.9m³이다. 흙깎기를 백호우 또는 도저로, 적재·운반을 백호우 및 덤프트럭으로, 다짐을 불도저로 가정하고 계산한다.

① 백호우 버켓(도저 배토판)의 기준토량(q)은 느슨한 상태이다. q는 1회 작업 사이클당 표준작업량이며, 흐트러진 상태에서 취급한다. 이는 장비가 작업을 시작하면 무조건 흙은 흐트러진다는 뜻이다(모든 장비가 다 그러한 것은 아님).

(2) 내역서 입력토량을 다짐상태($Q = C$)로 가정하고, 사용되는 장비별로 각각의 토량환산계수(f)를 적용하면 다음과 같다.

① 흙깎기(백호우 또는 도저) = C/L
② 적재·운반(백호우 및 덤프트럭 조합) = C/L
③ 포설 또는 고르기(도저) = $C/C = 1$
④ 다짐(롤러 또는 도저) = $C/C = 1$

(3) 이때, 포설(고르기)에서 도저의 기준토량(q)이 C가 되는 이유는 도저의 포설·다짐은 동시작업으로 도저의 작업능력은 다짐두께에 따라 결정되기 때문이다.

(4) 만약, 내역서 입력토량을 자연상태($Q = 1$)로 본다면 각각의 토량환산계수(f)는 다음과 같이 변경하여 적용한다(실제는 자연상태 $Q = 1$을 적용하지 않음).

① 흙깎기(백호우 또는 도저) = $1/L$
② 적재·운반(백호우 및 덤프트럭 조합) = $1/L$
③ 포설 또는 고르기(도저) = $1/C$
④ 다짐(롤러 또는 도저) = $1/C$

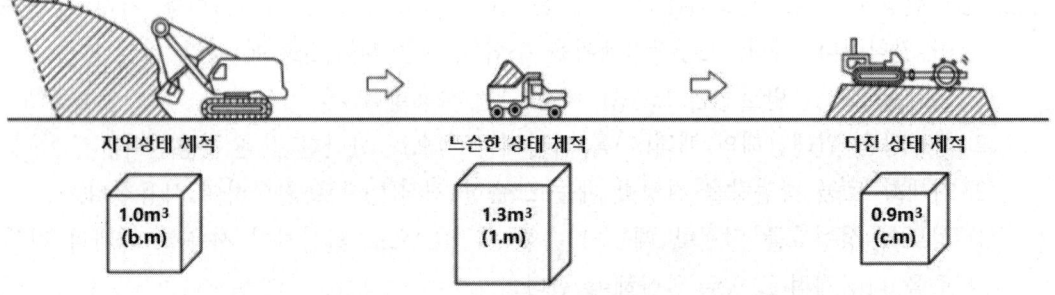

| 자연상태 체적 | 느슨한 상태 체적 | 다진 상태 체적 |
| 1.0m³ (b.m) | 1.3m³ (1.m) | 0.9m³ (c.m) |

2. 운전시간당 작업량 산출할 때 토량환산계수(f) 적용 사례

건설기계의 1시간당 작업량 $Q = \dfrac{60 \times q \times f \times E}{Cm}$ 를 아래와 같이 적용한다.

(1) q는 1회 작업 사이클당 기준작업량(m³)으로 기계의 작업효율이 1.0일 때 이상적인 작업조건에서 버켓의 평적용량을 기준으로 기계 크기에 따른 고유 값이다.

Q와 q가 같은 흙이면 $f = 1$을 적용하고, 다른 흙이면 주어진 f값을 적용한다.

⑵ 불도저는 굴착·운반·포설·다짐에 모두 사용되므로 작업공종에 따라 f값이 다음과 같이 다르다.

굴착·운반에서 내역서 입력토량(Q)이 자연상태토량(1)이면 $f=1/L(=Q/q)$이다.

그러나 리퍼작업에서 내역서 입력토량(Q)을 자연상태토량(1)으로 가정할 경우, $f=1(=1/1)$이다. 리퍼작업의 기준토량(q)은 자연상태이기 때문이다. 즉 흐트러진 상태로 구할 때 $f=L(=L/1)$, 다짐상태로 구할 때 $f=C(=C/1)$이다.

포설·다짐에서 $f=1(=C/C)$이다. 포설은 흙을 일정두께로 살포하므로 배토판 넓이에 상관 없이 다짐두께와 효율의 함수 $Q=10\times E(9D+7)\times f$ 이기 때문이다.

⑶ 굴착·운반·적재를 동시에 하는 스크레이퍼 작업에서 내역서 입력토량(Q)을 느슨한 상태로 구할 경우 $f=1(=L/L)$이다. 스크레이퍼에 장착되는 보울용량이 느슨한 상태이기 때문이다.

만약 자연상태 토량으로 구할 경우에는 $f=1/L$이다.

⑷ 버켓이 장착된 셔블계 장비의 f 값의 기준토량(q)은 모두 느슨한 상태(L)이다. 드래그셔블(백호우)이나 페이로더(트랙터셔블)도 마찬가지이다.

⑸ 다짐작업에 쓰이는 롤러(타이어, 탬핑, 진동, 로드), 불도저, 콤팩터, 램머 들은 모두 $f=1(=C/C)$이다.

다짐장비의 기준토량(q)는 모두 C를 적용해야 하기 때문이다.

⑹ 램머작업은 $f=C/L$로 산출한다. 좁은 곳에서는 느슨한 상태인 골재를 램머로 다짐하므로, 즉 L이 C상태로 변하므로 램머작업을 $f=C/L$로 간주한다.

다만, 내역서 입력토량이 C상태로 미리 정해진 경우는 $f=1(C/C)$로 한다.

⑺ 결론적으로 토량환산계수(f)를 적용할 때 유의사항은 다음 2가지이다.

기준작업에 사용되는 장비의 용도와 기준토량(q) 개념을 명확히 알아야 한다.

내역서 입력토량은 항상 최종마무리 상태의 토량으로 결정해야 한다.[147]

---

147) 국토교통부, '도로설계편람', 제3편 토공 및 배수, pp.403-7~13, 2012.
국토교통부, '토량변화율, 토량환산계수', 국토교통전자정보관, 2019, http://www.codil.or.kr/
대한건설진흥회, '건설공사표준품셈', 2007.
박효성 외, 'Final 토목시공기술사 핵심문제', 예문사, p.336, 2008.
김낙석·박효성, '앞서가는 토목시공학', 개정 1판1쇄, 예문사, pp.260~261, 2018.

04.17 흙막이벽 굴착공법(지보형식 구분)

개착식과 반개착식 굴착공법, Soil nailing, Earth anchor, Rock Bolt [0, 9]

Ⅰ. 개요

1. 흙막이벽(landslide protection wall)은 흙막이라고도 하며, 토목공사에서 성토 또는 절토할 때, 흙이 무너지지 않도록 구축하는 구조물을 말한다. 돌쌓기, 콘크리트 블록 쌓기, 콘크리트 중력방식, 철근 콘크리트방식 등 여러 가지가 있다.

2. 흙막이벽을 설치하기 위해 지반을 굴착할 때는 지반의 차수·지수, 지하수위 저하, 연약지반 보강 등에 필요한 굴착보조공법으로 일반약액 주입공법(LW, SGR), 고압 분사 주입공법(JSP) 등이 적용된다.

Ⅱ. 흙막이벽

1. 목적

(1) 흙막이벽은 지반의 붕괴를 방지하고 지하수의 용출을 차단하기 위하여 지중에 연속된 벽체를 형성하는 것을 목적으로 한다.

2. 기본원칙

(2) 흙막이벽을 계획할 때는 주변에 불필요한 환경공해를 유발하지 않는 공법을 선정함으로써, 안전하고 경제적으로 연속된 벽체를 형성하는 것을 원칙으로 한다.

3. 공법선정 고려사항

(1) 지반조건 : 지반의 연약정도, 지하수위, 용수량

(2) 시공조건 : 공사부지의 크기, 기계화시공의 가능성

(3) 굴착조건 : 굴착의 깊이 및 제약조건, 동시굴착 가능한 면적

(4) 기타조건 : 공사기간, 경제성, 안전성, 무공해성, 저소음·저진동

흙막이벽 굴착공법의 분류

구조방식에 따른 분류	지지방식에 따른 분류
(1) 흙막이 토류판 벽체(H-pile 토류판)	(1) 자립식(중력식, cantilever) 공법
(2) 강널말뚝 벽체(Sheet pile)	(2) 가설버팀대식(strut raker) 공법
(3) Soil-cement 말뚝 벽체(Soil-cement wall)	(3) 어스 앵커(earth anchor 공법
(4) 현장타설 콘크리트말뚝 주열식 벽체(CIP)	(4) 쏘일 네일링(soil nailing)공법
(5) 현장타설 콘크리트 연속벽체(Slurry wall)	(5) 영구구조물 흙막이(SPS) 공법 (strut as permanent system)

Ⅲ. 구조방식에 따른 흙막이벽 굴착공법

1. 흙막이 토류판 벽체(H-pile 토류판)
(1) 공법 ∘ H-pile은 지중에 엄지말뚝(H형강)을 타입하거나 미리 천공한 구멍에 삽입 후, 터파기를 진행하면서 엄지말뚝 사이에 흙막이판을 끼워 넣어 시공하는 공법
(2) 장점 ∘ 흙막이 벽체에 가장 널리 사용 중
∘ 시공이 간편하고, 공사비가 저렴
∘ 사용자재의 재사용이 가능
(3) 단점 ∘ 지하수위가 높은 곳에서는 별도의 차수대책 필요
∘ 연약지반에서는 boiling, heaving에 대한 보강대책 필요
∘ 타입깊이가 불충분하면 주변지반에서 침하 발생

2. 강널말뚝 벽체(Sheet pile)
(1) 공법 ∘ Sheet pile의 이음부를 서로 맞물리도록 설치하고 진동해머, water jet 등으로 지중에 타입하여 연속된 흙막이벽을 형성하는 공법
(2) 장점 ∘ 완전한 벽체를 굴토이전에 설치할 수 있어 토사유실 방지 가능
(3) 단점 ∘ 벽체 강성이 적어 전석층·풍화암층 이상의 암반에는 설치 불가
∘ 설계 중 주동토압을 벽체변위에 따라 감소시켜 적용 필요

3. Soil-cement 말뚝 벽체(Soil-cement wall)
(1) 공법 ∘ S.C.W는 굴착 이전의 지반에 Soil-cement 말뚝을 연결하여 설치한 후 연속된 벽체를 형성하는 공법
∘ Soil-cement 말뚝은 Auger 굴착으로 지반을 교란시켜 흙과 시멘트를 혼합하여 설치하거나, Jet grouting 공법으로 설치할 수 있다.
(2) 장점 ∘ 말뚝 사이의 연결성이 견고하여 차수성 우수
∘ 시공이 간편하고, 공사기간 단축 가능
∘ 말뚝 배면의 토사유실 가능성 저하
(3) 단점 ∘ 벽체 전체가 휨모멘트에 취약
∘ 시공장비의 한계로 인하여 점성토 지반에서는 시공 불가(일반토사 지반에서만 시공 가능)

4. 현장타설 콘크리트말뚝 주열식 벽체(CIP)
(1) 공법 ∘ CIP(Cast-In Place Pile)는 굴착장비로 소정의 깊이까지 천공한 후, 구멍 내에 조립된 철근 및 조골재를 채우고 모르타르를 주입하거나 콘크리트를 타설하여 현장타설 말뚝을 형성하는 공법

(2) 장점 　◦ Soil-cement 말뚝 벽체에 비하여 강성 향상
　　　　　　◦ 말뚝 시공에 특수장비가 불필요
　　　　　　◦ 지반조건에 구애받지 않고 시공 가능

(3) 단점 　◦ 차수성이 저하
　　　　　　◦ 토사유실의 가능성이 상존

5. 현장타설 콘크리트 연속벽체(Slurry wall)

(1) 공법 　◦ Slurry wall은 특수장비로 안정액을 사용하여 트렌치 굴착 후 철근망
　　　　　　　삽입하여 지중에 연속된 철근콘크리트벽을 형성하는 공법

(2) 장점 　◦ 굴착 중 공벽 붕괴, 지하수 유입 막기 위해 안정액(slurry) 사용
　　　　　　◦ 건물 지하층 벽체, 가설토류벽, 댐기초, 내진·방호·진동 차단벽
　　　　　　◦ 소음·진동 적고, 강성 높고, 차수성 우수하여 지하수위 저하 없음
　　　　　　◦ 지반조건에 영향 없이 벽체의 두께·모양을 자유롭게 선택 가능

(3) 단점 　◦ 시공비가 비싸고, 굴착 중 지하수 영향으로 벽체 붕괴 우려
　　　　　　◦ 시간이 지날수록 바닥에 슬라임(Slime)이 생성되는 문제 발생

Ⅳ. 지지방식에 따른 흙막이벽 굴착공법

1. 자립식(중력식, cantilever) 공법

(1) 공법 　◦ 지립식(중력식) 공법은 전통적인 방식으로서 먼저 외부벽체를 설치하
　　　　　　　고 기둥과 기초를 포함하는 파일공사를 시공한 후, 지하구조물 슬래
　　　　　　　브 설치와 함께 아래 쪽으로 지하굴착을 진행하는 공법

(2) 대상 　◦ 대심도 굴착으로 인하여 주변건물의 침하·변형이 우려될 때
　　　　　　◦ 대형구조물 지하굴착에서 흙막이벽·버팀대 안전성이 부족할 때
　　　　　　◦ 지반 이완, 지하수 다량 유출로 Earth anchor 적용이 곤란할 때
　　　　　　◦ 굴착 중 소음·분진 등으로 인하여 민원 발생이 우려될 때
　　　　　　◦ 공사기간이 절대적으로 짧아 급속시공이 필요할 때

(3) 장점 　◦ 안전성을 확보하면서 공사기간 단축 가능
　　　　　　◦ 우천 중에도 시공 가능하고, 주변 민원 최소화 가능

(4) 단점 　◦ 좁은 부지에는 적용 곤란하고, 공사비 고가
　　　　　　◦ 공종 간의 간섭이 심하여 고도의 품질관리 필요

2. 가설버팀대(strut) 공법

(1) 공법 　◦ Strut는 굴착하려는 부지의 외각에 흙막이벽을 설치 후, 띠장·버팀대
　　　　　　　의 지보공으로 지지하며 굴착하는 공법. 양측 토압 균형을 이용하여

H-pile, Sheet pile과 함께 수평버팀대로 토류벽을 지지한다.

(2) 장점   ◦ Earth anchor 공법으로 적용이 어려운 도심지 공사에 적용 가능
           ◦ 굴착깊이가 깊고, 굴착폭이 좁은 대형구조물 지하공사에 적합
           ◦ 버팀대의 압축강도를 이용하므로 연약지반에서 응력상태 확인 가능

(3) 단점   ◦ 굴착면적이 넓으면 버팀대 자체의 비틀림, 이음부 좌굴이 우려
           ◦ 띠장·버팀대의 국부적 파괴가 토류벽 전체에 치명적 영향 초래
           ◦ 해체과정이 매우 위험하고, 가설자재의 손실 발생
           ◦ 띠장·버팀대와 구조물 본체 간의 상호 간섭 때문에 굴착작업 곤란

3. 어스 앵커(earth anchor) 공법

(1) 공법   ◦ 버팀대(Strut) 대신 배면 쪽에 설치한 Earth anchor 인장력에 의해 토압에 저항하는 공법
           ◦ 단계별로 굴착 후 띠장(wale)을 설치하고 Earth anchor 시공을 위하여 천공→앵커체 삽입→그라우팅→긴장→장착한다.

(2) 대상   ◦ 인접구조물, 매설구조물에 지장을 받지 않는 부지
           ◦ Anchor를 정착하는 부지가 인장력을 버티는 견고한 지반

(3) 장점   ◦ 버팀대(Strut)에 비해 작업공간이 넓어 기계화시공 공기단축 가능
           ◦ 시공성이 좋고, 안전성이 확보 가능
           ◦ Anchor에 preloading을 가하므로 벽체변위, 지반침하 감소

(4) 단점   ◦ 주변에 인접구조물, 매설구조물이 있는 부지에는 적용 불가
           ◦ Anchor 정착부지가 연약지반인 경우에는 적용 불가
           ◦ Grouting 정착부의 정착상태를 육안으로 직접 확인 불가
           ◦ Anchor 정착부지의 토지소유자의 동의를 받아야 시공 가능

4. 쏘일 네일링(soil nailing) 공법

(1) 공법   ◦ Soil nailing은 흙속에 철물(nail)을 박고 표면에 shotcrete를 타설하여 지반이 보강됨으로써 일체성을 갖추어 토압에 저항하는 공법
           ◦ 중력에 의해 지지되는 저항력이 토압에 의해 발생되는 활동력보다 크게 작용함으로써 외적 안정성이 확보되는 원리이다.

(2) 대상   ◦ 평면활동이 우려되고, 얕은 활동파괴가 예상될 때
           ◦ 토사 또는 풍화된 절토사면을 보호·보강할 때
           ◦ 사면을 보호하거나, 흙막이 가시설 벽체가 필요할 때

(3) 장점   ◦ Shotcrete의 강도·수밀성이 우수하여 구조물 보수에 적합
           ◦ Earth anchor보다 보강재 길이가 짧아 비용 저렴, 시공 용이

◦ 시공 중 소음·진동 저감 가능
◦ 보강토 옹벽과 함께 시공하면 (차량)동하중에 구조적으로 우수
◦ 몇 개의 철물(nail)이 절단되더라도 전체 안전성은 유지 가능
(4) 단점 ◦ 지하수가 높게 분포된 지반에는 불리
◦ 숏크리트를 이용한 전면판 시공으로 미관이 불리
◦ 점성토 지반에서는 크리프 영향 고려 필요

Earth anchor & Soil nailing 비교

구분	Earth anchor	Soil nailing
보강재 응력	◦ 주변지반의 변위억제와 안정성 확보를 위하여 설치 후, 즉시 많은 긴장력을 가하여 벽체변위를 사전에 저지한다.	◦ 일반적으로 긴장력을 가하지 않기 때문에 벽체변위를 일부 허용한다.
보강재 파손 영향	◦ 보강재가 1개만 파손되더라도 구조물 전체의 안정성에 심각한 영향 초래가 우려된다.	◦ 보강재 길이 3~10m를 촘촘히 설치하므로 파손이 거의 없고, 1개가 파손되더라도 안정성에 영향은 미미하다.
보강재 길이 설치장비	◦ 보강재의 길이가 길고, 대형 설치장비가 필요하다.	◦ 보강재의 길이가 비교적 짧고 설치장비가 간단하다.
전면판 지지구조	◦ Shotcrete & wire mesh 이외에 별도의 지지장치가 필요없다.	◦ 앵커 긴장력을 벽체 전체에 등분포시키기 위해 띠장이나 철판이 필요하다.

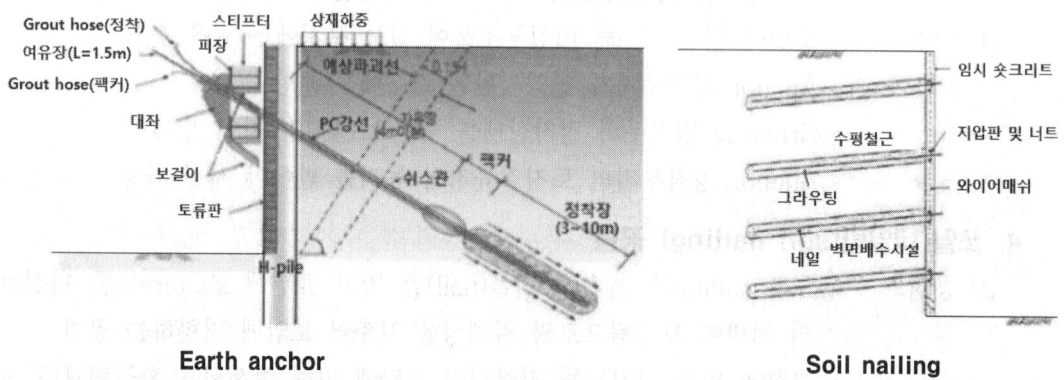

Earth anchor   Soil nailing

5. 영구구조물 흙막이(SPS) 공법

(1) 공법 ◦ SPS(Strut as Permanent System)는 가설버팀대(Strut) 성능을 개선한 공법으로, 본체구조물(기둥, 보)을 이용하여 흙막이하는 공법
(2) 장점 ◦ 공사기간이 단축되고, 공사비용이 절감 가능
◦ 구조적 안전성 및 시공성 향상 가능[148]

---

148) 박효성 외, 'Final 토목시공기술사 핵심문제', 예문사, pp.463~468, 2018.

04.18 흙막이벽 굴착공법(구성재료 구분)

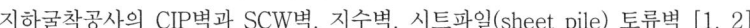

지하굴착공사의 CIP벽과 SCW벽, 지수벽, 시트파일(sheet pile) 토류벽 [1, 2]

I. 개요

1. 흙막이벽은 구성재료에 따라 기성제품 흙막이벽과 현장타설 흙막이벽으로 구분된다.
2. 흙막이벽을 설치하기 위해 지반을 굴착할 때는 지반의 차수·지수, 지하수위 저하, 지반보강 등을 위한 굴착보조공법으로 일반약액 주입공법(LW, SGR), 고압분사 주입공법(JSP) 등이 쓰인다.

II. 흙막이벽 굴착공법

1. 기성제품 흙막이벽

(1) 엄지말뚝공법(H-pile + 흙막이판)

① 지중에 H-pile을 항타하거나 천공삽입하고 굴착을 진행하면서 흙막이판(목재)을 H-pile 사이에 설치하여 흙막이벽을 형성하는 공법

② 굴착을 진행하면서 흙막이벽에 띠장(wale)과 지보공을 설치하며, 흙막이판 배면에 보조grouting하여 차수벽을 형성한다.

(2) 강널말뚝공법(sheet pile)

① 강널말뚝을 diesel hammer나 vibro hammer로 지상에서 연속타입하여 흙막이벽을 형성하는 공법

② Boiling, heaving을 방지할 수 있어 연약지반에 적용성이 우수하다.

2. 현장타설 흙막이벽

(1) 벽식공법(지하연속벽, slurry wall)

① 공벽안정을 위해 bentonite액을 공급하면서 소정의 깊이까지 trench 굴착한 후, 철근망 삽입, 수중콘크리트 타설, 지중연속벽을 형성하는 공법

② 굴착심도가 깊어 가설 흙막이벽을 영구벽체로 직접 사용할 수 있다.

(2) 주열식공법(CIP + 보조grouting)

① Earth auger로 천공하고 casing 설치 후, 철근망을 삽입하고 콘크리트를 타설하여 현장타설 콘크리트말뚝을 연속 제작하여 흙막이벽을 형성하는 공법

② 말뚝이음부의 연결과 차수성 확보를 위해 보조grouting을 실시한다.

(3) 시멘트공법(SCW, soil cement wall)

① 3축 earth auger로 천공하고 슬래그 미분말이 첨가된 시멘트풀을 저압주입한

후, 굴착토사와 혼합·교반하고, H-pile을 삽입하여 soil cement wall을 제작하여 흙막이벽을 형성하는 공법

② 저소음·저진동 공법으로, 사질토 지반에서 양질의 차수층을 형성한다.

흙막이벽 굴착공법(구성재료 구분)

구분	기성제품 흙막이벽	
	엄지말뚝공법 (H-pile+ 흙막이판)	강널말뚝공법 (Sheet pile)
공법개요		
사용재료	◦ H-pile, 흙막이판, 보조grouting	◦ Sheet pile
굴착심도	◦ 20m 내외	◦ 20m 내외
지반조건	◦ 모든 지반 ◦ 조밀한 사질토, 암반층, 단단한 점성토 가능	◦ 모든 지반 ◦ 자갈, 전석층, 암반층 不가능
차수성	◦ 보조 grouting 필요	◦ Sheet pile 차수성 양호
주변침하	◦ 지중에 H-pile 항타할 때 주변침하 발생 우려	◦ Sheet pile 인발할 때 주변침하 발생 우려
경제성	◦ H-pile 재사용 가능하여 경제성이 우수	◦ Sheet pile 재사용 가능하여 경제성이 우수
장점	◦ 시공경험 풍부 ◦ 시공 간단, 시공 용이 ◦ 지하수위 낮은 지반에 경제성 우수 ◦ H-pile을 천공 후 삽입하면 저소음, 저진동 가능	◦ 흙막이벽 강성 양호 ◦ 차수효과 양호 ◦ 단면의 형상과 재질이 균질하여 용도 다양 ◦ 연약지반의 boiling, heaving 방지 가능
단점	◦ 보조 grouting의 遮水, 止水 효과 불확실 ◦ 흙막이벽의 강성 저하 ◦ 하자발생 요인이 많음 ◦ H-pile 선단의 차수성 불량하면 누수 발생 ◦ 주변지반 침하 발생	◦ 소음, 진동 발생 ◦ 도심지, 전석층, 암석층에는 적용 곤란 ◦ Sheet pile 인발할 때 배면지반에서 이완 발생 ◦ 이음부의 정밀도 저하로 인해 시공오차 발생

흙막이벽 굴착공법(구성재료 구분)

구 분	현장타설 흙막이벽		
	지하연속벽공법 (Slurry wall)	주열식공법 (CIP+ 보조gouting)	SCW공법 (Soil cement wall)
공법개요	Slurry wall	Grouting CIP	SCW
사용재료	◦ 철근, 콘크리트	◦ 철근, 콘크리트, 보조 grouting, steel casing	◦ Soil cement, H-pile
굴착심도	◦ 40m 내외	◦ 20m 내외	◦ 25m 내외
지반조건	◦ 모든 지반 ◦ 자갈, 전석층, 암석층 가능	◦ 모든 토질 ◦ 자갈, 전석층, 암석층 不가능	◦ 모든 토질 ◦ 자갈, 전석층, 암석층 不가능
차수성	◦ 매우 양호	◦ 보조 grouting 필요	◦ 양호
주변침하	◦ 침하 없음	◦ 침하 없음	◦ 침하 없음
경제성	◦ 암반에 hydro mill 시공하면 비용 증가	◦ 굴착깊이 얕을수록 경제적	◦ 굴착깊이 얕을수록 경제적
장점	◦ 모든 지층 시공 가능 ◦ 차수효과 확실 ◦ 벽체강성 매우 우수 ◦ 안정성 우수 ◦ 영구벽체 이용 가능 ◦ 무소음, 무진동	◦ 협소 구간 시공 가능 ◦ 얕은 굴착에 유리 ◦ 단면두께에 비하여 벽체강성 우수 ◦ 경제성 우수 ◦ 저소음, 저진동	◦ 불균일 평면형상에서 시공성 양호 ◦ H-pile 보강으로 벽체강성 증대 ◦ 연약 사질토 지반의 개량강도 우수 ◦ 경제성 우수 ◦ 저소음, 저진동
단점	◦ 시공기술과 경험 필요 ◦ 넓은 작업장 필요 ◦ 공기 지연 우려 ◦ 흙막이벽과 슬래브의 접합부 처리 필요 ◦ Bentonite 안정액 잔류되면 누수 발생 ◦ 주변오염 발생	◦ Overlap 시공 불가 ◦ 깊은 굴착에 불리, 지하수 많은 곳 불리 ◦ 차수성 불량 ◦ 수직도 불량하면 띠장의 토압 불균형 ◦ 공벽안정을 위해 steel casing 필요	◦ 가설벽체로만 사용 가능 ◦ 깊은 굴착에 불리 ◦ H-pile 삽입 및 overlap 시공하려면 기술과 경험 필요 ◦ SCW 구간과 전석층 연결부의 차수 불량

04.19 흙막이벽 굴착공법(Open cut, Island, Trench)

직접기초 근접시공 굴착공법을 Open cut, Island, Trench 방식으로 구분 설명 [1, 2]

Ⅰ. 개요

1. 건설현장에서 구조물의 직접기초 터파기공사를 계획할 때는 흙막이벽 굴착공법을 현장여건을 고려하여 Open cut, Island cut, Trench cut 방식으로 구분하여 설명 할 수 있다.

2. 흙막이벽 굴착공법을 선정할 때는 다음 사항을 고려해야 한다.
   (1) 공사규모, 공사기간
   (2) 지질, 지층의 구성
   (3) 굴착표면, 굴착저면의 안정성
   (4) 흙막이벽의 구조적 강성, 변형 저항성
   (5) 지하수의 용출량, 누수의 영향
   (6) 굴착 및 발파 중 진동·소음의 영향
   (7) 굴착공법의 경제적 타당성

Ⅱ. 직접기초 흙막이벽 굴착공법

1. Open cut 방식

   (1) 수직 굴착면에 흙막이벽을 설치하고, 지보공으로 지지하는 방법
   (2) 지보형식에 따라 자립식(cantilever), 버팀대식(수평 strut, 경사 bracing), 앵커식(earth anchor) 등으로 구분된다.
   (3) Open cut 방식 중에는 대지 전체를 동시에 굴착하는 역타식(top-down)도 있다.
   (4) 역타식(top-down)은 철근콘크리트 지하연속벽을 설치하고, 지보공의 지지구조 대신 영구슬래브를 타설한 후 굴착하는 방법이다.
   (5) 역타식(top-down)은 흙막이벽의 변위를 크게 줄일 수 있고, 기상조건에 관계없이 작업할 수 있고 진동·소음공해가 적다.

2. Island cut 방식

   (1) 수직 굴착면에 흙막이벽을 설치하고 내부를 先굴착하여 구체를 시공한 후, 구체를 반력벽으로 이용하여 strut를 설치하면서 외부를 後굴착하는 방법
   (2) 굴착 폭이 넓을수록 시공성이 양호하다.
   (3) 대지 경계면까지 구조물을 최대한 설계·시공할 수 있다.

3. Trench cut 방식

⑴ Trench cut 방식은 건물의 외주부분을 先시공하고, 그 부분을 흙막이벽으로 이용하여 내부를 굴착하는 흙막이 공법

⑵ Trench cut 방식은 지반이 매우 약해 전체굴착이 불가능할 때, 면적이 아주 넓고 굴착 깊이가 얕을 때, heaving 현상이 예상될 때 효과적이다.

직접기초 흙막이벽 굴착공법(Ⅰ)

구분	전체굴착공법		
	Open cut		
	자립식 Cantilever 공법	버팀대식 Strut와 Bracing 공법	앵커식 Earth anchor 공법
공법개요			
굴착심도	◦ 얕은 굴착	◦ 깊은 굴착	◦ 깊은 굴착
지반조건	◦ 양질 지반	◦ 모든 지반	◦ 양질 지반
평면조건	◦ 좁은 대지 가능 ◦ 부정형 대지 가능	◦ 좁은 대지 가능 ◦ 부정형 대지 곤란	◦ 좁은 대지 가능 ◦ 부정형 대지 가능
경제성	◦ 굴착 깊이가 얕을수록 경제적	◦ 굴착 폭원이 좁을수록 경제적	◦ 굴착 폭원이 넓을수록 경제적
장점	◦ 지하구조물 시공 용이	◦ 보강 용이 ◦ 재질 균등 ◦ 재사용 가능	◦ 지하구조물 시공 용이
단점	◦ 수압 증가되면 안정성 저하 ◦ 좌우토압 불균형일 때 불리	◦ 굴착심도 증가되면 강재량 증가 ◦ 굴착 폭원이 넓을수록 이음부 좌굴 발생 ◦ 지하구조물 시공 곤란 ◦ 강재의 설치와 해체로 공기지연 발생	◦ 앵커 정착층 불량하면 정밀시공 곤란 ◦ 인접장애물 시공 불가 (소유자 동의 필요)

직접기초 흙막이벽 굴착공법(Ⅱ)

구분	전체굴착공법	부분굴착공법	
	역타식(top-down)	Island cut	Trench cut
공법개요		외측 ← 중앙 → 외측	
굴착심도	◦ 깊은 굴착	◦ 얕은 굴착	◦ 깊은 굴착
지반조건	◦ 양질 지반	◦ 양질 지반	◦ 양질 지반
굴착평면 형상	◦ 좁은 대지 가능 ◦ 부정형 대지 가능	◦ 좁은 대지 불가 ◦ 부정형 대지 가능	◦ 좁은 대지 불가 ◦ 부정형 대지 곤란
경제성	◦ 굴착 깊이가 깊을수록 경제적(20~40m) ◦ 굴착 폭원이 넓을수록 경제적	◦ 굴착 폭원이 넓을수록 경제적 ◦ 굴착 깊이가 얕을수록 경제적	◦ 굴착 깊이가 깊을수록 경제적
장점	◦ 지상층과 지하층 동시 시공 ◦ 전천후 작업 가능 ◦ 주변지반의 변위 최소화 가능 ◦ 흙막이벽 최소화 가능 ◦ 진동·소음, 분진 등 공해 감소	◦ 대지 경계면까지 구조물 시공 가능 ◦ 지보공 절약 ◦ 장대 strut의 단점을 보완 가능	◦ 깊은 굴착 가능 ◦ 연약 지반 적용 가능 ◦ Heaving 방지 유리 ◦ 장대 strut 단점 보완 가능 ◦ 대지 활용도 극대화
단점	◦ 철골구조에만 적용 가능 ◦ 환기, 조명시설 필요 ◦ 슬래브 두께 증가	◦ 작업공간 확보 필요 ◦ 공종 복잡 ◦ 공사기간 장기화 ◦ 공사비용 과다 ◦ 연약 지반 적용 곤란	◦ 작업공간 확보 필요 ◦ 공종 복잡 ◦ 공사기간 장기화 ◦ 공사비용 과다

149)

---

149) 박효성 외, 'Final 토목시공기술사 핵심문제', 예문사, pp.463~465, 2008.

04.20 지하연속벽 개량(RF) CIP 공법

지하연속벽(Diaphram wall, Slurry wall)공법의 시공순서, 내·외적 안정 [1, 2]

1. 개요

⑴ 개량(Re Form) Cast In Place 말뚝공법은 흙막이 연속벽 시공에 적용하기 위하여 '겹 케이싱 파일'로 개발된 특허(제10-1344096호, 2013.12.16.) 공법이다.

⑵ 개량 CIP는 지중에 설치된 케이싱 내부의 흙을 2개의 독립된 로타리에 의해 작동되는 auger와 hammer로 굴착과 타격을 반복하여 시공하는 구조이다.

⑶ 개량 CIP는 케이싱이 일단 지중에 설치되면 케이싱 선단 끝부분보다 더 아래까지 천공기구(auger 또는 air hammer)를 연장시킬 수 있어 더 깊은 천공이 가능하다.

⑷ 개량 CIP 말뚝은 천공기구가 회수되는 동안에 auger lot를 통하여 콘크리트 펌프에 의해 1차 말뚝과 2차 말뚝을 적절히 '겹침'하면서 콘크리트를 순서대로 충진한다.

⑸ 개량 CIP 말뚝이 완성되면 1차 말뚝은 무근콘크리트로 형성되며, 2차 말뚝은 H형강 응력재로 보강되어 마무리된다.

2. 개량 CIP 특징

⑴ 겹침말뚝이므로 차수성이 우수하다.

⑵ Auger lot를 통하여 콘크리트를 低壓으로 밀실하게 주입한다.

⑶ 말뚝 시공 중에 사용재료의 유실이 없어, 환경오염이 없다.

⑷ 정확한 규격의 말뚝이 완성된다.

⑸ 별도의 遮水(배면 grouting) 또는 補强(강재)이 불필요하여 경제적이다.[150]

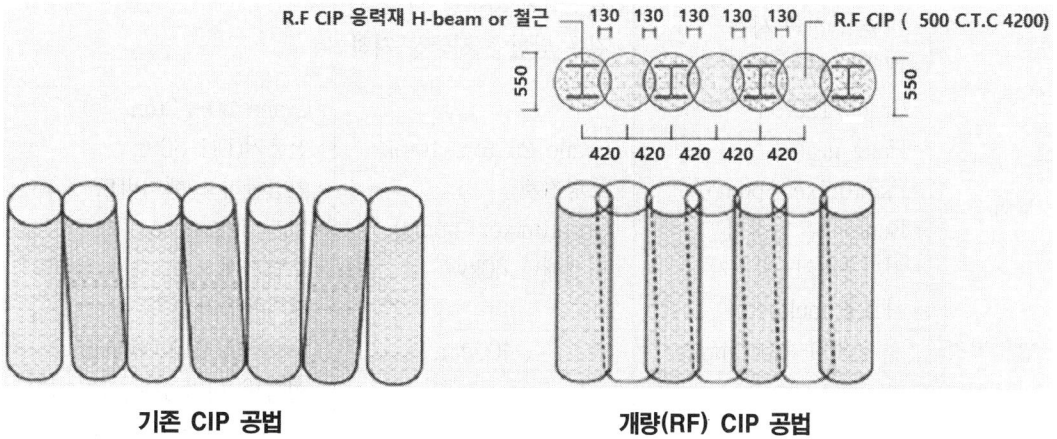

기존 CIP 공법   개량(RF) CIP 공법

---

150) ㈜한국기술개발·삼보토건㈜, '개량(R.F) C.I.P Pile', 특허(제10-1344096호, 2013.12.16, 등록), 2013.

Slurry wall 공법, CIP 공법, 개량(RF) CIP 공법 비교

구 분	지하연속벽공법 (Slurry wall)	주열식공법 (CIP+ 보조gouting)	개량(RF)CIP공법 (Re Form Cast In Place)
공법개요	○안정액을 공급하여 공벽 붕괴방지, 지하수 유입 차단, 굴착 후 철근망 근입, 콘크리트 타설로 연속되는 철근콘크리트벽 형성 ○댐기초, 내진벽, 건물지하층의 본체벽으로 활용	○Cast In Place는 일종의 주열식 현장타설콘크리트 말뚝을 형성하는 공법 ○소정의 직경을 유압시추기로 천공 후, 철근 삽입하고 콘크리트 타설하여 지중에 토류벽 형성	○케이싱 설치하여 오거장비 수직도를 유지하고 공벽 위치를 잡아주는 주열식 공법 ○현장타설콘크리트 말뚝을 겹치게 설치하여 벽체를 형성하며, 말뚝 내부에 H형강을 설치하여 단면 보강
시공순서	○안내벽 설치→Element분할→굴착→레이턴스 제거→철근망 근입→Tremie pipe 설치→바닥부터 콘크리트 타설→안정액 회수→1개의 Element 완성	○천공(400mm)→케이싱 설치→철근망 근입→자갈 주입→케이싱 해체→H-pile 삽입(c.t.c 1,200~2,000)	○가이드 폼 설치→1차 파일 천공(무근)→콘크리트 타설·양생→2차 파일 천공(강재)→강재·플레이트 제작 후, 근입크리트 타설·양생→겹침철근강재·콘크리트연속벽 형성
장점	○소음·진동 적음 ○벽체 강성·차수성 우수 ○지반조건에 영향 없음 ○구조물 근접시공 가능 ○본체 구조물로 이용 가능 ○수직도 1.2% 이내 관리	○소음·진동 적음 ○주열식 강성체 형성 가능 ○토류벽 역할 수행 가능 ○인접 구조물 영향 적음 ○소형장비로 시공 가능 ○협소한 지역도 시공 가능	○소음·진동, 환경오염 없음 ○공사기간 단축 가능 ○겹침말뚝으로 차수성 우수 ○모든 지반에 시공 가능 ○본체 구조물로 이용 가능 ○수직도 정확한 규격 유지
단점	○시공비 비교적 고가 ○굴착면 붕괴 발생 우려 ○레이턴스 침전물 발생 ○지반 안정액 사용 ○폐액 지하수 오염 유발	○기중 사이 연결성 취약 ○수직도 불량 발생 ○보조적인 차수공 필요 ○깊은 암반층 시공성 저하	○엄정한 시공관리 필요
투입장비	○Crane 120ton ○Hang grab ○Plant(mixer+ pump) ○Bentonite 안정액 ○전기용접기+ 발전기 ○사토용 tank	○Crane 250ton, 10ton ○보링기계 ○Grout(mixer+ pump) ○디젤해머 60kw	○Crane 30~50ton ○전용기(DH-608) ○연암굴착용 햄머비트 ○Air compressor ○보링기계 ○전기용접기
말뚝직경	ϕ800~1,000mm	ϕ400mm	ϕ550~1,000mm
공사비			연속벽 대비 10~15% 절감 CIP 10~15% 절감

04.21 지하연속벽 Guide wall 역할

지하연속벽의 Guide-Wall, Curtain-Wall Grouting [2, 1]

1. 개요

(1) '안내벽(Guide wall)'은 지하연속벽 시공을 위해 그 양쪽에 설치하여 굴착 중 충격에 의한 표토층 붕괴를 방지하고, 철근망 및 트레미관 삽입 중 받침대 역할을 하는 철근콘크리트 벽체구조물을 말하며, 보통 1.2~1.5m 깊이로 설치한다.

(2) '지하연속벽(Slurry wall, Diaphragm wall)'은 흙막이공법 중 트렌치굴착에 알맞게 제작된 트렌치 커터로 굴착하면서 굴착벽면 붕괴를 방지하기 위해 안정액 공급을 병행하여 소정의 설계깊이까지 굴착한 후, 철근망을 삽입하고 콘크리트 타설을 반복함으로써 지중에 연속된 철근콘크리트벽을 형성하는 공법을 말한다.

(3) '트렌치 커터(Trench cutter)'는 선행굴착 이후 本굴착을 하는 장비를 말하며, 굴착하려는 위치, 폭, 깊이에 따라 적정한 용량의 장비를 선정해야 한다.

(4) '안정액'은 지하연속벽 굴착 중 굴착벽면에 불투수층을 형성하고 액압에 의하여 토압 및 수압에 저항함으로써 굴착벽면 붕괴를 방지하기 위하여 주입하는 벤토나이트(Bentonite) 수용액을 말한다.

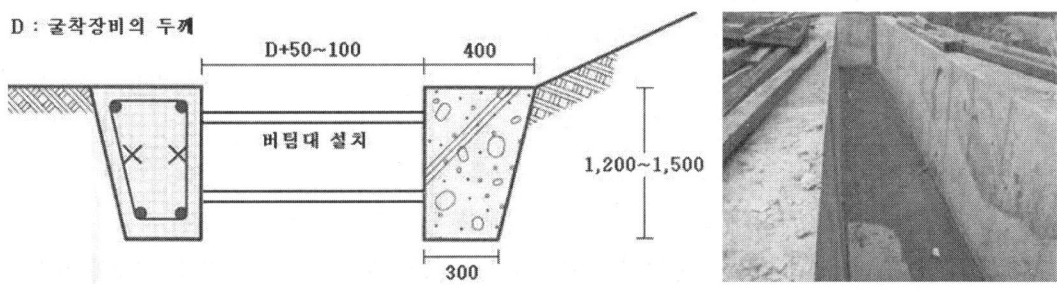

지하연속벽의 안내벽(Guide wall)

2. 안내벽(Guide wall) 역할

(1) 평면위치 결정   : 평면 상에서 연속벽의 시공위치를 결정

(2) 수직도 기준   : 굴착 중 벽체의 수직도 유지, 굴착장비의 guide 역할

(3) 인접구조물 보강 : 구조물의 내·외측 부분에 가해지는 토압을 방지

(4) 굴착위치 보호   : 굴착장비의 사용에 따른 구조물의 위치 보호

(5) 철근망 지지   : 철근망 삽입 중에 수직도 유지

(6) 굴착장비 거치대 : Interlocking pipe 인발 중 장비거치를 위한 작업대 역할

(7) 지표면 붕괴방지 : 지표수 유입을 차단함으로써 지표면 붕괴를 방지

3. 안내벽(Guide wall) 설치방법

(1) 설계도에 명시된 안내벽의 위치, 폭, 깊이에 따라 정확히 굴착한다.

(2) 안내벽 상단 높이(level)는 현장의 지반고, 작업장 주변기초 등과 비교·검토하여 안전성 여부를 확인하며, 안전성이 미흡한 경우에는 보강한 후에 굴착을 착수한다.

(3) 안내벽은 철근망 삽입을 위해 설치되는 좌대 하중에 충분한 지내력을 확보할 수 있도록 강성을 유지해야 한다.

(4) 안내벽 터파기 작업을 하는 트렌치 커터(Trench cutter)의 이동경로를 사전에 확보함으로써 굴착 중에 장비 전도사고를 방지한다.

(5) 안내벽의 폭은 벽두께보다 50~100mm 넓게 설치하고, 안내벽이 트렌치 커터의 충격에도 파괴되지 않도록 견고하게 시공한다.

(6) 트렌치 커터가 굴착벽면에 지나치게 인접하여 굴착함으로써 굴착벽면이 붕괴되지 않도록 붕괴예상선을 설정하고 그 밖에서 굴착한다.

(7) 수분이 많은 지반, 되메우기한 지반에서는 안내벽 설치가 완료되기 전에 붕괴 우려가 있으므로 사전에 흙막이 지보공을 설치한다.

(8) 안내벽 굴착 후에 기초 바닥면은 잡석다짐 또는 콘크리트다짐을 실시하여 충분한 지내력을 확보한다.

(9) 안내벽 굴착 후에 밑넣기를 확보하여 변형을 방지한다. 또한, 안내벽의 직각부, 곡선부는 트렌치 커터의 형태·크기를 고려하여 설치한다.

(10) 지표면이 경사진 경우에는 안내벽의 높은 쪽과 낮은 쪽을 같은 높이로 맞추어 설치하고, 지하수위보다 안정액 수위를 최소 1.0~1.5m 이상 높게 유지하도록 한다.

(11) 안내벽 설치 후에 각 판넬의 상부표면에 굴착위치를 정확히 표기하고, 지하연속벽 굴착 중 트렌치 커터에 의한 변형방지를 위하여 버팀대를 설치한다.

(12) 안내벽 주변에 위치하는 콘크리트 펌프카는 평탄하고 견고한 지점에 아웃트리거를 사용하여 정착시키고, 지반침하가 없도록 깔판·깔목으로 받침을 설치한다.[151)

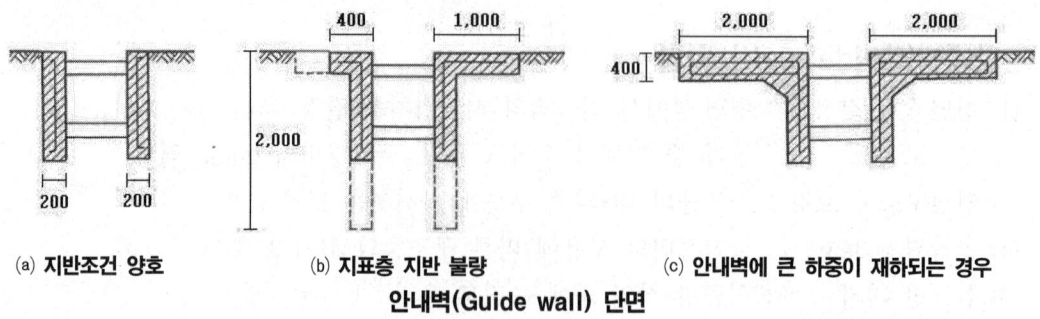

(a) 지반조건 양호 (b) 지표층 지반 불량 (c) 안내벽에 큰 하중이 재하되는 경우

안내벽(Guide wall) 단면

151) 박효성 외, 'Final 토목시공기술사 핵심문제', 예문사, p.474, 2008.

04.22 Cap Beam 콘크리트

Cap Beam 콘크리트 [1, 0]

1. 개요
⑴ Cap Beam이란 슬러리 월(Slurry wall) 상부 또는 흙막이 말뚝 상부를 마무리하기 위하여 테두리보 모양으로 콘크리트를 타설한 빔(beam)을 말한다.

2. Slurry wall 상부의 Cap Beam
⑴ 용어 정의
  ① 슬러리 월(Slurry wall) 상부의 이물질, 취약한 콘크리트 등을 제거(chipping)한 후, 전단연결재(shear connector)를 설치하고 이어서 콘크리트를 타설하여 설치하는 빔(beam)을 말한다.
⑵ 주요 역할
  ① 연속흙막이 벽체와 벽체 사이의 연결
  ② 국부적으로 재하되는 토압·수압에 대한 저항
  ③ 흙막이벽에 재하되는 하중의 축선 일치
  ④ 트렌치 커터에 의한 안내벽(Guide wall) 붕괴 방지
⑶ 시공 유의사항
  ① 슬러리 월(Slurry wall) 상부의 이물질을 제거(chipping)하여 골재와 철근을 노출시킨 후에
  ② 철근을 추가 배근하여 연결하고, 전단연결재(shear connector)를 설치하며,
  ③ 소요의 거푸집과 동바리를 설치하고 규정된 강도의 콘크리트를 타설한다.

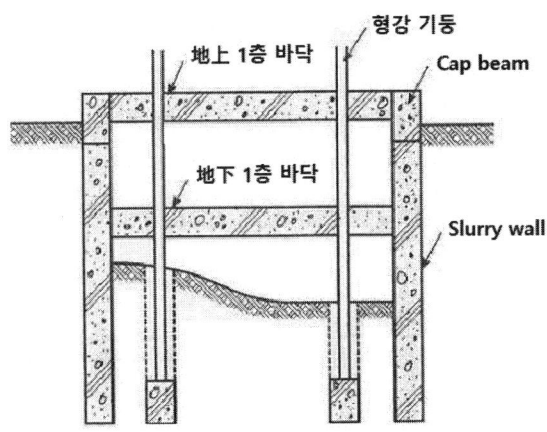

Slurry wall 상부의 Cap Beam

3. 흙막이 말뚝 상부의 Cap Beam

(1) 용어 정의

① 흙막이 말뚝 상부에서 파일 폭의 1.5~2.0배 정도의 폭으로 철근을 추가 배근하고, 콘크리트를 타설하여 연결한 빔(beam)을 말한다.

(2) 주요 역할

① 흙막이 말뚝 상부에 하중이 작용될 때, 각 파일마다 등분포하중이 작용되어 소정의 지내력을 발휘하도록 한다.

② 흙막이 말뚝 상부에 축조되는 구조물 본체의 부등침하를 방지한다.

③ 흙막이 말뚝 콘크리트 타설 중에 파일의 좌·우 방향의 활동을 방지한다.

(3) 시공 유의사항

① Cap beam과 타설 중인 말뚝 간의 일체성을 확보가 중요하다.

② 콘크리트의 강도, 철근의 배근량 등은 시방서 규정을 준수한다.[152]

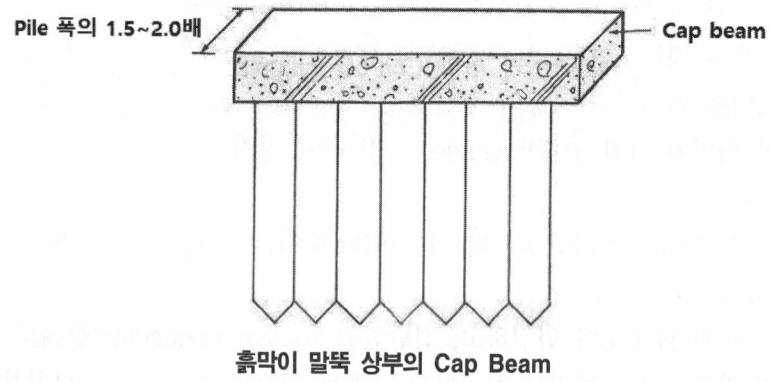

흙막이 말뚝 상부의 Cap Beam

---

152) 박효성 외, 'Final 토목시공기술사 핵심문제', 예문사, p.481, 2008.

04.23 가설복공판(strut) 공법

흙막이 가시설 시공 중 노면 복공계획, 버팀보와 띠장의 설치 및 해체 유의사항 [0, 2]

1. 개착식 터널 굴착 중 관련 흙막이벽체 지지는 어스앵커형식과 강재지보형식으로 나눌수 있는데, 그 중 도심지에서는 도로교통 및 지하구조물 등을 고려하여 주로 강재지보형식의 가설복공판(strut) 공법이 쓰인다.

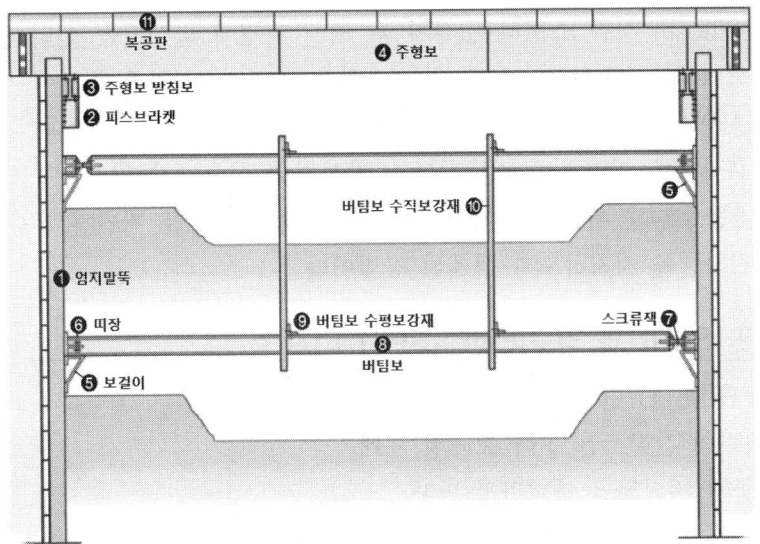

가설복공판(strut) 공법의 시공순서

01. 엄지말뚝 천공 후 항타(①)	09. 1단버팀보 수평보강재 설치(⑨)
02. 피스브라켓, 주형보 받침보 설치(②, ③)	10. 2단버팀보 설치위치 굴착
03. 주형보 설치(④)	11. 보걸이 설치(⑤)
04. 주형브레이싱 설치	12. 띠장, Screw Jack 설치(⑥, ⑦)
05. 1단버팀보 설치위치 굴착	13. 버팀보 설치(⑧)
06. 보걸이 설치(⑤)	14. 2단버팀보 수평보강재 설치(⑨)
07. 띠장, Screw Jack 설치(⑥, ⑦)	15. 1,2단버팀보 수직보강재 설치(⑩)
08. 버팀보 설치(⑧)	16. 같은 순서에 의해 단계별 시공

2. 장점 ◦ 벽체의 변형이나 파괴를 조기에 판별할 수 있다.

　　　　◦ 좁고 긴 굴착에 유리하고 연약지반에도 시공이 가능하다.

　　　　◦ 시공이 간편하고 자재의 재사용이 가능하다.

3. 단점 ◦ 버팀보로 인해 장비 굴착 및 구조물 건립 작업공간이 제약을 받는다.

　　　　◦ 굴착면적이 넓으면 버팀보 길이가 길어져 구조적으로 부적합하다.

　　　　◦ 버팀보의 국부적인 파괴가 전체 구조물에 치명적인 영향을 미친다.

04.24 영구구조물 흙막이 버팀대(SPS) 공법

지하구조물 시공 중 토류벽 배면의 지하수위가 높을 때 토류벽 붕괴방지 및 차수 대책 [0, 8]

1. 용어 정의

(1) 영구구조물 흙막이 버팀대(SPS, Strut as Permanent System)는 지지공법 중 버팀대 방식인 으로 가설복공판(Strut) 성능을 개선한 공법을 말한다.

(2) SPS는 H-beam 철골 스트러트 설치 후 해체 과정에 발생되는 여러 문제점을 개선하기 위하여 본 구조체(기둥, 보)를 이용하는 공법으로, 기존 공법에 비해 공사기간 단축, 공사비용 절감, 시공성 및 구조적 안전성을 향상시킬 수 있다.

(3) SPS는 흙막이를 지지하는 스트러트를 가설재로 이용하지 않고, 영구 구조물 철골 구조체(기둥, 보)를 이용하여 지반굴착공사 중에는 토압을 지지하고 슬래브 타설 후에는 연직하중을 지지하도록 설계된 공법이다.

2. 가설복공판(Strut)과 영구버팀대(SPS) 비교

(1) 가설복공판(Strut) 단점

① 흙막이벽의 갑작스런 응력 불균형 초래

② 해체 중에 전면적인 붕괴위험 발생

③ 구조체와 상호 간섭에 의해 시공 어려움 상존

④ 가설자재의 손실

⑤ 해체기간 만큼 공사기간 지연 초래

(2) 영구버팀대(SPS) 장점

① 구조적인 안정성 향상 보장

② 공사기간 단축

③ 공사비용 절감

④ 본 구조체의 시공성 향상

⑤ 본 작업의 성역화(모듈화)

가설복공판(Strut)

영구버팀대(SPS)

3. 영구버팀대(SPS) 시공

(1) SPS Up-Up 시공흐름도

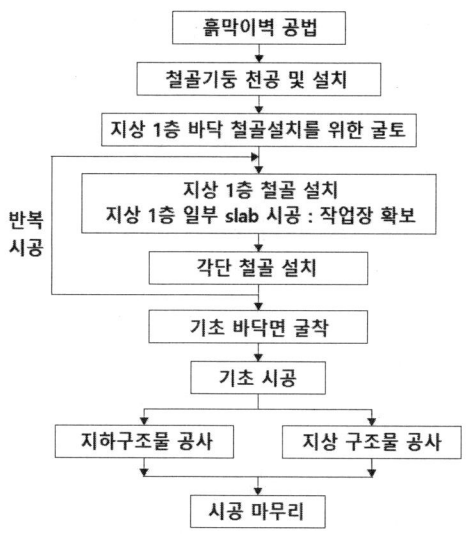

```
         ┌─────────────────────┐
         │     흙막이벽 공법      │
         └─────────────────────┘
                   ↓
         ┌─────────────────────┐
         │   철골기둥 천공 및 설치  │
         └─────────────────────┘
                   ↓
         ┌───────────────────────────┐
         │ 지상 1층 바닥 철골설치를 위한 굴토 │
         └───────────────────────────┘
                   ↓
         ┌─────────────────────────────┐
 반복     │       지상 1층 철골 설치         │
 시공     │ 지상 1층 일부 slab 시공 : 작업장 확보 │
         └─────────────────────────────┘
                   ↓
         ┌─────────────────────┐
         │    각단 철골 설치       │
         └─────────────────────┘
                   ↓
         ┌─────────────────────┐
         │    기초 바닥면 굴착      │
         └─────────────────────┘
                   ↓
         ┌─────────────────────┐
         │      기초 시공         │
         └─────────────────────┘
                   ↓
   ┌──────────────┐   ┌──────────────┐
   │  지하구조물 공사  │   │  지상 구조물 공사 │
   └──────────────┘   └──────────────┘
                   ↓
         ┌─────────────────────┐
         │     시공 마무리        │
         └─────────────────────┘
```

(2) SPS Up-Up 시공순서

① 기둥 천공 및 설치

- SPS공법에서 기둥은 흙막이를 지지하는 strut(철골보)로서, 지하공사 완료 후에 상층부 축력을 기초로 전달하는 건물 구조체 역할을 하므로, 기둥은 천공·근입 중에 이동·변형되지 않고 수직도가 정확히 확보되어야 한다.

② 1층 바닥굴토 및 띠장 설치

- 띠장 형성을 위한 형틀 설치 및 1층 바닥 철골설치 후 굴착장비 이동을 고려하여 터파기 바닥을 평탄하게 굴착하면서 기설치된 흙막이벽의 H-pile을 노출시켜 철골 플렌지에 맞대기 하여 strut를 설치한다.

- 이어서 띠장용 형틀을 설치하고 철근을 배근하며, 배근 완료 후 지하 1층 벽체 콘크리트 타설을 위한 슬리브를 매립하고, 티장 콘크리트를 타설한다.

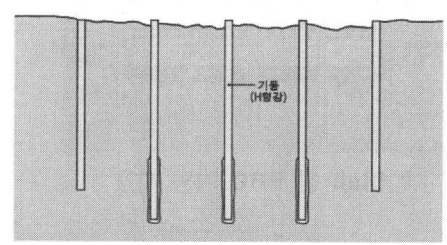

① **기둥 천공·설치**

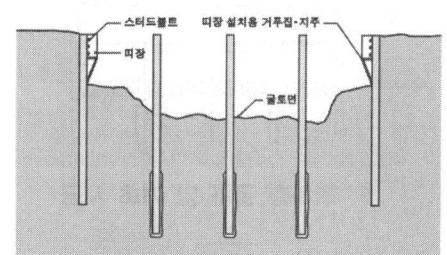

② **1층 바닥굴토 및 띠장 설치**

③ 지상 1층 철골설치 및 지상 1층 slab 부분 시공

○ Hydro crane으로 내부철골을 설치하며, 용접연결부 검사를 실시한다.

○ 철골보 설치 완료 후 작업공간 확보를 위해 slab를 부분적으로 설치하여 콘크리트를 타설하면 1층에 대한 strut가 완성된다.

④ 지하 1층 및 하부층 반복 시공

○ 지하 1층 바닥까지 굴착 중에 단부 및 중앙부에 단차를 두어 흑막이에 작용되는 응력을 최소화한다.

○ Bracket을 사용하여 지하 1층의 터파기와 띠장 설치를 병행 시공한다.

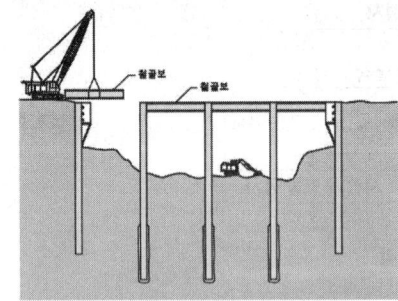 

| ③ 지상 1층 철골 slab 설치 | ④ 지하 1층 및 하부층 반복 시공 |

⑤ 최하층 굴토 및 기초 시공

○ 최하층까지 굴토 후 기초 시공하고, 내부옹벽을 하부에서 상부로 설치한다.

○ 내부옹벽의 철근 배근은 띠장에 기설치된 앵커용 철근에 연결하고, 콘크리트는 띠장에 기매입된 슬리브를 통하여 타설한다.

⑥ Slab 및 SRC 기둥 시공

○ 내부옹벽과 병행하여 슬래브, 기둥, 코아벽체 등을 점진적으로 시공한다.

○ 본 건물 기초콘크리트를 타설 후에는, 지상 구조물 설치공사를 동시 진행한다.(Up-Up 방식, 지하·지상 동시 上向 공사 방식)[153]

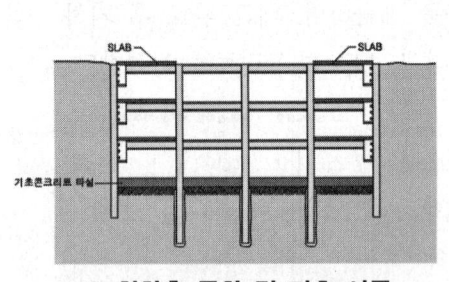 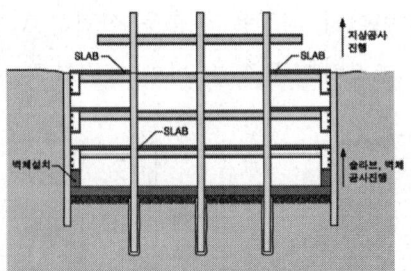

| ⑤ 최하층 굴차 및 기초 시공 | ⑥ Slab 및 SRC 기둥 시공 |

---

153) 중앙건설산업, 'SPS공법(영구구조물 흙막이 버팀대)', 2015, https://cmpm.tistory.com/

04.25 지하굴착 역타공법(Top-Down)

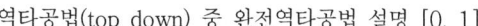

역타공법(top down) 중 완전역타공법 설명 [0, 1]

I. 개요

1. 역타공법(Top-Down)은 위에서 아래로 시공하는 공법으로, 도심지 고층건축물 지상 층 또는 지하층 신축공사에서 주변 토지이용에 제한을 받는 경우에 적용된다.
2. 지상층에서 역타공법은 건물 영역 밖에서 해야 되는 작업공정을 주변 토지이용 제 한으로 시공할 수 없는 경우에 적용된다.
3. 일반적인 역타공법은 지하층 공사에 많이 적용되고 있으므로, 지하층 역타공법의 특징 및 안전대책을 중심으로 기술하고자 한다.

II. 역타공법(Top-Down) 필요성

1. 도심지 고층건축물 신축공사 예정지의 경계선이 인접 건물과 근접하여 지하굴착 중 에 많은 양수(揚水)작업을 하면, 지하수맥의 저하 및 흙의 이동을 유발하여 인접 건 물의 침하로 인한 하자발생이 우려되는 경우에 필요하다.
2. 설계된 지하층 외벽이 예정지의 경계선에 아주 근접하여 개착공법(open cut)으로 굴착하려면 경계선 밖에서 작업공간을 확보해야 하는데, 주변도로 점용허가 및 인 접대지 임차협의 등이 어려운 경우에 필요하다.
3. 주변에 여유 공터가 없는 도심지 빌딩공사에서 가설사무소, 야작장 등의 작업공간 을 확보할 수 없는 경우에 필요하다.

III. 역타공법(Top-Down) 특징

1. 시공순서

(1) Slurry wall 강관을 소정의 깊이까지, 가급적 암반까지 내려서 내·외부의 지하수 를 거의 완벽하게 차단한다(Slurry wall 공법 참조).
(2) 임시기초 및 기둥 설치용 구덩이를 시굴한다. 이때 시굴하면서 벤토나이트를 사 용하여 흙의 붕괴를 방지한다(RCD 공법 참조).
(3) 강재기둥을 그 구덩이에 세워 놓고 기초콘크리트를 타설하여 기초와 기둥공사의 일부를 마무리 한다.
(4) 기 설치된 Slurry wall과 기둥에 1층 바닥판 구조물을 연결하여 보 및 슬래브 공 사를 진행한다.

(5) 1층 바닥판 콘크리트가 최소한의 강도를 발현할 때, 1층 바닥 개구부를 통해 장비를 투입하여 지하 1층 공간부분의 굴착공사를 진행한다.

(6) 지하 1층 바닥공사를 진행하고 이어서 지하 2층을 위한 굴착공사를 진행하는…, 하향 순차적으로 굴착과 구체공사를 반복하면서 기초 저면까지 공사를 한다.

(7) 기초슬래브를 완료한 후 가설상태의 보를 제거하고, 이때 철골기둥을 영구상태의 철골철근콘크리트로 전환한다.

(8) 지하층 공사가 아래로 진행되는 동안에, 지상층의 상부 철골공사 등을 병행하여 시공할 수 있다.

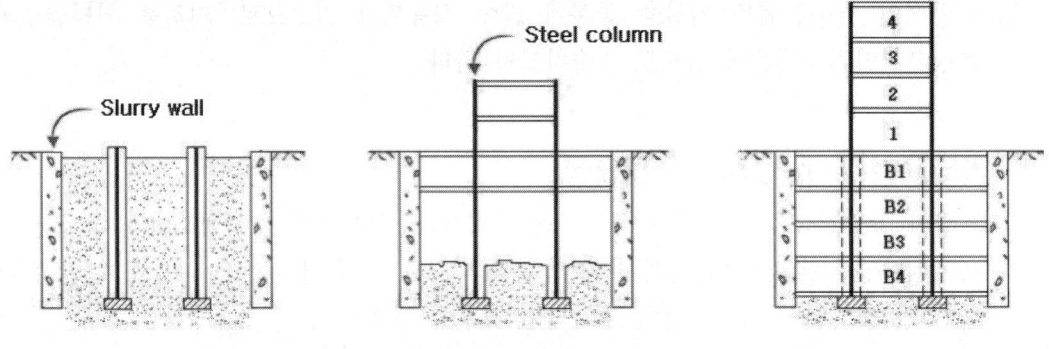

역타공법(Top-Down) 시공순서

2. 장점

(1) 1층 바닥을 우선 시공하여 외부기둥 Slurry wall 상부와 연결하므로 굴착진행 중에 벽체변형이 억제되어 주변도로와 인접건물 침하를 예방할 수 있다.

(2) 맨 처음 완료된 1층 바닥을 가설사무소, 야작장, 자재창고 등의 작업공간으로 사용할 수 있어 좁은 대지를 최대한 활용 가능하다.

(3) 지하층 공사 중 발생되는 소음공해 적고 기후조건과 무관하게 진행할 수 있어 긴급한 경우 24시간 철야작업도 가능하다.

3. 단점

(1) 지하층 공사 중 수직 작업공간이 협소하고 제약이 많아 작업능률이 저하되며, 기둥·벽체 등의 수직부재에 대한 콘크리트 이음시공이 어렵다.

(2) 지하 상부층부터 시공하므로 지하 하부층 시공을 위한 임시개구부를 매 층마다 동일한 위치에 설치하고 마무리 단계에서 메꾸어야 하는 번거로움이 있다.

(3) 지하층 작업공간이 광산갱도와 같은 악조건이므로 완벽한 통풍시설이 필요하고, 무진동 폭파공법을 적용해야 하는 고난도 공사이다.

IV. 역타공법(Top-Down) 시공 안전대책

1. 작업절차서 작성

(1) 담당자는 가설작업, 부재이음, 용접방법, 가설 후 응력계측, 품질검사 및 시험요령 등에 대한 작업절차서를 작성한다.

2. 콘크리트공사

(1) 콘크리트 타설계획을 작성할 때는 콘크리트 운반·타설·다짐 등이 원활히 수행되도록 하며, 콘크리트 타설은 가급적 정상작업시간 내에 시행한다.

(2) 콘크리트 타설은 예정된 개소 외에서 이어치기를 금지한다. 이어치기는 시공조인트 및 재료분리가 없도록 다짐관리를 한다.

3. 데크플레이트 설치

(1) 데크플레이트의 긴 부재를 양중할 때는 반드시 2점 걸기로 하여 양중하는 과정에 데크플레이트 변형을 최소화하고, 추락사고를 방지한다.

(2) 철골보 위에 적치하는 데크플레이트에 과도한 중량이 부과되지 않도록 분산 배치한다. 데크 받침대에 변형이 있는 경우는 미리 교정하여 정밀시공한다.

(3) 철골기둥 주위, 보 접합부의 데크 받침대 등이 철골설계도에 맞도록 정위치에 정착되었는지 확인한다.

4. 설치 및 임시고정

(1) 보 상부에는 설계계획도면에 따라 먹매김을 실시하여 데크플레이트를 올바른 위치에 설치한다.

(2) 기둥 주위 및 보 접합부는 데크 받침대에 올려 필요한 개소를 절단한다.

(3) 용접위치에는 아크 스폿용접 또는 모살용접으로 실시한다.

5. 데크플레이트 및 바닥 슬래브와 보의 접합

(1) 데크플레이트와 바닥슬래브 사이는 콘크리트의 일체화를 위해 스터드볼트로 접합을 실시한다.

(2) 스터드볼트의 면내 전단력을 보에 전달하는 경우에는 데크플레이트를 철골보에 밀착시켜 강풍이나 돌풍에 의해서 비산하지 않도록 한다.

(3) 콘크리트 타설할 때 이동·변형되지 않게 아크 스폿용접 혹은 필렛용접 등으로 신속하게 데크플레이트를 보에 접합한다.[154]

---

154) 박효성 외, 'Final 토목시공기술사 핵심문제', 예문사, pp.475~476, 2008.

04.26 노반(路盤)하부의 비개착공법

교량하부를 관통하여 지하철 터널굴착을 위한 교량하부구조의 보강공법 [0, 1]

I. 개요

1. 비개착공법(Non-Open Cut Construction Method)은 터널(혹은 지하구조물)을 건설하기 위한 공법 중의 하나로 도로나 철도의 노면을 개착하지 않고 지중작업으로 구조물을 형성하는 공법이다.

2. 비개착공법은 터널의 외벽역할을 할 강관을 압입하고 그 내부를 굴착하여 터널을 형성하는 방식이므로 터널의 상부, 즉 도로나 철도 사용에 지장을 최소화 하면서 건설이 가능하다. 대표적인 공법을 예시하면 다음과 같다.

    (1) N.T.R 공법 (New Tubular Roof Method)

    (2) U.P.R.S 공법 (Upgraded Pipe Roof Structures Method)

    (3) 프론트 잭킹 공법 (Front Jacking Method)

    (4) TRcM 공법(舊 TRM 공법) (Tubular Roof construction Method)

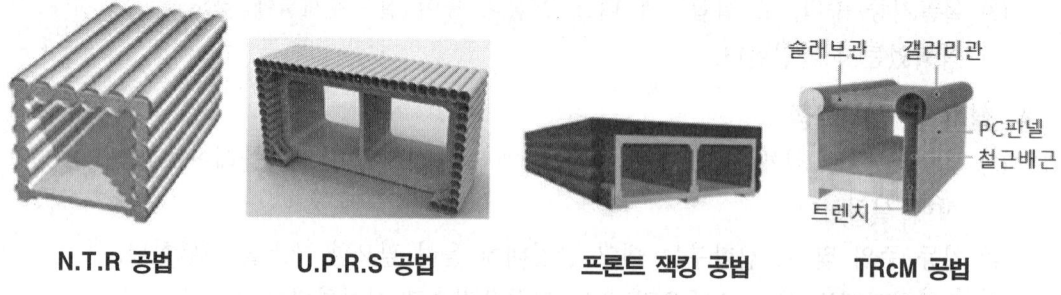

| N.T.R 공법 | U.P.R.S 공법 | 프론트 잭킹 공법 | TRcM 공법 |

슬래브관　갤러리관
PC판넬
철근배근
트렌치

II. 도로·철도 노반하부의 비개착공법

1. N.T.R 공법 (New Tubular Roof Method)

(1) 공법 개요

① 대구경 강관을 압입한 후 상부 슬래브와 벽면형성용으로 압입된 강관의 상하 또는 좌우 절개 후 강관외측 또는 상부를 철판으로 용접하고 구조체 축조 후 토사를 굴착하는 공법

(2) 공법 특징

① 강관내부에서 구조체를 축조하고 본선 터널을 굴착하므로 타비개착공법보다 안정성이 우수하며, 방수철판이 영구적인 방수재 역할을 하여 별도의 방수 시공이 필요 없다

(3) 장·단점

① 구조체의 방수가 확실하다.

② 대구경 강관 내에서 작업이 이루어지므로 위험성이 없다.

③ 다른 구조물과의 단면 연결에서도 이질감이 없다.

④ 강관압입 과정에 연경암이 조우되더라도 굴착이 가능하다.

⑤ 장기적으로 강관 부식 방지를 위한 유지보수가 필요 없다.

⑥ 강관추진 중에 시공오차가 발생하여도 계획선을 따라 측량, 절개함으로 터널 단면에 문제가 야기되지 않는다.

⑦ 주변 지반의 변형이 거의 없으며 시공 안정성이 우수하다.

⑧ 작업공간이 협소하여 철근을 조립할 때 세부공정이 필요하다.

(4) 적용성·시공성

① 추진기지 소규모로 작업공간이 유리하다.

▸ 대구경이므로 굴착 및 토사반출이 용이하다.

(5) 시공 사례

① 도로 : 경부고속도로 하부통과 외 10건

② 철도 : 호남고속철도 4-4공구 외 11건

2. U.P.R.S 공법 (Upgraded Pipe Roof Structures Method)

(1) 공법 개요

① 강관다발체를 연결고리인 레일에 의해서 맞물려 압입하고 연결부위를 용접으로 보강한 후 철근다발체를 설치하고 콘크리트를 타설하여 일체화된 강관다발구조체를 형성하는 공법

(2) 공법 특징

① 구조물의 특성에 따라 가설재 방식 및 구조체 방식으로 적용이 가능하므로 현장 여건에 준하여 적정한 방식을 적용할 수 있다.

(3) 장·단점

① 강관다발구조체가 연결고리인 가이던스 레일에 맞물려 압입됨으로써 일체형 정밀시공이 가능하다.

② 강관다발구조체 내부에 연통공이 설치되어 시공관리가 용이하고 작업 효율성이 증대된다.

③ 일체화된 정밀시공으로 방수성이 우수하여 별도의 방수공정이 불필요하다.

④ 先관입된 강관다발구조체에서 추진부의 지질조건을 확인할 수 있으므로 지층변화에 따른 보강방법 수립이 가능하다.

⑤ 중첩되는 강관다발구조체의 연결부위 시공할 때 세밀한 시공관리가 필요하다.

(4) 적용성·시공성

① 지층변화에 상관없이 모든 지층에서 시공이 가능하다.

② 중첩되는 강관의 연결부 시공관리가 필요하다.

(5) 시공 사례

① 도로 : 서울외곽선 1.88km지점 횡단구조물 설치공사 외 14건

② 철도 : 호남고속철도 제5-1공구 노반신설 기타공사 외 2건

3. 프론트 잭킹 공법 (Front Jacking Method)

(1) 공법 개요

① 非개착 대상지층과 외측 지층 분리용 강관을 압입한 후 목적 구조물을 타설한 후 PC강연선과 유압잭을 이용 구조물을 견인하는 공법

(2) 공법 특징

① 개방된 발진기지에서 구조물을 제작하므로 내구성을 확보할 수 있는 구조물 시공이 가능하다.

② 공사완료될 때까지 지속적인 강관외부 주입관리가 가능하여 도로 변위관리 가능하며, 선단부의 막장판(선단슈)을 이용하여 관입 후 배토 처리하는 공법

(3) 특징

① 완성된 콘크리트 구조물을 견인하므로 구조물의 내구성·품질 확보가 가능하다.

② 구조물 연결부에 탈부착이 가능한 유도배수시설을 설치하므로 구조물의 공용기간 중 누수 방지가 가능하다.

③ 선단부가 폐합되어 있는 상태에서 관입 후 배토하는 공법이므로 상부도로 변위관리가 가능하다.

④ 발진대 및 도갱을 통하여 가이드가 형성되므로 시공정밀도 유지가능 하며 도갱굴착을 통하여 통과구간의 지질층을 확인할 수 있다.

⑤ 구조체 제작을 위한 발진기지 및 부지를 별도로 확보하여야 한다.

(4) 적용성·시공성

① 구조물을 미리 제작 후 견인하는 공법으로 구조물 견인할 때 내부굴착 속도가 빠르며 안전한 시공이 가능하다.

(5) 시공 사례

① 도로 : 화성동탄 지구 도시시설물 1공구 공사 외 32건

② 철도 : 경부선 군포~의왕간 외 237건

4. TRcM(舊 TRM) 공법 (Tubular Roof construction Method)

(1) 공법 개요

① 갤러리관을 추진한 후 갤러리관 내부에서 직각 방향으로 슬래브관을 추진하고 철근콘크리트를 타설하여 상부슬래브를 형성하며, 벽체 트랜치를 설치한 후 터널 내부를 굴착하여 구조물을 완성시키는 공법

(2) 공법 특징

① 라멘 형태의 본구조물 축조 후 터널내부를 굴착한다.
② 갤러리관 내에서 슬래브관을 추진하고 강관을 본구조물로 사용한다.
③ 철근콘크리트 외 강관의 잉여 구조력을 확보할 수 있다.

(3) 특징

① 강관추진 후 별도의 본구조물 설치 없이 슬래브관을 본구조물로 활용한다.
② 갤러리관 및 슬래브관을 5m 이상 이격하여 추진으로 안정성이 확보된다.
③ 강관 및 벽체의 철근배근시 검측이 가능하다.
④ 계획 종단·평면 선형에 따라 곡선부도 시공 가능하다.
⑤ 강관 내에서 또 다른 강관압입을 시행하므로 강관의 절단·용접작업이 많아 시공성이 저하되므로 품질관리가 필요하다.
⑥ 철근 배근할 때 세부 공종(커플러 이음)관리가 필요하다.
⑦ 강관을 구조체로 이용하므로 별도의 부식 방지대책이 필요하다.

(4) 적용성·시공성

① 작업구 가시설의 절단부가 거의 없다.
② 여러 개소에서 동시 작업이 가능하다.

(5) 시공 사례

① 도로 : 서울지하철 9호선 913공구(923정거장) 건설공사 외 19건
② 철도 : 경부고속철도 6-3공구(판암3교) 건설공사 외 17건

III. 비개착공법의 시공 유의사항

1. 계측기 설치·관리

(1) 비개착공법으로 진행 중에 철도 노반침하를 직접적으로 계측할 수 있는 선로침하계(노반 상부), 선로변위계(침목 상부)의 최대 처짐량을 분석 결과, 설계해석치 3.533m/m와 허용기준치(7m/m) 이내에서 관리되었다

2. 선로 유지보수

(1) 비개착공법으로 진행 중에 선로보수요원(0명)을 상시적으로 배치하여 선로 점검·

보수를 시행하였으며, 코레일과 협의하여 열차가 잠시 운행되지 않는 선로점검 시간에 집중보수하였다.

(2) 또한 궤간틀림, 수평틀림, 면맞춤(좌·우), 줄맞춤(좌·우) 등을 측정하여 궤도검측 기록부에 기록하면서 관리하였다.

3. 보강레일 설치

(1) 비개착공법으로 진행 중에 궤도 하부침하 방지를 위하여 레일과 레일 사이의 침목 상부에 레일을 상·하면이 반대로 되도록 포개어 설치하고, Plate와 Bolt Nut로 고정하여 미세한 침하에 대비하였다.

4. 철도노반 하부 미진동발파

(1) 비개착공법으로 진행 중에 연암이 지표로부터 약 11.6m에서 노출되어 열차가 운행 중인 선로하부에서 발파를 시행하였다.

(2) 발파 중에 철도선로와 수평거리 10m 이격하여 진동허용치 1.0Kine(cm/sec)로 제어하였다.

(3) 천공깊이 1,100m/m, 천공간격 350m/m, 장약량 0.125kg/hole로 발파한 결과, 0.802cm/sec로 진동허용치 1.0Kine(cm/sec) 이내에서 제어되어 열차가 운행 중인 선로에 거의 영향을 미치지 않았다.

5. 철도노반 하부 침하방지대책

(1) 비개착공법으로 진행 중에 벽체 Trench PC Panel 배면 Grouting을 실시하여 Trench 벽체의 붕괴를 방지하였다. 이 과정에 벽체 Trench PC Panel 방수를 시행하여 지하수 유출을 방지함으로써 구조물 기능이 완전히 발휘되었다.

(2) 지하수 유출로 인한 침하방지를 위해 Slab관(D1,700mm) 상부에는 Grouting을 시행하고 하부에는 이중으로 철판을 보강한 후 Grouting하여 지반침하에 대비하였다.

(3) Gallery관 외부에 Grouting을 시행하여 미세한 침하에 대비하였으며 강관 추진중 전석이 노출되면 Grouting후 압입·굴착을 진행하였다.

(4) 비개착공법으로 진행 중에 근로자의 안전한 작업공간 확보와 작업환경 조성을 위해 벽체 Trench #2,3,4의 TRcM공법을 일부 변경(가시설공법)하였다.[155]

---

155) 한국철도시설공단, '비개착공법-노반-철도건설공법-사업소개', 2018.

04.27 Underpinning(밑받침공법)

기존 지하철 하부를 통과하는 또 다른 지하철 공사를 시공하는 Underpinning 공법[1, 1]

Ⅰ. 개요

1. 언더피닝 공법(underpinning method)이란 기존 구조물 하부에 기초를 집어넣는 공사로서, 구조물을 임시로 지지한 후 기초를 집어넣고 새로운 기초공사가 종료되면 그 위에 구조물을 받치는 공법이다.

2. 언더피닝 공법은 기존 구조물 기초의 깊이 또는 지지력을 증가시키기 위하여 기초를 추가로 보강하는 경우에도 적용된다.

2. 언더피닝 공법은 도심지에 새로 시작하는 지하철공사가 지상의 기존 구조물에 영향을 주는 경우, 그 기존 구조물을 임시로 받치거나 기초를 보강하는 공법이다.

Ⅱ. 언더피닝 공법(underpinning method)

1. 국내·외 적용 사례

(1) 언더피닝 공법은 1930년대 미국 지하철공사에서 고층건물에 인접하여 깊이 굴착하면서 인접 지반의 변형방지를 위해 보강했던 일련의 방호(防護)공법이다.

(2) 국내에서 언더피닝 공법은 철도·교량·도로·하천의 하부에 지하도로, 지하철도, 공동구 등의 교차·근접 시공하는 다음과 같은 경우에 적용되고 있다.

① 기존 구조물의 직하부에 새로운 구조물의 건설이 필요한 경우

② 기존 구조물에 근접하여 깊은 굴착이 필요한 경우

③ 기존 구조물의 지지력이 부족하여 부등침하가 발생한 경우

④ 기존 구조물을 일시 또는 영구 이전하는 경우 등

2. 언더피닝 공법의 종류

(1) 이중널말뚝박기공법 : 인접건물과 여유가 있을 때 널말뚝 외측에 또 하나의 널말뚝을 박으면, 연약지반에서 토사와 지하수 이동 방지에 효과적이다.

(2) 차단벽설치공법 : 인접건물과 흙막이벽 사이에 차단벽을 추가 설치하면, 기초지반의 부등침하 추가 발생을 막을 수 있다.

(3) Well point 공법 : 인접건물 주변에 well point를 설치하여 지하수위를 안정시키면, 기초지반의 부등침하 추가 발생을 막을 수 있다.

(4) Pit 공법 : 인접건물과 흙막이벽 사이에 벽면형 pit를 추가 설치하면, 상부구조물 자중에 의한 변형을 막을 수 있다.

(5) 현장콘크리트말뚝공법 : 인접건물의 기초바닥 하부에 구멍을 파거나, 기초바닥 굴착이 곤란하면 기초바닥을 연장하여 현장콘크리트말뚝을 타입한다.

(6) 강재 pile 공법 : 현장콘크리트말뚝 대신 강재 pile을 경질지반까지 깊게 타입하면, 기초와 기둥에 대한 지지력을 동시 보강할 수 있다.

(7) 약액주입공법 : 인접건물과 흙막이벽 사이에 약액(시멘트, L.W. 등)을 주입하여 차단벽을 추가 설치하면, 기초지반의 지수와 강화에 효과적이다.

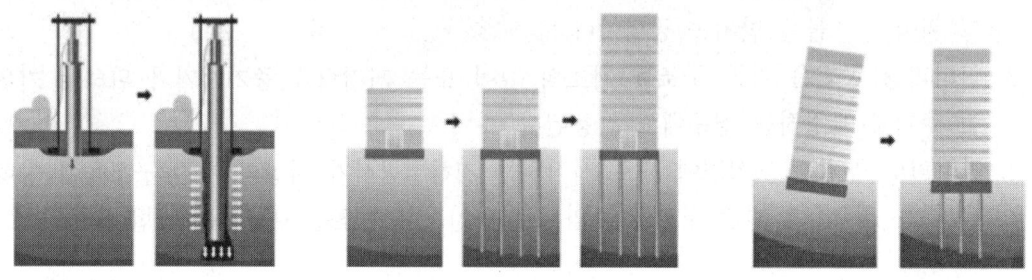

Underpinning

3. 언더피닝 공법의 시공 안전대책

(1) 안정검토

① 지하수 유출로 상부 건물 및 시설물에 피해가 예상되는 경우 : 지하수위가 저하되지 않도록 완전한 차수대책(지반보강, 널말뚝, 그라우팅) 강구

② 지반 이완으로 상부 건물 및 시설물에 피해가 예상되는 경우 : 기존 건물 기초 및 하부지반의 지질조사를 실시하고 보강, 여의치 않으면 손해보상 협의

③ 풍화암 이상의 암반지대에서 상부 구조물에 피해가 예상되는 경우 : 지반조건에 따른 공법 변경 등을 검토

(2) 계측관리

① 언더피닝 시공 중에 상부 구조물과 주변 지반에 대한 계측관리를 철저히 시행하여 변위발생이 우려되는 경우에는 적정한 보강대책 강구

② 연약지반에서 잔류침하량이 과다하게 발생되었다고 볼 수 있으므로, 기초를 지지하는 파일 하부지반의 이완을 최소화할 수 있는 보강대책 강구

③ 상부구조물에 대해서는 기초지반 굴착 후 임시 지보시간을 최대한 단축하는 등의 적극적인 침하량 관리대책을 병행하여 강구

(3) 배수처리

① 언더피닝 보강 완료 후에 지하구조물의 부상여부를 확인·점검하고, 주변에 완벽한 배수시설을 설치하여 지표수가 유입되지 않도록 차단[156]

---

156) 박효성 외, 'Final 토목시공기술사 핵심문제', 예문사, pp.552~553, 2008.

04.28 흙막이벽의 붕괴원인 및 안전대책

개착식 흙막이벽 공사 중 주변지반의 거동원인, 불균형 편토압 발생, 붕괴방지대책 [0, 12]

I. 개요

1. 흙막이벽의 붕괴원인 및 안전대책을 검토할 때는 지중에서 흙막이벽을 구성하는 ▲ 하부공, ▲흙막이 가시설, ▲강재 가설물, ▲강지보·록볼트, ▲숏크리트 등으로 구분하여 각각 해석해야 한다.

II. 흙막이벽의 붕괴원인과 안전대책

1. 하부공(기초공, 콘크리트공)

(1) 위험요인

① 지반에 천공 및 파일 항타 중에 건설기계 전도

② 중량물 하역·운반 중에 인접 근로자 접촉 및 깔림

③ 철재거푸집 인양 중에 크레인 전도 및 근로자 충돌

④ 흙막이 및 철근 조립·해체작업 중에 근로자 추락

⑤ 철근 가공기계에 끼이거나 감전

(2) 안전대책

① 지반에 천공 및 파일 항타 중에 지반보강 등 조치로 건설기계 전도방지

② 중량물 하역·운반 중에 근로자 접근통제

③ 인양고리 이용 및 작업반경 내에 근로자 출입엄금

④ 철근 조립작업 위한 작업발판 및 근로자 안전대 설치

⑤ 철근가공기계 외피설치 및 감전요인 제거

2. 흙막이 가시설(줄파기, 토류판 설치)

(1) 위험요인

① 줄파기 규정을 준수하지 않아 지장물 파손

② 천공홀의 보호공(케이싱)을 설치하지 않아 공벽 붕괴

③ 배면 지반변형과 토사유실로 배면 침하

④ 토류판 설치 중에 상부의 기 설치된 토류판 낙하

⑤ 장기간 방치로 토류판 변형 및 파괴

(2) 안전대책

① 지장물이 노출될 때까지 줄파기 서행하면서 주의

② 케이싱을 설치하여 지장물 및 공벽을 보호

③ 토공굴착 후에 적기 토류판 시공하여 지반변형과 토사유실 방지

④ 토류판 설치 후에 낙하위험 여부 확인

⑤ 주기적인 안전점검을 실시하여 토류판의 변형여부 확인

3. 강재 가설물(버팀보, 띠장, 복공판)

(1) 위험요인

① 강재 양중 작업할 때 낙하 또는 장비의 전도

② 고소작업 중에 근로자 추락(뒷걸음질)

③ 낙뢰, 누전 등으로 용접 중에 감전

④ 복공판 설치를 위한 하역작업 중에 근로자 협착

⑤ 복공 단부에서 근로자 추락 및 기 설치된 버팀보·띠장의 변형

(2) 안전대책

① 갱구부 적기 보강 및 과다 굴착 금지

② 발파 중 암석 비산 방지책 설치 및 발파 중 근로자 대피

③ 사면보강 중에 안전한 작업대 사용

④ 고소작업대차 작업발판 단부 안전난간 설치

⑤ 숏크리트 호스의 이상유무 점검

4. 강지보·록볼트

(1) 위험요인

① 강지보재 인양 중에 낙하 및 설치불량으로 전도

② 천공작업 중에 운전자 이석, 작업대차와의 협착·추락

③ 부석 낙하 및 낙하물방호용 개인보호구(안전모 등) 미착용

④ 장비유도 및 접근통제 신호수 미배치

⑤ 지질에 부적합하게 록볼트 근입

(2) 안전대책

① 강지보재 인양 중에 하부근로자 접근금지 및 설치 중 이음새·연결부 확인

② 운전자 이석금지, 작업대차 작업 중에 안전고리 체결

③ 부석 위험 가능성 사전 제거 및 개인보호구 착용 철저

④ 신호부 배치(신호수는 장비와의 협착 주의)

⑤ 지질에 적합한 록볼트 근입

5. 숏크리트

(1) 위험요인

① 믹서기 정비 중에 회전체에 손 협착사고

② 숏크리트 분무 중에 고압호스 요동·탈락으로 인한 충돌사고

③ 숏크리트 타설 중에 상부암반 낙하

④ 숏크리트 타설 중에 안구 부상, 고소작업대에서 추락

⑤ 방진마스크 미착용으로 작업 중에 진폐위험 노출

(2) 안전대책

① 믹서기 정비 중에는 기계정지 후에 작업 개시(회전체 외부카바 설치)

② 고압호스 체결부 와이어로프 체결 여부를 작업 전·후 상시점검

③ 발파 후에 부석 완전 제거여부를 확인

④ 보안경 착용 및 고소작업대 작업발판 단부 안전난간 설치

⑤ 근로자 방진마스크 착용 철저

Ⅲ. 흙막이벽의 붕괴 사례

1. 적용공법

(1) ○○도심지에서 개착식 터널 굴착 중 지중연속벽 및 연속주열벽(C.I.P, S.C.W)

2. 붕괴원인

(1) 지중연속벽을 형성할 때 슬라임이 섞여서 콘크리트가 분리되어 붕괴되었다.

(2) 트레미관을 사용할 때 너무 치켜 올려 철근이 함께 달려 올라감에 따라 배근이 부적절해져서 콘크리트 강도가 저하되어 붕괴되었다.

(3) 연속벽을 형성하는 콘크리트에 토괴(土塊), 머드 케이크 등의 이물질 혼입되어 벽체의 강도가 저하되어 붕괴되었다.

(4) 철근 배근할 때 반대로 조립하거나 굴착심도를 틀리게 시공하여 지중연속벽의 강도가 저하되어 붕괴되었다.

(5) 지하수위가 높은 지반에서 시멘트가 유출되거나, 벤토나이트 혼합액이 지반에 유출되면서 지중연속벽의 시공단면의 부족해져 붕괴되었다.

3. 안전대책

(1) 도심지에서 개착식 터널 굴착 중 흙막이벽의 지지력과 수직도를 유지하여 붕괴를 방지할 때는, 주로 강재지보형식(스트러트 공법)을 적용한다.[157]

---

157) 박효성 외, 'Final 토목시공기술사 핵심문제', 예문사, pp.487~488, 2008.
　　성주현 외, '지반굴착공사로 인한 사고사례 분석,' 한국시설안전공단, 2010.

04.29 Boiling, Heaving, Piping

Quick Sand, Heaving, Boiling [6, 2]

Ⅰ. Boiling

1. 용어 정의

(1) 보일링(Boiling) 현상이란 투수성이 좋은 사질토 지반에서 굴착공사를 할 때, 흙막이벽 배면의 지하수위가 굴착저면보다 높을 때 굴착저면 위로 모래와 지하수가 부풀어 오르는 현상을 말한다.

2. 원인

(1) 굴착저면 하부가 투수성이 좋은 사질지반일 때
(2) 흙막이벽의 근입장 깊이가 부족할 때
(3) 흙막이벽 배면 지하수위가 굴착저면 지하수위보다 높을 때
(4) 굴착저면 하부에 피압수가 존재하고 있을 때

3. 피해

(1) 흙막이벽의 파괴 초래
(2) 토립자의 이동으로 주변 구조물 파괴 초래
(3) 굴착저면의 지지력 감소 초래
(4) 흙막이벽 주변지반이 침하되어 지하매설물 파괴 초래

4. Boiling 안전성 검토

(1) Terzaghi 방법에 의해 사질토 지반에서 굴착저면의 Boiling 영역(D/2)에 대한 안전성을 검토한다.

Boiling에 저항하는 하향의 힘(흙 중량)

$$W = \frac{D}{2} \cdot D \cdot \gamma_{su}$$

Boiling을 발생시키는 상향의 침투력

$$U = \frac{D}{2} \cdot h_{aver} \cdot \gamma_w$$

여기서, γ_{su} : 모래의 수중단위중량

γ_w : 물의 단위중량

h_{aver} : 평균손실수두(H/2), H는 수두차($h_1 - h_2$)

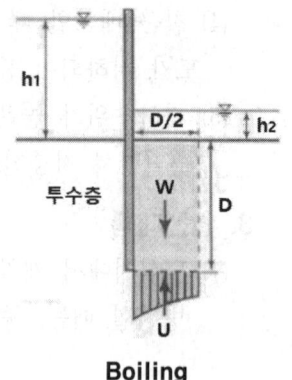

Boiling

(2) 따라서, 안전율 $F_s = \dfrac{W}{U} = \dfrac{D \cdot \gamma_{su}}{h_{aver} \cdot \gamma_w} > 0$ 이면 O.K.

5. Boiling 방지대책

⑴ 흙막이벽의 근입깊이 연장

① 흙막이벽을 토압에 의한 근입깊이보다 더 깊게 설치

② 흙막이벽의 근입깊이를 경질지반까지 도달되도록 설치

⑵ 차수성이 높은 흙막이벽 설치

① Sheet pile, 지하연속벽 등 차수성이 높은 흙막이벽 설치

② 흙막이벽 배면 그라우팅을 실시하여 차수성 확보

⑶ 지하수위 저하

① Well point, Deep well 공법을 시행하여 지하수위 저하

② 시멘트 또는 약액주입공법으로 지수벽을 형성하여 지하수를 차단

Ⅱ. Heaving

1. 용어 정의

⑴ 히빙(Heaving) 현상은 연약한 점성토 지반에서 굴착공사를 할 때, 흙막이벽 내·외의 흙 중량(흙 + 적재하중) 차이로 인하여 굴착저면 흙이 지지력을 상실하고 붕괴되어 흙막이벽 외부 흙이 흙막이벽 선단을 돌면서 밀려들어와 굴착저면이 부풀어 오르는 현상이다.

2. 원인

⑴ 굴착저면에 연약한 점성토 지반이 존재할 때

⑵ 흙막이벽의 근입장이 부족할 때

⑶ 흙막이벽 내·외부 흙의 중량 차이가 클 때

⑷ 흙막이벽 배면의 지표에 재하중이 작용할 때

3. 피해

⑴ 흙막이벽 굴착저면이 부풀어 오르는 현상 발생

Heaving

4. Heaving 안전성 검토

⑴ 자립식 흙막이벽의 굴착저면에 대하여 모멘트 균형 방법으로 Heaving 검토

저항모멘트 $M_r = \pi \cdot x \cdot S_u \cdot x$

활동모멘트 $M_d = W \cdot \dfrac{x}{2} = (\gamma H + q)x \cdot \dfrac{x}{2}$

⑵ 따라서, 안전율 $F_s = \dfrac{M_r}{M_d} = \dfrac{\pi \cdot x \cdot S_u \cdot x}{(\gamma H + q)x \cdot \dfrac{x}{2}} = \dfrac{2 \cdot \pi \cdot S_u}{\gamma H + q} > 0$ 이면 O.K.

5. Heaving 방지대책

(1) 흙막이벽의 근입깊이 연장에 의한 heaving 방지

① 흙막이벽을 Sheet pile, CIP 등의 연속벽 구조물 형식으로 토압에 의한 근입깊이보다 더 깊게 연장하여 heaving 발생층을 관통시키면

② 굴착지반의 전단강도가 향상되어 heaving을 방지할 수 있다.

(2) 지반개량(전단강도 증가)에 의한 heaving 방지

① Preloading 공법 ∘ 연약층이 얕고, 투수성이 큰 경우에 적용
② 압밀배수촉진공법 ∘ 연약층이 깊은 경우에 적용
③ Grouting 공법 ∘ 시멘트약액주입방법은 액상주입되므로 혼합처리하여 고압분사방법으로 시공하여야 방지 가능
④ 전기침투공법 ∘ 물이 ⊕→⊖로 간극이동하므로 재하중 생략 가능

(3) 피압수에 대한 heaving 방지

① Well point, deep well ∘ 지하수위가 너무 저하되면 주변침하 우려
② 피압수층 grouting ∘ Grouting으로 모래를 점토화시키는 원리
③ 토류벽 배면 grouting ∘ Grouting으로 배면 토압을 경감
④ 피압수층 관통 ∘ 지하우위 변화를 차단

Boiling과 Heaving 비교

구분	Boiling	Heaving
지반	투수성이 좋은 사질토 지반	연약한 점성토 지반
원인	흙막이벽의 근입장 부족	흙막이벽의 근입장 부족
	흙막이벽 배면과 굴착저면의 수위차	흙막이벽 내·외부의 흙 중량차
외력	굴착저면의 하부 피압수	흙막이벽 배면의 지표 재하중
대책	근입깊이 연장, 차수벽 설치, 지하수위 저하	근입깊이 연장, 차수벽 설치, 지하수위 저하

III. Piping

1. 용어 정의

(1) 파이핑(Piping) 현상은 보일링 현상이 진전되어 물의 통로가 생기면서 파이프 모양으로 굴착저면에 구멍이 뚫려 흙이 세굴되면서 마치 파이프가 터져 물이 솟아오르는 것처럼 굴착저면에서 물이 솟아오르면서 파괴되는 현상이다.

(2) 흙막이벽의 배면·굴착저면, 댐·제방의 기초지반에서 발생될 수 있으며, 파이핑 현상이 발생되는 경우에 지반의 붕괴원인이 되어 피해가 크다.

2. 흙막이벽 배면 Piping 검토

차수성이 적은 흙막이벽에서 흙막이 배면의 지하수가 흙막이벽으로 유출될 때, 지반 토사가 유실되어 물의 통로가 형성되는 Piping 현상을 검토한다.

(1) 원인 　　◦ 흙막이벽 저면에 지하수가 과다할 때
　　　　　　◦ 흙막이벽 배면에 피압수가 존재할 때
　　　　　　◦ 흙막이벽의 차수성이 부족할 때

(2) 대책 　　◦ 차수성이 높은 흙막이벽으로 시공한다.
　　　　　　◦ 흙막이벽을 밀실하게 시공한다.
　　　　　　◦ 지하수위를 저하시킨다.
　　　　　　◦ 지반을 고결시킨다.

3. 굴착 저면 Piping 검토

사질지반에서 흙막이벽 배면과 굴착 저면과의 수위차가 현저히 클 때, 굴착 저면이 상향의 침투수에 의해 지반토사와 함께 물이 분출하여 지반에 물의 통로가 형성되는 Piping 현상을 검토한다.

(1) 원인 　　◦ 흙막이벽 배면과 굴착 저면과의 수위차가 현저히 클 때
　　　　　　◦ 투수성이 큰 사질지반에서 boiling이 발생할 때
　　　　　　◦ 흙막이벽의 근입깊이가 부족할 때

(2) 대책 　　◦ 흙막이벽의 근입깊이를 불투수층까지 깊게 박는다.
　　　　　　◦ 지하수위를 저하시킨다.
　　　　　　◦ 지반을 고결시킨다.[158]

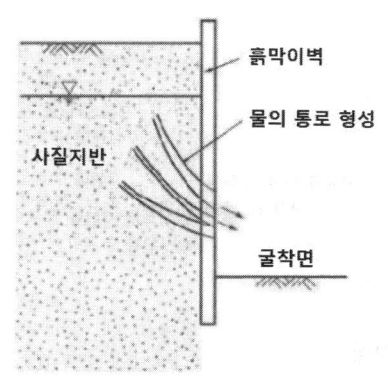

흙막이 배면 Piping

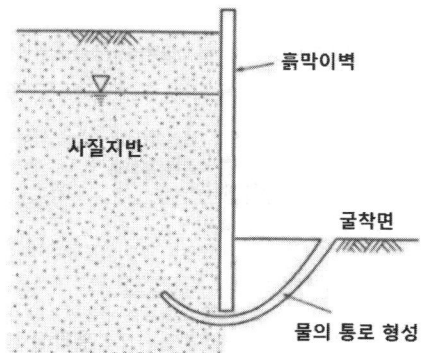

굴착 저면 Piping

---

158) 박효성 외, 'Final 토목시공기술사 핵심문제', 예문사, pp.489~491, 2008.

04.30 응력전이현상(Arching effect)

토류벽의 아칭(arching)현상 [1, 0]

1. 개요

(1) 응력전이현상(Arching effect)이란 구조물의 하중작용으로 변위가 발생된 기초지반과 변위가 발생되지 않는 인접지반 사이에 전단마찰력이 발생됨에 따라, 기초지반의 토압은 감소되고 인접지반의 토압은 증가되는 현상을 말한다.

(2) 상대적으로 부등침하가 작은 인접지반의 전단마찰력에 의한 응력전이현상(Arching effect) 때문에 하중작용을 받는 기초지반은 부등침하가 감소된다.

2. 응력전이현상(Arching effect) 특징

(1) 지하연속벽에서 배면토압의 전체크기는 불변이지만, 응력전이현상 때문에 배면토압이 재분배되어 토압의 응력분포형상이 직선에서 곡선으로 변한다.

(2) 응력전이현상 때문에 변위가 발생된 지반의 토압은 감소되고, 변위가 발생되지 않는 인접지반의 토압은 증가된다.

(3) 조밀한 모래 사질토가 실트질 점성토 지반보다 응력전이현상이 더 크게 발생된다.

3. 응력전이현상(Arching effect) 사례

(1) 흙막이 널말뚝의 경우

① 응력전이현상에 의해 널말뚝 배면토압이 재분배되어 배면토압의 전체크기는 불변이지만, 토압의 응력분포형상이 곡선으로 변한다.

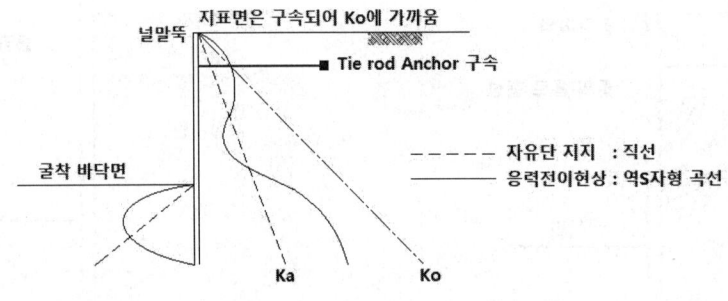

흙막이 널말뚝의 응력전이형상

② 휨성이 있는 널말뚝 벽체의 경우, 응력전이현상으로 배면토압이 재분배됨에 따라
  ○ 상단부근은 정지토압과 비슷하게 거의 불변이며,
  ○ 하단부근은 Rankine의 주동토압에 가깝게 곡선으로 변하고,
  ○ 정착점과 저면의 배면토압은 주동토압보다 적게 변하여, 횡방향 토압의 구속효

과로 인하여 전체적으로 역S자형 곡선으로 변한다.

(2) 사력댐(Earth dam)의 경우

① 사력댐의 심벽과 필터층은 재료의 강성이 서로 다르기 때문에 점토 심벽재료의 연직토압 일부가 필터층으로 옮겨지면서, 그 경계면에서 상향의 마찰력이 발생되어 토체의 무게보다 작은 연직방향의 응력전이현상이 발생된다.

② 심벽(core)의 간극수압소산에 따른 압밀침하 및 2차 압밀침하에 의해 심벽과 필터층 사이에 응력전이(stress transfer)가 발생되어, 아래 그림에서 A점의 연직응력이 $\gamma_t \cdot z$ 보다 작아진다.

③ 응력전이현상이 점차 커지면 인장응력의 합계가 수압보다 적어질 수 있다. 이와 같은 경우에 수압파쇄현상(Hydraulic fracturing)이 발생되어 댐 자체가 수평면을 따라 찢어지게 되어 댐의 파괴원인이 될 수도 있다.

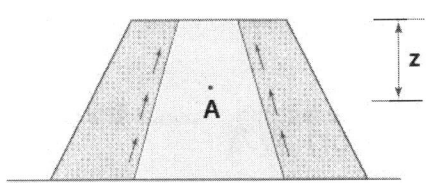

사력댐(Earth dam)의 응력전이형상

(3) 지하매설 암거(Culvert)의 경우

① 굴착 폭 B가 넓을 경우에는 $\sigma_v = \gamma_t \cdot z$, $\sigma_h = K_0 \gamma_t \cdot z$ 가 되어 연약지반에서 박스 암거 측면에 상향의 전단저항이 발생되지만, 강성지반에서는 하향의 전단저항이 발생된다.

② 굴착 폭 B가 좁을 경우에는 $\sigma_v < \gamma_t \cdot z$, $\sigma_h < K_0 \gamma_t \cdot z$ 가 되어 원지반의 흙과 되메우기 흙의 경계면에서 응력전이현상(Stress transfer=Arching)이 발생되어 결과적으로 토압이 경감된다.[159]

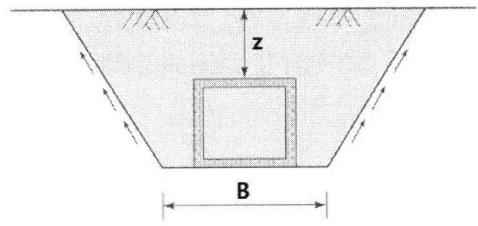

지하매설 암거(Culvert)의 응력전이형상

---

159) 박효성 외, 'Final 토목시공기술사 핵심문제', 예문사, p.495, 2008.

04.31 어스 앵커(Earth anchor)

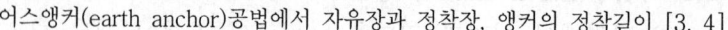

어스앵커(earth anchor)공법에서 자유장과 정착장, 앵커의 정착길이 [3, 4]

Ⅰ. 개요

1. 어스 앵커(Earth anchor)공법은 흙막이벽에 구멍을 뚫어 철근이나 PC강선을 집어 넣은 후, 모르타르를 그라우팅(grouting)하여 채우고 뒷면에 앵커를 만들어 흙막이 벽을 잡아매는 공법을 말한다.

2. 타이백앵커(Tie-Back Anchor)라 부르는 어스 앵커는 먼저 엄지말뚝(H-pile)을 일 정깊이까지 수직으로 박아 어미말뚝을 설치한 후, 어미말뚝이 견딜 수 있는 만큼 흙을 판 뒤 띠장(토류판)을 설치한다. 그 다음 어스드릴로 구멍을 뚫고 PC강연선을 넣고 그라우팅한다. 다시 띠장을 설치하면서 계속 흙을 굴착하는 공정을 반복하여, 마지막으로 앵커를 긴장시켜 띠장에 정착시킨다.

Ⅱ. 어스 앵커(Earth anchor) 설계

1. 주입재

(1) 주입재에 사용되는 시멘트는 보통포틀랜드시멘트 및 조강포틀랜드시멘트이다.

(2) 주입재에 사용되는 물은 기름·산·염류·유기물 등 주입재 품질을 열화시키는 것은 안 되고, 가급적 상수도를 사용한다. 하천·호수 물은 사전 수질검사를 한다.

(3) 주입재에 사용되는 골재는 품질·시공성을 고려하여 선정하고, 또한 품질저하를 초래하는 물질이 포함되면 안 된다.

(4) 주입재 혼합은 소정의 강도를 만족시키는 동시에 시공성이 좋은 배합으로 하며, 그 표준배합은 아래와 같다.

(5) 현장 토질조건 및 Grout 시험에 의거 표준배합을 조정할 수 있으나, 압축강도는 7일 기준 $170kg/cm^2$ 이상, 28일 기준 $250kg/cm^2$ 이상이어야 한다.

어스 앵커 주입재의 표준배합

구분	단위	시멘트	물	팽창제	W/C
주입재 혼합	$1m^3$	1,390kg	556kg	10kg	40%

2. 인장재 및 앵커 두부

(1) PC강연선

① 냉간 인발되어 응력 제거된 와이어 스트랜드 KSD 7002 사양에 의한다.

② 직경&중량 : 12.7mm & 0.744kg/m

③ 단면적 : 98.71mm^2

④ 인장하중 : 18,700kg

⑤ 항복하중 : 15,900kg(0.2% 영구 신장율에 대한 값)

⑥ Relaxation : 80% 초기 하중에서 10시간 경과 후 최대 3%

(2) 덕트(duct, 주입재가 흐르는 통로)

① 덕트는 경질 PE 파형관으로, 파이롯트 와이어로 보강되며, 다음과 같은 장점이 있어야 한다.

  ○ 내식성, 내압성, 부착응력, 만곡성(천공직경에 인입 용이) 증대

  ○ 침윤선(浸潤線, seepage line) 증대

② 덕트는 1본 생산길이 10m 기준이다.(길이의 접합이 필요 없음)

③ 덕트의 마찰계수는 0.3이상이어야 한다.

(3) 앵커 頭部(Nose cone, 원뿔형의 anchor 頭部)

① Nose Cone은 t=4mm의 강판을 압축시킨 재료이어야 한다.

② Nose Cone과 Duct의 연결은 접착재로 압착시켜 지하수의 유입을 완전히 차단하여야 한다.

(4) 그라우트 호스(Grout hose)

① Grout hose는 최대 20Bar 압력에 견딜 수 있는 PE hose로서, ϕ12m/m 또는 ϕ16.5m/m의 규격을 사용한다.

② 스파이럴 보강철근은 재질 XS40, D16을 사용한다.

(5) 앵커 정착구

① 앵커 두부에 사용되는 대좌, 지압판, 조임철물 등은 소정의 기능과 충분한 강도가 있어야 하고 유해한 변형을 일으키지 않는 것으로 한다.

(6) 자유장 피복 hose

① 각 스트랜드의 자유장에 피복되는 hose의 규격은 ϕ13.8m/m이다.

② 스트랜드와 PE hose 사이에 grease를 충진할 수 있는 여유가 있어야 한다.

③ 자유장과 정착장의 분리지점에 PE hose를 스틸 크램프를 사용하여 압착시켜 분리되지 않도록 보강한다.

3. 천공장비(Grout mixer)

⑴ 천공장비는 설계도서에 명시된 필요 천공경 및 소요 심도까지 천공할 수 있는 능력이 있는 자주식 천공기를 사용한다.

⑵ Grout mixer는 그라우트 재료의 계량이 용이하고 혼합과 주입을 동시에 할 수 있으며, 배합을 항상 확인할 수 있고 주입압력계기는 오차가 없어야 한다.

⑶ Grout mixer의 평균주입압력은 7Bar이상 20Bar까지 주입할 수 있고, 검측 가능한 압력계가 부착되어야 한다.

⑷ 긴장용 재크(jack)는 필요한 초기 긴장력 이상을 낼 수 있는 재크를 사용하며, 전체강선을 동시에 긴장시킬 수 있어야 한다.

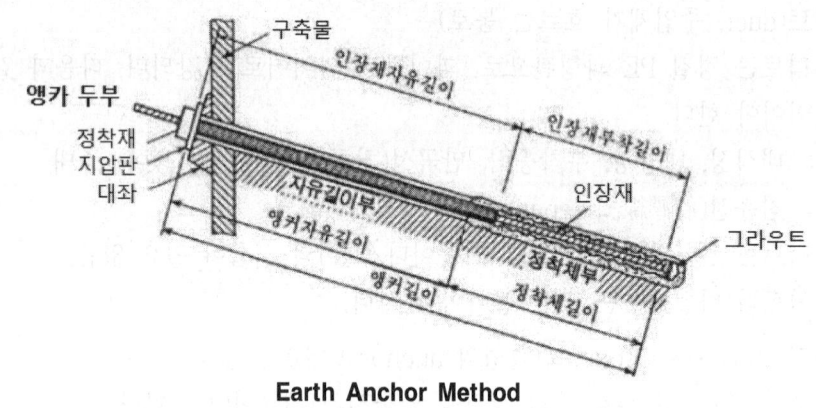

Earth Anchor Method

Ⅲ. 어스 앵커(Earth anchor) 시공

1. 천공

⑴ 천공방법은 지반조건에 따라 적정한 방법(회전식, 충격식 및 압입식)을 선택하되, 원지반 상태에 변동을 주지 않는 방법을 적용해야 한다.

⑵ 책임기술자는 토층, 천공 길이·직경·각도·시간 등을 기록하는 보고서를 작성하여 설계주상도와 비교, 정착장과 pull-out 신뢰도를 확인하며 시공해야 한다.

⑶ 천공 후, 앵카 투입 중 이물질이 들어가지 않도록 마개로 봉합하며, 지층이 불량하여 천공 자립이 곤란하면 즉시 PC강연선을 투입하고 grouting을 실시한다.

⑷ 천공 중 많은 지하수가 유출되면 고압력 grouting을 실시한 후 재천공하여 지하수 용출을 방지해야 한다.

⑸ 소요 천공길이 보다 50cm 더 천공하여 교란된 물질이 낙하되어도 소요 천공길이는 확보할 수 있도록 한다. 천공 중 벤토나이트 현탁액은 사용할 수 없다.

2. PC강연선 조립·설치

⑴ 앵커체에 묻은 녹·먼지 유해물질을 제거하고, 조립대 위에서 제작·가공한다.

⑵ 자유장 구간의 strand를 벌려서 구리스를 칠하여 내부를 충분히 충진한다.

⑶ 각 strand의 자유장과 선단의 정착으로 분리되는 지점을 steel cramp로 압착시킨 후, 약액으로 방청한다.

⑷ 앵커체를 크레인으로 삽입하여, 앵커체 중심을 천공 중앙부에 위치시킨다.

(5) 앵커체 선단 정착 후, strand cutter를 사용하여 PC강연선의 끝단을 자른다.

3. 1차 그라우팅

(1) 內部와 外部 그라우팅 호스를 번갈아 가며 그라우팅 한다.

(2) 수맥암반 앵커체의 그라우팅은 5Bar~10Bar의 압력 그라우팅으로 실시한다.

(3) 필요에 따라 압력 그라우팅은 케이싱 또는 패커 압력 그라우팅으로 강화한다.

4. 2차 그라우팅

(1) 無수축 그라우팅으로 천공 끝부분부터 완전히 충진하여 공내의 공기와 지하수가 바깥으로 배출되도록 한다.

(2) 그라우팅을 과도하게 하여 원지반이 파괴되지 않도록 주입압력을 제한하며, 완료 후에 충분한 강도가 발휘될 때까지 주입케이블을 교란하면 안 된다.

(3) 그라우팅 중에 재료의 배합·수량, 그라우팅 압력 등을 기록한다. 그라우팅 재료의 실제 실제 주입수량은 추후 책임감리자 승인을 받아 정산한다.

5. 긴장

(1) 앵커 긴장 전에 시험앵커를 선정하여 긴장순서(긴장력, 신장량의 계산 예측, 흙막 이벽의 변위 예측 등)에 대하여 책임감리자 승인을 득하고 착수한다.

(2) 최초 주입되는 앵커 몇 개에 대하여 지층이 변화되는 구간에서 인장시험과 인발 시험을 실시하여 앵커의 신장률을 측정, 안전성을 확인한다.

(3) Anchor head 설치 및 긴장작업 중에 관련 공사의 특별시방을 준수해야 한다.

(4) 긴장작업이 완료되면 앵커와 공벽 사이의 공간에 grease를 주입·밀착시킨다.

6. 인발시험, 인장시험, 확인시험

(1) 인발시험(greep test)은 어스 앵커의 극한인발력을 측정하는 시험이다. 앵커재료 설계에 가정했던 토질상수, 극한인발력 크기 등의 타당성을 확인한다. 인발시험 은 시공된 앵커에 손상을 줄 수 있으므로 시험앵커를 통해 확인한다.

(2) 인장시험(cycle load)은 실제 적용되는 앵커 인장력의 1.2~1.5배를 최대값으로 하여 설계 안전성 확인을 위하여 전체 20개當 1개씩 선정하여 시행한다.

(3) 확인시험(check test)은 실제 시공된 모든 앵커가 설계 앵커력에 대해 안전한지 확인하기 위하여 인장시험 시행 外의 앵커에 대하여 실시한다.

7. 어스 앵커 반력측정판(load cell) 설치, 측정

(1) 어스 앵커 설치로 인하여 발생되는 반력이 load cell에 고르게 전달되도록 측정 판을 중앙 위치에 놓고, 각 strand에 동일한 인장력을 가한다.

(2) Load cell은 충격과 과전류에 민감하므로 운반·설치·측정 중에 유의한다.

Ⅳ. 제거식 어스 앵커(Earth anchor)

1. 제거식 어스 앵커는 부착성이 없는 앵커로 가설흙막이벽을 시공하여 흙막이 굴착공사 완료 후에 장래 지하공간의 활용성, 주변지반의 추가 굴착의 용이성 등을 고려하여 앵커를 제거하는 공법이다.

2. 시공 후에 앵커를 제거하기 위해서는 특수장비가 필요하고, 앵커 재사용이 불가능하여 공사비가 증가하므로, 공법 채택 여부에 신중해야 한다.

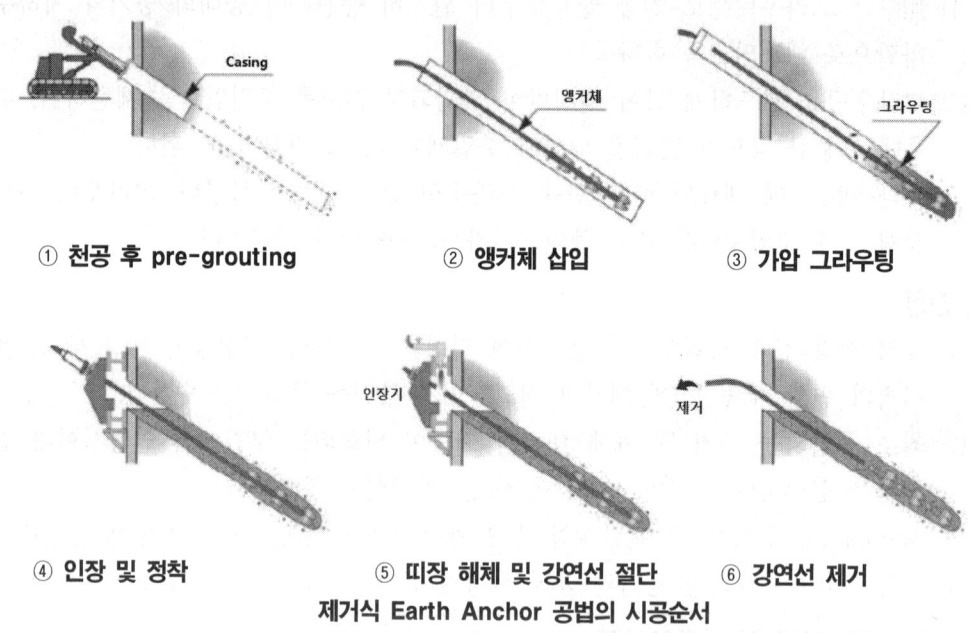

| ① 천공 후 pre-grouting | ② 앵커체 삽입 | ③ 가압 그라우팅 |

| ④ 인장 및 정착 | ⑤ 띠장 해체 및 강연선 절단 | ⑥ 강연선 제거 |

제거식 Earth Anchor 공법의 시공순서

Ⅴ. 맺음말

1. 어스 앵커는 미국, EU에서 오래 전부터 많이 사용하는 공법으로 고강도 강재를 사용하여 긴장력(prestress)를 가하는 점이 특징이다. 긴장력을 가하면 정착된 구조물에 하중이 작용되어도 구조물 변위를 영(zero)에 가깝게 줄일 수 있다.

2. 어스 앵커는 버팀대가 없어 재료가 절약되고 넓은 작업공간을 확보할 수 있고 평소에도 지반에 압력이 가해지므로 토층부의 연쇄반응적 붕괴를 막을 수 있다. 하지만 시간이 경과되면 인장력이 감소하며, 앵커 1개가 부담하는 안전도가 높아 개별적으로 품질에 문제가 있으면 전체 안전성에 끼치는 惡영향이 크다.160)

---

160) 박효성 외, 'Final 토목시공기술사 핵심문제', 예문사, pp.469~470, 2008.

04.32 쏘일 네일링(Soil nailing)

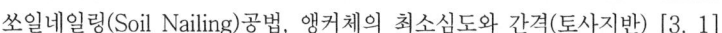

쏘일네일링(Soil Nailing)공법, 앵커체의 최소심도와 간격(토사지반) [3, 1]

1. 공법 정의

(1) 소일 네일링(soil nailing)은 네일(nail)을 긴장력(prestressing) 없이 촘촘한 간격으로 원지반에 삽입하여 전체적인 전단강도를 증대시키고 공사 중 및 완료 후에 예상되는 지반의 변위를 억제하는 공법이다.

(2) 소일 네일링은 무압(無壓) 반복 그라우팅을 실시하는 중력식(重力式) 소일 네일링과 압력 그라우팅을 실시하는 압력식(壓力式) 소일 네일링으로 구분된다.

① 重力式 소일 네일링은 무압상태에서 3~6회 그라우팅을 반복하여 시공하므로 충진상태와 품질관리 확인이 어렵다는 단점이 있다.

② 壓力式 소일 네일링은 원지반 천공 후, 그라우팅 입구부의 발포우레탄 패커에 급결성 팽창제를 주입하여 네일 이형철근(D25~D32) 정착부를 완전 밀폐하고, 압력그라우팅(5~10kgf/cm^2)을 실시하여 정착부의 유효직경과 전단저항력을 증가시킴으로써 사면 전체의 안전율을 증가시키는 장점이 있다.

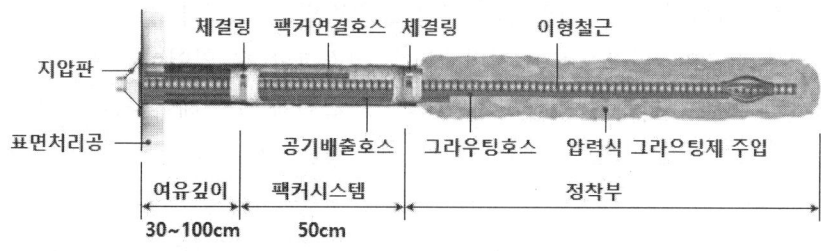

壓力式 soil nailing

2. 壓力式 소일 네일링의 특징

(1) 발포우레탄 패커의 제작

① 壓力式 소일 네일링은 기존의 重力式 소일 네일링의 그라우팅을 압력식으로 대체하는 공법이므로 그라우팅을 완전 밀폐할 수 있는 패커의 제작이 핵심이다.

② 패커는 이형철근에 설치되며, 반복하여 사용할 수 없고, 지반 내에서 그라우팅처럼 영구구조물로 작용해야 하고, 설치가 간단해야 경제적으로 유리하다.

(2) 암반보강용 발포우레탄 용액

① 고무판 설치 : 우레탄 용액이 발포될 때 횡방향 팽창을 억제하고 천공면에 밀착하여 패커의 기능을 유지하기 위해 패커 접속부를 고무판으로 고정한다.

② 주입호스 설치 : 발포우레탄 용액 주입을 위해 주입호스를 패커 내에 설치한다.

③ 그라우팅호스 설치 : 발포우레탄 용액으로 패커를 형성한 후에 공저에 그라우팅을 실시하기 위해 패커를 통과시키는 그라우팅호스를 설치하고, 공기 배출시킨다.

④ 부직포 설치 : 우레탄용액이 발포될 때 우레탄을 패커 내에 구속하는 역할을 하며 횡방향의 팽창을 억제하기 위해 고무판을 체결링으로 고정한다.

3. 壓力式 소일 네일링의 시공

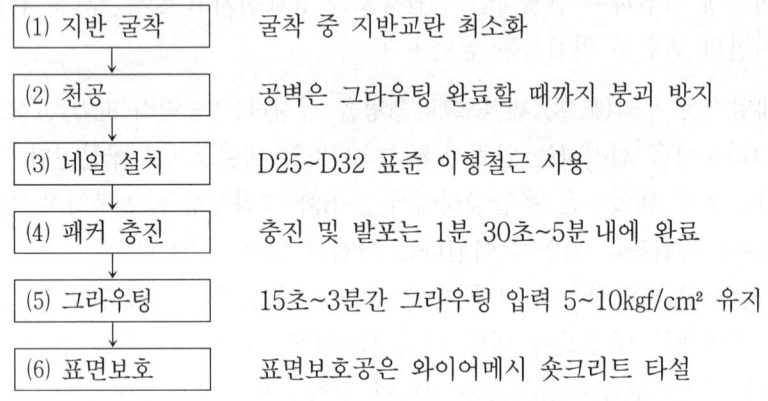

(1) 지반 굴착	굴착 중 지반교란 최소화
(2) 천공	공벽은 그라우팅 완료할 때까지 붕괴 방지
(3) 네일 설치	D25~D32 표준 이형철근 사용
(4) 패커 충진	충진 및 발포는 1분 30초~5분 내에 완료
(5) 그라우팅	15초~3분간 그라우팅 압력 5~10kgf/cm² 유지
(6) 표면보호	표면보호공은 와이어메시 숏크리트 타설

壓力式 소일 네일링의 시공

(1) 지반 굴착 : 압력식 소일 네일링의 지반 굴착방법은 중력식 소일 네일링 및 일반굴착 시공과 같으며, 굴착장비는 지반교란을 최소화할 수 있어야 한다.

(2) 천공 : 설계도서에 명기된 천공위치, 각도 및 길이를 준수해야 하며 공벽은 네일 삽입, 우레탄 주입, 그라우팅을 완료할 때까지 붕괴되지 않아야 한다.

(3) 패커시스템이 장착된 네일 설치 : D25~D32 표준 이형철근을 사용하고, 여기에 우레탄 패커시스템을 장착한다. 네일은 용접이음 없는 단일본을 사용하되 길이가 매우 길면 연결구 커플러를 사용하여 연결한다.

(4) 우레탄 패커 충진 및 발포 : 주입호스로 우레탄이 주입, 발포되면 네일정착부는 완전 밀폐된다. 발포는 1분 30초~5분 이내에 완료되며 압력유지를 위해 충분히 경화된 후 최소 6시간이 지나서 그라우팅을 실시한다.

(5) 압력 그라우팅 실시 : 우레탄 패커가 경화된 후 압력 그라우팅을 1회 실시하며, 구멍내부를 충진한 후 네일정착부가 밀실해진 상태에서 주변지반 침투여부에 따라 15초~3분간 일정압력(5~10kgf/cm²)을 유지하면서 그라우트를 완료한다.

(6) 지압판 및 표면보호공 : 지압판에 강판을 사용하며 연결철근으로 네일끼리 횡방향으로 연결한다. 표면보호공은 일반적으로 와이어메시 숏크리트를 타설하며 필요한 경우에 식생공법을 적용한다.[161]

---

161) 박효성 외, 'Final 토목시공기술사 핵심문제', 예문사, p.471, 2008.

04.33 강널말뚝 팽창 지수제(Pile lock)

Pile Lock [1, 0]

1. 용어 정의

(1) Pile lock이란 지하수가 높은 지반에 설치되는 흙막이 가설구조물 강널말뚝(Sheet pile) 이음부의 누수(漏水)를 차단할 목적으로 충진하는 팽창지수제를 말한다.

(2) Pile lock은 강널말뚝(Sheet pile) 자체의 차수성만으로 구조물 본체 누수 방지가 곤란할 경우에 강널말뚝 이음부에 팽창지수제를 뿜어 붙여서 시공하는 공법이다.

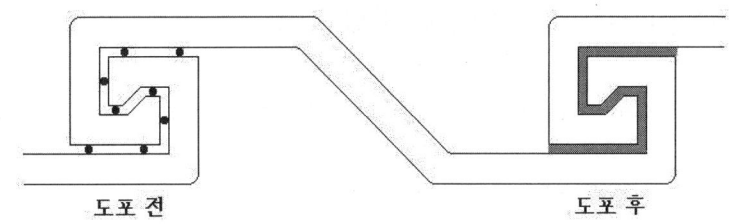

도 포 전   도 포 후

강널말뚝(Sheet pile) 이음부의 팽창지수제(Pile lock)

2. Pile lock 특징

(1) 주요성분   : 합성수지＋팽창제＋충진제＋가소제

(2) 팽창효과   : 수분을 흡수하면 48시간 이내에 20~30배 팽창

(3) 경화특성   : 공기 중에 경화되면 표면에 단단한 막을 형성

(4) 시공방법   : 분사기를 이용하여 직접 분사하여 충진

(5) 지수효과   : 시공상태, 토질조건, 지하수와의 화학반응정도 등에 따라 결정

(6) 품질확인   : 실내실험, 현장 시험시공을 통하여 확인 가능

3. Pile lock 시공순서

(1) 연결부 청소 : Sheet pile 이음부에 잔존하는 이물질을 Wire mesh로 완전히 제거하고 깨끗이 청소한다.

(2) 지수제 도포 : Sheet pile 이음부에 분사기를 이용하여 팽창지수제를 도포한다. 소규모 공사에는 붓으로 바르기도 한다.

(3) 충분한 양생 : 팽창지수제가 sheet pile과 sheet pile 사이에서 완전히 부착될 수 있도록 충분한 시간 동안 양생한다.

(4) 널말뚝 시공 : 지수제가 10배 이상 팽창되면 sheet pile 이음부 누수는 완전히 차단되므로, 다음 구간의 널말뚝 시공을 계속한다.[162]

---

162) 박효성 외, 'Final 토목시공기술사 핵심문제', 예문사, p.480, 2008.

04.34 흙막이 굴착공사 중 지하수 처리방안

도심지 흙막이 공사에서 상수도, 하수BOX, 도시가스, 전력·통신 매설물 보호대책 [0, 3]

I. 개요

1. 지하수는 물이 지하에 어떤 상태로 존재하느냐에 따라 간극수와 열극수로 나뉜다.

   (1) 간극수(間隙水) : 자갈·모래·점토나 이들의 혼합물로 이루어진 미(未)고결된 암석에는 고결된 암석보다 틈새가 많아 다량의 물, +즉 간극수를 함유하고 있다.

   (2) 열극수(裂隙水) : 통상 지하수는 간극수를 의미하지만, 고결된 암석 중에는 큰 절리·열극·용암터널 등의 공동(空洞)이 있어 그 곳에 물, 즉 열극수가 고여 있다.

2. 통상적으로 토목공사에 영향을 미치는 지하수를 분류할 때, 지하수가 압력의 영향을 받는가의 여부에 따라 피압대수층, 비피압대수층(자유수)으로 분류한다.

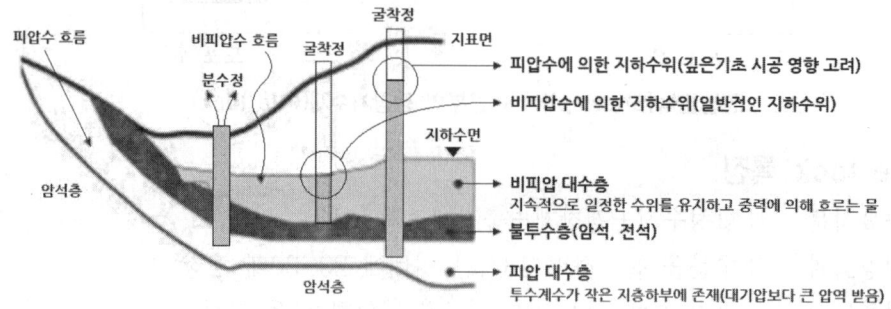

대수층의 구성 단면도

II. 당면 문제

1. 건물의 대형화·고심도화에 따른 토목공사 중 지하수 대책의 중요성 인식 필요
2. 지하수 유출로 인한 지반침하로 민원이 발생되면 공기지연 및 원가상승 불가피
3. 지하 굴착공사 중에는 지하수 유출에 대한 사전조사 및 처리대책 수립 필요

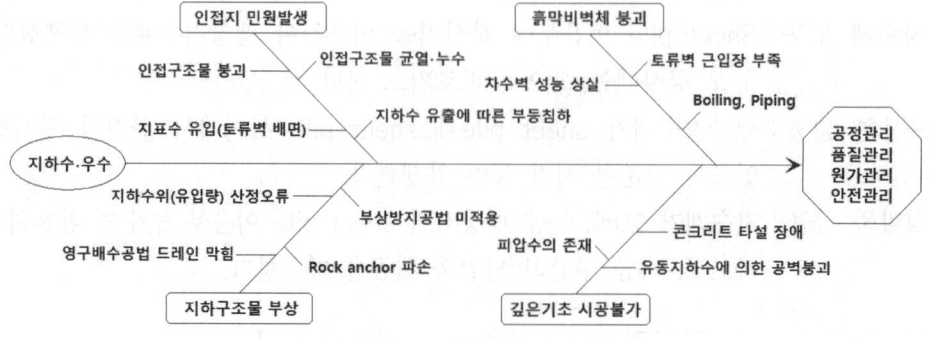

지하수 유출에 따른 당면 문제

단계별 지하수 대응방법

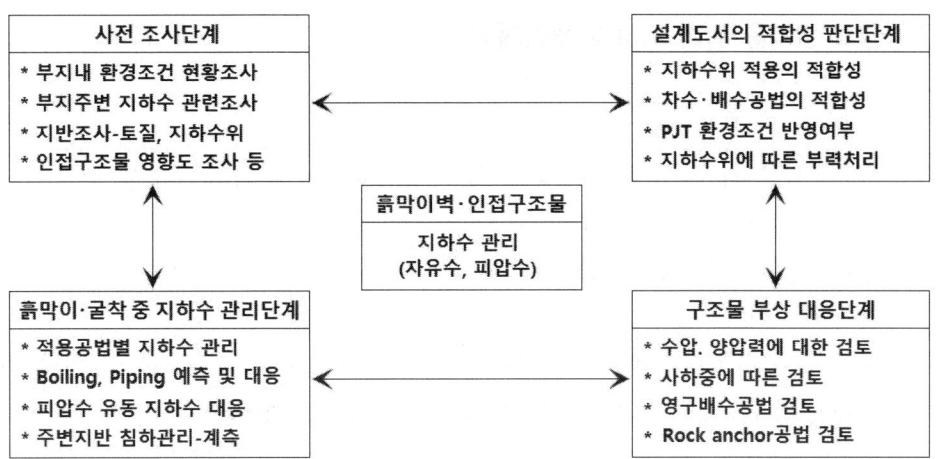

사전 조사단계
* 부지내 환경조건 현황조사
* 부지주변 지하수 관련조사
* 지반조사-토질, 지하수위
* 인접구조물 영향도 조사 등

설계도서의 적합성 판단단계
* 지하수위 적용의 적합성
* 차수·배수공법의 적합성
* PJT 환경조건 반영여부
* 지하수위에 따른 부력처리

흙막이벽·인접구조물
지하수 관리
(자유수, 피압수)

흙막이·굴착 중 지하수 관리단계
* 적용공법별 지하수 관리
* Boiling, Piping 예측 및 대응
* 피압수 유동 지하수 대응
* 주변지반 침하관리-계측

구조물 부상 대응단계
* 수압. 양압력에 대한 검토
* 사하중에 따른 검토
* 영구배수공법 검토
* Rock anchor공법 검토

지하수 처리공법별 관리 항목

공법		주요 관리 항목	관리오류 시 영향
차수 벽체	Slurry wall	◦ 피압수·유동지하수 파악	공벽붕괴, 콘크리트 치환불량·타설불량
		◦ 지하수위에 따른 안정액 관리	공벽붕괴, 콘크리트 치환불량
	SCW, CIP	◦ Element 겹침관리, 주입공법 병행검토	Piping 현상으로 지반침하
		◦ 유동지하수 유무, 지하수위 파악	몰탈 유실로 품질·강도 저하
		◦ 근입장의 관리	Boiling에 의한 흙막이 붕괴
	Sheet pile	◦ 근입장의 관리	Boiling에 의한 흙막이 붕괴
		◦ 연결부 이탈방지	배면토사 유출에 의한 지반침하
	H-Pile+ 토류판	◦ 근입장의 관리	Boiling에 의한 흙막이 붕괴
		◦ 뒷채움 관리, 별도 주입공법 병행	배면토사 유출에 의한 지반침하
주입 공법	LW-Grouting	◦ 시멘트+ 혼화제 배합비 관리	지하수의 영향으로 고결체 부실
		◦ 주입압력·간격(겹침), 깊이의 관리	차수성능 불량으로 지하수 유출
	JSP	◦ 토질에 따른 주입압력의 적정성 검토	초고압으로 인한 주변지반 변형
		◦ 유동지하수의 유무	몰탈유실로 차수성능·강도 저하

지하수위 계측

계측기	설치 위치	설치 방법	설치 목적	정밀도
경사계	토류벽 또는 배면지반	굴착심도보다 깊게	굴착단계별 인접지반의 수평변위량, 방향	±1mm
지하수위계	토류벽의 배면지반	대수층까지 천공	지하수위변화 실측, 계측자료 분석 지하수위변화 분석, 대책수립 필요	±1mm
간극수압계	배면의 연약지반	연약층 깊이별로	굴착에 따른 과잉간극수압의 변화를 측정, 안전성 판단	$±0.05t/m^3$
지중침하계	토류벽의 배면지반, 인접구조물 주변지반	부동층까지 천공	각 지층별 침하량 변동상태를 파악 보강대상·범위 결정, 최종침하량 예측	±1mm

Ⅲ. 지하수 처리대책

1. 지반침하 방지를 위한 지하수 처리대책

(1) 원인·영향

① 인접구조물 부등침하 : 균열, 마감재 탈락 등

② 공공매설물 파손 : 상하수관 균열 및 누수 (흙막이 붕괴의 주요원인)

③ 주변 도로표면 균열

④ 민원발생에 의한 공사중단

(2) 처리대책

① 지표수 유입 차단 : 배면바닥 불투수층 시공 (비닐+콘크리트 타설, 천막 등)

② Piping 방지 : 토류벽 시공이음 품질관리 철저, grouting으로 지반보강 시행

③ 토류벽 뒷채움 : 토류벽 시공 중 뒷채움 및 다짐 철저 관리

④ Boiling 방지 : 토류벽 근입장을 불투수층까지 연장시공, 지반보강 시행

⑤ 상하수관 확인 : 토목공사 前에 토류벽과 근접된 상하수관 조사 실시

⑥ 배수지양, 차수적용 : 배수공법을 지양하고 차수공법으로 적용

2. 흙막이 변위·붕괴 방지를 위한 지하수 처리대책

(1) 원인·영향

① 지하수위 예측오류로 인한 토압 상승 : 지보 지지응력 초과로 변형·붕괴

② 차수벽의 근입심도 부족 : Boiling 현상 발생

③ 주열벽 콘크리트 치환 불량 : 피압수 영향으로 콘크리트 단면부족 및 붕괴

④ 사전조사 부실로 인한 상하수관 누수 : 급격한 이상응력 발생으로 붕괴

⑤ 기타 시공오류로 인한 대응지연 : Earth anchor 정착장의 품질저하

(2) 처리대책

① 차수벽의 근입심도 품질관리

 ○ 흙막이 토류벽 시공 중 근입심도 확보되지 않는 경우 Boiling, Heaving 등의 영향으로 흙막이 붕괴의 주요 원인이 되므로 특별 관리 필요

② Slurry wall & 현장타설 콘크리트말뚝 품질관리

 ○ 피압수 및 유동지하수의 유무에 따른 콘크리트 배합, 안정액 비중·점성 관리

③ 상하수관 안전관리

 ○ 흙막이벽에 근접된 상하수관이 파손되는 경우 구조안정성에 영향이 크므로 지속적인 안전관리 필요

3. 부력에 의한 구조물 부상

(1) 원인·영향

① 지하수위가 높은 지층에 구조물을 시공하는 경우 건물의 밑면깊이(지하수두)만큼 부력을 받게 되고, 건물 자중이 부력보다 적으면 부상(浮上)한다.

② 또한 외벽에 수직으로 작용하는 수압에 의해 구조물에 균열·누수가 생긴다.

(2) 처리대책

① 사하중(Dead weight or Pile loading)에 의한 방법
- ○ 개요 : 건물의 순수자중과 건물외벽에 작용되는 마찰력을 양압력보다 크도록 설계하는 방법으로, 하중 균등성 검토를 위한 하중 산정할 때 건물에 실제 작용되는 하중만을 순수자중으로 고려한다.
- ○ 적용 : 지하수위가 낮고 얕은 지하굴착 중 건물 기초바닥 슬라브의 양압력 차리방법으로 널리 쓰이고 있다.
- ○ 단점 : 굴착깊이 증가와 기초 및 지하바닥 슬라브의 단면증가에 따른 공사비 증가의 타당성이 낮다.

② Rock anchor에 의한 방법
- ○ 개요 : 건물의 순수자중과 건물외벽에 작용되는 마찰력을 양압력보다 적은 경우에, 그 차이만큼의 양압력을 기초바닥 아래 암반층에 긴장된 스트랜드 강선을 설치하여 저항하는 방법
- ○ 적용 : 견고한 암반층이 얕은 경우나 유입수량이 많아 De-watering의 유지관리가 곤란한 경우
- ○ 단점 : 공사비가 상대적으로 고가이며, 긴장된 PC강선의 부식, 방수 하자 등의 문제점이 있다.

③ De-watering에 의한 방법
- ○ 개요 : 기초 슬래브 아래에 인위적으로 배수층을 만들고 다발관 및 유공관을 통하여 집수정으로 지하수를 모아 펌프에 의한 강제배수 처리를 함으로써 양압력을 감소시키는 방법
- ○ 적용 : 지하수가 많고 터파기 하부지층이 견고한(풍화대 이상) 지반에 적용이 가능하다.
- ○ 단점 : 다발관 및 드레인 보드의 막힘현상이 발생되면 부력대응이 불가능하므로 품질관리에 문제가 발생된다.[163]

---

163) 국토교통부, '유출지하수 관리요령', 2009.
　　콘스쿨, '지하수관리', 건설전문위키-콘스쿨(CONSCHOOL), 2017.

04.35 옹벽의 종류

I. 개요

1. 옹벽(擁壁, retaining wall)이란 뒷면의 흙을 지탱하여 그 붕괴를 방지하는 흙막이 벽을 말하며, 토사의 안식각을 초과하는 자연사면 또는 절·성토사면의 토사붕괴와 유실방지를 위하여 설치하는 벽체구조물이다.

2. 옹벽을 설계할 때는 벽체구조물 배면에 작용되는 토압과 수압, 뒷채움 상단에 작용되는 수직하중, 사면활동과 부력 등에 의해 옹벽 전체가 활동(活動, sliding), 전도(轉倒, overturning), 침하(沈下, settlement)되지 않도록 안정 계산이 필요하다.

3. 옹벽을 시공할 때는 전도·활동·침하에 대한 안정성 확보를 위하여 배면의 토압·수압에 대한 배수대책을 검토하고, 옹벽높이, 작용하중, 지형·지질, 지하수위, 주변구조물 영향, 시공성·경제성 등을 고려하여 돌쌓기 옹벽, 중력식 옹벽, 철근콘크리트 옹벽 등 목적에 맞는 형식을 선정한다.

II. 옹벽의 종류

1. 석축(石築, reinforcing stone wall), 블록 옹벽

(1) 사면경사 1 : 1 이상의 급경사 비탈면에서 뒷채움부의 토압, 비탈면의 풍화·침식 등을 방지하기 위하여 돌 또는 블록으로 쌓는 옹벽이다.

(2) 석축에는 호박돌을 이용하여 쌓아 올리는 메쌓기방식과 찰쌓기방식이 있다.

(3) 블록 옹벽은 공장에서 precast block을 제작하여 현장에서 조립하여 쌓는다.

2. 중력식 옹벽 (重力式 擁壁, gravity retaining wall)

(1) 자중(自重)에 의해 토압에 저항하기 위하여 무근콘크리트로 쌓는 옹벽으로, 기초지반이 양호하고 쌓는 높이가 4m 이하로 낮은 경우에 쓰인다.

(2) 무근콘크리트 외에 돌로 쌓는 경우도 있고, 또한 단면을 어느 정도 줄이는 대신 철근을 넣은 반중력식 옹벽도 있다.

(3) 기초지반의 지지력이 부족한 경우에는 부등침하, 벽체전도가 발생될 수 있다.

3. L형 옹벽, 역T형 옹벽

(1) 중력식 옹벽 중에서 배면에 기초 슬래브의 일부가 L형 또는 역T형으로 돌출된 모양의 옹벽을 말하며, 구조적인 단면으로 설계하므로 경제성이 양호하다.

(2) 벽체의 자중과 배면 저판 위의 뒷채움 흙으로 횡방향 토압에 저항하며, 쌓는 높

이가 3~9m 이내일 때 경제성이 있다.

(3) L형 옹벽은 용지경계에서 앞굽판 설치가 곤란한 경우에 쓰이며, 역T형 옹벽은 배면에 지장물이 있어 토압작용 방향으로 저판 설치가 곤란한 경우에 쓰인다.

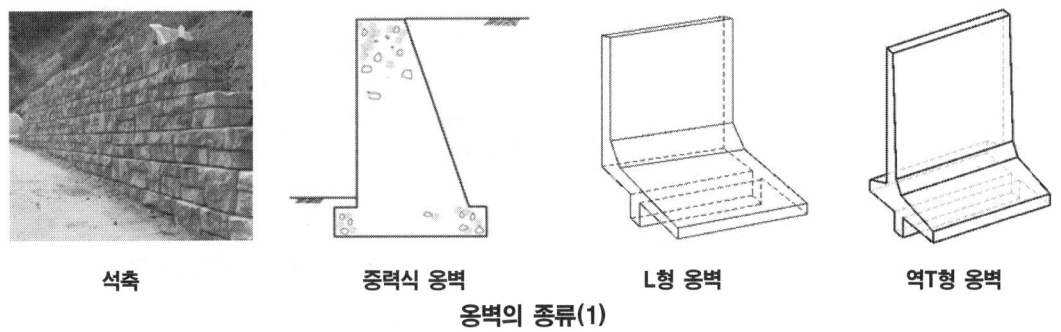

| 석축 | 중력식 옹벽 | L형 옹벽 | 역T형 옹벽 |

옹벽의 종류(1)

4. 반중력식 옹벽 (半重力 式擁壁, semi-gravity retaining wall)

(1) 중력식 옹벽과 역T형 옹벽의 중간 형태로서, 벽체가 비교적 두터우나 배면 일부에 인장응력이 작용하므로 이를 철근으로 보강하는 옹벽이다.

(2) 자중으로 토압에 저항하고 벽체 보강철근으로 휨인장응력에 저항하는 옹벽으로, 높은 지반지지력이 예상되는 곳에 적용된다.

(3) 반중력식 옹벽이 중력식 옹벽보다 벽체두께가 감소되는 장점이 있다.

5. 뒷부벽식 옹벽, 앞부벽식 옹벽

(1) 역T형 옹벽에 일정한 간격으로 부벽을 설치하여 보강한 옹벽으로, 높이 8m 이상일 때 경제성이 있는 형식이다.

(2) 앞부벽식 옹벽(장방형보 설계)은 옹벽앞면에 압축재로 작용하는 부벽을 설치하고, 뒷부벽식 옹벽(T형보 설계)은 옹벽뒷면에 인장재로 작용하는 부벽을 설치한다.

(3) 높이가 높을수록 부벽이 토압을 부담하여 벽체두께가 감소되므로, 역T형 옹벽에 비해 경제성이 향상된다.

(4) 부벽은 저판에 고정된 T형 돌출보이므로, 뒷채움 흙이 굳어지면 철근 배근과 콘크리트 타설이 곤란해질 수 있으므로 유의한다.

6. 非자립형 옹벽 (非自立型 擁壁)

(1) 옹벽의 벽체가 원지반 또는 뒷채움재에 기대어서 자중으로 토압에 저항하는 옹벽으로, 자립이 불가능한 중력식 옹벽을 뜻한다.

(2) 석축 또는 블록 옹벽의 뒷채움부를 무근콘크리트로 보강하는 형식이다.

(3) 붕괴 우려가 있는 급경사지에서 산악도로를 확폭하는 경우에 비자립형 옹벽으로 설계하면 비탈면 절토구간의 안전성을 높일 수 있다.

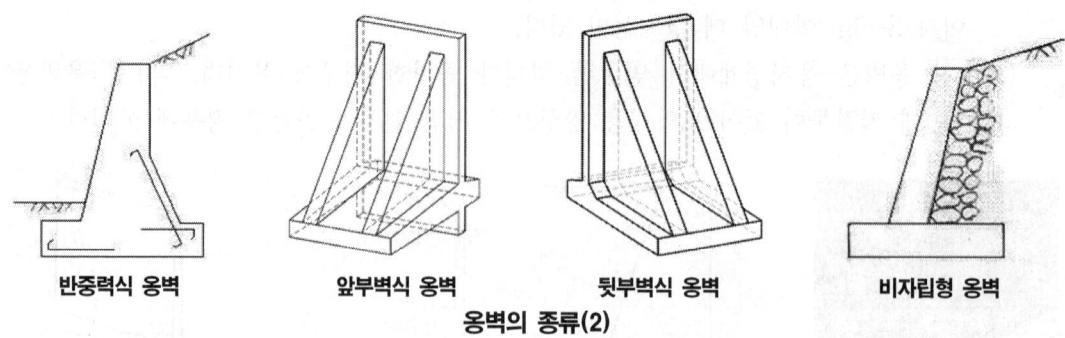

반중력식 옹벽　　앞부벽식 옹벽　　뒷부벽식 옹벽　　비자립형 옹벽

옹벽의 종류(2)

7. U형 옹벽

⑴ 측벽의 내측공간을 활용하는 U형 옹벽을 지하수위 아래에 설치하는 경우에는, 토압과 정수압에 의해 상향의 압력으로 작용되는 옹벽의 솟음을 검토해야 한다.

⑵ 토압(土壓) 검토 : 좌·우 측벽 높이가 유사한 경우에는 측벽 및 저판에 정지토압이 수평으로 작용하는 것으로 가정하여 단면설계를 한다.

⑶ 부상(浮上) 검토 : 느슨한 사질토 지반에 설치되는 U형 옹벽은 증가하중이 적어 負(-)로 되는 많으므로 부상(浮上) 검토하여 설계에 반영한다.

8. 박스형 옹벽

⑴ 지하차도에 적용되는 암거 구조물을 응력을 줄일 수 있는 박스형 옹벽으로 설계하여 현장에서 조립식으로 시공할 수 있는 공법이다.

⑵ 응력저감형 암거 구조물의 벽체를 서로 이격시켜 설치하고, 벽체 상부에 패널을 올려놓고, 현장타설 또는 프리캐스트 방식으로 기초판을 설치하는 방식이다.

9. 앵커 옹벽

⑴ 비탈면 원지반 천공, 마찰형 영구앵커재 설치, 방청 무수축 그라우트를 정착지반에 주입, 오염방지 코팅 PC 전면판(前面板) 설치, 가소성 콘크리트·몰탈 뒤채움제 타설하는 공법으로, Anchor prestressing 효과에 의해 지반활동력을 감소시키는 절토부 패널식 앵커 옹벽이다.

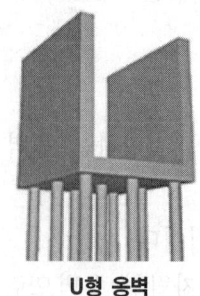

U형 옹벽

박스형 옹벽

옹벽의 종류(3)

앵커 옹벽

10. 판넬식 보강토 옹벽

⑴ 보강토 옹벽 개념이 정립된 옹벽 형태로서, 비교적 큰 패널과 보강재를 결속시켜 시공하는 보강토 구조물 형식이다. 기성 제품 PC판넬과 보강재를 순차적으로 조립시공하고, 철재 또는 토목섬유류의 띠형 보강재를 사용한다.

⑵ 보강재와 다짐성토체로 구성된 역학적 보강토체에 의해 옹벽의 배면에 작용되는 토압에 저항하도록 설계되어 보강재 결합강도 우수, 시공성·경제성 양호, 변형에 대한 저항성 우수, 부등침하에 대한 저항성 양호, 보강재 관리가 용이하다.[164]

판넬식 보강토 옹벽

옹벽의 특징 비교

구분		무근콘크리트 옹벽	철근콘크리트 옹벽	보강토 옹벽
주요재료 공법특성		철근과 콘크리트의 강성 구조에 의해 현장에서 이루어지는 공법	철근 콘크리트 구조물을 공장에서 제작하여 현장에서 조립·설치하는 공법	콘크리트 블록과 그리드 뒷채움을 다짐 성토하여 그리드의 마찰력과 장력으로 보강 구조체를 이루는 공법
특성	내구성	50년 이상으로 양호		
	충격성	외부충격에 강함.		
	안전성	지진 등의 동적하중에 의한 안정성은 취약		보강토 블록과 그리드를 일체로 연결, 유연성 양호
	환경성	동일한 색상·재질로 인해 주변 환경과의 조화 미흡		前面블럭의 조형·색상에 따라 환경조화 양호
	시공성	양생기간 길며 시공 장애 많아 품질관리 곤란	공장에서 일괄 제작하므로 현장에서 시공관리 양호	현장에서 조립시공은 쉬우나, 부분적 보수 곤란
장점		가장 양호한 강성 구조체로서 설계 검증된 공법	동절기에도 시공 가능	높이 제한 적고, 수직벽 설치로 R.C보다 미관 우수
단점		유지보수비 많이 소요되며 시공 중 환경영향 받음	운반비·설치장비비 등 부대공사비 소요	부분보수 곤란, 콘크리트 재료의 환경 악영향 발생
공사기간		콘크리트 충분한 양생에 오랜 공사기간 소요	공장제작된 기성품이므로 공사기간 단축 가능	양생기간 필요 없어 공사기간 대폭 단축 가능

164) 박효성 외, 'Final 토목시공기술사 핵심문제', 예문사, pp.442~443, 2008.

Ⅲ. 돌망태(Gabion) 옹벽

1. 용어 정의

(1) 돌망태(Gabion) 옹벽이란 고감도의 압연 철선을 사용하여 돌이나 각종 채움재를 충진할 수 있도록 제작한 그물 모양의 철망 안에 깬돌, 조약돌 등의 환경친화적 자연 채움재를 채워서 조립하는 친환경적인 옹벽 구조물이다.

(2) 최근에는 아연도금철선을 용접한 철망태를 상자형으로 조립한 상자형 돌망태(四角 Gabion)가 주로 쓰인다.

2. 돌망태(Gabion) 옹벽 특징

(1) 유연성 : 불안정한 연약지반 위에 설치하더라도 산사태나 토사가 급격히 붕괴하는 부등침하에 대한 적응력이 우수하다.

(2) 경제성 : 돌망 안에 충진하는 깬돌, 조약돌 등의 채움재를 공사현장 주변에서 쉽게 구할 수 있고, 별도의 배수시설 관리가 필요 없어 경제적인 공법이다.

(3) 안전성 : 자립성이 우수하여 수직형으로 중립식 옹벽을 설치할 수 있으며, 투수성과 내구성이 양호하여 별도 배수시설이 불필요하고 안전하다.

(4) 환경친화성 : 깬돌, 조약돌 등의 환경친화적인 자연 채움재를 이용하기 때문에 친환경적인 공법이다.

(5) 시공용이성 : 돌망 안에 각종 채움재를 충진할 때 돌과 돌 사이를 용접하지 않고, 브라캣을 이용하여 간편하게 걸어주는 형식이다.

(6) 경관우수성 : 다양한 종류의 채움재를 이용할 수 있기 때문에 주변 환경과의 아름다운 조화를 이룰 수 있는 공법이다.

2. 돌망태(Gabion) 옹벽 재료

(1) 철선

① 철망태용 철선은 아연도금철선(KS D 7011 SWMGH-4) 이상을 사용한다.

② 四角 Gabion 옹벽에 사용하는 철선의 표준 선지름 및 허용오차는 다음과 같다.
- 철망태(Mesh sheets) : 3.2±0.07
- 나선형 철선(Spiral binders) : 3.0±0.06
- 연결용 및 버팀철선(Lacing & Internal connecting wire) : 2.0±0.05

③ 四角 Gabion 옹벽에 사용하는 철선의 기계적 성질은 다음 표와 같다.

철선의 기계적 성질

항목	선지름(mm)	시험방법	품질기준
인장강도	2.0	KS B 0802	$290 \sim 540 \ N/mm^2$
	3.0~3.2		$650 \ N/mm^2$ 이상
용접점 전단강도	3.2	KS D 7017 KS D 9052	$400 \ N/mm^2$ 이상
염수분무시험		KS D 9052	72시간 이상
아연부착량	2.0	KS D 0201	$180 \ g/m^2$ 이상
	3.0~3.2		$230 \ g/m^2$ 이상

(2) 철망태

① 망눈 및 허용오차 : 표준망눈은 77mm×77mm로 하고 그 허용오차는 ±1mm로 하며, 기타 철선의 망눈치수는 높이·폭·길이에 대한 균등분할로 설계한다.

② 철망태의 대각선 치수 및 허용오차 : 대각선 치수는 양변기리 합의 제곱근 ±1%가 되어야 하며, 대각선 상호길이의 허용오차는 ±5%로 한다.

③ 四角 Gabion 옹벽의 형상은 spot용접된 철망태(Gabion sheets)를 이용하여 상자형으로 조립할 때, 나선형의 묶음선(Spiral binders)을 사용하여 정확한 각도와 안정된 형태를 이루도록 한다.

(3) 채움재

① 채움재는 풍화된 암석 및 철분이 함유된 암석을 사용하지 않는다.

② 채움재 입경은 ϕ100~200mm, 게비온 메트리스용 하천골재 또는 쇄석골재 입경은 ϕ75~150mm 입도가 적절히 혼합된 것을 사용한다.

(4) 품질관리 및 검사

③ 四角 Gabion의 품질관리 및 검사를 위하여 상기 '철선의 기계적 성질'에 추가할 수 있는 항목은 겉모습, 선지름, 망눈, 아연부착량, 높이·폭·길이, 인장강도, 용접점 전단강도, 대각선 각도, 염수분무시험 등의 9가지가 더 있다.

3. 돌망태(Gabion) 옹벽 시공

(1) 기초정지

① 게비온 옹벽 시공 전에 기초지반을 정지함으로써 四角 Gabion이 안정적으로 거치되고, 부등침하가 없도록 다짐을 철저히 한다.

② 기초지반이 연약할 경우에는 자갈, 모래, 버림콘크리트 등으로 지반개량을 하여 게비온 옹벽의 하중을 골고루 분포시킨다.

③ 하천, 수로 등의 세굴부위는 세굴방지대책공법(Filter mat, Mattress, etc.)을

시행하여 게비온의 안정을 도모한다.

④ 설계도서에 별도 지시가 없으면 게비온 옹벽은 6° 경사로 설치한다.

(2) 철망태 조립 및 설치

① 돌망태용 철망태(Mesh sheets)는 넓고 평평한 공간에서 나선형 철선(Spiral binder)을 사용하여 소정의 규격에 맞도록 상자(box)형으로 조립한다.

② 설계도서에 제시된 경사·선형에 맞추어 지반정지 후, 철망태를 설치하고 연결용 철선(Lacing wire)으로 각각의 돌망태를 1m에 3~4회 간격으로 연결한다.

③ 돌망태 규격을 유지하기 위하여 돌을 채우기 전에 돌망태 외부에 비계파이프를 1/3 지점과 2/3 지점에 부착하여 돌망태와 서로 일치시킨다.

④ 돌망태 규격을 유지하기 위하여 내부에도 버팀철선으로 1/3 지점과 2/3 지점에 가로와 세로로 조인 후, 상단까지 돌을 채워 형상을 정확히 유지한다.

⑤ 채움돌은 단단한 조약돌, 비중 2.4 이상의 단단한 하천골재나 쇄석골재를 사용한다. 부식된 돌, 가늘고 긴 석편은 사용 금지한다.

⑥ 돌망태의 안정을 위하여 상부 25~50mm 정도는 크기가 작은 돌로 가득 채운 후, 뚜껑을 나선형 철선과 결속선으로 단단히 묶는다.

⑦ 돌망태의 노출면은 모양이 균일하게 짜여 지도록 손으로 돌채움을 하여 조형미를 살린다.

⑧ 돌채움이 완료되면 뚜껑이 나선형 철선과 결속선으로 묶였는지 확인하고, box와 box는 상하좌우 일체가 되도록 연결용 철선으로 묶는다.

⑨ 모든 연결용 철선과 버팀철선의 끝부분은 각 연결작업이 종료될 때마다 box 안쪽으로 향하도록 마무리한다.

⑩ 하천·수로에 접한 곳은 수위상승 중에도 토사의 이동방지 및 안정을 유지하기 위하여 돌망태의 배면에 부직포(Filter mat)을 설치한다.

(3) 치수, 무게 및 허용오차

① 이형철선을 사용한 용접철망의 세로선 및 가로선의 공칭 선지름 범위는 일반적으로 4~16mm를 기준으로 한다.

② 이형철선을 사용한 용접철망의 공칭 선지름·단면적, 단위길이당 무게·허용오차 등은 설계도서에 별도 명시한 값에 따른다.[165]

---

165) 박효성 외, 'Final 토목시공기술사 핵심문제', 예문사, p.456, 2008.
   Civil Engineering, '돌망태(Mesh Gabions) 옹벽 시방서', 2008, https://civileng7.tistory.com/

04.36 뒷부벽식 옹벽의 주철근 배근도

부벽식 옹벽의 주철근 배근방법, 배근도 작성 [1, 3]

1. 뒷부벽식 옹벽 설계도

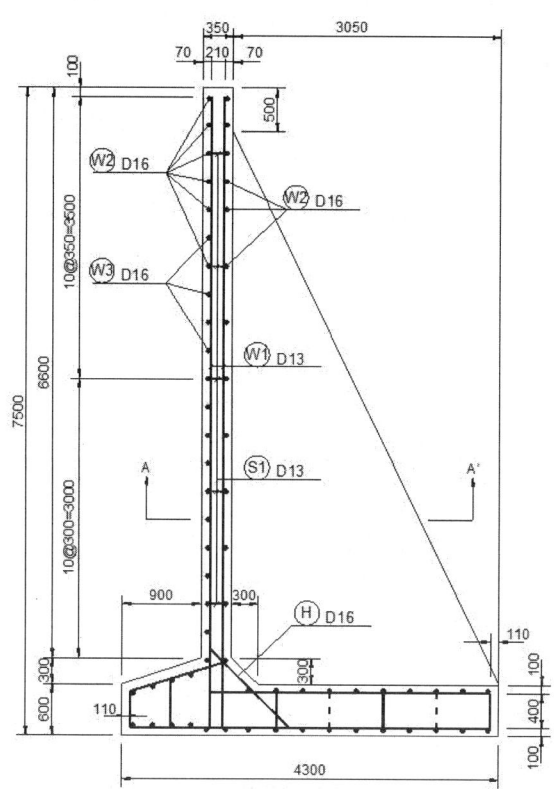

뒷부벽식 옹벽의 단면도

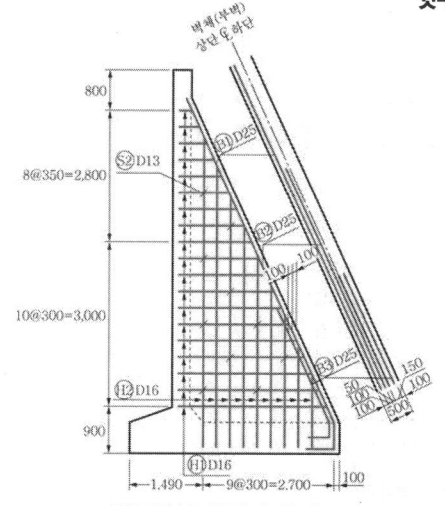

뒷부벽식 옹벽의 측면도

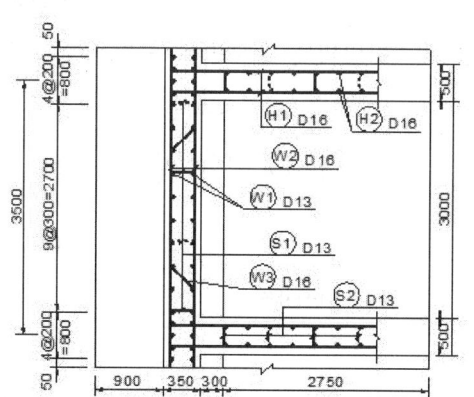

뒷부벽식 옹벽의 A-A' 단면도

2. 뒷부벽식 옹벽 철근 배치도

(1) 부벽식 옹벽 철근

① 부벽식 옹벽은 배면에 작용하는 토압에 저항하기 위해 연직벽체에 버팀벽(부벽)
을 설치하는 형식으로, 중력식 또는 역T형 옹벽과는 구조해석을 달리해야 하므
로 주철근 배근에 특히 유의하여 설계·시공해야 한다.

(2) 벽체 주철근 배치

① 연직벽체는 버팀벽과의 결합부를 지점으로 하는 옹벽 연직방향의 연속판으로 간
주하여 철근을 배치한다.

② (+)모멘트와 (−)모멘트는 부벽이 있는 지점부와 중앙부에서 서로 다르게 나타나
므로, 연직벽체 주철근은 모멘트 발생위치에 따라 아래와 같이 배치한다.

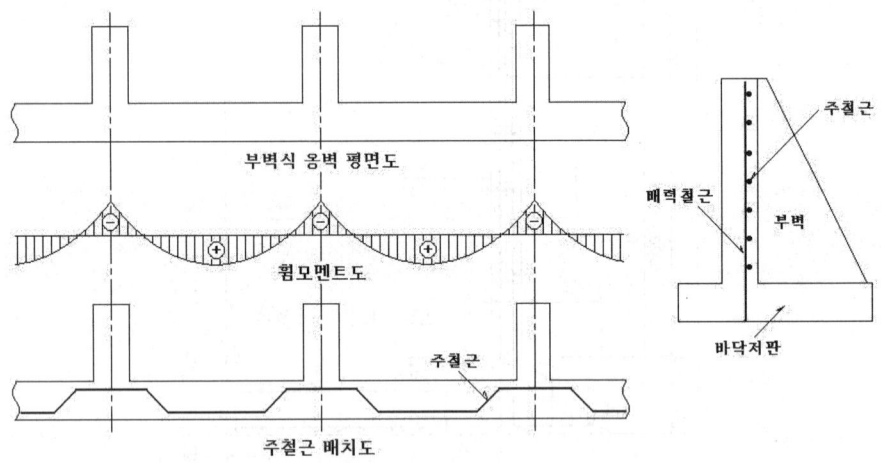

뒷부벽식 옹벽의 휨모멘트도와 주철근 배치

(3) 부벽(버팀벽) 주철근 배치

① 버팀벽은 높이가 변화되는 T형보로 간주하여 철근을 배치한다.

② 버팀벽의 경사면에 주철근을 배치하여 인장철근으로 사용한다.

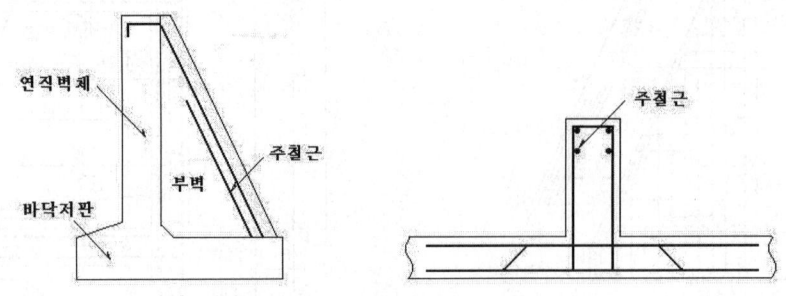

뒷부벽식 옹벽의 부벽(버팀벽) 주철근

(4) 바닥저판 주철근 배치

① 바닥저판은 버팀벽과의 결합부를 지점으로 하는 옹벽 연장방향의 연속판으로 간주하고, 바닥저판 주철근은 저판단면을 기준으로 아래와 같이 배치한다.

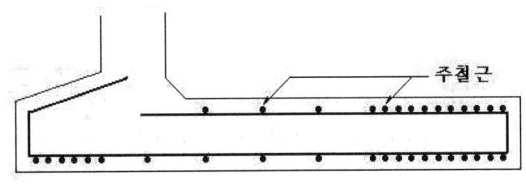

뒷부벽식 옹벽의 바닥저판 주철근

3. 뒷부벽식 옹벽 철근 배치방법

(1) 철근소요량 산출

① 철근 배치에 차질이 발생하지 않도록 (ⓐ100, ⓐ200), (ⓐ125, ⓐ250), (ⓐ150, ⓐ300) 중에서 적절하게 선택하여 소요량을 산출한다.

(2) 최대 배근간격

① 부벽식 옹벽의 배근은 최대 ⓐ300 이하가 되도록 하고, 철근량은 철근지름을 기준으로 조정한다.

(3) 배력철근 배치

① 외력에 대해서 주철근이 상호 유효하게 작용하기 위해서는 주철근에 직각으로 배력철근을 배치한다.

(4) 배력철근량 산출

① 배력철근의 사용량은 일반적으로 주철근량의 1/3~1/6 정도로 한다.
② 응력이 집중되는 곳에는 배력철근 외에 추가적인 보강철근이 필요하다.

(5) 철근 피복두께

① 옹벽은 흙에 묻히는 구조물이므로 철근부식을 고려하여 철근의 피복두께는 가급적 크게 한다.
② 일반적으로 흙과 물에 접하는 부위는 철근 피복두께를 8cm 이상으로 한다.

(6) 신출줄눈 설치

① 콘크리트의 신축성을 고려하여 10~20m 간격으로 신축줄눈을 설치한다.

(7) 배수공 설치

① 배면의 물의 배수를 위해 직경 5~10cm의 PVC 파이프로 배수공을 설치한다.
② 배수공은 1.0~1.5m 간격으로 설치하되, 앞쪽으로 약간 경사지게 설치한다.[166]

---

166) 김낙석·박효성, '실무중심 건설적산학', 피앤피북, pp.133~139, 2016.

04.37 옹벽의 安定조건, 安全대책

Ⅰ. 개요

1. 옹벽은 벽체배면에 작용되는 토압과 수압, 뒷채움 상단의 상재하중 등에 활동(活動, sliding), 전도(轉倒, overturning), 침하(沈下, settlement)되지 않고 안정되어야 한다.

2. 일반적인 경우에 옹벽에 작용되는 하중은 다음과 같다.
   (1) 자중 : 옹벽의 무게(자중), 필요한 경우 배면 흙의 자중을 고려

   $$철근\ \gamma_{con'c} = 25KN/m^3,\ 무근\ \gamma_{con'c} = 23.5KN/m^3\,(1KN = 102kg)$$

   (2) 토압 : 벽면마찰 고려여부에 따라 Coulomb 또는 Rankine 공식 적용
   수동토압의 경우에 안전율 2.0 이상 적용 필요

   (3) 상재하중 : 배면조건을 감안하여 적용하되, 최소 $10KN/m^2$ 을 고려

   (4) 기타 : 지진력, 인장균열의 수압, 암반의 경우 불연속면을 추가 고려

3. 특히, 옹벽을 연약지반 상에 설치하는 경우에는 옹벽을 포함한 사면 전체(全體)의 원호활동과 측방유동에 대해서도 안정성을 확보해야 한다.

4. 옹벽의 안정성을 확보하기 위하여 조사·설계·시공의 각 단계별로 품질관리를 철저히 시행하고, 옹벽의 배면토압과 지하수위 아래에서의 수압을 줄이기 위한 배수대책도 심도 있게 검토해야 한다.

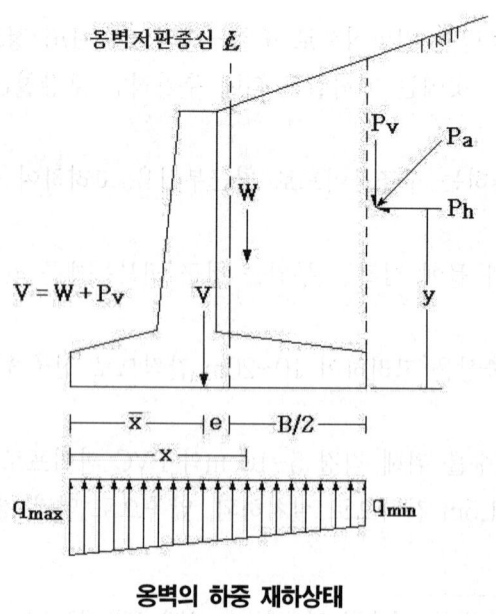

옹벽의 하중 재하상태

Ⅱ. 옹벽의 安定조건

1. 활동(活動, sliding)에 대한 安定

(1) 활동이란 주동토압에 의한 옹벽 저판의 횡방향 미끄러짐 변형이다.

(2) 활동에 대한 안전율(F_s)을 옹벽에 작용되는 하중의 수평성분에 대한 바닥면에서 저항정도로 표시한다.

$$F_s = \frac{활동저항력}{활동력} = \frac{H_r}{H} = \frac{P_v \cdot \tan\delta + C_a \cdot B}{P_H} > 1.5$$

여기서, P_h : 수평력, P_v : 수직력, B : 옹벽의 저판폭

δ : 옹벽저판과 기초지반 사이의 마찰각(0.35~0.55)

C_a : 옹벽저판과 기초지반 사이의 부착력

2. 전도(轉倒, overturning)에 대한 安定

(1) 전도란 옹벽 저판의 앞굽판 선단을 중심으로 횡방향 토압에 의한 회전변형이다.

(2) 전도에 대한 안전율(F_s)을 옹벽에 작용하는 횡방향 하중에 대해 저판 앞굽을 중심으로 하는 회전력에 저항하는 정도로 표시한다.

$$F_s = \frac{저항모멘트}{전도모멘트} = \frac{M_r}{M_o} = \frac{W \cdot x + P_V \cdot B}{P_h \cdot y} > 2.0$$

여기서, 지진비 발생되는 경우에는 안전율(F_s)에 1.5를 추가 적용

3. 침하(沈下, settlement)에 대한 安定

(1) 침하란 옹벽이 설치된 지반의 지지력이 저하되어 옹벽이 침하되는 변형이다.

(2) 침하에 대한 안전율(F_s)을 옹벽의 기초지반에 작용하는 최대압축응력(q_{max})이 허용지지력(q_a)을 초과하지 않도록 허용지지력을 극한지지력의 1/3로 적용한다.

$$F_s = \frac{지반의 허용지지력}{지반의 최대압축응력} = \frac{q_a}{q_{max}} > 1.0$$

여기서, 옹벽에 작용되는 합력 작용점이 중앙 $\frac{1}{3}$ 이내($e \leq \frac{B}{6}$)에 있을 때

$$q_{max} = \frac{V}{B}\left(1 + \frac{6e}{B}\right), \quad q_{min} = \frac{V}{B}\left(1 - \frac{6e}{B}\right) \text{을 적용}$$

4. 사면 全體의 원호활동에 대한 安定

(1) 원호활동이란 옹벽이 위치하는 지반전체의 원호방향 미끄러짐 변형이다.

$$F_s = \frac{원호저항모멘트}{원호활동모멘트} = \frac{M_R}{M_D} > 1.5$$

(2) 옹벽 구조물 전체를 포함한 토체의 파괴에 대한 비탈면의 안정을 검토한다.

① 파괴면은 일반적인 원호로 가정하고, Bishop 간편법, Janbu 간편법, Spenser 방법을 이용한 한계평면해석을 실시하여 안정해석을 수행

② 최소 안전율(F_s)은 1.5 이상을 적용

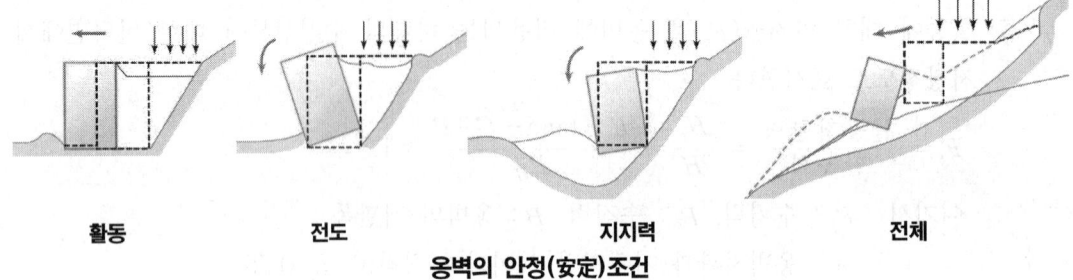

| 활동 | 전도 | 지지력 | 전체 |

옹벽의 안정(安定)조건

5. 부상(浮上)에 대한 安定

(1) 부상(浮上)이란 지하수위 아래에 설치된 U형 옹벽에서 정수압에 의한 상향압력이 발생되어 옹벽에 솟음이 생기는 변형이다.

$$F_s = \frac{하향력}{기초판의 \ 상향부력} = \frac{W_b + W_s + Q_s}{U_s} > 1.3$$

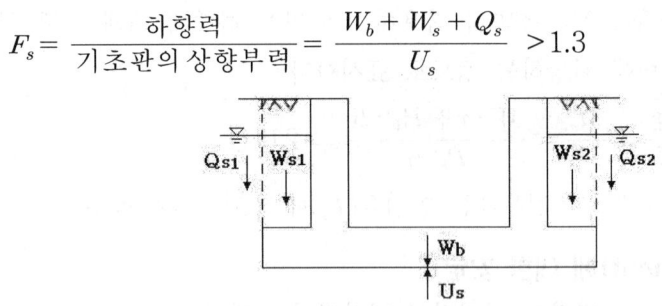

지하수위 아래 U형 옹벽의 하중 재하상태

여기서, W_b : 옹벽의 자중

W_s : 기초판 돌출부의 토사 자중

Q_s : 흙의 전단응력

U_s : 기초판의 상향 부력

6. 기타 옹벽설계 고려사항

(1) 지반조사 범위 : 하부로 1.5H, 후방으로 1.5~3.0H

(2) 기초지반에 연약층이 분포된 경우 : 치환, 말뚝기초 고려

(3) 뒤채움 공간이 제한된 경우 : 토압여건 변화, 암반 불연속면 고려

(4) 옹벽이음 : 시공이음, 수축이음, 팽창이음 설치 필요성

(5) 배수구멍 : 직경 5~10cm, 간격 1.5~4.5m 설치

(6) 전단 키 : 사질토 지반의 수동저항 증대

Ⅲ. 옹벽의 安全대책

1. 설계단계에서 대책

(1) 기초저판의 길이 증가

(2) Shear key 설치

(3) 말뚝기초 시공

(4) 기초저판의 면적 증가 : 최대압축응력 감소

(5) 기초지반의 연약지반 개량(치환공법) 등

2. 시공단계에서 대책

(1) Tie back 설치

(2) 뒤채움재를 경량성토(EPS, Expanded Poly Styrene)로 대체

(3) 뒤채움재의 품질기준 준수, 다짐관리 철저 등

3. 유지관리단계에서 대책

(1) Earth anchor 공법으로 보강

(2) Soil nailing 보강

(3) 옹벽 前面에 압성토를 추가 시공

(4) 기초지반의 보강 및 지지력 증진을 위해 grouting 실시

(5) 지반전체의 원호활동 억제를 위해 활동방지벽을 추가 설치

(6) 浮力을 줄이기 위해 지하수위 저하공법(drain method) 적용 검토 등167)

Ⅳ. 맺음말

1. 그동안 『재난관리법』에 규정되었던 '특정관리대상시설'을 『시설물의 안전 및 유지관리에 관한 특별법』의 제3종 시설물로 편입하고, 관리주체에게 시설물 관리계획 수립 및 안전점검 의무를 부여하였다.

2. 시특법의 제3종 시설물에는 옹벽 및 절토사면 등 8개 분야의 시설물이 추가로 포함됨에 따라 관리주체는 시설물의 구조상 공중의 안전에 미치는 영향이 중대하여 긴급한 조치가 필요하다고 인정하는 경우에는 사용제한, 사용금지, 철거, 주민대피 등의 안전조치하도록 의무화 규정이 도입되었다.

---

167) 박효성 외, 'Final 토목시공기술사 핵심문제', 예문사, pp.442~451, 2008.
김낙석·박효성, '실무중심 건설적산학', 피앤피북, pp.111~144, 2016.

04.38 　옹벽의 토압(土壓)

연성벽체(흙막이벽)와 강성벽체(옹벽)의 토압분포 [0, 1]

Ⅰ. 개요

1. 토압(土壓, earth pressure)은 흙 구조물의 접촉면에 작용되는 흙의 압력을 말하며, 옹벽 벽체의 변위상태에 따라 주동토압, 수동토압, 정지토압 등으로 구분된다.

   (1) 주동토압(主動土壓)이란 흙이 팽창되면서 파괴될 때의 토압으로, 옹벽이 전면방향으로 이동되면서 발생된다.

   (2) 수동토압(受動土壓)이란 흙이 압축되면서 파괴될 때의 토압으로, 옹벽이 배면방향으로 이동되면서 발생된다.

2. 토압계산은 Rankine, Coulomb 등의 토압이론을 이용하여 계산한다.

   (1) Rankine 이론에서는 흙의 점성에 의한 마찰력을 고려하지 않는다.

   (2) Coulomb 이론에서는 흙의 점성에 의한 마찰력을 고려한다.

3. 일반적으로 옹벽의 벽체에는 주동토압이 작용하나, 연약지반에 설치되어 측방유동이 발생하는 교대와 옹벽에서는 수동토압이 발생할 수 있으므로 토압계수 적용시 엄밀한 검토가 필요하다. 정지토압계수는 3축압축시험, 공내재하시험 등을 통하여 측정할 수 있다.

4. 옹벽의 安全대책은 옹벽에 작용되는 토압 저감대책과 같은 개념으로 다음과 같다.

   (1) 뒷채움재의 상단에 작용하는 하중을 경감

   (2) 뒷채움재의 자중을 저감(경량화)

   (3) 뒷채움재는 내부마찰각이 큰 사질토를 사용

   (4) 지하수위를 저하시킬 수 있는 배수대책을 수립

Ⅱ. 옹벽의 토압(土壓)

1. 주동토압(主動土壓)

   (1) 주동토압(Pa, Active earth pressure)은 흙이 팽창되어 파괴될 때의 토압이다.

   (2) 주동토압은 옹벽 벽체가 전면방향으로 회전 또는 이동될 때 발생된다. 옹벽 배면의 뒷채움재가 팽창되어 벽체의 수평응력이 감소되면 연직응력에 의해 뒷채움재가 파괴된다.

   (3) 일반적인 경우에 옹벽은 주동토압으로 설계한다.

   주동토압　　　　$P_a = \dfrac{1}{2} \cdot K_a \cdot \gamma \cdot H^2$

주동토압계수 $\quad K_a = \dfrac{1+\sin\phi}{1-\sin\phi} = \tan^2\left(45° - \dfrac{\phi}{2}\right)$

여기서, ϕ : 흙의 내부마찰각 ($\phi = 30°$이면 $K_a = 0.3$)

2. 수동토압(受動土壓)

(1) 수동토압(Pp, Passive earth pressure)은 흙이 압축되어 파괴될 때의 토압이다.

(2) 수동토압은 옹벽 벽체가 배면방향으로 회전 또는 이동될 때 발생된다. 옹벽 배면의 뒷채움재가 압축되어 벽체의 수평응력이 증가되면서 연직응력을 초과할 때 수평응력에 의해 파괴된다.

(3) 흙막이벽 강널말뚝, 연약지반 상의 교대 측방유동은 수동토압으로 설계한다.

수동토압 $\quad P_p = \dfrac{1}{2} \cdot K_p \cdot \gamma \cdot H^2$

수동토압계수 $\quad K_p = \dfrac{1-\sin\phi}{1+\sin\phi} = \tan^2\left(45° + \dfrac{\phi}{2}\right)$

여기서, ϕ : 흙의 내부마찰각 ($\phi = 30°$이면 $K_p = 3$)

3. 정지토압(靜止土壓)

(1) 정지토압(Po, Hydrostatic earth pressure)은 옹벽 구조물에 수평변위가 발생되지 않는 상태에서 흙이 파괴될 때의 토압이다.

(2) 정지토압은 옹벽 구조물이 안정된 상태를 유지하고 있을 때 발생된다.

(3) 지중(地中)에 매설되는 박스, 암거 등은 정지토압으로 설계한다.

정지토압 $\quad P_o = \dfrac{1}{2} \cdot K_o \cdot \gamma \cdot H^2$

정지토압계수 $\quad K_o = 1 - \sin\phi'$

여기서, ϕ' : 흙의 유효응력으로 표시한 내부마찰각

$\phi' = 30°$이면 $K_o = 0.5$ [168]

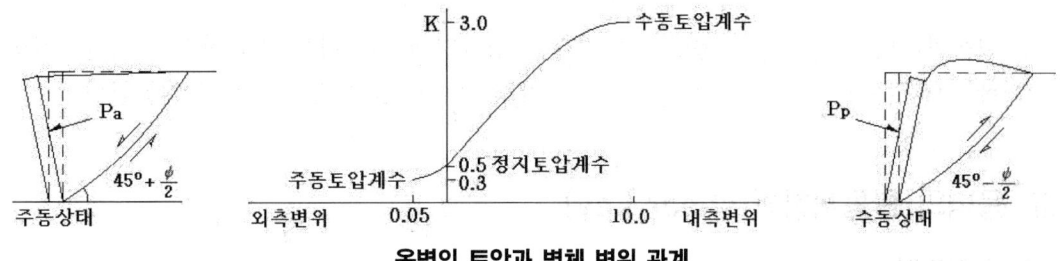

옹벽의 토압과 벽체 변위 관계

168) 박효성 외, 'Final 토목시공기술사 핵심문제', 예문사, pp.998~1001, 2008.

04.39 옹벽의 활동방지벽(shear key)

옹벽(H=10m) 시공 중 안전성을 고려한 시공단계별 유의사항 [0, 1]

Ⅰ. 개요

1. 옹벽의 높이가 높아질수록 수평토압이 증가하여 활동에 대한 안전율이 감소하므로, 옹벽의 활동저항력 증진을 위하여 저판 아래에 설치하는 돌출구조물을 활동방지벽 (shear key)이라 한다.

2. 옹벽이 전도와 침하에 대한 안정성은 확보되어 있으나 활동에 대해 불안정할 경우, 저판의 길이를 증가시키면 비경제적인 단면이 되기 때문에 활동방지벽(shear key)을 설치하면 효과적이다.

Ⅱ. 옹벽의 활동저항력 증가 방법

1. 옹벽에 가해지는 횡방향 수평하중에 대한 활동저항력을 증가시키기 위하여 옹벽의 기초저판 하부에 돌출된 활동방지벽(shear key)을 설치하거나 또는 지반과 직접 접하는 옹벽 기초를 경사지게 설치하는 방법이 있다.

2. 활동방지벽의 높이는 일반적으로 기초저판 높이의 2/3배 이상, 기초폭의 10~15% 정도로 설치하는 것이 바람직하다.

3. 활동방지벽을 설치할 때 안전율(F_s) 검토는 활동을 유발하는 횡방향 하중, 활동에 저항하는 지반의 활동저항력, 활동방지벽에 의한 활동저항력 등을 함께 고려한다.

$$\text{안전율} \quad F_s = \frac{S_R + R_{key}}{S_D}$$

여기서, S_R : 옹벽 기초저면의 활동저항력

$\quad\quad\quad R_{key}$: 활동방지벽에 의한 활동저항력

$\quad\quad\quad S_D$: 활동력

4. 활동방지벽을 설치하는 옹벽 기초저면을 경사지게 하더라도 역학적으로 지반지지력에 대한 문제는 없으나, 쉽게 흐트러지기 쉬운 지반조건에서는 유의해야 한다.

Ⅲ. 옹벽의 활동저항벽(shear key)

1. 설치조건

(1) 옹벽이 전도 및 침하에 대한 안정조건은 만족하지만, 활동에 대한 안정조건을 만족하지 못한 경우

$$\frac{저항모멘트}{전도모멘트} = \frac{M_r}{M_o} > 1.0 \qquad \Rightarrow 전도에 \ 대해 \ 안정$$

$$\frac{지반허용지지력}{지반최대반력} = \frac{q_a}{q_{max}} > 1.0 \qquad \Rightarrow 침하에 \ 대해 \ 안정$$

$$\frac{활동저항력}{활동력} = \frac{H_k}{H} < 1.5 \qquad \Rightarrow 활동에 \ 대해 \ 불(不)안정$$

⑵ 활동방지벽(shear key) 설치로 활동저항력이 향상될 수 있는 기초지반dls 경우

⑶ 현지 여건을 감안할 때 활동방지벽(shear key) 시공이 가능한 경우

⑷ 옹벽 저판길이를 증가시키면 전도 및 침하에 대한 안전율이 지나치게 증가하여, 비경제적이고 비효율적인 단면이 될 경우

⑸ 작업공간에 제약을 받아 옹벽 저판길이를 증가시킬 수 없는 경우

2. 안정조건

$$F_s = \frac{활동저항력}{활동력} = \frac{S_R + R_{key}}{S_D} > 1.5$$

여기서, S_R : 옹벽 기초저면의 활동저항력 (저판과 지반경계의 마찰저항력)

R_{key} : 활동방지벽에 의한 활동저항력 (앞굽저판 흙입자의 수평저항력)

S_D : 활동력 (토압에 대한 전단저항력)

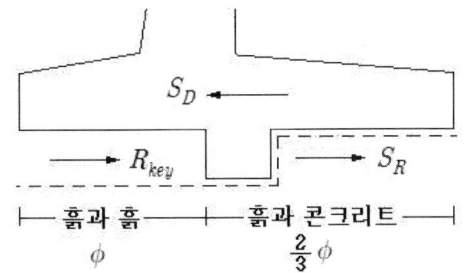

활동방지벽(shear key)의 활동저항력

3. 시공 유의사항

⑴ Shear key 높이는 저판폭의 0.1~0.15배 정도로 설계한다.

⑵ Shear key 위치는 가급적 뒷굽저판 내에 설치한다.

⑶ Shear key 설치 전에 기초지반의 평탄작업을 선행하고, 다짐을 철저히 한다.

⑷ Shear key 설치 중에 저판과 일체가 되도록 철근배근을 배근하고, shear key와 저판콘크리트를 동시에 타설한다.[169]

169) 박효성 외, 'Final 토목시공기술사 핵심문제', 예문사, p.448, 2008.

04.40 옹벽 구조물 뒤채움재

보강토 옹벽 축조 후 배면을 양질토사로 성토 중 문제점 [0, 1]

1. 구조물 뒤채움 재료

(1) 옹벽 구조물 뒤채움 재료는 압축성이 적고 물의 침입에 의해 강도가 저하되지 않아야 하며, 다지기 쉽고 동상 영향을 받지 않도록 다음 품질기준에 적합해야 한다.

뒤채움 재료의 품질기준

구분	양질토사	구분		순환골재
최대치수(mm)	100 이하			
수정 CBR	10 이상	수정 CBR		80 이상
5mm체 통과율(%)	25~100	마모감량(%)		40 이상
0.08mm체 통과율(%)	15 이하	안정성(%)		20 이상
소성지수	10 이하	소성지수		4 이하
이물질 함유량(%)	1.0 이하(용적)	이물질 함유량(%)[1]	유기	1.0 이하(용적)
			무기	5.0 이하(질량)

주 1) 순환골재에 혼입된 아스팔트 콘크리트는 이물질로 분류하지 않는다.

(2) 양질토사는 기초지반의 지지력이 충분하고 암거(box) 위의 피토고가 충분히 높아 교통하중의 영향이 크지 않은 경우에 적용한다.

(3) 뒤채움용 재료로 순환골재를 사용하는 경우에는 감독자 승인을 받아야 하며, 『건설폐기물 재활용촉진법』제35조 및 '순환골재 품질기준'에 적합한 재료이어야 한다.

2. 구조물 뒤채움 시공

(1) 작업준비

① 설계도에 명시된 경계선, 표고, 등고선 및 기준면 등을 확인한다.

② 구조물 뒤채움부는 다른 공종보다 먼저 시공하므로 작업차량 통행에 의한 자연다짐을 유도하여 잔류침하를 최소화할 수 있도록 작업계획을 수립한다.

③ 뒤채움 작업 시작 전에 거푸집, 가설물 등의 잔여재를 깨끗이 제거한다. 이어서, 구조물 벽면에 200mm마다 층두께를 표시하여 층다짐 1층 두께가 200mm 이내가 되도록 시공관리한다.

(2) 구조물 뒤채움 작업

① 구조물 시공 완료 후 기초저면부터 계획고까지 뒤채움 작업이 되도록 '되메우기 다짐방법'에 따라 균일하게 다진다.

② 자연침하 유도 시간이 확보되도록 뒤채움을 체계적으로 시공하며, 투수성이 크거나 젖었거나, 얼었거나, 무른 본바닥 위에는 뒤채움을 금지한다.

③ 정지토압을 초과하는 과도한 수평토압, 허용과재하중을 초과하는 수직토압을 줄수 있는 다짐장비나 다짐공법을 금지한다.

④ 뒤채움 구간에 고여 있는 물은 사전에 완전히 제거하고, 구조물 바깥쪽으로 2% 정도 경사를 두어 구조물 안쪽으로 우수 침입을 막는다.

⑤ 콘크리트암거는 양쪽을 동시에 같은 높이로 뒤채움한다. 현장여건 상 같은 높이로 시공하기 어려운 경우에는 양쪽 최고단차 1.0m 이하가 되도록 시공한다.

⑥ 구조물 뒤채움에 암버력을 쌓을 때는 진동다짐에 따른 구조물 피해를 유의한다.

(3) 옹벽 뒤채움 배수필터

① 배수필터의 설치는 구조물 피해가 없도록 콘크리트 압축강도 17.5MPa 이상 또는 28일 양생 후에 시행한다.

② 배수필터의 설치는 옹벽 구조물 손상 방지를 위하여 반드시 인력으로 시공한다.

③ 옹벽 구조물 주위의 지면은 바깥쪽으로 2% 이상 경사를 갖도록 마무리한다.

(4) 시공허용오차

① 되메우기 중에 재료 함수량은 감독자 승인 함수량에서 ±2% 이내로 유지한다.

② 옹벽 뒷채움 배수필터 시공의 허용오차는 명시된 표고에서 ±25mm 이내로 한다.

③ 구조물 뒤채움 시공의 허용오차는 명시된 표고에서 30mm 이내로 한다.[170]

현장품질관리의 시험방법과 시험빈도 기준

종별	시험종목	시험방법	시험빈도
뒤채움	다짐	KS F 2312	◦ 재질변화될 때마다
	현장밀도	KS F 2311	◦ 독립구조물:개소별 3층마다 ◦ 연속구조물:3층마다, 50m마다 ◦ 관로매설물:3층마다, 100m마다
	평판재하	KS F 2310	◦ 현장밀도시험 불가능할 때
	입도	KS F 2302	◦ 토질변화될 때마다
	함수비	KS F 2306 또는 급속함수량 측정방법	◦ 현장밀도시험의 빈도

---

170) 한국토지주택공사, '구조물 뒤채움 전문시방서', 2012.

04.41 옹벽의 붕괴원인 및 안정대책

철근콘크리트 옹벽에서 발생되는 수직 미세균열의 원인과 방지대책 [0, 2]

Ⅰ. 개요

1. 옹벽은 토사의 안식각을 초과하는 자연사면 또는 절·성토사면의 토사붕괴와 유실방
   지를 위해 설치하는 벽체구조물로서 배면토압과 수압에 안정성을 확보해야 한다.
   옹벽의 안정성 확보를 위하여 조사·설계·시공의 각 단계별로 품질관리를 철저히 시
   행하며, 준공 후에도 점검과 보수·보강 등의 예방적 유지관리를 지속한다.

2. 옹벽의 붕괴방지를 위해서는 옹벽에 작용하는 토압·수압에 의한 활동, 전도, 침하,
   옹벽을 포함한 굴착면의 사면붕괴 및 부력에 대해 종합적 안정성 검토가 필요하다.
   옹벽의 안정성에 가장 큰 영향을 미치는 배면토압 저감대책, 수압 저감대책, 전면
   (前面) 및 배면 배수대책을 적극 검토해야 한다.

Ⅱ. 옹벽의 붕괴형태

1. 옹벽의 불안정에 의한 안전율 저하

(1) 활동 : 안전율 1.5 미만

(2) 전도 : 안전율 2.0 미만

(3) 침하 : 지반의 허용지지력이 최대반력 미만

(4) 굴착면의 지반전체 원호활동 : 안전율 1.5 미만

(5) 부상(浮上) : 안전율 1.3 미만

2. 옹벽의 구조적인 결함

(1) 옹벽 벽체의 휨파괴 및 전단파괴

(2) 옹벽 저판의 전단파괴

Ⅲ. 옹벽의 붕괴원인

1. 설계단계

(1) 현장에 적합하지 않는 옹벽 형식을 선정한 경우

(2) 토질정수 및 배면토압 산정이 부적절한 경우

(3) 단면크기가 부족한 경우

2. 시공단계

⑴ 기초처리(불연속면, 단층 등)가 불량한 경우

⑵ 주철근(절대최대휨모멘트를 받는 부재)의 배근에 오류가 있는 경우

⑶ 뒷채움재료가 불량하고, 다짐이 부족한 경우

⑷ 배수가 불량하고, 줄눈 및 이음부처리가 불량한 경우

3. 유지관리단계

⑴ 옹벽 背面 상부에 허용하중 이상의 重量 구조물이 설치되는 경우

⑵ 옹벽 前面 하부를 터파기하여 기초바닥면이 노출되는 경우

⑶ 옹벽 背面 주변 배수구 관리부실로 빗물이 흘러 내부로 스며드는 경우

⑷ 옹벽 前面 배수공이 막혀 뒤채움재의 함수율이 급격히 증가되는 경우

⑸ 옹벽 전체가 지하수위 아래에서 부력(浮力)을 크게 받는 경우

Ⅳ. 옹벽의 안정대책

1. 조사·설계단계

⑴ 지형조사, 토질조사에서 지반조건, 지하수위, 주변여건 등을 고려

⑵ 옹벽의 형상, 단면, 높이 결정할 때 측압을 고려

⑶ 옹벽의 자중, 토압, 배면토, 상재하중, 수압 등을 고려하여 부재 해석

⑷ 옹벽의 전도, 활동, 침하에 대한 안정성을 철저히 검토

⑸ 옹벽의 前面배수, 地下배수에 대한 대책을 수립

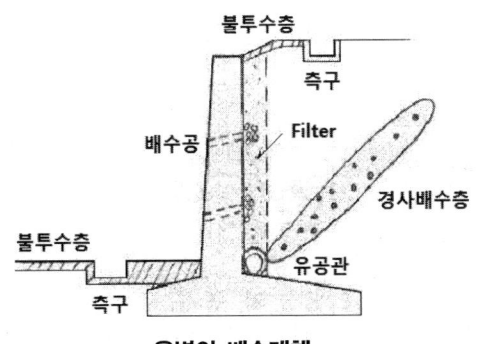

옹벽의 배수대책

2. 시공단계

⑴ 기초 시공

① 기초 연약지반 보강 : 약액주입공법, 말뚝공법

② 기초 경사지반에는 bench cut 실시하여 평탄성 유지

⑵ 뒷채움 시공

① 공학적으로 안정된 재료 사용

② 물리적으로 양질의 재료($C_u > 10,\ 1 < C_g < 3$) 사용

③ 지하수에 대한 배수성이 양호한 재료 사용

④ 다음과 같은 토압이 작은 재료 사용

    ◦ 굵은골재 최대치수   50mm 이하

    ◦ 5mm체 통과율   25~100%

    ◦ 0.08mm체 통과율   15% 이하

    ◦ 소성지수(PI)   10 이하

    ◦ 수침CBR   10% 이하

    ◦ 다짐밀도   95% 이상

⑤ 터파기에서 나온 불량토를 되메우기에 사용을 금지

⑥ 1층 다짐두께 20cm 이하가 되도록 대형장비로 다짐 실시

⑶ 줄눈 시공

① 신축줄눈 : 부등침하, 온도변화, 균열방지 등을 위하여 슬래브의 철근 절단 후, 30m 이하의 설치간격을 유지하면서 지수판 설치

② 수축줄눈 : 건조수축, 균열제어 등을 위하여 슬래브 철근을 연속 설치하면서, 9m 이하의 설치간격을 유지하면서 단면을 줄이는 홈파기 설치

③ 시공줄눈 : 1일 타설량, 거푸집 준비량 등을 고려하여 슬래브 철근을 연속 설치하면서 지수재 설치

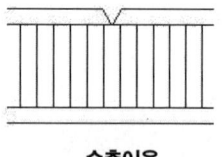
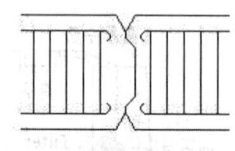
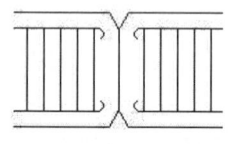

수축이음   **맞물림이음**   **맞댐이음**

줄눈의 설치방법

⑷ 철근배근 및 콘크리트 타설

① 주철근의 배근간격을 유지하고, 피복두께 확보

② 주철근의 위치를 고정하고, 겹침이음길이 확보

③ 타설원칙을 준수하고, 초기습윤양생을 하고, cold joint 방지

3. 유지관리단계

⑴ 옹벽 배면 상부에 과적차량 통행 금지하고, 시설물 추가 설치 금지

⑵ 예방적 유지관리를 시행하면서 필요한 경우에 적기 보수·보강 실시[171]

---

171) 박효성 외, 'Final 토목시공기술사 핵심문제', 예문사, pp.450~451, 2008.

04.42 석축의 붕괴원인 및 안정대책

석축 옹벽(擁壁)의 붕괴원인과 방지대책 [0, 1]

Ⅰ. 개요

1. 석축이란 사면보호와 경사유지를 위하여 석재를 적당한 크기와 모양으로 찰쌓기 또는 메쌓기 방법으로 쌓아올린 흙구조물로서 도로·제방·수로·호안 등에 적용된다.

2. 석축의 붕괴방지를 위해서는 석축에 작용하는 토압·수압에 의한 활동, 전도, 침하, 석축을 포함한 굴착면의 사면붕괴 및 부력에 대한 안정성을 검토한다.

Ⅱ. 석축의 붕괴원인

1. 조사·설계단계

   ⑴ 석축 쌓기공법의 부적절

   ⑵ 배면 토압계산의 부적절

   ⑶ 석축 前面경사의 부적절

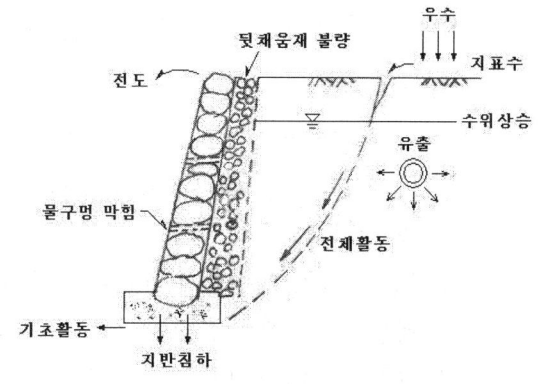

석축의 붕괴원인

2. 시공단계

   ⑴ 기초지반, 뒤채움재, 다짐관리 불량

   ⑵ 1일 시공높이가 설계기준보다 과다

   ⑶ 돌쌓기 전면의 줄눈설치 마무리 불량

   ⑷ 수평·수직 배수공 설치 불량, 물구멍 막힘으로 배수 불량

3. 유지관리단계

   ⑴ 우수 및 지표수 침투

   ⑵ 동·식물에 의한 공동(空洞)을 통해 빗물 침투

   ⑶ 배면 상하수도 관로의 누수로 수압 증가

   ⑷ 교통량 증가 등의 주변진동 영향으로 균열 발생

Ⅲ. 석축의 안정대책

1. 조사·설계대책

   ⑴ 지형조사, 토질조사, 현장시험 등을 통해 돌쌓기 방법·경사 결정

   ⑵ 석축의 자중, 토압, 배면토, 상재하중, 수압 등을 검토

   ⑶ 석축의 전도, 활동, 침하, 부력 등에 대한 안정성 검토

2. 시공대책

(1) 석축 선정

　① 내구성이 강하고, 충분한 강도를 갖출 것

　② 돌의 크기 30×30×45cm, 1m²당 11개, 접촉면적 1/16 이상

(2) 뒤채움돌 선정

　① 내구성이 강하고, 충분한 강도를 가질 것

　② 뒤채움돌 크기는 최대치수 100mm 이하, 입도분포 양호

　③ Piping 방지, 입자보호를 위한 조건 : $\dfrac{F_{15}}{B_{85}} < 5$

　④ 배수성 확보를 위한 조건 : $\dfrac{F_{15}}{B_{15}} < 5$

(3) 기초지반 시공

　① 기초 연약지반 보강 : 약액주입공법, 말뚝공법

　② 기초 경사지반 개량 : bench cut 실시

(4) 석축 쌓기

　① 1일 돌쌓기 높이는 1.2m 이상 금지, 높이 10m마다 신축이음줄눈 설치

　② 메쌓기 : 골재 맞물림이 최대가 되도록 석축배면에 배움돌과 고인돌 설치

　③ 찰쌓기 : 배움돌(큰 돌)로 쌓고, 고인돌 대신 모르타르 채움 실시

　④ 지반 터파기에서 나온 불량토를 재활용하는 되메우기 금지

　⑤ 큰 돌을 아래에 쌓고, 석축 前面경사는 시방규정 준수

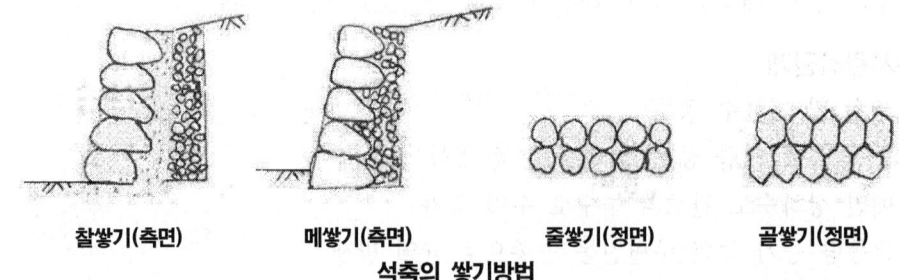

| 찰쌓기(측면) | 메쌓기(측면) | 줄쌓기(정면) | 골쌓기(정면) |

석축의 쌓기방법

(5) 배수공 설치

　① 지표수 유입방지, 절·성토 경계부에 맹암거 설치

　② 물구멍은 석축의 전면에서 배면까지 관통하여 설치

　③ 석축 배면에 부직포를 포설하여 잔골재 유입을 방지

　④ 석축 기초 주변에 매설된 상하수도관의 누수여부 확인[172]

---

172) 박효성 외, 'Final 토목시공기술사 핵심문제', 예문사, pp.452~453, 2008.

04.43 침투수가 옹벽에 미치는 영향 및 대책

옹벽 배면의 침투수가 옹벽에 미치는 영향 및 배수대책 [1, 9]

Ⅰ. 개요

1. 옹벽은 벽체배면에 작용되는 토압과 수압, 뒷채움 상단에 작용되는 수직하중, 사면활동, 침투수에 의한 부력 등에 대하여 구조체가 전도(overturning), 활동(sliding), 침하(settlement)되지 않도록 안정성과 단면력을 확보해야 한다.

2. 특히, 지하수위 아래에 매설된 U형 옹벽에 침투수가 작용되는 경우에는 정수압에 의한 상향의 부력(浮力)이 작용되어 구조물에 피해를 유발하므로 적절한 배수대책을 강구하여 대응해야 한다.

Ⅱ. 침투수가 옹벽에 미치는 영향

1. 정수압에 의한 부상(浮上) 발생

(1) 지하수위 아래에 설치된 U형 옹벽에 침투수가 작용되는 경우, 정수압에 의한 상향의 압력이 생겨 옹벽에 솟음[浮上]이 발생된다.

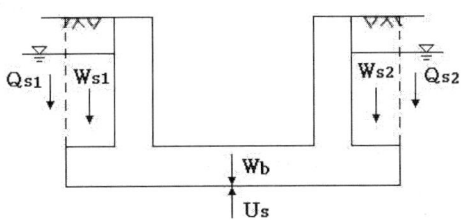

지하수위 아래의 U형 옹벽

2. 부상(浮上)에 대한 안전율

(1) U형 옹벽의 부상(浮上)에 대한 안전율(F_s)은 1.2 이상을 유지해야 한다.

$$F_s = \frac{하향력}{기초판의 상향부력} = \frac{W_b + W_s + Q_s}{U_s} > 1.2$$

여기서, W_b : 옹벽의 자중

W_s : 기초판 돌출부의 토사 자중

Q_s : 흙의 전단응력

U_s : 기초판의 상향 부력

(2) 부상(浮上)에 대한 안전율(F_s) 유지를 위해 적절한 배수대책을 강구해야 한다.

Ⅲ. 침투수에 대한 옹벽 배수대책

1. 옹벽 배수공의 종류

⑴ 간이 배수층 : 옹벽 뒤채움재를 투수성이 양호한 사질토로 다짐하는 경우, 일정한 높이마다 쇄석을 50cm 두께로 포설하는 간이 배수층을 설치한다.

⑵ 수평·수직 배수공 : 옹벽 뒤채움재를 투수성이 불량한 사질토로 다짐하는 경우, 전폭에 걸쳐 50cm 두께로 수평 배수층을 설치하고, 옹벽 배면에 수직방향으로 상부까지 5m 간격으로 수직 배수층을 설치한 후, 벽면 배수공으로 연결한다.

⑶ 연속배면 배수공 : 블럭쌓기 옹벽인 경우, 배면 전체에 걸쳐 50cm 두께의 배수층을 설치한 후, 벽면 배수공으로 연결한다.

⑷ 지하 투수층 : 옹벽 뒤채움재를 점성토로 다짐하는 경우, 뒤채움재가 벽면 배수공을 막지 않도록 옹벽배면에 쇄석·자갈 등으로 지하 투수층을 추가 설치한다.

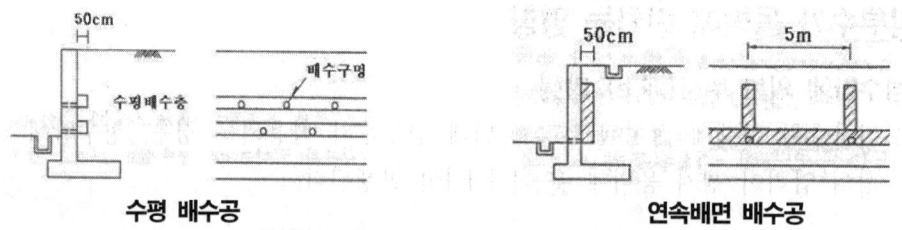

수평 배수공 　　　　　　　연속배면 배수공

2. 옹벽 배수공의 설치

⑴ 배수공 간격

① 콘크리트 옹벽 : 벽면 전체에 걸쳐 5m 간격으로 배수공을 설치한다.

② 부벽식 옹벽 : 부벽 사이의 판넬마다 배수공을 1개씩 설치한다.

⑵ 배수공 내경·입구

① 배수공의 내경은 60~100mm 규격으로 하고, 비닐을 벽체에 묻어 설치한다.

② 배수공의 입구는 구멍지름보다 큰 쇄석으로 설치하여, 구멍을 통해 뒤채움재가 유출되지 않도록 마무리한다.[173]

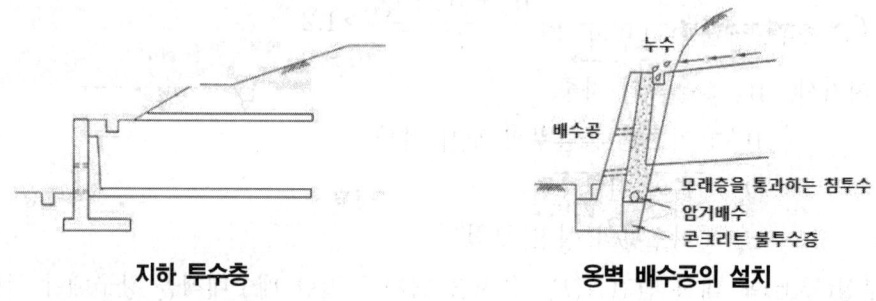

지하 투수층 　　　　　　　옹벽 배수공의 설치

---

173) 박효성 외, 'Final 토목시공기술사 핵심문제', 예문사, p.457, 2008.

04.44 동절기 콘크리트옹벽의 시공

동절기 성토부에 콘크리트 옹벽 구조물 시공 유의사항 [0, 1]

1. 개요

(1) 동절기에 현장타설 콘크리트옹벽을 시공하면 해빙기에 옹벽저면 지반의 융해로 인한 지지력 약화, 한중콘크리트 시공에 따른 품질관리 등의 문제가 생긴다.

(2) 동절기에 성토구간에서 옹벽을 긴급공사로 수행하는 경우, 현장타설 콘크리트옹벽 대신 보강토옹벽을 적용하면 연약지반에서도 공사기간을 단축시킬 수 있다.

(3) 보강토옹벽은 보강재(present concrete panel)가 공장제품이므로 기온변화에 대한 영향을 극복하고 콘크리트 양생기간을 현저히 단축시킬 수 있는 장점이 있다.

2. 동절기 콘크리트옹벽 시공 검토사항

(1) 성토체 재료

① 성토재료의 중량, 공학적 성질(C, ϕ, q_u, D_r), 가상 원호활동면

(2) 성토체 하부의 원지반

① 원지반의 지지력, 지지층 깊이, 지하수위와 모관 상승고, 측방유동 가능성 여부

(3) 동결깊이

① 수정동결지수(℃·일)＝동결지수＋0.5×동결기간×$\dfrac{표고차(m)}{100}$

　　여기서, 표고차(m)＝설계노선 최고표고(m)－측후소 지반고(m)

(4) 성토고에 따른 옹벽 적용성

① 성토고가 7m 이상으로 높아질수록 보강토옹벽이 유리하다.

② 특히, 땅값이 비싼 도시지역에 성토고 20m까지 시공 가능하다.

(5) 옹벽의 배수시설

① 지표면 배수 : 옹벽 배면으로 스며드는 빗물의 침투방지를 위하여 지표면에 식생공, 블록 등의 불투수층을 설치하여 배수구로 집수한다.

② 뒤채움 배수 : 옹벽 배면으로 스며드는 빗물의 신속한 배수를 위하여 간이 배수공, 수평·수직 배수공, 연속배면 배수공, 지하 투수층 등을 설치한다.

(6) 옹벽의 안정성 검토

① 전도·활동·침하, 옹벽전체의 원호활동, 지하수에 의한 부상(浮上)

3. 동절기 콘크리트옹벽 시공 유의사항

(1) 동결심도를 고려하여 옹벽 근입깊이 확보

    ① 해빙기 융해로 인한 물의 배수처리를 고려

    ② 지지층까지 옹벽의 기초를 설치

    ③ 성토체 하부의 원지반이 연약한 경우에는 측방유동 고려

(2) 한중콘크리트 시공에 따른 초기동해 방지

    ① 4℃ 이상　　：일반적인 타설방법을 적용

    ② 4~0℃　　　：타설한 콘크리트를 보호

    ③ 0~-3℃　　：물 또는 물과 골재를 가열

    ④ -3℃ 이하　：물과 골재를 함께 가열, 필요한 경우에는 급열양생 실시

(3) 한중콘크리트의 시멘트

    ① 원칙적으로 조강포틀랜드 시멘트를 사용

(4) 한중콘크리트의 운반·타설

    ① 운반에서 타설 완료까지 소요시간을 최대한 단축하여 온도저하를 방지

    ② 타설 전에 철근이나 거푸집에 부착된 얼음을 제거

    ③ 舊콘크리트나 지반이 동결되어 있는 경우에는 제거 후 新콘크리트 타설

    ④ 타설 중 콘크리트 온도는 5~20℃ 유지

    ⑤ 부재가 얇은 경우에는 10℃ 이상, 부재가 두꺼운 경우에는 5℃ 이상 유지

    ⑥ Concrete pump 사용 중 배송관 예열 및 보온

(5) 한중콘크리트의 거푸집·동바리

    ① 거푸집은 보온성이 좋은 재료를 사용한다.

    ② 동바리 기초는 동결된 지반의 융해시 침하가 발생되지 않게 견고히 한다.

    ③ 거푸집 탈형시 콘크리트가 차가운 외기온도와 급작스럽게 첩하지 않게 한다.

(6) 한중콘크리트의 양생 및 압축강도(MP_a)[174]

구분	얇은 경우	보통의 경우	두꺼운 경우
계속해서 또는 자주 물로 포화되는 부분	15	12	10
보통의 노출상태에 있는 경우	5	5	5

---

174) 박효성 외, 'Final 토목시공기술사 핵심문제', 예문사, p.457, 2008.

04.45 보강토 옹벽

보강토옹벽의 안정검토 방법, 시공 문제점, 붕괴 발생원인 및 방지대책 [1, 6]

Ⅰ. 개요

1. 보강토(補强土, Reinforced earth) 옹벽은 배면토압을 경감시키기 위해 흙과의 마찰력이 큰 보강재를 이용하여 일체화시켜 자중이나 외력에 대하여 층별로 강화된 성토체로 지지하는 토류구조물이다.

2. 보강토 공법의 종류에는 보강토 옹벽 외에도 다음과 같은 유형이 있다.

   (1) 보강토 옹벽　　　　　　　　　보강토 공법의 대표적인 토류구조물
   (2) Soil nailing　　　　　　　　　철근을 넣고 긴장하지 않고 고정시키는 구조물
   (3) RSS(Reinforced slope soil)　　표면을 식생으로 처리하는 친환경적인 구조물
   (4) 토목섬유(Geosynthetics)　　　직물형태(부직포, 매트), 플라스틱 멤브레인

Ⅱ. 보강토 옹벽

1. 구성

   (1) 전면판(Skin plate)
   ① 전면(前面) 수직벽 형성을 위해 보강재와 연결하며 다양한 형상으로 제작한다.
   ② 제품은 PSC skin, metal skin 등 다양하게 상용화되어 있다.

   (2) 보강재(Strip bar)
   ① RC구조물의 철근 역할을 수행하며, 흙과의 마찰력·결합력, 인장강도, 내구성, 유연성 등을 확보하는 부재이다.
   ② 제품은 막대型 아연도금 鋼線제품(폭 10cm, 두께 3.2mm), 격자型 PVC제품 등과 같이 매우 다양하다.

   (3) 연결재
   ① 연직 줄눈재　: 배수용으로 투수성이 좋은 부직포로 제작
   ② 수평 줄눈재　: 충격 방지용으로 코크(cork)로 제작
   ② U형 연결재　: 전면판에 매설하여 보강재와 연결
   ③ Bolt & Nut　: U형 연결재와 보강재를 조립

   (4) 뒷채움재
   ① 뒷채움재는 내부마찰각이 큰 사질토로서 배수성이 양호하고, 함수비가 변해도 강도특성이 변하지 않는 재료로서, 아래 조건을 만족시켜야 한다.

○ 굵은골재 250mm   100% 통과
○ No.200체(0.075mm)   25% 이하 통과
○ 소성지수(PI)   10% 이하
○ 설계CBR   10% 이상
○ 다짐두께   20cm 이상
○ 다짐도   95% 이상

2. 특징

(1) **장점** ○ Skin plate, strip bar 등은 공장제품이므로 공기가 단축된다.

        ○ 기초처리가 간단하며, 부등침하 저항성이 우수하다.

        ○ 수직벽면을 형성하여 땅값 비싼 도시지역에 적합하다.

        ○ Skin plate 이음부에서 배수가 잘 되므로, 배면토압이 감소된다.

        ○ 품질관리가 용이하고, 시공 중 소음·진동문제가 해결된다.

(2) **단점** ○ 보강재(아연도금)의 내구성이 불확실하다.

        ○ 낮은 옹벽에는 비경제적이다.

        ○ 양질의 뒤채움재 구입비가 비싸다.

Ⅲ. 보강토 옹벽의 설계·시공 안전대책

1. 보강재의 포설 위치

(1) 기존의 벽면공을 이용하여 포설하는 경우, 보강재 연결부가 고정되어 있으므로 보강재의 포설간격과 인장강도를 조합하여 경제적으로 배치한다.

(2) 산악지에서 원지반에 근접하여 포설하는 경우, 보강재의 포설길이 확보를 위해 과도하게 지반을 굴착하여 가설할 때 지반이 불안정화되지 않도록 유의한다.

(3) 포설 후에 지하매설 구조물의 시공이 계획되어 있는 경우, 기 포설된 보강재의 길이가 절단될 수 있으므로 안정성 검토할 때 미리 반영한다.

(4) 흙쌓기 재료의 압축성을 무시할 수 없는 경우, 전면 벽면공과의 연결부에 과잉의 인장력이 가해지지 않도록 미리 잔류침하에 대한 대책을 강구한다.

2. 뒤채움재의 포설·다짐

(1) 보통 옹벽에서 뒤채움재의 1층 두께를 결정하는 요인은 흙쌓기 재료, 다짐장비, 다짐도 등의 조건이 큰 영향을 미친다.

(2) 그러나, 보강토 옹벽에서 뒤채움재의 1층 두께를 결정하는 요인은 상기 보통 옹벽 조건 외에 보강재의 부설간격이 더 큰 영향을 미친다.

3. 기초공 검토사항

(1) 토목섬유로 시공한 보강토 옹벽의 기초형식
- 전면벽이 조립식 콘크리트 판넬인 경우, 콘크리트 기초로 시공
- 조립식 콘크리트 블록이나 포장형인 경우, 쇄석층 위에 양질의 모래 포설
- 비교적 높은 조립식 콘크리트 블록 옹벽의 경우, 콘크리트 기초로 시공

(2) 지반조건을 고려한 보강토 옹벽의 기초형식
- 기초지반이 연약한 경우, 치환이나 안정처리 등 지반개량 후에 기초공 타설
- 기초지반이 암반인 경우, 굴착토량을 최소화하기 위하여 암반에 정착시킨 콘크리트 기초 위에 보강토 옹벽을 설치

4. 벽면공 검토사항

(1) 일반적으로 적용되는 보통 벽면재를 사용하는 경우, 가드레일 충격력과 차음벽 사하중을 지지할 수 없으므로 부대구조물을 벽면공이 직접 연결을 금지한다.

(2) 콘크리트 판넬 또는 블록 등의 벽면재를 사용하는 경우, 기초지반의 부등침하에 의해 백면재 틈새로 뒷채움재가 빠져나오면 불안정 요인이 되므로 유의한다.

5. 배수공 검토사항

(1) 투수성이 양호한 흙쌓기 재료를 사용하는 경우, 제체 내에 체수(滯水)되지 않도록 적절한 배수대책을 강구한다.

(2) 투수성이 불량한 흙쌓기 재료를 사용하는 경우, 제체 내에 수평 배수공, 벽면재 배면필터 등을 배치한다.

6. 시공 중 품질관리사항

(1) 하부에서 상부로 조립하는 bottom up 공법으로 시공하면서, 전면판의 수직도 관리를 철저히 한다.

(2) 뒷채움재는 전면판의 변형방지를 위하여 전면판 쪽부터 포설을 시작하고, 다짐높이는 전면판과 평행을 유지하고, 전면판 바로 뒷면은 소형 tamper, rammer로 다진다.

7. 성토고에 따른 보강토 옹벽의 적용성 검토사항

1) 성토고가 높아질수록 RC옹벽보다 보강토 옹벽의 경제성이 유리하다. 성토고 7m 이상일 때 경제성이 있고, 땅값 비싼 도심지는 높이 20m까지 가능하다.

2) 고성토 구간에 보강토 옹벽을 적용하는 경우에는 지반개량 후에 기초를 착수하고, 기초보강공사를 별도로 시행한다. 특히 전면의 사면안정성을 확보 하기 위하여 필요하면 용지를 추가 확보하여야 한다.[175]

---

175) 국토교통부, '도로설계편람', 제7편 포장(동상방지층), pp.407-57~58, 2012.

IV. 보강토 옹벽의 內的 안정조건

1. **한계활동 파괴면** : 伸張性 보강재[토목섬유]와 非伸張性 보강재[강판]는 주동영역과 저항영역 사이의 한계(잠재)활동 파괴면이 서로 다르다.

2. **보강재 파단** : 伸張性 보강재와 非伸張性 보강재의 매설깊이에 따른 토압계수의 변화 역시 서로 다르다.

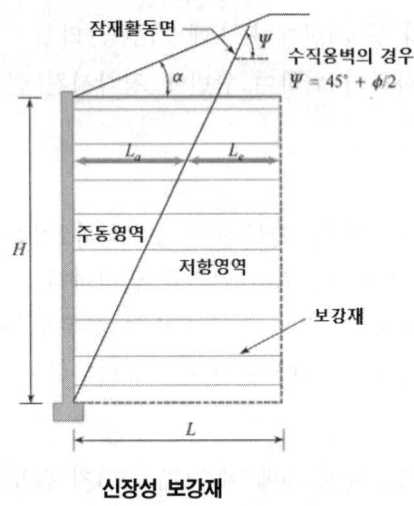
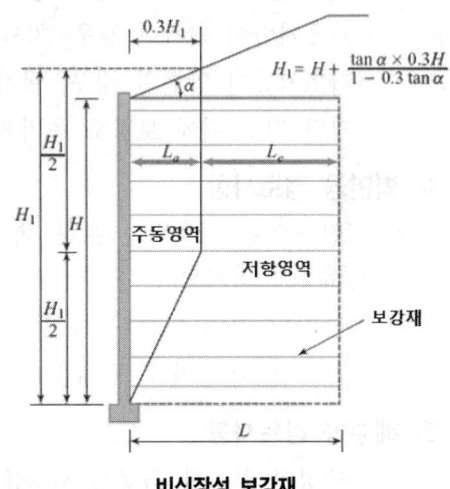

신장성 보강재   비신장성 보강재

한계활동 파괴면

3. **인장력 파괴** : 보강재에 작용하는 최대 인장력 파괴에 대해 보강재 내부의 저항력이 1.5 이상의 안전율을 확보해야 한다.

안전율 $\quad F_s = \dfrac{2L_e(C + \sigma_v \cdot \tan\Phi)R_c}{T_{max}} \geq 1.5$

여기서, $\quad T_{max}$: 보강재의 최대 유발인장력(활하중은 무시)

$\qquad\quad L_e$: 보강토체 내의 저항영역에 매설된 보강재의 유효 저항길이

$\qquad\quad C$: 흙과 보강재 사이의 점착력(사질토에서는 무시)

$\qquad\quad \phi$: 흙과 보강재 사이의 마찰각

$\qquad\quad \sigma$: 보강재에 작용하는 유효 수직응력(활하중은 무시)

4. **연결부 강도** : 전면벽과 보강재 사이의 연결부에 작용되는 최대강도의 안전율은 1.0 이상 확보해야 한다.

안전율 $\quad F_s = \dfrac{T_{con}}{T_d} \geq 1.0$

여기서, $\quad T_{con}$: 전면벽과 보강재 사이의 연결부 최대강도

$\qquad\quad T_d$: 보강재의 설계인장강도

04.46 판넬식 보강토 옹벽

하절토부 판넬식 옹벽인 [1, 0]

1. 용어 정의

(1) 판넬식 보강토 옹벽이란 보강토 옹벽 개념이 적용되는 옹벽 형태로서, 비교적 큰 패널과 보강재를 결속시켜 시공하는 보강토 구조물의 일종을 뜻한다.

(2) 일반적으로 적용되고 있는 역T형 콘크리트 옹벽과 판넬식 보강토 옹벽의 특징을 비교하면 다음과 같다.

옹벽의 특징 비교

구분	역T형 콘크리트 옹벽	판넬식 보강토 옹벽
시공전경		
시공높이	2m~8m	3m~30m
구성재료	철근, 콘크리트, 거푸집, 배수공, 비계 등 가설재, 뒤채움 토공 및 다짐	PC concrete panel, 보강재(strip, paraweb), 부속자재, 뒤채움 토공 및 다짐
기초처리	원지반이 연약하면 기초말뚝 등 별도의 기초처리 필요, 동결심도 아래로 기초처리 필요	원지반이 연약하면 치환공법, pile 등 별도의 기초처리 필요, 변형은 시동 중 발생하나, 시공 후 없음
외적미관	현장타설로 표면이 거칠어 보임 시공이음, 신축이음 등으로 조형미가 없음	계단식으로 축조 가능 다양한 형상의 문양 판넬 제작 가능 조립식 판넬 자체가 문양역할 가능
뒤채움 토공작업	콘크리트 타설 후 뒤채움 쌓기 하므로 양생기간 필요, 옹벽과 인접하여 다짐작업 가능	전면판 크기 10m 이상이므로 계획적인 층다짐 시공관리 필요 옹벽과 뒤채움 작업 동시 완료 가능
보강재	옹벽 높이가 증가하면 공사비 추가하여 영구앵커 시공 가능	옹벽 높이가 증가하면 Steel strip, 섬유보강재 시공 가능
안정성	8m 이하 옹벽까지 시공 가능 배수공 막히면 수압증가로 활동 우려	지반, 배면토압 변위에 적응 우수 보강재 부식되면 안정성 급격히 저하
경제성	절토구간 높이 8m 이하에 경제적임	옹벽 높이 증가할수록 경제적임

2. 판넬식 보강토 옹벽의 특징

(1) 공장제품으로 생산·시판되는 PC 판넬과 보강재를 현장에서 순차적으로 조립하여 간편하게 시공 가능하다.

(2) 현장타설 콘크리트 대신 공장제품 철재 또는 토목섬유의 띠형 보강재를 사용한다.

(3) 보강재와 다짐성토체로 구성되는 역학적 보강토체에 의해 옹벽 배면에 작용되는 수평토압에 저항하도록 설계되어 있다.

(4) PC 판넬이 대형 중량물이므로 운반·시공 중에 엄격한 품질관리가 요구된다.

(5) 옹벽 배면에 쇄석 배수층 설치가 불필요하며, 뒤채움재 선정에 별도 제약이 없다.

(6) 보강재의 결합력이 우수하며, 시공성·경제성이 양호하다. 특히, 공용 중에 변형에 대한 저항성이 탁월하다.

(7) 부등침하에 대한 저항성으 우수하며, 보강재 관리가 용이하다.

3. 판넬식 보강토 옹벽의 外的 안정조건 중력식 옹벽과 동일하게 검토

(1) 활동(活動, sliding)에 대한 安定

$$F_s = \frac{활동저항력}{활동력} = \frac{H_r}{H} = \frac{P_v \cdot \tan\delta + C_a \cdot B}{P_H} > 1.5$$

(2) 전도(轉倒, overturning)에 대한 安定

$$F_s = \frac{저항모멘트}{전도모멘트} = \frac{M_r}{M_o} = \frac{W \cdot x + P_V \cdot B}{P_h \cdot y} > 2.0$$

(3) 침하(沈下, settlement)에 대한 安定

$$F_s = \frac{지반의 허용지지력}{지반의 최대압축응력} = \frac{q_a}{q_{max}} > 1.0$$

$$q_{max} = \frac{V}{B}\left(1 + \frac{6e}{B}\right), \quad q_{min} = \frac{V}{B}\left(1 - \frac{6e}{B}\right) \text{을 적용}$$

(4) 사면 全體의 원호활동에 대한 安定

$$F_s = \frac{원호저항모멘트}{원호활동모멘트} = \frac{M_R}{M_D} > 1.5$$

(5) 부상(浮上)에 대한 安定

$$F_s = \frac{하향력}{기초판의 상향부력} = \frac{W_b + W_s + Q_s}{U_s} > 1.3^{176)}$$

---

176) 박효성 외, 'Final 토목시공기술사 핵심문제', 예문사, pp.454~455, 2008.

05. 지반·암석

◆기출문제의 분야별 분류 및 출제빈도 분석 　　　　05. 지반·암석

분야	063회~115회 분석					최근 5회 분석					소계
	063~073	074~084	085~094	095~104	105~115	115	116	117	118	119	
1. 조사·시험	3	2	5		2				1		13
2. 암석·암반	3	8	1	3	11						26
3. 연약지반	7	13	13	11	20	1			1		65
4. 路床·凍上·배수	9	6	4	7	4					1	32
5. 측량·계측관리	2	3	8	6	4	1			2	1	25
소계	24	32	31	27	41	2			4	2	161

◆기출문제 분석에 따른 학습 중점방향 탐색

토목시공기술사 필기시험 제63회부터 120회까지 출제되었던 1,798문제(31문항×58차분) 중에서 '05. 지반·암석' 분야에서 표준관입시험, N값 수정, 암반분류, 연약지반 판정·침하량·개량, 노상지지력 측정 CBR시험, 동결지수, 계측관리 등을 중심으로 161문제(9.0%)가 출제되었다. 토공사를 주된 작업으로 하는 흙막이벽 설치, 사질토·점성토 연약지반 개량, 필댐(earth dam) 축조 등의 시공 중에 계측방법을 빠뜨리지 않고 묻고 있다.

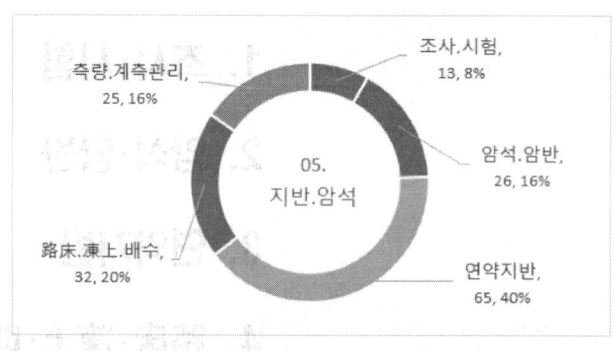

지반·암석 분야는 지질 및 지반공학에 속한다. 최근 대규모 토공사의 원위치시험에 지하레이저탐사(GPR)장비가 자주 쓰이고 있다. 암반 분류방법은 RQD, TCR, RMR, Q-system 등이 예전이나 지금이나 변함없이 적용되고 있다. 대절토 암반사면 시공 중 파괴형태와 방지대책에 대하여 평사투영법을 기본으로 암반공학 이론을 복습한다.

연약지반의 정의·판정기준·침하량 추정을 정리한다. 연약지반 상에서 흙쌓기나 땅파기 시공 중의 거동파악, 토질조건을 고려한 연약개량공법 등을 비교·설명한다. 사질토 및 점성토에 대한 개량공법의 종류를 토목섬유(Geotextile), 압성토, 경량성토(EPS), 사전재하(preloading), 연직배수(drain paper), 지하수위저하, 모래다짐말뚝, 약액주입공법 등에 대하여 요약한다.

토공사에서 설계CBR과 수정CBR, 노상재료의 품질기준, 노상의 다짐도 판정방법, proof rolling 등을 자주 묻는다. 동결심도 결정방법, Ice lance, 동상(frost heaving), 융해(thawing)도 묻는다. 돌출문제로 측량에 관하여 Traverse, GIS, GPS 등을 더러 묻기도 한다.

05.01 지반조사

대단위 토공사에서 현장조사의 종류, 목적, 유의사항 [0, 1]

Ⅰ. 개요

1. 지반조사를 통하여 알아내고자 하는 것을 열거하는 다음과 같다.

    (1) 토목·지질기술자가 지질구조와 지형구조를 파악하기 위하여 육안으로 관찰한다.

    (2) 지반의 층서(層序)를 파악하기 위하여 지반의 구성, 암반층의 깊이, 지하수의 깊이 등을 조사한다. 이를 위해 시추(boring), 사운딩(sounding), 보아홀(borehole), 물리탐사법 등이 이용된다.

    (3) 현장에서 교란 시료(disturbed soil)를 채취하여 실험실에서 흙의 기본적 물성(비중, 입도분포, 연경도, 함수비 등) 측정시험을 실시한다.

    (4) 현장에서 불교란 시료(undisturbed soil)를 채취하여 실험실에서 흙의 역학적 특성(단위중량, 전단강도, 압축성, 투수성 등) 측정시험을 실시한다.

    (5) 현장에서 직접 원위치 시험(베인시험, 표준관입시험, 콘관입시험, 공내재하시험 등)을 실시하기도 한다. 그 이유는 현장에서 불교란 시료를 채취하더라도 완전히 교란을 방지할 수는 없기 때문에 원위치 시험이 필요하다.

2. 이와 같은 목적으로 실시하는 지반조사를 단계별로 정리하면 다음과 같다.

단계		시기	목적	내용	범위
예비조사	자료조사	사업구상에서 구체적인 계획	◦도로노선 계획	◦각종 자료 조사·분석 ◦지표답사	◦대상구간의 광범위한 지역
	현장답사	비교노선 검토부터 노선결정까지	◦도로노선 선정	◦해당 현장의 지형·지질조건에 대한 개략조사 ◦해당 현장의 환경·입지조건에 대한 광역조사	◦계획노선과 비교노선 포함한 광범위한 지역
	개략조사				
본조사		노선결정 이후부터 공사착공까지	◦상세한 설계 ◦시공계획의 수립 ◦설계자료의 평가 ◦신기술·신공법 검토 ◦구조적 단면 해석 ◦공사비 산출 등	◦상세한 지질·지반 조사 ◦주변환경과 공사에 필요한 제반설비·법규 등 조사	◦결정된 노선 및 주변지역
시공 중 보충조사		시공 중	◦공정·품질·안전·원가 등의 시공관리 ◦주변지역 통제	◦시공 중 계측 ◦기상변화에 따른 조사 ◦주변환경영향조사	◦시공 영향을 받을 우려가 있는 인접지역

II. 단계별 지반조사 내용

1. 예비조사

(1) 계획단계의 자료수집 및 현장답사를 조사로서 현장 관련 모든 기존자료를 수집하고, 공사현장의 지형·지질·기후·재해·교통 등 시공에 필요한 정보 입수

(2) 자료수집 : 지형도, 지질도, 토양도, 조석·조류자료, 기후·기상자료, 공사현장 주변의 지질조사보고서, 항공사진, 지반원격탐사자료, 지진관련자료 등

(3) 현장답사 : 공사현장의 개괄적인 지형·지질상태, 현장작업조건 등을 실제 조사

기존자료조사의 주요내용

조사대상	자료조사 내용	자료구입처
기존 구조물	◦ 배치도, 설계도면, 시공자료, 현재상태 등을 검토하여 개략적인 지반조건, 지지력, 위험요소 등을 파악	현장답사 사용자 설문
인접지역 자료	◦ 대상노선의 인접지역에서 실시된 조사자료를 활용하여 지반의 종류·조건, 지하수 분포상태 등을 파악	시·군·구청 소유자, 설계자
지형도 항공사진 위성사진 고지형도	◦ 과거와 현재의 지형상태 조사·분석 ◦ 지질경계, 파괴지역, 식생, 수계 등의 분포상태 파악 ◦ 시추, 골재원, 토취장, 채석장 후보지 조사에 활용 ◦ 보링 시추장비 진입로, 시추용수 취득가능성 파악	국가지리정보원 중앙지도문화사 산림청
지질도	◦ 지층분포, 지질구조(단층, 습곡, 절리, 선구조) 특성, 공동 발달유무 등을 분석하여 터널굴착 조건 예측	한국자원연구소
토양도	◦ 토양의 비옥도, 수분상태 등의 성질로부터 흙의 물리화학적 및 공학적 특성 추정	농어촌진흥공사
우물현황	◦ 지하수 부존상태, 지하수위 상태 등의 특성 파악	사용자 설문

현장답사의 주요내용

답사대상	현장답사 내용
지형변화	◦ 과거에 제방, 수로, 성토, 매립, 산사태 등의 흔적이나 활동범위
지표수·지하수	◦ 용출수 존재, 우물 수위, 지하수 계절적 변동, 호우시 배수·저수 상태
인근구조물	◦ 도로·철도, 교대·교각 등 주요구조물의 침하, 균열, 경사, 굴곡 상태
지하매설물	◦ 상하수도, 가스관, 통신·전력케이블, 지하철, 지하도, 건물기초
수송통로	◦ 중차량 출입제한 유무, 교통상황, 도로주변의 소음·진동공해 등

2. 개략조사

(1) 예비조사에서 수집한 결과를 토대로 하여 공사 예정현장에서 보링(boring)을 실

시하면서 본조사의 실내시험을 대비하여 불교란 시료를 채취하기도 한다.

(2) 예비조사에서 일반적인 경우에 획득하는 주된 공사정보는 다음과 같다.

① 현장의 전반적인 지형, 지질상태 및 배수로의 존재 여부

② 인근 기존 공사의 굴착작업에서 시행했던 토질 성층에 따른 기초공법

③ 공사 예정현장 및 주변지역의 자연식생 상태

④ 건물이나 교대, 제방 등에 있는 홍수위의 흔적

⑤ 지하수위(부근 우물의 깊이 관측) 등을 포함하는 지질조사

3. 본조사

(1) 원위치·실내시험 : 상세설계를 위한 예비조사와 개략조사에서 얻은 공사정보를 토대로 하여 원위치시험(표준관입시험, 베인전단시험), 실내시험(압축시험, 배수시험, 직접전단시험), 물리탐사 등을 실시한다.

(2) 지반조사 : 지층의 구성·특징, 지지층의 깊이와 지지력, 연약층의 전단강도, 지반 침하·변형 특성, 지하수위 등에 대한 상세한 정보를 수집한다.

(3) 하천조사 : 시공 중 우수에 의한 도로구조물(교량·암거)의 피해방지대책, 교대·교각설치에 따른 이수(利水)나 주운(舟運) 영향감소대책 등을 마련한다.

(4) 환경조사 : 공사현장의 지형지질, 작업공간, 작업면적 등의 환경조건이 구조물 기초의 형식, 규모, 공법, 기계, 설비 등의 선택에 미치는 영향을 조사한다.

(5) 연약지반 : 지반의 압밀침하, 교대의 측방유동, 흙막이벽의 안정성, 지진 대비 포화 사질토의 액상화 가능성 등에 대하여 평가한다.

(6) 산지계곡 : 기존 지질자료를 근거로 비탈면 붕괴, 토석류 낙반 사례를 조사하여 하부구조의 형식, 시공방법, 보강공법 등을 결정한다.

(7) 근접시공 : 기존 구조물에 근접시공하는 경우에는 기존구조물의 허용변위량을 결정하고, 보강공법을 검토할 때 준공도면을 바탕으로 응력상태를 조사한다.

4. 시공 중 보충조사

(1) 본조사에서 시추했던 지층구조와 시공 중에 실제 확인된 지층구조의 서로 달라 대상 구조물의 설계변경이 필요한 경우에 시공방법의 결정, 설계의 적정성 및 안전성 평가 등을 위하여 보충조사를 실시한다.

(2) 시공 중 보충조사는 시료채취하여 실내시험 실시, 지반이나 구조물의 변위·침하 계측, 기초지지력 측정 등을 실시하여 설계변경 자료를 수집한다.[177]

---

177) 김낙석·박효성, '앞서가는 토목시공학', 개정 1판1쇄, 예문사, pp.245~248, 2018.
국토교통부, '지반조사 개요', 국토지반정보 통합DB센터, 2019.

05.02 원위치시험, 실내시험, 시추주상도

사운딩(sounding) 종류, 시추주상도 [2, 0]

I. 개요

1. 지반조사는 지반 상에 건설되는 구조물의 설계에 필요한 지반정보를 획득하기 위하여 수행되는 일련의 지표지질조사, 지하수조사, 물리탐사, 시추조사, 현장(원위치)시험, 시료채취, 실내시험 등을 총칭한다.

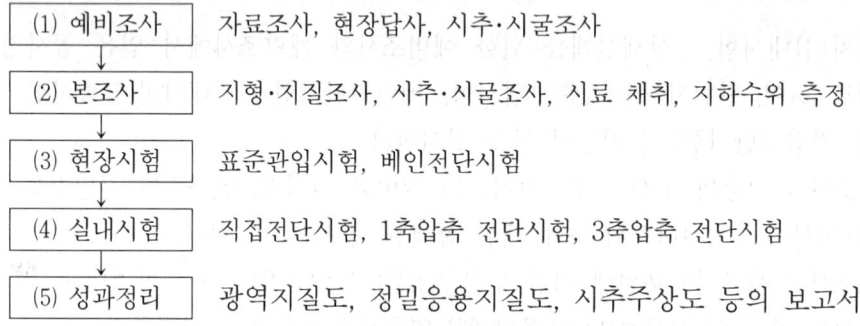

(1) 예비조사	자료조사, 현장답사, 시추·시굴조사
(2) 본조사	지형·지질조사, 시추·시굴조사, 시료 채취, 지하수위 측정
(3) 현장시험	표준관입시험, 베인전단시험
(4) 실내시험	직접전단시험, 1축압축 전단시험, 3축압축 전단시험
(5) 성과정리	광역지질도, 정밀응용지질도, 시추주상도 등의 보고서

지반조사 업무 흐름도

II. 예비조사

1. 자료조사

(1) 자료조사의 목적은 기존의 관련 자료를 수집하여 주변의 지형·지질을 파악하고, 환경·기상, 문화재 등을 조사하여, 예상 문제점을 파악하는데 있다.

(2) 지형·지질자료 : 지형도, 지질도, 시추주상도, 인공위성사진, 항공사진, 음영기복도, 한국지질자원연구원 발간 1/50,000 축척 지질도 등

(3) 조사·관측자료 : 과거 토질조사기록, 지하매설물 현황자료, 토목·건축공사의 설계도, 시공기록 및 시설보수자료, 비탈면 재해자료, 지하수 관정 등

2. 현장답사

(1) 현장답사는 현지지형, 지질·암질, 환경조건 등을 확인하고, 설계·시공, 방재 문제점을 파악하며, 본조사의 항목·위치 등을 검토할 목적으로 실시한다.

(2) 현장답사를 할 때는 자료조사 결과물(지형·지질자료, 조사·관측자료), 답사용 장비(암석용 해머, 핸드 오거, 휴대용 삽·콘관입시험기·레벨, 폴, 줄자, 사진기, 쌍안경, 보고서 양식) 등이 필요하다.

3. 시추·시굴조사

⑴ 현장에서 흙깎기, 흙쌓기, 터널, 교량 등의 공사비용과 공사기간에 지대한 영향을 미치는 개소를 대상으로 직접 시추·시굴하는 표본조사를 실시한다.

⑵ 총사업 규모에 영향을 주는 중요한 개소를 대상으로 표본조사를 실시한다. 구조물 계획을 검토하여 현장에서 시추·시굴조사 대상의 위치와 수량을 선정한다.

III. 본조사

1. 지형·지질조사

⑴ 대상 지반의 지질구조를 파악하여 파쇄대·절리·단층 등의 불연속면에 대한 정량적·정성적인 평가를 수행하고 이를 설계에 반영한다

⑵ 불연속면의 특성에는 불연속면의 방향, 간격, 연속성, 굴곡, 강도, 간극, 충전물질, 지하수 용출상태, 불연속면군 수, 암괴 크기 등을 포함한다.

⑶ 공동이 존재할 우려가 있는 석회암, 돌로마이트, 석회규산염암 등 석회질암, 풍화저항성이 낮은 셰일, 이암, 응회암 등은 암종분포 특성을 정확히 파악한다.

2. 시추·시굴조사

⑴ 지반의 시추·시굴조사는 대상 현장에서 시료를 채취하거나, 지반의 하부상태를 직접 조사하고, 지하수위나 표토의 두께를 결정하기 위하여 필요하다.

⑵ 시추·시굴조사를 할 때 얕은 심도는 인력으로 시행하며, 깊은 심도는 기계굴착을 이용한다. 예민비가 큰 점토나 파쇄되기 쉽고 풍화가 심한 암석, 벌집구조를 가진 경우에는 직접 수(手)작업으로 시료를 채취하기도 한다.

3. 시추주상도

⑴ 시추주상도(試錐柱狀圖, boring log)는 현장에서 지반 상태, 지하수 유동 등을 조사한 후 지질단면을 도화(圖畵)로 표현한 것으로, 시추하면서 수집한 지반정보와 채취한 시료의 관찰결과를 정리한 도표(圖表)를 말한다.

⑵ 시추주상도는 일반현황 부분과 세부조사 부분으로 구성된다.

① 일반현황 부분에는 지질정보 외의 시추공에 관련된 각종 정보가 포함된다. 시추공의 이름, 위치, 지하수위(시추 완료 후 24시간, 48시간, 72시간 경과 후 각각 측정하여 안정된 수위를 산정) 등을 기록하며, 시추 작업시간, 조사자, 발주자, 시추장비, 시추의 유형 등이 포함된다.

② 세부조사 부분에는 가능한 모든 정보가 간결하게 기재되어야 한다. 흙 시료는 입도, 입형, 색, 굳기, 다짐도, 함유물, 냄새, N값 등을 기록하며, 암석시료는 암석의 종류, 강도, 풍화정도, 절리간격, 방향, 함유물, 코아회수율, RQD, 구성광물, 시간에 따른 변화특성 등을 기록한다.

(3) 시추주상도는 공사 예정지역의 토층이나 암층의 상태를 예측하여 흙파기, 흙막이 등의 공법 선정, 기초의 설계 및 형식 결정, 안전하고 경제적인 시공 등에 필요한 설계도서 중의 하나이다.

4. 시료 채취

(1) 현장에서 지반조사 수행 외에 아래와 같이 현장을 대표할 수 있도록 교란상태 또는 비교란상태의 시료를 채취한다.

① 교란시료 : 심도 1.0m 간격 또는 지층이 변화할 때마다 채취

② 비교란시료 : 개수와 채취 간격은 대상 구조물의 시험방법에 따라 결정

(3) 수(手)작업 채취시료는 다른 방법에 의한 시료들보다 교란정도가 작으므로, 시료상자보다 다소 작은 크기로 깎은 후에 왁스 바른 상자에 넣고 봉인·운반한다.

(4) 암석 코어회수율은 암의 풍화도·신선도를 나타내므로, 회수율이 낮은 경우에는 코어 단면을 세심하게 조사하여야 한다.

시추·시굴조사 방법

구분	조사방법	적용대상
Auger boring	◦ 시료를 주기적으로 채취할 수 있으며 수동 또는 동력으로 작동, 연속오거를 사용하면 시료회수도 가능, 별도의 케이싱을 사용하지 않음	◦ 부분 포화된 모래·실트, 연약한 점성토의 지하수위 부근 얕은 심도조사로 배출된 시료 사이의 구멍을 말끔히 하기 위해 사용
Rotary boring	◦ 천공수를 순환시켜 동력회전의 비트구멍에서 지반굴착으로 인한 슬러리를 제거하고, 천공슬러리를 검사하여 지층변화를 조사	◦ 큰 자갈, 조약돌, 호박돌을 포함한 흙을 제외한 모든 토질에 적용 가능, 가장 빠른 천공방법으로 토질샘플과 암석코어는 150~240mm로 제한
Percussion boring	◦ 시추구멍 하단을 동력으로 타격하면 물이 슬러리가 되면서 펌프에 의해 주기적으로 제거되고, 제거된 슬러리의 구성물에 의해 지반변화를 조사	◦ 거친 자갈, 호박돌, 암석층 관입을 위해 오거나 수세식 시추를 조합·사용하며, 천공속도의 변화로 탐침구멍 및 연약한 암석층까지 시추 가능
Vane test	◦ Vane을 내관에 연결하고 측정심도까지 내관을 점성토 지반에 관입·회전, torque와 회전각을 컴퓨터로 관측, remolded(교란 후) 예민비 산출	◦ 원위치 비배수강도를 직접 측정 가능, 흙의 소성이 클수록 다소 큰 값이 산출되므로 소성지수(PI) 값 20이상이면 보정계수(μ) 값 1을 채택

5. 지하수위 측정

(1) 지하수위는 시추 종료 후에 지하수가 회복되어 안정된 상태에서 측정하기 위해 시추 종료 후 24시간, 48시간, 72시간 경과할 때마다 측정한다.

⑵ 지하수위 안정화를 위해 시추공에 유공 케이싱을 설치하고 기다려야 한다. 특히 공사현장에서 지하수위는 계절적 변동이 심하므로 장기적으로 측정한다.

⑶ 현장투수시험으로부터 투수계수를 측정할 수 있다. 투수계수는 토질 물성 중 변화폭이 가장 커서 시험방법에 따라 10배 이상의 오차가 포함될 수 있다.

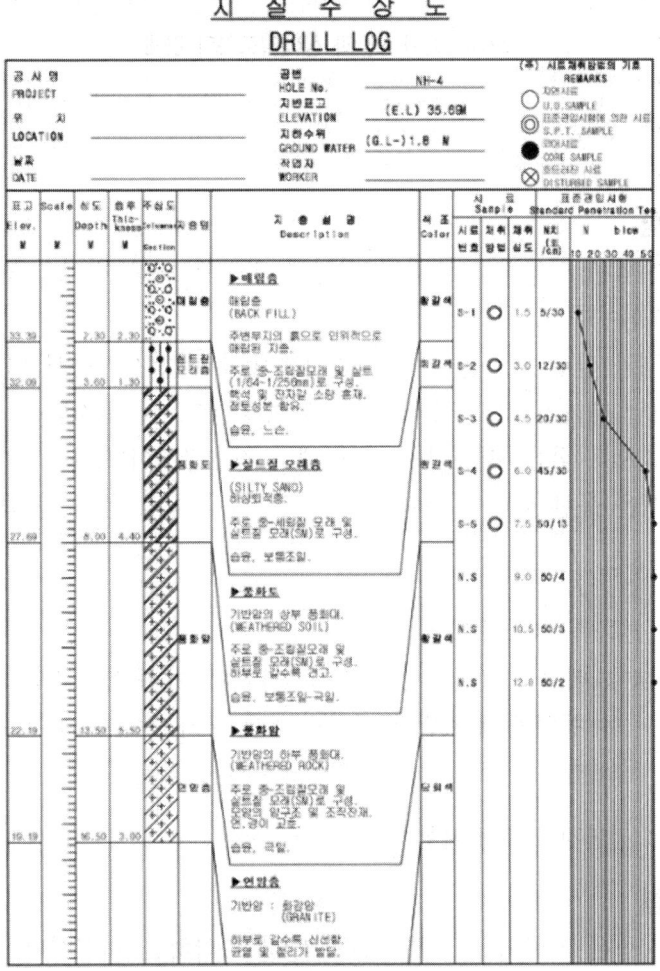

Ⅳ. 현장시험

1. 표준관입시험

⑴ 표준관입시험은 호박돌 지반을 제외한 대부분의 지반에서 토질 특성을 파악하기 위하여 N값을 구하는 현장시험으로 가장 널리 사용되고 있다.

⑵ 무게 63.5±0.5kg 햄머를 76±1cm 높이에서 자유낙하시켜 표준외경 50.8mm 시험용 샘플러를 300mm 관입시키는데 필요한 타격횟수 N값을 구한다.

(3) 소요 깊이까지 시추공을 천공하고 공저의 슬라임을 제거한 후 샘플러를 로드에 매달아 공저로 내린다. 햄머를 이용하여 150mm 예비타, 300mm 본타를 타격하면서 타격횟수 N값이 50회일 때 멈추고, 그 때의 관입량을 측정한다.

(4) N값의 분포로부터 지반의 강도, 연경도, 구성상태, 변형량, 함수량 등을 알 수 있고, 지지층을 분석하여 압밀층, 지하수위, 투수성 등의 정보를 얻을 수 있다.

모래층에서 N값과 상대밀도와의 관계

N값	0~4	4~10	10~30	30~50	50 이상
상대밀도	매우 느슨	느슨	보통 조밀	조밀	매우 조밀

2. 베인전단시험

(1) 베인전단시험은 연약하고 포화된 점성토 지반에 대한 비배수 전단강도를 추정하는 현장시험이다.

(2) 4개의 날개가 달린 베인을 지반에 관입시킨 후 회전시키면서 베인에 의한 전단파괴가 일어날 때까지 소요되는 회전력을 측정한다. 이 회전력을 원주형 표면의 단위전단저항으로 환산하면, 이 값이 비배수 전단강도이다.

(3) 인전단시험을 통한 비배수 전단강도(S_u)는 다음 식을 통해 산정한다.

$$S_u = \frac{T}{K}$$

여기서, T : 측정된 회전력

K : 베인상수(베인시험할 때 전단응력이 원통파괴면 단부와 주변에 균등하게 분포된다는 가정 하에 구하는 상수)

V. 실내시험 : 전단강도 추정시험

1. 직접전단시험

(1) 직접전단시험은 지반의 강도특성을 간단히 파악하는 시험이다. 3개로 분리된 전단상자에 시료를 넣고 연직하중을 가한 후 수평하중을 증가시켜 시료를 전단시키면서 수평하중에 따른 수평변위·연직변위를 측정한다.

(2) 직접전단시험에서는 시료 내의 가장 취약한 부분이 아니라 미리 정해진 파괴면을 따라 파괴가 유발되므로, 파괴면에서 응력분포가 균일하지 않다. 따라서 평가된 강도에는 약간의 오차가 포함될 가능성이 있다.

2. 일축압축시험

(1) 일축압축시험은 흙 시료에 수직방향 하중만을 재하($\sigma_1 \neq 0$)하고, 수평방향 하중은

없게 하여($\sigma_3 = 0$) 점성토의 강도와 압축성을 추정하는 시험이다.

(2) 일축압축강도 $q_u = 2c \cdot \tan\left(45° + \dfrac{\phi}{2}\right)$ 에서 최대 주응력면(수평면)과 파괴면이 이루는 각도를 θ 라 하면, $\theta = 45° + \dfrac{\phi}{2}$ 이다.

3. 삼축압축시험

(1) 비압밀-비배수 전단시험(unconsolidated undrained test)

① 비압밀-비배수 전단시험은 일축압축시험과 같이 점성토의 비배수 전단강도를 추정하는 시험이다.

② 비배수상태에서 멤브레인으로 둘러싸인 원통형 시료에 등방의 구속압을 가하여 압밀시킨 후, 연직방향의 축차응력을 증가시켜 하중-변위관계를 측정한다.

③ 비배수 전단강도는 최대축차응력의 1/2로 계산되며, 간극수압은 일반적으로 측정하지 않는다. 따라서 얻어진 결과는 전응력 해석에 활용할 수 있다.

(2) 압밀-비배수 전단시험(consolidated undrained test)

① 압밀-비배수시험은 점성토의 비배수 전단강도와 응력-변형률 관계를 추정하는 시험이다. 배수상태에서 등방의 구속압을 가하여 시료를 압밀시킨 후, 축차응력을 증가시키면서 하중-변위 관계와 간극수압을 측정한다.

② 동일한 응력을 가지는 점성토 지반의 비배수 전단강도는 유효구속압에 비례하므로, 과압밀비가 동일할 때 하나의 시험만으로도 다양한 초기 유효구속압에 해당하는 비배수 전단강도를 예측할 수 있다.

(3) 압밀-배수 전단시험(consolidated drained test)

① 지반 중에서 응력상태를 재현하기 위하여 흙 시료를 압밀시킨 후, 물이 배출되도록 충분한 시간을 두고 전단강도를 측정하는 완속(緩速)의 시험이다.

VI. 성과정리

1. 지형·지질조사 결과는 응용지질도로 정리한다. 응용지질도는 터널구간을 포함하는 광역지질도(축척 1/25,000)와 정밀응용지질도(축척 1/5,000)로 작성한다.

2. 시추조사 결과는 시추주상도에 정리한다. 지층설명은 색조, N값, 강도, 풍화도, 균열상태, 암석명, TCR(total core recovery), RQD 등을 포함하여 기록한다.

3. 공내재하시험, 수압시험, 투수시험, 초기응력측정시험 등의 현장시험이나 지구물리탐사 결과는 각각의 목적에 적합하도록 일정한 양식에 기록한다.[178]

---

178) 박효성 외, 'Final 토목시공기술사 핵심문제', 예문사, pp.300~311, 2010.

05.03 RBM(raised boring machine)

RBM(raised boring machine) [1, 0]

1. 개요

(1) RBM(raised boring machine)이란 대형 피치 고압 드릴 파이프가 장착된 접이식 천공(boring)장비로서, 유압(油壓)으로 상승·하강하는 보링기계를 말한다.

(2) RBM기계는 원격 Work station에서 관리자가 보링의 속도·회전수 등을 효과적으로 조정할 수 있고, 전통적인 raise boring 뿐 아니라, 상승·하강 boring도 가능하다.

2. RBM 적용 사례

(1) 공사개요

① 경북 청송양수발전소 건설공사

① 2000.9월~2007.3월, 5,920억원

(2) 공사규모, 사업효과

① 원격운전 시설용량 30kW×2기(총60만kW) 발전소 건설

② 발전용수 저장 상·하부 콘크리트 표면차수벽형 석괴댐(CFRD) 건설

③ 연간 11억1천KWh 첨두부하용 전력 생산, 주왕산국립공원 연계 관광명소 개발

RBM

(3) 공사특징

① 청송양수 핵심시설인 지하발전소 空洞이 아치 천정부와 수직 측벽부의 탄두형으로 설계되어 구조 안전성과 시공 용이성 측면에서 RBM을 사용하였다.

(4) 신기술·신공법 적용

① GPS(Global Positioning System)를 활용한 다짐관리 : 진동다짐용 롤러에 GPS 수신기를 부착하고 위성 데이터를 수신하여 실시간 다짐궤적, 다짐속도, 다짐횟수, 다짐두께 등을 화면에 표현함으로써 다짐여부를 판단하는 시스템이다.

② Curd Element 공법 : 시멘트를 적게 배합한 빈배합 콘크리트를 Curd machine을 이용하여 댐 축방향으로 연속타설 후, 신속히 지지층을 축조하는 공법이다.

③ RBM(raised boring machine) 공법 : 대구경 터널 보링 RBM 장비를 이용하여 상부에서 하부로 300m 보링하고 터널 굴진의 방향성을 확인한 후, 리머(reamer)를 이용하여 역(逆)으로 하부에서 상부로 굴착하는 공법으로 굴착의 시공 정밀도 및 안전성을 확보할 수 있다.179)

---

179) 서민규, '청송양수발전소 준공 국내 최초 원격운전 가능', 투데이에너지, 2007.
김낙석·박효성, '앞서가는 토목시공학', 개정 1판1쇄, 예문사, pp.243~251, 2010.
한국철도시설공단, '지반조사', 2014.

05.04 지하레이더탐사(GPR)

지하레이더탐사(Ground Penetrating Rader) [3, 0]

1. 개요

(1) 지표투과레이더(GPR, Ground Penetrating Radar)는 10MHz~수GHz 주파수의 전자파를 이용하여 깊은 지층의 지하시설물을 탐사하는 장비로서, 상대적으로 짧은 파장의 전자파를 사용하므로 분해능이 높고, 매질 간의 유전율 차이에 의한 전자파의 반사(reflection)와 회절(diffraction)을 측정·해석하여 지하시설물을 탐사한다.

(2) 유전율은 축적지 용량이 내부 삽입 물질에 따라 변화할 때 볼 수 있는 물리량으로, 전자파의 속도를 결정하는 요인으로 작용한다. 전자파 속도는 유전율에 의해서만 좌우되지는 않지만, GPR 탐사장비에 사용되는 주파수 대역에서는 유전율이 일반적으로 전자파 속도를 결정짓는 역할을 한다.

(3) GPR 탐사장비는 콘크리트 비파괴 검사, 지반조사, 환경오염조사, 지하시설물 측량 등에 쓰인다. 특히, 빙하지대, 원유, 사암, 기반암, 순수한 물 등과 같이 매질의 전지전도도가 낮은 지역에 가장 큰 효율성을 나타낸다. 그러나, 전지전도도가 높은 매질인 점토층, 염수층 등에는 전자파의 감쇠특성으로 인하여 적용하기 어렵다.

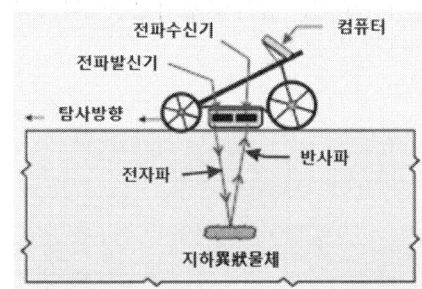 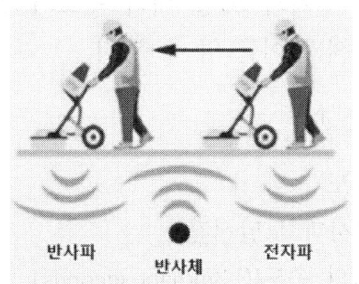 

GPR 탐사장비

2. GPR 적용분야

(1) 콘크리트 비파괴 조사
  ○ 철근콘크리트 피복두께
  ○ 내부 공동(空洞) 위치
  ○ 강지보재 위치
  ○ 라이닝 두께
  ○ 콘크리트 배면공동 등

(2) 지반조사
  ○ 지하 공동, 매설물
  ○ 기반암선, 불연속면
  ○ 암반 내부의 절리방향
  ○ 단층 및 단층 파쇄대
  ○ 지하수위, 河床 profiling 등

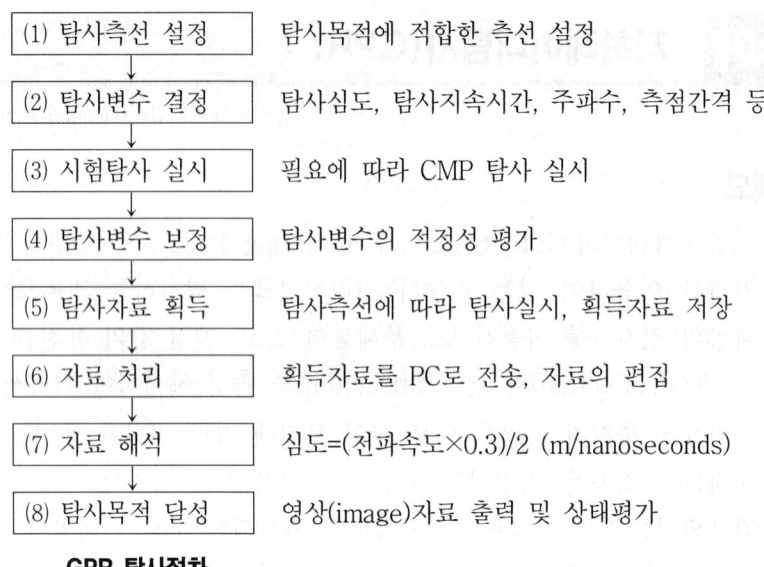

(1) 탐사측선 설정	탐사목적에 적합한 측선 설정
(2) 탐사변수 결정	탐사심도, 탐사지속시간, 주파수, 측점간격 등
(3) 시험탐사 실시	필요에 따라 CMP 탐사 실시
(4) 탐사변수 보정	탐사변수의 적정성 평가
(5) 탐사자료 획득	탐사측선에 따라 탐사실시, 획득자료 저장
(6) 자료 처리	획득자료를 PC로 전송, 자료의 편집
(7) 자료 해석	심도=(전파속도×0.3)/2 (m/nanoseconds)
(8) 탐사목적 달성	영상(image)자료 출력 및 상태평가

GPR 탐사절차

3. GPR 분석 및 평가방법

(1) 콘크리트 비파괴 조사

① 반사체 심도 결정 : 수신되는 반사파 도달시간은 반사면까지의 왕복주행시간이며, 다음 식과 같은 전자파 매질 내의 속도(V)를 이용하여 왕복주행시간을 심도로 전환하면 반사면의 깊이를 알 수 있다.

$$D = \frac{1}{2} \cdot V \cdot T, \quad V = \frac{c}{\sqrt{\epsilon_r}}$$

여기서, D : 심도

T : 반사파 도달시간

c : 빛의 속도(0.3m/nanoseconds)

ϵ_r : 매질의 상대유전율

② 반사체 위치 결정 : 콘크리트 내부 철근과 같이 인위적으로 설치된 대상체의 표면에서는 반사파가 발생되고, 획득된 반사파의 영상(image)은 대체적으로 포물선의 형태를 띠게 된다. 이를 분석하면 위치를 알 수 있다.

(2) 지반조사

① 지하에 존재하는 반사체는 반사파를 일으키는 표면이 연속적이므로 이를 탐사하여 획득한 영상(image)에서도 반사신호가 연속되는 면으로 나타나게 된다

② 반사체의 심도 및 위치는 비파괴조사의 경우와 동일하다.[180]

---

180) 박효성 외, 'Final 토목시공기술사 핵심문제', 예문사, p.304, 2008.

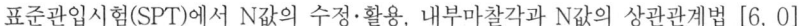

05.05 표준관입시험(SPT), N값

표준관입시험(SPT)에서 N값의 수정·활용, 내부마찰각과 N값의 상관관계법 [6, 0]

Ⅰ. 개요

1. 표준관입시험(SPT, Standard penetration test)은 원위치에서 지반을 조사하는 가장 보편적인 시험이다. 스플리트 스푼(split spoon), 즉 원통형 샘플러(sampler)를 시추공에 넣고 동일한 에너지로 타격을 가해 N값을 구하여 흙의 지지력을 측정하여 시험이다.

2. 분리형 원통 샘플러(split spoon sampler)는 표준관입시험에 사용되는 샘플러이다. 시추가 끝나면 시추 로드(rod) 하단에 연결해서 땅 속에 관입하여 시료를 채취한다. 분리형 원통 샘플러는 땅 속에서 흙 시료가 채취되면 샘플러 상단의 밸브를 통해 공기가 빠져나간다. 시료 채취가 완료되면 다시 지상으로 나오는데 이때는 밸브가 닫히면서 통 속을 진공상태로 만들어 시료가 빠져나가는 것을 방지한다.

3. 표준관입시험(SPT)은 시험기 선단에 장착된 저항체를 흙속에 압입한 후, 관입·회전·인발하면서 저항력을 측정하여 토질 특성을 조사하는 사운딩(sounding)의 일부이며, 콘 관입시험, 베인 시험 등이 이에 포함된다.

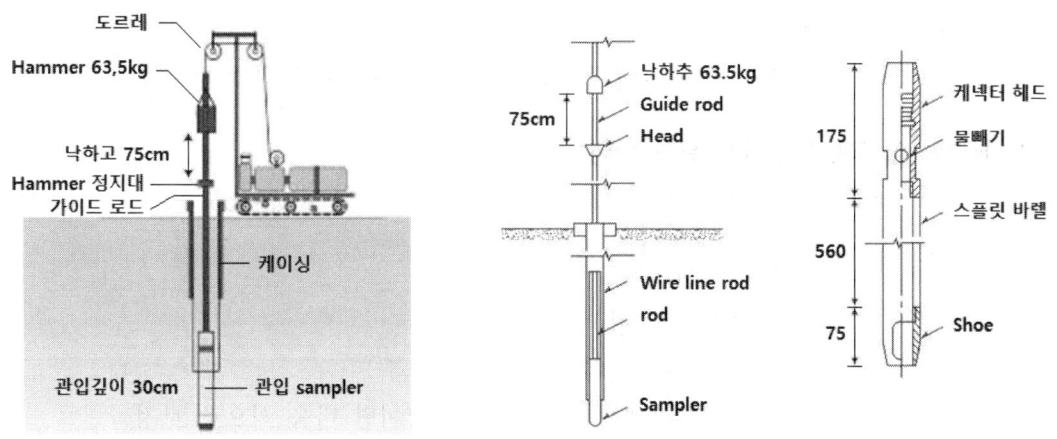

표준관입시험(SPT) 전경

Ⅱ. 표준관입시험(SPT)

1. 시험방법

⑴ 시추공을 굴착한 후 샘플러를 로드(rod)에 접속시켜 시추공 바닥으로 내린다.

(2) 로드 상단을 63.5kg의 해머로 75cm에서 낙하시킬 때, 먼저 시추공 바닥에서의 지반교란 영향을 없애기 위하여 15cm의 예비타격을 실시한다.

(3) 15cm 예비타격이 끝나면 샘플러가 30cm 관입에 필요한 타격횟수를 구하여 표준관입시험치 N값으로 한다.(총 15cm씩 3번 타입)

(4) 50회 타격을 실시해도 관입량이 30cm가 되지 않으면 50회 타격 때의 관입량을 기록한다(예 : 50/10 기록. 50회 타입했지만 10cm 밖에 관입되지 않았다는 뜻)

(5) 표준관입시험은 심도 1.0~1.5m 마다 반복하여 실시한다.

2. 특징

(1) 시추공이 필요하다.

(2) 교란시료 채취 가능하다.

(3) 기존 경험자료가 많고, 시험이 간단하여 많이 이용된다.

(4) 시험자의 숙련도에 따른 오차가 크다.

(5) 점성토에 대한 시험치는 신뢰도가 낮다.

(6) N값은 반드시 보정이 필요하다.

3. N값에 영향을 주는 요인

(1) 해머효율, 로드길이, 샘플러 종류(모양), 보링공 지름, 상재하중, 숙련도 등이 N값에 영향을 준다.

(2) 그 영향으로 N값이 과소·과대 추정되므로 이를 방지하기 위해 보정해야 한다.

4. N값을 설계에 적용하기 위한 보정

(1) 로드(rod)길이가 15m보다 길 때는 다음 식으로 보정

수정치 $N_1 = N'\left(1 - \frac{x}{200}\right)$

여기서, N' : 실측값

x : 로드길이(m)

(2) 포화된 미세한 실트 사질층에서 N값이 15 이상이면 다음 식으로 보정

수정치 $N_2 = 15 + \frac{N' - 15}{2}$

(3) 상재하중이 달라졌을 때는 다음 식으로 보정

수정치 $N_3 = N' \times C_N$

여기서, $C_N = 0.77\log\left(\frac{20}{P_o}\right)$

P_o : 유효 상재하중

Ⅲ. 표준관입시험(SPT) 결과 이용

1. 지반정수 추정

(1) 말뚝의 지지력 추정, 지반의 전단강도 추정

(2) 지반의 탄성계수(E_s) 추정 : $\dfrac{E_s}{N}$의 값이 클수록 자갈쪽 토질이다.

(4) 지반의 연경도 추정 : N값이 크면 단단한 지반이다.

(5) 지반의 일축압축강도(q_u) 추정 : $q_u = \dfrac{1}{8}N$

(3) 지반의 상대밀도(D_r)추정 : N값이 높을수록 D_r값이 높아 조밀한 모래이다.

N값	모래의 느슨한 정도	상대밀도 D_r(%)
0~4	Very loose 대단히 느슨	0~15
4~10	Loose 느슨	15~35
10~30	Medium 중간	35~65
30~50	Dense 조밀	65~85
50 이상	Very dense 대단히 조밀	85~100

2. 지반 내부마찰각 추정

(1) Peck 공식을 이용하면 지반 내부마찰각을 다음 식으로 추정 가능하다.

$\phi = 0.3N + 27$

(2) Dunham 공식을 이용하면 N값과 지반 내부마찰각의 관계를 알 수 있다.

① 입도가 양호하고, 토립자가 모났을 때 $\phi = \sqrt{12N} + 25$

② 입도가 양호하고, 토립자가 둥글 때 $\phi = \sqrt{12N} + 20$

③ 입도가 불량(균일한 입경)하고, 토립자가 모났을 때 $\phi = \sqrt{12N} + 20$

④ 입도가 불량(균일한 입경)하고, 토립자가 둥글 때 $\phi = \sqrt{12N} + 15$

3. 이용의 한계

(1) N값은 근사적인 값으로 시험결과에 대하여 사질토에서는 신뢰할만 하지만, 점성토에서는 신뢰성이 떨어진다.

(2) 자갈이 많은 토질에서는 N값이 너무 크게 측정될 수 있기 때문에 시험결과를 보고 정확한 판단이 불가능하다.

(3) N값이 50 이상인 지반에는 샘플러 타입이 불가능하다.

(4) 시험 가능한 실용심도는 약 50m 정도이며, 10≦N≦50 지반에 적용 가능하다.

(5) N값은 보정하는 것이 중요하며, 특히 에너지 효율에 대한 보정은 필수적이다.[181]

---

181) 박효성 외, 'Final 토목시공기술사 핵심문제', 예문사, pp.310~311, 2008.

05.06 암반의 분류

I. 용어 정의

1. 암석(巖石, rock)은 광물이나 준광물이 자연적으로 모여 이루어진 고체이다. 우리말로 돌, 바위(큰 돌)라고 하며, 한자어 암석(岩石)은 문자 그대로 바위와 돌이라는 뜻이다. 지구의 지각은 암석으로 이루어져 있다.

2. 암반(巖盤, rock mass)은 건설공사의 대상이 될 정도의 공간적 크기를 갖는 자연상태에서 암석(巖石)으로 이루어진 집합체이다. 암반은 지질적 분리면 또는 구조적 불연속면을 포함하는 불균질성 이방성 암체이다.

3. 암압(岩壓, rock pressure)은 지하에서 어떤 깊이에 있는 암석이 가진 압력이다.

(1) 즉, 암압(岩壓)은 암반과 이물질이 접촉할 때 암반에 의해서 그 접촉면에 작용하는 압력과 또 암반 중의 어떤 면에 작용하는 압력을 말한다.

(2) 육지에 있는 암석의 평균밀도는 $2.3g/cm^3$이므로, 깊이 Am에 있는 암압(岩壓)은 $2.3A/10(kg/cm^3)$가 된다. 암석 내에 완전히 갇힌 액체 또는 기체의 압력은 저유층(貯油層)의 정부(頂部)까지의 암석이 가진 하중, 즉 암압을 넘지 않는다.

II. 암반의 공학적인 분류

1. 절리간격에 의한 분류

(1) 암반의 절리간격은 인접한 절리 간의 평균수직거리를 측정한 값이다. 암반에서 절리간격은 암괴의 크기를 결정하고, 암반의 공학적 성질(굴착 난이도, 파쇄특징, 투수율 등)을 결정하는 기준이 된다.

2. 풍화도(k)에 의한 분류

(1) 풍화도는 암반의 풍화 및 변질의 정도를 나타내며, 토목공사에 필요한 값이다.

$$풍화도(k) = v_0 - \frac{v}{v_0}$$

여기서, v_0 : 신선한 암석 공시체를 전파하는 탄성파속도

v : 풍화 및 변질된 암석 공시체를 전파하는 탄성파속도

3. 암질지수(RQD), 회수율(TCR)에 의한 분류

(1) 암질지수(RQD, Rock Quality Designation)는 암반의 절리, 암질, 코아채취를 위한 보링공법 등에 따라 암반을 질적으로 분류하여 표시하는 방법이다.

(2) 회수율(TCR, Test Core Recovery)이란 현장에서 지반의 역학적 특성을 파악하기 위해 코어 채취기로 시료를 채취할 때 파쇄되지 않은 상태로 회수되는 비율을 뜻한다. 암질지수(RQD)를 구할 때는 10cm 이상 길이의 합계만 계산한다.

$$암질지수(RQD) = \frac{10cm\,길이\,이상\,회수된\,코아의\,합계}{굴착한\,암석의\,이론적\,길이} \times 100$$

여기서, 보통 암반의 경우, 암질지수(RQD) 값은 50~75% 수준

코아 : NX 크기(54mm)의 이중관 시료채취기를 사용

보링공 길이 : 일반적인 경우, 목적에 따라 5m마다 구분

암반의 분류

절리간격(cm)에 의한 분류		풍화도(k)에 의한 분류		RQD(%)에 의한 분류	
절리간격의 구분	절리간격	풍화·변질 정도	풍화도	암질상태	RQD
매우좁음 very close	5이하	신선한	0	매우불량 very poor	0~25
좁음 close	5~30	약간 풍화된	0~0.2	불량 poor	25~50
보통 medium	30~100	중간정도 풍화된	0.2~0.4	보통 fair	50~75
넓음 wide	100~300	상당히 풍화된	0.4~0.6	양호 good	75~90
매우넓음 very wide	300이상	현저히 풍화된	0.6~1.0	매우양호 excellent	90~100

4. 균열계수(Cr, Coefficient of fissure)에 의한 분류

(1) 암반의 균열계수(C_r) 값은 풍화도(k)와 동일한 물리적 의미를 갖는 값이다.

$$균열계수(C_r) = 1 - (\frac{E_f}{E_l}) = 1 - (\frac{v_f}{v_l})^2$$

여기서, E_l, v_l : 신선한 암석 시편에 대한 동적탄성계수, 탄성파속도

E_f, v_f : 현장의 암반에 대한 동적탄성계수, 탄성파속도

균열계수(C_r)에 의한 분류법

등급	암질상태	균열계수(Cr)	경험적 양부 판별
A	매우 좋은	<0.25	절리·균열이 거의 없고, 풍화·변질 없음
B	좋은	0.25~0.50	절리·균열이 조금 없고, 균열된 표면만 풍화
C	중간 정도의	0.50~0.65	절리·균열이 상당히 있고, 절리충전물 약간, 균열부 풍화
D	약간 불량한	0.65~0.80	절리·균열이 뚜렷하고, 포화점토충전물 가득, 암질은 상당부분 변질
E	불량한	>0.80	절리·균열이 현저하고, 풍화·변질 심함

5. RMR(Rock Mass Rating)에 의한 분류

(1) RMR은 암반의 절리와 층리의 간격, 절리상태, 암질지수(RQD), 일축압축강도, 지하수상태 등 5개 요소의 가중치를 합산한 값으로, 암반의 내부마찰각, 터널 굴착 시 무지보 자립시간 등을 추정하는데 쓰인다.

6. Q-system에 의한 분류

(1) Q-system은 암질지수(RQD), 불연속면 수(J_D), 거칠기(J_R), 풍화도(J_A), 지하수상태(J_W), 응력감소계수(SRF) 등 6개 요소를 평가하여 환산한 값으로, 유동성 암반, 팽창성 암반 등 취약한 암반의 등급을 판정하는데 쓰인다.

$$Q = \frac{RQD}{J_D} \times \frac{J_R}{J_A} \times \frac{J_W}{SRF}$$

여기서, $\dfrac{RQD}{J_D} = \dfrac{RQD\,평균값}{절리군의\ 수}$: 암반 블록의 크기

$\dfrac{J_R}{J_A} = \dfrac{절리거칠기\ 계수}{절리면\ 변질계수}$: 절리면의 전단강도

$\dfrac{J_W}{SRF} = \dfrac{절리\ 수압}{응력저감계수}$: 암반의 응력상태

7. 리핑 가능성(ripperbility)에 의한 분류

(1) 암반을 발파하지 않아도 리핑작업 가능성을 기준으로 암반을 분류할 수 있는데, 리핑 가능영역은 연암으로, 리핑 불가능영역은 경암으로 간주한다.

8. 암반의 일축압축강도에 의한 분류

(1) 흙의 일축압축강도(q_u)란 측압을 받지 않은 공시체의 최대압축응력으로, 시료가 파괴될 때의 최대하중(P)을 단면적(A)으로 나누어서($q_u = \dfrac{P}{A}$) 구한다.

(2) 일축압축강도(q_u)는 길이가 직경의 2배 이상 되는 공시체를 기준으로 측정하며, 암석의 강도특성을 나타내는 가장 대표적인 값이다.[182]

일축압축강도에 의한 분류

등급	암석상태	일축압축강도(kg/cm^2)
A	극경암 (very high strength)	2,250 이상
B	경암 (high strength)	1,125~2,250
C	보통암 (medium strength)	560~1,125
D	연암 (low strength)	280~560
E	극연암 (very low strength)	560 이하

---

182) 국토교통부, '도로설계편람', 제3편 토공 및 배수, pp.402-8~16, 2012.

05.07 암반사면의 평사투영 해석

평사투영법에 의한 사면안정 해석의 장·단점 [1, 1]

Ⅰ. 개요

1. 암반사면의 파괴유형은 기하학적 형상에 따라 원형파괴, 평면파괴, 쐐기파괴, 전도 파괴 등으로 분류하고 있다.

2. 암반사면의 안정성해석은 비탈면과 불연속면의 기하학적 형상을 이용한 평사투영해 석(stereographic analysis)방법이 가장 기본적으로 자주 인용된다.

3. 평사투영 안정성해석은 평사투영망(Stereonet)에 마찰각, 비탈면과 불연속면의 방향 및 음영범위(daylight envelope) 등을 도시하여 암반사면을 기하학적 형상으로 해 석하는 방법이다.

Ⅱ. 암반사면의 평사투영 해석

1. 평사투영 해석의 원리

⑴ 평사투영 안정성해석은 평사투영망(Stereonet)에 마찰각, 비탈면과 불연속면의 방향 및 음영범위(daylight envelope) 등을 도시하여 해석하는 방법이다.

⑵ 암반사면의 파괴유형을 기하학적 형상으로 해석하기 위해 평면파괴는 극점圖示 (Pole plot), 쐐기파괴는 대원圖示(Great circle plot)를 이용한다.

⑶ 평면파괴는 비탈면을 구성하는 암반이 양호한 상태이고 절리군은 1~3군 정도로 너무 조밀하게 발달하지 않는 경우에 발생된다.

① 평면파괴는 비탈면 경사가 불연속면 경사보다 크며, 불연속면 주향(主向)은 비 탈면 주향과 ±20° 차이가 있고, 불연속면 경사는 마찰각보다 커야 한다.

② 경사방향은 비탈면의 음영범위(daylight envelope) 내에 위치하며 파괴블록의 옆면은 자유면으로 응력이 구속받지 않아야 한다.

⑷ 쐐기파괴는 평면파괴에 비해 기하학적 조건이 까다롭지 않아 암반비탈면에서 가 장 흔하게 발생된다.

① 쐐기파괴는 평면파괴와 마찬가지로 양호한 암반에 불연속면은 1~3군으로 너무 조밀하지 않아야 한다.

② 쐐기파괴는 두 불연속면의 교차선이 비탈면 경사보다 작고 마찰각보다 클 때 발생하며, 교차선이 음영범위(daylight envelope) 내에 위치해야 한다.

2. 기존 평사투영해석의 문제점 및 개선방안

(1) 평면파괴 해석에 대한 개선방안

① 평면파괴에서 주향의 ±20° 범위는 小圓(small circle)을 이용하여 파괴영역을 <그림1>(a)와 같이 極點圖示하고 있다.

② 실제 비탈면과 불연속면의 파괴영역은 매우 넓기 때문에 <그림1>(b)와 같이 大圓圖示도 가능하다. 다만, 極點도시는 편리하기 때문에 사용되고 있다.

③ 따라서, 비탈면과 불연속면의 주향 차이는 기존의 小圓 대신 90°의 경사를 갖는 大圓을 이용하여 直線圖示할 필요가 있다.

(2) 쐐기파괴 해석에 대한 개선방안

① 쐐기파괴에서 두 불연속면의 교차선이 <그림2>의 파괴영역(음영부분) 내에 圖示되므로, 파괴영역은 비탈면의 경사각과 마찰각 사이의 범위를 갖는다.

② 실제 두 불연속면의 교차선 주향과 경사에 따라 1면 쐐기파괴와 2면 쐐기파괴가 발생되므로, 기존 방법으로는 구분할 수 없다.

③ 따라서, 쐐기파괴는 두 불연속면 중 1면에 발생되는 1면 쐐기파괴와 두 불연속면의 교차선을 따라 발생되는 2면 쐐기파괴로 구분할 필요가 있다.

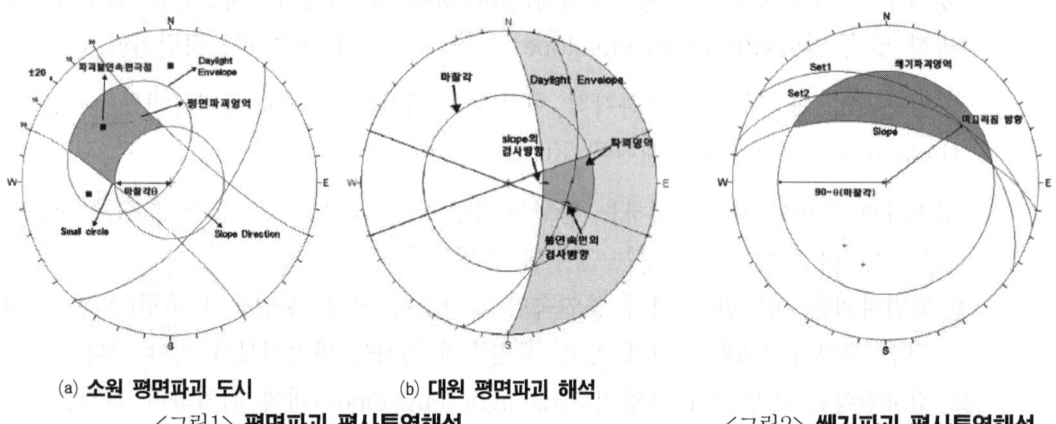

(a) 소원 평면파괴 도시   (b) 대원 평면파괴 해석
<그림1> 평면파괴 평사투영해석   <그림2> 쐐기파괴 평사투영해석

(3) 파괴유형 분석에 대한 개선방안

① 결론적으로 암반비탈면의 안정성은 어떤 파괴유형이 실제 발생 가능한가에 따라 해석결과가 달라지고 보정량 또한 큰 차이를 보인다.

② 따라서, 평사투영 안정성 해석할 때 보정량 등을 고려하여 보다 엄밀하게 파괴유형을 분석할 필요가 있다.[183]

---

183) 이재욱, '암반 비탈면 평사투영해석에 대한 고찰', 유신기술회보 제13호, pp.136~143, 2014.

05.08 암반의 판정절차

절토부 암(岩)판정의 목적 및 절차, 현장준비사항, 결과보고사항 [0, 2]

Ⅰ. 개요

1. 산악터널, 산악도로 등의 건설공사 현장대리인은 암반의 절취 또는 굴착 작업 중에 현장을 보존한 상태에서 암반의 판정절차(업무흐름도)에 따라 감리단장에게 암반의 판정을 요청해야 한다.

Ⅱ. 암반의 판정절차

1. 암반의 판정요청 대상

(1) 노출된 암반선이 설계 암반선과 상이할 때

(2) 노출된 토질 또는 암질이 설계와 상이하여 절취 또는 굴착방법의 변경 또는 기초 공법의 변경을 필요로 할 때

(3) 노출된 암반의 절취상태 등이 설계와 상이하여 사면안정해석 또는 비탈면 보호공법의 변경을 필요로 할 때

(4) 감리단장이 필요하다고 판단하여 암판정 요구를 하도록 지시한 경우

2. 암반의 판정요청前 현장 준비사항

(1) 땅깎기부

① 측면 및 바닥 암선을 완전히 노출

② 20m마다 측점을 지표면에 표시(말뚝 또는 페인트 사용)

③ 가설 수준점 설치

④ 설계 암반선을 지반에 표시

(2) 구조물 기초

① 측면 및 바닥 암선을 완전히 노출

② 가설 수준점 설치

③ 굴착심도를 확인할 수 있도록 길이가 표시된 강봉 또는 추가 매달린 줄자

(3) 터널

① 암반 판정 위치의 측벽 또는 막장부 암반노출

② 암반 검측 구간의 측벽에 1m 간격으로 측점 표시

3. 암반의 판정요청서 구비서류

(1) 땅깎기부

    ① 측량 성과표

    ② 횡단면도(설계암선 및 변경암선 표시)

    ③ 종단면도

  (2) 구조물 기초

    ① 측량 성과표

    ② 횡단면도(변경내용 표시)

    ③ 지질주상도(변경내용 표시)

  (3) 터널

    ① 터널 지질도

    ② RMR Sheet

    ③ Face Mapping 도면

4. 암판정위원회 구성

  (1) 감리단장은 판정 대상에 대한 암판정위원회를 구성하여 판정날짜를 위원 개개인에게 통보하고 발주청 지원업무수행자와 현장대리인에게 입회 요청한다.

  (2) 암판정은 현장대리인의 요청을 접수한 날로부터 3일 이내에 시행한다.

5. 암반의 판정절차

  (1) 암판정 위원은 일정계획에 따라 다음과 같이 암판정을 수행한다.

    ① 육안에 의한 현지확인, 테스트(함마타격, 암반용 슈미트함마, 점하중시험) 등을 시행하여 암종류 판정 및 이에 따른 암선을 결정하고 현장에 표시한다.

    ② 현장에 암선표시가 완료되면 사진촬영을 실시한다.

    ③ 현장에 표시된 암선 표고에 대한 수준측량을 실시하여 확인한다.

    ④ 암판정 위원은 확정된 암선을 종·횡단도에 기재한 후 서명한다.

    ⑤ 암판정 중 현장에서 샘플을 채취했을 경우에는 검측 sheet와 도면에 표시하고, 판정결과를 기입하며 현장대리인에게 샘플에 암판정 위치·일시 및 표고를 기재하여 보관토록 지시한다.

    ⑥ 암판정 중 현장에서 샘플을 채취하여 외부시험기관에 시험위탁하도록 현장대리인에게 지시한 경우에는 의뢰시험 결과 접수 다음날까지 암판정을 완료한다.

    ⑦ 암판정위원장은 암판정 기록일지를 작성·보관하도록 지시한다.

  (2) 일반적인 암판정 기준은 다음 표에 따른다.

6. 암반의 판정결과 통보

  (1) 감리단장은 암판정 결과를 현장대리인에게 통보하며, 판정결과에 이의가 있는 경우 현장대리인은 결과를 통보받은 날로부터 3일 이내에 입증자료를 첨부한 이의

신청서를 감리단장에게 제출해야 한다.

(2) 이의신청이 있는 경우에 암판정위원장은 최종 입증자료 접수 후 3일 이내에 위원
회를 소집·심의하여 그 결과를 통보해야 한다.

암판정 기준(Standard of Rock Identification)

	구분	육안식별	함마타격	슈미트 값
육안 및 현장시험에 의한 암판정 기준	풍화암	◦균열은 많으나 점토화의 진행으로 거의 밀착상태 ◦암내부까지 풍화진행, 암의 구조 및 조직이 남아 있음	◦손으로 부서짐	50 이하
	연암	◦균열이 많이 발달 ◦균열간격은 100mm 이내	◦함마로 치면 가볍게 부서짐	50~250
	경암	◦균열의 발달이 적으며, 균열간격은 100mm 이상 ◦대체로 밀착상태이나, 일부 개방됨 ◦대체로 신선, 균열을 따라 약간 풍화, 암내부는 신선함	◦함마로 치면 금속성을 내고 ◦잘 부서지지 않고 튀는 경향을 보임	250 이상
	구분	일축압축강도(MPa)	탄성파속도(m/sec)	변형계수
시험결과에 의한 암판정 기준	풍화암	50 이하	1.2 이하	4,000 이상
	연암	50 ~ 250	1.2 ~ 2.5	4,000~10,000
	경암	250 이상	2.5 이상	10,000 이상

7. 발주처 보고

(1) 감리단장은 암판정 후 다음과 같은 경우에는 암판정 결과를 발주처에 보고한다.
   ① 암선변경에 따라 기초공법이 변경되는 경우
   ② 터널 패턴변경에 따라 보강공법이 수반되는 경우
   ③ 땅깎기부 사면변경으로 증용지가 발생한 경우
   ④ 절리상태, 절리방향 등에 따라 사면붕괴위험으로 별도의 보강공법이 필요하거나 사면안정해석이 필요한 경우
   ⑤ 구조적인 안정성 검토 혹은 전문기관의 안전진단이 필요한 경우
(2) 감리단장은 암판정 결과에 대한 발주처 회신에 따라 후속 공정을 진행한다.[184]

---

184) 한국철도시설공단, '암판정지침', 2000.

05.09 암반의 현장투수시험

Ⅰ. 개요

1. 댐 기초 중에서 특히 콘크리트댐 기초에는 큰 응력이 작용되므로 기초암반이 이 응력에 견딜 수 있는지의 여부가 문제가 되는 경우가 있다. 이를 확인하기 위하여 댐 건설 전에 기초암반의 강도 및 변형을 시험하게 된다.

2. 콘크리트댐 기초의 암반시험(岩盤試驗, rock test)에는 현장시험과 실내시험이 있다. 일반적으로 일반적으로 前者를 암반시험이라 하며, 균열이 있는 암반의 전단강도, 변형계수 등을 측정한다. 넓은 의미에서 실험실에서 행하는 실내시험 또는 암반의 투수성을 측정하는 투수시험 등도 암반시험에 포함된다.

3. 암반의 투수성은 현장시험보다 실험실에서 행하는 실내시험이 훨씬 더 쉽다. 투수성은 암반의 구조(배열상태, 지층구성상태)에 크게 달라지는데, 대표적인 암반시료를 구하기 어렵기 때문에 정확한 투수성을 구하려면 현장 투수시험을 해야 한다.

Ⅱ. 암반의 투수시험

1. 현장 투수시험

(1) 용어 정의

① 현장 투수시험(現場透水試驗, field permeability test)은 콘크리트댐 기초암반의 투수성을 현장에서 자연 그대로의 상태에서 행하는 시험이다. 콘크리트댐 건설공사의 경우에는 현장 투수시험을 행하여 투수계수를 구한다.

② 특히 사질토의 경우에 교란되지 않은 시료채취가 어려워 실험실에서 자연상태의 투수시험이 곤란하므로 사질토 지반에서는 현장 투수시험이 원칙이다. 현장 투수시험에는 수위 변화법, 압력 주수법 및 관측정법 3가지가 있다.

(2) 시험방법

① 수위 변화법

보링공을 이용하여 여과기(strainer)를 대수층에 관입한 후, 지하수를 양수(揚水) 또는 주수(注水)시킨 상태에서 양수(揚水) 또는 주수(注水)를 정지시키고, 각 시간별로 변화수위를 측정하여 투수계수를 구한다.

투수계수 $k = \dfrac{D^2}{8L(t_2 - t_1)} \cdot \ln\left(\dfrac{2L}{D}\right) \cdot \ln\left(\dfrac{h_1}{h_2}\right)$

② 압력 주수법

보링공을 이용하여 시험대상 구간에 패커(packer, 마개)를 설치하고 압력을 가하여 물을 주입한 상태에서 단위시간당 주수량(注水量)을 측정하여 투수계수를 구한다. 이와 같이 콘크리트댐에서 기초암반의 투수계수를 측정하는 시험을 수압시험(Lugeon test)이라 한다.

투수계수 $k = \dfrac{Q}{2 \cdot \pi \cdot L \cdot H} \cdot \ln(\dfrac{L}{r})$, 이때 $L \geq 10 \cdot r$

③ 관측정법

양수정을 뚫고 양수(揚水)하면서 관측정의 수위변화로부터 투수계수를 구한다.

투수계수 $k = \dfrac{Q}{\pi({h_2}^2 - {h_1}^2)} \cdot \ln(\dfrac{r_2}{r_1})$, 이때 $L \geq 10 \cdot r$

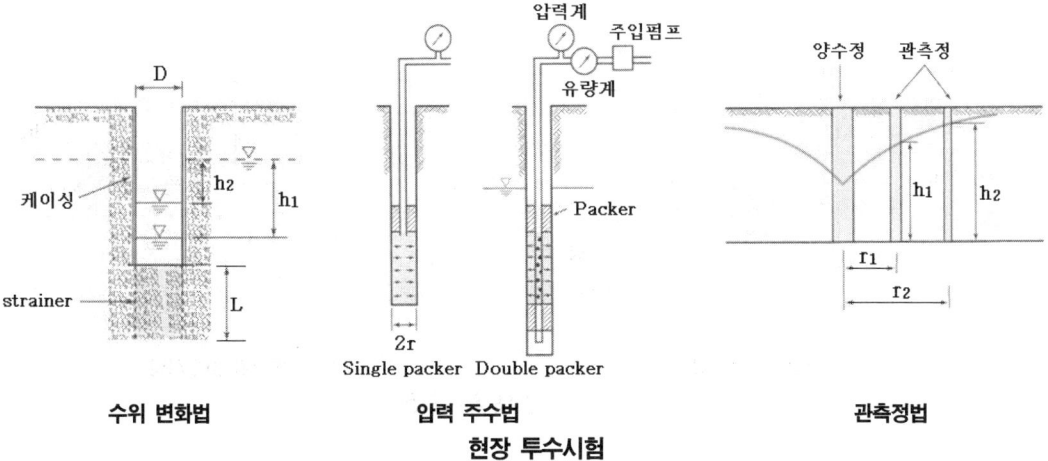

| 수위 변화법 | 압력 주수법 | 관측정법 |

현장 투수시험

2. 실내 투수시험

(1) 용어 정의

① 실험실에서 행하는 실내 투수시험(透水試驗, permeability test)은 투수계수(k)를 측정하기 위한 시험이다.

② 시험방법은 정수위 투수시험, 변수위 투수시험 및 압밀시험 결과로부터 간접적인 계산방법 등이 있다.

(2) 시험방법

① 정수위 투수시험(Constant head test)

정수위 투수시험은 투수계수 $k = 10^{-3} cm/\sec$ 보다 큰 조립토에 적용되는 시험이다. 시험방법은 수두차를 일정하게 유지시키면서 일정 시간(t) 동안의 투수량

(Q)를 측정하여 투수계수(k)를 결정한다.

$Q = v \cdot A = k \cdot i \cdot A \cdot t$ 에서 동수경사 $i = \dfrac{h}{L}$ 이므로

투수계수 $k = \dfrac{Q \cdot L}{A \cdot h \cdot t}$

② 변수위 투수시험(Falling head test)

변수위 투수시험은 투수계수 $k = 10^{-3} cm/\sec$ 보다 작은 세립토에 적용되며 불포화토의 경우에는 포화시켜 시험한다. 시험방법은 stand pipe 내에 들어 있는 물이 흐르며 내려가는데 소요되는 시간(t)를 측정하여 투수계수(k)를 결정한다.

투수계수 $k = \dfrac{a \cdot L}{A \cdot (t_2 - t_1)} \cdot \ln\left(\dfrac{h_1}{h_2}\right)$

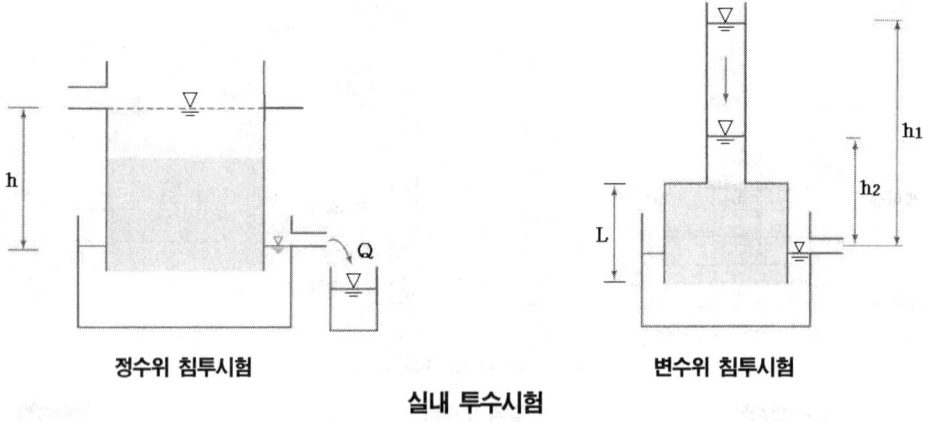

정수위 침투시험   **변수위 침투시험**

실내 투수시험

② 압밀시험 결과로부터 간접적인 계산방법

투수계수 $k = 10^{-6} cm/\sec$ 이하에서 변수위 투수시험을 하려면 시료를 포화시키는데 시간이 너무 많이 소요되어 실용성이 없다. 이 경우에 '압밀시험 결과로부터 간접적인 계산방법'에 의하여 투수계수(k)를 구한다.[185]

---

185) 이춘석, '토질 및 기초공학 이론과 실무', 예문사, pp.96~98, 2002.

05.10 산성암반 배수(acid rock drainage)

산성암반 배수(acid rock drainage) [1, 0]

1. 산성암반 배수

(1) 건설현장의 절취사면에서 발생되는 산성암반 배수(acid rock drainage)는 암석에 함유된 황화광물의 산화에 의해 발생되며, 주변환경, 구조물의 안정성·내구성, 경관 등에 악(惡)영향을 주고 있다.

(2) 우리나라 국토의 70% 이상이 산지로 구성되어 산성배수를 발생시킬 가능성이 있는 황철석을 함유한 암석들이 전국에 분포된 상황에서 지금도 사면절취와 터널공사가 빈번히 시공되고 있다.

(3) 터널공사장에서 발파되는 편마암과 화강암의 경우에는 산성암반배수의 발생 가능성이 낮은 편이다. 반면, 열수변질을 받은 화산암, 응회암, 탄질셰일 및 금속광산 폐석시료는 산성암반 배수의 발생 가능성이 높은 편이다.

(4) 터널공사장에서 용출수 분석 결과, 일부 항목이 생활용수로 이용할 수 있는 수질기준을 초과하는 사례도 있다. 이는 황철석의 산화로 인하여 발생되는 산(酸)에 의해 낮은 pH를 유지하면서 중금속이 용출되어 지속적으로 배출되기 때문이다.

(5) 특히, 사면절취와 터널공사를 통하여 고농도의 중금속을 함유한 산성배수가 계속적으로 생산되고 유입되는 경우에는 해당 지역 부근 지하수와 하천수의 수질오염이 우려되는 것으로 조사되었다.[186]

2. 산성암반 배수의 발생 과정

(1) 황화광물은 공기접촉이 차단된 지하에 존재할 경우에는 안정적이지만, 사면절취와 터널공사를 통한 지반굴착으로 지표에 노출되면 공기 중의 산소 및 물에 녹아 있는 산소와 반응하여 산화되는 과정에서 황산을 생성시킨다.

(2) 또한, 황화광물은 산성암반 배수의 근원암석인 황철석(Pyrite, FeS_2)뿐만 아니라 미량의 다양한 종류의 중금속도 함유하고 있어 산화과정에서 황산뿐만 아니라 중금속을 생태계로 용출시킨다.

(3) 예를 들어, ○○A터널공사의 본선과 종점은 응회암으로 구성되어 있으며, 시점은 관입암인 석영반암으로 구성되어 있다. 이 현장에서 응회암은 산성암반 배수의 근원광물인 황화광물은 관찰되지 않았으나, 시점에 분포되어 있는 석영반암은 세립-중립의 황철석(FeS_2)을 산발적으로 함유하고 있다.

---

186) 이규호 외, '건설현장 절취사면의 산성암반배수 발생특성과 잠재적 산발생능력 평가', 한국지질자원연구원, 자원환경지질, 제38권 제1호, pp.91~99, 2005.

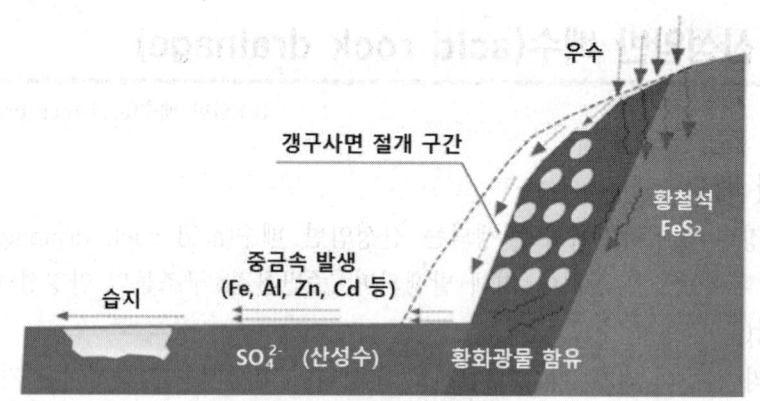

산성암반 배수의 발생 메커니즘

3. 산성암반 배수로부터 터널구조물 안전대책

(1) 터널본선 계획구간에서 국부적으로 황화광물이 응집되어 나타나며, 본선 내부사면 전체에서 산성암반 배수가 발생되지는 않고 좁은 범위에서 집중적으로 발생된다.

(2) 터널건설 완료된 후에 산성암반 배수가 발생되는 구간에서는 구조물의 노후화가 빨리 진행되어 안정성을 저해할 것으로 판단됨에 따라, 산성암반 배수가 발생될 가능성이 높은 구간에서 발생 저감대책과 구조물 안전대책이 필요하다.

(3) 터널굴착 후 황화광물 산화가 진행되기 전에 표면피막 형성제를 살포하고 내산성 시멘트모르타르를 이용하여 숏크리트로 표면마무리한다.

(4) 터널 내부사면 안정성 확보를 위하여 설치하는 록볼트 등의 철재는 산에 의하여 부식이 잘되지 않는 이중관록볼트를 사용하고 갱문구조물에 사용되는 시멘트는 내산성 시멘트를 사용한다.[187]

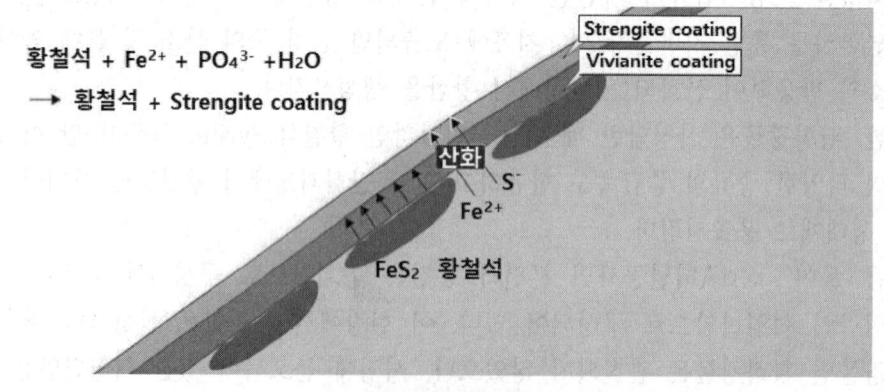

표면피막 형성제

---

187) 유영일 외, '터널굴착 시 산성암반배수에 대한 습지영향평가 및 구조물대책', 한국암반공학회 학술발표회, 2006.

05.11 암반의 취성파괴(brittle failure)

암반의 취성파괴(brittle failure) [1, 0]

1. 개요

(1) 취성파괴(脆性破壞, brittle failure)는 재료가 외력에 의해 거의 소성변형을 동반하지 않고 파괴되는 현상이다. 취성파괴는 불안정적이며 고속으로 진전된다. 일반적으로 고강도 재료일수록 취성파괴를 나타낸다. 연성파괴에 대한 상대적 호칭이다.

(2) 낮은 초기응력 하에서의 파괴과정은 암반에 존재하는 불연속면에 의한 파괴가 대표적이다. 그러나 초기응력이 증가함에 따라 파괴과정은 유기응력에 의해 굴착경계에 평행하게 발생되는 균열에 의해 지배된다.

(3) 지압(地壓)의 절대크기가 암반강도의 일정 비율 이상으로 증가되면 응력집중에 의한 암반의 취성파괴를 유발하고, 이러한 현상은 터널굴착 중 생기는 파괴음(破壞音)과 굴착면에 평행한 형태로 암편이 탈락되는 취성파괴 현상을 동반한다. 암반의 취성파괴는 미세균열의 성장(growth)과 누적(accumulation)으로 인한 결과이다.

2. 암반 취성파괴

(1) 암석과 같은 취성재료는 일축압축 혹은 구속압이 작은 삼축압축을 받으면 응력이 점차로 증대되며, 결국은 균열이 생기거나 최대 하중점에 도달하는 순간, 파괴되어 재료로서의 능력을 상실하게 된다.

(2) 응력-변형률 곡선의 선형성에 큰 변화가 없거나 변형이 크지 않은 상태에서 파괴되는 경우를 취성파괴라고 한다. 취성파괴는 파괴될 때까지 영구변형이 일어나지 않는 것이 특징이다. 취성파괴는 터널굴착 후 막장 부근에서 천단이나 측벽부 암석이 시간이 경과하면서 판상으로 떨어져 나가거나(slabbing), 조각상으로 떨어져 나가는 현상(spalling)으로 나타난다.

(3) 대심도 지하공동의 파괴는 초기응력의 크기와 암반특성과 관계가 깊다. 암반의 취성파괴는 암질조건(RMR)과 응력조건에 따라 9가지의 경우로 분류될 수 있다. 다음 그림에서 보듯 암질조건 및 응력조건에 따른 취성파괴 변화를 비교하면 낮은 초기응력에서의 파괴는 암반 내 불연속면의 분포에 많은 영향을 받지만, 초기응력이 증가함에 따라 점차 유기응력(induced stress)에 의한 파괴로 바뀐다.

(4) 이러한 파괴과정을 취성파괴라고 한다. 중간정도의 심도에서는 취성파괴가 터널 주변에서 국부적으로 발생되지만, 깊은 심도에서는 굴착면의 경계부분 전체에 걸쳐 취성파괴가 확대되고 있음을 알 수 있다.

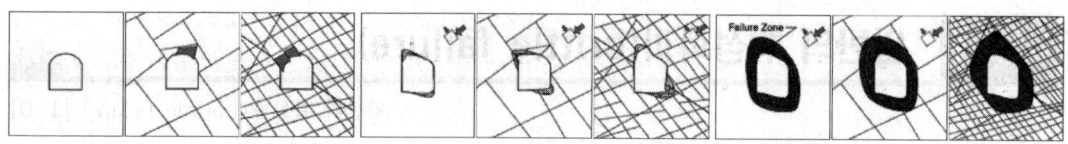
암질조건(RMR)과 응력조건에 따른 암반 취성파괴의 9가지 양상

3. 암반 취성파괴의 특성

(1) 암반 압축시험에 의한 파괴형태

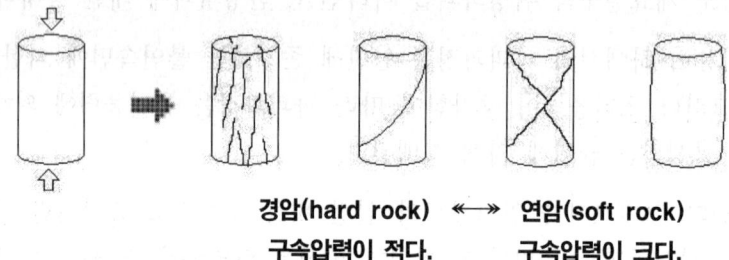

경암(hard rock) ←→ 연암(soft rock)
구속압력이 적다.   구속압력이 크다.

(2) 암반 취성파괴의 특성

① 취성파괴는 응력-변형률 곡선에서 비선형성이 작다.

② 취성파괴는 변형이 작은 범위에서 종료된다.

③ 취성파괴는 소성변형이 거의 나타내지 않는다.

(3) 취성파괴와 완전 응력-변형률 곡선(Complete stress-Strain curve)[188]

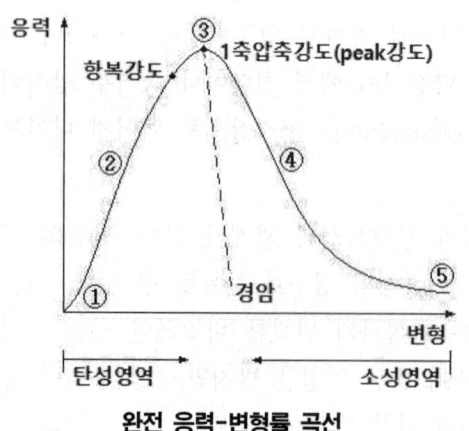

완전 응력-변형률 곡선

완전 응력-변형률 곡선의 특성

구간	특성
①	◦ 응력이 증가하고, 변형률도 증대한다. ◦ 그러나, 변형률의 증가율은 감소한다.
②	◦ 응력의 증가에 대해 변형률의 증가율이 거의 일정하게 직선형태이다.
③	◦ 응력의 증가에 대해 변형률의 증가율이 증대한다. ◦ 최대응력에 도달한다.
④	◦ 변형율이 증가함에 따라 응력은 점차 감소된다.
⑤	◦ 변형율이 증가해도 응력이 거의 감소되지 않는다.

188) 박효성 외, 'Final 토목시공기술사 핵심문제', 예문사, p.437, 2008.
    김진아 외, '암석의 취성파괴에 대한 수치해석적 연구', 한국암반공학회 학술발표회, 2006.

05.12 Swelling, Slaking, Bulking

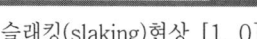

슬래킹(slaking)현상 [1, 0]

Ⅰ. 개요

1. 일반적인 경암(硬巖)의 역학적 거동은 불연속면이 지배한다. 그러나 이암(泥岩)과 같은 연암(軟巖)은 구성재료의 물성, 소성적 거동, 크리프 등의 주요 요소들이 역학적 거동에 영향을 끼친다.

2. 반면, 팽창성 지반은 조암광물 사이의 고결(固結)정도가 낮아 Swelling(팽윤)작용 및 Slaking(비화)작용이 쉽게 발생될 수 있으므로 주의해야 되는 지반이다.

3. Bulking(용적팽창)이란 모래나 실트가 물에 약간 머물러 있는 경우에 그 흙은 극히 느슨한 상태로서 마치 벌집처럼 엉킨 구조가 되어, 건조한 경우에 비해 체적이 훨씬 증가되는 현상을 말한다.

Ⅱ. Swelling(팽윤)과 Slaking(비화)

1. Swelling(膨潤)

(1) 정의

① 팽윤(swelling)이란 점토광물을 포함하고 있는 암 또는 흙이 다량의 물을 흡수하여 체적이 크게 팽창하면서 수중에서 분산되는데 현상을 말한다.

② 활성도가 높은 몬모릴로나이트(Montmorillonite)의 흡착이온(Na+) 흡수력으로 인하여 물을 흡수하는 경우에 체적이 크게 팽창되고, 이에 따라 간극비가 증가되어 전단강도가 감소되고 팽윤압이 발생된다.

(2) 특징

① 팽윤(swelling)현상은 흡착이온의 종류에 따라 팽창정도가 크게 달라진다.

② 특히 몬모릴로나이트는 원래 체적의 10배 정도까지 가장 크게 팽창되다.

③ 일반적으로 팽윤성이 큰 암석은 건조강도가 크고, 소량의 물로 반죽하면 안정된 현탁액이 되는 경향이 있다.

④ 암석의 흡수팽창과 팽윤은 다른 현상이지만, 실제 건설현장에서 팽윤현상에 흡수팽창이 수반되고 있기 때문에 용어가 혼용되기도 한다.

2. Slaking(沸化)

(1) 정의

① 비화(slacking)이란 입자 간의 결합력이 낮은 건조암석 또는 점토지반이 물을

흡수하여 체적이 팽창되고 다시 건조되어 수축되는 건조·수축이 반복됨으로써 쉽게 부서지는 현상을 말한다.

② 함수비가 높은 건조암석 또는 점토지반을 건조시키면 액체→소성→반고체→고체 상태로 체적이 감소되었다가, 다시 물에 담그면 고체→액체로 갑자기 변화되어 입자가 순식간에 붕괴되는 현상을 말한다.

(2) 특징

① 비화현상이 발생되면 건조암석 또는 점토지반의 전단강도가 급격히 감소된다.

② 도로(공항)포장공사 중에 조립토에 점토를 가하여 살수하면서 다짐하면 점토의 비화작용으로 조립토와 결합력이 증가하여 매우 조밀하게 다짐할 수 있다.

③ 그러나, 처음부터 습윤상태의 점토와 섞으면 비화현상이 발생되어 오히려 흙의 안정화가 저해된다.

3. Swelling(팽윤)과 Slaking(비화)가 지반에 미치는 영향

(1) 일반사항

① 점토광물을 함유한 점토지반 중 Kaolinte < Illite < Montmorillonite 순으로 발생 가능성이 높다.

② 암석 중 셰일, 이암, 응회암, 사문암, 천매암, 편암 등에서 발생 가능성이 높다.

(2) 기초지반

① 기초지반에 팽윤압이 발생되면 융기, 균열 또는 파손이 발생된다.

② 암석 결합력 감소→지지력계수(c, ϕ) 감소→극한지지력 감소→침하량 증가

(3) 사면지반

① 사면내 붕괴

  o 팽창성 암반 사면에서 건습이 반복되면 결합력이 저하되어 절리가 발달된다.

  o 전단강도가 작아지면 안전율도 작아져서, 굴착 후 단기간 내에 붕괴된다.

② 사면붕괴

  o 사면내 붕괴가 계속되면 사면은 급경사를 이루게 되어 사면안전율이 점점 감소되면서, 굴착 후 장기간 경과 후에 사면붕괴가 발생된다.

(4) 터널지반

① 공사 중

  o 암석 탈락, 암반 이완영역 확대로 인하여 변위량이 증가된다.

  o 암반강도가 저하되면 지보재에 과대 팽윤압이 가해져 악(惡)영향을 미친다.

② 완공 후

  o 팽윤압이 작용되면 라이닝에 균열·박리가 생겨 터널침하로 이어진다.

Ⅲ. Bulking(용적팽창)

1. 용어 정의

   (1) Bulking(용적팽창)이란 모래나 실트가 물에 약간 머물러 있는 경우에 그 흙은 극히 느슨한 상태로서 마치 벌집처럼 엉킨 구조가 되어, 건조한 경우에 비해 체적이 훨씬 증가되는 현상을 말한다.

   (2) Bulking(용적팽창)현상은 두 입자 사이의 수막에 작용되는 표면장력 때문에 생기는 현상이며, 체적변화는 입자크기와 함수비에 따라 달라지는데, 함수비가 5~6%일 때 용적팽창율이 최대가 된다.

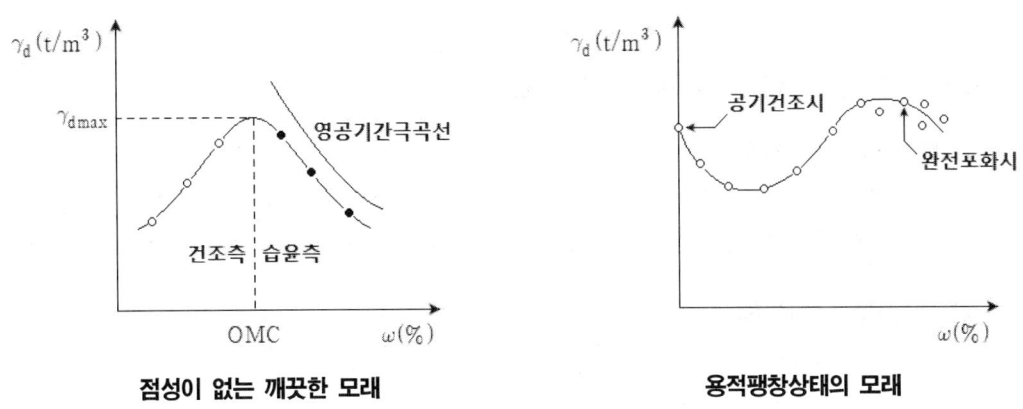

점성이 없는 깨끗한 모래   용적팽창상태의 모래

2. 모래 다짐시험에서 Bulking(용적팽창)

   (1) 점성이 없는 깨끗한 모래로 다짐시험을 하면 정상적인 포물선 모양의 다짐곡선이 그려진다. 즉, 다짐 중에 배수가 충분히 잘 되어 과잉간극수압이 생기지 않는 사질토라면 다짐곡선은 정상적으로 그려진다.

   (2) 함수비가 대단히 적을 때는 다짐 중에 흙입자의 이동은 입자 간의 마찰력에 의해 저항을 받기 때문에 물을 약간 가하면 모관장력이 생겨 저항력이 크게 증가된다.

   (3) 따라서, 이때는 건조단위중량이 공기건조 때보다 더 떨어지는데, 이러한 현상을 bulking(용적팽창)이라 한다. 물을 더 가하면 모관장력이 없어지므로 처음의 단위중량과 거의 비슷하거나 약간 더 커진다.

   (4) 점성이 없는 깨끗한 모래의 최적함수비(OMC)는 완전포화 때의 함수비와 거의 같지만, 물을 추가하면 여분의 물은 간극을 통해 쉽게 배수되어 버린다.[189]

---

189) 박효성 외, 'Final 토목시공기술사 핵심문제', 예문사, p.289, 2008.

05.13 암(岩)성토의 다짐관리

암버럭 쌓기 다짐 관리기준 및 방법, 암(岩)성토 시공 유의사항 [0, 2]

Ⅰ. 개요

1. 도로 본선 깎기 구간 및 터널 굴착구간에서 발생되는 암(岩)은 먼저 부순골재 유용
부분을 선별한 후에, 잔량은 지정된 쌓기 구간에 암성토로 활용할 수 있다.

2. 본선 발파암을 도로 노체 성토재료에 활용하려는 경우에는 암성토와 관련된 각종
시방서 기준에 따라 적합한 다짐방법으로 품질관리를 해야 한다.

Ⅱ. 암(岩)성토의 재료·두께·장비 기준

1. 암(岩)성토 재료표준

⑴ 암(岩)성토용으로 사용될 암버럭의 최대입경은 60cm 이하를 표준으로 한다.

⑵ 수침반복 중에 연약화가 우려되는 암의 최대입경은 30cm 이하를 표준으로 한다.

2. 암(岩)성토 다짐두께

⑴ 암성토 재료는 연속적으로 편평하게 포설하고, 재료분리가 최소화 되도록 다짐
후의 층 두께가 60cm를 초과하지 않도록 다짐관리한다.

⑵ 암성토 재료가 풍화암이나 약암(편암, 편마암, 점판암, 이암, 응회암, 사암 등)인
경우에는 수분공급이 빈번하거나 오랜 시간이 경과되면 암이 약화되어 응력집중
부분에서 파괴되어 암성토 구간의 침하를 유발할 수 있다.

⑶ 따라서, 이러한 약암 재료로 성토할 경우에는 충분히 사전검토 후 성토고를 높이
거나, 수분공급이 우려되는 구간을 피하여 다짐회수를 증가시킨다.

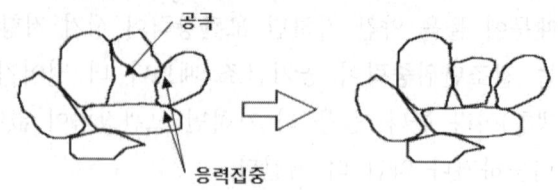

공극

응력집중

암성토 구간의 침하 메커니즘

3. 암(岩)성토 다짐장비

⑴ 암성토 시공에는 824 or 825 Compactor, Breaker 달린 Back-hoe를 투입하여
다짐 로울러 폭 1.8m 이상, 정적상태 무게 10톤 이상을 기준으로 한다.

⑵ 다짐 로울러 속도는 4km/hr 이내, 진동수는 1,000~3,000rpm 사이에서 다짐하고

정지상태에서 다짐 로울러의 진동을 금지한다.

(3) 1층 포설 후에 최소 8회 이상 진동 로울러를 사용하여 진동상태에서 다짐하고, 각 층의 성토체를 균일한 다짐상태로 다짐 완료 후 다음 층을 시공한다.

Ⅲ. 암(巖)성토의 다짐관리

1. 암(巖)성토 일반기준

(1) 암성토체의 안정성과 배수성 향상을 위한 포설기준을 준수한다.

　① 암버력은 외측에 포설하고, 기타재료는 중앙부에 포설

　② 암버력 중 입경이 큰 재료는 외측에, 입경이 작은 재료는 중앙부에 포설

(2) 절토부와 성토부의 접속구간에는 암성토를 금지하고, 침수예상 저지대에서도 침수예상 수위 60cm 이하에는 암성토를 금지한다.

(3) 토사성토층 위에 암성토할 때는 토사성토층 최상부 마무리면 기울기는 1 : 10을 유지하고, 그 위에 암성토를 해야 한다.

(4) 암성토 구간의 양측 비탈면은 계획 비탈면의 최저면에서 안쪽으로 60cm 이상 떨어져 최소 기울기 1 : 2를 유지하면서 마무리한다.

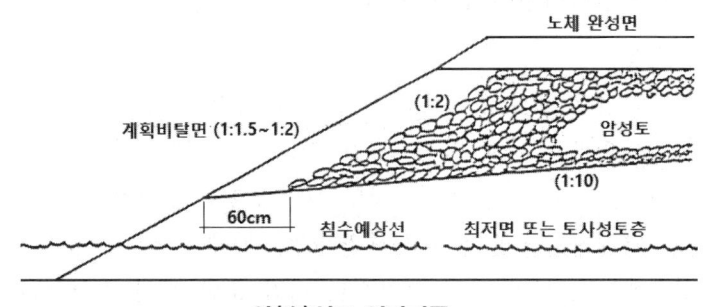

암(巖)성토 일반기준

(5) 노체 완성면 바로 아래 60cm 높이는 암성토를 금지하고, 양질의 토사재료를 사용하여 두께 30cm 이내로 부설한 후 일반시방서에 따라 다짐 마무리한다.

(6) 암버력으로 시공되는 흙쌓기부의 최상층은 '가는 모래 입상재료' 보다는 '소일시멘트 중간층'으로 마무리하여 공극을 충분히 차단할 수 있도록 메워야 한다.

(7) 암버력으로 시공되는 흙쌓기부의 최상층에 노상 세립재를 $\frac{R85}{F15} > 5$ 로 시공하는 경우에는 $\frac{M15}{F15} > 5$, $\frac{M15}{F85} > 5$ 를 만족하는 입상재료(입도조절 중간층)로 메울 수도 있으나, 상부 교통하중 진동 때문에 세립자가 하부로 이동되어 공극이 생기는 하자원인이 된다. 따라서, 소일시멘트 중간층으로 완전히 메워야 한다.

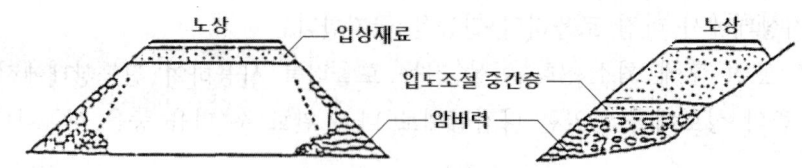

암버력으로 시공되는 흙쌓기부 사례

여기서, $R85$: 암버력 재료의 85% 통과입도

$M85$: 입도조절 중간층 재료의 15% 통과입도

$F15$: 세립재의 15% 통과입도

$F85$: 세립재의 85% 통과입도

2. 암(岩)성토 시공순서

⑴ 암성토 작업구간의 선정

① 공사현장의 작업여건, 작업장소 등을 고려하여 암성토 시공을 위한 일정구간을 선정한 후 작업구간별로 작업계획을 수립한다.

② 작업구간별 암성토 작업의 최소단위는 50m 이상, 150m 미만으로 계획한다.

③ 암성토 작업 착수 전에 투입장비, 소요인원, 품질시험 등 세부 작업시행계획을 작성하여 책임감리원에게 제출한다.

⑵ 발파암의 소할

① 발파암을 암성토 재료로 사용하기 위하여 직경 30cm 정도로 소할한다.

② 소할된 발파암에는 소할 중에 생긴 작은 부스러기, 파편 등과 함께 잘 섞이도록 야적한다. 필요한 경우에는 성토 작업장으로 운반한다.

③ 발파암의 파쇄정도가 양호하여 대략 70% 이상이 30cm 정도로 이미 소할된 상태일 경우에는 암성토 시공 현장으로 직접 운반 후에 소할한다.

⑶ 소할암의 운반·적재

① 소할암은 덤프트럭으로 운반하되, 운반 중 노상에 유실되지 않도록 주의한다.

② 소할 야적장에서 적재할 때는 일정크기의 소할암(덩어리암)과 소할 작업 중 생긴 작은 조각, 부스러기, 파편 등도 함께 싣는다.

③ 발파암의 파쇄정도가 양호하여 성토 작업장으로 직접 운반할 경우에는 덩어리암은 제외하고 작은 덩어리와 부스러기 등을 먼저 상차한다.

⑷ 암성토 재료의 포설

① 암성토 재료는 연속적으로 편평하게 포설하되, 재료분리가 최소화되도록 한다.

② 포설 후 1층 다짐두께가 60cm를 초과하지 않도록 시공관리에 유의한다.

⑸ 암성토 재료의 깔기·고르기
  ① 공극채움재의 깔기작업은 암성토 재료의 상태에 따라 고루 퍼지도록 포설하되, 기 시공된 구간에도 필요한 경우에는 추가로 포설한다.
  ② 펴기·고르기 장비는 도져, 백호, 그레이더 등을 사용하되 장비의 고속운전으로 인한 마무리면 손상이 생기지 않도록 주의한다.

⑹ 암성토 재료의 다짐
  ① 1차 다짐(안정다짐) : 고르기 작업 후 습윤상태를 고려하여 적당량을 살수하고, 10~15ton 양족식 철륜 또는 탬핑롤러로 무진동 15km/hr 속도로 다짐 겹침폭 45cm 이상 되도록 왕복 4회 다진다.
  ② 2차 다짐(밀도다짐) : 10~15ton 진동롤러 최대출력 3/4으로 5~10km/hr 속도 왕복 3회 다짐 후, 출력을 1/3로 낮추어 5km/hr 속도 왕복 2회 다진다.
  ③ 3차 다짐(평탄다짐) : 10~15ton 무진동 롤러 5km/hr 속도 왕복 2회 다진다.
  ④ 비탈면 다짐 : 각 구간의 비탈면을 2회 정도 추가로 더 다진다.
  ⑤ 다짐완료층 관리 : 다짐 후 강우 침투로 손상 없도록 표면을 보호한다.

3. 암(岩)성토 품질시험

⑴ 실내시험
  ① (표면건조 포화상태 겉보기)비중시험, 흡수율·마모율·안정성시험을 위한 시료는 암질에 따른 3개 등급으로 중량비 기준 일정하게 혼합하여 사용한다.

⑵ 현장시험
  ① 도로 평판재하시험(지지력시험)
  ② 시험성토 구간 시험 : 포설두께, 다짐회수, 살수효과, 침하량, 현장밀도, 공극율, 입도분석(체분석) 등

⑶ 결과보고
  ① 암성토 구간에서 시행된 시험결과는 책임감리원에게 서면보고하고, 그 결과 불합격 등 적합하지 않은 경우에 책임감리원의 재시공 지시에 따른다.[190]

---

190) 박효성 외, 'Final 토목시공기술사 핵심문제', 예문사, p.355, 2008.

05.14 암반사면의 안정(낙석방지)대책

암반 비탈면의 파괴형태와 안정대책, 낙석방지공, 대절토 암반사면 붕괴유형과 방재대책 [1, 5]

Ⅰ. 개요

1. 평사투영해석(stereographic analysis)방법에 의해 암반사면과 불연속면의 기하학적 형상을 이용하여 안정성을 검토한 결과, 안전하다고 계산된 경우에도 장기간에 걸쳐 강우·강설에 노출되면 세굴·침식으로 인하여 암반이 불안정해질 수 있다.

2. 암반사면의 장기적인 안정유지, 미관향상, 유지관리 편의성등을 도모하기 위해서는 암반의 상태, 비탈면의 경사·높이, 용수발생 가능성 등을 고려하여 적절한 안정대책을 선정하여 시행해야 한다.

3. 암반사면의 안정대책은 낙석 발생 예상부위의 길이·높이·경제성·시공성·지질조건·시공조건 등을 검토하여 1종류 또는 2종류 이상의 공법을 병용 시행한다.

4. 대절토 암반사면이 풍화, 강우, 동결융해, 침식, 발파 등의 영향으로 낙석위험이 우려될 때는 안정대책으로 낙석예방공법, 낙석방호공법 등을 시행한다.

   (1) 낙석예방공법 : 사면에서 낙석이 발생하지 않도록 낙석 발생원인을 처리

   (2) 낙석방호공법 : 사면에서 낙석이 발생했을 경우에 낙석 처리대책을 강구

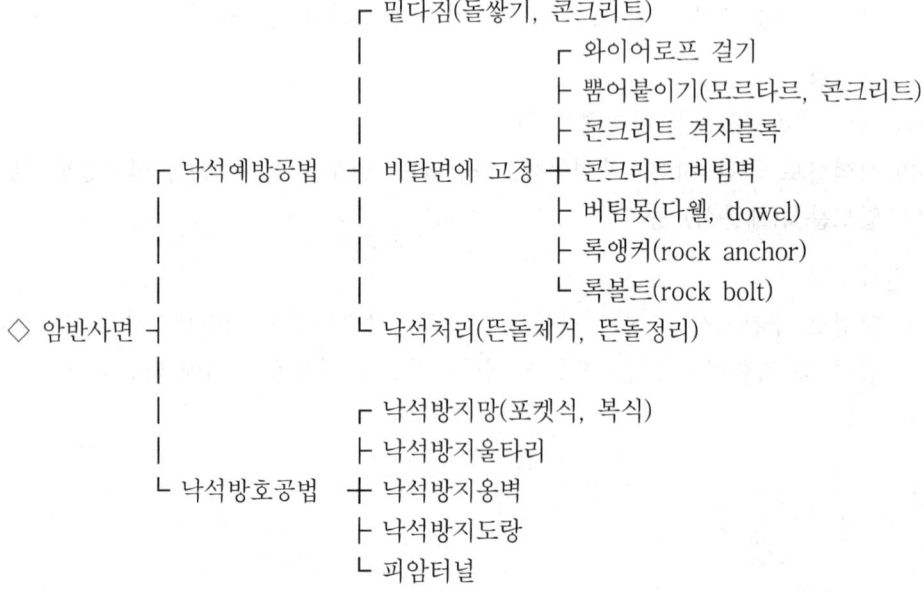

암반사면의 안정대책

Ⅱ. 암반사면의 낙석예방공법

1. 밑다짐(돌쌓기, 콘크리트)

(1) 암반사면의 부석·전석이 구르거나 미끄러지지 않도록 부석·전석을 기반으로 해서 콘크리트로 다짐하여 비탈면에 고정시키는 공법

  ① 돌쌓기 밑다짐 : 주변의 작은 부석·전석을 모아 기반에 쌓고 다져서 고정

  ② 콘크리트 밑다짐 : 콘크리트로 부석·전석의 기반이나 주변에 고정

(2) 우수에 의해 암반사면이 세굴되면 효과가 현저히 감소되므로 배수대책 필요

2. 와이어로프 걸기

(1) 암반사면의 부석·전석이 구르거나 미끄러지지 않도록 격자모양의 와이어로프로 기초에 걸어서 가설용 구조물로 사용할 수 있도록 사면에 고정시키는 공법

(2) 앵커볼트는 부석·전석의 무게를 충분히 지지하도록 기초까지 삽입하고, 돌이 로프에서 빠져나가지 않도록 고정

3. 뿜어붙이기(모르타르, 콘크리트)

(1) 좁은 간격으로 파쇄·풍화된 암반사면에 모르타르나 콘크리트를 뿜어붙이기하는 공법으로, 표면보호에 효과적이지만 활동파괴에는 효과 없음

(2) 배수공의 깊이는 0.5m, 간격은 1~2m 정도로 설치하며, 암반사면의 균열방지를 위해 철근망(welded-wire mesh)이나 강섬유를 함께 사용

4. 콘크리트 격자블록

(1) 콘크리트 격자블록, 육각블록, 수로형 격자블록, 계단블록, I형블록, 교대보호블록, 식생블록, 호안블록, 콘크리트방틀, 금속수압판 등 비탈면 보호블록

(2) 기초콘크리트를 타설하기 곤란한 지역이나 급경사 비탈면에 콘크리트 격자블록 등의 비탈면 보호블록을 사용하면 부등침하에 따른 블록의 탈락을 방지하고 보다 견고히 고정 가능

5. 콘크리트 버팀벽

(1) 암반사면을 발파·절취함에 따라 하부에 빈 공간이 생겨 지지력이 상실되어 암괴의 추가탈락이 우려되는 경우에 콘크리트 버팀벽을 설치하는 공법

(2) 절개면 하부의 빈 공간에 콘크리트 버팀벽을 설치하여 안정성 확보

6. 버팀못(다웰, dowel)

(1) 암반에서 소규모 단독적으로 분리된 암괴에 의하여 암괴의 추가 탈락이 예상되는 경우에 암괴를 절개면에 고정시키는 공법

(2) 직경 25mm, 길이 1~3m인 철봉을 보링공 내에 삽입하고 grouting 실시

7. 록앵커(rock anchor)

(1) 활동 예상 암반블록에 고강도 강재로 만든 앵커를 안정된 암반까지 관통시켜 인장력(prestressing)을 가하여 활동에 저항하는 공법

(2) 인장력을 가하는 것이 록앵커(rock anchor)이며, 인장력을 가하지 않는 것이 쏘일네일(soil nailing)공법

8. 록볼트(rock bolt)

(1) 활동 예상 암반블록에 직경 25mm, 길이 6m 정도의 철봉을 안정된 암반에 정착하고 몰탈을 주입(grouting)하여 전단강도를 증가시키는 공법

(2) 인장력을 가하는 것이 록앵커(rock anchor)이며, 인장력을 가하지 않는 것이 록볼트(rock bolt)공법

9. 낙석처리

(1) 탈락이 예상되는 소규모 돌출암괴(overhang)와 뜬돌(부석)을 제거하는 공법

(2) 돌출암괴에 인접한 암반사면 보호를 위해 제어발파(control blasting) 실시

 ① 천공간격 : 천공직경의 10~12배 정도

 ② 천공직경 : 수동천공기 40mm, 차량천공기 80mm를 기준

 ③ 천공길이 : 수동천공기 3m, 차량천공기 9m로 제한

Ⅲ. 암반사면의 낙석방호공법

1. 낙석방지망(포켓식, 복식)

(1) 암반사면에서 발생된 낙석을 절개지 근처에 머무르게 하고, 도로쪽으로 튕겨나가는 것을 방지하기 위해 사면에 철망을 설치하는 공법

 ① 포켓식 : 낙석을 절취하더라도 암반 균열 발생이 적은 경암에 적용

 ② 복식 : 암반 균열이 많고 풍화 진행이 빠른 연암이나 풍화암에 적용

2. 낙석방지울타리

(1) 낙석이 도로에 떨어지는 것을 차단하기 위해 사면에 울타리를 설치하는 공법

(2) 경암, 연암, 자갈섞인토사 등의 대절토 사면에서 낙석방지망으로는 낙석위험이 우려되는 경우에 울타리를 설치

(3) 울타리는 지주, 와이어로프, 철망이 일체로 되어 낙석에 효과적으로 보호

3. 낙석방지옹벽

(1) 낙석이 도로에 떨어지는 것을 차단하기 위해 도로 가장자리에 옹벽을 설치

(2) 옹벽과 사면 사이에 공간을 두어 어느 정도의 낙석은 옹벽배면에 퇴적될 수 있는

구조로 설치

(3) 옹벽 설계단계에서 지형·지질, 예상 낙석 중량·속도, 최대 낙하고 등을 반영

4. 낙석방지도랑

(1) 사면 하단부에 도랑(ditches)을 설치하여 낙석을 유도하고 낙석에너지를 흡수·소산시키는 공법

(2) 지형, 수목 등의 자연조건을 이용하는 간단하고 경제적 공법이지만, 용지를 확보해야 하는 제약조건을 충분히 조사 필요

5. 피암터널

(1) 피암터널(Rock shed)은 낙석방지망, 낙석방호울타리, 낙석방호옹벽 등과 같이 낙석으로부터 인명이나 도로를 방호하기 위한 구조물로써, 상부구조(주구, 주빔, 기둥), 하부구조 및 기초로 구성되어 있다.

(2) 피암터널의 상부구조는 부재 종류에 따라 RC, PC, 강재 등이 있고, 단면 형식에 따라 캔티레버형, 문형, 역L형, 아치형 등이 있다.

(3) 피암터널의 기초형식에는 직접기초 및 말뚝기초로 설치된다.[191]

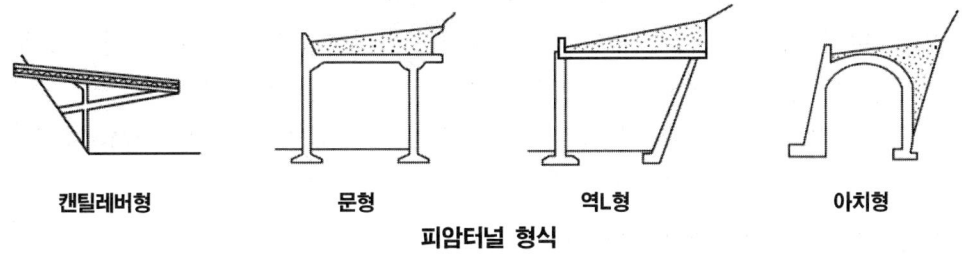

| 캔틸레버형 | 문형 | 역L형 | 아치형 |

피암터널 형식

---

191) 국토교통부, '도로설계편람', 제3편 토공 및 배수, pp.406-37~44, 2021.

05.15　연약지반

I. 개요

1. 연약지반(軟弱地盤, poor subsoil)이란 구조물의 기초지반으로서 충분한 지지력을 갖지 못하여 구조물의 하중을 지지하지 못하는 지반을 말한다.

2. 자연상태의 지반에 놓이는 하중은 크기가 매우 작은 경우에는 지반의 강도가 크지 않더라도 그 하중을 지지할 수 있다. 하지만 하중의 크기가 크다면 지반의 강도가 크더라도 하중을 지지할 수 없는 경우가 있다.

   상당한 지지력을 가진 지반이더라도, 상부에 대규모 중량구조물(고층건물, 고성토부, 필댐 등)이 건설될 예정이라면 기초처리의 관점에서 연약지반으로 분류된다.

3. 이와 같이 연약지반은 상대적 개념이므로 물리적·수치적으로 명확하기 정의하기 어렵다. 하지만 일반적으로 연약지반이란 정규압밀의 점토층, 유기질의 토층, 느슨한 실트층, 느슨한 모래층, 느슨한 매립층을 의미한다.

   연약지반의 토층을 토질공학적으로 보면 표준관입시험 N값이 0~4 정도로 부드러우면서 압축성이 큰 점토·실트·이탄(泥炭) 등으로 구성되어 있다.

   또한, N<10의 느슨한 모래층에 물을 포함된 경우나 지하수 양수(揚水)에 의해 광활한 지역에서 지반이 침하되는 경우도 연약지반에 해당된다.

4. 연약지반의 위치는 주로 낮은 평야지대, 삼각주(三角洲), 골짜기(drowned valley) 등을 형성하는 새로운 충적지(沖積地)에 많이 존재한다.

   우리나라에서 연약지반은 동해안, 남해안, 서해안(인천·군산)지역 및 섬진강 하구, 낙동강 하구(부산·김해)지역에 넓게 분포되어 있다.

   *삼각주(三角洲)는 강(江)하구에 발달된 퇴적지형이다. 강물에 떠내려온 토사(土砂)가 하구에 쌓여 이루어진 충적평야로서 대부분 삼각형을 이루고 있다. 삼각주는 강물이 바다나 호수로 흘러들어가면서 물의 속도가 감소되어 퇴적물의 운반능력이 떨어져 퇴적되어 형성되기 때문에 지반이 연약한 상태에 놓여 있다.

5. 연약지반에서는 안정성 저하, 침하 발생, 토양 액상화, 투수성 심하 등의 토질공학적인 문제가 발생된다.

   따라서, 연약지반에서 중요한 구조물의 기초는 깊은기초(말뚝기초, 케이슨기초)공법으로 견고하게 강화한 후 설치하거나, 사전압밀(preloading)에 의한 흙쌓기공법 등으로 연약지반을 개량하여 단단하게 강화한 후 기초공사를 착수해야 한다.

Ⅱ. 연약지반

1. 토질공학적 문제점

(1) 안정의 문제

연약지반 상에 구조물을 축조할 경우 기초 지지력이 부족하거나, 지반의 전단저항력이 부족하여 원호파괴가 생기는 등 안정성이 저하될 수 있다.

(2) 침하의 문제

연약지반의 압밀침하, 연약지반에 설치된 말뚝에 작용하는 부마찰력 등 흙의 압축성으로 인한 침하의 문제가 발생될 수 있다.

(2) 액상화의 문제

지진, 진동, 발파 등 여러 원인으로 발생되는 동적하중으로 인해 액상화와 관련된 문제가 발생될 수 있다.

(2) 투수성의 문제

연약지반에서 기초굴착공사를 할 때 boiling, piping 현상과 관련된 투수성의 문제가 발생될 수 있다.

2. 연약지반 처리공법

(1) 모래지반, 실트질지반, 점토지반 등 연약지반의 조건·성질에 따라 적절한 공법을 적용하여 개량·강화해야 한다.

(2) 예를 들어, 연약지반 상에 구조물 축조 전에 사전 재하하여 하중에 의한 압밀을 미리 끝나게 하는 여성토(餘盛土, preloading)공법이 많이 쓰인다.

잔류침하도 없애고, 지반강도를 증가시켜 기초지반의 전단파괴를 방지할 수 있는 장점이 있는 반면, 공사기간이 긴 것이 단점이다. 또한 연약층이 두껍고 공사기간이 짧은 경우에는 적용이 곤란하다.

(3) 물론 다짐공법, 모래말뚝공법, 응결제 주입공법 등이 다양하게 개발되어 건설현장에 적용되고 있다.

3. 연약지반 계측관리

(1) 연약지반에서는 안정, 침하, 액상화 및 투수성의 문제가 발생되므로 연약지반의 개량·강화를 위한 시공 중에 철저한 계측관리를 통해 발생될 수 있는 문제를 사전에 예방해야 한다.[192]

---

192) 박효성 외, 'Final 토목시공기술사 핵심문제', 예문사, pp.371~372, 2008.

05.16 연약지반의 판정

Ⅰ. 개요

1. 연약지반은 하중재하에 따른 성토규모나 구조물의 목적에 따라 상대적인 의미로판정되므로 정량적 기준 설정은 어렵다.
2. 현장에서는 잠재적 차원에서 원지반의 특성치를 판단하여 향후 발생될 지반활동을 예측하는 차원에서 불특정 하중(장래 구조물계획)이 발생될 것을 예상하여 일정한 기준치 이하를 연약지반으로 판정한다.

Ⅱ. 연약지반의 판정

1. 판정방법

(1) 연약지반의 유무는 시추조사(boring)와 병행 실시하는 원위치의 표준관입시험, 콘관입시험 등을 통해 점성토 지반과 사질토 지반으로 나누어 판단한다.

(2) 연약지반 여부를 개략 판정할 때는 지반 강도를 측정한다. 모래지반 강도는 상대밀도를 기준으로, 점토지반 강도는 굳기(consistency)를 기준으로 표시한다.

2. 일반적인 판정기준

(1) 연약지반의 절대적 판정기준은 곤란하나 실무적 견지에서 판정기준은 필요하다. 일반적으로 점성토는 N≦4~6, 사질토는 N≦10으로 판정하고 있다.

(2) 연약지반 여부를 상세하게 판정할 때는 표준관입시험 N값, 일축압축강도(q_u), 콘관입시험(q_c) 등을 거친다. 또한 연약지반 여부를 구조물 종류에 따라, 토질 특성에 따라 판정하는 방법도 있다.

(3) 연약지반의 판정은 다음 표를 이용할 수 있다. 그러나 점성토 및 이탄질에서의 N값을 이용한 연약지반 판정은 신중하게 적용해야 한다.

연약지반의 판정기준

구분	점성토 및 유기질토 지반		사질토 지반
층두께	10m 미만	10m 이상	–
표준관입시험 N값	4 이하	6 이하	10 이하
일축압축강도 q_u (kg/cm^2)	0.6 이하	1.0 이하	–
콘관입시험 q_c (kg/cm^2)	8 이하	12 이하	40 이하

3. 구조물 종류에 따른 판정기준

⑴ 특정한 지반 위에 건설공사를 기획할 때는 해당 구조물의 종류를 도로, 고속도로, 철도, 고속철도, 건축물 및 사력댐(Fill dam)으로 구분하여 다음 표와 같은 연약지반의 판정기준에 따라 검토해야 한다.

구조물 종류에 따른 연약지반의 판정기준

구조물 종류	지반상태							판정
	토질	층두께	N치	q_u (t/m²)	q_u (t/m²)	q_u (t/m²)	함수비(%)	
도로	-		2 이하	2.5 이하	12.5 이하	-	-	초연약
			2~4	2.5~5	12.5~25	-	-	연약
			4~8	5~10	25~50	-	-	보통
고속도로	이탄층	-	4 이하	5 이하	-	-	-	연약지반
	점성토	-	4 이하	5 이하	-	-	-	
	사질토	-	10 이하	-	-	-	-	
철도	-		2 이하	0	-	-	100 이상	-
			5 이하	2 이하	-	-	50 이상	
			10 이상	4 이하	-	-	30 이상	
			3 이상	30 이상	-	-	-	지지층
고속철도	-		2 이하	-	20 이하	-	-	정밀조사 필요
			2~5	-	25~50	-	-	연약층이 두꺼우면 추가조사 필요
			5 이상	-	50 이상	10 이하	-	연약지반 아님
건축물	-		10 이하	-	-	-	-	연약지반
사력댐	-		20 이하	-	-	-	-	연약지반

주) q_u : 일축압축강도, q_c : 콘관입 지지력, q_b : 장기 허용지내력

4. 토질 특성에 따른 판정기준

(1) 특정한 지반 위에 건설공사를 기획할 때는 해당 지반의 토질은 크기 이탄지반, 점 토지반 및 사질지반으로 구분할 수 있다.

(2) 지반의 토질 특성은 고유기질토(이탄토, 흑니), 세립토(유기질토, 무기질토), 사질 토(입경, 흡수량) 등에 따라 세분할 수 있다. 따라서 연약지반의 유무를 토질 특 성에 따라 판정하면 다음 표와 같다.[193]

토질 특성에 따른 연약지반의 판정기준

지반 구분	토질 및 토질구분			토질정수			
				ω_n (%)	e_o	q_u(t/m^2)	N치
이탄 지반	고유기 질토	이탄토	섬유질 고압축토	300 이상	7.5 이상	4 이하	1 이하
		흑니	분해가 진척된 고유기질토	300-200	7.5-5.0		
점토 지반	세립토	유기질토	소성도 A선 이하의 유기질토	200-100	5.0-2.5	10 이하	4 이하
		화산회 질점토	소성도 A선 이상의 화산회질 2차 퇴적 점성토				
점토 지반	세립토	실트	소성도 A선 이하, 다이러턴시가 큰 세립토	100-50	2.5-1.25	10 이하	4 이하
		점토	소성도 A선 이상, 다이러턴시가 큰 세립토				
사질 지반	사질토	SM, SC	0.075mm체 통과량 15~20%	50-30	1.25-0.8	≒0	10 이하
		SP-SC SW-SM	0.075mm체 통과량 15%이하	30 이하	0.8 이하		

주) ω_n : 자연함수비, e_o : 초기간극비, q_u : 일축압축강도, N치 : 표준관입시험치

193) 국토교통부, '도로설계편람', 제3편 토공 및 배수, pp.409-1~3, 2012.

05.17 연약지반의 침하량 추정

연약지반에서 콘크리트 구조물 시공 검토사항 [0, 1]

Ⅰ. 개요

1. 연약지반 조건이 다음과 같은 경우에 침하량의 조사·시험이 필요하다.
   (1) 활동지역에 설계상 예상하기 어려운 하중이 작용할 염려가 있을 경우
   (2) 연약지반 상에서 한쪽으로만 흙쌓기가 실시되어 편응력이 생길 경우
   (3) 지반침하지대에서 지지말뚝에 큰 부마찰력이 작용할 경우
   (4) 연약층 하부에 피압 대수층이 있을 경우
   (5) 활동단층 지대에서 불규칙한 지반이 교대로 층을 이루고 있을 경우

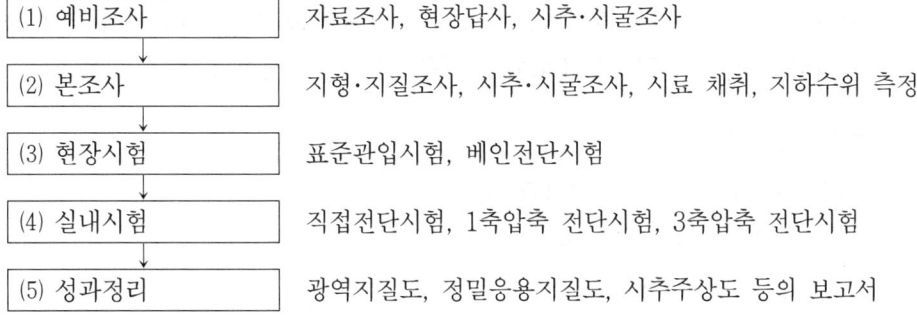

연약지반의 조사·시험 업무 흐름도

Ⅱ. 연약지반의 침하량 추정

1. 총침하량 추정

총침하량(S) = 즉시침하량(Si) + 1차 압밀침하량(Sc) + 2차 압밀침하량(Ss)

여기서, Si + Sc : 흙쌓기 시공한 후 600일까지의 침하량

Ss : 흙쌓기 시공 완료 600일 이후의 침하량

2. 즉시침하

(1) 지반에 상부 구조물의 하중이 재하되는 즉시 발생되는 침하로서, 점토질 연약지반에서 발생되는 즉시침하량은 매우 작으므로 무시한다.

3. 압밀침하

(1) 압밀침하는 시간 경과에 따라 발생되므로 1차와 2차 압밀침하로 구분·추정한다.
   ① 1차 압밀침하량(Sc)
      ○ 1차 압밀침하량(Sc)은 연약한 점토지반에서 간극수압의 소산에 의해 발생되며, Terzaghi 1차원 압밀이론에 따른 3가지 방법으로 추정한다.

1차 압밀침하량 추정

구분	e-log P법	체적압축계수(m_v)법	압축지수(Cc)법
계산식	$S_f = \dfrac{e_o - e}{1 + e_o} \cdot H$	$S_f = m_v \cdot \Delta\sigma \cdot H$	$S_f = \dfrac{C_c}{1 + e_o} \cdot H \cdot \log \dfrac{\sigma_c + \Delta\sigma}{\sigma_o}$
설계정수	S_f : 1차 압밀침하량 H : 연약지반 두께 m_v : 체적변화계수	e_o : 초기 간극비 $\Delta\sigma$: 유효응력차 C_c : 압축지수	e : 시간경과별 간극비 σ_o : 원위치 유효응력

② 2차 압밀침하량(Ss)

  ○ 2차 압밀침하량(Ss)은 연약한 점토지반에서 토립자의 재배치로 발생되는데, creep 현상에 의하여 1차 압밀종료 시점의 유효응력, 간극비, 점토층 두께, 1차 압밀시간 등의 영향을 받는다.

  ○ 연약지반 개량 중에 발생되는 2차 압밀침하량(Ss)은 계측관리에 의한 침하실측치와 시간관계로부터 유도되는 다음 식으로 추정한다.

$$S = S_o + \frac{t}{a + bt}$$

여기서, S : t 시간 후의 침하량(cm)

  S_o : 초기침하량(cm)

  t : 경과시간(day)

  a, b : 실측 침하곡선으로부터 구해지는 정수(무차원)

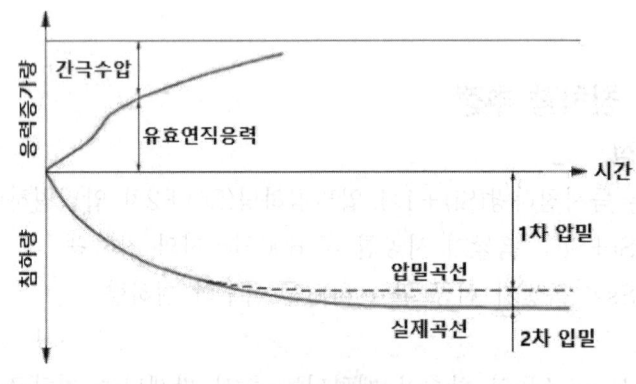

실측 침하곡선

4. 잔류침하량의 허용치

(1) 연약지반에서 잔류침하량 허용기준은 구모물의 사용목적, 중요도, 공사기간, 경제성 등을 종합적으로 검토하여 결정한다.

(2) 잔류침하량은 구조물의 유지관리 중에 발생되는 침하량이므로, 도로 성토구간은 유지관리단계에서 장기침하를 고려하여 시공 중에 지반 안정처리가 중요하다.

도로, 배수박스 구조물의 잔류침하량 적용 사례

구분	허용침하량(cm)	적용 사례
도로	10	한국도로공사, 일본도로공단, 양산물금지구, 대불공단
	20	녹산1단계, 아산공장
	30	광양제철소, 고베항
	50	하네다공항(운영 후 10년 동안)
	100	하네다공항(운영 후 50년 동안)
배수박스	30	한국도로공사, 일본도로공단, 하네다공항, 녹산1단계

5. 잔류침하량의 산정 기준

(1) 지반의 탄성침하량을 고려한다.

(2) 점성토층 압밀도(U)는 연약층 전체 두께에 대한 평균압밀도(U_z)로 계산한다.

(3) 침하량 산정식을 적용할 때 현재 지반 압밀상태가 정규압밀이면 압축지수(C_c)를 적용하고, 과압밀상태이면 팽창지수(C_r)를 적용한다.

　① 압밀상태 판단 : 과거 작용했던 상재하중 및 지하수위의 변동유무

　② 압밀시험에서 구한 선행압밀하중(P_c)과 유효응력(P_o)관계

　③ Atterberg 한계 시험에서의 액성지수(LI)의 관계

(4) 압밀계수(C_v)가 다짐두께의 각 층마다 다를 경우에는 층두께 환산법에 의한 환산두께(D′) 및 압밀계수(C_v′)를 이용하여 全층의 평균압밀도(U)를 산정한다.

6. 잔류침하량 추정 유의사항

(1) 연약지반 침하는 하중이 재하되는 즉시 생기는 즉시침하와 시간이 경과하면서 지속적으로 생기는 압밀침하로 구분된다. 일반적으로 점토지반의 즉시침하는 매우 작아 무시하고, 압밀침하는 간극수압의 소산으로 생기는 1차 압밀침하량과 토립자의 재배치에 의한 2차 압밀침하량으로 구분된다.

(2) 침하량을 추정할 때는 지반은 균질하며 등방(等方)압밀상태의 탄성체로 가정하기 때문에 시공단계에서 현장계측치와 다소 차이가 발생할 수밖에 없다. 따라서 시공단계에서 주기적으로 계측관리를 실시하여 압밀침하 예측치와 실제치의 차이를 비교하여 추가적인 대응방안을 검토해야 한다.

(3) 침하량 계측결과에 따른 연약지반의 제체 안정성 확보를 위해서는 흙쌓기로 생기는 기초지반의 활동파괴에 대한 안정계산으로 얻는 최소 안전율로 평가한다. 안정계산은 안정성 검토를 위한 하나의 수단이므로, 기존 자료 외에 현장의 실제조건을 함께 고려할 수 있는 종합적인 판단이 필요하다.

Ⅲ. 연약지반의 허용침하량 초과 방지대책

1. 필요성

(1) 연약지반에서는 유지관리단계에서 구조물 하부 지반의 부등침하, 슬래브·보의 처짐, 구조체의 슬라이딩(수평이동) 등과 같은 변위가 발생될 수 있다.

(2) 이 경우에는 안전점검 또는 정밀안전진단을 통해 수평/수직변위량을 측정하고, 그 측정결과에 따라 보수·보강대책을 강구해야 한다.

2. 수직변위조사

(1) 구조물이 상하방향으로 융기되거나 침하되었을 경우, 구조물의 바닥, 천정, 벽체 등에 측점을 설치하고 기준점 대비 수직변위량을 측정한다.

(2) 슬래브나 보 부재의 내력 부족으로 처짐이 발생했을 경우, 각 부재의 양단부와 중앙부의 레벨을 측정하여 처짐량을 확인한다.

(3) 수평부지의 수직변위량은 레벨, 레이저레벨 등을 이용하여 구조물의 내부 바닥 또는 보 하부에 적절한 개소를 선정해서 측정한다.

3. 지반침하 안전관리방안

(1) 예방 : 지반침하 사고를 예방하기 위한 법적 기술적 방안

① 3D지하공간 시설물(상하수도, 통신, 지하철, 상가 등) 통합지도 구축 및 관리

② 지하공간 개발행위에 대한 '지하안전 영향평가' 제도 도입

(2) 대비 : 지반침하 사고를 대비하기 위한 국가 및 지자체 차원의 대비 방안

① 지반침하 발생 시에는 상황전파 및 대응조직 운영실태 점검

② 가상 시나리오를 바탕으로 지반침하 대응 모의훈련 실시

(3) 대응 : 지반침하 사고 발생에 대한 대응방안 및 절차

① 지반침하 사고 발생 시에는 대응절차도에 따라 처리

② 지반침하 사고 발생 시에는 사고대책본부 구성·운영

(4) 복구 : 지반침하 사고 발생 이후 제발방지 및 항구복구기반 마련

① 지반침하 발생원인 및 피해조사 실시

② 지반침하 발생지역 항구적·체계적 복구계획 수립·시행[194]

---

194) 국토교통부, '도로설계편람', 제3편 토공 및 배수, pp.409-24~35, 2012.
　　국토교통부, '지반침하(함몰) 안전관리 매뉴얼', 2015.

05.18 교란효과(Smear effect, zone)

교란효과(smear effect), 스미어존(smear zone) [2, 0]

1. 개요

(1) 스미어 존이란 점성토로 형성된 연약지반 개량공법 중 탈수공법을 시공하기 위해 지표면에서 지중으로 수직 드레인을 삽입할 때, 항상 고려해야 되는 지반의 교란 효과, 웰 저항을 의미한다.

2. 스미어 존(smear zone)

(1) 연약지반 개량 탈수공법(drain, well point)으로 수직 드레인을 삽입하면 연직배수 재(맨드렐) 주변 2D~3D 영역이 교란되어 투수성이 감소되고 압밀이 지연된다.

(2) 이와 같은 교란 현상을 스미어 효과(smear effect), 이 영역을 스미어 존(smear zone)이라 한다.

3. 웰 저항(well resistance)

(1) 수직 드레인을 삽입하면 수평방향 압력이 가해져서 간극수가 연직배수재를 통해 지표면으로 배출될 때, 스미어 존의 저항(resistance)을 받아 압밀이 지연된다.

(2) 이와 같은 저항 현상을 웰 저항이라 한다. 연직배수재의 투수계수가 연약지반 점성 토의 투수계수보다 1,000배 이하의 조건에서는 웰 저항을 고려해야 한다.

4. 원심모형시험에 의한 스미어 존(smear zone) 산정

(1) 시험실에서 원심모형시험기를 이용하여 현장응력 상태에서 맨드렐을 관입하여 교란 영역 범위를 측정한 후, 실내시험 및 현장시험의 결과를 비교·분석하였다

(2) 측정 결과, 교란영역은 맨드렐 직경의 2.61~3.14배 정도였으며, 실내시험 및 현장 시험에서도 유사한 결과를 보여주었다.

(3) 맨드렐 형상을 소형과 대형, 원형과 직사각형을 각각 사용하여 시험한 결과, 원형 맨드렐에서 교란영역이 맨드렐 직경의 2.42~3.0배 정도로 더 적게 나타났다. 또한, 깊이가 깊어질수록 교란영역은 더 커지는 경향을 보였다.

(4) 결론적으로 원형 맨드렐에 보강형 슈(shoe)를 부착하여 사용하면 스미어 존의 발생 범위를 최소화할 수 있다. 교란영역의 발생범위는 안전율을 고려하여 맨드렐 직경 의 3.5배로 설정하는 방안이 적정하다.195)

---

195) 김희철, '원심모형시험에 의한 스미어 존 산정', 서울시립대학교 박사논문, 2009.

05.19 연약지반 상에 흙쌓기 설계·시공

연약지반 성토공사에서 효율적인 시공관리를 위한 침하관리 및 안정관리 [0, 3]

I. 검토사항

1. 안정대책은 완속 흙쌓기 시공에 대하여 우선적으로 검토
2. 침하대책은 충분한 방치기간 확보 등 시간효과를 유효하게 활용
3. 교대 및 횡단구조물 접속부에서는 선행하중을 재하
4. 시공과정에서 흙쌓기의 계측관리에 의한 안정관리를 실시

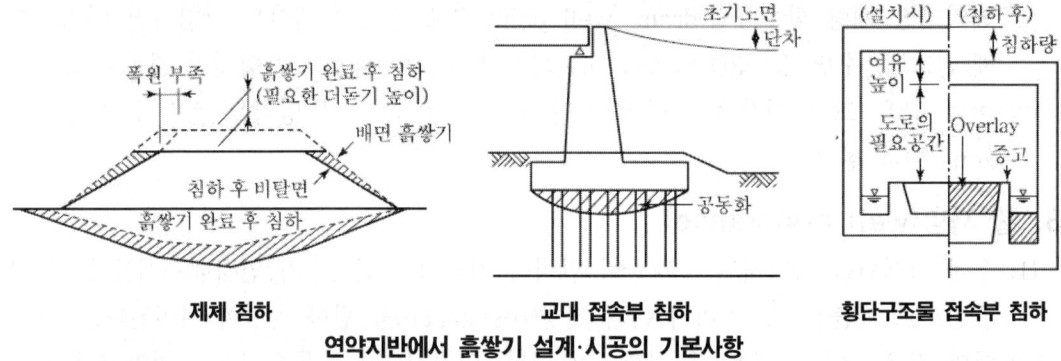

제체 침하 **교대 접속부 침하** **횡단구조물 접속부 침하**
연약지반에서 흙쌓기 설계·시공의 기본사항

II. 유의사항

1. 안정의 문제

(1) 연약지반에 급속히 흙을 쌓으면 측방변형이 빠르게 증가되면서 활동파괴가 발생된다. 일단 활동파괴가 발생되면 주변 지반고가 상승되는데, 그 영향의 범위가 20~70m에 이르는 경우도 있다. 활동을 발생시킨 지반의 점성토는 크게 교란되어 강도가 저하되기 때문에 주변 복구에 많은 시간과 비용이 소요된다.

(2) 따라서 연약지반대책은 제체 안정성 확보를 우선적으로 고려하여 완속 흙쌓기로 시공함으로써 지반강도의 증가를 유도하며 단계별로 흙쌓기하는 것을 원칙으로 한다. 완속 시공으로 충분하지 않는 경우 프리로딩(preloading) 공법과 함께 압성토 공법을 병용할 수 있다.

2. 침하의 문제

(1) 연약지반에 흙을 쌓으면 침하에 의해 흙쌓기량이 증가함과 동시에 제체 상단의 실제 폭이 설계 폭에 비해 부족해지는 문제가 발생된다. 또한 교량공사에서는 교대 접속부의 단차, 횡단구조물의 침하 문제도 심각해진다.

(2) 따라서 침하량이 큰 구간는 제체 상단 여유폭을 확보하여 구조물의 접속부나 횡단 구조물에 선행하중을 가해서 지반의 침하를 촉진시켜야 한다. 제체 침하는 방치기간 충분히 확보하여 시간효과를 활용하는 것이 경제적인 설계이다. 교대의 측방변위에는 선행하중을 가하여 지반의 강도 증가를 유도한다.

3. 장기침하의 문제

(1) 연약지반 제체의 침하는 구조물을 사용하기 시작한 후에도 장기간에 걸쳐서 지속되는 경향이 있다. 이로 인하여 횡단구조물의 단면이 점차 부족하지고, 배수시설의 용량이 줄어들어 불량해지는 문제가 발생되는 경우가 많다.

(2) 따라서 설계단계에서 장기침하를 예측하여 반영하는 것이 중요하다. 이를 위하여 방치기간을 충분히 확보하면서 프리로딩(preloading)에 의한 선행재하공법 등의 대책을 검토할 필요가 있다.

4. 주변지반의 변형에 따른 문제

(1) 연약지반에 고성토의 흙쌓기를 시공하면 주변 지반이 융기로 인하여 측방변형이 발생되면서 주변의 논·밭이나 인접 구조물에 피해를 줄 수 있다.

(2) 일단 피해가 발생되면 지반조건에 따라 다르지만 굴착하여 원형복구하는 방법은 피하도록 한다. 우선적으로 구조물에 하중을 가하여 압성토로 활용하는 응급조치가 필요하다. 그 이후에 항구적으로 복구대책을 검토한다.

5. 설계의 불확실성에 따른 문제와 동태 파악

(1) 연약지반에 제체 시공 전에 상세한 토질조사를 하여 설계에 반영한다. 하지만 설계단계에서 예측했던 지반거동과 시공단계에서 발생되는 지반거동이 일치하지 않아 지반의 과다변형이나 파괴가 발생되는 경우가 잦다.

(2) 지반이 변형·파괴되는 원인은 층두께나 토성이 복잡하게 변화는 연약지반의 조사지점 선정, 검토단면의 모델화, 설계토질정수의 결정, 계산공식의 선택 등 설계과정에서 많은 불확실성 요소가 포함되기 때문이다.

(3) 따라서 시공단계에서 계측관리를 통해 실제 지반의 거동상태를 파악하여, 당초의 설계내용과 시공방법을 적기에 수정하는 등 적극 대응하는 것이 중요하다.[196]

---

196) 국토교통부, '도로설계편람', 제3편 토공 및 배수, pp.409-15~17, 2012.

05.20 연약지반 개량공법의 선정

연약지반처리 대책공법 선정 고려조건 [0, 10]

Ⅰ. 개요

1. 연약지반에서는 안정성 저하, 침하 발생, 토양 액상화, 투수성 심하 등의 토질공학적인 문제가 발생된다.

2. 따라서, 연약지반에서 중요한 구조물의 기초는 깊은기초(말뚝기초, 케이슨기초)공법으로 견고하게 강화한 후 설치하거나, 사전압밀(preloading)에 의한 흙쌓기공법 등으로 연약지반을 개량하여 단단하게 강화한 후 기초공사를 착수해야 한다.

Ⅱ. 연약지반의 문제점

1. 지반의 연약조건에 따라 발생될 수 있는 문제점

(1) 연약지반은 건설공사를 하기 전에 기술자가 대상지반의 지형·지질현황, 지반 및 현장현황 등을 파악해야 한다. 이러한 정보들은 주로 기존의 자료를 수집하거나 현장답사 및 시험에 의해서 얻어지며, 공사의 목적, 구조물의 규모, 공기, 경제성 등과 밀접한 관계를 갖는다.

(2) 지반조건에 따라 시공 중 발생할 수 있는 주요 문제점은 토층구성, 토층성상, 지하수위 등을 들 수 있다. 세부 항목에는 토층의 분포상황, 지층 심도, 지반표면 경사, 연약층 두께, 배수층 유무, 모래층 존재, 각 토층의 물리적 성질, 강도, 변형특성, 압밀특성, 압축지수, 피압수 존재, 양수에 의한 광범위한 지반침하, 모래층의 투수성과 유속 등이 있다.

(3) 설계단계에서 그리고 시공 중 예상치 못했던 문제 발생에 대비하여 정보화 시공에 의한 안정관리나 품질관리 등을 수행하고 필요에 따라 별도의 추가 대책을 강구하여야 한다.

2. 연약지반 개량 목적의 이해 부족에 따른 문제점

(1) 연약지반 조사는 지반의 성층상태를 파악하고, 설계대상에 필요한 조사·시험을 통해 제반 설계정수를 유추하여 안정적·경제적 설계를 하는데 그 목적이 있다. 이러한 조사목적을 정확히 이해하지 못면 다음의 경우가 발생될 수 있다.

① 실제 연약지반 개량 대상의 목적물에 필요한 조사·시험빈도는 적고, 상관관계가 적은 조사·시험빈도가 많은 경우

② 연약지반 자체가 설계대상이 되는 댐, 지하굴착, 고성토 등에 대한 조사·시험빈

도가 적어, 설계단계에서 지반의 불확실성을 반영하여 안전율을 크게 적용함에 따라 공사비가 증가하는 경우
③ 현재 국내에서 연약지반 조사는 보일, 샘플채취 및 표준관입시험 위주로 시행되고 있어, 정량적인 설계자료를 얻는데 한계가 있다.
④ 따라서 신뢰성 있는 설계자료를 얻으려면 연약지반 개량 대상의 목적물에 적합한 현지조사를 통해 시험의 수량·항목을 충분히 확보하여, 이를 토대로 안정적·경제적인 설계를 하여야 한다.

Ⅲ. 연약지반 개량의 목적

1. 강도(强度) 특성의 개선
(1) 연약지반에서 지반의 강도는 지반의 파괴에 대한 저항성이다. 지반의 파괴에 대한 저항성은 흙의 전단강도(剪斷强度, shear strength)에 의존한다.
(2) 어떤 물체 또는 구조물에 전단하중(shear load)이 가해졌을 때, 그 물체가 구조적으로 파괴되지 않고 전단하중에 저항하는 최대응력(stress)이 전단강도이다.

2. 변형(變形) 특성의 개선
(1) 지반의 변형은 흙의 체적변화와 형상변화로 구분된다. 이와 같은 특성을 개선하기 위하여 압축성을 저하시키거나 전단탄성계수를 증대시킨다.
(2) 재료가 탄성범위 내에서 전단력을 받아 전단변형을 일으킬 때의 전단응력도와 전단변형 사이의 비례상수가 전단탄성계수(剪斷彈性係數, shear modulus)이다.

3. 지수성(止水性)의 개선
(1) 건설공사 도중에 또는 완료 후에 토층수가 이동하면 유효응력의 변화에 의해 여러 문제가 생긴다. 이 경우에 지반의 지수성을 개선하여 방지할 수 있다.
(2) 모래층, 자갈층으로 이루어진 지반에서는 토사의 유동성이 떨어지고, 투수성이 높으므로 지수성 확보가 필요한 경우가 많다.

4. 동적(動的) 특성의 개선
(1) 느슨한 사질토 지반에서 지진과 같은 동적 거동에 의하여 간극수압이 상승하면 유효응력이 감소하여 액상화 현상이 생긴다. 액상화 저항력을 높이려면 과잉 간극수압의 신속한 소산·차단, 전단변형 감소대책 등이 필요하다.
(2) 2017.11.15. 경북 포항시 일대에서 규모 5.4의 지진이 발생되었을 때, 국내에서 지진에 의해 지반이 물러지는 액상화 현상이 처음 나타났다.

IV. 연약지반 개량공법의 종류

1. 공법의 종류

개량원리	공법명칭			개량목적	적용지반
하중	분산		침상공법	◦ 지반의 지지력 향상 ◦ 지반의 전단변형 억제 ◦ 지반의 침하 억제 ◦ 활동파괴의 방지 ◦ 시공기계의 주행성 확보	점성토, 유기질토
			모래매트(mat)공법		
			토목섬유보강공법		
	균형		압성토공법		
	경감		경량골재(EPS쌓기)		
치환	치환		굴착치환공법	◦ 지반의 전단변형 억제 ◦ 지반의 침하 감소 ◦ 활동파괴의 방지	사질토, 점성토, 유기질토
			강제치환공법		
			폭파치환공법		
압밀배수	선행재하(Preloading)공법			◦ 지반의 강도 증가 ◦ 지반의 잔류침하 감소	점성토, 유기질토
	연직배수		Sand drain		
			Paper drain		
			Pack drain		
	지하수위 강제배수		Well point		사질토
			전기침투공법		
			진공압밀공법		
	지하수위 중력배수		Deep well	◦ 지반의 강도 증가 ◦ 지반의 잔류침하 감소 ◦ 지반의 압밀 촉진	점성토, 유기질토
			집수공법		
			암거공법		
	생석회말뚝공법				
	침투압공법				
다짐	진동		Sand compaction pile	◦ 지반의 강도 증가 ◦ 지반의 침하 감소 ◦ 액상화 방지	사질토, 점성토, 유기질토
			◦ Vibro composer ◦ Vibro flotation		
			쇄석말뚝공법		
	충격		동다짐(중추낙하)		사질토
고결	표층배수공법			◦ 노반·노상 안정처리 ◦ 활동파괴의 방지 ◦ 침하 저지 및 감소 ◦ 지반의 전단변형 방지 ◦ heaving 방지	사질토, 점성토, 유기질토
	혼합처리공법	천층혼합처리			
		심층혼합처리			
	약액주입공법				
	동결공법				

2. 공법의 선정 절차

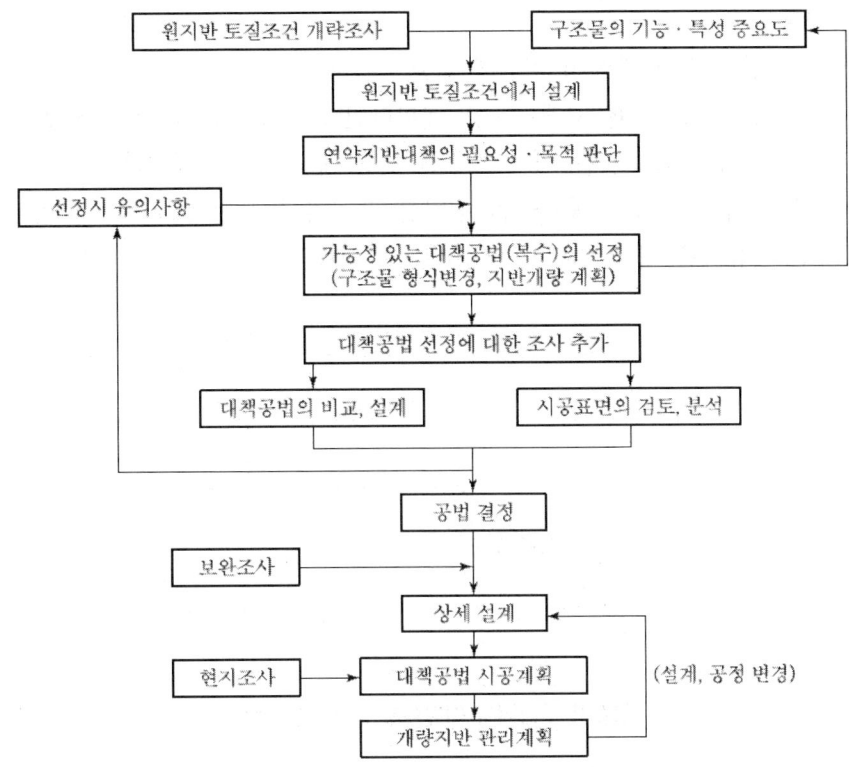

연약지반 개량공법의 선정 흐름도

3. 공법의 혼용

(1) 적용하려는 연약지반 개량공법이 소정의 목적을 달성할 수 있는지 비교·검토한 후에 최종적으로 경제적인 관점에서 선정한다.

(2) 연약지반 개량공법을 결정할 때는 지반조건, 도로조건, 시공조건 등을 고려하여 선정하며, 단독공법보다는 다음과 같이 2가지 이상 혼용하는 경우가 많다.

① 재하중 공법(preloading)+연직배수 공법(sand, paper, pack drain)

② 재하중 공법(preloading)+압성토 공법

③ 연직배수 공법+모래다짐말뚝(SCP) 공법

④ sand mat+① 공법

⑤ sand mat+토목섬유(Geotextile) 공법+① 공법

⑥ sand mat+토목섬유(Geotextile) 공법+② 공법

⑦ sand mat+토목섬유(Geotextile) 공법+③ 공법

⑧ 연직배수 공법+혼합처리(표층, 심층) 공법

Ⅳ. 연약지반 개량 후 장기침하 대책

1. 제체 구조

⑴ 잔류침하량이 큰 구간에서 여유폭 확보

① 흙쌓기를 종료할 때 제체형상을 계획단면 그대로 마무리하면 흙쌓기 완료 후, 장기침하에 의해 덧씌우기가 필요한 만큼 폭원이 부족해진다.

② 따라서 제체의 시공 폭은 장기침하를 고려하여 폭원 여유폭을 확보해야 한다. 폭원 여유폭은 시공 완료 후 5년간의 침하량(Sr)에 상당하는 폭으로 한다.

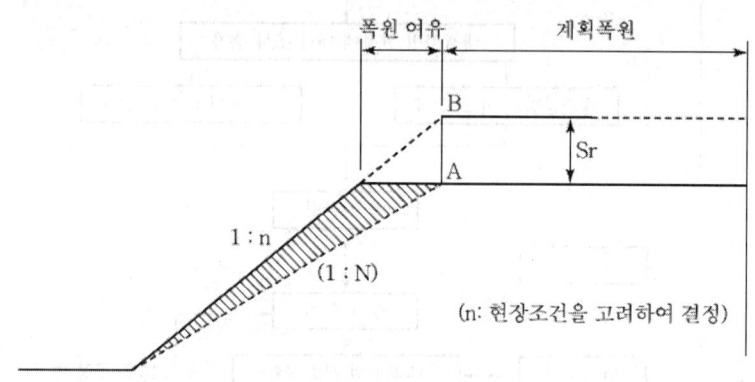

흙쌓기 구간에서 여유폭을 확보하는 방법

⑵ 일반 흙쌓기 구간의 더돋기 확보

① 일반 흙쌓기 구간의 더돋기 높이는 상부노체부터 하부노상면까지 시행하도록 계획한다. 더돋기량의 추정은 흙쌓기 착공할 때부터 포장층이 완공될 때까지의 기간 중에 원칙적으로 토공계획 높이를 지키도록 한다.

② 더돋기량을 결정할 때 연약층의 규모, 흙쌓기 구간의 연장 등을 종합적으로 고려하여 결정할 필요가 있다.

2. 잠정포장

⑴ 잔류침하량이 클 것으로 예상되는 구간에서는 잠정포장을 검토하도록 한다. 따라서 잠정포장과 완성포장의 두께차이만큼 노상마무리의 높이가 높아진다.

3. 본 구조물

⑴ 암거의 더돋기 및 여유단면의 확보

① 도로전용 암거는 더돋기로 대처한다. 수로암거는 단면여유로 대처하되, 가능하면 더돋기를 한다. 교대·암거의 옹벽은 장기침하에 대처할 수 있는 구조로 계획한다.

② 즉, 암거 이음부에는 지수판을 넣고 저판에는 슬립바를 넣는다. 이 경우에 지수

판은 부등침하에 대응할 수 있는 구조이어야 한다.

(2) 말뚝기초로 시공한 교대 기초저면의 공동화 대책

① 말뚝기초(또는 케이슨기초)로 시공한 교대 기초저면은 장기침하로 인해 공동화, 교대 접속부의 단차, 노면이나 비탈면의 함몰 등이 생길 수 있다.

② 이 경우에 발포콘크리트 충진방법이 채택되기도 한다. 이에 대비하여 장기침하로 공동화가 예상되는 구조물에는 충진재를 주입할 수 있는 파이프를 시공과정에서 미리 설치한다.

4. 부속 구조물

(1) 배수구조물

① 연약지반에 배수구조물을 설치할 때는 침하가 진행된 후에 시공하여야 어느 정도 침하에 대응할 수 있고, 또한 보수가 용이하다.

② 고속도로 중앙분리대의 배수구조물은 증축, 재설치 등의 유지보수를 고려하여 개방형 구조로 한다.

③ 부등침하에 의한 노면침수를 처리할 수 있도록 배수구 배치를 검토하고, 교대 접속부, 암거, 절·성토 경계부, 큰 침하가 우려되는 구간 등에는 미리 도랑을 배치한다.

(2) 방호책

① 공용개시 후 부등침하에 의한 노면요철, 노면수선 등으로 소요 높이가 부족해지므로 미리 보수를 전제로 하는 구조물을 설치하도록 한다. 이 경우에 적용되는 방호책의 자재는 증축에도 견딜 수 있는 재질이어야 한다.

(3) 통신관로 등

① 땅깎기 및 흙쌓기 경계부, 교대 접속부 등 커다란 단차 발생이 우려되는 구간에는 지하매설관을 설치하지 않는다. 불가피한 경우에는 침하대책을 세운다.

(4) 그 외의 구조물

① 장기간에 걸쳐 제체가 침하되면 이어서 방음벽, 문(門)형식 표지판의 표주 등에도 침하가 생길 수 있다.

② 장기적으로 부등침하가 예상되는 구간에는 지주간격을 촘촘히 세우고, 증축·확폭 등의 유지보수가 쉬운 구조로 설치한다.[197]

---

197) 국토교통부, '도로설계편람', 제3편 토공 및 배수, pp.409-36~42, 2012.

05.21 모래매트(mat)공법

초연약 점성토 지반 준설매립공사에서 초기장비 진입 표층처리 공법 [0, 2]

Ⅰ. 개요

1. 연약지반 상에 부설되는 샌드매트(sand mat)는 다음 3가지 역할을 한다.

   (1) 연약지반 압밀로 인해 배출되는 물의 원활한 배수를 위한 상부배수층 역할

   (2) 압성토 내로 지하수가 상승하는 것을 차단하는 지하배수층 역할

   (3) 시공장비의 주행성(Trafficability)을 확보하기 위한 지지층 역할

Ⅱ. 연약지반 개량: 샌드매트공

1. 배수 기능에 대한 샌드매트 두께 산정

   (1) 샌드매트는 연약지반이 압밀침하를 하면서 배출되는 간극수에 대한 수평배수로 역할을 수행할 수 있어야 한다.

   (2) 연약층이 두꺼운 경우, 쌓기폭이 넓은 경우, 압밀로 인한 물 배출이 많은 경우 등에는 배수로 역할을 적절히 수행하도록 충분한 샌드매트 두께가 요구된다.

   (3) 샌드매트층에 의해 유발되는 총침하량이 연약지반의 압밀침하량이라 가정하면 (일면배수일 경우) 단위길이당 총압밀배수량은 다음 식과 같다.

$$Q = L \cdot S = k \cdot i \cdot a = k \cdot \Delta h_w \cdot h / L \qquad \therefore h = \frac{L^2 \cdot S}{k \cdot \Delta h_w}$$

여기서, Q : 압밀배수량(m^3/s)

$\quad\quad\quad L$: 샌드매트의 배수거리(m)

$\quad\quad\quad S$: 평균침하속도(m/day)

$\quad\quad\quad k$: 샌드매트 투수계수(m/sec)

$\quad\quad\quad h$: 샌드매트 두께(m)

$\quad\quad\quad \Delta h_w$: 샌드매트 내의 압력수두(m)

2. 장비 주행성에 대한 샌드매트 두께 산정

   (1) 연약 점토지반에는 비배수 전단강도가 장비 주행성을 결정하는 주요 인자이다.

   (2) 대상 연약지반의 비배수 전단강도가 주어지면 이를 사용하여 지반의 허용지지력 값을 산정하여, 이로부터 장비 주행성을 고려한 샌드매트 두께를 결정한다.

   (3) 연약지반의 평균 콘지지력을 바탕으로 일반적으로 가정된 샌드매트의 표준두께는 다음 표와 같다.

샌드매트의 표준두께

표층 콘지지력 (kN/m²)	샌드매트 두께 (mm)	비고
196 이상	500	
196 ~ 98	500 ~ 800	
98 ~ 73.5	800 ~ 1,000	
73.5 ~ 49	1,000 ~ 1200	
49 이하	1,200	

3. 샌드매트공 시공

(1) 샌드매트 시공은 사전에 배수를 충분히 하여 시공에 따른 기초지반의 흐트러짐을 줄이고, 점토가 섞여 배수효과에 지장을 주지 않도록 계획한다. 또한, 샌드매트 재료는 세립화하지 않는 재료를 선정한다.

(2) 쌓기 폭이 넓으면 양쪽 측면을 먼저 쌓고, 지표면 연약정도에 따라 시공방법을 고려하며, 편압을 소홀히 하여 불균일한 부설두께가 되지 않도록 한다.

(3) 지하배수공 배치에는 성토체 종단 또는 횡단 방향으로 설치하되, 종단방향으로 설치할 경우에는 통수거리를 짧게 하는 것이 유리하다.

(4) 지하배수공은 샌드매트 안에 설치하여 배수공 내에 점토 세립분이 침입하여 배수효과를 저하시키지 않도록 유의한다.

(5) 특히, 샌드매트 깔기공으로 투수성이 나쁜 재료를 사용하였거나, 지하수가 많아 모래부설만으로는 배수효과를 충분히 기대할 수 없는 때는 지하배수공(쇄석, 유공관 등)을 시공하여 배수효과를 증가시킨다.

(6) 지하배수공은 확실하게 옆 도랑에 접속시켜 모래부설층 속의 물을 배수시킨다. 지하배수공 간격은 다음 표를 표준으로 하되, 현지조건에 따라 변경할 수 있다. 쌓기 폭이 비교적 넓어서 지표수·간극수 배수처리가 어려울 경우에 원활한 배수처리를 위해 배수공 및 집수정을 설치한다.198)

샌드매트 지하배수공의 간격　　　　　　　　　　한국도로공사(2002)

75μm체 통과분, P(%)	샌드매트 지하배수공 간격 (m)	
	모래부설공 A	모래부설공 B
196 이상	필요 없음	10 ~ 20
196~98	20	5 ~ 10
98~73.5	10 ~ 20	5
49 이하	5 ~ 10	-

---

198) 한국철도시설공단, '연약지반', pp.24~28, 2012.

05.22 토목섬유(Geotextile)공법

토목섬유(Geosynthetics), EPS(Expanded Poly-Styrene)공법 [3, 1]

I. 개요

1. 토목섬유(土木纖維, Geotextile)는 인공적으로 만드는 투수성(透水性)을 갖춘 토목용 합성소재로서, 편물(編物), 직물(織物), 부직포(不織布) 등의 3종류가 있다.

2. 토목섬유의 원료는 물리적 성질, 기계적 성질 및 내약품성이 뛰어난 열가소성 섬유가 주류를 이룬다. 웹(web), 매트(mat), 네트(net), 그리드(grid), 플라스틱시트(plastic sheet) 등은 토목섬유와 사용방법이 비슷하여 토목섬유 대체품으로 사용되거나, 함께 사용되기도 하여 이 들을 총칭하여 토목섬유제품이라 한다.

3. 최근에는 토목섬유의 보강재로서 격자형의 지오그리드와 셀 형태의 지오셀이 많이 사용되고 있다. 토목섬유는 높은 인장력과 낮은 신장율을 갖추고 있어 지반의 횡방향 변위를 억제시켜 연약지반의 지지력을 크게 증가시킨다.

4. 지오그리드(Geogrid) 시스템으로 보강된 토목섬유는 다음과 같은 4대 기능을 충족시키는데 가장 적합한 합성소재이다.
   ① 토양구조물에서 물의 여과기능
   ② 토양과 물의 분리기능
   ③ 흙구조물 자체의 보강기능
   ④ 물을 외부로 배수시키는 효과·목적에 따라 물을 차단하는 방수기능

II. 지오그리드 시스템 보강공법

1. 공법 원리

(1) 지오그리드는 높은 인장력과 지오그리드 구조의 공극에서 지오그리드의 접점에 의한 입자들의 엇물림 효과로 인해 교통하중으로 야기되는 도로·철도 노반의 응력을 감소시키고 횡방향 변위를 억제한다.

(2) 도로·철도 노반에 추가적인 여과·분리기능이 필요한 경우에는 지오그리드를 토목섬유와 함께 포설하면 지지층의 거동에 영향을 미친다.

(3) 따라서 지오그리드 시스템 보강공법은 도로·철도 노반의 지지력을 증가시키고 노반의 두께를 감소시킬 수 있어 경제적 시공이 가능하다.

(4) 일반적인 연약지반에서 도로·철도 노반 및 노체에 적용되는 지오그리드 시스템 보강공법은 말뚝 위에 지오그리드로 보강된 성토체로 설계하고 있다.

지오그리드 시스템 보강공법의 사용목적

구분	사용목적
지오그리드 (Geogrid)	◦ 원 지반층이 노반층 입자 내로 혼입 방지 ◦ 교통하중을 노반층에 효과적으로 분산 ◦ 원 지반층 입자들의 횡방향 변위 억제 ◦ 원 지반층 입자들의 부스러짐 감소
토목섬유	◦ 원 지반층이 노반층 입자 내로 혼입 방지 ◦ 원 지반층과 노반층의 배수효과 증진 ◦ 노반층의 지지력 향상
말뚝	◦ 성토체 자중과 교통하중 일부 응력을 개별적으로 지지된 말뚝에서 분담

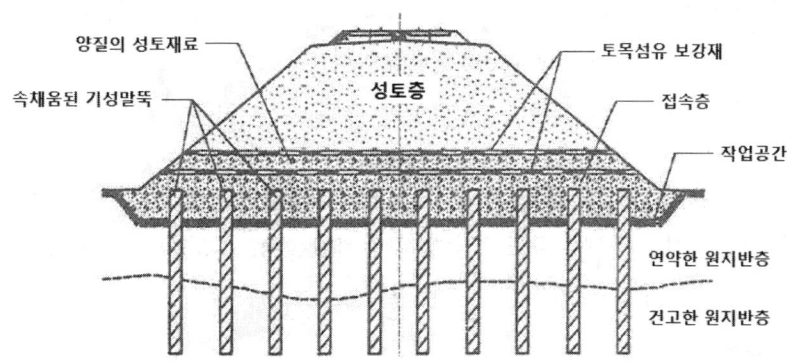

말뚝 위에 지오그리드로 보강된 성토체 단면

2. 접속층

(1) 도로·철도 인접한 구간의 원 지반층이 양질의 사질토로 치환할 수 없는 유기질토 및 연약한 점성토층으로 형성된 경우

(2) 이 연약토층을 흙구조물 쌓기재료(PP 또는 PPT)로 대체하는 것을 말하며, 이러한 접속층은 동상방지층 두께에 포함된다.[199)]

지오그리드 시스템 보강공법의 사용목적

구분	사용목적
폴리프로필렌 매트 (PP 매트)	◦ 기존 연약지반과 모래층의 혼합을 차단하여 모래매트의 기능 유지 ◦ 장비의 초기 진입 중에 필요한 운행성의 증진 ◦ 지반의 지지력 향상 ◦ 여과층으로서 배수효과 증진
토목섬유	◦ 연약지반 쌓기 중에 지지력 증대 및 비탈면 안정 유지 ◦ 연약지반 쌓기 중에 장비 주행성 확보 ◦ 쌓기의 기층 안정 유지

---

199) 한국철도시설공단, '연약지반', pp.28~30, 2012.

Ⅲ. EPS(Expanded Poly-Styrene)공법

1. 공법 원리

(1) EPS공법(Expanded Poly-Styrol construction method)은 흙 대신 경량 발포(發泡)스티롤을 이용하여, 성토(embanking)나 구조물을 구축하는 공법이다.

(2) EPS공법은 흙에 비해 경량이기 때문에 시공 중에 대형 장비를 이용하지 않고, 작업의 간결화 및 토질재료의 경량화를 도모할 수 있어 성토 및 뒷채움 재료로 도로, 철도, 공원조성 등의 각종 토목공사에 사용되고 있다.

2. EPS의 규격·밀도

(1) 제조공정에 따라 비트 발포법으로 만든 EPS(Expanded Polystyrene) 블록의 대한민국 생산규격은 1.8m×0.9m×0.6m이다.
   일본 EPS 표준규격은 2m×1m×0.5m, XPS(Extruded Polystyrene) 표준규격은 2m×1m×0.1m이다.

(2) EPS는 폴리스칠렌 비즈를 발포시킬 때의 발포배율에 따라 밀도가 결정되는데, 국내 공업규격은 EPS 밀도크기에 따라 $30kg/m^3$, $25kg/m^3$, $20kg/m^3$, $15kg/m^3$의 4종류로 분류하고 있다.

3. EPS의 활용성

(1) 초경량성 : 단위체적중량이 흙의 약 1/100 정도이므로, 연약지반 상에 성토재료로 적용하면 성토하중을 크게 감소시켜 침하 및 지지력 부족 문제가 해결된다.

(2) 자립성 : 수직으로 쌓아 올려 자립형 벽체를 형성할 수 있으며, 그 위에 상재하중이 작용하더라도 측방변형이 매우 작다.

(3) 내수성 : 합성수지의 발포제로 물과 결합하지 않는 발수성 재료이기 때문에 강우에 의한 침투수가 발생하는 통상의 시공조건에서는 흡수에 따른 재료특성의 변화는 우려하지 않아도 된다.

(4) 내압축성 : 압축강도는 단위체적중량에 따라 달라지나 일반적으로 탄성범위 내의 허용압축강도가 $3{\sim}14tf/m^2$이기 때문에 성토재료로 사용이 가능하다.

(5) 시공성 : 경량이기 때문에 EPS 블록 쌓기에 대형 건설기계를 사용하지 않고도 연약지반, 급경사지, 협소한 장소 등에서 인력시공이 가능하다.

(6) 경제성 : 연약지반 상의 성토공사에서 지반개량공법이 불필요하며, 성토 후에 계속되는 잔류침하 역시 발생하지 않기 때문에 유지관리비가 적게 소요된다.[200]

---

200) 장용채, 'EPS 블록의 공학적 특성', 목포해양대학교 해양시스템공학부 교수, 한국토목섬유학회지, 2019.

05.23 압성토공법

연약지반 상의 저성토(H=2m이하) 시공 중 문제점, 압성토공법 [2, 1]

I. 개요

1. 압성토공법은 기존의 제체 외측에 하중으로 작용하는 작은 제체를 축조하여, 기초지반의 활동파괴에 대한 저항모멘트를 증가시켜 연약지반을 개량하는 공법이다.

2. 압성토 부분은 공사용 도로, 부체도로, 여유폭, 환경시설대 등으로 활용될 수 있는 장점 외에 흙쌓기에 따른 연약지반의 변형을 경감시킬 수 있는 효과도 있다.

3. 압성토는 원호활동 원리 및 시공실적 측면에서 가장 확실한 지반개량공법이며, 다른 개량공법과 비교하더라도 경제성 측면에서 가장 유리한 공법이다.

4. 연약지반에 작은 제체를 축조하여 압성토하면 다음과 같은 효과가 있다.

(1) 공사용도로, 부체도로, 여유폭, 환경시설대 등으로 활용할 수 있는 공법

(2) 흙쌓기에 따른 연약지반의 변형을 경감할 수 있는 공법

(3) 원호활동의 원리 및 시공실적 측면에서 가장 확실한 공법

(4) 다른 개량공법과 비교하더라도 경제성 측면에서 가장 유리한 공법

II. 압성토공법 설계

1. 타당성조사 단계

(1) 압성토 높이(H)의 표준은 제체 높이의 1/2~1/3 정도이다. 압성토 높이를 결정하면 압성토 폭을 제체 높이의 2배 정도로 설정한 후, 안정성 계산을 하여 소요의 안전율을 확보하도록 한다.

2. 실시설계 단계

(1) 압성토 높이(H)는 일반적으로 다음 식으로 구한 값을 표준으로 하여 설계한다.

$$H = \frac{H_{EC}}{F_S}$$

여기서, H : 압성토 높이

H_{EC} : 한계 제체높이

F_S : 안전율(보통 3.0)

3. 압성토로 인한 활동면 변화 검토

(1) 압성토의 원리는 성토 중에 발생되는 활동에 대한 저항력을 향상시키기 위하여

비탈면 끝에 재하하는 것으로 비탈끝 재하공법, 사면선단재하공법, 눌림 흙쌓기공
법 등으로 불린다.

⑵ 압성토로 인해 점차 변화하는 활동면을 따라 안정성을 검토해야 한다. 임계활동
면은 ▲본체만 성토할 때, 또는 ▲압성토 설치할 때 다음 그림과 같이 이동되어
그만큼 저항모멘트가 증가된다. 즉, 활동원의 중심과 무게(W)의 작용점이 가까
워지면 그만큼 활동모멘트가 감소되어 안정성이 확보된다는 원리이다.

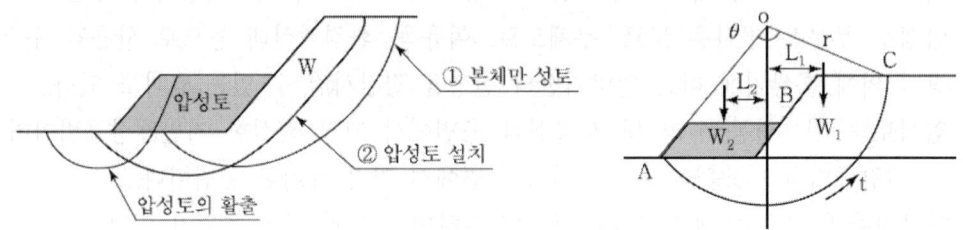

압성토로 인한 안정성 검토

4. 압성토의 높이, 폭원, 하중 설계

⑴ 압성토의 높이는 H/3 정도로 보통 3m 이내로 설치한다.(H : 제체 높이)

⑵ 압성토의 폭원은 2H 정도로 하지만, 공사용 도로로 활용하기 위해서는 소요 넓이
만큼 확폭하는 경우가 많다.

⑶ $C_u=1.2t/m^2$ 이하일 경우에는 지반개량이 유리하지만, 압성토공법 자체는 압밀촉진
효과가 거의 없으므로 드레인공법과 병행하면 효과적이다.

III. 압성토공법 시공

1. 원지반에 먼저 샌드매트를 포설(①)하고,

2. 압성토를 포함하여 흙쌓기를 시공(②)한다. 이때 압성토 부분을 먼저 시공하여 공사
용 도로로 이용하면 제체의 안정성 확보에 효과적이다.

3. 계속하여 제체를 축조(③)하면서 제체의 상부와 비탈면을 마무리한다.[201]

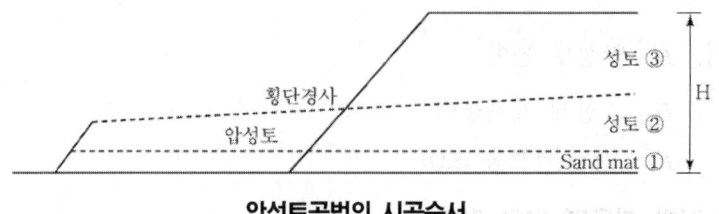

압성토공법의 시공순서

---

201) 국토교통부, '도로설계편람', 제3편 토공 및 배수, pp.409-64~65, 2012.

05.24 경량성토(EPS)공법

Ⅰ. 개요

1. 경량성토공법은 연약지반에 흙 대신 경량골재, EPS(Expanded PolyStyrene), 발포우레탄(EU, Espuma Urethane) 등의 단위중량이 가벼운 재료를 성토(盛土, embanking)하는 공법을 말한다.

2. 경량성토공법은 흙에 비교하여 상대적으로 경량(輕量)이기 때문에 시공 중에 대형중기(大型重機)를 이용할 필요 없이 작업을 간소화할 수 있는 이점이 있다.

Ⅱ. 경량골재 쌓기공법

1. 경량골재 정의

(1) 경량골재(輕量骨材, light weight aggregate)란 콘크리트나 모르타르에 사용되는 골재의 비중이 보통골재보다 가벼운 천연경량골재, 인공경량골재, 공업부산물 등을 말한다.

(2) 천연경량골재에는 화산력(火山礫)·경석(輕石)·용암(熔岩) 등이 있는데, 토목·건축 공사에서는 경석이 많이 쓰이고 있다.

(3) 인공경량골재는 점토·혈암(頁岩)을 고온으로 소성(燒成)한 것으로서, 소성할 때에 균질하게 팽창발포(膨脹發泡)시킨 팽창점토·팽창혈암 등이 사용된다.

(4) 공업부산물로는 석탄재나 슬래그를 급랭하여 만든 팽창슬래그가 쓰인다.

2. 경량골재 특징

(1) 비중이 가볍고, 흡수성이 크다.(pre-wetting이 필요하다)

(2) 단열성, 방음성, 내동해성 등이 향상된다.

(3) 콘크리트 부재의 중량을 감소시킬 수 있다.

경량골재의 종류

구분	자연경량골재	인공경량골재
특징	◦ 자연상태에서 얻을 수 있는 골재 ◦ 퇴적화산암을 채굴하고 체가름하여 사용 ◦ 입형이 불안정하고 흡수율이 크다	◦ 원료를 분쇄하여 입자형으로 가공한 골재 ◦ 조립형 : 건조 → 소성 → 팽창시켜 생산 ◦ 비조립형 : 분쇄 → 소성 → 팽창시켜 생산
종류	◦ 경석, 화산자갈(volcanic rock), 용암, 응회암(tuff)	◦ 팽창성 혈암, 팽창성 점토, fly ash, 산업부산물(팽창슬래그, 석탄찌꺼기 등)

경량골재의 단위용적중량 비교

경량골재 종류	굵은골재	굵은골재+잔골재	잔골재
건조상태의 최대단위중량(t/m^3)	0.88	1.04	1.12

III. EPS 쌓기공법

1. EPS(Expanded PolyStyrene) 정의

⑴ EPS는 보통은 발포스치롤이라 하며, 공업재료적으로는 발포스틸렌이라 한다.

⑵ EPS는 알갱이 형태의 발포스틸렌 수지에 발포제를 첨가하고 가열·연화하면서 기포를 발생시켜 발포수지로 생산한 재료이다.

⑶ 1972년 노르웨이 국립도로연구소(NRRL)에서 EPS를 부피 1m³ 정도의 대형 블럭 형태로 제조하여 토목공사 흙쌓기 재료에 최초로 사용하였다.

2. EPS 쌓기공법의 적용성

⑴ EPS의 단위체적중량이 보통 흙의 1/100 정도로 가벼운 초경량 재료이다.

⑵ 국내에서 1993년 서해안고속도로 건설공사 현장에서 교대 뒤채움 재료에 EPS가 처음 사용된 이후, 최근 발포스틸렌으로 만든 대형 EPS블록이 도로, 철도, 공원 조성 등의 토목공사에서 경량 흙쌓기재 및 뒤채움재로 사용되고 있다.

대형 EPS블록

IV. 발포우레탄(EU) 쌓기공법

1. 발포우레탄(EU, Espuma Urethane)은 중량이 가볍고(EPS보다는 무겁다), 강도가 높은 특성이 있다.

2. 일본에서는 EU를 연약지반, 옹벽, 교대, 기초, 비탈면 등에 경량성토재, 뒤채움재, 안정재, 보강재, 그라우팅재 등으로 사용하고 있다.202)

---

202) 국토교통부, '도로설계편람', 제3편 토공 및 배수, p.409-65, 2012.

05.25 치환공법

폭파치환공법 [1, 0]

Ⅰ. 개요

1. 치환공법은 연약지반에 구조물을 건설해야 할 때 연약층을 제거하고 양질토(모래 조립토)로 바꿔 넣는 공법을 말한다. 치환공법은 개량원리가 명확하여 재하중 (preloading)공법과 함께 철도·도로, 하천제방, 안벽, 방파제 등에 사용되고 있다.

2. 치환공법은 치환단면에 따라 전층치환과 부분치환, 시공방법에 따라 강제치환과 굴 착치환으로 구분된다. 연약층 두께가 3m 이하로 얇은 지반에 전층치환을 적용하는 경우라도 개량에 필요한 기간은 비교적 짧아도 되므로 효과가 확실하다.

Ⅱ. 강제치환공법

1. 강제치환공법은 성토자중에 의해 연약층을 강제로 밀어내거나, 연약층에 폭약을 삽 입·폭파하여 연약층을 밀어내어 양질의 성토재료로 치환하여, 지반침하를 감소시키 고 안정을 확보하는 원리이다.

   강제치환공법은 연약토와 성토를 치환하므로 완성된 성토가 균일하게 잘 다짐이 된 다는 보장은 없다. 실제로 주변 가옥이나 전답에 피해위험이 많아 벌판, 늪지 등 이외의 지역에서는 용지사정 때문에 적용하기 어렵다.

2. 자중치환공법은 성토자중에 의해 연약토를 측방으로 밀어내고 양질의 성토재료로 치환하는 공법으로, 연약층의 압출촉진과 동시에 성토사면의 잔류침하를 줄이기 위 해 측방 융기토를 굴착 제거하면 효과적이다.

3. 폭파치환공법은 연약층에 폭약을 삽입·폭파하여 연약층을 측방으로 밀어내는 원리 이다. 폭파치환은 이탄지반에 유효하며 느슨한 사질토지반에도 폭파에 의한 연약층 의 다짐효과를 기대할 수 있다.

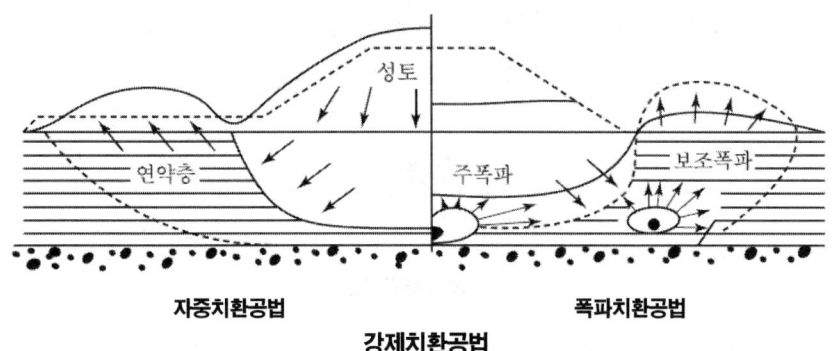

자중치환공법   폭파치환공법

강제치환공법

Ⅲ. 굴착치환공법

1. 굴착치환공법은 연약층의 일부 또는 전부를 굴착 제거하여 양질토로 치환하고, 저성토 노면의 변형이나 침하를 감소시켜 장기간에 안정을 도모하는 공법이다.

   (1) 구조물 기초 두께가 3m 이내인 얇은 연약층을 굴착제거하여 양질재료로 치환하면 하중에 의한 노면변형을 막고 장기간 안정을 확보할 수 있다.

   (2) 얇은 연약층에 고성토를 시공하는 경우에는 연약층을 제거 치환하지 않고 샌드매트로 처리할 수 있다. 그러나 목적에 따라서는 구조물 기초 부분만 일부 굴착 제거하여 양질토로 치환하기도 한다.

   (3) 연약층 두께가 3m 이상에 이르는 경우에는 시공이 용이한 상층만을 일부 제거 치환하고, 복합지반으로 성토안정을 꾀하고 침하를 촉진한다.

   (4) 굴착에 드래그라인을 이용하여 굴착토의 반출, 양질재의 반입, 토사의 부설·포설·다짐작업을 시행하고 있는 사례이다.

2. 연약지반은 지하수위가 높고 지표 지지력이 작으므로 직접 굴착·운반기계를 몰고 진입하여 굴착 치환하기는 매우 어렵다. 따라서 드래그라인, 드래그 스크레이퍼 등의 굴착기계나 샌드펌프 등의 준설기계를 투입하는 것이 유리하다.

3. 치환용 양질토는 성토고, 연약층 두께, 구조물 종류, 지하수위, 배수성 등을 고려하여 선정한다. 특히 장래 지하수위 이하가 되더라도 충분히 지지력을 확보할 수 있는 모래·자갈 조립토를 선택하는 것이 바람직하다.203)

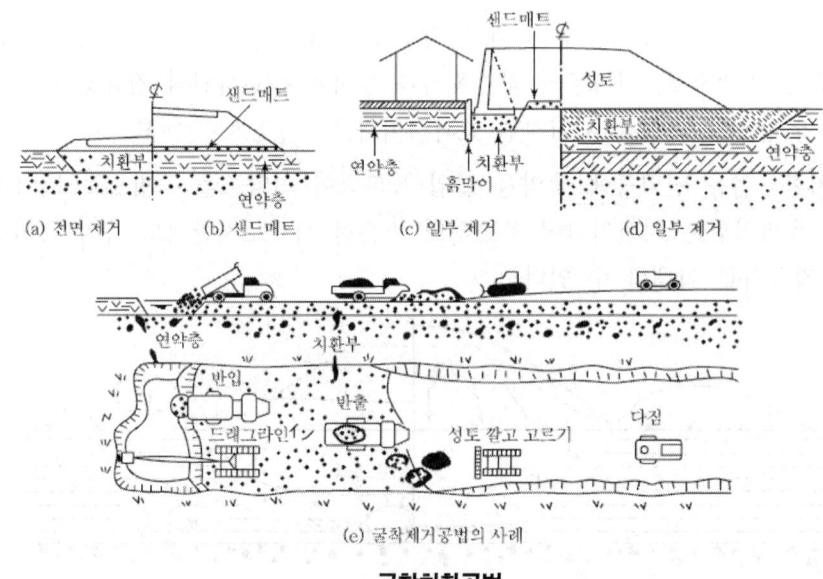

(a) 전면 제거　(b) 샌드매트　(c) 일부 제거　(d) 일부 제거

(e) 굴착제거공법의 사례

굴착치환공법

---

203) 국토교통부, '도로설계편람', 제3편 토공 및 배수, pp.409-60~61, 2012.

05.26 선행재하(Preloading)공법

선행재하(pre-loading)압밀공법 [3, 1]

I. 개요

1. 선행재하(preloading)은 연약지반의 공학적 성질을 개량하기 위하여 연약지반 표면에 등분포 하중을 가해서 목적 구조물 설치 전에 필요한 만큼 압축이 발생하도록 유도하는 공법이다. 재하중공법은 도로성토나 제방축조 뿐만 아니라, 건물기초, 교대기초, 단지조성 등을 위한 축제공사에도 많이 사용되고 있다.

2. 선행재하공법은 연약하고 압축성이 큰 지반에 상재하중을 가하는 작업이므로 지반 붕괴 우려가 있으므로, 재하중을 가하기 전에 지반조사를 통해 재하속도와 압밀크기를 분석해야 한다.

3. 선행재하공법 설계의 핵심은 재하중의 크기와 재하기간의 결정이다. 선행재하에서 압밀시간을 단축하기 위하여 지중에 드레인을 타설하는 연직배수(vertical drain)공법을 병행 시공하면 효과적이다.

II. 선행재하공법 원리

1. 1차 압밀침하

(1) 연약지반에 처음부터 설계하중(P_d)만 재하하였을 때, 1차 압밀침하량과 시간의 관계는 다음 그림(a)의 점선과 같으며, S_d는 최종 1차 압밀침하량을 의미한다.

(2) 동일지반의 설계하중보다 초과하중(P_s)만큼 큰 하중을 재하한다면 1차 압밀침하량과 시간의 관계는 다음 그림(a)의 실선과 같이 된다.

(3) 침하량의 크기가 설계하중에서 최종 1차 침하량과 같아지는 시간(t_c)이 경과하면 초과하중을 제거하여도 더 이상 1차 압밀침하는 일어나지 않는다.

2. 2차 압밀침하

(1) 선행재하공법을 이용하여 설계하중에서 2차 압밀침하를 방지하려면 1차 압밀침하 방지를 위해 시행한 것과 비슷한 방법으로 하중 재하시간을 산출해야 한다.

(2) 1차 압밀관계식을 이용하여 재하중에 의한 1차 압밀침하량이 설계하중에서 2차 압축을 고려한 침하량($s_d + s_s$)보다 커지는 때가 평균압밀도(U_c)이다.

(3) 평균압밀도(U_c)를 얻는 시간(t_c)은 일상적인 방법으로 구하며, 2차 압축침하를 산정하는 시간(t_c)은 목적 구조물의 수명 등을 고려해서 결정한다.

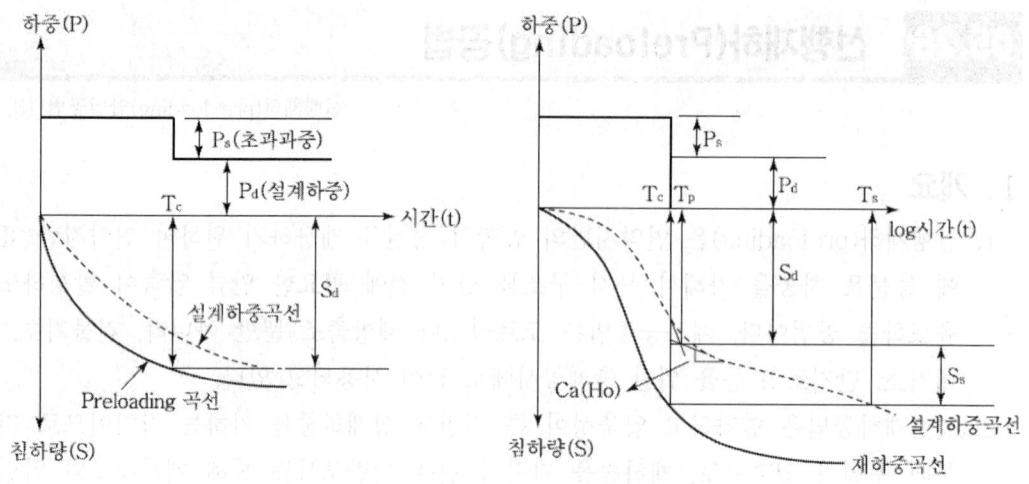

(a) 재하중과 1차 압축침하 (b) 2차 압축침하와 초과하중 제거시간

선행재하에 따른 압축침하량의 변화

3. 한계성토고

(1) 한계성토고(H_c)란 지반보강을 하지 않는 원지반에 성토를 할 때 성토체를 보강하지 않고 성토할 수 있는 최대높이를 말한다. 한계성토고는 지지력 및 사면안정성을 검토하여 이 중에서 작은 값으로 결정한다.

(2) 지지력에 의한 한계성토고(H_c)는 연약층의 점착력(C_u)에 대한 지반의 극한지지력(q_d)을 구하여 다음 식과 같이 결정한다.

$$H_c = \frac{q_d}{\gamma_t F_s}$$

여기서, H_c : 한계성토고(m)

γ_t : 성토체의 단위중량(kN/m³)

F_s : 안전율

q_d : 연약층 두께에 따른 점토지반의 극한지지력

연약층 두께에 따른 점토지반의 극한지지력 국토교통부(2000)

구분	극한지지력(q_d, kN/m²)
두꺼운 점토질지반 및 유기질토가 두껍게 퇴적된 이탄질 지반	$3.6\,C_u$
보통의 점토질 지반	$5.1\,C_u$
얇은 점토질지반 및 유기질토가 끼지 않는 얇은 이탄질 지반	$7.3\,C_u$

4. 선행재하공법에서 흙쌓기 높이와 안전율

(1) 흙쌓기를 일시적으로 급속시공하면 안전율이 떨어지면서 활동파괴가 일어난다.

(2) 그러나 한계흙쌓기 높이까지 흙쌓기하고 방치하면 상부흙쌓기 재하중에 의해 연약점성토층에 강도증가가 일어난다. 이 강도증가를 고려하여 다시 한계흙쌓기를 한다. 이 과정을 반복하여 필요한 성토고만큼 흙쌓기를 한다.

(3) 이때 한계흙쌓기 시공 직전에는 안전율(Fs)이 허용 최소안전율 정도이지만, 시간 경과에 따라 강도증가에 의해 안전율도 커지게 된다.

(4) 따라서 압밀에 의한 강도증가를 고려하여 한계성토고만큼 흙쌓기를 하고, 반복하여 필요한 만큼 단계별로 흙쌓기를 해야 한다. 흙쌓기 후에 사면 안정성검토는 전산프로그램을 이용하여 안전율 1.2 이상 만족하도록 관리한다.

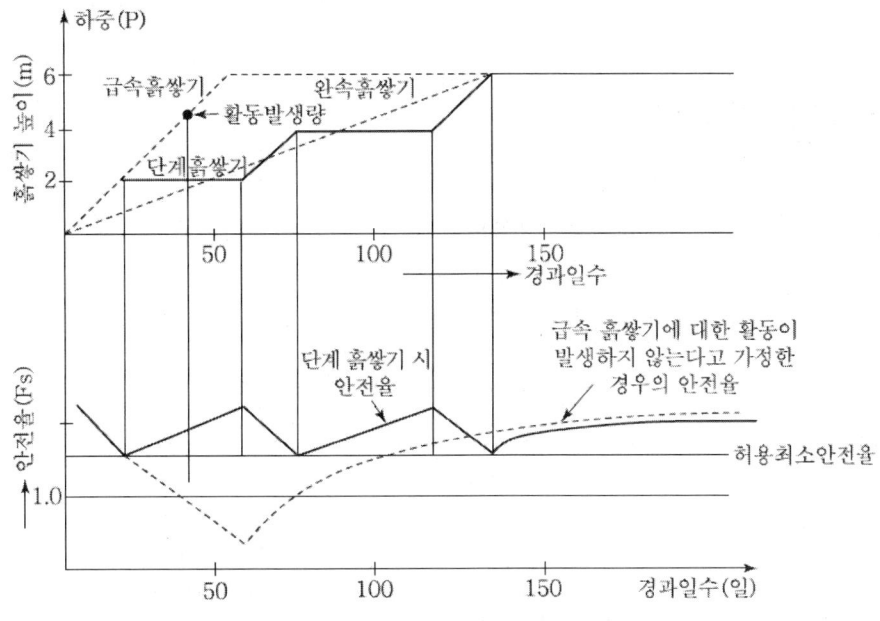

흙쌓기 높이와 안전율의 변화

5. 사면 안정성 확보에 필요한 최소안전율

(1) 사면 안정성 확보에 필요한 기관별 최소안전율 기준은 다음 표와 같다. 그러나, 사면 안정성 해석을 할 때는 기본적으로 다음 사항을 고려해야 한다.

(2) 가장 보편적인 한계평형방법(LEM : Limit Equilibrium Method)으로 산정한 안전율이 허용치 이상이면 성토사면은 파괴에 대해 안전하고, 변형은 허용치 이내로 수렴한 것으로 판정한다.

(3) 사면 안정성 해석은 현장의 배수조건을 파악하고, 배수상태에 따른 합당한 강도 정수를 사용하여 수행한다. 안정성 해석은 전응력해석법과 유효응력해석법이 있

으나 일반적으로 전자(前者)를 많이 적용한다.

⑷ 흙쌓기 비탈면의 최종 기울기는 흙쌓기 지지지반의 형상 및 강도와 흙쌓기 지반의 형상·강도 등을 고려한 비탈면안정을 해석하여 결정하며, 실제 시공 중에 설계변경 사항이 있을 경우에는 반드시 재해석해야 한다.

사면 안정성 확보에 필요한 최소안전율

구분		최소안전율(Fs)	
국토교통부(2003)		구조물기초 설계기준	Fs ≥ 1.1
한국도로공사	도로설계요령(2002)	축조기간 중	Fs ≥ 1.3
		공용하중 개시 후	Fs ≥ 1.2
	도로설계실무편람(1996)	축조기간 중	Fs ≥ 1.3
		공용하중 개시 후	Fs ≥ 1.3

Ⅲ. 선행재하공법 분류

1. 흙쌓기방법에 따라 단계성토공법, 완사면공법, 압성토공법 등으로 분류된다.
2. 사용목적에 따라 재하중공법, 여성토공법, 흙쌓기 비탈면파괴방지용 재하공법 등으로 분류된다.
3. 재하재료에 따라 흙쌓기공법, 대기압공법, 물하중공법 등으로 분류된다.[204]

재하재료에 의한 선행재하공법의 종류

재하중공법	재료	공법의 특징
흙쌓기공법	흙	◦ 필요한 성토고 확보 가능 ◦ 하중크기를 자유롭게 정할 수 있음 ◦ 재료비가 저렴하지만, 활동파괴 주의
대기압공법 (진공압밀공법)	대기압	◦ 하중에 한계가 있으나 흙쌓기와 병행 가능 ◦ 진공을 위한 기압 쉬트(sheet) 설치 필요 ◦ 재료비가 저렴하지만, 활동파괴 주의
물하중공법	물	◦ 단위 중량이 작기 때문에 하중에 한계가 있음 ◦ 누수 방지공과 주위에 제방 필요 ◦ 물의 집수·배수가 용이하지 않으면 사용을 피해야 함
기타	콘크리트, 강재	◦ 단위체적중량이 높기 때문에 재하고를 낮출 수 있음 ◦ 재하시험 등 특수한 경우 이외에는 사용하지 않음 ◦ 재료비가 고가이여, 재하가 비교적 어려움

---

204) 한국철도시설공단, '연약지반', pp.39-43, 2012.

05.27 연직배수(drain)공법

샌드파일 공법, Packed Drain Method, 연직배수재(PBD) 통수능력, 압밀촉진 공법 [1, 11]

Ⅰ. 개요

1. 연직배수(vertical drain)공법은 연약층 사이에 주상(柱狀) 투수층을 촘촘히 배치하여 점성토층의 배수거리를 짧게 함으로써 압밀침하를 촉진시켜 단기간에 지반을 안정시키는 공법으로, 샌드드레인(sand drain), 페이퍼드레인(paper drain), 팩드레인(pack drain) 등이 있으며 그 원리는 모두 동일하다.

2. 예를 들어, 샌드드레인은 직경 100~600mm 정도의 원형단면을 이용하며, 페이퍼드레인은 두께 3mm, 폭 100mm 정도의 장방형 단면을 사용한다.

3. 팩드레인은 정방형 배치의 모래기둥 4개를 화학섬유로 된 직경 120mm의 자루에 모래를 채워 타입한 것으로 4개를 동시에 이동하여 타입간격 등을 조정한다.

Ⅱ. 연직배수공법

1. 공법 원리

(1) 연직배수공법은 배수재를 정삼각형 또는 정사각형으로 배치한다. 등가유효원을 d_e, drain 중심간격을 d라 할 때, 등가유효원의 직경은 sand pile을 정삼각형으로 배치하면 1.05d이고, 정사각형으로 배치하면 1.13d이다.

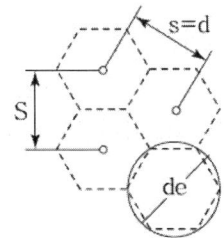 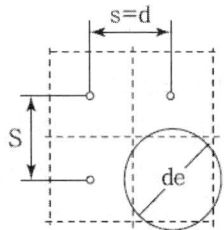

정삼각형 배치 $d_e = 1.05d$ **정사각형 배치 $d_e = 1.13d$**

연직배수공법의 drain 배치간격

(2) Terzaghi 1차 압밀이론에 따라 점토층의 압밀에 필요한 시간(t)과 최대배수거리 (H)의 관계는 다음 식과 같다.

$$t = \frac{H^2 \times T_h}{C_v}$$

여기서, t : 압밀도를 구하는 임의의 시간(sec)

$$H : 점토층 두께(m)$$
$$T_h : 시간계수(무차원)$$
$$C_v : 압밀계수(cm^2/sec)$$

(3) 연직배수공법은 시공 중에 주위지반이 교란되어 예상보다 원지반의 압밀속도가 저하된다. 따라서, 교란효과를 고려하여 페이퍼드레인 설계에서 등가유효원(d_e)인 원형의 점성토 중심에 직경(d_w)의 드레인이 삽입된 모델로 해석한다.

이 해석에 의해 직사각형 단면에서 원형 단면으로의 환산은 다음 식으로 구하며, 일반적으로 안전계수를 곱하여 직경 5cm 정도로 시공한다.

$$d_w = \frac{2(a+b)}{\pi}\alpha$$

여기서, d_w : drain의 환산직경(cm)

a, b : drain의 폭과 두께(m)

α : 형상계수(보통 0.75 적용)

(4) 샌드드레인(sand drain) 공법에서 모래말뚝(sand pile)을 타입할 때는 다음 4가지 방법 중에서 현장의 시공조건을 고려하여 선택한다.

① 압축공기식 케이싱 방법 : 케이싱 내부로 공기를 흡입한 후, 동력에 의해 모래와 공기를 동시에 배출하면서 사질토 지반에 모래말뚝을 형성

② Water jet식 케이싱 방법 : 케이싱 내부로 물을 흡입한 후, 동력에 의해 모래와 물을 동시에 배출하면서 사질토 지반에 모래말뚝을 형성

③ Earth auger에 의한 방법 : 나사형의 긴 축을 모터의 동력에 의해 연약지반에 회전시키며 박아 구멍을 뚫어 모래를 압입하여 모래말뚝을 형성

④ Rotary boring에 의한 방법 : 파이프 끝에 특수 칼날을 가진 비트를 부착하여 모터의 동력으로 분당 50~70회 정도 회전시켜 연약지반을 굴착하고 모래를 압입하여 모래말뚝을 형성

2. 연직배수에 따른 압밀도

(1) 연직배수공법으로 지반을 개량할 경우, 연직배수방향의 배수효과를 고려한 평균 압밀도는 Carrillo에 의하면 다음 식으로 계산한다.

$$U = 1 - (1 - U_v)(1 - U_h)$$

여기서, U : 평균압밀도(%)

U_v : 수평방향압밀도(%)

U_h : 연직방향압밀도(%)

(2) 실제 현장에서는 드레인 타설 중 지반이 교란되기 때문에 수평방향배수와 연직방

향배수에 대한 압밀계수를 같은 값을 사용한다.

(3) 연직배수공법을 이탄, 유기질점토, 연약한 퇴적이토층에 시공하면 배수재 관입 중에 지반교란 및 배수저항에 의해 강도저하 문제가 발생된다.

3. 지반저항 및 배수저항

(1) 지반교란 영향 검토

① 연직배수재 타설 중 배수재의 관입으로 주변지반이 전단변형과 변위에 의해 교란된 영역을 지반교란영역(Smear Zone)이라 하며, 배수재의 크기·형상, 지반의 구조·종류, 배수재의 타입방식 등에 따라 달라진다.

② Bergado(1991) 등의 연구에 의하면 배수재의 직경이 커질수록 지반교란 영역의 범위가 증가되는 것으로 나타났다.

(2) 지반교란 영역의 투수계수 검토

① 지반교란 영향으로 인한 투수계수 감소는 배수재 기능을 감소시키는 원인이 되며, 기존 연구결과 및 적용사례에 의하면 ks/kh 범위는 0.33~0.86 이다.

   ks : 교란지역의 횡방향 투수계수

   kv : 교란지역의 종방향 투수계수

② 일반적으로 사용되는 ks/kh 범위는 0.33~0.50 정도이며, 이에 대한 압밀소요시간의 지연정도를 검토해야 한다.

(3) 배수저항(well resistance) 검토

① 연약지반개량에 사용되는 연직 배수재는 타설 중에 손상, 측방압력, 압밀진행에 따른 꺾임 및 굴곡 등에 일정한 통수능력을 유지해야 한다.

② 연구결과 제안된 연직 배수재의 배수용량 범위는 320~4,760mm^3/sec로 제안자 및 시험방법에 따라 많은 차이를 나타내고 있다. 다만, 공통적인 결론은 압밀진행에 따라 배수용량이 점차 감소한다는 점이다.

4. 연직배수공법 개량효과 확인

(1) 압밀 진행상황(작용된 압밀하중의 크기, 각 층별 침하량, 간극수압 등)을 파악하여 침하촉진, 강도증가를 위한 대책을 강구한다.

(2) 재하되는 흙쌓기 형태에 따라 연직침하에 대하여 측방유동의 영향이 발생하기 때문에 수평변위를 측정하여 개량범위를 확인한다.

(3) 침하측정 데이터와 계산치를 비교하고 간극수압의 소산상황을 파악하여 압밀의 진척상황을 판단하고, 자연시료를 채취하여 개량효과를 확인한다.

5. 연직배수공법의 특징 비교

(1) 지금까지 살펴본 연직배수에 의해 연약지반의 압밀을 촉진시키는 샌드드레인 (sand drain), 페이퍼드레인(paper drain) 및 팩드레인(pack drain)공법의 특징을 비교·요약하면 다음 표와 같다.[205]

연직배수공법 비교

구분	Sand drain	Pack drain	Paper drain
공법원리	직경 0.4m 정도의 모래말뚝 설치 후 배수거리 단축을 통한 침하 촉진	모래말뚝 대신 직경 120mm의 섬유망에 모래를 충진하여 말뚝을 설치	개량원리는 sand drain과 동일하며 모래말뚝 대신 drain board를 설치함
배수재료	모래	섬유망+모래	Drain board
시공기간	중·장기간	장기간	보통 기간
N값 관계	N값 20~30 이상 압입 곤란	N값 10 이상 압입 곤란	N값 7~10 이상 압입 곤란
시공실적	많음	보통	많음
장점	○상부에 매립층이 있을 경우 관입저항을 극복할 수 있음 ○국내 시공사례, 경험 풍부 ○N=25 정도 까지 타설 가능 ○모래말뚝이 활동에 대한 저항효과가 있음 ○투수효과가 확실함	○Sand drain에 비하여 교란영역, 배수재 및 샌드기둥 절단 가능성 적음 ○모래의 양 절감 및 배수재 타설기간 단축 ○시공속도가 빠름 ○시공여부 확인 가능	○Sand drain에 비하여 교란영역, 배수재 및 샌드기둥 절단 가능성 적음 ○국내 시공사례 및 경험 풍부, 장비 경량(약3~4t) ○Sand drain보다 공사비 저렴 ○재료 구입이 용이
단점	○모래말뚝 설치 교란영역 증가 ○소성유동으로 인해 자연적으로 형성된 모래말뚝 절단 ○양질의 모래가 다량 필요 ○장비중량이 커서 통행성 확보가 어려움 ○시공속도가 상대적으로 느림 ○공사비 고가	○국내 시공사례 적음 ○철저한 품질관리 필요 ○연약지반 심도가 불규칙한 지역은 pack drain 타설심도 조절 곤란 ○Paper drain 타입기계보다 장비중량이 커서 접지압 관리가 어려움	○Drain board 제품의 철저한 관리 요망 ○맨드럴 타입기계 사용으로 주행성 확보용 복토가 필요하며 철저한 시공관리 요망
배수재 절단	있음	거의 없음	거의 없음
공사비 비율	약 1.8	약 1.3~1.5	1.0
배수효과	시공관리 잘 되면 양호하나, 절단되면 배수효과 없음	양호	일반적으로 설계값보다 드레인효과가 지연됨
시공관리	곤란	양호	용이

05.28 Suction Device 공법

연약지반 개량공법 중 Suction Device 공법 [0, 1]

1. 개요

(1) 연약지반 개량공법은 샌드 드레인(sand drain)과 페이퍼 드레인(paper drain) 공법
으로 대별된다.

(2) 석션 드레인(suction drain) 공법은 연약지반 개량공법 중 하나로서, 지반에 포함된
물(간극수)를 진공으로 흡입하여 제거하는 페이퍼 드레인 공법의 일종이다.

(3) 석션 드레인 공법에서는 지반에 포함된 간극수를 진공으로 흡출시키는 배수재의 성
능이 연약지반 개량 효과를 좌우할 정도로 중요하다.

(4) 연약지반에 삽입된 다수의 배수재를 진공발생장치 배관에 쉽게 연결할 수 있도록
석션 드레인에 사용되는 '배수재 연결구'가 최근 새로 개발되었다.

2. 석션 드레인에 사용되는 '배수재 연결구'

(1) 필요성

① 샌드 드레인은 연약지반의 상부에 일정 두께의 모래를 포설하여 단기간의 압밀로
간극수를 상부로 배출시켜 지반을 안정화시키는 공법이다.

연약지반에 드레인(모래파일)을 박아 간극수를 배출시킬 때, 함수비가 높은 연약
지반에서 모래파일이 절단·변형되면 공정이 지연되고 비용이 증가된다.

② 페이퍼 드레인은 시공이 간단하고 지반을 균일하게 안정시킬 수 있어 많이 사용
되는 공법으로, 배수재를 지반에 삽입하고 진공으로 간극수를 흡출한다.

페이퍼 드레인에 사용되는 배수재는 모래파일 대신 합성수지로 성형되어 유연한
형상의 골조로 둘러 쌓인 '필터 배수재'를 지중에 박는다.

③ '필터 배수재'의 골조에는 간극수가 흐르는 유로홈이 있고, 필터는 모래 유입을
막고 간극수만을 통과시켜 유로홈을 따라 지상으로 배출시키는 구조이다.

필터 배수재는 진공을 발생시키는 진공발생장치와 배관으로 연결되고, 배수재와
배관의 연결을 위해 연결구가 사용된다.

④ 문제는 샌드 드레인 공법에서 모래파일이 절단되듯, 페이퍼 드레인 공법에서도
필터 배수재의 연결구가 절단되는 사례가 많아 쉽고 확실히 연결시킬 수 있는
'배수재 연결구'가 최근 새로 개발되었다.

(2) 연결방법

① 종래의 시공구조는 연약지반에 깊게 박힌 배수재를 지표면의 수직관체와 연결하고, 이를 진공발생장치 배관과 연결하는 연결구로 구성되어 있다.

그러나 배수재를 연약지반에 깊게 박고 연결구를 삽입하면 큰 저항을 받아 연결시공이 어렵고, 배수재에 연결되더라도 이탈되어 지표면의 공기와 간극수가 그 틈으로 흡입됨에 따라 간극수를 흡출·제거할 수 없게 된다.

② 따라서 수직배관의 연결구조를 없애고, 하나의 배수재에서 종래의 수직배관의 역할을 하는 부분을 형성시키고, 진공발생장치의 배관과 바로 연결할 수 있도록 한 구조가 있다.

(3) 기대효과

① 최근 새로 개발된 '배수재 연결구'는 진공발생장치의 배관과 배수재를 바로 직결로 연결할 수 있는 연결구를 제공함을 목적으로 한다.

② 이 제품은 배수재와 진공발생장치의 배관을 직접 연결하는 T형 연결구로서, 배수재에 용이하게 삽입할 수 있고, 배관에 용이하게 체결할 수 있는 구조를 가진 연결구를 개발하였다.

③ 이 제품은 연결구의 수직관체의 내부로 배수재의 골조가 삽입되고, 수평관체의 양단에 설치된 체결부에 진공발생장치의 배관이 연결되는 구조로 되어 있다.[206]

---

206) 김동해 외, '석션 드레인 공법에 사용되는 배수재 연결구', ㈜동아지질, 2019.

05.29 지하수위저하(Well point)

지하수위 저하(De-watering) 공법 [0, 1]

I. 개요

1. 투수계수가 작은 점토질 지반의 지하수위를 저하시키는 것은 어렵지만, 지반 내에 모래·자갈층이 얇게 존재하는 경우에는 이를 배수층으로 활용하면 매우 광범위하게 지하수위를 저하시킬 수 있다.

2. 투수성이 좋은 사질지반이나 이탄질지반에서 배수는 용이하지만, 지반에 점성토층이 존재할 때는 특별한 주의를 요하므로 사전에 충분한 토질조사를 실시한 후에 지하수위 저하공법 적용여부를 판단해야 한다.

3. 연약지반에서 지하수위를 저하시키면 다음과 같은 효과가 얻을 수 있다.

    (1) 굴착작업이 용이하고, 투수성이 좋은 사질지반에서 dry work가 가능해진다.

    (2) 굴착토를 성토에 전용할 경우에 흙의 함수비를 낮출 수 있고, 굴착토를 사토할 때도 작업이 용이해진다.

    (3) 굴착사면의 간극수압을 저하시키고 점성토지반에서 사면의 활동파괴나 굴착면에 생기는 heaving을 방지하고 토류벽에 작용하는 과대토압을 억제한다.

    (4) 사질지반에서 boiling, quick sand, piping 등에 따른 사면 변형을 방지한다.

    (5) 수위저하에 따른 재하중 증가로 인해 하부 연약층 압밀을 촉진시킬 수 있다.

    (6) 성토체(preloading) 하부의 지하수위를 저하시키면 연약한 사질지반에서 지진 발생에 따른 액상화를 방지할 수 있다.

4. 연약지반에서 일시적으로 지하수위를 저하시킬 수 있는 공법은 다음 3가지이다.

    (1) well point : 지하수 저하를 위하여 well point pump를 설치하여 강제 배수

    (2) 진공압밀공법 : 지표면에 비닐시트를 덮고 펌프로 압력을 저하시켜 압밀 촉진

    (2) deep well : 우물을 굴착하면서 그 내부로 유입되는 지하수를 펌프로 양수

II. Well point

1. Well point 정의

    (1) Well point 공법은 지중에 1~2m 간격으로 well point pipe(집수관)를 설치하고, 진공 pump로 흡입·탈수하여 지하수위를 저하시키는 공법이다.

    (2) Well point 공법은 강제배수공법의 대표적인 공법으로, 양정깊이가 7m 이상되는 연약지반에는 well point를 다단식으로 설치하면 효과적이다.

2. Well point 특징

(1) 투수층이 비교적 낮은 사질 silt층까지도 강제배수 가능

(2) Heaving, boiling 방지, dry work 상태에서 시공 가능

(3) 압밀침하로 인하여 주변 대지·도로에 균열 발생

(4) 지하수위 저하로 주변 우물 고갈, 민원문제 초래

3. Well point 시공순서

(1) 집수관 설치 : 흡입관(riser pipe)을 water jet으로 지중에 관입

(2) 필터층 형성 : 집수관 관입 후 jet압력을 높이면 흡상관 주변에 필터층 형성
필터층 형성이 곤란한 지반에는 모래 투입으로 말뚝 형성

(3) 흡입관은 스톱 밸브를 거쳐 header pipe(가로관)에 연결

(4) Header pipe 끝을 well point pump에 연결하여 물과 공기를 분리 배출

4. Well point 시공 유의사항

(1) 지질에 대한 공법의 적정성 여부를 검토한다.

(2) 필터층 재료는 원지반보다 투수성이 크고 거친 모래를 선택한다.

(3) 양정깊이 7m 이상의 연약지반에서는 well point를 다단식으로 설치한다.

(4) 정전사고에 대비하여 예비 pump, 예비 전원을 준비한다.

(5) 배수로 인한 주변의 피해발생에 유의한다.

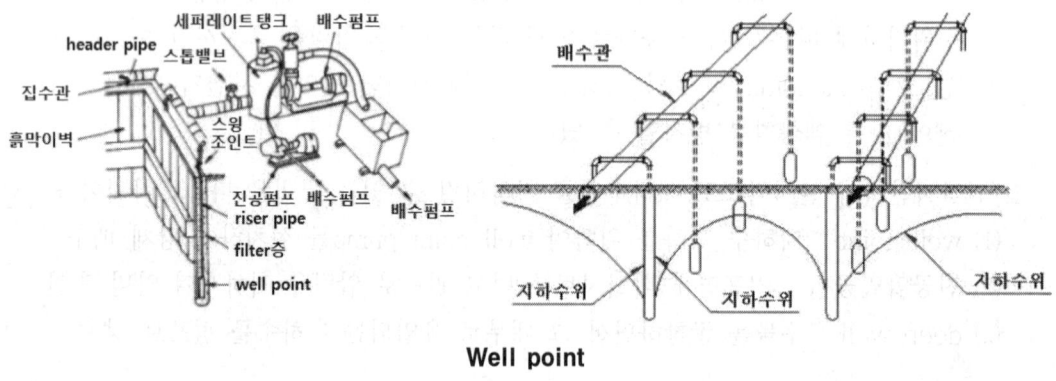

Well point

Ⅲ. 진공압밀(대기압)공법

1. 대기압공법 정의

(1) 진공압밀(眞空壓密工法, vacuum preloading)은 재하중 및 탈수공법으로, 압밀에 필요한 하중을 기존 재하중공법의 흙쌓기 하중 대신 지중(地中)을 진공으로 만들어서 생기는 대기압의 크기만큼 진공하중을 가하여 지중에 설치된 드레인을 통

해 간극수를 강제 탈수시키는 공법이다.

⑵ 진공압밀공법은 연약지반의 지표층에 배수를 위한 샌드매트(sand mat)를 시공하고 그 위에 외부와의 차단막을 설치하여 지반을 밀폐한 뒤, 진공압을 가하여 지반 내의 물과 공기를 배출시켜 압밀을 촉진한다.

2. 대기압공법 특징

⑴ 연약지반의 상부층이 매우 연약할 경우에 4.5m 높이의 흙쌓기 하중과 동일한 대기압(10t/m³)으로 전단파괴 없이 급속히 압밀을 촉진할 수 있다. 또한 대기압을 하중으로 이용하므로 재하에 필요한 흙쌓기 토사를 절감할 수 있다.

⑵ 연직배수재는 통수능력이 큰 원형주름관을 사용하여 깊은 심도의 연약층 하부까지 진공으로 만들 수 있어, 일반배수공법(paper & sand drain)의 배수저항을 어느 정도 극복할 수 있다. 또한 탈수에 의한 강도증진 효과를 깊은 연약층에서도 상부 연약층과 거의 동일하게 얻을 수 있다.

⑶ 연약지반을 진공으로 탈수시키므로 정적하중에 의한 자연배수보다 2~5배 더 빠른 속도로 배수되므로 압밀기간이 일반배수공법보다 2배 이상 단축된다.

⑷ 샌드매트 층에 배수재를 설치하므로 종래 공법에서 다량 침하할 때 발생되는 측방파괴 문제도 해결할 수 있다.

⑸ 연약지반에 고성토를 시공하는 경우에 일반배수공법은 단계별 흙쌓기, 강도증진을 위한 대기시간 등의 반복작업으로 인해 공기단축이 어렵다. 또한 장기간 압밀배수를 하면 배수재의 배수기능이 저하되어 품질저하 문제가 발생된다. 이에 비해 진공압밀공법은 단시일 내에 시공이 가능하므로 이러한 문제가 해결된다.

3. 대기압공법 적용대상

⑴ 1차 및 2차 침하가 붕괴의 원인이 되는 곳의 지반개량

⑵ 하층지반의 안정을 빠르게 하는 곳에서 단기간에 쌓아야 하는 제방축조

⑶ 탱크 설치를 위한 선행재하 및 부등침하가 일어나는 곳의 도로확장

⑷ 침전지, 침전물을 빠르게 배수하기 위한 저장소의 용량확보

⑸ 토질 정화(soil cleaning) 및 오염된 지하수의 배수처리

4. 대기압공법 시공 유의사항

⑴ 불투수성 표면막 끝부분의 매설깊이보다 아래에 투수성이 좋은 모래층이 있는 경우에는 진공압이 빠져 나가므로 지반개량 효과가 저하된다.

⑵ 진공재하를 통해 재하할 수 있는 최대하중은 1기압(10t/m³)으로, 4.5m 높이의 흙쌓기하중을 재하하는 것과 동일한 효과를 얻을 수 있다. 작업효율을 고려하면 실제는 대기압의 85~95% 정도까지 가능하다.

(3) 드레인보드(drain board)를 통해 진공하중을 재하할 때 1개 드레인을 통해 발휘
되는 진공효과의 영향범위를 측정하는 것이 중요한 설계요소이다. 진공압의 영향
범위를 알아야 드레인의 배치간격을 산정할 수 있다.

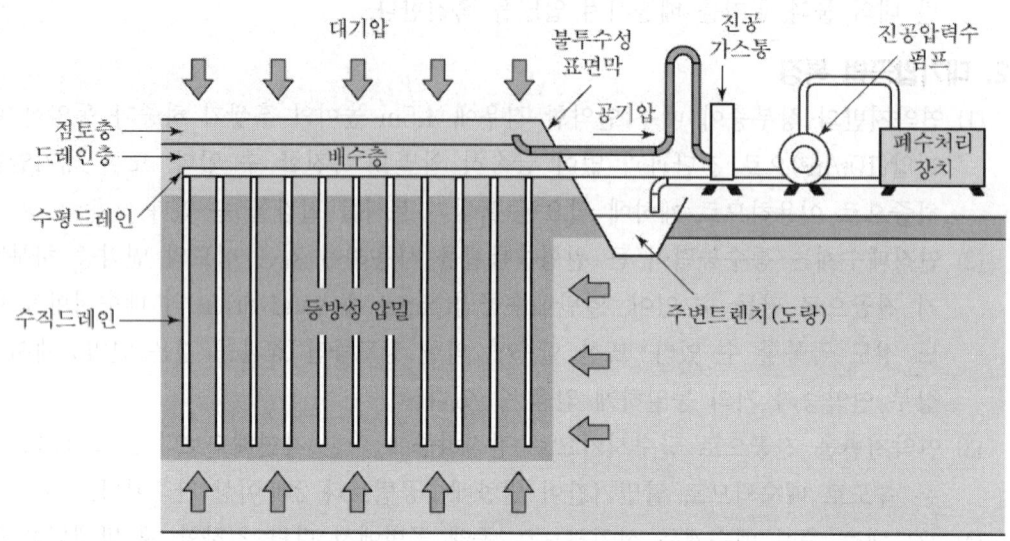

진공압밀(眞空壓密工法, vacuum preloading)공법

Ⅳ. Deep well point

1. Deep well 정의

(1) 심정(深井, deep well)공법은 우물을 굴착하여 이 속에 유입되는 지하수를 펌프
로 양수하여 지하수위를 저하시킴으로써 지반을 개량하는 공법이다.

(2) 심정공법에서 고성능 진공펌프를 사용하면 단위시간당 양수량이 많아지므로 깊은
대수층까지 시공이 가능하지만, 준비작업이 복잡하고 공사비도 비싸다.

2. Deep well 적용대상

(1) 지표면에서 10m(지하 3층)보다 더 깊게 지하수위 저하가 필요한 경우

(2) 투수성이 큰 지반으로 다량의 양수가 필요한 경우

(3) Boiling 방지를 위한 대수층의 수압 감소가 필요한 경우

(4) 용수량이 매우 많아 well point 공법의 적용이 어려운 경우

3. Deep well 시공순서

(1) 소정의 깊이까지 굴착한다.

(2) Strainer를 부착한 casing을 삽입한다.

⑶ Strainer와 공벽 사이에 filter(자갈)를 충진한다.

⑷ 수중펌프를 설치한 후 양수를 시작한다.

4. Deep well 시공 유의사항

⑴ 심정(深井)은 펌프의 흡수능력으로 구분하면 흡입 양정이 7m 이상인 깊은 우물을 말하지만, 상수(上水) 취수시설에서는 30m 이상인 깊은 우물을 말한다. 또한 양정이나 깊이에 관계없이 피압 지하수 우물을 일컫는 경우도 있다. 심정(深井)은 우물을 파는 기계를 사용하여 파고, 우물 케이싱에는 강관을 사용한다.

⑵ 심정(深井)은 지하수위를 강하시키는 공법이므로, 여과기(strainer)와 우물벽과의 공간에 자갈(filter)을 충진하여 여과기의 막힘을 방지해야 한다. 여과기의 주위는 철망을 감아 자갈의 유입을 방지한다. 자갈은 원지반보다 투수성이 좋고 세립토가 통과할 수 없는 자갈을 사용한다.

⑶ 여과기의 개공률(開孔率)은 가급적 크게 하고, 우물관의 최하단부에 바닥뚜껑을 설치하여 양수 중 보일링(boiling)현상을 방지한다. 보일링은 수압으로 모래입자가 지표면 위로 흘러나와 지반이 파괴되는 현상을 말한다. 보일링현상이 발생되면 벽체 전체에 미치는 저항과 벽체 하단의 지지력이 없어질 뿐만 아니라 흙막이벽과 주변 지반까지 파괴된다.[207]

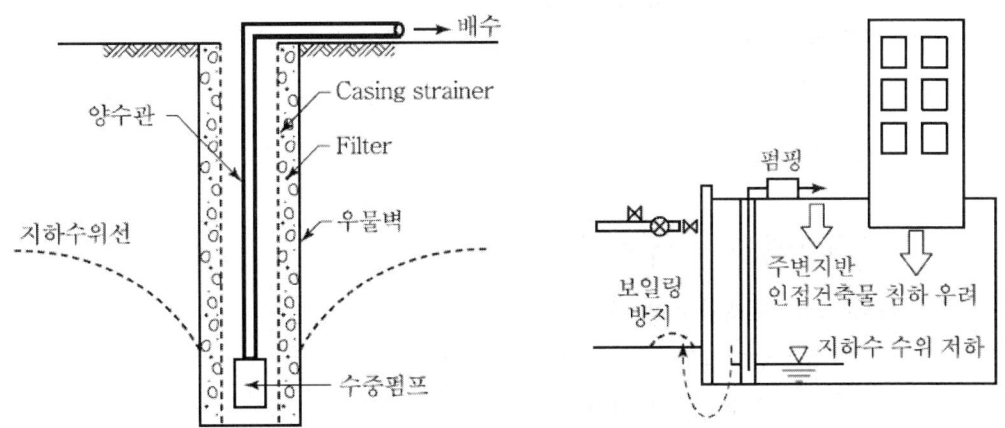

심정(深井, deep well)공법

---

207) 국토교통부, '도로설계편람', 제3편 토공 및 배수, pp.409-59~60, 2012.
한국철도시설공단, '연약지반', 2012.

05.30 모래다짐말뚝(sand compaction pile)

진공압밀공법, 진동다짐(Vibro-Flotation)공법, 고압분사주입공법 [3, 2]

Ⅰ. 개요

1. 모래다짐말뚝(Sand Compaction Pile)공법은 모래 또는 점성토로 형성된 연약지반에 모래를 압입하여 비교적 잘 다져진 모래말뚝을 조성하는 개량공법이다.

2. 이 공법은 매립지 등 느슨한 사질토 지반에서 진동압입에 의한 원지반 다짐으로 지지력증가, 압축침하방지, 액상화방지, 전단·수평저항증대 등을 위해 시공된다.

3. 점성토 지반에서는 전단강도가 큰 다짐모래말뚝을 촘촘히 조성하여 모래말뚝과 점토로 복합지반을 형성함으로써 지반의 지지력과 전단저항을 증대시키고, 모래말뚝의 배수효과와 응력집중에 의해 압밀시간과 압밀침하량을 저감시킬 수 있다.

Ⅱ. 모래다짐말뚝(sand compaction pile)

1. 공법 원리

(1) 모래다짐말뚝은 원지반의 지지력과 압밀침하 등에 의한 치환율, 말뚝의 배치형태, 말뚝설치의 간격 및 직경 등을 검토하여 결정한다.

(2) 모래말뚝은 정방형, 삼각형 및 사변형으로 배치하며, 치환율(a_s)는 다음과 같은 식으로 구한다.

정방형 배치 : $a_s = \dfrac{A_s}{A} = \dfrac{A_s}{X_2}$

정삼각형 배치 : $a_s = \dfrac{A_s}{A} = \dfrac{2}{\sqrt{3}} \dfrac{A_s}{X_2}$

여기서, a_s : 모래말뚝의 단면적

A : 모래말뚝 1개가 분담하는 면적

X : 모래말뚝의 간격

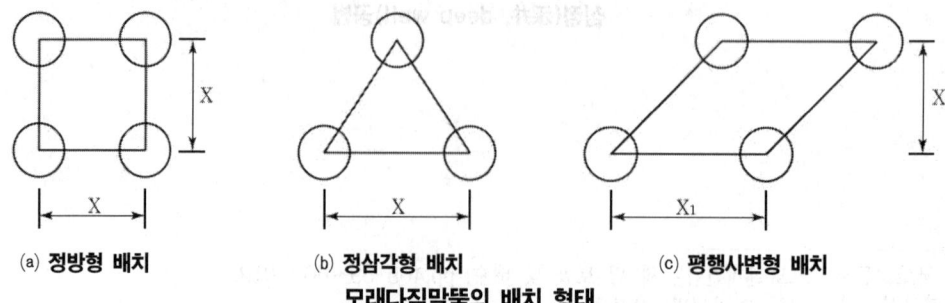

(a) 정방형 배치   (b) 정삼각형 배치   (c) 평행사변형 배치

모래다짐말뚝의 배치 형태

---

(3) 모래다짐말뚝은 원추형 또는 어뢰모양의 진동막대를 지반 내에 일정깊이까지 타입한 후, 막대를 지상으로 인발시키면서 지반을 다짐하는 공법이다.

(4) 모래다짐말뚝은 진동막대모양과 모래충진방법에 따라 진동다짐(Vibro composer, Vibro flotation)과 충격다짐(동다짐, 중추낙하)으로 구분된다.

(5) Vibro composer는 Sand compaction pile의 대표적인 시공방법으로, 연약한 점성토 지반에 잘 다져진 모래기둥을 축조함으로써 지반을 조밀하게 개량하여 지지력을 향상시키는 공법이다.

모래다짐말뚝공법의 특징 비교

구분	Vibro compozer	Vibro flotation
진동방향	연직방향의 진동 또는 충격	수평방향의 진동
진동형상	전단파(剪斷波)	종파(綜波)
다짐방법	다짐	자연낙하

2. 모래다짐말뚝 시공

(1) Vibro composer 시공순서

① 지상에 케이싱을 설치하고, 파이프 선단에 모래 nozzle을 설치한다.

② 진동기를 작동하여 파이프를 지중에 관입시키고 water jet를 병행한다.

③ 소정의 깊이까지 도달했을 때 케이싱 속에 일정량의 모래를 투입한다.

④ 케이싱을 소정의 높이 만큼 끌어올리면서 압축공기로 케이싱 속의 모래를 땅속에 밀어 넣는다.

⑤ 케이싱을 다시 박고 투입된 모래를 진동에 의해 다진다.

⑥ 다시 케이싱을 소정의 높이로 끌어올려 모래를 투입한다.

⑦ ⑤와 ⑥의 작업을 되풀이하여 지중에 모래말뚝을 완성한다.

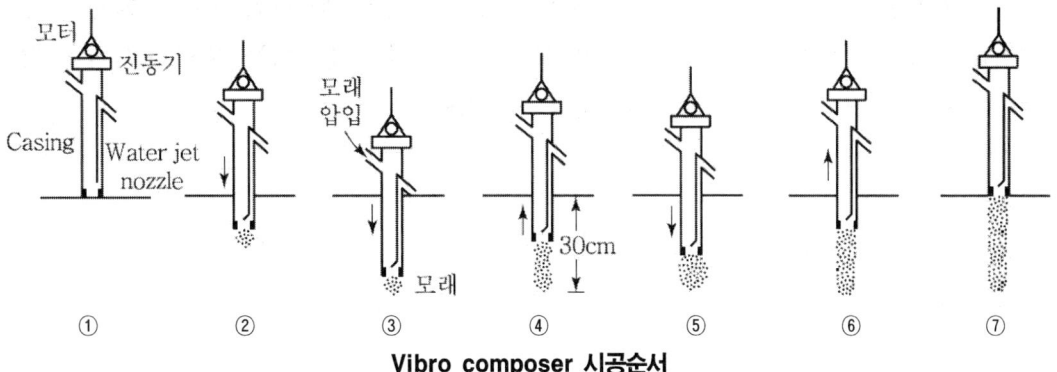

Vibro composer 시공순서

(2) Vibro flotation 시공순서

① 진동기의 하부에 있는 분사구가 돌출된 후에, 진동기가 지반 속으로 관입된다. 이때 지표면에 수직도를 유지해야 한다.

② 진동기가 신속하게 지반 속으로 관입되도록 물을 분사하면서, 천천히 오르내리기를 반복하며 관입하되, 충격(hammer)을 가하지 않는다.

③ 진동기의 빈 구멍에 모래·자갈을 공급하면서, 선단 워터제트(water jet)에서 물을 분사하여 구멍이 막히지 않도록 한다.

④ 진동기는 1회에 30cm 상승하고, 30초 진동한다. 워터제트의 분사력을 적절히 조절하여 모래가 쉽게 투입되도록 한다.

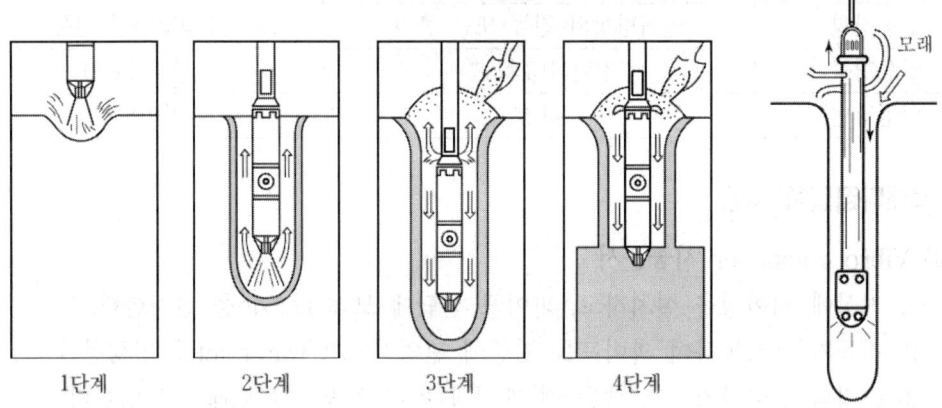

1단계   2단계   3단계   4단계

Vibro flotation 시공순서

3. 모래다짐말뚝 시공 유의사항

(1) 진동기(vibrofloat)를 관입할 때 지표면에 수직도를 유지해야 한다.

(2) 진동기 관입할 때의 저항으로 관입이 곤란한 경우에는 진동기를 천천히 오르내리기를 반복하면서 관입하되, 해머를 사용하여 충격적으로 타입하지 않는다.

(3) 관입 완료 후에도 선단 워터제트에서 물을 분사하여 제트공이 막히지 않게 한다.

(4) 충진재를 투입할 때 입자가 작은 모래를 사용하는 경우에는 물의 분사력을 적절히 줄여서 모래가 쉽게 투입되도록 조절한다.[208]

---

208) 국토교통부, '도로설계편람', 제3편 토공 및 배수, pp.409-56~57, 2012.

05.31 쇄석다짐말뚝(gravel compaction pile)

GCP(Gravel Compaction Pile) [1, 0]

1. 개요

(1) 쇄석다짐말뚝(GCP)은 느슨한 사질토 또는 연약한 점성토 지반에 쇄석을 다지고 압입하여 원지반에 말뚝을 조성함으로써 지반을 개량하는 공법이다.

(2) 즉, 쇄석다짐말뚝은 지중에 자갈을 타입한 후 연직배수와 성토를 통해 측방유동을 방지하는 말뚝기초공법이다. 진동하중을 이용하여 쇄석기둥을 설치하므로 배수거리를 단축시키고 간극수를 지표로 배출시킴으로써 연약지반의 입밀 촉진, 잔류침하 저감, 전단강도 증가, 액상화 방지 등에 효과적이다.

2. 쇄석다짐말뚝 설계

(1) 등가원주(Unit Cell) 적용

① GCP 공법에 적용되는 등가원주(等價圓柱)는 GCP가 시공되는 연약지반의 침하거동특성을 분석·평가하기 위해 개발된 개념이다.

② GCP가 정삼각형 또는 정사각형 배열로 설치될 때 영향을 미치는 주변지반의 범위를 육각형 형태 또는 등가원 형태로 표현한다.

③ 등가원주 주변의 전단응력은 0이고, 등가원주는 말뚝주위에 대칭으로 위치하기 때문에 마찰력이 없는 강성 외벽을 가진 원주모양으로 모형화하기 위하여 등가원주개념을 다음과 같이 가정한다.

  o 원지반과 GCP는 함께 침하한다.
  o 원주 외측면의 수평변위는 구속되고, 연직방향 변위만 발생된다.
  o 원주 저면은 강성지반에 정착되어 있다.

④ 위의 가정에 의한 GCP 등가원의 유효직경은 다음 식으로 표현할 수 있다.

삼각형 배열　　$D_e = 1.05s$

사각형 배열　　$D_e = 1.13s$

여기서, s : GCP 간격

⑤ GCP 설치에 따른 치환율(area replacement ratio, a_s)은 다음 식과 같이 GCP가 설치된 연약지반에서 전체면적에 대한 GCP 면적의 비로 나타낼 수 있다.

치환율　$a_s = \dfrac{A_s}{A_S + A_c}$

여기서, A_s : GCP의 면적
　　　　A_c : 주변 점토지반의 면적

(2) 응력분담비 적용

① GCP 공법으로 개량된 연약지반은 GCP와 주변 점토지반으로 구성된 복합지반 (composite soil)을 형성한다.

② 복합지반에 하중이 재하되면 GCP와 주변 점토지반은 강성과 변형특성에 의해 말뚝과 지반이 서로 다른 응력을 분담한다.

③ 점토지반의 압밀시간이 경과하면서 주변 점토지반의 침하감소와 함께 GCP와 연약지반의 강성 차이에 따른 추가적인 부마찰력이 생기면서 원지반에서 GCP에 응력이 집중된다.

④ 이와 같은 응력집중에 따라 GCP와 점토지반에 작용되는 응력의 비를 응력분담비 (Stress concentration ratio, m)라고 하며, 다음 식과 같이 나타낼 수 있다.

응력분담비 $m = \dfrac{\sigma_s}{\sigma_c}$

여기서, σ_s : GCP에 전달되는 응력

σ_c : 주변 점토지반에 전달되는 응력

3. 쇄석다짐말뚝 시공

(1) 치환율 변화

① SCP 공법 적용 중 예상치 못하게 과다 변위가 발생된 ○○호안 구조물설치공사 현장을 대상으로 SCP 치환율에 따른 지반거동의 수치해석 결과, 구조물의 연직 침하 및 수평변위는 SCP 無처리 지반에 비해 현저히 감소하지만, 치환율에 따른 변위 감소 정도는 크지 않은 것으로 나타났다.

② 특히, 고(高)치환율에 해당하는 53% 이상의 치환율이 적용된 지반에서도 수평변위가 기준값 2.5cm를 여전히 초과하는 것으로 나타났다.

(2) 안정성 보장

① SCP 복합지반의 안정성 보장을 위하여 설계단계에서 뿐만 아니라 시공 중 및 시공 후에도 지반조사를 병행하여 해당 현장조건에 적합한 SCP 치환범위 및 치환율이 적합한지 해석하고 필요한 경우 변경해야 한다.

② 기존에 제안된 SCP 복합지반의 극한지지력 산정식이 수치해석을 통해 산정된 극한지지력을 과다 또는 과소 평가하는 것으로 확인되었다. 따라서 SCP 시공 후에 표준관입시험을 통해 말뚝의 직경 및 치환율에 대한 안정성 검토가 요구된다.[209]

---

209) 김병일 외, '수치해석을 이용한 모래다짐말뚝 치환율에 따른 호안 구조물의 거동 분석', 한국지반신소재 학회논문집 제17권 3호, pp.1~8, 2018.

05.32 표면처리공법

고결공법, 표층개량공법, 심층혼합처리(deep chemical mixing)공법 [1, 3]

Ⅰ. 개요

1. 표면처리공법은 지반의 표층부분이 매우 연약한 경우에 적용되며, 표층의 강도증가와 균질화를 도모하여 중기(重機)의 시공성을 양호하게 함과 동시에 저(低)성토에 의해 생기는 부등침하를 방지하는 공법이다.

2. 표면처리공법에는 표층배수공법과 혼합처리(chemical mixing)공법이 있다.

Ⅱ. 표층배수공법

1. 원리

⑴ 연약지반 개량 중에 지표에서 트렌치(도랑)를 굴착하여 지표수를 배제하고 지반 표층부의 함수비를 저하하여 시공기계의 주행성(Trafficability)를 확보한다.

⑵ 연약지반 상에 성토 중에 굴착한 트렌치가 지하배수구 역할을 수행할 수 있도록 투수성이 양호한 사질토 등으로 되메움을 한다.

2. 시공

⑴ 트랜치의 배치는 성토나 굴착의 평면형상 지표구배, 기존도로 레벨 등을 고려하여 병렬, 바둑판 무늬 또는 화살깃 모양으로 한다.

⑵ 트랜치가 지하배수구 역할을 할 때 트렌치 간격은 성토 제1층으로 시공하는 샌드매트의 두께 및 투수성을 고려하여 결정한다.

⑶ 일반적으로 트렌치 상호 간에 5~10m 간격으로 배치한다. 트렌치의 일부가 절단되더라도 전체 배수에 지장 없도록 가능하면 조밀하게 배치한다.

⑷ 트렌치의 규격은 폭 0.5m, 깊이 0.5~1.0m 정도가 적절하다.

Ⅲ. 혼합처리공법

1. 원리

⑴ 혼합처리공법은 연약지반의 강도 증가를 위하여 시멘트, 생석회 등의 고화재를 강제적으로 혼합·교반해서 지반을 개량하는 공법이다.
  ○ 천층(얇은)혼합처리공법 : 시공기계의 주행성 확보를 목적으로 하는 경우
  ○ 심층(깊은)혼합처리공법 : 두꺼운 연약지반의 개량을 목적으로 하는 경우

⑵ 분사교반방식의 혼합처리공법은 약액주입공법에서 분리·발전된 공법으로 고압유

체의 분사력에 의해 원지반 연약토를 절삭함과 동시에 교반하여 지반개량체를 형
성하는 공법이다.

o 현장조건에 따라 연약토와 개량재를 혼합하지 않고 단순히 원지반 연약토와 고
화재를 치환하는 것을 목표로 하는 혼합처리공법도 있다.

2. 설계

(1) 혼합처리공법의 설계는 안정재의 선정, 실내배합시험의 검토, 개량 대상지반의 소
요강도와 처리두께 등을 결정하는 것이 핵심이다.

천층혼합처리공법의 설계는 多層이방성지반 탄성해석, 지반의 반력해석, 지반의
응력해석, 펀칭 전단(punching shear)해석 방법 등이 있다.

(2) 심층혼합처리공법의 설계는 구조물 전체의 안정성검토(외적 안정계산)와 개량체
에 발생되는 응력검토(내적 안정계산)가 필요하다.

안정성검토 계산결과와 상관 없이 개량지반 외부를 통과하는 원호활동을 검토하
고, 연약지반 개량심도에 따라 필요한 경우 측방유동을 검토해야 한다.

(3) 혼합처리공법의 공사기간은 시공과 양생으로 구분하여 검토한다. 양생기간은 콘
크리트 양생처럼 3~5주 정도 소요되어 다른 공법보다 짧은 장점이 있다.

혼합처리공법의 개량효과는 교반혼합의 정도에 따라 결정된다. 특히, 원지반 연약
토와 고화재를 균질하게 혼합시키는 정도에 따라 효과가 달라진다.

(4) 혼합처리공법은 원지반 연약토 자체를 이용하기 때문에 잔토처리 문제는 없다.
진동·소음공해 발생은이 적으나 고화재 취급을 소홀히 하면 주변 환경피해를 유
발할 수 있으므로 주의를 기울여야 한다.

혼합처리공법의 시공기계는 일반적으로 백호우를 사용하면 간편하게 시공할 수
있다. 海上에서는 전용 준설선을 이용하는 방법도 가능하다.[210]

---

210) 국토교통부, '도로설계편람', 제3편 토공 및 배수, pp.309-58~59, 2012.
    한국철도시설공단, '연약지반', pp.48-49, 2012.

05.33 약액주입공법

약액주입 공법의 종류, 시공관리, 환경관리, 용탈현상 [1, 2]

Ⅰ. 개요

1. **약액주입공법**은 주입관을 통하여 지반 내에 주입재를 압송·충전하고 일정시간(gel time) 동안 경화시켜 지반을 고결시키는 공법을 말한다.

2. **약액주입공법**은 주사바늘을 사용하여 체내에 주사하는 것처럼 비교적 가는 관(주입관)을 사용하여 여러 종류의 주입재(grout)를 지반 속에 압력을 가해 주입함으로써, 지반 속의 간극·공동·균열 등을 메워서 지수성과 강도증가를 유발시킨다.

3. **약액주입공법의 효과**
   (1) 지수(止水) : 댐기초 또는 터널굴착에서 용수 파이핑, 보일링 등의 방지, 기초공사에서 지하수의 유속억제, 누수방지
   (2) 지반강화 : 댐기초 또는 터널굴착에서 붕괴방지, 지지력 증가, 교대에 가해지는 횡토압 저감, 구조물에 가중되는 토압 저감
   (3) 변상방지 : 굴착지반 부근에서 기설구조물의 방호, 기초구조물의 보강

4. **약액주입재료의 제한**
   (1) 시멘트·벤토나이트는 입자구조이기 때문에 세립토에 주입하는 것은 불가능하고, 고결시간을 자유롭게 조절할 수도 없다.
   (2) 약액(藥液)은 시멘트·벤토나이트의 문제점을 해결하고 세립토에도 주입할 수 있지만 약액의 종류에 따라 지하수 오염 우려가 있다.
   (3) 따라서, 약액은 주(主)재료가 케이산 나트륨 물유리계만을 사용해야 하며, 극물 또는 불소화합물을 포함하지 않는 종류만을 사용할 수 있다.

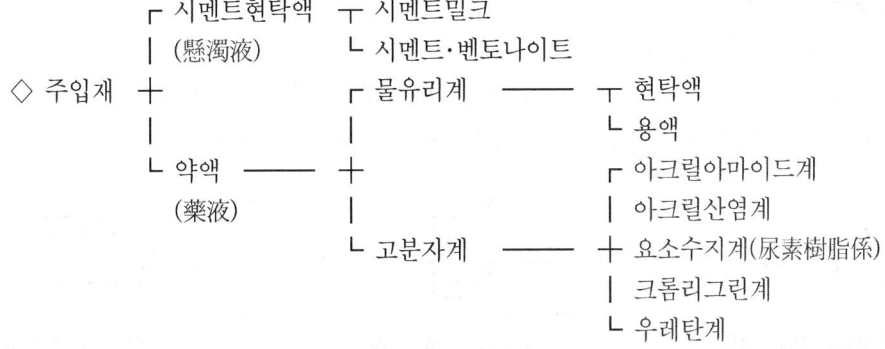

그라우트 주입재의 종류

주입재의 종류

구분	현탁액형	용액형
종류	비약액계(시멘트계, 점토계, 아스팔트계)	물유리계, 고분자계(아크릴아미드, 크롬니그닌, 우레탄, 요소, 규산염)
목적	지반의 강도 증가	지반의 차수·지수

주 1) 모래·실트에는 물유리계로 차수하고, 지반 강도증가를 위해 시멘트와 혼용한다.
    2) 점성토에는 침투 주입이 불가하므로, 고압분사 또는 현지토와 교반·혼합한다.

II. 약액주입공법 특징

1. 장점

(1) 소음·진동 등의 건설공해가 적다.

(2) 지반의 강도증대와 차수효과를 높일 수 있다.

(3) 쥬입작업이 간편하고 소규모로 시공할 수 있다.

(4) 적용지반이 점토, 모래, 자갈, 암반, 쇄석, 폐기물, 공동 등 다양하다.

2. 단점

(1) 공사비가 비싸다.

(2) 고압분사에 따른 지반융기, 수평변위, 양생기간 등이 필요하다.

(3) 점성토에는 침투주입이 불가하고, 개량효과가 적다.

(4) 주입효과의 판정방법, 약액의 주입범위 등에 문제가 있다.

III. 약액주입공법 설계

1. 주입방식의 구분

(1) 1.0 shot [1액 1계통] : get time 20분 이상

(2) 1.5 shot [2액 1계통] : get time 2~10분(LW, 강관다단 grouting)

(3) 2.0 shot [2액 2계통] : get time 2분 이내(SGR, shotcrete)

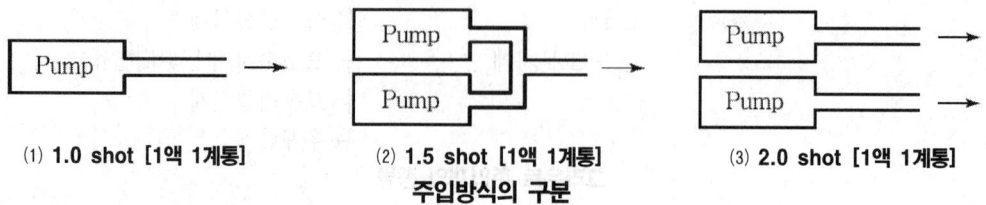

(1) **1.0 shot [1액 1계통]**   (2) **1.5 shot [1액 1계통]**   (3) **2.0 shot [1액 1계통]**
주입방식의 구분

2. 주입공법의 선정

(1) 모래질 연약지반에 장경간 교량의 기초굴착에 필요한 가설구조물 설치를 위해 기초지반 차수성(遮水性)을 확보할 수 있는 주입공법을 선정한다.

(2) 모래질 연약지반에 시공예정인 가설구조물의 차수성을 확실히 보장할 수 있는 물유리계 침투식 주입공법을 선정한다.

주입공법의 구분

주입공법	종류	목적
침투(맥상)주입	LW, SGR	◦ 차수
교반혼합주입	천충혼합처리 심층혼합처리(SCW, SCF)	◦ 中강도(10~60kgf/cm²)지반 보강 ◦ 차수
고압분사주입	2중관분사(JSP) 3중관분사(RJP, SIG)	◦ 高강도(30~150kgf/cm²)지반 보강 ◦ 순수한 차수 목적은 비경제적임
콤팩션주입	CGS	◦ 高강도(30~150kgf/cm²)지반 보강 ◦ 부등침하 복원

3. 주입공법의 설계

(1) 주입율 : $\lambda = na(1+\beta)$

(2) 주입비 : $\dfrac{D_{15}}{G_{85}} \geq 15$

여기서, n : 간극률, α : 충전율, β : 손실계수,

D_{15} : 지반의 입도분포곡선에서 15% 통과에 해당되는 입경

G_{85} : Grout재의 입도분포곡선에서 85% 통과에 해당되는 입경

(3) 주입약액 : 물유리계 약액, 시멘트, 벤토나이트 등의 시험배합 결과로 결정

(4) 주입압력 : 간극수압<P(주입압력)<간극수압(3~5배)이 되도록 결정

Ⅳ. 약액주입공법 시공

1. 주입압력

(1) 주입제의 점성은 시간에 따라 서서히 증가하고 응결시간이 가까워질수록 점성이 커져서 주입이 어려워지므로 주입중에 점차 주입압을 올려야 한다.

(2) 주입압이 과다하면 국부적으로 지반이 파괴되어 약액이 지표로 흘러나오는 통로가 형성되므로, 주입압은 깊이 1m당 9.8~19.6 kN/m²까지로 한다.

(3) 주입재의 응결시간이 너무 짧으면 주입관이 막히든가 예정범위까지 균일하게 주

입되지 않고 반대로 너무 길면 예정 외의 범위까지 약액이 침투된다.

⑷ 주입관은 천공하거나, 타설 또는 워터제팅(water jetting)으로 소요 깊이까지 삽입한다. 주입방법은 반복주입, 단계주입, 유도주입 등의 방법을 사용한다.

2. 주입방법

⑴ 반복주입

① 지반이 불균질하여 투수계수에 변화가 있는 경우, 먼저 점성이 큰 주입재를 주입하여 처리한 후에 점성이 작은 주입재를 다른 주입공으로 반복 주입한다.

⑵ 단계주입

① 지반은 깊이에 따라 투수계수와 간극수압이 다르므로, 지반을 깊이에 따라 여러 구간으로 나누고 각각의 지반에 따라 조건을 달리하여 주입한다.

② 안전하게 주입하려면 지표에서부터 하부로 차례로 보링하고 단계주입한다.

⑶ 유도주입

① 균질한 지반에서는 약액이 방사상으로 흐르지만 투수성이 큰 방향이 있으면 그 방향으로 흐름이 집중된다.

② 주입 中에 약액의 흐름방향을 인위적으로 규제하려면 웰포인트나 전기침투 등의 방법을 사용하는데, 이를 유도주입이라 한다.

3. 주입中 관리

⑴ 겔타임 결정 : 모래질 연약지반은 대수층으로 유속이 있으므로 겔타임(gel time)을 짧게 2.0shot 방식으로 결정한다.

⑵ 주입공의 배치·깊이 결정 : 차수를 위한 주입방식이므로 2열로 겹쳐서 배치하고, 근입깊이는 가급적 깊게 결정한다.

⑶ 시공계획 수립 : 주입률, 주입비, 주입약액, 주입압력 등은 예비설계 개념으로 판단하고 현장에서 시험시공을 통해 조정한 후, 기초공사를 착수한다.

⑷ 용탈현상 방지 : 주입약액(LW, SGR)이 겔(gel)화 반응과정에 규산소다에 의한 용탈현상으로 체적변화를 일으켜 내구성에 취약해지지 않도록 약액관리

⑸ 주입효과 판정 : 차수효과는 실내시험, 현장투수시험을 통해 투수계수를 측정하여 판정하고, 필요한 경우에 주입방식의 변경여부를 검토한다.

4. 주입後 관리

⑴ 약액주입은 불확실한 요소가 많으므로 원하는 범위에 충분하고 균일하게 시공되었는지 확인할 필요가 있다. 그러므로 시공 후에 가능한 한 많은 보링이나 사운딩을 실시하여 주입성과를 확인해야 한다.[211]

---

211) 한국철도시설공단, '연약지반', pp.55-57, 2012.

약액주입공법의 특징 비교

구분	LW (Labies Waterglass)	JSP (Jumbo Special Pattern)	SGR (Space Grouting Rocket System)
시공 방법	천공 후 지중에 주입관으로 Manjet Tube 설치 주입은 Seal 주입과 Double packer (1.5 Shot)에 의한 LW 주입	천공 후 지중에 주입관 설치 주입 중 주입관을 회전인발하면서 흙과 주입재를 강제치환하여 개량체 형성	천공 후 지중에 2관 주입관 설치 특수첨단장치로 균일하게 주입 및 저입주입 급결. 완결제 외에 복합 주입하여 개량체 형성
주재료	규산소다, 시멘트, 벤토나이트	시멘트 혼화제, Soil	규산소다, 시멘트, 촉진제
적용	실트 혼합된 모래지층 外 모든 지층	N<30의 점토 사질 지반	모든 지층
차수	보통	지층에 따라 보통 or 양호	보통
장점	약액공법 중 고결 강도 높음 주입시간과 주입제의 종류를 바꾸면 반복주입 가능 시공 단순, 주입관 보존으로 결함 발견 시 재천공 없이 재주입이 가능 지반 중에 공극 크기가 다른 지반의 보강에 유리	연약지반의 지반보강효과와 양호 균질의 고강도 차수벽 형성 장기계속공사에 적용하면 외력에 의한 충격·진동에 저항력 큼	中·低압력 침투주입으로 주변구조물 이나 지하 가시설물에 영향 없음 유도공간 만든 후 그라우트를 복합 주입하므로 지반융기 방지 그라우트 주입 중 주입관 회전 없어 팩킹효과 높고 단계별 주입이 확실 주입장비 간단하고 이동 용이
단점	차수 보강 영역이 좁음 겔 타임 조절이 곤란 지반 보강효과는 기대하기 어려움 실트, 모래, 사력층에서 재료 손실	주입공법 중 비교적 고가 임 조밀한 자갈층, 풍화암층 시공 곤란 초고압 분사로 지반 융기가 생기면 인접지반에 영향 줌	지층 및 공사 목적에 따라 주입제 선택에 유의

구분	MSG (Micro Silica Cement Grouting)	SCW (Soil Cement Wall)
시공 방법	고침투·고강도·고내구성·환경친화성 저입침투 주입으로 마이크로 복합 실리카계 주입재를 사용 토질상태·현장조건에 따라 1.5 or 2.0 Shot 선택하여 첨단약액 주입	3축 자동 교반장비로 원지반 토사를 오거 윙비트를 사용, 천공·굴착하여 그 선단에서 시멘트밀크를 주입하며 굴착토사와 혼합하여 소일시멘트 기둥을 형성
주재료	마이크로 복합실리카, 겔타임 조정재	시멘트, 벤토나이트, Soil
적용	사질지반	N<50의 점토 사질 지반 (자갈 및 全암반층 시공 불가)
차수	양호	매우 양호 (일반 토사층 및 점성토)
장점	지하수에 의한 알칼리 용탈이 적어 pH상승 낮고 식생환경 영향 적음 약액의 호모겔 고결체는 고강도가 발현되고 장기재령에 변형이 적어 실트질 점성토, 조밀한 지반에도 균질개량 가능하여 내구성 우수	대형공사에서 공사비 저렴 1축압축강도 적어, 차수효과 확실
단점	공사비 고가 국내 시공사례가 적음	초대형장비 사용으로 협소·혼잡지역 에는 시공 곤란 [212] 중요구조물 지반보강효과 다소 저하 고가, 지층이 다양한 조건에서는 개량강도 설정이 곤란

---

212) Civil Engineering, '차수공법 비교(LW, JSP, SGR, MSG, SCW)', 2019,

05.34 　고압분사(Rodin jet pile), 동결공법

동결공법 적용에 따른 문제점과 대책 [0, 1]

Ⅰ. 고압분사(Rodin Jet Pile)공법

1. 용어 정의

(1) 연약지반개량공법 중 고압분사공법(RJP, Rodin Jet Pile)은 심층지반을 개량하는 기술로서 일반적인 압력주입공법보다 훨씬 광범위하게 적용된다.

(2) RJP는 지반에 주입관을 관입하여 분사수를 분출시켜 그 水力으로 지반을 파쇄하며 원주형 고결체를 형성하는 공법으로, Air Jet를 병용함으로써 토층에 경화재 분출수의 절삭·교반능력을 높여 대구경의 고결체를 형성할 수 있는 특징이 있다.

(3) RJP는 일본 N.I. Co.와 이탈리아 RODIO Co. 합작으로 기존 Jet-Grouting 공법의 기본원리에 분사시스템을 추가하여 더욱 개량·발전시킨 공법이다.

2. Rodin Jet Pile 공법

(1) 공법 원리

① RJP 공법은 초고압 분류체가 가진 운동에너지를 이용하여 연약지반의 조직구조를 파괴하고 이 파괴된 흙입자와 경화재를 혼합하는 원리이다.

(2) 초고압 분류체

① 초고압 분류체가 토괴에 부딪치면 순간적으로 지반의 조직이 파괴됨과 동시에 흙입자 표면을 따라 흐르는 분류체 주위에 발생되는 부압에 의해 흙입자를 끌어넣고 더불어 분류체의 반동작용으로 후속 분류체와 충돌한다. 이때 전단력에 의해 발생되는 파괴력은 식에 의해 계산이 가능하다.

(3) RJP 시공

① 장비 구성 : RJP 기계(자동제어 전유압식), 초고압 펌프 2대(경화재용, 수용), 시멘트 사일로 2대, 믹서 1대($1m^3$), Agitator 1대($2m^3$), 수조($10m^3$), Air Comp. 1대(365 CFM), 3중관 로드 20조(ϕ97mm), 발전기 350KW, 50KW 각 1대씩, Back Hoe $0.4m^3$ 1대 , Sand Pump 1.5KW 1대, 수중 Pump 1대, Air Hose 50m 1조, 초고압 Hose 50m 1조, 기타 잡자재 등

② 작업 공정 : 준비→운반(장비)→플랜트 조립설치→작업장 정지작업 및 측량확인→장비 Setting→천공→심도별 지층 확인→분사시험→굴착심도 확인→조성공→로드 인발→기구 세척→플랜트 해체철거[213]

---

https://civileng7.tistory.com/

213) 쌍용, 'R.J.P 공사(Rodin Jet Pile Method)란 무엇인가?', 쌍용 기술소식, 2005.

II. 동결공법

1. 용어 정의

(1) 동결공법(凍結工法, frosting work method)은 연약지반을 일시적으로 동결시켜 지수(止水) 또는 굴착에 대한 안정을 도모하는 공법으로, 동결관을 설치하고 그 속에 냉각액(염화칼슘용액, 액체질소 등)을 흘려보내 주위 지반을 동결시킨다.

(2) 동결공법에는 냉각재 종류, 열교환 형식 등에 따라 가스방식(저온액화 가스방식)과 브라인방식이 있다. 시공연장이 짧을 때 가스방식이 유리하다.

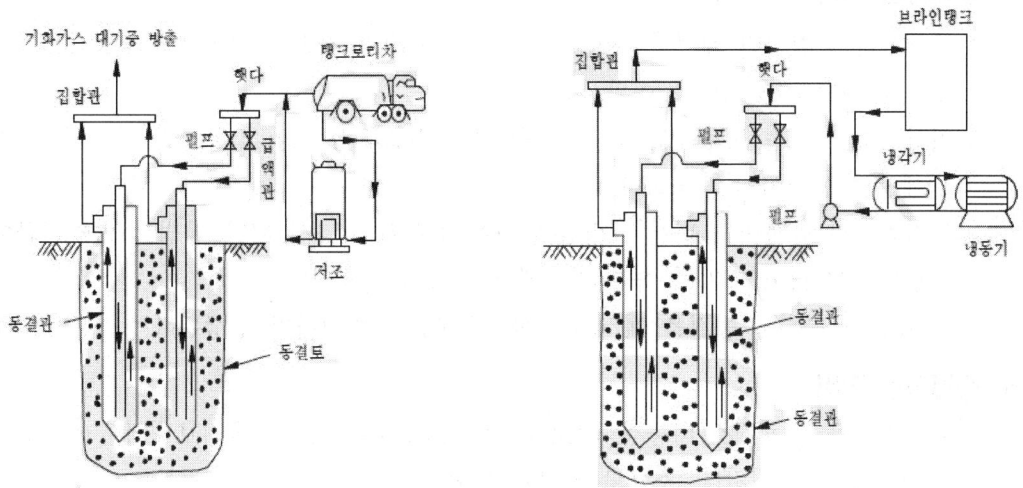

동결공법의 시스템

2. 동결공법 적용성

(1) 동결공법은 터널이나 수직갱뿐만 아니라 깊은 굴착공간의 안정에도 적용되며, 지반의 함수비가 충분하기만 하면 모든 토질에 적용이 가능하다.

(2) 동결공법은 약액주입공법을 적용하기 어려운 매우 미세한 실트질 지반에도 적용할 수 있다. 특히, 동결흙벽은 강성이 크고 확실한 차수벽이다.

(3) 다만, 동결지반의 강성도는 동결온도에 따라 다르며 시간에 따라 변화한다.

(4) 오늘날 동결공법은 안전성·확실성이 요구되는 도시 내 굴착공사, 터널 쉴드공사, 대용량 지하식 LNG 탱크 건설공사 등에 적용되고 있다.

3. 동결공법 장점

(1) 동결공법은 터널이나 수직갱뿐만 아니라 깊은 굴착공간의 안정에도 적용되며, 지반의 함수비가 충분하기만 하면 모든 토질에 적용이 가능하다.

(2) 동결공법은 주입공법으로 처리할 수 있는 매우 미세한 실트질 지반에도 적용이 가능하며, 동결흙벽은 강성을 갖춘 가장 확실한 차수벽이 된다.

(3) 동결된 지반의 강도는 원지반 강도의 수배~수십배로 대단히 크다. 고결범위와 고결정도가 균일하며, 콘크리트나 암반과의 부착도 완전하고 강하다.

(4) 동결된 지반의 자연 해동속도는 5~10mm/day로 매우 늦어 정전 등으로 인한 예기치 않은 상황에서도 동결상태를 유지할 수 있다.

(5) 동결공법은 시공관리가 용이하고 시공의 신뢰성이 높아 안전시공이 가능하며, 공사가 완료된 후에 별도의 해체비용이 소요되지 않는다.

4. 동결공법 단점

(1) 간극수가 동결되면 체적이 팽창하여 동결범위 내의 지반과 구조물을 밀어 올린다. 반대로 해동되면 지반을 이완시킨다.

(2) 지하수가 흐르는 경우에는 효율이 떨어지며, 특히 유속이 200mm/day 이상인 지반에서는 동결이 불가능하다.

(3) 동결공법의 공사비는 다른 개량공법보다 비싸다. 따라서 다른 공법으로는 시공이 곤란한 경우나 공기가 부족한 경우에 한정하여 적용된다.

(4) 공사가 완료된 후 동결을 제거했을 때, 유해한 지반침하가 발생된다.

5. 동결공법 장비

(1) 가스방식은 액체질소(비등점 -196℃)를 직접 동결관으로 흘려보내서 그 기화열로 지반을 냉각시킨다. 소규모 공사에만 이용 가능하다.

(2) 브라인방식은 브라인(염화칼슘용액, 비중 1.286에서 빙점 -55℃)을 압축기-응축기-냉각기로 연결된 냉동장치에 의해 -25℃~-35℃로 냉각시켜 동결관 속으로 순환시키면서 지반을 냉각시킨다.[214]

동토(凍土)의 설계기준강도 (동토온도 -10℃의 경우)

구분	압축강도(kg/cm²)	휨강도(kg/cm²)	전단강도(kg/cm²)
사질토	45	27	18
점성토	30	18	15

214) 한국철도시설공단, '연약지반', pp.53~55, 2012.

05.35 석회암 공동지반(Cavity) 보강공법

얕은 기초 아래에 있는 석회암 공동지반(Cavity) 보강 [0, 1]

1. 필요성

(1) 석회암은 일반적으로 망상형 공동이나 석회암 동굴과 같은 대규모 공동을 형성시키고, 싱크홀과 돌리네 형태로 발전하기도 한다.

(2) 이러한 공동은 도로, 댐 등을 건설할 때 지반이 상부구조물을 지탱하지 못하여 부등침하 등의 문제를 야기할 수 있어 공동충전 등의 보강이 필요하다.

(3) 이러한 석회암 공동지역에서 CGS공법에 의한 구조물 기초 지반보강을 실시하고, 이를 통하여 보강효과를 공학적으로 평가하였다.

2. 석회암 공동의 특징 및 분류

(1) 석회암 공동의 특징

① 석회암은 일반적으로 방해석 형태로 존재하는 탄산염 광물이 최소한 50% 이상인 암석이다.

② 카르스트(Karst)지역은 석회암 주성분인 탄산칼슘이 포함되어 있는 석회암지대에 존재하며, 석회암지대에 있는 불연속면은 지하수 통로역할을 하면서 지하수에 함유된 이산화탄소에 녹기 때문에 용해성 공동이 형성된다.

③ 카르스트 작용은 특별히 인장균열이 매우 집중된 곳에서 발견된다. 일부 대형동굴의 主통로는 수평방향의 층리면과 일치하며, 물이 유입되는 통로기능을 하는 수직절리가 분포되어 있더라도 상호 연결되지 않아 규모가 작다.

④ 반면 대형동굴의 수평층리는 지하수가 대량유입 될 뿐만 아니라 연속적으로 통과하기 때문에 매우 큰 유로가 형성된다.

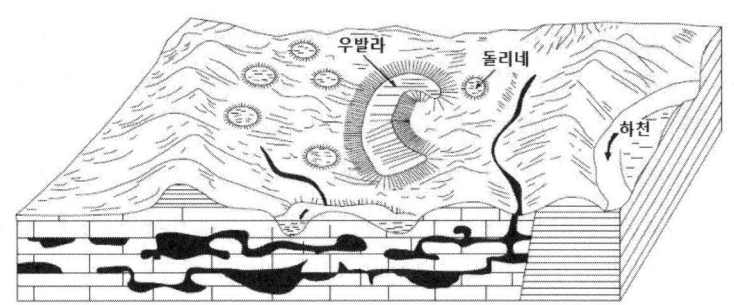

카르스트 지형의 예 (양홍영, 2003)

⑤ 석회층이 두꺼울수록 공동 발달 가능성이 높으며, 공동 형성은 균열부(절리, 단층 등)와 관련된다. 지하로 흡수된 강우가 작은 틈새를 이동하면서 균열은 용해되어 확장되고 지하수의 유동속도는 빨라져 공공이 커진다.

(2) 석회암 공동의 분류

① Fookes & Hawkins(1988)는 석회암 지역에서 공동형성 단계와 형태에 따라 아래 표와 같이 석회공동을 5개 등급으로 구분하였다.

석회암 공동의 분류 (윤응상 등, 1999)

구분	Fookes & Hawkins	주요 특성
홈과 공동시스템	Class I	절리 등 불연속면 주변의 용해 초래
	Class II	절리주변 용해로 소규모의 석회공동 형성
싱크홀과 동굴시스템	Class III	지하수위 상부의 다수 절리주변의 용해확장과 고립된 석회공동
	Class IV	돌리네 및 싱크홀의 형성과 지하수위 주위의 석회동굴의 발달
	Class V	돌리네 및 석회동굴 붕괴와 지하수위 하강으로 새로운 석회공동 생성

(3) 석회암 공동의 붕괴 원인 및 문제점

① 석회암 공동의 붕괴는 천장부가 상재하중을 지탱할 정도의 지지력을 갖추지 못한 경우 발생되는데, 이러한 원인으로 아래와 같은 현상이 나타난다.
- 구조물 설치에 의한 상재하중 증가
- 지하수위 저하로 인한 상부 하중의 부력 감소
- 공동이 계속 성장하여 천정부가 넓어지는 경우에 전단파괴 발생

② 석회암 공동의 붕괴는 지질구조와 밀접한 관련이 있어 단층 및 절리의 방향에 따라 석회암 공동의 발달 및 함몰 양상이 영향을 받는다.

3. 석회암 공동지반(Cavity) 보강 CGS공법

(1) CGS(Compaction Grouting System)공법이란 슬럼프치가 낮은 저유동성의 몰탈형 주입재를 지중에 압입하여 원기둥 형태의 균질한 고결체를 형성함으로써 주변지반을 압축강화시키는 지반개량공법이다.

(2) CGS공법은 암반의 절리와 파쇄대, 흙속의 공극을 충전시키는 기존의 약액이나 시멘트계의 주입재와 달리 비유동성의 주입재가 지반에 덩어리채로 들어가 상대밀도를 증가시키는 다짐효과를 발휘한다는 특성이 있다.

(3) CGS공법은 기존 주입방식인 시멘트계의 액상고결, 약액 침투고결, Jet Grouting 배출치환 등과는 전혀 다른 '非배출치환'이라는 독특한 공법이다.

⑷ CGS공법은 소음·진동피해가 없고 개량범위와 고결체를 자유로이 형성할 수 있고 좁은 장소에도 시공 가능하며, 주입량을 계량기로 확인할 수 있어 시공관리와 품질관리 측면에서도 우수하다.

⑸ CGS공법은 Cement Mortar(Cement+ 토사+ 물)가 주체이므로 일종의 무근콘크리트로서 30~200MPa 이상의 압축강도를 발휘하여 기성콘크리트말뚝과 같은 기능의 구조물 기초파일로서 사용할 수도 있다.

⑹ CGS공법은 Air Track Drill 또는 Rotary Percussion 장비로 천공하며, 사용되는 Mortar가 고함수비가 아니므로 다른 공법에 비해 주입재로 인하여 원지반의 토성이 연약화되지 않는 공법이다.

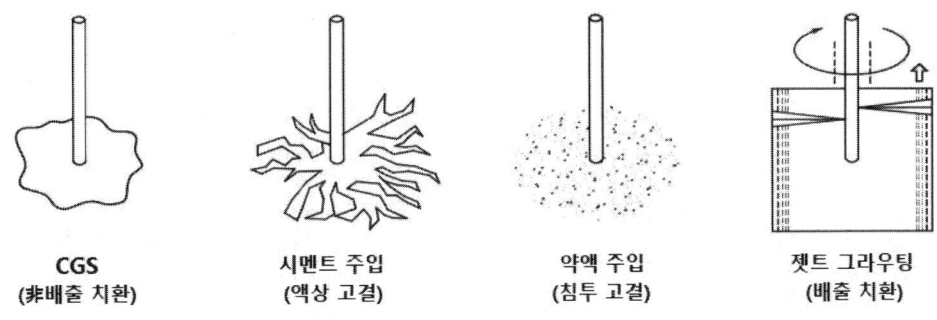

CGS	시멘트 주입	약액 주입	젯트 그라우팅
(非배출 치환)	(액상 고결)	(침투 고결)	(배출 치환)

주입공법별 주입방식 비교

CGS공법

구분	주요 내용	비고
명칭	Compaction Grouting System	
원리	주입재료에 의해 주변지반을 압밀시켜 기초지반의 강도 증진	
사용재료	시멘트+ 조립토+ 세립토+ 물	slump 5cm 이하
기대효과	시멘트 유출방지 (친환경성) 공동의 확실한 충전 (지반강도 증진) 재료절감 효과 (경제성)	

4. CGS공법 현장시험 방법

⑴ CGS 주입재료의 배합

① 협동교 교각 3개소(P2, P4, P5) 현장시험에 사용된 재료의 배합비는 아래 표와 같으며, 이 값은 실내시험 결과에 의해 결정된 각 주입공별 주입재료량이다.

② 재료에 첨가 되는 물의 양은 목표 슬럼프 값(5cm 이하)으로 배합할 때 토사나 세골재의 습윤상태에 따라 다소 유동적이다.

주입재료의 배합

주입공	천공심도(m)	주입심도(m)	시멘트(포)	조골재(m³)	세골재(m³)
P2	495	294	2326.3	166.1	166.1
P4	569.5	220	4506.3	321.8	321.8
P5	2107.6	1522.8	16677.0	1191.2	1191.2

⑵ CGS 주입공의 간격 및 직경

① 주입공 배치는 시험시공 결과, 경제성, 현장적용성 등을 고려하여 선정하였다.

② 교각 P2의 C.T.C는 2.0m×2.0m, ø=1200mm,

　　교각 P4와 P5의 C.T.C는 1.4m×1.4m, ø=1200mm를 기본 패턴으로 하였다.

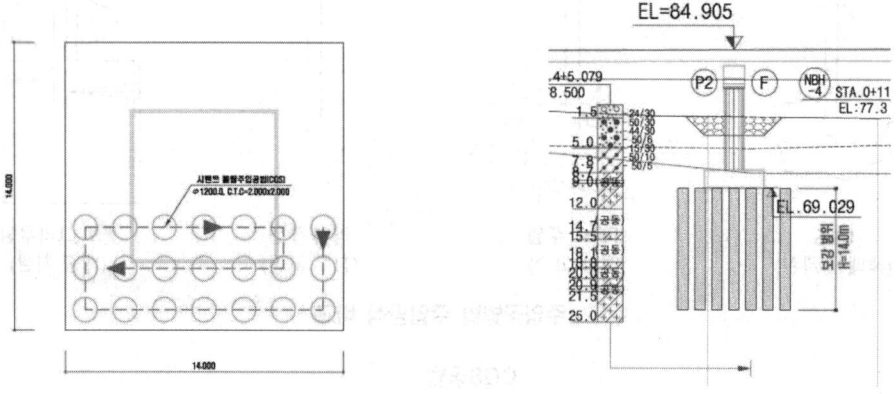

P2 주입공의 배치 및 종단면도

5. CGS공법 현장시험 결과

⑴ 시추조사 위치와 결과

① 교각 3개소(P2, P4, P5)에 대한 CGS 보강검증 조사를 위해 총 5개소에서 아래 그림과 같이 시추조사 실시하였다.

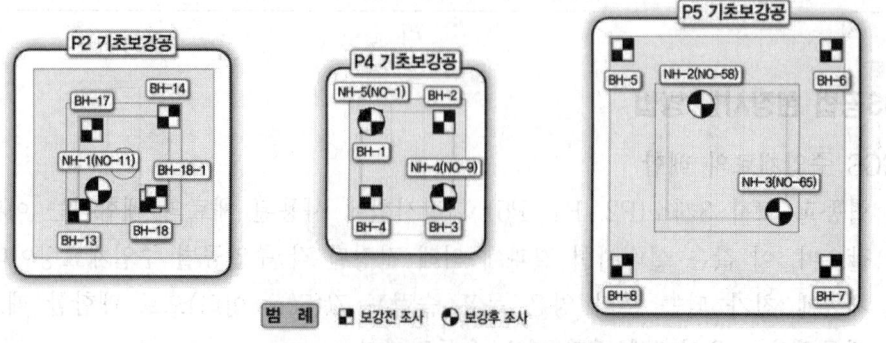

교각 3개소 보강 전·후의 시추위치도

② 교각 P2의 시추조사 결과 지층단면도에서 보듯 NH-1 지점으로 출현심도는 지표
아래 8.5~9.0m, 15.0~16.0m, 22.0~23.0m 구간이며, 암반층 사이로 보강재가
협재되어 있으며, 암반과 보강재가 밀착되어 코어가 채취되는 구간도 존재하는
것으로 나타났다. 인접 시추공과 비교하면 공동 분포가 다소 차이를 보이고 있으
나, 이는 P2 지점의 지층변화에 따른 것으로 판단된다.

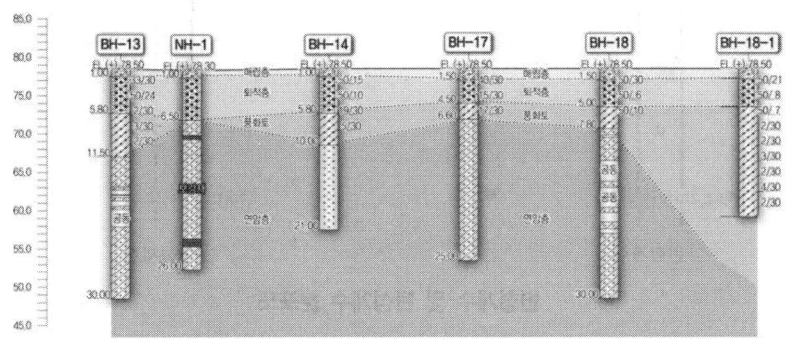

교각 P2의 시추조사 결과 지층단면도 및 지층상태

공번	지층상태			분포심도 (m)	층후 (m)	T.C.R (%)	R.Q.D (%)
	지층	구성성분	색조				
NH-1	매립층	모래 섞인 자갈, 호박돌	암회색	0.0~0.1	1.0	–	–
	퇴적층	모래 섞인 자갈, 호박돌	암회(암갈)색	1.0~6.5	5.5	–	–
	연암	석회암(일부 CGS보강재 충전)	담회색	6.5~26.0	19.5	63~100	7~78

(2) 일축압축강도시험 결과

① 시추조사 중에 채취된 보강재 코어에서 대표 시료에 대한 압축강도시험을 실시한
결과, 설계값(재령 28 10MPa)보다 높은 값 12.2~19.2MPa으로 확인되어 기초지
반의 소요강도가 확보된 것으로 판단된다.

채취된 NH-1 보강재 코어

(3) 공내재하시험 결과

① 공내재하시험을 실시하여 공동 보강 상태를 분석한 결과, 아래 그림과 같이 탄성
계수는 4,928MPa, 변형계수는 2,708MPa의 범위를 보이고 있다.

② 이 측정값은 기반암을 기준으로 하는 변형계수 2,000MPa, 복합체 강도정수를 기준으로 하는 탄성계수 4,000MPa 이상이므로 안정된 것으로 판단된다.

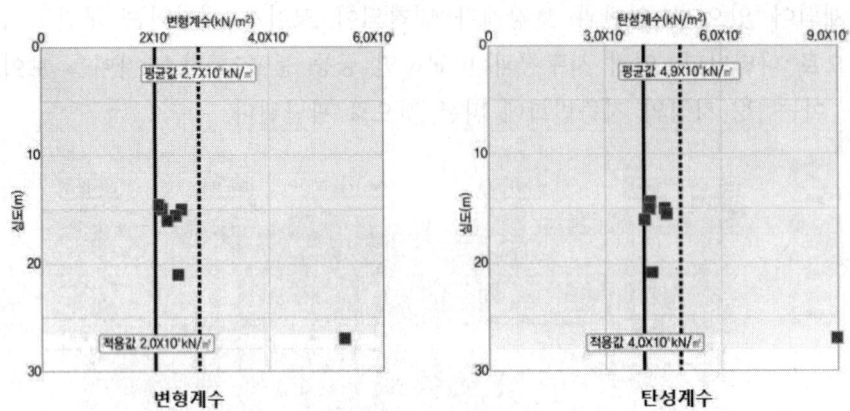

변형계수 및 탄성계수 분포도

(4) 공내지하수위 측정 결과

① 시추완료 후 48시간 이상 경과한 후에 시추공 내의 지하수위를 측정한 결과, 현재 지표(GL. m) 아래 1.0~1.1m로 나타났다.

6. 맺음말

(1) 신설되는 교량기초 하부 석회암 공동 지역에 CGS공법을 적용하여 기초 지반보강을 실시하고 이를 통해 보강효과를 공학적으로 평가한 결론은 다음과 같다.

① CGS공법을 적용하기 전에 시추조사 및 탄성토모그래피 조사한 결과, 석회암 공동이 존재하는 것으로 나타났다.

② CGS공법을 적용한 후에 시추조사 결과, 보강시점으로부터 보강재가 출현하고 암반층 사이로 보강재가 협재되어 있으며, 재료의 충전상태가 양호한 것으로 나타나 CGS공법에 의해 석회암 공동이 적절히 보강된 것으로 판단된다.

(2) 향후 석회암 공동지역에서 CGS공법으로 교량기초 지반보강을 실시하는 경우에는 지반의 강도 이외에 친환경성 및 내구성에 관한 현장적용성도 검증할 필요가 있다고 판단된다.[215]

---

215) 박성수, '석회암 공동지역의 교량기초보강을 위한 CGS공법의 적용사례 연구', 한양大, 석사논문, 2013.

05.36 노상 재료의 품질기준, 다짐방법

토공사에서 성토재료의 선정요령, 품질기준, 다짐방법 [0, 5]

I. 개요

1. 노상(路床)은 포장체 밑에 위치하는 흙쌓기 또는 땅깎기 최상부 약 1m 부분으로, 포장체와 일체로 구성되어 표면에 재하되는 교통하중을 최종적으로 지지한다.

2. 노상의 두께 1m 중 상부 40cm를 상부노상, 그 이하 60cm 부분을 하부노상이라 한다. 포장체의 평탄성 확보를 위해 노상의 표면마무리면은 평탄하게 시공한다.

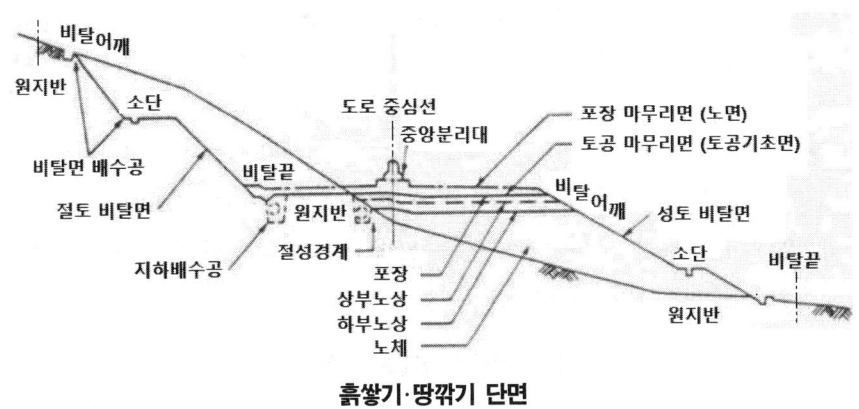

흙쌓기·땅깎기 단면

II. 노상재료의 품질기준

1. 노상재료의 선정 검토사항

(1) 기존 자료 조사

주변지역의 공사실적 중에서 당해 현장에서 발생되는 양질토를 사용한 공사실적을 조사하고, 그 포장체의 문제점 여부를 파악한다.

(2) 굴착토 분포 조사(실내시험 포함)

가장 경제적 설계가 되도록 현장에서 발생되는 양질토를 효과적으로 활용하기 위해 공사구간의 토성 분포상황을 파악하고, 실내시험을 실시한다.

(3) 시험시공

시험시공을 통해 노상 상면의 처짐량 및 공사용 차량주행의 내구성 등을 확인하고, 현장에서 발생되는 흙이 노상토의 품질기준에 적합한지 판단한다.

(4) 대책공법 검토

현장에서 발생되는 흙이 노상토로 부적합한 경우, 파쇄 후 입도조정 방안과 안정처리된 노상토 구입 방안의 비용·공기를 비교하여 최종 판단한다.

2. 노상재료의 품질기준

(1) 노상 재료의 품질기준은 아래 표와 같으며, 원칙적으로 상부노상의 품질조건을 적용한다. 현장에서 발생되는 흙이 상부노상의 품질기준에 부적합한 경우에는 하부노상의 품질기준으로 완화하여 적용할 수 있다.

(3) 안정처리 노상의 수침 CBR값은 현장시험과 실내시험의 양생온도 차이, 시공 편차, 시공상의 최저첨가량(노상혼합 2%, 플랜트혼합 1.5%)에서 얻어지는 강도를 고려하여 시험시공을 통해 결정한다.

(4) 아래 표의 규정에 적합한 폐콘크리트는 노상 재료로 사용할 수 있다. 이 경우, 폐콘크리트에 포함된 유해물질 확인시험을 실시하고, 폐콘크리트의 수집·운반·파쇄 과정에서 이물질이 혼입되지 않도록 한다.

(5) 아래 표에 제시된 노상재료의 품질기준은 실내시험에 근거한 것이다. 그러나, 다짐 완성 후 노상의 품질은 노상재료, 시공여건, 장비성능 등의 영향을 받으므로 본시공 이전에 현장시험시공을 통해 품질을 최종적으로 확인한다.

(6) 아래 표에 근거하여 토취장 결정 등 노상재료의 적정성 여부를 결정하는 경우에는 상세한 현장조사와 시험을 하고 재료 품질도 안전 측으로 결정한다.

도로공사에서 노상재료의 품질기준

구분	상부노상		하부노상		시험법
굵은골재 최대치수[1]	100mm 이하		150mm 이하		
4.75mm체 통과량	25~100%				
0.075mm체 통과량	0~25%		50% 이하		
0.425mm체 통과량의 소성지수(PI)	10% 이하		20% 이하		
다짐도	95% 이상		90% 이상		KS F 2312
시공 함수비	다짐도 및 수정CBR 10 이상의 최적함수비 ±2%		다짐도 및 수정CBR 5 이상의 함수비		KS F 2306 KS F 2312
시공 층두께	20cm 이하		20cm 이하		1층당 마무리두께
수침CBR[2]	일반노상	안정처리노상	일반노상	안정처리노상	
	10 이상	20 이상[3]	5 이상	10 이상[3]	

주 1) 시험시공을 통하여 노상의 최종마무리 조건(평탄성, 유동성)을 만족하는 것이 확인되면 굵은 골재 최대치수 규정을 완화할 수 있다.

2) CBR 시험의 공시체 함수비는 자연함수비(W_n)가 최적함수비(W_{opt}) 이상이면 W_n으로, W_n가 W_{opt} 미만이면 W_{opt}으로 한다. 자연함수비(W_n)는 지표 50cm 아래 시료값이다.

3) 안정처리노상 수침 CBR은 공기 중 양생 후 수침한 공시체로 결정한 CBR이다.

(7) 현장에서 노상 재료를 이용하여 흙쌓기할 때 다져서 최대밀도를 얻을 수 있는 입

도분포는 Talbot 공식을 이용하여 구할 수 있다.

$$P = \left(\frac{d}{D}\right)^n$$

여기서, P : 어떤 체눈금을 통과하는 토립자량의 전체량에 대한 비

d : 체눈금의 크기(mm)

D : 최대입경(mm)

n : 지수(일반적으로 0.25~0.50 적용)

Ⅱ. 노상재료의 다짐방법

1. 노상재료의 다짐조건

⑴ 아래 표와 같은 노상의 다짐조건은 최소 관리기준이므로 각 층의 모든 부위가 소정의 다짐도를 만족시켜야 한다.

⑵ 노상은 균일한 지지력과 강성도를 갖도록 얇고 균일하게 포설하여 다진다.

도로공사에서 노상재료의 다짐조건

시공조건	1층 두께	20cm 이하		1층당 마무리 두께
	함수비	수정CBR 10 이상 함수비, 최적함수비의 ±2%	수정CBR 5 이상 함수비	
다짐 후의 조건	다짐도	95% 이상	90% 이상	각층 최대건조밀도 기준
	지지력계수 K_{30}, kg/cm²	콘크리트포장 10 이상 아스팔트포장 15 이상		평판재하시험 실시
	허용침하량	5mm 이하	–	proof rolling
	마무리면의 규격	最凹部 깊이 2.5cm 이하(고속국도 1.0cm) 흙쌓기 또는 땅깎기 시공오차 ±3cm 이내 땅깎기 凹凸部 평균 15cm 이내		–

노상의 지지력계수(K30) : 평판재하시험을 실시한 경우

구분	콘크리트포장	아스팔트포장
침하량(cm)	0.125	0.25
지지력계수(K_{30})(kg/m³)	10 이상	15 이상

2. 노상의 횡단경사

⑴ 상부 노상면의 횡단경사는 포장면과 동일한 경사로 한다. 다만, 포장면 경사가 2% 미만의 완경사일 때 노상면 횡단경사도 2% 미만으로 한다.

⑵ 상부 노상면의 횡단경사 접속부 길이는 포장면의 접속부보다 짧게 설치하여 물이 스며드는 완경사가 되지 않도록 유의한다.

⑶ 노상 다짐의 각층 마무리면 기준은 각층 모두 상부 노상면의 횡단경사와 평행하게 마무리한다. 다만, 각층 횡단경사는 시공 중에도 배수가 확보되어야 한다.

⑷ 노상 마무리면 완성에 연속하여 포장공사가 실시되는 경우에는 노상면 횡단경사 2% 미만 부분도 포장면과 평행하게 마무리한다.

3. 땅깎기부 노상의 문제점 및 대책

⑴ 땅깎기부 원지반이 상부노상 재료로 적합하면 원지반을 노상으로 취급한다.

⑵ 땅깎기부 노상의 설계는 토질조사 결과를 토대로 노상을 개략 구성한다. 다만, 시공 중 토질 확인이 가능할 때 현장시험을 통해 최종적으로 결정한다.

⑶ 땅깎기부 노상은 토공 계획고를 넘지 않도록 마무리한다.216)

땅깎기부 노상의 시공 중 발생하는 문제점과 대책

문제점	대책
토공계획고를 초과하여 과다굴삭, 凹凸 발생한 경우	◦ 노상의 품질기준 이상이며 물 영향을 받지 않는 재료를 포설하고 충분히 다져 평탄하게 마무리
원지반 경암을 굴삭 곤란, 땅깎기 연장이 긴 경우	◦ 토공 마무리면을 변경
지하수, 용수로 인해 지지력 저하되는 경우	◦ 배수대책을 충분히 수립
원지반의 풍화가 우려되는 경우	◦ 초기 시험시공으로 아래 그림과 같이 풍화도 깊이를 확인 ◦ 토공 마무리면에서 5cm 정도 깎아남기기, 포장시공 직전에 땅깎기 완료하고 노상 마무리 ◦ 노상 마무리 후 신속히 포장을 시공

216) 국토교통부, '도로설계편람', 제3편 토공 및 배수, pp.405-1~8, 2012.

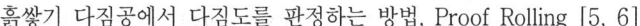

05.37 노상 다짐도 판정방법

흙쌓기 다짐공에서 다짐도를 판정하는 방법, Proof Rolling [5, 6]

Ⅰ. 개요

1. 도로포장 단면에서 포장층 하부의 두께 1m 정도에 해당하는 노상(路床)은 포장층의 기초에 해당된다. 모든 구조물은 기초가 튼튼해야 그 위에 설치되는 상부구조물이 제 기능을 발휘할 수 있다.

2. 따라서 도로포장 현장에서 노상(路床)의 성토 다짐도를 ▲상대다짐도, ▲상대밀도, ▲포화도(또는 공극률), ▲강도특성, ▲다짐기계·다짐횟수(Proof rolling) 등으로 측정하여 설계기준에 적합한지 판정하고 필요한 조치를 취해야 한다.

Ⅱ. 노상의 성토 다짐도 판정방법

1. 상대다짐도(R_c)로 판정

(1) 상대다짐도 $R_c = \dfrac{\gamma_d}{\gamma_{d\max}} \times 100(\%)$

(2) 상대다짐도(R_c)는 실험실에서 얻은 최대건조밀도($\gamma_{d\max}$)와 현장다짐에서 얻은 건조밀도(γ_d)를 백분율로 표시한 값이다.

(3) 일반적으로 시방서에 규정된 상대다짐도(R_c)의 설계기준(노체 90% 이상, 노상 95% 이상)을 만족하면 합격으로 판정한다.

(4) 주로 도로 성토부의 흙쌓기, 흙댐의 축제에 적용되고 있다. 다만, 다음과 같은 경우에는 적용하기 어렵다.

　① 토질변화가 심하거나 기준이 되는 최대건조밀도를 구하기 어려운 경우
　② 함수비가 매우 높아 이를 저하시키는 것이 비경제적인 경우
　③ 노상이나 노체가 큰 치수(over size)를 함유한 암석재료로 시공된 경우

2. 상대밀도(D_r)로 판정

(1) 상대밀도 $D_r = \dfrac{e_{\max} - e}{e_{\max} - e_{\min}} \times 100(\%) = \dfrac{\gamma_d - \gamma_{dmin}}{\gamma_{dmax} - \gamma_{dmin}} \times \dfrac{\gamma_{dmax}}{\gamma_d} \times 100(\%)$

(2) 상대밀도(D_r)는 흙이 느슨한 상태인지 촘촘한 상태인지에 따라 달라지는 공학적인 특성을 백분율로 표시한 값이다.

(3) $e_{\max}$은 1cm 높이에서 흙입자를 떨어뜨리거나 물속에 조용히 침전시켜 구하고, $e_{\min}$은 흙을 용기에 넣고 햄머 등으로 진동을 주면서 압력을 가하여 구한다.

$\gamma_{d\max}$, $\gamma_{d\min}$ 및 γ_d는 각각 최대, 최소 및 자연상태의 건조단위중량이다.

(4) 주로 사질토(모래)에 적용되고 있다.

(5) 현장에서는 사질토(모래)에 대한 표준관입시험 결과의 N치로부터 상대밀도(D_r)와 내부마찰각(ϕ)을 다음 표와 같이 추정할 수 있다.

모래의 N치와 상대밀도 및 내부마찰각 관계

N치	상대밀도 D_r	내부마찰각 $\phi°$	
		Terzaghi-Peck(1948)	Meyerhot(1956)
0~4	매우 느슨 0.0~0.2	<28.5	<30
4~10	느슨 0.2~0.4	28.5~30	30~35
10~30	중간 0.4~0.6	30~36	35~40
30~50	조밀 0.6~0.8	36~41	40~45
>50	매우 조밀 0.8~1.0	>41	>45

3. 포화도(또는 공극률)로 판정

(1) 포화도 $S = \dfrac{\omega}{\dfrac{\gamma_w}{\gamma_d} - \dfrac{1}{G_S}} \times 100(\%)$ 85~95%이면 합격

(2) 공극률 $A = \left\{ 1 - \dfrac{\gamma_d}{\gamma_w}\left(\dfrac{1}{G_S} + \omega\right) \right\} \times 100(\%)$ 1~10%이면 합격

(3) 포화도(飽和度, degree of saturation)는 흙 중에 있는 물 체적 중 全간극이 차지하는 체적에 대한 비율을 백분율로 표현한 값이다.

(4) 공극률(空隙率, porosity)은 토양이나 암석에 존재하는 빈틈(간격)을 표시한 비율로서, (공극부피/전체부피)×100%으로 구한다. 공극률이 작은 토양(모래·자갈)은 물이 침투하기 쉬워 투수층(pervious bed)을 이루고, 공극률이 큰 토양(점토·화강암)은 불투수층을 이룬다.

(5) 현장에서 다져진 흙의 건조단위중량, 함수비, 비중 등을 측정하여 구한다.

(6) 주로 고함수비 점성토와 같이 다짐도로 규정하기 어려운 경우에 적용된다.

(7) 도로표준시방서 규정에 포화도($S \geq 85\%$)의 상한과 공기공극율($A \leq 10\%$)의 하한을 설정한 이유는 다음과 같다.

① 조립토(사질토)의 다짐도($R_c \geq 90\%$) 규정을 준수하기 위하여

② 노상의 강도를 크게 하고 압축성·투수성을 감소시켜 흙을 안정화하여 성토구간의 장비주행성(trafficability)을 확보하기 위하여

③ 부등압축침하에 의한 비탈면의 붕괴 등에 대처하기 위하여

4. 강도특성으로 판정

(1) CBR시험(California bearing ratio test)으로 판정

① $CBR(\%) = \dfrac{\text{시험하중강도}(\text{kg/cm}^2)}{\text{표준하중강도}(\text{kg/cm}^2)} \times 100 = \dfrac{\text{시험하중}(\text{kg})}{\text{표준하중}(\text{kg})} \times 100$

② 노상(路床)의 지지력을 판정하기 위한 관입(貫入)시험의 일종이다.

③ 노상(路床)을 성토할 때 사용하는 최상의 자연상태 흙(crusher-run)에 지름 5cm의 피스톤을 관입하면서 관입깊이와 단위하중에 대해 시험한 흙의 동일한 깊이에서 단위하중이 몇 %인지를 구하면, 그 %가 CBR값이다.

④ 주로 노상토 또는 포장용 입상재료의 강도 판정에 사용된다.

(2) 평판재하시험(平板載荷試驗, plate load test)으로 판정

① 지반의 현위치시험 중의 하나이다.

② 지반에 재하평판(30cm×30cm)을 놓고 일정한 속도로 하중을 가하면서 하중(P)과 침하량(δ) 관계로부터 지반의 지지력계수 K치를 산출하는 시험이다.

(3) 베인전단시험(vane shear test)으로 판정

① 지반에 십자형 날개(vane)를 회전시켜 압입하면서 회전저항으로부터 지반의 전단강도를 측정하는 시험이다.

② 주로 부드러운 점토의 비배수(非排水) 전단강도 판정에 사용된다.

(4) 1축압축시험(一軸壓縮試驗, unconfined compression test)으로 판정

① 원통형 공시체의 시료(지름은 3~7cm, 높이는 지름의 2~2.5배)를 제작하여 축방향으로 압축력을 가하여 파괴될 때의 하중강도를 구하는 시험이다.

② 하중 중 최대축응력, 즉 1축압축강도(qu)와 같은 흙을 다시 완전히 섞어 만든 공시체로 시험한 파괴강도(qur)의 비 St=qu/qur가 예민비(Sensitivity)이다.

③ 예민비(St)가 큰 흙은 외부 자극(하중)에 대해 급격히 강도가 감소하기 때문에 지진내력, 말뚝지지력, 다짐 중 흙의 안정성 등에 큰 영향을 미친다.

④ 점성토에만 적용되는 시험으로, 전단강도, 예민비, 응력-변형 관계를 간단히 구할 수 있다. 예를 들어 소일시멘트의 강도를 1축압축시험으로 구한다.

(5) 3축압축시험(三軸壓縮試驗, triaxial compression test)으로 판정

① 원통형 공시체의 시료를 압력실에 넣은 후, 수압으로 일정한 측압을 가하면서 재하(載荷) 피스톤으로 축방향력을 가해 흙의 전단파괴를 측정하는 시험이다.

② 사질토와 점성토에는 압밀배수시험(CD)을 행하지만, 점성토에는 압밀非배수시험(CU) 또는 非압밀非배수시험(UU)만 행한다.

③ 3축압축시험이 1축압축시험보다 신뢰성이 당연히 높다.

5. 다짐기계·다짐횟수(Proof Rolling)으로 판정

(1) Proof rolling이란?

① 덤프트럭이나 타이어롤러에 Proof Roller를 장착하고 노상(路床)을 주행하면서 하중에 의한 큰 변형 및 불균일한 변형을 일으키는 불량한 곳을 발견하여 변형을 사전에 감소시키기 위해 실시하는 다짐작업을 말한다.

(2) 추가다짐, 검사다짐

① 추가다짐(additional compaction) : 다짐이 부족한 구간에서 장래 발생될 수 있는 침하·변형 방지를 위하여 덤프트럭이나 타이어롤러를 4km/h 속도로 2~3회 반복 주행시키며 추가 다짐하는 검사이다.

② 검사다짐(inspection compaction) : 최종검사에서 침하·변형이 육안으로 식별되는 지점에는 별도 마킹(석회, spray)하면서 덤프트럭이나 타이어롤러를 2km/h 속도로 주행시킨다. 함수비가 높은 구간은 함수량을 조절한 후에 다시 다짐하며, 재료 불량구간은 양질의 재료로 치환한 후에 재시공한다.

(3) Proof rolling 시방규정

① 덤프트럭은 14t 이상에 토사나 골재를 만재하여 주행하고, 타이어롤러는 복륜 하중 5t, 접지압 5.6kg/cm^2 이상으로 주행해야 한다.

② Proof rolling 중에 노상표면의 변형량을 벤켈만 빔(Benkelman beam)으로 측정하는 경우에 변형량의 표준편차(σ)를 5mm 이하로 관리해야 한다.

$$\sigma = \sqrt{\frac{\sum_{i=1}^{n}(d_i - d)^2}{n}}$$

여기서, σ : 표준편차(mm)

d_i : 기준선부터의 높이

d : 기준선의 값

n : data 수

(4) Benkelman beam 변형량 측정

① 미국 엔지니어 Benkelman이 1953년 고안한 방법으로, Proof rolling 중에 노상표면의 변형량을 벤켈만 빔으로 다음과 같이 측정하였다.

② 측정구간 시점부터 종점까지 연속하여 1개의 측정선을 설정하고, 최초 측정지점의 1.5m 후방에 트럭의 후륜을 세운다.

③ 트럭의 후륜 사이에 측정봉(3m 직선자)을 설치하고, 선단을 최초지점에 맞춘 후에 기준선(level)을 정하고 계기판(dial gauge)의 최초눈금을 기록한다.

④ 트럭을 2km/h 속도로 전진시켜 후륜이 최초지점에서 1.5m 지날 때마다 트럭을 세우고, 노면과 측정봉 사이의 높이를 측정하여 기록한다.

⑤ 노상표면의 변형량 측정이 완료된 후 전체구간을 100~300m씩 분할하고, 구간별로 임의의 기준선(level)을 정하여 종방향 최대변형량이 5mm 이하인지를 확인하면서 마무리한다.

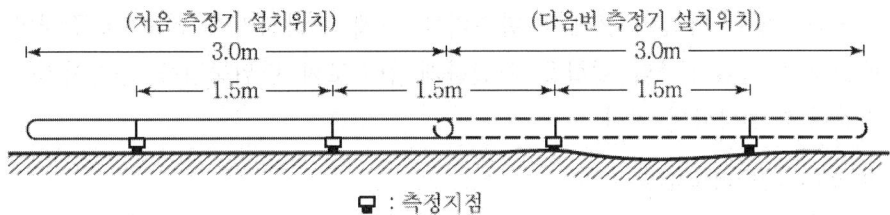

Benkelman beam

Ⅲ. 맺음말

1. 도로 노상(路床)재료의 종류별 다짐장비·다짐횟수에 대한 다짐도 변화를 평가한 결과, 각 시방서에 규정되어 있는 입도조정기층 및 보조기층 재료의 품질기준을 만족하는 경우에 다짐도 평가에서 큰 차이를 보이지 않는다.

2. 다짐장비별 다짐도 평가에서 충격식 램머 다짐장비가 기층재료 종류에 상관 없이 3회 이상 반복 다짐했을 때 다짐도 90% 이상 확보되어 가장 효과적이다.

   ⑴ 진동롤러 0.7ton(핸드가이드식)도 노상재료에 상관 없이 3회 다짐했을 때 보도블록 다짐도 기준 90% 이상을 만족하여 현장적용성이 양호하다.

   ⑵ 콤팩터 진동기는 노상재료의 골재최대치수가 증가할수록 다짐효과가 미미하다.

   ⑶ 콤팩터 진동기를 단독사용할 때 보도블록 노상재료 다짐도 기준 90% 이상 만족하려면 최소 7회 이상 연속다짐해야 한다. 특히, 차도 기준 다짐도 95%를 만족하려면 9회 다짐으로도 부족하지만, 도심지 공사에 그 이상으로 다짐횟수를 증가시키기는 통행제한시간이 연장되어 현장적용성이 떨어진다.

3. 이 사례에서 보듯 노상재료 종류별 다짐장비 종류에 따른 다짐도 품질기준 확보를 위하여 최소 다짐횟수를 규정할 필요가 있다고 판단된다.217)

---

217) 김낙석·박효성, '앞서가는 토목시공학', 개정 1판1쇄, 예문사, pp.301~304, 2018.
　　서울시립공단, '소규모 굴착복구공사 품질향상 방안 용역보고서', ㈜한국건설품질시험연구원, 2013.

05.38 다짐두께를 제한하는 이유

토공작업에서 시방서에 다짐제한을 두는 이유 [0, 1]

1. 개요

(1) 다짐(compaction) 정의

① 토질역학에서 다짐은 흙에서 함수비를 크게 변화시키지 않고 공극 내의 공기를
배출시켜 토립자 간의 결합을 치밀하게 함으로써 단위중량을 증가시키는 과정을
말한다고 정의되어 있다.

(2) 다짐(compaction) 효과

① 투수성 감소 : 흙을 안정상태로 만들기 위해서는 밀도를 증대시켜 공극을 최소화
하고 투수성 및 팽창성을 감소시킨다.

② 지지력 증대 : 다짐에 의해 지반의 지지력을 증대시킨다. 암버력을 다짐하는 경우
에 입자 간의 결합효과(interlocking)가 생긴다.

③ 잔류 침하방지 : 흙의 공극을 조밀하게 하여 밀도를 증가시켜 압축침하와 같은
변형을 감소시킨다.

(3) 현장다짐에 영향을 미치는 요인

① Roller 통행횟수

○ 진동식 다짐장비를 제외한 모든 Roller는 통행횟수가 증가할수록 다짐에너지가
증가한다.

○ 중점토와 입도 양호한 모래에서 Roller의 통행횟수가 증가할수록 다져진 흙의
건조단위중량은 증가하지만, 통행횟수당 단위중량의 증가량은 차츰 둔화된다.

② Tire 공기압

○ Tire 공기압이 증가할수록 흙과의 접촉력이 커져서 다짐에너지가 증가한다.

③ 다짐장비 운전속도

○ 다짐장비의 운전속도를 감소시킬수록 다짐효과는 증가한다.

2. 다짐두께와 다짐효과의 관계

(1) 다짐두께가 두꺼운 경우

① 다짐두께가 두꺼울수록 하중의 분산효과 때문에 다짐효과는 감소되었다.

② 포장 노상층 두께를 15cm, 30cm, 60cm로 각각 포설하여 다짐시험한 결과, 노상
층 아래로 내려갈수록 다짐효과는 점차 감소되었다.

② 대형 공기압 Tire Roller 다짐시험한 결과, 노상면보다 약간 아래에서 다짐효과

는 가장 컸으며, 아래로 내려갈수록 다짐효과는 줄어들었다.

③ 양족(羊足) Roller 다짐시험한 결과, 양족에 의해 다짐력이 규칙적으로 교환되므로 노상면보다 약간 아래에서 다짐효과는 가장 컸으며, 아래로 내려갈수록 다짐효과는 줄어들었다.

④ 노상층 두께에 따른 다짐효과는 장비종류, 다짐횟수, 함수비, Roller 운행횟수 등에 따라 달라지므로 현장에서 다짐시험을 통해 결정하는 것이 바람직하다.

(2) 다짐두께가 얇은 경우

① 다짐두께가 얇은 경우에는 노상층 내의 입자파쇄 등으로 균질한 물성 확보가 곤란하고, 다짐시간과 다짐비용 측면에서 비경제적이다.

3. 시방서의 다짐두께 규정

(1) 도로공사 표준 시방서

① 노체 1층 다짐 완료 후 두께는 30cm 이하이어야 하고 다짐도는 90% 이상

② 노상 1층 다짐 완료 후 두께는 20cm 이하이어야 하고 다짐도는 95% 이상

(2) 토목공사 표준 일반시방서

① 노상에서 다져지지 않는 두께가 20cm를 넘지 않는 경우에는 편평한 두께로 깔고 명시된 밀도로 다져야 한다.

② 노상에서 되메우기 느슨한 재료가 20cm를 넘지 않는 경우에는 층으로 되메우기를 하며 각 층은 다음 층을 다지기 전에 명시된 밀도로 다져야 한다.

4. 맺음말

(1) 현장 다짐시험 결과, 노상은 성토두께 30cm까지 노체는 성토두께 50cm까지 만족하는 다짐도를 얻을 수 있었으나 경제적인 시공을 위해 성토두께를 결정할 수 있을 것으로 판단되었다.

(2) 그러나 다짐두께에 따른 하중분산 효과 때문에 노상층 내에서 불균질성이 증가하여 지반 지지력계수(K30) 분산이 매우 크며, 다짐두께가 20cm인 경우에만 시멘트 콘크리트포장 노상의 시방기준을 만족하는 것으로 나타났다.

(3) 결론적으로 노상의 다짐두께를 20cm 이상으로 증가시키려면 함수비 조정과 다짐에너지 증가를 고려하는 것이 필요한 것으로 판단된다.[218]

---

218) 박효성 외, 'Final 도로및공항기술사', 2차 개정, 예문사, pp.902~908, 2012.

05.39 노상 지지력측정 CBR시험

노상의 지지력을 구하는 설계CBR과 수정CBR의 정의 및 시험방법 [2, 1]

Ⅰ. 개요

1. 노상(路床, subgrade)은 도로포장의 밑두께 1m 정도의 흙부분을 말한다. 흙쌓기부에서 흙쌓기 마감면으로부터, 터파기부에서 굴착면으로부터 1m 부분이 노상에 해당된다. 노상의 흙이 노반에 침입하는 것을 방지하기 위한 차단층, 연약지반에서 노상토의 치환부분도 노상에 포함된다.

2. 노상(路床)은 도로포장 두께를 결정하는 기초가 된다. 노상의 지지력을 측정하는 CBR(California Bearing Ratio)시험은 점하중 분산구조 아스팔트포장에 이용되고, 평판재하시험(PBT)은 판하중 지지구조 콘크리트포장에 이용된다. 그러나, 실제 도로현장에서는 평판재하시험(PBT) 장치가 번거롭기 때문에 설계CBR값과 K값의 상관성을 이용하여 노상의 지지력을 구하는 것이 일반적이다.

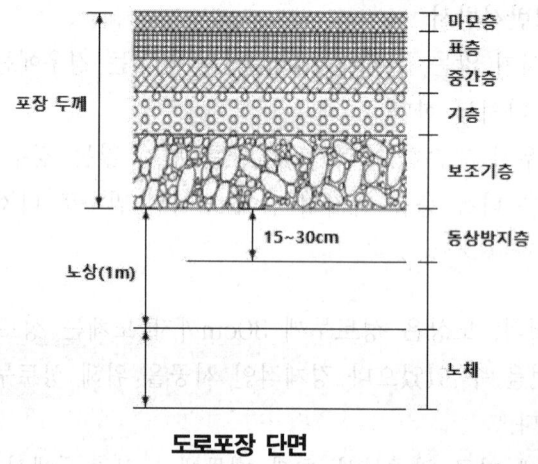

도로포장 단면

Ⅱ. CBR시험

1. 용어 정의

(1) 도로포장 현장에서 노상(路床)의 지지력을 측정하는 CBR시험은 공시체에 직경 50mm 철재 원주 관입봉을 4.5kg hammer로 45cm 높이에서 일정 깊이까지 타격하면서, 표준하중에 대한 시험하중의 백분율을 구하는 시험이다.

$$CBR(\%) = \frac{\text{시험하중강도}(kg/cm^2)}{\text{표준하중강도}(kg/cm^2)} \times 100(\%) = \frac{\text{시험하중}(kg)}{\text{표준하중}(kg)} \times 100(\%)$$

2. 시료 채취

⑴ 흙쌓기 구간 : 토취장 노출면에서 50cm 이상 깊은 곳에서 흐트러진 상태로 흙을 채취하여, 함수량이 변하지 않도록 밀폐용기(비닐주머니)에 넣는다.

⑵ 땅깎기 구간 : 노상면부터 50cm 이상 깊은 곳에서 흐트러진 상태로 흙을 채취하되, 1m 깊이에서 토질이 변하는 경우에는 각 층별로 흙을 채취한다.

3. CBR시험

⑴ 채취한 노상토에서 19mm 이상인 골재를 제외한다.

⑵ 현장함수비 상태로 CBR몰드에 5층으로 나누어 넣는다.

⑶ 각 층별로 56회씩 다지고 4일 수침 후의 CBR을 구한다.(KSF 2320)

4. 설계CBR 산출

⑴ 예비조사 및 CBR시험 결과로부터 균일한 포장두께로 시공할 구간을 결정한다.

⑵ 각 지점 CBR값 중에서 현저히 다른 값을 제외하고 다음 식으로 설계CBR을 결정한다.

$$설계CBR = 각 지점의 \ CBR평균 - \left(\frac{CBR최대치 - CBR최소치}{d_2} \right)$$

설계CBR 계산용 계수(d_2)

개수(n)	2	3	4	5	6	7	8	9	10이상
계수(d_2)	1.41	1.91	2.24	2.48	2.67	2.83	2.96	3.08	3.18

⑶ 앞의 식에서 구한 계산CBR값을 절사하여 설계CBR값을 산출한다. 즉, 다음 표에 의해 계산결과가 3.6이면 3, 9.5이면 8 등과 같이 절사한다.

5. 노상지지력 보정

⑴ 노상면부터 깊이 1m까지의 평균을 구하여 각 지점의 CBR값으로 결정한다.

$$CBR_m = \left(\frac{h_1 \cdot CBR_1^{1/3} + h_2 \cdot CBR_2^{1/3} + ... + h_n \cdot CBR_n^{1/3}}{100} \right)^3$$

여기서, CBR_m : 그 지점의 CBR(%)

CBR_n : n층의 CBR(%)

h_n : n층의 두께(cm)

$h_1 + h_2 + ... + h_n = 100(cm)$

설계CBR과 계산CBR

설계CBR	계산CBR
2	2≤CBR<3
3	3≤CBR<4
4	4≤CBR<6
6	6≤CBR<8
8	8≤CBR<12
12	12≤CBR<20
20	CBR≥20

Ⅱ. 설계CBR 결정

1. CBR 최대치/최소치 기각여부 판정

(1) CBR시험 결과로부터 9개(9개는 임의 숫자)의 TP(test pit)에서 얻은 평균 CBR=13.89를 산출하고, 이 결과에 대하여 다음 표의 값을 이용하여 아래와 같은 절차에 따라 최대치/최소치 기각여부를 판정한다.

기각판정용 r(n, 0.05)값

개수(n)	3	4	5	6	7	8	9	10이상
r(n, 0.05)	0.941	0.764	0.642	0.560	0.507	0.468	0.437	0.412

① 위 표에서 기각판정용 r값은 r(n, 0.05)에서 r(9, 0.05)=0.437이므로

② CBR시험의 최대치가 극단적으로 큰 경우에 기각여부를 판정하면

$$CBR_{max} = \frac{(가장 큰 값) - (가장 큰 값 다음으로 큰 값)}{(가장 큰 값) - (가장 작은 값)}$$

$$= \frac{19.5 - 15.3}{19.5 - 9.6} = 0.424 < 0.437 \qquad \therefore O.K.$$

③ CBR시험의 최소치가 극단적으로 작은 경우에 기각여부를 판정하면

$$CBR_{min} = \frac{(가장 작은 값 다음으로 작은 값) - (가장 작은 값)}{(가장 큰 값) - (가장 작은 값)}$$

$$= \frac{10.9 - 9.6}{19.5 - 9.6} = 0.131 < 0.437 \qquad \therefore O.K.$$

(2) 포장두께의 설계단계에서 노상지지력계수(SSV)를 산정하기 위하여 균일한 포장두께로 시공할 구간을 결정할 수 있도록 설계CBR 값을 다음 표의 계수를 기준으로 구하면

설계CBR 계산용 계수(d₂)

개수(n)	2	3	4	5	6	7	8	9	10이상
계수(d₂)	1.41	1.91	2.24	2.48	2.67	2.83	2.96	3.08	3.18

① 설계CBR $= CBR평균 - \dfrac{CBR최대치 - CBR최소치}{d_2}$

$$= 13.89 - \frac{19.5 - 9.6}{3.08} = 10.68 \qquad \therefore 10.7$$

(3) AASHTO 설계법에 의해 설계CBR값으로 노상지지력계수(SSV)를 산정하면

$$SSV = 3.8 \log CBR + 1.3 = 3.8 \log 10.7 + 1.3 = 5.2 \text{ [219]}$$

---

219) 박효성 외, 'Final 도로및공항기술사', 2차 개정, 예문사, pp.688~690, 2012.

설계CBR과 수정CBR의 비교

설계CBR	수정CBR
◦ 아스팔트포장의 두께 결정에 사용된다. ◦ 설계CBR＝X－S 　X : 대상 구간의 평균CBR 　　($=SUM from {{i}=1} to n : CHI\ I/n$) 　Xi : 각 지점의 CBR 측정값 　S : 표준편차 　　($={CBR\ max-CBR\ min} over {C}$) 　n : 측정지점의 수 　C : n에 의해 정해지는 계수	◦ 아스팔트포장에서 노상이나 보조기층 재료의 강도를 표시할 때 사용된다. ◦ 공시체를 3개 층으로 나누어서 각 층을 17회, 42회, 92회씩 다짐할 때 최대단위중량에 대한 소요다짐도의 건조단위중량에 대응하는 수침CBR을 의미한다.

Ⅲ. 수정CBR 결정

1. <그림 3.1> 다짐곡선에서 시공다짐도 90% 이상의 시공함수비 범위를 결정한다.
2. 시공함수비 범위 내에서 <그림 3.1>와 같이 17회, 42회, 92회씩 다져서 3개의 공시체를 만들어 4일(96시간) 동안 수침 후에 CBR을 측정한다.

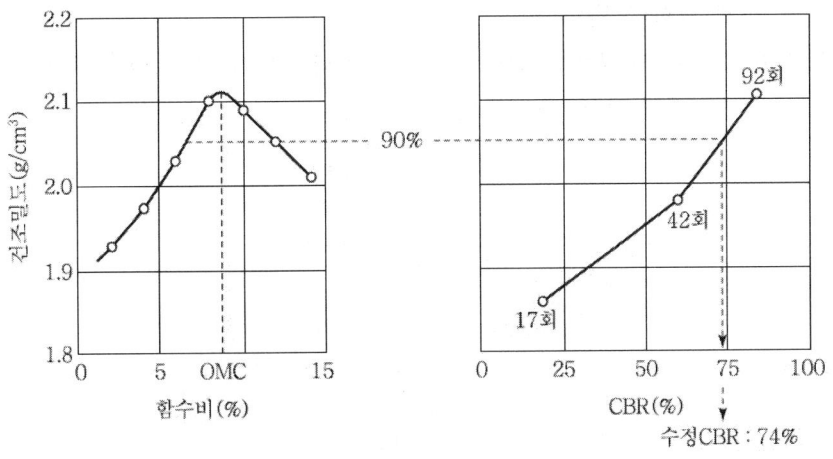

<그림 3.1> **건조밀도-함수비 곡선**　　<그림 3.2> **건조밀도-CBR곡선**

3. <그림 3.1>에서 시공다짐도 90%에 해당하는 건조밀도를 기준으로 CBR을 찾아, <그림 3.2>에서 보조기층이나 기층 지지력을 산정하는 수정CBR을 결정한다.

수정CBR 적용 사례 (아스팔트 포장 보조기층·기층 재료)

구분	재료	품질기준	상대강도계수
기층	하상골재 쇄석	수정CBR 80% 이상	0.053
보조기층	강모래+ 강자갈 선별	수정CBR 30% 이상	0.034

05.40 철도 강화노반(Reinforced Roadbed)

철도의 강화노반(Reinforced Roadbed) [1, 0]

1. 용어 정의

(1) 열차가 주행하는 레일을 궤도라 하며, 하부노반과 상부노반이 궤도를 받치도록 설계되어 있다. 예전에는 노반을 완성한 후에 레일을 설치하기 위하여 자갈 도상으로 궤도의 하중을 지지하였다. 지금은 콘크리트 도상으로 설계되고 있다.

* 상부노반 : 시공면에서 1.5m 깊이 범위 내에 있는 지반을 말한다.

(2) 상부노반이 완성되고 그 위에 자갈 도상이든 콘크리트 도상이 설치되기 전에 상부노반 본연의 강성을 더욱 강하게 만들어 주는 것을 강화노반이라 한다.

(3) 철도에서 강화노반이란 궤도의 도상 아래에 설치하여 궤도를 직접 지지하는 노반으로, 상부노반의 일부를 쇄석, 고로슬래그 등의 강화된 재료로 조정한 것을 말한다.

(4) 강화노반(强化路盤, reinforced road bed)이란 우수 침투에 의한 노반의 강도(强度) 저하와 분니(糞泥)발생을 방지하고 열차 통과 중에 탄성변형량을 소정의 한도 이내로 억제하기 위하여 입도조정 쇄석 또는 수경성 입도조정 고로슬래그로 시공하여 지지력을 크게 강화 노반이다

(5) 상부노반의 일부를 강화노반으로 시공하기 위한 재료는 암버력을 이용한 입도조정 쇄석, 다짐밀도 95% 이상, 포설두께 200mm를 기준으로 한다.

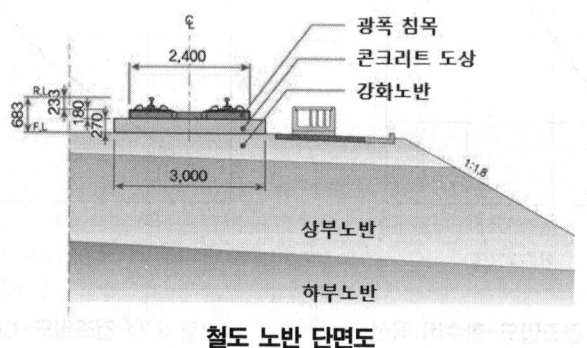

철도 노반 단면도

2. 강화노반 역할

(1) 열차가 장기간 반복하여 주행하면서 노반이 피로해져 본래의 강성을 잃고 연약화되면 열차의 고속주행에 심각한 문제가 발생된다.

(2) 강화노반의 역할은 노반이 여러 복합적인 영향에 의해 연약화되는 것을 방지하고 열차가 주행하는 궤도를 안정적으로 지지해 줌으로써 쾌적하고 안전한 열차여행이 되도록 도움을 주는데 있다.

3. 강화노반 시공

(1) 열차가 주행하는 궤도를 완성하기 위해서는 신호, 통신, 전기, 제어 등의 다양한 시스템을 구축해야 한다.

(2) 궤도 완성 전에 강화노반을 시공하려면 공정계획, 시공기준 및 시공순서, 노반과 시스템 간의 인터페이스 등을 고려해야 한다. 강화노반의 시공순서는 아래와 같다.

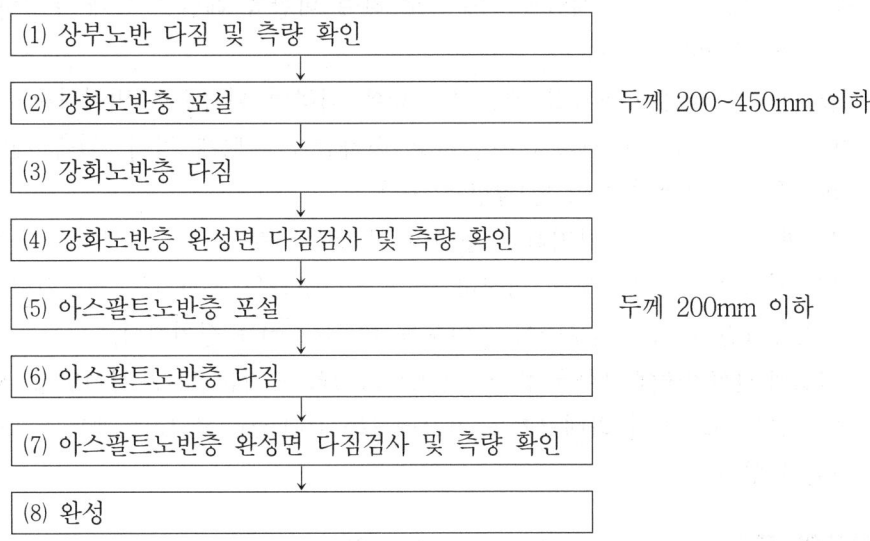

철도 강화노반 시공순서

(3) 강화노반의 폭은 강화노반 표면에 배수경사를 설치한 상태에서 궤도 중심으로부터 시공기면의 턱까지로 한다.

(4) 강화노반의 최소두께는 노반 및 지반 특성, 열차 설계속도 등에 따라 설계기준에 제시되어 있는 두께로 시공한다. 시공과정에 재료의 균질성, 마감두께, 다짐정도, 기상조건 등도 함께 고려해야 한다.

(5) 강화노반의 시공은 상부노반의 토공이 완성된 후에 착수해야 한다. 그 이유는 토공작업과 병행 시공하게 되면 양질의 강화노반을 완성하기 어렵기 때문이다.

(6) 강화노반은 시공기면 및 상부노반에서 선로 횡단방향으로 3%의 배수 기울기를 주어야 한다. 곡선구간은 캔트에 의해 도상 하단이 넓어지므로 이를 고려한다.[220]

---

220) 최찬용 외, '철도 강화노반두께 산정방법에 관한 설계기준 비교', 한국철도학회, 춘계학술대회 논문집, 2006.

05.41 철도의 캔트(cant)

1. 용어 정의

(1) 『철도의 건설기준에 관한 규정』에 '캔트(cant)란 철도차량이 곡선구간을 원활하게 운행할 수 있도록 안쪽 레일을 기준으로 하여 바깥쪽 레일을 높게 부설하는 것을 말한다'고 정의되어 있다.

(2) 철도차량이 곡선을 통과할 때는 원심력에 의하여 외측으로 벗어나려고 한다. 원심력은 차량의 탈선과 전복을 유발하고 승차감을 나쁘게 하며, 외측 레일에 부담이 되어 손상을 초래하는 악(惡)영향을 준다.

(3) 이러한 악(惡)영향을 방지하기 위하여 분기부에 부대되는 곡선을 제외하고는 내측 레일 기준으로 외측궤도를 적절히 높여 곡선구간을 통과하는 철도차량의 무게중심이 가능하면 궤도 중심부근에 놓이도록 캔트(cant)를 설치한다.

(5) 『철도의 건설기준에 관한 규정』에 '캔트(cant)의 크기는 당해 곡선반경, 열차의 운행속도 등을 고려하여 최대크기를 자갈궤도는 160mm, 콘크리트궤도는 180mm'로 규정되어 있다.

2. 철도의 캔트 『철도의 건설기준에 관한 규정』제7조관련

(1) 캔트 관련 규정

① 곡선구간의 궤도에는 열차의 운행 안정성 및 승차감을 확보하고 궤도에 주는 압력이 균등하게 되도록 다음 공식에 의하여 산출된 캔트를 두며, 이때 설정캔트 및 부족캔트는 다음 표의 값 이하로 한다.

$$C = 11.8 \frac{V^2}{R} - C_d$$

여기서, C : 설정캔트(mm) R : 곡선반경(m)

V : 설계속도(km/hr) C_d : 부족캔트(mm)

설계속도 (km/hr)	자갈도상 궤도		콘크리트도상 궤도	
	최대 설정캔트 (mm)	최대 부족캔트[1] (mm)	최대 설정캔트 (mm)	최대 부족캔트[1] (mm)
200<V≤350	160	80	180	130
V≤200	160	100[2]	180	130

(1) 최대 부족캔트는 완화곡선 구간에서 부족캔트가 점진적으로 증가하는 경우에 한한다.

(2) 선로를 고속화하는 경우에는 최대 부족캔트를 120mm까지 할 수 있다.

② 열차의 실제 운행속도와 설계속도의 차이가 큰 경우에는 다음 공식에 의해 초과 캔트를 검토하며, 이때 초과캔트는 110mm를 초과하지 않도록 한다.

$$C_c = C - 11.8\frac{V_o^2}{R}$$

여기서, C_c : 초과캔트(mm) V_o : 열차운행속도(km/hr)

C : 설정캔트(mm) R : 곡선반경(m)

③ 제1항에도 불구하고 분기기 내의 곡선, 그 전 후의 곡선, 측선 내의 곡선과 그 밖에 캔트를 부설하기 곤란한 개소에서 열차의 운행 안전성을 확보한 경우에는 캔트를 두지 아니할 수 있다.

④ 제1항에 따른 캔트는 다음 각 호의 구분에 따른 길이 내에서 체감한다.

ⓐ 완화곡선이 있는 경우 : 완화곡선 전체 길이

ⓑ 완화곡선이 없는 경우 : 최소 체감길이(m)는 $0.6\Delta C$보다 작아서는 아니 된다. 여기서, ΔC는 캔트변화량(mm)이다.

구분	체감 위치
곡선과 직선	곡선의 시·종점에서 직선구간으로 체감[1]
복심곡선	곡선반경이 큰 곡선에서 체감

[1] 직선구간에서 체감을 원칙으로 한다. 다만, 선로의 개량 등으로 부득이한 경우에는 곡선부에서 체감할 수 있다.

(2) 최대 설정캔트'와 최대 부족캔트 개념

① 곡선을 통과하는 최고속도의 열차에 맞도록 균형캔트공식을 적용하여 캔트를 붙이면 원심력에 의한 열차의 안전성은 좋아지지만, 열차가 곡선에서 정차하였을 경우에는 차량의 무게중심이 내측으로 기울어져 탈선 우려가 있다. 그래서 '최대 설정캔트'를 제한하여야 한다.

② 반대로 '최대 부족캔트'는 그 곡선을 최고속도로 통과할 때 열차가 원심력에 의해 곡선 외측으로 탈선하지 않도록 '최대 부족캔트' 한계값을 설정하는 개념이다.[221]

221) 김경수, '캔트 cant', 김경수 코레일 선로 사랑이야기, 2016.

05.42 점토 예민비(Sensitivity ratio)

점토의 예민비 [1, 0]

1. 용어 정의

(1) 1축압축시험(一軸壓縮試驗)은 원통형 공시체 시료(지름 : 3~7cm, 높이 : 지름의 2.0~2.5배)를 제작하여 축방향의 압축력을 가하여 파괴될 때의 하중강도(1축 압축강도)를 구하는 시험이다.

(2) 점토의 예민비(Sensitivity)란 자연상태의 불교란시료의 강도(q_u)와 1축압축시험으로 구한 하중강도(q_{ur})의 비 $S_t = q_u / q_{ur}$ 을 말한다.

$$점토의\ 예민비\ S_t = \frac{q_u(불교란시료의\ 강도)}{q_{ur}(교란시료의\ 강도)}$$

(3) 예민비(S_t)가 큰 점토는 외부 자극(하중)에 대하여 강도가 급격히 감소하기 때문에 지진내력, 말뚝지지력, 다짐 중에 지반 안정성에 악(惡)영향을 미친다.

(4) 일반적으로 점토지반과 모래지반의 예민비(S_t)는 다음과 같이 구분된다.

  ① 점토지반

    $S_t < 2$ 비(非)예민

    $S_t = 2 \sim 4$ 보통

    $S_t = 4 \sim 8$ 예민

    $S_t > 8$ 초(超)예민

  ② 모래지반

    $S_t < 1$ 비(非)예민

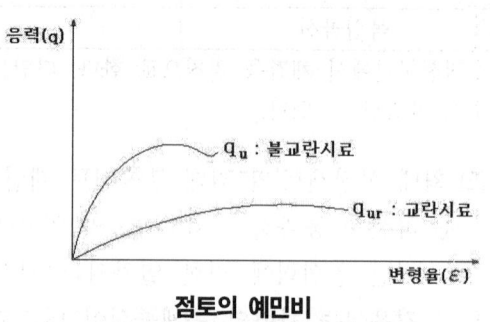

점토의 예민비

2. 예민비(S_t) 특성

(1) 점토지반은 자연상태를 유지하는 것이 지반의 강도를 저하시키지 않는 것이다.

(2) 점토에 물을 뿌려 다지면 자연상태의 강도보다 감소한다. 점토지반에서는 전압식 다짐을 해야 한다.(진동식 다짐 금지)

(3) 모래에 물을 뿌려 다지면 자연상태의 강도보다 증가한다. 모래지반에서는 진동식 다짐을 해야 한다.(전압식 다짐 금지)

(4) 예민비(S_t)로부터 점토의 연약정도를 파악할 수 있다. 예민비(S_t)가 클수록 흙의 공학적 성질이 나쁘므로, 설계단계에서 안전율을 높여야 한다.[222]

---

222) 박효성 외, 'Final 토목시공기술사 핵심문제', 예문사, p.290, 2008.

05.43 동결지수(Frost index), 동결깊이

동상, 융해, 동결심도, Ice Lance, 노상토 동결관입 허용법 [5, 3]

Ⅰ. 개요

1. 도로포장 설계단계에서 온도, 습도, 강수량 등의 기상조건은 노상토의 동결융해와 배수효과에 영향을 주기 때문에 설계자는 기상작용에 의한 포장구조의 수축팽창과 동상 등의 메커니즘을 분석해야 한다.

2. 동결지수(Frost index)는 포장층 내의 동결깊이를 산정하는 척도로서, 포장구조와 노상토를 동결시키는 대기온도 및 지속시간의 누가영향(cumulative effect)으로 산정된다.

Ⅱ. 동결지수(Frost index) 산정

1. 일반적인 경우

(1) 동결지수는 동결기간 동안의 누가(累加) 溫度·日(℃·일, ℉·일)에 대한 시간곡선상의 최고점과 최저점의 차이로 산정한다.

(2) 즉, 동결지수는 설계노선 인근 측후소에서 관측한 월평균 대기온도의 크기와 지속시간에 대해 최근 30년 동안 가장 추웠던 3년간의 평균동결지수로 산정한다.

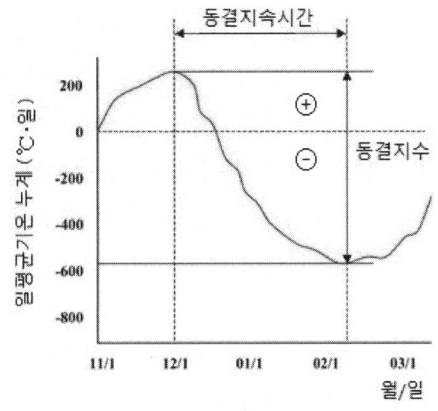

동결지수

2. 최근 30년 동안의 기상자료가 없는 경우

(1) 최근 10년간 최대동결지수를 설계동결지수로 선정하고, 이를 토대로 미공병단 TM5-818-2 Air Force AFM88-6 chap.4(Pavement design for seasonal frost conditions, January 1985)에 제시된 累加 溫度·日곡선으로 결정하거나,

(2) 국토교통부 『동결심도조사보고서 No.498(1989.12)』에 제시된 '전국 동결지수도'를 적용한다.

3. 설계노선의 표고를 보정한 수정동결지수 산정

$$수정동결지수(℃·일) = 동결지수 + 0.9 \times 동결기간 \times \frac{표고차(m)}{100}$$

여기서, 표고차 = 설계노선 최고표고(m) - 측후소 지반고

전국 지점별 동결지수

측후소	지반고(m)	동결지수	동결기간	측후소	지반고(m)	동결지수	동결기간
대관령	820.2	1,439	114	보 령	33.0	515	60
홍 천	134.0	1,038	102	군 산	26.3	430	60
인 제	119.7	945	80	대 구	57.8	342	56
춘 천	74.0	823	79	울 진	11.0	230	56
서 울	85.5	736	61	거 제	12.0	156	44
대 전	77.1	623	60	통 영	32.2	97	44

Ⅲ. 동결깊이

1. 동결깊이에 영향을 주는 요소 3가지

(1) 동상을 받기 쉬운 흙이 존재해야 한다.

조립토는 간극이 비교적 크고, 조립토가 얼 때는 물 자체만 얼기 때문에 동해를 심하게 받지 않는다. 동상을 받기 쉬운 흙은 실트질 점토로서, 불투수성이므로 점토에 균열이 있으면 이 균열을 통해 아이스렌스가 형성되어 언다.

(2) 0℃ 이하의 온도가 오랫동안 지속되어야 한다.

포화된 세립토나 소성한계 근처의 자연함수비를 가진 점토는 지하수위 면에 관계없이 대부분 동해를 받으나, 불포화 또는 동상의 피해가 거의 없다.

그러나, 대기온도가 급강하 할수록 동결선의 관입속도는 빠르며, 0℃ 이하의 온도가 오래 지속되면 동결깊이가 깊고 아이스렌스의 간격이 촘촘하여 동상의 피해가 가장 심해진다.

(3) 아이스렌스를 형성할 수 있도록 물의 공급이 충분해야 한다.

다른 조건이 동일하다면 지하수위가 지표면 가까이 있을 때 동해가 가장 심하며 지하수위가 깊더라도 동결선이 모관 상승고까지 내려오면 동해를 받을 수 있다. 지표면 아래 10m에 지하수위가 존재한다면 동상 피해는 거의 없다.

2. 동결깊이 설계

(1) 동결깊이는 0℃ 온도선이 포장표면으로부터 포장층 아래로 관입되는 깊이를 말하며, 도로포장에서 동결깊이는 다음 2가지 개념으로 설계한다.

(2) 개념 Ⅰ : 지반의 유해한 동결작용 예방을 위해 표층과 비동결성 기층을 합한 두께를 동결깊이보다 크게 하여 동결융해의 영향을 감소시킨다.

(3) 개념 Ⅱ : 지반의 동결을 허용하는 것으로 동결 및 해빙기간 중에 감소되는 지반강도를 보강하기 위해 기층 두께를 특별히 증가시킨다.

3. 동결깊이 산정 상관식

(1) 1985.1월~2월 사이 전국 45개소에서 관측된 동결깊이 조사자료를 토대로 작성된 지역별 토군별 상관식

$$Z = C\sqrt{F}$$

여기서, Z : 최대 동결깊이(cm)

$\quad\quad\quad C$: 지역별 및 토군별 보정계수(3~5)

$\quad\quad\quad\quad\quad$ 3 : 햇빛이 적당하고 토질·배수조건이 나쁘지 않는 노상

$\quad\quad\quad\quad\quad$ 4 : 3과 5의 중간조건인 노상

$\quad\quad\quad\quad\quad$ 5 : 북쪽을 향한 산악도로에 침투수 많고 실트질 많은 노상

$\quad\quad\quad F$: 전국 동결지수도에 의한 설계동결지수(℃·일)

이 식의 실측자료는 1985년 동절기 값이므로 지금은 적용하기 곤란하다.

(2) 1980년~1989년 10년간 전국 1,358개 관측소에서 관측된 동결깊이 조사자료를 토대로 작성된 상관식

$$Z = 14\sqrt{F}^{\,0.33}$$

여기서, Z : 최대 동결깊이(cm)

$\quad\quad\quad F$: 전국 동결지수도에 의한 설계동결지수(℃·일)

이 식은 실측자료가 10년간 관측된 값이며 관측소 수도 충분하다. 다만, 설계동결지수가 400~600℃·일의 범위에서는 실측값보다 다소 크게 계산될 수 있지만, 그 이하에서는 실측값에 접근한다.

4. 동결깊이 설계방법

(1) **완전방지법** (Complete protection method)

동결작용에 의한 표면 변위량을 제거하기 위해 충분한 두께의 비동결성재료층을 설치하여 포장융기와 지반약화를 감소 또는 억제하도록 설계한다. 이 방법은 비경제적이므로 특수한 경우(원자력발전소)에만 적용한다.

(2) **감소노상강도법** (Reduced subgrade strength method)

해빙기간 중에 발생하는 노상강도 감소를 근거로 동결에 대비하여 포장두께를 설계한다. 동결지수가 직접함수가 아니므로 통상적으로 적용하지 않는다.

(3) **노상동결 관입허용법** (Limited subgrade frost protection method)

노상상태가 수평방향으로 심하게 변하지 않거나 흙이 균질한 경우에 설계하는 방법이다. 동결깊이가 노상으로 얼마쯤 관입되더라도 동상으로 인한 융기량이 포장파괴를 일으킬 만한 양이 아니라면 노상동결을 어느 정도 허용하는 것이 경제적이므로 통상적으로 이 방법을 적용한다.

Ⅳ. 동상 방지대책(동상방지층 설치)

1. 치환공법

(1) 동결깊이 위의 흙을 동결하기 어려운 재료로 치환(동상방지층 설치)한다.

(2) 동상방지층 흙은 다음의 조건을 충족하여야 한다.

① 최대입경 100mm 이하로서

② 세립토 함유량 0.02mm 이하, 3%~10% 이하로서

③ 입도 양호한 조립토로서, 지지력이 확실하여야 한다.

2. 단열공법

(1) 동상이 발생하기 쉬운 노상토의 온도저하를 감소시키기 위하여 노반 밑에 단열층(판상의 발포 폴리스틸렌)을 설치한다

(2) 모관수의 상승을 차단하기 위하여 차단층(조립토로 구성)을 지하수위보다 높은 위치에 설치한다.

3. 안정처리공법

(1) 동상이 발생하기 쉬운 흙에 시멘트나 석회를 혼합(Soil cement 제조)하여 성질을 변화시키거나 동결온도를 저하시킨다.

(2) 지표의 흙을 화학적 약품처리(Nacl, Cacl$_2$, Mgcl)하여 동결온도 저하시킨다.

4. 배수로설치공법

(1) 배수로(배수구)를 설치하여 지하수위를 저하시킨다.

5. 구조물의 기초심도 저하공법

(1) 중요한 구조물의 기초는 동결심도 이하에 설치한다.[223]

---

223) 국토교통부, '도로설계편람', 제7편 포장(동상방지층), pp.702-18~30, 2012.

05.44 측량

Traverse 측량, 공사 착수 전 확인측량 [2, 0]

Ⅰ. 개요

1. 측량(測量)은 지표면의 여러 점들 간의 관계 위치를 결정하고 이를 수치나 도면으로 나타내며, 이를 현지에 측정하여 도면 상에 도시하는 기술을 말한다.

2. 우리나라 『측량법』제2조에서 '측량이라 함은 토지 및 연안해역의 측량을 말하며 지도 및 연안해역기본도의 제작과 측량용사진의 촬영을 포함한다.'고 정의되어 있다.

3. 측량의 이론적인 배경이 되는 측지(測地)는 지구측지학, 측지측량 및 평면측량으로 분류된다. 일반적으로 측량이라 하면 측지측량과 평면측량을 의미한다.

Ⅱ. 측량의 분류

1. 측량지역 대소에 따른 분류

(1) 측지측량(geodetic surveying)은 지구의 곡률을 고려하는 정밀한 측량으로 넓은 지역을 측량할 때 사용되며, 국가기준점인 측지기준점(삼각점, 수준점, 중력점 등)을 설정하기 위한 측량이다. 거리 3~4km 이상의 지역(면적)에서는 지구곡률과 기상조건에 영향을 받으므로 측정값을 기준면(평균해수면)이나 지도평면으로의 투영보정계산이 필요한 측지측량으로 취급한다.

(2) 평면측량(plane surveying)은 좁은 범위를 측량할 때 사용되는 측량으로 지구를 회전타원체로 간주하지 않고 지표를 평면으로 간주하는 측량이다. 반경 11km까지는 지구의 곡률을 무시해도 지장 없으므로 약 $380km^2$ 이내의 면적에서 정확도 1/1,000,000 이하의 측량은 평면측량으로 취급한다.

2. 측량순서에 의한 분류

(1) 골조측량(skeleton or control surveying)은 광대한 지역을 측량할 때 요구되는 정확도를 얻기 위하여 측량구역 전체를 덮을 수 있도록 측점을 설치하는 측량이다. 골조측량에는 삼각측량, 삼변측량, 트래버스측량, 수준측량 등이 있다.

(2) 세부측량(detail surveying)은 골조측량을 기준으로 하여 세부적으로 실시하는 측량으로, 정확도가 약간 저하되더라도 능률성과 경제성 위주로 한다. 세부측량에는 도해법과 수치법이 있다.

3. 사용기구에 의한 분류

(1) 체인측량(chain surveying)은 체인, 헝겊, 테이프 등 주로 거리를 직접 측정하는

기구만을 사용하는 측량이다

(2) 트랜싯측량(transit surveying)은 트랜싯, 데오돌라이트 등을 이용하여 주로 수평각 및 연직각을 측정한다.

(3) 수준측량(leveling)은 레벨 등을 사용하여 여러 점 사이의 높이 관계를 측정한다.

(4) 평판측량(plane table surveying)은 평판을 사용하여 야외에서 측정과 동시에 제도한다.

(5) 스타디아측량(stadia surveying)은 트랜싯의 스타디아선을 사용하여 거리와 높이를 간접적으로 측정한다.

(6) 트래버스측량(traverse surveying)은 다각측량이라 하는데, 중소 지역의 골조측량에 많이 사용된다. 데오돌라이트 등으로 수평각을 관측하고, 강철테이프, 광파측거기 등으로 수평거리를 측정한다.

(7) 삼각측량(triangulation)은 광대한 지역에서 수평위치를 결정할 수 있는 가장 정밀한 기준점측량에 사용된다. 측량할 지역에 적당한 크기의 삼각형을 구성하고, 하나의 공통변을 가지는 삼각형들 계속 작도해 나가면 각 삼각점의 위치를 정확히 측정할 수 있다. 삼각측량은 지표 곡률을 고려하는 대(大)삼각측량과 지표면을 평면으로 생각하는 평면(平面)삼각측량으로 나뉜다.

(8) 사진측량(photogrammetry)은 세부측량의 하나로서 공중이나 지상에서 사진으로 촬영하여 여러 가지를 측량한다.

4. 측량목적에 의한 분류

(1) 지형도측량(topographic surveying)은 지구표면의 지형, 지모, 지물 등을 측정하여 지형도를 만들기 위한 측량이다

(2) 노선측량(route surveying)은 폭이 비교적 좁고 거리가 먼 철도, 도로, 하천 등의 선형구조물 신설·개수 계획과 공사에 필요한 도면을 만들기 위한 측량이다.

(3) 하해측량(hydrographic surveying)은 치수 및 이수에 관한 측량으로, 하천측량, 항만측량, 운하측량, 해양측량 등이 있다.

(4) 시가지측량(city surveying)은 도시계획 및 공사에 필요한 도면 및 자료를 얻기 위한 측량이다.

(5) 터널측량(tunnel surveying)은 터널공사에 필요한 자료를 얻기 위한 측량이다.

(6) 광산측량(mine surveying)은 광산의 구역 및 광석의 매장량을 알고, 채굴 및 운반의 계획을 세우기 위한 측량이다.

(7) 농지측량(farm surveying)은 농지의 경계를 측정하고 면적을 계산·분할하며, 고저·유량을 측정하여 관개·배수공사에 필요한 자료를 얻기 위한 측량이다.

(8) 건축측량(architectural surveying)은 건축물의 계획 및 설계의 자료를 얻고 공사 시공의 기준을 설치하는 측량이다.

(9) 지적측량(cadastral surveying)은 토지의 위치, 경계, 면적, 종류 등을 알기 위한 측량이다.

(10) 천문측량(astronomical surveying)은 지구 상의 점의 위치(경도, 위도)와 진북방향을 정하고, 천체간의 상호위치 관계를 측정하는 측량이다.

5. 측량법에 의한 분류

(1) 기본측량은 측량의 기초가 되는 측량으로, 국토교통부장관의 명을 받아 국토지리정보원장이 실시하는 측량을 말한다.

(2) 공공측량은 공공의 이해에 관계가 있는 측량으로, 기본측량 외의 측량 중 국가, 지방자치단체, 정부투자기관이 실시하는 측량을 말한다.

(3) 일반측량은 기본측량 및 공공측량 이외의 측량을 말하며 법인 또는 개인이 계획하고 실시하는 측량을 말한다.

(4) 기타 측량은 공공측량이나 일반측량에서 제외된 측량을 말하며, 『측량법』에 저촉되지 않는 측량을 말한다.

Ⅲ. 트래버스측량(traverse surveying)

1. 용어 정의

(1) 트래버스측량 또는 다각측량은 측지망을 확립하기 위해 거리와 방향각을 측정하여 평면위치를 결정하는 측량이다.

(2) 측량은 작업순서에 따라 기준점을 정하는 골조측량과 세부측량으로 나누는데, 트래버스측량은 중규모 이하의 골조측량에 해당된다.

(3) 트래버스측량은 삼각측량에 의해 정해진 기준점이 멀리 선점되어 있어 보조기준점을 세부측량하는데 쓰이기도 한다. 노선, 하천, 제방 등과 같이 긴 선형의 지형측량에 유리하다. 폐합트래버스를 통하여 면적을 계산할 수도 있다.

2. 트래버스측량의 종류

(1) 개방트래버스(open traverse)는 시전과 종점이 기지점이 아닌 경우를 말한다. 기지점에 연결되지 않아 측량결과를 점검할 수 없다. 따라서 높은 정도의 골조측량에는 사용할 수 없다. 개략적인 위치를 파악하기 위한 답사측량, 하천·노선측량의 기준점 설치에 사용된다. 시간이 절약되어 경제적이다.

(2) 결합트래버스(closed or fixed traverse)는 시점과 종점이 기지점인 경우를 말한

다. 기지점에 연결되어 있으므로 측량결과를 점검할 수 있다. 트래버스측량 중 가장 높은 정확도를 얻을 수 있다. 넓은 지역의 정밀한 측량에 사용된다. 형태는 개방트래버스와 같지만, 시점과 종점이 미지점이 아닌 기지점이라는 차이만 있다.

(3) 폐합트래버스(closed-loop traverse)는 시점과 종점이 동일한 트래버스이다. 결합트래버스보다 정밀도가 낮다. 소규모측량에 사용되며, 형태는 닫힌 다각형이다.

(4) 트래버스망(traverse network)은 개방, 결합, 폐합트래버스 중에서 2가지 이상이 지형과 측량 목적에 따라 결합된 것을 말한다.

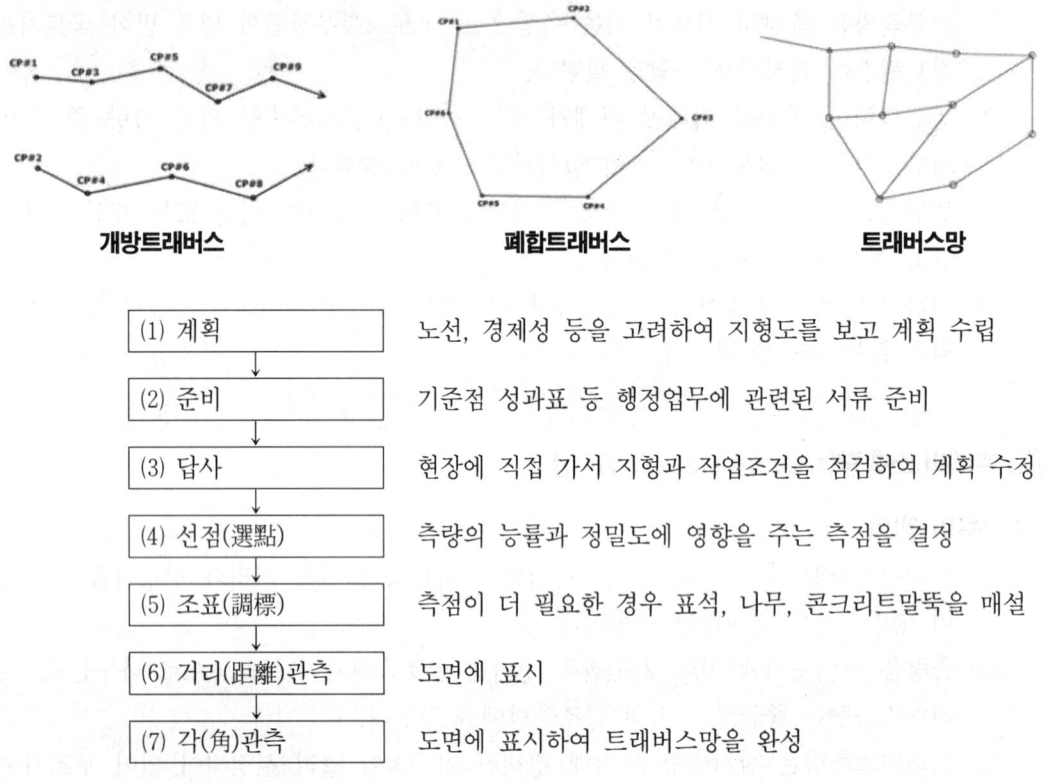

| 개방트래버스 | 폐합트래버스 | 트래버스망 |

(1) 계획	노선, 경제성 등을 고려하여 지형도를 보고 계획 수립
(2) 준비	기준점 성과표 등 행정업무에 관련된 서류 준비
(3) 답사	현장에 직접 가서 지형과 작업조건을 점검하여 계획 수정
(4) 선점(選點)	측량의 능률과 정밀도에 영향을 주는 측점을 결정
(5) 조표(調標)	측점이 더 필요한 경우 표석, 나무, 콘크리트말뚝을 매설
(6) 거리(距離)관측	도면에 표시
(7) 각(角)관측	도면에 표시하여 트래버스망을 완성

트래버스측량 순서

3. 트래버스측량의 적용성

(1) 삼각측량으로 선점된 기준점이 너무 멀어 보조기준점을 추가하는 세부측량

(2) 복잡한 시가지, 지형의 기복이 심하여 기준을 설정하기 어려운 지역의 측량

(3) 선로(도로, 수로, 철도)와 같이 좁고 긴 지역의 측량

(4) 거리와 각도를 관측하는 도식법으로 모든 점의 위치를 결정하는 측량

(5) 삼각측량과 같은 높은 정도를 필요로 하지 않는 골조측량

(6) 토지의 경계선 측량 등

Ⅳ. 공사 착수前 확인측량

1. 확인측량 목적

(1) 감리자는 감리대상 구조물건설공사에 대한 감리용역 착수 직후에 가시설물의 설치를 지시하고 현장주변을 조사하여 민원발생 등을 사전 대비해야 한다.

(2) 이를 위하여 본공사 착수 전에 시공자로 하여금 설계측량에 대하여 공사현장에서 확인측량을 실시하도록 지시하고, 이를 입회·검토하여 착수보고서를 작성한다. 감리업무를 효율적으로 수행하기 위한 업무흐름도를 정리하면 다음과 같다.

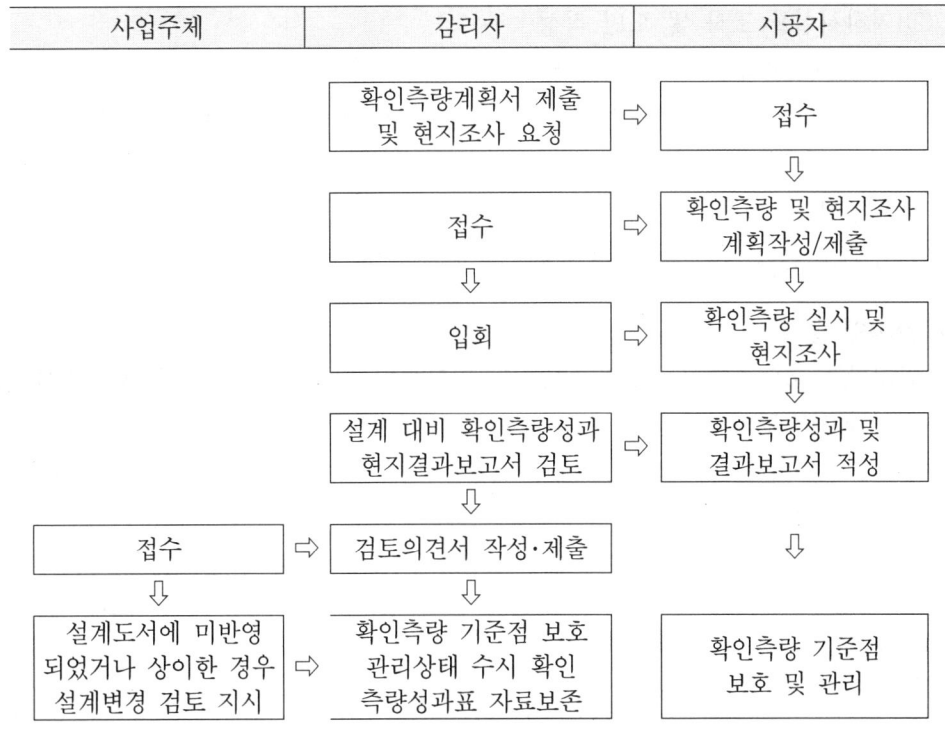

공사 착수 前 확인측량 업무흐름도

2. 확인측량 실시

(1) 감리자는 평면도 상에 해당 구조물건설공사에 따른 건설안전 및 환경영향범위를 설정하여 확인측량을 지시한다.

① 건설안전 영향 : 지반 변위 예상범위, 작업시설의 회전반경 등

② 환경영향 : 소음, 분진, 진동, 지하수위 변동의 영향권

(2) 감리자는 영향권이 설정된 평면도를 첨부하여 시공자로 하여금 영향권 내의 기존 건축물 및 지하시설물 상태를 다음과 같이 확인측량 요청하고 입회·확인한다.

① 기존 건축물 조사기록 작성
- 주요 균열(균열크기, 균열연장 등 도면에 표기하고 사진촬영, 타일/미장 등의 박리, 파손을 도면 표시하고 사진촬영)
- 주요부재의 불균형(창호, 문 등의 불균형 도면표시 및 사진촬영, 기둥, 대들보 등의 경사, 부적합 도면표시 및 사진촬영, 파이프, 닥트류의 누수)
- 관정의 지하수위
- 지하층 내부의 방수불량 부위
- 옥상, 천장 등의 우수침입 흔적

② 지하시설물 조사 및 도면 작성
- 기존맨홀(하수도, 전기, 통신 등의 내수위 및 균열)
- 기존 매설 배관류(매설위치 및 깊이, 매설위치 부근의 지표이상 유무)

③ 기존 건축물의 조사·기록작성은 해당 건축주 입회 하에 확인하여 공사진행 중 발생될 수 있는 민원에 대비한다. 만약, 해당 건축주가 확인을 거부할 경우에는 공증을 받아 두는 것도 필요하다.

3. 확인측량 결과

(1) 감리자는 확인측량이 완료된 후, 시공자로부터 성과품 및 야장을 제출받아 검토·확인하고 검토의견서를 작성하여 사업주체에게 보고한다.

(2) 감리자는 확인측량 결과가 설계 대비 차이가 있을 경우 다음과 같이 조치한다.
① 확인측량 결과 차이로 인한 설계변경이 공사수량 증감을 초래하거나 사유지 침범 등의 경우에는 사업주체에게 보고하여 설계자에게 설계변경 지시한다.
② 그 이외의 경미한 차이는 감리자가 보정·수정하고, 그 결과를 사업주체에게 보고한다.

(3) 감리자는 확인측량이 완료되면 보고서를 시공자로 하여금 3부(원부) 작성토록 요청하여 검토·확인 후 각각 1부씩 보관하고, 1부는 사업주체에게 제출한다.224)

---

224) 양인태 외, '측량정보공학', 구미서관, pp.10~17, 2017.
    강영미 외, 'Surveying 측량학', 지우북스, pp.118~122, 2017.

05.45 GPS(Global Positioning System)

GPS(Global Positioning System) 측량 [1, 0]

Ⅰ. GPS

1. 용어 정의

⑴ GPS(Global Position Systems)는 미(美)국방성이 인공위성의 무선신호로 미사일을 유도하기 위하여 개발한 최첨단 위성항법시스템을 말한다.

⑵ GPS는 삼각측량의 원리를 이용하는 위성위치확인시스템으로, 미지점(昧知點) 사이의 두변 길이를 측정하여 미지점의 위치를 확인하는 시스템이다.

⑶ 인공위성에서 수신기(navigation)까지의 거리는 위성에서 발사하는 전파의 발신시점과 수신시점의 시간차이를 측정, 이 값에 빛의 속도를 곱하여 계산할 수 있다. 지구표면에 있는 특정지점의 정확한 위치를 인공위성에서 발신하는 전후·좌우·높이·시간 등의 4개 요소로부터 산출하는 원리이다.

2. GPS 구성

⑴ 인공위성 : 미국이 발사한 24개의 인공위성이 20,200km 상공에서 12시간 주기로 지구의 정지궤도를 선회하고 있다.

⑵ 관제국 : 지상에 主관제국 1개소, 副관제국 5개소를 설치·운용하면서 각 관제국에서 동시에 5~8개의 인공위성 자료를 수신하고 있다.

⑶ 수신기 : 차량, 선박 등에 탑재된 수신기(navigation)에서 관제국으로부터 인공위성 자료를 받아 표준좌표계의 위치·속도·수심 등을 판독하도록 구성되어 있다.

3. GPS 적용분야

⑴ 미(美)국방성이 2000년 GPS정밀도 제한조치를 해제한 이후, 특정 목표물의 위치를 10m 오차범위 내에서 정확히 파악할 수 있도록 상용화되어 있다.

⑵ 일상생활에서 GPS 적용분야를 예시하면 다음과 같다.

① 자동차의 최적경로유도 항법장치
② 핸드폰의 위치추적 서비스
③ 서강대교 건설공사에서 아치교 상부구조물 거치
④ 경부고속철도 금정터널(국내 최장 20.3km) 굴착공사에서 중심점 측량 등

4. EU 갈릴레오 프로젝트

⑴ 갈릴레오는 EU가 미국 GPS에 맞서 구축하는 상업용 위성항법시스템으로, 첫 번

째 시험위성을 2005.12월 발사하여 2010년부터 활용하고 있다. 갈릴레오는 총 30개의 인공위성을 지구 정지궤도에 발사하여 23,000km 상공에 네트워크를 형성하고 12시간 주기로 위치정보 데이터를 발신하고 있다.

(2) 갈릴레오는 EU가 미국 의존도를 줄이려는 홀로서기 우주방위전략이다. 미(美)국방성이 GPS 위성정보를 차단하면 EU의 우주방위망은 먹통이다. EU는 미국과 GPS 공동운영표준을 합의하고 갈릴레오를 개발하였다. 대한민국은 2006년 한·EU정상회담에서 갈릴레오 참여계획에 서명하고 출연금을 납부하였다.

(3) GPS는 미(美)국방성이 운용하고 있지지만, 갈릴레오는 EU 민간기업이 운용하며 위치정보 정밀도를 확대하여 오차범위 1m 이내로 서비스하고 있다.

Ⅱ. DGPS

1. 용어 정의

(1) DGPS(Differential Global Position Systems)란 인공위성 GPS 위치오차(30m)를 보정하여 정확한 위치정보를 실시간 제공함으로써, 기존 GPS 오차범위를 1m 이내까지 획기적으로 줄이는 위성항법 보정시스템이다.

(2) DGPS 개발배경은 GPS에 존재하는 여러 오차요인을 제거하여 정확도를 높여서 이동 중인 물체는 수m 이내로, 정지 중인 물체는 1m 이내까지 정확한 위치정보를 제공함으로써 선박, 항공기, 차량 등의 항법장치에 활용하는데 있다.

GPS와 DGPS의 차이점

구분	GPS	DGPS
원리	◦인공위성에서 보내주는 메시지를 받아, 수신기에서 위치를 계산함으로써 위치를 파악하는 위성항법시스템	◦일정한 영역별로 수신기를 보유한 기지국을 설치하여 사용자들의 위치정보를 보정하는 시스템
오차	◦최대 30m 정도	◦1m 정도
적용	◦GPS는 미국방성이 관리·운용 ◦갈릴레오는 EU 민간기업이 관리·운용	◦최근 미국, 일본 등 선진국에서 항공기 및 선박 운항분야에 운용

2. DGPS 원리

(1) DGPS는 2개의 GPS 인공위성 수신기로 구성

① 수신기Ⅰ : 정지(stationary)상태에 있는 수신기로서, 인공위성 데이터를 이용하여 측정값과 실제값과의 차이를 계산하는 DGPS의 핵심요소이다.

② 수신기Ⅱ : 이동(moving)상태에 있는 수신기로서, 특정물체의 위치를 측정한다.

⑵ DGPS는 GPS 위성신호에 존재하는 오차 보정

　① GPS 수신기는 4개 이상의 인공위성으로부터 위치정보를 포함한 신호를 받는
중에 여러 오차요인 때문에 정확도가 떨어지므로 오차 보정이 필요하다.

3. DGPS 활용범위

⑴ 해상(Maritime) DGPS는 선박에서 최대 100NM(185km)까지 활용 가능하다.

　① 기지국과의 거리가 가까운 해안지역이나 바다 위를 항해 중인 선박에서는 인공
위성 데이터 수신이 양호하여 활용범위가 넓다.

⑵ 육상(Nationwide) DGPS는 지상에서 100km 이상 가능하지만, 내륙 산악지역에
서 국지적으로 인공위성 데이터 수신이 불가능하면 활용범위가 좁아진다.

　① 육상에서는 안테나의 출력보다 지형지물에 의한 감쇄영향이 크기 때문에 차량
주행방향, 대기상태 등 환경적 영향에 의해 전파장애를 많이 받는다.

4. DGPS 활용성

⑴ 우리나라의 DGPS 현황

　① 우리나라 연안 해역에 1999년부터 DGPS 송신국 11개소를 구축하기 시작하여,
현재 위치보정 정보를 24시간 제공, 해상교통안전에 기여하고 있다.

　② 2003년부터 무주, 영주, 평창, 충주, 성주, 춘천 등 6개 내륙송신국을 구축 완
료하여 이제는 전(全)국토에 걸쳐 정확한 위치보정 정보를 제공하고 있다.

　③ 별도의 중파전용 수신기를 통해 DGPS 위치정보를 수신할 수 있는 5,000여척
의 선박은 인터넷을 통한 후(後)처리 데이터에 의존하고 있다.

⑵ DGPS 오차 1m급 위치정보서비스 대중화 실현

　① 정부는 GPS 위치오차를 보정하여 정확도를 높인 위성항법보정시스템(DGPS)을
지상파방송(DMB, Digital Multimedia Broadcasting)으로 제공하고 있다.

　② 정부와 지상파 방송 4사(KBS, MBC, SBS, YTN)가 공동기술개발하여 2012년
부터 인공위성 위치오차 1m급 DGPS 위치정보 제공 서비스를 실현하고 있다.

　③ 단말기 3,000만대에 제공되는 DGPS 위치정보를 이용하면 모든 국민들이 휴대
폰만으로도 교통, 레저 등 다양한 분야에서 폭넓게 즐길 수 있다.[225]

---

225) 국토교통부, 'DGPS 오차 1m급 위치정보서비스 대중화', 2010.

05.46 GIS, UFID

단지공사에서 GIS를 이용하는 지하시설물도 작성 [1, 0]

Ⅰ. GIS

1. 용어 정의

(1) GIS(Geographic Information Systems)는 인공위성을 통해 지구 상에 존재하는 모든 자연물과 인공물에 대한 지형정보를 파악하여 컴퓨터프로그램에 입력한 후, 도로계획 수립, 의사결정, 산업활동 등에 활용하도록 지원하는 시스템이다.

(2) 우리나라는 『국가정보지리체계 구축 및 활용에 관한 법률』을 제정하고, 국무총리실에 NGIS추진기획단을 설치하는 등 범정부적으로 활동을 장려하고 있다.

(3) 도로계획 수립의 경우에 GIS 적용 기대효과를 예시하면 다음과 같다.

① 각종 지도·도면의 생산·수정·유지관리에 필요한 시간·비용 절약

② 각종 지도·도면을 쉽게 확대·축소하고, 다른 지도와 중첩 가능

③ 3차원 공간자료를 시각적으로 분석하여 노선변경 등 의사결정 용이

도로계획 수립에 GIS 적용방안

구분	적용방안
교통수요예측	◦ 교통수요 4단계 추정과정에 교통존(traffic zone)을 자유롭게 설정 ◦ O-D 교통량을 실시간으로 제공하여 각 단계별 모형을 적절히 선정
노선선정	◦ 도로 시·종점 간의 최단경로를 제공하여 최적노선 선정 용이 ◦ 대상지역 노선대의 속성자료를 D/B화하여 수치지도를 작성하고, 3차원 simulation으로 도로선형을 분석 가능
설계	◦ GIS의 display 기능을 이용하여 도면을 PC S/W로 정확히 작도 ◦ 노선변경 등 여러 대안에 대하여 3차원으로 정확히 분석
시공	◦ 공사현장관리시스템을 첨단화하여 공정·품질·안전관리 등에 적극 활용함으로써 건설산업의 정보화를 추구

2. 제6차 국가공간정보정책 기본계획

(1) 제6차 기본계획의 시간범위 : 2018~2022년

(2) 제6차 기본계획의 비전

공간정보 융·복합 르네상스로 살기좋고 풍요로운 스마트코리아 실현

(3) 제6차 기본계획의 목표 3가지

① [데이터 활용] 국민 누구나 편리하게 사용가능한 공간정보 생산과 개방

② [신산업 육성] 개방형 공간정보 융합 생태계 조성으로 양질의 일자리 창출

③ [국가경영 혁신] 공간정보가 융합된 정책결정으로 스마트한 국가경영 실현

(4) 제6차 기본계획의 추진전략 및 중점 추진과제

추진전략	중점 추진과제
[전략 1. 기반전략] 가치를 창출하는 공간정보 생산	① 공간정보 생산체계 혁신 ② 고품질 공간정보 생산기반 마련 ③ 지적정보의 정확성 및 신뢰성 제고
[전략 2. 융합전략] 혁신을 공유하는 공간정보 플랫폼 활성화	① 수요자 중심의 공간정보 전면 개방 ② 양방향 소통하는 공간정보 공유 및 관리 효율화 추진 ③ 공간정보의 적극적 활용을 통한 공공부문 정책 혁신 견인
[전략 3. 성장전략] 일자리 중심 공간정보산업 육성	① 인적자원 개발 및 일자리 매칭기능 강화 ② 창업지원 및 대·중소기업 상생을 통한 공간정보산업 육성 ③ 4차 산업혁명 시대의 혁신성장 지원 및 기반기술 개발 ④ 공간정보 기업의 해외진출 지원
[전략 4. 협력전략] 참여하여 상생하는 정책환경 조성	① 공간정보 혁신성장을 위한 제도기반 정비 ② 협력적 공간정보 거버넌스 체계 구축

Ⅱ. GIS 활용 지하시설물도 작성

1. GIS 좌표화 시공의 정의

(1) 'GIS 좌표화 시공'이란 지하매설물 관로의 실제 시공결과를 토대로 매설위치, 위상(topology), 매설깊이 등의 좌표속성을 디지털化하여 기록하고 이를 공간정보(지하매설물의 설계·시공 수치도면 DB)와 통합하는 시스템이다.

(2) 'GIS 좌표화 시공'을 'RFID 태그'와 같은 지하매설물 위치식별체계와 연계하게 되면 지하매설물 유지보수단계에서 디지털 기기(PDA, UMPC 등)를 통해 해당 지점에 손쉽게 접근할 수 있는 시스템을 구축할 수 있다.

(3) 한국토지주택공사는 단지조성공사 발주 시방서에서 상수관로, 하수관로(우수관, 오수관 등)의 지하매설물을 '좌표화 시공에 따라 GIS시설물관리시스템으로 구축'하도록 명시하고 있다. 이는 정부가 마련한 '지하매설물의 체계적인 관리방안'에 대한 세부시행지침의 일환이다.

2. GIS 좌표화 시공의 수치도면 가공순서

(1) 제1단계 : 지하매설물의 매설위치와 위상(topology) 기록

① 제1포인트(식별이 용이한 이음관, 유량계)를 선정하여 출발점으로 지정한다.

② 관로의 중심부를 따라 일정한 지점에 제2포인트를 지정하고, 제1포인트와 제2
포인트 간의 거리를 측정한다.

③ 제2포인트는 RFID 태그 거치대가 설치되는 제3포인트와 수직관계를 유지하고,
RFID 태그 거치대가 설치될 제3포인트와 제2포인트 간의 거리를 측정한다.

④ 측정된 거리는 각 포인트의 거리와 함께 수치도면에 기록한다.

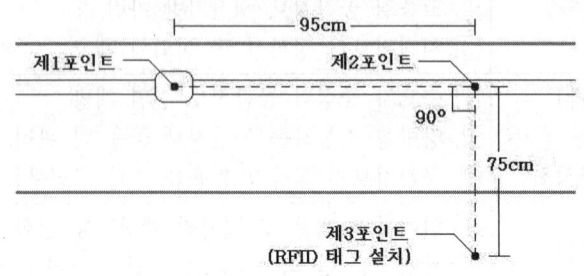

GIS 좌표화 시공의 수치도면

(2) 제2단계 : 측정된 데이터를 공간 DB와 통합

① 지해매설물의 실시설계 수치도면, 해당지역 지형의 수치도면을 구입한다.

② 정위치 편집과정, 구조화 편집과정 등을 거쳐 두 수치도면을 통합한다.

③ 처리속도 향상을 위해 PDA로 전송될 공간 DB를 경량화·단순화한다.

3. GIS 좌표화 DB 구축 사례

(1) 과업명칭 : 경기 광명시 소하2동지역 상수도 노후관 교체(GIS DB 구축)용역

(2) 과업내용 : 상수도관로 1,706m에 대한 조사, DB구축, 정위치 및 구조화 편집

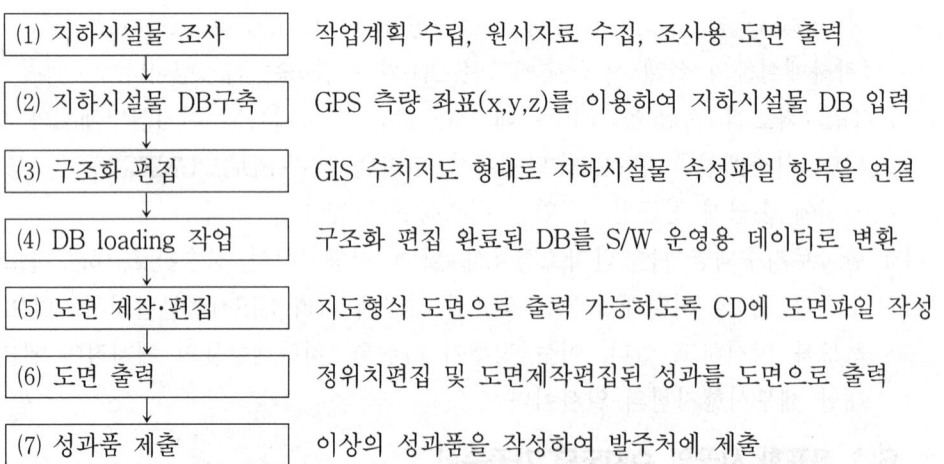

(1) 지하시설물 조사	작업계획 수립, 원시자료 수집, 조사용 도면 출력
(2) 지하시설물 DB구축	GPS 측량 좌표(x,y,z)를 이용하여 지하시설물 DB 입력
(3) 구조화 편집	GIS 수치지도 형태로 지하시설물 속성파일 항목을 연결
(4) DB loading 작업	구조화 편집 완료된 DB를 S/W 운영용 데이터로 변환
(5) 도면 제작·편집	지도형식 도면으로 출력 가능하도록 CD에 도면파일 작성
(6) 도면 출력	정위치편집 및 도면제작편집된 성과를 도면으로 출력
(7) 성과품 제출	이상의 성과품을 작성하여 발주처에 제출

상수도 노후관 교체(GIS DB 구축)용역 흐름도

Ⅲ. UFID

1. 용어 정의

(1) 국토교통부는 2010년 『국가정보지리체계 구축 및 활용에 관한 법률』에 따라 공간정보참조체계를 부여하고 유지관리하기 위하여 『공간정보참조체계 부여·관리 등에 관한 규칙』을 제정·공포하였다.

(2) 공간정보참조체계(UFID, Unique Feature IDentifier)란 전자식별을 할 수 있도록 건물, 도로, 교량, 하천 등 인공·자연상태의 지형지물에 부여되는 코드로서, 사람의 주민등록번호와 같은 개념이다.

(3) 향후 UFID가 구축·활용되어 경험이 축적되면 세계표준화를 선도하고 관련분야 해외시장 진출을 실현함으로써, 공간정보분야에서 국가경쟁력 강화 및 세계시장 선점에 크게 기여할 것으로 기대된다.

2. 공간정보참조체계(UFID) 구축 효과

(1) 우리나라 국토의 모든 사물에 UFID를 구축하면 국가기반시설(SOC) 관리차원을 넘어 국민들의 일반생활 편리성은 상상을 초월한다.

① 숫자 ID로 전국의 모든 기관의 위치정보와 홈페이지를 검색 가능
   ○ 택시를 타고 자택의 숫자 ID를 알려주면 집 앞까지 안내
   ○ 휴대폰에 숫자 ID를 입력하면 원하는 상점의 위치정보를 검색
   ○ 숫자 ID로 전화 연결, 홈페이지 접속, 예약·주문 등 전자상거래

② 모든 사물에 UFID를 구축하여 주민등록번호, 우편번호처럼 활용
   ○ 숫자 ID는 인터넷 전자결재, 성인인증에도 필수요건

(2) UFID는 현실의 생활공간을 있는 그대로 사이버공간으로 연결해 주는 온라인 매개체 역할을 수행한다.

① 학원, 식당, 극장, 게임방, 쇼핑센터 등과 같은 현실의 생활공간을 위치정보를 수록한 숫자 ID를 통해 사이버공간에 직접 연결

② 현실공간의 상점·학교·회사가 사이버공간의 상점·학교·회사가 되어 상점에서 물건 구입하듯 사이버공간의 그 상점에서 물건을 구입

③ 사람의 주민등록번호처럼 모든 사물·지형·지물에도 숫자 ID를 부여하여 현실공간과 사이버공간의 실시간 융합시스템을 구축

3. 공간정보참조체계(UFID) 미래 모습

(1) SOC 분야

[현재] 개별목적에 따른 ID부여로 통합·연계 미흡

도로, 철도, 항공 등의 각 부문별 담당 기관에서 개별 ID를 부여하여 자체 관

리함에 따라 기관 간에 자료의 공동활용 체계 부재

　[미래] 국가UFID 통합관리센터를 통한 ID부여로 공동활용 및 유지관리 가능

　　국가 UFID 통합관리센터(가칭)에서 국가 차원의 단일 ID를 부여함으로써 과학적이고 체계적인 국가 SOC 계획수립 가능

(2) 교통 분야

　[현재] 단순 권역별 교통흐름제어 및 모니터링

　　권역별 담당기관에서 단순 교통량 파악 및 교통흐름 제어, 교통통계자료 등을 수집하며 전국 단위의 통합 교통량을 파악하기 위한 기반 부재

　[미래] 전국 단위 통합 교통량 파악 및 지능형 경로 관리

　　버스, 택시, 승용차, 트럭 등 전 국토의 모든 차량에 대한 공간정보참조체계를 구축함으로써, 전국 단위의 통합교통량 파악 및 신호제어, 전(全)국토 특정지역의 교통량예측 및 다양한 우회경로를 실시간으로 제공 가능

(3) 불법단속 분야

　[현재] 공간정보의 개별 관리에 따른 비효율적 행정업무 수행

　　불법단속 대상 시설물에 대한 단순 CCTV감시 및 기관별 보유정보의 순차적 확인 등 비효율적인 행정업무 수행으로 물리적·시간적 낭비 과다

　[미래] 국가 UFID 구축에 따른 불법단속의 효율적 현장행정 및 法집행 가능

　　전국 단위의 UFID를 구축함으로써 불법간판, 불법건축물, 도난차량 등에 대한 현장단속 및 실시간 과태료 부과, 동산·부동산 정보의 정밀관리를 통한 탈루소득 파악으로 공평과세 실현 가능

(4) 환경 분야

　[현재] 기관별 개별 정보관리에 따른 정보의 공동활용 미흡

　　다양한 기관들이 공간정보를 서로 다른 형태로 개별 관리하고, 공동활용 기반 부재로 인하여 정보의 공동활용 미흡

　[미래] UFID를 이용하여 녹색성장 견인 및 그린 IT 선도국 위상 제고 가능

　　국가 UFID 통합관리센터를 통한 환경분야의 다양한 공간정보를 공유함으로써 일관성 있는 녹색성장 정책추진 및 그린 IT 선도국 위상 제고 가능[226]

---

226) 국토교통부, '모든 지형지물에 전자식별자(UFID) 도입', 2010.

05.47 계측관리

도심지 흙막이공 시공 중 계측관리를 위한 계측기의 설치위치 및 설치방법 [2, 6]

Ⅰ. 계측관리의 목적

1. 지반에 대한 제한된 정보에 근거하여 설계단계에서 제시된 가정조건을 보완하여 굴착공사가 지반에 미치는 영향, 지반변화가 가설구조물에 미치는 영향 등을 예측하여 시공 안전성을 확보하기 위해 계측관리를 수행한다.

2. 굴착공사 중 설치된 계측기로부터 사전에 위험요소를 찾아내기 위해 계측관리를 수행하고, 계측자료를 수집·정리·분석하여 축적함으로써 시공 중 및 시공 후의 안전성 도모하는데 그 목적이 있다.

Ⅱ. 계측기의 선정 및 설치

1. 계측기 선정 원칙

(1) 계측기의 정밀도, 계측범위 및 신뢰도가 계측목적에 적합할 것

(2) 계측기의 구조가 간단하고 설치가 용이할 것

(3) 계측기가 온도·습도의 영향을 적게 받거나 보정이 간단할 것

(4) 측정 중 예상되는 변위나 응력크기보다 계측기의 측정범위가 넓을 것

(5) 계측기의 오차가 적고 이상 유무의 발견이 쉬울 것

(6) 굴착공법을 고려하여 적합한 계측항목과 계측기를 선정할 것

계측항목 구분	계측항목에 적합한 계측기
◦ 배면지반의 거동 및 지중 수평변위	◦ 지중경사계
◦ 엄지말뚝, 벽체 및 띠장 응력	◦ 변형률계
◦ 벽체에 작용하는 토압	◦ 토압계
◦ 지하수위 및 간극수압	◦ 지하수위계, 간극수압계
◦ 버팀대 또는 어스앵커의 거동	◦ 하중계, 변형률계
◦ 인접구조물의 피해상황	◦ 건물경사계, 균열계
◦ 진동 및 소음	◦ 진동 및 소음측정기
◦ 지반 내의 수직변위	◦ 층별 침하계

2. 계측기 배치 장소

(1) 원위치 시험 등에 의해서 지반조건이 충분히 파악되어 있는 곳에 배치

(2) 흙막이벽 구조물의 전체를 대표할 수 있는 곳에 배치

(3) 중요 구조물이 인접한 곳에 배치

(4) 주변 구조물에 따라 선정된 계측항목에 대해서는 그 위치를 중심으로 배치

(5) 공사가 선행하는 위치에 배치

(6) 흙막이벽, 지반의 특수조건이 공사에 영향을 미칠 것으로 예상되는 곳에 배치

(7) 교통량이 많은 곳에 배치(단, 교통흐름에 장해 없고, 계측기 보호 가능한 곳)

(8) 하천 주변 등 지하수가 많고, 수위 변화가 심한 곳에 배치

(9) 가능하면 시공에 따른 계측기의 훼손이 적은 곳에 배치

(10) 예측관리를 하는 경우, 필요한 항목의 계측값이 연속해서 얻어지도록 배치

(11) 연관된 계측항목에 따른 계측기는 집중적으로 배치

(12) 계측기의 설치 및 배선을 확실히 할 수 있는 곳에 배치

측정위치별 사용되는 계측기의 종류

측정위치	측정항목		사용기기	육안관찰	측정목적
흙막이 벽체	측압	·토압 ·수압	·토압계 ·수압계	·벽체의 휨·균열 ·흙막이벽의 연결부 연속성 확인 ·주변지반의 균열·침하 ·누수	·측압의 설계값/계측값 비교 ·주변수위, 간극수압 및 벽면수압의 관련성 파악
	변형	·두부변위 ·수평변위	·트렌짓, 추 ·경사계		·변형의 허용치 이내여부 확인 ·토압·수압·벽체변형 관계 파악
	·벽체의 응력		·변형률계		·응력분포를 계산하여 설계에 반영된 응력과 비교 ·허용 응력값과 계측값을 비교하여 벽체의 안전성 확인
버팀대, 어스앵커	·축력, 변형률, 온도		·하중계 ·변형률계 ·변위계 ·온도계	·버팀대 평탄성 ·볼트의 조임상태	·버팀대와 어스앵커에 작용되는 하중 파악 ·하중과 설계 허용축력과 비교
굴착지반	·굴착면 변위 ·임의적 변위 ·간극수압 ·지중 수평변위		·지중경사계 ·층별침하계 ·간극수압계 ·지하수위계	·내부지반 용수 ·Boiling, Heaving	·응력해방에 의한 굴착측 변형과 주변지반 거동 파악 ·흙막이 벽체, 배면, 굴착저면의 변위 관계 파악
주변지반	·지표/지중 수직·수평변위		·지중경사계 ·층별침하계 ·지표침하계 ·지하수위계	·배면지역의 균열·침하 ·도로 연석, 블록 등의 벌어짐	·허용변위량/계측값 비교 ·굴착·배수에 따른 침하량, 침하변위 파악
인접건물	·수직변위, 경사		·지표침하계 ·건물경사계 ·균열계	·구조물의 균열 ·구조물의 기울어짐	·굴착·지하수위에 의해 발생되는 기존 구조물의 균열·변위 파악

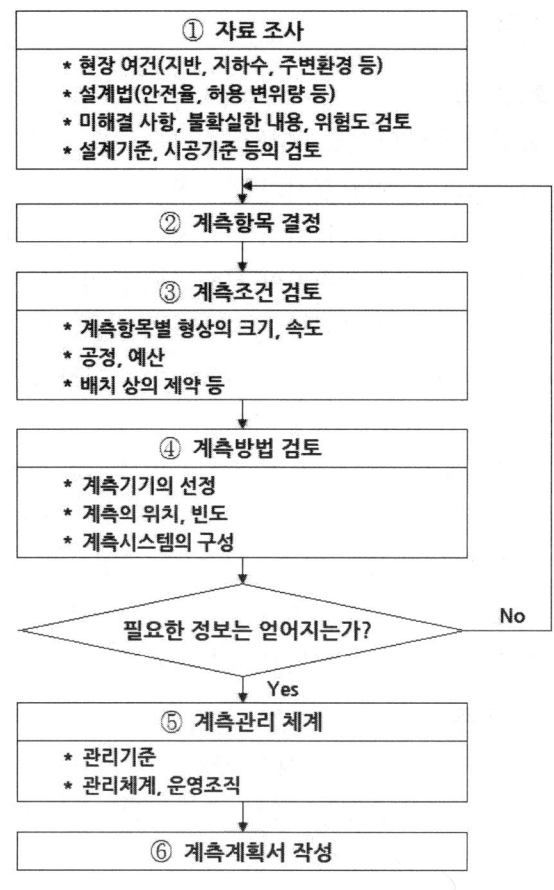

계측관리의 일반적인 절차

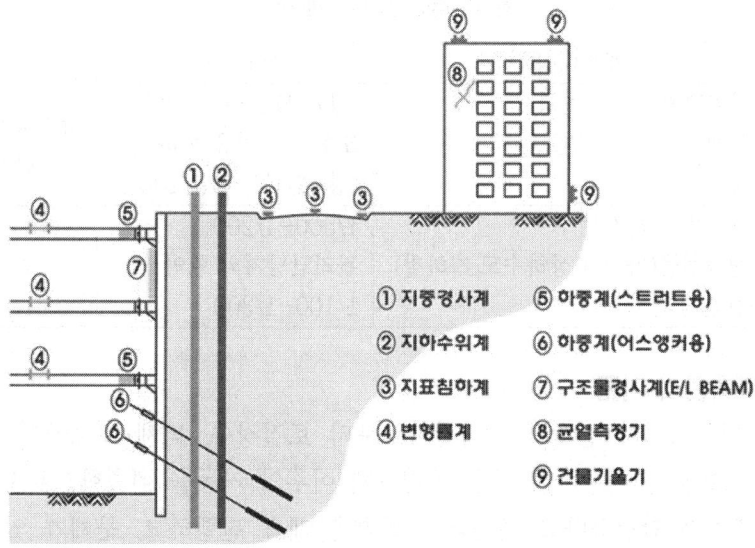

측정위치별 계측기

III. 계측관리의 기준

1. 계측기 선정 평가항목

(1) 적용성 　 ◦ 측정간격을 임의로 설정할 수 있는 것

　　　　　　 ◦ 측정치의 시계열 표시가 가능한 것

　　　　　　 ◦ 계측기의 정밀도와 시스템의 정밀도가 일치하는 것

(2) 신뢰성 　 ◦ 낙뢰에 대하여 계측기의 보호기능을 가지고 있는 것

　　　　　　 ◦ 정전에 대하여 백업 기능을 가지고 있는 것

(3) 편리성 　 ◦ 계측기를 추가 증설하는 경우에 전원장치, 자료송수신장치 등 기존 장치를 그대로 사용할 수 있는 것

　　　　　　 ◦ 계측결과를 신속하게 전달할 수 있는 것

(4) 내후성 　 ◦ 호우·폭설지역 등의 기후 특수성에 대처할 수 있는 것

　　　　　　 ◦ 방수·방습 기능이 우수하여 기후 급변상황에서도 정상 작동되는 것

(5) 보수성 　 ◦ 점검빈도가 길고, 단시간에 점검할 수 있는 것

(6) 경제성 　 ◦ 기능성을 유지하면서 저렴한 것

2. 절대치 계측관리 기준

(1) 측정치 ≤ 관리기준치 : 문제없음. 계속 굴착

(2) 측정치 > 관리기준치 : 문제있음. 즉시 굴착 중단하고 안전성 여부를 재검토하여 굴착깊이 변경, 새로운 지보공 설치 등 결정

(3) 안전율(통상 1.2) 개념을 도입하거나 관리기준치를 다단계로 구분하여 관리

흙막이벽의 절대치 계측관리

구분	계측대상	관리기준치	비고
흙막이 구조물	흙막이벽의 응력, 변형 버팀대의 축력, 평면도 띠장	(장+ 단)/2~단 1/200 또한 설계여유 이하 (장+ 단)/2~단 1/100	장 : 장기허용응력도 단 : 단기허용응력도
주변	주변지반 침하경사 주변매설물(가스관,상하수도,지하철) 주변건물 경사	1/500~1/200 관리담당자와 협의 1/100~1/300	

3. 예측치 계측관리 기준

(1) 선행굴착단계에서 실시한 계측결과로부터 토질정수, 벽체·지보공의 특성치 등을 구하고 그 값을 이용하여 다음 굴착단계 이후의 거동을 예측함으로써,

(2) 그 예측치가 안전하다고 판단되면 굴착을 계속 진행하고, 문제가 있다고 예상되면 굴착을 중지하고 보완대책을 검토해야 한다.

Ⅳ. 계측관리의 문제점 및 개선대책

1. 계측계획 수립

(1) 굴착공사에서 발생되는 대규모 비탈면이 불안정한 경우에는 공사 중 비탈면의 낙석 감지, 비탈면 감시 등을 위한 계측계획을 수립하고 있다.

(2) 비탈면 끝에 높이 5m 이상의 옹벽을 설치하는 경우, 절토비탈면 상부의 배면에 구조물이 있는 경우에는 시설물의 중요도, 주민거주, 차량통행 등을 반영하여 계측계획을 수립하도록 개선한다.

2. 계측단면 선정

(1) 계측단면은 지반조사 자료를 바탕으로 비탈면 안정에 직접 영향을 미치는 구간, 현장조건을 대표하는 구간, 큰 변형이 예측되는 구간 등을 선정하고 있다.

(2) 굴착공사가 주변 시설물에 영향을 미칠 수 있는 경우, 비탈면 연장 50m 이하는 최소 1개, 50m 이상은 50m당 1개 이상의 계측단면을 선정하도록 개선한다.

3. 계측관리 기준

(1) 계측관리 기준은 지반 거동상태, 인접구조물 안전한계, 암반 역학적 조건 등을 근거로 이론적 해석, 유사한 조건에서 시공실적을 참고하여 규정하고 있다.

(2) 계측관리 기준은 계측결과에 대해 안전한 수준을 의미하므로, 비탈면 특성, 현장 상황, 피해규모 등을 고려하여 계측관리 기준을 수시로 수정·보완 또는 추가할 수 있도록 개선한다.

4. 계측빈도 및 기간

(1) 굴착공사 완료 후, 대책공법 시공 후 등과 같이 일반적인 경우에는 계측빈도 및 기간을 일률적으로 규정하는 것은 타당하다.

(2) 대절토 굴착공사의 특성, 불안정한 비탈면 상황 등의 특수한 경우에는 전문가의 검토의견을 반영하여 계측빈도 및 기간을 탄력적으로 결정하도록 개선한다.

(3) 특히, 굴착심도가 깊어지면서 비탈면이 불안정해질 우려가 있는 경우, 호우·강설·지진 등 비탈면 붕괴·활동에 직접 영향을 주는 외적 요인이 있는 경우에는 순회 점검 및 계측빈도 횟수를 늘려서 비탈면 거동을 감시해야 한다.

5. 계측완료 시점

(1) 계측완료 시점은 기본적으로 비탈면의 변동이 계측되지 않는 시점까지 지속하되, 그 후에도 태풍·폭우·강설 등의 영향을 판단하기 위해 1년간 계측을 지속하고, 그 후 변동이 전혀 계측되지 않는 것을 확인하고 완료한다.

V. 건설계측업의 현주소 및 개선방안

1. 건설계측업의 현주소

(1) 법적 제도의 미비로 인하여 계측업체 난립

(2) 무분별한 저가·덤핑 수주경쟁으로 계측품질 저하

(3) 저급 계측기 설치 및 비전문가에 의한 계측수행으로 안정성 위협

2. 건설계측의 문제점

(1) 시설물의 시공 중 공종별 계측 시방기준 및 유지관리 중 계측시방 미비

(2) 계측관리비와 품질관리비의 혼용으로 계측분석비용 누락되어 품질 저하

(3) 계측기기의 손상·망실 비용 미반영

(4) 시공업체와 계측업체 간의 종속관계로 인하여 계측업무 책임한계 발생

3. 건설계측의 개선방안

(1) 건설계측업의 설립요건 및 자격기준 강화

① 계측업의 설립요건 및 자격기준 규정이 미비되어 무분별하게 영세업체 난립

② 저가 하도급이 만연하여 저급 계측기로 비전문가에 의해 형식적인 계측수행

(2) 계측 설계기준, 시방기준, 품셈기준 제·개정

① 일부 발주기관에서 시공 중 계측관리·분석 비용을 설계에 반영하지 않고, 품질 관리와 동일한 항목에 포함시켜 반영하는 사례 빈발

② 현재 토질 및 기초 표준품셈 제5장(지반조사 표준품셈, 2004)에 따라 계측품셈을 산정하도록 규정되어 있어, 계측의 다양한 특성 반영 곤란

(3) 계측 성능검사 대상의 품목·방법에 대한 법적기준 마련

① 현재 계측 성능검사를 위한 국가표준이 없어 생산업체 또는 계측업체가 자체 검사기준으로 수행함에 따라 신뢰도 저하

(4) 계측기기의 손상·망실 비율 설계 반영

① 시공 중 또는 유지관리 중 계측기기의 손상·망실 비율 반영[227]

---

227) 박효성 외, 'Final 토목시공기술사 핵심문제', 예문사, pp.501~504, 2008.
　　산업안전보건공단, '굴착공사 계측관리 기술지침', KOSHA guide, 2014.

05.48 흙막이 가시설 계측

1. 개요

(1) 설계 계획단계에서 예측한 흙막이 가시설의 변형, 응력을 초과하는 과대한 변형 및 응력을 계측 자료를 이용하여 사전에 토류벽 각 부재의 안정성을 확인하며 굴착에 따른 인접지반 및 구조물의 균열, 전도를 측정하며 또한 설계 계획단계에서 정확하게 파악할 수 없었던 요소의 실태를 계측자료를 이용하여 명확하게 한다.

(2) 이를 기본으로 하여 다음 단계의 굴착 중에 흙막이 가시설의 거동을 예측할 수 있으며 그 결과를 당초 계획과 비교·검토함으로써 다음 단계 이후의 굴착에 지장이 없는 지를 판단하여 안전하고 합리적으로 흙막이 가시설 작업을 시공관리한다.

2. 흙막이 가시설 계측의 목적

(1) 임박한 위험의 징후를 발견하기 위한 계측
(2) 흙막이 시공 중에 위험에 대한 정보를 주는 계측
(3) 흙막이 시공법을 개선하기 위한 계측
(4) 흙막이 시공 중에 인접구조물 및 주변안전을 위한 계측
(5) 흙막이 주변지역의 특이한 경향을 파악하기 위한 계측
(6) 흙막이 이론을 검정하기 위한 계측
(7) 지하 보강을 위한 Under pinning에 선행하는 계측[228]

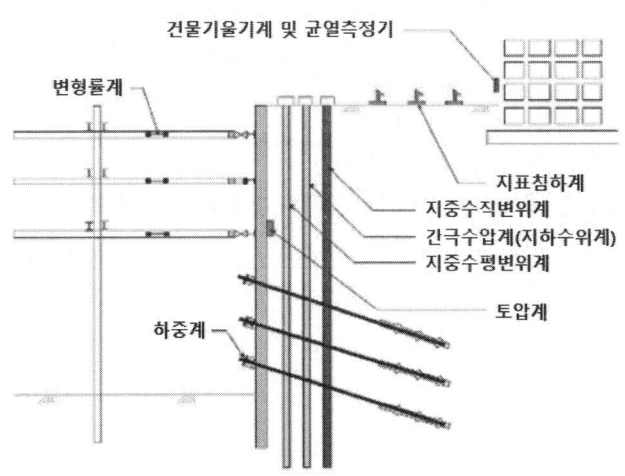

흙막이 가시설 계측기의 종류 및 매설 위치

---

228) ㈜건설품질시험원, '흙막이 가시설 계측', 2008, http://www.cqtc.co.kr/

흙막이 가시설 계측기의 종류 및 계측 목적

계측기 종류	계측 목적	매설 위치
지중경사계	◦굴토진행 중 인접지반 수평변위량과 위치·방향·크기를 실측하여 토류구조물 각 지점의 응력상태 판단	◦굴착심도 이상 ◦부동층 까지
지하수위계	◦지하수위 변화를 실측하여 각종 계측자료에 이용, 지하수위의 변화원인 분석 및 관련대책 수립	◦굴착심도 이상
간극수압계	◦굴착에 따른 과잉간극수압의 변화를 측정	◦연약층 깊이별
지표침하계	◦지표면의 변화량 절대치의 변화를 측정, 침하량의 속도판단 등으로 허용치와 비교 및 안정성 예측	◦동결심도 이상
하중계	◦Strut, Earth Anchor 등의 축하중 변화상태를 측정하여 부재의 안정상태 파악 및 분석자료에 이용	◦각 단계별 굴착 중에 측정
변형률계	◦토류구조물의 각 부재와 인근 구조물의 각 지점 타설 콘크리트 등의 응력변화를 측정하여 이상변형파악 및 대책수립에 이용	◦용접, 접착
건물기울기계	◦인근 주요 구조물에 설치하여 구조물의 경사각 및 변형상태를 계측, 분석 자료에 이용	◦접착, 볼트조임
균열측정기	◦주변 구조물, 지반 등에 균열발생하면 균열크기와 변화를 정밀측정하여 균열발생 속도 등을 파악 다른 계측결과분석에 자료 제공	◦균열부 양단
진동·소음측정	◦굴착, 발파 및 장비이동에 따른 진동과 소음을 측정하여 구조물 위험예방과 주민피해 예방에 활용	◦필요한 경우에 측정

05.49 절·성토 사면 계측

1. 개요

(1) 절·성토 사면 계측은 사면의 절취 공정에 따른 계측 및 유지관리 계측을 통하여 사면의 거동을 신속하고 정확하게 측정·분석하며, 현장에 위험상황이 발생되면 관리자에게 즉시 알림으로써 재해위험요소를 사전에 방지하는데 있다.

2. 절·성토 사면 계측의 목적

(1) 사면 절취 공정의 현장조사

(2) 사면 절취 공정에 따른 변화추이 조사 및 분석

(3) 사면 절취 공정에 따른 사면거동을 실시간 파악하여 신속히 전달

(4) 사면 절취 공정의 안정관리 분석 및 결과 제시229)

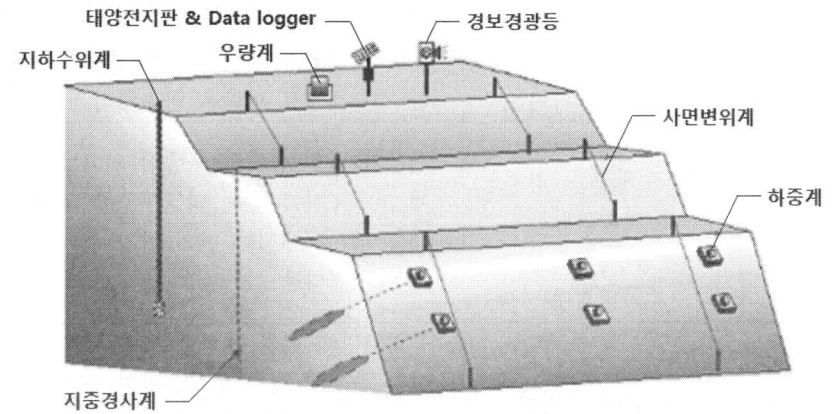

절·성토 사면 계측기의 종류 및 매설 위치

---

229) ㈜건설품질시험원, '절·성토 사면 계측', 2008, http://www.cqtc.co.kr/

3. 절·성토 사면 계측항목 및 계측관리 문제점

구분	대상지질	계측항목	계측관리 문제점
평면 활동 붕괴	연암, 경암	① 지표변위량 (수평, 수직성분) ② 지중변위량 (활동면의 확인)	◦ 활동면 위치 및 머리부 텐션 균열에 대한 사전 예측이 어렵고, 절취 후의 거동계측만 가능하다. ◦ 따라서 사전에 지질구조 현장조사 및 절취 후의 절취사면 상세관찰을 실시하는 것이 중요하다.
쐐기 활동 붕괴	연암, 경암	① 지표변위량 (수평, 수직성분) ② 지중변위량 (활동면의 확인)	◦ 활동 블록의 사전 결정이 어렵고, 또한 계측 위치의 사전 결정이 곤란하다. ◦ 따라서 사전의 지질구조 현장조사 및 절취 후의 절취사면 상세관찰을 실시하는 것이 중요하다.
원호 활동 붕괴	토사, 연암, 경암	① 지표변위량 (수평, 수직성분) ② 지중변위량 (활동면의 확인)	◦ 활동 블록의 사전 결정이 어렵고, 또한 계측 위치의 사전 결정이 곤란하다. ◦ 따라서 사전의 지질구조 현장조사 및 절취 후의 절취사면 상세관찰을 실시하는 것이 중요하다.
복합 활동 붕괴	토사, 연암, 경암, 암반사태, 풍화암 활동	① 지표변위량 (수평, 수직성분) ② 지중변위량 (활동면의 확인)	◦ 사전 조사결과에 따라 지질구조를 검토하고 이동 블록 범위를 예정하여 계측할 필요가 있다. ◦ 소위 지반활동 타입의 형태로서 초생형의 경우에는 지형적으로 예측은 곤란하다.
전도 붕괴	연암, 경암	① 지표변위량 (수평, 수직성분, 경사량) ② 지중변위량 (활동면의 확인, 수평변위량)	◦ 전도와 낙석·붕락의 구별이 의외로 어렵기 때문에 지질조사를 통해 지질구조를 파악해야 한다. ◦ 계측 데이터에서 사면의 안정 평가와 결부시키는 것이 어렵다.
응력 개방 변상	토사, 연암, 경암	① 지표면변위량 ② 지중변위량	◦ 응력개방에 따른 지반팽창(변상)인지, 또는 활동이나 붕괴에 의한 변상인지의 구별이 어렵다. ◦ 응력개방에 의한 변상이 발생된 경우, 이 경향이 사면의 안정성에 어떻게 관련되는지 평가하기 어렵고, 주변에 대한 안정성 평가 역시 어렵다.
붕락 현상	연암, 경암	① 낙석표면변위량 ② 낙석검지 ③ 대책공 계측	◦ 전조현상이 생긴 다음 붕락이 발생될 때까지의 시간이 짧다. ◦ 계측보다도 붕락 대책이 우선되는 경우가 많은 편이며, 향후에는 대책공의 거동 계측이 필요하다고 판단된다.

230)

---

230) 한국시설안전공단, '안전점검 및 정밀안전진단 세부지침 해설서(절토사면)', p.12-42, 2012.

05.50 연약지반 성토 계측

연약지반에서 구조물공사 중 계측관리, 연약지반 흙쌓기 계측항목 [1, 5]

1. 연약지반 성토 계측의 목적

(1) 연약지반 성토작업의 시공속도 관리

(2) 성토구조물의 안정성 검토 (활동, 측방유동, 지지력 파괴 등)

(3) 파괴현상의 예측으로 대책수립을 위한 시간 확보

(4) 장기 압밀침하량 또는 최종 침하량의 예측

(5) 예측된 최종 침하량과 현 상태의 침하량을 비교함으로써 압밀도 분석

(6) 잔류침하량의 예측으로 다음 공정의 시행여부 판단

2. 연약지반 성토 계측기기의 설치기준 공통사항

(1) 계측기 설치를 위한 보링은 케이싱을 지표면부터 선단까지 전부 설치하여야 하며, 보링의 내경은 86mm 이상이어야 한다.

(2) 보링장비는 지반에 평행하게 설치할 수 있도록 X, Y, Z축으로 1° 이내로 조정 가능하여야 하고, 보링 중에 수직도를 1° 이내로 유지할 수 있는 성능을 가진 장비를 사용한다. 장비 성능에 대하여 공사감독자의 사전 승인을 받아야 한다.

(3) 계측기 매설위치는 천공 전에 측량을 실시하고 도면에 지반조사 위치, 계측기 설치 위치 등의 측량성과와 위치를 표시하며, 이 결과물을 시공 중 보관·관리해야 한다.

(4) 피에조미터와 지하수위계 설치공 내에 충전하는 모래는 0.08mm체 통과량이 5% 이하인 모래를 사용해야 한다.

(5) 피에조미터 상단을 감싸는 필터의 간극크기 규격은 $80\mu m$ 이하이어야 한다.

(6) 피에조미터 상단을 감싸는 필터에 넣는 모래의 입경은 $75\mu m$ 이상이어야 한다.

(7) 모래가 필터재로서 설치공 내에 투입되는 계측기기의 상단 1m는 그라우팅 중에 벤토나이트 시멘트 믹스가 모래로 혼입되는 것을 방지하기 위해 벤토나이트 펠렛으로 충전하며, 벤토나이트–시멘트의 혼합비율은 주변지반의 강도와 변형계수가 일치되도록 시험배합하여 결정하고 시험배합 결과를 공사감독자에게 제출한다.

(8) 그라우팅 장비는 그라우팅 배출압력이 2.5MPa 이상인 장비를 사용하며, 장비의 성능에 대하여 공사감독자의 사전 확인을 받아야 한다.

(9) 조사 설계용역의 토질조사 지질주상도, 현장조사 및 사전조사 보링결과를 참조하여 계측기 설치심도 및 수량을 검토하고, 계측기를 반입하여 설치한다.

(10) 각 계측기의 위치, 심도 및 종류별로 일련번호를 부여하고 명찰을 각 계측기에 부착하여 시공 중에 관리해야 한다.231)

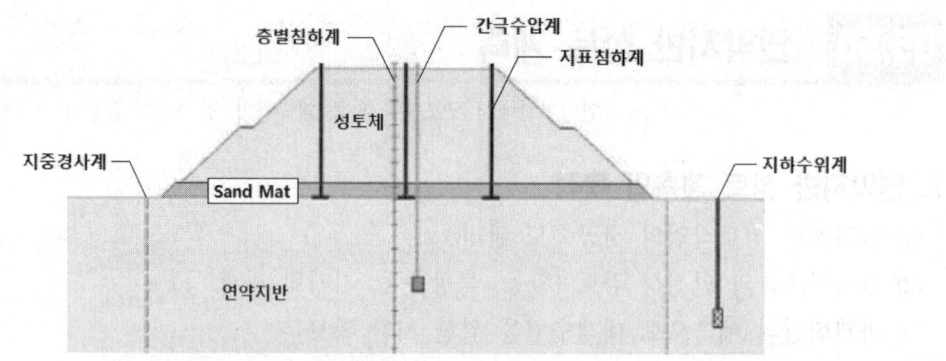

연약지반 성토 계측기의 종류 및 매설 위치

연약지반 성토 계측기의 종류 및 목적

계측기 종류	계측 목적	매설 위치
지중경사계	◦ 성토사면부의 지중 수평변위량과 변위속도 측정 ◦ 침하량과 비교분석하여 안정관리 ◦ 교대 측방유동의 확인	◦ 전단파괴가 우려되는 고성토 지역의 좌우 ◦ 측방유동이 우려되는 교대의 전후면 또는 좌우
지표침하계	◦ 설치 지점의 전침하량 측정 ◦ 안정관리 및 성토속도 조절 ◦ Preloading 제거시기 판정	◦ 100m 간격으로 1~3개소 설치 ◦ Sand Mat 하부에 설치
층별침하계	◦ 연약점성토의 심도별 압밀 침하량 및 지표 침하량과 비교·분석	◦ 연약층 심도가 깊거나 고성토 구조물에 설치
간극수압계	◦ 성토하중에 의한 지반내 과잉간극수압 측정 ◦ 과잉간극수압의 소산정도 및 유효응력 증가 유추 ◦ 압밀효과 확인	◦ 연약층 심도가 깊거나 고성토 구조물에 설치 ◦ 층별침하계와 동일 지점에 설치
지하수위계	◦ 성토에 의한 지하수위 변화파악 ◦ 간극수압과 비교하여 과잉간극수압의 소산정도 및 유효응력 증가량 유추	◦ 간극수압계가 설치되는 단면
토압계	◦ 구조물 또는 성토하중으로 작용하는 토압 측정	◦ 옹벽, 성토지반의 구조물 하부 ◦ 뒷채움 시, Sand Mat 포설 시

---

231) 국토교통부, '지반계측', 설계기준, 2016.

05.51 교량 유지관리 자동화 계측

교량 상부구조물의 시공 중 및 준공 후 유지관리를 위한 계측관리 [0, 2]

1. 개요

(1) 교량 계측은 장기간에 걸친 교량구조물의 열화·손상·노후화 등을 객관적이고 연속적인 자료를 통해 정기진단의 정량적인 평가를 가능하게 하여 진단의 효율성을 증대시킬 수 있다.

(2) 교량 계측은 접근이 불가능하거나 육안으로 보이지 않는 부위를 포함한 전체를 계속적으로 중단 없이 감시함으로써 교량의 안전 여부를 조기에 경보할 수 있다.

2. 교량 계측의 목적

(1) 교량구조물의 위험요소를 사전에 발견하고 분석하여 적절한 대책 수립

(2) 효율적인 유지관리를 통하여 경제성 제고

(3) 교량구조물의 설계수명을 늘리고 사용자의 안전성 확보

(4) 온도·기후 변화에 따른 교량구조물의 노후화을 판단하여 적절한 보수시기 결정

(5) 교량구조물의 주요 상태를 원격지에서 실시간으로 모니터링 관리

3. 교량 계측시스템 구축계획

(1) 각 위치별 계측기 및 기타 장비는 공사감독자가 승인한 도면과 같아야 한다.

(2) 각 지점의 계측기기 및 기타 장비는 구조물의 손상을 최소화하고, 노이즈 제거 및 유지관리가 용이한 최적의 지점에 설치해야 한다.

(3) 계측자료의 전송은 통신망을 이용한 원격전송을 사용하며, 케이블 연결 및 접속은 수급인의 과업에 포함되어야 하고, 통신규격은 측정장비 제원에 포함한다.

(4) 수급인은 발주자가 지정한 전력 공급원으로부터 현장 계측기까지의 전력공급계획서를 작성해야 한다. 또한, 모든 전송장비는 향후 계측시스템이 확장 운영될 경우를 대비하여 발주자 시스템과의 호환성을 고려해야 한다.

(5) 교량 계측은 자동으로 수행되어야 하며, 계측기로부터 계측자료는 원격계측실의 컴퓨터로 전송되어 즉시 확인할 수 있고, 계측자료의 저장·분석이 가능해야 한다.

(6) 각 지점의 계측기를 원격지에서 원격 제어하여 계측의 빈도를 조정할 수 있어야 하며, 모든 센서는 항시 작동상태에 있고, 일정한 관리치 이상의 모든 측정값을 상시 측정할 수 있어야 한다.

(7) 수급인은 위의 사항을 만족시킬 수 있는 프로그램을 내장한 자동계측 시스템을 현장에 구축해야 한다.232)

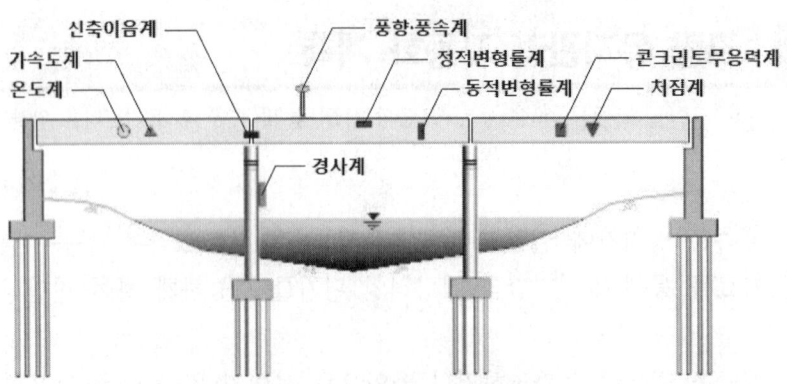

교량 계측기의 종류 및 매설 위치

교량 계측기의 종류 및 계측 목적

계측기 종류	계측 목적	매설 위치
정적변형률계	○ 주요 단면의 응력변화를 측정하여 교통하중 및 기타 하중에 의한 내구성 저하 등 교량의 안전을 검토	○ 지점부 및 중앙부 주형 내부 (대표 단면의 응력변화 측정)
처짐계	○ 처짐을 측정하여 상부 구조물의 안정성 평가	○ 주형 내부의 각 지점 (상부구조 각 지점의 처짐 변화 측정)
온도계	○ 온도변화에 의한 응력 변화 보정자료	○ 주형 각 내부에 설치
전단변형률계	○ 전단응력을 측정하여 상부 구조물의 안정성 평가	○ 주형 각 표면에 설치
경사계	○ 외력에 의한 교대·교각 기울기 변화를 측정하여 교량의 안정성 평가	○ 교각·교대에 설치하여 변위 측정
가속도계	○ 고유진동수 변화를 측정하여 교량의 건전성 평가	○ 지간 중앙부에 설치하여 공용 중에 동적 특성 측정
신축이음계	○ 교량의 온도변화, 차량하중 등에 따른 신축이음부 거동을 측정하여 교량의 이상거동을 판단	○ 교량의 신축이음부
풍향·풍속계	○ 교량에 작용하는 평면 상의 2차원적인 풍속과 풍하중 방향 측정	○ 교량에 작용하는 풍하중을 가장 잘 대표할 수 있는 위치를 선정하여 설치 (교량난간 등)
콘크리트무응력계	○ 콘크리트의 온도, 크리프, 건조수축 등에 의한 응력 변형률 측정	○ 콘크리트 내부에 설치

---

232) ㈜건설품질시험원, '교량 유지관리 자동화 계측', 2008, http://www.cqtc.co.kr/

05.52 NATM 터널 계측

NATM 터널공사의 계측항목 중 A계측과 B계측의 차이점, 계측기의 배치 고려사항 [0, 3]

1. 개요

(1) 터널의 안정성과 경제성이 확보된 설계·시공을 위하여 굴착 중에 정확히 계측하고 향후 발생 가능한 문제를 예측하는 역해석(feed back analysis) 작업을 통한 정보화 시공이 필연적으로 요구된다.

(2) 터널의 정보화 시공이란 시공의 효율성을 위하여 불확실한 지반정보를 사전탐지, 대비함으로써 시공의 안정성과 경제성을 확보하는 것을 말한다.

2. NATM 터널 계측의 목적

(1) 터널의 안정성 확보를 위하여 계측을 통해 다음 사항을 확인
 ① 주변 지반의 거동 파악
 ② 지보재의 효과 파악
 ③ 반복적인 자동차 주행 구조물로서의 터널 안정성 확인
 ④ 주변 구조물의 영향 파악

(2) 터널의 경제성 확보를 위하여 계측을 통해 다음 사항을 확인
 ① 설계·시공에 계측 결과를 반영하여 경제적인 공사 유도
 ② 향후 터널공사 계획수립을 위한 기초 자료로 활용[233]

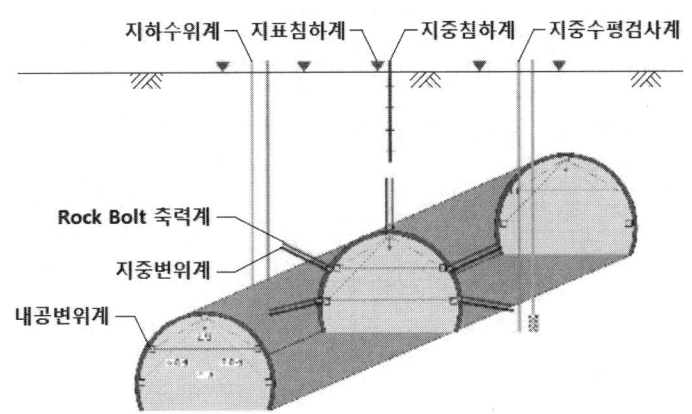

NATM 터널 계측기의 종류 및 매설 위치

---

233) ㈜건설품질시험원, NATM 터널 계측, 2008, http://www.cqtc.co.kr/

3. 일상관리 계측, 대표단면 계측

(1) 일상관리 계측 : 시공대상 전(全)구간에서 시행하며 주로 터널시공의 안정성을 확인
하기 위한 일상관리 계측

(2) 대표단면 계측 : 대표적 지반조건이나 초기 굴착구간에서의 소성영역 분포 및 지보
재 응력 등의 거동을 파악하여 지보재의 안정성과 설계 타당성 및 미(未)굴착구간
의 시공을 위한 계측

NATM 터널 계측기의 종류 및 계측 목적

구분	계측 항목	계측 목적
일상관리 계측	갱내관찰조사 (Face mapping)	◦ 막장 자립성·암질·단층파쇄대·구조변질대의 성상 파악 ◦ 지보공의 변상 파악 ◦ 설계단계의 지반구분 평가
	내공변위 측정	◦ 변위량·변위속도·변위수렴 상태를 파악, 안정성 확인 ◦ 1차 지보공에 대한 설계 및 시공의 타당성 평가 ◦ 2차 지보공의 실시 시기 등을 판단
	천단침하 측정	◦ 터널 천정부 지반 및 지보재의 안정성 판단
	지표침하 측정	◦ 터널굴착에 따른 지표침하 영향파악 ◦ 주변구조물 안전도 분석, 침하방지대책 수립·효과파악
	Rock Bolt 인발시험	◦ Rock Bolt의 인발내력, 정착상태 판단
대표단면 계측	지중변위	◦ 터널 주변의 이완영역의 범위, 지반 안정도 판단 ◦ Rock Bolt 길이의 타당성 등을 판단
	Rock Bolt 축력	◦ Rock Bolt에 작용되는 축력을 심도별로 측정 ◦ Rock Bolt의 지보효과, 유효 설계길이 판단
	Shotcrete 응력	◦ Shotcrete의 배면토압 및 축방향응력 측정
	지중수평변위	◦ 수평방향의 지반 이완영역, 절리 경사방향 등을 판단
	지하수위 측정	◦ 굴착에 따른 지하수위 변동vkdkr(차수grouting 효과)
	간극수압 측정	◦ 지중에 작용하는 수압측정(차수grouting 주입압 판단)

※ NATM 터널 계측관리의 상세내용은 이 교재 "08. 터널·지하"에 정리되어 있음.

05.53 댐(dam) 계측

필댐(fill dam)의 매설계측기 [0 2]

1. 개요

(1) 필댐(Fill dam)은 암석, 자갈, 토사 등의 천연재료를 층다짐을 하면서 쌓아 올려 축조한 성토체를 주체로 하는 댐이다. 필댐은 재료에 따라 어스댐(Earth dam, 균일형), 록필댐(Rock fill dam, 존형) 및 표면차수벽형 필댐으로 분류된다.

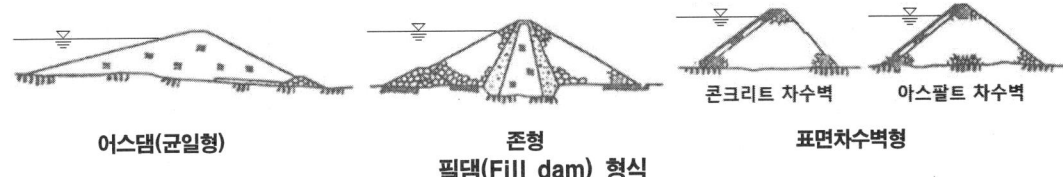

| 어스댐(균일형) | 존형 | 표면차수벽형 |

필댐(Fill dam) 형식

콘크리트 차수벽　　아스팔트 차수벽

(2) 콘크리트중력댐(concrete gravity dam)은 축조된 콘크리트 재료의 자기 중량에 의해 지지력을 받는 댐이다. 외력으로는 저수지의 수압 외에도 침투수에 의한 양압력, 지진에 따른 관성력 등이 존재한다.

(3) 댐의 역학적 성질은 필댐이든 콘크리트중력댐이든 동일한 개념에서 제체(堤體)재료의 중량을 이용하는 것이므로 동일한 안정조건을 만족해야 한다.

2. 댐의 안정조건

(1) 제체가 활동(滑動)하지 않을 것

(2) 안정적인 여유고를 확보하여 저수가 댐 마루를 월류하지 않을 것

(3) 비탈면이 안정되어 있을 것

(4) 기초지반이 압축에 대해서 안전할 것

(5) 제체 및 기초지반이 투수에 안전할 것

3. 댐의 계측목적

(1) 댐 시공 중에 시공관리를 위한 계측

(2) 댐 완공 후에 안전관리를 위한 계측

(3) 댐 설계의 고도화를 위한 계측

(4) 댐 운영 중에 저수지 조작을 위한 계측

4. 댐의 계측관리

(1) 공사기간 중의 측정횟수

① 1단계 : 매설계기 설치 후 1개월 동안

② 2단계 : 매설계기 설치 1개월 후부터 댐 완공될 때까지

③ 3단계 : 측정치가 이상거동을 보이고 있는 경우로서 안전이 확인될 때까지

④ 4단계 : 홍수조절 또는 지진발생 후 1주일 동안 각각 측정

댐 계측기 측정횟수

구분	1단계	2단계	3단계	4단계
토압계 간극수압계 수평변위계 침하계(층별, 액상) 경사계	매일	주1회	매일	매일
주변이음부 변위계 수평이음부 수평변위 측정계 변형률 측정계 무응력 변형율 측정계	매일	주1회	매일	매일
지진가속도 계측기	매일	주1회	매일	매일
수위측정기	-	매일	매일	매일
침투수량(누수량) 측정장치	-	매일	매일	매일
표면 및 정부침하 측정점	매일	주1회	매일	매일
자동계측기록 및 컴퓨터 제어설비	매일	매일	매일	매일

주) 한번 측정할 때마다 같은 날 최소 3회 이상 측정한 후, 평균값을 채택하여 기록한다.

⑵ 유지관리를 위한 계측

① 완공 후 댐체의 거동 및 댐의 안정성을 확보하기 위하여 간극수압, 양압력, 응력, 변형, 내부온도, 침투수량, 연직도, 지진 등을 계측한다.

⑶ 계측결과의 정리 및 분석

① 모든 계측설비는 매설 후 3시간 이내에 최초 관측을 실시하고, 이후 15일 동안 매 12시간마다 관측하여 기록한다.

② 모든 계측결과 기록지에는 사업명, 위치, 댐명, 측점, 계측항목, 계측위치, 측정일시, 측정자 등을 기재한다.

③ 계측결과는 측정일자, 경과일수, 시공상황, 초기치, 금회 측정값, 변화량 등을 정해진 양식에 따라 계측 항목별로 별도 정리한다.

④ 계측자료를 분석하기 위한 그래프에는 각각의 계측항목에 대하여 위치별 계측치 변화 및 댐체에서의 계측항목별 결과 분포도로 나타내고, 그 결과를 시공관리 및 안전관리에 활용할 수 있어야 한다.

⑤ 계측자료 분석결과 댐의 안전성에 영향이 있다고 판단되는 경우에는 이에 대한 응급조치를 취하고, 그 원인을 규명하여 항구대책을 강구하여야 한다.

5. 필댐(Fill dam)의 계측항목

(1) 계측시스템은 댐의 형식 및 재해등급, 기존 댐 또는 신규 댐, 가용한 비용, 관리규정 등을 고려하여 선정한다.

(2) 계측기기는 변형을 측정하기 위하여 측량점, 경사계, 층별침하계, 액상침하계, 수평변위계, 토압계, 간극수압계, 침투량계, 지진계 등을 설치한다. 다만, 댐의 규모, 기초지반, 안정해석 결과 등에 따라 조정할 수 있다.

(3) 필댐의 계측항목은 기초의 간극수압, 댐체의 변형·응력·간극수압·침투량·지진 등의 측측정을 원칙으로 하며, 계측기기별 세부사항은 다음 표와 같다.

필댐(Fill dam)의 계측항목

구분	계측항목	계측기 명칭	측정되는 물리량	단위	계측 목적
댐체	변형	측량점	댐마루 및 상·하류 사면의 변위량	cm	댐체의 외부변형 상태 파악
		경사계	설치지점의 표고별 수평변위량	cm	댐체의 내부변형 상태 파악
		층별침하계	설치지점의 표고별 변위량(침하량)	cm	댐체의 내부변형 상태 파악
		수평변위계	동일 표고상에서 상대적인 수평변위량	mm	댐체의 내부변형 상태 파악
	응력	토압계	댐체 내의 응력	kN/m^2	각 존별 응력분포 파악에 의한 댐체의 안정성 검토
	간극수압	간극수압계	코어존의 간극수압	kN/m^2	수위변동에 따른 간극수압 분포 및 침윤선의 위치파악에 의한 댐체의 안정성 검토
	침투량	침투량계	댐체 및 기초를 통과한 침투수의 양	ℓ/min	댐체의 침투류에 대한 안정성의 파악
	지진	지진계	지진 중에 기초 및 댐체의 응답가속도	cm/s^2	지진 중에 댐체 거동특성 파악
기초	간극수압	간극수압계	기초암반의 간극수압	kN/m^2	커튼 그라우팅의 차수효과 파악 및 댐체내 간극수압과 비교에 의한 댐체의 안정성 파악

6. 콘크리트댐의 계측항목

(1) 콘크리트댐을 축조하는 과정에 여러 종류의 계측기를 매설하여 안전·품질관리를 하고, 댐 담수 후에는 댐 내부에서 진행되고 있는 미세한 변동까지 관측하여 댐의 안전관리에 활용한다.

(2) 콘크리트댐에서 계측기는 댐의 신경계통 역할을 하며 시공 중 구조물이 안전한지 설계값과 실측값을 비교·분석하여 판단하며 적절한 대책방안를 제시한다.[234]

콘크리트댐의 계측항목

구분	계측항목	계측기 명칭	측정되는 물리량	단위	계측 목적
댐체	온도	온도계	콘크리트의 내부수화열	℃	콘크리트의 품질관리
	변형	개도계	이음부의 수축변위량	mm	저수위 변동 등에 시공이음부의 상태 파악
		플럼라인	댐의 휨 변위량	mm	저수위 변동에 따른 댐체의 휨 거동 파악
	응력	응력계	콘크리트의 내부응력	kN/m^2	저수위 변동 등에 따른 댐체의 응력분포 및 거동상태 파악
		무응력계	수화열에 의한 콘크리트 응력	kN/m^2	응력계 측정결과의 보정
	침투량	침투량계	댐체 및 기초를 통과한 침투수의 양	ℓ/min	침투수에 대한 제체의 안정성 파악
	지진	지진계	댐 높이별 응답가속도	cm/s^2	지진 발생 중에 댐 거동파악
기초	간극수압	간극수압계	댐 기초암반의 간극수압	kN/m^2	커튼 그라우팅 차수효과 파악
	양압력	양압력계	댐체에 작용하는 양압력	kN/m^2	댐체의 안정성 검토

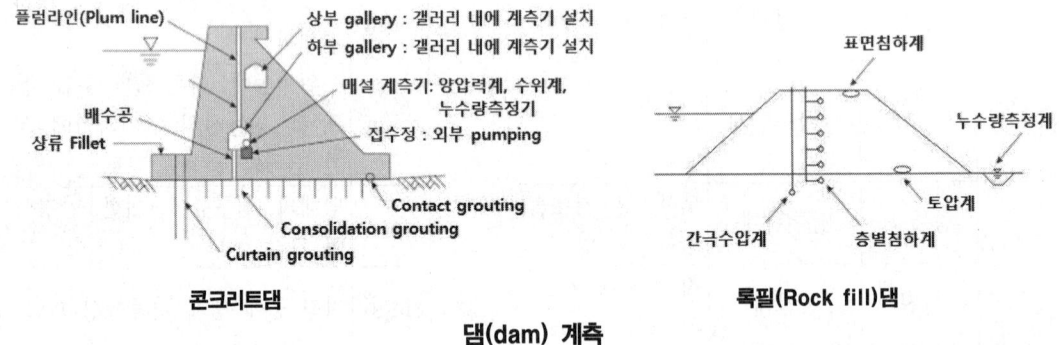

콘크리트댐

록필(Rock fill)댐

댐(dam) 계측

234) 박효성 외, 'Final 토목시공기술사 핵심문제', 예문사, p.985, 2008.
    김가현, 'Final 수자원개발기술사', 예문사, pp.1010~1011, 1050~1053, 2009.
    국토교통부, '댐 계측설비', 국가건설기준 표준시방서, 2016.

05.54 자동화 계측시스템 구축

Ⅰ. 개요

1. 건설현장의 실시간 계측자료를 분석프로그램에 입력하여 공학적 자료의 획득·분석·도화에 이르는 과정에서 위험상황에 즉각 대처(위험 징후를 관리자에게 SMS문자와 E-mail 통보)할 수 있도록 인터넷망을 이용하여 전국 어디서나 실시간으로 계측자료의 획득 및 모니터링을 할 수 있는 자동화 시스템 구축이 필요하다.

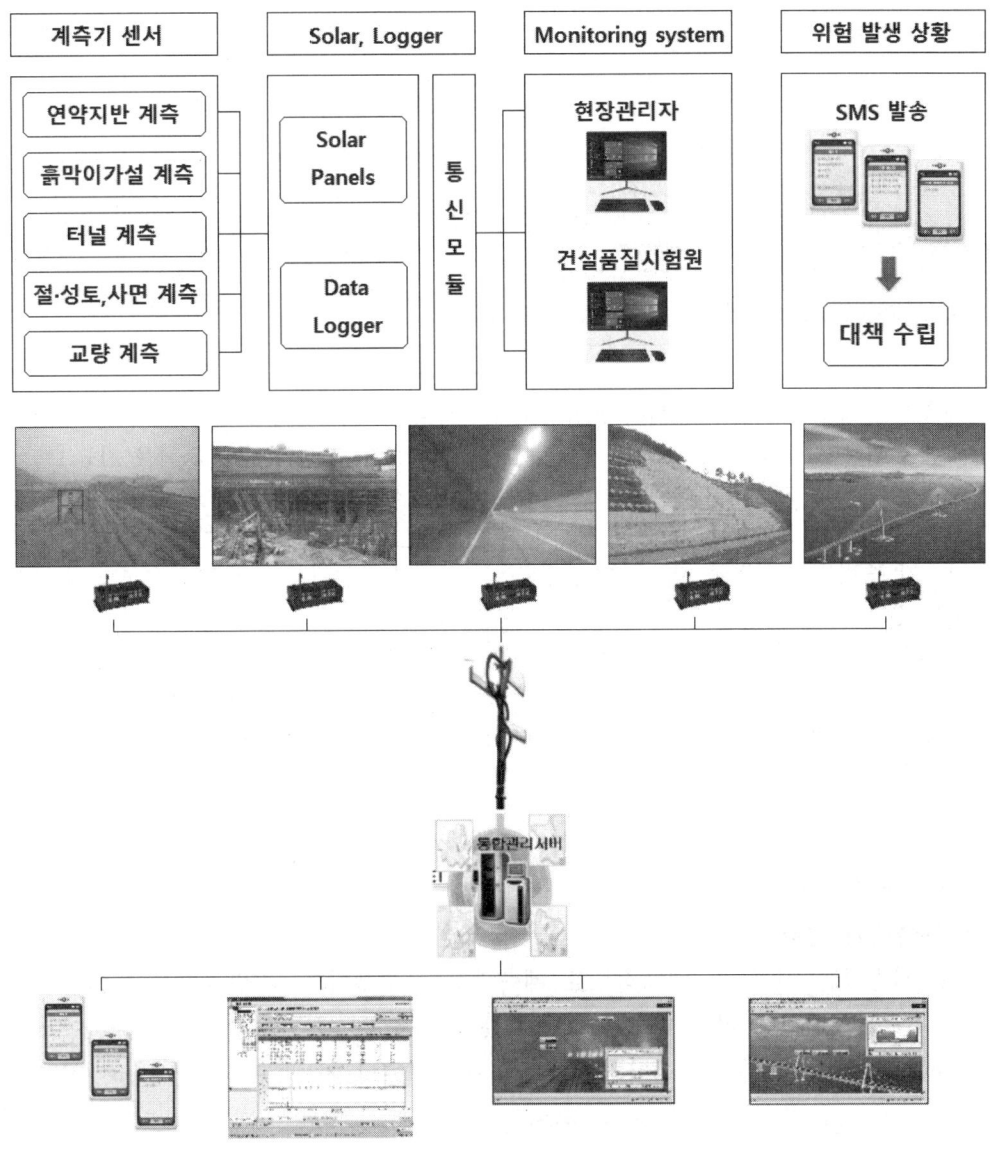

Ⅱ. 연약지반 자동화 계측시스템 적용

1. 공사 내용

(1) 고속도로 ○○구간 연약지반 처리를 위해 전체 2,313m를 3개 구간으로 나누어 Sand Drain & S.C.P+Preloading 공법으로 개량하였다.

(2) 기존 수동계측으로는 대상지역이 넓고 측점수가 많아 계측오류로 인한 데이터의 정밀도 저하가 우려된다. 시공현장의 계측정보를 취득하여 실시간 계측관리를 하기 위해 자동화 계측시스템을 도입하였다.

수동계측과 자동계측의 비교

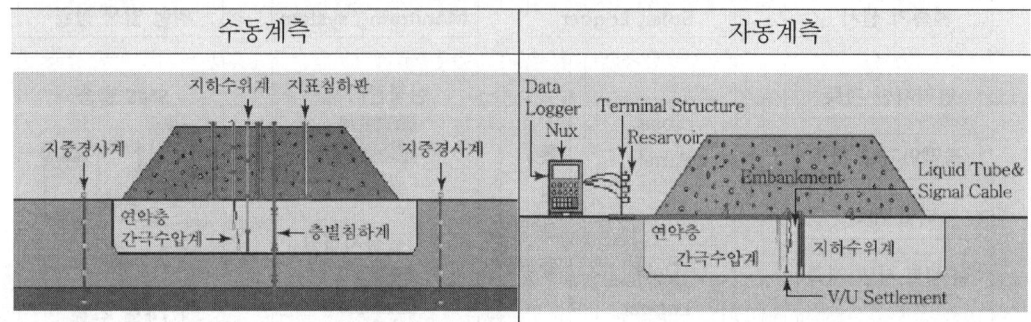

수동계측	자동계측
∘ 실시간 측정 곤란	∘ 기본 시스템 구축 후 실시간 계측 가능
∘ 계측기가 성토면 위에 노출되어 토공장비에 의한 손괴사고 빈번	∘ 성토 중 토공장비에 간섭 받지 않고, 계측기 손괴 없어 데이터 정밀도 확보 가능
∘ 빈번한 손괴로 계측기 재설치 중 토공작업 지연, 데이터 정밀도 저하로 후속공정 차질	∘ 계측기가 sand mat 하부에 설치됨에 따라 다짐작업 취약부가 발생하지 않음
∘ 계측기 주변에 다짐작업 취약부가 발생되어 별도 장비 추가 필요	∘ 자동화 계측관리로 인해 일정 수준의 데이터 정밀도 보장
∘ 측정자의 성실도에 따라 데이터 변동	∘ 장기 및 영구 계측관리에 적합
∘ 단기간 측정에 적합	∘ 정밀한 측정이 요구되는 현장에 적합
∘ 설치 및 자재비가 저렴	∘ 설치 및 자재비가 고가
∘ 측정시간 과다 소요	∘ 측정시간 단축 가능

2. 계측결과의 활용

(1) 계측결과 정리

① 시공자는 시공 중 체계적으로 계측관리를 수행하며, 지반공학분야 특급기술자의 분석결과에 따라 단계별 흙쌓기 높이조정 등 계측결과를 시공에 반영한다.

② 계측결과는 시공 중 일상관리과정에 이용하거나 장래 공사계획에 반영할 수 있도록 정리하고 그 기록을 보존한다.

(2) 계측결과 보고

① 계측결과는 지체 없이 보고한다.

② 현저히 큰 변위가 발생하는 경우, 변위속도가 기준값 이상이거나 수렴하지 않는 경우에는 즉시 감독자에게 보고한다.

(3) 계측기기 취급

① 계측기기를 설치·운반 중에는 파손되지 않도록 신중히 취급하며, 계측기기가 손상된 경우에는 감독자와 협의하여 원래 계측목적을 달성할 수 있도록 재설치 등 필요한 조치를 취한다.

② 손상의 원인이 기기불량, 설치오류, 관리소홀에 있을 때에는 제반 비용을 시공자가 부담해야 한다.

③ 계측기기는 제체하중의 재하 전, 또는 구조물의 구축 전에 설치해야 한다.

Ⅲ. 연약지반의 침하관리 및 안정관리

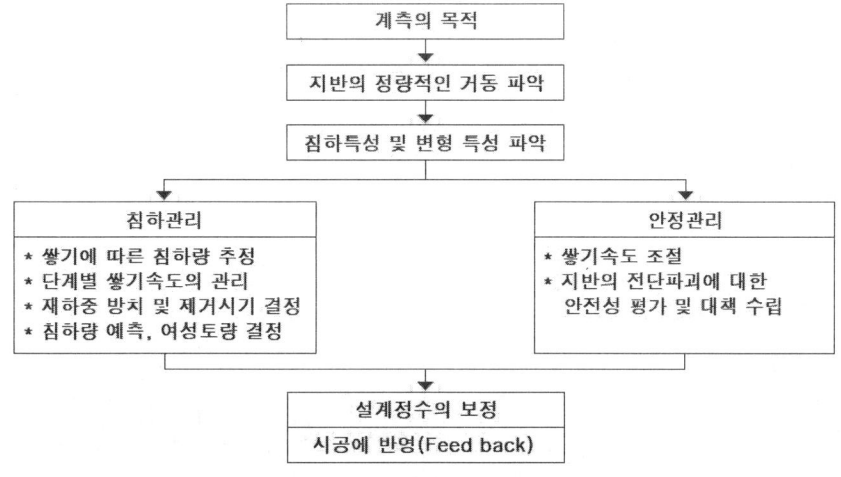

연약지반 계측관리 흐름도

1. 연약지반의 침하관리

(1) 연약지반공법은 설계단계에서 설계법에 대한 가정, 복잡한 토질특성 등을 단순화하여 적용하기 때문에 설계단계 예측값과 추후 시공단계의 실측값이 통상적으로 다르다.

(2) 따라서, 실측 침하곡선에 적합한 곡선식을 도출하여 장래 침하량을 예측한 후, 당초 예측값과 비교·검토하여 시공단계에서 실측 침하량과 불일치하는 경우에 합리적으로 변경해 나가야 한다.

⑶ 침하관리 예측식은 Asaoka법, 쌍곡선법, Hoshino법 등이 쓰인다.

① Asaoka법 $\quad S_i = \beta_0 + \beta_1 S_{i-1}, \ S_f = \dfrac{\beta_0}{1-\beta_1} \quad \theta \quad \beta_i = \tan\theta$

1차원 압밀방정식에 의거 하중이 일정할 때의 침하량을 나타내는 간편식으로, 실측 침하-시간곡선에서 동일 간격의 시간(Δt)에 대응하는 침하량 S_1, S_2, $\cdots S_i$ 를 구하여 (S_1, S_2), (S_2, S_3), $\cdots (S_{i-1}, S_i)$의 점을 찍어(plot), 그 점들을 연결하는 직선을 구하여 침하량을 계산한다.

② 쌍곡선법 $\quad \dfrac{t}{S_t - S_0} = \alpha + \beta t, \ S_t = S_0 + \dfrac{t}{\alpha + \beta t} \ S_f = S_0 + \dfrac{1}{\beta}$

침하의 평균속도가 쌍곡선을 감소한다는 가정 하에 초기의 실측 침하량에 의해 장래 침하량을 예측하는 방법으로, 쌓기 종료 후 실측 침하량을 기초로 시간(t) 와 $t/(S_t - S_0)$의 점을 찍어(plot), 그 점들 중 후반부의 직선구간을 연결하는 직선을 구하여 침하량을 계산한다.

③ Hoshino법 $\quad \dfrac{t}{(S_t - S_0)^2} = \alpha + \beta t, \ S_t = S_0 + S_d = S_0 + \dfrac{AK\sqrt{t}}{\sqrt{1+K^2 t}}, \quad S_f = S_0 A = S_0 \sqrt{\dfrac{1}{\beta}}$

유동변형을 포함한 全침하량은 시간의 평방근에 비례한다는 가정 하에 장래 침하량을 예측하는 방법으로, 쌓기 종료 후 실측 침하량을 기초로 시간(t)와 $t/(S_t - S_0)$의 점을 찍어(plot), 그 점들 중 후반부의 직선구간을 연결하는 미미수 A, K를 구하여 침하량을 계산한다.

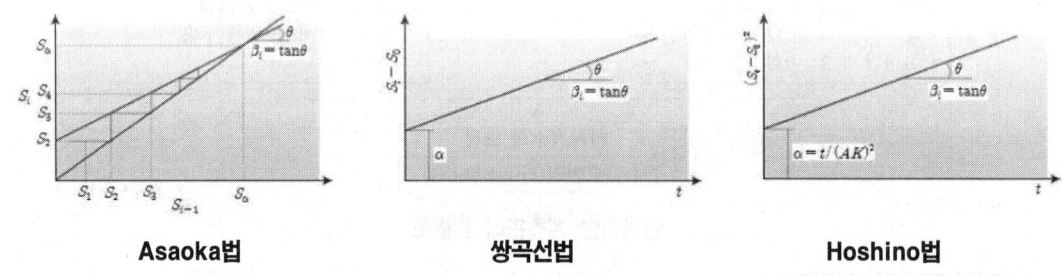

| Asaoka법 | 쌍곡선법 | Hoshino법 |

2. 연약지반의 안정관리

⑴ 쌓기 중앙부의 침하량, 쌓기 비탈면부 끝단의 변형량 및 변형속도로부터 쌓기 비탈면의 안정성을 검토하며, 이때 간극수압의 이상 유무 및 압밀의 진행상황을 함께 확인해야 한다.

⑵ 상기 ⑴항의 측정결과를 근거로 쌓기 비탈면의 안정·불안정 여부를 판단하여 쌓기의 속도제어, 일시중지 또는 일부제거 등 안정대책을 수립한다.

⑶ 안정관리 예측식은 Matsuo-Kawmura법, Tominaga-Hashimoto법, Kurihara법
등이 쓰인다.

① Matsuo-Kawmura법 : 시공 중 측정값을 $\rho \sim \delta/\rho$ 그래프에 표시하여 파괴기준선
에 근접하는지 또는 이격되는지에 따라 안정·불안정을 판단하는 방법

② Tominaga-Hashimoto법 : 쌓기 하중이 적은 초기단계의 ρ와 δ값을 그래프에
표시하여 기준선(E)을 기준으로 안정·불안정을 판단하는 방법

③ Kurihara법 : $\Delta\delta/\Delta t$ 관계를 그래프에 표시하여 관리기준값(과거 관리기준값,
20mm/day)과 비교하여 안정·불안정을 판단하는 방법[235]

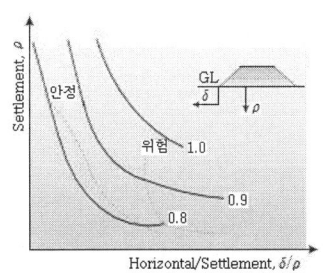

Matsuo-Kawmura법

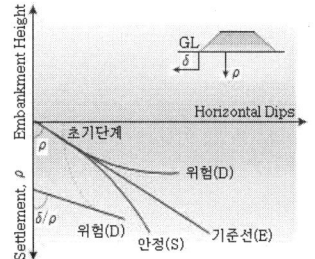

Tominaga-Hashimoto법

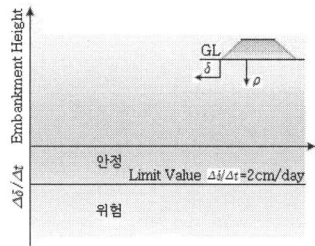

Kurihara법

안정관리 등급

관리등급			Level 1 (안정상태)	Level 2 (주의상태)	Level 3 (이상상태)	Level 4 (한계상태)
관리 기준값	지표 변위	시공 중	-	5mm이상/10일	-	10~100mm/5일
		유지관리	-	100mm이상/10일	5~50mm/5일	10~100mm/5일
	지중 수평변위		-	1mm이상/10일	5~50mm/5일	-
대응계획			◦정상계측 ◦허용변위상태	◦책임자 보고 ◦계측체계 강화 ◦기준값 검토 ◦관리기준 조정	◦해당구간 계측 강화 ◦대책 검토 ◦관리기준 조정	◦시공 중지, 점검 ◦대책공법 실시 후 확인 ◦관리기준 조정

235) 박효성 외, 'Final 토목시공기술사 핵심문제', 예문사, pp.410~414, 2008.
김낙석·박효성, '앞서가는 토목시공학,' 예문사, pp.431~434, 2012.
㈜건설품질시험원, '자동화 계측 시스템 구축', 2008, http://www.cqtc.co.kr/

06. 일반콘크리트

◆**기출문제의 분야별 분류 및 출제빈도 분석**　　　　　　　　　　**06. 일반콘크리트**

분야	063회~115회 분석					최근 5회 분석					계
	063 ~073	074 ~084	085 ~094	095 ~104	105 ~115	116	117	118	119	120	
1. 콘크리트재료	15	4	4	3	5	1		1			33
2. 거푸집·동바리	2	4		2	5	6					19
3. 콘크리트성질	16	12	11	10	9	2	2				62
4. 배합·양생·관리	16	19	11	14	9			3			72
계	49	39	28	32	29	3	2	4			186

◆**기출문제 분석에 따른 학습 중점방향 탐색**

토목시공기술사 필기시험 제63회부터 120회까지 출제되었던 1,798문제(31문항×58차분) 중에서 '06. 일반콘크리트' 분야에서 시멘트·골재·혼화재료, 거푸집과 동바리, 시스템비계, 콘크리트성질, 배합설계, 레미콘, 이음, 양생방법, 유지관리 및 보수·보강 등을 중심으로 186문제(10.3%)가 출제되었다. 종전에는 시공단계에서 콘크리트의 배합설계가 자주 출제되었으나, 최근에는 콘크리트 구조물의 노후화에 따른 보수·보강 관련 문제들이 더 자주 출제되는 추세이다.

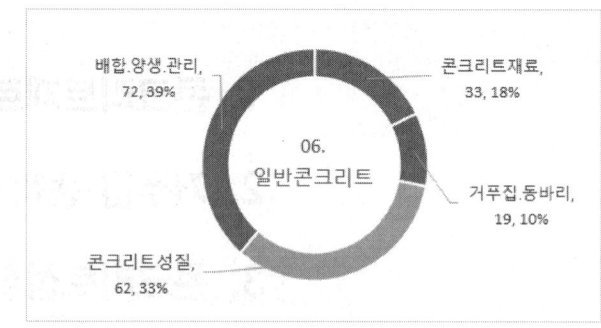

철근콘크리트공학 관련 문제는 기술사 시험 도입 초기부터 지금까지 빠지지 않고 매회 출제되고 있다. 문제는 너무나 방대한 콘크리트를 어느 수준에 맞추어 어느 범위까지 차별화된 답안을 작성하느냐에 따라 합격여부가 판가름 난다는 점이다. 콘크리트 문제가 출제되면 모든 응시자들은 필수문제로 인식하고 모두 쓴다고 보아야 한다. 하지만, 그 답안내용이 대부분 비슷한 수준에서 비슷한 범위에서 기술되기 때문에 대충 쓰면 60점 이상 못 받는다.

토목'시공'기술사 필기시험임을 명심하자. 특히, 콘크리트 문제를 접할 때는 '시공 문제점', '시공 유의사항' 등을 차별화하여 현장경험 중심으로 기술한다. 특정한 건설현장에서 콘크리트공사 관련 근로자가 사망하는 중대재해가 발생되어 언론에 집중보도되는 경우, 국토교통부 주관으로 해당 건설공사의 사고조사위원회를 구성·운영하여 원인분석 및 방지대책을 마련한 후 국토교통부 홈페이지에 보도자료를 통해 공개한다. 이 자료가 곧 콘크리트 출제 예상문제이고 정답이다. 따라서 토목시공기술사 합격답안을 쓰려면 특정한 건설현장 중대재해 사고가 발생되면, 국토교통부 홈피 보도자료를 검색하여 내려받아 정리하기를 권유한다.

06.01 콘크리트

Ⅰ. 시멘트의 발달사

1. 시멘트는 라틴어에서 부순돌(caeder)이라는 의미의 caementum이 cement로 바뀌었다. 즉, 시멘트(cement)는 광의적인 의미에서 물질과 물질 사이를 접합시킬 수 있는 성질을 가진 모든 재료를 뜻한다.

2. 시멘트의 재료는 수경성(hydraulic)과 기경성(non-hydraulic)으로 구분된다. 수경성 시멘트는 포틀랜드(portland)시멘트, 혼합(blended)시멘트 및 특수(special)시멘트로 발달되었다. 시멘트의 결합재로 최초에 사용되었던 물질은 소석고(燒石膏)이다. BC 5000년경에 건설된 이집트 피라미드 석재의 줄눈에 소석고와 모래를 섞은 모르타르가 최초로 사용되었으며, 이 때는 기경성시멘트가 사용되었다.

3. 오늘날 사용되는 시멘트는 1824년 영국의 벽돌공 조셉 애스프딘(Joseph Aspdin, 1779~1855)이 '인조석 제조방법 개량'으로 특허를 받은 포틀랜드시멘트에서 유래되었다. 이 특허는 석회석을 분쇄한 후 구워서 생석회로 만들어 점토를 일정한 비율로 섞고 물을 가하여 다시 미분쇄하여 건조한 것을 소성로(kiln)에 넣어 석회석 중의 탄산가스와 완전히 제거될 때까지 소성(燒成)·미분쇄하여 시멘트를 제조하는 방법이다.

4. 포틀랜드시멘트는 석회석과 점토 등의 원료를 적당히 조합하여 고온에서 소성하면 균질이면서 고강도를 발휘하므로 과거의 소석회 모르타르 또는 천연시멘트보다 우수한 특성이 있어 널리 보급되었다. 포틀랜드시멘트(Portland cement)란 명칭은 건축용 석재로 사용되던 영국 남단부의 포틀랜드섬(Isle of Portland)의 석회석인 포틀랜드 석재(Portland stone)의 색깔이 회백색으로서 시멘트의 색깔과 비슷하여 포틀랜드시멘트라 명명하였다.

5. 우리나라 시멘트는 1919년 연간 생산량 6만 톤 규모의 건식공장을 평양 근교에 건설한 것이 최초이다. 남한에서는 1942년에 8만 톤 규모의 삼척공장이 최초로 완공되었으며, 1945년 대한민국 건국 당시 6개 공장의 총 시멘트 생산능력은 약 170만 톤 정도였다. IMF 금융위기를 겪은 이후 2000대에 접어들면서 총 시멘트 생산량이 약 6,100만톤을 유지하면서 세계 5위권의 시멘트 생산국으로 성장되었다. 현재 북한의 연간 시멘트 생산량은 연간 120.2만톤 수준이다. 남북한의 연간 시멘트 생산량을 직접 비교하면 대한민국은 북한의 19.4배에 이른다.

II. 콘크리트의 발달사

1. 미국의 건축가 골덴버그(Goldenberg)가 어느 강연에서 '19세기 인류가 콘크리트를 개발함으로서 사상의 자류를 가져왔다'고 할 정도로 콘크리트는 건설재료 분야뿐만 아니라 그것을 다루는 인간의 사고까지 많은 영향을 미쳤다.

2. 그러나 고대에 시멘트가 처음 개발될 때는 콘크리트 제조용으로 결합재를 개발하였다기보다는 석재를 접착시키는 접착재로서 또는 외부 마감재로서 시멘트가 개발 사용되었다. 그래서 개발 초기에는 시멘트가 콘크리트 제조에 사용되기보다 석재와 벽돌을 접착시키는 모르타르로서 널리 사용되었다.

3. 포틀랜드시멘트 역시 1824년 개발된 이래 1850년까지 20~30년간은 보강을 고려하지 않은 무근콘크리트로서 주로 사용되었다. 그 당시에는 배합비에 대한 연구가 되지 않았기 때문에 1:2:4 등으로 배합하여 사용되었다.

4. 이 배합비에 대해서 최초의 연구는 자연시멘트 모르타르에 대한 1897년 프랑스의 페리에(Feret)에 의해 이루어졌다. 그는 모르타르의 강도는 물 부피에 대한 시멘트 부피의 비(물-시멘트비는 중량비임)와 공기량에 좌우된다고 결론지었다.

5. 콘크리트는 충분히 습윤 상태에 있어야 강도가 발현된다는 것을 초기부터 알았기 때문에 콘크리트를 타설한 후에 표면 양생을 위해 짚, 흙 등을 덮는 등 여러 가지 방법이 시도되었다. 콘크리트 시공을 위하여 20세기 초반에는 믹서기와 진동다짐기가 등장하였다. 제1차 세계대전 동안 철근콘크리트 배를 건조하기도 하였다.

6. 그 후 무게를 줄이기 위하여 소성 점토를 골재로 한 경량콘크리트가 1918년 미국 하이드(Hayde)에 의해 '하이다이트(Haydite)'로 특허 등록되기도 하였다. 이 하이다이트의 무게는 1,500~1,600kg/cm^3 정도의 경량콘크리트이었다.

III. 철근콘크리트의 발달사

1. 1800년대에 시멘트 개발로 인하여 구조공법에 커다란 변화가 일어났다. 콘크리트 제조의 특성상 석재나 흙벽돌과 달리 콘크리트 내에 다른 재료를 쉽게 배치시킬 수 있는 점에 착안하여 인장에 약한 압축재료에 인장에 강한 인장재료를 배치하기 시작하였으며, 이것이 철근콘크트구조의 탄생이었다.

2. 포틀랜드시멘트가 영국의 애스프딘(Aspdin)에 의해 1824년 개발된 이후, 강재로 보강된 콘크리트가 1832년 영국의 브루넬(Brunel)에 의해 런던의 템즈(Thames)강 터널공사에 처음으로 사용되었다.

3. 한편, 프랑스의 랑보(Lambot)는 1850년 작은 보트를 철근콘크리트로 제작하여 1854년 파리 박람회에 출품하였으며, 1855년 특허를 받았다. 또한, 프러시아의 쾨넨(Koenen)은 철근콘크리트 보 단면의 해석법에 대하여 1886년 논문을 발표하였다.

4. 미국의 하얏트(Hyatt)는 1878년 논문을 발표하여 우리가 지금 알고 있는 바와 매우 비슷하게 다음 5가지 이론을 처음 주장하였다.

(1) 콘크리트의 열팽창계수는 강재와 같다.

(2) 콘크리트의 탄성계수는 강재의 약 1/20이다.

(3) 포틀랜드시멘트콘크리트는 내화성능을 갖고 있다.

(4) 보에 보강재로서 철근을 사용하는 것이 형강을 사용하는 것보다 경제적이다.

(5) 높은 콘크리트 굴뚝에 길이방향 철근과 더불어 횡방향 철근을 사용하는 것이 사용하지 않은 것보다 더 좋다.

5. 1900년대에 들어오면서 구조재료로 널리 사용되고 있는 철근콘크리트에 대하여 국가 차원에서 규정할 필요성이 대두되었다. 1902년 영국에서 최초로 철근콘크리트 구조설계기준이 제정된 후, 각 국에서 구조설계기준을 제정하기 시작하였다.

6. 우리나라는 1962년 최초의 구조설계기준이 제정되었다. 콘크리트 재료의 단점인 인장에 약한 점을 보완하기 위하여 강재에 미리 프리스트레싱(prestressing)함으로써 콘크리트 재료를 유용하게 사용할 수 있는 기법도 20세기 초에 소개되어 오늘날 프리스트레스트콘크리트(prestressed concrete)로 발전되었다.[236]

(1) 장점　◦ 재료의 공급이 용이하고 경제적이다.
　　　　◦ 부재의 형상과 크기를 자유자재로 제작할 수 있다.
　　　　◦ 철근을 콘크리트로 피복 보호하므로 내화성·내구성이 크다.
　　　　◦ 철근과 콘크리트가 일체식으로 되어 내구성·내진성이 크다.
　　　　◦ 목조나 철골조보다 유지관리가 쉽다.

(2) 단점　◦ 콘크리트의 비중이 크므로 구조체의 자중이 커진다.
　　　　◦ 콘크리트의 경화 및 거푸집 존치기간 때문에 공사기간이 길어진다.
　　　　◦ 작업방법, 기후·기온, 양생조건 등이 강도에 큰 영향을 미치므로 구조물 전체의 균일한 시공이 곤란하다.
　　　　◦ 재료의 재사용이 어렵다.

---

236) 한국콘크리트학회, '최신 콘크리트공학', 제1장 콘크리트의 탄생 및 역사, 기문당. pp.15~24, 2011.

06.02 시멘트

I. 개요

1. 포틀랜드시멘트는 석회질 원료와 점토질 원료를 혼합하여 소성(燒成)시킨 클링커 (clinker)에 석고를 첨가하여 분쇄한 것을 말한다.

2. 시멘트는 석회(CaO), 산화제2철(Fe_2O_3), 석고를 첨가한 무수황산(SO_3, 산화유황) 등의 성분으로 구성되어 있다. 시멘트의 종류에는 다음과 같이 포틀랜드시멘트, 혼합시멘트 및 특수시멘트가 있다.

시멘트의 종류

포틀랜드시멘트	혼합시멘트	특수시멘트
1. 보통포틀랜드시멘트 2. 조강포틀랜드시멘트 3. 중용열포틀랜드시멘트 4. 백색포틀랜드시멘트 5. 내황산염포틀랜드시멘트	6. 고로슬래그시멘트 7. 실리카시멘트 8. 플라이애쉬시멘트	9. 알루미나시멘트 10. 초속경시멘트 11. 팽창시멘트

II. 시멘트의 종류별 특징

1. 보통포틀랜드시멘트

(1) 보통포틀랜드 시멘트는 생산량이 많고 성질이 대단히 좋아 가장 많이 사용된다. 설계기준강도(f_{ck})는 재령 7일 및 28일 기준으로 한다.

2. 조강포틀랜드시멘트

(1) 조강포틀랜드시멘트는 분말도가 커서 수화열이 높아 양생기간을 단축할 수 있다. 조강포틀랜드시멘트를 7일 양생하면 보통포틀랜드시멘트를 28일 양생 강도를 얻을 수 있다. 수화열이 많고 수화속도가 빠르므로 한중콘크리트에 적합하다. 조기에 고강도가 요구되는 보수공사와 긴급공사에 쓰인다. 콘크리트 2차 제품 생산에도 쓰인다.

(2) 조강포틀랜드시멘트는 석회와 알루미나(Alumina) 성분이 많다. 특히, 타설 후에 슬럼프(slump) 감소량이 크므로 치수가 큰 구조물에 적용하는 경우에는 냉각양생 방법을 고려해야 한다. 재령경과 후에 고온의 영향을 받으면 압축강도 저하의 원인이 되므로 주의해야 한다.

3. 중용열포틀랜드시멘트

(1) 중용열포틀랜드시멘트는 조기강도는 작으나, 장기강도가 크고, 화학적 저항성이 크고, 내산성이 우수하며, 수화열이 적어 균열 발생이 적다. 매스콘크리트에 적합하여 댐콘크리트에 사용된다.

(2) 중용열포틀랜드시멘트는 알루미나(Alumina) 성분이 작고, 실리카(Silica) 성분이 많다. 배합설계에서 단위수량이 증가하면 강도가 저하될 수 있다. 실리카 성분은 탄산가스에 의한 중성화가 쉽게 발생한다. 동결융해에 대한 저항성은 보통포틀랜드 시멘트보다 불리하다.

4. 백색포틀랜드시멘트

(1) 백색포틀랜드시멘트는 산화철 성분을 줄이고, 시멘트의 주성분인 석회석과 점토를 선정할 때 착색성분이 없는 것을 사용하여 백색으로 만든 시멘트이다. 백색포틀랜드 시멘트는 물과 비빈 후 2~3시간 경과하면 백색이 10% 감소하나, 1주일 경과하면 백색의 원상태로 된다.

(2) 백색포틀랜드시멘트는 보통포틀랜드 시멘트보다 높은 강도를 발휘한다. 특히, 단기강도는 조강포틀랜드시멘트와 거의 비슷하다. 안전지대, 횡단보도, 중앙분리대, 교통관제표지, 구조물, 기념탑, 공원시설 등의 도장공사에 쓰인다. 인조석, 연석, 타일 등의 콘크리트 2차 제품생산에 사용된다.

(3) 백색포틀랜드시멘트는 공장, 창고, 지하실 등의 실내 밝기가 필요한 장소 등에 적합하다. 습기에 약하므로 건조상태로 보관해야 한다. 골재에 오염되거나 다른 재료와 혼합되면 시멘트의 순백이 저하된다. 백색안료의 첨가량은 시멘트 중량의 10% 이하가 적당하다. 시공 후 2일 이내에 5℃ 이하로 저하되는 조건에서는 시공을 피해야 한다.

5. 내황산염포틀랜드시멘트

(1) 내황산염포틀랜드시멘트는 초기강도가 보통포틀랜드시멘트와 비슷하나, 28일 강도는 약 90% 정도이다.

(2) 내황산염포틀랜드시멘트의 특징은 건조수축이 보통포틀랜드시멘트보다 적다는 점이다. 또한, 황산염에 대한 저항성이 우수하여 온천지대, 해안, 항만, 하수도 등의 황산염 토양지대에 많이 쓰인다.

6. 고로슬래그시멘트

(1) 고로슬래그시멘트는 포틀랜드시멘트의 클링커(Clinker)와 고로슬래그에 석고를 첨가 후, 혼합·분쇄하여 만든 시멘트이다. 단기강도가 작고 장기강도가 크며, 팽창이 작고 화학작용 저항성이 크다. 풍화되기 쉽고 비중이 작다.

(2) 고로슬래그시멘트는 해수, 하수, 지하수, 광천수 등에 대한 내침투성이 필요한 구조물에 쓰인다. 응결시간이 다소 빨라 콘크리트 펌프로 압송 시 저항성이 크다. 실리카 성분은 탄산가스에 의한 중성화가 쉽게 발생한다. 동결융해에 대한 저항성이 약하므로 유의해야 한다.

7. 실리카시멘트

(1) 실리카시멘트는 실리카(Silica)를 클링커(Clinker)와 혼합한 후 약간의 석고와 혼합하여 만든 시멘트이다. 실리카가 시멘트 수화과정에서 발생하는 수산화칼슘과 결합하여 불용성(수밀성) 화합물을 생성하는 것을 포졸란(Pozzolan) 반응이라 한다. 천연포졸란에는 규조토, 응회암, 규산백토, 화산재 등이 있고, 인공포졸란에는 플라이애쉬, 소점토 등이 있다.

(2) 실리카시멘트는 조기강도가 작고, 장기강도가 크다. 수밀성이 크고 시공성(workability)이 좋은 콘크리트를 만들 수 있다. 배합설계에서 단위수량이 증가하면 강도가 저하된다. 실리카 성분이 많아 탄산가스에 쉽게 중성화된다. 표면활성제 등의 혼화제가 포졸란에 흡착되면 사용량이 많아진다.

8. 플라이애쉬시멘트

(1) 플라이애쉬(fly ash)는 화력발전소에서 석탄이 1,400~1,500℃로 연소될 때, 고온의 미분탄이 급랭되면서 표면장력에 의해 생성되는 구상(球狀)분말로서, 집진기에 의해 회수한 미세한 입상재료를 말한다.

(2) 플라이애쉬시멘트는 콘크리트의 시공성(workability)이 좋아지며 사용수량을 줄일 수 있다. 수화열이 적고 건조수축도 적다. 초기강도는 다소 작으나 장기강도는 상당히 크다. 콘크리트의 수밀성이 크게 개선된다. 해수에 대한 내화학성이 크다. 산업부산물이므로 값이 싸다. 단위수량을 감소시킬 수 있어 댐 공사에 많이 사용된다.

9. 알루미나시멘트

(1) 알루미나(alumina)시멘트는 알루미늄(aluminium)의 원광석(bauxite)을 뜻하는 알루미나 성분을 석회석과 균일하게 혼합될 때까지 소성(burning)시켜 급랭하여 분쇄한 시멘트이다.

(2) 알루미나시멘트는 조기강도를 높게 낼 수 있어 24시간 양생하면, 보통포틀랜드시멘트 28일 강도를 실현할 수 있다. 해수에 대한 화학적 저항성이 크고, 응결경화 시에 발열량이 대단히 크다. 내화콘크리트용 시멘트에 적합하다.

(3) 대형구조물에서 1회 타설량이 많으면 별도의 냉각양생방법을 고려해야 한다. 물·시멘트(W/C)비는 40~50%가 적당하며, 타설 후의 온도상승에 유의한다. 재령이

경과한 후에도 온도가 높으면 강도가 저하되므로 유의한다.

10. 초속경시멘트

⑴ 초속경(regulated)시멘트는 미국에서 개발된 시멘트로서 응결경화 시간을 임의로 바꿀 수 있는 일명 제트(jet)시멘트를 말한다.

⑵ 초속경시멘트는 응결시간이 매우 짧고 경화할 때는 발열이 매우 크다. 타설 후 2~3시간에 큰 강도를 발휘한다. 알루미나시멘트와 같은 전이현상(轉移現象)이 없다. 긴급공사, 동절기공사, 숏크리트, 그라우팅용, 시멘트 2차 제품용으로 쓰인다. 포틀랜드 시멘트와 혼합사용하지 않도록 유의해야 한다.

11. 팽창시멘트

⑴ 팽창(expansive)시멘트는 수축성을 개선하기 위하여 수화작용 중에 팽창성을 갖도록 만든 시멘트이다. 팽창방법에는 에트린게이트(ettringite), 보크사이트(bauxite) 등의 주원료를 많이 생성시키는 방법, 수산화칼슘의 결정에 의해 팽창시키는 방법 등이 있다.

⑵ 팽창시멘트는 응결, 블리딩(bleeding), 워커빌리티(workability)는 보통포틀랜드시멘트와 비슷하다. 수축률은 보통포틀랜드시멘트보다 20~30% 작다. 균열보수공사에서 그라우팅재로 사용된다. 장경간 구조물에서 프리캐스트 대형 판넬 부재를 제작한다.

⑶ 팽창시멘트를 콘크리트포장에 사용하면 보통포틀랜드시멘트에 비해 균열 발생을 현저히 줄일 수 있어 이음 없이 타설할 수 있다. 비빔시간이 길어지면 팽창률이 저하된다. 아직 기술개발단계이므로 적용할 때 검토가 필요하다.

Ⅲ. 시멘트 풍화(風化)에 따른 감열감량(强熱減量)

1. 용어 정의

⑴ 시멘트의 풍화(風化, aeration)란 저장 중인 시멘트가 공기 중에 존재하는 수분을 흡수하면서 경미한 수화작용을 일으킴과 동시에 공기 중의 탄산가스를 흡수하여 풍화하는 현상을 말한다.

⑵ 시멘트가 풍화되면 비중이 감소되고, 강열감량(强熱減量, loss ignition)이 증가되며, 응결이 지연되어 압축강도의 발현시기가 늦어진다.

⑶ 강열감량이란 분석화학에서 시료의 일정량을 1,000~1,200℃로 가열하여 시료 속의 휘발성 성분과 열분해될 수 있는 성분이 제거되고 남아 질량이 일정한 값이 될 때까지의 감량을 시료에 대한 백분율로 나타낸 양이다.

2. 시멘트의 풍화작용

$$CaO + H_2O \rightarrow Ca(OH)_2$$

$$Ca(OH)_2 + CO_2 \rightarrow CaCO_3 + H_2O$$

3. 시멘트의 풍화시험

⑴ 시멘트 시료 1g을 백금 도가니에 넣고 900~1,000℃의 온도로 가열시킨 후, 무게를 측정한다. 이때 감량된 무게의 비를 강열감량이라 한다.

$$강열감량(1g, \text{loss}) = \frac{감량(g)}{시료의\ 무게(g)} \times 100(\%)$$

4. 풍화된 시멘트 비중의 특성

⑴ 강열감량이란 시멘트를 950±50℃로 가열할 때의 중량 감소량을 말하며, 정상적인 품질상태에서 시멘트의 평균비중은 3.15이다.

⑵ 규조토(silica)와 산화철 성분이 많을수록 시멘트의 비중은 증가한다.

⑶ 수경률이 높을수록 시멘트의 비중은 증가한다.

⑷ 혼합시멘트의 경우 혼화재 첨가량이 많을수록 시멘트의 비중은 감소한다.

⑸ 시멘트가 풍화될수록 비중이 감소되어 강열감량이 증가한다.

5. 시멘트 강열감량의 특성

⑴ 시멘트는 수경성 광물로 구성되어 있어, 수분과 공기에 노출되면 서서히 풍화되면서 강열감량이 증가된다.

⑵ 시멘트는 풍화와 중성화에 의해 강열감량이 증가되기 때문에 강열감량은 시멘트가 어느 정도 풍화되고 중성화되었는지 판단하는 기준이 된다.

⑶ 1종 보통포틀랜드시멘트에서 강열감량은 3% 이하로 규정하고 있다.

6. 시멘트 강열감량의 영향

⑴ 강열감량이 높아지면 시멘트는 안정성이 저하되고 비중이 감소된다.

⑵ 강열감량이 너무 높으면 시멘트가 풍화된다.

⑶ 고온다습할수록, 중성화될수록, 강열감량이 증가된다.

⑷ SO_3가 너무 많으면, 강열감량이 증가되고 콘크리트 체적이 팽창된다.

⑸ SO_3가 너무 적으면, 강열감량이 감소되고 콘크리트 응결이 촉진된다.

Ⅳ. 시멘트 풍화(風化)에 따른 응결지연(凝結遲延)

1. 용어 정의

⑴ 시멘트의 응결지연이란 풍화, 온도조건, 유기물 혼입 등의 영향으로 표준응결시간

(2~10시간)이 지난 상태에서 응결·경화하는 현상을 말한다. 즉, 시멘트풀이 소정의 반죽질기를 유지하고 있는 상태에서 수화반응에 따른 밀도의 증가로 점차 유동성을 상실하면서 경화되어 가는 과정을 말한다.

⑵ 시멘트의 초결(initial set)은 혼합 후 2시간 이내 응결이 시작되며 이때 온도가 급상승한다. 시멘트의 종결(final set)은 혼합 후 10시간 이내 응결이 종료되며 이 과정에 최고온도에 도달한다.

2. 응력지연 문제점

⑴ 시멘트의 표준응결시간 이내에 응결되지 않고 초결반응이 지연되면, 콘크리트의 강도 발현이 지연된다.

⑵ 굳지 않은 콘크리트의 수화반응속도가 촉진되면 수화열이 증가되어 소성수축균열, 온도균열이 발생된다.

⑶ 굳지 않은 콘크리트의 수화반응속도가 지연되면 강도발현이 둔화되고 초기균열(hair crack), 콜드조인트(cold joint)가 발생된다.

⑷ 굳은 콘크리트 구조물의 강도가 저하된다.

3. 응결지연 방지대책

⑴ 타설 과정에 유기물, 금속염화물, 석고 등의 혼입 여부를 확인한다.

⑵ 배합설계에서 적절한 성능을 가진 혼화제를 첨가한다.

⑶ 운반 또는 타설 중에 가수(加水)를 절대 금지한다.

⑷ 타설 후 거듭 비비기를 시행하여 시멘트의 응결, 재료분리를 방지한다.

⑸ 적절한 습윤양생, 온도제어양생을 실시한다.[237]

---

237) 김낙석·박효성, '실무중심 건설적산학', 피앤피북, pp.197~202, 2016.

06.03 골재

골재의 성질, 흡수율과 유효흡수율, 잔골재율(s/a), 조립률(FM), 입도분포곡선 [9, 2]

Ⅰ. 개요

1. 골재란 콘크리트 제조과정에 시멘트와 물을 반죽한 시멘트풀에 혼합되는 모래, 자갈, 부순돌 등을 말한다. 골재의 역할은 ▲부피를 증가시키는 증량재, ▲기상변화에 대응하는 안정재, ▲마모 등 침식에 저항하는 내구재 등을 들 수 있다.

2. 콘크리트에 사용되는 골재의 경우에 직경 5mm 이하는 잔골재, 5mm 이상은 굵은골재로 구분한다. 콘크리트에서 골재는 콘크리트 체적의 70% 이상을 차지하므로 시공성, 경제성 및 완성된 콘크리트의 품질특성에 미치는 영향이 매우 크다.

3. 골재의 체가름 시험은 골재의 입도, 조립률, 굵은골재 최대치수 등을 구하기 위하여 실시한다. 골재의 체가름 시험을 통하여 콘크리트의 배합설계에 필요한 잔골재율, 단위수량, 공기량 등을 결정하여, 골재의 품질을 관리한다.

Ⅱ. 골재의 분류

1. 생산방식에 따른 분류

(1) 천연골재 : 하천골재, 바다골재, 부순골재

(2) 인공골재 : 인공경량골재

(3) 부산물골재 : 슬래그

(4) 재생골재(순환골재)

2. 채취장소에 따른 분류

(1) 강모래, 강자갈

(2) 산모래, 산자갈

(3) 바다모래, 바다자갈

3. 직경에 따른 분류

(1) 잔골재 : 5mm체에 중량으로 85% 이상 통과한 골재

(2) 굵은골재 : 5mm체에 중량으로 85% 이상 남는 골재

4. 비중에 따른 분류

(1) 경량골재 : 비중 2.0 이하

(2) 보통골재 : 비중 2.0~2.6

(3) 중량골재 : 비중 2.6 이상

4. 광물조성에 따른 분류

(1) 실리케이트계 골재 : 주로 규조토(silica) 성분으로 구성

(2) 탄산염계 골재 : 주로 석회성분으로 구성

(3) 황산염계 골재 : 주로 유황성분으로 구성

Ⅲ. 골재의 특성

1. 골재의 함수상태

(1) 절건상태(절대 건조상태)

① 건조로에서 105±5℃ 온도로 일정한 무게가 될 때까지 완전건조시킨 상태

② 골재의 품질기준, 함수상태를 평가하는 기준이다.

(2) 기건상태(공기 중 건조상태)

① 건조한 실내에서 일정한 무게가 될 때까지 건조시킨 상태

② 입자표면은 물론이고 내부도 일부 건조된 상태로서 유효흡수량, 유효흡수율을 산정하는 기준이다.

(3) 표건상태(표면건조 포화상태)

① 입자표면에는 물기가 없고, 입자 내부의 빈틈은 물로 채워진 상태

② 콘크리트의 시방배합과 현장배합 결정에 적용된다.

(4) 습윤상태

① 골재 입자내부가 물로 채워져 있고, 입자표면의 표면에도 물기가 있는 상태

② 콘크리트의 표면수량, 표면수율을 결정에 적용된다.

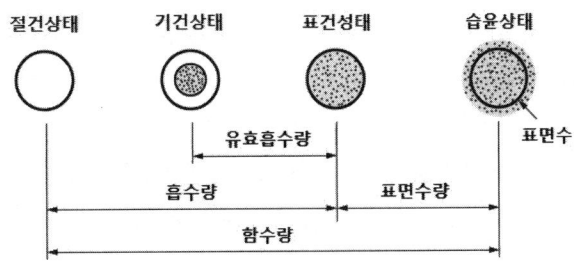

골재의 함수상태

2. 골재의 수량

(1) 함수량 : 골재 입자의 내부에서 함유하고 있는 모든 물의 양

$$함수율 = \frac{습윤상태 - 절건상태}{절건상태} \times 100(\%)$$

(2) 흡수량 : 절건상태에서 표면건조 포화상태로 되기까지 흡수된 물의 양

$$흡수율 = \frac{표면건조\ 포화상태 - 절건상태}{절건상태} \times 100(\%)$$

(3) 유효흡수량 : 기건상태에서 표면건조 포화상태로 되기까지 흡수된 물의 양

$$유효흡수율 = \frac{표면건조\ 포화상태 - 기건상태}{기건상태} \times 100(\%)$$

(4) 표면수량 : 골재의 표면에 묻어 있는 물의 양, 함수량에서 흡수량을 뺀 값

$$표면수율 = \frac{습윤상태 - 표면건조\ 포화상태}{표면건조\ 포화상태} \times 100(\%)$$

3. 골재의 비중

(1) 비중 산정방법

① $절건비중 = \dfrac{절건중량}{표건용적}$: 골재의 품질기준 결정 시 사용

② $표건비중 = \dfrac{표건중량}{표건용적}$: 콘크리트의 배합 결정 시 사용

(2) 비중 적용기준

① 골재의 비중은 하천골재(2.5) > 산골재(2.3) > 인공골재(1.3) 순이다.

② 시방배합 결정과정에 일반골재는 표건비중을 사용하고, 경량골재는 절건비중을 사용한다. 잔골재와 굵은골재의 절건비중은 2.5 이상을 사용한다.

IV. 골재의 체가름(조립률) 시험

1. 적용범위

(1) 콘크리트에 사용하는 굵은골재 및 잔골지의 체가름 시험방법은『한국산업규격, 골재의 체가름 시험 방법(KS F 2502)』의 규정에 따른다.

(2) 골재의 체가름 시험 방법에서 사용되는 체의 치수는 『한국산업규격, 골재에 관한 용어의 정의(KS F 2523)』의 호칭 치수에 따른다.

(2) 골재의 체가름 시험 방법 자료는 e나라표준인증(http://standard.go.kr), 건설기술정보시스템(http://www.codil.or.kr)에서 검색할 수 있다.[13]

2. 시험목적

(1) 본 실험은 골재의 입도상태를 조사하기 위하여 실시한다.

(2) 골재의 입도는 콘크리트의 워커빌리티에 미치는 영향이 크다. 또한, 골재의 입도가 적당하면, 공극율이 축소되어 단위용적중량이 크고, 시멘트가 절약되며, 강도가 커지고, 수밀성, 내구성, 내마모성 등을 지닌 경제적인 콘크리트를 얻을 수 있다.

(3) 골재의 입도는 체 통과율, 잔류율 등으로 표시되지만 체 통과율에 따라 골재의 크기

를 알 수 있다.

(4) 골재의 입도(粒度), 입경(粒徑)을 조사하면 콘크리트에 사용 골재로서 적당한가를 판단할 수 있으며, 콘크리트 배합설계를 할 때 자료로 이용할 수 있다.

3. 시험기구

(1) 저울

① 시료 무게의 0.1% 이상을 측정할 수 있는 정밀도를 가진 것으로 한다.

② 시료 무게는 골재 크기에 따라 달라지므로 1개의 저울로만 측정하는 것은 곤란하다.

(2) 체의 종류

① 체의 종류는 망체와 판체를 사용한다.

    ○ 망체의 망은 황동 또는 청동의 철사를 직각으로 짠 것이다.

    ○ 판체는 황동, 청동 등의 금속판에 수직으로 원공을 뚫은 것이다.

② 잔골재용 및 굵은골재용 체의 종류에는 망체와 판체가 있다.

③ 체의 형틀은 원형을 이루고 있으며, 안지름은 200mm, 상면부터 체면까지의 깊이는 60mm이다.

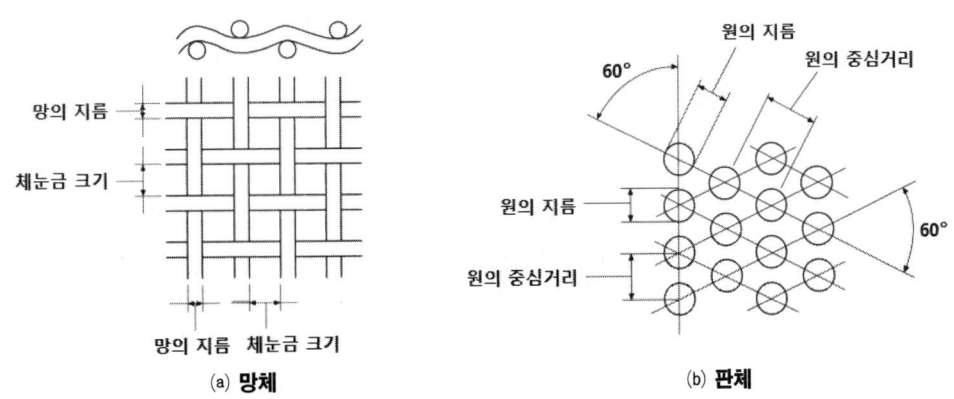

골재 체가름 시험 체의 종류

(3) 체 진동기(sieve shaker)는 상하 및 수평운동을 하여 체 진동을 할 수 있는 것으로, 전동식과 수동식이 있다.

(4) 체 건조기는 05℃±5℃의 온도를 유지할 수 있는 것을 사용한다.

(5) 기타 시료분취기(sample splitter), 삽(shovel) 등이 필요하다.

KS A 5101에 규정하는 표준망체

잔골재용			굵은골재용		
KS 명칭	부름치수	기준치수	KS 명칭	부름치수	기준치수
No.100	0.15mm	150μm	10mm체	10mm	9.5mm
No. 50	0.3mm	300μm	15mm체	15mm	16mm
			20mm체	20mm	19mm
No. 30	0.6mm	600μm	25mm체	25mm	26.5mm
			30mm체	30mm	31.5mm
No. 16	1.2mm	1.18mm	40mm체	40mm	37.5mm
No. 8	2.5mm	2.36mm	50mm체	50mm	53mm
			65mm체	65mm	63mm
No. 4	5mm	4.75mm	75mm체	75mm	75mm
			100mm체	100mm	106mm

4. 시료

(1) 시료는 대표적인 것을 채취하여 4분법 또는 시료 분취기로 거의 정해진 양이 될 때까지 축분한다. 그 양은 건조 후에 원칙적으로 다음 표와 같은 양을 표준으로 한다.

(2) 시료를 105℃±5℃ 온도에서 일정 무게가 될 때까지 건조한다.

(3) 5000g 또는 그 이상 시료에 대하여는 지름 40cm 또는 그 이상의 체를 사용하는 것이 좋다.

골재의 체분석 시험에 사용되는 시료의 양

골재 종류	구분	시료의 양
잔골재	1.2mm 체를 중량비로 95% 이상 통과하는 것	100g
	1.2mm 체에 중량비로 5% 이상 잔류하는 것	500g
굵은골재	최대치수 10mm정도	1kg
	최대치수 15mm정도	2.5kg
	최대치수 20mm정도	5kg
	최대치수 25mm정도	10kg
	최대치수 40mm정도	15kg
	최대치수 50mm정도	20kg
	최대치수 60mm정도	25kg
	최대치수 80mm정도	30kg

5. 시험방법

(1) 표준 체는 표준입도를 고려하여 아래와 같이 사용하며, 체의 눈이 가는 것을 밑에 놓고 시험을 시작한다.

① 잔골재용은 No.100(0.15㎜), No.50(0.3㎜), No.30(0.6㎜), No.16(1.2㎜), No.8(2.5㎜) 및 No.4(5㎜) 체를 1개 조로 사용한다.

② 굵은골재용은 2.5㎜, 5㎜, 10㎜, 15㎜, 20㎜, 25㎜, 40㎜ 및 50㎜ 체를 1개 조로 사용한다.

(2) 체가름은 체에 상하운동 및 수평운동을 주어 시료를 흔들어서 시료가 끊임없이 체면을 균등하게 운동하도록 한다.

① 1분 동안에 각 체에 걸리는 시료량의 1% 이상이 그 체를 통과하지 않게 될 때까지 작업을 한다.

② 기계를 사용하여 체가름한 경우에는 다시 손으로 체가름하여 1분 동안의 각 체통과량이 위의 값보다 작아진 것을 확인하여야 한다.

(3) 체가름이 끝난 후 각 체에 남는 시료의 무게를 0.1%까지 정확히 측정한다.

① 체의 눈에 끼인 입자는 분쇄되지 않도록 주의하면서 다시 빼고 체에 걸린 시료로 간주한다.

② 체의 눈에 남아있는 중량을 측정하고 이어서 다른 체의 눈에 남아 있는 것을 첨가하여 중량을 잰다. 그 이후에도 이처럼 각 중량의 차이에서 각각의 체에 남아 있는 중량을 계산한다.

(4) 주의사항

① 시료의 무게는 건조될 때 감량된다는 것을 고려하여 완전히 건조된 상태에서 시험한다.

② 체가름 시험 중에 분쇄될 가능성이 있다고 판단되는 골재는 기계로 체가름하도록 한다.

③ 체가름할 때 어떤 경우든지 시료편을 손으로 눌러 통과시키면 아니 된다.

④ 체가름할 때 1분간의 통과율이 그 체에 남아있는 시료무게의 1%이하가 될 때까지 규정하지만, 실제는 통과율이 없을 때까지 체가름하도록 한다.

⑤ 어떤 경우라도 체가름 작업이 끝났을 때에 체면적 $1cm^2$당 0.6g 이하의 시료가 남아 있으면 아니 된다.

⑥ 시험은 2회 이상을 실시하고 그 결과를 평균치로 구한다.

⑦ 잔골재의 경우 No.200(0.08㎜) 체를 통과하는 량은 KS F 2511(골재씻기 시험방법)에 의하여 정한다.

6. 시험결과의 계산

(1) 계산방법

① 시료 전체 무게에 대한 백분율로 소수점 이하 첫째 자리까지 계산한다.

(2) 표시방법

① 각 체를 통과하는 시료의 전중량에 대한 백분율(%) : 통과율

② 각 체에 잔류하는 시료의 전중량에 대한 백분율(%) : 각 체 잔류율

③ 규정된 한 벌(set)에 잔류하는 시료의 중량 백분율(%) : 누가잔류율

④ 조립률(F.M)을 구한다.

- 조립률(F.M)은 80mm, 40mm, 20mm, 10mm, No.4(5mm), No.8(2.5mm), No.16 (1.2 mm), No.30(0.6mm), No.50(0.3mm) 및 No.100(0.15mm) 체에 남는 골재의 모든 골재에 대한 중량백분율의 누계 합계를 100으로 나눈 값이다.

- 조립률(F.M) $= \dfrac{누가잔류율(\%)\ 합계}{100}$

⑤ 잔골재 조립률(Ms)과 굵은골재 조립률(Mg)의 중량비가 m:n의 비율로 혼합된 경우에 조립률(Ma)은 다음과 같이 산출한다.

- 조립률(Ma) $= \dfrac{m}{m+n}M_s + \dfrac{n}{m+n}M_g = rM_s + (1-r)M_g$

  여기서, $r = \dfrac{m}{m+n}$ 이며, 골재 입자가 큰 것이 많을수록 조립률(Ma)이 크다.

⑥ 시험결과는 횡축에 체치수(체번호), 종축에 통과율(잔류율)로 표시한다.

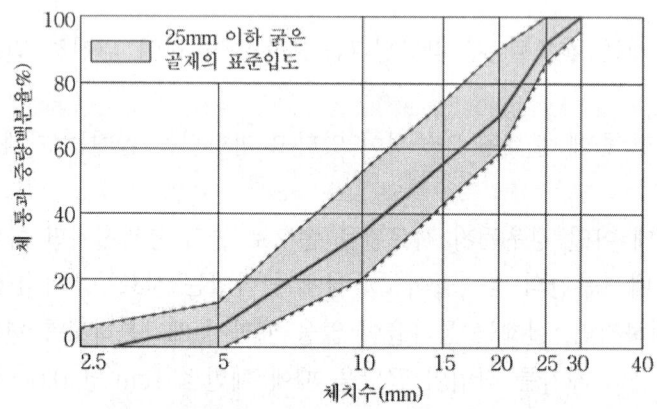

굵은골재의 체가름 시험결과의 예

7. 체가름 시험에 관한 참고자료

(1) 체의 [No] 의미는 1inch의 1변을 몇 등분하는가를 나타낸 것이다. 예를 들면, No.4 체는 1inch 눈금을 4등분(면적은 1inch^{2}를 16등분)하는 체로 2.54÷4=0.635mm이지

만, 망의 지름을 빼면 체눈금 크기는 4.76㎜이다.

(2) 채취된 시료를 '4분법' 또는 '시료분취기에 의한 법'으로 분할한다.

① 4분법

○ 건조한 시료를 철판 위에 놓고 충분히 혼합한 후 삽(shovel)으로 원추형을 만들고 일정한 두께의 원으로 편다. 이 원형 시료를 직교하는 두 지름으로 4분하여 4분한 시료 중 마주보는 대각방향의 2개만을 시료로 채취한다.

○ 단, 남아있는 시료가 시험에 필요한 양의 2배 이상되면 다시 분취한다.

② 시료분취기에 의한 법

○ 시료분취기는 잔골재용과 굵은골재용이 있으며, 시료분취기 하부는 서로 엇갈리는 두 개의 구멍으로 되어 있어 골재가 두 방향으로 분리되어 떨어진다.

○ 시료분취기에 넣어 2등분된 시료 중 한쪽 것으로만 시험한다.

○ 단, 2등분된 시료가 시험에 필요한 양보다 많을 경우에는 다시 시료분취기에 넣어서 필요한 양이 될 때까지 분할한다.

(3) 굵은골재 및 잔골재

① 굵은골재 : 체 규격 5㎜체에서 중량비로 85% 이상 남는 골재

① 잔골재 : 체 규격 5㎜체에서 중량비로 85% 이상 통과하는 골재

(4) 굵은골재의 최대치수는 중량으로 90% 이상 통과하는 체눈의 공칭치수를 말한다.

① 골재의 표시방법은 다음 표와 같이 골재의 중량을 90%이상 통과시키는 체 중에서 가장 작은 체의 크기로 한다.

골재의 표시방법

골재의 크기		통과중량 백분율
굵은골재	40㎜ 이하	40㎜체에 90% 이상 25㎜체에 90%미만
	25㎜ 이하	25㎜체에 90% 이상 20㎜체에 90%미만
	20㎜ 이하	20㎜체에 90% 이상 15㎜체에 90%미만
	15㎜ 이하	15㎜체에 90% 이상 10㎜체에 90%미만
잔골재	5㎜ 이하	5㎜체에 90% 이상 2.5㎜체에 90%미만
	2.5㎜ 이하	2.5㎜체에 90% 이상 1.2㎜체에 90%미만
	1.2㎜ 이하	1.2㎜체에 90% 이상 0.6㎜체에 90%미만

8. 골재의 체가름 시험 결과에 따른 조립률 (F.M) 계산 예

(1) 다음 표에서 진한 색 체번호 각체에 남는 양을 대상으로 조립률(F.M)을 계산한다.

$$\text{굵은골재의 조립률(F.M)} = \frac{0+5+40+87+(100\times600)}{100} = 7.32$$

골재의 체가름 시험 결과

체번호		굵은골재			잔골재		
		각체에 남는 양의 누계		통과량	각체에 남는 양의 누계		통과량
		(g)	(%)	(%)	(g)	(%)	(%)
80㎜		0	0	100			
50㎜		250	2	98			
40㎜		750	5	95			
30㎜		1500	10	90			
25㎜		3500	23	77			
20㎜		6000	40	60			
15㎜		9000	60	40			
10㎜		13000	87	13			
No.4	(5㎜)	15000	100	0	25	5	95
No.8	(2.5㎜)	15000	100	0	75	15	85
No.16	(1.2㎜)		100		145	29	71
No.30	(0.6㎜)		100		245	49	51
No.50	(0.3㎜)		100		445	89	11
No.100	(0.15㎜)		100		500	100	0
접 시					500	100	0
합 계				100			100

(2) 이 골재의 체가름 시험 결과, 골재의 입도분포곡선은 다음 그림과 같다.

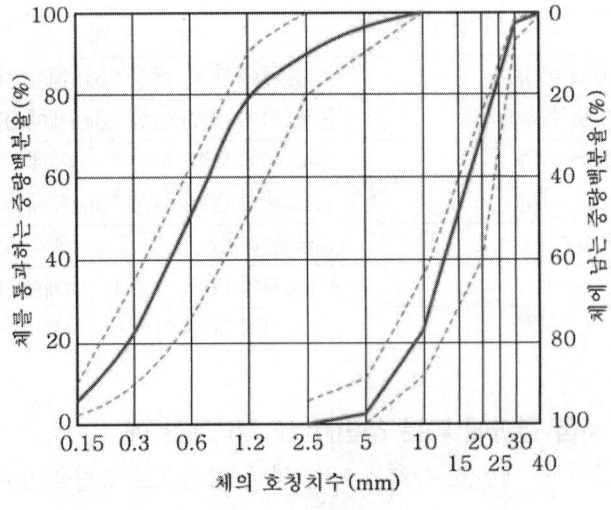

주) 무근·철근콘크리트 표준입도의 범위 30~5mm 기준

골재의 입도분포곡선 예

778

Ⅵ. 콘크리트용 골재

1. 잔골재

(1) 용어 정의

① 잔골재란 표준체 기준 10mm체를 전부 통과하고 4.76mm체를 거의 다 통과하며 0.074mm체에 거의 남는 골재로서, 입경 5mm 이하의 것을 말한다.

(2) 잔골재율

① 잔골재율(S/a)이란 (시멘트와 물의 관계는 제외한 상태에서) 모래와 자갈 간의 혼합비율을 말하며, S/a가 작다면 자갈이 많고, S/a가 크다면 모래가 많은 상태이다. 이는 콘크리트의 워커빌리티, 강도·내구성·경제성에 영향을 준다.

② 잔골재율(S/a)의 판정은 다짐계수시험, Vee-Bee시험 등을 병용할 수 있으나, 주로 슬럼프시험에 의한 육안관찰로 경험요소에 따르게 된다.

(3) 잔골재의 유해물 함유량

① 골재의 불순물이란 먼지, 점토덩어리, 실트, 움모질, 니탄질, 부식토 등의 유기물 및 화학염류 등을 말한다.

② 골재에 해로운 유해물이 많이 포함되면 골재의 부착력과 시멘트의 수화작용이 나빠지고 콘크리트의 반죽에 필요한 수량이 많아지며 강도·내구성·안정성 등을 해치고 콘크리트가 응결할 때 수화작용에 필요치 않은 물과 함께 표면에 떠올라 물의 층을 형성하는 레이탄스(laitance)가 생긴다.

③ 따라서 골재를 사용할 때는 깨끗하게 보이는 골재라도 물로 씻어 사용하는 것이 좋다. 그러나 깨끗하고 미세한 적당량의 실리카(Silica)는 콘크리트의 작업성(workability)을 좋게 하며 강도를 증진시킨다.

잔골재의 유해물 함유량의 한도(중량 백분율)

잔골재 종류	최대치	품질기준
점토덩어리	1.0	시료는 골재씻기시험(0.008체 통과량) 후에 체에 남는 것을 사용한다.
No.200체 통과량 ∘ 콘크리트의 표면이 마모작용을 받는 경우 ∘ 기타의 경우	3.0 5.0	부순모래·고로슬래그 잔골재의 0.008체 통과량이 돌가루연 경우 최대치를 각각 5%와 7%로 해도 좋다.
석탄, 갈탄 등으로 비중 2.0 액체에 뜨는 것 ∘ 콘크리트의 외관이 중요한 경우 ∘ 기타의 경우	0.5 1.0	고로슬래그 잔골재에는 이 기준을 적용하지 않는다.

2. 굵은골재

(1) 용어 정의

① 굵은골재는 체규격 5mm 표준망체에서 85% 이상 남는 골재를 말한다.

② 굵은골재 최대치수는 중량으로 90% 이상 통과시키는 체 중에서 최소치수의 체 눈을 체의 호칭치수로 나타낸다.

③ 굵은골재 최대치수가 커지면 단위수량과 잔골재율이 감소하여 강도가 증가하나 시공연도가 나빠진다.

(2) 굵은골재 구비조건

① 견고해야 하며 모양이 구형에 가까울 것

② 밀도가 높고 물리적·화학적 성질이 안정될 것

③ 풍화되지 않고 시멘트풀(cement past)와 부착력이 좋을 것

④ 내구성·내화성이 양호할 것

(3) 굵은골재 최대치수

① 시방규정

구조물의 종류	굵은골재 최대치수(mm)
일반적인 구조물의 경우	20 또는 25
단면이 큰 구조물의 경우	40
무근콘크리트 구조물의 경우	40 또는 부재치수의 1/4 이내

② 굵은골재 최대치수가 콘크리트에 미치는 영향

○ 굵은골재 최대치수(G_{max})가 커지면 시멘트 페이스트량(단위시멘트량, 단위수량)을 감소시키기 때문에 강도·내구성·경제성에서 유리하다.

○ G_{max}를 크게 하는 것이 유리하지만, 압축강도 40MPa 이상의 고강도 콘크리트에서는 오히려 G_{max}를 크게 할수록 시멘트량이 증대되며, 골재의 혼합·취급이 곤란해져 재료분리가 생기기 쉽다. 따라서, G_{max}는 구조물 종류, 철근 간격, 시공기계 등을 고려하여 결정한다.

○ 굵은골재 최대치수(G_{max})가 40mm를 초과하면 물-시멘트비의 감수(減水)로 인한 강도증가 효과는 시멘트 페이스트와의 접촉면적 부족에 따른 불연속성으로 인한 강도감소 효과에 의해 상쇄된다.

○ 따라서, G_{max}가 40mm를 초과하면 부배합 콘크리트에서는 강도가 오히려 감소하고, 빈배합 콘크리트에서만 강도가 증가한다.[238]

---

238) 한국시설안전공단, '콘크리트용 골재', 시설안전교육센터 정밀안전진단과정, 2018.

06.04 골재의 생산(Crusher)

임팩트 크러셔(Impact crusher) [1, 0]

Ⅰ. 개요

1. 골재를 생산하는 크러셔 플랜트(crusher plant)는 석산에서 채굴한 원석을 적정한 크기로 파쇄하여 자갈이나 모래를 생산하는 기계이다.

2. 크러셔는 는 경질 및 고강도의 원석을 파쇄하는 기계이므로 건설기계의 구비조건 중에서 특히 큰 충격과 큰 하중에 견딜 수 있는 내구성이 가장 중요하다.

3. 따라서 크러셔 선정 시 원석의 파쇄공정, 생산하려는 골재입경 등을 고려하여 적당한 형식의 크러셔 기종을 선택해야 한다.

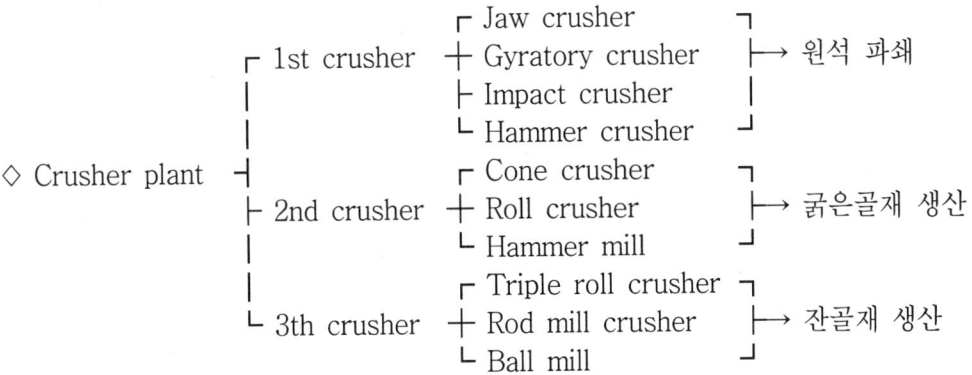

크러셔 플랜트의 종류

Ⅱ. 크러셔 플랜트

1. 크러셔 플랜트에서 골재 혼합비 산출방법

(1) 시산법

(2) 연립방정식을 이용하는 방법

(3) 도표를 사용하는 방법

(4) 중량 배합법

2. 크러셔 플랜트에서 발생하는 공해 방지대책

(1) 소음–방음벽 설치

(2) 분진–분진망 설치

(3) 탁수–정수시설 설치

3. 크러셔 플랜트의 특징

(1) 강대한 하중과 충격하중을 받으므로 가혹한 사용조건에 견뎌야 한다.

(2) 골재를 경제적으로 생산해야 하므로 여러 종류가 다양하게 필요하다.

(3) 쇄석할 때 사용되는 힘은 압축, 충격, 휨, 전단, 비틀림, 마멸 등이다.

(4) 이 힘들은 단독보다 2개 이상의 힘을 조합하여 동시에 사용된다.

Ⅲ. 크러셔 플랜트의 종류

1. First crusher

⑴ Jaw crusher : 고정판과 요동판의 압축력에 의하여 원석을 파쇄한다. 2가지 형식이 있다. Single toggle type은 단단한 암석 파쇄용으로, 소규모에서 대규모 플랜트에 이르기까지 사용범위가 넓다. Double toggle type은 구조가 간단하고 경량이지만 파쇄비가 크다.

⑵ Gyratory crusher : 파쇄두부의 압축과 회전에 의하여 원석을 파쇄한다. Jaw crusher에 비해 진동이 적고, 연속 파쇄가 가능하다. 다른 파쇄기에 비해 적은 동력으로 같은 용량을 파쇄하여 경제적이다. 대용량의 파쇄플랜트, 특히 항구설비의 1차 및 2차 파쇄에 적합하다.

⑶ Impact crusher : 충격판의 고속회전에 의해서 원석을 파쇄한다. 회전체의 회전수를 조정하여 잔골재에서 굵은골재까지 생산할 수 있다. 마모가 심하고 규소분이 많은 원석의 파쇄에는 부적합하다.

⑷ Hammer crusher : Impact crusher의 충격판 대신 장방형 hammer를 장착한 설비이다. Impact crusher보다 입경이 더 작은 잔골재 생산에 사용된다.

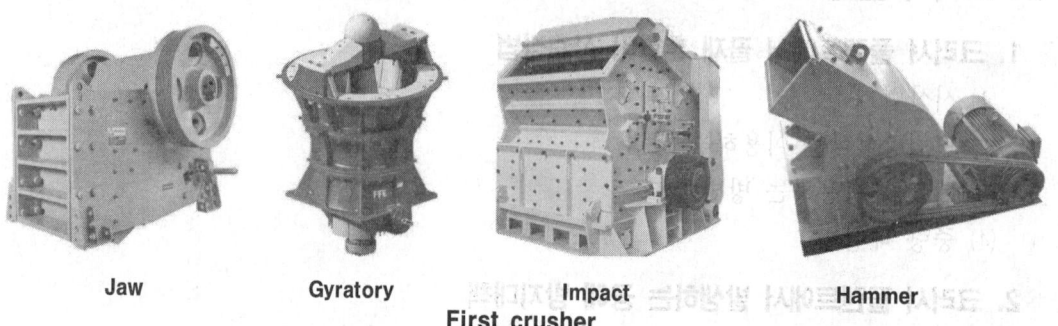

| Jaw | Gyratory | Impact | Hammer |

First crusher

2. Second crusher

⑴ Cone crusher : 파쇄두부의 압축과 회전으로 원석을 파쇄한다. 구조 원리가

gyratory crusher와 비슷하다. 일정한 입경의 잔골재를 대량 생산한다.

(2) Roll crusher : 서로 반대방향으로 회전하는 2개 롤(roll) 압축력으로 원석을 파쇄한다. 1차 파쇄된 쇄석을 작게 파쇄한다. 성능은 원석의 종류와 공급상태, 파쇄 전후의 쇄석 크기, 롤의 폭과 회전속도 등에 따라 달라진다.

(3) Hammer mill : 충격력, 압축력, 전단력을 합성한 힘으로 암석을 파쇄할 수 있는 강력한 설비이다.

Cone crusher	**Roll crusher** **Second crusher**	**Hammer mill**

3. Third crusher

(1) Triple roll crusher : 압축력을 주로 사용하여 패쇄하며, 필요한 경우에는 마찰력도 사용하는 설비이다.

(2) Rod mill crusher : drum 회전으로 발생되는 강봉의 충격력, 압축력, 전단력이 합성된 힘으로 파쇄한다. 소규모에서 대규모 쇄석까지 범위가 넓고, 습식과 건식이 있다.

(3) Ball mill crusher : 구조 원리는 rod mill과 매우 비슷하다. Rod mill의 강봉 대신 강제볼(steel ball)을 사용한다.[239]

Triple roll	**Rod mil** **Third crusher**	**Ball mill**

239) 김낙석·박효성, '실무중심 건설적산학', 피앤피북, pp.212~215, 2016.

06.05 경량골재, 바닷모래[海沙]

경량골재의 특성과 경량골재계수 [1, 0]

Ⅰ. 경량골재

1. 용어 정의

(1) 경량골재(輕量骨材, light weight aggregate)는 콘크리트나 모르타르에 사용되는 골재 중에서 보통 골재보다 비중이 가벼운 것으로 천연경량골재, 인공경량골재, 공업부산물 등이 있다.

(2) 경량골재의 비중은 특수한 것 외에는 0.9~1.9 정도이므로, 경량골재를 사용한 콘크리트는 보통 콘크리트보다 중량이 20~30% 가볍고 보온성과 차음성(遮音性)이 풍부한 콘크리트가 된다.

(3) 경량골재는 수송비 절감, 구조물 경량화에 따르는 철근·철골의 절약, 고층화에 따른 토지이용도 증가 등의 이점이 많아 건설산업의 효율화에 이바지하고 있다.

(4) 다만, 경량골재의 흡수율이 보통 골재보다 크기 때문에 다공질의 경량골재를 사용한 콘크리트의 공기량을 측정할 때, 경량골재의 흡수율(吸水率)에 미치는 영향을 고려하기 위한 경량골재계수 산정에 유의해야 한다.

2. 경량골재 종류

(1) 천연경량골재

① 천연경량골재에는 화산력(火山礫), 경석(輕石), 용암(熔岩) 등이 있는데, 건설공사에는 특히 경석이 많이 쓰인다.

(2) 인공경량골재

① 인공경량골재는 점토·혈암(頁岩)을 고온으로 소성(燒成)한 것으로, 소성할 때에 균질하게 팽창발포(膨脹發泡)시킨 팽창점토·팽창혈암을 말한다.

② 인공경량골재는 천연경량골재보다 강도가 양호하고 알갱이 모양도 고르게 생산되어 콘크리트나 모르타르에 사용하기 좋다.

③ 인공경량골재 중에서 일부 골재는 비교적 비싸지만, 천연경량골재가 부족할 때에는 건설자재의 주요 공급원으로 시판된다.

(3) 공업부산물

① 경량골재로 사용되는 공업부산물에는 석탄재나 슬래그를 급랭하여 만든 팽창슬래그가 있다.

② 일부 공업부산물은 천연경량골재의 결점을 개량하여 표면에 시멘트 반죽을 발라서 입형(粒形)을 좋게 하여 흡수율을 줄인 표면가공품도 있다.

Ⅱ. 바닷모래[海沙]

1. 용어 정의

(1) 콘크리트 속에 포함된 염분이 허용값을 초과하면 매입된 철근은 부식을 일으키고, 이로 인해 철근에 연한 피복 콘크리트에 축방향 균열의 발생으로 구조물의 내구성이 저하되며, 심한 경우에는 철근의 부식(腐蝕)에 의한 단면감소로 구조물의 내하력 저하 등이 발생하는데 이를 염해(鹽害)라 한다.

(2) 콘크리트 구조물의 염해(鹽害)는 바다에서 채취한 골재의 사용과 해양환경 즉, 해수 중에 비말대 또는 해상 대기 중에 위치한 경우에 주로 발생된다.

2. 콘크리트 구조물의 염해(鹽害)

(1) 염해에 대한 내구성 허용기준

① 일반 콘크리트에서 적절한 내구성·수밀성·내황산성을 확보하기 위한 압축강도, 철근피복두께, 균열폭 등의 허용기준은 다음과 같다.

② 콘크리트의 강도 : 해수침투(해풍)지역의 해안으로부터 1km 이내에서는 콘크리트 강도 $f_{ck} = 300\text{kg/cm}^2$ 이상, 10km 이내에서는 계절풍 영향을 받으므로 이에 부합되는 적절한 조치를 취해야 한다.

③ 콘크리트의 철근피복두께 : 콘크리트가 심한 염해를 받는 해안환경에 노출된 경우에는 피복두께의 최소값은 다음 표와 같다.

염해를 받는 콘크리트 구조물의 최소 피복두께

구조물의 종류		피복두께
현장치기 콘크리트	벽체, 슬래브	5 cm
	기타 벽체	7 cm
프리캐스트 콘크리트*	벽체, 슬래브	4 cm
	기타 벽체	5 cm

* 프리캐스트 콘크리트 부재는 콘크리트 배합, 타설, 양생을 잘 조절하여 생산되므로 현장치기 콘크리트 보다 일반적으로 피복두께가 작아도 된다.

④ 콘크리트의 부재의 균열폭 제어 : 콘크리트 표면의 균열폭을 환경조건, 피복두께, 공용기간 등을 고려하여 허용균열폭 이하로 제어해야 한다. 특히, 해양 콘크리트 부재의 허용 균열폭은 다음 표와 같다.[240]

---

240) 국토교통부, '염해에 대한 내구성 설계기준', 콘크리트구조설계기준 해설, p.93, 2016.

해양 콘크리트 부재의 허용 균열폭

구조물 조건	허용 균열폭(mm)
해수에 직접 접한 부분, 해수에 씻겨진 부분 및 극심한 해풍을 받는 부분	0.0035tc
상기 이외의 부분	+0.004tc

주) tc : 피복두께(mm)

해안으로부터 1km 이내의 해풍지역은 0.15mm 정도를 허용균열폭으로 규정하고 있다.

(2) 염해에 대한 외적 성능 저하요인의 구분

① 『염해 및 탄산화에 대한 철근 구조물의 내구성 설계·시공·유지관리지침[한국콘크리트학회(2016)]』에 염해에 대한 외적 성능 저하요인은 다음과 같다.

염해에 대한 외적 성능 저하 요인

구분	해안에서 거리	염소이온의 침투정도
심한 염해지역	0m 부근	조수간만 및 파도에 의해 빈번히 해수에 접한다.
보통 염해지역	100m 이내	강풍이 불때 콘크리트 면이 해수에 젖는다.
경미한 염해지역	250m 이내	콘크리트 중에 유해량의 염화물이 축척된다.
염해 없는 지역	250m 초과	콘크리트 중에 유해량의 염화물이 거의 축척되지 않는다.

III. 바닷모래의 채취실태와 개선방안

1. 바닷모래 채취실태

(1) 2017년초부터 수산업계가 남해 EEZ 바닷모래 채취 중단을 촉구하였다. 『골재채취법』이 개정되어 바닷모래 채취허가권을 국토교통부에서 해양수산부로 이관되었다.

  *EEZ(exclusive economic zone): 자국 연안에서 200해리까지 자원독점권리

(2) 바닷모래 채취는 부존량 감소와 소음·진동으로 수산자원의 산란·서식장 파괴, 이동경로 변동으로 어획량 감소를 유발한다. 따라서 바닷모래 채취로 인한 외부영향 해소대책 없이 계속 채취하는 것은 매우 불합리하고 불공정하다.

(3) 국내에서 바닷모래를 건설자재로 인식하고 영해뿐 아니라 EEZ에서도 채취하였다. 1991년 제정된 『골재채취법』이전에도 『하천법』, 『공유수면관리법』, 『도시계획법』 등에 의해 주로 연안에서 채취허가를 받아 시행하였다.

(4) 바닷모래 채취허가권은 연안(지자체)과 EEZ(국토부)로 구분된다. 2008~2016년

바다모래 채취량 1억4백만m^3 중 EEZ에서 6천2백만m^3(60%)으로 채취량이 2배가 증가하였다. 문제는 EEZ에서 모래를 채취하면 회복불능이라는 점이다.

⑸ 2017년부터 수산업계의 반발과 국회 농해수위의 EEZ 바닷모래 채취중단 촉구결의에도 불구하고, 해양수산부가 국토교통부에 EEZ 구역 골재채취 기간연장을 승인함에 따라 2018년까지 1년간 연장되었다.

2. 바다모래 개선대책

⑴ 『골재채취법』이 개정되어 EEZ 구역의 바닷모래 채취허가권이 국토교통부에서 해양수산부로 이관되었지만, 수산업계에서는 EEZ 바닷모래 채취대책위원회 명의로 바닷모래 채취반대 온라인 서명운동을 펼치고 있다.

⑵ 바닷모래 자원을 골재수급 균형이라는 경제적 관점에서만 접근하면 골재자원을 공급하는 대신 그 손실이 회복되지 않는다는 문제점이 있다. 미국, 캐나다, 일본 등 선진국에서는 일찍부터 바닷모래 채취를 엄격히 제한하고 있다.

⑶ 해양자원을 관장하는 해양수산부가 바닷모래 채취허가권을 갖고, 더불어 가스, 석유 등 해양광물 전체를 관리할 수 있도록 『골재채취법』과 『해저광물자원법』을 통합하는 『(가칭)해양광물자원의 개발 및 관리에 관한 법률』제정이 필요하다.

⑷ EEZ 바닷모래 채취과정에 특정 구역을 깊게 채취하여 해저지형에 커다란 변형을 초래하는 문제를 사전에 차단하기 위하여 수중감시체계를 갖추고, 하천의 모래가 바다로 유입되도록 주요 강에 설치된 하구둑을 원상복구해야 한다.

⑸ 바닷모래 채취중단에 따른 건설자재비 폭등을 감안하여 골재업계는 중국과 동남아 모래 수입대책을 마련하고 있다. 이제는 바닷모래를 건설자재의 하나로 접근하지 말고, 살아있는 해양생태계의 자원으로 인식해야 한다.[241]

---

241) 류정곤, '바다모래 채취실태와 개선방안,' 한국해양수산개발원 선임연구위원, 2018.

06.06 Pre-wetting

pre-wetting [1, 0]

1. 용어 정의

(1) Pre-wetting이란 흡수성이 큰 경량골재를 콘크리트에 사용하기 전에 골재를 미리 살수(撒水) 또는 침수(浸水)시켜서 충분히 흡수(吸水)시키는 것을 말한다.

(2) Pre-wetting은 콘크리트를 비비는 중 또는 펌프 압송 중에 경량골재가 흡수(吸水)하여 콘크리트의 반죽질기가 변화되는 것을 방지하는 목적으로 시행된다.

2. 경량골재

(1) 경량골재의 특징

① 비중이 가벼워서 경량콘크리트의 자중을 경감시킨다.

② 경량콘크리트의 열전도율은 보통콘크리트의 1/10 정도이다.

③ 단열성, 방음성 및 내동해성이 향상된다.

④ 경량콘크리트의 흡수성 및 건조수축이 보통콘크리트보다 크다.

⑤ 경량콘크리트는 콘크리트 구조물의 중량을 감소시킬 수 있다.

골재의 단위용적중량 비교

경량골재의 종류	굵은골재	굵은골재+ 잔골재	잔골재
건조상태의 최대단위중량(t/m^3)	0.88	1.04	1.12

(2) 경량골재의 함수율 관리

① 경량골재는 보통골재보다 흡수율이 커서 품질변동이 우려된다.

② 경량골재는 미리 물을 충분히 흡수(吸水)시킨 상태에서 사용해야 한다.

③ 경량골재 사용 중 콘크리트펌프 사용여부, 압송조건, 내동해성 등을 고려한다.

(2) 경량골재의 pre-wetting 방법

① 경량골재 전체의 함수량을 균등하게 관리하기 위하여 벨트콘베어(belt conveyor) 가동상태에서 Pre-wetting을 골고루 실시한다.

② 경량골재에 소석회나 메칠 셀룰로오스를 혼입한 보수성(保水性) 콘크리트 모르타르를 사용하기도 한다.

③ 경량골재를 2.5m 높이로 편평하게 쌓아 놓고 Pre-wetting을 하면 작업효율이 좋지만, 그에 따른 추가비용이 발생된다.242)

---

242) 박효성 외, 'Final 토목시공기술사 핵심문제', 예문사, p.199, 2018.

06.07 취도계수(脆渡係數)

취도계수(脆渡係數) [1, 0]

1. 용어 정의

(1) 취도계수(脆渡係數, fragility factor)란 특정한 재료의 압축강도에 대한 인장강도의 비율을 말하며, 콘크리트의 파괴형태와 변형특성을 판단하는 값으로 활용된다.

$$콘크리트의\ 취도계수 = \frac{압축강도(f_{ck})}{인장강도(f_t)}$$

(2) 콘크리트는 배합 중 골재주변에 미세한 공극과 결함이 분포되므로 압축강도에 비해 인장강도가 크게 저하되며, 압축하중이 증가되면 급격한 취성파괴가 발생된다.

2. 콘크리트 취도계수의 특징

(1) 콘크리트의 함수비가 낮을수록(건조할수록) 취도계수가 증가한다.

(2) 콘크리트의 압축강도가 증가할수록 취도계수가 증가하여, 콘크리트의 연성(軟性)이 감소하면서 급격한 취성파괴가 발생되어, 내진(耐震)보강에 불리하다.

(3) 콘크리트의 취도계수가 감소할수록 진동을 받는 구조물에서 동적(動的)특성이 우수하여, 내진(耐震)보강을 하면 전단변형 저항성이 우수하다.

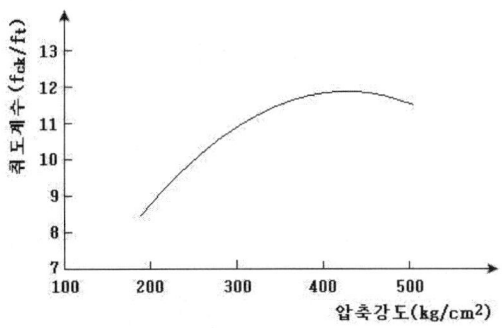

콘크리트의 압축강도와 취도계수와의 관계

3. 취도계수의 저감대책

(1) 콘크리트 배합설계에 미세한 채움재(Silica fume, micro silica), 섬유보강재(강섬유, 유리섬유, 아라미드섬유) 또는 고분자 수지(열가소성 수지, 고무 수지)를 혼입한다.

(2) 다만, 순환골재 또는 인공경량골재를 사용하면 취도계수가 증가되므로 유의한다.

(3) 콘크리트 배합설계기준을 개선하여 W/C비를 감소시켜 수밀콘크리트를 생산한다.

(4) 특히, 내진보강 구조물의 품질관리는 취도계수 4이하를 기준으로 한다.243)

---

243) 박효성 외, 'Final 토목시공기술사 핵심문제', 예문사, p.109, 2008.

06.08 혼화재료

유동화제, Fly ash, Pozzolan, Silica fume, 황산염과 에트린가이트(ettringite), 동결융해저항제 [11, 3]

I. 개요

1. 혼화재료는 시멘트, 물, 잔골재, 굵은골재 이외에 재료를 말하며 콘크리트에 특정한 품질을 부여하거나 성질을 개선하기 위하여 첨가되는 재료이다. 즉, 플라이애쉬를 콘크리트에 혼입시켜 수화열을 억제하거나 수축을 감소시키며, 혹은 응결지연제를 첨가하여 서중콘크리트의 응결시간을 늦추는 등 용도가 매우 다양하다.

2. 콘크리트 배합설계 과정에 혼화재료를 적절히 사용하였을 때의 효과는 이미 명확히 밝혀져 있지만 오용하거나 과다 사용하면 오히려 해로운 경우가 있으므로, 혼화재료를 선정하거나 사용할 때는 각각의 품질과 그 효과를 충분히 확인한 후에 적절하게 사용하여야 한다.

3. 포졸란의 미분말을 제외한 근대적 의미에서 혼화재료는 1930년대 미국에서 AE제의 발견을 그 시작이라고 볼 수 있다. 그 후 여러 종류의 혼화재료가 개발·사용되어 오늘날에는 거의 대부분의 콘크리트에서 아래 표와 같은 특정한 혼화재료가 사용되고 있다. 이러한 경향은 향후에도 더욱 확대 적용될 것으로 보인다.

혼화재료의 종류

구분	화학 혼화제(混和劑)	광물질 혼화재(混和材)
특징	혼화재료 중에서 사용량이 비교적 적어 그 자체의 부피가 콘크리트의 배합설계 과정에 무시된다.	사용량이 비교적 많아 그 자체의 부피가 콘크리트의 배합설계 과정에 관계된다.
배합설계	시멘트 중량의 5% 미만을 첨가하므로 배합설계 과정에 중량 계산에 제외	시멘트 중량의 5% 이상을 첨가하므로 배합설계 과정에 중량 계산에 포함
종류	1. 작업성, 동결융해 저항성 향상 : AE제, AE감수제 2. 단위수량, 시멘트량 감소 : 감수제, AE감수제 3. 강력한 감수, 강도 대폭 증가 : 고성능감수제 4. 강력한 감수, 유동성 대폭 증가 : 유동화제 5. 응결경화시간 조절 : 촉진제, 지연제, 급결제 6. 염화물 강재 부식 억제 : 방청제 7. 기포 충진성, 경량화 : 기포제, 발포제 8. 재료분리 억제 : 증점제, 수중콘크리트용 혼화제 9. 기타 : 방수제, 수화열 억제제, 분진방지제 등	1. 포졸란 활성, 잠재 수경성으로 시멘트 대체재료 : 플라이애쉬, 슬래그분말, 실리카 퓸, 메타카올린, 화산재, 규산질 미분말 등 2. 경화과정에 팽창 유발 : 수팽창성 고무지수재, 무수축재, 충전재 3. 기타 광물질 미분말, 석분, 무기계 폐기물 등

Ⅱ. 혼화재료 특성

1. 공기연행제(AE제)

(1) 용어 정의

① AE제(air entraining admixture)는 콘크리트 내부에 독립된 미세한 기포를 발생시켜 작업성(workability)을 개선하고 동결융해 저항성을 갖기 위하여 사용되는 혼화제이다.

② AE제에 의해 생성되는 연행공기(entrained air)는 $\phi 0.025 \sim 0.25mm$ 정도의 기포로서, 공기량이 4~7% 정도일 때 시공성이 향상된다.

(2) 콘크리트 속의 공기는 연행공기와 갇힌공기로 구분

① 연행공기(entrained air) : AE제에 의하여 인위적으로 콘크리트 속에 생성된 매우 작은 기포이다. 계면활성제를 포함한 AE제에 기계적인 수단으로 공기를 혼입시킴으로써 기포가 생성된다.

② 갇힌공기(entrapped air) : 콘크리트 배합 과정에 특정한 혼화제를 사용하지 않더라도 보통의 콘크리트 속에 자연적으로 포함되는 기포이다.

(3) AE제가 콘크리트의 성질에 미치는 영향

① 굳지 않은 콘크리트에서 AE제의 영향
- 워커빌리티(workability)가 좋아진다.
- 사용수량은 15% 정도 감소시킬 수 있다.
- 발열량은 적고, 수축균열도 적어진다.
- W/C비가 일정할 때 공기량 1% 증가 시 slump 25mm 증가한다.
- 연행공기의 ball bearing 작용으로 블리딩과 재료분리가 감소한다.

② 굳은 콘크리트에서 AE제의 영향
- 내구성이 좋아진다.
- 동결융해에 대한 저항성이 증가한다.
- 알칼리-골재 반응이 감소한다.
- W/C비가 일정할 때 공기량 1% 증가 시 압축강도 4~6% 감소한다.

(4) AE제 사용 유의사항

① 연행제의 변동을 줄이려면 잔골재의 입도를 균일하게 한다.

② 조립률의 변동은 ±0.1 이하로 억제한다.

③ 운반·다짐 시 공기량이 감소하므로 소요 공기량보다 4~6% 많게 한다.

④ 비빔시간과 비빔온도는 공기량에 영향을 주므로 유의한다.

2. 유동화제, 급결제, 급경제, 수축저감제

(1) 유동화제

① 유동화제는 시멘트 표면에 흡착되어 입자 상호 간에 반발력을 발생시켜 분산시 킴으로써 시멘트풀의 유동성을 크게 개선하여 굳지 않은 콘크리트의 동일한 W/C비에서 작업성(workability)을 좋게 하기 위하여 사용된다.

② 유동화제의 용도는 대단면의 구조물, 인력 접근이 곤란한 단면의 구조물, 자쳇 아승(self-levelling) 효과가 요구되는 교량 바닥판, 철근이 촘촘히 배근되어 다짐효율이 저하되는 구조물, 긴급보수공사 등에 쓰인다.

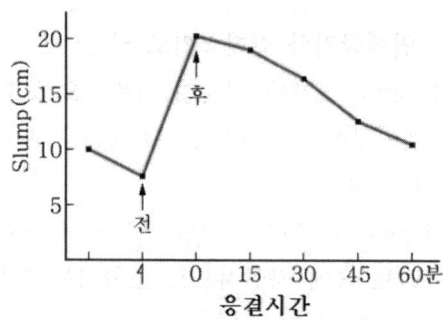

유동화제 사용 전·후 슬럼프 변화

(2) 급결제(急結濟)

① 급결제는 NATM 터널을 굴착할 때 굴삭면이나 노출면에 건식 배합한 콘크리트 재료와 물을 압축공기로 불어넣은 주입재(grouting)를 사용하면서 순간적인 응 결과 경화를 목적으로 첨가하는 혼화제이다.

(3) 급경제(急硬濟)

① 급경제는 교량공사의 교면포장, 보수·보강공사, 기계설비의 바닥 또는 기초공사 등과 같이 단시간 내에 조기강도를 발현시켜야 하는 경우에 쓰인다.

② 터널공사에서 용수 또는 누수를 막기 위하여 응결속도를 단축하고 수압에 견디 면서 조기강도의 발현이 필요한 경우에 쓰인다.

(4) 수축저감제

① 콘크리트 양생과정에 건조되면서 발생하는 수축을 감소시키기 위하여 사용하는 혼화제로서, 모르타르, 콘크리트에서 균열의 감소나 방지, 충진성의 향상, 박리 방지 등을 주목적으로 사용한다.

② 콘크리트 수축 감소는 ▲콘크리트에 팽창성을 부여하는 방법(팽창재)이나, ▲물 의 물리적인 특성을 변화시키는 방법(유기계 혼화제)이 있다.

3. 경화촉진제(염화칼슘), 지연제

(1) 경화촉진제(accelerating agent)

① 경화촉진제의 종류
- 무기염류계(염화칼슘 $CaCl_2$) 경화촉진제 : 한중콘크리트에서 경화촉진만을 목적으로 하며, 에트링가이트(ettringite) 생성을 촉진한다.
- 유기염류계(규산나트륨) 감수촉진제 : 경화촉진과 감수효과를 목적으로 하며, 시멘트의 이온 활동을 증진시켜 조기에 팽창반응을 유도한다.

② 염화칼슘($CaCl_2$)을 혼합한 콘크리트의 특징
- 시멘트량의 1~2% 사용하면 5~6℃ 저온에서 조기 발열이 증가한다.
- 조기강도 증가, 동결온도가 저하되어 한중콘크리트에 적합하다.
- 콘크리트 보호기간을 단축하여, 거푸집 제거시기를 앞당긴다.
- 마모에 대한 저항성이 증대된다.
- 응결이 촉진되고 slump치가 감소된다.
- 내구성이 저하되고 철근 부식을 촉진시킨다.
- 건습에 의한 수축 팽창이 증대된다.
- 유산염에 대한 저항성이 감소된다.
- 알칼리-골재 반응을 촉진시킨다.

(2) 지연제(retarder)

① 지연제의 종류
- 응결지연만을 목적으로 하는 응결지연제 : 무기계(천연 석고, 불화 마그네슘)로서, 석회성분이 수화반응을 억제한다.
- 응결지연과 감수효과를 목적으로 하는 감수지연제 : 유기계(리그닌계, 옥시칼계)로서, 시멘트입자 주변에서 피막을 형성한다.

② 지연제의 용도
- 지연제를 사용하면 수밀구조물에서 시공이음 발생을 방지한다.
- 굳지 않은 콘크리트에서 거푸집 변형으로 인한 균열을 방지한다.

③ 지연제 사용 유의사항
- 무기계 지연제 과다 사용 시, 수화반응이 억제되어 강도발현이 저하된다.
- 유기계 지연제는 유동성을 증진시키므로 시공 시 재료분리에 유의한다.

4. 포졸란(pozzolan), 플라이애쉬(fly ash)

(1) 포졸란 반응

① 포졸란 자체에는 수경성이 없으나 $Ca(OH)_2$와 화합하면서 불용성의 화합물을

만드는 성질이 있다. 천연포졸란에는 화산의 규조토, 응회암 등이 있고, 인공 포졸란에는 플라이애쉬(fly ash), 실리카 퓸(silica fume) 등이 있다.

② 포졸란을 첨가하면 콘크리트의 워커빌리티(workability)가 좋아지며 블리딩 (bleeding)이 감소한다. 콘크리트의 장기강도와 인장강도는 증가하지만, 수밀성, 내구성, 화학적 저항성이 크다.

(2) 플라이애쉬

① 플라이애쉬 정의

- 플라이애쉬는 화력발전소와 같은 대형공장에서 석탄 연료를 사용할 때, 연소 후에 수집된 석탄 연료의 부산물(가는 분말)을 말한다.
- 플라이애쉬는 주로 실리카 알루미나(silica alumina)와 여러 산화물과 알칼리 성분으로 구성되는 포졸란이다. 플라이애쉬는 포졸란계를 대표하는 혼화재로서 비중 1.9~2.4로서, 시멘트 비중 3.15의 2/3 정도이다.

② 플라이애쉬 사용 유의사항

- 단위수량을 증가시키는 효과가 있으므로, W/C비 결정시 유의한다.
- 플라이애쉬를 과다 사용하면 굳지 않은 콘크리트에서 응결지연을 초래하고, 굳은 콘크리트에서 중성화를 촉진시킨다.
- 동결융해저항성은 보통콘크리트보다 저하되므로 기후조건을 고려한다.

③ 플라이애쉬를 사용한 콘크리트의 성질

- 콘크리트의 워커빌리티가 증대되며 사용수량이 감소된다.
- 시멘트 수화열에 의한 콘크리트의 발열이 감소된다.
- 초기강도는 다소 작으나, 장기강도는 상당히 크다.
- 콘크리트의 수밀성을 크게 개선한다.

5. 고로 슬래그(slag)

(1) 재료 특성

① 고로 슬래그는 제철공장의 용광로에서 철광석·석회석·코크스 등을 1,200℃로 가열하여 선철(銑鐵)을 생산하는데, 이때 알루미나 규산염으로 구성된 용융(鎔融) 상태의 고온 slag가 생성된다.

② 고로 슬래그는 용융상태의 고온 slag를 물과 공기로 급속 냉각시켜 입상화한 것이다. 슬래그는 silica, alumina, 석회 등을 주성분으로 한다.

(2) 냉각방법에 따른 고로 슬래그의 분류

① 서냉 slag : 괴상 slag

② 급랭 slag : 입상화 slag

③ 반급랭 slag : 팽창 slag

(3) 고로 슬래그를 사용한 콘크리트의 특징

① 굳지 않은 콘크리트에 고로슬래그를 사용한 경우
- 단위수량과 세골재율이 약간 증가한다.
- 블리딩과 재료분리가 약간 증가한다.
- 수화열, 즉 발열량이 증가하여 온도가 상승한다.
- 건조수축은 약간 감소한다.

② 굳은 콘크리트에 고로슬래그를 사용한 경우
- 초기강도는 지연되나, 장기강도가 향상된다.
- 해수, 하수, 지하수, 광천수 등에 대한 내침투성이 향상된다.

(4) 고로 슬래그를 사용 유의사항

① 고로 슬래그를 첨가하면 연행공기가 많아지므로, AE를 약간 적게 넣는다. 그러나 연행공기를 확보하지 못하면 동결융해에 대한 저항성이 떨어진다.

② 블리딩과 재료분리가 약간 증가하여, 펌프압송 저항이 크다. 응결·경화시간에 다소 빨라지므로, 콘크리트 타설 직후 습윤양생을 조기 시행한다.

③ 온도제어양생(pre-cooling, pipe cooling)을 하는 경우, 고로 슬래그의 사용량에 따라 강도특성이 민감하게 변화하므로 유의한다.

④ 고로 슬래그 중의 silica 성분이 콘크리트의 중성화를 촉진하므로 유의한다. 고로 슬래그의 혼합률이 20% 이상인 경우, 중성화에 의한 철근부식 방지를 위해 피복두께를 증가시킨다.[244]

Ⅲ. 혼화재료 사용 유의사항

1. 혼화재료는 사용 전에 시험시공을 실시하여 품질을 확인한다.
   (1) 사용목적에 적합한 제품을 선정
   (2) 과다 사용 시 재료분리, 이상응결, 강도저하 등이 발생

2. 콘크리트의 재료배합 시 혼화재료의 계량오차를 철저히 확인한다.
   (1) 화학성 혼화제의 허용 계량오차 ±3%
   (2) 광물성 혼화재의 허용 계량오차 ±2%

3. 혼화제는 균등혼합, 연속타설, 다짐철저, 양생관리에 유의한다.
   (1) 슬럼프 저하 및 유동성 변화를 파악

---

244) 김낙석·박효성, '실무중심 건설적산학', 피앤피북, pp.216~222, 2016.

(2) 워커빌리티(workability) 개선을 파악

4. 여러 종류의 혼화재료를 동시 사용할 때 상호 화학반응성을 검토한다. 특히, 유동성이 큰 혼화제 사용할 때는 거푸집에 추가되는 정수압을 고려한다.

5. 혼화제 사용으로 설계기준강도가 저하되지 않는지 확인한다. AE제 사용량 1% 증가하면 강도 4~6% 감소한다.

6. 혼화제 사용으로 굳은 콘크리트에 유해한 성질이 없는지 확인한다. 응결경화촉진제 사용할 때 철근부식 방지(방청, 도포 등)가 필요하다.

Ⅳ. 혼화제(용제류) 사용 안전대책

1. 겨울철 건설현장에서 방동제 음용사고 발생사례

(1) 겨울철에 건설현장에서 콘크리트가 동결되는 것을 막기 위하여 사용되는 방동제(防凍劑)를 물과 희석하면 무취·무향의 투명한 액체로 된다.

(2) 방동제와 물은 육안으로 식별이 어렵고, 유해성에 대한 근로자의 인식이 낮아 페트병에 담아 사용함으로써 중독사고가 발생하고 있다.

　ㅇ 사택건립공사 현장에서 조적공이 방동제(페트병에 담아 놓은 상태)를 물로 착각하고 마신 후에 호흡곤란, 의식상실로 1명 사망

2. 방동제의 특성 및 건강영향

(1) 방동제는 건설현장에서 동절기에 콘크리트 혼화제의 일종으로 사용된다.

(2) 방동제는 일반적으로 무색~노란색이며, 무향·무취의 투명한 액체이다.

(3) 방동제의 주요 성분은 아질산나트륨, 아질산칼슘, 계면활성제, 이산화규소, 멜라민, 물, 기타 첨가물 등으로 구성된다.

(4) 방동제을 음용하는 경우에는 호흡곤란, 헛구역질, 구토, 발작, 어지러움 등을 느끼며 심한 경우에는 사망에 이를 수도 있다.

3. 겨울철 건설현장에서 방동제 음용사고 안전대책

(1) 방동제 희석용 용기(현장에서 사용하는 드럼통 등)에 MSDS 경고표지 부착

(2) 방동제를 가능한 덜어서 사용 금지

(3) 방동제 소분용기(덜어서 사용하는 소형용기)에 MSDS 경고표지 부착

(4) 방동제 취급 작업장내 물질안전보건자료(MSDS) 게시 또는 비치

(5) 방동제 취급 근로자에게 MSDS(취급 주의사항, 인체영향 등) 교육 실시[245]

---

245) 한국산업안전보건공단, '동절기 방동제 음용사고 예방대책', 전남동부지사 [건설안전], 2014.

06.09 수팽창 고무지수재

1. 수팽창성 고무지수재(water stop rubber)

(1) 수팽창성 고무지수재는 수팽창지수재, 지수링, 수팽창고무지수제, 고무지수재, 고무지수링, 지수재 등으로 부르는 제품으로 토목·건축구조물에 발생되는 침수 누수를 완벽히 방지하고 반영구적으로 지수성을 유지하기 위해 개발되었다.

(2) 수팽창성 고무지수재는 물이나 습기와 접촉하면 자기 체적의 수배까지 팽창하여 $6kg/cm^2$ 이상의 내수압을 유지하며 빈 공간을 채워줌으로서 지하구조물 접합부 전체에 지수효과를 발휘하는 제품이다.

2. 종류

(1) 표준형 : 일반적으로 널리 사용되는 보급형

(2) 초기팽창지연형 : 시공 조인트에 지하수 침투 방지

(3) 해수팽창형 : 항만, 발전소, 조선소 등에 해수 침투 차단

(4) 길이 팽창억제형 : 스테인레스망이 삽입되어 길이 팽창 방지

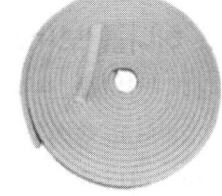

수팽창성 고무지수재

3. 특징

(1) 클로로프렌 고무(Chloroprene rubber)를 주성분으로 하여 내구성, 내후성 및 내약품성이 우수하며 일반고무와 동일한 탄력성을 갖추어 압축력에도 쉽게 변형되며, 콘크리트 구조물의 파손·균열을 방지할 수 있다.

(2) 특수한 친수성 고분자로 제조되어 물과 접촉하면 자기체적의 400% 이상 팽창되어 공간을 채워주므로 종래의 동지수판, 고무지수판, PVC 지수판 등보다 우수하다.

(3) 콘크리트 표면에 대한 접착성과 지수재 상호 간의 밀착성이 우수하여 시공이 간편하며, 경량이므로 현장조건에 따라 쉽게 설치 가능하며, 가격이 저렴하다.

(4) 반복적인 팽창 후에 원형을 그대로 복원·유지되므로 벤토나이트 계열의 액성(液性) 지수재와 달리 원형이 유실될 염려가 없다.

(5) 유해물질을 전혀 사용하지 않으므로 인체에 안전하고 환경오염 문제도 없다.

4. 시공방법

(1) 지수재를 부착할 부위를 콘크리트가 굳기 전에 쇠손으로 평활하게 한다.

(2) 지수재를 부착할 때는 바닥면과 지수재가 밀착되도록 접착제를 사용한다.

(3) 지수재를 겹쳐 연결할 때는 50mm 정도 이중으로 부착한다.[246]

---

246) 국토교통부, '수팽창 지수재 및 지수판공사', 국가건설기준 표준시방서, 2016.

06.10 허니콤(honeycomb)

허니컴(honey comb) [1, 0]

1. 용어 정의

(1) 허니콤(honeycomb)은 단어 그대로 벌집을 뜻하지만, 공학적으로 벌집 형태를 갖춘 구조물을 의미한다. 허니콤은 수직·수평방향에 대한 강성이 굉장히 커서 초고층 건축물의 경우에 허니콤 보(honeycomb beam)가 주요한 수평부재로 쓰이고 있다.

(2) 최근 미국 텍사스 오스틴 공과대학 연구진이 외부충격에 잘 견딜 수 있는 획기적인 새로운 에너지-흡수 물질을 개발하여, 음의 강성 허니콤(negative stiffness(NS) honeycomb)이라 명명하였다.

2. 허니콤 보(honeycomb beam)

(1) '허니콤 보'란 H형강의 웨브(web)를 지그재그로 절단하여 엇갈리게 가공함으로써 노의 높이를 증대시킨 것을 말한다.

(2) '허니콤 보'는 동일한 중량의 H형강 보에 비해 단면계수가 크고 휨과 비틀림에 대한 저항력이 크다는 장점이 있다.

(3) '허니콤 보'의 구멍을 통하여 초고층 건축물 내의 상·하수도관, 전력·통신관 등의 공급설비용 배관을 설치할 수 있다는 장점도 있다.

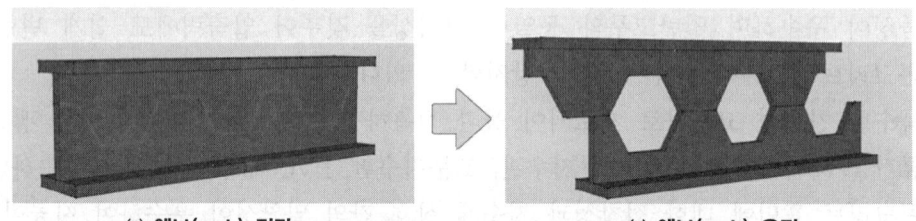

(a) 웨브(web) 절단　　　　　　　(b) 웨브(web) 용접

허니콤 보(honeycomb beam)

3. 음의 강성 허니콤(negative stiffness honeycomb)

(1) 이 기술은 미래형 자동차 범퍼, 군사용 및 운동선수용 헬멧, 근로자 보호용 하드웨어 등에 널리 사용될 수 있다.

(2) 반복적인 압축강하시험을 통하여 '음의 강성 허니콤 구조체'의 예상되는 에너지 흡수력과 복원성이 확인되었다.247)

음의 강성 허니콤 구조체

---

247) 노유정, '우수한 내충격성을 가지는 새로운 허니콤-영감의 디자인', 기계저널, pp.18~19, 2015.

06.11 거푸집·동바리의 종류, 안전율

Ⅰ. 거푸집·동바리

1. 거푸집·동바리의 구비조건 3요소

(1) 안전성 : 파괴, 도괴, 동요, 추락, 낙하물 등에 대한 안전성

(2) 작업성 : 넓은 작업발판, 넓은 작업공간, 적정한 작업자세로 적정한 작업 가능

(3) 경제성 : 가설 및 철거가 신속·용이하고 다양한 현장의 적응성

2. 거푸집·동바리의 검사항목

(1) 기초 거푸집

① 버림 콘크리트면의 기초먹줄의 치수·위치는 도면과 일치하는가?

② 거푸집의 설치를 위한 터파기는 여유 있게 굴착되었는가?

③ 거푸집의 선이 정확하고, 조립상태가 정확한가?

④ 콘크리트 타설을 위한 한계위치는 정확하게 표시되었는가?

⑤ 기초의 철근배근은 빠짐없이 조립되었는가?

⑥ 독립기초의 경우 거푸집이 콘크리트 타설 중에 떠오르거나, 이동되지 않도록 확실히 고정되었는가?

(2) 기둥·벽 거푸집

① 기둥·벽 거푸집의 하부는 기초와의 위치가 정확히 일치하는가?

② 기둥·벽 거푸집의 외부에서 추를 내렸을 때 수직인가?

③ 건물의 돌출부는 콘크리트 타설 중 이동되지 않도록 견고히 조립되었는가?

④ 기둥·벽 거푸집의 하부에 청소구가 있는가, 콘크리트 타설 중에는 완전히 폐쇄되도록 조치되었는가?

⑤ 콘크리트 이어치기 타설표면은 이물질을 완전히 제거하고 조립되었는가?

⑥ 콘크리트 양생 후에 거푸집 해체가 용이하도록 조립되었는가?

(3) 보·슬래브 거푸집

① 보·슬래브 거푸집의 치수는 정확한가?

② 모서리는 정확히 조립되어 있는가?

③ 슬래브의 중앙부는 처짐에 대해 약간 솟음을 두었는가?

④ 기계설비, 천정 설치를 위한 고정장치가 설치되었는가?

⑤ 보·슬래브의 벌어짐에 대하여 견딜 수 있도록 견고히 조립되었는가?

3. 거푸집·동바리의 조립순서

(1) 기초 옆(기초보) 거푸집

(2) 기초판·기초보 철근 배근

(3) 기둥철근을 기초에 정착

(4) 기초판(지하실 바닥판, 기초보) 콘크리트 타설

(5) 기둥 철근 배근

(6) 기둥 거푸집·벽의 한 쪽 거푸집

(7) 벽의 철근 배근

(8) 벽의 다른 쪽 거푸집

(9) 보의 밑창판·옆판·바닥판 거푸집

(10) 보·바닥판 철근 배근

(11) 콘크리트 타설

※ 2층부터는 (5)~(11)의 순서를 반복하면서 조립해 나간다.

4. 거푸집·동바리의 재해유형

(1) 거푸집·동바리의 전도, 좌굴 등에 의한 붕괴

(2) 비계·발판·지지대의 파괴, 탈락, 침하, 변형

Ⅱ. 거푸집·동바리의 안전율

1. 거푸집·동바리의 안전율이란 구조검토 과정에 부재의 허용응력에 대한 설계하중으로 인한 응력의 비(比)를 말한다. 시스템동바리에 대한 3차원 검토, 풍하중 검토 등 안전관리를 위한 안전성 검토가 점차 감화되는 추세이다.

2. 거푸집을 지지하기 위해 사용되는 동바리의 허용압축하중에 대한 안전율(극한하중에 대한 허용하중의 비)은 지지형태에 따라 다음 값 이상이어야 한다.

지주 형식 동바리의 안전율

지지형식		안전율	시공형태
지주 형식 동바리	단품 동바리	3.0	강재 파이프 서포트, 강관과 같이 개별 폼을 이용하여 지지하는 동바리
	조립형 동바리	2.5	수직재, 수평재, 가새 등의 각각의 부재를 현장에서 조립하여 거푸집을 지지하는 동바리

3. 보 형식 동바리 중앙부 허용휘모멘트에 대한 중앙부 단면설계모멘트의 안전율은 다음 값 이상이어야 한다.

보 형식 동바리의 안전율

지지형식	안전율	시공형태
보 형식의 동바리	2.0	강재 갑판 및 철재트러스 조립보 등을 수평으로 설치하여 거푸집을 지지하는 동바리

4. 거푸집 긴결재 및 부속품의 안전율은 다음 값 이상이어야 한다.

보 형식 거푸집의 안전율

지지형식		안전율	시공형태
거푸집 긴결재		2.0	모든 경우
앵커	전단응력	2.0	거푸집 하중과 콘크리트 측압만을 지지하는 경우
		3.0	거푸집 하중, 콘크리트 측압, 활하중을 지지하는 경우
	인장응력	2.0	모든 경우
폼 행거		2.0	모든 경우

5. 거푸집·동바리의 양중에 관련된 로프나 부속품의 안전율은 5 이상이어야 한다.

III. 가설구조물의 안전성 검사

〈 가설구조물의 안전성 검사 절차 〉

제1단계 : 모델링
- ○ AutoCAD 2D 도면을 3D BIM으로 쉽게 변환 가능
- ○ 3D BIM DB에서 적합한 재질을 선택하여 적용 가능

제2단계 : 구조 검토
- ○ 각종 하중의 조합을 고려하여 3D BIM에서 구조 해석
- ○ 수평하중, 풍하중 등은 자동적으로 적용
- ○ 다양한 형상의 구조물에 대한 구조 검토 가능

제3단계 : 구조계산서 작성
- ○ 구조계산서를 자동적으로 생성
- ○ 각종 부재에 대한 설계도면, 물량산출서 생성
---

1. 설계단계
(1) 안전설계 도입 필요성
① 안전설계(Design for Safety)는 영국, 미국, 호주 등에서 이미 적용되고 있는 개념이다. 특히, 영국에서는 설계단계부터 안전성을 확보하는 방법을 도입하여

90년대 이후 건설분야 재해율을 크게 감소시킨 것으로 평가받고 있다.

(2) 가설구조물의 구조검토(『건설기술진흥법』제48조)

① 건설기술용역업자는 설계도서 작성할 때 가설구조물에 대한 구조검토를 하지 않을 경우, 2년 이하 징역 또는 2천만원 이하 벌금이다.

(3) 안전관리계획의 검토의뢰(동법 시행령 제5조5의2 신설)

① 실시설계단계에서 안전관리계획을 수립하는 건설공사에 대해 기술자문위원회로 하여금 시공과정의 안전성 확보 여부를 검토하게 하거나 한국시설안전공단에 검토를 의뢰하도록 의무화하였다.

(4) 안전성 검토결과 제출

① 발주청은 안전성 검토결과 개선이 필요한 경우에는 설계도서의 보완 또는 변경 등의 필요한 조치를 하며, 검토결과를 국토교통부에 제출해야 한다.

2. 시공단계

(1) 구조안전성 전문가 확인(『건설기술진흥법』제62조 추가)

① 건설업자 또는 주택건설등록업자는 동바리, 거푸집, 비계 등의 가설구조물을 설치할 때에는 가설구조물의 구조적 안전성을 확인하기에 적합한 분야의 기술사(관계전문가)에게 확인받는다.

(2) 구조안전성 확인 대상(동법 시행령 제01조의2 추가)

① 높이 31m 이상인 비계

② 작업발판 일체형 거푸집 또는 높이 5m 이상인 거푸집·동바리

③ 터널의 지보공 또는 높이 2m 이상인 흙막이 지보공

④ 동력으로 움직이는 가설구조물 등

(3) 확인 관계전문가의 범위(동법 시행령 제8조 개정)

① 구조안전성을 확인할 수 있는 관계전문가는 건축구조, 토목구조 또는 토질및기초를 직무분야로 하는 기술사 중에서 공사감독자(또는 건설사업관리기술자)가 적합하다고 인정하는 분야의 기술사이어야 한다..

② 시공자는 가설구조물 시공 전에 시공상세도면과 관계전문가가 서명 또는 기명 날인한 구조계산서를 공사감독자(또는 건설사업관리기술자)에게 제출한다.

(4) 안전관리비 계상 항목 확대(동법 시행규칙 제60조 개정)

① 전관리비 항목을 확대하여 가설구조물의 구조적 안전성 확인에 필요한 비용을 계상해야 한다.[248]

---

248) 산업안전보건공단, '거푸집·동바리의 안전작업메뉴얼', 2014.

06.12 거푸집과 동바리의 존치, 해체

거푸집과 동바리 존치기간에 따른 시공 유의사항, 안전대책 [1, 3]

I. 거푸집·동바리의 존치기간

1. 콘크리트를 지탱하지 않은 부위(기초, 보, 기둥, 벽)의 측면 거푸집의 경우 24시간 이상 양생한 후에 콘크리트 압축강도가 5MPa 이상 도달한 경우 거푸집 널을 해체할 수 있다<표 3.1>. 다만, 거푸집 널 존치기간 중의 평균 기온이 10℃ 이상인 경우는 콘크리트 재령이 <표 3.2>에 주어진 재령 이상 경과하면 압축강도 시험을 하지 않고도 해체할 수 있다.

2. 슬래브 및 보의 밑면, 아치 내면의 거푸집 널 존치기간은 현장양생한 공시체의 콘크리트의 압축강도 시험에 의하여 설계기준강도의 2/3 이상의 값에 도달한 경우 거푸집 널을 해체할 수 있다. 다만, 14MPa 이상이어야 한다<표 3.1>.

<표 3.1> **콘크리트의 압축강도 시험을 하는 경우**

부재	콘크리트의 압축강도
기초, 보, 기둥, 벽 등의 측면	5MPa 이상
슬래브 및 보의 밑면, 아치 내면	설계기준 강도의 2/3 이상. 다만, 14MPa 이상

<표 3.2> **콘크리트의 압축강도 시험하지 않을 경우(기초, 보, 기둥 및 벽의 측면)**

시멘트 종류 / 평균 기온	조강포틀랜드시멘트	보통포틀랜드시멘트 고로슬래그시멘트(1종) 포틀랜드포졸란시멘트(A종) 플라이애쉬 시멘트(1종)	고로슬래그시멘트(2종) 포틀랜드포졸란시멘트(B종) 플라이애쉬시멘트(2종)
20℃ 이상	2일	4일	5일
20℃ 미만 10℃ 이상	3일	6일	8일

3. 조강시멘트를 사용한 경우 또는 강도 시험결과에 따라 하중에 견딜만한 충분한 강도를 얻을 수 있는 경우에는 공사감독자의 승인을 받아 거푸집 널의 제거시기를 조정할 수 있다.

4. 보, 슬래브 및 아치 하부의 거푸집 널은 원칙적으로 동바리를 해체한 후에 해체하도록 한다. 그러나 구조계산으로 안전성이 확보된 동바리를 현 상태대로 유지하도록 설계·시공된 경우에는 콘크리트를 10℃ 이상 온도에서 4일 이상 양생한 후 사전에 책임기술자 검토·확인 후 공사감독자 승인을 받아 해체할 수 있다.

5. 조강시멘트를 사용한 경우 또는 강도 시험결과에 따라 하중에 견딜만한 충분한 강도를 얻을 수 있는 경우에는 공사감독자 승인을 받아 거푸집 널 제거시기를 조정할 수 있다.

Ⅱ. 거푸집·동바리의 해체

1. 해체 시기·범위 및 절차를 근로자에게 교육하며, 해체작업 구역 내에는 당해 작업에 종사하는 근로자 및 관련자 외에는 출입을 금지한다.
2. 비·눈 그 밖의 기상상태의 불안정으로 인하여 날씨가 몹시 나쁠 때에는 해체작업을 중지한다.
3. 보 및 슬래브 하부의 거푸집을 해체할 때에는 거푸집 보호는 물론 거푸집의 낙하충격으로 인한 근로자의 재해를 방지해야 한다.
4. 거푸집 해체는 콘크리트 표면을 손상하거나 파손하지 않고, 콘크리트 부재에 과도한 하중이나 거푸집에 과도한 변형이 생기지 않는 방법으로 한다.
5. 거푸집 및 동바리의 해체는 예상되는 하중에 충분히 견딜만한 강도를 발휘하기 전에 해서는 안 되며, 그 시기 및 순서는 공사시방으로 정한다.

Ⅲ. 거푸집·동바리의 재설치

1. 동바리를 떼어낸 후에도 하중이 재하 될 경우 적절한 동바리를 재설치하며, 고층건물의 경우 최소 3개 층에 걸쳐 동바리를 재설치한다.
2. 각 층에 재설치되는 동바리는 동일한 위치에 놓이게 하는 것을 원칙으로 한다. 다만, 구조계산에 의하여 그 안전성을 확인한 경우에는 예외로 한다.
3. 동바리 재설치는 지지하는 구조물에 변형이 없도록 밀착하되, 이로 인해 재설치된 동바리에 별도의 하중이 재하되지 않도록 한다.
4. 동바리 해체 시 해당 부재에 가해지는 하중이 구조계산서에서 제시한 그 부재의 설계하중을 상회하는 경우에는 전술한 존치기간에 관계없이 구조계산에 의하여 충분히 안전한 것을 확인한 후에 해체한다.249)

---

249) 국토교통부, '가설공사', 국가건설기준 표준시방서, 2018.

06.13 시스템비계의 설치, 특징

Pipe Support와 System Support의 장·단점 및 거푸집 동바리 붕괴 방지대책 [0, 3]

1. 시스템비계의 정의

1. 시스템비계는 수직재, 수평재, 가새재 등 각각의 부재를 공장에서 제작하고 현장에서는 조립만하여 사용하는 조립형 비계로서, 고소작업에서 작업자가 작업장소에 접근하여 작업할 수 있도록 설치하는 작업대를 지지하는 가설구조물이다.

2. 시스템비계는 규격화된 부재를 강력한 쐐기방식을 연결하여 흔들림이 없고, 작업발판·안전난간을 함께 설치하므로 작업이 쉽고 빠르며 안전한 첨단 가설재이다.

3. 시스템비계는 외부작업에 사용되는 기존의 단관비계를 획기적으로 개선하여 안전사고를 예방하고 공사관리를 효율적으로 진행함으로써 이에 수반되는 공사의 원가절감 및 공기단축과 구조물의 품질향상을 추구할 수 있는 가설재이다.

2. 시스템비계의 특징

⑴ 쐐기 체결방식이므로 분리되거나 이탈되는 위험이 없다.

⑵ 강철재료의 수직재 및 대각가새의 견고성·내구성이 좋고, 수평력이 강하다.

⑶ 부재들을 경량화 함에 따라 설치·해체가 쉽고 빠르다.

⑷ 가설통로 높이가 190cm이므로 작업자의 통행이 편하다.

⑸ 계단, 브라켓 등의 장착되는 부재들을 쉽게 설치할 수 있다.

3. 시스템비계의 설치 순서

⑴ Jack base를 설치위치에 놓고, 핸들을 돌려 높이를 맞춘다.

⑵ 수직재(475mm)를 Jack base 위에 세우고 수평재를 체결한 후에, 전체적인 수평 레벨을 맞춘다.

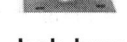

Jack base

⑶ 수직재(3800mm)를 세우고 수평재를 일정한 높이 간격(1900mm)마다 체결한다.

⑷ 최하단과 최상단을 제외하고, 수평재 높이 간격(1900mm) 위치마다 안전발판을 설치한다.

⑸ 안전난간용 수평재를 안쪽은 1줄(높이 950mm), 바깥쪽은 1줄(높이 475, 950mm)로 설치한다.

⑹ 설치높이에 따라 (3)~(5)항 작업을 반복하여 높이를 맞추고 대각가새를 설치한다.

4. 시스템비계의 부재 구성

(1) 수직재

① 수직으로 설치되며 하중을 지탱하고 하부로 전달하는 기둥역할의 부재이다.

② 연결프렌지는 4방향(4 Holes) 방식이며, 수직재를 수평재 또는 대각가새와 체결

할 수 있다.

(2) 수평재

① 수평으로 연결하는 부재로서 견고하고 내구성이 좋다.

② 쐐기 체결방식이므로 분리되거나 이탈되는 위험이 없다.

(3) 대각가새

① 대각선 방향으로 설치하는 부재로서 수평력에 의한 인장·압축력을 막아준다.

② 체결부가 윗부분은 고리식, 아래는 쐐기식으로 혼자서(1인) 설치할 수 있다.

③ 이탈방지를 위해 상부고리부분에 V컷(스톱퍼)으로 안전장치가 되어 있다.

(4) Jack Base / U head

① 수직재를 받쳐주는 부재로서 최하단부에 설치된다.

② 나사관으로 되어 있어 높이조절이 자유롭다.

(5) 계단발판

① 통행용 계단부재로서 안전계단을 시스템비계의 경사면에 설치한다.

② 계단발판과 추락방지용 난간을 경사지고 평행하게 분리·부착한다.

(6) 작업발판

① 단관비계와 시스템비계 겸용으로 사용 가능하다.

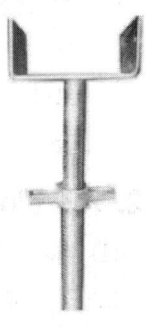

U head

4. 시스템비계의 재해 사례

(1) 시스템비계 무너져 작업자 11명 부상

① 서울 M연구소건물(지하 3층, 지상 10층) 리모델링공사 공정 3.5% 현장에서 철거공사 협력업체 작업자 12명이 외부 시스템비계 위에서 화강석 외벽석재를 최상층 지상 9층 옥상에서부터 해체작업을 진행하고 있었다.

② 해체작업이 계속되어 오후 5시경 지상 4층과 3층의 외부창호 상부를 해체 중에 외부 시스템비계가 붕괴되어 작업자 12명이 15m 아래의 지상으로 떨어졌다.

(2) 해체한 석재는 건물 내부에 야적해야 안전

① 해체한 석재를 건물 외부로 반출하지 않고 시스템비계의 작업발판 위에 계속 적치함에 따라, 시스템비계 기둥 1본당 수직허용하중 1.7톤을 초과하여 2.6톤의 수직하중이 가해져서 붕괴되었다

② 사고 현장의 시스템비계 설치상태가 불량하고 조립기준도 위반하였다. 건물 외부 전체에 시스템비계를 설치하고 않고, 건물 전면부 옥상층 캐노피 철거와 내부 해체자재 반출을 동시에 진행하려고 시스템비계를 건물 후면부만 설치했다. 시스템비계 수평재와 벽이음재도 규정보다 적게 설치하여 무너졌다.[250]

250) 서보산업, '시스템비계', 2019, http://www.seobo.co.kr/
     산업안전보건공단, '외벽석재 해체 중 시스템비계 무너져', 2014.

5. 강관비계와 시스템비계의 차이점

(1) 시스템비계가 정확히 정해진 틀로 정형화되었다면, 강관비계는 현장과 건물의 구조에 따라 작업자의 신체조건 등에 맞도록 비계설치가 유연하다는 점이 다르다. 시스템비계는 기성복이고, 강관비계는 맞춤복이라고 할 수 있다.

(2) 대규모 현장은 강관비계를 시스템비계로 대체하는 추세이다. 하지만 아직도 강관비계를 사용할 수밖에 없는 현장도 상당히 존재한다. 예를 들어, 정유공장 플랜트사업장에서는 배관작업을 위해 비계발판작업을 많이 하는데, 현장구조 특성에 의해 강관비계를 설치할 수밖에 없다.[251]

강관비계와 시스템비계의 비교

구분	강관비계	시스템비계
1. 설치조건	작업환경에 따른 인·허가 조건, 장소 제한이 비교적 적음	작업환경에 따른 인·허가 조건, 제한이 다소 있음
2. 수정 가능성	설치과정에 현장조건에 따른 수정이 용이함	설치과정에 현장조건에 따른 수정이 불가함.
3. 자재신뢰성	비규격화에 대한 신뢰성 저하(수정 용이하여 보강작업이 수월함)	규격화로 인한 신뢰성 확보(자재의 다양성 한계로 보강작업이 불가함)
4. 작업성	발판 폭이 협소하고 통로 설치가 곤란하여 작업성은 상당히 곤란함	발판 폭과 통로배치가 규격화 되어 있어 작업성은 월등함
5. 작업자 숙련도	작업성의 난이도가 높아서 인건비가 상대적으로 높음	숙련된 작업자 확보가 원활하지 않음. 숙련공 인프라 확대가 필요함
6. 안전성	좌굴하중은 차이가 없으나 절점이 적어, 강성은 확보되나 수직변위 발생이 우려됨	좌굴하중은 차이가 없으나 절점이 많아, 강성이 부족하고 숙련도에 따른 영향이 큼
7. 재해예방	설치과정에 재해발생 위험성이 큼. 작업 중 임기응변식 설치로 인한 추락 위험 내포되어 있음	설치과정에 상대적으로 안전함. 작업환경이 양호하며 계단설치에 따른 이동성이 확보되어 안전함
8. 가성비	자재 가격이 저렴하여 시스템비계보다 상대적으로 경쟁력이 있음. (싸게 최고 의식에 적합)	재해예방 가능성, 작업생산성 측면에서 경쟁력이 있지만, 가격이 비싸 대규모 현장에서만 채택 가능함

---

251) 비연, '강관비계와 시스템비계의 차이점', 2017, https://m.blog.naver.com/

06.14 시스템비계의 붕괴원인 및 방지대책

교량 가시설(시스템동바리) 붕괴의 원인, 안전대책 [0, 3]

I. 거푸집·동바리의 붕괴원인

1. 설계단계의 오류

(1) 거푸집·동바리 구조검토과정에 하중조합에 의한 해석 미(未)실시

거푸집·동바리 설계과정에 하중조합을 고려한 2차원·3차원 구조해석을 통해 구조안전성 검토를 규정하고 있으나, 수직하중(고정하중, 활하중) 및 수평하중(풍하중, 콘크리트 측압)을 별도로 구조검토하는 오류

(2) 구조검토과정에 일부 설계하중에 대한 검토 누락

거푸집·동바리에 작용하는 수직하중, 수평하중, 풍하중, 특수하중 등에 대해 구조안전성 검토를 규정하고 있으나, 일부 하중에 대한 안전성 검토 누락

(3) 좌굴안전성 검토과정에 좌굴길이 적용 오류

시스템 동바리 수직재에 대한 좌굴검토과정에 전체 층고에 대해 축력과 휨모멘트를 동시에 받는 부재로 검토해야 하나, 단위 수직재에 대해 축력만을 받는 부재로 좌굴안전성 검토하는 오류

(4) 보의 거푸집 및 긴결재(緊結材, form tie) 안전성 미(未)검토

콘크리트 타설 중에 작용하는 측압을 고려하여 보의 거푸집 및 긴결재에 대한 구조 안전성을 검토해야 하나, 이에 대한 검토 누락

2. 시공단계의 오류

(1) 구조검토 결과에 따른 조립도 이행 미준수

거푸집·동바리는 구조검토 후 부재의 품질, 단면규격, 설치간격, 이음방법 등을 포함한 조립도를 작성하여 조립해야 하나, 조립도 작성 미준수

(2) 콘크리트 타설공정 안전수칙 미준수

콘크리트는 타설 전 거푸집·동바리 변형, 지반 침하유무 등을 점검하고 타설 중 감시자를 배치하여 확인해야 하고 편심이 발생하지 않도록 골고루 분산하여 타설하는 등의 안전수칙을 준수해야 하나, 이를 미준수

(3) 시스템 동바리 수직재 연결철물(연결핀) 미설치

시스템 동바리 설치과정에 동바리 안전성 확보를 위해 연결철물로 수직재를 견고히 설치하고 연결부위가 탈락·굴곡되지 않도록 해야 하나, 이를 미설치

(4) 시스템 동바리 최상단·최하단 수평연결재의 설치기준 미준수

슬래브 두께가 0.5m 이상이면 시스템 동바리의 최상·하단에서의 수직재 좌굴하중 감소 방지를 위하여 최상·하단으로부터 길이 400mm 이내에 첫 번째 수평재를 설치하도록 규정하고 있으나, 이를 미준수

(5) 시스템 동바리 일체화를 위한 수평연결재 설치기준 미준수

수평연결재 설치할 때 시스템 동바리 높이가 4m 초과할 경우 4m마다 양방향으로 수평연결재를 설치하도록 규정하고 있으나, 이를 미준수

Ⅱ. 설계단계 방지대책

1. 거푸집·동바리 구조검토 및 조립도 작성·이행 준수

(1) 『산업안전보건기준에 관한 규칙』제331조(조립도)에 따라 사업주는 거푸집·동바리 조립할 때 구조검토한 후 조립도를 작성하고, 조립도에 따라 조립한다.

(2) 상기 조립도에는 동바리·멍에 등 부재의 재질·단면규격·설치간격 및 이음방법 등을 구체적으로 상세하게 명시해야 한다.

2. 작용하는 모든 설계하중에 대한 안전성 검토

(1) 『콘크리트교량 가설용 동바리 설치지침』제3장3.2(설계하중)에 따라 거푸집·동바리를 설계할 때는 콘크리트 타설 중 작용되는 수직하중, 수평하중, 콘크리트 측압 및 풍하중, 편심하중 등에 대해 안전성을 검토한다.

3. 가시설물 설계과정에 하중조합 적용

(1) 『콘크리트교량 가설용 동바리 설치지침』제3장3.2.3(하중조합)에 따라 가시설물을 설계할 때는 시공 중 또는 사용 중에 작용할 것으로 예상되는 하중들을 각 하중의 발생특성에 따라 합리적으로 조합하여 검토한다.

가시설물의 하중조합

구분	하중조합	허용응력증가계수
Case1	고정하중+ 활하중+ 수평하중(M)*	1.00
Case2	고정하중+ 활하중+ 수평하중(M)+ 풍하중	1.25
Case3	고정하중+ 활하중+ 수평하중(M)+ 특수하중	1.50

* 수평하중(M) : 타설과정의 충격 또는 시공오차 등에 의한 하중
(고정하중의 2% 또는 수평길이당 1.5kN/m 중 큰 값이 최상단에 작용)

4. 2차원 또는 3차원 구조해석에 의한 안전성 검토

(1) 『콘크리트교량 가설용 동바리 설치지침』에 따라 동바리는 현장조건에 부합하는 각 부재의 연결조건과 받침조건을 고려한 2차원 혹은 3차원 해석을 한다.

(2) 그러나 구조물의 형상, 평면선형 및 종단선형의 변화가 심하고 편재하중 영향을 받을 때는 반드시 3차원 구조해석을 수행하여 안전성을 검증해야 한다.

(3) 다만, 설치높이가 5.0m 이하인 시스템 동바리는 구조해석을 생략할 수 있으며, 구조설계는 하중계산→응력계산→단면배치 및 간격계산에 따라 수행한다.

5. 재사용 가설기자재 사용과정에 허용응력 저감 적용

(1) 『가설공사 표준시방서』에 따라 재사용 동바리 부재의 허용압축응력은 재사용 가설기자재의 성능저하에 따른 안전율 1.3으로 나눈 값을 사용한다.

(2) 다만, '재사용 가설기자재 자율등록제'에 등록된 동바리 부재의 허용압축응력은 안전율 1.15로 나눈 값을 사용한다.

Ⅲ. 시공단계 방지대책

1. 가설구조물 설계도서 작성과정에 구조검토 의무

(1) 『건설기술진흥법』제48조(설계도서의 작성)에 따라 건설기술용역업자는 설계도서를 작성할 때 구조물(가설구조물 포함)에 대한 구조검토를 해야 한다.

(2) 그 설계도서 작성에 참여한 건설기술자의 업무 수행내용을 국토교통부가 규정하는 바에 따라 기록해야 한다. 설계도서의 일부를 변경할 때에도 같다.

2. 가설구조물 안전성을 확인할 수 있는 전문가 자격

(1) 『건설기술진흥법』제62조(건설공사의 안전관리)에 따라 건설공사의 시공자는 동바리, 거푸집, 비계 등 가설구조물 설치공사를 할 때 가설구조물의 구조 안전성을 확인하기에 적합한 분야의 기술사에게 확인받아야 한다.

(2) 건설공사의 시공자가 관계전문가로부터 구조 안전성을 확인받아야 하는 가설구조물은 다음과 같다.

① 높이가 31m 이상인 비계

② 작업발판 일체형 거푸집 또는 높이가 5m 이상인 거푸집·동바리

③ 터널의 지보공 또는 높이가 2m 이상인 흙막이 지보공

④ 동력을 이용하여 움직이는 가설구조물 등

(3) 건설공사의 시공자는 가설구조물을 시공하기 전에 시공상세도면 및 관계전문가가 서명 또는 기명날인한 구조계산서를 공사감독자(또는 건설사업관리기술자)에게 제출해야 한다.[252]

---

252) 한국건설안전협회, '거푸집동바리 붕괴 유발요인 및 안전성 확보 방안', 2016.

06.15 Slip form, Sliding form

슬립폼(Slip form)과 슬라이딩폼(Sliding form)의 시공 유의사항, 안전대책 [4, 1]

Ⅰ. 개요

1. 슬립폼(Slip form)이란 활동식 거푸집 슬라이딩폼(Sliding form)의 일종으로 콘크리트 타설 후에 콘크리트가 자립할 수 있는 강도 이상이 되면 거푸집을 상방향으로 이동시키면서 연속적으로 철근 조립, 콘크리트 타설 등을 실시하여 구조물을 완성시키는 공법에 적용되는 거푸집을 말한다.

2. 슬립폼 공법은 단면이 가능한 일정하고 초고소화된 구조물에 적용되며, 토목공사에는 교량의 교각(pier), 건축공사에는 건축물 코아(core)부분 구조물공사, 사일로(silo), 굴뚝공사 등에 적용되고 있다. 이 공법은 비교적 안전한 공법으로 공기단축, 양호한 품질관리가 가능하여 적용범위가 확대되는 추세이다.

거푸집 공법 비교

구분	Slip form	Sliding form
공법원리	유압 Jack에 의한 견인식	연속타설식
단면변화	가능	불가능
1일 타설고	3~5m	5~8m
적용대상	전망대, 급수탑	교각 기둥부
주의사항	최상부 타설 시 안전확보 부재 탈형 시 벽체 압축강도 5MPa 이상	주·야 연속작업 시 교대인력 확보 초기투자비용 과다 경제성 분석 필요

Ⅱ. 슬립폼

1. 슬립폼 적용범위

(1) 교량 : 교각(초고소화 교각, 현수교·사장교의 주탑)

(2) 사일로 : 굴뚝, 탑, 건축공사 코아 부분

(3) 기초 : 케이슨(Caisson)

(4) 불규칙한 단면 : 최근 기술력의 발달로 적용 가능

2. 슬립폼 용어

(1) 요크(Yoke) : 슬립폼에서 콘크리트 측압, 거푸집 하중, 작업 하중 등을 유압 잭(Jack)에 전달하는 부재이다.

(2) 상부작업대(Top Deck) : 수직철근 작업, 콘크리트 공급 등을 위하여 슬립 폼의

상부에 설치하는 작업대이다.

(3) 중간작업대(Working Deck) : 콘크리트 타설과 양생 확인, 철근 조립 등을 위하여 슬립폼의 중간부분에 설치하는 작업대이다.

(4) 하부작업대(Hanging Deck) : 거푸집 상승이 진행됨에 따라 콘크리트 표면 마감처리 작업과 검사를 위하여 와이어로프, 체인 등으로 중간작업대의 하부에 설치하는 작업대이다.

(5) 슬립업(Slip up) : 슬립폼이 유압잭의 작동에 의해 위로 상승하는 것을 말한다.

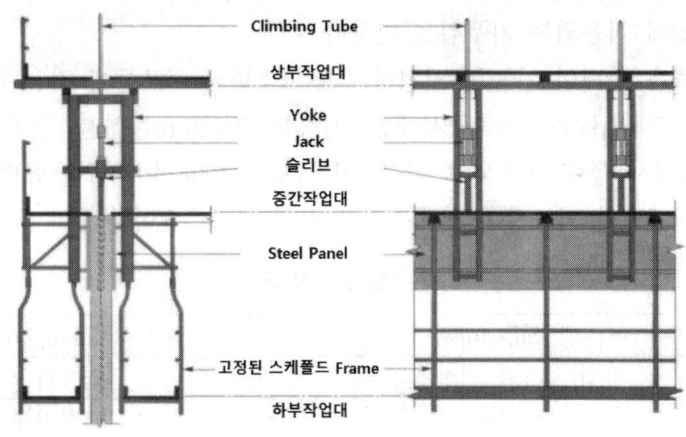

슬립폼(Slip form)

2. 슬립폼 안전작업

(1) 공사현장의 제반 여건과 구조물 형상을 파악한 후 슬립폼 설치, 슬립업, 해체작업 등의 단계별 안전작업 방법과 순서, 장비에 대한 안전조치사항 등이 포함된 안전작업계획을 수립한다.

(2) 슬립폼에 작용하는 하중을 고려하여 슬립폼의 안전성 여부를 검토하며, 로드(rod)와 유압잭(oil jack)은 거푸집 자중, 작업하중, 장비하중 등에 충분한 강도를 갖도록 그 수량과 용량을 결정한다.

(3) 작업계획서는 슬립폼 공법에 충분한 지식과 경험을 갖춘 전문기술자가 수립하며, 공사 중 계획서 내용이 제대로 이행되는지 수시로 확인한다.

(4) 공사 목적구조물의 위치에 대한 지질조사, 주변 지장물 조사를 실시하고, 슬립 폼 조립에 필요한 가설전기 설치위치, 연약지반인 경우에는 기초 가시설 설치위치 등에 대하여 사전에 철저히 검토한다.

(5) 구조물의 평면배치에 따른 양중기 설치위치를 우선 결정하고, 이에 따른 타워크레인의 설치계획 수립, 건설용 리프트의 설치대수 및 위치선정 등을 수립한다.

(6) 이동식 크레인으로 설치·해체하는 경우에는 장비 전도방지를 위하여 충분한 넓이

와 지내력이 확보된 작업장을 마련해야 한다.

⑺ 철근 조립, 콘크리트 타설, 슬립업 등의 작업공종별 투입인원 및 시기 등을 고려한 상세작업계획을 수립한다.

⑻ 전기통신시설은 정전에 대비하여 비상발전계획을 포함하여 수립한다.

Ⅲ. 슬립폼의 단계별 안전조치사항

1. 슬립폼 조립 단계

⑴ 슬립폼 조립을 시작할 때는 작업대 단부에 근로자의 추락방지를 위한 안전난간을 설치한다. 안전난간대는 지름 2.7cm 이상의 금속재 파이프로서 100kg 이상의 하중에 견딜 수 있는 구조이어야 한다.

⑵ 안전난간 하부에 낙하물 방지를 위한 발끝막이판(Toe board)을 설치하고, 각 작업대 사이에는 계단, 사다리 등 안전한 승강통로를 설치한다. 특히 사다리를 설치할 때는 추락방지용 등받이를 설치한다.

⑶ 슬립업을 시작한 이후 설치하는 전기시설, 건설용 리프트 등은 정호가한 위치를 확보하여 간섭되지 않도록 한다.

⑷ 통로 주변에는 자재가 적치되지 않도록 크레인 등의 양중기 작업 반경 내에 자재 야적장을 별도로 확보한다.

2. 콘크리트 타설 단계

⑴ 콘크리트 타설은 균일하게 20~30cm로 하며, 거푸집 내부에는 콘크리트가 항상 일정 높이를 유지하도록 한고, 작업대 위에 남겨진 콘크리트가 경화되어 거푸집 내부로 말려들어가지 않도록 작업대와 분배기는 항상 청결한 상태를 유지한다.

⑵ 콘크리트를 상부로 운반할 경우에는 상·하부에 신호수를 배치하며, 무전기를 이용하여 장비 운전수와 직접 교신해야 한다.

⑶ 철근조립 작업할 때 발생되는 개구부에는 방호조치를 하며, 작업자는 안전대를 착용하고 작업하는 등 추락방지조치를 한다.

⑷ 야간작업이 예상되는 경우에는 모든 작업대에 조명설비를 설치하여 75Lux 이상의 조도를 확보한다.

⑺ 동절기에 콘크리트 양생을 위하여 갈탄 또는 열풍기를 사용할 경우에는 질식 재해예방을 위한 환기장치의 작동상태를 확인한다.

3. 슬립업 단계

⑴ 슬립업 작업 전에 콘크리트의 경화깊이를 측정하고 탈형 후에 콘크리트가 부담하는 전(全)하중과 콘크리트가 발휘해야 하는 압축강도, 품질, 시공조건 등을 고려

하여 슬립 폼의 슬립업 속도를 결정해야 한다.

(2) 슬립업의 속도는 구조물의 강도·형상을 고려하여 시간당 10~17cm를 기준으로 하되, 기온과 콘크리트의 경화속도에 따라 다음과 같이 적절하게 조절한다.

(3) 슬립업은 전체거푸집이 동시 이동되도록 유압잭이 균등하게 작동되도록 한다.

(4) 슬립폼은 허용오차 범위 이상의 변형이 발생하지 않도록 한다.

(5) 작업대는 거푸집과 동시에 이동이 가능하도록 거푸집에 직접 연결한다.

(6) 슬립폼은 인양을 시작하기 전에 거푸집의 경사도와 수직도를 검사하며, 시공 중에는 최소 4시간 이내마다 검사해야 한다.

(7) 슬립업 중에도 각 작업대 부재 이음부의 볼트체결·이음상태를 수시 점검한다.

(8) 유압잭 고장이나 콘크리트 공급이 불가능한 상황에서 슬립업을 못하는 경우에는 콘크리트와 거푸집의 부착에 의한 균열 억제를 위해 적정 슬립업 시간(보통 1.5~2.0시간)이 경과한 후 다음 슬립업 최소시간 이내에 슬립업을 해야 한다.

슬립업의 속도기준

일일 평균기온(℃)	슬립업의 속도기준			
	형틀높이(mm)	슬립업(m/day)	슬립업(cm/hr)	최소시간(hr)
25 이상	1,250	4.0	17.0	
10~25	1,250	3.0	12.5	
10 이하	1,250	2.5~3.0	10.0~12.5	

4. 슬립폼 해체 단계

(1) 슬립폼을 해체 시작하기 전에 신호수를 배치하고 신호규정을 준수한다.

(2) 고소작업을 피하기 위해 부재는 가급적 지상으로 내린 후에 해체하고, 작업반경 내에는 외부 근로자 출입을 금지한다.

(3) 상부에서 부재 용접·용단작업을 할 때는 불꽃 비산방지시설을 설치한다.

(4) 상부 부재를 해체함에 따라 발생되는 개구부는 방호조치를 철저히 한다. 개구부 방호조치가 곤란한 경우에는 안전대 부착설비를 설치하고 작업자에게 안전대를 착용하도록 한다.[253]

---

253) 산업안전보건공단, '슬립폼(Slip form) 안전작업 지침', KOSHA guide, 2011.

06.16 비계(飛階, Cat walk)의 종류

공중작업 비계(Cat walk) [1, 0]

Ⅰ. 개요

1. 비계(飛階)는 토목·건축공사 현장에서 쓰이는 가설발판으로, 기존 시설물을 유지관리하기 위하여 사람이 올라가거나 장비·자재를 올려놓고 보수·보강작업을 할 수 있도록 임시로 설치한 가(假)시설물을 뜻한다.

2. 건설공사 현장에서 쓰이는 비계에는 달비계, 달대비계, 말비계, 내민비계, 통나무비계, 이동식비계, 강관비계, 시스템비계 등이 있다.

Ⅱ. 달비계

1. 용어 정의

(1) 달비계는 매달린 외줄 달기 섬유로프에 부착되어 지지되는 가설 작업대로서, 근로자가 올라가서 작업할 수 있도록 제작된 기구이다.

(2) 안전대 걸이용 로프는 고소작업에서 추락사고 예방을 위하여 안전대를 체결하는 밧줄로서, 고정줄 역할을 하여 근로자의 추락을 저지한다.

(3) 샤클(shackle)은 연강환봉을 U자형으로 구부리고 입이 벌려 있는 쪽에 환봉핀을 끼워서 만든 고리를 말하며, 로프의 끝부분이나 달기 체인 등의 연결고리에 묶어서 물체를 들어 올릴 때 사용하는 기구이다.

2. 달비계 구조

(1) 다음에 해당하는 와이어로프는 달비계에 사용을 금지한다.

① 꼬인 것

② 이음매가 있는 것

③ 심하게 변형되거나 부식된 것

④ 열과 전기충격에 의해 손상된 것

⑤ 지름의 감소가 공칭지름의 7%를 초과하는 것

달비계

⑥ 와이어로프의 한 꼬임에서 끊어진 소선(素線)의 수가 10% 이상인 것

(2) 다음에 해당하는 달기 체인은 달비계에 사용을 금지한다.

① 달기 체인의 길이가 달기 체인이 제조된 때의 길이의 5%를 초과한 것

② 링의 단면지름이 달기 체인이 제조된 때의 해당 링의 지름의 10%를 초과하여 감소한 것

③ 균열이 있거나 심하게 변형된 것

(3) 다음에 해당하는 섬유로프 또는 섬유벨트는 달비계에 사용을 금지한다.

① 꼬임이 끊어진 것

② 심하게 손상되거나 부식된 것

(4) 달기 강선 및 강대가 심하게 손상·변형·부식된 것은 사용을 금지한다.

(5) 달기 와이어로프, 달기 체인, 달기 강선, 달기 강대 또는 달기 섬유로프는 한쪽 끝은 비계의 보, 다른 쪽 끝은 내민 보, 앵커볼트 또는 건축물의 보에 각각 풀리지 않도록 설치한다.

(6) 작업발판은 폭을 40cm 이상으로 하고 틈새가 없도록 한다.

(7) 작업발판 재료는 뒤집혀 떨어지지 않도록 비계의 보에 연결하거나 고정시킨다.

(8) 비계가 흔들리거나 뒤집히는 것을 방지하기 위하여 비계의 보·작업발판 등에 버팀을 설치하는 등 필요한 조치를 한다.

(9) 선반 비계에서는 보의 접속부 및 교차부를 철선·이음철물 등을 사용하여 확실하게 접속시키거나 단단하게 연결시킨다.

(10) 근로자의 추락 위험을 방지하기 위하여 달비계에 안전대 및 구명줄을 설치하고, 안전난간을 설치할 수 있는 구조인 경우에는 안전난간을 설치한다.

3. 달비계 작업대의 안전조치사항

(1) 달비계 작업대는 로프 슬링에 4개 모서리를 매달고, 강도가 충분하고 부드러운 나무로 제작하되 폭 25cm, 길이 60cm 이상으로 한다. 목재인 경우는 두께 5cm 이상, 내수성 합판인 경우는 1.8cm 이상으로 한다.

(2) 작업대를 고정하는 로프는 작업대를 대각선으로 교차한 후 고정철물로 고정하여 로프가 작업대에서 탈락되지 않도록 한다.

(3) 작업대로부터 상부 50cm 지점까지는 로프 보호대(guard)를 설치한다.

(4) 못으로 로프를 고정할 때는 로프 중간으로 못을 관통하여 고정하면 로프의 재질 손상 및 강도저하 원인이 되므로 로프를 관통하지 않고 고정해야 한다.

(5) 작업대의 재질은 평형을 잃지 않도록 미끄러짐이 없는 재질로 한다.

(6) 작업대의 최대적재량은 1.08kN(110 kgf)이하로 한다.

Ⅲ. 달대비계

1. 용어 정의

(1) 달대비계는 달비계와 그 용어는 비슷하게 들리지만, 그 용도와 형상이 전혀 다르다.

달대비계

⑵ 달비계는 매달린 외줄 달기 섬유로프에 부착되어 지지되는 가설 작업대를 이용하여 근로자가 건설현장에서 외벽작업 등에 사용되는 기구이다.

⑶ 달대비계는 철골공사의 리벳치기, 볼트 작업에 이용된다. 주(主)체인을 철골에 매달아 임시 수평작업발판을 만들기 때문에 상하로 이동시킬 수 없다.

2. 달대비계 구조

⑴ 달대비계는 철골조립 작업개소마다 설치해야 하며, 작업발판 폭은 40cm 이상, 작업발판의 틈 간격은 3cm 이하, 매다는 철선은 #8소성철선을 4가닥 꼬아서 하중에 대한 안전계수 8 이상 확보되어야 한다.

⑵ 달대비계를 철근으로 제작할 때는 D19 이상을 사용해야 한다. 달대비계의 종류에는 보용, 빌드 스테이지형, 기둥형, 스카이 행거형 등이 있다.

Ⅳ. 말비계

1. 용어 정의

⑴ 말비계는 정상부에 디딤판이 있는 구조로서, 정상부에 디딤판이 없는 사다리 2개와로 연결하여 사용하는 비계를 말한다.

말비계

⑵ 건설현장에서 말비계를 사용할 때는 사다리와 디딤판이 동요되지 않도록 확실하게 결박하는 것이 중요하다.

2. 말비계 구조

⑴ 말비계를 조립할 때는 사다리의 각부를 수평하게 놓아서 상부가 한쪽으로 기울지 않도록 한다. 현장에서는 말비계를 '우마'라고 부른다.

⑵ 사다리의 지주부재(支柱部材)에는 미끄럼 방지장치를 하며, 근로자는 가장 높은 상단(양측 끝부분)에 올라서서 작업하지 말아야 한다.

⑶ 지주부재와 수평면의 기울기를 75°이하로 하고, 지주부재와 지주부재 사이를 고정시키는 보조부재를 설치하여 안전성을 확보한다.

⑷ 말비계 높이가 2m 초과하면 디딤판 폭을 40cm 이상으로 하여 안전하게 한다.

3. 말비계 위험요소

⑴ 설치 불량으로 인하여 작업자가 바닥으로 떨어지는 사고발생의 위험

⑵ 경사진 곳에 설치하여 작업 중에 작업자가 떨어지는 사고발생의 위험

⑶ 양측 끝부분에 올라서서 작업하던 중에 추락하는 사고발생의 위험

⑷ 작업발판이 하중을 견디지 못해 변형, 부식되어 붕괴되는 위험

⑸ 말비계의 연결부, 접속부 등이 노후화되어 작업하던 중에 붕괴되는 위험

V. 내민비계

1. 용어 정의

(1) 내민비계(돌출비계)는 건물의 지하공사가 지연되어 비계를 세우면 공사기간에 영향을 주거나 인접도로 사정으로 인하여 하부에 비계를 세울 여유가 없는 경우에 사용되는 구조로서, 건물 구체(軀體)에 수평보를 설치하고 그 위에 본비계를 조립하는 것을 말한다.

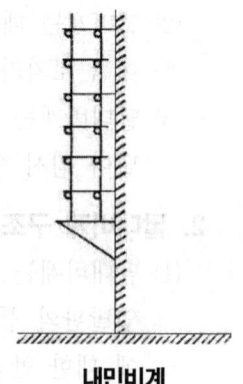

내민비계

2. 내민비계 구조

(1) 내민비계의 내민부분은 truss type, I형강, H형강 등의 단일재료를 사용하여 조립하며, Bracket 비계, 지상프롤 비계, 창문돌출 비계 구조로 설치한다.

3. 내민비계 적용성

(1) 내민비계는 설치하는데 많은 시간과 비용이 소요되며, 설치방법에 따라 공사완료 후에 철거하면 쓸모가 없어 폐기해야 하는 경우도 있다.

(2) 따라서 공사완료 후의 효용성 문제점을 충분히 검토하여 설치여부를 결정한다.

VI. 통나무비계

1. 용어 정의

(1) 통나무비계는 건설현장에서 통나무를 사용하여 조립하는 비계이다.

(2) 통나무비계를 설치할 때는 작업대에 안전난간을 반드시 설치하여 추락에 대비하고, 낙하물 방지조치를 강구해야 한다.

2. 통나무비계 구조

(1) 통나무비계를 조립할 때는 비계기둥의 바닥에 호박돌, 잡석, 깔판 등으로 침하방지 조치를 취하고 연약지반에는 비계기둥을 땅에 매립·고정시킨다.

(2) 비계기둥의 간격은 띠장방향에서 1.5m~1.8m 이하, 장선방향에서는 1.5m 이하로 한다. 이때 지상에서 첫 번째 띠장은 3m 정도의 높이에 설치한다.

(3) 겹침이음할 때는 길이 1m 이상 겹쳐대고 2개소 이상 결속하며, 맞댄이음할 때는 쌍기둥틀로 하거나 1.8m 이상의 덧댐목을 대고 4개소 이상 결속한다.

(4) 벽체와의 연결은 수직방향에서 5.5m 이하, 수평방향에서는 7.5m 이하의 규칙적인 간격으로 연결한다.

(5) 비계기둥의 간격 10m 이내마다 45도 각도의 처마방향 가새를 비계기둥 및 띠장에 결속하고, 모든 비계기둥은 가새에 결속한다.

3. 통나무비계 적용성

⑵ 통나무비계는 지상높이 4층 이하 또는 12m 이하인 건축물, 공작물 등의 건조·해체·조립작업에 사용 가능하다.

⑶ 통나무비계는 소규모 주택현장에 사용되었으나 현재는 거의 사용되지 않는다.

VII. 이동식비계

1. 이동식비계 구조

⑴ 이동식비계의 갑작스러운 이동·전도 방지를 위하여 바퀴를 브레이크·쐐기로 고정시킨 후, 아웃트리거(outrigger)를 설치하여 안전조치를 할 것

⑵ 승강용 사다리는 견고하게 설치할 것

⑶ 비계 최상부에서 작업하는 경우에는 안전난간을 설치할 것

⑷ 작업발판은 항상 수평을 유지하고 작업발판 위에서 안전난간을 딛고 작업하거나, 받침대 또는 사다리를 사용하여 작업하지 않도록 할 것

이동식비계

⑸ 작업발판의 최대 적재하중은 250kg 초과하지 않도록 할 것

2. 이동식비계 사용 주의사항

⑴ 안전담당자의 지휘 하에서 작업을 수행한다.

⑵ 비계의 최대높이는 밑변 최소 폭의 4배 이하로 한다.

⑶ 작업대의 발판은 전면에 걸쳐 빈틈없이 설치한다.

⑷ 비계의 일부를 건물에 체결하여 이동·전도를 방지한다.

⑸ 승강용 사다리는 견고하게 부착한다.

⑹ 최대적재하중을 표시한다.

⑺ 부재의 접속부, 교차부는 확실하게 연결한다.

⑻ 작업대에는 안전난간을 설치하며, 낙하물 방지시설을 설치한다.

⑼ 불의의 이동을 방지하기 위한 제동장치를 반드시 갖춘다.

⑽ 이동할 때에는 작업대에 작업원이 없는 상태를 유지한다.

⑾ 비계를 이동할 때는 소요 작업원을 충분히 배치한다.

⑿ 안전모를 착용하며 지지용 로프를 설치한다.

⒀ 재료, 공구의 오르내리기에는 포대, 로프 등을 이용한다.

⒁ 작업장 부근에 고압선이 있는지 확인하고 적절한 방호조치를 취한다.

⒂ 상하에서 동시에 작업할 때는 충분한 연락을 취하면서 작업을 한다.

06.17 강관비계의 조립·해체 안전대책

강관비계의 설치기준, 해체 안전시공 [0, 1]

Ⅰ. 용어 정의

1. 강관비계(鋼管飛階, steel pipe scaffold)는 강철제 파이프를 클램프로 조립하는 비계로서, 단관 비계와 틀비계가 있다.

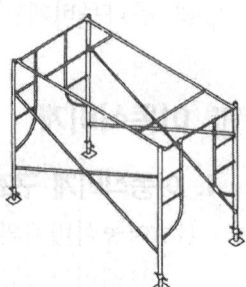

강관비계

Ⅱ. 강관비계

1. 기초, 밑받침철물

(1) 기초지반은 다짐한 후, 깔판(받침널)을 평탄하게 설치한다.

되메우기지반, 연약지반에는 자갈 또는 콘크리트로 보강한다.

(2) 밑받침철물은 깔판이나 받침목의 중심에 일정한 비계기둥 간격(1.8m 이하)으로 배치하고 이동방지를 위하여 못으로 3개소 이상 고정한다.

비계기둥의 이동방지를 위하여 필요에 따라 밑둥잡이(기초)를 설치한다.

2. 비계기둥

(1) 비계기둥은 수직도 유지하도록 설치하며, 필요한 경우 임시 가새를 설치한다.

(2) 비계기둥의 연결은 전용 연결철물을 사용하며 연결위치가 일직선 또는 동일축 내에 집중되지 않도록 길이가 다른 강관을 교대로 사용하여 조립한다.

3. 띠장, 장선, 가새

(1) 띠장의 수직간격은 1.5m 이하로 한다. 다만, 지상으로부터 첫 번째 띠장은 통행을 위해 비계기둥이 좌굴되지 않는 한도 내에서 2m 이내로 설치할 수 있다.

비계기둥과 띠장의 체결은 전용(고정형) 클램프로 체결하며, 300~350kgf·cm 이상의 조임토크로 균일하게 체결한다.

(2) 장선의 간격은 1.8m 이하로 설치하고, 비계기둥과 띠장의 교차부는 비계기둥에 결속하며, 그 중간부분은 띠장에 결속한다.

작업발판을 맞댐형식으로 이음하여 설치하는 경우, 장선은 작업발판의 내민부분이 10~20cm 범위가 되도록 간격을 정하여 설치한다.

(3) 가새는 비계의 외측면에 45° 정도로 교차하여 두 방향에 설치하며, 교차하는 모든 비계기둥에 체결한다.

비계가 몇 층 조립된 시점에 비계의 전도를 방지하기 위하여 필요한 경우 임시 가새 또는 교차 가새를 설치한다.

4. 벽이음

⑴ 벽이음의 설치위치는 기둥과 띠장의 결합 부근으로 하며, 벽면과 직각이 되도록 설치하고, 비계의 최상단과 가장자리 끝에도 벽이음을 설치한다.

⑵ 벽이음 철물은 전용철물을 사용하며, 철물시공의 양부가 인장강도에 영향을 미치므로 구조물 본체에 확실히 매립한다.

5. 작업발판, 안전난간, 경사로

⑴ 높이 2m 이상의 고소작업에 사용할 목적으로 조립하는 비계의 모든 층에는 작업발판을 설치한다.
작업발판을 겹쳐서 사용할 경우에는 단 차이를 1.5cm 이하로 한다. 연결부의 중앙부를 장선의 상부에 위치하도록 설치한다.

⑵ 안전난간은 비계의 통로와 끝단의 단부 및 작업발판의 측면 등 추락발생 우려가 있는 장소에 반드시 설치한다.
난간의 각 부재는 탈락, 미끄러짐 등이 발생되지 않도록 견고하게 설치하고, 상부 난간대가 회전하지 않도록 한다.

⑵ 경사로 폭은 최소 90cm 이상으로 한다. 경사로의 보(사재)는 비계기둥 및 장선에 전용철물로 체결한다.
경사로의 바닥면으로 부터 높이 2m 이내에는 장애물이 없도록 하며, 통로에 근접한 고압전선이 있을 때는 접촉에 의한 감전사고 방지조치를 강구한다.

6. 출입구·우각부 보강

⑴ 비계 출입구는 사재로 보강하고, 비계기둥에 비계용 강관을 덧붙여 보강한다.
비계 높이가 15m 이상일 경우 양측 비계기둥에 관을 덧붙여 보강한다.

⑵ 우각부는 개구부를 없애기 위해 양변의 비계기둥을 근접하도록 배치한다.
우각부는 비계의 2층마다 비계용 강관과 연결철물(클램프)로 체결한다.

7. 낙하물방지 설비

⑴ 방호선반은 KOSHA Guide(낙하물 방호선반 설치지침)을 준수한다.

⑵ 낙하물방지망은 KOSHA Guide(낙하물 방지망 설치 지침)을 준수한다.

Ⅲ. 강관비계 작업 안전대책

1. 조립 준수사항

⑴ 강관비계의 조립·해체작업은 자격을 갖춘 근로자가 실시한다.

⑵ 비계와 작업발판은 공종별 시공계획서 및 시공상세도에 따라 조립한다.

(3) 비계 조립 前에 구조·강도·기능·재료 등에 결함이 없는지 면밀히 검토한다.

(4) 비계와 작업발판은 공사의 종류·규모·장소 등에 따라 적합한 재료·방법으로 견고하게 설치하고 유지관리에 주의한다.

(5) 작업발판에는 최대 적재하중을 정하고 이를 초과하여 적재를 금지한다.

(6) 지반은 비계가 설치되어 있는 동안에 비계의 전체구조물이 지지되도록 한다.

(7) 연약지반은 비계기둥이 침하하지 않도록 다지고 두께 45mm 이상의 깔목을 소요 폭 이상으로 설치하거나 콘크리트기초를 타설한다.

(8) 비계기둥 3개 이상을 밑둥잡이(기초)로 서로 연결한다.

(9) 경사진 지반에는 피벗형 받침철물을 사용하거나 수평을 유지한다.

(10) 조립구역에 당해 작업 근로자·관련자 외에 출입을 금지한다.

2. 벽이음 설치 준수사항

(1) 벽이음재는 전체를 한 번에 풀지 않고, 부분적으로 순서에 맞게 풀어야 한다.

(2) 띠장에 부착된 벽이음재는 비계기둥으로부터 300㎜ 이내에 부착시킨다.

(3) 벽이음재로 사용되는 앵커는 비계 구조체가 해체될 때까지 남겨두어야 한다.

(4) 벽이음재의 배치는 보호망의 설치 유무와 벽이음재의 종류를 고려하며, 특히 보호망이 설치된 비계의 경우에는 풍하중에 대한 벽이음재 배치에 주의한다.

(5) 벽이음재는 결속에 필요한 요구조건과 영구 구조체면의 특성을 고려하여 박스형 벽이음재(box ties), 립형 벽이음재(lip ties), 창틀용 벽이음재(reveal ties) 중에서 적합한 형식을 선정한다.

3. 강관비계의 점검·보수

(1) 강관비계는 조립 완료된 후 전체를 점검한다. 점검시기는 매일 작업 개시 전, 악천후가 끝난 후에 다음 사항을 점검한다.

① 발판재료의 손상여부 및 부착 또는 걸림상태

② 비계의 연결부 또는 접속부의 풀림상태

③ 연결재료 및 연결철물의 손상 또는 부식상태

④ 손잡이의 탈락여부

⑤ 비계기둥의 침하·변형·변위 또는 흔들림 상태

(2) 강관비계에서 이상을 발견한 경우에는 즉시 보수한다.

4. 해체 준수사항

(1) 해체 순서

① 해체작업 시작 전에 작업발판 등에 부재, 공구 등이 없는지 확인하며, 조립의 역순으로 해체하는 것을 원칙으로 한다.

② 해체작업 시작 전에 벽이음, 작업발판의 설치 상태를 확인하여 정상적인 상태가 아닌 경우에는 해체순서를 검토·변경하여 그 결과를 해체작업 근로자 전원에게 철저히 주지시킨다.

③ 해체는 규칙적·계획적으로 진행되어야 하며, 수평부재부터 차례로 해체한다.

④ 비계기둥의 이음부에서 비계기둥, 띠장 등을 해체할 경우에 이음위치와 해체순서를 확인한다.

(2) 해체 절차

① 체작업은 관리감독자의 지휘 하에 작업을 실시한다.

② 해체작업은 2명 이상의 공동작업을 원칙으로 수행한다.

③ 해체작업의 시기·범위·절차에 관하여 근로자에게 특별교육을 실시한다.

④ 해체부재의 하역은 크레인 등의 장비사용을 원칙으로 하며, 인력하역인 경우 손으로 건네거나 망, 포대 등을 사용하여 하역하고 투척행위는 금지한다.

⑤ 해체 착수 前에 비계에 결함이 발생했을 경우에는 정상적인 상태로 복구한 후에 해체하며, 특히 벽이음재와 가새는 반드시 확인한다.

⑥ 모든 분리된 부재와 이음재는 비계로부터 떨어뜨리지 말고 내려야 하며, 아직 분해되지 않은 비계부분은 안정성이 유지되도록 해체한다.

⑦ 벽이음·가새는 가능한 나중에 해체하며, 필요한 경우 임시가새와 버팀목을 설치하는 등의 안전조치를 강구한다.

(2) 해체 안전대책

① 체 중에 도괴·낙하·추락사고가 발생되지 않도록 안전조치를 취한다.

② 비·눈 기상상태 불안정으로 날씨가 몹시 나쁠 때는 해체작업을 중지한다.

③ 해체된 부재는 비계 위에 적재를 금지하며, 지정된 위치에 보관한다.

④ 추락의 위험이 있는 곳에서는 반드시 안전대를 착용하고 작업한다.[254]

---

254) 고용노동부, '비계 작업 안전대책', 한국산업안전보건공단, 2014.

06.18 안전난간, 가설통로, 개구부

건설현장에서 가설통로의 종류와 설치기준 [0, 1]

I. 안전난간

1. 안전난간의 구조

(1) 안전난간은 상부난간대, 중간난간대, 발끝막이판, 난간기둥 등으로 구성한다.

① 상부난간대 : 바닥면·발판 또는 경사로 표면에서 90cm 이상 떨어져 설치

② 상부난간대를 120cm 이하의 지점에 설치 시 중간난간대를 설치

③ 상부난간대를 120cm 이상의 지점에 설치 시 중간난간대를 2단으로 설치

④ 다만, 개방된 계단 쪽의 난간기둥 간격이 25cm 이하일 때는 중간난간대 생략

(2) 발끝막이판은 바닥면으로부터 10cm 이상의 높이를 유지한다. 다만, 물체의 추락·비산 위험이 없거나 그 위험방지망 설치 등의 예방조치를 한 곳은 제외한다.

(3) 난간기둥은 상부난간대와 중간난간대를 견고하게 떠받칠 수 있도록 적정한 간격을 유지한다.

(4) 상부난간대와 중간난간대는 난간길이 전체에 걸쳐 바닥면과 평행을 유지한다.

(5) 난간대의 재료는 지름 2.7cm 이상의 금속제 파이프를 선정하여 설치한다.

(6) 안전난간은 구조적으로 가장 취약한 지점에서 가장 취약한 방향으로 작용하는 100kg 이상의 하중에 견딜 수 있는 튼튼한 구조로 설치한다.

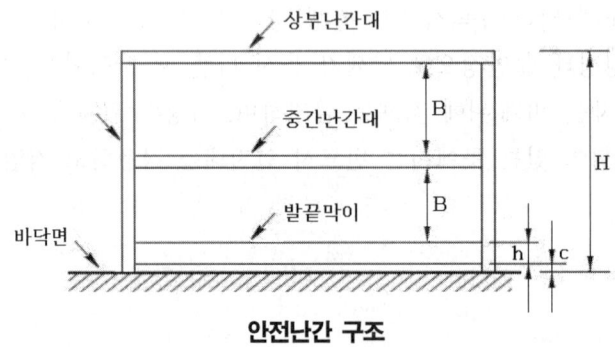

안전난간 구조

2. 안전난간 설치 前 슬래브 단부에서 휴식 중 추락 사례

(1) 사고 : ○○아파트재건축공사장(지하 2층, 지상 6층)에서 근로자가 아파트 발코니 안전난간 설치 중에 발코니 턱 상단에 앉아 휴식 중 지하 1층으로 추락

(2) 대책 : 아파트 발코니 단부에 안전난간 가시설 설치작업을 하는 때에는 작업구간 하부에 추락방지용 안전망을 설치하거나, 안전대 부착설비 설치 후에 안전대를 착용하고 부착설비에 걸고 작업을 수행

Ⅱ. 가설통로

1. 가설통로 구조

⑴ 경사는 30° 이하로 견고하게 설치한다. 다만, 계단을 설치하거나 높이 2m 미만의 가설통로로서 튼튼한 손잡이를 설치한 경우에는 제외한다.

⑵ 경사가 15°를 초과하는 경우에는 미끄러지지 아니하는 구조로 한다.

⑶ 추락할 위험이 있는 장소에는 안전난간을 설치한다. 다만, 작업상 부득이한 경우에는 필요한 부분만 임시로 해체할 수 있다.

⑷ 수직갱에 가설된 통로 길이가 15m 이상인 경우에는 10m 이내마다 계단참을 설치한다. 다만, 높이 8m 이상인 비계다리에는 7m 이내마다 계단참을 설치한다.

2. 가설통로 유의사항

⑴ 통로의 조명

① 근로자가 안전하게 통행할 수 있도록 통로에 75Lux 이상의 조명시설을 한다. 다만, 상시 통행을 하지 아니하는 지하실이나 갱도를 통행하는 근로자에게 휴대용 조명기구를 지급한 경우에는 제외한다.

⑵ 통로의 표시

① 작업장 내에 근로자가 사용할 안전한 통로를 설치하고 항상 사용할 수 있도록 통로의 주요 부분에 통로표시를 한다.

② 통로 바각으로부터 높이 2m 이내에는 장애물을 제거한다. 다만, 부득이하게 통로 바닥으로부터 높이 2m 이내에 장애물을 제거하기 곤란한 경우에는 근로자의 부상 위험방지를 위한 안전조치를 한다.

⑶ 사다리식 통로의 구조

① 심한 손상·부식 등이 없는 재료를 사용하여, 견고한 구조로 설치한다.

② 발판과 벽과의 사이는 15cm 이상의 간격을 일정하게 유지한다.

③ 사다리의 폭은 30cm 이상으로 한다.

④ 사다리가 넘어지거나 미끄러지는 것을 방지하기 위한 조치를 한다.

⑤ 사다리의 상단은 걸쳐놓은 지점으로부터 60cm 이상 올라가도록 한다.

⑥ 사다리식 통로의 길이가 10m 이상되면 5m 이내마다 계단참을 설치한다.

⑦ 사다리식 통로의 기울기는 75° 이하로 한다. 다만, 그 높이가 7m 이상되면 바닥으로부터 높이가 2.5m 되는 지점부터 등받이울을 설치한다.

⑧ 접이식 사다리 기둥은 사용할 때 접혀지거나 펼쳐지지 않도록 철물을 사용하여 견고하게 조치한다.

⑨ 잠함(潛函) 내 사다리식 통로와 건조·수리 중인 선박의 구명줄이 설치된 사다

리식 통로에는 상기 ⑦호부터 ⑧호까지의 규정을 배제한다.

(4) 갱내통로의 위험방지

① 갱내에 설치한 사다리식 통로에 권상장치(卷上裝置)가 설치된 경우에는 권상장치와 근로자의 접촉에 의한 위험이 있는 장소에 판자벽이나 그 밖에 위험 방지를 위한 격벽(隔壁)을 설치한다.

(5) 가설계단의 구조

① 계단 강도 : 계단 및 계단참을 설치하는 경우 500kg/m² 이상의 하중에 견디는 구조로 설치 하며, 안전율은 4 이상으로 한다.
계단 및 승강구 바닥을 구멍이 있는 재료로 만드는 경우에는 렌치 등의 공구가 낙하할 위험이 없는 구조로 한다.

② 계단 폭 : 계단을 설치하는 경우 그 폭을 1m 이상으로 한다. 다만, 급유용·보수용·비상용 계단 및 나선형 계단이거나 높이 1m 미만의 이동식 계단인 경우에는 제외한다.
계단에 손잡이 외의 다른 물건 등을 설치하거나 쌓아 두지 않는다.

③ 계단참 높이 : 높이가 3m 초과하는 계단에는 높이 3m 이내마다 너비 1.2m 이상의 계단참을 설치한다.

④ 계단천장 높이 : 높이가 3m 초과하는 계단에 높이 3m 이내마다 너비 1.2m 이상의 계단참을 설치한다.

⑤ 계단 난간 : 높이 1m 이상인 계단의 개방된 측면에는 안전난간을 설치한다.

Ⅲ. 개구부

1. 개구부 안전수칙

⑴ 큰 개구부에는 높이 90~120cm의 안전난간을 설치한다.

⑵ 작은 개구부에는 튼튼한 덮개로 빠지지 않도록 빈틈없이 설치한다.

⑶ 부득이 안전난간이나 덮개를 제거할 땐 안전대를 매거나 안전방망을 설치하고, 작업 후엔 바로 원상복구한다.

⑷ 안전난간에 자재를 기대어 쌓거나 안전난간을 밟고 작업하면 아니 된다.

⑸ 안전난간이나 덮개의 날카로운 부분은 부드러운 재료로 덧대거나 제거한다.

2. 작업발판, 추락방호망

⑴ 근로자가 추락 위험장소 또는 기계·설비·선박블록 등에서 작업하는 근로자가 위험 우려가 있는 경우 비계(飛階) 조립방법으로 작업발판을 설치한다.

⑵ 상기 ⑴항의 작업발판 설치가 곤란할 때는 다음 기준에 맞는 추락방호망을 설치한다. 다만, 추락방호망 설치가 곤란한 경우에는 근로자에게 안전대를 착용토록하는 등의 방지조치를 한다.

① 추락방호망의 설치위치는 작업면으로부터 가까운 지점으로 하며, 작업면으로부터 망의 설치지점까지의 수직거리는 10m 이내로 한다.

② 추락방호망은 수평으로 설치하고, 망의 처짐은 짧은 변 길이의 12% 이상이 되도록 한다.

③ 건축물의 바깥쪽에 설치할 때는 추락방호망의 내민길이를 벽면으로부터 3m 이상 되도록 한다. 다만, 그물코가 20m 이하인 추락방호망을 사용한 경우에는 낙하물방지망을 설치한 것으로 간주한다.

⑶ 추락방호망을 설치할 때는 『산업표준화법』에 따른 한국산업표준에서 정하는 성능기준에 적합한 추락방호망을 사용한다.

3. 추락방지시설

⑴ 안전대의 부착설비

추락 위험이 있는 높이 2m 이상의 장소에서 근로자가 안전대를 착용하는 경우에는 안전대 부착설비를 설치한다. 안전대 부착설비를 지지로프로 제작할 때는 로프가 처지거나 풀리는 것을 방지하는 조치를 한다.

⑵ 지붕 위에서의 위험 방지

슬레이트, 선라이트(sunlight) 등 강도가 약한 재료로 덮은 지붕 위에서 작업할 때에 발이 빠지는 등 근로자가 위험해질 우려가 있다. 이 경우 폭 30cm 이상의 발판을 설치하거나 추락방호망을 설치하여 위험을 방지한다.

⑶ 구명구

수상 또는 선박건조 작업에 종사하는 근로자가 물에 빠지는 등 위험 우려가 있는 경우에는 그 작업장소에 구명선박, 구명장구(救命裝具)를 비치한다.

⑷ 울타리의 설치

근로자가 작업·통행 중에 전락(轉落)으로 인하여 화상·질식 위험 우려가 있는 케틀(kettle), 호퍼(hopper), 피트(pit) 등이 있는 장소에서는 그 위험방지를 위하여 필요한 장소에 높이 90cm 이상의 울타리를 설치한다.

⑸ 조명의 유지

근로자가 높이 2m 이상에서 작업하는 경우에는 그 작업을 안전하게 할 수 있도록 조명의 조도를 유지한다.[255]

---

255) 산업안전보건공단, '가설계단 설치 및 사용 안전보건작업 지침', KOSHA guide, 2012.

굳지 않은 콘크리트의 성질

굳지 않은 콘크리트의 성질, Workability, Pumpability, Finishability, Bleeding, Laitance [6, 3]

Ⅰ. 개요

1. 굳지 않은 콘크리트(fresh concrete)란 굳은 콘크리트(hardened concrete)에 대응
   하여 사용되는 용어로서, 비빔 직후부터 거푸집 내에 부어 넣어 소정의 강도를 발
   휘할 때까지의 콘크리트에 대한 총칭이다.

2. 굳지 않은 콘크리트가 구비해야할 조건은 다음과 같다.
   (1) 소요의 워커빌리티와 공기량, 소정의 온도 및 단위용저질량을 확보할 것
   (2) 운반, 타설, 다짐, 표면마감의 각 시공단계에서 작업이 용이하게 이루어질 것
   (3) 시공 전·후에 재료분리 및 품질변화가 적을 것
   (4) 작업 종료 시까지 소정의 워커빌리티를 유지한 후 정상속도로 응결·경화할 것
   (5) 거푸집에 타설된 후 침하균열이나 초기균열이 발생하지 않을 것

3. 굳지 않은 콘크리트의 대표적인 성질은 다음과 같다.
   (1) 반죽질기(consistency) : 주로 물의 양이 많고 적음에 따른 반죽의 되고 진 정도
       를 표현하는 아직 굳지 않은 콘크리트의 유동성을 나타내는 성질
   (2) 시공연도(workability) : 반죽질기의 여하에 따르는 작업의 난이정도 및 재료분리
       에 저항하는 정도를 나타내는 아직 굳지 않은 콘크리트 성질
   (3) 성형성(plasticity) : 거푸집에 쉽게 타설하여 넣을 수 있고, 거푸집을 제거하면 형
       상이 변하지만, 허물어지거나 재료가 분리되지 않는 콘크리트 성질
   (4) 마감성(finishability) : 굵은골재 최대치수, 잔골재율, 잔골재 입도, 반죽질기 등에
       의한 마무리가 얼마나 잘 되는 지를 나타내는 콘크리트 성질
   (5) 압송성(pumpability) : 콘크리트를 펌프로 압송하는 경우에 펌프용 콘크리트의 작
       업성(workability)를 판단할 수 있는 콘크리트 성질

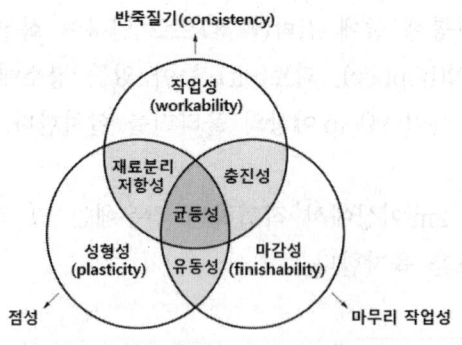

굳지 않은 콘크리트 제 성질의 관계

Ⅱ. 워커빌리티, 반죽질기

1. 워커빌리티 및 반죽질기에 영향을 주는 인자

(1) 단위수량

단위수량이 많을수록 콘크리트의 반죽질기가 질게 되어 유동성이 커진다. 단위수량이 약 1.2% 증가하면 슬럼프가 10mm 증가한다. 그러나 단위수량이 증가하면 재료분리 발생이 쉬워지므로 워커빌리티가 좋아진다고는 말할 수 없다.

(2) 단위시멘트량

단위시멘트량이 많을수록 콘크리트의 성형성(plasticity)이 증가하여, 부배합 콘크리트가 빈배합 콘크리트에 비해 워커빌리티가 좋아진다. 단위수량을 일정하게 하고 단위시멘트량을 증가시키면 거친 배합이 되어 마감성이 나빠진다.

(3) 시멘트의 성질

분말도가 높은 시멘트는 시멘트 풀의 점성이 높아지므로 반죽질기는 작게 된다. 동일한 연도의 콘크리트를 만드는데 필요한 단위수량 값이 초조강>조강>보통의 순으로 되는 것 역시 시멘트 분말도 때문이다.

(4) 골재의 입도 및 입형

골재 중의 세립분, 특히 0.3mm 이하의 세립분은 콘크리트의 점성을 높이고 성형성을 좋게 한다. 그러나 세립분이 많아지면 반죽질기가 적게 되므로 골재는 조립한 것부터 세립한 것까지 적당한 비율로 혼합할 필요가 있다.

(5) 공기량

AE제나 감수제에 의해 콘크리트 중에 연행된 미세한 기포는 볼베어링(ball bearing) 작용을 하여 워커빌리티를 개선시킨다. 공기량 1% 증가에 슬럼프가 20mm 증가하며, 슬럼프를 일정하게 하면 단위수량을 3% 줄일 수 있다.

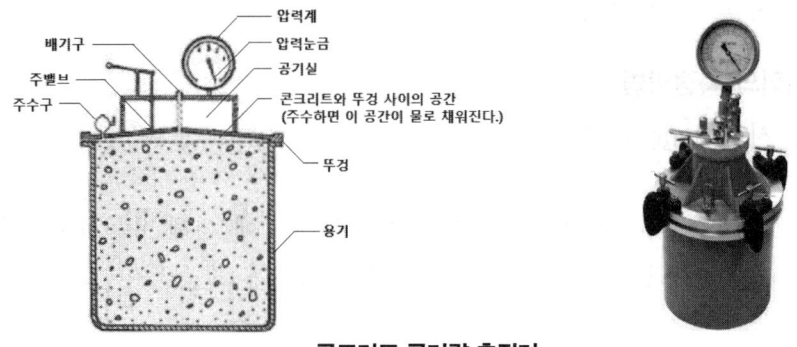

콘크리트 공기량 측정기

(6) 혼화재료

감수제는 공기량 효과 외에 반죽질기를 증대시키는 효과가 있다. 고성능감수제는 8~15% 정도의 단위수량을 감소시킨다. 포졸란 혼화재는 콘크리트의 점성을 개선하는 효과가 있어 콘크리트의 워커빌리티를 향상시킬 수 있다.

(7) 비빔시간과 온도

비빔이 불충분하고 불균질한 상태의 콘크리트는 워커빌리티가 나쁘다. 비빔시간이 과도하게 길어지면 시멘트 수화가 촉진되어 워커빌리티가 나빠진다. 콘크리트의 비빔온도가 높을수록 반죽질기가 저하되는 경향이 있다.

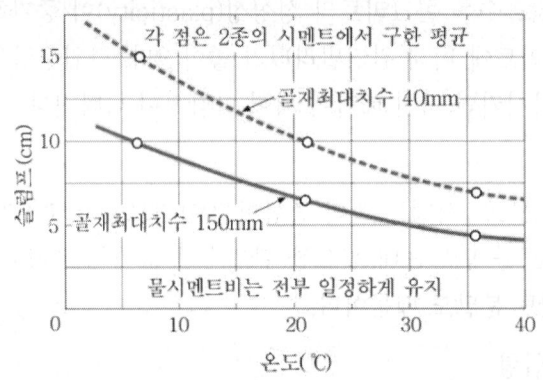

콘크리트의 비빔온도와 슬럼프

2. 워커빌리티를 좋게 하는 방법

(1) 단위수량을 크게 한다.

(2) 단위시멘트 사용량을 크게 한다.

(3) 분말도가 큰 혼화재(Fly ash)를 사용한다.

(4) AE제를 사용하여 공기를 연행시킨다.

(5) 입형이 좋은 골재를 사용한다.

(6) 비비기 시간을 충분히 한다.

3. 워커빌리티의 측정방법

(1) 슬럼프 시험(slump test)

① 시험 목적

슬럼프 시험은 아직 굳지 않은 콘크리트에서 자중에 의해 유동하려는 힘과 점성에 의해 저항하려는 힘의 균형상태를 파악하려는데 그 목적이 있다.

② 시험 목적

슬럼프 콘(Slump cone : 윗지름 10cm, 밑지름 20cm, 높이 30cm) 내부에 시료를

3층(7㎝, 9㎝, 14㎝)으로 나누어 넣고, 다짐봉(지름 16㎜, 길이 60㎝)으로 각각 25회씩 다짐 후, 5초 이내에 슬럼프 콘을 제거하여 시료의 가라앉은 높이를 측정한다. 총 시험시간 2분 30초 이내에 완료해야 한다.

③ 시험 유의사항

시험 대상은 굵은골재 최대치수 50mm 이내의 일반 콘크리트이며, 매우 된 반죽이나 매우 묽은 반죽에는 적용할 수 없다. 된 반죽에는 다짐봉으로 슬럼프 콘의 측면을 두드리며 다짐한다. 슬럼프 콘 제거 후 전단형태로 붕괴되면 재시험한다. 슬럼프의 허용오차는 슬럼프 50~65mm면 ±15mm 80mm 이상이면 ±25mm기준이다.

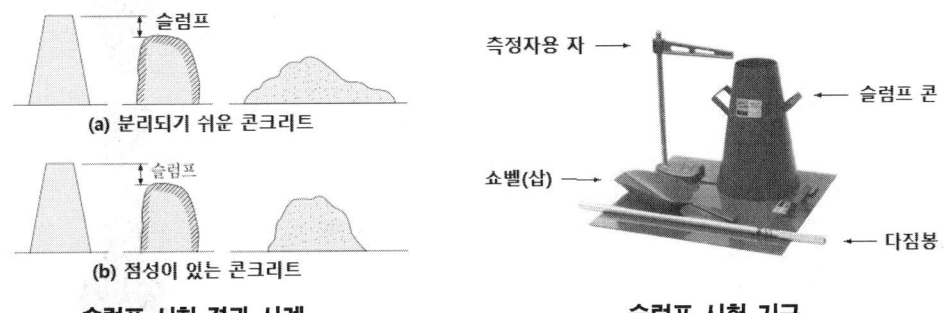

슬럼프 시험 결과 사례

슬럼프 시험 기구

(2) 플로우 시험(flow test)

① 플로우 시험은 흐름판(직경 762mm 낙하높이 12.7mm)에 흐름콘(밑면 254mm, 윗면 171mm)으로 시료를 2층으로 나누어 25회 다짐하고, 10초 동안 12.7mm의 높이로 15회 낙하시켜 흐트러진 직경을 측정한다.

$$흐름값 = \frac{흐트러진\ 직경 - 254}{254} \times 100$$

② 플로우 시험에서 콘크리트의 분리저항성을 잘 측정할 수 있지만 부배합이나 점성이 높은 콘크리트의 유동성 측정에도 효과적이다. 플로우 시험은 슬럼프 시험이 곤란한 매우 묽은 반죽이나 고유동성 콘크리트에서 적용한다. 동일한 흐름값에서도 슬럼프 값으로 정의되는 시공연도(workability)가 차이를 나타내는 경우도 있다. 일반적으로 흐름값 표준은 11±5%를 기준으로 한다.

플로우 시험기구

(3) 다짐계수 시험

① 다짐계수 시험은 워커빌리티를 측정하는 일반적 시험은 아니지만, 신뢰성이 높고 편리하다. 다짐의 정도는 다짐계수로 나타내며 밀도비로 표현된다. 점성이 큰 된반죽 콘크리트를 중력으로 충전성(compactability)과 다짐도를 측정한다.

② A, B, C 용기에 차례로 콘크리트를 중력 낙하시킨 후, C용기에 인력다짐으로 콘크리트를 충분히 채웠을 때 중량(w)을 측정한다. 다짐계수 시험으로 진동다짐한 콘크리트의 반죽질기와 다짐도를 평가한다.

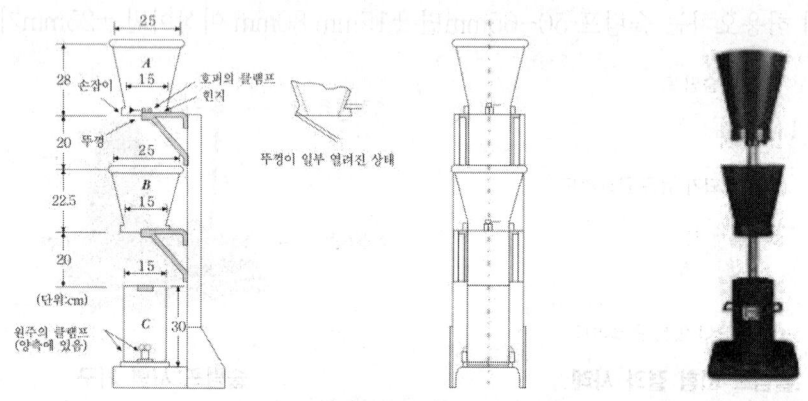

다짐계수 시험기구

(4) VB 시험(Vee-Bee test)

① VB 시험은 슬럼프 시험과 리몰딩 시험을 합친 방법이다. 진동기 위에 원통용기를 놓고, 그 속에 슬럼프 콘을 배치한다. 슬럼프 콘을 제거하고 플라스틱 원판을 올려놓은 후, 상·하 진동을 가하여 원판이 콘크리트와 완전 밀착할 때까지의 시간(초)을 측정한다.

② VB 시험은 반죽질기를 진동식으로 측정하는 시험으로, 점성이 큰 된반죽 또는 진동다짐 콘크리트의 반죽질기와 유동성 측정에 적용된다.

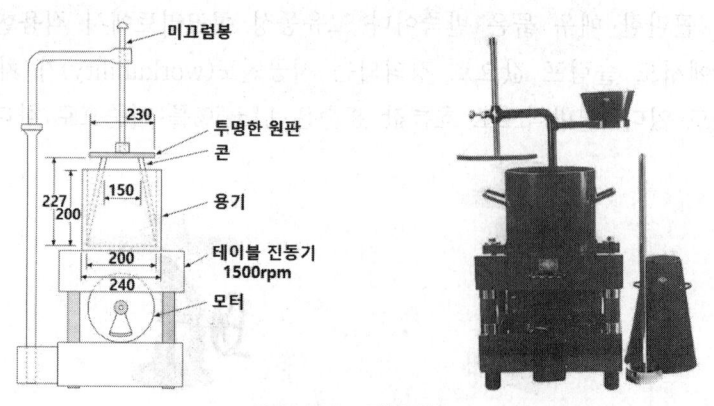

Vee-Bee 시험기구

(5) 리몰딩 시험(Remolding test)

① 리몰딩 시험은 슬럼프 시험과 플로우 시험을 합친 방법이다. 흐름판 위에 높이 20.3cm 원통을 놓고 그 속에 높이 30cm 슬럼프 콘을 배치한다. 슬럼프 콘을 제거하고 1.9kg의 가압판을 올려놓은 후, 6mm 낙하높이로 흐름판을 자유낙하 시킨다. 슬럼프 콘의 시료가 원통높이와 같아질 때의 낙하횟수를 측정한다.

② 리몰딩 값은 철근콘크리트용 콘크리트에는 15~30회 정도, 진동다짐 된반죽 콘 크리트에는 40~50회 정도를 표준으로 하고 있다.

③ 리몰딩 시험은 점성이 큰 된반죽 콘크리트의 반죽질기와 유동성 측정에 사용되 며, 건설현장이 아닌 실험실에서 행하기에 적합한 시험이다. 변형에 필요한 일 량은 워커빌리티에 관한 값이므로 중요한 시험이다.

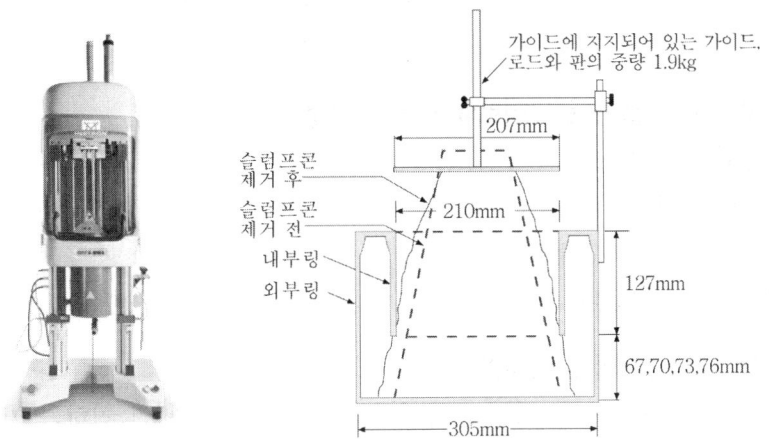

Remolding 시험기구

(6) 볼관입 시험(Kelly ball test)

① Kelly ball 시험은 질량 13.6kg 반구를 자중에 의해 콘크리트 속으로 관입하여 깊이를 측정하는 시험이다. 콘크리트 두께 20cm 이상 포장슬래브에서 반죽질 기를 현장에서 측정할 때, 볼 관입 값의 1.5~2.0배가 슬럼프 값에 해당된다.

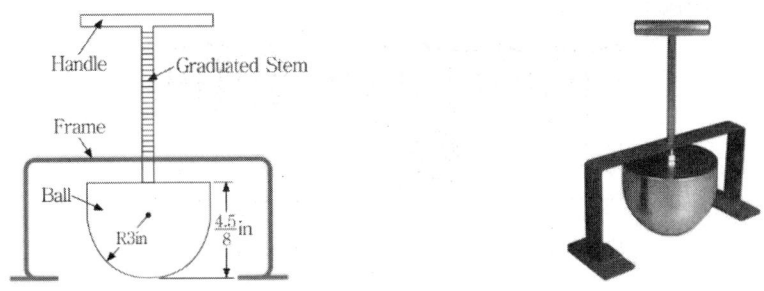

Kelly ball 관입 시험기구

Ⅲ. 블리딩(bleeding), 레이턴스(laitance)

1. 용어 정의

(1) 균질하게 비벼진 콘크리트는 어느 부분의 콘크리트를 채취해도 그 구성요소인 시멘트, 물, 잔골재, 굵은골재의 구성 비율이 동일해야 는데, 이 균질성이 소실되는 현상을 굳지 않은 콘크리트의 재료분리라고 한다. 콘크리트 타설 후에 무거운 골재와 시멘트는 침하하고, 비교적 가벼운 물과 미세한 물질(석고, 불순물 등)이 상승하는 현상을 블리딩(bleeding)이라 한다. 일종의 물의 분리라고 볼 수 있다.

(2) 콘크리트의 표면으로 떠오른 물과 미세한 물질 중에서 물은 증발해버리고 남아 있는 미세한 물질(찌꺼기)을 레이턴스(laitance)라고 한다. 콘크리트의 이음부분에 생기는 레이턴스는 반드시 제거해야 한다. 블리딩은 일종의 재료분리 현상으로 레이턴스를 유발시켜 굳은 콘크리트의 강도, 수밀성, 내구성을 저하시키는 원인이 된다.

2. 블리딩과 레이턴스가 콘크리트에 미치는 영향

(1) 수밀성이 저하된다.
(2) 내구성이 저하된다.
(3) 콘크리트 강도가 저하된다.
(4) 부착강도가 저하된다.

3. 블리딩과 레이턴스의 발생원인

(1) 물–시멘트비가 클수록 또는 반죽질기가 클수록 블리딩 및 침하는 커진다.
(2) 골재의 최대치수가 클수록 블리딩은 적어진다.
(3) AE제 및 감수제의 사용은 블리딩 발생을 저감시키는데 효과적이다.
(4) 타설높이가 높을수록 침하의 절대량을 커지지만 침하량 비율은 작아진다.
(5) 그러나 타설높이가 어느 일정한 높이 이상 되면 침하량은 변하지 않는다.

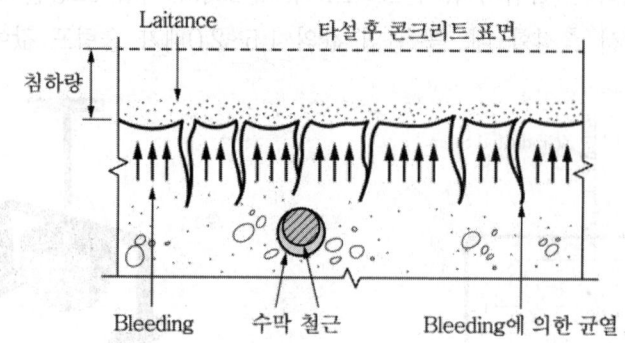

콘크리트의 블리딩 발생

4. 블리딩과 레이턴스의 방지대책

(1) 재료관리

　① 분말도가 높은 시멘트를 사용한다.

　② 적당한 혼화제(AE제)를 사용한다.

　③ 굵은골재는 쇄석골재보다 하천골재를 사용한다.

(2) 배합설계

　① 가능하면 단위수량은 적게 사용한다.

　② 단위시멘트량은 증가시킨다.

　③ 굵은골재 최대치수를 작게 하고, 잔골재율을 작게 한다.

　④ 수밀성 거푸집을 사용하여 시멘트풀의 유출이 없도록 한다.

(3) 다짐마무리

　① 1회 타설높이를 가급적 낮게 마무리한다.

　② 진동기로 다질 때 과도한 다짐은 방지한다.

(4) 되비비기, 거듭비비기

　① 콘크리트 이음부분에서 레이턴스를 제거한 후, 되비비기 또는 거듭비비기를 시행하면 레이턴스 제거에 효과적이다.

　② 되비비기 : 콘크리트가 굳기 시작하였을 때 다시 비비는 작업

　③ 거듭비비 : 콘크리트가 아직 엉기기 시작하지는 않았으나, 비빈 후에 상당한 시간이 지났거나 또는 재료가 분리된 경우에 다시 비비는 작업[256]

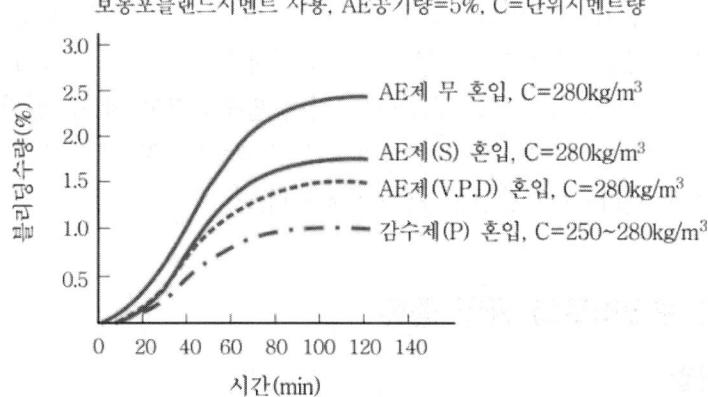

콘크리트의 블리딩 시험 결과

---

256) 박효성 외, 'Final 토목시공기술사 핵심문제', 예문사, p.47, 2010.
　김낙석·박효성, '실무중심 건설적산학', 피앤피북, pp.282~293, 2016.

06.20 굳지 않은 콘크리트의 균열

콘크리트의 초기균열, 소성수축 균열, 자기수축현상, 수화수축 [4, 3]

I. 개요

1. 굳지 않은 콘크리트의 균열은 콘크리트를 거푸집에 타설한 직후부터 응결이 종료될 때까지 발생하는 균열을 말하는데, 일반적으로 설계하중, 외적환경, 재료특성, 배합 조건 등의 시공적인 요인 등에 의하여 많이 발생된다.

2. 굳지 않은 콘크리트에 균열이 발생되면 구조적 결함, 내구성 저하, 외관손상, 철근 부식, 방수성능 저하 등으로 치명적 손실을 초래하므로 설계 초기단계부터 콘크리트의 재료선정, 배합설계, 시공 및 구조물 평가에 유의해야 한다.

3. 굳지 않은 콘크리트의 균열은 크게 구조적인 균열(structural crack)과 비구조적 균열(nonstructural crack)의 두 가지로 분류할 수 있으며, 그 종류를 열거하면 표면이 급속히 건조되어 생기는 ▲소성(plastic)수축균열, ▲묽은 비빔 콘크리트에서 주로 생기는 침하수축균열, ▲수화열에 의한 온도균열, ▲거푸집 변형에 의한 균열, ▲진동·재하에 의한 균열 등이 있다.

II. 균열 발생의 메커니즘

1. 콘크리트의 균열은 미세균열(microscopic level)이 발생되면서부터 시작된다. 즉, 하중이 작용되면 모르타르와 골재의 부착계면에 미세균열이 서서히 진행된다.

   콘크리트는 복합재료로 구성되어 비선형적 성질에 의해 미세균열이 발생되며, 콘크리트의 균열과 응력-변형곡선을 결정하는 주요 요인은 시멘트-페이스트이다.

2. 이러한 균열 발생의 메카니즘을 한마디로 표현하면 구조물에 작용하는 주응력이 콘크리트의 인장강도를 초과하는 순간에 균열이 발생된다고 할 수 있다.

   따라서, 콘크리트의 인장응력이 인장강도를 초과하지 않도록 재료선정, 배합설계, 현장타설, 품질관리 등에 관심을 기울여야 한다.

II. 굳지 않은 콘크리트의 균열 종류

1. 소성수축균열

(1) 정의

① 굳지 않은 콘크리트가 건조한 바람에 노출되면 급격히 증발 건조되어, 물의 증발속도가 블리딩 속도보다 빠를 때 마무리 표면에 가늘고 얇게 생기는 균열이

소성수축균열이다. 소성수축균열은 불규칙하고 균열 폭은 0.1mm 이하이며, 노출 면적이 넓은 슬래브에서 타설 직후부터 양생 시작 전까지 많이 발생한다.

(2) 발생원인
① 양생 초기에 바람이 심하게 불거나 고온 저습한 기온일 때
② 수분증발속도가 1kg/m²/h 이상으로, bleeding 속도보다 빠를 때
③ 거푸집에서 누수가 많아, 초기 콘크리트 표면에 수분이 부족할 때
④ 시멘트에 급격한 이상응결이 발생할 때

(3) 방지대책
① 워커빌리티가 허용되는 범위 내에서 가능하면 단위수량을 감소시킨다.
② 콘크리트 타설 직후 수분증발을 막고 습윤양생하여 경화되도록 한다.
③ 알칼리반응성 골재 사용을 금하고, 입도분포가 양호한 골재를 사용한다.
④ 시방서 규정에 따른 철근 피복두께를 준수하도록 시공한다.
⑤ 직사광선으로부터 표면보호, 수분증발 방지를 위해 차양막을 설치한다.
⑥ 강한 바람이 불 때 수분증발 방지를 위해 바람막이를 설치한다.

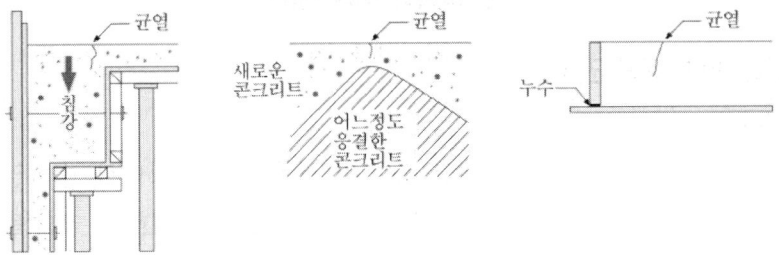

콘크리트의 소성수축균열

2. 침하수축균열

(1) 정의
① 굳지 않은 묽은 비빔 콘크리트에서는 블리딩이 크게 발생하는데, 이 블리딩에 상당하는 침하를 침하수축균열이라 한다. 즉, 콘크리트는 타설·다짐하여 마감 작업을 완료한 후에도 침하하는데, 이 경우 철근위치는 고정되어 있으므로 철근 위에 타설된 콘크리트에서 부등침하로 인하여 침하수축균열이 발생된다.

(2) 발생원인
① 콘크리트는 타설 종료 후에도 자중에 의하여 계속 압밀된다. 이러한 소성상태의 콘크리트는 철근·거푸집·골재 등에 의해 국부적으로 제한을 받아, 철근 하부에 블리딩수(水)가 모이거나 공극이 발생한다.
② 공극이 건조해지면 상부에 인장응력으로 작용하여 균열을 유발시킨다. 이 균열

은 철근직경이 클수록, 슬럼프가 클수록, 진동다짐이 충분하지 않을수록, 변형을 일으키기 쉬운 거푸집 재료를 사용할수록 많이 발생된다.

(3) 방지대책

① 소성침하 균열의 발생은 철근 상부의 종방향으로 나타나며, 폭은 1mm 이상으로 깊이는 대체적으로 작은 형태이다.

② 소성침하 균열의 방지를 위하여 콘크리트 침하 완료되는 시간까지 타설간격을 조정하거나 재다짐을 충분히 해야 한다.

③ 다짐을 충분히 하여도 거푸집 변형이 없도록 설계한다. 수직방향으로 1회 타설 높이를 낮추고 충분한 다짐을 반복해야 한다.

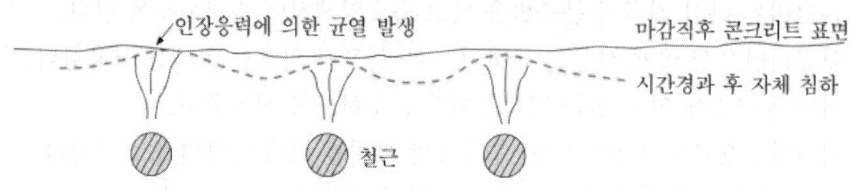

콘크리트의 침하수축균열

3. 수화열에 의한 온도균열

(1) 발생원인

① 시멘트와 물이 수화반응($CaO + H_2O \rightarrow Ca(OH)_2$)을 하면서 수화열이 발생된다. 콘크리트는 열전도율이 낮기 때문에 경화되면서 발생하는 수화열이 외부로 발산되는데 많은 시간이 필요하다.

② 수화열의 외부 발산에 필요한 시간은 구조물의 최소치수의 제곱에 비례한다. 동일한 구조물에서 수화열에 의한 콘크리트의 온도차이가 25~30℃에 도달하면 열응력에 의한 온도균열이 발생한다.

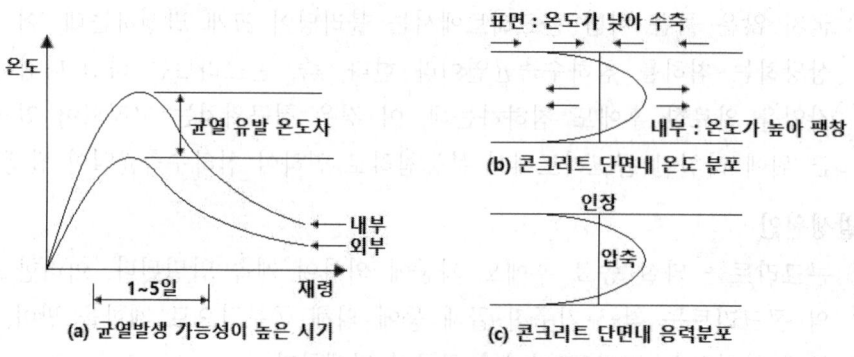

수화열에 의한 온도균열 발생 과정

(2) 방지대책

① 수화열에 의한 균열은 단면을 가로지르는 관통균열로 나타난다. 두께가 큰 부재는 휨균열 폭이 1mm 이상으로 균열간격이 일정하게 발생된다.

② 시멘트 사용량을 줄이거나 발열량이 낮은 저열시멘트, 플라이애쉬(Fly ash)나 석회석 미분말(Lime stone powder)을 시멘트 중량비로 치환하여 사용한다.

③ 콘크리트 온도를 가능하면 낮춘다. 온도해석을 통해 균열지수가 목표치에 만족하는 콘크리트 온도를 정하고 시멘트·골재·물·혼화제 온도를 낮춘다.

④ 최근에는 모래에 액화질소를 뿜어 온도를 낮추거나 레미콘 트럭에 액화질소를 불어넣어 온도를 낮춘다. 액화질소로 인한 이상응결을 실험으로 확인한다.

⑤ 타설 후 내·외부 온도차를 줄이기 위해 내부에 냉각파이프를 설치한다. 이는 최고온도 도달 후 서서히 온도를 저하시키는 외부보온방법이다.[257]

4. 거푸집 변형에 의한 온도균열

(1) 발생원인

① 콘크리트는 타설 후 시간이 경과하면서 점차 유동성을 잃고 굳어가는 시점에 큰크리트 측압이 가해져 거푸집이 변형되면 균열이 발생한다.

② 동바리 불량에 의해 지반에서 부등침하가 발생하거나, 거푸집 연결 철물이 부족하게 설치되면 균열이 발생한다.

(2) 방지대책

① 거푸집은 볼트, 강봉으로 충분히 조인다.

② 동바리는 충분한 강도와 안정성을 확보한다.

③ 콘크리트의 타설속도, 타설순서를 시방서에 따른다.

5. 진동·재하에 의한 온도균열

(1) 발생원인

① 콘크리트는 타설이 완료되는 시점에 콘크리트 구조물 근처에서 말뚝을 박거나 기계류 설치로 인한 진동이 있을 경우에는 균열이 발생할 수 있다.

(2) 방지대책

① 기본적으로 거푸집의 강성을 증대시키도록 한다.

② 초기재령 기간 중 구조물에 설계하중 이외의 재하를 금지한다.

③ 타설이 완료된 콘크리트 주변에서 말뚝박기 또는 기계진동을 금지한다.

---

257) 박효성 외, 'Final 토목시공기술사 핵심문제', 예문사, pp.86~89, 2010.
김낙석·박효성, '실무중심 건설적산학', 피앤피북, pp.291~293, 2016.

06.21 콘크리트의 수축보상(shrinkage compensating)

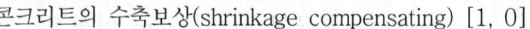

콘크리트의 수축보상(shrinkage compensating) [1, 0]

1. 건조수축의 메커니즘

(1) 콘크리트 구조물에서 시멘트 페이스트의 건조수축을 일으키는 힘은 표면장력, 응축응력 및 모세응력의 3가지이다. 이 힘들의 작용원리는 상대습도에 따라 작용범위가 정해져 있으나 완전히 분리되어 작용되지 않는다.

(2) 이 힘들의 공통적인 작용원리는 시멘트겔이 갖고 있는 기하학인 형상에 기인한다. 시멘트겔의 높은 비표면적과 높은 겔공극율, 시멘트겔 덩어리 사이에 불규칙한 모양으로 존재하는 모세공극 등이다.

(3) 상대습도 20% 이하에서 건조수축이 약간 높은 증가율을 보이고 그 이후에는 거의 일정한 증가율을 보인다. 즉, 포화된 상태에서 건조수축의 최대값이 발생되고 건조해 질수록 그 값은 줄어들며, 그 크기는 상대습도에 비례한다.

2. 건조수축으로 인한 균열 제어

(1) 건조수축으로 인한 균열을 제어하려면 균열 발생요인을 제어해야 한다.
  ① 배합수량 감소, 골재크기 조절, 입도 양호한 골재 사용 등으로 억제한다.

(2) 건조수축 보상(shrinkage compensating)콘크리트 사용으로 균열을 제어한다.
  ① 팽창시멘트로 만든 건조수축 보상콘크리트는 수축균열 최소화에 효과적이다.

(3) 적당한 양의 철근을 보강하면 육안으로 판별되는 균열을 제어할 수 있다.
  ① 철근은 건조수축을 억제하고, 균열발생에 따른 변형증가를 억제한다.
  ② 최소한의 건조수축 철근 배근 : 단면이 큰 중력식 콘크리트댐에는 건조수축이 크지 않으므로 건조수축 철근을 배근하지 않는다.

3. 시멘트 복합체 특성에 따른 인장부재의 균열 제어

(1) 실험 결과, 보통 콘크리트 사용 시멘트 복합체보다 수축보상된 초고강도 변형경화형 시멘트 복합체에서 건조수축으로 인한 균열이 현저히 감소되었다.

(2) 초고강도 변형경화형 시멘트 복합체의 시멘트중량 10%를 팽창재로 대체하는 경우, 초기 수축량은 현저히 감소되고 인장부재의 초기균열강도는 증가된다.

(3) 수축보상된 초고강도 변형경화형 시멘트 복합체를 사용한 인장부재는 재하 단계별로 건조수축으로 인한 균열이 부재길이 전면에 확산되고 균열폭이 감소된다.258)

---

258) 윤현도 외, '수축보상 변형 경화형 시멘트 복합체로 휨보강된 철근콘크리트보의 휨·균열 거동', 한국콘크리트학회 학술대회 논문집, pp.769~770, 2012.05.

06.22 경화된 콘크리트의 성질

콘크리트의 인장강도, 할열시험법, 강도(strength)와 응력(stress) [3, 0]

Ⅰ. 개요

1. 경화된 콘크리트(hardened concrete)는 소요의 강도, 내구성, 수밀성 및 강재를 보호하는 성능 등을 가지며 품질이 균일하고 경제적이어야 한다.

2. 경화된 콘크리트의 성질을 만족시키기 위해서는 콘크리트의 재료선정, 배합, 비비기, 치기, 다지기, 양생 등의 모든 과정에서 좋은 품질을 얻을 수 있도록 철저한 시공관리가 요구된다.

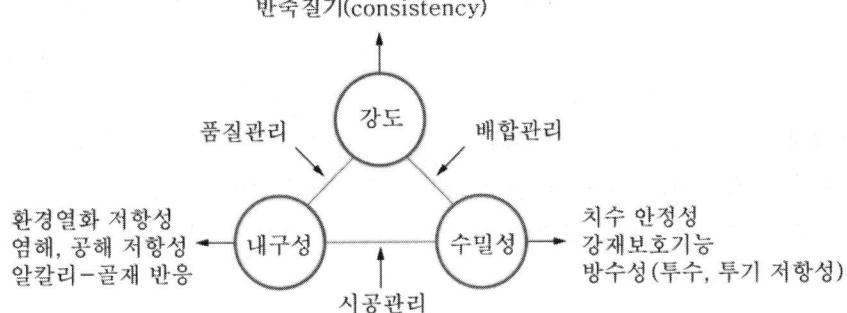

좋은 품질의 콘크리트(Good uniform concrete) 성질

Ⅱ. 경화된 콘크리트의 대표적인 성질

1. **강도** : 경화된 콘크리트의 강도는 재령 28일 기준 원주형 공시체의 시험값을 말하며, 강도에 영향을 미치는 중요한 요소에는 품질관리, 배합관리, 시공관리, 시험방법, 공시체 치수 등이 있다.

    배합강도(f_{cr})≥설계기준강도(f_{ck})

2. **내구성** : 경화된 콘크리트의 내구성은 주변환경에 대한 화학적 및 물리적 저항성을 말하며, 내구성에 영향을 미치는 중요한 요소에는 화학열화, 물리열화, 생물화학열화, 복합열화 등이 있다.

    내구성 지수≥환경성 지수

3. **수밀성** : 경화된 콘크리트의 수밀성은 물을 흡수하거나 통과하기 어려운 성질을 말하며, 수밀성을 확보하려면 투수계수를 낮추고 건조수축, 탄성수축, 온도신축 등을 억제해야 한다. 수밀성에 영향을 미치는 요소에는 수화열, 공극분포, 미세균열, 밀도, 시공이음, 재료분리, 이어치기 경계면의 결함, 콜드 조인트 등이 있다.

4. **경제성** : 경화된 콘크리트의 경제성을 확보하려면 공사단계에서는 자재비, 장비비, 노무비 등의 시공비를 가급적 낮추어야 하며, 유지관리단계에서는 보수·보강 등의 관리비를 가급적 낮추어야 한다.

5. **강재보호기능** : 철근콘크리트 구조물에서 강재보호기능을 확보하려면 최소피복두께 확보, 철근과 완전한 부착력 유지가 요구된다. 강재보호에 영향을 미치는 요소에는 피복두께, 부착특성, 알칼리성, 염화물함유량, 균열상태 등이 있다.

III. 콘크리트의 강도(强度)

1. 용어 정의

(1) 콘크리트의 강도(强度, strength)는 파괴를 일으키는 응력과 밀접한 관계가 있으므로 콘크리트가 저항할 수 있는 최대 응력(應力, stress)이 곧 강도이다.

(2) 콘크리트의 응력과 변형률(變形率, strain)과의 관계는 콘크리트에 대한 강도와 변형저항성을 평가하는 역학적인 특성으로 탄성적인 성질을 지니고 있다.

① 응력이 작을 때는 응력과 변형률이 비례하는 성질이 있고,

② 응력이 커졌을 때는 응력이 별로 증가하지 않아도 변형률이 급격히 증가하는 성질이 있다.

(3) 따라서, 콘크리트는 압축파괴, 전단파괴 등을 일으키지 않고 응력에 저항할 수 있는 강도를 충분히 확보할 수 있도록 생산되어야 한다.

2. 강도 특성

(1) 응력(應力) : 단위면적당 작용하는 하중 크기

$$압축응력 f_c = \frac{P}{A} \leq f_{ck}$$

(2) 변형률(變形率) : 원래 길이에 대한 변형 길이의 비

$$변형률 \qquad \varepsilon = \frac{\Delta L}{L}$$

(3) 강도(强度) : 최대로 받을 수 있는 응력 크기

$$압축강도 f_{ck} = \frac{P_{\max}}{A}$$

$$휨강도 \qquad \sigma_{\max} = \frac{MC}{I} = \frac{M}{S}$$

$$최대모멘트 \qquad M = \frac{Pl}{4} \text{(단순보)}$$

$$단면계수 S = \frac{bh^2}{6} \text{(직사각형)}$$

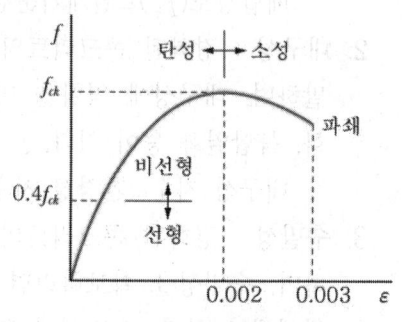

응력(f)과 변형률(ε)

3. 압축강도

⑴ 콘크리트 구조해석에서는 압축강도, 인장강도, 휨강도, 전단강도, 철근과의 부착
강도 등이 활용된다.

⑵ 콘크리트의 역학적 특성을 대표하는 것은 압축강도이다.

① 압축강도는 인장, 휨, 전단, 부착 등의 각종 강도 및 탄성계수와 같은 변형특성
과 밀접한 관계가 있다.

② 콘크리트 강도 시험 중에서 압축강도 측정시험이 가장 용이하다.

⑶ 콘크리트의 압축강도 특성을 나타내는 물/시멘트 비율의 이론은 더프 에이브람스
(Duff A. Abrams)에 의해 1918년 처음 정립되었다.

$$F = \frac{A}{B^x}$$

F : 콘크리트 강도
x : W/C로서, 물/시멘트의 중량비
A, B : 시멘트·골재의 품질, 시험방법에 의한 상수

⑷ 콘크리트의 압축강도 특성에 영향을 미치는 인자는 다음과 같다.

① 물/시멘트비
② 재료의 품질
③ 시공방법
④ 양생 및 재령
⑤ 시험방법

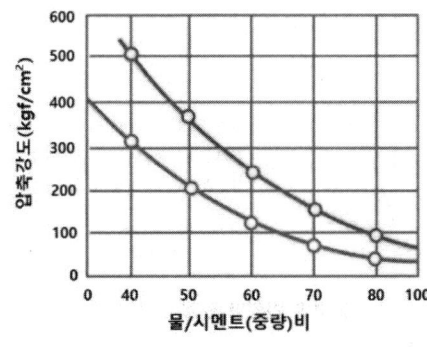
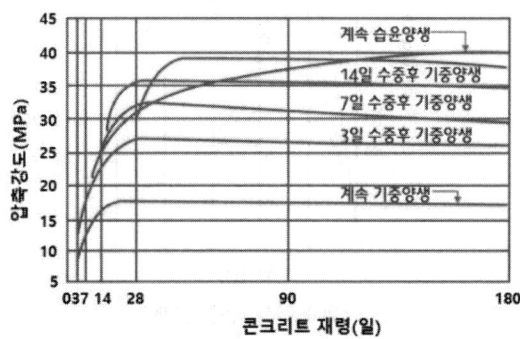

콘크리트 압축강도의 특성

콘크리트 압축강도와 각종 강도와의 비

콘크리트 종류	F_t/F_c	F_b/F_c	F_s/F_c
보통콘크리트	1/9~1/13	1/5~1/7	1/4~1/7
경량골재콘크리트	1/9~1/15	1/6~1/10	1/6~1/10

F_t : 인장강도,　F_b : 휨강도,　F_s : 직접전단강도,　F_c : 압축강도

4. 압축강도(f_{ck}) 이하의 하중 : $f_c < f_{ck}$

(1) 콘크리트는 탄성거동 상태에서 응력이 증가할수록 변형률도 증가한다.

(2) 콘크리트의 허용압축응력은 $f_{ca} = 0.4f_{ck}$ 로 나타낼 수 있다.

　① 응력-변형률 관계가 직선비례 구간에 있을 때, 허용압축응력은(f_{ca})은 곧 응력의 상한값이다.

　② 응력-변형률 곡선의 정상부는 완만하며, 이때의 강도가 압축강도(f_{ck})이다.

　③ 압축강도(f_{ck})에서의 변형률은 $\epsilon_c = 0.002$ 이다.

(3) $\dfrac{f_c}{f_{ck}} \leq 0.4$일 때 응력-변형률 관계는 직선비례(선형관계)이며, 이 때는 하중을 제거하더라도 잔류변형이 발생하지 않는다.

(4) $\dfrac{f_c}{f_{ck}} > 0.4$가 되면 응력-변형률 관계는 곡선형태(비선형관계)가 된다.

5. 압축강도(f_{ck}) 이상의 하중 : $f_c > f_{ck}$

(1) 소성거동 상태에서 응력이 감소할수록 변형률은 증가한다.

(2) 콘크리트의 극한변형률은 $\epsilon_{cu} = 0.003$ 이다.

(3) 콘크리트의 압축파괴는 급격한 취성파괴(crushing) 형태를 나타낸다.

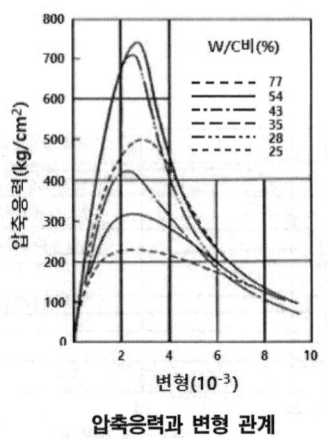

| 압축응력과 변형 관계 | 응력과 변형률 관계 |

콘크리트의 강도 특성

6. 콘크리트의 압열인장강도

(1) 인장강도 측정

　① 콘크리트의 인장강도는 직접인장강도, 압열인장강도, 휨강도 등이 있다.

　② 콘크리트의 직접인장강도 측정은 시험과정에 인장부에서 파괴가 우려되므로 현장시험으로 측정이 매우 어렵다.

② 그러나, 콘크리트의 압열인장강도 측정은 공사현장에서 간단하게 측정할 수 있고 측정오차도 적은 편이다. 따라서 현장에서는 직접인장강도보다 압열인장강도를 사용하는 것이 바람직하다.

(2) 압열인장강도(f_{sp}) 범위

① 압축강도(f_{ck})의 8~12% 정도 $f_{sp} \fallingdotseq (\dfrac{1}{8} \sim \dfrac{1}{12}) \times f_{ck}$

② 휨강도(f_r)와의 관계 $f_r \fallingdotseq (\dfrac{1}{4} \sim \dfrac{1}{8}) \times f_{ck} \fallingdotseq (1.25 \sim 1.50) \times f_{sp}$

③ 전단강도(τ_s)와의 관계 $\tau_s \fallingdotseq (1.2 \sim 1.3) \times f_{sp}$

④ 직접인장강도 < 압열인장강도 < 4점 휨강도 < 3점 휨강도

(3) 압열인장강도(f_{sp}) 평가순서

① 원주형 공시체($\phi 15 \times 30cm$)를 제작한다.
② 공시체를 옆으로 눕히고, 상·하 면에 각봉을 설치한다.
③ 압렬인장강도 시험을 실시한다.

(4) 압열인장강도(f_{sp}) 평가방법

$$f_{sp} = \frac{P}{A} = \frac{2P}{\pi \cdot d \cdot L}$$

$L = 2d$

(5) 압열인장강도(f_{sp}) 평가 유의사항

① 콘크리트의 압열인장강도는 직접인장강도에 비해 과다(過多)하게 평가하고, 휨강도에 비해 과소(過小)하게 평가해야 한다.
② 콘크리트의 압열인장강도를 평가할 때는 공시체 상·하 면에 놓는 각봉을 일직선으로 유지하는 것이 중요하다.
③ 콘크리트의 직접열인장강도를 간접적으로 평가하는 압열인장강도 시험방법은 각봉의 크기에 따라 편차가 발생할 수 있다.

7. 콘크리트의 할열인장강도

(1) 용어 정의

① 콘크리트의 인장강도는 직접인장강도, 할렬인장강도, 휨강도 등으로 구분된다.
② 직접인장강도 측정시험은 시험과정에 인장부에서 미끄러짐과 지압파괴가 발생될 우려가 있어 공사현장에서 실제 적용하기 어렵다.
③ 할렬인장강도 측정시험은 일종의 간접시험방법으로 간단하게 측정할 수 있고

비교적 측정오차도 적은 편이어서, 공사현장에서 실제 사용하기 좋다.

(2) 할렬인장강도(f_{sp}) 크기

① 압축강도(f_{ck})는 할렬인장강도(f_{sp})의 8~12배 $f_{ck} ≒ (8 \sim 12) \cdot f_{sp}$

② 휨강도(f_r)는 할렬인장강도(f_{sp})의 1.25~1.5배 $f_r ≒ (1.25 \sim 1.5) \cdot f_{sp}$

③ 전단강도(τ_s)는 할렬인장강도(f_{sp})의 1.2~1.3배 $f_r ≒ (1.2 \sim 1.3) \cdot f_{sp}$

④ 직접인장강도 < 할렬인장강도 < 4점 휨강도 < 3점 휨강도

(3) 할렬인장강도(f_{sp}) 시험

① 원주형 공시체($\phi 15 \times 30cm$)를 제작한다.

② 공시체를 옆으로 눕히고, 상면과 하면에 각봉을 설치한다.

③ 할렬인장강도 시험을 실시한다.

(4) 할렬인장강도(f_{sp}) 평가

$$f_{sp} = \frac{P}{A} = \frac{2P}{\pi \cdot d \cdot L}$$

여기서, $L = 2d$

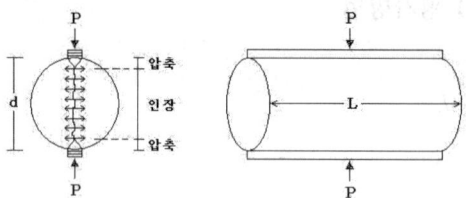

할렬인장강도 개념도

(5) 할렬인장강도(f_{sp}) 적용 유의사항

① 할렬인장강도는 직접인장강도에 비해 인장강도를 과다(過多)하게 평가한다.

② 할렬인장강도는 휨강도에 비해 인장강도를 과소(過小)하게 평가한다.

③ 할렬인장강도 시험에서 공시체 상면과 하면의 각봉은 일직선으로 놓아야 한다.

④ 직접인장강도를 간접적으로 평가하는 할렬인장강도 시험결과는 각봉의 크기에 따라 편차가 발생된다.[259]

259) 박효성 외, 'Final 토목시공기술사 핵심문제', 예문사, p.108, 2008.
김낙석·박효성, '실무중심 건설적산학', 피앤피북, pp.297~300, 2016.

06.23 경화된 콘크리트의 비파괴시험

콘크리트의 슈미트해머, 비파괴시험(Non-Destructive Test) [3, 2]

Ⅰ. 개요

1. 콘크리트 구조물에 대한 내구성 및 안전성을 평가하기 위한 시험에는 파괴시험과 비(非)파괴시험이 있다.

2. 특히, 콘크리트 비(非)파괴시험은 구조물의 형상과 기능을 파괴·변화시키지 않고 재료 물성을 조사하여 콘크리트의 강도, 균열깊이, 철근 배근·부식, 탄산화 정도, 염화물 함유량 등을 조사하는 시험으로 건설현장에서 자주 사용되고 있다.

Ⅱ. 콘크리트 시험

1. 콘크리트 파괴시험

(1) 파괴시험의 목적

① 여러 재료로 구성된 특별한 종류의 콘크리트의 특성과 성능을 파악하기 위하여 일정한 외력 또는 하중(quaility control testing)을 직접 재하하여 물리적인 상수 값(탄성계수 등)을 결정하는데 그 시험의 목적이 있다.

(2) 파괴시험의 종류

① 압축강도시험 : 원추형 공시체시험(한국), 입방형 공시체시험(영국, 독일)

② 기타 시험 : 인장강도, 휨강도, 탄성계수(E_c) 동탄성계수(E_d)시험 등

2. 콘크리트 비(非)파괴시험

(1) 비(非)파괴시험의 목적

① 여러 재료로 구성된 특별한 종류의 콘크리트 구조물에 손상을 주지 않고 콘크리트의 강도, 균열깊이, 철근배근, 철근부식, 탄산화, 염화물 함유량 등을 파악하여 품질의 특성을 평가하는데 그 시험의 목적이 있다.

(2) 비파괴시험(Non-destructive Test)의 용도

① 콘크리트 품질의 변동특성을 정량적으로 확인할 때

② 콘크리트 구조물의 부재별, 위치별 상대강도를 확인할 때

③ 콘크리트 재령경과에 따른 강도변화를 판단할 때

④ 코어채취가 곤란한 구조물(PC빔, 교각기둥 등)에서 지하수위가 높을 때

⑤ 표준양생 공시체와 건설현장 콘크리트 간의 강도차이가 클 때

Ⅲ. 반발경도법(Schmidt hammer)

1. 정의

(1) 반발경도법(Schmidt hammer)은 콘크리트 표면을 타격하면서 반발계수를 계측하여 콘크리트의 강도를 추정하는 시험으로, 비파괴시험의 일종이다.

(2) 반발경도법은 콘크리트의 벽, 기둥, 보 등의 측면에 측정지점을 선정하여 3cm 가로·세로 정방형 간격으로 선을 그어 교차지점 20곳을 측정한다.

2. 특징

(1) 시험장비가 소형이며, 시험방법이 간단하여 편리하다.

(2) 시험비용이 비교적 저렴하다.

(3) 콘크리트 구조물의 습윤 정도에 따라 시험결과가 달라진다.

(4) 타격지점에 따라 측정치가 달라지므로 신뢰성이 부족하다.

3. 시험순서

(1) 슈미트 해머를 측정지점의 각도에 맞추어 콘크리트 벽체를 겨냥한다.

(2) 슈미트 해머 몸통만 잡고 스위치는 누르지 않은 상태에서 콘크리트 벽체에 밀어 붙인다('따닥'하는 소리가 날 때까지).

(3) 콘크리트 벽체에 밀착한 슈미트 해머를 그대로 유지시킨 상태에서 뒤쪽 상부에 있는 스위치를 누른다.

(4) 콘크리트 벽체에서 슈미트 해머를 분리시킨 후 스위치를 놓으면 슈미트 해머의 앞부분은 그대로 들어간 상태를 유지하게 된다. 이때 해머 옆의 눈금을 읽어 측정지에 적는다.

(5) 콘크리트 벽체에 들어간 슈미트 해머의 앞부분을 다시 밖으로 나오게 하기 위해 몸통만 잡고(스위치는 누르지 말고), 앞부분을 손으로 누르면 앞부분이 튀어나오면서 원상복구된다.

| (1) | (2) | (3) | (4) | (5) |

Schmidt hammer

4. 유의사항

(1) 두께 10cm 이하의 판재 피복, 단면 15cm 이하의 기둥·보 등은 피한다.

2) 콘크리트 재령 28일 경과 후에 실시한다.

3) 미장, 도장 등의 표면처리는 제거 후에 실시한다.

4) 슈미트 해머를 타격면에 수직으로 세우고 서서히 힘을 가하여 타격한다.

5) 화재로 소실되었던 구조물은 강도를 정확히 계측하기 어렵다.

Ⅳ. 초음파법

1. 정의

(1) 콘크리트 표면에 붙인 발신자와 수신자 사이를 음파가 통과하는 시간을 측정하여, 전달속도(Velocity, V_p)의 크기에 의해 강도를 추정하는 시험이다.

2. 특징

(1) 콘크리트 내부의 강도를 측정할 수 있다.

(2) 콘크리트 타설 후 6~9시간이 경과하면 측정할 수 있다.

(3) 음속측정장치는 50~100kHz 정도의 초음파를 이용한다.

(4) 콘크리트의 강도가 작을 경우에는 철근의 유무에 따라 오차가 크다.

3. 시험순서

(1) 초음파 시험장비(Pundit) 부속장치의 교정용 기기를 이용하여 먼저 초기화한다. 이때 전파시간은 $25.6\mu sec$에 맞춘다.

(2) 콘크리트 구조물의 측정위치에 탐촉자(시험자)와 수신자(결함부)의 거리(L)를 측정한다.

(3) 탐촉자와 수신자를 측정위치의 표면에 구리스 등으로 밀착시킨 상태에서 시간표시 단자의 수신호가 안정될 때의 전파시간(T)을 기록한다.

Ⅴ. 기타 비(非)파괴시험 방법

1. **방사선법** : x선 발생장치 또는 방사선 동위원소에서 방사되는 x선법, γ선을 이용하여 철근의 위치·크기·개수·내부결함 등을 조사하는 시험

2. **진동법** : 콘크리트 공시체에 진동을 가할 때 발생하는 공명·진동 등으로 콘크리트의 탄성계수를 추정하는 시험

3. **인발법** : 철근을 종류별로 배근하고 콘크리트를 타설하여 경화한 후에 잡아당겨서 철근과 콘크리트의 부착력을 검사하는 시험

4. **철근탐사법** : 전자유도에 의한 병렬 공진회로의 진폭 감소를 응용하는 방법으로 콘크리트 구조물의 철근을 탐사하는 시험[260]

---

260) 김낙석·박효성, '실무중심 건설적산학', 피앤피북, pp.309~311, 2010.

06.24 경화된 콘크리트의 균열

Ⅰ. 개요

1. 콘크리트는 구성재료가 복합적이며 여러 영향을 받기 때문에 균열 발생을 당연히 여기는 경우가 많다. 콘크리트 구조물의 중요도·용도에 따라 균열이 허용되지 않은 경우도 있고, 또한 균열 허용값을 초과하지 않도록 규정하고 있다.

2. 굳은 콘크리트에서 발생되는 균열은 건조수축 균열, 알칼리-골재반응에 의한 균열, 동결융해에 의한 균열, 염해에 의한 균열 등이 있다. 또한 시공불량, 설계오류, 사용하중 등에 의한 균열도 있다.

Ⅱ. 굳은 콘크리트의 균열

1. 건조수축 균열

(1) 발생원인

① 콘크리트의 수화반응에 필요한 수량은 시멘트량의 40% 이하이지만, 현장에서 사용되는 콘크리트의 W/C비는 45~60% 정도이다. 워커빌리티에 필요한 잉여수가 건조하면서 콘크리트는 수축된다.

② 건조수축에 의한 체적변화가 제약을 받으면 인장응력이 발생되어 균열을 유발한다. 건조수축 균열은 부재의 두께차이에 따른 건조속도 차이로 생기는 인장력과 건물전체의 수축에 의해 생기는 인장력이다. 골재의 종류·상대습도, 부재의 크기·형상, 혼화제·시멘트의 종류에 의해서도 균열이 발생된다.

(2) 방지대책

① 시멘트 : 시멘트는 C3A/SO_3 비가 낮을수록, Na_2O 또는 K_2O 함유량이 낮을수록, C_4AF 함유량이 높을수록 건조수축이 적다. 콘크리트를 경화초기에 팽창시켜 수축균열을 억제하는 팽창시멘트를 사용하면 효과적이다.

② 골재·배합수량 : 골재는 크기·강도가 클수록, 흡수율이 낮을수록 건조수축이 억제된다. 배합수량에 영향이 가장 큰 요인은 콘크리트 온도이다. 동일한 슬럼프에서 콘크리트 온도가 높을수록 배합수량이 증가하므로 온도를 낮춘다.

③ 시공대책 : 철근배근으로 균열을 분담시켜 미세균열을 골고루 분포시키면 안전성·사용성이 확보된다. 구조물 길이가 길거나 방향이 변할 때, 슬래브·보도·벽체처럼 표면이 넓을 때는 미리 조인트를 설치하여 균열을 유도한다.

2. 알칼리-골재반응에 의한 균열

(1) 발생원인

① 알칼리-골재반응이란 콘크리트 속의 수산화 알칼리 용액(Na+, K+, OH-)과 반응성 골재(SiO_2)가 수분환경에서 새로운 물질을 생성하는 작용으로, 반응 생성물은 수분을 흡수·팽창하면서 콘크리트에 균열을 발생시킨다.

② 알칼리-골재반응의 원인은 ▲반응성 골재의 존재, ▲세공 중 충분한 수산화 알칼리의 존재, ▲다습·습윤상태 유지 등이다. 반응성 골재는 화산유리, 오팔, 변형 석영 등이 있다. 알칼리 공급원은 시멘트에 함유된 Na_2O, K_2O, 바닷모래의 염분(NaCl), 콘크리트 경화 후 침투되는 염분·혼화제 등이다.

(2) 방지대책

① 반응성 골재의 사용금지

② 시멘트의 알칼리량 저감 : $Na_2O \leq 0.6\%$ 또는 저알칼리형 시멘트 사용

③ 콘크리트 $1m^3$당 총알칼리량 저감 : $0.3kg/m^3$ 이하

④ 고로슬래그 미분말, 플라이애쉬 또는 실리카 흄을 사용하여 $Ca(OH)_2$ 소비에 따른 OH- 농도 감소, 알칼리 이온(Na+, K+) 감소, 수분의 이동 감소

⑤ 방수성 표면 마감 : 해수, 바닷바람, 수분침투 방지

3. 동결융해에 의한 균열

(1) 발생원인

① 공극수 : 콘크리트 표면의 공극수가 동결되면 체적이 팽창되면서 동결부 주위에 응력상태가 형성되어 균열이 발생된다.

② 물/시멘트비 : 시멘트-페이스트는 겔 미세공극, 모세관 공극, 공기포로 구성된다. W/C비가 클수록 모세공극이 커져서 동결융해에 나쁘다.

③ 공기량 : 공기포는 모세공극의 물이 동결될 때 압력을 줄이는 스폰지 역할을 한다. 기포간격이 넓을수록 동결융해 저항성이 저하된다.

④ 잔골재율(S/a): 블리딩에 의해 굵은골재 입자 하부에 형성되는 수막은 동결융해에 나쁘다. 잔골재율이 적을수록 동결융해 저항성이 저하된다.

(2) 방지대책

① AE제, AE감수제, 고성능 AE감수제 사용 : 적정한 공기량(3~6%)을 확보하여 응력의 흡수능력 증대

② W/C비 저감 : 콘크리트의 매트릭스를 밀실한 조직으로 구성

③ 단위수량 저감 : 동결이 가능한 수분함량 최소화

④ 균일한 시공 및 양생을 철저히 관리

⑤ 구조적인 대책 수립 : 균열발생 억제를 위하여 표면수의 신속한 배수(물끊기

설치), 철근의 피복두께 확보, 철저한 양생·다짐 실시

⑥ Polymer 등으로 표면 덧씌우기 마감

4. 염해에 의한 균열

(1) 발생원인

① 염해란 콘크리트 내의 염화물로 콘크리트가 침식되고, 철근이 부식되어 손상을 일으키는 현상이다. 철근콘크리트에서 피복콘크리트의 강알칼리(pH 12.5~13) 성분이 중성화되면서 화학작용을 일으킨다.

② 외부의 산성물질이 철근과 작용하여 팽창(2.6배)되면서 수분과 탄산가스(CO_2)가 침투되어 부식이 가속화된다. 콘크리트는 전도체이므로 누전에 의해 전류가 흐르면 화학작용으로 부식되며, 철근방향과 평행하게 균열이 발생된다.

(2) 방지대책

① 염분 제거 : 바닷모래 염화물 0.04% 이하(NaCl 절건중량), 콘크리트 내 Cl-이온 $0.3kg/m^3$ 이하, 배합수 염소이온 200ppm 이하(국내 150ppm 이하)

② 철근 표면처리 : 부식에 강한 금속 또는 합성수지 도포(아연도금)

③ 콘크리트 밀실화 : 국부전지 음극반응[$\frac{1}{2}O_2 + H_2O \rightarrow 2(OH)-$] 억제, W/C비 감소, AE제·AE감수제·고성능AE감수제 사용, 블리딩·이상응결·Cold Joint 방지

④ 철근 피복두께 증대 : 외부 산소·물·탄산가스 유입 차단하여 중성화 감소

⑤ 방청제 사용 : 금속의 부식속도 저감(화학장치, 수조, 보일러, 급수기관 등)

⑥ 콘크리트 표면처리 : 표면으로 침입하는 산소·탄산가스·수분·염분 등을 방지하기 위하여 수지계 도장, 타일붙임

5. 시공불량에 의한 균열

(1) 발생원인

① 장시간 혼합·운반 : 전면에 거미줄 모양 혹은 짧고 불규칙하게 균열 발생

② 타설 중 가수(加水): 콘크리트 침하, 블리딩, 건조수축으로 균열 발생

③ 철근피복 두께 감소 : 배근·배관 표면을 따라 균열 발생

④ 급격한 타설 : 콘크리트 침하, 블리딩, 거푸집 처짐으로 균열 발생

⑤ 불균일한 타설·다짐 : 각종 균열 발생

⑥ 거푸집 처짐 : 거푸집 움직인 방향에 평행하게 부분적으로 균열 발생

⑦ 연속타설면 처리 불량 : 연속타설 부위나 콜드 조인트 부분에 균열 발생

⑧ 경화 전의 진동·충격 : 외력이 작용할 때와 같음

⑨ 초기양생 불량(급격한 건조) : 타설 직후 표면에 짧고 불규칙한 균열 발생

⑩ 초기양생 불량(초기동결): 표면에 가늘게 균열 발생

(2) 방지대책

① 최근 콘크리트 타설 직전에 레미콘 생산공장과 동일한 유동화제를 첨가하는 방법을 택하고 있다. 유동화제 첨가량은 0.1%를 이내로 한다.

② 대기기온(온도·습도·풍속)을 고려하여 원활한 수화작용을 위하여 철저한 양생계획과 품질관리가 요구된다.

6. 설계오류에 의한 균열

(1) 발생원인

① 콘크리트 타설 부재와 전체 구조물의 거동을 해석하지 못하여 응력이 집중되거나 구조물의 일체성이 결여되어 균열이 발생되는 경우가 있다.

② 기초 부동침하, 단면철근 부족, 과하중 등의 설계원인에 의한 균열은 장기간에 걸쳐 발생되는 경우가 많다.

(2) 방지대책

① 최근 턴키공사에서 기술력 향상으로 현장조건을 고려한 설계도서의 면밀한 검토가 요구되고 있다.

② 시공자의 입장에서 설계도면에 대한 정확한 분석과 오류를 확인하고 실제 현장의 조건과 비교하여 개선해 나가는 설계검증이 필요하다.

7. 사용하중에 의한 균열

(1) 발생원인

① 콘크리트 타설 중에 부재가 받는 하중이 설계하중보다 크면 균열이 발생된다. 프리텐션 부재의 긴장을 완화할 때 응력이 방출되면 균열이 발생된다.

② 증기양생 콘크리트의 온도구배를 잘못 설정하여 생기는 열충격 균열, 두꺼운 프리캐스트 부재의 급격한 냉각에 의한 표면균열, 한중콘크리트에서 난방기구 사용에 의한 열응력 균열 등이 있다.

(2) 방지대책

① 콘크리트 타설·양생 중에 추가하중이 가해지지 않도록 한다. 공장제작 프리캐스트 부재를 현장에서 적치·양중·설치 중에도 면밀한 시공계획이 필요하다.

② 시공하중에 대한 전반적인 체크리스트를 작성하여 공정별 품질관리를 체계적으로 수행하고 설계·시공 중에 오류가 발생되지 않도록 한다.[261]

---

261) 박효성 외, 'Final 토목시공기술사 핵심문제', 예문사, pp.117~132, 2010.

06.25 건조수축(Shrinkage), 크리프(Creep)

콘크리트의 건조수축, 크리프(Creep) 현상 [3, 2]

1. 발생 원인

(1) 콘크리트는 수화작용에 필요한 물보다 많이 사용한다. 수화작용에 사용되고 남은 자유수(自由水)는 콘크리트 속에 머물러 있다가 콘크리트가 대기 중에 노출될 때 증발하면서 건조수축이 발생한다. 콘크리트는 습기를 흡수하면 팽창하고 건조하면 수축한다. 이는 시멘트풀(cement pasts)이 팽창·수축하기 때문이다.

(2) 굳은 콘크리트 속에 자유로이 이동할 수 있는 자유수(自由水)가 적을수록, 공극이 적을수록 팽창과 수축이 적게 발생한다. 즉, 콘크리트는 단위수량과 단위시멘트량이 적을수록 건조수축은 적게 발생한다. 콘크리트에는 건조수축 외에도 소성수축, 자기수축 및 탄산수축 현상이 발생한다.

2. 건조수축(Drying shrinkage)

(1) 용어 정의

① 건조수축(Drying shrinkage)이란 굳은 콘크리트에서 온도변화와 습도차이에 의하여 공극수의 수분이 증발하면서 발생되는 체적변화를 말한다.

② 콘크리트는 건조수축된 후에 공극이 물로 포화되면 습윤팽창되기 때문에 수축량의 일부가 회복되는 성질이 있다.

(2) 건조수축에 영향을 미치는 요인

① 단위시멘트량, 단위수량, W/C비

② 단위골재량, 골재의 비중, 강도, 흡수율

③ 혼화재료(혼화재, 혼화제)의 종류

④ 단면형상 : 단면이 변화할수록 건조수축 증가

⑤ 단면크기 : 단면이 클수록 건조수축 증가

⑥ 양생방법 : 증기양생이 습윤양생에 비해 건조수축 증가

⑦ 기상조건 : 상대습도, 온도, 탄산가스의 농도

(3) 건조수축균열의 발생조건

$$\text{콘크리트 건조수축응력} = \frac{\text{철근의 단면적}}{\text{콘크리트 단면적}} \times \text{철근 압축응력} > \text{콘크리트 인장강도}$$

(4) 부정정구조물에서 건조수축의 영향

① 변형이 구속된 부정정구조물, 특히 라멘(rahmen), 아치(arch) 등에서는 건조수축

으로 인하여 부재에 변형이 생기면 큰 건조수축응력(σ_{ct})이 발생한다.

② 일반적으로 콘크리트의 최종 수축량은 0.002~0.0007 정도이다.

구조물 설계에 이용되는 건조수축계수

구조물의 종류		건조수축 계수
Rahmen		0.00015
Arch	철근량 0.5% 이상	0.00015
	철근량 0.1%~0.5%	0.00020

3. 크리프(Creep)

(1) 용어 정의

① 크리프란 일정한 지속하중 하에 있는 콘크리트가 하중은 변함이 없는데도 불구하고 시간이 지나면서 변형이 점차 증가하는 현상을 말한다.

② 크리프 변형은 탄성변형보다 크며, 지속응력의 크기가 정적강도의 80% 이상이 되면 파괴현상이 발생하는데 이를 크리프 파괴라 한다.

(2) 크리프 특징

① 같은 콘크리트에서 응력에 대한 크리프의 진행은 일정하다.

② 재하기간 3개월에 전체크리프의 50%가 완료되고, 1년에 80%가 완료된다.

③ 온도 20~80℃ 범위에서 크리프는 온도상승에 비례한다.

④ 정상 크리프(2차 creep) 속도가 느리면 크리프의 파괴시간이 길어진다.

⑤ 크리프 변형이 일정하게 지속되어 파괴되지 않는 경우, 지속응력의 정적강도에 대한 비율(응력비)을 크리프의 피로한계(정적강도의 75~90%)라고 한다.

(3) 크리프 영향요인(크리프가 커지는 경우)

① 재령이 짧을수록

② 응력이 클수록

③ 부재치수가 작을수록

④ 대기 중에 습도가 낮을수록

⑤ 대기온도가 높을수록

⑥ W/C비가 클수록

⑦ 단위시멘트량이 많을수록

⑧ 다짐이 나쁠수록

(4) 크리프 파괴단계

① 변천 크리프(1차 creep) : 변형속도가 시간이 지나면서 감소된다.

② 정상 크리프(2차 creep) : 변형속도가 일정하거나 최소로 변형된다.

③ 가속 크리프(3차 creep) : 변형속도가 점차 증가하여 파괴된다.[262]

---

262) 박효성 외, 'Final 토목시공기술사 핵심문제', 예문사, pp.48, 102~115, 2010.

06.26 콘크리트의 내구성

Ⅰ. 개요

1. 콘크리트 내구성은 구조물의 품질, 안전성, 사용성 등을 설계기준이 요구하는 수준 으로 유지하는 성능을 말한다. 즉, 장기간에 걸친 외부의 물리적·화학적 또는 기계 적 작용에 저항하여 변질(열화)되거나 변형되지 않고 처음의 설계조건과 같이 오래 사용할 수 있는 구조물의 성능을 말한다.

2. 콘크리트 내구성은 ▲동해, ▲탄산화, ▲염해, ▲알칼리골재 반응, ▲화학적 침식 등 의 원인으로 저하(열화)된다.

Ⅱ. 콘크리트 내구성(열화) 종류

1. 동해(凍害)

⑴ 물은 얼음으로 변할 때 체적이 9% 팽창

⑵ 콘크리트 공극(공간) 내의 물이 동결되면 얼음으로 변하며 팽창압력 상승

⑶ 체적이 팽창되면 콘크리트가 이완·파괴되어 강도, 수밀성, 내구성 등이 저하

⑷ 블리딩 현상은 동해 발생의 원인이 되기도 한다.

⑸ 양생초기에 동해를 입지 않도록 보온양생이 필요하다.

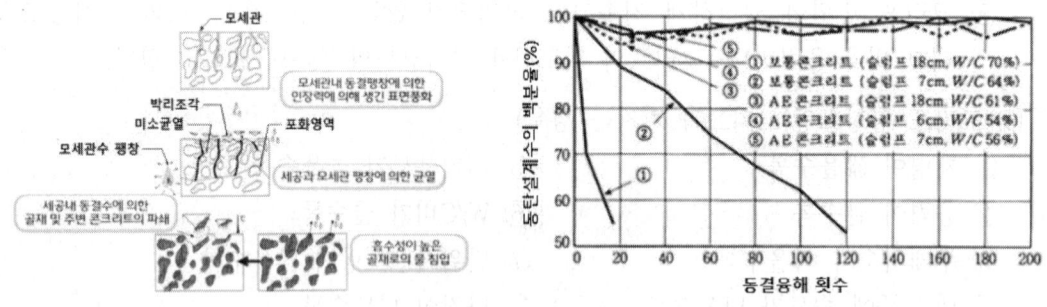

콘크리트의 동해(凍害)

2. 탄산화

⑴ 탄산화 메커니즘

① 경화된 콘크리트는 시멘트의 수화생성물에 있는 수산화칼슘에 의해 수소이온 농도지수(pH)가 12~13 정도의 강알칼리성으로 변한다.

② 콘크리트 내의 철근표면에는 부동태막이 형성되어 건전한 콘크리트 중에 있는

철근은 녹이 슬지 않는다.

③ 그러나 경화된 콘크리트가 노출되어 있는 경우, 그 표면은 공기 중의 탄산가스 작용으로, 수산화칼슘이 탄산칼슘으로 변하여 강알칼리성을 상실한다.

$$Ca(OH)_2 + CO_2 \rightarrow CaCO_3 + H_2O$$

④ 이와 같은 화학반응으로 콘크리트가 알칼리성을 잃는 것이 탄산화이다.

⑤ 콘크리트가 탄산화되면 콘크리트 중의 철근은 보호막이 파괴되어 수분, 산소 및 탄산가스에 의해 점차 부식(腐蝕)현상이 발생된다.

→ 콘크리트가 탄산화되면 pH농도가 12.6pH에서 8~10pH로 떨어지게 되고, 이러한 환경에서 철근은 부식되며 부피 팽창되어 콘크리트를 사용하지 못한다.

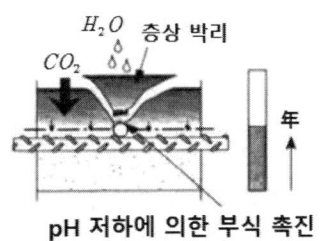

pH의 재하반응

$$Ca(OH)_2 + CO_2 + H_2O \rightarrow CaCO_3 + 2H_2O$$

(2) 잔존수명 예측

식 $C = A\sqrt{t}$ 에 의해 콘크리트의 수명 예측설계를 할 수 있다.

여기서, C : 탄산화 깊이

A : 탄산화속도 계수

t : 재령(년)

예) 콘크리트의 재령 16년, 피복두께 40mm, 탄산화 진행깊이 32mm일 때

$C = A\sqrt{t}$ → $32 = A\sqrt{16}$ 에서 $A = 8$

피복두께까지의 수명 예측년수는 $A = 8\sqrt{t}$ 에서 $t = 25$년

∴ 잔존수명 = 총수명 − 현재 진행년수 = 25년 − 6년 = 9년

3. 염해

(1) 염해 메커니즘

① 염해란 콘크리트 중에 염화물이 존재하여 강재가 부식되어 콘크리트구조물에 손상을 끼치는 현상을 말한다.

② 염소이온의 침입은 해사, 혼화제, 혼합수 등이 직접 콘크리트 중으로 침입하는 경우와 해양환경에서 해수 및 대기 중의 염화물 또는 동결방지제가 침입하는 경우가 있다.

③ pH가 9 정도 이하로 되지 않아도 강재 부근에 염화물이 존재하면 염소이온이 강재표면의 부동태막을 파괴하여, 그 결함부분이 물의 존재 하에서 국부전지를 만들어 철근의 부식반응이 진행되어 철근부식이 발생된다.

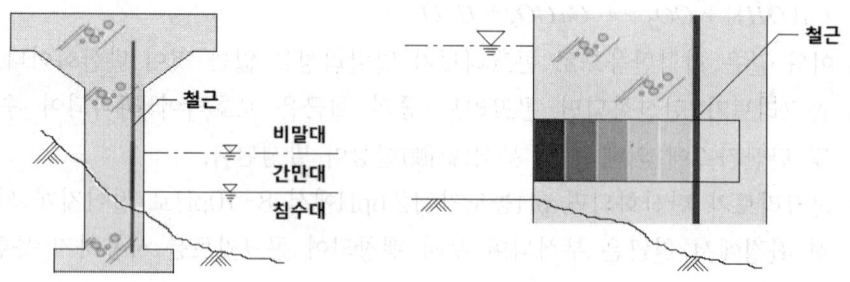

(2) 철근부식의 임계농도 기준

① 콘크리트구조물의 설계기준

부재의 종류	콘크리트 내의 최대 수용성 염소이온(Cl-). 시멘트 질량에 대한 백분율(%)
프리스트레스트 콘크리트	0.06
염화물에 노출된 철근콘크리트	0.15
건조상태이거나 또는 습기로부터 차단된 철근콘크리트	1.00
기타 철근콘크리트	0.30

② 안전점검 및 진단 세부지침

발청 임계농도 : 1.2kg/m³(全염화물 기준)

(3) 염화물 확산 : Fick의 제2확산법칙

$$C_d - C_i = (C_s - C_i)\left(1 - erf\left(\frac{x}{2\sqrt{D_d t}}\right)\right)$$

여기서, $C_d(x,t)$: 깊이 $x$cm에서 t년 경과한 시점의 염화물이온 농도(kg/m³)

C_s : 표면에서의 염화물이온 농도(kg/m³)

C_i : 초기에 내부 존재된 염화물이온 농도(kg/m³)

D : 염화물확산계수

erf : 오차함수

중요한 값은 "철근이 존재하고 있는 깊이에서 염화물량이 얼마인가?" 이다.

4. 알칼리골재 반응

(1) 시멘트 중의 알칼리성분(Na_2O, K_2O)이 시멘트풀의 모세관 공극 중에 수산화칼 슘을 함유한 고알칼리성의 공극용액과 골재 중에 함유된 반응성 실리카질 광물

과의 사이에서 일어나는 화학반응

(2) 반응성 생물과 알칼리 실리카 겔의 흡수에 따라 콘크리트에 국부적인 체적팽창이 발생

(3) 콘크리트에 균열·휨 등이 유발되어 성능 및 내구성 저하 초래

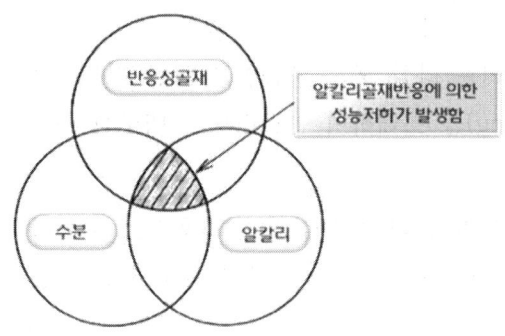

5. 화학적 침식

(1) 결합재인 시멘트 수화물이 특정한 종류의 부식성 물질과 반응하여 용출해서 조직이 다공화하면, 그 반응에 따라 콘크리트가 팽창되는 현상

(2) 화학적 침식은 산, 알칼리, 염류 등을 사용하는 각종 공업용수, 하수처리시설 등의 콘크리트구조물에서 부로 발생

(3) 화학적 침식이 예상되는 콘크리트구조물은 설계단계에서부터 고려해야 한다.

(4) 안전점검 및 진단 중에 콘크리트구조물의 탄산화와 염해는 중요한 항목이므로 이에 대한 분석이 중요하다.

(5) 그러나 우리나라에서 알칼리골재 반응과 화학적 침식은 많이 발생하지 않지만, 특수한 환경에서는 별도의 조사가 필요하다.

Ⅲ. 콘크리트 내구성 저하요인

1. 기본적 요인

(1) 설계원인 : 복잡한 디자인, 설계단면 부족, 과다·과소 하중, 철근량 부족, 피복두께 부족, 균열방지(유도)용 joint 미 설계

(2) 재료원인 : 시멘트·물·골재 등 재료불량, 혼화재료의 부적합한 선정, 배합설계 불량으로 과다·과소 사용

(3) 시공원인 : 콘크리트의 운반 중에 재료분리, 타설 중에 가수(加水), 다짐 불량, 시공이음 불량, cold joint 발생, 타설 후에 표면마무리 불량, 양생 불량

2. 기상작용

(1) 동결융해 : 콘크리트의 수축·팽창작용으로 균열 발생, 압축강도 $400kgf/cm^2$ 이하, 배합불량으로 과다한 물/시멘트(W/C)비, 양생기간 미 준수

(2) 기온변화 : 양생기간 중에 급격한 온도변화로 초기균열 발생, 가열양생 불량으로 매스콘크리트가 저온에 노출되어 균열 발생

(3) 건조수축 : 콘크리트 타설 후 수분증발로 인한 건조수축 발생, 급격한 건조수축은 재료분리(bleeding)를 초래하여 콘크리트의 내구성 저하 초래

3. 물리·화학적 요인

(1) 중성화 : 콘크리트가 공기 중 탄산가스 작용으로 서서히 알칼리성을 상실하여, 철근 부식을 촉진시켜 부피팽창, 구조물의 강도저하 유발

(2) 알칼리-골재반응 : 골재의 반응성 물질이 시멘트의 알칼리 성분과 결합하여 화학 반응을 일으켜서 콘크리트 팽창에 의해 균열 발생

(3) 염해 : 콘크리트 중에 골재의 염분함량이 규정 이상 함유되는 경우에는 염화물이 존재하여 철근을 부식시켜 구조물에 손상을 초래

4. 기계적 요인

(1) 진동·충격 : 콘크리트 양생 중에 진동·충격을 가하여 성능저하의 원인이 되어 점차 내구성 저하

(2) 마모·손상 : 콘크리트 재령이 경과한 후에 과적하중이 재하됨에 따라 모서리 부분이 탈락, 균열을 초래

(3) 전류에 의한 작용 : 철근콘크리트 구조물에 전류가 작용하여 철근에서 콘크리트로 전류가 흐르면 철근의 부착강도 저하로 철근 부식을 초래

Ⅳ. 콘크리트 내구성 저하 문제점

1. 콘크리트의 내구성이 저하되면, 알칼리성도 저하되고, 에트링가이트(ettringite)*가 생성되어 경화된 시멘트풀의 이상팽창을 초래한다.

   *에트링가이트(ettringite)는 시멘트의 구성 화합물인 알루미네이트[$3CaO·Al_2O_3$]와 석고[$CaSO_4·2H_2O$]가 반응하여 이루어진 침상결정체의 광물로서, 에트링가이트(ettringite)가 많으면 콘크리트 구조물이 부풀어 올라 붕괴 원인이 되기도 한다.

2. 콘크리트의 내구성이 저하되면, 골재분리(pop-out), 피복박리, 철근노출 등을 초래하여 결국에는 균열, 누수, 철근부식 등의 원인이 된다.

   *골재분리(pop-out) 현상이란 콘크리트 속의 수분이 동결융해 작용으로 인하여 콘크

리트 표면의 골재 및 모르타르가 팽창하면서 박리되어 떨어져 나가는 현상이다.

3 콘크리트의 내구성이 저하되면, 구조물의 안전성·내구성·수밀성 등의 저하를 초래하며 또한 구조물의 사용수명과 잔존수명 저하도 초래한다.

V. 콘크리트 내구성 향상(열화 억제)대책

1. 품질관리

시멘트가 풍화되지 않도록, 골재의 유해물 함유량이 과다하지 않도록 보관한다. 알칼리골재 반응성 부순돌을 배제하고, 바닷모래의 염화물 함유량을 준수하며, 보의 피복 두께를 확보한다.

2. 배합관리

W/C비 저감, 단위수량 저감 등의 재료량을 철저히 계량한다. AE제 등의 화학혼화제, 품질변동이 큰 광물성 혼화재의 과다한 사용을 자제한다.

3. 시공관리

운반시간과 타설원칙을 준수하고, 수분의 급격한 증발, cold join 방지, 충분한 습윤 양생이 되도록 관리한다.

4. 유지관리

동절기 제설제 과다 살포를 금한다. 화학물질 노출, 대기오염, 환경공해, 화재, 동해 등에 대하여 정기적으로 보수·보강을 실시한다.[263]

263) 박효성 외, 'Final 토목시공기술사 핵심문제', 예문사, pp.115~116, 2010.
　　 한국시설안전공단, '콘크리트 내구성', 시설안전교육센터 정밀안전진단과정, 2018.

861

06.27 콘크리트의 동해(凍害)

콘크리트의 동해원인, 방지대책 [0, 1]

Ⅰ. 개요

1. 콘크리트의 동해(凍害)란 콘크리트 내부의 공극수가 기온에 따라 동결과 융해를 반복하면서 콘크리트 수화조직을 연약화시켜 내구성이 저하되는 현상을 말한다.

2. 콘크리트 내부의 공극수가 동결되면 체적이 8~9% 팽창되며, 얼었던 물이 녹은 후에 재동결될 때 주변의 알칼리 농도가 높아져 체적팽창이 더욱 가속화되므로, 동결융해의 반복은 골재와 경화된 시멘트풀의 탈락·박리의 원인이 된다.

Ⅱ. 콘크리트의 동결융해 시험

1. 시험방법

(1) KS F 2456 급속 동결 융해에 대한 콘크리트의 저항 시험방법

2. 동결융해 사이클

(1) 동결융해 사이클은 공시체의 온도를 2시간~4시간 사이에서 교대로 4℃→-18℃, -18℃→4℃로 정상적으로 반복되는 것이다.

(2) 공시체의 온도는 언제나 -19℃이하 또는 6℃이상 되어서는 아니 된다.

(3) 공시체의 중심온도와 표면온도 차이는 항상 28℃를 초과하지 않고, 상태가 바뀌는 순간의 시간이 10분을 초과하지 않도록 하여야 한다.

3. 공시체 제작

① 공시체 규격은 단면 76mm이상~127mm이하, 길이 356mm이상~406mm이하

② 공시체 채취는 습윤상태에 있는 경화된 콘크리트로부터 원주형(core) 또는 각주형(prism)으로 채취한다.

4. 시험방법

(1) 공시체를 제작4일간 양생한 후 급속동결융해시험을 시작한다.

(2) 소정의 양생기간이 끝나면 즉시 공시체를 6±3℃의 온도조건에서 가로 1차 진동 주파수시험을 실시하고 무게를 측정한다.

(3) 동결융해 사이클이 36회 사이클 범위 이내의 간격으로 융해상태에서 공시체를 꺼내 6±3℃의 온도조건에서 가로 1차 진동 주파수시험을 실시하고, 무게를 측정한 후 다시 시험장치에 넣는다. 이때 공시체의 양끝을 반대로 돌려 넣는다.

(4) 공시체는 300회 사이클까지 또는 최초시험 탄성계수의 60%될 까지 반복한다.

(5) 1차 주파수시험은 매 사이클마다 실시하며, 육안관찰 결함사항도 기록한다.

(6) 공시체 질이 급격히 저하되는 경우에 가로 1차 진동 주파수시험을 10회 사이클 이내로 끝내고, 비틀림 1차 진동 주파수시험은 포아손 비 검사를 위해 실시한다.

5. 계산 및 평가

(1) 상대동탄성계수 $P_C = (\frac{n1^2}{n^2}) \times 100$

여기서, P_c : 동결융해 C사이클 후의 상대동탄성계수(%)

$n1$: 동결융해 C사이클에서 가로 1차 진동 주파수

n : 동결융해 C사이클 후에 가로 1차 진동 주파수

(2) 내구성지수 $DF = \frac{P \cdot N}{M}$

여기서, P : N사이클에서 상대동탄성계수(%)

N : P값이 시험을 종료시킬 수 있는 소정의 최소값이 된 순간의 사이클 수 또는 동결융해에서 노출이 종료되는 순간의 사이클 수

M : 동결융해에서 노출이 종료되는 순간의 사이클 수

Ⅲ. 콘크리트의 동해(凍害)

1. 동해의 문제점

(1) 경화된 시멘트풀의 수화조직 약화

(2) 동결된 공극수 주변의 용존 알칼리 성분 이동을 유발

(3) 동결된 공극수가 녹아 물이 되면 콘크리트 체적을 8~9% 팽창 유발

(4) 골재 Pop-out 발생, 경화된 시멘트풀의 탈락

(5) 콘크리트의 균열, 박리·박락 발생

(6) 콘크리트 구조물의 내력 저하 발생

(7) 공극수의 팽창압이 인장강도보다 커지면 인장균열 발생

(8) 균열에 따른 콘크리트 소요의 강도·내구성·수밀성 및 강재보호성능 저하 발생

2. 동해의 발생원인

(1) 동결온도가 장기간 지속될 때

(2) 콘크리트의 공극이 증가하여, 공극 내에 수분이 체류할 때

(3) 비중이 작거나, 흡수율이 큰 다공성 골재를 사용할 때

(4) 재생골재, 경량골재, 부순골재 등을 사용할 때

(5) 골재에 유해물 함유량, 부유물이 과다할 때

(6) 특히, No.200체(0.08mm) 미만의 점성토가 많을 때

(7) 혹한기에 초기양생이 불량하여 압축강도가 5MPa 이하일 때

(8) 콘크리트 타설 직후 bleeding, laitance에 의한 재료분리가 발생될 때

3. 동해의 억제대책

(1) 재료선정단계

① 결합재 : 조강시멘트 사용

② 혼화제 : 공기연행제, 감수제 사용

③ 골재 : 공학적으로 성능이 우수하고 비중·강도가 큰 골재를 사용하며, 다공질 골재는 사용금지, 유해물 함유량 관리 철저

(2) 배합단계

① 단위시멘트량 증가

② 물-결합재비 저감, 단위수량은 소요의 범위 내에서 최소화하여 사용

③ 굵은골재율 증가, 잔골재율 감소

④ Slump 8cm 이하로 배합하여 반죽질기 저감

(3) 시공단계

① 한중콘크리트 시공

② 온도제어양생 pre-heating & pipe heating 실시

③ 콘크리트 운반 중에 가수(加水) 금지

④ 초기 습윤양생 철저히 시행

⑤ 진동다짐 철저히 시행

⑥ 콘크리트 타설 직후 bleeding, laitance 제거하여 재료분리 방지

(4) 유지관리단계

① 불필요한 수분접촉 차단

② 표면 방수처리 실시 등[264]

---

264) 박효성 외, 'Final 토목시공기술사 핵심문제', 예문사, p.121, 2008.

06.28 콘크리트의 중성화(탄산화)

콘크리트의 중성화, 탄산화(carbonation) 요인 및 방지대책 [1, 3]

Ⅰ. 개요

1. 굳은 콘크리트는 시멘트의 수화생성물로서 수산화석회를 함유하고 있어 강알칼리성을 나타낸다. 콘크리트 중성화란 수산화석회가 시간이 경과하면서 표면으로부터 공기 중의 CO_2 영향을 받아 탄산석회로 변하여 알칼리성을 상실하는 현상이다.

2. 최근 연구에 따르면 물/시멘트비(W/C) 40% 이하에서 타설되는 콘크리트는 중성화에 별다른 대비가 없어도 내구수명을 충분히 보장할 수 있다고 한다.

Ⅱ. 콘크리트 중성화

1. 콘크리트 중성화는 공기 중의 탄산가스 또는 산성비가 콘크리트 중의 수산화칼슘과 화학반응하여 서서히 탄산칼슘($CaCO_3$)이 되면서 콘크리트의 알칼리성을 상실한다. 결과적으로 철근이 부식하고 팽창압력이 발생한다.

2. 이 팽창압력이 콘크리트 응력을 초과하면 균열이 발생되고 균열부로 수분과 이산화탄소가 침투되어 열화가 진행된다. 콘크리트가 알칼리성을 상실하고 중성화되는 열화과정과 철근부식에 관한 화학식은 다음과 같다.

알칼리성 상실 $Ca(OH)_2 + CO_2 \rightarrow CaCO_3 + H_2O$

철근 부식 $Fe + CO_2 \rightarrow$ 산화철

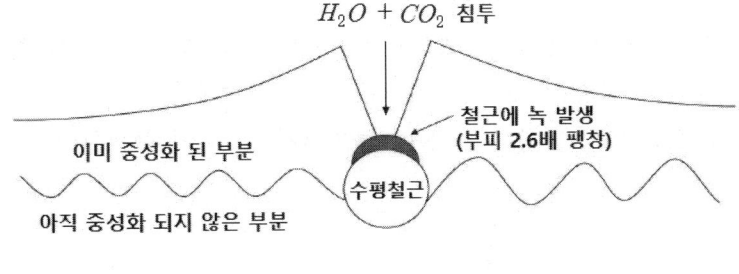

콘크리트의 중성화 과정

Ⅲ. 콘크리트 중성화의 검사방법

1. 페놀프탈레인(Phenolphthalein) 방법

⑴ 원리

① 페놀프탈레인 지시약은 수소이온농도에 따라 색상이 변하는 원리를 이용하여 측정대상 물질의 산성과 염기성 정도를 측정하거나, 산과 염기가 중화하는 적정의 당량점을 판별하여 수소이온농도를 파악하는 시험이다.

② 경화된 시멘트 수화물은 $Ca(OH)_2$를 함유하므로 강알칼리성(pH12~13)인데, 이러한 콘크리트에 공기 중의 이산화탄소(CO_2)가 작용하면 $CaCO_3$가 생성되어 강알칼리성의 $Ca(OH)_2$가 소실되어 pH가 낮아지는 탄산화가 진행된다.

③ 따라서 탄산화 진행에 따라 콘크리트는 수소이온농도가 달라지므로 지시약을 사용하여, 변색의 유무로 탄산화 여부를 판정할 수 있다.

(2) 특징

① 페놀프탈레인 지시약은 페놀계 무색·투명한 용액으로, 산염기를 구별하기 위한 리트머스 시험지처럼 쓰인다.

② 이 용액은 pH0~8.3에서 무색을 띠며 8.3~10.0에서 분홍빛을 띠고, 그 이상의 pH에서는 다시 무색을 띠는 특징이 있다.

2. pH meter에 의한 방법

⑴ 페놀프탈레인 방법은 탄산화 깊이 확인이 쉽지만 pH9.6 이상 혹은 이하에서 시료의 변색유무에 따라 육안으로 탄산화 깊이를 파악하는 정성적 방법이다. 따라서 pH10 이상인 시료는 탄산화로 인한 철근부식은 파악하기 어렵다.

⑵ pH meter에 의한 방법은 페놀프탈레인 단점을 극복하는 방법으로, 아직 탄산화 되지 않았지만 곧 중성화 우려 있는 시료도 예측할 수 있다. 다만 시료의 사전 처리절차와 측정과정이 어렵다.

⑶ pH meter 시료를 0.15mm 이하까지 분쇄하여 10g을 50㎖ 비커에 넣고 증류수 25㎖를 넣어 교반하여 30분 방치한 후 현탁액을 검액으로 pH를 측정한다.

⑶ pH meter 주의사항은 $Ca(OH)_2$가 400℃~500℃에서 열에 의해 탈수되므로, 열 발생을 최소화하고 $Ca(OH)_2$가 물에 녹기 때문에 유의해야 한다.

pH meter

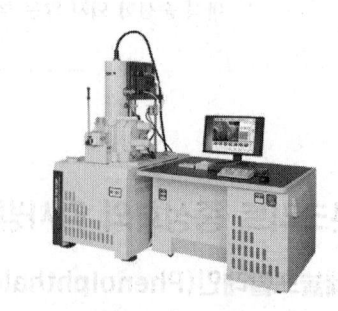

주사형 전자현미경

3. 주사형 전자현미경 관찰에 의한 방법

(1) 주사형 전자현미경(SEM, Scanning Electron Microscope)은 가느다란 전자빔을 시료의 표면에 주사하여 2차 전자를 발생시켜 입체감 있는 시료의 표면상태를 나타내어, 탄산화 영역과 비탄산화 영역을 구별하는 방법이다.

(2) 장착된 에너지 분산형 분광기(EDS, Energy Dispersive X-ray Spectroscopy)를 이용하여 관찰대상의 원소를 비교적 단시간에 분석할 수 있다.

Ⅳ. 콘크리트 중성화의 방지대책

1. 재료선정 및 배합설계 단계

(1) 시멘트

① 중용열형 또는 내황산염형 포틀랜드 시멘트에 포졸란을 혼합하기 때문에 상대적으로 수산화칼슘 양이 적어 중성화가 빠르다(건조 후 공극율이 커지므로).

② 단위시멘트량을 최소화한다.

(2) 골재

① 알카리 잠재 반응성 시험을 하여 무해한 골재를 선정한다.

② 천연골재에 비해 경량골재는 자체 기공이 많고 투수성이 크므로, 중성화 속도가 빠르다(개선하기 위해 감수제, 유동화제 등이 사용된다).

(3) 혼화제

① AE제를 사용하여 적당량의 공기량을 도입한다.

② 혼화제(감수제, 공기연행감수제, 유동화제)를 사용하면 W/C비가 동일하더라도 시멘트 입자가 분산되어 밀실한 콘크리트를 생산하여 중성화를 억제한다.

(4) 혼화재

① 플라이 애시, 실리카 품, 고로슬래그 미분말을 혼합하여 사용한다.

2. 현장시공 및 유지관리 단계

(1) 콘크리트 타설 중에 다짐을 충분히 하여 밀실한 콘크리트로 시공한다.

(2) 해수·해풍의 영향을 받는 지역에서는 실외 부재에 방수성 마감한다.

(3) 구조물의 유지관리 단계에서 외부로부터 습기나 물의 침입을 막는다.[265]

265) 한국레미콘공업협회, '콘크리트 기술정보 콘크리트의 중성화', 기술분과위원회, 2011.
박효성 외, 'Final 토목시공기술사 핵심문제', 예문사, pp.117~118, 2010.

06.29 콘크리트의 염해(鹽害)

1. 개요

(1) 콘크리트는 화학적으로 안정된 반영구적인 재료라고 알려져 있으나, 항만지역이나 적설한랭지역과 같은 열악한 환경에서 염해(鹽害, salt damage)가 발생되고 있다.

(2) 실제 선진국에서 염해를 받은 교량이 목표내구수명 이전에 철거되거나 개·보수 비용이 초기건설비용보다 더 많이 소요되는 사례가 보고됨에 따라, 콘크리트 구조물의 염해에 대한 내구성설계에 관심이 높아지고 있다.

2. 콘크리트 구조물의 염해에 대한 내구성설계

(1) 콘크리트 구조물의 목표내구수명

등급	구조물	목표내구수명
1	특별히 높은 내구성이 요구되는 구조물	100년
2	높은 내구성이 요구되는 구조물	65년
3	비교적 낮은 내구성이 요구되는 구조물	30년

(2) 콘크리트 구조물의 염해에 의한 열화단계

과정	정의	외관상태
잠복기	철근위치에서 염화물의 이온농도가 부식 한계치에 도달한다.	외관상 아무 이상이 없다.
진전기	철근부식이 시작되면서 녹이 발생하여 콘크리트 표면에 균열발생이 시작된다.	외관상 아무 이상이 없으나, 내부에서 철근부식이 시작된다.
가속기	균열을 통해 염화물, 수분, 공기 등의 침투가 용이해져 부식속도가 증가한다.	균열이 다수 발견되고, 녹물이 증가하고, 박리가 발생한다.
열화기	철근부식이 증가하여 구조물의 내하력이 현저하게 저하된다.	균열 폭이 커지면서 변형, 처짐이 증가한다.

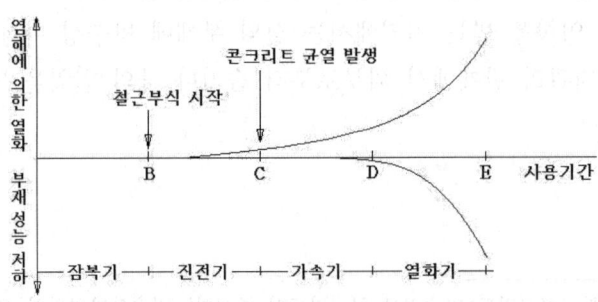

콘크리트 구조물 염해에 따른 성능저하

3. 염해에 대한 내구성 향상대책

(1) 표면도장공법

① 침투공법 : 직접 해수에 접촉되지 않는 교량보수에 적용하면 시공이 간편
- 수분증발형 : 콘크리트 공극에 물을 증발시키는 발수제를 침투시켜 공극의 벽이 건조상태를 유지하도록 한다.
- 공극충진형 : 콘크리트 공극에 점성 도료를 충진시켜 물과 염화물의 공극 침투를 최대한 억제한다.

② 코팅공법 : 해수에 열화가 심한 교량보수에 적용하며 4단계 코팅으로 마무리
- 1단계 프라이머(Primer) : 부착성 확보
- 2단계 퍼티(Putty) : 평활한 표면 형성
- 3단계 중도(Intermediate coat) : 수밀성 확보, 열화요인 차단
- 4단계 상도(Top coat) : 마감층으로 착색·광택, 흡수 방지

(2) 전기방식공법

① 철근에 방식전류를 지속적으로 통하게 함으로써 철근의 부식반응을 전기화학적으로 제어하여 콘크리트의 부식 진행을 막는 공법이다.

② 구조물의 예방유지관리 측면에서 설계단계에서 반영하여 시공하면 반영구적으로 철근부식이 방지되지만, 비용이 고가이다.

③ 구조물의 유지관리단계에서 공용수명 확보를 위해 가장 유리한 보수공법이다.

④ 부식 진행을 억제할 뿐이며, 부식으로 손상된 부위의 원상회복은 아니 된다.

⑤ 적용사례 : 국내에서 서해안고속도로 해안교량 중 소래교의 교각부위 보수

(3) 전기탈염공법

① 콘크리트 구조물의 표면에 양극(+)전류를 가설하고 콘크리트표면과 철근 사이에 음극(-)전류를 흘려보냄으로써, 전기적 흐름현상에 의해 콘크리트 중의 염화물이온을 외부로 추출하는 공법이다.

② 콘크리트 표면적 1m²당 1A의 직류전류를 8주 동안 흘려보낸 후, 탈염효과 확인하고 가설재료를 모두 철거하면 열화되기 전의 상태로 회복된다.

③ 콘크리트 구조물에 염화물 재침투 방지를 위하여 전기탈염공법과 표면도장공법을 병용하면 효과적인 것으로 알려져 있다.

④ 적용사례 : 국내 적용사례 없고, 선진국도 진기방식만큼 일반화되지 않았다.[266]

---

266) 박효성 외, 'Final 토목시공기술사 핵심문제', 예문사, pp.119, 2008.

06.30 알칼리골재반응

1. 용어 정의

(1) 콘크리트의 알칼리골재반응이란 시멘트 중의 알칼리와 골재 중의 실리카가 반응하여, 규산소다와 규산칼슘이 생성되면서 팽창압력에 의해 콘크리트에 거북등 균열(map crack), 골재가 콘크리트 표면에서 떨어져 나오는 동공(pot out) 등이 발생하는 현상을 말한다.

(2) 알칼리골재반응은 ASR(alkali silica reaction)과 AAR(alkali aggregate reaction)로 구분되는데, 대부분 ASR이 문제가 된다. 최근 쇄석골재 사용량 증대, 시멘트 제조방법 변화 등으로 시멘트 중의 알칼리 성분이 증가하면서 알칼리-골재 반응 피해도 상대적으로 증가하고 있다.

2. 알칼리골재반응의 3요소

(1) 시멘트 중의 알칼리(Na_2O, K_2O) 성분

(2) 골재 중의 실리카(SiO_2) 반응성 골재

(3) 수분

3. 알칼리골재반응이 콘크리트에 미치는 영향

(1) 골재 주변에 팽창성 물질(백색 gel)이 생성되어, 골재가 팽창하면서 콘크리트의 체적 팽창을 유발한다.

(2) 철근의 피복두께가 두꺼울수록 표면에서 균열이 커지며, 부재의 뒤틀림, 단차, 국부적인 파괴 등으로 확대된다.

4. 알칼리골재반응의 방지대책

(1) 시멘트 : 저알칼리시멘트, 양질의 포졸란시멘트를 사용한다. 알칼리 성분은 6% 이내로 제한한다.

(2) 골재 : 반응성 골재를 사용하는 경우 콘크리트의 알칼리 총량을 규제한다. 즉, 석영, 석회암, 천매암, 점판암, 경사암(硬砂岩), 사암(砂岩) 등을 사용하는 경우 콘크리트 단위체적당 알칼리 총량을 $3kg/m^3$ 이하로 규제한다.

(3) 배합 : 물은 청정수 사용, W/C비 감소, 혼화제(Silica fume) 첨가 등을 한다.

(4) 관리 : 콘크리트 표면의 건조환경 유지를 위하여 지수(방수)공사를 하고, 표면마감재에 균열발생이 발생되면 팽창제 주입, 표면코팅 처리 등을 한다.[267]

---

267) 박효성, '실무중심 건설적산학', 피앤피북, pp.302~303, 2016.

06.31 황산염과 에트링가이트(ettringite)

1. 용어 정의

(1) 황산염(黃酸鹽, sulfate, H_2SO_4)은 시멘트에 함유된 수산화칼슘과 반응하여 석고를 생성하여 체적을 증대시키고, 석고는 수화물과 반응하여 ettringite를 생성한다.

(2) 에트링가이트(Ettringite)는 광물질의 고황산 칼슘 술파 알미네이트($3CaO \cdot Al_2O_3 \cdot CaSO_4$-$32H_2O$)로서 모르터 또는 콘크리트 속에 자연적으로 존재하며 황산염의 작용에 의해서도 생성되는데, 자체의 팽창압력이 커서 콘크리트에 팽창균열과 조직 붕괴를 일으키는 황산염 침식을 초래한다.

2. 황산염 침식의 생성과정

(1) 황산염은 수산화칼슘과 반응하여 석고를 생성한다.

$$Ca(OH)_2 + Na_2SO_4 \rightarrow CaSO_4 \cdot 2H_2O + 2NaOH$$

(2) 황산염은 석고와 칼슘 알루미네이트 수화물과 반응하여 ettringite를 생성한다.

$$3CaO \cdot Al_2O_3 \cdot 6H_2O + CaSO_4 + H_2O \rightarrow \text{Ettringite}$$

3. 황산염 침식의 방지대책

(1) 염해가 우려되는 해양구조물에는 황산염에 대한 저항성이 우수한 내황산염 포틀랜드시멘트를 사용한다.

(2) 분말도가 높은 시멘트(미세한 분말구조)를 사용하고, 미세한 재료의 응집현상을 막기 위하여 고성능 감수제(유동화제)를 사용하여 수밀콘크리트로 시공한다.

(3) Silica와 Alumina 석회로 제조되는 고로 slag cement, 화력발전소 보일러의 부산물 석탄재로 제조되는 Fly ash cement를 사용한다.

(4) 분자량 10,000 이상의 고분자 수지로 제조되는 유기질 또는 유·무기질 Polymer concrete를 사용하여 콘크리트 폴리머 복합체로 시공한다.

(5) 콘크리트 타설 후 2시간 경과되어 표면에 블리딩(bleeding)이 없어지면 피막양생제(curing compound)를 살포하여 수분증발을 방지하고 표면에 피막을 형성함으로써 황산염 침식을 억제한다.[268]

---

268) 박효성 외, 'Final 토목시공기술사 핵심문제', 예문사, p.12, 2008.

06.32 콘크리트의 피로균열

콘크리트포장의 피로균열(fatigue cracking), 피로강도 [2, 0]

1. 개요

(1) 콘크리트 피로는 구조물에 반복(변동)응력이 발생될 때, 작용응력(S, Stress)의 반복회수(N, Number)가 증가함으로써 강도가 저하되는 현상을 말한다.

(2) 콘크리트 피로는 피로균열, 피로한계(Fatigue limit), 피로강도(Fatigue strength) 개념으로 해석(평가)할 수 있다.

(2) 콘크리트 피로가 영향을 주는 구조물을 예시하면 다음과 같다.

　① 해수(파도)에 의해 반복하중을 받는 항만구조물(방파제, 안벽 등)

　② 교통하중을 반복적으로 받는 도로교량, 고속철도교량

　③ 자연상태에서 온도변화를 받는 송전탑, 굴뚝

　④ 기계의 운행으로 진동을 받는 기계구조물의 기초

2. 콘크리트 피로균열(Fatigue crack)

(1) 정의

　① 콘크리트에 동적하중이 반복적으로 작용되면 경화된 시멘트풀과 골재와의 경계면에 존재하는 공극과 미세한 균열이 점진적으로 진전되고 전파되면서 손상이 누적되는 현상을 피로균열(Fatigue crack)이라 한다.

(2) 특징

　① 콘크리트의 비탄성변형률이 클수록 피로균열에 유리하다.

　② 피로균열은 동적하중에서 파괴변형률이 크고 광범위하게 발생한다.

　③ 횡방향의 압력이 적을수록 피로파괴에 유리하다.

　④ 최소응력 값이 낮을수록 피로수명은 짧아진다.

　⑤ 피로균열은 콘크리트의 재령이나 강도의 크기와 무관하다.

3. 콘크리트 피로한계(Fatigue limit)

(1) 정의

　① 피로한계는 2백만번을 반복적으로 재하하더라도 파괴가 발생하지 않는 응력으로, 일반 콘크리트의 경우에는 정적압축강도의 50~60% 수준이다.

(2) 특징

　① 피로한계보다 낮은 반복하중은 콘크리트를 치밀하게 하므로 오히려 피로강도를 증가시킨다.

　② 편심하중을 받는 콘크리트는 최대응력보다 낮은 응력을 받는 부분이 있으므로 응

력을 균등하게 받는 콘크리트보다 유리할 수 있다.

③ 콘크리트 구조물에는 변동진폭하중(variable amplitude loading)이 일정진폭하중(constant amplitude loading)보다 피로한계에는 더 불리하다.

4. 콘크리트 피로강도(Fatigue strength)

(1) 정의

① 콘크리트 구조물에 반복하중이 작용되어 피로가 누적되면서 정적압축강도 이하에서 재료가 파괴될 때의 강도를 피로강도(Fatigue strength)라고 한다.

(2) 특징

① 콘크리트의 압축강도가 증가하면 피로강도가 증가한다. 10,000회의 반복하중에 견디는 한계로서, 콘크리트의 건조상태가 양호할수록 피로강도가 증가한다.

② 작용하중의 크기·반복회수·재하속도, 응력변동의 범위 등에 따라 피로강도가 달라진다. 콘크리트 공시체의 형상, 크기 등에 따라 피로강도가 달라진다.

③ 반복하중의 크기에 따라 피로강도가 변화한다. 즉, 응력진폭이 일정한 경우와 변화하는 경우에 따라 피로강도는 변화한다.

(3) 피로강도에 의한 설계대상

① 일반적으로 교량과 같은 도로구조물의 보, 슬래브에서 휨응력, 전단응력을 설계할 때 피로강도를 기준으로 설계한다.[269]

도로구조물에서 설계하중의 최소 반복회수(N)

구분	트럭하중	차선하중
주부재(종방향 부재)	200만회	50만회
횡방향 부재	10만회	1만회

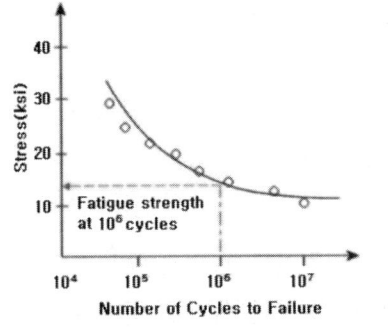
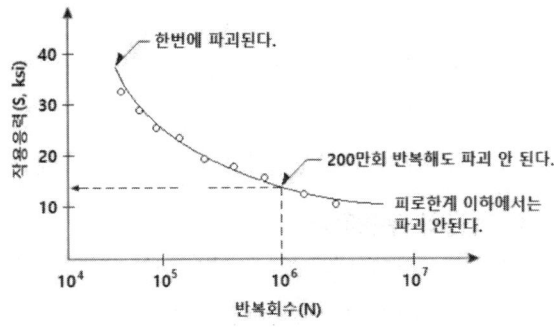

콘크리트의 피로강도 평가방법 : 독일 베레(Wohler)의 작용응력(S)-반복횟수(N) diagram

269) 박효성 외, 'Final 토목시공기술사 핵심문제', 예문사, p.111, 2010.

06.33 콘크리트의 부식, 열화(Deterioration)

Ⅰ. 개요

1. 콘크리트 부식(corrosion)은 넓은 의미에서 열화(deterioration)를 뜻한다. 잘 타설되어 밀실한 콘크리트는 반영구적으로 내구성이 높은 콘크리트이지만, 밀실하게 시공되지 못한 콘크리트는 강도가 낮아 균열이 생기면서 내부의 철근이 녹슬게 되는 등 콘크리트의 열화가 발생된다.

Ⅱ. 철근콘크리트 부식의 원인

1. 넓은 의미에서 철근콘크리트의 열화

(1) 염화물에 의한 열화 : 염소이온(Cl^-)과 시멘트 수화물과의 반응으로 인한 염화물의 생성, 용출, 팽창 등에 의한 열화

(2) 황산염에 의한 열화 : 황산염 이온(SO_4^{-2})과의 반응으로 생긴 Ettringite의 팽창 등에 의한 열화

(3) 콘크리트 중성화에 의한 열화 : 콘크리트 중의 알칼리 성분이 공기 중의 탄산가스(CO_2)와 반응하여 콘크리트의 pH가 12.5에서 10이하로 떨어져 철근의 부동태가 파괴되어 철근의 부식이 촉진되는 현상

(4) 동결융해에 의한 열화 : 콘크리트 속의 물이 얼음으로 동결할 때의 팽창압력과 아직 얼음으로 바뀌지 않은 물의 수압이 콘크리트를 파괴시키는 현상

2. 좁은 의미에서 철근콘크리트의 부식

(1) 좁은 의미에서의 부식은 철근 자체의 부식을 말한다. 철근이 부식하면 철근 자체의 부식 생성물로 인하여 일어나는 콘크리트의 균열(cracking), 궁극적으로 피복된 콘크리트의 박리(spalling)를 의미한다.

(2) 즉, 철근콘크리트가 부식됨으로써 철근과 콘크리트 사이의 결합력이 떨어지고 철근 단면이 감소함으로써 심한 경우에는 구조물이 붕괴되기도 한다.

3. 철근의 부동태막

(1) 콘크리트 내부의 철근은 콘크리트에 의해 다음 2가지 측면에서 보호된다.

① 철근이 부식되려면 산소·물이 필요한데 콘크리트가 장벽의 역할을 함으로써 철근이 산소·물과 접촉되는 것을 방지하여 부식으로부터 보호된다.

② 철근이 부식되려면 高알카리(PH12~13)으로 시멘트의 약 30%가 수산화칼슘

[Ca(OH)$_2$]으로 변해야 되는데, 철근이 부동태막을 형성하여 부식을 막는다.

(2) 콘크리트 내부에서 철근의 부동태막이 형성되는 화학방정식은 아래와 같다.

$$CaO + H_2O \rightarrow Ca(OH)_2$$

4. 철근 부식의 원리

(1) 철근의 생산 공정에 철근의 표면은 고온에서 형성된 Fe$_3$O$_4$를 주성분으로 구성되어 있다. 그러나, 철근에 콘크리트가 타설되면 콘크리트 경화 중 고온에서 형성된 산화물이 철염을 만들고 철염은 모르타르 속으로 확산되어 침전된다.

(2) 이때 모르타르 혼화가 불량하여 편석이 됐을 경우에는 다공질이므로 녹을 흡수한 흔적이 거의 보이지 않는다. 또한 철면에 유지가 묻거나 모르타르에 기포가 있는 경우에는 철근의 녹이 그대로 남아, 철근 표면에 부동태 피막이 형성된다.

(3) 보통콘크리트에는 석회석이 66% 이상 함유되어 있어 콘크리트 pH 12.5 이상의 强알칼리으로 부동태막 -Fe$_2$O$_3$(gamma Iron Oxide)이 형성된다.

Ⅲ. 철근의 부식방지

1. 에폭시 피복철근(Epoxy-Coated Rebar)

(1) Epoxy Resins은 상업화 된지 50여 년이 지나는 동안 지금까지 개발된 고분자 제품 중에서 가장 고기능성을 가진 훌륭한 화학제품 중 하나로 정착되었다.

(2) 철근방식용 피복재, 식음료용 제관의 내부 보호재, 유정 굴착장비의 외부 보호재, 항공 우주산업 구조물의 제작재료, 첨단전자 회로용 원료 등에 사용된다.

2. 아연도금철근(Zinc-Coated Rebar)

(1) 아연은 융점이 420℃이며 가격이 싸서 철강의 방식도금에 수요가 많다. 도금공정은 탈지 세정→산세→플럭스 처리→건조→용융 아연욕 침적→수냉→건조이다.

(2) 철근 도금공정은 욕 온도 460±5℃, 침적시간 1분으로 500~1,500g/m^{3}의 아연 부착량이 생성된다.

(3) 철근에 희생양극인 아연을 피복시켜 방식하는 방법으로 시도되었으나, 연구 결과 성능이 확실하지 않아 현재 거의 사용되지 않고 있다.

3. 전기화학적 음극방식(Electro-Chemical Cathodic Protection)

(1) 종류가 서로 다른 금속의 접촉에 의한 전기화학적 부식을 방지하기 위하여 방식 전극을 설치하는 방식이다.

(2) 소정의 방식전류를 항상 흐르게 하여 철보다 높은 전위인 동(銅)의 전위를 떨어뜨려 철과 동전위로 함으로써 전위차를 없애는 원리를 적용하여, 전지작용을 멈

추게 하여 전기적으로 부식을 방지하는 방법이다.

4. 방청제(Inhibitor) 사용

⑴ 금속재료의 녹 발생을 방지하는 약제를 말하지만 녹 발생을 수반하지 않은 부식 억제제도 포함된다.

⑵ 저장수나 순환수 등에 첨가하여 철근피복 뿐만 아니라, 강철제의 보일러, 탱크 등 의 부식을 억제하는 재료에 아산염, 규산염, 폴리인산염의 무기질, 아민류, 옥시 산류 등의 유기질 약제가 사용된다.

Ⅳ. 철근콘크리트 부식 방지대책

1. 좋은 품질의 콘크리트를 제조

⑴ W/C비를 낮게 하여 탄산화 진행 및 염화물 침투를 늦춘다. 탄산화는 W/C비 5 0% 이하, 염화물 침투는 W/C비 40% 이하로 하면 늦출 수 있다.

⑵ 콘크리트의 W/C비를 낮추기 위하여 단위시멘트량 증가, 감수제·유동화제 사용, 플라이 애시나 슬래그 등의 혼화재료를 다량 치환하는 방법이 있다.

⑶ 콘크리트 재료 중 염화물 함유량을 제한하며, 콘크리트 배합에 허용되는 염화물 의 최대값은 공사 관계자와의 협의조건에 따른다.

⑷ 연행 공기는 콘크리트를 동결융해로부터 보호하며, 블리딩의 발생 및 블리딩으로 인해 증가된 투수성을 감소시킨다.

⑸ 콘크리트에서 과도한 스케일링, 박리, 균열 등이 발생하지 않도록 표면마감 작업 시기의 적절한 일정 관리가 필요하다.

2. 철근의 피복두께를 충분히 확보

⑴ 염화물의 침투나 탄산화는 모두 콘크리트 표면에서부터 시작되기 때문에 피복두 께를 충분히 확보하는 것이 부식의 시작을 늦출 수 있는 방법이다.

⑵ 콘크리트 표면으로부터 5mm 아래에 위치한 철근에 염화물 이온이 도달하는 시 간은 피복두께 2.5mm일 때보다 4배 정도 더 소요된다.

⑶ 구조물의 최소 피복두께는 철근의 두께에 따라 다르며, 일반적으로 슬래브 벽체 의 옥외 기준으로 40~60mm를 규정하고 있다.

⑷ 미국의 경우에는 철근콘크리트 구조물의 최소 피복두께를 일반적으로 38mm, 해 사(海沙)환경에서는 51mm, 해양환경은 64mm를 확보하도록 권장하고 있다.

① 그러나, 골재 크기가 클수록 피복두께는 두꺼워져야 한다. 골재 크기가 19mm 보다 큰 경우 해사(海沙)환경에서는 골재최대치수에 추가적으로 19mm를, 해양 환경에서는 44mm를 더 늘려야 한다.

② 예를 들어 해양노출상태에서 25mm 골재를 사용한 콘크리트의 최소피복두께는 69mm(25mm+44mm)가 확보되어야 한다.

3. 콘크리트를 적절히 다짐하고 충분히 양생 실시

(1) W/C비 40%의 콘크리트는 21℃에서 최소 7일간 습윤양생해야 하고, W/C비 60%의 경우는 동등한 성능을 얻기 위해 6개월이 요구된다.

(2) 수많은 연구를 통하여 콘크리트의 공극은 양생시간이 길어짐에 따라 감소하고 이에 상응하여 부식저항성도 개선된다고 보고되고 있다.

(3) 실리카 퓸, 플라이 애시, 고로 슬래그 등의 혼화재료 사용은 염화물 이온의 침투에 대한 콘크리트의 투수성을 감소시켜 부식저항성을 개선시킬 수 있다.

(4) 아질산염(calcium nitrite) 부식억제제는 염화물 이온에 의한 부식을 방지한다. 방수제 역시 수분과 염화물의 침입을 감소시키는 역할을 한다.

(5) 그러나, 양질의 콘크리트는 이미 낮은 투수성을 지니고 있기 때문에 장기적으로는 방수제에 대한 추가적인 철근 부식 방지효과는 크지 않다.

4. 콘크리트 표면을 피복하여 방식처리

(1) 도료 : 아크릴수지계, 아크릴우레탄수지계, 아크릴실리콘수지계, 불소수지계 등

(2) 마감도재 : 시멘트계, 폴리머시멘트계, 합성수지에멀션계, 합성수지용제계 등의 얇게 바르는 마감도제, 두껍게 바르는 마감도재, 복층마감도재 등

(3) 도막방수재 : 아크릴고무계, 우레탄고무계 등의 도막방수재와 폴리머시멘트모르터와 폴리머시멘트계 도막방수재

(4) 성형품·프리캐스트 제품 : 금속, FRC 및 GRC제 피복판넬 및 폴리머시멘트모르터와 폴리머함침콘크리트 제품[270]

< 철근 부식 억제 방법 >

1. 물시멘트비 40% 이하인 공기연행제를 사용한 품질 좋은 콘크리트를 사용
2. 콘크리트 피복두께는 최소 38mm , 굵은골재 최대치수보다 최소 19mm 더 크게 적용
3. 제빙염 환경에는 피복두께 최소 51mm, 해양환경에 노출된 경우는 최소 64mm 적용
4. 콘크리트가 적절하게 양생되는지를 확인
5. 플라이 애시, 고로 슬래그, 실리카 퓸 또는 인증된 부식 억제제 사용

---

270) 박효성 외, 'Final 토목시공기술사 핵심문제', 예문사, pp.124~125, 2008.

06.34 콘크리트의 폭열(Spalling)

고성능 콘크리트의 폭렬현상 특성, 영향요인, 저감대책 [2, 4]

Ⅰ. 개요

1. 폭렬(爆裂, null=spalling=explosive fracture)은 콘크리트 부재가 화재 가열을 받아 표층부가 소리를 내어 박리될 때 콘크리트가 급격하게 파열되는 현상을 말한다. 콘크리트 부재의 내화 성능을 나쁘게 하는 중요한 요인이다.

2. 즉, 콘크리트 폭열은 화재가 발생되어 짧은 시간에 고온의 화열이 콘크리트 표면에 접하게 되면, 순식간에 콘크리트의 표면온도가 급상승하여 콘크리트 부재표면이 폭발적인 굉음과 함께 탈락·박리되는 파열현상을 말한다.

3. 콘크리트는 내화성이 우수한 재료이지만 화재발생으로 고열을 받으면 가열속도가 급속히 빨라져 폭열로 이어지면서 큰 피해를 입는다. 그러나 콘크리트가 비교적 낮은 온도에서부터 서서히 고온에 이르게 되는 경우는 내화성과 관련된다.

4. 콘크리트 폭열은 시공 중의 원인이든, 공용 중의 원인이든 그 결과는 콘크리트 부재의 내화 성능을 크게 악화시키는 결정적인 요인이 된다.

Ⅱ. 폭열이 콘크리트에 미치는 영향

1. 콘크리트 피복의 박리
2. 콘크리트 탈락으로 인한 박리물의 비산
3. 콘크리트 구조물의 수명 단축
4. 철근콘크리트에서 철근이 노출되어 고온으로 인한 내력 저하

Ⅲ. 폭열의 원인

1. **콘크리트의 수증기압** : 콘크리트 구조물에 화재가 발생되면 고열에 의해 콘크리트 내부에서 수분으로 인하여 증기압이 발생된다.

2. **수증기압의 상승** : 수증기압이 배출되지 못하고 콘크리트 내부에 갇혀 콘크리트의 인장강도보다 커질 때 수증기압이 상승된다.

3. **콘크리트 골재의 종류** : 콘크리트를 타설할 때 재료를 배합하면서 흡수율이 크거나 내화성이 약한 골재를 사용하면 폭열에 약하다.

4. **콘크리트의 높은 함수율** : 함수율이 높은 콘크리트 구조물에 화재가 발생되면 쉽게 폭열로 이어져서 피해가 커진다.

5. **콘크리트의 낮은 물/시멘트비** : 콘크리트 배합설계할 때 물/시멘트비가 낮을수록 조직이 치밀해져 수증기압이 방출되지 못하므로 폭열이 증대된다.

6. **콘크리트의 인장강도 저하** : 콘크리트 구조물에 화재가 발생되면 내·외부의 심한 온도차로 인한 비정상적인 열응력 때문에 인장강도가 저하된다.

Ⅳ. 화재가 콘크리트 구조물의 안전에 영향을 주는 요소

1. **화재 지속시간** : 화재 지속시간이 길어질수록 콘크리트 파손깊이도 깊어진다.

화재 지속시간	온도	콘크리트 파손깊이
80분후	800도	0~5mm
90분후	900도	15~25mm
180분후	1,100도	30~50mm

2. **화재 강도** : 화재발생으로 300도까지는 콘크리트 내화성으로 손상은 거의 없다.

3. **부착력 저하** : 300도 이상으로 상승하면 철근과 콘크리트의 부착력이 저하된다.

4. **성능 저하** : 500~600도 이상으로 상승하면 철근콘크리트 성능이 50% 저하된다.

5. **콘크리트 함수율 상승** : 화재발생 당시에 콘크리트 함수율이 높을수록 내부수분의 증기압으로 인하여 폭열이 발생된다.

6. **콘크리트 두께** : 콘크리트 두께가 얇을수록 화재가 발생되면 급격하게 가열되어 쉽게 폭열로 이어진다.

7. **골재 종류** : 석영, 석회암 등의 골재는 화재가 발생되면 내부의 잔류수분의 증기압으로 인해 팽창되면서 붕괴된다.

8. **국부균열 발생** : 화재가 발생되면 콘크리트의 각 부분에서 가열온도 차이에 따른 열팽창 차이로 인해 국부균열이 발생된다.

9. **내구성 저하** : 화재가 발생되면 콘크리트가 높은 열을 받아 다공질이 되어 흡수성이 증대되고 중성화 촉진으로 내구성이 저하된다.

10. **가스 발생** : 화재로 인해 발생되는 가스는 강재를 부식시키는 원인이 된다.

11. **강재 파손** : 일반 강재는 800도 이상에서 강도가 상실되지만, 냉간가공 강재는 500도 이상에서 강도가 상실된다.

Ⅴ. 콘크리트 폭열 방지대책

1. 연구결과 평가

⑴ 그간 연구결과에 의하면 고강도콘크리트 구조물에 화재발생으로 나타나는 폭열현

상의 원인은 급격한 고온, 높은 함수율, 낮은 물/시멘트비 등으로 알려졌다. 폭열을 방지하려면 이 원인을 없애면 되지만 실제 시공조건에서는 불가능하다.

(2) 오늘날 건축재료의 다기능화 및 고성능화 추세에서 고강도 및 초고강도 콘크리트의 수요는 증가하고 있다. 이에 따라 지금까지 알려진 고강도 및 초고강도 콘크리트에 대한 폭열 방지대책은 다음 4가지를 들 수 있다.

2. 폭열 방지대책

(1) 배합설계에서 함수율 및 물/결합재비를 낮추는 방법

이 방법은 실제 시공조건을 고려할 때 배합설계에 반영할 수는 없지만, 이론적으로 메커니즘을 분석하는 것은 상식수준에서 가능하다.

(2) 콘크리트에 내화피복을 하여 고온을 차단하는 방법

이 방법은 내화뿜칠, 내화페인트, 내화판 등을 콘크리트구조물의 외부에 부착시켜 외부고열을 차단함으로써 내부온도를 폭렬 발생 가능온도 이하로 유지시킬 수 있다. 이 방법 역시 상식수준에서 가능하다.

(3) 횡방향으로 구속하여 내부의 횡변위에 저항하는 방법

이 방법은 내부 수증기에 의해 발생되는 고압을 견딜 수 있도록 메탈라스 등을 이용하여 외부에 횡구속을 가하여 콘크리트의 인장력을 높임으로써 폭렬을 방지할 수 있다. 구조설계에서 반영하는 좀더 현실적인 방법이다.

(4) 섬유를 혼입하여 수증기압을 외부로 배출시키는 방법

이 방법은 섬유가 녹아 생긴 공극과 콘크리트 조직 내에 존재하는 다양한 공극과의 복잡한 관계로부터 수증기를 배출시킬 수 있다. 배합설계에서 저렴하고 손쉽게 해결할 수 있는 방법이다.

VI. 맺음말

1. 지금까지 알려진 콘크리트 폭렬 관련 이론 분석을 토대로 폭렬 방지방안을 정리하면 기존 콘크리트 건축물에는 내화피복을 실시하는 방법이 합리적이다.

2. 앞으로 신축되는 건축물에 대해서는 배합설계 과정에서 섬유를 혼입하는 방법이 가장 저렴하고 효과적인 방법이라고 판단된다.[271]

---

271) 박효성 외, 'Final 토목시공기술사 핵심문제', 예문사, p.127, 2008.
한철구 외, '고강도 콘크리트의 폭열발생 및 방지 메커니즘', 한국콘크리트학회지, Vol.19, No.1, pp.94-100, 2007.

06.35 콘크리트의 표면결함(Air pocket)

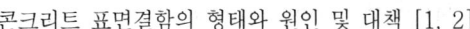

콘크리트 표면결함의 형태와 원인 및 대책 [1, 2]

1. 개요

(1) 콘크리트 표면에 발생하는 결함은 표면먼지(dusting), 기포발생(air pocket), 곰보 (honey comb), 백태(efflorescence), 얼룩 등이 있다. 이 결함들은 주로 시공 상의 원인과 재료 상의 원인으로 발생되는데, 이러한 결함은 미관을 해치고 내구성·수밀 성에 영향을 주므로 재료의 선택 및 시공에 유의해야 한다.

2. 콘크리트 표면결함의 형태

(1) 표면먼지(dusting)

① 표면먼지(dusting)는 블리딩에 의해 물, 시멘트, 가는 모래 등의 혼합물이 표면에 떠 오른 것으로, 먼지 등의 흔적이 표면에 남아 있는 현상이다. 표면먼지는 잔골재에 실 트질이 함유되어 있을 때, 거푸집의 청소가 불량하거나 단위수량이 많을 때, 과도한 표면마무리로 레이턴스가 형성될 때 발생된다.

② 표면먼지를 제거하려면 유기물, 실트질이 함유된 골재는 물로 씻어 사용한다. 콘크리 트 타설 전에 거푸집을 청소하고 박리재를 도포한다. 단위수량을 줄여서 슬럼프를 낮 추고, 진동다짐하고 표면에 물기가 없어진 후에 흙손으로 마무리 손질한다.

(2) 표면기포(air pocket)

① 표면기포(air pocket)는 콘크리트 구조물에서 수직이나 경사면에 10mm 이하의 구멍 이 발생하는 현상을 말한다. 기포는 거푸집 표면에 박리제를 과다 사용할 때, 잔골재 가 많아 기포가 표면으로 누출되는 것을 방해할 때, 수직거푸집, 경사거푸집 표면에 진동다짐이 부족할 때 발생된다.

② 기포를 제거하려면 흡수성 거푸집을 사용하고, 잔골재량을 줄이며, 박리제의 과도한 도포를 금지한다. 수직거푸집은 내부진동기를 사용하고, 경사거푸집에 개구부를 설 치하면 기포발생을 방지할 수 있다.

(3) 모래 줄무늬

① 모래 줄무늬는 블리딩으로 시멘트 입자가 물과 함께 표면으로 부상하여, 콘크리트가 경화된 후에 표면에 모래만 남아 있는 현상이다. 모래 줄무늬는 배합수가 과다할 때, 모래입도가 불량할 때, 혼화재료 사용이 부적합할 때 발생된다.

② 모래 줄무늬를 제거하려면 배합할 때 단위수량을 줄이고, 잔골재 입도를 개선하고,

혼화재료는 시방규정에 적합하게 사용한다.

(4) 곰보(honey comb)

① 곰보는 콘크리트 표면에 굵은골재가 노출되고 모르타르가 없는 현상을 말한다. 곰보는 워커빌리티 불량, 거푸집 표면과 철근사이 진동 불량, 거푸집의 시공불량 등으로 모르타르가 누출되어 발생된다.

② 곰보를 제거하려면 워커빌리티가 적합한 콘크리트를 사용하여 재료분리를 방지하고, 콘크리트 타설 시 거푸집 이음면을 철저히 검사한다.

(5) 백태(efflorescence)

① 백태란 콘크리트 구조물의 표면이 하얗게 얼룩지는 현상을 말한다. 백태는 구조물이 비를 맞으면서 염분용해와 수분증발이 되풀이 되어 생긴다.

② 백태를 제거하려면 골재 표면의 염분을 비눗물과 명반을 용해시킨 물로 씻어내면 대부분 제거할 수 있다.

(6) 동결융기

① 동결융기는 골재입자 내에 수분이 동결되어 있어 팽창력이 작용하여 모르타르 층의 밖으로 골재가 노출되는 현상이다. 동결융해는 비중이 작은 골재를 사용할 때, 콘크리트가 수분을 함유하여 동절기에 초기동해가 발생할 때 발생된다.

② 동결융기를 제거하려면 비중이 크고 강도가 좋은 골재를 사용하고, 다공질 골재는 금한다. 단위수량은 최소값으로 배합하고, 진동다짐을 철저히 실시하여 재료분리를 방지한다. 특히 동해방지를 위하여 보온양생, 급열양생을 실시한다.[272]

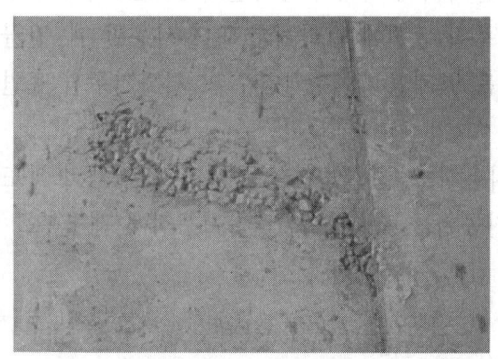
곰보(honey comb)

백태(efflorescence)

---

272) 김낙석·박효성, '실무중심 건설적산학', 피앤피북, pp.304~305, 2016.

06.36 콘크리트의 박리(剝離, Pop out), 침식

콘크리트 팝 아웃(Pop Out) [2, 0]

1. 용어 정의

⑴ 콘크리트 내에 흡수율이 큰 다공질 골재가 있을 경우, 동절기에 골재 내부의 수분
이 동결되었을 때 체적이 팽창되어 표면이 떨어져나가는 현상을 콘크리트의 박리
(剝離, Pot out)라고 한다.

⑵ 박리(剝離, Pot out)에 의해 콘크리트 표면이 외관상 손상을 입은 상태에서 계속 진
행되도록 방치하면 구조물에 악(惡)영향을 준다.

2. 콘크리트의 박리(剝離, Pot out)

⑴ Pot out 종류

① 동해(凍害)에 의한 Pop out : 흡수율이 높고 강도가 적은 다공질 골재를 사용하는
경우, 체적팽창으로 인하여 동해를 입으면서 표면에 박리가 발생된다.

② 염해(鹽害)에 의한 Pop out : 항만시설에서 동결융해와 염해가 계절에 따라 반복
되는 경우, 굵은골재의 표면은 박리되고 내부는 건전한 상태로 존재한다.

⑵ Pot out 형태

① 콘크리트가 물을 吸水한 상태

② 흡수율이 큰 쇄석이 吸水하여 포화된 상태

③ 빙결하여 체적팽창 압력이 발생한 상태

④ 표면부분이 박리된 상태

⑶ Pot out 방지대책

① 좋은 골재를 사용하여 콘크리트 성능 개선

  ○ 실적률이 큰 골재

  ○ 비중이 큰 중량골재

  ○ 입도와 입형이 적당한 골재

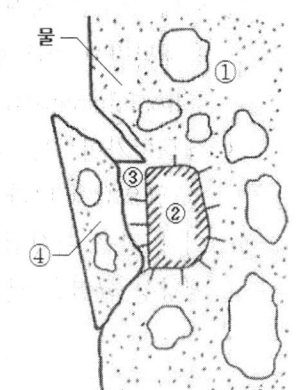

박리(pop out)

② 혼화제(Silica fume)를 사용하여 고강도콘크리트 생산

  ○ Silica fume은 분말도가 매우 높은 이산화규소(silica, SiO_2)를 주성분으로 하
는 $0.1\mu m$ 정도의 초미립 분말이다.

  ○ Silica fume을 사용하면 굳지 않은 콘크리트에서 점성이 커져 재료분리 저항성
이 향상되고, 경화된 콘크리트에서 강도·내구성·수밀성이 크게 개선되는 고강
도·고성능 콘크리트를 제조할 수 있어 Pot out 발생이 방지된다.[273]

---

273) 박효성 외, 'Final 토목시공기술사 핵심문제', 예문사, p.129, 2008.

3. 콘크리트의 화학적 침식(浸蝕)

(1) 발생 메커니즘

① 황산염(黃酸鹽, sulfate)은 화학공업용 원료로서 널리 사용되고 있으며, 농업용 비료에도 사용되고 있다. 일부지역에는 자연상태 토양에도 많이 함유되어 있다.

② 황산염은 하천수, 온천수, 화산지대 용수, 공업용 배수, 생활하수 등에 함유되어 있고, 바닷물에도 함유되어 해수에 의한 콘크리트의 열화에 관련이 있다.

③ 황산염에 의한 콘크리트의 열화 메커니즘은 산(酸)에 의한 열화 메커니즘과는 다소 다르다. 황산염 중 자연에서 흔히 볼 수 있는 황산나트륨(Na_2SO_4)은 시멘트 경화체 중의 수산화칼슘($Ca(OH)_2$)과 반응하여 황산칼슘=석고($CaSO_4 \cdot 2H_2O$)를 생성한다.

$$Ca(OH)_2 + Na_2SO_4 + H_2O \rightarrow CaSO_4 \cdot 2H_2O + NaOH$$

(2) 콘크리트 침식에 미치는 영향

① 이 반응에서 생성되는 석고는 물에 대한 용해도가 별로 크지 않으나, 일부는 물에 용해되기 때문에 시멘트 경화체 중의 수산화칼슘을 용출시켜 표면에서부터 콘크리트 조직이 점차 거칠어진다.

② 이때 석고는 시멘트 경화체 중의 $3CaO \cdot Al_2O_3$나 $3CaO \cdot Al_2O_3 \cdot 6H_2O$와 반응·용해되면서 에트링가이트(ettringite)라 부르는 칼슘 설포알루미네이트(Calcium sulfoaluminate)를 생성한다.

③ 에트링가이트는 시멘트 바실러스(cement bacillus)라 하며 생성될 때 큰 팽창압을 일으킴에 따라 콘크리트에 균열 및 붕괴를 초래한다.

④ 이와 같은 황산염에 의한 콘크리트의 열화는 아래 사진과 같이 먼저 표면부에서 팽창성 균열을 일으키고, 박리되면서 계속적으로 박리현상이 반복되어 열화된다.

황산염에 의한 콘크리트의 열화

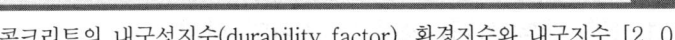

06.37 콘크리트의 내구지수와 환경지수

콘크리트의 내구성지수(durability factor), 환경지수와 내구지수 [2, 0]

Ⅰ. 개요

1. 콘크리트의 내구성설계란 구조물이 목표내구년한 동안 내구성을 유지하는 것으로, 이를 보증하기 위하여 설계·시공·유지관리단계에 내구지수를 정량화된 점수로 환산한 후, 구조물에 대해 계산된 내구지수가 목표내구년한 동안 구조물에 작용하는 환경지수보다 크도록 설계하는 개념이다.

2. OECD 기준과 달리 우리나라의 콘크리트 설계기준 중 내구성설계는 콘크리트덮개, 표면도장 등과 같은 정성적 기준만 제시되어 있다.

OECD의 교량에 대한 정량적 목표내구년한

미국	일본	벨기에	덴마크	프랑스	네달란드	스위스
75년	일반교량 50년 중요교량 100~200년	50~100년	50~70년	100년	100년	80~100년

콘크리트 구조물의 내구성설계

구분			검토사항	
정성적	콘크리트	재료	◦ 적정 설계기준 검토 ◦ 품질, 양생, 다짐 ◦ 적정 피복두께 검토	내구성 설계기준 비교표 확인
		구조	◦ 설계법 검토 ◦ 구조배치 및 유지관리 접근 양호 ◦ 모서리 연결부 구조상세 ◦ 균열폭 제한	
	강재	재료	◦ 강재도장 방식 및 무도장방식 검토 ◦ 후판강재 및 고강도강재 사용 검토 ◦ 내피로성 검토(×)	
		구조	◦ 볼트 연결성 ◦ 현장 이음성	
	기타 고려사항		◦ 세굴에 대한 안전성 확보	
정량적	콘크리트		◦ 일본토목학회의 내구성설계지침으로 검토 ◦ 내구지수(D_T) ≥ 환경지수(E_T) ◦ 재료, 설계, 시공 관련 내구성 점수 확보	

Ⅱ. 콘크리트의 내구지수(D$_T$)와 환경지수(E$_T$)

1. 내구지수(D$_T$)와 환경지수(E$_T$)의 설계

⑴ 내구지수(耐久指數, Durability Factor)는 설계·재료·시공과 관련된 콘크리트 구조물의 내구성에 영향을 미치는 요인으로부터 얻을 수 있는 정성적 자료를 기준으로 각 요인이 내구성에 미치는 영향을 정량적 평가를 통하여 정하는 지수이다.

⑵ 환경지수(環境指數, Environment Factor)는 설계·재료·시공과 관련된 콘크리트 구조물의 환경오염(염해, 중성화, 동해, 환산염 등)으로부터 피해를 예방하기 위하여 환경오염도에 따른 인체의 위해성을 개발하여 표현하는 지수이다.

⑶ 콘크리트 구조물은 사용기간이 길수록 내구지수(D$_T$)는 감소하고 환경지수(E$_T$)는 증가하므로, 각 부재의 내구지수(D$_T$)가 환경지수(E$_T$) 이상인지를 확인한다.

⑷ 따라서, 콘크리트 구조물은 사용기간(목표내구년한) 내에서 유지관리가 필요 없는 상태를 기준으로 아래 식을 만족하도록 내구성설계가 되어야 한다.

$$\frac{D_T}{E_T} \geq \gamma_T$$

여기서, D_T : 구조물 및 해당 부재에 설계된 내구지수

E_T : 구조물 및 해당 부재가 노출된 환경지수

γ_T : 구조물계수(보통 구조물의 경우에 1.0 사용)

2. 내구지수(D$_T$)와 환경지수(E$_T$)의 산정

⑴ 콘크리트 구조물의 환경지수(E$_T$)는 사용기간 동안의 열화인자에 대한 열화정도를 정량적으로 평가한 것으로, 구조물의 내구지수(D$_T$)와 비교하여 산정한다.

⑵ 열화지표가 시간의 제곱근($\sqrt{t}$)에 비례한다고 가정하면 환경지수(E$_T$)를 시간에 대한 함수로 아래 식과 같이 산정할 수 있다.

$$E_T(t) = (E_o + \Delta E_T) \cdot \sqrt{\frac{(t-10)}{40}}$$

여기서, $E_T(t)$: 구조물의 환경지수

E_o : 기본환경지수

ΔE_T : 특수한 환경을 고려한 환경지수 증분치

t : 목표내구년한

⑶ 특수한 환경을 고려한 환경지수 증분치(ΔE_T)가 0(zero)일 때의 $E_T(t)$를 표준환경지수(E_S)라고 하면 아래 식으로 산정할 수 있다.

$$E_S = E_o \sqrt{\frac{(t-10)}{40}}$$

기본유지관리기간과 기본환경지수(E_o)와의 관계

기본유지관리기간	10	20	30	40	50	60	70	80	90	100
기본환경지수(E_o)	0	50	70	85	100	110	120	130	140	150

⑷ 표준환경지수(E_S)를 기준으로 환경지수(E_T)는 아래 식으로 산정된다.

$$E_T = E_S + \Sigma\Delta E_T$$

여기서, E_T : 콘크리트 구조물의 환경지수

E_S : 표준환경지수

ΔE_T : 환경지수 증분치(염해, 중성화, 동해, 환산염 등)

3. 콘크리트 구조물의 내구성설계(안)

내구지수(D_T) ≥ 환경지수(E_T)

내구지수(D_T)	환경지수(E_T)
◦ 내구지수(D_T) = 기본내구지수(D_O) 　　　 + 내구지수 증분치($\Sigma\Delta DT$) ◦ 기본내구지수(D_O) ◦ 내구지수 증분치($\Sigma\Delta DT$) 　– 재료분야에 대한 증분치($\Sigma\Delta ET_1$) 　– 설계분야에 대한 증분치($\Sigma\Delta ET_2$) 　– 시공분야에 대한 증분치($\Sigma\Delta ET_3$)	◦ 환경지수(E_T) = 표준환경지수(E_S) 　　　 + 환경지수 증분치($\Sigma\Delta ET$) ◦ 표준환경지수(E_S) = $E_O \times \sqrt{\dfrac{T-10}{40}}$ 　여기서, E_O = 기본환경지수 　　　　　 T = 목표내구년한 ◦ 환경지수 증분치($\Sigma\Delta ET$) 　– 염해에 대한 증분치($\Sigma\Delta ET_1$) 　– 중성화에 대한 증분치($\Sigma\Delta ET_2$) 　– 동해에 대한 증분치($\Sigma\Delta ET_3$) 　– 황산염에 대한 증분치($\Sigma\Delta ET_4$)

Ⅲ. 발전방향

1. 콘크리트 구조물의 내구성설계 관점에서 현행 『주택법』의 재건축 20년 조항을 폐지하고, 『법인세법』에 규정된 법인세 징수 최소기간 40년으로 확대할 필요가 있다.
   콘크리트 구조물의 사용기간(목표내구년한)을 해당 건축주와 설계자와 사전 협의하여 20년, 40년, 50년 혹은 100년으로 결정하고 그에 따른 내구성설계를 한다.
   콘크리트 구조물의 구조설계단계에서 강도설계할 때, 콘크리트 강도나 피복두께에 대한 설계기준에 내구성설계 개념을 반영하도록 한다.

2. 현행 『콘크리트표준시방서』에 규정되어 있는 내구성설계 조항을 정성적 기준에서 정량적 기준을 포함하여 보다 구체적으로 제시할 필요가 있다.

항만구역 1km 이내의 경우에는 콘크리트 구조물의 설계기준강도를 $300kg/cm^2$ 이상으로 세분화하고, 이에 따른 시공지침서를 제시한다.

3. 현행 공과대학 교육과정에 콘크리트 구조물 설계기준을 단면크기 결정, 철근배근 방법 등에 그치고 있어, 내구성설계 개념을 대학교육에 반영할 필요가 있다.

   콘크리트 구조물 주변의 환경오염에 대비한 내구성설계 교육, 외부조건을 고려한 내구성설계 교육 등을 현실감 있게 시행하도록 한다.

4. 콘크리트 구조물의 사용기간(목표내구년한)의 중요성을 국가차원에서 홍보·관리할 수 있는 정책적 배려가 필요하다.

   콘크리트 구조물의 생애주기비용(LCC) 중 유지관리비용이 초기공사비의 3~6배에 이르는 점을 감안하여 사용기간 연장에 따른 편익 극대화 개념을 정립한다.

5. 결론적으로, 콘크리트 구조물의 내구성설계를 국가 경쟁력강화 측면에서 접근하여 목표내구연한을 40년에서 선진국 수준인 60~100년으로 늘릴 필요가 있다.[274]

---

274) 임정순, '콘크리트 구조물의 내구성설계', 경기대학교 공과대학 교수, 2011.

06.38 레미콘 (Ready Mixed Concrete)

레미콘 타설 중 품질관리 확인사항, 현장 콘크리트 배치플랜트(batch plant) 운영방안 [2, 8]

Ⅰ. 개요

1. 레디믹스트콘크리트(REady MIxed CONcrete)는 시멘트, 골재, 물 및 혼화재료를 이용하여 KS F 4009(레디믹스트콘크리트)에 규정된 주문규격에 따라 전문적인 콘크리트 생산공장(batch plant)에서 제조된 후, 트럭믹서(truck mixer) 또는 트럭애지테이터(truck agitator)를 이용하여 건설공사 현장까지 운반되는 굳지 않은 콘크리트를 말한다.

2. 레디믹스트콘크리트(이하 '레미콘')의 주문규격은 아래와 같이 호칭한다.

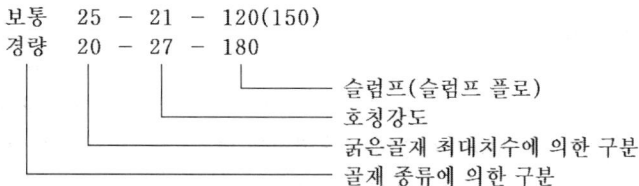

레디믹스트콘크리트의 주문규격

Ⅱ. 레미콘의 생산방식

1. 센트럴 믹스트 콘크리트(central mixed concrete)

⑴ 플랜트에 고정믹서가 설치되어 있어 각 재료를 계량·혼합하여 완전히 비벼진 콘크리트를 truck mixer 또는 truck agitator에 투입하고 운반 중에 교반하면서 지정된 공사현장까지 공급하는 방식이다.

⑵ 우리나라와 일본에서 적용하고 있는 전형적인 습식 레미콘 생산방식으로, 혼합작업을 플랜트에서 통제할 수 있기 때문에 트럭믹서 운전자의 숙련도가 약간 떨어져도 품질관리에 지장이 없다는 장점이 있다.

2. 슈링크 믹스트 콘크리트(shrink mixed concrete)

⑴ 정치식 플랜트 내의 고정믹서에서 15~30초의 짧은 시간에 콘크리트를 혼합한 후, 아직 혼합이 완전하지 않은 상태에서 truck mixer 또는 truck agitator에 투입하고, 공사현장까지 운반하는 동안에 완전히 비벼서 공급하는 방식이다.

⑵ 트럭믹서가 감당할 수 있는 총 혼합용적은 드럼용적의 63%로 제한된다. 미국에서 장거리를 수송하는 일부 생산공장(batch plant)에 한하여 사용되고 있다.

3. 트럭 믹스트 콘크리트(truck mixed concrete)

(1) 플랜트에 고정믹서는 없고 각 재료의 계량장치만을 설치하는데, 계량된 각 재료를 직접 트럭믹서에 투입하거나 혹은 시멘트·잔골재·굵은골재를 선(先)투입한 후, 공사현장으로 운반하는 도중 또는 타설 직전에 소요의 물과 혼화제를 첨가하여 콘크리트를 완전히 비벼서 공급하는 방식이다.

(2) 자본 투자규모 절감, 플랜트 높이 축소, 전기비용 절감, 장거리 운반 유연성 등의 장점이 있다. 어느 방식을 택할 것인가는 시장권역의 크기, 트럭 블레이드(blade) 수명, 초기투자 규모, 운반거리 등 다양한 요인에 의해 결정된다.

레미콘 생산방식의 비교

구분 \ 방식		습식(central mix)	건식(truck mix)
정의		공장의 배치플랜트에서 재료의 계량·비빔을 모두 완료한 후, 운반차량에 적재하여 현장까지 운반하는 방식	공장에서 재료 계량만 하고, 비빔은 운반 중에 또는 현장에서 트럭믹서에 의하여 수행하는 방식
혼합기기		배치플랜트 내의 고정식 믹서	트럭믹서
초기투자비		배치플랜트의 초기 투자비가 높다.	배치플랜트의 초기 투자비가 낮다.
부지·설비 규모		부지·설비 규모가 크다.	부지·설비 규모가 작다.
운반시간 한도		60분 이내(KS 표준)	일반적으로 90분 이내, 그러나 드라이 배칭은 시멘트 수화가 발생하는 3시간 이내
운전자 숙련도		중요하지 않음	높은 숙련도 요구
운반차량	차량 종류	트럭애지테이터, 트럭믹서, 덤프트럭	트럭믹서
	적재 용량	드럼용적의 80% 이내	드럼용적의 63% 이내
	물탱크 용량	500ℓ	500~2,000ℓ 드라이 배칭은 2,000ℓ 필요
	드럼 회전수	8~10rpm 내외	14~17rpm 내외
품질관리		비교적 용이	다소 어려움
주요 적용 국가		한국, 일본, 독일, 프랑스	미국, 영국, 호주, 동남아

III. 레미콘의 제조설비

1. 배치 플랜트의 구조

⑴ 레미콘 생산공장에 설치되어 있는 설비를 배치 플랜트(batch plant)라 부른다. 콘크리트 혼합용 믹서는 1배치씩 혼합하는 배치식 믹서와 연속혼합하는 연속식 믹서가 있다. 레미콘 공장에는 배치식 믹서를 사용하기에 배치 플랜트라 한다.

⑵ 대한민국 레미콘 제조방법을 규정하는 한국산업표준(KS F 4009)에서 배치 플랜트의 믹서 내에서 콘크리트 혼합을 완료하도록 명시하고 있다. KS표시 허가를 받으려면 배치 플랜트 내에서 혼합을 완료하는 중앙혼합방식을 채택하고 다음과 같은 구성요소를 갖추어야 한다.

① 재료의 저장 및 운반설비

② 계량설비

③ 비빔장치(mixer)

④ 제어 및 보정장치(control system)

⑤ 폐수처리설비

⑥ 기타 설비(집진기, 양수기, 전기설비, 보일러, 서중콘크리트 설비 등)

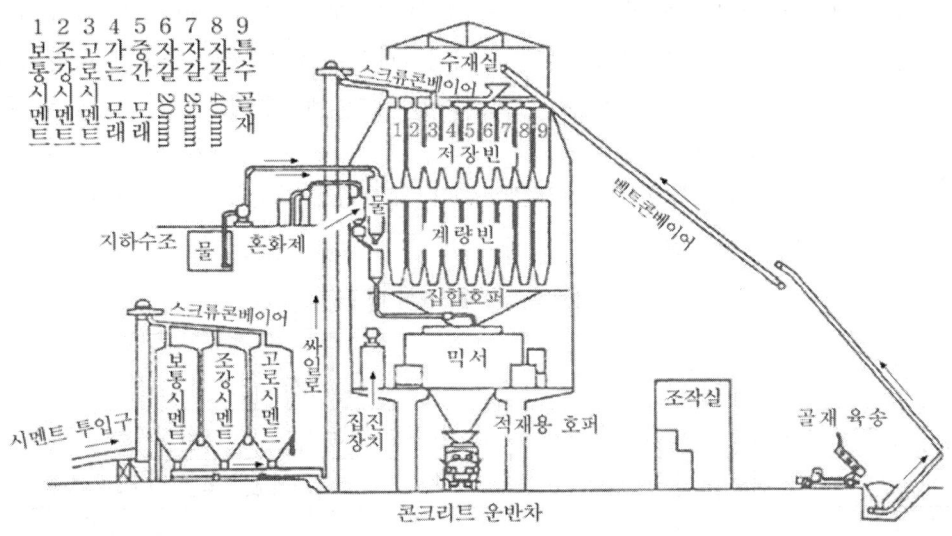

배치 플랜트의 일반적인 구조

2. 배치 플랜트의 설비

⑴ 재료의 저장·운반설비

① 골재 : 골재는 야적(野積)하거나 사일로(silo)에 저장한다. 레미콘 공장에서 칸막이벽으로 구획하여 골재 품종별로 야적한다. 먼지 비산공해 예방 및 골재 함수율 유지를 위하여 외부와 차단된 사일로 설치가 필요하다. 골재 운반은 원통형 파이프 안에 장착된 컨베이어 벨트가 이용된다. 컨베이어 벨트의 경사각은 골

재의 미끄러짐 방지를 고려하여 20° 정도로 한다.

② 시멘트 : 시멘트 저장 사일로는 배치 플랜트 믹서의 혼합용량에 따라 결정되는 3일분 이상 사용할 수 있는 규모로 한다. 시멘트는 벌크 트레일러로 운반되는데, 트레일러에 부착된 시멘트 투입장치를 이용하여 시멘트 사일로에 운반된다. 운반 중에 시멘트입자가 비산되지 않도록 완전밀폐된 집진시설이 필요하다.

③ 물·혼화제 : 물은 지하 수중펌프에 의해 배치 플랜트에 장착된 물 저장조로 운반된 후, 실린더 밸브를 통해 계량설비로 공급된다. 물 저장조에 전극감지기가 설치되어 있어 물의 양에 따라 수중펌프가 작동 또는 정지된다. 혼화제 저장조에는 두 종류의 혼화제를 섞거나 물로 희석하기 위해 교반용 펌프가 설치된다. 혼화제 종류에 따라 침전물이 생기거나 거품이 발생되는 경우가 있다.

(2) 재료의 계량설비

① 배치 플랜트에서 가장 중요한 기능을 계량설비이다. 계량기에서 골재·시멘트·물·혼화제를 각각 별도로 계량하며, 누적 계량방식이 주로 쓰인다.

② 시멘트는 누적 계량방식인데, 특수시멘트는 개별적으로 계량하는 경우가 많다. 혼화제는 체적을 중량으로 바꾸는 전환 계량이 원칙인데, 품종이 다양해지면서 각종 액체 사이의 화학변화를 고려하여 개별 계량한다. 물은 맑은물과 회수물을 누적 계량한다.

③ 이를 종합하면 계량설비는 모두 중량 계량이 원칙이다. 일반적인 계량설비의 제어방식은 아래 표와 같이 구분된다.

계량설비의 제어방식 비교

구분	특징	장점	단점
계량방식	단독 계량	계량속도 빠르고, 수동작업 가능	설치비용 고가
	누적 계량	설치비용 고가	계량속도 느리고, 수동작업 곤란
제어방식	중앙집중 제어	고도의 운용기술이 불필요 소프트웨어 개발 용이	수동작업 곤란 장애 발생시 수리 곤란 처리속도 느리고, 차후 확장 곤란
	개별분산 제어	수동작업 가능 장애 발생시 수리 가능 처리속도 빠르고, 차후 확장 용이	고도의 운용기술이 불필요 소프트웨어 개발 용이

(3) 재료의 혼합설비(mixer)

① 가경식 믹서(tilting type mixer) : 오랫동안 사용되어온 믹서이다. 재료가 회전하는 드럼 내에 설치된 3개 이내의 블레이드로 올라가고 중력으로 낙하하여 드

럼과 날개 형상에 의해 경사방향으로 공급되며 비벼진다. 대규모 댐공사 현장
에 효과적이다. 드럼 혼합성능이 다소 낮아 고강도콘크리트에는 부적합하다.

② 강제 비빔형 팬믹서(pan type mixer) : 원통형의 혼합조 중앙에 회전축이 있고
방사 형태로 6~12개 암(arm)과 날개가 장치되어 재료를 강제적으로 교반·혼
합한다. 단시간에 저(低)슬럼프 콘크리트 혼합용 고성능 믹서이다. 블레이드를
고속 회전하여 저 슬럼프의 2차 콘크리트 제품 생산에 적합하다.

레미콘 제조용 믹서의 종류 (KS F 8009)

믹서의 종류		믹서의 공칭 용량(m³)
중력식 믹서(可傾式)	경동형(傾胴形)	0.5, 0.75, 1.0, 2.0, 2.5, 3.0
강제(强制) 혼합믹서	수평 1축형	
	수평 2축형	
	팬형	

③ 강제 1축형 믹서(one shift, elba type mixer) : 독일 Elab회사가 최초 제작
한 배치 플랜트로서, 믹서 축이 1개인 점이 특징이다. 1개 축에 암이 부착
되고 스크루 형식으로 블레이드가 부착되어 연속회전하면서 상하좌우 회전
운동을 반복하여 신속하고 균질하게 혼합한다. 방출속도가 빠르고 정비가
간편하다.

④ 강제 2축형 믹서(twin shift type mixer) : 강제식과 중력식의 장점을 병행한
믹서이다. 상부는 장방형으로, 하부는 날개 회전이 가능하도록 원통형으로 설계
되어 있다. 비빔축(shft)이 2개이며, 암은 45°로 연결되어 있고, 날개와 날개
각도는 45°이며, 날개 수도 많고 나선형으로 조립되어 있다.

Tilting type

Pan type

Elba type

Twin shift

레미콘 제조용 믹서의 종류

레미콘 제조용 믹서의 비교

구분＼종류	가경식 믹서	2축 강제 혼합믹서	팬형 강제 혼합믹서
믹서 높이	2단 댐퍼가 있어 높다.	가경식과 팬형의 중간	가장 낮다.
설치 면적	2단 댐퍼를 설치하여 바닥면적이 넓어진다.	믹서실 중앙에 설치하므로 면적을 차지하지 않는다.	가경식보다 적고 2축보다 넓다.
주속(周速)	1.1~1.6m/sec	1.2~1.8m/sec	내측 1.2m/sec 외측 3.5~4.0m/sec
배출 방식	중력으로 배출 낙차 크고, 속도 느리다.	저변부에서 중력으로 배출 낙차 적고, 속도 빠르다.	저변부에서 날개로 배출 낙차 적고, 속도 느리다.
마모(경제성)	적다.(30%)	보통이다.(40%)	크다.(100%)
분진 발생	많다.	적다.	많다.

(4) 재료의 제어·보정장치(control system)

① 재료계량 보정 장치

○ 비율 설정 : 동종 재료 간에 서로의 계량치를 비례 배분하여 설정

○ 과대/과소 보정 : 잔골재 과대, 굵은골재 과소 입자를 서로 보정

○ 표면수 보정 : 잔골재, 굵은골재의 표면수율을 물과 보정

○ 회수수 보정 : 농도와 고형분 비율에 따른 물의 희석을 위해 보정

○ 용적할증 수정 : 공기량 감소, 트럭믹서 내부 부착을 예측하여 보정

○ 잔골재율(S/a) 보정 : 잔골재율을 보정하여 워커빌리티 변화에 대응

○ 이 중에서 가장 중요한 장치는 슬럼프값 조정을 위한 수분(표면수+ 회수수)의 자동 보정이다.

② 자동 수분측정 장치

○ 직접 계측방식 : 계량된 잔골재의 일부를 스크루 컨베이어로 취출하여 정밀 로드셀 저울에서 시료 중에 포함된 표면수량을 측정하는 방식으로, 평가가 쉽다.

○ 간접 계측방식 : 마이크로파, 적외선 및 중성자를 이용하는 방식으로, 정확도와 측정 속도에 문제가 있다.

③ 슬럼프 모니터 장치

○ 재료 혼합의 개시부터 완료까지 믹서 구동 전류의 동작을 부하곡선으로 모니터 화면에 표시하고, 혼합 중 슬럼프값을 표시하는 장치이다.

○ 슬럼프의 이상유무를 체크하여 제조공정을 신속히 보정할 수 있고, 배합마다 슬럼프 부하곡선 데이터를 자동 표시하여 비교적 정확히 추정할 수 있다.

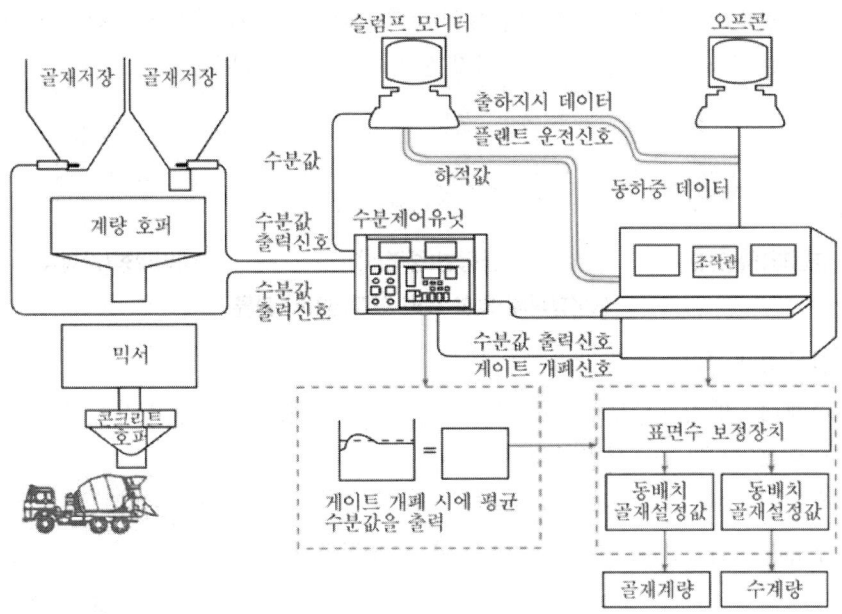

수분 자동보정 시스템의 구성도

Ⅳ. 트럭 애지테이터 및 트럭 믹서

1. 국내·외 현황

(1) 트럭 애지테이터(truck agitator) : 레미콘 생산공장의 배치 플랜트에서 혼합된 콘크리트를 적재하여 공사현장까지 운반 중에 골재와 모르타르의 분리·응결을 방지하기 위하여 교반하면서 운반하는 장비이다. 통상적으로 믹서 트럭이라 한다.

(2) 트럭 믹서(truck mixer) : 소정의 배합에 따라 시멘트·물·모래·자갈을 각각 계량하여 드럼에 투입한 후, 공사현장까지 운반 중에 드럼을 회전시켜 혼합하는 장비이다. 생산공장에서 공사현장까지 거리가 멀어 주행시간이 길게 소요될 때 사용된다. 국내에서 트럭 믹서는 사용되지 않고, 땅이 넓은 미국에서 사용된다.

2. 트럭 애지테이터(truck agitator)의 분류

(1) 드럼형식에 의한 분류

① 경사동형(傾斜胴形) : 최근 많이 쓰이는 형식이다. 호퍼 개구부 상부에 있는 회전축이 경사져 있고, 드럼 내부에 장착된 스파이럴(spiral) 모양의 날개를 회전시켜 호퍼를 통해 받은 재료를 혼합한다.

② 상부개방형 : 재료를 상부의 개구부에 투입하고, 드럼 내에 장착된 날개를 회전시켜 혼합한 후에 하부 배출구를 개방하여 배출한다.

② 수평동형(水平胴形) : 저 슬럼프의 콘크리트 운반에 용이하지만, 취급이 번잡하여 터널공사와 같은 특수한 현장조건에서만 쓰인다.

경동형(중력식)   **수평동형(중력식)**   **하이로형(강제식)**

드럼형식에 의한 트럭 애지테이터 분류

(2) 추진동력에 의한 분류

① 기계식 : 엔진으로부터 클러치, 드라이브샤프트, 미션, 감속기 등에 의해 기계적으로 드럼을 구동시킨다.

② 유압식 : 엔진으로부터 유압펌프, 유압모터 등에 의해 유압을 이용하여 드럼을 구동시킨다. 현재 대부분 유압식이 생산되고 있다.

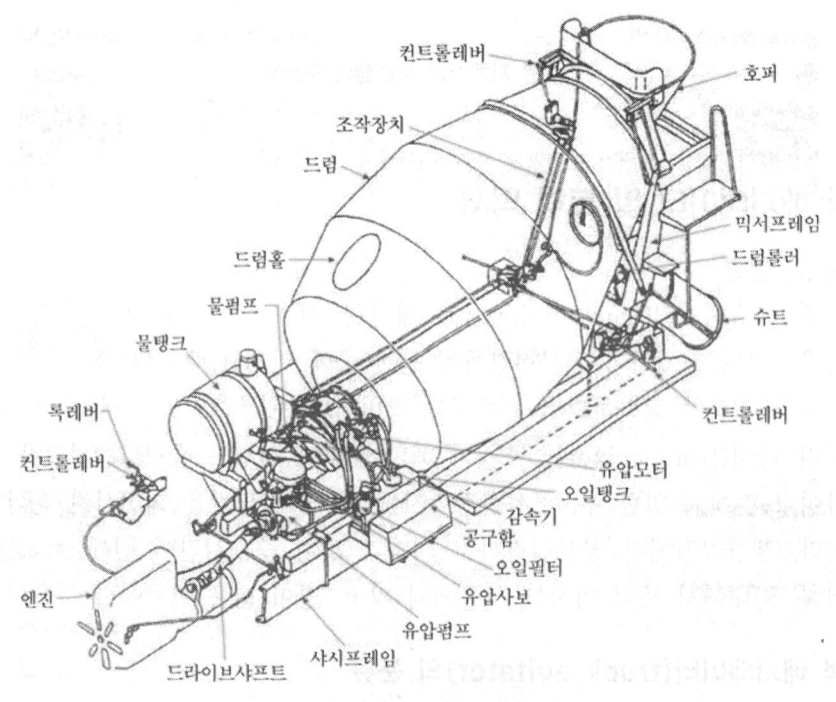

트럭 애지테이터의 구성요소

(3) 배출방식에 의한 분류

① 후방 배출 : 전통적인 방식으로, 공사현장에 도착하여 별도의 유도를 받지 않아도 배출할 수 있기 때문에 트럭 운전수 입장에서 선호한다.

② 전방 배출 : 최근 새롭게 등장한 방식으로, 총 드럼 용적이 후방 배출에 비해 절반 이하로 줄어드는 경향이 있다.

트럭 애지테이터의 작업 사이클

	작업 순서	드럼 회전	rpm	주요 공정 내용
1	재료 적재	정 회전	4~8	플랜트에서 시멘트·골재·물을 계량하여 혼합한 것을 트럭 애지테이터에 적재한다.
2	재료 혼합	"	5~10	국내에서 사용되는 센트럴믹싱(습식)에서는 트럭 애지테이터에 적재만하고, 혼합은 생략한다.
3	교반 주행	"	1.5~3	적재한 콘크리트를 재료 분리 없게 교반하면서 주행하여, 소정의 시간 내에 타설현장까지 운반한다.
4	드럼 내 혼합	"	5~10	현장에 도착하여 배출 직전에 약 1분 정도 소정의 드럼 회전속도로 콘크리트를 다시 혼합한다.
5	콘크리트 배출	역 회전	1~10	고객이 지정하는 타설지점에 소정의 품질을 만족한 상태에서 드럼 내의 콘크리트를 배출한다.
6	간단한 세척	정지 or 역 회전	0~1	배출 후에 호퍼, 슈트 및 드럼 내부를 세척수로 간단히 세척하면서 세척수를 플랜트로 갖고 온다.
7	공회전 주행	정 회전	1.5~3	플랜트로 오는 도중에 드럼 타이머와 롤러 손상이 없도록 저속으로 드럼을 회전시키면서 주행한다.
8	세심한 세척	정 회전 or 역 회전	6~16	플랜트에 도착 후 주로 드럼 내부를 세심히 세척하고, 세척수를 배출한 다음 다음 출하를 대비한다.

V. 레미콘 시공 유의사항

1. 레미콘의 특징

(1) 장점

① 균일하고 품질이 양호한 콘크리트를 얻을 수 있다.

② 콘크리트 공사의 능률이 향상되고, 공사기간을 단축할 수 있다.

③ 현장에서는 콘크리트 타설과 양생에만 전념할 수 있다.

④ 콘크리트의 품질에 관하여 염려할 필요가 없다.

(1) 단점

① 운반시간에 제한을 받는다, 즉 비빔 후 타설까지 1.5시간 이내로 한다.

② 콘크리트의 시공년도(workability)를 즉시 조절하기가 어렵다.

③ 품질관리가 잘 된 레미콘이라도 현장에서 슬럼프시험을 해야 한다.

레미콘의 슬럼프 허용오차

슬럼프(cm)	2.5	5.0~6.5	8~18	21
허용오차(cm)	±1.0	±1.5	±2.5	±3.0

2. 레미콘의 품질시험

(1) 공기량 시험

① 보통콘크리트의 경우, 공기량이 4.5%일 때 : 허용오차 ±1.5%

② 경량콘크리트의 경우, 공기량이 5.0%일 때 : 허용오차 ±1.5%

(2) 염화물 함유량 시험

① 염화물(Cl^-) 함유량을 0.3kg/m³(0.02%) 이내로 제한한다.

② 구입자 승인을 득한 경우 0.6kg/m³(0.04%) 이내로 제한한다.

(3) 강도 시험

① 1회 시험결과는 구입자가 지정한 강도의 85% 이상이어야 한다.

② 3회 시험결과 평균치는 구입자가 지정한 강도의 100% 이상이어야 한다.

(4) 운반시간의 허용범위

① 외기온도 25℃이상 : 90분

② 외기온도 25℃미만 : 120분

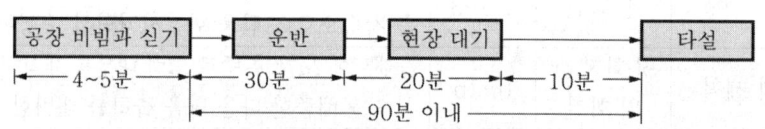

레미콘 운반시간의 허용범위

3. 레미콘의 가수(加水)

(1) 필요성

① 콘크리트의 경화시간이 도래하여 굳기 시작할 때

② 슬럼프 부족으로 벽·기둥 등의 수직부재에 밀실한 충진이 어려울 때

③ 펌프 배관이 길어서 배관을 통과하는 동안 슬럼프 저하가 일어날 때

④ 콘크리트 중의 모래가 불량하여 유동성이 저하될 때

⑤ 야간작업으로 인하여 콘크리트의 타설속도가 지나치게 빠를 때

(2) 문제점

① 재료분리가 발생되어 콘크리트의 품질이 저하된다.

② 강도, 내구성, 수밀성, 방수성 등이 저하되어 구조물 기능이 저하된다.

③ 내마모성이 저하되어 구조물의 수명이 단축된다.

④ 동결융해에 대한 콘크리트의 저항성이 감소된다.[275]

---

275) 김낙석·박효성, '실무중심 건설적산학', 피앤피북, pp.366~377, 2016.

06.39 콘크리트 펌프카(pump car)

콘크리트 펌프카(pump car) 압송 중에 발생되는 문제점과 시공대책 [0, 2]

1. 개요

(1) 펌프카(pump car)는 콘크리트를 수직으로 이동시켜 고층건물 등의 높은 곳에서 타설할 수 있도록 콘크리트를 압송해주는 장비이다.

(2) 펌프카는 트럭에 콘크리트펌프와 압송파이프를 장착하고 자유롭게 이동하여 콘크리트 믹서트럭에서 굳지 않은 콘크리트를 호퍼로 받아 펌프에 의해 파이프를 통하여 타설하는 곳까지 압송하는 장비이다.

(3) 공사현장에서 콘크리트 펌프카와 믹서트럭과 함께 투입되어 콘크리트를 타설한다. 콘크리트가 지나가는 길쭉한 관을 붐(boom)이라 하며, 붐 길이를 연장하면 높은 곳까지 압송할 수 있다. 운전석에서 펌프카를 리모컨으로 조종하는 경우도 있지만, 정확한 지점에 붓기 위해서는 붐 선단의 호스를 사람이 잡아줘야 한다.

(4) 저층건물이 많았던 과거에는 인력으로 직접 콘크리트를 바구니에 담아 타설하는 곳까지 옮김으로 인해 많은 인력과 시간이 소모되었으나, 요즘은 펌프카의 등장으로 고층건물에 대한 콘크리트 타설에도 인력과 시간을 절약할 수 있게 되었다.

Truck pump car

Portable pump car

콘크리트 펌프카(pump car)

2. 콘크리트 펌프카의 종류

(1) 압송높이에 따른 분류

① Truck pump car : 16~25톤의 트럭에 펌프카를 탑재한 후 붐을 장착한 트럭형 펌프카는 콘크리트 압송펌프와 트럭이 일체형으로 구성되어 이동성이 좋고 붐 길이에 따라 지하층부터 10층 정도 건축물의 콘크리트 타설에 폭넓게 사용된다.

② Portable pump car : 펌프카 후측 부분부터 배관을 한 후 별도의 압송장치를 통해 콘크리트를 압송하는 포터블 펌프카는 트럭형 펌프카로는 콘크리트 압송이 곤란한 14층 이상의 고층건물 작업에 사용된다.

(2) 이동여부에 따른 분류

① 정치식 : 동일한 공사현장에서 장기간 사용하는 경우에 적합하고, 장거리 압송이나 높은 곳으로 압송할 때 중계용으로 사용되기도 한다.

② 트럭탑재식 : 붐 장치가 설치되어 있어 지상배관이 필요 없고, 기동성이 좋아서 현장 이동하기 쉽다.

(3) 압송방식에 따른 분류

① 스퀴즈 유압식 : 압송압력이 작고 압송 중에 콘크리트 품질 변화가 비교적 적다.

② 피스톤 유압식 : 압송압력이 커서 장거리 수송에 적합하다. 다만, 압송 중인 콘크리트에서 재료분리 저항력과 압송압력 간의 균형이 깨지는 경우에 압송관 내부가 콘크리트로 막히는 폐쇄현상(plug blocking)이 발생하므로 유의해야 한다.

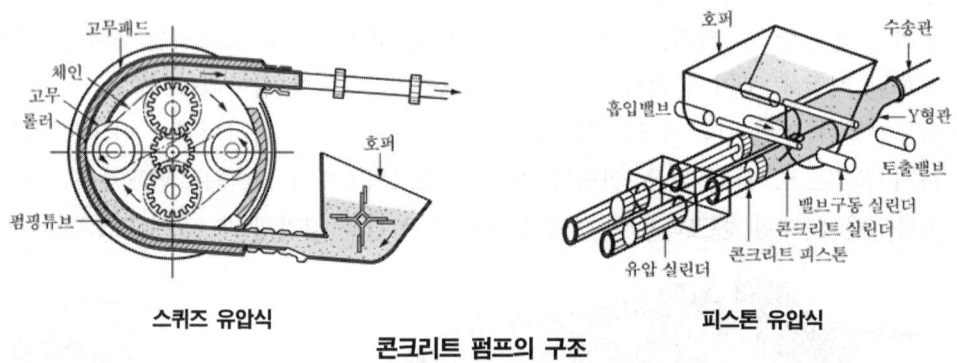

스퀴즈 유압식   피스톤 유압식

콘크리트 펌프의 구조

3. 펌프카를 통한 콘크리트 작업의 특성

(1) 콘크리트 펌프카는 토목·건축 콘크리트 구조물을 건설하는 경우에 시멘트·모래·자갈·혼화재료·물이 배합되어 생산된 굳지 않은 콘크리트를 공급받아 펌프로 압력을 가해 건설현장에서 원하는 위치까지 압송관을 통해 보내는 작업을 수행한다.

(2) 콘크리트 압송 작업을 수행하기 위해 콘크리트 펌프카 차체에는 ▲굳지 않은 콘크리트를 받는 호퍼, ▲호퍼에 놓인 굳지 않은 콘크리트에 압력을 가하는 펌프, ▲가압된 굳지 않은 콘크리트를 압송하는 압송관 , ▲콘크리트펌프 차체와 지면과의 접촉 안전성을 위한 아웃트리거 등이 장착되어 있다.

(3) 굳지 않은 콘크리트는 시멘트·모래·자갈·혼화재료·물이 배합되어 생산된 상태로서 이미 화학반응이 개시되어 응결이 진행되고 있으므로, 콘크리트 타설 대상 구조물의 양호한 품질을 위해 굳지 않은 콘크리트가 응결되기 전에 가급적 지체 없이 타설되도록 신속히 압송되어야 한다.

4. 콘크리트 펌프카의 특성

(1) 장점
① 기동성이 좋고 현장 간의 이동이 용이하다.
② 재료분리가 방지되고 콘크리트 손실이 적다.
③ 협소한 장소, 복잡한 장소에서 타설이 가능하다.

(2) 단점
① 압송관이 막히면 시공능률의 저하를 초래한다.
② 압송관의 폐쇄현상(plug blocking)이 우려된다.
③ 압송거리, 압송높이에 한계가 있다.

5. 펌프카 폐쇄현상(plug blocking)

(1) 폐쇄현상의 발생원인
① 콘크리트 펌프카의 기종, 콘크리트의 배합조건, 타설장소까지의 운반경로, 1회 타설량 등의 계획이 부적당한 경우
② 특히, 피스톤 유압식 콘크리트 펌프카를 이용하여 장거리 수송을 할 때 압송 중인 콘크리트에서 재료분리 저항력과 압송압력 간의 균형이 깨지는 경우

(2) 폐쇄현상의 방지대책
① 압송펌프의 규격과 압송압력의 적정성 검토
　○ 정치식 & 트럭탑재식, 스퀴즈식 & 피스톤식
② 압송관 배치의 적정성 검토
　○ 최단거리 배치 : 수평 200m 이내, 수직 40m 이내
　○ 굴곡의 최소화 : 압송관이 과도하게 휘어지면 마찰력 증가로 폐쇄 우려
　○ 압송관의 기울기 : 수평 또는 상향 유지(하향은 재료분리, 폐쇄 발생)
　○ 압송관의 재료 : 알루미늄 연질관(flexible horse)은 사용 금지
③ 압송관 상태를 수시로 철저히 정비
　○ 압송관 내경 : 굵은골재 최대치수의 3배 이상 유지되도록 재료공급 관리
　○ 동절기 : 압송관 내부의 결빙 방지를 위하여 부동액 사용 검토
　○ 하절기 : 슬럼프 손실, 이상응결 방지를 위하여 신속히 타설 완료
④ 펌프 압송 중에 과도한 소음·진동, 배기가스 발생 여부에 유의[276]

---

276) 김낙석·박효성, '실무중심 건설적산학', 피앤피북, pp.256~260, 2016.

06.40 콘크리트의 배합설계

물-결합재비(W/B), 현장배합과 시방배합, 콘크리트 배합강도와 설계기준강도 [14, 5]

Ⅰ. 개요

1. 콘크리트의 배합설계(配合設計, proportion design)란 콘크리트를 생산하기 위하여 각 재료의 혼합비율 또는 사용량을 적절하게 결정하는 과정을 말한다.

2. 콘크리트의 배합설계는 소요의 워커빌리티와 강도, 내구성, 경제성, 설계·시공과정에 요구되는 콘크리트의 특성을 균형 있게 만족시킬 수 있도록 최적화해야 한다.

Ⅱ. 배합설계

1. 배합설계의 기본원칙

(1) 충분한 강도를 확보할 것

(2) 충분한 내구성을 확보할 것

(3) 가능하면 단위수량을 적게 할 것

(4) 가능하면 최대치수가 큰 굵은골재를 사용할 것

(5) 경제성 있는 배합일 것

2. 배합설계의 기본요소

(1) 물-결합재비와 강도

① 콘크리트의 압축강도는 물-시멘트비(比)의 역수에 비례한다.

$$f_c' = A + B(C/W)$$

여기서, f_c' : 콘크리트의 28일 압축강도

C/W : 물-시멘트비의 역수

A, B : 실험으로부터 결정되는 상수

② 요즘은 콘크리트 배합설계에 광물질 혼화재를 첨가함에 따라 결합재(binder)량을 고려하여 물-결합재비(比)로 대체되고 있다.

(2) 워커빌리티(workability) : 설계·시공과정에 요구되는 워커빌리티를 만족하는 범위 내에서 최소의 단위수량 및 슬럼프를 갖는 경제적인 배합이 되어야 한다.

(3) 내구성 : 콘크리트의 내구성 향상을 위하여 물-결합재비(比)를 낮추어야 한다. 수밀콘크리트의 물-결합재비는 50% 이하를 표준으로 한다.

(4) 기타 고려사항 : 콘크리트에 사용되는 고로슬래그 미분말, 플라이애쉬, 실리카 퓸 등의 광물질 혼화재는 굳지 않은 콘크리트의 물성에 큰 영향을 미친다.

Ⅲ. 콘크리트의 배합설계

```
< 콘크리트의 배합설계 순서 >
1. 재료 선정
2. 배합강도 결정
3. 굵은골재 최대치수 결정
4. 강도, 내구성 등을 고려한 물-결합재비 결정
5. 목표 슬럼프, 공기량 결정
6. 물-결합재비, 슬럼프 및 공기량을 고려한 잔골재율, 단위수량 보정
7. 시방배합 산정
8. 현장골재의 입도와 표면수량을 고려하여 현장배합으로 수정
```

콘크리트의 시방배합과 현장배합

구분	시방배합	현장배합
정의	시방서 또는 책임기술자에 의해 표시되는 배합	현장골재의 입도·표면수량을 고려하여 시방배합의 콘크리트를 생산하기 위해 현장에서 정하는 배합
모래	5mm 이하 (No.4체 100% 통과)	5mm 이상의 자갈이 몇 % 포함
자갈	5mm 이상 (No.4체 100% 잔류)	5mm 이하의 모래가 몇 % 포함
표면수량	표면건조 포화상태	습윤 또는 건조상태
단위량	1m³당 중량(kg)으로 표시	1batch(mixer)당 m³, kg으로 표시

콘크리트의 배합설계 표시

굵은골재 최대치수 (mm)	슬럼프 범위 (cm)	공기량 범위 (%)	물-결합재비 W/B(%)	잔골재율 S/a(%)	단위량(kg/m³)					
					물 W	시멘트 C	잔골재 S	굵은골재	혼화재료	
									혼화재	혼화제

1. 재료 선정

(1) 시멘트 : 포틀랜드시멘트 5종류(보통, 중용열, 조강, 저열, 내황산염), 혼합시멘트 3종류(고로슬래그, 플라이애쉬, 포졸란)의 특징과 품질을 고려하여 선정한다.

(2) 배합수 : 기름, 산, 유기불순물, 혼탁물 등이 함유되지 않은 물이어야 한다. 특히, 철근콘크리트에 해수(海水)를 사용 금지한다.

(3) 잔골재 : 5mm체를 모두 통과하고 0.08mm체에 모두 남는 골재로서, 깨끗하고 강하고 내구적이며 적정한 입도로 분포되고, 유기불순물 등이 없어야 한다.

(4) 굵은골재 : 5mm체에 모두 남는 골재로서, 얇은 석편, 가느다란 석편 및 유기물질의 유해량을 포함해서는 안 된다.

(5) 혼화재료 : 액상 혼화제(混和濟)는 사용량이 비교적 적어 배합설계에 무시되며, 분말 혼화재(混和材)는 사용량이 비교적 많아 배합설계에 산입된다.

2. 배합강도 결정

(1) 방법 : 콘크리트의 배합강도를 설계기준강도보다 충분히 크게 결정한다.

(2) 방법 : 배합강도는 설계기준강도 35MPa 이하 또는 35MPa 초과로 나누어, 각각 2개의 식에 의한 값 중에서 큰 값으로 결정한다.

① $f_{ck} \leq 35$ MPa인 경우

$f_{cr} = f_{ck} + 1.34s$ (MPa)와

$f_{cr} = (f_{ck} - 3.5) + 2.33s$ (MPa) 중에서 큰 값

② $f_{ck} > 35$ MPa인 경우

$f_{cr} = f_{ck} + 1.34s$ (MPa)와

$f_c = 0.9f_{ck} + 2.33s$ (MPa) 중에서 큰 값

여기서, s : 압축강도의 표준편차(MPa)

3. 굵은골재 최대치수 결정

(1) 방법 : 굵은골재의 최대치수는 다음 값을 초과하지 않아야 한다.

① 거푸집 양 측면 사이 최소거리의 1/5

② 슬래브 두께의 1/3

③ 개별 철근, 다발 철근, 긴장재 또는 덕트 사이 최소 순간격의 3/4

(2) 방법 : 굵은골재의 최대치수는 아래 표의 값을 표준으로 한다.

구조물의 종류	굵은골재의 최대치수(mm)
일반적인 경우	20 또는 25
단면이 큰 경우	40
무근콘크리트	40 부재 최소치수의 1/4를 초과해서는 안 된다.

4. 물-결합재비 결정

(1) 압축강도를 기준으로 물-결합재비를 결정하는 경우

① 재령 28일 공시체를 표준으로 하는 압축강도시험에 의해 결정한다.

② 기준 재령의 결합재-물비와 압축강도의 관계식에서 배합강도에 해당하는 결합재-물비의 역수로 결정한다.

(2) 콘크리트의 내동해성을 기준으로 물-결합재비를 결정하는 경우, 아래 표의 값을 초과하지 않도록 한다.

특수한 노출상태에서의 요구사항

노출상태	보통골재 콘크리트 최대 물-결합재비	보통골재 콘크리트와 경량골재 콘크리트의 최소 f_{ck}(MPa)
물에 노출되었을 때 낮은 투수성이 요구되는 콘크리트	0.50	27
습한 상태에서 동결융해 또는 제빙화학제에 노출된 콘크리트	0.45	30
제빙화학제, 염, 소금물, 바닷물에 노출되거나 철근부식 방지가 요구되는 콘크리트	0.40	35

(3) 콘크리트의 황산염에 대한 내구성을 기준으로 물-결합재비를 정할 경우, 아래 표의 값을 초과하지 않도록 한다.

황산염을 포함한 용액에 노출된 콘크리트에서의 요구사항

황산염 노출 정도	토양 내의 수용액 황산염(SO4) 질량비(%)	물속의 황산염 (SO4) (ppm)	(혼합)시멘트의 종류	최대 물-결합재비(%) 보통골재 콘크리트	최소 f_{ck}(MPa) 보통골재 또는 경량골재콘크리트
무시	0.0~0.1	0~150	-	-	-
보통	0.1~0.2	150~1,500	보통포틀랜드시멘트(1종)+포졸란 플라이애쉬시멘트 중용열포틀랜드시멘트(2종) 고로슬래그시멘트	0.50	27
심함	0.2~2.0	1,500~10,000	내황산염포틀랜드시멘트(5종)	0.45	30
매우 심함	2.0초과	10,000 초과	내황산염포틀랜드시멘트(5종)	0.45	30

(4) 제빙화학제가 사용되는 콘크리트의 물-결합재비를 정할 경우, 45% 이하로 한다.

(5) 콘크리트의 수밀성을 기준으로 물-결합재비를 정할 경우, 50% 이하로 한다.

(6) 해양콘크리트 구조물에서 내구성을 기준으로 물-결합재비를 정할 경우, 아래 표의 값 이하로 해야 한다.

내구성으로 정해진 AE콘크리트의 최대 물-결합재비(%)

환경구분 \ 시공조건	일반 현장시공의 경우	공장제품 또는 재료의 선정 및 시공에서 공장제품과 동등 이상의 품질이 보증될 때
해중	50	50
해상 대기 중	45	50
물보라 지역, 간만대 지역	40	45

(7) 탄산화 저항성을 고려하여 물-결합재비를 정할 경우, 55% 이하로 한다.

5. 슬럼프, 공기량 결정

(1) 슬럼프 결정

① 콘크리트의 슬럼프는 운반, 타설, 다지기 등의 작업에 적정한 범위 내에서 가능하면 작도록 아래 표를 표준값으로 한다.

콘크리트 슬럼프의 표준값(mm)

콘크리트의 종류		슬럼프 값(mm)
철근콘크리트	일반적인 경우	80~150
	단면이 큰 경우	60~120
무근콘크리트	일반적인 경우	50~150
	단면이 큰 경우	50~100

(2) 공기량 결정

① AE콘크리트는 수분이나 제빙화학제에 노출된 정도를 심한 노출과 보통 노출로 구분하여, 운반 후의 공기량의 표준은 아래 표의 값을 기준으로 한다.

AE콘크리트 공기량의 표준값

굵은골재 최대치수(mm)	공기량(%)	
	심한 노출	보통 노출
10	7.5	6.0
15	7.0	5.5
20	6.0	5.0
25	6.0	4.5
40	5.5	4.5

② 해양구조물에 쓰이는 AE콘크리트의 공기량은 아래 표의 값을 표준으로 한다.

콘크리트 공기량의 표준값(%)

환경조건		굵은골재 최대치수(mm)		
		20	25	40
동결융해작용을 받을 우려가 있는 경우	물보라, 간만대 지역	6.0	6.0	5.5
	해상 대기 중	5.0	4.5	4.5
동결융해작용을 받을 우려가 없는 경우		4.0	4.0	4.0

6. 잔골재율, 단위수량 보정

(1) 잔골재율

① 고성능 AE감수제를 사용한 경우로서 물-결합재비 및 슬럼프가 같으면 일반적인 AE제를 사용한 경우보다 잔골재율을 1~2% 정도 크게 한다.

② 콘크리트의 단위 굵은골재 용적, 잔골재율, 단위수량에 대한 대체적인 값은 아래 표와 같다.

콘크리트의 단위 굵은골재 용적, 잔골재율, 단위수량의 대략 값

굵은골재 최대치수 (mm)	단위 굵은골재용적 (%)	공기연행 콘크리트				
		공기량 (%)	양질의 AE제 사용		양질의 AE감수제 사용	
			잔골재율S/a(%)	단위수량W(kg)	잔골재율S/a(%)	단위수량W(kg)
15	58	7.0	47	180	48	170
20	62	6.0	44	175	45	165
25	67	5.0	42	170	43	160
40	72	4.5	39	165	40	155

(2) 단위수량

① 혼화제를 사용했을 때의 단위수량 감수율은 AE제는 6~10%, AE감수제의 표준형 또는 지연형은 10~14%, AE감수제의 촉진형은 8~12%, 고성능 AE감수제는 16~20% 정도이다.

② 부순돌이나 고로슬래그 굵은골재를 사용할 경우의 단위수량은 강자갈을 사용할 경우보다 약 10% 증가시킨다.

(3) 잔골재율 및 단위수량 보정

① 공사 중에 잔골재 입도가 변하여 조립률이 0.2 이상 차이가 생길 때는 잔골재율(S/a)이나 단위수량(W)을 변경해야 한다.

② 콘크리트의 배합을 결정 또는 수정할 때는 별도로 배합방법이 규정된 경우를 제외하고 아래 표와 같이 보정해야 한다.

잔골재율(S/a) 및 단위수량(W) 보정

구분	잔골재율 보정(%)	단위수량 보정(kg)
모래의 조립률이 0.1 만큼 클(작을) 때마다	0.5% 크게(작게) 한다.	보정하지 않는다.
슬럼프 값이 1cm 만큼 클(작을) 때마다	보정하지 않는다.	1.2% 크게(작게) 한다.
공기량이 1% 만큼 클(작을) 때마다	0.5~1.0% 작게(크게) 한다.	3% 작게(크게) 한다.
물-결합재비가 0.05 만큼 클(작을) 때마다	1% 크게(작게) 한다.	보정하지 않는다.
잔골재율(s/a)이 1% 만큼 클(작을) 때마다	보정하지 않는다.	1.5kg 크게(작게) 한다.
자갈을 사용할 경우	3~5% 작게 한다.	9~15kg 작게 한다.
부순모래를 사용할 경우	2~3% 크게 한다.	6~9kg 크게 한다.

7. 시방배합 산정

(1) 단위결합재량

① 해양콘크리트의 경우에 소요의 내구성을 갖도록 단위결합재량은 아래 표의 값

을 기준으로 한다. 다만, 플라이애쉬나 고로슬래그 미분말 혼화재를 사용할 경우에는 이를 시멘트의 일부로 계산한다.

내구성에 의해 결정되는 최소 단위결합재량(kg/m³)

환경구분 \ 굵은골재 최대치수(mm)	20	25	40
물보라지역, 간만대 및 해상 대기 중	340	330	300
해중	310	300	280

(2) 혼합재료량

① 제빙화학제에 노출된 콘크리트에서 시멘트량의 일부로 플라이애쉬, 고로슬래그 미분말, 실리카 품 등을 사용할 경우, 아래 표의 값을 초과하지 않도록 한다.

제빙화학제에 노출된 콘크리트에서의 최대 혼화재 비율

혼화재의 종류	시멘트와 혼화재 전체에 대한 혼화재의 질량 백분율(%)
플라이애쉬 또는 기타 포졸란(KS L 5405)	25
고로슬래그 미분말(KS F 2563)	50
실리카 품	10
플라이애쉬 또는 기타 포졸란, 고로슬래그 미분말과 실리카 품의 합	50
플라이애쉬 또는 기타 포졸란과 실리카 품의 합	35

(3) 굵은골재량 및 잔골재량 결정

콘크리트에서 시멘트, 잔골재, 굵은골재의 비중이 각각 ρ_C, ρ_S, ρ_G 일 때, 콘크리트 1m³ 당 단위잔골재량 및 단위굵은골재량은 다음과 같이 계산한다.

① 단위골재량의 절대용적

$$V_A(\text{m}^3) = 1 - (V_W + V_C + V_a) = 1 - \left(\frac{W}{1,000} + \frac{C}{\rho_C \times 1,000} + \frac{Air(\%)}{100} \right)$$

② 단위잔골재량의 절대용적

$$V_S{}^3 = V_A \times S/a$$

∴ 단위잔골재량 $S(kg) = V_S \times \rho_S \times 1,000$

② 단위굵은골재량의 절대용적

$$V_G{}^3 = V_A - V_S$$

∴ 단위굵은골재량 $G(kg) = V_G \times \rho_G \times 1,000$

(4) 시험배치 및 결과분석

콘크리트 1m³에 포함되는 각 재료의 양을 시방배합표에 질량으로 표시하면 아래 표와 같다.

콘크리트 1m³의 시방배합표

굵은골재 최대치수 (mm)	슬럼프 범위 (cm)	공기량 범위 (%)	물-결합 재비 W/B(%)	잔골재율 S/a(%)	단위량(kg/m³)					
					물 W	시멘트 C	잔골재 S	굵은골재 G	혼화재료	
									혼화재	혼화제

8. 현장배합으로 수정

(1) 입도 보정

$$X = \frac{100S - b(S+G)}{100 - (a+b)}, \qquad Y = \frac{100G - a(S+G)}{100 - (a+b)}$$

(2) 표면수 보정

$$X' = \frac{X(100+c)}{100}, \qquad Y' = \frac{Y(100+d)}{100}$$

(3) 단위수량 보정

$$Z' = \frac{100W - (cX + dY)}{100} + \frac{B \times e}{100} - (f - g)$$

여기서, S : 시방배합의 잔골재량(kg)

G : 시방배합의 굵은골재량(kg)

B : 시방배합의 결합재량(kg)

X : 입도보정에 의한 잔골재량(kg)

Y : 입도보정에 의한 굵은골재량(kg)

X' : 표면수를 고려한 잔골재량(kg)

Y' : 표면수를 고려한 굵은골재량(kg)

W : 시방배합에 의한 단위수량(kg)

Z : 단위수량보정에 의한 단위수량(kg)

a : 잔골재 중의 5mm 체 잔류율(%)

b : 굵은골재 중의 5mm 체 통과율(%)

c : 잔골재의 표면수율(%)

d : 굵은골재의 표면수율(%)

e : 회수수의 고형분율(%)

f : 혼화제 희석량(kg)

g : 혼화제량(kg)[277]

---

277) 김낙석·박효성, '실무중심 건설적산학', 피앤피북, pp.229~242, 2016.

IV. 콘크리트의 배합설계 실기문제

다음의 시방배합을 현장배합으로 환산하시오.

보기 단위시멘트량 280kg, 단위수량 150kg, 단위잔골재량 690kg, 단위굵은골재량 1,320kg, 현장 골재 상태는 모래의 표면수 4.2%, 자갈의 표면수 0.9%이며, 모래가 No.4(5mm)체 통과량 4.3%이다.

정답 1. 입도 조정

   (1) 공식에 의한 방법

$$S = 690\,kg\ ,\ G = 1,320\,kg\ ,\ a = 3.2\%\ ,\ b = 4.3\%$$

     잔골재량 $X = \dfrac{100S - b(S+G)}{100 - (a+b)} = \dfrac{100 \times 690 - 4.3 \times (690 + 1,320)}{100 - (3.2 + 4.3)} = 652.51\,kg$

     굵은골재량 $Y = \dfrac{100G - a(S+G)}{100 - (a+b)} = \dfrac{100 \times 1,320 - 3.2 \times (690 + 1,320)}{100 - (3.2 + 4.3)} = 1,357.49\,kg$

   (2) 연립방정식에 의한 방법

$$X + Y = 690 + 1,320 = 2,010\,kg\ \cdots\cdots\textcircled{1}$$

$$\dfrac{3.2}{100}X + \left(1 - \dfrac{4.3}{100}\right)Y = 1,320\,kg\ \cdots\cdots\textcircled{2}$$

     ①과 ②에서 모래 $X = 652.51\,kg$,   자갈 $Y = 1,357.49\,kg$

2. 표면수 조정

   모래의 표면수량 $= 652.51 \times 0.042 = 27.41\,kg$

   자갈의 표면수량 $= 1,357.49 \times 0.009 = 12.22\,kg$

3. 현장배합으로 환산

   단위시멘트량 $= 280\,kg$

   단위사용수량 $= 150 - (27.41 + 12.22) = 110.37\,kg$

   단위잔골재량 $= 652.51 + 27.41 = 679.92\,kg$

   단위굵은골재량 $= 1,357.49 + 12.22 = 1,369.71\,kg$ [278]

현장배합으로 수정

구분	단위시멘트량(kg)	단위수량(kg)	잔골재량(kg)	굵은골재량(kg)
시방배합	280	150	690	1,320
입도 조정	-	-	652.51	1,357.49
표면수 조정	-	-(27.41+12.22)	+27.41	+12.22
현장배합	280	110.37	679.92	1,369.71

---

278) 김낙석·박효성, '실무중심 건설적산학', 피앤피북, p.249, 2016.

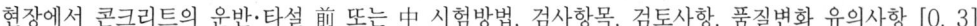

06.41 콘크리트 현장의 품질관리

현장에서 콘크리트의 운반·타설 前 또는 中 시험방법, 검사항목, 검토사항, 품질변화 유의사항 [0, 3]

Ⅰ. 개요

1. 완성된 콘크리트 구조물의 소요 성능을 확인할 수 있는 합리적 및 경제적인 품질검 사계획을 정하여 콘크리트공사 각 단계에서 필요한 검사를 실시해야 한다.
2. 품질검사는 『콘크리트표준시방서(2016, 국토교통부)』에 규정되어 있는 품질관리 기 준에 적합한지를 필요한 측정이나 시험을 실시하여 판정하도록 한다.
3. 품질시험 결과 불합격되는 경우에는 적절한 후속조치를 강구하여 소정 성능을 만족 하도록 각 단계마다 품질관리를 해야 한다.

Ⅱ. 콘크리트의 품질관리 3.8.3

1. 콘크리트의 받아들이기 품질검사 3.8.3.1

(1) 콘크리트의 운반 검사는 아래 표에 따른다.

항목	시험·검사 방법	시기·횟수	판정기준
운반설비·인원배치	외관 관찰	콘크리트 타설 前 및 운반 中	시공계획서와 일치할 것
운반방법	외관 관찰		시공계획서와 일치할 것
운반량	양 확인		소정의 수량일 것
운반시간	출하·도착시간 확인		제2장 「3.3 운반」에 적합할 것

(2) 콘크리트의 받아들이기 품질관리는 타설 전에 아래 표에 의해 실시해야 한다.

항목	시험·검사 방법	시기·횟수	판정기준
굳지 않은 콘크리트의 상태	외관 관찰	콘크리트 타설 개시 및 타설 중 수시 실시	워커빌리티가 좋고, 품질이 균질하며 안정할 것
슬럼프	KS F 2402의 방법	압축강도 시험용 공시체 채취시 및 타설중에 품질변화가 인정될 때	30 mm 이상 80 mm 미만 : 허용오차 ±15 mm / 80 mm 이상 180 mm 이하 : 허용오차 ±25 mm
공기량	KS F 2409의 방법 / KS F 2421의 방법 / KS F 2449의 방법		허용오차 : ±1.5%
온도	온도 측정		정해진 조건에 적합할 것
단위질량	KS F 2409의 방법		정해진 조건에 적합할 것
염소이온량	KS F 409 부속서 1의 방법	바다 잔골재를 사용할 경우 2회/일, 그 밖의 경우 1회/주	원칙적으로 0.3kg/m^3 이하

배합	단위수량	굳지 않은 콘크리트의 단위수량시험으로부터 구하는 방법	내릴 때 오전 2회 이상, 오후 2회 이상	허용값 내에 있을 것
		골재의 표면수율과 단위수량의 계량치로부터 구하는 방법	내릴 때 모든 배치	허용값 내에 있을 것
	단위시멘트량	시멘트의 계량치	내릴 때 / 모든 배치	허용값 내에 있을 것
	물-결합재비	굳지 않은 콘크리트의 단위수량과 시멘트의 계량치로부터 구하는 방법	내릴 때 오전 2회 이상, 오후 2회 이상	허용값 내에 있을 것
		골재의 표면수율과 콘크리트 재료의 계량치로부터 구하는 방법	내릴 때 모든 배치	허용값 내에 있을 것
	기타, 콘크리트 재료의 단위량	콘크리트 재료의 계량치	내릴 때 모든 배치	허용값 내에 있을 것
펌퍼빌리티		펌프에 걸리는 최대 압송 부하의 확인	펌프 압송 중	콘크리트 펌프의 최대 이론 토출압력에 대한 최대 압송부하의 비율이 80 % 이하

(3) 워커빌리티 검사는 굵은골재 최대치수 및 슬럼프가 설정치를 만족하는지 여부를 확인함과 동시에 재료분리 저항성을 외관 관찰에 의해 확인해야 한다.

(4) 강도 검사는 콘크리트의 배합검사를 표준으로 한다. 배합검사를 하지 않은 경우에는 압축강도시험에 의한 검사를 실시한다. 이 검사에서 불합격되면 콘크리트 구조물에 강도 검사를 실시한다.

(5) 내구성 검사는 공기량·염소이온량을 측정하는 것으로 한다. 내구성으로부터 정한 물-결합재비는 배합검사 또는 강도시험으로 확인한다.

(6) 검사결과 불합격으로 판정된 콘크리트는 사용할 수 없다.

2. 콘크리트 압축강도에 의한 품질검사 3.8.3.2

(1) 콘크리트의 압축강도에 의한 품질검사를 하는 경우에는 아래 표에 따른다.

종류	항목	시험·검사 방법	시기·횟수	판정기준 $f_{ck} \leq 35$ MPa	판정기준 $f_{ck} > 35$ MPa
설계기준압축강도로부터 배합을 정한 경우	압축강도 (일반적인 경우 재령 28일)	KS F 2405의 방법[1]	1회/일, 또는 구조물의 중요도와 공사의 규모에 따라 120m³마다 1회, 배합 변경될 때마다	① 연속 3회 시험값의 평균이 설계기준압축강도 이상 ② 1회 시험값이 (설계기준 압축강도- 3.5MPa) 이상	① 연속 3회 시험값의 평균이 설계기준압축강도 이상 ② 1회 시험값이 설계기준 압축강도의 90 % 이상
그 밖의 경우				압축강도의 평균치가 소요의 물-결합재비에 대응하는 압축강도 이상일 것.	

주 1) 1회의 시험값은 공시체 3개의 압축강도 시험값의 평균값임

(2) 콘크리트의 압축강도에 의한 품질검사는 일반적인 경우 조기재령에서의 압축강도에 의해 실시한다. 이 경우에 시험체는 구조물에 사용되는 콘크리트를 대표할 수 있도록 채취해야 한다.

Ⅲ. 콘크리트의 시공검사 3.8.4

⑴ 콘크리트의 타설검사와 양생검사는 아래 표에 따른다.

콘크리트의 타설검사

항목	시험·검사 방법	시기·횟수	판정기준
타설설비·인원배치	외관 관찰	콘크리트 타설 前 및 타설 中	시공계획서와 일치할 것
타설방법	외관 관찰		시공계획서와 일치할 것
타설량	타설 개소의 형상 치수로부터 양의 확인		소정의 수량일 것

콘크리트의 양생검사

항목	시험·검사 방법	시기·횟수	판정기준
양생설비·인원배치	외관 관찰	콘크리트 양생 中	시공계획서와 일치할 것
양생방법	외관 관찰		시공계획서와 일치할 것
양생기간	일수·시간의 확인		정해진 조건에 적합할 것

⑵ 검사 결과, 시공 시작 때의 운반·타설·양생이 부적절하다고 판단된 경우에는 설비·인원의 배치방법을 개선하는 등, 소요의 목적 달성에 적절한 조치를 취한다. 콘크리트 타설이 완료된 경우에는 콘크리트 구조물이 소요의 목적 달성에 작합 여부를 확인하여 필요에 따라 적절한 조치를 취한다.

⑶ 양생의 적합성 여부, 거푸집 떼어내기 시기 등을 정할 때 또는 조기에 재하할 때 안전성 여부를 확인할 필요가 있는 경우에는 현장콘크리트와 같은 상태에서 양생한 시험체를 사용하여 강도시험을 실시한다.

Ⅲ. 콘크리트 구조물의 검사 3.8.5

1. 표면상태 검사 3.8.5.2

⑴ 콘크리트의 표면상태 검사는 아래 표에 따른다.

항목	검사방법	판정기준
노출면 상태	외관 관찰	평탄하고 허니컴, 자국, 기포 등에 의한 결함, 철근피복 부족의 징후 등이 없으며, 외관이 정상일 것
균열	스케일에 의한 관찰	균열폭은 콘크리트 구조설계기준 「4.2 균열」의 규정에 따르되, 구조물의 성능, 내구성, 미관 등 그의 사용목적을 손상시키지 않는 허용값의 범위 내에 있을 것
시공이음	외관 및 스케일에 의한 관찰	신·구 콘크리트의 일체성이 확보되어 있다고 판단되는 것

⑵ 검사 결과, 이상이 확인되면 『콘크리트 구조물의 보수·보강요령(한국콘크리트학회, 2016)』을 참고하여 책임기술자 지시에 따라 적절한 보수를 실시한다.

2. 부재의 위치·형상·치수 검사   3.8.5.3

⑴ 콘크리트 부재의 위치·형상·치수 검사는 해당 구조물의 특성에 적합한 별도의 기준을 정하여 실시한다.

⑵ 검사 결과, 이상이 확인되면 책임기술자 지시에 따라 콘크리트를 깎아 내거나 재시공 또는 콘크리트 덧붙이기 등 적절한 조치를 취한다.

3. 철근피복 검사   3.8.5.4

⑴ 표면상태 검사에 의해 철근피복이 부족한 조짐이 있는 경우에는 비파괴시험으로 철근피복 조사를 실시하여 소정의 철근피복이 확보되었는지 검사한다.

⑵ 검사 결과, 불합격되면 책임기술자 지시에 따라 적절한 조치를 강구한다.

4. 콘크리트 구조물의 품질검사   3.8.5.5

⑴ 콘크리트 받아들이기 검사 또는 시공검사에서 합격 판정되지 않은 경우에는 콘크리트 구조물의 품질검사를 실시해야 한다.

⑵ 콘크리트 구조물의 품질검사는 제2장 「3.8.3 콘크리트 품질관리」, 「3.4.2 타설」, 「3.5 양생」에 의해 실시한다.

⑶ 콘크리트 구조물의 품질검사 중 필요할 경우에는 『비파괴시험법에 의한 콘크리트 강도 평가요령(한국콘크리트학회, 2016)』에 따라 비파괴시험 검사를 실시한다.

⑷ 비파괴시험 검사를 종합 판단한 결과, 구조물의 성능에 의심이 가는 경우에는 책임기술자 지시에 따라 적절한 조치를 취한다.

5. 현장에서 공시체의 제작·시험   3.8.5.6

⑴ 책임기술자는 실제 구조물에서 콘크리트의 보호와 양생이 적절한지를 검토하기 위하여 현장상태에서 양생된 공시체 강도의 시험을 요구할 수 있다.

⑵ 현장에서 양생되는 공시체는 KS F 2403에 따라 현장조건에서 양생한다.

⑶ 현장 양생 공시체는 시험실 양생 공시체와 동일한 시간에 동일한 시료를 사용하여 만들어야 한다.

⑷ 설계기준압축강도(f_{ck}) 결정을 위해 지정된 시험 재령일에 실시한 현장 양생 공시체 강도가 동일 조건의 시험실 양생 공시체 강도의 85%보다 작을 때는 콘크리트의 양생과 보호절차를 개선해야 한다. 만일 현장 양생 공시체 강도가 설계기준압축강도보다 3.5MPa를 초과하면 85% 한계조항은 무시할 수 있다.

6. 시험결과, 콘크리트 강조가 작게 나오는 경우   3.8.5.7

⑴ 시험실 양생 공시체 개개의 압축시험 결과가 상기 『콘크리트의 압축강도에 의한 품질검사』 규정을 만족하지 못하거나 또는 현장 양생 공시체 시험 결과에서 결점

이 나타나면, 구조물의 하중지지 내력을 검토하여 적절한 조치를 취한다.

(2) 콘크리트의 압축강도시험 결과, 규정을 만족하지 못할 경우에는 시료의 적절성, 시험기기 및 시험방법의 적절성 등을 검토하여 평가한다.

(3) 상기 (2)의 평가 결과, 강도가 부족하다고 판단되면 양생재령 연장을 검토한다.

(4) 상기 (2)의 평가 결과, 강도가 부족하다고 판단되고 양생재령의 연장도 불가능할 경우에는 제2장 「콘크리트 구조물의 품질검사」에 따라 비파괴시험을 실시한다.

(5) 비파괴시험 결과에서도 불합격되면 문제된 부분에서 코어 채취하여 KS F 2405 에 따라 코어의 압축강도시험을 실시한다. 코어 시험 결과, 평균값이 f_{ck}의 85% 를 초과하고 각각의 값이 75%를 초과하면 적합한 것으로 판정한다.

(6) 상기 (4)의 비파괴시험 결과, 부분결함이면 해당 부분을 보강하거나 재시공하며, 전체결함이면 제2장 「구조물의 재하성능시험」에 따라 재하시험을 실시한다.

7. 구조물 성능에 대한 재하시험 3.8.5.8

(1) 공사 중에 콘크리트가 동해를 받았다고 생각되는 경우, 현장 콘크리트 압축강도 시험 결과로부터 강도에 문제가 있다고 판단되는 경우, 그 밖에 공사 중 구조물 안전에 근거 있는 의심이 생긴 경우에 책임기술자는 재하시험을 실시한다.

(2) 구조물 성능에 대한 재하시험 방법은 그 목적에 적합하도록 정한다. 이 경우에 재하방법, 하중크기 등은 구조물에 위험한 영향을 주지 않도록 정한다.

(3) 재하 중 및 재하 완료 후 구조물의 처짐, 변형률 등이 설계단계에서 고려한 값과 비교하여 이상여부를 확인한다.

(4) 재하시험 실시 중에 재하방법, 재하기준, 허용기준, 허용내하력 등에 대한 규정은 재하시험 관련 『콘크리트 구조설계기준』을 준용한다.

(5) 시험 결과, 콘크리트 구조물의 내하력, 내구성 등에 문제가 있다고 판단되는 경우 에는 책임기술자 지시에 따라 보강하는 등의 적절한 조치를 취한다.279)

---

279) 국토교통부, '콘크리트표준시방서', 제2장 일반콘크리트, pp.62~69, 2016.

06.42 굳지 않은 콘크리트의 재료분리

Ⅰ. 개요

1. 굳지 않은 콘크리트의 재료분리는 타설·다짐 과정에 굵은골재가 부분적으로 침하하거나, 내부 수분이 표면으로 상승하여 품질 균질성을 상실하는 현상이다. 재료분리는 굵은골재의 분리현상(segregation)와 물의 분리현상(bleeding)이 있다.

2. 굳지 않은 콘크리트의 재료분리를 방지하기 위하여 분말도가 높은 시멘트를 사용하고, W/C비와 단위수량을 줄이고, 진동다짐을 적절히 하되 과도한 다짐은 금지하고 재다짐을 실시하는 등 세심한 품질관리가 필요하다.

Ⅱ. 콘크리트 재료분리의 현상

1. 굵은골재의 분리현상(Segregation)

(1) 정의　① 타설 완료 후 다짐과정에서 굵은 골재가 시멘트풀에서 분리되면서 국부적으로 집중되는 현상

(2) 영향　① 굵은골재의 소성침하(plastic settlement) 균열이 발생
② 콘크리트 상부에 철근 배근방향과 평행하게 격자형 균열이 발생
③ 단위수량, W/C비, 골재의 종류·입형·입도, 혼화재료 등의 영향

(3) 시기　① 타설 완료 후부터 수 시간 이내에 발생

(4) 대책　① 재진동다짐으로 재마무리를 실시하여 제거

2. 물의 분리현상(Bleeding)

(1) 정의　① 타설 완료 후 시간이 경과하면서 콘크리트 내부의 수분이 각종 불순물(Laitance)과 함께 표면으로 서서히 상승하는 현상

(2) 영향　① 물의 증발로 소성수축(plastic shrinkage) 균열이 발생
② 콘크리트 상부에 불규칙 거북등 균열이 발생
③ W/C비 또는 반죽질기가 클수록 블리딩, 침하가 크다.
④ 골재의 최대치수가 클수록 적다(분말도가 클수록 Bleeding은 적다).
⑤ AE제, 감수제의 사용은 Bleeding을 줄이는데 효과적이다.
⑥ 시멘트 응결시간이 짧을수록 블리딩 감소
⑦ 단위수량이 크거나, 단위잔골재량이 작으면 블리딩 증가
⑧ 거친 쇄석을 사용한 콘크리트는 보통골재보다 블리딩 증가

(3) 시기　　① 타설 완료 후부터 수 일까지 발생

(4) 대책　　① Bleeding 水의 상승률이 물의 증발율보다 높으면 발생하므로, 대기 온도를 고려하여 타설

Ⅲ. 콘크리트 재료분리의 문제점 및 대책

1. 재료분리의 문제점

(1) 콘크리트의 강도 저하

(2) 콘크리트의 내구성·수밀성 저하

(3) 소성침하균열, 소성수축균열 발생

(4) Cold joint 발생

(5) 누수로 인한 철근부식 발생

(6) 콘크리트와 철근의 부착강도 저하

(7) 굵은골재 하부에 공극 발생

2. 재료분리 방지대책

(1) 운반경로 선정

① 재료분리가 일어나지 않도록 노면이 고른 경로를 선정한다.

② 운반거리 및 운반시간이 최대한으로 짧은 경로를 선정한다.

③ 이미 타설된 콘크리트에 영향을 주지 않은 경로를 선정한다.

④ 콘크리트 타설 현장에 접근하기 쉬운 경로를 선정한다.

(2) 혼화제 사용

① 혼화제를 사용할 때는 품질확인 후 사용한다.

② 혼화제의 사용량은 시험배합에 따라 결정하고, 계량에 주의한다.

③ 타설시간이 길어지는 경우에는 양질의 지연제, 유동화제 사용을 검토한다.

④ 서중콘크리트의 경우 지연형의 혼화제를 사용한다.

⑤ 한중콘크리트의 경우 고성능 감수제를 사용한다.[280]

---

280) 박효성 외, 'Final 토목시공기술사 핵심문제', 예문사, pp.79~80, 2008.

06.43 콘크리트의 다지기

콘크리트 다짐에서 내부진동기 사용 주의사항 [0, 1]

Ⅰ. 개요

1. 콘크리트를 타설하면서 동시에 실시하는 다지기 작업은 콘크리트를 밀실하게 만들고 공극을 배제하여 콘크리트와 철근과의 부착력을 향상시킬 수 있도록 거푸집의 구석구석까지 균일하게 채워야 한다.

2. 콘크리트를 타설하면서 동시에 다지는 방법은 ▲내부진동기 다짐, ▲거푸집 진동기 다짐, ▲원심력 다짐, ▲진공처리 다짐, ▲가압 다짐 등이 있다.

3. 콘크리트를 밀실하고 균일하게 다지면 다음과 같은 효과를 얻을 수 있다.

   (1) 콘크리트 내부의 공극 배제

   (2) 콘크리트와 철근과의 부착력 증가

   (3) 콘크리트 타설 중에 균열(cold joint) 발생 방지

   (4) 콘크리트 타설 후에 굳지 않은 상태에서 재료분리 방지

Ⅱ. 콘크리트의 다지기

1. 일반사항

(1) 콘크리트 다지기에는 내부진동기의 사용을 원칙으로 하지만, 얇은 벽 등에 내부진동기의 사용이 곤란한 장소에서는 거푸집 진동기를 사용해도 좋다.

(2) 콘크리트는 타설 직후 바로 충분히 다져서 콘크리트가 철근 및 매설물 등의 주위와 거푸집의 구석구석까지 잘 채워져 밀실한 콘크리트가 되도록 해야 한다.

(3) 거푸집 판에 접하는 콘크리트는 되도록 평탄한 표면이 얻어지도록 타설하고 다져야 한다.

(4) 거푸집 진동기는 거푸집의 적절한 위치에 단단히 설치해야 한다.

(5) 재진동 다지기를 할 경우에는 콘크리트에 나쁜 영향이 생기지 않도록 초기응결(初期凝結)이 일어나기 전에 실시해야 한다.

2. 콘크리트 진동다짐기의 종류

(1) 내부진동기 : 강제 봉형(鋼製 棒形) 진동기 내부에 진동체를 넣고 공기 또는 전동모터의 회전력을 이용해서 진동을 가함으로써 콘크리트를 다지는 방법이다.

(2) 외부진동기 : 얇은 벽, 깊은 곳 등과 같이 내부진동기를 사용할 수 없는 장소에서 거푸집 외부에 진동을 가하여 다지는 방법으로, 거푸집 진동기를 사용한다.

(3) 평면진동기 : 두께가 얇고 면적이 넓은 콘크리트포장과 같은 평면구조물에 사용되는 진동기이다.

(4) 진동대 : Precast concrete 제품 생산공장, 공시체 제작과정 등에 사용되는 진동대 형식으로, 작업 mold 받침대에 장착하여 콘크리트를 다진다.

3. 내부진동기의 사용방법

(1) 진동다짐을 할 때는 내부진동기를 하층 콘크리트 속으로 0.1m 정도 찔러 넣는다.

(2) 내부진동기는 연직으로 찔러 넣으며, 그 간격은 진동이 유효하다고 인정되는 범위의 지름 이하로서 일정한 간격(일반적으로 0.5m 이하)으로 삽입한다.

(3) 1개소당 진동시간은 다짐할 때 시멘트풀이 콘크리트 표면 상부로 약간 부상하기까지 진동을 가한다. 이때 한 자리에서 20초 이상 머물러 있으면 아니 된다.

(4) 내부진동기는 콘크리트로부터 천천히 빼내어 구멍이 남지 않도록 한다.

(5) 내부진동기는 콘크리트를 횡방향으로 이동시킬 목적으로 사용하지 않아야 하며, 과도한 진동을 가해도 아니 된다.

(6) 내부진동기의 형식·크기·대수는 1회 다짐하는 콘크리트의 전(全)용적을 충분히 다지는데 적합하도록 부재 단면의 두께와 면적, 1 간당 최대 타설량, 굵은골재 최대치수, 배합, 잔골재율, 콘크리트 슬럼프 등을 고려하여 선정한다.

콘크리트 슬럼프와 진동시간과의 관계

슬럼프(cm)	0~3	4~7	8~12	13~17	18~20	20 이상
진동시간(초)	22~28	17~22	13~17	10~13	7~10	5~7
진동유효반경(cm)	25	25~30		30~35	35~40	

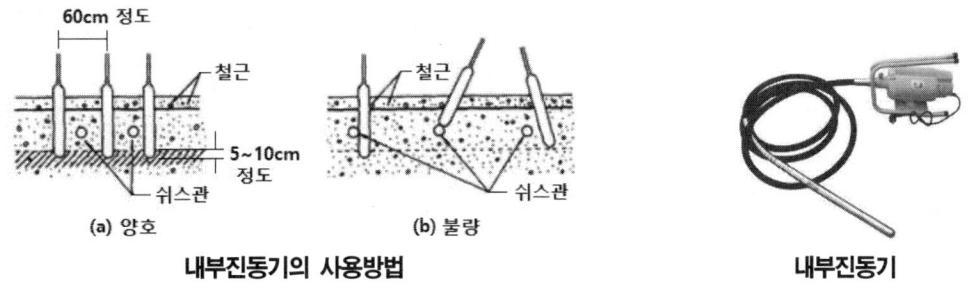

내부진동기의 사용방법   **내부진동기**

Ⅲ. 콘크리트의 재진동 다지기

1. 용어 정의

(1) 소요의 장소에 콘크리트를 타설한 후 다지기를 완료하면 수화반응에 따른 경화과정에서 수분과 기포가 발생된다.

(2) 특히, 상부 수평철근 밑에 기포가 집중되어 콘크리트와 철근과의 부착력을 감소시키므로 이를 개선하기 위하여 재진동 다지기를 실시해야 한다.

(3) 콘크리트의 재진동 다지기는 콘크리트가 유동화될 수 있는 범위 내에서 실시하는 것을 원칙으로 한다.

2. 재진동 다지기의 효과

(1) 콘크리트의 다지기 중에 거푸집의 틈새로 물이 과다하게 손실된 부분을 재다짐하여 콘크리트의 균질성을 확보한다.

(2) 콘크리트의 경화과정에서 상부 표면으로 떠오른 수분와 기포를 제거함으로써 콘크리트의 품질이 향상된다.

(3) 콘크리트를 재진동 다지기함에 따라 콘크리트 자체의 강도를 증진시키고, 콘크리트와 철근과의 부착력을 증진시킨다.

3. 재진동 다지기의 시공

(1) 재진동 시기 : 가동 중인 진동기가 자중만의 힘으로 콘크리트를 액상화할 수 있을 때에 가능하면 늦게 초기 진동다지기 후 1~2시간 경과하여 실시한다.

(2) 재진동 깊이 : 콘크리트의 상부 표면에서 깊이 0.5~1.0m 정도로 한다.

(3) 재진동 방법 : 일반적인 방법은 진동다지기와 동일하다. 다만, 내부진동기를 뽑을 때 더욱 천천히 뽑아 내부와 표면에 구멍이 남지 않도록 각별히 유의한다.

4. 재진동 다지기의 개선사항

(1) 콘크리트 타설 후에 재진동 다지기를 시행하는 경우에 발생되는 상부 철근의 부착응력 감소규정의 적용을 완화 또는 폐지함으로써, 시공사가 품질향상에 기여한 만큼 실제 이득을 얻을 수 있도록 제도 개선이 필요하다는 의견이 있다.[281]

---

281) 박효성 외, 'Final 토목시공기술사 핵심문제', 예문사, pp.84~85, 2008.

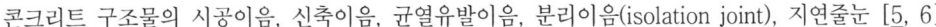

06.44 　콘크리트의 이음(줄눈, joint)

콘크리트 구조물의 시공이음, 신축이음, 균열유발이음, 분리이음(isolation joint), 지연줄눈 [5, 6]

Ⅰ. 개요

1. 콘크리트 구조물은 외부의 온도변화 및 건조수축, creep 등의 2차 응력에 의한 균열이 발생되어 강도저하의 원인이 되기도 하므로, 이를 방지할 목적으로 여러 형태의 이음(줄눈, joint)를 설치해야 한다.

2. 콘크리트 구조물에 설치되는 줄눈의 위치 및 구조는 설계도에 명시되어 있는 것과 공사현장에서 시공 중에 설치되는 것이 있다. 즉, 줄눈은 설계단계에서부터 고려해야 되며, 시공단계에서도 현장조건과 온도변화 등에 따라 적절히 설치해야 된다.

3. 콘크리트의 줄눈은 구조물의 내력·내구성·외관에 지대한 영향을 미치므로 설계도에 명시된 이음은 현장에서 임의 변경하면 아니 되며, 줄눈의 간격·위치·형상·칫수·수직도를 정확히 시공해야 한다.

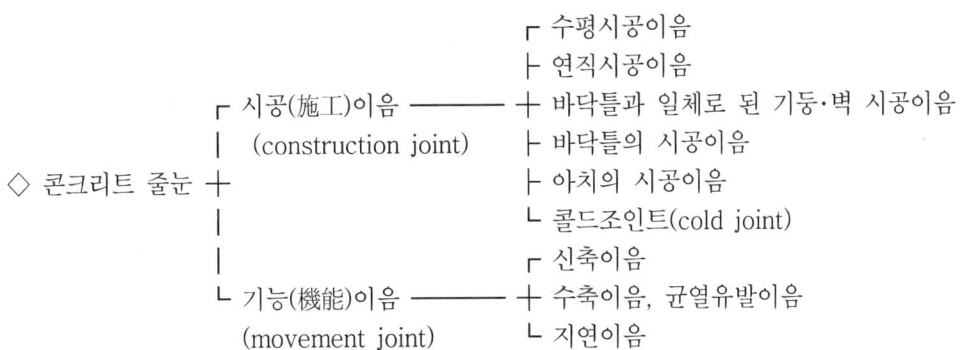

콘크리트 구조물의 이음 (줄눈, joint)

Ⅱ. 콘크리트의 이음

1. 일반사항

(1) 시공이음은 가능하면 전단력이 작은 위치에 설치하고, 부재의 압축력이 작용하는 방향과 직각이 되도록 설치하는 것이 원칙이다.

(2) 부득이 전단이 큰 위치에 시공이음을 설치할 경우에는 시공이음에 장부 또는 홈을 두거나 적절한 강재를 배치하여 보강한다.

(3) 이음부를 시공할 때는 설계도에 명시된 이음의 위치와 구조를 준수한다. 설계도에 정해져 있지 않은 이음을 설치할 경우에는 구조물의 강도·내구성·수밀성 및

외관을 해치지 않도록 현장 시공계획서에 정해진 위치·방향을 준수한다.

(4) 외부의 염분 피해가 우려되는 해양·항만 콘크리트 구조물에는 시공이음부를 가급적 두지 않도록 한다. 부득이 시공이음부를 설치할 경우에는 만조위로부터 위로 0.6m와 간조위로부터 아래로 0.6m 사이인 감조부 부분을 피해야 한다.

(5) 수밀을 요하는 콘크리트에는 소요의 수밀성이 보장될 수 있는 범위 내에서 적절한 간격으로 최소한의 시공이음부를 두어야 한다.

2. 시공이음 (construction joint)

(1) 설치기준

① 정의 : 굳은 콘크리트에 추가로 다시 콘크리트를 잇대어 타설하기 위한 이음으로, 콘크리트 구조물 시공의 편의성·필요성에 따라 설치하는 이음이다.

② 위치 : 구조물의 강도(전단력)에 영향이 적은 지점, 충격균열이 발생되지 않는 지점, 시공 중에 1일 작업 마무리하는 지점, 시공 중에 지수판(water stop)을 설치하는 지점 등에 설치한다.

(2) 설치 유의사항

① 시공이음은 전단력에 매우 취약하므로 전단력을 크게 받는 곳은 피하고, 구조물의 강도에 악(惡)영향이 없도록 전단력이 작은 곳을 선정하여 시공이음면에 수직압축력을 받는 방향과 직각이 되도록 설치한다.

② 부득이 하게 전단력이 큰 지점에 설치하는 경우에는 시공이음에 장부(홈)를 만들거나, 이형철근으로 보강(정착길이는 직경의 20배 이상)한다. 이때 원형철근으로 설치하는 경우에는 양단에 혹을 부쳐 보강한다.

③ 수화열, 외기 온도응력, 건조수축 균열 등을 고려하여 위치를 선정한다. 특히, 방수를 요하는 곳에는 지수판(止水板, water stop)을 설치한다.

3. 수평시공이음

(1) 설치기준

① 콘크리트 구조물의 측면에서 보이는 수평시공이음의 선(線)은 미관 측면에서 가급적 수평한 직선에 되도록 시공이음 위치를 거푸집패널 위치에 맞춘다.

② 구(舊)콘크리트 표면의 레이턴스, 품질이 나쁜 콘크리트, 완전히 부착되지 않은 골재(알갱이) 등을 고압의 공기나 물, wire brush, sand blast(습기모래 뿜칠), 물씻기 등으로 완전히 제거한 후 충분히 물을 흡수시킨다.

③ 수평시공이음이 설치될 구(舊)콘크리트 면은 경화가 시작되면 가급적 빨리 쇠솔이나 잔골재 분사 등으로 면을 거칠게 하고 충분히 습윤상태로 양생한다.

④ 수평시공이음에 가까이 form tie 또는 separator를 배치하고 신(新)콘크리트를

타설할 때 거푸집을 간결하여 구(舊)콘크리트에 모르타르가 흐르거나 이음부위에 단차가 생기지 않도록 다짐을 잘 해야 한다.

⑤ 역방향 타설 콘크리트는 구(舊)콘크리트 하면(下面)이 수평시공이음 면이 되므로 신(新)콘크리트의 bleeding이나 침하로 인하여 시공이음의 일체화 마무리가 어렵지만, 직접법, 충전법 및 주입법으로 시공하는 수가 있다.

⑵ 역방향 타설 콘크리트의 수평시공이음 설치방법

① 직접법 : 구(舊)콘크리트 하면(下面)을 V형으로 홈파기 하여 bleeding水 또는 기포를 피할 수 있게 만든 후, bleeding이 적은 신(新)콘크리트를 타설하여 밀착되도록 충분히 진동다짐한다.

② 충전법 : 구(舊)콘크리트 하면(下面)보다 약간 하측에서 신(新)콘크리트 타설을 중지하고, 그 간극에 알루미늄 분말을 혼입한 팽창재 모르타르를 충진한다.

③ 주입법 : 구(舊)콘크리트 내부에 미리 주입용 파이프를 매설해 놓고, 신·구 콘크리트의 틈새에 팽창제를 혼입한 시멘트페이스트를 주입한다.

4. 연직시공이음

⑴ 연직시공이음을 설치할 때는 시공이음면의 거푸집을 견고하게 지지하고 이음부분의 콘크리트는 진동기를 사용하여 충분히 다진다.

⑵ 구(舊)콘크리트의 연직시공이음 면은 쇠솔이나 쪼아내기 등으로 거칠게 만들고, 수분을 충분히 흡수시킨다. 곧 이어서 시멘트풀, 모르타르 또는 에폭시수지를 바른 후에 신(新)콘크리트를 타설하여 다음 블록을 시공해 나간다.

⑶ 신(新)콘크리트를 타설할 때는 신·구 콘크리트가 충분히 밀착되도록 잘 다져야 한다. 신(新)콘크리트 타설 후 적당한 시기에 재진동 다지기를 하여 마무리한다.

⑷ 연직시공이음 면의 거푸집 제거는 콘크리트가 굳은 후 되도록 빠른 시기에 한다. 일반적으로 연직시공이음 면의 거푸집은 콘크리트 타설 후 여름에는 4~6시간, 겨울에는 10~15시간 정도 경과하면 제거하는 것이 적절하다.

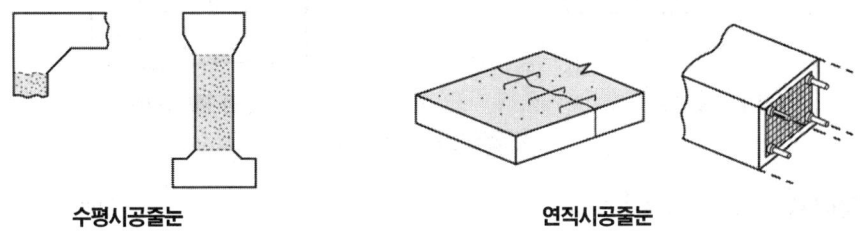

수평시공줄눈   연직시공줄눈
시공줄눈 (construction joint)

5. 바닥틀과 일체로 된 기둥·벽 시공이음

⑴ 정의 : 바닥틀과 일체로 된 기둥 또는 벽의 시공이음은 바닥틀과의 경계부근에 설

치하며, 그 경계부근에 있는 헌치는 바닥틀과 연속해서 콘크리트를 타설한다.

(2) 위치 : 헌치부가 구조적으로 바닥틀과 일체가 되어 작용되므로, 침하균열을 방지하기 위하여 헌치의 하단부분에 시공이음을 설치한다.

(3) 헌치부의 콘크리트는 다짐이 불량하기 쉬우므로 다짐에 각별히 주의하여 조밀한 콘크리트가 얻어지도록 한다.

6. 바닥틀의 시공이음

(1) 정의 : 바닥틀의 시공이음은 슬래브 또는 보의 경간 중앙부에 설치한다. 이유는 중앙부가 전단력이 작고, 시공이음에 수직방향으로 압축응력이 크기 때문이다.

(2) 다만, 보가 그 경간 중에서 작은 보와 교차할 경우에는 작은 보의 폭의 2배 거리만큼 떨어진 곳에 보의 시공이음을 설치하고, 시공이음을 통하는 경사진 인장철근을 배치하여 전단력에 대하여 보강해야 한다.

7. 아치의 시공이음 (arch joint)

(1) 정의 : 아치의 시공이음은 아치축에 직각방향이 되도록 설치해야 한다.

(2) 부득이 하게 아치축에 평행한 방향으로 연직시공이음을 설치할 경우에는 시공이음부의 위치, 보강방법 등을 충분히 검토한 후에 설치한다.

8. 콜드조인트 (cold joint)

(1) 콘크리트 타설 중에 사용장비 교체, 레미콘 수급 불량, 폭우 등의 예기치 못한 상황에서 시공계획에 없이 불가피하게 설치하는 이음을 Cold joint라고 한다.

(2) Cold joint는 콘크리트 구조물의 강도·내구성·수밀성 저하의 원인이 되며, 공용 중에 미관 측면에서도 매우 불리하다.

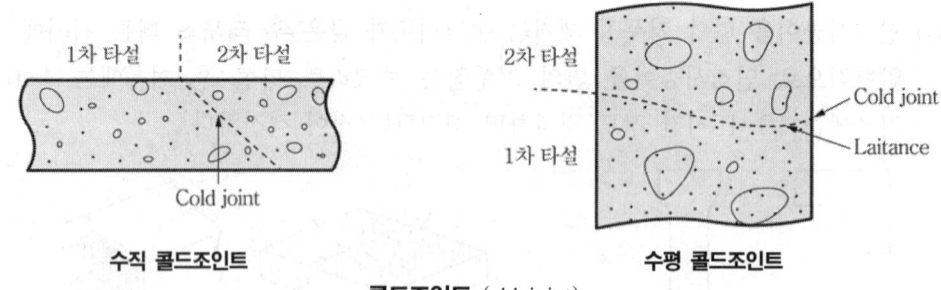

수직 콜드조인트   수평 콜드조인트

콜드조인트 (cld joint)

9. 신축이음 (expansion joint)

(1) 정의

① 콘크리트 구조물은 온도강하나 대기건조에 의해 수축되기 때문에 연속적으로 설치되는 긴 벽체는 지반이 구속된 상태에서 수축응력이 발생되어 단면을 관통하는 균열이 생길 우려가 있다.

② 이 균열을 방지(흡수)하기 위하여 철근콘크리트 옹벽에서는 30m 이하의 간격으로 신축이음을 설치한다.

(2) 기능

① 온도·습도 변화에 따른 콘크리트의 수축·팽창 억제

② Mass concrete dam에서 온도구배에 따른 온도균열 방지

③ 구조물의 기초 침하가 예상될 때 유동용 joint 역할 수행

(3) 시공 유의사항

① 신축이음 양측 부재는 완전히 절연하며, 철근도 완전히 절단하여 배근한다.

② 신축이음 양측 부재에 단차가 생길 우려가 있으면 장부 또는 홈을 둔다.

③ 신축이음 양측 부재의 수축·팽창 변형량을 고려하여 지수판으로 설치한다.

④ 신축이음의 틈새로 토사가 들어갈 우려가 있을 때는 줄눈재를 삽입한다.

⑤ 수밀을 요하는 구조물의 신축이음는 신축성 있는 지수판으로 설치한다.

⑥ 유지관리를 고려하여 부식하기 쉬운 철근은 충분히 방청처리하여 배근한다.

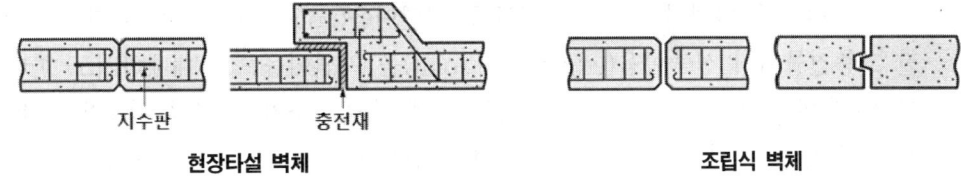

신축줄눈 (expansion joint)

현장타설 벽체 / 조립식 벽체 / 지수판 / 충전재

10. 수축이음 (contraction joint, control joint, 수축줄눈, 조절줄눈, 균열유도줄눈)

(1) 정의

① 콘크리트 슬래브가 수축될 때 생기는 불규칙한 균열을 방지(흡수, 유발)하기 위하여 설치하는 이음을 수축이음(수축줄눈, 조절줄눈, 균열유도줄눈)이라 한다.

② 수축이음의 구조는 일반적으로 맹줄눈 형식이지만, 맞댐줄눈 형식도 쓰인다.

(2) 기능

① 온도변화, 건조수축, 외력 등에 따른 변형 방지(흡수, 유발)

② 단면 결손부(맹줄눈, 맞댐줄눈)를 설치하여 균열발생을 유도

③ 수화열, 온도, 습도 등에 따른 수축·팽창 반복에 대응

(3) 시공 유의사항

① 2차 응력(온도변화, 건조수축)에 의한 균열 방지를 위하여 소정의 간격으로 단면 결손부를 설치하고, 경화 후에 완전 절단(cutting)한다.

② 수밀을 요하는 콘크리트 구조물에는 미리 연속차수벽으로 시공하고, 균열제어 목적에 타당하게 수축이음을 설치한다.

11. 균열유도이음

(1) 넓은 노출면을 가진 콘크리트 옹벽에서는 2차 응력(온도변화, 건조수축)에 의해 표면 곳곳에 균열이 생기기 쉽다.

(2) 이 균열들을 1개소로 집중하기 위하여 일정간격으로 표면에 V-cut을 만들고, 그 단면 위치로 자유로운 신축을 유도하기 위하여 단면수축부를 두는 것을 균열유발 줄눈이라 한다.

균열유도줄눈 (control joint)

12. 지연이음 (delay joint, shrinkage strip, pour strip)

(1) 콘크리트 타설 후에 발생되는 수축응력과 균열을 줄이고, 상부하중 및 지반침하에 따른 부등침하를 줄이기 위하여 슬래브 및 벽체의 일부구간을 비워 놓고 추후에 콘크리트를 타설하는 임시조인트를 지연이음(pour strip)이라 한다. 최근에는 긴 고층건물에서 신축이음(expansion Joint)을 지연이음으로 대체하기도 한다.

(2) 지연이음의 양쪽 구간을 선(先)타설한 후에 수축감소가 목적일 경우에는 4~6주 정도, 부등침하 영향을 감소시킬 목적일 경우에는 고층부 골조공사를 완료한 후에 지연이음(pour strip)을 타설한다.

(3) 지연이음은 massive concrete dam, 두께가 얇은 슬래브 및 벽체 등에 주로 적용되며, 지연이음 타설 전에 독립된 각 구조물은 건조수축변형을 충분히 일으킬 수 있는 기간을 주어야 한다. 이 기간 중에 콘크리트에 인장응력이 발생되어 잔류되어 있는 수축응력에 대항하기 때문에 수축균열 저감효과를 얻을 수 있다.

(4) 지연이음의 폭은 분리된 양측 구조물의 수축변형량 이상으로 설계하면 되지만, 추후 지연이음의 콘크리트 타설 중에 양측 구조물의 응력전달에 필요한 철근이음 길이를 확보해야 하므로 배근된 철근 이음길이 만큼의 폭으로 설계한다.[282]

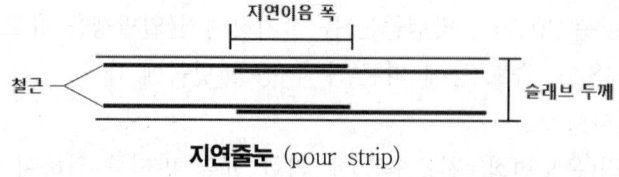

지연줄눈 (pour strip)

282) 박효성 외, 'Final 토목시공기술사 핵심문제', 예문사, pp.86~90, 2008.
　　김낙석·박효성, '실무중심 건설적산학', 피앤피북, pp.260~265, 2016.
　　국토교통부, '콘크리트표준시방서', 제2장 일반콘크리트, pp.57~59, 2016.

06.45 콜드조인트(Cold joint)

콘크리트 시공 중 콜드조인트(cold joint) [2, 1]

1. 용어 정의

(1) 콜드조인트(cold joint)는 앞서 타설한 층의 콘크리트가 경화되기 시작한 후, 다음 층이 계속 타설될 때 생기는 불연속 접합면이다. 클드조인트는 mass concrete를 타설할 때 운반시간이 너무 길어 작업이 중단되어 생기는 경우도 있다.

(2) 콜드 조인트는 공사현장에서 백해무익한 조인트이지만, 이에 대한 대책을 세우지 않으면 콘크리트 품질이 현저히 저하되기 때문에 문제이다.

(3) 설정된 타설구획은 순서대로 혹은 일방향으로 계속 타설하는 경향이 있는데, 바둑판처럼 1-3-2-4와 같이 한 구획씩 띄어서 타설하고 다시 돌아와 나머지 구획을 타설하는 방법도 콜드조인트에 효과적이다.

2. 콜드조인트(cold joint)

(1) 발생원인

① 레미콘 트럭의 현장 도착시간이 지연되고 타설에 장시간 소요될 때

② 매스콘크리트에서 내부온도가 높을 때

③ 폭우로 슬럼프 값이 저하될 때

④ 서중콘크리트 이어치기 간격이 장시간 소요될 때

(1) 방지대책

① 이어치기 시간간격을 조정하여 타설범위 및 돌려치기 계획을 수립한다. 이어치기 부위는 타설 전에 충분히 물을 흡수시켜 부착성을 확보한다.

② 콘크리트의 운반·타설시간이 많이 소요될 때는 응결지연제를 첨가한다. 대기온도가 고온일 때는 콘크리트 타설을 중지한다.

③ 기(旣)타설된 콘크리트에 발생된 레이턴스는 제거하고 시간 이내에 재다짐한다. 1시간 이후에는 진동기를 기(旣)타설 표면에 100mm 관입하고 재다짐한다.

④ 수밀성이 필요한 부위에는 사전에 지수판을 설치하여 수밀성을 확보한다. 콜드 조인트가 발생된 경우에는 경화 여부를 고려하여 처리한다.
   ○ 경화 전 처리 : Water, Air jet → 굵은골재 노출 → 신(新)콘크리트 타설
   ○ 경화 후 처리 : Chipping → 포면 흡습 → 신(新)콘크리트 타설[283]

---

283) 박효성 외, 'Final 토목시공기술사 핵심문제', 예문사, pp.86~90, 2008.

06.46 콘크리트의 양생

콘크리트의 양생 메커니즘, 초기양생, 촉진양생, 막(幕)양생, 증기양생, 양생지연 [3, 4]

Ⅰ. 개요

1. 양생(養生, curing)이란 콘크리트 타설이 끝난 후에 기온·건습·하중·충격·파손 등의 유해한 영향을 가급적 받지 않도록 충분히 보호하고 관리하는 것을 말하며, 일명 보양(保養)이라고도 한다.

2. 콘크리트는 타설 후 28일이 경과되어 최종압축강도에 도달할 때까지 시멘트의 수화 작용이 계속되므로 일광의 직사·한기(寒氣)·풍우(風雨)를 피하고, 콘크리트 구조물의 표면에 거적을 덮어 씌워 하절기에는 7일 이상 살수(撒水)하여 습윤상태를 유지하고, 한랭기에는 5일간 2℃이하가 되지 않도록 보온해야 한다.

3. 콘크리트 타설(打設) 후 3일간은 파손되기 쉬우므로 충격을 가하지 말고 보호하며 양생해야 된다. 양생은 콘크리트공사의 최종단계에서 시행되는 작업으로, 습윤양생, 피막양생, 온도제어양생, 증기양생, 급열양생, 전기양생 등이 있다.

Ⅱ. 콘크리트의 양생방법

1. 습윤양생(濕潤梁生, wet curing)

2. 피막양생(皮膜梁生, membrane curing)
   ⑴ 피막양생제(compound) 살포 : 비닐유제, 아스팔트유제
   ⑵ 방수지(plastic sheet) 도포 : 합성수지, 방수지

3. 온도제어양생(溫度制御梁生, temperature control curing)
   ⑴ 예비냉각(pre-cooling)
   ⑵ 배관냉각(pipe cooling)

4. 증기양생(蒸氣梁生, steam curing)
   ⑴ 저압증기양생(低壓-, low pressure steam curing) : 상압증기양생
   ⑵ 고압증기양생(高壓-, high pressure steam curing) : autoclaved curing

5. 급열양생(給熱梁生, heating curing)
   ⑴ 양생기간 중에 어떤 열원(갈탄 난로)을 이용하여 콘크리트를 가열하는 양생

6. 전기양생(電氣梁生, electric curing)
   ⑴ 콘크리트에 직접 저압교류를 보내서 발생되는 열을 이용하여 경화·보온하는 양생으로, 한중콘크리트에 적용할 수 있지만 철근콘크리트 구조물에는 곤란하다.

Ⅲ. 습윤양생

1. 용어 정의

(1) 습윤양생이란 콘크리트 타설 후 콘크리트 속의 수분이 급격히 증발되지 않도록 습윤상태로 유지하는 양생방법을 말한다.

2. 습윤양생 방법

(1) 콘크리트 표면에 sheet나 거적을 덮어 보양하면서 물을 뿌리는 방법

 ① 콘크리트 표면에 sheet나 거적을 덮어 콘크리트를 보양하면서 살수할 때, 표면 의 sheet가 항상 습윤상태를 유지하도록 한다.

 ② 여름철 낮에는 2시간 간격으로 살수하며 밤에도 수시로 점검하여 sheet가 마르지 않도록 반복적으로 살수한다.

(2) Spring cooler를 이용하여 콘크리트 표면에 직접 살수(撒水)하는 방법

 ① 콘크리트 타설 중에 먼저 타설된 부위는 굳기 시작하므로, 타설 후 1시간이 경과되면 spring cooler를 이용하여 살수를 시작한다.

 ② 콘크리트 타설 전에 미리 spring cooler를 설치해 놓고, 타설 후에 sheet로 보양하면서 동시에 살수하며 더욱 효과적이다.

(3) 콘크리트 타설 전에 거푸집 내·외부 표면을 물로 적시는 방법

 ① 콘크리트 타설 중에 혼합수가 거푸집으로 흡수되는 것을 방지하기 위하여 타설 전에 거푸집 내·외부 표면을 물로 적신다.

 ② 거푸집에 고여 있는 물은 콘크리트 타설 전에 모두 제거하고, 거푸집 내·외부에 충분히 물축임을 한다.

습윤양생 기간의 표준

일평균기온	보통포틀랜드 시멘트	고로 슬래그 시멘트 플라이 애쉬 시멘트 B종	조강포틀랜드 시멘트
15℃ 이상	5일	7일	3일
10℃ 이상	7일	9일	4일
5℃ 이상	9일	12일	5일

3. 습윤양생 유의사항

(1) 콘크리트 타설 후에 표면을 보호하여 품질변동 최소화 유지

 ① 타설 후 3일간 보행 금지, 중량물적재 금지

 ② 바람, 직사광선, 한풍, 냉기, 충격, 진동 금지

(2) 양생기간 중에 가능하면 콘크리트의 온도변화 최소화 유지

 ① 항상 5~30℃ 이내 유지

② 양생온도가 낮을수록 초기강도는 저하, 장기강도는 증가
(3) 초기 습윤양생 불량하면 콘크리트 구조물에 악(惡)영향 초래
  ① 서중콘크리트 　: 소성수축균열, cold joint 발생
  ② 한중콘크리트 　: 초기동해 발생
  ③ 수화반응 촉진 　: 건조수축균열, 온도균열, cold joint 발생
  ④ 수화반응 지연 　: 강도발현 지연 등

Ⅳ. 피막양생

1. 용어 정의

(1) 피막양생이란 콘크리트 표면에 막을 형성하는 양생제를 발라서 물의 증발을 방지하는 양생방법으로, 주로 라이닝 콘크리트, 콘크리트포장 슬래브 등에 쓰인다.
(2) 피막양생은 표면에 피막양생제(compound)를 살포하거나, 방수지(plastic sheet)를 도포하는 방법을 주로 사용한다.
(3) 피막양생은 습윤양생을 할 수 없는 경우, 습윤양생이 끝난 후 장기양생이 필요한 경우에 많이 쓰인다.

2. 피막양생 재료

(1) 피막양생제(compound)
  ① 종류　○ 비닐유제, 아스팔트유제
  ② 특징　○ 콘크리트 표면에 피막양생제를 살포하여 수분증발을 방지한다.
        ○ 시멘트의 수화작용에 필요한 습도를 유지시켜 준다.

(2) 방수지(plastic sheet)
  ① 종류　○ 합성수지, 방수지
  ② 특징　○ 콘크리트 표면이 손상되지 않을 정도가 되었을 때 충분히 살수한 후 방수지 sheet를 도포하여 양생한다.
        ○ Plastic sheet는 유연성이 좋아 복잡한 표면에도 적용할 수 있다.

3. 피막양생 유의사항

(1) 피막양생제는 습기가 통하지 않고, 콘크리트 표면에 부착성이 좋아야 한다.
(2) 피막양생제는 살포·도포가 용이하고, 풍우·일사에 내구적이어야 한다.
(3) 피막양생제에 백색도료를 혼합하여 살포하면 열흡수를 방지할 수 있다.
(4) 콘크리트 표면에 bleeding水가 없어진 후(2시간 경과), 2회 이상 살포한다.
(5) 통풍이 안 되는 터널 내부에서는 피막양생제 휘발성분에 의한 화재에 유의한다.
(6) 피막양생제의 살포시기가 지연될 때는 콘크리트 표면을 습윤상태로 유지한다.

V. 온도제어양생

1. 용어 정의

(1) 온도제어양생이란 콘크리트가 충분히 경화될 때까지 필요한 온도조건을 일정하게 유지하여, 급격한 온도변화에 의한 유해한 영향을 받지 않도록 하는 양생이다.

(2) 온도제어양생은 외부 기온과 콘크리트 수화열과의 온도차를 줄이고, 초기동해에 의한 온도응력의 발생을 방지하기 위하여 실시한다.

2. 온도제어 방법

(1) 예비냉각(pre-cooling) : 재료를 미리 냉각시켜 타설 중에 온도를 낮춘다.

① 물 온도를 10~15℃ 저하시키면, 콘크리트 온도가 2~3℃ 저하

② 물의 10~40%를 얼음으로 사용하면, 콘크리트 온도가 3~7℃ 저하

③ 굵은골재 온도를 2℃ 저하시키면, 콘크리트 온도가 1℃ 저하

(2) 배관냉각(pipe cooling) : 타설 전에 pipe를 배치하여 타설 후에 통수(通水)한다.

① 타설 전에 25mm pipe를 수평 배치하고, 타설 후에 냉각수(온도차 20℃ 이내)를 순환시켜, 배출되는 냉각수가 20℃ 이하로 냉각될 때까지 통수한다.

② 콘크리트 수화열이 냉각된 후에는 배치된 pipe 내부를 grouting으로 충진한다.

③ 냉각속도, 냉각기간, 냉각순서 등의 통수(通水)방법이 적당하지 못하면 내·외부의 온도차가 너무 커져서 오히려 균열발생이 원인이 된다.

3. 온도제어 유의사항

(1) 콘크리트가 충분히 경화될 때까지 저온, 고온, 급격한 온도 변화 등에 의한 유해한 영향을 받지 않도록 온도제어양생을 실시하면 효과적이다.

(2) 온도제어양생 중에 온도제어방법, 양생기간 및 관리방법에 대해 콘크리트의 종류, 구조물의 형상·치수, 시공방법 및 환경조건 등을 고려하여 적절히 정한다.

(3) 양생촉진방법을 적용할 때는 콘크리트에 나쁜 영향을 주지 않도록 양생시작시기, 온도상승속도, 냉각속도, 양생온도 및 양생시간 등을 고려한다.

VI. 증기양생

1. 용어 정의

(1) 증기양생이란 고온·고압에 의해 콘크리트의 경화를 촉진시켜 양생하는 방법으로, 단기간에 소요의 강도를 얻을 수 있어 콘크리트의 2차 제품 생산에 많이 쓰인다.

2. 증기양생된 콘크리트의 초기강도

(1) 온도 21℃에서 3일 양생 후의 초기강도 : $140kg/cm^2$

(2) 온도 90℃에서 3일 양생 후의 초기강도 : 112kg/cm²

(3) 온도 70℃에서 3일 양생 후의 초기강도 : 156kg/cm²

증기양생의 4단계 시간별 온도변화

	단계	시간	온도	양상방법
1	전(前)양생단계	1~4시간	20℃	콘크리트를 거푸집과 함께 양생실에 넣고 온도를 균일하게 유지
2	온도 상승단계	3~4시간	22~23℃	비빈 후 3~4시간부터 정기양생 실시
3	등온 양생단계	3시간	66~82℃	최고온도 유지
4	온도 강하단계	3~7시간	20℃	상온으로 강하

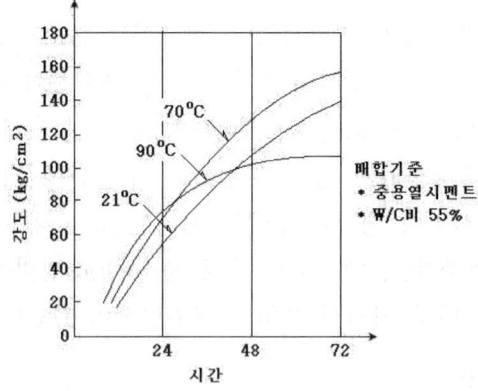

증기양생 온도변화에 따른 초기강도 발현

Ⅶ. 맺음말

1. 콘크리트를 타설한 후, 재령 5일이 될 때까지는 예상되는 외부의 진동·충격·하중 등 유해한 작용으로부터 보호해야 한다.

2. 서중, 매스, 한중콘크리트의 경우에 온도제어양생을 적용하면 초기결함 억제에 효과적이다. 특히, 고강도 배합일수록 온도제어양생의 강도증진 효과가 우수하다.

3. 온도제어양생은 온도와 시간을 조절하는 양생방법이므로, 콘크리트의 적산온도(積算 溫度, maturity temperature)를 이용하면 강도발현 효과를 예측할 수 있다.[284]

---

284) 박효성 외, 'Final 토목시공기술사 핵심문제', 예문사, pp.99~101, 2008.
  김낙석·박효성, '실무중심 건설적산학', 피앤피북, pp.256~260, 2016.
  국토교통부, '콘크리트표준시방서', 제2장 일반콘크리트, pp.55~57, 2016.

06.47 콘크리트의 적산온도

콘크리트의 적산온도(maturity) [2, 0]

1. 용어 정의

(1) 콘크리트의 적산온도(積算溫度, maturity temperature)는 양생시간과 양생온도의 곱으로 표시되며, 수화반응율과 초기강도를 추정하는데 사용된다.

(2) 즉, 콘크리트의 적산온도는 온도제어양생의 양생효율을 나타내는 척도이다.

2. 콘크리트의 적산온도

(1) 적산온도 산정식

$$M = 온도 \times 시간 = \sum_0^t (\theta_2 - \theta_1) \cdot \triangle t = \sum_0^t (\theta_2 + 10) \cdot \triangle t$$

여기서, θ_2 : $\triangle t$ 시간에 콘크리트의 온도

θ_1 : 기준온도(-10℃, 이 온도부터 양생이 가능하다고 판단)

$\triangle t$: 양생시간(hr 또는 day)

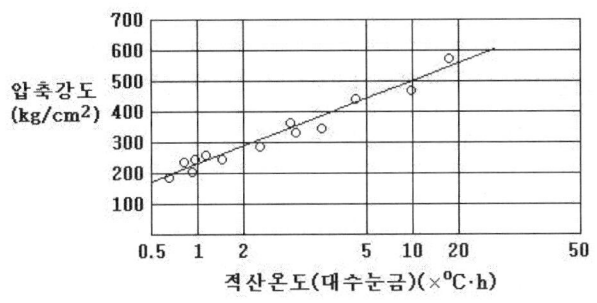

콘크리트의 적산온도와 압축강도 관계

(2) 적산온도의 적용

① 양생온도에 따른 압축강도 추정, 거푸집 제거시기 결정, 양생기간 결정

② Prestressed concrete의 긴장력 도입시기 결정

③ 서중(暑中)콘크리트에서 온도제어양생 계획 수립

④ 한중(寒中)콘크리트에서 배합강도, W/C비 보정

(3) 적산온도가 양생에 미치는 영향

① 콘크리트의 양생온도를 상승시키면 수화반응이 촉진되어 조기강도는 증가하지만, 7일 이후의 장기강도 발현은 불리하다.

② 콘크리트의 급속한 수화반응은 다공질 구조를 형성하여 강도발현에 불리하다.[285]

---

285) 박효성 외, 'Final 토목시공기술사 핵심문제', 예문사, p.97, 2008.

06.48 콘크리트 구조물의 유지보수공법

콘크리트 구조물의 유지관리, 균열의 발생원인 및 보수·보강, 보수재료 선정기준 [1, 11]

Ⅰ. 개요

1. 1950년대 이후 전후복구사업이 추진되면서 수많은 콘크리트 구조물이 건설되었다. 특히, 1988년 서울올림픽 유치를 계기로 잠실 메인스타디움 뿐만 아니라 한강을 횡단하는 올림픽교량이 사장교로 건설되었다. 2002년 한·일월드컵 행사를 위하여 서해안 섬들을 매립하여 만든 인천국제공항과 함께 연장 18km의 인천대교가 바다 위에 건설되었다. 물론 전국적으로 8개 시·도에 축구전용경기장도 들어섰다.

2. 오늘날 우리에게 가장 중요한 과업은 수많은 시설물들을 유지관리하면서 점검·진단 하여 성능평가하고 보수·보강공사를 시행하는 일이다. 1994년 성수대교 붕괴사고와 1995년 상품백화점 붕괴사고를 계기로 『시설물의 안전 및 유지관리에 관한 특별법』이 제정되어 오늘날 매우 상세한 점검·진단, 성능평가, 정밀안전진단 및 보수·보강공사 시스템이 작동되고 있다.

Ⅱ. 콘크리트 구조물의 내구성에 대한 인식 변화

1. 1960년대 이전까지만 해도 콘크리트 구조물이 철 구조물보다 내구성 측면에서는 우수한 것으로 인식되었다.
   (1) 그 당시 구조물의 설계·시공단계에서 고려되어야 하는 내구성 항목은 피로, 동해, 침식, 마모, 투수 등에 따른 화학적 부식이었다.
   (2) 철의 부식이 큰 문제로 인식되었기 때문에 건설재료로서 콘크리트가 철에 비해 양호한 내구성을 갖추고 있어 콘크리트 내의 철근부식은 고려대상이 아니었다.

2. 1970~80년대 고도경제 성장기에 많은 댐건설과 하천정비를 시행하여 천연골재가 부족해짐에 따라 바다모래와 함께 쇄석골재를 콘크리트 생산에 사용했다.
   (1) 물론 바다모래의 염분 함유량에 대한 규정을 갖추고는 있었지만, 건설현장에서 그 제한치의 의미와 중요성을 미처 인식하지 못했다.
   (2) 반응성 골재와 시멘트의 알칼리 함유량 규정을 별도로 정하지 않은 결과, 새로 건설된 구조물 중에서 5년 이내에 갑자기 열화되는 생소한 현상이 나타났다.

3. 이러한 열화 콘크리트 구조물에 대한 조사·분석을 통하여 내구성 향상을 위해서는 종래의 피로, 동해, 침식, 마모, 투수 등에 따른 화학적 부식뿐만 아니라 철근부식, 알칼리골재반응, 산성비, 생물학적 부식 등의 중요성을 인식하게 되었다.

Ⅲ. 시설물의 유지관리제도 주요 내용

1. 필요성

(1) 관리주체는 시설물의 기능을 보전하고 편의성과 안전성을 높이기 위해 소관 시설물에 대한 유지관리를 수행

관리주체가 직접 유지관리 업무 수행 또는 유지관리업자가 대행 가능

단, 300세대 이상, 승강기 설치 및 중앙난방식 150세대 이상의 공동주택은 『공동주택관리법』에 따라 관리

(2) 시설물의 유지관리에 소요되는 비용은 관리주체가 부담

2. 유지관리업

(1) 관할 시·도지사에게 '유지관리업' 신고(『건설산업기본법』제9조제1항)

(2) 신고요건 : 자본금 3억원 이상, 기술자 4인 이상, 법적 소요 장비 구비 등

3. 성능평가

(1) 도로, 철도, 항만, 댐 등 대통령령으로 정하는 시설물의 관리주체는 시설물의 성능 유지를 위하여 성능평가를 의무적으로 실시

(2) 성능평가 대행기관 : 안전진단전문기관, 한국시설안전공단

성능평가 실시기관은 '유지관리·성능평가지침'에서 정하는 실시방법·절차 등에 따라 성실하게 그 업무를 수행

(3) 성능평가는 정밀안전점검 또는 정밀안전진단에 포함하여 실시하거나, 성능평가 실시일 以前 1년 이내에 실시한 上記 점검 또는 진단 결과를 활용 가능

4. 실태점검

(1) 국토교통부장관, 주무부처의 장 또는 지방자치단체의 장은 시설물의 안전 및 유지관리 실태를 점검할 수 있다.

(2) 시장·군수·구청장은 민간관리주체 소관 시설물에 대하여 시설물 관리계획의 이행여부 확인 등 안전·유지관리 실태를 연 1회 이상 점검해야 한다.

5. 사고조사

(1) 관리주체는 소고나 시설물에 사고가 발생된 경우에는 지체 없이 응급안전조치를 해야 하며, 일정규모 이상의 사고가 발생되는 경우에는 관계행정기관의 장에게 알려야 한다.

(2) 일정 피해규모 이상의 사고가 발생되면 사고조사를 위하여 국토교통부장관 또는 지방자치단체의 장은 시설물사고조사위원회를 구성·운영할 수 있다.

Ⅳ. 콘크리트 구조물의 유지보수공법

1. 콘크리트 열화의 원인과 대책

(1) 동해(凍害)

① 원인 : 콘크리트 내부의 공극수가 기온에 따라 동결과 융해를 반복하면서 콘크리트 수화조직을 연약화시켜 내구성이 저하되는 현상이다. 콘크리트 내부의 공극수가 동결되면 체적이 8~9% 팽창되며, 얼었던 물이 녹은 후에 재동결될 때 주변의 알칼리 농도가 높아져 체적팽창이 더욱 가속화되어 열화된다.

② 대책 : 공기연행 혼화제인 AE제를 사용하도록 『KS F 4009 레미콘』에 AE콘크리트가 표준으로 규정된 이후, 국내에서 동해는 큰 문제가 되지 않는다. 다만, 콘크리트 공장제품에 AE콘크리트를 사용하면 경화 후에 표면에 기포가 발생되어 사용을 기피함에 따라 동결융해에 의한 열화가 생기는 사례가 있다.

(2) 중성화(中性化)

① 원인 : 공기 중의 탄산가스(또는 산성비)가 콘크리트 중의 수산화칼슘과 화학반응하여 탄산칼슘($CaCO_3$)으로 변하면서 콘크리트가 알칼리성을 상실하면 철근이 부식하고 팽창압력이 발생한다. 이 팽창압력이 콘크리트 응력을 초과하면 균열이 발생되어 그 틈새로 수분과 이산화탄소가 침투되면서 열화된다.

② 대책 : 일반적으로 토목구조물은 건축구조물에 비해 철근 피복두께가 두껍고 콘크리트 W/C비가 작고 밀실하여 중성화 문제는 별로 없다. 그러나, 최근 철근 피복두께가 충분히 확보되지 못한 구조물 준공 사례가 있고, 콘크리트 구조물의 장(長)수명화를 위하여 중성화 문제에 대한 재인식이 요구되고 있다.

(3) 염해(鹽害)

① 원인 : 콘크리트는 화학적으로 안정된 반영구적인 재료라고 하지만, 항만이나 적설한랭지역과 같은 열악한 환경에서 염해가 발생되고 있다. 실제 선진국에서 염해를 받은 교량이 목표내구수명 이전에 철거되거나 개·보수비가 초기건설비보다 더 많이 소요되는 사례가 있어 염해에 대한 내구성설계에 관심이 높다.

② 대책 : 시간이 경과되면서 염분(鹽盆) 공급량이 증가되어 콘크리트 중의 염화물 이온 농도가 높아지면 문제가 된다. 철근부식을 초래하지 않는 염화물 이온의 『임계부식염화물량』은 콘크리트의 종류, 피복두께, 환경조건 등에 따라 다르지만 철근표면에서 콘크리트 $1m^3$당 1.2~2.5km 정도이다.

2. 비파괴검사 방법의 활용

(1) 반발경도법 : 콘크리트의 벽, 기둥, 보 등의 측면에 측정지점을 선정하여 3cm 가로·세로 정방형 간격으로 20곳을 Schmidt hammer로 반발력을 측정한다.

(2) **초음파법** : 콘크리트 표면에 붙인 발신자와 수신자 사이를 음파가 통과하는 시간을 측정하여, 전달속도(Velocity, V_p)의 크기에 의해 강도를 추정한다.

(3) **방사선법** : x선 발생장치 또는 방사선 동위원소에서 방사되는 x선법, γ선을 이용하여 철근의 위치·크기·개수·내부결함 등을 조사한다.

(4) **진동법** : 콘크리트 공시체에 진동을 가할 때 발생하는 공명·진동 등으로 콘크리트의 탄성계수를 추정한다.

(5) **인발법** : 철근을 종류별로 배근하고 콘크리트를 타설하여 경화한 후에 잡아당겨서 철근과 콘크리트의 부착력을 검사한다.

(6) **철근탐사법** : 전자유도에 의한 병렬 공진회로의 진폭 감소를 응용하는 방법으로 콘크리트 구조물의 철근을 탐사한다.

3. 균열 보수의 재료·공법 선정

(1) **균열부 누수상태 파악**

① 콘크리트 벽에 관통된 온도균열을 표면에 보이는 균열폭이 작기 때문에 건조수축균열이라 평가하면 오류다. 건조수축은 표면처리공법이나 도로공법으로 표면부근의 보수가 가능하지만, 관통된 온도균열은 주입공법이 적절하다.

② 균열부에서는 물의 상태가 핵심이다. 수압이 작용되고 있는 상태의 균열에는 구조물의 표면에서부터 도포공법으로 지수(止水)를 하더라도 충분하게 지수요과를 기대할 수 없기 때문에 별도의 방수공법이 필요하다.

(2) **에폭시수지 양생**

① 균열보수용 주입재료는 크게 수지계와 시멘트계로 구분된다. 수지계 재료에는 에폭시 수지, 폴리우레탄 수지, 아크릴 수지 등이 많이 사용된다.

② 그 중 에폭시 수지가 접착성과 내구성 측면에서 가장 우수하다. 그러나 에폭시 수지경화속도가 외부기온의 영향을 받기 쉬우므로, 혹한기 시공에는 양생온도를 5℃ 이상 유지하는 것이 가장 중요하다.

③ 최근 새로 기술개발된 에폭시 수지는 콘크리트 구조물에 표면에 도포하면 내부로 침투되어 경화되는 제품이 시판되고 있다.

(3) **복수공법 병용**

① 콘크리트 균열의 보수공법에는 주입공법, 충전공법, 표면피복공법이 일반적으로 많이 쓰이고 있다.

  ○ 주입공법 : 보수재료에 압력을 가하여 균열 내부로 주입
  ○ 충전공법 : 균열 표면부를 U형 또는 V형으로 절삭하여 보수재료를 충전
  ○ 표면피복공법 : 균열 표면부를 보수재료로 피복

② 콘크리트 옹벽의 배면으로부터 물이 침투되어 생기는 균열을 도포형 표면피복
공법으로 보수한 경우에는 배면에서 수압이 가해져서 보수부위를 들뜨게 하는
결함이 발생된다. 이 경우에는 표면피복공법과 주입공법을 병용 적용한다.

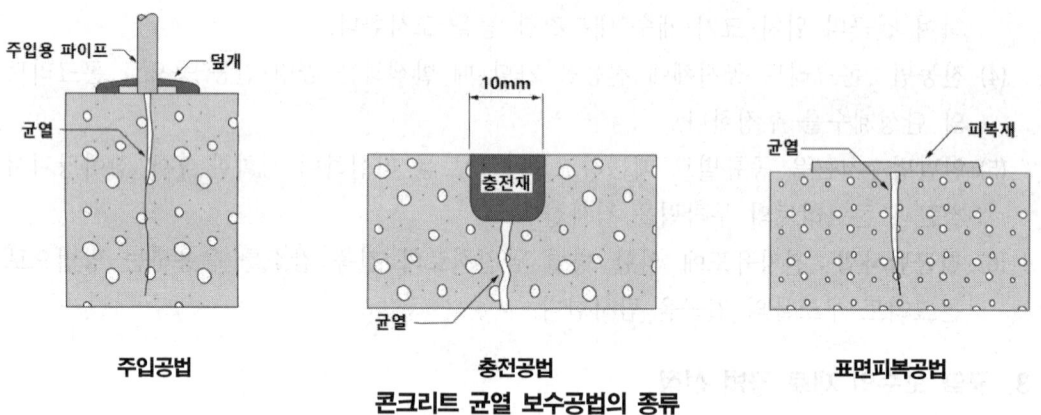

주입공법   충전공법   표면피복공법
콘크리트 균열 보수공법의 종류

4. 단면복구공법의 적용

단면복구를 위한 검토사항

검토주제		검토내용
열화	열화의 원인	○ 열화의 원인에 따라 단면복구의 공법, 재료 등을 결정 ○ 열화의 원인과 현 상태와의 상관관계를 명확히 규명
	열화의 진행도	○ 열화가 현재도 진행되고 있는지? ○ 열화가 현 상태에서 정지된 것으로 판단되는지?
	열화부의 상태	○ 열화부의 현 상태가 건조한지, 습윤한지, 물이 흐르는지? ○ 철근 부식의 진행정도, 제거방법, 충전방법, 방청방법?
시공	보수개소의 환경조건	○ 보수개소 주변에 산, 염류, 가스, 적외선 등이 존재하는지? ○ 보수개소 위치가 수중인지? 고공인지? 지하인지?
	보수개소의 시공조건	○ 보수개소가 상향? 횡방향? 하향? 긴지? 넓은지? ○ 보수시기 선택에 제한 있는지? 시급한지? 여유있는지?
	보수개소의 외적조건	○ 보수 중에 하중, 충격, 반복응력, 침하 등이 작용되는지? ○ 그와 같은 외적 작용력이 선정하려는 보수공법에 영향은?

(1) 시공 중의 내력 관리

① 콘크리트 기둥의 하부를 단면복구로 보수하기 위하여 열화부위를 제거한 후,
보수재료를 충진하여 소정의 성능이 발휘될 때까지 나머지 단면으로 적재하중
에 의한 압축응력을 지지할 수 있는지 확인해야 한다.

② 특히, 휨응력이 작용되는 경우에는 휨응력에 저항할 수 있을 만큼의 단면이 확
보되지 않는다면 시공 중에 위험할 수 있다.

(2) 열화손상 부위의 제거

① 단면복구할 때는 우선 열화된 콘크리트를 제거하는데, 이때 건전한 콘크리트를 남기고 손상이 영향을 주지 않도록 열화부위만을 제거하는 것이 중요하다.

② 콘크리트 제거에 일반적으로 쓰이는 브레이커(breaker)를 사용하면 남는 콘크리트에 미세한 균열이 생기므로, 진동핏크(vibro pick)로 제거하고 숏트블라스트(shut blast)로 마감하는 것이 바람직하다.

진동핏크(vibro pick)　　　　　**숏트블라스트(shut blast)**

(3) 보수재료의 충전방법 선정

① 보수부위가 상향이고 보수범위가 깊고 넓을 때 보수재료의 충전은 뿜칠방법이 적합하며, 사용재료는 포틀랜드시멘트가 시공성·경제성 측면에서 유리하다.

② 다만, 제거되고 남은 콘크리트와의 부착성, 복구되는 표면의 내마모성이 요구되는 경우에는 포틀랜드시멘트만으로는 불충분하고 폴리머 시멘트모르타르를 선정하는 것이 바람직하다.

③ 단면복구를 위한 보수재료의 충전방법은 아래 그림과 같은 미장공법, 주입공법, 드라이팩킹공법 등이 많이 쓰인다.

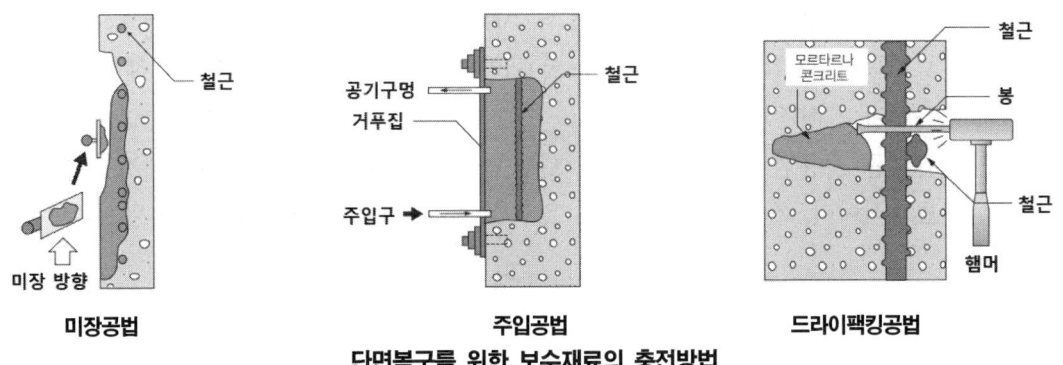

미장공법　　　　　　　**주입공법**　　　　　　　**드라이팩킹공법**
단면복구를 위한 보수재료의 충전방법

(4) 콜드조인트의 보수

① 선행(先行) 타설된 콘크리트 위에 bleeding水가 남아 있으면 후행(後行) 타설된 콘크리트의 페이스트가 유출되어 콜드조인트 부분에 모래층이 쌓이게 된다.

② 이러한 성능 저하를 방지하기 위하여 아래 그림과 같이 모래층 부분을 완전히 제거하고 단면복구에 의한 보수를 실시하는 것이 바람직하다.

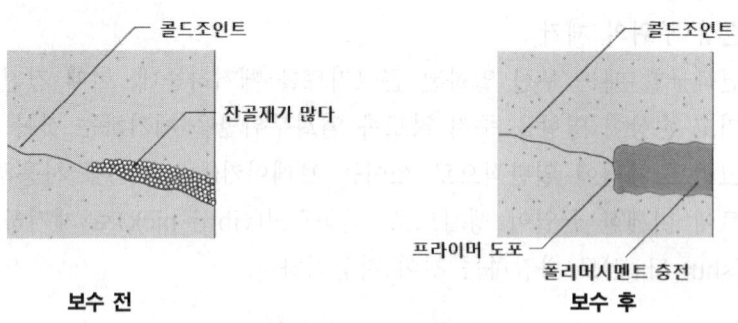

콜드조인트의 보수방법

(5) 박리나 들뜸의 보수

① 박리나 들뜸은 철근 부식이나 골재 팽창에 의해 발생된 것이므로, 이들을 모두 제거하고 철근을 방청처리한 후 제거부위를 충전한다.

② 박리나 들뜸의 보수부위가 다시 열화되지 않도록 아래 그림과 같이 열화된 콘크리트 제거면을 청소하거 프라이머를 도포하여 부착성을 확인한다.

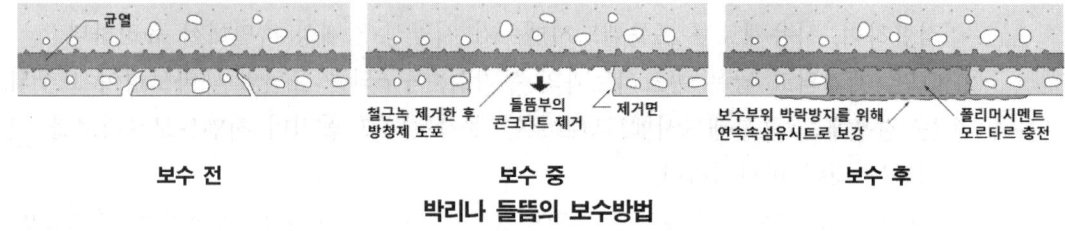

박리나 들뜸의 보수방법

(6) 철근부식에 의한 밑면의 들뜸 보수

① 콘크리트 구조물 부재의 밑면에 철근부식에 의한 들뜸이 발생된 경우에는 우선 들뜸부의 콘크리트나 철근에 부착도니 모르타르나 녹을 제거한 후에, 제거면을 마감하고 청소한다.

② 규사를 사용한 숏트블라스트는 단면복구의 범위가 넓은 경우에 제거면 마감에 효과적이며, 철근을 손상시키지 않고 녹을 제거할 때에도 효과적이다.

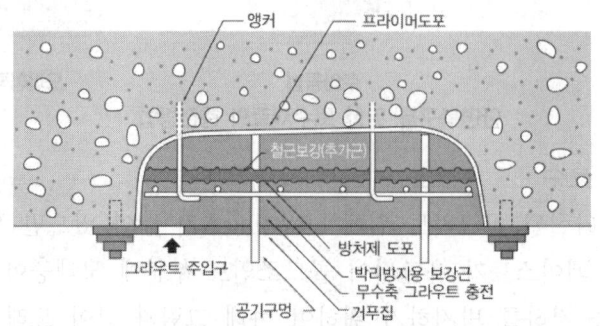

철근부식에 의한 밑면의 들뜸 보수

V. 맺음말

1. 콘크리트 구조물의 열화원인이 중성화에 의한 철근부식 때문이라면 보수공법은 매우 다양하게 검토될 수 있다.

   (1) 균열이 생겨 노출된 철근의 부식이 미미하고 중성화 깊이가 철근 피복두께보다 얇다면 표면을 코팅하여 아산화탄소 침투를 막는 것이 철근부식의 보수공법이다.

   (2) 균열부위에서 중성화 깊이가 철근 피복두께보다 크다면, 균열부위에 에폭시 레진을 주입하는 것이 보수공법이다.

   (3) 해양환경에서 염분에 의한 철근부식이라면, 콘크리트 내에서 염분농도가 크게 집중된 부위를 제거하고 철근표면을 부식방지 처리하는 것이 보수공법이다.

   (4) 이때 열화된 콘크리트 부위를 제거한 부위에는 콘크리트 표면을 코팅하기 전에 폴리머 시멘트 모르타르를 이용하여 제거한 부위를 충전하도록 한다.

2. 기존 콘크리트 구조물의 보강은 내하성능이 당초 설계치보다 작을 때 또는 과하중이 작용될 것으로 예상될 때 필요한 공법이다.

3. 기존 콘크리트 구조물을 보수·보강하기 위하여 설계와 적합한 재료선정이 필요하다. 설계와 재료선정은 열화원인 및 열화도에 따라 다르다.

4. 열화원인이 알칼리골재반응으로 반응성 골재량이 많기 때문이라면 반응률을 줄이는 것이 대책이다. 그 대책은 콘크리트 내부로 수분 침투를 막기 위하여 표면을 코팅하는 보수공법이다. 콘크리트가 많은 양의 알칼리를 함유하고 있어, 반응을 정지시키지 못하면 점차 구조물은 열화가 심각해져 해체되고 새로 건설되어야 한다.

5. 최근 일본에서는 기존 구조물의 활하중 기준이 (20톤에서 25톤으로) 변경되어 여러 건축물의 보, 슬래브 및 기둥 보강에 많은 비용이 쓰였다. 그 이유는 열화 때문이 아니고 대지진에 따른 사회적 요구 때문이었다.[286]

---

286) 박효성 외, 'Final 토목시공기술사 핵심문제', 예문사, pp.146~148, 2008.
  김낙석·박효성, '앞서가는 도로공학', 개정 1판1쇄, 예문사, pp.456~471, 2019.
  The Best Quality Construction, '철근콘크리트구조물의 유지·보수', 2019, http://www.google.co.kr/

06.49 철근콘크리트 구조물의 허용 균열폭

철근콘크리트 구조물의 허용 균열폭, 균열관리대장 [2, 0]

Ⅰ. 콘크리트 구조물의 설계기준 : 균열

1. 다음 2항 및 3항의 경우를 제외하고『콘크리트구조 사용성 설계기준』의 다른 모든 규정을 만족하는 경우에는 균열에 대한 검토가 이루어진 것으로 간주할 수 있다.
2. 특별히 수밀성이 요구되는 구조는 적절한 방법으로 균열에 대한 검토를 해야 한다. 이 경우 소요 수밀성을 갖추기 위하여 별도의 허용균열폭을 설정할 수 있다.
3. 미관이 중요한 구조는 미관을 위한 허용균열폭을 설정하여 균열을 검토할 수 있다.
4. 부재는 하중에 의한 균열제어에 필요한 철근 외에도 온도변화, 건조수축 등에 의한 균열제어를 위하여 추가적인 보강철근을 배치해야 한다. 그리고 균열제어를 위한 철근은 필요로 하는 해당 부재 단면의 주변에 분산시켜 배치해야 한다.

Ⅱ. 콘크리트 구조물의 설계기준 : 허용 균열폭

1. 철근콘크리트 구조물의 내구성 확보를 위한 허용균열폭은 아래 표에 따른다.

철근콘크리트 구조물의 허용균열폭 w_a(mm)

강재의 종류	강재의 부식에 대한 환경조건			
	건조 환경	습윤 환경	부식성 환경	고부식성 환경
철근	0.4mm와 0.006c_c 중 큰 값	0.3mm와 0.005c_c 중 큰 값	0.4mm와 0.004c_c 중 큰 값	0.4mm와 0.0035c_c 중 큰 값
긴장재				

여기서, c_c는 최외단 주철근의 표면과 콘크리트 표면 사이의 콘크리트 최소 피복두께(mm)

2. 수(水)처리 구조물의 내구성과 누수방지를 위한 허용균열폭은 다음 표에 따른다.[287]

수(水)처리 구조물의 허용균열폭 w_a(mm)

구분	휨 인장균열	전체 단면 인장균열
오염되지 않은 물 [1]	0.25	0.20
오염된 액체 [2]	0.20	0.15

주 1) 음용수(상수도) 시설물
2) 오염이 매우 심한 경우에는 발주자와 협의하여 결정

---

287) 국토교통부, '콘크리트구조 사용성 설계기준', 국가건설기준 표준시방서, 2016.

942

Ⅲ. 콘크리트 구조물의 균열관리

1. 시공 中 균열관리

(1) 균열 조사방법

① 시공사 : 타설 후부터 약 28일까지 주기적 확인, 수시확인

② 감리단 : 월1회 현장점검, 수시확인

③ 발주청 : 현장점검 기간 중 필요한 개소에 대하여 연 1회 외부 안전진단 전문기관에 의뢰하여 정기안전점검 시행

(2) 균열 관리방법

① 보수·보강여부 결정

  ○ 0.2mm 이상은 균열 진행여부를 관찰한 후 보수·보강 계획 수립 및 결함관리대장 기록 관리(붙임 구조물 결함관리대장 참조)

  ○ 0.2mm 이하는 발주청 유지관리매뉴얼에 의해 감리단과 협의하여 결정

② 보수·보강계획서 수립

  ○ 시공사 : 보수·보강계획서 감리단에 제출

  ○ 감리단 : 시공사에서 제출한 보수·보강계획서 검토 승인

③ 보수·보강 조치

  ○ 시공사 : 승인된 방법에 의거 보수·보강 조치

  ○ 감리단 : 보수과정 입회 및 보수·보강상태 확인

  ○ 발주청 : 필요한 경우에 확인

2. 준공 後 균열관리

(1) 준공 後 하자·정기점검

① 균열이 발견된 구조물에는 구조물 외관망도에 기록관리

② 필요한 보수·보강은 관할 사무소(하자기간 내 보수는 시공사 책임) 시행

(2) 하자검사 실시

① 매6개월마다 시행

② 낙찰율 88% 이하 현장은 안전진단전문기관에 의뢰

(3) 정기점검 실시

① 매6개월마다 시행

② 관리청 주관, 세심한 육안점검

(4) 정밀점검 실시

① 매2년마다 시행

② 관리청 주관, 간단한 도구 및 측정장비를 이용한 면밀한 육안점검

3. 균열 분석

(1) 일반사항

  ① 균열발생 구조물의 주위 환경조건(건습, 염분, 동결융해 등)을 파악

  ② 균열이 발생한 위치가 구조물에 작용하는 하중조건과 관련여부 조사

  ③ 설계오류, 외부하중 등에 의한 구조적 또는 비구조적인지 파악

  ④ 균열이 진행되고 있는지 아니면 더 이상 진행이 없는지 파악

(2) 구조적 균열과 비구조적 균열의 분류

분류	정의	주요 균열
비구조적	구조물의 안정성 저하는 없으나 내구성, 사용성 저하를 초래할 수 있는 균열	◦ 소성침하균열 ◦ 소성수축균열 ◦ 초기온도수축균열 ◦ 장기건조수축균열 ◦ 불규칙한 미세균열 ◦ 염화물에 의한 철근부식에 의한 균열 ◦ 알카리 골재반응에 의한 균열
구 조 적	구조물이나 구조부재에 사용하중의 작용으로 인해 발생한 균열	◦ 설계오류에 의한 균열 ◦ 외부하중에 의한 균열 ◦ 단면 및 철근량의 부족에 의한 균열

(3) 진행성 균열과 고정된 균열의 원인 및 조치

원 인	진행	고정	조 치
급격한 하중의 재하		○	양생기간동안 하중재하 금지
철근량의 부족	○		검토 후 보수·보강 조치
온도응력(온도상승에 따른 과도한 팽창 또는 부적합한 신축이음)	○		양생 중에 수화열관리를 하고, 신축이음 위치 재검토
철근의 부식	○		콘크리트 타설 전 철근의 녹제거, 콘크리트 내에서 녹발생이 진행되는 경우에는 보수 조치
기초침하	○	○	기초침하 진행여부를 관찰하고, 적절한 보수·보강 조치
알카리 골재 반응	○		골재 사용 전 시험 실시
양생불량, 거푸집설치 등 시공 오류		○	보수 조치
설계오류(팽창계수가 다른 콘크리트와 재료의 연결, 응력집중, 잘못된 이음 설치)	○		재설계 및 보수·보강

(4) 콘크리트 구조물의 균열관리대장[288]

콘크리트 구조물의 균열관리대장 (예)

관리번호	구 분	관 찰						비고
명칭 : ○○건설공사 제 ○ 공구 위치 :		1차	2차	3차	4차	5차	6차	
	1.조사일자							
	2.균열길이							
	3.균 열 폭							
	1.조사일자							
	2.균열길이							
	3.균 열 폭							
	1.조사일자							
	2.균열길이							
	3.균 열 폭							
	1.조사일자							
	2.균열길이							
	3.균 열 폭							
	1.조사일자							
	2.균열길이							
	3.균 열 폭							
	1.조사일자							
	2.균열길이							
	3.균 열 폭							
	1.조사일자							
	2.균열길이							
	3.균 열 폭							
점 검 자								
검 토 자								
확 인 자(감리)								

---

288) 한국철도시설공단, '콘크리트 구조물의 균열관리', 2001.

저자 소개

성 명	박효성 (朴孝城)
학 력	육군사관학교 졸업, 이학사 연세대학교 공학대학원, 공학석사 Nottingham University in U.K. GIS MSc. 공학석사 경기대학교 공과대학원, 공학박사
자 격	토목시공기술사, 도로 및 공항기술사
경 력	국토교통부 서울지방국토관리청 도로시설국장
저 서	박효성 외, 'Final 도로 및 공항기술사', 2차 개정, 예문사, 2012. 토목시공학, 도로공학, 건설적산학 등 다수
현 재	㈜예성엔지니어링 회장, 경기대학교, 건설기술교육원, 전문건설협회 기술교육원, 등 출강

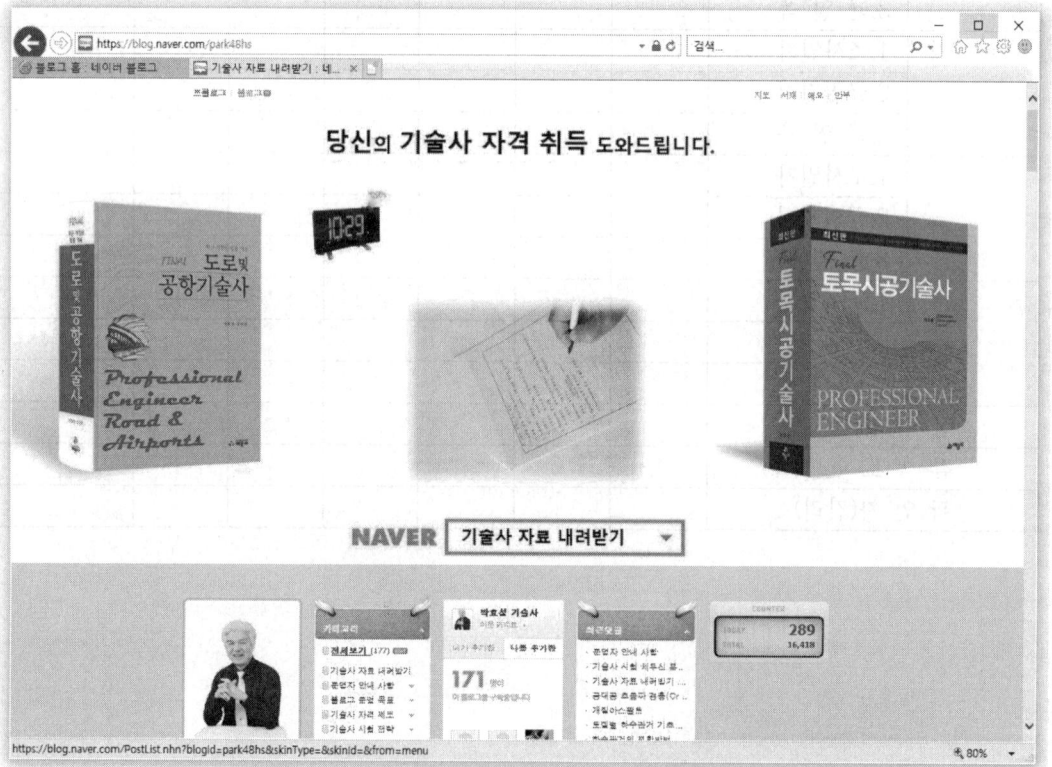

Final

토목시공기술사

PROFESSIONAL
ENGINEER

http://www.yeamoonsa.com

최신판
PROFESSIONAL ENGINEER CIVIL ENGINEERING EXECUTION

Final

토목시공기술사

II

박효성   토목시공기술사
도로 및 공항기술사
공학박사

PROFESSIONAL
ENGINEER

예문사

Final
토목시공기술사

1차 개정

Ⅱ

박효성

머 리 말

우리나라는 '70~'80년대에 축적한 국가경쟁력을 바탕으로 선진국의 시장개방 대열에 동참하기 위하여 1996년 UN 산하 경제개발협력기구(OECD)에 가입하였고, 2012년 한·미 FTA협정을 체결하였다. 그 이후부터 건설산업의 각 분야에 근무하는 엔지니어들은 개인적으로 느끼든 못 느끼든 선진국 시스템에서 업무를 수행하고 있다.

잠시 되돌아보면 1994년 성수대교 붕괴를 계기로 『시설물의 안전관리에 관한 특별법』이 제정되고, 이어서 삼풍백화점이 붕괴되어 책임감리제도가 전면 도입될 당시, 국가기술자격 제도마저 뒷받침되지 못한 상태에서 정부는 국민들의 생명과 재산을 보호할 목적으로 학·경력인정기술자를 양산하여 건설현장의 안전과 품질을 맡겨야 했다.

그동안 이러한 난관들이 어느 정도 수습되면서 이제 건설산업정책이 선진국 시스템으로 업그레이드되고 있다. 일례로 20여년 동안 시행되어온 책임감리제도가 2014년에 건설사업관리(CM)제도로 전환된 점을 들 수 있다. 이에 따라 건설업계는 시공사와 용역사가 건설사업관리 방식으로 발주된 공사 수주에 공동으로 참여하는 사례가 늘고 있다.

당연히 엔지니어들도 건설사업관리와 함께 도입된 역량지수 등급체계(ICEC)에 의해 학력·자격·경력을 모두 갖추어야 한다. 책임감리에서는 경력만 갖추면 책임기술자로서 업무수행이 가능했지만, 건설사업관리에서는 국가기술자격을 취득해야 한다. 이는 곧 건설현장을 책임지려면 실무뿐만 아니라 이론도 습득해야 하는 선진국 시스템이다.

이와 같은 시대적 상황을 고려하여 국내·외 건설현장을 진두지휘하고 있는 엔지니어들이 이미 알고 있는 공학이론에 실무경험을 엮어 『토목시공기술사』 자격 시험장에서 자~알 풀어쓸 수 있도록 저자는 이 교재를 다음과 같이 편집하였다. 이 책 발간에 협조해 주신 예문사 정용수 사장님께 감사드립니다. 끝.

『토목시공기술사』 시험 과목	이 교재의 주요 편집 내용
토목건설사업관리, 토공사, 기초공사, 콘크리트, 도로포장·하천·댐·상하수도·해안·항만공사, 교량·터널·지하공간, 토목시공법규·신기술	정책·관리, 안전·재난, 토질·기초, 사면·옹벽, 지반·암석, 콘크리트, 철근·기계, 포장, 교량, 터널·지하, 수자원, 기출문제 출제경향 분석

2020년 3월

저 자 씀

목 차

제 2 권

07. 혼합·철근·기계

1. 혼합콘크리트

2. 철근·강재·용접

3. 건설기계

08. 포장

1. 아스팔트포장

2. 콘크리트포장

3. 포장유지보수

09. 교량

1. 교량하부

2. 콘크리트橋

3. 특수교

4. 鋼橋

10. 터널

1. 계획·갱구부

2. 발파·여굴·진동

3. 터널굴착공법

4. 굴착보조공법

3. 수도

4. 항만

12. 출제경향분석

07. 혼합·철근·기계

◆**기출문제의 분야별 분류 및 출제빈도 분석**　　　　　　　　　　　　**07. 혼합·철근·기계**

분야	063회~115회 분석					최근 5회 분석					소계
	063~073	074~084	085~094	095~104	105~115	116	117	118	119	120	
1. 혼합콘크리트	15	17	18	12	17	1	2	1	2	2	87
2. 철근·강재·용접	7	10	7	6	12	2	1	2	2	1	50
3. 건설기계	11	11	7	6	5			1			41
소계	33	38	32	24	34	3	3	4	4	3	178

◆**기출문제 분석에 따른 학습 중점방향 탐색**

토목시공기술사 필기시험 제63회부터 120회까지 출제되었던 1,798문제(31문항×58차분) 중에서 '07. 혼합·철근·기계'분야에서 프리스트레스·유동화·고강도·섬유보강, 한중·수중·수밀·방수, 서중·매스·해양·프리플레이스트 등의 혼합콘크리트, 철근의 이음·보강, 강재의 종류·용접 및 비파괴검사 등을 중심으로 178문제(9.9%)가 출제되었다. 최근에는 환경친화적인 신기술·신공법 개발에 따른 스마트·포러스·진공·저탄소·에코 등의 특수콘크리트를 새롭게 묻고 있다.

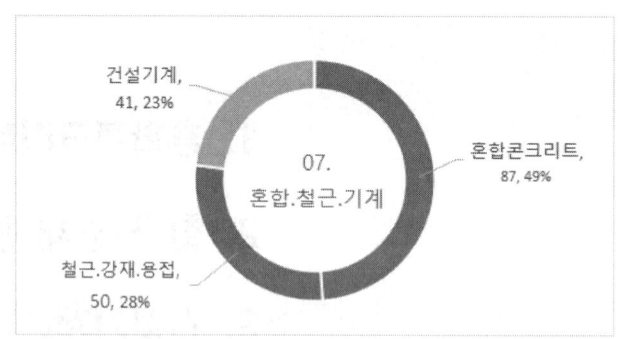

거의 모든 콘크리트공사에서 혼화재료가 필수적으로 사용되고 있는 오늘의 현실을 반영하기 위하여 콘크리트표준시방서(2014)가 개정되면서 배합설계 기본요소인 물/시멘트(W/C)비가 물결합재(W/B)로 바뀌었다. 따라서 프리스트레스트·유동화·한중·서중·수밀·방수·매스·해양·프리플레이스트 등의 혼합콘크리트 문제에는 바뀐 배합설계 기준에 따라 혼화재료 내용을 기술해야 한다. 토목구조물이 대형화·고규격화되면서 이제는 내진설계 적용이 보편화되어 철근의 용접수요가 증가된 만큼 출제빈도 역시 높아졌다.

철근의 종류·정착·피복두께·배근검사 등을 1교시 단답형 문제로 쓸 수 있도록 준비한다. 강재의 종류 중에서 토목구조물에 자주 쓰이는 압연강재·TMC·무도장내후성 강재의 용어 정의와 특징을 암기한다. 강철구조물공사에서 하자발생 빈도가 가장 높은 용접부의 비파괴검사(N.D.T) 절차에 대하여 이 교재 내용을 중심으로 논술형으로 쓸 수 있도록 준비한다. 토목구조물공사가 기계화시공을 전제로 설계·시공되고 있으므로 건설기계·장비의 종류·용도·특성 등을 정리한다. 특히 건설현장에서 항상 관심을 두고 있는 경제적인 건설기계의 조합시공방법에 대해서는 이론뿐만 아니라 실무요령을 적용해서 사례 중심으로 기술할 수 있도록 대비한다.

07.01 프리스트레스트(Prestressed) 콘크리트

Pretension, Post-tension, PSC grout, Prestress 손실, Relaxation, 강선 긴장순서 [8, 8]

Ⅰ. 개요

1. 프리스트레스트 콘크리트(Prestressed Concrete)는 외력에 의하여 일어나는 응력을 소정의 한도까지 상쇄할 수 있도록 미리 인공적으로 그 응력의 분포와 크기를 정하여 내력을 준 콘크리트로서, PS콘크리트 또는 PSC라고 부른다.

2. 프리캐스트 콘크리트(Precast Concrete)는 콘크리트가 굳은 후에 제자리에 옮겨 놓거나 또는 조립하는 콘크리트 부재로서, PC콘크리트라고 부른다.

3. 프리캐스트 콘크리트(Precast Concrete)의 제작은 Pretension과 Post tension 방식이 있다.

Ⅱ. PSC 특징

1. 장점

(1) PSC 구조에서 고강도 강재를 사용한다(f_{py} = 1,450~1,970MPa). RC 구조에서는 고강도 철근을 사용하면 균열의 폭이 증가한다.

(2) 일반 환경에서 PSC는 균열발생을 최대한 억제하므로 철근부식이 감소된다.

(3) 인장력 도입과 솟음(camber)으로 인해 PSC 구조의 全단면이 설계하중에 저항하므로, 휨강성 증가, 처짐 감소, 전단저항성이 증가된다.

(4) 콘크리트 자중이 감소되어 장대교량, 고교각, 고층건축물 등에 사용된다.

(5) PS강재 항복강도의 80~90%를 인장력으로 도입하기 때문에 시공 중 인장재의 안정성을 확보할 수 있다.

(6) PSC 설계는 미관이 우수하고, 다양한 형태의 구조물을 창조할 수 있다.

2. 단점

(1) PSC 구조물의 설계·시공과정에 고도의 기술과 경험이 필요하다.

(2) PSC 구조물의 제작공정 복잡, 공사비 고가, 단위중량 대비 재료비가 증가한다.

(3) PSC 구조물이 화재에 취약하다(고온에서 PS강재의 relaxation 급증)

(4) PSC 구조물의 시공 중 사하중과 활하중이 완전히 재하되기 전에 상향의 솟음(camber)을 반영하는 공정이 매우 까다롭다.

(5) PSC 구조물은 균열을 불허하므로 과하중에 의한 균열발생 대책이 필요하다.

(6) 높은 인장력을 받는 PS강재에서는 응력에 의한 부식이 발생한다.

III. PSC 품질관리

1. 재료

(1) 시멘트 　。보통포틀랜드시멘트, 고로슬래그시멘트 및 플라이애쉬시멘트가 사용
되는데, 압축강도 크고, 건조수축 적은 시멘트를 선정한다.

(2) 골재 　。흙·먼지 유해물이 적고, 내화성·내구성이 좋은 것을 선정한다.

　　　　　。잔골재 염화물함유량 　: Pretension 부재는 0.02% 이하
　　　　　　　　　　　　　　　 : Post tension 부재는 0.04% 이하

2. PS 콘크리트

(1) 설계기준강도 　。300kg/cm 이상

(2) 슬럼치값 　。18cm 이하

(3) 염소이온량 　。Pretension 부재는 $0.2kg/cm^3$ 이하

　　　　　　　。Post tension 부재는 $0.3kg/cm^3$ 이하

3. PS 강재

(1) 종류·특징

① PS강선, 이형PS강선, PS꼬은선은 KS D 7002의 규격품을 사용한다.

② PS강봉, 이형PS강봉은 KS D 3505의 규격품을 사용한다.

③ PS용접철망은 직경 4mm 이상의 제품을 사용한다.

(2) 취급·가공

① PS강재는 창고에 보관하거나, 덮개로 덮어 저장한다.

② PS강봉의 나사부분은 녹막이 도장을 하여 사용한다.

③ PS강봉의 나사부 여유길이 절단 시 공칭직경의 1.5배 띄우고, 가스절단한다.

④ PS강재를 현장에서 가열 및 용접해서는 안 된다.

IV. Pretension & Post tension

1. Pretension

(1) Pretension은 PS강선에 미리 인장력을 가한 상태에서 콘크리트를 타설하고, 콘
크리트가 경화된 후 PS강재의 인장력을 제거하여 콘크리트에 영구적인 인장력
(prestressing)을 도입하는 방식이다.

(2) Pretension(Long line method)은 PS강재를 인장하여 배치하고, 그 사이에 여러
개의 거푸집을 설치하여 콘크리트를 타설한 후에 인장력을 해제하는 방법. 한 번
에 여러 개의 PSC부재를 제조할 수 있다.

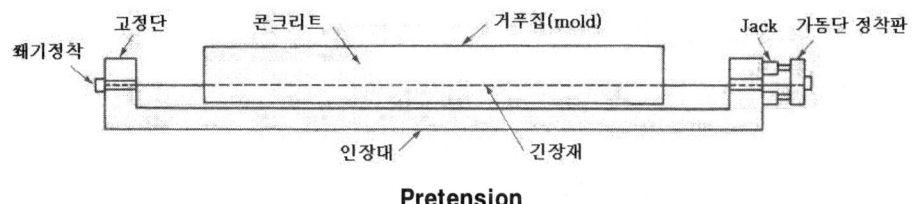

Pretension

2. Post tension

(1) Post tension은 콘크리트 타설 전에 덕트(duct)를 설치하고 콘크리트를 타설하며, 콘크리트가 경화된 후에 PS강재의 양단을 잭(jack)으로 인장하고 그 끝을 콘크리트부재 끝에 정착하여 영구적인 인장력(prestressing)을 도입하는 방식이다.

(2) Post tension(Wedge type) : PS강재와 정착장치 사이의 쐐기작용으로 인장재를 정착하는 방식. PS강선, PS강연선의 정착에 이용된다.

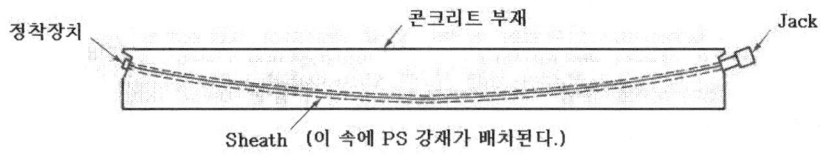

Post tension

Pretension & Post tension

구분	Pretension	Post tension
① 제작순서	PS강재 인장 후, 콘크리트 타설	콘크리트 타설 후, PS강재 인장
② 제작공법	연속식, 단속식	부착식, 비부착식
③ 제작위치	공장	현장
④ 적용범위	길이가 짧은 부재 소형구조물, 대량생산 가능	길이가 긴 부재 대형구조물, 대량생산 가능
⑤ 강선배치	PS강재를 직선배치만 가능 상향력이 발생하지 않음	PS강재를 곡선배치도 가능 상향력 발생으로 유리
⑥ 단계시공	공장 일괄시공 가능 (수송, 운반과정 필요)	Segment 단계시공 가능 (현장의 결합, 조립과정 편리)
⑦ 보조장치	불필요	필요(Sheath, 정착장치)
⑧ 응력전달방식	마찰력(PS강재와 콘크리트)	정착력(정착장치)
⑨ Prestress 도입시기	압축강도 30MPa 이상	압축강도 25MPa 이상
⑩ 콘크리트 강도 특성	압축강도 35MPa 이상	압축강도 30MPa 이상

V. PS강재의 응력손실(Prestress relaxation)

1. 검토 필요성

⑴ PS강재를 인장하여 응력 도입 후 시간경과에 따라 인장응력이 감소된다. 이 현상을 PS강재의 relaxation이라 한다.

⑵ PSC부재에 도입된 인장력은 시간이 경과될수록 점차 감소되기 때문에 creep로 취급하기보다는 relaxation으로 취급하기 때문에 응력손실이 발생된다.

2. PS강재 응력손실의 구분

⑴ 즉시손실(응력도입 時)
   - 콘크리트의 탄성수축
   - PS강재와 sheath 사이의 마찰(friction)
   - 정착단의 활동(sliding)

⑵ 장기손실(응력도입 後)
   - 콘크리트의 건조수축
   - 콘크리트의 creep
   - PS강재의 relaxation(이완)

3. PS강재 응력손실의 내용

⑴ 순수한 응력손실(net relaxation)
   ① 변형률이 일정한 상태에서 발생하며, PS강재의 재료특성에 영향을 받는다.
   ② 최초 도입된 인장응력에 대한 인장응력 감소량의 백분율을 말한다.

$$\text{순수한 손실} = \frac{\text{인장응력 감소량}}{\text{최초 도입된 인장응력}} \times 100(\%)$$

⑵ 겉보기 응력손실
   ① 콘크리트의 건조수축이나 creep의 영향에 의하여 콘크리트가 수축함에 따라 순수한 응력손실 값보다 적어지는 현상을 말한다.
   ② 따라서 겉보기 응력손실 값은 순수한 응력손실 값으로부터 콘크리트의 건조수축, creep 등의 영향을 고려하여 결정한다.
   ③ PS강재의 겉보기 응력손실 값
      - PS강선, PS강연선　　　: 5.0%
      - PS강봉　　　　　　　　: 3.0%
      - 低응력손실 PS강재　　　: 1.5%

⑶ 응력손실을 고려하여 솟음(camber) 결정
   ① 콘크리트의 건조수축과 creep, 주변온도 등이 PS강재의 인장응력 손실에 어느 정도 영향을 미치는지 판단한다.
   ② PS강재의 겉보기 응력손실(γ)로부터 PSC구조물의 인장력 손실량($\Delta\sigma_{pr}$)을 계

산하고, 잔류인장력을 고려하여 PSC 구조물의 솟음(camber)을 결정한다.

$$\Delta\sigma_{pr} = \gamma \cdot \sigma_{pi}$$

여기서, $\Delta\sigma_{pr}$: PSC구조물의 인장력 손실량

γ : PS강재의 겉보기 응력손실

σ_{pi} : Prestress 도입 후의 인장응력

4. PS강재 응력손실의 문제점

⑴ PS강재의 설계인장력에 비해 인장력 손실이 큰 경우에는 인장(prestressing) 도입에 필요한 인장력에 미달하여 인장력이 완전히 도입되지 못한다.

○ PS강재에 균열발생 가능성이 증가하고, PSC구조물의 단면내력이 저하된다.

⑵ PS강재의 설계인장력에 비해 인장력 손실이 작은 경우에는 PSC구조물의 단면내력에는 영향이 없다.

○ 너무 과다하게 인장하면(over prestressing) 지나친 솟음(camber)으로 수평변위가 발생되고, 급격한 취성파괴가 초래될 가능성이 있다.

5. PS강재 응력손실의 저감대책

⑴ 재료적 측면

① 직진성이 좋고, 응력손실이 적은 PS강재를 사용한다.

② 항복비가 큰 PS강재를 사용한다.

③ 고강도콘크리트를 사용한다.

④ 재료분리, 건조수축, 미세균열이 작은 수밀콘크리트를 사용한다.

⑤ PS강재의 즉시손실과 장기손실을 검토하여 솟음(camber)을 적용한다.

⑵ 시공적 측면

① Post tension(Wedge type)에서 활동량이 작은 정착장치를 선정한다.

② 손실량이 작게 발생하도록 PS강재의 각도변화, 배치형상을 적용한다.

③ Prestress 도입과정에 콘크리트의 압축강도를 확인한다.

④ Prestress 도입순서를 철저히 준수한다.

⑤ Prestress 도입과정에 Sheath 마찰손실을 줄이고, 파상마찰을 이용한다.

VI. PSC 시공 안전대책

1. 제작장 확보, 철근 조립, Sheath 배치

⑴ 제작장은 진입로를 확보하고, 충분한 부지를 평탄하게 정지한다.

⑵ Sheath는 변형·파손에 대한 강성을 갖춘 강재를 선정하여, Sheath는 위치·방향

을 정확히 배치하고 spacer로 견고하게 지지한다.

2. PS인장재 가공, 정착·접속장치 조립

(1) PS인장재는 설계도면과 형상·치수가 일치하도록 허용오차 이내에서 정확히 가공하여 배치한다.

(2) PS인장재를 배치할 때 재질이 손상되거나, 서로 꼬이지 않도록 한다. Sheath에 부착시키지 않은 PS인장재는 배치할 때 피복손상 없게 유의한다.

(3) 정착장치는 지압면과 PS긴장재를 서로 직각으로 설치하고 반드시 검사한다.

(4) 접촉장치는 형상·치수, 위치·방향에 대한 정밀도를 유지한다.

3. 거푸집·동바리 설치

(1) 거푸집은 PS강재에 인장력을 가하는 중에 변형이 없도록 설치하되, 거푸집의 밑판 일부는 Full prestressing 전에 떼어낼 수 있는 구조로 한다.

(2) 동바리는 인장력에 의해 콘크리트 부재에 솟음이 발생될 때, 침하될 수 있고 자유롭게 수축할 수 있는 유연성이 있는 구조로 한다.

(3) 즉, 동바리는 인장력을 가하는 중에 콘크리트 부재변형과 반력이동을 저해하지 않도록 설치하는 것이 핵심이다.

(4) 거푸집·동바리는 Full prestressing이 완료된 후에 콘크리트 자중의 반력을 받는 구간은 떼어내서는 아니 된다.

4. 콘크리트의 타설·양생

(1) 콘크리트의 재료분리가 발생하지 않도록 적절한 진동다짐을 실시하고, 타설완료 직후부터 최소 6일간 습윤양생을 실시한다.

(2) 콘크리트 타설 중에 거푸집 변형을 방지하고, 양생 중에 건조수축 및 온도응력에 의한 균열을 방지한다.

5. PS강재의 Full prestressing 및 계측

(1) 인장장치의 눈금(calibration)은 보정용 표준게이지로 정밀도를 측정한다.

(2) PS콘크리트의 압축강도를 다음 기준에 따라 측정한다.

구분	Pre tension	Post tension
콘크리트 설계기준강도	35MPa 이상	30MPa 이상
응력도입 시 콘크리트의 압축강도	도입응력의 1.7배 이상 35MPa 이상	도입응력의 1.7배 이상 55MPa 이상

(3) PS콘크리트 인장재의 인장순서 결정 시 고려사항

① 콘크리트의 탄성수축을 고려하여 인장순서를 결정한다. 다만, 고온촉진양생(증

기양생)의 콘크리트는 온도하강 전에 인장력을 도입한다.

② 부재단에 정착된 가장 긴 부재(중심거리가 긴 부재)부터 긴장하되, 부재 중심에서 대칭되도록 일정한 압축응력이 작용하는 순서대로 인장한다.

③ 하나의 PS콘크리트 부재에 인장력을 일시에 모두 도입하지 말고, 2회로 나누어서 단계적으로 인장한다.

⑥ 설계값보다 인장력 부족한 경우에는 재긴장을 하되, 설계값 이상으로 과도하게 인장하였다가 설계값으로 낮추는 인장은 금지한다.

(4) Sheath 내부의 마찰력이 커서 인장이 어려울 때의 대책

① Grease를 강재에 바른 후 Duct 내에서 인장한다.

② 마찰력에 의한 손실량 만큼 더 인장한다.

③ Jack을 양쪽에 설치하여 동시에 긴장한다.

④ 긴장력의 크기는 하중-변위 관계를 이용하여 관리한다.

⑤ 부재의 지점부는 긴장에 의한 이동을 고려하여 설치한다.

5. Sheath 내부에 grouting 실시

(1) Full prestressing 완료 후에 강재를 보호하고 강재와 콘크리트 일체화를 위해 Sheath 내부에 grouting을 실시한다.

(2) 모르타르는 truck agitator로 철저히 교반하고, 소정의 품질이 확보되는(W/C비 확인) grouting 혼합물을 사용한다.

(3) Grouting 전용 믹서와 펌프로 서서히 주입압력을 높이면서, 연속주입방식으로 완전히 주입될 때까지 아래과 같이 grouting을 실시한다.

○ Grouting 압축강도 : 20MPa 이상, W/C비 45% 이하

○ Grouting 주입압력 : 최소 3kg/cm² 이상 유지

○ Grouting 주입방향 : 낮은 곳에서 높은 곳을 향하여 주입

6. PSC beam의 저장·운반·거치

(1) 저장　○ Beam 지점부가 지지되도록 저장한다.

(2) 운반　○ 거치될 곳의 받침간격을 확인하고, 설치위치를 결정한다.

　　　　○ Beam 양단을 들어올려서 운반한다.

　　　　○ 1개 크레인으로 들어올리는 경우, wire 각도는 30°이상 유지한다.

(3) 거치　○ 거치 후에 지점부 지반의 침하여부를 계측한다.[1]

1) 박효성 외, 'Final 토목시공기술사 핵심문제', 예문사, pp.161~168, 2008.

07.02 유동화, 고강도, 섬유보강 콘크리트

고유동 콘크리트, 고강도·초고성능 콘크리트, 섬유보강 폴리머 함침 콘크리트 [7, 6]

I. 유동화 콘크리트 　　　　『콘크리트표준시방서(2016)』제7장 113~117p.

1. 정의

(1) 베이스 콘크리트(base concrete) : 유동화 콘크리트를 제조할 때 유동화제 첨가 전에 기본 배합의 콘크리트 또는 숏크리트의 습식 방식에서 사용하는 급결제를 첨가하기 전의 콘크리트

(2) 유동화제(superplasticizer) : 배합이나 굳은 후의 콘크리트 품질에 큰 영향을 미치지 않고 미리 혼합된 베이스 콘크리트에 첨가하여 유동성을 증대시키기 위하여 사용하는 혼화제

(3) 유동화 콘크리트(flowing concrete) : 미리 비빈 베이스 콘크리트에 유동화제 첨가하여 유동성을 증대시킨 콘크리트

장점	단점
◦ 단위수량 적고 Bleeding 적어 시공성 양호	◦ 재료투입 공정 지연으로 시공관리 곤란
◦ 소성침하·건조수축 균열 감소	◦ 유동화 첨가 후 조속 타설(cold joint 방지)
◦ 수밀성 향상, 철근 부착강도 향상	◦ 도심지 재(再)비비기 작업으로 소음공해

2. 재료

(1) 시멘트

① 보통, 중용열, 조강, 저열 및 내황산염 포틀랜드 시멘트

② 고로 슬래그 및 플라이 애쉬 시멘트

(2) 물

① 물은 기름·산·유기불순물·혼탁물 등 콘크리트나 강재의 품질에 나쁜 영향을 미치는 물질을 유해량 이상 함유를 금한다.

② 물은 콘크리트의 응결경화·강도발현·체적변화·워커빌리티 등의 품질에 나쁜 영향을 주거나 강재 녹 물질을 허용함유량 이상 포함을 금한다.

(3) 잔골재

① 잔골재의 강도는 단단하고 강한 것으로, 유해량 이상의 염분 포함을 금하고, 진흙·유기불순물 등의 유해물을 유해량 허용한도 이내로 한다.

② 잔골재의 절대건조밀도는 $0.0025g/mm^3$ 이상, 흡수율은 3.0% 이하로 한다. 다만, 고로 슬래그 잔골재의 흡수율은 3.5% 이하로 한다.

③ 잔골재의 조립률이 배합설계에서 가정한 조립률에 비해 ±0.20 이상의 변화를

나타내었을 때는 배합을 변경하여야 한다.

(4) 굵은골재

① 굵은골재의 절대건조밀도 $0.0025g/mm^3$, 고로 슬래그 굵은골재 A·B급은 각각 $0.0022g/mm^3$ 및 $0.0024g/mm^3$, 순환굵은골재는 $0.0025g/mm^3$ 이상으로 한다.

② 점토덩어리 함유량은 0.25%, 연한석편은 5.0%, 그 합은 5% 이내로 한다. 단, 순환골재 점토덩어리 함유량은 0.2% 이하로 하며, 무근콘크리트는 예외이다.

③ 부순굵은골재 및 순환굵은골재의 0.08mm체 통과량은 1.0% 이하로 한다.

(5) 혼화재료

① 유동화제는 유동화 콘크리트의 품질에 대한 영향을 고려하여 선정한다.

② 공기연행제, 감수제, 공기연행감수제 및 고성능공기연행감수제는 KS품질에 적합하고, 유동화제와 병용한 경우에는 나쁜 영향이 없어야 한다.

3. 시공

(1) 콘크리트의 유동화는 다음 중 하나의 방법에 의한다.

① 배치플랜트에서 운반한 콘크리트에 현장에서 트럭 교반기에 유동화제를 첨가하여 균일하게 될 때까지 교반하여 유동화 시킨다.

② 배치플랜트에서 트럭 교반기 내의 콘크리트에 유동화제를 첨가하여 즉시 고속 교반하여 유동화 시킨다.

③ 배치플랜트에서 트럭 교반기 내의 콘크리트에 유동화제를 첨가하여 저속 교반하면서 운반하고 현장 도착 후에 고속 교반하여 유동화 시킨다.

(2) 유동화 콘크리트의 재유동화는 원칙적으로 금지한다.

① 부득이한 경우 책임기술자 승인 받아 1회에 한하여 재유동화 할 수 있으나, 처음 비비기부터 타설 완료까지의 시간은 반 콘크리트의 규정에 따른다.

② 유동화제는 원액으로 사용하고, 미리 정한 소정의 양을 한꺼번에 첨가하며, 계량은 질량 또는 용적으로 계량하고, 계량오차는 1회에 3% 이내로 한다.

Ⅱ. 고강도 콘크리트　　　『콘크리트표준시방서(2016)』제9장 126~133p.

1. 정의

(1) 고강도 콘크리트(high strength concrete) : 설계기준압축강도가 보통(중량)콘크리트에서 40MPa 이상, 경량골재콘크리트에서 27MPa 이상 콘크리트

장점	단점
◦ 부재 경량화로 단면 축소 가능 ◦ 장(長)경간 시공 가능 ◦ 내(耐)화학적 성능 우수	◦ 타설방법, 강도발현에 따라 품질변동 크다. ◦ 건조구축 균열 발생 우려가 크다. ◦ 휨강도, 인장강도, 전단강도는 크게 향상되지 않는다.

2. 혼화재료

(1) 고성능 감수제는 고강도 콘크리트를 제조하는데 적절한 것인가를 시험배합을 거쳐 확인한 후 사용한다.

(2) 고강도 콘크리트에 사용되는 플라이 애쉬, 실리카 품, 고로 슬래그 미분말 등의 혼화재는 시험배합을 거쳐 확인한 후 사용한다.

3. 시공

(1) 운반

① 운반 시간·거리가 길 때는 운반차는 트럭믹서, 트럭 애지테이터 혹은 건비빔 믹서로 하며, 고성능 감수제 추가 투여 조치를 한다.

② 콘크리트 운반 차량은 운반지연으로 인한 급격한 슬럼프 값 저하에 대비하여 고성능 감수제 투여 보조장치를 준비한다.

(2) 타설

① 진동다짐기는 고강도 콘크리트의 높은 점성을 고려하여 선정한다.

② 수직부재와 수평부재 콘크리트 강도 차이가 1.4배 이상일 경우, 수직부재에 타설한 고강도 콘크리트는 안전한 내민 길이를 확보하여야 한다.

③ 그러나 수직부재와 수평부재의 접합부에 기계적인 보강으로 안전성을 확보한 경우, 내민 길이를 확보하지 않을 수 있다.

(3) 양생

① 고강도 콘크리트는 초기강도 경화에 필요한 온도·습도를 유지하며, 진동·충격 등의 유해한 작용을 받지 않도록 조치한다.

② 고강도 콘크리트는 낮은 물-결합재비를 가지므로 철저히 습윤양생을 하며, 부득이한 경우 현장봉함 양생을 실시할 수 있다.

③ 콘크리트 경화할 때까지 직사광선·바람으로 수분이 증발하지 않도록 한다.

Ⅲ. 섬유보강 콘크리트 『콘크리트표준시방서(2016)』제10장 134~138p.

1. 정의

(1) 섬유보강콘크리트(fiber reinforced concrete) : 보강용 섬유를 혼입하여 인성·균열억제·내충격성·내마모성을 높인 콘크리트

장점	단점
◦ 철근콘크리트에 첨가하면 전단력 증대 ◦ 피로강도가 향상되어 도로포장 및 터널라이닝 두께 감소 가능	◦ 배합 중 강섬유 뭉침현상 발생 방지 곤란 ◦ 강섬유의 형상, 치수, 혼입률, 배향, 분산 정도에 따라 콘크리트의 품질변동이 크다.

2. 보강용 섬유

(1) KS F 2564 표준 시멘트계 복합재료용 섬유

① 무기계 섬유 : 강섬유, 유리섬유, 탄소섬유 등

유기계 섬유 : 아라미드섬유, 폴리프로필렌섬유, 비닐론섬유, 나일론 등

② 섬유는 섬유와 시멘트 결합재 사이의 부착성이 양호하여야 하고, 섬유의 인장 강도가 크며, 내구성·내열성·내후성이 우수하여야 한다.

(2) KS F 2564(콘크리트용 강섬유) 종류

① 강섬유란 콘크리트 배합에 불규칙하게 분산시켜 콘크리트의 각종 역학적 성질을 개선시키기 위하여 사용되는 콘크리트 보강용 섬유를 말한다.

② 현재 강섬유보강 콘크리트는 국내·외에서 터널 숏크리트 보강용, 콘크리트 바닥슬래브, 구조물의 주요 접합부 등에 사용되고 있다.

④ 강섬유는 성능과 적용성에 따라 4가지 종류로 구분된다.

   ○ 제1종 와이어 섬유(cold drain wire fiber)
   ○ 제2종 이형절단시트 섬유(deformed cut sheet fiber)
   ○ 제3종 용융추출 섬유(melt-extracted fiber)
   ○ 제4종 기타 섬유(other fiber) : 형상비로 강섬유의 특성을 표시

3. 품질관리

(1) 굳지 않은 콘크리트 : 강섬유 혼입율에 대한 품질검사

항목	시험·검사 방법	시기·횟수	판정기준
강섬유 혼입율	KCI-SF102 기준	강도용 시험체를 채취할 때와 품질변화를 보였을 때	허용오차(%) ±0.5
강섬유 혼입율 (숏크리트)	KCI-SF103 기준	강도용 시험체를 채취할 때와 품질변화를 보였을 때	허용오차(%) ±0.5

주) 섬유보강콘크리트 $1m^3$ 중에 점유하는 섬유의 용적백분율(%)로 나타내는 섬유혼입률(fiber volume fraction)의 허용오차를 준수해야 한다.

(2) 굳은 콘크리트 : 휨강도 및 인성에 대한 품질검사[1]

항목	시험·검사 방법	시기·횟수	판정기준
휨강도 및 휨인성계수	KS F 2566 기준	강도용 시험체를 채취할 때와 품질변화를 보였을 때	설계할 때 고려된 휨인성지수 값에 미달할 확률이 5% 이하일 것
압축인성	KCI-SF105 기준	강도용 시험체를 채취할 때와 품질변화를 보였을 때	설계할 때 고려된 휨인성지수 값에 미달할 확률이 5% 이하일 것

07.03 한중(寒中), 수중(水中) 콘크리트

한중(寒中)콘크리트, 현장타설 지하연속벽 수중·수밀 콘크리트 [3, 7]

Ⅰ. 한중(寒中) 콘크리트   『콘크리트표준시방서(2016)』제14장 154~161p.

1. 정의

(1) 적용범위 : 일평균기온 4℃ 이하 예상될 때 동결방지를 위해 한중콘크리트 적용

(2) 급열양생(heat curing) : 양생 중 열원을 이용하여 콘크리트를 가열하는 방법

(3) 초기동해(early frost damage) : 응결경화의 초기에 받는 콘크리트의 동해

2. 문제점

(1) 시멘트 수화반응이 지연됨에 따라 응결경화도 역시 지연된다.

(2) 초기 동해를 받으면 그 후 양생을 적절히 하더라도 강도 저하, 강도증진 불능, 내구성·수밀성 저하 등이 원상회복되지 않는다.

(3) 한중콘크리트는 경화된 후에도 강도, 내구성, 수밀성, 강재보호성능 등의 성질 저하는 불가피하다.

(4) 따라서 초기 동해를 받지 않을 때까지 보온양생 계획을 철저히 수립·시행하는 것이 가장 필수적이다.

3. 재료

(1) 시멘트는 KS에 규정된 포틀랜드 시멘트의 사용을 표준으로 한다.

(2) 골재가 동결되었거나 빙설이 혼입된 골재는 그대로 사용할 수 없다.

(3) 방동·내한제 등의 특수한 혼화제는 품질이 확인된 것을 사용한다.

(4) 재료를 가열할 경우에는 물 또는 골재를 가열하며 시멘트는 직접 가열할 수 없다. 골재의 가열은 온도가 균등하게 또 건조되지 않도록 한다.

(5) 재료를 가열했거나 온도를 알 수 있을 때는 비빈 직후 콘크리트의 온도는 적절한 식으로 계산하여 적용할 수 있다.

4. 시공

(1) 일반 주의사항

① 한중콘크리트를 시공할 때 한랭기온에서도 소요의 품질이 얻기 위해서는 콘크리트가 동결되지 않도록 적절한 조치를 한다.

② 한중콘크리트 시공에서 특별 주의사항

   ○ 응결경화 초기에 동결되지 않도록 할 것

   ○ 양생종료 후 해질 때까지 받는 동결융해작용에 충분한 저항성을 가질 것

○ 공사 중 각 단계에서 예상하중에 충분한 강도를 가질 것

③ 매스콘크리트, 고강도콘크리트는 타설 직후 많은 수화열이 발생하므로 책임기술자의 승인을 얻어 규정의 적용을 생략할 수 있다.

(2) 운반·타설

① 콘크리트의 운반·타설 중에 열량 손실을 가능하면 줄이도록 한다.

② 콘크리트 타설할 지반은 동결하지 않도록 시트로 덮어 놓는다. 이미 지반이 동결된 경우에는 녹인 후에 타설한다.

③ 타설온도는 구조물의 단면치수·기상조건 등을 고려하여 5~20℃에서 정한다. 기상조건이 가혹하거나 부재두께가 얇을 때에도 최저온도 10℃를 확보한다.

④ 콘크리트 타설 중에 철근·거푸집에 빙설이 부착되지 않아야 한다.

⑤ 타설 후부터 양생 시작 전에 콘크리트 표면을 시트로 덮어 바람을 막는다.

(3) 초기양생

① 한중콘크리트는 아래 표의 소요 압축강도를 얻을 때까지 5℃ 이상으로 유지하며, 소요 압축강도에 도달 후 2일간은 0℃ 이상으로 유지한다.

한중콘크리트 양생 종료 때의 소요 압축강도 표준(MPa)

구조물의 노출 \ 단면	얇은 경우	보통의 경우	두꺼운 경우
(1) 계속해서 또는 자주 물로 포화되는 부분	15	12	10
(2) 보통의 노출상태에 있고 (1)에 속하지 않는 부분	5	5	5

② 위 표의 강도를 얻기 위한 양생일수는 시험으로 정하는 것이 원칙이나, 5℃ 및 10℃에서 양생하는 보통 단면의 경우는 아래 표와 같다.

소요 압축강도를 얻는 양생일수 표준(보통의 단면)

구조물의 노출상태 \ 시멘트의 종류		보통포틀랜드 시멘트	조강포틀랜드 보통포틀랜드+촉진제	혼합포틀랜드 B종
(1) 계속해서 또는 자주 물로 포화되는 부분	5℃	9일	5일	12일
	10℃	7일	4일	9일
(2) 보통의 노출상태에 있고 (1)에 속하지 않는 부분	5℃	4일	3일	5일
	10℃	3일	2일	4일

(4) 보온양생

① 한중콘크리트는 급열양생, 단열양생, 피복양생, 복합양생 중에서 선택한다.

② 콘크리트에 가열할 경우에 급격한 건조나 국부적 가열을 금지한다.

③ 급열양생할 경우에 가열설비의 수량·배치는 시험가열 실시 후 결정한다.

④ 단열양생할 경우에 계획된 양생온도를 유지하며 국부적 냉각을 금지한다.

⑤ 보온양생 또는 급열양생 후 콘크리트 온도의 급격한 저하를 금지한다.

⑥ 보온양생 후에도 양생을 계속하여 예상하중에 필요한 강도를 얻도록 한다.

(5) 현장 품질관리

① 한중콘크리트의 양생 종료시기, 거푸집·동바리 해체시기는 공시체의 강도시험에 의하거나 콘크리트의 적산온도로 추정한 강도에 의해 정한다.

② 물-결합재비를 적산온도로 정한 경우, 한중콘크리트의 품질관리를 위한 압축강도시험의 재령은 <식 5.1>로 정한다. 다만, 시험체 양생은 20±3℃ 수중양생으로 한다.

$$Z_{20} = \frac{M}{30}(일) \qquad \cdots\cdots <식 \ 5.1>$$

여기서, Z_{20} : 압축강도시험을 할 재령(일)

M : 배합을 정하기 위하여 사용한 적산온도 값(℃·D)

③ 아래 표에서 한중콘크리트의 압축강도 검사는 현장봉합양생으로 실시한다. 양생기간 중 콘크리트 온도, 보온공간 온도는 자기기록온도계로 기록한다.

한중콘크리트의 온도관리 및 검사

항목	시험·검사 방법	시기·횟수	판정 기준
외부 기온	온도 측정	공사시작 전 및 공사 중	일평균기온 4℃ 이하
타설 때의 온도			5~20℃ 이내
양생 중의 콘크리트 온도 혹은 보온양생된 공간의 온도			계획된 온도의 범위 이내

Ⅱ. 수중(水中) 콘크리트 『콘크리트표준시방서(2016)』제16장 166~178p.

1. 정의

(1) 공기 중 제작 공시체(specimen of anti-washout concrete cast in air) : 거푸집을 사용하여 공기 중에서 수중불분리성 콘크리트를 충전하여 제작한 공시체

(2) 수중불분리성 콘크리트(anti-washout concrete under water) : 수중불분리성 혼화제를 혼합하여 재료분리 저항성을 높인 수중콘크리트

(3) 수중불분리성 혼화제(anti-washout admixture) : 콘크리트 점성을 증대시켜 수중에서도 재료분리가 생기지 않는 혼화제

(4) 수중유동거리(underwater moving distance) : 콘크리트 타설할 때 타설위치로부터 주위로 향하여 콘크리트가 유동하는 거리

(5) 수중제작 공시체(specimen of anti-washout concrete cast in water) : 거푸집에 수중에서 수중불분리성 콘크리트를 낙하시켜 제작한 공시체

(6) 수중콘크리트(underwater concrete) : 담수 중, 안정액 중 혹은 해수 중에서 타설되는 콘크리트

(7) 수평환산거리(converted horizontal distance) : 콘크리트의 배관이 수직관, 밴트관, 튜브관, 유연성이 있는 호스 등을 포함하는 경우에, 이들을 모두 수평환산길이에 의해 수평관으로 환산하였을 때 배관 중의 수평관 부분과 합한 전체의 거리

2. 문제점

(1) 콘크리트 품질의 균질성, 철근과의 부착강도가 불충분하다.

(2) 수중에서 타설 중에 재료분리가 쉽게 발생되어 골재 간에 접착성이 저하된다.

(3) 시공이 양호하지 않으면 굳지 않는 콘크리트가 물에 씻겨져서 분리되어, 굳은 후에 소요의 품질 기대가 곤란하다.

(4) 콘크리트 품질 확인이 어렵고, 품질 저하에 대한 조치도 거의 불가능하다.

3. 재료

(1) 수중불분리성 콘크리트의 굵은골재 최대치수는 40mm 이하, 부재 최소치수의 1/5 및 철근 최소순간격의 1/2 이내로 한다.

(2) 현장타설말뚝 및 지하연속벽 콘크리트의 굵은골재 최대치수는 25mm 이하, 철근 최소순간격의 1/2 이내로 한다.

(3) 수중불분리성 콘크리트는 혼화제의 유동성 확보를 위하여 일반 수중콘크리트보다 단위수량이 커야 하므로 감수제, 공기연행감수제, 고성능감수제를 사용한다.

4. 시공

(1) 타설의 원칙

① 수중콘크리트는 물막이를 설치하여 정수(停水) 중에서 타설한다. 물막이를 할 수 없는 경우에도 유속 50mm/s 이하로 한다.

② 재료분리, 시멘트 유실을 막기 위하여 콘크리트는 수중 낙하를 금지한다.

③ 콘크리트 면을 수평하게 유지하면서 소정의 높이까지 연속 타설한다.

④ 한 구획 타설 완료 후 레이턴스를 모두 제거하고 다시 타설을 시작한다.

⑤ 수중콘크리트는 트레미, 콘크리트 펌프, 밑열림 상자, 밑열림 포대 등을 사용하여 타설할 수 있다.

(2) 트레미에 의한 타설

① 트레미는 수밀성을 갖추고 콘크리트를 수중에서 자유낙하할 수 있도록 트레미의 안지름은 수심 3m 이내에서 250mm, 3~5m에서 300mm, 5m 이상에서 300~500mm 정도, 굵은골재 최대치수의 8배 이상으로 한다.

② 트레미 하단에서 콘크리트를 수중 유동시키면 품질저하되므로 트레미 1개의 타설면적을 30m² 이하로 한다.

③ 트레미는 콘크리트 타설 중에 하반부가 항상 콘크리트로 채워서 트레미 속으로 물의 침입을 막는다.

④ 트레미는 콘크리트를 타설하는 동안에 수평 이동시킬 수 없다.

⑤ 콘크리트를 수중낙하하면 재료분리가 심하게 생기므로 트레미의 선단에 밑뚜껑을 설치하는 등의 대책을 취한다.

⑥ 콘크리트 타설 중에 트레미의 하단을 타설된 콘크리트 면보다 0.3~0.4m 아래로 유지하면서 가볍게 상하로 움직이어야 한다.

(3) 콘크리트 펌프에 의한 타설

① 수중콘크리트를 낮은 곳에서 압송할 때 배관 내에 부압이 걸리므로 콘크리트 펌프의 배관은 수밀해야 한다.

② 콘크리트 펌프의 안지름은 0.10~0.15m, 수송관 1개의 타설면적은 5m²로 한다. 콘크리트 펌프의 타설방법은 트레미에 준한다.

③ 배관 이동 중에 배관 속으로 물이 역류하거나 배관 속의 콘크리트가 수중낙하하지 없도록 선단에 역류밸브를 부착한다.

④ 압송압력이 큰 경우 관의 선단이 요동하여 콘크리트가 분산되지 않도록 선단부분에 중추를 부착하거나, 선단을 고정한다.

(4) 밑열림 상자, 밑열림 포대에 의한 타설

① 밑열림 상자 및 밑열림 포대는 그 바닥이 콘크리트를 타설하는 면 위에 도달해서 콘크리트를 쏟아낼 때 쉽게 열릴 수 있는 구조로 한다.

② 밑열림 상자 및 밑열림 포대를 수중에 조용히 내려 콘크리트 배출 후 콘크리트 면으로부터 상당한 거리가 될 때까지 천천히 끌어올린다.

③ 밑열림 상자나 밑열림 포대로 수중 타설하면 콘크리트가 작은 산 모양이 되어 거푸집 구석까지 콘크리트가 잘 들어가지 않는 경우가 있으므로, 수심을 측정하여 깊은 곳에서부터 콘크리트를 타설한다.

④ 밑열림 1상자 또는 밑열림 1포대 별로 콘크리트 경계부분에서 일체성이 떨어지는 것을 고려하여 그 용도를 선정하도록 한다.[2]

---

2) 김낙석·박효성, '실무중심 건설적산학', 피앤피북, pp.176~179, 2010.

07.04 수밀(水密), 방수(防水) 콘크리트

수밀 콘크리트의 배합과 시공 시 검토사항 [0, 2]

1. 수밀 콘크리트(Watertight concrete)

(1) 용어 정의

① 수밀(水密) 콘크리트는 지하실, 수중 구조물, 지붕 슬래브 등과 같이 특히 수밀성을 필요로 하는 부분에 사용되는 콘크리트를 말한다.

② 수밀(水密) 콘크리트는 물/시멘트비 50% 이하, 슬럼프 15cm 이하로 밀실하게 배합하여 유동화제를 사용한다. 재료·배합·시공단계 모두 신중히 시행하여 투과성(porosity)이 작고 조밀한 콘크리트를 얻는 것이 중요하다.

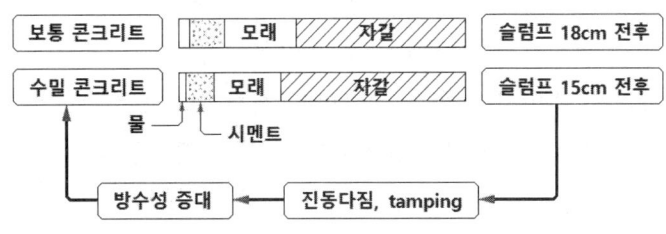

보통 콘크리트와 수밀 콘크리트의 비교

(2) 특성

① 화학적 저항력이 크다.

② 강도, 내구성, 수밀성 등이 함께 개선된다.

③ 유동성, 분산성을 높이기 위해 적절한 혼화재료를 사용한다.

(3) 배합설계

① 시멘트 : 분말도가 높은 시멘트(미세한 분말구조) 사용

② 골재 : 구형의 하천골재로서, 입도가 균일한 골재 사용

③ 혼화재료 : 재료의 응집현상을 막기 위해 고성능 감수제(유동화제) 사용

④ W/C비 : 50% 이하로 하되, workability 범위 내에서 가능하면 적게 결정

⑤ Slump치 : 18cm 이하로 하되, 가능하면 적게 해야 재료분리 방지 가능

⑥ 공기량 : 4% 이하로 하되, 적당한 혼화제(공기연행제) 사용

(4) 시공 유의사항

① 타설시 콘크리트의 온도는 30℃ 이하를 유지한다.

② 이어붓기의 시간간격은 외기온도 25℃ 미만일 때 90분 이하로 제한한다.

③ 타설후 1일간, 가능하면 3일간 중량물의 적재나 보행을 금지한다.

④ 거푸집은 수밀성 재료로 설치하여 cement paste의 유출을 방지한다.

2. 방수 콘크리트(防水-, Waterproof concrete)

(1) 용어 정의

① 방수 콘크리트는 콘크리트 구조의 지붕 또는 벽체에서 한 면(주로 외부)으로부터의 물이 다른 면 또는 다른 면에 접하는 공간에 영향을 끼치지 않을 정도로 물의 침투를 방지하는 성능을 가진 콘크리트를 말한다.

② 방수 콘크리트는 구조물에 따라 요구되는 방수의 정도가 동일하지 않기 때문에 시공 중에 수밀성을 확보하고 균열 발생이 없도록 유의해야 한다.

③ 콘크리트의 방수공법에는 방수제를 첨가하는 혼합법과 표면에 보호막을 형성하는 도포법이 있다.

(2) 콘크리트의 방수원리

① 미세한 물질을 혼입하여 콘크리트 속의 공극을 채운다.

② 발수성 물질을 혼입하여 수분의 침투를 차단한다.

③ 콘크리트 내부에 수밀성이 확보되는 막을 형성한다.

④ 가용성 물질을 침투시키거나 도포시켜 방수성을 확보한다.

(3) 콘크리트의 방수공법

① 혼합법 : 콘크리트 재료에 혼합

  ◦ 염화칼슘계($CaCl_2$)는 수화반응을 촉진시켜 경화가 빨라지고 치밀해진다.

  ◦ 규산소다계(물유리급결제)는 콘크리트 중의 수산화칼슘과 반응하여 치밀해진다.

  ◦ 규산분말계(Fly ash, Silica fume)로 콘크리트의 공극을 채우면 치밀해진다.

  ◦ 지방산계는 콘크리트 중의 수산화칼슘과 고급지방산을 결합시켜 콘크리트 속의 모세관 공극을 충진함으로써, 수밀성의 고급지방산칼슘을 생성한다.

  ◦ Paraffin emulsion 또는 asphalt emulsion을 콘크리트에 혼입하여 흡수성을 감소시킴으로써, 방수성을 개선하는 방법으로 계면활성제와 함께 사용된다.

② 도포법 : 콘크리트 표면에 도포

  ◦ 콘크리트에 명반과 비눗물을 섞은 뜨거운 물을 여러 차례 도포한다.

  ◦ 1차 도포는 침투시켜 수밀화하고, 2차 도포는 표면에 보호피막을 형성한다.

(4) 시공 유의사항

① 콘크리트를 치밀하고 재료분리에 의한 공극이 없도록 내부진동기로 다진다.

② 균열 발생을 방지하기 위하여 Flyash cement와 경질(硬質)로서 입도 좋은 골재를 사용하고, 물시멘트비는 되도록 작게 한다.

③ 콘크리트는 부어 넣은 후에 급격한 건조를 피하고, 이어 붓는 곳을 수밀하게 마무리하여 충분히 양생되도록 한다.

07.05 서중(暑中), 매스(Mass) 콘크리트

하절기 서중 mass concrete, 온도제어 양생 Pre-cooling, Pipe cooling [5, 4]

Ⅰ. 서중(暑中) 콘크리트 『콘크리트표준시방서(2016)』제15장 162~165p.

1. 정의

(1) 하절기에 높은 외부기온 때문에 콘크리트의 슬럼프가 급격히 저하되거나 수분이 급격히 증발될 염려가 있을 경우, 하루 평균기온이 25℃ 초과할 때는 서중콘크리트(hot wether concrete)로 시공해야 한다.

2. 문제점

(1) 기온이 높으면 타설 중 소요수량 증가, 수송 중 슬럼프 저하 등으로 cold joint가 발생하기 쉽다., 경화 중 응결경화 속도가 빨라져서

(2) 기온이 높으면 경화 중 응결경화 속도가 빨라지고, 온도상승률이 빨라져서 경화 후 강도가 저하된다.

(3) 기온이 높으면 양생 중 수분증발이 빨라지고 건조수축이 빨라져서 소성수축 균열(Plastic shrinkage crack)이 발생된다.

(4) 따라서 한중콘크리트는 타설, 마감, 양생에 모두 곤란하다.

3. 재료

(1) 배합

① 배합은 소요의 강도·워커빌리티 범위 내에서 단위수량·단위시멘트량을 가급적 적게 한다.

② 기온 10℃ 상승에 단위수량 2~5% 증가하므로 소요의 압축강도 확보를 위하여 단위수량에 비례하여 단위시멘트량 증가를 검토한다.

③ 배합은 단위수량은 적게, 단위시멘트량이 많아지지 않도록 조치를 취한다.

④ 서중콘크리트는 배합온도는 낮게 관리한다.

⑤ 재료의 온도를 알 수 있을 때, 비빈 직후 콘크리트의 온도는 적절한 식으로 계산하여 적용할 수 있다.

(2) 비비기

① 콘크리트 재료는 온도가 낮아질 수 있도록 비비기를 한다.

② 비빈 직후의 기상조건, 운반시간 등의 영향을 고려하여 타설할 때 소요의 콘크리트 온도를 얻을 수 있도록 비비기를 한다.

4. 시공

(1) 운반

① 비빈 콘크리트는 가열·건조로 슬럼프 저하 않도록 빨리 운송·타설한다. 덤프트
럭 운반할 때는 콘크리트 표면을 덮어 직사광선·바람으로부터 보호한다.

② 펌프로 운반할 때는 관을 젖은 천으로 덮고, 레미콘 트럭을 햇볕에 장시간 대
기시키지 않도록 사전에 배차간격을 고려하는 시공계획을 세운다.

③ 운반·대기시간 중에 레미콘 믹서 내의 수분증발 방지, 폭우 때 우수의 유입방
지, 주차 때 이물질의 유입방지 등을 위하여 뚜껑을 설치한다.

(2) 타설

① 콘크리트 타설 전에 지반·거푸집을 습윤상태로 유지하여 콘크리트로부터 물 흡
수를 막는다. 거푸집·철근이 직사광선으로 온도 상승이 우려되는 경우에는 살
수, 덮개 등의 조치를 한다.

② 콘크리트는 비빈 후 즉시 타설하며, 지연형 감수제를 사용하는 경우에도 1.5시
간 이내에 타설한다.

③ 콘크리트의 타설온도는 35℃ 이하로 한다.

④ 콘크리트는 콜드조인트가 생기지 않도록 적절한 계획에 따라 타설한다.

(3) 현장 품질관리

① 다음 표와 같이 서중콘크리트의 품질관리에 사용하는 공시체는 시험목적에 따
라 양생한다.

서중콘크리트의 품질검사

항목	시험·검사 방법	시기·횟수	판정 기준
외기 온도	온도 측정	공사시작 전 및 공사 중	일평균기온 25℃ 초과
재료 온도		계획한 온도 범위 내	
비빔 시간		계획한 온도 범위 내	
타설 온도		공사 중	35℃ 이하
운반 시간	시간의 확인	공사시작 전 및 공사 중	비비기로부터 타설 종료까지 1.5시간 이내

Ⅱ. 매스(Mass) 콘크리트 『콘크리트표준시방서(2016)』제15장 162~165p.

1. 적용 범위 『콘크리트표준시방서(2016)』제18장 187~201p.

⑴ 매스콘크리트로 다루는 구조물의 부재치수는 넓이가 넓은 평판구조에서는 두께 0.8m 이상, 하단이 구속된 벽조에서는 두께 0.5m 이상으로 한다.

⑵ 그러나 프리스트레스트 콘크리트 구조물 등 부배합의 콘크리트가 쓰이는 경우에는 더 얇은 부재라도 구속조건에 따라 매스콘크리트로 다룬다.

2. 용어 정의

⑴ 매스콘크리트(mass concrete) : 부재 혹은 구조물의 치수가 커서 시멘트의 수화열에 의한 온도 상승·강하를 고려하여 설계·시공해야 하는 콘크리트

⑵ 선행냉각(pre-cooling) : 매스콘크리트에서 콘크리트 타설 전에 콘크리트의 내부온도제어를 위해 얼음·액체질소 등으로 콘크리트 원재료를 냉각하는 방법

⑶ 관로냉각(pipe-cooling) : 매스콘크리트에서 콘크리트 타설 후에 콘크리트의 내부온도 제어를 위해 미리 묻어 둔 파이프 내부에 냉수·공기를 강제로 순환시켜 콘크리트를 냉각하는 방법, 포스트 쿨링(post-cooling)이라고도 한다.

⑷ 수평시공이음(horizontal construction joint) : 콘크리트 타설할 때 작업성이나 온도균열 제어를 고려하여 설계되는 수평의 시공이음

⑸ 연직시공이음(vertical construction joint) : 콘크리트를 타설할 때 작업성이나 온도균열 제어를 고려하여 설계되는 연직의 시공이음

Ⅲ. 매스콘크리트의 온도균열

1. 내부구속에 의한 온도균열

⑴ 정의

① 매스콘크리트 구조물의 수화열에 의한 내부온도와 주변의 자연환경에 접하는 대기온도와의 차이에 의해서 발생되는 균열을 말한다.

⑵ 발생원리

① 매스콘크리트의 내부는 콘크리트의 수화열에 의해 온도가 올라가는데 반해, 주변의 자연환경에 접하는 대기온도에 의해서 표면온도는 내려간다.

② 매스콘크리트의 온도가 상대적으로 낮은 표면은 수축하려고 하지만, 온도가 상대적으로 높은 내부는 구속작용을 받게 되어 수축되지 못한다.

③ 이에 따라 매스콘크리트의 표면에 인장응력이 작용하고, 이 응력이 동일한 재령에서의 인장강도를 초과하면 균열이 발생된다.

(3) 발생시기

　① 재령 1~5일 기간 중에 매스콘크리트의 내부가 수화열에 의해 온도가 상승할 때부터 거푸집을 탈형한 후 내·외부 온도가 같아질 때까지 발생된다.

(4) 발생형태

　① 균열 폭이 0.1~0.3mm 정도로 규칙성이 없고 불규칙적인 형태로 발생되지만, 구조물의 단면을 관통할 정도로 깊은 균열형태는 아니다.

2. 외부구속에 의한 온도균열

(1) 정의

　① 매스콘크리트 구조물의 내부가 온도상승에 의해 팽창되었다가 온도하강으로 수축될 때, 하층의 기초지반 또는 이미 타설된 기초콘크리트에 의해 구속되어 발생되는 균열을 말한다.

(2) 발생원리

　① 매스콘크리트의 수화열에 의해 내부온도가 상승하면서 체적이 팽창하였다가, 시간경과에 따라 내부온도가 외부의 대기온도와 같을 때까지 하강한다.

　② 온도하강에 의해 콘크리트 체적이 수축되는데, 수축활동이 하층의 기초지반 또는 이미 타설된 기초콘크리트에 의해 구속되어 균열이 발생된다.

(3) 발생시기

　① 매스콘크리트의 내부온도가 하강하면서부터 주변의 자연환경에 접하는 대기온도와 같아질 때까지 균열이 발생된다.

(4) 발생형태

　① 균열의 폭이 0.2~0.5mm 또는 그 이상으로 발생되며, 구속되어 있는 하층의 기초지반이나 이미 타설된 기초콘크리트에 의해 균열이 발생된다.

　② 세로방향으로 곧장 뻗어 구조물의 단면을 관통하는 균열형태로 발생된다.

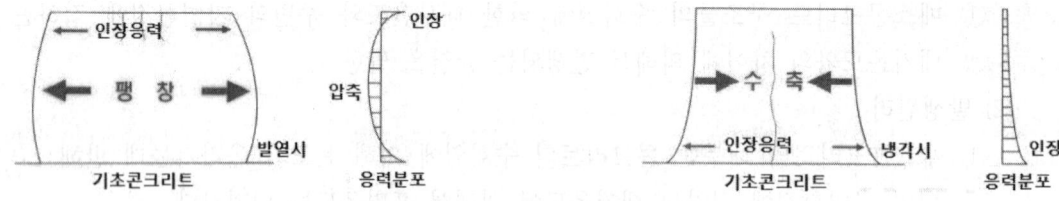

매스(mass)콘크리트의 온도균열

Ⅳ. 매스콘크리트의 온도균열지수

1. 용어 정의

(1) 매스콘크리트를 타설할 때 구조물의 내·외부 온도차에 의해 온도구배가 발생되어 콘크리트 표면에 인장응력이 발생된다.

(2) 이때 콘크리트가 견딜 수 있는 인장강도를 온도에 의한 인장응력으로 나눈 값을 온도균열지수라고 한다.

$$온도균열지수(I_{cr}) = \frac{인장강도}{온도 \ 인장응력}$$

2. 온도균열지수(I_{cr})

(1) 적용기준
- ① 유해한 균열발생을 제한할 경우   0.7~1.2
- ② 균열발생을 제한할 경우   1.2~1.5
- ③ 균열을 방지할 경우   1.5 이상

(2) 특징
- ① 온도균열지수 값이 커질수록 균열방지에 대한 안전성은 높아지는 반면, 값이 작아질수록 균열방지에 대한 안정성은 낮아진다.
- ② 온도균열지수의 목표값은 구조물에 요구되는 수밀성·기밀성, 균열의 내구성, 구조물의 미관, 주변환경 등을 종합적으로 고려하여 정한다.

(3) 온도균열지수와 철근비의 상호관계
- ① 상호관계에 대한 연구결과가 아직 없으며, 예측방법도 확립되어 있지 않다.
- ② 따라서 균열의 폭을 예측하기 위해서는 과거 사례 등을 참고해야 한다.

3. 온도균열 제어방법

(1) 원리
- ① 콘크리트의 온도균열은 타설 초기에 아직 강도 발현이 충분하지 않은 시점에서 부재의 내·외부 온도차이에 의한 온도구배로 인하여 발생되는 균열로서, 한중콘크리트, 댐콘크리트 등의 매스콘크리트에서 주로 발생된다.
- ② 온도균열을 제어하기 위해서는 다음 3가지 방법이 필요하다.
  - ○ 콘크리트 온도를 저감시키거나,
  - ○ 콘크리트 온도응력을 완화시키거나,
  - ○ 온도응력에 대한 콘크리트 저항력을 증대시키는 방법 등이 필요하다.

온도균열 제어(1) : 콘크리트 온도를 저감시키는 방법

구분	방법	세부방법
단위시멘트량 감소	◦ 단위수량 감소 ◦ 설계기준강도 저하	◦ 슬럼프, 잔골재율 저하 ◦ 굵은골재 최대치수 증대 ◦ 고성능AE감수제 사용
저열성시멘트 사용	◦ 설계재령의 장기화	◦ 저열성시멘트 사용
타설온도 저하	◦ Pre-cooling	◦ 낮은 기온에서 타설
온도상승 억제	◦ Pipe-cooling(冷水, 冷氣)	◦ 재료(물·골재) 온도저하 후 배합

온도균열 제어(2) : 콘크리트 온도응력을 완화시키는 방법

구분	방법	세부방법
외부구속 저하	◦ 부재의 두께 감소	◦ 수축줄눈, 신축줄눈 설치
신·구 콘크리트의 온도차 감소	◦ 타설시간 단축	◦ 구(舊)콘크리트 가열
내·외 부재의 온도차 감소	◦ 보온양생	◦ 보온성 거푸집(단열재 sheet)으로 부재의 표면보호

온도균열 제어(3) : 온도응력에 대한 콘크리트 저항력을 증대시키는 방법

구분	방법	세부방법
Prestress 도입	◦ 팽창제 사용 ◦ Prestress 도입	◦ 강섬유, 유리섬유 첨가
인장저항력 증가	◦ 섬유 보강 ◦ Polymer 보강	

V. 매스콘크리트 시공 안전대책

1. 재료의 선정·보관

(1) 시멘트　◦ 시멘트 보관 중에 온도 상승되지 않도록 관리

◦ 발열시멘트 사용(1종보통+ 혼합시멘트, 2종중용열)

◦ 재령 28일 초기강도 저하되지 않도록 시멘트 선정

◦ 단위시멘트량을 최소화하면서, 소요 workability 확보

(2) 물·골재　◦ 골재 보관 중에 시트로 덮어 그늘진 장소에서 보관

◦ 비중 크고, 흡수율 작고 밀실한 고강도 골재를 사용

◦ 골재 살수에는 찬물을 사용하며, 균일한 습윤상태 유지

(3) 혼화제　◦ 온도상승에 따른 단위수량 감소를 위해 감수제, AE감수제 사용

　◦ 응결시간 지연, slump 저하방지를 위해 응결지연제 사용

2. 배합관리

⑴ 소요 workability 범위 내에서 단위수량, 단위시멘트량을 최소화한다.

⑵ 단위수량은 185kg/m³ 이하로 제한한다(기온 10℃상승에 단위수량 2~5% 증가).

⑶ 배합 중에 재료의 투입순서 준수 : 물 → 굵은골재 → 잔골재 → 시멘트

3. 비비기·운반·타설

⑴ 운반관리

① 콘크리트의 온도상승이 억제되도록 온도상승 방지대책을 강구한다.

② 콘크리트 운반에서 치기까지 소요시간은 최대한 단축한다.

⑵ 타설관리

① 타설前　◦ 철근, 거푸집, 압송관을 살수 냉각하고, 직사광선을 차단한다.

② 타설中　◦ 얼음물을 사용하는 경우 비비기 완료 전에 완전히 녹아야 한다.

　　　　　◦ 대기온도는 최고 30℃ 이하일 때 타설한다.

　　　　　◦ 콘크리트의 온도는 최고 20℃ 이하를 유지한다.

③ 타설後　◦ 표면마무리를 실시하고, cold joint를 방지한다.

④ 필요時　◦ 주간보다 야간에 콘크리트 타설을 고려한다.

4. 양생관리

⑴ 타설완료 직후 습윤양생을 실시하여, 노출면의 수분증발을 방지한다.

⑵ Pre-cooling

① 재료를 냉각시켜 타설시 콘크리트의 온도를 낮춘다.

② 물 온도를 10~15℃ 낮추면, 콘크리트 온도가 2~3℃ 저하된다.

③ 물 중량의 10~40%를 얼음으로 첨가하면, 콘크리트 온도가 3~7℃ 저하된다.

④ 굵은골재를 2℃ 냉각시키면, 콘크리트 온도가 1℃ 저하된다.

⑶ Pipe cooling

① 콘크리트 타설 전에 25mm pipe를 수평으로 배치하고 냉각수(내·외부 온도차 20℃ 이내)를 순환시킨다.

② 냉각 pipe는 타설 전에 누수검사를 하고 2~3주간 소요 온도를 유지한다.

③ Pipe cooling이 완료되면 구멍을 grouting으로 충진하여 마무리한다.[3]

---

3) 박효성 외, 'Final 토목시공기술사 핵심문제', 예문사, pp.180~182, 2010.

07.06 해양(海洋) 콘크리트

물보라 지역(splash zone)의 해양 콘크리트, 염해, 황산염 침식 [4, 6]

1. 개요

(1) 해양 콘크리트는 염분이 많은 지역, 해안지역, 항만공사 등에 사용되는 콘크리트로서 철근부식이 가장 큰 문제이며, 파도에 의한 파압과 해저면 세굴 등에 저항해야 되는 콘크리트이다.

(2) 해양 콘크리트는 해수의 물리·화학적 작용, 기상작용, 파랑이나 해상 고형물에 의한 마모·충격 등 육상 콘크리트에 비해 손상을 받기 쉬운 조건이므로 콘크리트 자체의 강도, 해수에 대한 내구성·수밀성 등이 크게 필요한 콘크리트이므로 재료선정, 배합설계, 타설, 양생 등의 모든 과정에 철저한 사전 준비가 요구된다.

2. 해양 콘크리트의 재료

(1) 시멘트

① 시멘트는 해수 작용에 특히 내구적이어야 하므로 고로 슬래그 시멘트, 플라이 애시 시멘트 등의 혼합시멘트계 및 중용열 포틀랜드시멘트를 사용한다.

② 혼합시멘트계는 耐해수성으로 장기재령 강도가 크고 수화열이 적어 해양 콘크리트에 적합하다. 다만, 초기강도가 작으므로 초기 습윤양생에 주의해야 한다.

③ 해수에 의한 침식이 심한 경우에는 폴리머 시멘트콘크리트 또는 폴리머 함침콘크리트 등을 사용할 수 있다.

(2) 골재

① 해수는 알칼리골재반응을 촉진하는 경우가 있으므로 골재 선택에 유의한다.

② 고로 슬래그 굵은골재를 사용하는 경우에는 耐마모성, 耐동해성 및 耐해양성을 충분히 고려해야 한다.

(3) 강재

① 해양환경에서 강재는 염화물 작용을 받아 쉽게 부식되고, 동시에 반복응력을 받는 강재는 피로강도가 크게 저하된다.

② 따라서 PS 고장력 강재의 작용응력이 인장강도의 60%를 넘을 경우에는 강재의 응력부식 및 피로부식을 검토해야 한다.

(4) 혼화제

① 수중 不분리 혼화제를 사용한다.

② AE제, 감수제, AE감수제, 고성능감수제 등을 사용하면 블리딩 및 시공성이 개선

되고, 수밀성·내구성이 향상되어 심한 기상작용에 저항력이 증대된다.

(5) 혼화재

① 포졸란(Pozzolan)을 사용하면 해수에 대한 콘크리트의 수밀성·내구성이 크게 향상되므로, 포졸란의 품질과 혼합률을 충분히 검토한 후에 사용한다.

(6) 물

① 기름, 산, 염류, 유기물 등의 유해물이 함유되지 않은 물을 사용한다.

② 혼합수에 해수를 사용하면 철근부식이 우려되므로 사용을 금지한다.

3. 해양 콘크리트의 배합

(1) 물/결합재비

① 내구성에 의해 정해지는 물-결합재비의 최대값은 아래 표를 표준으로 한다.

내구성으로 정해진 공기연행 해양 콘크리트의 최대 물-결합재비 (%)

환경구분 \ 시공조건	일반 현장 시공의 경우	공장제품 또는 재료선정 및 시공에서 공장제품과 동등 이상의 품질이 보증될 때
(a) 해중	50	50
(b) 해상 대기중	45	50
(c) 물보라 지역, 간만대 지역	40	45

② 해상 대기중이란 물보라의 위쪽에서 항상 해풍을 받으며 파도의 물보라를 가끔 받는 열악한 환경을 말한다.

③ 물보라 지역과 간만대 지역은 조석 간만, 파랑 물보라에 의한 건습의 반복작용을 받아 내구성이 가장 열악한 환경이므로 강재 부식, 동해, 화학적 침식 등의 손상을 받을 가능성이 크다.

④ 실적, 연구성과 등에 의하여 확증이 있을 때는 물-결합재비를 위 값에 5% 정도 더한 값으로 할 수 있다.

(2) 공기량

① 공기연행콘크리트의 공기량은 아래 표의 값을 표준으로 한다.

해양 콘크리트 공기량의 표준값 (%)

환경조건		굵은 골재의 최대치수(mm)		
		20	25	40
동결융해작용을 받을 염려가 있는 경우	(a) 물보라, 간만대 지역	6	6	5.5
	(b) 해상 대기중	5	4.5	4.5
동결융해작용을 받을 염려가 없는 경우		4	4	4

② 동결융해작용을 받을 염려가 없는 경우란 항상 해중에 있는 해양 구조물로서 기

온이 0℃ 이하가 되는 일이 거의 없는 경우를 말한다.

(3) 강도

① 해양 콘크리트에 쓰이는 구조물의 설계기준강도는 30MPa 이상으로 한다.

4. 해양 콘크리트의 시공

(1) 일반사항

① 해양 구조물은 시공이 불충분하거나 불량한 곳으로부터 열화가 쉽게 진행되므로 균일한 콘크리트를 얻을 수 있도록 타설·다지기·양생 등에 특히 주의한다.

② 해양 구조물은 시공이음부에서 성능 저하가 생기므로 피한다. 만조위로부터 위로 0.6m, 간조위로부터 아래로 0.6m 사이의 감조부분에 시공이음을 두지 않는다.

③ 간만 차이가 너무 커서 콘크리트 1회 타설 높이가 매우 높은 경우, 기타 시공이음을 피할 수 없는 경우에는 내구성 결점이 없도록 조치한다.

④ 콘크리트가 충분히 경화되기 전에 직접 해수에 닿지 않도록 보호한다. 보호기간은 보통포틀랜드 시멘트 5일, 고로 슬래그 시멘트 등 혼합시멘트를 사용할 때는 설계기준압축강도의 75% 이상 확보될 때까지 보호기간을 연장한다.

⑤ 강재와 거푸집 간격은 소정의 피복을 확보하도록 한다. 간격재의 개수는 기초·기둥·벽·난간에는 2개/m^2 이상, 보·슬래브에는 4개/m^2 이상을 표준으로 한다.

⑥ 모래·자갈을 포함하는 파랑작용이나 선박 충격영향이 심한 콘크리트 구조물에는 고무 완충재, 목재, 양질의 석재·강재, 고분자재료 등으로 표면을 보호하거나 철근 피복두께 또는 구조물 단면을 증가시킨다.

⑦ 물보라에 의해 비말해수가 직접 닿는 부분과 해풍영향으로 비래염분이 콘크리트 표면에 흡착될 우려가 있는 부분은 내구성 저하를 고려하여 콘크리트 표면보호, 철근 부식방지 등을 위한 염해방지대책을 강구한다.

(2) 타설·다짐·양생

① 가급적 정수(精水) 중에 콘크리트를 타설한다.

② 수중(水中) 낙하를 금지한다.

③ 한 구획 타설 후에 다음 콘크리트 타설 전에 Laitance를 완전히 제거한다.

(3) 간격재(spacer)

① 소정의 철근 피복두께를 확보하기 위하여 간격재(spacer)를 설치한다.

② 간격재(spacer) 설치 갯수는 기초·기둥·벽·난간 등에는 2개/m^2 이상, 보·주형·슬래브에는 4개/m^2 이상을 표준으로 한다.

5. 해양 콘크리트의 유의사항

(1) 해양 콘크리트 구조물은 염해를 받기 쉬운 환경이므로 콘크리트 열화 및 강재부식에 의해 그 기능이 손상되지 않도록 해야 한다.

(2) 강재의 방식은 콘크리트 피복두께를 크게 하는 것, 균열폭을 작게 하는 것, 적절한 재료와 시공 방법을 사용하는 것 등이 있다.

(3) 장기 내구성을 요하는 중요한 해양 콘크리트 구조물에는 콘크리트의 성능저하 방지와 강재부식을 방지할 수 있는 추가적인 조치를 취해야 한다.

(4) 해양조건에서 균일한 콘크리트를 얻을 수 있도록 타설·다짐·양생을 충분히 배려해야 한다. 시공이 좋지 못하면 보통콘크리트보다 열화속도가 더 빨리 진행된다.

(5) 해풍·파랑·조류 등의 영향, 선박 항행이나 주변 어장에 미치는 영향, 야간이나 악천후 때 항행 선박으로부터 받는 장애 등을 미리 검토하여 대책을 세운다.

(6) 해양 콘크리트 구조물을 시공할 때는 해수 오탁을 일으키지 않는 공법을 적용하여 해양오염, 생태계에 나쁜 영향 등이 미치지 않도록 환경보전에 주의해야 한다.

6. 맺음말

(1) 해양 콘크리트 구조물은 해상도시, 해상교량, 해상공항, 해상발전소, 해저터널, 해저 저유탱크, 해저 거주기지, 해안제방, 방파제, 계선안, 선박 정박시설, 도크 등이다.

(2) 육상구조물 중에 해풍 영향을 많이 받는 구조물도 해양 콘크리트로 취급한다.

(3) 해안선으로부터 250m 이내의 육상지역은 콘크리트 구조물이 염해를 입기 쉬우므로 해안으로부터 거리에 따라 해중, 간만대, 물보라 지역 등으로 구분하여 내구성 향상 대책을 수립해야 한다.[4]

---

4) 국토교통부, '해양 콘크리트', 표준시방서, 2016.

07.07 프리플레이스트(Preplaced) 콘크리트

Preplaced Concrete 말뚝공법의 시공방법, 유의사항 [1, 1]

Ⅰ. 개요

1. 프리플레이스트 콘크리트(preplaced concrete)는 미리 거푸집 속에 특정한 입도의 굵은골재를 채워놓고, 그 간극에 모르타르를 주입하여 제조한 콘크리트이다.

2. 고성능감수제를 혼입한 주입모르타르를 사용하는 경우에는 고강도 프리플레이스트 콘크리트, 콘크리트 타설속도가 $40{\sim}80m^3/h$ 이상 또는 한 구획의 타설면적이 $50{\sim}250m^2$ 이상일 경우에는 대규모 프리플레이스트 콘크리트 규정에 따른다.

Ⅱ. 주입모르타르(grout mortar) 특징

1. 유동성

⑴ 굳지 않은 상태에서 압송·주입이 쉽고 굵은골재의 공극을 완전히 채울 수 있는 양호한 유동성이 주입작업 끝날 때까지 유지되어야 한다.

⑵ 주입모르타르의 유동성을 나타내는 유하시간은 16~20초로 설정한다. 다만, 고강도 프리플레이스트 콘크리트의 유하시간 25~50초로 설정한다.

⑶ 모르타르가 굵은골재의 공극에 주입될 때 재료분리가 적고 주입되어 경화될 때까지 블리딩이 적으며 소요의 팽창을 하여야 한다.

⑷ 경화 후 콘크리트가 소요의 품질 유지를 위하여 압축강도와 굵은골재와의 부착력을 가지며 충분한 내구성, 수밀성, 강재보호성을 가져야 한다.

2. 재료분리 저항성

⑴ 표준적 방법으로 시공할 경우에는 재료분리 저항성은 KS F 2433에 준하여 구한 블리딩률에 의해 설정한다.

⑵ 블리딩률의 설정값은 시험시작 후 3시간에서의 값이 3% 이하로 하고, 고강도 프리플레이스트 콘크리트에서는 1% 이하로 한다.

3. 팽창성

⑴ 표준적 방법으로 시공할 경우에는 팽창성은 KS F 2433에 준하여 구한 팽창률에 의해 설정한다.

⑵ 팽창률의 설정값은 시험시작 후 3시간에서의 값이 5~10%로 한다. 고강도 프리플레이스트 콘크리트에서는 2~5%로 한다.

⑶ 블리딩 현상에 의하여 침하·수축하는 모르타르를 팽창시켜 굵은골재와 모르타르

사이의 틈이 생기는 것을 방지하며, 부착강도 증대를 위해 주입모르타르와의 팽창성을 확보한다.

Ⅲ. 재료의 품질기준

1. **시멘트·결합재** : 주입모르타르는 보통포틀랜드시멘트 사용을 원칙으로 한다. 수화열의 억제, 유동성 및 화학적 저항성의 향상 등을 위해 고로슬래그시멘트, 조강포틀랜드시멘트를 결합재로 사용할 수 있다.

2. **혼화제** : 주입모르타르의 재료분리 방지, 침하수축 방지, 유동성 향상 등을 위해 팽창제를 사용한다.

3. **잔골재** : 잔골재 입도는 아래 값으로 하며, 조립률은 1.4~2.2 범위로 한다.

잔골재의 표준입도 범위

체의 호칭치수(mm)	0.15	0.3	0.6	1.2	2.5
체를 통과한 것의 질량 백분율(%)	5~30	20~50	60~80	90~100	100

4. **굵은골재** : 굵은골재의 최대치수는 15mm 이상, 부재단면 최소치수의 1/4 이하, 철근 순간격의 2/3 이하로 한다. 굵은골재의 최대치수를 최소치수의 2~4배 정도로 해서 입도분포를 적절히 유지하여야 주입모르타르 소요량을 줄일 수 있다.

Ⅳ. Preplaced concrete 시공 안전대책

1. 거푸집의 주입모르타르 누출 방지

⑴ 주입모르타르는 유동성이 크고 응결시간이 길어 거푸집 이음부의 미세한 간극을 통해 쉽게 유출된다.

⑵ 기초와 거푸집 사이에 잔골재 채움 포대로 밀폐하고, 거푸집 전면(全面)에 천으로 된 시트를 붙이거나 거푸집 하단(下端)에 특수한 스펀지를 설치한다.

2. 굵은골재의 채움

⑴ 굵은골재를 채우기 전에 주입관, 검사관 등의 매설물을 미리 배치하고, 거푸집 속에 채운 굵은골재는 모르타르 주입 전까지 깨끗한 상태이어야 한다.

⑵ 굵은골재는 거푸집 전체에 균등하게 채워지도록 투입하며, 투입할 때 conveyor belt 토출구의 낙하높이를 낮추어 굵은골재의 파쇄를 방지한다.

3. 주입관의 배치

⑴ 주입관의 안지름은 수송관 이하로 하고, 연직주입관의 수평간격은 2m로 한다. 수평주입관의 수평간격은 2m, 연직간격은 1.5m, 역류방지장치를 구비한다.

⑵ 대규모 preplaced concrete에서는 굵은골재를 채우기 전에 外管을 소정의 위치에 배치하고, 그 속에 內管(주입관)을 설치하는 2중관으로 한다.

4. 모르타르 비비기

⑴ 모르타르 믹서는 5분 내에 소요 품질을 비빌 수 성능으로, 1batch가 $0.2{\sim}1.5m^3$ 용량으로 한다. Agitator 용량은 믹서 용량의 3~5배로 한다.

⑵ 믹서에 재료투입은 물, 혼화제, 혼화재, 시멘트, 잔골재 순으로 하고, 비비기 시간은 2~5분으로 한다. 믹서에서 비비기를 끝낸 모르타르는 agitator로 옮긴다.

5. 모르타르의 압송(압송저항 감소대책)

⑴ 수송관의 연장은 가급적 짧게 하고, 곡률과 단면의 급격한 변경은 금지한다.

⑵ 수송관의 연장이 100m 초과하면 중계용 agitator와 pump를 사용한다. 이때 이음부에서 모르타르가 막히지 않도록 수밀하면서 점검이 쉽게 설치한다.

⑶ 수송관의 관내 유속이 너무 느리면 재료분리가 생기고, 너무 빠르면 압력손실이 생긴다. 관내 평균유속은 0.5~2.0m/s로 한다.

6. 모르타르의 주입

⑴ 주입은 거푸집 최하부에서 시작하여 상부로 시행하며, 모르타르 표면의 상승속도는 0.3~2.0m/s, 시공이음 없도록 모르타르는 중단 없이 계속 주입한다.

⑵ 거푸집 내의 모르타르 표면이 수평으로 상승하도록 주입관을 적당한 시간 간격으로 이동하면서 순차적으로 주입한다.

⑶ 연직주입관은 관을 뽑아 올리며 주입하되, 선단은 모르타르 내에 0.5~2.0m 묻혀 있는 상태를 유지해야 한다.

7. 주입모르타르의 상승높이 측정

⑴ 주입모르타르의 상승상황을 확인할 수 있도록 모르타르 표면의 위치를 측정하는 검사관에 일정간격으로 눈금을 표시한다.

⑵ 검사관의 눈금는 주입관과 동일한 숫자로 표시하며, 주입모르타르 표면의 유동경사는 1:3보다 크지 않도록 한다.

8. 이음

⑴ 모르타르는 연속주입이 원칙이며, 시공계획에 없는 곳에 수평이음을 두면 구조상 중대한 약점이 되므로 이를 피한다.

⑵ 계획적으로 설치하는 수평이음은 구(舊)콘크리트 표면의 laitance를 air jet으로 완전 제거 후 신(新)콘크리트를 철저히 주입한다.[5]

---

5) 국토교통부, '콘크리트표준시방서', pp.202~218, 2016.

07.08 스마트(Smart) 콘크리트

Ⅰ. 필요성과 경제성

1. 무생물인 재료가 주위의 환경변화를 탐색하여 스스로 진단하고, 스스로 조절하여 적응하거나 손상을 스스로 복구·복원하는 능력, 수명을 판단하는 능력, 학습하는 지적 능력을 가질 수 있다면, 안전성·건전성·신뢰성이 크게 향상될 것이다.

2. 1989년 일본에서 제안된 인텔리전트(intelligent) 재료의 개념은 합금과 같은 원자에 다른 재료를 섞어 지적 능력을 갖춘 새로운 재료를 인공적으로 창제하는 것을 목표로 한 첨단 과학기술이다.

3. 같은 시기에 미국에서 제안된 스마트(smart) 재료의 개념은 여러 소재를 구별할 수 있는 복합재료에 지적능력을 갖게 하는 것이 목표였다. 복합재료를 스마트(인텔리전트)화 하기 위해 ▲환경변화를 탐색하는 센서(sensor), ▲센서신호를 판단하고 명령하기 위해 신호를 출력하는 컨트롤러(controller), ▲신호에 따라 구조기능을 바꾸는 액츄에이터(actuator) 등의 기술이 필요하다.

4. 이와 같은 3가지 기능을 갖는 기능재료(Functional material)와 강도를 중시하는 구조재료(Structural material)를 융합하여 일체화된 복합재료를 창조함으로써 다음 그림과 같은 스마트 재료(Smart material)를 실현할 수 있다.

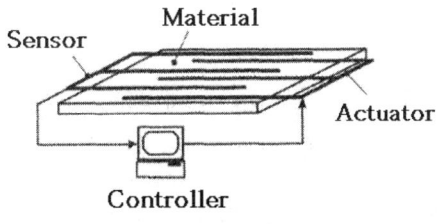

스마트 콘크리트 재료의 구성도

5. 스마트 콘크리트란 콘크리트 자체가 센서, 컨트롤러 및 액츄에이터의 3가지 기능을 발휘할 수 있도록 미세한 재료와 그에 필요한 장치를 삽입한 것을 의미한다. 스마트 콘크리트는 연구단계에 불과하고 실험실 수준도 아직 미미한 정도이다.

6. 항공·우주·생체·의료분야에서 실용화는 비용보다 기능이 훨씬 중요하지만, 토목·건축분야에서는 실용화되어도 비용이 문제이다. 따라서 콘크리트 재료에 스마트 콘크리트의 3가지 기능을 갖출 수 있는 연구 결과의 경제성이 키포인트다.

Ⅱ. 균열 자기복구 기능을 갖춘 스마트 콘크리트

1. 사용 중인 콘크리트 구조물에 균열이 발생되면 소요의 강도가 저하될 뿐만 아니라 공기 중의 탄산가스와 산성비 혹은 염분 등이 구조물 내에 침입하여 탐산화와 염해 등의 열화현상을 일으키는 원인이 된다.
   콘크리트 열화현상이 발생했더라도 지중 구조물과 위험물 처리시설 등에서는 사용 기간 중 보수·보강은 커녕 검사조차 어려운 경우가 많다.

2. 다음 그림 사례와 같이 콘크리트 구조물의 균열 발생을 자동 검측하여 보수·보강의 필요성 여부를 스스로 판단하고, 필요에 따라 보수·보강을 자동 실시할 수 있는 스마트 콘크리트가 차세대에는 실용화될 것으로 기대된다.

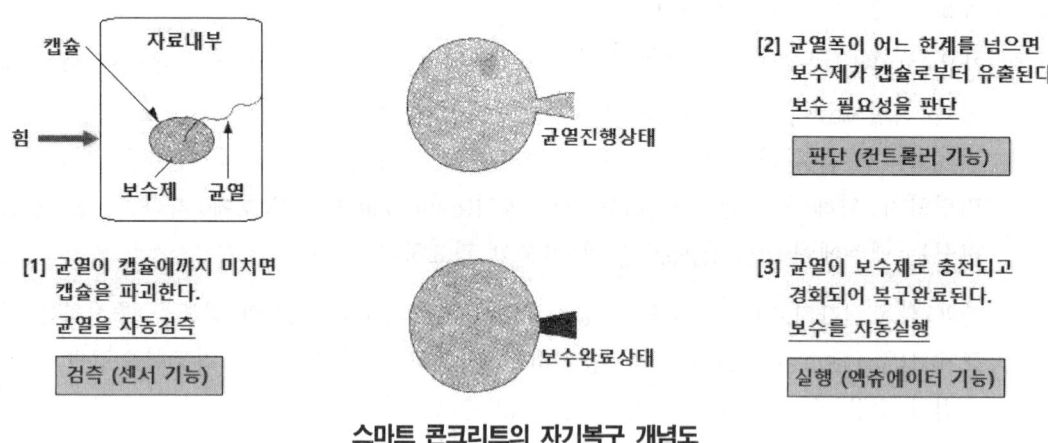

스마트 콘크리트의 자기복구 개념도

3. 스마트 콘크리트가 다양한 분야에서 실용화되기까지는 넘어야할 과제가 산적해 있지만, 그 실현 가능성은 충분하다고 여겨진다. 가까운 장래에 많은 아이디어가 창출될 것으로 보이며. 이 기술들이 상용화되는 날도 멀지 않아 보인다.

4. 어떠한 특정 분야에서 스마트 콘크리트가 상용화된다면 콘크리트 재료의 초기성능을 현격하게 높이 설정하지 않더라도 필요한 때(검측), 필요에 따라(판단·명령), 필요한 곳(균열)에 효과를 발휘(보수)할 수 있는 기능을 부여되어야 할 것이다.

5. 스마트 시스템의 연구·개발은 인간사회가 자연과 조화롭게 상생할 수 있도록 환경 훼손을 최소화하면서 건설산업 분야뿐만 아니라 사회경제 분야에서도 광범위하게 큰 영향을 미치리라고 전망된다.[6]

---

6) 박석균, '건설분야에서의 스마트 콘크리트 기술의 현황 및 전망', 2013, https://m.blog.naver.com/

07.09 에코(Eco) 콘크리트

에코 콘크리트(Eco Concrete) [1, 0]

1. 용어 정의

(1) 에코(ECO, environment conscious) 콘크리트란 지구의 환경피해를 줄이는데 기여
하며 자연생태계와의 조화를 도모하기 위하여 쾌적한 환경을 창조하는데 유용한 콘
크리트를 말한다. 사용목적에 따라 환경부하저감형과 생물대응형으로 구분된다.

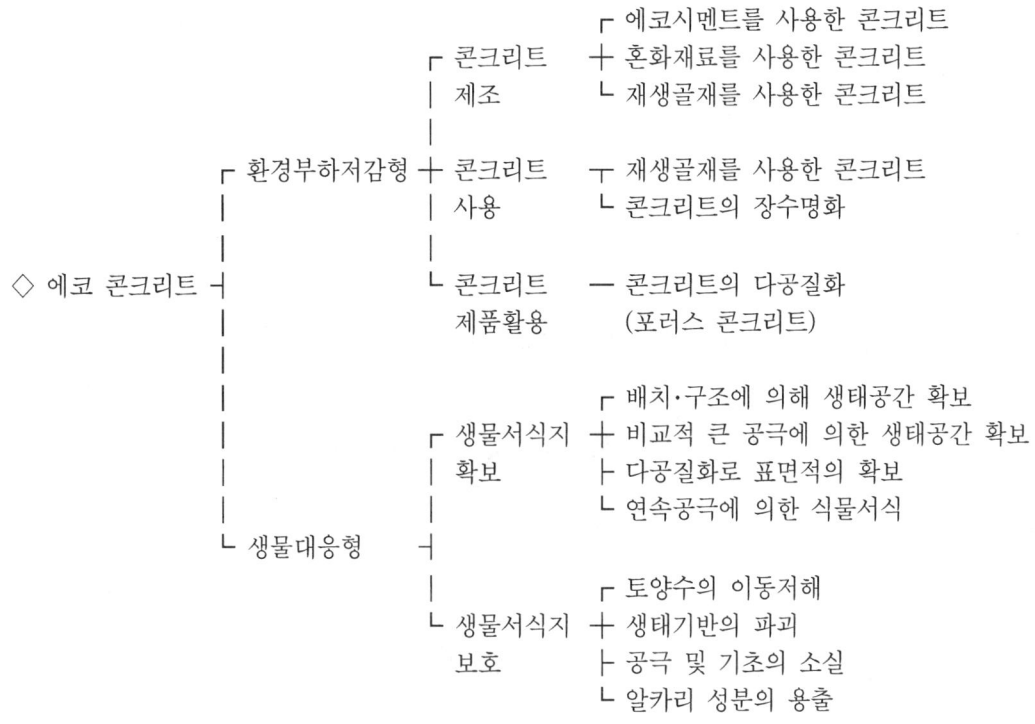

에코 콘크리트의 분류

2. 환경부하저감형 에코 콘크리트

(1) 재생자원을 이용한 콘크리트

① 에코 시멘트 : 도시지역의 쓰레기 소각재, 하수 슬러지, 산업 폐기물 등을 원료로
하는 에코 시멘트로 제조된 콘크리트

② 혼화재 콘크리트 : Fly ash, 고로 slag 등의 산업부산물을 시멘트 생산공장에서
혼화재료로 첨가하거나, 배합과정에 혼화재로 사용하여 제조된 콘크리트

③ 재생 콘크리트 : 내구수명이 지나 폐기되는 폐벽돌, 슬래그, 폐골재 등의 폐기물을
추출하여 만든 재생골재(채움재)로 제조된 콘크리트

⑵ Precast 제품을 이용한 콘크리트

① 다공성 콘크리트 : 콘크리트를 다공질화하여 투수성, 흡음성, 수질정화, 식재 등 환경부하 조절 기능을 갖추어 방음벽, 차광벽, 조립식 칸막이 등에 사용

② 투수성 콘크리트 : 지하수 저하 방지 및 토양 사막화 방지 기능을 갖추어 노면의 미끄럼저항성 개선을 위하여 보도, 주차장, 교통량이 적은 차도에만 제한적으로 사용 가능하며, 강성이 부족하여 중차량이 통행하는 차도에는 사용 금지

⑶ 사용효과

① 폐기물 발생을 최소화한다.

② 에너지를 유효하게 재활용한다.

③ 이산화탄소(CO_2) 배출을 억제한다.

④ 하천골재, 석회석 등의 천연자원을 보존한다.

2. 생물대응형 Eco-concrete

⑴ 식생 콘크리트

① Seed spray로 도로 비탈면, 건물 옥상 등에 설치하여 녹지공간을 조성한다.

② 건물 옥상에 설치하면 수분유출 억제, 경관향상, 생태계 개선 등에 도움된다.

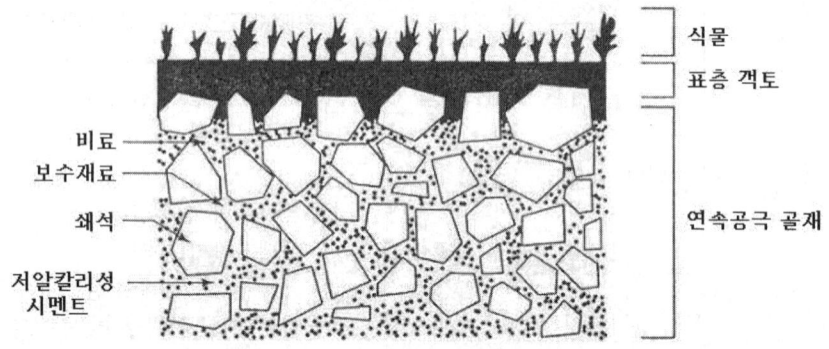

건물 옥상에 설치하는 식생 콘크리트의 단면

⑵ 수질정화 콘크리트

① 수질 정화 능력을 갖춘 박테리아가 서식할 수 있는 다공성 콘크리트를 제작하면, 수질정화 및 미생물 서식공간으로 사용할 수 있다.

⑶ 인공어초 콘크리트

① 해안 가두리 양식장에 사용하여 어류의 부화, 치어의 서식지 등을 제공한다.

⑷ Color 콘크리트

① 도료를 혼입하여 산책로, 어린이놀이터, 노인정 등에 사용한다.[7]

7) 박효성 외, 'Final 토목시공기술사 핵심문제', 예문사, pp.212~213, 2008.

07.10 포러스(Porous) 콘크리트

포러스 콘크리트(Porous Concrete) [1, 0]

1. 용어 정의

(1) 포러스(Porous) 콘크리트란 물과 공기가 자유롭게 통과할 수 있도록 내·외부가 통하면서 연속되는 미세한 공극을 내포하는 다공질 콘크리트로서, 수질정화재, 흡음재, 녹화기반재 등에 환경친화적으로 사용할 수 있다.

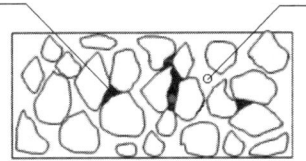

독립공극
(외부와 차단되는 공극)

연속공극
(외부와 소통되는 공극)

포러스(Porous) 콘크리트

2. 포러스 콘크리트의 재료

(1) 시멘트 : 고로시멘트, 조강포틀랜드시멘트

(2) 굵은골재 : 하천호안용 20mm, 차도포장용 13mm, 보도포장용 5mm 정도

(3) 잔골재 : 잔골재를 사용하는 경우에는 굵은골재의 1/10 정도

(4) 혼화재료 : 고성능 AE감수제 또는 전용 특수혼화제

3. 포러스 콘크리트의 분류

(1) 환경부하저감형 에코 콘크리트

① 투수성 포장재

② 투수성 트렌치, 흄관, 배수용 파이프

③ 우수저장시설

(2) 식물대응형 에코 콘크리트

① 식생 콘크리트

② 인공어초, 식생장

③ 하수 또는 하천의 수질정화재

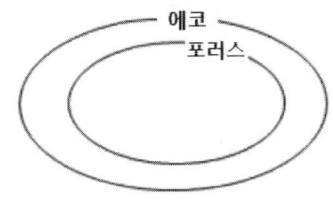

범위 비교

4. 에코 콘크리트와 포러스 콘크리트의 차이점

(1) 에코 콘크리트와 포러스 콘크리트의 특성이나 용도가 비슷해 보이지만, 에코 콘크리트가 상위 개념에서 그 범위가 더 넓다고 할 수 있다.[8]

---

8) Civil Engineering, '포러스 콘크리트(Porous Concrete)', 2017, https://civileng7.tistory.com/

07.11 진공(眞空) 콘크리트

진공 콘크리트(vacuum processed concrete) [1, 0]

1. 개요

(1) 진공 콘크리트(眞空—, vacuum processed concrete)란 콘크리트 타설 직후에 수화작용에 필요한 물 이외의 표면에 남아 있는 불필요한 잉여수를 밖으로 배출시켜 콘크리트 표면을 강화하는 기법이다. 콘크리트 표면을 감압(減壓)하는 진공처리는 매트나 밀폐된 패널을 표면에 밀착시켜 진공펌프를 사용하여 감압한다.

(2) 콘크리트 타설 직후에 진공처리를 하면 콘크리트 표면의 물이나 기포(氣泡)를 없애고 대기압을 이용하여 가압(加壓)함으로써 밀도를 크게 높일 수 있어, 강도나 마멸저항이 향상되어 주로 도로포장에 사용된다.

2. 기존 콘크리트의 한계

(1) 피복두께 늘이기

① 콘크리트 구조물의 체적 및 중량이 증가하여 표면부의 균열 폭도 함께 확대

② 콘크리트 구조물의 체적 및 중량이 증가하여 그에 필요한 공사비용도 증가

(2) 광물질 혼화재 사용

① 혼화재 구입 비용이 고가이며, 혼화재 사용 중에 특별한 품질관리 요구

(3) 내염(耐鹽) 표면도장

① 내구성 증가에 따른 초기비용 및 공사기간 증가, 공용 중에 계속 재도장 필요

3. 진공 콘크리트의 시공원리(순서)

(1) 콘크리트 타설 직후에 표면에 진공매트를 설치하여 진공상대로 만든다.

(2) 이때 대기압 8,000~10,000kg/m² 정도의 압력을 콘크리트 표면에 가한다.
압력을 가하는 장비의 용량은 타설된 콘크리트의 체적(면적)을 고려하여 결정

(3) 콘크리트 표면에 가해지는 압력에 의해 내부의 물이 표면으로 상승된다.
콘크리트 표면에 미세한 분말이 많으면 흡입능력이 저하
단위시멘트량 350kg/m³ 이내, 슬럼프 13cm 이하

(4) 진공펌프를 이용하여 잉여수를 밖으로 배출시킨다.
콘크리트 내부에 공기량이 과다(5% 이상)하면 흡입능력 저하

(5) W/C비 감소에 따라 모세관 직경이 작아진다.

(6) W/C비가 30% 수준에 이르면 압력이 증가해도 물의 통과가 불가능하다.

(7) 콘크리트 내부에 수화작용에 필요한 최소한의 수분만 존재한다.

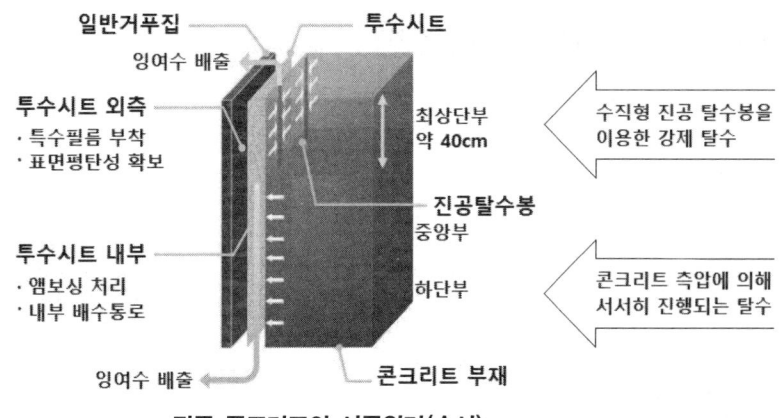

진공 콘크리트의 시공원리(순서)

4. 진공 콘크리트의 차별성(효과)

(1) 차별성

① 기존 콘크리트 공법과 비슷하게 소요되는 공사기간 중에 별도 혼화재의 추가 혼입 없이 구조물의 내구수명을 증가시킬 수 있다.

(2) 기술적 효과

① 잉여수 탈수로 인해 콘크리트의 주요 열화요인(염해, 중성화 등)에 대한 근원적 차단 및 내구성능 향상 가능

○ 기존 콘크리트에 비해 중성화 저항성 4배 증가

○ 기존 콘크리트에 비해 염해 저항성 1.4배 증가

(3) 경제적 효과

① 콘크리트 구조물 시공비용 절감

○ 박리제 도포 공정 불필요

○ 거푸집 사용횟수 증가로 시공비 절감 효과

② 콘크리트 구조물 유지관리비용 절감

○ 표면부 물공보 억제효과로 표면보수 비용 절감

○ 표면부 내구성이 우수하여 공용기간 중 특별한 유지관리 행위 불필요

③ 기존 콘크리트공법과 비슷한 공사기간

○ 투수시트 부착과 진공탈수 공정은 기존 공정과 동시에 진행 가능(추가적인 공기 연장 없음)

○ 박리제 도포, 시공 후 표면보수, 거푸집 도포 등의 행위가 불필요[9]

---

9) 이종석, '콘크리트 표면 잉여수 탈수에 의한 표면강화 기법', 건설기술연구원 인프라구조연구실, 2019.

07.12 팽창(膨脹) 콘크리트

팽창 콘크리트 [2, 0]

1. 용어 정의

(1) 팽창 콘크리트(膨脹-, expansive concrete)란 콘크리트의 가장 큰 결점으로 지적되는 경화 건조수축을 줄이기 위하여 팽창성 혼합재를 혼입한 콘크리트를 말한다.

(2) 팽창성 혼합재에는 에트린자이트(ettringite)계와 생석회[fresh lime]계가 쓰인다.

2. 팽창 콘크리트의 종류

(1) 수축보상용 팽창 콘크리트

① 프리스트레스 강도 0.2~0.7MPa 정도의 미미한 팽창력 발휘

② 콘크리트의 건조수축으로 인한 체적감소를 억제

③ 건조수축에 따른 인장응력을 상쇄할 만큼의 팽창력 발생

④ 적용 : 건축옥상 슬래브, 콘크리트포장, 수조, 수영장, 지하벽체 등의 구조물 외벽에 무수축 그라우팅을 실시하여 방수성 확보

(2) 화학적 프리스트레스용 팽창 콘크리트

① 프리스트레스 강도 6.9MPa 정도의 매우 큰 팽창력 발휘

② 팽창을 억제하여 콘크리트에 압축력을 가하여 화학적 프리스트레스 발휘

③ 수압철관으로 back filling하고 모르타르를 충전한 콘크리트 2차 제품 생산

④ 적용 : 장대교량 합성바닥판(span), Pre-cast 부재 제작

3. 진공 콘크리트의 특징(효과)

(1) 휨인장강도 , 수밀성, 내구성 증가

(2) 균열 발생을 억제하여 경제적인 단면 제작 가능[10]

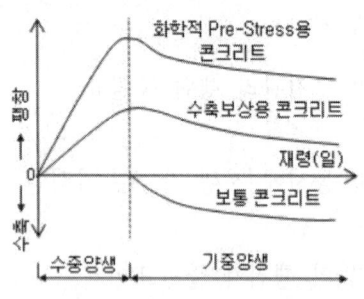

팽창 콘크리트의 길이변화율

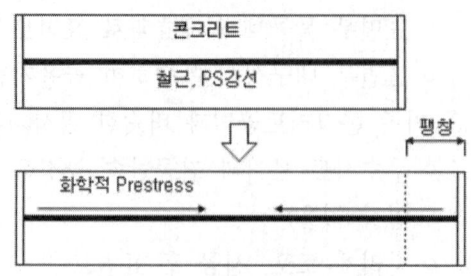

화학적 프리스트레싱의 원리

---

10) 국토교통부, '팽창 콘크리트', 국가건설기준 표준시방서, 2016.

07.13 저탄소(低炭素) 콘크리트

저탄소콘크리트(Low Carbon Concrete) [1, 0]

1. 용어 정의

(1) 탄소(炭素, Carbon)배출 저감 콘크리트는 콘크리트의 주(主)원료 시멘트 대신 화력 발전소와 제철소에서 부산물로 발생되는 플아이 애쉬(fly ash)와 고로 슬래그 미분 말(blast furnace slag)을 다량 사용하여 일반적으로 제조되는 매스콘크리트보다 시멘트 사용량을 20~40% 정도 줄여서 탄소배출을 저감시키는 콘크리트이다.

2. 기존 콘크리트의 한계

(1) 시멘트는 생산과정에서 전(全)세계 온실가스 배출량의 7%에 해당하는 이산화탄소 를 배출시켜 지구온난화를 부추기는 주요 오염원으로 지목되고 있다.

(2) 기존의 일반 콘크리트 $1m^3$ 생산에 평균 219kg의 시멘트가 소요되며, 시멘트 1톤을 생산과정에 약 0.9톤의 이산화탄소가 배출되는 것으로 알려져 있다.

3. 저탄소 콘크리트의 품질(효과)

(1) 2010년 인천 송도 푸르지오 현장에서 사용된 저탄소 콘크리트 $1m^3$당 131kg의 시멘트가 사용되어 기존 콘크리트 219kg보다 88kg 줄이는 효과가 있었다.

(2) 저탄소 콘크리트는 초기 압축강도 발현 측면에서 다소 저하되지만, 기초 매트콘크리트의 비중이 크지 않아 별 문제가 없다. 물론, 양생 28일 이후의 장기재령에서는 설계기준강도를 만족하는 것으로 나타났다.

콘크리트 배합설계 비교

구분	W/B (%)	S/a (%)	단위중량(kg/m^3)						시멘트:FA:BS
			물	시멘트	플아이 애쉬	고로슬래그 미분말	잔 골재	굵은 골재	
기존 매트콘크리트	36.6	43.0	160	219	44	175	736	983	5 : 1 : 4
저탄소 콘크리트	36.6	42.0	160	131	131	175	705	982	3 : 3 : 4

(3) 일반 콘크리트보다 저탄소 콘크리트에서 시멘트 대용으로 플아이 애쉬와 고로 슬래그 미분말을 좀 더 많이 사용하지만, 콘크리트의 생산, 품질관리, 시공성, 내구성, 경제성 등의 모든 면에서 큰 차이가 없다.[11]

---

11) 대우건설, '탄소저감 배출 콘크리트', 2010, www.dwconst.co.kr/

07.14 섬유보강 콘크리트

1. 개요

(1) 섬유보강 콘크리트 포장은 시멘트 콘크리트 내에 섬유를 강제로 혼입·분포시켜 콘크리트의 균열 발생과 확산을 구속하여 인성(靭性, toughness)을 크게 증가시킬 뿐만 아니라 휨강도, 내충격성 및 내마모성 특성을 증가시킬 수 있어 특수포장으로 시험포장에 적용되고 있다.

2. 섬유 종류

(1) 일반적으로 시판되고 있는 섬유제품은 다음과 같다.

① 강섬유(steel fiber)

② 유리섬유(glass fiber)

③ 나일론(nylon), 아스베톡스(asbetox), 인조견사(rayon), 면(cotton)섬유

④ 프로필렌(propylene), 폴리에틸렌(polyethylene)섬유

⑤ 탄소섬유(carbon fiber)

(2) 포장용으로 많이 사용되는 섬유는 강(steel)섬유이며, 프로필렌(propylene), 폴리에틸렌(polyethylene) 섬유 등은 건조수축균열 억제에 사용되기도 한다.

(3) 유리섬유(glass fiber)는 항공기, 탄소섬유(carbon fiber)는 스포츠용품 등에 많이 사용되고 있지만, 너무 비싸 도로포장에는 사용되지 않고 있다.

3. 섬유 특성

(1) 일반적으로 도로포장에 사용되는 섬유의 형상비(길이/직경)는 50~100 정도이며, 강섬유의 직경은 0.15~0.76m/m, 길이는 13~63 m/m 정도를 사용한다.

(2) 강섬유의 형상은 원형, 판형, 봉형 등 각종 형상의 섬유가 사용된다.

(3) 기존 무근콘크리트 포장의 일반적인 가로줄눈과 세로줄눈의 간격을 더 넓게 할 수 있어, 그만큼 균열 억제에 효과적이다.

4. 섬유보강 효과

(1) 콘크리트를 섬유로 보강하면 강도증가 효과는 크지 않으나, 구조적으로 인성(靭性)은 15배 이상 크게 증가된다.

(2) 일반콘크리트에 섬유를 첨가하면 균열의 발생·확산을 구속하여 내구적으로 견실한 콘크리트 포장체 기능을 유지할 수 있는 점이 가장 중요한 효과이다.

(3) 콘크리트 포장 표층에 섬유를 사용하면 교통하중에 내충격성 및 내마모성이 크게

향상되는 것으로 알려져 있다.

(4) 섬유보강 콘크리트 사용에 따른 기대효과는 다음과 같다.

① 인장강도 증진

② 인성 증진

③ 내마모성 증진

④ 내 충격성 향상

⑤ 균열의 확대 억제

⑥ 휨, 압축, 할열 인장강도 등이 약간 증가

5. 배합 및 혼합

(1) 배합 : 합성섬유 사용량은 콘크리트 1m³당 다음 표를 기준으로 한다.

합성섬유 사용량 기준

(m³당)

용도	사용량	적정 섬유길이	혼입율	비고
주요 콘크리트 미소 균열 제어용	900g	19~25mm	0.1%	비중 0.9 기준
프리캐스트 콘크리트 또는 차량 충돌대상 구조	2,700g	19~25mm	0.3%	비중 0.9 기준

(2) 혼합 : 배치플랜트에 투입시 계량투입구 또는 믹서내부에 1 배치(batch)량 재료를 직접 투입하여 믹싱시간 조정결과 섬유가 고르게 분산되도록 플랜트 성능에 맞는 혼합시간을 결정한다.

① 애지테이터 믹서(agitator mixer) 트럭에 투입시 저속회전으로 1분내에 균등한 량을 투입후 중속으로 3~4분 혼합시켜 배합상태를 확인하여 섬유가 뭉치는 현상 없이 고르게 분산되어야 한다.

② 혼합시 물의 추가 투입은 없어야 한다. 슬럼프는 약간 감소(1~2cm)하나 작업성, 펌핑 및 반죽질기에는 영향이 없다.[12]

---

12) 국토교통부, '도로설계편람', 제4편 도로포장, p.409-1, 2012.

07.15 장수명(長壽命) 콘크리트

1. 용어 정의

(1) 콘크리트포장에서 장수명 콘크리트포장에 대한 정의를 여러 가지로 규정할 수 있으나, 가장 구체적으로 표현하면 다음과 같은 성능이 확보된 포장을 의미한다.

① 계획된 콘크리트의 사용 수명이 40년 이상

② 조기에 시공 관련 파손이나 재료 관련 파손이 없는 포장

③ 표면에 균열, 단차, 스폴링 등의 결함 발생 가능성이 낮은 포장

④ 최소한의 유지관리에 의해 양호한 주행성과 표면 특성이 유지되는 포장

(2) 국내의 20년 콘크리트포장 설계수명과 달리 국외에서는 30년 이상의 설계수명을 기제시하고 있다. 미국의 경우는 교통량 산정을 우리와 같이 설계기간 내에서 예측하여 두께설계 절차에 반영하고, 유럽은 카탈로그 방식의 설계법에서 기준 교통량을 설계기간 동안에 산정한 값으로 적용한다.

2. 미국의 장수명 콘크리트포장 사례

(1) 미국 일리노이주 : 장수명 콘크리트포장에 대한 세부 시방규정을 수립하여 2000년대 중반 이후에 적용하고 있다. 장수명 콘크리트포장의 단면구성은 입도가 개선된 쇄석골재 보조기층, 100~150mm 두께의 아스팔트기층 위에 최대 350mm 두께의 연속철근 콘크리트포장(CRCP)으로 설계하고 있다.

(2) 미국의 미네소타주 : 2000년부터 설계수명 60년의 장수명 콘크리트포장을 적용하고 있는데, 이 기준은 현재까지 국내·외에 설계수명 중에서 가장 긴 기간이다.

(3) 미국 텍사스주 : 장수명 콘크리트포장에 대한 권장기준에 CRCP를 기본형식으로 제시하고 있다. 특이한 점은 기층을 25mm 두께의 아스팔트 부착방지 기층과 그 하부에 150mm 두께의 콘크리트 안정처리층을 쓰거나, 또는 100mm 두께의 아스팔트 안정처리 기층을 쓰는 점이다. 그리고 콘크리트 열팽창계수를 $10.7\mu\epsilon/℃$ 이하가 되도록 규정하고 있다.

(4) 미국 워싱턴주 : 50년 설계수명에 대한 기준을 제시하고 있다. 특이사항은 국내에서 사용하고 있는 린(lean)콘크리트 기층과 유사한 시멘트 안정처리층을 기층으로 허용하지 않는 점, 굵은골재에 최대치수 20mm 골재를 사용하고 혼합입도를 적용하고 있다는 점이다.

3. 장수명 콘크리트포장 설계를 위한 재료 및 배합기준

(1) 미국의 경우

① 다양한 기후 조건을 반영하여 내구성 설계를 하며, 강도, 물시멘트비, 시멘트량, 단위수량 등을 노출되는 환경조건에 따라 정의하고 있다.

② 장수명 콘크리트포장 시방서에는 강도와 내구성 등의 성능기준만이 규정되어 있고, 배합비나 다른 조건은 명시되어 있지 않다.

③ 다음 표와 같이 미국 ACI에서 권장하는 장수명 콘크리트포장 기준에 따르면 압축강도 28~35MPa, 물시멘트비 0.40~0.45, 시멘트량 300~360kg/m³ 범위이다. 일부 주에서는 최소 시멘트량을 333kg/m³ 정도로 규정하기도 한다.

미국 ACI에서 권장하는 장수명 콘크리트포장 배합설계

구분	최대골재크기(mm)	시멘트량(kg/m³)	물시멘트비	공기량(%)
극심한 노출환경조건 (Severe exposure)	25.0~37.5	300~360	0.40~0.50	4.0~6.0

(2) 유럽의 경우

① 유럽은 우리나라나 미국에 비해 상대적으로 높은 수준의 장수명 콘크리트포장의 품질을 요구하고 있다.

② 정육면체 공시체를 사용하는 유럽의 압축강도 52.5~62.5MPa를 실린더 원통형 공시체로 환산한 압축강도는 47.7~56.8MPa로서 상당히 높은 수준의 콘크리트 강도를 요구하고 있다.

③ 다음 표와 같이 1등급 도로에서 굵은골재의 최대크기가 20mm를 초과하거나, 또는 6mm 초과하고 20mm 이하인 경우에는 최소 시멘트량을 400kg/m³, 6mm 이하인 경우에는 425kg/m³로 규정하고 있다.

④ 특이사항은 2층 콘크리트포장이 많이 보편화 되어 있어, 저급의 품질기준을 가지는 하부층과 고급의 품질기준을 가지는 상부층으로 구분되어 있다.[13]

벨기에(Wallon주) 시방서의 장수명 콘크리트포장 배합설계

구분 (1등급 도로)	최대골재크기(mm)	시멘트량(kg/m³)	물시멘트비	공기량(%)
표층 (1층 또는 2층 포설)	> 20 $6 < D_{max} \leq 20$ ≤ 6	≥ 400 ≥ 400 ≥ 425	≤ 0.45 ≤ 0.45 ≤ 0.45	$3 \leq v \leq 6$ $5 \leq v \leq 8$
하부층(2층 포설)	≥ 20	≥ 375	≤ 0.45	$3 \leq v \leq 6$

---

13) 한국도로공사, '장수명 포장 콘크리트의 표준배합 및 성능평가방법 도출', 도로교통연구원, 2015.

07.16 | 고내구성(高耐久性) 콘크리트

고내구성 콘크리트 [1, 0]

1. 시방기준

(1) 콘크리트 관련 제 시방기준에 규정되어 있는 내구성 확보를 위한 최소 요구조건은 다음 표와 같다. 이 표는 특수노출상태에 대한 콘크리트의 물-결합재비, 설계기준 압축강도 요구사항 등에 관한 값이다.

특수노출상태에 대한 요구사항 (콘크리트 표준시방서, 2009)

노출상태	보통골재 콘크리트의 최대 물-결합재비	보통골재 콘크리트와 경량골재 콘크리트의 최소 설계기준 압축강도 f_{ck} (MPa)
물에 노출되었을 때 낮은 투수성이 요구되는 콘크리트	0.50	27
습한상태에서 동결융해 또는 제빙화학제에 노출된 콘크리트	0.45	30
제빙화학제, 염, 소금물, 바닷물에 노출되거나 이런 종류들이 살포된 콘크리트의 철근부식 방지	0.40	35

(2) 콘크리트의 내동해성을 기준으로 물에 노출되면서 낮은 투수성이 요구되는 경우에 물-결합재비 최대값은 50% 이하, 설계기준 압축강도는 27MPa 이상을 요구한다.

2. 제설환경을 고려한 고내구성 콘크리트의 배합설계

(1) 콘크리트의 동해는 내부 공극의 수분이 동결되면 체적팽창을 일으켜 수화조직에 피로를 발생시키는 중에, 염화물에 노출되면 시멘트의 수화조직인 수산화칼슘이 염화칼슘으로 변화되어 결과적으로 수화조직이 느슨해져 열화가 가속화된다.

(2) 연행공기를 도입한 AE콘크리트는 공극수 동결로 인한 수압이 기포(연행공기 또는 AE공기)로 인해 완화되므로 동결융해 저항성이 향상하게 된다.

(3) 물시멘트비(W/C)가 0.40 이하에서는 동결융해 저항성이 높고, 0.45 이상에서는 급격하게 동결융해 저항성이 낮아진다.

(4) 제설제 사용에 따른 콘크리트의 열화는 동결융해 반복과 염수에 의한 시멘트 수화물 분해로 발생되는 현상으로 강도가 낮은 경우에 발생된다.

(5) 따라서, 제설환경에서 동해 저항성은 설계기준 압축강도가 30MPa 이상, 굵은골재 최대치수에 따른 공기량이 5~7% 범위이면, 동해 내구성을 확보할 수 있다.

(6) 철근콘크리트 부재에서는 제설염화물 침투에 의한 철근부식이 부재 내구성을 결정
하는 주된 인자가 되므로, 설계기준 압축강도는 최소 35MPa 이상이어야 한다.

제설환경에서 물-결합재비 및 최소 설계기준 압축강도 규정

관련 기준	노출상태	최대 물-결합재비	최소설계 기준강도(MPa)
콘크리트 표준시방서 (2009)	제빙화학제, 염, 소금물, 바닷물에 노출되거나 이런 종류들이 살포된 콘크리트의 철근부식 방지	0.40	35
콘크리트 구조기준 (2012)	제빙화학제에 노출되며 지속적으로 수분과 접촉하고 동결융해의 반복작용에 노출되는 콘크리트	0.45	30
	제빙화학제, 소금, 염수, 해수 또는 해수 물보라 등과 같은 염화물에 직접적으로 노출되는 콘크리트	0.40	35
도로교 설계기준 (2012)	염화물에 의한 침식-주기적인 습윤과 건조상태	–	35
	제빙화학제나 해수에 접한 완전포화상태	–	30

3. 콘크리트의 내구성 평가

(1) 일반사항

① 내구성 평가는 내구성에 영향을 미치는 각종 성능저하 원인에 대해서 시공될 콘
크리트 구조물에 사용될 콘크리트에 대하여 수행한다.

② 시공될 콘크리트 구조물이 내구성 평가를 통과한 경우에는 이때의 시공방법 및
배합설계를 시공될 구조물에 대해 시공 직후 초기재령 상태의 콘크리트를 기준으
로 균열 발생 여부를 평가해야 한다.

③ 이때 시공될 구조물의 균열발생이 제어되지 않는 균열저항성 평가 결과를 얻는
경우에는 균열 제어시공이 되도록 시공방법을 수정하고, 시공방법의 수정만으로
균열제어가 되지 않는 경우에는 배합설계를 수정해야 한다.

(2) 콘크리트 구조물의 내구성 평가 원칙

① 시공될 콘크리트 구조물에 사용될 콘크리트에 대한 내구성 평가는 내구성능 예측
값에 환경계수를 적용한 소요 내구성값을 내구성능 특성값에 내구성 감소계수를
적용한 설계 내구성값과 비교함으로써 다음 식에 따라 수행한다.

$$\gamma_P A_P \leq \phi_K A_K$$

여기서, γ_P : 콘크리트 구조물에 관한 환경계수

ϕ_K : 콘크리트 구조물에 관한 내구성 감소계수

A_P : 콘크리트 구조물의 내구성능 예측값

A_K : 콘크리트 구조물의 내구성능 특성값

(3) 배합 콘크리트의 내구성 평가 원칙

① 배합콘크리트의 내구성 평가는 다음 식과 같이 콘크리트의 내구성능 예측값에 환경계수를 적용한 소요 내구성값을 내구성능 특성값에 내구성 감소계수를 적용한 설계 내구성값과 비교함으로써 수행한다.

$\gamma_P B_P \leq \phi_K B_K$

여기서, γ_P : 콘크리트에 관한 환경계수

ϕ_K : 콘크리트에 관한 내구성 감소계수

B_P : 콘크리트의 내구성능 예측값

B_K : 콘크리트의 내구성능 특성값

(4) 환경계수와 내구성 감소계수

① 환경계수는 시공될 콘크리트 구조물과 콘크리트 재료의 성능저하 환경조건에 대한 안전율로서 적용한다.

② 내구성 감소계수는 내구성능 특성값 및 내구성능 예측값의 정밀도에 대한 안전율로서 적용한다.

③ 각 성능저하요인에 대하여 내구성을 평가할 때 사용되는 환경계수와 내구성 감소계수는 각 성능저하 요인에 대해 독립적으로 적용해야 한다.

4. 고내구성 콘크리트의 품질관리 유의사항

(1) 시방서에 고내구성 콘크리트 제조를 위하여 고로슬래그 미분말을 사용하는 경우를 토목은 해양환경에 건설되는 콘크리트 교량으로 국한되어 있고, 건축분야는 레미콘 공장에서 10~20% 정도 시멘트를 치환해서 사용하도록 되어 있다.

(2) 고로슬래그 미분말은 분산성이 양호하므로 콘크리트의 균질성을 확보할 수 있고, 동일 슬럼프 유지를 위해 단위수량을 약간 감소시킬 수 있는 반면, 연행공기 확보를 위한 AE제 사용량은 약간 증가하며, 분말도가 클수록 더욱 증가한다.

(3) 고로슬래그 미분말을 사용하는 경우 초결 및 종결시간이 지연되고 블리딩이 증가하는 경향이 있으나 단위수량을 최소화한 시방배합으로 조절이 가능하다.

(4) 고로슬래그 미분말을 사용한 콘크리트 강도발현은 고로슬래그 미분말의 종류·치환율·양생조건에 영향을 받으며, 비표면적이 작을수록 초기강도가 낮아지지만 장기강도는 증가하므로 충분히 습윤양생을 실시하는 것이 중요하다.[14]

14) 국토교통부, '콘크리트표준시방서', 부록Ⅱ 콘크리트의 내구성 평가, pp.332~353, 2016.
한국도로공사 '구조물용 고내구성 콘크리트 표준배합 및 품질관리 방안 연구', 도로교통연구원, pp.71~88, 2016.

07.17 내식(耐蝕) 콘크리트

내식 콘크리트, 철근콘크리트 구조물의 철근 피복두께 [5, 2]

Ⅰ. 개요

1. 철근콘크리트에 미세균열이 생겨서 알칼리 성분이 용출되고 탄산화되면, 콘크리트의 알칼리성이 저하되어 중성화되면 수분이나 부식성 물질이 침입되면서 그 내부의 철근이 심하게 부식된다.

2. 콘크리트표준시방서에 규정되어 있는 철근피복은 철근표면과 콘크리트표면 사이의 콘크리트 최소두께를 말하며, 철근을 콘크리트 최소두께로 덮는 이유를 ① 철근의 부식방지, ② 내화구조 형성, ③ 부착응력 확보 등으로 설명하고 있다.

3. 이 중 ① 철근의 부식방지를 규정하는 이유는 철근콘크리트에서 콘크리트 피복이 철근의 부식을 막아 장수명 콘크리트를 제조하는 핵심적인 요소이기 때문이다.

4. 강알칼리성 환경에서 철근은 표면에 매우 얇은 $20 \sim 60 \text{Å}$ 두께의 수산화물로 구성된 피막을 형성하여 부동태화 되어 있어 철근콘크리트의 부식(腐蝕)을 막아준다.

Ⅱ. 철근의 부식원인

```
                        ┌ 중성화로 인한 부식
              ┌ 직접원인 ┼ 염화물 이온으로 인한 부식
              │         ├ 미주전류로 인한 부식
  ◇ 부식원인 ┤         └ 기타 황산염 환원 박테리아로 인한 부식
              │         ┌ 피복 부족(설계부족, 시공부족, 공용 중 분리)
              └ 간접원인 ┼ 콘크리트 품질불량(배합불량, 재료부족, 시공불량, 기준미비)
                        ├ 균열 등 결함부의 존재
                        └ 가혹한 환경에서의 과도한 하중
```

철근의 부식원인

1. 직접원인

(1) 중성화 깊이가 철근 위치에 이르고 있지만, 철근 위치보다 깊은 부분까지 도달하여 철근이 부식되는 경우에 그 원인을 콘크리트의 중성화로 판단한다.

(2) 염화물 이온으로 인한 철근부식은 염화물 이온의 침투깊이와 염화물 이온농도의 분포를 비교·분석하면 판정할 수 있다.

(3) 전식(電蝕)이라 부르는 미주전류로 인한 부식이 전기를 사용하는 전해공장, 전기방식된 철도구조물 등에서 생겼을 때는 중성화나 염화물 이온과 함께 전식에 대해서도 검토해야 한다.

(4) 흔한 사례는 아니지만, 황산염 환원 박테리아로 인한 부식은 콘크리트제품 석유 굴착 플랫폼에서 생길 수도 있다.

2. 간접원인

(1) 철근의 피복두께가 충분하지 않으면 철근 위치까지 탄산가스가 투과되어 콘크리트가 중성화가 빠르게 진행된다. 피복두께가 부족한 경우는 다음과 같다.
 ① 설계단계에서 배근상세도 검토가 불충분하여 실계피복이 부족한 경우
 ② 시공불량으로 안하여 설계도대로 피복되지 못한 경우
 ③ 설계값 그 자체가 방식에 불충분하여 공용 중에 분리된 경우
(2) 콘크리트 시공 중에 품질불량으로 피복두께에 변동이 생기는 이유는 부적절한 철근 배근, 거푸집의 조임 부족, 타설 중에 거푸집과 동바리가 변형된 경우
(3) 콘크리트의 피복두께에 생기는 균열, 이어치기, 콜드조인트, 곰보 등의 결함부에는 탄산가스나 염화물 이온이 쉽게 침투되어 철근 부식이 빠르게 진행된다.
(4) 항만시설물은 파랑, 지진, 해풍 등과 같은 가혹한 환경조건에서 설계하중을 초과하는 과도한 하중이 반복적으로 가해지면 소성변형이 발생되어 균별이 생긴다.

Ⅲ. 철근콘크리트의 피복두께

1. 용어 정의

(1) 철근콘크리트의 피복두께의 정확한 표현은 '철근에 대한 콘크리트의 피복두께'을 의미하며, 일반적으로 '철근의 피복두께'로 칭하고 있다.
(2) 따라서, '철근의 피복두께'는 각각의 철근에 서로 다른 값이 있지만, 특정한 철근의 피복두께는 최소값으로 그 부재의 가장 외측에 배치된 철근에 대한 콘크리트의 피복두께를 말한다.

2. 피복두께의 확보방안 = 철근부식의 방지대책

(1) 콘크리트표준시방서(2016)에 아래 표와 같이 피복두께의 최소값을 규정하는 이유는 시공불량에 따른 철근부식의 주요 원인으로 피복두께 미확보에 있다는 의미에서 주의깊게 시공하면 철근부식의 완전방지도 가능하다고 보았다.
(2) 그러나, 피복두께 부족은 철근의 가공·조립, 거푸집·동바리의 시공오차, 철근상세도와 시공결과물의 오차 등에 의해 어떤 확률로 발생되는 것은 피할 수 없다.
(3) 일본 건설교통성 조사 결과에 따르면, 벽체구조물의 경우에 피복오차의 표준편차는 20mm 정도이며, 이 오차를 고려하여 설계 피복두께 값을 정하지 않으면 최소 피복두께의 확보가 곤란하다는 견해이다.

콘크리트구조 철근상세 설계기준의 최소 피복두께

콘크리트 종류	환경조건에 따른 부재의 종류			피복두께 (mm)
현장치기 콘크리트	수중에서 치는 콘크리트			100
	흙에 접하여 친 후 영구히 흙에 묻히는 콘크리트			80
	흙에 접하거나 옥외의 공기에 직접 노출되는 콘크리트	D29 이상의 철근		60
		D25 이하의 철근		50
		D16 이하의 철근, 지름 16mm 이하의 철선		40
	옥외의 공기나 흙에 직접 접하지 않는 콘크리트	슬래브, 벽체, 장선	D35 초과 철근	40
			D35 이하 철근	20
		보, 기둥(f_{ck} =40MPa 以上이면 10mm 저감)		40
		쉘, 절판부재		20
프리스트레스 콘크리트	흙에 접하여 친 후 영구히 흙에 묻히는 콘크리트			80
	흙에 접하거나 옥외 공기에 직접 노출되는 콘크리트	벽체, 슬래브, 장선구조		30
		기타 부재		40
	옥외 공기나 흙에 직접 접하지 않는 콘크리트	슬래브, 벽체, 장선		20
		보, 기둥	주철근	40
			띠철근, 스터럽, 나선철근	30
		쉘, 절판부재	D19 이상 철근	d_b
			D16 이하 철근, ϕ16mm 이하 철선	10
	흙, 옥외 공기 및 부식환경에 노출된 프리스트레스트콘크리트 부재로서 부분균열등급 또는 완전균열등급 경우는 최소 피복두께 50% 이상 증가			
프리캐스트 콘크리트	흙에 접하거나 옥외 공기에 직접 노출되는 콘크리트	벽체	D35 초과 철근, ϕ40mm 초과 긴장재	40
			D35 이하 철근, ϕ40mm 이하 긴장재, ϕ16mm 이하 철선	20
		기타 부재	D35 초과 철근, ϕ40mm 초과 긴장재	50
			D19~D35 철근, ϕ40mm 이하 긴장재, ϕ16mm 이하 철선	40
			D35 이하 철근, ϕ16~40mm 긴장재	30
	옥외의 공기나 흙에 직접 접하지 않는 콘크리트	슬래브, 벽체, 장선	D35 초과 철근, ϕ40mm 초과 긴장재	30
			D35 이하 철근, ϕ40mm 이하 긴장재	20
			ϕ16mm 이하 철선	15
		보, 기둥	주철근(15~40mm)	d_b
			띠철근, 스터럽, 나선철근	10
		쉘, 절판부재	긴장재	20
			D19 이상 철근	15
			D16 이하 철근, ϕ16mm 이하 철선	10

콘크리트 종류	환경조건에 따른 부재의 종류				피복두께 (mm)
다발철근	다발철근의 피복두께는 다발의 등가지름 이상, 60mm 이내 흙 속에 콘크리트를 친 후 영구히 묻혀있는 철근 피복두께 80mm 이상 수중콘크리트를 친 경우에는 100mm 이상				
확대머리 전단 스터드	확대머리 전단 스터드의 피복두께는 확대머리 전단 스터드가 설치되는 부재의 철근에 요구되는 피복두께 이상				
특수환경 노출 콘크리트	콘크리트가 우측 구조체인 경우에는 아래 값 이상의 피복두께 확보	고내구성이 요구되는 구조체 해안 250m 이내에서 직접 외부 노출되는 구조체 유수에 의한 심한 침식, 화학작용을 받는 구조체			
	아래 값	현장치기콘크리트	D16 이하 철근의 벽체, 슬래브		50
			기타 부재		80
		프리캐스트콘크리트	벽체, 슬래브		40
			기타 부재		50
	내화 구조물의 피복두께는 화열의 온도, 지속시간, 사용골재의 성질 등을 고려 하여 결정 규정된 최소 피복두께보다 더 큰 값이 요구될 때에는 동등한 내화성능의 재료 나 피복재료를 사용하거나 피복두께 값을 증가				
	증축·확장을 위해 노출된 철근 또는 매입 철물은 부식되지 않도록 조치				

(4) 최근 이와 같은 인식에 대한 공감대가 형성되어 최소 피복두께를 결정할 때 공칭 오차를 고려하는 방안, 조립정밀도를 향상시키는 방안, 콘크리트 타설이 쉽도록 철근을 배근하는 방안 등이 적용되고 있다.

(5) 결론적으로, 철근콘크리트 구조물에서 피복두께는 구조물의 내구성이 지대한 영향을 미치므로 설계 피복두께를 적절히 설정하고, 시공 중에 피복두께를 정밀히 확보하는 것이 내식(耐蝕) 콘크리트 제조를 위한 기본이라고 할 수 있다.[15]

---

15) 고재일, '철근콘크리트 구조물의 부식과 콘크리트피복의 방식', 대림산업, 봄호 2001.
　국토교통부, '콘크리트구조 철근상세 설계기준', 4.3 최소 피복두께, pp.5~8, 2016.

07.18 방사선 차폐용 콘크리트

원자력발전소 건설에 사용되는 방사선 차폐용 콘크리트(radiation shielding concrete) [0, 1]

Ⅰ. 개요

1. 원자력발전소 건설에 사용되는 방사선 차폐용 콘크리트(RSC, radiation shielding concrete)는 주로 생물체의 방호를 위하여 X선, γ선 및 중성자선을 차폐할 목적으로 사용되는 콘크리트를 말한다.

2. 방사선 차폐용 콘크리트로서 밀도, 설계허용온도, 결합수량, 붕소량(硼素量, 유해성 물질을 삼켰을 때 몸 속에 남아있는 잔유량) 등을 엄격하게 관리할 수 있도록 설계기준압축강도 150MPa 이상의 중량(heavy weigh) 콘크리트 또는 초고강도(ultra high strength) 콘크리트로 시공해야 한다.

Ⅱ. 중량(重量) 콘크리트

1. 특징

(1) 중량 콘크리트는 방사선(x선, γ선, 중성자선)을 차폐하기 위하여 비중이 큰 중량 골재(비중 3.2~4.0)를 사용한 콘크리트를 말한다.

2. 재료

(1) 시멘트는 보통 포틀랜드 시멘트, 고로 슬래그 시멘트, 플라이 애시 시멘트 또는 포졸란 시멘트를 사용한다.

(2) 골재는 비중이 큰 철광석, 자철광석, 철편, 중정석 등을 사용한다.

(3) 혼화재료는 단위수량 및 단위시멘트량을 줄이기 위하여 감수제를 사용하고, 수화열을 줄이기 위하여 fly ash를 사용한다.

3. 배합

(1) 단위시멘트량의 270kg/cm^3 이상을 표준으로 하되, 가능하면 적게어야 한다.

(2) 단위수량이 많으면 균열이 발생되고, 수밀성·내구성이 저하되므로 workability가 확보되는 범위 내에서 가능하면 적어야 한다.

(3) 굵은골재는 중량(重量)골재로서 치수가 균일하고 재료분리가 적어야 한다.

(4) 혼화재료 중의 염소나 황산 성분은 철근을 부식시키므로 유의한다.

(5) 물시멘트비는 60% 이하를 표준으로 하며, 일반적으로 55%이하가 바람직하다.

(6) 슬럼프치는 15cm 를 표준으로 하며, 일반적으로 10cm 이하가 바람직하다.

(7) 계량오차는 다음 표를 기준으로 한다.

재료	시멘트	골재	물	혼화재료
계량오차	1%	3%	1%	2~3%

4. 시공 유의사항

(1) 초기 보양기간은 5일 이상으로 하며, 습윤양생을 실시한다.

(2) 타설 후 1일간, 가능하면 3일간은 중량물의 적재나 보행을 금지한다.

(3) 방사선 차폐용 콘크리트를 공사할 때는 이어치기 부분에 대하여 기밀이 최대한 유지될 수 있는 방안을 강구해야 한다.

(4) 방사선 차폐용 콘크리트를 공사할 때는 설계에 정해져 있지 않은 이음은 설치할 수 없다.

(5) 방사선 차폐용 콘크리트를 공사할 때는 이어치기의 위치 및 이어치기면의 형상은 압사선의 유출을 방지할 수 있도록 그 위치 및 형상을 별도로 정해야 한다.

Ⅲ. 초고강도(超高强度) 콘크리트

1. 특징

(1) 초고강도 콘크리트는 내력증대 및 자중감소가 가능하여 구조물 내부의 공간활용에 필요한 대형구조물, 수직·수평 구조시스템을 갖는 초고층건축물, 高교각의 長大교량 및 방사선 차폐가 필수적인 원자력발전소에 사용된다.

2. 재료

(1) 4성분계 시멘트로서 보통 포틀랜드시멘트, 고로 슬래그, 무수 석고, 실리카퓸 등을 사용한다.

(2) 잔골재는 세척하여 사용하며, 잔골재율 40% 이하를 표준으로 한다.

(3) 굵은골재는 강도 200MPa 이상의 화강암계 부순골재를 사용한다.

① 굵은골재 최대치수 20mm 이하

② 1,200℃에서 내화성을 확보할 수 있도록 Fe_2O_3, MgO, K_2O 등의 저융점 성분의 함량이 낮은 부순골재를 사용한다.

(4) AE감수제 또는 고성능감수제를 사용한다.

3. 품질기준

(1) 초조강성(EHS) : 재령 3일 압축강도 100MPa 이상

(2) 초고강도(VHS) : 재령28일 압축강도 150MPa 이상

(3) 내구성·수밀성 : 낮은 공기량(1.5% 내외), 균질성

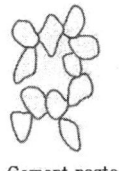 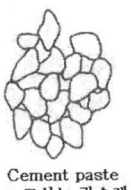 

Cement paste　　Cement paste 　　Cement paste
　　　　　　　+ 고성능 감수제　　+ 고성능 감수제
　　　　　　　　　　　　　　　　+ Silica fume

Silica fume 효과

응력 (σ)

취성파괴

고강도 콘크리트

일반 콘크리트

연성파괴

변형(ε)

고강도 콘크리트 특성

4. 시공 유의사항

(1) 배합관리

① 균질성 확보 : pre-mix형 배합을 적용

② 수화열 저감 : 저발열시멘트를 포함한 4성분계 시멘트 사용

③ 강도와 유동성 확보를 실리카퓸을 분산 코팅

(2) 시공관리

① 재료분리 방지대책의 수립 : pump car, bucket 이용방안 검토

② 초기재령에서 수화열 관리, 온도균열저감에 유의

ㅇ 계측관리를 통하여 콘크리트 내·외부 온도변화 및 수화열관리

ㅇ 콘크리트 부재의 내부온도는 평균 20℃ 이하 유지

③ 거푸집 탈형시기

ㅇ 탈형 중에 곰보(honeycomb) 발생에 유의한다.

ㅇ 탈형 중에 부재 중심부의 외기온도는 25℃를 기준으로 한다.

ㅇ 실물 모형실험을 통하여 거푸집 탈형시기와 양생방법을 결정한다.

(3) 품질관리

① 방사선 차폐용 콘크리트로서의 현장 품질관리를 위한 시험항목, 시험 방법 및 판정기준은 공사시방서에 따른다.

② 방사선 유출검사는 공사시방서에 따른다.

③ 검사한 결과 불합격한 경우의 경우 책임기술자의 지시에 따른다.[16]

---

16) 국토교통부, '콘크리트표준시방서', 제13장 방사선 차폐용 콘크리트, pp.151~153, 2016.

07.19 | 철근콘크리트 구조물의 철거·해체

근콘크리트 구조물 해체공사의 적합한 공법, 시공 유의사항 [0, 4

Ⅰ. 개요

1. 철거(撤去, demolition)는 재해나 사고 등에 의하지 않고 불필요한 기존 구조물이나 건축물을 의도적으로 제거하는 행위를 말한다.

2. 해체(解體, dismantlement)는 용도가 끝났거나 또는 내용연수가 경과된 기존 구조물이나 건축물을 부숴서 제거하는 행위를 말한다. 특히, 오래된 건축물 해체 중에 석면이 비산되지 않도록 유의하고 특수폐기물로 처리해야 한다.

3. 최근 철근콘크리트 구조물의 노후화와 신도시 개발 등으로 인한 도심 재개발·재건축이 활발히 이루어지면서 기존 구조물의 철거·해체공사가 증가하고 있다.

2. 철근콘크리트 구조물의 철거·해체공사가 급증함에 따라 안전사고의 발생가능성은 점차 높아지고 있으나 관련 제도 미비로 철거 중 붕괴사고도 발생되고 있다.

Ⅱ. 철근콘크리트 구조물의 철거·해체계획

1. 철거·해체공사 사전조사

(1) 건설업자등, 시공자 및 철거업체는 해체공사 대상 시설물의 형태·규모, 공사주변 환경조건, 건설폐기물 반출을 위한 도로현황 등을 사전에 조사한다.

2. 철거·해체공사계획서 작성

(1) 철거·해체공사를 친환경적으로 수행하기 위해 주변의 안전유해·위험요소, 건설폐기물의 최소화 및 적정처리 방안 등을 포함하는 해체공사계획서를 작성한다.

(2) 철거·해체공사 관련 『건축법』, 『산업안전보건법』, 『소음·진동관리법』, 『대기환경보전법』, 『건설폐기물의 재활용촉진에 관한 법률』 등을 참조한다.

3. 구조부재 상태조사 및 구조안전계획

(1) 해체대상 시설물에 사용된 구조재료, 설계구조시스템, 시공방법, 노출 또는 은폐된 가새부재의 존재여부 등의 구조부재 상태를 조사한다.

(2) 조사된 구조부재의 기능저하 정도, 해체작업 중 구조부재의 붕괴 가능성, 철근콘크리트 구조물의 특성 등을 포함하는 구조안전계획 수립한다.

4. 철거·해체공법의 선정 및 안전확보

(1) 철거·해체대상 철근콘크리트 구조물의 구조부재 상태의 조사결과를 토대로 작성된 구조안전계획을 감안하여 철거 중 안전성을 확보할 수 있도록 적절한 해체공

법을 선정한다.

(2) 철거·해체 중에 파편 등과 같은 낙하물이 해체현장 밖으로 나가지 않도록 위험방지대책을 검토하여 해체작업에 투입되는 중기작업 안전대책을 마련한다.

5. 해체공사의 환경보전 및 부산물 처리

(1) 철거·해체 중의 소음·진동은 『소음·진동관리법』 기준 이하로 제한하거나, 불가피한 경우에는 해체공법 변경, 저소음·저진동기계 선정 등을 검토한다.

(2) 특히, 철거·해체 중 발생되는 석면분진은 『대기환경보전법』, 『산업안전보건법』, 『석면관리기본법』 등의 작업기준을 준수하고 비산 방지대책을 마련한다.

Ⅲ. 철거·해체 대상 철근콘크리트 구조물의 범위

1. 공공공사의 철거·해체 적용대상

(1) 공공시설물
  ① 안전관리계획 수립대상 공공공사로서 기존 시설물의 철거·해체공사
  ② 도시지역의 교량, 복개구조물, 고가도로, 지하저수조 등의 철거·해체공사

(2) 공공건축물
  ① 10층 이상인 건축물의 해체공사
  ② 10층 이상을 신축하는 공공공사로서 기존 건축물의 해체공사

2. 개별 구조물의 철거·해체 적용대상

(1) 『건설산업기본법』 발주대상 구조물, 『시설물의 안전 및 유지관리에 관한 특별법』 제1·2종 시설물의 철거·해체공사

(2) 『건축법』 적용대상 건축물로서 10층 이상인 건축물의 해체공사 및 리모델링 공사, 신축공사를 위한 기존 건축물의 해체공사

Ⅳ. 구조물 철거·해체 관련 제도 현황

1. 현행 규정

(1) 건설공사 완료 후의 사후평가에 대한 부분은 『건설기술진흥법』 개정으로 근거규정이 마련되어 철저하게 관리되고 있다.

(2) 건설공사의 사후평가에 철거·해체공사에 대해서는 철거 전(前) 철거신고와 철거 완료 후 멸실신고(滅失申告)만 하면 종료된다.

2. 건축물 철거·해체 규정 및 절차

(1) 건축물 철거·해체 규정은 『건축법』제36조제1항과 같은 법 시행규칙제24조에 의

해 '건축물의 소유자나 관리자는 건축물 철거 전에 특별자치도지사 또는 시장·군수·구청장에게 신고해야 한다'라고 신고의무를 부여하고 있다.

⑵ 건축물 철거·멸실 신고절차는 아래 그림과 같이 먼저 철거 대상 건축물에 대한 석면 사전조사 실시 후, 석면조사 결과서 사본을 첨부하여 철거예정일 7일전까지 특별자치도지사 또는 시장·군수·구청장에게 철거·멸실 신고하면 된다.

⑶ 현행 『건축법』에 건축물 철거 신고규정만 있을 뿐, 안전규정은 거의 없는 상태이다. 행정부가 해체공사를 신축공사의 일부분으로 간주하여 해체공사 관련 별도의 안전관리사항을 정하지 않고 있기 때문이다

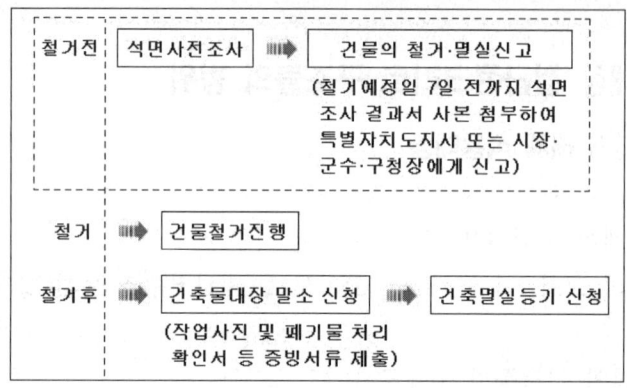

건축물 철거·멸실신고 절차

3. 건축물 철거 관련 안전규정

⑴ 건축물 철거 관련 안전관리 규정은 『건설기술관리법시행령』제93조3(안전관리계획의 수립)에 '0층 이상 건축물 해체공사를 할 때 안전관리계획을 수립'하도록 규정하고 있다.

⑵ 건축물 해체공사 안전관리계획에는 해체대상, 해체순서 등 해체공사에 대한 계획만 작성하면 된다. 별도의 제한사항은 없다.

V. 최근 정부의 제도개선 추진내용

1. 『해체공사 안전관리요령』 마련

⑴ 국토교통부는 2012.1.10. 역삼동 건축물 철거 중 발생된 붕괴사고를 계기로 『건축법』과 관련하여 철거 중에 안전확보를 위한 제도를 아래와 같이 정비하였다.

⑵ 국토교통부는 '해체공사 안전관리요령'을 제정하여 지자체 및 공공기관 등에 보급하였다. 『건설기술관리법』상 안전관리계획 의무대상인 10층 이상의 건축물의 해체 등은 위 요령을 준수하여 해체공사를 시행하고, 안전관리계획 수립 대상이 아

닌 건설공사(4층 이상 또는 10m 이상 건축물)는 동 요령을 준용하여 해체공사를 시행하도록 하였다.

(3) '해체공사 안전관리요령'의 주요 내용에는 건설공사의 시공자 또는 건축주에 대한 해체공사계획 수립, 공공공사 입찰시 해체공사비용 반영, 감리자에게 해체공사 감독업무 부여 등을 포함하고 있다.

2. 관련법령 일부개정(안) 입법예고

(1) 국토교통부는 건축물철거 관련 내용을 포함한 건축법 일부를 개정하여 일정규모 이상의 건축물을 철거하는 경우에 그 건축물의 소유자는 철거공사 감리자를 지정 하도록 강화하였다.

(2) 더불어 건축법 시행규칙 일부를 개정하여 건축물 철거 신고할 때, 건축물 철거에 대한 안전성 확보를 위하여 해체공사계획서를 제출하도록 강화하였다.

3. 철거·해체 관련 제도개선 방향

(1) 10층 이하 건축물 철거할 때 안전관리에 대한 제도적인 장치 개선이 필요하다. 현재 해체대상물의 대부분이 10층 이하 건축물이며, 다수의 붕괴사고가 10층 이 하의 건물에서 발생하고 있다. 따라서 10층 이하의 건축물도 안전관리계획 및 안 전점검 후 해체공사 실시 등을 도입할 필요가 있다.

(2) 최근 지속적으로 증가하고 있는 50층 이상 초고층 건물에도 별도의 안전관리방 안을 마련해야 한다. 요즈음 주요 철거대상 건축물이 중·저층에서 고층으로 전환 되는 추세이므로, 철거·해체 대상물의 고층화·대형화에 대비한 법적 안전장치를 마련해야 한다.

(3) 리모델링 및 철거·해체공사에 대한 전문성과 안전성 확보방안을 마련해야 한다. 철거·해체공사를 단순히 신축공사를 위한 사전작업 정도로 여기지 말고, 해체산 업 관련 전문기술인력 양성, 해체공사 관련 지침서의 현실화 등을 통하여 해체산 업을 발전시킬 수 있는 기반을 마련해야 한다.[17]

---

17) 국토교통부, '해체공사 안전관리 요령 안내', 2012.
   배제현, '건물철거시 붕괴사고 방지를 위한 제도적 논의', 국회입법조사처, 이슈와 논쟁, 제431호, 2012.

07.20 건설폐기물의 재활용 방안

Ⅰ. 건설폐기물

1. 용어 정의

(1) 『폐기물관리법』에 의해 폐기물은 일반폐기물과 특정폐기물(석면 등)로 분류되며, 그 중 일반폐기물은 산업폐기물과 생활폐기물로 세분된다.

(2) 산업폐기물 중의 하나인 건설폐기물은 토목·건축공사와 관련하여 5톤 이상 배출되는 폐기물을 말하며, 주택수리 등에서 배출되는 5톤 미만의 폐기물은 생활폐기물로 분류된다.

2. 건설폐기물의 종류

(1) 가연성 · 폐목재, 폐합성수지, 폐섬유, 폐벽지

(2) 불연성 · 건설폐재류 : 폐콘크리트, 폐아스팔트, 폐벽돌, 폐블록, 폐기와
· 건설오니
· 폐금속류, 폐유리, 폐타일, 폐도자기

(3) 혼합 · 폐보드류, 폐판넬, 혼합건설폐기물

(4) 기타 · 그 밖의 폐기물

3. 건설폐기물의 처리절차

[1단계] · 건설공사에서 발생되는 5톤 이상 건설폐기물 위탁·수탁 계약체결

[2단계] · 착수계 제출, 배출자는 신고서 제출, 신고 후 변경사항 재신고

[3단계] · 건설폐기물 수집·운반 임시차량 운행 사전 신청

[4단계] · 계약액의 70% 이내에서 선금 지급액 청구, 의무지급액 집행

[5단계] · 배출자는 올바로 시스템에 사전 예약 입력

[6단계] · 폐기물 반입물량 계량증명서 작성, 사진촬영

[7단계] · 사업장 폐기물 반출 및 전산입력 이행

[8단계] · 폐기물 반출물량의 중간확인 점검 실시

[9단계] · 기성대가는 계약수량, 이행기간 등을 고려하여 30일마다 지급

[10단계] · 준공검사원(준공계) 제출, 준공대가 청구

[11단계] · 건설폐기물 처리용역 집행에 따른 각종 관리대장 기록·보존

[12단계] · 건설폐기물 중간처리업 변경신고, 수집·운반차량 정기검사

[13단계] · 건설폐기물 중간처리업 정기보고, 용역이행실적 신고·등록

Ⅱ. 건설폐기물의 재활용 문제점

1. 건설현장에서 폐기물의 발생량 및 성상 예측 곤란

⑴ 대부분의 건설현장이 폐기물 발생실태에 대하여 개략적인 파악은 하고 있으나, 건설폐기물 발생 성상별로 정량적인 파악·예측이 되지 못하고 있다.

⑵ 건설폐기물 수집·운반 및 중간처리업체에 적정처리비용 기준설정이 곤란하므로 건설폐기물 발생예측이 가능한 기법과 관리방안이 전제되어야 한다.

2. 건설폐기물의 현장 재활용 및 관리규정 미흡

⑴ 건설현장에서는 과다한 폐기물 처리비용을 재활용 저해요인으로 제기하고 있으므로, 이에 대한 현실적인 개선방안 마련이 필요하다.

⑵ 건설현장에 폐기물의 분리·선별·파쇄 재활용시설 설치를 허용하는 방안을 도입하여 폐기물의 위탁처리와 현장재활용의 선택적 조화가 필요하다.

3. 폐콘크리트의 파쇄 최대치수 및 이물질 함유량 규정 미흡

⑴ 현행 『폐기물관리법 시행규칙』의 최대 파쇄치수 100mm 및 이물질 함유량 1% 규정과 『건설폐재 배출사업자 재활용지침』[별표 1,2] 규정은 개선해야 한다.

⑵ 재생골재의 다양한 용도 및 활용성을 고려하여 성토·복토·보조기층 외의 용도에 사용되는 골재의 입도, 최대치수 및 이물질 규정이 필요하다.

4. 건설현장에서 건설폐기물을 성상별로 분리배출 미흡

⑴ 건설현장에서 건설폐기물을 발생 성상별로 분리배출하지 많아 혼합폐기물의 비율이 높아짐에 따라 처리비용이 증가하고 재활용이 어렵다.

⑵ 건설현장에 분리배출을 권장해야 하지만 분리폐기물처리비 증가, 분리배출의 한계 및 효용성 등을 검토하여 재활용을 유도·촉진 방안이 필요하다.

5. 건설폐기물 관련 법규, 제도, 지침 교육 미흡

⑴ 건설현장에서 건설폐기물 관련 법규, 제도, 적정한 처리방법을 잘 모르고 있으며, 또한 관련 정보의 습득방법도 모르고 있는 실정이다.

⑵ 다양한 재생자원을 대상으로 용도별 품질기준과 시공지침을 제정하여 관련기술을 보급하고 현장적용할 수 있도록 관련 기술개발을 촉진해야 한다.

6. 건설폐기물의 생산·소비업계 역할 모호

⑴ 건설회사는 건설폐기물의 배출자이면서 동시에 재생골재의 사용자이므로 건설폐기물 재활용 순환싸이클에서 배출자이면서 동시에 소비자이다.

⑵ 건설폐기물의 분리·보관·배출과 재생골재의 생산·소비는 상호 보완적 관계이므로 재생골재 활성화를 위해 건설업체에게 일정한 역할이 부여되어야 한다.

Ⅲ. 건설폐기물의 재활용 추진 전략

1. 건설폐기물 분리해체 권장 및 표준화된 처리 시스템 구축

(1) 분리해체 지침 등 표준처리시스템 권장

(2) 발주자, 중간처리업자, 감리자간의 역할분담 및 투명성 확보

(3) 위탁 및 분리발주에 필요한 용역업체 선정기준 시행

2. 건설폐기물 재활용 자재의 품질기준·시공지침·핵심기술 개발

(1) 비구조 골재 및 재활용 제품의 품질 및 시공기준과 품질관리 방안 마련

콘크리트와 모래의 되메우기, 성토재, 노반재, 버림콘크리트 마감자재 등

(2) 건설폐기물과 기타 폐기물과의 복합소재화 기초기술 개발

콘크리트 2차 제품, 재생골재와 천연골재의 혼합사용

(3) 구조재의 품질 및 시공기준과 품질관리방안 마련

레미콘골재, 재생철근, 건설가설공법 등

3. 건설환경 신기술·신공법의 인정 확대, 대량생산체계 구축

(1) 건설폐자재의 재활용 생산업체 등록기준 및 공장인증제 도입

(2) 산업폐기물(용융슬래그 및 폐섬유 등)과 복합소재의 건축자재 기술개발

(3) 평가기법(LCC, LCA 등)을 활용하여 건설폐기물 배출 최소화방안 등 모색

4. 건설자재·공법 생산업체의 대형화, 전문화 육성

(1) 재활용 건자재 생산 및 기술개발 등에 필요한 금융·조세지원

(2) 신기술·신자재 개발 등 우수업체에 대한 환경벤처산업화 유도

(3) 대형건설업체와 공동제휴를 통한 고부가 건설환경산업으로 육성

(4) 신자재·재활용자재의 품질성능기준에 따라 라벨링인증(Eco-Label) 도입 시행

5. 건설폐기물 재활용 순환싸이클 DB 정보망 구축

(1) 건축물의 장수명화 촉진 등을 실행하기 위한 전략

설계·계획단계부터 건축해체폐기물의 발생을 억제하도록 대책 실시

(2) 건축물의 분별해체 촉진 전략

적절한 해체공사 시행 여부를 확인하기 위한 시스템의 구축 검토

(3) 건축 해체폐기물의 재자원화 촉진 전략

재자원화의 책임을 명확히 하는 재자원화 시설 정비에 대한 지원 실시

(4) 리사이클시장의 형성 전략

공공건설사업에서 리사이클재의 이용 촉진, 정보교환시스템 구축 등[18]

---

18) 박효성 외, 'Final 토목시공기술사 핵심문제', 예문사, pp.151~152, 2008.

07.21 순환골재 콘크리트

순환골재의 사용방법과 적용 가능부위, 순환토사, 순환골재 콘크리트 [3, 1]

1. 순환골재

(1) 순환골재는 해체된 폐콘크리트를 파쇄한 후 입도조정을 통해 생산되는 것으로, 원래 골재와 이에 부착된 모르타르로 구성되는데 순환골재의 품질은 원래 콘크리트의 종류나 성상, 부착된 모르타르의 양에 따라 현저한 차이를 나타낸다.

(2) 따라서 레미콘 공장에서 순환골재를 사용한 콘크리트를 제조하기 위해서는 순환골재의 품질확보 측면을 고려해야 한다. KS 규격에는 다음 표와 같이 순환골재의 입도, 밀도, 흡수율, 미립분, 안정성 및 이물질량 등 콘크리트 특성에 영향을 미치는 요인에 대한 품질기준을 제시하고 있다.

레미콘 공장에서 사용되는 순환골재의 품질

시험 항목		순환 굵은골재	순환 잔골재
절대건조 밀도(g/㎤)		2.5 이상	2.3 이상
흡수율(%)		3.0 이상	4.0 이상
마모율(%)		40 이하	–
입자 모양 판정 실적률(%)		55 이상	53 이상
0.08㎜체 통과량(%)		1.0 이하	7.0 이하
알칼리 골재 반응		무해할 것	
점토 덩어리량(%)		0.2 이하	1.0 이하
안정성(%)		12 이하	10 이하
이물질 함유량(%)	유기 이물질	1.0 이하 (용적)	
	무기 이물질	1.0 이하 (질량)	

2. 순환골재의 품질관리

(1) 순환골재의 운반 및 저장은 되도록이면 골재의 종류, 품종별로 분리하며, 대소의 입자가 분리되지 않도록 한다. 또한, 저장시설은 pre-wetting이 가능하도록 살수설비를 갖추고, 배수가 용이하도록 한다.

(2) 순환골재를 사용할 때는 골재의 혼입률을 확인할 수 있는 별도의 계량 및 관리방안을 마련해야 한다.

(3) 순환골재의 저장설비 및 저장설비에서 배치플랜트까지의 운반설비는 골재를 균일하게 공급할 수 있는 것이어야 한다.[19]

---

19) 국토교통부, '순환골재 콘크리트', 국가건설기준 표준시방서, 2016.

순환골재의 품질관리 시기 및 횟수

항목		시기 및 횟수[1]	
		굵은골재	잔골재
입도		매월 1회 이상	매월 1회 이상
절대 건조밀도			
흡수율			
입자 모양 판정 실적률			
0.08mm체 통과량 시험에서 손실된 양			
마모감량		매월 1회 이상	해당사항 없음
점토덩어리량			
알칼리 골재반응		매 6개월마다 1회 이상	
이물질 함유량	유기 이물질	매 6개월마다 1회 이상	매월 1회 이상
	무기 이물질		
안정성		매 6개월마다 1회 이상	해당사항 없음

주 1) 단, 순환골재의 산지가 바뀐 경우 매번 실시해야 한다.

3. 순환골재의 계량·배합

⑴ 순환골재를 계량할 경우에는 1회 계량 분량에 대한 계량오차는 ±4%로 한다.

⑵ 순환골재를 사용한 콘크리트의 설계기준압축강도는 27MPa 이하로 하며, 이를 사용한 콘크리트의 적용 가능 부위는 다음 표와 같다.

순환골재의 사용방법 및 적용 가능 부위

설계기준압축강도	사용 골재		적용 가능 부위
	굵은골재	잔골재	
27MPa 이하	굵은골재 용적의 60% 이하	잔골재 용적의 30% 이하	기둥, 보, 슬래브, 내력벽, 교량 하부공, 옹벽, 교각, 교대, 터널 라이닝공 등 콘크리트 블록, 도로 구조물 기초, 측구, 집수받이 기초, 중력식 옹벽, 중력식 교대, 강도가 요구되지 않는 채움재 콘크리트, 건축물의 비구조체 콘크리트 등
	혼합사용할 때는 총 골재 용적의 30% 이하		

⑶ 순환골재를 사용하여 설계기준압축강도 27MPa 이하의 콘크리트를 제조할 경우에는 순환굵은골재의 최대 치환량은 총 굵은골재 용적의 60%, 순환잔골재의 최대 치환량은 총 잔골재 용적의 30% 이하로 한다.

⑷ 순환골재를 사용하여 설계기준압축강도 27MPa 미만의 콘크리트를 제조할 경우에 사용되는 순환골재의 최대 치환량은 순환골재의 종류에 관계없이 총 골재 용적의 30% 이하로 한다.

⑸ 순환골재 콘크리트의 공기량은 보통골재 콘크리트보다 1% 크게 해야 한다.

07.22 철근의 종류, 이음

이형철근의 KS 표시방법, 철근이음의 종류, 표준갈고리 [4, 1]

Ⅰ. 철근의 종류

1. 철근

(1) 철근(鐵筋, steel reinforcement)은 철로 막대모양으로 만들어서 주로 인장력을 맡는 건설재료로, 토목·건축공학에서 중요하게 다루는 역학구조체 중 하나이다.

(2) 철근의 재료는 탄소강이며, 별도로 사용하기 보다는 압축력을 받는 콘크리트와 합쳐 철근콘크리트 구조물로 만들어진다.

(3) 철근(鐵筋)은 쇠로 만든 뼈대라는 뜻이며, 영어권은 보강막대(reinforce bar)라는 뜻의 약칭으로 리바(rebar)라고 부른다.

2. 원형철근 & 이형철근

(1) 철근의 종류에는 원형철근(ST, Round Steel Bar)과 이형철근(SD, Deformed Steel Bar)이 있다.

(2) 우리나라는 KS D 3504에 따라 철근의 종류를 항복강도에 따라 구분한다.

① 원형철근 : 2종(SR24, SR30)

② 이형철근 : 5종(SD30A, SD30B, SD35, SD40, SD50)

SR24 : 항복강도 2,400kg/cm^2(=24kg/mm^2)의 원형철근

SD40 D13 : 항복강도 4,000kg/cm^{2}의 공칭지름 13mm 이형철근

HD : 고장력 이형철근(High Tensile Bar), SD35 이상은 '하이바'가 사용된다.

원형철근과 이형철근 비교

구분	원형철근(Round Steel Bar)	이형철근(Deformed Steel Bar)
부착력	◦ 낮다.	◦ 크다.
미끄럼 저항성	◦ 적다.	◦ 크다.
사용성	◦ 표면이 매끈하여 사용성이 좋다.	◦ 요철로 인해 사용성이 나쁘다.
정착길이	◦ 정착길이가 길어야 한다.	◦ 정착길이가 원형보다 짧다.
정착방법	◦ 원형갈고리가 필수적이다.	◦ 갈고리 및 기타 방법
가공성	◦ 쉽다.	◦ 어렵다.
형상	◦ 강재표면이 매끈한 형상	◦ 강재표면이 요철(lib, lug) 형상
단면적	◦ 공칭단면적 $\phi16$	◦ 원형철근으로 환산한 공칭단면적

(3) 이형철근의 공칭단면적 : 이형철근을 동일한 길이의 원형철근으로 제조했을 때의 환산단면적으로 아래 식으로 구한다.

$$환산단면적 = \frac{단위길이의\ 이형철근\ 중량(g/cm)}{철재의\ 단위용적중량\ 7.85(g/cm^3)}$$

(4) 이형철근(Reinforcing Bars, 철근콘크리트용 봉강)은 콘크리트 보강용으로 가늘고 긴 철강재를 말하며, 토목·건축구조용 자재로 널리 쓰인다.

(5) 이형철근의 표면에 축방향의 돌기와 횡방향으로 일정한 간격의 마디가 있어 콘크리트 부착력이 뛰어나며 강도에 따라 일반철근과 고장력철근으로 구분된다.

II. 철근의 정착 및 이음

1. 철근의 정착

(1) 정착이란?

① 철근의 정착이란 콘크리트에 묻혀 있는 철근이 힘을 받을 때 뽑히거나 미끄러지는 변형 없이 항복강도 발휘될 수 있도록 '최소한의 묻힘 깊이'를 말한다.

② 철근의 정착깊이는 철근 강도 및 콘크리트 강도에 의해 달라진다.

(2) 정착방법

① 받침부를 지나 정착길이 이상까지 연장하여 정착한다.

② 인장철근의 정착길이가 부족하면 갈고리를 두어 정착한다. 단, 표준갈고리를 갖는 인장철근은 정착길이 이상까지 연장 후에 표준갈고리를 둔다.

③ 갈고리는 인장철근 정착에 유효하다(압축철근 정착에는 유효하지 않다).

철근의 정착길이

구조물의 외관형태	철근의 정착길이	
	보통 콘크리트	경량 콘크리트
압축철근 또는 적인 인장철근	25d 이상	25d 이상
큰 인장력을 받는 철근	25d 이상	25d 이상
철근지름이 서로 다를 때	가는 철근을 기준	

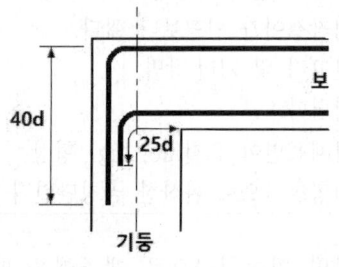
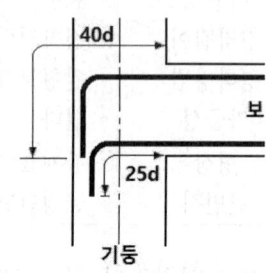

철근의 정착방법

2. 철근의 이음

(1) 이음이란?

① 제철공장에서 일정한 길이로 표준화하여 생산된 길이의 철근을 공사현장에서 연속적인 철근으로 시공하기 위하여 설치하는 '철근의 접합부'를 말한다.

(2) 이음의 위치

① 응력이 작은 곳, 콘크리트 구조물에 압축응력이 생기는 곳에 설치한다.

② 한 곳에 집중하지 않고 서로 엇갈리게 설치한다(이음의 분산).

3. 인장철근의 겹침이음

(1) 겹침이음 대상

① 인접한 철근 간의 최소간격(굵은골재 최대치수의 1.25, 25mm, 이형철근 공칭직경의 1.5배) 이상을 확보한 철근만 가공이 쉽도록 겹침이음을 한다.

② 『건축공사표준시방서』에서는 D29 이상의 원형철근 및 이형철근은 겹침이음을 금지하고 있다(겹침이음 가능한 철근 최대직경을 제한).

(2) 겹침이음 길이

① 인장력을 받는 이형철근의 겹침이음 길이는 A급, B급으로 분류된다.

  ○ A급 이음 : 배근된 철근량이 이음부 전체 구간에서 요구되는 소요 철근량의 2배 이상이고, 소요 겹침이음 길이 내 철근 이음량이 50% 이하인 경우

  ○ B급 이음 : A급 이음에 해당되지 않는 경우

② 설계구조 도면에 별도의 명기가 없는 한 대부분 B급 이음으로 분류된다.

4. 인장철근의 용접이음 또는 기계적이음

(1) 철근이 큰 인장응력을 받는 구역에 용접이음 및 기계적 연결로 이음을 두는 경우에는 이음위치에서 설계기준 항복강도(f_y)의 125%이상을 발휘하도록 한다.

(2) 배근된 철근량이 해석에 의해 요구되는 철근량의 2 이하일 경우에는 엇갈리게 이음하는 것이 바람직하지만, 용접이음이나 기계적 연결에 의한 이음일 때에는 반드시 엇갈리게 이음할 필요는 없다.

5. 철근의 Gas 압접

(1) Gas 압접이란?

① Gas 압접이란 철근의 동일한 축선 상에 정착된 2개의 철근 단부를 가스버너에 의해 가열·가압하여 접합하는 이음을 말한다.

② 일반적으로 19mm 이상의 철근을 이음하는 경우에는 겹침이음보다 Gas 압접이 더 경제적이다.

(2) 시공순서 : 철근의 이음 면처리 ⇨ 맞댐 ⇨ Gas 가열·가압

(3) 주의사항

① 철금지름의 차이는 7mm 이하일 것

② Gas 압접부에서 철근의 구부림 가공을 금지할 것

③ 강우, 강풍(4m/sec), 기온 0℃ 이하에서는 Gas 압접 작업을 금지할 것. 다만, 방풍 또는 덮개 등의 설치로 작업 안전성이 보증되어 Gas 압접부의 품질에 지장이 없다고 확인될 경우에는 가능하다.[20]

6. 철근의 Coupler 이음

(1) Coupler 이음의 품질기준

① 철근의 Coupler 이음은 이음하려는 철근을 겹침이음 하지 않고 철근강도와 동등 이상의 이음구(Coupler)를 사용하여 기계적으로 연결조립하는 방식이다.

② Coupler 강도는 이형철근 SD300, SD350, SD400, SD500와 동등한 기준을 적용한다.

③ Coupler 길이는 긴 나사의 경우는 이음구(Coupler) 길이와 동일하게 가공하고, 짧은 나사의 경우는 커플러의 1/2 길이로 가공한다.

④ Coupler 가공은 상온(온도범위)에서 가공하여야 하며 기타 특수한 경우 발주처 감독·감리자의 승인을 득한 후 가열하여 가공할 수 있다.

⑤ Coupler 모양은 직진도가 형성되도록 가공하여야 한다.

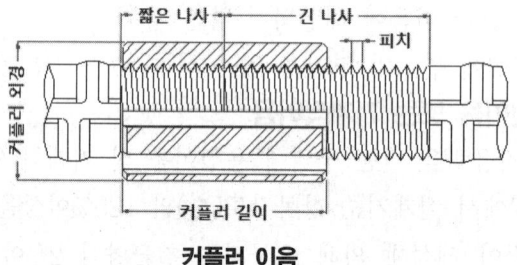

커플러 이음

(2) Coupler 이음의 체결방법

① Coupler 회전 이음 : 두개의 나사가공 철근의 사이에 Coupler를 위치시키고, 긴 나사 쪽으로 돌려 끼운다.

② Coupler 매립 이음 : 두개의 나사가공 철근 양쪽 면에 짧은 나사를 위치시키고, Coupler를 한쪽 나사 쪽으로 돌려 끼우고 고무마개를 부착한다.

(3) Coupler 이음의 위치

① Coupler 이음을 하는 경우에는 이음구(커플러)가 동일한 단면에 집중되지 않게 20~60cm 정도 이격거리를 유지하여야 한다.

---

20) 국가표준인증 통합정보시스템, '철근 콘크리트용 봉강', KS D 3504, 2019, https://standard.go.kr/

② 다만, 감독자 승인을 득한 경우에는 동일한 단면에 이음할 수 있다.

⑷ Coupler 이음의 체결여부 확인방법

① Coupler 이음의 체결은 파이프 렌치(pipe wrench), 체인 렌치(chain wrench) 공구로 하며, 추가로 필요한 공구는 현장여건에 따라 조립자가 정한다.

② Coupler 이음 후에 육안으로 체결여부 확인이 불가능하며, 숫나사의 남은 숫자와 길이로 Coupler 내부의 체결길이를 확인할 수 있다.

③ Coupler 유격은 Coupler 중간점을 기준으로 양쪽이 동일하게 10% 이상을 초과하여 유격되면 아니 된다.

④ 나사로 가공된 철근과 Coupler는 이물질이 묻지 않도록 바닥에서 20cm 이상 거리를 유지하고 통풍이 잘되는 곳에 보관한다.[21]

Pipe wrench

Chain wrench

---

21) ONE PUSH COUPLER 제품 품질관리 지침서, '기계적 철근이음', 2010, http://www.google.co.kr/
한국건설기술관리협회, '신기술·신공법 : Prefab Form/Re-bar Slab 철근을 포함한 선조립 대형거푸집', 건설감리, 2010.

07.23 철근의 롤링 마크(Rolling Mark)

1. 정의

(1) 철근의 롤링 마크(Rolling Mark)란 철근표면에 원산지(국가명), 제조사, 호칭지름, 강종 등을 1.5m 이하의 간격마다 반복적으로 표시한 것을 말한다.

(2) 우리나라는 KS기준(한국표준)에 의해 이형철근은 SD(Steel Deformed Bar)라는 기호로 표시하여 종류를 구분한다.

(3) 종전 KS기준은 철근지름이 작아 롤링표시가 힘든 D4, D5, D6, D8에는 양단면 도색기준을 그대로 적용하여 표시하였다. 최근 KS개정으로 종전 양단면 도색규정을 폐지하고, 철근 표면에 롤링마크를 표시하여 강종을 구분하고 있다.[22]

철근의 강종 구분, 표시 방법

강종 구분		용도	표시방법	
			숫자	도트(dot)
일반용	SD300	일반바(Mild Bar)로 불리며 주로 토목공사, 아파트 옹벽공사에 사용	–	–
	SD350	일반바와 하이바의 중간 물성치를 지니며 주로 지하철(터널)공사에 사용, 최근 하이바로 대체 사용하는 추세	3	•
	SD400	하이바(Hi Bar)로 불리며 주로 일반 건설공사에 사용	4	• •
	LNG저온철근	LNG저장탱크용으로 저온콘크리트 구조물에 주로 사용, ex) LNG기지	4	• •
	SD500	메가블랙바(Mega Black Bar)로 불리며 초고층 건물 지하공사에 사용	5	• • •
	SD600	초대형 구조물, 횡부재 주철근, 기둥 주철근으로 사용	6	• • • •
	SD700	초대형 구조물, 횡부재 주철근, 기둥 주철근으로 사용	7	• • • • •
용접용	SD400W	웰딩바(Welding Bar)로 불리며 용접이 필요한 구조물에 사용, ex) 인천대교	• + 4	• + • •
	SD500W	SD400W와 같은 용도로 쓰이며, 강도는 SD500과 동일	• + 5	• + • • •

---

22) 한국철강협회, '철근 콘크리트용 봉강(KS D 3504) 개정', 철강정책이슈, 2016.

철근 식별방법

제조국
K: 대한민국

제조사
HK: 한국제강

지름
D25: 25mm

강종 구분
SD300(일반) : 각인 없음
SD400(고장력): ● ●
SD500(슈퍼강): ● ● ●

동국제강은 강종 구분을 각인 없이 도트(dot, ● ● ●)로 표시한다.

철근의 롤링 마크(Rolling Mark)

철근의 용도별, 강종별 구분

구분	용도	규격번호	강종
일반	Mild Bar로 불리며 주로 토목현장이나 아파트 옹벽구축에 사용	KS D3504	SD300
용접	Welding Bar로 불리며 용접이 필요한 구조물에 주로 사용, ex) 인천대교	KS D3504	SD400W SD500W
고장력	Hi Bar로 불리며 일반 건설현장에 사용	KS D3504	SD400
원자력	LNG 저장 탱크용 저온 콘크리트 구조물에 사용	ASTM	A615M+ 항복비 80%↓ 보증
내진	내진 선능이 요구되는 철근콘크리트 구조물에 사용	KS D3504	SD400S SD500S SD600S
LNG	LNG 저장 탱크용 저온 콘크리트 구조물에 사용	KS D3504	KS기준 및 Gas 공사시방서 만족
초고장력	SD500은 Super Bar로 불리며 초고층 건물 지하 현장에 주로 사용 SD600, SD700은 콘크리트 구조물의 기둥 횡방향 철근, 기둥 주철근, 횡부재 주철근에 사용	KS D3504	SD500 SD600 SD700
코일철근	막대기 형태인 철근을 실타래처럼 둘둘 감은 형태의 철근	KS D3504	SD400 SD500 SD600
나사철근	나사형태 철근으로 고층빌딩 건설에서 커플러를 이용한 철근의 기계식 이음에 사용	KS D3504	SD400 SD500 SD600 SD400S SD500S SD600S

07.24 철근의 피복두께와 유효높이

철근의 피복두께와 유효높이, 보의 유효높이와 철근량 [2, 0]

1. 철근의 명칭

(1) 주철근 : 설계용 단면력과 철근의 설계강도에서 계산에 의해 소요단면적을 산정하는 철근으로 인장주철근과 압축주철근이 있다.

　① 정철근 : slab, 보 등에서 正(+)의 휨모멘트에 의해 생기는 인장응력에 저항하도록 배치되는 주철근

　② 부철근 : slab, 보 등에서 負(-)의 휨모멘트에 의해 생기는 인장응력에 저항하도록 배치되는 주철근

(2) 사면인장철근(전단보강철근) : 전단력에 의해 부재에 생기는 사면인장응력에 저항되도록 배치되는 주철근

(3) Stirrup : 정철근 또는 부철근을 둘러싸서 이것과 직각 또는 직각에 가까운 각도를 이루는 가로방향 철근

(4) 절곡철근 : 정철근 또는 부철근을 구부려 올리거나 내린 철근

　① 복철근 : 보에서 사면인장철근으로 Stirrup, 절곡철근 또는 양자를 총칭한다.

(5) 배력철근 : 1방향 slab(정철근 또는 부철근이 지간 방향에만 배치된 slab)에서 주철근의 응력 분포를 위해 정철근 또는 부철근에 직각으로 배치되는 철근

(6) 온도철근 : 1방향 slab에서 콘크리트의 온도변화에 따른 온도균열 발생을 억제하기 위해 배치되는 철근

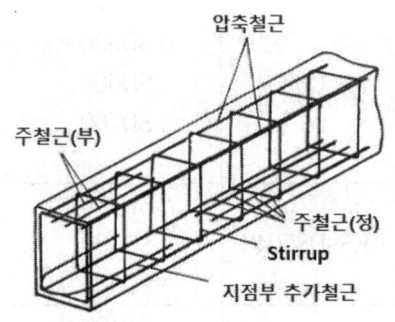
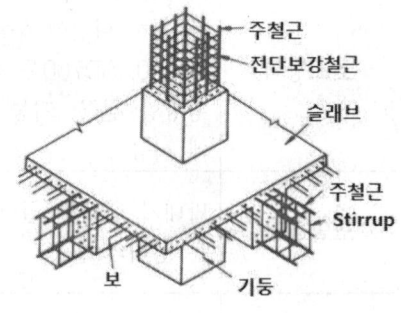

철근의 명칭

2. 철근의 피복두께

⑴ 철근의 피복두께는 철근의 방청, 부착강도의 발현 등에 기여하는 것으로 그 두께는 부재의 중요도 및 환경조건, 콘크리트의 품질, 철근직경에 따라 정한다.

⑵ 최소피복두께＝계수(α)×기본피복두께

여기서, 최소피복두께는 철근직경 이상으로 하며,

계수(α)는 콘크리트의 품질에 따라 정하는 계수로서,

설계기준강도 $180kg/cm^2$ 이하일 때 : $\alpha=1.2$

설계기준강도 $180 \sim 350kg/cm^2$ 일 때 : $\alpha=1.0$

설계기준강도 $350kg/cm^2$ 이상일 때 : $\alpha=0.8$ 로 한다.

⑶ 기본피복두께

① 현장치기 콘크리트에서 영구적인 철근의 방청은 기본피복두께를 너무 크게 하면 사하중이 증가하여 설계상 문제가 있다. 점검보수가 아니 되는 부위는 '부식환경'에서 7.5cm 이상, '심한 부식환경'에서 10cm 이상으로 한다.

② 공장제품은 20%까지 감소시켜도 좋다.

③ 양질의 에폭시 수지철근, 방청효과가 있는 특수철근에서 콘크리트 표면에 유효한 보호층을 두는 경우에는 '일반환경'으로 기본피복두께를 정한다.

④ 기초 등 중요한 부재로 지중에 직접 타설되는 경우는 소정의 피복을 확실히 취하기 곤란하므로 평균 7.5cm 이상으로 한다.

⑤ 수중콘크리트는 다짐이 아니 되며 거푸집과 철근의 간격에는 콘크리트가 잘 충진되므로 10cm 이상으로 한다. 현장치기말뚝은 원지반의 요철, 철근상자의 세우기 오차를 고려하여 15cm 이상으로 한다.

⑥ 산성하천 중 구조물, 강한 화학작용을 받는 구조물은 콘크리트만으로 철근을 보호할 수 없으므로 콘크리트 표면에 보호층을 둔다.

⑦ 화재에도 거의 손상을 받지 않기 위한 기본피복두께는 '일반환경' 값에 2cm를 더한 값을 표준으로 한다.

기본피복두께 & 최소피복두께

기본피복두께(cm)				최소피복두께(cm)		
부재 환경조건	slab	보	기둥	부재 환경조건	slab, 벽	기둥, 보
일반적인 환경	2.5	3.0	3.5	일반적인 환경	2.0	4.0
부식성 환경	4.0	5.0	6.0	유해한 화학작용을 받을 우려가 있는 경우	3.0	4.0
특히 심한 부식성 환경	5.0	6.0	7.0			

3. 피복두께에 따른 유효높이

(1) 용어 정의

① 철근의 피복두께는 철근 표면에서 이를 감싸고 있는 콘크리트 표면까지의 두께를 말한다.

② 철근의 최소피복두께는 철근 표면에서 콘크리트 표면까지의 최소한도의 피복두께를 말한다.

(2) 피복의 목적(필요성)

① 시공단계에서 골재의 유동성 확보

② 철근의 부식 방지(방청성 확보)

③ 내화성·내구성 확보

④ 부착력 확보

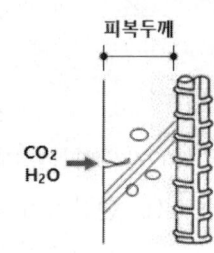

철근의 부식

(3) 피복두께가 미확보되는 경우의 문제점

① 철근콘크리트 구조물 설계단계에서 철근 피복두께가 확보되지 못하면,

② 시공단계에서 골재의 유동성이 저하되어,

③ 유지·관리단계에서 철근의 부착력이 저하되어, CO_2, H_2O 유입되어 콘크리트 중성화, 내구성 저하 등을 초래한다.

(4) 피복두께가 너무 과다한 경우의 문제점

① 철근의 피복두께 과다는 유효깊이의 부족을 초래한다.

② 유효깊이의 부족은 휨강도, 전단강도, 처짐 등에 영향을 미친다.

③ 유효깊이의 부족(-)으로 인한 내구성 저하를 초래한다.[23]

구분	유효깊이(d) 허용오차	콘크리트 최소피복두께 허용오차
d≤200mm	±10mm	-10mm
d>200mm	±13mm	-13mm

주) 최소피복두께 허용오차는 피복두께 과다 방지를 위해 負(-)의 값만 허용하고 있다.

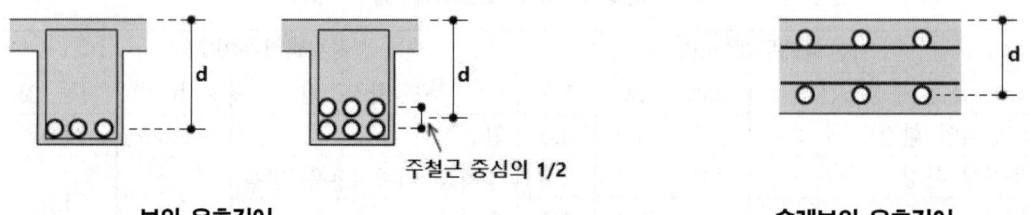

보의 유효깊이   **슬래브의 유효깊이**

주철근 중심의 1/2

---

23) 국토교통부, '콘크리트 구조설계기준', 5.3 철근배치(건축구조설계기준과 동일), 2007.

07.25 철근콘크리트의 보강철근

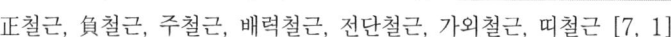
正철근, 負철근, 주철근, 배력철근, 전단철근, 가외철근, 띠철근 [7, 1]

Ⅰ. 개요

1. 콘크리트는 압축력에는 강하고 인장력에는 약한 취성재료이므로, 철근콘크리트에서 인장력에 대한 단면의 내력을 확보하기 위하여 보강철근을 배치한다.

2. 보강철근의 요구조건
   ⑴ 콘크리트와 철근은 일체로 거동하여 완전한 부착(perfect bond)을 유지한다.
   ⑵ 철근의 종류는 이형철근을 사용하며, 도막처리하지 않은 철근을 사용한다.
   ⑶ 철근을 배근할 때는 겹침이음길이와 양단의 정착길이를 확보한다.
   ⑷ 콘크리트 속에 배근된 철근은 부식되지 않아야 한다.
   ⑸ 콘크리트는 강알칼리성을 유지하며 철근의 피복두께를 확보한다.
   ⑹ 콘크리트와 철근의 열팽창계수는 동일하다. $a_c \fallingdotseq a_s \fallingdotseq 1 \times 10^{-5}/℃$

2. 철근 가공·조립 중에 유의사항
   ⑴ 주철근은 절단하지 않고 사용하는 것이 원칙이며 경제적이다.
   ⑵ 철근의 위치오차는 최대 5mm 이내로 제한하여 배근해야 한다.
   ⑶ 철근의 이음부 위치는 최대 휨모멘트 점을 피하고, 한 곳에서 여러 개의 철근을 이음하지 않도록 분산시킨다.
   ⑷ 인장영역에서는 특별한 경우를 제외하고 철근을 절단하지 않는다.

3. 철근 가공·조립에 대한 품질검사

항목		시험·검사방법	시기·회수	판정기준	
철근의 종류·지름·수량		제조회사의 시험성적서에 의한 확인, 육안관찰, 지름의 측정	가공 및 조립 중	철근가공조립도와 일치할 것	
철근의 가공 치수		스켈 등에 의한 측정	조립 후 및 조립 후 장기간 경과 시	철근가공조립도와 일치할 것	
간격재의 종류·배치·수량		육안 관찰		철근피복이 바르게 확보되도록 적절히 배치되어 있을 것	
조립된 철근의 배치	이음·정착위치	스켈 등에 의한 측정 및 육안 관찰		철근가공조립도와 일치할 것	
	철근피복			허용오차	d≤200mm : −10mm d>200mm : −13mm
	유효깊이(d)				d≤200mm : ±10mm d>200mm : ±13mm

4. 철근 배근의 허용오차

⑴ 철근의 가공·조립이 완료되면 콘크리트 타설 전에 철근의 개수·지름을 확인하여 절곡의 위치, 이음의 위치·길이, 철근 상호 간의 위치·간격, 거푸집 내에서 지지 상태 등을 설계도서를 토대로 소정의 정밀도로 만들어졌는지 검사한다.

⑵ 이미 조립된 철근을 수정하려면 많은 시간·비용이 추가 소요되므로 가급적 철근의 가공·조립 중에 확인하여 오류를 미연에 방지한다.

Ⅱ. 철근콘크리트의 보강철근

1. 정철근 (正鐵筋, positive reinforcement)

⑴ 정철근은 정(+)의 휨모멘트(단면 왼쪽에서 시계방향으로 회전하는 모멘트)에 의해서 생기는 인장응력을 받도록 배치되는 주철근이다.

⑵ 정철근의 변형형태는 하향 처짐이나 凹형태(concave)로 발생된다.

⑶ 철근콘크리트 구조물에 따라 정철근의 배근위치는 다음과 같이 다르다.

① 단순보 : 전(全)구간에 걸쳐 단면하부에 위치

② 연속보, 라멘구조 : 지간 중앙에서 단면하부에 위치

③ 역T형 옹벽 : 기초 앞굽판의 하부와 벽체의 배면에 위치

④ 박스형 암거 : 최상부 슬래브의 중앙 하부에 위치,

중간부 박스 내측에 위치,

최하부 슬래브의 지점 상부에 위치

2. 부철근 (負鐵筋, negative reinforcement)

⑴ 부철근은 부(−)의 휨모멘트(단면 왼쪽에서 反시계방향으로 회전하는 모멘트)에 의해서 생기는 인장응력을 받도록 배치되는 주철근이다.

⑵ 부철근의 변형형태는 상향 솟음이나 凸형태(convex)로 발생된다.

⑶ 철근콘크리트 구조물에 따라 부철근의 배근위치는 다음과 같이 다르다.

① 연속보, 라멘구조 : 지간 단부에 위치, 내부 지점의 단면 상부에 위치

② 역T형 옹벽 : 기초 뒷굽판의 상부에 위치

③ 박스형 암거 : 최상부 슬래브의 지점 상부에 위치,

벽체 상·하단부에서 박스 외측에 위치

최하부 슬래브의 중앙 상부에 위치

④ T형 교각 : 코핑의 상부에 위치

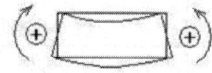

正(+)의 휨모멘트

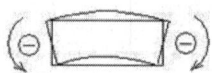

負(−)의 휨모멘트

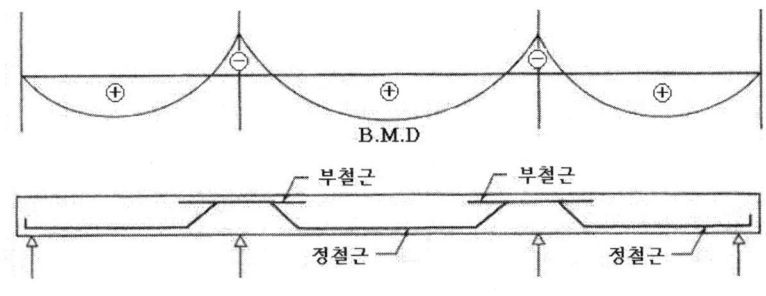

正(+)철근과 負(-)철근의 휨모멘트圖

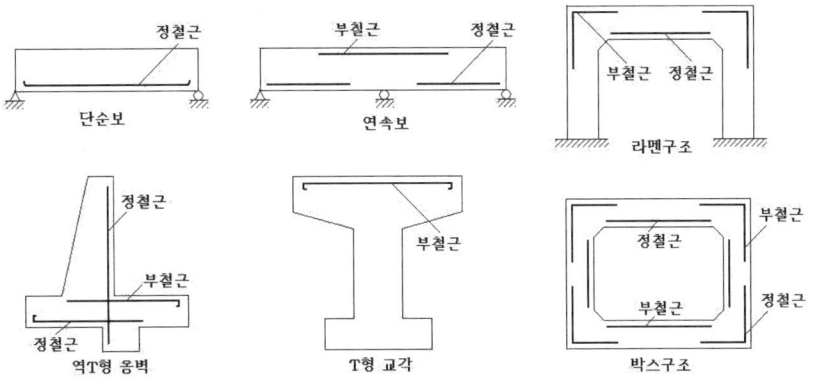

正(+)철근과 負(-)철근의 배근상세도

3. 전단철근 (剪斷鐵筋, shear reinforcement) = 스터럽 (stirrup)

⑴ 철근콘크리트 보에 하중이 작용되면 보의 단면에는 휨모멘트와 전단력이 발생되
며, 이 중에서 전단력은 보의 지점부나 단부 근처에서 크게 발생된다.

⑵ 전단력에 의해 발생되는 사(斜)인장응력은 사(斜)인장균열을 초래하므로, 이에 대
비하는 보강철근을 전단철근(Stirrup, 복부철근)이라 한다.

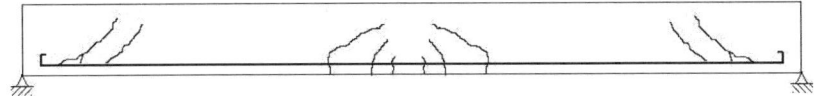

⑶ 스터럽은 正철근 또는 負철근을 둘러싸고 직각 또는 직각에 가깝게 구부려 올리
거나 또는 내려 배치하며, $\phi6{\sim}16$mm 철근으로 U자형이나 W자형으로 만든다.

⑷ 스터럽에는 수직스터럽, 경사스터럽, 절곡철근(折曲鐵筋, bending bar)이 있고,
전단력이 큰 단부에는 간격을 좁게, 전단력이 적은 중앙부에는 넓게 배근한다.

⑸ 수직스터럽의 배치 간격은 $\frac{1}{2}d$ 이하, 60cm 이하로 한다.

⑹ 경사스터럽과 절곡철근은 45° 사(斜)인장균열 면과 한번 이상은 교차되도록 배치
하며, 주철근 방향으로 $\frac{3}{4}d$ 이하로 배치한다.

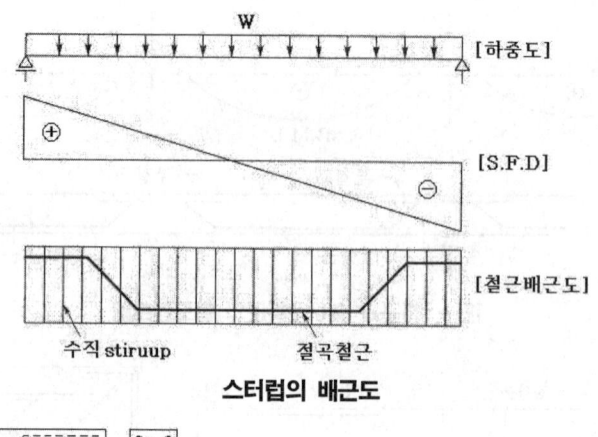

스터럽의 배근도

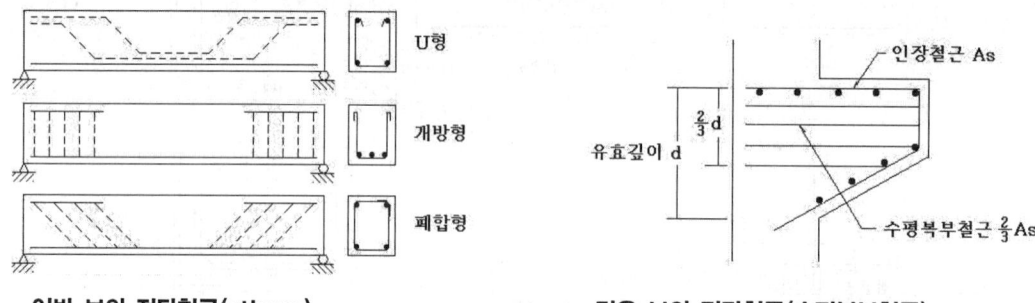

일반 보의 전단철근(stirrup)   깊은 보의 전단철근(수평복부철근)

4. 절곡철근 (折曲鐵筋, bending bar)

(1) 절곡철근(굽힘철근)은 철근콘크리트 보에서 휨응력에 대비하여 중앙부에서 하부에 배근하고, 단부에 휘어 올려 상부에 배근하는 축방향 철근이다.

철근콘크리트 보에 배치되는 철근의 종류

종류	규격	목적	일반사항
주철근	D13(ϕ12) 이상	휨력 보강	중요한 보는 복근을 배치
절곡철근 (Bent up bar)	D13(ϕ12) 이상	사인장 균열 방지	안목거리의 1/4 지점에서 절곡
늑근 (Stirrup)	D16 이상	전단 보강, 주근의 위치 고정	중앙부는 넓게 배치, 단부는 좁게 배치

(2) 철근콘크리트 보에서 절곡철근의 역할

① 휨응력에 유효하게 대응한다.

② 상·하 주철근(主鐵筋)의 간격을 정확하게 유지한다.

③ 스터럽을 결속하는데 필요하다.

④ 보의 단부에서 사(斜)인장균열을 방지한다.

⑤ 전단응력에 대한 보강에 유효하게 작용한다.

(3) 철근콘크리트 보에서 절곡철근의 배치기준

① 절곡철근과 부재축과의 각도는 30~ 45° 정도로 배치한다.

② 절곡철근은 휨모멘트가 0이 되는 보 안목길이의 1/4 지점에서 절곡한다.

③ 보 높이가 60cm 이상일 때는 상·하 주철근의 중간에 보조철근을 배치한다.

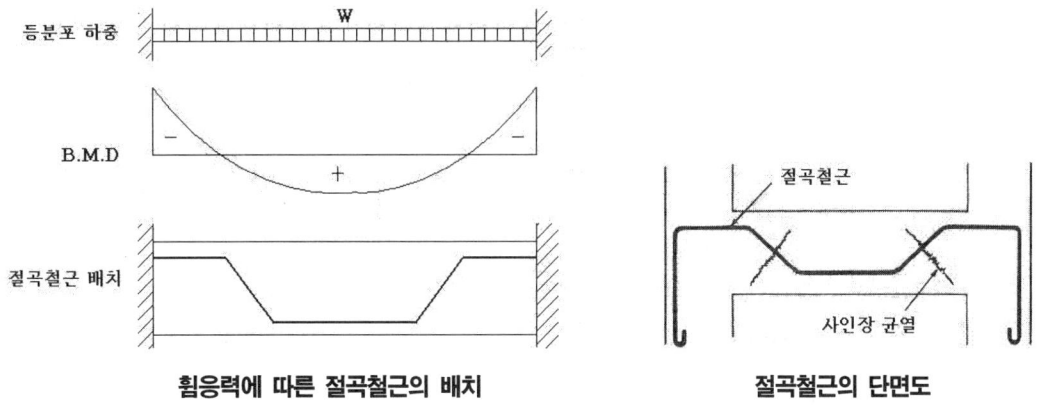

휨응력에 따른 절곡철근의 배치   **절곡철근의 단면도**

5. 압축철근 (壓縮鐵筋, compressive reinforcement)

⑴ 압축철근은 철근콘크리트 보의 압축 측에 배치되어 압축응력의 일부를 담당하는 주철근(主鐵筋)이다.

⑵ 압축철근을 배치하는 것은 인장철근에 비해 비경제적이지만, 보의 높이에 제한을 받는 경우 또는 연속보처럼 (+), (−)의 휨모멘트를 받는 경우에 사용된다.

⑶ 철근콘크리트 보에서 압축철근이 필요한 경우를 예시하면 다음과 같다.

① 철근콘크리트 보의 단면크기가 제한을 받아 인장철근량이 최대철근량을 초과하는 경우, 인장철근량을 줄이는 대신 단면내력의 연성을 증진시키기 위하여 복(複)철근 보로 변경해서 배치하면 된다.

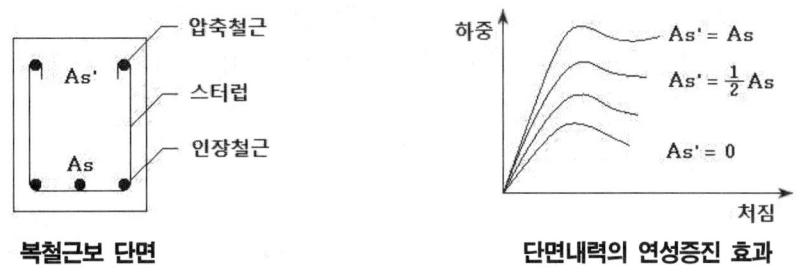

복철근보 단면   **단면내력의 연성증진 효과**

② 연속보의 부(負)모멘트 구간에서 전단철근(stirrup)의 고정위치를 확보하여 철근의 연속성을 유지하고, 콘크리트 타설 중에 인장철근의 변형 방지를 목적으로 압축철근을 배치한다.

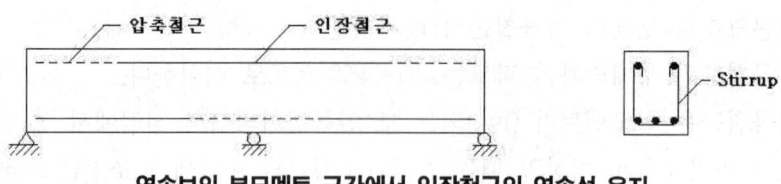

연속보의 부모멘트 구간에서 인장철근의 연속성 유지

③ 철근콘크리트 단순보의 유지관리단계에서 장기처짐(creep) 감소, 크리프계수 감소, 연성거동 확보 등의 목적으로 압축철근을 배치한다.

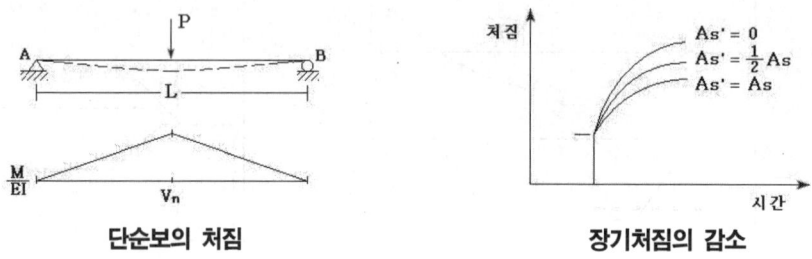

단순보의 처짐 **장기처짐의 감소**

6. 가외철근 (加外鐵筋, additional bar)

⑴ 가외철근은 콘크리트의 건조수축, 온도변화, 기타 원인에 의하여 생기는 인장응력에 따른 균열 방지를 목적으로 취약 구간에 가외로 더 넣는 보조적인 철근이다.

⑵ 가외철근의 배치는 철근콘크리트 구조물의 특징을 고려하여 다음과 같이 정한다.

① I형 precast보 : 프랜지 폭이 좁고 가는 I형 보의 상연단 모서리에는 가설 중에 발생되는 인장응력에 대비하여 가외철근을 배치한다.

② PS콘크리트 T형보 : PS콘크리트 T형보의 하부 플랜지에 prestress를 도입할 때 큰 압축응력을 받으므로 이에 대비하여 가외철근을 배치한다.

③ 교량 받침부 : 상부하중에 의한 반력을 받아 콘크리트에 지압응력과 직각방향의 인장력이 발생되므로 이에 대비하여 가외철근을 배치한다.

④ 현장타설콘크리트보 : 콘크리트보를 현장타설로 시공할 때 복부 양쪽 측면의 축방향으로 가외철근을 배치하여 인장응력 발생에 대비한다.

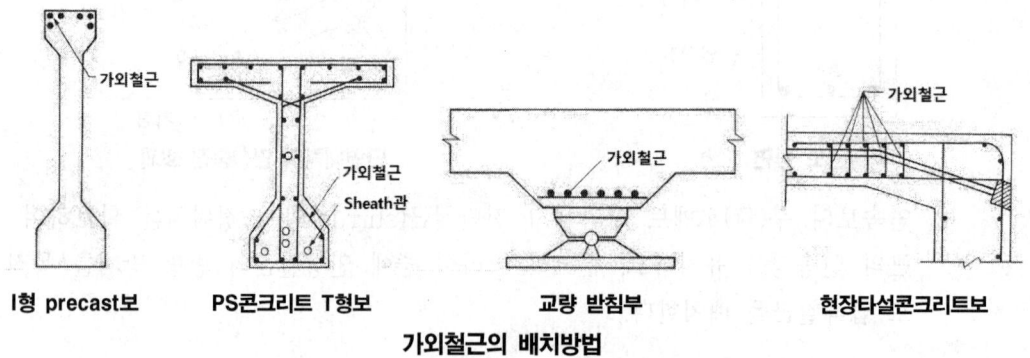

I형 precast보 PS콘크리트 T형보 교량 받침부 현장타설콘크리트보

가외철근의 배치방법

7. 온도철근 (溫度鐵筋, temperature bar)

⑴ 온도철근은 1방향 슬래브에서 하중을 지지하는 것과는 관계없이 온도변화에 따른 콘크리트의 건조수축 균열을 최소화하기 위한 철근으로, 1방향 슬래브에서 단변 방향으로 배근되는 철근이다.

⑵ 1방향 슬래브에서 온도철근은 다음과 같이 배치한다.

① 배치기준 : 바닥이나 지붕 슬래브에서 휨철근이 1방향으로만 배치되는 경우에 휨철근에 직각방향으로 건조수축·온도균열에 대비하여 온도철근을 배치한다.

② 배치간격 : 바닥이나 지붕 슬래브 슬래브 두께의 3배 이하 또는 40cm 이하로 배치하는 것을 원칙으로 한다,

③ 정착방법 : 건조수축·온도변화에 대비하여 배치하는 온도철근은 항복강도(f_y)에서의 인장강도를 받을 수 있도록 정착시킨다.

④ 사용량 : 콘크리트 총단면적에 대한 철근비(P)가 0.0014 이상되도록 하되, 항복강도에 따라 다음 기준으로 배치한다.

1방향 슬래브에서 온도철근의 사용량 기준

항복강도	철근비(P)
◦ 3,500kg/cm² 以下 이형철근	0.0020
◦ 4,000kg/cm²인 이형철근 또는 용접 강선망	0.0018
◦ 항복변형률 0.0035에서 항복강도 4,000kg/cm²를 초과할 때	$\dfrac{0.0018 \times 4500}{f_y}$

⑶ 콘크리트 슬래브에서 철근의 배치형태는 다음과 같다.

① 주근(主筋) : 1방향 또는 2방향 슬래브에서 하중을 크게 받는 주철근은 단변 방향으로 배근한다.

② 부근(副筋) : 2방향 슬래브에 응력을 분산시키는 보조적인 배력철근은 장변 방향으로 배근한다.

③ 온도철근 : 1방향 슬래브에서 건조수축·온도변화에 따른 균열 방지를 위한 온도철근은 장변 방향으로 배근한다.

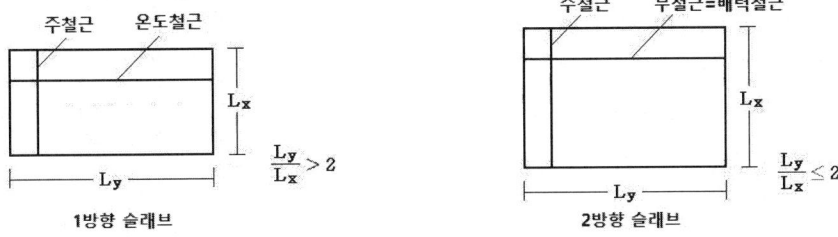

콘크리트 슬래브에서 철근의 배치형태

7. 배력철근 (配力鐵筋, distribution bar)

(1) 배력철근은 2방향 슬래브에서 하중 분산, 응력 분산 및 균열 제어를 목적으로 주철근 또는 부철근과 직각 또는 직각에 가까운 방향으로 배치한 보조철근이다.

온도철근과 배력철근의 비교

구분	온도철근	배력철근
배근목적	건조수축·온도균열 제어	하중 분산
적용	1방향 슬래브	2방향 슬래브
변장비(λ)	$\lambda = \dfrac{L_y}{L_x} > 2$	$\lambda = \dfrac{L_y}{L_x} \leq 2$
단변 방향	주근(主筋)	주근(主筋)
장변 방향	온도철근	부근(副筋) = 배력철근

8. 띠철근 [帶鐵筋, hoop]

(1) 띠철근은 철근콘크리트 기둥의 주철근을 보강하고 좌굴을 방지하며, 간격을 일정하게 유지하기 위하여 주철근에 직교하여 감아서 묶는 철근을 말한다.

(2) 띠철근은 대근(帶筋)과 보조철근을 총칭하며, 주요 기능은 다음과 같다.

① 주철근의 좌굴 방지

② 주철근의 배근위치 유지

③ 철근콘크리트 기둥의 압축강도 유지

(3) 띠철근의 형상, 직경, 최대간격 등에 대한 기준은 다음과 같다.

① 띠철근의 형상

 ◦ 띠철근의 단부를 135° 이하로 구부림하여 가공

② 띠철근의 직경

 ◦ 주철근이 D32 이상이면 띠철근은 D10 이상

 ◦ 주철근과 다발철근이 D35 이상이면 띠철근은 D13 이상

③ 띠철근의 최대간격(아래 중에서 최소값 적용)

 ◦ 주철근의 16배 이하

 ◦ 띠철근의 48배 이하

 ◦ 기둥단면의 최소치수 이하

(4) 다음 경우에는 보조띠철근을 배치한다.

① 주철근 순간격(S)이 150mm 이상 떨어진 경우[24]

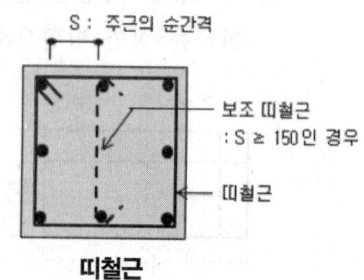

띠철근

---

24) 국토교통부, '콘크리트 구조설계기준', 5.3 철근배치(건축구조설계기준과 동일), 2007.

철근과 콘크리트의 부착강도

철근과 콘크리트의 부착강도 [1, 0]

1. 용어 정의

⑴ 부착강도(附着强度, bond strength)는 철근콘크리트에서 콘크리트가 철근 등의 보강재로부터의 박리에 대한 저항력, 점착력, 수축으로 인한 마찰력 등의 모든 힘을 종합적으로 나타낸 강도를 말한다.

⑵ 부착강도는 철근콘크리트에서 콘크리트와 보강재 간의 경계면에서 강도를 말하며, 부착강도는 철근콘크리트 구조 성립의 기본요소이다.

⑶ 일반적으로 부착력은 접착력, 지압력 및 마찰력에 의해 전달된다.

① 접착력(附着力) : 접착제와 피착물 간의 계면의 결합력으로, 양자의 표면 분자 간의 화학적 상호작용과 기계적 결합에 의존한다. 접착력만을 독립적으로 실측하는 방법은 아직 개발되지 않았다. 접착력과 접착강도는 다르다.

② 지압력(地壓力) : 콘크리트가 콘크리트 자체에 접촉해 있는 철근 등의 보강재와의 상호 간에 모든 방향으로 균일하게 가해지는 압력을 말한다.

③ 마찰력(摩擦力) : 철근이 콘크리트에 접촉된 상태에서 움직이기 시작하려고 할 때 그 접촉면에서 철근의 움직임을 방해하는 힘을 말한다.

2. 부착강도에 영향을 주는 요인

⑴ 콘크리트 쪽

① 슬럼프(W/C비) 적을수록 부착강도 증가

② 공기량(내부 공극)이 적을수록 부착강도 증가

③ 콘크리트 압축강도가 클수록 부착강도 증가

⑵ 이형철근 쪽

① 피복두께가 두꺼울수록 부착강도 증가

② 가는 철근을 여러 가닥 배치할수록 부착강도 증가

③ 부식도가 약 2%까지는 증가할수록 부착강도 증가, 부식도가 그 이상 증가하면 부착강도 감소

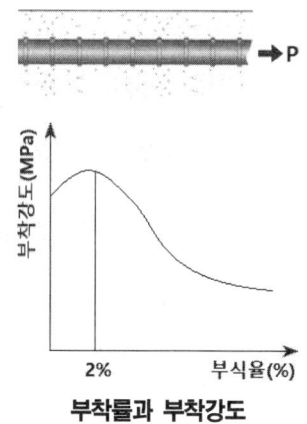

부착률과 부착강도

⑶ 철근+콘크리트 양쪽

① 진동다짐하여 공극이 적을수록 부착강도 증가

② 정착길이가 길수록 마찰력이 커져서 부착강도 증가

③ 철근위치 및 배근방향에 따라, 수직철근이 수평철근보다 부착강도 증가
(굳지 않은 콘크리트가 침강되면서 수평철근 하부에는 내부 공극이 발생하므로)

07.27 기둥의 좌굴(lateral bulking)

가로좌굴(lateral bulking) [1, 0]

1. 용어 정의

(1) 좌굴(buckling)은 단면적에 비해 상대적으로 길이가 긴 부재가 압축력에 의해 하중 방향과 직각방향으로 변위가 생기는 현상을 말한다.

(2) 스위스 수학자 오일러(Leonhard Euler, 1707~1783)는 다음과 같이 공이 놓인 상황에서 기둥이 붕괴될 수 있는 임계하중(臨界荷重, critical load)을 구하고, 이 임계하중에 절대로 접근하지 않도록 안전설계를 하려면 기둥이 횡방향으로 좌굴되더라도 원위치로 돌아올 수 있는 복원모멘트를 발생시켜야 함을 증명하였다.

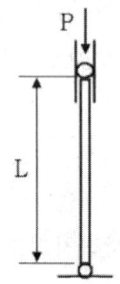
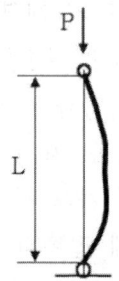
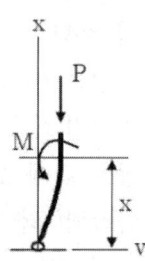

양단 힌지(pinned ends)로 구성된 기둥

2. 기둥의 좌굴(lateral bulking)

(1) 임의의 기둥 단면에서 힘이 평형하면 $\quad M - P \cdot v = 0$

곡률-모멘트 관계식에 대입하면 $\quad EI\dfrac{d^2 v}{dx^2} + Pv = 0$

상수 $k = \sqrt{\dfrac{P}{EI}}$ 를 대입하면 $\quad \dfrac{d^2 v}{dx^2} + k^2 v = 0$

이에 대한 미분방정식의 일반해는 $\quad v = C_1 \sin kx + C_2 \cos kx$

가장 작은 값 $n = 1$, 즉 $kL = \pi$ 이면 $\quad P_{cr} = \dfrac{\pi^2 EI}{L^2} \quad$ ······ 〈식 1〉

이 값이 임계하중(P_{cr})이다.

∴ 일단고정-일단자유 기둥에서 임계하중은 $\quad P_{cr} = \dfrac{\pi^2 EI}{4L^2} \quad$ ······ 〈식 2〉

(2) 즉, 양단 힌지로 구성된 기둥에서 좌굴을 허용하지 않는 임계하중의 크기가 $\dfrac{1}{4}$ 밖에 되지 않는다. 이 값을 〈식 1〉과 비교하면 경계조건이 달라지므로 임계하중의 값이

$\dfrac{1}{4}$ 에서 4까지 크게 변하는 것을 알 수 있다.

⑶ 구조물의 기둥은 양단 고정으로 설계해야 안전하지만, 기계·설비는 작동을 위하여 양단 힌지로 설계해야 한다.

즉,　$P_{cr} = \dfrac{n\pi^2 EI}{L^2}$　　여기서, n : 단말계수(端末係數, end coefficient)

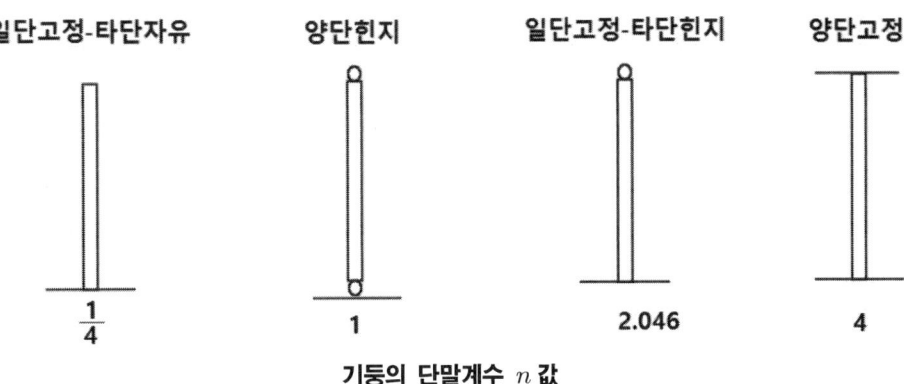

기둥의 단말계수 n 값

⑷ 오일러의 기둥공식에서 무차원계수인 유효길이의 비율(effective-length factor) K 는 $L_e = KL$ 로서 다음과 같다.[25]

이동에 대한 조건	구속			자유	
회전에 대한 조건	양단 자유	양단 구속	1단 자유 타단 구속	양단 구속	1단 자유 타단 구속
단부의 지지상태에 따른 좌굴형태	L	0.5L	0.7L	L	2L
kL 이론값	L	0.5L	0.7L	L	2L
추정값	L	0.65L	0.8L	1.2L	2.1L

지지조건 및 좌굴형태에 유효길이 비율(KL)

25) 양창현, '構造力學', 淸文閣, pp.6-6~6-13, 육군사관학교 교수, 1979.

07.28 강재 밀 쉬트(Mill Sheet)

밀 쉬트(Mill Sheet) [2, 0]

I. 검사증명서(Mill Test Certificate) 항목

1. 강재의 검사증명서(Mill Test Certificate)는 강재의 제조업체가 발행하는 품질보증서로서 다음과 같은 강재 제품의 검사항목을 기록한 문서를 말한다.
   (1) 제품의 치수(폭, 길이, 두께, 수량, 중량) : Size
   (2) 제품의 고유번호 : Product No
   (3) 제품의 기계적 성능(인장강도, 항복강도, 연신율) : Tensile/인장시험
   (4) 충격시험계수(샤르피 흡수에너지) : Impact/충격시험
   (5) 제품의 화학성분(C, Si, Mn, P, S, ceq=탄소당량) : Chemical Composition
   (6) 시험종류와 기준(시험방법, 시험기관, 시험기준 등)
   (7) 제품의 제조사항(제조회사, 제조연월일, 제조공장, 제품번호 등)

2. 철강제조회사 자체의 품질보증팀장이 강재를 정상적으로 생산했는지 검사하여 그 결과를 검사증명서에 서명·발급하도록 규정되어 있다.

3. 한국선급(Korean Resister Shipping), 미국선급(American Bureau Shipping) 등의 국제인증기관도 동시에 EN10204 Type 3.2라는 검사증명서를 발급한다.

EN10204 Type 3.2 Mill Test Certificate

II. 검사증명서(Mill Test Certificate) 명칭

1. 시판되고 있는 강재의 측면에는 해당 제품에 대한 시험성적서(Mill Sheet) 또는 검사증명서(Mill Test Certificate)가 표기되어 있다.

2. 이 검사증명서의 하단에 표기된 EN10204 Type 3.2라는 용어는 제3자의 검사 개입조항을 의미한다.

3. EN은 유럽공동체의 규격이고 Type 3.2는 Inspection Certificate로서 제3자, 즉 3rd Party를 뜻한다.

4. 해당 강재 제조회사가 발행하는 검사증명서만으로는 Spec에 따라 정상적으로 생산되었는지 믿을 수 없으므로,
   믿을 수 있는 제3의 공인인증기관이 검사증명서 발급과정에 개입하여 Spec에 따라 제대로 만들었는지 확인하라는 조항이다.

Ⅲ. 검사증명서(Mill Test Certificate) 진위여부 3단계 확인

[1단계 확인]

⑴ 구매한 철강재가 발주한 철강재와 일치하는지 확인하는 단계

⑵ 철강재 제품 그 자체에 표시된 제조사(Maker) marking, 측면 Label, Bundle Tag, Sticker, 음각(타각) 표시 등을 확인한다.

① 제조사(Maker)에 국내산인지, 수입산인지 표시된다.

강판(鋼板)의 경우에는 강판 판면 Marking에 두께×폭×길이 정보를 표시

② 측면 Label에 제조사, 제품 Size, Heat No or Cast No, 제조일이 표시된다.

KS, JIS, ASTM, AISI, ANSI, API 등의 국가, 제조사 정보를 표시

제조사가 해당 국가의 제조승인을 받은 경우에는 대한민국의 제조사가 일본 JIS를 만들 수 있고, 미국 ASTM 단체규격도 제조 가능

⑶ 부적합 철강재의 입고를 원천적으로 막으려면 [1단계 확인]에서 검수/검사할 때 진위여부를 완벽하게 확인해야 한다.

[2단계 확인]

⑴ 강재의 검사증명서(Mill Test Certificate) 진위여부를 확인하는 단계

⑵ 강재의 검사증명서(MTC) 진위여부는 해당 제조사의 품질보증부서에서만 확인할 수 있다.

⑶ 해당 제조사에 직접 확인 협조요청을 하여 제품 그 자체의 정보 Marking과 검사 증명서 내용의 일치여부를 확인한다.

[3단계 확인]

⑴ 제품 그 자체의 기계적 성질, 화학적 성분, 연신율, 굽힘시험 등이 일치하는지 확인하는 단계

⑵ 공인된 제3자의 개입이 필요하다.

⑶ 국가로 부터 인증을 받았거나, 세계적으로 권위와 검사/검수 능력을 갖춘 단체에 시험의뢰하여 KS, JIS, ASTM, ANSI, AISI, API, EN 등이 제시하는 standard 기준에 적합한지를 확인하는 능력은 상당한 업무지식을 필요로 한다.[26]

---

26) Steelmax, '철강 Mill Test Certificate 진위여부확인', 2013, https://steelmax.co.kr/

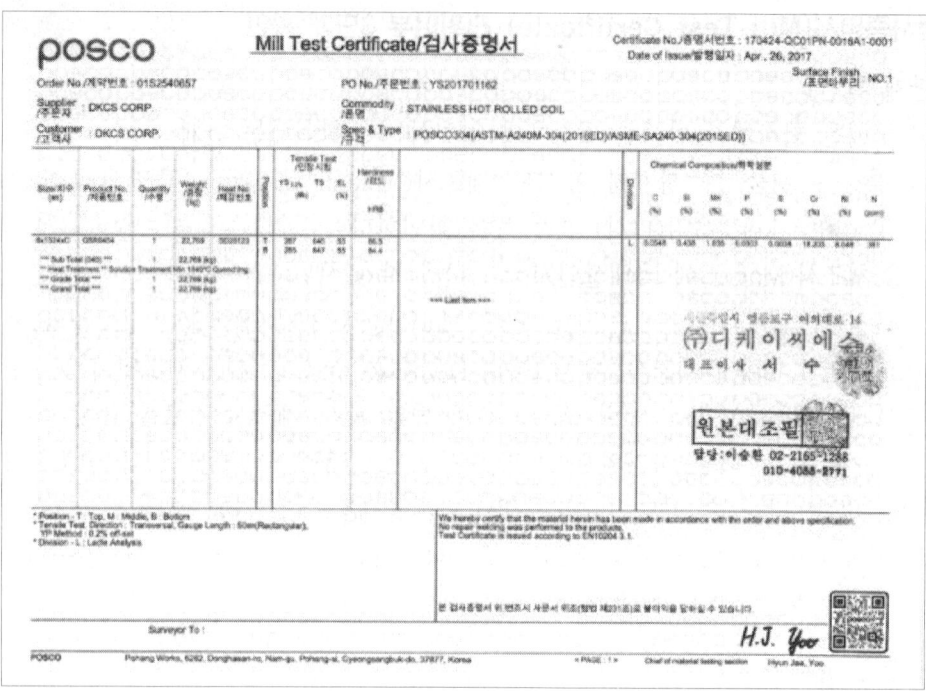

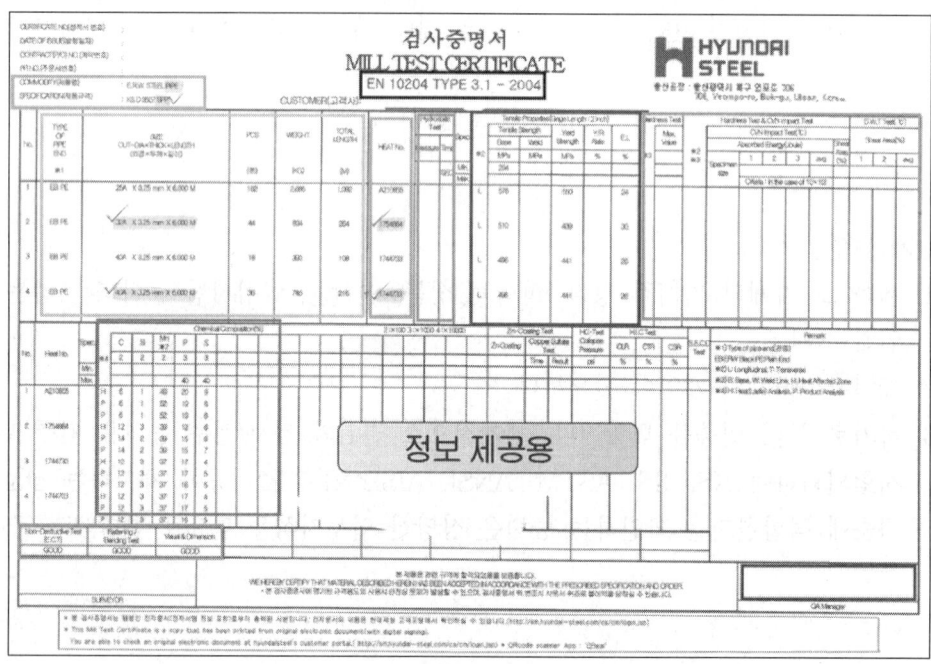

07.29 압연강재(壓延鋼材, rolled steel)

일반구조용 압연강재(SS재)와 용접구조용 압연강재(SM재) [1, 0]

Ⅰ. 개요

1. 강재(鋼材, steel material)는 압연가공(壓延加工)한 강철로서, 철광석을 채굴하여 제련과정을 거치면서 원소의 98% 이상이 철(鐵)로 구성된다. 강재는 탄소(炭素) 함유량이 많을수록 강도는 증가하지만, 그만큼 취성도 증가한다.

2. 강재는 구성 성분의 비율에 따라 구분되는데, SS는 일반구조용 압연강재(structural steel), SWS는 용접구조용 압연강재(structural welded steel)이다.

   (1) 열처리鋼 : 구조용 합금鋼, 탄소鋼에 비해 2배 높은 강도를 가지며, 상대적으로 파단이 일어나는 변형도가 작다. 항복점이 명확하지 않은 특징이 있다.

   (2) 구조용 합금鋼 : 열처리鋼에 비해 1/2, 탄소鋼에 비해 약간 높은 강도를 가진다. 열처리鋼에 비해 파단되는 변형도가 크고, 탄소鋼에 비해 약간 작은 변형도에서 파단된다. 항복점이 명확하지 않다.

   (3) 탄소鋼 : : 구조용 합금鋼보다 약간 낮은 강도를 가지는 반면, 파단되는 변형도는 가장 크다. 항복점이 명확하다.

3. 압연(壓延, rolling)은 금속의 소성(塑性)을 이용하여 고온 또는 상온의 강재를 회전하는 2개의 롤 사이로 통과시켜 여러 가지 형태의 재료[판(板), 봉(棒), 관(管), 형재(形材) 등]으로 가공하는 방법으로, 고온에서 가공하는 열간압연(熱間壓延)과 저온에서 가공하는 냉간압연(冷間壓延)이 있다.

Ⅱ. 압연강재(壓延鋼材, rolled steel)

1. 일반구조용 압연강재(SS, structural steel)

   (1) 강재에는 여러 종류가 있으며, 그 용도에 따라 일반구조용부터 공구제작용 등 특수한 용도에 이르기까지 넓은 범위에 걸쳐 쓰이고 있다. 그 중에서 일반구조용 압연강재는 가장 잘 알려져 있으며, 보통 SS(Steel Structure)재라고 부른다.

   (2) 일반구조용 압연강재는 탄소 함유량이 0.2~0.3%에 불과하여 열처리(QT=담금질과 템퍼링)를 하지 않고 그대로 사용한다. 연강(鍊鋼)이 SS재에 속한다.

   (3) KS의 'SS' 기호는 재료의 최소 인장강도를 의미한다. 가장 대표적인 일반구조용 압연강재는 SS400이며, 최소 인장강도 400(N/mm², MPa)를 뜻한다.

   (4) SS재는 고급강재에 속하지 않아 화학성분에 대한 규격을 별도 정하지 않고, 취성에 영향을 주는 인(靭)과 황(璜)은 규격을 정해 놓고 있다. 즉, SS재는 탄소 함유

량을 기준으로 하지 않고, 인장강도를 기준으로 규격을 정한다.

(5) SS재는 선박, 차량 등 모든 분야에 사용되지만, 단순히 기계를 지탱해주는 기초 부위에만 쓰인다. SS재는 정밀한 건축용으로 별로 사용되지 않고, 기계 내부의 특정한 응력을 받는 정밀한 부품의 재료에도 사용되지 않는다.

일반구조용 강재의 명칭

명칭	KS 규격	의미
일반구조용 압연강재	SS400	S : Steel, S : Structure
용접구조용 압연강재	SM400A	M : Marine
일반구조용 내후성 압연강재	SMA400AW	A : Atmosphere
보일러 및 압력용기용 압연강재	SB410	B : Boiler

일반구조용 압연강재 SS400

2. 용접구조용 압연강재(SM=SWS, structural welded steel)

(1) 용접구조용 압연강재(SM)는 용접성이 뛰어나고, 특히 균열 등의 결함이 생기지 않는 고급강재이다. 기호는 SM으로 표시되고 A, B, C 순서로 용접성이 좋다.

(2) SM재는 탄소(C), 실리콘(Si) 및 망간(Mn) 함량을 규정하고 있으며, 대부분의 강종이 세미킬드강(semikilled steel) 또는 킬드강(killed steel)이다.

(3) SM재 중에서 B종 및 C종은 충격시험에 의한 저온인성(低溫靭性)을 보증하고 있기 때문에 취성파괴를 일으킬 염려가 전혀 없다.

(4) SM재 저온인성(low temperature toughness)을 B종은 0℃, C종은 -10~-20℃ 정도까지 보증된다. 또한 SWS-Y종은 Nb를 첨가한 강종으로 항복비(항복강도/인장강도)가 높은 것이 특징이다.

(5) SWS490 이상의 강종을 가공할 때는 용접 중에 충분한 주의와 적당한 열처리가 필요하다. 용접균열은 Hv<350, 탄소당량<0.44%이면 발생되지 않으나, 그 이상인 경우에는 예열한 후에 가공해야 한다.[27]

---

27) 국가표준인증 통합정보시스템, '일반구조용 압연강재', SS400, KS 규격, 2019.

07.30 TMC(Thermo-Mechanical Control)鋼

TMC(thermo-mechanical control)강 [1, 0]

1. 용어 정의

(1) TMC(Thermo-Mechanical Control Process)鋼은 강재를 생산할 때 압연온도를 제어하여 최적의 재질로 압연하는 과정을 거쳐서 제조되는 강재를 말한다.

(2) TMC鋼은 제어압연·냉각에 의해 고강도로 생산된 열가공제어鋼材로서, 용접성, 항복강도, 고인성, 고연신율 등이 우수하다.

(3) 종전에 TMCP鋼이라고 하였으나 KS규격에 TMC鋼으로 규정되어 SM490C-TMC, SM520C-TMC, SM570-TMC 등으로 세분되어 있다.

2. TMC鋼의 개발 배경

(1) 최근 건축물이 超고층화, 大공간화되는 추세에서 기둥 축력의 증대를 위하여 아래와 같은 요구조건을 충족시킬 새로운 강재 개발이 필요하였다.

① 강재의 고강도화, 극후강판화 요구

② 판두께가 두꺼워져도 설계기준강도는 충족

③ 탄소당량은 낮고 용접성은 탁월

④ 용접 중의 예열 등 각종 규제에 적합

⑤ 인성이 우수하고 저항복비의 기계적 성질을 보유

(2) 탄소당량에 따른 강재의 성질변화를 연구·분석한 결과, 탄소당량이 0.85 정도일 때 강재의 최대 인장강도를 충족시킬 수 있는 TMC鋼이 개발되었다.

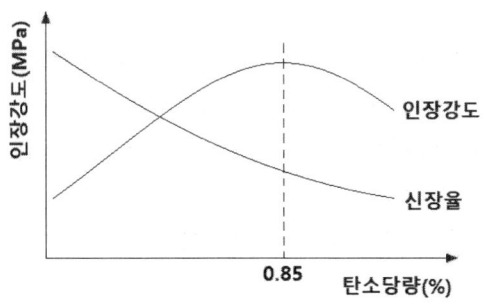

강재의 탄소당량과 인장강도 관계

3. TMC鋼의 품질 특성

(1) 용접성 우수

① 저탄소당량(Ceq.), 저용접균열 감응도(Pcm)가 우수하다.

② 대입열용접(SAW, ESW)이 가능하고, 예열조건이 완화된다.

⑵ 항복강도 일정

① 판두께가 증가되더라도 항복강도는 일정하게 유지된다.

⑶ 기계적 성질 우수

① 고인성(취성파괴에 대한 저항성)이 우수하다.

② 고연신율(항복 후 소성변형 저항성)이 우수하다.

③ 판두께 방향에 따른 재질 편차가 적다.

TMC鋼의 품질 특성

강재 특성	향상된 기계적 성질	
저탄소당량(Ceq)	고강도 실현[1]	
	용접성 향상	예열 생략으로 작업성 양호
		용접부 인성 양호
		대입열량 용접 가능하여 적용성 양호
저항복비[12]	내진성 향상	
저용접 갈라짐 감수성 조성(Pcm)	터짐결함(용접부 균열) 경감	
미세조직	두께방향 이방성 감소	

주 1) 두께 40mm 이상의 후강판에 대하여 일반강재는 약 10% 강도가 저감되지만, TMC강재는 강도 저하가 없다.

2) TMC강의 소성영역이 상대적으로 커서 연성적(延性的)으로 거동하여 지진에 유리하다.

4. TMC鋼의 적용 사례

⑴ 초고층빌딩의 기둥부재

POSCO센터, 서초현대슈퍼빌, SBS목동2사옥, 도곡동타워팰리스

⑵ 長span 공간의 주요부재(강관구조, 트러스구조 등)

ASEM빌딩, 인천국제공항여객터미널, 상암/수원/울산월드컵경기장

⑶ 토목구조물(강교량)

일산대교(10,942톤), 유럽 Erasmus교(6,200톤)[28]

---

28) 박효성 외, 'Final 토목시공기술사 핵심문제', 예문사, p.623, 2008.

07.31 無도장 내후성 鋼

무도장 내후성 강재 [1, 0]

1. 용어 정의

(1) 鐵鋼재료가 비바람에 노출되면 수분, 염분, 아황산가스 등의 작용으로 부식되면서 표면에 붉은 녹이 슬게 된다. 그러나 소량의 인(P), 동(Cu), 크롬(Cr), 니켈(Ni) 등을 첨가하면 표면에 치밀한 녹층이 형성되어 물과 산소의 투과를 억제하는 내후성 (耐朽性)을 띠게 되고 더 이상의 부식 진행을 억제한다.

(2) 舞도장 내후성 鋼((Resistive Steel for Atmospheric Corrosion)은 이러한 원리를 활용하여 鋼材 표면에 치밀한 녹층을 형성시켜 대기 중에서 통상적인 탄소강보다 4~8배 내후성을 높인 저합금 강재를 총칭한다.

2. 내후성 鋼의 안정녹 형성과정

(1) 노출 초기단계인 1~2년 동안에는 일반강과 동일하게 부식이 진행되면서 황색이 적색으로 변한다.

(2) 녹층 형성단계인 3~4년이 경과되면 부식 산화층 내부에서 크롬, 구리, 니켈 등의 작용되면서 안정산화층이 형성된다.

(3) 녹층 완료단계인 5년~10년이 경과되면 원소들의 영향으로 치밀하고 안정된 암갈색의 산화피막층이 형성되며, 그 이후부터 부식은 거의 진행되지 않는다.

(4) 따라서 내후성 鋼으로 시공 10년이 경과된 건물 외벽에는 암갈색의 모습을 띤다.

3. 내후성 鋼의 적용성

(1) 현재 국내 포스코를 비롯해 세계 여러 철강사에서 내후성 鋼을 생산하고 있다.

(2) KS 규격의 舞도장 내후성 鋼에는 용접구조용 내후성 열간壓延鋼(SMA), 고내후성 壓延鋼(SPA-H, SPA-C) 등이 있다.

(3) 내후성 鋼의 적용분야는 외장재(커튼월, 외벽패널, 지붕재 등), 구조재(구조용 부재, 가로등, 난간, 조명탑, 게시판 등), 기타 조형물, 기념물 등에도 쓰인다.

(4) 내후성 鋼은 대기 중에서 耐부식성이 우수할 뿐만 아니라 용접성, 가공성, 기계적 성질 등도 좋다.

(5) 내후성 鋼을 유용하게 사용하려면 무도장처리, 녹안정화처리, 도장처리 등을 병행하고 주변환경과 조화를 이루도록 사용 유의사항을 준수해야 한다.[29]

---

29) 박효성 외, 'Final 토목시공기술사 핵심문제', 예문사, pp.621~622, 2008.

07.32 Lattice Bar Deck

LB(Lattice Bar) Deck [1, 0]

1. 용어 정의

(1) LB-Deck는 교량 슬래브 가설 중에 압축 저항력을 발휘할 수 있는 格子材(Lattice Bar)를 사용하여 콘크리트 영구거푸집과 상부에서 이동·운반이 자유로운 작업대차를 결합함으로써 비용절감, 재해예방, 완벽시공, 유지관리 등을 획기적으로 개선한 슬래브의 신기술 시공방법이다.

(2) LB-Deck는 콘크리트 영구거푸집으로, 콘크리트 타설 중에 재하되는 설계 단면력을 확보하고 영구부재로서 바닥판의 구조적 효용성에 기여할 수 있는 구조체이다.

(3) LB-Deck는 고소작업 중 발생될 수 있는 안전사고 위험을 근본적으로 제거하며, 단순공정 반복으로 시공이 빠르고 초보자도 안전작업할 수 있어 효용성이 높다.

2. LB-Deck 특징

(1) **시공성, 안전성** (Construction, Safety)

① 원천적 안전확보 : 작업발판과 동바리가 불필요하고, 사후 해체공정 생략

② 탁월한 공기단축 : 단순공정을 반복적으로 수행하므로 신속한 시공 가능

③ 친환경적인 공법 : 공장제품을 현장에서 설치하므로 깨끗한 현장관리 가능

(2) **품질, 유지관리** (Quality, Maintenance)

① 균일한 품질로 고품질의 슬래브 제공

② 슬래브와 합성 후 완벽한 일체거동으로 충분한 내력을 확보하고 수명 연장

③ 콘크리트 간의 결합으로 사후 유지관리 유리

④ 마감 노출면이 평탄하고 미려하므로 별도의 마감처리 불필요

(3) **공비, 공기** (Cost, Time)

① 작업발판, 동바리의 설치·해체 등의 추가공정이 필요 없다.

② 현장작업이 적고 단순공정이 반복되므로 시공이 빠르다

③ 기존 재래식 공법 대비 획기적인 공사기간 단축(약 67% 단축)

④ 기존 재래식 공법(합판 거푸집) 대비 10~15% 공사비 절감

(4) **다양한 용도** (Variable use)

① PSC 거더교, 강박스 거더교, 강판형 거더교 등 합성형 교량에 폭넓게 적용

② 기 설계된 단면구조에서도 사용 가능

③ 다양한 공사현장 여건에서도 현상을 탄력적으로 적용 가능

3. LB-Deck 제작·시공

(1) LB-DECK의 배치 형상

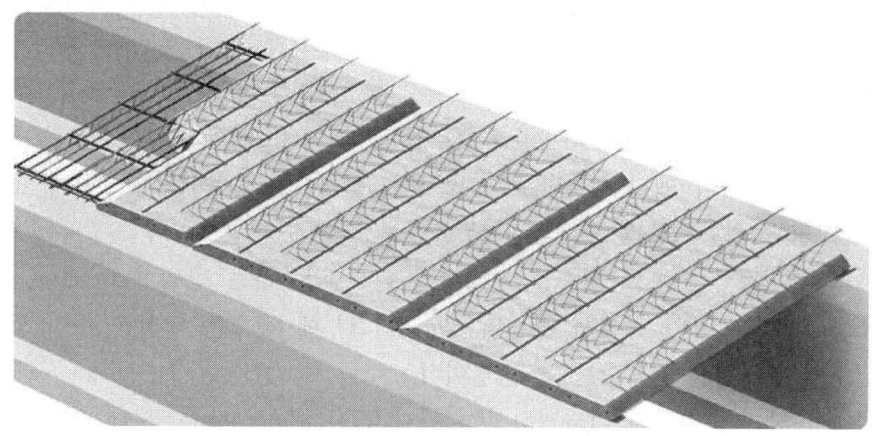

(2) 교량 바닥판의 단면 및 철근배근 형상30)

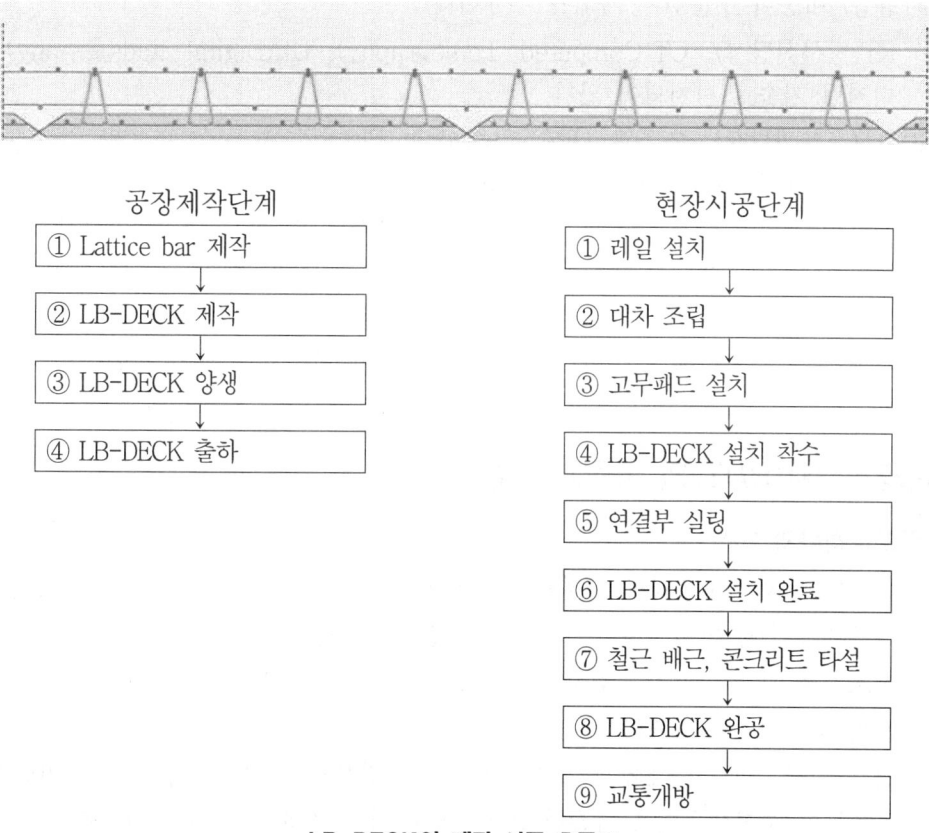

공장제작단계	현장시공단계
① Lattice bar 제작	① 레일 설치
② LB-DECK 제작	② 대차 조립
③ LB-DECK 양생	③ 고무패드 설치
④ LB-DECK 출하	④ LB-DECK 설치 착수
	⑤ 연결부 실링
	⑥ LB-DECK 설치 완료
	⑦ 철근 배근, 콘크리트 타설
	⑧ LB-DECK 완공
	⑨ 교통개방

LB-DECK의 제작·시공 흐름도

30) 박효성 외, 'Final 토목시공기술사 핵심문제', 예문사, pp.620~623, 2008.

07.33 강재 용접부의 비파괴검사

구조용 강재 용접부의 비파괴시험 방법(N.D.T) [2, 3]

Ⅰ. 개요

1. 비파괴검사(NDT, Non-Destructive Testing)란 재료·제품의 원형과 기능을 변화시키지 않고 물리적 에너지(햇빛, 열, 방사선, 음파, 전기 등)를 이용하여 조직의 결함·변화를 측정함으로써 조직의 이상 유무를 알아내는 방법이다.

2. 강재 비파괴검사는 재료·제품을 파괴하지 않고 검사하는 방법이다. 교량, 철도, 철구조물, 파이프 라인 등에서 강재의 용접 연결부에 해로운 영향을 주지 않고 용접 연결부의 건전성을 검사를 하는 방법이다.

3. 국내에서 강재 용접부의 비파괴검사는 현재 RT(Radioisotope Test, 방사선탐상) 비중이 46.7%로 가장 크지만 조금씩 감소되는 반면, 최근 UT(Ultrasonic Test, 초음파탐상) 비중이 꾸준히 증가되는 추세이다.

   (1) RT(방사선탐상) : CT(Computed Tomography), DR(Digital Radiography) 등의 디지털 기술로 발전되어 왔다.

   (2) UT(초음파탐상) : 초음파 UPA(Ultrasonic Phased Array), 초음파 TOFD(Time of Flight Diffraction), 초음파 레이저(Ultrasonic Laser), X선 CT(Computed Tomography) 등의 초음파 기술로 신뢰성·효율성이 날로 향상되고 있다.

4. 용접부의 비파괴 검사는 실시간, 저비용, 고효율, 고정밀 해상도 등에 의해 내부 결함을 평가하는 방법이다. 우리나라의 비파괴 검사에 대한 산업규격은 자체 개발한 신기술 대신 선진국에서 이미 상용화된 기술에만 의존하는 한계가 있다.

Ⅱ. 비파괴검사(NDT)의 목적과 방법

1. 비파괴검사의 목적

   (1) 신뢰성 향상 : 시험체의 상태를 확인하여 위해(危害)하다고 판단되는 결함을 미리 제거하여 수명을 연장시킬 수 있고, 안전하게 사용할 수 있다.

   (2) 제조기술 개량 : 비파괴검사의 결과를 분석·검토하여 제조조건을 수정·보완함으로써 제조기술의 개량을 추구할 수 있다.

   (3) 원가 절감 : 제조단계에서 불량품의 조기발견으로 시간 절약, 유지·관리단계에서 구조물의 수명예측으로 급속한 파손 방지, 안전·경제적 관리가 가능하다.

   (4) 안전성 확보 : 교량, 철도차량, 고층빌딩, 항공기, 선박 등 다양한 구조물에 가해지는 구조적 응력을 비파괴검사로 검측하여 안전성을 확보할 수 있다.

2. 비파괴검사의 방법

(1) 방사선투과검사(Radiographic Testing)

(2) 초음파탐상검사(Ultrasonic Testing) : UPA, TOFD

(3) 자분탐상검사(Magnetic Particle Testing)

(4) 액체침투탐상검사(Liquid Penetrant Testing)

(5) 와전류탐상검사(Eddy-current Testing)

(6) 누설검사(Leak Testing)

(7) 음향방출검사(Acoustic Emission Testing)

(8) 열전도를 이용한 시험(TIR)

Ⅲ. 비파괴검사(NDT)의 주요 내용

1. 방사선투과검사(Radiographic Testing)

(1) 원리

① 방사선투과검사는 방사선과 필름을 이용하여 시험체 내부에 존재하는 불연속 (결함)을 검출하는 대표적인 비파괴검사방법이다.

② 시험체에 투과된 방사선원이 필름을 감광시킬 때, 필름의 감광정도를 현상하여 밝고 어두운 정도를 비교함으로써 시험체 내부의 상태를 알아볼 수 있다.

③ 방사선투과사진의 감도는 방사선원의 종류, 필름의 종류, 선원-필름 간의 거리, 노출조건, 필름의 현상 등 시험체 조건에 따라 영향을 받는다.

④ 투과사진의 감도를 높이기 위한 촬영원칙은 방사선원의 에너지를 시험체의 재질·두께에 따라 선택하고, 선원-필름 간의 거리를 가능하면 길게 해야 한다.

(2) 특징

① 장점 : 모든 재질을 검사할 수 있고, 검사내용을 정확히 해석할 수 있고, 검사결과를 필름으로 기록에 남길 수 있다.

② 단점 : 검사비용이 비싸고 방사선 안전문제가 상존하며, 시험체(제품)의 형상이 복잡한 구조인 경우에는 검사하기 어렵다.

2. 초음파 UPA(Ultrasonic Phased Array)

(1) 원리

① UPA는 2개의 소자(진동자)를 갖는 탐촉자를 사용하여 다수의 초음파 빔을 펄스 시간을 변경하면서 순차적으로 발신하여 임의 각도로 초음파를 전파한다.

(2) 특징

① UPA는 임의 각도로 초음파 빔을 주사(scanning)하고 임의 위치로 초음파 빔을 집속시킴으로서 기존 UT보다 결함 검출성이 향상된다.

② UPA는 화상 표출이 가능하여 기존 UT보다 기록성이 탁월하고, 반사파 빔을 각 소자로부터의 도착시간, 진폭에 따라 공간적으로 분류할 수 있다.

③ UPA 소프트웨어가 작동하면 반사파 포칼 로우 계산기(focal law calculator)가 빔의 특정 각도요소와 선형경로에 따라 특정 초점깊이에서의 반사를 지시하며, 이 반사정보를 여러 형태로 가시화하여 결함을 검사할 수 있다.

3. 초음파 TOFD(Time of Flight Diffraction)

(1) 원리

① TOFD는 용접부를 사이에 두고 2개의 종파(송신과 수신) 사각 탐촉자를 대향 배치하여 초음파를 시험체 내부에 발송하며 양 탐촉자의 거리를 일정하게 유지하면서 용접선을 따라 내부결함 유무를 검사한다.

(2) 특징

① 일반적인 UT에서는 송수신 탐촉자에 의해 결함으로부터의 반사파를 검출하여 그 강도나 탐촉자 이동거리를 근거로 하여 결함의 크기를 추정한다.

② 그러나 TOFD는 결함의 상단·하단에서 종파와 회절파를 이용하기 때문에 내부 결함을 정밀하게 측정할 수 있고, 검출범위가 넓어 검사시간도 단축한다.

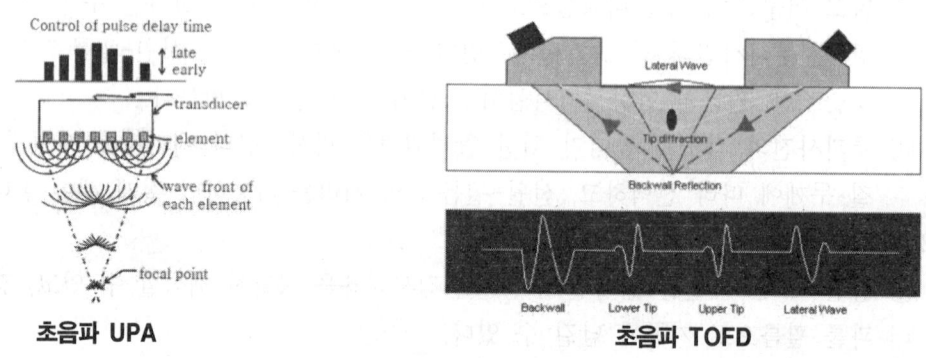

초음파 UPA　　　　　　　　　**초음파 TOFD**

4. 초음파 레이저(Ultrasonic Laser)

(1) 원리

① UL은 레이저 빔을 시험체 표면에 조사할 때 순간적으로 발생되는 초음파를 이용하여 직접 접촉하지 않고 내부결함을 검사하는 기술이다.

(2) 특징

① UL은 어블레이션 영역에서 시험체 표면 직하방향으로 수μm 정도의 강한 초음파를 조사하여 내부결함을 검사할 수 있다.

② UL을 이용하여 비접촉 방법으로 초음파 신호를 송수신하면서 초음파의 특성을 분석하면 내부결함의 존재유무, 크기·위치 등을 분석할 수 있다.

5. 자분탐상검사(Magnetic Particle Testing)

(1) 원리

① 강자성체인 시험체를 자화시킬 때 시험체 조직에 존재하는 변화·결함으로 인하여 시험체에 형성된 자장의 연속성이 깨어져 이 부분에 누설자장이 형성된다.

② 이때 시험체 표면에 자분을 산포하면 누설자장이 형성된 부위에 자분이 밀착되어 시험체 조직의 변화·결함 여부, 위치·크기, 방향·범위 등을 검사할 수 있다.

(2) 특징

① 자분탐상검사는 시험체가 자화될 수 있는 재질, 즉 강자성체로 구성되어 있어야 검사할 수 있는 시험방법이다.

② 장점 : 시험체 표면에 존재하는 결함부터 시험체 표면으로부터 최대 1/4인치 깊이에 존재하는 결함까지 모두 검출할 수 있다. 특히 표면의 미세한 균열의 검출에 가장 적합하다. 시험체의 크기·형상에 구애됨이 없이 검사할 수있다.

③ 단점 : 모든 재질에 적용할 수 없고, 자화 가능한 강자성체에만 적용할 수 있다. 시험체의 표면이나 표면 바로 아래에 존재하는 결함만을 검출할 수 있고, 내부 전체를 판별하려면 다른 검사를 병행해야 한다. 검사방법에 따라 전기접촉 부위에서의 아크(arc) 발생으로 시험체가 손상될 우려가 있다.[31]

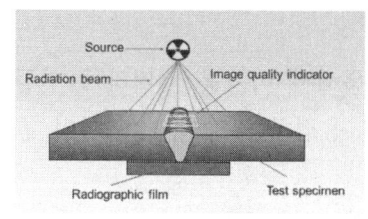

방사선투과검사

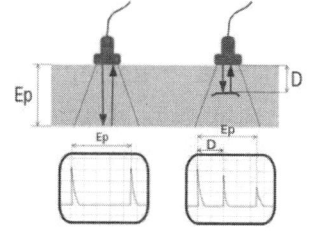

초음파탐상검사

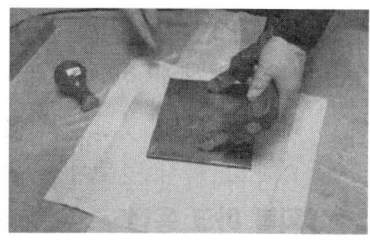

자분탐상검사

31) 한국비파괴검사학회, '비파괴검사 용어사전', 도서출판골드, 2006.
   문정훈 외, '자분 및 와전류검사', 원창출판사, 1998.
   김영식 외, '용접구조물의 최신 비파괴 검사기술', 한국과학기술정보연구원, 대한용접·접합학회지 제5권, pp.63~70, 2017.4월.

07.34 강재의 아크(Arc)용접

강교의 피복아크용접(SMAW)과 서브머지드아크용접(SAW), 홈(groove) 용접 [1, 4]

Ⅰ. 개요

1. 용접(鎔接, welding)은 금속, 유리, 플라스틱 등을 열과 압력으로 접합하는 기술이다. 즉, 용접이란 두 물질 사이의 원자 간 결합을 이루어 접합하는 기술이다. 용접은 실내·외에서 매우 높은 온도에서 작업하므로 보호용구를 꼭 착용해야 한다.

2. 아크(Arc) 용접은 공기(기체)의 방전(아크 방전)현상을 이용하여 동일한 금속끼리 합치하는 용접방법이다. 아크 용접은 직류(DC) 또는 교류(AC)전류, 소모성 또는 비소모성 전극을 사용하며, 수동, 반자동, 완전자동으로 할 수 있다.

Ⅱ. 아크(Arc) 용접의 종류

1. 원자 수소 용접

2개의 텅스텐봉 전극 사이에서 아크를 발생시키면서 수소를 불어 넣어 용접하는 방법으로, 특수강, 스테인레스강, 공구의 날(초경합금) 등의 용접에 사용된다.

2. 탄소 아크 용접

용접봉과 탄소전극봉의 전극 사이에서 아크를 발생시켜 용접하는 방법으로, 전원은 직류이다.

3. 플라즈마 아크 용접

텅스텐봉에서 아크를 발생시켜, 수냉 노즐의 구멍을 통해서 아크를 세밀하게 만들어, 플라즈마 젯트를 접점부에 대어 열로 재료를 녹여 용접하는 방법. 정밀성이 좋으나, 비싸서 덧붙이는 용접에 한정된다.

4. 피복 아크 용접

아크 용접의 기본으로 용접봉을 사용하는 용접. 바람에 강하기 때문에 실외에서 아크 용접을 하는 경우에 많이 쓰인다.

5. 서브머지드 아크 용접

특수한 모래 알갱이의 플럭스로 용접부를 덮고, 그곳에 아크를 발생시키는 용접이다. 플럭스는 아크를 대기로부터 보호한 뒤, 굳어져서 용접비드를 보호한다. 3.2mm 이상의 두꺼운 용접 와이어가 사용된다.

6. MIG 용접

불활성 가스(Metal Inert Gas)는 아르곤(Ar), 헬륨(He), 이산화탄소(CO_2) 등의 불활성 기체를 이용하여 용융 금속을 주위의 공기로부터 보호하는 용접이다.

Ⅲ. 아크(Arc) 용접의 주요 내용

1. 용접 원리

(1) 용접봉과 모재 간에 직류(교류)전압을 걸고 용접봉 끝을 모재에 접근시켰다가 떼면 용접봉과 모재 사이에 강한 빛과 열을 내는 아크가 발생한다.

① 아크 열(5000℃)에 의하여 용접봉은 녹아서 금속증기 또는 용적(globule)으로 되어 용융된 모재와 융합하여 용착금속을 만든다.

② 이때 녹은 쇳물을 용융지(molten weld pool), 모재가 녹아 들어간 깊이를 용입(penetration), 용접봉이 용융지에 녹아 들어가는 것을 용착이라 한다.

(2) 아크를 발생시킬 때 용접봉 끝을 모재에 가까이 대고 아크 발생위치를 정한 후, 핸드 실드로 얼굴을 가리고 용접봉을 모재에 접촉시켜 순간적으로 3~4mm 재빨리 끌어올리면 아크가 발생된다.

① 아크 발생 방법은 찍는 방법과 긁는 방법이 있다. ① ② ③은 용접봉의 이동순서이다. 이동경로 중 점선 부분은 침착하고도 재빨리 움직이는 것을 의미한다.

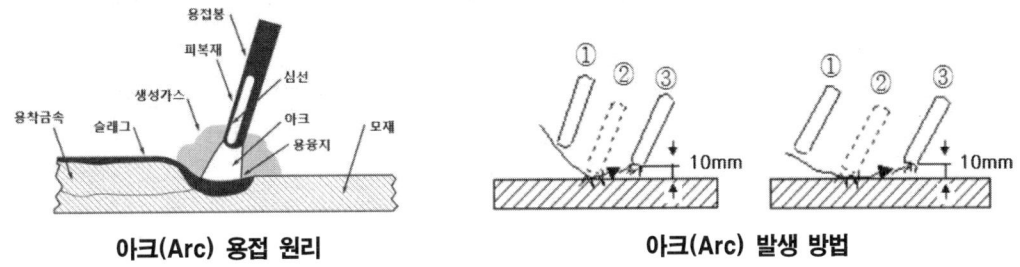

아크(Arc) 용접 원리   **아크(Arc) 발생 방법**

2. 용접 예열(Preheating)

(1) 예열 필요성

① 용접부와 모재의 수축응력을 감소시키기 위하여, 특히 구속된 이음의 경우에는 예열이 꼭 필요하다.

② 모재 가열 후 임계온도(연강 871~791℃)를 지나 냉각속도를 느리게 하여 모재의 열영향과 용착금속 경화를 방지하고 연성을 높이기 위하여 예열한다.

③ 약 200℃의 범위를 통과하는 시간을 연장시켜 용접금속의 수소성분이 비산될 여유를 주어 비드 하부의 균열을 방지한다.

④ 예열은 모재의 화학성분, 두께, 구속여부 등에 따라 다르지만, 탄소성분이 높을수록 임계점에서의 냉각속도가 빠르므로 더욱 예열이 필요하다.

(2) 예열 방법

① 모재 두께 25mm 이상의 연강후판, 저합금강, 강인강, 스테인레스강 등은 열영향부가 급랭 경화하여 비드 밑 균열이 생기므로, 이음부 양쪽 폭 100mm를

50~350℃로 가열한 후 저수소계 용접봉을 사용하여 용접한다.

② 다층 용접일 경우에는 제2층 이후는 앞층의 열에 의해 예열효과가 있기 때문에 예열을 생략할 수 도 있다.

③ 주물, 내열합금 등은 용접균열 방지를 위하여 예열해야 한다. 후판, 알루미늄합금, 구리 등 열전도율이 큰 모재는 이음부의 열집중이 낮아 융합불량이 생기므로 200~400℃ 정도의 예열이 필요하다.

3. 스칼럽(scallop)

(1) 용어 정의

① 스칼럽(scallop)이란 용접부를 한 곳에 집중하거나 접근하면 잔류응력(殘留應力)이 커지고 모재가 여러 번 용접열을 받아 열화(劣化)할 수 있으므로,

② 모재에 부채꼴 노치(notch)를 만들어 용접선이 교차하지 않도록 설계하는 것을 스칼럽(scallop)이라 한다.

(2) 가공 방법

① 스칼럽은 절삭가공기 또는 부속장치가 달린 수동절단기를 사용하여 스칼럽의 반지름 30mm를 표준으로 가공한다.

② 조립 형강의 경우에는 스칼럽 내 Wed fillet의 회전 용접부를 피하기 위하여 35mm로 할 수가 있다. 용접 비드선의 이중 겹침을 피한다.

(3) 가공 유의사항

① 용접을 용이하게 하고 스칼럽의 위치를 확보하기 위하여 먼저 판두께 9mm 정도의 뒷댐재(Back strip)를 용접한다.

② 용접하려는 모재와 뒷댐재가 완전히 용융되도록 한다.

③ 응력방향에 직각으로 설치한 뒷댐재와 이음부 표면을 완만하게 가공한다.

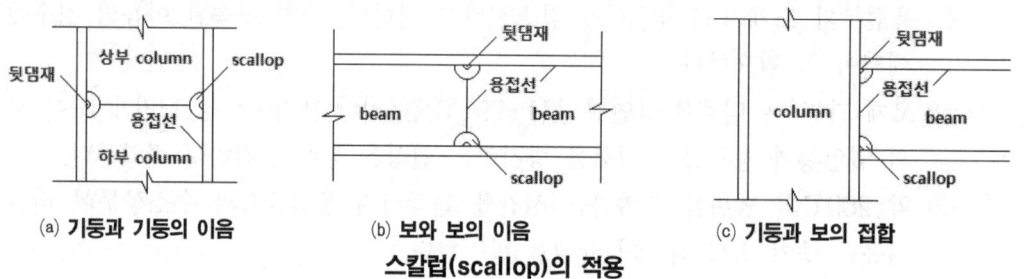

(a) 기둥과 기둥의 이음 (b) 보와 보의 이음 (c) 기둥과 보의 접합

스칼럽(scallop)의 적용

Ⅳ. 용접 중 불티에 의한 화재·폭발 예방대책

1. 용접 중 비산 불티의 특성

(1) 용접 작업 중에 수천개의 불티가 발생되어 비산된다.

(2) 용융금속의 불티는 용접높이에 따라 수평방향으로 최대 11m까지 흩어진다.

(3) 용접으로 축척된 열에 의해 상당시간 경과 후, 불티가 발생되어 화재를 일으키는 경향이 있다.

(4) 용단 작업 중에 비산되는 불티는 3,000℃ 이상의 고온체이다.

(5) 산소의 압력, 절단속도, 절단기의 종류, 절단방향, 풍속 등에 따라 불티의 양과 크기가 달라진다.

(6) 발화원이 될 수 있는 불티의 크기는 직경 0.2~3.0mm 정도이다.

용접 종류별 불티의 온도

종류	최고온도(℃)	종류	최고온도(℃)
철 아크	6,000	산소-아세틸렌불꽃	3,200
탄소 아크	5,300	테르밋	2,300
원자수소	4,000	용해금속	2,000

2. 용접 중 화재·폭발 예방대책

(1) 용접 작업 前 조치사항

① 화기작업 허가서를 작성하여 승인받는다.

작업장소의 해당 부서장 및 안전관리부(실)의 화기작업 승인

② 화기감시자를 선임하여 배치한다.

용접·용단 등의 화기작업 완료할 때까지 상주

(2) 용접 장소에 비치해야 할 소화장비

① 바닥에 깔 수 있는 불티받이 포(불연성 재료로서 넓은 면적을 가질 것)

② 소화기(제3종 분말소화기 2개)

③ 물통(바켓 1개의 물을 담은 것)

④ 건조사(바켓 1개의 마른모래를 담은 것)

(3) 용접 작업 中 화재·폭발 예방대책

① 용접 장소에 인접한 인화성·가연성 물질을 격리한 후에 용접을 시작한다.

② 가연성 가스가 체류할 위험이 있는 건물 내부작업일 때는 가스농도 측정 후, 폭발 하한범위 1/4 이하일 때 용접을 허가한다.(계속하여 치환·환기 필요)

③ 도장작업 장소에서는 동시에 용접작업을 절대 금지한다.

④ 도장작업이 완료된 장소는 유기용제에 의한 폭발위험이 없도록 충분히 건조된 후, 가스농도가 폭발 하한범위 1/4이하일 때 용접을 허가한다.[32]

---

32) 박효성 외, 'Final 토목시공기술사 핵심문제', 예문사, pp.612~614, 2010.
철구조물의 절대고수, '고장력 볼트의 정의', 2014.1.9, http://blog.daum.net/

07.35 강재 용접균열의 종류 및 방지대책

강재의 용접결함, 저온균열, 고온균열 [2, 4]

I. 용접부

1. 용접부 결함의 종류

(1) 용접기능사 기량과 용접조건에 의해 발생되는 결함

① Slag inclusion

② Incomplete fusion

③ Inadequate joint penetration

④ Undercut

⑤ Underfill

⑥ Overlap

⑦ Crater crack

(2) 용접 중 기술적 검토 부족에 의해 발생되는 결함(대부분 crack이 차지)

① 고온균열(Hot crack)

② 저온균열(Cold crack)

③ 재열균열

④ 구속응력균열(Stress corrosion crack)

2. 용접부 결함의 원인

(1) 제조 상의 결함(1차 결함) : 고온균열, 저온균열, 재열균열, 슬래그혼입, 용융부족, 용입부족, 언더컷, 기공, 변형 등

(2) 사용 중의 결함(2차 결함) : 수소유기균열, 환경유기균열, 피로균열, 크리프균열, 부식피로균열, 응력파괴 등

II. 용접부의 고온균열

1. 고온균열의 특징

(1) 발생시기는 대부분 응고과정, 응고 후에 진전된다.

(2) 균열 입계에 따라 파단되는데, SEM 사진에서 옥수수 모양으로 나타난다.

(3) 균열이 표면까지 진전되면 균열된 표면은 산화되어 산화피막이 형성된다.

(4) 대입열 용접금속 중앙, 용접 crater부, austenite stainless steel에 나타난다.

(5) 변태하지 않은 면심입방구조(FCC, face-centered cubic)를 가지는 금속의 균열

은 대부분 고온균열이다.

2. 고온균열의 발생원인

(1) 응고균열

　① 용착금속의 응결 마지막 단계에서 액상필름이 결정입계를 따라 존재하고, 이
　　 액상이 존재하는 입계가 응고·냉각 중에 응력을 받아 균열이 발생된다.

　② 모재의 응고온도와 마지막으로 응고하는 액상막의 응고온도 차이가 클수록 고
　　 온균열 발생확률이 증가한다.

　③ 고온균열의 감수성에 영향을 미치는 인자 : 합금원소 및 불순물의 양, 용접부
　　 형상(크고 오목한 형사의 비드), 용접부의 구속도 등

(2) 용접금속의 액화균열

　① 열영향부(HAZ, heat affected zone)로서, 다층 용접금속 내에서 발생된다.

　② 용접금속은 이미 불순물이 편석되어 있으므로, 입계의 국부적은 용융을 위해
　　 불순물의 이동은 없다.

(3) 연성 저하균열

　① 연성 저하균열은 HAZ보다는 용접금속에서 발생되는 고상균열로서, 사용된 용
　　 접재료가 재결정온도보다 약간 높은 온도에서 발생된다.

　② 이러한 고온연성 저하균열은 순도가 매우 높은 모스텐이트 재료에서 전형적으
　　 로 나타난다. 연성 저하온도 범위에서 입자상장이 일어나고, 변형이 입계에 집
　　 중되어 균열이 발생된다.

(4) Cu 침투균열

　① Cu 침투균열은 액체금속 취화현상으로 HAZ에서 발생되기 때문에 HAZ 액화균
　　 열로 오인하는 경우가 많다.

　② Cu 용융점 이상으로 가열된 경우, 액상Cu가 입계로 침투되어 적당한 구속도에
　　 서 균열이 발생된다.

　③ FCAW 용접 중 용접 tip을 조금 녹이면 곧바로 균열을 호가인할 수 있다.

　④ Cu 침투균열의 발생조건은 ▲액체와 고체금속 사이에 상호용해도가 낮아야 하
　　 고, ▲고체−액체 금속 간에 화합물이 형성되지 않아야 하고, ▲기지가 쉽게 소
　　 성변형되지 않아야 한다.

3. 고온균열 방지대책

(1) 모재의 C, S, P, Ni 함량을 낮추어야 한다.

(2) 구속력을 완화할 수 있는 Joint설계가 필요하다.

(3) 구속력을 적게 할 수 있는 용접방법이 필요하다.

⑷ 응고를 빠르게 할 수 있는 저입열 용접을 적용한다.

⑸ 버드 형상이 배처럼 불룩하지 않게 개선각을 형성한다.

⑹ 모재의 고온균열 감수성을 시험하는 방법은 다음과 같다.

  ① 재현열 사이클에 의한 고온연성시험법

  ② 바레 스트레이트 균열시험법

  ③ Murex형 균열시험법

  ④ LTP 균열시험법

  ⑤ 가변변형속도 균열시험법

  ⑥ FISCO 용접 균열시험법

  ⑦ Houldcroft 용접 균열시험법

Ⅲ. 용접부의 저온균열

1. 저온균열의 특징

⑴ 용접부의 저온균열(또는 지연균열)은 일반적으로 상온 근처의 저온(300℃) 이하에서 용접금속 또는 HAZ에서 발생되며, 수소유기균열이라 한다.

⑵ 용접부의 저온균열은 ▲경화된 조직, ▲확산성 수소, ▲높은 구속도(잔류응력) 등의 3가지 원인에 의해 발생된다.

2. 저온균열의 발생원인

⑴ 경화된 조직

  ① 탄소강은 (austenite stainless steel과 다르게) 1000℃에서 500℃로 냉각될 때 냉각조건과 용접부를 형성하는 화학성분 등 2가지 원인에 의해 성질이 다른 조직으로 경화된다.

  ② 원인 Ⅰ : 다량의 합금원소 첨가에 따른 높은 탄소당량을 가지는 경우에 저온균일이 발생된다. High strength low alloy steel을 사용하고 모재를 예열하여 조직의 경화 형성에 대응한다.

  ③ 원인 Ⅱ : 용접 후 800℃에서 500℃까지 냉각속도가 빠를 경우에 저온균일이 발생된다. 모재를 예열하거나, 대입열용접을 적용하여 대응한다.

⑵ 확산성 수소

  ① 수소는 분해되어 H+ 상태로 쉽게 모재 속에 침투되고 시간이 지날수록 결합되어 수소가스로 생성되므로 문제를 일으킨다. 이러한 확산성 수소는 용접할 때 고온에서 수분이 분해되어 발생된다.

② 확산성 수소량이 많을수록 균열이 발생되는 임계응력이 낮아져서 낮은 응력에서도 쉽게 균열이 발생된다.

③ 대응방안 : 저수소계 용접봉 사용, soaking 처리, 예열

(3) 높은 구속도(잔류응력)

① 잔류응력은 용접할 때 발생되는 수축응력이 구조물의 구속력에 의해 발생된다. 그 크기는 판두께, 구조물 크기, 배부 보강재의 구속정도 등에 따라 달라진다. 즉 구속력이 클수록 용접 후 발생되는 잔류응력이 크다.

② 대응방안 : 예열, 용접절차 개선으로 어느 정도 감소 가능

(4) 저온

① 용접부는 온도에 대단히 민감하며 150℃ 이상의 온도에서는 수소가 쉽게 확산되고 소재 고유의 파괴저항성 때문에 균열이 잘 발생되지 않는다.

② -100℃ 이하의 온도에서도 확산도가 급격히 저하하기 때문에 균열이 쉽게 발생되지 않는다.

③ 수소유기균열은 -100℃~-150℃ 사이의 온도에서 고립된 수소가 HAZ로 이동하여 발생된다.

3. 저온균열 방지대책

(1) 대부분의 under bead cracks, toe crack, root crack의 요인은 경화된 조직과 잔류응력이다. 용착금속부의 횡방향 균열은 확산성 수소와 잔류응력 때문이다.

(2) 가장 손쉬운 대응방안은 예열이다. 상기 3가지 원인에 따른 강재의 선택, 용접의 재료·방법 선택, 용접이음부의 설계검토 대책이 필요하다.

(3) 저온균열 시험방법은 다음과 같다.

① TRC(Tensile restraint cracking test)

② RRC(Rigid restraint cracking test)

③ Implant test

④ CTS(Controlled thermal security cracking test)

⑤ 창형구속균열시험법

⑥ 변형균열시험법 등[33]

---

33) 박효성 외, 'Final 토목시공기술사 핵심문제', 예문사, pp.626~628, 2010.
한국재태크연구소, '용접결함 및 방지대책', 2018, http://blog.daum.net/

07.36 철근 부식도 측정, 강재 응력부식

응력부식(Stress Corrosion), 철근 부식도 시험방법 및 평가방법 [2, 0]

Ⅰ. 개요

1. 실제 콘크리트구조물이 파손되는 대부분의 원인이 철근의 부식이라는 것은 주지의 사실이다. 일반적으로 정상적인 조건 하에서는 콘크리트(시맨트 몰탈)내 철근의 부식은 일어나지 않는다.

2. 철의 부식을 화학식으로 분석하여 설명하면 물, 공기, 수소이온에 의해서 발생된다. 따라서 철근의 부식을 억제하려면 철근콘크리트의 균열을 보수·충진하여 물과 공기의 유입을 차단해야 한다.

   철(Fe^{2+})+산소($1/4O_2$)+수소이온(H^+) → 철(Fe^{3+})+물($1/2H_2O$)

   철(Fe^{3+})+물($3H_2O$) → 녹{$Fe(OH)_3$} ↓ +수소이온($3H^+$)

   (침전물)

   요약 : $Fe^{2+} + 1/4O_2 + 21/2H_2O → Fe(OH)_3 + 2H^+$

Ⅱ. 철근 부식도

1. 자연 전위차 철근 부식도 측정기(CANIN)

(1) 측정 원리

① 철근콘크리트 구조물은 여러 요인에 의해 부식이 진행되면서 부식된 부분과 부식되지 않은 부분은 전위 값의 변화(차이)에 의해 구별된다.

② 자연 전위차 철근 부식도 측정기(CANIN)는 콘크리트 피복 두께에 관계없이 철근콘크리트 구조물의 표면에서 전위차 방식으로 콘크리트 내부 철근의 부식도를 측정하여 내장된 철근의 부식도를 측정하는 기기이다.

(2) 기기 특징

① 휴대형 기기

② 철근부식 위치를 LCD 화면으로 나타내고, 측정결과를 즉시 칼라로 출력

③ 철근부식 위치 파악할 수 있도록 측정값을 화상으로 보여주는 기능 내장

④ 측정면적에 대한 전위 값의 분포도를 그래픽으로 처리할 수 있는 기능 내장

⑤ 전위 값의 차이를 등고선 프로그램을 이용하여 데이터 처리하는 기능 내장

(3) 측정 방법

① 측정기(CANIN) 전원을 켠 후, 'END'를 누르면 디지털 볼트 메타로서의 기능을

발휘한다. 전압은 +/-999mV DC부터 측정 가능하다.

② 먼저 측정대상 표면을 개략적으로 몇 군데 찍어 최상의 화면상태(화면이 전체 적으로 회색으로 나타나며 전위 값의 대소는 명암으로 표시된다)로 맞춘 후에 정식으로 측정을 시작한다.

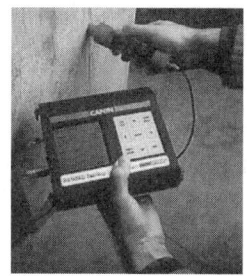 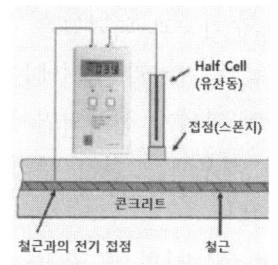 

자연 전위차 철근 부식도 측정기(CANIN)

2. 철근 부식에 대한 허용기준

(1) 철근 부식이 철근콘크리트 구조물에 미치는 영향

① 철근 표면이 산화되어 산화막 파손 초래

② 철근의 인장강도 감소, 콘크리트와의 부착강도 감소

(2) 철근 부식된 상태에서 시공방법

① 철근 및 용접망은 조립 전에 청소하고 들뜬 녹, 기름류, 먼지, 흙 등 콘크리트 와의 부착력을 감소시킬 우려가 있는 물질을 모두 제거(건축공사 표준시방서)

$$철근\ 부식도(\%) = \left[1 - \frac{녹을\ 제거한\ 철근의\ 단위길이당\ 중량}{녹이\ 없는\ 철근의\ 단위길이당\ 중량}\right] \times 100$$

[문] 녹이 있는 D29 철근을 길이 1.2m 절단하여(절단길이가 길수록 정확) 녹을 제거하고 측정한 중량이 5.19kg이었다. 부식도는? 단, 발생된 녹으로 인한 중량(단면)손실은 원래 중량(단면)의 6%를 초과하지 않아야 한다.

[답] D29 철근의 단위길이당 중량 : 5.04 kgf/m

철근 부식도(%)= [1-5.91/5.04×1.2]×100=2.28% < 6%

∴ 이 정도의 철근 부식은 부착응력에 지장을 주지 않으므로 녹을 제거할 필요 없이 사용가능하다.

(3) 철근 보관 유의사항

① 녹 발생을 촉진시키지 않는 환경조성 유지(비, 습기 등에 직접 노출되지 않도록 하고, 통풍이 잘 되도록 조치)

② Sheet 등으로 덮개를 씌우면 sheet 내부에 습기가 존재하여 통풍에 의한 건조 가 되지 않아, 오히려 녹 발생을 촉진시킬 수 있다.

③ 공사현장에서 녹 발생 정도가 심하여 콘크리트 부착력 및 철근 구조내력 저하 등의 문제가 우려되는 경우에는 품질·구조기술사 검토가 필요하다.

⑷ 철근 부식에 대한 허용치 관련규정

① 철근의 부식정도와 부착강도에 대한 연구(한국도로공사)

◦ 철근의 녹은 부착응력에 대한 순기능과 역기능을 동시에 가진다.

순기능 : 철근의 표면 거칠기를 증가시켜 초기에는 부착응력 증가

역기능 : 녹의 경계면에서 녹의 파괴가 선행되면서 점차 부착응력 감소

◦ 철근 부식도가 2~4% 이하일 경우에는 철근 부식이 부착응력에 대한 역기능 보다 순기능이 더 크게 작용된다.

② ACI(American Concrete Institute) 318-96 규정

◦ 보통 정도의 철근 녹 발생은 오히려 부착강도에 도움을 준다.

◦ 유해한 정도의 녹은 철근의 운반·가공·조립중에 대부분 자연적으로 떨어져 나가므로 특별한 처리를 하지 않아도 되는 것으로 규정되어 있다.

◦ 떨어져 나갈 정도의 녹은 hand brush로 처리 후에 콘크리트 타설한다.

③ ASTM(American Society Testing Materials) A615 규정

◦ 철근 녹 제거한 후 중량(단면)손실은 최초중량의 6% 이내이어야 한다.

◦ 중량 손실량은 철근 시편을 채취하여 무게를 계량하여 측정한다.

◦ 6%의 중량(단면)손실은 표면의 녹이 몇 겹으로 발생된 경우이며, 공사현장에서 대부분의 경우에는 허용치 이내이다.

III. 강재 응력부식(應力腐蝕)

1. 용어 정의

⑴ Prestress Concrete에서 높은 응력을 받는 PS 강재의 표면이 녹슬면서 급속하게 부식되거나 또는 표면에 녹은 보이지는 않더라도 조직이 내적으로 취약해지는 현상을 응력부식(應力腐蝕, stress corrosion)이라 한다.

1. Prestress Concrete에서 응력부식이 쉽게 발생되는 부위

⑴ 긴장되어 있는 PS 강선

⑵ 강구조물 가공을 위한 용접 부위

⑶ 강구조물 가공에 따라 응력 집중이 큰 부위

⑷ 강구조물 가공에 따라 이상응력이 발생된 부위

2. 응력부식(應力腐蝕)의 발생원인

(1) Prestress Concrete 부재에 긴장력을 가하여 PS 강재에 응력이 국부적으로 도입된 경우(부재의 兩端에 응력이 집중될 수 있음)

(2) 강구조물에서 어느 취약한 부재가 응력을 집중적으로 받아 많은 녹이 국부적으로 발생된 경우

(3) 강구조물에서 각 부재 사이를 용접이음 하였을 때, 용접에 의해 발생된 응력이 잔류응력으로 남아 있는 경우

(4) 강재가 외력을 받아 급격히 변형되었을 때, 그 변형된 부위에서 강재의 허용응력 이상의 응력이 발생된 경우

3. 응력부식(應力腐蝕)의 방지대책

(1) PS 부재에 prestress를 도입한 후 강재가 긴장되어 있는 상태에서 부식 발생 전에 신속히 cement mortar grouting을 실시한다.

(2) 강재를 가공하거나 용접하였을 때, 표면에 바탕처리하고 에폭시로 표면도장을 밀실하게 실시한다.

(3) 특히, 용접 부위에 잔류응력이 있을 때는 열처리공법으로 잔류응력을 제거한다.

(4) 강구조물의 각 부재에 응력이 분산되도록 압축재와 인장재를 적절히 배치한다.

(5) PS 부재의 표면에 생긴 홈(groove)은 모두 제거하여 매끈하게 표면마감한다.

(6) 단면 취약부에서 응력부식이 생기지 않도록 필요한 경우에 단면을 보강한다.[34]

---

34) 이진우, '토목구조기술사[I] 모범답안', 예문사, pp.204~205, 2007.

07.37 강재의 전기방식(電氣防蝕)

1. 용어 정의

⑴ 전기방식(電氣防蝕, electrolytic protection)이란 강재에 일정한 전위(電位)를 주어서 부식(腐蝕)을 방지하는 작업을 말한다.

⑵ 강재가 물 또는 흙 속에 용해되어 있는 염류 등의 전해질에 접촉되면 양이온으로 바뀌어 용출되는데, 그 용출 과정이 부식(녹 발생)의 원인이 된다.

⑶ 따라서 강재 구조물을 음극으로 하여 항상 약한 전류를 흐르게 하여 철 분자의 이온화 과정을 막으면 강재의 녹 발생을 방지할 수 있다. 이 원리에 의한 부식을 방지하는 전기방식에는 외부전원(外部電源)방식과 유전양극(流電陽極)방식이 있다.

⑷ 전기방식은 도장이나 보수가 곤란한 선박, 지하매설철관, 화학장치, 보일러 등의 강재 구조물에 외부전원(外部電源)방식이 많이 이용되고 있다.

2. 강재의 전기방식(電氣防蝕)

⑴ 외부전원(外部電源)방식

① 강재 구조물을 음극으로 하여 항상 강압한 전류가 흐르게 해두는 방식이다.

② 상업용 전력을 변압 정류하여 강제적으로 전류를 흐르게 해두기 때문에 양극에는 흑연 등의 불용성 극을 이용한다.

③ 초기 투자비가 적고 영구적이지만 유지비가 비싸다.

⑵ 유전양극(流電陽極)방식

① 후자는 다른 금속과의 전위차를 이용하여 방식(防蝕)전류를 흐르게 하는 것으로, 양극은 Mg, Zn, Al 또는 이들 합금을 이용하고, 음극은 강재 구조물로 한다.

② 철보다 이온화 경향이 큰 금속과 연결해 두기 때문에 그 금속이 이온화되면서 가재 구조물을 음극으로 하여 전류가 흐른다.

③ 전원이 불필요하지만 양극이 되는 금속이 소모되기 때문에 교환해야 한다.[35]

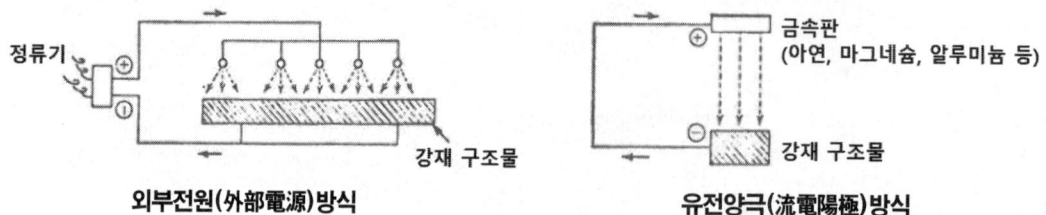

외부전원(外部電源)방식　　　　　　　유전양극(流電陽極)방식

---

35) 한국가스안전공사, '가스시설 전기방식 기준', 2018.

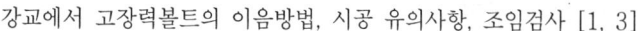

07.38 강재의 고장력볼트 이음방법

강교에서 고장력볼트의 이음방법, 시공 유의사항, 조임검사 [1, 3]

Ⅰ. 고장력 볼트

1. 정의

(1) 고장력 볼트(High Tension Bolt)란 고탄소강 또는 합금강을 열처리한 항복강도 7tonf/cm² 이상, 인장강도 9tonf/cm² 이상의 고장력 볼트를 조여서, 부재 간의 마찰력에 의해서 응력을 전달하는 접합방식을 말한다.

(2) 고장력 볼트는 고장력鋼을 이용하는 인장력이 큰 볼트이므로, 리베팅에 비해 시공 중에 소음이 없고, 좁은 곳에서도 작업이 가능하다.

(3) 고장력 볼트의 접합방식은 마찰접합, 인장접합, 지압접합 등이 있다.

고장력 볼트의 접합방식

구분	마찰접합	인장접합	지압접합
단면			
원리	부재의 마찰력으로 bolt 축과 직각방향의 응력을 전달하는 전단형 접합방식	Bolt의 인장내역으로 bolt 축방향의 응력을 전달하는 인장형 접합방식	Bolt의 전단력과 bolt 구멍의 지압내력에 의해 응력을 전달하는 접합방식

2. 특징

(1) 장점　◦ 접합부 강도가 크며, 강한 조임으로 nut 풀림이 없다.

　　　　　◦ 응력 집중이 적고, 반복응력이 강하다.

　　　　　◦ 시공이 간단하며, 공기를 단축할 수 있다.

(2) 단점　◦ 접촉면 관리와 나사 마무리의 정밀도가 어렵다.

　　　　　◦ 조이기 검사가 필요하다.

　　　　　◦ 숙련공이 필요하며, 비교적 고가이다.

3. 조임 순서

(1) 1차 조임 : Torque wrench를 사용하여 볼트군(群)마다 중앙에서 단부로 조여 나간다.

(2) 금매김 : 1차 조임 후 bolt, nut, washer 및 부재에 금매김을 한다.

(3) 본조임(2차 조임) : Torque control법, Nut 회전법 등이 있다.

Ⅱ. 고장력 볼트의 조임검사

1. 용어 정의

⑴ 고장력 볼트의 조임은 표준 볼트 장력을 얻을 수 있도록 이음부의 군(群)마다 중앙에서 단부 쪽으로 조이며, 조임 후의 검사방법에는 Torque control법, Nut 회전법 등이 주로 쓰인다.

2. 조임검사 방법

⑴ Torque control법

① 본조임 완료 후에 모든 볼트에 대하여 1차 조임 후에 표시했던 금매김과 비교하여 Nut의 회전량을 육안으로 검사한다.

② Nut의 회전량이 현저하게 차이가 나는 볼트군(群)은 Torque wrench를 사용하여 추가 조임을 한 후, Torque값의 적부를 검사한다.

③ 조임검사에서 얻어진 평균 Torque값의 ±10% 이내의 볼트를 합격으로 한다.

④ 평균 Torque값의 범위를 초과하여 조여진 볼트를 교체한다.

⑤ 조임을 하지 않았거나 조임이 부족한 것으로 판단되는 볼트군(郡)은 볼트 검사 및 소요 Torque값까지 추가로 조인다.

⑵ Nut 회전법

① 본조임 완료 후에 모든 볼트에 대하여 1차 조임 후에 표시했던 금매김과 비교하여 Nut의 회전량을 육안으로 검사한다.

② 1차 조임 후, 2차 조임할 때 Nut의 회전량이 120°±30° 범위의 볼트를 합격으로 한다.

③ 합격 범위를 초과하여 조여진 볼트를 교체한다.

④ 조임을 하지 않았거나 조임이 부족한 것으로 판단되는 볼트군(郡)은 볼트 검사 및 소요 Torque값까지 추가로 조인다.

3. 조임검사 유의사항

⑴ Nut, bolt, washer 등이 동시에 회전되었거나 Nut의 회전량에 이상이 있다고 판단되는 경우에는 새로운 볼트로 교체한다.

⑵ 한 번 사용했던 볼트는 재 사용을 금지한다.

⑶ 고장력 볼트의 조임 및 검사에 사용되는 Torque wrench와 축력계의 정밀도는 3% 이내의 오차범위 이내가 되도록 관리한다.[36]

---

36) 박효성 외, 'Final 토목시공기술사 핵심문제', 예문사, pp.609~610, 2010.
철구조물의 절대고수, '고장력 볼트의 정의', 2014, http://blog.daum.net/

강재 축하중의 진응력과 공칭응력

강재에 축하중 작용 시의 진응력과 공칭응력 [1, 0]

1. 공칭응력과 진응력 의미

(1) 임의 단면을 가진 가느다란 물체에 힘을 가하여 당기면 물체는 힘을 받는 방향으로 늘어나며, 프와송 효과(Poisson's effect)에 의하여 물체의 단면적은 감소된다. 외부 하중에 저항하는 물체 내부의 저항력을 뜻하는 응력(stress)은 하중을 물체의 단면 적으로 나눈 값이다. 하지만 물체의 단면적은 하중이 증가할수록 점차 감소된다.

(2) 가느다란 금속판에 대하여 1방향으로 외부하중을 가하여 응력을 측정해 보자. 외부 하중을 물체가 변형되기 前의 초기 단면적으로 나누어 구한 응력을 공칭응력(公稱 應力, nominal stress)이라 하고, 외부하중을 물체가 변형된 後에 감소된 실제 단면 적으로 나누어 구한 응력을 진응력(眞應力, true stress)이라 한다.

(3) 당연히 진응력이 정확한 의미의 응력이고, 변형이 커질수록 공칭응력과 진응력 두 값의 차이도 커진다. 특히, 물체가 끊어지기 직전에는 단면적이 매우 작아지기 때문 에 진응력은 매우 큰 값이 되는 반면, 공칭응력은 단면적의 감소를 반영하지 않기 때문에 외부하중이 증가된 만큼 증가될 뿐이다.

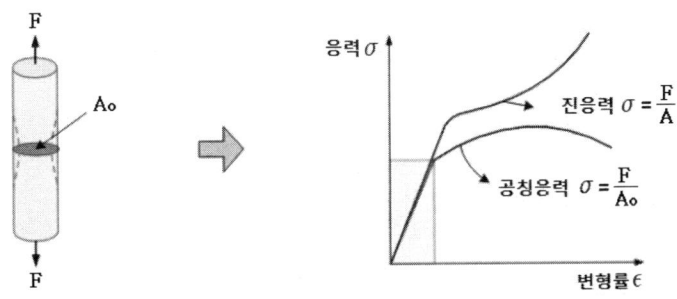

2. 공칭응력과 진응력 적용

(1) 하지만 실제 상황에서 이처럼 극단적인 경우는 별로 많지 않고, 대부분의 경우에 변형량이 크지 않다. 따라서, 진응력보다 공칭응력을 많이 사용하고 있다.

(2) 유한요소해석(finite element analysis)에서 선형해석으로 구한 응력은 공칭응력에 해당된다. 변형되기 前 초기 물체의 형상을 기준으로 단 한 번의 계산으로 응력을 구하기 때문에 물체의 변형이 반영될 수 없다.

(3) 반면, 비선형해석(nonlinear analysis)으로 구한 응력은 진응력에 해당된다. 하중을 조금씩 증가시키면서 반복적으로 변형률(strain)과 응력을 계산하기 때문에 물체의 변형이 반복계산 과정에서 반영되기 때문이다.

07.40 H형강 버팀보의 강축과 약축

1. 흙막이벽의 버팀보(strut)

(1) 버팀보(strut)는 흙막이 벽에 걸리는 토압 등을 띠장을 이용하여 받는 지보재 중의 하나로서 압축을 받는 부재이다. 버팀보 설치에 따른 주의사항은 다음과 같다.

① 버팀보와 띠장의 접합부가 느슨해지지 않도록 할 것

② 보팀보 위에 원칙적으로 하중을 가하거나 짐을 싣지 말 것

③ 보팀보에는 가능하면 이음을 두지 말고 하나의 재료로 설치할 것

(2) 버팀보의 재료는 띠장의 경우와 동일하게 H형강이 주로 사용된다. 소규모 굴착에서는 I형강, 파이프, 목재 등이 서포트로 사용되기도 한다.

(3) 흙막이벽을 지지하는 지보공 중의 하나로 버팀보가 사용되는 경우에는, 흙막이벽체에 띠장을 설치하고 띠장에 버팀보를 설치하여 반대편 벽체와 동일한 방법으로 연결을 하는 구조이다.

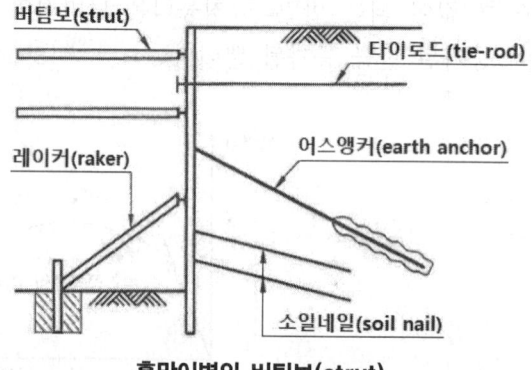

흙막이벽의 버팀보(strut)

(4) 버팀보의 중간에 중간말뚝을 설치하는데, 이는 버팀보의 좌굴길이를 조절하는 기능과 흙막이벽 상부에 도로통행, 사무실, 장비이동통로 등의 하중을 지지할 수 있는 주형보를 받쳐주는 기능을 한다.

2. H형강의 강축과 약축

(1) H형강은 대형 구조물의 골조나 토목공사에 널리 사용되는 단면이 H형으로 구성된 형강을 의미한다. H형강의 특성상 강축과 약축이 있다.

(2) 흙막이벽의 버팀보와 같은 압축부재에서는 H형강의 약축 방향에 대한 좌굴에 불리하므로 이를 보강하기 위하여 브레이싱(bracing)과 같은 보강재를 병행하여 설치할 수 있도록 설계된다.

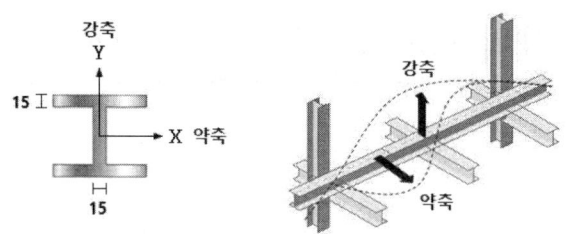

H형강의 강축과 약축

(3) 국내에서 사용되고 있는 버팀보의 구조사양에는 H형강을 2종류(300x300x10x15, 300x305x15x15)로 구분하고 있다.

(4) 이에 비해 고강도 강관 버팀보는 강축과 약축의 구분이 없어 좌굴·비틀림에 유리한 구조단면을 갖추고 있고 수평·수직 브레이싱도 필요 없어 공사비, 공사기간, 시공성 등이 H형강보다 유리하여 해외현장에서 버팀보 형식으로 많이 사용되고 있다.

H형강 버팀보와 고강도 강관 버팀보의 비교

구분	H형강 버팀보	고강도 강관 버팀보
개념도		
기술적 측면	◦ 강축·약축 구분 있음 ◦ 약축 방향은 좌굴 및 비틀림에 불리 ◦ 버팀보 수평간격에 제한적임 ◦ 수평·수직 보강재 필요	◦ 강축·약축 구분 없음 ◦ 좌굴 및 비틀림에 대해 유리 ◦ 버팀보 수평간격 최대화 가능 ◦ 수평·수직 보강재 불필요
시공적 측면	◦ 연결·해체 세부공정이 보편화됨 ◦ 본 구조물 시공 중 장애물 다수 발생 ◦ 공사기간 상대적으로 불리	◦ 신규 버팀보용 연결부 상용화 완료 ◦ 본 구조물 시공 중 장애물 최소화 가능 ◦ 공사기간 최대한 단축 가능
경제적 측면	◦ 상대적으로 공사비 고가 ◦ 소규모 현장에 유리	◦ H형강 대비 15~40% 절감 가능 ◦ 중·대규모 현장에서 유리
적용사례	◦ 국내 및 일본에서 보편적으로 적용	◦ 북미 및 유럽에서 주로 적용

(5) H형강 버팀보는 급격히 변위·파괴될 수 있으나, 고강도 강관 버팀보는 약 4배의 변위를 허용하므로 시공자 입장에서 정밀하게 버팀보의 거동특성을 파악하여 파괴를 예측할 수 있고 피해가 발생되더라도 대응책을 마련할 시간적 여유가 있다.[37]

---

37) 오정환 외, '흙막이공학', 구미서관, pp.96~98, 2004.

07.41 건설기계의 관리시스템

Ⅰ. 개요

1. 건설기계는 1970년대부터 국내 건설현장에 도입되기 시작하여 1980년대 건설기계화가 본격화되어 인력절감, 작업능률 및 품질향상에 지대한 기여를 하고 있다.

2. 최근 건설기계의 등록대수는 증가하지만 가동률은 떨어지는 상황에서 건설기계의 체계적인 관리를 위하여 첨단정보통신기술을 적용한 건설기계 관리시스템(단말기+ 통신망+ 데이터) 운용의 필요성이 증대되고 있다.

Ⅱ. 건설기계 관리시스템의 구성

1. 건설기계 단말기 부문

(1) 단말기 구축

① 건설기계 단말기는 GPS를 통한 위치파악, 인공위성을 통한 송·수신, 이동통신망(CDMA, Code Division Multiple Access)을 통한 통신으로 구성된다.

② 건설기계 전용단말기는 이미 상용화된 제품을 사용하므로, 경제성과 신뢰성 있는 제품을 선정하면 해결된다.

(2) 단말기 기능

① 건설기계에 부착할 수 있는 소형이어야 하며, 데이터 송·수신의 신뢰성을 확보할 수 있는 전용단말기를 구입하는 것이 중요하다.

② 건설기계의 위치는 GPS를 통해 파악하고 관련 데이터는 인공위성과 이동통신망(CDMA)을 통해 원격관리서버에 실시간 전송되도록 구축한다.

2. 건설기계 통신망 부문

(1) 통신망 구축

① 건설기계 통신망은 인공위성과 이동통신망(CDMA)을 이용하지만, 우선순위는 비용이 저렴한 이동통신망으로 구축한다.

② 2가지 통신망을 구축하는 이유는 건설기계가 지하, 터널, 도심지 등과 같이 외부간섭을 받는 지역에서도 통신두절이 없도록 하기 위함이다.

(2) 인공위성

① 건설기계가 산간오지에 위치하는 경우에도 통신사각지대가 없도록 인공위성을 부분적으로 임대하여 건설기계 데이터의 송·수신 기능을 수행한다.

(3) 이동통신망(CDMA)

① 휴대폰 통신망으로 데이터 송·수신할 수 있는 협약을 체결한다. 국내 CDMA는 비용이 저렴하며 도심부 지하공간에서도 통신두절이 없어 신뢰성이 높다.

3. 건설기계 데이터 부문

(1) 데이터 구축

① 2가지 통신망을 통해 수집된 건설기계의 데이터를 하드웨어 및 소프트웨어로 구축하여 사용자(기업주)와 운영자(운전자)가 이용하기 쉽도록 표출한다.

(2) 하드웨어 기능

① 정보수집서버 : 인공위성과 이동통신(CDMA)을 이용하여 데이터 수집

② 가공·운영서버 : 수집된 데이터를 가공하거나, 이를 이용하기 위한 서버

③ 분석·저장서버 : 수집된 데이터를 분석하여 통계처리하고 저장하는 서버

(3) 소프트웨어 기능

① 관리자 모듈 : 하드웨어 및 소프트웨어를 운영자가 관리하는 전용 모듈

② 운용프로그램 모듈 : 일반 사용신청자가 데이터를 가공·분석하는 모듈

③ GIS 모듈 : 건설기계의 위치·공간을 분석하는 모듈

④ 제어모듈 : 건설기계를 원격으로 제어하기 위한 모듈

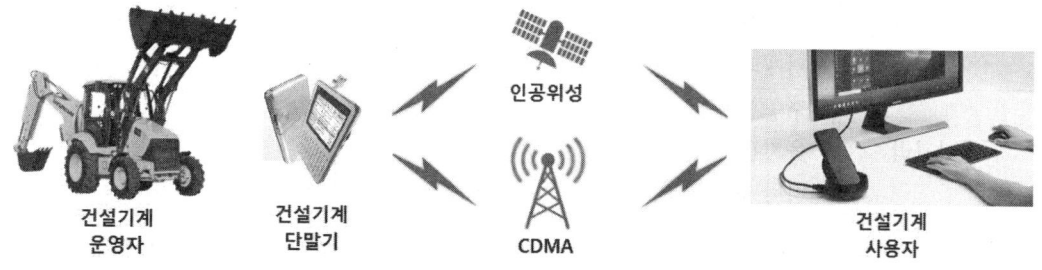

건설기계 운영자 　　　 건설기계 단말기 　　　 인공위성 　　　 CDMA 　　　 건설기계 사용자

건설기계 관리시스템의 구성

Ⅲ. 건설기계 관리시스템의 기능

1. 건설기계 관리시스템의 기능은 단말기로부터 수집된 데이터를 1초에 1회 이상씩 수집할 수도 있으나 통신요금을 고려하여 정보수집 주기를 적절히 운용한다.

2. 건설기계 관리시스템의 기능을 ▲이력관리, ▲위치·상태관리, ▲통행경로관리, ▲유지관리, ▲수급관리, ▲가동현황관리, ▲원가관리 등의 7개 부문으로 구분하여 필요한 정보를 적절한 시간단위로 수집하면서 관리한다.

건설기계 관리시스템의 기능

관리영역	관리정보	정보수집방법
이력관리	◦ 기계의 종류, 성능, 규격 ◦ 기계의 등록자료 내역 ◦ 기계의 하자담보(warranty) 정보	◦ 서버 장비 DB ◦ 사용자 단말기
위치·상태관리	◦ 기계의 동일한(Ilistorical) 위치정보 ◦ 기계의 작업위치 기록 ◦ 기계의 상태기록	
통행경로관리	◦ 전국의 도로의 통과허용하중 정보 ◦ 운행제한정보 등의 허가관련 사항 ◦ 중량물 운반 및 통행도로망 현황 ◦ 기계의 실시간 위치정보	◦ 서버 장비 DB ◦ 서버 지도정보 ◦ 서버 위치정보 DB ◦ 유무선 통신기기 ◦ GPS 인공위성, 이동통신망 ◦ 건설기계 단말기 ◦ 사용자 단말기
유지관리	◦ 기계의 동일한(Ilistorical) 유지관리 기록 ◦ 유지관리 계획 및 실시 정보 ◦ 각종 소요 부품에 관한 정보	
수급관리	◦ 현장별 장비 보유 및 유동 현황 ◦ 지점별 장비 보유 및 유동 현황 ◦ 기계의 수급 요구 정보	
가동현황관리	◦ 기계의 위치정보 ◦ 기계의 엔진가동 현황 ◦ 기계의 수명 상태	
원가관리	◦ 구입원가 ◦ 유지관리비, 수리비 ◦ 기타 운용비용	

IV. 결론

1. 건설기계 관리시스템을 구축하여 건설기계의 현재위치, 가동현황 등을 실시간으로 파악하면 작업 중 또는 이동 중인 상황을 제어할 수 있다. 기업주는 최적의 건설기계 수급계획을 수립하여 가동률 향상, 원가관리, 경영개선 등에 주력한다.

2. 또한 건설기계 관리시스템을 구축하면 기업주는 고가의 건설기계 도난을 방지할 수 있고, 국토교통부는 도로교량의 통과제한하중으로 초과한 건설기계 통행을 제어할 수 있어 SOC 유지관리에 효과적이다.[38]

---

38) 김성근, '정보통신기술을 이용한 건설기계관리시스템', 한국건설관리학회 논문집, pp.536~538, 2006.

07.42 건설기계 선정을 위한 고려사항

토공기계 선정 고려사항, 경제적 사용시간, 경제속도, 주행저항, 시공효율 향상조건 [7, 3]

I. 개요

1. 건설기계는 토목공사에 사용되는 모든 기계를 총칭하며, 가장 빠르게, 가장 값싸게, 가장 좋게 시공할 수 있는 장점이 있다.

2. 토공사에 쓰이는 건설기계 선정을 위한 고려사항, 경제적 사용시간, 경제속도, 주행 저항, 시공효율 향상조건 등을 요약하면 다음과 같다.

II. 건설공사의 기계화 시공

1. 장점
- 시공속도가 빠르다.
- 확실한 시공이 가능하다.
- 인력으로 불가능한 일도 할 수 있다.
- 공기가 단축되고, 비용이 절약된다.

2. 단점
- 기계의 설치비가 비싸다.
- 숙련된 운전사, 정비사가 필요하다.
- 동력연료, 기계부품, 수리비, 보관장소 등이 필요하다.
- 소규모 공사에는 인력보다 공사비가 더 소요된다.

3. 고려사항
- 작업특성 : 절토, 성토, 굴착, 운반, 정지, 다짐
- 토질특성 : 경암, 연암, 사질토, 점성토, 연약토
- 운반거리 : 단거리, 중거리, 장거리
- 작업장소 : 산지, 평야, 시가지, 해안
- 공종특성 : 노체, 노상, 순성토, 순절토, 사토, 뒤채움, 준설, 매립
- 기종특성 : 불도저, 굴착기, 덤프트럭, 그레이더, 진동다짐기, 준설선 등

II. 건설기계의 경제적 운반거리

1. 장비별 운반거리

(1) 불도저(bulldozer) : 80m 이하의 단거리 운반용 기계

　　불도저의 토공판 양단에 흙을 언덕모양으로 남겨두어 도랑을 만들며 운반하거나, 불도저 2대로 나란히 밀면서 운반하면 작업능률이 크게 오른다.

(2) 스크레이퍼(scraper) : 80~500m 정도의 중거리 운반용 기계

지형이 평탄하고 토질이 양호한 공사현장에 스크레이퍼를 투입하면 지반을 굴착 및 운반하여 동시에 포설할 수 있다. 스크레이퍼는 피견인식과 자주식이 있으며, 지반조건에 따라 작업능률이 크게 다르다.

(3) 덤프트럭(dump truck) : 500m 이상의 장거리 운반용 기계

흙을 페이로더(pay loader)로 굴착하여 덤프트럭의 적재함에 싣고 운반할 수 있다. 운반거리가 길수록 덤프트럭의 경제성이 우수하다.

2. 누가토량별 운반거리

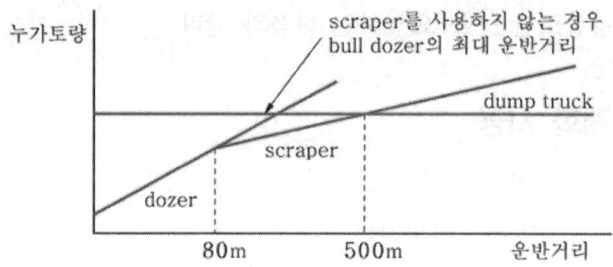

3. 유토곡선(mass curve)에 의한 운반거리

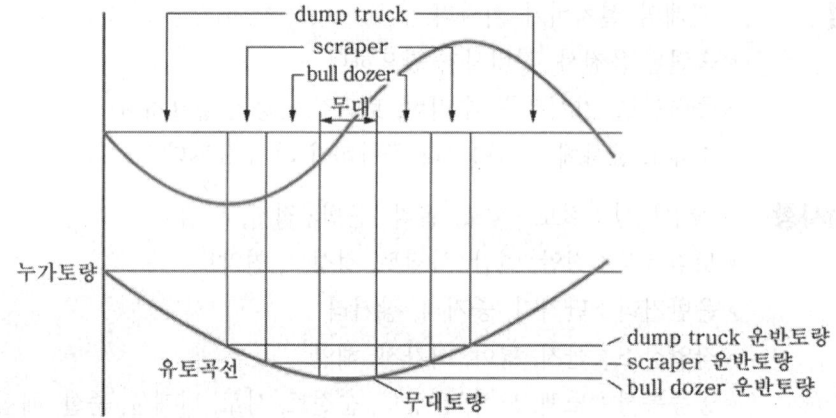

III. 건설기계의 경제적 사용시간

1. 용어 의미

(1) 건설기계의 경제적 사용시간은 기계부품비, 정기정비비, 기타 소요경비 등 건설기계의 실제 작업량에 비해 비용이 너무 과다하게 지출되지 않는 시기(life cycle)까지를 의미하며, 잔존가격이 취득가격의 10%까지 감가상각되는 시점을 기준으로 경제적인 사용이 가능하다고 인정되는 운전시간이다.

2. 건설기계의 감가상각비 계산

(1) 건설기계의 감가상각비란 기계의 사용년수에 따라 기계의 자산가치를 차감하는 금액을 말한다. 감가상각비는 시간당 상각비, 연간 상각비에 의해 계산된다.

$$\text{시간당 상각비} = \frac{\text{취득가격} \times (1-0.1)}{\text{경제적 내용시간}} = \text{취득가격} \times \text{상각비계수}$$

$$\text{연간 상각비} = \frac{\text{취득가격} - \text{잔존가치}}{\text{경제적 내용년수}} = \frac{\text{취득가격} \times (1-0.1)}{\text{경제적 내용년수}}$$

경제적 사용시간 = 경제적 내용년수 × 연간 표준운전시간

3. 건설기계의 경제적 수명 증대방안

(1) 일일정비, 수시정비 등의 예방정비를 실시하여 기계의 마모를 방지한다.

(2) 수시검사, 정기점검 등을 실시하여 기계의 기능을 지속적으로 유지한다.

(3) 첨단화된 관리체계를 도입하여 기계의 수명을 최대한 연장시킨다.

(4) 첨단기계 도입에 따른 종사자 교육으로 기계의 오작동을 방지한다.

(5) 공사의 종류, 토질, 현장조건 등을 감안하여 적정한 기종을 선정함으로써 과도한 작업을 방지한다.

(6) 표준기계를 사용하면 정비비를 절약할 수 있고, 사용 후에 다른 건설공사에 전용하거나 매각하기 용이하다.

(7) 기계 자체의 결함이 적고 정비가 충분히 이루어진 기계를 선정해야 기계의 가동률을 제고할 수 있다.

(8) 기계 제작사의 신용도, A/S 등을 확인한 후에 기계를 구입함으로써 기계 자체의 신뢰도를 확보할 수 있다.

IV. 건설기계의 주행저항

1. 용어 정의

(1) 건설기계의 주행저항은 기계 자체의 저항에 외부환경에 따른 저항을 고려하여 표시할 수 있다. 공사현장에서는 가능하면 건설기계의 주행저항을 줄여서 기계효율을 증대시키는 것이 중요하다.

(2) 건설기계는 주행 중에 진동, 풍향, 가속도, 경사 등에 의해 저항을 받으며, 저항이 작을수록 건설기계의 주행속도가 빨라져 효율성이 증대된다.

2. 주행저항의 구분

주행저항(R_t) = 진동저항(R_r) + 공기저항(R_a) + 가속저항(R_i) ± 경사저항(R_g)

(1) 진동저항(R_r) : 노면의 요철과 차량의 진동이 심할수록 진동저항이 증가한다. 궤

도식 기계는 노면종류, 노면상태에 따라 진동저항이 변화한다. 차륜식 기계는 내부마찰, 타이어표면, 바퀴하중 등에 따라 진동저항이 변화한다.

$$R_r = \mu_r W$$

여기서, W : 차륜이 받는 총 중량(자중+ 적재하중)(t)

μ_r : 진동저항계수(kg/t)

(2) 공기저항(R_a) : 건설기계의 주행속도가 10km/h 이하의 경우에는 공기저항은 무시해도 된다.

$$R_a = \lambda \cdot A \cdot V^2$$

여기서, λ : 공기저항계수(보통 0.07을 적용)

A : 건설기계 정면의 투영면적(앞바퀴 간격×차량높이)

V : 주행속도(km/hr)

(3) 가속저항(R_i) : 건설기계의 총 중량이 1t당 ±1% 또는 ±10kg인 경우에는 가속저항을 받게 된다.

$$R_i = \frac{W}{g} a$$

여기서, g : 중력가속도(=9.8m/s^2)

a : 건설기계의 가속도(m/s^2)

(4) 경사저항(R_g) : 주행하는 도로의 노면경사가 ±1%인 경우에는 건설기계의 총 중량 1t당 ±1% 또는 ±10kg의 경사저항을 받게 된다.

$$R_g = W \cdot 10\text{kg}/t \cdot S$$

여기서, S : 경사(%)

3. 주행저항의 저감대책

(1) 적재중량에 비해 적정한 마력(馬力, horse power)을 갖춘 건설기계를 선정한다.

(2) 적재중량에 비해 자중이 큰 건설기계의 사용은 회피한다.

(3) 주행 중에 진동저항이 작은 건설기계를 선정한다.

(4) 주행 중에 하향경사로를 따라 주행한다.

(5) 주행 중에 후면바람을 받으면서 주행한다.

(6) 현장조건, 기상조건, 지형조건 등을 고려한 건설기계 운영계획을 수립한다.

Ⅴ. 건설기계의 시공속도

1. 용어 정의

(1) 건설기계의 시공속도란 건설공사 현장에서 실제 일을 하는 단위시간당 작업량을

말한다.

(2) 건설기계의 표준시공속도를 기준으로 작업능률계수, 정상작업시간효율, 우발작업
시간효율 등의 변수를 고려하여 최대시공속도, 정상시공속도 및 평균시공속도를
산정하여 작업효율에 반영한다.

2. 최대시공속도(q_0)

(1) 최대시공속도는 일반적인 현장조건에서 건설기계로부터 기대할 수 있는 단위시간
당 최대시공량을 말한다.

(2) 건설기계의 조합계획 수립과정에 작업능력의 균형을 평가하는데 사용된다. 최대
시공속도(q_p)는 건설기계의 표준시공속도(q_R)에 작업시간율 $E_t = 1$ 일 때의 작업
효율(E_A)를 곱하여 산정한다.

$$q_p = E_t \cdot E_A \cdot q_R$$

여기서, E_t : 작업시간율(=1)

E_A : 작업효율

q_R : 표준시공속도

3. 정상시공속도(q_n)

(1) 정상시공속도는 최대시공속도에서 기계조정, 연료보급, 부품교체 등의 손실시간을
보정하여 산정한 단위시간당 정상시공량을 말한다.

(2) 건설기계의 조합계획 수립과정에 작업능력을 평가하여 조정하는데 사용된다. 정
상시공속도(q_n)는 최고시공속도(q_p)에 정상작업시간효율(E_w)을 곱하여 산정한다.

$$q_n = E_w \cdot q_p$$

여기서, E_w : 정상작업시간효율 $= \dfrac{\text{실작업시간}}{\text{실작업시간} + \text{정상손실시간}}$

4. 평균시공속도(q_a)

(1) 평균시공속도는 정상시간손실과 우발시간손실을 보정하여 산정한 단위시간당 평
균시공량을 말한다.

(2) 건설기계의 조합계획 수립과정에 건설기계에 대한 공정계획 및 적산계산에 사용
된다. 평균시공속도(q_a)는 정상시공속도(q_n)에 우발작업시간효율(E_c)을 곱하거나,
또는 최대시공속도(q_p)에 평균작업시간효율(E_a)을 곱하여 산정한다.

$$q_a = E_c \cdot q_n = E_a \cdot q_p$$

여기서, E_c : 우발작업시간효율 $= \dfrac{\text{실작업시간} + \text{정상손실시간}}{\text{실작업시간} + \text{정상손실시간} + \text{우발손실시간}}$

E_a : 평균작업시간효율 $=$ 정상작업시간효율(E_w) $\times$ 우발작업시간효율(E_c)

VI. 건설기계의 작업능력 향상조건

1. 작업능력(Q)

(1) 건설기계의 작업능력은 1시간 작업량(Q)을 기준으로 산정한다.

$$시간당 작업량 \quad Q = \frac{3,600 \cdot q \cdot k \cdot f \cdot E}{C_m} (\text{m}^3/\text{h})$$

여기서, Q : 시간당 작업량 C_m : cycle time(sec)

q : bucket 용량 k : bucket 계수

f : 토량환산계수 E : 건설기계의 작업효율

2. 작업효율(E)

(1) 건설기계의 작업효율은 작업 대상 지반조건(흙의 종류)에 따라 달라진다.

$$E = 작업시간효율(E_t) \times 작업능률계수(E_q)$$

흙의 종류에 따른 불도저의 작업효율

흙의 명칭	작업효율(E)
° 모래, 조건이 좋은 보통 흙	0.8~0.6
° 역질토, 보통토, 조건이 좋은 돌이 섞인 점질토, 점토	0.7~0.5
° 조건이 나쁜 보통토, 암괴, 호박돌, 자갈	0.6~0.4
° 조건이 나쁜 돌이 섞인 점질토, 점토, 고결된 역질토	0.5~0.3
° 조건이 나쁜 점질토, 점토	0.4~0.2

3. 작업시간효율(E_t)

(1) 건설기계의 작업시간효율은 1시간당 實작업시간으로, 공사현장의 작업조건(조사·조정시간, 대기시간, 인위적 손실시간 등)에 영향을 받는다.

$$E_t = \frac{實작업시간}{운전시간}$$

(2) 조사·조정시간 : 운전원의 현장조사, 기계의 조정과 정비

(3) 대기시간 : 기계의 작업대기, 감독원의 지시·연락, 연료의 보급대기, 장애물 제거 대기, 악천후 대기

(4) 인위적 손실시간 : 작업원의 숙련도 차이, 생리적 운전정지

4. 작업능률계수(E_q)

(1) 건설기계의 작업능률계수는 실제시공량을 표준시공량으로 나눈값으로, 공사현장의 환경조건(자연적, 기계적, 관리적 조건 등)에 영향을 받는다.

$$E_q = \frac{실제 시공량}{표준 시공량}$$

(2) 자연적 조건 : 기상조건, 현장조건, 지형·지질 등에 대한 기계의 적응성

(3) 기계적 조건 : 기종의 선정, 기계의 배치, 조합, 능력, 유지관리 수준

(4) 관리적 조건 : 기계의 시공방법, 취급, 작업환경, 운전자·감독자의 경험

5. 건설기계의 작업효율 저하원인

(1) 건설기계는 일반적으로 초기에는 높은 작업효율을 발휘하지만, 사용기간이 경과 함 따라 점차 작업효율이 감소하게 된다.

(2) 정기적인 점검과 수선부품의 교체로 장기간에 걸쳐 높은 작업효율을 유지할 수 있으나, 초기성능까지 회복은 어렵다.

(3) 작업효율의 감소는 보다 많은 에너지를 소모하고 동일한 작업수행에 더 많은 시 간과 작업비용이 소요되므로 기계교체의 필요성이 제기된다.

6. 건설기계의 작업효율 향상대책

(1) 단위작업   ◦ 건설기계의 1회 작업량은 가급적 많게 작업한다.

            ◦ 건설기계의 주행속도는 가급적 빠르게 작업한다.

            ◦ 건설기계의 운반거리는 가급적 짧게 작업한다.

            ◦ 다른 건설기계와 병행하여 작업한다.

            ◦ 운전자가 안전관리를 철저하게 준수하도록 한다.

(2) 작업시간   ◦ 건설기계의 실제 작업시간을 높이도록 한다.

            ◦ 작업시간이 종료되면 사후정비를 철저히 한다.

(3) 가동효율   ◦ 기계작업의 공백이 생기지 않도록 노무·자재공급을 확인한다.

            ◦ 토공작업과 운반기계 간의 원활한 조합을 이루도록 한다.[39]

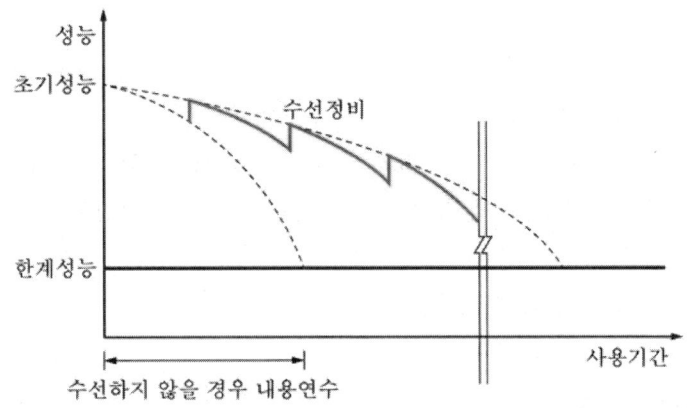

건설기계의 사용기간 및 성능 관계

---

39) 김낙석·박효성, '실무중심 건설적산학', 피앤피북, pp.9~25, 2016.

07.43   주행성(trafficability), 콘(cone)지수

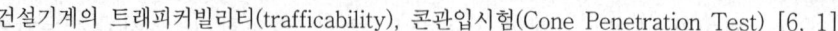

건설기계의 트래피커빌리티(trafficability), 콘관입시험(Cone Penetration Test) [6, 1]

Ⅰ. 주행성(trafficability)

1. 용어 정의

(1) 주행성(走行性, trafficability)이란 토공용 건설기계로 시공할 때 기계의 주행성 양부(良否)의 정도를 표현하는 용어이다.

(2) 건설기계 주행성의 양부는 작업능률에 크게 영향을 미치며, 양부의 판정에는 일 반적으로 콘 지수(-指數, cone index, q_c)로 표시한다.

(3) 건설공사의 기계화 시공을 계획할 때는 건설기계의 콘 지수(q_c)를 고려하여 적당 한 기종을 선택하거나 주행성 확보를 위한 별도의 대책을 수립해야 한한다.

건설기계가 주행할 수 있는 콘지수(q_c)

기계 종류	Dozer		Scraper		Dump truck
	습지	보통	피견인식	자주식	
q_c (kg/cm²)	2~3	4~7	7~10	10	15

2. 주행성(走行性)의 용도

(1) 건설기계의 구륜방법(차륜식, 무한궤도식)을 결정할 수 있다.

(2) 건설기계의 기종선정을 위하여 지반상태를 확인할 수 있다.

(3) 건설기계의 작업능률을 파악할 수 있다.

(4) 건설기계의 공법선정을 위해 기준을 결정할 수 있다.

(5) 조합장비의 종류 및 소요대수를 결정할 수 있다.

3. 주행성(走行性)의 향상방안

(1) 연약지반 개량 기계 진입 전에 모래층(sand mat)을 두께 1~2m 포설한다.

(2) 기계가 주행하는 지반 위에 토목섬유(geotextile)를 포설한다.

(3) 배수구와 맹암거를 설치하여 용출수를 유도·배수한다.

(4) 혼합처리공법을 적용하여 장비의 주행성을 개선한다.

Ⅱ. 콘(cone)관입시험

1. 용어 정의

(1) 콘(cone)관입시험은 1930년대 네덜란드 P.Baremtsen이 개발한 것으로, 더치 콘

(Dutch Cone)이라는 약칭으로 불리는 대표적인 정적 사운딩 시험이다.

⑵ 국내에는 1960년대 영산강 하구 간척지에서 처음 사용한 이후, 운반·조작·시험 우수성이 확인되어 방조제공사 기초지반 조사 등에 널리 이용되고 있다.

2. 더치 콘 관입시험 (Dutch cone penetrometer)

⑴ 더치 콘 시험기의 선단에 부착된 이중(二重) 콘(cone)을 지중에 관입시켜 선단 저항력과 로드 주변마찰력을 분리 측정하여 연약층 아래 지지층, 점토 강도 연속 성, 연약층 사이 모래층 등을 확인한다.

⑵ 더치 콘 시험기는 다음과 같은 장치로 구성되어 있다.

① 압입 인발장치 : 수동식으로 최대 인발력 2톤

② 선단 콘(cone) : 선단각 60°, 바닥면적 $10cm^2$, 관입력 2톤(인력)~10톤(유압)의 이중관(二重管) 맨틀 콘(mantle cone)을 이용하여 깊이 20m까지 조사 가능

③ 로드(rod) : 內管과 外管으로 구성되며 압입하중에 견디는 경질 강재로 제작

④ 계측장치 : 지반 강도에 따라 검력계 형식 사용

⑤ 고정장치 : 스크류 앵커, 손으로 핸들을 돌려 회전관입시켜 장치를 고정

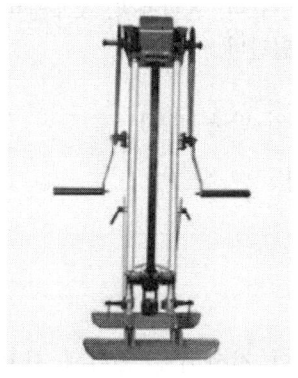

Dutch cone penetrometer

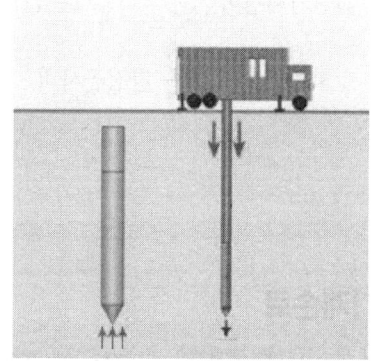

Piezo cone penetrometer

3. 피에조 콘 관입시험 (Piezo cone penetrometer)

⑴ 1960년대 이후 계측장치의 자동화 추세에 따라 선단저항력과 주변마찰력을 동시 에 계측할 수 있는 전기식 콘이 개발되었고, 1970년 이후 관입 선단부에 피에조 미터를 부착하여 깊이방향으로 연속하여 측정할 수 있게 되었다.

⑵ 이제는 피에조 콘으로 지지력 판단뿐만 아니라 종래의 더치 콘으로 할 수 없었던 투수성, 간극수압 등의 압밀특성도 추정할 수 있게 되었다.

⑵ 연약지반에서 간극수압 측정할 때는 시험 전에 피에조 콘을 완전 포화시킨다.[40]

---

40) 박효성 외, 'Final 토목시공기술사 핵심문제', 예문사, pp.308~309, 2008.

07.44 건설기계의 경비 구성

건설기계경비의 구성, 건설기계의 손료 [2, 0]

I. 개요

1. 건설기계의 경비는 기계를 사용함에 따라 소요되는 경비로서, 기계손료, 운전경비, 조립 및 해체비 등으로 구성된다. 건설기계는 사용할수록 점차 각 부품이 마모되어 성능이 저하되므로 정비 또는 수리가 필요하다.

2. 건설기계는 사용할수록 감가(減價)되므로 이에 해당하는 상각비를 계산하고, 기계의 보관과 격납을 위한 비용, 제세공과금, 폐기 이후 새로운 기계의 취득을 위한 투자비 및 이자 등 관리비를 고려해야 한다.

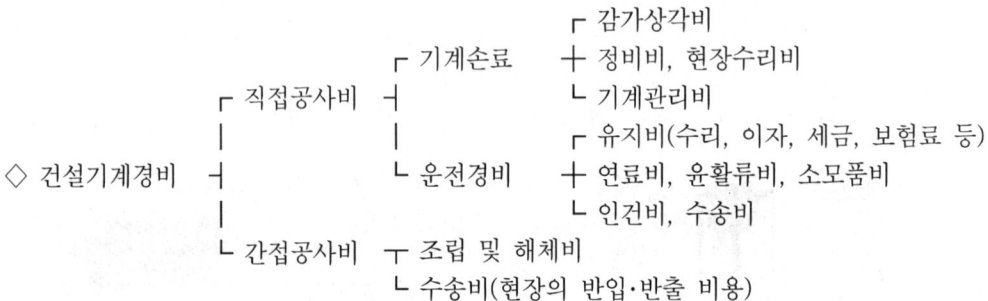

건설기계경비의 구성

II. 기계손료

기계손료(機械損料, hires of machines)는 공사비의 적산에서 공사에 사용되는 기계의 감가상각비, 정비비, 현장수리비 및 기계관리비를 합친 금액을 말한다.

1. 감가상각비

(1) 감가상각비는 경제적인 유효한계 내용년수까지의 잔존가치율을 100%라고 할 때의 총 운전시간, 즉 내용년수까지의 상각비 누계를 말한다.

$$감가상각비 = \frac{구입가격\,(P) - 잔존가치\,(S)}{경제적\ 내용년수\,(N)}$$

(2) 시간경과에 따라 감소하는 가치를 금액으로 환산하는 개념을 감가상각이라 하며, 정액법과 정률법이 있다. 우리나라는 정액법을 적용하고 있다.

(3) 정액법은 기계의 취득가격에서 잔존가치(10%)를 공제한 금액을 내용년수로 나누어 매년 상각비를 동일하게 산정하는 방법이다. 초기에 상각비가 적게 산정되고

사용시간이 경과하면서 상각비와 유지비가 증가하므로 이를 보정하기 어렵다.

⑷ 정률법은 기계상각비를 일정률로 상각하는 방법으로, 내용년수에 의한 상각률을 미상각금액에 곱하므로 초기년도에 상각비가 많게 산정되지만 점차 감소한다.

2. 정비비, 현장수리비

⑴ 건설기계를 정상적인 상태로 유지하기 위하여 정비와 수리가 필요하다.

① 정비(maintenance)는 기계의 성능유지를 위한 정기적인 분해, 조립, 손질, 점검, 주유, 조정과 정상적으로 마모·손상된 부품을 교환하는 것을 말한다.

② 수리(repair)는 비정상적인 손상·소모 또는 사고로 발생한 훼손을 가동상태로 회복시키는 것을 말한다. 수리에는 고장수리와 사고수리가 있다.

⑵ 정비비는 경제적인 내용년수까지의 한계를 기준으로 하여 운전 한계시간이 경과하면 정비비 곡선이 커지므로 한계점을 비용곡선으로부터 구한다.

$$정비비 = \frac{구입가격 \times 정비비율}{가동률 \times 내용시간}$$

⑶ 정비비는 기계의 경제적인 내구년수 동안에 소요되는 정비비 누계액의 기계취득가격에 대한 비율을 말한다.

$$시간당\ 정비비율 = \frac{정비\ 또는\ 수리비율}{내용시간}$$

3. 기계관리비

⑴ 건설기계의 운영에 필요한 비용을 기계손료 적산할 때는 기계관리비라고 한다.

$$관리비 = \frac{구입가격 \times 관리비율}{가동률 \times 내용시간}$$

⑵ 기계관리비는 보관격납비용, 이자, 보험료, 세금 등으로 구성되며, 1년을 기준으로 하여 연간관리비를 평균 취득가격으로 나눈 값이 연간 관리비율이다.

$$평균\ 취득가격 = 취득가격 \times \frac{1.1 \times 경제적\ 내용년수 + 0.9}{2 \times 경제적\ 내용년수}$$

⑶ 보관격납비용 : 일반적으로 연간 소요되는 보관격납비용은 평균 기계가격의 1.5~3.5% 정도이며, 건설공사 표준품셈에서는 2%를 적용한다.

⑷ 이자 : 기계가격이 고가이므로 기계 구입가격에 대한 이자를 기계원가에 반영하고, 기계 내용년수 중에 발생하는 기계가격의 상승과 구입가격에 상당하는 투자이윤도 고려한다.

⑸ 보험료, 세금 등 : 기계관리에 필요한 보험료, 세금, 공과금 등을 반영한다. 특히 세금은 기계 내용년수까지 정액 상각법에 의해 매년 미상각잔가에 과세를 하여 내용년수가 끝날 때까지 계산한다.

III. 운전경비

운전경비(運轉經費, cost of operation)는 공사비의 적산에서 공사에 사용되는 기계를 이용하고 운전하는 과정에 소요되는 유지비(수리, 이자, 세금, 보험료 등), 연료비, 윤활유비, 인건비 등의 비용을 말한다.

1. 유지비

(1) 유지비란 엔진의 회전을 원활하게 하는 엔진오일(engine oil), 감속장치에 사용하는 기어오일, 유압 계통에 사용하는 그리스(grease) 등을 정기적으로 교환·보충하는 데 필요한 비용을 말한다.

(2) 유지비는 과거의 실적통계를 기초로 하여 소비량을 결정하거나, 주 연료비에 대한 유지비의 비율을 고려하여 결정한다.

2. 연료비, 윤활류비

(1) 시간당 연료의 소비량을 말하며, 엔진 부하율(load factor)의 70~80%, 實작업시간의 50~60%를 기준으로 산정한다.

(2) 작업 중인 기계는 엔진 부하율($\frac{평균\ 출력}{정격\ 출력}$)이 수시로 변하고, 엔진의 출력도 온도와 대기압에 의하여 변하므로 연료소비율이 일정하지 않고 변화한다.

3. 소모품비

(1) 소모품은 기계 운전시간에 비례하여 소모되어 일정 시간을 사용하면 교환해야 하는 부품을 말한다.

4. 인건비

(1) 운전노무비는 기계의 운전원과 운전조수에게 지급되는 급여, 상여금, 제수당의 합계액을 말한다.

(2) 기계가 공사현장에 투입되는 기간을 운전일수와 휴지일수로 나눈다.

(3) 운전일수에는 기계고장, 기상조건으로 작업이 중단되는 날을 포함한다.

(4) 휴지일수에는 공정상의 대기, 기상조건에 의한 휴지, 기계의 정비, 조립 및 해체일수 등을 포함한다.

5. 수송비

(1) 수송비는 공사현장까지 왕복 수송비이다. 공사현장에서 가까운 시·도청 소재지로부터 공사현장까지 수송비, 요금, 노무비 등 합계액을 2배로 계상한다.

(1) 공사현장에서 가까운 시·도청 소재지에서 구득이 곤란한 기계는 기계의 소재지에서부터 공사현장까지 수송비를 적용한다.

Ⅳ. 기계경비의 적산방법

1. 기계경비

(1) 기계경비는 기계손료, 운전경비 및 수송비의 합계금액으로 하되, 필요한 경우에는 조립 및 분해 비용을 포함한다.

$$기계경비 = \left[(a+b+c+d) \times \left(\frac{총\ 작업시간}{시간당\ 작업량} \right) + m+n+p \right] \times \left(1 + \frac{R}{100} \right)$$

여기서, a : 시간당 운전경비

b : 시간당 상각비

c : 시간당 정비비

d : 기타 제 경비

m : 가설비

n : 기계수송비

p : 기타 경비

R : 관리비의 %

(2) 기계의 가동률은 총작업시간에 대한 實작업시간의 비율을 말한다.

$$가동률 = \left[\frac{실작업시간}{총작업시간} - \left(\frac{기계고장\ 및\ 준비불량\ 시간}{총작업시간} \right. \right.$$
$$\left. \left. + \frac{작업에\ 관련된\ 인적\ 여유시간}{총작업시간} + \frac{작업에\ 무관한\ 인적\ 여유시간}{총작업시간} \right) \right] \times 100$$

2. 기계손료

(1) 기계손료는 감가상각비, 정비비 및 관리비의 합계금액으로 한다. 다만, 관리비는 1일 8시간을 초과하는 경우에도 8시간으로 계산한다.

기계손료=취득가격×(상각비계수+ 정비비계수+ 관리비계수+ 수리비계수)

3. 운전경비

(1) 기계를 사용하는 데 필요한 운전경비는 다음 경비의 합계금액으로 한다.

① 기계의 동력에 필요한 연료, 전력, 윤활유

② 운전사 및 조수의 급여, 기타 운전에 필요한 노무비

③ 정비비에 포함되지 않는 소모품비 등

4. 건설기계의 가격

(1) 국산기계는 공장도가격(원)으로 표시한다.

(2) 수입기계는 달러화($)로 표시하되, 연도 초에 최초로 고시하는 환율(외국환거래법에 의한 기준환율)을 적용한다.

(3) 건설기계의 가격이 5% 이상 증감되는 경우에는 가격을 조정할 수 있다.

5. 건설기계경비의 산정

(1) 건설기계경비를 산정할 때는 총 내용시간과 연간 표준가동시간 등을 손료산정표에서 구하고, 이를 통하여 감가상각비율을 구한다.

우리나라는 감가상각비를 계상할 때 잔존가치 0.1을 공제한 1−0.9=0.9가 총 내용시간 중에서 상각되도록 획일적으로 규정하고 있다.

(2) 연간 관리비의 경우, 모든 기종에 대하여 연간 14%, 즉 0.14로 통일하고 정비비는 각 기종별로 구분하고 있다.

(3) 건설기계경비의 산정(예)

① 불도저의 총 내용시간이 10,000시간, 연간 표준가동시간 2,000시간인 경우 경제적인 내용년수는 5년이다.

② 수입기계의 가격(통관, 운송 등 제비용 포함)이 $100,000인 경우, 원화(환율 1,150원/$)로 115,000,000원이므로 상각비는 정액법에 따라 잔존율 0.1을 공제하고 5년 균등 상각된다.

③ 시간당 상각비 : $115,000,000 \times \dfrac{1-0.1}{10,000}$ 중 $900^{(10^{-7})}$ 으로 10,350원/hr

④ 시간당 정비비 : 비율이 0.8이면 $115,000,000 \times \dfrac{0.8}{10,000}$ 이므로 9,200원/hr

⑤ 관리비 : 평균 가격이 $115,000,000 \times \dfrac{1.1 \times 5 + 0.9}{2 \times 5} = 73,600,000$원이므로, 연간 관리비는 $73,600,000 \times \dfrac{0.14}{2,000} = 5,152$원/hr

⑥ 이와 같이 감가상각비, 정비비, 관리비 등은 총 내용시간과 연간 표준가동시간에 따라 손료가 발생하므로 시간당 비용을 구하여 시간당 작업량을 구함으로써 단위작업당 총 공사비를 산출할 수 있다.[41]

---

41) 김낙석·박효성, '실무중심 건설적산학', 피앤피북, pp.28~32, 2016.

07.45 건설기계의 사이클 타임(cycle time)

건설장비의 싸이클 타임(cycle time)이 공사원가에 미치는 영향 [0, 1]

1. 제조업의 시간개념

⑴ 표준시간

① 표준시간이란 규정된 품질과 수량의 작업을 규정된 생산조건 하에서 규정된 생산방법으로 올바르게 수행하기 위하여 숙련도를 지닌 근로자가 정상적인 생산속도를 유지하면서 1단위의 작업을 완성하는데 소요되는 시간을 의미한다.

② 표준시간은 작업수행에 직접 필요한 시간(normal time)과 작업에 따른 피로 및 지연을 충분히 고려하는 여유시간(allowance time)을 합한 개념이다.

　표준시간＝작업시간(normal time)＋여유시간(allowance time)

③ 작업시간은 작업수행에 직접 필요한 시간으로 규칙적·반복적으로 발생되는 시간이며, 여유시간은 작업을 정상적으로 수행하는데 추가로 필요한 인적·물적 요소로서 불규칙적·우발적으로 발생되는 시간이다.

④ 따라서 여유시간은 작업시간에 대한 일정비율로 계산하여 표준시간 산출과정에 반영하는 것이 일반적이다.

⑵ 사이클 타임(cycle time)

① 사이클 타임은 실제 생산공장에서 반복적으로 연속작업을 시행하는 경우에 반복적으로 소요되는 시작시간(start time)부터 작업순서에 따라 후속공정이 완료되는 종료시간(finish time)까지 소요되는 시간을 의미한다.

⑶ 피치 타임(pitch time)

① 피치 타임은 최초공정으로부터 제품이 완성되어 나오는 최종공정까지의 시간간격으로, 1일 생산목표량을 달성하기 위한 제품 단위당 소요되는 제작시간이다.

② 트럭이나 버스 등과 같은 대형 제품을 생산하는 공정에서는 이 시간을 택트 타임(tact time)이라 부르기도 한다.

2. 건설기계의 사이클 타임

⑴ 사이클 타임(cycle time)은 건설기계가 작업할 때 반복적인 방식으로 작업하는 경우에 1공정의 작업에 소요되는 시간을 말한다.

⑵ 사이클 타임(C_m)은 건설기계의 1시간당 작업량(Q)을 산출할 때 다음 식과 같이 적용된다.

$$Q = \frac{3,600 \cdot q \cdot k \cdot f \cdot E}{C_m} (\mathrm{m^3/h})$$

$$C_m = \frac{l}{v_1} + \frac{l}{v_2} + t$$

여기서, C_m : Cycle time(min)

l : 평균작업거리

V_1 : 전진작업속도(m/min)

V_2 : 후진작업속도(m/min)

t : 기어 변속·가속시간(min)

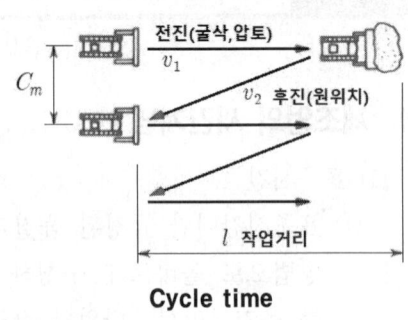

Cycle time

3. 시멘트 석산현장에서 덤프트럭의 사이클 타임 분석 사례

(1) 필요성

① 우리 건설업의 생산성은 1980년대 이후 꾸준히 증가되어 거의 선진국 수준까지 향상되었으나 영국, 미국, 일본 등과 같은 건설선진국에 비해 단위 건설비와 사이클 타임 모두 현저히 떨어져 있는 실정이다.

② 특히, 건설산업에 노동력 공급이 곤란한 오늘날 기계화시공의 중요성을 감안하여 시멘트 제조를 위해 단양 석산개발 현장에 투입된 건설장비 작업활동의 사이클 타임을 분석하여 시공능력 향상 방안을 제시하고자 한다.

(2) 작업활동 분석

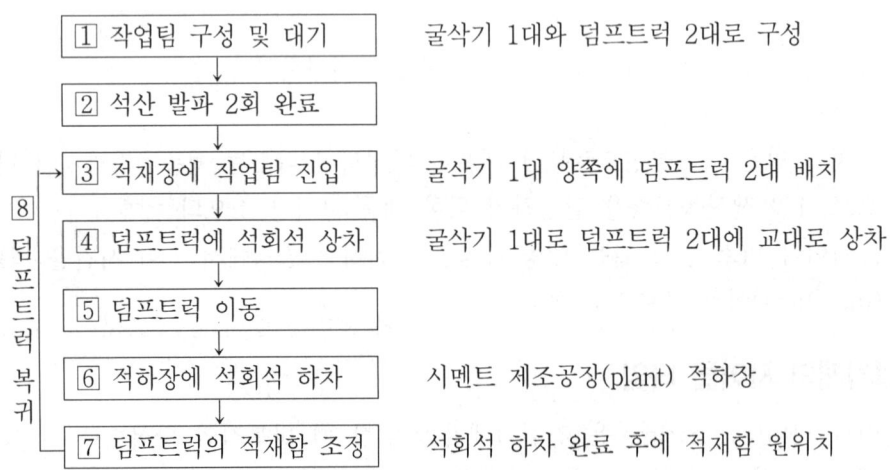

시멘트 석산현장에서 매일 반복되는 사이클 활동 흐름도

① 덤프트럭의 대기 : 발파 완료 전까지 덤프트럭이 긴 시간을 대기하였으며, 굴삭기가 발파지점으로 먼저 진입한 후 상차 시작할 때까지 또 지체되었다.

③ 덤프트럭의 상차위치 조정 : 굴삭기가 상차하기 쉽도록 덤프트럭이 위치를 조정하는 동안에 굴삭기는 버킷에 석회석을 담은 상태에서 대기하였다.

④ 덤프트럭에 상차 : 굴삭기가 붐대와 버킷을 조종하면서 석회석을 상차 완료할 때까지 덤프트럭은 정지상태로 대기하였다.

⑤ 덤프트럭의 이동 : 굴삭기가 상차 완료 직후에 경적을 울리면 덤프트럭은 상차된 석회석을 싣고 적하장으로 이동하였다.

⑥ 덤프트럭의 하차 : 덤프트럭에 실린 석회석을 적하장에 즉시 하차 완료하였기 때문에 적하장에서는 대기시간이 발생되지 않았다.

⑦ 덤프트럭의 적재함 조정 : 적재함에 실린 석회석을 하차 완료 후에, 적재함이 원상복구되어 출발하기까지 시간이 소요되었다.

⑧ 덤프트럭의 복귀 : 덤프트럭이 다시 적재장의 원위치로 복귀한 후, 대기시간 없이 다음 사이클 타임이 즉시 시작되었다.

(3) 분석결과 및 제안사항

① 덤프트럭 1사이클 타임 시뮬레이션 1,00회 실시하여 분석 결과, 평균값에 해당되는 630초 지점이 꺼지는 쌍봉형 분포가 나타났다. 이는 덤프트럭 2대 용량 65톤과 90톤 조합에 따른 용량차이가 사이클 타임에 영향을 미친다는 결론이다.

② 덤프트럭 작업 활동별 민감도 분석결과, 대기시간 58.9%, 적재시간 37.6% 순으로 높았다. 이는 대기시간과 적재시간의 변동성이 높아 관리해야 한다는 점이다.

③ 결론적으로 덤프트럭의 1사이클 타임 평균 630초는 덤프트럭의 용량에 따라 사이클 타임에 영향을 미친다는 점과 적업 대기시간과 적재시간의 민감도가 높게 나타나 변동성이 크기 때문에 집중관리가 필요하다는 점을 알 수 있었다.[42]

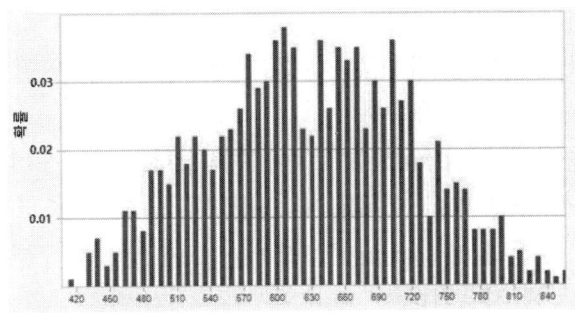

덤프트럭의 1사이클 타임 시뮬레이션

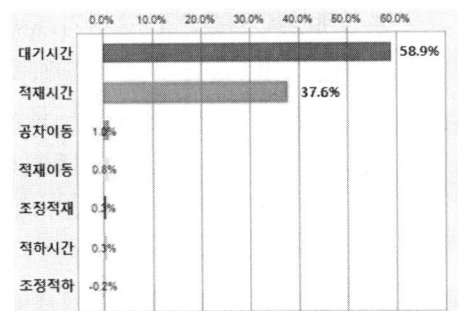

덤프트럭의 작업활동별 민감도 분석

---

42) 김경훈 외, '시멘트 석산현장의 덤프트럭 작업 활동별 사이클 타임 분석', 대한건축학회 춘계학술발표대회논문집 제37권 제1호, 2017.

07.46　건설기계 : Dozer

I. 개요

1. 도저(dozer)는 트랙터(tractor)에 블레이드(blade : 토공판, 배토판 또는 삽날)을 부착하고 10~100m 이내의 작업거리에서 자체 중량에 의해 송토(흙 밀기 또는 운반), 굴토(흙 파기), 확토(흙 넓히기) 등을 할 수 있는 건설기계이다. 도저의 후면에 리퍼(ripper)를 부착하면 암반도 굴착할 수 있다.

2. 도저는 주행장치, 배토판 각도 등에 따라 종류가 구분되며, 용도 역시 다양하게 달라진다. 도저의 크기는 기계 전체의 중량(ton)으로 표시한다.

II. 도저의 분류

1. 구동장치에 의한 분류

(1) 무한궤도식(crawler type) : 바퀴가 체인으로 구성된 불도저이다. 땅에 닿는 면적이 넓어 연약지반, 평탄하지 못한 지반에 적합하나 속도가 느리다.

(2) 차륜식(wheel type) : 바퀴가 타이어로 구성된 불도저를 말한다. 지형·지질의 영향을 많이 받으나 작업속도가 빠르고 기동성이 좋다.

2. 부속장치 및 기능에 의한 분류

(1) 스트레이트 도저(straight dozer) : 도저 기계의 기본형으로 불도저라고 부른다. 배토판을 진행방향에 직각으로 장착하고 위쪽을 앞뒤로 기울게 할 수 있다. 수직상태에서 직선으로 흙깎기, 흙밀기 등에 사용된다.

(2) 앵글 도저(angle dozer) : 배토판을 수평방향 좌우로 20~30° 정도 돌릴 수 있어, 편경사 지형에서 경사면을 굴착하는 데 매우 유용하다.

(3) 틸트 도저(tilt dozer) : 배토판의 중앙에 힌지(hinge)가 있어 연직방향으로 기울어지므로, 옆도랑 굴착, 가로구배 조성 등에 많이 사용된다.

(4) 레이크 도저(rake dozer) : 토공판 대신 갈고리(rake)를 장착한 도저로서, 나무뿌리 뽑기, 단단한 지반의 파헤치기 등에 사용된다.

(5) 리퍼 도저(ripper dozer) : 토공판 대신 리퍼(ripper)를 장착한 도저로서, 연암이나 단단한 풍화암을 발파하지 않고 리퍼 도저로 굴착할 수 있다.

(6) 습지 도저(wetlands dozer) : 접지압이 작고(0.25~0.14kg/cm²) 중량이 가볍다. 함수비가 높고 연약한 습지에서 흙 파헤치기, 밀어내기에 사용된다.

3. 특수 Bulldozer

⑴ Scrape dozer : Bulldozer와 Scraper의 특징을 겸비한 것으로, Bulldozer 본체 하부에 Scraper용 Bowl을 부착한 도자이다. 전·후진만으로 작업할 수 있기 때문에 협소하고 연약한 장소의 작업에 적합하다. 또한 단거리의 토사운반은 Apron을 내려놓은 상태로 주행하면 되기 때문에 작업효율을 높일 수 있다

⑵ 해저용 Bulldozer : 해상의 작업지원선 또는 육상의 발전설비로부터 전기를 공급받고 초음파 수신장치에 의해 유선 원격조작하는 해저작업용 Bulldozer이다. 수심 5~60m 정도의 해저암반의 파쇄·굴삭, 방파제 기초의 사석 쌓고 고르는 작업 등에 적합하다.(그림 2-2-8 참조)

⑶ 수륙양용 Bulldozer : 한류와 난류가 교차되는 얕은 해역에서 내수 구조를 가진 Tractor의 운전대와 흡기·배기부를 수면 위에 높이 설치한 수륙양용 Bulldozer로서, 수심 3~5m에서 작업한다. 최근 어항정비와 양식어장 조성에 사용된다.

⑷ 무선조종 Bulldozer : 무선에 의한 원격조작이 가능한 것으로 제철소의 열처리, 가스, 먼지, 낙석지대 등의 작업에 적합하다.

⑸ Hand dozer : 소규모 공사에 적합하도록 자중 500~1,000kg, 접지압 0.15kg/m² 정도로 일반 Bulldozer의 1/2 이하로서 협소한 건축물의 배관공사에 사용된다.

⑹ Air dozer : 압축공기에 의하여 원격조작되는 소형 Dozer로서 중량 300~500kg 정도이며, Air motor로부터 감속장치가 구동된다. 운전원의 위험이 예상되는 군부대의 작전지역에 사용하기 위하여 제작되었다.

Ⅱ. 도저의 토공작업

1. 도저의 작업량

$$Q_B = \frac{60 \cdot q \cdot f \cdot E}{C_m} = \frac{60 \cdot (q_0 \cdot \rho) \cdot f \cdot E}{C_m}$$

여기서, Q_B : 1시간당 작업량(m³/hr)　　　q : 1회 삽날의 용량(m³)

f : 토량환산계수　　　q_0 : 배토판의 용량(m³)

E : 작업효율　　　ρ : 구배계수

$C_m = 0.037l + 0.25 \text{(min)}$

도저 작업의 토량환산계수(f)

환산조건	본바닥 토량으로 환산	운반 토량으로 환산	다짐 토량으로 환산
f값 기준	$f = \dfrac{1}{L}$	$f = 1$	$f = \dfrac{C}{L}$

2. 도저의 사이클 타임(Cycle time)

$$C_m = \frac{l}{V_1} + \frac{l}{V_2} + t$$

여기서, l : 평균 굴착·압토 거리

V_1 : 전진작업속도(m/min)

V_2 : 후진작업속도(m/min)

t : 기어 변속시간 및 가속시간(min)

3. 리퍼의 파쇄량

$$Q_R = \frac{60 \cdot A_n \cdot l \cdot f \cdot E}{C_m}$$

여기서, Q_R : 1시간당 파쇄량(m³/hr)

A_n : 리핑 단면적(m²)

l : 1회당 작업거리(m)

$C_m = 0.05\,l + 0.33\,(\text{min})$

4. 리퍼 도저의 작업량

$$Q_2 = \frac{Q_B \times Q_R}{Q_B + Q_R}$$

여기서, Q_2 : 1시간당 리퍼 도저의 작업량(m³/hr)

Q_R : 1시간당 리퍼의 파쇄량(m³/hr)

Q_B : 1시간당 도저의 작업량(m³/hr)

5. 도저의 작업원칙

⑴ 단거리 작업 : 60m 전후의 단거리에서 굴착, 운반

⑵ 하향굴착 작업 : 내리막에서 하향으로 중력을 이용하여 굴착, 운반

⑶ 운반거리 단축 : 운반거리가 최소화되도록 운반계획을 수립

⑷ 사이클 타임 단축 : cycle time을 단축하여 운전시간당 작업횟수 증대

⑸ 작업로 정비 : 강우 중에 작업로에 물이 고이지 않도록 관리

⑹ 평탄작업 : 지면이 평탄한 상태에서 굴착, 운반

⑺ 배토판 조절 : 토질조건, 작업 목적에 맞도록 배토판 각도를 조절

⑻ 병렬압토작업 : 굴착·운반을 동시에 실시하여 작업능률 향상

⑼ 조합작업 : bulldozer, scraper, shovel, dump truck 등을 조합[43]

---

43) 김낙석·박효성, '실무중심 건설적산학', 피앤피북, pp.40~44, 2016.

07.47 건설기계 : Shovel

유압식 Back Hoe 작업량 산출방법 [1, 0]

Ⅰ. 개요

1. 셔블(shovel) 기계의 본체는 무한궤도와 그 위에서 자유로이 선회하는 상부구조로 구성되어 있으며, 상부구조 중에는 윌동기·유압장치·로프를 조작하는 원치·운전석 등이 있다.

2. 셔블(shovel) 기계는 디퍼(dipper)라고 부르는 굴착용기가 부착된 팔을 강제(鋼製)로 제작된 붐(boom)의 중간에 부착하고, 유압 실린더나 와이어 로프에 의해 디퍼를 전방으로 밀어내고 위쪽으로 끌어올려서 흙을 파고 붐과 함께 본체 주위를 선회하며 덤프트럭에 짐을 싣는다. 작업 중에는 보통 스스로 이동하지는 않는다.

3. 셔블(shovel) 기계는 조종장치에 따라 기계 로프식과 유압식으로 분류된다. 기계 로프식은 무한궤도식 크레인의 부속장치로서 파워 셔블과 백호 셔블로 구분된다. 유압식은 구동방식에 따라 타이어식과 무한궤도식으로 구분된다.

셔블(shovel) 기계의 특징

장점	단점
◦ 사이클 타임이 짧다.	◦ 디퍼 용량이 적다.
◦ 굴착범위가 넓다.	◦ 연한 흙을 싣기가 힘들다.
◦ 시간당 작업량이 많다.	◦ 이동성이 나쁘다.
◦ 운전경비가 싸다.	◦ 가격이 비싸다.
◦ 내용년수가 길다	◦ 시간당 기계손료가 크다

Ⅱ. 셔블 기계의 종류

1. 주행장치에 의한 분류

(1) 궤도형 셔블(crawler type shovel) : 무한궤도형으로, 접지압이 적고 주행속도가 느리다. 연약지반, 굴곡지반 등에 사용된다.

(2) 바퀴형(wheel type shovel) : 차륜형으로, 접지압이 크고 주행속도가 빠르다. 크레인에 사용된다.

(3) 트럭형(truck type shovel) : 셔블을 트럭에 장착하므로 주행속도가 빠르다. 크레인에 사용된다.

2. 굴착장치에 의한 분류

⑴ 백호우(Back hoe) : 토사의 굴착용 기계. 붐 끝에 부착한 호 버킷으로 아래쪽에서 앞쪽으로 긁어 올리듯이 조작하여 토사를 굴착한다. 기체보다도 낮은 위치의 단단한 지반의 굴착작업에 적합하다.

⑵ 파워 셔블(power shovel) : 기계의 위치보다 높은 장소에서의 굴착에 유효하다. 굴착과 운반차량의 조합시공에서 많이 사용된다. 비교적 단단한 토질의 굴착에 용이하고 운반기계에 적재하는데 편리하다. 크기는 디퍼(dipper)나 버킷(bucket)의 용량(m^3)으로 구분된다. 굴착용 버킷(bucket)은 투스(tooth)가 앞쪽을 향해 있어 토사(土沙)를 긁어내기보다는 떠올리는 형태로 작업하게 된다.

⑶ 드래그라인(dragline) : 넓은 범위의 굴착에 적합하고, 기계의 위치보다 낮은 곳에도 사용할 수 있다. 하천의 하상굴착, 배수로굴착, 골재채취, 연약지반굴착 등에 적합하다. 그러나 굳은 지반의 굴착에는 적합하지 않다.

⑷ 클램셸(clamshell) : 우물통기초 등과 같이 좁은 곳과 깊은 곳을 굴착하는 데 적합하다. 특히 준설공사에서 자갈, 모래의 채취에 많이 사용된다.

⑸ 트랙터 셔블(tractor shovel, pay loader) : 굴착보다 싣기 작업을 주로 하며, 흙이나 자갈의 굴착과 싣기에 대단히 편리한 기계이다. 바퀴가 고무로 된 것을 로더라고 하는데, 이동성이 매우 좋다.

⑹ 트렌처(trencher) : 좁고 긴 가스관, 수도관 등의 매설작업, 배수로의 굴착작업에 사용된다. 굴착된 토사는 콘베어 벨트(conveyor belt)에 의하여 배출된다.

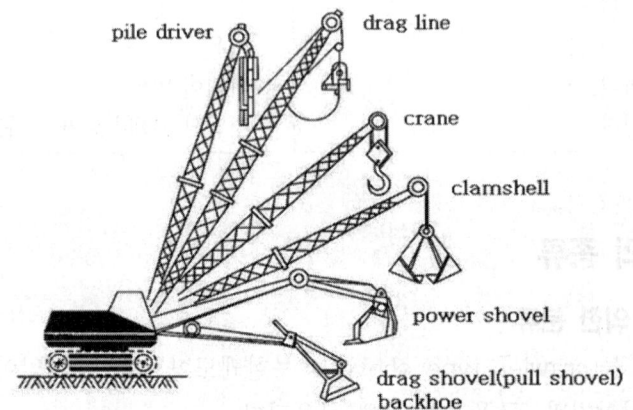

서블(shovel) 기계의 위치에 따른 작업방법

기계보다 높은 곳에서 굴착·싣기	기계보다 낮은 곳에서 굴착·싣기
◦ Power shovel	◦ Back hoe
◦ Tractor shovel	◦ Clamshell
◦ Drag line	◦ Drag line

Ⅲ. 셔블 기계의 작업

1. 셔블 기계의 1시간당 작업량

$$Q = \frac{3,600 \cdot q \cdot k \cdot f \cdot E}{C_m}$$

여기서, Q : 1시간당 작업량($\mathrm{m^3/hr}$)

q : bucket 또는 dipper 용량($\mathrm{m^3}$)

k : bucket 또는 dipper 계수

f : 토량환산계수

E : 작업효율

2. 셔블 기계의 사이클 타임

$$C_m = m\,l + t_1 + t_2$$

여기서, m : 계수($\mathrm{sec/m}$)

무한궤도식 2.0, 차륜식 1.8

l : 운전거리(m), 편도 기준

t_1 : 버킷에 흙을 담아 올리는 시간(sec)

t_2 : 기어변속시간 및 기타 대기시간(sec)

3. 셔블 기계의 다양한 용도

⑴ 셔블 기계는 디퍼가 달린 붐을 풀고, 대신 붐에 각종 부속장치를 부착시켜서 여러 다양한 작업을 할 수 있다.

⑵ 지하면의 부분을 안쪽을 향해서 굴착하고 도랑 등을 파는 것이 Back hoe, Drag shovel이다. 감아올리는 로프 앞쪽 끝에 후크를 달면 Crane이 되며, 버킷을 붙이면 Dragline 또는 Clamshell이 된다.

⑶ Dragline은 하저(河底)와 해저의 준설(浚渫)이나 지면의 굴착, Clamshell은 도랑을 파는 일이나 빌딩의 지하 등 깊은 구멍을 굴착하는 데에 사용된다.

⑷ 표준형 디퍼나 버킷의 용량은 $0.6\mathrm{m^3}$이며, Clamshell의 굴착깊이는 15m 정도까지 가능하다. Boom 끝에 Pile driver를 부착하면 기초공사도 할 수 있다.

⑸ Pile driver에는 해머를 로프에 매달아서 낙하시키는 드롭해머와 디젤엔진으로 해머를 올렸다가 낙하시키는 디젤해머 형식이 있다. 드릴을 부착시켜서 지면에 콘크리트 주입용의 구멍을 뚫는 데에도 사용된다.[44]

---

44) 김낙석·박효성, '실무중심 건설적산학', 피앤피북, pp.53~57, 2016.

1091

07.48 건설기계 : Crane

Ⅰ. 개요

1. 크레인(crane)은 물체를 들어올려서 상·하, 좌·우, 전·후 자유롭게 운반할 수 있는 기계로서, 기중기(起重機)라고 부르기도 한다.

2. 크레인은 이동방식에 따라 굴삭기처럼 차륜식과 궤도식이 있으며, 트랙터에 설치해서 이동속도를 높일 수도 있다. 다만, 트랙터에 설치된 크레인은 고정된 장소에서 작업하며, 동시에 이동을 병행하기는 어렵다.

3. 오늘날 차륜식 크레인은 크레인 수납할 때의 길이를 줄일 수 있고, 각도를 낮출 때는 운전석보다 아래로 낮추어서 쉽게 수납되는 새로운 모델이 시판되고 있다.

4. 역사적으로 최초의 크레인은 B.C. 6세기 그리스에서 처음 사용되었고, 로마제국과 중세 유럽에서 점차 개량되어 광범위하게 사용되었다.

Ⅱ. 크레인의 종류

1. 일반 크레인

(1) 길에서 흔히 볼 수 있는 크레인으로, 건설현장뿐만 아니라 간판가게, 한전, 도로 사업소 등에서도 쓰인다. 크레인이 들어 올릴 수 있는 무게는 2.5톤부터 100톤 까지 다양하다.

(2) 트럭형, 궤도형 및 차륜형으로 나뉜다. 이 중 트럭형은 기존 화물칸과 같이 병행 하는 카고 크레인과 작업장치만 부착된 레커 크레인으로 구분된다. 카고 크레인 은 일반 화물차로 등록되며, 레커 크레인은 건설기계로 등록된다.

(3) 궤도형 크레인(crawler crane)은 셔블 기계의 본체에 붐(boom)과 후크(hook)가 로프(boom hoist rope)로 연결되어 구성된다. 접지압이 적어서 연약지반 작업하 기 유리하며, 기계의 중심이 낮아 안정성이 우수하다.

(4) 차륜형 크레인(wheel crane) : 무한궤도식 크레인의 주행장치를 타이어로 바꾼 기계를 말한다. 이동성은 좋지만, 큰 접지압이 필요하여 연약지반에 불리하다.

2. 오거 크레인

(1) 오거 크레인은 전봇대를 운반하는 크레인으로 전봇대를 운반하는 특성으로 인하 여 한전과 전봇대 운반 업체에서만 사용한다.

(2) 이동 중에 전봇대에는 별도로 빨간색 끈을 매달아 주변에 주의를 촉구한다.

Crawler crane

Wheel crane

3. 타워 크레인

⑴ Tower crane은 콘크리트 블록을 사용하여 지반에 앵커를 고정시키고 타워 형식의 크레인을 설치하는 방법이 가장 많이 사용되고 있다.

4. 호이스트

⑴ 호이스트는 일반적으로 '천장 크레인'이라 부른다. 주로 톤단위 중량물을 취급한다. 크기에 따라 사람이 올라가서 조종하거나, 유·무선 리모컨으로 조종한다.

⑵ 호이스트는 실내용이므로 자동차공장에서 주로 사용된다. 원자력발전소에서 원료봉 교체에 사용되며, 제철공장에서는 개폐식 자석을 함께 사용한다.

5. 골리앗 크레인

⑴ 호이스트가 실내용이라면, 골리앗 크레인은 야외용이다. 타워 크레인처럼 사람이 올라가서 조종한다.

⑵ 3000톤급 골리앗 크레인은 내부에 계단과 다인승 대형 엘리베이터가 설치되어 있다. 조선소에서 선박의 조립·해체작업에 소형 골리앗 크레인을 사용한다.

⑶ 호이스트는 이동할 수 없지만, 골리앗 크레인은 레일을 설치하고 운전석에 앉아 중량물을 매달고 자유롭게 조종하여 이동시킬 수 있다.[45]

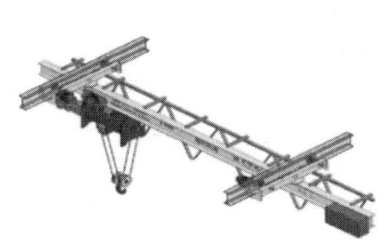
호이스트

골리앗 크레인

---

45) 김낙석·박효성, '실무중심 건설적산학', 피앤피북, pp.71~72, 2016.

07.49 건설기계 : Roller

토질조건 및 시공조건에 따른 흙 다짐기계의 선정 [0, 2]

Ⅰ. 개요

1. 롤러(roller)는 도로공사 등에서 지면을 평평하게 다지기 위해 지면 위를 이동하면 서 일정한 압력을 연속적으로 가하는 다짐기계에 사용된다. 단순히 롤러라고 하면 다짐기계를 가리키는 경우가 많다.

2. 다짐기계는 흙에 외력을 가하여 공극을 최소화하면서 소요 강도를 얻는 기계로서, 공사목적 또는 다짐방식에 따라 아래와 같이 분류된다.

   (1) 공사목적에 따른 다짐기계의 분류

   ① 도로용 다짐장비 : 노상, 노반, 아스팔트포장 등의 다짐

   ② 토공용 다짐장비 : 제방, 흙댐, 기초, 연약지반 등의 다짐

   (2) 다짐방식에 따른 다짐기계의 분류

   ① 전압식 다짐 : 기계의 자중에 의하여 다지는 방법이다. 점성토, 고함수 지반의 다짐에 이용된다.

   ② 진동식 다짐 : 기계의 진동발생장치에 의하여 자중과 강제 진동을 이용하여 다진다. 일반적으로 사질토 다짐에 이용된다.

   ③ 충격식 다짐 : 기계가 상하로 뛰면서 자중과 충격으로 다진다. 모든 토질에 적용되지만 주로 다짐이 곤란한 협소한 곳에 이용된다.

다짐방식에 따른 다짐기계의 분류

분류	장비명		적용대상
전압식	로드 롤러 (Road roller)	Macadam roller Tandem roller	실트, 점질토 도로 포장층의 최종 다짐
	탬핑 롤러 (Tamping roller)	Turn foot roller Sheeps foot roller Grid roller	함수비가 높은 점질토 흙 점질토 비탈면 다짐
	타이어 롤러(Tire roller)		모래, 사질토
진동식	진동 롤러(Vibration roller) 소일 콤팩터(Soil compactor) 진동 콤팩터(Vibration compactor)		사질토, 자갈질토, 쇄석기층 사질토 비탈면 다짐
충격식	탬핑 램머(Tamping rammer) 프로그 램머(Frog rammer)		사질토, 협소한 장소

Ⅱ. 다짐기계의 종류

1. 전압식 다짐기계

⑴ 머캐덤 롤러(macadam roller) : 2축 3륜으로, 전진과 후진을 쉽게 조작할 수 있어 엷게 펴서 깐 흙, 자갈, 쇄석층의 포장기층면 초기 전압에 매우 효과적이다. 드럼 속에 물이나 모래를 채워 중량을 크게 해서 사용하기도 한다.

⑵ 탠덤 롤러(tandem roller) : 앞·중간·뒤 바퀴가 각각 직경 1m 정도의 2축 2륜으로, 롤러 표면이 평탄하므로 자갈과 쇄석으로 구성된 기층이나 아스팔트표층의 끝손질 마무리 다짐에 효과적이다. 건조한 모래층 다짐에는 부적합하다.

⑶ 탬핑 롤러(tamping roller) : 드럼 표면에 30cm 간격으로 양(羊)발굽형 돌기가 있어 땅 속 깊숙이 토립자를 분쇄·혼합하면서 동시에 다진다. 접지압이 좋아 함수비가 높은 점토질의 다짐에 쓰인다. 드럼 속에 물을 넣으면 자중이 증가된다.

⑷ 타이어 롤러(tire roller) : 밸러스트(ballast) 밑에 다수의 대형 저압 고무타이어를 병렬로 연결하여 타이어의 압력으로 다진다. 자갈·모래가 많아 소성이 작은 흙이나 다짐두께가 얇은 곳에 효과적이다. 접착성 적고 입도 나쁜 곳은 부적합하다.

(1) **머캐덤 롤러**　　(2) **탠덤 롤러**　　(3) **탬핑 롤러**　　(4) **타이어 롤러**
전압식 다짐기계

2. 진동식 다짐기계

⑴ 진동 롤러(vibrating roller) : 소형기계로서 자중이 가벼운 대신 매우 빠른 진동을 가하여 다지므로 다짐효과가 크고 전압능력이 로도 롤러보다 우수하다. 진동 롤러는 점성이 약한 사질토 다짐에 적합하고, 점성토 다짐에는 부적합하다.

⑵ 소일 콤팩터(soil compactor) : 이동성이 좋은 탬핑 롤러(tamping roller)로서 다짐과 동시에 땅고르기를 겸용하며 전후·좌우 방향으로 자유롭게 다진다.

⑶ 진동 콤팩터(vibrating compactor) : 기계가 작고 무게가 가벼우므로, 소규모 공사나 다짐기계가 진입할 수 없는 매우 협소한 시가지 관로공사에서 흙되메우기의 보조적인 다짐에 쓰인다. 사질토에 적합하고 함수비가 높은 점성토에 부적합하다.

⑴ **Vibrating roller**　⑵ **Soil compactor**　⑶ **Vibrating compactor**

진동식 다짐기계

3. 충격식 다짐기계

⑴ 램머(tamping rammer) : 엔진의 폭발력으로 충격을 주어 다짐하는 기계이다. 이 동성이 좋아 협소한 장소에서의 다짐작업에 최적이다. 자중은 60~100kg 정도로 가볍고, 충격 횟수는 분당 60~70회 정도이다.

⑵ 프로그 램머(frog rammer) : 보통 래머보다 대형이고 인력에 의하여 조작한다. 뛰어오르면서 자동으로 전진하므로 다짐능력이 좋다. 구석진 곳, 사질토, 필댐공 사에서 다짐에 쓰인다.

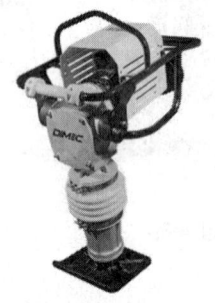 

⑴ **Tamping rammer**　⑵ **Frog rammer**

충격식 다짐기계

Ⅲ. 다짐기계의 작업능력

1. 롤러(Roller)

⑴ 다짐토량 $Q = \dfrac{1,000 \cdot V \cdot W \cdot H \cdot f \cdot E}{N}$

⑵ 다짐면적 $A = \dfrac{1,000 \cdot V \cdot W \cdot f \cdot E}{N}$

여기서, Q : 시간당 다짐토량(m^3/hr)

A : 시간당 다짐면적(m^2/hr)

V : 다짐속도(km/h)

W : 유효다짐 폭(m)

H : 끝손질 두께(m)

f : 토량환산계수

E : 작업효율

N : 다짐횟수(회)

2. 램머(Rammer)

(1) 다짐토량 $Q = \dfrac{A \cdot N \cdot H \cdot f \cdot E}{P}$

여기서, A : 유효 다짐면적(m^2)

N : 1시간당 타격횟수(회/hr)

H : 깔기 두께 또는 1층 끝손질 두께(m)

f : 토량환산계수

E : 충격식 다짐기계의 작업효율

P : 중복 다짐횟수

Ⅳ. 다짐기계의 작업 유의사항

1. 다짐기계의 다짐작업

(1) 다짐기계의 운전원은 유(有)자격자인가?

(2) 다짐기계의 후진경보기는 부착되어 정상적으로 울리는가?

(3) 다짐기계의 제동장치는 이상이 없는가?

(4) 다짐기계의 운행경로에 장애물은 없는가?

2. 다짐기계의 안전관리

(1) 다짐기계의 작업지휘자는 지정되어 있는가?

(2) 다짐기계 및 다짐자재의 반입을 위한 유도자는 배치되어 있는가?

(3) 유도자의 신호발신 및 유도방법은 적절한가?

(4) 다짐기계의 운행경로에 근로자 접근금지 조치하였는가?

(5) 다짐기계의 대기·정비장소는 확보되어 있는가?[46]

---

46) 김낙석·박효성, '실무중심 건설적산학', 피앤피북, pp.61~65, 2016.

07.50 건설장비의 합리적인 조합시공

토공 적재장비(wheel loader)와 운반장비(dump truck)의 경제적인 조합 [1, 13]

Ⅰ. 개요

1. 오늘날 대부분의 토공사를 건설장비에 의존하는 기계화 시공으로 하고 있기에 흙의 적재-운반-적하-복귀-대기-적재… 등 반복적인 순환작업을 위하여 여러 건설장비를 조합 운영하는 cycle time의 효율적인 관리는 해당 공사의 성패를 좌우한다.

Ⅱ. 건설장비 조합

1. 토공사에 대한 기계화 시공의 목적

⑴ 공사기간 단축 및 공사비용 절감

⑵ 시공효율 향상 및 공사품질 제고

⑶ 노무인력 절감 및 공사안전 확보

⑷ 효율적 및 종합적인 공사관리 실현

2. 토공장비의 조합 운영 고려사항

⑴ 건설장비 조합의 기본원칙

　① 작업능력의 균형 유지

　② 공정 분업에 의한 중복화 추구

　③ 장비조합에 따른 가동률 유지

　④ 고장에 대비하는 주요 부품 확보

⑵ 건설장비 조합의 결정순서

　① 주작업의 선정

　② 주작업에 적합한 장비 선정

　③ 주작업과 균형을 유지할 수 있는 후속작업 결정

　④ 주작업과 후속적업에 적합한 장비조합 결정

　⑤ 장비조합의 가동률 유지를 위한 지연예방대책 수립

Ⅲ. 건설장비 조합에 따른 문제점

1. 건설장비 조합에 따른 가동률

⑴ 장비의 개별 가동률보다 조합 가동률 저하

　① 개별 장비의 성능에 따라 조합 장비의 총 가동률 100%를 기대할 수 없고 저하

된다. 특정 작업에 조합되는 장비 숫자가 많아질수록 더 저하된다.

② 조합 장비의 가동률을 일정 수준 이상으로 유지하려면 동일한 기종의 장비를 다수 투입하고, 교체율이 높은 부품을 현장에 비치해 두어야 한다.

⑵ Concrete dam 타설장비의 가동률 향상방안

① Batch plant, Cable crane이 고장으로 갑자기 멈추는 경우, 계획된 정비시간 내에 정비완료할 수 있도록 교환 예비부품이 현장에 비치되어야 한다.

Conveyer belt → Batch plant → ┌ Transfer car 1대 ┐
                                 ┤   ├ → Cable crane
                                 └ Transfer car 1대 ┘

Concrete dam 타설장비의 조합

⑶ Earth dam 성토장비의 가동률 향상방안

① 동일한 기종 여러 대로 장비군(群)을 구성하고 예비장비 10~20%를 대기시키면 장비 1대가 고장으로 멈추더라도 전체 작업은 중단 없이 진행될 수 있다.

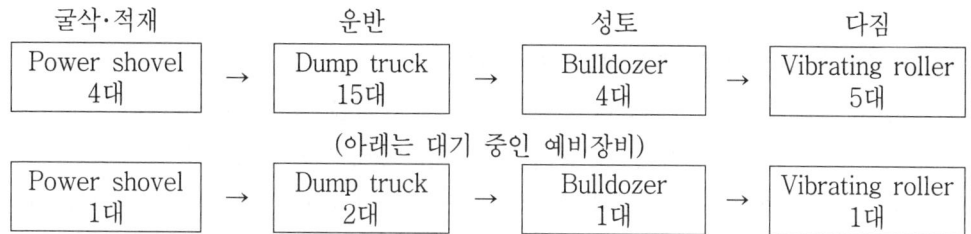

굴삭·적재		운반		성토		다짐
Power shovel 4대	→	Dump truck 15대	→	Bulldozer 4대	→	Vibrating roller 5대

(아래는 대기 중인 예비장비)

| Power shovel 1대 | → | Dump truck 2대 | → | Bulldozer 1대 | → | Vibrating roller 1대 |

Earth dam 성토장비의 조합

2. 건설기계 조합이 원가관리에 미치는 영향

⑴ Earth dam 굴삭·운반작업을 power shovel과 dump truck으로 조합하는 경우, dump truck 용량을 일정하게 두고 power shove 용량을 증가시킨다면 power shovel 작업능력이 증가되어 dump truck에 흙 적재시간이 단축된다.

⑵ 따라서, power shovel 용량이 증가될수록 dump truck 운반경비는 감소되겠지만, 시공계획 담당자는 굴삭경비와 운반경비의 조합구성 경제성을 검토해야 한다.

⑶ Power shovel과 dump truck과의 조합시공을 분석한 결과, dump truck 용량은 power shovel 용량의 3~8배가 적합하며, 특히 4~5배가 최적이다. 이를 근거로 power shovel 1대에 대한 dump truck 소요대수는 다음 식으로 산출한다.

$$N_t = \frac{E_s}{E_t}\left(\frac{60}{N \cdot C_m}\left(\frac{60L_1}{V_1} + \frac{60L_2}{V_2} + T_1 + T_2\right)\right) + \frac{E_s}{E_t}$$

여기서, N_t : Shovel 1대당 truck의 소요대수

E_s : Shovel의 작업효율

E_t : Truck의 작업효율

N : Truck 1대당 shovel의 적재회수

V_1 : 흙 만재된 truck의 평균주행속도(km/hr)

V_2 : 흙 사토된 truck의 평균주행속도(km/hr)

L_1 : 흙 만재된 truck의 주행거리(km)

L_2 : 흙 사토된 truck의 주행거리(km)

C_m : Shovel 1cycle당 굴삭 적재 소요시간(sec)

T_1 : 굴삭+ 적재시간을 뺀 적재장소에서 작업대기시간(min)

T_2 : 사토장소에서 사토+ 작업대기시간(min)

(3) Dump truck 능력은 power shovel 능력에 맞도록 조합하는 것이 원칙이지만, 정확히 일치시킬 수는 없다. 따라서 power shovel 능력을 최대로 발휘시키려면 dump truck 능력을 약간 크게 조합하는 경향이 있다. 그러나 현장조건에 따라 power shovel 능력을 약간 크게 조합하는 경우가 더 경제적일 수도 있다.

3. 건설기계 조합이 공정관리에 미치는 영향

(1) 일반적으로 특정한 건설공사 착수시점에 조합시공 장비들이 공정과 비용에 미치는 영향을 비교·분석하여 각 장비들의 종류와 대수를 결정한다.

(2) 하지만 공사현장에서 기계화 시공이 공정계획에 따라 능률적으로 수행되지는 않는다. 계획·설계 착오, 공정진행·작업조건 변화 등에 따라 각 장비의 능률이 변화되고, 일부 장비의 고장으로 균형이 깨지기도 한다. 능률이 가장 낮은 장비가 고장으로 중지되면 나머지 장비들도 중지되어 공사 전체의 공정이 지연된다.

(3) Dump truck 대수가 너무 많으면 대수를 줄여야 하고, power shovel 능력에 여유가 있으면 dump truck 대수를 늘려야 한다. 현장에서 매일 장비가동상황을 파악하여 적정 배치대수를 검토하고 조정하여 유휴장비를 최소화해야 한다.

Ⅳ. 건설기계 조합의 작업능률 향상 방안

1. 시간당 작업량 증대

(1) 시간당 작업량을 증대시키려면 공급가능한 범위 내에서 대형장비로 용량을 높이거나 사용장비의 대수를 늘리는 방법 중에서 선택해야 한다.

(2) Bulldozer의 토공판을 큰 것으로 대체하거나, 작업거리를 짧게 하향작업을 유도하고, 전진·후진속도를 높이면 단위시간당 작업량을 늘릴 수 있다.

(3) Bulldozer 작업거리를 종전에는 60~50m까지 인력시공보다 경제적 설계로 간주

하였으나, 최근 30~20m까지. 이제는 20m 이하로 설계한다는 주장도 있다.

⑷ Bulldozer 작업거리가 짧아져 작업속도가 빨라지면 왕복횟수가 증가되고 blade의 효율이 향상되므로 단위당 작업량이 당연히 증대된다.

2. 1일 작업시간 증대

⑴ 1일 작업시간은 1일 8시간 기준으로 할 때, 순(純)가동시간을 말한다. 1일 순(純)가동시간 이외의 시간을 최대한 줄여야 순(純)가동시간이 증대된다.

⑵ 1일 오전·오후 순(純)가동시간 이외의 제한요소를 나열하면 다음과 같다.

작업장에 도착→작업前 점검→기계시동→작업장으로 이동→작업지시·편성→[**오전작업**]→작업中 점검→중식→급유·점검→[**오후작업**]→작업中 점검→격납고 또는 정비고로 이동→정지→작업後 점검→일일정비→연료보급→부품조정→현장수리→작업대기→사고처리→고장정비 또는 부품교환→운전中 생리적 휴식→작업中 장애물 제거→운전숙련도 차이 등이 있다.

⑶ 위의 제한요소를 최대한 줄여야 1일 작업시간[H]이 증대된다. 보통 H의 손실은 20~30%이므로 8시간 중 순(純)가동시간은 8시간×(0.7~0.8)＝5.6~6.4시간으로 평균 1일 6시간 정도이다.

3. 월평균 가동률 증대

⑴ 월평균 가동률은 기상, 정비, 고장, 사고, 대기, 공휴일 등을 공제하면 실(實)가동률은 80% 이내이다.

⑵ 강우시간이 주간인지 야간인지, 월별 강우일수·강우시간·강우량이 연평균보다 많은지 적은지, 주간정비·월간정비의 소요일수 소요시간이 많은지 적은지, 부품조달 대기, 고장발생 빈도 등에 따라 월중 실(實)가동률이 달라진다.

⑶ 통상적으로 월평균 가동일수 25일을 기준으로 하지만, 현장조건, 장비상태 등을 종합적으로 고려하여 증대시킬 수 있는 여지를 검토한다.

4. 가동률과 작업능률 향상

⑴ 기계화 시공에서는 장비의 가동율과 작업능률 향상은 공사단가 저감과 직결된다.

⑵ 가동률 향상을 위하여 예방정비를 통해 유휴장비가 발생하지 않도록 관리하고, 작업능률은 운전자의 숙련도, 성실, 책임 등에 따라 상당한 차이가 생긴다.

⑶ 건설장비는 거의 지상(地上)작업을 하므로 지반조건, 흙의 종류, 암석, 눈, 얼음, 콘크리트표면 등에 따라 주행성, 회전저항, 노면저항계수 등이 달라져서 작업능률에 직접 영향을 준다.[47]

---

47) 곰돌이, 건설장비의 선정 및 조합, 2010, http://m.blog.daum.net/

V. 건설기계 조합의 효율성 비교

1.53m³ 용량의 차륜식 로더로 흐트러진 상태로 산적(山積)된 사질토를 덤프트럭에 적재하여 6km 거리의 사토장까지 운반한다. 주행로는 2차선의 미개수된 비포장 도로이고, 사질토의 단위용적당 중량(자연상태)이 1.9t/m³, L=1.25이다. 이 경우 덤프트럭의 적정한 용량을 선택하고, 운전시간당 작업량과 소요대수를 구하시오.

1. 차륜식 loader 작업량

$$Q = \frac{3,600 \cdot q \cdot k \cdot f \cdot E_s}{Cm_s} (\mathrm{m^3/h})$$

여기서, $q = 1.53\,\mathrm{m^3}$ (bucket의 평균적재용량)

$\qquad k = 0.9$ (bucket 계수, 평균적재용량 기준)

$\qquad f = 1$ (흐트러진 상태의 흙을 덤프트럭에 적재하므로)

$\qquad E_s = 0.7$ (사질토)

$\qquad Cm_s = m \cdot L + t_1 + t_2 = 1.8 \times 8 + 10 + 12 = 36.4\,(\mathrm{sec})$

$$\therefore Q = \frac{3,600 \times 1.53 \times 0.9 \times 1 \times 0.7}{36.4} = 95.33\,(\mathrm{m^3/h})$$

2. 덤프트럭의 용량 선택

(1) 덤프트럭 1대분 적재에 필요한 차륜식 loader의 cycle 횟수(n)는 일반적으로 3~4회가 적합하므로, $n = 4$회로 가정하여 덤프트럭의 용량을 검토한다.

$$n = \frac{C}{q \cdot k} \left(= \frac{\text{덤프트럭 1대의 평균적재용량}}{Loader \text{의 } bucket \text{ 용량} \cdot bucket \text{ 계수}} \right)$$

$$C = n \cdot q \cdot k = 4 \times 1.53 \times 0.9 = 5.508\,\mathrm{m^3}$$

$$C = \frac{T}{\gamma_t} \times L \left(= \frac{\text{덤프트럭 톤수}}{\text{흙의 단위중량}} \times \text{토량계수} \right)$$

$$\therefore T = \frac{C \cdot \gamma_t}{L} = \frac{5.508 \times 1.9}{1.25} = 8.372\,\mathrm{t}$$

(2) 덤프트럭 용량을 6t, 8t, 10t이라면 차륜식 loader 작업능력을 최대로 가동하기 위하여 10t 덤프트럭을 선택하는 것이 효율적이다. 이 경우에 덤프트럭 1대에 적재하는 loader의 cycle 횟수가 많아져서 적재시간이 길어져 장비조합 효율성이 저하되므로, 주어진 1.53m³ 차륜식 loader에 적정한 덤프트럭 용량 검토를 위하여 8.372t에 근접한 8t과 10t 덤프트럭을 비교하면 다음과 같다.

3. 8t과 10t 덤프트럭의 장비조합 효율성 비교

(1) 8t 덤프트럭 조합

① 8t 덤프트럭의 시간당 운반량

$$Q = \frac{60 \cdot C \cdot f \cdot E_t}{Cm_t} \, (\mathrm{m}^3/h)$$

$$Cm_t = \frac{Cm_s \cdot n}{60 \cdot E_s} + (T_1 + t_1 + T_2 + t_2 + t_3)(\min)$$

여기서, $C = \dfrac{T}{\gamma_t} \times L = \dfrac{8}{1.9} \times 1.25 = 5.263 \, (\mathrm{m}^3)$ ← 8t 덤프트럭 적재용량

$\qquad n = \dfrac{C}{q \cdot k} = \dfrac{5.263}{1.53 \times 0.9} = 3.82 = 4 \, 회$ ← loader의 cycle 횟수

$\qquad E_t = 0.9$: 덤프트럭의 작업효율

$\qquad E_s = 0.7$: 싣기장비의 작업효율 (0.6~0.8)

$\qquad Cm_s = m \cdot L + t_1 + t_2 = 1.8 \times 8 + 10 + 12 = 36.4 \, (\sec)$

운반거리 6km의 2차선 미개수된 비포장도로에서 $V = 15$km/h 라면

$Cms = 36.4 \, (초)$

$$T_1 + T_2 = \left(\frac{6}{15} + \frac{6}{15} \right) \times 60 = 48 \, (분)$$

$t_1 = 1.0 \, (\min)$: 흙을 부리는 시간(0.5~1.5분)

$t_2 = 0.5 \, (\min)$: 싣기장소 도착 후 싣기작업 시작때까지 시간(0.15~0.7분)

$t_3 = 5.0 \, (\min)$: sheet를 걸고 떼는 시간(4~6분)

$$Cm_t = \frac{36.4 \times 4}{60 \times 0.7} + (48 + 1 + 0.5 + 5) = 57.97 \, (\min)$$

$$\therefore \ Q = \frac{60 \cdot C \cdot f \cdot Et}{Cmt} = \frac{60 \times 5.263 \times 1 \times 0.9}{57.97} = 4.90 \, (\mathrm{m}^3/h)$$

② 1.53m³ loader와 8t 덤프트럭 조합 소요대수(M)

$$M = \frac{E_s}{E_t} \left[\frac{60(T_1 + t_1 + T_2 + t_2 + t_3)}{Cm_s \cdot n} \right] + \frac{1}{E_t}$$

$$= \frac{0.7}{0.9} \left[\frac{60(48 + 1 + 0.5 + 5)}{36.4 \times 4} \right] + \frac{1}{0.9} = 18.57 \quad \rightarrow 19대$$

(2) 10t 덤프트럭 조합

① 10t 덤프트럭의 시간당 운반량

$$Q = \frac{60 \cdot C \cdot f \cdot E_t}{Cm_t} \, (\mathrm{m}^3/h)$$

$$Cm_t = \frac{Cm_s \cdot n}{60 \cdot E_s} + (T_1 + t_1 + T_2 + t_2 + t_3)(\min)$$

여기서, $C = \dfrac{T}{\gamma_t} \times L = \dfrac{10}{1.9} \times 1.25 = 6.579(\text{m}^3)$ ← 10t 덤프트럭 적재용량

$n = \dfrac{C}{q \cdot k} = \dfrac{6.579}{1.53 \times 0.9} = 4.78 = 5\,\text{회}$ ← loader의 cycle 횟수

$E_t = 0.9$: 덤프트럭의 작업효율

$E_s = 0.7$: 싣기장비의 작업효율 (0.6~0.8)

$Cm_s = m \cdot L + t_1 + t_2 = 1.8 \times 8 + 10 + 12 = 36.4(\text{sec})$

운반거리 6km의 2차선 미개수된 비포장도로에서 $V = 15\text{km/h}$ 라면

$Cm_s = 36.4(\text{sec})$

$T_1 + T_2 = \left(\dfrac{6}{15} + \dfrac{6}{15}\right) \times 60 = 48(\text{min})$

$t_1 = 1.0(\text{min})$: 흙을 부리는 시간(0.5~1.5분)

$t_2 = 0.5(\text{min})$: 싣기장소 도착 후 싣기작업 시작때까지 시간(0.15~0.7분)

$t_3 = 5.0(\text{min})$: sheet를 걸고 떼는 시간 (4~6분)

$Cm_t = \dfrac{36.4 \times 5}{60 \times 0.7} + (48 + 1 + 0.5 + 5) = 58.83(\text{min})$

$\therefore Q = \dfrac{60 \cdot C \cdot f \cdot E_t}{Cm_t} = \dfrac{60 \times 6.579 \times 1 \times 0.9}{58.83} = 6.04(\text{m}^3/h)$

② 1.53m^3 loader와 10t 덤프트럭 조합 소요대수(M)

$M = \dfrac{E_s}{E_t}\left[\dfrac{60(T_1 + t_1 + T_2 + t_2 + t_3)}{Cm_s \cdot n}\right] + \dfrac{1}{E_t}$

$= \dfrac{0.7}{0.9}\left[\dfrac{60(48 + 1 + 0.5 + 5)}{36.4 \times 5}\right] + \dfrac{1}{0.9} = 15.08$ → 15대

4. 1.53m^3 loader와 8t 또는 10t 덤프트럭 조합시공 비교

구분	8t 덤프트럭 조합	10t 덤프트럭 조합
○ 덤프트럭 1대 작업량	$Q_T = 4.90(\text{m}^3/h)$	$Q_T = 6.04(\text{m}^3/h)$
- 덤프트럭 투입 대수	8t 덤프트럭 19대	10t 덤프트럭 15대
- 덤프트럭 조합 시 작업량(A)	$4.90 \times 19 = 93.1(\text{m}^3/h)$	$6.04 \times 15 = 90.6(\text{m}^3/h)$
○ 1.53m^3 pay loader 1대 작업량(B)	$Q_L = 95.33(\text{m}^3/h)$	$Q_L = 95.33(\text{m}^3/h)$
○ 조합장비 가동률 (A/B)	97.7 %	95.0 %

(1) 조합장비 시간당 작업량과 가동률을 비교한 결과, 1.53m^3 차륜식 loader에는 8t 덤프트럭 19대가 적정한 용량이라고 볼 수 있다.[48]

---

48) 김낙석·박효성, '실무중심 건설적산학', 피앤피북, pp.88~91, 2016.

08. 포장

◆기출문제의 분야별 분류 및 출제빈도 분석　　　　　　　　　　　　　　　　　　　　**08. 포장**

분야	063회~115회 분석					최근 5회 분석					계
	063 ~073	074 ~084	085 ~094	095 ~104	105 ~115	116	117	118	119	120	
1. 아스팔트포장	16	12	9	6	10			2	2	1	58
2. 콘크리트포장	4	2	2	2	3		1				14
3. 포장유지보수	14	7	7	7	9	2		1	1	2	50
계	34	21	18	15	22	2	1	3	3	3	122

◆기출문제 분석에 따른 학습 중점방향 탐색

토목시공기술사 필기시험 제63회부터 120회까지 출제되었던 1,798문제(31문항×58차분) 중에서 '08. 포장'분야에서 포장형식의 분류 및 선정절차, 아스팔트포장 시험시공, 교면포장, 콘크리트포장 시공장비 및 줄눈, 포장평탄성 측정, 소성변형 등을 중심으로 122문제(6.8%)가 출제되었다. 도심지의 소음저감포장, 지구온난화에 따라 발생되는 포장의 blow up 방지대책, 도로 노후화에 따른 오염된 지반의 정화기술공법 등이 새롭게 출제되고 있다.

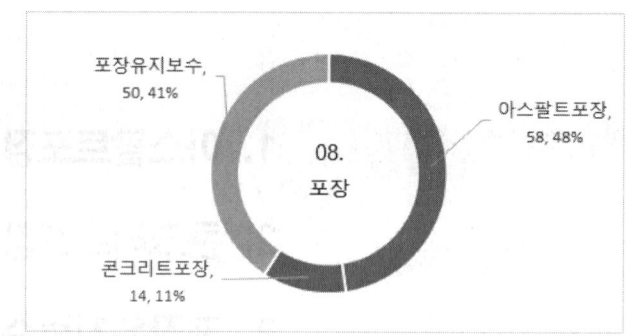

국내에서 도로포장설계법은 오랫동안 미국AASHTO설계법을 기본으로 하였으나, 국토교통부(건설기술연구원)에서 R&D사업의 일환으로 『한국형 아스팔트·콘크리트설계법』 윈도우 기반 S/W프로그램을 2014년 개발을 끝내고, 공공발주 도로건설사업에 적용하도록 권장하고 있다. 이에 대한 건설업체와 시공현장의 반응, 적용성 등을 요약한다. 아스팔트포장과 콘크리트포장의 구조적 특성을 비교·설명한다. 상온 유화 아스팔트포장, 저탄소 중온 아스팔트포장을 새로 묻고 있다. 아스팔트포장의 파손형태에 관하여 rutting, 소성변형, 반사균열, pot-hole, 등을 구체적으로 요약한다. 중차량 통행량이 급증하면서 자주 파손되는 교면포장의 실상을 알아야 한다.

아스팔트포장의 재료적·기후적 취약점이라고 알려진 소성변형의 문제점을 해결하기 위하여 중차량 통행량이 많은 고속도로 구간을 대상으로 콘크리트포장이 많이 적용되고 있다. 하지만 아스팔트포장에서 소성변형이 문제이듯 콘크리트포장의 취약점인 균열 문제를 해결하기 위하여 줄눈을 설치하고 있는데, 문제는 콘크리트포장에서 발생되는 균열의 대부분은 줄눈부에서 발생된다는 점이다. 콘크리트 포장에서 줄눈의 종류, 다월바, 타이바, 분리막 등을 준비한다. 최근에는 아스팔트포장이든 콘크리트포장이든 노후화에 대비하여 유지관리, 보수·보강공사의 출제빈도가 높다.

08.01 도로(道路)

1. 용어 정의

(1) 사전적 의미에서 도로(道路, road)란 자동차, 보행자 등이 원활하게 통행할 수 있도록 설치된 길을 말한다. 실제로 길을 통해 사람이 통행하여 문물의 교류가 이어지면서 인류의 문명이 발달되어 왔다.

(2) 인류의 역사를 되돌아보면 세계를 지배한 민족의 공통점 중 하나는 길에 대한 중요성을 일찍이 인지하였다는 점이다. 도로의 중요성을 가장 먼저 깨우친 민족은 고대 로마인이었다. 17세기 프랑스 시인 라 퐁텐(Jean de la Fontaine)이 '모든 길은 로마로 통한다(All roads lead to Rome)'라는 말을 남길 정도였다.

(3) 사회기반시설을 뜻하는 인프라스트럭처(Infrastructure)의 이탈리어 발음이 인프라스트루트라(Infrastruttura)라는 사실에서도 로마인이 '인프라의 아버지'였다는 점을 유추해볼 수 있다.

2. 도로의 발전사

(1) 인류 최초의 도로, 로마 아피아 가도

기원전 312년에 로마제국은 아피아 가도(街道, Appia way)를 건설하기 시작하였다. 아피아 가도라는 이름은 로마제국의 감찰관 아피우스 클라우디우스 카이쿠스(Appius Claudius Caecus)가 삼니움(Samnium)전쟁에서 이 도로를 군사용으로 처음 사용한 뒤 붙여졌다. 아피아 가도는 로마에서 아드리아해(Adriatic sea)의 항구도시 브린디시(Brindisi)까지 총연장 500km로서 전차 6대가 나란히 달릴 정도이며, 군대의 신속한 이동과 정복한 이민족을 로마로 동화시키는데 쓰였다.

(2) 우리나라의 왕조는 무도(無道)가 상책(上策)

우리나라 고대 왕조가 도로건설에 소극적이었던 이유는 길을 닦아놓으면 외부침략의 경로만 제공해 주어 막대한 피해를 입고 백성들이 고통을 당한다는 판단 때문이었다. 무려 931회에 걸쳐서 이민족의 침략을 당하였으며 거의 3년마다 난리를 경험했으니 무도(無道)가 상책(上策)이라고 주장할 수밖에 없었다. 931회나 되는 이민족의 침입을 분석해 보면 중국의 한족, 만주족, 몽골족과 같은 대륙에서의 침략이 약 54%, 나머지는 섬에서 밀고 올라오는 일본 왜구의 노략질이었다.

(3) 동·서양을 연결하는 실크로드

역사적으로 전쟁을 위한 군용로 못지않게 활발하게 이용된 길이 교역로였다. 교역로 중에서 대표적인 실크로드(Silk road)는 중국 장안에서 출발하여 중앙아시아, 서아시아를 거쳐 고대 동로마 수도 콘스탄티노플(이스탄불)에 이르는 총연장 7,000km이다. 중국에서 만들어져 중앙아시아를 거쳐 인도와 유럽으로 수출되는 주요 품목이 비단이었다는 점을 착안하여 이 교역로를 19세기 독일의 지리학자 리히트호펜(Richthofen)이 자이덴슈트라센(Seidenstrassen)이라 명명하여, 영어로 실크로드라고 한다.

(4) 세계 최초의 고속도로, 아우토반

진정한 의미에서 이 세상 첫 고속도로는 아우토반(Autobahn)이다. 아우토반 건설이 시작된 시기는 히틀러가 집권한 1932년부터였다. 전후 독일은 아우토반을 확장하여 총연장 15,000km에 이르는 고속도로를 건설했다. 오늘날 독일 대부분의 지역에서 아우토반까지 50km 이내이며 무료통행이다. 전후 독일의 경제발전을 흔히 '라인강의 기적'이라 표현하지만, 자동차산업이 경제발전을 견인했던 점을 고려하면 '아우토반의 기적'이라 부르는 것이 적합할 정도였다.

(5) 우리나라의 고속도로 건설사

박정희 대통령이 고속도로 건설이라는 장대한 포부를 품게 된 것은 1964년에 서독을 방문했을 때였던 것으로 알려지고 있다. 1968년 12월 서울~인천, 서울~오산고속도로가 개통되었고, 1970년 7월 7일 경부고속도로 428km가 불과 2년 만에 최종 완공되었다. 오늘날 우리나라 고속도로의 청사진은 남북 7개축, 동서 9개축으로 구성된 '7×9 고속도로망'이다. 이 계획이 완성되는 2020년이면 30~40km 간격의 격자형 고속도로망 6,502km(고속도로 5,946km, 국도 556km)가 만들어진다.

(6) 미래형 고속도로 '스마트 하이웨이'

스마트 하이웨이(Smart Highway)는 교통사고 발생률을 줄이고 고속도로의 이동성, 편리성, 안전성 등을 향상시키기 위하여 정보통신기술(ICT)과 도로 및 자동차 기술을 융합시킨 지능형 고속도로를 의미한다.

스마트 하이웨이에는 낙하물, 사고·고장 등의 돌발상황을 자동으로 검지하는 시스템(Smart-I)이 도입되어 빠른 대응과 조치가 가능하며, 도로 상의 돌발상황이나 교통정보를 실시간 빠르게 전송하는 도로전용 통신기술 WAVE(Wireless Access in Vehicular Environments)이 활용된다. 또한 고속주행 중 차선변경이나 감속 없이도 자동으로 통행료 정산이 가능한 무정차 다차로 기반의 스마트 톨링(Smart tolling) 시스템이 도입되면 교통정체 및 교통사고 예방효과를 기대할 수 있다.[49]

---

49) 김낙석·박효성, '앞서가는 도로공학', 개정 1판1쇄, 예문사, pp.11~24, 2016.

08.02 도로포장의 분류

포장 종류(아스팔트포장 및 콘크리트포장)에 따른 하중전달 형식 및 구조의 기능 [3, 1]

Ⅰ. 개요

1. 국내에서 그동안 널리 사용되고 있는 아스팔트포장 설계방법은 '72AASHTO 설계 지침을 토대로 하고 있으며, 아스팔트 플랜트 가열혼합공법에 의해 포장의 최상부 에 표층을 설치하는 밀입도 아스팔트포장이다.

2. 국내에서 사용되고 있는 콘크리트포장 설계방법 역시 AASHTO 설계법을 기본으로 하여 무근 콘크리트포장(JCP)은 '81AASHTO Interim Guide를 적용하고, 연속철근 콘크리트포장(CRCP)은 '86AASHTO 본 설계법을 적용하고 있다. 콘크리트포장은 횡방향 줄눈과 보강철근의 유무 및 형식에 따라 다음과 같이 세분된다.
   (1) 무근 콘크리트포장(JCP, Jointed Concrete Pavement)
   (2) 철근 콘크리트포장(JRCP, Jointed Reinforced Concrete Pavement)
   (3) 연속철근 콘크리트포장(CRCP, Continuously Reinforced Con'c Pavement)
   (4) 프리스트레스 콘크리트포장(PCP, Prestressed Concrete Pavement)
   (5) 로울러다짐 콘크리트포장(RCCP, Roller Compacted Concrete Pavement)

3. 우리나라는 2001년부터 국토교통부 주관 도로포장 R&D사업에 건설기술연구원과 한국도로공사, 한국도로학회 등 전국의 산·학·연 전문가들이 참여, 국내 특성에 적 합한 『2011 한국형 도로포장 설계법』을 개발하여 아스팔트포장 및 콘크리트포장의 교통하중, 환경조건, 재료물성 등의 입력변수를 『도로설계편람(2012, 국토교통부)』 에 수록·적용하고 있다.

Ⅱ. 아스팔트포장의 분류

1. 사용되는 바인더(결합재)의 종류 또는 공법에 의한 분류
   (1) 수지(樹脂)와 고무를 첨가한 개질아스팔트포장
   (2) 세미블로운 아스팔트포장
   (3) 구스 아스팔트포장
   (4) 로울드 아스팔트포장
   (5) 전단면(full-depth) 아스팔트포장 : 필요한 층의 두께를 전부 아스팔트 혼합물로 구성하여 노상 위에 직접 아스팔트 혼합물을 포설

2. 수행되는 기능에 의한 분류

(1) 미끄럼방지포장

(2) 내유동성포장

(3) 투수성포장 : 빗물을 노면으로 침투시켜 지하수의 함양(涵養)과 하천으로의 유입을 줄이기 위한 포장

(4) 배수성포장 : 포장체 표면의 배수를 위한 포장

3. 시공되는 장소에 의한 분류

(1) 차도포장

(2) 보도포장

(3) 교면포장

(4) 버스정류장포장

(5) 주차장포장

(6) 터널내포장

(7) 단지내포장

Ⅲ. 콘크리트포장의 분류

1. 무근 콘크리트포장(JCP)

(1) 포장형태는 Dowel bar나 Tie bar를 제외하고 일체의 철근 보강이 없고, 필요에 따라 하중전달을 위하여 줄눈부에도 dowel bar 설치 가능하다.

(2) 줄눈부 이외의 부분에서는 균열발생을 허용하지 않으며, 일정한 간격의 줄눈을 설치하여 균열발생 위치를 인위적으로 조절한다.

(3) 온도변화와 건조수축에 의한 슬래브의 활동을 억제하는 구속력을 줄이기 위하여 슬래브와 보조기층 사이에 분리막을 설치한다.

2. 철근 콘크리트포장(JRCP)

(1) 포장형태는 슬래브에 종방향 철근을 설치(횡방향 철근은 넓은 간격으로 설치)하여 줄눈이 발생되면 철근에 의해 끊어져서 더 이상의 균열 확대를 방지한다.

(2) 줄눈부 이외의 부분에서는 균열발생을 허용하지 않으며, 일정한 간격의 줄눈을 설치하되 무근 콘크리트포장(JCP)보다 줄눈 개수를 줄인다.

(3) 온도변화와 건조수축에 의한 슬래브의 활동을 억제하는 구속력을 줄이기 위하여 슬래브와 보조기층 사이에 분리막을 설치한다.

3. 연속철근 콘크리트포장(CRCP)

(1) 포장형태는 횡방향 줄눈을 완전히 제거하여 승차감이 좋고 포장수명도 길지만,

시공 중 품질관리에 고도의 숙련기술 필요

(2) 클트리트 슬래브의 균열발생을 허용하되, 종방향 철근을 상당량(콘크리트 단면적의 0.5~0.7%) 사용하여 균열 틈이 벌어짐을 억제

(3) 온도변화와 건조수축에 의한 슬래브의 활동을 억제해야 하므로 슬래브와 보조기층 사이에 분리막을 설치하지 않는다.

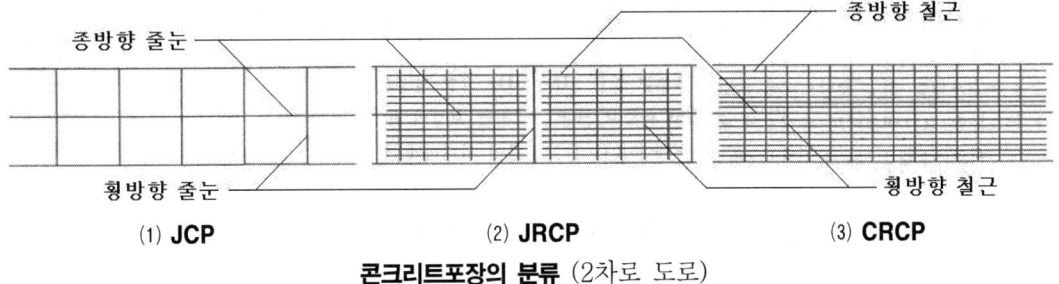

콘크리트포장의 분류 (2차로 도로)

4. 프리스트레스 콘크리트포장(PCP)

(1) 포장형태는 슬래브에 종·횡방향으로 PS 강연선을 배치하고 긴장력(prestressing)을 가하여 차량하중에 의해 발생되는 슬래브 내의 안장응력을 상쇄한다.

(2) 공용기간은 거의 40년 동안 파손과 유지보수가 필요 없는 장기수명을 보장할 수 있고, 포장두께를 1/2로 줄여 시멘트 사용량을 최소화할 수 있는 친환경적인 저탄소 녹색공법이다.

(3) 기존 콘크리트포장의 줄눈을 대폭 줄여 균열발생을 억제하며, 도로포장으로서의 내구성, 주행성, 경제성 및 심미성을 추구한다.

5. 로울러다짐 콘크리트포장(RCCP)

(1) 포장형태는 슬럼프치 zero(0)인 초속경 반죽 콘크리트를 두께 15~30cm의 슬래브로 연속 타설하여, 저속(低速)주행차량이 자주 통행하는 도로에 적용한다.

(2) 콘크리트의 운반·타설·다짐에 슬럼프 개념이 없어 W/C비와 압축강도의 관계가 적용되지 않아 고속도로가 아닌 농어촌도로에 쓰인다.

(3) 콘크리트 배합 후 1시간 이내에 타설해야 하므로 현장 근처에 batch plant를 위치시키고, 동결과 침식 저항력은 양생에 좌우되므로 품질관리에 유의한다.

(4) 최근 일본에서는 RCCP공법에 팽창제를 사용하여 일반도로 차도용 포장으로 기술개발하고 있으며, 값비싼 아스팔트포장의 대체 범위를 연구 중이다.[50]

---

50) 국토교통부, '도로설계편람', 제4편 도로포장, pp.401-3, 2012.

포장공법의 비교

아스팔트 포장 및 콘크리트 포장의 하중전달 형식, 구조적 기능 [2, 1]

I. 개요

1. 포장공법은 크게 아스팔트포장공법[軟性]과 콘크리트포장공법[剛性]으로 분류되며, 우리나라는 『2011 도로포장 설계법』에 따라 다음과 같이 설계·시공한다.
2. 아스팔트포장은 기본적으로 표층에서 기층, 보조기층, 노상 순으로 하중을 분산시켜 응력을 절감하는 방식을 취하고 있다.
3. 콘크리트포장은 교통하중을 슬래브가 지지하는 형식을 취하고 있다.

도로 포장공법의 특성 비교

구분	아스팔트포장	콘크리트포장
단면	표층아스팔트 / 중간층 / 기층아스팔트 / 보조기층	콘크리트슬래브 / 린콘크리트 / 동상방지층
구조적 특성	◦ 포장층 일체로 교통하중을 지지하고 노상에 윤하중을 분포시킴 ◦ 기층 또는 보조기층에도 큰 응력 작용 ◦ 반복되는 교통하중에 민감	◦ 콘크리트 슬래브가 교통하중을 휨저항으로 지지 ◦ 건조수축에 의한 균열발생을 수축줄눈 또는 연속철근으로 억제 ◦ 재맞물림 작용 또는 다웰바를 통해 인접 슬래브 간의 하중전달
시공성	◦ 시공경험 풍부 ◦ 양생기간이 짧음	◦ 콘크리트의 품질관리, 양생, 평탄성, 줄눈시공 등 고도의 숙련 필요
유지관리	◦ 잦은 유지보수로 장기적 관리비용 증가 ◦ 국부적 파손에 대한 보수용이 ◦ 잦은 보수로 교통소통 지장	◦ 유지관리비 저렴 ◦ 국부적 파손에 대한 보수불량 ◦ 유지보수 빈도 적음
장·단점	◦ 중차량에 대한 소성변형 발생 ◦ 소음이 적음 ◦ 평탄성 및 승차감 양호 ◦ 시공 후 교통개방까지 시간 적게 소요되어 공사기간 단축	◦ 중차량에 대한 적응성 양호 ◦ 소음이 많음 ◦ 줄눈 설치로 국부적인 파손 가능 ◦ 장기 양생으로 공사기간 길어짐

Ⅱ. 아스팔트포장

아스팔트포장은 골재를 아스팔트 재료(bituminous material)와 결합시켜 만든 포장으로, 표층+기층+보조기층으로 구성된다. 최근 표층의 일부를 중간층으로 사용하는 경우는 탄성이론에 의해 전단응력이 가장 큰 부분을 보강하는 개념이다.

아스팔트포장은 상부층에 탄성계수가 큰 재료를 사용하여 교통하중을 하부층으로 점차 넓게 분산시켜 수직응력과 전단응력을 노상이 지지하는 구조이다. 포장의 역학적 거동 특성을 고려하여 가요성포장(flexible pavement)이라 부른다.

1. 표층

⑴ 표층은 포장의 최상부로서 가열아스팔트 혼합물로 만든다. 표층은 교통하중을 분산시켜 하부로 전달하는 기능, 교통차량에 마모 저항성, 쾌적한 주행 평탄성, 미끄럼 저항성 등의 역학적 기능을 가져야 한다.

⑵ 과거에는 하부로 빗물 침투를 방지하는 불투수성 재료를 표층에 포설하였으나, 최근에는 투수성 포장이 도입되어 경제성을 고려하여 다양하게 적용한다.

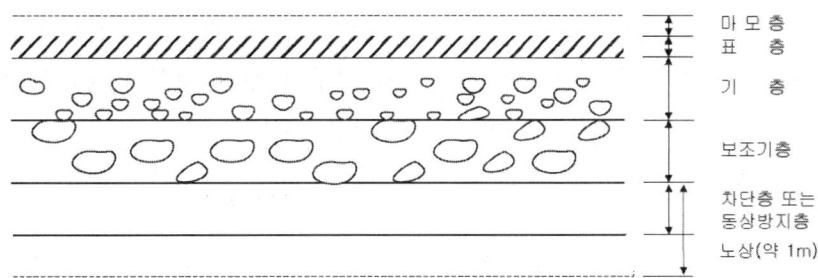

아스팔트포장의 구성과 각 층의 명칭

2. 기층

⑴ 표층에 기해지는 교통하중의 타이어 압력을 견디기 위해서는 기층에 역학적으로 고품질의 재료를 사용하여 구조적 지지력을 갖도록 해야 한다.

⑵ 기층에는 입도조정, 시멘트안정처리, 아스팔트안정처리, 침투식 등의 공법이 사용된다. 침투식 공법을 제외하고 재료의 최대입경은 40mm 이하이며 1층 마무리 두께의 1/2 이하이어야 한다.

⑶ 입도조정 기층은 수정 CBR 80 이상, 0.425mm(No.40)체 통과분의 소성지수 4이하, 다짐도는 KS F 2320 시험방법에 의한 최대건조밀도의 95%로 한다.

⑷ 시멘트안정처리 기층은 그 윗면이 포장표면보다 10cm 이상 깊은데 위치하도록 하고, 6일 습윤양생 후에 1일 수침 후 1축압축강도가 30kg/cm^{2}이어야 한다. 큰 침하가 예상되는 연약지반에는 시멘트안정처리 기층의 사용을 금한다.

3. 보조기층

(1) 보조기층은 (非)안정처리된 입상재료를 전압한 층이거나 적정한 혼화재료로 안정 처리한 토사층으로, 아스팔트 포장과 콘크리트 포장에 모두 시공된다. 경제성을 고려하여 가능하면 공사현장 부근의 재료를 사용한다.

(2) 보조기층 재료는 쇄석, 슬래그, 쇄석모래자갈, 이를 혼합한 골재 등이 사용된다. 포틀랜드시멘트, 아스팔트, 석회, 시멘트플라이애쉬, 석회플라이애쉬 등의 안정처리 혼화제(stabilized admixture)도 사용된다.

(3) 보조기층은 기층과 함께 표층과 노상의 중간에 위치하여 상부층으로부터 전달되는 교통하중을 분산시키는 역할 등의 다음과 같은 기능을 갖는다.

① 노상토의 세립자가 기층으로 침입하는 것을 방지하는 기능

② 동결작용에 의한 손상을 최소화하는 기능

③ 포장구조 하부의 자유수가 포장구조 내부에 고이는 것을 방지하는 기능

④ 시공장비 주행을 위한 작업로 제공

4. 동상방지층

(1) 동상방지층은 노상(路床)이 동상(凍上)을 받지 않는 재료를 사용하며, 동결심도와 포장두께 차이의 전부(일부)만큼 노상의 상부에 포장 형식에 상관 없이 두며, 포장구조 계산에 포함시키지 않고 노상에 포함시킨다.

(2) 동상방지층 재료는 자갈 또는 모래와 같은 非동결 재료로서, 동결에 의한 분리현상이 생기지 않는 것이어야 한다.

(3) 동상방지층 재료는 얼음 막 형성을 방지할 수 있도록 다음 요건에 맞아야 한다.

① 골재 최대입경 : 75~80mm 이하

② 세립토 함유량 : 직경 0.02mm 이하 함유량이 3% 이하, 0.08mm(No.200)체 통과한 함유량이 10% 이하

② 모래당량 시험값 : 『도로공사 표준시방서(국토교통부, 2009)』 규정에 적합

5. 노상

(1) 노상은 포장층 기초로서 모든 하중을 최종적으로 지지하며, 아스팔트 포장과 콘크리트 포장에서 유사한 역할을 한다.

(2) 노상은 상부의 다층구조로부터 전달되는 응력에 의해 과도한 변형 또는 변위를 일으키지 않는 최적의 지지력을 갖추어야 한다.

(3) 노상층 상부의 일정 두께에 동결 영향을 완화하는 동상방지층, 또는 노상층의 세립토사가 보조기층으로 침입(상승)을 방지하는 차단층을 설치한다.

(4) 실내시험을 통해 노상토의 강도(CBR값, 회복탄성계수 MR값 등)를 설정하여 포

장층 두께를 결정하고, 소요의 다짐도 및 재료시방기준에 적합하도록 특별한 경우에는 다음과 같이 특별시방서에 규정한다.

① 과민한 팽창성 또는 탄성적 반응을 보이는 토사는 나쁜 영향을 제거하기 위하여 충분한 깊이까지 선택재료를 사용해서 흙쌓기한다.

    ○ 팽창성 토사(수축한계 12%, 소성지수 30% 이상) : 최적함수비보다 1~2% 더 높은 함수비로 다짐, 혼화제(석회·시멘트)로 방수막 설치하여 안정처리

② 동상에 민감한 토사층(0.02mm 이하 토사15% 이상, 소성지수 12% 이상)을 제거하거나, 非동상 선택재료로 치환한다.

    ○ 지역이 너무 광대한 경우에는 동결·융해작용에 의한 지지력 감소를 조정할 수 있는 적정한 재료를 충분한 두께로 성토하여 안정처리

③ 유기질 토사(organic soil)가 국부적으로 존재하거나 분포깊이가 얕을 경우에는 적당한 선택재료를 사용하여 치환하는 것이 경제적이다.

    ○ 층이 매우 깊고 넓게 분포된 경우에는 압성토하여 선행압밀 침하를 촉진

④ 노상토의 종류와 조건이 불규칙하게 분포된 경우에는 다음 조치를 강구한다.

    ○ 표면을 고르고 재다짐

    ○ 노상층의 상단부를 적정혼화재로 처리

    ○ 선택재료 또는 양질토사를 이용하여 적정깊이까지 치환하고 노상재료 사용

    ○ 땅깎기 노상은 過多절취, 흙쌓기 노상은 균등한 선택재료층으로 포설

    ○ 토사 종류가 바뀌는 성·절토 단면의 변이구간은 보조기층두께를 조정

⑤ 시공 중 장비에 의해 쉽게 변위되는 비점성토, 적정함수비를 갖도록 건조하는 데 장시간 걸리는 흙, 높은 함수비로 다질 수 없는 습윤점성토 등에는 다음과 같은 특별조치로 문제를 완화할 수 있다.

    ○ 입상재료를 적정하게 혼합

    ○ 사질토에는 점착력을 증가시킬 수 있는 적정 혼화재 첨가

    ○ 시공 중 운반로 기능이 필요한 구간에는 적정두께의 선택재료층 설치

Ⅲ. 콘크리트포장

콘크리트포장은 표층 슬래브 및 보조기층으로 구성된다. 보조기층의 역할은 슬래브를 균등하게 지지하고, 물 침투로 인한 펌핑 현상을 방지하며, 동상(凍上)방지를 위한 여분의 두께 확보, 콘크리트 슬래브의 타설을 위한 작업기반을 제공한다.

1. 표층(슬래브)

(1) 포장 슬래브는 콘크리트 슬래브, 하중전달장치 및 줄눈재로 구성된다. 콘크리트

슬래브에 사용되는 시멘트는 휨강성을 크게, 수축을 적게, 조기 발열량을 적게 하는 '보통포틀랜드 시멘트'가 많이 사용된다.

(2) 중용열포틀랜드 시멘트와 플라이애쉬를 혼합한 시멘트 또는 슬래그 미분말을 혼입한 시멘트를 사용하면 발열량이 적고 장기강도가 증진되기 때문에 하절기 콘크리트 포장 시공에 적합하다.

(3) 알카리 실리카 반응과 내황산염에 대한 내구성 개선을 위해 플라이애쉬 또는 슬래그분말을 혼합하여 사용하면 유리하다.

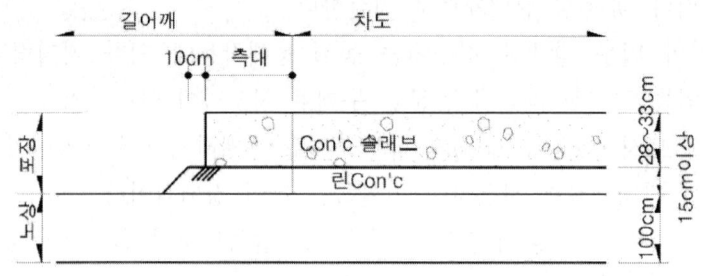

콘크리트포장의 횡단면 구성 예시

2. 보조기층

(1) 콘크리트포장에서 보조기층은 노상과 콘크리트 슬래브 사이에 놓이며, 입상재료나 안정처리재료를 다짐하여 만든다. 보조기층의 설치목적은 다음과 같다.

① 안정적이고 지속적인 균등 지지력 확보

② 노상반력계수(K)의 증대

③ 동결작용에 의한 손상 극소화

④ 콘크리트 슬래브의 줄눈부, 균열부, 단부에서 세립토의 펌핑 방지

⑤ 단차와 균열의 감소

⑥ 시공장비의 작업공간 제공

(2) 보조기층은 안정처리를 하거나 하지 않을 수 있다. 보조기층의 마무리 폭은 콘크리트 슬래브 양측으로 각각 더 넓게 설치하는데, 그 이유는 다음과 같다.

① 포장 단부, 측면 거푸집 및 슬립폼 페이버의 트랙 지지대 확보

② 팽창성 흙 사용이나 동상현상에 의해 포장단부의 불균일 팽창 방지

③ 길어깨 포장에 대한 보조기층 역할

④ 표층의 평탄성 확보

(3) 보조기층 재료는 입도조정쇄석, 입도조정슬래그, 수경성 입도조정 슬래그, 시멘트 안정처리재료, 아스팔트 안정처리재료 등을 사용한다.

(4) 보조기층에 시멘트 안정처리재료를 사용하는 경우는 보통포틀랜드시멘트, 고로시

멘트, 플라이애쉬시멘트 및 실리카시멘트 중에서 선정하며, 배합은 6일 양생 1일 수침 후 1일축압축강도가 50kg/cm^2 되도록 설계한다.

⑸ 보조기층에 입도조정쇄석을 사용하는 경우는 최대입경 40mm 이하, 수정CBR 80 이상, 0.425mm(No.40)체 통과분 소성지수 4 이하로 한다.

⑹ 보조기층 상부나 안쪽에 물 고임을 방지하며, 배수를 위하여 보조기층을 포장 단부보다 50~100cm 밖으로 연장하거나 비탈면까지 포설한다.

외국의 보조기층 포설여유폭 확보기준 비교

구분	보조기층 포설여유폭 확보기준
미국 PCA	0.6m 이상
영국 콘크리트 포장지침	슬립폼 1.00m, 거푸집 0.35m
미국 AASHTO	0.3~0.9m
일본 콘크리트 포장요강	0.5m 이상
한국 도로설계편람 콘크리트 포장	0.5~1.0m

3. 동상방지층

⑴ 콘크리트포장에서 동상방지층은 『2011 도로포장 설계법』의 입력변수 중 복합지지력계수를 [노상+ 입상 보조기층(동상방지층)+ 린콘크리트 기층] 기준으로 노상두께를 결정한다.

⑵ 즉, 노상두께를 결정할 때 땅깎기에는 암반층까지 거리를 적용하고, 흙쌓기에는 최대 4.0m까지 동상방지층으로 적용한다.

4. 노상

⑴ 노상은 포장층(슬래브+ 보조기층)의 기초로서, 노상면 아래 약 1m 두께를 말한다. 노상의 지지력은 평판재하시험 또는 CBR시험으로 판정하며, 노상토의 설계CBR이 2 이하일 때는 지지력 증가를 위해 연약지반으로 보고 개량한다.

⑵ 노상이 깊이방향으로 토질이 다른 몇 개 층을 이룰 때는 노상면에서 깊이 1m까지의 평균 설계CBR값을 구하여 그 지점의 설계CBR값으로 한다.[51]

---

51) 국토교통부, '도로설계편람' 제4편 도로포장, pp.403-1, 404-1, 2012.

08.04 한국형 포장설계법의 입력변수

I. 개요

1. 『도로설계편람(2012, 국토교통부)』에 제시된 '2011 도로포장 설계법'의 아스팔트 포장 및 콘크리트 포장 입력변수를 교통하중, 환경조건, 재료물성 등으로 구분하여 기존 도로포장 설계법과의 차이를 요약하면 다음과 같다.

도로포장 설계법의 입력변수 차이

입력변수	2011 도로포장 설계법		기존 도로포장 설계법	
	아스팔트 포장	콘크리트 포장	아스팔트 포장	콘크리트 포장
교통하중	차종별 축하중 분포	차종별 축하중 분포 차축 간 길이	등가단축하중 (ESAL)	등가단축하중 (ESAL)
환경조건	포장층 내부 온도 노상 함수량 변화	콘크리트 슬래브 온도차 노상 함수량 변화	배수 특성계수 (m)	배수 특성계수 (m)
재료물성	동탄성계수(E)	휨(R), 쪼갬(S), 압축강도(S) 탄성계수(E) 열팽창계수 건조수축계수	상대강도계수(a_i)	콘크리트 탄성계수 (E_c) 콘크리트 파괴강도 (S_c)
노상 재료물성	회복탄성계수 (M_R)	복합 노상반력계수	노상층 강도 (SSV)	노상반력계수 (k)

II. 『2011 도로포장 설계법』의 입력변수

1. 교통하중

(1) 도로의 계획목표연도에 그 도로를 통행할 것으로 예상되는 자동차의 연평균일교통량(AADT)을 산정한 후, 이를 서비스수준(LOS)과 연계하여 도로의 횡단구성에 필요한 차로수를 결정한다.

(2) '설계등급 1'에서는 교통 관련 입력변수(방향 분배계수, 차로 분배계수)를 조사하여 입력하되, 조사대상은 인접지역 도로 중 설계 대상도로와 그 특성이 유사한 도로를 선택한다.

(3) '설계등급 2'에서는 『2011 도로포장 설계법』 프로그램 내에 탑재된 DB자료를

이용한다. 필요한 경우에 인접지역 도로에서 예측한 결과를 입력할 수 있다.

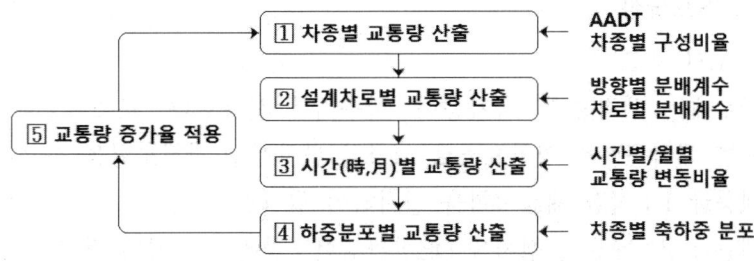

도로포장 설계에서 교통량 산출 절차

2. 환경조건

(1) 환경요소

① 환경요소는 ▲포장체 온도, ▲노상 함수비, ▲동결지수로 구분하여 설계수준에 관계없이 『2011 도로포장 설계법』에 탑재된 DB자료 및 예측식을 이용한다.

② D/B자료 및 예측식에서는 도로포장 설계 대상 구간에서 가장 인접된 1개 기상 관측소의 값 또는 인접된 3개 기상관측소의 평균값을 이용할 수 있다.

(2) 포장체 온도

① 온도영향은 지난 10년 동안 국내 76개 기상관측소 자료를 매월 최고기온, 최저 기온, 평균온도, 강수량 등을 분석하여 DB化하였다.

② 각 기상관측소의 대기온도와 설계 프로그램 내의 온도 예측 모듈을 이용하여 시간별, 일별, 월별, 계절별로 포장체 표면 및 내부의 온도분포를 예측한다.

(3) 노상 함수비

① 노상 함수량이 변하면 노상 탄성계수를 변화시켜 포장공용성에 영향을 미친다.

② 장마기에는 노상토의 함수량이 높아져서 노상 탄성계수가 낮아지고, 동절기에 는 -0℃ 이하로 떨어져서 노상토의 함수량이 높아져서 노상토의 탄성계수가 높아지는 특성이 있다.

③ 노상 탄성계수에 영향을 주는 함수비를 입력변수로 사용할 수 있도록 '함수비 예측 모형'을 개발하여 설계 프로그램 DB에 탑재하였다.

(4) 동결지수

① 동결지수는 기존 설계법과 동일한 절차에 의해 산출되지만, 동결지수線圖 등은 기상관측소의 위치에 따라 결정되어 반영된다.

3. 재료물성

(1) 하부구조 재료물성

① 하부구조의 재료
- 노상토에는 체적응력, 축차응력, 함수비를 사용한다. 보조기층과 쇄석입상기층에는 체적응력을 영향요소로 고려한 탄성계수 결정모형을 사용한다.
- 설계등급 1 : 직접 재료시험을 실시하여 입력변수 산출
- 설계등급 2 : 재료 물성치를 DB상관경험모형에 입력하여 탄성계수 결정

② 노상토 및 보조기층 탄성계수 결정모델
- 설계등급 1 : 3압축시험을 반복 실시하여 직접 탄성계수 결정
- 설계등급 2 : 노상토(k_1, k_2, k_3)와 보조기층(k_1, k_2)에서 각각 최대건조단위중량, 최적함수비, 균등계수(Cu), #200체 통과량을 입력하여 인경신경망을 통해 모형계수를 산정한 후, 최종 탄성계수 산출

③ 쇄석입상기층
- 설계등급 1 : 쇄석입상기층 재료의 탄성계수를 3축압축시험을 통해 결정
- 설계등급 2 : 체가름시험 및 다짐시험(D or E Type)을 수행한 후 경험모형을 적용하여 설계입력변수 결정

④ 하부구조 재료의 포아송비
- 포아송비는 포장 거동특성에서 탄성계수만큼 심각한 영향을 주지 않고 실험으로 결정하기 어렵기 때문에 설계등급(1,2)별로 제시된 대표값을 사용한다.

포장 거동에 적용하는 노상토 및 입상 보조기층 재료의 포아송비

구분	재료 특성	포아송비 범위	대표 포아송비
노상토	모래질 점토	0.2~0.3	0.25
	실트	0.3~0.35	0.33
	조밀한 모래	0.2~0.4	0.30
	조립 모래	0.15	0.15
	세립 모래	0.25	0.25
입상 보조기층 재료	조립 사질토 또는 입상재료	0.15	0.15

⑤ 복합 지지력계수
- 복합 지지력계수는 콘크리트 포장 설계법에만 사용되는 입 변수로서 각 하부층의 물성을 조합하여 하나의 물성으로 대표하는 값이다. 이 값은 콘크리트 슬래브 바로 아래에 가상의 재하판이 놓였다는 가정 하에 구하는 슬래브 하부

의 전체적인 지지력을 뜻한다. 실제 현장 재하시험 결과와 일치하도록 복합 지지력계수 산정식을 개발하여 DB에서 물성치로 사용한다.

○ 복합 지지력계수 산정식의 구성요소는 노상의 탄성계수(E_{sg})와 기반암까지의 깊이(t_{sg}), 입상(보조)기층의 탄성계수(E_{agg})와 두께(t_{agg}), 린콘크리트 기층의 탄성계수(E_{lean})와 두께(t_{lean}) 등이다.

○ 콘크리트 포장의 단면은 국내 포장현실을 고려하여 다음 3개를 대표단면으로 설정하고 각 대표단면에서의 복합 지지력계수 산정식을 사용하여 복합 지지력계수(k)를 구하여 DB에서 물성치로 사용한다.
- 대표단면1 : 노상＋입상 기층 구성
- 대표단면2 : 노상＋린콘크리트 기층 구성
- 대표단면3 : 노상＋입상 보조기층(동상방지층)＋린콘크리트 기층 구성

⑥ 동상방지층의 생략 기준
○ 흙쌓기 높이 2m 이상 또는 이하 구간이 불연속적으로 이어질 경우, 아래와 같이 구분하여 적용한다.
- 2m 이상이 50m 이상 이어지면, 동상방지층 생략
- 2m 이상이 많고 부분적으로 2m 미만이 있으면서, 2m 미만 연장이 30m 미만이면, 동상방지층 생략
- 2m 미만이 많고 부분적으로 2m 이상이 있으면서, 2m 이상 연장이 30m 미만이면, 동상방지층 설치
- 2m 미만과 2m 이상이 반복되며 각각 연장 30m 미만이면, 동상방지층 설치
○ 위에 해당되지 않는 구간은 『국도건설공사설계실무요령』 또는 『고속도로설계실무지침서』에서 정한 노상 동결관입 허용법에 따라 동상방지층을 설치한다.

(2) 아스팔트 혼합물 재료물성

① 적용기준
○ 아스팔트 혼합물의 재료물성으로 동탄성계수와 포아송비를 사용한다.
○ 설계등급 1 : 『도로포장구조설계요령(2011)』의 '아스팔트 혼합물의 동탄성계수 측정 표준시험법'을 이용하여 동탄성계수 시험 후, 설계 프로그램에 입력
○ 설계등급 2 : 동탄성계수 시험 없이 골재입도 종류 및 아스팔트 바인더 종류에 따라 DB예측방정식으로부터 동탄성계수 결정

② 골재입도 종류
○ 표층용 아스팔트 혼합물 : 밀입도 13mm, 밀입도 20mm, SMA 13mm
○ 기층용 아스팔트 혼합물 : 40mm, 25mm

③ 아스팔트 바인더 종류

   ○ 공용성 등급(PG, Performance Grade) PG58-22, PG64-22, PG76-22

(3) 콘크리트 혼합물 재료물성

① 강도와 탄성계수

   ○ 설계등급 1 : 다음 식을 이용하여 원하는 재령에서 각 물성치 추정

$$f_{ck}(t) = f_{ck},28 \times \left\{ \frac{t}{a + b \times t} \right\}$$

   여기서, $f_{ck}(t)$: 재령 t에서의 강도 및 탄성계수(MPa)

            $f_{ck},28$: 재령 28일 설계강도(MPa), 탄성계수는 압축강도 기준

            t : 재령(일)

            a, b : 상수

   ○ 설계등급 2 : 이미 일부 측정결과가 있는 경우, 해당 항목의 물성치 추정

② 단위중량

   ○ 설계등급 1 : 단위중량 값은 실험을 통해 결정하여 사용

   ○ 설계등급 2 : DB에 제시된 단위중량을 사용

③ 열팽창계수

   ○ 설계등급 1 : 실험을 통해 열팽창계수를 결정하여 사용

   ○ 설계등급 2 : DB에 골재별로 제시된 열팽창계수를 사용

④ 콘크리트 슬래브의 건조수축

   ○ 설계등급 1 : 다음 식의 건조수축계수(a_1, a_2, a_3, a_4)를 실험을 통해 결정

$$\epsilon_{shrinkage} = \frac{t}{a_2 + t} \times a_1 \times \{ 1 + a_3 \times \exp(-a_4 \times (V/S)) \}$$

   여기서, $\epsilon_{shrinkage}$: 건조수축 변형률(μstrains)

         t : 재령(일)

         a_1, a_2, a_3, a_4 : 건조수축 예측상수

         V/S : 형상비(mm)[52]

---

52) 국토교통부, '도로설계편람', 제4편 도로포장, pp.402-14~29, 2012.

08.05 아스팔트 종류

컷백(Cut back) 아스팔트와 유제아스팔트의 특성 [2, 1]

Ⅰ. 아스팔트

1. 정의
(1) 아스팔트(asphalt)는 석유 원유의 성분 중에서 휘발성 유분이 대부분 증발되었을 때의 잔류물로서 흑색 또는 흑갈색을 띤다.
(2) 아스팔트는 주로 수소 및 탄소로 구성되어 있고, 소량의 질소·황·산소가 결합된 화합물들로 이루어져 있고, 화학적으로 극히 복잡한 구조를 가지고 있으며, 아직도 밝혀지지 않은 점이 많다.

2. 종류
(1) 아스팔트는 자연적으로 산출되는 천연 아스팔트와 석유에서 인공적으로 생산되는 석유 아스팔트로 구분된다.
(2) 석유 아스팔트는 천연 아스팔트에 비하여 불순물이 적고, 사용목적에 따라 성질을 조절할 수 있어 오늘날 사용되는 것은 대부분 석유 아스팔트이다.

3. 특징
(1) 아스팔트는 고온에서는 액체상태로 되고 저온에서는 매우 딱딱해지는 감온성(感溫性)을 띠고 있다.
(2) 아스팔트는 가소성(可塑性, 영구변형)이 풍부하고, 방수성, 전기절연성, 접착성 등이 크며, 화학적으로 안정된 특징을 지니고 있다.
(3) 모래, 쇄석(碎石), 돌가루 등에 아스팔트를 5~6% 혼합하여 다지면 단단해지므로 도로포장 재료, 아스팔트 타일 등의 바닥재료에 적합하다.
(4) 아스팔트는 원래 검은색이지만, 최근 착색 아스팔트도 생산되고 있다. 착색 아스팔트는 아스팔트 속의 흑색 성분을 제거하거나 합성수지에 착색가공한 것으로, 칼라포장이나 노면 위의 칼라마크 제조에 이용된다.

4. 용도
(1) 건설공사에 사용되는 아스팔트는 스트레이트 아스팔트와 블론 아스팔트가 있다. 스트레이트 아스팔트는 접착성, 신장성(伸張性), 흡·투수성(吸透水性)이 우수하여 지하방수에 사용되며, 블론 아스팔트는 온도에 둔감하고 내후성(耐候性)이 커서 온도변화와 내후성과 노화 저항성이 필요한 지붕방수에 사용된다.

Ⅱ. 유화 아스팔트

1. 정의

(1) 유화 아스팔트(乳化-, emulsified asphalt)는 물속에서 아스팔트가 분리(分離)현 상을 일으키지 않고 분산(分散)상태를 유지하도록 유화제(乳化劑)를 넣은 아스팔 트를 말한다.

(2) 유화제(乳化劑)가 양전하(+)를 띠고 있으면 양이온(cation)계 유화 아스팔트, 음 전하(-)를 띠고 있으면 음이온(anion)계 유화 아스팔트라고 한다. 국내에서 생산 되는 제품은 대부분 양이온계 유화 아스팔트이다.

(3) 유화 아스팔트는 아스팔트 유제, 액체 아스팔트, 상온 아스팔트 등으로 부른다.

2. 특징

(1) 유화 아스팔트가 쇄석 표면과 접촉되면 아스팔트와 물이 분리되고 아스팔트만 쇄 석 표면에 달라붙는데, 이와 같이 물과 아스팔트의 분리현상을 유화 아스팔트의 분해라고 한다.

(2) 따라서 유화 아스팔트는 가열하지 않아도 쇄석 표면에 막을 이루어 잘 달라붙는 것이 특징이다(상온 아스팔트).

(3) 유화 아스팔트를 사용하면 공사기간이 단축되어 경제적이며, 시공장비가 간단해 서 좁은 도로를 포장하는 데 유리하다. 상온에서 시공하므로 화재, 화상, 공해 등 의 재해위험이 적다는 장점이 있다.

3. 종류 : 유화제의 경화속도에 따라 구분

(1) 일반 유화 아스팔트

(2) 급속 경화 유화 아스팔트

(3) 폴리머(polymer) 유화 아스팔트

(4) 방수용 유화 아스팔트

Ⅲ. 컷백 아스팔트

1. 정의

(1) 컷백 아스팔트(cutback asphalt)는 석유 아스팔트를 용제(플럭스)에 녹여 작업에 적합한 점도(粘度)를 갖춘 액상(液狀)의 아스팔트로서, 주로 혼합포장, 표면처리, 프라임 코트(prime coat), 방진처리 등에 사용된다.

(2) 컷백 아스팔트는 용제를 사용하여 상온에서 액체상태를 유지하도록 개발된 아스 팔트로서, 어떤 용제(휘발류, 등유, 경유)를 혼합하는가에 따라 증발속도가 달라

지므로 그에 적합한 용도로 사용할 수 있다.

2. 특성

⑴ 컷백 아스팔트는 아스팔트에 휘발성 용제를 혼합하여 제조한 것이다.

⑵ 컷백 아스팔트는 골재와 혼합된 후 휘발성 용제가 증발됨으로써 결국 아스팔트만 표면에 남는 원리이다.

⑶ 컷백 아스팔트는 아스팔트가 저온에서도 낮은 점도를 유지하여 작업성을 좋게 하기 위해 제조된 액체 아스팔트이다.

3. 종류 : 용제의 증발속도에 따라 구분

⑴ 급속경화(RC, rapid curing) : 아스팔트에 휘발성이 높은 용제(휘발유)를 혼합한 것으로, 도로포장에서 tack coat, 표면처리 등에 쓰인다.

⑵ 중속경화(MC, medium curing) : 아스팔트에 휘발성이 보통인 용제(등유)를 혼합한 것으로, 저장할 수 있는 응급보수(patching)용 상온아스팔트 혼합물, 도로현장에서 상온에서 혼합하는 prime coat 등에 쓰인다.

⑶ 완속경화(SC, slow curing) : 아스팔트에 휘발성이 낮은 용제(경유)를 혼합한 것으로, 도로유(road oil)라고도 한다. 저장할 수 있는 응급보수(patching)용 상온아스팔트 혼합물, 도로현장에서 상온에서 혼합하는 prime coat, 방진처리용 살포제 등에 쓰인다.[53]

컷백 아스팔트가 유화 아스팔트로 대체 사용되는 이유

구분	유화 아스팔트	컷백 아스팔트
환경성	공기 중에 증발되는 휘발성분이 매우 많아 환경피해가 있다.	공기 중에 증발되는 휘발성분이 매우 적어 공해가 없다.
경제성	유화제는 비누와 비슷한 성분이다.	휘발용제는 연료의 일종으로, 대기 중에 휘발시키는 것은 낭비이다
안전성	사용하기 쉽고, 안전하고, 화재의 위험도 적다.	화재의 위험이 있다.
작업성	더 낮은 온도에서 작업할 수 있고, 습한 표면에도 사용할 수 있다.	상온에서 작업하고, 잘 건조된 표면에서만 사용해야 한다.

53) 한국건설기술교육원, '도로포장기술교육 B 아스팔트혼합물', B2-10~15, 2009.

08.06 | 아스팔트 감온성(Rheology), 굳기(Stiffness)

아스팔트 감온성 [1, 0]

I. 개요

1. 아스팔트와 골재의 혼합물로 구성되는 아스팔트 포장재료를 가열하여 아스팔트 혼합물이 생산되므로 가열아스팔트 혼합물(HMA, hot mix asphalt)이라 부른다.

2. 아스팔트는 골재를 피막하고 골재와의 결합·접착 역할을 하는 재료로서 아스팔트 혼합물을 형성하며, 온도·하중에 의한 점·탄성적 특성을 나타내는 감온성(레올로지, Rheology)과 강성(Stiffness)은 아스팔트포장의 소성변형 주요 원인이 된다.

3. 감온성(Rheololgy)는 외력에 대한 물리적 변형(deformation) 및 흐름(flow)의 특징을 규명하여 정량적으로 표현하는 용어로서, 기체의 기체법칙, 액체의 점성법칙, 고체의 탄성법칙 등과 같이 물질의 기본성질을 나타낸다.

4. 또한, 강성(Stiffness, Rigidity)이라 함은 하중을 받는 구조물이나 부재의 변형에 저항하는 성질, 또는 물질의 단단함을 나타내는 성질을 말한다.

II. 아스팔트의 감온성(Rheology)

1. 용어 정의

(1) 아스팔트는 열가소성 재료로서 임의 온도에서 유동(flow)하는 특성(Rheology)이 있다. 이와 같은 레올로지는 온도변화에 따른 아스팔트의 경화정도를 나타내는 물성으로, 재료의 감온성(感溫性, temperature sensitivity)을 나타낸다.

(2) 아스팔트의 감온성이 커지면, 아스팔트 포장은 저온에서 온도균열 발생 가능성이 높아진다. 아스팔트의 감온성과 관련되는 레올로지(Rheology)은 침입도와 점도를 기준으로 아래와 같이 측정할 수 있다.

2. 침입도 지수(Penetration Index, PI)

(1) 침입도 시험은 아스팔트의 컨시스턴시를 측정하는 경험적 시험법으로, 공용 중인 포장의 평균온도 25℃에서 실시한다.

(2) 침입도 시험 결과를 이용하여 아스팔트의 감온성을 측정하는 침입도 지수(PI)는 두 온도에서의 침입도를 측정하여 다음과 같이 구한다.

$$PI = \frac{20 - 500A}{1 + 50A}$$

$$여기서, \quad A = \frac{((\log(온도\ T_1 에서\ 침입도) - (\log(온도\ T_2 에서\ 침입도))}{T_1 - T_2}$$

(3) 아스팔트의 PI가 낮으면, 감온성이 상대적으로 커지고, 이는 포장의 저온균열 발생 가능성을 증가시킨다. 일반적으로 포장용 아스팔트의 PI는 ±1 사이에 있으며, PI가 -2 이하인 아스팔트는 감온성이 매우 높은 재료로 간주된다.

(4) PI 시험장비는 저렴하며 경험적인 측정법으로 포장의 온도균열 공용성 평가에 유용하지만, 아스팔트의 정량적인 점탄성적 물성 측정에는 사용하지 못한다.

3. 침입도-점도 수치(Pen-Vis Number, PVN)

(1) 침입도-점도 수치(PVN)는 침입도(25℃)와 점도(135℃, 60℃)를 근거로 구한다. 이 측정치는 기존 아스팔트 등급체계에서 적용되고 있는 시험법을 사용한다.

$$PVN = \frac{(L-X)}{(L-M)} \times (-1.5)$$

여기서, L : 135℃에서 점도(cSt)의 대수값
X : PVN=0.0일 때 135℃에서 점도(cSt)의 대수값
M : PVN=-1.5일 때 135℃에서 점도(cSt)의 대수값

(2) 아스팔트의 PVN이 낮으면, 감온성은 커지게 되고, 이는 아스팔트 포장의 온도 균열 발생 가능성을 증가시킨다.

(3) 일반적인 포장용 아스팔트의 PVN은 0.5~-2.0 사이의 값이다. PVN과 PI 수치의 차이는 노화(老化, Age hardening)에 의한 영향의 반영 여부이며, PI은 노화의 정도에 따라 변화한다. 따라서 PVN은 아스팔트의 장기 노화에 의한 저온균열 현상을 파악하는데 한계가 있는 것으로 판단된다.

4. 점도-감온성(Viscosity-Temperature Susceptibility, VTS)

(1) 점도-감온성(VTS)의 측정은 절대온도의 대수 값에 대한 어떤 온도에서 점도 값(cSt)의 이중대수 값을 도식화(경험적 계산식)하여 구한다. 일반적으로 도식화된 그래프는 직선 형태이며, 여기서 직선 기울기가 VTS로서 다음 식과 같다.

$$VTSA = \frac{((\log(온도\ T_1 에서\ 점도) - (\log(온도\ T_2 에서\ 점도))}{\log T_1 - \log T_2}$$

(2) 아스팔트의 VTS가 클수록 감온성은 커진다. 아스팔트의 특성 차이에 의한 VTS 차이는 크지 않으며, 대부분 3.36~3.98 사이의 값이다.

(3) 최근까지 VTS를 사용하여 아스팔트의 감온성을 평가한 연구는 거의 발표되지 않은 것으로 알려져 있다.[54]

---

54) 박효성 외, 'Final 토목시공기술사 핵심문제', 예문사, p.67, 2008.

Ⅱ. 아스팔트의 강성(Stiffness, Rigidity)

1. 용어 정의

(1) 강성(剛性, stiffness, rigidity)이라 함은 하중을 받는 구조물이나 부재의 변형에 저항하는 성질, 즉 아스팔트의 단단함을 나타내는 성질을 말한다.

(2) 아스팔트의 스티프니스(stiffness 굳기)는 하중의 재하시간과 온도의 함수로서, 응력과 변형 사이의 관계로 나타낸다.

(3) 아스팔트포장의 주요 파손형태는 초기(시공 후 1~3년)에 발생되는 소성변형(rutting), 밀림(shoving), 노체·노상 침하에 의한 균열·변형 등이 있고, 후기에 발생ehl는 피로균열, 온도균열, 마모(polishing), 라벨링(ravelling) 등이 있다.

(4) 특히, 아스팔트의 스티프니스(stiffness 굳기)는 아스팔트포장의 소성변형을 발생시키는 주요 원인으로 작용한다.

2. 아스팔트의 스티프니스에 의한 소성변형 발생원인 및 방지대책

(1) 침입도에 의한 아스팔트 분류

① 아스팔트의 스티프니스(Stiffness 굳기)는 하중의 재하시간과 온도의 함수로서 응력과 변형 사이의 관계로 나타낸다.

② 아래 그림에서 보듯 아스팔트는 어느 온도 이하에서는 온도와는 상관없이 일정한 스티프니스를 나타내는 탄성 거동을 보인다.

· 반면, 고온 영역에서는 하중의 크기와는 상관없이 스티프니스가 일정한 비율로 감소하는 점성 거동을 나타내며, 그 사이의 온도 영역에서는 탄성 거동과 점성 거동이 동시에 존재하는 점·탄성 거동을 나타낸다.

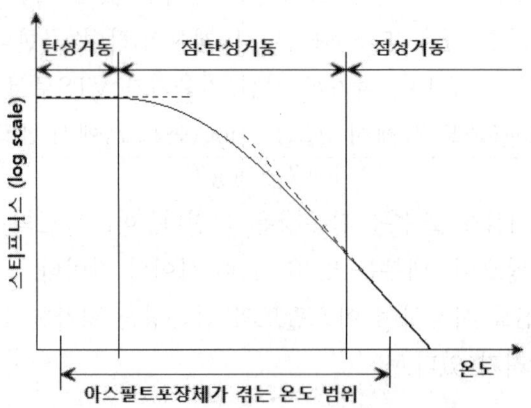

온도변화에 따른 아스팔트의 스티프니스 거동

· 하중 재하시간의 길이에 따라서도 그 거동 특성은 변화한다. 즉, 하중이 재하

되는 초기 아스팔트의 스티프니스는 시간에 대해 독립적으로 일정하게 나타나는 탄성 거동을 한다.
- 반대로 하중 재하시간이 매우 긴 경우의 스티프니스는 일정 비율로 계속 감소하며 순수한 점성 거동을 보인다. 하중 재하시간이 중간 범위에서의 스티프니스는 하중 재하시간이 증가함에 따라 감소하는 점·탄성 거동 특성을 보인다.
③ 위 그림은 도로포장용 아스팔트 등급의 기준 물성인 침입도 25℃에서의 아스팔트 물성을 기준으로 하는 거동을 나타내고 있다.
- 실제 아스팔트포장이 겪는 고온이나 저온에서의 아스팔트 거동은 고려되지 않은 상태에서 상온에서의 아스팔트 거동(침입도)만으로 아스팔트 등급이 분류되고 있다.
- 따라서 아래 표와 같이 아스팔트 포장이 겪는 전체 온도범위에 대한 국내 아스팔트의 거동을 기준으로 하여 적절한 아스팔트 등급이 선정되어야 소성변형을 방지할 수 있다.

전체 온도범위에 대한 아스팔트 선정 요소

구분	온도범위(℃)	아스팔트의 주요 물성	관련된 포장공용성
고온	60℃부근	60℃ 점도·연화점	소성변형
상온	10~30℃	침입도	피로균열
저온	-20~0℃		온도균열
아스팔트 취급온도	135℃	135℃ 점도·연화점	

(2) 국내에서 생산되는 아스팔트 등급

① 국내 5개 정유사에서 AC85-100과 AC60-70의 2가지 아스팔트가 생산되며, 대부분의 경우 AC85-100이 도로포장용으로 사용되고 있다.
② 국내에서 생산되는 아스팔트를 미국 SHRP의 연구성과인 Superpave의 공용성 등급 PG규격에 의해 분석결과, 저온 등급은 대체로 동일하게 나타났다.
- AC85-100 : PG58-22 규격과,
- AC60-70 : PG64-22 규격과 동일한 것으로 판정
☞ PG = XX - YY
  PG : 공용성 등급(Performance Grade)
  XX : 포장표면으로부터 2cm 깊이에서 7일 포장 최고온도의 평균(℃)
  YY : 포장표면의 최저온도(℃)

(3) 아스팔트포장의 최고 온도

① 전국 아스팔트포장의 최고온도를 측정결과, 서울·대구·광주·전주·서귀포 등의

대도시권에서 60℃ 이상으로 조사되었고,

상기 대도시권의 설계교통량을 고려할 때, 국내 여건에 적합한 Superpave의 아스팔트 공용성등급 규격은 PG64-22, PG70-22 및 PG76-22 등이다.

② 그러나 PG64-22 규격은 국내에서 AC60-70으로 생산되지만, PG70-22 규격 및 PG76-22 규격은 현재 생산되고 있는 스트레이트 아스팔트로서는 만족시킬 수 없는 등급이어서 개질재를 사용해야 하므로, 향후 개질재의 생산·사용에 대한 투자가 필요하다.

(4) 국내에서 생산되는 아스팔트 물성

한국건설기술연구원의 『비용절감을 위한 도로재료연구사업』에 따르면 국내 생산 도로포장용 스트레이트 아스팔트 9종의 물성시험 결과는 다음과 같다.

① 소성변형 저항을 나타내는 60℃부근의 고온 거동이 정유사 제품별로 약간의 차이는 있지만 AC85-100보다 AC60-70이 다소 좋은 거동을 나타낸다.

② 피로균열 저항성을 나타내는 10~30℃ 상온에서 노화단계에 따른 스티프니스 거동은 정유사 제품별로 큰 차이를 나타낸다.

③ 온도균열 저항성을 나타내는 저온 거동에서 아스팔트 노화에 따른 경화현상은 온도가 낮을수록 줄어서 -20℃부근에서는 거의 나타나지 않는다.

④ 아스팔트 등급 및 정유사 제품에 따른 물성 변동 역시 저온으로 갈수록 현저히 줄어서 -20℃부근에서는 아스팔트 등급이나 정유사에 상관없이 거의 일정한 스티프니스 거동을 나타낸다.

⑤ 취급용이성을 나타내는 아스팔트 취급온도인 135℃전후의 온도에서 제품의 품질에는 큰 이상이 없다.

(5) 이상과 같은 거동을 고려한 국내 아스팔트의 포장공용성

① 저온에서는 아스팔트 등급에 상관없이 거동이 비슷하고,

상온에서는 아스팔트 등급보다 정유사별 제품의 품질에 많이 좌우되며,

고온에서는 AC85-100보다 AC60-70이 공용성에 더 좋다고 판단되므로,

포장공용성 향상을 위하여 AC60-70 사용이 바람직하다.

② 현재 국내 아스콘회사에서는 2개 이상의 정유사로부터 동시에 아스팔트를 공급받는 경우가 많다.

이는 엄밀한 의미에서는 서로 다른 제품이므로 동일한 건설현장에서는 하나의 정유사 제품만 사용하는 것이 원칙이다.[55]

---

55) 국토교통부, '소성변형 방지대책', pp.6~9, 1998.

08.07 　아스팔트 혼합물의 배합설계

아스팔트 혼합물의 배합설계 방법, 마샬(Marshall)시험 설계아스팔트량 결정 [1, 1]

1. 아스팔트 혼합물의 품질기준

⑴ 아스팔트 혼합물의 배합설계에서 각 재료 배합비율의 적합여부는 현장배합 시료를 채취하여 시험 결과, 마샬시험 기준 허용오차 이내인지 검토하여 조치해야 한다.

마샬시험 기준

항목		현장배합 허용오차 범위(%)	비고
골재 체 통과중량 백분율[1]	5mm 이상	±5%	1) 골재 체 통과중량 백분율은 전체 골재중량에 대한 비율이다. 2) 아스팔트 함량의 허용오차 범위 는 전체 아스팔트 혼합물에 대한 비율이다.
	2.5mm	±4%	
	0.6~0.15mm	±3%	
	0.075mm	±2%	
아스팔트 함량[2]		±0.3%	
온도		±15℃	

2. 아스팔트 혼합물의 배합설계 순서

1. 아스팔트 혼합물의 배합설계는 아스팔트 혼합물을 생산할 수 있는 골재 입도 및 아스팔트 함량을 결정하는 과정이다. 사용하는 재료의 품질, 적용현장의 교통량, 기후 환경 조건 등에 따라 배합설계 결과에 차이가 생긴다.

2. 아스팔트 혼합물의 배합설계 순서는 아래 흐름도와 같이 먼저 실내 배합설계로 결정된 배합비율을 현장배합을 통해 비교·검토하여, 최적의 배합비율을 결정한다.

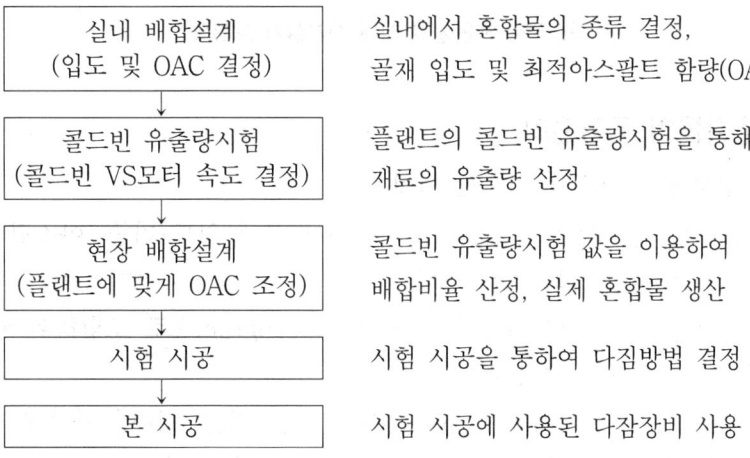

아스팔트 혼합물의 배합설계 흐름도

3. 아스팔트 혼합물의 실내 배합설계는 아래 흐름도와 같이 아스팔트 포장의 적용 대상 현장조건에 적합한 아스팔트 혼합물을 생산할 수 있는 골재 입도 및 최적아스팔트 함량(OAC)을 결정하는 과정이다.

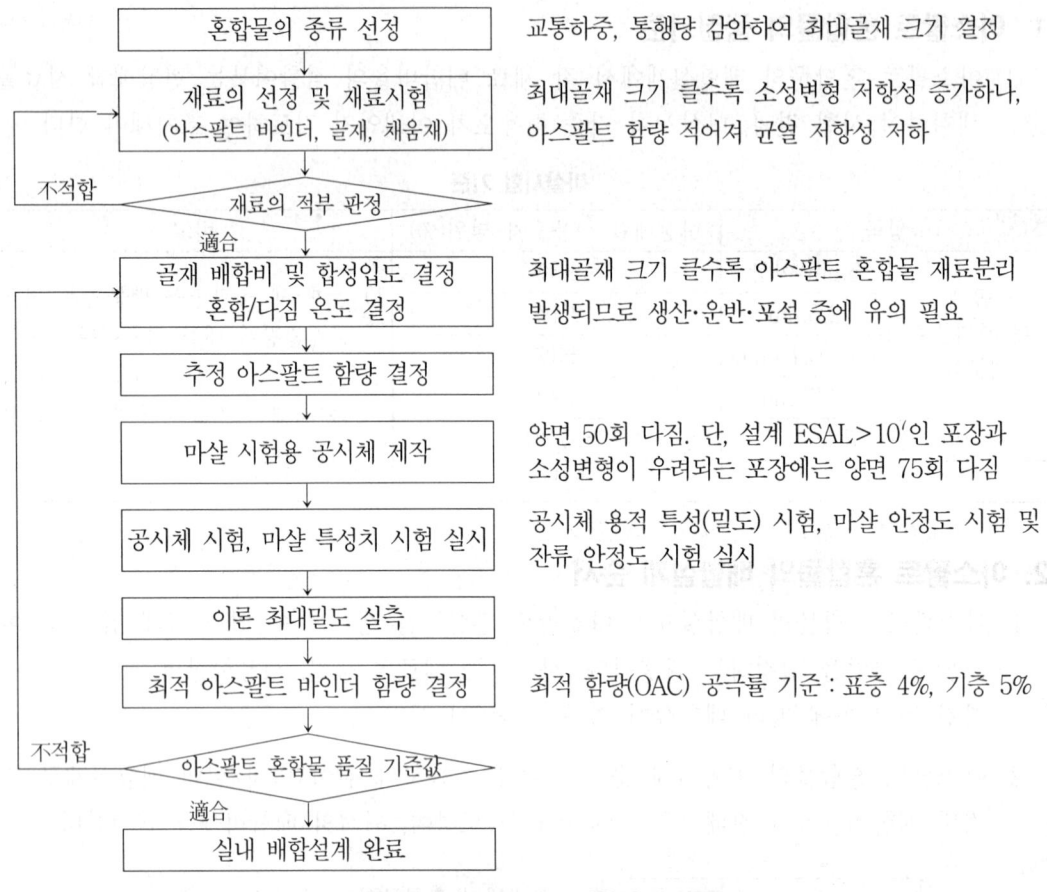

다음은 흐름도의 내용이다:

혼합물의 종류 선정	교통하중, 통행량 감안하여 최대골재 크기 결정
재료의 선정 및 재료시험 (아스팔트 바인더, 골재, 채움재)	최대골재 크기 클수록 소성변형 저항성 증가하나, 아스팔트 함량 적어져 균열 저항성 저하
재료의 적부 판정 (不適合 → 위로 / 適合 → 아래로)	
골재 배합비 및 합성입도 결정 혼합/다짐 온도 결정	최대골재 크기 클수록 아스팔트 혼합물 재료분리 발생되므로 생산·운반·포설 중에 유의 필요
추정 아스팔트 함량 결정	
마샬 시험용 공시체 제작	양면 50회 다짐. 단, 설계 ESAL > 10^{7}인 포장과 소성변형이 우려되는 포장에는 양면 75회 다짐
공시체 시험, 마샬 특성치 시험 실시	공시체 용적 특성(밀도) 시험, 마샬 안정도 시험 및 잔류 안정도 시험 실시
이론 최대밀도 실측	
최적 아스팔트 바인더 함량 결정	최적 함량(OAC) 공극률 기준 : 표층 4%, 기층 5%
아스팔트 혼합물 품질 기준값 (不適合 → 위로 / 適合 → 아래로)	
실내 배합설계 완료	

아스팔트 혼합물의 실내 배합설계 흐름도

3. 아스팔트 혼합물의 품질관리

(1) 품질검사, 합성입도, 혼합/다짐온도 결정

① 배합설계 전에 각 재료의 품질검사를 위하여 골재 입도·비중, 아스팔트 침입도*, 아스팔트 동점도** 시험을 실시한다.

② 골재의 합성입도는 골재비율을 Excel sheet program으로 조합하여 규정된 입도 범위 내에 들어오도록 설정한다.

③ 소성변형 저항성을 높이려면 5mm체 이하를 입도기준 下限에 가깝게 낮춘다.

  * 아스팔트의 침입도는 바늘(25℃, 100g)이 5초 동안 아스팔트에 관입된 깊이를

0.1mm 단위로 측정하여 아스팔트의 연경도(consistency)를 측정하는 시험

** 아스팔트의 동점도(ν, cSt)는 밀도(ρ)에 대한 점도(μ)의 비율, $\nu(cSt)=\dfrac{\mu}{\rho}$로서 가열아스팔트 혼합물의 혼합/다짐온도를 결정하는 기준이다.

혼합온도 : 아스팔트의 동점도 170±20cSt 온도

다짐온도 : 아스팔트의 동점도 280±30cSt 온도

(2) 추정 아스팔트 함량 결정

① 5종류의 아스팔트 함량으로 배합설계하기 위하여 중간의 아스팔트 함량을 추정하는 것으로, 골재의 합성입도에 따라 추정 아스팔트 함량(P_b)이 결정된다.

$$P_b = 0.035a + 0.045b + X \cdot c + F$$

여기서, a : 2.5mm(No.8)체에 남은 굵은골재의 중량비(%)

b : 2.5mm체를 통과하고 0.8mm체에 남은 잔골재의 중량비(%)

c : 0.8mm(No.200)체를 통과한 골재(채움재)의 중량비(%)

X : c값이 11~15%일 경우에는 0.15 적용

c값이 6~11%일 경우에는 0.18 적용

c값이 5% 이하일 경우에는 0.20 적용

F : 0~2%로서 자료 없을 때, 비중 2.6~2.7 보통골재는 0.7~1% 적용

(3) 밀도 측정 및 마샬안정도 시험

① 아스팔트 혼합물의 체적(밀도) 특성을 파악하기 위하여 이론최대밀도*와 공시체 겉보기밀도**를 측정한다.

* 이론최대밀도는 혼합물을 완전히 다져서 공극 zero(0)일 때를 가정한 밀도로서, KS F 2366에 따라 3회 측정하여 평균값을 취한다.

** 공시체 겉보기밀도는 공시체 내부에 공극을 포함한 상태의 밀도로서, 제작한 각각의 공시체의 겉보기밀도를 측정한다.

② 아스팔트 혼합물의 강도 특성은 마샬안정도 시험*으로 구한다.

* 공시체 높이 측정 후에 60℃ 수조에 30분간 수침 후 50mm/분의 속도로 하중을 재하하여 측정한다. 이 측정값은 가혹한 온도조건 60℃에서 공시체가 소성흐름에 저항할 수 있는 최대 저항력이며, 흐름값은 이 때까지의 변형값이다.

(4) 콜드빈 유출량 시험 방법

① 콜드빈 유출량 시험은 플랜트에서 골재의 유출량을 조절하는 방법으로, 아스팔트 플랜트의 생산관리 중에 가장 중요한 항목이다.

② 유출량 결정방법은 목표 유출량을 기준으로 모터속도를 결정하고, 까 빈에 유출

되는 혼합물의 양(量)을 계산한다.

③ 이어서, 각 빈별로 체분석을 실시하여 빈별 잔류비율에 따라 계산하였을 때, 목표 입도와 적합한지 검토하고, 적합하지 않으면 모터속도를 재조정하여 맞춘다.

(5) 시험 결과 분석

① 각 공시체의 밀도, 공극율 등의 체적특성, 공시체 높이에 따라 보정한 안정도와 흐름값을 구한 후에 아스팔트 함량별로 체적특성과 마샬안정도, 흐름값 등의 평균치를 구한다.

② 각 평균치에 대하여 아스팔트 함량을 X축, 특성값을 Y축으로 도표를 그린다.

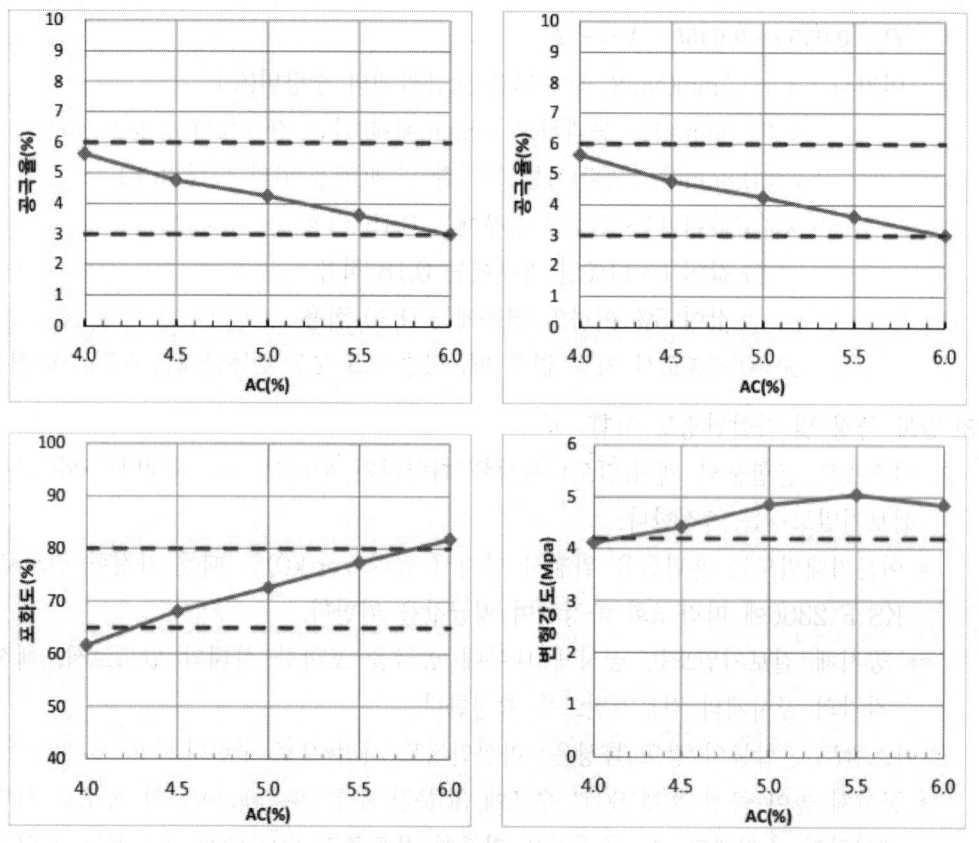

마샬안정도 시험 결과 분석

(6) 최적 아스팔트 함량(OAC) 결정

① 최적 아스팔트 함량(OAC)은 공극율 4%때의 아스팔트 함량을 예비 함량으로 설정하고, 다른 특성값이 만족하면 예비 함량을 최적 아스팔트 함량으로 결정한다.

② 최적 아스팔트 함량을 결정한 후, 최적 아스팔트 함량으로 공시체를 제작하여 각각의 특성값을 확인한다.

(7) 현장배합 결정

① 현장배합은 실내 배합설계를 통해 결정된 배합비율을 기준으로 플랜트에서 실제 아스팔트 혼합물을 생산하기 위한 시험배합 비율을 결정하는 과정이다.

② 시료채취 결과, 목표로 하는 골재 입도 및 아스팔트 함량에 적합하지 않을 경우에는 그 원인을 파악하고 시험배합 비율을 조정하여 다시 시험배합을 한다.[56]

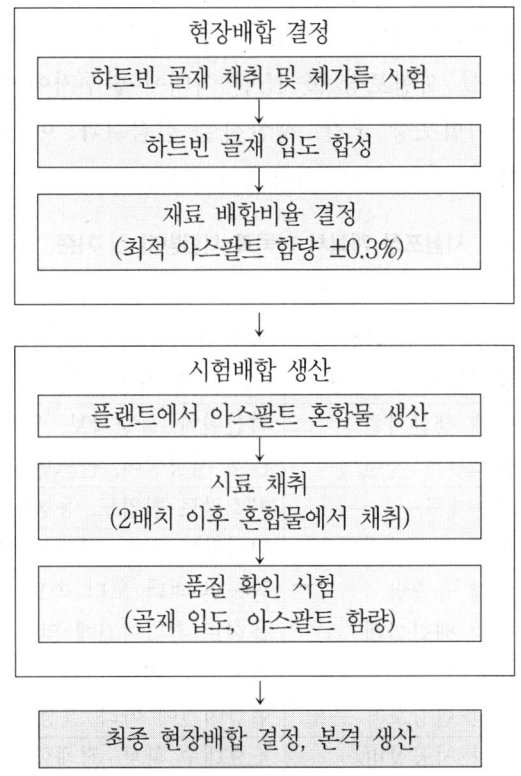

아스팔트 혼합물의 현장배합 결정 흐름도

---

56) 국토교통부, '알기 쉬운 아스팔트 혼합물의 배합설계', 2011.

08.08 아스팔트 포장의 시험시공

1. 일반사항

(1) 본 포장의 시공 前 반드시 시험포장을 실시하여 적정한 장비를 선정하고, 포설두께, 다짐방법, 다짐횟수, 다짐밀도 등을 확인하여 이를 본 포장에 적용한다.

(2) 감독자는 시험포장 15일 前에 시험포장 계획서를 발주자에게 제출하여 승인받고, 시험포장 결과보고서를 시험포장 後 15일 이내에 발주자에게 제출해야 한다.

(3) 시험포장 계획서에 시험포장 구간, 생산시설 점검결과, 아스팔트 혼합물, 시공방법 등의 내용을 포함하며, 다음 표에 적합해야 한다.

시험포장 계획서 항목과 시험방법 및 기준

구분	항목	시험방법 및 기준
① 시험포장 구간	◦ 연장(1차로 환산)	최소 200m
	◦ 종단경사 및 선형	2% 이내, 직선구간
② 생산시설	◦ 골재 생산시설	석산위치, 물량확보, 원석품질, 발파안전 등
	◦ 아스팔트 플랜트	골재 저장설비, 콜드빈, 백하우스, 드라이어 등
③ 아스팔트 혼합물	◦ 사용재료	아스팔트 침입도, 동점도, 공용성 등급 등
	◦ 실내 배합설계	변형강도 시험, 마샬안정도 시험
	◦ 골재 유출량	콜드빈 피더 모터 속도
	◦ 현장 배합설계	플랜트 혼합여건에 맞도록 OAC 조정
	◦ 시험생산	믹서 5초 이상 건식혼합 후, 습식혼합
	◦ 생산·현장도착 온도	현장여건에 따라 결정
④ 시공	◦ 운반·시공장비	소요대수 확보, 적재함 바닥 편평 유지
	◦ 시공온도	생산최고 180℃, 포설 120℃, 내·외 차이 40℃
	◦ 포설두께	1층 두께 기층 100mm, 중간·표층 70mm
	◦ 다짐횟수	현장조건 고려하여 시험포장에서 결정
	◦ 다짐방법	시험포장 결과에 따라 롤러조합, 다짐횟수 결정

(4) 시험포장 後 아스팔트 혼합물 품질변동으로 공급원 재승인할 때 기준밀도가 기존 대비 $\pm 0.05g/cm^3$ 이내이고, 시공장비 변화 없다면 시험포장 생략 가능하다.

(5) 다른 공사현장의 시험포장 결과가 다음을 만족한다면, 시험포장 생략 가능하다.

① 시험포장 시공일이 90일 이내이다.

② 아스팔트 플랜트가 같다.

③ 아스팔트 혼합물이 같은 종류이며, 기준밀도 차이가 $\pm 0.05g/cm^3$ 이내이다.

④ 시공장비의 제원이 같다.

⑤ 포장층별 목표두께가 같다.

(6) 『시험포장 체크 리스트』16개 항목에 따라 점검하여 적합여부를 확인한다.

(7) 시험포장 前에 다짐장비를 계근하여 중량의 적합여부를 검토하고, 계근 後 기록과 관련 사진을 보관한다.

(8) 시험포장 시공 前에 기존 포장면에 대하여 프라임 코트, 택 코트 등의 표면처리를 실시해야 한다.

(9) 시험포장에 적용하는 아스팔트 플랜트, 포장장비 등은 본포장에 적용하는 장비와 같아야 한다.

(10) 아스팔트 플랜트에서 현장 배합설계 및 시험생산 결과에 따라 아스팔트 혼합물을 생산하여 시험포장을 실시해야 한다.

(11) 시험포장 中에 아스팔트 혼합물의 최적아스팔트 함량, 생산온도, 포설온도 등을 검토하며, 감독자는 시험포장 前에 생산온도, 포설온도 등을 지정·관리해야 한다.

2. 시험포장 목적

(1) 시험포장은 본포장에 적용될 표준적인 포장 시공방법을 결정하고 아스팔트 혼합물을 최종적으로 평가하기 위해 수행한다.

(2) 시험포장 中 아스팔트 혼합물의 품질 및 생산과 시공온도를 검토하고, 포설두께와 다짐횟수 변화에 따른 포장의 두께와 밀도 변화를 분석해야 한다.

(3) 따라서 포설두께가 정확할 수 있도록 보조기층의 다짐면 레벨이 기준에 맞는지 반드시 확인해야 한다.

3. 시험포장 구간

(1) 시험포장 구간은 종단경사 2% 이내인 직선구간이고, 1차로 환산연장이 최소 20m 이어야 한다. 다만, 종단경사와 선형은 현장여건에 따라 조정할 수 있다.

(2) 시험포장의 포설폭은 본포장 포설폭과 같아야 한다.

(3) 시험포장 後에 시험포장 구간의 始點과 終點에 표지판을 아래와 같이 설치한다.

> **시험포장 시점**
> STA. 1+100
> 2014. 3. 10

시험포장 구간 표지판 (예)

1137

4. 시험포장 시공방법

⑴ 시험포장에 따라 적합한 포설두께 및 다짐횟수를 선정하기 위하여 포설두께 및 다짐횟수를 다양하게 시행한다.

⑵ 일반적으로 포장층 당 포설두께 변화구간 2종 이상, 다짐횟수 변화구간 3종 이상으로 총 6~9구간이 있어야 한다.

⑶ 시험구간 연장은 각 구간 당 10m 이상, 각 구간 사이의 조정구간은 최소 20m 이상이어야 한다. 만약 조정구간에서 포설높이를 확인하여 다음 시험구간 포설 전 최소 2m 이내에 포설높이가 일정하지 않으면 조정구간 연장을 늘이도록 한다.

⑷ 각 시험구간 사이에 조정구간을 두게 되는데 이 조정구간은 시공장비가 시험구간을 완전히 벗어나 다음 시험구간까지 진입되지 않을 만큼의 연장을 확보한다. 따라서 시공장비 전장에 따라 조정구간 연장은 조정될 수 있다.

⑸ 시험포장 연장은 편도로 환산하여 최소 20m 이상으로, 전체 포장구간 연장이 짧으면 시험구간 연장을 줄이거나 다차로 포장이면 옆 차로에 나누어 시공한다.

⑹ 다짐횟수의 변화는 감독자의 협의를 통해 결정하며, 주 다짐장비를 선정하여 주 다짐장비의 다짐횟수를 변화시키는 것이 다짐장비 관리를 최소화 할 수 있다.

⑺ 포설두께 변화는 최소 2종 이상 변화시키고 변화두께는 최소 1cm로 한다. 1cm 미만이면 시공 中 두께변화 조절이 어렵기 때문에 1cm 이상 변화시켜야 한다.

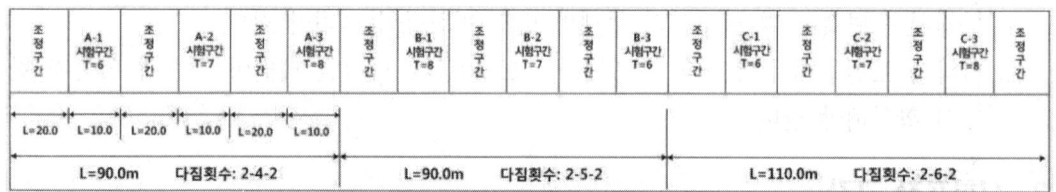

아스팔트포장의 시험구간 선정 (예)

⑺ 여기서, 시험구간별 포설두께는 T로 표기하였으며 단위는 cm이다. 또한, 다짐횟수에서 (예) 2-4-2는 머캐덤 롤러 왕복 2회 → 타이어 롤러 왕복 4회 → 탄뎀 롤러 왕복 2회씩 각각 다짐되는 것을 의미한다.

5. 시험포장 교육

⑴ 시험포장 前 페이버 기사와 다짐장비 기사에게 시험포장 계획을 설명한다.

⑵ 다짐장비 운행 관련 집중교육 및 안전교육, 시공 주의사항 등을 교육한다.

⑶ 시험포장 전일까지 1회 이상 교육을 실시하고 시험포장 당일 시작 前 1회 이상 재교육을 실시한다. 교육내용은 다음과 같다.

　① 일반내용 : 작업장 안전교육, 시험포장에 관한 작업지시, 기타 주의사항

② 운반장비기사 교육 : 시공 중 장비 대기장소, 아스팔트 혼합물 하차 후 잔여분 처리장소 지정, 아스팔트 혼합물 운반 전·후 트럭에 부착방지제 사용 등
③ 포설장비기사 교육 : 포설두께 변화구간, 포설속도, 기타 작업 교육
④ 다짐장비기사 교육 : 다짐횟수 변화구간, 다짐방법, 다짐속도, 부착방지제 사용
⑤ 보조작업자 교육 : 갈퀴(Rake)질 작업, 삽, 작업화 등의 부착방지제 사용 등

6. 시험포장 결과 분석

(1) 다짐도 및 공극률의 계산
① 현장다짐도는 이론최대밀도를 기준밀도로 하여 계산한 포장의 밀도이다.

$$현장다짐도 = \frac{코어시료밀도\,(g/cm^3)}{이론최대밀도\,(g/cm^3)} \times 100(\%)$$

$$공극율(\%) = 100 - 현장다짐도(\%)$$

② 이론최대밀도로 현장다짐도를 구하기 어려운 경우, 실험실에서 제작된 마샬공시체를 기준밀도로 사용할 수 있다.
(2) 포설두께 및 다짐횟수 결정
① 포설두께(6, 7, 8cm)와 다짐횟수(8, 10, 12회) 변화에 따른 공극율과 밀도 변화를 분석하여 방안지에 도시하고, 포설두께와 다짐횟수를 결정한다.

7. 시험포장 결과 보고

(1) 시험포장 결과보고서에는 다음 내용을 포함해야 한다.
① 시공장비 제원 및 다짐장비 중량 확인 결과
② 교육 내용 및 관련사진
③ 아스팔트 혼합물 생산온도, 포설온도, 다짐온도
④ 페이버 진동탬퍼 설정값 및 포설속도
⑤ 다짐장비 속도, 진동 텐덤롤러 사용시 진동주기, 구간별 포설두께, 다짐장비별 다짐횟수 및 다짐패턴
⑥ 시험포장 시공 관련사진
⑦ 코어의 밀도 및 공극률
⑧ 본포장시 포설두께, 다짐장비별 다짐횟수와 결정 근거
⑨ 본포장의 시공계획[57]

---

57) 국토교통부, '아스팔트 혼합물의 생산 및 시공지침', pp.71~75, 2009.

08.09 아스팔트 혼합물의 포설·시공

아스팔트 혼합물의 포설, 온도관리, 다짐 시공 유의사항 [1, 4]

I. 개요

1. 본포장에서는 시험포장을 통해 선정된 표면처리, 시공장비, 포설두께, 다짐횟수 등의 포장 시공방법을 동일하게 적용해야 한다.

2. 본포장은 시험포장 결과보고 後 90일 이내에 시행하며, 90일 경과되면 再시험포장을 실시하고 시험포장에서 다시 선정된 포장 시공방법과 동일하게 적용해야 한다. 다만, 아스팔트 혼합물의 기준밀도가 $\pm 0.05 g/cm^2$ 이내이고, 포설·다짐장비 제원에 변화가 없으면 90일 경과되어도 재시험포장을 생략할 수 있다.

3. 표층 포장에는 세로이음부 발생을 최소화하기 위하여 2세트의 포설·다짐장비를 투입하는 동시포장을 한다. 다만, 현장여건이 동시포장 불가능하면 아스팔트 페이버의 측면에 다짐장비나 적외선 가열장치를 부착해야 한다.

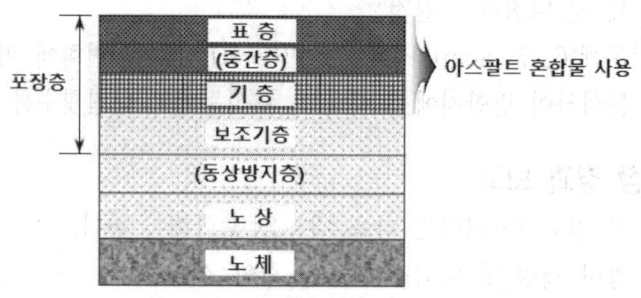

아스팔트포장의 단면 구성

II. 프라임 코트

1. 준비·기상조건

(1) 프라임 코트는 보조기층(입도조정기층)의 방수성을 높이고 그 위에 포설하는 아스팔트 혼합물과의 부착성을 향상시키기 위하여 시공한다.

(2) 보조기층(입도조정기층)면 위에 아스팔트 혼합물을 포설하기 前에 유화아스팔트를 살포하는 프라임 코트를 시공한다.

(3) 시공할 표면은 먼지가 나지 않을 정도의 건조상태에서 시공 前에 필요하면 살수하여 약간의 습윤상태이어야 한다. 다만, 자유표면수는 없어야 한다.

(4) 기온 10℃ 이하이면 감독자 승인 없이 프라임 코트를 살포하면 안 된다. 비오는 날 살포하면 안 되며, 살포 中 비가 내리면 즉시 중지한다.

2. 시공

(1) 프라임 코트에 사용되는 유화아스팔트의 등급은 RS(C)-3, 살포량 1~2ℓ/m², 살포 온도는 가열 필요가 있으면 감독자 지시 온도로 한다.

(2) 현장시험을 통해 살포량을 결정하며, 표면에 고르게 분사되도록 노즐상태, 살포높이, 살포압력, 운행속도 등을 일정하게 유지한다.

(3) 아스팔트 포장 시공 中에 생기는 시공이음부 및 구조물과의 접속면은 깨끗이 청소한 後 유화 아스팔트로 코팅한다.

(4) 유화 아스팔트가 과소 살포된 부분은 추가 살포하고, 과다하여 표면에 완전 흡수되지 않으면 모래를 살포하여 흡수시킨 後 청소하고 타이어 롤러로 시정한다.

(5) 유화 아스팔트는 살포 後, 차량통행을 금지하고 24시간 이상 양생한다.

Ⅲ. 택 코트

1. 준비·기상조건

(1) 이미 시공된 아스팔트 포장층이나 콘크리트 슬래브 위에 새로 포설되는 아스팔트 혼합물과의 부착을 향상시키기 위하여 택 코팅을 실시한다.

(2) 택 코트 시공장비는 유화아스팔트 살포 장비 기준에 적합하면 되고, 택 코트를 시공할 표면은 뜬 돌, 먼지, 점토, 이물질 없이 깨끗해야 한다.

(3) 신규 포장층이 차량통행 없이 연속 시공되면 두 층 사이에 부착될 수 있는 충분한 양의 아스팔트가 존재하므로 택 코팅을 생략할 수 있다. 다만, 포트홀이 빈번하게 발생되거나 발생이 우려되는 지역은 택 코팅을 반드시 실시한다.

(4) 기온 5℃ 이하이면 감독자 승인 없이 택 코트를 살포하면 안 된다. 비오는 날 살포하면 안 되며, 살포 中 비가 내리면 즉시 중지한다.

2. 시공

(1) 택 코트에 사용되는 유화아스팔트의 등급은 RS(C)-1, RS(C)-4 또는 개질유화아스팔트, 살포량 0.3~0.6ℓ/m², 가열할 필요가 있으면 감독자 지시 온도로 한다.

(2) 현장시험을 통해 살포량을 결정하며, 표면에 고르게 분사되도록 노즐상태, 살포높이, 살포압력, 운행속도 등을 일정하게 유지한다.

(3) 아스팔트 포장 시공 中에 생기는 시공이음부 및 구조물과의 접속면은 깨끗이 청소한 後 유화 아스팔트로 코팅한다.

(4) 택 코트 살포 前에 교량의 난간, 중앙분리대, 연석, 전주, 이미 살포한 부분 등은 비닐로 덮어 유화아스팔트가 묻지 않도록 한다.

(5) 택 코트 시공 後 아스팔트포장 시공 前까지 손상 없도록 차량통행을 금지한다.

Ⅳ. 아스팔트 포장

1. 준비·기상조건

(1) 포장 시공 前에 아스팔트 혼합물 종류, 대기온도, 플랜트에서 현장까지 운반시간 등을 반영하여 아스팔트 혼합물의 생산온도, 포설온도, 다짐온도를 결정한다.

(2) 아스팔트 혼합물은 160℃로 생산되며, 180℃ 이상 고온에서는 아스팔트가 급격히 산화되므로 생산을 금지하고, 대기온도 5℃ 이하이면 시공을 금지한다.

2. 아스팔트 혼합물 운반

(1) 운반장비 적재함 부착방지제는 경유·등유 석유계 연료 사용을 금지하고, 반드시 식물성 기름이나 전용 부착방지제(release agent)를 사용한다.

(2) 포설현장에 도착된 아스팔트 혼합물은 상차된 상태에서 탐침형 온도계로 내부온도 120℃ 이상, 적외선 온도계로 내·외부 온도차이 40℃ 이내이어야 한다.

3. 아스팔트 혼합물 포설

(1) 다짐後 1층 두께는 기층 10mm 이내, 중간층·표층 70mm 이내이어야 한다. 최소 포장두께는 아스팔트 혼합물의 공칭최대크기의 2.5배 이상이어야 한다.

(2) 표층은 세로이음부 발생을 최소화하기 위하여 2세트의 포설·다짐장비로 동시포장 하거나, 아스팔트 페이버의 측면에 다짐장비나 적외선 가열장치를 부착한다.

(3) 아스팔트 혼합물이 지정된 포설온도보다 20℃ 이상 낮으면 폐기한다. 아스팔트 페이버 스크리드는 포설 前에 130℃ 이상으로 예열한다.

(4) 아스팔트 혼합물은 아스팔트 페이버 오거(또는 스크류) 깊이의 2/3 정도 채워져 있도록 호퍼에 공급한다.

(5) 편경사 구간은 도로중심선에 평행하게 낮은 곳에서 높은 곳을 향하여 포설한다. 직선구간은 도로중심선에 평행하게 길어깨 쪽에서 도로중심선 쪽으로 포설한다.

4. 아스팔트 혼합물 다짐

(1) 다짐준비

① 다짐장비는 포장 시공 前까지 중량을 측정한다. 롤러다짐이 불가능한 구간은 수동식 탬퍼로 충분히 다질 수 있도록 계획한다.

② 다짐장비의 종류·대수, 다짐횟수 및 다짐방법은 현장조건을 고려하여 시험포장 으로 결정하고, 다짐장비에 물 공급할 수 있도록 1.5ton 살수차를 대기시킨다.

(2) 다짐온도

① 다짐온도는 다음 표를 기준으로 최하 기준온도 이상을 유지한다. 동절기에는 포설 직후 온도저하가 크므로 생산온도를 올려서 다짐온도를 확보한다.

가열아스팔트 혼합물의 포설 및 롤러 초기 진입 다짐온도

구분	개질 및 중온 아스팔트의 다짐온도(℃)		
	일반	하절기(6월~8월)	하절기(6월~8월)
포설	150 이상	145 이상	160 이상
1차 다짐	140 이상	130 이상	150 이상
2차 다짐	120 이상	110 이상	130 이상
3차 다짐	60~100		

(3) 다짐속도, 다짐패턴, 다짐횟수

① 다짐장비는 다음 표를 기준으로 항상 일정한 다짐속도와 다짐패턴을 유지한다. 동일한 다짐횟수에 대하여 다짐속도가 빠를수록 다짐효과는 낮아지며, 다짐속도가 느릴수록 다짐효과는 높아지는 것을 고려한다.

다짐장비별 다짐속도

다짐순서 \ 롤러종류	머캐덤 롤러/탄뎀 롤러	타이어 롤러	진동 탄뎀 롤러
1차 다짐	3~6	3~6	3~5
2차 다짐	4~7	4~10	4~6
3차 다짐	5~8	6~11	–

② 롤러의 다짐은 낮은 쪽에서 높은 쪽으로 차츰 폭을 옮기며 중복하여 다짐한다. 종단경사 7% 이상에서 다짐은 포설된 아스팔트 혼합물이 롤러에 의해 밀리지 않도록 낮은 쪽에서 높은 쪽으로 옮기며 다짐한다.

③ 롤러는 구동륜 폭의 15cm 정도를 중복시켜 다지며, 롤러의 급격한 방향전환은 안정된 노면 위에서 하며, 포설된 혼합물이 다짐 종료 후 양생완료될 때까지는 롤러 등 중장비를 포장면에 남겨 두지 않도록 한다.

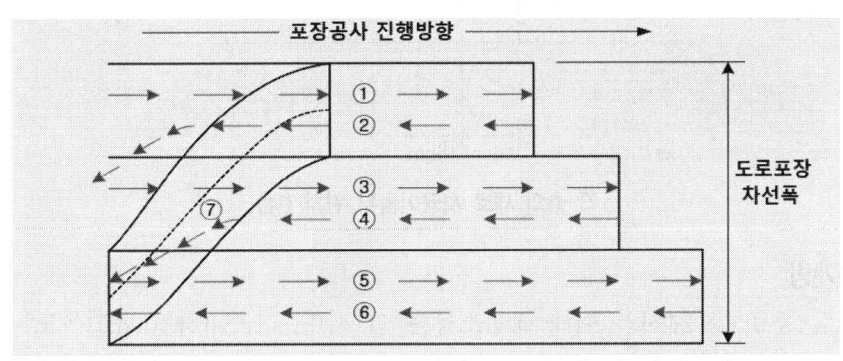

롤러에 의한 다짐방법 (예)

④ 다짐속도는 아스팔트 페이버 속도와 롤러 다짐횟수에 의해 결정한다. 1차 다짐

장비는 아스팔트 페이버에 최대한 근접하여 다짐속도 4km/hr 이상으로 한다. 철륜롤러 3~8km/hr, 타이어롤러 3~11km/hr, 진동롤러 3~6km/hr로 다진다.

⑤ 다짐롤러는 동일선 상에서 시공 진행 세로방향(종방향)으로 왕복하여 다짐하는 것을 다짐횟수 1회로 산정하고, 롤러 구동륜 횡방향 15cm를 중복하면서 포장 폭 전체를 '천천히 그리고 일정하게' 다진다.

(4) 공정별 다짐방법

① 1차 다짐과 2차 다짐은 시공 中 포장면에 블리딩 발생, 포설면의 이동 또는 미세균열이 생기지 않는 한도에서 포설 후 또는 1차 다짐 종료 후 즉시 다진다.

② 1차 다짐에서 진동 탄뎀, 정적 탄뎀, 머캐덤 롤러에 의해 다짐도가 확보되었으면 2차 다짐을 생략할 수 있다. 이때 현장다짐도 확보 근거를 기록한다.

③ 1,2차 다짐 中 연속성 있는 다짐이 미흡한 구간, 가로·세로이음부 설치구간에는 3차 마무리 다짐에서 평탄성이 확보되었는지 확인한다.

5. 이음

⑴ 아스팔트 표층의 이음은 맞댐방법, 겹침방법으로 한다. 아스팔트 기층의 아래층과 위층의 시공이음부 위치는 가로 1m, 세로 15cm 이상 어긋나게 설치한다.

⑵ 연석, 측구, 맨홀 등 구조물과의 접속부는 아스팔트 혼합물 온도가 높을 때 탬퍼, 인두 등으로 단차가 발생되지 않도록 마무리한다.

⑶ 세로 시공이음부는 차선(lane marking)과 일치시킨다. 각 층의 세로 시공이음부 위치는 서로 일치하지 않도록 15cm 이격시켜 반사균열 진전을 최소화한다.

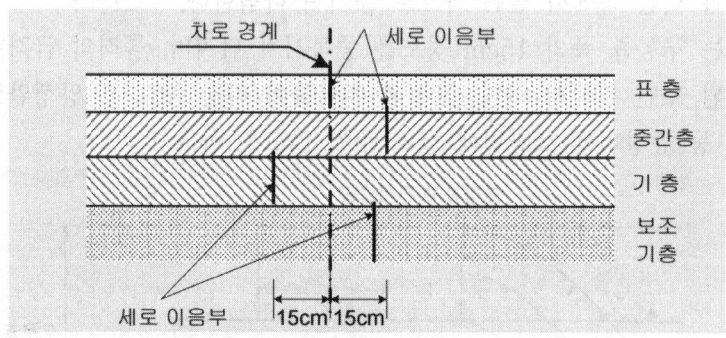

각 층의 세로 시공이음부 위치 (예)

6. 교통개방

⑴ 다짐 종료 後 24시간 이내 교통소통은 안 되며, 불가피하면 표면온도 40℃ 이하이어야 한다. 대기온도가 높은 여름철에는 50℃ 이하에서 개방할 수 있다.[58]

---

58) 국토교통부, '아스팔트 혼합물의 생산 및 시공지침', pp.76~112, 2009.

08.10 개질아스팔트 포장

개질 아스팔트 포장에서 개질재를 사용하는 이유, 종류 및 특징 [2, 1]

Ⅰ. 개요

1. 개질아스팔트는 포장의 내구성 향상을 위하여 포장용 아스팔트의 성질을 개선한 것
   으로, ▲아스팔트에 고무·수지 등의 고분자 재료를 첨가해서 성능을 개선시킨 아스
   팔트, ▲촉매제를 이용한 개질아스팔트 등이 있다.

2. 개질아스팔트를 사용할 때는 적용목적, 적용장소 등 대상 구조물의 특성을 고려해
   야 한다. 그 이유는 사용하는 개질재의 종류, 개질방식에 따라 개질아스팔트의 특성
   이 매우 다양하게 변하기 때문이다.

3. 개질아스팔트 종류는 개질방식에 따라 ▲고분자 개질아스팔트, ▲화학적 개질아스
   팔트, ▲산화아스팔트, ▲세미블로운 아스팔트 등으로 구분된다. 생산방식에 따라
   ▲사전배합(pre-mix)생산형태, ▲현장배합(plant-mix)생산형태로 나뉜다.

Ⅱ. 아스팔트 개질재

1. 고분자 개질재

(1) 열경화성 고무 : 천연고무, 함성고무(SBR Latex, 폴리클로로프렌 Latex 등)

(2) 열가소성 중합체 : 스틸렌블록 공중합체(SBS, SEBS, SIS 등)

(3) 열가소성 수지 : 폴리에틸렌(PE), 폴리프로필렌(PP), 에틸렌 비닐 아세테이트
(Ethylene Vinyl Acetate, EVA) 등

2. 첨가성 개질재

(1) 길소나이트, TLA(Trinidad Lake Asphalt) 등

(2) 섬유질(Cellulose Fiber), 카아본블랙, 유황, 실리콘(Silicon), 석회(Lime) 등

3. 화학 촉매제

(1) 켐크리트(Chemcrete), 무기산, 기타 금속촉매제(Fe, Mn, Co, Cu 등)

Ⅲ. 개질아스팔트

1. 개질방식에 의한 분류

(1) 고분자 개질아스팔트 (PMA, Polymer Modified Asphalt)

① 기존 아스팔트에 SBS, PE, EVA 등의 고분자를 혼합하여 성능을 향상시킨 고

분자 개질아스팔트는 현재 각 국에서 2가지 제품이 널리 사용되고 있다.

② 그 하나는 고무계 고분자재료를 첨가한 개질아스팔트 I형으로, 터프니스-티네이시티 및 신도가 증가하고 아스팔트의 감온성 및 저온취성이 향상되어 유동 및 마모에 대한 저항성을 높인 제품이다.

③ 다른 하나는 열가소성 수지와 고무를 병용하거나, 혹은 열가소성 수지를 단독으로 사용한 고분자 개질아스팔트 II형이다. 특히, 열가소성 수지는 아스팔트 속에서 겔 구조를 형성하기 때문에 유동저항성이 높아진다.

(2) 화학적 개질아스팔트

① 금속원소가 함유된 촉매제를 사용하여 아스팔트를 화학적으로 산화시키거나 또는 포설 후 대기와의 산화를 촉진시킴으로서 아스팔트 경화를 급속히 진전시키는 개질방식이다.

② 소성변형에 대한 저항성은 우수하나 균열에 취약하며 시공 중에 악취 발생 문제점이 있어 현재 제한적인 용도에서만 사용되고 있다.

(3) 산화 아스팔트

① 아스팔트를 고온에서 공기와 접촉시켜 침입도를 감소시키고 연화점을 상승시킴으로서 소성변형에 대한 저항성을 향상시키는 개질방식이다.

② 단점은 아스팔트 내에 스티프니스(stiffness)가 증가하여 균열에 취약하다.

(4) 세미블로운 아스팔트

① 스트레이트 아스팔트에 블로잉 조작(가열한 공기를 불어넣는 조작)를 가하여 감온성을 개선하고 60℃ 점도를 높인 개질아스팔트이다.

② 60℃ 점도는 일반적으로 사용되는 40~60, 60~80, 80~100℃의 석유아스팔트에 비해 3-10배 높다.

③ 아스팔트 60℃ 점도를 높이면 아스팔트 포장이 공용 중에 점성을 높여 주기 때문에 중(重)교통도로에서 표층의 유동억제대책으로 쓰일 수 있다.

④ 세미블로운 아스팔트는 점도가 높기 때문에 다짐작업을 할 때 온도관리에 특히 주의하고 충분히 다져야 소정의 사용목적을 발휘할 수 있다.

⑤ 반면, 미블로운 아스팔트는 포장용 석유아스팔트에 비해 경질이기 때문에 연약지반 상의 포장 기층과 같이 국부적인 변형이 예상되는 장소에 적용하면 균열 발생이 쉽기 때문에 적용하지 않는다.

2. 생산방식에 의한 분류

(1) 사전배합(Pre-Mix) 생산방식

① 아스팔트를 공급하기 전에 미리 생산공장에서 개질시킨 후에 수요자인 아스콘

회사에 개질아스팔트를 직접 공급하는 방식으로, 현장배합 생산방식보다 개질 아스팔트 품질관리가 용이하다는 큰 장점이 있다.

② 아스콘사회에 공급된 개질아스팔트를 기존 일반아스팔트와 같은 방법으로 저장 탱크에 보관하여 언제든지 사용이 가능하며, 플랜트 믹서에 별도의 개질재 투입시설을 설치할 필요도 없다.

③ 다만, 저장탱크에서 장기간 보관에 대비하여 개질재와 아스팔트 간의 재료분리가 일어나지 않도록 개질아스팔트를 저장탱크 내에서 주기적으로 배합 또는 순환을 시킬 필요가 있다. 주로 SBS, PE, EVA 계열 고분자 개질아스팔트가 이 방식으로 생산·공급되고 있다.

(2) 현장배합(plant-mix) 생산방식

① 아스콘 플랜트에서 골재와 아스팔트가 혼합될 때 개질재를 함께 투입하는 방식으로, 별도의 투입시설을 믹서에 설치해야 한다.

② 현장배합 방식은 믹서 내에서 짧은 시간 안에 개질재와 아스팔트가 완전 분산 및 혼합이 이루어져야 하므로 품질관리가 어렵다는 단점이 있다.

③ 소량 포장 생산에 많이 사용된다. 주로 SBR Latex, 길소나이트, 섬유질, 금속 촉매제 등에 의한 생산방식에 많이 적용되고 있다.

Ⅲ. 맺음말

1. 개질아스팔트의 대부분이 고분자 개질아스팔트이며 사용되는 고분자의 종류와 배합 조건에 따라 다양한 물성과 성능을 가질 수 있어, 오늘날 전(全)세계적으로 널리 사용되고 있다.

2. 미국, 유럽 등 외국은 교통하중이 상대적으로 많은 공항포장의 경우에 대부분이 고분자 개질아스팔트로 포장하고 있으며, 중차량 도로·교량, 특수한 용도의 배수성 포장에도 사용되고 있다.

3. 또한, 독일 포장공법인 SMA(Stone Mastic Asphalt) 포장에서도 일반 아스팔트 대신에 고분자 개질아스팔트를 사용하는 사례가 늘고 있다.[59]

---

59) 국토교통부, '도로설계편람', 제4편 도로포장, pp.409-3, 2012.

08.11 구스아스팔트 포장

GUSS 아스팔트 포장을 강상형 교면포장으로 시공 중점관리사항 [1, 1]

1. 개요

(1) 구스아스팔트(guss asphalt) 포장은 구스 아스팔트 혼합물로 시공하는 포장으로, 구스 아스팔트 혼합물은 불투수성이며 휨에 대한 추종성(追從性, conformability)이 우수하여 강상판 포장과 같은 교면포장에 쓰인다.

(2) 구스아스팔트 혼합물은 석유 아스팔트에 천연 아스팔트의 일종인 트리니데드 레이크(trinidad lake) 아스팔트 또는 열가소성 수지 등의 개질재를 혼합한 아스팔트와 골재(굵은골재+잔골재+채움재)를 아스팔트 플랜트에서 혼합한 후, 타설 중의 유동성과 안정성을 유지하도록 cooker 내에서 고온(200~260℃)으로 교반·혼합한다.

(3) 구스아스팔트 혼합물은 전용 피니셔로 포설하고 인력으로 마무리하며, 로울러의 다짐은 하지 않는다.

2. 재료 및 혼합

(1) 아스팔트

① 구스아스팔트는 시공성 개선과 고온에서 내유동성 유지를 고려하여 일반 포장용 아스팔트(침입도 20~40)에 Trinidad Lake Asphalt(천연아스팔트를 정제한 것으로 전체 아스팔트량의 20~30% 정도 사용)를 혼합하여 사용한다.

② 구스아스팔트 혼합물은 혼합 후에 아스팔트 연화점(軟化點)이 60℃ 이상되어야 하며, 침입도 20~40의 포장용 아스팔트 및 Trinidad Lake Asphalt의 품질기준은 다음 표와 같다.

구스아스팔트 포장에 사용되는 아스팔트의 품질

구분		포장용 아스팔트	Trinidad Lake Asphalt
침입도 (25℃)	(1/100cm)	20 이상~40 이하	1~4
연화점	(℃)	55.0~65.0	93~98
신 도 (25℃)	(cm)	50 이상	–
증발 중량변화율	(%)	0.3 이하	–
3연화 에탄가용분	(%)	99.0 이상	52.5~55.5
인화점	(℃)	260 이상	240 이상
비 중		1.00 이상	1.38~1.42

(2) 아스팔트

① 골재는 일반적으로 13.2~4.75mm, 4.75~2.36mm의 부순돌과 강모래, 석회암 분

말을 사용하며 표준적인 골재입도 및 아스팔트량의 범위 이내이어야 한다.

(3) 배합

① 구스아스팔트 혼합물의 배합은 표준적인 골재입도 및 아스팔트의 범위 내에서 혼합물을 생산하여 유동량과 관입량 시험을 실시한 후 결정한다.

② 구스아스팔트 혼합물을 대형차 교통량이 많고, 특히 유동성이 생기기 쉬운 장소에 타설할 때는 관입량은 2 이하를 목표로 한다. 내유동성을 검토할 경우에는 휠 트랙킹(wheel tracking)시험을 실시하여 확인한다.

③ 구스아스팔트 혼합물은 동일한 온도에 동일한 류에르(luer) 유동성을 유지하더라도 시공방법(인력시공, 기계시공)에 따라 현장 시공성에 차이가 있으므로 배합설계에서 이러한 조건을 고려하고 과거 실적을 참고하여 결정한다.

④ 류에르 유동성(-流動性, luer fluidity)이란 구스 아스팔트 시공 중에 유동성의 정도를 나타내는 척도로서 시공의 난이도에 큰 영향을 미친다.

구스아스팔트 혼합물의 목표값

항목	목표값
관입량(40℃)mm	표층 1~4
	레벨링층 1~6
류에르(luer)유동성(240℃)초	3~20

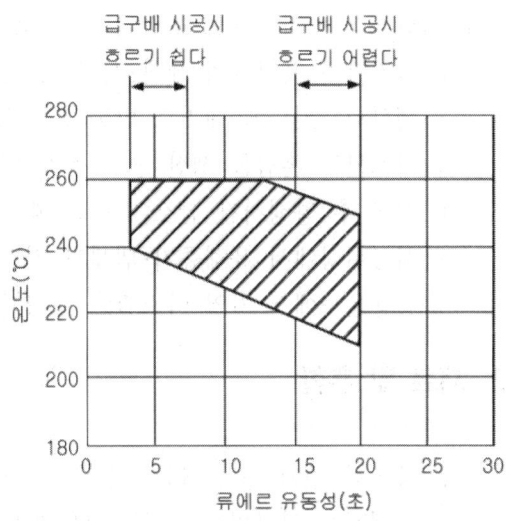

구스아스팔트 혼합물의 온도와 유동성 관계

3. 최근 기술동향

(1) 기존 구스 포장용 혼합물은 아스콘 생산과정에 별도로 Trinidad Lake Asphalt라는 천연 아스팔트 분말을 현장에서 투입하기 때문에 공장 내의 분진발생, 품질 불균일, 작업자 안전확보 등의 문제가 있다.

(2) 최근 '구스/매스틱(GUSS/Mastic : SK 슈퍼팔트) 포장공법'이 신기술 등록되어 사전혼합(pre-mix)할 수 있어 작업의 편의성과 안전성을 확보하게 되었다.[60]

---

60) 박효성 외, 'Final 도로및공항기술사', 2차 개정, 예문사, pp.761~762, 2012.

08.12 저탄소 중온아스팔트 포장

저탄소 중온 아스팔트콘크리트 포장 [1, 0]

1. 개요

(1) 저탄소 중온아스팔트 포장은 가열 아스팔트 포장 이상의 품질을 유지하면서 가열 아스팔트 포장에 비해 생산·시공온도를 약 30℃ 낮추는 저에너지형 도로포장 기술로서, 중온화 첨가제 또는 중온화 아스팔트를 혼합하여 시공하는 포장을 말한다.

(2) 저탄소 중온아스팔트 포장은 생산·시공온도가 낮을수록 탄소저감효과는 크지만, 기술수준에 따라 품질확보가 어려울 수 있다. 반면, 생산·시공온도가 높을수록 경제성이 저하되고 탄소저감효과가 낮으므로 종합 검토하여 적용해야 한다.

(3) 일반적으로 PG 64-22, PG 70-22 아스팔트 등급의 저탄소 중온 아스팔트 혼합물은 130℃±5℃에서 생산하며, PG 76-22 등급은 140±5℃에서 생산한다.

(4) 저탄소 중온아스팔트 포장의 적용 효과는 다음과 같다.

① 아스팔트 혼합물의 생산·시공온도를 약 30℃ 또는 그 이하로 저하

② 생산·시공 중에 대기로 방출되는 CO_2 가스 등의 배출가스 감소

③ 아스팔트 혼합물 생산 중 석유계 연료 약 30% 저감

④ 시공 후 양생시간 감소에 따른 빠른 교통개방

⑤ 시공현장에서 유해증기·냄새가 거의 없어 작업자나 인근 주민 불쾌감 해소

⑥ 공용온도에서 가열 아스팔트 포장과 유사하거나 높은 강도 특성 확보

2. 재료 및 혼합

(1) 중온화 첨가제

① 중온화 첨가제는 130℃ 중온에서 아스팔트 혼합물의 유동성을 확보하고, 공용온도에서는 영구변형, 균열 등에 대한 저항성을 발휘한다.

② 아스팔트 플랜트 믹서에 직접 투입하는 건식혼합 방법이지만, 중온화 첨가제를 별도 시설에서 아스팔트와 미리 혼합하는 습식혼합 방법도 가능하다.

③ 중온화 첨가제제의 생산자는 품질시험 결과와 표준 첨가비율, 배합설계에서 혼합온도, 다짐온도, 밀도 등을 제시해야 한다.

④ 교통량이 많은 교차로의 아스팔트 혼합물에 사용되는 아스팔트는 공용성 등급 규정에 따라 중온화 첨가제 W76 등급이 혼합된 PG 76-22 이상을 사용한다.

(2) 골재 및 채움재

① KS F 2357의 골재 중 골재번호 4, 5, 6, 7, 8 등의 단립도 골재를 사용한다.

② 채움재는 석회석분, 포틀랜드 시멘트, 소석회, 회수더스트 등을 사용한다.

(3) 배합설계 및 품질기준

① 저탄소 중온아스팔트 혼합물은 용도에 따라 기층용, 중간층용, 표층용 아스팔트 혼합물로 구분된다. 배합설계에서 공극률은 표층용과 중간층용은 4%, 기층용은 5% 이어야 한다.

② 배합설계에서 가열 아스팔트 혼합물과 가장 큰 차이점은 혼합온도 및 다짐온도이다. 중온화 첨가제의 제조회사가 제시한 혼합온도 및 다짐온도를 적용한다.

③ 저탄소 중온아스팔트 혼합물 생산 중에 품질시험은 1일 1회 이상 실시한다. 특히, 동적안정도와 인장강도비는 감독자(감리자)가 요구하면 시험해야 한다.

④ 중온화 첨가제를 건식혼합 방법으로 사용할 때는 포장된 1배치 질량의 중온화 첨가제를 믹서에 1배치當 인력 투입하거나 자동투입장치를 사용할 수 있다.

3. 시공

(1) 저탄소 중온아스팔트 포장 시공은 시공前 준비작업과 혼합물의 운반-포설-다짐으로 이루어지는 순차적 공정을 모두 포함한 것으로, 각 공정별로 적정한 장비의 운용방법이 적용되도록 관리되어야 한다.

(2) 本포장 시공前 시험포장을 실시하여 적정 한장비를 선정하고, 포설두께 및 다짐 방법, 다짐횟수, 다짐밀도 등을 확인하여 이를 本포장에 적용한다.

(3) 다짐방법에서 가열 아스팔트 혼합물과 큰 차이점은 롤러 초기 진입 다짐온도이며, 일반적으로 다음 표의 다짐온도를 적용한다.[61]

저탄소 중온아스팔트 혼합물의 롤러 초기 진입 다짐 온도

구분	다짐온도(℃)					
	일반		하절기(6월~8월)		동절기(11월~3월)	
	W64,W70	W76	W64,W70	W76	W64,W70	W76
생산온도	130	140	130	140	135	145
1차 다짐	105~125	115~130	100~125	110~135	110~130	120~140
2차 다짐	90~110	100~120	80~115	90~125	95~115	105~125
3차 다짐	60~100					

---

61) 국토교통부, '도로설계편람', 제4편 도로포장, pp.409-24, 2012.

08.13 배수성·투수성 포장

투수성 포장과 배수성 포장의 특징 및 시공 유의사항 [3, 3]

Ⅰ. 배수성 아스팔트 포장

1. 개요

(1) 배수성 아스팔트 포장은 배수성 아스팔트 혼합물을 포장 표층에 사용하여, 빗물이 하부의 불투수성 포장층 표면을 흘러 측면의 배수로 쪽으로 신속히 배수되도록 설계·시공된 포장이다.

(2) 도로포장의 표층을 배수성 아스팔트 포장으로 시공할 경우에는 신설 및 유지보수 포장 모두 아스팔트 혼합물의 품질 특성뿐만 아니라, 도로구조가 배수가 원활한지 검토하여 대책을 수립해야 한다. 만일 배수시설이 적합하지 않을 경우에는 배수성 아스팔트 포장의 조기 균열 및 파손을 유발할 수 있다.

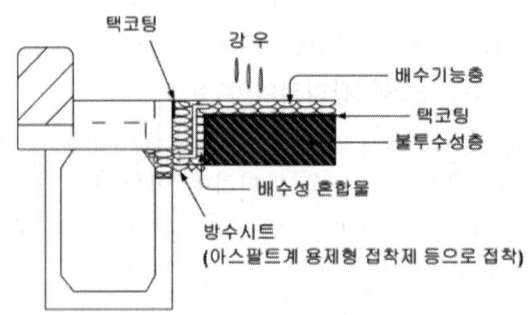

배수성 아스팔트 포장의 단면구조

(3) 배수성 아스팔트 포장으로 확보할 수 있는 대표적인 기능은 다음과 같다.

① 차량의 주행 안전성 향상
  ○ 우천 중 도로표면에 수막이 생성되어 발생하는 미끄러짐 현상 완화
  ○ 주행 차량으로 인한 물튀김, 물보라를 완화시켜 주행 중 시인성 향상
  ○ 야간 및 우천 중에 전조등으로 인한 노면 난반사 완화
  ○ 우천 중 노면표시의 시인성 향상

② 환경 개선
  ○ 타이어와 도로의 마찰로 인하여 발생되는 교통소음 저하
  ○ 방음벽의 설치 높이를 낮추어 도시미관 개선
  ○ 우천 중 자동차 주행으로 인해 인한 물튀김 현상 억제

2. 재료 및 혼합

(1) 아스팔트

① 배수성 아스팔트 혼합물용 아스팔트는 스트레이트 아스팔트에 개질 첨가제가 혼합된 고성능의 개질아스팔트를 사용한다.

② 개질 아스팔트 또는 개질 첨가제의 혼합방식은 건식과 습식이 있다.

③ 건식 혼합방식은 아스팔트 플랜트 믹서에 개질 첨가제를 직접 투입한다.

  ○ 스트레이트 아스팔트는 침입도 등급 60-80 또는 공용성 등급 PG 64-22 기준을 만족해야 한다.

  ○ 개질 첨가제는 동투입장치를 사용하여 배치당(當) 사용중량을 기록한다.

④ 습식 혼합방식은 개질 첨가제가 혼합된 아스팔트를 사용한다.

(2) 골재

① 배수성 아스팔트 포장용 굵은골재는 편장석율이 10% 이하인 1등급의 단입도 골재를 사용해야 한다.

② 잔골재의 입도와 품질은 소요 기준에 적합해야 한다. 다만, 잔골재의 입도가 5mm체 통과중량백분율이 90% 이상일 경우에는 현장경험이나 실내시험 등으로 소요품질의 포장이 얻어질 수 있는지 감독자 판단에 따라 사용할 수 있다.

③ 채움재에는 석회석분, 포트랜드 시멘트, 소석회 등을 사용한다. 회수 더스트는 사용하지 않는다.

(3) 배합설계 및 품질기준

① 배합설계는 공극률 기준을 만족하는 배합에 대하여 흐름손실률, 공극률, 칸타브로 손실률, 인장강도비, 동적안정도, 실내투수계수 등의 설계기준을 만족하는 혼합물을 결정하는 것이다.

② 최대골재크기가 커질수록 배수기능과 소성변형 저항성은 높아지며, 골재의 탈리나 균열저항성이 낮아질 수 있다.

③ 반대로, 최대골재크기가 작아질수록 저소음 효과, 골재의 탈리나 균열에 대한 저항성이 높아지고, 배수기능이나 소성변형 저항성은 낮아질 수 있다.

④ 배합설계에서 공시체의 공극률은 20±0.3%이며, 간이밀도시험으로 측정한 밀도와 이론최대밀도시험으로 측정한 이론최대밀도를 사용한다.

⑤ 섬유첨가제는 사용하지 않는 것이 원칙이다. 흐름손실률이 적합하지 않을 경우에 섬유첨가제를 사용할 수 있으나, 배수 성능이 현저히 낮아질 수 있으므로 최소량을 사용하도록 한다.

3. 시공

(1) 하부층 및 배수시설

① 표층 하부 중간층은 밀입도 아스팔트 혼합물로 시공하여 평탄성을 확보한다.

② 중간층은 3m 직선자를 도로중심선에 직각·평행으로 놓았을 때 가장 낮은 곳이 5mm 미만이어야 한다. 단, 절삭 덧씌우기 포장은 10mm 미만이어야 한다.

③ 혼합물의 잔골재율이 낮기 때문에 접착력을 높이기 위해 개질 유화아스팔트를 이용하여 택 코팅을 살포량 $0.3 \sim 0.6 \ell/mm^2$ 시공한다.

④ 배수시설은 중간층에서 폭 3cm 이상을 확보하고 개질 유화아스팔트로 택 코팅 후, 직경 20mm 유공관을 매설하며, 끝부분은 집수정 내부로 관입한다.

⑤ 이 때 유공관 外에서도 직접 포장표면에서 유도된 물이 집수정으로 흐를 수 있도록 2개 이상의 구멍을 만들어 배수를 보다 원활하게 한다.

(2) 표층

① 시공현장에 도착한 아스팔트 혼합물은 표면온도와 내부온도를 적외선 온도계로 측정했을 때 20℃ 이상 차이가 발생되면 아니 된다.

② 아스팔트 혼합물은 포설 중에 2중 덮개를 씌우고, 포설 전에 스크리드를 150℃ 이상으로 예열하고, 포설 중에 페이버 운행속도를 일정하게 유지한다.

③ 다짐장비는 머캐덤 롤러(12t 이상), 진동 탄뎀 롤러(10톤 이상), 무진동 탄뎀 롤러(6톤 이상) 등을 이용하며, 타이어 롤러는 사용하지 않는다. 다짐방법은 현장 조건을 고려하여 시험시공 등을 실시하여 결정한다.

④ 혼합물의 온도가 빠르게 저하되므로, 혼합물이 공사현장에 도착 즉시 포설 및 다짐하는 것이 다짐도 및 내구성 향상에 유리하다.

⑤ 다짐 중 포장면에 블리딩이 발생하거나, 포장면이 밀려 볼록하게 튀어나오는 변위를 일으키거나, 미세균열이 발생할 경우에는 포설된 포장체의 온도를 낮춘 후에 재다짐해야 한다.

Ⅱ. 투수성 아스팔트 포장

1. 개요

(1) 투수성 포장이란 포장체를 통하여 빗물을 노상에 침투시켜 흙속으로 환원시키는 기능을 갖는 포장을 말한다. 이 포장은 보도, 경교통이 통과하는 차도 및 주차장, 구내포장 등에 이용된다.

(2) 투수성 포장은 노상 위에 필터층(모래층), 보조기층(보도에는 생략), 기층 및 표층 순으로 구성되며, 프라임 코우트와 택코우트의 접착층은 두지 않는다.

(3) 투수성 아스팔트 혼합물은 10-2cm/sec 정도의 높은 투수계수를 유지해야 하므로, 공극률을 높이기 위하여 잔골재를 거의 포함하지 않는 단립도를 주체로 하는 개립도 혼합물이어야 한다.

(4) 투수성 포장용 아스팔트 혼합물의 특성은 다음과 같다.

① 잔골재가 생략된 혼합물이므로 역학적으로 취약하다. 특히, 차도에 사용할 경우에는 이 점을 고려해야 한다.

② 포설 후의 온도 저하 속도가 크므로 혼합·운반·포설 중에 일반 혼합물보다 엄한 온도관리가 필요하다.

③ 공극률이 크고, 물과 공기가 쉽게 통하는 혼합물이므로, 아스팔트가 노화하기 쉽고 물의 작용도 받기 쉽다.

④ 공용 후 보행자 또는 차량의 통행에 의해 다져지고, 또한 먼지와 토사 등이 공극을 메워 투수 기능이 저하된다.

(5) 반면, 투수성 포장의 기대효과는 다음과 같다.

① 식생 등의 지중 생태의 개선

② 하수도의 부담 경감과 도시 하천의 범람 방지

③ 공공 수역의 오탁 경감

④ 지하수 저장

⑤ 노면 배수 시설의 경감 또는 생략

⑥ 미끄럼 저항의 증대와 보행성의 개선

⑦ 난반사에 의한 시력보호

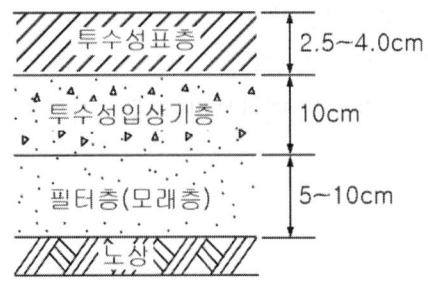

투수성 보도포장의 단면구조

2. 재료 및 혼합

(1) 필터층 재료

① 필터층 재료에 사용되는 모래의 입도는 별도 규정이 없으나 0.075mm(No.200) 체 통과분 6% 이하가 바람직하다.

② 필터층의 투수계수는 10^{-4}cm/sec 이상의 모래를 사용하여 빗물이 흙속에 침투할 때 보조기층, 기층, 연약한 노상토로 침입하는 것을 방지해야 한다.

(2) 보조기층 및 기층 재료

① 步道 기층 재료에 사용되는 쇄석 또는 단립도 부순돌은 최대 입경 19mm 또는 30mm로서, 품질기준은 수정 CBR 20 이상, PI 6 이하이어야 한다.

② 車道 기층 재료에 사용되는 부순돌은 두께 7~12cm를 포설하고 수정 CBR 60 이상, PI 4 이하이어야 한다.

③ 또한 車道에 투수성 아스팔트 처리 혼합물을 사용할 때는 두께 5~6cm를 포설하고 마샬안정도 250kg 이상을 목표치로 한다.

3. 시공

(1) 투수성 포장의 표층용 아스팔트 혼합물에 사용되는 아스팔트, 골재 등은 통상적인 표층용 아스팔트 혼합물과 같은 규격을 갖는 것으로 한다.

(2) 투수성 포장은 포장체 내부를 물이 통과하는 특성이 있으므로 수명이 높은 일반 아스팔트 콘크리트에 비해 박리현상이 발생되기 쉽다.

(3) 투수성 포장의 박리방지를 위하여 잔골재 중량의 2% 정도의 소석회 또는 시멘트를 골재의 일부로 혼합하는 것이 효과적이다. 보다 높은 내구성이 요구되는 경우에는 개질아스팔트를 사용한다.

(4) 투수성 포장용 혼합물의 최적 아스팔트량을 마샬시험만으로 결정하는 것은 곤란하므로, 아스팔트층 두께의 구조적 계산 및 현장 시험포설 시행 후에 책임기술자가 판단하여 결정한다.

(5) 투수성 포장은 가로방향 및 세로방향 줄눈과 구조물 접속부가 특히 취약하므로, 충분히 다짐하여 밀착시켜야 한다.

(6) 최종적으로 투수성 포장의 표면마무리는 투수시험을 실시하여 투수기능을 확인하는 것이 좋다.[62]

---

62) 국토교통부, '도로설계편람', 제4편 도로포장, pp.409.4~5, 2012.

08.14 쇄석 매스틱(SMA) 아스팔트 포장

소음저감포장공법, 쇄석매스틱아스팔트(Stone Mastic Asphalt) [1, 0]

1. 개요

(1) 쇄석 매스틱 아스팔트 포장(SMA, Stone Mastic Asphalt pavement)은 골재, 아스팔트, 셀룰로오스 화이버(Cellulose Fiber)로 구성된다.

(2) SMA는 굵은골재의 비율을 높이고 아스팔트 함유량을 증가시켜 아스팔트의 접착력으로 골재 탈리를 방지하고, 골재 맞물림(Interlocking)으로 압축력과 전단력에 저항함으로써 소성변형과 균열에 대한 저항성이 우수한 내유동성 포장이다. 더불어 SMA 포장은 배수성포장과 함께 소음저감 포장공법에 적용된다.

(3) SMA 혼합물은 다량의 굵은 골재와 그 사이를 채워줄 수 있는 결합재로서 매스틱 (Mastic)이 사용된다. 매스틱은 아스팔트, 부순모래, 채움재(Filler), 셀룰로오스 화이버(Cellulose Fiber) 등으로 구성되며 골재와 골재 사이의 공극을 채워주고 결합시켜 주는 페이스트(Paste) 역할을 한다.

2. 재료 및 혼합

(1) 아스팔트

① 아스팔트는 스트레이트 아스팔트의 침입도 규격과 아스팔트의 공용성 등급(PG, Performance Grade)을 병행하여 사용한다. 단, 개질재가 첨가된 개질아스팔트를 사용할 때는 공용성 규격(PG)만을 사용해야 한다.

교통하중에 따른 아스팔트의 공용성 등급(PG) 적용기준

교통하중 등급(ADT)	교통하중 등급에 따른 PG 등급	동적 안정도(회/mm)
4000 대/일/Lane 이상	PG 76-22 이상 (PG 82-22)	2500 이상 (3000 이상)
2500~4000 대/일/Lane	PG 76-22 이상	2500 이상
1000~2500 대/일/Lane	PG 70-22 이상	2000 이상
1000 대/일/Lane 이하	PG 64-22 이상	2000 이상

(2) 골재

① SMA 포장용 굵은골재는 편장석률 10% 이하인 1등급 단입도 골재를 사용하며, SMA 혼합물의 품질확보를 위하여 (둥근)자연모래는 사용하지 않는다.

② 채움재는 석회석분, 포틀랜드 시멘트, 소석회 등을 사용한다. (재활용)회수 더스트는 사용하지 않는다.

(3) 셀룰로오스 화이버

① 셀룰로오스 화이버는 SMA 포장에 사용하기 위하여 생산한 제품으로 저장·운반이 용이하며, 혼합플랜트에서 분산성이 좋은 식물성 섬유(셀룰로오스 화이버)에 일정량의 아스팔트나 다른 재료를 첨가하여 낱알 형태로 사용한다.

② 셀룰로오스 화이버는 순수 셀룰로오스 기준으로 0.5%를 첨가하여 드레인 다운 시험을 실시하여 시험값이 0.3% 이하를 만족하지 못할 경우에는 해당 화이버는 사용할 수 없다.

(4) SMA 혼합물 적용기준

① SMA 혼합물의 종류별 적용기준은 다음 표와 같으며, 교면포장용으로는 10mm 이하 혼합물만을 적용할 수 있다.

SMA 혼합물 종류별 적용기준

혼합물 종류	SMA 용도	사용 골재
20mm	중간층, 기층	-
13mm	표층, 중간층	-
10mm	표층, 교면포장 상부 및 하부층	시멘트 콘크리트 바닥판 상·하부층 및 강바닥판 상부층
8mm	표층, 교면포장 상부 및 하부층	멘트 콘크리트 바닥판 하부층 및 강바닥판 하부층
5mm	볼트식 강바닥판 교면포장의 하부층	입형이 좋은 골재 선별 사용

3. 시공

(1) SMA 혼합물은 포설 후 즉시 다짐을 실시한다. 전압 다짐은 머캐덤롤러 12톤 이상과 탄뎀롤러 10톤 이상을 조합하여 구성한다. 다만, 타이어롤러는 아스팔트가 타이어의 표면에 접착되므로 사용하지 않는다.

(2) SMA 혼합물의 다짐밀도는 마샬시험법에 의한 75회 다짐에서 기준밀도의 97% 이상이어야 한다. 이때 다짐밀도는 최대한 높게 하는 것이 유리하다.

(3) SMA 혼합물의 다짐온도는 145~165℃ 정도가 가장 적합하며, 150℃ 이하에서는 연속 다짐을 실시하고, 135℃ 이하에서는 온도저하에 따른 다짐효과를 증가시키기 위해 초기 1회 진동을 실시한다. 다만, 170℃ 이상에서는 170℃ 이하로 하강할 때까지 대기하였다가 다짐을 시작한다.

(4) SMA 포장은 시공이음 부분의 다짐에 특히 주의를 기울여야 한다. 페이버가 진행 중에 기존 포장 위에 포설된 겹침부의 혼합물을 밀어서 이음(Joint) 부분에 두툼하게 쌓아 롤러로 우선 다짐하여 소정의 다짐밀도가 되도록 해야 한다.[63]

---

63) 국토교통부, '도로설계편람', 제4편 도로포장, pp.409-18~23, 2012.

08.15 | 암반구간 포장

I. 개요

1. 암반구간 포장은 노상(路床) 면이 양질의 암반으로 구성되어 노상 지지력은 증대되지만, 주로 절토부에 위치하여 용출수가 많이 발생되므로 포장층 내의 함수비가 높아 수분에 민감한 포장공법은 쉽게 파손되는 문제점이 있다.
2. 더불어, 암반구간 포장은 파손되면 유지보수에 어려움이 있으므로 이를 고려하여 내구성이 보장된 포장형식으로 선정해야 한다.

II. 암반구간 포장의 특징

1. 토공부와 다른 포장설계방법 적용

(1) 암반구간은 연장이 짧거나 암반이 반복되거나 편절·편성구간에 존재하는 등 다양하므로, 암반의 연장이 50m 이상인 구간을 암반구간으로 정의한다.
(2) 암반구간은 토공 접속부에서 단차로 인하여 부등침하가 발생될 수 있으므로, 층따기 시공대책 등의 부등침하를 최소화할 수 있는 방안이 요구된다.

2. 하부층 처리를 위한 포장단면 구성

(1) 암반구간의 포장단면 설계는 보조기층 및 동상방지층을 생략하고, 그 대신 침투수의 배수를 위한 필터층 또는 시멘트 안정처리 필터층을 설치한다.
(2) 콘크리트포장은 콘크리트 슬래브와 하부에 시멘트 안정처리 필터층을 설치한다. 아스팔트포장은 아스팔트 표층·기층을 토공부와 동일하게 시공하고, 보조기층을 생략하는 대신 하부에 반드시 필터층을 설치한다.

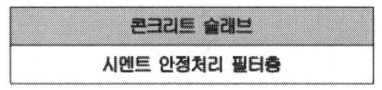

암반 위의 콘크리트포장 단면

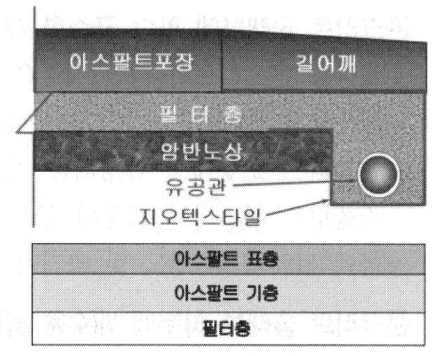

암반 위의 아스팔트포장 단면

3. 암반구간 굴착에 따른 요철층 보정

(1) 암반구간 굴착 중 여굴 발생에 따른 노상(路床)의 요철(凹凸)은 시멘트 안정처리 필터층, 필터층 재료 등으로 보정한다.

(2) 용출수가 많은 구간은 요철을 시멘트 안정처리 필터층으로 보정하거나, 필터층으로 보정한다. 바닥면 요철 보정의 면고르기 두께는 5~10cm를 기준으로 한다.

필터층 및 요철 보정 재료

구분	콘크리트 포장	아스팔트 포장
필터층	시멘트 안정처리 필터층	필터층
요철 보정	시멘트 안정처리 필터층, 필터층, 보조기층 재료	시멘트 안정처리 필터층, 필터층, 보조기층 재료

III. 암반구간 포장의 시공·재료

1. 표층에는 내수성, 하부층에는 투수성 재료

(1) 암반구간 포장은 용출수에 의해 습윤상태가 되기 쉬우므로 표층의 포장재료는 내수성을 갖추고, 하부층의 포장재료는 투수성을 갖추어야 한다.

(2) 아스팔트 혼합물의 골재가 내수성이 부족할 때는 박리방지제(소석회, 시멘트)를 첨가하여 내수성을 높인다. 이때 박리방지제 첨가량만큼 채움재로 치환한다.

2. 아스팔트 혼합물의 수분에 대한 취약성 보완

(1) 아스팔트 혼합물은 수분에 대한 민감성이 적어야 하며, 수침잔류안정도가 75% 이하일 경우에는 골재를 개선하거나 박리방지제를 첨가한다.

(2) 아스팔트 혼합물에 사용되는 굵은골재(친수성 골재는 수분에 취약)는 안정성 시험을 실시한 결과, 안정성이 12% 이하를 만족하는지 확인한다.

3. 콘크리트 슬래브에 파손 극소화 재료를 사용

(1) 포장용 콘크리트의 생산·시공은 『시멘트 콘크리트포장 생산·시공지침』을 따르며, 굵은골재 최대치수는 40mm 이하, 공기량은 콘크리트 용적의 4~6%로 한다.

(2) 콘크리트 포장에서 발생되는 가장 많은 파손은 종·횡방향 줄눈부의 스폴링이다. 스폴링은 콘크리트 포장의 공용수명이 경과하면서 대기환경 변화와 교통하중 반복에 의해 발생 빈도 및 크기가 증가된다.

4. 콘크리트 슬래브 하부에 배수용 필터층 설치

(1) 암반구간 노상에서 침투되는 용출수를 배수하기 위해 필터층을 설치한다. 필터층은 보조기층 재료의 품질기준을 적용하며, 최대건조밀도의 95% 이상 다진다.

(2) 필터층의 입도변화에 따른 투수계수 특성분석 결과, 0.08mm체 통과량 변화에 따른 투수계수의 변화특성은 0.08mm체 통과량이 증가할수록 투수계수가 감소한다. 따라서, 투수성을 갖추려면 필터층의 0.08mm체 통과량을 4% 이하로 한다.

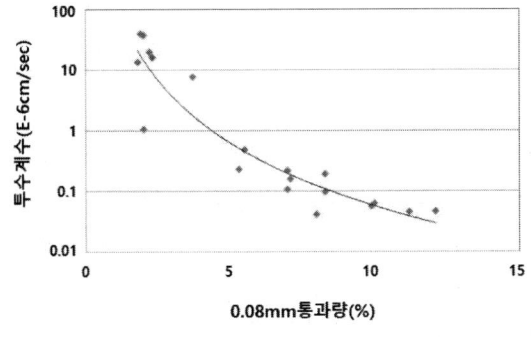

0.08mm 통과량 변화에 따른 투수계수 변화

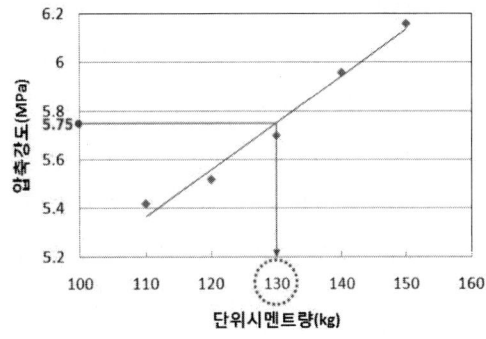

설계배합강도를 만족하는 단위시멘트량

5. 시멘트 안정처리 필터층의 배합설계

(1) 시멘트 안정처리 필터층의 배합설계를 위한 일축압축강도의 기준은 5.0MPa이며, 배합강도는 할증계수 1.15를 적용한 5.75MPa을 설계배합강도로 정한다.

(2) 시멘트 안정처리 필터층 일축압축강도 시험 결과, 설계배합강도 5.75MPa을 만족하는 단위시멘트량은 130kg이나, 린콘크리트 기층과 같게 150kg으로 조정하여 최종 시방배합을 다음 표와 같이 정한다.[64]

암반구간 포장의 최종 시방배합

(1m³당)

단위시멘트량(kg)	단위수량(kg)	단위골재량(kg)		
		40mm	19mm	스크리닝스[1]
150	125.9	895.5	671.9	680.8

주 1) 스크리닝스(screenings) : 포장용 또는 구조물용 골재 생산 중에 부산물로 얻어지는 부순 잔골재

---

64) 국토교통부, '암반구간 포장설계 지침', 2011.

08.16 초속경 LMC 포장

교량교면 포장공법 중 LMC(Latex Modified Concrete) [1, 1]

I. 개요

1. 최근 교통량 및 중차량의 급격한 증가로 인하여 공용 중인 콘크리트 포장과 교면포장의 손상이 가속화되어 보수주기가 점차 짧아지고 있는 추세이다.

2. 특히, 교량 교면포장의 경우 4~5년마다 아스팔트 재포장이 요구되며 이로 인해 보수공사비가 추가 발생되고, 교통정체 등의 부수적인 문제가 발생되고 있다.

3. 공용 중에 노화된 포장재료의 문제점을 해결하고 성능을 개선하는 대안으로, 2004년 신기술 제427호로 지정된 초속경 시멘트에 라텍스 수지를 혼입한 초속경 라텍스개질 콘크리트(VES-LMC, very-early strength latex modified concrete)의 특성과 유지보수 적용 사례를 요약 기술하고자 한다.

II. VES-LMC 재료

1. 시멘트

(1) VES-LMC용 시멘트는 Latex와 혼합하더라도 물리·화학적 성질이 변하지 않는 것으로 입증되어야 하며, 아래 표의 품질기준을 만족해야 한다.

(2) VES-LMC용 시멘트는 분말도가 높고, 최근 1년 이내에 생산되고 덩어리가 없는 것이어야 한다. 외기 습도에 영향을 받기 쉬우므로 방습구조로 된 밀폐 포장으로 저장하고, 현장에서 30일 이상 저장하면 안 된다.

VES-LMC용 시멘트의 품질기준

구분	시험방법	품질기준		
분말도 (cm^2/g)	KS L 5106	5,000~6,000		
안정도(오토클레이브 팽창도, %)	KS L 5107	0.8 이하		
응결시간 (분)	KS L 5103	초결		종결
		25분 이상		60분 이하
압축강도 MPa(kgf/cm^2)	KS L 5105	3시간	1일	28일
		25(250) 이상	30(300) 이상	45(450) 이상

2. 물

(1) VES-LMC 혼합에 사용되는 물은 깨끗해야 하며, 기름, 염분, 산, 알칼리, 당분 등의 품질에 영향을 주는 유해물이 있어서는 안 된다.

(2) 물은 기름, 산, 유기불순물, 혼탁물 등 콘크리트나 강재에 나쁜 영향을 미치는 유해물질을 함유하거나 바닷물을 사용할 수 없다.

3. 골재

(1) VES-LMC용 잔골재는 전문시방서 토목편 13-3-1의 2.1에 적합한 것으로 깨끗한 자연 모래이어야 한다.

(2) VES-LMC용 굵은골재는 전문시방서 토목편 13-3-1의 2.2에 적합한 것으로 깨끗하고 견실한 쇄석 또는 자갈이어야 한다. 최대골재치수는 포설두께의 1/2 이하이어야 한다.

4. 라텍스(Latex)

(1) VES-LMC에 사용되는 라텍스는 고형분 함유량, 입도 분포, 제조공정 등에 따라 품질변화가 심하므로 표준화된 제조공정을 갖춘 공장제품을 사용해야 한다.

(2) 안정화제는 공장에서 첨가되어야 한다. 라텍스는 우유 빛을 가지며, 독성 및 인화성이 없어야 하고, 아래 표의 품질기준을 만족해야 한다.

(3) 시공자는 라텍스가 아래 표의 기준을 만족하도록 제조되었음을 확인하는 제조자의 증명서를 제출해야 한다. 증명서에는 라텍스 제조일자, 배치 또는 로트 번호, 양, 제조자 이름, 제조공장 주소 등이 표시되어야 한다. 라텍스는 공사에 사용하기 15일 전에 시험성과표를 제출·승인받아야 한다.

VES-LMC용 라텍스의 품질기준

구분	시험방법	품질기준
고형분 함유량(%)	KS M 6516	46~49
pH	KS M 6516	8.5~12.0
응고량(%)	KS M 6516	0.1 이하
점도(mPa·s)	KS M 6516	100 이하 (최초 승인값의 ±20)
표면장력(dyn/cm)	KS M 6516	50 이하 (최초 승인값의 ±5)
평균입자 크기(Å)	KS A ISO 1320-1	1,400~2,500 (최초 승인값의 ±300)

(4) 라텍스는 직사광선, 대기온도, 저장기간, 공기유입 등에 따라 품질변화가 심한 재료이므로 저장할 때는 다음사항을 준수해야 한다.

① 저장 용기의 재질은 스텐레스 스틸(stainless steel) 또는 유리섬유보강 폴리에스테르(glass fiber-reinforced polyester)여야 한다.

② 라텍스는 결빙되면 아니 되며, 저장온도는 0℃~29℃ 범위 이내로 한다.

③ 장기저장하면 굳어짐 현상(creaming), 층리현상, pH 저하 등이 생길 수 있으므로 6개월 이상 저장하면 아니 된다.

④ 저장용기의 뚜껑은 항상 닫혀 있어야 하고, 라텍스 사용할 때 공기가 유입되지 않도록 주의한다.

⑤ 장기간 직사광선에 노출을 금하고 비, 스팀 등으로부터 보호 저장한다.

⑥ 라텍스는 환경오염에 영향을 줄 수 있으므로 누수되거나 하수구, 지표면 등에 유입을 금하고 폐기된 드럼은 제조회사에 반품하거나 승인된 위탁처리업자에 위탁처리 해야 한다.

5. 혼화제

(1) 지연제는 가사시간을 연장하기 위해서 사용할 수 있다. 지연제는 물과 함께 용액으로 용해되어야 한다. 지연제는 라텍스를 포함하지 않은 배합 탱크로 넣어 배합에 분산되어야 한다.

(2) 피막양생제는 동절기에 동결하지 않도록 창고에 보관하며, 사용할 때는 양생시험을 사용하기 15일 전에 실시하여 변질여부를 확인하고 사용한다.65)

Ⅲ. VES-LMC 공법 특징

1. 노후·손상된 교량을 보수·재포장하여 주행성 회복·유지
노면파쇄기와 워터제트를 이용하여 기존 교면포장과 열화된 바닥판 콘크리트를 절삭한 다음 VES-LMC를 이용하여 보수와 동시에 재포장할 수 있다.

2. 8~10시간 이내에 교통개방이 가능한 1차선 전폭 보수
보수공사를 교통량이 적은 야간이나 낮시간에 실시하며, 8~10시간 동안 부분 교통통제 하에 보수·재포장을 완료할 수 있어 교통이용자의 불편과 사용자 부담비용을 최소화하고, 차선 전폭을 보수함으로써 주행성을 확보할 수 있다.

3. 교량 바닥판 콘크리트의 보수·보강 효과 우수
VES-LMC의 물리적 특성과 워터 제트 시공으로 기존 바닥판에 손상 없이 절삭할 수 있어 신선한 바닥판 콘크리트 면이 완전하게 노출되고, 절삭표면의 비표면적이 넓어 부착력이 향상되므로 기존 바닥판 콘크리트와 일체화시킬 수 있다.

4. 바닥판 콘크리트 열화속도 억제로 교량 내구수명 증가
내구성 및 수밀성이 우수한 VES-LMC의 재료적인 특성과 구조적으로 우수한 보수·보강 시공으로 바닥판 콘크리트의 열화속도를 억제시킴으로써 교량의 공용수명을 연장시킬 수 있다.

---

65) 박효성 외, 'Final 도로및공항기술사', 2차 개정, 예문사, pp.780~784. 2012.06.10.
국토교통부, '초속경 LMC를 이용한 교량 바닥판 및 도로포장 보수·재포장 시공지침', 2014.

Ⅳ. **VES-LMC 시공 절차**

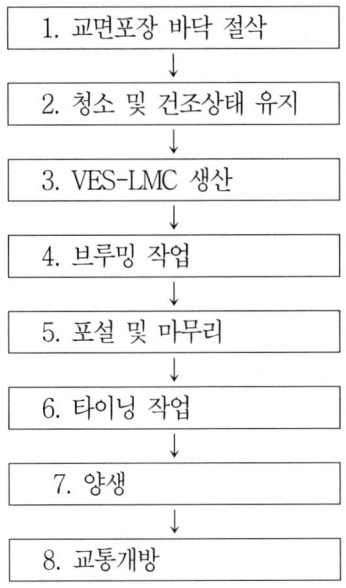

```
┌─────────────────────────┐
│  1. 교면포장 바닥 절삭     │
└─────────────────────────┘
            ↓
┌─────────────────────────┐
│  2. 청소 및 건조상태 유지  │
└─────────────────────────┘
            ↓
┌─────────────────────────┐
│  3. VES-LMC 생산          │
└─────────────────────────┘
            ↓
┌─────────────────────────┐
│  4. 브루밍 작업           │
└─────────────────────────┘
            ↓
┌─────────────────────────┐
│  5. 포설 및 마무리        │
└─────────────────────────┘
            ↓
┌─────────────────────────┐
│  6. 타이닝 작업           │
└─────────────────────────┘
            ↓
┌─────────────────────────┐
│  7. 양생                  │
└─────────────────────────┘
            ↓
┌─────────────────────────┐
│  8. 교통개방              │
└─────────────────────────┘
```

1. 교면포장 및 바닥판 콘크리트 절삭 : 기존 교면포장과 바닥판 콘크리트는 노면파쇄
   기와 워터제트를 조합하여 효율적으로 절삭한다.
   난간 방호벽이나 중앙분리대 부근은 노면파쇄기로 직접 절삭하기 어려우므로 인력
   브레이커를 이용하여 절삭한다.
   바닥판 콘크리트에서 손상된 부분만 워터제트를 이용하여 선택적으로 절삭함과 동
   시에 철근 하부의 열화된 부분까지 제거해야 부착력을 회복시킬 수 있다.

2. 절삭폐기물 청소 및 표면건조포화상태 유지 : 절삭폐기물의 제거는 스키드 로더와
   진공흡입 트럭을 이용하여 작업하며, 고압 살수 및 진공흡입 청소를 통해 절삭폐기
   물과 고인물을 완전 제거한 후, 표면건조포화상태를 유지한다.

3. VES-LMC 생산 : VES-LMC 생산에 필요한 VES시멘트, 라텍스, 골재 등을 이동식
   모빌믹서에 각각 적재하여 현장에서 배합·생산한다.
   이동식 모빌믹서에 의한 자동계량, 균일한 품질확보, 연속생산 과정을 반복함으로써
   초속경 성질을 갖은 VES-LMC의 시공이음 발생을 방지할 수 있다.

4. 브루밍 작업 : VES-LMC 포설 전에 특수 제작한 솔을 이용하여 VES-LMC 모르타
   르를 기존 바닥판에 얇게 도포하는 브루밍 작업을 실시한다.
   기존 바닥판의 요철면에 모르타르를 고르게 펴서 도포하여야만 VES-LMC와 기존
   바닥판 콘크리트의 부착력을 증진 시킬 수 있다.

5. 포설 및 마무리 : 포설 폭이나 현장여건에 따라서 트러스 스크리드 또는 콘크리트 로울러 페이버를 이용하여 포설이 완료되면 표면 마무리한다.

6. 타이닝 작업 : 표면 마무리 완료 後, 즉시 조면마무리 장비를 이용하여 타이닝 작업을 실시한다.

7. 양생 : 타이닝 완료 後, 즉시 피막양생제를 골르게 펴서 살포하며, 그 위에 젖은 양생포를 덮어 3~4시간 습윤양생을 실시한다.

8. 교통개방 : VES-LMC 포설 및 마무리 後 3~4시간 정도 경과되어 압축강도 21MPa (210kgf/cm²)이상 발현되면 교통개방할 수 있다.

V. 맺음말

1. VES-LMC 적용대상
(1) 노후되어 콘크리트가 노출된 슬래브 바닥판 콘크리트의 보수 및 재포장공사
(2) 교량의 아스팔트 교면포장 바닥판 콘크리트의 보수 및 재포장공사
(3) 콘크리트 포장 도로의 부분적인 긴급보수공사

2. VES-LMC 기대효과
(1) 기술적 기대효과 : 보통콘크리트와 유사한 작업조건에서 4시간 이내에 교통개방이 가능할 정도의 조기강도 발현이 가능하며, 특히 기존 콘크리트공법보다 탄성적인 성질에 의한 신·구 콘크리트의 접합성이 우수한다.
(2) 경제적 기대효과 : 콘크리트 포장의 보수 및 재포장공사를 부분교통 통제 하에 조기 교통개방 가능하여 교통 지·정체에 의한 비용을 대폭 절감할 수 있어 기존 유사한 기술을 대체할 수 있을 것으로 기대된다.[66]

---

66) 권오성, '초속경 라텍스개질 콘크리트를 이용한 교량 바닥 및 콘크리트 포장 보수·보강 공법 적용', 건설기술/쌍용, winter, 2005.

08.17 교면포장

강상판교의 교면포장 공법 종류 및 시공관리방법, 손상원인 및 대책 [2, 6]

1. 개요

(1) 교면포장은 교통하중에 의한 충격, 기상변화, 빗물과 제설용 염화물 침투 등에 의한 교량 상판의 부식을 최소화하여 교량의 내하력 손실을 방지하고, 통행차량의 쾌적한 주행성을 확보하기 위해 포장재료로 교량상판 위를 덧씌우는 공법이다.

(2) 교면포장 재료는 교량 상판의 처짐·진동에 대한 저항력을 가져야 하며, 토공부 포장과 달리 외부에 노출되는 면적이 넓어 심한 교통·기후조건에 놓인다.

(3) 이와 같은 내·외적 영향을 수용하려면 교면포장은 포장의 두께만을 증가시키는 방법으로 대응하기는 어렵다. 따라서 교면포장 설계에서 포장재료 성질을 강화시킬 수 있 특수 혼합물을 적극 이용해야 하며, 아래와 같은 특성을 확보해야 한다.

① 표면이 평탄하여 승차감 확보

② 미끄럼에 대한 저항(마찰)능력 유지

③ 차량의 제동력·추진력·환경영향에 대한 내구성·안정성의 확보

④ 교면의 빗물을 신속히 배수하고 불투수층을 형성하여 빗물·제빙염 침투로 인한 상판 부식을 방지

⑤ 포장 하부층(강상판) 또는 콘크리트 바닥판과의 부착력 유지 및 전단력 저항

⑥ 고정하중의 과도한 증대(덧씌우기)로 피로 유발을 억제

⑦ 교량구조체의 신축·팽창 거동을 수용하고 구조적 惡영향을 억제하며, 교통충격하중에 저항력 유지

2. 교면포장 시스템 구성

(1) 교면포장 시스템은 도로교 바닥판으로 빗물·제설제가 침투되어 생기는 콘크리트 바닥판의 열화 방지, 鋼바닥판(steel deck plate)의 녹 발생 방지, 도로교 바닥판의 내구성 손실에 따른 공용수명 감소의 방지, 도로 이용자에게 쾌적한 주행성 제공 등을 목적으로 구성된다.

(2) 교면포장 시스템에는 교통하중이 직접·반복적으로 작용하여 다른 구조물에 비해 공용 후의 파손·열화 진행이 현저히 빠르다.

(3) 교면포장 시스템의 구성은 상부층과 하부층 2개로 구성된다. 상부층은 양호한 주행성 확보를 위해 유동저항성, 균열저항성, 미끄럼저항성 등이 우수해야 한다. 하부층은 상부층 하중을 분산시키며 빗물·제설재가 침투되어 방수층으로 도달되는 것을 최소화해야 한다. 교면포장 시스템의 구성은 아래 그림과 같다.

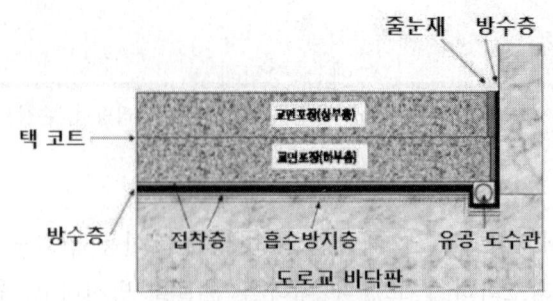

교면포장 시스템 구성

① 교량 상판 표면처리 : 강상판의 부식방지를 위해 sand blasting하거나 도장을 실시하되, 강상판면이 볼트나 리벳으로 연결되면 접착력이 감소되므로 주의

② 접착층 : 교량 상판(강상판)에 방수층을 접착시켜 일체화되도록 하층이 구스아스팔트 혼합물인 경우 고무접착제를 사용

③ 방수층 : 물 침투를 방지하여 상판의 내구성을 높이기 위하여 [表40.1]과 같은 방수재(침투계, 도막계, 시트계, 포장계 등)를 사용

④ 레벨링층 : 상판 표면의 요철 조정, 평탄성 확보하고 마모층과 일체로 거동하면서 마모층 역할도 겸할 수 있도록 구스아스팔트, 개질아스팔트를 사용

⑤ Tack coat : 포장의 상층(마모)과 하층(레벨링)을 접착시키기 위하여 유화아스팔트와 고무가 첨가된 아스팔트유제를 사용

⑥ 마모층 : 차량주행과 교량진동에 의한 반복재하 하중에 저항하고, 하절기 고온안정성 및 동절기 균열저항성을 구비하는 재료

⑦ 표면처리층 : 미끄럼 저항성이 요구되는 경우에는 마모층 상부를 sand blasting하거나 도장을 실시하는 표면처리층을 설치

⑧ 줄눈 : 줄눈은 빗물이 침투하는 포장과 구조물 사이 또는 신축이음장치 이음부분에 설치하며, 재료는 성형줄눈재나 주입줄눈재를 사용

⑨ 배수관 : 시공중 사면에 모인 물, 공용중 줄눈에 침투한 물을 배수시킬 수 있도록 상판 모서리 포장부분에 배수관을 설치

3. 교면포장 종류

(1) 가열아스팔트 교면포장

① 상층 : 마모층 역할, 보수시 상층부만 절삭하여 덧씌우기 실시

② 하층 : 바닥판과 마모층 사이의 레벨링층 역할, 상판의 요철을 보정

(2) 고무혼입아스팔트 교면포장

① 가열아스팔트공법에서 아스팔트 대신 고무를 혼합하여 슬래브와의 부착성을 높이는 방식으로, 첨가재료에는 SBS, SBR 등의 개질재를 사용

(3) 구스아스팔트 교면포장

① 구스 혼합물은 고온에서 포설하므로 온도저하에 의한 체적수축 때문에 강상판과의 접촉면에 간극이 생기지 않도록 미리 줄눈재를 설치

(4) LMC 교면포장

① LMC(Latex-Modified Concrete)포장은 폴리머 고분자 50%와 물 50%를 섞어 latex를 만들고, latex와 콘크리트를 혼합하여 교면포장에 사용

(5) 에폭시수지 교면포장

① 보통 0.3~1.0cm 두께로 시공하며 슬래브와의 부착성을 충분히 확보

② 에폭시수지는 경화될 때까지 3~12시간 동안 물이 침투되지 않도록 주의

4. 교면포장 설계·시공 고려사항

(1) 교면포장 고려사항에는 기상조건, 하중조건, 재료조건, 공용성 조건 등이 있다.

(2) 기상조건은 일조, 강우, 강설, 기온, 바람 등이다. 콘크리트 바닥판은 동결융해에 의한 열화, 건조수축, 크리프 및 온도변화에 수반되는 응력 발생이 포장의 내구성에 惡영향을 미친다. 鋼바닥판(steel deck plate)은 콘크리트 바닥판에 비해 열용량이 적고 열전도가 좋아 외부 기온에 추종(변화)하기 쉽다.

(3) 하중조건은 교통량, 주행속도, 주행위치 분포, 하중강도, 제동·정지·발진 등이다. 교통량, 주행속도 및 주행위치 분포는 포장의 피로균열·소성변형에 관련이 있다. 하중강도는 포장의 처짐, 주행속도는 포장표면의 미끄럼, 주행위치 분포와 제동·정지·발진 유무는 소성변형이나 종단요철과 관련이 있다.

(4) 재료조건은 鋼바닥판 교면포장의 경우에 온도변화가 크다는 점과 함께 처짐이 크다는 특수한 조건이 추가된다. 따라서 공용성을 장기간 확보하려면 토공부에 비해 내구성이 탁월한 포장재료를 사용하여 정밀시공이 요구된다.

(5) 공용성 조건은 파손이다. 토공부 포장과 마찬가지로 교면포장에도 소성변형, 종단요철, 미끄럼, 균열, 단차 등이 생긴다. 교면포장은 도로 이용자가 느끼는 승차감뿐만 아니라 유지보수에 미치는 영향도 고려해야 한다.

(4) 아스팔트 계열의 교면포장에는 가열 아스팔트 혼합물, 구스 아스팔트 혼합물, 특수 결합재를 이용한 개질 아스팔트 등이 사용된다.

(5) 교면포장은 교량의 종류·형태, 교통·기후환경 등을 고려하여 적합한 공법을 선정해야 한다. 또한, 교면포장 방수재는 물의 침투를 방지하여 교량 상판 내구성을 높이기 위하여 필요하다.[67]

---

67) 국토교통부, '도로설계편람', 제4편 도로포장, pp.407.2, 2012.
박효성 외, 'Final 도로및공항기술사', 2차 개정, 예문사, pp.794~768. 2012.

08.18 교면방수

교량의 교면방수공법의 종류와 특징, 도막방수와 침투성 방수공법 비교 [2, 5]

1. 교면방수

(1) 교면방수(橋面防水, waterproofing)는 콘크리트 교량 구조물의 내구성을 좌우하는 중요한 요소로서 주행 차량에 의한 반복하중·진동·충격·전단 등의 역학적 작용, 외부 온도변화에 따른 수축·팽창, 콘크리트 열화에 대한 수분영향, 동절기 제설재 염화물의 살포 등의 영향을 받으므로 방수재의 재료성능뿐만 아니라 여러 열악한 교통환경요소를 종합적으로 고려해야 된다.

(2) 교량가설공사에 적용될 수 있는 방수공법과 방수재는 다양하지만 교면방수에 필요한 기본적인 성능은 시공사의 작업능력, 콘크리트 바닥면과 아스콘 사이의 접착성, 공용시간 및 자연환경에 대한 내구성 등이 요구된다.

(3) 국토교통부는 『도로교 표준시방서』 중 교면방수에 해당되는 부분을 통합 정비하여 국가건설기준 표준시방서에 '교면방수'를 별도 제시하고 있다.

2. 방수재의 요구성능

(1) 우수한 방수성능 : 기본적으로 수분을 차단하는 방수기능과 제설재, 바닷물, 산성비 등의 알칼리, 산에 대한 내구성이 있어야 한다.

(2) 우수한 접착성 : 강성의 콘크리트와 연성의 아스콘 사이에 놓이는 방수층은 서로 다른 열팽창계수 때문에 방수층에 응력을 가하므로, 방수재료는 콘크리트와 아스콘 양쪽 모두에 적합한 접착력을 지녀야 한다.

(3) 균열에 대한 추종성 : 교량 슬래브의 수축·팽창에 의한 균열 폭의 변화를 방수재가 접착된 상태로 견디어낼 수 있어야 한다.

(4) 교면 아스콘 포장 중 방수층의 안정성 : 방수층 시공 후, 아스콘 포설 중 아스콘 운반차량, 포장장비에 의한 포장층 파손 예방대책이 있어야 한다.

(5) 차량제동으로 인한 전단 저항성 : 차량 제동에 따른 윤하중으로 인하여 밀림현상이 발생되지 않아야 한다.

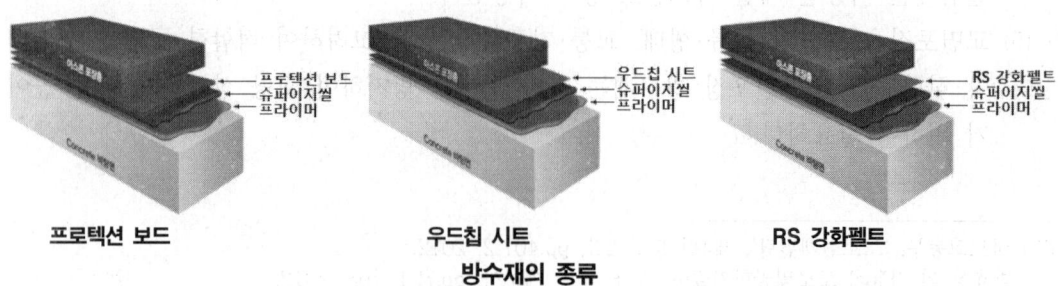

| 프로텍션 보드 | 우드칩 시트 | RS 강화펠트 |

방수재의 종류

3. 교량 교면방수 및 방수재 비교

구분	침투계 방수층	도막계 방수층		시트계 방수층	포장계 방수층
		용제형	가열형		
재료	유기화합물계, 무기화합물계	클로로프렌을 용제에 용해	아스팔트, 합성고무	부직포에 고무아스팔트를 함유	경질아스팔트와 골재로 구성되는 아스팔트혼합물
두께 (mm)	-	0.4~1.0	1.0~1.5	1.5~4.0	15~25
공용	○ 방수성 우수 ○ 내한, 내열성 우수 ○ 내한, 내염성 우수 ○ 내구성 우수	○ 방수성 우수 ○ 내한, 내열성 우수 ○ 내한, 내염성 우수 ○ 접착력 우수		○ 방수성 균일 ○ 내한, 내염성 우수 ○ 내구성 우수 ○ 자체 접착성	○ 방수성 균일 ○ 접착력 우수
특성	○ 내마모성 증진 ○ 고강도 콘크리트 슬래브	○ 진동에 내성 ○ 균열에 대처 가능 ○ 부풀음 현상 발생		 ○ 균열에 대처 가능	○ 하중으로 작용하여 포장층 역할 수행 ○ 균열에 대처 가능 ○ 부풀음 현상 없음
시공	○ 시공이 간편 ○ 보수가 용이 ○ 비교적 저가	○ 시공이 복잡 ○ 보수가 곤란 ○ 비교적 고가		○ 시공이 용이 ○ 자기보수성 ○ 비교적 고가	○ 시공이 용이

(1) 도막방수 중 도막자착식 시트공법

① 공법내용
  ○ 폐타이어를 미분으로 분쇄한 SBS와 아스팔트 등의 합성물로 제조한 고분자 개질 아스팔트 방수재와 양방향으로 교차하여 2중 겹침한 고밀도 폴리에틸렌 필름을 밀착하여 부착시킨 자착식 시트로서,
  ○ 접착방법이 토치 등에 의한 열융착 방법이 아닌 방수시트 자체가 보유하고 있는 접착성을 이용하여 부착하는 도막 자착식 시트(Self-adhesive Membrane Sheet)방수공법이다.

② 공법특징
  ○ 다층막으로 형성되어 도막 방수재보다 일정한 두께로 형성됨
  ○ AP 콤파운드 SBS를 사용하므로 타 방수재와 친화력 우수함
  ○ 방수층 전체에 신장력이 분포되어 구조물의 거동에도 잘 견딤
  ○ 재료 물성이 균질하고 불투수성을 형성하므로 방수능력 탁월함
  ○ 시공이 좋고 용이하여 경제적이며, 특히 자외선·오존 저항성 우수

ㅇ AP와 강도가 강한 중심재로 구성되어 돌출부분 및 하중에 대한 저항성이 크며 내 뚫림성이 우수함

ㅇ SBS삼블럭 합체 혼합물로 감온성이 대단히 적어 저온에서 부러지거나 고온에서 흘러내리는 현상이 없음

ㅇ 이음부는 자체 자착력에 의해 이중접합하고 시트의 겹친 이음 및 시트 끝단 처리가 양호하여 포장층과의 접착성이 매우 우수

4. 방수재의 시공순서

(1) 바닥면 정리 및 청소 : 콘크리트 바탕면의 레이탄스, 먼지, 기름 등은 콘크리트 그라인더나 숏블라스트, 와이어 브러쉬, 핸드 그라인더 등의 기구를 사용하여 제거

(2) 프라이머 도포 : 바탕면의 접착력을 증진시키기 위해 롤러, 살포기 등 적당한 기계, 기구를 사용하여 얼룩이 지지 않고 균일하게 도포

(3) 도막방수제 도포(슈퍼이지씰) : 도막방수재를 간접가열방식으로 180~200℃를 유지하면서 2~3mm 두께로 균일하게 도포

(4) 방수 보호재 설치 : 도막방수재가 경화되기 전에 방수층 보호를 위하여 방수 보호층 설치(프로텍션 보드, 우드칩 시트 또는 RS 강화펠트)

(5) 표면처리층 : 미끄럼 저항성이 요구되는 경우에는 마모층의 상부에 sand blasting하거나 도장을 실시하는 표면처리층 설치

(6) 줄눈 : 빗물이 침투하는 포장과 구조물 사이 또는 신축이음장치 이음부분에 줄눈을 설치하며, 재료는 성형줄눈재나 주입줄눈재 사용

(7) 배수관 : 시공 중 사면에 모인 물, 공용 중 줄눈에 침투한 물을 배수시킬 수 있도록 상판 모서리 포장부분에 배수관 설치

5. 방수재의 시공 유의사항

(1) 교면포장 하부의 교량 강상판은 기름이나 녹을 충분히 제거해야 하므로 희산, 중성세제로 씻거나 sand brush & wire brush로 문질러야 한다.

(2) 교면포장 하부의 교량 콘크리트 슬래브와의 부착을 위해 염화비닐 양생피막을 시행하고 레이탄스를 충분히 제거한다.

(3) 교면포장 재료는 교량 상판의 큰 처짐이나 진동에 대한 저항성이 커야하므로 콘크리트포장보다 아스팔트포장 형식을 선정하게 된다.

(4) 아스팔트는 온도에 매우 민감하게 물성이 변하는 점탄성 재료이므로, 사용될 지역의 기온특성이 재료 선택에 충분히 반영되어야 한다.[68]

---

68) 박효성 외, 'Final 도로및공항기술사', 2차 개정, 예문사, pp.794~798. 2012.
국토교통부, '교면포장, 국가건설기준 표준시방서', 2016.

08.19 콘크리트블록 포장

1. 개요

(1) 콘크리트 포장처럼 현장에서 생산된 콘크리트를 사용하지 않고, 공장에서 대량으로 생산되는 조그만 크기의 블록을 현장에서 조립하여 설치하는 공법이 콘크리트블록 포장이다.

(2) 콘크리트 블록포장은 맞물림 효과를 갖는 인터록킹 블록(interlocking block)을 표층에 사용하는 포장으로, 블록 상호가 맞물림(interlocking)에 의해 교통하중을 분산시켜 포장구조로써 유효한 기능을 가지며 교통하중을 지지하는 소요 두께는 기존 콘크리트 포장보다 얇게 할 수 있어 경제적이다.

(3) 콘크리트블록 포장의 구조는 인터록킹 블록 표층, 안정층(sand cushion) 및 보조기층으로 구성된다. 표층 블록은 상호 2~4mm 정도 떨어져 있으며, 그 틈새를 모래로 채운다. 횡단경사는 2~3% 표준이며, 포장을 보호하기 위하여 단부에 연석을 설치하여 마무리한다.

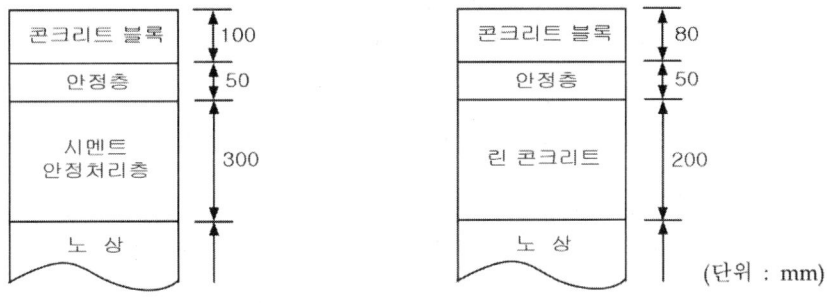

콘크리트블록 포장의 단면 비교

2. 콘크리트블록 포장의 구조

(1) 노상

① 노상은 보조기층 밑 약 1m 두께 범위를 말한다. 노상의 지지력을 CBR시험으로 판정하여 포장두께를 결정한다.

② 노상은 노상토가 보조기층으로 침입하는 것을 방지할 목적으로 설치하는 차단층을 포함할뿐 아니라, 균등한 지지력을 갖는 노상을 만들기 위하여 흙을 부분적으로 치환하는 것도 포함한다.

(2) 보조기층

① 보조기층은 인터록킹 블록 표층에 가해지는 교통 윤하중을 분산시켜 안전하게 노

상에 전달하는 역할을 한다.

② 보조기층은 충분한 지지력을 가질 수 있도록 내구성이 좋은 양질의 재료를 필요한 설계두께 만큼 잘 다져야 한다.

⑶ 안정층

① 안정층은 모래로 포설하며 포설두께는 보조기층의 평탄성에 따라 다르지만 보통 4~5cm로 하고, 다진 후 두께는 3~4cm를 표준으로 한다.

② 포설용 모래의 입도는 0~8mm로 하며, 소성 있는 세립분이 없어야 한다.

⑷ 표층

① 표층은 인터록킹 블록으로 부설된다. 하중분포의 균일성이 좋아야 한다.

3. 콘크리트블록 포장의 특징

⑴ 블록 포장의 장점

① 블록은 정확한 규격과 강도에 견디는 재료로 값싸게 생산 가능

② 포설의 용이성, 간단한 장비로 가능

③ 시공 후 즉시 교통개방 가능

④ 지형이 불리한 곳(급경사지, 산악지 도로등)에도 포장 가능

⑤ 줄눈으로 인하여 표층의 반사균열 근절 및 파손부위 신속히 저렴하게 보수

⑥ 침하가 큰 곳에서 기존 강성 포장보다 적응성 우수

⑦ 미관 수려, 색상 다양

⑧ 중차량의 가속·회전·정지 등에 의한 횡방향 전단에 높은 저항성 발휘

⑵ 블록 포장의 제한 및 단점

① 블록 포장의 문제점은 인력시공하기 때문에 시공속도가 느리고, 고속차량 주행이 곤란하다.

② 블록 포장은 아스팔트 콘크리트나 슬립폼 콘크리트 포장과 같이 즉시 타설이 어렵고 도로포장에 사용하면 승차감이 떨어져서 주행속도 50km/h 이하 구간에만 제한적으로 사용된다.

⑶ 블록 포장의 적용성

① 최근 국내·외에서 블록 포장이 널리 사용되고 있어 기술개발이 활발하다.

② 주요 적용 대상은 도심지 도로(50km/h 이하), 주거지역 도로, 버스정류장, 주차장 등을 들 수 있다.[69]

---

69) 국토교통부, '도로설계편람', 제4편 도로포장, pp.408-1~16, 2012.

08.20 콘크리트 포장의 시공장비

시멘트 콘크리트 포장 장비선정, 설계 및 시공 유의사항 [0, 1]

I. 개요

1. 시공조건에 맞는 장비의 선정은 콘크리트 포장의 품질 및 작업효율에 막대한 영향을 미치므로 수급인은 공사에 사용할 모든 장비의 기종, 기능, 기계상태, 배치계획, 오염대책 등을 기재한 장비 사용계획서를 제출하여 공사감독자의 승인을 받은 후, 공사현장에 반입하여 사용 전에 공사감독자의 확인을 받아야 한다.

2. 콘크리트 포장의 시공장비에는 기본적으로 배치플랜트(batch plant), 믹서(mixer), 백호(backhoe)와 스프레더(spreader), 슬립폼 페이버(slipform paver), 거친면 마무리기, 양생제 살포기, 콘크리트 커터(concrete cuter) 등이 필요하다.

II. 콘크리트 포장의 시공장비

1. 배치플랜트(batch plant)

(1) 배치플랜트에는 잔골재 및 굵은골재를 입도별로 계량하는 계량장치를 구비한다.

(2) 벌크시멘트를 사용할 때는 계량장치, 빈, 호퍼를 구비한다. 호퍼는 작업 중 먼지나 기타 유해물질 혼입을 방지할 수 있는 구조이어야 한다.

(3) 산업부산물(플라이애시, 슬래그 미분말 등)을 콘크리트포장에 사용할 때는 시멘트 혼화재의 사일로와 계량장치를 추가 설치한다.

(4) 배치플랜트는 작업 중 점검과 검사를 하고, 작업원의 안전을 도모할 수 있는 안전장치가 부착되어야 한다.

2. 믹서(mixer)

(1) 포장용 콘크리트는 현장 플랜트 또는 레미콘을 공급하거나 트럭믹서에서 혼합하여 공급한다. 각 믹서에는 혼합용 드럼의 용량을 혼합콘크리트의 부피로 표시하고, 블레이드의 회전속도를 표시하는 제작자 표찰이 부착되어야 한다.

(2) 콘크리트 혼합 믹서는 규정된 혼합시간 내에 골재, 시멘트 및 물을 완전히 혼합하여 균질한 혼합물을 만들고, 재료분리가 발생하지 않고 배출할 수 있는 것으로 공사감독자의 승인을 받은 장비이어야 한다.

(3) 각 믹서는 드럼에 재료가 완전 채워졌을 때 배출 레버가 자동 잠기고 혼합 끝났을 때 열리는 시간조절장치, 배치 수를 표시하는 계수기 등이 부착되어야 한다.

(4) 각 믹서는 적당한 시간간격을 두고 청소하며, 드럼 내의 날이 20 mm 이상 마모되었을 때는 보수하거나 교체한다.

Concrete batch plant

Concrete mixer truck

3. 백호(backhoe)와 스프레더(spreader)

⑴ 다져지지 않은 콘크리트를 포설면에 고르게 펴는 장비에 백호가 사용되며, 대규모 공사에 스크류형 스프레더, 벨트형 스프레더, 호퍼용 스프레더 등이 사용된다.

⑵ 소규모 공사에는 믹서의 동력으로 작동되는 스트라이크 오프(strike-of)를 사용하거나 인력포설을 할 수 있다.

4. 슬립폼 페이버(slip form paver)

⑴ 슬리폼 페이버는 오거(auger) 및 스트라이크 오프(strike-of)로 콘크리트를 적절한 높이로 포설한 후, 바이브레이터, 템퍼, 콘포밍 플레이트(conforming plate), 사이드 플레이트(side-plate)로 다지고, 플로우트, 트레일 폼(trail form) 및 에저(edger)로 마무리하면서 연속적으로 포설할 수 있어야 한다.

5. 거친면 마무리기

⑴ 거친면 마무리기는 설계도에 따라 마무리 할 수 있는 기능을 갖추어야 한다.

6. 양생제 살포기

⑴ 양생제 살포기는 포장면 전체에 양생제를 균일하게 살포할 수 있는 일정한 압력을 갖춘 분무장치와 교반장치를 갖추어야 한다.

7. 콘크리트 커터(concrete cutter)

⑴ 콘크리트 커터는 수(水)냉각식 다이아몬드 톱날이나 마모형 톱날이 부착되어 경화된 콘크리트를 설계치수에 따른 줄눈을 자를 수 있어야 한다.

⑵ 콘크리트를 절삭할 때 발생되는 오염물질로 인한 환경피해 최소화를 위해 콘크리트를 절삭할 때 청소를 병행할 수 있는 진공흡입장치를 이용하여야 한다.

⑶ 습식줄눈을 절단할 때 생기는 이물질은 비산되지 않고 사용되는 물을 따라 흘러내리므로 이를 적절히 수거해야 한다.

Concrete slip form paver

Concrete cutter

Ⅳ. 콘크리트 포장의 설계·시공 유의사항

1. 시공면 준비

(1) 콘크리트포장 시공 前에 뜬돌, 점토, 유해물 등을 제거하며, 양호한 상태로 표면을 유지하고 손상부분은 즉시 보수한다.

(2) 보조기층 표면에 분리막을 설치할 때는 전폭으로 깔아 겹이음 없도록 한다. 부득이하게 이음 할 때는 세로방향 10mm, 가로방향 30 mm 이상 겹치게 설치한다.

2. 거푸집 설치

(1) 거푸집의 측면은 브레이싱으로 저판에 지지되고, 이때 저판에서 브레이싱 지지점은 측면으로부터 높이의 2/3 지점 이상으로 설치해야 한다.

(2) 거푸집은 설치 후 진동기 충격다짐과 포설기계 최대윤하중에 충분히 견딜 수 있어야 하며, 거푸집 설치의 이격 허용오차는 거푸집용 강재두께 이하로 한다.

3. 콘크리트 포설 및 다짐

(1) 콘크리트는 승인된 장비와 공법을 사용하여 소정의 위치에 균등량을 설계도에 표시된 두께와 경사를 갖도록 그 양을 조절하면서 포설해야 한다.

(2) 콘크리트 포설 後, 피니셔를 사용하여 연석부까지 다진다. 이때, 바이브레이터의 위치·간격·진동수를 조정하여 모르타르가 과다하게 모이는 것을 방지한다.

4. Slip form paver에 의한 포설

(1) 콘크리트 포장의 선형은 전자감응식 유도장치로 확인하여 설계도에 명시된 정확한 선형으로 포설한다. 슬럼프 값은 10~60mm 범위로 관리한다.

(2) 콘크리트 포설 後, 모따기(edge)를 제외한 포장면에 6mm 이상 처짐이 생겼을 때는 콘크리트의 초기응결이 시작되기 전에 수정해야 한다.

5. 보강용 철망 설치

(1) 보강용 철망은 설계도에 표시된 높이까지 하부 콘크리트를 포설한 後 설치하며, 철망 설치 後에 이어서 상부 콘크리트를 포설한다.

(2) 포장두께 전체를 포설한 後, 기계적인 방법으로 표면에서 소정의 깊이까지 보강용 철망을 삽입하는 방법도 있다. 철망은 설치 中 또는 설치 後 이동 금지한다.

6. 연속철근 설치

(1) 연속철근은 설계도에 따라 표시된 위치에 종류별 수량을 정확히 설치하며, 콘크리트를 타설 前에 받침(chair)으로 철근이 이동되지 않도록 견고히 고정한다.

(2) 연속철근의 이음개소가 동일한 단면에 집중되지 않도록 서로 엇갈리게 설치하고, 철근의 이음길이는 직경의 30배 이상 또는 40mm 이상으로 한다.

7. 보강용 콘크리트 슬래브

(1) 보강용 콘크리트 슬래브는 교대 뒤채움부에 설치되는 접속슬래브(approach slab)와 토공부의 지지력 불연속 구간에 설치하는 포장하부 보강슬래브로 구분된다.

(2) 포장하부 보강슬래브는 지지력의 불연속, 지중구조물로 인한 부등침하 등이 예상되는 곳에 설치되며, 표면은 Vibrating screener에 의한 기계 마무리한다.

8. 포장단부 처리

(1) 연속철근 콘크리트 포장 시·종점부 자유단(공법이 다른 포장 또는 교량 접속부)에는 포장슬래브의 신축에 의한 충격흡수를 위해 포장단부를 처리한다.

9. 줄눈 설치

(1) 가로시공줄눈 : 포설작업 완료, 기습강우, 기계고장 등으로 타설작업이 30분 이상 중단되었을 때 설치하며, 가로줄눈의 설치 위치에 맞추어 시공한다.

(2) 가로팽창줄눈 : 포장슬래브와 구조물의 접속부분에 설치하며, 콘크리트 경화 後에 커터로 자를 때는 콘크리트 강도가 어느 수준에 이르렀을 때 절단한다.

(3) 가로수축줄눈 : 설계도에 명기된 깊이까지 중심선에 대하여 수직으로 자르고, 홈 내의 이물질을 깨끗이 청소한 後, 주입줄눈재로 홈을 채운다.

(4) 세로줄눈 : 홈줄눈, 맞댐줄눈으로 하며, 포장에 수직으로 정해진 깊이의 홈을 만들고 주입줄눈재로 홈을 채운다.

(5) 다웰바·타이바 : 체어에 지지할 경우, 체어는 철근을 용접 조립한 것이어야 하며, 철근을 견고히 고정하여 시공 中 변형이 생기지 않도록 한다.

(6) 줄눈재 주입 : 홈 내면에 프라이머를 바른 後, 기포가 생기지 않도록 주입하고, 주입이 끝났을 때 줄눈재의 상면이 포장슬래브 표면보다 3mm 낮게 마무리한다.

10. 표면 마무리

(1) 초벌 마무리 : 피니셔나 슬립폼 페이버 등의 기계 사용이 원칙이다. 기계고장이면 인력에 의한 간이 피니셔나 템플리트 템퍼(template tamper)로 할 수 있다.

(2) 평탄 마무리 : 초벌마무리 後, 표면마무리 장비에 의한 기계마무리나 플로우트 (float)에 의한 인력마무리로 종·횡방향의 요철을 평탄하게 마무리한다.

(3) 거친면 마무리 : 평탄마무리 後, 콘크리트 포장 표면에 물기가 없어지면 그루빙 (groving)방법, 타이닝(tining) 기계마무리, 마대, 빗자루, 솔 등으로 마무리한다.

11. 거푸집 제거

(1) 거푸집은 콘크리트 타설 後, 콘크리트 강도가 자중 및 시공 중 가해지는 강도 이 상에 이르면 제거한다.

(2) 거푸집 제거 後, 재료이탈이 생긴 부분은 시멘트 모르타르로 깨끗이 메꾸며, 공용 성 및 내구성 문제가 예상되는 경우에는 재시공해야 한다.

12. 양생

(1) 습윤양생은 최소 5일간 시행하며, 1차 피막양생과 2차 덮개양생으로 구분된다.
  ① 1차 피막양생은 거친면 마무리가 끝난 直後, 피막양생제를 살포한다.
  ② 2차 양생용 덮개양생은 포장체 표면이 양생용 덮개 설치로 손상되지 않는 범위 에서 최대한 신속히 설치한다.

(2) 피막양생은 수밀한 막을 만들려고, 온도변화 적도록 백색안료를 혼합·살포한다.
  ① 피막양생제는 콘크리트 슬래브 표면에 물기가 없어진 直後, 초기응결이 시작되 기 前에 종방향 얼룩이 없도록 1회 이상 살포한다.
  ② 피막양생제의 총살포량은 $0.4{\sim}0.5\ell/m^2$ 정도이며, 줄눈 시공으로 피막이 손상된 부분은 피막양생제를 재살포하여 손상된 부분을 복구한다.

13. 포장면 보호 및 교통개방

(1) 수급인은 콘크리트 슬래브 양생기간 中에 車輛·人馬의 진입에 의한 피해 방지를 위하여 양생 중 표지, 주변방책 등을 설치하고, 감시인을 상주시킨다.

(2) 교통개방은 줄눈주입재의 양생이 완료된 後 강도시험 결과에 따라 공사감독자의 승인을 받아 시행한다.[70]

---

70) 국토교통부, '시멘트 콘크리트 포장공사', 국가건설기준 표준시방서, 2016.

08.21 콘크리트 포장의 줄눈

시멘트콘크리트 포장에서 줄눈의 종류, 기능 및 시공방법 [0, 2]

I. 개요

1. 콘크리트 포장의 줄눈은 포장의 팽창·수축을 수용함으로써 온도·습도 등의 환경변화, 마찰력, 시공에 의해 발생되는 응력을 완화시키려고 설치한다.

2. 콘크리트 포장의 줄눈은 형식별로 가로줄눈, 세로줄눈 및 시공줄눈으로 나뉜다. 기능별로 수축줄눈, 팽창줄눈 및 시공줄눈으로 나뉜다.

3. 콘크리트 포장의 줄눈은 가능하면 적게 설치하고, 적정한 구조로 설치하여 포장의 공용성과 주행성을 향상시키도록 한다.

4. 일반적인 설계측면에서 줄눈의 구조는 줄눈간격, 줄눈배치, 줄눈규격 등을 고려하여 가능하면 적게 설치하고, 강한 구조로 설계한다.

5. 또한 콘크리트 포장의 줄눈은 하나의 횡단선 상에서 동일한 형식과 기능의 줄눈이 배열되도록 설계한다.

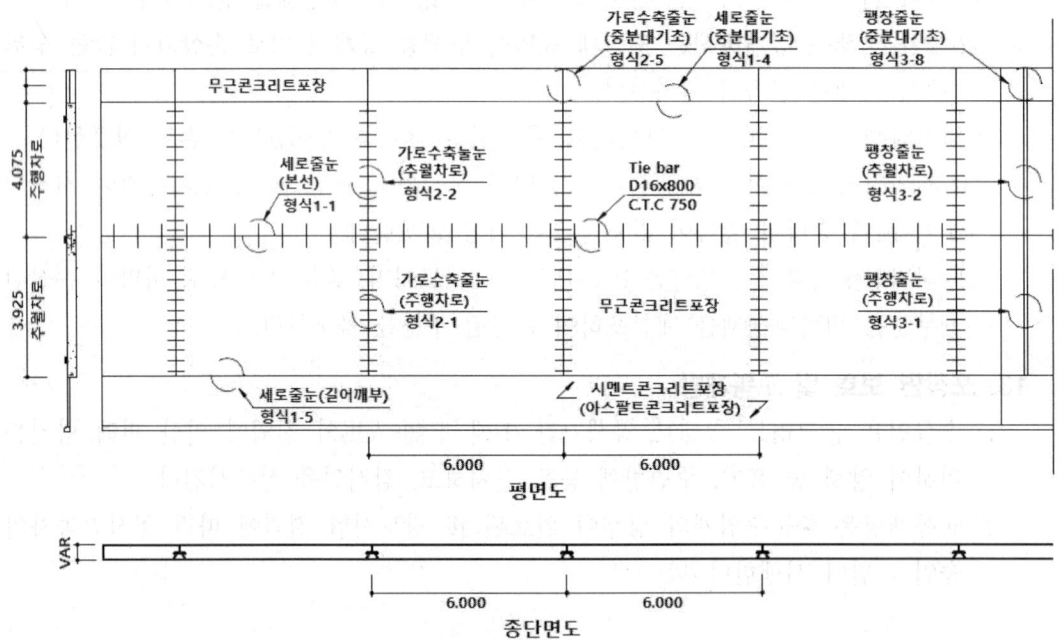

콘크리트 포장 줄눈의 일반도

II. 줄눈의 종류

1. 수축줄눈

(1) 수축줄눈 또는 맹줄눈(dummy joint)은 수분·온도·마찰에 의해 발생되는 긴장력을 완화시켜 균열을 억제하기 위해 설치한다. 수축줄눈이 없다면 포장의 표층에 불규칙한 균열이 발생하게 된다.

(2) 가로수축줄눈 간격 결정의 핵심요소는 슬래브 두께이다. 물론, 슬래브 보강 여부, 콘크리트 온도팽창계수, 콘크리트 경화 중에 온도와 슬래브 활동을 구속하는 보조기층 면의 마찰저항 등도 관련이 있다.

(3) 세로(수축)줄눈은 보통 차로 경계에 설치하지만, 실제는 (차로 분할)시공을 고려하여 결정한다. 종방향 균열 방지를 위해 종방향 세로줄눈 간격은 4.5m 미만으로 설계하되, 차량이 종방향 줄눈 위를 주행하지 않도록 차로 경계에 설치한다.

(4) 세로(수축)줄눈의 폭은 6mm, 깊이는 슬래브 두께의 1/4 이상으로 한다. 채움재의 깊이는 채움폭에 따라 다르지만, 최소깊이는 10mm 이상으로 한다.

(5) 종방향 세로줄눈 저면에 50mm의 삼각형 목재 또는 L형 플라스틱재를 설치하여 슬래브 단면을 감소시킴으로써 줄눈 위치로 균열을 유도할 수 있다.

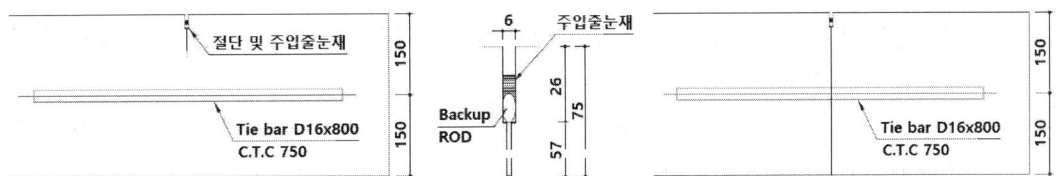

2차로 폭으로 시공하는 경우의 횡단면도 (단위: mm)　　　　**1차로 폭으로 시공하는 경우의 횡단면도** (단위: mm)

세로줄눈

2. 팽창줄눈

(1) 팽창줄눈의 설치 목적은 슬래브 크기 변화에 의해 발생되는 압축응력으로 인한 손상 악화를 억제하고, 인접 구조물로의 압력 전달을 방지하는데 있다.

(2) 팽창줄눈은 경제성, 작업성 및 공용성 문제를 고려하여 가능하면 적은 개소에 설치한다. 즉, 팽창줄눈은 포장형식이 변하는 부분, 교차로 등에 설치한다.

(3) 가로 팽창줄눈은 교량 접속부, 포장구조가 변하는 위치, 교차 접속부 등에 설치한다. 기타 위치에 가로 팽창줄눈을 설치할 경우에는 1일 포설연장, 교량 간격, 수축줄눈 간격 등을 고려하여 결정한다.

(4) 팽창줄눈의 변위량은 경험에 의해 결정되며, 채움부의 규격은 변위량과 재료의 성능에 따라 결정한다. 일반적으로 팽창줄눈 규격은 수축줄눈 보다 더 크다.

(5) 팽창줄눈은 주입 줄눈재와 줄눈판을 상하에 병용하는 구조로 설계한다. 주입 줄눈재는 줄눈의 수밀성 유지를 위해 사용하며, 주입 이는 20~40mm 정도로 한다.

(6) 팽창줄눈은 다웰바로 보강한다. 팽창줄눈의 다웰바는 슬래브의 두께에 따라 직경 25~32mm, 길이 500mm 규격을 사용한다.

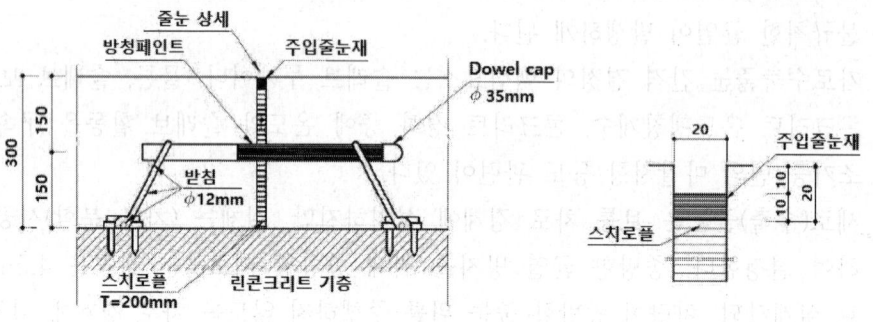

가로 팽창줄눈

3. 시공줄눈

(1) 시공줄눈이란 1일 포설 종료할 때, 강우 등에 의해 시공을 중지할 때에 설치하는 줄눈이다.

(2) 시공줄눈의 위치는 가급적 수축줄눈의 예정위치에 설치하며, 이때 맞댄형식의 수축줄눈으로 설치한다.

(3) 강우와 기계고장 등의 사유로 인해 수축줄눈의 예정위치에 설치 불가능할 때는 수축줄눈에서 3m 이상 떨어진 위치에 맞댄형식으로 설치한다.[71]

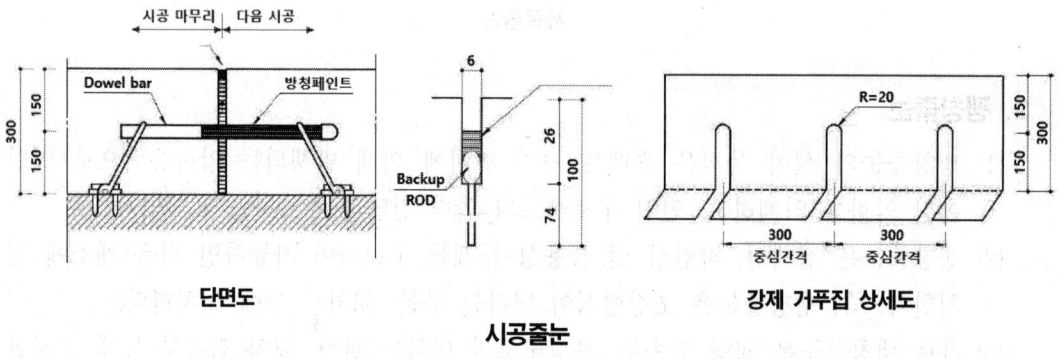

단면도   **강제 거푸집 상세도**

시공줄눈

---

71) 국토교통부, '도로설계편람', 제4편 도로포장, pp.404-5~7, 2012.

08.22 콘크리트 포장의 다웰바, 타이바

콘크리트 포장에서의 타이바(Tie Bar)와 다웰바(Dowel Bar) [3, 0]

Ⅰ. 바(bar)의 요구조건

1. 하중전달장치는 설계구조가 간단하고, 설치방법이 용이하며, 콘크리트 내에 완전히 삽입이 가능할 것
2. 하중전달장치와 접촉되는 부위의 콘크리트에 과잉응력을 발생시키지 않고, 재하되는 하중응력을 적절히 분산시킬 수 있을 것
3. 실제 통과예정 윤하중과 통과빈도에 대해 역학적으로 안정된 구조일 것
4. 부식이 예상되는 지역(해양)에서는 부식에 저항할 수 있는 재료일 것

Ⅱ. 다웰바(dowel bar)

1. 다웰바 특징·기능

(1) 설계 구조가 간단하고, 설치가 용이하며, 콘크리트 내에 완전 삽입이 가능하도록 소요 인장강도 이상의 품질을 가진 원형 봉강 철근을 사용한다.
(2) 다웰바와 접촉되는 부위의 콘크리트에 과잉 응력을 발생시키지 않고, 재하되는 하중응력을 적절히 분산시킬 수 있도록 설계한다.
(3) 가로줄눈부의 종방향 변위(longitudinal movement)를 구속하지 않도록 설계한다.
(4) 실제 통과될 윤하중과 그 통과빈도에 대해 역학적으로 안정된 구조로 설계한다.
(5) 부식 예상지역에는 부식에 저항할 수 있는 재료를 사용한다.

2. 다웰바 배치

(1) 팽창줄눈에는 슬래브 두께에 따른 적절한 지름과 길이의 다웰바를 배치하며 철재 캡(cap)을 씌운다. 도로 중심선에 평행 매설되도록 체어(chair)로 지지한다.
(2) 다웰바는 슬래브 두께 1/8 직경의 강봉으로 일단(一端)을 고정하고, 다른 단이 신축하기 때문에 부착방지재를 씌우거나 아스팔트 재료로 도포한다.
(3) 부착 방지(신축 가능)를 위하여 다웰바 길이의 1/2에서 5cm를 더한 길이에 도포한다. 兩端 10cm와 다웰바에 접촉되는 부분에도 방청페인트를 도포한다.
(4) 미국시멘트협회(PCA, Portland Cement Association)는 다웰바의 직경은 슬래브 두께의 1/8로 규정하고, 콘크리트포장의 응력을 감소시켜 단차를 조절하도록 ϕ 32mm 또는 ϕ38mm를 사용토록 권장하고 있다.

3. 다웰바 생략

(1) 지반이 좋고 보조기층 위에 빈배합 콘크리트를 타설하거나 보조기층을 시멘트 안정처리하여 지지력이 충분히 확보되는 위치에는 다웰바를 생략할 수 있다.

4. 다웰바 설치간격

(1) 다웰바 설치간격은 시공성과 자재관리의 용이성을 고려하여 표준화한다.

(2) 주행차량의 포장면 바퀴 접촉구간에서 보강을 위하여 다웰바 설치간격을 조정 (450mm→300mm)하여 적용한다.

(3) PCA에서는 슬래브 두께 25.4cm 이하에는 32mm(1.25inch), 25.4cm 이상에는 38mm(1.5inch)의 다웰바 사용을 권장한다. 즉, 콘크리트 포장의 응력을 감소시켜 단차를 조절하기 위해 32~38mm의 다웰바 사용을 권장한다.

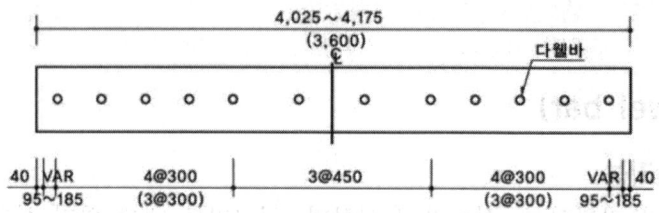

주행·추월차로 팽창줄눈에 설치되는 다웰바의 간격 사례

Ⅲ. 타이바(tie bar)

1. 타이바 특징·기능

(1) 콘크리트포장 슬래브의 세로줄눈부에 설치하는 역학적 하중전달장치로서, 세로줄눈부(차로와 차로 사이)의 단차 발생을 방지하여야 한다.

(2) 재료는 소요 인장강도 이상의 품질을 가진 이형 봉강철근을 사용한다.

2. 타이바 배치

(1) 타이바는 콘크리트와의 부착력을 높이기 위하여 ϕ16mm 이형철근을 80cm 길이로 제작하여, 75cm 간격으로 배치한다.

(2) 2차로 동시 시공에는 맹줄눈, 1차로 단독 시공에는 맞댐(맹)줄눈으로 한다. 부득이 1차로씩 시공할 때의 세로줄눈은 타이바를 사용한 맞댐(맹)줄눈으로 한다.

(3) 세로 맞댐(맹)줄눈의 저면을 잘라낸 이유는 타이바가 강하여 윗면 홈(groove)만으로는 타이바 위치에서 빗나간 곳에서의 균열 발생을 막기 위함이다. 이때 홈(groove)과 저면 잘라낸 부분을 합하여 슬래브 두께의 30%로 한다.

(4) 타이바의 내구성 향상을 위하여 중앙부 10cm 구간에 방청페인트를 칠한다.

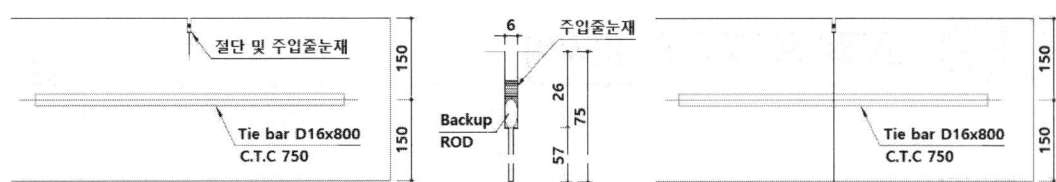

2차로 폭으로 시공하는 경우의 횡단면도 (단위: mm)   **1차로 폭으로 시공하는 경우의 횡단면도** (단위: mm)

세로줄눈에 배치되는 타이바

3. 타이바 생략

(1) 도로 평면선형 곡선반경 100m 이하의 곡선구간을 4등분하여 전체길이 1/2의 중앙부는 통상적인 간격의 1/2로 세로방향줄눈을 설치하고, 곡선의 시작과 끝부분 1/4은 타이바를 생략한다.

(2) 타이바를 생략하는 평면선형 곡선구간 내에서는 팽창줄눈도 생략한다.

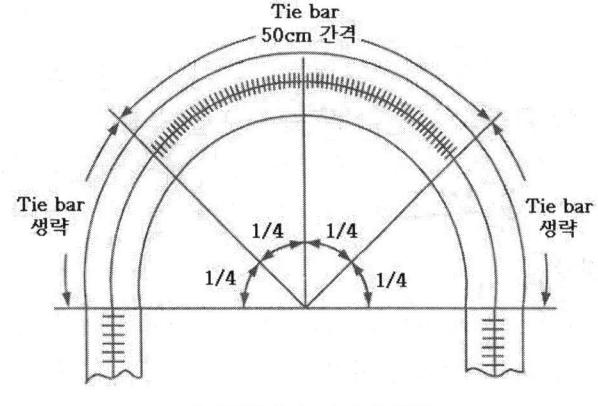

평면곡선에서 타이바 생략

III. 맺음말

1. 콘크리트 포장 설계구간에서 지반이 좋고 보조기층 위에 빈배합 콘크리트를 설치하거나 보조기층을 시멘트안정처리하여 노상지지력이 충분히 발휘되는 위치에는 다웰바를 생략할 수 있다.

2. 타이바는 줄눈이 벌어지는 것을 방지할뿐 아니라, 종방향으로 차로 사이의 단차 발생을 방지하고, 하중전달능력을 발휘하여 슬래브 연단부를 보강하는 효과가 크므로, 사용하는 것이 효과적이다.[72]

---

72) 국토교통부, '도로설계편람', 제4편 도로포장, pp.404-7~7, 2012.

08.23 콘크리트 포장의 분리막

1. 분리막

⑴ 분리막(分離膜)은 줄눈이 있는 무근 콘크리트 포장에서 시멘트 콘크리트 슬래브와 보조기층 간의 마찰력을 감소시키며, 동시에 시멘트 콘크리트 중의 수분이 보조기층에 흡수되는 것을 방지할 목적으로 설치된다.

2. 분리막의 기능

⑴ 콘크리트 포장의 표층(concrete slab)과 보조기층 사이의 마찰저항을 줄인다.

⑵ 콘크리트 타설 중에 모르타르의 손실을 방지하고, 보조기층으로부터 이물질의 혼입과 모관수에 의한 수분상승을 방지한다.

3. 분리막의 재료

⑴ 분리막은 일반적으로 폴리에틸렌 필름으로 설치한다. 소규모 무근 콘크리트포장에는 석회, 석분, 유화아스팔트, craft paper 등도 사용한다.

⑵ 분리막은 취급이 용이하고 물을 흡수하지 않으며, 시멘트 콘크리트를 타설할 때나 다짐할 때, 장기간 사용 중에도 변질되거나 찢어지지 않는 제품이어야 한다.

4. 분리막의 설치대상

⑴ 무근 콘크리트 포장(JCP, jointed concrete pavement)에서 콘크리트 슬래브와 보조기층(lean concrete층) 사이에 마찰저항을 줄이기 위해 분리막을 설치한다.

⑵ 연속철근 콘크리트 포장(CRCP, continuously reinforced concrete pavement)에서는 종방향 철근을 사용하고 횡방향 줄눈을 완전히 제거하여 슬래브 이동을 억제하므로 분리막을 설치할 필요가 없다.

5. 분리막의 시공요령

⑴ 포장도로 전체에 횡방향 세로이음이 없도록 깔고, 종방향 겹이음은 포설된 쪽이 위에 놓이도록 깐다.

분리막 겹이음

⑵ 부득이하게 분리막을 겹이음하여 연결할 때는 (폭원)횡방향으로 10cm 이상, (진행)종방향으로 30cm 이상 겹치도록 설치하여 이음부의 분리를 방지한다.

⑶ 분리막의 두께는 dial thickness gauge로 측정한다. 분리막의 설치 자체가 콘크리트 슬래브 타설작업에 방해되지 않아야 한다.[73]

---

73) 국토교통부, '시멘트 콘크리트 포장 생산 및 시공지침', p.40, 2009.

08.24 콘크리트 포장의 그루빙 (grooving)

포장의 그루빙(grooving) [3, 0]

Ⅰ. 개요

1. 1960년대 美항공우주국에서 항공기 안전을 위하여 처음 개발된 포장 표면처리공법으로, 포장 표면에 입체적인 홈을 형성하여 타이어 패턴과 같은 효과를 추구하는 미끄럼 방지 도로안전기술로서, 수막현상 방지, 배수성 향상에 따른 미끄럼 방지, 결빙억제 및 주행안전성 향상, 소음감소 대책 등의 효과가 있다.

Ⅱ. 그루빙(grooving) 공법

1. 그루빙 정의

(1) 그루빙(griooving)이란 도로·활주로 포장 표면에 일정한 규격의 홈을 형성하년 것으로 다양한 포장 표면처리(pavement texturing)공법의 일종이다.

(2) 국제 그루빙 & 그라인딩 협회(IGGA, International Grooving & Grinding Association)는 포장 표면무늬(pavement texture) 단위 간격의 넓이(space)가 0.5inch(12.7mm) 以上이면 Grooving, 以下이면 Texturing으로 분류한다.

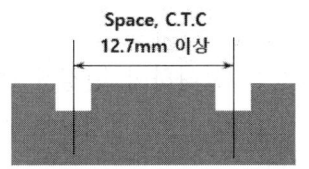

포장 표면무늬의 단위 간격

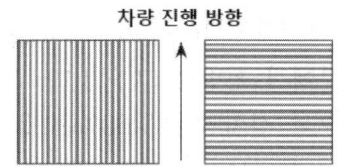

Longitudinal Transverse

2. 그루빙 종류

(1) 자동차·항공기 주행방향과 수평하게 홈을 절단하는 종방향(Longitudinal) 그루빙과 진행방향에 수직으로 절단하는 횡방향(Transverse) 그루빙으로 구분된다.

(2) 지금까지 국내에서 일반적으로 제동거리 단축을 위하여 횡방향 그루빙만을 적용하여 왔으나, 운전자 시선 유도 및 시인성 향상, 운전 편의성 향상, 주행의 마찰 소음 감소 및 접지력 향상 등에서 탁월한 효과가 있는 종방향 그루빙 방식을 곡선구간, 경사구간, 터널구간 등에 적용하여 교통사고를 크게 줄이고 있다.

(3) 횡방향 그루빙은 제공거리 단축, 의도적인 주행 소음·진동을 발생시킴으로써 감속경고 효과를 목적으로 적용하고 있으며, 배수성이 취약한 구간, 동절기 결빙사고가 잦은 음지구간의 평면구간(종단구배 2 % 미만)에 적용하고 있다.

3. 그루빙 시공방식

(1) 블레이드 냉각방식 : 절단톱날(saw-cutting diamond blade) 냉각방식에 따라 수냉식(습식)과 공냉식(건식)으로 분류된다.

　① 습식 : 냉각수를 투입하여 블레이드를 냉각시키는 방식

　② 건식 : 공기흐름을 이용하여 블레이드를 냉각시키는 방식

(2) 압축공기 순환방식 : 밀폐된 절단장치 공간으로 압축공기를 강제순환시킴으로써 절단톱날을 냉각시키면서, 동시에 투입된 압축공기와 절단분진을 흡입·여과하는 일체형 시공방식이다.

　① 동력장치(엔진)에 연결된 절단용 톱날의 구동축 회전은 절삭효과가 극대화될 수 있는 원형 절단톱날의 주행속도를 맞춘다.

　② 밀폐된 절단장치 내에 강제 압입된 공기와 여과장치에 흡입된 용량을 적절히 배분함으로써 절단장치 외부로 유출되는 먼지를 없앤다.

　⑥ 여과장치는 싸이클론 집진장치로서 입자가 큰 분진(전체 분진의 95%)을 여과하고, 미세 분진은 필터장치(무동력 여과 풍선방식)로 여과한다.

4. 그루빙 시공 유의사항

(1) 홈파기용 knife cutting type으로 콘크리트포장 표면에 홈파기를 설치하고, 환경오염 방지를 위해 reverse circulation 설비를 사용하여 sludge는 배출하고, 폐수는 재활용한다.

(2) 곡선부에서 횡방향 그루빙 : 노면수의 흐름특성을 고려하여 편경사 0%인 지점을 기준으로 설치연장의 60%는 유수 하류방향, 40%는 상류방향으로 설치한다. 가로줄눈 부위는 전·후 5cm를 이격하여 설치한다.

(3) 곡선부에서 종방향 그루빙 : 종방향 grooving이 횡방향 grooving보다 소음감소에 효과적이다. 횡방향 grooving은 배수처리용이다.[74]

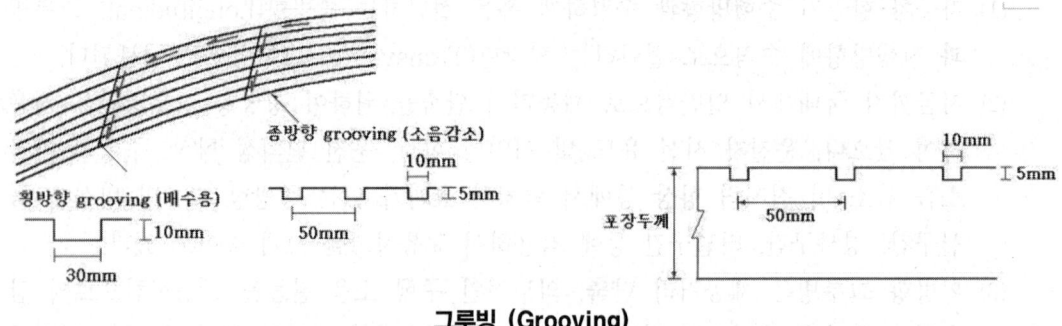

그루빙 (Grooving)

---

74) 박효성 외, 'Final 도로및공항기술사', 2차 개정, 예문사, p.341, 2012.

08.25 도로포장의 저소음화 공법

콘크리트 포장의 소음저감 [1, 0]

1. 도로포장의 소음

(1) 자동차 소음과 타이어 소음

① 자동차 소음은 전통적으로 엔진과 배연기관에서 발생되는데, 최근 공학기술 발전으로 자동차 자체의 소음발생은 크게 감소되었다.

② 타이어와 노면 사이의 진동·펌핑소음이 자동차소음보다 상대적으로 도시지역 생활환경에 미치는 영향이 크게 증가하는 추세이다.

  ○ 진동소음 : 타이어와 노면의 탄성충격으로 타이어벽이 진동하면서 발생

  ○ 펌핑소음 : 타이어 트레이드(tread, 홈) 사이에서 공기가 압축·팽창하며 발생

(2) 아스팔트 포장 소음과 콘크리트 포장 소음

① 아스팔트 포장은 콘크리트 포장에 비해 평탄성·소음 측면에서 유리하다. 특히, 통행량이 많은 도심지에서 아스팔트포장을 배수성 포장 또는 SMA 포장으로 시공하면 타이어와 도로의 마찰로 인해 발생되는 교통소음을 줄일 수 있다.

② 콘크리트 포장은 아스팔트 포장에 비해 평탄성·소음 측면에서 불리할 수밖에 없는 재료적 특성을 가지고 있으나, 강도·내구성 등 많은 장점이 있어 중차량 통행량이 높은 산업도로에 우선 적용하는 추세이다.

③ 콘크리트 포장 표면의 소음 감소를 위한 종방향 마무리공법 등은 내구성에 취약하므로 기존포장의 유지보수에는 부적합하고, 신설포장에 제한적으로 쓰인다.

2. 아스팔트 포장의 저소음화 공법

(1) 배수성 아스팔트 포장(Drain asphalt pavement)

① 배수성 아스팔트 포장은 기존포장에 비해 공기의 투과성이 높아, 타이어에 의한 공기의 압축이 작아지기 때문에 소음발생이 감소된다.

② 주행속도 50~80km/h에서 소음레벨 3~5dB 감소된다. 생활소음 65dB 수준에서 3dB 감소되면 사람이 느끼는 음향파워는 50% 감소된다.

③ 포장두께가 두꺼울수록 최대입경이 작을수록 저소음 효과가 크다. 특히, 비오는 날에는 타이어와 노면 사이에서 물의 흡음(吸音)으로 저소음 효과가 더 크다.

포장공법별 소음측정 결과

포장공법	콘크리트 포장	아스팔트 포장	배수성 포장
소음크기(dB)	95.7	92.9	91.4

(2) SMA 포장(Stone Mastic Asphalt pavement)

① 쇄석 매스틱 아스팔트 포장(SMA, Stone Mastic Asphalt pavement)은 골재, 아스팔트, 셀룰로오스 화이버(Cellulose Fiber)로 구성된다.

② SMA는 굵은골재의 비율을 높이고 아스팔트 함유량을 증가시켜 아스팔트의 접착력으로 골재 탈리를 방지하고, 골재 맞물림(Interlocking)으로 압축력과 전단력에 저항함으로써 소성변형과 균열에 대한 저항성이 우수한 내유동성 포장이다. 더불어 SMA 포장은 배수성포장과 함께

③ SMA 혼합물은 다량의 굵은 골재와 그 사이를 채워줄 수 있는 결합재로서 매스틱(Mastic)이 사용된다. 매스틱은 아스팔트, 부순모래, 채움재(Filler), 셀룰로오스 화이버(Cellulose Fiber) 등으로 구성되며 골재와 골재 사이의 공극을 채워주고 결합시켜 주는 페이스트(Paste) 역할을 한다.

3. 콘크리트 포장의 저소음화 공법

(1) 다공질 콘크리트 포장

① 공극율 20%의 다공질 콘크리트구조로서, 배수성포장으로 시공한다.

② 자동차 주행 중 발생되는 펌핑소음을 표면공극에서 흡수하여 소음을 줄인다.

③ 높은 투수성이 확보되어 수막현상이 방지되고, 강도·내구성도 향상된다.

(2) 종방향 마무리공법

① 콘크리트 포장 표면의 마무리를 종래의 횡방향 대신 종방향으로 시행하면, 횡방향보다 교통소음을 4~5dB 더 줄일 수 있다.

② 노면배수 속도가 증가되어 수막현상이 방지된다.

③ 실리카 골재를 사용하면 미끄럼 저항성도 향상되는 부수적인 효과가 있다. 다만, 실치카-골재반응에 따른 체적팽창 피해를 고려해야 된다.

(3) 小입경골재 노출공법

① 콘크리트 포장 표층(두께 10cm)에 4~8mm 小입경골재를 혼입하고 저진동 마무리하여 타이어와 포장면 사이의 접지표면적을 감소시키면, 주행 중 공기의 펌핑소음을 5~8dB 더 줄일 수 있다.

② 시멘트량이 400~450kg/m^{3}로 증가되어(일반 300~350kg/m^3) 포장체의 밀도가 향상되므로 강도·내구성을 향상되며, 미끄럼 저항성도 크게 향상된다.

③ 다만, 표층과 기층의 배합이 달라 2종류의 콘크리트를 교대로 타설해야 하므로 재료공급, 시공순서 등에 대한 표준화가 필요하다.[75]

---

75) 박효성 외, 'Final 도로및공항기술사', 2차 개정, 예문사, pp.755~756, 2012.

08.26 포장관리시스템(PMS)

1. PMS 정의

(1) 넓은 의미로서 포장관리시스템(PMS, Pavement Maintenance System)은 포장도로
의 계획, 설계, 시공, 상태평가, 유지보수 등을 모두 포함하는 포장생애주기 전반에
걸쳐 의사결정을 지원하는 시스템이다. PMS의 효과적인 구축과 운용을 위해서는
포장, 관리, 시스템 각 분야에 대한 다양한 지식과 경험을 갖추어야 한다.

PMS 관련 분야

PMS 분야	PMS 관련 분야
포장 Pavement	포장재료, 포장구조설계, 시공방법 등
관리 Management	최적대안 선정을 위한 수명주기비용, 편익-비용 분석
시스템 System	포장관리와 관련된 최적대안 도출을 위한 의사결정 논리의 전산화

2. PMS 범위

(1) 실질적인 PMS는 공용 중인 도로구간의 포장상태 평가와 보수와 관련된 의사결정
을 담당하는 포장유지관리시스템(PMMS, Pavement Maintenance Management
System)을 의미한다.

(2) PMS의 범위는 크게 3단계로 구분할 수 있다. 1단계는 포장과 관련된 D/B와 운용
체계 및 의사결정논리를 포함하는 전산프로그램이다. 2단계는 이를 확장하여 포장
상태를 조사하고 평가하며 의사결정에 필요한 데이터를 획득하는 과정을 포함한다.
3단계는 해당 도로관리기관이 포장의 공용성능 확보를 위해 한정된 자원을 어떻게
효율적으로 배정하고 집행할지와 관련된 포괄적인 업무까지 포함될 수 있다.

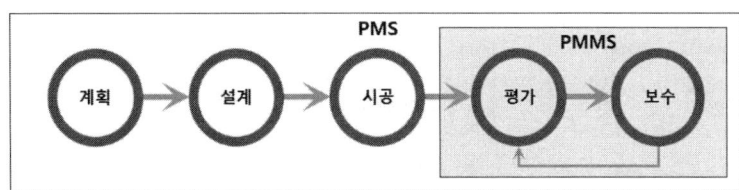

PMS의 범위

3. PPMS 단계(수준)

(1) PMS 단계는 의사결정과 관련된 정보와 데이터의 수준에 따라 도로망수준(Network
Level)과 개별사업수준(Project Level)으로 나눌 수 있다.

(2) 도로망수준(Network Level)에서는 주로 예산 분배를 위한 도로망의 전반적인 의사 결정에 관한 업무를 담당한다. 따라서 포장의 보수 및 재포장의 필요성에 대한 구분과 이에 필요한 예산 산정 및 분배 계획을 작성하고, 이러한 예산 투입에 따른 포장 공용성능 증진 효과에 대한 분석을 수행한다.

(3) 개별사업수준(Project Level)에서는 보수가 필요한 특정 구간에 대하여 정밀조사를 통해 손상의 원인을 파악한다. 더불어, 생애주기비용분석(LCCA, Life Cycle Cost Analysis)이나 편익분석을 통하여 최적의 보수공법을 결정하는 등 주로 기술적인 부분을 담당한다.[76]

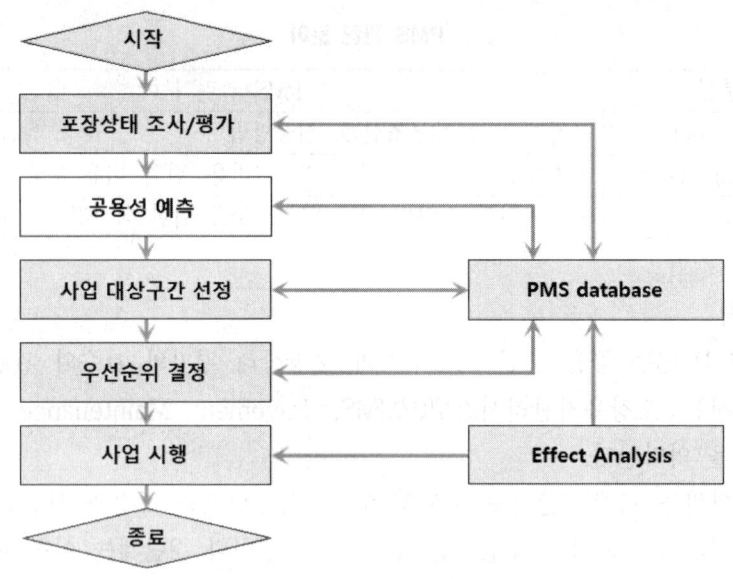

일반적인 PPMS의 단계(수준)

76) 한국건설기술연구원, '포장관리시스템(PMS) 구성', 2019.

08.27 포장 평탄성 측정 및 평가(PRI)

도로의 평탄성측정방법(PRI, Profile Index) [3, 3]

I. 개요

1. 포장의 평탄성 측정방법은 각 나라별로 고유의 측정기기를 개발하거나 도입하여 사용하고 있어 그 종류와 기법이 매우 다양하다. 이러한 측정기기는 각각 독특한 특징을 가지고 있어 측정 결과에도 많은 차이를 보인다.

2. 국내에서 포장의 평탄성 측정을 위하여 ▲정적 측정기인 수동식 7.6m 측정기(CP), ▲종방향 자동식 평탄성 측정기(Longitudinal Profile Analyzer)가 사용되고 있다. 포장의 평탄성 평가방법은 PrI(Profile Index)와 국제평탄성지수(IRI)가 있다.

II. 포장 평탄성 측정

1. 다륜식 직선자 7.6m 측정기

(1) 노면의 평탄성을 측정하는 이동식 直線정규형(Portable Straightage) 측정기는 인력에 의해 파장이 짧은 요철을 실제 형상과 유사한 모양으로 그릴 수 있다.

(2) 그러나 측정기 자체의 길이와 노면요철의 파장범위에 따라 다른 결과를 나타낼 수 있으며, 특히 측정기 길이보다 긴 파장의 노면요철은 측정이 불가능하다.

(3) 이러한 단점을 보완하기 위해 바퀴를 여러 개 부착하여 현재 우리가 사용하고 있는 7.6m 프로파일미터는 다륜식 직선자 측정기의 범주에 속한다.

(4) 7.6m 프로파일미터는 길이 7.6m인 철제골조로서, 중앙부의 측정용 바퀴의 회전과 상하운동에 따라 기록계에 노면의 프로파일이 기록되어 그 결과를 평탄성지수 PrI(cm/km)로 나타낸다.

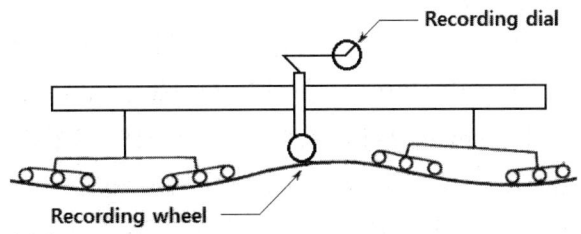

다륜식 직선자 7.6m 측정기

2. 종방향 자동 평탄성 측정기

(1) 노면의 종방향 평탄성을 자동으로 측정하는 견인식 트레일러형 측정기로서, 견인차에 트레일러 골조와 측정용 바퀴 및 센서(수평추)가 부착되어 있다.

(2) 트레일러 골조와 차대 부분은 트레일러 바퀴가 좌우·상하로 흔들리지 않고 항상 노면에 밀착되어 진행되도록 하는 역할을 하며, 트레일러는 승용차에 비해 매우 유연하게 진동이 적도록 제작되어 있다.

(3) 이 측정기는 트레일러 바퀴(R)를 지지하는 견인팔(B)과 수평추(P) 사이에 부착된 변위게이지에 의해 노면요철을 측정한다. 도로 평탄성과 관련하여 자동차 주행에 영향을 주며 승차감에 불쾌감을 주는 요철 파장의 범위는 1~20m 정도이다.

(4) 7.6m 프로파일미터는 측정기 자체 길이보다 긴 파장은 측정 자체가 불가능하다. 이 측정기는 주행속도 80km/h 기준으로 측정 가능한 파장범위는 1.1~4.4m로서 승차감에 영향을 미치는 파장을 측정할 수 있기 때문에 IRI(국제평탄성지수)를 비롯한 여러 평탄성지수로 표시할 수 있다.

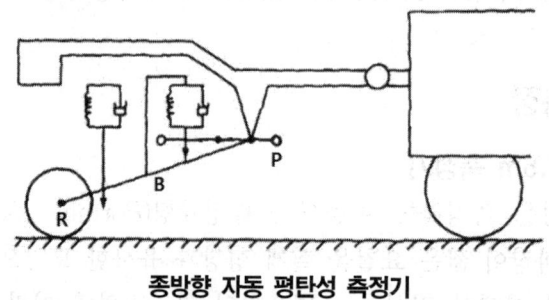

종방향 자동 평탄성 측정기

Ⅱ. 포장 평탄성 평가

1. PrI(Profile Index)

(1) 평탄성지수(PrI, Profile Index)는 현재 우리가 사용하는 캘리포니아 프로파일미터(7.6m)와 같은 다륜식 直線정규형 평탄성 측정기로 계측한 노면의 요철기록 결과를 기준으로 계산한 값이다.

(2) 평탄성지수(PrI) 계산은 기록지에 Profile 형적에 따라 일정폭(5mm)의 blank band를 그린 後, band를 벗어난 상·하의 형적을 mm단위로 합산하여 집계한다. 이때 형적 높이가 1mm 이하이고 폭이 2mm 이하인 요철은 노면의 잡물이나 진동에 의한 영향으로 간주하여 합산 대상에서 제외한다.

(3) Band의 폭이 평탄성 평가 결과에 결정적인 영향을 주기 때문에 국내 시방서에는 국제 기준에 따라 그 폭을 5mm로 규정하고 있다. PrI의 최종계산은 band를 벗어난 h값을 합산하여 측정거리로 나누어 아래 식으로 계산한다.

$$PrI = \frac{\sum(h_1 + h_2 + \cdots + h_n)}{측정거리}(cm/km)$$

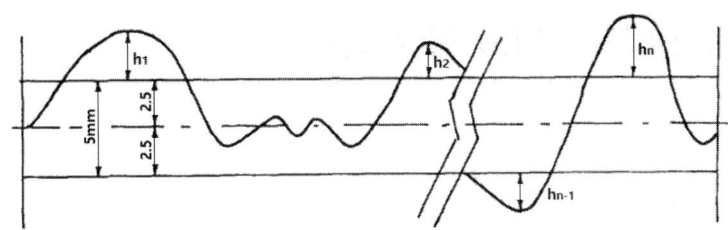

PrI 측정 및 계산

2. 국제평탄성지수(IRI)

(1) 도로의 평탄성 측정·평가기법은 측정기와 지수 표현방식에 따라 매우 다양하다. 이 다양한 평탄성 평가기법을 표준화하기 위해 1982년 세계은행(IBRD)을 비롯한 미국, 영국, 프랑스, 벨기에, 브라질 등 5개국 연구기관 공동참여로 브라질에서 국제도로 평탄성실험(International Road Roughness Experiment) 연구프로젝트를 착수하였다.

(2) 이 연구의 시험구간은 평탄성이 양호한 포장도로에서부터 평탄성이 극히 불량한 비포장도로까지 총 49개 구간을 선정하여 동일조건에서 측정하여 결과를 비교·분석하는 방법으로 실시하였다. 이 시험결과를 근거로 자동식 측정기 간의 상관관계가 가장 잘 성립되는 국제평탄성지수(IRI)를 제안하였다.

(3) 국제평탄성지수(IRI, International roughness index)는 25cm 간격으로 읽은 평균정류경사(average rectified slope) data point를 합산하여 평균한 값으로 그 단위는 m/km(또는 in/mi)로 표시된다. 이 값은 자동차 차대의 수직운동 누적값 (in, m)을 자동차 주행거리(mi, km)로 나눈 값이다.

(4) IRI측정에 이용되는 반응형 평탄성 측정기는 수학적 해석모델로서 측정 노면형상에 대한 계산과정이며, 이를 Quarter Car Simulation(QCS)이라 한다. 이는 가상 모델차량(Quater Car)이 80km/hr 속도로 주행할 때 노면요철에 의한 모델차량의 동적반응을 수학적으로 해석한 과정이다.[77]

---

77) 최고일 외, '국내 고속도로 포장의 평탄성 특성 및 관리방안 연구', 한국아스팔트학회지 논문, Vol. 4, No. 1, pp.19~24, 2014.

08.28 │ 아스팔트 포장의 파손유형

Ⅰ. 개요

1. 아스팔트 포장의 파손 원인은 표층 재료의 부적절한 배합설계, 각층의 두께 및 다짐 부족 등으로 다양하며, 전반적인 파손과 국부적인 파손으로 구분할 수 있다.

2. 도로포장의 유지보수 실무자는 아스팔트 포장이든 콘크리트 포장이든 노면의 파손 상황을 관찰하고 개략적인 파손원인과 보수범위를 평가해야 한다.

3. 국부적인 파손은 소파보수, 줄눈보수 등을 실시한다. 전반적인 파손은 그 규모나 깊이에 따라 덧씌우기, 재포장 등의 본격적인 보수·보강공법을 검토한다.

Ⅱ. 아스팔트 포장의 파손유형

1. 균열

균열은 아스팔트 포장의 내구성에 심각한 영향을 끼치는 대표적인 파손 중 하나이다. 아스팔트 포장에 주로 발생되는 균열에는 피로균열(거북등균열), 저온균열, 반사균열 등이 있다. 이 중 피로균열은 반복교통하중에 의해 콘크리트 슬래브 하부에서 발생되어 표면으로 진전되는 것으로 간주하였으나, 최근 콘크리트 표층에서 균열이 시작되어 하부로 진전되는 top-down 균열도 많이 발생된 것으로 나타났다.

아스팔트 포장에서 발생되는 균열은 균열 그 자체가 해로운 것이 아니라, 균열을 통해 침투된 물에 의해 포장 파손이 가속화되기 때문에 문제된다. 균열의 원인을 파악하고 형상과 분포에 따라 적절한 보수를 실시해야 한다.

(1) **피로균열(거북등균열)** : 포장체 표면에 발생된 균열들이 서로 연결되어 마치 거북등과 같은 형상을 띠는 파손 형태이다. 거북등 균열은 차륜 통과(wheel path) 구간에서의 종방향 균열로부터 시작되는 피로균열의 일종이다.

원인	보수
◦ 포장 단면 부족으로 지지력 불안정 ◦ 배수 불량으로 포장 하부층 노상 불안정 ◦ 교통 하중 및 노화(Aging)	◦ 하 등급 : 보수 불필요, 슬러리실 ◦ 중 등급 : 소파 보수 ◦ 상 등급 : 배수 개선, 덧씌우기, 재포장

(2) **단부균열(edge crack)** : 길어깨 없는 포장체에 발생되는 파손으로, 포장체 단부에서 30cm 떨어져 생기는 종방향 균열이다. 이 균열로부터 길어깨 쪽으로 가로방향 균열이 발생되기도 한다. 단부에서 시작하여 휠 패스 쪽으로 진전된 균열은

휠 패스 상태를 악화시켜 노상으로 물이 침투되도록 유도한다.

원인	보수
◦ 교통하중 과다, 환경하중 악화 ◦ 배수 불량, 동결융해로 단부 지지력 부족 ◦ 주변 지반의 건조로 인한 수축	◦ 하 등급 : 보수 불필요 ◦ 중 등급 : 소파 보수 ◦ 상 등급 : 배수 개선, 길어깨 포장

(3) **차로와 길어깨 줄눈 균열(lane joint crack)** : 도로 본선 차로와 길어깨 사이가 벌어지는 균열이다.

원인	보수
◦ 배수 불량 ◦ 길어깨 처짐 ◦ 시공 시기의 차이	◦ 하 등급 : 보수 불필요, 균열 실링 ◦ 중 등급 : 소파 보수 ◦ 상 등급 : 배수 개선

(4) **시공줄눈 균열(construction joint crack)** : 차로와 차로 사이의 접합부를 따라 종방향으로 분리되는 균열이다. 주로 시공 시기가 다른 구간에서 발생된다.

원인	보수
◦ 혼합물 다짐 부족으로 아스팔트 산화 촉진 • 포장체 포설온도가 낮아 골재 분리 • 택코우트 불량으로 지반 불안정	◦ 하 등급 : 보수 불필요 ◦ 중 등급 : 균열 실링 ◦ 상 등급 : 소파 보수

(5) **반사균열(reflection crack)** : 아스팔트 포장cmd 또는 콘크리트 포장층 위에 아스팔트로 덧씌우기 하였을 때, 기존 포장층의 균열 또는 줄눈의 형상이 그대로 반사되어 나타나는 균열이다.

원인	보수
◦ 기존 포장 보수 불량 ◦ 교통하중 과다, 환경하중 악화 ◦ 노화(aging)	◦ 하 등급 : 보수 불필요 ◦ 중 등급 : 소파보수, 포장섬유포장 ◦ 상 등급 : 덧씌우기

* 시공 중 덧씌우기 두께 증가, 개립도 아스팔트 혼합물 사용, 시트 사용, 컷팅 줄눈 시공 등으로 반사균열 저감 가능

(6) **밀림균열(slippage crack)** : 차량 진행 또는 반대 방향으로 윤하중에 밀려서 발생되는 반달 모양의 균열오서, 주로 오르막 구간에서 발생된다. 반대로, 내리막 구간에서 브레이크를 과다하게 사용하면 밀림균열이 역방향으로 발생된다.

원인	보수
◦ 택코우트 불량 ◦ 혼합물 불량(다량의 모래 함유) ◦ 다짐 불량	◦ 하 등급 : 보수 불필요 ◦ 중 등급 : 소파 보수 ◦ 상 등급 : 소파 보수

(7) **세로방향(종방향) 균열(longitudinal crack)** : 차선과 나란한 방향으로 발생된 균열로서, 약간 지그재그 형태의 균열이다. 이 균열은 휠 패스 위, 휠 패스와 중앙선 또는 길어깨 사이에 발생된다.

원인	보수
◦ 시공 불량으로 아스팔트 표층의 건조수축 ◦ 노상의 절성토 경계부 부등침하 ◦ 교통하중(휠패스 균열) 과다, 환경하중 악화 ◦ 배수 불량, 반사균열 발생	◦ 하 등급 : 보수불필요, 균열 실링 ◦ 중 등급 : 균열 실링, 소파 보수 ◦ 상 등급 : 소파 보수, 덧씌우기

2. 변형

아스팔트 포장 설계과정에 표층에 가해진 교통하중이 포장체를 통해 노상에 가해졌을 때 노상 변형이 허용한도를 넘지 못하도록 포장두께를 결정한다. 그러나 소성변형은 포장을 각 층에서 압밀변형 또는 전단변형이 발생함으로써 생긴다. 소성변형의 대표적인 바퀴자국 패임(rutting, 러팅)이 발생되면 운행 중 핸들 사용이 자유롭지 못하고 강우 중 물보라를 일으키고 겨울철에는 눈이 쌓이고 다져져 미끄럼 저항이 감소되어 교통사고의 위험이 따른다.

(1) **패임(러팅, rutting)** : 아스팔트 포장체의 표면이 차륜 통과 위치를 따라 골이 패인 것처럼 함몰되어 있는 변형이다. 러팅은 2가지 형태로 발생된다. 노상에 전단파괴가 발생되어 나타난 러팅은 차륜이 닿는 부분으로부터 어느 정도 떨어진 위치에 표면 융기가 발생한다. 반면에 표층에서의 전단파괴로 인해 발생된 러팅은 차륜이 닿는 부분으로부터 인접한 부위의 표층이 융기된다. 최근에는 중차량 통행 증가와 이상고온으로 인해 아스팔트 표층에서의 전단파괴로 인한 러팅의 발생이 크게 증가하고 있다.

원인	보수
◦ 부적절한 배합설계 ◦ 부적합한 혼합물 ◦ 다짐 불량, 시공 불량	◦ 하 등급 : 보수 불필요 ◦ 중 등급 : (평삭) 덧씌우기 ◦ 상 등급 : 절삭 덧씌우기

(2) **코루게이션(corrugation)** : 아스팔트 표면이 물결 모양으로 나타나는 변형이다. 주로 차량이 정지·출발하는 구간, 하향 경사의 언덕에서 브레이크를 사용하는 구간, 커브가 심한 구간, 차량에 충격을 주는 과속방지턱 설치 구간 등에서 나타난다.

원인	보수
◦ 아스팔트 안정도 부족 ◦ 아스팔트 공기량 부족	◦ 부분적 : 소파 보수 ◦ 전면적 : (절삭) 덧씌우기

(3) **쇼빙(shoving)** : 종방향의 국부적인 결함으로 포장의 표면이 부분적으로 부풀어 오른 변형이다. 주로 차량이 정지·출발하는 구간, 하향 경사의 언덕에서 브레이크를 사용하는 구간, 교차로, 커브가 심한 구간, 차량에 충격을 주는 과속방지턱 설치 구간 등에서 나타난다.

원인	보수
◦ 아스팔트 안정도 부족 ◦ 아스팔트 공기량 부족 ◦ 차량의 급제동/급가속	◦ 부분적 : 소파 보수 ◦ 전면적 : (절삭) 덧씌우기

(4) **함몰(cut depressions)** : 아스팔트 포장의 일부분이 크게 가라앉은 변형으로, 일부 제한된 지역에서의 함몰에는 균열이 동반될 수 있다. 함몰된 부위에는 물이 고일 수 있으며, 이는 포장파손의 원인이 되며 교통사고를 초래할 수 있다. 특히 겨울철에는 미끄럼 사고의 원인이 될 수 있다.

원인	보수
◦ 다짐 불량, 배수 불량 ◦ 연약 지반	◦ 소파 보수

(5) **지하매설물 설치부 함몰(utility cut depressions)** : 도로하부에 설치된 지하 매설물을 시공하기 위해 절단 後 다시 메운 곳에 처짐 현상으로 나타나는 변형이다.

원인	보수
◦ 공공 시설물 시공 후 뒷채움 불량 ◦ 기존 및 보수 구간 포장의 단차	◦ 소파 보수 ◦ 굴착복구 재시공

* 코루게이션, 쇼빙, 함몰 및 지하매설물 설치부 함몰의 보수에는 심각도를 적용할 수 없다.

3. 탈리

탈리란 아스팔트 포장에서 표층의 일부분이 떨어져 나가거나 골재 결합이 느슨해지는 것을 의미한다. 탈리의 원인은 아스팔트 혼합물의 아스팔트 양의 부족, 혼합물의 불량, 물의 침투 혹은 다짐 부족 등이다. 탈리는 라벨링(raveling), 포트홀(pothole), 박리(stripping), 노화(aging) 등으로 구분된다. 탈리에 대한 보수는 부분적일 경우에는 소파 보수, 전반적인 경우에는 덧씌우기 등 근본적인 조치를 필요로 한다.

(1) **라벨링(raveling)** : 아스팔트 포장 표면의 골재 입자가 이탈한 상태에서 점차로 마마 자국과 같은 현상이 발생된다. 파손이 진전될수록 점차로 큰 골재들이 떨어져 나가며, 결표면의 모르터가 얇게 벗겨져 표면이 꺼칠꺼칠하게 된다. 결국에는 포장체 표면이 거칠어지는 파손 형상을 라벨링이라 한다. 겨울철 타이어체인이나 스파이크 타이어에 의해서도 라벨링이 쉽게 발생된다.

원인	보수
◦ 아스팔트의 양 부족 및 과열, 골재 불량 ◦ 다짐 부족, 시공 불량 ◦ 겨울철에 박층(薄層) 시공	◦ 보통 : 슬러리실 ◦ 불량 : 덧씌우기

(2) **포트홀(pothole)** : 그릇 모양의 구멍이 다양한 크기로 아스팔트 포장 표면에 부분적으로 발생되는 파손이다. 포트홀의 원인은 아스팔트 양의 부족, 아스팔트의 과도한 가열, 혼합불량, 물의 침투 혹은 다짐 부족 등이며 이들이 조합되면 포트홀이 더욱 쉽게 발생된다.

원인	보수
◦ 다짐 부족, 배수 불량 ◦ 택코우트 불량, 기층 파손 ◦ 아스팔트 포장의 국부적 결함에 의한 박리 ◦ 집중호우	◦ 부분적 : 소파 보수 ◦ 전면적 : 절삭 덧씌우기

(3) **박리(stripping)** : 박리란 아스팔트 혼합물의 골재와 아스팔트와의 접착성이 없어 아스팔트와 골재가 분리된 상태를 말한다. 박리는 골재와 아스팔트 사이에 친화력이 부족하거나 아스팔트 혼합물 속에 있던 수분에 의해 아스팔트가 유화되는 경우에도 발생된다.

원인	보수
◦ 다짐 부족, 배수 불량 ◦ 택코우트 불량, 기층 파손 ◦ 아스팔트 포장의 국부적 결함	◦ 소파 보수

(4) **노화(aging)** : 노화란 아스팔트에 요구되는 물리화학적 강도 특성이 저하되어 아스팔트의 다짐이 느슨해진 상태를 말한다. 노화의 원인은 아스팔트 혼합물 속의 아스팔트가 자외선 또는 기상조건 등에 의한 열화, 아스팔트의 과도한 가열, 아스팔트 양의 부족, 흡수성 골재의 사용 등을 들 수 있다. 아스팔트의 열화는 시공할 때 혼합 직후부터 진행되는 것이며 현재로서는 피할 수 없다.

원인	보수
◦ 아스팔트의 부족, 열화, 부족 ◦ 아스팔트 과열 ◦ 흡수성 골재 사용, 시공 불량 ◦ 타이어 체인에 의한 마모	◦ 보통 : 슬러리실 ◦ 불량 : 덧씌우기

4. 미끄럼 저항 감소

포장 노면의 미끄럼 저항 특성은 교통사고와 밀접한 관계가 있다. 최근 교통량 증가와 함께 중량화 추세에서 노면 마모는 가속화되고 차량 주행속도는 점차 증가하여 보다 높은 미끄럼 저항이 요구된다. 노면의 미끄럼 특성에 영향을 미치는 가장 중요한 요소는 포장체의 표면 조직이다. 포장체의 표면 조직은 0.5mm 요철을 기준으로 미세조직(micro-texture)과 조면조직(macro-texture)으로 구분된다. 미세조직은 모르타나 골재입자 자체의 거칠기에 따라, 조면조직은 골재입자 사이의 간격에 따라 결정된다.

아스팔트 포장에서 미끄럼 저항이 감소하는 이유는 블리딩(bleeding_이나 골재의 마모에 의해서 발생된다. 아스팔트 포장에서 미끄럼 저항에 영향을 미치는 사용 재료의 특성 중에서 조골재가 중요한 역할을 한다. 미끄럼 저항을 고려하여 골재를 선택할 때는 골재의 표면조직, 물리·화학적 구성, 골재의 형상·크기, 골재의 마모 저항성 등 재료의 기초적인 특성에 대해 평가해야 한다.

미끄럼 저항을 특히 유지해야 하는 구간은 일정 이상의 미끄럼 저항치를 확보해야 하는 곡선부나 내리막 경사구간 등이다. 이 구간 중 가속도가 급히 변화되는 구간과 노변의 경사가 급한 경우에는 특히 중요하다. 이러한 구간은 미끄럼 방지 포장 등으로 미끄럼 저항을 증진시켜야 한다.

(1) **블리딩(bleeding) 또는 플러싱(flushing)** : 포장체의 구성 성분 중 아스팔트의 양이 과다하여 바인더가 표면 위로 올라와 아스팔트 막으로 나타나는 현상이다. 주로 휠 패스에서 발생된다. 과다한 아스팔트 인하여 일반 아스팔트 포장표면과 색이 다르며, 골재가 무뎌지고 광택이 난다.

원인	보수
◦ 아스팔트의 양 과다, 혼합물 불량(공극률) ◦ 프라임 코우트, 택코우트 과다 ◦ 부적절한 표면 처리, 교통하중 과다	◦ 보통 : 슬러리실 ◦ 불량 : 절삭

(2) **골재 마모(polished aggregate)** : 아스팔트 바인더가 닳아 마모된 골재가 표면에 나타나는 현상이다. 주로 아스팔트 혼합물에 강자갈을 사용하거나 쇄석골재가 교통량에 의하여 마모된 경우에 발생된다.[78]

원인	보수
◦ 골재 불량	◦ 보통 : 표면처리, 미끄럼 방지포장 ◦ 불량 : 덧씌우기

---

78) 국토교통부, '도로포장 유지보수 실무편람', pp.24~46, 2013.

08.29 아스팔트 포장의 소성변형

아스팔트 콘크리트 포장의 소성변형 발생원인 및 방지대책 [2, 5]

I. 개요

1. 아스팔트 포장의 요철 중에서 소성변형의 원인이 되는 영구변형은 대부분의 경우에 다음 3가지 형태로 나타난다.

   (1) 재료의 강도를 초과하는 하중 응력에 의해 아스팔트 포장층의 하부 노상을 포함하여 단일 또는 여러 층에서 발생되는 변형이다. 이는 구조 소성변형이라 하며, 발생되는 변형의 폭이 넓고 V형의 횡단 형상으로 나타난다.

   (2) 재료 안정도의 한계를 초과하는 하중 응력에 의해 아스팔트 각 층에 발생되는 변형이다. 이는 유동 불안정성 소성변형이라 하며, 복륜의 경우에는 W형, 폭이 넓은 단륜의 경우에는 비대칭 형상으로 나타난다. 유동 소성변형은 경사로 또는 교차로 부근, 즉 중차량이 속도를 낮추어 타이어와 노면 간의 접지면에서의 횡방향 응력이 높아지는 구간에서 잘 발생된다.

   (3) 동절기에 문제가 되는 스파이크 타이어에 의한 마모 결과이다. 이는 마모 소성변형이라 하며, 연속된 횡단 형상으로 나타난다.

2. 이와 같은 3가지 소성변형 형태 중 다음 그림과 같이 국내에서 가장 일반적으로 많이 발생되는 상기 (2) 아스팔트 혼합물 유동에 기인하는 소성변형을 대상으로 기술하고자 한다.

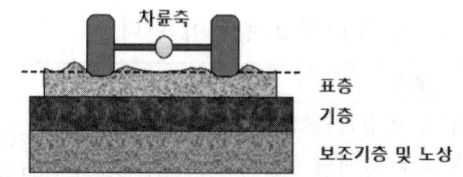

아스팔트 포장층의 유동에 의한 소성변형

3. 현재 국내에서 발생되는 아스팔트 혼합물 유동에 의한 소성변형의 원인은 ▲아스팔트 혼합물 재료 자체의 문제, ▲배합설계 방법의 문제, ▲아스콘 플랜트 장비 및 혼합물 품질관리의 문제, ▲아스팔트 혼합물의 생산 및 시공의 문제로 나눌 수 있다.

4. 본 문에서는 아스팔트포장의 소성변형 발생 원인을 아스팔트 혼합물의 배합설계, 생산 및 시공 각 단계별로 분석함으로써 문제점을 찾아내고 각 문제점에 대한 개선 방안을 도출하고자 한다.

II. 아스팔트포장 소성변형의 원인별 대책

1. 아스팔트 혼합물

(1) 골재

① 현재 밀입도 아스팔트 혼합물에서 발생되는 소성변형은 편장석(片長石)이 많은 골재의 사용이 큰 원인으로 밝혀졌다.

KS F 2575 [편평·세장편 함유량 시험법]을 적용하여 아스팔트 플랜트에서 혼합물 생산과정에 굵은골재의 편평·세장편 함유량 기준 20% 이하를 준수한다.

② 입도 영역이 넓게 분포된 골재는 골재의 입형을 개선하기 어렵고 편장석이 많이 발생되어 아스팔트 혼합물용 굵은골재로서 품질이 저하될 수 있다.

입도 영역이 넓게 분포된 골재는 아스팔트 혼합물용 굵은골재로 사용하는 것을 제한하고 아스팔트 혼합물 생산에는 가급적 단립도 쇄석을 사용한다.

(2) 아스팔트 바인더

① 현재 국내 정유사가 생산하는 아스팔트 바인더는 침입도 60~80에 해당되는 아스팔트이다. 이는 KS M 2201 [도로포장용 아스팔트 등급] 기준 개정 이전에 많이 사용되었던 침입도 60~70(AP-5)과 85~100(AP-3)에 비교하면 아스팔트 바인더의 물리적 특성 구분이 불분명하다.

② 현재 아스팔트 플랜트에 공급되는 아스팔트 바인더는 침입도 75 정도이므로, 아스팔트포장의 소성변형 저항성 향상을 위하여 침입도 60~70(AP-5) 정도의 아스팔트 바인더 생산을 정유사에 요청하여 사용해야 한다.

③ 교통량이 많은 교차로에는 소성변형 발생 위험이 높으므로, 아스팔트 혼합물에 사용되는 아스팔트 바인더를 아스팔트 공용성 등급 PG 76-22를 의무적으로 사용한다. 신호대기 지역, 오르막 구간, 지·정체 심한 도로 등 소성변형 발생 예상 지역에는 PG 76-22 이상을 사용하도록 적극 고려한다.

(3) 아스팔트 혼합물 입도

① 소성변형 발생 가능성이 높은 지역에서 아스팔트포장의 표층 하면에 존재하는 상부기층 또는 중간층에는 BB-4의 입도 또는 WC-5의 입도를 적용한다.

표층의 입도를 일반지역에는 WC-1~WC-4의 입도를 적용하며, 소성변형 발생 가능성이 높은 지역에는 내유동성 입도인 WC-5~WC-6의 입도를 적용한다.

② 일반 밀입도 시방기준을 이용하여 소성변형 저항성이 높은 아스팔트 혼합물을 생산하려면 다음 표와 같이 SUPERPAVE에서 제안한 제한구역(Restricted Zone) 아래쪽으로 피해가도록 배합설계에서 합성입도를 결정한다.

이때 주의할 점은 자연모래는 사용금지하고, 입도가 거칠어지므로 채움재 사용

을 일반 밀입도 혼합물보다 약 2% 증가시키며, 아스팔트 함량 결정할 때 공극
률은 약 3~3.5% 사이가 되도록 결정한다.

SUPERPAVE에서 제안한 제한구역 (Restricted Zone)

체크기 〱 골재최대치수	40mm		25mm		20mm		13mm	
	下限	上限	下限	上限	下限	上限	下限	上限
4.75 mm (No.5)	34.7	34.7	39.5	39.5	-	-	-	-
2.36 mm (No.8)	23.3	27.3	26.8	30.8	34.6	34.6	39.1	39.1
1.18 mm (No.16)	15.5	21.5	18.1	24.1	22.3	28.3	25.6	31.6
600 μm (No.30)	11.7	15.7	13.6	17.6	16.7	20.7	19.1	23.1
300 μm (No.50)	10.0	10.0	11.4	11.4	13.7	13.7	15.5	15.5

2. 배합설계

(1) 혼합온도와 다짐온도

① 마샬 배합설계에서 아스팔트 혼합물의 다짐온도는 최적 아스팔트 함량을 결정
하는데 가장 중요한 공극률에 큰 영향을 미치므로, 다음 표에 제시된 아스팔트
혼합물의 혼합온도와 다짐온도를 반드시 준수하여 공시체를 제작한다.

마샬공시체 제작에서 아스팔트 혼합물의 혼합온도와 다짐온도

혼합물 종류	다짐온도(℃)	혼합온도(℃)
일반 (침입도 60-80)	140 ± 2	150 ± 2

② 마샬 공시체 제작을 위하여 골재, 아스팔트 바인더 및 아스팔트 혼합물 가열할
때 사용하는 고온 건조로는 내부위치에 따른 온도변화가 적은 순환 팬이 장착
된 강제 송풍식 건조로를 사용한다.
건조로 내부에서 직접 각 골재나 혼합물 온도를 측정할 수 있도록 건조로 내부
에 온도계를 설치하여 사용한다.

(2) 이론최대밀도

① 배합설계에 사용되는 이론최대밀도는 KS F 2366 [역청포장 혼합물의 이론적
최대비중 및 밀도 시험법]을 사용하여 직접 구한 유효 혼합골재 비중에 의해
아스팔트 함량별 이론최대밀도 값을 계산하여 사용한다.
② '유효 혼합골재 비중을 적용'할 때, 각 골재의 비중시험 결과에 따라 겉보기 비
중으로 계산한 혼합골재 비중과 표면건조 겉보기 비중으로 계산한 혼합골재 비
중 사이에 '유효 혼합골재 비중'이 존재하는지 확인한 후 사용한다.

(3) 최적 아스팔트 함량(OAC)

① 중교통 노선이나 소성변형 우려 있는 노선에 적용하는 표층과 기층용 아스팔트 혼합물은 배합설계에서 반드시 마샬타격회수 75회를 적용하여 결정한 최적 아스팔트 함량(OAC)을 사용한다.

② 교차로와 같이 차량이 정기적으로 정차하는 구간에는 상습적인 소성변형 발생 지역이 많으므로, 일반 아스팔트 혼합물을 적용할 때는 배합설계에서 가능하면 낮은 범위의 아스팔트 함량을 적용한다.

(4) 콜드빈 골재에 대한 예비 배합설계

① 배합설계에서 계획된 입도와 아스팔트 함량에 가깝게 실제 현장에서 시공하려면 콜드빈 골재에 대한 예비 배합설계를 통해 콜드빈 투입비를 결정하고 드라이로 투입하여 핫 스크린을 거쳐 각 핫빈에 저장된 골재를 샘플링하면 실제 시공되는 혼합물과 가장 가까운 입도의 배합설계를 할 수 있다.

② 실제로 이러한 배합설계 절차를 국내에서 SMA 포장의 실용화 단계에서 개발하여 아주 좋은 성과를 나타내고 있다.

3. 아스콘 플랜트 장비 및 품질

(1) 현장배합 실시

① 긴급보수 외의 모든 아스팔트 혼합물은 현장배합을 필히 실시하여 실제 플랜트 생산 혼합물의 품질을 미리 확인하고 품질기준을 정한 후에 시공한다.

(2) 현장배합 허용오차

① 현장배합 허용오차는 최종 결정된 아스팔트 함량을 사용하여 ▲플랜트에서 생산된 혼합물의 추출입도, ▲본 배합설계에서 결정된 핫빈(hot bin) 합성 입도곡선 중 한가지로 결정된 입도곡선에 대하여 적용한다.

(3) 콜드빈과 핫빈의 입도관리

① 아스콘 플랜트의 콜드빈과 핫빈의 입도관리는 일 3회 이상 지속적으로 실시하여 당초 배합설계의 합성입도와 현장입도의 일치 여부를 점검한다.

(4) 오버플로우(Overflow) 유출량 시험

① 아스팔트 혼합물의 배합설계 및 현장배합 이전에 혼합물의 품질관리에 가장 큰 영향을 미치는 오버플로우 문제 발생을 최소로 할 수 있도록 '핫빈을 통한 콜드빈 유출량시험'을 실시한다.

(5) 콜드빈 골재를 공급하는 방법 개선

① 핫빈에 공급되는 골재의 입도변동을 최소화하기 위하여 VS(Variable Speed)

모터로 컨베이어 콜드피더를 회전시켜서 콜드빈 골재를 이송 컨베이어로 공급하는 방법으로 기존 플랜트를 개선한다.

(6) 아스팔트 저장탱크 하단에 배출 펌퍼 설치

① 프리믹스(pre-mix) 된 개질 아스팔트를 사용하여 아스팔트 혼합물을 생산할 때는 기존 아스팔트 잔류분과 개질 아스팔트가 혼합되지 않도록 아스팔트 저장탱크 하단에 배출 펌퍼를 설치하여 기존 아스팔트를 완전히 제거한다.

4. 생산 및 시공 품질관리

(1) 콜드빈 골재에 대한 편장석 시험을 정기적으로 실시하며, 육안 관측으로 변화가 의심되면 크러셔 장비를 수리하거나 스크린을 교체한다.

(2) 핫빈 골재를 정기적으로 채취하여 체분석 시험을 실시하여 각 빈별 입도변화를 검사하고, 변동이 있을 경우에는 핫빈 별 배합비를 조정한다.

(3) 정기적으로 아스팔트 추출시험을 실시하여 아스팔트 함량을 검사한다.

(4) 시공 후에 현장코아 채취를 통하여 현장다짐도 검사를 철저히 관리한다.

(5) 품질관리 목표치에서 일정한 변화경향을 보이거나, 오차가 발생되는 항목에 대해서는 그 원인을 분석하여 수정한다.

Ⅲ. 맺음말

1. 최근 차량의 지·정체로 인하여 아스팔트 포장에서 소성변형이 급격하게 발생됨에 따라 기존의 밀입도 아스팔트 혼합물은 그 한계를 드러내고 있다.

2. 소성변형 구간을 재포장하는 경우에는 아스팔트 포장층 하부에 대해 소성변형 유무를 검사하고 필요하면 보조기층 및 노상의 일부까지 제거한 후에 덧씌우기를 하는 것이 바람직하다.[79]

---

79) 국토교통부, '아스팔트 포장의 소성변형을 위한 지침', 2005.
　　박효성 외, 'Final 도로및공항기술사', 2차 개정, 예문사, pp.844~845, 2012.

08.30 아스팔트 포장의 반사균열

도로포장의 반사균열(reflection crack) [4, 0]

1. 반사균열

(1) 콘크리트 포장도로가 노후화되어 균열이 발생됨에 따라 보수를 위하여 그 위에 아스팔트 포장이나 포장용 타르를 이용해서 덧씌우기를 했을 경우, 종전 콘크리트 슬래브에 균열이 있던 위치의 상부 아스팔트 덧씌우기 표면에서 동일하게 균열이 생기는 현상을 반사균열(反射龜裂, reflection crack)이라 한다.

2. 반사균열의 발생원인

(1) 반사균열이 발생되는 주된 원인 예시하면 환경적 요인과 교통하중이다.

(2) 환경적 요인으로 기후조건에 관계되는 사항들이 대부분의 경우에 콘크리트 기층의 수축·팽창에 영향을 준다. 기존 콘크리트 기층과 덧씌우기 표층이 완전 밀착된 경우에 콘크리트 기층의 온도에 의한 수축·팽창은 줄눈부에 열변형으로 작용되어 상부의 아스팔트 표층에 균열을 발생시킨다.

(3) 교통하중은 아스팔트 포장면에 수직응력으로 작용되며, 특히 균열 위에서 윤하중이 통과함에 따라 응력에 큰 변화를 초래한다. 이러한 윤하중의 통과는 아스팔트 표층에 전단력과 동시에 휨모멘트를 일으키면서 역시 반사균열을 발생시킨다.

(4) 이러한 반사균열이 생성되는 과정을 순서대로 기술하면 다음과 같다.

① 기존 콘크리트 슬래브가 온도변화에 따라 수축·팽창 반복

② 기존 콘크리트포장 줄눈부에 열변형에 의해 수평방향의 응력 집중

③ 이와 같은 상황에서 교통하중이 줄눈부의 상부를 통과

④ 아스팔트 덧씌우기층에 휨응력과 전단응력이 발생

⑤ 하부의 수평방향 응력이 상부의 노면으로 반사(상승)

⑥ 아스팔트 덧씌우기층의 표면에 반사균열 발생

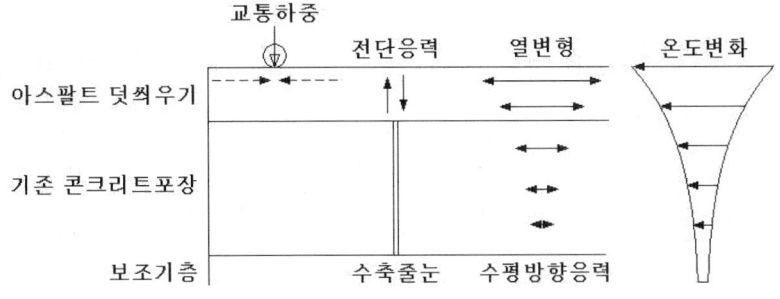

반사균열의 생성과정

3. 반사균열이 포장수명에 미치는 영향

(1) 파손된 반사균열은 포장의 공용성(serviceability)을 저하시키고, 잦은 유지보수작업 (patching, sealing)을 요구한다.

(2) 반사균열을 통해 물이 침투하여 기존포장과 덧씌우기의 접착력 저하, 덧씌우기 표 면박리(stripping), 입상재료 기층과 노상으ᅵ 연약화(softening) 등을 초래한다.

4. 반사균열의 억제방법

(1) 기존 콘크리트 포장표면을 균열방지제로 도포하여 표면처리 후 덧씌우는 방법

(2) 덧씌우기 포장 후 추정되는 반사균열 부위(줄눈부)를 컷팅하여 도로봉합제*를 충진 하는 방법

(3) 덧씌우기 포장 후 추정되는 반사균열 부위(줄눈부)를 팻칭하여 도로봉합제*와 골재 의 혼합물을 포설하는 방법

(4) 기존 콘크리트 포장층을 완전히 파쇄하고 그 위에 덧씌우기 보수하는 방법

*도로봉합제 : 아스팔트 45~70%, 열가소성 스티렌부타디엔 공중합체 5~25%, 액상염소화고 무 5~10%, 무기충전제 10~25%, 가소제 4~12%, 점착부여제 1~3% 및 가황제 1~5% 를 배합하여 제조[80]

포반사균열 억제방법의 비교

구분	(1) 균열방지제 도포	(2) 도로봉함재 충진	(3) 도로봉합제 포설	(4) 파쇄 후 덧씌우기
공법	기존 콘크리트포장을 균 열방지제로 도포하여 표 면처리하는 방법	덧씌우기 포장 후 반사균 열 부위를 컷팅하여 도로 봉함재를 충진하는 방법	덧씌우기 포장 후 반사균 열 부위를 팻칭, 도로봉합 제와 골재 혼합물 포설	기존 콘크리트 포장층을 완전히 파쇄하고 그 위에 덧씌우기 보수
장점	◦반사균열 억제효과 우수 ◦덧씌우기와 접착력 우수 ◦기존 포장체와 덧씌우기 사이의 완충 작용 ◦반사균열 시작되는 기존 포장층 균열이 충진되어 우수침투 예방, 포장수명 연장, 균열진행 억제	◦반사균열 억제효과 우수 ◦연화점 높고 저온도에서 도 높은 접착강도와 신 장률 확보 ◦주행성 우수 ◦회복 탄성력 우수 ◦내구성 우수 ◦시공 간단	◦반사균열 억제효과 우수 ◦아스팔트와 접착력 우수 ◦노면과 연속포장이고 이 음 없어 주행 매우 양호. ◦마모·충격 내구성 우수 ◦노면 연속성 확보, 구조 물 진동·소음충격 흡수 ◦시공 간단	◦반사균열 억제효과 우수 ◦반사균열 저감하는데 가 장 효과적이라고 추천되 는 공법 ◦신규포장과 거의 비슷한 수준의 공용성 확보
단점	◦간접 가열식 보일러 필 요 ◦도포 후 덧씌우기 포장 실시	◦간접 가열식 보일러 필 요 ◦시공 후 미관 좋지 않음	◦간접 가열식 보일러 필 요 ◦시공 후 미관 좋지 않음 ◦공사비 가장 많이 소요	◦공기 길어 보수기간 중 교통체증 발생 우려 ◦소음·비산먼지 발생 ◦국내 장비 없어 곤란 ◦공사비 고가
工費	보통 수준(0.24)	가장 저렴(0.15)	가장 고가(1.00)	약간 고가(0.32)

80) 박효성 외, 'Final 도로및공항기술사', 2차 개정, 예문사, pp.864~868, 2012.

08.31 아스팔트 포장의 포트홀 (pot-hole)

아스팔트포장 도로의 포트홀(pot hole) 발생원인 및 방지대책 [1, 3]

Ⅰ. 발생원인

1. 최근 여름철 집중호우와 겨울철 폭설한파와 같은 이상기후로 인해 아스팔트포장도로 표층에 포트홀(pot hole, 지름 15cm 정도의 항아리 모양 파손) 발생이 급증하여 교통안전과 도로손상에 큰 영향을 미치고 있다.

2. 여름철 집중강우 기간에 아스팔트포장이 포화상태에서 차량통행 중 간극수압이 발생되면 국부적으로 움푹 떨어져 나가는 항아리 모양으로 파손된다.

3. 겨울철 폭설한파 기간에 동결융해가 반복되어 골재와 아스팔트 결합력이 저하된 상태에서 차량하중이 재하되어도 항아리 모양으로 파손된다.

Ⅱ. 발생과정

1. 아스팔트포장 표층에 윤하중이 반복되면서 균열이 불규칙하게 생성된다.

2. 균열의 폭과 깊이가 확대되면서 폐합단면이 형상된다.(표층에서는 완전히 분리되고 기층에만 접착되어 있는 상태)

3. 불규칙한 모양의 작은 구멍(pot hole)이 형성된다.(윤하중에 의한 반복적인 진동으로 기층에서도 완전히 분리된 상태)

4. 작은 구멍(pot hole)이 원형단면 형상으로 발달된다.(윤하중에 의한 응력이 집중되면서 작은 구멍이 점차 확대된 상태)

Ⅲ. 저감대책

―――――――――― < 저감대책 > ――――――――――

(혼 합 물) 균질성 및 수분저항성 향상, 배합설계의 공극율, 소석회, 인장강도 관리
(운반관리) 운반 중 온도차이 발생 저감을 위한 전용 덮개 사용
(온도관리) 현장 도착 후 및 포설 전 온도관리
(시공관리) 택코트 시공 철저, 다짐장비 중량 확인, 연속포장 시행, 시공조인트 균열 억제
(다짐관리) 표층 다짐도 96% 이상, 공극율 8% 이하 확인
(유지관리) 『교면포장 설계 및 시공 잠정지침』 준수

1. 혼합물 재료관리

(1) 아스팔트 혼합물의 균질성 확보를 위하여 4차로 이상에는 1등급 단립도 골재를

사용하고, 2차로 이상에는 2등급 단립도 골재를 사용

① 편장석 혼입비율 : 1등급 10% 이하, 2등급 20% 이하

(2) 아스팔트 플랜트에서 잔골재 저장시설의 지붕 설치 확인

① 잔골재는 빗물이 침투하면 단위중량당 함수비가 굵은골재보다 크게 높아져서, 아스팔트 혼합물에 수분이 잔류하여 수분저항성 저하

(3) 아스팔트 혼합물의 배합설계에서 공극율 기준 확인

① 기층 5%±0.3% 이하, 표층 4%±0.3% 이하로 관리

(4) 아스팔트 혼합물의 박리방지를 위하여 소석회 사용 권장

① 주변도로에 포트홀이 다수 관측되면 표층용 아스팔트 혼합물의 골재중량 대비 소석회(채움재 일부 대체) 비율을 1~2% 사용 권장

② 소석회를 사용하면 수분민감성이 개선되어, 포트홀 저감 개선 효과 발휘

(5) 표층용 아스팔트 혼합물의 인장강도비 시험기준 만족여부를 확인

① 가열 아스팔트 혼합물 기준이 개정되어 인장강도비 0.75 이상 확보가 의무화되었지만, 아직은 현장 적용이 미흡

2. 혼합물 운반관리

(1) 아스팔트 혼합물 운반트럭의 적재함 전면차단 덮개 설치 의무화 확인

① 시공 전 트럭 적재함의 아스팔트 혼합물 ℓ내·외부 온도차이는 포설 중에 국부적인 포장밀도 차이를 유발하여 포트홀 발생 원인 제공

② 아스팔트 혼합물 운반 중에 차가운 공기가 트럭 적재함 내부에 혼입되지 않도록 외기와 완전 차단되는 덮개를 4계절 설리 의무화 적용

3. 생산·시공 온도관리

(1) 아스팔트 플랜트에서 혼합물의 생산온도를 철저히 관리

① 현장여건(대기온도, 풍속, 운반거리 등)에 맞도록 생산온도를 관리해야 포설현장에서 다짐온도 관리 가능

(2) 현장 도착 후 온도확인, 포설 전 트럭 대기시간 최소화, 다짐 중 온도관리

4. 포장층 시공관리

(1) 주변도로에 포트홀이 다수 관측되면, 택코트를 반드시 시공 확인

① 택코트(사용량 0.3~0.6ℓ/m^2) 살포 후 수분이 건조될 때까지 차량통행 금지

(2) 다짐장비 중량 확인: 머캐덤롤러 12t, 타이어롤러 12t, 탄뎀롤러 8t 이상

① 머캐덤/탄뎀 롤러의 살포수는 급수차를 사용하여 다짐중량 변화 없게 관리

(3) 포장 다짐온도 확보를 위하여 연속적으로 시공하는 포장계획 적용

① 아스팔트 혼합물 전체 및 시간당 소요량 결정, 플랜트에서 공급 가능성 확인

(4) 포설 후 다짐 중에 온도 저감 최소화를 집중 관리

　① 포장체 온도가 너무 높아 다짐이 어려우면 다짐 前 대기시간 최소화를 위하여 아스팔트 플랜트에서 혼합물 생산온도 조정

(5) 종·횡방향 시공이음부의 균열 발생 억제를 위한 동시포장방법 적용

　① 아스팔트 페이버 2대 및 다짐롤러 2세트로 2차선을 동시에 포설할 때는 종·횡방향 이음부를 철저히 관리

(6) 아스팔트 혼합물 포설 중 부착방지제로 경유 사용을 금지

　① 트럭적재함 및 다짐롤러에 부착방지제로 경유를 사용하면 아스팔트를 녹여 골재 부착성이 크게 저하되므로, 전용 부착방지제 또는 식물성 기름 사용

5. 포장층 다짐관리

(1) 현장 코어 다짐도를 현장 배합설계 공시체 밀도의 96% 이상 유지

　① 다짐도 $= \dfrac{\text{현장 코어밀도}}{\text{현장 배합설계 공시체밀도}} \times 100$

(2) 포설 시공 당일 아스팔트 혼합물에서 채취한 현장 코어로 이론최대밀도시험을 실시하여 공극율 기준을 관리

　① 코어 공극율 $= \dfrac{1 - \text{코어밀도}}{\text{현장 혼합물 이론최대밀도}} \times 100$

6. 교면포장 유지관리

(1) 교량 교면포장에 발생된 포트홀 폐합단면의 노면 절삭 실시

　① 노면 절삭은 드럼형 밀링장비(비트 간격 8mm) 사용해야 평탄성 확보 가능

(2) 포트홀 폐합단면의 노면 절삭 후, 적절한 방수재 시공방법 선정

　① 도막식 방수재 : 2~3회로 나누어 도포하며, 용제형 또는 가열형의 경우에는 부직포나 직포 등과 함께 시공

　② 시트식 방수재 : 콘크리트 바닥판 노면요철에 완전 밀착될 수 있도록, 기계식 방수재 포설장비로 시공[81]

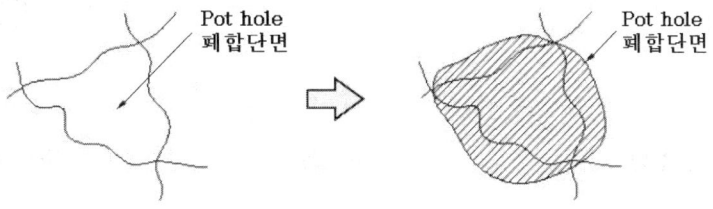

포트홀 발생 메카니즘

---

81) 국토교통부, '아스팔트 콘크리트 포장의 포트홀 저감 종합대책', 2013.

08.32 아스팔트 포장의 보수공법

아스팔트 콘크리트 포장의 파괴원인 및 대책, 가요성포장과 강성포장의 파손형태 차이점 [0, 2]

1. 소파 보수

(1) 소파 보수는 거북등균열이나 종·횡방향 균열과 같은 국부적으로 발생된 심한 균열 부위를 보수하는 공법으로, 전체두께 보수 또는 부분두께 보수로 시행할 수 있다.

(2) 전체두께 보수는 기층 또는 보조기층까지를 제거하고 새로 포설하는 것을 말하며, 부분두께 보수는 표층만을 제거하고 아스팔트 혼합물로 표층을 새로 포설한다.

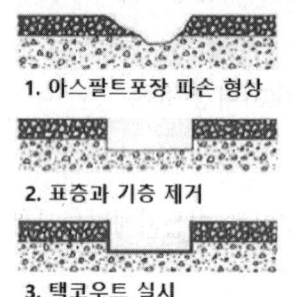

1. 아스팔트포장 파손 형상

2. 표층과 기층 제거

3. 택코우트 실시

로울러

4. 전단면 아스팔트 혼합물 포설과 전압

5. 주변 포장과 동일 높이로 전압 마무리

전체두께 소파보수의 작업순서

2. 균열 실링 보수

(1) 균열 실링은 일상적인 유지관리 활동으로 균열을 깨끗이 청소하고 실런트(sealant)를 주입하여 포장 내로 물이나 이물질이 들어가는 것을 방지하기 위하여 시행한다. 균열 실링 보수에는 ▲충전, ▲Band 실링, ▲절삭 실링 등의 3가지 공법이 있다.

(2) 충전 실링 : 실링재 또는 충전재로 균열부를 단순히 채우는 공법

(3) Band 실링 : 실링재 또는 충전재로 균열부를 덮는 예방적 유지보수 공법

(4) 절삭 실링 : 균열부를 절삭 후 실링재 또는 충전재로 채우는 공법

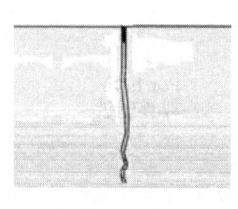

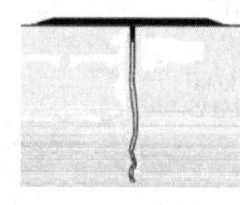
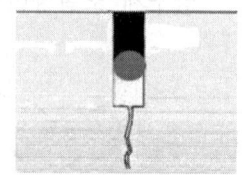

| 충전 실링 | Band 실링 | 절삭 실링 |

3. 종방향 균열 보수

(1) 종방향 균열 보수 공법은 기존 아스팔트 포장에 종방향 균열이 심한 경우에 적용하며, 파손 부위를 부분적으로 절삭한 後 아스팔트 포장을 하는 보수공법이다.

(2) 인력 포설하면 혼합물 온도가 쉽게 내려가므로 신속히 작업한다. 가열 아스팔트 혼합물 사용이 불가능하면 유화 아스팔트 또는 커트백 아스팔트를 사용할 수 있다.

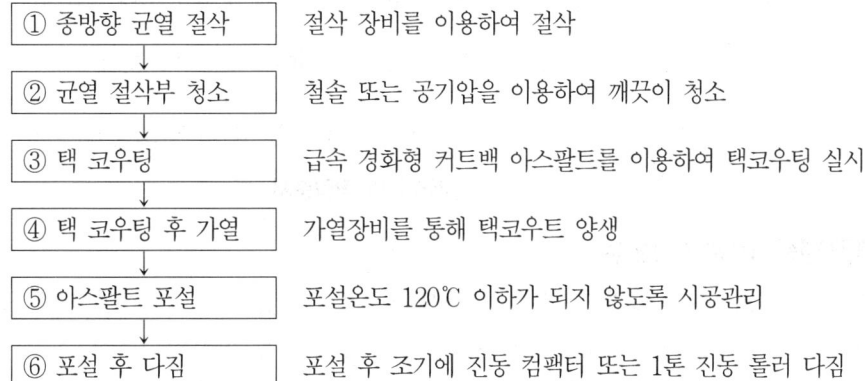

① 종방향 균열 절삭	절삭 장비를 이용하여 절삭
② 균열 절삭부 청소	철솔 또는 공기압을 이용하여 깨끗이 청소
③ 택 코우팅	급속 경화형 커트백 아스팔트를 이용하여 택코우팅 실시
④ 택 코우팅 후 가열	가열장비를 통해 택코우트 양생
⑤ 아스팔트 포설	포설온도 120℃ 이하가 되지 않도록 시공관리
⑥ 포설 후 다짐	포설 후 조기에 진동 컴팩터 또는 1톤 진동 롤러 다짐

종방향 균열 보수의 작업순서

4. 슬러리실(slurry seal)

(1) 유화 아스팔트, 잔골재, 석분과 적당량의 물을 가한 혼합물(슬러리)을 특수 트럭에 상차되어 있는 연속 혼합기에서 혼합하여 스프레더 박스(spreader box)에 공급하면서 얇은 층으로 노면에 도포하는 공법이다.

(2) 포설두께는 사용하는 최대골재크기에 따라 6~12mm 정도이며, 상온혼합방식 표면처리로서 다짐작업이 필요치 않다. 중차량 통행량이 적은 곳, 곡선부가 많지 않은 직선 구간에 균일하며 치밀한 혼합물을 포설할 수 있다.

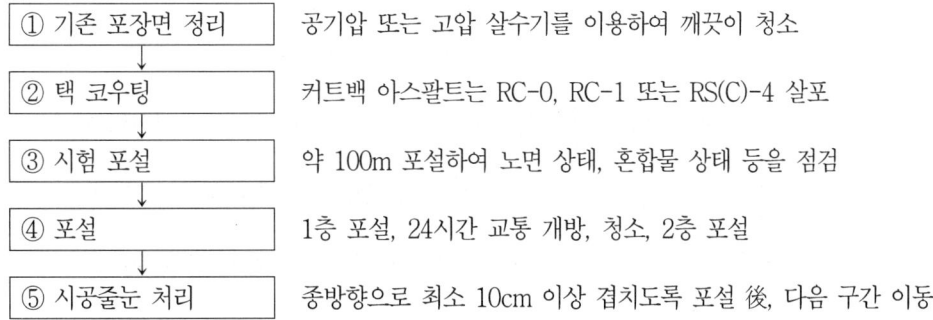

① 기존 포장면 정리	공기압 또는 고압 살수기를 이용하여 깨끗이 청소
② 택 코우팅	커트백 아스팔트는 RC-0, RC-1 또는 RS(C)-4 살포
③ 시험 포설	약 100m 포설하여 노면 상태, 혼합물 상태 등을 점검
④ 포설	1층 포설, 24시간 교통 개방, 청소, 2층 포설
⑤ 시공줄눈 처리	종방향으로 최소 10cm 이상 겹치도록 포설 後, 다음 구간 이동

슬러리실의 작업순서

5. 마이크로 서페이싱 (micro surfacing)

(1) 미네랄 골재, 미네랄 필러, 물과 기타 첨가제를 믹스한 폴리머계 아스팔트 혼합물로 습기, 태양, 표면온도 등에 관계없이 화학작용에 의해 보수하는 공법이다.

(2) 야간공사 및 습기 많은 해안지역에도 시공 가능하며, 시공 後 1시간 이내에 교통개방이 가능하여 교통차단을 최소화해야 하는 도심도 노면 보수에 적합하다.

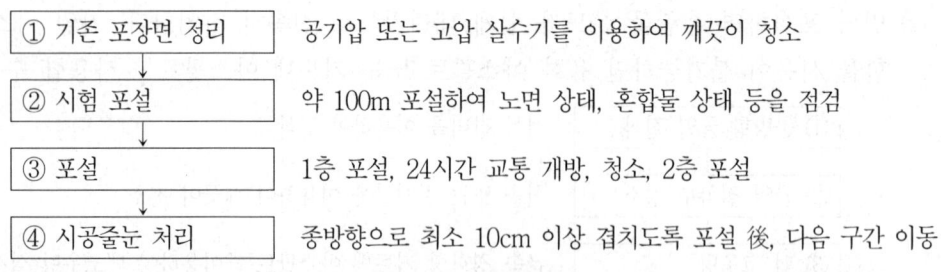

① 기존 포장면 정리	공기압 또는 고압 살수기를 이용하여 깨끗이 청소
② 시험 포설	약 100m 포설하여 노면 상태, 혼합물 상태 등을 점검
③ 포설	1층 포설, 24시간 교통 개방, 청소, 2층 포설
④ 시공줄눈 처리	종방향으로 최소 10cm 이상 겹치도록 포설 後, 다음 구간 이동

슬러리실의 작업순서

6. 가열골재를 이용한 보수

(1) 최대입경 9.5mm의 슬래그 또는 모래를 150℃ 이상으로 가열하여 파손 발생된 부분에 살포한다. 이때 골재는 $5.4 \sim 8kg/m^2$ 정도의 양을 살포한다.

(2) 살포 완료 직후에 타이어 롤러로 다짐하면서, 골재가 이미 식어 결합력이 느슨해진 경우이 그 골재는 비로 쓸어낸다. 필요하다면 이 과정을 반복한다.

7. 덧씌우기

(1) 덧씌우기는 기존 포장의 구조능력을 보충하며, 동시에 노면의 마모, 노화 및 평탄성 개선, 균열을 통한 빗물 침투 방지 등의 목적으로 시행하는 보수공법이다.

(2) 덧씌우기 공법은 공사비도 많이 들고, 두께 산정이 어려우나 포설높이 상승에 따른 비용 증가를 고려하여 일반적으로 5cm 두께로 시공한다.

(3) 통과높이 확보, 배수로 경사 등의 문제로 덧씌우기 공법을 채택하기 어려울 경우에는 절삭 덧씌우기, 재포장, 재생공법 등을 검토해야 한다.

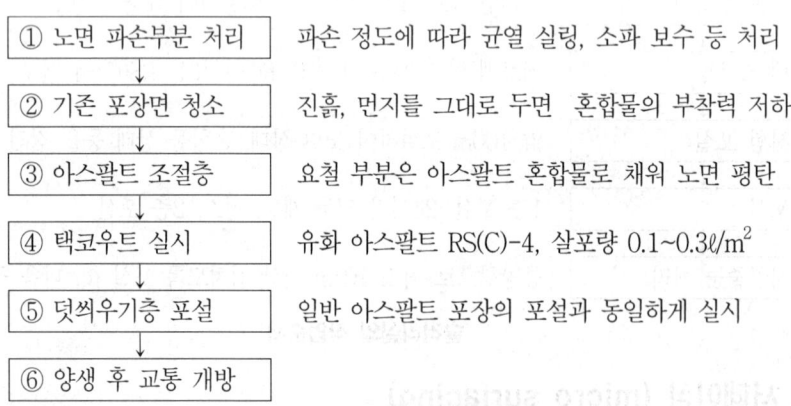

① 노면 파손부분 처리	파손 정도에 따라 균열 실링, 소파 보수 등 처리
② 기존 포장면 청소	진흙, 먼지를 그대로 두면 혼합물의 부착력 저하
③ 아스팔트 조절층	요철 부분은 아스팔트 혼합물로 채워 노면 평탄
④ 택코우트 실시	유화 아스팔트 RS(C)-4, 살포량 $0.1 \sim 0.3 \ell/m^2$
⑤ 덧씌우기층 포설	일반 아스팔트 포장의 포설과 동일하게 실시
⑥ 양생 후 교통 개방	

덧씌우기 보수의 작업순서

8. 절삭 덧씌우기

(1) 전면적인 재포장을 실시할 정도는 아니지만, 통과높이 확보, 배수로 경사 등의 문제 이외에 균열이나 바퀴자국 패임 등이 심하게 발생된 경우에 적용한다.

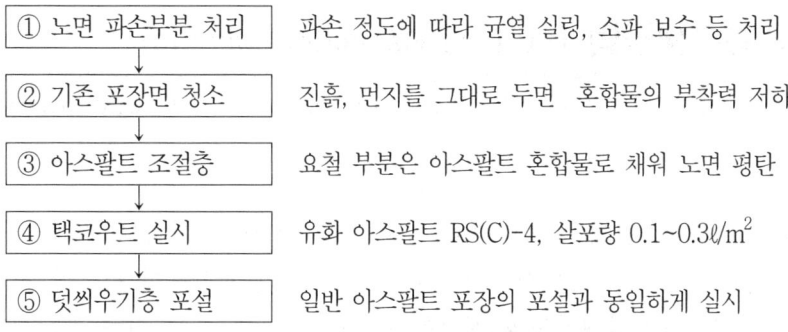

① 노면 파손부분 처리	파손 정도에 따라 균열 실링, 소파 보수 등 처리
② 기존 포장면 청소	진흙, 먼지를 그대로 두면 혼합물의 부착력 저하
③ 아스팔트 조절층	요철 부분은 아스팔트 혼합물로 채워 노면 평탄
④ 택코우트 실시	유화 아스팔트 RS(C)-4, 살포량 $0.1{\sim}0.3\ell/m^2$
⑤ 덧씌우기층 포설	일반 아스팔트 포장의 포설과 동일하게 실시

절삭 덧씌우기 보수의 작업순서

9. 섬유그리드 포장

⑴ 섬유보강 포장은 아스팔트 포장의 균열방지 및 소성변형 억제를 위하여 유리탄소섬유로 직조된 유리 섬유그리드를 도포장비로 표층공사를 시행하는 공법이다.

⑵ 아스팔트 혼합물에 섬유 인장력을 보강하여 아스팔트 포장 수명을 연장시키는 원리로서, 무근 콘크리트 포장에 철망(wire mash)을 설치하듯 탄성계수를 갖는 탄소유리섬유의 공학적 특성을 아스팔트 포장층에 적용한 공법이다.

⑶ 표층과 기층 사이에 섬유그리드를 설치하여 하부기층의 교통하중 경량화와 균열 방지 및 표층의 소성변형을 감소시킬 수 있다.

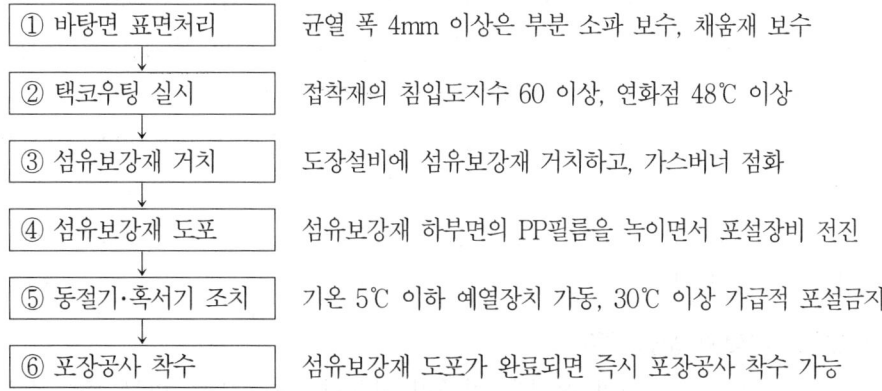

① 바탕면 표면처리	균열 폭 4mm 이상은 부분 소파 보수, 채움재 보수
② 택코우팅 실시	접착재의 침입도지수 60 이상, 연화점 48℃ 이상
③ 섬유보강재 거치	도장설비에 섬유보강재 거치하고, 가스버너 점화
④ 섬유보강재 도포	섬유보강재 하부면의 PP필름을 녹이면서 포설장비 전진
⑤ 동절기·혹서기 조치	기온 5℃ 이하 예열장치 가동, 30℃ 이상 가급적 포설금지
⑥ 포장공사 착수	섬유보강재 도포가 완료되면 즉시 포장공사 착수 가능

섬유그리드 포장의 작업순서

10. 재포장

⑴ 재포장은 표층뿐만 아니라 기층, 필요하면 노상까지도 제거한 후 다시 포장을 실시하는 공법으로 보수공법 중 가장 高價이므로 채택 여부를 비교·분석해야 한다.

⑵ 재포장할 경우에는 포장구조, 배수시설, 지하수, 교통량 등의 파손원인을 조사하여, 단기간에 다시 파손되지 않는 구조로 설계한다.[82]

---

82) 국토교통부, '도로포장 유지보수 실무편람', pp.24~46, 2013.

08.33 표층재생공법 (Surface Recycling Method)

아스팔트 포장에서 표층재생공법(Surface Recycling Method), 재생포장(Repavement) [2, 1]

I. 개요

1. 최근 SOC 노후화로 인해 건설폐기물 발생량이 나날이 증가하는 추세에서 이를 녹색성장을 위한 중요자원으로 활용하기 위해 효율적인 재활용이 필요한 시대이다.

2. 이를 위해 정부는 『건설폐기물의 재활용촉진에 관한 법률』에 의해 폐콘크리트와 폐아스팔트 등의 건설폐기물을 의무적으로 재활용하도록 규제하고 있다.

3. 이 법률에 따른 국토교통부·환경부 공동 『순환골재 등 의무사용 건설공사의 순환골재 활용제품 사용용도 및 의무사용량 고시』에 의하면, 보조기층의 15% 이상을 순환골재로 활용해야 하며, 아스팔트 포장의 15% 이상을 재생아스팔트 혼합물로 적용해야 한다. 향후 의무비율이 상향될 예정이다.

II. 보조기층용 순환골재

1. 적용 대상

⑴ 보조기층은 노상 위에 놓이는 층으로 상부에서 전달되는 교통하중을 분산시켜 노상에 전달하는 역할을 담당해야 하므로, 충분한 강도와 두께를 갖는 내구성 좋은 재료를 사용하여 다짐해야 한다.

⑵ 『순환골재 의무사용량 고시』를 적용하려면 순환골재 사용에 따른 안정성, 환경관련 규정의 적합성 등 현장조건을 조사한 후 적용 여부를 검토해야 한다. 이 경우 포장구조 계산에 필요한 보조기층용 상대강도계수 값은 국토교통부에서 제정한 기준값을 적용한다.

2. 보조기층 재료의 품질기준

⑴ 보조기층용 순환골재의 품질은 이물질 함유량, 수정CBR, 마모감량, 소성지수, 모래당량, 액성한계 등의 규정*과 소정의 입도*에 적합해야 한다.

⑵ 순환골재의 이물질 함유량 시험은 KS F(순환골재의 이물질 함유량 시험방법)에 의하여 목재·천조각 등 유기 이물질 함유량 측정결과, 총 골재체적의 1% 이하이어야 한다.

⑶ 순환골재에 함유된 적벽돌, 자기류, 타일류 등의 무기 이물질을 질량기준 5% 이하로 관리하되, 폐아스팔트는 이물질로 분류하지 않는다. 다만, 폐아스팔트는 품질 만족여부를 우선 검토하여 적합할 경우에는 아스팔트 포장용으로 사용한다.

보조기층용 순환골재의 물리적 성질

구분		시험방법	기준
이물질 함유량(%)	유기 이물질	KS F 2576	1.0 이하 (용적 기준)
	무기 이물질		5.0 이하 (질량 기준)
수정CBR치(%)		KS F 2320	30 이상
마모감량(%)		KS F 2508	50 이하
소성지수		KS F 2303	6 이하
모래당량		KS F 2340	25 이상
액성한계(%)		KS F 2303	25 이하

보조기층용 순환골재의 입도

체크기 / 입도종류	통과 질량 백분율 (%)							
	75mm	50mm	40mmm	20mm	5mm	2.5mm	0.4mm	0.08mm
RSB-1	100	-	70~100	50~90	30~65	20~55	5~25	2~10
RSB-2	-	100	80~100	55~100	30~70	20~55	5~30	2~10

주) RSB(Recycle Sub Base) : 보조기층용 순환골재

3. 보조기층 재료의 승인 및 시험

(1) 보조기층의 품질관리는 함수량, 입도 및 현장밀도 기준*에 적합해야 한다.

(2) 폐콘크리트를 파쇄한 재료는 원재료가 동일한 것이 아닐 경우, 품질이 다양하게 나타날 수 있으므로 시험성과가 재료 전체를 대표하는지 검토한다.

(3) 보조기층용 순환골재의 품질관리는 수시로 각종시험을 실시하여 사용 중에 품질 상태에 대한 의심이 없도록 한다. 현장밀도 시험 중 흙의 다짐시험은 KS F(흙의 다짐시험방법)에 따라 실시한다.

보조기층 품질관리 항목

항목	시험방법	시험빈도	표준관리한계	불만족한 경우 조치·참고사항
함수량	KS F 2306	① 포설後 다짐前 500m³ 마다 ② 필요시 마다	-	함수량이 많은 경우는 자연건조, 부족한 경우는 부설 중 살수한다.
입도	KS F 2502	① 골재원 마다 ② 1,000m³ 마다	-	원재료를 조사하여 필요하면 현장배합을 수정한다.
현장밀도	KS F 2311	① 500m³ 마다 (폭넓은 광활지역) ② 층별 200m마다 : 2차선 기준	95% 이상	다짐작업을 계속한다. 국부적인 함수비 과대 또는 재료의 불량개소는 치환한다.

Ⅲ. 재생 아스팔트 혼합물

1. 적용 대상

(1) 국토교통부 『건설폐자재 재활용 도로포장지침』에 따르면, 아스팔트 재활용방법은
  ① 모든 포장층에 사용되는 플랜트 재생 가열 아스팔트 혼합물
  ② 표층에 사용되는 현장 가열 표층 재생 아스팔트 포장
  ③ 기층에 사용되는 플랜트 재생 상온 아스팔트 혼합물 등으로 구분된다.

(2) 본문에서는 건설현장에서 주로 사용되는 ▲플랜트 재생 가열 아스팔트 혼합물, ▲현장 가열 표층 재생 아스팔트 혼합물에 대하여 기술한다.

2. 플랜트 재생 가열 아스팔트 혼합물

(1) 사용재료의 종류 및 기준

① 플랜트 재생 아스팔트 혼합물은 재생설비가 있는 아스팔트 플랜트에서 순환골재를 가공하여 재생아스팔트 혼합물을 제조하는 방법으로, 아스팔트 도로의 표층, 중간층, 기층의 재생혼합물을 생산한다.

② 재생혼합물을 생산하기 위한 재료는 순환골재와 천연골재, 채움재, 아스팔트 등이며, 품질향상을 위하여 재생첨가제도 사용된다. 순환골재의 최대 사용비율은 기층용은 50% 이하, 표층용은 30% 이하이다.

③ 순환골재는 골재에 아스팔트가 도포된 형상으로 이루어져 있으며, 가열하면 아스팔트의 점성이 약해져 아스팔트와 골재가 분리된 연한상태가 된다.

④ 순환골재의 (겉보기)입도는 재생혼합물의 품질과 큰 연관성이 없으므로, 가열·절삭·재생장비에서 사용할 수 있는 최대 골재크기와 가열시간을 고려하여 재생혼합물의 최대 골재크기 및 입도 범위를 정한다.

⑤ 순환골재는 재생혼합물 품질의 안정화를 위하여 균일한 입도의 순환골재가 재료분리 없이 적정 비율로 투입될 수 있도록 분리하여 공급되어야 한다. 일반적으로 20~13mm와 13mm 이하의 2단계로 공급된다.

⑥ 신재(新材)아스팔트는 KS M(스트레이트 아스팔트)에 따르며, 침입도 80~100 아스팔트를 사용한다. 침입도가 높은 아스팔트를 사용하면 순환골재에 포함된 노화된 아스팔트의 침입도를 회복시킬 수 있다.

⑦ 재생첨가제는 재생혼합물 내의 노화된 아스팔트 점도를 회복시키기 위하여 혼합물 제조 중에 첨가한다. 첨가제의 사용여부 및 사용비율은 첨가되는 순환골재의 침입도와 사용비율에 따라 결정된다.

(2) 재생아스팔트의 품질

① 재생 가열 아스팔트 혼합물에서 재생아스팔트를 추출하여 소정의 품질시험을 수행하며, 재생아스팔트의 침입도는 40~80이어야 한다.

② 재생아스팔트의 품질은 정기적으로 연 2회 이상의 빈도로 확인한다. 다만, 재생첨가제와 신재(新材)아스팔트에 변동이 생기면 그 때마다 품질을 확인한다.

(3) 재생 가열 아스팔트 혼합물의 배합설계

① 재생혼합물의 종류는 新아스팔트 혼합물의 종류를 기준으로 정한다. 굵은골재의 비율과 입도분포에 따라 재생 밀립도, 내유동 아스팔트 콘크리트로 나누어지며, 최대골재의 크기에 따라 13mm, 20mm로 구분된다.

② 기층용 및 표층용 재생혼합물의 표준배합은 소정의 마샬시험 기준값에 따른다. 중간층용 재생혼합물은 WC-5R 입도 및 해당 기준을 사용하며, 도로공사표준시방서의 중간층용 입도 기준을 적용한다.

3. 현장가열 표층 재생 아스팔트 포장

(1) 재생장비

① 현장가열 표층 재생 아스팔트 포장은 재생장비를 이용하여 도로 위에서 주행차선 방향으로 전진하며, 노후된 아스팔트 표층을 가열·절삭장비로 걷어내고 신(新)아스팔트재료와 혼합한 후 다시 포설·다짐하는 방법이다.

② 이 가열·절삭장비는 아스팔트 콘크리트 도로 표층의 재포장에 적용된다.

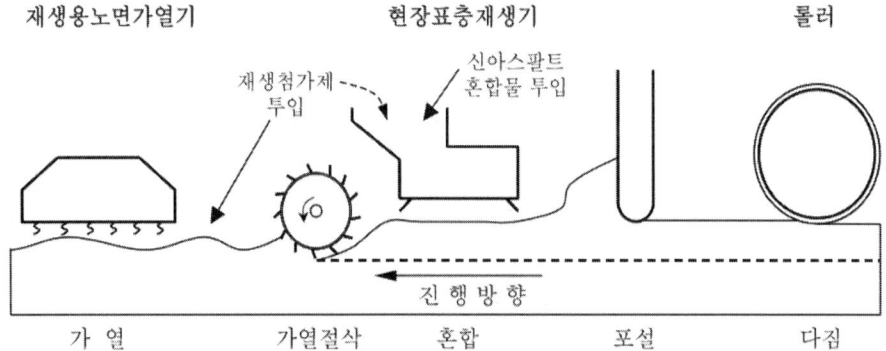

현장가열 재생 아스팔트 혼합물에서 가열·절삭장비의 공정 흐름

(2) 구재(舊材)아스팔트 품질시험

① 순환골재는 노면 예열기를 이용하여 노후된 포장표면을 고압의 송풍 가열버너로 예열시킨 후, 가열·굴삭장비를 이용하여 1차 및 2차 절삭하면서 발생되며, 점차 포장의 중심부로 모아지거나 히터뱅크로 운반되어진다.

② 가열·굴삭장비에서 순환골재는 40mm 이하로 절삭되며, 구재(舊材)아스팔트 침입도는 20 이상이어야 한다. 그러나 순환골재는 발생된 직후 재활용되기 때문에 품질시험을 할 수는 없으므로, 품질추정을 위해 시공 전에 시료를 아스팔트와 골재로 분리 추출한 후 다음과 같은 품질시험을 수행한다.

ㅇ 추출골재 입도

ㅇ 아스팔트 콘크리트용 순환골재의 아스팔트 함량

ㅇ 구재(舊材)아스팔트의 침입도

(3) 신재(新材)아스팔트 혼합물 생산·포설

① 재생첨가제는 순환골재에 포함된 구재(舊材)아스팔트의 성상회복을 위하여 사용된다. 신재(新材)혼합물은 아스팔트 플랜트에서 생산되어 현장으로 운반된 후 순환골재와 혼합하여 포설된다.

② 신재(新材)혼합물의 입도, 아스팔트 함량 등은 기존 표층 혼합물과의 배합비율, 재생 후 목표 입도, 아스팔트 함량 등을 감안하여 결정된다.

③ 포설되는 신재(新材)혼합물에서 시료를 채취하여 소정의 품질시험을 수행한다. 재생아스팔트의 품질은 시공 전체 연장이 균질하고, 재생첨가제 등의 재료 변동이 없을 경우 전체 연장에 대하여 1회 시험한다.[83]

---

83) 국토교통부, '도로설계편람', 제4편 도로포장, pp.406-1~10, 2012.

08.34 콘크리트 포장의 파손유형

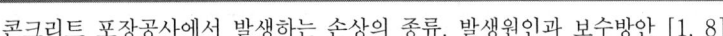

콘크리트 포장공사에서 발생하는 손상의 종류, 발생원인과 보수방안 [1, 8]

Ⅰ. 개요

1. 콘크리트 포장은 경화될 때부터 건조수축(shrinkage)이 발생되며, 강성이기 때문에 온도·습도 변화에 따라 수축·팽창이 반복되면서 이로 인해 점차 균열이 발생된다.

2. 도로포장의 유지보수 실무자는 아스팔트 포장이든 콘크리트 포장이든 노면의 파손 상황을 관찰하고 개략적인 파손원인과 보수범위를 평가해야 한다.

3. 국부적인 파손은 소파보수, 줄눈보수 등을 실시한다. 전반적인 파손은 그 규모나 깊이에 따라 덧씌우기, 재포장 등의 본격적인 보수·보강공법을 검토한다.

Ⅱ. 콘크리트 포장의 파손유형

1. 균열

콘크리트는 경화할 때 수축되며, 온도·습도 변화에 따라 수축과 팽창이 반복되면서 균열이 발생된다. 콘크리트 포장에서는 미리 균열을 줄눈으로 유도하지만 줄눈 절단 시기를 놓치거나 슬래브의 두께 부족, 슬래브 하부층의 변형으로 인해 균열이 발생될 수 있다. 일단 균열이 발생되면 줄눈 보수할 때 함께 보수한다.

모든 줄눈은 온도·습도에 따라 반복적으로 수축과 팽창이 반복되므로, 시간이 지나면 재료의 산화 또는 접착력의 손실 때문에 손상이 발생된다. 콘크리트 포장에서 줄눈이 파손되면 이물질 또는 물이 침투하여 균열, 스폴링 등의 부가적인 파손이 생기므로, 줄눈을 정기적으로 관찰하고 유지보수해야 한다. 모든 줄눈과 균열은 이물질 또는 물로 인해 포장이 파손되는 것을 방지하기 위해 점착력이 있는 재료로 실링이 되어야 한다. 기본적으로 균열과 줄눈의 실링재료는 동일하다.

(1) **우각부 균열(corner break)** : 세로방향줄눈과 가로방향줄눈이 교차하는 부위에 생기는 삼각형 모양의 균열이다. 균열은 줄눈 부위에서 30cm 이상 떨어져 발생되며, 균열 파손이 콘크리트 슬래브 전체 단면에 나타난 것을 의미한다. 균열 파손이 슬래브 전체 깊이에 발생되지 않고 표면에만 발생되면 스폴링으로 간주한다.

원인	보수
◦ 하부 지지력 ◦ 온도	◦ 하 등급 : 보수 불필요, 균열실링 ◦ 중 등급 : 균열실링, 전체단면 보수 ◦ 상 등급 : 전체단면 보수

(2) **세로 균열(longitudinal crack)** : 포장체의 중심선과 평행하게 생기는 균열이다.

원인	보수
◦ 세로방향줄눈이 없거나, 절단시기 지연 ◦ 교통하중 재하, 콘크리트 슬래브 수축 ◦ 보조기층 및 노상이 팽창성 재료로 시공 ◦ 단부 펌핑으로 인한 지지력 저하	◦ 보수 불필요, 균열실링 ◦ 중 등급 : 균열실링, 부분 단면보수 ◦ 상 등급 : 전체단면 보수, 덧씌우기

(3) **가로 균열(transverse crack)** : 슬래브의 중심선과 직각 방향으로 발생되는 균열이다. 보통 슬래브 중앙부에서 발생되어 인접부와 단차를 이루는 경우도 있다.

원인	보수
◦ 교통하중 재하, 온도·습도 반복 ◦ 줄눈 설계 미흡으로 절단시기 지연 ◦ 지반 지지력의 결핍	◦ 보수 불필요, 균열실링 ◦ 중 등급 : 균열실링, 부분단면 보수 ◦ 상 등급 : 전체단면 보수, 덧씌우기

(4) **대각선 균열(diagonal crack)** : 슬래브 중심선에서 대각선 방향으로 발생된 균열이다. 우각부 균열에 비해 대각선 균열은 균열이 발생된 슬래브 한쪽면의 길이가 슬래브 폭 또는 길이의 1/2 이상을 차지하는 경우를 의미한다.

원인	보수
◦ 하부 지지력의 결핍	◦ 보수 불필요, 균열실링 ◦ 중 등급 : 균열실링, 부분단면 보수 ◦ 상 등급 : 전체 단면보수, 덧씌우기

(5) **D형 균열(durability crack)** : 간격이 좁고 불규칙한 균열의 형상이 종방향과 횡방향으로 평행하게 발생되는 균열이다. D형 균열은 콘크리트 포장에 사용된 골재의 공극구조와 환경하중에 의해 발생된다.

원인	보수
◦ 배수 불량, 동결융해 ◦ 공기량, 간격계수 부적합 ◦ 골재 불량	◦ 보수 불필요 ◦ 중 등급 : 부분단면 보수 ◦ 상 등급 : 전체단면 보수

(6) **줄눈재 파손(joint seal damage)** : 줄눈 실링재와 줄눈부의 접착력이 상실되거나, 줄눈 실링재의 산화로 인해 줄눈이 갈라지거나, 줄눈 실링재가 줄눈부에서 완전히 이탈된 상태를 의미한다.

원인	보수
◦ 줄눈 설계(간격, 폭) ◦ 실링재 불량 ◦ 줄눈부 청소 불량	◦ 하 등급 : 보수 불필요, 균열실링 ◦ 중 등급 : 균열실링, 서브실링 ◦ 상 등급 : 줄눈 보수

(7) **스폴링(spalling)** : 포장의 줄눈 및 균열의 단부가 작은 조각으로 깨지는 것을 스폴링이라 한다. 줄눈부 또는 균열부에서 많이 발생한다. 균열 파손이 슬래브의 전체 깊이에 발생되면 우각부 균열이라 하며, 슬래브의 표면에만 발생되면 스폴링으로 간주한다.

원인	보수
◦ 실링재 파손 ◦ 균열 ◦ 하중전달장치 시공 불량	◦ 하 등급 : 보수 불필요 ◦ 중 등급 : 부분단면 보수 ◦ 상 등급 : 전체단면 보수

2. 변형

변형이란 콘크리트 슬래브 표면의 원래 형상이 변형되는 것을 의미하며 포장의 구조적인 결함에 의해 발생된다. 구조적인 결함이란 보조기층이나 노상 및 포장체 저부의 변형으로 인해 보조기층에서의 지지력이 일정하지 않아 슬래브에 과도한 응력이 발생되고 변형이 생기는 현상을 말한다. 따라서 변형에는 균열이 따르게 되며, 균열이 변형을 유발하기도 한다.

아스팔트 포장과 같이 콘크리트 포장도 포장체 저부에서 변형이 발생되면 표면에 완만한 형상의 처짐이 발생된다. 이는 연약지반의 압밀이나 전단파괴에 의해 발생될 수 있으며 30~40m 길이에 약 1m 정도의 처짐이 발생하기도 한다. 이러한 변형은 표면에 낚시바늘 형상의 균열로 나타나며, 종방향 균열 길이로부터 거동이 발생된 깊이를 추정할 수 있다.

(1) **단차(faulting)** : 균열 또는 줄눈부의 인접 슬래브 간에 높이 차이가 발생되는 것을 말한다. 단차는 종·횡 방향 모두 발생하며, 하중전달장치 다웰바가 없는 콘크리트 포장의 가로균열에서 주로 발생된다. 단차는 오르막 슬래브가 위쪽, 내리막 슬래브가 아래쪽으로 차이가 발생되며 생긴다.

원인	보수
◦ 온도·습도 차이 반복 ◦ 부적절한 하중전달 ◦ 불안정한 지지력 ◦ 강우 중에 펌핑	◦ 그라인딩 ◦ 서브 실링 ◦ 슬래브 설치 ◦ 아스팔트 덧씌우기

(2) **펌핑(pumping)** : 자동차가 슬래브 위를 통과할 때 슬래브가 상·하로 움직이면서 슬래브 하부에 있는 물과 함께 모래, 점토, 실트 등이 동시에 노면으로 분출되는 현상이다. 펌핑은 가로방향 및 세로방향 줄눈부, 균열부, 포장 단부에서 주로 발생된다.

원인	보수
◦ 줄눈부 실링재료 유실	◦ 균열 실링
◦ 균열 발생되어 유수 침투	◦ 서브 실링
◦ 지반 연약화로 공동 발생	◦ 전체단면 보수

* 단차, 펌핑은 심각도를 적용할 수 없다.

3. 탈리

탈리는 콘크리트 포장에서 슬래브의 일부분이 떨어져 나가거나 일부분의 골재 결합이 느슨해지는 것을 의미하며, 그 원인은 내구성이 적은 콘크리트를 사용하는 경우와 외부적인 작용에 의한 경우로 구분된다.

콘크리트의 내구성은 구성재료의 특성과 기후에 영향을 받는다. 콘크리트 자체의 내구성이 저하되어 발생되는 파손은 자연적으로 진행되며 점차 확대되어 거의 완전한 파괴가 발생될 때까지 파손면적이 넓어진다. 이러한 파손은 줄눈이나 단부로부터 균열이 조밀한 간격으로 형성된다는 점에서 구조적인 파손과 쉽게 구분된다.

(1) **스케일링(scaling)** : 콘크리트 표면의 일부가 벗겨져 탈리되는 현상을 말한다. 어떤 경우에 스케일링이 포장 안으로 점점 더 깊게 진행될 수도 있다. 스케일링의 원인은 마무리 공정에서 흘러 들어간 실트나 점토, 제설용 염화칼슘 사용, 과도한 마무리 등이다. 스케일링은 콘크리트 파손을 나타낸다고 인식되고 있으나 구조적 관점에서 심각한 영향을 미치는 것은 아니다. 그러나 제설용 염화칼슘을 장기간 사용하여 발생된 콘크리트 손상은 포장의 구조적 능력을 저해할 수 있다.

원인	보수
◦ 제설제에 의한 화학 반응	
◦ 부적절한 배합 및 시공	◦ 슬러리실
◦ 부적합한 골재	◦ 덧씌우기
◦ 부적절한 양생	

(2) **블로우업(blow up)** : 콘크리트 포장이 국부적으로 솟아오르거나 파쇄된 것을 말한다. 블로우업은 압축응력을 받는 콘크리트 포장의 줄눈에서 발생되며, 특히 팽창줄눈을 설치하지 않았을 경우에 발생된다. 팽창줄눈을 설치하지 않을 경우에는 수축줄눈에 충분한 팽창공간을 확보해야 블로우업을 막을 수 있다. 수축줄눈에 모래나 비압축성 물질이 들어가면 블로우업이 발생된다.

원인	보수
◦ 슬래브의 과도한 팽창	◦ 줄눈 보수
◦ 슬래브의 균열	◦ 전체단면 보수

(3) **망상균열(map cracking)** : 콘크리트 길어깨 부분과 평행하게 표면 위쪽에 균열이 이어진 현상을 말한다. 주로 포장의 종방향으로 많은 균열이 분포되며, 횡방향 균열 또는 무작위 균열과 연결된다. 콘크리트의 알칼리와 골재의 실리카가 화학 반응을 일으켜 발생하는 파손 형태라고 볼 수 있다.

원인	보수
◦ 건조수축 ◦ 알칼리-실리카 반응	◦ 슬러리실 ◦ 덧씌우기

(4) **골재이탈(popouts)** : 콘크리트 포장의 표면으로부터 골재 부분 혹은 시멘트 페이스트 부분이 작게 떨어져 나간 것을 말한다. 25~100mm 지름에 13~50mm 깊이로 발생된다.

원인	보수
◦ 동결융해 ◦ 골재 불량 ◦ 부적합한 타이닝 시점	◦ 부분단면 보수

* 스케일링, 블로우업, 망상균열, 골재이탈은 심각도를 적용할 수 없다.

4. 미끄럼 저항 감소

포장 노면의 미끄럼 특성은 교통사고와 밀접한 관계가 있다. 최근 중차량 통행량 증가오 인해 노면 마모는 가속화되고, 차량 주행속도는 점차 빨라져서 보다 높은 미끄럼 저항이 요구되고 있다.

노면의 미끄럼 특성에 영향을 미치는 가장 중요한 요소는 포장체의 표면조직이다. 포장체의 표면조직은 미세조직(micro-texture)과 조면조직(macro texture)으로 구분되며, 보통 0.5mm 요철을 기준으로 구분된다. 미세조직은 모르타르나 골재입자 거칠기에 따라, 조면조직은 골재입자 간격에 따라 결정된다.

(1) **골재 마모(polished aggregate)** : 포장 표면의 골재 입자가 매끄럽게 닳아지는 현상을 말한다.[84]

원인	보수
◦ 골재 불량 ◦ 교통 하중	◦ 그루빙 ◦ 숏 블라스팅 ◦ 표면 평삭

---

84) 국토교통부, ‘도로포장 유지보수 실무편람’, pp.24~46, 2013.

08.35 콘크리트 포장의 보수공법

콘크리트 포장의 파손 및 보수방법, 하절기 CCP포장의 공용 중 유지관리 [0, 4]

I. 개요

1. 도로포장은 지반의 특성, 지세, 강우, 기온변화, 강우량 등의 환경적 요인과 교통량, 중차량 구성비 등의 교통특성에 따라 매우 다양한 파손이 발생되며 이에 따라 다양한 문제를 유발시킨다.

2. 따라서 도로 이용자에게 쾌적하고 안전한 도로를 지속적으로 제공하기 위해서는 도로포장의 유지관리가 중요하다. 도로포장을 효율적으로 유지관리하기 위하여 파손원인을 파악하고, 파손원인에 따라 적절한 보수를 적절한 시기에 수행하여 포장상태를 양호하게 유지해야 한다.

II. 콘크리트 포장의 보수공법

1. 줄눈 보수

(1) 콘크리트 포장 줄눈재는 물과 이물질이 콘크리트 포장 줄눈부를 타고 내부로 침투하여 줄눈 거동을 방해하는 것을 최소화하기 위해 줄눈 절단면에 주입 또는 삽입되는 탄성이 풍부한 재료이다.

(2) 콘크리트 포장 줄눈재의 역할은 다음과 같다.

① 강우, 강설, 제설염수 등의 외부 수분이 콘크리트 포장 줄눈부를 타고 내부로 침투하여 열화 촉진, 다우웰바 부식, 줄눈거동 마비 등을 방지

② 단단한 이물질이 줄눈부에 침투하여 흠집을 내거나 수축거동 방해 최소화

③ 온도변화에 따른 콘크리트 슬래브의 수축·팽창에 대해 줄눈잠김(freezing) 또는 과도한 열림(excessive opening) 발생하지 않도록 적절한 공간 확보

(3) 콘크리트 포장 보수 後 아스팔트 덧씌우기를 시공할 경우에는 160℃ 이상에서도 견딜 수 있도록 아래와 같은 줄눈재의 종류 중에서 선정해야 한다.

줄눈재의 종류

공법		재료	적용 품질기준
주입형	가열	고무아스팔트 계열	고속도로 전문시방서 '13-7 줄눈재료' 준용
	상온	실리콘 계열	
성형 삽입형		EPDM 계열	
		폴리네오프렌 계열	

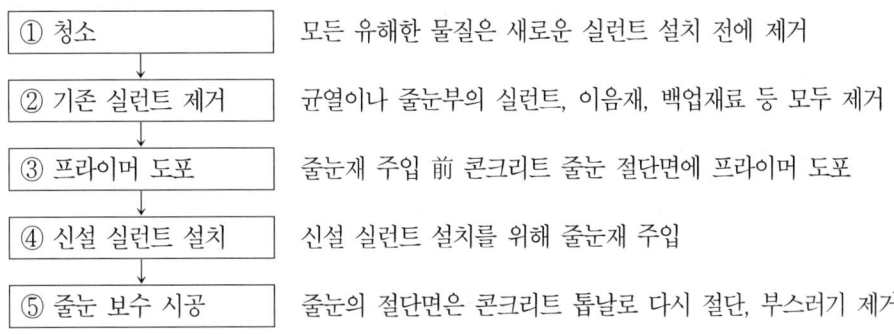

① 청소	모든 유해한 물질은 새로운 실런트 설치 전에 제거
② 기존 실런트 제거	균열이나 줄눈부의 실런트, 이음재, 백업재료 등 모두 제거
③ 프라이머 도포	줄눈재 주입 前 콘크리트 줄눈 절단면에 프라이머 도포
④ 신설 실런트 설치	신설 실런트 설치를 위해 줄눈재 주입
⑤ 줄눈 보수 시공	줄눈의 절단면은 콘크리트 톱날로 다시 절단, 부스러기 제거

콘크리트 포장 줄눈 보수의 작업순서

2. 균열 보수

⑴ 콘크리트 포장 균열은 최소 폭 13mm에 깊이 19mm로 절단하고, 모든 결함 부스러기나 시멘트 모르타를 제거하기 위하여 균열부에 고압 살수한다.

⑵ 콘크리트 포장 줄눈부에서 1.2m 이상 떨어진 부위의 가로균열, 세로균열 등의 균열 폭이 3~19mm 경우에는 줄눈재 충전법으로 아래와 같이 보수한다.

① 아주 경미한 균열 : 그대로 둔다.

② 미세 균열~최대폭 3mm 이하 균열로서 스폴링 없는 경우 : 균열 단부가 거칠어졌거나 단차가 있으면 반드시 그루빙 後 실링한다.

③ 최대폭 3~19mm 균열로서 스폴링 없는 경우 : 균열에 그루빙 後 실링한다.

④ 최대폭 3~19mm 균열로서 스폴링 있는 경우 : 부분단면 보수 後 실링한다.

⑤ 최대폭 19mm 이상 균열로서 스폴링 없는 경우 : 균열에 그루빙 후 실링한다. 다만, 균열이 전 폭에 걸쳐 심화된 경우에는 하중전달장치를 설치한다.

⑥ 최대폭 19mm 이상 균열로서 스폴링 있는 경우 : 형성된 균열을 하나의 줄눈으로 간주하여, 하중전달장치를 포함한 전체단면 보수를 실시한다.

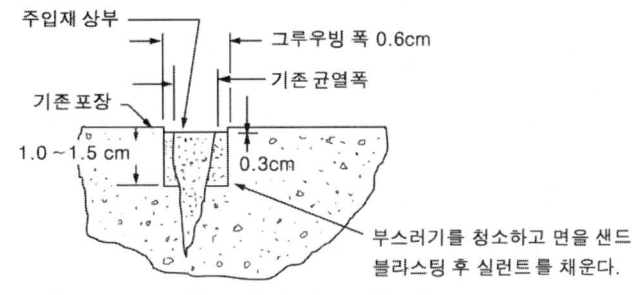

줄눈재 충전법의 보수

3. 전체단면 보수

⑴ 콘크리트 포장 슬래브의 전체단면 보수는 블로우업과 같이 줄눈부 파손이 심한

경우, 여러 균열이 복합적으로 발생된 경우, 결함이 심한 경우에 적용하는 보수 공법으로 슬래브 전체 깊이까지 제거하고 새로 시공하는 공법이다.

⑵ 전체단면 보수는 전체단면 현장타설 콘크리트 보수방법과 전체단면 프리캐스트 콘크리트 보수방법으로 구분할 수 있다.

⑶ 전체단면 현장타설 콘크리트 보수방법

  ① 전체단면 보수를 위해 탐침기법(sounding technique)으로 보수범위 설정한다.

  ② 탐침기법이란 포장체의 파손부분을 설정하기 위하여 강봉(steel rod), 나무망치 (carpenter's hammer), 체인 등으로 포장체 표면을 타격하는 기법으로 포장체 상태가 양호한 부위는 명쾌한 소리, 파손된 부위는 둔탁한 소리를 낸다.

  ③ 보수범위는 파손된 부위보다 30cm 더 넓게 직사각형으로 설정하며, 유지보수 의 작업성을 고려하여 폭 1.2m 이상, 길이 1.8m 이상으로 설정한다.

  ④ 보수범위는 아래 그림과 같이 콘크리트 포장 슬래브 내부에서 파손된 범위까지 를 고려하여 설정해야 한다.

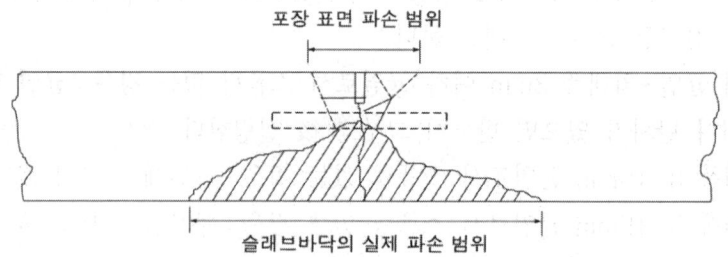

포장 슬래브 표면과 내부 파손 범위가 다를 때 보수범위 설정

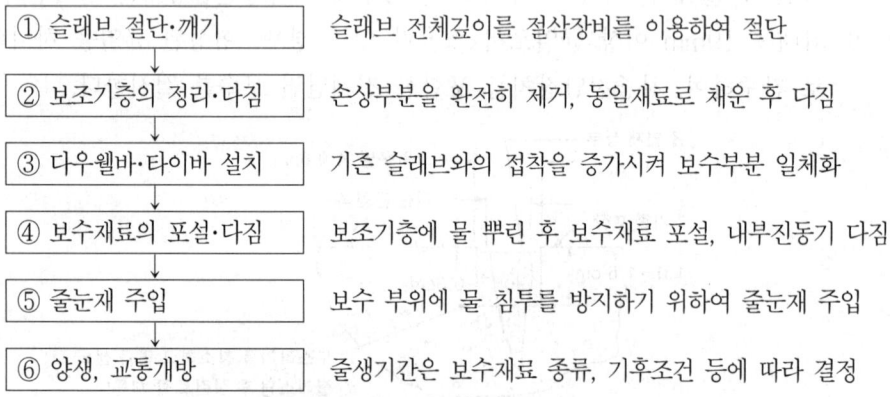

전체단면 현장타설 콘크리트 보수의 작업순서

⑷ 전체단면 프리캐스트 콘크리트 보수방법

  ① 전체단면 보수를 위한 교통 통제시간을 단축하고, 신속한 보수를 요구하는 도 심지 노선에는 프리캐스트 콘크리트 소파 보수공법을 적용한다.

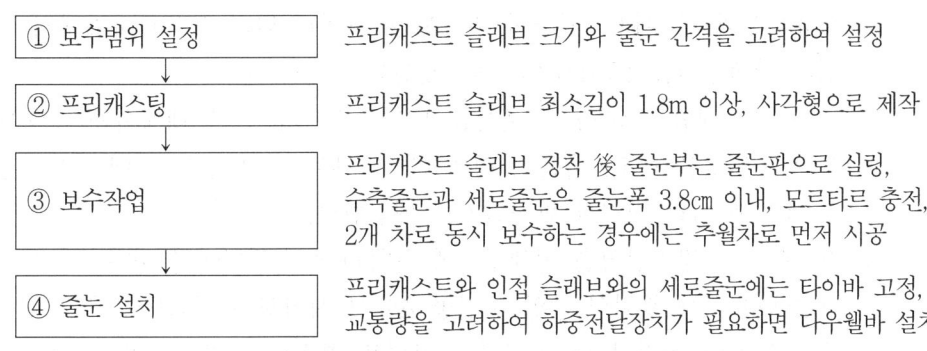

① 보수범위 설정	프리캐스트 슬래브 크기와 줄눈 간격을 고려하여 설정
② 프리캐스팅	프리캐스트 슬래브 최소길이 1.8m 이상, 사각형으로 제작
③ 보수작업	프리캐스트 슬래브 정착 後 줄눈부는 줄눈판으로 실링, 수축줄눈과 세로줄눈은 줄눈폭 3.8㎝ 이내, 모르타르 충전, 2개 차로 동시 보수하는 경우에는 추월차로 먼저 시공
④ 줄눈 설치	프리캐스트와 인접 슬래브와의 세로줄눈에는 타이바 고정, 교통량을 고려하여 하중전달장치가 필요하면 다우웰바 설치

전체단면 프리캐스트 콘크리트 보수의 작업순서

4. 부분단면 보수

⑴ 부분단면 보수는 보수재료별로 약간 차이가 있으므로 보수 前에 발주청과 상세히 협의하여 보수공법, 보수범위를 결정해야 한다.

⑵ 부분단면 보수는 현장타설 콘크리트 보수와 프리캐스트 콘크리트 보수로 구분된다. 프리캐스트 콘크리트 보수는 통행차단기간을 최소화할 수 있는 장점이 있다. 부분단면 보수의 작업순서는 전체단면 보수에 준하여 시공하면 된다.

5. 슬래브 재킹(slab jacking)

⑴ 슬래브 재킹은 절·성토 경계부와 암거·교량 뒤채움부의 침하 부위의 보수에 사용되는 공법으로, 슬래브 또는 보조기층 밑에 시멘트 그라우트를 고압으로 주입하여 그라우트 압력에 의해 침하된 슬래브를 원래 높이까지 들어 올리는 방법이다.

⑵ 슬래브 재킹의 시공순서는 다음과 같다.

① 그라우트 주입구멍의 천공 : 주입구멍을 가로방향 줄눈이나 슬래브 가장자리로부터 30~45cm 떨어져서 구멍중심 간 거리 180cm 이하로 배치하면, 1개 구멍으로 2.3~2.8m^2 정도의 슬래브를 들어 올릴 수 있다.

주입구멍 배치는 침하량, 파손의 종류·정도에 따라 다르며 슬래브에 균열이 있으면 이보다 더 조밀하게 뚫어야 한다. 주입구멍은 아래 그림과 같이 삼각형으로 어긋나게 배치하여 모든 구멍 간에 동일 거리를 유지하도록 한다.

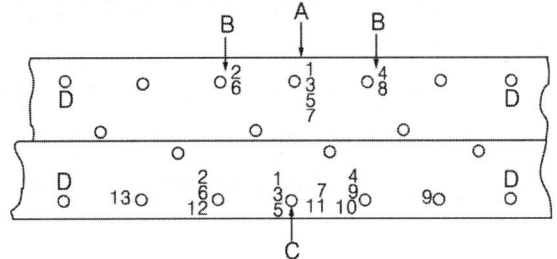

주입구멍의 배치와 주입 순서

② 부유토사와 물 제거 : 천공이 완료되면 슬래브 밑의 부유토사와 물을 제거하기 위해 압축공기를 15~60초간 불어넣는다.

③ 그라우트 배합 : 그라우트 혼합물의 반죽질기가 된상 태에서는 슬래브를 들어 올리는 역할을 하고, 묽은 상태에서는 슬래브 밑의 공극을 메우는 역할을 하므로 용도에 따라 적절한 반죽질기로 배합한다.

④ 그라우트 펌핑 : 펌핑은 전체구간에 균등하게 수행되어야 한다. 펌핑 작업은 위 그림에서 침하 부위의 중앙 주입공 A에서 시작하여 좌측B로 옮겨 펌핑하면 슬래브가 들어 올려질 때 발생되는 변형을 최소로 줄일 수 있다. 그 다음 3번째 펌핑은 다시 A에서 시작하여 우측B로 옮겨 펌핑한다. 이를 반복하면 A는 4번, 양측 B는 2번 펌핑하여 침하량이 가장 큰 중앙부위가 양측부위보다 더 많이 그라우트 주입된다. 1차로 펌핑 後, 2차로 C에서 반복하면서 점차 들어올린다.

⑤ 침하된 슬래브를 1번 주입하여 펌핑할 때 인접된 슬래브보다 0.6cm 이상 더 높게 들어올리면 아니 되며, ±0.3cm 이내의 평형을 유지하며 들어올린다.

⑥ 슬래브 재킹량 관찰 : 아래 그림과 같이 외측과 내측의 포장 표면에 높이 2cm 의 블록을 놓고, 슬래브 침하부 양쪽 끝에서 줄을 팽팽히 당겨서 주입 중 모든 지점에서 슬래브 재킹량을 정확히 관찰한다. 침하 부위 양쪽 끝에 처짐측정선을 고정시킬 때는 침하 시작 지점부터 3m 외측에 고정시킨다.

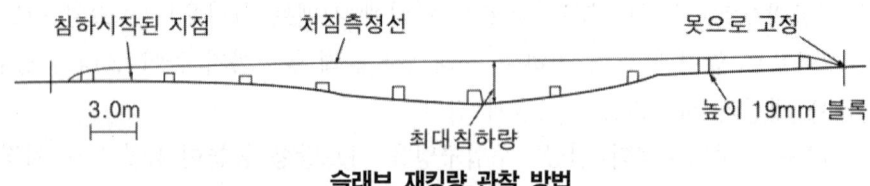

슬래브 재킹량 관찰 방법

6. 미끄럼 방지 포장

(1) 미끄럼 방지 포장은 미끄럼 저항이 불충분한 구간, 도로선형이 불량한 구간에서 표면에 新재료를 추가하는 형식 또는 표면재료 일부를 제거하는 형식이 있다.

(2) 新재료를 추가하는 형식은 개립도 마찰층(OGFC, open graded friction course), 슬러리실, 수지계 표면처리 등이 있고, 일부를 제거하는 형식은 그루빙, 숏 블라스팅, 노면 평삭 등이 있다.

(3) 콘크리트 포장에는 그루빙, 숏 블라스팅, 노면평삭 등의 공법으로 표면재료를 제거하는 형식이 미끄럼 방지에 바람직하다. 수지계 표면처리 등 新재료를 추가하는 형식은 공사비가 비싸고, 접착력이 불안정하므로 피하는 것이 좋다.[85]

---

85) 국토교통부, '도로포장 유지보수 실무편람', pp.88~150, 2013.12.

08.36 기존 콘크리트 포장의 덧씌우기

기존 아스팔트 포장에서 덧씌우기 전의 보수방법, 기존 콘크리트 포장을 덧씌우기 2가지 공법 [0, 2]

Ⅰ. 개요

1. 기존 콘크리트 포장의 덧씌우기 보수방법에는 아스팔트로 덧씌우기와 콘크리트로 덧씌우기가 있다. 아스팔트로 덧씌우기는 반사균열을 방지하는 것이 중요하다.

2. 콘크리트로 덧씌우기는 ▲사용되는 콘크리트포장의 종류에 따라(신실 콘크리트포장과 동일), ▲기존 포장과 덧씌우기 사이 경계면 처리방식에 따라 구분된다.

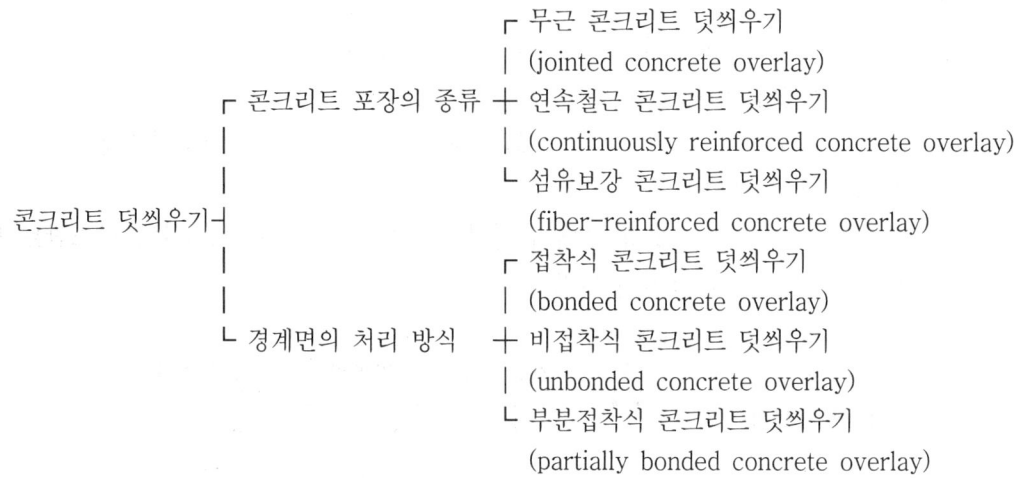

기존 콘크리트포장 덧씌우기의 구분

3. 접착식 콘크리트 덧씌우기는 포장체의 2개 층이 단일화된 거동을 할 때 구조적으로 안정적이라는 인식에서 발전된 것으로 기존 포장층에 완전 접착시키는 공법이다. 따라서 기존 포장의 파손상태가 그리 심하지 않은 경우에 적합하다.

4. 비접착식 콘크리트 덧씌우기는 덧씌우기를 기존포장과 완전 분리시켜 기존 포장 결함부가 반사균열에 의해 덧씌우기 거동에 영향을 주지 않도록 배려하는 공법이다. 따라서 기존 포장의 파손 상태가 심한 경우에 적합하다.

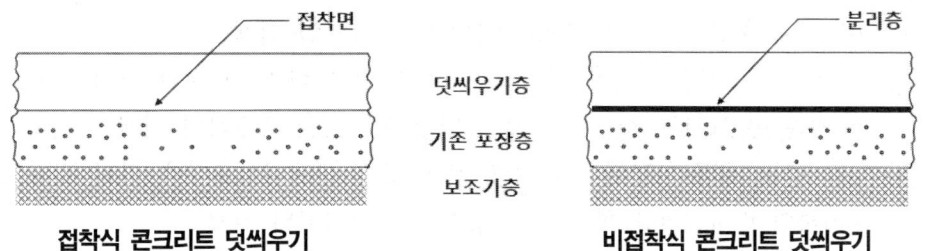

접착식 콘크리트 덧씌우기　　　　비접착식 콘크리트 덧씌우기

Ⅱ. 기존 콘크리트포장 위에 아스팔트포장 덧씌우기

1. 기존 콘크리트포장의 반사균열 처리대책

(1) 반사균열 정의

① 반사균열(反射龜裂, Reflection Crack)이란 기존 强性 콘크리트포장 위에 軟性 아스팔트포장으로 덧씌우기를 하면, 기존 포장의 균열이나 줄눈 형상이 그대로 반사되어 상부층 덧씌우기에도 균열이 반사되어 발생되는 현상이다.

② 즉, 반사균열이란 기존 포장층의 균열이나 줄눈 형태에 따라 환경적 요인, 교통 하중 등에 의해 유발되는 덧씌우기층의 조기균열 파괴현상이다.

(2) 반사균열 생성과정

① 기존 콘크리트포장 슬래브는 온도변화에 따라 수축·팽창을 반복하면서, 줄눈부 에는 열변형에 의해 수평방향의 응력이 집중된다.

② 이때 교통하중이 줄눈부의 상부를 통과하면, 아스팔트 덧씌우기층에 휨응력과 전단응력이 발생된다.

③ 그 결과, 하부의 수평방향 응력이 상부의 노면으로 반사(상승)하여 아스팔트 덧 씌우기층의 표면에 균열이 발생된다.

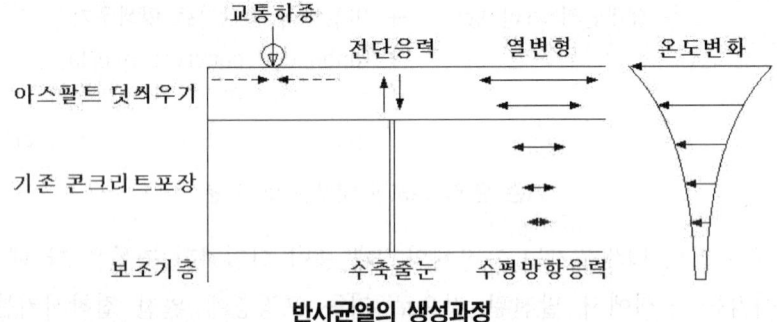

반사균열의 생성과정

(3) 반사균열 방지공법

① 덧씌우기 두께 증가 : 덧씌우기 두께가 얇을수록 반사균열이 발생하므로, 덧씌 우기 두께를 8cm 이상으로 두껍게 시공하여 반사균열 방지

② 개립도 아스팔트 혼합물 사용 : 기존 콘크리트포장 슬래브 바로 위에 개립도 아스팔트 혼합물을 두께 5cm 포설하면 반사균열 억제

③ 시트(Sheet) 사용 : 하부 콘크리트포장과 상부 아스팔트포장 사이에 시트를 깔 아 기존 콘크리트포장의 줄눈과 균열의 움직임을 흡수하여 억제

④ 컷팅 줄눈 시공 : 덧씌우기 시공 전에 하부 콘크리트포장에 미리 컷팅 줄눈을 설치하면 반사균열을 한 곳으로 유도하여 반사균열 억제

2. 기존 콘크리트포장 위에 아스팔트포장 덧씌우기

(1) 원리

① 아스팔트 덧씌우기는 아스팔트 포장에서 아스팔트 표층 덧씌우기와 유사한 보수방법이다. 콘크리트 포장 슬래브를 아스팔트 포장의 중간층이나 기층으로 간주하여 아스팔트 표층 덧씌우기를 하기도 한다.

② 콘크리트 포장 위의 아스팔트 덧씌우기 할 때는 반사균열을 억제하기 위하여 덧씌우기 두께를 증가시키거나 기존 포장의 파손 부위 보수 後에 실시한다.

(2) 시공절차

① 깨끗이 정리된 포장 표면에 역청재(커트백 아스팔트, 유화 아스팔트)를 디스트리뷰터로 살포한다. 역청재 살포량이 과다하면 블리딩의 원인이 되고, 여름철 덧씌우기 표층 유동의 원인이 되므로 살포량이 과다하면 긁어 제거한다.

② 역청재를 양생한다. 양생시간은 계절과 기후에 따라 1~2시간 양생한다.

③ 살포된 역청재의 양생 後, 즉시 아스팔트 콘크리트 혼합물을 포설한다.

④ 아스팔트 혼합물 포설 後, 소정의 다짐도를 얻기 위해 1차 다짐(110~140℃)은 8톤 이상 매커덤 로울러, 2차 다짐(70~90℃)은 10톤 이상 타이어 로울러, 마무리 다짐(60℃)은 탬덤 로울러로 한다.

⑤ 아스팔트 덧씌우기가 완전 종료된 포장 표면은 3m 직선자로 도로 중심선에 직선 또는 평행으로 측정하였을 때 최고부가 0.3cm 이상 높아지면 아니 된다.

아스팔트 덧씌우기 보수의 흐름도

III. 기존 콘크리트포장 위에 콘크리트포장 덧씌우기

1. 접착식 콘크리트포장 덧씌우기

(1) 원리

① 접착식 콘크리트 덧씌우기(BCO, bonded concrete overlay)는 기존 콘크리트

포장의 노후된 콘크리트 표면을 약간 절삭하고, 시멘트 그라우트 접착제를 살포한 後 필요한 두께 만큼 콘크리트로 덧씌우기를 하는 방법이다.

② BCO는 무근 콘크리트 포장이나 철근 콘크리트 포장 모두에 적용될 수 있다.

(2) 시공절차

① 덧씌우기 前에 기존 포장의 파손 부분을 사전 보수한다.

- 부분단면 보수 : 파쇄된 기존 콘크리트 포장을 제거. 제거된 깊이가 5cm 이하인 경우에 별도 처리 없이 덧씌우기 시공 중 충진
- 전체단면 보수 : 균열 폭이 넓고 파손이 계속 진전될 우려 있는 균열은 덧씌우기 後 반사균열로 발생하되 않도록 전체단면 보수
- 기존포장 줄눈 : 덧씌우기 前에 줄눈재로 충진

② 기존포장 표면처리(표면 절삭·청소) : 덧씌우기 예정인 모든 표면을 상온 절삭기(cold milling), 숏 블라스팅 장비, 샌드 블라스팅 장비를 이용하여 1차 표면처리하고, 공기분출(air blasting) 장비로 미세 오염물질을 제거한다.

- 상온 절삭 또는 파쇄기 절삭은 6~7mm, 숏 블라스팅은 3mm 절삭
- 인접 차로와 분리시켜 포장되는 슬래브의 모서리는 샌드 블라스팅 청소

③ 줄눈 표시 : 기존 포장의 모든 줄눈은 덧씌우기 後에 위치를 알 수 있도록 포장체 양쪽에 표시말뚝을 설치한다.

④ 그라우트 살포 : 기존포장과 덧씌우기 사이의 접착력 유지를 위해 그라우트를 살포한다. 시험에 의해 접착강도 $14kg/cm^2$ 이상 확인되면 생략한다.

- 접착용 그라우트 : 물/시멘트비 0.62 이내로 배합하여 90분 이내에 포설
- 그라우트 살포 : 덧씌우기 直前에 스프레이로 건조한 표면에 얇게 살포

⑤ 덧씌우기 포설·마무리 : 콘크리트 덧씌우기의 포설, 마무리, 양생, 줄눈절단, 씰링 등은 모두 일반 콘크리트와 동일하다. 다른 점은 다음과 같다.

- 표면의 최종청소 : 덧씌우기 前에 에어블로우(air blow) 장비로 청소
- 포설 : 지정된 폭 전체에 대하여 설계두께에 맞추어 덧씌우기 포설
- 양생 : 타이닝 直後, 양생제 $0.4\ell/m^2$ 살포
- 가로줄눈 : 모든 가로줄눈은 깊이 1.3m 정도를 가능하면 빨리 절단
- 기존포장의 팽창줄눈 : 덧씌우기 後 줄눈 절단 이전에 확인 가능하도록 표시
- 덧씌우기의 세로줄눈 : 설계도에 따라 기존 포장 줄눈의 바로 위를 덧씌우기 두께의 1/2 절단하면, 모든 공정 마무리.

2. 비접착식 콘크리트포장 덧씌우기

(1) 원리

① 비접착식 콘크리트 덧씌우기(UBCO, unbonded concrete overlay)는 노후된 기존 콘크리트 포장 위에 분리층을 시공하고, 설계두께 만큼 콘크리트 덧씌우기를 수행하는 방법이다.

② UBCO는 무근 콘크리트 포장이나 연속철근 콘크리트 포장 모두에 적용된다.

(2) 시공절차

① 덧씌우기 前에 기존포장의 파손 부분을 사전 보수
  ○ 줄눈부 파손 : 느슨한 재료를 제거하고, 아스팔트 혼합물로 충진
  ○ 파손된 슬래브 : 펌핑 원인 되고, 하중전달 능력 없으므로 전체단면 보수
  ○ 불안정한 슬래브 : 슬래브 하부에 있는 空洞은 서브 실링 공법으로 보수
  ○ 블로우업 : 기존 콘크리트 포장의 블로우업 파손은 전체단면 보수

② 분리층 : 슬러리실 공법 적용, 기존 포장의 파손이 덧씌우기 신설 포장에 영향을 미치지 못하도록 기존포장 위에서 덧씌우기 포설 前에 시공

③ 양생제 살포 : 포장 표면온도 43℃ 초과하면 석회 슬러리 또는 흰색 양생제를 아스팔트 분리층의 표면에 도포한다.
  ○ 석회 슬러리(Lime Slurry) : 수화된 석회(Hydrated lime)와 물로 구성
  ○ 흰색 양생제 : 왁스제(wax-based) 1ℓ로 도포 가능 면적은 4.8m² 정도

④ 덧씌우기 포설·마무리 : 하중전달장치 설치, 덧씌우기 포설, 마무리, 양생, 줄눈 절단, 실링 등은 모두 일반 콘크리트와 동일하다, 다음 사항을 유의한다.
  ○ 표면처리(texturing) : 솔, 비를 이용하여 타이닝 실시, 노면 거칠게 마무리
  ○ 양생 : 표면처리 直後, 스프레이어로 양생제 살포
  ○ 줄눈 : 모든 줄눈은 일반 콘크리트 포장 시방규정에 따라 설치하되, UBCO에서는 가로줄눈을 기존포장의 가로줄눈 위치에서 1m 이상 떨어뜨려 설치

⑤ 실내실험 및 교통개방 : 덧씌우기 압축강도 210kg/cm² 전에 교통개방 금지

Ⅳ. 맺음말

1. 포장 파손은 복합적인 요인에 의해 나타나기 때문에 정확한 보수공법 및 보수자재를 찾기 매우 힘들다. 유지보수를 시행하여도 예상했던 포장수명 연장에 큰 효과를 기대할 수 없어 대부분 재포장이라는 확실한 공법을 선택한다.

2. 포장공사는 설계단계에서부터 시공단계에서 예상되는 포장 파손 원인을 미리 해결할 필요가 있으며, 유지관리단계에서 포장관리체계(PMS, Pavement Management System)를 통한 적정한 보수공법을 경제적·환경적 측면에서 시행해야 한다.[86]

---

86) 국토교통부, '도로포장 유지보수 실무편람', pp.140~147, 2013.12.

08.37 콘크리트 포장의 차로 확폭

슬래브교의 차로 확장 시 슬래브 및 교대의 확장방안 [0, 1]

I. 개요

1. 최근 고속도로 교통량이 급증함에 따라 기존 고속도로의 차로 확폭사업이 빈번하다. 확폭 대상의 고속도로는 1990년 이전에 건설되어 『舊도로구조령』을 적용하였다.

2. 2015년 『도로의 구조 및 시설기준에 관한 규정』이 개정되면서 콘크리트포장을 차로 확폭하는 경우에 아래와 같은 6가지 대안을 검토하도록 권고하고 있다.

   [1안] 측대폭(50m)의 전부 또는 일부를 기존차로에 안배하는 방안

   [2안] 신·구 슬래브를 타이바로 연결하는 방안

   [3안] 타이바 대신 'ㄹ'자형 타이바 겸 하중전달장치를 사용하는 방안

   [4안] 기존포장의 측대부를 절삭 및 치핑 후 신설포장하는 방안

   [5안] 신설포장 기층깊이까지 표층 슬래브와 일체된 key를 설치하는 방안

   [6안] 기존포장 기층과 신설포장 슬래브의 접합부를 보강하는 방안

II. 콘크리트포장의 차로 확폭 접속방안 검토

[1안] 측대폭(50m)의 전부 또는 일부를 기존차로에 안배하는 방안

(1) 분배방법

측대폭의 분배방법

구분	전체	내측 측대	1차로	2차로	비고
분배1안	+50cm	+20	+15	+15	
분배2안	+50cm	0	+20	+30	
분배3안	+50cm	0	+15	+15	+20은 확장차로에 둠

(2) 장점

① 연결부의 하중재하 방지로 포장수명 증진

② 측대를 절단하지 않으므로 시공이 간편

③ 차로 확폭으로 도로 기능이 향상

(3) 단점

① 기존 차로에 안배된 측대폭 만큼 추가 용지 확보 필요

② 차로폭을 조정하기 위한 도색작업이 필요

③ 교량·터널 진입 중에 차로폭이 줄어드는 느낌을 준다.

④ 분배3안의 경우 확장차로에 20cm 그대로 남게 된다.

⑤ 슬래브와의 접합을 위한 타이바 설치방안을 고려해야 한다.

[2안] 신·구 슬래브를 타이바로 연결하는 방안

(1) 연결방법

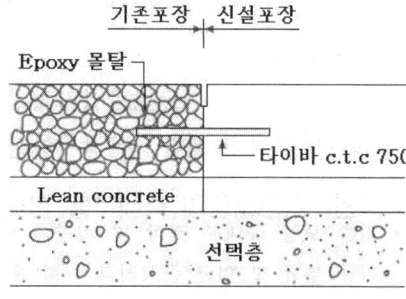

신·구 슬래브 타이바 연결

① 신·구 슬래브를 타이바로 연결하되, 타이바 사용량을 늘려서 하중전달 기능을 충분히 확보 가능

② 측대폭의 일부를 기존차로에 안배하는 방안과 함께 시공 가능

③ 타이바를 한 구멍당 2개씩 삽입하거나, 개수는 그대로 두고 굵은철근 사용

④ 시공성은 2인 1조로 1일 100공 가능

(2) 장점

① 타이바 설치작업 외에는 연결작업이 매우 간단

② 타이바를 충분히 설치하면 신·구 슬래브 간의 벌어짐을 방지하고, 하중전달을 원활히 하여 단차발생 방지

(3) 단점

① 타이바 설치를 위한 천공작업이 번거로움 있음

② 접속부위가 차바퀴 궤적과 일치할 수 있으므로 승차감이 저하

③ 천공으로 인해 기존 슬래브의 강성 약화가 우려

④ 타이바에 굵은 철근을 사용하는 경우에는 관입깊이를 길게 해야 콘크리트와의 일체성(bond)을 유지 가능

⑤ 신·구 슬래브 접속부를 따라 스폴링의 발생 가능성 상존

[3안] 타이바 대신 ㄹ자형 타이바 겸 하중전달장치를 사용하는 방안

(1) 시공방법

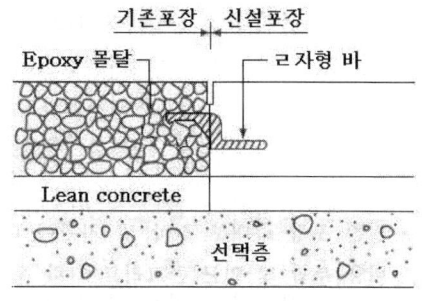

ㄹ자형 타이바 삽입

① 타이바 시공과 유사하나 천공 대신 기존 슬래브 표면에 홈을 파고, 특수 하중전달 장치를 삽입한 후 epoxy로 홈을 충진

② Dowel bar와 tie bar 기능을 동시에 수행

③ 철근의 굵기는 하중전달에 충분한 정도의 규격을 선정

④ 측대폭의 일부를 기존차로에 안배하는 방안과 함께 시공 가능

(2) 장점

① 천공 대신 콘크리트 표면에 홈을 만들어 끼우므로 시공이 간편

② 천공방식보다 인근 콘크리트의 약화를 줄일 수 있음

③ 천공방식보다 기존 슬래브와 타이바 간의 접착을 확실히 보장

(3) 단점

① ㄹ자형 하중전달장치를 별도 제작해야 하는 번거로움 있음

② ㄹ자형 하중전달장치는 연구단계이며, 아직 시공실적 없음

[4안] 기존포장의 측대부를 절삭 및 치핑 후 신설포장하는 방안

(1) 시공방법

① 기존포장의 측대부를 절삭·chipping(슬래브 두께의 1/2)하고, 취약부를 철근으로 보강한 후 신설포장을 시공

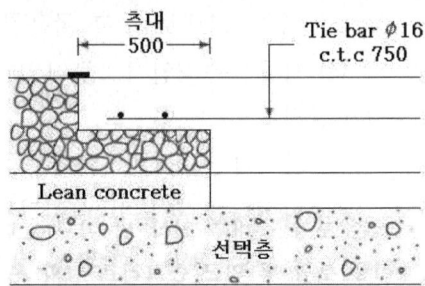

절삭·치핑 후 신설포장

(2) 장점

① 신·구 포장을 일체화하여 접합부의 단차, 벌어짐을 방지

② 차선 marking과 접합부가 일치되어 차량 주행승차감이 양호

(3) 단점

① 측대부에서 신·구 포장 간의 접착이 떨어지면 심각한 결함을 초래

② 기존포장 측대부의 절삭, chipping 비용이 들고 콘크리트 약화 우려

③ 신·구 콘크리트 간에 부등침하가 발생하는 경우 균열발생이 우려

[5안] 신설포장 기층깊이까지 표층 슬래브와 일체된 key를 설치하는 방안

(1) 시공방법

① key를 설치하므로 슬라이딩이 방지

② 접합부의 變단면 처리로 처짐량이 감소

③ 시공실적 : 하남J.C~동서울 만남의 광장

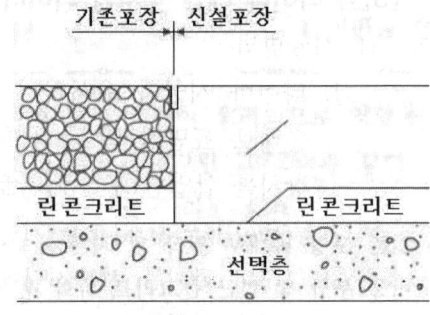

기층깊이까지 key 설치

(2) 장점

① Tie bar 설치가 불필요하여 시공이 간편

② 공기가 단축되고, 비용이 저렴

(3) 단점

① 접합부가 차로 내에 있으므로 승차감 불량

② 슬래브 두께가 변화하는 지점에 응력집중이 커질 경우 균열 발생

[6안] 기존포장 기층과 신설포장 슬래브의 접합부를 보강하는 방안

(1) 시공방법

① 기존포장의 빈배합 콘크리트 기층과 신설 포장의 슬래브를 타이바로 연결

② 시공실적 : 김포공항, 김해공항

(2) 장점

① 신·구 슬래브 접합부를 보강하므로 단차, 슬라이딩이 방지

(3) 단점

① 하중이 접합부에서 신설포장 쪽으로 재하 되는 경우 하중전달 곤란

② 기존 슬래브 밑을 터파기하고 채우는 과정에서 슬래브 밑에 공동(void)이 발생할 우려 상존

③ 시공 불량과 공기 지연 우려, 접합부가 차로 내에 있으므로 주행승차감이 불량

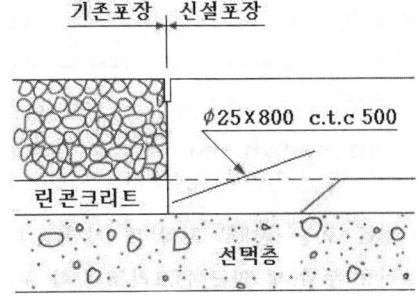

신·구 슬래브 접합부 보강

Ⅲ. 콘크리트포장의 차로 확폭 접속방안 선정

1. [1안] 평가결과

(1) 분배③안과 같이 측대폭을 기존차로의 1차로와 2차로에 각각 15cm씩 배분하고 나머지 20cm는 확장차로에 그대로 둘 것을 추천한다.

(2) 확장차로에 20cm 그대로 남겨 두어도 차륜하중 재하위치로부터 충분히 떨어져 있으므로 지장없을 것으로 판단된다.

2. [2안]과 [3안] 평가결과

(1) 접속부 하중전달 방법은 시공성과 이완방지 측면에서 타이바로 연결하는 [2안], ㄹ자형 타이바를 사용하는 [3안]을 추천한다.

(2) 기존 슬래브에 타이바를 연결하는 공법은 국내 시공실적이 있고, 전용장비를 사용하면 타이바 구멍을 쉽게 뚫을 수 있다.

3. 평가결과 추천방안

(1) 측대폭의 전부 또는 일부를 기존차로에 안배하는 [1안]을 우선 추천한다.

(2) 신·구 슬래브를 타이바로 연결하는 [2안] 또는 ㄹ자형 타이바를 사용하는 [3안]을 병행하는 것도 대안으로 추천한다.[87]

---

87) 국토교통부, '도로설계편람', 제4편 도로포장, pp.707-28~32, 2012.

08.38 미끄럼방지 포장

포장도로에서 미끄럼방지시설(Anti-Skid Method) [2, 1]

I. 개요

1. 미끄럼방지 포장은 『도로법』시행령제3조4에 규정된 도로 부속물로서, 포장의 미끄럼저항을 높여 자동차의 안전한 주행을 도모하기 위한 시설이다.

2. 미끄럼방지 포장의 기능은 미끄럼 저항을 충분히 확보하지 못한 곳이나 도로선형이 불량한 구간에서 표면에 新재료를 추가하거나 표면의 일부를 제거하여 포장의 미끄럼 저항을 높여 자동차의 안전주행을 확보하는데 있다. 또한, 운전자의 주의를 환기시켜 안전운행을 도모하는 부수적인 기능도 있다.

3. 미끄럼방지 포장의 종류는 도로표면에 新재료를 추가하는 형식(개립도 마찰층, 슬러리실, 수지계 표면처리)과 도로표면의 舊재료를 제거하는 형식(그루빙, 숏 블라스팅, 노면 평삭)으로 크게 구분할 수 있다.

II. 미끄럼방지 포장의 종류

1. 도로표면에 新재료를 추가하는 형식

(1) 개립도 마찰층(OGFC)

① 개립도(OGFC, Open-Graded Friction Course) 마찰층은 미국 플랜트 믹스의 실코우트(seal coat)로부터 발전되었다.

② 실코우트는 미끄럼저항 개선효과는 있으나 수명이 짧다는 결점이 있어, 이를 개립도 공법으로 발전시켜 오늘날 미끄럼방지 포장으로 정착되었다.

③ 개립도 마찰층은 투수성 포장과 달리 미끄럼저항 개선이 목적이므로, 층두께가 얇고 포장체 내부의 배수성이나 저소음화는 중요하지 않다.

④ 개립도 마찰층의 기준에 대하여 유럽은 두께 5cm와 공극률 20%, 미국은 두께 2.5cm 이하와 공극률 15%를 권장하고 있다.

⑤ 장점
  ◦ 표면배수가 신속하여 수막현상의 발생 위험을 최소화할 수 있다.
  ◦ 물튀김, 물보라로 인한 시각장애 문제를 최소화할 수 있다.
  ◦ 우천·고속주행 중에 미끄럼 저항성을 개선할 수 있다.
  ◦ 야간주행 중에 전조등 노면반사 줄고, 노면표시 시인성 개선된다.
  ◦ 개립도 마찰층 자체에는 소성변형(rutting)이 거의 생기지 않는다.
  ◦ 포장두께가 얇기 때문에 양질의 골재 사용량을 줄일 수 있다.

　　　　　◦ 타이어와 노면 사이에서 발생되는 소음을 줄일 수 있다.
　　⑥ 단점　◦ 인력시공으로는 두께가 얇아 평탄성 확보에 어려움이 있다.
　　　　　◦ 유류가 노면에 떨어지면 혼합물이 박리되어 분리될 수 있다.
　　　　　◦ 부분적인 패칭(patching) 보수가 까다롭다.
　　　　　◦ 적설·동결 중에 동결방지제 살포량이 많아진다.
　　　　　◦ 상황에 따라서는 반사균열이 빨리 나타날 수 있다.
　　　　　◦ 개립도 마찰층 통과한 물 제거를 위해 길어깨에 배수시설 필요하다.

(2) 슬러리실(slurry seal)

① 슬러리실은 상온에서 유화아스팔트, 잔골재, 석분, 물, 폴리머 개질재 등을 배합한 유동체 혼합물을 포장면에 두께 6~10mm 포설하는 공법이다.

② 상온혼합방식의 표면처리이므로 상온에서 다짐 없이 시공하며, 균일하고 치밀한 혼합물을 포설할 수 있어 헤어 크랙(hair crack) 보수에도 효과적이다.

(3) 수지계 표면처리

① 현재 국내에서 가장 많이 사용하고 있는 미끄럼방지포장 형식으로, 일반적으로 미끄럼방지시설이라 하면 이 포장 형식을 뜻한다.

② 수지계 표면처리는 포장면에 에폭시수지를 도포한 後, 마찰계수가 큰 경질골재를 살포하여 고착시키는 공법이다.

③ 주행방향으로 폭 1m 또는 3m 정도를 포설하고, 각각 3m 또는 6m 정도를 띄우는 1-3방식, 3-6방식 등을 반복하여 미끄럼방지포장 띠를 설치한다.

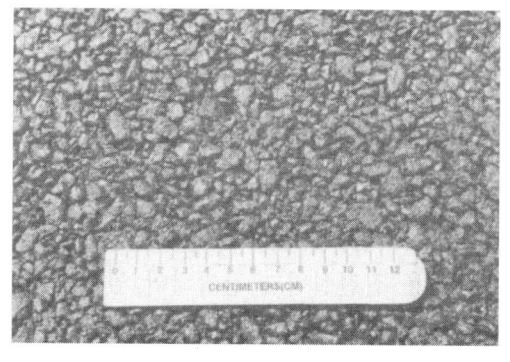
개립도 마찰층

수지계 표면처리

2. 도로표면의 舊재료를 제거하는 형식

(1) 그루빙(grooving)

① 그루빙은 다이아몬드 날 또는 텅스텐 카바이드 드럼 등을 여러 개 부착한 그루빙 기계로 포장층에 홈을 내어 우천 중 수막현상(hydroplaning)을 억제하거나

노면과 타이어의 마찰저항을 개선하는 미끄럼개량 공법이다.

② 그루빙은 (차량 주행) 종방향과 (차량 주행 직각) 횡방향으로 설치할 수 있다. 종방향 그루빙은 횡방향 미끄럼방지 효과가 있어 곡선구간에 적합하다. 그러나 노면 횡단배수를 방해하고 이륜차 핸들 조작이 불편한 단점이 있다.

횡방향 그루빙은 제동정지거리 단축, 수막현상 억제, 배수경로 제공, 거친 노면 회복 등에 효과가 있어 급경사, 교차로 등에 많이 쓰이고 있다.

③ 그루빙 장비는 ▲그루빙 전용장비, ▲그루빙과 그라인딩 겸용장비, ▲그라인딩 전용장비 등의 3가지가 있다. 국내에는 그루빙 전용장비가 쓰인다.

그루빙 전용장비는 도로의 종방향 및 횡방향 작업이 가능하며, 특히 횡방향 작업에 효율성이 높은 것으로 알려져 있다.

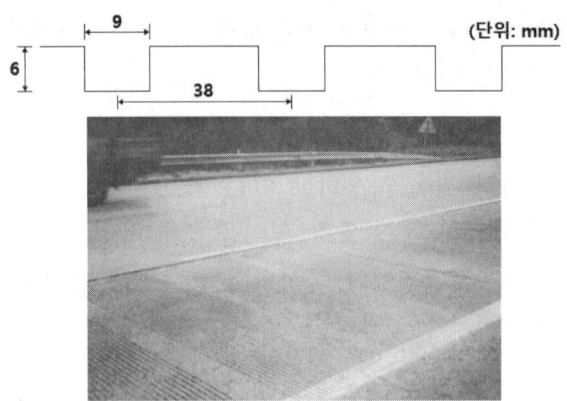

그루빙의 적용 규격, 시공 후 표면상태

(2) 숏 블라스팅(shot blasting)

① 숏 블라스팅은 블라스터(blaster, 다량의 작은 쇠구슬)를 고압으로 노면에 연속 타격하여 거친 표면조직을 회복시키는 공법이다. 원래 숏 블라스팅은 강구조 표면의 녹 제거, 콘크리트 표면의 기름때 제거 등에 사용되었다.

② 국내에서 사용되는 숏 블라스팅 장비는 조작원 1인이 탑승하는 소형으로 블라스팅 폭 25cm 규격으로, 작업 중 먼지 흡입용 집진설비가 장착되어 있다.

③ 숏 블라스팅 공법은 시공 後 표면에 일정한 방향성이 없이 전체적으로 동일한 형태를 나타내므로 시공 방향에 따른 구분은 하지 않는다.

(3) 노면 평삭(planning)

① 노면 평삭(planning)은 포장 노면을 전체적으로 약간 깎아내는 방법으로 거친 표면조직을 회복시키는 대표적인 공법이다.

② 국내에서 사용되는 장비는 폭 25cm의 소형 평삭기(planner)로서, 자체 집진설

비가 장착되지 않아 별도 분진처리하는 환경문제를 고려해야 한다.

③ 평삭기의 톱날은 단부에 다이아몬드가 부착되어 있어 톱날배열을 임의 간격으로 조절 가능하므로 원하는 형태로 절삭 간격을 조절할 수 있다.

숏 블라스팅(shot blasting)

노면 평삭(planning)

Ⅲ. 미끄럼방지 포장의 시공

1. 직선구간 설치방법

⑴ 일반적인 직선구간 : 미끄럼마찰 개선을 위할 때는 전면처리식을 적용한다.

⑵ 교차로 또는 횡단보도 접근부 : 최소정지시거 또는 대기차량 길이를 고려하여 연장 설치할 수 있다.

⑶ 문제구간 : 전면처리식을 적용하고, 운전자 주의가 필요할 때 이격식을 적용한다. 이격식은 인지·반응시간 2.5초를 고려하여 1초간 주행거리로 설치한다.

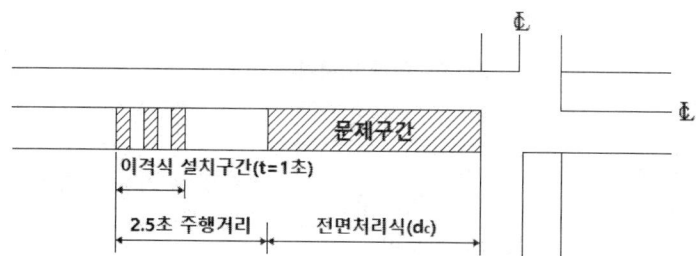

문제구간 : 교차로, 횡단보도, 버스정차장, 철도건널목 등의 접근부

⑷ 5% 이상의 내리막 경사가 100m 이상인 구간 : 내리막 경사 전체에 전면처리 미끄럼방지포장을 설치하는 것이 좋으나, 부득이한 경우 내리막 종단경사의 시점 5% 이상의 경사가 되는 지점으로부터 100m 내려간 지점에서 내리막 경사가 끝나는 지점까지 도로관리청이 도로환경 조건을 고려하여 필요하다고 판단되는 길이를 최소 길이로 하여 미끄럼방지포장을 설치한다.

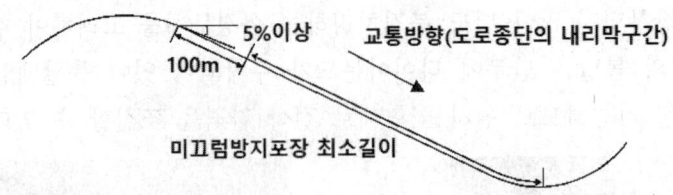

2. 곡선구간 설치방법

(1) 설치대상 구간전체에 걸쳐 전면처리식으로 설치한다. 완화구간을 포함하여 진입부에도 전면처리한다. 완화구간이 없으면 원곡선 구간에만 설치한다.

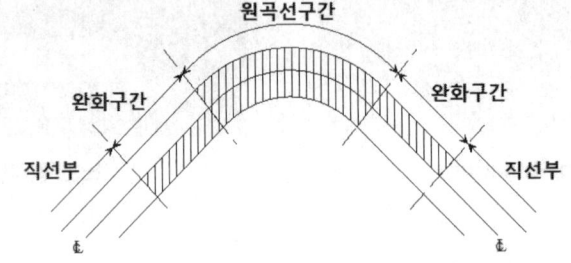

3. 미끄럼방지 포장의 설치구간 선정

(1) 기존 노면마찰계수가 도로교통조건에 부합하지 않고 너무 낮아 위험한 구간

(2) 도로 전·후 선형 연속성이 없어 주행속도 차이가 20km/h 이상 변하는 구간

(3) 기타 사고발생 위험이 높아 미끄럼방지포장 설치 필요성이 인정되는 구간

4. 미끄럼방지 포장의 형상·제원·색상

(1) 미끄럼방지포장 형상은 해당 노면전체에 설치하는 전면처리식을 원칙으로 한다. 다만, 경각심을 주기 위한 이격식은 최소한으로 설치하되, 1-3 방식 또는 3-6 방식으로 나누어 적용한다.

전면처리식과 이격식의 비교

구분	전면처리식	이격식
특징	◦ 마찰력 회복, 승차감 양호 · 노면 재질변화로 약간의 감속효과 유도	◦ 시인성에 의한 감속효과 유도
공법	◦ 개립도 마찰층, 슬러리실, 그루빙, 숏 블라스팅, 노면 평삭	◦ 일반적으로 수지계 표면처리

(2) 미끄럼방지포장 색상은 도로포장과 동일한 색상을 적용하는 것을 원칙으로 한다. 다만, 위험성 인지와 시선유도 효과를 고려하여 별도 색상을 선택할 때는 적색을 사용하되 도로환경을 해치지 않아야 한다.[88]

---

88) 국토교통부, '도로안전시설 설치 및 관리 지침', 미끄럼방지포장 편, 2016.

08.39 점오염원과 非점오염원

비점오염원과 점오염원의 특성 비교, 오염원 저감시설 설치 [0, 4]

I. 개요

1. 점오염원(點汚染源)은 오염물질의 유출경로가 명확하여 수집이 쉽고, 계절에 따른 영향이 상대적으로 적은 만큼 연중 발생량 예측이 가능하여 관거 및 처리장과 같은 처리시설의 설계와 유지관리가 용이하다.

   『수질 및 수생태계 보전에 관한 법률』제2조제1호에 의한 공장, 사업장 등의 폐수배출시설이 점오염원을 대상으로 한다.

2. 비점오염원(非點汚染源)이란 도시, 도로, 농지, 산지, 공사장 등의 불특정 장소에서 불특정하게 수질오염물질을 배출하는 배출원을 말한다.

   『수질 및 수생태계 보전에 관한 법률』제2조제2호에 의한 비점오염원은 오염물질의 유출 및 배출 경로가 명확하게 구분되지 않아 수집이 어렵고 발생·배출량이 강수량 등 기상조건에 크게 좌우되므로 처리시설의 설계와 유지관리가 어렵다.

3. 비점오염에는 농작물에 흡수되지 않고 농경지에 남아있는 비료와 농약, 초지에 방목된 가축의 배설물, 가축사육농가에서 배출되는 未처리 축산폐수, 빗물에 섞인 대기오염물질, 도로 노면의 퇴적물, 합류식 하수관거에서 강우 중 설계량을 초과하여 하천으로 흘러드는 오수·하수와 빗물의 혼합수 등이 있다.

4. 점오염원과 비점오염원은 상대적인 개념으로, 공장에서 관거를 통해 수집되어 수질오염방지시설을 통해 처리되는 공장폐수 배출시설은 점오염원이며, 그 외에 처리를 거치지 않고 하천으로 유입되는 강우유출수를 배출하는 도로표면, 야적장, 공장 부지 등은 비점오염원이다.

점오염원과 非점오염원의 특성 비교

구분	점오염원	非점오염원
배출원	공장, 가정하수, 분뇨처리장, 축사농가 등	대지, 도로, 논·밭, 임야, 대기 오염물질 등
특징	◦인위적 ◦배출지점이 특정, 명확 ◦관거를 통해 한 지점(처리장)으로 집중배출 ◦자연적 요인에 영향을 적게 받아 연중 배출량이 일정 ◦모으기 용이하고 처리효율이 높음	◦인위적 및 자연적 ◦배출지점이 불특정, 불명확 ◦희석, 확산되면서 넓은 지역으로 배출 ◦강우 등의 자연적 요인에 따른 배출량 변화가 심하여 예측이 곤란 ◦모으기 어렵고, 처리효율이 일정치 않음

II. 非점오염원 저감시설의 유형

1. 자연형 : 저류형, 침투형, 식생형, 인공습지형 저감시설
2. 장치형 : 여과형, 와류형, 스크린형, 응집침전처리형, 생물학적처리형 저감시설

장치형(여과형) 非점오염원 저감시설의 특성 비교

구분	개방형 NS-Filter	Stormfilter
형상		
정화원리	◦ 스크린 4각형 3단분리 여과 ◦ 수직여과방법(하향류 여과)	◦ 원통형 여재충진 여과기 여과 ◦ 측면여과방법(하향류 여과)
정화효율	◦ BOD 65%　　　T-N 50% ◦ SS　85%　　　T-P 65%	◦ BOD 65%　　　T-N 50% ◦ SS　85%　　　T-P 65%
여과속도	◦ $7.0 m/m^2$/시간	◦ $5.5 m/m^2$/시간
장점	◦ 개방형 스크린 여과구조로서 유해물질 차단 용이	◦ 여과면적이 넓고, 미국에서 시공실적 다수 보유
단점	◦ 정화효율이 원통형 여과기에 비하여 다소 저하	◦ 유해물질 차단기능이 없어, 침전지에서 악취 심하고 해충 발생 우려
시공성 및 공사비	◦ 배수로 하단 맹암거 설치 후, 일정간격(2~20m) 설치하여 시공성 양호 ◦ 국내기술, 공사비 저렴 　(50km/h 기준 3,500만원)	◦ 시설용량이 비하여 시설규모가 작아서 시공성 양호 ◦ 외국기술, 공사비 고가 　(50km/h 기준 10,800만원)
유지관리항목 및 유지관리비 (1회/1년)	◦ 1,3차 여과조 세척 및 충진 ◦ 2차 여과조 교체 ◦ 1,3차 여과조 세척·충진 재사용으로 유지관리비 저렴(80만원)	◦ 유입조의 젖은 슬러지 흡입 준설 ◦ 준설 후 슬러지 탈수작업 수행 ◦ 고가 수입부품 사용하여, 유지관리비 고가(300만원)

III. 非점오염원 저감시설의 기대효과

1. 非점오염 저감시설의 규모 산정

(1) 설계기준

① 非점오염 저감시설의 규모 및 용량은 강우 초기단계에서 우수를 충분히 처리할 수 있도록 설계한다.

② 해당 지역의 강우량을 누적유출고로 환산하여 최소 5mm 이상의 강우량을 처리할 수 있도록 설계한다.

(2) 산정방법

$$Q = \frac{1}{360} C \cdot I \cdot A$$

여기서, Q : 계획 우수유출량(m³/sec)

C : 유출계수(하수도시설기준의 토지이용별 기초 유출계수를 기준으로 대상지역의 유출계수를 사업자가 제시)

I : 80% 확률 강우강도 또는 최소 5mm/h

A : 처리대상면적(ha), 1ha=10,000m²

2. 非점오염 저감시설의 정화효율

(1) 개방형 NS-Filter 공법에 의한 非점오염 저감시설의 수질정화 효과를 측정 결과, 차도 측의 빗물저류시설의 저감효율은 BOD 50mg/ℓ 정도로서 오염된 비점오염 물질 함유수를 대상으로 할 때 정화효율은 다음 표와 같다.

非점오염 저감시설의 정화효율

항목	BOD	SS	T-N	T-P
정화효율(제거율)	65%	85%	50%	65%

주) 기타 기름성분, 중금속, 염화칼슘 등도 제거

3. 非점오염 저감시설의 상용화 수요 증대

(1) 국내 4대강 비점오염원 관리를 그대로 방치할 경우, 2010년대 후반에는 비점오염원 비중이 65~70%로 증가하여 하천환경이 심각할 것으로 우려된다.

(2) 『수질환경오염법』개정으로 도로건설계획 수립단계에서 非점오염 저감시설 설치를 의무화함에 따라 최근 장치형(여과형) 非점오염 저감시설이 상용화되고 있다.

4. 非점오염 저감시설의 사업효과

(1) 저영향개발(LID, Low Impact Development)시설의 여과·침투·기능에 의해 유출수가 토양 속으로 침투하여 지하수의 수질 개선

(2) 식생의 증발산 및 태양광 반사에 의해 열섬현상이 완화되어 식생에 의한 대기오염물질 흡수

(3) 식생 식재에 따른 녹지면적이 증가되어 경관개선, 온실가스 저감 기대[89]

---

89) 국토교통부, '도로 비점오염저감시설 설계지침 제정 연구', 중간보고서, 한국건설기술연구원, 2013.
비점오염관리기술연구단, '비점오염저감시설 정보관리시스템', 2019.

08.40 도로 공사구간의 안전시설

고속국도 1개 차로를 통제하고 공사할 때 교통안전시설 설치계획 [0, 1]

Ⅰ. 개요

1. 도로 공사구간에 설치되는 안전시설의 가장 중요한 요소는 운전자에게 필요한 정보를 제공하고 대응을 유도할 수 있도록 하는 시인성과 정보의 내용이다.

2. 고속도로 및 국도에서 보수공사를 시행하는 경우에 공사구간의 유형은 주의구간, 완화구간 및 작업구간으로 구분된다.

Ⅱ. 도로 공사구간의 안전시설

1. 표지와 노면표시

(1) **주의표지** : 도로 공사구간에 설치하는 주의표지는 교통안전표지(주의·규제·지시)와 도로 공사구간 전용 주의표지가 있다. 교통안전표지는 『교통안전표지 설치매뉴얼(경찰청)』에 따르되, 시인성 향상을 위해 추가로 도시할 수 있다.

(2) **규제표지** : 『도로교통법』의 구속력이 있으므로 관할 경찰서와 협의 후 설치하며, 시인성 향상을 위해 규제표지를 직사각형 표지판에 병행 부착할 수 있다.

(3) **지시표지** : 차로변경할 때 주행경로를 나타내는 표지로서 다음 3가지가 있다.

① 화살 표지판 : 차로차단으로 합류할 때 주행경로를 나타내는 표지. 완화구간 시점과 작업구간 시점에 황색 LED를 사용하여 점멸 운영

② 갈매기 표지 : 곡선부에서 구부러진 도로선형에 따라 운전자 시선을 유도하는 표지. LED 점등은 150m 이상 전방에서 시인되는 휘도로 설치

③ 점멸 차단판 : 운전자 주의를 끌고 차로 변경을 유도하는 표지. 이동식은 작업보호자동차에 장착하고, 고정식은 지지대에 부착

(4) **도로 안내표지** : 통행제한이 필요한 보수공사 구간에서 차량을 기존 도로로 우회처리하기 위해 설치하는 표지. 통행제한도로와 우회도로 노선의 방향·가로명·노선번호를 표시한다. 기존 도로 안내표지에도 변경내용을 표시한다.

(5) **보조표지** : 교통안전표지(주의·규제·지시)를 보완하는 표지로서 '00m앞', '우회전 후 00m앞', '좌회전 후 00m앞' 등이 있다.

(6) **노면표시** : 장기공사 구간에서 차로차단, 차로폭 축소, 우회 등과 같이 일시적으로 통행경로를 변경할 때는 임시 노면표시로 시선을 유도한다. 이 경우 기존 노면표시를 완전 제거하며, 완공 후에는 임시 노면표시는 반드시 제거한다.

2. 도류화시설

(1) 도류화시설은 ▲도로이용자에게 위험을 경고하고, ▲차로 변경, 우회도로 안내, 협소한 차로진입 등의 안전한 경로를 유도하며, ▲보행자를 안전한 경로로 안내 하는데 그 목적이 있다.

(2) 도류화시설의 설치기준은 장기공사의 교통관리 구간에는 일반차량 또는 보행자 진입을 막기 위해 임시 울타리를 설치하며, 중·단기공사의 교통관리 구간에는 드럼, 교통콘, 수평차단대 등을 사용한다.

(3) 부득이하게 공간 부족으로 도류화시설의 설치가 어려운 경우에는 시선유도봉 또는 수직 시선유도판을 설치할 수 있다.

3. 충격 흡수시설

(1) **고정식 충격흡수시설** : 강성 임시 방호울타리 끝부분, 노측에 인접한 고정 장애물 등에 대한 충돌 방호를 위하여 사용한다.

(2) **트럭 장착 완충시설** : 단기 이동 중 공사에서 도로 공사장을 인지하지 못한 차량 이 충돌할 경우 차량을 안전하게 정지시키거나 사고 심각도를 줄이기 위하여 작업보호자동차에 이동형 충격흡수시설을 장착한다.

4. 교통 통제수, 임시 신호등, 로봇 신호수

(1) 교통 통제수

① 통제 신호수 : 교통흐름 정지 및 통행

② 서행 신호수 : 도로 공사구간에 진입하는 차량 서행·운행 유도

③ 유도 신호수 : 작업 차량을 안전하게 작업장으로 진입 유도

④ 교통 감시원 : 도로 공사구간 내의 안전시설 점검, 작업자의 안전 통제

⑤ 보행 안내원 : 보행자에게 동선 안내 및 보행자 안전 확보

(2) **임시 신호등** : 2차로 도로에서 1개 차로를 차단하여 교대 통행하는 도로 공사구 간에서 통제 신호수 대신 임시 신호등을 설치하여 운영할 수 있다.

(3) **로봇 신호수** : 인건비 절감을 위해 로봇 신호수로 대체할 때는 신호수와 같은 복장과 안전모를 착용하고, 야간 반사 신호봉을 상·하로 움직이며 신호한다.

5. 작업보호자동차

(1) 작업보호자동차는 단기 이동 중 공사에서 운전자에게 주의를 환기시켜 차로를 유도하거나, 근로자 및 작업자동차를 보호하기 위한 자동차를 말한다.

(2) 작업보호자동차에는 점멸 차단판, 경고등, 트럭 장착 완충시설(권장) 등을 부착한다. 작업자동차도 작업수행 외에 경고등을 부착하여 주의기능도 할 수 있다.

6. 기타시설

(1) **시선유도시설** : 반사체(지름 100mm 원형)와 반사체 고정하는 지주로 구성되며, 임시 방호울타리, 도류화시설에 지면에서 90cm 이상의 높이에 설치한다.

(2) **경고등(점멸등)** : 야간에 운전자의 주의 환기를 위한 장치로서 위험을 인지시켜 안전한 통행로를 안내하기 위하여 지면에서 90cm 이상의 높이에 설치한다.

(3) **고무 튜브식 점멸등** : 빨간색 고무 튜브 안에 전구를 0.2m 간격으로 설치한 구조이며, 야간에 도류화시설, 임시 방호울타리 상부에 설치한다.

(4) **이동식 도로전광표지** : 차단된 차로, 차로 감소, 제한속도 등 전방 공사구간에 대한 실시간 정보 제공, 주의, 규제 등 다양한 메시지를 표출할 수 있다.

(5) **차광판** : 대향 차량으로 인한 야간 눈부심이 안전운전에 문제가 되는 구간에는 임시 방호울타리 상부에 차광판(Glare Screen)을 설치하면 효과적이다.

(6) **외부 조명** : 장기 또는 야간공사에서 평면곡선구간, 교통사고 잦은 구간, 교통전환 시·종점부 및 작업활동구역에 임시로 외부 조명을 설치할 수 있다.

Ⅲ. 도로 공사구간의 안전시설 설치 유의사항

1. 임시 교통통제시설은 도로 공사구간에서 멀리 떨어진 곳에서부터 설치한다. 단계별 공정에 따라 교통처리 방법을 변경해야 하는 경우 도로 공사구간 위치 변경 전에 임시 교통통제시설을 먼저 이설 완료해야 한다.

2. 교통안전표지는 시인성 향상을 위해 일반도로에서 사용하는 표지(주의·지시·규제)보다 확대된 규격을 적용한다. 도로 공사구간 전용 주의표지의 글자와 도안은 초고휘도 반사지(검정색)를 사용하고, 바탕은 고휘도 반사지(노란색)를 사용한다.

3. 단기 이동 중 공사에서 충돌위험으로부터 작업자와 운전자 보호를 위하여 트럭 장착완충시설(Truck Mounted Attenuator)을 작업보호차량에 부착한다.

4. 교통안전표지, 도류화시설, 임시 방호울타리를 보조하기 위하여 경고등, 점멸등, 외부조명, 이동식 도로전광표지, 로봇 신호수 등을 추가로 사용한다.

5. 도류화시설은 도로유형과 제한속도에 따라 규격을 다르게 설치하며, 설치 후에는 정기점검과 지속적인 관리를 해야 한다.

6. 도로 점용공사가 종료되면 임시 교통통제시설을 즉시 제거하고, 기존 시설을 원래대로 복원한다. 교통통제시설의 제거는 설치의 역순이다. 제거작업할 때에도 임시 교통통제시설로서 점멸 차단판을 부착한 작업보호자동차를 이용한다.[90]

90) 박효성 외, 'Final 도로및공항기술사', 2차 개정, 예문사, pp.447-448, 2012.
국토교통부, '도로 공사장 교통관리지침(임시 교통통제시설 종류)', pp.53-86, 2012.

09. 교량

◆기출문제의 분야별 분류 및 출제빈도 분석　　　　　　　　　　　　　　　　**09. 교량**

분야	063회~115회 분석					최근 5회 분석					소계
	063 ~073	074 ~084	085 ~094	095 ~104	105 ~115	116	117	118	119	120	
1. 교량하부	5	8	8	9	11	2	1	2	1	1	48
2. 콘크리트橋	8	9	11	13	13	1			3	1	59
3. 특수교량		3	5	3	10	1	1	1		2	26
4. 鋼橋	2	4	4	4	5		2	1	1		23
소계	15	24	28	28	39	4	4	4	5	4	156

◆기출문제 분석에 따른 학습 중점방향 탐색

토목시공기술사 필기시험 제63회부터 120회까지 출제되었던 1,798문제(31문항×58차분) 중에서 '09. 교량'분야에서 교량하부의 세굴대책과 측방유동, 교량받침, 교량상부의 형식별 가설공법, 사장교와 현수교 등의 특수교량을 중심으로 156문제(8.7%)가 출제되었다. 교량분야에서는 장대교량 가설공법을 빠트리지 않고 묻고 있다. 최근에는 교량 노후화에 따라 파손이 잦은 신축이음장치, 중첩보와 합성보, chamber, 엑스트라도즈교, 아치교 등이 자주 출제되고 있다.

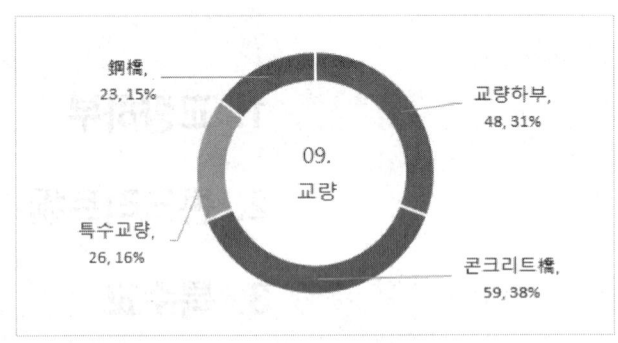

교량 하부구조물의 설계기준이 되는 강우강도, 유출계수, 통수능 등의 용어 정의는 단답형 수준으로 요약한다. 교량 상부구조는 각 가설공법의 시공순서를 정리한다. 국토교통부가 우리나라 섬 전체 3,000여개 중에서 100개 섬 연결 프로젝트를 1980년대에 수립하여 현재까지 50여개 장대교량을 개통시켰다. 나머지 50여개 교량은 대단히 길기 때문에 사장교, 현수교 등의 장대교량 가설공법으로 발주해야 되는 해상교량이다. 남해안 일대에 건설 예정인 연육교와 연도교든 너무 길고 너무 비싸서 정부가 SOC예산을 투자하기에는 교통수요가 너무 적어 예비타상성조사 단계에서 경제성이 낮아 통과될 수 없는 현실이다.

하지만 정부는 국토의 균형발전, 지역경제 활성화, 일자리 창출, 첨단설계기술 육성지원 정책으로 인천공항을 비롯한 서해안 일대, 광양권과 부산권을 포함하는 남해안 일대의 해상 장대교량 건설 프로젝트를 SOC사업 대신 민자유치사업으로 발주하고 있다. 이와 같은 수요를 감안하여 FSM, FCM, ILM, MSS, FSLM 사장교, 현수교 등의 장대교량 가설공법이 출제된다. 콘크리트교와 강교의 특징, 교량관리시스템(BMS)을 다양한 주제로 준비한다.

09.01 교량(橋梁)

1. 용어 정의

(1) 사전적 의미에서 교량(橋梁, bridge)이란 도로, 철도, 수로(水路) 등의 교통시설이 하천, 해수면, 호수면, 계곡, 움푹 꺼진 땅, 그 밖에 통행 기능을 저해하는 장애물에 직면하였을 때 이를 통과하기 위하여 입체적으로 교차하는 교통시설, 일반적으로 장대 경간(長大 徑間)으로 구축된 각종 구조물을 말한다.

(2) 교량(橋梁)은 다리와 같은 뜻이다. 교(橋)는 양쪽 언덕의 사이를 넘어간다는 뜻이고, 양(梁)은 나무를 걸쳐 물을 건너간다는 뜻이므로, 두 글자 모두 같은 뜻이다.

(3) 고대로마 사람들은 '다리는 하늘과 땅을 연결하는 상징'이라고 믿었다. 그 시대에는 신부(神父)에 의해 성당뿐만 아니라 많은 교량도 건설되었다. 교황을 뜻하는 폰티프(영어, pontiff)는 폰티펙스(라틴어, pontifex)에서 유래된 폰티프(프랑스어, pontif)에서 나온 용어인데, 이는 '다리'를 뜻하는 폰스(라틴어, pons)와 '만들다'를 뜻인 파키오(라틴어, faciō)의 합성이이다.

(4) 동양에서는 많은 아치교가 절 앞에 만들어 졌는데, 이는 속세로부터 무지개를 타고 불국(佛國)으로 들어가는 것을 뜻한다.

2. 교량의 발전사

(1) **인류 최초의 교량은 기원전 4000년 건설**

다리의 시초는 인류가 漁撈활동을 하거나 이동할 때 시내나 늪을 건너기 쉽도록 통나무나 큰 돌을 놓으면서였다. 징검다리는 가장 원시적인 형태의 다리이다. 아치형 다리는 기원전 4000년 경 메소포타미아 지방에서 건설된 흔적이 발견되었다.

현존하는 세계 최장교량은 중국 장쑤 성의 단양시와 쿤산시를 연결하기 위해 2011년 개통된 단양-쿤산대교로서, 길이 164km에 달한다.

(2) **한반도 최초의 교량은 삼국시대부터 건설**

한반도에는 413년 『삼국사기』신라본기의 실성이사금조(實聖履師今條)에 따르면 '신성 평양주 대교'라는 다리에 관한 최초 기록이 있다. 조선시대에는 하폭이 넓은 한강에 나룻배를 이어서 배다리도 놓았고, 대표적으로 청계천에 수표교가 있었다.

현존하는 국내 최장교량은 인천국제공항과 송도국제업무지구를 잇기 위해 2009년 개통된 인천대교로서, 길이 21.38km 중에서 바다 구간만 12.34km이다.

09.02 강우량, 강우강도, 강우도달시간

설계강우강도, 유출계수, 계획홍수량 여유고, 가능최대홍수량(PMF), 통수능(通水能) [6, 0]

I. 개요

1. 강수(降水)는 강우(降雨)와 강설(降雪)을 포함하고 있다. 우리나라의 경우에는 최고 유출량에 영향을 주는 것은 강우가 지배적이므로, 교량구조물 및 도로배수시설의 설계단계에서 유출량은 강우(降雨)를 대상으로 검토한다.

II. 강우강도

1. 강우강도-지속시간-생기빈도곡선 (IDF 곡선)

⑴ 강우(降雨)의 강도(强度)는 강우의 지속시간에 따라 다르다. 지속시간이 긴 강우 는 강우강도가 약하고, 지속시간이 짧은 강우는 강우강도가 강하다.

⑵ 동일한 지속시간의 강우가 항상 일정한 강우강도를 갖는 것은 아니다. 확률적으 로 동일한 지속시간의 서로 다른 강우강도는 그 크기가 작을수록 발생되는 빈도 (frequency)는 많고, 그 크기가 클수록 빈도는 적아진다.

⑶ 특정 유역의 강우지속시간에 따른 강우도달시간(min)과 강우강도(mm/h)의 상관 관계로부터 아래와 같은 IDF(intensity duration frequency) 곡선을 얻는다.

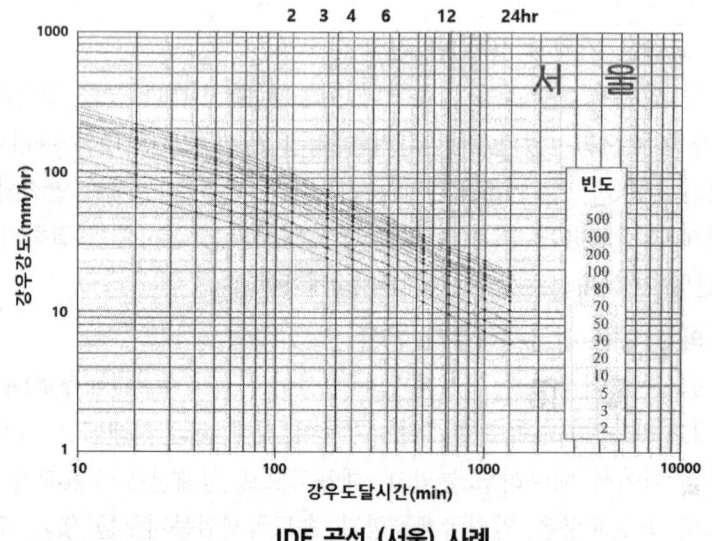

IDF 곡선 (서울) 사례

2. 강우강도 공식

⑴ 강우강도 공식은 경험식으로, 강우지역과 재현기간에 따라 다르게 적용된다.

Talbot type $\qquad I = \dfrac{a}{t+b}$

Sherman type $\qquad I = \dfrac{a}{t^m}$

Japanese type $\qquad I = \dfrac{a}{\sqrt{t} \pm b}$

여기서, I : 강우강도(mm/h)

$\qquad t$: 강우지속시간(min)

$\qquad a, b, m$: 상수

① Talbot type은 곡선의 굽은 정도가 적으며, Sherman type과 Japanese type은 곡선의 굽은 정도가 심한 성질을 가지고 있다.

② Talbot type은 지속시간이 대략 5~120분 사이에서 결정되며, Sherman type 과 Japanese type보다 안전한 값을 얻을 수 있다.

⑵ 강우강도 공식에서 상수 결정방법에는 최소자승법과 특수계수법이 있다.

① 최소자승법 : 강우지속시간 5, 10, 20, 30, 40, 60, 80, 120분에 대응하는 8개 조의 강우자료를 N년간(20년 이상) 수집하여, 동일 확률년치를 5, 10, …, 120 분으로부터 한 개씩 구하는 방법이다.

② 특수계수법 : 10분과 60분 강우량만을 이용하여 강우강도 곡선식을 결정하는 방법이다. 즉, 10분과 60분 강우량으로부터 $\beta_N{}^{10}$ 은 쉽게 결정되며, $\beta_N{}^{10}$ 으로 부터 a', b 가 구해지므로 I_N 은 간단히 구할 수 있다.

$$I_N = R_N \cdot \beta_N{}^{10} = R_N \cdot \dfrac{a'}{t+b}$$

$$\beta_N{}^{10} = I_N{}^{10} / I_N{}^{60}, \qquad I_N{}^{60} = R_N$$

$$a' = b + 60$$

$$b = (60 - 10 \cdot \beta_N{}^{10}) / (\beta_N{}^{10} - 1)$$

여기서, β : 특성계수

$\qquad R$: 60분 강우량

$\qquad N$: N 년 확률

Ⅲ. 강우도달시간

1. 용어 정의

⑴ 강우도달시간이란 유역의 최원거리에서 유출량을 고려하는 지점(배수시설의 설치 지점)에 우수가 도달될 때까지의 시간이다.

(2) 『합리식』에서는 강우도달시간 동안 강우가 동일한 강우강도로 지속될 때 유출량이 최고점에 이르므로 강우지속시간에 강우도달시간을 적용한다.

2. 시가지 도로

(1) 시가지 도로에서는 집수구역 내의 강우도달시간(t_c)을 유하시간(t_c)과 유입시간(t_c)의 합으로 산정한다.

$$t_c = t_1 + t_2$$

여기서, t_c : 강우도달시간(min)

t_1 : 최원거리에서 수로에 유입하는데 걸리는 유입시간(min)

t_2 : 수로속에서 유출량을 구하는 지점까지의 유하시간(min)

(2) 시가지 도로의 유입시간(t_1)은 배수구의 지표면 거리, 경사, 조도계수 등에 따라 변화하며, 아래와 같은 Kerby 산출식으로 구하거나 표준값을 작용한다.

$$t_1 = 1.44 \left(\frac{L \cdot n}{S^{1/2}}\right)^{0.467}$$

여기서, t_1 : 유입시간 (min)

L : 지표면 거리 (m)

S : 지표면 평균경사

n : Kerby 산출식에서 조도계수와 유사한 지체계수

유입시간(t_1)의 표준값

우리나라 적용 유입시간		미국 토목학회 제안 유입시간	
인구밀도가 높은 지역	5분	완전포장 및 하수도가 완비된 밀집지역	5분
인구밀도가 낮은 지역	10분		
간선도로의 오수관거	5분	비교적 경사도가 적은 발전지구	10~15분
지선도로의 오수관거	7~10분		
평균	7분	평지의 주택지구	20~30분

Kerby 산출식에서 n 값

표면형태	n 값
매끄러운 불투수성 표면	0.02
매끄러운 나대지	0.10
경작지나 기복이 있는 나대지	0.20
초지 또는 잔디	0.40
활엽수	0.50
침엽수, 깊은 표토층을 가진 활엽수림지대	0.80

주) 국토교통부, 수자원관리기법 개발연구 조사보고서, 1991.

(3) 시가지 도로의 유하시간(t_2)은 지하에 매설된 관거 구간마다의 거리와 계획유량의 유속으로부터 구한 시간당 유하시간을 합계하여 아래 산출식으로 구한다.

이때, 관거 내의 유수는 등류(等流)이며, 유량과 수위는 시간에 따라 변화하므로 계획 첨두유량의 유속에 의해 산출한다.

$$t_2 = \frac{L}{a \cdot V}$$

여기서, t_2 : 유하시간(min)

L : 관거연장(m)

V : Manning 공식에 의한 평균유속(m/sec)

a : 보정계수

3. 시가지 이외의 일반도로

(1) 시가지 이외의 일반도로의 경우, 유입시간은 유하시간에 비해 무시할 정도로 작으므로, 강우도달시간(=강우지속시간) 산정할 때 유하시간만을 사용하여 아래와 같은 Kirpich 산출식으로 유하시간(t_c)을 구한다.

$$t_c = 0.95 \left[\frac{(L/1000)^3}{H}\right]^{0.385}$$

여기서, t_c : 유하시간(hr) = 강우도달시간 = 강우지속시간

L : 유달거리(m)

H : 표고차(m)

Ⅳ. 통수능(通水能) 결정

1. 용어 정의

(1) 물의 흐름은 일반적으로 관수로의 흐름과 개수로의 흐름으로 구분된다.

① 관수로의 흐름은 수로단면을 채우고 흐르며, 위치수두, 압력수두, 속도수두 등의 인자로 구성된다.

② 개수로의 흐름은 자유수면으로 흐르며, 압력수두가 없다.

(2) 교량 설계할 때 적용되는 도로배수시설은 단면 형상에 관계없이 자유수면이 존재하는 개수로의 흐름이므로, 개수로의 수리조건과 도로배수구조물의 관계를 파악하여 경제적인 수로단면, 즉 통수능(通水能, conveyance)을 결정한다.

2. 개수로의 흐름상태

(1) 정상류와 비정상류 (steady flow & unsteady flow)

① 정상류 : 수심이 시간에 따라 변하지 않고 일정한 흐름, 개수로의 흐름

② 비정상류 : 수심이 시시각각으로 변하는 흐름, 홍수와 같이 급변하는 흐름

(2) 등류와 부등류 (uniform flow & varied flow)

① 등류 : 수심이 모든 공간에서 변하지 않고 일정한 흐름

② 不等流 : 수심이 모든 공간에서 변하는 흐름

③ 정상 등류 (steady uniform flow) : 시간적, 공간적으로 일정한 흐름

④ 不定常 不等流 (unsteady varied flow) : 시간적, 공간적으로 변하는 흐름

* 不定常 등류 및 정상 不等流는 자연계에서는 존재하지 않는 이론적인 흐름이다.
  따라서, 실제 개수로의 흐름은 '정상 등류, 不定常 不等流'를 의미한다.

(3) 상류와 사류

① 상류 : 한계수심 이상으로 흐르는 경우로서, 완속류의 상태이다

② 사류 : 한계수심 이하로 흐르는 경우로서, 급류의 상태이다

* 흐름의 비에너지(specific energy)는 수로바닥을 기준으로 측정한 단위무게의
  물이 갖는 흐름의 에너지이며, 한계수심은 비에너지가 최소인 수심이다.

3. 유량과 유속

(1) Chezy는 개수로의 유량을 수로단면과 유속의 함수로 나타내는 아래와 같은 방정
식에 의해 유량을 산출하였다.

$$Q = AV$$
$$V = C\sqrt{RS}$$

여기서, Q : 유량(m³/sec)

$\quad A$: 유수단면적(흐름과 직각인 단면, m²)

$\quad V$: 평균유속(m/sec)

$\quad C$: 수로의 표면 특성을 나타내는 조도계수

$\quad R$: 동수반경(A/P, m), P=수로의 윤변

$\quad S$: 수로의 경사(m/m)

(2) Manning은 Chezy 방정식의 C값을 다음과 같이 제시하고, 평균유속공식을 유도
하여 유량을 산출하였다.

$$C = \frac{R^{\frac{1}{6}}}{n}, \quad V = \frac{1}{n} R^{\frac{2}{3}} S^{\frac{1}{2}}$$

여기서, V : 평균속도(m/sec)

$\quad n$: 조도계수

$\quad R$: 동수반경(m)

$\quad S$: 수로의 경사(mm)

$$Q = A \cdot \frac{1}{n} R^{\frac{2}{3}} S^{\frac{1}{2}}$$

여기서, Q : 평균유속공식에 의한 유량(m^3)

Manning의 조도계수 n값 (대표적인 수로상태만을 발췌)

수로상태			n 값	
			양호	보통
개수로	콘크리트수로	바닥에 자갈 산재	0.015	0.017
	아스팔트수로	매끈함	0.013	-
고속도로수로	콘크리트수로	거친표면 처리	0.015	
	아스팔트수로	매끈한 표면처리	0.013	

4. 경제적인 수로단면 : 통수능(K) 결정

⑴ Manning의 유량공식을 $Q = K \cdot S^{\frac{1}{2}}$ 로 표현할 때, K는 통수단면의 형상과 조도 계수에만 관계되는 수로의 통수능(通水能, conveyance)이라 한다.

$$K = \frac{1}{n} \cdot A \cdot R^{\frac{2}{3}} = \frac{1}{n} (\frac{A^5}{P^2})^{\frac{1}{3}}$$

여기서, K : 수로의 통수능

R : 동수반경(A/P, m), P=수로의 윤변

n : 조도계수

⑵ 통수능(K)은 수로의 윤변(P)이 작을수록 커지며, 통수능이 커질수록 처리할 수 있는 유량이 증가하여 수리적으로 가장 유리한 경제적인 수로단면이 된다.[91]

경제적인 수로단면

구분	직사각형 수로	사다리형 수로	원형 수로
단면도			
경제적인 단면 조건	$B = 2 \cdot H$	$B = \frac{2}{3} \cdot \sqrt{3} \cdot H$ ($\alpha = 60°$)	$H = \frac{1}{2} \cdot D$

---

[91] 국토교통부, '도로배수시설 설계·관리지침', Ⅱ-25~Ⅱ-40, 2012.

09.03 교량기초의 세굴보호공

교량기초의 세굴 예측과 방지공법 [0, 4]

I. 개요

1. 세굴(洗掘, erosion)은 수류나 파랑에 의해 해안, 하상, 제방, 해저 또는 전환수로의 바닥이 침식되는 현상을 말한다. 수중에 구조물을 만들면 그에 접하는 토사가 물의 흐름에 의해 세굴되어 구조물의 안정성에 영향을 끼친다.

2. 미국에서도 교량 붕괴원인 중 세굴의 비중이 40~50%라는 보고가 있다. 교량의 안전은 구조적 문제보다는 교량기초 세굴의 영향이 더 크다.

3. 교량기초 세굴이 발생되는 물리적인 현상은 여러 원인이 서로 복잡하게 연계되어 해석하기 쉽지 않으며 실측자료 또한 찾아보기 힘들다.

4. 강·해안을 유지관리하고, 수리구조물의 보호를 위해서는 호안(護岸), 수제(水制), 에이프런 등의 방호시설물을 설치하여 토사의 세굴을 방지해야 한다.

II. 교량하부의 구조

1. 교대

(1) 교대는 교량의 길이방향 양 끝단을 지지하며 상부구조물의 하중, 배면성토의 토압이나 지표재하중 등을 기초에 전달하는 부재이다.

(2) 교대 형식은 구조적으로 안정되고 경제적이어야 한다. 교대는 형상과 구조형태에 따라 중력식, 반중력식, 역T형식, 뒷부벽식, 라멘식 등으로 분류된다.

2. 교각

(1) 교각은 상부구조가 2경간 이상으로 구성되는 경우에 설치되며, 가설지점의 제반 조건은 상부구조의 설계조건보다 우선적으로 고려되어야 한다.

(2) 교각 형식은 도로, 하천 등의 외적요소에 제약을 받으며, 교각 형식을 선정할 때는 미관을 고려하여 가급적 구간별로 통일시킨다.

3. 기초

(1) 교량의 기초형식은 시공방법에 따라 직접기초, 케이슨기초, 말뚝기초, 강관널말뚝기초 등으로 구분된다.

2) 기초의 설계모델은 기초의 강성과 깊이, 수평지반의 저항(지반반력), 작용하중에 대한 기초와 지반의 하중분담 등을 고려하여 구축한다.

Ⅲ. 교량기초의 세굴

1. 세굴 원인

(1) 위치선정 : 교량을 만곡부에 설치하는 경우에 만곡부 외측은 세굴이 심하게 발생되고, 내측은 퇴적이 심하게 발생

(2) 교각방향 : 하천의 흐름방향을 고려하지 않고 교량 상부구조 및 교각의 방향을 위치시키는 경우에 세굴깊이가 점차 증대

(3) 인접구조물 : 도로확장하면서 기존 기초의 교각 방향을 감안하지 않고 새로운 교각을 위치시키는 경우에 상·하류에 심한 와류 발생

(4) 수공구조물 : 하천의 상·하류에 수공구조물(보)이 있어 유수 변환이 발생되는 지점에 교량을 위치시키는 경우에 세굴 발생

(5) 하천개발 ; 상류지역 댐 설치로 인한 유사량(流砂量) 감소, 하류지역 종합개발에 따른 골재채취로 하상고(河床高) 저하되는 경우에 세굴 발생

2. 세굴 형태

(1) 하상변동 세굴

① 하천의 흐름에 의해 장기적으로 발생되는 침식작용과 퇴적작용

② 하상의 형상을 장기적으로 변화시키는 주요 인자의 영향

하천부지의 도시화, 산림개발 등에 따른 용도변화

하천수로의 인위적인 전환, 굴곡부 제거·이동, 하상 준설 등

(2) 단면축소 세굴

① 자연적·인공적인 유수단면 축소로 인해 흐름이 가속화되어 발생되는 세굴

② 유수단면 축소로 평균유속이 빨라져서 하상전단응력(bed shear stress) 증가

③ 축소단면 지점은 다른 지점에 비해 하상재료(골재)의 이동량 증가

④ 하상재료 이동이 증가하면 하상고가 낮아져서, 유수단면이 증가되고 유속과 전단응력이 감소되어 평형상태에 도달

3. 세굴 현황

(1) 미국의 경우에 1970년부터 교량점검계획을 시행한 이후, 수상부(水上部)의 교량점검으로 성능개선이 되었으나, 수중부(水中部)는 아직도 성과가 미흡하다.
미국연방고속도로협회(FHWA, Federal Highway Administration)에서 1988년 국가교량점검기준(NBIS, National Bridge Inspection Standards)을 제정하여 수중부 세굴 조사기준을 수립, 5년마다 수중부를 점검하고 있다.

(2) 우리나라는 세굴연구가 미흡하고 설계기준도 없다. 교량 안정성 검토는 홍수 시

조사자료 대신 평상 시 조사자료 기준이므로 최악의 시나리오 기준이 아니다.

최근 이상기후에 의한 500~100년 빈도의 강우가 빈번하여 중·장기적 대책 수립이 현실적으로 어렵지만, 다음과 같은 세굴 대책이 필요하다.

4. 세굴 대책

(1) 교량설계단계에 수리전문가를 참여시켜 반드시 세굴 검토를 실시

(2) 하천 하상고를 저하시키고 유속을 증가시키는 무분별한 하천개발 금지

(3) 세굴 방지공법의 장단점을 비교·제시하여 하천 개·보수에 방지시설을 반영

(4) 기존 교량에 대해서도 안전진단을 실시하고 세굴방지시설을 보완

(5) 중요 하천 교량에 수리모형실험을 실시하여 교각의 형상·간격, 교각과 기초와의 관계가 세굴에 미치는 영향을 연구·검토하여 설계에 반영

5. 세굴방호공 설계

(1) 교량 기초의 형태·크기·위치 등을 결정할 때 세굴 방호목표를 설정한다.

(2) 교량건설에 따른 세굴 검토를 위해 설계홍수빈도 및 설계홍수량을 결정한다.
   500년 빈도 홍수량을 구할 수 없는 경우에는 $1.7 \times Q_{100}$ 유량을 사용

설계홍수빈도 및 설계홍수량

『하천설계기준(국토교통부, 2017)』

구분	설계홍수빈도	설계홍수량
$Q_{100} \leq 200\text{m}^3/\text{sec}$	50년 빈도	Q_{50}
$200\text{m}^3/\text{sec} < Q_{100} \leq 2,000\text{m}^3/\text{sec}$	100년 빈도	Q_{100}
Q_{100} 또는 기존 최대홍수량 $> 2,000\text{m}^3/\text{sec}$	500년 빈도	Q_{500}

주) Q_{100} = 100년 빈도 설계홍수량

(3) 위에서 결정한 홍수빈도에 대한 총 세굴심도를 계산한다.
   세굴심도 : 세굴로 인해 낮아진 하상고와 자연 하상고와의 차이

(4) 교량 가설지점에 대하여 위에서 계산한 총 세굴심도를 그래프에 표시한다.
   하천유역 특성을 고려하여 총 세굴심도를 도시 결과가 합리적인지 판단

(5) 결정한 총 세굴심도에 대한 교량 기초의 형태·크기·위치를 평가하고 수정한다.
   홍수 흐름을 도시하여 세굴 취약요소를 확인하고 방호공법 범위를 결정

(6) 세굴심도 상부의 하상재료는 모두 유실된다는 가정 하에 기초지지력을 분석한다.
   세굴심도 하부의 암반 상에 푸팅 저면을 위치하고 천공 그라우팅을 실시

6. 세굴방호공 설계 고려사항

(1) 세굴 폭

교각·교대 주변의 국부 세굴공이 서로 겹치는 경우에 세굴심도는 더 깊어지나, 교각의 세굴 폭은 세굴심도의 1~2.8배이므로 보통 2배를 적용한다.

(2) 수로 이동

교량 수명기간 중에 수로 위치가 변경될 가능성이 있는 경우에 홍수터의 교각기초는 수로의 교각기초와 동일한 심도로 설계한다.

(3) 흐름 유입각

흐름 유입각을 최소화시키면 유송잡물 형성의 가능성을 줄일 수 있다.

(4) 교대 주위 흐름

교대에 가까운 교각 세굴해석할 때 교대 주위를 돌아 흐르는 흐름의 접근각도와 유속증가 가능성을 고려한다.

(5) 교대 형상

경사벽 교대 세굴량은 연직벽 교대 세굴량의 약 50% 정도 감소이므로, 가급적 경사벽 교대로 설계할 것을 권장한다.

(6) 유송잡물

제방침식이 활발하여 불안정한 하천 상류에 비해 경사가 완만한 하천 하류에 유송잡물이 빈번히 발생된다.

7. 세굴방호공의 시공범위

(1) 세굴방호공은 교각 한쪽 면에서 교각폭의 2배 거리까지 양쪽으로 시공한다.
(2) 세굴방호공의 최상면은 주변 하상선보다 약간 낮게 표면을 마무리한다.
(3) 사석방호공의 두께는 D_{50}의 3배 이상, 최소깊이 300mm 이상으로 시공한다.
(4) 파도의 영향을 받는 곳에서는 사석층 두께를 150~300mm 더 증가시킨다.[92]

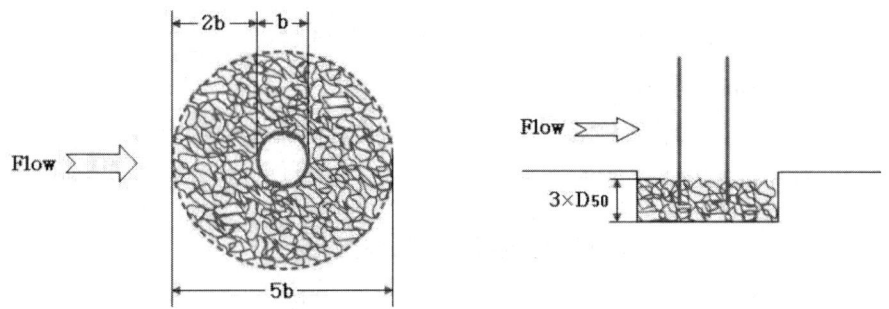

세굴방호공(사석방호공)의 시공범위

---

92) 국토교통부, '도로설계편람', 제5편 교량, pp.509-1, 71, 213, 269, 317, 2012.

09.04 교량 한계상태설계법 (Limit State Design)

Ⅰ. 개요

1. 국토교통부의 국책연구과제 중의 하나로 2003~2008년 수행된 '교량 해석 및 설계 선진화' 연구의 주요 성과인 『도로교설계기준 한계상태설계법』이 공인되어 새로운 도로교설계기준으로 적용되고 있다.

Ⅱ. 한계상태의 정의

1. 기존 도로교설계기준의 콘크리트교에서는 재료의 표준강도와 단면치수를 이용하여 부재의 공칭강도를 먼저 산정한 後, 부재강도 감소계수를 곱하여 부재의 설계강도를 산정하였다.

2. 그러나 도로교설계기준 한계상태설계법의 콘크리트교에서는 아래 그림과 같이 재료의 기준값(X_k)에 먼저 재료의 강도저감계수(재료저항계수)를 곱하여 재료설계값(X_d)를 산정한 후에 단면해석을 통해 부재의 설계저항값(R_d)을 산정한다. 따라서 기존 공칭강도 개념이 없어지고 대신 재료설계강도 개념이 새롭게 도입되었다.

3. 재료저항계수는 하중 조합과 재료별로 아래 표[도로교설계기준 한계상태설계법 표 5.2.1]와 같이 설정되어 있다.

   (1) 재료저항계수는 한계상태설계법의 한계상태별 하중 조합에 근거하였으므로, 유럽의 Eurocode에서 제시하고 있는 Ultimate Limit State, Serviceability Limit State를 위한 하중 조합과는 차이가 있다.

   (2) 또한 Eurocode의 부분안전계수를 이용하여 계산되는 재료 계수값($\phi_c = 1/1.50$ 및 $\phi_s = 1/1.50$)와 약간의 차이를 보인다.

   (3) 특히 지속하중 조합은 한계상태설계법에 별도로 규정되어 있지는 않으나, 활하중 등을 제외하고 고정하중과 같이 지속적으로 작용하는 하중을 의미한다.

한계상태설계법의 재료저항계수

하중 조합	콘크리트 ϕ_c	철근 또는 프리스트레스 강재 ϕ_s
극한하중조합 Ⅰ, Ⅱ, Ⅲ, Ⅳ	0.65	0.95
극단상황하중조합 Ⅰ, Ⅱ	0.85	1.00
사용하중조합 Ⅰ, Ⅱ, Ⅲ 지속하중조합	1.00	1.00
피로하중조합	1.00	1.00

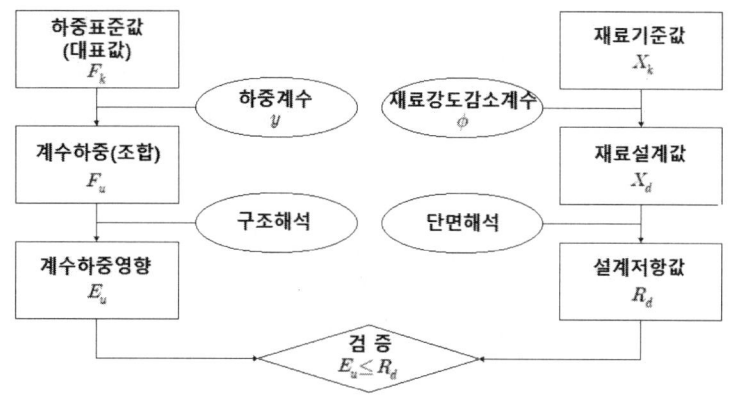

Eurocode의 설계개념도

⑷ 한계상태설계법은 미국의 AASHTO LRFD Specifications과 유럽의 Eurocode 2 (Design of Concrete Structures)를 근거로 제정되었다.

⑸ 따라서 교량설계 과정에 새롭게 제정된 한계상태설계법을 적용하려면 기존의 허용응력설계법보다 좀 더 세밀하게 각종 한계상태에 대한 하중조합을 검토하여 결정해야 한다.

Ⅲ. AASHTO LRFD Specifications & Eurocodes 신뢰도 비교

1. AASHTO LRFD Specifications와 Eurocodes는 서로 다른 기준의 설계수명과 신뢰도지수를 근거로 하고 있다.

2. AASHTO LRFD Specifications는 일반교량의 강도한계상태에 대해 기준 설계수명 75년, 신뢰도지수 3.5를 목표 신뢰도지수(Target Reliability Index)로 정하였다.
   75년의 설계수명 동안 발생될 수 있는 활하중과 온도하중의 극한값을 결정하였고, 이를 기반으로 목표 신뢰도지수에 따라 하중계수, 저항계수 등이 결정되었다.

3. 구조물의 기준 설계수명의 신뢰도지수(β_n)와 1년의 신뢰도지수(β_1)를 비교하면 아래 그림과 같다. 그림에서 보듯 Eurocodes에서 중간위험도의 구조물에 적용하는 기준 설계수명 50년의 신뢰도지수(β_{50})이 3.8이면 1년의 신뢰도지수(β_1)가 4.7이다. 역으로 1년의 신뢰도지수를 기준으로 50년, 100년 등의 신뢰도지수를 구할 수 있다.

4. PSC 거더를 대상으로 활하중 등을 고려한 신뢰도 해석 결과에 따르면, Eurocode의 신뢰도지수가 AASHTO LRFD Specifications의 신뢰도지수보다 크게 나오는 것으로 나타났다. 그러나 AASHTO LRFD Specifications와 Eurocodes의 기준 설계수명에 따른 파괴확률과 신뢰도지수를 이용하면, 두 설계기준이 서로 유사한 값을 갖는 것으로 나타난다.

5. 그러나 Eurocodes에 의해 설계되는 대부분의 교량에 적용되는 RC2 (Reliability Class)와 AASHTO LRFD Specifications의 일반교량을 서로 비교하면, Eurocodes 가 좀 더 높은 신뢰도지수와 낮은 파괴확률을 요구하는 것으로 나타난다.

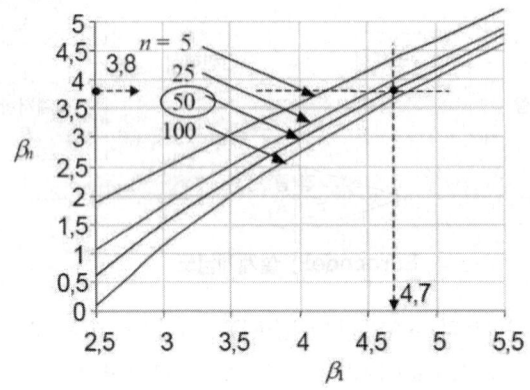

기준 설계수명에 따른 신뢰도지수의 관계

Ⅳ. 한계상태설계법 특징

1. 기존 설계기준의 문제점을 극복하기 위해 개발된 신뢰도 기반의 한계상태설계법의 장점을 요약하면 다음과 같다.

　(1) 확률에 기초한 구조신뢰성 방법에 의거 안전모수를 보정하기 때문에 비교적 균일하고 일관성 있는 신뢰도를 갖는다.

　(2) 구조물에 발생 가능한 모든 극한 또는 사용성 한계상태를 고려하여 설계하므로 한계상태에 대응하는 구조물의 파손, 파괴, 붕괴상태 등을 이해하여야 한다.

　(3) 여러 하중에 대해 각기 다른 하중계수를 사용하므로 하중의 특성이 설계에 잘 반영될 수 있다.

2. 한계상태설계법의 근거는 AASHTO LRFD Specifications와 Eurocodes이다. 두 설계법은 유사한 목표 신뢰도지수를 활용하지만, 한계상태의 정의는 서로 다르다.

　(1) AASHTO LRFD Specifications은 부재가 발현할 수 있는 최대의 강도상태를 Strength Limit State로 활용하는 반면, Eurocodes에서는 부재의 파괴 및 붕괴 상태 등을 기준으로 하는 극한한계상태(Ultimate Limit State)를 사용한다.

　(2) 부재 단면의 강도를 결정할 때 AASHTO LRFD Specifications는 단면에 대한 안전계수, Eurocodes는 재료별 안전계수를 활용하여 결정한다.[93]

---

93) 한국도로공사, '한계상태설계법 도로교설계기준 설계실무편람 개발', 도로교통연구원, 2011.

09.05 교량등급에 따른 하중의 종류

1. 2015년 『도로교설계기준』 개정 以前의 하중

⑴ 교량에 작용되는 하중(荷重, load)은 교량을 구성하는 각 부재의 응력, 변형, 변위 등에 영향을 미치는 주하중, 부하중, 특수하중 등으로 분류된다.

① 주하중 : 교량의 주요부분 설계 중에 항상 작용되는 하중

② 부하중 : 때때로 작용하며 하중조합에 반드시 고려해야 되는 하중

③ 특수하중 : 교량종류, 구조형식, 가설지점 등에 따라 특별히 고려해야 되는 하중

⑵ 『도로교설계기준(국토교통부, 2010)』에 의해 구조물에 작용되는 하중은 고정하중과 활하중으로 분류된다.

① 고정하중은 구조물의 자중 등 구조물 수명기간 중 항상 작용되는 하중으로, 단위질량을 사용하여 산출한다. 단, 실제질량이 명백한 재료는 그 값을 사용한다.

재료의 단위질량(kg/m³)

재료	단위질량	재료	단위질량
강재, 주강, 단강	7,850	콘크리트	2,350
주철	7,250	아스팔트 포장	2,300
알미늄	2,800	시멘트 모르타르	2,150
철근콘크리트	2,500	역청재(방수용)	1,100
프리스트레스트콘크리트	2,500	목재	800

② 활하중은 차량이 움직일 때 작용되는 이동(moving)하중, 장비 위치가 이동될 때의 가동(moveable)하중, 물체에 가해지 충격(impact)하중, 구조물에 작용되는 풍(wind)하중, 지진(seismic)하중 등의 다양한 동적(dynamic)하중으로 세분된다.

⑸ 『도로교설계기준(국토교통부, 2010)』에 의해 활하중은 표준트럭하중(DB하중) 또는 차로하중(DL하중), 보도 등의 등분포하중 등이 있다.

① DB하중은 실제 통행하는 표준트럭을 모형화한 것이 아니고, 하중의 효과(영향)를 모형화한 가상(national)하중이다.

② DL하중은 표준트럭하중보다 크기는 작으나 차량들이 연행하는 경우에 대한 하중의 효과를 모형화한 하중이다.

⑹ DB하중 및 DL하중은 미국 도로교설계기준(AASHTO Standard Specification)에서 사용했던 HS하중 및 HL하중을 국내 도로교설계기준에 반영한 것이다.

① HS하중은 1944년 이전에 적용했던 2축차량(H하중) 위에 세미트레일러를 추가한 3축차량의 하중모델로서, DB는 도로반트럭(highway semitrailer)에서 유래됐다.

② 2등교 DB-18과 3등교 DB-13.5 하중은 AASHTO HS20-44와 HS15-44 하중에 해당된다. DB-24 하중은 DB-18 하중을 약 1.33배 증가시킨 하중이다. 현재 AASHTO LRFD 설계기준에서 표준트럭하중은 HL-93으로 변경되었다.

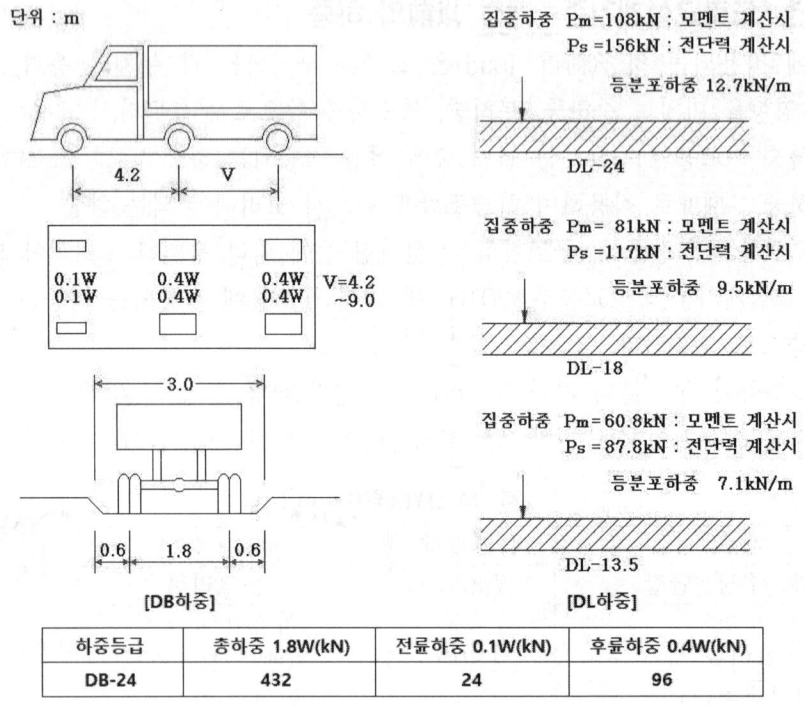

하중등급	총하중 1.8W(kN)	전륜하중 0.1W(kN)	후륜하중 0.4W(kN)
DB-24	432	24	96

2015년 『도로교설계기준』 개정 以前의 차량 활하중

2. 2015년 『도로교설계기준(한계상태설계법)』 개정 以後의 하중

(1) 차량 활하중

① 『도로교설계기준(국토교통부, 2015)』이 개정되어 도로교 설계에서 고려해야 하는 하중의 종류가 ▲지속하는 하중과 ▲변동하는 하중으로 대별되고, 표준트럭하중 KL-510 규정이 신설되어 DB-24 총중량이 510kN으로 18% 증가되었다.

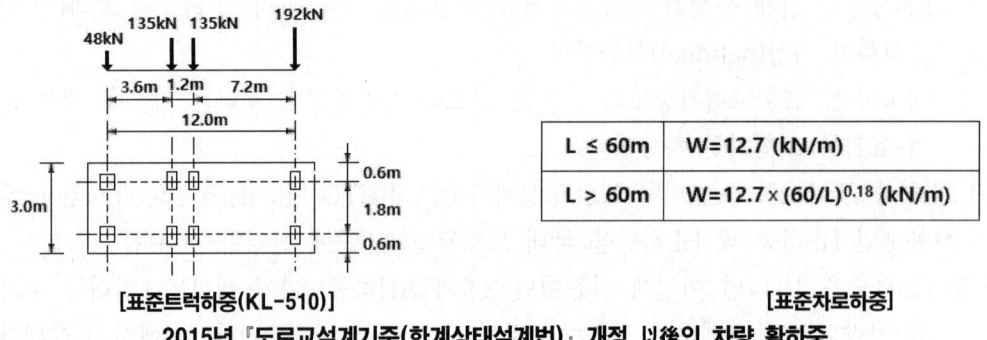

[표준트럭하중(KL-510)]　　　　　　　　**[표준차로하중]**
2015년 『도로교설계기준(한계상태설계법)』 개정 以後의 차량 활하중

② 2등교의 표준트럭하중 : 1등교×75%,

3등교의 표준트럭하중 : 2등교×75%를 적용한다.

③ 표준트럭하중의 최대허용하중은 [표준트럭하중×75%+ 표준차로하중]을 적용함으로써, 기존 설계법의 활하중 재하방법과 구분된다.

④ 차량 활하중 동시재하 계수 : 1차로 1, 2차로 0.9, 3차로 0.8, 4차로 0.7

⑤ 충격계수는 모든 한계상태에 25%, 피로한계상태 15%를 적용함으로써 기존 설계법의 경간장에 대한 충격계수 산정방법과 구분된다. (I=15/(L+ 40))

⑥ 피로하중은 표준트럭하중에 80%를 적용한다.

2015년 『도로교설계기준』 개정 以後 하중의 종류

구분	하중 종류
지속하는 하중	(1) 고정하중 : 구조부재와 비구조적 부착물 중량(DC), 포장과 설비 고정하중(DW) (2) 프리스트레스힘(PS) : 포스트텐션에 의한 2차 하중효과를 포함한, 시공과정 중 발생된 누적 하중효과 (3) 시공 중 발생하는 구속응력(EL) (4) 콘크리트 크리프의 영향(CR) (5) 콘크리트 건조수축의 영향(SH) (6) 토압 : 수평토압(EH), 수직토압(EV), 상재토하중(ES), 말뚝부마찰력(DD)
변동하는 하중	(7) 활하중 : 차량활하중(LL), 상재활하중(LS), 보도하중(PL) (8) 충격(IM) (9) 풍하중 : 차량에 작용하는 풍하중(WL), 구조물에 작용하는 풍하중(WS) (10) 온도변화의 영향 : 단면평균온도(TU), 온도경사(TG) (11) 지진의 영향(EQ) (12) 정수압과 유수압(WA) (13) 부력 또는 양압력(BP) (14) 설하중 및 빙하중(IC) (15) 지반변동의 영향(GD) (16) 지점이동의 영향(SD) (17) 파압(WP) (18) 원심하중(CF) (19) 제동하중(BR) (20) 가설 시 하중(ER) (21) 충돌하중 : 차량충돌하중(CT), 선박충돌하중(CV) (22) 마찰력(FR)

(2) 하중계수와 하중조합

① 하중계수를 고려한 총 설계하중은 다음과 같이 결정된다.

$$Q = \sum n_i \gamma_i Q_i$$

여기서, n_i : 하중수정계수 (표)

Q_i : 하중 또는 하중효과

γ_i : 하중계수 (표)

② 교량의 부재들과 연결부들은 아래와 같이 각 한계상태에서 규정된 극한하중효과의 조합들에 대하여 위 식에 의해 검토해야 한다.

- 극한한계상태 하중조합 I : 일반적인 차량통행을 고려한 기본하중조합. 이때 풍하중은 고려하지 않는다.

- 극한한계상태 하중조합 II : 발주자가 규정하는 특수차량이나 통행허가차량을 고려한 하중조합. 풍하중은 고려하지 않는다.

- 극한한계상태 하중조합 III : 거더 높이에서의 풍속 25m/s를 초과하는 설계 풍하중을 고려하는 하중조합

- 극한한계상태 하중조합 IV : 활하중에 비하여 고정하중이 매우 큰 경우에 적용하는 하중조합

- 극한한계상태 하중조합 V : 차량통행이 가능한 최대풍속과 일상적인 차량통행에 의한 하중효과를 고려한 하중조합

- 극단상황한계상태 하중조합 I : 지진하중을 고려하는 하중조합

- 극단상황한계상태 하중조합 II : 빙하중, 선박 또는 차량의 충돌하중 및 감소된 활하중을 포함한 수리학적 사건에 관계된 하중조합. 이때 차량충돌하중 CT의 일부분인 활하중은 제외된다.

- 사용한계상태 하중조합 I : 교량의 정상운용 상태에서 발생 가능한 모든 하중의 표준값과 25m/s의 풍하중을 조합한 하중상태이며, 교량의 설계수명 동안 발생 확률이 매우 적은 하중조합이다. 이 하중조합은 철근콘크리트의 사용성 검증에 사용할 수 있다. 또한 옹벽과 사면의 안정성 검증, 매설된 금속 구조물, 터널라이닝판과 열가소성 파이프에서의 변형제어 등에도 적용한다. 이하 생략.[94]

94) 박효성 외, 'Final 도로및공항기술사', 2차 개정, 예문사, pp.1026~1029. 2012.
국토교통부, '도로교설계기준', pp.3-1~3-50, 2015.

09.06 일체식 교대 교량 (Integral abutment bridge)

일체식 교대교량(integral abutment bridge), 일체식과 반일체식 교대 [2, 1]

1. 개요

⑴ 무조인트 교량(jointles bridge)은 장기적 외부환경 변화에 대응하여 유지관리비를 최소화할 수 있는 교량 상부구조 즉, 슬래브 또는 바닥판(deck)에 단순히 신축이음을 설치하지 않은 교량을 총칭한다.

⑵ 일체식 교대 교량(integral abutment bridge)은 무조인트 교량 형식 중의 하나로서 신축이음장치를 설치하지 않는 점은 무조인트 교량과 유사하지만, 상부구조와 낮은 높이의 교대 전체를 또는 상부구조와 벽체교대를 일체로 시공하여 온도신축으로 발생되는 수평변위 또는 회전변위 등을 허용한다는 점에서 구조적 차이가 있다.

2. 일체식 교대 교량과 반일체식 교대 교량 비교

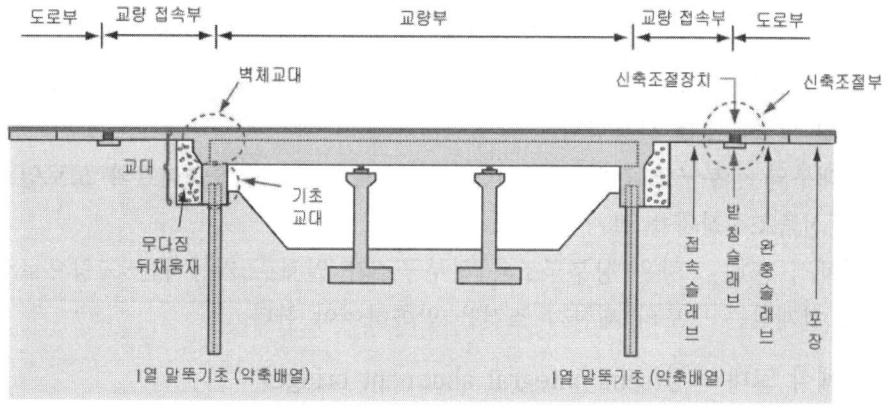

일체식 교대 교량

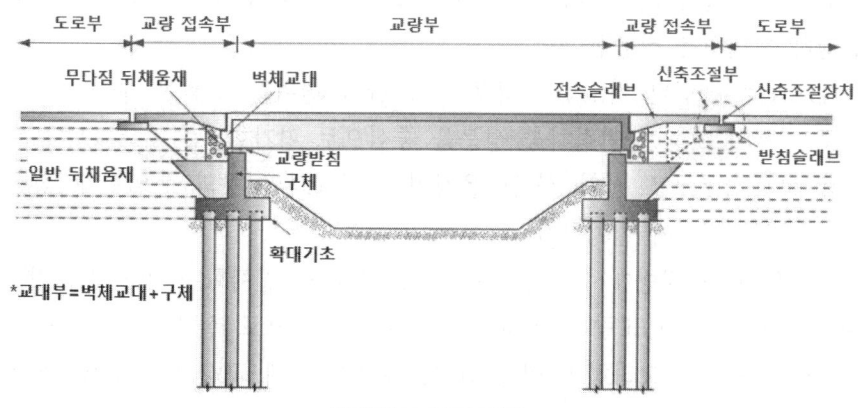

반일체식 교대 교량

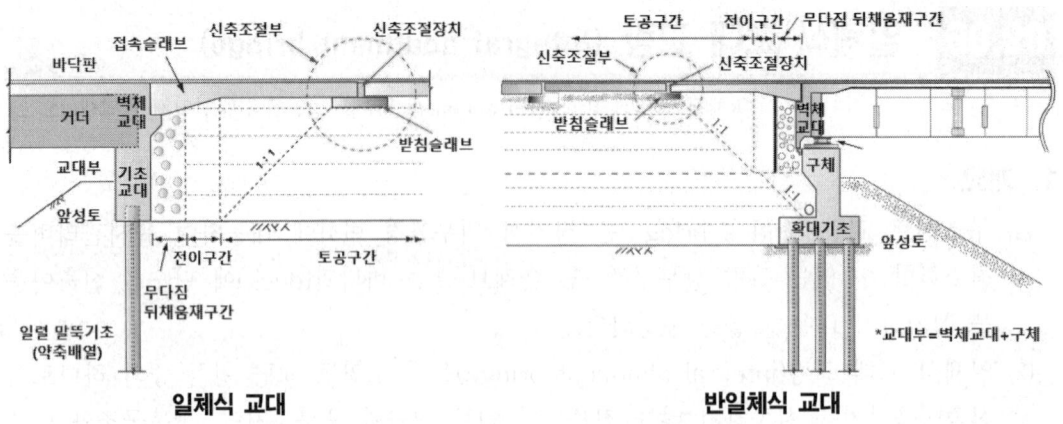

일체식 교대　　　　　　　　**반일체식 교대**

(1) **일체식 교대 교량(integral abutment bridge)**

① 교량에 교좌장치와 신축이음장치를 설치하지 않고 상부구조와 교대부, 말뚝기초 등을 일체화시킨 교량이다.

② 상부구조와 교대부를 지지하는 말뚝은 상부구조의 온도 및 습도 등 외부환경 변화에 의한 신축변위로 발생하는 수평과 회전 변위를 허용한다.

③ 말뚝기초는 외부환경 변화에 의한 온도 신축 변위에 대한 유연성을 확보하고자 일렬 말뚝기초를 사용한다.

④ 교대부와 상부구조 간의 신축이음장치를 제거하고 접속슬래브와 도로연결부 사이에 신축조절장치를 설치한다.

⑤ 일체식 교대 교량은 상부구조와 하부구조가 일체로 거동하는 교량으로서 일반교량 설계와는 별도의 제한적 조건을 만족하여야 한다.

(2) **반일체식 교대 교량(semi-integral abutment bridge)**

① 교량의 상부구조와 벽체교대를 일체화시키고 독립된 기초를 갖는 교량이다.

② 상부구조와 일체화된 벽체교대 하부에 교좌장치를 두어 상부구조의 온도신축으로 발생하는 변위를 허용한다.

③ 벽체교대와 독립된 기초구조(하부구조) 간에 변위를 수용할 수 있는 가동받침장치로 인하여 기초는 연직하중 성분을 중심으로 평가한다.

④ 교대부와 상부구조 간의 신축이음장치는 일체식 교량과 동일하게 접속슬래브와 도로연결부 사이에 설치한다.

⑤ 반일체식 교대 교량에서 상부구조와 벽체교대는 일체화 시공되므로 벽체교대 설계는 일체식 교대 교량의 교대부와 동일한 조건으로 설계한다. 다만 상부구조의 온도신축 변위를 고려하여 벽체교대는 일체식 교대 교량의 설계조건에 따른다.

3. 일체식 교대 교량

(1) **교량의 총길이** : 상부구조에서 발생되는 온도신축에 의한 변위로부터 벽체교대, 일렬 말뚝기초, 교대 연결부 등에 응력이 발생되므로 교량 총길이에 제한을 둔다.

① 콘크리트 교량 : 120m 이하

② 강교량 : 90m 이하

(2) **교량의 사각(斜角)** : 교량사각이 너무 크면 양측 교대배면에 작용되는 토압력의 분력영향으로 교량전체가 회전 변위 가능성이 있으며, 동시에 교대배면에 발생되는 토압력은 말뚝에 조합응력으로 작용되므로 사각을 제한해야 한다.

① 교량 사각은 최대 30°

(2) **교량의 평면선형 및 종단선형** : 도로의 평면곡률을 따라 교량을 설치할 경우에 상부구조에 발생되는 실제적 온도변위 방향을 정확히 산출하기 어렵고, 이로 인하여 양측 교대 조건에 차이가 발생될 수 있으므로 이를 최소화해야 한다.

① 곡률을 갖는 도로에 교량을 설치할 경우에 거더는 직선으로 배치하며, 교각은 5° 이하이어야 한다.

② 종단경사 구배가 5%를 초과하는 경우에는 설치를 피해야 한다.

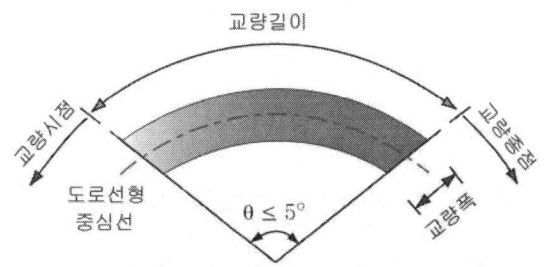

일체식 교대 교량의 시·종점이 이루는 교각(橋脚) 제한

$L = \pi R \cdot \dfrac{\theta}{180}$ 에서 $\theta = \dfrac{180}{\pi} \cdot \dfrac{L}{R}$ 을 5° 이하로 제한해야 한다.

여기서, θ : 교각(橋角, °)

$\quad\quad\quad L$: 교량연장(m)

$\quad\quad\quad R$: 곡률반경(m)

③ 교량 설치예정구간의 종단경사가 5%를 초과하는 경우에는 별도의 구조검토를 통하여 일체식 교대 교량을 적용할 수 있다.[95]

95) 한국도로공사, '일체식 교량 설계지침(무조인트 교량)', 도로교통연구원, 2009.

4. 프리플렉스 일체식 교대 교량

(1) 최근 '프리플렉스 거더와 일체식 교대를 이용한 교량의 시공방법'이 건설신기술로 등록되어 시공되고 있으며, 특징 및 시공순서는 아래와 같다.96)

(2) 프리플렉스 거더와 교대의 일체화 시공 : 신축이음장치, 교좌장치 등 상부 구조의 기계적 장치를 제거하고, 거더, 바닥판, 교대, 말뚝 등을 일체로 시공한다.

(3) 상·하부 구조가 흙과 상호거동하여 내진성능 우수 : 온도변화에 따른 상부구조의 신축과 교대 배면토압이 상호작용하므로 지진 대비 낙교 방지에 효과적이다.

(4) 무다짐 뒤채움 시공으로 공사비 절감 : 무다짐 자갈·골재 돌망태를 무다짐 뒤채움하며, 높이가 낮은 단순구조 교대를 상부구조 및 접속슬래브와 일체 타설한다.

(5) 접속슬래브의 부등침하 방지 가능 : A타입 두부보강, H파일 약축 일렬배열로 접속슬래브를 시공하므로 활하중에 의한 뒤채움 침하가 방지된다.

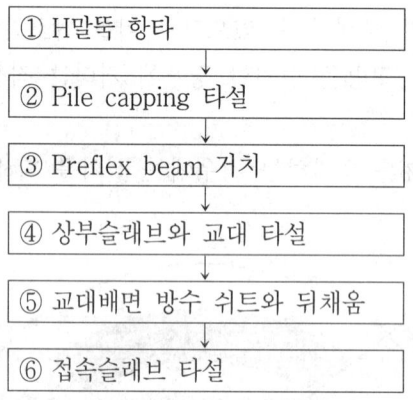

일체식 교대 교량의 시공순서

① H말뚝 항타
↓
② Pile capping 타설
↓
③ Preflex beam 거치
↓
④ 상부슬래브와 교대 타설
↓
⑤ 교대배면 방수 쉬트와 뒤채움
↓
⑥ 접속슬래브 타설

프리플렉스 일체식 교대교량으로 시공된 강릉시 도화목교

---

96) ㈜지승컨설턴트, '프리플렉스 거더와 일체식 교대를 이용한 교량의 시공방법', 2010.

09.07 교대의 측방유동

연약지반에 설치된 교대의 측방이동의 원인 및 그 대책 [3, 9]

I. 개요

1. 최근 한국도로공사 보고서에 따르면 140여개의 교량·교대 중 40여개의 교대에 변위가 발생된 것으로 나타났다. 연약지반에 설치된 교대의 측방유동 현상은 설계단계에서 측방유동 검토 부족, 국내에서 측방유동 판정방법 이해 부족 등으로 과다한 변위발생이 상당수 보고되고 있다.

2. 이제는 교대 측방유동에 관한 인식이 높아져 무리한 성토시공을 지양하고, 단계별 성토시공, 계측관리 등을 통하여 측방유동을 예측하여 대책공법을 적용하고 있다. 그러나 아직도 교대 설계단계에서 연약지반 측방유동을 검토하지 않은 채, 시공 후 뒤늦게 대책공법 적용으로 경제적 손실이 유발되는 사례가 있다.

II. 교대의 측방유동

1. 교대의 측방유동 발생원인

(1) 교대의 형식, 치수에 영향이 크다.

(2) 벽식 교대(역T형, 중력식)에서 많이 발생한다.

(3) 소형 교대에는 비교적 적게 발생한다.

(4) 교축 방향으로 교대길이가 길수록 적게 발생한다.

2. 교대의 측방유동이 교량에 미치는 영향

(1) 신축이음부의 기능이 저하되고 누수가 발생된다.

(2) 교좌장치 이동단의 위치가 변동되고 균열이 발생된다.

(3) 교대의 말뚝기초가 위치변동되고 균열이 발생된다.

(4) 교량상부의 슬래브와 거더가 떨어져 파괴된다.

3. 교대의 측방유동 방지대책 선정 유의사항

(1) 연약지반은 가능하면 교란시키지 않도록 한다.

(2) 노선 선정단계에서 사전협의 체계를 구축하여 가능하면 연약지반을 피한다.

(3) 개량효과에 대한 설계예측과 실제상황은 상이하므로 계측결과를 반영해야 한다.

(4) 가능하면 연약지반을 근원적으로 제거하는 방법이 최선이며, 그 방법이 곤란할 때는 장기간 시공하야 하는 공법이 시공성과 경제성에서 우수하다.

(5) 측방유동을 원천적으로 방지할 수 있는 공법을 선정한 후, 설계나 시공오차를 감

안하여 보조공법을 선정한다.

⑹ 개량 대상지반의 토질조건, 시공관리, 사용재료, 공사기간 등의 시공조건을 고려하며, 또한 시공 후의 개량효과를 사전 예측하여 선정해야 한다.

Ⅲ. 교대의 측방유동 방지대책

대상	개량원리	대책공법
뒷채움성토부	편재 하중 경감	① 연속 culvert box 공법 ② Pipe 매설공법 ③ Box 매설공법 ④ EPS 매설공법 ⑤ 슬래그 성토공법 ⑥ 성토 지지말뚝공법
	배면 토압 경감	⑦ 소형교대 설치공법 ⑧ Approach cushion 완화 ⑨ 압성토 공법
연약지반부	압밀촉진에 의한 지반강도 증대	⑩ Preloading 공법 ⑪ Sand compaction pile 공법
	화학반응에 의한 지반강도 증대	⑫ 생석회말뚝 공법 ⑬ 약액주입 공법
	치환에 의한 지반개량	⑭ 치환공법

1. 연속 culvert box 공법

⑴ 교대배면 뒤채움성토 구간에 연속 culvert box를 설치함으로써 편재하중을 경감시키도로 시도한 공법이다.

⑵ 교대배면의 하중을 경감시키는 효과가 커서 일본의 경우 고속도로건설공사에 많이 활용되고 있다.

⑶ 교대배면 하부의 기초지반이 경사져 있는 경우에는 부등침하가 발생하여 box가 경사질 우려가 있다. 단점으로 시공비가 비싸다.

2. Pipe 매설공법

⑴ 교대배면에 콜케이트 파이프, 흄관, PC관 등을 매설하여 상부에 재하되는 편재하중을 경감시키는 공법이다.

⑵ 콜케이드 파이프 매설할 때 휘어질 우려가 있어 뒤채움 재료의 선택 및 다짐에 유의하여야 한다.

⑶ 교대배면의 전압이 곤란하여, 지반에 작용하는 하중이 불균일할 수 있다.

3. Box 매설공법

(1) 교대배면에 박스를 매설하여 성토하중을 경감시키는 공법이다.

(2) 전압작업이 곤란하여 작용하중이 불균일하면 부등침하가 발생될 될 수 있다.

(3) 지하수위가 높은 경우 부력에 대한 대비가 필요하다. 내진성이 부족하다.

4. EPS 매설공법

(1) EPS 경량재료로 교대 뒤채움하여 토압·수압을 경감시키는 공법이다.

(2) 편재하중을 타 공법에 비하여 상당히 경감시킬 수 있어 성토부의 지반침하도 상당히 감소시킬 수가 있다.

(3) 구조물과의 부착부에서 단차방지 효과가 크다. 시공간단하고 공사기간이 짧다.

5. 슬래그 성토공법

(1) EPS보다 무겁고 일반토사보다 가벼워 성토하중을 경감시키는 공법이다.

(2) 경량성토재료로써 슬래그를 사용한다. 시공간단하고 공사기간이 짧다.

6. 성토 지지말뚝공법

(1) 교대배면, 도로포장 등을 지지할 목적으로 설치하는 말뚝공법이다.

(2) 말뚝두부는 슬래브로 하거나 말뚝두부만 콘크리트 Cap을 씌워 그 위에 성토를 하므로 성토하중을 말뚝을 통하여 직접 지지층에 전달한다.

(3) 배면성토의 종단방향 활동방지에 효과적이며 교대배면의 침하를 방지한다.

7. 소형교대 설치공법

(1) 성토체 내 기초형식의 소형교대를 설치하여 배면토압을 경감시키는 공법이다.

(2) 소형교대에 작용하는 토압을 완화시킬 수 있으며 구조물과 지반의 단차를 경감시킬 수가 있다.

(3) 성토체의 다짐이 불충분한 경우 부마찰력이 증가한다.

8. Approach cushion 완화공법

(1) Approach cushion 완화공법은 침하가 예상되는 연약지반 상의 성토와 구조물의 접속부에 부등침하에 적응 가능한 단순지지 슬래브를 설치하여 성토부와 구조물의 침하량 차이에 의하여 생기는 단차를 완화시키는 공법이다.

(2) Preloading에 유리하며 소형교대에 작용하는 토압을 완화시킬 수가 있다.

9. 압성토 공법

(1) 교대 전면에 압성토를 하여 배면성토에 의한 측방토압에 대처하는 공법이다.

(2) 유지보수가 용이하고 preloading에 유리하다.

(3) 측방토압이 큰 경우에는 별로 효과가 없다. 압성토 부지가 필요하다.

⑷ 비교적 공사기간이 짧고 공사비가 저렴하다.

10. Preloading 공법

⑴ 연약지반 상의 교대시공에 앞서 교대설치위치에 성토하중을 미리 가하여 잔류침하를 저지시키는 공법이다.

⑵ 최저 6개월 정도의 방치기간이 요구되므로 공사기간이 충분하여야 한다.

⑶ Preloading에 따른 용지확보가 필요하다.

11. Sand compaction pile 공법

⑴ 연약층에 충격하중 또는 진동하중으로 모래를 강제압입시켜 지반 내에 다짐모래 기둥을 설치하는 공법이다.

⑵ 느슨한 모래층에 효과적이며 해성점토는 지반의 교란에 의한 강도저하현상이 크고 강도회복이 늦어지는 경우가 있다.

⑶ 시공 중에 소음·진동이 크다.

12. 생석회말뚝 공법

⑴ 지반 속에 생석회말뚝을 타설하고 생석회의 흡수·화학변화 특성을 이용하여 점토를 흡수·고결시키는 공법이다.

⑵ 지반이 융기되거나 Smoking 현상이 발생하므로 대책이 강구되어야 한다.

⑶ 고함수비의 심도 깊은 점성토 지반에 적합하다. 지하수 오염이 우려된다.

13. 약액주입 공법

⑴ 연약지반 내에 주입재를 주입하거나 혼합하여 지반을 고결·경화시켜 연약토질의 강도를 향상시키는 공법이다.

⑵ 주입재에는 시멘트그라우트가 사용하기 쉽고 신뢰성이 높고 경제적이다.

⑶ 복잡하고 불규칙한 지반일 경우 고도의 기술과 경험이 요구된다.

⑷ 지반개량의 불확실성, 주입효과의 판정방법, 주입재의 내구성 등이 어렵다.

14. 치환 공법

⑴ 연약한 실트층 혹은 점토층의 일부 또는 전부를 제거하고 양질의 토사로 치환하여 교대의 안정 확보 및 침하를 억제시키려는 공법이다.

⑵ 연약층이 두꺼운 경우에 경제성이 없다. 사전에 사토장을 확보해야 한다.[97]

---

97) 김낙석·박효성, '앞서가는 토목시공학', 개정 1판1쇄, 예문사, pp.428-430, 2018.

09.08 교량받침(교좌장치)

교좌의 가동받침과 고정받침, 교량받침(Shoe)의 파손원인과 방지대책 [3, 4]

Ⅰ. 개요

1. 교량받침(bearing)이란 교량의 상부구조를 지지하면서 필요할 때 회전이나 활동 등에 적절히 대응하고 하중을 하부구조로 원활하게 전달하기 위한 장치이다.

2. 교량받침 형식은 가동받침, 고정받침, 로커받침, 롤러받침, 탄성받침, 포트받침, 디스크받침, 스페리컬받침, 내진받침, 지진격리받침, 소울플레이트 등이 있다.

   (1) 가동받침 : 일방향 혹은 양방향으로 활동이 가능한 받침

   (2) 고정받침 : 양방향 모두 활동이 제한된 받침

   (3) 로커받침 : 가동받침의 일종으로 진자(振子)와 같이 움직일 수 있는 받침

   (4) 롤러받침 : 구름 축 받침의 일종. 원통롤러, 테이퍼롤러, 구면롤러, 니들롤러 등

   (5) 탄성받침 : 탄성체의 변형에 의해 변위나 회전이 가능한 받침

   (6) 포트받침 : 강재 용기 내에 고무판과 불소수지 미끄럼판으로 이루어진 받침

   (7) 디스크받침 : 폴리에테르 우레탄 디스크와 불소수지 미끄럼판으로 이루어진 받침

   (8) 스페리컬받침 : 한쪽 접촉면은 平面이고 다른 쪽은 球面으로 된 베어링 플레이트를 사용하여 평면접촉부는 신축기능, 곡면접촉부는 회전기능을 갖는 받침

   (9) 내진받침 : 고정단, 일방향, 양방향 받침으로 구성되며 상시 이동은 수용하고, 지진시에는 상부 낙교 없이 버틸 수 있도록 설계되는 받침

   (10) 지지진격리받침(면진받침) : 全방향 받침으로 구성되며 상시 이동은 수용하고, 지진시에는 지진력을 감쇠시켜 하부 단면력 감소시키도록 설계되는 받침

   (11) 소울플레이트 : 거더의 下面경사를 수평으로 보정하기 위하여 교량받침의 상면과 거더의 下面 사이에 설치되는 강판형 받침

3. 이 중에서 자주 쓰이는 탄성받침, 포트받침, 디스크받침, 스페리컬받침, 내진받침, 지진격리받침 등에 대한 구조와 특징을 요약 기술하고자 한다.

Ⅱ. 교량받침(baring)의 종류

1. 탄성받침

   (1) 구조

   ① 탄성받침은 보강철판과 탄성중합체(고무)가 직층으로 구성되어 수직하중에 대한 강성을 보강철판으로 지지하고, 수평하중은 고무의 탄성적 성질을 이용하여 수평변위·회전을 수용하도록 개발된 교량 지지용 받침이다.

② 탄성받침의 개발 초기에 사용되었던 상·하부 플레이트와 탄성패드가 분리된 제품(KS F 4420 B형)은 롤 오버 및 탄성패드 미끌림 현상으로 인한 받침 이탈 문제점이 대두되었으나, 최근에는 상·하부 플레이트와 탄성패드가 결합된 제품(KS F 4420 C형)이 새로 개발되어 주로 사용되고 있다.

(2) 특징

① 하부구조물에 삽입되는 받침부 앵커소켓의 상단 일부가 받침부 하부 플레이트로 삽입되어 수평력에 대한 전단강성을 충분히 확보한다.

② 앵커 내부소켓을 설치하여 전단력을 보강하는 동시에 받침 교체도 가능하며, 이중나사선으로 앵커볼트를 설치하여 진동에 의한 볼트 풀림을 방지한다.

2. 포트받침

(1) 구조

① 포트받침(POT bearing)은 가장 많이 사용되는 형식으로, 교량 상부구조물의 수직력 및 수평력을 안전하게 교각에 전달하고 disk가 압축되면서 회전변위를 수용하여, 온도변화 등에 따른 상부구조물의 수평변위를 PTFE(불소수지)와 stainless의 미끄럼 작용으로 수용하는 교량 지지용 받침이다.

(2) 특징

① PTFE(弗素樹脂) : 교량 상부구조물의 온도신축에 따른 이동량을 충분히 수용할 수 있도록 마찰계수 μ=0.03으로 충분한 미끄럼 성능을 갖추고 있다.

② 가이드 바(guide bar) : 교량 상부구조물이 이동하는 교축방향 가동이나 교축 직각방향 가동을 제한하는 장치이다.

③ 폴리우레탄 디스크(Polyurethane disc) : 교량 상부하중을 지지하고, 회전변형을 수용하는 장치이다. 허용지압응력 35MPa은 다른 탄성받침 15MPa의 약 2.3배이다. 화학물질, 부식, 오존 등의 환경 내구성이 우수하다. 폴리우레탄 디스크의 내구수명은 교량의 공용연한과 비슷하여 보수나 교체가 불필요하다.

3. 디스크받침

(1) 구조

① 디스크받침(disktron bearing)은 대부분의 교량 형식에 모두적합하도록 고안된 제품으로, 교량 상부구조물에서 발생되는 모든 하중과 회전을 안전하게 수용하는 디스크(Polytron disc)와 수평구속장치(Shear restriction mechanism)를 공통적으로 갖추고 있으며, 검증된 PTEE와 스테인레스(Stainless)판으로 상부구조의 신축거동을 원활하게 수용하는 가동받침이다.

(2) 특징

① 단순한 구조 : 교량 상부구조에서 발생되는 수직하중과 회전력을 별도 구속장치가 필요 없는 디스크(Polytron disc)로 수용하는 단순한 형식이다.

② 유지관리 : 간단한 육안검사로 하자유무를 식별할 수 있는 노출형 구조이다.

③ 안전성 : 디스크(Polytron disc)는 재하되는 하중을 전체적으로 분포시킬 수 있는 유연성과 안전성이 확보된 적당한 크기와 높이의 하중전달구조이다. 디스크(Polytron disc)는 노출구조이므로 포트받침(POT bearing)과 같이 지압판의 유출 위험성이 없다.

④ 적용성 : 최대 0.04Radians(2°18′)까지 회전한 수 있으므로 대부분의 교량형식에 적합하다. 전단구속장치(Shear restriction mechanism)의 크기 조절에 의해 큰 수평력을 지지하고, 부반력용 디스크받침(Anti-uplift disktron bearing)을 현장여건에 맞도록 조절할 수 있는 구조이다.

  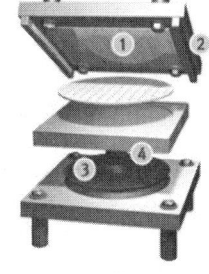 

Rubber bearing   **Pot bearing**   **Disk bearing**   **Spherical bearing**

4. 스페리컬받침

(1) 구조

① 스페리컬(spherical) 받침은 상판과 하판에 의해 구속된 반구형의 베어링 플레이트를 통해 지반으로 하중을 전달하는 구조이다.

② 상판과의 접촉면은 平面, 하판과의 접촉면은 球面의 베어링 플레이트를 사용하며, 접촉면에 내구성이 우수한 활동재료를 삽입하여 상시 온도변화 등에 의한 신축·회전기능을 수행하는 받침이다.

③ 받침의 수평저항 및 신축거동은 상판과 하판, 사이드 블록의 조합으로 제어하며, 교체 가능하다. 종류는 고정, 일방향 가동, 전방향 가동 받침이 있다.

(2) 특징

① 낙교방지 장치와 부반력 장치를 갖추고 있어 별도의 추가 장치 불필요하다.

② 앵커분리형으로 받침 교체시 기존구조물의 손상없이 받침만 교체한다.

③ 지진 수평력의 증대에 따라 3등급으로 구분 제작하여 적용이 용이하다.

④ 모든 방향으로 회전이 가능하고, 회전 성능이 우수하다.

⑤ 지진 대비 수평저항력이 크고 우수하므로 철도교에 많이 사용된다.

5. 내진받침, 지진격리받침(면진받침)

(1) 구조

① 교량받침은 상부구조물과 교각 사이에 위치하여 상부자중에 저항하고 상시·지진시 수평력과 이동량을 수용하며, 내진받침과 지진격리받침으로 분류된다.

```
            ┌ 내진받침              ┬ 고무받침   ─ 탄성받침
            │                      └ 강재받침   ┬ 포트받침
◇ 교량받침 ┤                                  ├ 디스크받침
            │                                  └ 스페리컬받침
            │                      ┌ 고무받침   ┬ LRB
            └ 지진격리받침(면진받침) ┤           └ HDRB
                                   └ 강재받침   ┬ EQS
                                               ├ 스틸댐퍼
                                               └ Pendulum
```

자료 : ESCO RTS Co.

교량받침의 분류

(2) **내진받침** : 고정단, 일방향, 양방향 받침으로 구성되며 상시 이동은 수용하고, 지진 시 교량 상부구조에서 낙교 없이 버틸 수 있도록 내진설계하는 받침이다.

교각의 연성파괴를 유도하고 낙교방지대책(전단키, 변위구속장치 등)을 적용한다.

(3) **지진격리받침(면진받침)** : 全방향 받침으로 구성되며 평상 시 이동은 수용하고, 지진 시 지진력을 감쇠시켜 하부 단면력을 감소시키도록 면진설계하는 받침이다.

지진피해를 최소화하고 내진성능을 확보하기 위해 탄성고무받침을 설치한다.

내진설계와 면진설계

구분	내진설계	면진설계
개념	◦ 부재의 강도로 지진력에 저항 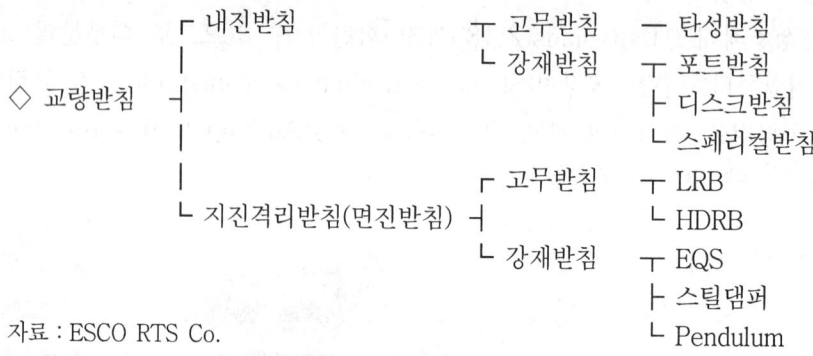	◦ 구조물의 고유주기를 정주기화하고, 지진에너지를 흡수하여 지진하중의 영향 감소
내진성능 확보방안	◦ 지진력 저항을 위한 구속 증가 　평상시 一點고정, 지진시 多點고정 ◦ 단면 강성 증대 　온도, 크리프, 건조수축 검토	◦ 지진력 흡수를 위한 주기 증가 　LRB받침 적용, 변위응답 증가 ◦ 외부감쇠장치 적용 　금속댐퍼, 점성댐퍼, 마찰댐퍼

Ⅲ. 교량받침(baring)의 구성 부품

1. 받침용 황동판 및 구리합금판

(1) 미끄럼 표면은 이동방향에 평행하게 계획되고 매끈하게 마무리되어야 한다.

(2) 평평하고 매끄러운 표면을 가진 압연판의 마무리는 별도로 필요하지 않다.

2. 받침판, 소울플레이트, 쐐기형 판

(1) 받침판의 구멍은 드릴, 펀칭 또는 정확하게 조절되는 산소절단에 의해 형성되고, 모든 군더더기는 그라인딩으로 제거한다.

3. 받침용 PTFE판

(1) PTFE 수지는 신생재료로서, 비중 2.13~2.19, 녹는점 328 ± 1℃이어야 한다.

(2) 채움재는 유리섬유, 탄소 또는 활성이 없는 승인된 채움재이어야 한다. 접착제는 공사감독자에 의해 승인사항을 만족하는 에폭시 수지이어야 한다.

(3) 채움재를 넣지 않은 PTFE판은 신생 PTFE 수지로 제조하며, 인장강도는 최소 17.9MPa 이상, 신장율은 최소 20% 이상이어야 한다.

(4) 채움재를 넣은 PTFE판은 활성이 없는 채움재와 균일하게 혼합된 신생 PTFE 수지로 제조하며, 이때 인장강도는 17MPa 이상, 신장률은 75% 이상이어야 한다.

(5) 맞물려 있는 청동과 채움재를 넣은 PTFE 구조물은 납/ PTFE 합성물이 들어간 두께 0.25mm의 다공성 청동 표층을 가진 인청 동판으로 구성한다.

(6) PTFE판을 에폭시로 부착하는 경우, 제조자가 PTFE판의 한쪽 면을 염화나프탈렌 또는 염화암모니아 공정에 의해 공장에서 처리한 後 납품해야 한다.

4. 앵커볼트

(1) 앵커볼트는 KS D 0233(볼트, 작은 나사의 기계적 성질)의 요구사항을 만족하고, 앵커볼트를 볼트구멍에 묻을 때 정착력을 확보하기 위해 표면에 요철을 만들거나 끝을 볼록하게 한다.

5. 탄소섬유보강판 및 기타

(1) 보강판으로 탄소섬유를 사용할 경우에 고무와의 부착을 확인할 수 있도록 KS F 4420(전단 부착실험 및 내구성 실험)을 통해 동등이상 성능을 만족해야 한다.

Ⅳ. 교량받침(baring)의 시공

1. 일반사항

(1) 교량받침은 정확한 위치에 수평 설치하여 균일한 지지력을 가져야 하는데. 만약 높이가 도면과 불일치하거나 또는 수평이 아니면 수정하여야 한다.

(2) 콘크리트에 묻히지 않는 금속받침 부품은 채움재나 섬유재료와 함께 콘크리트 위에 안치시킨다.

(3) 탄성받침 패드는 안치재료를 사용치 않고 직접 콘크리트 표면에 직접 설치한다. 강재 위에 직접 받침을 설치할 때는 수평 유지하도록 콘크리트 표면을 가공한다.

(4) 하부구조는 교량받침 형상을 고려하여 앵커볼트 위치와 하부구조 주철근의 간섭이 없도록 견고히 결합 시공하여 상부구조물과 밀착시킨다.

(5) 무수축 모르타르 타설 중 W/C비를 정확히 하고, 초기다짐을 철저히 하며, 타설 완료 後 진동을 가하지 않도록 하며 습윤양생을 기본으로 한다.

2. 시공측량

(1) 예비말뚝 위치는 공사에 지장 없는 위치에 선정하고, 시공측량 중 교량 하부구조 코핑면을 기준으로 교량받침의 위치·높이를 도면에 명시한다.

(2) 교량 상부구조 시공 중에 정밀한 기준점측량과 수준측량을 실시하여 교량받침의 정확한 설치위치를 결정한다.

(3) 수준측량 결과, 하부구조 위치에 오차가 있을 경우에 완성한 교량 기능을 손상하지 않는 범위 내에서 수평오차를 배분하여 받침의 중심위치를 결정한다.

(4) 상부구조의 수준측량에는 전용 임시 벤치마크를 설치하고, 시공 중 수시로 침하 유무를 조사하여, 오차를 최대한 줄여야 한다.

3. 설치검사, 방식처리

(1) 설치된 교량받침이 아래 표의 검사기준을 만족하지 못하면 교정해야 한다.

(2) 스테인리스 강재가 아닌 일반강재 받침 부재는 아연도금 또는 도장해야 한다.[98]

교량받침 설치 검사기준

검사항목		콘크리트교	강교
받침 중심간격(교축직각방향)		±5mm	4+0.5mm
가동받침의 이동가능량		설계이동량+10mm 이상	
가동받침의 교축방향(동일 線上 상대) 이동편차		5mm	
설치 높이		±5mm	
교량 전체 받침의 상대높이 오차		6mm	
단일 box를 지지하는 인접 받침의 상대높이 오차		3mm	
받침의 상·하 수평도 (교축 및 직각방향)	포트받침	1/300	
	기타받침	1/100	
앵커볼트의 연직도		1/100	

---

98) 국토교통부, '교량받침', 국가건설기준 표준시방서, 2016.
박순응 외, '교량받침 교체를 위한 인상공법 시공사례 및 고찰', 한국철도학회 2018년 정기총회 및 추계 학술대회 논문집, pp.291~292, 2018.

09.09 사교(斜橋), 곡선교(曲線橋)

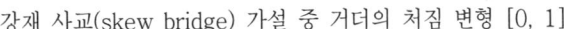

강재 사교(skew bridge) 가설 중 거더의 처짐 변형 [0, 1]

Ⅰ. 사교(斜橋)

1. 용어 정의

(1) 사교(斜橋, skew bridge)는 교량 상판 메인 거더와 하천 등의 중심선이 이루는 각도가 90°가 아닌 교량을 말한다. 즉, 메인 거더의 방향과 받침선의 방향이 서로 90°가 아닌 교량이다.

(2) 사교에는 병렬의 플레이트 거더나 박스 거더가 가장 많이 사용된다. 사교 설계방법은 직교 이방성 평행 사변형 판으로 간주하여 두 빗변으로 단순지지되어 있는 것으로 해석하는 방법과 격자 거더 구조로서 해석하는 방법이 있다.

2. 설계 유의사항

(1) 휨모멘트 최대점이 지간 중앙점에 오지 않도록 할 것

(2) 지지점 위에 수평 거더 또는 대경구를 부착할 때 주의할 것

(3) 상판의 단부를 보강할 것

(4) 사각이 현저할 때는 둔각부를 수평 거더나 상판으로 보강할 것

(5) 사각이 현저할 때는 중간 수평 거더나 대경구는 메인 거더와 직각으로 할 것

3. 사교(斜橋)에서의 교량받침(baring) 배치

(1) 사교(斜橋)에서 가동받침의 이동방향과 회전방향이 서로 일치하지 않으므로 전방향 회전이 가능한 받침을 사용한다.

(2) 이때 받침 이동방향은 교량 중앙선에 평행하게 설치하며, 사각의 교대·교각에 대해 직각방향으로 설치하면 아니 된다.

(3) 사각(斜角)이 있고 폭이 넓은 교량에서는 다음 그림(a) 방식과 같이 배치하여야 신축에 의해서 발생되는 수평력을 완화시킬 수 있다.

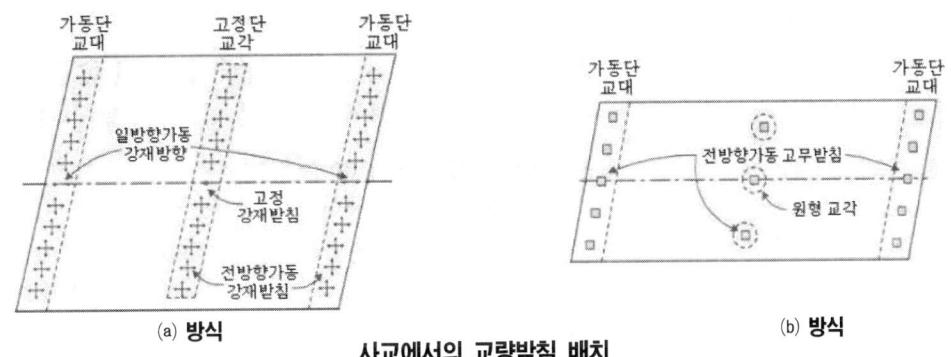

사교에서의 교량받침 배치

Ⅱ. 곡선교(曲線橋)

1. 용어 정의

(1) 곡선교(曲線橋, curved bridge)에는 교량 거더는 직선이지만 노면이 곡선인 경우와 교량 거더와 노면 모두가 곡선인 경우가 있다.

(2) 前者는 문제가 없으나, 後者는 주의해야 할 문제점이 많으므로 대부분의 경우에 後者만을 곡선교라고 부른다[이 경우 다각형 절선(折線) 거더도 포함된다].

2. 설계 유의사항

(1) 곡선교는 항상 큰 비틀림 모멘트를 받고 있기 때문에 메인 거더가 I형인 경우에는 튼튼한 수평 거더가 들어간 격자구조로 설계해야 한다.

(2) 아니면, 비틀림 강성이 큰 박스 거더를 이용하거나 또는 강상판(鋼床版)을 고려하여 全橋 단면의 변형을 방지하는 구조로 설계해야 한다.

(3) 또한, 교량받침(bearing)도 탄성변형의 방향과 온도변화에 의한 신축방향이 일치하지 않도록 하고, 지간(支間, span)이 길 때는 온도응력 검산도 필요하다.

3. 곡선교(曲線橋)에서의 교량받침(baring) 배치

(1) 곡선교에서 가동받침의 이동방향은 고정받침에서 방사형의 현방향으로 설치하거나, 곡선반경에 대해 접선방향으로 설치한다.

　접선방향의 이동방향 설치 : 곡률이 일정한 교량에 가장 적합

　현방향의 이동방향 설치 : 곡률이 일정하거나 변화하는 교량에 모두 적용

(2) 아래 그림에서 교량 상부구조물은 휨강성이 작은 원형교각에 지지되어 있고, 내부 6개의 교각에 고정받침이 설치되어 있다.

　이론적인 고정점은 중앙의 2개 교각 사이에 있으며, 모든 일방향 가동받침은 이 점을 향하여 설치된다.99)

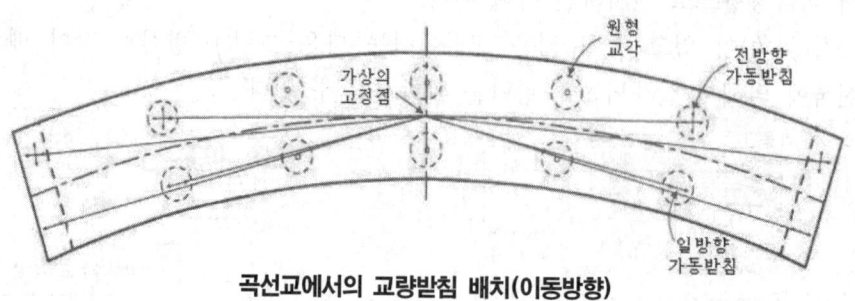

곡선교에서의 교량받침 배치(이동방향)

---

99) 박효성 외, 'Final 토목시공기술사 핵심문제', 예문사, pp.631~632, 2008.

09.10 교량 부반력 (Negative reaction)

램프 교량공사에서 램프의 받침(shoe)에 작용하는 부반력에 대한 검토기준 [1, 2]

1. 개요

(1) 곡선교량은 구조적 특성으로 활하중의 편심재하뿐만 아니라 상부구조의 고정하중만 으로도 거더 단면이 큰 비틀림을 받을 수 있고, 이로 인해 부반력(負反力)이 발생될 수 있으므로 항상 높은 수준의 주의가 요구된다.

(2) 부반력(負反力, Negative reaction)이란 원칙적으로는 주로 생기는 반력과 역방향 으로 생기는 반력을 말하지만, 교량곡학에서는 교량구조물이 위쪽으로 변형되는 것 을 방해하는 방향으로 작용하는 힘을 의미하는 경우가 많다. 이 경우의 반력을 특 히 상양력(上揚力)이라 하며, 사교, 곡선교에서는 반드시 검토해야 된다.

(3) 부반력은 단순지지 곡선교량에서 전도(顚倒)사고의 주요 원인이 된다. 단경간 곡선 교량은 연속경간 곡선교량에 비해 구조적으로 불안정하기 때문에 곡률반경, 경간길 이 등의 기하학인 설계요소에 따라 상대적으로 더 큰 부반력이 발생될 수 있다.

2. 교좌장치 배치 형태에 따른 반력

(1) 곡선교량에는 편심하중이 없어도 자체의 자중만으로도 비틀림모멘트가 유발된다. 아래 그림은 곡선교량에서 전단중심을 기준으로 수직력과 비틀림모멘트가 작용되 는 경우에 곡률내측(concave side) 및 곡률외측(convex side)의 각 지점에 발생될 수 있는 반력의 범위를 보여주고 있다.

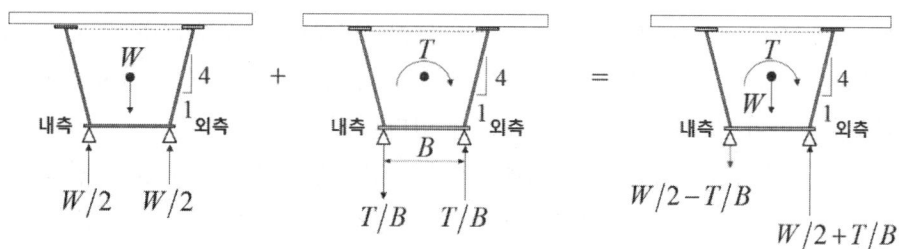

곡선교량의 각 지점에 발생될 수 있는 반력의 범위

(2) 직선교량에는 수직하중 W에 의한 내·외측 지점에서 동일한 크기의 정반력 W/2가 발생되지만, 곡선교량에는 비틀림모멘트의 출현으로 외측에는 T/B만큼의 추가 정 반력이, 내측에는 동일크기의 추가 부반력(하향 반력)이 발생된다.

여기서, T 및 B는 작용되는 비틀림모멘트 및 받침 간의 수평거리를 의미한다.

(3) 수직력과 비틀림모멘트가 동시에 작용하는 경우에는 내·외측 지점에 서로 다른 크 기의 반력이 발생되며, 비틀림모멘트가 상대적으로 크게 작용되면 위 우측 그림과

같이 내측 지점에는 부반력이 발생된다.

(3) 교좌장치의 배치 형태에 따른 반력을 비교하기 위해 적용된 콘크리트-강합성박스 거더의 형상은 아래 그림(a)와 같고, 범용구조 해석 프로그램을 이용하여 탄성해석을 수행하여 모델링한 강박스 거더의 형상은 아래 그림(b)와 같다.

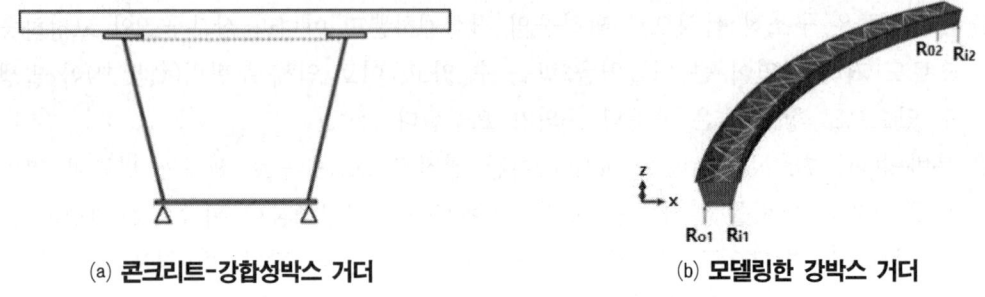

<table>
<tr><td>(a) 콘크리트-강합성박스 거더</td><td>(b) 모델링한 강박스 거더</td></tr>
</table>

(4) 교량받침 형식에 따른 반력의 특성을 알아보기 위하여 아래 그림과 같이 3가지의 서로 다른 교량받침 형식 및 배치를 고려하였다.

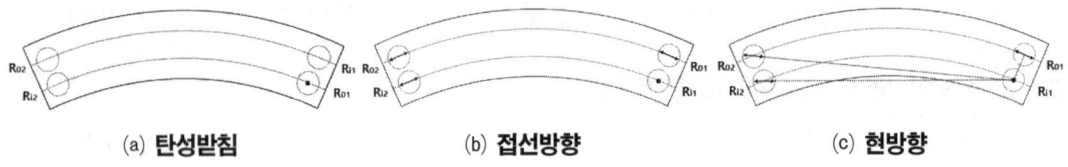

(a) **탄성받침**   (b) **접선방향**   (c) **현방향**

(5) 탄성받침은 고무재료로 만들어진 간단한 교량받침 형식이면서 하중전달이 효과적이며 모든 방향으로 신축·회전이 가능하여 효용성과 사용성이 우수하다.

(6) 탄성받침을 고정받침으로 배치하는 경우 ▲곡선반경에 대해 접선방향(tangential direction)으로 설치하거나, ▲변위허용방향을 방사형 현방향(radiational direction)으로 설치한다. 곡선교량에서 온도에 의한 거동을 고려할 때는 접선방향보다는 방사형 현방향이 효율적인 것으로 알려져 있다.

(7) 한국도로공사 도로설계요령(2009)에 의하면 접선방향 설치는 곡률이 일정한 교량에 적합하고, 방사형 현방향 설치는 곡률이 일정하거나 변화하는 교량 모두에 적용이 가능하도록 규정되어 있다.

3. 교량 부반력(負反力)의 발생원인

(1) 교량에서 부반력(負反力)이 발생되는 경우

   (1) 사교에서 교량의 평면사각이 너무 작은 경우

   (2) 곡선교에서 교량의 폭원에 비하여 평면곡선반경이 너무 작은 경우

   (3) 사교, 곡선교, 직선교 등에 관계없이 교량받침의 배치가 잘못된 경우

(2) 교량에서 부반력(負反力)이 발생되는 지점

 ① 곡선교의 경우, 부반력은 원곡선 내측에 위치한 교좌장치에서 발생한다.

 ② 모든 곡선교에서 부반력이 발생하는 것은 아니고, 경간장, 폭원, 평면곡선반경에 따라 부반력이 발생할 수도 있고, 발생하지 않을 수도 있다.

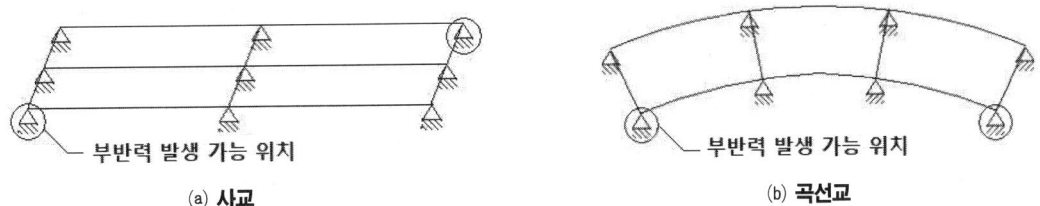

(a) 사교   (b) 곡선교

교량에서 부반력이 발생되는 지점

4. 교량 부반력(負反力)의 방지대책

(1) 교량 부반력(負反力) 발생을 검토해야 되는 경우

 ① 교차하는 사각(斜角)이 작은 사교

 ② 폭에 비하여 곡선의 중심각이 큰 곡선교

(2) 교량 부반력(負反力) 발생의 최소화 대책

 ① 교각 지점반력을 탄성고무받침으로 균등하게 설계(slab교)

 ② 지점위치 변경 또는 out-rigger 적용(단주형, box girder교)

 ③ 교각 상부에 steel box마다 1개씩 낙교방지턱 설치(강교)

 ④ Counter weight 적용(다주형, box girder교)[100]

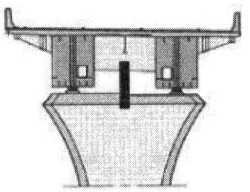

낙교방지턱

< 교량 부반력 사고 사례 >

- 시간장소 : 2004.6.15. 16:55 충북 제천시 신동제2교 인터체인지 램프
- 사고내용 : 인터체인지 램프의 안쪽 차로에 트레일러가 주행할 때 부반력이 발생하여, 바깥쪽 상판이 위로 들리면서 추락하는 사고 발생
- 설계원인 : 교량 부반력의 발생 및 제어·관리 필요성에 대한 기술검토 없이 램프 설계
- 시공원인 : 램프의 강구조물 설치작업중에 부반력으로 인하여 받침의 중간판이 휘어지자, 원인분석 없이 전기용접으로 시공 마무리

---

100) 국토교통부, '도로설계편람', 제5편 교량, pp.511-12~23, 2012.
   박효성 외, 'Final 도로및공항기술사', 2차 개정, 예문사, p.1069. 2012.
   김경식 외, '탄성받침을 가지는 단경간 곡선 강박스거더 교량의 부반력 특성평가,' 한국전산구조공학회 논문집 제28권 제2호, 2015.

09.11 교량 신축이음장치

교량 신축이음장치 유간의 기능과 시공 및 유지관리 유의사항 [2, 5]

1. 개요

(1) 신축이음장치(expansion joint equipment)는 교량의 주요한 부재이므로 이론과 개념을 충분히 이해하고 정밀하게 시공되어야 교량의 내구성 증진, 주변지역의 소음저감, 주행차량의 안전운행 등을 기대할 수 있다.

(2) 최근에는 연속교가 많이 시공되는 추세에서 큰 규격의 신축이음장치가 요구되며, 교통량이 많은 노선의 교량에 집중적으로 설치되고 있다. 더불어, 주행차량의 대형화 및 통행차량의 증가로 인하여 파손되더라도 유지보수가 곤란하므로 사용 중에 기능이 제대로 발휘될 수 있는 제품선정과 정밀시공이 필요하다.

2. 신축이음장치

(1) 설치 목적

① 온도변화에 의한 교량상부 구조의 신축기능 유지
② 콘크리트 재령에 따른 건조수축과 크리프에 의한 신축기능 유지
③ 교통하중(활하중) 재하에 따른 보의 처짐에 의한 변형율 수용

(2) 형식 분류

분류	형식	종류	특징
支持式	고무제품	○ Trans Flex ○ Ace ○ Hama-Highway(Ys) ○ Freyssinet 등	○ 합성고무와 강재를 조합하여 윤하중을 상판 유간에서 지지토록 제조된 상품
	鋼材	○ Finger Joint	○ 鋼材로 제조된 상품
	특수	○ Honel ○ Mageba(L-Series) ○ Maurer ○ 3W 등	○ Steel beam을 사용하여 장대 유간에 적합하게 제조된 상품
	알미늄켄	○ Wabo	○ 고무제품 형식의 표면에 알미늄 합금재로 피복된 제품
非支持式	고무제품	○ Hama-Highway(G-type) ○ Mageba(R-Series) ○ Freyssinet(N-Type) 등	○ 윤하중이 상판 유간에서 支持되지 않고 통과되도록 제조된 상품
	鋼材	○ L형 보강 Joint ○ 강재 보강 Joint 등	○ 유간의 양측머리를 L형강 또는 鋼材로 보강한 제품

3. 신축이음장치 선정

(1) 설치 기준

종류	사용구분	비고
Rubber Joint	총 신축량이 100m/m 以下인 제품	
鋼 Rail Joint	총 신축량이 100m/m 以上인 제품	

(2) 선정 기준

종류	사용구분	비고
Rubber Joint, Mono cell joint	총 신축량이 100m/m 以下인 제품	No-100 以下
鋼 Rail Joint	총 신축량이 100m/m 以上인 제품	No-160 以上

(3) Rubber(TransFlex) Joint와 Steel(鋼레일형) Joint 비교

구분	Rubber(TransFlex) Joint	Steel(鋼레일형) Joint
내구성	◦ 강성인 콘크리트와 연성인 고무제품과의 접합부에서 콘크리트가 파손될 우려가 있다. ◦ 강재가 삽입된 고무판 자체가 수축·팽창하므로 팽창율이 서로 달라서 분리·변형의 가능성 있다.	◦ 하중지지용 강재가 주행 도로변에 수평이므로 접속콘크리트의 파손우려가 적다. ◦ 고무에는 윤하중이 직접 전달되지 않으므로 콘크리트 파손 우려가 적다.
시공성	◦ 중량이 가볍고 시공이 간단하여 시공속도가 빠르다.	◦ 정밀시공이 요구되므로 전문팀에게 시공을 맡기는 것이 바람직하다.
주행성	◦ 노출 주행 도로면이 고무로 되어 있어 주행성이 좋고 소음이 적다.	◦ 고무제품에 비해 주행성이 떨어지고 소음이 발생된다.
방수성	◦ 정척(1.0~1.8)이 짧아 완전방수가 어렵다.	◦ 이음부분이 거의 없이 일체로 시공되므로 방수기능이 우수하다.
적용범위	◦ 소교량 및 중간교량에 사용된다.	◦ 주로 장대교량에 많이 사용된다.
보수성	◦ 고무판만 교체하면 되므로 보수작업이 간단하고 신속하다. ◦ 보수공사비가 저렴하다.	◦ 전체를 교체해야 되므로 보수작업이 복잡하고 장기간 소요된다. ◦ 보수공사비가 고가이다.

4. 신축이음장치 신축량 계산

(1) 교량상판 지간 100m 以下인 경우, 개략적인 산출 공식에 의하여 신축량 계산

① 콘크리트교　　　$\Delta l = 0.6l + 10 (mm)$

② PC교　　　　　$\Delta l = 0.84l + 10 (mm)$

③ 강교　　　　　$\Delta l = 0.72l + 10 (mm)$

여기서, l : 지간(m)

(2) 교량상판 지간 100m 以上인 경우, 도로교시방서 기준에 의하여 신축량 계산

① PC교　　　$\Delta l = \Delta l_t + \Delta l_s + \Delta l_c + \Delta l_r + 여유량$

② 기타 교량　　$\Delta l = \Delta l_t + \Delta l_s + \Delta l_r + 여유량$

여기서, $\Delta l_t = \alpha \cdot \Delta T \cdot l$ (온도변화에 의한 신축량)

$\Delta l_s = -20\alpha \cdot \beta \cdot l$ (콘크리트 건조수축에 의한 수축량)

$\Delta l_c = P_t \cdot \beta \cdot \dfrac{l}{E_c} \cdot A_c$ (콘크리트 크리프에 의한 수축량)

$\Delta l_r = \sum (h_i \cdot \theta_i)$ (보 처짐에 의한 수축량)

α : 재료의 線팽창계수

　콘크리트 1.0×10^{-5}, 강재 1.2×10^{-5}

β : 건조수축, 크리프에 의한 저감계수

　콘크리트의 크리프계수 2.0

h_i : 받침 회전중심에서 보 중립축까지 높이($2h/3$)

θ_i : 보의 회전각

　콘크리트교 1/300, 강교 1/150

5. 신축이음장치 설계유간 결정

(1) 교량상판 100m 以下 (신축량 100mm 以下)의 경우

① 개략적인 산출 공식에 의해 계산된 신축량을 기준으로 설계기준에 제시된 신축이음장치 형식을 선정

② 이때, 설계유간은 신축이음장치 형식에 따른 고유수치를 적용

(2) 교량상판 100m 以上의 경우

① 도로교시방서 기준에 의해 신축량 계산한 후, 계산된 신축량보다 다소 여유 있는 규격으로 신축이음장치 형식을 선정

② 이때, 설계유간은 신축이음장치 형식에 따른 고유수치를 적용

6. 신축이음장치 형식 선정 고려사항

(1) 신축이음장치는 설계도에 제시된 신축량 및 유간을 충분히 확보할 수 있는 규격의 제품을 선정해야 한다.

(2) 교량상부 슬래브의 두께, 빔과 빔 사이의 간격 등을 고려하여 설치가 가능한 제품을 선정해야 한다.

(3) 소음피해가 우려되는 지역은 고무제품을 선정하거나, 방음대책을 마련할 수 있는

제품을 선정해야 한다.

(4) 제설작업 중 리무빙(removing)이 많이 발생되는 지역은 고무제품보다 鋼材형식을 선정하는 것이 내구성 측면에서 유리하다.

7. 신축이음장치 시공 착안시항

(1) 일반사항

① 설계도에 제시된 신축량, 유간 및 콘크리트빔 또는 강교 연장은 상온 15℃ 기준으로 결정한 값을 적용한다.

② 시공자는 콘크리트빔 또는 강교 제작 前에 공장 제작온도와 상온 15℃와의 온도차에 의한 신축량을 계산한 후, 감리자 검토를 거쳐 제작에 착수한다.

③ 교대 및 교각은 온도변화에 관계없이 설계도에 제시된 규격과 위치에 따라 정밀 시공한다.

④ 시공자는 교대 및 교각 좌표와 실제 교량연장과의 일치 여부를 확인한 後, 시공에 착수한다.

⑤ 신축이음장치는 유간이 적을수록 구조적으로 유리하므로 최소 유간이 확보되는 범위 내에서 가급적 유간이 적도록 설치한다.

(2) 교면포장

① 콘크리트 슬래브의 유간 사이로 이물질이 교좌부에 떨어지지 않도록 스티로폴 또는 거푸집을 이용하여 막는다.

② 콘크리트 슬래브 블록 아웃부에 모래 또는 아스콘으로 교면포장 두께 이하 만큼 채운 後, 좁은 틈새를 적절한 방법으로 다진다.

③ 교량 난간에 콘크리트 못으로 슬래브 유간을 표시함으로써, 교면포장 시공 後에 절단위치가 정확히 되도록 대비한다.

④ 교면포장을 연속적으로 시공하여야 신축이음부의 평탄성이 확보된다.

(3) 설치 및 청소

① 블록-아웃부는 수직으로 단차없이 절단하고 압축공기 및 물청소를 실시하여 이물질을 완전히 제거한 後 접착면에 접착제를 골고루 바른다.

② 무수축 콘크리트 타설 폭은 가급적 설계도에 제시된 규격대로 시공이 되어야 유지보수비를 줄일 수 있다.

③ 무수축 콘크리트 타설 中 슬래브 유간이 확실히 확보될 수 있도록 유간부를 스티로폴 또는 우레탄계 sealant를 이용하여 임시 메꾸고, steel form으로 성형 後에 무수축 콘크리트를 타설한다.

④ 현장에서 설치 중의 내부온도 및 외부기온 등을 고려한 설치유간 계획서에 따라 정밀하게 설치한다.

⑤ 공용 중의 평탄성 확보를 위하여 아스콘 포장을 무수축 콘크리트보다 3mm 정도 높게 시공한다.(직선자를 사용하여 높이 확인)

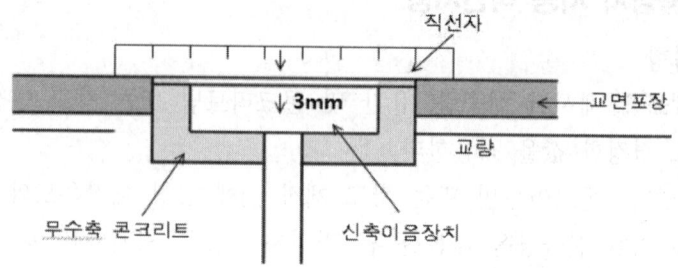

⑥ 시스템 거푸집으로 시공할 때 Steel form 사용 의무화(Steel form 제거 後 바닥면 level 상태를 유지토록 관리)

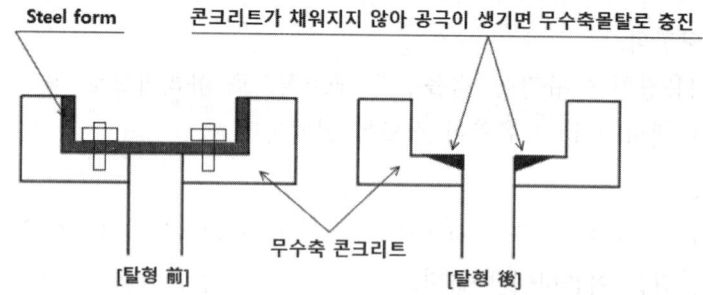

⑦ Seel form 설치 중 상온 15℃와의 온도차에 의한 신축량을 고려해야 한다.

(4) 철근배근, 무수축 콘크리트 타설 및 양생

① 기존 슬래브 및 교대에 노출된 철근을 절단하지 말고, 신축이음장치 설계도에 따라 배근한다. 부득이 신축이음장치 설치가 곤란할 때는 최소 개소만 절단한다.

② 무수축 콘크리트는 섬유보강재를 투입하며, 7일 강도가 기준강도에 도달되도록 배합설계한다. 배합은 계량장치로 정량 계량하고 충분히 혼합한다.

③ 무수축 콘크리트 타설, 진동다짐하며 표면마무리는 한쪽에서부터 즉시 시행한다. 표면마무리 직후 비닐과 양생포를 덮어 수분증발을 막고 살수한다.

④ 습윤양생은 최소 7일간 실시하고, 교통개방은 압축강도 확인 후 또는 타설 후에 최소 7일 지나면 가능하다.[101]

---

101) 박효성 외, 'Final 도로및공항기술사', 2차 개정, 예문사, pp.1062~1065. 2012.

09.12 교량의 분류

Ⅰ. 개요

1. 교량(橋梁) 또는 다리(bridge)는 도로, 철도, 수로 등의 운송로 상에 장애가 되는 하천, 계곡, 강, 호수, 해안, 해협 등을 건너거나, 또는 다른 도로, 철도, 가옥, 농경지, 시가지 등을 통과할 목적으로 건설되는 구조물을 총칭한다.

Ⅱ. 교량의 분류

1. 실제 용도에 따른 분류

(1) 도로교(道路橋) : 도로를 개설할 때 가설하는 교량

(2) 철도교(鐵道橋) : 철도를 개설할 때 가설하는 교량

(3) 보도교(步道橋) : 사람을 통행시키는 교량, 육교(구름다리), Viaduct

(4) 수로교(水路橋) : 생활·관개용수로, 수력발전수로 등을 통과시키는 교량

(5) 공용교(共用橋) : 2가지 이상의 용도(도로교+철도교)로 가설하는 교량

2. 노면 위치에 따른 분류

(1) 상로교(上路橋) : 교량의 거더, 빔, 트러스, 아치 위에 노면이 가설된 교량. 우리나라에 건설되어 있는 중소교량의 90% 이상이 상로교에 속한다.

(2) 중로교(中路橋) : 교량 상부구조 종단면의 중간에 노면이 가설된 교량. 아치교, 트러스교 등에 많이 적용되는 데, 한강 교량 중 방화대교가 대표적이다.

(3) 하로교(下路橋) : 교량 상부구조 종단면의 하부에 노면이 가설된 교량. 국내에는 주로 아치교에 적용되는 데, 한강대교, 동호대교, 동작대교가 대표적이다.

(4) 이층교(二層橋) : 교량의 노면이 2층으로 나누어서 가설된 교량. 대한민국 최초의 2층교는 한강에 가설된 반포대교로서 아래에 잠수교가 별도로 있다.

3. 가설 위치에 따른 분류

(1) 하천교 : 하천을 통과하는 교량

(2) 육교 : 도로, 철도를 횡단하는 교량

(3) 고가교 : 도심지를 관통하거나 농경지 또는 기타 장애물을 횡단하는 교량

(4) 연륙교 : 육지에서 섬을 연결하는 교량

(5) 연도교 : 섬과 섬을 연결하는 교량

(6) 잠수교 : 평소에는 상부노면이 수면보다 위에 놓여있지만, 홍수 시에는 상부노면

이 수중에 잠기도록 가설된 교량

(7) 부교 : 물 위에 배를 나란히 띄워놓고 그 위를 평탄하게 연결하여 차량이나 사람이 통행할 수 있도록 가설된 교량

(8) 잔교 : 주로 항만 선착장에 가설된 교량. 교체에 보를 설치하고, 이어서 보에 슬래브를 접속시킨 교량

(9) 부잔교 : 항만에 화물 하역 및 승객 승선을 위하여 가설되는 교량. 안벽에서 떨어 상자선(Pontoon)을 띄워 도교를 가설하여 육지와 접속시킨 계선시설이다.

4. 사용 재료에 따른 분류

(1) 목교 : 목재를 사용하여 가설한 교량

(2) 석교 : 돌로 만든 교량. 짧은 지간에는 거더교, 긴 지간에는 아치교 형식이다.

(3) 강교 : 강철로 된 구조용 압연강재를 사용하여 가설된 교량

(4) 철근콘크리트교 : 시멘트·모래·자갈 및 철근을 재료로 가설된 교량

(5) 프리스트레스트 콘크리트교(PSC교) : 철근콘크리트교와 비슷하나, 고강도 콘크리트를 사용하고, 고장력 PS강재에 인장력을 가하여 내하력을 증진시킨 교량

(6) 합성교 : 2가지 이상의 재료를 이용하여 상부구조를 가설하는 교량

5. 상부 구조에 따른 분류

(1) 슬래브교(Slab bridge)

① 슬래브 구조에 따라 RC슬래브, PSC 슬래브, 중공(中空) 슬래브교 등이 있다.

(2) 거더교(Girder bridge)

① 거더(보, 형)를 교량의 종방향(차량진행방향)으로 가설한 교량으로, 거더 구조에 따라 강합성상형교(스틸박스거더교), 강상판형교, T형교, 플레이트 거더교, PSC Beam교, RC거더교, PSC Box거더교, 강판형교(플레이트거더교), 프리플렉스 빔교 등이 있다.

(3) 트러스교(Truss bridge)

① 몇 개의 직선 부재를 한 평면 내에서 연속된 삼각형의 뼈대 구조로 조립한 것으로 거더 대신에 트러스를 사용한 교량이다. 트러스 구조에 따라 Warren 트러스교, K 트러스교, Pratt 트러스교, Parker 트러스교 등이 있다.

中空 Slab bridge

Girder bridge

Truss bridge

(4) 아치교(Arch bridge)

① 곡형 트러스 쪽을 상향으로 하여 양단을 수평방향으로 이동할 수 없게 지지한 아치를 주부재로 하는 교량이다. 아치의 힌지 갯수에 따라 2-hinged arch, 3-hinged arch, Fixed-arch로 분류된다.

② 아치 구조에 따라 로제아치, 닐슨 아치교, 랭거 아치교, 타이드 아치교 등이 있다. 또한 아치리브의 형식에 따라 Solid rib arch, Braced rib arch, Pipe arch, Voussoir arch 등이 있다.

(5) 라멘교(Rahmen bridge)

① 라멘교란 교량의 상부구조와 하부구조를 강절로 연결함으로써 전체구조의 강성을 높임과 동시에 지간 내에서 발생되는 휨모멘트 크기를 줄이는 대신 이를 교대나 교각이 부담케 하는 교량이다.

② 라멘교는 교각의 높이가 그리 높지 않고 단경간의 교량에서 사용하는 것이 경제적이다. 우리나라의 경우 고속도로 횡단교량에서 많이 볼 수 있다.

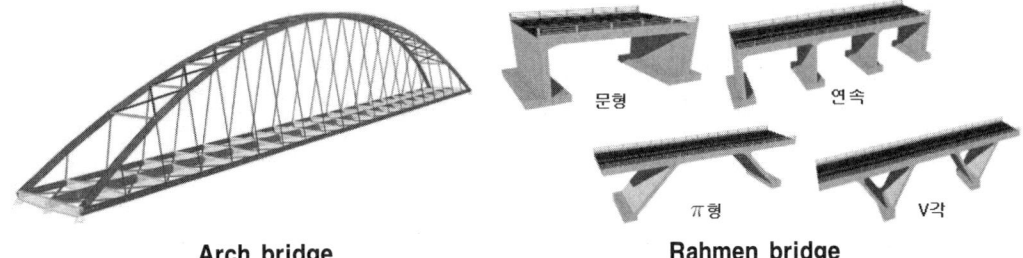

Arch bridge　　　　　　　　**Rahmen bridge**

(6) 사장교(Cable stayed bridge)

① 연속 들보형교, 연속 트러스교 또는 아치교에서 경간이 장대해지면, 사하중이 급격히 증가하면 결국 한계점에 도달한다. 경간의 장대화에 수반하는 사하중을 경감시키려고 고안된 것이 사장교이다. 사장교는 중간의 교각 위에 세운 교탑으로부터 비스듬히 내려 드리운 케이블로 주형을 매단 구조물이다.

② 사장교에 작용하는 하중의 일부가 케이블의 인장력으로 지탱되는 구조이므로 주형은 케이블 정착점에서 탄성지지된 구조물로서 거동한다.

③ 재료에 따라 강(鋼)사장교, 콘크리트사장교 등으로 분류되며, 케이블 배치형상에 따라 Harp type, Pan type, Semi-pan type 등이 있다.

(7) 현수교(Suspension bridge)

① 현수교는 주탑(tower) 및 앵커리지(anchorage)로 주케이블(main cable)을 지지하고 이 케이블에 현수재(suspender or hanger)를 매달아 보강형(stiffening girder)을 지지하는 교량형식이다.

② 현수교의 주케이블 형상은 아치교와 유사하지만, 인장력만을 받는다는 점에서 크게 다르다. 교량에서 인장력만 발생하도록 설계하면 지간 1,000m 이상의 장대교를 모두 현수교로 가설할 수 있다.

③ 보강형의 형식은 트러스와 박스 형태가 주로 사용되며, 주케이블 고정방법에 따라 타정식(earth-anchored)과 자정식(self-anchored) 현수교로 분류된다.

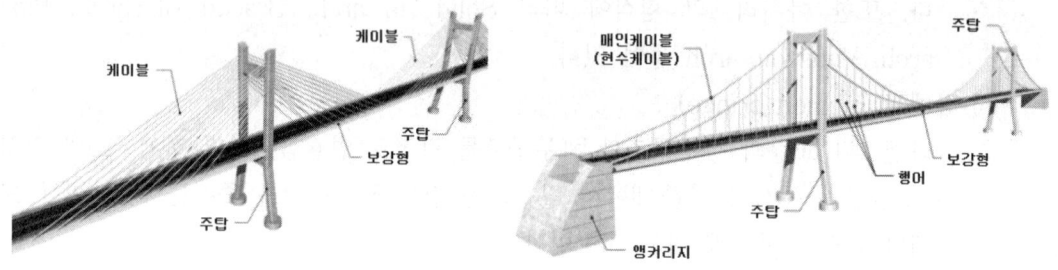

Cable stayed bridge   **Suspension bridge**

⑧ 엑스트라 도즈교(Extradosed bridge)

① '~을 개선하기 위해 ~요소를 첨가한 교량'이란 의미로 사장교의 형태를 보이나, 거동은 거더교에 더 가깝다. 케이블의 노출 유무에 따라 벽속에 배치한 사판교 방식과 외부케이블 형태의 사장外케이블 방식으로 분류된다.

② 엑스트라 도즈교는 부모멘트 구간에서 배치된 PS강재로 인해 단면에 도입된 축력과 모멘트를 증가시키고자 PS강재의 편심량을 인위적으로 증가시킨 형태이다. 일반적으로 단면 내에 위치하던 PS강재를 낮은 주탑의 정부(頂部)에 External tendon 형태로 부재의 유효높이 이상으로 배치한 교량이다.102)

Extradosed bridge

---

102) 박효성 외, 'Final 도로및공항기술사', 2차 개정, 예문사, pp.1033~1046, 2012.
     썬로드의 교량이야기, '상부구조 형식에 따른 교량의 종류', 2018, http://sunroad.pe.kr/

09.13 교량 상·하부 형식 선정

교량 가설을 위한 공법 결정과정, 교량 하부공의 조사항목, 교량 경간장 [2, 1]

Ⅰ. 개요

1. 교량계획에서는 노선의 선형과 지형, 지질, 기상, 교차물 등 외부의 제반 조건, 시공성, 유지관리 용이성, 경제성 환경과의 미적인 조화 등을 고려하여 교량의 가설 위치 및 형식을 선정해야 한다.

2. 교량의 상·하부 형식을 선정할 때는 다음 요건을 종합적으로 고려하여 결정한다.
   (1) 교량이 가설되는 위치, 지점
   (2) 교량이 가설되는 도로의 노선 선형
   (3) 외적 제반 조건
   (4) 교량의 구조적 안전성과 경제성
   (5) 주행의 안전성과 쾌적성
   (6) 시공성과 유지관리 용이성
   (7) 주변 환경과의 미적인 조화
   (8) 당해 지역주민의 의견

Ⅱ. 교량의 상·하부 형식 선정

1. 교량의 형식 결정

(1) 교량형식 선정의 기본방향은 교량의 가설목적 및 기능을 만족하면서 생애주기비용이 최소화하고, 시공성이 우수하며 유지관리가 용이하고, 주변환경과 조화를 이룰 수 있는 교량의 상·하부구조 형식을 선정한다.

(2) 교량의 형식 선정과정에는 다음 사항을 고려한다.
   ① 교량의 가설목적(기능)에 부합하는 형식(교량 길이, 지간, 교대, 교각의 위치와 방향, 다리밑 공간확보 등에 적합한 형식)
   ② 안전성과 시공성이 우수하고 계획된 도로선형에 적합한 형식
   ③ 생애주기비용이 최소화될 수 있는 형식
   ④ 공사비가 유사할 경우에는 시공성, 조형미 및 경관미가 우수한 형식

(3) 자동차 주행의 안정성 및 쾌적성을 좋게 하려면 구조적으로 상로교 형식이 좋고, 신축이음장치가 적은 연속교가 좋다. 특히 도심지 교량은 구조물 자체도 날렵한 느낌을 주는 형식이 좋고, 주변 경관과 균형을 이루는 것도 중요하다.

2. 교량의 경간 분할

(1) 미관을 고려한 경간 분할

① 연속교는 중앙 경간을 양측 경간보다 크게 분할하면 안정감이 향상된다.

② 3경간 연속구조일 때는 경간의 개략적 비율이 3 : 5 : 3, 4경간 연속구조일 때는 3 : 4 : 4 : 3 배분이 시각적으로 우수하다.

③ 교량길이가 길고 지형이 평탄할 때는 동일한 간격의 경간이 좋다.

④ 접속교량과의 연결은 경간이 점점 변하여 조화되도록 분할한다.

(2) 하천 통과구간의 경간 분할

① 유속이 급변하거나 하상이 급변하는 지역에는 교각을 설치하지 않는다.

② 저수로 지역에서는 경간을 크게 분할한다.

③ 교각설치로 인한 하천단면 축소, 수위 상승, 배수 지장 등이 없도록 한다.

④ 유목·유빙이 있는 하천, 하폭이 협소한 하천에는 교각수를 최소화한다.

⑤ 유로가 일정하지 않는 하천에서는 가급적 장경간을 선택한다.

⑥ 기존교량에 근접하여 신설교량을 건설할 때는 경간분할을 같게 하거나, 하나씩 건너뛰는 교각배치를 하도록 한다.

(3) 경제성을 고려한 경간 분할

① 상부구조와 하부구조의 단위길이 당 건설비를 같게 하거나, 상부구조의 공사비를 하부구조보다 약간 크게 하는 것이 적절하다.

② 기초지반이 불량하면 장경간이, 기초지반이 양호하면 단경간이 유리하다.

③ 하저지반이 불균일하면 각 구간별로 나누어 경제성 검토 후 경간분할한다.

3. 상부구조의 형식 선정

(1) 단계별 검토사항

① 관련법령, 설계기준 : 설계하중, 도로의 폭원

② 도로의 선형, 교량의 평면형상 : 교량의 폭원, 곡선교와 사교

③ 교량의 시·종점, 교량의 길이, 다리밑 공간 : 도로·철도·하천의 횡단

④ 교량의 경간분할, 거더높이에 적합한 교량형식 결정 : 기존교량, 외국사례

⑤ 시공방법 : 특수공법, 외국기술, 국내장비로 시공 가능성

⑥ 사용재료 : 재료·재질의 역학적 성질, 내구성, 확보 용이성

⑦ 교량의 유지관리 편의성

⑧ 경관미 : 교량자체의 조형미, 주변경관과의 조화, 가설지역의 상징성

⑨ 경제성 : 가치공학(value engineering)에 근거한 초기투자비, LCC 산정

⑩ 각 교량형식의 비교표 작성, 최종적으로 가장 적합한 교량형식 선정

(2) 종합적 검토사항

① 교량의 상부구조형식은 구조적 안전성, 기능성, 시공성, 경제성, 유지관리 편의성 등을 고려하고 주변과 조화되도록 경관미를 검토하여 선정한다.

각 요소에 대한 가중치를 배정하여 종합적인 검토가 필요하다.

② 교량의 상부구조형식은 도로의 평면선형, 종단선형, 교차시설의 교차각, 다리밑공간(상부구조 높이 최소화) 등을 고려하여 가설목적과 주변여건에 따라 경제성을 우선할 것이냐, 경관미를 고려할 것이냐가 관건이다.

최근 교량의 경제성보다 경관미를 고려하여 설계하는 경향이 있으나, 이 경우 건설공사비와 유지관리비가 많이 소요되어 비경제적일 수 있다.

(3) 사용재료에 따른 검토

① 강교

ο 강교 형식은 가설조건(접근), 수송조건(통과하중), 환경조건(부식), 장래유지관리(도장) 등을 종합적으로 판단하여 선정한다.

ο 트러스교는 직교에 적용하는 것을 원칙으로 한다.

ο 비틀림 강성이 작은 플레이트 거더는 사각 30°이하에서 비합성보로 설계하는 것이 적합하다.

ο 비틀림 강성이 큰 강박스 거더는 곡선교, 램프교(인터체인지)에 유리하고, 장경간이 가능하여 횡단육교, 과선교(철도교차)에 적합하다.

ο 곡선부에 거더를 가설할 때는 횡방향 전도 검토가 필요하며, 단경간 곡선교에서는 부반력 검토가 필요하다.

ο 강교 형식선정할 때는 가설공법, 가설기계 능력도 검토해야 한다.

② 콘크리트교

ο 철근콘크리트 슬래브교와 라멘교는 15m 정도의 짧은 지간에 적용한다.

ο 철근콘크리트 슬래브교는 속 찬 단면과 속 빈 단면으로 대별되는데, 속 빈 단면은 시공 중에 중공관이 부상하는 문제가 있어 최근 설계하지 않는다.

ο 라멘교는 기초의 부등침하, 수평이동, 회전 등이 있는 경우 구조적 안전성에 치명적이므로 견고하고 신뢰성 있는 지반에 적용한다.

ο PSC구조 중 가장 많이 적용되고 있는 형식은 PSC합성거더교와 PSC박스거더교이다. 최근 다양한 장지간 PSC합성거더교가 개발되어 있다.

4. 하부구조의 형식 선정

(1) 구조적 안전성

① 상부구조에서 작용하는 하중이 효과적으로 기초에 전달될 수 있는 형상

② 내진성능이 우수한 형상

③ 교각높이, 상부구조를 고려하여 효과적인 내진거동을 확보할 수 있는 형상

④ 응답수정계수가 유리한 단면

(2) 시공성

① 시공성·경제성 확보를 위하여 거푸집의 반복 사용이 가능한 형상

② 경관미를 고려한 교각을 계획할 때는 시공성이 충분히 보장되는 형상

(3) 경관미

① 도심지 가설 교량의 교각은 단면을 날렵하게 하고, 교각 사이를 길게 한다.

② 물의 흐름과 조화될 수 있는 교각의 형상 변화가 필요하다.

③ 상부구조와 형상의 조화, 비례를 고려해야 한다.

④ 교량의 전체길이에 걸쳐 지형변화에 따른 교각의 연속적인 경관(panorama) 조화를 이루도록 한다.

(4) 기능성

① 하천 횡단 교량에서는 통수에 유리한 교각 형상

② 시가지 교량에서는 도로시거 확보에 유리한 교각 형상

③ 도심지 고가도로에서는 종단선형 유지에 유리한 교각 형상(코핑 없는 교각)

5. 기초의 형식 선정

(1) 기초형식은 지반조건에 따라 결정되지만, 지질조건, 수심, 유속, 하부구조형식 등을 검토하여 가장 안전하고 경제적인 형식으로 한다.

(2) 하나의 기초구조에서는 원칙적으로 서로 다른 종류의 형식을 적용하지 않는다.

III. 맺음말

1. 교량건설계획을 수립할 때는 도중에 큰 변경 없이 합리적이고 경제적인 계획·설계·시공을 수행할 수 있도록 구조물의 규모, 중요성 및 교량 설치지점의 상황 등을 정확하게 판단하는 과정이 기본이다.

2. 교량은 계획과 설계, 제작과 가설로부터 착수되어 유지 또는 보수에 이르기까지의 광범위한 내용을 수행해야 하므로, 교량의 계획·설계·시공과정에 잘못된 조사에 의해 공사기간 및 공사비용 등에 차질을 초래하지 않도록 초기계획 단계에서 현장중심의 철저한 사전조사가 필수적이다.[103]

---

103) 국토교통부, '도로설계편람', 제5편 교량, pp.503.1~2, 2012.

09.14 콘크리트橋 (Concrete bridge)

콘크리트 교량 가설공법의 종류 및 특징 [0, 4]

Ⅰ. 개요

1. 콘크리트橋(Concrete Bridge)는 크게 PSC 교량과 PSM 교량으로 분류된다.

2. PSC(Prestressed Concrete) 교량은 철근콘크리트 보에 발생되는 인장응력을 상쇄할 수 있도록 미리 압축응력을 준 콘크리트로 만든 교량으로, 강성이 크고 소음·진동, 처짐 등이 적고, 유지관리 측면에서 경제성이 좋은 공법으로 인식되고 있다.

3. PSM(Precast Segment Method) 교량은 일정한 길이로 제작된 상판(segment)을 제작장에서 만든 후에 가설장소로 이동시켜 특정한 가설장비를 이용하여 소정의 위치에 설치하고 긴장력(post tension 방식)을 가하여 상판을 연결해 나간다.

Ⅱ. PSC 교량 가설공법

1. 공법 종류

⑴ PSC 교량 가설공법 중에서 동바리를 사용하는 공법(FSM)에는 전체支持式, 지주支持式 및 거더支持式이 있고, 동바리 사용하지 않고 현장타설하는 공법에는 캔틸레버공법(FCM), 이동식支保공법(MSS) 및 연속압출공법(ILM)이 있다.

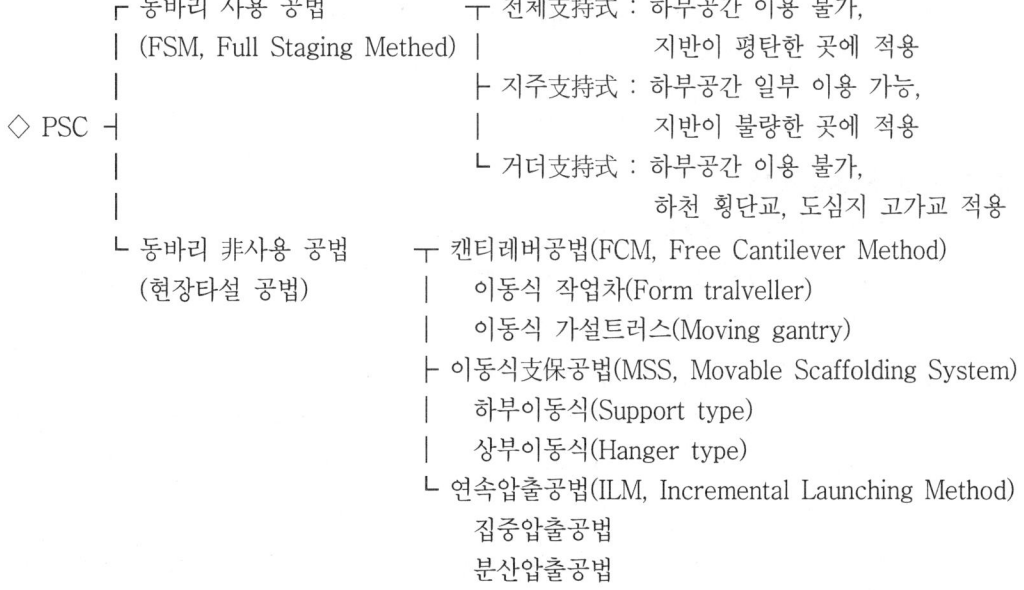

PSC 교량 가설공법의 종류

2. 동바리 사용 공법

(1) 전체支持식

① 지면이 평탄하고 교량 하부공간을 이용하지 않아도 되는 경우에 적용된다.

② 교량 하부공간에 동바리를 설치하여 교량 상부구조를 가설하는 공법이다.

(2) 지주支持식

① 교량 하부공간의 일부를 이용 가능한 경우에 적용된다.

② 지주가 교량 전체의 하중을 지지해야 하므로 기초지반이 견고해야 된다.

③ 지반이 불량하여 지주 개수를 줄여야 할 경우, 교량 하부공간을 이용해야 할 경우, 지반에서 교량 상부구조까지의 높이가 높은 경우 등에 유리하다.

(3) 거더支持식

① 기초지반 상태가 불량하고, 경간 사이에 지주 설치가 곤란한 장소에 적용된다.

② 기존 교각의 하부에 브라켓을 설치하고, 가설 트러스 등을 설치하여 교량 상부 구조물을 가설하는 공법이다.

동바리 사용 공법의 특징

구분	전체支持식	지주支持식	거더支持식
교량 하부공간	∘ 동바리 설치	∘ 지주 이용	∘ 브라켓 이용
기초지반 영향	∘ 지반 견고	∘ 지주기초 견고	∘ 영향 없음
특징	∘ 직선교, 곡선교 모두 시공 가능하다. ∘ 시공속도가 느리다. ∘ 사용장비 비용이 저렴하고 비교적 간편하다. ∘ 교각이 낮고 지간이 짧은 소교량에 적합하다. ∘ 별도의 가설장비 필요 없다.		

3. 동바리 非사용 공법

(1) 캔티레버공법(FCM, Free Cantilever Method)

① 旣 시공된 교각을 중심으로 좌우 평형을 유지하며 순차적으로 이동식 작업차를 이용하여 Segment를 제작하며 상부 구조물을 가설한다.

(2) 이동식支保공법(MSS, Movable Scaffolding System)

① 旣 시공된 교각 위에 브라켓을 설치하여 거푸집이 부착된 특수 이동식 지보인 비계보와 추진보를 이용하여 교각 위에서 이동하며 상부 구조물을 가설한다.

(3) 연속압출공법(ILM, Incremental Launching Method)

① 교대 후방 작업장에서 1st Segment를 제작한 후, 특수 압출장치를 이용하여 교량의 종방향으로 연속 압출하면서 旣 설치된 Pier에 연결해 나간다.

동바리 非사용 공법의 특징

구분	FCM	MSS	ILM
가설방법	主두부 양측 균형 시공	이동식 거푸집 비계보 이동	제작장 제작, 연속 압출
최적 경간	50~200m	40~50m	40~60m
경제성	長경간	多경간	高교각
안전성	負모멘트 대책	비교적 안전	하부조건 무관
특징	∘ 반복공정으로 노무비가 절감되고, 시공속도가 빠르다. ∘ 기상조건에 관계없이 계획대로 공정관리 가능하다. ∘ 동바리가 필요하지 않다.		

Ⅲ. PSM 교량 가설공법

1. 공법 종류

(1) PSM 교량 가설공법은 1개 경간 길이의 Box girder를 공장 또는 현장부근 PSC 제작장에서 특별히 제작된 Mould를 이용하여 미리 생산한 후, 특수 운반차량으로 가설지점에 운반시켜 Launching girder를 이용하여 가설하는 공법이다.

```
                ┌ PPM(Progressive Placement Method) : 분절 假設 진행
                │   제작장 segment, 假Bent, Deric crane
◇ PSM      ┼ SSM(Span by Span Method) : 경간 假設 진행
                │   제작장 segment, Truss
                ├ PFCM(Precast Free Cantilever Method) : 大·小블록 假設 진행
                │   제작장 segment, 假Bent, Deric crane
                └ FSLM(Full Span Launching Method) : 大블럭 假設 진행
                    제작장 segment, Barge 선박, Floating crane
```

PSM(Precast Segment Method) 가설공법

2. PSM 공법

(1) PPM(Progressive Placement Method)

① 캔티레버 방식의 단점을 보완하여 한쪽에서 반대쪽을 향해 전진하는 가설공법으로, 교각 도달 즉시 영구받침 설치하고 다음 경간으로 진행한다.

② 일시적인 지지에는 假Bent를 설치하고, 제작장에서 만들어진 Segment를 운반용 Deric crane을 이용하여 旣 가설된 상판에 연결해 나간다.

(2) SSM(Span by Span Method = SBS

① 교각과 교각 사이에 이동식 가설 트러스를 설치하고, 공장에서 사전에 제작된 Precast segment를 가설현장으로 운반한다.

② 가설 트러스 위에 Precast segment를 순서대로 정열한 후, segment 사이에서 긴장력(prestressing)을 가하여 인접 지간을 연결해 나간다.

(3) PFCM(Precast Free Cantilever Method)

① 교량 상부구조물을 大·小블록으로 나누어 공장에서 제작 後, 크레인을 이용하여 旣設 교각 위에 大블럭을 가설한다.

② 大블럭 위에 좌우 균형을 유지하면서 이동식 인양 크레인(Deric crane)으로 小블럭을 인양하여 강선으로 연결해 나간다.

(4) FSLM(Full Span Launching Method)

① 교량 상부구조물을 길이 25m 전후의 大블럭 Precast span으로 나누어 공장에서 긴장력(prestressing)을 가하여 제작한 後, 가설현장으로 운반한다.

② 가설현장에서 이동식 가설장비(Launching girder)로 연속적으로 가설하여 상부구조를 완성한다.

③ 공장에서 大블럭의 1개 경간씩 일체로 제작한 後, 운송하여 가설하므로 제작·설치기간을 기존 공법에 비해 크게 단축할 수 있다.

PSM 교량 가설공법의 특징

구분	PPM	SSM	PFCM	FSLM
가설방법	별도 제작 운반	별도 제작 운반	별도 제작 운반	별도 제작 운반
假 시설	假Bent 이용	이동식 假設트러스	假Bent 이용	Launching girder
경간 진행	분절 假設	경간 假設	大·小블록 假設	大블록 假設
특징	○ 기상조건에 영향 받지 않으므로 시공속도가 빠르다. ○ 공장제작, 정밀시공에 의한 품질관리 가능하다. ○ 반복공정, 노무비 절감되고 계획대로 공정관리 가능하다. ○ 대량생산, 공기단축 가능하다.			

3. 인천대교 FSLM 적용

(1) FSLM공법은 30~50m의 PSC 박스거더를 공장에서 일괄제작, 특수가설장비로 현장에서 가설하는 공법으로, PSM, FSLM, FPLM으로 부르기도 하나, 『도로설계편람(국토교통부, 2008)』에서는 FSLM으로 정의되어 있다.

(2) FSLM공법은 1일 1경간 가설이 가능하므로 현존하는 교량 가설공법 중 가장 빠른 공법이며, 이탈리아 고속철도 교량공사에서 최초 개발된 이후, 국내 인천대교 가설에 활용되는 등 도로교 급속시공에 주로 사용되고 있다.[104]

---

104) 국토교통부, '도로설계편람', 제5편 교량, 부록 A1-20, 2012.
　　자유영혼, 'PSC 교량가설공법의 종류, 특징, 공법의 문제점', 2019, https://m.blog.naver.com/

Ⅳ. PSM 제작장

1. 일반사항

(1) PSC 제작장은 교량상판(bax girder)을 제작하는 장소로서, 상판제작의 각 공정이 원활하게 이루어질 수 있도록 계획되고, 제작완성 후에 가설현장으로 이동 편의성까지 고려하여 선정되어야 한다.

2. PSM 제작장 선정 고려사항

(1) PSC Box Girder 가설을 위한 토공노반공사 시공기준

① 연약지반 구간 : 원지반의 토질별, 심도별 성토지지말뚝, 치환, Pre-loading 등의 공법으로 연약지반을 개량·보강해야 한다.

② 쌓기 높이 3m 이하인 낮은 쌓기부 원지반의 Ev_1값이 $60MN/m^2$ 이상, 깎기부 상부노반 표면의 Ev_2값이 $80MN/m^2$ 이상의 다짐도를 확보해야 한다.

③ 쌓기공은 품질기준에 적합한 재료 및 다짐관리로 시공하며, PSM 운반에 지장 없도록 시공·품질·공정관리를 해야 한다.

④ PSC Box Girder를 가설현장까지 운반하는 공사용 가설도로는 본선 토공에 준하는 지지력을 확보해야 한다.

(2) PSC Box Girder 운반을 위한 가설도로의 적정성 검토

① 아래 그림(1)과 같이 토공구간으로 운반 가능한 조건인지, 또는 그림(2)와 같이 토공구간으로 운반 불가능하여 Overhead crane 등의 추가 설치가 필요한지에 대한 적정성 및 공사비를 비교·분석한다.

(1) **토공구간으로 운반 가능**　　　　(2) **Overhead crane 추가 설치**

② PSC Box Girder 운반·가설용 장비 차이에 따른 공사비, 제작장 위치 및 장비 운영계획 등에 따른 공사비 증감을 사전에 산출하여 경제성을 분석한다.

③ PSC Box Girder 제작장 시공 전에 인·허가 기간, 토지매입 또는 임대 가능성 등을 검토하여 전체 공정에 미치는 추가 소요일정을 분석한다.[105]

---

105) 오동식, 'PSC Box Girder 제작 및 가설을 위한 PSM 공법 개선사례 연구', 울산大, 석사논문, 2012.

09.15 전단연결재, 중첩보와 합성보

중첩보와 합성보의 역학적 차이점, 완전합성보, 부분합성보 [8, 1]

1. 합성보의 전단연결재

(1) 전단연결재(剪斷連結材)는 강(鋼)콘크리트 합성거더에서 강거더와 철근콘크리트 상판 사이의 수평전단력에 저항하면서, 상판의 부상(浮上)을 방지하고, 양자가 일체로 거동하도록 강거더 상(上)플랜지 윗면에 설치하는 결합재이다.

(2) 일반적인 구조체에서 전단연결재로 저항해야 되는 전단력은 다음과 같다.

① 합성형의 휨변형으로 인한 전단력

② 바닥판 콘크리트의 creep로 인한 전단력

③ 바닥판 콘크리트의 건조수축으로 인한 전단력

④ 바닥판과 강형의 온도차로 인한 전단력

(3) 합성거더교에 설치되는 전단연결재가 갖추어야 되는 요구조건은 다음과 같다.

① 전단저항력이 충분할 것

② 바닥판과의 결합이 잘 되는 구조일 것

③ 시공성과 경제성이 있을 것

④ 아주 작은 변형으로 수평전단력을 전달할 수 있는 것

⑤ 좌굴 등에 의해 콘크리트 슬래브가 강형과 분리되는 것을 방지할 수 있을 것

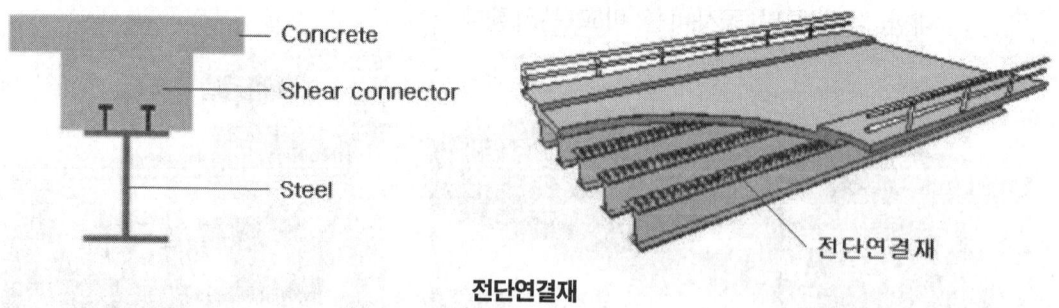

전단연결재

2. 전단연결재 제작

(1) 전단연결재는 뒤벨(Dübel), 합성철근, 이 양자를 병용하는 스터드(stud), 나사선형 철근, 채널 형강을 사용하여 제작된다.

(2) 최근에는 수평전단력을 크게 받는 철도교에는 뒤벨(합성 철근을 병용한 블록 뒤벨 또는 말굽형 뒤벨)이 사용되고, 도로교에는 스터드(stud)가 주로 사용된다.

① 뒤벨(Dübel) : 전단연결재에 사용되는 철물로서, 전단력(剪斷力)에 저항하기 위하여 설치방법에 따라 끼워넣기식과 맞물림식으로 구분된다.

② 스터드(stud) : 기둥이나 보의 사이가 클 때 중간에 보조적으로 세우는 작은 단면의 보강재로서, 주부재에 대한 축부재(軸部材)의 하나이다.

(3) 전단연결재는 스터드(stud), ㄷ형강, 반원형 철근 등을 조합하여 사용한다.

① 스터드(stud) : 기둥 사이가 클 때, 중간에 보조적으로 세우는 작은 단면의 수직재이다. 벽의 축부재(軸部材)의 일종이다.

② ㄷ형강 : 주로 도로교에 사용한다.

③ ㄷ형강+반원형 철근 : 수평전단력을 보강하기 위하여 반원형 철근을 병용한 전단연결재이다. 주로 철도교에 사용한다.

④ 블록+반원형 철근 : 건축물 슬래브 빔을 보강할 때 사용된다.

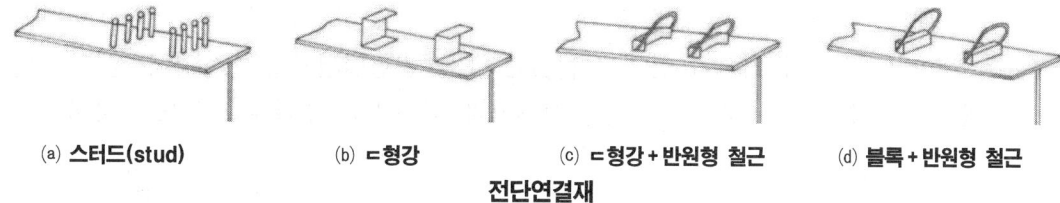

(a) 스터드(stud)　　(b) ㄷ형강　　(c) ㄷ형강+반원형 철근　　(d) 블록+반원형 철근

전단연결재

3. 전단연결재 시공

(1) 전단연결재의 설치간격

① 전단연결재의 최대간격은 바닥판 콘크리트 두께의 3배 이하, 60cm 이하,

② 전단연결재의 최소간격은 stud의 경우 교축방향은 중심간격 5d 또는 10cm, 가로방향은 d+3cm,

③ Stud와 flange 연단 사이의 최소간격은 2.5cm를 기준으로 시공한다.

전단연결재를 설치하는 플랜지의 최소두께

전단연결재의 종류	플랜지의 최소두께(mm)
스터드	10
ㄷ형강, 블록과 반원형 철근을 병용	12 및 필렛용접의 크기

(2) 전단연결재의 품질관리

① Stud의 지름은 19mm 또는 22mm를 표준으로 한다.

② 반원형의 지름은 철근지름의 15배 이상, 철근덮개는 철근지름의 2배로 한다.

③ Stud를 제외한 전단연결재는 소정의 안전도검사를 해야 한다.

④ Stud의 재료는 인장강도 $41\sim56kg/mm^2$, 신장률 20% 이상을 사용한다.[106]

(3) 스터드(Stud)의 형상과 치수

106) 박효성 외, 'Final 토목시공기술사 핵심문제', 예문사, pp.593~594, 2008.

호칭	줄기지름(d)		머리지름(D)		머리두께 최소값 (T)	헌치부 반지름 (r)	
	기준치수	허용차	기준치수	허용차			
19	19.0	±0.4	32.0	±0.4	10	2~3	
22	22.0		35.0				

4. 중첩보와 합성보의 비교

(1) 용어 정의

① 중첩보란 상부와 하부가 분리되어 있는 보로서 상부측 내 압축·인장응력과 하부측 내 압축·인장응력이 별도로 발생되는 구조를 상·하부로 중첩해 놓은 보이다

② 합성보란 상부와 하부가 분리되어 있는 보를 전단연결재를 이용하여 상부측 내 인장응력과 하부측 내 압축응력을 상쇄시켜 상·하부가 일체로 거동되는 보이다.

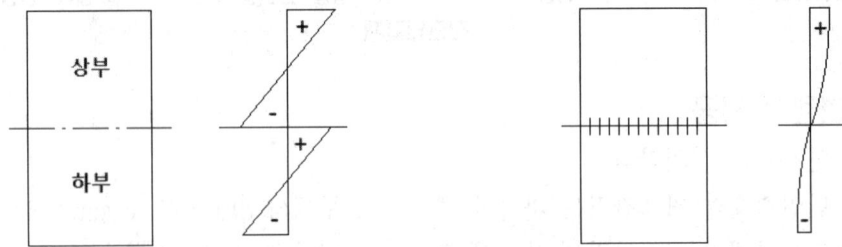

상·하부 압축·인장응력 별도 발생
중첩보

전단연결재로 상부 인장응력과 하부 압축응력 상쇄
합성보

(2) 응력발생 차이점

① 중첩보에서는 상·하부 측의 콘크리트에 인장응력이 각각 발생하여 온도철근, 안장철근 등의 자재가 구조적으로 많이 소요되어 자중이 무겁고 비경제적이다.

② 합성보에서는 상·하부 측의 인장응력이 전단연결재에 의해 서로 상쇄되어 상부측에는 압축응력만 작용되고 하부 측에 약간의 인장응력이 작용되므로 그만큼 자재가 구조적으로 적게 소요되어 자중이 가볍고 경제적이다.[107]

---

107) 박효성 외, 'Final 토목시공기술사 핵심문제', 예문사, pp.592~594, 2008.

09.16 | PSC 합성 거더교

강합성 거더교의 철근콘크리트 바닥판 타설계획, 2중 합성교량 [1, 3]

Ⅰ. 개요

1. 합성보의 설계법

(1) 허용응력설계법 : 원점(O)부터 비례점(A)의 범위 내에서 구조물이 탄성영역 안에 있다고 가정하는 설계법이다. 재료적 측면에서 허용응력설계법으로만 설계한다면 약간 불안전한 설계가 되지만 기본적으로 검토해야 되는 설계법이다.

① 설계Ⅰ : '강도설계법＋허용응력설계법'으로 수행

② 설계Ⅱ : '한계상태설계법＋허용응력설계법'으로 수행

(2) 강도설계법 : 원점(O)부터 극한점(D)까지 고려하는 설계법으로, 구조물이 붕괴될 때까지 고려하는 상당히 안전한 설계법이다. 구조물이 극한강도를 넘지 않도록 안전 측면에서 설계하므로, 비경제적인 설계가 될 수 있다.

(3) 한계상태설계법 : 허용응력설계법과 강도설계법의 중간단계로서, AASHTO(미국), Eurocode(유럽), 일본 등의 토목분야 선진국에서 적용하고 있는 설계법이다.

① 강도설계법은 구조물 전체 설계를 마친 후에 구조물 전체에 하중계수를 도입하지만, 한계상태설계법은 각 재료의 항복강도 특성에 맞는 하중계수를 도입한다.

② 강도설계법은 소성영역 내에서 모두 탄성이라는 가정에서 해석하지만, 한계상태설계법은 소성영역에서 발생되는 모멘트를 재분배하므로 과도한 정·부(正·負)모멘트를 줄일 수 있어 다소 경제적인 설계라고 할 수 있다.

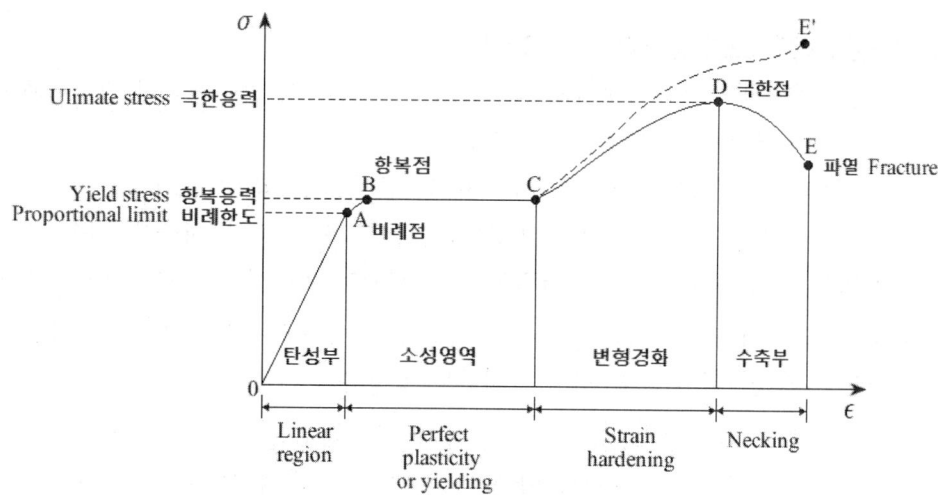

철근의 응력σ-변형률ϵ 곡선

< 설계법의 가정 >

(1) 철근과 콘크리트가 완전히 부착되어 두 재료 사이에 활동이 생기지 않는 다는 가정에 따라 콘크리트의 변형률은 같은 위치에 있는 철근의 변형률과 같다.

(2) 변형 전에 평면이었던 단면은 변형 후에도 평면을 유지한다는 가정에 따라 콘크리트의 변형은 중립축에서 거리에 따라 직선 비례한다.

(3) 모든 철근의 탄성계수(E_s)는 2.0×10^5 MPa로 보고 탄성영역에서 철근의 응력은 철근의 변형률(ϵ_s)에 탄성계수(E_s)를 곱한 값, 소성영역에서 철근의 응력은 항복응력(f_y) 값으로 한다.

(4) 파괴될 때 콘크리트의 압축연단에서 변형률은 0.003으로 본다. 이때 콘크리트의 압축응력의 분포는 직사각형, 포물선 또는 사다리꼴의 형태로 가정할 수 있다.

(5) 균열 단면에서 콘크리트의 인장강도는 무시한다.

2. 하중계수와 강도감소계수

(1) 하중계수(荷重係數, load factor)란 설계하중과 실제하중 간의 차이, 하중을 작용 외력으로 변환시키는 해석 상의 불확실성, 환경변화 등을 고려하기 위한 일종의 안전계수이다. 설계법에서 하중 크기를 예측할 때 확실(안전)성에 기초하여 정해지는 값으로 고정하중의 하중계수는 1.2, 활하중의 하중계수는 1.6이다.

(2) 강도저감계수(强度低減係數, strength reduction factor)란 강도설계법에서 사용되는 부재의 강도를 저감시키는 계수로서, 재료강도나 부재치수의 불균일, 설계 공식의 신뢰성 등을 고려하는 일종의 안전계수이다. 단면의 공칭강도에 1보다 작은 계수(ϕ)를 곱하여 산정한다.(인장력을 받는 단면 0.85, 전단력과 비틀림모멘트를 받는 단면 0.75, 나선철근으로 보강된 철근콘크리트 부재 0.65 등)

3. 철근콘크리트 보의 휨파괴 거동 3가지

(1) 취성파괴 : 철근량이 지나치게 적게 배근되어 콘크리트에 균열이 발생됨과 동시에 철근도 함께 파괴되는 취성파괴 거동

(2) 연성파괴 : 철근량이 중간 정도로 배근되어 철근콘크리트 보가 파괴에 임박할 때 철근은 항복되지만 콘크리트 변형률은 상대적으로 작아 하중을 계속 지지할 수 있으며, 최종 붕괴 전에 큰 처짐이 생겨 파괴를 예측할 수 있는 연성파괴 거동

(3) 강성파괴 : 철근량이 지나치게 많이 배근되어 철근콘크리트 보의 압축부에서 콘크리트의 갑작스런 파괴에 의해 붕괴되는 강성파괴 거동

연성파괴를 보증하기 위해 설계기준에서 철근량의 상·하한값을 추천하고 있으며, 인장철근이 항복됨과 동시에 압축부 콘크리트도 극한변형률 0.003에 도달되도록 철근비가 배근된 단면에서 발생되는 균형파괴 거동을 이상적인 설계로 본다.

II. 합성보의 휨 해석 및 설계

1. 개본개념

(1) 최소철근량($A_{s,\min}$)

① 설계기준에서 합성보의 취성파괴를 방지하기 위하여 휨 부재의 모든 단면에는 계산되는 값 중에서 큰 값 以上의 인장철근량(A_s)을 배치한다.

$$A_{s,\min} \geq \frac{0.25\sqrt{f_{ck}}}{f_v} b_w d \text{ 와 } A_{s,\min} \geq \frac{1.4}{f_v} b_w d \text{ 중에서 큰 값을 사용} \cdots\cdots \text{식@}$$

② 정정구조물로서 플렌지가 인장상태인 T형 단면인 경우에 식@의 b_w 대신 플렌지의 폭을 대입하여 계산된 철근량과 다음 식ⓑ 중에서 작은 값으로 최소철근량($A_{s,\min}$)을 산정한다.

$$A_{s,\min} \geq \frac{0.50\sqrt{f_{ck}}}{f_v} b_w d \cdots\cdots \text{식ⓑ}$$

(2) 단면해석

① 합성보의 단면해석은 ϕM_n값이 하중계수를 곱하여 계산된 소요강도(M_u) 以上인지를 조사하여 구조물의 안전여부를 판정하고, 동시에 처짐·균열·피로에 따른 구조물의 사용성 문제를 해석하는 과정이다.

$$\phi M_n \geq M_u$$

(3) 단면설계

① 합성보의 단면설계는 사용하중, 콘크리트와 철근의 재료특성은 주어져 있지만, 콘크리트의 단면치수와 철근량이 주어져 있지 않아 未知의 단면치수와 철근량을 구하는 과정이다.

2. 등가압축응력 분포

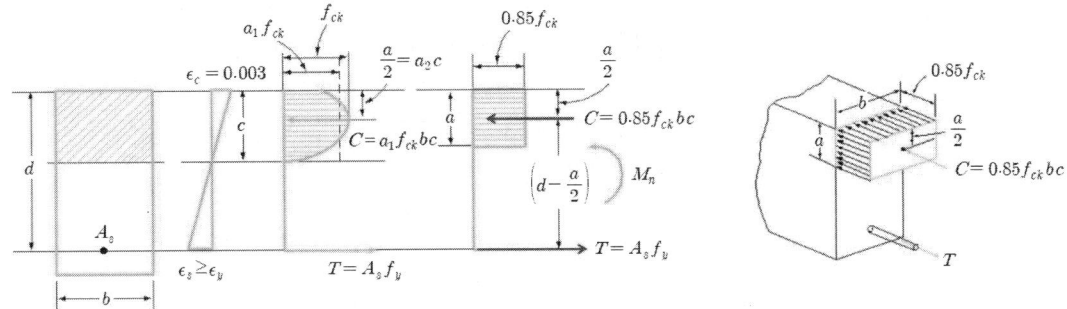

(1) 설계기준은 계산결과가 비선형 해석결과와 동일하게 나타나는 등가직사각형 응력분포를 추천한다.

(2) 이때의 응력분포는 콘크리트 압축연단이 $0.85f_{ck}$로 균등하다.

(3) $a = \beta_1 c$까지 등분포된다고 가정한다.

① c는 최대 압축변형률이 발생되는 연단에서 중립축까지의 수직거리

② β_1은 f_{ck}가 28MPa까지의 콘크리트에는 0.85이고, 28MPa를 초과하는 경우에는 매 1MPa 증가에 따라 0.85의 값이 0.007씩 감소

③ β_1의 값은 0.65 이상

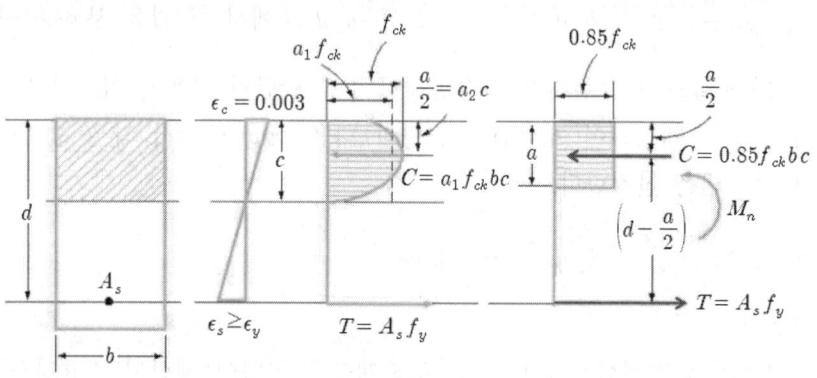

3. 단철근 직사각형단면 합성보

(1) 해석

① 합성보에서 인장철근이 항복될 때 압축연단 콘크리트도 극한변형률 0.003에 도달되어 콘크리트가 파괴되는 균형파괴로 해석한다.

② 균형파괴되는 단면에 배근된 철근비를 균형철근비(ρ_b)라면 $\rho = \dfrac{A_s}{bd}$에서

$\rho_b = \rho$이면 균형파괴 : 균형철근비(ρ_b)와 동일한 철근비(ρ)로 배근

$\rho_b > \rho$이면 연성파괴 : 균형철근비(ρ_b)보다 작은 철근비(ρ)로 배근

$\rho_b < \rho$이면 취성파괴 : 균형철근비(ρ_b)보다 큰 철근비(ρ)로 배근되어

인장철근이 항복되기 전에 콘크리트가 갑자기 파괴

(2) 균형단면 설계

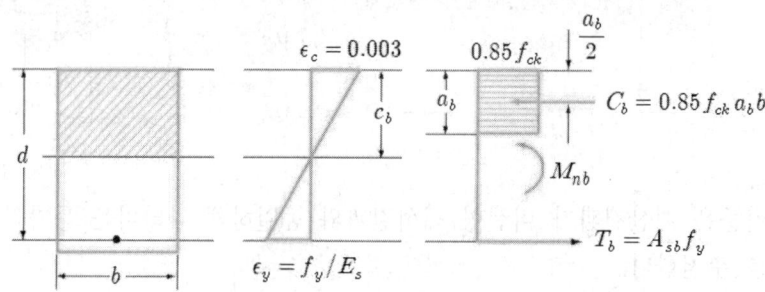

① 인장철근이 설계기준항복강도(f_y)에 대응하는 변형률에 도달하고, 동시에 압축 연단 콘크리트가 가정된 극한변형률 0.003에 도달할 때

② 중립축까지의 거리(c_b)를 산정하면

$$c_b : d = 0.003 : (0.003 + \epsilon_y) \quad \Rightarrow \quad \frac{c_b}{d} = \frac{0.003}{0.003 + \epsilon_y}$$

여기에 $\epsilon_y = f_y / E_s$ 를 대입하면 $\quad c_b = \dfrac{0.003}{0.003 + \dfrac{f_y}{E_s}} d$

여기에 $E_s = 2.0 \times 10^5 MPa$ 를 대입하면

$$c_b = \frac{0.003}{0.003 + \dfrac{f_y}{200000}} d = \frac{0.003 \times 200000}{0.003 \times 200000 + f_y} d$$

∴ 중립축까지의 거리 $c_b = \dfrac{600}{600 + f_y} d$

③ 균형철근비(ρ_b)를 산정하면

평형조건 $c_b = T_b$

즉, $0.85 f_{ck} a_b b = A_{sb} f_y$ 에 $A_{sb} = \rho_b bd$, $a_b = \beta_1 c_b$ 와 $c_b = \dfrac{600}{600 + f_y} d$를 대입하면

$$0.85 f_{ck} a_b b = \rho_b bd f_y, \qquad \frac{c_b}{d} = \frac{600}{600 + f_y} d \text{에서}$$

$$\rho_b = \frac{0.85 f_{ck} \beta_1 c_b}{f_y d} = \frac{0.85 f_{ck} \beta_1}{f_y} \times \frac{600}{600 + f_y} = 0.85 \beta_1 \frac{f_{ck}}{f_y} \times \frac{600}{600 + f_y}$$

④ 균형단면이 발휘할 수 있는 공칭모멘트강도(M_{nb})를 산정하면

$$M_{nb} = T_b \left(d - \frac{a_b}{2} \right) = A_{sb} f_y \left(d - \frac{a_b}{2} \right)$$

여기서, $A_{sb} = \rho_b bd$

$$a_b = \beta_1 \frac{600}{600 + f_y} d$$

Ⅲ. 교량 합성형보

1. 용어 정의

(1) 합성형보(composite beam)는 강형과 철근콘크리트 바닥판이 일체로 거동하도록 강형의 플랜지와 철근콘크리트 바닥판을 전단연결재로 합성시킨 거더를 말한다.

(2) 합성형은 강재와 콘크리트의 서로 다른 재료의 강점을 최대한 이용할 수 있도록 합성하였으며, 비합성형에 비해 강성이 높고 강형의 중량을 줄일 수 있는 경제적인 공법이기에 널리 사용된다.

2. 합성형교의 유형

(1) **활하중 합성형 (부분합성형**, partial composite beam)

① 강형을 지점에서만 지지한 상태에서 바닥판 콘크리트를 타설하는 방법으로 사하중에 대해서는 강형만이 지지하며, 바닥판 경화 후에 추가되는 사하중 및 활하중에 대해서는 강형과 철근콘크리트 바닥판의 합성형으로 지지한다.

② 다음과 같은 경우에 부분합성형교로 설계하면 구조적으로 유리하다.

   ○ 데크 플레이트의 리브가 강재보와 직각일 경우

   ○ 쉬어 커넥터의 간격을 리브 간격과 일치시키기 위하여 커넥터 간격을 확대할 필요가 있을 경우

   ○ 커넥터를 2열로 배치하면 감소계수가 너무 작아서 1열로 배치하려는 경우

   ○ 콘크리트 타설 시점을 고려한 강재보 단면에 대해 완전합성보로 설계하면 필요 이상의 과다 설계가 되기 때문에 커넥터의 수를 줄이고자 하는 경우

(2) **사하중 및 활하중 합성형 (완전합성형**, full composite beam)

① 철근콘크리트 바닥판이 경화하여 강형과 합성작용을 할 때까지는 거더에 변형이 발생하지 않도록 강형을 지보공으로만 지지하며, 경화된 후에는 사하중 및 활하중 모두를 합성형으로 지지하도록 제작된다.

(3) **프리스트레스 연속합성형** (prestressed composite beam)

① 연속보의 중간지점에서 발생되는 부모멘트에 의한 철근콘크리트 바닥판의 균열을 방지하기 위하여 지점부 바닥판에 미리 압축력을 도입시키는 합성형이다.

(4) **프리플렉스 합성형** (preflex composite beam)

① 강형을 이용한 철골·철근콘크리트 구조로서 하부플랜지를 구성하는 콘크리트 부분에 작용하중에 의한 인장응력이 발생하지 않도록 제작할 때 프리플랙션기법에 의해 압축응력을 도입한 프리플랙스형과 현장타설 콘크리트 바닥판을 서로 합성시킨 합성형이다. 25~45m 지간교량에 적용되며 강형이 콘크리트로 보호되어 있어 유지관리에 유리하다.

3. 합성형교의 특징
(1) 장점
① 콘크리트 슬래브의 거의 전부를 압축 상태로 이용할 수 있다.
② 강구조 보다 많은 부분의 강이 인장상태에 있게 된다.
③ 동일한 하중과 경간에서 필요한 강의 하중을 훨씬 줄일 수 있다.
④ 비합성에 비해 강도가 훨씬 크며 처짐은 작다.
⑤ 초과 하중을 받을 수 있는 능력이 크다.
⑥ 형고가 낮아 경쾌하고 수려한 구조가 된다.
⑦ 형고가 낮아 내화비용이 필요한 경우 줄일 수 있다.
(2) 장점
① 전단연결재의 설치 및 가설에 비용이 든다.
② 세밀한 시공이 요구된다.
③ 설계단계에서 합성단면 해석이 상당히 어렵다.

4. 연속 합성형교 지점부의 부모멘트 처리방법
(1) PS를 도입하는 방법
① Preloading을 주는 방법 : 지점에 인장력을 유발하기 위해 하중을 미리 재하한 후 콘크리트를 타설하고 경화되면 하중을 제거하여 PS를 도입하는 방법
② 지점의 상승·하강방법 : 지점을 상승시켜 콘크리트를 타설한 후 지점을 하강시켜 콘크리트에 PS를 도입하는 방법
③ PS강선·강봉을 이용하는 방법 : 지점부근의 콘크리트에 직접 PS를 가하는 방법
(2) PS를 도입하지 않는 방법
① 연속합성형 : 전단연결재를 全길이에 걸쳐 배치하고 인장력을 받는 바닥판에서 콘크리트 단면을 무시하고 교축방향의 철근과 주형의 합성단면으로 설계하는 방법
② 단속합성형 : 중앙지점 부근의 전단연결재를 생략함으로서 지점부근에서 비합성단면이 되도록 제작하는 방법
③ 탄성합성형 : 지점에서 거더가 자유롭게 변형할 수 있도록 탄성재료를 사용하여 탄성재료층을 설치하고 콘크리트를 타설함으로써, 슬래브가 탄성적으로 거동하는 방법[108]

---
108) 토목구조기술사, '<답안>합성형교', 2004, http://cafe413.daum.net/

09.17 小數 柱桁橋 [합성 거더]

소수 주형(girder)교 [1, 0]

1. 거더(Girder)

1. 거더(Girder)는 구조물의 상부 슬래브에서 가해지는 하중을 떠받치는 보(대들보)를 말한다. 거더는 I형 또는 상자형 단면으로 만들어 자중을 줄이고, 휨·비틀림·수평하중 등에 입체적으로 저항하도록 설계한다.
2. 거더교에서 보를 주형(柱桁, main girder)이라 부르며, 아치교, 사장교, 현수교에서의 보강형(補强桁)과 구분하여 부른다.
3. 최근 고강도 강재를 사용하여 브레이싱과 거더 수를 줄이는 강판형교(鋼板桁橋, Steel plate girder bridge, 즉 小數 柱桁橋를 주로 가설하는 추세이다.

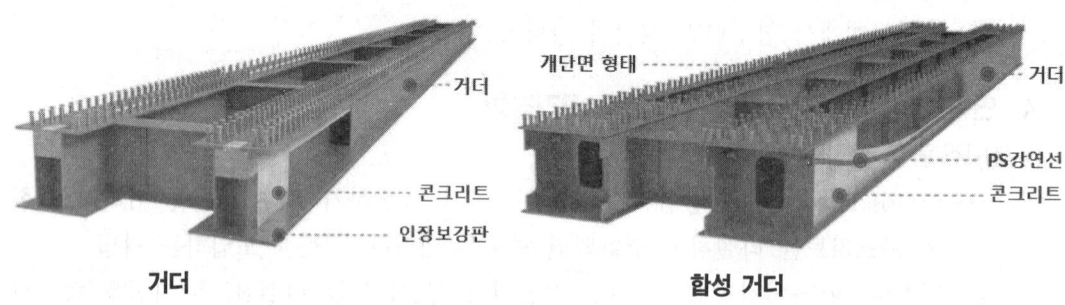

거더   합성 거더

2. 합성 거더(Composite Girder)

1. 합성 거더(合成—)는 서로 다른 재료로 거더[대들보]를 합성하여 휨저항을 증대시킨 복합거더를 말한다.
2. 철근콘크리트구조의 바닥판을 가진 강형교(鋼桁橋)에서 바닥판은 교량 위를 지나는 차량하중을 교량의 본체인 주(柱)거더에 전달하는 역할을 하면서, 동시에 주(柱)거더와 합성하여 휨에 일체로 저항하도록 설계한 구조형식이 강(鋼)콘크리트 합성거더교이다.
3. 강(鋼)콘크리트 합성거더교가 휨을 받으면 철근콘크리트 부분은 압축에 저항하고, 강거더 부분은 인장에 저항하여 서로 다른 재료의 특징을 살려 협력하기 때문에 경제적인 구조형식이다.
4. 합성 거더교에는 Steel box girder(鋼合性桁橋), Steel deck girder(鋼床板桁橋), PSC box girder橋, PSC beam橋 등이 있다.109)

---

109) 박효성 외, 'Final 토목시공기술사 핵심문제', 예문사, p.592, 2008.

09.18 IPC Girder橋

IPC거더(Incrementally Prestressed Concrete Girder) 교량 [1, 0]

1. 개요

(1) IPC 공법이란 PC 교량 거더의 높이를 기존 제품보다 동일한 경간에서 1/2로 낮추거나 최대 60m까지 長경간으로 가설하는 최저 형고와 최장 경간을 실현한 새로운 개념의 다단계 긴장형 프리스트레스트 콘크리트 거더(Incrementally Prestressed Concrete Girder)를 말한다.

(2) IPC 공법은 30m 이하의 경간에만 사용되어 왔던 프리스트레스트 콘크리트 거더를 60m 長경간의 교량까지 확대 적용할 수 있다는 점에서 토목학계 및 건설업계에서는 토목기술 발전에 전환점이 될 획기적인 신기술로 평가하고 있다.

(3) IPC 공법은 거더를 제작할 때 긴장력을 단계별로 수차례 나누어 도입함으로써 기존 방법보다 거더 높이를 현격히 줄이거나 경간을 훨씬 증가시키는 신기술이다.

(4) IPC 공법은 1999년 아주대학교 토목공학과 교수진과 토목벤처기업 (주)인터컨스텍에 의하여 산학협동으로 개발되어 국토교통부로부터 건설신기술로 지정받았다.

2. IPC girder 개발 의미

(1) 교량 경간을 연장시키려는 시도는 지난 200년간 약 50년을 주기로 여러 차례의 기술적인 도약을 통하여 발전되어 왔다.

① 1800년대 시멘트 발명 이후 교량 7~8m 경간으로 제작

② 1900년대 RC철근콘크리트 개발 이후 교량 15m 경간으로 연장

③ 1960년대 PSC girder 개발 이후 교량 30m 경간으로 연장

④ 2000년대 대한민국에서 IPC girder 개발로 60m 경간으로 연장

(2) 지금까지 교량 경간 연장은 철근이나 고강도 강선의 등장으로 이루어졌으나, 이번에 개발된 IPC girder는 기존 PSC girder의 설계기술을 응용한 신기술이다.

① 기존 PSC girder는 노후화 등으로 긴장력의 추가 도입이 필요하더라도 기존 강선의 추가 긴장이 불가능함에 따라, 단계적으로 강선의 일부를 再긴장할 수 있도록 정착방법 및 정착장치의 위치를 조정하였다.

② IPC girder橋는 다른 형식의 거더(preflex beam, steel box 등)에 비해 유지관리 단계에서 거더의 내하력을 증대시킬 필요가 있을 경우에 간단하게 보강이 가능하기 때문에 비용 측면에서 유지관리가 훨씬 경제적이다.110)

---

110) Civil Engineering, 'IPC Girder와 타형식(PSC빔, Preflex, 강박스)과의 비교', 2012.

09.19 교량의 솟음(Camber)

프리플렉스 보(Preflex Beam)와 Precom(Prestressed Composite) 비교 [2, 1]

Ⅰ. 개요

1. 최근 교량 설계단계에서 구조적 안전성뿐만 아니라 환경성, 주변과의 조화를 강조하는 시대적 추세에 따라 다양한 형식과 공법의 적용이 확대되고 있으나, 구조적 안전성 확보를 위해 요구되는 교량의 솟음(camber) 문제는 여전히 미흡하다.

2. 고속철도 교량의 경우, 연직처짐을 고려한 솟음(camber)의 적용은 이미 규격화되어 있는 短경간 교량에서는 큰 문제가 없으나, 長경간 교량의 처짐과 솟음(camber)에 대한 적정 범위 예측을 통해 시공안전성과 주행안전성을 확보할 필요가 있다.

Ⅱ. 교량의 솟음(camber)

1. 필요성

(1) 고속철도 교량 거더에는 시공 中이나 준공 後에 자중, 가설하중, 프리스트레스, 크리프, 건조수축, 온도하중, 2차 고정하중, 활하중 등 다양한 하중이 작용된다.

(2) 따라서, 고속철도 교량 설계단계에서 큰 변동하중을 고려하여 피로에 대한 저항 성능이 큰 구조로 결정하며, 특히 차량의 고속주행에 따른 주행안전성, 평탄성 등의 동적 안전성 요구조건도 만족시켜야 한다.

(3) 그 중 교량 거더의 연직처짐은 중차량 통행제한 여부를 판단하는 주요 인자이며, 시공단계에서 계획고 유지, 유지관리단계에서 교량 사용성에 큰 영향을 미치므로 교량 설계자는 처짐량을 예측하고 그에 대비한 솟음을 설치해야 한다.

2. 솟음 산정방법

(1) 교량의 솟음은 기본적으로 처짐을 예측하여 역방향의 곡선을 미리 설치하는 것이므로, 적정한 솟음을 산정하려면 처짐을 정확히 예측하는 것이 중요하다.

(2) 처짐은 자중, 활하중뿐만 아니라, 콘크리트의 압축강도, 탄성계수, 건조수축, 크리프, 프리스트레스 손실 등 다양한 인자의 영향을 받으며, 그 중 대부분은 시간의 영향을 받으므로 이로 인한 처짐을 정확히 예측하기는 매우 어렵다.

(3) 잘못된 예측으로 작은 양의 처짐이 발생할 경우에는 오히려 교량의 구조적 안전성, 시공성, 사용성 등에 불리하게 작용된다. 그러나, 보는 처짐곡선이 이론적으로 포물선에 가깝고, 처짐의 크기는 경간 길이에 비해 매우 작기 때문에 적당한 정확도로 예측한다면 일반적으로 수용 가능하다.

(4) 미국 Ricker(1938)는 보의 솟음(camber)은 고정하중으로 인한 처짐의 일정 비율 또는 전체를 반영하거나, 활하중으로 인한 처짐의 일부를 추가로 적용하며, 고정하중과 활하중의 상대적 비중, 활하중의 빈도와 강도, 유사한 부재들의 거동이력, 그 외의 적절한 인자들을 고려하여 적용하도록 제안하였다.

(5) 미국 Suprenat(1982)는 캠버 계산할 때 어떤 하중을 어떻게 적용할지는 구조물의 특성과 상황을 고려하여 기술자가 판단할 사항이며, 특히 활하중의 영향을 얼마나 고려할지는 신중하게 접근할 필요가 있다고 제안하였다.

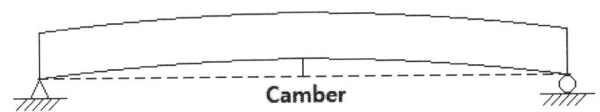

Camber

3. 해외 산정기준

(1) 교량 슬래브에 솟음(camber)의 적용에 따른 이득이 솟음의 계산이나 시공 등의 노력에 비해 비효율적인 短경간에는 굳이 캠버를 적용할 필요가 없으나, 長경간에는 가급적 작은 값으로 솟음을 설정할 필요가 있다.

(2) 고속철도 건설사업의 경우, 해외 각국에서는 교량의 목적·형식·지간 등을 고려하여 캠버 산정을 위한 하중기준이나 한계치 등을 마련하여 적용하고 있다.

해외 고속철도 교량 솟음(camber) 산정기준 사례

구분		지간(L)	적용방법	한계치
UIC Leaflet 76-3R[1]		12m 이상	고정하중에 의한 처짐	L/100
미국	강구조협회(AISC)	50ft(15m) 以上	–	50ft(15m)
		50ft(15m) 以下	50ft(15m) 초과 매 10ft(3.048m)당 1/8in(3mm) 증가	L/800
영국	강구조협회(SCI)	12m 以上	(고정하중+2차고정하중)에 의한 처짐	–
	GC/RC 510	12m 以上	(고정하중 처짐) + (활하중에 의한 처짐의 1/2)	–
중국	콘크리트도상궤도 부설 요구조건	50m 이하	–	7mm
		50m 초과	–	L/700 또는 14mm
	하다선	21m 이상	횡하중과 1/2 정하중의 처짐	–

주1) UIC : 국제철도연맹(佛語, Union Internationale des Chemins de fer)

4. 국내 문제점

(1) 2011년 개정된 국내 고속철도 설계기준에는 강교 및 강합성교의 솟음량 산정할 때 고정하중에 의한 처짐을 고려하도록 규정되었으며, 경부고속철도와 호남고속철도는 2011년 이전에 설계됨에 따라 솟음량 산정할 때 고정하중과 1/2 활하중

에 의한 처짐을 고려하여 설계되었다.

⑵ 이는 1995년 프랑스 SYSTRA사의 고속철도 교량 자문결과에 기초한 기준이다. 호남고속철도 솟음량 검토결과, 50m 지간의 소수주형교에 91.396m의 솟음이 적용되었고, 이 중 1/2 활하중에 의한 솟음은 17.894m가 적용되었다.

⑶ 호남고속철도 교량 솟음량 산정할 때 활하중의 영향을 1/2만을 고려하였음에도 불구하고 PSC BOX(1@40m) 교량에서 5.343m 처짐이 예측되었다. 그러나, 경부고속철도의 동일 형식 교량에서 실제 활하중(10%)이 재하되었음에도 1.450m 처짐이 발생되어 예측치보다 실측치가 크게 적은 것으로 나타났다.

⑷ 1/2 활하중의 영향을 고려한 국내 고속철도 교량의 솟음량은 궤도 콘크리트층의 최소두께를 확보할 수 없어 교량-궤도의 시공성과 구조적 안전성에 불리하게 작용될 수 있으며, 이에 대한 근본적인 해결을 위해 솟음량 산정을 위한 하중 적용기준의 재검토할 필요가 있다.

⑸ 또한, 소수주형교, 아치교 등 특수교량에서는 직접적인 비교·검토가 불가능하나, 역시 활하중에 의한 처짐을 과다하게 반영되었을 것으로 판단되며, 이에 대해서도 역시 추가 연구가 필요하다.

Ⅲ. 맺음말

1. 고속철도 교량 거더에는 시공 中이나 준공 後에 매우 크고 다양한 하중에 의해 연직처짐이 발생되며, 연직처짐은 열차의 주행안전성·승차감 등의 운행 한계조건을 판단하는 중요 인자이므로, 솟음 적용을 통해 처짐이 안전운행 측면에서 유지되도록 연구할 필요가 있다.

2. 그러나, 2011년 철도설계기준 개정 이전에 설계된 경부 및 호남고속철도 교량은 설계단계에서 고정하중(2차 고정하중 포함)과 1/2 활하중에 의한 처짐을 고려하여 솟음을 산정함에 따라, 콘크리트궤도구조의 안전성 확보에 불리하게 작용되고 있으며, 교량 설계단계에서 예측된 1/2 활하중의 영향은 실제 고속열차 주행 중 실하중에 의해 발생되는 처짐량에 비해 과다하다.

3. 따라서, 솟음량 산정을 위한 하중조합의 재검토, 교량의 형식·지간, 교량 위에 부설되는 도상의 종류 등에 따른 솟음의 한계치 설정 등 교량-궤도 간 상호 인터페이스 및 구조적 안전성 확보가 가능한 솟음량 산정기준이 필요할 것으로 판단된다.[111]

---

111) 이병길 외, '고속철도 교량 주거더의 솟음량에 대한 소고', 한국철도학회, 추계학술대회 논문집, 2013.

09.20 프리플렉스 보 (Preflex beam)

프리플렉스 보(Preflex Beam)와 Precom(Prestressed Composite) 비교 [2, 1]

1. 개요

(1) 프리플렉스 빔(Preflex Beam)은 일종의 프리텐션(pretension)공법으로 미리 솟음 (camber)를 준 I형 강재 Beam에 하중을 가하여 하부 플랜지가 최대 인장상태에 있을 때 하부플랜지에 고강도 콘크리트를 타설하고, 콘크리트 양생 後 프리플렉스 하중을 제거하여 하부 플랜지 콘크리트에 작용되는 큰 압축응력을 프리스트레스로 이용하는 빔이다.

(2) 프리플렉스 빔(Preflex Beam)은 소정의 솟음을 갖도록 미리 공장 제작된 강재보의 1/4 지점에 preflexion 하중을 가한 상태에서 하부 플랜지에 콘크리트를 타설하고, 경화 後 하중을 제거하여 콘크리트에 긴장력(prestress)이 도입된 Beam을 말한다.

(3) 프리플렉스 빔(Preflex beam) 합성교는 형고가 낮으므로, 도심지 육교, 선박 운행 등을 위하여 교하(橋下)공간을 높이 확보해야 하는 지점에 유리한 형식이다.

2. 프리플렉스 빔의 제작순서

(1) 솟음(camber)가 주어진 I형 강재빔을 제작한 後 재하대에 거치한다.

(2) 거치된 강재빔에 프리플렉스 하중을 가해 하부플랜지가 인장상태에 놓이도록 한다.

(3) 프리플렉스 하중을 유지한 상태에서 하부 플랜지에 철근을 배근하고 콘크리트를 타설하고 양생한다.

(4) 콘크리트가 양생된 後, 프리플렉스 하중을 제거하여 하부 플랜지 콘크리트에 프리스트레스를 도입한다.

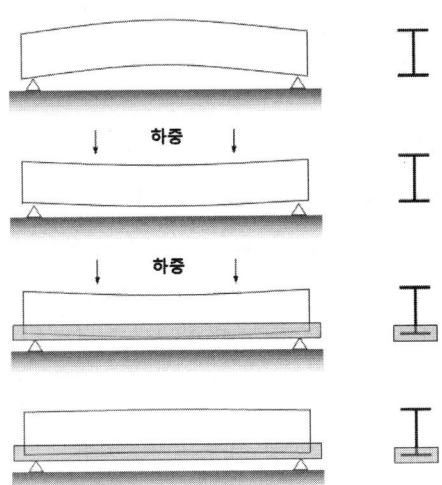

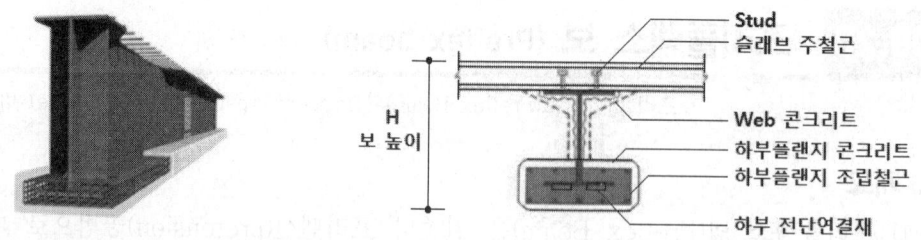

3. 프리플렉스 빔의 시공 유의사항

(1) 크레인 양중무게 검토

① 프리프렉스 빔의 자중이 현장 크레인의 양중능력 범위 이내이어야 한다.

(2) 현장 진입로 검토

① 프리플렉스 빔은 철골과 달리 현장에서 절단·제작이 불가능하므로 長경간의 프리플렉스 빔이 주변 진입로를 통해 현장에 반입할 수 있는지 확인해야 한다.

(3) Opening 크기·위치 제한 검토

① 철골보 web의 1/2까지만 설비 배치를 위한 개구부(opening) 가능하다.

② 기둥부분은 개구부 높이의 3.5배 이상 떨어진 곳에 위치해야 한다.

(4) 이음부의 여유

① 일반 철골에서 이음부의 여유는 5mm 정도이지만, 프리프렉스 빔은 캠버를 고려하여 이음부의 여유는 10mm 정도 확보해야 한다.

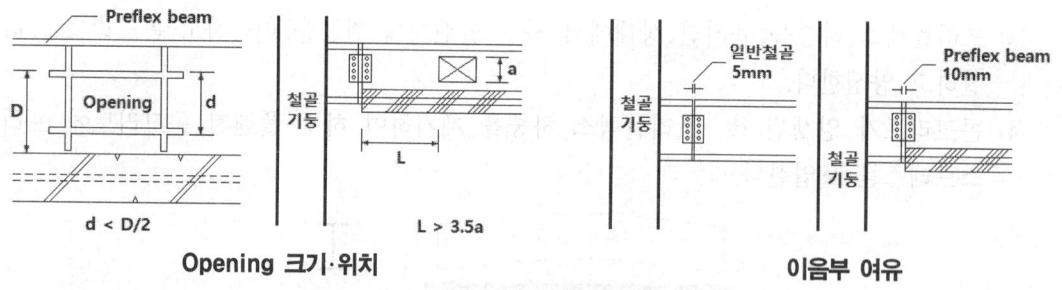

Opening 크기·위치   **이음부 여유**

4. 프리플렉스 빔의 적용성

(1) 프리플렉스 빔은 경간(span) 길이를 좀더 길게 제작하여 중간에 기둥을 삭제함으로써 교하(橋下)공간의 활용을 극대화하는 토목·건축공사용 철골 Beam이다.

(2) 프리플렉스 빔은 철골과 콘크리트의 구조적 장점을 최대한 활용한 합성보로서 처짐과 진동이 적어 長경간 구조물에 유리하며,

(3) 국내에서 프리플렉스 빔은 경제성과 시공성이 우수한 다양한 철골 Beam 제품으로 생산되어 교량, 육교, 초고층빌딩, 주차빌딩 등에 많이 사용되고 있다.[112]

112) 박효성 외, 'Final 토목시공기술사 핵심문제', 예문사, p.597, 2008.

09.21 FSM (Full Staging Method)

3경간 연속철근콘크리트교, 동바리 공법(FSM, full staging method) [0, 9]

Ⅰ. 개요

1. 3경간 연속철근콘크리트 합성형교는 동바리공법(FSM, full staging method)으로 시공되는 대표적인 현장타설 철근콘크리트 구조물이다.

2. 합성형교는 강형과 철근콘크리트 바닥판을 전단연결재(shear connector)로 연결시켜 하중에 저항하도록 설계된 Girder교의 일종으로, 강재 I형강과 Preflex beam을 사용하는 현장타설 교량가설공법이다. 합성형교는 가설 중 콘크리트 타설순서를 지키지 않는 경우에 동바리 붕괴, 슬래브 균열 등의 심각한 문제점이 유발된다.

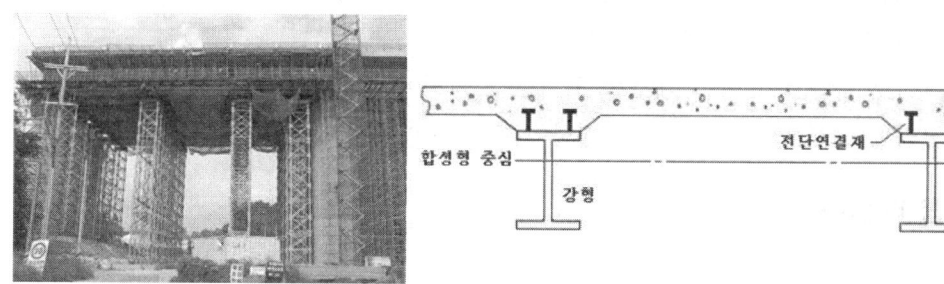

동바리공법(FSM, full staging method)

Ⅱ. FSM 가설공사

1. 동바리

(1) 鋼材 동바리를 사용하는 경우, 콘크리트 타설에 대한 허용응력 확인한다.

(2) 동비리가 부등침하 방지를 위해 충분한 강성을 갖추었는지 지반 침하량 측정장치를 설치하여 확인한다.

(3) 재사용 鋼材 동바리의 허용응력 저하(I-beam 85~90%, 기타강재 80~85%)에 대한 안전율을 확인한다.

(4) 재사용 鋼材 동바리의 변형(좌굴, deflection) 방지를 위하여 bracing 설치, 단면 보강 필요성 여부 등을 검토한다.

2. 거푸집

(1) 거푸집은 기본적으로 충분한 강성, 수밀성 및 내구성을 갖추어야 한다.

(2) 콘크리트 타설 후 자중에 의한 처짐량(camber) 만큼 높게 설치한다.

(3) 콘크리트 타설로 인한 거푸집 변형이 없도록 버팀대의 위치 및 간격을 계산에 의

해 조정(버팀대 1개당 6t 지지)한다.

(4) 거푸집과 동바리는 취급하기 쉽고, 반복 사용이 가능한 구조로 설치한다.

Ⅲ. FSM 콘크리트 타설

1. 타설 원칙

(1) 콘크리트 슬래브의 타설계획은 경제성, 공기, 안전성, 레미콘 운반방법 등을 종합 적으로 고려하여 수립해야 한다.

(2) 콘크리트 슬래브의 주요 부재는 변형량이 큰 중앙부에서부터 타설한다.

(3) 시공이음 위치는 표준시방서에 따라 수평이음은 바닥판 hunch와 함께 설치하고, 수직이음은 휨모멘트(bending moment)가 변화(+, −)되는 지점, 전단력이 최소가 되는 지점 등에 엇갈리게 설치한다.

(4) 콘크리트 슬래브의 이음 개소를 최소로 설치해야 주행성·평탄성이 향상된다.

(5) 콘크리트 슬래브의 교축방향에 대하여 교각 중앙에서 좌우대칭으로 타설한다.

2. 횡방향 타설순서

(1) PSC box girder교

① Bottom slab와 복부 접합부 → ② Bottom slab → ③ 복부 콘크리트 → ④ 슬 래브 콘크리트 순으로 타설한다.

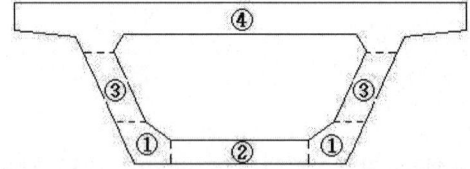

(2) RC T형교

① 보 부분을 먼저 타설한 후 → ② 중앙에서 대칭되도록 좌·우 동시 타설한다.

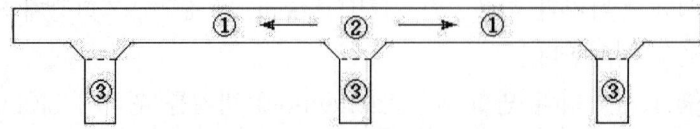

(3) 횡방향 타설 유의사항

① 교량 중심선에 대해 좌우 대칭으로 타설하여 응력의 균형을 유지한다.

② Cantilever가 좌우 비대칭일 때는 비틀림이 발생되지 않도록 조치한다.

③ 도로중심선에 대해 횡단경사가 있을 때는 낮은 쪽에서 높은 쪽으로 타설한다.

3. 종방향 타설순서

(1) 콘크리트 슬래브 주요 구조부의 안전성이 결여되지 않도록 변형이 크게 발생되는 지간의 중앙부에서부터 타설하기 시작한다.

(2) 최대변위가 발생되는 경간을 먼저 타설한다. 이때 먼저 타설된 콘크리트가 나중에 타설된 콘크리트 자중에 의한 변위에 영향을 받지 않도록 조치한다.

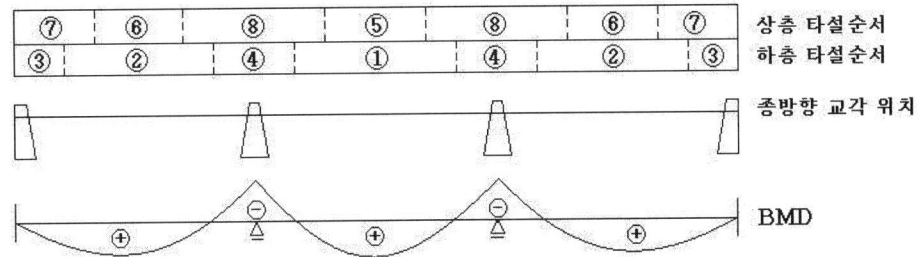

(3) 경간 중앙부에서 시작하여 좌우대칭으로 타설하면서, ⊕모멘트 구간을 먼저 타설하고, ⊖모멘트 구간을 나중에 타설한다.

(4) BMD 상에서 ⊕모멘트와 ⊖모멘트의 교차점에 시공줄눈을 설치한다. 이때, 시공줄눈이 수평방향으로 동일한 연직선 상에 위치하지 않도록 한다.

(5) 종단경사와 횡단경사가 있는 구간에는 낮은 쪽에서 높은 쪽으로 타설한다. 다만, 교직각 방향으로는 시공줄눈을 가급적 줄여야 주행성을 향상시킬 수 있다.

4. 타설순서를 준수해야 하는 이유

(1) 콘크리트 슬래브 중앙부의 동바리 처짐이 가장 큰 지점부터 타설하고 좌우대칭으로 동시에 타설해야 하중 불균형으로 초래되는 2차 응력을 제거할 수 있다.

(2) 이때, 처짐이 가장 큰 중앙부를 먼저 타설한 후, 처짐에 의한 솟음(camber)이 회복되었는지를 실측하여 확인해야 한다.

(3) Girder 복부와 슬래브 사이에 시공이음을 설치하여 침하균열 발생을 제어한다.

(4) 양측 지점부의 콘크리트 타설로 발생될 (+)moment에 대비하여 강도가 충분히 발현된 후, 지점부를 최종 타설하여야 건조수축과 침하균열을 줄일 수 있다.

5. 타설 마무리·양생

(1) 진동다짐 : 타설 중 재료분리 없도록 진동기 다짐봉 간격 50cm 이하를 준수한다.

(2) 수평시공이음 : 구조물 강도에 영향이 적은 지점에 압축력을 받는 방향과 직각으로 설치하고, water jet 청소, chipping 마무리, 필요하면 지수판을 설치한다.

(3) 수직시공이음 : Cold joint로 인한 불연속면이 없도록, 수화열돼 외기온도에 의한 온도응력 및 건조수축 균열을 고려하여 위치를 결정한다.

(4) 표면마무리 : 바닥판은 수평실 또는 규준대를 이용하여 측정하면서 흙손으로 매끈

하게 고른후, 수직이음부의 중앙에 솟음(camber)을 설치한다.

⑸ 양생 : 습윤양생이 원칙이며, 서중콘크리트는 pre cooling 또는 pipe cooling으로 건조수축 방지, 한중콘크리트는 증기·전기양생으로 초기 동해방지에 유의한다.

6. 교면방수, 신축이음장치

⑴ 교면방수 : 콘크리트 양생 후 침투식 방수제(sell cone, PP proof) 도포, 계면활성 작용에 의해 바닥판 표면에 침투(두께 5mm)되어 규산염의 방수층을 형성한다.

⑵ 신축이음장치 : 콘크리트 타설 중 기온(15℃ 기준)를 고려하여 expansion joint의 shoe, beam 간격을 조정하여 설치한다.

Ⅳ. FSM 시공 유의사항

1. 기초지반 처리 : 동바리 설치 지반이 연약하여 콘크리트 타설 중 침하발생이 우려될 때는 지반처리하여 침하가 생기지 않도록 조치한다.

2. 거푸집·동바리 : 거푸집은 공사 중 하중과 측압에 견딜 수 있는 강성을, 동바리는 하중전달 기능과 부등침하 방지에 필요한 강성을 가져야 한다.

3. 타설순서 : 설계도서 및 시방서에 규정된 타설순서를 준수하여야 콘크리트 구조물의 이상응력 발생을 방지한다.

4. 예비장비 확보 : 콘크리트 타설 중 예기치 못한 장비의 고장, cold joint 발생 방지, 인력·자재·장비 수급균형 유지 등을 위하여 예비장비 확보한다.

6. 품질관리 : 콘크리트 타설 중 slump 측정, 공기량 시험, 염화물 함유량 시험 등 품질관리에 필요한 현장시험을 시방규정에 따라 실시한다.

5. 건조수축 방지·양생 : 콘크리트 타설 후 습윤양생 단계에서 급격한 수분증발 방지를 위해 표면보호, 살수, 직사광선 차단막 설치 등 외력으로부터 보호한다.

Ⅴ. 맺음말

1. 연속 PSC box girder교의 경우에 콘크리트 슬래브의 타설순서를 준수하지 못하면 2차 응력이 발생되어 침하에 따른 처짐(camber) 발생의 원인이 된다.

2. 또한 동바리와 거푸집을 슬래브 콘크리트 타설후 85% 강도에 도달했을 때 시행하는 pre-stressing에 지장을 초래하지 않는 구조로 설치해야 처짐(camber) 발생을 방지하여 소정의 품질을 확보할 수 있는 교량을 만들 수 있다.113)

---

113) 박효성 외, 'Final 토목시공기술사 핵심문제', 예문사, pp.595~596, 2008.

09.22 FCM (Free Cantilever Method)

현장타설 FCM(Free Cantilever Method) [2, 5]

Ⅰ. 개요

1. FCM공법(Free Cantilever Method)은 교량 하부에 동바리를 사용하지 않고 특수한 가설장비를 이용하여 각 교각으로부터 좌우 평형을 맞추면서 세그먼트를 순차적으로 접합하여 경간을 구성하며 인접 교각에서 동시에 만들어져 온 세그먼트와 접합하는 교량 가설방식이다.

2. FCM공법은 1950년대 초반 독일 Dyckerhoff & Widman Co.의 Dywidag공법 개발이 시초였다. 대한민국에는 한강 원효대교에 FCM Dywidag공법이 최초 시공된 後, 주로 고속도로 교량에 많이 적용되었으며 익산포항고속도로의 만덕교가 국내 최대 경간장 170m이다. FCM공법의 세계 최대 경간장 기록은 1998년 준공된 노르웨이 Stolmasundet교의 301m이다.

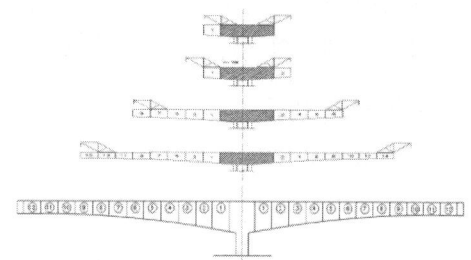

FCM (Free Cantilever Method)

Ⅱ. FCM공법(Free Cantilever Method)

1. 특성

(1) 적용대상 : FCM공법은 FSM공법에 비해 아래와 같은 長경간에 시공 가능하다.
   ① 현장타설 FCM공법의 경우에는 80~250m 경간
   ② PSM공법(Precast Segment Method)에는 40~150m 경간
   ③ 사장교(Cable Stayed Bridge)에는 400m 초과하는 경간에도 적용 가능

(2) 적용조건 : 동바리 설치가 어려워서 시공 난이도가 높은 경우에 가능하다.
   ① 해상 구간으로 공사 중 선박통행을 허용하거나 수심이 깊은 경우
   ② 깊은 계곡 통과 구간에서 시공 중 홍수 위험이 큰 경우
   ③ 건물, 주거지, 도로, 철도 등을 횡단하는 長경간 교량의 경우
   ④ 기타 조건으로 지반에 연약하여 동바리 설치가 불가능한 경우

2. 장점

(1) 동바리가 필요하지 않아 깊은 계곡이나 하천, 해상 그리고 교통량이 많은 위치에 적용할 경우에 경제성이 좋다.

(2) 상판(세그먼트) 제작에 필요한 모든 장비를 갖춘 이동식 작업차를 이용하여 가설 하므로 별도의 대형 가설장비 없이 장대교량 시공이 가능하다.

(3) 거푸집 설치, 콘크리트 타설 등 모든 공정이 동일하게 반복되므로 시공속도가 빠르고 작업원의 숙련도가 빨라 능률적·효과적으로 시공할 수 있다.

(4) 3~5m의 단위 길이로 상판을 나누어 시공하므로 상부구조 단면이 변화하는 방식으로도 시공이 가능하다.

(5) 대부분의 작업이 이동식 작업차 내에서 실시되므로 기후조건에 관계없이 시공관리를 확실하게 행할 수 있다.

(6) 각 상판(세그먼트) 시공단계마다 오차수정이 가능하여 시공정밀도가 높다.

3. 단점

(1) 각 상판(세그먼트) 시공단계마다 상판의 두께가 변화하기 때문에 다른 공법에 대비하여 교량의 설계가 까다롭고 시공 역시 정밀하게 수행되어야 한다.

4. FCM공법의 종류

(1) 현장타설 캔틸레버 공법 : 이동식 작업차(Form traveler)를 이용하거나 이동식 가설트러스(Moving gantry)를 이용하여 가설할 수 있다.

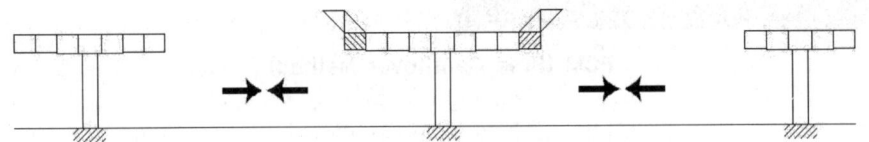

Form traveler

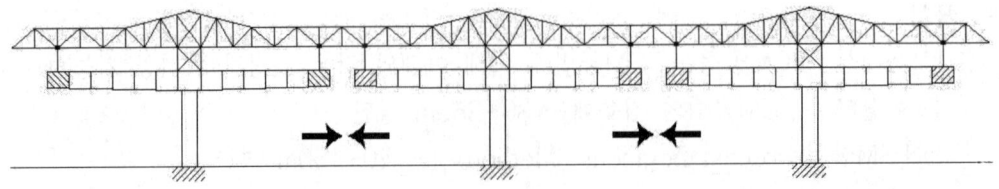

Moving gantry

(2) 프리캐스트 세그먼트 공법 : 제조공장에서 제작된 세그먼트를 Launching girder 나 가설 Truss를 이용하여 건설현장에서 조립하면서 가설할 수 있다.

5. FCM공법의 구조형식

(1) 힌지식   : 중앙부 처짐으로 주행성 불량, 시공 중에 안전성 양호

(2) 연속보식 : 주행성 양호, 시공 중에 안전성 저하

(3) 라멘식   : 주행성 양호, 시공 중에 안전성 양호

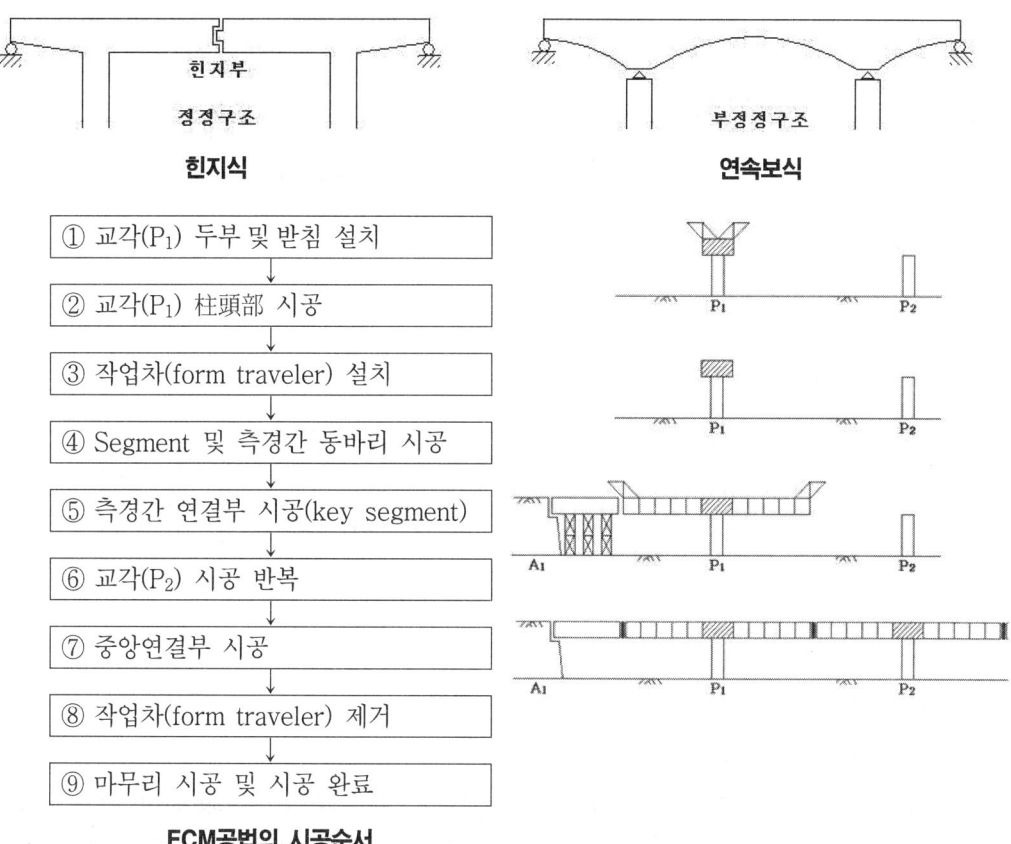

힌지식　　　　　　　　　　　　**연속보식**

① 교각(P_1) 두부 및 받침 설치

② 교각(P_1) 柱頭部 시공

③ 작업차(form traveler) 설치

④ Segment 및 측경간 동바리 시공

⑤ 측경간 연결부 시공(key segment)

⑥ 교각(P_2) 시공 반복

⑦ 중앙연결부 시공

⑧ 작업차(form traveler) 제거

⑨ 마무리 시공 및 시공 완료

FCM공법의 시공순서

III. FCM공법 시공 유의사항

1. FCM공법의 불균형 모멘트(Unbalanced moment)

(1) 불균형 모멘트란?

　　① FCM공법에서 교각을 중심으로 좌·우로 segment를 추진할 때 상당량의 모멘트가 발생되는데, 이때 교각 좌·우 모멘트가 평형을 유지하지 못하고 불균형 상태가 발생되면, 대단히 위험한 상황이 초래될 수 있다.

(2) 불균형 모멘트의 발생원인

　　① 양측 segment의 自重 차이

　　② 양측 콘크리트의 타설 불일치

　　③ 예기치 못한 上方向의 풍하중

　　④ 과도한 작업하중, 시공오차 등

(3) 불균형 모멘트 발생에 대한 대응방안

① 임시 동바리(temporary prop) 설치

② 케이블 지지(stay cable)

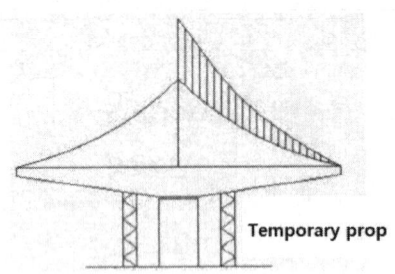

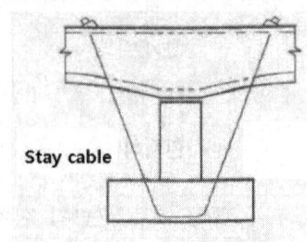

③ 고정 핀(fixation bar) 설치

④ 복합적인 안전조치 강구

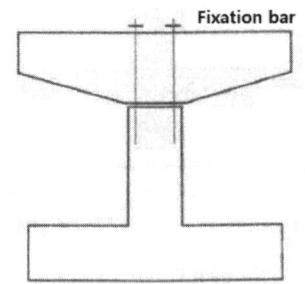

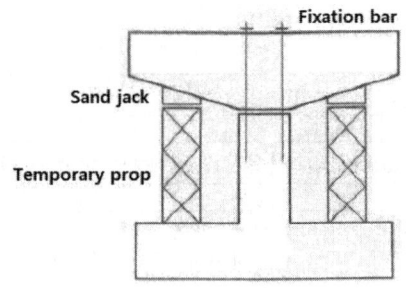

2. FCM공법의 Tendon(key segmant) 배치

(1) Tendon(key segment)이란?

① FCM공법 시공 中 발생되는 負모멘트와 시공 後 key segment 연결로 발생되는 正모멘트에 저항하기 위하여 종방향 연결재(tendon)의 배치가 필요하다.

② FCM공법에는 종방향 tendon 외에 횡방향 tendon, 전단(shear) tendon 등을 적재적소에 배치하여 상·하부 플랜지와 복부(web)의 안정성을 증진한다.

(2) Cantilever tendon 배치방법

① 기능 ◦ 가설 중 segment 自重에 의한 負모멘트에 저항하는 연결재이다.

◦ 각 segment를 가설할 때마다 단계적으로 긴장하여 연결한다.

◦ 긴장재의 재료는 강봉보다 강선이 구조적으로 유리하다.

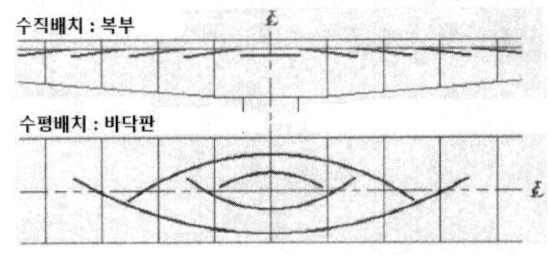

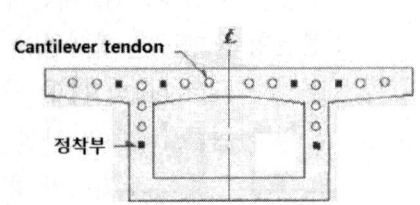

Cantilever tendon 배치방법

② 배치 　• 수직배치 : 복부(web)에 경사지게 배치하여 복부 내의 철근에 정착

　　　　　 • 수평배치 : 상부 바닥판에 배치하여 바닥판 내의 철근에 정착

(3) Continuous tendon 배치방법

① 기능 　• Cantilever 시공 후에 연결부의 key segment를 상부구조물 전체로 연결화하는데 필요한 연결재이다.

　　　　 • 연결화 후에 시간에 경과되면서 발생되는 正되모멘트에 저항한다.

② 배치 　• A tendon : 복부(web)를 따라 경사지게 올라가서 바닥판에 정착

　　　　 • B tendon : 하부 플랜지나 복부 접착부의 정착돌기에 정착

　　　　 • C tendon : 지점부에서 바닥판의 cantilever tendon 역할,

　　　　　　　　　　중앙부에서 바닥판의 continuous tendon 역할

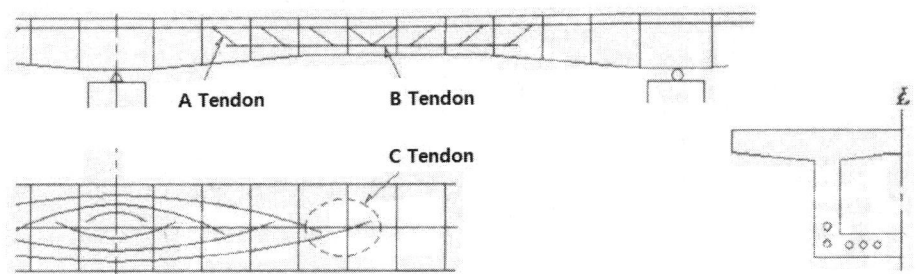

(4) Tendon(key segment) 배치 유의사항

① 작업차 운용을 위한 duct 구멍의 위치·크기 결정할 때의 고려사항

　○ 종방향 tendon 정착부의 최소거리

　○ 종방향 tendon의 최소곡률반경

　○ 횡방향 tendon 및 전단 tendon의 사용 여부

② Key segment 시공 착안사항

　○ Key segment 접합할 때 내·니부 온도차에 대한 보정을 실시한다.

　○ Key segment 콘크리트 타설 前·後에 거동 일치되도록 보강을 실시한다.

　　횡방향 구속은 X-bar(PS 강봉)를 설치하여 보강

　　처짐량 구속은 종방향 PS 강선을 설치하여 보강

　○ Key segment 처짐량은 측량기준점을 설정하여 관리할 정도로 중요하다.[114]

---

114) 박효성 외, 'Final 토목시공기술사 핵심문제', 예문사, pp.579~583, 2008.

09.23 라멘교 (Rahmen bridge)

콘크리트 라멘교(rahmen)의 시공계획 [1, 1]

Ⅰ. 라멘교 (Rahmen bridge)

1. 라멘교(Rahmen bridge)는 상부구조와 하부구조가 일체로 구성되는 교량 형식으로, 종래에는 문형 라멘교, 연속 라멘교, π형 라멘교, V각 라멘교 등이 사용되었다.

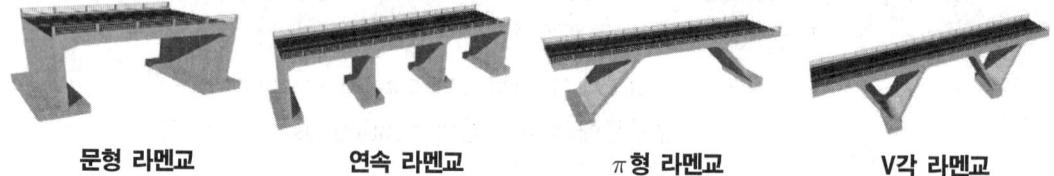

문형 라멘교 **연속 라멘교** **π형 라멘교** **V각 라멘교**

2. 최근에는 PF, 강재, PSC 빔, PSC 슬래브 등의 상부구조와 RC구조인 하부구조를 연결부(우각부)에서 일체로 구성하는 합성형 라멘교가 많이 사용된다.

   (1) **합성형 라멘교**(Composite rahmen bridge)

   ① 상부구조는 중앙에 PF 빔을 거치하고 양측 우각부는 SRC 구조로 연결하고, 하부구조는 바닥판, 기초 및 벽체를 RC 구조로 지지하는 전통적인 라멘교이다.

   ② 양측 우각부는 일체강형으로 휨모멘트에 대응, 경간 20~40m에 적용된다.

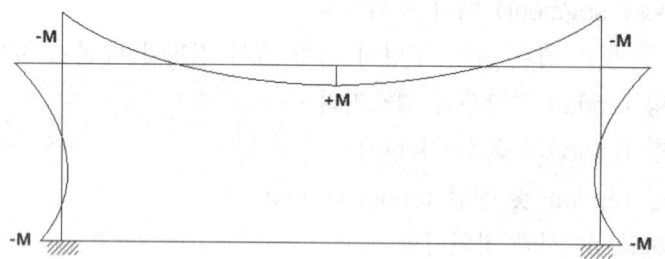

   (2) **PSI 鋼합성형 라멘교**

   ① 상부구조는 중앙에 PF 빔을 거치하고 양측 우각부는 SRC 구조로 연결하며, 하부구조는 바닥판, 기초 및 벽체를 RC 구조로 지지하는 형식의 라멘교이다.

   ② 양측 우각부는 받침강형과 둥근받침판으로 연결, 경간 20~50m에 적용된다.

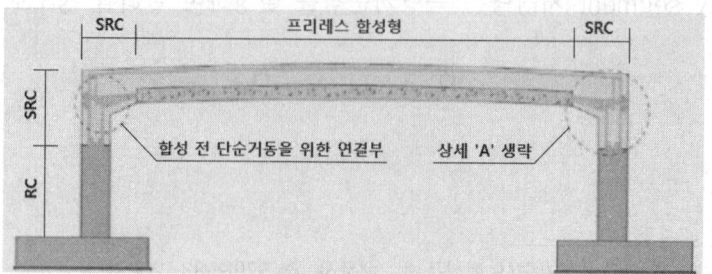

Ⅱ. PPS 콘크리트 라멘교

1. 용어 정의

⑴ PPS 콘크리트 라멘교(Prestressed precast segment concrete rahmen bridge) 는 신기술로 특허등록된 공법으로, 동바리를 설치하여 현장타설하는 전통적인 라멘교에 비해 시공속도가 매우 빠르고 경제적이다.

⑵ PPS 콘크리트 라멘교는 분절된 ∏형 콘크리트 세그먼트를 제작장에서 요구되는 수량을 수평상태로 타설하고 內的 프리스트레스를 도입하여 PSC 라멘형 세그먼트를 제작한 후, 가설현장까지 운반하여 크레인에 의해 순차적으로 거치하고 각 세그먼트를 횡방향 PS 강선으로 긴장하여 일체화 시키는 공법이다.

2. 공법의 특성

⑴ 시공성 : 라멘을 세그먼트化하여 수평제작하므로 품질관리가 용이하고, 현장에서 크레인으로 권양·거치하므로 시공성이 우수하다.

⑵ 경제성 : 라멘 세그먼트를 크레인으로 권양·거치하므로 시공비가 절감되고, 공사기간이 대폭 단축되어 제반 간접비도 절감된다.

⑶ 미관성 : 전통적인 RC 라멘교보다 형고가 낮아 날렵하고 개방감이 우수하며, 프리스트레스 도입으로 경간이 길어져 미관이 우수하다.

3. 역학적 개념

⑴ 설계하중에 의해 발생되는 라멘 주요부의 인장응력이 자체적으로 상쇄될 수 있도록 수평상태에서 내적 프리스트레스를 도입한다.

⑵ 세그먼트를 수직상태로 권양·거치할 때 세그먼트의 자중과 지점의 수평변위를 제어하기 위하여 PC 강선으로 외적 프리스트레스를 도입한다.

⑶ 라멘의 지점부는 기초 콘크리트를 단계별로 타설하여 회전모멘트를 점차 제어하는 힌지~고정 중간형태의 지점을 구성한다.[115]

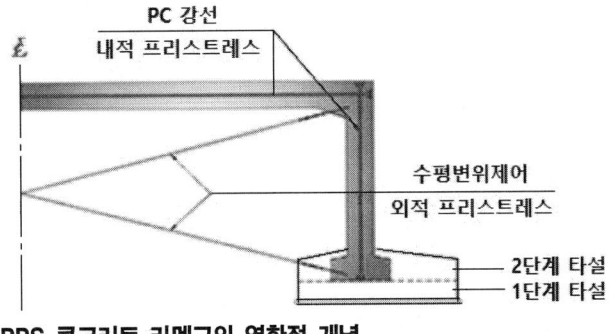

PPS 콘크리트 라멘교의 역학적 개념

---

115) ㈜스톤브릿지, 'PPS 콘크리트 라멘교', 특허 제10-1278151호, 2013.

4. 시공순서

(1) Precast 라멘 세그먼트 제작
　　제작장 조성하여
　　수평상태에서 제작

(2) 교축방향 프리스트레스 도입
　　수평상태에서 圖心위치에
　　교축방향으로 도입

(3) 권양 변위억제 브레이싱 설치
　　수평상태 권양 중 변위억제 위해
　　케이블로 된 경사브레이싱 설치

(4) 크레인 권양 및 수직세우기
　　현장으로 운반하여 크레인으로
　　세그먼트 권양하여 수직세우기

(5) 1차 라멘 기초콘크리트 타설
　　1차 라멘 기초부 철근배근
　　및 콘크리트 타설

(6) 1번 라멘 세그먼트 권양·거치
　　1차 타설된 기초큰크리트 위에
　　1번 라멘 세그먼트를 권양하여 거치

(7) 2번 라멘 세그먼트 권양·거치
　　1차 타설된 기초큰크리트 위에
　　2번 라멘 세그먼트를 권양하여 거치

(8) 교축직각방향 PC강선 결속
　　수직상태에서
　　교축직각방향으로 PC강선 결속

(9) 2차 라멘 기초콘크리트 타설
　　2차 라멘 기초부 철근배근
　　및 콘크리트 타설

(10) 전단키부 에폭시 주입
　　종방향 전단키부 에폭시 주입

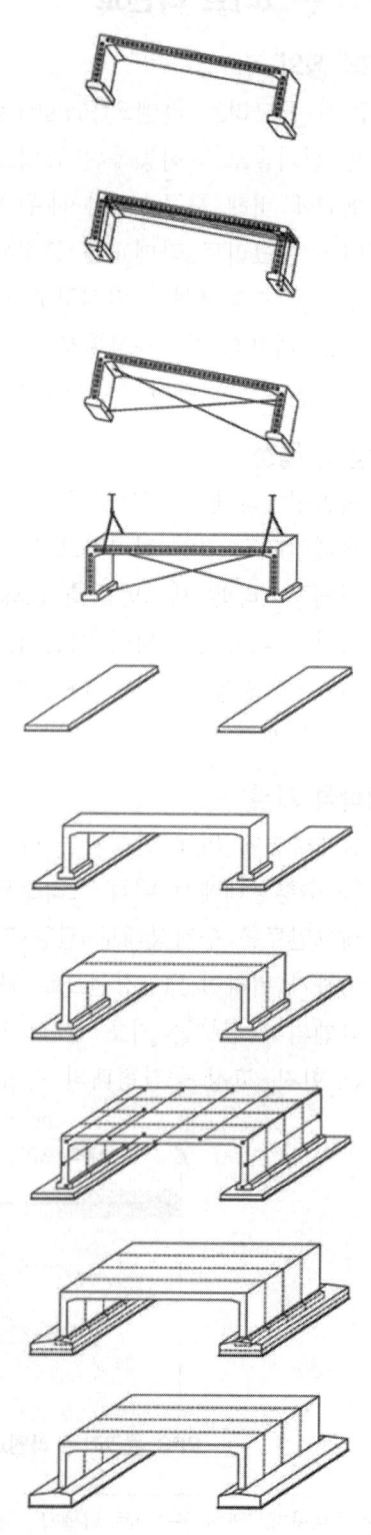

09.24 ILM (Incremental Launching Method)

연속압출공법(ILM, Incremental Launching Method)의 추진코(launching nose) [0, 4]

I. 개요

1. 연속압출공법(連續壓出工法, Incremental Launching Method)은 교량 상부구조물을 교대 후방에 미리 설치한 제작장에서 1세그먼트(segment)씩 제작하여, 미리 제작된 상부구조물에 Prestress(post tension)를 가한 후 교량의 교축방향으로 특수압출장비를 이용하여 조금씩 밀어내면서 가설하는 공법이다.

2. 연속압출공법(ILM)은 1960년대 독일에서 개발된 공법으로, 하천·계곡 횡단 연속교, 도로·철도 횡단 고가교 등 교각 높이가 높고 徑間 20~60m에 적용된다. 호남고속도로 금곡천교(1984)에 최초 적용, 한강의 행주대교, 남한강교 등에도 적용되었다.

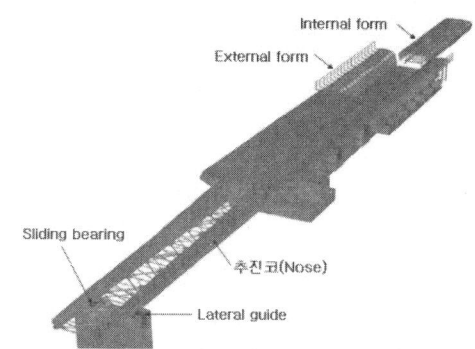

ILM (Incremental Launching Method)

II. 연속압출공법(ILM)

1. 압출방식

구분	Lift & Pushing method	Pulling method
압출방법	◦압출하려는 교대 위에 압출 Jack을 설치해 놓고, 구체 하면을 들어 올려서 전방으로 밀어낸다.	◦세그먼트 후방에 PS강재를 슬래브 하단에 고정시켜 놓고, 교대 전면에서 Jack를 이용하여 세그먼트를 당긴다.
하향 미끄러짐 대책	◦압출교대에 Braking saddle을 설치하기 때문에 하향종단구배에 의해 구체가 미끄러지려는 수평하중 제어력이 크다.	◦하향종단구배에 의해 구체가 미끄러지려는 수평하중 제어력은 교각의 각 지점과 Mound의 마찰저항력 뿐이다.
시공성	◦안정성 높고, 시공성 양호(후진 가능)	◦안정성 낮고, 시공성 불리(후진 不가능)
압출속도	◦1cycle(25cm) 압출에 1분30초 소요	◦1cycle(20cm) 압출에 1분30초 소요
시공실적	◦국내 시공실적 많다.	◦국내 시공실적 적다.

2. 압출순서

(1) 교대 또는 제1교각 후방에 주형 제작장 가설, segment 타설대 설치

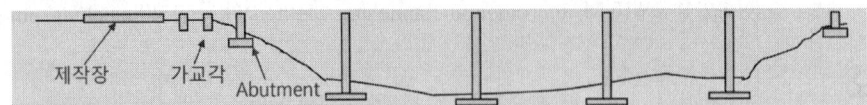

(2) 추진코(Nose) 설치, 1st segment 가설 및 압출

① 1st segment를 제작하여, 선단부에 추진코(nose)를 부착한다.

② 기 가설된 교각 위에 sliding bearing을 설치하고, 1st segment를 압출한다.

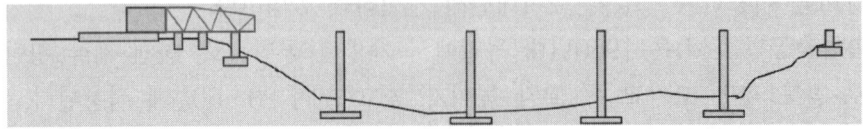

(3) 2nd segment 가설 및 압출 반복, …, 주형 밀어내기 완료

① 순차적으로 2nd, 3rd, …, segment를 제작하여 반복적으로 압출한다.

② 압출 중에 상·하부 슬래브와 복부(web)에 긴장대(PS강재, tendon)를 배치하고, prestressing을 병행한 후, 밀어내기를 완료한다.

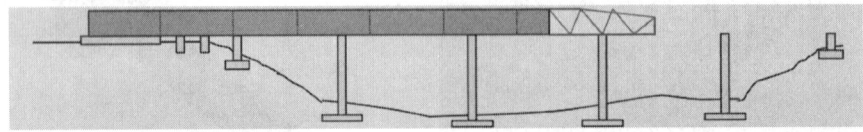

3. Segment 제작 Cycle Time (1-Cell 기준)

공종	1	2	3	4	5	6	7	8	9	10	11	12
강재 거푸집 청소 및 박리제 도포 외측 및 하부 거푸집 정밀조립	■											
하부 슬래브의 철근, 쉬즈관 ,텐던 조립 설치 복부 철근 조립 설치/연속텐던용 쉬즈관 설치		■■										
하부 슬래브 콘크리트 타설				■								
증기 양생				■■								
내부 거푸집 인출작업 및 정밀 조립					■							
상부 슬래브 철근, 쉬즈관 및 텐던 조립설치						■■■						
상부 슬래브 및 복부 콘크리트 타설								■				
증기 양생									■■			
Central Tendon(압출 텐던) 인장 작업											■	
압출 작업												■

4. 긴장대(PS강재, tendon) 배치

(1) 연속압출공법(ILM)에서 압출 중에 교량구조물의 모든 지점은 지점부를 지나갈 때는 부(-)모멘트를 받고, 지간 중앙부를 지나갈 때는 정(+)모멘트를 받는다.

(2) 압출 중에 발생되는 각 지점의 정(+)모멘트와 부(-)모멘트의 최대값을 계산하면 애래와 같은 모멘트線圖로 표시된다.

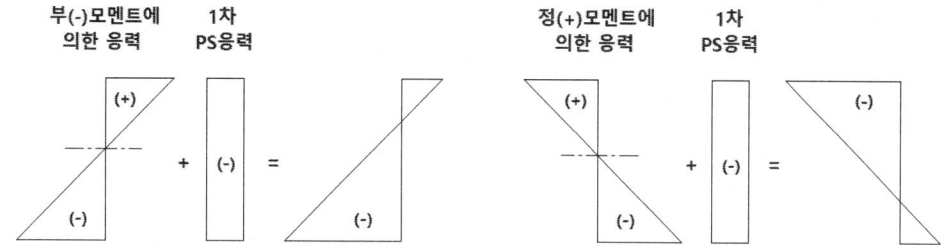

ILM에서 압출 중에 단면 내의 응력분포 변화 모멘트線圖

(3) 압출 중 nose 사하중 지지를 위해 상부 슬래브와 하부 바닥판에 긴장대(PS강재, tendon)를 직선으로 배치하고, prestressing을 병행한다.

(4) 압출 완료 후에 nose 제거한다. 공용 중 활하중을 지지할 수 있도록 종방향으로 포물선 tendon을 복부에 배치하고 prestressing을 실시한 후, 완료한다.

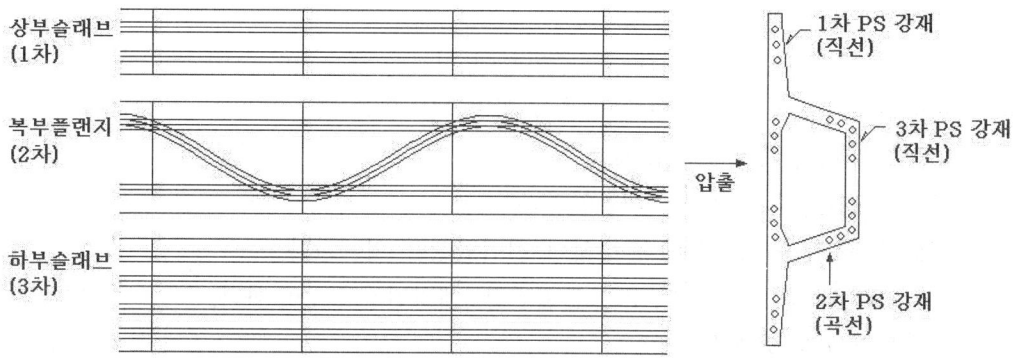

III. 연속압출공법(ILM) 유의사항

1. 설계단계

(1) 선형결정

① 직선을 원칙으로 하고 Clothoid 곡선은 회피한다. 불가피한 경우에는 곡선반경이 큰 단곡선을 선정한다.

② 종단강사가 크면 압출력이 과다하고, 고정단 받침과 하부구조가 불안정하다.

⑵ 구조검토

① 가설 중 및 가설 후의 지지점, 국부응력, 변형 등에 대하여 설계 구조계와 가설 구조계의 상이점을 검토한다.

② 압출 중 상·하부 슬래브와 복부(web)dp 설치되는 PS강재의 1차 prestressing 에 따른 가설구조물에 대한 구조적 안정성을 검토한다.

⑶ 가설장비

① 추진코(nose) 길이는 경간장의 2/3 정도로 설치한다. 압출 중 문제가 발생할 경우를 대비하여 후진할 수 있는 Lift & Pushing method를 채택한다.

② Segment 단위길이는 15m 정도로 설정한다. 너무 길면 콘크리트 타설시간이 지연되고 압출이 곤란할 수가 있다.

③ 압출 중에 마찰감소를 위해 설치하는 활동받침(sliding bearing)의 기능유지대 책을 별도로 보완해 둔다.

2. 시공단계

⑴ Segment 제작장 설치

① 견고한 지반에서 elevation 측량을 하고, 배수처리를 한다.

② Launching jack의 구배는 교량의 종단구배와 일치시킨다.

⑵ 콘크리트 타설·양생

① 증기양생 설비를 점검하고, 증기양생 시간을 준수한다.

② 건조수축 및 온도응력에 의한 균열방지를 위해 습윤양생을 실시한다.

⑶ 긴장대(PS강재, tendon) 배치

① 콘크리트의 압축강도를 확인한다.

② 긴장재의 긴장순서를 준수하여 편심발생을 억제한다.

③ 과다긴장을 금지하고, 2회 분할긴장, 대칭긴장을 준수한다.

⑷ 반복적인 압출작업

① Sliding pad의 마찰계수를 최대한 줄여야 삽입과정에 콘크리트의 예기치 못한 파쇄를 방지할 수 있다.

② 압출 중 segment의 횡방향 이동(이탈)에 유의한다.

③ 곡선교의 경우에는 압출 중에 중심선을 유지하는 것이 가장 중요하다.

⑸ 최종 grouting 실시

① PS강선 긴장 후에 grouting을 실시하여 긴장력의 손실을 방지한다.[116]

---

116) 박효성 외, 'Final 토목시공기술사 핵심문제', 예문사, pp.1051~1053, 2008.

09.25 MSS (Movable Scaffolding System)

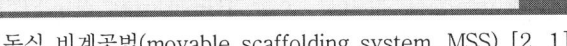

이동식 비계공법(movable scaffolding system, MSS) [2, 1]

Ⅰ. 개요

1. 이동식支保공법(MSS, Movable Scaffolding System)은 1960년대 독일에서 개발되어 독일 Kettiger hang교에 최초 적용된 공법으로, 교량 경간의 교각 사이에 주형(main girder)을 거치하고 주형에 거푸집을 설치하여 주형과 거푸집을 1개 경간씩 상부구조물의 콘크리트를 타설하는 Span-by-Span 가설 방식이다.

2. MSS공법은 완성된 교각 위에 이동지지대를 설치하고, 지지대에 거푸집이 부착된 이동식 비계를 장착하여 한 경간씩 전진하며 가설하는 공법으로, 동바리 설치가 어려운 깊은 계곡에 等간격 多경간의 고가교량 가설에 적합하다.

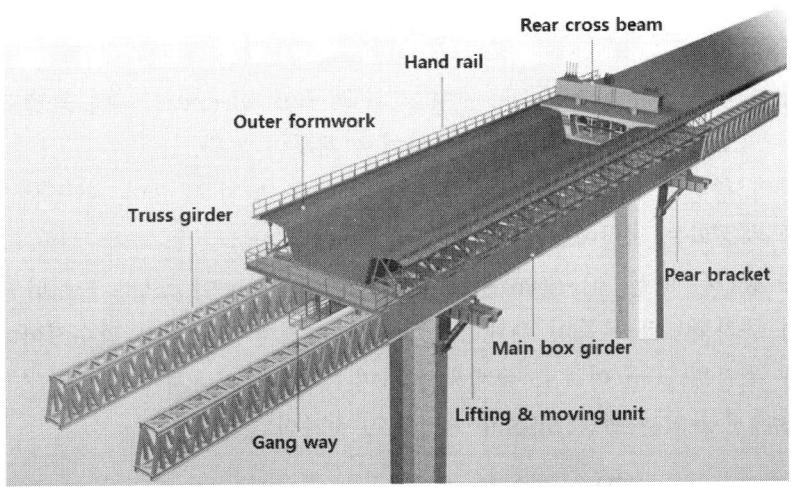

MSS (Movable Scaffolding System)

Ⅱ. 이동식支保공법(MSS)

1. 공법 특징

(1) 적용성

① Bent공법의 적용이 곤란한 경우에 사용 가능하다.

② 하부조건에 제약 없이 적용할 수 있다.

③ 교량 구조물의 선형에 비교적 제한을 받지 않는다.

③ 크레인을 설치할 수 없는 장소에 유리하다.

④ 동바리가 필요 없어 高교각, 수심이 깊은 하천에 유리하다.

⑤ 等경간, 多경간, 도심지 고가교량에 유리하다.

⑥ 경간 길이는 통상 40~60m에 적용된다.

(2) 시공성

① 기계화된 비계와 거푸집을 사용하여 확실하고 안전하다.

② 장비의 기계화로 비교적 시공속도가 빠르다.

③ 숙련공의 반복작업으로 작업능률이 향상되어 품질관리가 용이하다.

④ 각 공종의 시공단계별로 처짐(camber)관리를 엄격히 해야 한다.

(3) 경제성

① 비계 및 거푸집의 반복사용으로 경제성이 양호하다.

② 노무비가 절감된다.

③ 가설비가 고가이다.

④ 이동식 작업차 및 선행가설 거더의 중량이 무겁고, 제작비가 고가이다.

2. 적용 대상

(1) 중공 슬래브(hollow slab)교, T형 거더교, Box girder교 등에 특별한 제약은 없지만 최소한 내·외부 단면을 동일하게 설계해야 된다.

(2) 교량의 종단경사 및 평면선형에 크게 제약을 받지 않으며, 단곡선 및 S-curve 등에 시공되는 교량에도 적용할 수 있다.

(3) 교량 경간은 통상 30~60m 정도이며, 경간이 60m 이상으로 늘어나면 MSS 제작비가 증가되므로 부득이 채택하는 경우에는 경제성 검토가 필수적이다.

(4) 교량 폭원은 20m 이하로 설계해야 하며, 교폭이 지나치게 넓으면 상부 구조물의 자중이 증가되는 만큼 MSS의 제작비도 증가된다.

3. MSS 표준 span 제작 소요일수 (Box girder 下路型, 1st span 50m 기준)

공종	1	2	3	4	5	6	7	8	9	10	11	12	13	14	15	16	17	18	19	20	21	22	23	24	25
MSS 이동 및 설치 (Pear bracket)	■	■	■																						
1단계 철근조립 (Bottom & wall)				■	■	■																			
덕트 조립								■																	
내부 거푸집 이동 및 설치									■	■															
2단계 철근조립 (Top slab)											■	■	■												
콘크리트 타설 및 양생														■	■	■	■	■	■						
Prestressing 및 거푸집 해체 작업																						■			
Grouting 및 다음 span 이동 준비																									■

4. MSS 작업 Cycle (Box girder 下路型기준)

| ① Outer Formwork Setting | ⇨ | ② 하부, 복부 철근 및 Tendon 조립 | ⇨ | ③ Inner Formwork 설치 |

⇧ (아래에서 위) ⇩

| ⑧ M.S.S Launching 이동 | | | | ④ 상부철근 조립 |

⇧ ⇩

| ⑦ Pier Bracket 이동 및 설치 | ⇦ | ⑥ Formwork 해체 | ⇦ | ⑤ 콘크리트 타설 및 Tendon 인장 |

⑴ Main girder와 거푸집을 상하·좌우로 조정할 수 있고, 유압 잭(jack)을 이용하여 전체적으로 전진·후진이 가능하도록 설계된 장비이다.

⑵ 교각과 교각 사이를 이동 지보하면서 교량 상부콘크리트를 현장타설하는 공법으로 긴장력(prestressing)을 Post tension 방식이 적용된다.

Ⅲ. 이동식支保공법(MSS) 유의사항

1. 설계단계

⑴ 이동식 비계 의 구조계산

① MSS 교량이 가설되는 도로선형 결정할 때 가설거더의 회전반경을 확보한다.

② 작업 중 솟음(camber)과 과대하중에 대한 가설거더의 내력을 검토한다.

③ 이동식 비계 부재의 해체·조립이 용이하도록 부재이음부의 처리에 유의한다.

④ 이동식 비계의 부재력, 지지점의 지압응력 등의 안전율을 검토한다.

⑤ 이동식 비계와 가설장비의 소요대수는 전체 공사기간을 고려하여 결정한다.

⑵ 가설방식의 선정

◇ MSS 공법
- 下部이동식(Support type)
  - Rechenstab method
  - Mennesman method
- 上部이동식(Hanger type)

MSS 공법의 구분

① 下部이동식(Support type) Rechenstab method : 특수 제작된 이동식 비계를 상부공의 하부에 추진보와 비계보로 구분하여 설치하고, 거푸집을 지지하는 방식으로 가설한다.

② 下部이동식(Support type) Mennesman method : Rechenstab 방식과 다르게 추진보 없이 경간의 2.3배 되는 2개의 비계보를 이용하여 이동식 거푸집을 지

지하는 방식으로 가설한다.

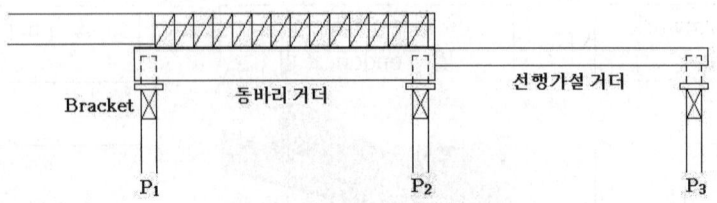

MSS 下部이동식(Support type)

③ 上部이동식(Hanger type) : 이동식 비계가 상부 구조물의 위쪽에 위치한 방식
으로, 1개의 주형과 거푸집을 매달기 위한 가로보 및 3개의 이동받침대로 구성
되어 상부에서 매달고 이동하면서 가설한다.

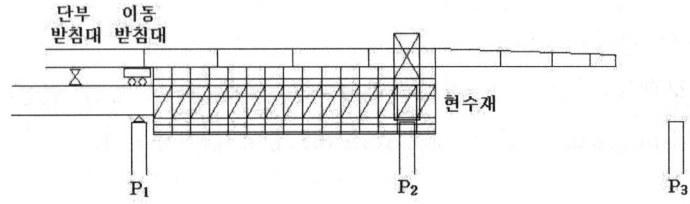

MSS 上部이동식(Hanger type)

2. 시공단계

⑴ 이동식 비계를 압출할 때는 거더의 추진방향과 교량선형과의 관계에 유의한다.

⑵ 이동식 비계의 지지점을 선정할 때는 지압파괴에 유의하고, 별도의 받침판을 설
치하여 보강한다.

⑶ 이동식 비계의 중량이 무겁고 제작비가 많이 소요된다는 점을 고려해야 한다.

⑶ 이동식 비계 위에서 시행되는 콘크리트의 타설순서를 준수한다.

⑷ 습윤양생을 소요 기간만큼 철저히 시행하여 초기 건조수축균열을 방지한다.117)

---

117) 박효성 외, 'Final 토목시공기술사 핵심문제', 예문사, pp.1054~1055, 2008.

09.26 FSLM (Full Span Launching Method)

FSLM(Full Span Launching Method) [1, 3]

Ⅰ. 개요

1. FSLM(Full Span Launching Method)은 해상에 거푸집을 설치하고 콘크리트를 타설하는 일반 해상교량 가설공법에 비해 품질관리가 우수하고, 공사기간도 대폭 단축(교량상부 100m 경우에 일반공법 60일, FSLM 3일)할 수 있는 공법이다.

2. 2002년 개최되었던 한·일월드컵 행사에 대비하여 200년 9월 개통되었던 인천대교(총연장 11.658km)는 국내 최초로 FSLM 공법이 적용되었다.

Ⅱ. 인천대교

1. 고가교(FSLM) 현황

구분	전체	고가교W (FSLM)	접속교W	사장교	접속교E	고가교E (FSLM)
연장(km)	11.658	5.950	889	1.480	889	2.450
비율(%)	100.0	51.1	7.6	12.7	7.6	21.0

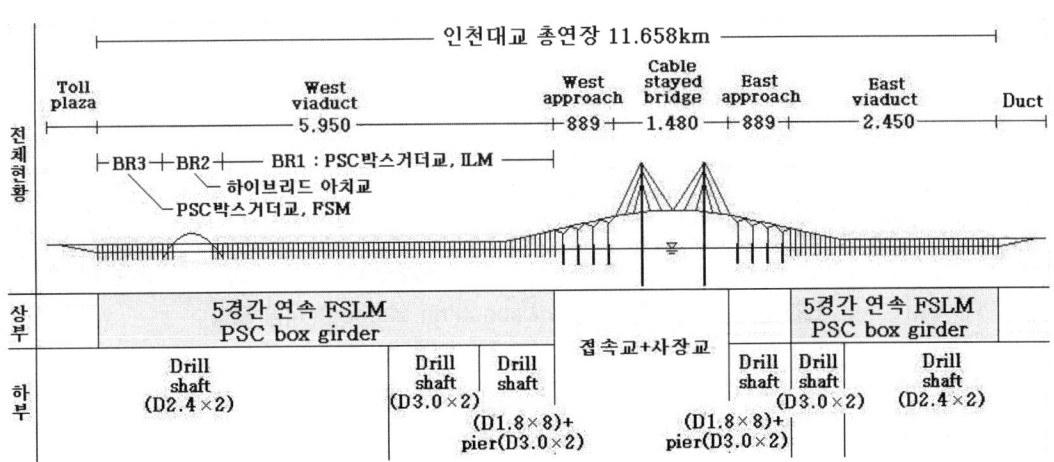

5경간 연속 PSC box girder FSLM 적용 구간

2. 고가교 FSLM 제원

(1) 연장 : 8.400km

(2) 폭원 : 15.7m(설계는 편도 4차로, 시공은 편도 3차로)

(3) 경간 : 50m(5경간 연속교)

(4) 콘크리트 설계압축강도 : 45MPa

(5) Span당 무게 : 1,350t

(6) 사용 강선 : 종방향 ϕ15.2mm 240개, 횡방향 ϕ12.7mm 380개

3. 고가교에 FSLM 적용 배경

(1) 원안설계 ◦ 공법 : PSM(Precast Segment Method)

           ◦ 문제 : 공사기간 336경간×10일=112개월(9년 이상) 필요

                      제작장　3개소(400m×400m) 필요

(2) 대안설계 ◦ 공법 : FSLM(Full Span Launching Method)으로 변경

III. FSLM

1. 용어 정의

(1) 인천대교(총연장 18.2km)에 적용된 FSLM(Full Span Launching Method)공법은 교량상부 1경간(교각 사이 50m)을 육상 제작장에서 일체로 제작(50m, 1,350톤, 레미콘트럭 100대분)하여 바지선으로 설치장소까지 선박으로 이동한 후,

(2) 旣 시공된 교각 위에서 3,000톤 해상크레인을 이용하여 일괄가설하고, 교량 상부 위에 특수가설장비를 배치하여 1경간씩 이동시켜 순차적으로 완성한다.

(3) 인천대교 고가교 구간을 FSLM공법으로 설계변경하여 최상의 품질을 확보하면서 대폭적으로 공사기간을 단축함에 따라 계획대로 월드컵 전에 개통할 수 있었다.

인천대교 FSLM(Full Span Launching Method) 시공 모습

2. 장점

(1) 고도의 품질확보, 균일한 품질관리 가능

(2) 안정적인 공기유지, 최대한 공기단축 가능

(3) 현장 안전관리 확보, 공사비용 절감 가능

3. 단점

(1) 연장 5km 이하 교량은 초기투자비가 많아 MSS, FSM보다 고가

(2) 대형 海上인양장비, 넓은 제작장, 더 넓은 야적장 필요

(3) 작은 곡선구간은 가능하지만, 큰 곡선구간에는 적용 곤란

Ⅳ. FSLM 설계

1. 종·횡방향 Pretension 도입

(1) Grouting이 필요 없어 공사기간 단축이 가능하다.

(2) 高價 정착구가 필요 없어 긴장력 손실이 감소한다.

(3) 인천대교에 Pretension을 도입하여 Post-tension보다 13% 비용 절감된다.

(4) 종방향(ϕ15.2mm, 240개) 및 횡방향(ϕ12.7mm, 380개)으로 동시에 Pretension 도입은 세계적으로 처음 시도된 대표적인 신공법 사례이다.

2. Hold-down device 적용

(1) Pretension에서 tendon 배치를 제한하기 위하여 적용된다.

(2) Tendon에 의한 지점부에서의 負모멘트를 줄이고, 射인장균열 저항성을 향상시키기 위하여 복부 tendon에 적용된다.

(3) Hold-down device 장비 사용 중에 tendon 손실은 인장시험을 통해 확인한다.

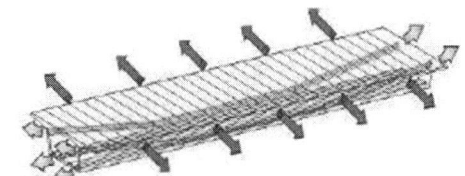 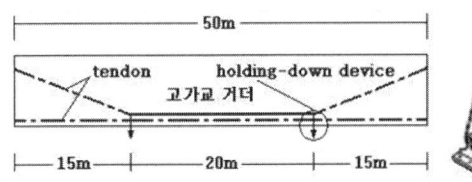

인천대교에 적용된 Hold-down device 원리

3. 인양부 설계

Girder type	인양부 설계 유의사항	인양부 철근보강
	◦ 소블럭에는 적용 가능 ◦ 대블럭에는 과도한 인장응력 발생	
	◦ Girder에 불리한 인장응력 발생이 없음 ◦ 교량받침과의 간섭을 피해야 유리	
	◦ Girder에 불리한 인장응력 발생이 없음 ◦ 강재프레임 철거로 시공성이 불리	
	◦ 인양부 보강철근 필요 ◦ 시공성 양호	AC349R-97에 준하는 인양부 철근 보강

4. Carrier 적용

(1) Girder는 이미 거치된 girder 上面 위로 carrier를 통하여 운반하는데, 이때 지배되는 하중은 carrier와 상차된 girder 自重이 큰 비중을 차지한다.

⑵ 기술개발을 통해 carrier 자중과 girder 자중을 줄이고, 이동할 때 하중을 최대한 분산시키면 경제적으로 사용 가능하다.

5. 횡방향 철근물량 저감

⑴ 문제점

① 일반적으로 PSC박스 거더의 횡방향 철근량은 2차원 프레임 해석을 통해 산정하며, 산정된 부재력에 대하여 다시 안전율을 추가함에 따라 철근이 과다하게 배근되는 문제가 있다.

② 2차원 대신 3차원 프레임 해석에 의한 요소분할방식을 적용하는 경우에 결과값에 차이가 발생되므로 신뢰성에 문제가 있다.

⑵ 개선방안

① 건설기술연구원의 『PSC박스 거더교 설계선진화를 통한 물량저감, 품질향상 방안 수립(2004)』 연구결과를 설계에 반영하였다.

② 3차원 해석을 통한 부재력 산정으로 경제적이며 합리적인 설계로 개선하였다.
   o 요소망의 크기 또는 밀도는 종방향 요소 크기 0.5m 정도로 조정
   o 활하중 재하형태는 차량 접지폭과 슬래브 두께를 고려하여 등분포하중으로 환산하는 방안으로 조정
   o 활하중 재하방법은 차량 1대 전체 재하할 때, 차량 여러 대 재하할 때를 각각 고려하여 감소계수를 적용하는 방안으로 조정

⑶ 개선효과

구분	Mu(MN.m)	ϕMn(MN.m)	철근 배근	개선효과
2차원 해석	0.045	0.075	D16@150	
3차원 해석	0.015	0.049	D13@150	세그당 3.19t 절감

V. FSLM 시공

1. Girder 제작 장비

⑴ Bottom mould

⑵ Inner mould

⑶ Outer mould

⑷ Bulk head

⑸ Thrust head

⑹ Bracket for lateral tendon

| Bottom mould | Outer mould | Bracket tendon |

2. Girder 제작 순서

(1) 공기 35개월 동안 총 336개 girder를 설치하려면 1개를 2일에 생산해야 한다.

(2) Conveyor system을 구성하여 2개조 동시 투입으로 1개 girder를 2일에 생산하고, 조기 강도 발현을 위해 증기양생하는 제작 순서는 아래와 같다.

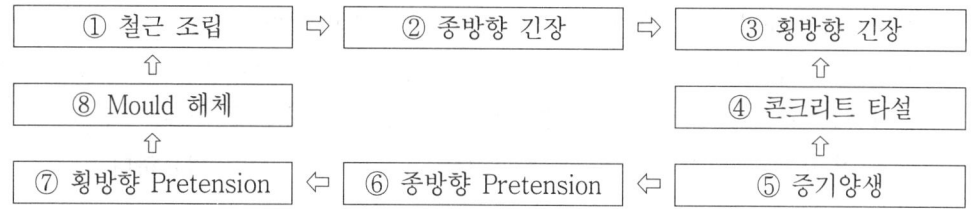

① 철근 조립 ⇨ ② 종방향 긴장 ⇨ ③ 횡방향 긴장

⇧ ⇧

⑧ Mould 해체 ④ 콘크리트 타설

⇧ ⇧

⑦ 횡방향 Pretension ⇦ ⑥ 종방향 Pretension ⇦ ⑤ 증기양생

3. Girder 운반

(1) 1개당 1,350t의 girder를 바지선에 적재하기 위하여 국내 최대규모 1,400t 용량의 Overhead crane(O/C)을 별도 제작하였다.

(2) 바지선으로 해상 이동되는 girder는 2,000t급 Floating crane(F/C)을 이용하여 Carrier에 실은 후, 가설지점으로 운반한다.

4. Girder 거치·가설

(1) 1개 girder를 F/C에 실은 후, 가설지점으로 운반하여 설치완료할 때까지 全공정을 숙련된 운용인원 10명 투입으로 1일 이내에 수행한다.

5. 계측 및 검증

(1) 1개 girder를 제작부터 가설완료 후까지 온도, 변형율, 응력 등을 계측하여 구조적인 안정성을 검토하고, 설계·시공의 타당성을 확인한다.

(2) Girder 가설 후에 지배하중인 Carrier가 진행되는 동안에도 구조거동의 선형을 확인하여 교량구조물의 안정성을 유지한다.[118]

118) 박효성 외, 'Final 토목시공기술사 핵심문제', 예문사, pp.1056~1060, 2008.

09.27 사장교(斜張橋), 현수교(懸垂橋)

사장교와 현수교, 사장교 케이블의 현장제작과 가설방법, 자정식 현수교 [8, 10]

Ⅰ. 사장교(斜張橋)

1. 정의

⑴ 사장교(斜張橋, Cable-stayed bridge)는 교각(橋脚) 위에 세운 주탑에서 비스듬히 드리운 케이블로 주빔(main beam)을 지탱하도록 설계된 교량으로, 지간(支間) 거리가 넓은 교량에 주로 사용되는 형식이다.

⑵ 사장교의 특징은 적용범위가 넓고 형태가 다양하다는 점이다. 현대토목공학에서 사장교 최대 지간거리는 鋼구조 500m, 프리스트레스트 콘크리트구조 400m 정도이다. 1,000m가 넘는 사장교도 가능하다는 주장이 있다.

⑶ 사장교는 역학적으로 현수교와 다르지만 현수교처럼 케이블을 주재부(主材部)로 하기 때문에 강성이 비교적 낮고 바람에 의한 진동저항이 낮다는 공통적인 단점이 있어 이를 보완하기 위한 통풍실험(wind tunnel test)이 필요하다.

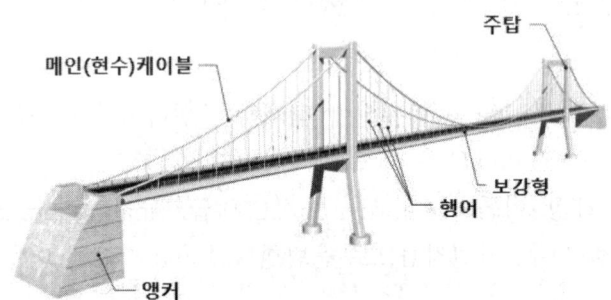

2. 특징

⑴ 장점
 ◦ 적은 수의 교각으로 장대교 시공이 가능하다.(형하공간 선박 통행)
 ◦ 지간에 대한 girder 높이의 比가 적다.
 ◦ 활하중에 대한 사하중의 比가 적다.
 ◦ 외적 미관이 수려하다.
 ◦ 기하학적인 곡선미가 있다.

⑵ 단점
 ◦ 설계단계에서 구조계산이 복잡하다.
 ◦ 가설단계에서 풍하중 등에 대한 균형유지가 어렵다.
 ◦ 공용단계에서 주탑과 cable의 부식이 우려된다.

3. 보강형 및 케이블 가설

⑴ 사장교의 주탑과 중간교각, 단부교각이 완공되면 상부공을 가설한다. 이때 상부구

조물에는 차량을 통행시킬 수 있는 보강형과 보강형을 지지하는 케이블이 있다.

(2) 보강형과 케이블 시공이 완료되면 포장한 후, 교량부속시설(신축이음장치, 케이블 댐퍼·버퍼, 카운터 웨이트, 가로등, 계측장비 등)을 시공하면 완료된다.

(3) 상부공 가설공사 중에서 육상 제작이 완료된 소블럭 보강형의 가설은 상판직하 인양 가설공법을 적용하였으며, 가설순서는 아래와 같다.

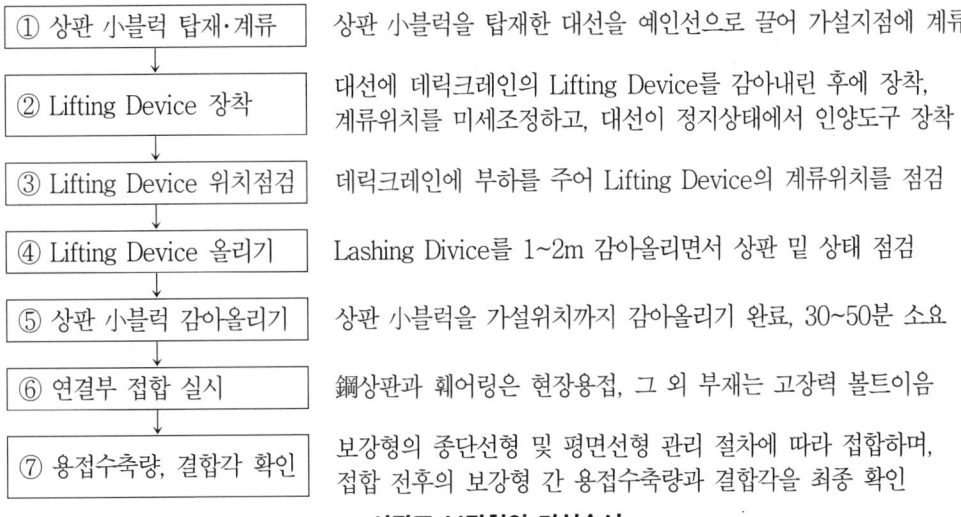

① 상판 小블럭 탑재·계류	상판 小블럭을 탑재한 대선을 예인선으로 끌어 가설지점에 계류
② Lifting Device 장착	대선에 데릭크레인의 Lifting Device를 감아내린 후에 장착, 계류위치를 미세조정하고, 대선이 정지상태에서 인양도구 장착
③ Lifting Device 위치점검	데릭크레인에 부하를 주어 Lifting Device의 계류위치를 점검
④ Lifting Device 올리기	Lashing Divice를 1~2m 감아올리면서 상판 밑 상태 점검
⑤ 상판 小블럭 감아올리기	상판 小블럭을 가설위치까지 감아올리기 완료, 30~50분 소요
⑥ 연결부 접합 실시	鋼상판과 훼어링은 현장용접, 그 외 부재는 고장력 볼트이음
⑦ 용접수축량, 결합각 확인	보강형의 종단선형 및 평면선형 관리 절차에 따라 접합하며, 접합 전후의 보강형 간 용접수축량과 결합각을 최종 확인

사장교 보강형의 가설순서

(4) 케이블 가설 前에 주탑의 수직도를 GPS 측량하여 Raw data 확보하고, 상판 大 블럭 가설 後의 처짐관리(camber)를 확인한다. 케이블 가설순서는 아래와 같다.

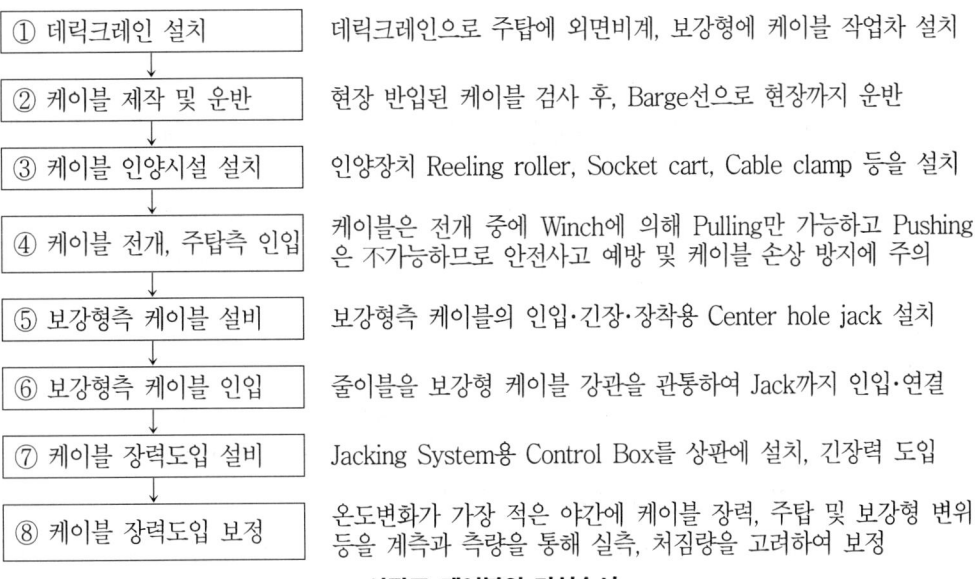

① 데릭크레인 설치	데릭크레인으로 주탑에 외면비계, 보강형에 케이블 작업차 설치
② 케이블 제작 및 운반	현장 반입된 케이블 검사 후, Barge선으로 현장까지 운반
③ 케이블 인양시설 설치	인양장치 Reeling roller, Socket cart, Cable clamp 등을 설치
④ 케이블 전개, 주탑측 인입	케이블은 전개 중에 Winch에 의해 Pulling만 가능하고 Pushing 은 不가능하므로 안전사고 예방 및 케이블 손상 방지에 주의
⑤ 보강형측 케이블 설비	보강형측 케이블의 인입·긴장·장착용 Center hole jack 설치
⑥ 보강형측 케이블 인입	줄이블을 보강형 케이블 강관을 관통하여 Jack까지 인입·연결
⑦ 케이블 장력도입 설비	Jacking System용 Control Box를 상판에 설치, 긴장력 도입
⑧ 케이블 장력도입 보정	온도변화가 가장 적은 야간에 케이블 장력, 주탑 및 보강형 변위 등을 계측과 측량을 통해 실측, 처짐량을 고려하여 보정

사장교 케이블의 가설순서

4. 케이블의 종방향 배치

(1) 방사형(Radiating type) 배치

① 케이블을 주탑의 한 점에서 연결하여 배치하는 형식이다. 케이블의 경사각이 다른 배치에 비해 상대적으로 크므로 연직하중에 대한 효율이 좋아 보강형의 축력을 줄일 수 있다.

② 또한 주탑에는 휨모멘트에 대한 부담을 줄일 수 있다. 그러나 주탑 정부에 케이블이 집중되어 응력이 커지므로 정착구 설계가 힘들다는 단점이 있다(케이블 개수가 많아지면 정착 불가능).

(2) 하프형(Harp type) 배치

① 케이블을 서로 평행하게 배치하는 형식이다. 주탑에서 케이블 정착구 배치에 여유가 있으나 보강형의 압축력과 휨모멘트가 커지는 단점이 있다.

(3) 팬형(Fan type) 배치

① 방사형과 하프형의 중간 형태로서 최근 가장 많이 적용되고 있는 형식이다.

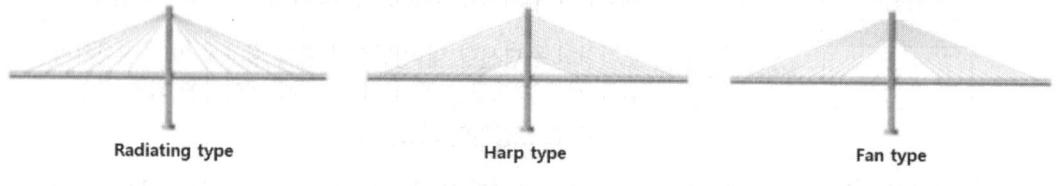

Radiating type   Harp type   Fan type

케이블의 종방향 배치

5. 케이블의 횡방향 배치

(1) 1면 배치

① 1면 배치는 케이블을 중앙쪽에 배치한 형태이다.

② 1면 배치는 케이블 정착구가 외부에서 보이지 않아 외관이 깔끔하고 케이블 정착을 위한 추가적인 단면폭이 요구되지 않는다.

③ 보강형의 비틀림 거동에 대한 저항력이 약하다는 단점이 있어, 보강형 단면의 비틀림 강성이 우수한 박스형으로 설계하는 것이 유리하다.

④ 1면 배치에서 주탑 형상은 I형과 A형이 주로 사용된다.

(2) 2면 배치

① 2면 배치는 케이블을 양쪽으로 배치한 형태이다.

② 2면 배치에서는 케이블 정착을 위해 교량 양쪽을 확폭해야 하며, 케이블 정착구가 외부로 드러나 미관이 약간 좋지 않다.

② 2면 배치는 보강형의 비틀림 거동에 대하여 양면에 배치된 케이블이 저항을 하므로 비틀림 강성이 작은 보강형 단면(Edge거더, 판형 등)에도 유리하다.

④ 2면 배치에서 주탑 형상은 주로 A형, H형, 다이아몬드형이 주로 사용된다.

1면 배치　　　　**2면 배치**

케이블의 횡방향 배치

Ⅱ. 현수교(懸垂橋)

1. 정의

(1) 현수교(懸垂橋, Suspension bridge)는 케이블에 의해 지지되는 형식의 교량으로, 케이블에 의해 전달되는 교량의 하중을 다른 고정체에 연결시켜 지지하는 타정식(他定式)과 교량 자신의 균형에 의해서 지지하는 자정식(自定式)이 있다.

(2) 현수교는 주탑이 높을수록 케이블이 받는 하중이 작아진다. 같은 경간의 교량을 가설할 때 주탑이 높으면 케이블의 단면을 줄일 수 있어 경제적이고, 같은 케이블 단면으로 시공한다면 경간을 연장할 수 있는 장점이 있다.

(3) 현수교의 구성요소 ▲인장재 主케이블, ▲主케이블의 장력을 대지로 당기는 앵커, ▲主케이블 頂點을 지지하는 鋼구조 또는 철근콘크리트구조의 주탑, ▲보강형(플레이트거더 또는 트러스), ▲보강형을 주케이블에 매다는 현수재 등이다.

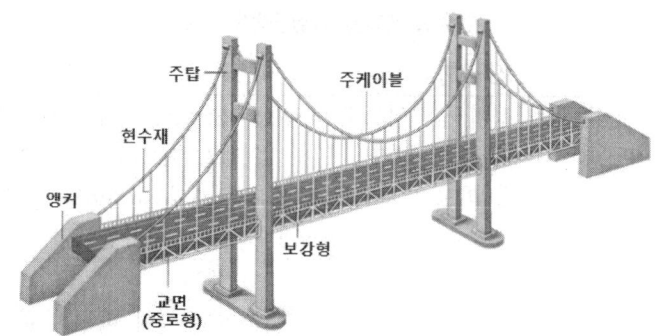

2. 특징

(1) Main cable과 hanger rope를 공장에서 제작할 때 가급적 큰 부재로 조립하고, 현장에서는 大型장비로 가설하여 시공기간을 단축하려는 경향이 있다.

(2) 자연상태로 노출된 교량의 가설현장에서 공장제작된 부재의 조립작업을 줄이면서

정밀시공을 통한 품질향상을 도모하는 경향이다.

3. 형식

⑴ 자정식(自定式, Self-Anchored suspension) 현수교

① 형식 : 主케이블을 현수교 단부에 있는 보강형(트러스 구조) 내부에 정착

② 구조 : 보강형에 축력이 작용하고, 단부에 부반력이 발생한다.

③ 특징 : 경관 양호, 시공 중 假Bent 필요, 축력과 부반력이 발생하여 구조 복잡

⑵ 타정식(他定式, Earth-Anchored suspension) 현수교

① 형식 : 主케이블을 현수교 단부에 있는 대규모 앵커리지(anchorage)에 정착

② 구조 : 보강형에 축력이 작용하지 않고, 단부에 부반력이 발생하지 않는다.

③ 특징 : 경관성 불량, 시공 중 假Bent 불필요, 구조상세가 비교적 간단

4. 케이블 가설

⑴ AS(Air spinning)공법

① Cable을 구성하는 wire를 현장까지 운송하여 공중활차(spinning wheel)를 이용하여 한 가닥씩 교대 사이를 왕복시켜 인출하여 소정의 본수를 가설한 후, 원형으로 묶어서 cable을 만드는 공법

② Strand를 가설위치에서 공중작업을 통해 직접 제작하므로 단위 strand의 규모(wire 500본)를 얼마든지 크게 할 수 있다.

③ 따라서, strand 개수를 최소화할 수 있으므로 교량내부 만큼의 정착면적을 갖는 자정식(自定式) 현수교에 적합하다.

현수교 케이블 가설공법의 비교

구분	AS 공법	PPWS 공법
제작	◦ Strand 제작공정이 생략되므로 유리하고, 재료의 손실률이 낮다.	◦ Strand 제작공정이 필요하므로 불리하고, 재료의 손실률이 높다.
운송	◦ 운송 단위중량을 비교적 자유롭게 선택할 수 있다.	◦ 1개의 strand당 중량이 커지므로 운송비가 증가한다.
가설공기	◦ 길다.	◦ 짧다.
현장작업	◦ 숙련공이 많이 필요하다.	◦ 숙련공이 비교적 덜 필요하다.
Strand 정착 연면적	◦ 1개의 strand 소선수가 증가하므로 정착면적이 작다.	◦ 운송 때문에 1개의 strand 소선수가 감소하므로 정착면적이 크다.
현장작업성	◦ 급곡부에서 작업성은 좋지만, spinning 작업 중 단선위험이 있다.	◦ 급곡부에서 작업성은 나쁘지만, spinning 작업 중 단선위험이 없다.
시공실적	◦ 영종대교, 광안대교	◦ 소록대교(거금도 연륙교 1단계)

⑵ PPWS(Prefabricated parallel wire strand)공법

① 먼저 공장에서 육각형을 이루는 본수의 wire를 서로 교차하지 않도록 평행하게 접속하고 그 양단에 설계길이에 맞추어 소켓을 부착한 후, 현장까지 운송하여 가설하고 원형으로 묶어서 cable을 만드는 공법

② Strand의 운송·취급의 한계를 감안하여 wire를 최대 127본까지만 제한하므로 cable 단면이 동일한 경우 AS공법보다 strand 개수가 많아진다.

③ 따라서, strand 단위로 정착되는 정착부 규모가 커지므로 보강형 truss 단부에 cable을 직접 정착시키는 자정식(自定式) 현수교에 적용하기 곤란하다.

Ⅲ. 사장교와 현수교 비교

1. 가설현장

⑴ 사장교와 현수교는 교량가설이 필요한 공간에 교각을 설치할 수 없고 거더만으로는 건널 수 없을 경우에 다른 재료로 보강을 하는 교량형식으로, 보강재료에 인장재, 즉 케이블을 사용하는 매달기식 교량이라는 점이 서로 유사하다.

2. 단면, 경간길이

⑴ 사장교는 작용하중의 일부가 케이블의 인장력으로 지지되므로, 보강형은 케이블의 장치점에서 탄성지지된 구조물로 거동된다. 사장교에서는 케이블의 인장력을 조절하여 각 부재의 단면력을 균등하게 분배시킴으로써 연속거더교에 비해 단면 크기를 줄일 수 있다.

⑵ 현수교 케이블의 축선 형상은 역(逆)아치와 유사하지만 케이블 축선에 인장력이 작용한다는 점이 아치교와 다르다. 현수교 케이블에는 아치교와 같은 압축력에 의한 좌굴이 생길 우려가 없어 순인장력을 지지하는 고장력 케이블을 사용한다.

3. 강성, 경제성

⑴ 長경간의 교량은 일반적으로 중앙 경간이 길어지면 거더 전체의 세장비가 증가하여 비틀림 변형이 발생하기 쉬운 단점이 있다.

⑵ 사장교는 현수교보다 케이블 강성이 크므로 비틀림 강성도 더 크다. 따라서 사장교 지간은 연속거더교와 현수교의 중간인 150~400m 정도에 유효하다.

⑶ 교량 가설비의 경제성을 고려할 때 3경간 연속거더교, 사장교, 현수교 전체 교량길이에 대한 主경간장의 관계는 아래 그림과 같다.

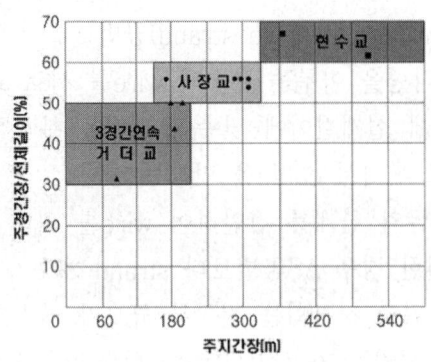

교량형식에 따른 경간길이

4. 정역학적 거동

(1) 사장교와 현수교는 대부분의 매달기식 교량구조와 비슷하게 보강형과 상판, 보강형을 지지하는 케이블, 케이블을 지지하는 주탑, 케이블을 수직·수평방향으로 지지하는 앵커블록 등의 4가지 주요 요소로 구성된다.

(2) 따라서, 사장교와 현수교는 같은 케이블 지지 교량형식으로 250~2,000m 이상의 長경간을 가설할 수 있다는 점에서 매우 유사하지만, 두 교량 형식은 케이블 배치형상의 차이 때문에 처짐곡선 등의 정역학적 거동에서 큰 차이가 발생된다.

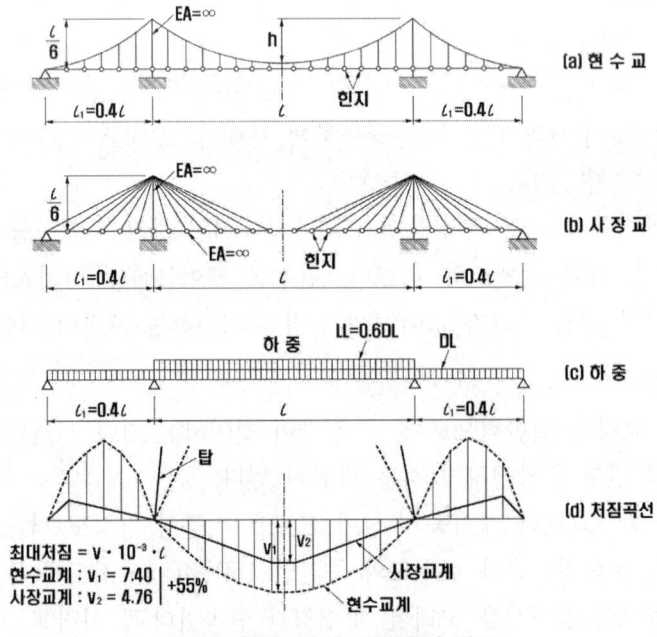

교량의 형상, 하중, 처짐곡선 비교

5. 케이블 구성

(1) 사장교는 케이블이 직선 모양으로 배치되므로 큰 변형은 발생하지 않지만, 현수

교는 케이블이 포물선 형상이므로 수직하중 재하에 대하여 케이블 장력이 평형상
태에 이르기까지 큰 변형을 일으킨다.

(2) 사장교는 주탑과 보강형을 직선으로 연결하는 케이블로 구성되지만, 현수교는 포
물선의 주케이블과 주케이블을 보강형에 묶어주는 행거로 구성된다.

6. 내풍 안전성

(1) 사장교는 고차의 부정정구조물이므로 비스듬히 뻗친 다수의 케이블이 교량의 진
동형을 흩트리므로 교량이 위험한 공진상태로 되는 것을 막아준다.

(2) 현수교는 주탑 정상의 수평변위가 크고 케이블이 자유롭게 역방향으로 진동할 수
있어 케이블의 비틀림 진동에 대한 억제력이 대단히 약하다. 따라서 현수교 설계
시 바람에 의한 진동 관측을 위해 풍동실험이 필수적이다.

사장교와 현수교 비교

구분	사장교	현수교
지지형식	주탑(하프형, 방사형, 팬형, 스타형)	주탑, anchorage(자정식, 타정식)
하중경로	하중 → 케이블 → 주탑	하중 → 행거 → 현수재 → 주탑 → anchorage
구조특성	高次 부정정 구조 (연속 거더교와 현수교 중간적 특징)	低次 부정적 구조 (활하중이 저점부로 거의 전달되지 않음)
장·단점	◦ 비틀림 저항이 크다. ◦ 현수교에 비해 강성이 크다. ◦ 단면을 줄일 수 있다. ◦ 케이블의 응력조절이 용이하다.	◦ 長경간에 경제적이다. ◦ 풍하중에 대한 보강이 필요하다. ◦ 하부구조 설치가 곤란한 지형에 유리하다.
실적	◦ 돌산대교, 서해대교, 인천대교	◦ 영종대교, 광안대교, 이순신대교

7. 최대위험 바람

(1) 국내 사장교 중에서 가장 긴 서해대교와 세계 최초의 3차원 케이블 현수교인 영
종대교가 개통되어 장대교량 시대가 본격 개막되었다. 사장교와 현수교는 공통적
으로 상판이 2개의 기둥과 연결된 케이블에 의해 공중에 매달려 있기 때문에 바
람에 취약하여, 설계과정에 풍동실험(wind tunnel test)에 집중하였다.

(2) 서해대교는 65m/sec 강풍에도 100년간 견디게 설계되었지만, 바람이 15m/sec
초과하면 차량속도를 제한하고, 20m/sec 초과하면 차량통행을 금지한다. 일반적
으로 바다는 육지보다 풍속이 20% 빠르다. 20층 높이에서는 해수면보다 풍속이
50% 더 빠르다. 바람이 교량에 가하는 풍압은 풍속의 제곱에 비례한다. 서해대
교는 20층 높이(60m) 상판에서 육지보다 3배 강한 풍압을 받는다.

(3) 실제로 서해대교 공사 중에 26m/sec 태풍(올가)의 영향으로 길이 60m의 가설

트러스가 50m 아래로 추락하는 대형사고가 있었다. 미국에서는 1940년 당시 세계 3번째 긴 타코마 현수교가 20m/sec 폭풍에 붕괴되었다. 그 이유는 교량의 고유진동수와 똑같은 진동수로 바람이 주기적으로 부는 공진현상기 때문이었다.

⑷ 국내에서도 1973년 최초 완공된 사장교 남해대교(660m)가 1995년 태풍(페이) 피해를 입어 주케이블을 감싸고 있는 래핑 와이어가 풀어져 붕괴위험에 직면하였다. 서해대교에는 교량 고유진동수를 측정하여 공진현상에 대응하기 위해 처짐계, 응력계, 지진계, 풍향풍속계, 경사계 등 첨단센서 100여개를 설치하였다.

8. 적용 사례

⑴ 현재 세계 最長 교량은 홍콩(香港)~주하이(珠海)~마카오(澳門)를 잇는 '강주아오(港珠澳)대교'로서 전체 길이가 55km이며, 해저와 인공섬 등을 빼고 해상구간은 29.6km이다. 미국 폰차트레인 코즈웨이 호수(Lake Pontchartrain Causeway)의 水上구간 38km 대교보다는 짧기 때문인지, 중국은 강주아오 대교를 '세계에서 가장 긴 海上대교'라고 한다.

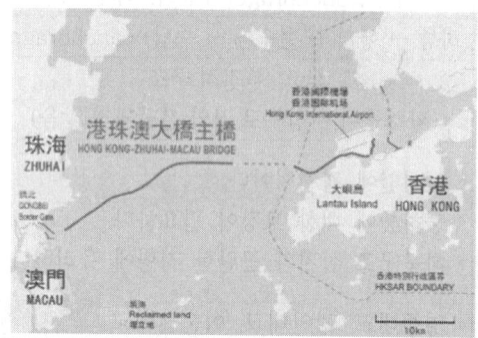

세계 最長 교량 : 중국 강주아오(港珠澳)대교

⑵ 현재 대한민국 最長 대교는 서해의 영종도~인천국제공항~송도국제도시를 잇는 '인천대교'로서, 총 연장 11,856m이다. 인천대교는 다리 길이로는 세계 7위, 국내·외의 토목전문가들이 꼽은 '세계 3대 아름다운 다리 중의 하나'이다.119)

---

119) 박효성 외, 'Final 토목시공기술사 핵심문제', 예문사, pp.601~602, 2008.
썬로드의 교량이야기, '상부구조에 따른 교량의 종류(사장교)', 2007. https://sunroad.pe.kr/
조용민 외, '인천대교 사장교 보강형 및 케이블 가설', 유신기술회보, 2009.

09.28 현수교 Anchorage

현수교의 지중정착식 앵커리지(anchorage) [1, 0]

1. 현수교 Anchorage

(1) 용어 정의

① 타정식 현수교에서 앵커리지(anchorage)는 일반적인 다른 형식의 교량기초와 달리 주케이블 장력을 안전하게 지지하는 기능을 수행한다.

② 현수교의 앵커리지에는 현수교 주케이블이 앵커리지와 맞닿는 스플레이 새들, 스플레이 새들을 받치는 밴트 블럭, 스플레이 새들에서 분사되는 스트랜드, 스트랜드를 앵커블럭에 정착시키는 정착판, 긴장재와 콘크리트의 마찰저항으로 저항하는 앵커블럭 등이 아래 그림과 같이 존재한다.

③ 현수교의 앵커리지 형식에는 케이블 하중에 저항하는 방식에 따라 중력식, 터널식 및 지중정착식으로 구분된다.

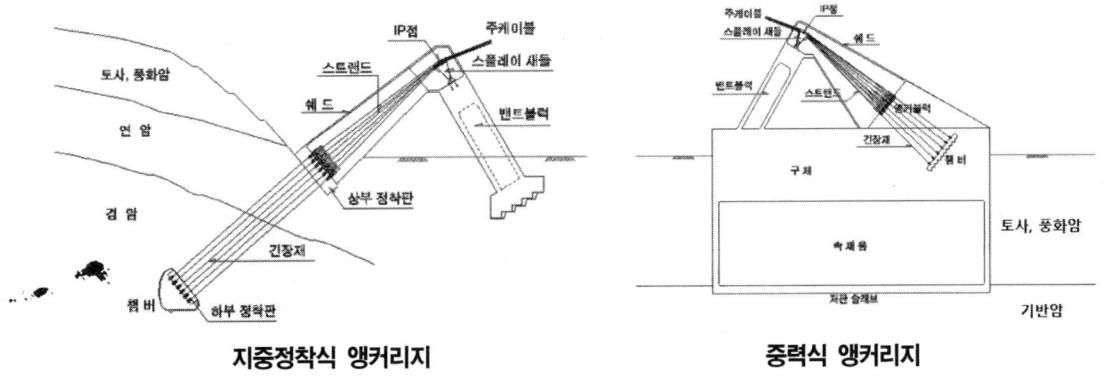

지중정착식 앵커리지   중력식 앵커리지

(2) 앵커리지 형식

① 중력식 앵커리지

  ○ 구조물 자중으로 케이블 하중에 저항하는 방식으로, 지반조건에 관계없이 적용 가능하며지지 매커니즘이 가장 확실하다.

  ○ 내부를 굴착한 후에 콘크리트를 채워서 그 무게로 지지하는 형식의 앵커리지로 가장 널리 적용되고 있는 방식이다.

  ○ 케이블 장력에 비례하여 커여 하므로 나날이 長大化되는 현수교 시장에서 경제성·시공성이 불리하고, 넓은 공간에 대한 대규모 자연 사면굴착에 따른 환경영향 측면에서 최근에는 적용하기 어렵다.

② 터널식 앵커리지

- 견고한 지반을 굴착하여 鋼材프레임을 지중에 매립하고 鋼材프레임에 연결하여 앵커블럭 콘크리트의 마찰저항으로 케이블 하중에 저항하는 방식이다.
- 국내에서 울산대교 건설에 처음 도입된 방식으로 견고한 지반을 굴착하여 鋼材 프레임을 지중에 매립하고 케이블을 鋼材프레임에 연결하여 앵커블럭 콘크리트 의 마찰저항으로 케이블 하중에 저항하는 방식이다.
- 견고한 지반을 이용하기 때문에 콘크리트를 절감할 수 있으나, 대규모 경사터널 을 시공해야 하고 터널 내부의 방식에 대한 유지관리가 필요하다.

③ 지중정착식 앵커리지

- 견고한 지반이 직접 케이블을 정착시켜 암반의 블록쐐기 자중과 마찰저항으로 케이블 하중을 지지하는 방식으로 친환경적이며 경제적인 시공이 가능하다.
- 국내에서 이순신대교 시점부에 처음 도입된 방식으로 암반지반을 천공한 후에 프리스트레싱 텐던을 설치하고 프리스트레스를 도입하여 정착하는 방식으로, 경 제성 향상 및 시공성과 환경보존 측면에서 최적의 방법이다.
- 케이블을 지하암반에 정착시키기 위한 터널(챔버)과 접근 터널이 필요하며, 정 착 암반의 암질상태가 양호해야 한다는 제약조건이 있다.[120]

 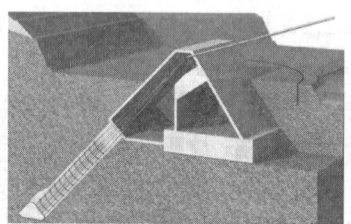 

① 중력식   ② 터널식   ③ 지중정착식

케이블 하중에 저항하는 방식에 따른 앵커리지 형식

---

120) 박기웅 외, '지중정착식 앵커리지의 설계', 유신기술회보, 2008.

09.29 | 교량 Saddle

교량의 새들(saddle) [1, 0]

1. 현수교 구성요소

⑴ 현수교(Suspension bridge)의 구성요소에는 주케이블과 차량이 이동하는 보강거더, 보강거더와 주케이블을 연결하는 행어, 그리고 주케이블의 하중을 지지해주는 주탑 및 앵커리지 등이 있다.

⑵ 현수교 가설을 위해서는 구성요소 외에 새들(Saddle)이 필수적으로 있어야 된다. 현수교에서 새들은 주탑과 앵커리지 부근에서 주케이블이 급격하게 꺾이지 않고 유연한 곡선의 형태로 넘어갈 수 있도록 제작된 구조물이다.

⑶ 현수교에서 새들은 케이블을 안전하게 지지하고, 케이블의 연직 반력 또는 수평 반력을 충분히 전달하는 구조이어야 한다. 현수교에는 주탑에 설치하는 탑정(塔頂) 새들과 앵커리지에 설치하는 스플레이(splay) 새들의 2가지 종류가 있다.

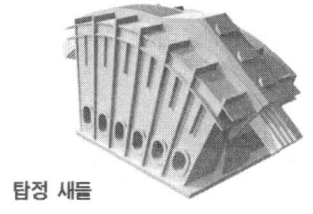
탑정 새들

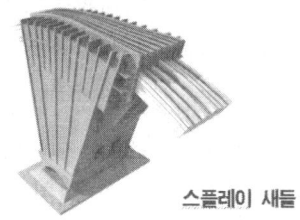
스플레이 새들

2. 현수교 새들(saddle)의 효과

⑴ 새들에 안착된 주케이블의 상측 외주면을 압박하기 위하여 다수의 로울러를 설치하여 주케이블과 새들 간의 밀착도를 제고할 수 있다.

⑵ 특히 상대적으로 완만한 주케이블의 경사를 형성하는 다경간 현수교의 중앙부 주탑 새들에서도 주케이블과 새들 간에 고도의 밀착도를 확보할 수 있다.

⑶ 그동안 다경간 현수교의 중앙부 주탑에서 빈발하였던 주케이블과 새들 간의 밀착 불량을 해결하여 구조적 안정성을 제고하는 효과를 얻을 수 있다.

3. 현수교 새들(saddle)의 품질관리

⑴ 새들의 품질관리 필요성

① 탑정 새들과 스플레이 새들은 현수교 주케이블 수직력을 주탑 및 앵커리지로 전달하며 주케이블의 방향을 전환시키는 역할을 한다. 새들의 위치는 해석상의 지지점이며 설치오차가 있을 경우, 지지점이 변경되어 해석과 다른 결과를 야기시

키므로 재해석을 필요로 한다.

② 현수교 주케이블을 계획된 선형으로 설치하기 위해서는 새들의 위치가 정확해야 하므로 새들은 계획된 위치에 설치되어야 한다. 새들의 제작오차가 없고, 매입물이 정확하게 설치되면 주케이블은 계획된 선형대로 설치되게 된다.

(2) 새들의 품질관리 방법

① 현수교 주케이블을 계획된 선형으로 설치하기 위해서는 새들의 위치가 정확해야 하므로 앵커프레임의 위치가 정확해야 한다. 스플레이 새들 설치 오차(교축방향 56mm, 연직방향 −27mm)로 주케이블 및 가설 로프에 대한 재해석을 수행한 사례도 있다.

② 새들 앵커프레임 설치면의 콘크리트 타설 완료 후, 설치위치를 측량하여 필요한 위치를 마킹한다. 이때 앵커프레임의 제작오차를 확인하고 필요하면 보정해야 한다. 앵커 레임을 크레인으로 들어올려, 계측한 마킹위치에 설치하고, 콘크리트 타설할 때 이동되지 않도록 조립된 철근을 이용하여 콘크리트 타설 면에 고정한다.

③ 이때 설치높이가 계획높이와 일치하지 않을 경우, 라이너 플레이트로 높이를 보정한다. 앵커프레임을 설치하는 콘크리트면은 앵커프레임의 높이를 조정할 수 있도록 조금 낮게 타설한다.

④ 앵커프레임을 계획한 위치에 정확하게 가설하기 위하여 광파측량를 이용하여 계측한다. 탑정 새들이 설치된 후 측면경간과 중앙경간 케이블의 장력 차이에 의해 발생될 수 있는 케이블 슬립을 방지하기 위해 셋백을 실시한다. 셋백할 때 탑정 새들은 새들 베이스 상에서 조정되므로 앵커프레임과는 별도로 정확한 설치위치를 측량해야 한다.

4. 아치댐 Saddle

(1) 용어 정의

① 아치댐의 기초암반은 하상 부근뿐만 아니라 좌·우안 모두 견고하고 균일한 암반이어야 한다.

② 현지여건을 고려하여 아치댐 부지의 지형·지질 결함을 보충하기 위하여 인공받침, 새들(saddle) 등의 여러 보조구조물을 설치한다.

(2) 보조구조물

① 새들(saddle)

  ○ 새들은 기초암반에 작용하는 응력을 완화하기 위해 아치댐 본체와 기초암반 사이에 설치한다.

○ 굴착 중 판명된 지질상 결함으로 굴착선을 수정하는 경우에도 아치댐 본체의 변경 없이 새들 부분의 수정만으로 대처할 수 있다.

② 전추력(thrust) 블록

○ 전추력(全推力) 블록은 댐마루 부근에서 골이 급하게 열려 있는 경우 또는 지질상의 결함이 있는 경우에 댐체와 암반 사이에 설치해 댐체로부터의 추력을 암반에 전달하는 것이다.

○ 전추력 블록형상을 적절히 선정하여 댐 본체 형상이 지형 또는 지질상의 국부적 결함에 좌우되는 일이 없게 할 수 있다.

○ 전추력 블록은 외하중으로 아치 전추력 및 상류측 수압을 받아 중력댐과 같이 전도와 활동에 대해 아치댐이 안정되게 한다.

③ 플러그(plug)

○ 플러그는 지형에 깊은 틈이 있는 장소 또는 단층, 그 밖의 연약층을 제거한 자리를 채우는 콘크리트 부분으로 댐체의 기본형상과 구별해서 그 크기와 형상을 정할 수 있다.

○ 플러그는 보통 중력댐으로 설계되어 전도와 활동에 대해 검토하나, 플러그 형상이 큰 경우에는 3차원 유한요소법과 모형실험에 의해 아치부와 일체화된 구조물로서 안정성 검증이 필요하다.

④ 중력 인공받침과 날개벽

○ 중력 인공받침(중력댐)은 아치댐 상부 부근에 지형 또는 지질상의 결함으로 아치 전추력을 그 부근의 기초암반에 전달하지 못할 경우에 설치한다.

○ 중력 인공받침은 보통 그 상류 측에 날개벽(wing dam)과 함께 설치한다.[121]

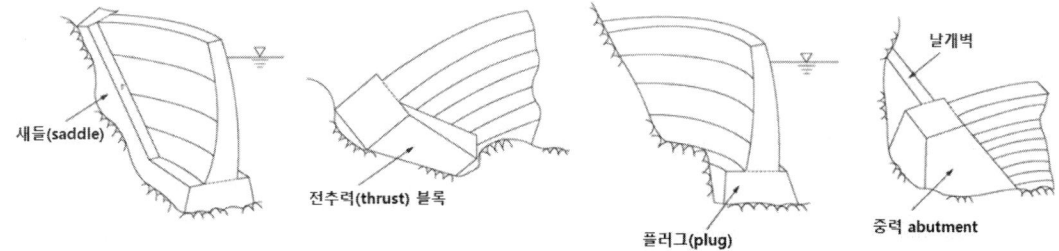

아치댐 기초의 보조구조물

121) 이광원 외, '현수교의 소개 및 가설공법', 토목 기술정보, p.33, 건설기술/쌍용, 2017.
　　　국토교통부, '아치댐', 국가건설기준 설계기준, pp.10~11, 2016.
　　　익산지방국토관리청, ''익산청 관내 도로건설공사 시공엔지니어링 매뉴얼', 2013.

09.30 교량 풍동실험 (Wind tunnel test)

풍동실험 [1, 0]

Ⅰ. 개요

1. 풍동실험(風胴實驗, wind tunnel test)은 풍동 내에서 구조물의 모형을 이용하여 그 구조물의 내풍 안정성을 확인하는 시험이다.

2. 풍동(風胴)은 자연풍 상태에서의 구조물의 거동을 실험실 내에서 재현하기 위하여 만든 실험시설로서, 풍속이나 분출각도를 자유롭게 바꿀 수 있다. 수평방향으로 바람이 흐르는 횡회류형(橫回流型, 괴팅겐형)과 연직방향으로 바람이 도는 환류형(還流型, 에펠형)이 있다.

3. 현수교, 사장교 등의 장대교량(長大橋) 및 특수한 단면형상을 가진 교량에 대해서는 바람에 의한 영향을 고려한 내풍(耐風)설계과정에 풍동실험이 필요하다.

4. 구조적으로 유연한 장대 케이블교량 구조물은 풍진동에 의해 악영향을 받을 가능성이 높다. 교량 경간이 길어질수록 풍진동에 대한 풍하중과 안정성에 대한 정확한 평가가 요구된다. 교량 풍동실험은 거더, 주탑, 케이블 등에 대한 부분 또는 전체 평가를 시행할 수 있다. 가드레일, 도로표지판 등에 대한 풍동실험도 가능하다.

5. 풍동실험을 부분모형으로 실시할 때는 각각의 공력 특성을 비교함으로써 최적의 단면을 추구할 수 있고, 전체모형으로 실시할 때는 가설 中 및 완공 後의 변형이나 진동상태를 실측함으로써 구조물 전체의 내풍 안정성을 확인할 수 있다.

6. 풍동실험에는 斷面모형실험, 柱塔모형실험, 全橋모형실험, 버페팅 해석, 플러티 해석 등이 있다.

Ⅱ. 교량 풍동실험(風胴實驗, wind tunnel test)

1. 斷面모형실험(Section model test)

(1) 단면모형실험은 교량의 보강형 거더, 케이블 등과 같이 2차원성이 강한 구조물의 대표 단면을 鋼體모형으로 제작하여 실시하는 실험으로, 교량 내풍 안정성 평가에서 가장 기본적이고 중요하며 또한 비용 대비 효율적인 실험이다.

(2) 단면모형실험에는 스프링 지지시스템(spring support system)에서 動특성을 관찰하여 수행하는 자유진동실험, 3분력 측정용 Load cell을 이용하여 항력계수, 양력계수, 모멘트계수 등을 측정하는 공력실험, 鋼製加震장치를 이용하여 구조물의 동적 응답을 유발하는 비정상 공력을 측정하는 강제가진실험 등이 있다.

(3) 이러한 실험을 통하여 교량 내풍 안정성을 확인하고 페어링, 플랩 등의 공기역학

적 제진장치의 적용을 결정한다.

(4) 단면모형실험을 통해 얻어지는 주요 결과는 다음과 같다.

　① 동적 내풍 안정성 : 와류진동, 플러터, 갤로핑 등의 발생풍속 및 진폭

　② 공기력계수 : Drag, Lift, Moment Coefficients

　③ 플러터계수 : H1*~H4*, A1*~A4*

　④ 제진대책 필요성 검토 및 제안

2. 柱塔모형실험(Pylon model test)

(1) 사장교 및 현수교의 주탑은 일반 건축물에 비해 훨씬 세장비가 높으므로 풍하중에 대한 세심한 검토가 필요하다. 특히 케이블 인장 前에 독립주탑 상태에서는 케이블 인장 後에 비해 구조 감쇠가 작아 풍진동에 더욱 취약하다.

(2) 주탑의 공력진동실험은 주탑의 動특성(질량, 진동수, 감쇠, 진동모드 등)을 모사한 탄성체모형(aeroelastic model)을 이용한다.

(3) 또한 주탑에 작용하는 풍하중을 산정할 때는 주탑 전체에 대한 강체모형을 이용한 공력실험과 주탑 Leg의 부분모형을 이용한 공력실험을 실시한다.

(4) 주탑모형실험을 통해 얻어지는 주요 결과는 다음과 같다.

　① 동적 내풍 안정성 : 와류진동, 갤로핑 등의 발생풍속 및 진폭

　② 밑면전단력, 밑면전도모멘트, 밑면비틀림모멘트

　③ 주탑 Leg의 공기력계수 : Drag, Lift, Moment Coefficients

　④ 제진대책 필요성 검토 및 제안

3. 全橋모형실험(Full bridge model test)

⑴ 실제 교량의 내풍거동은 주형, 주탑, 케이블 등의 動특성이 복합적으로 연계되어 나타난다.

⑵ 또한, 주변지형의 특성에 의해 교축직각방향 이외의 방향으로 풍하중이 작용하기 쉬운 교량이나 교축방향으로 주형 단면형상이 변하는 교량에서는 2차원 주형진동 실험에서 예측하기 어려운 진동이 발생될 수 있으며, 이 경우에는 전체교량을 모형화하는 풍동실험을 수행하는 것이 바람직하다.

⑶ 특히 가설단계에서는 완성단계와 전혀 다른 動특성을 보여주며 가설진행에 따라 교량의 動특성이 계속 변하기 때문에 3차원 동적 내풍 안정성을 파악해야 한다.

⑷ 전체교량의 진동실험은 주탑실험과 동일하게 모형 자체가 탄성거동을 하는 3차원 탄성모형으로 수행한다.

⑸ 전체교량의 모형실험을 통해 얻어지는 주요 결과는 다음과 같다.

① 주형 및 주탑의 동적 내풍 안정성 : 와류진동, 플러터, 갤로핑, 버페팅진동 등의 발생풍속 및 진폭

② 시공단계별 내풍 안정성 검토

③ 풍향별 내풍 안정성 검토

④ 주변지형에 의한 풍속할증, 영각효과 등을 고려한 내풍 안정성 검토

⑤ 데릭크레인 등 가설장비를 고려한 내풍 안정성 검토

⑥ 내풍 케이블 등의 제진방안 필요성 검토 및 제안

4. 버페팅 해석(Section model test)

⑴ 버페팅 응답(또는 거스트 응답)은 바람의 변동에 기인된 변동공기력의 작용에 의한 불규칙 진동이다.

⑵ 장대교량의 내풍설계에서 버페팅 응답은 변동 풍하중으로 취급되며 랜덤 이론 (random theory)에 따른 최대 버페팅 응답의 기대값이 구조설계에 반영된다.

⑶ 특히 시공 中에 교량은 완성 後에 비해 구조적 강성이 떨어지므로 바람에 취약할

것으로 판단되므로, 평균풍속에 의한 정적 변형과 변동풍속에 의한 버페팅 응답을 각각 계산한다.

⑷ 이러한 버페팅 응답 해석에는 구조 모델링, 공기 역학적 데이터, 풍하중 데이터 등이 입력자료로 사용된다.

⑸ 버페팅해석을 통해 얻어지는 주요 결과는 다음과 같다.
 ① 주형 및 주탑의 버페팅응답
 ② 시공단계별 버페팅응답 검토
 ③ 풍향별 내풍안정성 검토
 ④ 내풍케이블 등의 제진방안 필요성 검토 및 제안

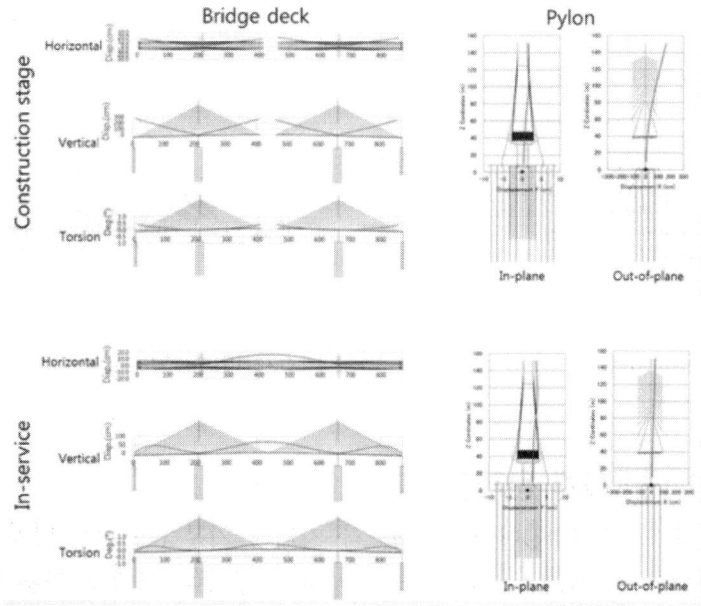

5. 플러티 해석(Section model test)

⑴ 1940년 미국 서북부 Tacoma Narrows Bridge의 붕괴원인이었던 플러터 현상은 구조계 응답에 의해 단면 주위의 유동장이 변화하면서 생성되는 자발공기력(self-excited force)이 유체력으로 feedback되어 지속적으로 보강형에 운동에너지를 공급함으로써, 그 응답이 발산되는 진동현상이다.

⑵ 이러한 플러터 현상의 발생은 곧 구조물의 붕괴를 초래할 수 있기 때문에 장대교량 설계에서는 보강형의 플러터 발생 풍속이 설계 풍속에 비해 충분한 안전율을 갖도록 설계되어야 한다.

⑶ 장대교량의 플러터 발생 풍속을 구하기 위하여 일반적으로 모드 상호 간의 합성

효과를 고려하는 다중모드 플러터 해석방법이 사용된다.

(4) 플러터 해석을 수행하려면 비정상 공기력를 표현하는 플러터계수 확보가 필수적이며, 정확한 플러터계수 산출을 위해 鋼製加震실험이 주로 수행된다.

(5) 이러한 플러터 해석을 위하여 구조모델링, 공기역학적 데이터(특히 정확한 플러터계수 확보가 중요), 풍하중 데이터 등이 입력자료로 사용된다.[122]

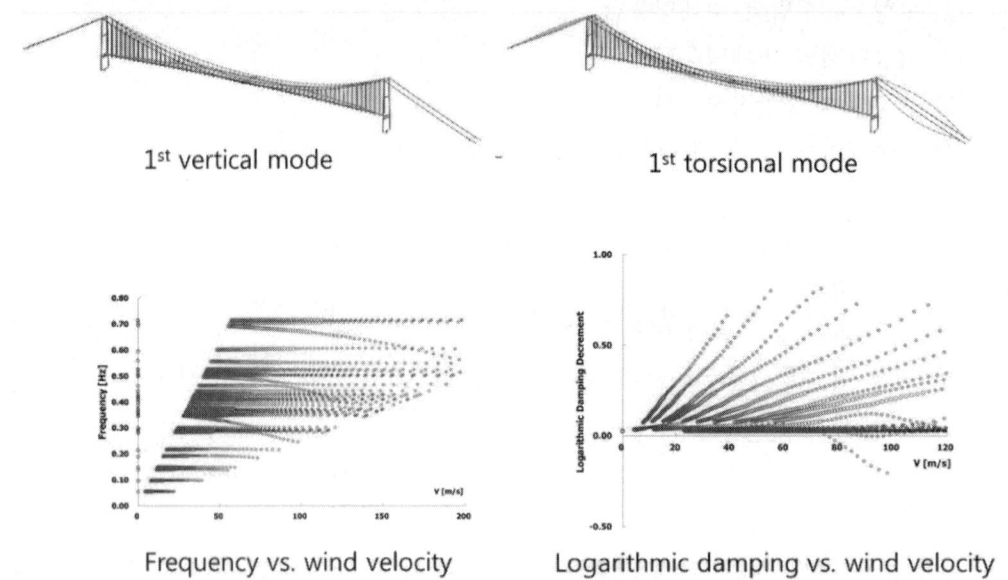

1st vertical mode   1st torsional mode

Frequency vs. wind velocity   Logarithmic damping vs. wind velocity

Ⅲ. 국내 교량 내풍설계 문제점

1. 도로교 설계기준은 1989년에 작성된 각 지역의 기본풍속이다. 현재 국내의 기본풍속을 기준으로 약 20%의 신뢰한계를 상향 조정하여 설계에 적용하고 있다. 이는 소규모 교량에는 문제가 없지만, 풍하중에 의해 단면이 결정되는 長경간 교량에서는 과다설계를 초래할 수도 있다.

2. 내풍설계할 때는 자연풍 난류의 특성을 충분히 묘사하여야 최적의 결과치를 도출할 수 있다. 국내에서는 아직 내풍설계에 대한 인식이 부족하고, 長경간 교량설계 실적이 부족하여 기본 데이터 축적이 빈약해서 결과치에 대한 신뢰도가 낮다.

3. 최근 여러 기관에서 내풍설계에 대한 임의 기준을 설정하여 모형제작과 풍동실험을 수행하고 있다. 내풍실험은 실험국가, 실험장소, 모형제작자 등에 따라 설험 결과가 상이할 수 있으므로 정부 차원의 내풍설계기준이 제정되어야 일관성 있는 실험이 수행될 수 있을 것으로 사료된다.

---

122) TE Solution, '교량풍동실험', 2016, http://www.tesolution.com/

09.31 **Extradosed Bridge**

엑스트라도즈(Extradosed)교의 구조적 특성과 시공 유의사항 [2, 3]

Ⅰ. 개요

1. Extradosed橋는 負모멘트 구간에서 PS 강재로 인해 단면에 도입되는 축력과 모멘트를 증가시키기 위하여 PS 강재의 편심량을 인위적으로 증가시킨 형태로서, 일반적으로 단면 내에 배치하던 PS 강재를 낮은 주탑 頂部에 External Tendon 형태로 부재의 유효높이 이상으로 올려서 배치한 형태의 교량이다..

2. Extradosed교는 거더 유효높이 이상으로 PS 강재의 편심을 확보할 수 있어 PSC 거더교에 비해 경량화·長경간화가 가능하며 PSC 사장교에 비해 斜財의 응력변동폭이 작고 주탑높이를 낮출 수 있어 경간 100~200m에서 시공성·경제성이 좋다.

3. Extradosed교는 1980년 스위스 공학자 Christian Menn에 의해 설계된 Ganter교 이후, 1988년 프랑스 Jacques Mathivat에 의해 정립된 신개념의 교량으로 일본을 중심으로 활발히 건설되고 있다

Ⅱ. **Extradosed Bridge**

1. 주요 특징

(1) 주탑높이를 현저하게 낮출 수 있어 경간 100~200m에서 매우 적합

(2) 하천통과를 강조하면서도 높지 않은 주탑에 의하여 주변경관과 조화

(3) 전체교량의 형고를 일정하게 유지하여 시각적 연속성과 경쾌한 조형미 연출

(4) 일면식 케이블을 설치하면 주행자의 인식성이 높아 Land Mark 기능 수행

(5) 케이블의 피로 안전성이 커서 사장교 케이블에 비해 유지관리 용이

2. 교량 형식 비교

(1) 콘크리트 속에 긴장재를 배치하여 프리스트레싱을 도입하는 內的 프리스트레싱은 대다수의 PSC구조 교량에 사용되는 방법으로, 오래 전부터 PSC 거더교 및 박스 거더교 등의 교량형식에서 적용되어 왔다.

(2) 최근에는 신기술·신소재의 개발에 따라 상부구조 경량화, 교량 장대화 등에 많은 연구가 진행되는 추세에서 긴장재를 단면 밖으로 연장하여 外的 프리스트레싱을 가하는 Extradosed교가 도입되었다.

(3) Extradosed교는 지간 중앙의 正모멘트부의 거동을 개선하는 의미인데, 前者는 시공성, 지형, 경관 등에 제약을 받아 편심량이 제한되는 반면, 後者는 자유롭게

편심량을 선택할 수 있다. 따라서 Extradosed교라 함은 지간 중앙의 負모멘트의 거동을 개선하는 의미로 쓰인다.

(4) 교량형식을 프리스트레싱의 주형과 외부 케이블의 기능 분담에 따라 구분하면 아래 표와 같다.

프리스트레싱에 따른 교량형식의 분류

구분	PSC 거더교	Extradosed교	사장교
이미지			
형상	◦ 상징성 적음 ◦ 상부 주거더의 높은 형고 ◦ 교면아래가 중후함	◦ 상징성 높음 ◦ 상부 주거더의 중간 형고 ◦ 상·하부 일체감이 있음	◦ 상징성 높음 ◦ 상부 주거더의 낮은 형고 ◦ 교면 위가 번잡
주형	◦ 높은 교각이 설치되는 지역에서 연성 확보가 가능 ◦ 경제성·미관을 증진시킬 수 있는 중·소 지간 교량에 적합	◦ 상부에 작용되는 대부분의 하중을 주형에서 분담 ◦ 사장교와 거더교의 중간 형태로서 형고를 낮출 수 있음	◦ 케이블 지지점 간의 하중을 분담하는 보강형 역할 ◦ 형고 비율을 낮출 수 있어 형하공간 확보에 유리
주탑	–	◦ 관통구조에 의한 새들 정착	◦ 분리구조에 의한 앵커 정착
케이블	–	◦ 주거더인 PSC 거더 보조 역할 ◦ 負모멘트가 크게 작용되는 지점에 압축력과 正모멘트 도입 ◦ 활하중에 의한 응력 변동폭이 작아 피로파괴 비교적 적음	◦ 케이블이 보강형을 탄성 지지 ◦ 상부에 작용되는 하중 상당부분을 케이블 연직분력이 분담 ◦ 활하중에 의한 응력변동폭이 커서 피로파괴 고려가 필요
기초	◦ 경간장 증대되면 형고·자중 현저히 증가되어 기초공 증대	◦ 상부공의 중심 위치가 낮아 기초공 규모가 작고 경제적	◦ 주탑이 높고 중심위치가 높으므로 기초공 규모가 증대
공사비	◦ 공사비 저렴	◦ 공사비 저렴	◦ 공사비 고가

3. Extradosed교 분류

(1) 주거더의 지지형식과 결합방법에 따른 분류

① Extradosed교에서 주형 지지형식 및 결합방법, 주탑, 교각 등은 일반적으로 부정정 차수가 높고, 교량받침이 불필요하다.

② Extradosed교는 경제성·시공성을 고려하면 라면교 형식이 우수하지만, 교각 높이 및 경간 개수 등의 조건에 의해 연속거더교 형식이 많이 채택되고 있다.

(2) 주탑의 형식에 따른 분류

① Extradosed교의 柱塔高比(주탑높이/중앙지간장)는 1/8~1/12로서 사장교의 1/5에 비해 낮다. 그 이유는 사장교의 주탑은 주형 거치를 위한 탄성지점이므로

높아야 되지만, Extradosed교의 주탑은 주형에 프리스트레스를 주기 위해 유효 편심높이만 확보하면 되므로 낮아도 되기 때문이다.

② Extradosed교의 柱塔 높이가 낮아지면 斜材 장력의 연직성분이 작아 활하중에 의한 응력변동이 사장교에 비해 작아지므로 피로 영향을 별로 받지 않는다.

　○ 주탑 축력도 작아져 좌굴방지를 위한 가로보 배치가 필요 없다. 가로보를 생략하면 유지관리단계에서 차도 상공의 위험한 고공작업도 없어진다.

　○ 복잡하기 쉬운 주탑이 단순화됨에 따라 시공성이 향상되고, 斜材의 간격을 줄일 수 있어 편심량이 증대된다.

　○ 斜材의 각이 작아 그라우팅 주입을 일괄 시행할 수 있다.

　○ 주탑이 경량화됨으로써 내진성이 향상된다.

③ 주탑을 설계할 때는 상징성을 부여하되 주변환경, 산능선 경관, 인접교량과의 조화 등에 중점을 두고 검토해야 한다.

　○ 주탑이 너무 높으면 사장교와 형상이 비슷해져 신선도가 저하되며 교축방향으로 힘의 흐름을 표현한 Extradosed교 고유의 특성이 반감된다.

　○ 주탑 높이는 케이블의 복잡성, 상부 공간의 개방감 등에 영향을 미치므로 구조적으로 케이블의 장력변동에 영향이 없는 범위 내에서 낮추어야 한다.

④ 주탑의 형상은 직립형이나 V자형으로 계획할 수 있다. 사장교처럼 주탑 頂部에 가로보를 설치할 수도 있으나 상부 공간의 압박감을 줄이기 위해 생략한다.

　○ 직립형은 단수한 이미지와 안정감을 주지만 교상공간의 개발성이 떨어진다.

　○ V자형은 개방감은 뛰어나지만 복잡하며 안정감이 상대적으로 떨어진다.

III. 맺음말

1. Extradosed교는 斜財에 의해 보강된 교량이라는 점에서 사장교와 유사하나, 柱거더의 강성으로 단면력에 저항하고 斜財에 의해 대편심 모멘트를 도입하여, 거동을 개선한 구조형식이므로 사장교보다는 거더교에 가까운 특징을 지닌다

2. Extradosed교는 종래 PSC 거더교와 사장교의 구조적 장점을 취하면서 최근 부각되고 있는 교량의 조형성에 대한 욕구를 충족시키고 하부 공사량을 줄여 환경영향을 최소화 할 수 있는 새로운 형식의 교량이다.

3. Extradosed교는 압축보강이 쉬운 PCT(Prestressed Composite Truss)거더교, 타원형 Cell단면 등 개방성이 크고 미관이 우수한 상부구조와도 결합할 수 있다.[123]

---

123) 김경수, 'Extradosed교의 기술동향 및 현황', pp.256~260, 2014, http://m.blog.daum.net/

09.32 鋼橋 가조립

강교 가조립 공사의 목적과 순서, 가조립 유의사항 [0, 2]

Ⅰ. 개요

1. 공장 가조립을 실시할 때는 강교량의 全지간을 동시에 일체로 시행하는 것을 원칙으로 한다. 다만, 강교의 특성상 분리 가조립을 하더라도 전체 구조계 내용을 충분히 평가할 수 있을 경우에는 승인된 절차서에 의해 분리 가조립할 수 있다.

2. 정밀가공되어 컴퓨터 시뮬레이션 또는 레이저 측정으로 가조립 정밀도를 확인할 수 있을 때는 가조립을 생략할 수 있으나, 다음의 경우에는 가조립을 해야 한다.
   ⑴ 새로운 구조형식 또는 아직 시공 사례가 없는 구조물의 경우
   ⑵ 복잡한 구조물로서 특별히 공사감독자의 지시가 있을 경우
   ⑶ 현장 가설 중에 공정, 건설조건 등의 제약이 있을 경우

3. 공장 가조립장은 대상 강교 구조물을 동시 가조립할 수 있는 면적을 확보해야 하며, 가조립 중에 강교 중량에 의해 침하되지 않는 견고한 지반이어야 한다.

Ⅱ. 鋼橋 가조립

1. 가조립 순서

⑴ 가조립 순서는 현장가설방법의 제약조건을 고려하여 현장가설 순으로 한다.
⑵ 가조립 구조물의 솟음(camber) 및 경사는 설계도와 일치되도록 한다.
⑶ 가조립대는 지상으로부터 700~750mm 높이를 유지하며, 제품 특성에 맞도록 배치하여 각 부재가 가능하면 無응력 상태에서 가조립되도록 한다.
⑷ 가조립 구조물 받침부에는 반드시 지지대를 설치한다.
⑸ 공장여건에 따라 분리하여 가조립할 때는 분리되는 부분이 중복되게 가조립한다.

2. 가조립 부재 연결

⑴ 주요부재의 연결
   ① 가조립 중 주요부재를 연결할 때는 드리프트 핀이나 볼트를 사용한다.
   ② 드리프트 핀이나 볼트 수량은 조임 고장력 볼트 수량의 25%(web는 15%) 이상 사용하는 것을 표준으로 한다.
⑵ 볼트구멍의 관통률 및 정지율
   ① 가조립용 볼트를 시공할 때 공사용 거더 등의 주요부재에는 일반볼트를 지압접합으로 사용하며, 이 경우 볼트의 품질은 마무리 볼트로 한다.

(3) 연결부의 품질관리

① 주요 접합부 연결재의 가조립 정밀도 확보를 위하여 접합부 연결재의 틈은 부재 가장자리 어긋남을 2mm 이내로 시공한다.

또한, 볼트이음하는 주요부재 단부의 틈은 설계도의 규정치 이하 또는 5mm 이내로 시공한다.

② 연결판과 모재는 밀착되어야 한다. 연결부 모재의 단차는 3mm 이내로 한다. 모재의 단차가 1~3mm일 때는 그라인더로 모재의 표면경사가 1/10 이하 되도록 단차부를 가공한 후 연결판을 밀착시킨다.

부득이 하게 단차가 3mm를 초과하면 채움판을 사용하여 연결판과 밀착시킨다.

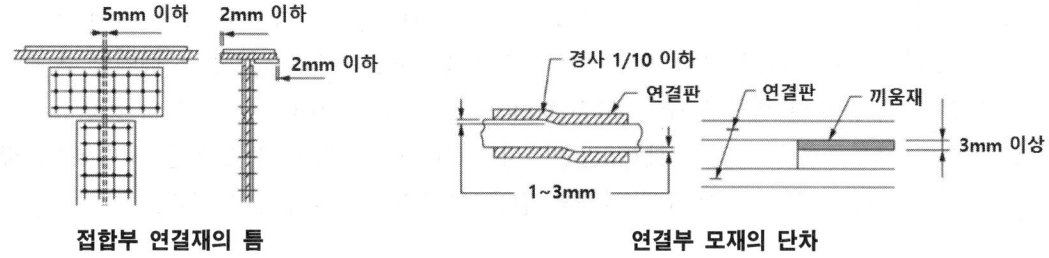

접합부 연결재의 틈   연결부 모재의 단차

3. 가조립 해체

(1) 가조립 검사가 끝난 後, 부재 연결부분에 맞춤표시를 실시하여 현장에서 가설할 때 맞춤이 정확히 되도록 한다.

(2) 가조립 검사 및 맞춤표시가 끝난 後, 가조립 역순으로 해체하여 변형 및 손상이 발생되지 않도록 한다.

(3) 연결용 이음판은 가조립 해체 後 가설 시작될 때까지 볼트를 사용하여 연결부에 임시로 고정시켜 현장에서 바뀌지 않도록 한다.

4. 가조립 검사

(1) 가조립 검사의 기준점을 정하고, 이를 근거로 강교의 솟음(camber), 비틀림, 격점의 위치, 소울 플레이트 중심 간의 길이 및 높이 등의 허용오차를 검측한다.

(2) 가조립 검사는 태양열 변형을 고려하여 오전 일찍 또는 오후 늦게 실시하며, 그 외의 시간에 실시할 때는 시간·기온을 기록하여 현장 온도보정에 반영한다.

(3) 가조립 검사 後 주요 이음부에 천공할 때는 다음의 순서에 따른다.

① 가조립 後에 필요한 용접(스터드, 브라켓 등)은 천공 前에 실시한다.

② 기준 구멍은 미리 천공하고 본 천공이 정확히 되도록 연결판에 조임한다.[124]

---

124) 국토교통부, '제작', 국가건설기준 표준시방서, pp.17~21, 2016.

09.33 鋼橋 가설공법

강교에서 플레이트 거더교와 박스 거더교 가설공사, 강교의 케이블 가설(cable erection)공법 [0, 4]

Ⅰ. 개요

1. 강교(鋼橋, steel bridge)는 중량·강도 면에서 대단히 우수하고 가공성(加工性)도 좋으며 접합도 쉬워서 얇은 두께의 부재를 조립하여 가설하기 좋은 공법이다.

2. 교량 상판(床板)이 콘크리트나 아스팔트 등과 같은 다른 재료로 구성되어 있어도 교량의 구조재료가 鋼材로 되어 있으면 鋼橋로 구분된다. 최근 鋼材의 부식에 대비하여 내후성(耐候性) 강재를 사용하는 경향이 많아졌다.

3. 鋼橋의 가설공법은 鋼材의 가공·제작 용이성, 鋼材의 高인장강도 등에 의해 선정되고 있다. 이때 鋼材의 접합은 rivet, 고력 bolt, 용접 방법이 있다. 근래에는 鋼橋를 건설할 때 鋼材의 접합은 주로 고력 bolt 또는 용접에 의해 시공한다.

4. 鋼橋의 가설공법을 선정할 때는 가설지점의 지형·지질조건, 현장조건, 교량형식, 공사기간, 안전성 등을 고려하여 아래와 같은 가설원칙을 준수해야 한다.

Ⅱ. 강교의 가설원칙

1. 短경간 교량 (L≤38m)

⑴ 경간 조립은 현장이나 공장에서 시행할 수 있다.

⑵ 교량 하부에서 작동하는 Crawler crane이나 Truck crane을 사용하거나 고정각의 데릭 운반차로 한꺼번에 원하는 위치로 올려놓는다.

⑶ 교통소통에 지장을 줄 수 있으므로 교통차단 시간을 최소로 한다.

2. 中경간 교량 (38m<L≤120m)

⑴ 일반적으로 교량 구조물 자체로 하중을 지지할 수 있을 때까지 비계(Falsework)를 가설하고 지지한다.

⑵ 교량 하부의 급류 때문에 가설구조물 사용이 불가능할 경우 Cantilever 공법을 사용하여 우선 端部경간을 가설한 후(비계를 사용할 수 있음) Crane 운반차를 이용하여 교각너머로 1개 부재씩 연장해 나간다.

⑶ 최근 많이 쓰이는 압출공법(Protrusion method)을 적용할 때는 교대 후방에서 미리 만들어진 교량 상판 또는 Girder를 중앙 쪽으로 밀어 나간다.

3. 長경간 교량 (L>120m)

⑴ 長경간 교량은 시공성을 고려할 때, Cantilever 공법만 적용 가능하다.

III. 鋼橋 가설순서

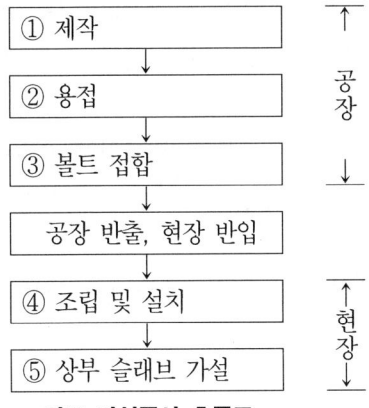

① 제작	↑
② 용접	공장
③ 볼트 접합	↓
공장 반출, 현장 반입	
④ 조립 및 설치	↑ 현장 ↓
⑤ 상부 슬래브 가설	

강교 가설공사 흐름도

1. 제작

(1) 현도작업(full-size drawing)

컴퓨터 이용 제작(CAM, Computer Aided Manufacturing)할 때는 컴퓨터 이용 제도(CAD, Computer Aided Drawing)로 현도작업을 대체할 수 있다.

(2) 절단 및 가공

주요 부재(플랜지, 웨브) 강판은 절단작업 착수 前에 재단도를 작성하고, 주된 응력방향과 압연방향을 일치시켜 자동가스절단기를 사용하여 절단한다.

(3) 구멍뚫기

2차 부재에서 판두께 16mm 이하 강재에 구멍을 뚫을 때는 눌러뚫기에 의하여 소정의 지름으로 뚫을 수 있으나 구멍주변에 생긴 손상부는 깎아서 제거한다.

(4) 휨(굽힘) 가공

냉간 휨가공할 경우에는 시험시공(충격시험 시편 채취 후 1시간 250℃로 가열·상온냉각 후 충격시험)을 통해 품질을 확인하고 가공한다.

(5) 가공검사

형강류(ㄱ형강, ㄷ형강 등)와 보강재류(연결판, 리브 등)는 절단상태, 치수, 볼트 구멍의 크기·위치, 부재의 변형, 게이지, 마찰면의 마무리 결함 등을 검사한다.

(6) 재편 조립

플러그 또는 슬롯용접 접합부의 서로 접하는 면 사이의 간격과 맞대기 용접부의 강판과 뒷댐재의 접하는 면 사이의 간격은 2mm를 초과하면 아니 된다.

(7) 단품제작검사

단품제작이 완료된 부재는 정밀도를 검사하며, 단품제작의 허용기준은 이 기준에 대한 해당요건에 따르거나, 외국의 관련 규정과 동등한 조건에 따른다.

⑻ 강재표면처리

강재의 표면처리에 필요한 페인팅시설과 페인팅을 위한 바탕처리시설은 환경관리 규제에 저촉되지 않는 시설을 갖추어야 한다.

⑼ 강바닥판(steel deck plate)

강바닥판의 규격은 주부재 및 부부재의 보강에 맞추어 제작하되 장폭비 1 : 1.5를 권장한다. 강바닥판의 판이음부는 최소 판두께의 15배 이상 떨어진 곳에 둔다.

⑽ 최종제작자검사 검사 :

완성 제품에 대한 최종단계의 제작자 검사는 제작자 검사성적표를 작성하여 감독 자의 입회검사를 받는 것으로 한다.

2. 용접

⑴ 용접방법

일렉트로 슬래그 용접법(ESW) 및 일렉트로 가스 용접법(EGW)
가스메탈 아크용접(GMAW) 및 플럭스코어드 아크용접(FCAW)
스터드 용접

⑵ 용접검사

비파괴검사의 적용분류는 전수검사, 부분검사 및 지정검사로 나누어 시행한다.
용접비드 표면의 요철은 비드길이 25mm 범위에서 고저차로 검사하고, 3mm를 초과하는 요철이 있어서는 아니 된다.

3. 볼트 접합

⑴ 공통사항

볼트 접합면의 표면처리는 블라스트 등에 의해 녹, 흑피 등을 제거하여 미끄럼계 수가 0.4 이상 얻어지도록 처리한다.

⑵ 고장력볼트

볼트의 조임을 위한 기구(機具)의 보정은 작업개시 전에 정밀도를 확인한다.
볼트의 조임축력은 설계축력에 10%를 증가시킨 값으로 한다.

⑶ 용융아연도금 고장력볼트

1차 조임 후 볼트, 너트, 와셔 및 부재에는 금메김을 하고 본조임은 1차 조임 후 금메김 위치에서 너트를 120±30°(1/3회전) 위치까지 회전시켜 조임한다.

⑷ 타입식 고장력볼트

타입식 고장력볼트 체결은 볼트의 나사부에 너트가 걸릴 때까지 타입한 후에 너 트를 회전시켜 볼트 속으로 끌어넣는 방법을 택한다.

⑸ 토크법에 의한 조임검사

볼트의 조임검사는 조임 후 신속히 실시한다.

너트나 와셔가 뒤집혀 체결되어 있는지 확인하며 뒤집힌 경우에는 재시공한다.

4. 조립 및 설치

(1) 가설공

현장조립품 : 일체로 운반하여 설치할 경우는 조립부재의 길이, 중량·형상을 고려하여 장비의 종류·소요대수를 계획하며, 변형이 발생하지 않도록 설치한다.

플레이트 거더교 : 가설 중 10분 평균풍속이 산들바람(3.4~5.4m/sec) 이상일 때는 I형 주거더의 단독가설작업을 중지해야 한다.

드리프트핀 : 여러 부재를 함께 조립하는 경우에만 사용하되, 허용오차를 벗어나게 제작된 부재나 부품을 조립하는데 사용해서는 아니 된다.

(2) 시공허용오차

지점부 보강재, 웨브, 다이아프램 등 하중을 지지하는 부재는 플랜지 안쪽 표면과 75% 이상의 접촉면적을 가져야 한다.

하부 플랜지와 솔플레이트의 틈새 및 솔플레이트와 교량 받침의 틈새는 하중을 지지하는 부재 투영면적의 75% 이상이 0.25mm 이내로 접촉되고, 25% 이하는 1mm 이내로 관리 한다.

5. 상부 슬래브 가설

(1) 공통사항

계약상대자는 거푸집, 동바리공, 철근공 및 콘크리트공사 시행 중에 주간 및 일간 공사추진계획을 감독자와 사전협의하고 각 공사단계별 시공결과를 승인받아 다음 단계의 공사를 시행한다.

콘크리트 시공 前에 콘크리트에 매입되는 배수구, 통신전선관, 전력구 등 각종 부대시설에 대한 시공도면을 검토하고 시공절차와 요령서를 제출하여 감독자의 승인을 받아 시공한다.

철근조립 및 콘크리트 시공 前 교량의 부대시설인 신축이음장치, 방호울타리, 중앙분리대, 가로등 설치 등을 사전검토하고, 이에 대한 시공절차와 요령서를 제출하여 감독자의 승인을 받아 시공한다.

(2) 거푸집 및 동바리공

거푸집 철거 최소기간은 시방기준에 따른다. 다만, 동바리를 필요로 하는 시공에서는 마지막 콘크리트를 치고 21일 이전이나 부재가 설계압축강도의 90%에 달하기 전에 거푸집을 제거해서는 아니 된다.

(3) 콘크리트공

콘크리트 품질은 설계기준강도를 기준으로 하되 비합성형인 경우에는 사용 콘크리트 최소강도는 24MPa 이상, 합성형인 경우에는 27MPa 이상으로 하고, 목표 슬럼프치는 80mm를 기준으로 하되 100mm를 초과할 수 없다.

콘크리트 표면은 기복 없이 면이 일정해야 하며 표면마무리 계획에 준하여 시공해야 한다. 콘크리트 슬래브 두께의 허용오차는 최소 -10mm, 최대 +20mm 이내가 되어야 한다.[125]

Ⅳ. 鋼橋 가설공법

1. 지지조건에 따른 가설공법

(1) 동바리 공법(Full staging Method)

① 거더 하부에 상부구조물을 지지할 수 있도록 동바리로 假교각을 설치하여 거더를 직접 지지하며 교량을 완성시키는 공법이다.

② 교하공간 높이가 10~20m 정도로서, 교하공간을 유효하게 이용할 수 있는 경우에 가장 경제적이고 일반적인 공법이다.

③ 이 공법은 가설 및 운용이 쉽고 특수한 설비가 불필요하며, 하역장비가 소형이더라도 적용 가능하다. 거더가 거의 응력을 받지 않는 상태에서 교량이 가설되므로 곡선교나 사교에서도 적용이 용이하다는 장점이 있다.

(2) Cable 공법

① 양측 교대 또는 교각 위에 철탑을 세우고 그 사이에 케이블을 설치하여 강재를 로프를 내려서 가설하는 공법

② 수심이 깊은 하천이나 가교각을 설치할 수 없는 조건에 적용 가능하다.

③ 가설비가 너무 비싸고, 작업이 어렵고 공기가 길게 소요된다.

④ Cable 가설공법은 鋼橋 가설보다 댐콘크리트 타설현장에 더 적합하다.

(3) 압출공법

① 교량 가설지점의 교축방향 주변에서 거더를 조립한 후, 거더의 휨저항력을 이용하여 교대까지 끌거나 밀어서 가설하는 공법이다. 가교각을 세울 수 없을 때나 비경제적일 경우에 유리하다.

② 보강형교나 판형교의 가설에 적합한 공법이지만, 가설지점의 현장조건에 따라 아치교나 랭거교 형식에도 적용 가능한 공법이다.

③ 롤러(roller) 또는 인출장치를 이용하여 압출·가설하는 방법이므로 주형의 저항

---

125) 국토교통부, '강교량공사', 국가건설기준 표준시방서, pp.17~40, 2016.

모멘트와 복부판의 국부좌굴에 대한 면밀한 조사가 필요하다.

④ 주형의 지지방식에 따라 연속압출식, 이동假교각식, 浮船압출식 등이 있다.

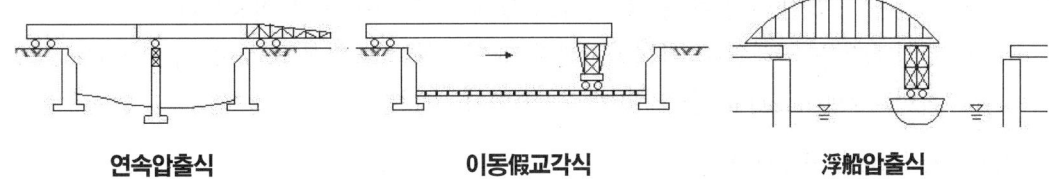

연속압출식   **이동假교각식**   **浮船압출식**

(4) 가설 트러스 공법

① 교하공간 이용에 제약을 받는 도심지 고가교량을 가설할 때는 먼저 가설용 트러스를 설치한 後, 이를 이용하여 거더를 지지하면서 조립하는 공법이다.

② 이 공법은 교하공간이 높을수록, 수심이 깊을수록 유리하다.

(5) 캔틸레버 공법

① 가설이 완료된 양측경간 거더 또는 인접 거더를 앵커나 균형유지 重錘(counter weight)를 이용하여 캔틸레버 방식으로 부재를 조립해 나가는 공법이다.

② 설계단계에서부터 가설 중에 발생되는 거더 단면력과 이음부 위치를 고려해야 하며, 필요하면 假교각(bent)을 세워야 한다.

③ 시공속도가 빠르고 시공정밀도가 양호하다. 기상조건에 좌우되지 않고 시공계획을 수립할 수 있어 깊은 계곡이나 Bent 가설이 곤란할 경우에도 가능하다.

④ 장대 span PC교, 연속 box girder교, Plate girder교, Truss교 등에 적용한다.

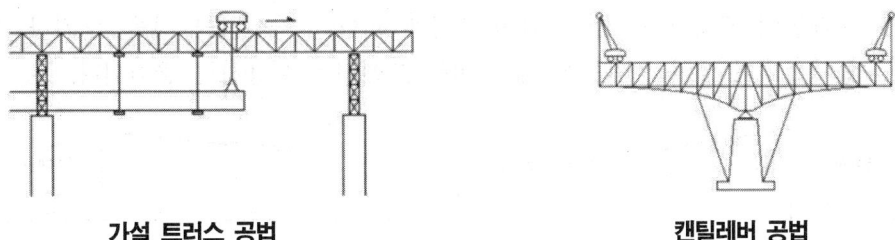

가설 트러스 공법   **캔틸레버 공법**

(6) 대블럭 공법

① 공장 또는 현장에서 일체로 조립한 거더를 대형 운반·가설기계를 이용하여 일괄적으로 가설하는 공법이다.

② 공기단축이 가능하고 가설 중에 구조적으로 불안정해 지는 기간이 짧아 내풍·내진 안전성이 높은 장점이 있다.

2. Crane 가설공법.

(1) 自走式 크레인

① 교량 바로 아래 또는 인근에서 자주식(Truck, Crawler) 크레인으로 거더 또는 단위 부재를 들어 올려서 설치하는 공법이다.

② 가설용 크레인 투입이 쉽고 공기도 짧게 소요되어 많이 이용된다.

③ 현장조건은 크레인이 가설위치까지 진입 가능하고, 붐(boom) 회전공간이 필요하며, 지반이 크레인을 지지할 수 있어야 한다.

(2) 浮船(Floating) 크레인

① 해상 또는 하천 상에 가설되는 교량 현장까지 장비이동에 필요한 수심이 확보되고 흐름이 비교적 완만한 경우, 浮船(Floating) 크레인이 많이 사용된다.

⑵ 스스로 走行 가능 여부에 따라 自航式과 非自航式이 있고, 인양능력은 30~500톤급 정도가 많이 사용된다. 2,000톤 이상 크레인이 투입되기도 한다.

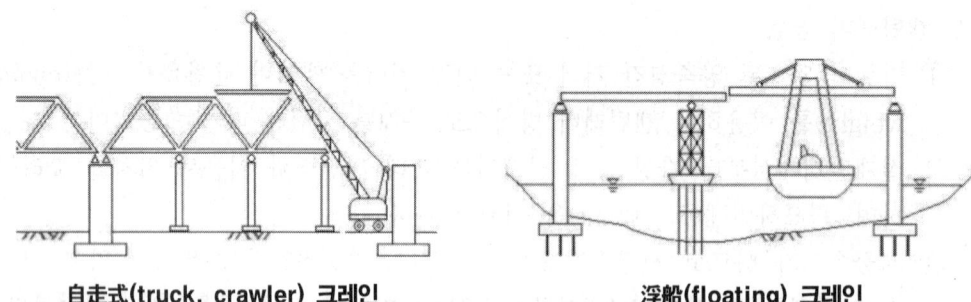

自走式(truck, crawler) 크레인   **浮船(floating) 크레인**

(3) 케이블 크레인설

① 크레인이 진입할 수 없는 하천·계곡에 교량을 가설하는 경우, 앵커나 철탑 등 임시설비의 설치가 가능할 때 케이블 크레인을 이용하는 공법이다.

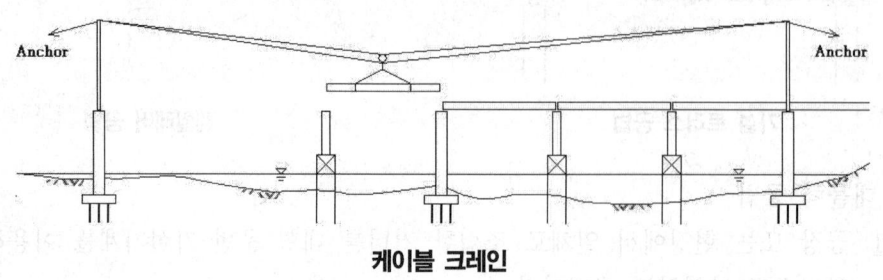

케이블 크레인

(4) 트레블러 크레인

① 교량 가설지점의 지형이 자주식 크레인이나 부선 크레인을 투입하기 부적절하고 케이블 크레인은 인양능력이 부족한 경우, 이미 가설이 완료된 교량 위를 주행하는 트레블러 크레인(Traveller crane)을 설치하여 가설하는 공법이다.

② 이 공법은 교하공간을 이용할 수 없는 트러스교의 가설에도 자주 사용된다.

(5) 門型 크레인

① 이미 가설이 완료된 교량 위로 트레블러 크레인을 설치할 수 있는 경우, 門型
크레인(Portal crane, Goliath crane)을 이용하여 가설하는 공법이다.

② 이 공법은 교하공간이 비교적 높지 않고 평탄하며 연장이 상당히 긴 長大교량
의 경우에 유리하다.

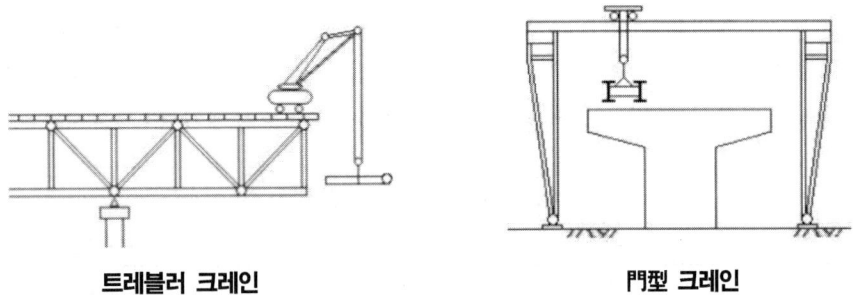

트레블러 크레인   **門型 크레인**

3. Cable 가설공법.

(1) AS(Air spinning)공법

① Cable을 구성하는 wire를 현장까지 운송하여 공중활차(spinning wheel)를 이
용하여 한 가닥씩 교대 사이를 왕복시켜 인출하여 소정의 본수를 가설한 후,
원형으로 묶어서 cable을 만드는 공법

② Strand를 가설위치에서 공중작업을 통해 직접 제작하므로 단위 strand의 규모
(wire 500본)를 얼마든지 크게 할 수 있다.

③ 따라서, strand 개수를 최소화할 수 있으므로 교량내부 만큼의 정착면적을 갖
는 자정식(自定式) 현수교에 적합하다.

(2) PPWS(Prefabricated parallel wire strand)공법

① 먼저 공장에서 육각형을 이루는 본수의 wire를 서로 교차하지 않도록 평행하게
접속하고 그 양단에 설계길이에 맞추어 소켓을 부착한 후, 현장까지 운송하여
가설하고 원형으로 묶어서 cable을 만드는 공법

② Strand의 운송·취급의 한계를 감안하여 wire를 최대 127본까지만 제한하므로
cable 단면이 동일한 경우 AS공법보다 strand 개수가 많아진다.

③ 따라서, strand 단위로 정착되는 정착부 규모가 커지므로 보강형 truss 단부에
cable을 직접 정착시키는 자정식(自定式) 현수교에 적용하기 곤란하다.

④ 그러나, PPWS공법은 대규모 앵커리지(anchorage)에 主케이블을 정착시키는
타정식(他定式, Earth-Anchored suspension) 현수교에는 적합하다.

(3) 자정식(自定式, Self-Anchored suspension) 현수교

① 형식 : 主케이블을 현수교 단부에 있는 보강형(트러스 구조) 내부에 정착

② 구조 : 보강형에 축력이 작용하고, 단부에 부반력이 발생한다.

③ 특징 : 경관 양호, 시공 중 假Bent 필요, 축력과 부반력이 발생하여 구조 복잡

(4) 타정식(他定式, Earth-Anchored suspension) 현수교

① 형식 : 主케이블을 현수교 단부에 있는 대규모 앵커리지(anchorage)에 정착

② 구조 : 보강형에 축력이 작용하지 않고, 단부에 부반력이 발생하지 않는다.

③ 특징 : 경관성 불량, 시공 중 假Bent 불필요, 구조상세가 비교적 간단

현수교 케이블 가설공법의 비교

구분	AS 공법	PPWS 공법
제작	◦ Strand 제작공정이 생략되므로 유리하고, 재료의 손실률이 낮다.	◦ Strand 제작공정이 필요하므로 불리하고, 재료의 손실률이 높다.
운송	◦ 운송 단위중량을 비교적 자유롭게 선택할 수 있다.	◦ 1개의 strand당 중량이 커지므로 운송비가 증가한다.
가설공기	◦ 길다.	◦ 짧다.
현장작업	◦ 숙련공이 많이 필요하다.	◦ 숙련공이 비교적 덜 필요하다.
Strand 정착 연면적	◦ 1개의 strand 소선수가 증가하므로 정착면적이 작다.	◦ 운송 때문에 1개의 strand 소선수가 감소하므로 정착면적이 크다.
현장작업성	◦ 급곡부에서 작업성은 좋지만, spinning 작업 중 단선위험이 있다.	◦ 급곡부에서 작업성은 나쁘지만, spinning 작업 중 단선위험이 없다.
시공실적	◦ 영종대교, 광안대교	◦ 소록대교(거금도 연륙교 1단계)

V. 맺음말

1. 강교 가설공사의 시공은 사전에 시공계획을 수립하여 제작공장과의 긴밀한 협의하에 균일한 품질과 적정한 시공속도를 유지하도록 노력해야 한다.

2. 현장작업 중에 高所작업으로 인한 재해예방대책을 수립하여 안전관리에 철저를 기하고, 건설공해에 대한 공해방지대책을 세워야 한다.[126]

---

126) 박효성 외, 'Final 토목시공기술사 핵심문제', 예문사, pp.603~604, 2008.

09.34 콘크리트橋와 鋼橋 비교

Ⅰ. 개요

1. 교량형식 중 가장 널리 사용되고 있는 PC Box Girder교와 강교의 장·단점을 비교 하기 위하여 적용 지간, 하자발생 요인 및 현황, 구조 안전성 등을 각 항목별로 분 석하면 아래와 같다.

Ⅱ. 국제적인 교량건설 추세

1. 교량건설 재료에는 콘크리트, 강재, 목재, 알루미늄, FRP 등이 사용될 수 있으나 대 부분의 국가에서, 특히 유럽과 미국에서는 콘크리트교가 주종을 이루고 있으며, 최 근 복합재료(FRP 등) 실용화에 관한 연구가 추진되고 있다.

2. 미국 NBI(National Bridge Inventory)의 통계에 따르면 1970년 중반이후부터 강교 건설이 대폭 감소되었고, Prestressed Concrete 교량의 건설이 급증하고 있는 추 세이다. 이러한 추세는 유럽에서 더 두드러진다.

3. 미국도로관리공단(FHWA, Federal Administration)에 의하면 강교의 하자발생 비율 이 높기 때문에 상대적으로 구조적 하자나 결함이 매우 적은 콘크리트교의 건설이 증가하였다고 보고되었다.

1980년대말 미국의 연간 교량건설현황

콘크리트교		강교	목교 및 기타	합계
PC교	RC교			
50%	20%	25%	5%	100%

Ⅱ. PC Box Girder교와 강교

1. 적용 지간 비교

(1) 교량의 구조거동, 시공성, 경제성, 안전성 등을 고려한 구조형식별 일반적인 적용 지간(교각과 교각 사이의 거리)의 범위는 아래 표와 같다.

(2) 그러나, 캔틸레버 공법(FCM) 등은 적용 가설공법에 따라 PC Box Girder교의 적 용 지간은 현재 260m까지 건설되고 있다.

구조형식별 적용 지간의 범위

적용지간(m)	10~25	20~40	30~50	40~60
교량형식	철근콘크리트교	PC거더교 鋼판형교	RCπ형교 鋼π형교 프리플렉스교	鋼박스거더교
적용지간(m)	40~150	80~120	120~800	400 이상
교량형식	PC박스거더교	鋼材아치교 鋼트러스교	PC및鋼사장교	鋼현수교

2. 교량의 하자발생 요인

(1) 콘크리트교와 강교의 하자발생의 요인을 요약하면 아래 표와 같다.

구조형식별 하자발생 요인

구분	콘크리트교	강교	비
하자 요인	박리, 백태, 공동, 균열, 침식, 누수, 동해, 역학적 원인, 기타	용접부 결함, 연결부 이완· 탈락, 잔유응력, 피로파괴, 진동·소음, 부식, 화재, 과적 하중 저항성, 균열·파단, 변 형, 역학적 원인 기타	강교는 많은 부재로 연 결되므로 1개 부재의 결 함이 전체구조의 붕괴를 유발시킬 수도 있음.
	국부적인 결함이 발생하 더라도 전체구조의 안전 성에는 영향이 적음.	국부적인 결함도 전체구조의 안전성에 치명적인 영향을 미칠 수 있음.	

3. 교량의 하자발생 현황

(1) 1989년 미국 FHWA 조사 결과에 의하면, 콘크리트교와 강교의 하자발생 현황은 1950년 이후 공히 감소되고 있으며, 최근 콘크리트교의 1~2%, 강교의 11% 정도가 하자요인을 가지고 있는 것으로 보고되었다.

(2) 1950년~1987년 미국 NBI 조사 결과에 의하면, 교량의 구조적 결함은 콘크리트교의 경우에는 단순교 8%, 연속교 3% 정도였다. 반면, 강교의 경우에는 단순교 23%, 연속교 11% 정도로 나타났다.

미국 교량 하자발생 비율

조사기관	구분	콘크리트교	강교	비고
FHWA	1950~1988	약 6%	약 20%	강교의 하자발생비율이 콘크
FHWA	최근	약 1~2%	약 11%	리트교보다 4~5배 이상 높
NBI	1950~1987	3~8%	11~23%	것으로 조사되었음.

4. 구조 안전성 비교

(1) 모든 구조물이 마찬가지겠지만, 특히 장대교량 구조물은 구조적으로 안전해야 하며 시공 中이나 사용 中에 소요의 안전도가 확보되어야 한다.

(2) 미국 미국세그멘탈교량협회(ASBI, American Segmental Bridge Institute)의 1991년 학술대회자료에 의하면 PC Box Girder교의 안전도가 아래 표와 같이 매우 우수한 것으로 나타났다.

PC Box Girder교와 강교의 안전도 비교

항목	콘크리트교	강교	평가의견
사용중 안전성	◦ (사하중/전체하중)比가 크므로 활하중 증가에 대한 안전성이 매우 크다. ◦ 미국 텍사스 Austin Univ. 실험 결과, 설계 대상 하중의 7배까지 저항하는 것으로 나타났다.	◦ (사하중/전체하중)比가 작아 활하중 증가에 대한 안전 여유가 매우 적다.	PC Box Girder교가 활하중 증가에 대한 수용능력이 커서 안전성이 우수함.
시공중 안전성	◦ 강성이 크므로 시공 중에 바람 등의 외력에 대한 저항성이 크다.	◦ 강성이 작아 시공 중에 바람 등의 외력에 대한 저항성이 적다.	
구조적 안전성	◦ 많은 텐던 사용으로 구조적 여유 (redundancy)가 크다.	◦ 용접부위 등 1개 부재의 결함이 구조 전체의 붕괴 유발 가능하다. (예 : Schoharie Creek교량 붕괴 사례)	PC Box Girder교가 구조적으로 안전도가 큰 것으로 보고됨.

Ⅲ. 콘크리트교를 주로 선정하는 사유

1. 原재료로부터 교량이 완성되기까지 소요되는 에너지의 소모량 측면에서 강재는 콘크리트에 비해 수배 소요된다.

2. 1970년대 이후 교량의 재료, 설계, 건설공법 등에서 강교에 비해 콘크리트교에 관한 연구가 훨씬 많이 수행되었고, 대부분의 교량 신기술이 콘크리트교 분야에서 제안되었다.

3. 교량의 건설비용 및 교량의 생애주기비용(LCC) 측면에서 콘크리트교가 저렴하다.

4. 콘크리트교의 구조적 장점(처짐조절, 피로, 초과하중 재하능력, 내화성, 진동저항성 등)이 훨씬 우수하다.

5. 콘크리트교의 내구성이 우수하고, 유지관리가 필요 없고, 환경변화에 대한 적응성이 우수하다.[127]

---

127) 한국토지주택공사, '국내·외 공사 실패사례,' 토지연구원, 2018.

09.35 | 아치교의 분류

Arch교의 Lowering공법, Nielson Arch, 하이브리드(hybrid) 중로아치교 [1, 0]

Ⅰ. Arch

1. 아치(Arch)는 곡선으로 구성된 부재를 의미한다. 구조공학에서 아치는 원호 형태로 구성되어 있는 모든 부재를 의미하지는 않는다.

2. 아치를 역학적으로 정의하면 원호 형상의 보가 양단에서 단순지지 되어 있고, 지점 이 수평방향으로 구속된 형태를 말한다.

3. 아치는 수평방향 구속이 핵심이다. 휘어진 보를 단순보처럼 지지시킨 보와 아치와 의 역학적인 차이점은 수평방향 구속력의 차이라는 뜻이다.

4. 수평반력은 휘어진 아치의 부재에 휨모멘트와 함께 축력을 가하는데, 수평반력으로 인해 발생되는 휨모멘트는 하중에 의해 발생되는 휨모멘트를 상쇄하도록 거동하므로 이상적인 아치 부재에서는 축력(압축력)만 발생된다.

Ⅱ. Arch Bridge 구조

1. 아치교(Arch bridge)는 축력(압축력)만 발생되는 부재를 주부재로 이용한 교량이다. 일반적인 아치교는 상판, Spandrel, Arch rib, Springing 등으로 구성된다.

2. 상판은 직접 차량 등의 상부하중을 부담하는 구조로서 거더의 바닥판과 같은 역활 을 한다. 스팬드릴(spandrel)은 상판과 아치리브(arch rib) 사이의 공간을 뜻하며, 주로 수직재가 설치되어 상판의 하중을 아치리브로 전달한다.

3. 아치리브는 아치교의 주부재로 스팬드릴 내의 수직재 등으로 전달된 상판의 수직하 중을 압축력으로 부담하여 지반에 수평력으로 전달한다.

4. 아치리브의 중심선이 아치축선이며, 그 정점이 크라운이다. 아치의 양끝 지점부가 스프링잉(springing)이며, 이 스프링잉을 연결하는 직선과 아치 크라운부와의 연직 거리를 아치 라이즈(rise)라 한다.

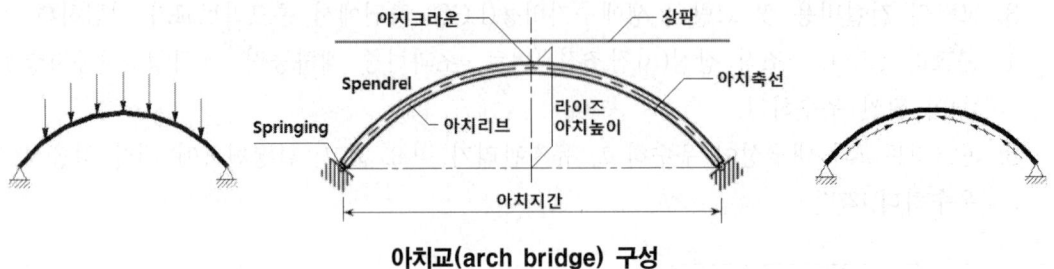

아치교(arch bridge) 구성

5. 아치교는 지간 50~300m 이상의 교량에 광범위하게 적용될 수 있다. 아치교는 차로위치에 따라 上路아치, 下路아치 등이 있고, 힌지갯수에 따라 2-hinged arch, 3-hinged arch, Fixed-arch 등이 있고, 구조형식에 따라 로제 아치, 닐슨 아치, 랭거 아치, 타이드 아치교 등이 있다. 아치리브 형식에 따라 솔리드리브아치(solid rib arch), 브레이스드리브아치(braced rib arch), 스판드렐브레이스드 아치(spandrel braced arch), 파이프아치(pipe arch) 등으로 분류된다.

Ⅲ. Arch Bridge 분류

1. 차로위치에 따른 분류
(1) 上路 아치교 : 차량이 주행하는 노면이 트러스의 상부에 위치하는 구조이다.
(2) 下路 아치교 : 차량이 주행하는 노면이 트러스의 하부에 위치하는 구조이다.

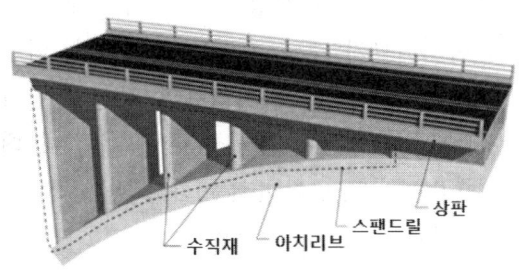

上路 아치교

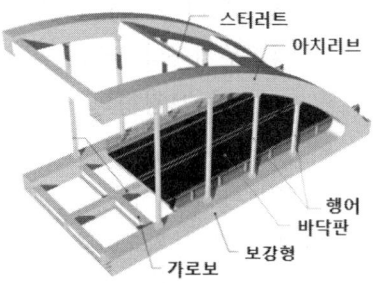

下路 아치교

2. 힌지갯수에 따른 분류
(1) 2힌지 아치교(2-Hinged arch bridge)
일반 아치교에서 가장 폭넓게 사용되는 형식으로 미관과 경제성이 우수하지만, 지반상태가 양호한 곳에서만 적용 가능하다. 아치 리브를 트러스 구조의 Braced rib에 적용하였을 경우에는 300m 이상의 교량에도 적용 가능하다.
(2) 3힌지 아치교(3-Hinged arch bridge)
2힌지 아치의 크라운에 힌지를 추가한 것으로 정정구조이다. 그러나 교량의 중앙에 힌지를 설치하는 것은 힌지에서의 처짐이 과다해지고, 내구성이 저하되어 초창기 이후에는 거의 적용되지 않고 있다.
(3) 고정 아치교(Fixed arch bridge)
아치교로서 가장 경제적인 형식이나 지점에서 수평반력 외에 고정모멘트가 크기 때문에 지지력이 양호한 지반에서만 적용 가능하다. 다른 형식에 비해 강성이 크므로 처짐량은 적으나 長지간의 아치교에서는 부가응력이 상당히 커진다. 고정아치교는 지점을 힌지로 처리하기 곤란한 콘크리트교 형식에 주로 사용된다.

2힌지 아치교   **3힌지 아치교**   **고정 아치교**

3. 구조형식에 따른 분류

⑴ 로제 아치교(Lohse girder)

휨강성을 가진 아치리브와 보강거더를 양단에서 연결하고 아치리브와 보강거더 사이를 양단힌지의 수직재로 연결한 구조이다. 랭거교와 타이드 아치교의 중간 형식이다. 아치리브의 강성이 크기 때문에 랭거교에 비해 수직재 간격을 늘릴 수 있으며 아치리브와 보강형의 접속부 연결이 용이하다.

⑵ 랭거 아치교(Langer girder)

오스트리아 Langer에 의해 제안된 형식으로, 보강형의 강성이 크고 수직재와 다른 부재와의 결합을 Pin구조로 가정하여 아치리브가 주로 축력을 전담한다. 아치리브와 보강형의 접속부가 복잡하고, 로제 아치에 비해 아치리브의 강성이 작아 수직재(hanger) 간격이 좁아진다. 50~200m까지 적용된다. Hanger를 수직재 대신 사재로 사용하는 교량을 트러스 랭거형(Truss langer girder)라고 한다.

⑶ 타이드 아치교(Tied arch bridge)

아치 리브에서의 수평반력을 Tie로 부담시켜 아치 지점부에서는 연직반력만 전달되는 구조이다. 따라서 수평력이 크게 작용하지 않아 지반상태가 양호하지 않은 곳에서도 적용 가능하다. 그러나 아치리브가 과대해지는 경향이 있어 경제성 측면에서 불리한 단점이 있다.

⑷ 닐슨 아치교(Nielsen system)

스웨덴 Nielsen에 의해 제안된 형식이다. 로제 아치, 랭거 아치 및 타이드 아치의 垂直材를 강봉(rod) 대신 신축성 있는(flexible) cable 傾斜材로 대체한 Warren truss 형식의 교량을 총칭하여 Nielsen계 교량이라 한다. 傾斜材가 교량의 전단변형 억제에 기여하여 일반 아치교에 비해 처짐이 작으며 長경간에 유리하다.

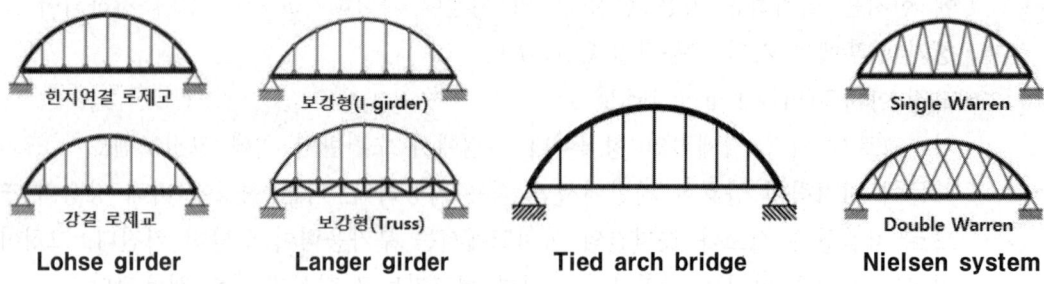

Lohse girder   **Langer girder**   **Tied arch bridge**   **Nielsen system**

4. 아치리브 형식에 따른 분류

(1) 솔리드리브 아치교(Solid-rib arch)

단일한 부재로 아치리브를 구성한 형식으로, 아치리브가 날렵하여 미관 우수하다. 아치 지간이 긴 경우에는 단면이 커져서 비경제적이므로 보통 Braced-rib arch 를 사용한다. Solid-rib arch는 주로 콘크리트 아치교에 사용된다.

(2) 브레이스드리브 아치교(Braced-rib arch)

아치 지간이 길 경우에 Solid-rib arch는 단면의 효율성이 떨어지므로 아치리브 를 Brace로 보강하여 아치리브 강성을 증가시킨 형식이다. 경제성 및 아치리브 강도가 크고 고정 아치교인 경우에 지점부 처리가 용이하여 長지간 아치교에 주 로 사용되는 형식이다.

(3) 스판드렐브레이스드 아치교(Spandrel braced arch)

아치 복부(spandrel)를 보강한 형식으로, 미관과 강성 측면에서 Braced-rib arch 와 특징이 비슷하다. 지간 100m 이상에서는 거의 사용하지 않으며, 주로 연속구 조이며 FCM 공법을 이용할 때 유리하다.

(4) 파이프 아치교(Pipe arch bridge)

아치리브가 파이프 단면으로 설계된 아치교이다. 국내 보도교에 다수 시공실적이 있으나 도로교에는 아직 없다. 아치부재로서 파이프는 박스거더나 I형 단면과 비 교하여 압축과 비틀림에 유리하며 등방성이므로 풍압계수가 작다는 장점이 있다. 부재 접속상태가 복잡하고, 현장용접으로 연결해야 하는 단점이 있다.[128]

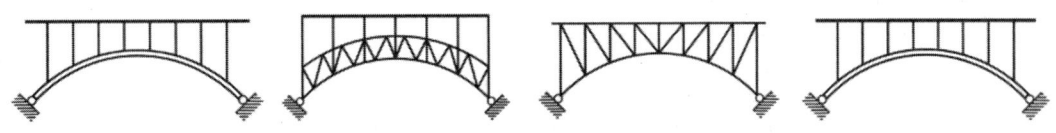

| Solid-rib arch | Braced-rib arch | Spandrel braced arch | Pipe arch bridge |

128) 황학주, '최신 교량공학', 제2판, 동명사, pp.307~309, 1995.
　　썬로드의 교량이야기, '상부구조에 따른 교량의 종류(5) 아치교', 2007, https://sunroad.pe.kr/

09.36 아치교의 가설공법

Nielson Arch교, Hybrid 중로아치교, Arch교의 Lowering공법 [2, 2]

Ⅰ. Nielson Arch Bridge

1. 공법

(1) 스웨덴 Nielsen에 의해 제안된 형식이다. 로제 아치, 랭거 아치 및 타이드 아치의 垂直材를 강봉(rod) 대신 신축성 있는(flexible) cable 傾斜材로 대체한 Warren truss 교량을 총칭하여 Nielsen계 교량이라 한다. 傾斜材가 교량의 전단변형 억제에 기여하여 일반 아치교에 비해 처짐이 작으며 長경간에 유리하다.

(2) 트러스교 복부의 강봉(rod) 垂直材를 신축성 있는(flexible) cable 傾斜材로 변경하더라도 동일하게 하중의 분배기능을 유지하면서, 교량전체의 강성이 향상되고 변형 억제력을 높여 주므로 수직재 아치교보다 長경간에 유리하다.

(3) 2004년 개통된 경남 마산시 저도연육교는 아치리브를 경사재로 배치한 닐슨 아치교 형식이다. 이 사례를 기준으로 닐슨 아치교 가설공법을 기술하고자 한다.

2. 저도연육교 사례

(1) 공사 현황

① 공사명칭 : 저도연육교 재가설공사

② 공사위치 : 경상남도 마산시 구산면 구복리

③ 공사기간 : 2002.07.29.~2004.11.25.

④ 계약방식 : 시공일괄입찰방식(Turnkey)

⑤ 총도급액 : 133억 96백만원(삼부토건 55%, 상익건설 45%)

⑥ 발주기관 : 마산시

닐슨 아치교 형식의 저도연육교 모습

(2) 닐슨 아치교의 시공순서

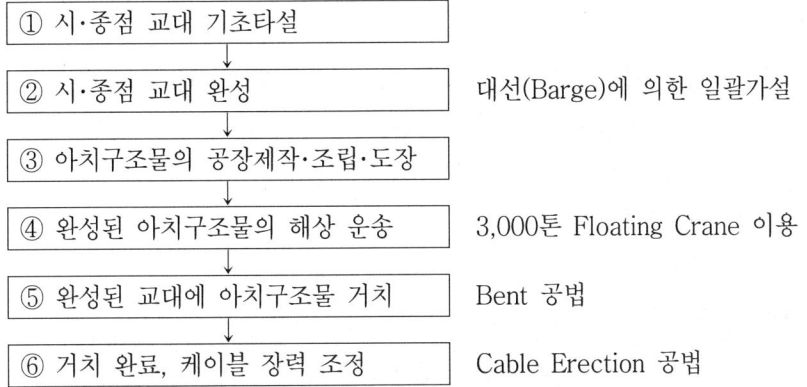

① 시·종점 교대 기초타설	
② 시·종점 교대 완성	대선(Barge)에 의한 일괄가설
③ 아치구조물의 공장제작·조립·도장	
④ 완성된 아치구조물의 해상 운송	3,000톤 Floating Crane 이용
⑤ 완성된 교대에 아치구조물 거치	Bent 공법
⑥ 거치 완료, 케이블 장력 조정	Cable Erection 공법

(3) 적용된 공법의 주요내용

① 대선(Barge)에 의한 일괄가설공법 : 가설위치가 해상 또는 수심이 깊은 하천인 경우, 대형 크레인에 의한 일괄가설이 불가능할 때는 대선(Barge)으로 해상 운송하여 일괄가설할 수 있다.

② Floating Crane(F/C)에 의한 일괄가설공법 : 해상 또는 수심이 깊은 하천에서 대형 크레인에 의해 교량을 일괄 가설할 수 있다.

③ Bent 공법 : 假設 Bent와 架設 크레인의 조합에 의해 순차적 트러스교 각각의 블럭을 현장에서 조립할 수 있다.

④ Cable Erection 공법 : 형하공간에 직접 동바리를 설치할 수 없는 깊은 계곡에서는 양안에 Cable을 잇고 그 사이에서 트러스교를 가설할 수 있다.[129]

Ⅱ. Hybrid Arch Bridge

1. 공법

⑴ Hybrid arch교는 아치교의 장점을 살려 시공하는 방식이다. Bracing이 없는 구조로 주행자의 개방감을 확보하고, 축력 지배구조로서 축력이 큰 지점부에는 좌굴 위험이 있는 강재보다 콘크리트로 압축력에 저항하도록 설계하여 안정감이 우수한 형식이다.

⑵ Hybrid arch교는 강재와 콘크리트의 복합구조로서 강재를 경제적으로 사용하도록 설계된 교량이다.

⑶ 국내에서 기 완공된 인천시 연수구 송도동 북측 해상 인천대교 연결도로 2공구의 Hybrid 中路 아치교의 가설공법을 기술하면 아래와 같다.

129) 마산시, 저도연육교 재가설공사, 2005.

2. 인천대교 Hybrid 중로 아치교

(1) 공사현황

① 공사명칭 : 인천대교 연결도로 2공구 Hybrid 中路 아치교

② 교량구조 : 상부 Hybrid 중로아치+PSC 박스 거더, 하부 V형 콘크리트 교각

③ 기초구조 : 현장타설 콘크리트 말뚝 직경 2.4m

④ 사업시행 : 한국도로공사

⑤ 설계시공 : 설계 한국해외기술공사+DM, 시공 대림 JV

인천대교 연결도로 2공구 Hybrid arch교

(2) Hybrid 아치교의 구조적 특징

① 강재와 콘크리트의 장점을 살려 구조적 효율성을 증대

② 주경간에 강재를 적용하여 상부하중 감소

③ Tie-Cable 적용으로 기초 발생 수평력 최소화

④ 횡방향 브레이싱이 없는 Unbraced Tube 적용

(3) Hybrid 아치교의 시공순서

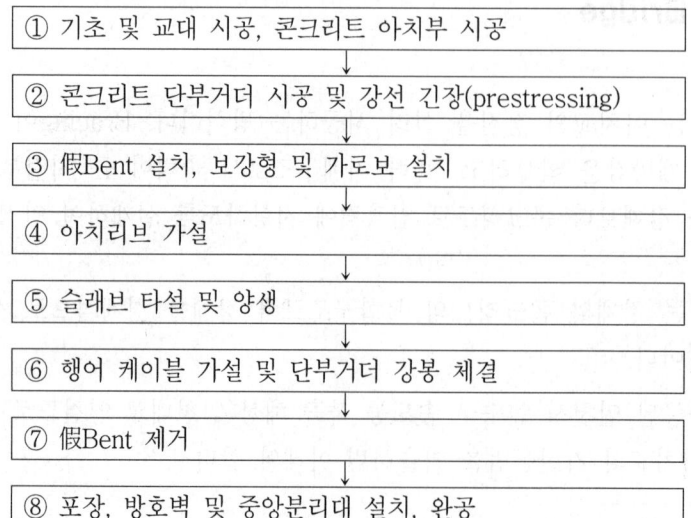

① 기초 및 교대 시공, 콘크리트 아치부 시공
↓
② 콘크리트 단부거더 시공 및 강선 긴장(prestressing)
↓
③ 假Bent 설치, 보강형 및 가로보 설치
↓
④ 아치리브 가설
↓
⑤ 슬래브 타설 및 양생
↓
⑥ 행어 케이블 가설 및 단부거더 강봉 체결
↓
⑦ 假Bent 제거
↓
⑧ 포장, 방호벽 및 중앙분리대 설치, 완공

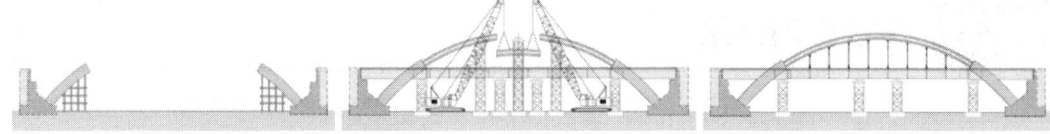

(4) 공법 설계 검토사항

① Hybrid arch교의 콘크리트 아치리브는 시공순서에서 1단계에 해당되며, 이를 시공하기 위한 거푸집 및 동바리가 필요하다.

② 콘크리트 아치리브는 곡선부 中空변단면이므로 내부거푸집도 고려해야 하였으나, 중공부에는 별도로 거푸집을 설치하지 않고 EPS블록을 채우는 것으로 설계하였다.

③ 당초설계는 공사비 절감을 위하여 계획되었던 시스템 동바리는 곡선부가 비대칭 구조물이므로 수평력에 대한 변위가 과다하고 부재가 허용응력을 초과하여 안전성이 확보되지 않음에 따라, 鋼材벤트 동바리로 변경하였다.

(5) 공법 시공 유의사항

① 동바리 지지 지점부는 연직하중이나 수평력에 대하여 확실하게 고정되어 있도록 시공되어야 한다.

② 콘크리트 타설 중 불균형 하중이 발생되지 않도록 균등하게 타설되어야 한다.

③ 수직부재 설치 중 쐐기 등을 적절히 사용하여 부재 간의 접촉부에 하중이 균등하게 분포되도록 세심한 주의가 필요하다.

④ 설치된 모든 동바리 부재는 거푸집이 설치된 후에 후속적으로 시행되는 철근배근 및 콘크리트 타설작업 중 진동·충격에 의해 부재 간 접촉이 느슨해지거나 탈락될 수 있으므로, 수시 점검·조정하고 재수정하여야 한다.

⑤ 설치된 거푸집 간에 발생된 공극, 틈새 등은 실리콘을 사용하여 확실하게 밀봉하여 시멘트풀의 누출을 방지하도록 한다.130)

---

130) 배민혁, 'Hybrid Arch교 콘크리트리브 거푸집 및 동바리', 건설기술/쌍용, 2009.

09.37 PCT 거더교

I. 개요

1. PCT 거더(Prestressed Composite Truss Girder)교는 소정의 압축력이 도입된 콘크리트 하현재, 강관 또는 압연형강으로 만들어진 복부재, 그리고 강-콘크리트 합성부재로 형성되는 상현재 등으로 구성되는 프리스트레스트 복합트러스 거더로서 순수 국내기술로 개발된 신개념의 hybrid 구조 교량이다.

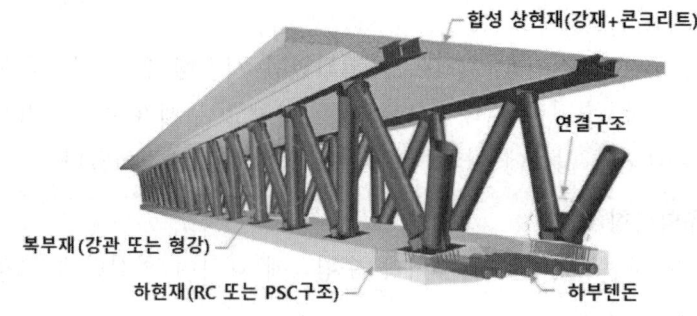

PCT 거더교

II. PCT 거더교

1. PCT 개념

(1) 구성요소의 분리 제작

① 곡선구간 제작 문제를 극복할 수 있어 평면 또는 종단 상으로 임의 형상을 갖는 거더 제작이 용이해져 곡선교 구조물에 적용 가능

② 공장화 및 표준화를 통해 고품질의 거더를 공장에서 생산하게 되므로 건설 소요 공사기간을 획기적으로 단축 가능

(2) 트러스 구조의 채택

① 경간 증가에 따른 자중 증가 문제가 해결되므로 보다 長경간 교량 건설 가능

② 하현재에 콘크리트 압축강도 수준에 해당하는 프리스트레스를 도입 가능

③ 강-콘크리트 구속 작용으로 인한 응력손실 및 인장응력 발생을 크게 완화 가능

(3) 상현재에 합성구조 채택

① 현장여건에 따라 다양한 가설공법(크레인, ILM, MSS, FCM 등) 적용 가능

② 복부재의 경사각을 기존의 복합구조 형식에 비해 크게 완만하게 제작 가능

③ 상현재 중간 지점부에서 거더의 구조적 연속화가 용이하여 長경간 적용 가능

2. PCT 장점

(1) 종단 및 평면선형에 제약을 받지 않는다.

(2) 적용 가능한 경간장의 범위가 넓다.(단경간교 10~130m, 연속교 40~150m)

(3) 현장여건에 따라 다양한 가설공법을 적용할 수 있다.

　크레인+ 가설벤트, ILM, FCM, MSS, Span-by-Span 등

(4) 長경간 교량에 적용하면 초기공사비를 크게 절감할 수 있다.

　PCT 초기공사비 : 강박스합성 거더 대비 85%, PSC박스 거더 대비 90% 정도

(5) 완전매입형 적용하면 프리플렉스 합성거더교보다 형고비를 더 낮출 수 있다.

(6) 유지관리가 용이하고, 개방형 트러스 구조이므로 미관이 뛰어나다.

(7) 표준화가 용이하고 공장생산을 통한 품질관리가 우수하다.

(8) 곡선반경이 작고 비교적 長경간이 요구되는 도로횡단 교량에 적용성 우수하다.

3. PCT 거더의 종류

형식	단순거더 형식		복합거더 형식 (부분매입형)
	완전매입형	부분매입형	
거더 형상			
적용 경간장	10~40m	40~130m	40~150m
부재 구성	◦ 상현재 : 형강 ◦ 복부재 : 형강	◦ 상현재 : 형강, Built-up ◦ 복부재 : 형강, 강관	◦ 상현재 : Built-up ◦ 복부재 : 강관, 각관
가설공법	◦ 크레인(일괄거치)	◦ 크레인+ 가설벤트	◦ 크레인+ 가설벤트 ◦ ILM, FCM, MSS 등
주요 특징	◦ 직선교량(평면, 종단) ◦ 공장제작, 급속시공 ◦ 유지관리비 최소 ◦ 동바리·거푸집 不필요 ◦ 낮은 형고비	◦ 곡선교량(종단) ◦ 공장제작, 현장조립 ◦ 복부 재도장 필요 ◦ 동바리·거푸집 사용 ◦ 형고 제약이 없는 長경간 교량에 적합	◦ 곡선교량(평면, 종단) ◦ 유지관리 용이 ◦ 동바리·거푸집 사용 ◦ 미관이 요구되는 곡선, 長경간 교량에 적합 ◦ 다양한 가설공법 적용

4. PCT 거더의 상현재 합성구조

(1) PCT 거더 상현재에서 격점영역의 사용하중에 대한 구조거동과 피로특성을 크게 개선시키기 위하여 종래의 머리부착 스터드 대신에 Prefobond rib(구멍강판)구조를 전단연결구조로 채택하였다.

(2) 상현재를 구성하는 강재일부를 콘크리트 속에 매입하는 부분매입형 구조를 채택

하여, 상현재의 바닥판 하부 주철근을 강재복부에 관통시켜 배치(dowel action)
함으로써 전단저항력을 개선하였다.

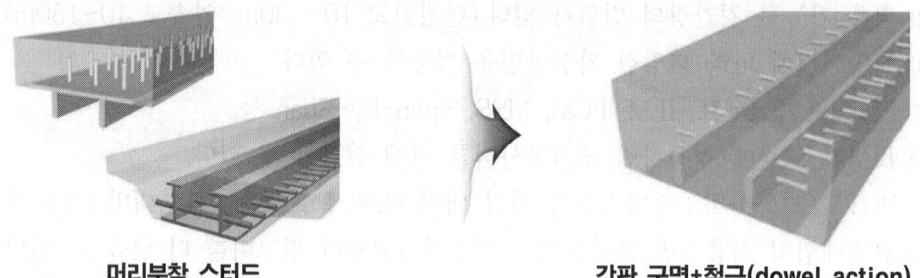

| 머리부착 스터드 | 강판 구멍+철근(dowel action) |

5. PCT 거더의 가설공법

(1) 크레인+가설벤트 : Full Staging Method (FSM)

① 적용대상 : 시가지, 평활지, 가설벤트 설치 가능 지역

② 세그먼트 제작(공장)→1차 PS도입(지상)→거치→2차 PS도입(全부재 결합)→상
부슬래브 시공→3차 PS도입→완성

③ 주거더 중량 : 단순거더형식 1.5~2.5t/m, 박스거더형식 4.0~6.0t/m

④ 소요 크레인 용량 : 150~300ton급

(2) Incremental Launching Method (ILM)

① 적용대상 : 하천횡단, 산악지역

② 강재 제작(공장)→강재 운반→세그먼트 제작(제작장)→ 1차 PS도입→압출→격
벽 시공→2차 PS도입→상부슬래브 시공→3차 PS도입→완성

③ 압출 중 단면 보강 : 상현재 강재(보강 불필요), 하현재 콘크리트(PS강재)

④ 압출 시 주거더 자중 : 5~6t/m(PSC박스의 25%)으로 자중이 경감되므로 長경
간 설계 가능(L=100m)

(3) Free Cantilever Method (FCM)

① 적용대상 : 하천횡단, 계곡부

② 세그먼트 제작(제작장)→세그먼트 운반→인양→결합→1차 PS도입(key 세그먼
트 결합 후)→상부슬래브 시공→2차 PS도입→완성

③ 시공 중 지배하는 부모멘트(-M) : 상현재 강재(인장), 하현재, 콘크리트(압축)

④ 시공 중 주거더 자중 : 5~6t/m(PSC박스의 20%)으로 자중이 경감되므로 長경
간 설계 가능(L=150m)[131]

---

131) 국토교통부, 'PCT거더(Prestressed Composite Truss Girder) 공법 도입', 건설기술정보시스템, 2009.

09.38 Stress Ribbon Bridge

스트레스 리본 교량(Stress Ribbon Bridge) [1, 0]

I. 개요

1. 최근 보도교(步道橋)는 새로운 구조와 특이한 형상을 적용하여 미적 관점을 보완하면서, 경제성, 효율성, 안정성, 편의성 등까지 제공하고 있다.

2. 선진 외국에는 구조적 성능과 외형적 미관이 탁월하며 구조물이 자연과 동화되는 보도육교로서, 그 지역의 랜드마크 역할을 할 수 있는 스트레스 리본 교량(Stress Ribbon Bridge, 一名 현수 바닥판교)를 많이 시공하고 있다.

3. 국내에서 현수 바닥판교는 아직 건설되지 않았으나, 현재 활발히 연구 중에 있다.

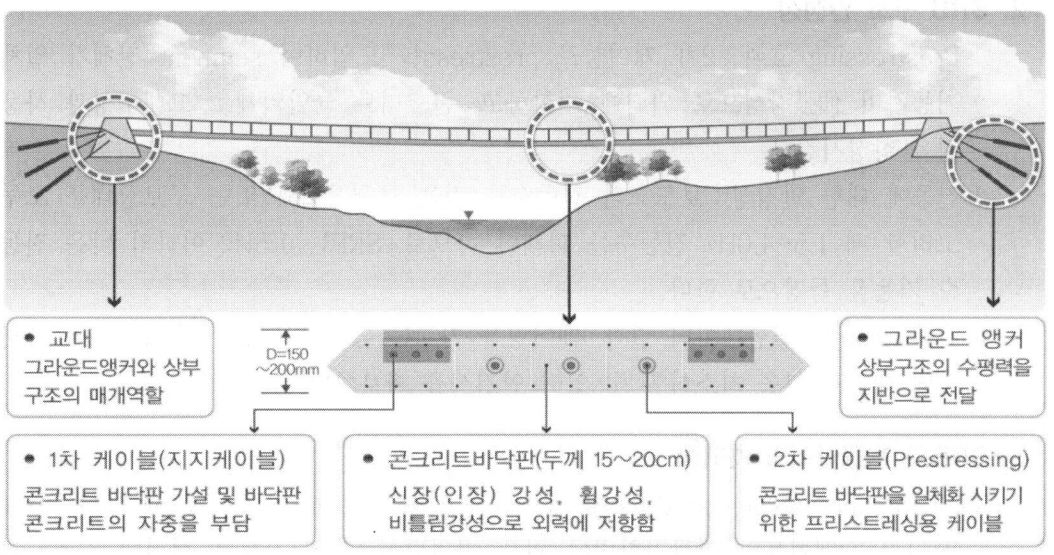

Stress Ribbon Bridge(현수 바닥판교) 개념도

II. Stress Ribbon Bridge

1. SRB 설계 개념

(1) SRB란 계곡·하천·습지 등에 假시설dml 설치 등이 곤란한 경우에 두께가 얇은 상부구조(precast concrete deck)로 특정한 현수형태(catenary type)를 유지하면서 prestressing cable에 의해 긴장된 바닥판(post-tensioned deck)이 역아치(reverse arch) 거동을 하여 균형을 유지하는 구조물이다.

(2) SRB는 양측 교대 사이에 먼저 1차 현수 케이블(假시설)을 가설하고 이를 이용하

여 precast concrete deck segment(本시설)를 설치한 후, 2차 현수 케이블 (prestressing cable)을 설치하여 바닥판 세그먼트를 긴장하여 교대부(지점부)에 정착하면 구조물이 일체 거동하여 진동과 지진 안정성이 탁월하여 구조물이 흔들 거리지 않아 편안하고 쾌적하게 통행권이 확보된다.

(3) SRB는 다른 교량형식에 비해 두께가 얇은 상부구조에 현수 케이블이 매립되는 역학적 특성으로 인하여 모멘트가 크게 감소되어 하중을 바닥판(deck)의 축방향 거동으로 주로 저항하도록 설계된다.

(4) SRB는 200~300mm의 바닥판(deck) 두께를 사용하여 바닥판만의 인장력으로 하 중을 주로 저항하기 때문에 60~150m의 경간에 교각이 없어도 안정성이 확보되 어 자연경관 훼손을 최소화하여 친환경적으로 건설할 수 있다.

2. SRB 구조 안정성

(1) Prestressing 효과 : 2차 케이블로 prestress를 도입하여 segment 전체가 일체 거동하며 伸張강성으로 외력에 저항하고, 콘크리트 균열억제로 고내구성과 사용 성을 향상시킨다.

(2) 진동에 대한 안정성 : 보도교의 진동수는 걷는 보행상태와 뛰는 구보상태를 모두 고려할 때 1.5~4.0Hz 진동수를 피해야 하므로, SRP는 1.5Hz 이하의 낮은 진동 수 거동을 특징으로 한다.

(3) 내풍 안정성 : 실험데이터 결과, 페어링을 가지는 얇은 단면을 적용함으로써 풍하 중에 대한 영향을 최소화할 수 있어 안전성을 확보한다.

3. SRB와 흔들다리의 차이점

(1) SRB : concrete segment가 1차 케이블을 감싸고 있는 형태로서, 세그먼트 부재 및 1,2차 케이블의 인장저항력에 의해 지지되어, 처짐·진동을 현저히 감소시켜 내구성과 사용성을 향상시킨 구조이다.

(2) 흔들다리(출렁다리) : Segment가 1차 케이블의 인장저항력으로만 지지되고 프리 스트레스가 도입되지 않은 구조이므로, 처짐·진동에 의해 통행자에게 심리적 불 안감 및 공포감을 주어 사용성이 문제가 있는 구조이다.[132]

---

132) 박경룡 외, 'Stress Ribbon 교량(현수 바닥판교)의 특성과 적용', 학술기사, 한국강구조학회, 2019.

09.39 교량관리시스템(BMS)

교량의 유지관리업무와 유지관리시스템 [0, 1]

1. BMS 정의

(1) 교량관리시스템(BMS, Bridge Management System)은 교량정보의 체계적 관리·분석을 통해 교량의 全생애주기 동안의 유지관리 전략·계획(조치 시기, 방법, 우선순위 등)을 수립함은 물론, 관리주체의 정책 수립과 시행을 지원하는 시스템이다.

(2) 특히, 교량의 유지와 관리에만 중점을 두었던 기존 관리체계와 달리, 교량에 대한 정보관리와 분석, 그에 따른 조치를 순환적으로 지원함으로써 정보의 축적과 예측이 가능해져 효율적이고 예방적인 관리가 가능해졌다는 것이 특징이다.

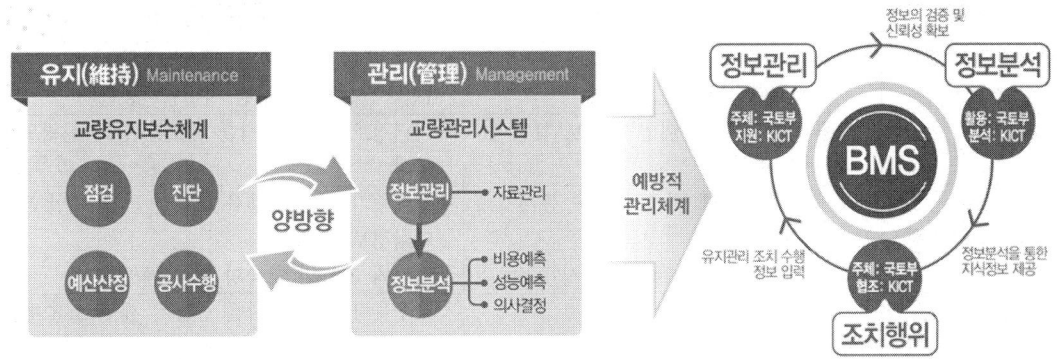

교량관리시스템(BMS) 개념

2. BMS 주요 내용

(1) 체계적, 통합적, 지속적 관리 가능
교량관리팀이 BMS를 활용하여 지속적이고 일관된 관리업무 수행으로 정보의 신뢰도 향상, 유지관리 의사결정을 위한 유용한 분석 정보 제공

(2) 시스템적 DB 관리
BMS DB를 축적·활용하여 이력데이터홀 관리하고, 다양한 통계분석을 통하여 지식정보 도출 가능

(3) 점검의 편의성 향상, 결과축적 분석활용
점검 수행여부 파악 용이, 점검의 효율성 편의성 향상(언제, 어디서나 정보 조회 가능), 스마트폰과 연계하여 현장조사 보고서 자동생성으로 내업 감소

(4) 위치기반 객체 정보의 통합관리
GIS 기반 위치정보 활용으로 교량 존재 여부와 위치 파악이 용이하여 다양한 지식정보분석 및 가공 가능(교량 재포장률 산정, 손상 추정 가능)

(5) 중장기 유지관리 예산 추정

교량의 성능, 노후화 등을 분석하여 중장기 유지관리비용 추정, 교량별, 부재별 유지관리에 필요한 개축비용, 보수보강비용, 점검진단비용 등 추정 및 예산 산정

(6) 중장기 교량 성능변화 추정

개축대상 교량, 보수보강 필요 물량, 점검진단 물량 등 성능변화에 따른 중장기 사업물량 추정

(7) 생애주기 유지관리 전략 및 계획 수립

모든 분석결과를 바탕으로 최소비용으로 최대의 성능발휘가 가능한 교량 유지관리 대안 추정

3. BMS 도입에 따른 변화

구분	BMS 以前	BMS 以後
정보관리·분석 전담조직	◦ 부재 (시스템 단순관리)	◦ 교량 관련 전문가의 지속적 지원 (한국건설기술연구원·시설안전공단)
정보 신뢰도	◦ 이력정보의 검증, 미입력 정보 확인 없이 단순 축적	◦ 이력정보 검증, 입력률 제고를 통해 신뢰도 향상
의사결정지원	◦ 현재 현황정보에 의존한 단순 통계자료 제공 ◦ 별도 용역을 통해 단속적 실시	◦ 생애주기 성능·비용을 고려한 최적 대안 및 지식정보 제공 ◦ 적기에 지속적 맞춤형 결과 제공
물량·예산 산정	◦ 현재 보수물량 단순취합 ◦ 총 보수물량·소요예산 제공	◦ 보수물량 변화에 따른 중장기 세부 소요예산 제공, 투입효과 추정
성능측정	◦ 현재 상태등급 기반	◦ 시간에 따른 성능변화 추정, 고려 ◦ 빅데이터 분석을 통한 손상예측 가능
보수보강 시기·방법	◦ 점검·진단을 통한 현재 시점의 보수방법 산출	◦ 생애주기비용을 고려한 비용효율적 보수보강 계획 수립
정기점검	◦ 정기점검의 실효성, 신뢰성 미흡	◦ 정기점검의 신뢰성·효율성 증대 (스마트폰 기반 실시간 정보관리)
지자체지원	◦ 지자체 현황정보 미흡 ◦ 지원을 위한 시스템 부재	◦ 지자체 현황정보(상태·위치) 수집 ◦ 지자체 정보관리 및 지원 가능

4. BMS 활용에 따른 기대효과[133]

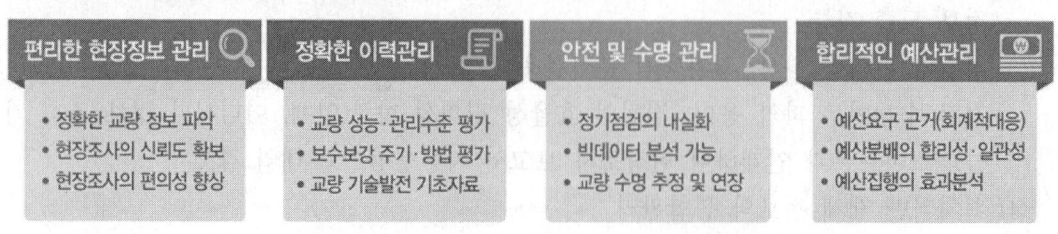

133) 한국건설기술연구원, '교량관리시스템(BMS) 구성', 2019, http://www.roadpms.kr/

09.40 접속슬래브 (Approach slab)

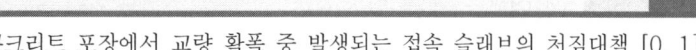

콘크리트 포장에서 교량 확폭 중 발생되는 접속 슬래브의 처짐대책 [0, 1]

1. 개요

(1) 접속슬래브(Approach slab)는 도로구조물과 토공 사이에서 발생되는 부등침하를 최소화하기 위하여 구조물과 성토의 접속부에 설치하는 철근콘크리트판을 말한다.

(2) 접속슬래브(Approach slab)의 설치길이는 일반적으로 설계속도, 성토고, 교통량 등을 고려하여 결정한다.

2. Approach slab 설계

(1) 규격 : Approach slab의 길이는 3~8m 범위로 하고, 폭은 차로폭 및 양쪽 길어깨를 포함하는 폭을 기준으로 설계한다.

(2) 받침대 : 암거·교대의 배면에는 approach slab가 놓이는 받침대를 설치하며, 받침대의 상면은 고무판과 anchor bolt로 고정한다. 흙쌓기 측에는 별도로 받침대를 설치하지 않아도 된다.

(3) 이음재 : 슬래브와 받침대, 암거의 측벽 사이에는 이음재(joint)를 삽입한다.

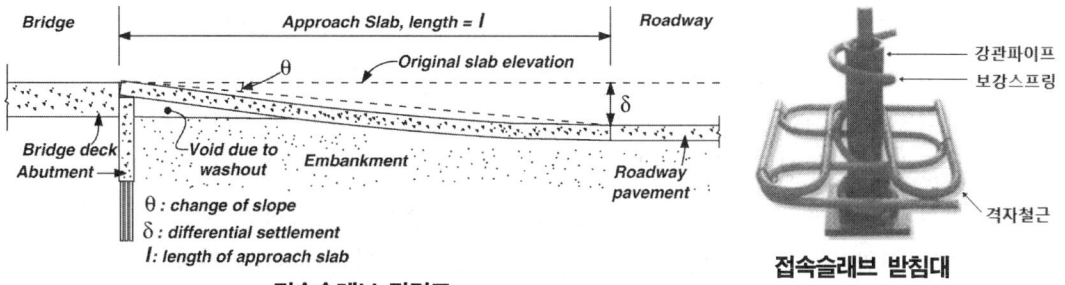

접속슬래브 단면도　　　　　접속슬래브 받침대

3. Approach slab 시공

(1) Approach slab를 설치하는 장소는 가능하면 공사용 차량에 의하여 자연다짐을 하여 뒷채움부의 안정성을 확보한 후에 착공한다.

(2) Approach slab를 설치하는 기초바닥면은 고르기를 충분히 실시하여 평탄하게 마무리하고 접속슬래브 자재세트(강관파이프＋보강스프링＋격자철근)를 설치한 후, 콘크리트포장의 시방기준에 준하여 콘크리트를 타설한다.[134]

---

134) 박효성 외, 'Final 토목시공기술사 핵심문제', 예문사, p.360, 2008.

09.41 교량과 토공 경계부의 부등침하

교대 및 암거 등의 구조물과 토공 접속부에서 발생되는 부등침하 [0, 7]

I. 개요

1. 현재 고속도로 포장슬래브의 보강공법으로 사용되는 교량 접속슬래브, 절·성경계 보강슬래브, 박스암거 보강슬래브 등은 포장시스템에서 대표적인 취약구간이므로 포장체 하부에서 발생될 수 있는 부등침하와 같은 성능저하 요인에 구조적으로 대응하기 위한 방안이 필요하다.

2. 따라서, 도로를 횡단하는 구조물(통로박스, 수로박스 등)에 접속되는 보강슬래브는 포장체 하부에서 지지력 손실, 공동(空洞), 부등침하 등이 발생되더라도 어느 정도 이를 견디면서 도로의 주행성을 유지할 수 있는 설계개념이 요구된다.

II. 포장경계부의 보강슬래브 설계개념

1. 포장경계부의 문제점

(1) 교량 접속슬래브, 절·성경계 보강슬래브, 박스암거 보강슬래브 등에 침하·단차 등의 문제점에 노출되어, 역으로 과대(過大)설계되는 경우도 있다.

(2) 특히 현재 고속도로설계기준이 대부분 일본 도로공단의 설계기준(내진설계)을 구조적인 검토 없이 수용한 사례가 있어 설계개념부터 분석이 필요하다.

(3) 보강슬래브의 설계기준은 일반 포장슬래브 구간의 내구성개념과 피로개념의 설계방식과는 매우 상이한 하중-저항개념의 설계방식을 적용하기 때문에, 일반 구간과는 시공 및 유지관리단계의 신뢰수준에 많은 차이를 보이고 있다.

(4) 보강슬래브 구간의 성능저하 현상이 예방되는 개념에서 과대(過大)설계 가능성을 지양하고 과소(過小)설계되지 않는 보강슬래브 설치방안이 요구된다.

2. 보강슬래브의 설계개념

(1) 보강슬래브의 설계는 일반적으로 하중-저항개념에 의해 설계한다. 즉, 설계 사하중(死荷重)과 DB-24 활하중(活荷重)에 의한 작용응력을 허용범위 안에 포함하는 저항능력을 갖는 단면으로 설계한다.

① 하중-저항개념의 설계는 일반 포장구간과 차이가 있으므로, 설계 개념의 불일치에 따른 신뢰성 수준을 조화시켜야 한다.

② 하중-저항개념으로 설계하더라도 포장시스템의 특성을 반영할 수 있도록 내구성개념과 피로개념을 도입하는 방안이 필요하다.

(2) 보강슬래브 구간에서 하부 지지력 손실기준을 제시하고, 이에 대한 정량적 평가를 수행함으로써 보다 합리적인 설계절차를 마련한다.

① 컴퓨터 프로그램으로 2차원 구조해석을 수행하는 평가방식을 적용하면 더욱 정량적인 평가가 가능하다.

(3) 단순한 보강슬래브의 거치 외에 별도 시스템을 추가하여 보강슬래브의 효율성을 높일 수 있는 방안을 검토한다.

① 보강슬래브 길이의 증가, 침목 슬래브(sleeper slab)의 설치, 마찰파일의 설치, 변단면 개념의 도입 등을 적용할 수 있다.

(4) 연약지반에서 침하에 대비한 콘크리트포장의 설계는 인장강도 감소를 고려하여 설계 슬래브두께를 적절히 보강할 필요가 있다.

① 연약지반에서 콘크리트포장의 두께 증가방안과 아스팔트포장으로 대체 시공방안에 대한 경제성 및 시공성 등을 비교하여 포장체를 설계한다.

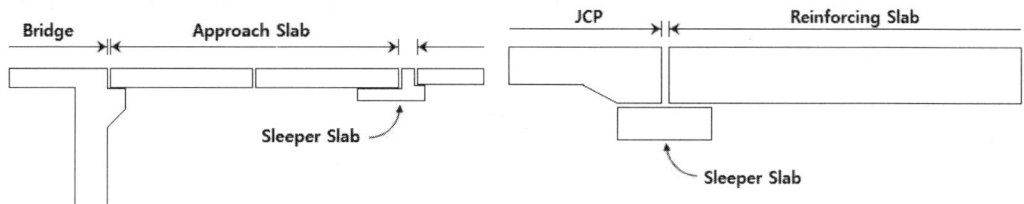

침목 슬래브(sleeper slab)를 이용한 보강슬래브 설치 사례

3. 보강슬래브의 설치방법

(1) 교량 접속슬래브, 절·성경계 보강슬래브, 박스암거 보강슬래브 등의 보강슬래브 설치기준이 모호한 경우가 있는 것으로 보고되고 있다.

(2) 교량 접속슬래브는 설치 자체가 논란의 대상이 될 수 없으나, 절·성경계 슬래브나 박스암거 보강슬래브는 설치기준을 명확히 규정할 필요가 있다.

(3) 예를 들어 성토부와 절토부의 지지력 차이가 적은 경우, 지반조건이 양호한 경우에는 보강슬래브 설치기준의 완화방안이 요구된다.

(4) 교량 접속슬래브에 연결 설치되는 완충슬래브는 기존 접속슬래브의 기능을 확대하고, 완충슬래브의 역할을 축소하는 방안이 바람직하다.

(5) 보강스래브 설치는 아래 그림과 같이 실제 부등침하 가능성을 억제하기 위한 지간의 길이를 6m 정도로 제한해도 그 기능에는 지장이 없다고 판단된다.

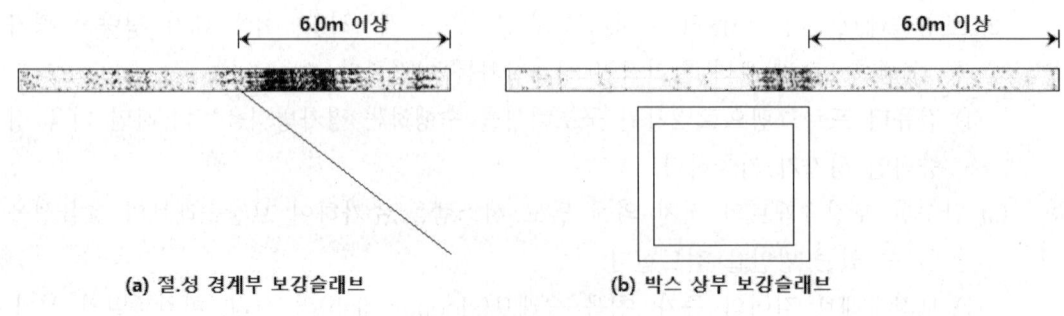

(a) 절.성 경계부 보강슬래브 (b) 박스 상부 보강슬래브

보강슬래브 내민부의 길이 제한

(6) 원칙적으로 전체 지지력 손실구간을 한 개의 보강슬래브가 모두 담당하는 개념보다는 보강슬래브와 인접 슬래브 간의 현수작용(懸垂作用, Catenary Action)을 허용하는유연한 설계개념이 합리적이라고 판단된다.

(7) 현재의 설계개념에서 일부 연속적인 현수작용을 유도하기 위해 박스암거 상단부는 중앙부에 줄눈을 설치하거나, 횡단구조물 끝단 연직상향에 줄눈을 설치하는 방안을 적용할 수 있다.

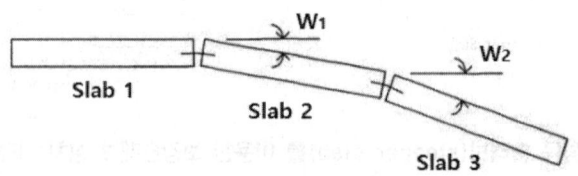

보강슬래브의 Catenary Action 개념도

Ⅲ. 횡단구조물 상부 포장의 보강방안

1. 콘크리트 슬래브가 횡단구조물과 접속하는 경우

(1) 콘크리트 슬래브가 횡단구조물(암거)과 접속하는 경우
  ① 횡단구조물 배면에 턱(받침대)을 붙이는 것을 원칙으로 한다.
  ② 다만, 횡단구조물 상단이 콘크리트 슬래브 두께의 중간에 들어가는 경우에는 아래 그림 (a)와 같이 접속슬래브를 설치한다.

(2) 콘크리트 슬래브가 횡단구조물(암거)과 높이차가 발생하는 경우
  ① 높이차가 15cm 이상이면, 구조물 상의 포장은 콘크리트포장으로 하고,
  ② 높이차가 15cm 미만이면, 구조물 상의 포장은 아스팔트포장으로 한다.

(3) 횡단구조물의 포장두께가 15cm 미만에서 콘크리트포장으로 하는 경우
  ① 구조물과 콘크리트 슬래브와는 완전히 부착되어야 한다.

(4) 배면에 턱(받침대)이 없고 구조물 상의 포장두께가 15cm 이상인 경우

① 아래 그림 (b)와 같이 콘크리트 슬래브를 접속설치하되, 되메움 다짐을 충분히 해야 부등침하를 방지할 수 있다.

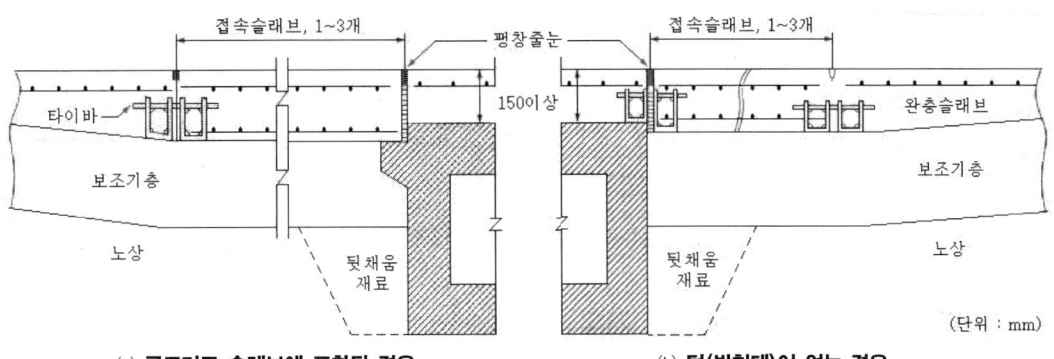

(a) **콘크리트 슬래브에 포함된 경우**　　　　(b) **턱(받침대)이 없는 경우**

콘크리트 슬래브가 횡단구조물과 접속하는 경우

(5) 배면에 턱(받침대)이 없고 구조물 상의 포장두께가 15cm 미만인 경우

① 구조물 상에 및 전후에 아스팔트포장을 할 수 있다.

2. 콘크리트 슬래브가 횡단구조물 위에 있는 경우

(1) 횡단구조물(박스)이 보조기층 내에 있는 경우

① 아래 그림과 같이 횡단구조물 위와 전후에 철근 보강 콘크리트 슬래브를 설치하되, 길이는 횡단구조물 전후 6m, 두께는 20cm 정도로 한다.

② 횡단구조물 양끝 직상부에는 팽창줄눈(cutter)을 설치하고 줄눈재로 충진한다. 횡단구조물 상의 보조기층 두께가 10cm 미만일 때도 보조기층을 고르기 콘크리트로 보강한다.

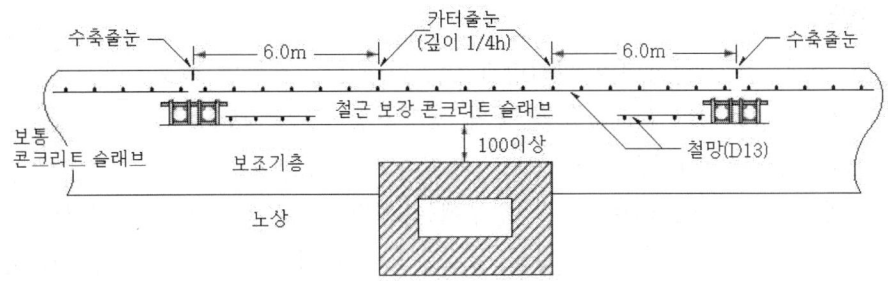

횡단구조물(박스)이 보조기층 내에 있는 경우

(2) 관로구조물(흄관)이 보조기층 내에 있는 경우

① 아래 그림과 같이 흄관 상의 콘크리트 슬래브는 2중 철근으로 보강하고 슬래브는 통상 두께인 20cm 정도로 한다.

② 이때. 흄관의 중심에는 팽창줄눈(cutter 절단)을 설치하고, 중심에서 양쪽 6m 지점에는 수축줄눈을 설치한다.

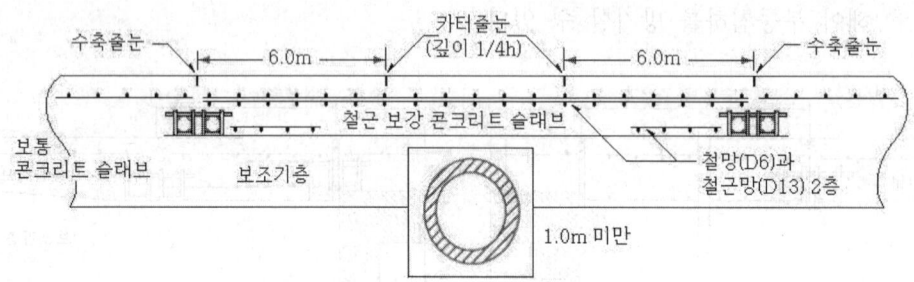

관로구조물(흄관)이 보조기층 내에 있는 경우

3. 횡단구조물이 노상 내에 있는 경우

(1) 아래 그림과 같이 콘크리트 슬래브는 2중 철망으로 보강하고, 길이는 박스인 경우와 같이 횡단구조물 전후로 6m 길게 한다.

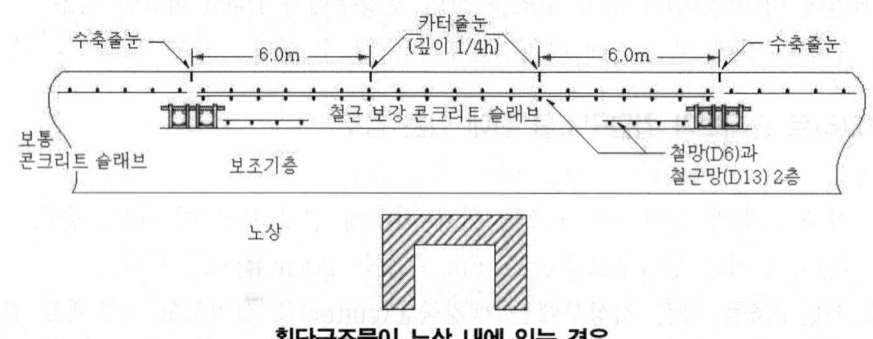

횡단구조물이 노상 내에 있는 경우

Ⅳ. 맺음말

1. 절·성 경계부는 자연상태의 원지반과 인공다짐으로 조성된 성토지반 사이에서 지지력 차이로 인해 부등침하, 균열 등의 포장손상이 우려된다. 이 경우에는 철근보강 콘크리트 슬래브 길이를 6m 정도로 제한하여 설치한다.

2. 본선 포장형식이 콘크리트포장인 경우에는 횡단구조물에 접속하는 콘크리트 슬래브의 보강이나 절·성 경계부 포장의 보강뿐만 아니라, 콘크리트포장과 아스팔트포장 경계부에서 단차가 발생하지 않도록 보강하는 방안도 필요하다.135)

---

135) 국토교통부, '도로설계편람', 제7편 포장(동상방지층), pp.707-14~17, 33, 2012.
    한국도로공사, '박스암거상부 콘크리트 포장체의 보강방안 개선 연구(Ⅰ)', 도로연구소, 1999.

10. 터널

◆기출문제의 분야별 분류 및 출제빈도 분석　　　　　　　　　　　　　　　　　10. 터널·지하

분야	063회~115회 분석					최근 5회 분석					소계
	063 ~073	074 ~084	085 ~094	095 ~104	105 ~115	116	117	118	119	120	
1. 계획·갱구부		3	2	4	4		1	1			15
2. 발파·여굴·진동	8	13	6	4	5		1		1		38
3. 터널굴착공법	9	8	8	16	9	2				1	53
4. 굴착보조공법	16	16	16	14	17	1	2	1	3	1	87
소계	33	40	32	38	35	3	4	2	4	2	193

◆기출문제 분석에 따른 학습 중점방향 탐색

토목시공기술사 필기시험 제63회부터 120회까지 출제되었던 1,798문제(31문항×58차분) 중에서 '10. 터널·지하'분야에서 터널의 갱구부·갱문, 굴착 중의 지하수 처리, 발파·여굴, 진동·소음공해, NATM, TBM, Shield 공법 등을 중심으로 193문제(10.7%)가 출제되었다. 서울·부산 및 수도권의 지하공간 활용 목적으로 『지하안전관리에 관한 특별법』이 2014년 제정·시행된 이후, 지하안전영향평가에 대하여 돌출문제로 출제되고 있다.

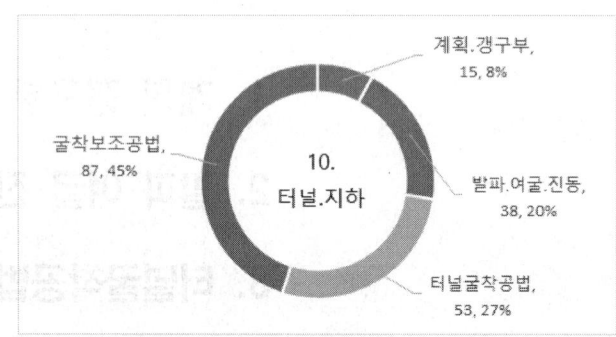

터널의 형식은 갱구부와 갱문 조건으로부터 결정된다. 터널의 지반조사 과정에 사용되는 BHTV와 BIPS를 비교·설명한다. 터널은 시공 중이든 공용 중이든 지하수 영향을 받기 때문에 배수형 터널과 비배수형 터널을 묻는다. 터널 굴착 중에 실시하는 발파는 소음·진동공해를 유발하고, 과다한 여굴은 구조적·경제적인 문제를 야기한다. 심빼기발파와 조절발파를 구별하여 정리한다.

터널굴착공법 중 NATM공법의 출제빈도가 가장 높다. NATM터널의 굴착에 필요한 굴착보조공법을 다양하게 묻고 있다. 특히 터널굴착에 필수적으로 쓰이는 鋼지보재, Shotcrete 및 Rock bolt의 3대 主지보재는 매회 출제된다. 터널굴착 중 발생되는 지반 붕락구간, 지하수 유출구간 등을 통과하는 공법을 현장사례 중심으로 요약한다. 터널굴착장비 성능이 향상되어 TBM과 Shield공법의 한계가 모호해지면서 두 공법이 결합되는 Slurry shield TBM이 등장하였다.

수도권 광역급행철도(GTX) A,B,C 노선은 국내에서 가장 깊은 지하 40~50m에 건설될 예정인 대심도 터널공사이다, 경인고속도로 왕복 4차로 노선을 지하화하는 서울-제물포 구간의 지하고속도로 역시 같다. 지하안전영향평가의 수행절차, 심의내용 등을 돌출문제로 예상하고 대비한다.

10.01 터널(Tunnel)

1. 터널

(1) 터널은 땅 밑, 바다 밑, 산을 뚫어 자동차, 철도차량, 사람 등이 통행할 수 있도록 만든 통로이다. 터널은 길기 때문에 전등이 있어도 깜깜하다. 과거에는 터널을 타일로 마감했으나, 현재는 페인트로 마감하고 벽에 띠를 두르기도 한다.

(2) 터널 벽에 그 지역과 관련된 것을 그리기도 하고, 서울-양양고속도로 인제양양터널의 경우에는 운전자의 졸음방지를 위해 무지개 조명을 부착하였다. 2016년 현재 대한민국에는 2,189개의 터널이 있고, 길이는 총 1,626km이다.

(3) 터널은 용도에 따라 철도·도로·수로·광산터널이 있고, 장소에 따라 산악·시가지·수저(水底)터널이 있다. 현재는 장대(長大)터널이나 해저(海底)터널도 건설된다.

2. 터널 목적

(1) 터널 건설의 가장 큰 목적은 산이나 강을 최단거리로 통과하는 것이다. 산이나 강은 사람뿐만 아니라 자동차·열차에게도 부담이 되며, 통행량도 한계가 있다.

(2) 철도는 더욱 심각하다. 열차는 철도 위를 넘어 갈 수 있는 경사제한이 너무 낮다. 영동선 솔안터널이 괜히 한 바퀴 돌아가는 것이 아니다. 영동선의 동백산-도계 구간은 국내 철도 노선 중 가장 험한 구간으로, 큰 고저차로 인해 빙 돌아가는 코스에 급경사와 스위치백까지 있는 등 선형이 아주 나쁘기로 알아준다.

(3) 터널은 건설 난이도가 높고 비용도 많이 들지만, 산을 돌아가거나 능선을 타고 넘어야 하는 불편이 없어 장기적으로 시간과 비용을 줄일 수 있다. 더구나 우회도로나 우회철로를 건설하려고 해도 요즘은 토지보상 비용이 너무 비싸 차라리 보상비용이 저렴한 산을 뚫어 터널을 만드는 것이 경제적 타당성이 높다.

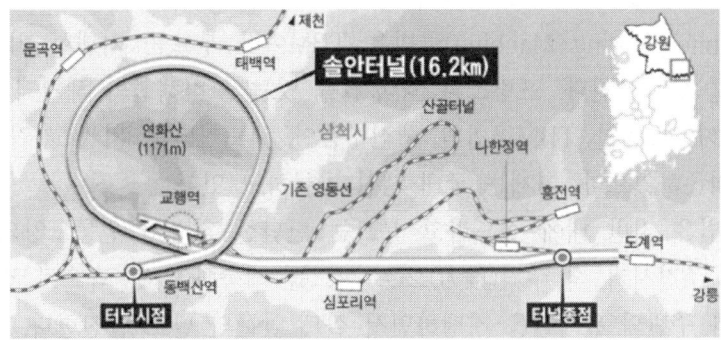

영동선 솔안터널

3. 터널 기록

(1) 세계에서 가장 긴 철도터널 : 스위스 고트하르트 베이스 터널(길이 57.0km)

(2) 세계에서 가장 긴 해저터널 : 일본 세이칸 터널(길이 53.9km)

(3) 세계에서 가장 긴 지하철 터널 : 중국 광저우 지하철 3호선(길이 67.3km)

(4) 세계에서 가장 긴 도로터널 : 노르웨이 레르달 터널(길이 24.5km)

(5) 세계에서 가장 긴 광폭터널 : 대한민국 사패산 터널(길이 4.0km)

(6) 국내에서 가장 긴 철도터널 : 율현터널(길이 50.3km)

　　율현터널은 고속철도 수서-평택 구간의 82%를 차지하는 터널로서, 수서역과 지제역을 연결하는 대한민국 최장의 길이 50.3km 터널이다.

(7) 국내에서 가장 오래된 도로터널 : 마래터널(개통 1926년)

　　전남 여수시 마래산을 통과하는 국도 17호선 마래터널은 길이 640m, 높이 4.3m로서 폭이 좁아 차량 2대가 동시에 지날 수 없다.

(8) 국내에서 가장 긴 지하철 터널 : 서울 지하철 5호선(52.3km)

　　서울 강서~도심~강동~마천지역을 동서로 연결하는 방사형 지하철 5호선은 모든 구간이 지하이며, 한강 수심보다 25m 더 깊은 곳을 하저터널로 건넌다.

(9) 국내에서 가장 긴 도로터널 : 인제양양터널(10.96km)

　　서울양양고속도로 일부 구간의 강원도 인제군 기린면과 양양군 서면을 잇는 길이 10.96km의 대한민국에서 가장 긴 도로터널이다.

(10) 국내에서 가장 긴 수로터널 : 영천댐 도수터널(33km)

4. 터널 굴착공법

(1) NATM(New Austrian Tunneling Method)공법은 1957년~1965년 사이에 오스트리아에서 개발되었다. 이란의 카나트(Qanat, 고온 건조한 사막지역에서 물 증발을 막기 위해 지하에 수로를 건설한 것)를 보고 착안했다고 한다. 원 지반의 강도를 유지하고 지반 보호 자재로 조금씩 파서 착공하는 방법이다.

(2) TBM(Tunnel Boring Machine)공법은 TBM이라 부르는 거대한 기계를 이용하여 암반을 뚫는데 쓰인다. 프랑스와 영국 간을 잇는 도버해협의 해저터널이 TBM으로 건설되었다. 그동안 TBM공법의 핵심부품인 헤드커터를 비싼 가격을 지불하면서 수입에 의존하였으나, 이제는 국내 생산·공급하고 있다.

(3) Shield공법은 지반 내에 실드라고 부르는 단단한 철강제 원통모양의 외각을 갖는 굴진기를 추진시켜 잭 추력(推力)으로 실드를 계속하여 땅 속으로 밀어 넣는 동안에 막장과 주변의 원지반을 지탱하면서 실드 앞끝의 날로 굴진한다.

10.02 터널 지반의 현지응력 (Field stress)

터널 지반의 현지응력(field stress) [1, 0]

Ⅰ. 개요

1. 터널을 굴착하는 원지반의 현지응력(Field stress)에는 초기응력(Initial stress)과 유도응력(Induced stress)이 있다.

   초기응력(initial stress)은 터널을 굴착하기 前, 즉 지압의 교란이 발생되기 전의 상태를 말한다.

   (1) 유도응력(induced stress)은 터널 굴착으로 인하여 초기응력이 교란되어 새로운 평형상태에 이르는 것을 말한다.

   (2) 터널 굴착 전의 초기응력을 알면 수치해석, 물리모형 등의 방법을 이용하여 터널 굴착 후의 유도응력을 예측하여 터널 굴착 중의 지반붕괴를 방지할 수 있는 여러 형태의 지보재(支保材)를 설계할 수 있다.

2. 터널을 굴착하는 원지반의 현지응력(Field stress)에 영향을 주는 요소는 아래와 같이 다양하다.

   (1) 지형

   (2) 암석의 특징

   (3) 원지반의 피복암(overburden) 두께

   (4) 지반구성, 지질구조

   (5) 지각운동, 판구조운동

   (6) 측방구속과 관련된 포아송 효과

   (7) 중력

   (8) 지열 등

3. 지반의 지압(地壓)은 수압(水壓)과 마찬가지로 깊이에 따라 크기가 변하지면, 수압과 달리 지압은 방향에 따라 그 크기가 달라지므로 3차원의 6개 독립 응력성분을 알아야 그 크기를 알 수 있다.

4. 지반의 초기응력을 측정하는 방법에는 측정원리에 따라 아래 4가지 방법이 있다.

   (1) 응력보상법

   (2) 응력개방법

   (3) 수압파쇄법

   (4) 변형률회복법

Ⅱ. 초기응력의 측정방법

1. 응력보상법(Stress Compensating Method)

⑴ 슬롯을 설치할 위치의 상·하에 기준점을 정한 後, 슬롯 절삭에 따른 변위 발생량을 기록한다.

⑵ 슬롯에 플랫잭(flat jack)을 삽입하고, 암반과 밀착시킨 後, 초기변위가 회복될 때까지 가압(加壓)한다.

⑶ 3차원의 6개 독립 응력성분을 알기 위하여 6방향의 수직응력을 측정하여 초기응력을 측정할 수 있는 응력보상법의 특징은 아래와 같다.

① 장점 : 지반 암석의 탄성정수를 알 필요가 없고(알아낼 수는 있다), 시험이 간단하고 저렴하다.

② 단점: 원지반이 아닌, 굴착면 부근의 교란된 응력을 측정하게 된다.

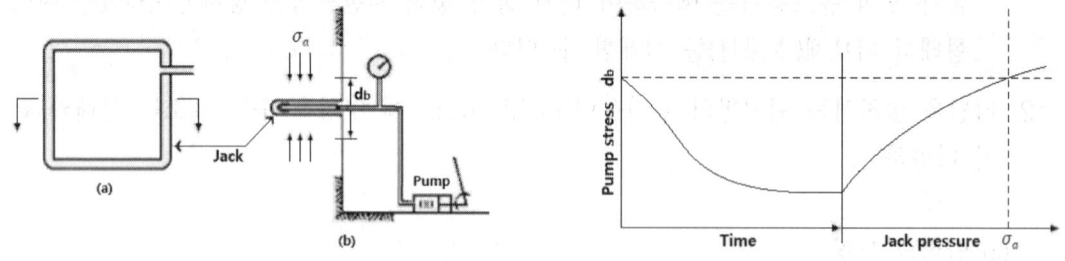

응력보상법(Stress Compensating Method)

2. 응력개방법(Stress Relief Method)

⑴ 터널을 굴착하는 원지반의 암반에 변형률 측정기(=변위계=응력계)를 설치한다.

⑵ 응력개방에 따른 응력의 변화량을 측정한다.

⑶ 암석의 탄성정수를 이용하여 암반의 응력을 계산한다.

⑷ 응력개방법에는 오버코어링, Undercoring, 슬롯형성법 등이 있다.[136]

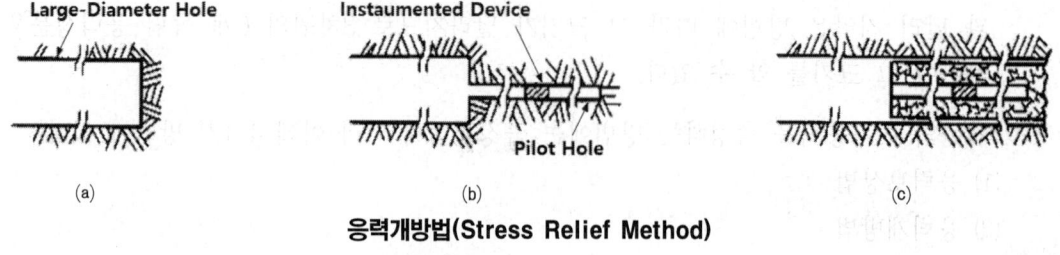

응력개방법(Stress Relief Method)

---

136) 박효성 외, 'Final 토목시공기술사 핵심문제', 예문사, p.739, 2008.

10.03 TSP 탐사 (Tunnel seismic profiling)

TSP(tunnel seismic profiling) 탐사 [1, 0]

1. 개요

(1) 반사법 탄성파탐사에 의한 막장전방탐사(TSP, Tunnel Seismic Profiling)는 터널 막장으로부터 길이 100~200m 정도까지 전방의 지반상황(지층 경계면, 단층 파쇄대 등)을 파악하기 위하여 실시하는 물리탐사방법이다.

(2) TSP 탐사는 터널공사의 사전조사단계에서 지질상황이나 계측자료 등을 종합평가하고, 시공단계에서 미굴착 구간인 막장 전방이나 기굴착 구간인 갱내 후방의 지반상황을 탐사하는 방법으로, 그 목적은 아래와 같다.

① 단층 파쇄대 등 지질 급변부의 존재 여부 확인

② 사전조사에서 확인된 단층 파쇄대 등의 터널 갱내 위치 확인

③ 단층 파쇄대 등의 규모(갱내에서의 분포 거리) 파악

④ 터널과의 교차 각도 및 방향의 추정

⑤ 단층 파쇄대 등의 특성 파악

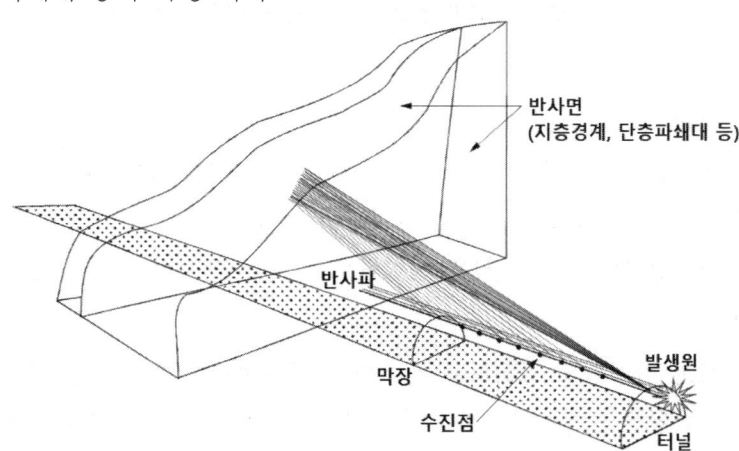

반사법 탄성파탐사에 의한 막장전방탐사(TSP)의 측정 개념도

2. TSP 탐사 절차

(1) 자료 검토

① 당해 터널공사에 대한 TSP 탐사 결과가 최대의 효과를 올릴 수 있도록 기 시공 구간의 공사실적, 기존 지질조사 자료 등을 검토한다.

② 현장조건에 따라 필요한 경우, 다른 조사방법과의 병용 탐사도 검토한다.

(2) 측정 계획

① 기존 자료를 토대로 지질구조(지층 주향경사, 단층 파쇄대, 지하수, 암상변화 등) 개황을 파악하고 측선을 설정한다. 보조적인 측선의 필요성도 판단한다.

② 측선의 전개위치, 측정방식, 발파점이나 수진점 간격 등을 결정한다.

(3) 측정 방법

① TSP 측정방법에는 多수진점-小발파점 방법, 多발파점-小수진점 방법 등이 있다. 수진점과 발파점의 위치를 바꾸어 측정하여도 그 결과는 동일하다.

② 측정 방법은 ▲측정 작업의 안전성, ▲경제성과 효율성, ▲그 밖의 조건 등을 종합적으로 고려하여 결정한다.

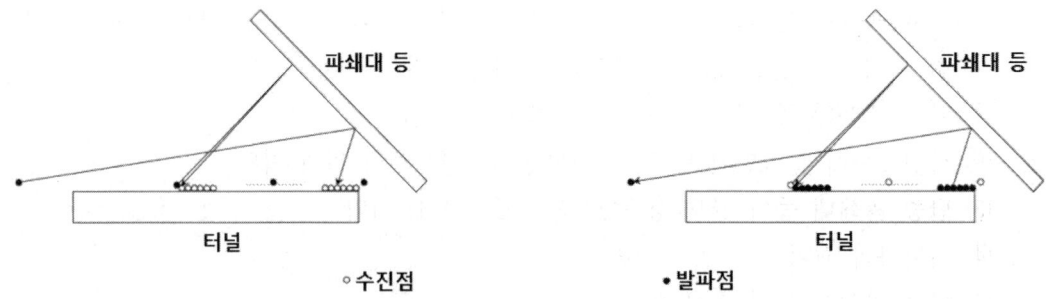

多수진점-小발파점 방법과 多발파점-小수진점의 차이

(4) 측선 설정

① 측선은 터널 축을 따라 가능하면 기복이 적어지도록 일직선상에 설정한다.

② 측선의 위치는 좌·우 측벽 또는 바닥면도 가능하지만 ▲탐사목적, ▲지질구조, ▲탐사심도, ▲갱내 설비상황 등을 고려하여 결정한다.

③ 측선을 전개할 때 종점(막장)은 원칙적으로 막장 직전의 위치로 설정한다.

(5) 발파와 수진

① TSP 탄성파 발생원은 원칙적으로 폭약을 사용하여 P파에 의한 탐사를 수행한다.

② 탐사심도가 얕은 경우, 지반에 소음·진동의 감쇠가 적어 계측조건이 양호한 경우, 보조측정을 수행하는 경우에는 발생원에 폭약 대신 해머를 사용할 수 있다.

③ 탄성파를 확실하게 감지할 수 있도록 수진기를 설치한다.

④ 탐사대상 지층의 주향이 터널 축과 평행에 가까운 경우에는 측방으로부터의 반사파를 해석하기 위하여 발파점 개수를 증가시키고 반사법 탄성파탐사 해석이 가능한 측정계획을 입안해야 한다.

(6) 자료 해석

① 자료 해석단계에서 연관되는 변수에 차이가 발생된 경우, 자료처리 효과를 예측하기 어려운 경우에는 필요에 따라 시험탐사를 병행하여 해석할 수 있다.

② 자료 해석결과를 근거로 '자료처리 단면도'를 작성하여 결과 평가에 대비한다.

TSP 탐사 자료해석 단면도 표시 예

(7) 결과 평가

① TSP 탐사의 최종 목적은 터널공사 굴착 대상의 단층 파쇄대에 대하여 공학적인 해석·평가를 함으로써 탐사결과를 시공에 효율적으로 반영시키는데 있다.

② 해석·평가과정에 사전조사에 의해 추정되었던 전체적인 단층 파쇄대 상황을 염두에 두고 탐사결과와 기 시공구간을 비교·분석한다.

③ 터널 굴착 중 막장 전방의 단층 파쇄대에 대한 반사파를 해석·평가함으로써 굴착공법, 굴착보조공법, 지보공법, 수평보링 등의 필요성 여부를 제안한다.

3. TSP 탐사 유의사항

⑴ 터널의 좌우 측벽에 설치된 강관의 덮개를 제거하고 수진기를 삽입하며, 수진기 설치 후 각 개체별로 지정된 캐이블에 의해 연결한다.

⑵ 탐사착수 전에 터널현장 주변의 소음·진동 여부를 측정하여 탐사결과에 영향을 줄 수 있는 요인을 사전에 제거한다.

⑶ 장약 후에 전색할 때 물을 사용하며, 발파 직전에 물을 가득 채운다.

⑷ 화약량은 발파공과 수진기와의 거리에 따라 사용량을 조절한다.

⑸ 발파공과 수진기와의 거리가 멀어질수록 많은 양의 화약을 사용한다.[137]

---

137) 지오메카이앤지, 'TSP 303 plus 3D', 2019, www.gmeng.co.kr/

10.04 터널 미기압파

I. 개요

1. 고속열차가 터널에 진입할 때 압력파가 생성되어 터널의 끝을 향하여 음속으로 전파된다. 이러한 압력파의 일부분은 충격성 소음·진동의 형태로 터널 출구로부터 외부로 방사되는데, 이를 미기압파(微氣壓波, micro-pressure wave)라고 한다.

2. 터널 미기압파가 방사되면 터널 근처의 민가에서는 폭발음이 들려서 환경소음·진동과 함께 심한 저주파 진동을 느끼게 된다.

3. 경부/호남 고속철도는 터널 진입속도 대비 터널 내공단면적이 매우 크기 때문에 터널 미기압파라는 폭발음이 발생되지 않는다. 그러나, 최근 국·내외 터널설계에서 사업비 축소, 유지관리 효율성 등을 감안하여 콘크리트궤도 공법, 터널단면 축소 등을 적용하고 있어 터널 미기압파 대책 마련이 시급하다.

II. 터널 미기압파

1. 터널 미기압파 허용기준

(1) 일본, 독일, 중국 등 고속열차 운영국에서는 2008년 이후부터 터널 미기압파 허용기준을 마련하여 터널 건설단계부터 저감시설을 설계에 반영하고 있다.

고속열차 터널 미기압파 허용기준

구분	경부고속	호남고속	중앙선	일본	독일	중국
터널단면적(m^2)	107(복선)	96.7(복선)	66(복선) 40(단선)	63.4~66 (복선)	62(단선)	48.6(단선)
운행속도(km/h)	300	300	250	245~260	250	200
허용기준	×	×	×	○	○	○
저감시설 설치	×	×	×	○	○	○

(2) 고속열차 운영국 중에서 일본의 고속열차 터널 미기압파 허용기준이 국제기준으로 적용 중이며, 그 내용은 터널 출구 20m 지점에서 50Pa 이하, 민가 근방(보안물건)에서 20Pa 이하로 제한하고 있다.

2. 터널입구 미기압파 저감 후드

(1) '터널입구 미기압파 저감 후드'는 최소 터널단면적과 콘크리트궤도를 가장 먼저 적용했던 일본이 신칸센 철도에서 1975년 이후 지속적으로 연구·개발하였으며,

현재 독일, 프랑스 등의 유럽과 중국 등에서도 일본에서 개발한 '창문형 후드'를 적용하고 있다.

(2) 일본의 '터널입구 미기압파 저감 후드'는 35년 동안의 연구·개발 및 개량으로 드동안 지적재산권으로 독점적 지위를 확보하고 있었다.

일본의 터널입구 미기압파 저감 후드

프랑스의 터널입구 미기압파 저감 후드

(3) 운행속도 200km/h 이상의 고속철도에서 터널 미기압파 저감 후드 대책은 시공비가 저렴하며, 궁극적으로 최적설계의 터널단면적에서 적용되기 때문에 최선의 터널 건설비 절감 방법이다.

(4) 국내에 터널출구 미기압파 허용기준(규제치)이 없어 신뢰성 있는 환경영향평가 수행이 곤란하다. 현재 설계 중인 100개소 이상의 터널이 콘크리트궤도 및 최소 내공 단면적으로 계획되어 있어 미기압파에 따른 민원급증이 예상된다.

(5) 철도 완공 후에 저감대책을 적용할 경우 열차운행 안전성, 지장물 이설, 매몰비용 추가, 산악지형 조건 등으로 공사비가 5~6배 증가될 것으로 예상된다.[138]

---

138) 한국철도기술연구원, '고속철도용 터널 미기압파 저감 후드 실용화 기획연구 최종보고서', 2015.

10.05 터널 지반조사 BHTV, BIPS

터널 지반조사에 사용되는 BHTV, BIPS [1, 0]

Ⅰ. 개요

1. 터널 지반조사 과정에 시추공 영상촬영 시스템(BHTV, BIPS)을 이용하면 시추공 내의 불연속면의 위치·형상, 주향·경사의 판정, 공벽의 팽창·붕괴 상황의 관찰, 파쇄대 위치의 파악 등 물리적 변형상태를 직접 영상(image)으로 확인할 수 있기 때문에 현장조사 자료에 대한 신뢰도를 높일 수 있다.

2. 토목구조물 설계를 위한 암반 내 균열조사에서 가장 신뢰할 수 있는 자료는 시추조사를 통한 코아(core)이다. 그러나 시추조사는 ▲ 시추 주상도에 표기된 정보의 불확실성, ▲ 코아상자의 보관·관리 제약성, ▲ 코아취급의 불편성 등을 수반한다.

3. 이러한 문제를 해결을 위하여 터널 지반조사 과정에 주로 사용되는 시추공 영상촬영 시스템은 BHTV(BoreHole Televiewer)와 BIPS(Bore Hole Image Processing System)이 있다.

Ⅱ. 시추공 텔레뷰어 탐사 (BHTV, BoreHole Televiewer)

1. 정의

(1) 시추공 코아 샘플에서 파악하기 어려운 지역이나 파쇄대의 정확한 방향을 규명하기 위해서 직접 시추공 내를 촬영할 수 있는 시추공 텔레뷰어(BHTV)를 사용하여 탐사할 수 있다.

(2) BHTV 탐사는 시추공 내벽의 이미지와 시추공의 심도별 암반강도, 절리·단층의 경사방향, 경사각 등 공내 정보를 획득하며, P파와 S파의 탄성파속도를 측정하여 동탄성계수를 제공한다. 이를 통해 설계·시공과정에 기초자료로 사용되는 탐사대상 지반의 역학적 성질과 지질정보를 아래와 같이 제공한다.

① 시추공 내벽의 반사계수에 의한 진폭이미지

② 진폭이미지와 주시이미지를 이용한 시추공 내벽의 3차원 영상

③ 상대적인 현지 암반강도(relative in-situ rock strength)

④ 심도에 따른 절리·단층의 경사각(dip angle)과 경사방향(dip direction)

⑤ Fracture type 결정, orientation analysis 및 set identification

⑥ 주요 불연속면의 위치 및 특성 파악

⑦ 심도별 탄성파속도(P파와 S파 속도) 분포, 動포아송비, 動탄성계수

2. BHTV 탐사방법

⑴ BHTV 탐사는 초음파(주파수 1.4MHz) 빔(beam)을 시추공 내벽에 주사하여 그로부터 획득하는 반사파의 진폭 및 주시를 분석함으로써 절리·불연속면의 크기, 경사방향 및 경사각, 암반의 변화, 암석의 역학상태 등을 기술이다.

⑵ 아래 그림(a)는 BHTV 탐사할 때 시추공 내에서 초음파 빔(beam)이 방사되는 상태를 시각적으로 보여준다. 즉, 시추공 중심에서 내벽으로 주사되는 초음파 빔이 중심축을 선회하고 상하로 이동하면서 내벽을 빈틈없이 방사한다. 이때 임의의 불연속면이 존재하는 경우, 그 불연속면으로부터의 반사파가 측정데이터에 반영되어 sin curve(그림(a)의 우측)로 그려진다. BHTV 측정데이터는 지자기(地磁氣) 북극 기준(N-E-S-W-N)으로 표현되며 그로부터 절리면 경사방향(dip direction) 이 결정되고, sin curve 폭에 의해 경사각(dip angle)이 결정된다.

⑵ 아래 그림(b)는 BHTV 탐사결과 획득된 현장자료를 예시한 것으로, 진폭이미지와 주시이미지로부터 절리·불연속면을 발췌하는 과정을 도시하였다. 절리 마지막 열 (arrow plot)은 화살머리(원형)의 크기·색깔에 따라 불연속면이 구분된다(적색 : 뚜렷한 절리면, 흑색 : 보통의 절리면, 흰색 : 미세한 절리면). 경사각은 화살머리 의 수평적 위치에 따라 왼쪽 0°에서 90°까지 10°간격으로 격자를 표시하였다. 경 사방향은 arrow 꼬리부분 방향으로 표시하는데, 이는 그림 상단을 기준으로 시계 방향으로 0°에서 360°를 나타낸다.

3. BHTV 기대효과

⑴ 토목설계에 널리 사용되는 암반의 탄성계수를 모든 파형에 대한 BHTV 탐사를 통해 시각적인 데이터로 구할 수 있기 때문에 선진 외국에서는 널리 사용되고 있으나 국내에서는 아직까지 현장 적용사례가 미미한 실정이다.

⑵ 최근 현장에 적용되기 시작한 BIPS Sonde는 모든 파형을 측정할 수 있는 기능을 갖추고 있기 때문에 탐사 결과의 전산처리 기법을 다양하게 발전시킨다면 또 다른 지질정보(예, 암층 분리)도 부차적으로 추출할 수 있을 것으로 기대된다.

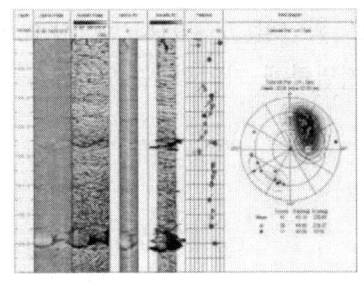
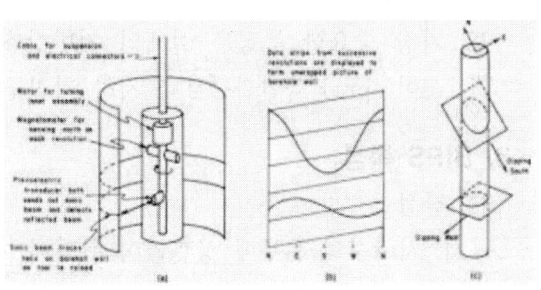

BoreHole Televiewer

Ⅲ. 시추공간 탄성파 탐사 (BIPS, BoreHole Image Processing System)

1. 정의

(1) 시추공간 탄성파탐사(BIPS)는 두 개의 시추공을 이용하여 시추공간을 전파하는 횡파(S파) 전파시간으로부터 시추공과 시추공 사이의 횡파 평균속도(수평적인 속도변화)를 심도별로 측정하는 탐사방법이다.

(2) BIPS 탐사할 때 측정간격은 탐사목적 및 현지암반의 상태 등에 따라 적절히 설정해야 한다. 또한 공극측정을 필수적으로 수행하여 송·수신기간 거리를 정확히 산출해야 한다.

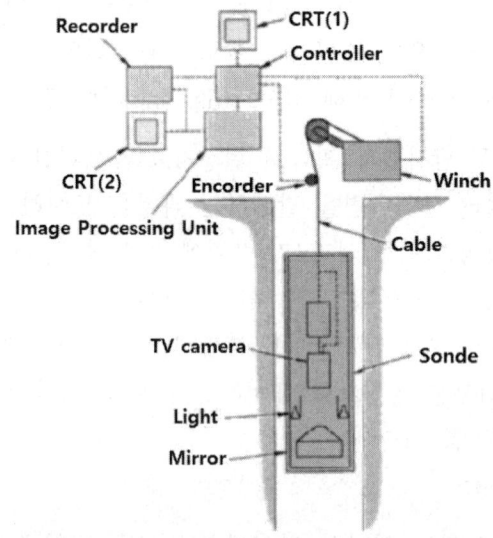

시추공 영상촬영장치(BIPS) 모식도

2. BIPS 장비

(1) BIPS 장비는 실제 현장에서 시추공 영상촬영하면서 직접 육안으로 이미지 화상을 관찰하고, 전개화상과 공벽화상을 비디오 테이프에 저장한다.

(2) 이미지 화상이 저장될 때 시추공의 휘어진 정도가 동시에 저장되며 불연속면의 방향은 진북(眞北)에 대한 방향성으로 기록된다.

(3) 가장 중요한 특징은 실제의 지반상태를 육안으로 확인할 수 있으므로 시추조사 코아(cpre) 육안관찰보다 지하 지질구조 상태를 정밀하게 파악할 수 있다.

3. BIPS 특징

(1) 장점

① 지하수의 유무에 상관없이 촬영이 가능하다.

② 암반을 자연색으로 표현할 수 있으므로 암종의 변화, 균열 내의 충진물질, 지질

구조(층리, 엽리, 단층, 절리 등)을 파악할 수 있다.

③ 균열의 형상 및 벌어진 정도(aperture width, 개구폭)를 파악할 수 있다.

④ 시추공 Image를 Digital 또는 Analog영상으로 Data Base化할 수 있다.

⑤ 단위 m당 균열 형태에 따른 개수, 균열 개구폭의 누적결과를 도시하여 RQD의 보정, 이완영역 추정 등에 이용할 수 있다.

⑥ 그라우트의 충진상태를 직접 육안으로 확인할 수 있다.

⑦ 토목구조물의 골재분리 현상 및 내부균열 발달상태를 파악할 수 있다.

⑧ 암반의 파쇄구간, 시추코아 미회수 구간의 상태를 정확히 파악할 수 있다.

⑨ 지하수의 이동상태를 현장에서 인지할 수 있다(특정구간을 정지상태로 관찰).

⑩ 해상도가 매우 높다(66mm 시추공에서 최대 BPR은 0.15mm, BTV는 0.09mm 까지 인지 가능).

⑪ 표준장비를 이용하여 60~180mm 공경까지 촬영 가능하다.

⑫ 지하연속벽에서 공벽의 붕괴상태를 알 수 있다.

⑬ Tiff 또는 Bmp파일 형식으로 저장하면 어떠한 그래픽 프로그램에서도 Image 영상을 보고 편집할 수 있다.

(2) 단점

① 공내수가 탁하면 영상의 해상도가 급격히 저하되므로 시추공을 청수로 청소하 거나 약품처리하여 부유물을 침전시켜야 한다.

② 광학적인 Image를 얻기 때문에 상대적인 Rock Strength Index 및 공경의 변 화에 대한 자료를 얻을 수 없다.

③ Image영상이므로 저장파일의 용량이 크다(표준모드에서 2MB/1m당).

④ Digital Image를 영상으로 보려면 Image Viewer 프로그램이 필요하다.

⑤ 해상도가 높기 때문에 촬영속도가 늦다(표준모드 최대 54m/hr).

4. BIPS 적용성

(1) 시추조사 : 지하암반의 불연속면(층리, 편리, 절리, 단층, 암맥 등)의 분포상태, 균 열 내에 충진물의 유무, 균열의 크기 및 심도별 분포 양상 파악

(2) 암반사면조사 : 암반사면의 안정성 분석할 때 지질 불연속면의 측정이 불가능한 경우에 파괴예상면을 파악하고 절리군의 강도정수를 구하여 안정성 분석

(3) 터널설계 : 터널구간의 지질 불연속면의 방향성, 간격, 충진물 등의 지층상태를 파악하고 강도정수를 구하여 터널의 안정성 분석

⑷ 이완영역 파악 : 터널 및 사면의 암반 굴착전에 지반상태와 굴착 후의 지반상태를 측정하여 굴착 후 지반에 발생한 균열의 파악으로 굴착에 의한 이완영역을 추정하여 보강(Rock Bolt 등)에 대한 지침

⑸ 그라우팅 효과확인 : 지하 암반에 그라우트를 주입하는 경우, 주입 전·후의 균열상태(filling material)를 측정, 그라우트의 주입효과를 확인 가능

⑹ 구조물 균열측정 : 현장타설말뚝(RCD) 및 철근콘크리트 구조물에서 골재의 분리현상, 기초의 균열유무 등의 품질상태를 직접 확인 가능

⑺ 지하수조사 : 암반의 절리나 단층과 같은 이차적인 공극을 따라 이동하는 지하수를 조사하여, 암반 균열의 벌어진 정도를 파악 가능

⑻ 시추자료 D/B화 : 시추공의 영상(BIPS)자료를 Digital Image화상, 그래픽 화상(Tiff 파일), 비디오 테이프 등으로 Data Base化하여 보관

⑼ 암반분류 : RQD, RMR 및 Q-System에 의해 암반분류할 때 절리 형태, 충진물 종류, 균열 정도 등을 정밀하고 객관적으로 분류 가능

⑽ 수압파쇄시험 : 암반의 응력상태 파악을 위하여 현장에서 수압파쇄시험을 수행할 때 기존균열의 방향성과 수압파쇄에 의해 유도된 균열의 방향성을 구분 가능[139]

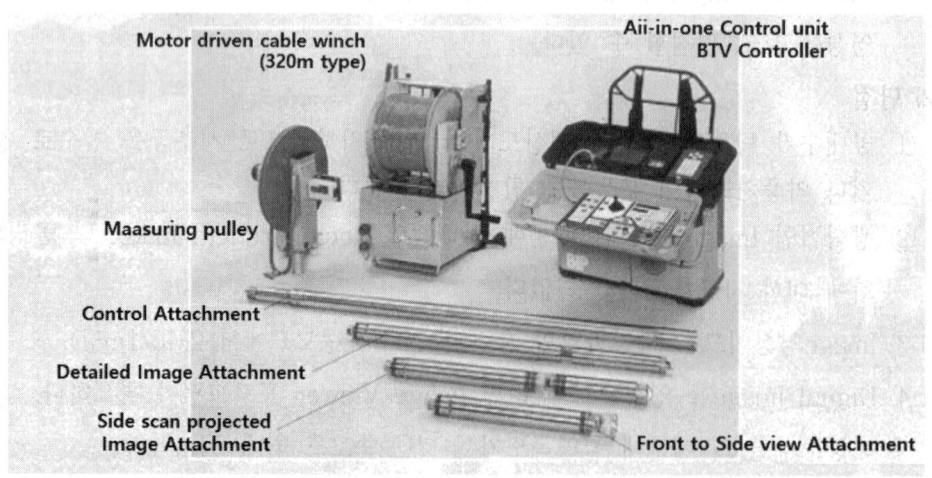

BIP-Ⅳ/SV 300m System 장비

---

139) 국토교통부, '도로설계편람', 제6편 터널, pp.603-17~18, 2012.
   지오임, 'BHTV 탐사 및 음파검증', 지질과학, 2019, https://m.blog.naver.com/

10.06 터널의 편평률

1. 편평률

(1) 편평률(扁平率, flattening) 또는 타원율(楕圓率, ellipticity)은 회전타원체(3차원)의 편평한 정도, 즉 편평도를 나타내는 양이다.

(2) 긴(적도)반지름을 a, 짧은(극)반지름을 b라고 했을 때, 편평률 $e = \dfrac{a-b}{a}$ 이다.

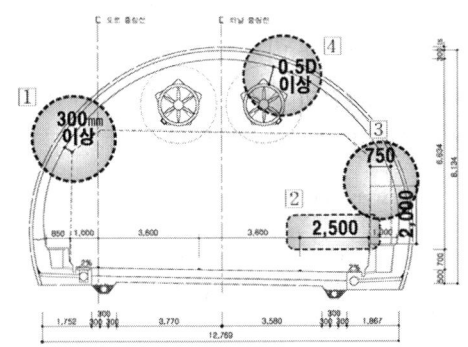

[1] 시설한계 여유폭
[2] 우측 길어깨 폭원
[3] 검사원 통로
[4] 제트팬 부착여유폭
    (라이닝 이격거리)

터널의 내공단면 구성요소

2. 터널의 편평률 개선방안

한국도로공사, 터널 단면 최적화 방안 검토, 2013.3.

(1) 용어정의 : 편평률은 터널의 최대높이/최대폭 비율

적용범위 : 0.55~0.65 준용[고속도로 맞춤형 터널설계 가이드라인, 2009]

평 균 값 : 0.628 (최근 고속도로 4개 노선 실시설계 기준)

(2) 현행 : 최근 고속도로 실시설계에 적용된 편평률은 평균 0.628로서 다소 보수적으로 설계됨 (터널설계가이드라인 편평률 최소기준 0.55)

(3) 개선 : 안정성 검토 결과, 0.53 以上이어야 안정된 것으로 검토되었으나, 터널설계 가이드라인 최소기준인 0.55 적용으로 개선

편평률 조정에 따른 터널단면 검토

구 분	편평율	단면형상	굴착단면적(증감)	안정성 검토
최근 평균	0.628	3심원	92.101 ㎡	OK
검토 1안	0.601	3심원	85.952 (-6.15)	OK
검토 2안	0.575	3심원	85.199 (-6.90)	OK
검토 3안	0.549	3심원	83.153 (-8.95)	OK
검토 4안	0.530	3심원	83.016 (-9.08)	OK
검토 5안	0.524	5심원	78.897 (-13.2)	NG
검토 6안	0.513	5심원	76.225 (-15.9)	NG

10.07 터널의 갱구부, 갱문

터널 갱구부 및 갱문의 위치선정, 갱문종류 및 시공 주의사항 [1, 3]

I. 터널 갱구부

1. 갱구부 범위

(1) 터널 갱구부(입구)는 토질이 불안정하고, 지지구조가 취약하며, 주변지반의 붕괴 위험이 높으므로 설계·시공과정에서 철저한 안정성 검토가 요구된다.

(2) 갱구부(坑口部)는 갱문배면으로부터 터널길이 방향으로 터널직경의 1~2배 범위 또는 터널직경 1.5배 이상의 토피가 확보되는 범위까지이다.

(3) 다만, 원지반 조건이 양호한 암반층, 붕적층, 충적층 등의 미고결층에서는 터널 갱구부의 범위를 별도로 정할 수 있다.

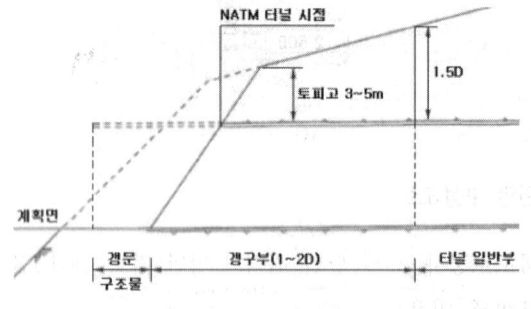

터널 갱구부 범위

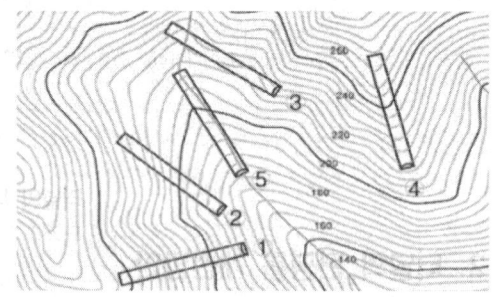

터널의 중심축선과 지형과의 관계

3. 터널 중심축선과 지형과의 관계

(1) 비탈면 직교형

① 터널의 중심축선과 비탈면의 위치는 서로 직교할 때 가장 이상적이다.

② 비탈면의 하단보다 상부에 갱구부가 위치할 경우에는 공사용 도로의 확보나 설치되는 도로구조물과의 관계 등 시공조건을 특별히 배려해야 한다.

(2) 비탈면 경사교차형

① 터널의 중심축선이 비탈면에 비스듬하게 진입할 때는 비대칭으로 비탈면을 절취하고 갱문을 설치하도록 설계해야 한다.

② 이 경우에 편토압 및 횡방향의 토피 확보 여부에 대한 상세검토가 필요하다.

(3) 비탈면 평행형

① 터널의 중심축선과 지형이 서로 평행하게 배치되는 극단적인 상황은 피한다.

② 이 경우 터널의 모든 구간에 걸쳐 골짜기 쪽의 토피가 극히 얇아져서 편토압을 받게 되므로 안전성이 떨어진다.

(4) 능선 평행형

① 터널 양단에서 토피가 극단적으로 얇아지고 암선이 비대칭으로 깊게 위치하는 경우에는 철저한 지반조사가 필요하다.

② 갱구부 굴착량이 최소화되는 터널이므로 지반조건이 양호하다면 바람직하다.

(5) 골짜기 진입형

① 골짜기에는 일반적으로 지질구조대(단층, 습곡)가 발달되어 있으므로 암질이 불량하고 지표수가 유입되며 지하수위가 높은 경우가 많다.

② 이 구간은 낙석, 산사태, 눈사태 등의 자연재해 발생 가능성을 고려해야 한다.

4. 터널 갱구부 설계의 문제점 및 대책

(1) 갱구부 토질은 붕괴위험 높고, 토피는 지지력 저하

① 갱구부 토질은 풍화토, 풍화암, 지하수 등으로 인하여 붕괴위험이 높다.

② 갱구부 토피는 얇아서 arching 효과를 기대할 수 없어 지지력이 낮다.

(2) 갱구부 상단토피 깎기를 최소화하도록 설계

① 갱구부는 상단토피 깎기 최소화를 위하여 특수한 지형·지질조건을 제외하고는 상단 흙토피 3~5m 또는 암토피 1~2m 확보되는 지점에 갱구부를 설계한다.

5. 터널 갱구부 시공 중 안전성 보강대책

(1) 갱구부 모든 구간에 걸쳐 시공 중 편토압에 대한 검토 및 안전대책을 수립

(2) 갱구부 위치별 깎기량에 대한 시공성, 경제성, 경관성, 환경영향 등을 비교

(3) 갱구부 지반 자체의 지보력 향상을 위하여 지반개량(보강)공법을 적용

(4) 갱구부 상부토피가 얇고, 지반 자체의 지보력 확보가 어려울 것으로 예상되는 경우에는 상재된 모든 토피 하중을 지보재로 작용 가능성을 검토

(5) 갱구부는 누수·결빙 등이 발생하기 쉬우므로 적절한 방수·배수대책을 적용

(6) 갱구부에 작용되는 하중·기상조건을 고려하여 콘크리트라이닝의 철근보강 여부, 동상방지층, 제설시스템, 방설시설 등의 적용여부를 검토

(7) 갱구부는 상단지표부에서 침하·함몰 가능성이 있으므로, 지표부에 기존 대규모 시설물이 존재하는 경우에는 철거조치 또는 지반보강을 적용

(8) 지진하중에 대한 양향을 검토하여 필요한 경우에는 보강 조치

II. 터널 갱문

1. 용어 정의

(1) 갱문(坑門)은 경사면 방호(防護)를 위하여 터널의 갱 입구부에 설치하는 구조물이

다. 터널의 입구는 상부와 양쪽이 절토면으로 되어 있는 구조가 많아, 붕괴·낙석·설붕 방호를 위하여 또는 미관을 위하여 보강이 필요하다.

(2) 따라서, 갱문을 설계할 때는 원지반 조건, 주변경관과 조화, 차량주행에 미치는 영향, 유지관리 편의성, 주변으로부터 빗물 유입의 방지, 개통 후 낙석·눈사태 등의 재해방지대책 등을 고려하여 위치·형식·구조를 결정해야 한다.

2. 갱문 위치선정 고려사항

(1) 갱문 위치는 지형의 횡단면이 터널축선에 대하여 가능하면 대칭위치로 정하여 편토압을 받지 않도록 한다.

(2) 갱문 위치는 늪이나 시냇물과 교차하지 않도록 선정하되, 부득이할 때는 배수시설물을 통해 빗물을 처리하여 터널에 나쁜 영향을 주지 않도록 한다.

(3) 갱문 위치가 교량과 근접할 때는 갱문기초 지지력 분포범위와 교대 굴착선과의 관련성을 검토하여 터널에 나쁜 영향을 주지 않도록 한다.

(4) 갱문 위치를 결정할 때는 갱구 부근에 계획된 장래의 터널 유지관리시설(펌프실, 송·배전실 등)의 배치도 함께 고려한다.

(5) 갱문 위치를 산허리 깊숙이 선정하는 것은 갱문 배후 및 갱문 접속 비탈면의 안정을 깨뜨리고 붕괴를 유발하므로 가급적 피하도록 한다.

3. 갱문 형식의 구분

(1) 면벽형 : 면벽의 외력은 터널 축방향의 토압과 같으므로 흙막이벽으로 설계

(2) 돌출형 : 갱문 옹벽을 설치하지 않아 원지반의 이완이 적은 이상적인 형식

(3) 중력형 : 비교적 경사가 급한 지형에 많이 적용

갱문 형식의 비교: 면벽형 & 돌출형

구분	면벽형	돌출형
장점	◦ 갱구부 시공 용이 ◦ 갱구부 상부 되메우기 불필요 ◦ 상부에서 유하하는 지표수 처리 용이	◦ 터널 진입시 위압감이 적음 ◦ 주변지형과 조화를 이루어 미관 양호
단점	◦ 인위적 구조물 설치에 따른 주변경관과의 조화를 이루기 어려움 ◦ 정면벽의 휘도 저하 고려 필요	◦ 갱구부 개착터널 연장이 더 길어짐 ◦ 갱구부 상부에 인위적 흙쌓기 필요 ◦ 상부에서 유하하는 지표수 처리 필요
적용 지형	◦ 지형이 횡단면 편측으로 경사진 경우 ◦ 배면 배수처리가 용이한 경우 ◦ 갱문이 암층에 위치한 경우 ◦ 갱구부 지형이 종단으로 급경사인 경우	◦ 지형이 횡단면 편측으로 경사가 없고 땅깎기가 적어서, 개착터널 설치 후 자연스럽게 주변경관과의 조화를 이룰 수 있는 경우

갱문 형식의 비교 : 면벽형 & 중력형

구분	면벽형	중력형	
	중력·반중력식	날개식	아치날개식
개념도			
특징	◦갱구부 전방에 옹벽 설치	◦옹벽 설치로 터널연장 단축	◦날개식보다 터널연장 길어지나 진입시 압박감 경감
지반조건 적용성	◦비교적 경사가 급한 경우 ◦옹벽 구조물이 필요한 경우 ◦많은 낙석이 예상되는 경우 ◦배면 배수처리 용이한 경우	◦양측면을 땅깎기하는 경우 ◦배면 토압을 전면적으로 받는 경우 ◦적설량 많으면 방설공 병용	◦비교적 지형이 완만한 경우 ◦좌·우측면의 땅깎기가 비교적 적은 경우
시공성	◦지반이 불량할 때 땅깎기량이 많아지므로 배면 땅깎기 비탈면 안정대책 필요	◦지반이 불량할 때 땅깎기량이 많아지므로 배면 땅깎기 비탈면 안정대책 필요 ◦터널 본체와 일체화된 갱문구조로 계획	◦지형에 따라 일부 터널 외부 라이닝이 필요 ◦약간의 흙쌓기 보호 필요
경관	◦정벽면 휘도저하 고려 필요 ◦중량감이 있어 안정성을 느끼나 진입시 위압감 느낌	◦정벽면 휘도저하 고려 필요 ◦중량감이 있어 안정성을 느끼나 진입시 위압감을 느낌	◦아치부 곡선이 주변지형과 조화 필요

III. 맺음말

1. 터널 갱구부 위치는 비탈면 흙깎기 높이를 최소화할 수 있는 지점에 선정하며, 터널 중심 간의 이격거리는 도로선형·지반조건을 고려하여 비탈면의 환경훼손을 줄이는 방안으로 설계한다. 특히 갱구부의 개착터널구간을 길게 계획하여 공사비를 줄이고 지형을 복원하는 친환경적인 설계가 요구된다.[140]

---

140) 환경부·국토교통부, '환경친화적인 도로건설 지침', pp.25~29, 2015.

10.08 근접 병렬터널

I. 개요

1. 병렬터널의 종방향 굴착공법은 굴착할 때 발생되는 지반응력이 고르게 분산되어 지반 내에 arch가 조속히 형성될 수 있도록 결정해야 한다.

2. 병렬터널의 종방향 굴착공법에는 독립굴착, 동시굴착, 엇갈림굴착 등이 있다.

II. 근접 병렬터널

1. 병렬터널 중심간격

(1) 터널을 2개 이상 병렬로 계획하는 경우에는 터널의 단면 크기와 굴착대상 지반의 공학적 특성을 감안하여 터널 굴착공사로 인한 주변 지반거동 및 발파진동이 인접 터널에 나쁜 영향을 미치지 않도록 상호 충분히 이격시켜야 한다.

(2) 터널 상호 간의 영향은 지반조건이나 시공법에 따라 다르지만, 탄성거동이 예상되는 지반일 경우에는 굴착폭(D)의 2배, 연약지층인 경우에도 5배로 하면 상호 간에 영향은 작아진다.

(3) 보통 암반지반에서 중심간격을 2D~3D 이상으로 하는 것이 일반적이지만, 설계자가 터널의 향후 사용, 인접지역의 보호 유무를 감안하여 판단하며, 기준보다 근접해야만 할 경우나 연약한 지반인 경우에는 충분히 상호 간에 미칠 영향에 대해 조사·검토한 뒤 필요하면 보강하여 터널 안정성을 확보해야 한다.

(4) 터널 간 중심간격을 일률적으로 2D~3D로 확보하기 위해 길고 높은 비탈면이 생기는 접속구간이나 교량과 근접하여 병렬터널 간의 갱문을 접근시켜 터널 간 중심 간격을 조정하려는 경우에는 갱문만 근접시키고 갱구부와 본선구간에서 차차 넓혀나가는 방법도 가능하다.

(5) 선형계획에 따라 병렬터널이 곤란하여 2아치 이상 터널을 계획하는 경우에는 누수로 인해 노면결빙이 발생되지 않도록 별도의 조치를 강구해야 한다.

(6) 다른 구조물에 근접하여 터널을 계획할 경우에는 지하수위 변화에 의한 영향, 변위 및 진동 등 구조물에 미치는 영향을 검토하여 기존 구조물에 대한 보강대책을 사전에 수립해야 한다.

(7) 특히, 도시지하도로의 경우 조사, 설계, 시공의 全과정에서 근접시공의 문제는 기본계획단계에서 심도 있게 검토되어야 한다.

병렬터널의 중심간격 적용 예

구분	터널명	터널폭 (m)	굴착폭 (D, m)	중심간격 (D의 배수)	
편도 2차로	죽 령 터 널 (중앙고속도로)	10.03	11.93	30m (2.52D)	2차로 고속도로 터널의 일반적인 기준은 2.5D
	상 주 터 널 (중 부 내 륙)	11.30	12.00	30.2m (2.52D)	
	내 사 터 널 (영동고속도로)	10.86	11.86	30m (2.53D)	
	신 정 터 널 (진주–광양)	–	13.10	31.5m (2.40D)	
편도 3차로	매 봉 터 널 (서 울 시)	12.55	14.66	30m (2.05D)	암질 매우 양호
	소 하 터 널 (제2경인고속도로)	13.81	15.88	45m (2.83D)	急비탈면, 토피 20m 정도의 계곡 통과
편도 4차로	수 암 터 널 (서울외곽순환)	17.94	19.63	44.4m (2.26D)	임질 보통
	사 패 산 터 널 (서울외곽순환)	–	19.93	40.7m (2.04D)	

2. 병렬터널 선형검토

(1) 병렬터널로 계획되는 도로터널의 경우 상·하행선 차로분리에 따른 평면선형의 원만한접속이 필요하다.

(2) 대면교통터널이 아닌 병렬터널로 계획하는 경우에는 주변여건, 지형여건 및 갱문 위치 등을 고려하고 접속여부를 감안하여 평면선형이 도로선형 설계기준에 만족되도록 계획해야 한다.

3. 병렬터널 종방향 굴착공법

(1) 독립굴착

① 굴착공법

  ○ 평행한 2개의 터널 중에서 선행터널을 완전히 굴착 완료한 후에 후속터널의 굴착을 착수한다.

  ○ 후속터널의 굴착을 착수하기 전에 선행터널에는 지보재를 충분히 설치하고 콘크리트 라이닝을 타설한다.

② 적용대상

  ○ 2개의 터널 사이가 너무 가까운 경우

  ○ 2개의 터널 중심부 지반이 항복강도에 도달될 우려가 있어 위험한 경우

(2) 동시굴착

① 굴착공법

  ○ 2-arch 터널을 시공할 때 중앙갱을 먼저 굴착하고 중앙기둥을 설치한 후, 양
    측갱을 굴착한다.

  ○ 이 때 양측갱 굴착은 2개의 터널을 한 막장에서 동시에 굴착한다.

② 적용대상

  ○ 2-arch 터널을 시공하는 경우

(3) 엇갈림굴착

① 굴착공법

  ○ 선행터널과 후속터널 간의 막장면 사이의 거리를 1~2D 정도 떨어져서 굴착
    을 착수한다.

  ○ 이 때 지반이 연약한 경우에는 2개 터널의 링폐합을 조기에 실시한다.

② 적용대상

  ○ 단선 병렬터널에서 터널 간의 이격거리가 짧은 경우

  ○ 3-rch 터널을 시공하는 경우

  ○ 측벽 선진도갱 터널을 굴착하는 경우[141]

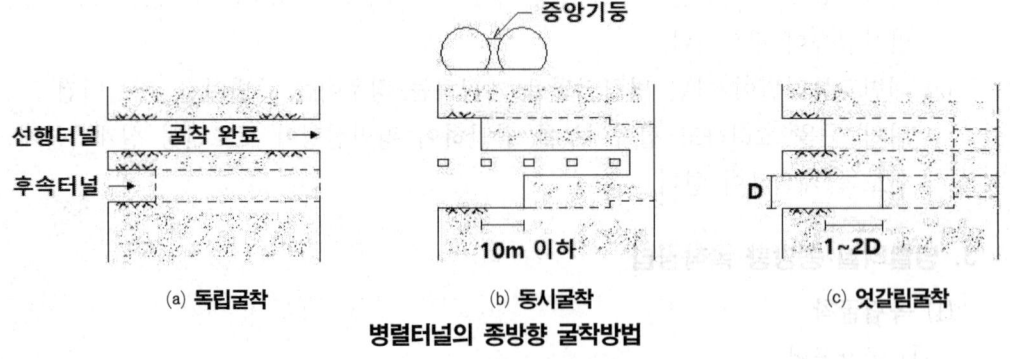

(a) 독립굴착   (b) 동시굴착   (c) 엇갈림굴착

병렬터널의 종방향 굴착방법

---

141) 박효성 외, 'Final 토목시공기술사 핵심문제', 예문사, p.752, 2008.
    국토교통부, '도로설계편람', 제6편 터널, pp.602-5~6, 2012.

10.09 발파공법

심빼기 발파, 조절(제어)발파, Cushion blasting, Line drilling method, Pre-splitting [8, 3]

Ⅰ. 개요

1. 터널 굴착할 때 발파하면 큰 에너지를 단시간에 방출하여 주변 건물·인체에 손상을 입힐 우려가 많으므로, 손상을 최소화하기 위한 특수발파공법이 이용되고 있다.

2. 발파에 의한 손상을 최소화하려면 지반과 폭약의 성질을 활용하여 최적의 발파공법을 적용해야 한다.

3. 터널 굴착할 때 쓰이는 발파공법에는 여러 종류가 있지만, 일반적으로 많이 사용되고 있는 발파공법을 살펴보면 아래와 같다.

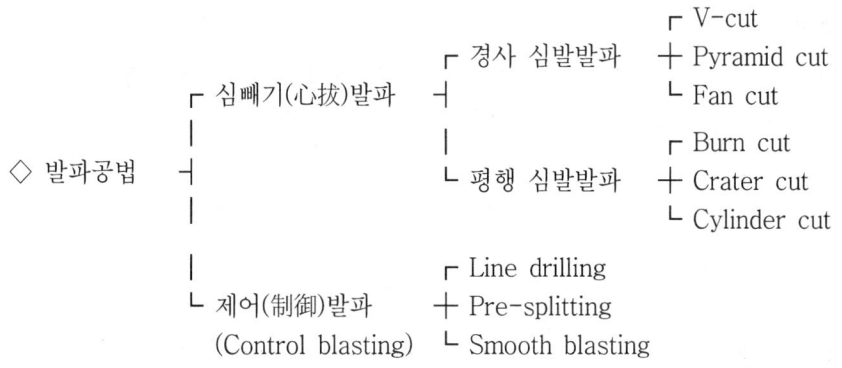

발파공법의 분류

Ⅱ. 심빼기(心拔)발파

1. 용어 정의

⑴ 터널을 굴진할 때 막장은 자유면이 적어 발파효율이 좋지 않으므로 자유면을 형성하면서 순차적으로 심빼기[心拔]발파라고 하며, 각도가 있는 경사 심발발파와 각도가 없는 평행 심발발파로 구분된다.

⑵ 심빼기발파는 주변공 발파 前에 먼저 이루어지는 자유면의 형성과정이므로 현장 여건 및 지반조건을 고려하여 최적의 심빼기발파 방법을 채택해야 한다.

⑶ 심빼기발파 방법 중 그동안 국내에서 V-cut, Burn-cut, Cylinder-cut 등의 실적이 많았다. 최근 Supex-cut , Superhole-cut 등이 신기술 특허 등록을 받았다.

⑷ 심빼기발파는 그 자체가 1자유면이며, 자유면을 추가로 확보하기 위해 천공방법에 따라 다음과 같이 분류할 수 있다.

심빼기발파의 분류

천공방법	심빼기발파	
경사천공(Angel cut)	◦ V-cut ◦ Pyramid-cut ◦ Fan-cut	◦ Draw-cut ◦ Swing-cut
평행천공(Parallel cut)	◦ Burn-cut	◦ No-cut round
경사천공＋평행천공	◦ Supex-cut	

2. V-cut (경사천공)

(1) 발파원리

① 터널의 경사천공 중에서 가장 일반적인 심빼기발파로서, 경사천공을 위해서는 어느 정도의 터널폭이 확보되어 있어야 한다.

(2) 발파방법

① 터널의 최대굴진장을 기준으로 터널폭의 50% 이내에 설치한다.

② 심발공은 60° 이상으로 자유면을 충분히 확보하기 위해 3조 이상 설치한다.

③ 심발공의 천공각도는 수렴점을 기준으로 배치하되, 심발공의 저항선은 1.5m 이하로 배치한다. 1.5m 이상이면 보조심발공을 추가 배치한다.

④ 발파공에 대칭이 되는 심발공에도 똑같은 단수의 뇌관을 배치한다.

⑥ V형 사이의 기폭시차는 암석 팽창시간을 고려하여 50m/sec 이상으로 한다.

(3) 적용성 검토

① 국내에서 가장 널리 적용되고 있으며, 천공밀도가 약간 떨어져도 발파효율에 영향이 적어 터널 발파현장에서 가장 선호하는 방법이다.

② Leg drill 천공장소에서, 굴진장이 2m 이하의 장소에서 발파효율이 높다.

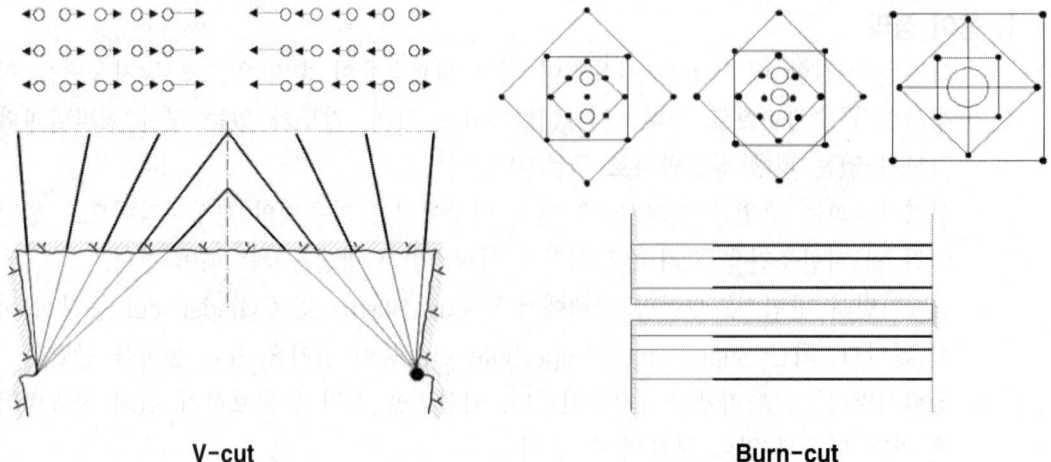

V-cut   **Burn-cut**

3. Burn-cut 방법 (평행천공)

(1) 발파원리

① Jumbo drill로 천공할 때 널리 시행하는 방법이다. ∮102㎜ 대구경의 무(無)장약공을 1~3개 천공한 후, 무장약공을 중심으로 평행하게 천공하여 일정한 시차로 발파하면서 무장약공을 중심으로 자유면을 확대한다.

(2) 설계방법

① 무장약공의 지름(D)

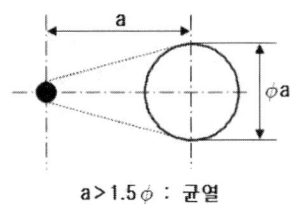

a > 1.5 ∮ : 균열
a = 1.5 ∮ : 파쇄
a < 1.5 ∮ : 완전파쇄

$$D = d\sqrt{n}$$

여기서, D : 무장약공 환산직경(mm)

d : 실제 무장약공 직경(mm)

n : 무장약공 천공수

② 저항선

○ 저항선이 너무 길면 심발공에 균열이 생기고, 너무 짧으면 무장약공으로 연결되어 실패할 수 있으므로, 무장약공과 발파공 간격은 a=1.5D를 유지한다.

③ 장약집중도

○ 무장약공에 근접된 구멍 내의 장약밀도가 너무 낮으면 암석이 파괴되지 않고, 너무 높으면 암석이 비산하여 터널 전체에 공발현상*이 발생된다.

④ 천공의 정밀도

○ 무장약공과 발파공 사이는 일정간격으로 평행을 유지하여야 소결현상*에 의한 발파실패를 막을 수 있다.

※ 공발(孔發)현상이란 발파 중에 장전한 폭약의 폭력이 부족하여 암석을 파괴하지 못하고 폭력이 공구(孔口) 쪽으로 빠져나가 전색물만을 날려보내거나 공구 쪽의 암석 일부만을 파쇄하는 현상으로 소음과 비석의 위험이 있는 현상이다.

발생원인은 약장이 너무 과도한 경우, 전색이 부적절하게 미흡한 경우, 지발시차가 부적절하여 후열에서 먼저 기폭된 경우, 전원차단(cut off)으로 인하여 저항선이 증가된 경우 등을 들 수 있다.

※ 소결(燒結)현상이란 분말 입자들이 열적 활성화 과정을 거쳐 하나의 덩어리로 되는 과정을 말한다. 가루를 녹는점 이하의 온도로 가열하였을 때, 가루가 녹으면서 서로 밀착하여 고결(固結)되는 현상이다.

발파에서 소결현상은 심발공에서 폭발압력이 너무 크면 팽창율이 커서 파괴된 암석이 무장약공을 메우면서 세립된 암석이 다시 굳어지는 현상이다

심빼기 발파 방법의 비교

구분	V-cut	Burn-cut
천공 및 장약		
장점	◦ 국내에서 실적이 가장 많은 방법으로 기능공들의 숙련도가 높다. ◦ 발파 실패율이 적다. ◦ 진동과 폭음이 적다. ◦ 천공개수가 적고, 천공시간을 단축할 수 있다.	◦ 천공장 3m 이상의 긴 천공을 굴진할 때 발파효율이 좋다. ◦ 파쇄암 크기 균일하여 버럭처리가 쉽다. ◦ 장약이 용이하여 규격 천공이 가능하다. ◦ 발파 비석이 중앙으로 집중 때문에 터널 시설물의 파손이 적다.
단점	◦ 긴 천공(굴진장 3m 이상)은 굴착하기 곤란하다. ◦ Jumbo drill을 사용할 때 터널 폭이 최소 6m 이상 되어야 최소 2m 이상 굴진할 수 있다. ◦ 터널 벽면에서 비석의 발생량이 많아 Shotcrete 파손이 많다.	◦ 심발공의 정밀한 천공작업이 요구되며 심발공의 일부만 잘못되어도 굴착면 전체에 공발이 발생된다. ◦ 국내에서 아직 생소하여 천공 및 장약의 숙련공이 적다. ◦ 뇌관배열, 천공미숙 또는 과장약으로 폭음과 진동이 심하고 낙석이 많다. ◦ 천공장 3m 미만에서 발파실패율이 높다.

3. Burn-cut과 Cylinder-cut 비교

(1) Burn cut이나 Cylinder cut은 공히 심빼기의 중앙부에 無장약공을 천공하여 이를 자유면으로 활용한다는 점에서 같다.

(2) Burn cut은 장약공과 동일한 직경의 無장약공을 사용하고, Cylinder cut은 대구경(공경 75~20mm) 無장약공을 사용하기 때문에 심빼기효과 측면에서 Cylinder cut이 Burn cut보다 우세하다.

(3) Burn cut은 중앙부에 1개 혹은 수개의 burn hole을 천공하고 그 주변의 수평공부터 발파하여 순차적으로 발파하며, 정확한 수평천공을 기본요건으로 한다.
Burn hole 주변공의 장약량이 많아지고, Burn hole 공경이 작아 자유면 역할을 충분히 못할 경우에는 진동이 커질 가능성이 있다.

(4) Cylinder cut은 중앙부에 큰 Burn hole을 1~2개 형성하여 자유면으로 활용함으로써 Burn cut에 비해 심빼기효과가 확실하여, 최근 터널굴착에 널리 쓰인다.

Burn hole 공경이 클수록 공수가 많을수록 발파효과가 양호하므로, 공간격 단축도 가능하고, 장약량 조정도 가능하여 장약량에 제한받는 도심지에 효과적이다. Cylinder cut은 V-cut과 달리 굴착폭에 제한을 받지 않아 長孔발파에 유효하다. 그러나 대구경 천공하려면 특수장비가 필요하며 Burn hole이 정확히 수평천공되지 않으면 심빼기효과가 크게 저하되는 단점이 있다.

4. 국내 심빼기발파 적용성

(1) 현재 국내 터널공사에는 현재까지 V-cut과 Cylinder cut이 도입·적용되고 있다.

(2) 불량한 암질에서는 지보를 위하여 굴진장을 발파공當 1.5m 내외로 짧게 해야 하므로 천공장이 짧아야 되는 조건에는 V-cut이 유리하다.

(3) 반면, 천공장이 길어야 되는 조건에서 숙련된 기능공이 수평천공을 정확히 시공할 수 있을 때는 Cylinder cut이 효과적이다.

V-cut과 Cylinder cut 비교

구분	공법 정의	특징
V-cut	현재 국내에서 가장 널리 사용되고 있는 공법으로 터널 중앙부로부터 일정간격으로 양측에 여유를 주어 천공하여 孔底에서 일치되도록 하며, 각 hole은 공저에서 최소 60° 각도를 유지하도록 한다.	◦ 新자유면이 크므로 기능 미숙련 또는 천공편차, 천공면 악조건 등으로 다소 천공이 불량해도 비교적 목적으로 하는 굴진장을 얻을 수 있다. ◦ 심빼기공을 자유면에 대하여 60° 각도를 주어 천공하므로 천공길이에 비해 굴진길이가 줄어든다.
Cylinder cu	Burn cut을 개량한 새로운 발파공법으로 인위적인 자유면 역할을 하는 無장약공을 장약공보다 대구경으로 천공한 後, 이를 중심으로 심빼기공을 밀집하게 천공하여 발파를 진행한다.	◦ 심빼기공을 평행으로 천공하므로 V-cut과 같이 굴진길이가 줄어드는 단점을 보완하였다. ◦ 발파를 실패하면 다음 발파를 위한 천공이 어렵고 잔류화약 때문에 위험하다. ◦ 심빼기공의 공간거리를 10~20cm로 밀집하게 평행천공하므로 숙련공이 요구되며 기능미숙, 천공편차, 천공면 악조건 등으로 공발 우려가 높다.

Ⅲ. 제어발파

1. 용어 정의

(1) 발파공법은 일반적으로 폭약의 에너지가 작용되는 방향이 확실하지 않기 때문에 암반에 큰 손실을 주고 굴착면에 요철이 심하게 발생되고, 때로는 균열이 굴착면

깊숙이 발달되기 쉽다.

(2) 이러한 발파의 특성 때문에 터널의 굴착단면이 설계단면보다 커지고 여굴이 많아 져 콘크리트 타설량도 많아지고 암반손상에 따라 지보재도 더 많이 소요된다.

(3) 따라서 터널공사의 암반굴착 과정에 여굴 발생과 암반 균열을 최소로 하기 위해 제어발파(controled blasting)를 실시한다.

발파공법의 특징 비교

심빼기[心拔]발파	제어발파(controled blasting)
∘ 계획단면에 근접한 모암의 피해를 줄인다.	∘ 발파면이 매끈하다.
∘ 자유면을 더 많이 확보하여 발파효율을 높인다.	∘ 여굴이 방지되고, 낙석위험이 감소한다.
∘ 여굴을 방지하여 경제적인 터널굴착을 한다.	∘ 모암의 손상이 방지되고, 부석이 감소된다.
∘ 도심지 터널에서 심발부 굴진장이 짧아도 된다.	∘ 라이닝 콘크리트의 타설량이 절약된다.

2. Line drilling

(1) Line drilling은 제어발파(control blasting)의 기본 발파공법으로, 굴착계획선에 적은 공경을 조밀하게 천공하여 無장약함으로써 굴착면을 따라 깨끗하게 마무리 하는 공법이다.

(2) 제1열(굴착계획선) 無장약공, 제2열 50%, 제3열 100% 장약공을 설치한다. 천공 직경은 50~75mm, 천공간격은 천공직경의 2~4배 정도를 유지한다.

(3) Line drilling은 천공간격이 좁고 천공수가 많아 깨끗한 굴착면을 형성할 수 있어 터널 굴착뿐만 아니라 대규모 암반 절취에도 많이 적용된다.

(4) 천공비용과 천공시간이 많이 소요된다. 사소한 천공오차에도 발파효율이 급격히 떨어지므로 고도의 천공기술이 필요하다.

3. Pre-spliting

(1) Pre-spliting은 굴착면 주변을 먼저 발파하여 파단면을 형성하고 그 後에 나머지 부분을 발파하는 제어발파의 일종으로, 주변의 천공간격은 Smooth blasting보다 작고 장약량도 적다.

(2) 제1열(굴착계획선) 50% 장약공, 제2열과 제3열 100% 장약공을 설치한다. 천공 직경은 50~160mm, Pre-split 면과 인접공 간격은 主발파공 간격의 1/2 정도되 도록 배치한다. 제1열에 좁은간격으로 천공하여 적은 장약량으로 線발파함으로써 굴착면을 형성한 後, 굴착선 상에 균열을 일으키는 제어발파 공법이다.

(3) Pre-spliting은 평행천공할 수 있는 숙련공을 필요로 하고, 암반균열을 따라 발파 에너지가 작용되므로 장약량과 천공간격을 암반조건에 맞추어 정확하게 결정해야 하는 어려움이 따른다.

⑷ Pre-spliting은 평행천공을 접근시켜 배치하고 천공한 공지름보다 작은 지름의 폭약을 사용하여 발파함으로써 발파에너지의 작용방향이 제어되기 때문에, 원지반의 손상이 적어져서 발파면이 평활해져서 여굴은 물론 버력도 적어진다.

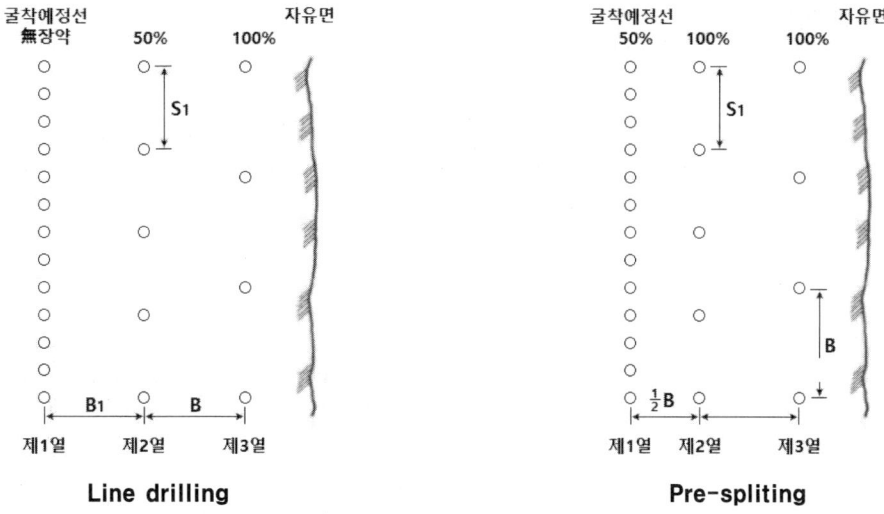

Line drilling **Pre-spliting**

4. Smooth blasting

⑴ Smooth blasting은 발파력의 쿠션 작용에 기초를 두는 원리로서, 발파충격에 의한 불규칙적인 암반파쇄를 방지하고 정적인 에너지를 가진 발파가스 작용으로 암반을 파괴하여 평탄한 굴착면을 얻는 제어발파의 일종이다.

⑵ 제1열은 정밀장약, 제2열과 제3열은 100% 장약공으로 설치한다. 화약과 공경 사이에 공간을 두어 발파에너지의 작용방향을 제어함으로써, 지반의 손상을 억제하고 평활한 굴착면을 얻을 수 있는 제어발파 공법이다.

⑶ Smooth blasting은 굴착면을 따라 천공열을 평행배치하고 구멍지름보다 아주 작은 지름의 폭약을 사용하는 弱장약 발파방법으로, 발파에너지가 제어됨으로써 원지반의 손상을 방지하고 여굴도 줄일 수 있어 아래와 같은 장점이 있다.

① 암반에 손상이 적다.
(암반 자체의 강도를 저하시키지 않는 것은 NATM 터널의 핵심개념)
② 평탄한 굴착면을 얻을 수 있고 여굴이 적다.

⑷ Smooth blasting 발파 메커니즘은 인접한 2개 천공홀의 장약을 동시에 기폭하면 각각의 폭약으로부터 응력파가 방사형으로 전파되고, 그 응력파가 중앙에서 충돌·간섭함으로써 인장응력이 발생되어 천공방향과 직각으로 파단된다,
따라서 Smooth blasting을 위한 장약공은 가장 나중에 발파된다는 원리이다.[142]

142) 박효성, 토목시공기술사 핵심문제, 예문사, pp.764~767, 2008.

Smooth blasting 발파 메커니즘

장약방법	개요	모식도
① 깃이 달린 sleeve를 사용하는 방법	○ 천공 구멍 속에 깃이 달린 sleeve를 끼워 space를 유지시킨다.	
② Spacer를 사용하여 장약하는 방법	○ 약포를 분산시키기 위하여 약포 사이에 spacer를 끼운다. ○ Space 재료에는 PVC pipe, 대나무, 종이 등을 사용한다.	
③ Tamping용 나무마개로 장약하는 방법	○ 나무마개에 실을 매달아 소정의 깊이까지 끼워 넣고 실을 당기면서 마개 이동을 방지하며 tamping하는 방법으로 체적 decoupling 방식의 일종이다.	
④ Tube를 사용하여 장약하는 방법	○ 폭약을 tube 내에 봉입하여 소정의 길이로 잘라서 tube 그대로 장약하는 방법이다.	

IV. 표준발파지침

1. 2006년 국토교통부에서 제정한 『도로공사 노천발파 설계·시공지침』은 발파의 규모를 감안하여 발파공법을 특수발파, 제한발파, 무제한발파 등의 6가지 형식으로 아래 표와 같이 표준화하였다.

2. 이 지침에서는 '설계발파진동 추정식'을 이용한 『거리~지발당 장약량 조견표』를 제시하여 허용진동 수준과 보안물건까지의 거리에 따라 쉽게 장약량과 적용공법을 채택할 수 있도록 하였다.

3. 발파진동의 크기는 주로 지발당 장약량과 거리에 의해 결정되므로, 장약량과 거리를 조정하면 진동의 크기를 제어할 수 있다는 원리이다.

국토교통부, '도로설계편람', 제6편 터널, pp.615-3~17, 2012.

표준발파공법 분류 기준(1)

구분	특수발파	제한발파			무제한발파
	TYPE I 암파쇄 굴착공법	TYPE II 정밀진동 제어발파	TYPE III·IV 진동제어발파	TYPE V 일반발파	TYPE VI 대규모 발파
공법 개요	특수화공품인 '미진동파괴기'를 사용하는 공법으로 대형 브레이커에 의한 2차 파쇄를 실시하는 공법	소량의 폭약으로 암반에 균열을 발생시킨 후, 대형 브레이커에 의한 2차 파쇄를 실시하는 공법	발파영향권 내에 보안물건이 존재하는 경우 '시험발파'결과에 의해 발파설계를 실시하여 규제기준을 준수할 수 있는 공법	1공당 최대 장약량이 발파규제기준을 충족시킬 수 있을 만큼 보안 물건과 이격된 영역에 대해 적용하는 공법	발파영향권 내에 보안 물건이 전혀 존재하지 않는 산간오지 등에서 발파효율 만을 고려하는 방법
사용폭약 및 화공품	미진동 파쇄기 	에멀젼 계열 폭약 			주폭약 : 초유폭약 기폭약 : 에멀젼
천공 직경	φ51mm이내	φ51mm이내	소규모 φ51mm 이내 / 중규모 φ76mm 이내	φ76mm	φ76mm이상
천공 장비	또는 공기압축기식 크롤러 드릴 또는 유압식 크롤러 드릴 선택 사용				
사용 비트					

표준발파공법 분류 기준(2)

구분	특수발파	제한발파				무제한발파
	TYPE I	TYPE II	TYPE III·IV		TYPE V	TYPE VI
발파 패턴	암파쇄 굴착공법	정밀진동 제어발파	진동제어발파		일반발파	대규모 발파
			소규모	중규모		
천공 깊이 (m)	1.5	2.0	2.7	3.2	5.7	11.5
최소 저항선 (m)	0.7	0.8	1.0	1.4	1.7	2.2
천공 간격 (m)	0.7	0.8	1.20	1.6	1.9	2.5
파쇄 정도	균열만 발생 (보통암 이하)	파쇄+균열	파쇄+균열		파쇄+대괴	파쇄+대괴
계측 관리	필수	필수	필수		선택	불필요
발파 보호공	필수	필수	필수		불필요	불필요
2차 파쇄	대형 브레이커 적용	대형 브레이커 적용	-		-	-

주) 천공깊이, 최소저항선, 천공간격 치수는 평균값이고 공사 시행 전에는 시험발파에 따라 현장별로 적용하도록 한다.

143)

143) 국토교통부, '도로공사 노천발파 설계·시공지침', 2006.
　　(재)한국건설안전기술원, '표준발파공법별 분류 기준', 2019.

10.10 폭약, 뇌관, 장약

Ⅰ. 폭약

1. 폭약의 성질

(1) **폭속**(爆速) : 폭약이 폭굉하는 속도를 말하며, 폭속이 빠른 폭약은 폭력이 크고, 동일한 폭약도 여러 요인에 따라 폭속이 달라진다.

폭속은 내경 35mm 철관의 밀폐상태에서 측정된 값을 나타내며, 일반적으로 장약 직경이 작으면 폭속이 저하된다.

폭약은 폭발속도가 빠를수록 위력이 더 크다. 폭약은 폭약 자체만으로는 폭발되지 않고, 폭약을 기폭시키는 뇌관(전기식, 비전기)을 먼저 작동시켜야 폭발된다.

(2) **위력**(威力, strength) : 폭약의 위력을 weight strength 또는 bulk strength로 표시된다. 터널 발파현장에서 주로 weight strength가 쓰인다.

Weight strength란 blasting gelatine(Nitroglycerine 92%, Nitrocellulose 8%)의 단위중량 위력과 비교하여 수치(%)로 나타낸 값이다.

(3) 기타성질 : 폭약을 선정할 때는 폭속과 위력 외에도 비중, 방수, 동결, 폭력, 저장·취급의 안전도, 유독가스 발생량, 순폭도 등을 고려해야 한다.

$$순폭도 = \frac{I}{d} = \frac{최대 순폭거리(mm)}{시험약포 지름(mm)}$$

2. 폭약의 종류

(1) **젤라틴 다이너마이트**(Gelatin dynamite) : 높은 폭발에너지와 폭발속도, 우수한 내수성·내한성을 갖춘 폭약으로, 연암에서 극경암 발파까지 용도제한이 없다.

(2) **에멀젼 폭약**(emulsion explosives) : 질산암모늄에 물을 혼합해서 비중을 높이고 위력을 강화한 반죽상태의 含水폭약은 슬러리 폭약과 에멀젼 폭약으로 구분된다. 에멀젼 폭약은 기존 함수폭약(ANFO)의 내한성, 약상, 폭력 등을 개선하여 안정성, 내수성, 후가스 등의 장점을 보유하면서 성능이 우수한 폭약이다.

에멀젼 폭약의 위력(폭속, 폭력 등)은 다이너마이트에는 미치지 못하지만 터널 발파에 이용하면 좋은 효과를 기대할 수 있다.

(3) **정밀폭약**(精密爆藥) : 모암의 균열 최소화, 여굴 방지 및 정밀성을 요구하는 미려한 발파면을 확보하기 위한 벽면이나 터널 예정굴착선 등에 사용되며, 고품질의 석재 생산용으로도 사용된다.

3. 폭약의 선정기준

⑴ 암반강도 (폭발속도, 밀도, 강도)

　암반을 통과하는 탄성파속도와 폭약의 폭발속도가 동일한 제품을 선정한다.

⑵ 현장조건 (폭발속도, 후가스량, 내수성, 내한성, 순폭도)

　건설공사의 터널발파, 노천발파, 수중발파, 특수발파 등을 고려한다.

⑶ 발파 후가스 (후가스량, 폭약성분)

　발파 후가스는 통풍해도 남아있어 호흡기를 통해 작업자 체내에 흡입되므로 유독성 폭약은 사용금지하고, 함수폭약(에멀젼폭약)을 사용한다.

⑷ 계절조건 (내수성, 내한성)

　폭약은 습기가 높으면 폭력이 저하되므로 장마철에는 습기에 약한 질산암모늄 폭약과 질산암모늄 다이나마이트는 사용을 금지한다.

폭약의 특징 비교

구분	단위	다이너마이트	에멀젼 폭약	정밀폭약
평균폭발속도	m/sec	6,100	5,700	4,400
평균탄동구포	%	170	120	90
가비중	g/cc	1.3~1.5	1.1~1.2	1.0
폭발열	kcal/kg	1,152	880	640
가스량	ℓ/kg	880	826	874
낙추감도	cm	50	100	100
내한성	℃	-20	-20	-20
내수성	-	우수	최우수	최우수

II. 뇌관

1. 용어 정의

⑴ 뇌관(雷管, detonator)은 도화선의 열로 폭약을 기폭(起爆)시키는 도화선의 끝에 연결되어 폭약 속에 삽입된 관을 말하며, 전기뇌관, 非전기뇌관 및 전자뇌관으로 대별될 수 있다.

```
        ┌ 전기뇌관   ┬ 瞬發 전기뇌관 (IED, Instant Electric Detonator)
 ◇ 뇌관 ┤           └ 遲發 전기뇌관 ┬ DSD (Deci Second Detonator)
        │                          └ MSD (Milli Second Detonator)
        ├ 非전기뇌관  NONEL(Non-Electric)
        └ 전자뇌관
```

뇌관의 종류

(3) 최근 많이 사용되는 비전기뇌관 NONEL(Non-Electric) 기폭방법은 단발 전기뇌관과 도폭선의 장점만을 조합한 제품이다.

(4) 터널굴착 등의 건설현장에서 NG계열(Nitroglycerin) 대신 Emulsion계열 폭약이 상용화되듯, 전기뇌관 대신 비전기뇌관의 사용량이 90%를 차지하고 있다.

2. 전기뇌관 (Electric Detonator)

(1) 전기뇌관은 공업뇌관의 공간부분에 각선을 끼우고, 그 끝에 백금 80%, 이리듐 20% 합금선의 전교를 납땜하여 점화약을 바른 후 공간부분을 폐쇄한 것이다.

(2) 전기뇌관은 각선에 전기를 통하면 백금선이 가열되어 점화구가 발화하고, 뇌관이 점폭작용을 하는 구조이다.

(3) 전기뇌관은 점화약과 기폭약 사이에 지연장치를 해두면 점화 후에 일정시간이 경과해야 점폭하는 순발(瞬發)전기뇌관과 지발(遲發)전기뇌관이 있다.

지발(遲發) 전기뇌관은 지발 간격에 따라 DSD와 MSD로 구분된다.

　　DSD(Deci Second Detonator) : 지발 간격 25/100sec

　　MSD(Milli Second Detonator) : 지발 간격 25/1000sec

(4) 전기뇌관은 모든 건설공사 발파현장에서 광범위하게 쓰이고 있으나, 최근에 작업자의 안전성을 고려하여 도로터널의 경우에는 非전기뇌관을 주로 사용한다.

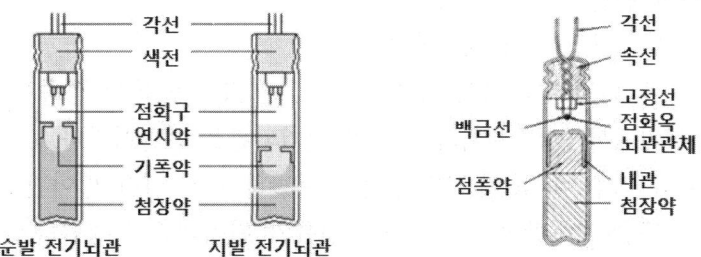

전기뇌관 구조

3. 非전기뇌관 (Nonelectric Detonator)

(1) 비전기뇌관은 전기뇌관의 각선과 Fuse head 대신 충격파를 점폭약에 전달하는 플라스틱 튜브로 대체한 구조이다.

(2) 플라스틱 튜브는 직경 3mm의 얇은 알루미늄으로 도포되어 2,000m/sec 속도로 충격파를 전달하여 점화시키지만, 튜브에 손상을 주지 않아 안전하다.

(3) 비전기뇌관은 충격과 열을 동시에 주어야 플라스틱 튜브가 점화되는데, 튜브가 타는 중에도 충격파의 영향을 받지 않으므로 폭약이 기폭되지 않는다.

(4) 최근 정밀한 발파가 요구되는 현장에 주로 사용되고 있는 非전기뇌관(NONEL, Non-Electric)의 특징은 다음과 같다.

① 非전기식이며 압축공기에 의해 기폭되므로 기존 전기뇌관보다 안전하다.

② 양호한 연시 초시 정밀도로 단발발파를 할 수 있다.

③ NONEL 커넥터와 조합사용으로 연시 시간간격의 한계를 극복할 수 있다.

④ 무한 단수를 확보할 수 있다.

⑤ 결선이 단순·용이하고 작업능률이 높다.

⑥ NONEL 커넥터에 의해 연시 시간을 조절함으로써 지발당 장약량을 줄일 수 있어 조절발파(control blasting)공법 적용에 유리하다.

⑦ 도화선 대신에 signal tube와 도폭선을 이용한 기폭시스템으로, 지연연결자 (delay connector)에 의해 시차를 조절한다.

⑧ 터널 내 누설전류, 낙뢰사고 등을 미연에 방지할 수 있다.

4. 전자뇌관 (Electronic Detonator)

(1) 전자뇌관은 자체 IC회로를 내장하여 초정밀 시차 구현이 가능해짐에 따라 우수한 진동제어 효과와 터널 발파할 때 모암의 손상영역을 저감시켜 미려한 발파단면을 확보할 수 있다.

5. 전기뇌관의 자연발화 위험성

(1) 자연발화의 원인

① 벼락에 의해서도 전기뇌관 발화

낙뢰 중에 방전류가 지표면뿐만 아니라 피뢰침을 통해 땅속을 흐를 때 발파모선의 접지에서 높은 전위차가 생겨 전기뇌관을 폭발시킨다.

화약류가 직접 벼락 맞으면 당연히 폭발하지만, 멀리 떨어진 곳이나 지하갱도에서도 뜻밖에 폭발되는 것은 낙뢰전류가 전기뇌관에 침입하기 때문이다.

② 정전기에 의한 전기뇌관 발화

ANFO 폭약을 장진할 때 대량의 정전기가 발생한다. 정전기는 뇌관을 발화시킬 수 있는 충분한 에너지를 갖고 있다.

따라서 정전기 발생이 적도록 발파현장의 주변을 관리하고, 정전기의 전하가 국부적으로 축적되지 않도록 관리해야 한다.

(2) 자연발화의 예방

① 전파에 의한 전기뇌관 발화 예방

발파현장 인근에 방송국·무선국이 있으면, 일정한 안전거리를 확보해야 한다.

무선기 탑재 자동차는 발파현장에 접근금지하고, 스위치를 반드시 꺼야 한다.

② 벼락에 의한 전기뇌관 폭발 방지

낙뢰에너지가 매우 크기 때문에 벼락으로부터 뇌관의 발화를 방지할 수는 없으므로, 벼락 중에는 화약취급을 중지한다.

③ 저열·고온에는 내열전기뇌관 사용

전기뇌관은 화약류 중에서 가장 예민한 기폭약이 사용되므로 충격이나 고온에 노출되면 발화된다.

⑶ 전기뇌관 대신 비전기뇌관 사용

한국도로공사는 천안-논산고속도로 및 서해안고속도로 터널공사 중에 전기뇌관 사고로 인명피해가 빈발하자, 2000년부터 모든 터널 발파작업에서 비전기뇌관을 의무적으로 사용하는 지침을 적용하고 있다.[144]

Ⅲ. 장약

1. 천공간격

⑴ 천공간격은 발파단면적, 지반조건 등에 따라 다르지만, 별도 제시된 기준이나 방법은 없고, 축적된 경험을 토대로 결정하는 것이 가장 적절한 방법이다

2. 孔當 장약량 결정

⑴ 孔當 장약량은 주로 아래와 같은 Hauser 식을 사용하여 결정한다.

① 심발공의 장약량 $\qquad L_1 = CW^3$

② 확대발파공의 장약량 $\qquad L_2 = CLW^3$

여기서, C : 발파계수

$\qquad$ W : 최소저항선(m)

$\qquad$ L : 굴진장(m)

③ 발파계수(C) $\qquad C = e \cdot g \cdot d \cdot t \cdot f(w)$

여기서, e : 폭약의 위력계수

폭약 종류 \ 구분	가비중	순폭도	폭속 (m/s)	위력계수 (e)
Gelatine Dynamite	1.3~1.4	4~5	5,000~5,500	1.0
함수폭약	1.1~1.2	2	3,900	1.1
초안폭약(터널내 용)	1.0~1.1	2~3	3,000~3,500	1.1

g : 암반의 항력계수 [생략]

d : 전색계수 [생략]

t : 장약계수 [생략]

f(w) : 발파규모계수 [생략][145]

---

144) 한국도로공사, '터널 발파작업 시공관리', pp.36~43, 2000.

3. m³當 장약량 결정

터널별 천공수 및 장약량 예시

터널명 \ 지보형식		표준단면						발파 환기방식
		1	2	3	4	5	6	
설계 표준도	천공수/장약량(kg)	119/263	119/263	155/231	164/172	164/172	–	2차선
	장약량(kg/m³)	1.13	1.13	1.45	1.36	1.32	–	자연환기

Ⅳ. 발파의 장비·도구

1. 천공장비

(1) 인력착암기(Hand held rock drill)

① 소규모 암발파 또는 급경사 굴착공사에서 천공에 사용되며, 터널길이가 짧아서 Jumbo drill 투입이 비경제적인 경우에도 쓰인다.

② 지지대(pipe leg)를 이용하여 다양한 각도로 천공작업이 가능하지만, 천공직경(최대 40mm) 및 천공깊이(최대 6.4m)에 제약을 받는다.

(2) 공기압축기(Air compressor)

① 인력착암기, 공기압축식 Crawler drill 등에 동력원으로 사용되며, 터널이나 사면의 shotcrete 타설, 씨앗 뿜어붙이기(seed spray) 등에 사용되기도 한다.

② 공기압축기의 규격은 CFM(Cubic Feet Minute)으로 표시된다.

(3) 웨곤 드릴(Wagon drill)

① 궤도 또는 타이어가 부착된 대차 위에 소형 착암기(drifter)를 장착하여 체인의 추진력으로 천공하는 기계식 천공기이다.

② 인력착암기에서 기계착암기로 발전된 장비. 현재는 퇴출되어 사용되지 않는다.

(4) 공기압축식 Crawler Drill

① 중·대규모 계단식(bench cut) 발파나 토목공사 발파에 본격적으로 사용되었던 기계식 천공기로서, Air compressor(600CFM)를 동력원으로 하며 근거리는 자체 주행장치(무한궤도)로 신속하게 이동할 수 있다.

② 적정한 천공직경은 64~76mm, 천공깊이는 6~9m 정도이다.

(5) 유압식 Crawler Drill

① 동력원으로 압축공기 대신 유압을 이용하며, 기계 자체에 동력원과 주행장치를

---

145) 박효성 외, 'Final 토목시공기술사 핵심문제', 예문사, pp.754~755, 2008.
　　국토교통부, '도로설계편람', 제6편 터널, pp.615-18~21, 2012.

겸비한 것으로 기동력이 우수하고 천공능력이 크게 향상되었다.

② 천공 중 소음발생 적고, 분무현상도 없어 도심지 발파에 유리하다. 천공직경은 76~102mm이며 150mm 이상에는 Down hole hammer를 이용한다.

(6) Jumbo Drill

① 터널 전용으로 주로 쓰이며 대형착암기(Drifter)가 1~4개 장착된다. 작업용 발판 1개를 추가 장착하면 폭약장전도 가능하다.

② 천공작업에는 380V 전력을 공급하며, 천공 중 물을 공급하여 비트(bit)를 냉각하며 침전물(slime)을 배출한다.

③ 주행동력은 디젤엔진으로, 궤도식(wheel type)과 차륜식(track type)이 있다.

(7) 터널 전단면 굴착기(TBM, Tunnel Boring Machine)

① 전통적인 터널굴착은 천공→발파→버력처리→보강 순서로 진행되지만, TBM은 전(全)단면을 굴삭하는 전진하는 기계이다.

② 굴삭단면이 원형이므로 불필요한 단면까지 굴착되는 단점이 있고, 많은 부대설비가 장착되므로 장비가 매우 비싸다.

③ 굴착 중 연약지반을 만나면 인력투입이 불가하여 지반보강작업이 어렵다.

2. 천공기자재

(1) Steel 기구

① Steel 자재는 천공기의 최전면 막장에서 직접 암반과 접촉되는 마모성·소모성 기구이며 성능에 따라 굴착성패가 좌우되는 핵심요소이다.

② Crawler/Jumbo drill에는 막장의 암반까지 Drifter→Shank adapter→Coupling sleeve→Threaded rod→Bit의 순서로 연결된다.

③ 굴착심도가 증가되면 sleeve와 rod를 추가로 결합하여 작업한다.

(2) 비트 연마기(drill sharpener)

① 비트(bit)는 직접 암반과 접촉되어 천공하므로 마모되면 천공속도가 저하되고 천공선형이 불량해진다. 일정주기마다 비트를 정비하는 연마기가 필요하다.

② 비트(bit)는 천공에 40~50% 소비되고 나머지는 연마하면서 마모된다. 적절한 시기에 연마를 해야 비트의 사용수명을 보장받을 수 있다.

3. 폭약장전도구

(1) 폭약장전기(Charger)

① 폭약을 장약공에 장전하는 도구이다. 예전에는 다짐봉(목재 막대기 또는 PVC pipe)을 사용하였으나, 지금은 기계식이다.

② 장전밀도는 폭약밀도에 영향을 미치므로, 장전을 잘 해야 발파효율이 높다.

(2) 전색물

① 전색물은 폭약장전 후 장전공 주변에 채워 넣는 모래, 모래＋진흙, 쇄석 등의 불가연성 물질을 말한다. 폭발력의 손실방지와 소음감소를 위해 필요하다.

② 터널 발파현장에서는 비닐봉지에 모래를 미리 넣어 만들어 장전하기도 한다.

4. 발파장비

(1) 저항측정기

① 전기식 발파에는 회로저항을 측정하는 기기가 필요하다. 전기뇌관의 저항을 측정하고, 보조모선 및 발파모선의 저항도 측정해야 한다.

(2) 누설전류측정기

① 발파지점의 누설전류를 측정하는 안전용 기기가 필요하다. 고압송전선 하부 또는 변전소 부근에는 지반에 누설전류가 존재할 가능성이 많다.

(3) 발파기(Blasting machine)

① 발파할 때 뇌관을 기폭시키는 전기식과 비전기식 발파기가 사용된다.[146]

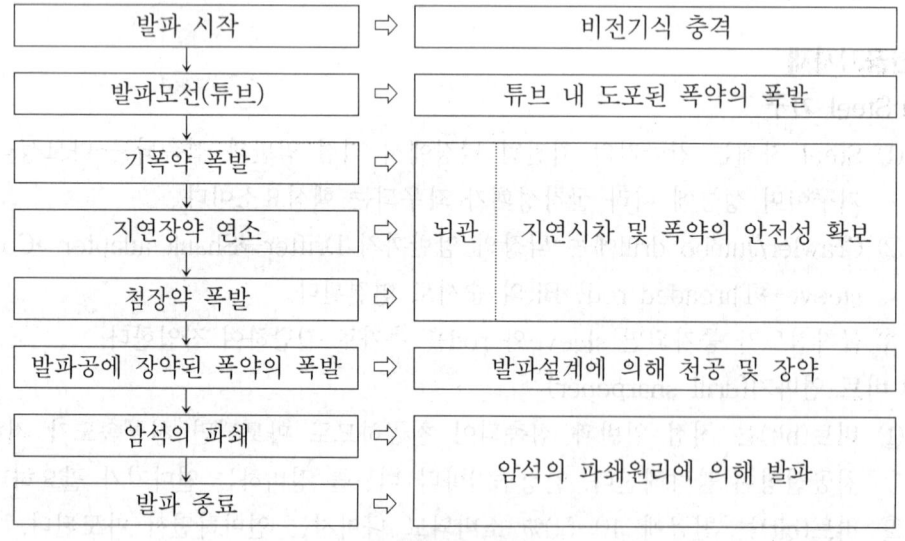

터널발파의 흐름도

---

146) 한국도로공사, '터널 발파작업 시공관리', pp.13~21, 2000.

10.11 발파이론 누두지수

1. 자유면

(1) 자유면(自由面, free face)이란 암석이 외계(공기 또는 물)와 접하고 있는 표면(기림에서 AB면)으로, 면의 수에 따라 1~6개의 자유면이 있다.

(2) 자유면의 수가 많을수록 동일한 장약량으로 발파할 경우에 파쇄효과가 좋아진다. 자유면이 확보될수록 진동의 감쇠가 양호하다.

(3) 6자유면에서는 1자유면의 25% 정도 폭약으로 동일한 발파효과를 얻을 수 있다.

(4) 최소저항선은 장약(charge)의 중심에서 자유면까지의 최단거리이다.

2. 누두공, 누두반경

(1) 발파에 의하여 자유면 방향으로 생기는 원추형의 구멍을 누두공(漏斗孔, crater), 그 구멍의 반경을 누두반경(漏斗半徑, crater radius) R(m)이라 한다.

3. 누두지수

(1) 누두지수(漏斗指數, crater index)란 누두공의 형상을 나타내는 지수로서, 누두반경 R(m)과 최소저항선 W(m)의 비(比) $n = \dfrac{R}{W}$ 를 말한다.

(2) 시험발파할 때의 장약량을 L(kg), 최소저항선을 W(m)라고 하면

① R/W 값이 1보다 큰 경우의 장약량을 過장약(over charging)이라 하며, 폭약의 양이 너무 많아 암석이 대괴(大塊)로 파쇄되어 비산된다.

② R/W 값이 1인 경우의 장약량을 標準장약(standard charging)이라 하며, 폭약의 종류 및 양이 발파대상 물체와 최소저항선에 대하여 적정한 상태이다.

③ R/W 값이 1보다 작은 경우의 장약량을 弱장약(under charging)이라 하며, 폭약의 양이 너무 적어 암석이 소괴(小塊)로 파쇄되거나, 균열만 생기거나, 공발(空發, 구멍울림)현상이 생겨서 결과적으로 발파효과가 적다.[147]

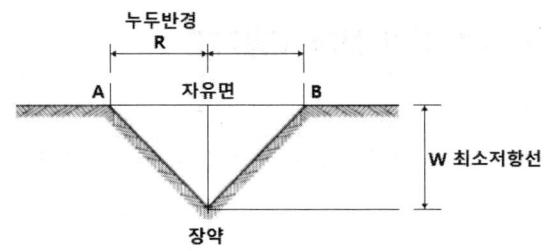

---

147) 한국도로공사, '여굴최소화를 위한 최적발파패턴 설계방안에 관한 연구(Ⅰ)', 도로연구소, 1998.

10.12 계단식 발파 (Bench cut)

석재를 대량으로 생산하기 위해 계단식 발파(Bench Cut)공법 [1, 1]

1. 용어 정의

(1) 계단식 발파(Bench Cut)는 하나 또는 여러 개의 수평한 벤치에서 발파하는 계단식 채굴방식을 말한다. 즉, 암반을 채굴할 때 평탄한 여러 bench(계단)를 조성하여 작업능률을 향상시키고 채굴이 진행됨에 따라 계단형상으로 파내려가는 방식이다.

(2) 벤치발파는 보안의 확보, 조업의 안전성, 품질관리, 기계화, 발파석의 입도조절 측면에서 종래의 발파보다 우수하여 석회석 채굴은 거의 벤치발파로 하고 있다.

(3) 벤치발파는 대규모 석산과 같이 장기적인 채굴이 가능한 장소에서 적용되는 방식으로, 대부분의 건설현장에서 적용되는 조절발파와는 차이가 있다.

2. 계단식 발파의 필요성

(1) 평지작업을 효율성을 유지하기 위하여

(2) 깊이에 따라암질이 변화하는 암반에서 계획적으로 선별 채굴하기 위하여

(3) 최신의 대형 건설장비를 사용하기 위하여

(4) 값이 저렴한 ANFO 폭약을 사용하기 위하여

(5) 산림 벌목, 점토 굴착, 진입로 축조 등의 발파준비를 쉽게하기 위하여

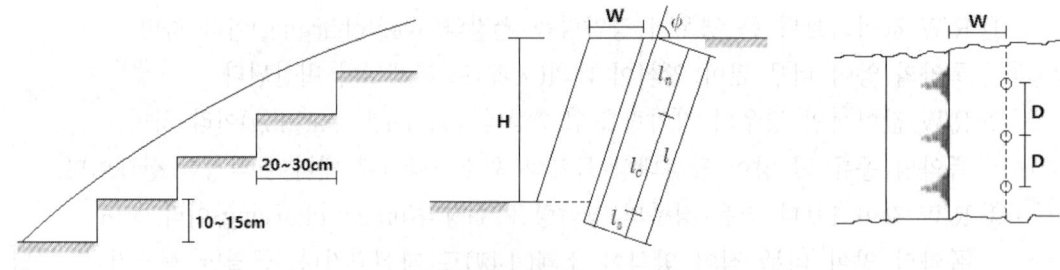

계단식 발파(Bench Cut)

3. 계단식 발파의 일반적인 설계·시공기준

(1) 최소저항선의 거리 : $B_{max}(m)$는 Langefors 공식에 의해 계산

① 다이나마이트를 사용하는 경우 $B_{max} = 1.47 \sqrt{I_b} \times R_1 \times R_2 \, (m)$

② 함수폭약을 사용하는 경우 $B_{max} = 1.45 \sqrt{I_b} \times R_1 \times R_2 \, (m)$

③ ANFO 폭약을 사용하는 경우 $B_{max} = 1.36 \sqrt{I_b} \times R_1 \times R_2 \, (m)$

여기서, I_b : 장약밀도(kg/m)

R_1 : 공(孔)경사가 3 : 1과 다를 때의 보정치(아래 표 참조)

공(孔)경사	수직공	10 : 1	5 : 1	3 : 1	2 : 1	10 : 1
R_1	0.95	0.96	0.98	1.00	1.03	1.10

R_2 : 암석계수 0.4와 다를 때의 보정치(아래 표 참조)

암석계수(C)	0.3	0.4	0.5	비고		
R_2	1.15	1.00	0.90			
암질	연암	보통암	경암			

⑵ 서브 드릴링(Sub-Drilling, U) : 계단식 발파 후에 형성될 다음 계단의 바닥을 평평하게 조성하기 위하여 계단면보다 더 깊게 천공하는 부분

$$U = 0.3 \times B_{max}$$

⑶ 천공깊이(H, m)

$$H = K + U + 0.05(K + U) = 1.05(K + U)$$

여기서, K : 계단높이

⑷ 천공오차(E, m)

$$E = d/1,000 + 0.03H(m)$$

여기서, d : 발파공의 직경(m/m)

⑸ 실제저항선(B, m)

$$B = B_{max} - E$$

⑹ 천공간격(S, m) : 인접된 발파공 사이의 거리

$$S = 1.25 \times B$$

여기서, 천공간격(S)과 실제저항선(B)의 比가 일정한 경우

S/B < 1.25일 때, 過장약으로 분쇄된다.(Fine fragmentation)

S/B > 1.25일 때, 弱장약으로 조쇄된다.(Coarse fragmentation)

⑺ 전색(h_o, Tamping)

① 전색깊이(h_o)는 최대저항선(B_{max})의 길이와 같게 하는 것이 일반적이다.

$$h_o = B_{max}(m)$$

② 전색재료는 입자크기 4~9mm의 모래나 자갈(천공된 암분은 사용금지)로 채우는 것이 발파가스를 가장 잘 막아주는 것으로 연구결과 알려졌다.

③ $h_o < B_{max}$이면 상부표면에서 비석위험은 증가되나, 대괴(大塊) 양은 감소되고,
$h_o > B_{max}$이면 상부표면에서 비석위험은 감소되나, 대괴(大塊) 양은 증가된다.

⑻ 장약량(Q) 계산

  ① 계단높이가 높은 경우, 장약량은 하부장약량(Q_b)과 중간장약량(Q_c)으로 구분하고, 상부장약량(Q_a)에는 전색(Tamping)를 실시한다.

    ○ 상부장약량(Q_a)의 전색길이(h_o) = B(m)

    ○ 하부장약량(Q_b) = 하부장약밀도(I_b)×하부장약의 높이(h_b)

    ○ 중간장약량(Q_c) = 중간장약밀도(I_c)×중간장약의 높이(h_c)

    여기서, 장약밀도(I)는 천공경과 폭약의 종류에 따라 경험적으로 제시된 값으로 $I_c = (0.4-0.6)I_b$이며, $h_b = 1.3B_{max}$이다.

⑼ 천공비(b, Specific Drilling) : 천공비는 암석 1m³를 발파하는데 필요한 천공이다.

$$b = \frac{n \times H}{n \times B \times S \times K} \, (\text{m/m}^3)$$

⑽ 장약비(q, Specific Charge) : 장약비는 천공비(b)와 같은 방법으로 계산되며, 암석 1m³를 발파하는데 필요한 장약량이다.

$$q = \frac{n \times Q}{n \times B \times S \times K} \, (\text{kg/m}^3)$$

경험적으로 Bench 발파의 장약비는 $q = 0.33 \sim 0.4 \text{kg/m}^3$ 정도이다.

4. 발파방법 평가

⑴ 편절형 발파방법에는 하향천공에 의한 계단식 발파와 수평천공에 의한 붕괴식 발파(일명 수구리 발파)방법으로 구분된다.

⑵ 계단식 발파(Bench cut)방법은 하향천공에 의하여 정량적인 계산으로 발파패턴을 계산하여 천공깊이, 천공간격, 최소저항선 등을 산출한다. 세계적으로 절취형 암반 발파의 표준이며, 진동제어, 규격발파 등이 가능하여 안전사고 위험이 적다.

⑶ 붕괴식 발파(일명 수구리 발파)방법은 경사면에 수평방향으로 천공하여 발파하기 때문에 사면붕괴로 얻어지는 굴착량이 많아 경제성, 폭약절약, 우너가관리 측면에서 상대적으로 유리하다. 이 발파방법은 경사면 붕괴에 따른 안전사고 위험이 있고 암괴비산과 지반진동이 커서 세계적으로 별로 사용되지 않고 있다. 국내에도 안전사고 위험이 많아 『산업안전보건법』에 의해 사용이 금지되어 있다.[148]

---

148) 황현주, '암반 발파설계 및 시공', 협승엔지니어링, 2019.

10.13 2차 小割발파

2차폭파, 小割폭파 [1, 0]

1. 용어 정의

(1) 2차 발파(secondary blasting)=전석발파(轉石發破, boulder blasting)=소할발파 (小割發破)=조각발파는 같은 의미이다.

(2) 2차 발파는 큰 전석이나 암괴를 운반 및 목적에 따라 적당한 크기로 파쇄하는 발파를 말하며, 발파방법은 천공법, 복토법, 사혈법 등이 있다.

2. 2차 발파의 필요성

(1) 大발파로 설계된 폭파에 의해 생긴 큰 바위 덩어리가 건설장비(shovel)로 운반할 수 없는 경우, 즉 덤프트럭에 상·하차가 불가능할 정도로 클 때는 소할(小割)하여 잘게 조각내야 한다.

(2) 大발파에 의해 특정한 공사목적보다 규격이 큰 암석 덩어리가 발생되면 운송문제 (상차-운반-하차)가 발생되므로, 규격이 큰 암석을 다시 발파하여 소정의 크기로 만드는 발파를 2차 발파라고 한다.

3. 2차 발파의 작업방법

(1) 천공법(Block boring)

일반적으로 가장 많이 사용하는 방법으로, 바위덩어리 중심부를 향해 수직으로 천공하여 장약한 후 흙으로 틈새를 채워서(전색) 발파한다.

(2) 복토법(Mud caping)

바위덩어리에 천공을 하지 않고 암석덩어리의 가장 약한 부위(지름이 작은 부위)에 폭약을 장진하고 그 위에 진흙을 덮고 발파한다.

(3) 사혈법(Snake boring)

바위덩어리의 일부가 흙에 묻혀 있어 천공작업이 여의치 않거나 천공할 시간이 없을 때, 바위덩어리 아래 측에 폭약을 장약한 후 발파한다.149)

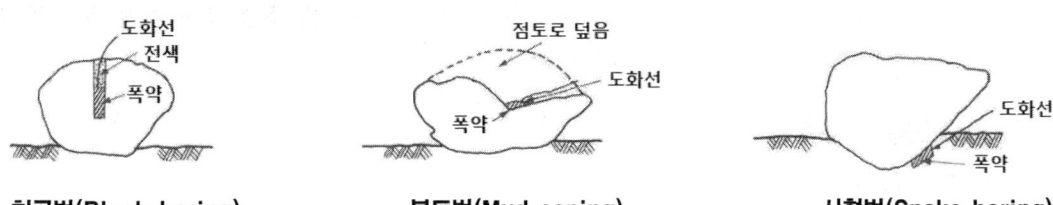

천공법(Block boring)　　복토법(Mud caping)　　사혈법(Snake boring)

---

149) 박효성 외, 'Final 토목시공기술사 핵심문제', 예문사, p.770, 2008.

10.14 시험발파

발파공법에서 시험발파의 목적, 시행방법 및 결과의 적용 [1, 2]

Ⅰ. 시험발파 목적

1. 터널 굴착할 때 발생되는 발파진동은 지반을 통하여 전파되는 특성으로 인하여 지형·지질·지반조건, 발파방법 등의 변수에 따라 그 크기가 변화한다.

2. 따라서 발파진동의 전파특성을 파악하기 위하여 사전에 시험발파를 하여 해당 터널 굴착에 부합되는 발파진동 추정식을 산출한다.

Ⅱ. 터널의 시험발파

1. 발파진동 추정식

$$V = K\left(\frac{D}{W^b}\right)^{-n}$$

여기서, V : 지반의 진동속도(cm/sec)

D : 발파원으로부터의 거리(m)

W : 지발당 장약량(kg/Delay)

K, b, n : 지질암반조건, 발파조건 등에 따른 상수

(K 발파진동상수, b 감쇠지수, n 장약지수)

$\dfrac{D}{W^b}$: 환산거리(Scale Distance)

2. 시험발파 방법

(1) 터널발파 작업은 일정한 단면의 발파공을 동시에 발파해야 하므로 일반적인 노천 발파에 비해 복잡하고 신중한 계획이 수립되어야 한다.

(2) 터널의 발파공(심발공, 확대공, 바닥공, 외곽공)별로 기폭초시와 공당 장약량에 대하여 장약할 때 조사한 자료를 확보하여야 한다.

(3) 터널의 시험발파는 최소 2회 이상을 실시하며, 계측기를 최소 4대 이상 동원하여 신뢰성 있는 자료를 확보하여야 한다.

3. 발파소음의 계측

(1) 계측 항목

① 발파소음이 건물에 미치는 영향 검토를 위해 발파진동측정기로 폭풍압 dB(L)를 계측하고, 인체에 미치는 영향 검토를 위해 소음 dB(A)를 계측한다.

(2) 계측위치 선정

① 발파소음과 발파진동의 계측위치와 동일한 지점으로 선정하며, 진동보다 소음 피해가 예상되거나 소음민원이 발생하는 경우 소음만 별도로 계측할 수 있다.

(3) 소음측정 방법

① 소음측정기의 방향은 발파지점을 향하도록 배치한다.

② 소음진동계측기를 사용하므로 소음과 진동을 동시 측정할 때는 별도 설정이 필요 없으나, 소음만 별도 측정할 때는 Trigger level을 설정한다.

③ 소음측정 장소는 소음도가 높을 것으로 예상되는 지점의 지면 위 1.2~1.5m높이로 선정한다. 그 장소에 높이 1.5m 초과하는 장애물이 있을 때는 장애물로부터 소음원 방향으로 1.0~3.5m 떨어진 지점으로 선정한다.

④ 소음측정은 소음계의 마이크로폰을 측정위치에 받침장치로 설치하고 측정하는 것을 원칙으로 하고, 마이크로폰은 주소음원 방향을 향하도록 한다.

⑤ 풍속 2m/sec 이상일 때는 마이크로폰에 방풍망을 부착하며, 풍속 5m/sec 초과하면 측정을 중지한다.

⑥ 진동 많은 장소 또는 전자장(대형 전기기계, 고압선 근처 등) 영향을 받는 장소에서는 적절한 방지책(방진, 차폐 등)을 강구하고 측정한다.

4. 발파진동의 계측

(1) 계측기의 사양 및 항목

① 발파진동계측기는 3축 성분의 진동속도, 가속도, 변위 및 주파수를 측정할 수 있어야 한다.

② 지반의 진동은 진동속도, 가속도, 변위 중 1가지를 측정할 수 있지만, 진동으로 인한 구조물의 손상은 진동속도로 측정하는 것이 바람직하다.

③ 변위는 진동속도 파형을 적분하여 구할 수 있다. 가속도는 진동속도 파형의 미분보다는 직접 가속도로 측정하는 것이 좋다.

④ 진동의 주파수 특성은 구조물 영향에 대한 중요한 척도이므로 진동의 3방향 성분에 대한 시간적 변화를 측정하여야 한다.

(2) 계측기 센서의 설치

① 발파진동계측기의 센서는 진동하는 지반 또는 구조 부재의 운동을 대표할 수 있는 지점에 설치한다.

② 수직 최대입자가속도가 1.0g 이상일 때는 센서를 볼트로 단단한 면에 고정하고, 0.2g 이하일 때는 센서를 고정장치 없이 평탄한 표면에 놓고, 0.2~0.1g일 때는 지반의 토양 속에 묻거나 모래주머니를 올려놓고 각각 계측한다.

③ 센서는 수평을 유지하면서 진동원의 방향 및 진동원과의 접선방향의 위치를 정확히 잡아 설치한다.

④ 센서는 온도·자기·전기의 영향을 받으므로 고압선과 같은 외부 영향을 받지 않는 장소를 선정하거나 불가피한 경우 사전에 영향을 차단한다.

(3) 계측기 센서의 측정

① 진동원 특성을 고찰하기 위한 계측은 구조물 자체보다 구조물이 위치해 있는 지반에 설치하고, 구조물 반응을 고찰하기 위한 계측은 구조물 부재에 설치하여 측정한다.

② 진동의 허용기준에 관한 계측지점은 진동원의 부지 경계선 중에서 피해가 가장 우려되는 지점을 선정한다.

③ 시설물에 대한 진동영향평가는 시설물의 바닥(base)에서의 진동이 기준이므로 센서를 시설물의 기초 바닥면에 설치한다.

5. 시험발파의 결과분석(자료처리) 방법

(1) 터널발파의 진동은 심발공, 확대공, 외곽공, 바닥공에 따라 발파진동치가 달라지는데, 이는 자유면 상태에 따라 변화되기 때문이다.

(2) 즉 심발공은 1자유면으로 구속력이 커서 발파진동이 크지만, 확대공이나 외곽공은 2자유면으로 구속력이 적어서 발파진동이 작다.

(3) 따라서 조건이 다양한 발파공 위치별 진동치를 정밀분석하려면 시험발파 현장 계측자료를 근거로 초시(初試)분석 전산프로그램으로 발파진동치를 정리한다.

(4) 초시(初試)분석 전산프로그램은 천공 위치별로 기폭된 뇌관 초시에 따라 진동치의 크기가 서로 다르게 기록된다. 노천발파와 같이 30점 이상의 계측치로 발파진동치를 정리한 후에 중회귀분석을 실시한다.

(5) 이때 각 발파공(심발공, 확대공, 외곽공, 바닥공) 위치별로 각각의 진동추정식이 산출되며, 거리별 지발당 장약량은 위치별 진동추정식에 준한다.[150)]

---

150) 박효성 외, 'Final 토목시공기술사 핵심문제', 예문사, pp.758~759, 2008.
한국도로공사, '터널 발파작업 시공관리', pp.44~51, 2000.

10.15 여굴(餘掘, overbreak)

NATM 공법을 이용한 터널굴진 중 진행성 여굴 발생원인 및 감소대책 [1, 3]

1. 용어 정의

(1) 터널공사에서 계획된 굴착선보다 더 크게 굴착된 것을 여굴(餘掘, overbreak)이라 한다. 여굴 발생은 화약의 낭비, 여분의 버력 반출, 콘크리트 충전량의 증가 등을 초래하여 공사비 증가의 원인이 된다.

(2) 건설통계에 의하면 여굴에 의해 추가 소요되는 비용은 터널공사비의 15~18%에 해당된다고 보고되어 있다.

(3) 여굴 발생은 터널 굴착 중에 불가피한 현상임은 분명하지만, 시공기술에 따라 상당량을 줄일 수 있으므로 여굴을 줄이기 위한 모두의 노력이 필요하다.

2. 여굴의 발생원인

(1) 사용장비에 의한 원인

① 점보 드릴의 경우, 드릴의 작업방향과 터널단면과 이루는 최소각 4°일 때
   ○ 천공장 3.7m에서 26cm의 여굴이 발생,
   ○ 천공장 4.2m에서 29cm의 여굴이 발생,
   ○ 천공장 4.7m에서 33cm의 여굴이 발생되는 것으로 조사되었다.

② 레그 드릴의 경우, 착암기의 크기에 따라 천공장이 1.0~2.8m를 이루고 있을 때 10~30cm의 여굴이 발생되는 것으로 조사되었다.

(2) 천공위치 및 천공기능에 의한 원인

① 천공위치에 따른 작업의 난이도에 의해 여굴 발생량이 변화한다. 예를 들어, 측벽의 작업보다는 천정부의 작업이 어렵기 때문에 여굴량이 증가된다.

② 작업원의 천공기능 숙련도에 따라 여굴 발생량이 크게 변화한다. 굴착할 때 굴진면은 많은 요철로 불규칙하므로 주변공 위치가 경사면을 이루어 난해할 때 작업원의 숙련도에 따라 여굴량이 크게 좌우된다.

(3) 천공 로드의 휨에 의한 원인

① 長孔을 천공할 때 연약한 구조대 쪽으로 드릴 로드가 휘어지는 현상이 발생되는데, 이로 인하여 여굴이 불규칙하게 발생된다.

(4) 사용 발파공법에 의한 원인

① 현재 터널굴착에는 더 많은 굴착면을 확보하기 위하여 Smooth Blasting 공법이 널리 채택되고 있다. Smooth Blasting으로 발파하지 않고 일반 폭약(다이나마이

트 등)으로 발파하는 경우에 주위지반을 크게 손상시켜 버력이 다량 발생되고 그에 따라 여굴량이 크게 증가된다.

(5) 지질구조적인 원인

① 터널굴착할 때 수시로 변화되는 지반조건 및 지질조건에 따라 연약지반 부위 및 절리의 상호 교차지점에서 나타나는 미끄러짐 현상으로 여굴이 발생된다.

3. 여굴의 규정 및 허용기준

(1) 건설공사 표준품셈(209)에 의해 터널굴착에 따른 여굴량 표준은 아래 표와 같다.

터널 굴착에 따른 여굴량 표준

구분	아치부			
	일반	천정부 보강지반	측벽	바닥 및 인버트
여굴두께(cm)	15~20	H+ 15~20	10~15	10~15

주 1) H는 H형강 또는 격자지보의 높이를 표시한다.
   2) '천정부 보강지반' 구간은 1발파 굴진이 0.8m 미만의 경우에 적용한다.
   3) '바닥 및 인버트' 구간에 여굴을 계상하는 경우에는 바닥 및 인버트의 버력을 제거하여 콘크리트 등으로 채우는 경우에 한하며, 암질에 따라 달리 적용할 수 있다.
   4) 여굴채움 콘크리트는 지보공 설치구간에서는 여굴두께의 70%까지, 무지보공 구간에서는 10%까지로 한다.

(2) 터널굴착공사 설계할 때 표준품셈에 명시된 수치를 적용하고 있으나, 실제 시공할 때는 전술한 여굴의 발생원인이 복합적으로 작용되어 상당한 차이를 보이고 있다.

4. 여굴 발생의 방지대책

(1) 도로터널공사에서 여굴의 발생은 버력 반출량, 숏크리트 시공량 및 콘크리트 라이닝 시공량 증가의 원인이 되어 그만큼 공사비 증가를 초래한다.

(2) 실제 터널 굴착할 때 지보 측면에서도 가능하면 여굴의 발생량을 감소시키는 것이 유리하므로, 굴착 발파 중에는 아래 사항이 고려되어야 한다.

① Smooth Blasting 공법의 채택
② 매 공종별 발파 後, 가능하면 조속히 초기 보강(숏크리트 타설) 실시
③ 적정한 규격과 용도를 고려하여 건설장비 선정
④ 숙련된 작업원 투입 및 기능교육 실시
⑤ 정밀폭약 사용 및 적정량의 폭약 사용
⑥ 예상되는 연약지반에는 先進그라우팅 실시[151]

---

151) 국토교통부, '도로설계편람', 제6편 터널, pp.615-30~31, 2012.

10.16 진행성 여굴

터널 굴착 시 진행성 여굴의 원인과 방지 및 처리대책 [0, 1]

1. 진행성 여굴의 발생원인

(1) 터널공사에서 발파할 때 진행성 여굴이 발생되는 주요 발생원인은 아래와 같다.

① 시추조사 후에 보링공의 불충분한 채움

② 파쇄대, 불연속면 , 자연공동 등의 존재

③ 지하수의 집중 유입, 불충분한 지하수 처리

④ 시공 기술의 미숙으로 지하수위 이하의 충적토층까지 기계굴착

⑤ 암 피복이 얇은 지역 발파 중에 암층에 손상을 입히는 경우

⑥ 너무 긴 굴진장, 과다한 화약 사용

⑦ 훠폴링 미 시공, 지보설치 지연 또는 부적합한 지보 설치

(2) 이외에도 시간 경과에 따라 자연히 발생되는 팽창성(swelling)과 압착성(squeezing)
에 의한 암석의 장기거동 때문에 진행성 여굴이 발생되기도 한다.

① 팽창성 암 : 단순히 암석이 팽창됨에 따라 체적이 증가되어 터널 지보재를 밀어내
는 거동을 하는 암석

② 압착성 암 : 암석이 시간 의존적인 전단거동을 함에 따라 터널 지보재에 작용되는
하중을 증가시키는 암석

(3) 이러한 현상은 상대적으로 천층에 존재하는 천매암, 이암, 미사암, 암염 등과 같은
연약한 암석에서 발생되는 경향이 있다. 화성암과 변성암도 풍화되었거나 암석이
전단응력을 받고 있는 경우에는 압착현상이 일어날 수 있다.

2. 진행성 여굴의 예측 및 대응

(1) 대부분의 경우에 진행성 여굴의 위험은 前막장 상태로부터 징후를 예측할 수 있기
때문에 작업 중에 아래와 같은 대응이 필요하다.

① 막장에서 터널작업을 수행하는 근로자들의 경계심

② 숙련된 작업자를 배치하여 여굴 징후의 정확한 예측과 신속한 판단

③ 터널 작업 중 발생되는 모든 노출면과 막장의 신속한 폐합

④ 즉시 타설 가능한 충분한 양의 건식 배합재 확보

⑤ 숏크리트 타설장비를 막장으로부터 거리 30m 이내에 항상 대기

⑥ 응급자재(철망, 철근, 결속선, 나무쐐기, 각목, 짚, 대패 나무밥), 천조각, 강관, 호
스 등을 즉시 사용 가능하도록 막장 근처에 대기

⑦ 터널 작업 중 절절한 배수대책 적용할 수 있도록 여분의 대기용 펌프 대기

⑧ 숏크리트에 과도한 수압작용을 막기 위하여 수발공을 설치하고 배수 유도

⑨ 터널 작업은 지보상태가 불충분하므로 중단 없이 연속적인 작업 수행

(2) 진행성 여굴 발생이 예상될 때 굴진장을 0.8m 범위로 줄이는 것도 필요하다.

① 진행성 여굴 방지를 위한 가장 중요한 요소는 시간이다. 진행성 여굴 발생 초기에 즉각 조치가 취해져야 한다.

② 굴진면 지반의 모든 노출면의 신속한 폐합이 절대적으로 필요한 이유이다. 터널 굴착 중에 그라우팅만 잘 하면 진행성 여굴은 거의 방지할 수 있다.

4. 진행성 여굴의 차단방법

(1) 건조된 非점착성 토사

① 터널 굴착 중 휘폴링 사이로 소규모의 건조된 非점착성 토사가 흘러내리는 경우, 토사가 본격적으로 흘러내리기 전에 그 틈새를 즉시(늦어도 숏크리트 타설 전) 짚, 대패밥, 천조각 등으로 틀어막아 더 이상 흘러내리지 못하게 중단시킨다.

② 여굴 발생지역에 일반적인 숏크리트 타설은 부착력이 없기 때문에 효과가 없다. 조기에 숏크리트가 경화되도록 급결제 투입량을 증가시킨다.

③ 여굴 발생면적이 다소 크고 깊으나 진행정도가 빠르지 않는 경우에는 숏크리트와 철망으로 진행성 여굴을 차단할 수도 있다. 이때 숏크리트 타설로 자연지반이 교란되지 않도록 동일지점을 장시간 집중적으로 타설하는 것은 피해야 한다.

(2) 지하수 유입에 따른 진행성 여굴

① 지하수 유입에 따라 발생된 진행성 여굴의 차단은 어렵기 때문에 1~2막장 후방에 방사선 형태로 배수용 수발공을 설치하고 배수시설을 갖추도록 한다.

② 지하수 유입에 따라 지반이 집중적으로 유실되는 경우, 가능하면 유공관을 깊게 삽입하고 천공 홀에 칼라(collar)를 설치하여 지반의 추가유실을 확인하며, 배수용 펌프시설은 시공 중에 유입되는 지하수를 감당할 수 있어야 한다.

③ 지하수 유입이 어느 정도 억제되면 이미 발생된 여굴을 철망과 숏크리트로 채우고, 숏크리트에 작용되는 수압은 수발공을 설치하여 처리한다.

(3) 진행성 여굴 차단 후 여굴지역 복구방법

① 지하수 유입이 완전히 차단되면 이미 발생된 여굴지역을 시멘트 모르타르 또는 철망과 숏크리트로 채운다.

② 추가 설치되는 층의 철망은 결속선으로 前층 철망에 고정시킨다. 콘크리트 모르타르로 공극을 채울 때 주입용과 배기용 2개 호스를 설치하여 완전 채운다.[152]

---

152) 국토교통부, '도로설계편람', 제6편 터널, pp.609-47~48, 2012.

10.17 버력(muck)

1. 용어 정의

(1) 버력(muck)은 일반적으로 터널굴착공사에서 발생되는 굴착토를 말하지만, 터널공사 이외에도 암석 등을 파쇄하여 굴착한 굴착토 역시 버력이라 한다.

(2) 터널굴착공사는 크게 천공발파, 버력처리, 보강의 3공정이 반복 진행되면서 이루어 진다. 버력의 크기는 버력처리 능력을 결정하는데 영향을 미치며 굴착경비 결정에 중요하며, 또한 버력 이용을 위해서도 그 크기를 파악하는 것이 필요하다.

(3) 중소터널에서 버력반출은 공사기간의 1/4~1/3을 차지한다. 버력 반출기계의 합리 적인 조합에 따라 공기단축도 가능하며 1일 굴착진행 속도를 좌우한다.

(4) 터널 공사기간 중 착공-발파-지보재 소요시간은 단면크기, 지질조건 등에 의해 결 정되므로 단축 곤란하다. 버력 반출시간은 기계조합에 따라 단축 가능하다.

2. 버력 크기를 결정하는 요소

(1) **지반조건 및 지질여건** : 퇴적층은 잘게 부스러지고, 화강암의 신선한 암반은 큰 덩 어리 암석이 채취된다. 동일한 화강암도 절리 없는 균질 암반은 대괴(大塊)가 나타 나며, 절리 많은 암반은 절리 간격에 따라 잘게 부스러진다.

(2) **발파공법** : 동일한 지질여건 하에서도 버력 크기는 V-cut보다 cylinder cut이 다소 작다. Pilot 굴착보다 Bench 굴착할 때 버력이 더 크게 발생되는 경향이 있다.

(3) **천공數·천공長** : 천공數가 많으면 공간격이 감소되어 버력 크기는 감소한다. 천공長 이 길어지면 천공직경이 커지고 공간격도 증가되어 버력 크기가 커진다.

(4) **장약량** : 장약량이 증가하면 버력 크기는 적어진다. 장약량의 결정은 발파공법 및 천공數와 함께 버력 크기를 조절하는데 중요한 요소이다. 過장약하면 버력은 잘게 부스러지고, 弱장약하면 발파가 정상적으로 되지 않고 공발현상과 함께 암반에 균 열이 형성된다.

3. 버력 크기의 조절방법

(1) 일반적인 터널 굴착공사에서 천공數, 장약량 증감, 제어발파 적용 등으로 버력 크기 를 조절할 필요가 있다.

(2) 버력을 골재로 사용할 때는 大塊가 발생되지 않도록 조절해야 파쇄비용을 절감할 수 있다. 석재 또는 호안공사에 활용할 때는 굴착경비를 종합적으로 검토하여 경제 적인 범위 내에서 버력 크기를 결정해야 한다.

터널 발파공사에서 버력 크기를 조절하는 방법

버력 크기를 감소시키려면	버력 크기를 증가시키려면
◦ 非천공량을 증가시킨다. ◦ 非장약량을 증가시킨다. ◦ 가능하면 천공직경을 적게 한다. ◦ 폭력이 큰 젤라틴 다이나마이트를 사용한다.	◦ 가능하면 非장약량을 감소시킨다. ◦ 가능하면 非천공량을 감소시킨다. ◦ 瞬發 전기뇌관을 이용하여 1개의 발파열을 기준으로 동시에 점화·발파시킨다.

4. 버력 반출

(1) 버력 반출량

① 버력반출량은 지반의 종류에 따른 체적변화율 및 여굴량을 고려하여 아래와 같이 산정하며, 이때의 체적변화율은 아래 표를 적용한다.

버력반출량=(굴착량+여굴량율)×체적변화율

지반의 종류에 따른 체적변화율

건설공사 표준품셈(국토교통부, 2009)

분 류	체적변화율	
	L (흐트러진상태 토량/자연상태 토량)	C (다져진상태 토량/자연상태 토량)
경 암	1.72~2.00	1.30~1.50
보통암	1.55~1.70	1.20~1.40
연 암	1.30~1.50	1.00~1.30
토 사	1.30~1.35	1.00~1.15

주) L은 갱내 버력처리 및 운반량 산정에 적용하고, C는 사토장 부지 계획할 때 사용한다.

(2) 버력 적재기계

① 지반의 강도, 단면크기, 천공, 발파상태 등 현장조건에 따라 다르다. 일반적으로 로더 3.5m³를 사용하며, 최근 대용량 로더 적용이 점차 증가되는 추세이다.

(3) 버력 운반

① 버력운반은 레일식, 컨베이어벨트식, 덤프식 등이 있다.

   ◦ 레일식과 컨베이어벨트식 : 초기투자비 과다, 특수한 소단면 장대터널에 적용

   ◦ 덤프식 : 추가설비 불필요, 덤프는 버력운반 외에 다양한 용도에 적용 가능

② 도로터널은 단면규모 및 종단경사 조건을 고려하면 덤프방식이 가장 적절하다. 단, 장대터널 경사갱에는 종단경사를 고려하여 운반기계를 결정해야 한다.[153]

---

153) 국토교통부, '도로설계편람', 제6편 터널, pp.615-31~34, 2012.

10.18 지불선(Pay line)

1. 용어 정의

(1) 지불선(支佛線, pay line)은 터널공사에서 라이닝 콘크리트의 설계두께를 확보하기 위해 불가피하게 발파하는 한계선으로 굴착과 복공에 대한 공사대금이 지급된다.

(2) 지불선은 공사대금과 직결되므로 실제 시공수량에 가깝게 결정하되, 여러 시공사례를 참조하고 당해 현장조사 자료를 최대한 활용하여 최종적으로 결정한다.

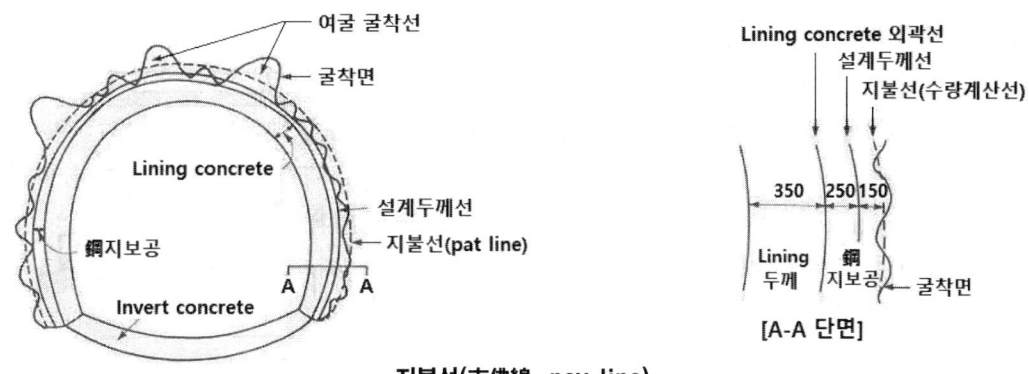

지불선(支佛線, pay line)

2. 지불선 필요성 (설계서에 표시 목적)

(1) 터널 시공 중에 불필요한 굴착(여굴)을 최소화하기 위하여

(2) Lining concrete의 물량산출 근거를 명확히 표시하기 위하여

(3) 도급자와 시공자 간의 지불한계 결정으로 Claim 방지하기 위하여154)

암굴착 여굴량의 표준 (국토교통부 표준품셈)

구분	아치부	측벽부	비고
여굴두께(cm)	15~20	10~15	

지불선(支佛線)과 여굴(餘掘)의 관계

구분	지불선(支佛線)	여굴(餘掘)
공사대금	◦ 지급해야 한다.	◦ 지급하지 않는다.
소요공기	◦ 공기를 고려하여 결정한다.	◦ 시공 중 공기지연의 원인이 된다.
시공성	◦ 설계에 따른 시공으로 발생된다.	◦ 過장약 발파로 발생될 수 있다.
안전성	◦ 안전성을 확보하는 기준이다.	◦ 안전사고 발생의 원인이 된다.
경제성	◦ 경제성과 무관하다.	◦ 경제성이 저하된다.

154) 박효성 외, 'Final 토목시공기술사 핵심문제', 예문사, p.772, 2008.

10.19 터널 Spring Line

Spring Line [1, 0]

1. 용어 정의

(1) Spring line이란 터널 상반 arch의 시작선 또는 터널 단면 중에서 최대폭을 형성하는 점을 횡방향으로 연결한 선을 말한다.

(2) Spring line은 터널의 내공단면을 작성할 때 원의 중심이 존재하는 선이며, 터널의 상·하반부를 분할굴착할 때 기준이 되는 수평선이다.

2. Springing 발생과정

(1) 터널굴착 중 굴착단면 주변에서 응력균형이 깨지면서 내공변형이 발생되면, 지반의 지보능력에 의해 굴착단면 주변지반에 arching 현상이 발생된다.

(2) Arching 현상이란 터널굴착 중 상부하중이 터널의 측벽으로 이동하는 응력전이 (stress transfer) 현상을 말하며, 이완영역을 형성한다.

(3) 굴착단면 주변에서 arching 현상이 발생되면 측벽에 대해 직각방향으로 압축응력이 크게 증가하는 springing을 유발한다.

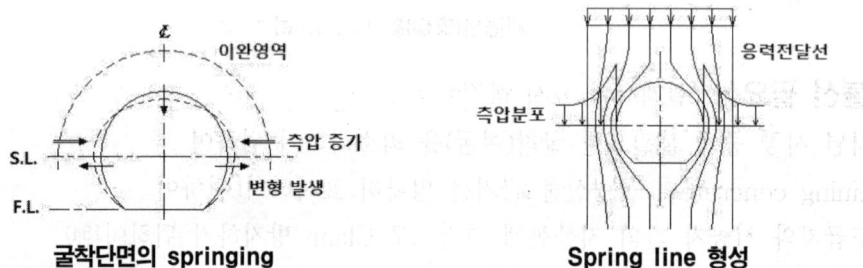

굴착단면의 springing   Spring line 형성

3. 내공변위 측정과 Spring line

(1) 동일 단면에서는 천단부의 중심선 기준으로 수평방향의 spring line을 측정한다.

(2) 편압 예상구간, 갱구 부근 등에서는 필요에 따라 spring line을 조정할 수 있다.

(3) 천단부와 하단부의 침하량을 비교하여 spring line을 측선별로 측정한다.

(4) 내공침하량과 지표침하량을 비교하여 spring line을 측선별로 측정한다.[155]

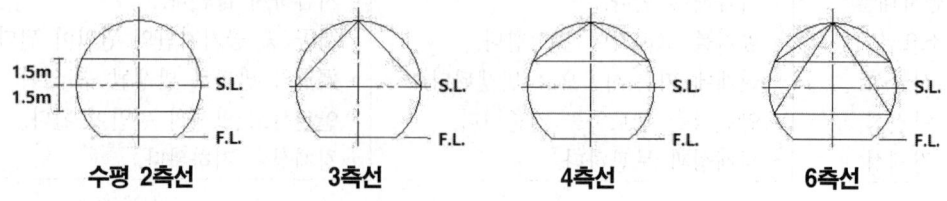

수평 2측선   3측선   4측선   6측선

---

155) 박효성 외, 'Final 토목시공기술사 핵심문제', 예문사, p.749, 2008.

10.20 폭파에 의하지 않는 암반 파쇄

암석 굴착에서 팽창성 파쇄공법, 미진동 발파공법 [2, 0]

Ⅰ. 개요

1. 도심지 지하굴착이나 주변환경 문제로 인하여 소음·진동을 최소화해야 하는 경우에 암반을 발파에 의하지 않고 파쇄할 수 있는 아래와 같은 방법을 고려해야 한다.

   (1) 기계에 의한 암반 파쇄 : 건설장비 중에서 Ripper나 Breaker dozer를 투입하여 암반을 압입·파쇄하여 굴착할 수 있다.

   (2) 팽창성 파쇄제에 의한 암반 파쇄 : 팽창성 파쇄제(calmmite, s-mite, brister 등)의 수화작용에 의해 발생되는 팽창압에 의해 암반을 무진동 파쇄할 수 있다.

   (3) 수력 jet에 의한 암반 파쇄 : 노즐에서 분사되는 jet를 이용하여 암반에 균열을 일으키고, 그 균열부분에 고압수를 압입하여 암반을 파쇄할 수 있다.

   (4) 열에 의한 암반 파쇄 : Jet piercing으로 암반을 가열하였을 때 암반 중에 발생되는 열응력이나 화학적 변화를 이용하여 암반을 파쇄할 수 있다.

2. 이 중에서 발파에 의하지 않고 암반을 파쇄할 때, 팽창성 파쇄제(calmmite)에 의한 암반 무진동 파쇄방법이 주로 쓰인다.

Ⅱ. 암반 무진동 파쇄공법

1. 용어 정의

   (1) 무진동 파쇄공법이란 특수 규산염을 주성분으로 하여 물과의 반응에 의해 발생되는 팽창압으로 암석, 콘크리트구조물 등의 취성물체를 파쇄하는 공법이다.

   (2) 무진동 파쇄공법은 암석굴착, 구조물해체공사에서 소음, 진동, 분진 등의 건설 공해가 거의 발생하지 않아 도심지에서 많이 이용된다.

2. 무진동 파쇄공법의 특징

   (1) 소음이 적고 진동, 비석, 분진, 가스 발생이 없는 무공해성이다.

   (2) 발파와 같은 인·허가 등의 법적 규제가 없고, 보관·취급도 간편하다.

   (3) 다른 작업과 병용이 가능하다.

   (4) 주거밀집지역 등 중장비, 화약 사용이 불가능한 경우에 적합하다.

3. 무진동 파쇄공법의 용도

   (1) 송전선 철탑기초의 파쇄

   (2) 교량, 옹벽 등 토목구조물의 철거, 원자력 관련구조물의 파쇄

(3) 터널 굴착 중 암반굴착, 전석절취

4. 무진동 파쇄제 종류 (제품 명칭)

(1) Calmmite : -Capsule형, Bulk형

(2) Blister : 발포고(發疱膏)

(3) S-Mite : Super-Mite

(4) Split

5. 무진동 파쇄공법의 시공순서

(1) 천공 : 천공간격은 현장시험을 통해 파쇄효과, 경제성을 고려하여 결정한다.

(2) 혼합 : 팽창성 파쇄제에 물 25~30%(1포 10kg에 물 2.5~3.0 *l*)를 혼합용기에 넣고, 파쇄제를 서서히 투입하여 hand mix(교반기)로 혼합한다.

(3) 충진 : 혼합 후 구멍에 팽창성 파쇄제 슬러리를 즉시 충진한다.
천공(수직공, 수평공, 상향공)에 모르타르 펌프로 충진한다.
혼합 후 5분 이내 충진완료하고, 충진 후 10시간 동안 출입금지한다.

(4) 양생 : 양생포(방폭 시트, 부직포 등)을 사용하여 충진된 파쇄제를 보호한다.

(5) 안전 : 파쇄제는 무기질로 독성은 거의 없지만 강알칼리성으로 취급자는 눈에 들어가지 않도록 유의한다.
충진 중 파쇄제 슬러리가 분출되지 않도록 유의한다.
파쇄제의 초과 사용, 대량 혼합, 온수 사용 등을 제한한다.[156]

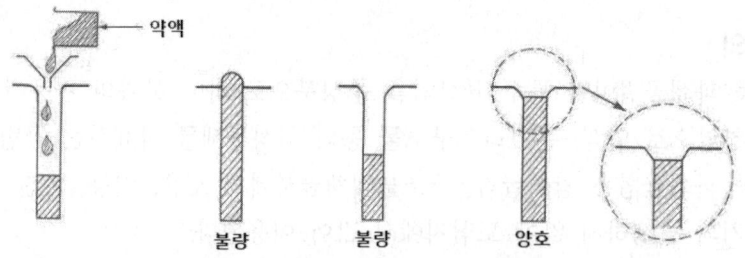

팽창성 파쇄제의 혼합용기 투입 요령

Ⅲ. 팽창성 파쇄제(Calmmite)

1. 용어 정의

(1) Calmmite란 암반을 천공하여 구멍 속에 화약 대신 팽창하는 약액을 넣어 암반을 파쇄하는 방법으로, 황산안티몬계 팽창약액이다.

156) 박효성 외, 'Final 토목시공기술사 핵심문제', 예문사, p.777, 2008.

(2) Calmmite는 암석에 膨脹性 파쇄濟를 주입하면 그 반응으로 암반이 팽창하여 파쇄되는 원리이다.

(3) Calmmite의 주요성분은 石灰質 無機化合物로서, 水化반응과 팽창촉진을 위하여 특수한 無機化合物을 첨가한다.

(4) Calmmite의 팽창압력은 자연상태에서 3배 정도이나, 지반과 같이 구속된 상태에서는 24시간에 3,000t/m^2 정도로서 모든 콘크리트와 암석을 파쇄할 수 있다.

2. Calmmite 팽창반응 원리

(1) $CaO + Al_2O_3 + SiO_2 + H_2O$ → 규산염(Silica gel) 생성

석회(CaO, 산화칼슘)와 알루미나(Al_2O_3)의 발열반응으로 팽창한다.

(2) 팽창압과 균열폭은 반응시간이 경과할수록 증가한다.

물/결합재比 30%, 천공직경 40mm : 24시간 후 30MPa, 48시간 후 40MPa 이상, Calmmite 충진 후 10시간이 경과하면 균열발생이 시작되어, 시간경과에 따라 균열폭이 점차 확대된다.

(3) 팽창압은 물/결합재比에 따라 달라진다.

- 시공 전에 capsule을 물에 적시는데 물/결합재比를 이론수량에 맞춘다.
- Capsule형이 bulk형보다 동일 장약량으로 팽창력이 10~15% 높다.

(4) 팽창압은 천공직경이 클수록 증가한다.

물/결합재비 30%, 천공직경 30mm : 24시간 후 20MPa 이상
물/결합재비 30%, 천공직경 40mm : 24시간 후 30MPa 이상

그러나, 천공직경 40mm 이상으로 너무 커지면 분출현상이 발생되므로 유의한다.

Calmmite의 온도와 수량

종 류		파쇄암석의 온도	담그는 물의 온도	혼합수량
Capsule	하절기	15~35℃	25℃ 이하	-
	동절기	0~20℃	15℃ 이하	-
Bulk	하절기	15~35℃	-	30~35%
	동절기	0~20℃	-	30~35%

3. Calmmite 특징

(1) 장점 ∘ 폭약이나 대형 해체기계의 사용이 곤란한 경우에 적합하다.

∘ 주거밀집지역, 도로 및 철도 부근, 원자력발전소 인근지역 등에 적합하다.

∘ 발파와 같은 법적 규제나 별도의 인·허가 절차를 받지 않는다.

∘ 소음·진동·가스 공해가 없고, 암석 비산도 없다.

∘ 시간이 경과함에 따라 파쇄폭이 증가된다.

　　　　　◦ 대피, 격리제한이 없으므로 다른 작업과 병행할 수 있다.

　　　　　◦ 水中에서도 암반을 파쇄할 수 있다.

　(2) 단점 ◦ 수화반응을 위한 대기시간이 필요하다.

　　　　　◦ 파쇄규모에 제한을 받는다.

　　　　　◦ 파쇄규모가 클 경우에 천공작업이 과다하다.

　　　　　◦ 균질한 경암에는 파쇄효율이 저하된다.

4. Calmmite 용도

　(1) 암반사면의 굴착공사

　(2) 근접시공 및 도심지의 굴착공사 : 무소음·무진동, 분진저감

　(3) 구조물의 해체공사

　(4) 소음·진동, 먼지비산 등 환경공해의 제어가 요구되는 현장

5. Calmmite 시공관리

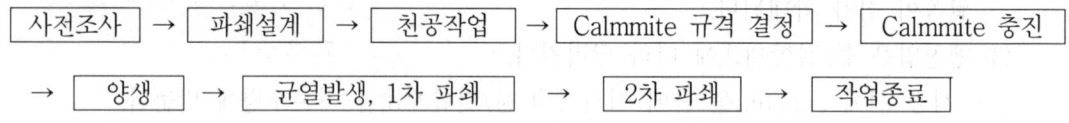

Calmmite에 의한 암반파쇄 시공 흐름도

　(1) 파쇄제의 보관, 혼합

　　① 보온에서 저장하고, 직사광선 노출을 금지한다.

　　② 물/결합재比는 30% 정도, 온수사용을 금지하고, 과다혼합을 금지한다.

　(2) 충전공의 천공

　　① 천공깊이는 계획 파쇄깊이보다 10% 정도 깊게 천공한다.

　　② 천공방향은 암반사면의 자연경사와 평행방향으로 천공한다. Pre-splitting 공법을 적용할 때는 수직천공도 가능하다.

　(3) 파쇄제의 충전, 양생

　　① 혼합 후 5분 이내에 신속히 충전공에 주입을 완료한다.

　　② 작업 중 보호장구를 착용하여, 파쇄제의 피부접촉을 방지한다.

　　③ 천공직경 50mm 이상에서는 파쇄제 주입할 때 분출현상에 유의한다.

　　④ 충전공에 빗물 유입을 방지하기 위하여 비닐, 양생포 등으로 보호한다.

　　⑤ 충전완료 후 10시간 이내에는 현장출입을 통제한다.[157]

---

157) 박효성 외, 'Final 토목시공기술사 핵심문제', 예문사, pp.778~779, 2008.

10.21 발파 공해의 발생원인 및 저감대책

암 발파현장에서 진동·소음, 암석비산과 같은 발파공해의 발생원인과 진동저감대책 [2, 6]

I. 발파 공해의 원인

1. 발파 진동에 영향을 주는 요인

⑴ 화약의 종류 : 다이나마이트, 함수폭약, 고성능폭약, 정밀폭약 등

⑵ 화약의 특성 : 폭속, 밀도

⑶ 장약량

⑷ 기폭방법

⑸ 전색상태, 천공경, 장약밀도

⑹ 자유면의 수

⑺ 지반조건 : 지반의 밀도, 불연속면의 빈도

⑻ 폭원거리 등

2. 발파 진동치를 추정하는 방법

⑴ 진동은 장약량이 많을수록, 폭원에서 거리가 가까울수록 커지며, 진동을 추정하는 표준식의 형태는 다음과 같다.

$$V = K(D/W^b)^n$$

여기서, V : 입자속도(cm/sec)

$\quad\quad\quad K$: 발파진동 상수

$\quad\quad\quad D$: 폭원에서의 거리(m)

$\quad\quad\quad W$: 지발당 장약량(kg)

$\quad\quad\quad b$: 장약지수(1/2 또는 1/3)

$\quad\quad\quad n$: 감쇄지수

⑵ 국토해양부(2006)의 『도로공사 노천발파 설계·시공 요령』에서는 설계발파진동 추정식을 다음과 같이 제시하고 있다. 이 식은 노천발파를 대상으로 구해진 식이지만, 터널설계 과정에 별도의 시험발파가 수행되지 않거나 현장 시공자료가 없는 경우에는 진동예측식으로 활용할 수 있다.

$$V = K(D/W^{-1/2})^{-1.6}$$

⑶ 발파진동 추정식이 국내·외를 막론하고 매우 다양한 이유는은 대부분의 현장에 보편적으로 적용할 수 있는 추정식이 없기 때문이다. 따라서, 설계과정에 유사한 사례 또는 각 발주기관에서 적용되고 있는 진동추정식을 사용할 수 있으나, 시공 과정에 시험발파를 통한 진동추정식을 보정하도록 설계도서에 명기해야 한다.

3. 발파 진동 허용 기준치

(1) 일반적인 기준

① 일반적으로 입자속도가 0.5cm/s 미만은 안정적이며, 5.0~13.5cm/sec 범위에서는 경미한 피해가 예상되고, 그 이상에서는 상당한 구조적 피해가 있다고 알려져 있다.

(2) 진동 허용 규제치

① 진동 허용 규제치란 진동에 의해 구조물에 피해가 발생되지 않도록 규제하는 범위의 진동치를 말한다. 엄밀한 의미의 진동 허용치는 구조물의 크기(층수 등), 설계구조(내진설계 유무), 재질(철근콘크리트, 블록조, 석조, 목조 등)과 건전성(결함 유무, 노후화 정도 등)에 따라 구조물별로 서로 상이하다.

② 인체에 대한 진동 허용치는 개인의 진동에 대한 인내심이나 그 당시의 심리상태 등의 주관적 요소에 따라 영향을 받기 때문에 환경부 제정『진동과 소음에 관한 규정』을 따른다.

(3) 현재 터널설계기준에서는 대상시설물의 구조적 특징에 따라 아래 표와 같은 발파진동 허용치를 설정하여 적용하도록 규정하고 있다.

구조물의 손상기준 발파진동 허용치

(터널표준시방서, 2009)

구분	최대입자속도(cm/sec)
∘ 문화재 등 진동에 예민한 구조물	0.2~0.3
∘ 조적식(벽돌, 석재 등)벽체와 목재로 된 천장을 가진 구조물	1.0
∘ 지하 기초와 콘크리트 슬래브를 갖는 조적식 건물	2.0
∘ 철근콘크리트 골조 및 슬래브를 갖는 중소형 건축물	3.0
∘ 철근콘크리트, 철근골조 및 슬래브를 갖는 대형 건축물	5.0

II. 발파 진동의 저감대책

1. 일반사항

(1) 발파진동은 장약량을 감소시키면 감소되지만, 장약량 감소는 발파효과 저하를 초래하므로 발파진동을 억제하고 파쇄효과도 얻을 수 있는 발파방법이 필요하다.

(2) 시험발파나 발파진동 측정결과로부터 발파진동 피해가 예측되는 경우에는 다음에 열거된 진동 저감방법 중 발파효과 및 경제성 등을 검토하여 최적의 방법을 선택해야 한다. 저감방법은 진동의 발파원에서의 억제방법과 진동전파의 방지로 대별되며 아래와 같이 요약할 수 있다.

2. 발파원에서의 억제

(1) 약종에 의한 저감

① 저폭속 또는 특수폭약을 사용한다. 발파진동은 근본적으로 단위시간당 발파공 내의 압력상승에 의해 좌우되므로 저폭속 폭약을 사용하면 저감이 가능하다. 국내 생산되고 있는 대표적인 폭약의 폭속은 다음과 같다.

- 고성능 다이나마이트 6,700 m/s
- 다이나마이트 5,600 m/s
- 함수폭약 4,500 m/s
- 정밀폭약 FINEX Ⅰ호 4,000 m/s
- Newmite 5,200 m/s
- ANFO 2,800~3,000 m/s

② 근접 발파할 때 폭음과 발파진동을 억제하기 위하여 개발된 특수화약 중 대표적인 것이 미진동 파쇄기와 팽창제(Calm-Mite, S-Mite 등)이다.

- 미진동 파쇄기는 폭속 60m/sec, 반응열 1,300~1,500Kcal/kg 정도로 일반화약과 같이 폭력에 의한 파괴가 아니다.
- 팽창성 파쇄재는 모재가 물과 혼합될 때의 수화작용에서 생기는 고열과 팽창압이 발파공벽에 작용되어 공벽에 균열이 생기게 하는 원리를 이용한 것이다.

(2) 장약량의 제한에 의한 방법

① 진동치 추정공식 $V = K(D/W^b)^n$에서 보듯 진동치는 장약량에 비례하기 때문에 시차를 두어 발파함으로써 1회 발파되는 장약량(지발당 장약량)을 제한하는 방법이다. 이 방법에는 다음의 3가지가 주로 사용된다.

- DSD(Decisecond Detonator) 뇌관에 의한 분할 점화 : 발파진동의 지속시간은 극히 짧으므로 뇌관의 점화시간차를 이용하여 단발 발파를 실시함으로써 각단의 진동이 연속되지 않게 독립된 진동으로 허용 한계치 내로 제한한다.
- MSD(Milisecond Detonator) 뇌관에 의한 간섭효과 이용 : DSD는 진동이 연속되지 않도록 점화시차를 조정하였으나, MSD는 반대로 극히 짧은 시간차를 중복시켜 진동파의 상호간섭에 의해 진동치를 감소시키는 방법이다. 진동파의 간섭을 이용하는 방법이므로, 오히려 진동치가 증가될 가능성도 있으나 발파진동의 파형이 불규칙하므로 큰 문제없이 진동 저감이 가능하다.
- 비전기식 뇌관(NONEL)에 의한 무한단수 분할 점화 : 일반뇌관(DSD, MSD)은 사용 단수가 한정되기 때문에 진동치 규제를 위해서는 부득이하게 시공이 번거롭고 공사비도 비싼 분할굴착을 계획해야 한다. 이를 피하기 위해 무한단

수가 가능한 비전기식 뇌관을 사용하면 1회 폭발되는 화약량을 최소화하면서 분할발파 없이 발파할 수 있어, 최근 도심지 발파에서 많이 사용되고 있다. 또한, 굴진장을 감소시켜 공당 장약량 자체를 감소시킬 수도 있다.

3. 전파진동의 방지

(1) 전파진동의 방지는 폭원과 보호대상시설물 간에 인위적으로 전파진동 차단시설을 형성하여 시설물에 진동이 직접 전파되는 것을 방지하는 방법이다.

(2) 굴착 예정선을 따라 일정간격으로 다수의 빈공을 천공하여 인위적으로 단면을 절단함으로써 진동이 폭원으로부터 직접 전파되는 것을 억제하는 라인 드릴링(line drilling)방법이 있다.

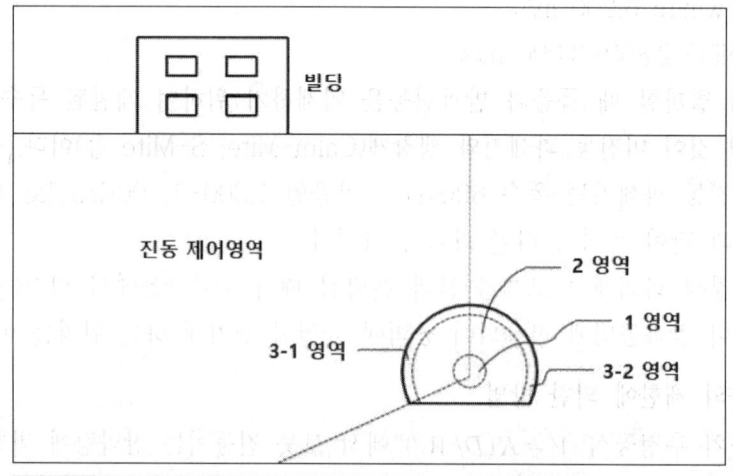

전파진동의 저감사례, 일본

(3) 위 그림의 일본 사례는 전파진동 제어를 위한 저진동 발파방법으로, 심발영역 슈퍼홀(ϕ350~450mm)에 의해 초기 자유면을 증대시키고, 확대영역의 지발당 장약

량을 감소시키기 위해 천공수를 증가시켜 短·長 분산장약하고 빌딩 방향 측벽 선
단영역은 Slot Drilling 또는 Line Drilling에 의한 응력집중 先균열방법을 채택하
여 전파진동을 30~70%까지 제어하였다.

Ⅲ. 발파 풍압의 저감대책

1. 각각의 발파공으로부터 발생되는 풍압이 중첩되어 증폭되는 것을 방지하기 위하여
   연속되는 발파의 시차는 다음 식을 만족해야 한다.

   $T \geq 2(S/V)$

   여기서, T : 지발당 발파의 시차(sec)

   S : 발파공 이격거리(inch)

   V : 온도에 따른 음파속도(m/s)

2. 천공경을 작게 하여 지발당 장약량을 감소시킨다.

3. 온도, 바람 등의 기후조건이 발파풍압에 불리한 경우에는 발파를 연기하거나 회피
   할 수 있도록 일정계획을 변경한다.

4. 기폭방법은 정기폭보다 역기폭을 사용한다.

5. 갱구부에 방음벽, 방음문 등을 설치한다.

6. 발파가스가 새지 않도록 전색을 철저히 한다.

7. 천공 정밀도를 유지하여 저항선이 일정하게 유지되도록 한다.

8. 1회당 발파규모를 가급적 작게 한다.

9. 분할굴착할 때에는 가능하면 자유면이 보안시설 측을 향하지 않도록 한다.

10. 발파저항선이 계획선에서 벗어나지 않도록 과장약 또는 소장약에 유의한다.

11. 발파할 때 장약공 위를 방호매트를 덮어 비석과 폭풍압을 약화시킨다.

12. 대기층 역전이 발생하는 이른 아침, 늦은 오후 또는 야간에는 가능하면 발파하지
    않도록 일정계획을 수립한다.

13. 생활소음이 높은 시간대에 가급적 발파시간대를 맞추는 일정계획을 수립한다.[158]

---

158) 국토교통부, '도로설계편람', 제6편 터널, pp.615-21~29, 2012.

10.22 터널공사 계획 고려사항

장대터널 및 대단면 터널 건설을 위한 시공계획, 시공 고려사항 [0, 8]

Ⅰ. 개요

1. 장대 도로터널공사의 시공계획서에는 천공 및 발파, Shotcrete, Rock bolt, Lining concrete 타설 등으로 이어지는 굴착공사와, 그에 수반되는 공정관리, 품질·안전· 환경관리 등이 모두 포함되어야 한다.

2. 실제 사례로서 oo고속도로 oo~oo 8차선 확장구간에 포함된 NATM 터널 시공계획 에 관하여 '터널 시공 흐름도'부터 주요 사항을 기술하면 아래와 같다.

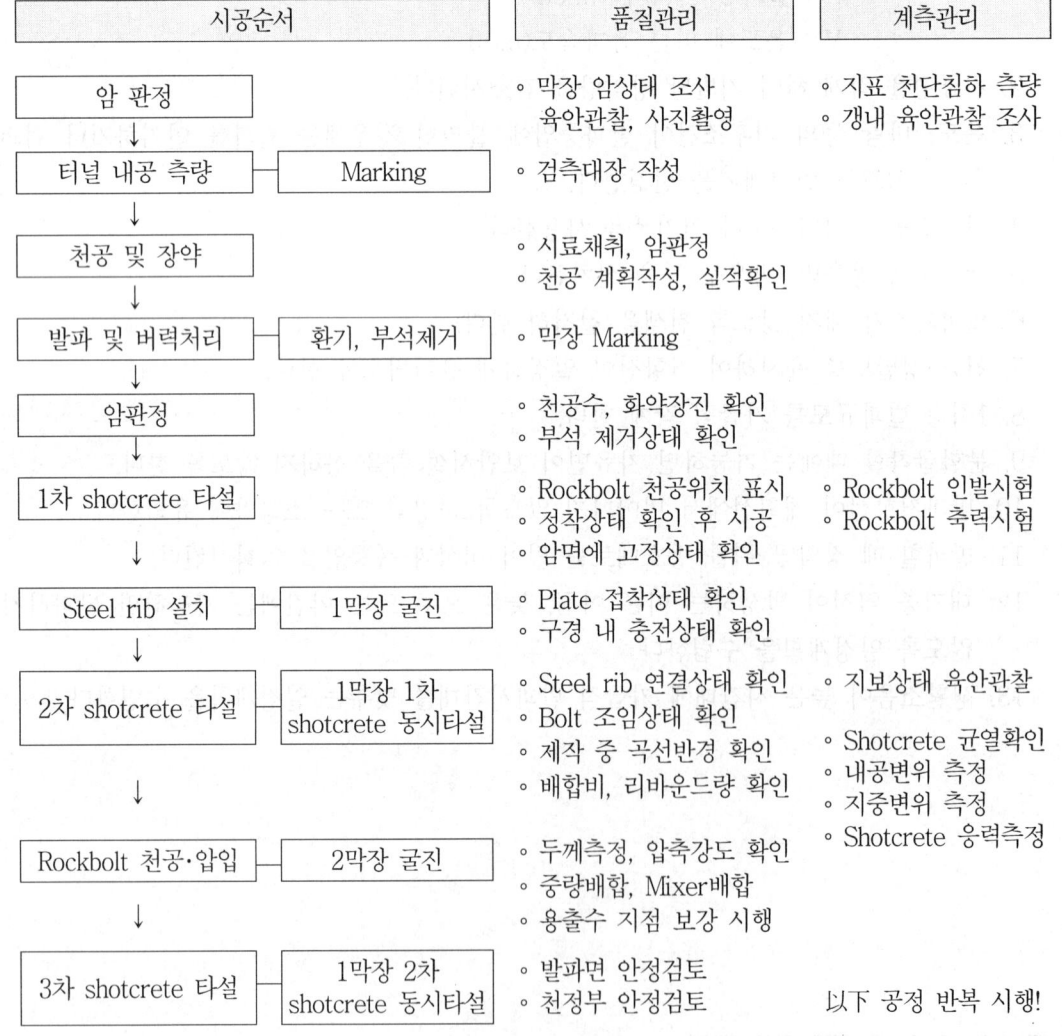

시공순서		품질관리	계측관리
암 판정		∘ 막장 암상태 조사 육안관찰, 사진촬영	∘ 지표 천단침하 측량 ∘ 갱내 육안관찰 조사
터널 내공 측량	Marking	∘ 검측대장 작성	
천공 및 장약		∘ 시료채취, 암판정 ∘ 천공 계획작성, 실적확인	
발파 및 버력처리	환기, 부석제거	∘ 막장 Marking	
암판정		∘ 천공수, 화약장진 확인 ∘ 부석 제거상태 확인	
1차 shotcrete 타설		∘ Rockbolt 천공위치 표시 ∘ 정착상태 확인 후 시공 ∘ 암면에 고정상태 확인	∘ Rockbolt 인발시험 ∘ Rockbolt 축력시험
Steel rib 설치	1막장 굴진	∘ Plate 접착상태 확인 ∘ 구경 내 충전상태 확인	
2차 shotcrete 타설	1막장 1차 shotcrete 동시타설	∘ Steel rib 연결상태 확인 ∘ Bolt 조임상태 확인 ∘ 제작 중 곡선반경 확인 ∘ 배합비, 리바운드량 확인	∘ 지보상태 육안관찰 ∘ Shotcrete 균열확인 ∘ 내공변위 측정 ∘ 지중변위 측정 ∘ Shotcrete 응력측정
Rockbolt 천공·압입	2막장 굴진	∘ 두께측정, 압축강도 확인 ∘ 중량배합, Mixer배합 ∘ 용출수 지점 보강 시행	
3차 shotcrete 타설	1막장 2차 shotcrete 동시타설	∘ 발파면 안정검토 ∘ 천정부 안정검토	以下 공정 반복 시행!

터널 시공 흐름도

Ⅱ. 굴착공사

1. 천공 및 발파작업

(1) 장비·인원 투입

구분	천공작업	발파작업
투입장비	Jumbo Drill (1대) - Boom 3개	Boom 2개 Charging (1대)
투입인원	J/D 기사 1명, 신호수 1명/교대	장약공 6개/교대, 화약주임 1명

(2) 천공 및 발파

천공깊이와 사용화약은 설계수량에 의해 시험발파 후에 진동, 소음, 여굴 등의 암질상태를 확인하고 감독관 승인받아 변경하면서 반복 시행

(3) 버력 처리

구분	상차작업	운반작업
투입장비	Pay Loader (1대)	Dump Truck 15t (4대)
투입인원	운전원 1명/교대	운전원 4명/교대

2. 갱내 보강작업

(1) Shotcrete

① 타설방법 : 조골재(15mm 이하), 세골재 및 강섬유 보강재를 배합한 後 압축공기를 이용하여 급결재와 물을 동시에 뿜어 붙이는 습식타설 방법

② 요구조건 : 붙임성, 조기강도(4~8hr), 장기강도(28일), 내구성, 경제성

③ 분사압력 : 2~5kg/cm^2, 수압은 공기압보다 1kg/cm^3 정도 높게 유지

④ 마감·양생 : Tunnel 지보공으로 시공하였으므로 별도 양생제 첨가 불필요, Shotcrete 타설 마감되면 탈락된 것을 제거하여 폐기하고 재사용 불가, Shotcrete 부착 미흡한 부분을 신속히 제거하여 면정리, 잔재처리 완료

구분	자재투입 및 혼합	운반작업	타설작업
투입장비	Back hoe(0.6m^3), Batch plant	Mixer truck	Shotcrete machine
투입인원	운전원, 조정원 각 1명/교대	운전원 1명	노즐공 1명, 조수 2명

(2) Rock bolt

① Rock-bolt 재질은 SD40, 길이 25mm(항복점 45kg/mm^2, 인장강도 50kg/mm^2, 연신율 18% 이상)의 표준 이형철근을 원칙적으로 사용

② 인력 시공 : 숙련공 팀 구성하여 투입

천공 Jumbo Drill	⇒	Resin mortar 주입 Mono pump 사용	⇒	Rock bolt 인력주입 Auger drill 사용	⇒	양생·충진 완료 後 Plate 인력체결

③ 기계화 시공 : Rock bolt machine 사용

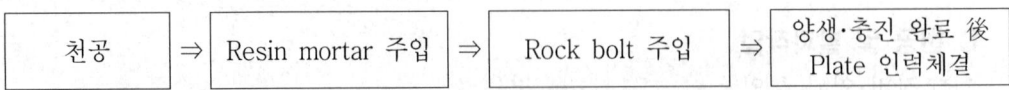

| 천공 | ⇒ | Resin mortar 주입 | ⇒ | Rock bolt 주입 | ⇒ | 양생·충진 완료 後 Plate 인력체결 |

3. Lining concrete

(1) 타설 前 선행작업

　① Shotcrete 면정리, 부직포 설치, 방수막 설치, 공동구·배수구 콘크리트 타설

(2) Lining form 조립

　① Lining 강재 거푸집 조립할 때 고소작업 안전을 위해 낙하방지망·난간대 설치

　② 제작 완료된 lining form은 sanding 실시 後 박리제를 바르고 양생

(3) 공동구 및 배수구조물과 Lining 시공이음

　① Lining key concrete 타설하고, Lining form setting 완료

(5) Lining 마구리 form 설치

　① 첫번째 타설할 때 Lining form 양쪽 마구리 부분에 거푸집 및 각재를 사용하여 마구리 Form을 설치

　② 두번째 타설부터는 한쪽 마구리 Form만 설치하고, 기존 타설된 한쪽 마구리 부분에는 스티로폴(두께 20mm, 길이 25mm)를 사용하여 신축이음 설치

(6) Lining Concrete 타설

　① 콘크리트 타설 前에 상단부의 투입구에 Steel pipe를 연결하고 포타블($75m^3/h$)을 이용하여 콘크리트를 타설

　② 콘크리트 타설 中에 Lining 하중이 한쪽으로 치우치지 않도록 좌·우 대칭으로 타설하고, 특히 상단부에서 양쪽 날개로 골재분리가 없도록 유의

　③ 콘크리트 타설 中에 Batch plant 고장에 대비하여 여분의 Batch plant 대기

　③ 콘크리트 타설 완료되면 Lining 마구리에 우레탄 실런트 주입하고 종료

(7) Lining Concrete 양생 및 Form 해체

4. 갱구부 가시설

(1) 갱구부 법면 보강 순서

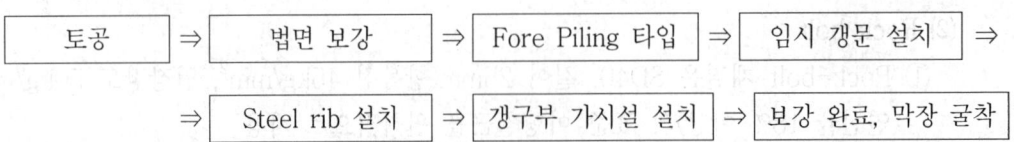

| 토공 | ⇒ | 법면 보강 | ⇒ | Fore Piling 타입 | ⇒ | 임시 갱문 설치 | ⇒ |
| ⇒ | Steel rib 설치 | ⇒ | 갱구부 가시설 설치 | ⇒ | 보강 완료, 막장 굴착 |

(2) 측량

　① 시공 기준점 선정할 때 정삼각형 내각 크기를 30~120° 유지하여 시야 확보

　② 기준점 정밀측량은 주 1회 실시, 막장 측량은 작업 前 매회 실시

(3) 갱문 설치 순서

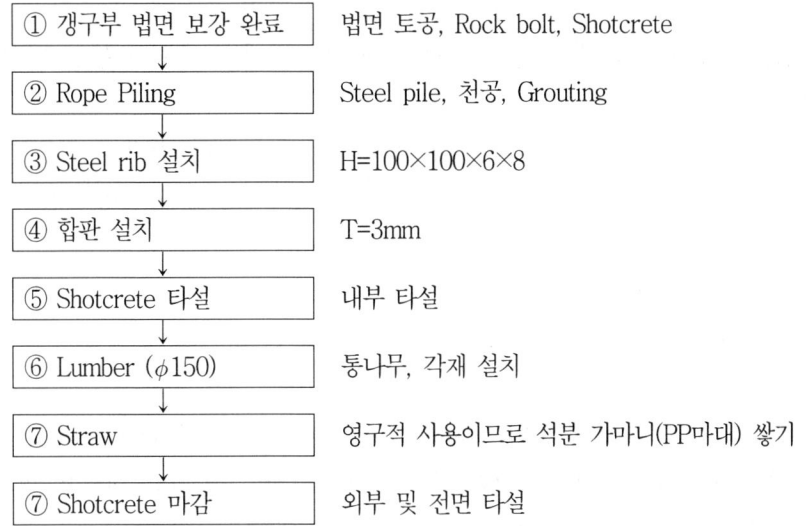

① 갱구부 법면 보강 완료	법면 토공, Rock bolt, Shotcrete
② Rope Piling	Steel pile, 천공, Grouting
③ Steel rib 설치	H=100×100×6×8
④ 합판 설치	T=3mm
⑤ Shotcrete 타설	내부 타설
⑥ Lumber (ϕ150)	통나무, 각재 설치
⑦ Straw	영구적 사용이므로 석분 가마니(PP마대) 쌓기
⑦ Shotcrete 마감	외부 및 전면 타설

Ⅲ. 공정관리

1. 굴착 시공관리

(1) 터널 굴착 Line 측량

　① Paint/Laser Level을 사용하여 굴착 단면에 Marking해야 여굴 최소화 가능

　② 설계도에 명시된 굴착 Line을 따라 정확히 굴착되도록 Line 측량 실시

(2) 굴착·천공

　① 설계도에 명시된 굴착순서에 따라 천공의 위치, 방향, 길이 등을 정확히 시공

　② 천공 중에 암반이 이완되지 않아야 정확한 천공으로 품질관리, 원가관리 가능

(3) 장약·발파

　① 시험발파를 실시하여 소음·진동 법적 기준치 이내에서 장약량을 결정

　② 장약·발파 後에 육안검사를 통해 부석, 불발공, 잔류화약 등의 유무 확인

(4) 버력처리

　① 장비의 적재능력을 고려하여 불발에 따른 버력의 무리한 적재 금지

　② 버력 반출 운반 중에 주변의 지보공, 가시설물 등으로 추락사고 방지

(5) Scaling

　① 부석, 여굴 등을 확인하여 막장 정리, 후속 보강공사 착수

2. 보강 시공관리

(1) 1차 Shotcrete

① Scaling 완료 後, 신속하게 Shotcrete 중량 계량하여 Mixer 배합

② 타설 중에 노즐 방향은 타설면에 직각, 적정거리 유지

③ Shotcrete 두께 10cm 이상 타설할 때는 적절한 두께로 나누어 분할 타설

⑵ Steel rib 설치

① 지보재 설치 前에 하단부에 침목, 널빤지를 깔아 부등침하 방지

② 외관 변형된 지보, 용접 불량된 지보, 규격 미달된 지보 등은 사용금지

⑶ Rock bolt

① Resin형 또는 Mortar 조합형을 선정하여 Shotcrete 경화 後 조속히 시공

② 용수지점은 수발공 설치하여 유도배수 後, Auger drill 사용하여 볼트 주입

⑷ Grouting

① 암질상태를 고려하여 암질 불량, Joint 발생, 절리 구간 등에는 Grouting 실시

② Mixer, Agitator, Concrete pump, Pressure gause, Packer, Steel pile, 접합 부속물(Fitting) 등의 장비를 조합하여 Grouting 실시

⑸ Pipe roofing

① 갱구부 입구 부분의 보강, 토사층 또는 풍화암층의 보강 등에 사용되는 공법

② 천공, 공내 청소, Pipe 삽입 및 Packer 정착, Grouting 실시하여 마무리

Ⅳ. 품질·안전·자재관리

1. 품질관리

⑴ 품질관리 업무는 현장소장과 시험실장의 주도적인 품질활동을 통해 본사 조직과 연계하여 전 현장직원, 협력업체, 모든 작업자가 시스템적으로 수행한다.

2. 안전관리

⑴ 개인보호구는 『산업안전보건법』에서 정한 규격과 품질검사에서 합격된 검정품을 구입하여 일괄 지급하여 예기치 못한 산업재해 예방에 만전을 기한다.

3. 자재관리

⑴ 현장에 반입되는 자재의 계획적인 구매활동을 통해 원활한 공정관리를 도모하고, 자재소요계획서를 작성하여 월별, 분기별, 연도별로 실적 대비 분석한다.

4. 기타

⑴ 당해 터널공사에 투입되는 각각의 기계·장비 제원표 첨부[159]

---

159) 박효성 외, 'Final 토목시공기술사 핵심문제', 예문사, pp.735~736, 2008.

10.23 터널 굴착공법

터널 굴착단면 형태에 따른 굴착공법 [0, 3]

I. 개요

1. 터널의 설계·시공 과정에 굴착공법 결정은 터널의 안정성, 경제성, 공기 등을 결정하는 중요한 요소이므로 터널단면의 크기, 굴진면의 자립성, 원지반의 지보능력 및 지표 침하의 허용값 등 제반 여건을 충분히 고려하여 결정해야 한다.

2. 일반적인 터널 굴착공법의 분류는 지반조건에 따라 全단면 굴착, 수평분할 굴착, 연직분할 굴착 및 선진 도갱 굴착공법 등으로 나뉜다.

3. 일반적으로 全단면 굴착이 분할 굴착공법에 비하여 시공성, 경제성에 유리하므로 암질이 비교적 좋은 구간에서는 全단면 굴착공법이 유리하며, 터널 구간 중 암질이 좋지 않은 구간과 갱구부에서는 분할 굴착공법이 유리하다.

터널 굴착공법의 분류

굴착공법			적용조건 (지반 및 단면의 크기)	정의
全단면 굴착			◦ 小단면에서 일반적인 공법 ◦ 양호한 지반에서 中단면 이상도 가능	全단면을 1회에 굴착
분할 굴착	수평 분할 굴착	롱벤치	◦ 비교적 양호한 지반에서 中단면 이상의 일반적 시공법	$L \geq 3D$ (L 벤치길이, D 터널폭)
		숏벤치	◦ 보통 지반에서 中단면 이상의 일반적 시공법	$1D \leq L < 3D$
		미니벤치	◦ 연약한 지반에서 中·小단면일 경우	$L < 1D$
		다단벤치	◦ 中단면 이상에서 굴진면의 자립성이 극히 불량한 경우	벤치수 3개 이상
	연직 분할굴착		◦ 大단면에서 지반이 비교적 불량한 경우 ◦ 침하를 최소화할 필요가 있는 경우	연직방향으로 분할굴착
	선진 도갱굴착		◦ 中·大단면 터널에서 침하를 최대한 억지해야 하는 경우 ◦ 비교적 大단면으로 굴진면의 자립력이 부족한 경우 ◦ 단, 다음과 같은 사항에 주의해야 한다. · 시공공간 확보 필요 · 중벽 형상, 위치, 강성을 검토해야 함	단면 일부를 소단면으로 먼저 구진한 후에 확대 굴착

Ⅱ. 지반조건에 따른 터널 굴착공법 분류

1. 全단면 굴착

(1) 터널 단면 전체를 1회에 굴착하는 방법으로, 지반의 자립성과 지보능력이 충분한 경우에 적용할 수 있다.

(2) 이 공법은 주로 지반상태가 양호한 中·小단면의 터널에서 적용할 수 있는 공법으로, 그 주된 특징은 아래와 같다.

① 굴착에 따른 응력재분배(stress redistribution)가 1개 공정으로 완료되므로 조기에 터널을 안정화시킬 수 있다.

② 굴진면이 균일하므로 작업이 단순하다.

③ 기계화에 따른 급속 시공에 유리하다.

④ 굴착단면이 크기 때문에 지반조건 변화에 대한 대응성이 떨어진다.

⑤ 단면이 크면 숏크리트·록볼트 작업이 지연되고 고소 작업장비가 필요하다.

2. 수평분할 굴착

(1) 공법 정의

① 일명 벤치컷(bench cut)공법이라 하며, 터널 단면을 여러 단계로 분할하여 굴착하는 공법이다.

② 벤치의 단수나 길이는 굴착단면의 크기, 지반의 설계조건에 따른 인버트 폐합 시기, 투입되는 굴착장비 등에 의하여 결정된다.

③ 이 공법은 주로 지반상태가 양호하고 단면적이 큰 경우에 시공성을 높이기 위하여 적용하거나, 지반상태가 다소 불량한 경우에 굴진면의 자립성을 높이기 위하여 적용한다.

(2) 롱벤치 굴착

① 통상 벤치의 길이가 3D(굴착폭) 이상으로 지반이 비교적 양호하고 시공단계에서 인버트 폐합을 거의 필요로 하지 않는 경우에 채택된다.

② 넓은 의미로는 상반 선진도갱 굴착공법도 롱벤치 굴착공법에 포함된다.

③ 장점　。상·하반 병행작업이 가능하다.

　　　　。일반적인 굴착장비로 시공이 가능하다.

④ 단점　。경사로를 만들지 않으면 버력이 2번 적재해야 된다.

(3) 숏벤치 굴착

① 벤치의 길이는 보통 1D~3D 정도이다. 공법의 적용범위가 넓고 NATM 개념의 터널공법에서 주로 적용되고 있는 굴착방식이다.

② 지반조건은 토사에서 경암에 이르기까지 거의 모든 지반에서 적용 가능하며, 단면크기는 中단면 이상에서 일반적으로 적용된다.

③ 장점 ◦ 굴진 도중 지반의 변화에 대처하기가 용이하다.

◦ 일반적인 굴착장비로 시공이 가능하다.

④ 단점 ◦ 터널 상반 작업공간에 여유가 적어질 가능성이 있다.

◦ 경사로를 만들지 않으면 버력을 2번 적재해야 된다.

◦ 터널 上·下半 중에서 한 부분만 작업이 가능하므로 추진공정의 균형을 맞추기 어렵다.

(4) 미니벤치 굴착

① 팽창성 지반이나 토사지반에서 인버트의 조기 폐합이 필요한 경우에 주로 채택되며, 벤치의 길이는 1D 이내가 보통이다.

③ 장점 ◦ 인버트의 조기 폐합이 가능하다.

◦ 침하를 최소로 억제하는 것이 가능하다.

④ 단점 ◦ 터널 상반 작업공간의 여유가 적어질 가능성이 있다.

◦ 경사로를 만들지 않으면 버력을 2번 적재해야 된다.

◦ 터널 上·下半 중에서 한 부분만 작업이 가능하므로 추진공정의 균형을 맞추기 어렵다.

(5) 다단벤치 굴착

① 일반적으로 이 공법은 벤치 수가 3개 이상인 분할 굴착공법으로, 굴진면의 자립성이 극히 불량하여 분할 굴착을 해야 할 필요가 있는 경우에 채택된다.

② 그 동안의 국내·외 실적을 보면 주로 굴진면의 자립성 때문에 선정되는사례가 많았다.

③ 장점 ◦ 굴진면의 안정성을 확보하기가 용이하다.

◦ 대단면에서도 일반적인 굴착장비로 시공이 가능하다.

④ 단점 ◦ 버력처리작업이 각 굴진면에서 중복되는 경우가 많다.

◦ 각 단 벤치의 길이가 한정된 경우에는 작업공간이 협소해질수 있다.

◦ 일반적으로 쇼트벤치 굴착보다 변형 및 침하가 크다.

3. 연직분할 굴착

(1) 터널 下半의 지반조건은 양호하나 上半의 지반조건이 불량하여 지반의 침하량을 최대로 억제할 필요가 있는 경우, 비교적 대단면으로 굴진면의 지지력이 부족한 경우에 적용되는 공법이다.

(2) 굴착 안전성 측면에서 임시 지보재를 설치하며, 굴진면 간의 이격거리는 1D~2D

를 유지하는 것이 바람직하다.

(3) 장점
　　◦ 침하량을 어느 정도 억제시키는 것이 가능하다.
　　◦ 굴진면의 안정성을 유지하는데 유리한 공법이다.

(3) 단점
　　◦ 중벽으로 분할하기 위해서는 어느 정도의 단면확보가 필요하다.
　　◦ 시공속도가 다소 저하되고, 작업공간 제약으로 시공성도 저하된다.

4. 선진도갱 굴착

(1) 주로 단면적이 매우 크거나 하저 통과구간 등 특수한 조건 하에서 굴진면 전방의 지반 및 지하수 상태를 확인하면서 굴착해야 하는 경우에 적용된다.

(2) 측벽 또는 중앙부에 소단면의 도갱을 미리 굴착한 후 확대굴착을 한다.

(3) 장점
　　◦ 대단면 시공에서도 침하를 최소화할 수 있다.
　　◦ 용수가 많은 경우 측벽도갱으로 배수가 가능하다.
　　◦ 대단면에서도 굴진면의 안정성 확보가 비교적 용이하다.

(4) 단점
　　◦ 일반적으로 공사비가 다른 공법에 비해 높다.
　　◦ 도갱 내벽 철거에 시간과 비용이 소요된다.

5. 假인버트 굴착

(1) 통상 淅단면 이상에서 지반의 변형을 적극 억제하면서 시공성을 높이기 위하여 벤치의 길이를 길게 할 필요가 있을 경우에 벤치 상부를 곡선형태로 굴착한 후 숏크리트를 타설하여 假인버트를 형성시키면서 굴진하는 공법이다.

(2) 장점
　　◦ 상반 벤치 길이를 크게 하여 상반 작업공간을 넓힐 수 있다.
　　◦ 상반 관통 後, 下半을 시공하면 경사로가 필요 없다.

(3) 단점
　　◦ 상반의 시공속도가 크게 저하될 가능성이 크다.
　　◦ 假인버트 설치를 위한 굴착과 숏크리트 타설·양생 소요시간과 굴착장비 통행을 위한 버력 메우기시간 등이 추가로 소요된다.
　　◦ 숏크리트 소요량이 증가된다.

Ⅲ. 터널 굴착공법 선정

1. 지반조건을 고려한 터널 굴착공법의 선정

지질조건	풍화토	풍화암	연암	보통암	경암
굴착공법	Shield	NATM		TBM	

주) 도로터널공사는 대부분 산악터널을 굴착하므로 NATM 또는 TBM을 적용한다.

2. 일반적인 터널 굴착공법의 적용

1. 일반적으로 全단면 굴착이 분할 굴착공법에 비하여 시공성, 경제성에 유리하므로 암질이 비교적 좋은 구간에서는 全단면 굴착공법이 유리하며, 터널 구간 중 암질이 좋지 않은 구간과 갱구부에서는 분할 굴착공법이 유리하다.

2. 국내의 경우에 부분분할 굴착공법과 선진도갱 굴착공법은 도로터널에 적용된 사례가 많지 않다, 자주 적용되는 全단면 굴착공법과 상·하반 분할 굴착공법을 비교하면 아래 표와 같다.[160]

터널 全단면 굴착공법과 상·하반 분할 굴착공법 비교

구분	全단면 굴착공법	상·하반 분할 굴착공법
검토 사항	◦ 암질이 양호하여 지반 자체의 지보능력이 크기 때문에 굴진면의 자립시간이 긴 경우에 주로 적용된다. ◦ 굴착에 따른 응력의 재배치가 1개 공정에 완료되므로 조기에 터널을 안정화시킬 수 있는 공법이다. ◦ 굴진면이 단일하므로 작업이 단순하다. ◦ 일시에 全단면을 보강하므로 숏크리트 및 강지보의 上·下半 이음부의 시공불량을 방지할 수 있다. ◦ 下半 굴착할 때 발파로 인하여 上半 보강재의 파손 우려가 없다. ◦ 기계화에 따른 고속 시공에 유리하다. ◦ 버력처리 작업이 용이하다	◦ 암질이 비교적 불량하여 굴진면의 자립시간이 비교적 짧은 경우에 주로 적용된다. ◦ 下半 굴착할 때 上半 지보재의 파손 우려가 있다. ◦ 上·下半 보강 이음부의 시공 불량을 유발할 수 있다. ◦ 버력처리 작업이 용이하지 않다. ◦ 굴착공법이 복잡하여 공기가 길어진다.

---

160) 박효성 외, 'Final 토목시공기술사 핵심문제', 예문사, p.780, 2008.
　　국토교통부, '도로설계편람', 제6편 터널, pp.615-4~8, 2012.

10.24 개착 터널

I. 개요

1. 개착 터널공법(open cut excavation)은 지표면에서 굴삭(掘削)하는 터널공법으로,, 주로 도심지의 도로 아래 등 비교적 얕은 지하철 터널공사에 채용된다. 산악터널에 비하면 건설비가 2~3배 비싸다.

2. 개착터널은 지반을 굴착하고 本구조물을 설치한 후 복개하는 모든 터널을 말하며, 특별한 경우를 제외하고는 갱구부에 준하여 설계해야 한다.

II. 개착터널

1. 종류

◇ 개착터널
- 설치위치에 따른 분류
  - 돌출형 갱문에서의 개착터널
  - 면벽형 갱문에서의 개착터널
  - 계곡부 통과할 때 개착터널
- 사용용도에 따른 분류
  - 피암용 개착터널
  - 환경생태용 개착터널
- 구조물 형태에 따른 분류
  - 마제형 개착터널
  - 박스형 개착터널
- 시공방법에 따른 분류
  - 현장타설 개착터널
  - 프리케스트 개착터널

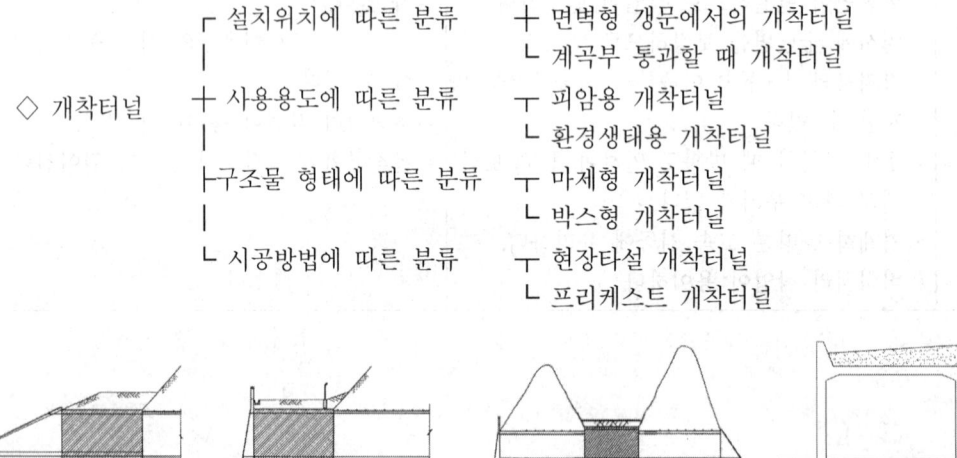

| 돌출형 갱문에서 | 면벽형 갱문에서 | 계곡부 통과할 때 | 피암용 개착터널 |

(1) 돌출형 갱문에서의 개착터널은 터널본체와 동일 이상의 내공단면을 갖는 형상으로 갱구부에 연속해서 만들어지며, 완성 후에 성토에 의한 상재하중, 토압, 적설하중 등을 고려하여 지반 지지력에 대하여 설계해야 한다.

(2) 면벽형 갱문에서의 개착터널은 구조상 터널본체에서 독립되어 외력에 저항하는 형상이므로 되메우기 흙하중과 주동토압에 대하여 구조적으로 안정해야 한다.

(3) 계곡부 통과시 터널 상부 토피고가 얇으 터널 굴착에 따른 붕괴와 누수가 우려되므로, 개착터널 상부의 세굴방지대책과 누수방지대책을 수립해야 한다.

(4) 피암용 개착터널은 도로, 택지, 철도 등의 이격부에 여유가 없거나 혹은 낙석의 규모가 커서 낙석방지시설물로는 안전을 기대하기 어려운 경우에 설치한다.

(5) 환경생태터널은 자연생물의 이동과 번식을 유도하려고 설치하는 개착터널이므로, 이용 동물의 종류와 이동경로를 파악하여 적정한 형식을 선정해야 한다.

(6) 이상과 같이 개착터널은 시공성, 경제성, 안전성, 환경성 및 지반조건 등을 고려하여 최적의 통과공법을 검토하여 설계·시공되어야 한다.

2. 적용하중

(1) 상재하중 : 상부 구조물의 고정하중, 도로 토피에 따른 노면활하중

(2) 토피하중 : 되메우기 흙에 의해 개착터널에 작용되는 하중

(3) 토압 : 굴착사면과 되메우기 흙에 의해 터널 측벽에 작용되는 하중

(4) 수압 : 현장 지형, 피압수 유무, 개착터널의 배수형식에 따른 수압

(5) 자중 : 개착터널 구조물 자중에 의한 하중

(6) 터널 내부의 하중 : 터널 내부에 설치되는 시설물, 통행차량 등의 하중

(7) 온도변화 및 건조수축 : 터널 입출구 내·외의 온도차에 의해 발생되는 영향

(8) 지진하중 : 지중구조물은 일반적으로 제외되지만, 내진설계 대상은 포함

(9) 되메우기 하중 : 되메우기할 때, 양측 불균형에 따른 편토압 하중

3. 시공순서

[1단계] 지하철을 구축하려는 폭과 깊이의 양측에 강말뚝을 박아 방토(防土, 제방 붕괴 방지)를 조치한다.

[2단계] 강말뚝 사이에 스틸거더(steel girder)를 설치하고, 그 위에 임시 복공판(覆工板, lining plate)을 부설하여 노면교통을 확보한다.

[3단계] 갱내의 매설물을 방호하면서 굴착 지보공(tunnel supports)을 시행한다.

[4단계] 철근콘크리트의 구형(矩形)단면 구조물을 구축한다.

[5단계] 임시 복공판과 강말뚝을 제거한 후, 매립하여 원래대로 복구한다.

4. 접속부

(1) 갱문 구조물과 개착터널이 접합되는 곳은 양쪽 구조물 간의 거동차이에 따라 접합부는 분리구조로 하고 조인트를 설치하여 구조물 손상을 방지한다.

(2) 접합부는 2종류의 방수막이 접하는 사례가 많아 누수 원인이 되기 때문에 방수막의 선정·접합에 만전을 기하며 누수시 용출수 처리를 위한 도수로를 설치한다.

(3) 방수막은 단일 종류의 방수막 선정이 원칙이다. 만일 2종류의 방수막을 선정할 때는 접합재료 선정에 유의하고, 접합시공은 겹침이음으로 한다.

(4) 구조물 간에 부등침하가 발생되어 방수막이 인장력을 받아 파손되는 경우를 대비하여 신장율이 큰 제품을 선정한다.

(5) 유지관리 중에 접합부에서 예상치 못한 누수 발생을 대비하여 구조물 횡방향으로 도수로를 설치하고, 지수판을 水팽창성 지수제로 마무리한다.

5. 되메움

(1) 갱구부의 되메움 시공은 아래 그림과 같은 순서로 시공하며, 특히 콘크리트 라이닝에 영향이 미치지 않도록 현장여건 및 설계조건을 준용한다. 이때 굴착 저면폭 (B)이 2.0m 이하일 경우에는 1m 두께로 배수층을 전폭에 설치하여 보강한다.

(2) 갱구부의 되메우기 다짐은 아래 표의 기준에 따라 상대다짐도로 다짐관리한다.

터널 갱구부 되메우기 다짐기준

시공순서	다짐도(D)	1개 층의 두께	설치위치
①	포설	-	아래 그림 참조
②	D≥90%	T≤0.30m	터널 상단 2m까지
③	도저 고르기 및 다짐	-	-

(3) 터널 내의 콘크리트 라이닝에 가해지는 수압을 감소시키고 라이닝 배면 용출수를 배수하기 위하여 바닥에 유공관을 매설하고 막히지 않도록 관리한다.

(4) 유공관 주변 집수용 자갈은 5~50mm 입도로 하며 방수재가 파손되지 않도록 시공 중에 유의한다.

(5) 유공관 주변 집수용 자갈쌓기는 높이 1m, 폭 1~2m 정도로 시공 마무리한다.161)

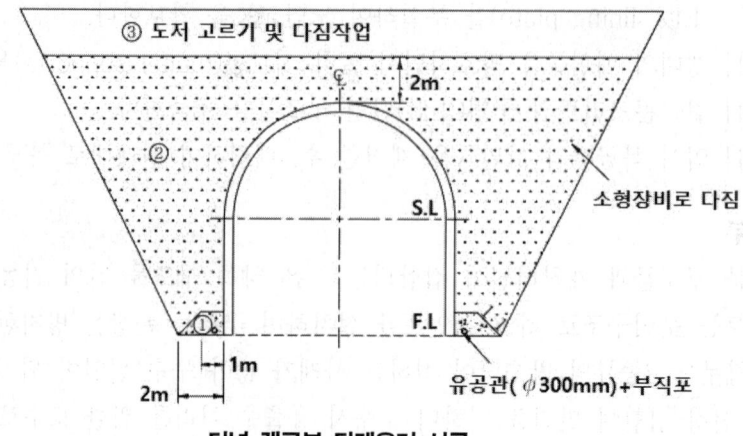

터널 갱구부 되메우기 시공

161) 국토교통부, '도로설계편람', 제6편 터널, pp.611-1~43, 2012.

10.25 NATM 터널
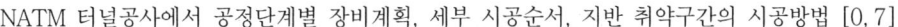

NATM 터널공사에서 공정단계별 장비계획, 세부 시공순서, 지반 취약구간의 시공방법 [0, 7]

Ⅰ. 개요

1. NATM 터널공법은 shotcrete, 강지보재, rock bolt 등의 지보재를 활용하여 터널지반의 내부에 지반 arch를 형성함으로써, 지반 자체가 지보기능을 발휘하여 안정을 유지하면서 터널을 발파·굴착해 나가는 공법이다.

2. 1962년 오스트리아 Rabcewicz가 Salzburg에서 개최된 제13회 국제암반학회에서 소개한 NATM(New Austrian Tunneling Method)은 암반으로 구성된 지반에 터널을 시공할 때 그 주변에 링모양의 지지구조체를 형성하는 공법이다.

3. 우리나라는 해외건설에서 1975년 현대건설이 Newginia 지하발전소, 1977년 삼부토건이 Nepal Khurukhani Dam 지하발전소를 NATM으로 최초 시공하였다.

4. 국내건설에서는 1981년 서울지하철 3,4호선 삼연식(三連式)터널정거장이 NATM으로 최초 시공된 후, 중부고속도로, 고속철도, 상수도수로, 지하발전소, 대형지하유류저장소 등에 광범위하게 적용되고 있다.

Ⅱ. NATM

1. NATM 원리

(1) 숏크리트 라이닝을 적절한 시기에 설치하여 지반 자체와 평형을 이룬다.

　① 숏크리트 타설시기가 너무 빨라도 안 되고 너무 늦어도 안 된다.

　② 숏크리트 강성(剛性)이 너무 커도 안 되고 너무 작아도 안 된다.

(2) 터널굴착에 따른 하중전이(아칭 효과)로 지반 자체를 주 지보재로 이용한다.

　① 터널 주변에 발생되는 Arching Effect에 의해 원지반 본래의 강도를 유지시켜 지반 자체를 主지보재로 이용하는 원리이다.

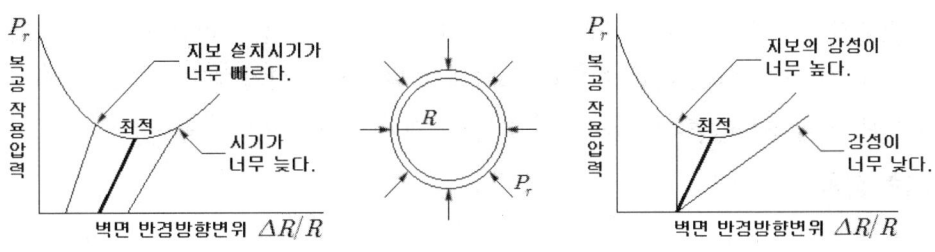

NATM Arching Effect

2. NATM 장점

(1) 적용성

① 굴착 중 지반변화에 신속히 대처할 수 있어 적용성 우수

② 도시터널, 토피가 얇은 터널에도 시공성 우수

③ 팽창성 지반부터, 토사, 경암에 이르기까지 모든 지반에 적용 가능

(2) 안전성

① Shotcrete 타설로 원지반 이완을 억제하여 차수성 우수

② Rock bolt로 고정시키므로 절리에 의한 전단균열을 억제 가능

③ Shotcrete, Rock bolt로 원지반을 구속하므로 지보응력 증가

(3) 경제성

① 계측관리를 통해 지보재 규모를 결정하므로 경제적 시공 가능

② 1차 복공 후 지반 안정되면 2차 복공하므로, 라이닝 두께 감소

③ 재래공법보다 굴착단면이 안정되어 광폭터널도 굴착 가능

3. NATM 단점

(1) 계측 및 시공 단계에 전문인력이 필요하다.

(2) 각 단계의 공정이 다소 복잡하다.

(3) 다수의 장비가 투입되므로 소규모 단면 시공에는 경제성이 떨어진다.

(4) 굴착 중 화약 발파로 인한 낙반사고 가능성이 있다.

(5) 천공 및 숏크리트 분진, 발파 가스 등으로 작업환경이 불량하다.

(6) 발파 진동·소음으로 인한 주변피해 및 민원발생 가능성이 있다.

Ⅲ. NATM 계측관리

1. 계측 목적

(1) 굴착에 따른 주변 원지반의 거동을 파악한다.

(2) 각 동바리 부재의 지보재 효과를 진단한다.

(3) 건물기초, 지하매설물 등 주변 구조물에 미치는 영향을 관리한다.

(4) 설계·시공에 계측결과를 반영하여 경제적 타당성을 평가한다.

(5) 장래 공사계획을 위한 자료를 수집하여 feed back 등에 이용한다.

2. 계측 항목

(1) 일상관리 A계측

① 터널 굴진 중 막장 도달 전에 5~50m 간격으로 조기에 실시하는 계측

② 막장마다 정기적으로 실시하며, 막장 도달 전에 조기 실시

③ 갱내 육안관찰, 내공변위 및 천단침하 측정, Rock bolt 인발시험 등

2) 대표단면 B계측

① 설계변경구간, 지질변화구간에서 지반조건에 따라 추가로 실시하는 계측

② 터널 굴진초기 12시간 이내에 200~500m 간격으로 최초 실시

③ 지표침하, 지중침하, 지중수평변위, Rock bolt 축력, Shotcrete 응력, 강지보재 응력, 지하수위, 간극수압, 갱내 탄성파속도 등을 측정

④ 강지보재는 변위수렴 전에, Shotrete는 변위수렴 후에 실시

⑤ 터널길이가 짧고 원지반이 안정된 경우에는 B계측을 생략 가능

계측항목별 계측의 목적

구분	계측항목	목적
일상관리 A계측	갱내관찰조사 (Face mapping)	◦ 막장의 자립성, 암질, 단층파쇄대 성상 파악 ◦ 지보공의 변위 파악, 설계시 지반구분의 평가
	내공변위 측정	◦ 변위량, 변위속도, 변위수렴 상태 파악 ◦ 1차 지보 성과 평가, 2차 지보 시기 판단
	천단침하 측정	◦ 터널 천정부 지반 및 지보재의 안정성 판단
	지표침하 측정	◦ 굴착에 따른 주변 구조물의 침하방지대책 수립
	Rock bolt 인발	◦ Rock bolt의 인발내력, 정착상태 파악
대표단면 B계측	지중변위	◦ 터널 주변의 이완영역 범위, 지반 안정도 파악
	Rock bolt 축력	◦ Rock bolt의 지보 효과, 유효 설계길이 파악
	Shotcrete 응력	◦ Shotcrete의 배면토압, 축방향응력 측정
	지하수위 측정	◦ 차수 grouting의 지하수위 저하 효과 판단
	간극수압 측정	◦ 차수 grouting의 적정한 주입압력 판단

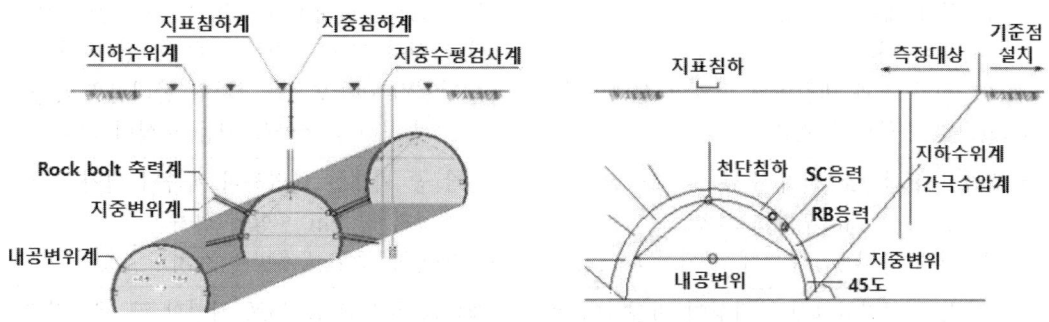

NATM 계측기 매설 위치

3. 계측관리 안전대책

(1) 내공변위, 천단침하 측정

① 변위량이 작은 경우(2차선도로 50mm 이하, 1차선도로 25mm 이하), 변위수렴 후부터 1주 동안, 1회/2일 측정을 반복한다.

② 변위량이 작은 경우(2차선도로 50mm 이상, 1차선도로 25mm 이상), 변위수렴 후부터 2주 동안, 1회/2일 측정을 반복한다.

③ 변위가 수렴하지 않을 경우, 1mm/30일이면 수렴하는 것으로 간주한다.

(2) 지표침하 측정

① 지표면에서 침하가 없어질 때까지 측정을 반복한다.

(3) 계측위치 선정

① 터널의 용도, 규모, 지반조건, 시공방법 등 제반 상황을 고려한다.

② 계측목적에 적합하도록 종단별, 횡단별로 적절한 배치간격을 결정한다.

(4) 계측기기 품질

① 설치의 용이성, 유지관리 용이성, 내구성 등을 고려한다.

② 계측목적에 적합하도록 계측범위, 신뢰성 등을 확보한다.

③ 계측기기의 특성에 대하여 사전 정보획득, 오차검증이 필요하다.

(5) 계측결과를 조속히 설계·시공에 반영하여 공사의 안정성·경제성을 제고

① 계측결과의 종합평가를 위해 각종 지반정보와 지보재의 역할 등을 충분히 고려하여 복합적으로 분석하고 계측자료를 feed back 한다.

(6) 막장거리에 따른 최종변위(U_T) = U_m + C_0 + U_a 확인

① 계측변위(U_m), 미 계측변위(C_0)를 터널 굴진 중에 각각 확인·기록한다.

① 선행변위(U_a)는 경험 및 문헌자료를 통하여 최종변위(U_T)의 30%를 적용한다.

계측관리 유의사항

계측 부실사례	계측 개선대책
◦ 천단침하 계측방법 오류 　-절대변위 미측정 　-천단침하 편과 내공변위 편과의 상대변위 측정이 부정확하여 오류 발생	◦ 천단침하는 절대변위 측정이 필수적이므로 터널 외부 고정점 기준의 수준측량 실시 　-천단침하·내공변위는 3차원 절대변위(x, y, z)를 측정해야 정확한 거동 분석이 가능
◦ 계측기 설치장소 선정 오류 　-기계굴착 중 5m 후방에 설치 　-발파굴착 중 10m 후방에 설치	◦ 굴착 중 최대한 근접하여 계측기 설치 　-기계굴착 중 2m 후방에 설치 　-발파굴착 중 6m 후방에 설치
◦ 계측값 경시변화그래프 작성이 미흡하여 계측값과 막장거리 상관관계 분석 불가	◦ 계측값 경시변화그래프 작성할 때 계측값과 막장거리를 동시 표현해야 정밀분석 가능

Ⅳ. NATM 굴진 중 시공관리

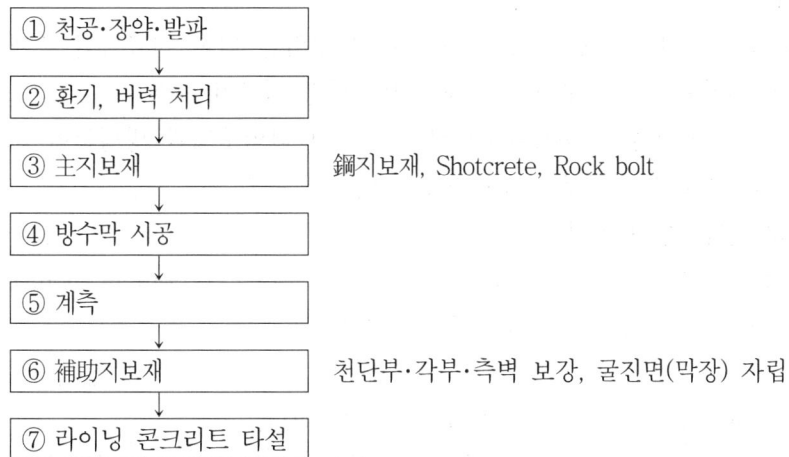

① 천공·장약·발파	
② 환기, 버력 처리	
③ 主지보재	鋼지보재, Shotcrete, Rock bolt
④ 방수막 시공	
⑤ 계측	
⑥ 補助지보재	천단부·각부·측벽 보강, 굴진면(막장) 자립
⑦ 라이닝 콘크리트 타설	

NATM 터널의 시공순서

1. 굴진 중 과다한 변위 발생으로 막장 붕락 대책

(1) 사고원인

① 터널 굴착 중 막장 전면의 상방향 양쪽 50° 범위에 절리면이 발달된 구간이 있는 경우, 막장 일부가 sliding되면서 붕락사고 발생

② 터널 굴착 중 막장 전면에 풍화토가 있는 경우, 대기에 노출되고 지하수가 유입·포화되면 굴착용 breaker 진동으로 붕락사고 발생

(2) 안전대책

① 즉시 막장 전면에 흙가마니를 쌓아 응급조치한 후, 하반부 굴진을 1회 2막장, 1일 6막장 이내로 제한한다.

② 강지보 하단부에 종방향으로 빔을 설치하고, 록볼트로 강지보를 보강한다.

③ 터널 상부 반단면 굴진 중 바닥중앙은 굴착을 금지한다. 특히 연약지반에서는 짧은 bench cut으로 굴진하면서 중앙 core를 남겨둔다.

④ 숏크리트를 추가 타설·보강하고, 횡방향 강관보강그라우팅을 실시한다.

⑤ 인접터널 막장 중심 간의 이격거리를 충분히 유지하도록 계측하여 관리한다.

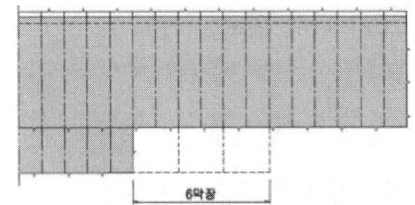

1회 2막장, 1일 6막장 이내 제한

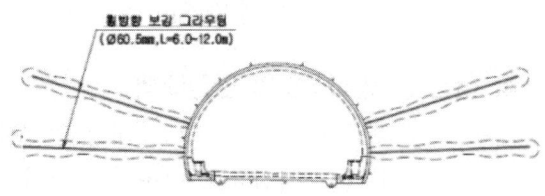

횡방향 강관보강그라우팅

2. 굴진 중 지하수 다량 유출로 막장 유실 대책

(1) 사고원인

① 1단계 주입과 굴착을 완료한 후 2단계 주입을 위한 천공작업 중에 갑자기 다량의 지하수가 천공구멍으로 유출되어 막장 일부가 유실

② 원지반이 연약한 충적모래층으로 구성되어 약액주입과 병행하여 터널 굴진 중에 약액주입용 천공구멍 주변으로 지하수가 유입

(2) 안전대책(지하수위 저하)

① 수발공을 설치하여 물을 유도하고, gel time이 긴 cement bentonite를 모든 구멍과 이완부위에 주입하는 응급조치한다.

② 용수처리용 가배수로는 지보공 하단에서 멀리 떨어진 곳에 설치하여 물이 흐르면서 바닥에 세굴현상이 발생하지 않도록 한다.

③ 막장 지반이 자립되고 숏크리트와 록볼트 시공에 문제가 없다면 차수그라우팅 추가 불필요하고, 지하수위 저하공법(선진수평배수공법)이 효과적이다.

3. 지보재 설치 前에 무지보 상태에서 막장 붕괴 대책

(1) 붕괴유형

① 벤치부 붕괴

ㅇ 막장에서 불연속면의 발달에 의해 미끄러짐 현상으로 붕괴

② 천장부 붕괴

ㅇ 절리군이 블록을 형성하는 경우에는 쐐기형으로 붕락

③ 표토층 붕괴

ㅇ 터널 단면에 비해 표토층이 너무 얇으면 함몰되어 붕락

(2) 안전대책

① 굴착 중 벤치부 길이가 과다하면 붕괴되므로 지반조건에 따라 적정하게 유지

ㅇ 지반조건 불량할 때 10~30m, 지반조건 양호할 때 50m

② 벤치부 하반(下半)을 6막장/1일 이상 과다하게 굴진하지 않도록 속도 유지

ㅇ 4막장/1日 굴진속도를 유지하는 경우에도 1막장/1회 굴진길이 준수

③ 가(假)인버트 및 인버트 폐합시기가 지연되지 않도록 숏크리트를 적기 타설

ㅇ 늦어도 막장 후방 5m 이내에서 숏크리트를 조기 타설 완료

4. 굴진 중 발파작업의 안전대책

(1) 터널 내부에서 폭발사고는 대형 인명사고 초래

① 낙뢰 및 누설전류로 인한 사고보다 전기뇌관 사고가 대부분을 차지한다.

② 전기뇌관은 1.5V 저압에도 폭발되므로 철저한 안전관리가 필수적이다.

③ 터널 내부에서 발파작업은 비전기뇌관이 안전관리에 유리하다.
　○ 한국도로공사는 천안-논산고속도로 및 서해안고속도로 터널공사 중에 전기뇌관 사고로 인명피해가 빈발하자 모든 터널 발파작업에서 비전기뇌관을 의무적으로 사용하도록 지침을 수립하여 적용하고 있다(2000.12월).

(2) 터널 내부에서 발파작업 중 폭발사고 사례

① 2011년 서울 관악구 강남순환도로 00공구 터널공사 발파작업 중 낙뢰로 인해 폭약이 폭발하여 화약류관리기사 소모(48)씨가 사망하였다.

② 발파작업 중 폭발사고 방지를 위한 비전기뇌관의 기폭방법은 2가지가 있다.
　○ 비전기뇌관에 전용 Starter 사용(비용 고가)
　○ 비전기뇌관에 Spark trigger 연결(비용 절약)

5. 굴진 중 콘크리트라이닝의 품질관리

(1) 콘크리트라이닝 두께의 시공 허용오차 준수
　○ 터널표준시방서 : 두께부족을 설계두께의 1/3 또는 10cm 중 작은 값을 적용

(2) 콘크리트라이닝 습윤양생
　○ 초기강도 증진 및 건조수축에 의한 균열발생 방지

(3) 콘크리트라이닝 배면 공동(空洞)채움 그라우팅
　○ 터널 천장부 공동은 누수, 라이닝 열화, 응력집중에 의한 손상 등을 유발하여 구조물 수명단축의 원인이 되므로 반드시 Backfill 그라우팅 실시

V. TBM + NATM 병용공법

1. 공법 정의

(1) TBM+NATM 병용공법은 터널의 중앙부에서 먼저 TBM으로 직경 5.0m의 선진도갱을 굴착한 후, 이어서 NATM으로 잔여 단면부를 발파·굴진하면서 단면을 확장해 나가는 공법이다.

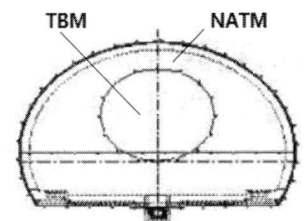

2. 병용공법 특징

(1) 적용성

① 터널의 단면, 형상, 규모 등의 제약을 받지 않으므로 적용성, 시공성, 안전성, 공기단축 효과가 크다.

② 선진도갱에서 사전조사 및 현장시험을 실시하여 설계의 보완·수정이 가능하므로, 지질변화에 따른 공사중지를 방지할 수 있다.

(2) 안전성

① 선진도갱에서 지질구조를 연속적으로 조사하면서 지보재를 합리적으로 설계하므로 안전성이 확보된다.

② 선진도갱을 굴진할 때 연약지반은 선행보강하므로 본 터널공사에서 안전성이 향상된다.

(3) 시공성

① 굴진속도가 빨라 공기단축이 가능하다.

② 선진도갱이 지하수의 배수로 역할을 하므로 배수문제가 해결된다.

③ 선진도갱이 환기통로 역할을 하므로 막장의 작업여건이 개선된다.

④ 선진도갱에서 2자유면을 확보하므로, 본 터널 발파할 때 발파진동의 발생을 최소화하고, 천공수와 장약량을 절감한다.

3. 병용공법 적용 유의사항

(1) 기계굴착과 발파굴착의 병용으로 공정이 복잡하므로, 시공순서를 체계적으로 수립해야 한다.

(2) 기계굴착과 발파굴착에서 발생되는 버력의 크기가 서로 다르므로, 버력처리시스템을 2중으로 운영해야 한다.

(3) TBM으로 굴진하는 선진도갱의 위치는 지반이 연약할수록 기계의 침하를 고려하여 터널의 하단부에 배치한다.

(4) TBM 원형굴착부과 NATM 상단의 원형부가 서로 조화를 이룰 수 있도록 굴진계획을 세심하게 수립한다.

VI. 맺음말

1. NATM 터널공법은 천공·장약·발파 작업이 반복되기 때문에 항상 안전사고 위험이 내재되어 있다. 따라서 모든 공종에 대하여 안전을 최우선으로 고려해야 된다.

2. 예를 들어, 터널 상부 반단면 굴진 중에 바닥중앙은 절대 굴착을 금지한다. 특히 연약지반에서는 짧은 Bench cut으로 굴진하면서 중앙 core를 남겨둔다.

3. 또한, Shotcrete 타설 後 원지반 변형 발생 前에 Invert를 폐합하여 아치(ring)상태의 구조체를 만들어 주변지반을 안정시킨다.

4. 용수처리용 도수로 역시 지보공 하단에서 멀리 떨어진 곳에 설치하여, 물이 흐르면서 바닥이 세굴되어 지보공이 침하되지 않도록 유의해야 한다.[162]

---

162) 박효성 외, 'Final 토목시공기술사 핵심문제', 예문사, pp.806~809, 2008.

Shield 터널의 단계별 굴착방법, 콘크리트 세그먼트의 이음방식, 뒷채움 주입방식의 종류 [2, 9]

Ⅰ. 개요

1. Shield 터널공법은 지반 내에 실드라고 부르는 단단한 철강제 원통모양의 외각을 갖는 굴진기를 추진시켜 잭 추력(推力)으로 실드를 계속하여 땅 속으로 밀어 넣는 동안에 막장과 주변의 원지반을 지탱하면서 실드 앞끝의 날로 굴진하는 공법이다.

2. Shield 터널공법은 19세기 영국에서 고안되어, 처음에는 하저(河底)터널, 용수(湧水) 있는 연약지반 등 특수한 조건의 터널공사에 쓰였다.

3. 최근 도심지 터널공사에서 시공 중 노면교통, 소음·진동, 입체교차, 근접시공 등을 고려하여 종래의 개착공법 대신 실드공법이 널리 적용되고 있다.

4. Shield 터널공법의 종류는 단면형상, 前面구조, 굴착방식, 막장가압방식, 실드보조방식 등에 따라 아래와 같이 다양하게 분류된다.

```
                  ┌ 단면형상   ┬ 원형 : 주로 적용되며, 터널 바깥지름 10m 이상 가능
                  │            └ 반원형, 말굽형, 직사각형 등
                  ├ 前面구조   ┬ 개방형 : 막장이 안정된 지역
                  │            └ 폐쇄형 : 연약지반, 용수가 많은 지역
                  │            ┌ 수동굴착식
     ◇ Shield 공법 ┼ 굴착방식   ┼ 반기계굴착식
                  │            └ 기계굴착식
                  ├ 막장가압방식 ┬ 이수가압식(泥水加壓式)
                  │            └ 토압(土壓)밸런스식
                  │            ┌ 고압공기 압입방식
                  └ 실드보조방식 ┼ 액상약액 주입방식
                               └ 지하수위 저하방식 등
```

Shield 터널공법의 분류

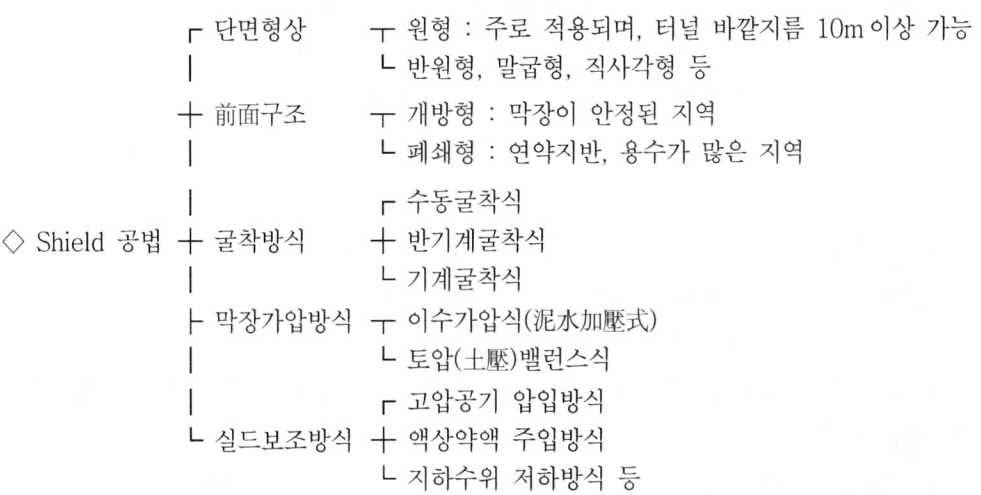

| 前面구조 개방형 | 前面구조 폐쇄형 |

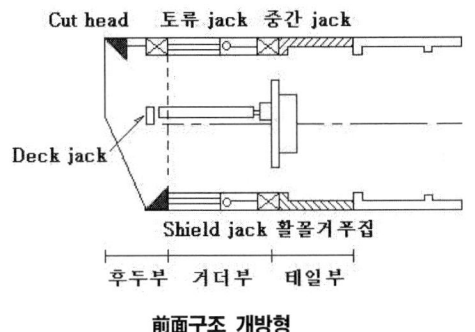

前面구조 개방형　　　　**前面구조 폐쇄형**

Ⅱ. Shield 터널공법

1. Shield 터널 구조

(1) 본체

① 후두부 ∘ 지반의 안정을 유지하면서 굴착하는 기능

② 거더부 ∘ Shield jack이 설치되어 추진력을 발휘하는 기능

토압이나 추진력에 의한 좌굴을 방지하고, 후두부–테일부를 연결

③ 테일부 ∘ Segment 복공작업이 이루어지는 공간

(2) 부속설비

① 굴착흙막이는 연약지반에서 굴착측면의 자립성이 부족한 경우에 설치한다.

② 기타 굴진설비, 복공설비, 유압구동설비 등도 필요하다.

2. Shield 터널 특징

(1) 적용성

① Open cut이 어려운 지하철, 상하수도, 전력구 등을 비롯하여 河底터널, 海底터널, 연약지반, 붕괴성 지반, 지중매설물이 있는 지반 등에 적용된다.

② N=0부터 1축압축강도 $200 \sim 300 kgf/cm^2$ 연암까지 적용된다.

③ 토질조건에 적합한 shield를 제작하면 깊은 곳까지 적용이 가능하다.

(2) 안전성

① 공사 중 지상에 영향(소음·진동)을 거의 주지 않는다.

② Segment 조립 후에도 단면확장, 노선변경이 가능하다.

③ 최소토피는 터널직경의 1.5배 이상 필요하다.

④ 최초 발진에 많은 시간이 필요하나, 반복시공으로 시공 안전성이 확보된다.

(3) 경제성

① 여굴이 거의 없어, 버력처리량이 작고 콘크리트량도 절약된다.

② 지중매설물의 이설, 철거가 불필요하다.

③ 기계굴착이므로 노동인력이 감소된다.

④ 장비가 고가이므로 초기투자비가 과다하다.

(4) 제약성

① 지질조사에 많은 시간과 비용이 소요된다.

② 토피가 얕은 지역에서는 적용이 곤란하다.

③ 급한 곡선부에는 시공이 불가하다.

④ 압기를 사용하는 경우 작업에 제약이 따른다.

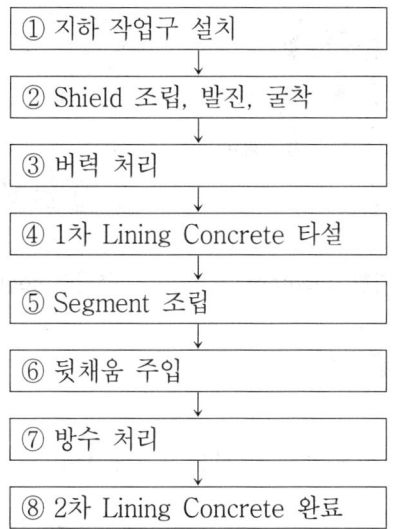

Shield 공법의 시공순서

Ⅲ. Shield Precast Segment 연결

1. 일반사항

⑴ Shield 터널공법은 터널 외경보다 약간 큰 내경의 강재원통형 Shield를 地中에 압입하여 굴착기계로 내부를 굴착하고, 後部의 테일에서 Precast segment로 복공을 반복하여 조립해 나가는 기계화 시공방법이다.

⑵ Shield 터널은 굴착 중에 Precast segment에 의해 추진반력을 얻고, 완공 후에 Segment lining concrete에 의해 지보되므로, Precast segment가 소요의 강도·내구성·변형저항성 등을 유지하도록 조립과 연결을 철저히 해야 한다.

⑶ Precast segment 연결부에서 누수와 결함이 발생하면 전체 작업공정의 안정성과 시공성에 큰 영향을 미치므로 계측관리를 통하여 연결부 상태를 확인한다.

⑷ Shield 터널공법의 핵심자재인 Precast segment의 종류는 사용재질, 단면형상 등에 따라 아래 표와 같이 다양하게 분류된다.

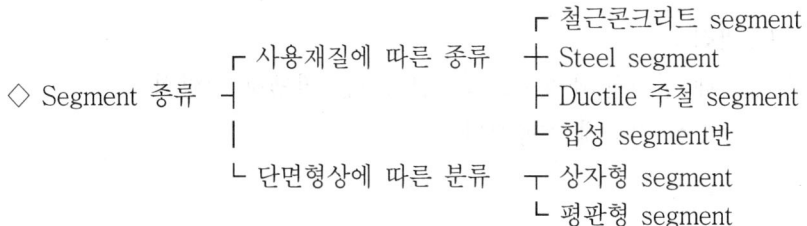

Precast Segment 종류

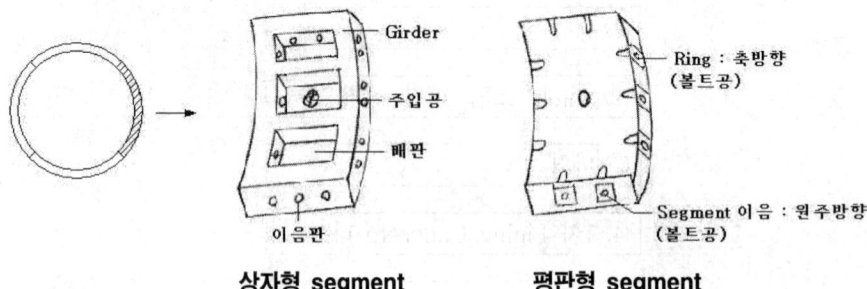

상자형 segment　　　**평판형 segment**

2. Precast Segment 연결방식

(1) 직볼트 연결방식

① 사전에 segment에 이음철물을 묻든가, 사전에 볼트구멍을 제작한 후 직볼트로 조이는 방법으로 가장 일반적인 방식

② Segment ring에서 과다한 휨응력이 발생하지 않도록 배치해야 한다.

③ 직볼트의 지름과 구멍 간의 틈새는 3~7mm 정도 유지되어야 한다.

(2) 휨볼트 연결방식

① Segment에 홈부를 만들고 활모양으로 휘어진 휨볼트로 조이는 방식

② 직볼트에 비해 시공성이 불량하고 변형량이 크다.

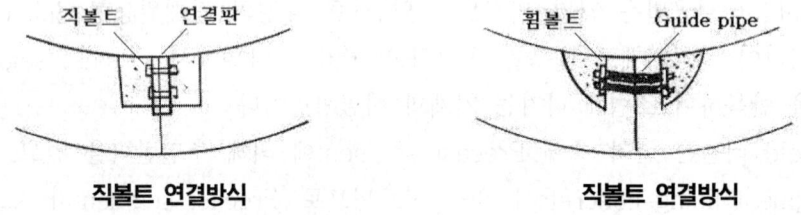

직볼트 연결방식　　　　　**직볼트 연결방식**

(3) 핀·돌기 연결방식

① 사전에 segment에 핀과 돌기를 매립한 후, shield jack으로 끼우는 방식

② 휨볼트 연결방식에 비해 볼트의 조임공간이 불필요하다.

③ 조립시간이 단축된다.

④ 조립비용이 고가이다.

(4) 힌지 연결방식

① 이음 단부에 설치한 소켓 또는 곡면요철을 맞댐하는 방식

② 지반이 양호한 경우에 적용한다.

(5) 장볼트 연결방식

① 볼트의 길이가 길어서 체결력을 강하게 유지할 수 있는 형식

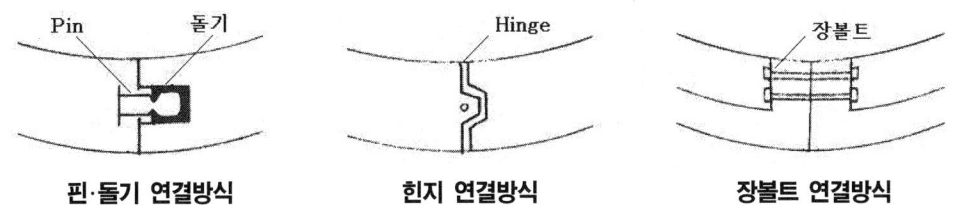

| 핀·돌기 연결방식 | 힌지 연결방식 | 장볼트 연결방식 |

2. Precast Segment 연결 유의사항

⑴ Segment의 이음부와 볼트구멍에서 누수를 방지한다.

⑵ Shield 추진을 위한 jack의 추진력을 반복하면서, 시간경과에 따라 반복하중과 토압이 이음부의 신축에 미치는 영향을 관찰한다.

⑶ Segment의 운반과 조립 중에 이음부의 청결을 유지한다.

⑷ Sealing, cocking을 철저히 시행한다.

⑸ Sealing재의 止水시험을 실시한다.

⑹ 곡선구간 시공 중에 taper ring을 철저히 시공한다.

⑺ Segment와 sealing재 사이의 이탈을 방지한다.

⑻ Jack 추진력에 반복되면서, 볼트결합이 이완되면 재조임을 실시한다.

Ⅳ. Semi-shield 터널공법

1. 용어 정의

⑴ Semi-shield 터널공법은 도시기반시설인 상·하수도, 전기, 통신선로, 가스관 등의 설치를 위한 개착식 공법으로, 종전에 시공 중 발생되었던 소음·분진, 지반침하, 교통장애 등의 문제점을 최소화하기 위하여 개량된 공법이다.

⑵ Semi-shield 터널공법은 작업구 내에 굴진기를 거치하고 후방 jack의 굴진기 동력으로 지중에서 수평으로 절삭·압입해 나가는 일련의 반복작업이다.

2. 공법 특징

⑴ 인력굴착 shield, 기계식 shield 등을 사용하여 안전하고 정밀도가 좋다.

⑵ 1회 추진구간이 길며, 단시간에 시공이 가능하다.

⑶ 공내붕괴가 방지되어 인력굴착에 비해 안전시공이 가능하다.

⑷ 막장부의 지질상태를 리모컨으로 육안관찰하면서 굴진해 나갈 수 있다.

3. 공법 종류

⑴ 이수가압식 Semi-shield 공법

① Slurry 장비를 이용하여 챔버 내에서 이수를 가압·순환함으로써 막장을 안정시

키고, 이수와 함께 slurry 선로를 통해 굴착토를 배토하는 방식

② 장거리 터널에 적합하다.

③ 지상의 분리장치에서 굴착토와 이수를 분리한 후, 이수는 재순환된다.

④ 굴착토와 이수의 분리비용이 고가이다.

(2) 토압식(이토압식) Semi-shield 공법

① Shield 추진력에 의해 쳄버 내에서 굴착토를 압축시켜 막장면의 안정을 확보하면서 굴진하고, belt conveyor나 광차를 이용하여 굴착토를 천천히 배토시키며 굴진해 나가는 방식

② 단거리 터널에 적합하다.

③ 굴착토의 운송이 쉽고, 막장의 안정성, 지반의 변형저항성이 우수하다.

④ 굴착토를 직접 처리할 수 있다.

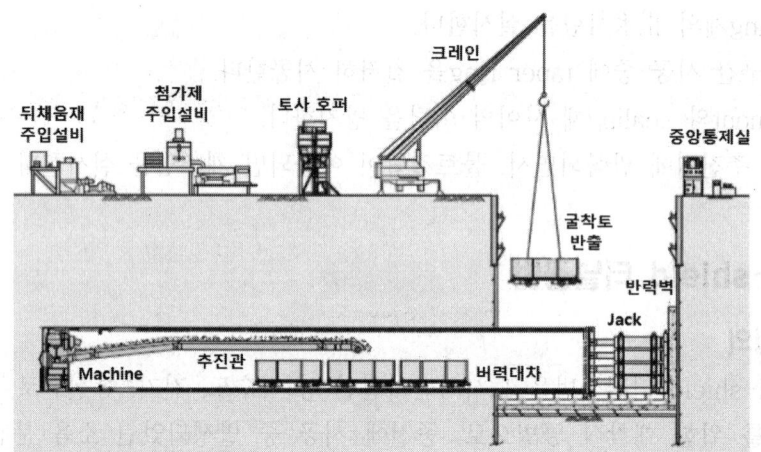

Semi-Shield 장비 개요도 (토압식)

4. 공법 순서

(1) 측량

① 지표측량 : 시공에 앞서 선형측량, 종단측량, 수준측량을 실시하고, 각각의 기준이 될 수 있는 기준점을 설치한다.

○ 기준점의 설정은 추진관의 연장, 지형상황 등을 참조하여 트래버스측량, 삼각측량 등의 적절한 방법으로 실시한다.

○ Semi-shield 굴진에 앞서 매 10m마다 지표에 측점을 설치하고, 매 20m마다 횡단방향의 측점을 설치한다. 수준측량은 이 측점에 의해 실시한다.

○ 수준측량 중에 Semi-shield 추진방향은 1일 1회 실시하고, 추진완료 부분은 주 1회씩, 1개월 동안 실시한다.

② 추진관리측량 : Semi-shield 추진을 계획된 선형으로 굴진하기 위한 측량이므로 정확하게 1일 2회씩 실시한다.

  ○ 측량 결과를 Semi-shield 운전자에게 인지시켜 추진 중에 계획선형에 어긋나지 않도록 한다. 특히, 직선구간은 레이저측량으로 정밀도를 높인다.

(2) 발진작업 및 도달작업

① 발진작업 : Semi-shield 기계 거치 전에 발진작업을 실시한다.

  ○ 작업구 안에 설치된 받침대 위에 정확히 거치하고, Semi-shield의 발진·조립에 지장이 없도록 충분한 강성을 가져야 한다.

  ○ 발진구의 개구작업 완료 후 계획선형에 적합하도록 입구를 설치한다.

② 도달작업 : Semi-shield 기계가 도달 전에 도달작업을 실시한다.

  ○ 작업구에 도달하며 추진속도를 낮추고 Semi-shield를 작업구 연속벽 1m 내에 근접시킨 뒤 연속벽을 깨도록 한다.

  ○ Semi-shield를 작업구 내로 인출할 때 Semi-shield 받침대를 가설한다.

(3) 추진작업

① 막장의 안정을 위하여 굴착과 동시에 Semi-shield를 계획된 선형으로 추진하면서, 변형발생을 억제한다.

② 굴진속도는 송수설비, 배니설비 등의 이수처리 능력에 맞춰 균형을 유지하여 조작하며 통상 2~5cm/min 속도로 굴진한다.

(4) 추진관

① 추진관의 운반 및 저장 중에 손상과 변형이 없도록 보호설비를 갖춘다.

② 추진관과 추진관 사이는 fillet 용접한다. 이때 추진관이 서로 어긋나지 않도록 용접한다.

③ 조립된 추진관이 하중 또는 자중에 의해서 변형되지 않도록 정확히 접합한다. 이때 추진관의 접합부, 뒤채움재에서 누수에 의해 흙속의 간극수압이 감소하지 않도록 방수처리한다.

(5) 뒤채움재 주입

① 뒤채움재 주입순서는 아래쪽에서 윗쪽으로, 좌우 대칭으로 실시하여 추진관에 편토압이 작용하지 않도록 한다.

② 주입압은 추진관 및 이음강도를 고려해서 $1 \sim 3 kg/cm^2$ 정도로 하고, 주입재가 충분히 채워질 때까지 주입압을 동일한 수준으로 유지한다.

③ 1차 주입으로 소정의 목적이 달성되지 않을 경우, 2차 주입을 한다. 주입 중에 주입호스에서 고결이나 역류를 방지하기 위하여 연속주입한다.

뒤채움재 주입재의 배합기준

시멘트	벤토나이트	미사	플라이애쉬	분산재	물
68kg	13.6kg	40.8kg	34kg	0.272kg	$0.082m^3$

(6) 이수 주입

① 이수 주입은 굴진과 동시에 실시하되, Semi-shield 전면의 토압+지하수압에 $0.1 \sim 0.2kg/cm^2$ 정도 주입한다.

② 이수 주입재는 토질조건에 적합하게 배합하여, Cutter+head 전면판의 선단저항을 감소시켜야 한다.

(7) 추진설비

① 반발벽 : 추진설비의 반력벽은 jack의 추력을 견딜 수 있도록 견고하게 설치하고, 추진방향에 직각과 수직이 되도록 한다.

  ○ 추진력이 너무 커서 입갱 내 반력벽의 지지력이 부족할 경우, 반력벽 후부에 지반개량 또는 지지밀뚝으로 보강한다.

② 추진방향 : Jack 설치할 때 추진방향을 정확히 측량하여 일직선으로 설치한다.

  ○ Jack을 조합할 경우 jack cylinder는 추진관의 중심선으로부터 같은 거리에 대칭으로 배치하여, 편심추력이 작용하지 않도록 한다.

③ 압각·압륜 : Jack의 추진력이 반력벽에 등분포 하중으로 바뀌어 추진관에 작용될 수 있는 구조로 압각과 압륜이 설계되어야 한다.

④ 추진대 : 추진관이 정위치에서 이탈하지 않도록 일정한 level과 평행을 이루도록 입갱 내의 바닥에 콘크리트 20cm 두께로 추진대를 타설한다.

(8) 굴착토 처리

① 굴착토 처리로 인하여 주변 노면을 더럽거나 교통혼잡을 주지 않도록 지정된 잔토처리장으로 직접 반출한다.

(9) 지반침하 및 방지대책

① 구조물 안전을 위하여 지표의 허용침하량은 최대 15mm를 넘을 수 없다.

  ○ Semi-shield 굴진에 의한 즉시침하량은 10mm를 초과할 수 없으며, 초과하면 Semi-shield 굴진을 멈추고 방호대책을 시행한 후 재굴진한다.

② Semi-shield 굴진에 의한 지반침하를 최소화할 수 있도록 초기굴진 및 본굴진 초기에 막장의 토압, 배토량, 첨가재 주입의 최적화 관리방안을 마련한다.

  ○ Semi-shield 추진 중에 계측을 철저히 하여, 침하변형 발생을 최소화한다.

  ○ 뒤채움재 주입의 정밀도는 침하를 좌우하는 최대요인이므로 주입량, 주입압을

최적화하고 공극이 없도록 완전히 충진한다.
○ 추진관의 이음부, 뒤채움재 주입공 등에서 누수에 의해 흙속의 긴극수압이 감소되지 않도록 방수공을 확실히 시행한다.

⑽ 안전대책

① 작업책임자를 지정하고 신호를 통일시켜 신호에 따라 굴진작업을 진행되도록, 작업책임자는 작업방법, 작업범위 등을 운전자에게 정확히 지시한다.
② 작업자의 작업복, 작업용구, 안전장구 등을 점검한다. 작업 전·후에 장비, 기계에 대하여 반복적으로 점검·확인한다.

V. 맺음말

1. Semi-shield 공법은 개발초기에 개방형 인력굴착이었으나 연약층에서 난공사가 늘어나면서 기계굴진이 개발되어, 최근에는 이수가압형 Semi-shield 공법과 토압식 (이토압식) Semi-shield 공법이 널리 보급되어 있다.

2. 주요 간선도로를 횡단하는 송수관로를 Semi-shield 공법으로 계획할 때는 현지조사를 충분히 실시하여 안전성과 경제성을 확보할 수 있는 대책을 수립한다.

3. Semi-shield 공법을 시공 중에는 정기적으로 노면침하를 계측하면서, 필요한 경우 지반보강 등의 안전조치를 강구하도록 한다.163)

---

163) 박효성 외, 'Final 토목시공기술사 핵심문제', 예문사, pp.813~817, 2008.

10.27 TBM 터널

기계식 터널 굴착공법(TBM)의 분류 및 특징, 굴진 중 체적손실, 틈(Gap)과 단차(Off-Set)의 문제 [2, 7]

I. 개요

1. TBM(Tunnel Boring Machine)은 재래의 터널굴착 공법과 달리 폭약을 사용하지 않고 회전 커터에 의해 터널 전단면을 절삭 또는 파쇄하여 굴진하는 기계이다.

2. TBM 터널의 형상은 원형단면이 가장 보편적이지만, 최근 장비기술의 급속한 발전으로 원형뿐만 아니라 사각형, 다원형 등의 특수한 단면의 TBM이 개발되고 있다. 본고에서는 원형단면의 TBM 터널에 대하여 기술한다.

3. 프랑스 터널협회에서 규정한 기계화 시공법 분류(AFTES WG17 권장안)를 근거로 한국터널공학회에서 수정·작성한 기계화 TBM 시공 분류(안)은 아래와 같다.

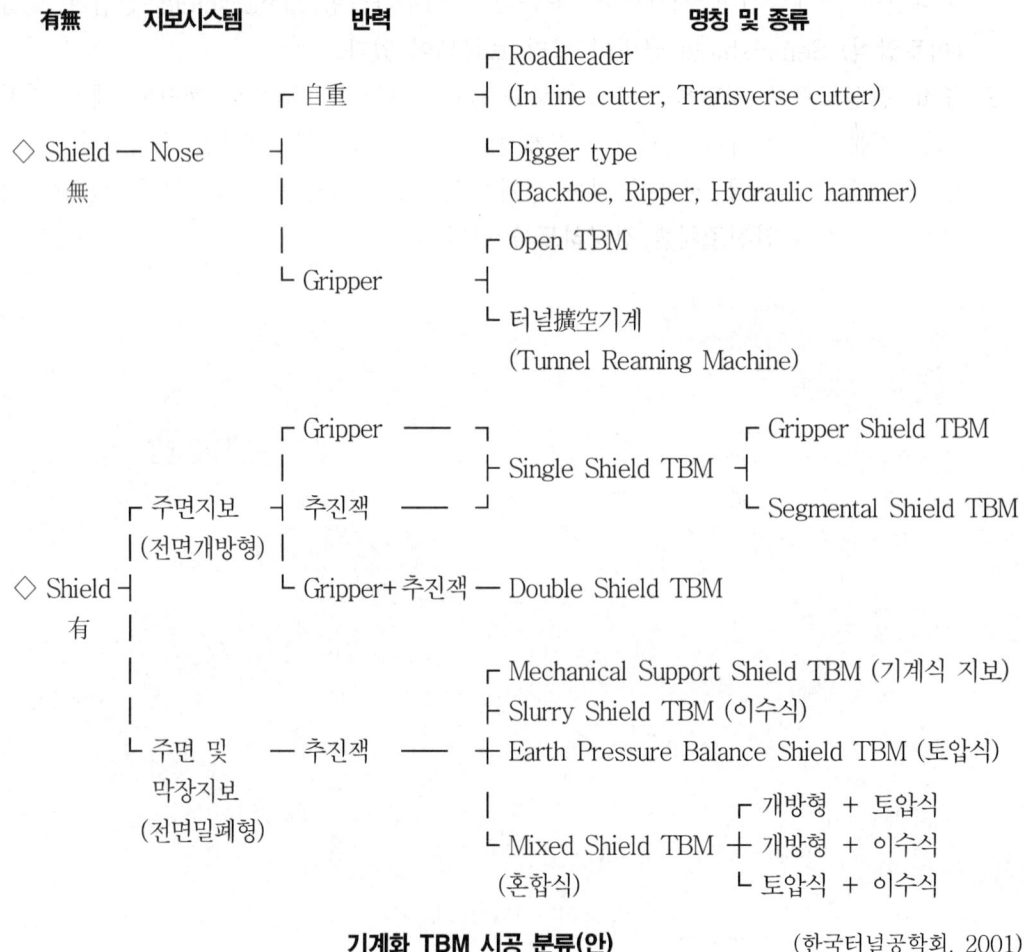

기계화 TBM 시공 분류(안)　　　　　(한국터널공학회, 2001)

II. Open TBM

1. 원리

(1) TBM은 디스크가 부착된 커터헤드, 추진장치, 버력운반 컨베이어, 그리퍼 등으로 구성되며, 크게 Main beam TBM과 Kelly type TBM의 2가지 형식이 있다.

(2) 2가지 형식 모두 커터헤드 후면에서 굴착과 동시에 록볼트와 지보재를 설치한다. 숏크리트 타설은 기술적으로 어렵고 장비손상 우려가 있기 때문에, 필요한 경우 숏크리트는 그리퍼 뒤에서 또는 후속설비 뒤에서 타설된다.

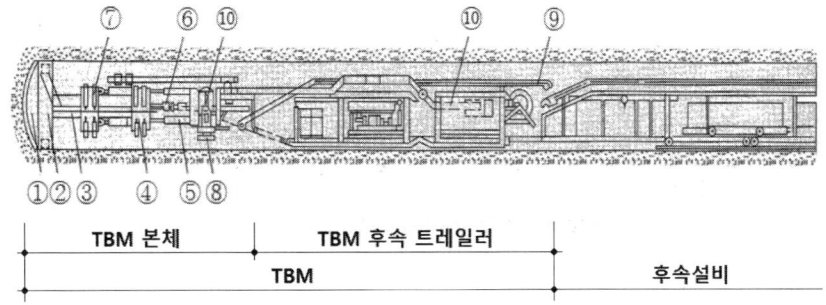

① 커터헤드 ② 커터 헤드 자켓 ③ 이너켈리 ④ 아우터켈리 ⑤ 추진 실린더
⑥ 커터헤드 드라이브 ⑦ 클램핑 패드 ⑧ 후방지지장치 ⑨ 벨트 컨베이어 ⑩ 집진기
Open TBM 구성

2. 구성

(1) **커터헤드** : 압축력과 회전력으로 암석을 압쇄시켜 버력을 벨트 컨베이어를 통해 후방으로 배출시키면서 Inner kelly를 전진 작동시켜 반복 굴진한다.

(2) **커터헤드 자켓** : 터널 벽면으로부터 떨어지는 낙반을 방지하고, 굴진 중 커터헤드를 지지하며 본체 전방지지대 역할을 하면서 진동을 감소시켜 준다.

(3) **Inner kelly & Outer kelly** : Inner kelly는 커터헤드를 전진·굴착·회전시키며, 이너켈리를 감싸는 Outer kelly는 기 굴착된 터널벽면을 패드로 압착·지지한다.

(4) **후속 트레일러** : 체인에 의하여 본체에 끌려 다니며 커터헤드 구동用 각종 유압펌프, 분진처리用 집진기, 버력반출用 컨베이어 벨트 등이 장착되어 있다.

3. 특징

(1) 굴착 메커니즘

① 절삭식 : 압축강도 30~80MPa 정도의 풍화암 및 연암에 적용한다.

② 압쇄식 : 압축강도 1000MPa 이상의 경암에 적용한다., 최근 압쇄식이 다양한 지질에 적용할 수 있도록 개발되어 있어 장비 선정의 폭이 넓어졌다.

(2) 굴착 작업순서

[1단계] 클램핑 패드를 터널벽면에 압착하고, 전·후 장비지지대를 위로 오므린 후, 커터헤드 작동 시작

[2단계] 1 stroke(0.8~1.2m)의 굴진이 종료되고, Inner kelly만 전진된 상태

[3단계] 전·후 장비지지대를 아래로 내리고, 클램핑패드를 터널벽면에서 탈착

[4단계] Outer kelly를 1 stroke만큼 전진, 이때 후방 장비지지대를 이용하여 굴진방향을 조정(장비 방향을 레이저 광선방향과 일치시킴)

[5단계] 다시 1단계부터 동일한 cycle 반복

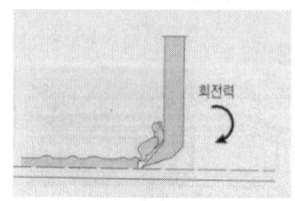
(a) 절삭식

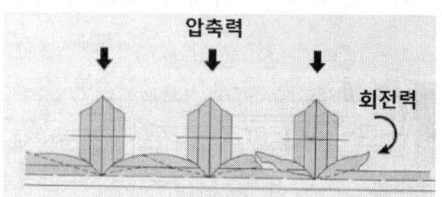
(b) 압쇄식

Open TBM 커터에 의한 굴착방식

(3) 굴착공법

① TBM 터널 굴착공법에는 ▲전단면 TBM, ▲전단면 TBM+발파공법, ▲전단면 TBM+확대형 TBE(Tunnel Boring Enlarging Machine) 등이 있다.

② 최근 해외는 TBM 능력이 고출력화되어 3.0~13.0m 전단면 TBM을 장대터널 공사에 활용하여, 초기 투자비가 높지만 굴진속도가 빨라 경제성이 있다.

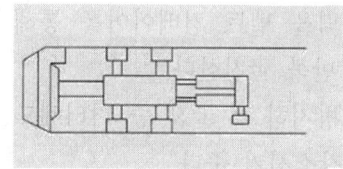
(a) 전단면 TBM

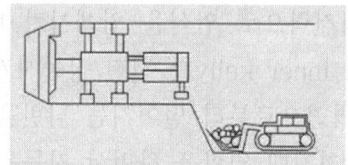
(b) 전단면 TBM + 발파공법

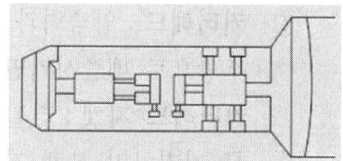
(c) 전단면 TBM + 확대형 TBE

Open TBM 굴착공법

Ⅲ. Shield TBM

1. 원리

(1) Shield TBM은 전면의 구조형식에 따라 전면개방형과 전면밀폐형으로 분류된다.

① 개방형 Shield TBM : 굴착동안 굴진면 자립이 유지 가능한 지반조건에 적용
　○ 전면 개방형과 부분 개방형으로 구분

② 밀폐형 Shield TBM : 굴착동안 굴진면 자립이 매우 어려운 지반조건에 적용
　○ 기계식, 압축공기식, 슬러리식, 토압식·이토압식, 혼합식 등으로 구분

(2) Shield TBM은 크게 본체와 후속설비로 구성된다. 본체는 굴진면에서부터 후드부, 거더부 및 테일부, 외피는 외판(skin plate)과 그 보강재로 구성되어 있다

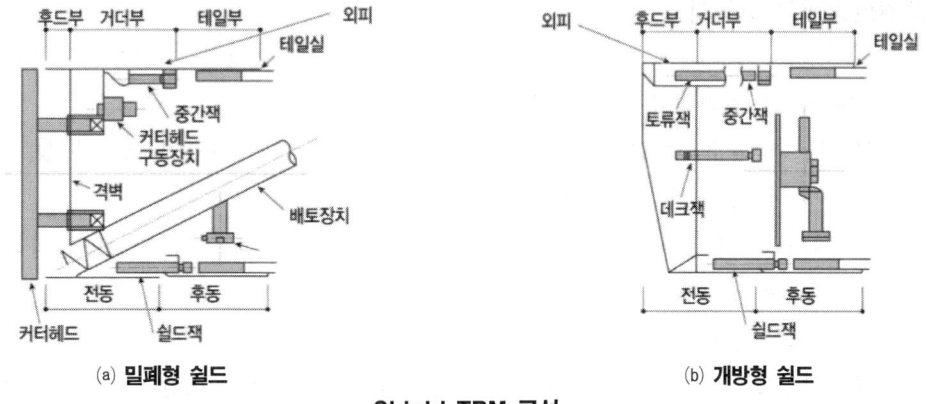

(a) 밀폐형 쉴드 (b) 개방형 쉴드
Shield TBM 구성

(3) 후드부의 형상은 직선형, 경사형 및 단절형이 있으며, 지반조건에 따라 선정한다.

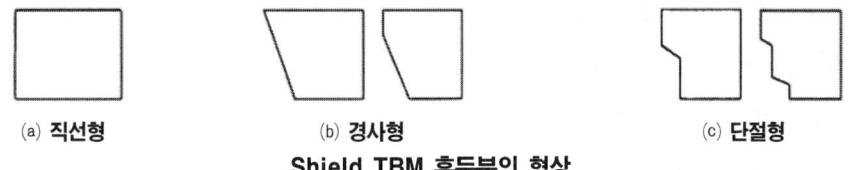

(a) 직선형 (b) 경사형 (c) 단절형
Shield TBM 후두부의 형상

2. 구성

(1) Shield TBM 본체 : 외부하중에 대해 내부를 보호하는 외피, 전면에서 굴착·전진하는 헤드부, 후면에서 복공하고 굴진동력을 공급하는 후두부 등으로 구성

(2) 추진기구 : 거더부 내면에 동일간격으로 배치된 쉴드잭의 추력을 세그먼트에 반력을 가하여 굴진하면서 추진

(3) 커터헤드 : 굴진방향 전면에 배치되어 헤드부를 회전시키면서 굴진면의 안정을 유지하고, 지반굴착 기능을 수행, 커터헤드의 형상을 지반조건에 따라 선정

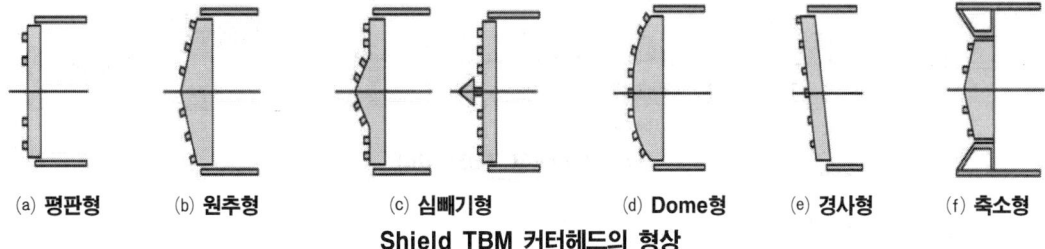

(a) 평판형 (b) 원추형 (c) 심빼기형 (d) Dome형 (e) 경사형 (f) 축소형
Shield TBM 커터헤드의 형상

(4) 첨가제 주입장치 : 토압식 쉴드에서 사질토 굴착할 때 흙의 마찰저항이 크고 유동성이 나쁜 경우에 벤토나이트, 폴리머 등 유동성 첨가재를 공급

(5) 교반장치 : 첨가재를 주입한 챔버 내의 굴착토를 교반함으로써 유동성 유지

(6) 부가장치 : 뒤채움 주입장치, 측량장치, 지반탐사장치 등을 후두부에 장착

3. 평면선형계획 고려사항

(1) 평면선형은 가능하면 직선으로 계획하며, 곡선으로 계획하는 경우에도 곡선반경을 가능하면 완만하게 설계한다.

(2) TBM터널의 최소곡선반경은 지반조건, 현장여건, 굴착단면크기, 장비특성, 시공방법, 라이닝 등을 고려하여 설계한다.

(3) Shield TBM 터널에서 현장여건에 의하여 ▲평면선형이 급곡선으로 변화하는 경우, ▲현저하게 작은 곡선반경, ▲도중에 다른 터널과 접속하는 경우에는 아래와 같은 대책을 검토해야 한다.

① 급곡선부에서 굴진반력에 의해 터널변형이 없도록 지반 보강

② 굴진 중에 세그먼트 안정성을 고려하여 지반 보강

③ TBM의 구조 및 세그먼트(길이, 단면형상 등) 개량

④ 여굴 추가 발생을 고려하여 뒤채움 주입량 증가

⑤ 방향전환 작업구, 지중접합 등의 설치

4. 급곡선 구간 Shield TBM의 구성

(1) 급곡선 시공용 TBM 장비 제원

① φ3.54m급 소단면 급곡선 구간 시공용 TBM 장비는 前筒部(Hood part)와 後筒部(Tail part)로 나누어서 중절잭(中節 jack)으로 연결되므로, 중절각(中節角) 이용이 가능한 구조이다.

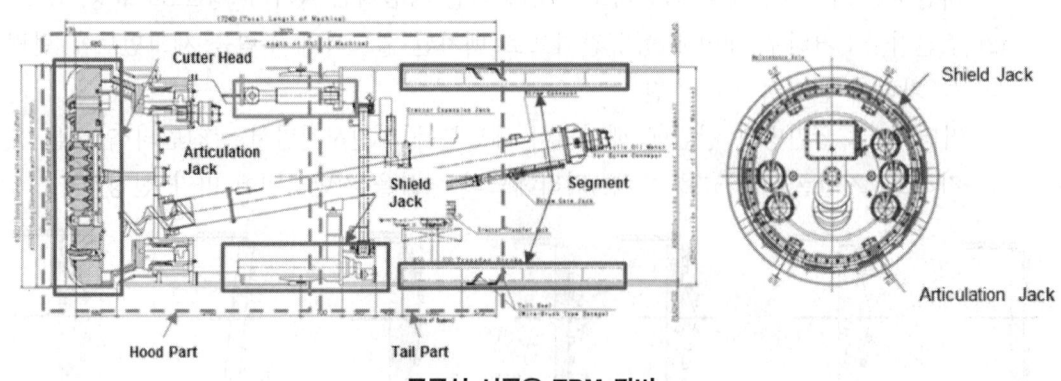

급곡선 시공용 TBM 장비

(2) 급곡선 시공용 TBM 장비 굴진방법

① 중절(中節)형식은 V형과 X형이 있는데, X형은 급곡선 시공할 때 중절잭을 최대 8.3°까지 적용 가능한 장점이 있다.

◦ V형 : 중절부 한쪽 면이 작동하며, 중절각이 커지면 틈새 간격이 커지므로 큰 중절각 확보가 곤란하고 중절부의 止水 및 충진(sealing)에 불리하다.

◦ X형 : 중절부의 양쪽 면이 동시에 작동되며, 큰 중절각을 확보 가능하고 중절부의 止水 및 충진(sealing)에 상대적으로 유리하다.

② 추진방식은 前筒部 추진과 後筒部 추진이 있는데, 중절부 세그먼트에 가해지는 중절잭 압력이 비교적 일정하게 작용되는 후통부 추진을 선정한다.

◦ 前筒部 추진 : 중절각 적용으로 前筒部가 회전하는 방식은 추진잭의 중심축이 기울어지므로, 잭과 세그먼트의 접촉면이 일정하지 않아 편심이 발생된다.

◦ 後筒部 추진 : 前筒部의 반력으로 추진하면 前筒部가 회전하더라도 추진잭의 중심축이 변하지 않아 세그먼트와 접촉면에 편심이 발생하지 않는다.

Ⅳ. TBM 터널 계획

1. 평면선형 계획

(1) 노선계획은 TBM의 굴진효율과 지반조건을 고려하여 단층·습곡 등의 지질구조대, 파쇄대, 팽창성지반 등을 피하고, 균질한 지반을 통과하도록 계획한다.

(2) 평면선형은 가능하면 직선으로 계획하며, 부득이하게 곡선으로 계획하는 경우에도 곡선반경을 가능하면 완만하게 계획한다.

(3) 터널을 2개 이상의 병렬로 계획하는 경우, 터널의 순간격은 TBM 굴착외경 이상을 표준으로 하고, 그 이하로 근접할 경우에는 지반조건을 고려하여 설계한다.

2. 종단경사 계획

(1) 종단기울기는 사용목적, 유지관리, 시공성, 배수처리, 지하수처리, 오염방지 등의 주변 환경문제를 종합적으로 검토하여 결정한다.

(2) 종단기울기의 기준은 TBM 장비의 굴진효율 향상, 시공 중 및 운영 중 용출수를 자연유하시킬 수 있도록 0.3% 이상의 오르막을 원칙으로 계획한다.

(3) 작업구 조건, 지장물 제약 등으로 종단기울기가 2%를 초과하는 경우에는 배수, TBM의 추진동력, 버력처리, 재료운반 등 작업능률 저하와 안전을 고려한다.

3. TBM 터널 토피 계획

(1) TBM 터널의 작업능률을 감안하면 토피가 낮은 것이 좋지만 터널주변에 구조적인 惡영향이 없도록 최소 토피는 굴착외경의 1.5배 이상을 기준으로 한다.

(2) TBM 터널의 토피가 굴착외경의 1.5배 미만인 경우에는 터널의 안정성을 확보할 수 있도록 다음과 같은 항목에 유의하여 계획한다.

① 굴진면 압력관리 : 토피가 얇으면 상부하중도 작아서 굴진 중의 작은 변동이

굴진면에 영향을 줄 수 있으므로, 지표면의 작용하중에 변동이 없도록 계획

② 토피가 얇은 구간은 기존 구조물 기초 등과 간섭될 수 있으므로, 민가 하부를 통과하는 경우에는 TBM 굴진에 따른 진동·소음에 유의

4. 내공단면 계획

(1) TBM 내공단면은 원형을 표준으로 하고 터널의 용도, 건축한계, 2차 라이닝 설치 여부, 유지관리를 위한 여유공간, 조명·환기, 배수·누수, 피난통로, 화재피난시설 등에 필요한 공간을 고려하여 소요 내공단면적을 결정한다.

(2) 소요 내공단면의 크기별 TBM 직경을 정형화할 수 있는 TBM 단면표준화를 검토하여 장비 또는 부품이 재활용될 수 있도록 계획한다.

(3) 아래 단면은 국내 도로터널에 사용되는 일반적인 TBM 공법 단면활용 사례로서, TBM으로 단면을 굴착하고 NATM 공법으로 확공하는 방식을 보여준다.

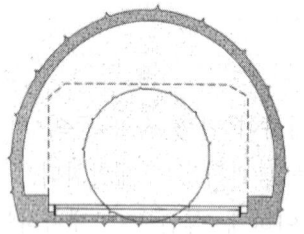
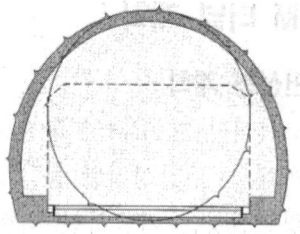

(a) TBM ϕ5.0~ϕ6.5+NATM확공   (b) TBM ϕ8.0+NATM확공

도로터널에서 일반적인 TBM 단면 활용 사례

5. 작업장·작업구 계획

(1) TBM 터널계획에는 지반조건, 현장여건, TBM 형식 등을 고려하여 작업장 및 작업구에 대한 공간계획, 버력처리계획, 부속설비계획 등을 합리적으로 수립한다.

(2) TBM 작업장의 부지와 공간은 단면크기, 굴착공법 등에 따른 TBM 종류, 부속설비 및 공사용 가시설을 감안하여 계획한다.

(3) TBM 장비가 대형화되어 분해한 상태로 현장반입, 재조립 착공하며, 장비 본체뿐만 아니라 터널 내·외부에 설치하는 부속장비 운반에도 어려움이 따른다.

(4) 이러한 문제점을 고려하고 공사효율을 높일 수 있도록 터널의 단면크기, 연장, 장비규모 등을 고려하여 충분한 공간을 확보할 수 있는 작업장이 요구된다.

(5) 작업구가 필요 없는 산악터널공사에서 사용되는 대규모 고성능 open TBM은 소규모 반력 블록을 이용하면 발진터널이나 반력대 없이 직접 굴진할 수 있다.

(6) 2000ton이 넘는 대형장비는 자중을 이용하면 추가 반력대 없이 굴진추력을 공급하는 경우도 있다.

6. 세그먼트 이음·체결 계획

(1) TBM 세그먼트 이음에는 세그먼트를 원통방향으로 결합하는 세그먼트 이음과 종단방향으로 연결하는 링 이음이 있다. 세그먼트의 이음방식은 아래 표와 같다.

TBM 세그먼트 이음부 체결 방식

구분	Bolt Box 방식	경사 Bolt 방식	Pin(삽입형) 방식	곡면 Bolt 방식
단면 형상				
체결력	체결력이 아주 높다 (1)	체결력이 낮다 (3)	체결력이 아주 낮다 (4)	체결력이 높다 (2)
조립 작업	조립 간편하고 시공성 좋고, 조립 후 제거·해체작업 용이	조립공정이 비교적 간단하며, 조립 후 제거·해체작업 용이	조립공정은 비교적 간단하나, 조립 후 제거·해체작업 불가능	조립공정이 비교적 복잡하나, 조립 후 제거·해체작업 용이
정밀도	조립정밀도 양호	조립정밀도 보통	조립정밀도 불량	조립정밀도 보통
누수 문제	2열의 지수재와 체결력이 높아 누수가 적다	1열의 지수재와 체결력이 낮아 누수가 많다	1열의 지수재와 체결력이 낮아 누수가 많다	1열의 지수재만 체결력이 높아 누수가 적다
안정	볼트 박스 설치로 구조적으로 취약하나 Jack 추진력에 대한 대응성 좋다	볼트 체결력이 낮아 완전 체결이 되지 않을 경우, 세그먼트 조립 틈 발생으로 안정성 불리	급곡선 시공하면 세그먼트 마찰 조립 틈 등의 발생으로 누수 및 안정성 확보에 불리	안정성이 높고 Jack 추진력에 대한 대응성이 좋다
경제	고가	비교적 저렴	비교적 고가	비교적 저렴

7. 부속설비 계획

(1) 환기설비, 수전설비, 전력설비, 급·배수설비, 침전지, 급기설비, 철근절단장, 레일조립장 등의 부속설비는 기능과 용량을 근거로 하여 계획한다.

(2) 각종 부속설비의 특성을 고려하여 효율적인 공간배치가 되도록 한다. 터널내부의 부속설비는 작업 환경성, 안전성, 경제성 등을 고려하여 계획한다.

8. 계측 계획

(1) 최근 TBM에는 Laser-Scanning System의 자동화된 고속정밀 계측시스템을 탑재한 장비가 상용화되었다

(2) TBM 굴착 중에 지반붕괴로 인한 장비함몰, 過굴착으로 지반침하 등이 우려되면 조사장비에 의한 굴진면 예측과 과굴착 측정 등을 사전 계획한다.[164]

---

164) 국토교통부, '도로설계편람', 제6편 터널, pp.616-1~18, 2012.
　　강신현 외, '수치해석을 통한 급곡선 구간 Shield TBM의 중절잭 및 스킨플레이트 구조에 관한 연구', 한국터널및지하공간학회 논문집, pp.421~435, 2017.

TBM 터널공법과 Shield 터널공법의 비교

구분	TBM 터널공법	Shield 터널공법
굴착방법	◦ Head cutter를 이용하여 압쇄, 절삭 ◦ 대부분 개방형 전면구조	◦ 후드부 삽입 후, 굴착, segment 삽입 ◦ 개방형, 폐쇄형
적용성	◦ 단면형상 : 원형 ◦ 연약지반, 대수지반은 적용 곤란 ◦ 경암 500~1,500kg/cm²	◦ 단면형상 : 원형, 난형, 구형 ◦ 연약지반, 대수지반, 도심지 적용 가능 ◦ 지중매설물이 많은 곳에 적용 가능
경제성	◦ 초기투자 과다 ◦ 기계화 시공으로 노무비 감소 ◦ 연장이 짧을수록 비경제적 ◦ 여굴, 버력처리, lining concrete 감소 ◦ 공기단축 가능	◦ 초기투자 과다 ◦ 기계화 시공으로 노무비 감소 ◦ 연장이 짧을수록 비경제적 ◦ 여굴, 버력처리, lining concrete 감소 ◦ 공기단축 가능
안전성	◦ 원형단면 : 안전성 우수 ◦ 발파 미실시 : 안전성 확보 ◦ 연약, 대수지반에 굴착보조공법 병용	◦ 연약지반 : 안전성 확보 ◦ 용수지역 : 굴착보조공법 병용
시공성	◦ 지반변화 적응성 불량 ◦ 단면변화 적응성 불량 ◦ 평면선형 제한 ◦ 종단구배 제한 (2% 초과되면 굴진효과 저하)	◦ 굴착단면 제한 ◦ Shield 제작 필요 ◦ 평면선형 제한 ◦ 선행 지반조사 많음 ◦ 갱구부 소음대책 필요 ◦ 반복작업으로 품질관리 용이
시공순서	① 준비, 작업구 설치 ② TBM 조립 ③ 굴착 및 버력처리 ④ 굴착면 지보, 1차 라이닝 ⑤ 방수 처리 ⑥ 2차 라이닝	① 지하 작업구 설치 ② Shield 조립, 발진, 굴착 ③ 버력 처리 ④ 1차 lining 타설 ⑤ Segment 조립 ⑥ 뒤채움지 처리 ⑦ 방수 처리 ⑧ 2차 lining 타설 및 완료

10.28 침매터널

터널 침매공법에서 기초공의 조성, 침매함의 침매방법 및 접합방법 [3, 1]

Ⅰ. 개요

1. 침매터널(沈埋-, Immersed Tunnel)은 육상에서 제작한 각 구조물을 가라앉혀 물속에서 연결시켜 나가면서 만드는 터널로서, 해저 터널공사에 주로 활용된다.

2. 우리나라는 2010년 부산 가덕도와 대죽도·중죽도, 경남 거제도를 잇는 거가대교의 일부 구간을 침매터널로 완공했다. 가덕도와 대죽도를 잇는 3.7km의 침매터널은 최고수심 48m, 길이 180m, 너비 26.5m, 높이 9.97m 함체 18개를 연결한 것으로, 국내 최초의 침매터널이다. 수심은 현재까지 세계 최고깊이이다.

3. 침매터널 공법은 아래 그림에서 보듯 각각의 공정이 개별적으로 제작장 및 침설위치에서 동시에 진행된다. 바로 이 점이 침매터널 공법의 시공 특징이며 장점이다. 즉 공기를 단축시킬 수 있고 품질관리가 용이하다

침매터널의 주요 공정

Ⅱ. 침매터널

1. 침매함의 제작

(1) 침매함 제작장

① 제작장을 선정할 때 제작할 침매함의 규모(길이, 폭, 높이)와 형상을 고려하며, 제작장의 바닥면은 침매함의 중량을 지지할 수 있어야 한다.

② 제작장의 前面수역은 제작완료 後에 침매함을 안전하게 진수·예항할 수 있는

수심이 확보되고, 조류·파랑의 영향이 적어야 한다.

③ 합성구조 침매함은 수밀성 및 콘크리트의 충전성을 확보하기 위해 공극이나 콘크리트의 균열 발생을 최소화하여 제작해야 한다.

(2) 進水 및 운반

① 침매함의 進水는 구조물의 규모(함수 등)·형상(폭, 길이 등)·제작방법(강각, 콘크리트시공법 등) 및 제작장소(육상 작업장, 조선독, 가설 드라이독 등)의 조건과 현장상황을 고려하여 적절한 방법을 선정한다.

② 침매함의 운반은 기상·해상조건, 예항선박, 수심 등의 영향을 받는다. 제작장이 터널 현장과 가까운 경우, 안전성이 높은 부유예항에 의해 실시된다.

2. 침매함의 기초

(1) 침매함의 기초공은 선박의 예행해역 내에서 또는 항행해역에 근접하여 시공하는 경우가 많으므로 시공순서·시공범위 등을 상세히 검토해야 한다.

(2) 거가대교 침매터널의 경우, Screed 방식으로 자갈을 포설하여 고르기 후에 함체를 즉시 내려놓는 방식의 연속지지기초를 아래와 같은 순서로 시공하였다.

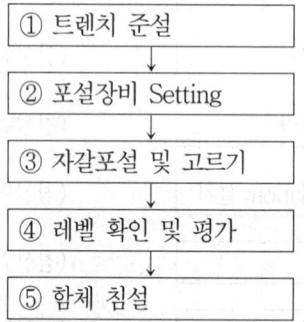

거가대교 침매터널의 기초공 시공순서

(3) 트랜치 준설 前에 해저 침설물 및 위험물(폭발물 등) 등을 조사하고, 기초석공과 관련된 잠수작업은 수심이 깊기 때문에 작업시간을 엄격히 관리한다.

(4) 트랜치 준설 및 기초석공은 침매함의 침설작업 개시 직전에 종료하는 것이 바람직하지만, 현장여건에 따라 실제로는 약간의 방치기간이 발생된다.
이 방치기간이 너무 길면 비탈면이 붕괴되어 재준설해야 하거나 홍수에 의해 완전히 매몰되는 경우가 생기므로 사전에 방치기간을 검토한다.

(5) 가설 지승대는 침매함의 설치결정을 위한 중요한 가설물이기 때문에 소정의 위치에 정확하게 설치해야 한다. 기초석공에서 가설 지승대 설치까지의 시공요령은 아래 그림과 같다.

(6) 선박의 예행해역 내에서 트랜치 준설, 기초석공 혹은 잠수작업 등을 실시하는 경우에 해사 관계기관과 조정하여 선박의 예행제한 등의 안전대책을 강구한다.

(7) 수로부에서 트랜치 준설, 기초석공을 실시하는 경우에 해양오염이 발생할 수 있으므로 오염확산 예방에 유의한다.

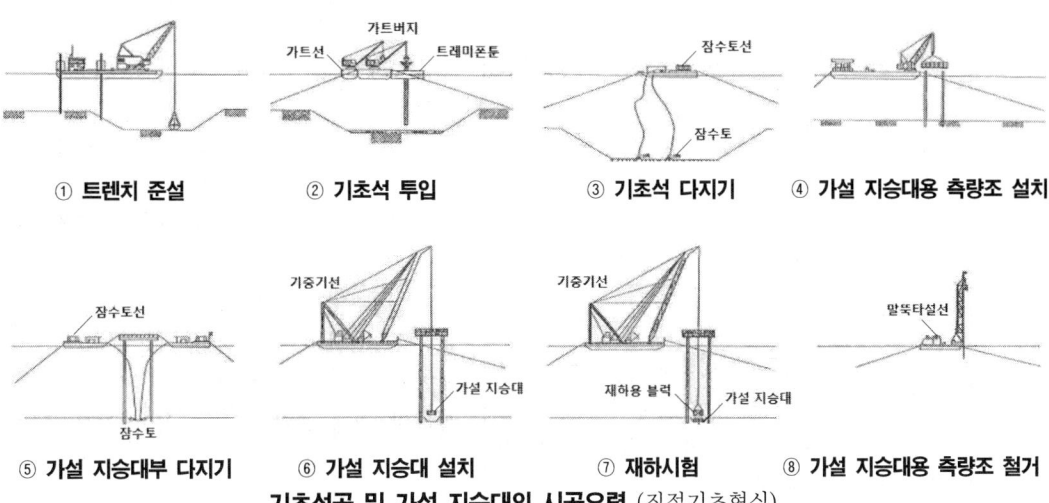

① 트랜치 준설　　② 기초석 투입　　③ 기초석 다지기　　④ 가설 지승대용 측량조 설치

⑤ 가설 지승대부 다지기　　⑥ 가설 지승대 설치　　⑦ 재하시험　　⑧ 가설 지승대용 측량조 철거

기초석공 및 가설 지승대의 시공요령 (직접기초형식)

3. 침매함의 침설 및 접합

(1) 침설순서

① 침매함의 침설 및 접합은 침매함의 규모, 형상, 공정, 작업환경, 현장상황 등을 고려한 시공계획에 의거하여 정밀하고 확실하게 시공해야 한다. 거가대교 침매터널의 침설 및 접합 시공순서를 예시하면 아래와 같다.

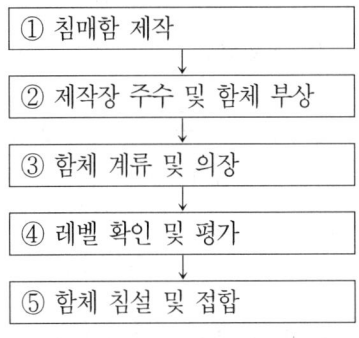

거가대교 침매터널의 침설순서

(2) 침설방식

① 침매함의 침설방식은 시공성, 경제성, 공사기간, 주위영향 등을 고려하여 적절

하게 선정한다. 침매함의 침설방식 중 시공실적이 많은 ▲타워폰툰방식과, ▲프레싱바지선방식을 비교하면 아래 표와 같다.

침매터널의 침설방식 비교

항목	타워폰툰방식	프레싱바지선방식
시공 개요	◦ 의장 작업장에서 침매함 위에 윈치타워나 침설폰툰 등의 침설장비를 탑재하고 침설지점까지 예항한다. ◦ 침설용 물밸러스트에 의해 침설하중을 작용시켜 폰툰 상의 침설윈치에서 침매함을 매달고 윈치타워에 설치된 조합윈치로 침매함의 위치결정과 침설을 실시한다.	◦ 의장 작업장에서 침매함을 감싸고 측량탑 및 조정잭 등을 탑재하여 침설지점까지 예항한다. ◦ 계류와이어로 프레싱바지선을 고정하고, 침설하중을 박스거더 윈치로 침강시킨다. 위치조정은 바지선 위에 장착된 조정윈치로 실시한다.
시공 성	◦ 침매함을 직접 조함하므로 동요가 적고, 침설의 미세조정이 비교적 쉽다. ◦ 다른 공법에 비해 함체에 탑재되는 의장설비가 많고, 철거에도 다소 시간이 걸린다.	◦ 바지선를 이동시켜 침매함 위치를 결정하는 간접조함이므로 침설 중 동요가 있어 정지시간이 필요하다. ◦ 침매함 내에 대한 접근이 없고 침설 중 함 내에 작업원이 들어가지 않고 원격조작으로 침설시킨다. ◦ 침설 후의 침설설비 철거가 간단하다.
항로 제한	◦ 침설지점에 의한 작업을 기중기선방식과 비교하면 작업량이 적고, 항로제한에 미치는 영향도 비교적 작다.	◦ 침설지점에 의한 작업을 기중기선방식과 비교하면 작업량이 적고, 항로제한에 미치는 영향도 비교적 작다.
경제 성	◦ 침설설비가 간단하고 침매함의 형상이나 치수에 대한 적응성이 넓다. ◦ 폰툰의 건조비 또는 사용료는 비교적 저렴하다.	◦ 프레싱바지선은 대규모이며, 건조비 또는 사용료가 고가이다. ◦ 침설함수가 많은 경우, 바지선에 싸서 예항설치할 수 있으므로 경제적이다.
공정	◦ 침설지점에 대한 입역에서 침설완료까지 3일 정도 소요된다.	◦ 침설지점에 대한 입역에서 침설완료까지 3일 정도 소요된다.
실적	◦ 일본 가와사키항, 오우기시마, 오사카항 사키시마, 고베항 미나토지마, 니가타 미나토 등 다수	◦ 일본 도쿄항, 도쿄항제2항로, 기누우라항, 게요선 게이하마운하, 게요선 다마가와, 도시마가와 등 다수

(3) 침설공 및 접합공
① 침설 및 접합 측량은 신설 침매함의 좌표위치 및 기설 침매함과의 상대위치를 신속하고 정확하게 측정해야 한다. 최근 GPS 측량으로 오차를 줄이고 있다.
② 침매함의 침설은 전진 및 강하를 반복하면서 서서히 목적위치까지 접근시켜, 가설 지승대 및 가수 브래킷 위에 착저시킨다.

③ 착저 후 접합면의 고무개스킷이 수압 접합용 지수에 필요한 압축량이 될 때까지 신설 침매함을 잭으로 끌어당겨 접합시킨다.

④ 침매함을 접합했을 때, 수압의 감소에 따라 함체에 일시적으로 인장력이 작용하는 경우가 있으므로 주의한다. 맨홀, 출입구, 함저재 주입공, 연직 지승 잭 구멍 등은 누수의 원인이 되기 쉬우므로 완벽하게 방수한다.

⑤ 以上 약술한 침매함의 침설방식에 대하여 ▲파워폰툰방식, ▲프레싱바지선방식의 시공순서를 예시하면 아래 그림과 같다.

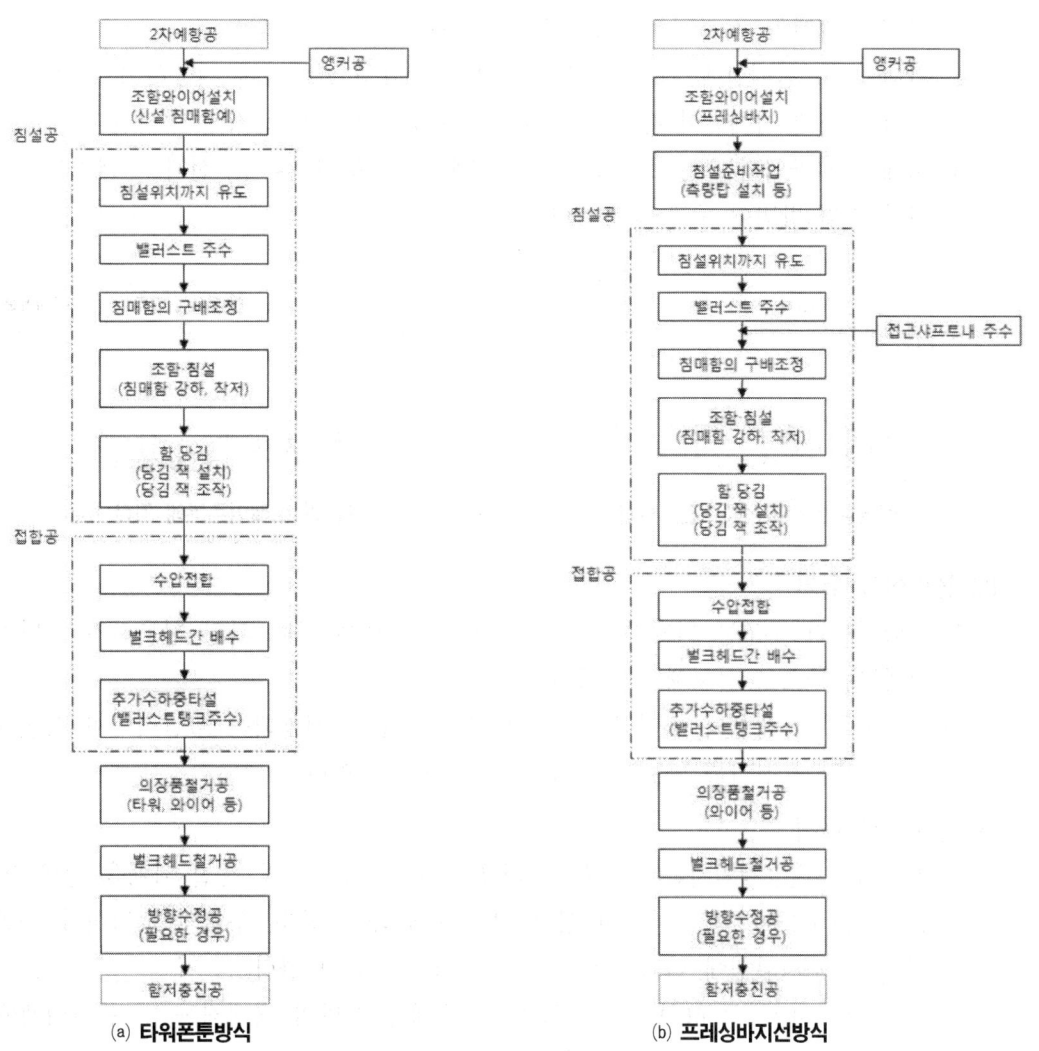

침매터널의 침설 시공흐름도

4. 침매함의 浮上방지 밸러스트

(1) 침설 및 접합할 때 시공 中 혹은 완성 後 함체의 안정을 위하여 밸러스트를 적절

하게 조정해 주어야 함체가 浮力에 대해 안정을 유지할 수 있다.

(2) 침설 중의 부력 및 밸러스트 조정을 위해 1차 의장 단계에서 함체 내에 밸러스트 탱크를 설치하고 主배수설비(구분격공, 개구부 폐색공, 물밸러스트)를 설치한다. 침설 중에 함체중량의 1%를 물[水]밸러스트로 이용하면 효율적이다.

5. 최종 마무리

(1) 뒤채움 피복공

① 침매함의 침설 및 접합이 완료되면 즉시 뒤채움 피복공을 측면 하부뒤채움, 측면 상부뒤채움, 상부피복의 순으로 시행한다.

② 뒤채움 중 침매함에 편압이 걸리지 않도록 좌우 균등하게 시공하며, 뒤채움재 투입에 의해 침매함이 손상되지 않도록 뒤채움재 입경 선정에 주의한다.

③ 뒤채움 시공법에는 ▲바닥열림 바지선에 의한 투입, ▲가트선과 트레미폰툰에 의한 투입 방법이 주로 적용된다.

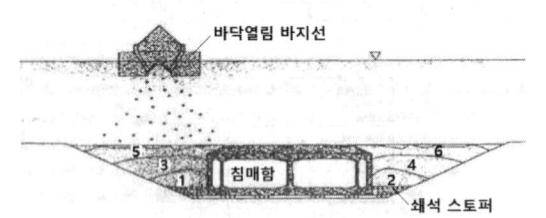

바닥열림 바지선에 의한 투입

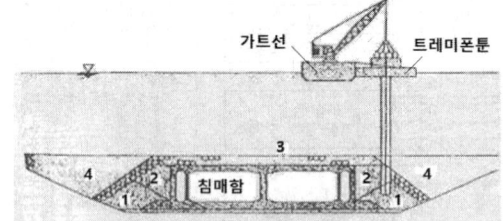

가트선과 트레미폰툰에 의한 투입

(2) 물막이둑 철거

① 물막이둑의 구조는 철거가 용이하고 또한 둑 내에 물이 과잉 침투하거나 넘치지 않는 구조로 설치해야 한다.

② 물막이둑 및 축제의 철거공사는 1회~수회에 걸쳐 시행되는 일반적이며 저렴하고 간단하게 철거를 완료해야 사업을 종료할 수 있다.

(3) 항로 안전대책

① 침매터널 현장책임자는 육상부의 대규모 굴착, 수로부의 준설·뒤채움 등에 따른 소음·비산이 끼치는 주변 영향, 지하수에 대한 영향, 수로의 오염이나 주변 생물 등 주변환경에 미치는 영향도 충분히 고려해야 한다.

② 특히, 항로에서 침매터널을 시공하는 경우에는 선박의 예행제한 및 안전대책에 대해 관계기관과 조정하여 안전하게 종료한다.165)

---

165) 국토교통부, '도로설계편람', 제6편 터널, pp.625-1~18, 2012.

10.29 연직갱, 경사갱

연직갱 굴착공법 RC(Raise Climber)와 RBM(Raise Boring Machine) 장·단점 비교 [1, 3]

I. 개요

1. 터널공사에서 연직방향으로 굴착한 터널을 연직갱, 경사방향으로 굴착한 터널을 경사갱이라 한다.

2. 장대터널에서 공사 중 본선 터널의 버력반출, 자재반입 등의 굴착작업을 위해 또는 공용 중 터널 내 환기를 위해 일정거리를 두고 연직갱 또는 경사갱을 계획한다.

3. 또한, 연직갱 및 경사갱은 터널 연장이 길어서 공사기간을 단축할 필요가 있을 때, 공사 중 발파가스나 버력반출 등으로 환기가 필요할 때 사용되기도 한다. 현장에서 연직갱에 비해 경사갱이 공사용으로 사용하기에 유리하다.

공사용 연직갱 및 경사갱 비교

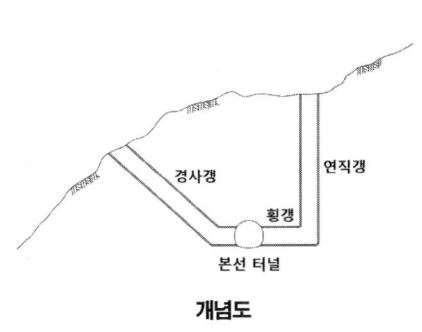

개념도

구분	연직갱	경사갱
준비기간	길다	짧다
연장	짧다	길다
운반시간	짧다	길다
버력반출능력	느리다	빠르다
공사비	길수록 유리	짧을수록 유리
안전관리	낙하, 용출수	탈선, 과속주행
유지관리	유리	다소 불리

II. 연직갱 굴착방법

1. 일반사항

(1) 건설현장에서 고려할 수 있는 연직갱 굴착방법에는 인력굴착, 발파굴착, 기계굴착 등이 있다.

(2) 탄광·금광 갱도를 굴착하는 광산현장을 제외하고 인력굴착을 하는 경우는 거의 없다. 건설현장에서는 대부분 발파굴착을 적용하고 있다.

(3) 그러나, 연직갱 심도가 깊은 경우에는 발파굴착방법 대신 기계굴착방법을 적용하는 방안이 공사기간, 공사비용, 안전관리 측면에서 유리할 수 있다.

(4) 연직갱 굴착방법을 결정할 때는 직경, 기울기, 굴착가능 연장, 상부 또는 하부로의 접근성 등의 시공가능범위를 검토해야 한다.

연직갱 굴착방법에 따른 시공가능범위 검토

굴착방법			연장(m)	직경(m)		기울기	접근성
				최소	최대		
발파굴착	上向	분할발파	< 50	2	>10	최소 45°	上·下部
		RC	< 400	1.8	3.2	최소 45°	下部 만
	下向	全단면 발파	> 1,000	-	>10	연직	上部 만
		선진도갱 확대굴착	> 400	-	>10	최소 45°	上·下部
기계굴착	上向	RBM	< 1,000	0.5	6	임의 각도	上·下部
	下向	연직갱용 TBM	> 500	<1	6	급경사	上部 만

2. 발파굴착(RC, raise climber)

⑴ 발파굴착에서 연직갱과 수평터널 발파의 차이점은 중력방향에 있다. 연직갱을 하향 발파굴착할 때는 자유면이 중력방향과 반대방향이므로 굴진장이 같더라도 단위체적당 더 많은 화약량이 필요하다. 반대로 상향 발파굴착(RC, raise climber)할 때는 더 적은 화약량으로도 발파할 수 있다.

⑵ 연직갱 발파 역시 수평터널 발파와 동일하게 지반조건, 지하수위, 굴착단면 크기, 암질, 굴진장 등을 발파공의 간격과 깊이를 결정한다.

⑶ 연직갱 발파굴착의 1회 굴진장은 단면적, 지반상태 등에 따라 다르지만 대체로 1.2~1.5m 내외로 분할발파, 또는 전단면 발파로 설계·시공한다.

⑷ 주택과 인접된 연직갱 하향 발파굴착할 때는 소음·진동 차음시설, 비석방지 매트 등의 주변 생활환경 보호대책이 필요하다.

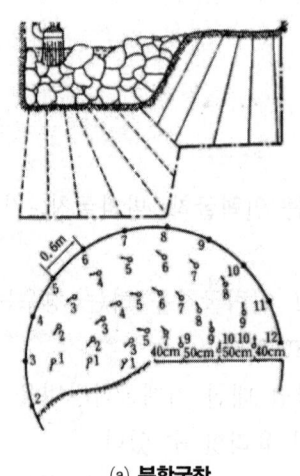

(a) 분할굴착

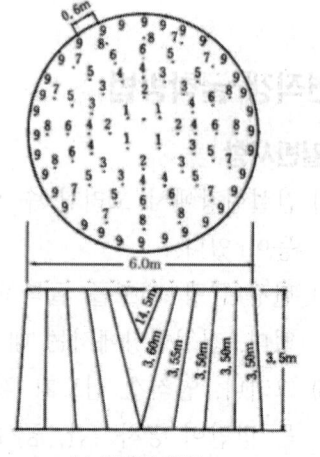

(b) 全단면 굴착

연직갱 발파굴착 방법

3. 기계굴착(RBM, raise boring machine)

⑴ 연직갱 굴착에 사용되는 기계굴착장비(RBM, raise boring machine)은 단면적이 적은 연직갱 굴착이나 선진도갱 확대굴착에 효과적이다.

⑵ RBM 공법은 연직갱 하부에 작업공간을 확보하여 벽면에 앵커로 가이드 레일을 설치하고, 이 레일을 따라 움직이는 작업대(raise climber)를 이용하여 Drill and Blast 공법과 같이 발파하면서 상향으로 단면적 3~30m^{2}의 수직갱을 천공-장약-발파-환기-부석정리 순으로 반복 진행한다.

⑶ 즉, RBM 공법은 상부로부터 약 300mm 크기의 유도공을 천공하여 하부터널로 관통 후 하부에 리머(reamer)를 부착하여 상향으로 기계굴착한다. 기계굴착 직경은 2.0~3.0m이며, 최대 6m까지 가능하다. 굴착심도는 400m까지 가능하다.

⑷ 국내에서는 예천양수발전소에서 연직갱 굴착할 때 회전식 연직천공시스템(RVDS, rotary vertical drilling system)을 사용하여 직경 2.4m, 깊이 530m를 연직편차 0.03%의 정밀도로 시공한 사례가 있다.

⑸ RBM 공법은 갱내에 사람이 들어가지 않으므로 안전성이 높고 굴착효율도 높다. 다만, 지반조건이 불량한 경우에 케이싱을 삽입할 수도 있지만, 연약한 파쇄대 지반에는 적용하기 어렵다. 반대로, 암반강도가 매우 큰 극경암에도 비트 마모가 매우 커서 굴진효율이 낮다.

⑹ 연직갱 굴착에 사용되는 장비는 RBM이 가장 많이 쓰이며, 연직갱용 쉴드(shield) 와 TBM장비도 있지만 많이 사용되지는 않는다.

⑺ 최근 독일 Herrenknecht 사에서 개발된 VSM(vertical shaft sinking machine) 을 이용한 하향 기계굴착공법이 개발되어 선진도갱 확대굴착이나 전단면 하향굴 착공법에 적용되고 있다.

VSM은 고정된 위치에서 직경 5~33m, 깊이 33m까지 굴착 가능한 비트를 부착한 장비로서 최대깊이 160m까지 굴착 가능한 것으로 알려져 있다.

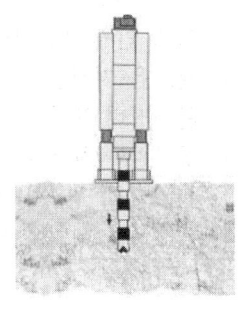
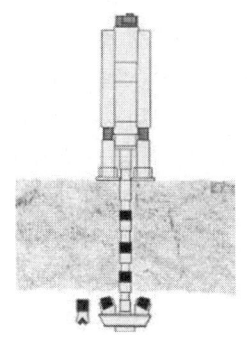
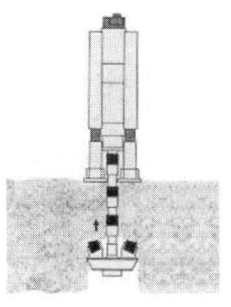

ⓐ 유도공 굴착   ⓑ 드릴비트 제거 및 리머 부착   ⓒ 리밍(확공)

RBM 기계굴착 시공순서

연직갱 굴착방법 비교

구분	下向 발파굴착	上向 발파굴착 RC	기계굴착 RBM
굴착방법	◦ 운반기계+ 인력천공의 下向 발파굴착	◦ 운반기계+ 인력천공의 上向 발파굴착	◦ 全단면 上向 기계굴착
지수	◦ 가능	◦ 불가능	◦ 가능
보강	◦ 굴착·라이닝 동시타설가능	◦ 굴착 중 보강 불가능	◦ 굴착 중 보강 불가능
적용지반	◦ 토사~극경암(제한 없음)	◦ 연암~경암(양호한 암반)	◦ 연암~경암(양호한 암반)
적용성	◦ 굴착단면: 제한 없음 ◦ 굴착심도: 제한 없음 ◦ 주로 짧은 연직갱의 굴착에 적용	◦ 굴착단면: 2.0m×2.0m (3.0m×3.0m까지 가능) ◦ 굴착심도: 100~400m (200m 내외가 최적) ◦ 30°~90° 수직도 유지가능 ◦ 파쇄대 구간 시공 곤란	◦ 굴착단면: ϕ2.0~6.0m ◦ 굴착심도: 100~400m (200m 내외가 최적) ◦ ·파쇄대 구간 시공 곤란
안전성	◦ 보통	◦ 불량	◦ 양호
공사기간	◦ 가장 길다.	◦ 짧다.	◦ 가장 짧다.
시공성	◦ 암반강도 영향 작음 ◦ 문제 발생되면 대처 용이 ◦ 굴착·보강 동시시공 가능 ◦ 長孔 굴착 가능 ◦ 버력처리에 많은 시간 소요되어 공사기간 길다. ◦ 용수 대비 사전대책 필요 ◦ 소구경 연직갱의 굴착이 거의 불가능	◦ 문제 발생되면 대처 용이 ◦ 암반강도가 매우 크면 RBM 공법보다 효율적 임 ◦ 낙석·낙반·용출수 발생되면 매우 불리 ◦ 용출수 발생되면 측량 불가능 ◦ ·대심도에서 싸이클 타임이 길다.	◦ 여굴량이 적다. ◦ 버력 사이즈가 작아 소형 버력처리장비 사용 가능 ◦ 용출수 발생에 작업 가능 ◦ 굴착 중 지반보강 불가 ◦ 천공정밀도를 유지 못하면 추가작업 곤란 ◦ 암반강도 크면 시공성저하 ◦ 지표부 기계기초 필요
경제성	◦ 버력처리 비용 고가 ◦ 인력굴착으로 인건비 투입 과다 ◦ 부대시설(환기,급배수)필요	◦ 소규모 설비 초기투자저렴 ◦ 장비 운반·소모품 저렴 ◦ 인건비 투입 비교적 많음 ◦ 부대시설(환기,급배수)필요	◦ 작업효율이 높음 ◦ 인건비 투입이 적음 ◦ 초기투자비 상대적 고가 ◦ 운반비용, 소모품 고가
작업환경	◦ 작업공간 확보에 크게 구애받지 않음 ◦ 발파 진동·소음이 크므로 안전위험을 내포	◦ 연직갱 상부의 작업공간 확보 곤란해도 적용 가능 ◦ 하부터널 先굴착 필요 ◦ 발파 중 주변지반 이완으로 낙석·낙반 안전 불리 ◦ 하향 환기로 환기 불량	◦ 갱내 인원투입 없어 안전 ◦ 저소음·저진동 공법 ◦ 환기장비 불필요 ◦ 상부 부지확보 필요 ◦ 하부터널 先굴착 필요 ◦ 필요하면 헬기운반 가능

166)

166) 국토교통부, '도로설계편람',제6편 터널, pp.614-1~12, 2012.

10.30 피암(避岩) 터널

I. 개요

1. 피암터널이란?

(1) 피암터널(Rock shed)은 낙석방지망, 낙석방호울타리, 낙석방호옹벽 등과 같이 낙석으로부터 인명이나 도로를 방호하기 위한 구조물로써, 상부구조(주구, 주빔, 기둥), 하부구조 및 기초로 구성되어 있다.

(2) 피암터널의 상부구조는 부재 종류에 따라 RC, PC, 강재 등이 있고, 단면 형식에 따라 캔티레버형, 문형, 역L형, 아치형 등이 있다.

(3) 피암터널의 기초형식에는 직접기초 및 말뚝기초로 설치된다.

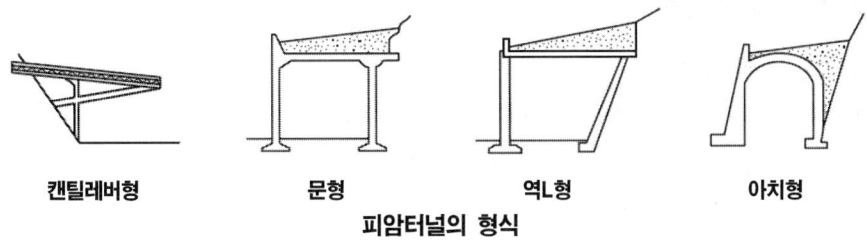

피암터널의 형식

캔틸레버형 　　　　문형 　　　　역L형 　　　　아치형

2. 피암터널의 적용성

(1) 피암터널은 산사태가 발생되면 흙·돌 등의 낙석물을 도로·철도 위를 넘겨 강으로 곧장 보내도록 설치되는, 반영구적이며 실효성·안전성이 검증된 공법이다.

(2) 국토교통부·환경부는 도로건설에 따른 환경훼손과 주민갈등을 최소화하기 위하여 공동으로 제정한 『환경친화적인 도로건설지침』에 피암터널을 규정하였다.

(3) 이 지침에 따라 절개지에 설계하는 피암터널은 개착식 터널공법으로 시공함으로써 생태계를 복원하고, 동물이동통로를 확보하고 있다.

3. 피암터널의 구조·시공

(1) 비탈면 깎기

① 피암터널 시공을 위한 비탈면 깎기는 『건설공사 비탈면 표준시방서』의 『제5장 비탈면깎기』의 해당 규정에 따른다.

(2) 기초지반

① 피암터널의 기초지반은 구조물과 뒤채움 하중을 포함한 전체 상부하중에 대하여 충분한 지지력을 확보하며, 과도한 침하를 유발하지 않도록 한다.

② 상부토피 두께 변화에 따른 부등침하에 대비하여 구조물 바닥면에 일정량의 캠버(chamber)를 둘 수 있다. 캠버는 구조물 총길이의 1% 이내로 한다.

(3) 뒤채움

① 콘크리트 피암터널은 뒤채움할 때 별도의 다짐을 실시하지 않는다.

② 강재 및 파형강판 피암터널은 1층 다짐 완료 후의 두께를 0.2m 이하로 하며, 밀도는 3층 또는 50m³마다 최대건조밀도의 95% 이상을 확보한다.

③ 강재 및 파형강판 피암터널의 뒤채움부 다짐작업 중 강재 및 강판벽체로부터 0.6m 이내에 다짐장비를 제외한 중장비 주행을 엄격히 통제한다. 특히, 뒤채움부 측면다짐 중에 다짐장비는 구조물 길이방향과 평행 주행하며, 상부다짐 중에는 피암터널 길이방향과 직각 주행한다.

Ⅱ. 콘크리트 피암터널

1. 콘크리트 배합·운반

(1) 콘크리트는 설계조건을 만족시키며, 재료분리 및 공극이 발생되지 않을 정도의 워커빌리티를 갖도록 시방배합과 현장배합을 정하여 비빈다.

(2) 콘크리트 비빔 후 타설완료까지 시간은 외기온도 25℃ 이상에는 1.5시간, 25℃ 이하에는 2시간을 초과하면 안 된다. 단, 지연제를 사용하면 책임기술자의 승인을 얻어 시간제한을 조정할 수 있다.

(3) 배치플랜트 콘크리트는 재료분리, 손실, 이물질 혼입 등이 생기지 않는 방법으로 운반한다. 운반은 교반기(agitator)가 부착된 운반차를 사용하며, 다른 운반방법에 의할 때는 운반방법의 적정성을 검증해야 한다.

2. 프리캐스트 콘크리트 부재

(1) 콘크리트의 기준강도는 도면 또는 특기에 따르되 30MPa 이상으로 한다.

(2) 치밀하고 고강도의 콘크리트가 요구될 경우에는 시멘트 무게의 10% 미만으로 포조란 혼화재를 유용화제와 함께 혼합할 수 있다.

(3) 부재는 설계도에 명시된 치수·형상대로 제작된 것이어야 한다.

3. 콘크리트 타설

(1) 콘크리트 타설 중 재료분리가 생기지 않고, 골고루 채워져서 공극이 발생하지 않도록 하며 균열이 발생되면 전문가 검토 후 적절한 조치를 취한다.

(2) 건조수축균열이 발생하지 않을 구간에서 1일 타설 분량의 콘크리트는 연속타설하며, 특히 재료분리가 일어나지 않도록 타설속도를 유지한다.

(3) 콘크리트 타설 후 진동다짐하며, 건조수축균열 방지를 위해 적절한 간격의 수축이음부를 두고, 용수·유수에 의해 콘크리트 품질이 저하되지 않도록 한다.

(5) 콘크리트에는 균열발생이 최소가 되도록 시공 중 주의하며, 특히 균열발생 예상구간에는 필요한 대책을 추가로 강구한다.

(6) 피암터널의 내부와 외부의 온도 차이에 의한 영향으로 신축이음이 필요한 경우에는 신축이음을 둘 수 있다.

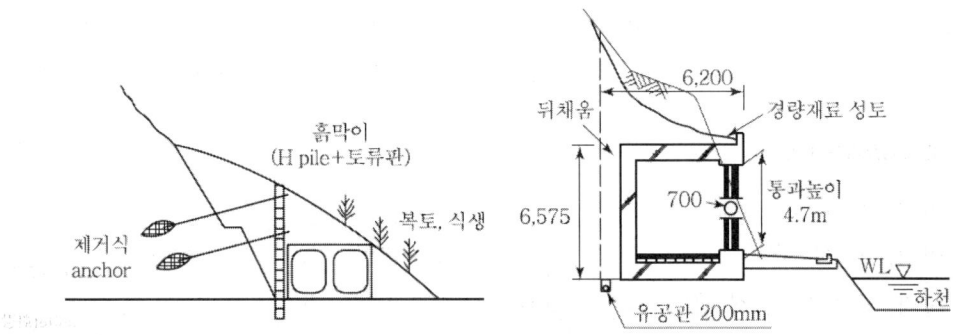

콘크리트 피암터널의 단면

Ⅲ. 피암터널의 특징

1. 피암터널은 낙석 또는 붕괴암괴의 충격에너지가 매우 커서 기존 비탈면보호공법으로 대처가 불가능하고 철근콘크리트, 강재 등으로 터널형태의 보호구조물을 설치하여 낙석이 도로면에 직접 낙하하는 것을 막는 공법이다.

2. 급경사 지역의 능선을 따라 지나가는 도로·철도 노선에서 대규모 산사태가 우려되어 터널형식으로 설계하는 피암터널은 옆면에 벽체 대신 기둥을 세우거나 산쪽으로 터널을 깎아 ㄷ자형으로 설치하여 개방감을 주고 비상탈출을 돕는다.

3. 일본 이와이즈선(岩泉線)철도 탈선사고는 열차가 피암터널을 빠져나온 직후에 산사태에 휩쓸려 발생된 재해였다. 결국 이 노선은 2010년 피암터널 출구의 산사태로 운행이 중지되었으며, 복구비용 과다를 이유로 노선 자체가 폐지되었다.

4. 국내 영동선 철도에 피암터널이 자주 보이고, 강원 삼척 하장면 국도 35호선 구간에도 피암터널이 있다. 중앙고속도로 치악재 구간 춘천방향에 설치된 피암터널은 평면곡선구간을 지나고 있어 제한속도 80km/hr로 매우 위험하다.[167]

---

167) 환경부·국토교통부, '환경친화적인 도로건설지침, pp.18~19, 2015.
국토교통부, '도로안전시설 설치 및 관리 지침', 낙석방지시설 편, 2008.

10.31 터널의 페이스 매핑 (Face mapping)

터널의 페이스매핑(face mapping) [4, 0]

1. 용어 정의

(1) Face mapping은 터널공사 중에 노출되는 막장면(face) 또는 암반절취면 상태를 육안으로 직접 관찰·조사하여 기록하는 작업이다.

(2) 터널 막장면은 불균일성·불연속성의 특징이 있으므로 국부적인 거동·용수현상을 면밀히 조사하여 Face mapping을 작성하여 굴진 중 안전성을 확인해야 한다.

2. Face mapping

(1) 조사 도구

① 야장, 필기도구

② 줄자, 축척자, 지질 콤파스

③ 지질 햄머, 슈미트 햄머

④ 점재하 강도시험기 등

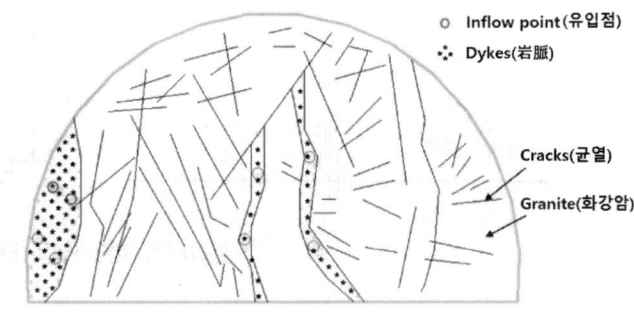

○ Inflow point(유입점)
⁎ Dykes(岩脈)
Cracks(균열)
Granite(화강암)

Face mapping

(2) 조사 항목

① 암반상태   : 풍화도, 고결정도, 뜬돌

② 지질구조   : 암의 종류, 단층, 절리, 파쇄대의 경사

③ 불연속면   : 방향, 간격, 충전물, 틈새, 연장, 강도

④ 기타   : 지하수위의 위치, 암반의 붕괴·낙반 발생 여부

(3) 조사 방법

① 원칙적으로 매 막장마다 조사하되, 지질변화가 없는 경우에는 매일 막장 1~2개소를 대표적으로 조사한다.

② 전문지식을 갖춘 토질및기초기술사가 터널의 막장과 함께 측벽·천정·바닥 등을 직접 조사하여, 조사 결과에 따라 상호 연관성을 기록하여 종합 판단한다.

(4) 결과 이용

① 암반의 국부적인 거동, 용수상태를 확인하여 필요한 경우에 굴착공법을 변경

② 터널굴착 중에 막장면의 안전성을 종합적으로 평가

③ 계측결과 분석할 때 보조자료로 활용하여 시공의 안전성을 도모

④ Rock bolt 등의 굴착보조공법을 효율적·경제적으로 시공관리[168]

---

168) 박효성 외, 'Final 토목시공기술사 핵심문제', 예문사, p.750, 2008.

10.32 암반 반응곡선, 可縮지보재

암반 반응곡선, 가축성 지보공(可縮性 支保工) [2, 1]

1. 개요

(1) 「지반-구조물 상호작용개념」은 지반 자체의 지보능력을 활용하여 굴착 後 안정상태를 유지하도록 하고, 지보재는 단순히 보조역할만을 수행하는 개념으로 암반과 보강재료가 일체로 되어 저항하는 개념이다. NATM 설계원리는 「지반-구조물 상호작용개념」에 의한 암반반응곡선을 근거로 하고 있다.

2. NATM 설계 원리

(1) 설계 원리

지중에 터널을 굴착하면 굴착면에서 변위가 발생되는데, 이때 변위의 크기에 따라 지보응력(또는 하중)이 달라진다. 여기서, 굴착에 따른 변위의 크기와 지보응력과의 관계를 반응곡선이라 한다.

(2) 암반반응곡선 해석

① 굴착과 동시에 초기응력과 동일한 응력을 굴착면에 작용시키더라도 초기에는 변위가 발생되지 않는다.

② 굴착면의 변위를 허용하면 변위가 증가되면서 하중은 감소하나, 어느 한계범위를 초과하면 지반은 이완되고 오히려 변위가 증가되기 시작한다.

③ 변위가 한계범위를 초과하지 않게 지보재를 설치하면 응력을 최소화할 수 있다. 즉, 지반자체의 지보능력을 최대한 활용하면 막장 안정성을 도모할 수 있다.

④ 지보재가 너무 강하면(③) 비경제적이며, 너무 약하면(⑤) 막장 붕락을 초래한다. 따라서 적절한 시기에 적절한 강성의 지보재를 설치(④)한다.

⑤ 결론적으로, 가축성(可縮性) 지보재를 설치하되 변위를 허용함으로써, 지반자체의 지보능력을 상실하지 않는 범위 내에서 평형상태를 유지할 수 있다.

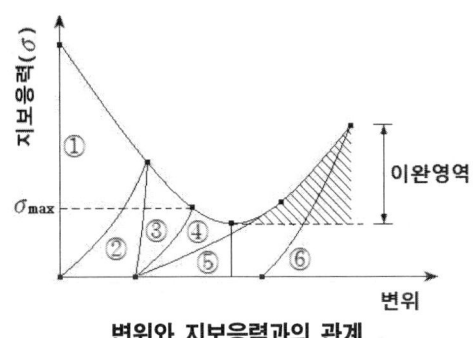

변위와 지보응력과의 관계

(3) 가축성(可縮性)지보재

① 용어 정의

o 터널 굴착 중에 변위를 허용하면, 터널자체는 원래 받았던 압력보다 적게 받고 터널주변은 더 큰 압력을 받게 된다.

o 이와 같은 터널 굴착 중 변위 발생에 따른 하중의 분포현상을 하중전이(또는 응력전이)라고 한다.

o 하중전이에 대응하여 외력이 증가함에 따라 변형이 발생되도록 설계된 지보공을 가축성 지보공(可縮性 支保工, sliding staging)이라 한다.

② 필요성

o 변위 발생을 억제하려면 더 큰 강성의 지보재가 필요하여 비경제적이며, 반대로 너무 약한 지보재를 사용하면 큰 변위가 생기고 터널의 이완·붕괴를 초래한다.

o 약간의 변위만 허용되는 可縮性 지보재를 사용하면 하중전이가 발생되어 경제적인 단면으로 안정성을 유지하면서 터널을 굴착할 수 있다.

o NATM에서 可縮性 지보재가 사용되므로 원래 암반의 강도를 이용하여 적정한 시점에 여러 형태의 지보재를 설치하면 터널을 안전하게 굴착할 수 있다[169]

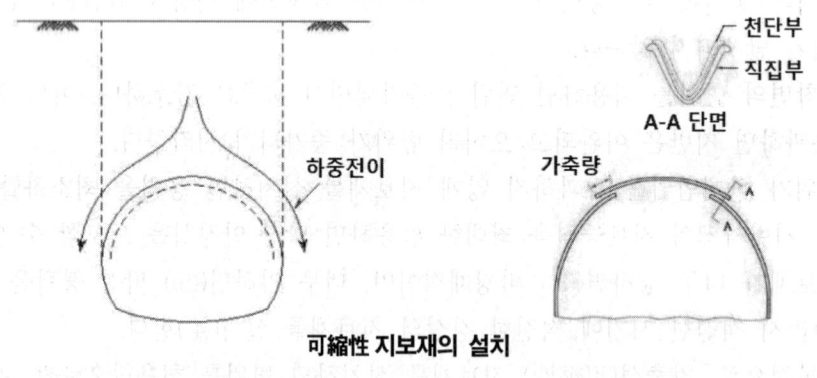

可縮性 지보재의 설치

---

169) 이춘석, '토질 및 기초공학 이론 과 실무', 예문사, pp.1509~1518, 2002.

10.33 지보재(支保材)

NATM터널 시공에서 지보재 패턴을 결정을 위한 세부시행사항 [0, 3]

I. 지보재의 역할

1. 터널 굴착 후 새로운 응력분포 대비

(1) 터널을 굴착하면 굴착 이전에 작용하던 초기응력이 재분배되어 굴착면 주변의 응력은 새로운 응력 분포상태에 이르게 된다.

(2) 굴착면 주변 지반은 원래의 3축 응력에서 새로운 2축 응력상태가 되며, 이때 소멸되는 지중응력 때문에 크게 증가된 굴착면 접선응력이 갱내로 발생된다.

2. 지반 고유강도보다 큰 변위에 저항

(1) 증가된 접선응력이 지반 고유강도보다 적으면 터널주변 지반은 조기에 안정되나, 지반 고유강도보다 크면 큰 변위가 발생되므로 지보재로 저항해야 한다.

(2) 또한 지반의 구성이 다양하고 불연속면이 임의적으로 존재하는 경우에는 터널의 거동양상이 매우 복잡해지므로 붕괴되지 않도록 지보재로 지지해야 한다.

3. 터널 수명기간 동안 안정성 유지

(1) 터널의 지보재는 시공 중에는 물론 수명기간 동안에 주변지반과 일체로 거동하여 터널의 안정성을 영구적으로 확보할 수 있어야 된다.

(2) 즉, 지보재는 터널 굴착으로 인하여 발생되는 새로운 응력상태에서 터널 주변지반과 일체가 되어, 안정상태에 도달되도록 설계·시공되어야 한다.

4. 터널 굴착의 영향 최소화 기능(역할) 발휘

(1) 터널 굴착에 따른 거동이 주변 구조물에 영향을 미칠 위험이 있는 경우에는 터널 굴착의 영향이 최소화되도록 지보재의 규격과 시공순서를 결정해야 한다.

(2) 터널의 지보재는 강지보재, 록볼트, 숏크리트, 철망 등의 주지보재와, 굴착의 용이성·안정성 증진을 위해 주지보재에 추가하여 시공하는 훠폴링, 막장면 록볼트 등의 보조지보재로 구분되며, 아래 표와 같은 기능(역할)이 발휘되어야 한다.

터널 지보재의 주요 기능(역할)

기능＼종류	鋼지보재	록볼트	숏크리트	비고
축저항	○	○	○ (압축만)	○ : 효과적임
휨저항	○	△	△	△ : 큰 효과 기대할 수
전단저항	○	○	○	없음

II. 지반거동과 지보재의 상관관계

1. 터널의 지보재를 설계할 때는 대상 지반의 거동특성을 고려하여 굴착면 주변 지반의 자체 지보능력을 활용할 수 있다면 그만큼 지보력을 감소시킬 수 있다.

2. 이는 지반과 지보재의 상호작용에 의해 터널의 안정성을 확보하려는 설계개념이다. 즉, 주변지반이 자체 지보능력이 없는 하중으로만 작용된다면 모든 하중을 터널의 지보재가 충분한 안전율을 가지고 지지해야 하므로 강한 부재를 사용해야 한다.

3. 그러나, 주변지반이 자체 지보능력을 가지고 있다면 지반의 자체 지보능력이 최대한 활용되도록 지보재를 설계할 수 있으므로, 약한 부재를 사용해도 되어 경제적인 터널 설계가 가능해 진다.

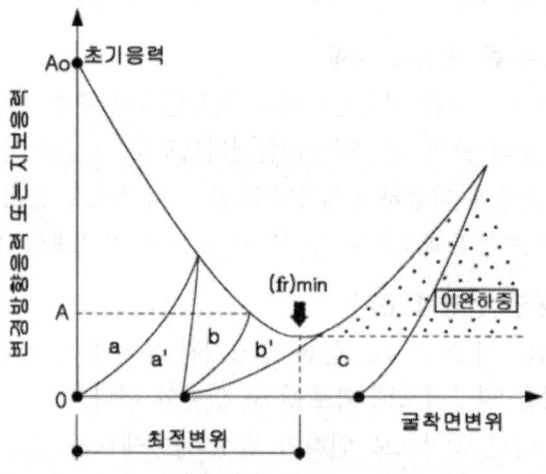

지보재에 작용하는 응력과 굴착면의 변위관계

III. 특수 지반조건에서 지보재

1. 미고결 지반

(1) 생성 조건

① 신생대 지층의 퇴적층과 현무암 또는 안산암 등에서 미고결 또는 반고결 상태의 암반이 혼재되어 나타난다.

② 연약한 충적층 내에 거력(巨礫)이 존재하거나 암반 하부에 미고결의 충적층이 존재할 수도 있다.

(2) 위험 요소

① 강도가 작고 지층이 불균질하며 팽창성이 큰 점토나 내구성이 취약한 지층을 포함하여 용수에 의해 막장 안정성이 현저히 저하될 수 있다.

(3) 지보재 시공 유의사항

① 용수를 포함한 미고결 지반 는 완공 후에도 지하수가 유출되어 지반이 이완될 수 있으므로, 굴착단면을 조기에 폐합하고 지보재로 보강해야 한다.

② 콘크리트라이닝 지보재는 응력집중이 발생되지 않도록 단면형상을 가능하면 원형에 가깝도록 시공하고 조기에 폐합해야 한다.

2. 팽창성 지반

(1) 생성 조건

① 팽창성 지반에 터널을 굴착하면 주변지반과 함께 공벽이 서서히 터널 내측으로 밀려나오는 현상이 나타날 수 있다.

② 심하게 밀려나오면 터널공사에 지장을 초래할 만큼 굴착단면이 크게 축소된다. 변위는 천단, 측벽, 바닥면, 막장면 등의 터널 내측 모두에서 발생된다.

(2) 위험 요소

① 콘크리트라이닝 지보재로 억제하는 경우, 큰 토압이 작용되어 콘크리트라이닝, 지보재 및 인버트가 파괴되고 장기적으로 크리프 변형이 발생된다.

(3) 지보재 시공 유의사항

① 팽창성 지반에 터널을 굴착하면 막장이 불안정하고 시간경과에 따라 지반 이완이 커지므로 조기에 지보공을 설치하여 단면을 폐합해야 한다.

② 막장면에서 터널 내측으로 과다한 변위 발생이 우려되므로, 굴진장을 축소하고 숏크리트, 록볼트, 고규격 강지보재를 병용하는 지보공법으로 굴착한다.

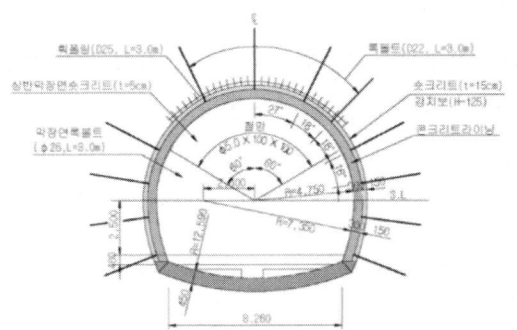

휘폴링, 막장면 숏크리트, 록볼트
미고결 지반에서 지보재

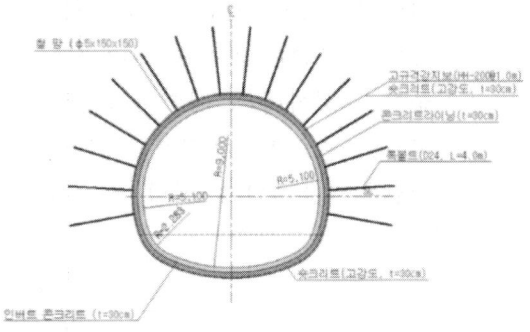

인버트 1차폐합, 고규격 강지보재
팽창성 지반에서 지보재

3. 암반 취성파괴 예상구간

(1) 생성 조건

① 터널굴착 중 주변 암반의 일부가 큰 소리와 함께 터널 내측으로 파열되는 현상으로, 암반 중에 축적된 탄성변형에너지가 굴착에 의해 해방되어 발생된다.

② 심도가 깊고 지반응력이 높은 경우, 암반이 균질하고 절리가 적은 경우에 두께

2~5cm 판모양의 암편으로 작은 조각부터 $1m^3$ 이상 크게 파열된다.

(2) 위험 요소

① 암반파열 등 취성파괴가 예상되는 지반에 AE(Acoustic Emission)계측를 매설하여 암반파열 징후를 예측할 수 있다.

(3) 지보재 시공 유의사항

① 암석파열 대책으로 숏크리트 또는 철망으로 굴착면을 덮거나 마찰식 록볼트를 설치하면 록볼트 타설 후부터 낙석방지 효과를 얻을 수 있다.

② 섬유보강 숏크리트를 적용하여 지보공의 인성을 증가시키거나 암반파열에 의한 낙석 위험성을 감소시킬 수 있다.

4. 다량 용수 예상구간

(1) 다량의 용수가 예상되면 사전 지질조사를 실시하여 지형·지질구조, 암석절리, 단층파쇄대, 대수층 규모, 용수량, 용수압 등을 파악하고 대책을 수립한다.

(2) 적극 용수를 배수하고 지하수위를 저하시키는 방법, 지반주입으로 연약지반을 개량하여 투수성을 저감시키는 방법, 이를 병용하는 방법이 있다.

(3) 배수공법을 적용할 경우, 시공 중에는 압밀침하나 갈수기 주변 환경영향을 검토하고, 완공 후에는 콘크리트라이닝에 수압 작용에 따른 영향을 검토한다.

5. 풍화대 구간

(1) 풍화가 광범위하게 진행되어 풍화토층이 매우 깊게 발달된 지역에서 터널을 굴착하면 과다변위, 낙반, 붕락 등이 발생될 수 있다.

(2) 풍화대 구간을 굴착할 때는 지하수 유출여부를 면밀히 조사하고, 지질·지반특성 분석, 시공사례 및 붕락사례 등을 참고하여 보강공법을 적용한다.

(2) 터널은 구조적으로 안정된 원형 형상으로 하고, 분할굴착을 실시하여 주변지반의 이완을 최소화하고, 터널 천단 보강공법을 실시하여 안정성을 확보한다.[170)]

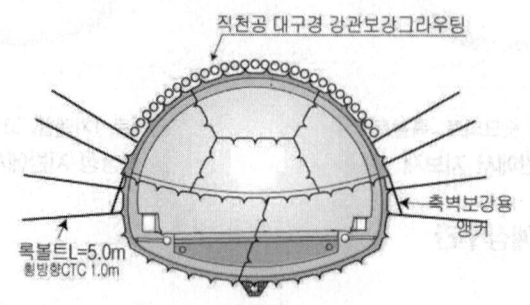

풍화대 지반에서 지보재

---

170) 국토교통부, '도로설계편람', 제6편 터널, pp.606-1~20, 2012.

10.34 主지보재 : 鋼지보재

NATM 터널공사에서 강지보재의 역할과 제작설치 유의사항 [0, 2]

Ⅰ. 개요

1. 鋼지보재는 숏크리트 및 록볼트와 함께 터널의 안정성을 확보하기 위한 主지보재 중의 하나이다. 鋼지보재의 특징은 설치 직후부터 성능을 100% 발휘할 수 있다는 점에서 숏크리트나 록볼트와는 다르다.

2. 鋼지보재의 사용 목적은 터널 단면의 형상·크기, 굴착면 자립성, 지반압 크기, 지표 침하량 제한 등에 따라 다르나 일반적으로 다음과 같이 경우에 사용된다.

   ⑴ 숏크리트 또는 록볼트의 지보기능이 발휘되기 전까지 굴착면의 안정을 도모할 필요가 있는 경우

   ⑵ 막장면에 설치된 훠폴링, 경사볼트 등 보조공법의 반력 지지점이 필요한 경우

   ⑶ 붕락이 발생되기 쉽거나, 지반압이 매우 커서 지보재의 강성을 증가시킬 필요가 있는 경우

   ⑷ 토사지반에서 터널 변형이나 지표 침하 등 지반변위를 억제할 필요가 있는 경우

Ⅱ. 鋼지보재의 설계

1. 鋼지보재의 가공·재질

   ⑴ 鋼지보재는 열간 가공할 때 열관리가 곤란하지만, 냉간 가공할 때 그 흠을 발견하기 쉽다. 따라서 냉간 가공 제작하는 것을 원칙으로 한다.

   ⑵ 鋼지보재를 냉간으로 상당히 큰 원호로 구부려 가공해야 하므로, 연성이 크고 휨과 용접 가공성이 양호한 강재를 사용해야 한다.

   ⑶ H형 및 U형 鋼지보재의 재질은 KS D3503의 S40을 표준으로 하는 구조용 강재, 격자지보형 鋼지보재의 재질은 KS D3504의 SD50W(항복강도 50MPa 이상)를 표준으로 하며, 부재 간의 완전한 용접성능을 발휘할 수 있는 저탄소(탄소함량 0.3% 이하) 용접구조용 강재를 사용한다.

   ⑷ 강재 대신 고강도 플라스틱, 복합부재 등을 鋼지보재로 사용할 경우에는 鋼지보재와 동등 이상의 성능이 발휘되어야 한다.

2. 鋼지보재의 단면·치수

   ⑴ 鋼지보재의 형상은 반원형, 원형, 전주마제형(全周馬蹄形), 전주원형(全周圓形) 등이 있으며 지반조건, 작용하중의 크기·방향, 시공법 등을 고려하여 결정한다.

(2) 鋼지보재로 사용되는 대표적인 단면 형상에는 H형, U형, 격자지보(latice girder) 등이 있다. 일반적으로 H형(H10~H150 정도)이 주로 사용되며, 최근에는 격자지보도 많이 사용되는 추세이다.

(3) 鋼지보재의 치수는 작용하중과 최소덮게, 숏크리트 두께, 굴착공법 등을 고려하여 결정한다. 또한 소요의 강성을 발휘하고 좌굴, 비틀림 및 국부적인 하중에 대하여 저항성이 크고 시공능률을 높일 수 있는 치수로 결정한다.

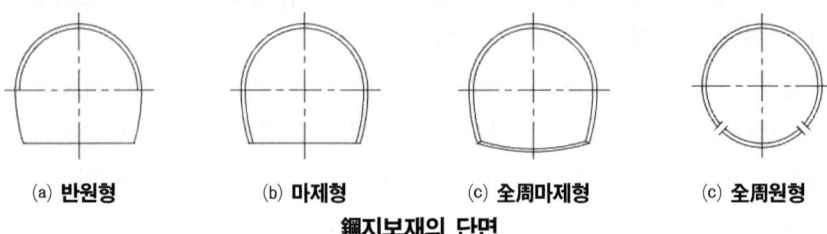

| (a) 반원형 | (b) 마제형 | (c) 全周마제형 | (c) 全周원형 |

鋼지보재의 단면

4. 鋼지보재의 형상

(1) H형 鋼지보재

① H형 鋼지보재가 지면과 너무 밀착되면 지반과 鋼지보재 사이의 공간에 숏크리트 타설이 용이하지 않아 공극이 발생될 수 있고, 숏크리트 두께가 너무 얇으면 숏크리트와 鋼지보재 간의 일체성이 떨어질 수 있다는 약점이 있다.

② H형 鋼지보재의 강성은 다른 지보재보다 크고 시공실적이 많다는 강점이 있다.

(2) U형 鋼지보재

① U형 鋼지보재는 H형 鋼지보재의 약점을 보완해 줄 수 있는 이점은 있으나, 강성은 떨어진다.

② U형 鋼지보재의 불룩한 쪽이 지반을 향해 설치되기 때문에 강지보재와 지반사이에 숏크리트 타설이 용이하다.

③ U형 鋼지보재의 이음부는 밴드(band)에 의해 고정되므로, 플레이트를 맞추어 볼트에 접속하는 방법보다 시공성이 좋고 가축성 이음에 용이하다.

(3) 격자지보재

① 격자지보재는 강봉을 삼각형 또는 사각형으로 엮어 만들어 터널형상에 맞도록 제작한 鋼지보재의 일종으로, 다른 鋼지보재에 비해 가벼워서 취급이 용이하고 인력과 장비 소요가 적다.

② 휘폴링이나 파이프 루프를 설치할 때 격자지보재 사이를 통과하도록 설치할 수 있으므로 휘폴링 설치각도를 최대한 줄일 수 있어 시공성은 좋아진다. 그러나, 격자지보재는 H형 강지보재에 비해 강성은 다소 떨어진다.

③ 격자지보재는 일반적으로 삼각단면 3개 강봉과 사각단면 4개 강봉으로 구분되며, 터널의 지지지반이 연약한 경우에 바닥지지재로 주로 사용된다.
삼각단면 3개 강봉은 단면형상이 삼각형 모양으로 3개의 강봉으로 구성되며, 사각단면 4개 강봉은 단면형상이 사각형 모양으로 4개의 강봉으로 구성된다.

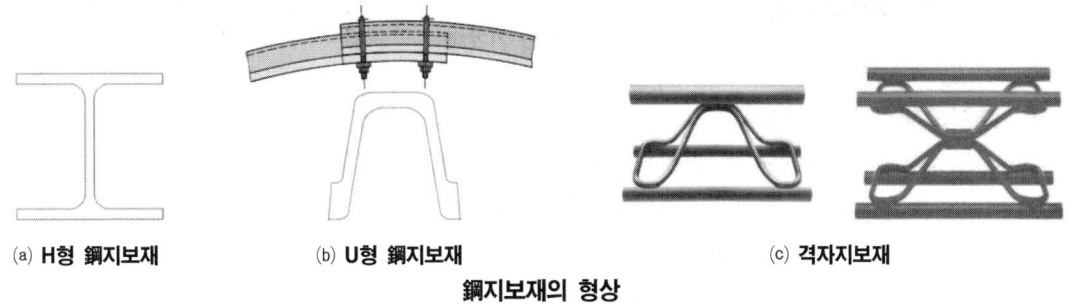

(a) H형 鋼지보재   (b) U형 鋼지보재   (c) 격자지보재

鋼지보재의 형상

III. 鋼지보재의 시공

1. 鋼지보재의 이음

(1) 강지보재는 운반·거치·시공성을 고려하여 분할 제작하되, 이음개소를 최소화하고 구조적으로 불리한 위치에서의 이음은 피하며, 접합은 확실히 시공해야 한다.

(2) 내공변위가 크게 발생되는 팽창성 지반에서 강지보재 이음을 가축변형(可縮變形)이 허용되는 조인트 구조로 한다. 이 경우 가축 허용량 산정에 유의한다.

2. 鋼지보재의 설치 간격

(1) 강지보재의 설치간격은 지반특성, 사용목적, 굴착공법 등을 고려하여 결정하되, 일반적으로 강지보재의 설치간격은 한 굴진장 이하로 하는 것이 적절하다.

(2) 터널 단면을 상반과 하반으로 나누어 굴착할 때는 상부 강지보재의 수직지지점 확보가 가능하도록 조치한 後에 하반의 강지보재를 일부 생략할 수 있다.

3. 鋼지보재의 간격재

(1) 鋼지보재를 설치한 後 숏크리트로 고정하기 前까지 전도방지를 위하여 鋼지보재 사이에 강재 간격재를 일정간격으로 설치해야 한다.

(2) 간격재의 형상은 숏크리트의 일체화에 저해되는 형상(파이프 또는 L형)을 사용하면 아니 되며, 그 설치간격은 1.5~2.0m를 표준으로 한다.

(3) 일체화에 저해되는 형상이란 파이프 또는 L형 간격재를 사용함으로써 숏크리트 타설 후에 앞쪽과 뒤쪽의 숏크리트 상태가 달라지거나, 숏크리트 두께보다 간격재 두께가 필요 이상 두꺼워지는 형상을 의미한다.

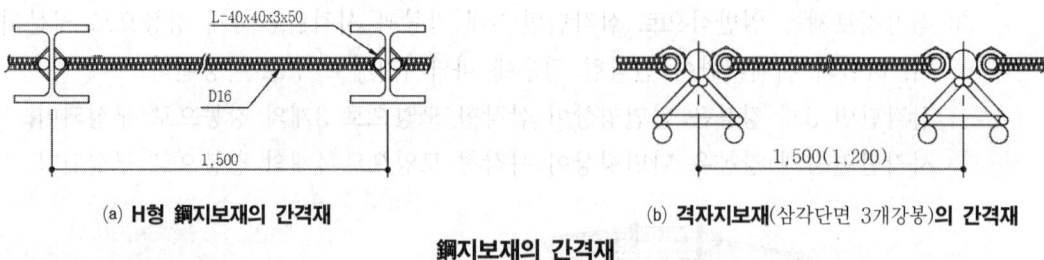

(a) H형 鋼지보재의 간격재   (b) 격자지보재(삼각단면 3개강봉)의 간격재

鋼지보재의 간격재

4. 鋼지보재의 바닥판받침

⑴ 鋼지보재를 설치한 後 작용하중에 의한 침하방지를 위해 鋼지보재 하단에 바닥판을 붙이고, 받침을 설치하여 충분한 지지력을 확보하도록 마무리한다.

⑵ 鋼지보재의 바닥판받침에는 목재, 철근 콘크리트 블록, 강판 등을 사용하며, 작용하중이 큰 경우에는 바닥보강 콘크리트를 타설한다.[171]

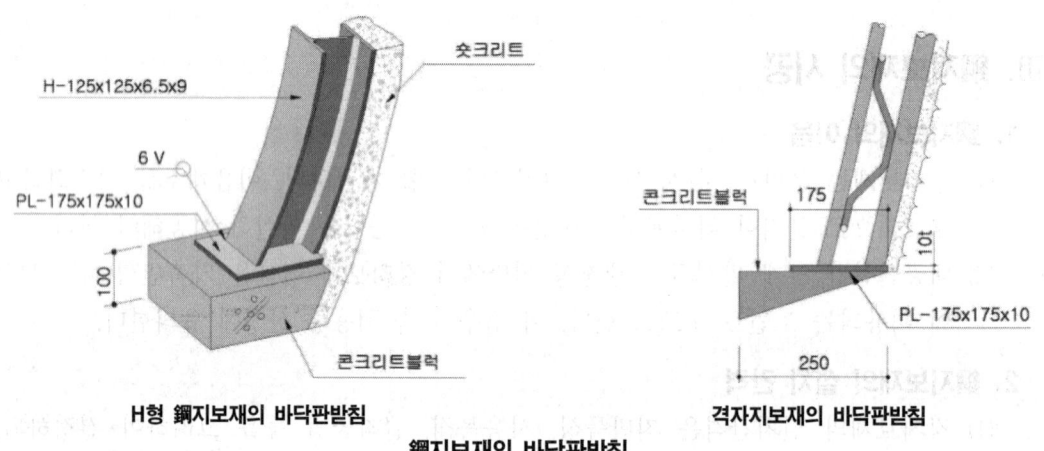

H형 鋼지보재의 바닥판받침   격자지보재의 바닥판받침

鋼지보재의 바닥판받침

5. 鋼지보재의 품질관리 항목

관리항목	관리내용 및 시험	시험빈도
형상 및 치수	소정의 형상 및 치수대로 가공되었는가의 확인	물품반입 시
변형 및 손상	변형 및 녹 등의 이물질 부착여부 확인	시공 전
시공정확도	소정의 위치, 수직도, 높이 등을 확인	시공 직후
밀착도	원지반 또는 숏크리트와의 밀착여부 확인	시공 직후
이음 및 연결상태	이음볼트 및 연결재 등의 시공상태 확인	시공 직후

---

171) 국토교통부, '도로설계편람', 제6편 터널, pp.606-21~32, 2012.

10.35 主지보재 : 숏크리트 (Shotcrete)

NATM 숏크리트(Shotcrete)의 기능과 리바운드(Rebound) 저감 [6, 11]

I. 개요

1. 숏크리트(Shotcrete)란 압축공기를 이용하여 굴착된 지반면에 뿜어 붙여지는 모르타르 혹은 콘크리트로서, 터널 지보재 중에서 가장 중요한 부재이다.

2. 숏크리트는 굴착 후 빠른 시간 내에 지반에 밀착되도록 시공이 가능하고 조기강도를 얻을 수 있으며, 굴착 단면의 형상에 크게 영향을 받지 않고 용이하게 시공이 가능한 특징을 가지고 있다.

3. 숏크리트의 적용 개념은 지반조건, 사용목적, 시공방법 등에 따라 다르지만, 일반적으로 아래 표와 같은 작용 효과를 기대할 수 있다.

숏크리트의 작용 효과

숏크리트의 작용 효과	개념도
① 지반과의 부착력, 전단력에 의한 저항 지반과의 부착 및 자체 전단 저항효과에 의해 숏크리트에 작용되는 외력을 지반에 분산시키고, 터널 주변의 붕락하기 쉬운 암괴를 지지하며, 굴착면 가까이에 지반아치가 형성되도록 한다.	
② 휨압축 또는 축력에 의한 저항 지보재에 의해 지반변위가 구속됨에 따라 굴착면에 내압을 가함으로써, 굴착면 주변지반을 3축 응력상태로 유지시켜 지반강도 저하를 방지한다. 연암·토사지반 등에 작용효과가 크다. 비교적 두꺼운 숏크리트가 한 개의 부재로서 원지반을 지지하기 때문에 될 수 있으면 빨리 링으로 폐합하는 것이 바람직하다.	
③ 지반 응력의 배분 효과 鋼지보재 또는 록볼트에 지반압을 전달하는 기능을 발휘한다.	
④ 약층의 보강 굴착된 지반의 굴곡부를 메우고 절리면 사이를 접착시킴으로써 응력집중현상을 피하도록 하고 약층을 보강하는 효과가 있다.	
⑤ 피복 효과 굴착면을 피복함으로써 풍화방지, 지수, 세립자 유출 방지 등에 효과가 있다.	

II. 숏크리트의 설계

1. 숏크리트의 기능

(1) 축압축저항에 의한 지보기능
숏크리트는 터널 굴착면에 아치구조를 형성하고, 반경방향의 응력에 대하여 축방향의 압축력(축력)이 발생하여 저항한다.

(2) 휨저항에 의한 지보기능
숏크리트에 부석, key block 등의 국부적인 외력이 작용하면 숏크리트의 일부분은 beam 또는 shell로서 휨저항에 의해 외력에 저항한다.

(3) 전단저항에 의한 지보기능
숏크리트에 암반 블록 등으로 인해 전단하중이 작용하면 숏크리트의 일부분은 beam 또는 shell로서 전단저항에 의해 외력에 저항한다.

(4) 지반과의 부착 효과
숏크리트와 지반이 부착되지 않고 일체화되지 않으면 숏크리트의 자중과 암반 블록의 자중을 숏크리트의 강성으로만 지지하게 된다.

2. 숏크리트의 타설방법

(1) 숏크리트의 타설방법은 배합설계, 작업방법 등에 따라 건식과 습식으로 구분되며, 필요에 따라 鋼 또는 섬유(fiber)를 혼합하여 사용할 수 있다.

(2) 1990년대 초까지 주로 건식을 적용하였으나, 폐쇄된 갱내에서 시멘트 분진·비산의 인체 유해성, 시공성 저하 등이 문제되어 최근에는 습식을 선호한다.

(3) 습식에 의한 기계화 시공은 건식보다 시공성, 환경성, 경제성 측면에서 유리하나, 타설장비가 크고 복잡하므로 터널의 굴착규모를 고려하여 선정해야 한다.

숏크리트의 타설방법 비교

구분	건식	습식
콘크리트 품질	노즐에서 물과 재료가 뒤늦게 혼합되기 때문에 품질은 작업의 숙련도, 능력 등에 따라 좌우된다.	물을 혼합한 각 재료들을 미리 정확히 계량하고, 충분히 혼합할 수 있으므로 품질관리가 용이하다.
작업의 제약	재료의 공급에 제한을 받지 않는다.	재료의 공급에 제한을 받는다.
압송거리	길다.	짧다.
분진	비교적 많다.	적다.
소요 공기량	적다.	많다.
공기압	크다.	작다.
기계의 크기	작다.	비교적 크다.

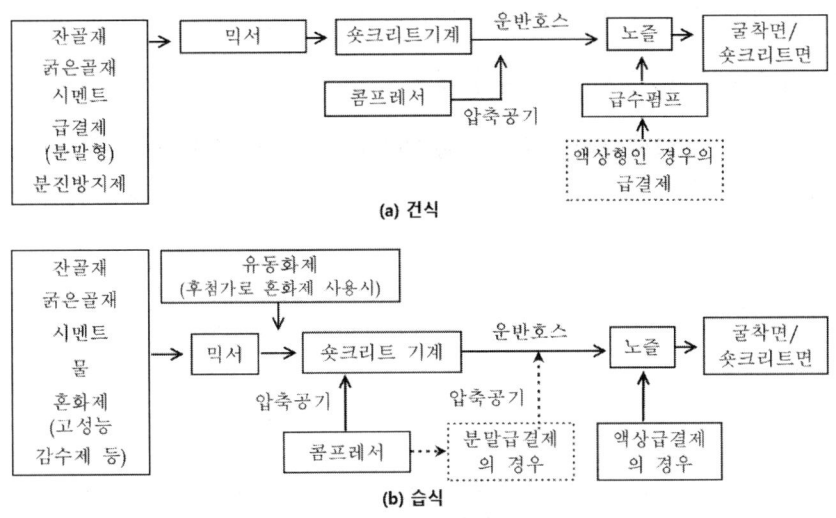

(a) 건식

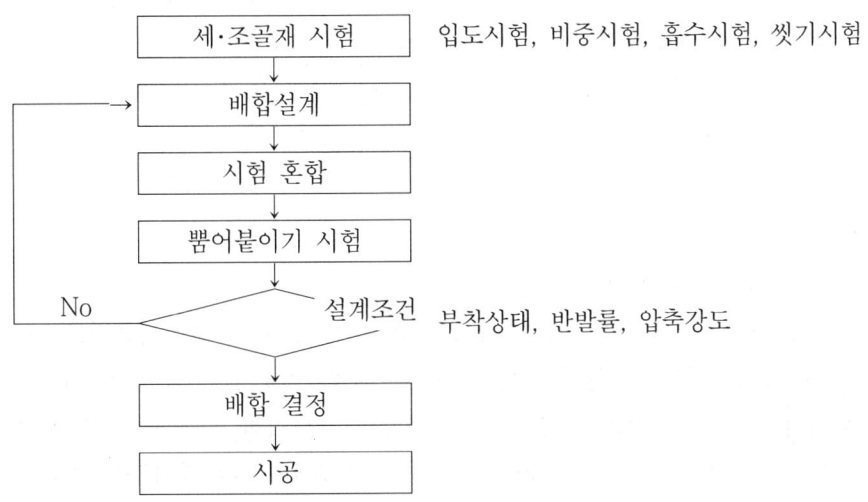

(b) 습식

숏크리트의 타설 흐름도

3. 숏크리트의 배합

```
세·조골재 시험        입도시험, 비중시험, 흡수시험, 씻기시험
   ↓
배합설계  ←─────────┐
   ↓                │
시험 혼합            │
   ↓                │
뿜어붙이기 시험      │
   ↓                │
No ─── 설계조건      부착상태, 반발률, 압축강도
   ↓
배합 결정
   ↓
시공
```

숏크리트 배합비 결정 흐름도

(1) 지보재로서 숏크리트에 요구되는 성능

① 초기강도 : 부착된 숏크리트가 즉시 지반을 지지하기 위해 초기강도의 발현이
뛰어나야 한다.

② 장기강도 : 장기간에 걸쳐 지반을 지지하고 터널을 구조체로서 유지하기 위해
충분한 장기강도를 가져야 한다.

③ 부착력 : 지반과 일체화되기 위해 부착력이 뛰어나야 하며, 특히 용수구간에서
도 양호한 부착력이 얻어질 수 있어야 한다.

④ 시공성 : 리바운드와 분진 발생이 적어야 한다. 분사과정에 재료분리가 없고, 호

스가 막히지 않아 시공을 양호하게 수행할 수 있는 배합이어야 한다.

(2) 지보재로서 숏크리트의 배합설계 대책

숏크리트에 요구되는 성능과 그에 따른 주요 배합설계 대책

요구 성능	세부적인 요구 성능	주요 대책
노즐까지의 양호한 압송 성능	재료호스가 막히지 않아야 함	재료분리가 발생하지 않는 콘크리트
	맥동이 발생하지 않아야 함	균질한 콘크리트(압송기계의 선정)
노즐에서의 균질 혼합성	안정적이고 연속적인 콘크리트 공급	정상적인 콘크리트 압송
	급결제와 물의 연속적인 첨가	분산성이 좋은 재료의 사용
	노즐부분에서의 양호한 혼합	노즐부의 개량
리바운드와 분진의 제어	최대골재기의 제한	조골재의 입도 및 최대크기의 변경
	분리저항성이 높은 콘크리트	미립분, 증점제 등의 첨가
	재료의 안정성과 연속공급	일정 이상 품질의 콘크리트 공급
	안정적인 분사	숙련된 노즐 근로자 등
낙반방지와 초기강도	초기강도의 향상(급결제)	적절한 급결제의 선정
	분사의 각도·속도, 분사량의 제어	분사방법의 선정
	타설면의 요철	배합과 분사방법의 선정
장기강도와 내구성	시멘트의 응력	급결재의 성능
	혼화재료 등에 의한 내구성 개선	적절한 혼화재료의 사용
	분사에 의한 채움 효과	계획적인 연속 분사 수행

(3) 고강도 숏크리트의 배합

① 고강도 숏크리트의 정의가 명확하지 않으나, 일본은 설계기준강도(재령 28일)를 36MPa 이상으로 규정하여, 기존 강도보다 2배 정도 높게 정의하고 있다.

② 우리나라도 전세계적인 숏크리트의 고성능·고품질화, 싱글쉘 터널에 대한 수요 등을 고려하여 고강도 숏크리트의 기준을 아래와 같이 제시하고 있다.

국내·외 고강도 숏크리트의 압축강도 기준

국가		압축강도(MPa) 재령			비고
		3시간	1일	28일	
대한민국	터널설계기준(2007)	-	10	35	
	터널표준시방서(2009)	-	10	35	재령 3일 : 14MPa 부착강도(28일) : 1MPa
	콘크리트표준시방서(2009)	1.5~3.0	10	36	부착강도(28일) : 1MPa
일본	제2동명·명신고속도로	2	8	36	부착강도(28일) : 0.5~1.0 MP
	싱글쉘 터널 (1차층)	1.0~3.0	10	36	부착강도(28일) : 0.5 MPa

4. 숏크리트의 보강재

(1) 적용대상

① 숏크리트 보강재는 숏크리트가 구조적인 하중작용을 받는다고 예상되는 부위에 숏크리트의 인성을 향상시키기 위하여 적용된다.

② 현재 국내·외에서 주로 사용되는 숏크리트의 보강재료는 鋼섬유(steel fiber), 합성섬유(synthetic fiber), 철망(wire mesh), 철근 등이다.

(2) 鋼섬유보강 숏크리트

① 현재 국내 터널공사 현장에서 널리 사용되고 있는 鋼섬유보강 숏크리트(SFRS, Steel Fiber Reinforced Shotcrete)의 특성은 아래와 같다.

   ○ 균열발생 및 균열확대에 대한 저항력이 크다.

   ○ 인장강도, 휨강도 및 전단강도가 높아진다.

   ○ 동결융해 작용에 대한 저항력이 크다.

   ○ 마모성, 내충격성이 크다.

② 鋼섬유보강 숏크리트는 전단강도 50~70%, 인장강도 및 휨강도 20~40% 정도 증가되지만, 압축강도는 별로 개선되지 않는다. 따라서 지보재로서 鋼섬유를 사용하는 것은 주로 인장강도 증대를 목적으로 한다.

③ 鋼섬유는 인장강도 700MPa 이상, 직경 0.3~0.6mm, 길이 30~40mm를 표준으로 하며, 숏크리트와의 부착성능이 양호하게 발현되고, 타설 중 뭉침현상이나 막힘현상이 발생되지 않아야 한다.

④ 鋼섬유의 첨가량은 숏크리트 전체용적의 1~2% 또는 전체중량의 3~6%가 적당하며 용적비 2%를 넘어서면 타설이 곤란해져 시공성이 떨어진다.

⑤ 鋼섬유는 길이 및 길이(l)와 직경(d)의 비(l/d)에 따른 한계 혼입률을 초과하면 鋼섬유가 휘어지거나 부러지는 현상을 보이므로 이를 고려해야 한다.

(3) 철망보강 숏크리트

① 철망은 타설된 숏크리트가 자중으로 인해 박리될 가능성이 있는 경우 또는 숏크리트의 인장강도 및 전단강도를 향상시켜야 하는 경우에 사용된다. 다만, 鋼섬유보강 숏크리트에는 철망을 사용하지 않는다.

② 숏크리트에 사용되는 철망의 지름은 5mm, 개구크기는 150mm×150mm 규격을 표준으로 한다.

③ 막장면의 자립이 어렵고 숏크리트 타설 중 박리가 발생될 때는 숏크리트와 지반과의 부착성 증진을 위해 개구크기와 철선지름이 적은 것을 사용한다.

④ 숏크리트에 철망을 사용하면 아래와 같은 문제점이 있으므로 검토가 요망된다.

○ 굵은골재의 반발률이 높아진다.

○ 숏크리트에 공극이 생기기 쉽다.

○ 숏크리트 층 사이에 위치하여 숏크리트 타설 중 철망에 진동을 줌으로써 층 분리현상이 발생될 수 있다.

○ 철망의 정착이 어려운 경우가 많다.

○ 지하수에 의한 부식이 가능하다.

⑤ 철망을 숏크리트의 보강재로 사용할 때는 겹이음을 해야 하는데, 터널 종방향으로 100mm, 횡방향으로 200mm 이상의 겹이음 길이를 표준으로 한다.

(4) 철근보강 숏크리트

① 고강도 鋼섬유보강 숏크리트의 일반적인 두께로도 지반하중을 지지하기 부족한 경우에는 철근보강 숏크리트(RRS, Reinforced Ribs of Sprayed concrete)가 적용된다. 이 방법은 발파에 의해 굴착면이 불규칙해진 암반 보강에 유효하다.

② 鋼지보재 대신 RRS를 사용할 경우 지반보강에 훨씬 효과적이며 숏크리트의 두께를 대폭 줄일 수 있는 것으로 보고되고 있다.

③ 철근보강 숏크리트는 아직까지 명확한 설계법이 제시되지 않으며, H형강이나 격자지보에 비해 지보능력이 다소 떨어지는 것으로 보고되고 있다.

Ⅲ. 숏크리트의 시공 (리바운드 대책)

1. 숏크리트의 시공계획

(1) 타설前 준비사항

① 터널 굴착면에 용수가 있을 경우에는 용수대책(배수관을 통한 배수, 시멘트량이나 급결제량 증가, 사용수량 감소 등)을 강구한 後 숏크리트를 타설한다.

② 숏크리트 타설 後 양생기간 중에 저온, 건조, 급격한 온도변화 등 해로운 영향을 받지 않도록 사전에 필요한 보호조치를 한다.

③ 숏크리트 타설 작업장은 분진처리를 하며, 숏크리트 타설 중에 발생된 반발재(리바운드량)는 굳기 전에 모두 제거해야 한다.

(2) 타설면의 처리 및 방호

① 타설면에 먼지, 흙, 부석 등이 있으면 지반과 숏크리트와 부착력이 떨어지므로, 뿜어붙이기 전에 청소하고 평탄하게 마무리하고 습윤상태로 유지한다.

② 특히 연약암반에서는 숏크리트 타설 압력에 의해 암반이 교란되지 않도록 뿜어붙이기 전에 시트 등으로 암반표면을 방호하여 대처한다.

(3) 숏크리트 타설 압력·각도·거리

① 건식 숏크리트는 공기압을 노즐 상단에서 0.1~0.2MPa, 숏크리트 타설장비에서 0.2~0.4MPa 정도일 때 뿜어붙이기 결과가 양호하다.

② 숏크리트 타설 각도를 타설면에 직각으로 유지하고, 노즐과 타설면과의 거리는 0.75~1.25m가 적당하다. 1m 이격시켜 타설하면 리바운드가 가장 작다.

③ 숏크리트 타설 방향이 수평보다 상향인 경우에 리바운드가 더 크게 발생된다. 즉, 천정부에서는 리바운드가 10~20% 더 크게 발생되며 숏크리트의 자중 때문에 타설 직후에 떨어지는 경우가 있으니 주의해야 한다.

④ 천정부에 숏크리트를 타설할 때는 급결제량을 약간 증가시켜서 타설되는 숏크리트의 급결성을 높여 리바운드를 줄이는 경우도 있다.

(4) 숏크리트 타설 두께와 횟수

① 1회에 타설되는 숏크리트 두께가 너무 두꺼우면 박락이 발생되기 쉽기 때문에 1회 타설두께를 10mm 이내가 되도록 유지한다.

② 일반적인 숏크리트 두께는 1~2회의 타설횟수로 마무리하는 경우가 많다. 보통 1차 숏크리트보다 2차 이후의 숏크리트 탈락률이 감소하므로, 숏크리트 두께가 너무 얇으면 오히려 탈락률이 증가될 수 있다.

③ 습식 숏크리트에서는 천정부의 부착이 양호하게 이루어지도록 각별히 주의를 기울여야 한다.

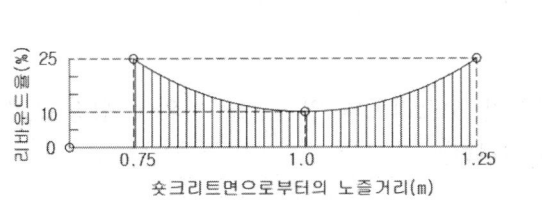 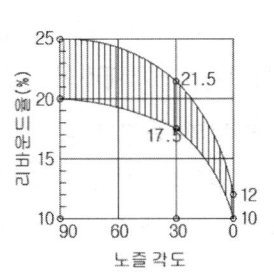 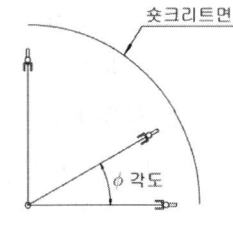

숏크리트의 노즐거리 및 타설각도에 따른 리바운드율 변화

2. 숏크리트의 장비계획

⑴ 숏크리트 혼합장비 : 경동식, 강제식, 연속식 등 다양하다. 혼합장비를 선정할 때 건식·습식의 뿜어붙이는 방식, 정착식·이동식 혹은 갱내·외의 설치장소에 따른 시공조건을 검토해야 한다.

⑵ 숏크리트 타설장비 : 챔버형, 로터리형, 펌프형 등 다양하다. 숏크리트 타설 중 압송관이 폐쇄되어 일시적으로 관내 압력이 높아질 수 있으므로 내압 상승에 충분히 안전한 장비를 선정한다.

(3) 숏크리트 타설방식 : 건식 숏크리트 방식에서는 재료를 균등하게 압송하지 못하면 균질한 숏크리트를 얻을 수 없을 뿐만 아니라 대량의 분진 발생 원인이 된다.

(4) 급결제 특성에 따른 투입장치 : 액상형, 분말형 등 급결제 특성뿐만 아니라 숏크리트 타설기계 특성과 함께 고려하여 급결제 투입장치를 선정한다.

(5) 급결제 첨가량 제어장치 : 급결제의 과다 사용은 숏크리트의 장기강도 저하를 초래하므로, 콘크리트 토출량과 비례하는 급결제 첨가량 제어장치가 필요하다.

3. 숏크리트의 타설두께

(1) 경암과 같이 지반압이 전혀 작용되지 않고 있어, 암괴의 붕락 방지만을 목적으로 타설하는 숏크리트는 두께를 최소로 하는 것이 좋다.

(2) 반면, 팽창성 지반과 같이 변형이 크게 발생되는 경우, 연질토사와 같이 지반압이 크게 작용되는 경우, 미고결 지반의 경우 등에는 두께를 크게 할 필요가 있다.

(3) 현재까지 숏크리트 두께 결정을 위하여 제시된 이론적·해석적인 기준은 없으며, 설계·시공 실적을 감안하여 경험적으로 시공하고 있다.

(4) 국내에서 숏크리트의 두께 적용 시공실적을 보면 대부분 5~25cm 범위에 있다. 외국의 사례를 보면 이보다 훨씬 두꺼운 40~60cm를 적용한 경우도 있다.

3. 숏크리트의 품질관리

(1) 숏크리트의 강도시험

① 숏크리트의 시간경과에 따른 강도발현 상태를 파악하기 위하여 단기재령의 강도시험은 24시간, 장기재령의 강도시험은 28일에 시행한다.

(2) 섬유보강 숏크리트의 품질관리

① 섬유보강 숏크리트의 성능은 일반적인 숏크리트의 압축강도 이외에 휨강도 및 휨인성을 함께 평가하여 품질을 확인한다.

(3) 반발률(리바운드량)의 측정

① 숏크리트의 반발률 측정은 터널 현장에서 숏크리트를 타설하고 바닥에 떨어진 숏크리트(반발재)를 수거·계량하여 측정한다.

(4) 부착력, 내구성 및 수밀성의 측정

① 영구지보재로서 숏크리트는 일반적인 강도 및 인성 특성 외에 부착력, 내구성, 수밀성 등이 동시에 확보되어야 한다.[172]

---

172) 국토교통부, '도로설계편람', 제6편 터널, pp.606-33~66, 2012.

10.36 主지보재 : 록볼트 (Rock bolt)

NATM 터널공사에서 강지보재의 역할과 제작설치 유의사항 [0, 1]

I. 개요

1. 록볼트는 오래 전부터 사용된 터널 지보재로서, 초기단계에는 경암 지반을 대상으로 하는 선단 정착식이었으나, 현재는 전면 접착식으로 발전되었다.

2. 터널 지보재로서 록볼트의 작용 효과를 개념적으로 정리하면 아래 표와 같다.

록볼트의 작용 효과

기능	록볼트의 작용 효과	개념도
봉합 작용 또는 매달음 작용	◦ 발파에 의해 이완된 암괴를 이완되지 않은 원지반에 고정시켜 낙하를 방지하는 것으로 가장 단순한 효과이다. ◦ 균열 또는 절리가 발달된 암반에서 록볼트와 숏크리트를 병용하면 비교적 작은 균열이나 절리에도 효과적이다.	
보형성 작용	◦ 터널 주변의 절리를 이루고 있는 원지반은 절리면에서 분리되어 겹침보로서 거동하지만, 록볼트를 사용하여 층을 이루고 있는 지반의 절리면 사이를 조여 주면 절리면에서 전단력의 전달이 가능해져 합성보로 거동하여 효과적이다.	
내압 작용	◦ 록볼트의 인장력과 동등한 힘이 내압으로 터널벽면에 작용되면 2축 응력상태에 있던 터널주변 지반이 3축 응력상태로 되는 효과가 있다. ◦ 이는 3축으로 구속력(측압)이 증대된다는 의미이므로 지반의 강도 혹은 내하력 저하를 억제하는 작용을 한다.	
아치 형성 작용	◦ 시스템 록볼트에 의한 내압 효과로 인하여 지보재가 일체화되기 때문에 내하 능력이 높아진 굴착면 주변의 지반은 내공 측으로 일정하게 변형되면서 내하력이 큰 그랜드아치가 형성된다.	
지반 보강 작용	◦ 지반 내에 록볼트를 타설하면 지반의 전단 저항능력이 증대될 뿐만 아니라 지반강도가 항복한 후에도 잔류강도가 증가된다. ◦ 이와 같은 현상은 록볼트에 의해 지반전체의 공학적 특성치가 개선된다는 의미이다.	

II. 록볼트의 설계

1. 록볼트의 재질·형상

(1) 록볼트는 인장재로 사용되므로 기본적으로 인장강도가 커야 하고, 지반의 급격한 붕괴방지를 위해 연성(ductility)이 큰 인장 특성을 갖는 재료이어야 한다.

(2) 록볼트는 이형봉강으로 제작하는 것을 원칙으로 하며, 록볼트 재료의 선정기준은 그간의 사용 실적과 목적을 고려할 때 아래와 같다.

① 암괴의 봉합 등과 같이 록볼트에 큰 축력이 작용하지 않는 경우에 록볼트 직경은 D2~D25 정도가 적합하다.

② 내압효과, 아치형성 등을 목적으로 하고 지반변형이 별로 크지 않을 경우에 SD350 및 D25 정도가 적합하다.

③ 지반변형이 커서 록볼트에 큰 축력이 작용되는 경우에 록볼트의 내하력을 향상시키기 위하여 단면적이 크고 인장강도가 큰 SD350 이상 및 D25 이상을 사용하며, 사용개수도 늘려야 한다.

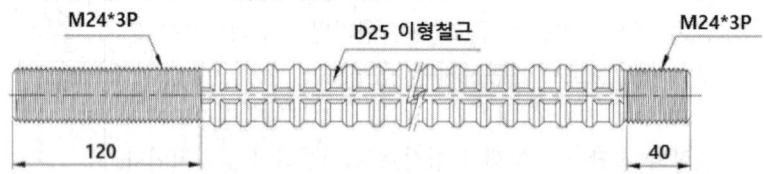

이형봉강 록볼트의 치수·형상 (단위 : mm)

(3) 록볼트를 고강도 섬유보강 플라스틱(FRP, Fiber Reinforced Plastic)이나 유리보강 플라스틱(GRP, Glass Reinforced Plastic)으로 제작하기도 한다.

① FRP와 GRP는 신장력이 크고 내구성이 매우 뛰어나지만, 현재 주로 사용되는 이형강봉, 강관, 팽창성 강관 등의 재질과 비교할 때 가격이 비싼 편이다.

2. 록볼트의 지압판

(1) 지압판은 록볼트와 숏크리트를 일체화시키는 부재이므로 예상되는 응력에 대하여 충분한 면적, 두께 및 강도를 가져야 한다.

(2) 일반적으로 많이 사용되는 평판형(flat plate) 지압판은 면적 150×150mm, 두께 6mm를 표준으로 하되, 팽창성 지반에는 9mm 이상을 사용한다.

(3) 지압판의 형상은 평판형(flat plate) 외에도 구형강판(domed plate), 삼각형강판(triangular bel plate) 등이 있다. 축력이 크거나 굴착면과 수직으로 록볼트를 설치하기 어려울 때는 구형강판을 고려한다.

(4) 특별히 전면 접착형 록볼트를 사용할 경우에는 지압판을 설치할 필요가 없다.

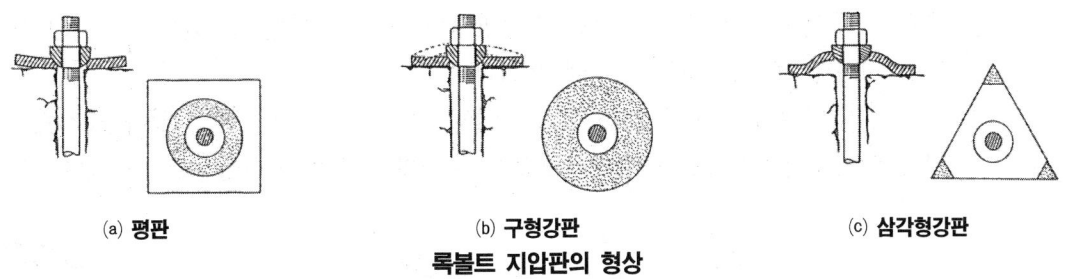

(a) 평판	(b) 구형강판	(c) 삼각형강판

록볼트 지압판의 형상

3. 록볼트의 정착방법

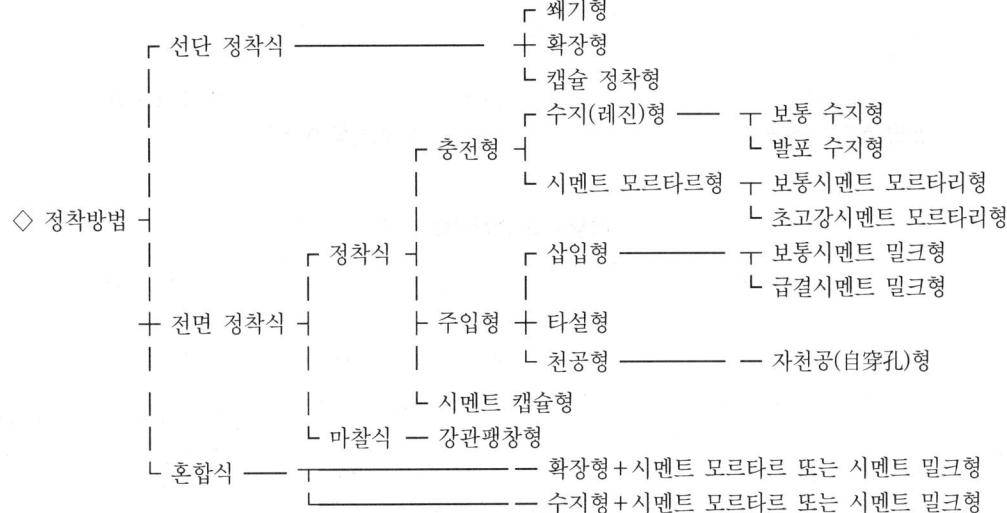

정착방법에 따른 록볼트의 분류

(1) 선단 정착식

① 선단 정착식은 록볼트 선단을 원지반에 정착시킨 後 터널 벽면과 볼트의 선단
에 축력을 작용시켜 지반에 압축영역을 형성시킴으로서 지반의 안정성을 향
상시킴과 동시에 암괴를 봉합하는 것을 목적으로 사용된다.

② 선단 정착식은 선단의 정착이 충분하지 않으면 효과가 없기 때문에 비교적 견
고한 지반에 사용된다..

(2) 전면 정착식

① 전면 정착식은 정착재나 기계적인 마찰에 의해 볼트 전장이 지반과 접착되기
때문에 적용되는 지반의 범위가 넓다.

② 전면 정착식은 시멘트 모르타르, 수지(레진) 등과 같은 정착재를 활용하는 방법
과 강관팽창형과 같은 마찰식으로 크게 구분된다.

(3) 혼합식

① 혼합식은 선단 정착방식과 전면 접착방식의 장점을 살릴 수 있으며, 록볼트에 프리스트레스를 도입하는 경우에 유리하다.

② 혼합식은 터널의 토피가 얇은 경우 록볼트에 프리스트레스를 도입하여 지반에 강제적으로 압축영역을 형성시킴으로서 지반의 안정성을 향상시킬 수 있다.

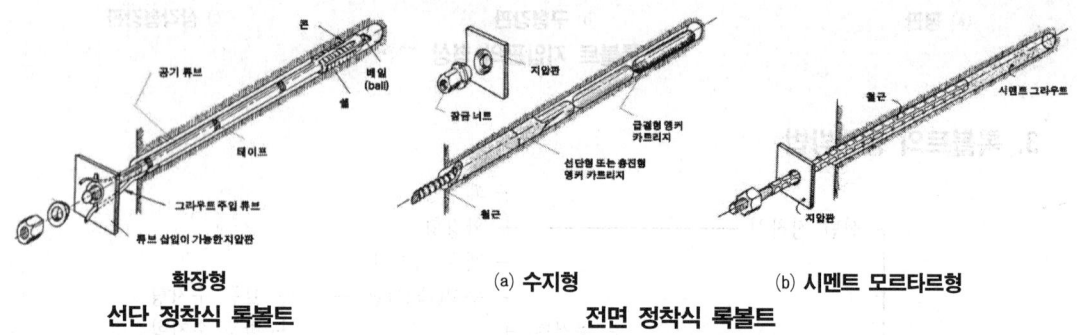

	확장형 **선단 정착식 록볼트**	(a) **수지형** **전면 정착식**	(b) **시멘트 모르타르형** **록볼트**

록볼트의 정착방법 비교

구분	정착방법	특징	적용범위
선단정착식	기계적으로 정착하는 쐐기형 및 확장형과 캡슐에 의한 접착형이 있다. 록볼트 선단 정착 후에 너트로 조인다.	쐐기형은 자주 사용되지 않는다. 확장형 및 캡슐정착형은 봉합 효과를 높이려 할 때 사용된다. 기계식은 정착부 원지반 상태에 따라 정착력이 부족하거나 발파에 의한 이완으로 문제가 된다. 확장형은 발파 후 다시 조이면 사용 가능하다.	절리 또는 균열 발달이 비교적 적은 경암 또는 보통암 층에서 일부 사용된다.
전면정착식	정착재료에 수지(레진), 시멘트 모르타르, 시멘트 밀크 등을 사용하거나 기계적 방법으로 록볼트 전장을 원지반에 정착시킨다.	록볼트 전장에서 원지반을 구속한다. 원지반의 강도, 절리, 균열상태, 용수상태 및 굴진면의 자립성 등에 따라 여러 종류가 있다.	경암, 보통암, 연암, 토사지반에서 팽창성 지반에 이르기까지 적용범위가 매우 넓다.
혼합식	선단을 기계적으로 정착한 후 시멘트 모르타르 또는 시멘트 밀크를 주입하는 방법과 전면접착형의 정착재료 충전할 때 선단에 급결용 캡슐을 사용하는 방법 등이 있다.	선단 정착형과 전면 접착형을 혼합한 것으로, 시공공정이 2단계에 걸쳐 이루어진다. 그러나 시공조건에 따라 선단의 급결성이 얻어지지 않는 경우도 있다.	선단을 기계적으로 정착하는 록볼트는 별로 사용되지 않는다. 팽창성 원지반 또는 프리스트레스를 도입할 때 유효하다.

Ⅲ. 록볼트의 시공

1. 록볼트의 배치

(1) 록볼트는 터널 단면의 방사선 방향으로 굴착면에 직각되도록 배치하며, 인접된 록볼트 간에 상호작용 가능하도록 아래와 같은 2가지 방법으로 배치한다.

① 랜덤 볼트(random bolt) : 굴착 후 막장상태에 따라 배치를 결정하는 방법으로, 지반이 불량한 부분을 국부적으로 록볼트로 보강하는 개념이다.

② 시스템 볼트(system bolt) : 지질상태를 조사하여 미리 배치를 결정하는 방법으로, 터널단면에 미리 정해진 형식의 록볼트를 배치하여 보강하는 개념이다.

지반조건에 따른 시스템 록볼트의 배치개념

주요기능	적용지반	배치개념	배치개념도
봉합 효과	경암~연암	◦ 암괴를 봉합하여 붕락 방지 ◦ 아치부에만 주로 배치	
내압 및 아치 형성 효과	연암~풍화암	◦ 시스템 록볼트 배치로 내압·보형성 효과를 기대 ◦ 터널 아치부 및 측벽에 배치 ◦ 팽창성 지반에서는 인버트부에도 배치	
전단 저항 효과	토사	◦ 연약지반의 전단파괴가 지하공동 측벽부에서부터 발생되므로 초기에 방지하는 개념으로 배치 ◦ 아치 천단부를 제외한 아치 및 측벽부에 배치	

2. 록볼트의 길이

(1) 록볼트의 길이는 지반조건, 작용효과, 단면크기, 이완영역의 발달깊이 등에 따라 조정하되, 원칙적으로 굴착에 의한 영향범위를 보강할 수 있도록 결정해야 한다.

(2) 록볼트의 길이는 일반적으로 시공성을 고려하여 록볼트 설치간격의 2배 정도를 표준으로 하고, 1회 굴진장 및 암반의 절리상태에 따라 조정한다.

(3) 이때, 록볼트의 설치간격은 지반 자체의 지보능력을 원활히 발휘할 수 있는 간격으로 배치해야 한다.

(4) 강도가 약한 지반에서는 록볼트의 효과를 보다 유리하게 발휘시키기 위하여 표준적으로 설정된 볼트 패턴보다 볼트의 개수를 증가시키거나 볼트의 길이를 증가시켜 타설하는 경우가 있다.

(5) 록볼트 길이와 배치 간격에 대해 가장 보편적인 Rabcewicz의 경험적 산정식은 아래와 같다.

① 록볼트 길이(L)

$$L \geq \frac{W}{3} \sim \frac{W}{5} \text{ 또는 } L \geq t$$

여기서, W : 터널 단면폭(m)

　　　　t : 굴진면과 지보 구간과의 거리(m)

② 록볼트 간격(P)

　P ≤ 0.5 × L 또는 P ≤ 3 × D

여기서, L : 록볼트 길이(m)

　　　　D ; 블록 암괴의 평균치수

3. 록볼트의 타설

(1) 록볼트의 타설형식은 지반조건, 시공방법 등에 따라 다르다.

(2) 록볼트를 조기에 타설할 때는 터널진행 방향으로 경사진 록볼트의 타설형식을 적용할 수 있다.

(3) 터널 상부에 강관보강공법이 적용된 구간에서 록볼트에 의한 보강효과를 기대할 수 없거나 매우 저감될 것으로 판단되는 경우에는 록볼트를 생략할 수 있다.[173]

록볼트의 타설형식

타설형식	형식도	타설목적
일반형		터널에서 적용되는 가장 기본적 형태이다.
경사볼트		굴진면에 코어를 남겨 록볼트 작업공간이 부족하거나 록볼트를 조기 시공할 때 적용하며, 경사각은 45~60°로 한다.
휘폴링		굴진면 천단부의 안정을 위하여 적용하며, 경사각은 15° 미만으로 한다.
굴진면볼트		굴진면의 안정을 위해 적용하며, 유리 섬유(glass fiber) 재질의 록볼트를 사용할 수 있다.

---

173) 국토교통부, '도로설계편람', 제6편 터널, pp.606-67~79, 2012.

10.37 케이블 볼트 (Cable bolt)

터널 설계·시공에서 케이블 볼트(Cable bolt) 지보에 대한 특징 및 시공효과 [0, 1]

Ⅰ. 개요

1. 케이블 볼트는 강선(steel wire) 몇 가닥을 꼬아서 스트랜드(strand)를 만든 강연선 (steel strand)을 시멘트 그라우트된 천공홀 속에 삽입한 보강재로서, 4m~40m의 길이까지 시공 가능하다.

2. 케이블 볼트는 주로 대규모 지하광산에 적용하였으나, 대단면 터널, 터널 교차부 등과 같이 길이 8m 이상 록볼트를 설치할 경우에 시공성을 고려하여 짧은 록볼트와 함께 긴 케이블 볼트를 조합하여 사용할 수 있다.

3. 케이블 볼트는 절리와 같은 연약면의 분리방지를 위하여 암반 깊숙이 설치하여 큰 체적의 암반을 보강함으로서 암반이 고유강도를 발휘하여 안정성이 향상된다.

4. 케이블볼트의 배치 및 길이는 록볼트의 설계방법을 준용하되 충전재 미채움으로 인한 공극을 고려하여 록볼트 길이에 최소 2m를 추가해야 한다.

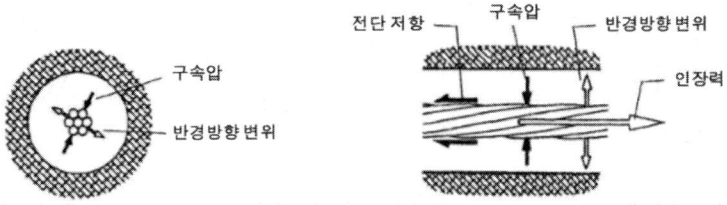

케이블 볼트의 지보 메커니즘

Ⅱ. 케이블 볼트

1. 역할

(1) 가능한 역할

① 케이블 볼트는 암반 내에서 연약면의 분리와 미끄러짐을 방지한다.

② 케이블 볼트는 불연속적으로 배열된 암반의 고유강도를 발휘하도록 한다.

③ 케이블 볼트는 불연속면에서 암괴의 탈락을 방지하는 지보재 역할을 한다.

(2) 不가능한 역할

① 케이블 볼트만으로는 균열이 발달된 암반을 지지할 수는 없다.

② 불량한 암반에서 철망, 숏크리트 등과 병용되지 않으면 효과가 없다.

③ 케이블 볼트는 연속된 암반의 전반적인 강도를 증가시키거나 높은 응력을 받는 암반에 균열이 발생되는 것을 막지는 못한다.

2. 장점

(1) 케이블 볼트는 록볼트에 비해 쉽게 구부릴 수 있으므로, 협소한 공간에서도 장공(長孔)의 케이블 볼트를 설치할 수 있다.

(2) 강선을 꼬는 형태에 따라 여러 종류의 케이블 볼트가 개발되어 있으므로 다양한 용도에 케이블 볼트를 사용할 수 있다.

(3) 천공홀의 크기가 충분하다만 여러 개의 케이블 스트랜드를 한 홀에 넣을 수 있어 요구되는 다양한 인장강도를 얻을 수 있다.

(4) 케이블 볼트는 굴착면의 구속을 위하여 지압판(plate), 스트랩(strap), 철망(mesh) 등과 용도에 맞게 조합하여 사용할 수 있다.

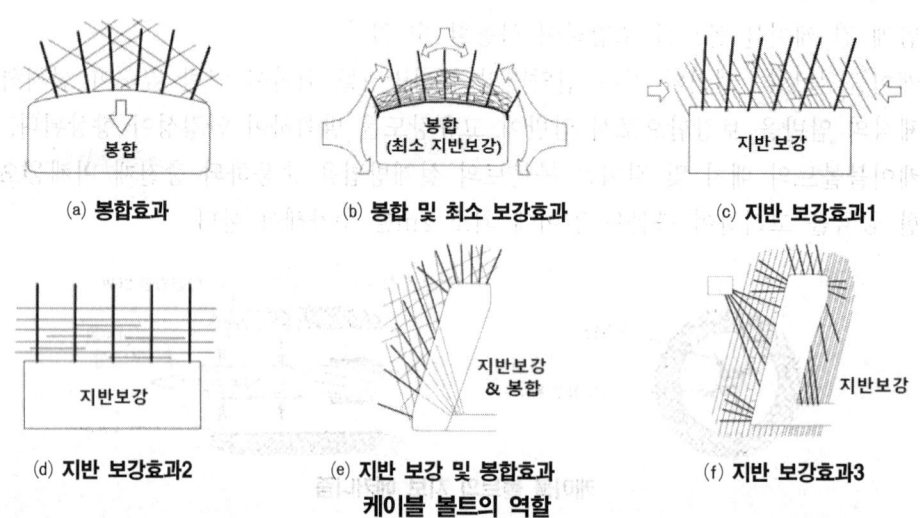

(a) 봉합효과　(b) 봉합 및 최소 보강효과　(c) 지반 보강효과1
(d) 지반 보강효과2　(e) 지반 보강 및 봉합효과　(f) 지반 보강효과3

케이블 볼트의 역할

3. 재질

(1) 케이블 볼트에는 프리스트레싱 콘크리트에 사용되는 7가닥의 강선을 꼬아서 만든 7강연선(seven-wire steel strand)을 기본적으로 사용한다.

(2) 일반적으로 강선의 재질은 공칭지름 12.7mm 이상의 7강연선으로서 인장강도 및 연신율이 큰 것이어야 한다.

(3) 7강연선 1본이 지탱할 수 있는 소요 강도에 따라 다양한 형상의 케이블 볼트를 제작하여 사용할 수 있다.

4. 형상과 충전재

(1) 현재 전세계적으로 사용되고 있는 케이블 볼트의 종류는 아래 그림과 같다. 이외에도 케이블 볼트 형상의 변형, 부속물의 추가 등으로 다양한 재품이 사용된다.

(2) 케이블 볼트의 그라우트 배합도 다양하게 적용하고 있다. 그러나 케이블 볼트가 최적의 지보능력을 발휘하려면 물 : 시멘트 비가 0.3~0.4를 유지해야 한다.

(3) 일반적으로 물 : 시멘트 비가 적으면 부착강도가 증가하지만, 이는 실제 현장에서 그라우트 시공성을 저하시킬 수 있다.

5. 지압판

(1) 록볼트와 동일하게 굴착된 숏크리트면과 접촉하도록 케이블 볼트에도 지압판이 사용된다. 철망이나 스트랩을 보조도구로 병행하여 사용하기도 한다.

(2) 지압판은 케이블 볼트와 숏크리트를 일체화시키는 부재이므로 예상되는 응력에 대하여 충분한 면적·두께·강도를 가져야 한다.[174]

케이블 볼트의 종류

종류	종단면	횡단면
단일강선		
간격재를 설치한 이중 강선		
새장형 강선		
전구형 강선		
쇠테를 삽입한 강선		
너트를 삽입한 강선		
에폭시로 코팅하거나 캡슐로 싼 강선		
버튼을 설치한 강선		

---

174) 국토교통부, '도로설계편람', 제6편 터널, pp.606-84~87, 2012.

10.38 터널 콘크리트 라이닝, 인버트

터널 lining concrete의 기능, 균열 및 누수의 발생원인 및 저감대책, 인버트 종류 [4, 8]

Ⅰ. 개요

1. 콘크리트 라이닝은 터널주변의 지반상태, 환경조건 및 主지보재의 지보능력을 고려하여 사용목적에 적합하도록 설계·시공되어야 한다.

2. 숏크리트, 록볼트, 강지보재 등의 主지보재에 의해 터널의 안정이 확보되거나 지반이 견고하여 풍화 우려가 없고 사용에 지장이 없는 경우에는 콘크리트 라이닝을 생략하고 프리캐스트 판으로 라이닝을 대신하는 경우도 있다.

3. 콘크리트 라이닝은 사용목적에 따라 구조체로서의 역학적 기능, 영구 구조물로서의 내구성 확보 기능, 터널내부시설물 보호 및 미관유지 기능 등을 수행한다.

콘크리트 라이닝의 기능

기능	적용대상	내용
구조체로서의 역학적 기능	숏크리트 등으로 형성된 主지보재가 영구구조물로서 안전율이 부족하다고 판단되는 경우	숏크리트에 균열이 발생되고 록볼트에 큰 축력이 작용되어 응력 저항부에 크리프가 발생되거나 볼트 부식으로 인하여 지반 응력이 콘크리트 라이닝에 전달될 가능성이 높은 경우에 이를 고려해야 한다.
	主지보공에서 변위가 수렴되기 전에 콘크리트 라이닝을 시공하는 경우	主지보공에서 변위가 수렴되어야 하나 공사촉진을 위해 콘크리트 라이닝을 변위 수렴 전에 시공하는 경우에는 지반압을 지탱하는 구조체로서 설계한다.
	토피가 얇은 토사지반에서 주변환경 영향을 받기 쉬운 경우	토사지반에서 토피가 얇은 경우 지하 孔洞 터널이 주변환경에 영향을 받기 쉬우므로 적절한 상재하중에 의해 역학적 검토가 필요하며, 장차 토피 경감이 예상되는 경우에도 고려해야 한다.
	운영 중 배수기능 저하로 수압 증가 예상되는 경우	지하 孔洞 터널 시공 후 주변환경 조건에 의해 배수가 불가능해질 경우에 정수압을 고려하여 설계한다.
	비배수 터널에서 완전 방수가 요구되는 경우	비배수 터널에서 방수쉬트를 사용하여 완전 방수를 실시할 때는 콘크리트 라이닝에 수압이 작용되므로 수압을 고려하여 설계한다.
영구 구조물로서의 내구성 확보 기능	主지보재의 내구성이 우려되는 경우	主지보재가 시간경과에 따라 강도저하, 박리, 차량진동, 지진 등으로 내구성 저하가 예상되면 영구 구조물 기능에 신뢰도 높은 콘크리트 라이닝을 설계한다.
터널내부시설물 보호 및 미관 유지 기능	유지관리에 필요한 경우	터널내 시설물(전기·설비) 보호, 유지관리, 미관상 습도조절 등이 필요한 경우에 콘크리트 라이닝을 설계한다.

II. 터널 콘크리트 라이닝

1. 콘크리트 라이닝의 재료·강도

(1) 콘크리트 라이닝의 재료는 일반적으로 현장타설 콘크리트를 사용하며, 소요 강도는 특별한 경우를 제외하고 재령 28일 설계기준강도 24Mpa를 기준으로 한다.

(2) 비배수형 터널에서는 수밀콘크리트를 사용하며, 이 경우 재령 28일 설계기준강도 27Mpa 이상 되어야 한다.

(3) 또한 플라이 애쉬 등의 혼화재 및 AE제, 유동화제, 급결제 등의 혼화제를 합리적으로 사용하는 방안도 검토해야 한다.

2. 콘크리트 라이닝의 형상

(1) 콘크리트 라이닝의 형상은 1심원, 3심원, 5심원 등의 다심원과 직선을 조합하여 아치형으로 설계한다.

(2) 아래 그림은 지반조건이 악화됨에 따라 변하는 순서대로 지반 특성과 콘크리트 라이닝 형상 변화와의 관계를 도시하였다.

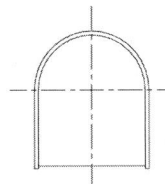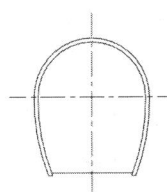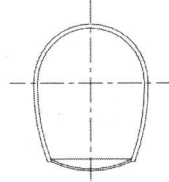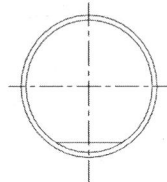

지반특성에 따른 콘크리트 라이닝 형상

3. 콘크리트 라이닝의 두께

(1) 일반적으로 2차로 이하 도로터널의 무근콘크리트 라이닝 두께는 30cm를 표준으로 하고 단면형상, 단면적, 지반조건 등 현장여건에 따라 증감시킨다.

(2) 연약지반에서 인장강도가 작은 무근콘크리트 라이닝 두께를 증가시켜 휨파괴를 방지하기는 한계가 있으므로 철근콘크리트로 바꾸어 휨강도를 증가시킨다.

(3) 도로터널의 지하환기소, 집진기실, 피난갱, 피난연락갱, 전기실 등은 보통터널에 비해 기능이 다르므로 양호한 암질(RMR 61이상)이면서 지하수가 거의 없으면 콘크리트 라이닝을 생략하거나 두께를 축소시킨다.

4. 콘크리트 라이닝의 신축이음

(1) 터널 콘크리트 라이닝의 시공이음은 도로터널의 경우에 9m 간격이 일반적이다. 지하철·고속철도에는 공사기간, 경제성 등을 고려하여 12m 간격으로 설치된다.

(2) 외기온도 영향을 많이 받는 갱구부와 외부 접속부에는 온도변화에 의한 균열발생 방지를 위해 설치하는 신축이음은 터널 입·출구 50m 구간에는 25m 이하 간격,

내부에는 25~60m 간격으로 설치한다.

5. 콘크리트 라이닝의 균열방지대책

(1) 콘크리트 라이닝에 균열이 발생되는 주된 요인
① 터널 내부의 온도변화, 습도저하에 따른 온도신축
② 콘크리트 경화온도 강하에 따른 온도신축
③ 터널주변의 변화에 따른 추가하중의 증가
④ 콘크리트 라이닝의 두께 부족, 슬럼프가 큰 콘크리트 타설
⑤ 콘크리트 라이닝과 원지반 사이의 공극에 의한 휨모멘트 혹은 편압 발생
⑥ 콘크리트 라이닝 타설할 때 요철이 심한 숏크리트 면에서 방수재가 오목한 부위로 빨려 들어가 크라운 부의 처짐에 의한 콘크리트 라이닝의 두께 부족
⑦ 외부하중, 지하수압의 작용 등

(2) 콘크리트 라이닝에 발생되는 균열의 종류
① 측벽하부에 발생되는 수직균열 : 인버트 슬라브와 아치 사이의 시공이음에서 종방향 온도변화, 건조수축으로 인하여 중앙부에 발생
② 터널 천단부 중심선을 따라 발생되는 종방향 균열 : 횡방향 온도변화, 건조수축, 터널 상부 라이닝 채움 부족으로 인하여 터널 천단부에 발생
③ 불규칙한 균열 : 콘크리트 라이닝 두께가 균일하지 못하여 발생

(3) 콘크리트 라이닝의 균열 방지대책
① 숏크리트와 콘크리트 라이닝의 평활한 접속(또는 절연)
② 콘크리트 배합할 때 팽창제, 혼합시멘트, 유동화제 등을 첨가하여 수화열과 건조수축량을 감소
③ 콘크리트 라이닝의 타설순서 조정, 라이닝의 1회 타설길이 축소
④ 필요한 구간에 누수대책이 고려된 균열유발줄눈의 설치
⑤ 균열 방지를 위하여 철근, 철망배치 및 섬유보강 콘크리트 사용
⑥ 습윤양생 중에 터널 내부에 일정온도 유지, 통풍금지
⑦ 콘크리트 압축강도가 3.0MPa 이상되었을 때 거푸집 제거
⑧ 以上의 균열방지대책은 터널 입구로부터 50m 이내 구간에 집중 설치[175]

---

175) 국토교통부, '도로설계편람', 제6편 터널, pp.607-1~25, 2012.

Ⅲ. 터널 인버트

1. 현행 인버트 설계기준

(1) 용어 정의
① 인버트(invert)는 터널의 맨홀 바닥부에 설치되는 오목형 아치의 복공(覆工)으로. 터널의 양쪽 측벽에 연결하여 고정시킨다.
② 산악터널의 경우에 굴착단면의 바닥부분[底部]에 타설하는 逆아치 형상의 콘크리트를 말한다.

(2) 인버트 콘크리트의 설치 대상구간
① 도심지 터널에서 측벽 하부까지 지반이 취약하여 지보기능이 장기적으로 저하될 가능성이 높은 구간
② 근접시공, 편압, 상재하중, 지진 등 지형조건의 영향으로 터널 안정성에 문제가 발생될 것으로 예상되는 구간
③ 대규모 단층파쇄대, 석탄층, 팽창성 지반, 압축성 및 함수미고결층 지반 등의 연약대 구간

(3) 인버트 콘크리트 설치 고려사항
① 특수한 지반에서는 인버트의 타설시기를 검토한다. 지반이 불량할 때는 막장부근의 하반단면과 인버트를 동시에 굴착하여 폐합단면을 형성한다.
② 큰 편압을 받을 때는 토압이 좌·우 균형 유지되도록 하부에 인버트 콘크리트를 곡선형으로 를 타설하되 하중이 원활히 전달되도록 한다.
③ 곡선형 인버트의 곡선부분 깊이는 지형과 지반조건에 따라 결정하되, 시공성과 경제성을 고려하여 합리적인 두께를 산정한다.
④ 콘크리트 라이닝 측벽의 변위에 따라 직선형 인버트를 적용할 수 있으며, 이때는 바닥면 배수 및 포장두께를 고려하여 설치한다.

2. 개방형 터널 인버트(Invert) 도입방안

(1) 현행 인버트 설계기준

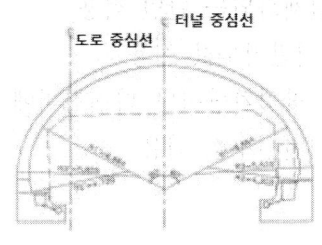

인버트 未설치

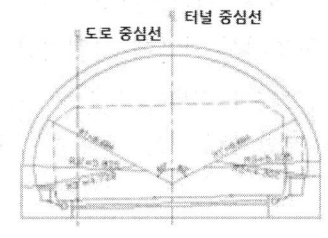

인버트 설치

① 개착터널의 경우 기초부 안정해석에 의한 폐합 인버트 설계기준을 적용
  ◦ 대부분의 경우 개량 전 원지반 상태의 물성치를 추정하여 안정해석
  ◦ 즉, 다짐에 의한 지반개량을 고려하지 않는 상태에서 지반물성치 사용
② 굴착지반 및 구조해석 조건에 따라 지반반력, 허용지지력, 침하량 산정
  ◦ 허용침하량 이내 and 지반반력 < 허용지지력 ⇒ 인버트 未설치
  ◦ 허용침하량 초과 or 지반반력 > 허용지지력 ⇒ 폐합형 인버트 설치
③ 터널 인버트 설치조건에 휨모멘트에 저항할 수 있는 철근콘크리트 폐합단면
  으로 설계기준을 적용

직선형 인버트

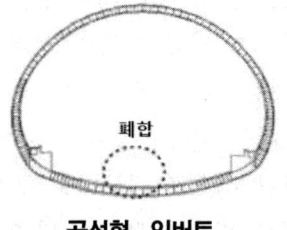
곡선형 인버트

(2) 문제점
① 개착터널 안정해석에 의해 지반반력 영향이 적은 부분까지 동일한 단면으로
  보강하는 非경제적인 설계
② 지반개량 여부에 관계 없이 개방형 인버트 형식은 고려하지 않고 철근콘크
  리트 폐합형 인버트 형식으로만 설계
③ 과다설계로 인한 경제성 저하, 시공 중 공사차량 통행 불편

(3) 설계기준 개선된 내용
① 『개방형 인버트』를 포함하여 다양한 형태의 인버트 형태를 도입하고 불필요
  한 단면을 축소함으로써 터널공사의 경제성 향상 추구
  ◦ 안정성 검토 : 터널단면 지점부 내·외측 저판을 점진적(0~1m)으로 연장시키
    면서 안정성 검토
  ◦ 인버트 적용 : 지반반력과 침하량이 허용지지력 및 허용침하량을 만족하는 범
    위까지 철근콘크리트를 타설하여 기초저판과 일체화되는 단면 적용
② 구조해석 과정에 실제지반 및 시공조건에 맞는 지반정수값 적용
  ◦ 가급적 지반조사 값을 적용하되 공사단계에서 작업차량이나 다짐장비에 의해
    지반 물성치를 상향시킬 수 있음을 감안하여 지반정수값 적용

인버트 단면 개선 전·후 비교

현행 : 폐합형 인버트	개선 : 개방형 인버트
◦ 인버트 하부 폐합(廢合) ◦ 지점부 변위가 작으며 지지력이 크다. ◦ 인버트 폐합으로 모멘트가 저판에 고르게 발생되어 인버트 전체길이에 철근 보강 필요 폐합에 의해 반력이 박게 미치는 하단 중앙부까지 철근 보강 필요(경제성 저하) ◦ 인버트 공사 중에 작업장비 통행 제한 ◦ 인버트 공사비(폭≒9m 기준) 2,500천원/m/2차로	◦ 인버트 하부 개방(開放) ◦ 반력이 큰 범위까지만 콘크리트 슬래브 타설 ◦ 지점부 내·외부 길이를 점진적으로 조정하며 구조해석하여 경제적인 인버트 길이 도출 ◦ 구조해석 결과를 충실히 반영함으로써 과다한 설계 예방 ◦ 편측 저판길이 2.5m 적용 기준으로 인버트 공사비 1,100천원/m/2차로 절감

현행 : 폐합형 인버트

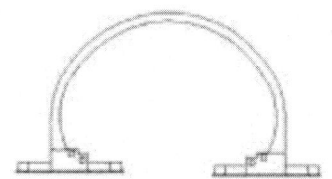

개선 : 개방형 인버트

(5) **기대효과**

① 해석조건 : 하중조합은 『콘크리트 구조설계기준(2007, 국토교통부)』 적용
  ◦ 지반 탄성계수 $30,000kN/m^2$
  ◦ 되메우기(토피) 높이 2.0m 적용
  ◦ Terzaghi 지반지지력 공식으로 계산

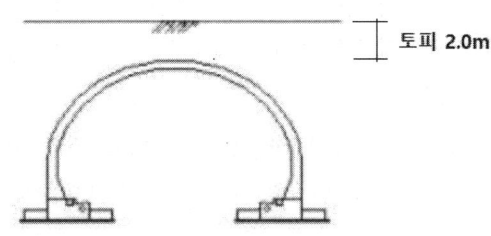

토피 2.0m

② 해석결과 : 터널 인버트 설치공사비 1,100천원/m/2차로 절감
  ◦ 현행방법 : 2,500천원/m, (편도 2차로 터널 기준, 폐합 인버트 9.0m 경우)
  ◦ 개선방법 : 1,400천원/m, (편도 2차로 터널 기준, 개방 인버트 5.0m 경우)
③ 터널 인버트 설치공사 중에도 작업차량 통행이 가능하여 시공성 향상[176]

---

176) 국토교통부, '개방형 터널인버트(Invert) 도입방안', 한국도로공사, 건설기술정보시스템, 2009.

10.39 터널 굴착과 지하수 관계

NATM 터널에서 방수의 기능·역할, 배수형 터널과 비배수형 터널을 비교, 용수처리공법 [0, 8]

I. 개요

1. 터널굴착은 대부분 지하수위 하부에서 이루어지고 굴착된 터널이 일종의 배수구 역할을 하므로 배수가 진행되고 시간이 경과하면 원래의 지하수위는 점점 하강된다.
2. 터널이 완공된 後 시간이 경과하면 배수조건이 바뀌어 굴착면 주위의 수압도 변화된다. 즉, 배수조건이 나빠지거나 굴착면 주위의 지하수위가 달라질 수 있다.

터널 굴착 중 용출수에 의한 문제점

원인 또는 환경	직접 작용	굴착작업에 미치는 영향
침투성이 큰 지반	◦ 지반의 연약화 ◦ 파쇄대 암석의 박리 촉진 ◦ 점토의 팽창 ◦ 응집력 없는 지반의 유동화	◦ 지반압력 증대 ◦ 측벽의 붕괴, 낙반의 원인 ◦ 흡수팽창, 지반의 creep ◦ 지반의 붕괴, 자립성의 저하
용출수帶의 접근	◦ 차수벽의 파괴	◦ 막장 지반의 붕괴, 유실 ◦ 갱도의 매몰
과·소 배수설비	◦ 배수 불량	◦ 터널내 작업환경의 불량화 ◦ 지보재 기초의 지지력 저하
용출수 집중 유출	◦ 유속이 빠르고 수압이 증가	◦ 막장 설비의 수몰 ◦ 작업위험으로 공사중지
연직갱·경사갱	◦ 펌프 배수능력 저하	◦ 터널내 침수 ◦ 펌프설비의 영구화
지하수 계속 유출	◦ 지하수위 저하	◦ 수자원 고갈, 이용수위 저하 ◦ 해안지역에 해수침입, 염수화

2. 지하수와 관련하여 터널굴착으로 인하여 발생될 수 있는 문제는 아래와 같다.
   (1) 터널 시공 중에 지하수위 저하로 인하여 발생되는 지반침하 문제는 터널의 배수형식에 관계없이 공통적으로 발생될 수 있는 문제이다.
   (2) 비배수형 방수형식 터널은 지하수위에 해당하는 정수압이 콘크리트 라이닝에 작용되므로 콘크리트 라이닝의 두께가 과다해져 공사비가 증가된다.
   (3) 역으로, 터널굴착으로 인해 지하수위 고갈이 우려되는 구간에 배수형 방수형식 터널을 적용할 경우에는 지하수 영향을 검토해야 한다.

II. 터널의 지하수 처리형식

1. 지하수 처리형식의 분류

(1) 배수형 방수형식 터널

① 콘크리트 라이닝 외부의 지반에 지하수 유도배수관을 설치하여 인위적으로 배수시켜 콘크리트 라이닝에 지하수압이 작용하지 않는다.

② 대부분의 경우에 인버트 상부(천정부와 측벽부)에만 방수막을 설치하고, 하부에서 배수하는 부분 배수형을 채택한다.

③ 유입수량이 적거나 지하수위 저하로 인해 심각한 사회·경제적인 문제를 초래하지 않을 경우에 적용한다.

④ 지반여건에 의해 공급되는 지하수량이 많을 경우에는 과다한 배수경비를 지출해야 하는 경우도 발생된다.

⑤ 수압이 작용하지 않는 개념으로 설계하더라도 유지관리단계에서 배수계통의 노후화에 따른 배수기능 저하를 고려하여 지속적인 유지관리가 필요하다.

(2) 외부 배수형 방수형식 터널

① 터널 내부로 시설물의 부식을 촉진시키는 성분을 함유한 지하수, 악취를 동반한 오수 등의 유해 지하수 유입을 방지하거나,

② 지하수로부터 터널 내부시설물이나 콘크리트 라이닝을 보호하기 위해 콘크리트 라이닝 외부 전주면을 방수막으로 둘러싸고 그 외부에 배수로를 설치한다.

(3) 非배수형 방수형식 터널

① 지하수 유도배수관을 설치하여 인위적으로 지하수를 배수시키지 않는다.

② 지하수위에 해당하는 지하수압이 콘크리트 라이닝에 작용하게 된다.

③ 지하수를 보존하여 지하수위 변동에 따른 지반침하, 시설물 손상 등 터널 주변 문제점을 예방할 수 있다.

④ 지하수위에 해당하는 지하수압에 견디도록 콘크리트 라이닝의 단면이 두꺼워져 초기 투자비가 배수형 방수형식 터널에 비해 크게 증가된다.

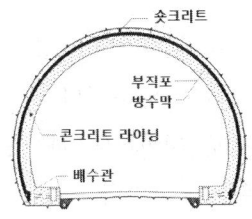

배수형 방수형식 터널

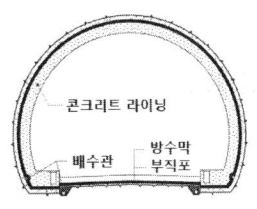

외부 배수형 방수형식 터널

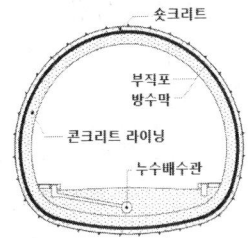

非배수형 방수형식 터널

터널의 배수형식별 특징 비교

구분	배수형 방수형식 터널	非배수형 방수형식 터널
형식	◦ 완전배수형 : 터널부의 全주면으로 배수를 허용하는 형식 ◦ 부분배수형 : 방수막을 터널천정부와 측벽부에 설치하고 유입수를 배수층을 통하여 터널 내부로 유도하여 배수 처리 ◦ 외부배수형 : 방수막으로 콘크리트 라이닝 全주면을 둘러싸고 인버트의 방수막 밖에 배수구를 설치하여 배수 처리	터널 全굴착면에 방수막을 설치하여 터널 내부로 지하수가 유입될 수 없도록 차단하는 방수형식으로, 라이닝에 지하수 조건에 따른 수압이 작용하는 형식
장점	◦ 대단면 터널 시공 가능 ◦ 누수 발생되어도 보수 용이 ◦ 시공비가 적게 소요	◦ 지하수 처리에 따른 유지비 감소 ◦ 지하수위 변화가 없으므로 주변환경에 영향을 주지 않음
단점	◦ 자연배수가 불가능한 경우에 유지비 고가 ◦ 지하수위 저하로 주변지반 침하와 지하수 이용에 문제 발생 가능	◦ 시공비 고가 ◦ 특수 대단면 또는 대심도에는 적용 곤란 ◦ 누수되면 보수비 과다, 완전보수 곤란 ◦ 콘크리트 라이닝 두께 증가, 철근 보강
적용	◦ 지반조건 양호, 지하수 유입량이 적은 곳 ◦ 주변 구조물에 영향이 없는 곳	◦ 지하수의 공급이 많은 곳 ◦ 지하수의 저하에 의한 영향이 많은 곳

2. 배수형 방수형식 터널의 시공

(1) 적용조건

① 현재 지하수위가 높은 지반조건에서 추가 유입수가 적어, 상대적으로 지하수 처리비용이 저렴하게 소요되는 경우

② 지하수위가 비교적 높아(수압 0.6MPa 이상), 터널의 안전성과 방수기술의 한계를 감안하여 배수처리가 용이한 경우

③ 주변에서 과다한 유입수가 예상되어 유입수 양수에 따른 유지관리 비용 절감을 위해 터널주위 지반에 차수그라우팅을 실시하여 배수처리하는 경우

(2) 세부사항

① 숏크리트와 방수막 사이에 부직포(요철형 방수막)를 설치하여 유입지하수를 터널의 측면하단부 또는 인버트 중앙부에 설치된 배수관으로 유도·배수한다.

② 세립토립자를 함유한 지반에서는 부직포의 막힘현상 발생에 대비하여 배수용 자재(드레인 보드)로 배수관을 추가 설치, 충분한 통수능력을 확보한다.

③ 인버트 중앙부의 主배수관에 시공된 직경 200mm 이상의 콘크리트관, 아연도 강관, THP관 등은 화재 대비 유독가스 없는 불연자재를 사용한다.

④ 부분 배수형에서 인버트 측면하단부 유공배수관은 직경 100mm 이상으로 설치하고, 콘크리트 라이닝의 청소용 고압분사 또는 로봇청소를 갖춘다.

⑤ 터널 시공 중에도 굴착면에서 발생되는 용출수 처리대책으로 아래 그림과 같은 임시 배수시설을 운영한다.

3. 非배수형 방수형식 터널의 시공

① 지하수위 저하에 따른 터널주위 지반침하가 인근 시설물에 영향을 미쳐 손실이 발생되거나, 식생 고사가 우려되어 지하수위를 보전해야 하는 경우

② 차수 그라우팅을 하더라도 유입되는 지하수를 효과적으로 감소시킬 수 없거나, 터널 수명기간 동안 배수계통 기능유지가 현실적으로 불가능한 경우

③ 현행 방수기술의 한계로 인하여 작용되는 수압이 0.6MPa 이하인 지하수 조건에서 非배수형 방수형식 터널을 채택하려는 경우

(2) 세부사항

① 숏크리트와 콘크리트 라이닝 사이의 터널 全주면을 방수막으로 감싼 후에 방수막을 보호하기 위하여 숏크리트와 방수막 사이에 부직포를 설치한다.

② 방수막은 기본적으로 내구성, 내수성, 내약품성(내알카리, 내산성 등)을 갖추고, 화재 대지 유해가스의 발생량이 적어야 한다.

③ 방수막은 소요의 기계적 강도, 연성 및 유연성을 갖추고 시공성이 좋고 내한성을 갖춘 제품으로, 시공 중 손상여부를 발견하기 용이해야 한다.

④ 철근콘크리트 라이닝 시공 중에 철근 이음부에서 방수막이 파손되지 않도록 방수막에 보호막을 별도로 덧붙이는 보호조치를 강구한다.

⑤ 방수기능을 방수막에만 부여하지 말고, 콘크리트 라이닝 자체에서도 방수기능을 감당하도록 수밀 콘크리트로 시공하고 이음부에 지수판을 설치한다.[177]

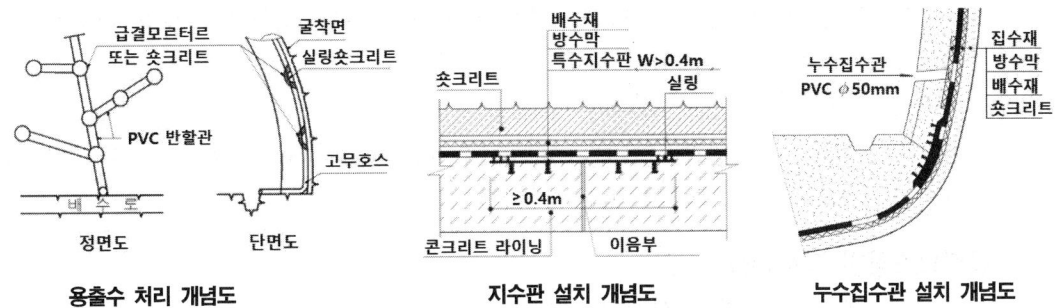

용출수 처리 개념도
배수형 방수형식 터널

지수판 설치 개념도

누수집수관 설치 개념도
非배수형 방수형식 터널

177) 박효성 외, 'Final 토목시공기술사 핵심문제', 예문사, pp.793~795, 2008.
국토교통부, '도로설계편람 ',제6편 터널, pp.608-1~9, 2012.

10.40 굴착보조공법

터널공사에서 자립이 어렵고 용수가 심한 막장을 안정시키기 위한 보조보강공법 [0, 4]

Ⅰ. 개요

1. 굴착보조공법은 일반적인 지보공법으로 대처할 수 없는 경우에 터널의 안정성 확보 및 주변환경 보전(지표면 침하방지, 기설 시설물 보호)을 위하여 지반조건의 개선을 유도하는 보조적 또는 특수한 공법이다.

2. 특히, 연약한 지반에서 굴착보조공법을 터널 지보재(숏크리트, 록볼트, 철망, 강지보재 등)와 병용하면 안전시공이 가능하므로 자주 사용된다.

Ⅱ. 굴착보조공법

1. 공법 목적

(1) 터널의 안정성 증대를 위하여 주변지반의 전단강도를 강화

지반의 전단강도는 Mohr-Coulomb의 항복기준에 따라 유효응력으로 표현된다. 주입재의 특성과 지반의 특성이 상호 결합되면 강도정수 c'(유효점착력) 또는 ϕ'(유효내부마찰각)이 향상되므로 터널 굴착 중에 안정성이 증대된다.

(2) 지표면 침하를 방지

지표면 침하 원인은 통상적으로 터널굴착에 의한 지반이완 및 지하수 유출이다. 도시부에서는 지표면 침하가 주변환경에 직접 영향을 미치므로 최대한 억제한다. 이를 위해 지반강성의 증가와 지하수 유출억제를 위한 보조공법이 필요하다.

(3) 투수성을 저감

시멘트 모르타르, 시멘트 밀크 또는 약액 등을 원위치 혼합하거나 주입하여 지반의 간극을 충전한다. 그 결과 투수성을 저하시켜 지하수 유출에 의한 터널의 안정성 저해 요소를 감소시켜야 한다.

(4) 지반의 변형 및 이완영역 확대를 방지

지반을 강화하고 구조적으로 보강함으로써, 터널굴착에 따른 지반의 변형 및 이완영역 형성이 최소화되도록 한다.

2. 굴착보조공법 적용대상

(1) 횡단선형에 토피가 작게 설계된 경우

(2) 지반조사 결과 지반이 연약하여 자립성이 낮을 경우

(3) 터널 인접환경 보호를 위하여 지표면 침하나 지중변위가 억제되어야 하는 경우

⑷ 용출수로 인하여 굴진면 붕괴, 숏크리트 부착불량 및 지반이완이 진행될 수 있어
터널의 안정성 확보가 필요할 경우

⑸ 기타 편토압 지역, 심한 이방성 지반, 특수 지형조건 등에 건설 예정인 경우

3. 굴착보조공법 계획 수립시 고려사항

⑴ 목적, 문제점 및 종류들을 우선적으로 명확히 설정해야 한다.

① 굴착보조공법이 '터널 시공을 위하여 일시적인 안정공법인가?'

② 굴착보조공법이 '터널 운영기간 중에 안정을 도모해야 하는가?'

⑵ 보조공법의 위치선정, 보강수량, 보강구간 등을 신뢰도가 높도록 계획한다.

⑶ 보강효과를 신속히 파악하여 재설계(feed back) 하도록 한다.

⑷ 긴급사태에 신속히 대응하기 위해 조치내용과 범위를 사전에 고려해야 한다.

⑸ 대부분의 터널공사는 지하수위 아래에서 시공되기 때문에 아래 표와 같이 용출수
에 의한 문제점이 심각하므로 지하수 유입에 대해 철저한 대책이 필요하다.

터널 굴착시 용출수에 의한 문제점

원인 또는 환경	직접 작용	굴착작업에 미치는 영향
침투성이 큰 지반	◦ 지반의 연약화 ◦ 파쇄대 암석의 박리 촉진 ◦ 점토의 팽창 ◦ 응집력 없는 지반의 유동화	◦ 지반압력 증대 ◦ 측벽의 붕괴, 낙반의 원인 ◦ 흡수팽창, 지반의 creep ◦ 지반의 붕괴, 자립성의 저하
용출수帶의 접근	◦ 차수벽의 파괴	◦ 막장 지반의 붕괴, 유실 ◦ 갱도의 매몰
과·소 배수설비	◦ 배수 불량	◦ 터널내 작업환경의 불량화 ◦ 지보재 기초의 지지력 저하
용출수 집중 유출	◦ 유속이 빠르고 수압이 증가	◦ 막장 설비의 수몰 ◦ 작업위험으로 공사중지
연직갱·경사갱	◦ 펌프 배수능력 저하	◦ 터널 내의 침수 ◦ 펌프설비의 영구화
지하수 계속 유출	◦ 지하수위 저하	◦ 수자원 고갈, 이용수위 저하 ◦ 해안지역에 해수침입, 염수화

4. 굴착보조공법의 분류

⑴ 터널 굴착보조공법은 보강목적에 따라 '지반강화 및 구조적 보강'과 '지수 및 배
수'를 위한 공법으로 분류할 수 있다. 이를 다시 '터널 천단부 지반 보강', '각부
및 측벽 보강' 및 '굴진면(막장) 자립'의 목적으로 세분할 수 있다.[178]

---

178) 국토교통부, '도로설계편람', 제6편 터널, pp.609.1~4, 2012.

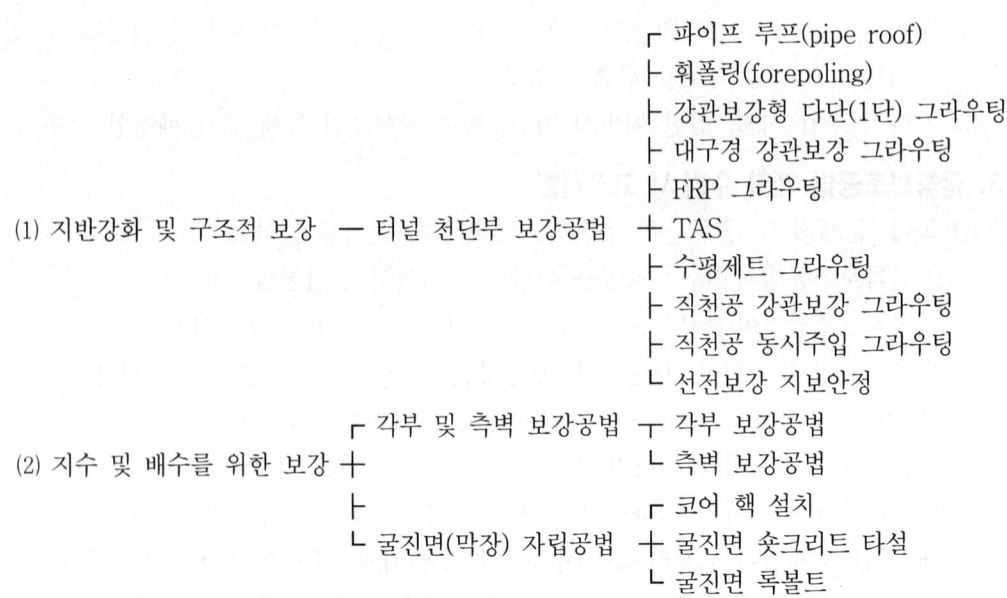

(1) 지반강화 및 구조적 보강 — 터널 천단부 보강공법
- 파이프 루프(pipe roof)
- 휘폴링(forepoling)
- 강관보강형 다단(1단) 그라우팅
- 대구경 강관보강 그라우팅
- FRP 그라우팅
- TAS
- 수평제트 그라우팅
- 직천공 강관보강 그라우팅
- 직천공 동시주입 그라우팅
- 선전보강 지보안정

(2) 지수 및 배수를 위한 보강
- 각부 및 측벽 보강공법
  - 각부 보강공법
  - 측벽 보강공법
- 굴진면(막장) 자립공법
  - 코어 핵 설치
  - 굴진면 숏크리트 타설
  - 굴진면 록볼트

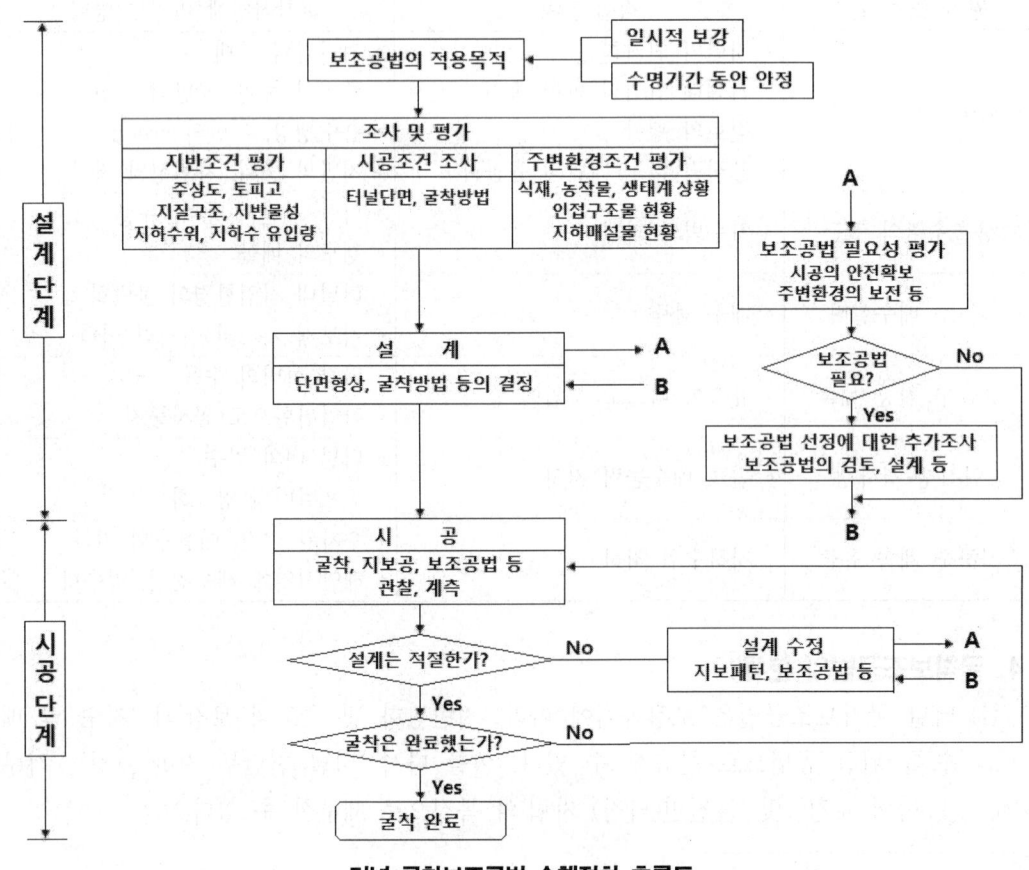

터널 굴착보조공법 수행절차 흐름도

1566

10.41 터널 천정부 보강공법

하터널 시공 중 천단부 쐐기파괴 발생에 대한 현장 응급조치 및 복구대책, Forepoling 보강 [3, 5]

I. 개요

1. 도로터널 굴착에 적용되는 굴착보조공법 중에 천장부 지반강화와 관련된 공법에는 파이프 루프, 휘폴링, 강관보강형 다단(1단) 그라우팅, 대구경 강관보강 그라우팅 등이 있으며, 최근에는 FRP나 TAS와 같은 신공법이 개발되어 적용되고 있다.

II. 터널 천정부 보강공법

1. 파이프 루프(Pipe Roof) 공법

(1) 용어 정의

① 파이프 루프(Pipe Roof) 공법은 터널 바깥둘레를 따라 수평보링하여 강관을 투입한 後, 주입에 의해 강관 내외를 충전하는 것으로 강관의 강성에 의해 터널 주변지반을 보강하고 지표면 침하를 억제하는 공법이다.

② 터널의 변위억제와 상부구조물 보호를 위해 적용되는 사례가 많다. 시공 중에 반력벽이 큰 가시설을 필요로 하고 정확한 방향제어가 요구하다.

(2) 주요 용도

① 도로, 철도 하부를 통과하는 경우

② 지중 및 지상 구조물 하부에 시공하는 경우

③ 터널 갱구부를 시공하는 경우

④ 단층 파쇄대, 붕락성 지반을 관통하는 경우

(3) 강관의 규격·설치

① 강관은 일반구조용 강관을 사용하며, 횡방향 설치범위는 120°~180° 적용한다. 강관의 두께 3~4mm, 직경 50~300mm, 길이 6~15m 사용하면 1회 시공으로 7~8개 막장 길이까지 연결시킬 수 있다.

② 철도·도로에서 큰 상재하중과 주요 구조물 근접으로 강성 유지와 토사 유출방지를 목적으로 할 때는 ϕ300mm 이상 대구경 강관을 연결형으로 설치한다.

③ 토피가 어느 정도 형성된 지반에서는 중·소구경 강관을 일정간격으로 배치하는 분리형으로 설치하는 것이 경제적이다.

④ 파이프 루프를 삽입할 때 강관의 beam 작용 유발과 상재하중의 분산을 위해 강지보재 바깥쪽에서 수평(최대 5°이내, 터널 입구 2~3°이내)으로 시공한다.

(4) 파이프 루프 시공 사례

① 국내 도심지 지하철 터널에서 구조물 통과할 때 적용 사례 있지만, 도로터널은 산악지 양호한 지반조건과 충분한 토피고 조건으로 적용 사례 드물다.

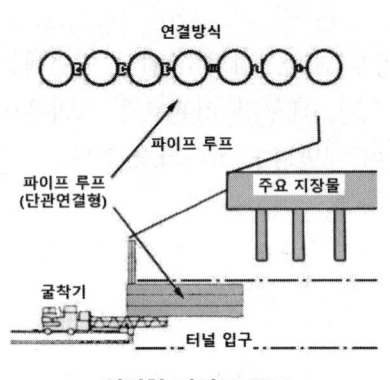

연결형 파이프 루프　　　　　**분리형 파이프 루프**

2. 훠폴링(Forepoling) 공법

(1) 용어 정의

① 훠폴링(Forepoling) 공법은 굴진면으로부터 상반아치 둘레에 5m 이하 길이의 철근, 강봉, 강관 등을 설치하여 천단의 전단강도 증대, 전방지반의 이완방지 등을 도모하는 공법이다. 충전식 공법과 주입식 공법이 있다.

(2) 보강재의 규격·설치

① 보강재의 재질은 철근 ϕ25mm, 강봉, 강관 ϕ30~40mm를 사용하며, 보강재의 길이는 굴진장의 2.5배 이상을 권고한다.

설치간격(C.T.C.)은 횡방향으로 0.3~0.8m, 종방향으로 매 막장(또는 2막장)마다 설치한다. 설치범위는 터널 굴착면 천장부에서 좌우 30~60°이다.

② 여굴방지를 위해 수평을 유지(15°미만)하고, 강지보재와 지반을 이용하여 2점 지지하며, 상호 중첩하여 설치한 후, 천공면을 그라우팅으로 마무리한다.

(3) 훠폴링 종류

① 충전식 　∘천공 後 철근삽입 및 모르타르 채움
　　　　　∘천공 後 강관삽입 및 모르타르 채움

② 주입식 　∘PU-IF(Poly Urethane-Injection Forepoling)
　　　　　∘AB Forepoling(Forepoling method with Advanced Bit) 등

(4) 우레탄 주입식 PU-IF공법의 특징

① PU-IF공법은 불안정 지반에서 막장 상부 안정성을 높이기 위한 보조공법으로,

주입용 롯드를 사용하여 순결성 우레탄(FCU)을 주입·보강하는 공법이다.

② 주입재 FCU는 A액과 B액 중량비 1 : 1로 혼합하는 것으로, 주입 직후에는 점성이 낮고 침투성이 풍부하지만 매우 짧은 시간에 점성이 높아져서 팩커나 코킹이 불필요한 특징이 있다.

③ 다만, 용출수가 많으면 반응시간이 길어지고 물에 씻길 우려가 있으므로, 현장의 지하수 조건에 따른 적용 타당성을 검증해야 한다.

(5) 지하철 터널 PU-IF공법의 적용 사례

① 부산 지하철 ○○공구 교량하부 터널공사에서 J.S.P 그라우팅이 시공되지 않은 약 33m 구간에 PU-IF를 적용하였다.

② 압입 볼트는 고강도 中空볼트로서 외경 27mm, 길이 6m, C.T.C. 70cm로 상단 15~30° 상향 천공, 간격 2.4m 총 224공을 설치하였다.

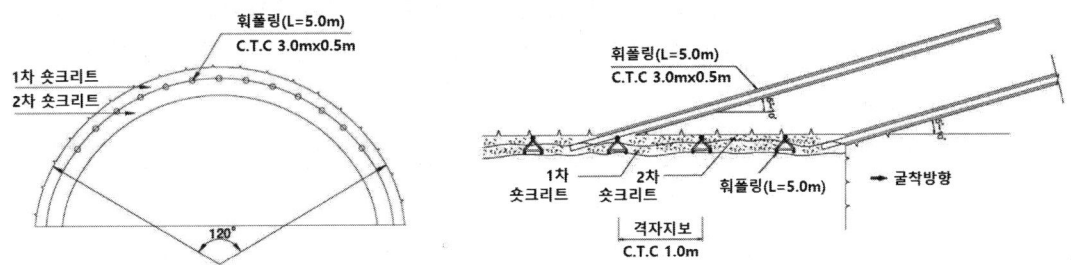

훠폴링(Forepoling) 공법

3. 강관보강형 다단(1단) 그라우팅 공법

(1) 용어 정의

① 강관보강형 다단(1단) 그라우팅은 先進보강 지보재로서 길이 5m 이상의 강관을 설치하여, 아칭효과가 없는 불안정한 지반(애추, 단층파쇄대, 미고결지반 등)을 보강하고 변위를 억제하여 천단부와 굴진면의 안정화를 도모하는 공법이다.

② 강관을 이용한 주입재를 주입하여 차수 및 보강효과를 동시에 얻을 수 있다.

(2) 기대효과

① 주입재에 의한 외곽 차수효과

② 강관에 의한 beam arch 형성으로 상부지반압의 경감효과

③ 지표 및 천단 침하 경감효과

④ 측벽부의 변위 억제효과, 이완영역의 감소효과 등

(3) 적용대상

① 연약지반에서 터널 굴착 중 갱구부 보강

② 도로·철도 등의 지상 및 지중구조물 횡단, 주변 통과

③ 사면굴착, 연속벽 설치에 따른 주변 구조물 방호 등

(3) 강관(천공)의 규격·설치

① 천공직경 : 보강용 강관의 1.8~2.0배(ϕ100mm 이상)

② 천공길이 : 겹침길이는 현장조건에 따라 수평방향으로 10~18m

③ 천공각도 : 갱구부 상향 2~7°이내, 내부 상향 15°이내, 수평 유지

④ 설치간격(C.T.C.) : 약 0.3~0.6m 이내

⑤ 주입압력 : 천공 선단부에서부터 0.5m 간격으로 구분하여 지하수의 정수압, 상재하중 등을 고려하여 결정

⑥ 배합기준 : 시멘트 현탁액 주입재의 배합비는 貧配合에서 富配合으로 변경하여 현장 지반조건에 맞도록 배합비 결정, 주입압력이 부족하면 시멘트량 증가

⑦ 주입방법 : 0.5m씩 단계별로 주입, 설정된 한계 주입압력에 도달하면 종료하고, 팩커를 제거하여 주입재 역류를 방지한 후, 다음 단계로 이동하여 반복한다

(4) 적용 사례

① 풍화암 암반에서 터널 안정성을 확보하기 위하여 천단 및 아치부를 보강할 때 길이 12m의 강관을 겹침시공하였다.

② 현장계측 결과, 강관보강으로 종방향 아칭효과가 유발되며, 횡방향 아칭효과는 적정한 시공간격으로 타설할 때 발휘되는 것으로 검증되었다.

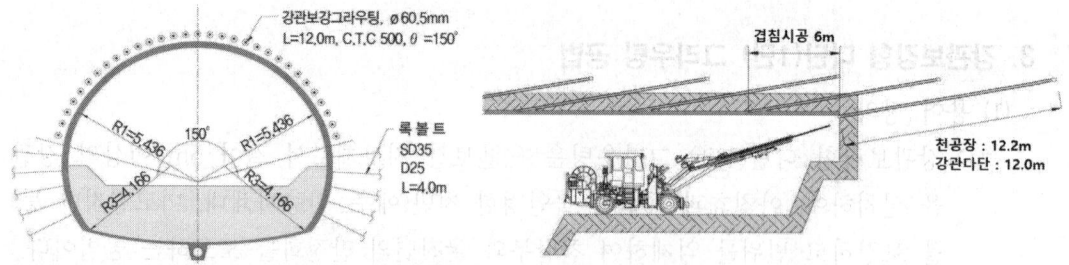

강관보강형 다단(1단) 그라우팅 공법

4. 대구경 강관보강 그라우팅 공법

(1) 용어 정의

① 대구경 강관보강 그라우팅은 연약토사지반을 통과하는 터널공사에서 터널 바깥 둘레를 따라 일정간격으로 천공한 後, 길이 12m 이상의 대구경 강관(일반구조용 탄소강관, 외경 ϕ114.3mm)을 횡방향(설치간격 300~600mm)으로 삽입하고 강관 내부에 이동식 패커를 설치하여 다단으로 주입재를 주입하는 공법이다.

② 강관의 설치각도는 수평 또는 10°이내로 하며, 연속설치할 때 천단의 안정효과를 높이기 위해 지보재를 설치길이의 1/4 이상 중첩시킨다.

천공 및 강관 삽입	⇨	주입구 코킹	⇨	SEAL제 주입	⇨	강관 다단 주입

대구경 강관보강 그라우팅 시공순서

(2) 공법 특징

① 강관 제작이 용이하다.

② 강관삽입 중에 주입구 밴딩부가 파손되어 SEAL재 및 천공슬라임이 강관내부로 유입되면 패커 설치가 곤란하게 된다.

③ 대구경 강관 그라우팅 전용장비를 의무적으로 사용해야 한다.

④ 지반조건이 기본적으로 천공 자립이 가능해야 하지만, 최근 직천공 방식이 개발되어 천공 자립이 어려운 지반에도 적용 가능하다.
   이 경우 점보드릴 활용이 가능한 직천공 굴착공법과 비교하여 선정해야 한다.

(2) 설치 사례

① 전술한 강관보강형 다단(1단) 그라우팅 공법과 내용은 동일하지만, 대구경 강관(ϕ114.3mm)으로 시공한다는 점이 다르다.

② 강관보강형 다단(1단) 그라우팅보다 대구경 강관보강 그라우팅 공법이 더 큰 지보재 강성을 요구하는 갱구부, 연약지반, 파쇄대 통과부분 등에 사례 많다.

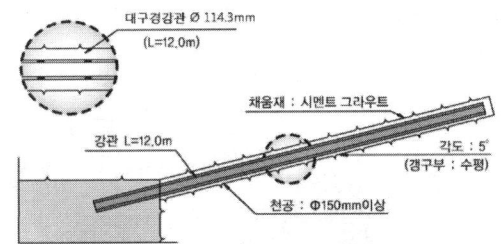 

대구경 강관보강 그라우팅 공법

5. FRP 그라우팅 공법

(1) 용어 정의

① FRP 그라우팅은 강관 대신 比강도(강도/비중)가 우수하고 부식에 강한 경량 고강도 섬유강화 복합재료로 성형된 보강관을 사용하는 공법이다.

② 신소재 보강관의 활용으로 그라우팅 효과와 시공성 향상이 기대되어 터널현장에서 자주 적용되고 있다

(2) FRP 보강관 재료특성

① FRP 보강관은 일(一)방향성 보강섬유를 불포화 포리에스터수지에 함침시켜 둘러쌓는(wrapping)하는 공정과 섬유를 구부리는(winding) 공정을 일련의 단일공정으로 처리한 제품이다.

② FRP 보강관은 사선 및 수직방향으로 직조된 스티치 매트(stich mat) 섬유를 여러 겹으로 층을 이루게 하고 각 층 사이로 화합물에 함침된 로빙섬유를 파이프 길이 방향으로 설치하여 인발 성형한 제품이다.

③ FRP 보강관은 유리섬유함량 60% 이상의 제품으로 인장강도 350MPa, 휨강도 150MPa, 전단강도 130MPa 이상을 만족해야 한다.

(3) FRP 터널보강

① 先進보강공법으로 고강도 FRP 보강관을 터널 천장부에 우산망 형태로 배열하고 그라우트를 압입하면 빔(beam)효과 및 국부적인 아칭효과를 얻을 수 있어, 토피고가 얇고 연약한 지반에서 터널 굴진면 보강공법으로 시용된다.

② 다만, 불량한 지반조건에는 지보재의 강성이 중요한 인자로 고려되므로, 대구경 강관보강 그라우팅 또는 직천공 강관보강 그라우팅과 비교·선정한다.

(4) FRP 터널보강 사례

① 적용구간 : 양은~원덕 도로확장공사 용두터널 상행선 종점부

② 현장조건 : 노선이 계곡부에 위치하여, 터널 갱구부의 굴착단면 기반암의 암질지수가 평균 20% 이하로서 매우 불량하여 심하게 파쇄된 상태

③ 보강공법 : 용두터널 시점부 및 연약대 구간에 FRP 보강 그라우팅 공법 적용, 보강범위 90°, 설치간격 500mm, 보강재 길이 16m

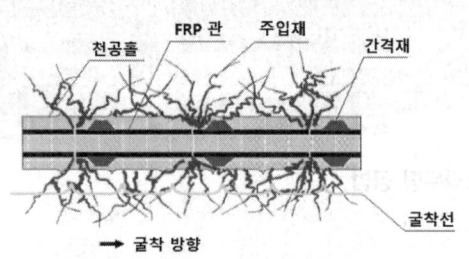

FRP 터널보강 주입형태

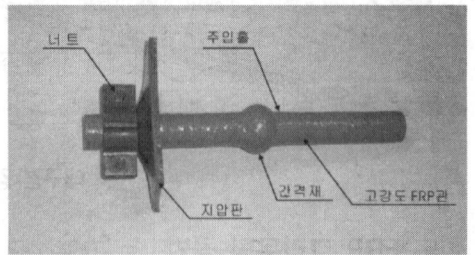

FRP 보강관(일반형)

6. TAS 공법

(1) 용어 정의

① TAS(Tunneling method on Advanced reinforcing System)는 그동안 강관을 이용한 우레탄 주입공법으로 알려진 기술을 이중관 활용과 우레탄 주입의 향상

에 의해 시공성이 개선된 공법이다.

② 기존의 우레탄 주입공법은 주입재인 우레탄이 무독성으로 친환경적이지만 주입 길이가 제한되고 공사비가 비싸 시공성이 좋지 못하였다.

③ TAS 공법은 우레탄 주입재의 성능을 개선하여 약액의 강도는 유지하면서 低점 도화 함으로써 주입길이의 제약을 극복하고, 이중관 구조의 강관을 사용함므로 써 강관의 강성을 크게 증가시켰다.

④ 또한 TAS 공법은 많은 주입량을 필요로 하는 현장조건에 대처하기 위하여 우 레탄계뿐만 아니라 시멘트계 주입재도 사용 가능하도록 개선하였다.

(2) 공법 특징

① 이중관 구조 강관

○ 단관구조로 사용되는 일반구조용 강관과 달리 이중관 구조로 개선되어 단면 계수가 150% 커짐에 따라 구조적인 안정성과 강성이 증가되는 효과가 있다.

○ 다만, 중량이 무거운 강관구조를 사용하므로 시공성이 불리할 수 있다.

② 주입강관 보강효과

○ 주입강관은 외관과 내관, 그 사이에 충전된 주입재가 합쳐진 복합 이중관 구 조로서 휨강도가 40% 증진되었다.

○ 주입재가 외관과 내관 사이로 흐르는 구조로서 유체 통과면적이 크게 감소되 어 균질·균등한 주입 구근이 형성되며 횡방향 보강효과가 극대화되었다.

(3) 공법 적용성

① 선진보강 : 터널 천단부 안정과 굴착 중 굴진면 유지를 위해 아치부에 우산망 형태로 주입강관을 배열하고, 시멘트 밀크(또는 우레탄 약액)를 주입하여 종·횡 방향의 아칭효과를 유발시킨다.

② 차수효과 : 우레탄 주입재를 사용하면 기존의 강관보강 그라우팅의 침투성보다 매우 개선된 침투능력(k =$10^{-4} \sim 10^{-5}$cm/sec)을 나타낸다.

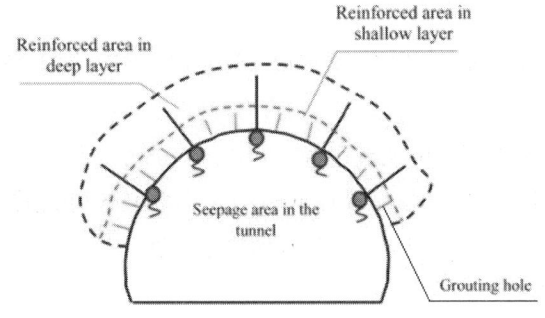

TAS 주입강관 단면

터널 아치부 TAS 시공

7. 강관 동시삽입형 수평제트 그라우팅(Trevi Jet) 공법

(1) 용어 정의

① 일명 Trevi Jet는 천공과 동시에 대구경 강관(ϕ114.3mm)을 삽입하고 고압분사하여 강관주변에 원주형 개량체를 형성하는 시멘트계 그라우팅 공법이다.

② 고압으로 지반을 절삭해서 교반하여 경화제와 치환하는 공법(제트 그라우팅)이기 때문에 토사에 혼입된 시멘트계 슬라임이 발생되므로 분사압력에 의해 절삭이 가능한 지반에서만 적용할 수 있다.

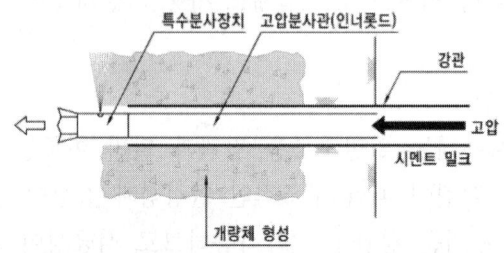

강관 동시삽입형 수평제트 그라우팅 선단장치

(2) 시공순서

① 벌크 헤드부를 천공한다.

② 벌크 헤드부 이후 소정의 심도까지 강관을 삽입하면서 고압분사하여 강관주변에 원주형태의 개량체를 형성한다.

③ 수평제트 그라우팅 시공할 때 단위조성시간 5~8분/m, 단위분사량 75~125ℓ/분을 표준으로 하며, 시험시공을 통해 현장 지층조건에 맞는 제원을 정한다.

④ 설계심도 0.2m 전방에서 고압분사를 중지하고 경화제 누출 방지를 위해 지반중에 강관을 압입한다.

⑤ 강관은 지반 내에 남겨두고 롯드를 인발한다.

⑥ 강관 내부 충전 및 조성체 보강을 위해 2차 주입을 실시한다.

(3) 설치범위 및 설치방법

① 먼저 막장 굴진면에서 두께 150~250mm의 막장 숏크리트를 타설하여 장비 설치를 위한 노반 레벨을 조정한다.

② 강관길이는 L=13.5m를 표준으로 하며, 장비 효율성을 고려하여 조정한다.

③ 횡방향 설치간격은 수평제트 그라우팅의 직경 800mm를 고려하여 600mm를 원칙으로 하며, 시험시공을 통해 구근형성 범위를 확인하여 조정한다.

④ 천공각도는 10°이내를 표준으로 한다.

⑤ 鋼지보공과 지반을 이용하여 2점 지지가 되도록 맞춘다.

⑷ Trevi Jet 특징

① 천공과 고압분사에 의한 지반개량이 동시에 수행된다.

② 천공타설기, 주입플랜트 등과 같이 전용장비 시스템 구성이 필요하다.

③ 보강강관을 이용한 2차 주입이 가능하므로 조성체 확보 신뢰성이 향상된다.

8. 직천공 강관보강 그라우팅 공법

⑴ 용어 정의

① 기존의 강관보강형 그라우팅은 케이싱으로 천공하고 강관을 삽입하는 공정으로 시공되었으나, 이를 개선한 직천공 강관보강 그라우팅은 점보드릴을 활용하여 천공 후 강관삽입이 연속 공정으로 이루어져 터널의 천단 및 갱구부를 효과적으로 안정시킬 수 있는 공법을 총칭한다.

② AGF(All Ground Fasten), AT(Alwag Techmo)-system, DDR(Direct Drilling Robit system) 공법 등이 현장에 적용되고 있다.

기존 그라우팅과 직천공 그라우팅의 시공순서 비교

기존 그라우팅	직천공 그라우팅
① 작업대 설치 ② 케이싱 천공 ③ 케이싱 회수, 강관 삽입 ④ 코킹 ⑤ Sealing ⑥ 주입재 주입	① 천공과 동시에 강관 삽입 ② 천공 주입구의 코킹 ③ 주입재 주입

⑵ 직천공 강관보강 그라우팅 시공순서

① 제1단계 : 천공과 동시에 강관 삽입

- 천공크기 : $\phi 75mm \sim \phi 125mm$
- 천공각도 : $0° \sim 15°$ 이내
- 강관규격 : $\phi 60.5mm \sim \phi 114.3mm$
- 강관길이 : 12m/1본(점보드릴에서 강관 3m 길이를 암수나사로 체결)

② 제2단계 : 천공 주입구의 코킹

- 천공 구멍과 강관 사이는 주입압력에 충분히 견딜 수 있는 코킹재를 충진하여 지하수 유입을 차단하고, 주입재 누출을 방지한다.

③ 제3단계 : 주입재 주입

- 주입압력 : 지하수의 정수압, 상재하중을 고려하여 결정한다.
- 주입재료 : 보통시멘트, 마이크로시멘트, 변성실리케이트(YSS), 우레탄

(3) AGF(All Ground Fasten)

① 공법

- 천공할 때 확장형 특수비트(Symmetrix Max Bit, 확장직경 ϕ125.0mm)에 케이싱 슈와 강관이 연결되어 강관삽입이 천공과 동시에 수행되고, 비트가 역방향으로 회전하여 직경을 축소시켜 강관내부로 회수한다.
- 비트회수 후 그라우팅은 강관 내에 팩커를 삽입하면서 단계적으로 시공된다. 이와 같은 연속공정이 기존 강관보강형 그라우팅보다 시공성이 향상되었다.

② 특징

- 천공 정밀도가 우수하여 강관 삽입할 때 변형 없다.
- 천공 선단부의 공동 및 여굴 발생이 매우 적다.
- 공종이 간단하게 반복되어 공기가 단축된다.
- 전용 주입밸브가 장착되어 그라우팅할 때 주입재의 역류가 방지되고, 주입재가 균등하게 침투된다.
- 다만, 확장형 비트구조의 특성 때문에 파쇄대나 암반조건에 따라 시공성이 저하될 수 있다.

(4) AT(Alwag Techmo)-system

① 공법

- AGF 공법과 같이 직천공 공법의 일종이지만, 파쇄대나 암반조건에 대한 제약이 상당히 해소된 공법으로 국내 현장에 2003년경 처음 적용되었다.
- AT 비트구조체는 원형단면과 슬라임 배출이 용이한 형상을 가진 파일롯드 비트와 링 비트, 안정적인 회전을 위한 연결롯드 등으로 구성되어, 굴착 정밀도가 구조적으로 향상되었다.

② 특징

- 천공 정밀도가 매우 우수하다.
- 강관에 강지보공을 밀착 시공하므로 지보효과가 크다.
- 전용 주입밸브가 장착되어 그라우팅할 때 주입재의 역류가 방지되고 주입재가 균등하게 침투된다.
- 천공직경과 강관외경의 차이가 적어 여굴 발생이 적다.
- 천공길이를 조절할 수 있어 갱구부 보강에 유리하다.
- 모든 지층에 적용 가능하다.

(5) DDR(Direct Drilling Robit system)

① 공법

○ 직천공 공법의 일종으로 AT-system과 동등한 굴착능력을 갖추고 있지만, 파일롯드 비트와 링 비트의 연결·이탈이 비트 회전방향의 전환에 의해 가능하도록 슬림화된 구조인 Robit casing system을 채용하였다.

○ 파쇄대나 암반조건에 관계없이 사용 가능하므로, 막장 안정, 천단부 붕락방지, 갱구부 안정을 위해 천공에서 주입재 주입까지 연속공정이 필요할 때 모든 지층에서 신속한 시공이 가능하다.

○ 또한 비트 형상이 개량되어 천공 선단부의 여굴량이 최소화된다.

 ① 파일롯드 비트를 강관 내에 삽입

 ② 링비트의 걸쇠위치까지 회전하여 결속

 ③ Robit system 천공 준비 완료

 ④ 천공후 반대방향 회전, 파일롯드 비트 회수

AT 비트구조체   **Robit casing system**

② 특징

○ 천공 정밀도가 매우 우수하다.

○ 강관 내부로 슬라임이 배출되므로 공동 및 여굴 발생이 매우 적다.

○ 파일롯드 비트와 링 비트의 조합이 간단해서 작업 쉽고, 공기 단축된다.

○ 전용 주입개폐밸브가 장착되어 그라우팅할 때 주입재의 역류가 방지되고 주입재가 균등하게 침투된다.

○ 천공직경과 강관외경의 차이가 적어 여굴 발생이 적다.

○ 모든 지층에 적용 가능하다.

○ 다른 공법에 비해 장비투입이 용이하다.[179]

179) 국토교통부, '도로설계편람', 제6편 터널, pp.609.5~20, 2012.

10.42 터널 각부·측벽 보강공법

토피가 낮은 터널을 시공할 때 발생되는 지표침하현상과 침하저감대책 [0, 1]

1. 개요

⑴ 각부란 터널 상반 굴착할 때 강지보재를 지지하는 인버트 양단의 지지부위 또는 아치 하단부를 의미한다.

⑵ 연약한 지층을 통과하는 터널의 경우, 굴착지반의 지내력을 유지하고 측벽부의 변위억제와 지하수 차단을 위하여 각부 및 측벽을 보강해야 한다.

2. 터널 각부 보강공법

1. 필요성

⑴ 터널 각부의 보강공법은 각부 支持지반에 대한 지보재의 지내력이 부족하여 각부 침하나 침하에 따른 지반이완이 발생되어 터널 안정에 손상을 야기하는 것에 대한 대책을 말한다.

⑵ 각부 支持지반에 대한 지보재의 지내력을 증가시키는 방법에는 ▲숏크리트에 의한 상반 假인버트 시공방법, ▲각부에서 아래로 향하는 보강 록볼트 또는 강관 시공방법 등이 있다.

2. 상반 假인버트

⑴ 상반 假인버트는 숏크리트를 이용하여 터널 상반을 假폐합하는 방법으로, 폐합효과가 크고, 계측결과 및 굴진면의 상황에 따라 적용할 수 있다는 장점이 있다.

⑵ 하지만 상반 굴착할 때 시공성 저하, 하반 작업할 때 假인버트 제거작업에 의한 시공능률 저하가 야기된다.

⑶ 특히, 假인버트 제거할 때 큰 변위가 발생될 수 있으므로 사전에 충분한 안전성 검토가 필요하다

3. 각부 보강 록볼트·강관

⑴ 각부 보강볼트·파일은 상반 지보공 지지부의 응력집중 완화, 하반 굴착할 때 지반붕괴 방지 등의 목적으로 지보재 각부에서 아래로 향한 제트 그라우팅이나 록볼트, 소구경 강관 등을 시공하는 방법이다.

⑵ 각부 주변지반의 지반강도가 부족할 경우에는 록볼트를 타설함과 동시에 급결성 시멘트 밀크 또는 약액을 압력주입하여 각부 지반의 강도증가를 도모한다.

⑶ 다만, 록볼트나 소구경 강관을 타설할 때 천공수가 지반을 교란하여 역효과를 야기하는 경우가 있으므로 천공방법 시행에 신중을 기해야 한다.

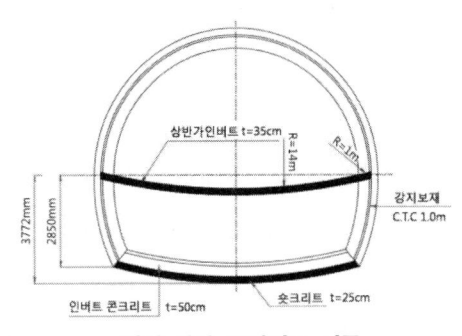

터널 상반 假인버트 시공

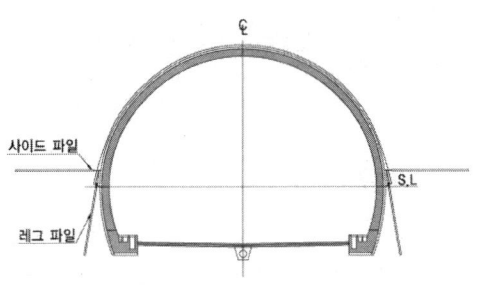

터널 각부 보강파일 시공

3. 터널 측벽 보강공법

(1) 터널 측벽 보강공법은 연약한 지층에서 하반의 측벽부 변위를 억제하고, 측벽부로 유입되는 지하수를 효과적으로 차단하기 위한 목적으로 측벽부에 강관 등의 보강재를 경사지게 삽입하고 보강재 주변을 그라우팅하는 지반보강공법을 총칭한다.

(2) 터널 하반 굴착할 때 주변지반 이완으로 인한 측벽 및 바닥부의 팽창압 발생, 구조물의 손상 방지에 효과적이다.

(3) 또한, 세립자의 유출을 최소화할 수 있으므로 스프링 라인 하부에 존재하는 지하수로 인해 느슨해진 지반의 차수 및 보강에도 효과적이다.[180]

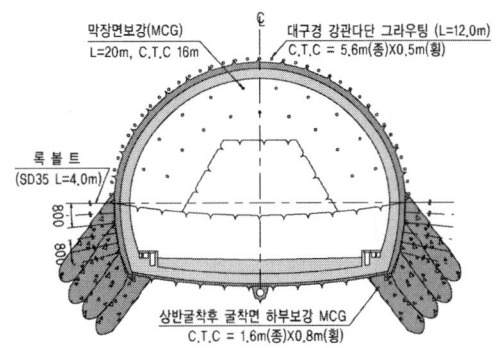

터널 측벽 보강 그라우팅 시공

---

180) 국토교통부, '도로설계편람', 제6편 터널, pp.609.22~23, 2012.

10.43 터널 굴진면(막장) 자립공법

터널 막장의 주향과 경사, 막장 지지코어 공법, 터널 막장 관통부 시공 유의사항 [2, 2]

Ⅰ. 개요

1. 터널 굴진면(막장)의 안정은 원칙적으로 굴착단면을 분할하여 노출되는 단면을 최소로 하는 것이 안정을 유지하는 기본이다.

2. 하지만, 터널 굴진 시공에 필요한 단면은 부득이 하게 노출되기 때문에, 절리가 많은 붕괴성 암반이나 연약한 지반에 위치하는 굴진면(막장)의 변형이나 붕괴에 저항할 수 있도록 도와주는 공법이 필요하다.

3. 터널 굴진면(막장) 자립공법에는 ▲코어 핵 설치, ▲굴진면 숏크리트 타설, ▲굴진면 록볼트 설치, ▲1회 굴진장을 짧게 하는 방법 등이 적용되고 있다.

Ⅱ. 터널 굴진면(막장) 자립공법

1. 코어 핵 설치

(1) 막장 자립성이 약한 지반에 적용하며, 굴진면으로 작용되는 힘에 저항할 수 있도록 굴진면의 일부를 코어 핵(core) 형태로 남기는 방법이다.

(2) 코어 핵의 길이는 보통 2~3막장 이상이지만, 그 규모는 후속작업(지보재 설치, 굴착장비 운행 등)의 원활한 수행이 가능한 여건 내에서 결정하며 굴진면 숏크리트 타설과 병행할 수도 있다

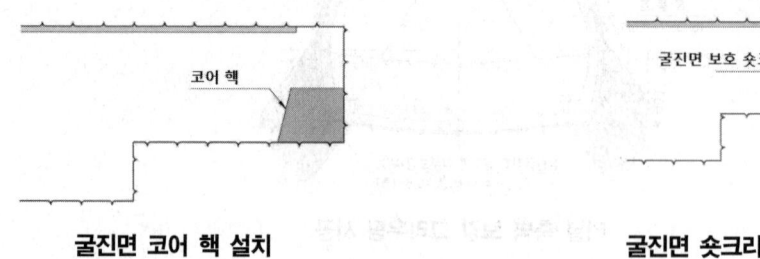

| 굴진면 코어 핵 설치 | 굴진면 숏크리트 타설 |

2. 굴진면 숏크리트 타설

(1) 미고결 지반이나 팽창성 지반과 같이 취약한 지반에서 1회 작업시간 사이에 지반이 약화되어 붕락이 우려되는 경우에 적용한다.

(2) 막장 상황에 따라 굴진면에 50mm 이상의 숏크리트를 타설하여 굴진면의 굴곡을 완화시켜 응력집중을 분산시키고, 암반 절리에 따른 이동을 숏크리트의 전단저항력으로 막는 효과를 기대하는 공법이다.

(3) 이 공법은 시공이 비교적 간편하며, 굴진면 지지효과가 크고, 장기간 굴착작업이 중단되는 경우 굴진면의 강도 약화를 방지시킬 수 있고, 다른 굴진면 안정공법에 비해 시공이 용이하고 효과가 빠르다.

3. 굴진면 록볼트 설치

(1) 팽창성 지반이나 굴진면 자립성이 극히 불량한 지반에서 굴진면 이완방지 및 강화대책의 하나로 굴진면에 수직으로 록볼트 형태의 보강재를 설치하는 방법이다.

(2) 보강재의 규모는 지반상황에 따라 설치개수와 설치빈도를 결정하며, 굴진면 일부에 설치할 것인지 혹은 전면에 설치할 것인지를 결정한다.

(3) 보강재의 길이는 설치효과를 높이기 위하여 보통 1회 굴진장의 3배(3~6m)이며, 설치빈도는 1~2m²당 1개를 설치하고, 추후 굴착할 때 절단하기 쉬운 강재의 록볼트를 사용한다.

4. 1회 굴진장을 짧게 하는 방법

(1) 굴진면의 이완현상은 막장 상부에서 시작되어 점차 넓어지로, 굴진장이 길어지면 당연히 굴진면에 작용되는 하중도 증가한다.

(2) 따라서 1회 굴진장을 짧게 하면 굴진면에 작용되는 하중을 경감시킬 수 있다.[181]

굴진면 록볼트 설치   **굴진면 작용하중**

181) 국토교통부, '도로설계편람', 제6편 터널, pp.609.22~23, 2012.

10.44 터널 그라우팅 공법

Ⅰ. 개요

1. 터널 그라우팅 공법을 적용하려는 목적은 아래와 같이 대별된다.

   (1) 지반의 강도 증진 : 터널 굴착에 따라 위험이 발생될 부분을 고결시켜 기초지반의 지지력을 증대시키며, 주변지반의 붕괴를 방지하여 인접구조물을 보호함으로써 터널공사를 용이하게 한다.

   (2) 지반의 지수성 증진 : 터널 굴착 중 지하수 유입을 억제하여 작업을 용이하게 하고, 굴착에 따른 지하수위 저하를 방지하여 지반침하 및 주변환경을 보호한다.

   (3) 지반의 압축성 절감 : 지반강화 및 차수성 증대에 의한 지반변형을 감소시킨다.

2. 터널 그라우팅 공법의 주입효과에 영향을 미치는 중요한 요인은 아래와 같다.

   (1) 대상 지반의 불균질성, 균열, 투수성 등 지반의 특성

   (2) 주입재의 점성, 겔 시간(gel-time), 화학적 성질 등 재료의 특성

   (3) 주입압력, 시공방법 등 기술적인 요소

3. 따라서, 터널 그라우팅 공법을 적용할 때는 여러 가지 주입재 및 주입방법의 특성을 파악하여 사용목적과 대상지반에 적합한 공법을 선정하고, 철저한 시공관리를 통해 지속적으로 주입효과를 확인해야 한다.

Ⅱ. 터널 그라우팅 공법

1. 공법의 구분

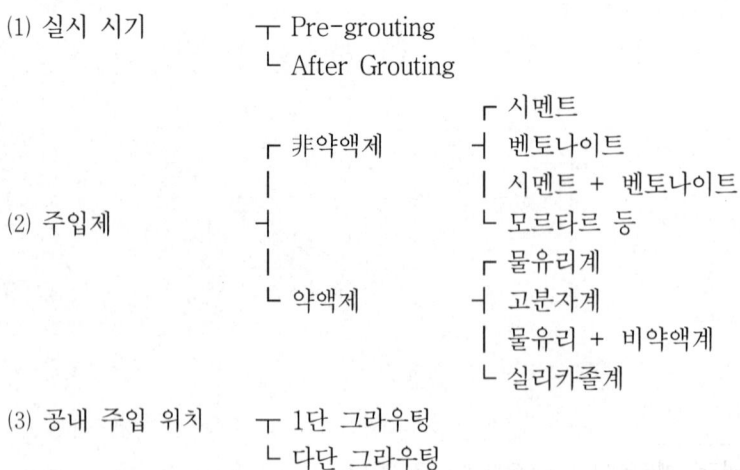

(4) 일시 주입공 수 ┬ 공별 그라우팅
　　　　　　　　　└ 다공식 그라우팅

(5) 주입관 설치법 ┌ 롯드 주입
　　　　　　　　 │ 스트레이너 주입
　　　　　　　　 ┤ 이중관 더블패커 주입
　　　　　　　　 │ 이중관 롯드 주입
　　　　　　　　 └ 이중관 복합주입

(6) 주입재 혼합방식 ┌ 1.0 숏트(shot)
　　　　　　　　　 ┤ 1.5 숏트(shot)
　　　　　　　　　 └ 2.0 숏트(shot)

(7) 주입방법 ┌ 상향식
　　　　　　 ┤ 하향식
　　　　　　 │ 수평식
　　　　　　 └ 상·하향 절충식

2. 공법의 주입 메카니즘

(1) 침투주입 : 주입재가 지반의 토립자 배열을 변화시키지 않고, 침투·고결되어 지수성과 강도를 개선시키며, 사질토에 효과가 현저히 나타난다. $10^{-1} \sim 10^{-2}$cm/sec에서는 침투주입이 용이하며, 10^{-3}cm/sec 이하에서는 할렬주입이 용이하다.

(2) 할렬주입 : 주입압에 의해 할렬되고 할렬된 부분에 주입재가 침입되어 맥을 형성한다. 점성토 지반, 투수성이 작은 사질토 지반에 적용된다.

(3) 할렬침투주입 : 사질토 지반에서 주입속도를 크게 올리면 지반을 할렬시키고 약액은 맥상으로 침투된다. 또한 약액은 할렬맥상 주변의 미주입 부근에 침투하고 약액 맥을 형성하여 계속하여 할렬과 침투를 반복하게 된다.

3. 주입재

(1) 주입재는 지반의 침투성을 고려하여 그 적용성을 평가해야 한다.

(2) 암반에서는 주입재가 암반 블록 사이의 절리면과 파쇄대를 따라 침투가 이루어지므로 아래와 같은 '주입재별 침투성' 연구를 바탕으로 주입공법을 선정한다.

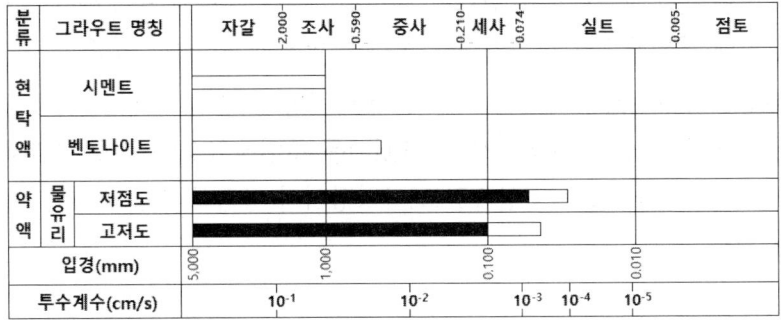

Ⅲ. 터널 그라우팅 공법의 종류

1. 약액주입공법

(1) ARC(Acrylic Resin Chemical)공법 : 용탈·변질이 없는 초점성 아크릴레이트계의 고분자 주입재로서, 영구적으로 안정하게 지하 콘크리트구조물의 방수 또는 굴착 지반의 차수용으로 이용되는 공법

(2) ASG 공법(Activated Silcate Grouting) : 항구적인 활성 실리케이트 약액(ASG)을 현장에서 직접 자동 실리케이트 제조 플랜트를 이용하여 만들어서 차수 및 지반 보강용으로 이용되는 공법

(3) BGI 공법(Best Grouting Innovation) : 기존의 현탁액형 이중관 공법은 A액(규산 100ℓ+ 물 100ℓ) : B액(약재+ 물 167ℓ+ 시멘트 60kg)을1:1로 주입, BGI 공법은 A액(규산 50ℓ+ 물 50ℓ) : B액(약재+ 물 167ℓ+ 시멘트 100kg)을 1:2로 개선

(4) CGVM 공법(Cement Grouting by Vibration Method) : 기존 공법에 일정범위 주파수의 진동을 발생시키는 진동발생기를 부착하여 고농도 고점성의 시멘트 현탁액형 주입재에 진동을 부가하여 주입하는 공법

(5) CSS 공법(Compound Silica-Sol Grouting) : 자동 실리카졸 제조장치를 이용한 현장배합으로 직접 실리카졸을 생산하여 이중관을 끌어올려 주입재를 배합하면서 1개의 주입공에 주입하는 半현탁형으로 그라우팅하는 용액형 주입공법

(6) DMP 공법(Double casing Mechanical Packer pressurization) : 천공대상지반에 케이싱을 삽입하고 그라우팅 선단부에 패커를 설치한 後, Nailing 정착부를 밀폐하고 가압 그라우팅($4\sim10kgf/cm^2$)을 실시하여 마찰저항력을 증가시키는 공법

(7) ET&G 공법(Effective Total & Grouting) : 2 shot 방식의 ET 팩커를 사용하여 gel-time을 초급결, 급결, 중결, 완결로 조절 가능하고, ET 강관에 분사밸브를 장착하여 분사효과를 증대시키고 역류를 방지하는 공법

(8) GIG 공법(Geo Improvement multiposition Grouting) : 무기질계 급결재료를 사용한 고미분말 시멘트계의 현탁형 지반안정제를 지반에 주입하는 공법으로, 물유리계 약액 주입재료의 단점인 용탈현상을 방지할 수 있는 제품

(9) Grouting Innovation 공법 : 기존의 현탁액형 이중관 공법은 A액(규산100ℓ+ 물 100ℓ)과 B액(약재+ 물167ℓ+ 시멘트60kg)을 주입하였으나, 이를 보완하기 위해 시멘트량을 증가시키고 일축압축강도를 향상시켜 용탈문제를 해소한 주입공법

(10) ~ (24) 생략

2. 고압분사주입공법

(1) Column Jet 공법 : 고압천공용 지중 확경장치를 이용하여 지반을 케이싱(가이드) 천공으로 절삭하고, 지중에 인위적으로 공간을 형성한 後에 지반개량재를 압밀주입·충전시켜 주상형의 고결체를 형성하는 공법

(2) DWM 공법(Deep Wing Mixing) : 초연약지반, 층상연약지반, 자갈섞인 연약지반 속에 고화재를 공급하여 강제로 원위치土와 교반혼합하여 흙과 개량재를 화학적으로 반응시켜 토질성상을 안정화함으로써 강도 증가와 차수성 확보하는 공법

(3) Free Jet 공법 : 기존 초고압 분사교반(JSP, RJP)은 2~3중관 롯드를 1방향으로 회전·상승시켜 원형단면 개량체를 조성하는데 비해, Free Jet은 4공관 롯드를 좌우 임의 방향으로 회전시켜 반단면, 1/4단면 등 다양한 단면 개량체 조성 공법

(4) HIG 공법(Hammer Injection Grout) : 고압 워터제트를 이용하여 주입과 절삭을 동시 수행, 초고압 분류체가 갖고 있는 운동에너지를 이용해서 지반을 파쇄하여 파괴된 토립자와 경화재를 혼합·교반하여 대구경 원주형 고결체 조성하는 공법

(5) JSP 공법(Jumbo Special Pattern) : 초고압(20~40MPa)으로 지반을 붕괴시킴과 동시에 로드 선단에 장착된 분사 노즐을 통해 경화제를 분사·회전·상승하면서 지반에 원주형 고결체를 조성하는 연약지반 개량공법의 일종

(6) MCM 공법(Mortar Column jet grouting) : 3중관을 이용한 지반개량공법, 초고압 수(40000kpa)를 이용하여 지반을 절삭·이완·배출하면서, 외부에서 임의 배합된 모르타르를 先절삭된 지중에 트레미 방식으로 충전주입하여 개량체를 조성

(7) MFJS 공법(Marine Foundation Jet System) : 해상심층 고화처리공법, 해저 연약 지반에 액상의 원기둥 형태의 공극을 형성하고, 그 공극에 경화재 기둥을 형성·고화시켜 원기둥 고결체를 형성하는 공법

(8) Mortar Jet 공법 : 3중관 롯드를 이용해서 초고압수와 압축공기로 지반을 절삭·이완시켜 지중에 인위적 공간을 형성시킨 後, 롯드를 상향으로 인발하면서 시멘트 모르타르(7mm이하 레미콘)를 분사하여 기초파일 보강 및 차수벽 형성 공법

(9) NRP 공법(No Rotation grouting Pattern) : 종래 원주형 Jet Grouting 공법을 개량하여 지중에 삽입된 특수선단 모니터를 사용해서 3개의 분사 노즐을 통해 40MPa 고압으로 경화재를 상향주입하면서 개량체를 조성하는 공법

(10) ~ (17) 생략182)

---

182) 국토교통부, '도로설계편람', 제6편 터널, pp.609.25~39, 2012.

10.45 Front jacking 공법

하부 횡단공법 중 프런트 재킹(front jacking)공법과 파이프 루프(pipe roof)공법 [1, 1]

1. 개요

(1) 프론트 잭킹(Front Jacking) 공법은 운행 중인 도로·철도, 하천, 기타 이설 불가능한 기존 구조물 아래의 지하도, 공동구, 수로 등을 구축하기 위한 비개착식 공법으로 도로·철도교통, 하천유수 등에 영향을 주지 않고 정상적인 운행을 유지하면서 입체교차공사를 시행하는 공법이다.

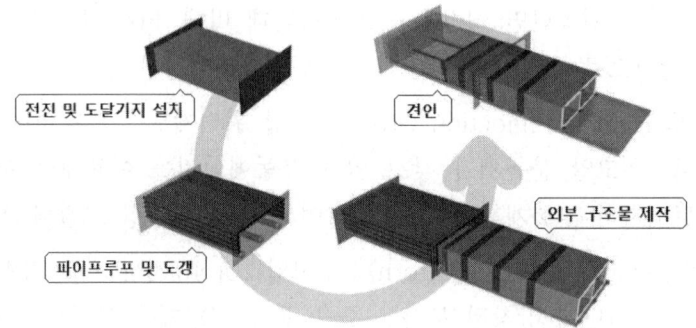

전진 및 도달기지 설치 견인 파이프루프 및 도갱 외부 구조물 제작

프론트 잭킹(Front Jacking) 시공 개념도

2. Front Jacking 공법

(1) 장점

① 열차운행과 도로교통에 지장을 주지 않고 정상운행이 유지되므로 안전하다.

② 철도선로 차단공사가 불필요하고 열차의 서행운행기간이 요구되지 않는다.

③ 주·야간작업이 가능하며 구조물 시공이 병행되므로 공기가 단축된다.

④ 완성된 콘크리트 구조물을 추진하므로 재하하중, 진동, 기타 외력에 안전하다.

⑤ 구조물을 일반조건에서 Precast 방식으로 제작하므로 품질관리가 확실하다.

(2) 단점

① 전단면 Precast 제품을 견인하면서 방향전환, 구배변경이 불가능하다.

② PC 케이블을 본체에 관통시키므로 수평보링구멍 또는 小도갱 굴착이 필요하며, 발진기지에 Precast 제품에 대한 대규모 작업장이 확보되어야 한다.

③ 함체 추진 중에 기초부 지반보강이 곤란하여 토층조건에 제한을 받는다.

④ 강관 추진 중에 전석 및 지장물이 있을 경우에는 선로침하가 발생된다.

(3) 시공사례

① 수원~병점 평동지하차도 외에 시공실적 250여건

구분	시공모형도	시공내용
1단계		◦ 지장물 확인 ◦ 줄 파 기 ◦ SHEET PILE 항타 및 막장 수직그라우팅 ◦ 터 파 기
2단계		◦ 수평강관추진 (Φ812.8MM) ◦ 수직각, 강관((Φ812.8,□-800) ◦ 교대 배면 수평그라우팅 ◦ 각관, 강관 외부그라우팅으로 노반 침하관리
3단계		◦ 가이드용 도갱 추진 ◦ 구조물제작용 발진대 설치 ◦ 선단슈 및 접속강 설치 ◦ 각관, 강관 외부그라우팅으로 노반 침하관리
4단계		◦ 발진대상에서 철근 배근 ◦ 구체방수제 혼합 ◦ 목적구조물 콘크리트 타설 ◦ 유압장비 설치
5단계		◦ 선단슈 막장판 설치 ◦ 막장 철거 후 선단슈 관입 ◦ 구조물을 견인하면서 각관회수 ◦ 각관, 강관 외부그라우팅으로 노반 침하관리
6단계		◦ 견인 완료 ◦ 강관 외부그라우팅으로 공극 충전 ◦ 조인트 방수 ◦ 강관 내부 몰탈 채움

Front Jacking 시공순서

183)

183) 박효성 외, 'Final 토목시공기술사 핵심문제', 예문사, p.797, 2008.
토쟁이의 토목이야기, '프론트 잭킹(Front Jacking) 공법', 2019, http://blog.naver.com/

10.46 터널 계측관리

NATM 터널 시공 中 계측항목, 측정빈도 및 활용방안, 준공 後 유지관리 계측 [0, 3]

Ⅰ. 개요

1. NATM(New Austrian Tunneling Method) 공법은 1962년 오스트리아 잘츠부르크에서 개최된 국재암반학회에서 재래식 오스트리아 터널 공법과 구별하기 위하여 명명되었다.

2. NATM은 '암반 혹은 땅 속의 지하공간 주변에 고리모양의 지지 구조물을 형성하는 것을 의도'하는 공법이므로 계측이 핵심요소이다.

3. 국내에서는 1981년 서울지하철 3,4호선 三連式터널정거장을 NATM으로 최초 시공 이후, 중부고속도로, 국도확장, 철도, 상수도수로, 지하발전소, 대규모 지하유류저장소 등에 광범위하게 적용되고 있다.

Ⅱ. NATM 터널

1. 공법 원리

(1) '터널은 가능한 한 지반으로 지탱시킨다'는 기본이론에 기초하여 터널 주변지반에 지지링이 형성될 수 있도록 설계·시공한다.

(2) '지반은 이완되지 않으며, 최대강도에 대응하는 변형도까지 변형을 계속한다'는 이론을 실현하기 위해 얇고 부드러운 지보공을 사용하고 숏크리트와 록볼트로 링구조를 신속히 구축한다.

(3) 계측을 통해 위 기능을 확인하고, 변형을 고려하여 최적의 지보구조와 복공시기를 결정한다.

2. 계측 중요성(목적)

(1) 주변지반의 변형 거동·상황을 파악한다.

(2) 잠정적 지보(숏크리트 타설 두께, 록볼트 타설 길이·간격 등) 효과를 확인한다.

(3) 최종 복공시기를 결정한다.

(4) 구조물로서 터널의 안전성을 확인한다.

(5) 인접된 중요구조물이 주변환경에 미치는 영향을 파악한다.

(6) 지보구조 및 복공구조의 설계·시공 최적화를 이룬다.

(7) 설계·시공에 계측결과를 반영한 성과 등을 향후 공사계획에 참고자료로 삼는다.

Ⅲ. NATM 터널 계측

1. 계측 지점·위치·항목의 선정

(1) A계측 : 일반계측 단면(일상적인 시공관리를 위해 반드시 실시하는 항목)

① 갱내 관찰조사

② 내공변위 측정

③ 천단침하 측정

④ 지표침하 측정

⑤ 록볼트 인발시험

(2) B계측 : 대표계측 단면(원지반의 조건에 따라 추가로 선정하는 항목)

⑥ 원지반 시료시험 및 원위치시험

⑦ 지중변위 측정

⑧ 록볼트축력 측정

⑨ 복공응력 측정(shotcrete 응력 측정)

⑩ 갱내 탄성파속도 측정

⑪ 지중응력(초기지압)

⑫ 용수상황 측정(용수량, 수질, 간극수압, 수위, 지표수)

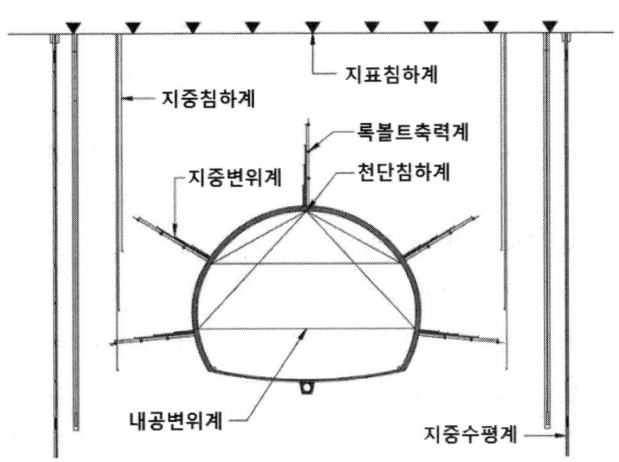

B계측의 계측기기 배치

(3) 계측B 세부사항

① 계측시기 : 계측목적 달성을 위해 시공초기단계부터 실시

② 계측단면 : 대표적인 지반조건 구간을 대상으로 실시

③ 계측대상 : 지반조건이 변화되어 시공 중에 큰 설계변경이 이루어지는 경우

④ 계측지점 : 지중변위는 반드시 터널 중앙부에서 계측하며, 지중변위의 경향·분

포를 알기 위해서는 좌우에 추가로 배치

⑤ 계측간격 : 일반적으로 500m 간격으로 배치하고, 1단면마다 3~5점을 표준으로 터널 설계패턴에 따라 적절한 위치에서 실시

2. 계측 데이터의 해석

(1) 계측결과는 굴착에 따른 주변지반 및 지보공의 거동을 나타내는 것으로, 현장 기술자가 현장상황을 파악하여 정확한 판단을 내리기 위한 자료이다.

(2) 계측 직후에 시간·거리별 변화, 횡단분포, 종단분포, 기타 특기사항(막장 진행에 따른 변화도, 계측 위치·시기, 단면폐합 등)을 정리하여 정량적으로 해석한다.

(3) 정성적(定性的) 계측결과를 정량적(定量的)으로 해석하는 방법 사례

① 내공변위량의 시간별 계측데이터를 시계열(時系列)해석을 통해 굴착진행에 따른 변위를 예측하여, 지보공·지반의 안정여부을 확인하고 대책공법 수립

② 변위·침하·응력 계측결과로부터 굴착상태를 나타내는 3차원 모델링(3D BIM)을 추출하여 동일한 지질조건에서 계속 시공할 경우의 지반 안정상태를 평가

3. 계측 데이터 분석 유의사항

(1) 주변지반, 지표면, 인접된 중요구조물, 주변환경 등을 측정할 때는 막장에 도달하기 2D~D 전에 예비계측을 실시하여 다음 3가지를 확인한다.

① 데이터의 신뢰성 확인

② 터널공사와 관계 없는 현상 의한 데이터 변동량 확인

③ 계절적 기온변화에 따른 데이터 변동량 확인

(2) 예를 들어, 기온의 시간적 변화에 따라 변위·침하·응력 계측치가 변하므로, 해당 지점의 온도를 동시에 계측·통계처리하여 그 기온 변화량을 제거한다.

(3) 계측빈도는 데이터의 중요성, 막장과의 위치관계 등을 고려하고 뒤에 나오는 계측결과를 고려하여 적절하게 설정한다.

(4) 계측종료는 해당 데이터를 시계열(時系列) 처리하여 굴착공사의 영향에 의한 변화량이 유의미하게 나타나지 않는 시점까지로 한다.

(5) 계측기기의 눈금조정(calibration)을 정기적으로 시행하여 데이터의 신뢰성을 유지하는 것이 중요한데, 이는 모든 계측항목에 공통적으로 해당된다.

4. 계측 결과의 반영

(1) 계측A 및 계측B 대상 항목에 대하여 다음 사항을 선행 조치하고, 그 계측결과를 설계·시공에 반영해야 한다.

(2) 계측A의 대상 항목은 매일 굴착에서 안전관리 및 설계·시공 합리화를 목표로 하므로, 막장과 후속굴착 구간의 지반상황을 판단하고, 선행 굴착구간의 지반과 지

보공 거동을 확인하여 해당 구간의 설계·시공 타당성을 평가한다.

① 계측A에서는 미리 설정해 둔 관리기준리로 판단한다.

② 관리기준치에는 굴착 중인 지반·지보공 거동(내공변위, 천단침하 등), 지표면 변화상태, 인접한 중요구조물 등이 있다.

③ 실제 현장에서 표준적 관리기준치를 정량적으로 표시하기 곤란한 경우가 많으므로, 주의수준(level) I , II, III에 따른 대응방안을 강구하기도 한다.

NATM 터널 내에서 변위속도 측정 사례

구분	기준	대응방안
주의수준 II	어느 한 군데 측점에서 변위가 0mm 이상이 된다.	관리자에게 보고한다.
주의수준 II	인접한 두 군데 측점에서 변위가 0mm 이상이 된다. 혹은 어느 한 군데 측점 속도가 0mm/월을 넘는다.	구두로 보고하고, 보고서가 가능해진 시점에서 검토회의를 개최한다.
주의수준 III	변위가 0mm 이상이 되고, 더불어 어느 한 군데 측점에서 변위가 가속된다.	즉시 책임기술자가 현지로 가서 현장에서 검토회의를 개최하여 긴급 대응방안을 강구한다.(이상이 발생했을 경우의 대응방안에 따라 실시)

(3) 계측B의 대상 항목은 당초의 설계·시공계획이 지반조건에 적합한지 확인하고 지반의 특성, 지보공·복공부재의 기능을 총체적으로 분석·평가한다.

① 계측B에서는 지반시료시험, 갱내 탄성파속도시험, 재하시험 등의 원위치시험을 병행하여 종합적으로 분석·평가함으로써 지반 특성을 재평가하여 그에 상응하는 지보공 유형의 타당성을 검증한다.

② 따라서, 굴착 초기단계에서 지반을 대표하는 지점에서 계측을 실시·평가하여, 후속 구간의 설계·시공 합리화에 반영되도록 한다.

IV. 터널 유지관리 계측

1. 유지관리 계측의 목적

(1) 터널에서의 유지관리 계측은 터널 구조물 완공 後 운영 中에 터널 주변의 영향으로 인하여 발생되는 배면 지반, 토압 및 수압의 변화를 측정하고

(2) 더불어, 콘크리트 구조물의 변화양상, 환경조건 등을 측정하여 터널 구조물의 안전성을 확인하는데 그 목적이 있다

터널의 계측항목 비교

공사 중 일상계측	공사 중 정밀계측	유지관리 계측
◦ 터널내 관찰조사 ◦ 내공 변위 측정 ◦ 천단 침하 측정 ◦ 지표 침하 측정 ◦ 록볼트 인발 측정	◦ 지중변위 측정 ◦ 록볼트 축력 측정 ◦ 숏크리트 및 콘크리트 라이닝 응력 측정 ◦ 지중 침하 측정 ◦ 터널내 탄성파 속도 측정 ◦ 강지보재 응력 측정 ◦ 지반의 팽창성 측정 ◦ 선행침하 측정 ◦ 지중 수평변위 측정 ◦ 지반 진동 측정	① 일상관리 계측 ◦ 갱내 관찰조사 ◦ 라이닝 변형 측정 ◦ 용수량 측정 ② 대표단면 계측 ◦ 토압 측정 ◦ 간극수압 측정 ◦ 콘크리트 라이닝 및 철근 응력 측정 ◦ 지하수위 측정

터널의 유지관리 계측항목

계측항목	계측내용
토압	터널 라이닝의 설계 적정성 평가 지반의 이완영역 확대 여부 및 지반응력의 변화 조사
간극수압	배수 터널의 배수기능 저하에 따른 잔류수압 상승여부 측정 비배수 터널 라이닝 작용 수압 측정 수압에 따른 라이닝의 안정성 확인
지하수위	간극수압 측정 결과의 신뢰성 평가 터널 내 용수량과의 상관성 평가
콘크리트 응력	외부 하중으로 인한 콘크리트 라이닝의 응력 측정 콘크리트 라이닝 구조체의 라이닝 내부 응력 측정
철근 응력	외부 하중으로 인한 콘크리트 라이닝 내의 철근 응력 측정 콘크리트 라이닝 응력 측정 결과의 신뢰성 검증
내공 변위	외부 하중으로 인한 콘크리트 라이닝의 변위량을 측정하여 터널 구조물의 안정성 판단
균열	콘크리트 라이닝에 발생한 균열의 진행 상태를 측정하여 터널의 안전성 판단
건물 경사	터널 구조물의 거동으로 인한 지상 건물의 기울기를 측정하여 건물의 안전성 판단
진동	지진 발생에 따른 터널 구조물의 안전성 판단 및 열차 운행 등에 의한 주변 구조물의 진동 영향 판단
온도	콘크리트 라이닝의 온도영향 판단

2. 유지관리 계측의 필요성

(1) 터널은 환경변화가 적은 지하에 건설되므로 다른 구조물에 비해 비교적 안전한 것으로 알려져 있어 그동안 유지관리에 대한 인식이 부족하였다.

(2) 그러나 터널 건설구간 중 지질 이상지대와 기존 구조물 근접통과구간 등의 근접 시공된 지역 등과 같은 취약구간은 배면 지반의 이완 등으로 터널에 변위발생과 응력변화 등의 장기적 거동발생 가능성이 예상되어 터널에 대한 유지관리 계측의 중요성이 대두되고 있다.

3. 유지관리 계측의 항목

(1) 터널 구조물은 굴착단계인 공사중 계측에서는 각종 변위, 침하, 지보재 응력 및 축력의 수렴여부를 확인한 후에 콘크리트 라이닝이 시공된다.

(2) 터널의 유지관리단계 계측에서는 숏크리트에 근접된 원지반의 작용하중 측정, 콘 크리트 라이닝의 철근응력과 콘크리트 응력 측정, 표면부착식 내공변위 측정을 통해 설계하중 이외의 추가하중 작용여부를 조사하여야 한다.

(3) 터널의 유지관리 계측항목을 선정할 때는 터널의 용도 및 크기, 방수·배수 형식, 지보재의 특성, 지반상태, 지하수 조건, 하중조건, 주변환경 및 유지관리 여건 등을 고려해야 하며 아래 표에 제시된 계측항목을 참조하여 필요하다고 판단되는 유지관리 계측항목을 선정한다.

(4) 터널의 유지관리단계 계측관리 기준은 시공중 계측관리 기준치를 준용하여 적용하는 것이 원칙이다. 다만, 터널 구조물의 안전과 주변 현황을 고려하여 필요한 관리기준을 추가하여 수정·보완해야 한다.

V. 맺음말

1. 최근 NATM 터널 굴착이 증가하면서 계측의 중요성이 부각되고 있으나 계측수행의 경험부족, 계측장비 낙후 등으로 체계적인 계측관리가 쉽지 않은 실정이다.

2. 기존의 터널 계측시스템에 적용되고 있는 계측장비의 정확성·신뢰성 문제를 고려할 때, 광섬유 센서를 이용한 터널 내공변위 자동계측의 상용화가 필요하다.[184]

---

184) 국토교통부, '도로설계편람', 제6편 터널, pp.610-34~35.
　　박효성 외, 'Final 도로및공항기술사', 2차 개정, 예문사, pp.1114~1117, 2012.

10.47 터널 환기방식 (Ventilation)

터널의 환기(Ventilation) 방식, 소요환기량 산정 방법, 환기불량 문제점 [0, 4]

I. 개요

1. 환기방식은 터널의 길이, 지형, 지물, 지질, 교통조건, 기상조건, 환경조건 등을 고려하여 가장 효과적이고 경제적인 방식을 선정하는 것이 원칙이다.

2. 일반적으로 터널의 환기방식 검토단계에서 환기방식은 크게 자연환기와 기계환기로 구분할 수 있다.

3. 길이가 짧고 교통량이 적은 터널은 자연환기만으로 충분하지만, 저속교통량의 매연 또는 CO 등에 의해 환기시설의 설치가 필요한 경우가 발생될 수 있다. 이 경우 지·정체가 빈번하지 않는 터널에 기계환기방식을 적용할 필요까지는 없다.

4. 자연환기의 한계는 터널 내부의 교통조건(교통방향, 교통량, 차종구성, 주행속도) 및 기상조건에 따라 다르다. 양방향 교통터널에서 교통풍은 상·하행선별 교통량 변동에 따라 시간마다 변하므로 자연환기의 효과를 정량적으로 결정하기 어렵다.

5. 평균적으로 경사가 급한 터널, 길이가 긴 터널, 지·정체가 발생되는 터널 등 특수한 경우에 자연환기의 한계를 초과하는 터널에서는 기계환기를 검토해야 한다.

II. 환기방식

1. 선정 기준

(1) 터널 환기방식은 자연환기와 기계환기로 구분되며, 자연환기는 소요 환기량을 교통 환기력만으로 충족할 수 있는 경우이며, 그렇지 못한 경우에는 환기설비에 의한 기계환기를 해야 한다. 이에 대한 승압력 관계식은 아래와 같다.

$$\Delta PMTW + \Delta Pr \leq \Delta Pt \quad \Rightarrow \quad \text{자연환기 가능}$$
$$\Delta PMTW + \Delta Pr > \Delta Pt \quad \Rightarrow \quad \text{자연환기 不가능, 기계환기 검토}$$

환기저항   교통환기력

(2) 기계환기는 터널 외부의 신선한 공기를 기계 환기력에 의해 유입시켜 오염된 공기를 희석·배기하는 원리이며, 환기방식은 차도내 기류방향에 따라 종류식, 반횡류식, 횡류식 등으로 구분된다. 또한 이들의 방식을 조합하는 경우도 있다.

(3) 또한, 전기집진기에 의해 오염공기를 정화하는 방식은 주로 종류식과 조합하여 이용되고 있다. 터널의 기본적인 환기방식은 아래 표와 같다.

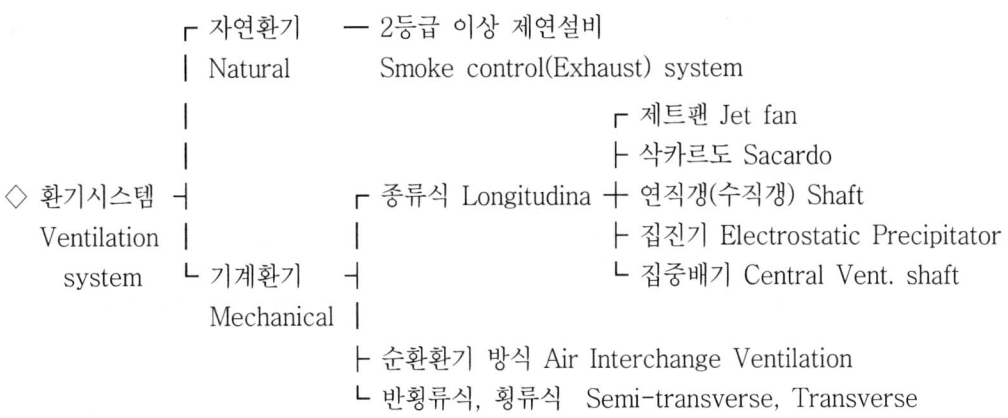

터널 환기방식의 종류

2. 자연환기방식

(1) 자연환기(自然換氣, natural ventilation)란 교통환기력(ΔPt)만으로 소정의 환기가 가능한 것을 말한다.

(2) 자연환기는 기상조건에 따라 터널 내부를 지나는 자연풍과 터널 내부를 주행하는 자동차에서 발생되는 교통환기력에 의해 터널 입구로부터 신선공기가 유입되어 가능해진다.

(3) 자연환기력의 계산식

$$\triangle Pr = \triangle Pt - \triangle Pm$$

여기서, $\triangle Pr$: 통기저항력 [Pa]

$\triangle Pt$: 교통환기력 [Pa]

$\triangle Pm$: 저항자연풍력 [Pa]

3. 기계환기방식

(1) **제트팬** 방식 (Jet fan)

① 제트팬 방식은 터널 종방향에 작용되는 교통환기력 및 자연환기력을 보충하도록 제트팬 분류 효과에 의한 압력상승을 발생시켜 소요환기량을 확보한다.

② 종류식 환기방식에서 압력평형식은 아래와 같다.

통기저항력(ΔPr) + 저항자연풍력($\Delta PMTW$) = 교통환기력(ΔPt) + 제트팬승압력(ΔPj)

(2) **삭카르도** 방식 (Sacardo)

① 삭카르도 방식은 대형분류장치(Sacardo)로 인해 상승되는 압력과 교통환기력과의 합성환기력이 터널의 마찰손실, 자연환기력 등의 저항력에 이기도록 설계되는 방식으로 제트팬 방식과 같은 종류이다.

② 이 방식은 대풍량 고속분류를 차도로 흐르게 유도하기 위해 일방향 교통터널에 적용하는 것이 일반적이다.

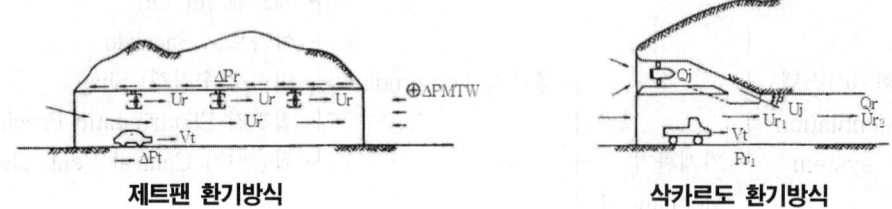

제트팬 환기방식　　　　　**삭카르도 환기방식**

(3) 연직갱(수직갱) 방식 (Shaft)

① 연직갱 환기방식은 연직갱(수직갱)에서 차도 공간의 공기를 교환함으로써 縱流환기방식의 적용길이를 확대하는 방식이다.

② 이 방식은 연직갱(수직갱) 밑의 배기노즐과 급기노즐 사이의 단락 흐름이 발생되어 역류가 생기지 않도록 계획하는 것이 일반적이다.

(4) 집진기 방식 (Electrostatic Precipitator)

① 縱流환기방식은 특히 일방향 교통터널에서 주행차량에 의한 교통환기력을 효과적으로 활용할 수 있을 경우에 건설비 및 환기동력비 측면에서 효과적이다.

② 터널길이가 길면 소요환기량이 증가하므로 縱流환기방식의 적용이 곤란하지만, CO에 대한 소요환기량보다 매연에 대한 소요환기량이 압도적으로 많을 경우에는 집진기를 이용하여 매연의 일부를 제거하면 효과적이다.

③ 이 원리를 도입하면 縱流환기방식의 적용길이를 더 확대할 수 있으므로 집진기 환기방식이 효과적이다.

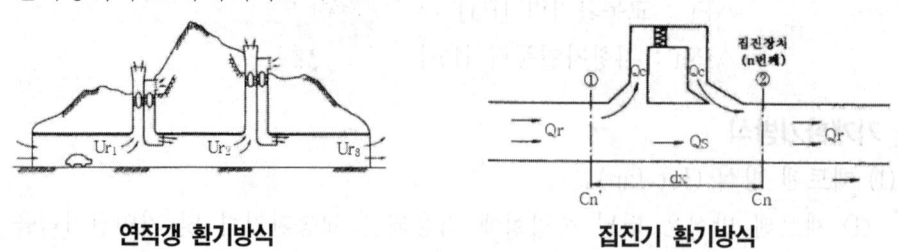

연직갱 환기방식　　　　　**집진기 환기방식**

(5) 순환 환기방식 (Air Interchange Ventilation)

① 순환 환기방식은 상대적으로 깨끗한 한쪽 터널의 공기를 혼탁한 다른쪽 터널로 치환해 주는 환기방식을 의미하며, 종래에는 개념적으로만 상상되었다.

② 순환 환기방식은 상·하행선 교통량 차이가 클수록 경제성이 높아지는 방식이며, 연직갱 건설과 병행하여 순환환기소의 운전을 계획해야 하므로, 연직갱 환기방식과의 운전동력비의 비교를 통해 경제적 타당성을 검증할 수 있다.

(6) 반횡류식 및 횡류식 (Semi-transverse, Transverse)

① 터널내에 덕트를 설치하여 급기 또는 배기하는 방식으로 前者는 급기 반횡류식 이라 하며, 後者는 배기 반횡류식이라 한다.

② 이 시스템은 터널의 입구나 출구 한쪽에만 환기탑을 두는 경우와 터널의 입출 구 양쪽에 환기탑을 설치하여 양방향에서 급기하는 방식이 있다.

③ 또한, 터널을 2개의 구간으로 나누어 한쪽은 급기하고, 다른 한쪽은 배기하는 시스템으로 계획할 수도 있다.

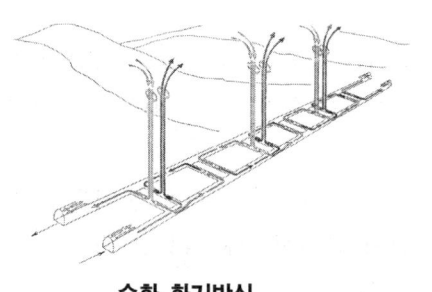

순환 환기방식

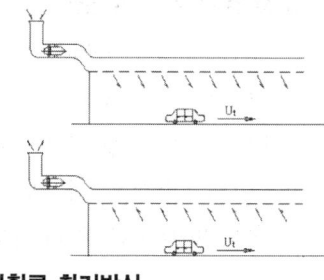

반횡류 환기방식

Ⅲ. 환기방식 선정 검토사항

1. 터널의 제원

(1) 터널의 길이, 종단경사, 내공단면적에 영향을 받는다. 이 중에서 傾斜는 환기방식 에 매우 중요한 인자로서 경사가 '-'이면 저속에서 CO나 NOx 등 가스처리가 환 기용량을 결정하며, 경사가 '+'이면 매연처리가 환기용량을 결정한다.

2. 터널의 통행방식

(1) 일방향 교통에는 교통환기력을 유효하게 이용할 수 있는 종류식 환기방식이 유리 하며, 양방향 교통에는 교통환기력을 기대할 수 없으므로 횡류방식이나 집중배기 방식이 유리하지만, 초기 건설비가 증가하므로 경제성 분석이 필요하다.

3. 주변환경의 영향

(1) 터널 출구부 오염물질의 배출(확산)에 따른 주변의 대기환경기준을 만족할 수 없 는 경우에는 터널 내부 환경조건을 역산하여 도심지 터널의 소요환기량을 확보할 수 있는 환기방식의 검토가 요구된다.

4. 차도 내의 한계풍속

(1) 터널 차도 내의 풍속이 지나치게 크면 안전 측면에서 보행자, 차량고장 등으로 터널 내에서 하차한 운전자에게 위험을 야기할 수 있고, 풍속이 증가할수록 분류 에 의한 승압력이 감소되어 환기시스템 효율이 감소될 수 있다.

5. 환기용 소비동력

(1) 소비동력이 동일할 때 집진기방식이나 연직갱(수직갱)방식의 환기효과가 제트팬 방식보다 우수하므로, 제트팬의 설치대수가 과도하게 증가되면 운영비 측면에서 전기집진기나 연직갱(수직갱) 방식의 적용을 검토해야 한다.

Ⅳ. 환기방식 문제점 및 개선방향

1. 소요환기량 산출기준

(1) 국토교통부『터널설계기준(2016, 개정)』및 한국도로공사『고속도로 터널 환기시설 설계기준(2002, 개정)』에 의해 대전~통영 고속도로 육십령터널 설계부터 PIARC 방식이 적용되고 있다.

(2) PIARC 방식은 목표년도 추정교통량을 이용하여 설계하며 대형차 혼입률에 따른 별도의 보정은 없다. PIARC 방식은 국내 도심지 터널설계에 적용한 경험이 부족하고, 대면통행에서 중방향교통량 적용이 곤란하다.

2. 매연 기준배출량 적용

(1) PIARC 방식은 '자국의 신차 1대당 1시간 동안에 발생되는 매연 배출량'을 근거로 60km/h로 주행 중인 3.5ton 이상의 트럭과 버스를 대상으로 매연 기준배출량(m^3/h.대)을 규정하고 있다.

(2) 국내에서도 한국도로공사가 매연 기준배출량을 규정하고 있으나, 터널설계할 때 발주기관마다 그 값을 달리 적용하는 있는 실정이다.

3. 터널 내의 풍속 적용

(1) 터널 내의 소요환기량이 결정되면 속도별 환기설비(팬) 규격이 정해진다. 이때 합리적인 환기설비를 정하더라도 설계속도(60km/h) 이상의 주행속도에서는 교통환기력 및 환기설비(팬)에 의해 유도풍속이 10m/s를 초과될 수가 있다.

(2) 이 경우에는 터널 내의 풍속을 10m/s 이하로 유지하기 위해 집진기 및 수직갱이 필요한 상황이 발생하게 되므로 이에 대한 검토가 필요하다.

4. 환기시설 가동률 저하

(1) 수도권 도로터널의 환기시설 가동률 조사 결과, 年평균가동률이 3%에 불과했다. 이는 日가동시간이 10분 미만에 불과하여 환기시설이 과다설계라는 의미이다.

(2) 도로터널의 위치특성(수도권, 지방권)에 따라 환기시설의 최적설계기법을 재정립할 필요가 있다고 여겨진다.[185]

---

185) 박효성 외, 'Final 토목시공기술사 핵심문제', 예문사, pp.831~832, 2008.
국토교통부, '도로설계편람', 제6편 터널, pp.617-36~73, 2012.
㈜이엠이, '도로터널 환기현황 및 문제점', 냉동공조기술광장, 2019.

10.48 터널 방재시설

장대 도로터널의 방재시설, 터널공사의 재해유형 및 안전사고 예방대책 [0, 1]

Ⅰ. 개요

1. 도로터널은 지하공간으로 어둡고 환기가 곤란하여 화재가 발생되면 대피가 어렵고 연기에 의한 질식위험이 높고, 내·외부와 연락이 곤란하여 위험인지가 늦다.

2. 도로터널 방재시스템은 전체 교통흐름의 통제와 구조작업의 효율성을 제고하여 다가오는 유비쿼터스 시대에 대응할 수 있는 체계를 갖추어야 한다.

3. 현재 도로터널의 방재시설은 국토해양부의 『도로터널 방재시설 설치 및 관리지침』, 소방방재청의 『소방시설 설치유지 및 안전관리에 관한 법률 시행령』과 『도로터널 화재안전기준』에 각 시설에 대한 기술기준이 제시되어 있다.

Ⅱ. 터널 방재시설의 종류

1. 소화설비

(1) **소화기** : 소규모 화재의 초기 소화를 위하여 설치하는 기구로서, 터널이용자를 사용대상자로 고려하여 설치

(2) **소화전** : 일반화재에 대한 主소화설비로서 호스연결식 옥내소화전

(3) **물분무설비** : 물분무헤드에 의해 물을 화재지점의 일정구역 내에 일제 방수하여 질식·냉각작용에 의해 화재확산을 방지·진압하여 구조물 보호

2. 경보설비

(1) **비상경보(비상벨)설비** : 사고 당사자가 수동조작하여 사고를 터널관리자에게 통보하고 경보를 발하는 설비로서 발신기(누름 버튼)와 비상벨 등으로 구성

(2) **화재감지기** : 터널 내에서 발생된 화재로 부터 열, 연기, 빛 등을 감지하여 자동적으로 화재발생 위치를 수신반에 알려지는 설비

(3) **비상방송설비** : 비상시 중앙감시실에서 방송을 통해 대피지시를 하는 설비

(4) **긴급전화** : 사고 당사자가 사고발생을 터널관리자에게 연락하는 전용전화

(5) **CCTV(폐쇄회로감시설비)** : 터널 내의 재해 발생·현장상황을 감시하는 설비

(6) **라디오재방송설비** : 라디오방송 수신 불가능한 터널 내에서 방송파를 수신·증폭하여 터널 내부로 송신함으로써 터널 내에서 라디오방송을 수신하는 설비로서, 또한 긴급상황에서 路側방송을 하여 긴급상황을 전파하기 위한 설비

(7) **정보표지판** : 터널 내의 화재발생과 유지관리작업 등의 이상상황을 차량운전자에

전달하는 터널입구정보표지판, 터널내 정보표시판 및 터널진입차단설비

3. 피난대피시설 및 설비

(1) **비상조명등** : 터널 내의 상용전원이 사용불능일 때, 비상발전설비나 無정전電源설비에 의해서 점등되는 최소한의 조명등

(2) **유도표지등** : 터널 이용자에게 터널 입·출구, 피난연결통로 등 방재설비까지 거리와 방향정보를 표시하여 안전지역으로 유도하는 설비

(3) **피난대피시설** : 대피자의 안전확보를 가장 확실히 할 수 있는 시설로서, 피난연결통로, 피난대피터널, 피난대피소, 비상주차대 등으로 구성

4. 소화활동설비

(1) **제연설비** : 터널화재 발생시 연기의 이동방향을 제어하거나 배연하여 피난·소화활동을 용이하게 하고 화재 진화 후에 연기를 터널 외부로 강제배출하는 설비로서, 기계환기설비는 터널화재 발생시 제연설비로 병용하도록 제연용량 결정

(2) **무선통신보조설비** : 구조·소화활동하는 소방대원 상호 간의 통신설비로서, 누설동축케이블과 부수장비로 구성

(3) **연결송수관설비** : 소방대가 출동했을 때 본격적인 소화작업에 필요한 소화용수의 공급설비로서 배관, 송수구, 방수구 등으로 구성

(4) **비상콘센트설비** : 화재장소에서 소화활동 및 인명구조장비 등에 비상전원을 공급하기 위한 콘센트설비

5. 비상전원설비

(1) **無정전電源설비** : 터널내 정전 발생시 전원공급 재개될 때까지 無정전 상태를 유지토록 하여 비상조명등과 같은 방재시설이 기능 유지하는 비상전원설비

(2) **비상발전설비** : 원동기로 발전기를 구동하여 발전하는 설비로서, 정전시 장시간 동안 방재시설의 기능 유지를 위하여 비상전원을 공급하는 설비

Ⅲ. 터널 방재시설의 계획

1. 기본 고려사항

(1) **화재감지** : 자동화재 탐지설비에 의한 감지가 기본이며, 초기 감시능력의 강화를 위해 CCTV, 영상유고감지설비, 주행속도감지기 등도 감지하도록 계획한다.

(2) **비상신호** : 자동화재탐지설비의 비상신호가 수신반에 감지되면, 비상경보설비가 자동경보를 발하고, CCTV가 연동되어 집중감시하도록 방재시스템을 계획한다.

(3) **비상경보** : 관리자가 상주하는 터널은 관리자가 비상경보를 발하며, 원격관리하는

터널은 해당 관리기관에 자동으로 통보될 수 있도록 계획한다.

(4) 관리자 : 관리자가 상주하는 터널은 관리자가 제연설비를 화재발생시나리오에 의해 수동조작하며, 원격관리하는 터널은 해당 관리기관 담당자가 제연운전모드에 의해 우선적으로 자동운전되도록 제어시스템을 작동하도록 계획한다.

(5) 관리자 : 비상상황이 인지되면 ▲터널진입차단설비나 입구정보표지판에 의해 차량 진입 차단, ▲라디오재방송설비, 비상방송설비, 차로이용규제신호등의 통보수단을 이용하여 통보, ▲전원이 정상공급되는 상황에서 터널내 모든 조명을 점등하여 최대한의 조도 확보 등을 동시에 조치하도록 훈련계획을 수립한다.

2. 터널 방재등급별 위험도지수

(1) 방재시설설치를 위한 터널방재등급은 단순히 터널연장을 기준으로 하는 ▲터널연장(L)기준등급과, 교통량 등 터널의 제반 위험인자를 고려하는 ▲위험도지수(X)기준등급으로 구분하며, 등급별 위험도지수의 범위는 아래 표와 같이 정한다.

(2) 위험도지수(X)기준등급은 일방통행의 경우에 터널튜브별로 산정하여 상·하행 노선 중 등급이 높은 방향을 기준으로 터널방재등급을 정한다.

(3) 터널의 방재등급은 ▲개통 직후, ▲최초 10년 후, ▲향후 매 5년 단위로 실측교통량을 조사하여 재평가하며, 그 결과에 따라 방재시설 조정을 검토할 수 있다.

터널등급별 터널연장(L) 및 위험도지수(X) 범위

터널등급	터널연장(L)기준등급		위험도지수(X)기준등급
1	연장 3,00m 이상	L≧3,000	X>29
2	1,00m 이상~3,00m 미만	1,000≦L<3,000m	19<X≦29
3	50m 이상~1,00m 미만	500 ≦L<1,000m	14<X≦19
4	연장 50m 미만	L<500	X≦14

4. 터널 방재등급 상·하향 조정

(1) 위험도지수(X)기준등급은 터널연장(L)기준등급 대비 1단계를 상향 또는 하향 조정할 수 있다.

(2) 터널연장(L)기준등급 대비 위험도지수(X)기준등급의 상향 및 하향은 50m 이상(연장기준 3등급 이상)의 터널에만 적용한다.

(3) 터널연장(L)기준등급 2등급 이상인 터널이 위험도지수(X)기준등급 3등급 이하로 평가되는 경우, 정량적 위험도 평가를 실시하여 터널의 안전성이 확보가 되는 경우에 한하여 등급을 하향 조정할 수 있다.[186]

186) 박효성 외, 'Final 토목시공기술사 핵심문제', 예문사, pp.825~826, 2008.
국토교통부, '도로설계편람', 제6편 터널, pp.618-2-11, 2012.

Ⅳ. 화재 통합방재시스템

1. 화재삼각형 이론

(1) 화재가 발생되려면 3요소(산소, 가연물, 착화원)가 필요하고, 소화시키려면 산소를 차단하거나 가연물을 치우거나 냉각을 통하여 소화시켜야 한다.

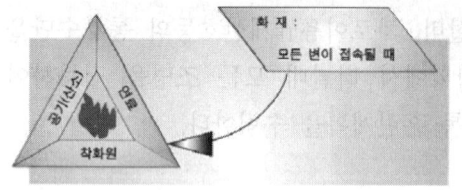 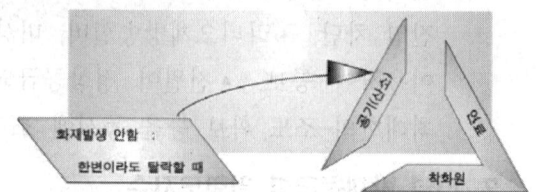

화재삼각형 이론

2. 화재종류

(1) A급 일반화재 : 재를 남기는 종이·목재류 화재는 물에 의한 냉각소화 용이

(2) B급 유류화재 : 포소화전, 미분무수소화설비 분말소화약제로 소화 가능

(3) C급 전기화재 : 감전 우려가 있으므로 CO_2, 전기전도도 낮은 소화설비 가능

(4) D급 금속화재 : 폭발적으로 연소하므로 불활성가스를 만들어 연소방지 가능

(5) 가스화재 : LPG, LNG 가스는 낮은 곳으로 모인 후 폭발, 가스누설 주의

3. 통합방재시스템

(1) 터널내 화재발생 상황에서는 5가지의 개별적인 방재시설 외에 안전도를 높이기 위하여 전력설비, 조명설비, 교통관제설비 등을 통합관리하도록 유기적인 시스템이 구성되어야 한다.

(2) 통합방재시스템은 방재시설들을 통합제어반에 연결하여 구성하며, 상호 Open Protocol로 유·무선통신이 가능하도록 계획한다.

(3) 최근 통합방재시스템은 정보통신기술 발전과 함께 TGMS, FTMS, ITS, 유비쿼터스-City, U-Korea 실현을 위한 역할을 하도록 발전되고 있다.[187]

---

187) 김남영 외, '국내 도로터널 방재시설 현황 및 전망', 삼보기술단 기전부, 2019.

10.49 터널 안정성 평가

I. 개요

1. 터널시설물의 설계·시공단계에서 수행해야 되는 안전성 평가는 외관상태평가, 비파괴 현장시험 및 재료시험 결과를 분석하고, 필요한 경우에 지형 및 지질조사, 지반탐사(GPR 등), 누수 탐사, 각종 계측 등을 실시하여, 그 결과를 분석하고 이를 바탕으로 해석적 검증을 통해 터널시설물에 대한 안전성 여부를 최종 평가해야 한다.

II. 터널 안정성 평가

1. 평가를 위한 조사·시험

(1) 안전성 평가는 육안검사부터 해석적 검증까지 일련의 과정을 거친다.
  ① 먼저 터널 부재별 상태평가가, 비파괴 현장시험 및 재료시험 결과를 분석
  ② 필요한 경우에 지형·지질조사, 지반탐사(GPR), 누수탐사, 각종 계측 실시
  ③ 그 결과를 분석하고, 해석적 검증을 통해 터널에 대한 안전성을 최종 평가

(2) 안전성 평가 중 설계·시공, 유지관리 자료를 수집·분석하여 활용한다.
  ① 구조계산서, 특별시방서, 지표·지질조사 보고서, 준공도면
  ② 시공·보수 도면, 제작·작업 도면
  ③ 재료 증명서, 관리 및 선정시험 기록, 계측자료, 사진
  ④ 보수이력, 사고기록, 점검이력, 시설물 관리대장
  ⑤ 안전성 평가기록 등

(3) 계측, 측정, 조사 및 시험은 시설물 분야 및 구조적 특성을 고려하여 실시한다.
  ① 지반조사 및 탐사
  ② 지형·지질조사 및 토질시험(표준관입시험, 수평재하시험, 현장투수시험 등)
  ③ 침하, 변위, 거동 등의 측정, 수중조사, 누수탐사, 기타 필요한 사항

(4) 해석적 검증에 의한 안전성 평가는 다음과 같은 순서에 따라 평가한다.
  ① 조사 및 시험결과 분석
  ② 터널 해석프로그램 선정
  ③ 해석조건 설정(지반상태, 지반재료 구성방정식, 초기응력, 경계조건, 물성 등)
  ④ 모델링 및 해석, 해석결과 분석, 최종 평가

2. 구조해석 방법

(1) 연속체 모델
- 유한요소법 (FEM, Finite Elem ent Method)
- 유한차분법 (FDM, Finite Difference Method)
- 경계요소법 (BEM, Boundary Element Method)

(2) 不연속체 모델 (Discontinuum Model)
- 개별요소법 (DEM, Discrete Element Methd)
- 혼합법 (Hybrid Method)

3. 구조해석 절차 연속체 모델 : 유한차분법 기준

(1) 지반상태의 가정

① 입자의 결합이 약하여 불연속면의 영향을 크게 받지 않고 암질재료 자체가 토질재료처럼 거동할 때는 터널을 연속체 모델로 취급하여 지반해석을 한다.

② 다만, 강한 암반은 불연속면의 형태에 따라 파괴형태가 달라져 불연속성이 주요한 인자가 될 경우에는 불연속체 모델로 해석하는 것이 바람직하다.

(2) 지반재료의 구성방정식(응력-변형)모델 선정

① 유한차분법을 적용하여 신뢰할 수 있는 해석을 하기 위해서는 지반재료의 구성방정식(constitutive equation)을 합리적으로 결정해야 한다.

(3) 초기응력조건 설정

① 지반의 내부에는 터널을 굴착하기 이전이라도 지반이나 암반의 자중 또는 지형, 지질구조 등의 영향에 의하여 응력이 발생되고 있다. 이러한 초기응력은 원지반에 터널 등의 공동을 굴착하게 되면 변화된다.

② 각종 터널이나 대규모 공동의 해석에 초기응력은 외력으로서 상당히 중요한 항목이므로 현장에서 직접 측정하여 적용할 때 신중을 기해야 한다.

(4) 경계조건 설정

① 특정지역에 터널이 굴착되면 그 영향이 미칠 수 있는 범위는 무한히 넓을 수 있으나 공학적 차원에서의 영향 범위는 제한되게 마련이다.

② 수치해석할 때 터널의 모든 영향권을 해석대상 영역으로 해야 바람직하겠지만, 터널형상, 터널굴착단면, 굴착방법, 지하수 정도, 지반조건 등을 고려하여 영역의 규모를 제한할 필요가 있다.

(5) 해석 지반의 물성치 선정

① 터널 해석할 때 가장 중요한 것은 지반재료 특성의 입력치를 결정하는 것이다. 지반의 물성치는 지형·지질조사, 지반조사 등의 결과를 충분히 활용해야 한다.

② 수치해석할 때 반영할 해석대상 지반의 물성치는 토질 및 암반상태, 터널지보

재, 해석모델 특성 등에 따라 다르지만, 일반적으로 단위중량(γ), 탄성계수(E), 내부마찰각(ϕ), 포아송비(ν), 점착력(c), 측압계수(Ko) 등을 고려한다.

(6) 모델링 및 해석

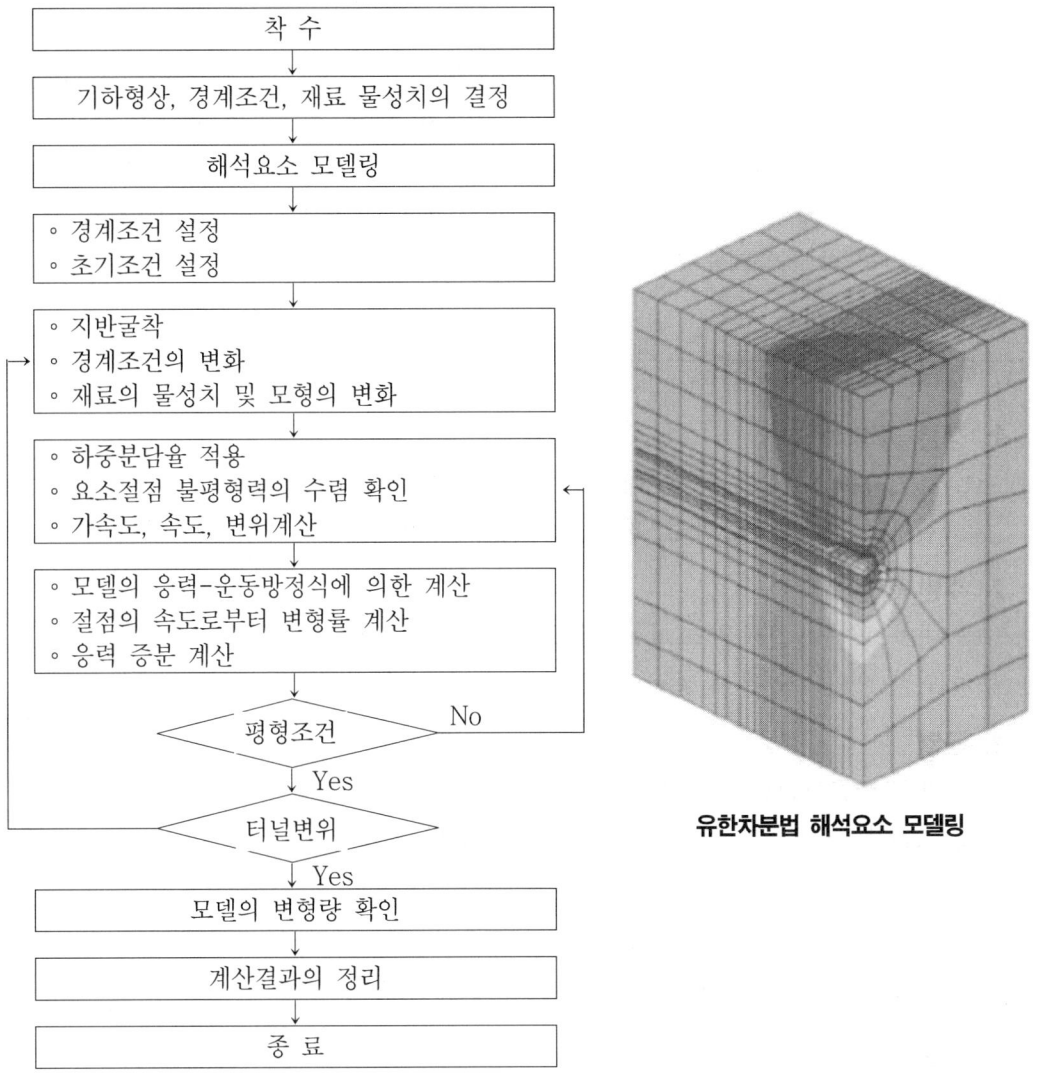

유한차분법 해석요소 모델링

유한차분법을 이용한 터널 해석 흐름도

① 결론적으로 터널의 해석적 검증은 실제 지반상황을 정확히 표현한 해석이라기보다는 일정간격의 작은 시추공을 통해 얻어진 제한된 지질조사 결과를 추정한 지반정보에 근거한 해석이다. 따라서 터널 유지관리 중에 지속적인 육안검사, 검사·진단, 계측관리 등을 통해 성능이 유지되도록 계속 투자되어야 한다.[188]

188) 한국철도시설공단, '터널안정성해석', 2012.

10.50 │ 터널 보수·보강공법

터널 내구 성능이 저하된 경우에 보수·보강공법, 공법 선정 유의사항 [0, 2]

I. 개요

1. 터널시설물의 유지관리단계에서 『시특법』에 의한 외관조사, 안전점검 및 정밀안전 진단, 상태평가 및 안전성 평가 결과를 기초로 하여, 결함발생 원인을 정확히 분석한 후 그 결함부위에 대해 가장 적합한 보수·보강공법을 선정해야 한다.

2. 본고에서는 터널시설물의 주요 외관조사 사항을 요약하고, 각 결함부위의 보수·보강에 자주 쓰이는 대표적인 공법을 예시하고자 한다.

II. 터널 외관조사 항목

1. 갱문·옹벽

(1) 기초·옹벽 : 세굴, 융기, 침하, 이음부 균열, 치장줄눈 상태

(2) 전면·석축 : 균열, 박리, 철근노출, 배부름, 변형, 침하 등

2. 주변 사면

(1) 내적 요인 : 진행성 파괴, 풍화작용, 물 침투에 의한 파이핑

(2) 외적 요인 : 인위적 절토, 하중제거, 충격·진동, 강우 등

3. 균열

(1) 라이닝 콘크리트 균열의 형태, 규모, 패턴

(2) 초음파 측정, 코어 보링을 하여 3방향 변위 측정

4. 누수

(1) 라이닝 배면의 방수공·배수공 불량 상태

(2) 터널 내부로 유입되는 주변지반의 토사 유입량

5. 손상

(1) 손상 위치 : 박리 육안관찰, 타격음 검사

(2) 오염 위치 : 백태 육안관찰, 화학분석, 미생물 조사

6. 배수로

(1) 집수구 : 뚜껑개폐 여부, 퇴적상태, 배수상태

(2) 배수로 : 라이닝 배면 배수로의 손상정도, 침하여부

Ⅲ. 터널 보수·보강공법

1. 터널 라이닝 배면의 공동(空洞)

(1) 터널 라이닝 배면의 공동은 ▸원지반 결함이나 시공 결함에 의한 공동, ▸준공 후 발생된 누수 등에 의한 공동으로 구분된다.

(2) 공동은 비파괴시험으로 조사하여 그라우팅 보수하면, 터널에 가해지는 작용압력을 균일화하고 라이닝 내하력을 유효하게 하여 안전성을 확보할 수 있다.

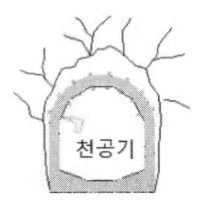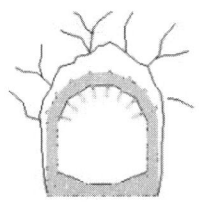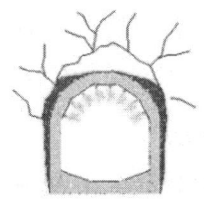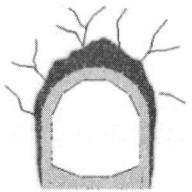

(1) 주입구 위치 선정 및 천공   (2) 주입관 설치 (팩카 시스템)   (3) 배면방수 그라우팅 주입 및 체결   (4) 배면방수 그라우팅 완성도

라이닝 터널 배면공동 보수 순서

2. 터널 라이닝 콘크리트의 노후화

(1) 터널 라이닝 콘크리트의 노후화가 심하거나 균열 정도가 현저하게 나타나는 경우, 라이닝 콘크리트에 강지보공 록볼트를 설치하여 보강한다.

(2) 내공단면에 여유가 있는 경우, 라이닝 내부에 뿜어붙임 숏크리트 또는 철근콘크리트로 시공하여 라이닝 두께를 보강하여 강도를 증가시킨다.

(3) 터널 주변이 팽창성 지질이거나 지내력이 부족한 경우, 측압에 견디고 지지력을 분산시키기 위하여 인버트 두께를 보강한다.

(4) 터널 라이닝이 노후화 및 균열이 심하여 기능이 상실되었거나 내공단면에 여유가 있는 경우, 라이닝 콘크리트를 부분적 또는 전면적으로 교체한다.

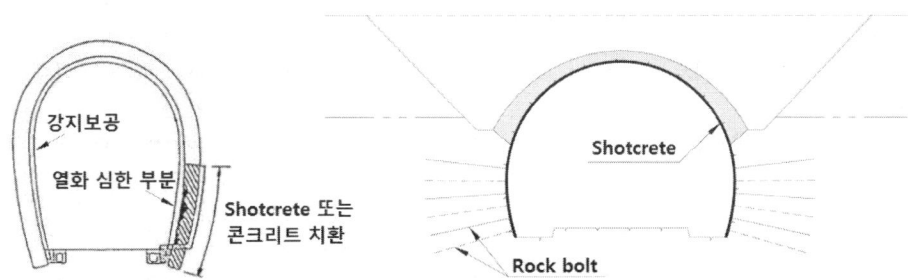

터널 라이닝 콘크리트 록볼트 지보공 보강

3. 터널 라이닝 표면 백태

(1) 콘크리트 라이닝 표면에 생기는 백태는 콘크리트의 황산칼슘, 황산마그네슘, 수산화칼슘 등이 물에 녹아 침출되면서 공기 중의 탄산가스와 화합되어 발생된다.

(2) 백태 방지 : 수밀성이 약한 콘크리트에 물이 새면서 탄산칼슘이 라이닝 표면에 퇴적하면 백태가 생긴다. 따라서 모세관 공극이 감소되도록 물-시멘트비와 단위수량을 줄이면 백태가 억제된다.

(3) 백태 보수 : 백태가 생긴 라이닝 콘크리트는 완전히 건조시킨 후, 백태를 제거하고 폴리머 모르타르로 마감한다. 백태는 희석한 염산(1:5~1:10)으로 처리하거나 모래를 고압분사하여 제거한다.

4. 터널 라이닝 내부 누수

(1) 터널 라이닝 내부에 누수가 발생되면 그 상황을 정확히 조사하여 보수·보강공법의 적용성, 시공성, 경제성 및 내구성을 고려하여 시공해야 한다.

(2) 누수대책공법에는 도수, 홈파기, 지수, 뿜어붙임, 도포, 방수판, 방수쉬트, 배면주입, 수위저하 등이 있다.[189]

터널 라이닝 내부 누수의 대책

요인 분류	누수상태 / 누수량 / 내공단면여유	線上 소량 유	무	線上 다량 유	무	面上 소량 유	무	面上 다량 유	무	공법 적용성
線上 대책	도수공법	○		○		△		△		
	홈파기공법		○	○	○		○		○	◦ U, V cutting 공법 ◦ 面上대책공법의 事前처리로서도 시행
	지수공법	△	△							◦ 누수량이 물방울 형성 정도이고 범위하 한정되는 경우에 적용 가능
面上 대책	뿜어붙임공법					○		○		◦ 철망, 앵커 및 도수공의 병용 필요
	도포공법					△	△			◦ 누수 정도가 경미할 때에만 적용
	방수판							○		
	방수쉬트					○		○		◦ 내부라이닝 개축을 시행할 경우 적용
배면주입				○	○			○	○	◦ 토피가 작고 지표수와 유수가 터널 배면공동을 통하여 직접 터널 내로 유입하는 경우에 적용
수위저하				○	○			○	○	◦ 지하수위가 높은 상태에서 용수나 열차 하중의 반복에 의해 지반재로가 배출되는 경우에 적용

주) ○ : 적용 가능한 공법,   △ : 경우에 따라 적용할 수 있는 공법

---

[189] 한국시설안전공단, '안전점검 및 정밀안전진단 세부지침해설서(터널)', 2011.

10.51 터널 화재사고, Air curtain system

Ⅰ. 오스트리아 카프룬 터널 대참사

1. 개황

카프룬 대참사는 2000.11월 오스트리아의 카프룬(Kaprun)에서 상행 퓨니큘러 열차가 터널 안에서 전소된 사건을 말한다. 155명이 열차에서 탈출했는데 터널 위쪽으로 가던 사람들은 모두 죽었고 아래쪽으로 내려간 12명만 생존하였다. 희생자들은 키츠슈타인호른(Kitzsteinhorn)으로 가던 스키어였다.

2. 사고 내용

2000.11월, 승객 161명과 (무인조종)차장 1명은 아침 일찍 상행 퓨니큘러를 타고 키츠슈타인호른으로 가는 중 터널을 지나고 있었다. 아침 9시 전기히터에 불이 붙었다. 히터에서 불은 플라스틱 파이프를 녹이고 불에 타기 쉬운 수압제동장치를 망가뜨렸다.

9시 2분 맨 뒷쪽 객실에 탑승한 승객들은 비어있는 뒷쪽 기관실에서 연기가 새어나오는 것을 발견했다. 연기는 곧 객실을 가득 채웠다. 9시 5분, 열차는 터널 안 600m 지점에서 갑자기 멈췄다. 카프룬 역 관제실의 관제사는 차장에게 전화를 걸었지만 연락을 할 수 없었다. 정상적으로 열려야 하는 비상문은 끝내 열리지 않았다.

일부 승객들은 가지고 있던 스키 폴(Ski pole)로 창문을 깨려고 했지만, 열차의 유리는 에폭시(충격방지용) 재질의 유리였기에 깨기가 어려웠다. 그 와중에 차장이 문을 열려고 시도했으나 열리지 않았다. 마침내 일부 승객들이 스키 폴로 유리창 하나를 깨고 열차 밖으로 나왔으나, 대부분의 승객들은 유독가스에 중독되어 일부는 사망했다.

열차를 탈출한 155명 중 12명만 터널 아래쪽으로 갔고 나머지는 위쪽으로 갔다. 같은 시각 알파인 역에서 기계공이 방화벽 문을 열고 유독가스를 피하였지만, 굴뚝효과로 인해 열차 뒤쪽으로 1,000℃ 불길이 치솟아 터널 위쪽으로 간 사람들은 모두 죽었다.

오스트리아 카프룬 터널 대참사

Ⅱ. 일본 고속도로 터널 천장 붕괴

1. 개황

일본 수도권과 중부지방을 잇는 사사고 터널은 주오 자동차도로의 오쓰키 분기점~가쓰누마 나들목 사이의 터널이다. 주오 자동차도로에서 에나산 터널 다음으로 2번째 긴 터널이다. 위험물 적재차량이 주행할 수 있는 터널로는 일본에서 가장 긴 터널이다.

사사고 터널은 배기가스의 증가에 의한 터널 내부의 공기환경악화를 방지하기 위하여 최대구배는 2%로 되어 있다. 터널 내의 환기는 횡류환기방식으로 최근에는 별로 적용되지 않는 방식이다. 속도가 저하되기 쉽고, 토·일요일과 공휴일에 상행 및 하행선에서 10km 이상의 긴 정체가 발생하기도 한다.

2. 사고 내용

2012.12.2. 아침 8시께 일본 도쿄와 제3의 도시 나고야시를 잇는 주오자동차도로 야마나시현 고슈시와 오쓰키시 구간의 사사고 터널(길이 4.7km)에서 두께 8cm 정도의 콘크리트 천장이 50~60m 붕락하여 차량 3대가 밑에 깔리고 그중 일부 차량에서 불이 났다. 붕괴지점은 터널의 도쿄 쪽 출구 1.7km 지점으로 무너진 천장판 크기는 한 장에 가로 1.2m, 세로 5m, 무게 1.1t이었다. 이번 사고의 원인을 천장판을 고정하는 금속제 기둥에 이상이 생긴 탓으로 추정된다.

사고 당시 터널 안에 있던 운전자들이 차를 버리고 터널을 빠져나가는 바람에 소방당국이 수색과 구조 작업에 애를 먹었다. 1977년 개통된 사사고 터널은 주말에는 차들이 몰리는 정체가 심한 구간이다. 사고 발생 3개월 전인 9월에 이 도로를 운영하는 중일본고속도로가 터널안전검사를 했지만 이상을 찾아내지 못했다. 이 사고로 9명이 사망했으며, 사망자의 시신 중 8구는 불에 타 훼손된 것으로 확인되었다.

일본 고속도로 터널 천장 붕괴사고

Ⅲ. 터널 Air curtain system

1. 개요

(1) 에어커튼 시스템은 해저터널의 구난역 플랫폼에 설치되는 시로코 팬(Sirocco fan) 방식으로, 공기를 흡입하여 밀어내에 화재·연기를 차단할 수 있다.

(2) 에어커튼 시스템은 화재·연기 차단성능이 우수하여 철도·도로터널이나 지하공간 (지하차도, 지하보도)에 설치되면 화재로 인한 인명피해를 최소화할 수 있다.

2. 핵심기술 : 연기차단 시로코 팬(Sirocco fan)

(1) 시로코 팬은 다수의 날개(impeller)를 가진 원심형 송풍기로서 80mmAq 이하의 정압(靜壓)에서 다량의 공기를 양측 또는 편측 흡입하는데 적합하다. 또한, 공기 의 흐름이 원활하여 운전 중에 소음·진동이 비교적 작다.

(2) 날개(impeller)구조가 유체역학적으로 상당히 무리한 승압(昇壓)을 하므로 효율이 저조하여 보통 40%~60%이며, 소형 시로코 팬에 효율적이다.

(3) 시로코 팬은 다른 원심형 송풍기에 비해 동일한 회전수 대비 풍량이 최대이므로 저정압(低靜壓)~대풍량(大風量) 송풍기로 최적의 기종이다.

(a) 양측 흡입식

(b) 편측 흡입식

Sirocco Fan Impeller

3. 국내 적용 사례

(1) 중부내륙고속도로 매현2터널에 설치된 에어커튼 시스템은 60m³/min 이상 대풍량 과 노즐선단 0.1m 위치에서 고풍속을 분출하는 성능을 갖추었다.

(2) 매현2터널 에어커튼 시스템의 분사노즐을 노면바닥으로부터 4.8m 이상의 높이에 설치하였기에 터널 제한높이(4.5m)를 확보하였다.

(3) 자연풍 방어력 시험 결과, 에어커튼의 노즐선단 3.3m에서 분출풍속, 분사각도의 성능이 가장 우수한 것으로 나타났다.[190]

---

190) 박상헌 외, '해저터널 구난역 플랫폼 화재연기확산 방지를 위한 에어커튼 시스템 차연성능 시뮬레이 션 연구', 한국터널지하공간협회 논문집, 제257호, 2015.

10.52 『지반안전관리특별법』 주요내용

지하안전관리에 관한 특별법 [1, 0]

I. 개요

1. 국내에서 발생되는 지반침하(함몰)현상은 주로 노후 상하수관 파손, 관로 등 지하매설물의 부실시공(다짐불량 등), 굴착공사 부실시공 등 인위적 요인에 의해 발생되므로, 지하를 개발·이용하는 단계에서 체계적 예방제도가 필요하다.

2. 지하를 개발·이용하는 각 단계에서 구체적인 평가·조사방법을 도출하고, 세부지침을 마련함으로써 지하안전관리 기반을 구축하고 지반침하(함몰)를 예방하기 위해『지하안전관리에 관한 특별법』에 제정되어 2018.1.1. 시행되었다.

II. 『지하안전법』 주요내용

1. 지하안전관리계획 수립·시행

(1) 국토교통부장관은 5년마다 국가지하안전관리기본계획을 수립·시행하도록 함

(2) 관계 중앙행정기관장은 국가지하안전관리기본계획에 따른 연도별 집행계획을 수립·통보하고 시행하도록 함

(3) 시·도지사 및 시장·군수·구청장은 각 지역실정에 맞는 지하안전관리계획을 수립·시행하도록 함

2. 지하안전관리 제도

(1) 국가지하안전관리기본계획 및 지하안전관리에 관한 법령·제도의 개선 등에 관한 사항을 조사·심의하기 위하여 국토교통부에 지하안전관리자문단 신설

(2) 지반침하 등의 예방을 위하여 지하개발사업자는 일정규모 이상의 지하 굴착공사를 수반하는 사업에 대해 사업승인 前에 지하안전영향평가를 실시하고 국토교통부장관 또는 승인기관장과 사전협의를 거치도록 함

(3) 지하개발사업자는 사업의 착공 後에도 지하안전에 미치는 영향을 조사하고, 필요한 조치의 이행 및 승인기관에 통보하도록 함

(4) 지하안전영향평가 대상사업에 해당하지 않는 사업으로서 대통령령으로 정하는 소규모 사업의 경우에 소규모 지하안전영향평가를 실시하도록 함

(5) 지하안전영향평가 등 지하안전에 관한 조사는 자격을 갖춘 지하안전영향평가 전문기관이 실시하도록 함

(6) 지하시설물관리자는 소관 지하시설물에 대하여 정기적으로 안전점검을 실시하도

록 하고, 시장·군수·구청장은 안전점검 결과를 토대로 지반침하 위험우려가 있는 경우 지반침하위험도평가를 실시하도록 함

(7) 지반침하위험도평가 실시결과 지반침하의 위험이 확인된 경우 중점관리대상으로 지정하고 안전 확보를 위한 조치 등을 취하도록 함

3. 지하공간통합지도 제작

(1) 국토교통부장관은 지하의 개발·이용·관리에 활용할 수 있도록 지하정보를 통합한 지하공간통합지도를 제작하도록 함

(2) 국토교통부장관은 지하정보를 효율적으로 관리·활용하기 위하여 지하공간통합지도를 구축·운영하도록 함

4. 지하안전관리 업무위탁기관 지정

(1) 법적 근거 : 『지하안전법』제49조제2항

『행정권한 위임 및 위탁에 관한 규정』제11조제1항

『국토교통부고시』제2017-588호(2017.9.4.)

(2) 지정 목적 : 지하안전관리제도가 조기에 정착될 수 있도록 전문성과 경험을 갖춘 기관에 업무를 위탁하여 지하안전관리제도를 체계적으로 운영·관리하고자 위탁운영기관을 지정하도록 함

5. 기타 지하사고조사위원회 구성 등

(1) 지반침하 등의 사고조사를 위하여 국토교통부에 중앙지하사고조사위원회, 지방자치단체에 지하사고조사위원회를 구성·운영하도록 함

(2) 국토교통부장관은 지하안전관리에 관한 정책의 수립·평가 또는 연구·조사 등에 활용하기 위하여 지하안전정보체계를 구축·운영하도록 함

(3) 법률의 의무행위 위반에 대한 벌칙규정을 신설

Ⅲ. 기대효과

1. 지하안전관리 기반산업이 육성되고, 스마트기술개발과 연계하여 국가적 관련분야 기술능력이 향상되면 대국민 안전확보는 물론, 기술수출을 통한 국가경쟁력 제고에도 큰 밑바탕이 될 것으로 기대된다.

2. 지반침하 선제적 예방을 위한 탐사지원 확대, 해외 지하안전관리 정책 사례 분석을 통한 관리체계 마련, 노후화된 지하시설물에 대한 정비대책 수립, 지반침하 취약지역의 체계적 지하안전관리 지원체계 활성화 방안 마련 등이 기대된다.[191]

---

191) 신창건, '지하안전법 시행 주요내용 및 의미', 한국지반신소재학회지, Vol 17, 2018.

10.53 지하안전영향평가 제도

지하안전영향평가 대상의 평가항목 및 평가방법, 안전점검 대상 시설물 [0, 3]

I. 개요

1. 최근 도심지에서 지반침하 사고가 잇달아 발생하면서 지하안전에 대한 국민의 불안감이 커지고 인적·물적 손실이 증가함에 따라, 지반침하 예방을 위한 체계적인 지하안전관리 제도의 필요성이 대두되었다.

2. 이에 정부는 2016년 『지하안전관리에 관한 특별법』을 제정하여 일정규모 이상의 지하굴착을 하는 개발사업은 지하안전영향평가 및 사후지하안전영향조사를 실시하도록 규정하는 지하안전을 확보하기 위한 제도를 도입하였다.

II. 지하안전영향평가 제도의 주요 내용

1. 지하안전영향평가 실시 대상·자격

(1) SOC(도로·철도·항만·공항), 신도시, 산업단지, 관광단지, 건축물, 폐기물 등의 사업 중 굴착깊이가 20m 이상이거나 터널공사를 수반하는 지하개발사업

(2) 토질·지질 분야의 특급기술자로서 국토교통부령으로 정하는 교육기관(건설기술교육원, 한국시설안전공단)에서 지하안전 신규·보수교육을 이수한 사람

2. 지하안전영향평가의 작성·협의·검토·통보, 재협의, 협의前 사전공사 금지

(1) 지하개발사업자는 지하안전영향평가서와 사업계획서를 작성하여 승인기관장에게 제출하고, 승인기관장은 승인 전에 국토교통부장관에게 협의요청해야 한다.

(2) 국토교통부장관은 지하안전영향평가를 협의요청받은 경우, 한국시설안전공단, 정부출연연구기관 및 특정연구기관에게 검토·현지조사를 의뢰할 수 있다.

(3) 국토교통부장관은 지하안전영향평가서 검토 결과를 승인기관장에게 통보하고, 승인기관장은 지체 없이 지하개발사업자에게 통보해야 한다.

(4) 지하개발사업자나 승인기관장은 통보받은 지하안전영향평가서 협의내용에 이의가 있는 경우, 국토교통부장관에게 협의내용 조정을 요청할 수 있다.

(5) 승인기관장은 지하안전영향평가서 협의완료 전에 사업계획을 승인해서는 아니 되며, 지하개발사업자는 협의완료 전에 공사를 착공해서는 아니 된다.

3. 사후지하안전영향조사

(1) 지하개발사업자는 공사를 착공한 후에 지하안전에 미치는 영향에 대하여 '사후지하안전영향조사'를 실시하고, 필요한 경우 지체 없이 조치해야 한다.

4. 소규모 지하안전영향평가

(1) 지하안전영향평가 대상이 아닌 사업으로 굴착깊이 10m 이상 20m 미만의 소규모 사업자는 소규모 지하안전영향평가를 실시하고, 평가서를 작성해야 한다.

(2) 다만, 천재지변, 전기·전기통신 불통, 상하수도관·가스관의 파열·누출 등으로 긴급복구가 필요하다고 국토교통부장관이 인정하는 공사는 생략할 수 있다.

5. 협의내용 이행의 관리·감독, 재평가

(1) 지하개발사업자는 협의내용을 이행해야 하며, 승인기관장은 협의내용을 확인하며, 협의내용이 이행되지 않은 경우 재평가 등 필요한 조치를 명령해야 한다.

(2) 국토교통부장관은 협의내용 이행을 관리하기 위하여 필요한 경우, 승인기관장 또는 지하개발사업자에게 공사중지 등의 필요한 조치를 명령할 수 있다.

(3) (1)항에 따라 재평가 요청받은 지하개발사업자는 재평가 실시 결과를 국토교통부장관과 승인기관장에게 통보해야 한다.

6. 평가서의 보존기간

(1) 지하안전영향평가서, 사후 및 소규모 지하안전영향평가서 : 준공 후 10년

(2) 지반침하위험도평가서 : 제출 후 10년

(3) 지하안전영향평가서의 작성을 위한 기초자료 : 제출 후 5년

(4) 사후지하안전영향조사서 작성을 위한 기초자료 : 제출 후 3년

7. 지하안전영향평가 대행

(1) 지하안전영향평가, 사후 및 소규모 지하안전영향평가 및 지반침하위험도평가를 하려는 지하개발사업자는 전문기관에게 대행하게 할 수 있다.

III. 지하안전영향평가 제도 도입의 기대효과, 문제점

1. 지하안전영향평가 수행 전문가의 공급 부족

(1) 『지하안전관리에 관한 특별법 시행령』에 의한 지하안전영향평가 전문기관 등록기준을 토질·지질 분야의 특급기술자 2명 이상 등으로 규정하고 있다.

① 토질 및 기초기술사 시험과목 : 토질공학 전공자를 대상으로 토질, 토질구조물 및 기초, 그 밖에 토질과 기초에 관한 사항으로 규정

② 지질 및 지반기술사 시험과목 : 자원공학이나 지질공학 전공자를 대상으로 지질 및 지반조사·평가·분석, 지하자원조사, 지진측정·평가·분석, 지하수 조사, 지구물리탐사, 지질 및 지반의 설계·감리에 관한 사항으로 규정

(2) 토질공학과 지질공학은 유사하지만 서로 다른 분야로서 공학의 이론과 실무를 바

탕으로 하여 국가기술자격을 취득 후, 다양한 현장경험을 쌓은 극소수의 전문가만이 지하안전영향평가 수행이 가능하다.

(3) 실제로 최근 5년간 국가기술자격 기술사 등급 취득자 추이(2011~2015년)를 보면 '토질 및 기초기술사' 합격자는 연평균 49명, '지질 및 지반기술사' 합격자는 연평균 12명에 불과할 정도로 배출된 전문가의 숫자가 적다.[192]

(4) 국토교통부가 2017.11.22.부터 '지하안전영향평가 전문기관'을 등록접수를 받기 시작함에 따라, 『건설기술진흥법』 및 『엔지니어링산업진흥법』에 의해 이미 등록하여 활동하고 있는 건설기술용역업체들이 현재 보유하고 있는 기술인력에 필요한 조사장비 일부를 추가 확보하여 등록하고 있다.

(5) 현실적으로 '토질 및 기초기술사'나 '지질 및 지반기술사'가 턱없이 부족한 상태에서 기존의 학·경력 특급기술자를 중심으로 '지하안전영향평가 전문기관'들이 난립되면 또 다른 부실시공의 원인을 제공하지 않을까 우려된다.

2. 지하안전영향평가 협의로 인한 사업기간 지연

(1) 굴착깊이가 20m 이상이거나 터널공사를 수반하는 지하개발사업자는 미리 지하안전영향평가를 실시하고, 해당 사업을 착공한 후에는 사후지하안전영향조사를 실시하도록 규정하는 등의 지하안전영향평가 제도가 새로 도입되었다.

(2) 지하굴착공사를 포함하는 개발사업자로서는 해당 개발사업의 설계단계뿐만 아니라 시공단계에서도 지하안전영향평가의 용역수행 및 기관협의를 하여야 하므로 그만큼 사업기간이 연장되고, 더불어 원가관리에 부담을 느끼게 된다.

3. 주차구획 최소폭 늘리는 만큼 지하주차장 확대

(1) 국토교통부는 주차 단위구획의 최소 폭을 현행 2.3m에서 2.5m로 20cm 늘리는 등의 『주차장법 시행규칙』을 2018.2.4. 개정하였다. 이에 따라 일반형 주차장의 주차단위 구획 폭 최소기준이 2.3m에서 2.5m로 확대되고, 확장형 주차장도 역시 기존 2.5m(너비)×5.1m(길이)에서 2.6m×5.2m로 확대된다.

(2) 땅값 비싼 대도시의 도심지에 초고층빌딩을 계획하는 개발사업자는 종전 기준으로 지하주차장을 2개 층 설계하였다면, 『주차장법 시행규칙』 개정에 따라 이제는 지하주차장을 3개 층 설계해야 한다.

(3) 결론적으로 『지하안전관리에 관한 특별법』제정 및 『주차장법 시행규칙』개정으로 지하공간 사용자는 안전을 보장받을 수 있지만, 그만큼 지하공간 사업자는 원가를 추가 부담해야 한다.

---

192) 한국산업인력공단, '최근 5년간 국가기술자격 기술사 등급 취득자 추이(2011~2015년)', 국가기술자격통계연보, 2019.

10.54 수도권 광역급행철도(GTX)사업

Ⅰ. 개요

1. 수도권 광역급행철도(GTX, Great Train eXpress)는 대한민국 수도권의 교통난 해소와 장거리 통근자들의 교통복지 제고를 위해 수도권 외곽에서 서울 도심 주요 3개 거점역인 서울역·청량리역·삼성역을 방사형으로 교차하여 30분대에 연결하는 A노선, B노선, C노선 등의 총 3개 노선 광역급행철도이다.

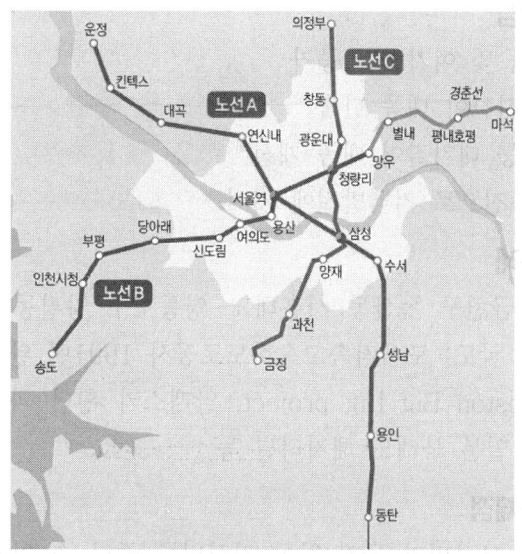

수도권 광역급행철도 GTX 노선도

(1) A노선 : 삼성-동탄 구간은 2017.3월 이미 착공되었으며, 나머지 운정-삼성 구간은 2018년 착공 예정이다. 연신내역부터 신분당선과 노선을 공용하여 연장하며, 삼성역부터는 수서-평택 고속철도를 공용할 계획이다.

(2) B노선 : 예비타당성조사를 2017.9월 착수하여, 2019년 상반기 중 완료 예정이다. 경춘선 망우-마석 구간을 공용하여 남양주까지 연장하고, 마석역부터 청량리역까지는 기존의 경춘선과 중앙선을 공용한다.

(3) C노선 : 예비타당성조사를 2016.1월 착수하여 B/C>1로 산출됨에 따라 2019년 착공 예정이다. 고속철도를 의정부까지 연장하는 구간이다. 모든 구간을 새롭게 건설하는 계획이 아니다. 현재 운영 중인 의정부역에서 청량리역까지의 경원선 구간과, 과천역부터 금정역까지의 과천선 구간은 전철 및 GTX가 공용하는 방안으로 조사 중이다.

Ⅱ. 대심도 터널공사

1. 용어 정의

(1) '대심도'는 지하 40m 이상의 깊이에 철도·도로 등을 건설하는 터널공법(TBM)으로, 깊이에 따라 천심도, 중심도, 대심도로 나뉘는데 대심도가 가장 깊다.

(2) 수도권 광역급행철도(GTX) A노선이 '대심도 철도'로서, 지하 40~50m 터널 83.1km 구간에 최고속도 180km(평균속도 100km)로 달린다.

(3) 서울 국회대로 신월IC에서 인천 양평동을 잇는 경인고속도로 왕복 4차로 노선을 지하화하는 서울-제물포 도로(2022년 개통) 역시 대심도 터널공사이다.

2. 지하공간 활용 장점

(1) 도심지 녹지공간 및 여가공간 증가

(2) 도심지 출퇴근 시간이 대폭 단축

(3) 미세먼지 저감 등 대기질이 대폭 개선

(4) 도시지생사업 촉진으로 지역발전에 기여

3. 지하공간 활용 사례

(1) 국내 : 서울시 금천구 독산동 시흥대교~영등포구 양평동 목동교 구간의 9.8km, 왕복 4차로(1번 국도) 도시저속고속화도로공사 1991년 완공

(2) 국외 : 미국 Boston Big Dig project, 알래스카 횡단 파이프라인, 파나마 운하, 영불 해저터널, 일본 북해도 해저터널 등

4. 지하공간 굴착 문제점

(1) '대심도'는 토지 보상비가 들지 않아 건설비를 줄일 수 있고 소음·진동, 대기오염 피해가 적어 최근 각광을 받는 신개념 도로·터널공법이다. 교통시설을 지하에 건설하므로 지상토지를 녹지공간으로 구성하여 활용도를 높일 수 있다.

(2) 그러나 화재 등 재난사고 대비에 취약하여 안전성에 대한 우려가 있고, 다수의 환기설비가 필요하다는 점이 단점으로 꼽힌다.

(3) 서울 지하공간에는 이미 지하철과 상하수도 시설 등 2만km에 달하는 시설이 있다. 서울 지하철의 경우 총연장은 350km, 깊이는 최대 77.1km까지 이용되고 있다. 그만큼 대심도 공간이 다양한 용도로 안전하게 활용되고 있다.

(4) 대심도 지하는 지층이 단단한 암반이므로 터널을 시공하는데 매우 안정적인 공간이며, TBM과 무진동·저소음 발파공법을 적용하여 지하를 굴착하면 지상에서는 터널을 뚫는 걸 느끼지 못한다.

(5) 특히 다음과 같이 최근에 연구·개발된 '대심도 지반침하 대응기술'을 적용하면 지하 40m 이상의 대심도 지하터널을 안전하고 빠르게 굴착할 수 있다.

Ⅲ. 대심도 지반침하 대응기술

1. 능동적 다변형 지반신소재 포켓 공법

(1) 필요성

① 지반함몰이란 지표면이 일시에 붕괴되어 국부적으로 수직방향으로 꺼져 내려앉는 현상으로, 자연적 지반함몰과 인위적 지반함몰로 구분된다.

- 자연적 지반함몰 : 석회암이 많은 지역에서 지하수에 의해 석회암의 탄산칼슘이 녹아 지중에 공간이 형성되어 하중을 지지 못하여 함몰(예, 싱크홀)
- 인위적 지반함몰 : 지하공간을 개발·활용하여 지하수 유동에 따른 토사유출에 의해 발생되는 함몰(예, 지중 상·하수도관 손상)

② 현재 공동(空洞)을 복구할 때 함몰이 발생된 경우에는 흙되메움으로, 함몰이 발생되지 않은 경우에는 그라우팅으로 복구하지만 여러 문제점이 있다.

③ 기존 방법의 문제 해결을 위하여 팽창재료가 채워진 다변형 지반신소재 포켓을 이용한 공동부 긴급복구 공법이 개발되었다.

(2) 공법 원리

① 지반함몰로 발생된 공동(空洞)을 지반신소재를 이용한 포켓으로 신속히 긴급복구하고, 복구 완료 후 지하터널 유지관리를 위하여 포켓을 탐지할 수 있는 신소재 포켓공법이 개발되었다.

② 지반신소재 포켓으로 내부 팽창재료의 외부 유출 또는 유실을 방지하는 원리이며, 팽창재료의 팽창발현에 따른 포켓의 팽창률은 최소 5배 이상이다.

③ 지반신소재 포켓은 두께조절, 신축성·내구성(내화학성·미생물성 등)이 우수하며, 재료특성에 의해 변형이 용이하므로 적용대상 지반의 특성을 반영하여 사전에 요구되는 팽창률을 조절하면 합리적으로 긴급복구할 수 있다.

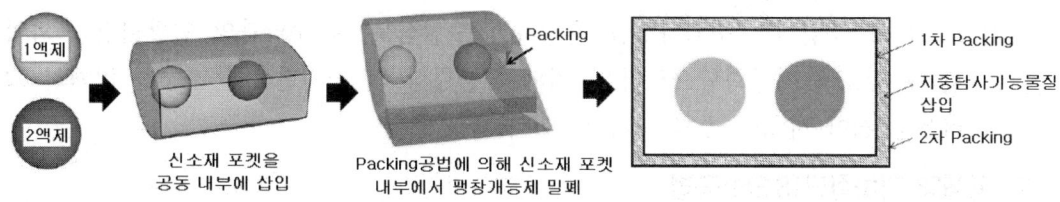

지반신소재 포켓 개요도

2. 대심도 수직굴착 적용 CS-H 벽체 공법

(1) 필요성

① 지하구조물의 기초공사를 위하여 굴착된 지반이 붕괴되거나 지하수가 유입되는 것을 방지하기 위하여 굴착면에 가시설로 설치되는 흙막이벽 또는 차수벽과,

이 흙막이 벽을 CH-S 방식으로 구축하는 공법이다.

⑵ CH-S 흙막이벽은 지반 굴착 중에 지하수가 유입되는 것을 방지하기 위한 차수벽으로도 기능이 발휘된다.

⑵ 공법 순서

① 1단계 : 건축물이 축조될 영역의 경계선을 따라 지반을 굴착하여 상호 이격되게 복수의 천공홀을 형성하고, 천공홀에 강재를 관입하는 강재를 설치한다.

② 강재가 배치된 영역의 후방에 시멘트 연속벽체를 형성하되, 굴착장비를 설계심도까지 지중에 관입 후 인발하는 과정 중 어느 하나의 과정에서 시멘트 안정재를 주입하여 굴착된 지반의 토양과 믹싱함으로써, 시멘트 안정재가 경화되어 시멘트 연속벽체를 형성한다.

③ 강재들을 상호 연결하여 띠장을 설치한다.

3. 복합탐사 및 해석 시스템

⑴ 도심지 지하굴착공사 중 지반의 함몰방지 및 안전확보를 위하여 『지하안전관리에 관한 특별법』 평가방법의 요구조건에 적합한 지하공동 및 매설물의 탐사심도를 10m 이상 확보할 수 있는 복합탐사 및 해석시스템이다.

4. 수용성 폴리머 파우치 기반의 지반함몰 긴급복구 기술

⑴ 지반함몰이 발생된 공동부분을 긴급히 복구하기 위하여 수용성 폴리머파우치와 충전재를 활용한 새로운 복구기술이 연구·개발되었다.

5. 차수용 뿜칠 멤브레인

⑴ 슬래그를 이용한 이성분계 차수용 뿜칠 멤브레인 공법은 양생시간이 짧고 부착강도가 강하여 재료의 리바운드 및 낙반을 방지할 수 있는 효과가 있다.

6. 컴팩션 그라우팅 리얼타임 공법

⑴ 모르타르 주입재의 주입타수를 측정하여 주입심도 및 주입관의 인발시점을 파악할 수 있도록 자동화함으로써, 작업의 능률향상 및 공기단축이 가능한 컴팩션 그라우팅 제어 시스템 공법이 개발되었다.

7. 차세대 지하횡단(SEM)공법

⑴ SEM(Super Equilibrium Method)은 기존의 중대구경 강관 대신 ϕ114mm 내외의 소구경 강관을 사용하여 지하굴착 중 지반의 교란 및 이완하중 발생을 최소화시키는 공법이다.[193]

---

193) 홍기권 외, '능동적 다변형 지반신소재 포켓 및 팽창재료를 이용한 지반함몰 긴급복구기술 개발', 한국지반신소재학회 학회지, Vol.16, No.3, pp.6~11, 2018.

Ⅳ. 대심도 지하개발 안전 토론회

1. 토론회 주요 내용

(1) 일시 : 2019년 1월 31일(목) 14시

(2) 장소 : 서울 논현동 건설회관 2층 대회의장

(3) 주관 : 한국건설기술연구원, 대한토목학회, 한국터널지하공간학회 공동

(4) 후원 : 국토교통부, 한국시설안전공단, 도로공사, 철도시설공단, 대한건설협회

(5) 주제 : 지하 대심도 건설기술 대토론회

(6) 내용 :『지하안전관리에 관한 특별법』등 지하안전 관련 제도, 도심지 지반침하 예방대책, 대심도 지하공간 발파진동 저감방안 및 관련 기술 등에 대한 전문가 발제 후 패널 토론, 방청객 질의·응답을 완전 공개로 진행 예정

(7) 기대 : 국민들이 지하 대심도 시설물을 좀 더 안심하고 이용할 수 있는 방안을 다각적으로 모색하여 지하공간 안전에 대한 막연한 불안감 해소 기대

2. 토론회 개최 무산

(1) 수도권광역급행철도(GTX) 등 대심도(지하급행철도) 터널공사의 안전성을 홍보하기 위해 마련한 공개 토론회가 GTX-A 노선 변경을 요구하는 청담비상대책위원회 주민들의 반대에 부딪쳐 개회 자체가 무산되었다.

(2) 비대위는 "청담동은 편마암 지반이라 지하공간에 터널을 뚫으면 위험하다. 한강이 바로 옆에 있어 발파 때나 홍수 때에 지반이 내려앉을 가능성이 크다. 노선이 변경될 때까지 끝까지 싸우겠다"고 주장하여, 시작도 못한 채 무산되었다.

(3) 이 토론회 주최 측은 2019년 1월 30일부터 서울역에 지하 대심도 건설기술 관련 전시공간을 예정대로 조성하여 개방한다고 밝히고 토론회를 종료하였다.194)

---

194) 국토교통부, '대심도 지하개발 안전 대토론회 개최', 2019.

11. 수자원

◆기출문제의 분야별 분류 및 출제빈도 분석   **11. 수자원**

분야	063회~115회 분석					최근 5회 분석					계
	063~073	074~084	085~094	095~104	105~115	116	117	118	119	120	
1. 댐	18	17	8	14	10	1	1			2	71
2. 하천	7	5	11	17	6	1	2				49
3. 수도	8	6	7	14	11		2	1	3	3	55
4. 항만	10	16	14	13	18	3	2	1		3	80
계	43	44	40	58	45	5	7	2	3	8	255

◆기출문제 분석에 따른 학습 중점방향 탐색

토목시공기술사 필기시험 제63회부터 120회까지 출제되었던 1,798문제(31문항×58차분) 중에서 '11, 수자원'분야에서 댐의 유수전환과 기초 grouting, 콘크리트댐과 록필댐, 하천제방 누수, 침윤선과 유선망, 상·하수도 관로공사, 방파제공법, 해저조건에 따른 준설선의 종류·특징 등을 중심으로 255문제(14.2%)가 출제되었다. 수자원 분야는 비슷한 유형의 기본적인 문제들이 예전이나 지금이나 일정한 범위 내에서 교대로 출제되고 있다.

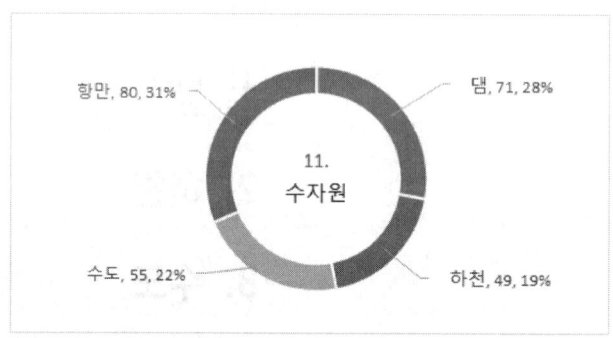

수자원 분야는 수자원개발기술사에서 깊게 다룰 분야이고, 토목시공기술사에서는 댐·하천·수도·항만 중심으로 이 교재의 범위를 제한하였다. 수자원 구조물공사 현장에서 시공 중에 발생되는 문제점 및 대책이 출제대상이다. 댐은 유수전환, 가물막이공법과 함께 기초 grouting공법을 빠뜨리지 않고 묻는다. 콘크리트댐과 사력댐의 특징, 형식, 축조공법을 요약한다. 특히 콘크리트 중력식 댐 중에는 최근 연구·개발되고 있는 확장레이어공법(ELCM)을 이해한다. 하천제방의 누수원인 및 방지대책과 같이 현장 중심의 문제가 출제된다. 수질환경보호 측면에서 부영향화를 물으면 주로 건설에 따른 환경피해방지에 초점을 둔다. 수도분야에서는 상수도 관로의 부설공법, 하수도의 설계기준, 관로공사의 검사와 시험, 누수와 浮上, 부력과 양압력, 매립지 침출수 등이 출제된다.
항만은 안벽과 약최고고조위(A.H.H.W.L), 대안거리, 소파공, 테트라포트, 유보율 등의 기본적인 용어 해설을 단답형으로 대비한다. 방파제의 축조공법을 시공순서에 따라 정리하되, 특히 수압이 가장 많이 걸려 시공이 까다로운 최종물막이공법은 사례를 기술해야 한다. 끝으로, 육상사토조건과 해저토질조건에 따른 준설선의 종류와 특징을 정리하면 합격의 60고지를 넘을 수 있다.

11.01 수자원(水資源)

수자원(水資源, water resources)은 사람에게 실질적으로나 잠재적으로 쓸모 있는 물의 원천을 가리킨다. 농업, 산업, 가정, 레크리에이션, 환경적인 활동 등에 모두 물이 이용된다. 사람은 누구나 깨끗한 물을 필요로 한다.

대한민국은 국제인구행동연구소(PAI, Population Action International)가 정한 물부족 국가로서, 사용 가능한 물의 양이 제한되어 있다. 더불어 산악지대가 많아 하천 길이가 짧고 물이 금방 바다로 흘러가기 때문에 수자원 관리에 어려움이 많다. 또한 대부분의 강수량이 6~9월에 집중되는 계절적인 현상도 어려움을 가중시킨다.

한국의 연평균 총 강수량 1,267억m^3 중 45%(570억m^3)는 자연적으로 증발되어 이용할 수 없고, 31%(396억m^3)는 그대로 바다로 흘러간다. 결국 우리가 실제 사용할 수 있는 물의 양은 나머지 24%(301억m^3) 정도에 불과하다.

물은 위에서 아래로 흐른다. 수자원 개발은 상류 측에서 댐건설을 시작하면 점차 용수시설을 갖추고, 하천과 강을 정비하면서 바다로 나가는 항만시설을 확충하는 것이 수자원공학의 기본이다. 대한민국 정부는 수자원 확보를 위하여 상류 측에서 소양강다목적댐을 비롯한 수력발전댐, 홍수조절댐 등의 건설을 거의 마쳤다. 우리나라의 산악지형 여건을 고려할 때 더 이상 대댐 건설후보지는 없다. 4대강 정비도 최단기간에 모두 끝마쳤다. 지방자치단체들도 관할구역 내의 하천을 친환경적으로 잘 다듬고 있다. 지금까지 이와 같은 수자원종합개발사업의 정책을 국토교통부(그동안 건설부, 건설교통부, 국토해양부 등으로 명칭이 바뀌었음)가 주관해 왔다.

대한민국 정부는 물이 위에서 아래로 흐르는 과정에 맨 위에서 다목적댐건설을 모두 마쳤고, 하천과 강을 아름답게 정비하였고, 3면의 바다를 향한 항만시설도 수출입 물동량을 충분히 처리할 수 있을 만큼 잘 갖추었다. 우리가 수자원 정책 중에서 앞으로 해야 될 남아있는 과제는 상·하수도시설의 확충사업이다.

그동안 다목적댐, 4대강, 항만 등 대단위 기반시설의 건설은 중앙정부(국토교통부, 해양수산부 등)가 직접 주관해 왔다. 하지만, 앞으로 해야 되는 상·하수도시설의 확충사업은 『지방지치법』에 따른 광역 및 기초자치단체가 친환경적으로 주관해야 될 사업이다. 국토교통부 입장에서 직접 주관할 대규모 수자원 개발사업은 더 이상 없다. 결론적으로 정부는 물관리(수자원 개발 아님) 일원화 정책에 따라 국토교통부의 수자원국 및 산하 수자원공사 등 모든 물조직을 환경부로 2018.6.5. 이관한 것은 당연한 조직 개편이었다.

11.02 댐의 위치결정

저수지의 위치를 결정하기 위한 조건 [0, 1]

Ⅰ. 개요

1. 댐(dam)이란 하천의 흐름을 막아 확보한 저수(貯水)를 생활·공업용수, 농업용수, 환경개선용수, 발전용수, 홍수조절, 주운(舟運) 등의 용도로 이용하기 위한 높이 15m 이상의 수리(水利)공작물을 말한다.

2. 따라서 댐공사를 착수하기 前에 댐건설계획을 수립하는 경우에는 하천의 유수전환, 가물막이시설, 여수로, 보조댐, 그 밖에 댐과 일체가 되는 시설 또는 공작물을 포함하는 종합적인 공정계획을 수립해야 한다.

Ⅱ. 댐의 위치결정 요소

1. 개발적합성 검토

(1) 댐의 개발목적에 따라 위치선정의 기준이 달라질 수 있다. 댐의 위치는 그 자체가 한정된 자원이라는 점에서 신중하게 결정해야 한다.

(2) 예를 들어, 홍수조절이나 용수공급을 목적으로 하는 경우에는 수혜자에 가까운 지점, 즉 하천의 중류부에 선정하는 것이 합리적이다.

2. 지형·지질 조건

(1) 계곡의 폭이 가장 협소하고 양안이 높고 마주보고 있는 곳이어야 한다.

(2) 하천 바닥부는 양질의 암으로 두껍고, 주위에 단층이 없는 곳이어야 한다.

(3) 하천 상류는 계곡 양안으로 산에 둘러싸여 내부가 분지를 이루고 있어야 한다.

(4) 하천 상류는 넓고 많은 저수가 가능하고, 홍수조절이 가능한 곳이어야 한다.

(5) 댐의 축조재료를 가까운 곳에서 대량으로 쉽게 얻을 수 있는 곳이어야 한다.

3. 지역·사회 조건

(1) 지형·지질 조건이 최적의 댐 위치라고 하더라도 많은 보상비가 소요되거나, 농지, 산림, 도로, 문화재, 천연기념물 등에 영향을 미칠 때는 신중해야 한다.

(2) 수몰보상 이주민의 생활정착 가능성, 수몰지를 포함한 해당 지역의 사회·경제적 영향 등을 다양하게 검토해야 한다.

4. 설계·시공 조건

(1) 댐 축조재료 토취장의 위치, 양과 질, 운송방법 등을 공학적으로 검토한다.

(2) 댐 축조공사에 따른 가설비의 설치장소, 진입로 확보, 유수전환을 위한 임시물막

이 및 배수로 설치장소 등을 조사한다.

5. 자연환경 조건

⑴ 댐은 거대한 인공구조물이므로 위치, 높이, 형식 등을 결정할 때는 주변의 자연환경과 조화를 이룰 수 있는 항구적인 예술작품을 구상해야 한다.

⑵ 댐 축조 이후에도 뛰어난 자연경관은 당연히 보존하고 인류문화 발전에 기여하면서, 댐 건설의 목적을 달성할 수 있어야 한다.

Ⅲ. 댐의 위치결정을 위한 조사항목

1. 댐 계획·설계·시공에 관한 조사항목

⑴ 계획단계 : 하천계획지역 내의 기존 댐 실태조사, 기존 수리권(농업용수, 상수도용수, 공업용수, 발전용수 등), 새로운 댐 개발이 기존 수리권에 미치는 영향

⑵ 설계단계 : 수문·기상자료(강우, 강설, 유출, 기온, 풍향, 풍속 등), 하천상황(유량, 수온, 수질, 하상상태 등), 지형·지질, 축조재료 등의 입지조건

⑶ 시공단계 : 댐 축조재료의 분포상태 및 운반거리, 공사를 위한 현지 인력조달, 전력공급, 용지확보 가능성, 댐 개발에 대한 해당 지역사회의 협조 분위기

2. 수몰지역 보상에 관한 조사항목

⑴ 개인보상 : 수몰되는 가옥, 건물, 사찰, 문화재 등을 조사, 수몰보상에 따른 생활터전, 생업전환 대체 후보지 의견 등을 설문 또는 대면조사

⑵ 공공보상 : 수몰되는 도로, 하천, 학교 등 공공시설물의 범위, 수몰대상 공공시설물의 이전, 대체에 필요한 후보지 선호도 등에 관한 기관조사

3. 환경영향평가에 관한 조사항목

⑴ 생활환경 : 기존 하천의 수량·수질의 계절적인 변화, 댐 건설 전·후의 하류부 용수 이용상황 비교, 지하수위 변동에 미치는 영향

⑵ 관련법률 : 국토의 이용 및 관리에 관한 법률, 도시계획법, 환경보전법, 자연공원법, 문화재보호법, 조수보호 및 수렵에 관한 법률 등

⑶ 자연재해 : 홍수, 태풍, 해일, 지진 등의 자연재해대책 수립을 위한 산사태, 붕괴지, 퇴사, 하도 변화 등에 관한 기상자료[195]

---

195) 국토교통부, '댐 설계기준', pp.33~67, 2011.

11.03 댐공사의 시공계획

I. 개요

1. 수급인은 댐공사 착수 前에 공사의 수행 및 관리를 위한 시공계획서에 다음 사항을 고려하여 작성한 後, 공사감독자에게 제출·승인 받아야 한다.

    (1) 시공계획서는 공종별 작업량, 1일 표준작업량, 작업구획의 수, 최대동원 가능인력, 사용기계의 능력, 월간작업 가능일수 등을 기준으로 공사 목적물의 품질확보, 공기엄수, 비용절감, 안전확보 등을 달성할 수 있도록 작성되어야 한다.

    (2) 특히 댐공사의 특성을 고려하여 가물막이, 가배수로 등의 유수전환계획을 작성할 때는 하천수 처리계획을 반드시 포함한다.

    (3) 지형조건이 나쁜 현장에는 유수전환 가시설공사용 장비 선택에 신중해야 한다.

    (4) 댐공사의 원활한 수행을 위하여 현지주민과의 협조사항을 세심하게 고려한다.

    (5) 댐공사로 인해 예상되는 환경피해 저감방안을 사례 중심으로 작성한다.

2. 수급인은 공사 착수와 동시에 설계도서 내용과 공사현장 조건을 직접 확인하여 설계도서의 이상 유무를 공사감독자에게 즉시 보고하고, 3개월 이내에 해당 댐공사의 설계도서를 상세히 검토하여 보고한다.

3. 댐(dam)은 구성재료에 따라 Concrete dam과 Fill dam으로 분류된다. 본고에서는 콘크리트 중력댐 건설공사에 대한 시공계획을 기술하고자 한다.

II. 댐공사의 단계별 공정확인 사항

1. 자연환경의 제약

  (1) 기상조건 : 태풍, 강우, 동결 등의 기상조건이 댐공사의 가능시기 및 가능기간에 영향을 주며, 또한 댐 건설예정지의 상·하류 河床조건에 영향을 받는다.

  (2) 안전대책 : 홍수, 장마, 폭우, 폭설 등에 기상변화에 따라 댐 건설예정지의 하천유량이 급격하게 변동하므로 유수전환계획 수립할 때 안전대책을 반영한다.

  (3) 주변환경 : 댐공사에 따른 소음·진동, 통행제한, 야간작업 등이 댐 건설예정지의 주변에 미치는 영향을 공정계획 수립할 때 반영한다.

  (4) 자연환경 : 댐공사가 주변의 유·무형 문화재, 동·식물 생태계 등에 영향을 고려하여 해당지역의 환경정보, 역사기록 등을 사전에 수집한다.

2. 댐 기초지반의 굴착

(1) 댐기초 굴착을 토석굴착과 암반굴착으로 구분하여, 기초암반에 영향을 최소화하고 과다한 굴착이 없도록 제한발파(control blasting)를 계획한다.

(2) 설계도서에 표시된 굴착 표고 이하의 기초암반, 즉 콘크리트댐의 기초가 되는 암반을 대상으로 제한발파의 심도 및 범위는 결정한다.

(3) 제한발파 중에 마무리 굴착작업을 할 때는 화약류를 사용하지 않고 적정한 공구를 사용하여 기초암반의 흐트러짐이나 느슨해짐이 최소화되도록 계획한다.

(4) 댐기초 굴착에 의해 발생된 토사의 보관과정에서 강우에 의한 토사유출이 발생되지 않도록 설계도서에 따라 운반, 처리 및 재생자원 활용방안을 계획한다.

3. 천공(boring), 그라우팅(grouting)

(1) 댐 기초암반 천공작업 중에 콘크리트댐 제체 내에 매설되는 각종 관로(pipe), 계측기기 등이 손상되지 않도록 상세도면에 명시한다.

(2) 천공작업 중에 암질 변화, 단층·파쇄대 상황, 용수·누수 여부 등을 기록관리하고, 천공에 따른 코어를 채취하며 수압시험(Lugeon test)을 계획한다.

(3) 그라우팅의 주입기계, 배관방식, 재료배합, 수압시험, 주입압력, 주입량, 주입속도, 주입완료, 주입중단, 주입평가 기준 등으로 설계도서에 따라 계획한다.

(4) 그라우트 주입 중에 기초암반의 변위를 관측하며, 설계도서의 허용변위량을 초과할 경우에는 주입을 중단하고, 개량효과 달성여부를 판정하도록 계획한다.

4. 콘크리트공

(1) 원석골재, 천연골재, 배합설계, 재료계량, 비비기, 운반, 타설, 다지기, 이음, 양생 등에 관하여 설계도서에 명시된 내용을 준수하도록 계획한다.

(2) 원석골재 채취를 위하여 표토제거가 완료되면 원석이 골재로서 적합한지를 판정하고, 채취 중에 파쇄대, 풍화층 등이 발견면 부적합 판정한다.

(3) 콘크리트는 재료분리가 없도록 조속히 타설장소로 운반하고, 타설 전에 블록별 공정계획, 시공이음부 처리, 거푸집, 철근배치 등을 확인한다.

(4) 1회 타설높이(lift)는 설계도서를 따르되, 기초암반 표면보다 아주 높아지거나 장기간 타설 중지될 때는 절반 높이의리프트(lift)로 타설한다.

5. 형틀공(거푸집), 마무리공

(1) 거푸집 형틀은 강철재료를 사용하고 콘크리트 마무리면에서 강철지지재가 돌출되거나, 형틀 제거할 때 콘크리트 표면이 손상주지 않도록 한다.

(2) 콘크리트 표면의 곰보형상, 볼트구멍 등의 불량부분을 개량하고, 볼트, 파이프, 봉강 등은 콘크리트 표면에서 25mm 이내에 남겨서는 안 된다.

(3) 거푸집에 부은 콘크리트는 진동기 및 진동롤러에 의해 다지기를 충분히 하여 거

푸집에 접한 면이나 콘크리트 노출면이 평평하게 마무리한다.

(4) 댐 월류부, 급경사 수로부, 감세공의 콘크리트 표면은 유선과 같은 방향으로 평평하게 최종 마무리되도록 계획한다.

6. 파이프 냉각공

(1) 콘크리트 냉각설비를 연속해서 사용할 수 있도록 설치하고, 냉각공의 유량을 조절하여 항상 그 기능이 유지되도록 관리되어야 한다.

(2) 콘크리트 타설 개시 前에 냉각을 위한 通水를 시작하고 설계도서에 명시된 기간까지 통수하여 1차 냉각(cooling)을 실시한다.

(3) 2차 냉각(cooling)은 이음 그라우팅 주입 前에 시작하여 댐콘크리트가 설계도서에 제시된 온도에 도달할 때까지 연속해서 주입해야 한다.

(4) 콘크리트 냉각 완료 後, 냉각설비의 외부배관을 철거하고 이음 그라우팅을 실시한 後, 냉각관 내에 시멘트 밀크(milk)로 충전 마무리한다.

7. 이음 그라우팅

(1) 이음 그라우팅은 세정 및 수압시험, 코킹(caulking, 충전재로 메우기), 충수(充水) 및 주입 등의 순서로 시행한다.

(2) 설계도서에 제시된 그라우트 펌프 및 압력계를 사용하며, 충수에 의한 압력변동이 적도록 충수용 수조를 설치한다.

(3) 이음 그라우팅 중에 매설관의 막힘 여부, 이음면의 세정, 누수되는 곳 등을 검출하기 위하여 설계도서에 명시된 세정 및 수압시험을 실시한다.

(4) 시멘트 밀크의 주입 前과 주입 中에 충수하고, 주입완료 後 물을 뺀다. 충수 개시와 동시에 압력계로 측정하고 기록한다.

8. 막음콘크리트공, 배수처리 마감

(1) 막음콘크리트(plug concrete)의 운반, 막음대상 구조물, 시방배합, 타설방법, 온도상승 등에 관해서는 설계도서의 기준에 따른다.

(2) 공사 및 골재 세정에 사용되었던 용수를 배수·처리하고, 공사구역 내에 유입되었던 우수 역시 배수·처리하여 마무리한다.

Ⅲ. 댐공사의 현장관리 사항

1. 공정관리

(1) 해당 댐공사의 계획공정표에 따라 공기 내에 완공될 수 있도록 공정관리를 하며, 계획공정표의 변경요인이 발생되면 공사감독자에게 제출하여 승인 받아야 한다.

2. 품질관리

⑴ 댐공사에 사용되는 자재 및 부재의 품질관리계획 또는 품질시험계획를 관련 법규에 따라 작성하고 품질검사 기준에 따라 품질관리해야 한다.

3. 안전·보건관리

⑴ 공사기간 중의 안전사고를 대비하기 위한 규제, 안내 및 경계를 요하는 안전표지는 공사착수 前에 그 종류와 위치를 결정하여 설치해야 한다.

4. 원가관리

⑴ 수급자는 해당 댐공사의 낙찰률을 반영한 공사현장의 실행예산서를 작성하여, 본사 승인을 득하고 실행예산이 초과되지 않도록 재무관리해야 한다.

5. 환경관리

⑴ 하천, 저수지 등의 물은 생활·공업·농업용수의 취수원이므로 댐공사 중에 일정한 기준의 수질을 유지할 수 있도록 수질오염방지대책을 마련한다.

6. 내진대책

⑴ 지진응답 계측기기의 설치위치, 종류 및 관리방법을 마련하고, 지진 발생에 따른 기초지반의 액상화 및 2차적 피해 저감을 위한 내진대책이 마련되어야 한다.

7. 제출서류 목록

⑴ 댐공사 일정에 맞추어 다음에 제시된 품목의 서류를 제출해야 한다.

① 공사예정공정표

② 시공계획서

③ 시공상세도면

④ 자재제품자료

⑤ 공사 사진

⑥ 신고 및 인·허가 신청서류

⑦ 품질, 안전, 환경, 보건관리계획

⑧ 준공도서 및 서류

⑨ 공무행정서류

⑩ 공사기록지

⑵ 상기 목록 외에도 댐공사 진행 중에 각 공종별 코드에 따라 추가로 필요한 서류는 공사감독자(감리자)와 별도 협의하여 제출해야 한다.[196]

---

196) 국토교통부, '댐공사 일반사항', pp.3~10, 2016.

11.04 댐공사 착수 前 가설비공사

I. 개요

1. 수급인은 댐공사 착수 전에 가설비공사를 위한 시공계획서, 시공상세도, 물량산출서 및 공사시방서 등을 작성하여 공사감독자에게 제출하고 승인을 받아야 한다.

2. 특히 골재 생산설비, 콘크리트 혼합설비, 급수설비, 오·탁수처리설비 등의 설비는 관련 구조물의 배치도·계통도를 시공계획서에 포함해야 한다.

II. 댐공사 착수 前 가설비공사

1. 골재 생산설비

(1) 골재 생산설비는 석산에서 채취한 원석을 소요 골재크기로 파쇄하여 댐공사에 직접 사용하는 경우, 골재 생산설비 및 저장설비에 대한 시방서를 작성한다.

(2) 골재생산 중에 굵은골재 재료분리가 발생하지 않도록 록래더(rock ladder)를 설치하며, 골재저장 빈(bin)은 소요량을 저장할 수 있는 용량이어야 한다.

(3) 생산된 골재를 규격별로 재료분리 없이 저장하며, 콘크리트댐 축조용 골재로서 입도기준에 맞지 않을 경우에는 수급인 부담으로 재생산해야 한다.

(4) 골재저장 빈(bin)은 골재 혼입 없도록 칸막이를 설치하고 규격별로 자동으로 콘크리트 혼합설비까지 운반되도록 중앙조작장치를 갖춘다.

(5) 골재 생산설비 운영에 필요한 비산먼지방지시설, 안전시설, 소음방지시설, 폐기물 처리시설 등을 환경기준에 적합하게 설치하여 환경피해방지에 최선을 다한다.

2. 콘크리트 혼합설비

(1) 콘크리트를 현장에서 생산하여 댐공사에 사용하는 경우, 콘크리트의 원활한 공급을 위해 크리트 혼합설비 및 시멘트 저장설비의 기준을 제시한다.

(2) 골재 저장시설은 함수율 관리를 위하여 우수·빙설·직사광선 차단시설, 배수시설, 살수장치를 갖추며, 바닥은 토사 혼입되지 않도록 칸막이를 설치한다.

(3) 골재 저장시설과 운반장치(belt conveyer)는 1일 최대출하량 이상을 처리할 수 있어야 하며, 규격별로 저장용량을 표시한다.

(4) 시멘트 및 혼화재 저장설비는 방습시설을 갖추며, 종류별·제조사별로 보관하고 식별표시하고 투입구는 풍화방지장치를 설치한다.

(5) 배치 플랜트(batch plant)는 모든 재료의 자동계량·기록 및 계량허용오차 이내의 성능을 갖추며, 균질혼합하고 골재분리 없이 배출할 수 있어야 한다.

3. 댐콘크리트 타설설비

(1) 댐콘크리트 타설에 지장 없는 용량으로 댐양안을 연결하는 케이블 크레인(cable crane)은 관련 규정을 준용하여 설치하고, 타설 후에 철거해야 한다.

4. 댐콘크리트 냉각설비

(1) 콘크리트 수화열에 의한 유해한 온도균열 발생을 억제하도록 냉동기에서 댐까지 이르는 관을 포함한 적절한 용량의 냉각설비를 설치·운영한다.

(2) 냉각공기·냉각수·얼음의 수송설비는 단열재를 사용하여 열의 침입을 방지하며, 관로냉각(pipe cooling)은 하천수를 사용할 수 있도록 냉각관을 설치한다.

(3) 관로냉각의 통수는 콘크리트 타설 직후에 시작하고 설계기간 동안 중단 없이 계속하여 콘크리트가 소요 온도를 유지하도록 통수해야 한다.

(4) 선행냉각(pre-cooling)은 냉각수, 냉각한 굵은골재, 얼음 등을 사용하며, 비빈 콘크리트 온도가 국부적으로 현저히 변화되지 않도록 균등하게 시행한다.

(5) 선행냉각(pre-cooling)에 사용하는 물의 일부로서 얼음을 사용하는 경우, 그 얼음은 콘크리트 타설이 끝나기 전에 완전히 녹아야 한다.

5. 가설 시설물

(1) 공사기간 중 현장관리·운영에 필요한 가설시설물의 종류는 다음과 같다.

① 가설공급설비(전기, 냉·난방, 전화·통신, 인터넷, 상·하수도 등)

② 가설건물(현장사무소, 품질시험실, 숙소, 식당 등)

③ 가설방호책, 가설울타리, 가설방음벽, 주차장, 공사표지판

(2) 가설시설물은 KCS 21 20 05를 준용하여 설치·운영·철거한다.

6. 공사용도로

(1) 공사기간 중 공사차량 및 공사자재를 운반하기 위한 공사용도로는 운반재료의 수량, 크기, 중량 등을 고려하여 개량·유지관리해야 한다.

(2) 현장여건에 따라 필요하면 도로를 확폭하거나 연장·이설하며, 교통소통에 필요한 우회도로를 개설한다.

(3) 하천을 가로질러 공사용도로를 설치하는 경우, 하천유량에 대한 수리검토를 실시하여 유수소통에 지장 없도록 가배수관의 직경 및 소요 개수를 산정한다.

7. 가설교량

(1) 공사기간 중 공사차량 및 공사자재 운반용 가설교량에 사용하는 재료는 구조용 재료를 사용하되, 구조·성능·외관에 지장 없다면 재사용품을 사용할 수 있다.

(2) 재사용 강재 및 존치기간이 장기간이었던 부재는 장기허용응력을 적용하며, 작업하중과 장비하중은 實중량을 기준으로 설계·시공한다.

(3) 가설교량 좌·우측에 난간을 설치하며, 난간높이는 노면으로부터 1.2m 이상으로, 차량방책 기능을 발휘할 수 있는 2단 이상의 강재 레일을 설치한다.

8. 공사용 동력설비, 급수설비, 공기공급설비

(1) 현장 설비에 전력공급하기 위한 공사용 동력설비의 용량은 전체공사의 공정계획에 의하여 결정하고, 최대 전력수요를 기준으로 정한다.

(2) 변전용량은 현장 내 동력시설의 부하율을 고려하여 결정하되, 보통 수용률(최대 전력/전체설비용량)은 50~60% 수준이다.

(3) 정전은 전체공사를 중지하게 되므로, 현장 내의 배전선을 몇 개의 계통으로 분리 하여 일부 고장으로 전제공사가 중지되지 않도록 한다.

(4) 급수설비 : 동력차, 객차, 용수, 구내용수 등을 공급하기 위한 설비한 시설로 저수조(water tank), 급수관(stand pipe), 호스(water hose) 등의 설비

(5) 공기공급설비 : 공기압축기로부터 압축공기 사용 위치까지 연결되는 급기관은 소요 공기량을 충분히 공급할 수 있는 규모로 설치

9. 오탁수 처리설비

(1) 오탁수 처리설비 : 댐 건설과정에서 발생되는 각종 오니, 흙탕물 등의 오탁수를 처리하는 설비

(2) 골재생산 중 발생되는 각종 오니, 흙탕물 등의 오탁수 처리설비 등 필요한 오염방지시설을 환경기준에 맞게 설치·운영한다.

10. 세륜·세차설비

(1) 세륜·세차설비 : 공사장에 출입하는 차량에 의해 발생되는 먼지, 분진 등으로부터 주변환경의 피해를 억제하기 위한 시설

(2) 배출되는 슬러지(폐토석 등)는 폐기물 관련 법령에 따라 처리하되, 성토재로 재활용하는 경우에는 성분시험·분석을 통하여 유해성 유무를 확인한다.

Ⅲ. 맺음말

1. 수급인은 가설비의 설치·운영을 위하여 환경관련 법령 및 규정에 적합한 환경피해 저감대책에 따라 공사계획을 수립하고, 공사 종료 후 원상복구해야 한다.

2. 가설비에 사용되는 자재는 도면에 표시되거나 계약조항에 의해 본 공사용 자재와 동등 또는 동등 이상의 품질과 기능을 가지는 것을 사용해야 한다.[197)]

---

197) 국토교통부, '댐 가설비공', 국가건설기준 표준시방서, 2016.

11.05 댐의 유수전환, 가물막이 공법

댐 본체 축조 전 유수전환방식 및 특징, 댐공사에서 하천 상류지역 가물막이 공사 [1, 7]

Ⅰ. 댐의 유수전환 방식

1. 개요

(1) 하천에 댐 조물을 건설하기 위해서는 본댐을 건조상태(dry work)에서 시공할 수 있도록 사전에 물의 흐름을 전환시키는, 이른바 유수전환이 필요하다.

(2) 댐건설에 필요한 유수전환의 설치규모는 소요 공사비, 유수전환시설 설치지점의 홍수특성, 예상홍수량의 규모, 상류 기존 하천시설물의 존재여부, 수질오염 통제의 필요성 등을 고려하여 홍수기에 월류되지 않는 범위 내에서 결정한다.

(3) 댐공사에서 유수전환은 본댐 축제의 시공성을 유지하기 위한 假시설물이므로, 가급적 최소비용으로 소정의 효과를 얻을 수 있도록 범위로 계획한다.

2. 유수전환 선정 고려사항

(1) 댐 예정지점 상·하류의 지형·지질조사

① 河川의 폭, 만곡도, 유속, 유량, 파고, 퇴적물 두께 등을 조사

② 河床의 암반 RQD, RMR, 절리간격, 풍화도 조사, Lugeon test 실시

(2) 유수전환 시설의 설계를 위한 수문조사

① 하천유역의 강우량

② 홍수빈도, 홍수위 등에 따른 강우강도

(3) 가배수시설 월류 피해범위를 고려하여 설계홍수량 결정

① Concrete dam의 경우에는 20년 빈도의 설계홍수량 기준

② Fill dam의 경우에는 30년 빈도의 설계홍수량 기준

(4) 가배수시설공사와 본댐공사와의 관계

① 본댐의 형식, 높이, 길이 등에 따른 공사비, 공사기간

② 설계홍수량을 고려한 가배수시설의 공사비, 공사기간

3. 유수전환 방식

(1) 부분체절 방식 : 하천 폭의 절반을 먼저 막고 나머지 하폭으로 유수를 처리하면서 체절된 부분에 댐 축제 後, 다시 전환하여 나머지 절반을 축제하는 방식이다.

(2) 假배수로 방식 : 하천의 한쪽 하안에 붙여서 수로를 설치하여 유수를 처리하면서 상·하류를 막고 부분체절 방식으로 댐을 축제하는 방식이다.

(3) 전체절 방식 : 본댐 예정지점의 하천을 횡방향으로 완전히 막고 假배수로 tunnel

을 설치하여 본댐을 축제하는 중에 유수를 모두 전환하는 방식이다.

4. 최종 선정기준

(1) 댐건설공사에서 유수전환은 假시설물이므로 신속히 시공하면서, 홍수기에 월류를 고려한 구조적 안전성·시공성·경제성 등을 확보할 수 있는지를 고려한다.

(2) 댐건설공사는 시공기간이 길어 홍수기를 피할 수 없으므로 축조 중에 본댐 월류 허용 여부(콘크리트댐은 허용 가능)에 따라 유수전환 방식을 결정해야 한다.[198]

댐 유수전환 방식

구분	부분체절 방식 (半하천 체절)	假배수로 방식 (全하천 체절)	전체절 방식 (假배수 터널)
개요	○ 하천폭 절반 먼저 막고 공사하며, 다른 쪽으로 방류 ○ 체절구간에서 본댐공사 완료 후, 다시 전환하여 나머지 절반을 축제	○ 하천의 한쪽 하안 내측을 따라 가배수로를 설치하여 모든 유수 처리 ○ 상·하류를 모두 막고 전체절 방식으로 본댐 축제	○ 본댐 예정지점 상·하류를 모두 막고, 가배수터널 경사 1/30~1/200 설치 ○ 본댐 축제 중에 모든 유수를 동시 전환처리 가능
적용	○ 유량이 적고, 하천폭이 넓은 경우 ○ 지형조건이 가배수터널을 설치할 수 없는 경우	○ 유량이 극히 적고, 하천폭이 매우 넓은 경우 ○ 본댐의 높이·길이가 적은 소규모댐을 건설하는 경우	○ 하천폭 좁고 만곡되어 짧은 터널 설치 가능한 경우 ○ 대규모 다목적댐을 건설하는 경우
특징	○ 가배수시설 공사비가 저렴하고, 공기 단축 가능 ○ 본댐공사의 추진공정에 지장을 초래할 우려 상존	○ 가배수시설 공사비가 매우 저렴하고, 본댐공사의 추진공정을 매우 단축 ○ 계획홍수량보다 많은 폭우가 내리면 월류 허용으로 본댐 피해 우려	○ 본댐 전체 동시 시공 가능 ○ 상·하류 가물막이 상부를 공사용 도로로 겸용 가능 ○ 가배수터널을 담수 후 취수터널로 영구 이용 가능 ○ 가배수터널의 공사비 고가, 가설기간 길게 소요

198) 박효성 외, 'Final 토목시공기술사 핵심문제', 예문사, pp.959~960, 2008.

Ⅱ. 댐의 가물막이 공법

1. 개요

(1) 가물막이 공법은 하천에 댐 구조물을 축조하기 전에 공사지점을 건조상태(dry work)로 유지하기 위하여 일시적으로 물의 흐름을 막는 공사이다.

(2) 가물막이 시설은 토압, 수압 등의 외력에 견딜 수 있는 강도와 수밀성을 확보하되, 공사 중에 쓰이는 가설구조물이므로 본댐공사가 끝난 후에 철거가 쉽고 경제적인 구조이어야 하므로 아래와 같은 고려사항을 검토하여 선정한다.

(3) 가물막이 형식은 유수전환 방식이 결정된 후에 결정된다. 본댐의 건조상태 시공을 위하여 확실한 차수성과 시공성, 환경오염을 최소화하는 환경성, 가물막이 자체의 안정성 등을 모두 만족시키는 최적의 형식을 선정한다.

2. 가물막이 형식

(1) **토사축제** : 수심 3m 이하
  ① 대상　• 댐 건설현장 주변지역의 토사나 돌을 모아서 성토하는 형식
  　　　　• 하천의 수심이 얕고, 댐 건설현장의 부지에 여유가 있는 경우
  ② 검토　• 투수성 토사로 축제할 때는 전면에 비닐(vinyl sheet)를 덮어서 보호
  　　　　• 공사기간이길 때는 쌓아올린 제방에 수직으로 지수용 널말뚝 타입

(2) **한겹 sheet pile** (1단 물막이) : 수심 5m 정도
  ① 대상　• Sheet pile 본체와 근입된 하부의 휨강성으로 수압에 저항하는 형식
  　　　　• 댐 건설현장 지반이 양호한 경우, 소규모 가물막이를 설치하는 경우
  ② 검토　• 한겹 sheet pile로 수압·토압에 저항해야 하므로 강도를 신중히 검토
  　　　　• 한겹 Sheet pile과 압성토를 병용하면 깊은 수심에도 저항 가능

(3) **두겹 sheet pile** (2단 물막이) : 수심 10m 정도
  ① 대상　• 두겹 sheet pile을 tie rod로 연결하고 중앙부를 속채움하는 형식
  　　　　• 부지여유가 없는 경우, 대규모 가물막이를 설치하는 경우
  ② 검토　• 중앙부를 토사 속채움 완료할 때 까지는 외력(수압)에 취약
  　　　　• Tie rod가 절단되는 경우에 대형사고 유발 우려

(4) **Concrete caisson** : 수심 10m 정도
  ① 대상　• Box type precast concrete caisson을 정치한 후 속채움하는 형식
  　　　　• 수심이 매우 깊어서 sheet pile 타입으로 저항하기 어려운 경우
  ② 검토　• Caisson 저면이 세굴되지 않도록 내부 콘크리트 속채움으로 보강
  　　　　• 바지선으로 현장까지 caisson을 예항할 수 있는 항로 확보

(5) Cell형 가물막이 (직선형 강널말뚝) : 수심 10m 이상

　① 대상　◦ Corrugate 강판으로 조립한 cell을 정치한 후 속채움하는 형식

　　　　　◦ 수심이 매우 깊고 암반심도가 얕아 sheet pile 타입이 어려운 경우

　② 검토　◦ Corrugate 강판 cell이 독립되어 있어 안정성을 충분히 확보 가능

　　　　　◦ 가설공사로서 비싸고, 시공이 까다롭고 번거로움

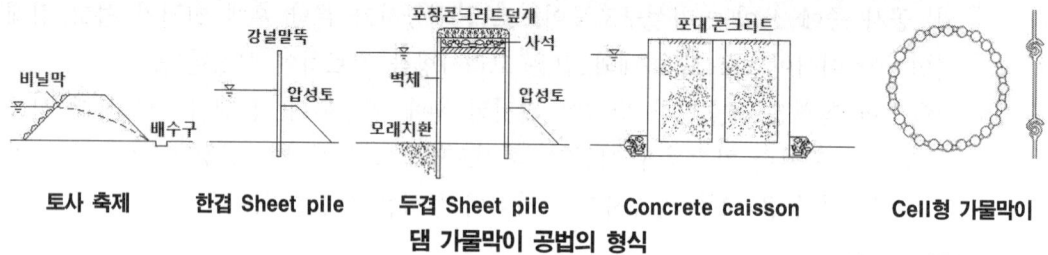

토사 축제　　한겹 Sheet pile　　두겹 Sheet pile　　Concrete caisson　　Cell형 가물막이

댐 가물막이 공법의 형식

3. 가물막이 형식 선정 고려사항

(1) 본댐 규모에 따른 가물막이 규모 검토

　① 소규모의 가물막이 형식은 수하중과 차수성을 불투수성 구조물로 확보하는 한 겹 또는 두겹 Sheet pile 형식을 검토할 수 있다.

　② 풍화암층이 분포하지 않는 하상의 경우, 차수성의 확보를 위하여 연암, 보통암 에 Sheet pile 또는 강관벽 말뚝의 근입을 검토한다.

　③ 대규모의 가물막이 형식이 필요할 때는 경암반을 굴착하여 대구경 강관벽 말뚝 을 타입하거나, 원형 셀 형식을 검토할 수 있다.

(2) 가물막이 근입층 및 근입방안 검토

　① Sheet pile 형식의 가물막이를 적용할 때는 현장에서 여러 실험과 해석을 거쳐 강구조물의 근입심도를 검토해야 한다.

　② 투수계수가 큰 사질지반에서는 강구조물의 차수효과가 미비하여 본댐의 건조상 태 시공이 곤란한 경우, 근입심도를 기반암 상단까지 연장 타입을 검토한다.

　③ 깊은 근입심도 타입장비는 일반적인 Vibro hammer나 Water jet로는 시공이 어렵고, T-4나 PRD 등의 대형 타입장비를 투입해야 한다.

(3) 기존 타설 구조물과 가물막이 접속방안 검토

　① 유수전환 방식 및 가물막이 형식이 선정된 후에는 시공성, 환경성 및 안정성에 대한 세부계획을 수립한다. 특히, 본댐과의 연계 시공방안을 검토한다.

　② 全面가물막이 방식이 아닌 部分가물막이 방식을 적용할 때는 본댐의 분할 타설 이 불가피하므로, 이를 반영한 가물막이 계획이 병행되어야 한다.

③ 또한 본댐 타설완료 후 2차 가물막이의 철거를 수중작업으로 해야 하므로 이러한 시공상황이 반영된 가물막이 계획을 검토한다.

4. 댐 건설공사의 가물막이

(1) 대청댐 가물막이 사례

① 1980년 준공된 대청다목적댐의 1차 가물막이는 콘크리트 가체절벽형 가물막이 형식을 선정하였다.

설계 확률홍수량 2년 빈도를 적용하였으나 가물막이 완공 후에 본댐 공사기간 중 총 5회에 걸쳐 월류가 발생되어 본댐 시공이 지연되었다.

② 2차 가물막이는 중앙 및 경사 차수벽형 석괴댐식 가물막이 형식을 선정하였으며, 좌안 토석댐 축조를 위해 월류 허용을 배제함에 따라 확률홍수량 20년 빈도를 적용하였다.

2차 가물막이 완공 후에는 본댐 공사기간 중 월류 사례는 없었으나, 국내 재료 공급지연(시멘트 파동)으로 공기가 2개월 연장되었다. 최종적으로 2차 가물막이는 본댐 완공 후에 발파를 통해 제거되었다.

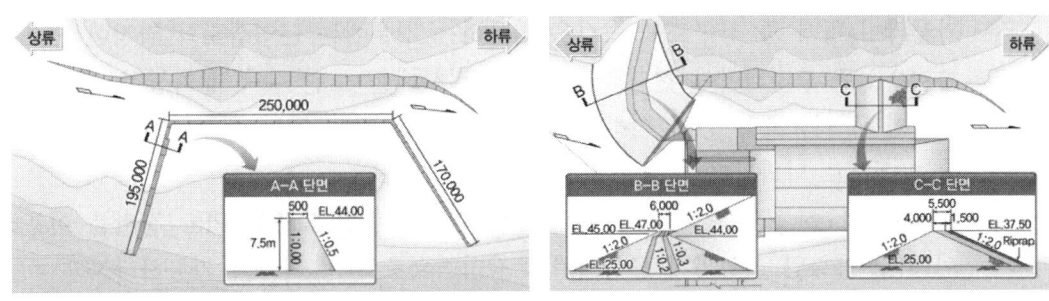

1차 가물막이　　　　　　**2차 가물막이**
대청댐 가물막이

(2) 가물막이 제체에 대한 안정 검토

① 하천설계기준(2009)과 댐설계기준(2005)에 의해 제방활동에 대한 안정 검토는 침투해석에 의한 침윤면을 고려하여 원호활동법으로 최소안전율을 산출한다.

② 계획홍수위를 검토하는 경우에 비정상류의 침투해석에 의한 침윤면을 고려하여 만수위뿐만 아니라 수위 급강하 때에도 안정 검토를 해야 한다.

③ 두겹 Sheet pile 형식과 Cell형 가물막이의 경우에는 상기 원호활동에 대한 검토 외에 전도(속채움재의 전단변형파괴), 활동 및 지지력에 대한 안정 검토를 하여 적정한 제체 폭을 결정한다.

④ 이때, 아래 왼쪽 그림에서 보듯 Sheet pile 선단부에서 원지반 표면 사이의 최

소안전율이 되는 면에 대하여 전도, 활동 및 지지력에 대한 안정 검토를 한다. 또한, Berm의 수동토압을 고려할 때는 수동파괴면이 굴착사면과 굴착저면 사이에서 교차되는 지점의 위쪽 흙 중량을 등분포 상재하중으로 치환하여 수동토압을 산출하고, 그 수동토압을 저감시키는 방안으로 안정 검토한다.

⑤ 제체 내부의 잔류수위는 HWL과 LWL 차이의 2/3 값을 기준으로 하여 안정 검토를 하여 최종적으로 제체 폭을 결정한다.

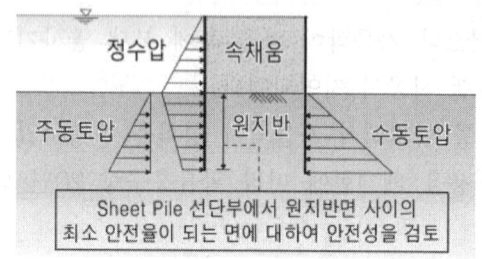

제체 폭을 결정하는 방법

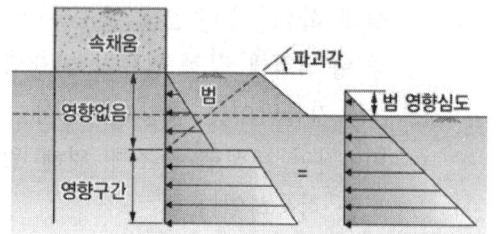

Berm의 수동토압을 고려하는 방법

5. 맺음말

(1) 가물막이 형식 중 강구조물 형식을 적용하는 경우에는 근입심도의 결정이 중요한 설계요소로 고려되어야 한다. 댐 건설현장 사례를 보면 예측 불가능한 지층변화, 우회침투, 시공오차 등에 의하여 설계값보다 더 많은 양의 침투 및 누수가 발생되는 것으로 나타난다.

(2) 따라서, Sheet pile 등의 강구조물을 시공할 때는 T-4 또는 PRD 장비를 이용하여 최소 풍화암 이상까지 근입시켜야 장기적으로 안정 확보가 가능하다.199)

199) 박효성 외, 'Final 토목시공기술사 핵심문제', 예문사, pp.961~963, 2008.
    장학성 외, '수중구조물을 위한 가물막이 설계 및 시공사례에 대한 연구', 유신기술회보, 2010.

11.06 댐 기초처리 공법

댐 기초암반의 보강공법, Curtain grouting, Consolidation grouting, Blanket grouting [5, 8]

I. 개요

1. 댐의 기초암반은 대부분 균일하지 않고 단층이나 파쇄대와 같은 취약점이 있으며, 지표면에 가까운 암반은 풍화되어 동결·융해작용에 의해 허물어지기 쉽다.
2. 댐 제체의 안정성을 확보하기 위해 댐기초 굴착 중 모암에 균열이 발생하지 않도록 유의하고, grouting 중에 Lugeon test에 의해 차수층 형성을 판정한다.
3. 댐의 기초암반을 Grouting(Consolidation, Curtain, Contact, Rim 등) 공법으로 보강 후에는 water jet으로 말끔히 청소하여 건조상태를 유지하여야 댐 기초처리의 목적을 달성할 수 있다.

II. 댐 기초처리의 목적

1. 기초지반의 내하력 증대
   (1) 댐체의 작용하중에 대한 지지력 증대
   (2) 기초지반에 발생되는 과다한 변형과 부등침하 억제
2. 기초지반의 수밀성 증대
   (1) 기초지반을 통한 누수량을 최대한 억제
   (2) Piping에 의한 누수를 방지하고 양압력 경감

III. 댐 기초 Grouting

1. Consolidation Grouting
   (1) 시공목적 : 댐 기초암반 중에서 심도가 얕은 부분을 집정적으로 보강하여 지반의 변형 억제, 지지력 증가, 지수성 향상을 도모
   (2) 배치방법 : 배치는 3m×3m 간격의 격자형, 깊이는 10~15m 정도 주입
   (3) 주입압력 : 주입압력은 단계별로 1stage $3{\sim}6kg/cm^2$, 2~3stage $6{\sim}12kg/cm^2$ 서서히 올려 규정된 압력까지 상승시켜 주입을 완료.
   주입 중에 Cement milk grouting W/C비는 10/1~5/1 정도를 유지
   (4) 주입목표 : 아치댐 2~5, 중력댐 5~10 Lugeon치 기준을 확보
   (5) 효과판정 : 주입 후에 Grouting 주입량, Lugeon 치의 변화량을 조사하고, 점탄성 계수, 탄성파속도 등을 측정하여 주입효과를 종합적으로 판정

2. Curtain Grouting

(1) 시공목적 : 댐 기초지반으로 물의 침투를 방지하여 차수성을 증대시켜, 기초지반 의 안정과 저수효율의 향상을 도모

(2) 배치방법 : 배치간격은 2열을 1m 간격으로 배치, Grouting 깊이는 댐 수위(h)의 $\frac{2}{3}h$ 또는 $\frac{1}{3}h + a(a=8~20m)$를 기준으로 배치

(3) 주입압력 : 각 Stage별로 깊이 5m, 압력 $5~50kg/cm^2$ 으로 주입

(4) 주입목표 : Concrete dam에는 1, Fill dam에는 2~5 Lugeon치를 기준으로 주입

(5) 효과판정 : 주입 前에 Lugeon 치, 균열의 분포, 암질등급 등을 파악하고, 주입 後 에 Lugeon test를 실시하여 지반의 개량·강화 정도를 판정

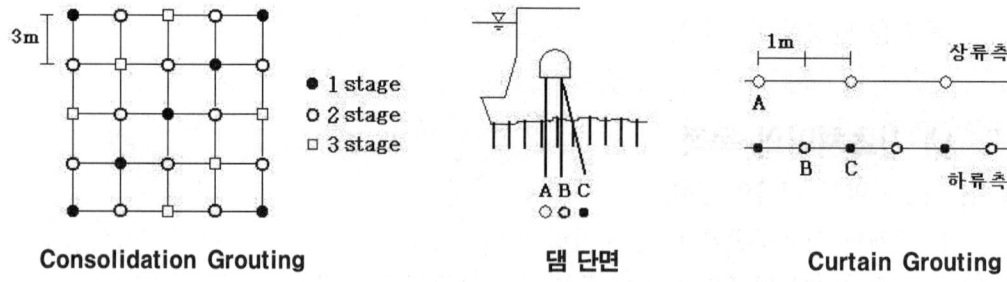

Consolidation Grouting　　　　댐 단면　　　　Curtain Grouting

3. Contact Grouting

(1) 적용대상 : 댐 兩岸 암반지대의 경사가 심한 경우에 grouting 실시

(2) 개량목적 : 콘크리트 타설 후 온도변형으로 생기는 기초암반 사이의 틈새를 차수

(3) 주입시기 : 콘크리트 타설 후 기초암반이 안정상태에 도달했을 때 grouting 실시

4. Rim Grouting

(1) 댐 兩岸 암반지대의 길이 100m 구간에 대하여 댐 수위가 저하되는 경우를 대비 해서 차수성을 확보하기 위해 grouting 실시

5. Blanket Grouting

(1) 차수죤과 댐기초 접촉부를 수밀하게 보강하고, Curtain Grouting의 차수효과를 높이기 위하여 실시하는 grouting을 의미한다.

IV. 댐 기초 Grouting 시공방법

1. Total Grouting

(1) 댐 기초암반 전체 깊이에 대하여 천공과 주입을 동시에 실시하는 방법

(2) Consolidation Grouting과 같이 주입심도가 얕은 경우에 적용

2. Packer Grouting

⑴ 계획심도까지 천공한 후 packer를 이용하여 밑에서부터 상향으로 주입

⑵ Curtain Grouting과 같이 주입심도가 깊은 경우에 적용하며, 암질이 양호하여 절리가 적은 암반에 적용하면 효과적이며, 공기단축 가능

3. Stage Grouting

⑴ 주입깊이를 5~10m씩 나누어서 위에서부터 하향으로 천공과 주입을 반복

⑵ Curtain Grouting과 같이 주입심도가 깊은 경우에 적용하며, 암질이 불량하며 파쇄대와 절리가 많은 암반에 적용하면 효과적이지만, 공기지연 초래

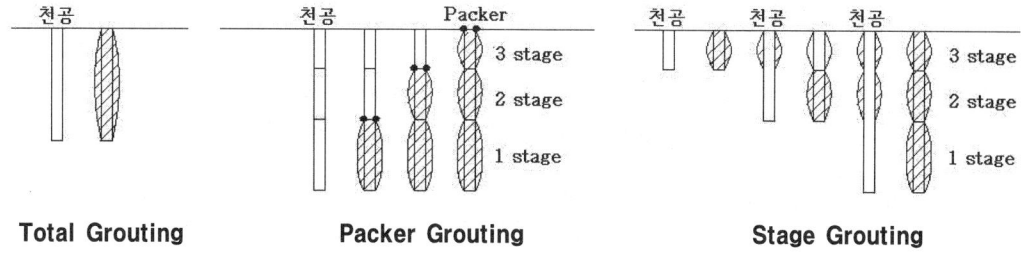

Total Grouting　　　　**Packer Grouting**　　　　**Stage Grouting**

V. 댐 기초 보강 마무리

1. 댐 기초암반 내에 凹凸부, 돌기부, 단층부, 파쇄부, 균열, 절리 등이 잔존하면 댐체의 안전에 위해요소로 작용될 수 있으므로, ▲콘크리트 치환공, ▲추력전달 구조물공, ▲Dowelling, ▲암반 PS공 등으로 아래와 같이 보강해야 한다.

⑴ 콘크리트 치환공 : 기초암반 중에 연약층을 제거하고 콘크리트로 치환

⑵ 추력전달 구조물공 : 댐 추력을 암층에 전달하기 위해 기초암반 내에 grouting 공법으로 concrete plate를 구성하여 암반을 강화

⑶ Dowelling : 기초암반 내의 불규칙한 연약부를 개량하기 위하여 concrete로 치환

⑷ 암반 PS공 : 기초암반의 변형을 구속·억제하기 위해 암반에 천공하여 강봉을 삽입, 필요한 경우에는 강봉에 prestressing을 도입하여 강화[200]

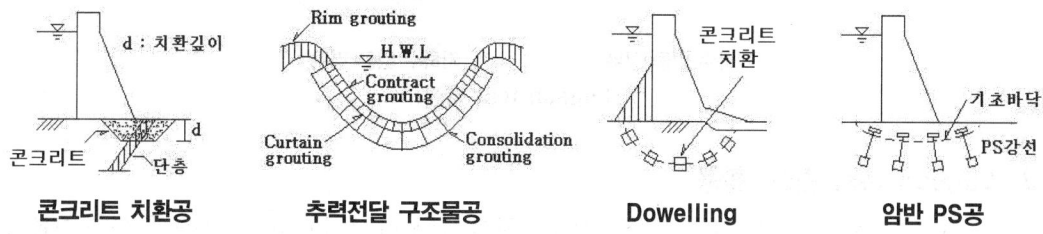

콘크리트 치환공　　　**추력전달 구조물공**　　　**Dowelling**　　　**암반 PS공**

---

200) 박효성 외, 'Final 토목시공기술사 핵심문제', 예문사, pp.964~966, 2008.

11.07 루전시험 (Lugeon test)

Lugeon 치 [2, 0]

1. Lugeon test 방법

(1) 루전시험(Lugeon test)은 현장투수시험의 일종으로, 시추공 1m마다 $10kg/cm^2$의 압력에서 $1\ell/min$의 물이 암반 내에 압입되었을 때의 투수도를 1 Lu 라고 한다.

(2) 댐 기초암반에 대하여 Grouting 보강을 실시하기 前·後에 암반 전체의 투수정도를 알기 위하여 Lugeon test를 실시하고 Lugeon map을 작성, 투수정도를 표시한다.

시험용 보링공 굴착	ϕ50mm를 20~30m 간격으로 굴착, 주입용 packer 설치
측정기 설치, 물 주입	주입수 측정을 위한 수압계와 유량계 설치 $10kgf/cm^2$ 압력으로 물 주입, 압력을 10분 유지하며 측정
Lugeon test 실시	Grouting 前에 댐 기초암반의 Lugeon test 실시 주입수압과 주입수량을 측정하여 투수성 평가
Grouting 실시	Consolidation, Curtain, Contact, Rim grouting 등
Lugeon test 실시	Grouting 後에 댐 기초암반의 Lugeon test 실시 Grouting 前·後를 비교하는 Lugeon map 작성, 효과 확인

Lugeon test 흐름도

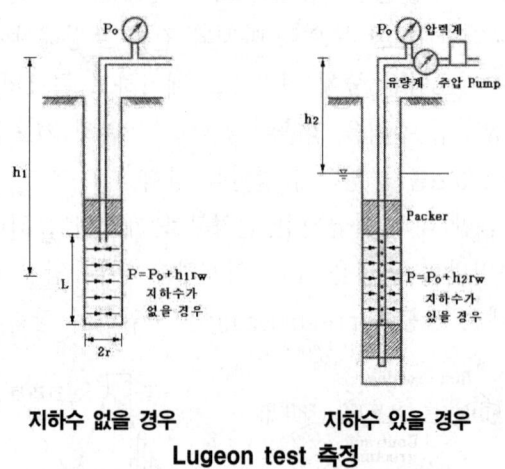

지하수 없을 경우   지하수 있을 경우

Lugeon test 측정

2. Lugeon test 판정, 활용

(1) Lugeon 값이란 댐 기초지반의 투수정도를 말하며 1 Lugeon 값을 투수계수(K)로 환산하면 약 1×10^{-5}cm 정도이다.

⑵ 1 Lugeon이란 Lugeon test에서 주입압력 $10 kgf/cm^2$, 주입깊이 1m인 경우에 1분 동안에 주입된 수량을 말한다. 즉, $1\ell/min/m = 1Lugeon$

⑶ 주입수압을 $10 kgf/cm^2$까지 가압할 수 없는 경우에는 다음 식으로 표현한다.

$$L_u = \frac{10\,Q}{P \cdot L}$$

여기서, Q : 주입량(ℓ/m)

　　　　 P : 주입압력(kgf/cm^2)

　　　　 L : 주입깊이(m)

⑷ Lugeon 값으로 댐 기초암반의 투수성을 판정하여 Concrete dam에는 1 Lugeon, Rockfill dam에는 2~5 Lugeon을 기준으로 암반의 개량 목표치를 설정한다.[201]

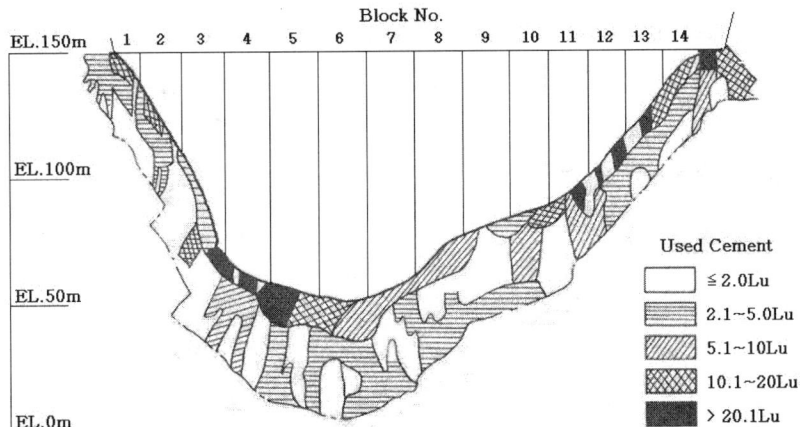

기초암반 grouting 前, 현장투수시험 결과 Lugeon값 분포도

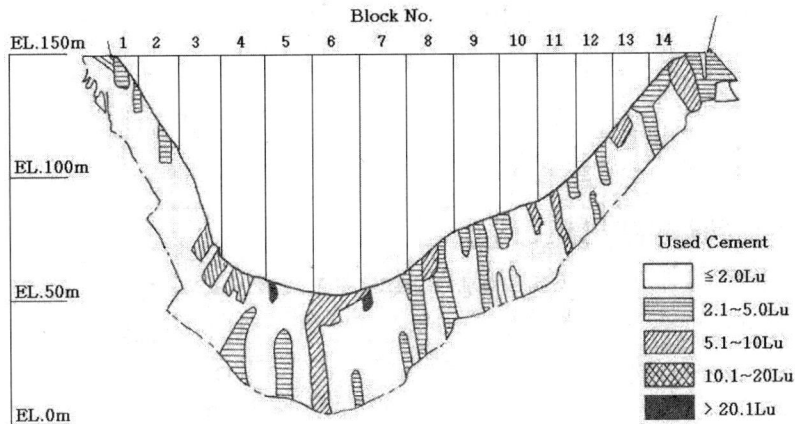

기초암반 grouting 後, 현장투수시험 결과 Lugeon값 분포도

---

201) 박효성 외, 'Final 토목시공기술사 핵심문제', 예문사, p.967, 2008.

11.08 댐의 형식별 특징

록필댐 Core Zone, 콘크리트댐, RCD(Roller Compacted Dam), 콘크리트 표면차수벽댐(CFRD) [1, 4]

Ⅰ. 개요

1. 댐[dam, 언제(堰堤)]은 하천의 흐름을 차단하거나 흐름의 방향을 바꾸고 늦추는 등의 역할을 하도록 강을 가로질러 세워지는 구조물을 말한다. 우리나라에서 '댐'이라는 용어는 공학적으로 대댐(大dam)만을 지칭하는 협의의 의미로 사용된다.

2. 댐 구조물이 건설되면 인공적인 호수나 유수지가 만들어진다. 대부분의 경우에 댐은 물을 방류하거나 혹은 월류하도록 여수로(餘水路, spill way)나 위어(weir)를 갖추고 있다.

3. 댐(dam)은 계곡이나 하천을 횡단하여 저수, 토사유출 방지, 취수, 수위조절 등을 위하여 만들어진 구조물로서 목적, 유량제어방법, 구성재료 등에 따라 분류된다.

Ⅱ. 댐의 분류

1. 목적에 따른 분류

(1) 목적에 따라 저수댐, 취수댐, 사방댐 등으로 구분된다.

(2) 저수댐은 상류로부터의 유입량이 사용수량에 크게 영향을 미치지 않을 만큼 댐의 규모가 크며, 관개용수·생활용수·공업용수·발전용수 등의 용수공급, 홍수조절, 어류양식 등 여러 용도에 사용된다. 저수댐은 사용되는 목적에 따라 전용댐과 다목적댐으로 세분된다. 소양강댐·충주댐·대청댐·안동댐 등은 다목적댐이다.

(3) 취수댐은 수로식 발전소의 취수목적으로 또는 하천에 물의 공급목적으로 취수지점에서 물을 저수하기 위하여 만든 댐이다.

(4) 사방댐은 하천의 흐름을 억제하고 동시에 산지에서 흘러들어오는 다량의 유출토사를 막기 위하여 하천의 상류부에 설치하는 낮은 댐이다.

2. 유량제어방법에 따른 분류

(1) 유량제어방법에 따라 고정댐(fixed dam)과 가동댐(movable dam)으로 구분된다.

(2) 고정댐에는 댐마루에 수문을 설치하여 평소에 수위조절하고 홍수 때는 개방하여 방류하는 월류형댐(越流型, over flow dam), 별도로 홍수여수로(flood spillway)를 설치하여 댐마루에서 월류를 시키지 않는 비월류형댐이 있다.

(3) 가동댐은 홍수 때에 홍수량을 안전하게 처리하거나 홍수량을 조절하여 상·하류의 피해를 경감시키는 목적으로 설치하는 댐이다.

3. 구성재료에 따른 분류

⑴ 구성재료에 따라 Concrete dam과 Fill dam으로 분류하고, Fill dam은 다시 흙댐(earth dam)과 록필댐(rock fill dam, 砂礫댐)으로 세분된다.

② Concrete dam에는 단면형식에 따라 중력식, 중공중력식, 아치식, 계단식 등이 있다. Fill dam에는 rock fill dam과 earth fill dam이 있으며, 불투수성 부분의 구성에 따라 균일형, 코아형, 죤형 및 표면차수벽형으로 세분된다.

③ Rock fill dam : 제체 최대단면 기준으로 50% 이상을 암괴로 축조한 댐이며, 차수벽을 댐의 중앙, 내부, 표면 등에 각각 설치 가능하다.

④ Earth fill dam : 제체 최대단면 기준으로 50% 이상을 흙으로 축조한 댐이다.

⑤ 표면차수벽형 석괴댐 : 댐 표면을 콘크리트, 아스팔트, 강재, 목재 등 흙 以外의 재료로 피복하는 댐이며, 최근에는 콘크리트표면차수벽형 석괴댐이 많다.

⑥ 높낮이에 따라 댐의 높이 30m를 초과하면 높은 댐으로 분류하고, 안전에 대한 기준을 강화하고 있다.

Ⅲ. 댐의 형식결정 고려사항

1. 지형조건
   댐 예정지 좌안과 우안의 지표면 형상, 경사도
2. 지질조건
   지표로부터 암반지대까지의 심도, 지표의 퇴적층·연약층 분포도
3. 재료조건
   축제용 재료의 품질, 토취장의 위치, 댐 예정지까지의 수송로
4. 자연조건
   강우량, 하천의 유수특성, 홍수피해 정도
5. 댐의 규모·기능
   댐의 길이·높이, 시공 중에 유수전환방법, 여수로의 크기, 수력발전 여부 등[202]

---

202) 박효성 외, 'Final 토목시공기술사 핵심문제', 예문사, p.973, 2008.

Ⅳ. 필댐(Fill dam)

1. 일반사항

(1) 필댐(Fill dam)은 재료에 따라 흙댐(earth dam)과 록필댐(rock fill dam, 砂礫댐)으로 분류되며,

(2) 구조에 따라 균일형, 코어(core)형, 존(zone)형, 포장형 등의 4가지로 세분된다.

   ① 균일형 : 제체의 최대단면에서 균일재료의 단면이 80% 이상을 차지하는 경우

   ② 코어형 : 불투수성부의 두께가 제고보다 작은 경우로서, 댐의 중심선을 전부 코어로 쌓는 경우를 중심 코어형이라 한다.

   ③ 존형 : 몇 개의 존으로 구성되며, 불투수성부(不透水性部)의 두께가 댐의 높이[제고(堤高)]보다 더 큰 경우

   ④ 포장형 : 흙 以外의 지수재료(止水材料)를 이용하여 상류 쪽의 표면을 포장하는 형식으로, 포장재료에는 아스팔트 또는 콘크리트가 사용된다.

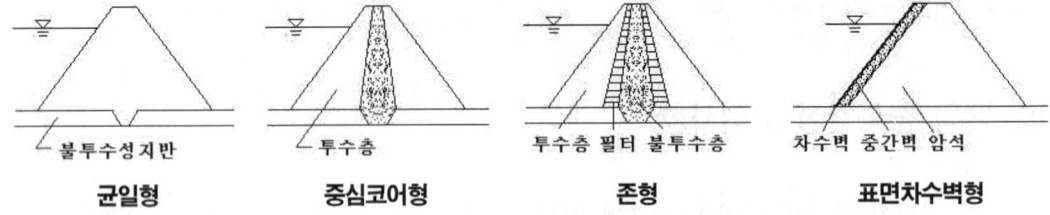

균일형	중심코어형	존형	표면차수벽형
불투수성지반	투수층	투수층 필터 불투수층	차수벽 중간벽 암석

2. 필댐의 특징

(1) 댐이 설치되는 계곡의 형태에 대한 제약은 없지만, 대형기계의 작업능률 측면에서 광곡(廣谷)이 협곡(峽谷)보다 유리하다. 댐의 기초지반 제약이 다른 형식의 댐보다 적다. 경암은 물론 실드, 모래, 점토 등 모든 지반에 필댐 축조 가능하다.

(2) 댐마루로부터 월류에 대해서는 저항력이 전혀 없다(필댐은 월류되면 붕괴된다). 다른 형식의 댐에 비해 시공 중에 비·눈의 영향을 많이 받는다. 필댐을 축조하는 부근에서 획득할 수 있는 재료의 특성을 활용하는 설계가 가능하다.

(3) 코어형은 경계면이 취약하여 만일 파손되면 수리 불가능하며, 중심코어와 이를 둘러 쌓는 부분의 재료특성이 다르고 당연히 시공기준이 달라 까다롭다. 반면, 포장형은 차수벽(遮水壁)이 노출되어 있으므로 검사나 수리가 수월하다.

(4) 필댐 축제 後, 상당기간에 걸쳐 압밀(壓密)에 의한 제체변형이 계속되고 축제토(築堤土)의 성질도 변화된다. 저수위에 따라 제체의 강도가 변화되므로 유지관리가 필요하다. 우리나라의 대표적인 필댐은 소양강다목적댐이다.

V. 콘크리트 중력댐

1. 일반사항

(1) 콘크리트 중력댐은 축조재료의 자중(自重)으로 지지력을 갖추는 댐으로, 제체의 무게에 의해 외력에 안전하게 저항하도록 설계된다.

(2) 안전성을 확보하기 위하여 댐의 횡단면은 전도(turn over)되지 않도록 단면 형상을 삼각형으로 구성하고 상류면은 거의 수직에 가깝게 설계해야 한다.

(3) 또한 콘크리트 중력댐은 미끄러지지 않도록 기초처리와 구조계산을 하고, 댐이 자중(自重)에 의하여 변형이나 균열되지 않도록 설계한다.

2. 콘크리트 중력댐의 특징

(1) 댐이 설치되는 계곡의 형태에 대한 제약은 없지만, 기초지반이 불투수성 암반이어야 하므로 필댐보다 더욱 제약을 받는다. 대용량의 여수로(餘水路)를 댐마루와 댐의 하류면을 이용하여 안전하게 설치하려면 기초지반이 암반이어야 한다.

(2) 댐 지점 부근에서 콘크리트용 골재의 획득이 곤란한 경우가 많으므로 대부분의 현장에서 장거리 골재운반을 대비해야 한다. 부근에서 암석을 채취하더라도 현장에서 암파쇄(입자크기 조정)설비를 별도로 갖추어야 한다.

(3) 콘크리트 타설량이 많지만, 콘크리트를 칠 때 매스콘크리트 표준형의 거푸집을 사용하면 시공관리가 비교적 용이하다.

(4) 설계과정에 비교적 명확한 이론적 해석이 가능하며, 일반적으로 중공중력댐이나 아치댐의 경우보다 해석이 쉽다. 섬진강댐과 화천댐이 콘크리트 중력댐이다.

VI. 중공(中空) 중력댐

1. 일반사항

(1) 중공(中空) 중력댐은 콘크리트 중력댐의 상류면의 폭을 확대하여 지수벽을 만들고, 중공부를 설치하여 댐콘크리트 체적을 절약하는 구조로서 역학적으로는 콘크리트 중력댐과 동일하다.

(2) 다만, 중공(中空) 중력댐은 상류면에 작용되는 연직수압(鉛直水壓)을 유용하기 위하여 만수면(滿水面) 부근을 정점으로 이등변삼각형으로 구성하고, 경사도는 상·하류 모두 1 : 0.5 정도를 설계한다.

2. 중공 중력댐의 특징

(1) 중공 중력댐은 제고(堤高)가 30~150m 사이에서 높이가 높을수록, U자형 계곡에서는 강폭이 넓을수록 유리하다. 기초조건은 콘크리트 중력댐과 거의 같다.

(2) 제체 콘크리트 타설과 병행하여 중공부 안의 지반개량작업을 동시에 할 수 있다. 제체 축조 後에도 중공부 안으로 항상 들어갈 수 있어 유지관리가 쉽다.

(3) 댐콘크리트의 노출면적이 크고 부재(部材)두께도 얇아 콘크리트의 수화열(水化熱) 발산에 유리하다. 그러나 한랭지에서는 동결·융해피해를 받기 쉽다.

(4) 중공 중력댐은 콘크리트 중력댐과 동일하게 여수로 설계는 쉽지만, 공사 중에 홍수처리가 어렵다. 중공부의 밑부분은 암반이 노출되어 있으므로, 제체에 작용하는 양압력(揚壓力)은 극히 약화되어 유리하다.

(5) 중공 중력댐은 콘크리트 중력댐에 비해 콘크리트 체적은 10~30% 절약되지만, 거푸집 면적이 증가되고 시공이 어렵다.

Ⅶ. 아치댐(Arch dam)

1. 일반사항

(1) 아치댐은 수압(水壓)의 대부분을 아치작용에 의해 양안(兩岸)에 전달되도록 제체의 수평단면형이 아치 모양의 곡선으로 설계되는 댐이다.

(2) 아치댐의 적용조건은 하천의 폭이 댐 높이에 비하여 크지 않아야 한다. 재료의 양은 콘크리트 중력댐보다 작고, 댐 본체에는 철근을 사용하지 않는다.

2. 아치댐의 특징

(1) 댐이 설치되는 계곡의 폭이 좁고 양안이 급경사로 되어 있는 지형에 유리하다.

(2) 기초암반의 조건은 모든 다른 형식의 댐보다 엄격해야 하고, 지지력·활동저항·수밀성·내구성 등이 모두 갖추어져야 가능하다.

(3) 예상되는 월류에 대해서는 비교적 안전하지만, 홍수량이 많은 지점에서는 여수로의 설계·관리에 특별한 고려가 필요하다.

(4) 아치댐의 두께가 얇아 콘크리트의 수화열 처리가 쉽다. 아치 작용으로 외력의 대부분이 양안 기초에 전달되므로 댐 체적은 다른 형식에 비해 최소가 된다.

(5) 콘크리트 타설량이 적어 공사설비나 골재운반에는 유리하지만, 곡면시공(曲面施工)으로 인하여 많은 비용이 소요된다. 하지만 시공기간은 단축된다.[203]

---

203) 박효성 외, 'Final 토목시공기술사 핵심문제', 예문사, pp.973~975, 2008.

11.09 콘크리트 표면차수벽형 석괴댐

하콘크리트 표면차수벽 석괴댐(Concrete face rockfill dam), 록필댐(rockfill dam) [0, 3]

Ⅰ. 개요

1. 콘크리트 표면차수벽형 석괴댐(-表面遮水壁型 石塊-, dam with concrete surface shielding membrane)은 석괴댐 중에서 상류면에 콘크리트의 차수벽을 가지며, 이 벽에 의해서 제체의 수밀성을 확보하는 댐이다.

2. 콘크리트 슬래브 표면은 두께 30~60cm의 철근 콘크리트로 한 변 10m의 사각 블록으로 구분되며 블록 간에는 지수판(止水板)으로 이음을 만든다.

   반면, 아스팔트 슬래브 표면은 두께 10~15cm로서 이음은 없고, 일반적으로 아스팔트 슬래브를 2~3층 겹쳐서 시공한다.

3. 콘크리트 표면차수벽형 석괴댐의 장·단점은 아래와 같다.

   (1) 장점　　° 시공속도가 빨라 공사비가 절감된다.

   　　　　　° 다량의 암 구득은 가능하지만, 토사 구득이 어려운 지역에 적합하다.

   　　　　　° 동절기가 길어 차수재가 동결될 우려가 있는 지역에 적합하다.

   (2) 단점　　° 다른 댐 형식에 비해 제체에서 누수량이 많이 발생된다.

   　　　　　° 제체가 여러 zone으로 구분되어 있어 시공과정이 복잡하다.

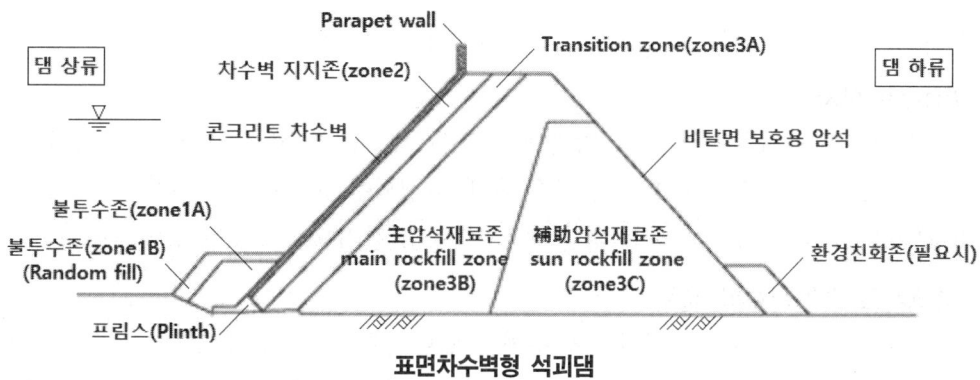

표면차수벽형 석괴댐

Ⅱ. 콘크리트 표면차수벽형 석괴댐의 시공

1. 시공기준

   (1) 댐의 마루폭은 일반적으로 12m 기준으로 시공

   (2) 댐의 경사도는 자연안식각에 가깝게 1:1.3~1.6 기준으로 시공

   (3) Plinth의 두께는 0.3~0.4m, 폭원은 경암반 10m(연암반 20m) 기준으로 시공

2. 가설비 설치

⑴ 댐 수몰지역의 용지보상, 진입도로 개설, 자재야적장 확보

⑵ 댐 현장사무실, 실험실, 기자재정비실 등 관리시설 건립

⑶ 토취장의 위치, 운반거리, 운반로 등 경제성 비교하여 결정

3. 유수전환 Coffer dam

⑴ 댐 예정지점의 유수전환, 상·하류 coffer dam 가설

⑵ 하천의 폭, 유량 등을 고려하여 가배수시설(배수로 또는 터널) 형식 결정

4. 기초굴착 및 grouting 주입

⑴ Consolidation grouting은 격자형 3m×3m 간격으로 배치

⑵ Curtain grouting은 2열 1m 간격으로 배치

⑶ Lugeon test를 실시하여 Lugeon map을 작성, 개량효과 확인

5. 제체 core zone 축조

⑴ 층별 다짐높이는 사석부 1.0m, 석괴부 1.5m

⑵ 다짐작업은 진동력이 크고 무거운 대형장비를 투입

⑶ 상류 측에 세립토를 부설하여 사석부와 석회부 사이에 완충지대를 설치

⑷ 하향 3회 무진동다짐, 상향 3회 진동다짐을 반복 실시

⑸ 다짐 중 전단강도시험을 실시하여 품질관리에 주력

⑹ 다짐 후 변형방지를 위해 shotcrete 타설하여 제체 보호

6. Plinth 설치

⑴ Plinth concrete는 상·하류 양측에 철근을 배근하고 콘크리트를 타설하여 grout의 cap 역할을 부여함으로써, 담수 후에 발생되는 온도응력에 대비

⑵ Plinth concrete는 상·하류 양측에 10~15cm 간격으로 철근비 0.3% 배근

7. 콘크리트 표면차수벽 설치

⑴ 상류 측의 콘크리트 표면차수벽 두께는 일반적으로 0.3m 정도

⑵ 콘크리트의 재료선정, 배합, 운반, 치기, 디지기, 표면마무리, 양생 등 콘크리트 시공의 전 과정에 걸쳐 정밀하게 품질관리

⑶ Slip form을 설치하여 연속 타설, 예비장비 대기

8. 계측기 매설

⑴ 간극수압계(Pore pressure meter)

점토 차수벽 내의 간극수압을 측정하여 시공 중에 축조속도를 관리하고, 담수 후에 침윤선을 측정하기 위해 댐의 중앙단면에 설치

표면차수벽형에는 기초암반과 성토층 간의 간극수압을 측정하는 기초용 간극수압계만 설치

(2) 토압계(Earth pressure meter)

Fill dam 각 zone에 수평으로 토압계를 일정 표고차에 설치하여, 제체의 자중에 의한 토압·수압의 응력 증가를 측정, 유효응력을 산정

내부 유효응력의 크기·방향을 측정하여 응력-변형을 해석함으로써, 성토단면의 전단변형에 의한 댐 안전성을 확인

(3) 층별침하계(Multi layer settlement meter)

점토 차수벽에서 댐 축조에 따라 수직으로 일정한 간격마다 층별침하량을 측정

댐축의 길이	150m 이내	150~300m	300m 이상
침하계의 설치간격	15m마다	30m마다	60~120m마다

(4) 수평변위계(Horizontal strain meter)

담수 후에 댐 저수량 변화에 따른 수평방향의 변위와 부등침하 발생 여부를 측정하기 위해 동일 수평면 상에 일정간격으로 여러 개의 변위계를 설치

(5) 차수벽 사면경사계(Concrete face incline meter)

댐 상류 측의 콘크리트 차수벽 경사면에 설치하여 차수벽의 거동을 관찰

차수벽 전체의 거동을 대표할 수 있도록 댐 중앙부 단면 내에 설치

(6) 주변 조인트 변위측정계(Perimetric joint meter)

Plinth와 콘크리트 차수벽 간의 이음에 연하여 설치하여 조인트의 변위를 파악, 이음부의 안전 여부를 감시

(7) 차수벽 수직 조인트(Vertical joint meter)

차수벽에 수직 수축조인트에 설치하여 변위에 따른 수축조인트의 접합부 변위를 관찰, 차수벽의 응력상태와 지수판의 안정성을 파악

(8) 차수벽 변형률측정계(Cluster strain meter)

차수벽 콘크리트 내부에 매설하여 콘크리트 수축이나 외부응력에 의한 변형을 관찰, 콘크리트 내부응력을 파악

(9) 차수벽 무응력 변형률측정계(Non-stress strain meter)

차수벽 콘크리트 내부에 외부응력이 전달되지 않는 밀폐용기에 담아 매설하여 콘크리트 자체의 응력상태를 파악

차수벽 변형률측정계 설치위치에 함께 설치하여 측정값을 상호 보완

(10) 누수 측정장치(Leakage measuring device)

콘크리트댐에는 gallery 내에 설치하고, fill dam에는 하류에 누수집수벽을 설치하며, 담수 후에 발생되는 누수를 집수하여 그 양을 측정

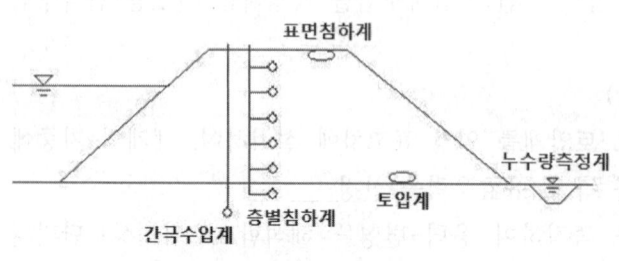

표면차수벽형 석괴댐 계측기 매설

군위다목적댐 건설사업

9. 담수

(1) 담수 前에 수몰지역의 가옥·지장물 등이 완전 철거되었는지 확인

(2) 담수 後 수압에 의한 안정성 검토, 유선망에 의한 piping 검토

10. 콘크리트 표면차수벽형 석괴댐의 시공 사례

(1) 공 사 명 : 군위다목적댐 건설사업

(2) 댐 형 식 : 콘크리트 표면차수벽 석괴댐, 높이 45m, 길이 390m

(3) 댐 위 치 : 경북 군위군 고로면 일대

(4) 사업주관 : 국토교통부(사업대행자 한국수자원공사)

(5) 공사기간 : 2004년~2010년 12월(7년간)

(6) 사 업 비 : 3,389억원(공사비 1521, 보상비 1727, 관리비 141)

(7) 사업목적 : 경북 중부지역(군위, 의성, 칠곡)의 용수공급, 낙동강 하류의 홍수피해 저감, 친환경에너지 생산

(8) 사업효과 : 총저수량 4,870만m^3 (용수공급 3,825만m^3/년, 홍수조절 310만m^3)
수력발전 3,020 MWh/년

IV. 맺음말

1. 다목적댐 건설사업을 추진하면서 댐 형식을 결정할 때는 댐의 설치목적과 필요성, 댐 지점의 자연조건, 시공 중의 유수전환방법, 여수로 방류구의 보호대책 등을 종합적으로 검토하여 판단한다.

2. 그동안 정부가 수자원종합개발계획에 따라 다목적댐 건설사업 추진과정에 홍천댐은 취소되었고, 환경단체 반대로 동강댐 건설도 무산되었고 한탄강의 홍수조절용 댐은 규모를 축소하여 건설을 마쳤다. 이제 우리나라에 대댐 후보지는 더 이상 없다.[204]

---

204) 박효성 외, 'Final 토목시공기술사 핵심문제', 예문사, pp.980~981, 2008.
국토교통부, '표면차수벽형 석괴댐 축조공', 국가건설기준센터, 2018.

11.10 석괴댐의 Plinth, Transition zone

석괴댐의 프린스(plinth), 필댐의 트랜지션존(Transition Zone) [3, 0]

1. 용어 정의

(1) 표면차수벽형 석괴댐 : 제체의 상류면에 콘크리트와 아스팔트 콘크리트 등의 인공 차수재료에 의한 차수벽을 설치하여 댐의 차수기능을 충족시키고 그 배후는 투수성 재료를 배치하여 제체의 안정성을 확보하는 댐 형식

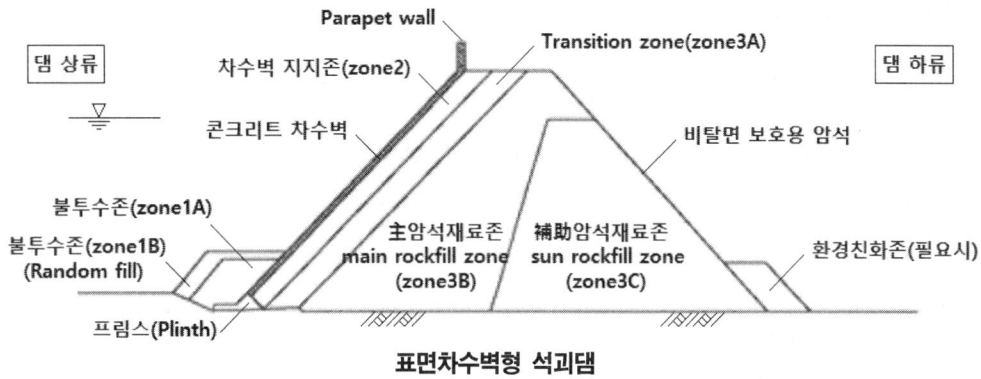

표면차수벽형 석괴댐

(2) 랜덤(Random)재료 : 재료의 성질이 확실하지 않고, 장래 풍화 등에 의해 그 성질이 변화할지 모르며, 재료의 채취계획이 축조공정과 일치하지 않는 모든 재료

(3) 불투수존(zone1) : 차수벽에 누수가 발생할 경우에 유입되는 물의 누수차단 효과를 높이는 역할을 하는 일종의 보조적 기능을 하는 존으로, 불투수존의 설치 높이는 댐 높이에 따라 선택적으로 설계한다.

(4) 차수벽 지지존(zone2) : 콘크리트 표면차수벽을 직접 지지하는 존으로 반투수성 벽을 형성함으로써, 표면차수벽에 균열이나 결함이 생기는 경우에 댐체 손상 없이 지수판을 통해 누수를 안전하게 통과시키기 위하여 설치한다.

(5) 트랜지션존(zone3A) : 표면차수벽과 암석존 제체의 강성 차이로 응력이 차수벽이나 차수벽 지지존(zone2)에 과도하게 전달되는 것을 방지하기 위하여, 차수벽 지지존 재료가 암석존 재료의 큰 공극 속으로 씻겨 들어가지 않도록 공극의 크기를 제한하여 설치한다.

(6) 主암석재료존(zone3B) : 수압과 댐 자중에 대하여 차수벽을 균등하게 지지하기 위해 설치하며, 댐체에 작용되는 외력의 대부분을 담당하므로 침하나 변형이 최소화 되도록 좋은 입도와 양질의 암석재료로 축조한다.

(7) 輔助암석재료존(zone3C) : 主암석재료존(zone3B)의 인접지역에 위치한 존으로, 직

접 외력을 받지 않으므로 재료의 선택에 다소 여유가 있으며, 비교적 조립질의 석괴재료로 축조하여 투수성이 크다.

(8) 주변이음 : 콘크리트 차수벽형 석괴댐에서 누수의 주된 원인은 이음(Joint)이므로, 프린스(Plinth)와 표면차수벽(Face slab) 경계부에 위치하며, 표면차수벽 타설 중 또는 담수 후에 표면차수벽에 수압이 작용될 때 이음을 통해 누수 발생 가능성이 크다. 따라서, 주변이음은 동(銅) 또는 스테인레스 지수판, PVC 지수판, 매스틱 필러(Mastic Filler) 등을 설치하여 2중~3중 지수할 정도로 중요한 이음이다.

2. 프린스(plinth)

(1) Plinth의 역할

① 프린스(plinth)는 표면차수벽 선단에 설치되어 석괴댐의 토대 역할을 하며, 차수벽과 댐 기초 사이의 침투수를 차단하고 기초 grouting의 cap 역할을 한다.

② 프린스(plinth) 하부에는 높은 동수경사를 갖는 침윤선이 지나가므로, 프림스는 견고하고 부식성이 없는 기초암반 위에 설치해야 한다.

(2) Plinth의 설치 지반

① Plinth는 견고하고 균열, 절리, 부식성 등이 없는 신선한 기초암반 위에 설치

② 기초암반에 취약한 경우에는 침투수에 의한 세굴과 piping 방지를 위해 concrete mortar을 grouting으로 주입하여 보강

③ 침윤선에 의한 양압력에 저항하도록 plinth를 anchor로 암반에 밀착

(3) Plinth의 설치 규격

① 폭원 : 경암 위에는 폭 10m, 연암 위에는 폭 20m 설치

② 깊이 : 경암에는 총수심의 1/20~1/25, 연암에는 총수심의 1/6 설치

③ 두께 : 일반적으로 0.3~0.4m

(4) Plinth의 철근 배치

① Plinth concrete의 상·하류 양측으로 철근을 배치하여 기초 grouting의 cap 역할을 부여함으로써, 담수 後 에발생되는 콘크리트 자체의 온도응력에 대비

② Plinth concrete의 상·하류 양측에 10~15cm 간격으로 철근비 0.3%를 배치하여 기초암반에 고정

3. 트랜지션존(Transition zone), zone3A

(1) 트랜지션존의 축조재료

① 트랜지션존(zone3A)의 재료는 차수벽 지지존(zone2) 재료의 기준을 준용한다.

② 트랜지션존(zone3A)의 일반적인 입도범위는 아패 표와 같으나, 현장여건 및 시험시공결과 등을 감안하여 공사감독자의 승인을 받아 변경할 수 있다.

트랜지션존(zone3A)의 일반적인 입도범위

체의 호칭(mm)	0.15	0.6	5	20	40	75	150
통과중량 백분율(%)	0~3	0~15	0~40	25~70	40~85	70~95	100

트랜지션존(zone3A)의 재료시험 종류

시험 종류	시험 방법	시험 빈도
체가름시험	KS F 2502	3,000m³당 1회
현장밀도시험	USBR(물치환법)	축조높이 5층당 1회
현장투수시험	USBR(Pit에 의한 방법)	필요시마다
대형암 전단시험		재료원마다

(2) 트랜지션존의 기초정리

① 트랜지션존(zone3A)의 기초는 차수벽 지지존(zone2)의 기초와 같고 그라우팅이 가능하며, 침식 및 균열이 없는 충분한 강도를 가진 신선한 암반이어야 한다.

② 트랜지션존(zone3A)의 기초는 요철이 없도록 마무리하고 부석이나 파쇄석, 점토, 이물질 등을 제거하여야 한다.

③ 트랜지션존(zone3A) 기초 바닥 밑의 파쇄대 구간, 암반경계층(seam), 기타 결함들은 콘크리트로 채우거나 트랜지션존(zone3A) 재료 중 입도가 작은 재료로 채운 후에 잘 다져야 한다.

(3) 트랜지션존의 포설

① 트랜지션존(zone3A)은 입도가 잘 섞여 고르게 분포되도록 포설하며, 점토덩어리 등 불순물이 섞여 있는 경우에는 완전히 제거한다.

② 트랜지션존(zone3A)의 재료는 다짐 후에 1층 두께가 400mm 이내의 높이로 포설한다. 축조 중에 인접한 zone2 보다는 낮게, zone3B보다 1층(layer)을 더 높게 유지하여 작업이 편리하도록 한다.

③ 기초 암반표면으로 부터 높이 600mm 내에 사용하는 재료는 일반재료보다 세립재료를 선택하며, 기초면 혹은 양안 프린스 경사면에서는 특수다짐을 하여 규정된 밀도를 얻도록 한다.

(4) 트랜지션존의 다짐

① 트랜지션존(zone3A)은 규정된 진동롤러로 6회 주행, 함수량 조절을 하지 않는 동절기에 축조하는 경우에는 8회 주행을 기준으로 하며, 축조재료의 시험성토 결과에 진동롤러의 주행횟수를 변경할 수 있다.

② 빈번한 장비의 이동으로 인하여 표면이 평활해진 장소는 1층을 축조한 후에는 포설 전에 반드시 장비로 표면을 긁어 다음 층과 접촉이 잘되도록 한다.

록필댐(Rock Fill Dam)의 필터 기능 및 입도, 코어존 시공방법 [0, 5]

1. 용어 정의

(1) 필댐(Fill dam)이란 흙, 모래, 자갈, 암석 등의 자연재료를 소정의 위치에 포설·다짐 하여 수밀하게 축제되는 하천구조물이다. 필댐은 인근에 대형 석산이 위치하여 암 석을 쉽게 안정적으로 구득할 수 있는 곳이어야 경제적으로 건설할 수 있다.

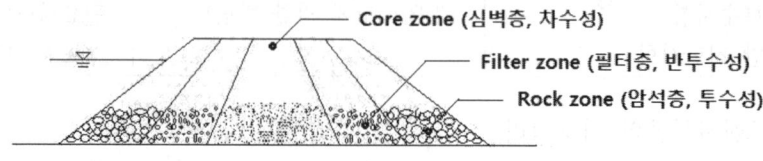

Core zone (심벽층, 차수성)
Filter zone (필터층, 반투수성)
Rock zone (암석층, 투수성)

Fill dam 제체의 단면구성

2. Core zone 차수성 재료

(1) 심벽재료의 품질기준

① 투수계수 $K=1×10-5cm/sec$ 이하일 엇

② 포설, 다짐이 용이할 것

③ 밀도, 전단강도가 클 것

④ 물에 연약화되지 않고, 변형이 적을 것

⑤ Piping에 대한 저항성이 클 것

(2) 심벽재료의 종류

① 점토 : AASHTO분류법 또는 통일분류법 기준

구분	AASHTO분류법	통일분류법
흙의 분류체계	7개 그룹으로 분류 군지수(GI) A-1~A-7	15종으로 분류 알파벳 2문자로 표시
조립·세립 구분	No.200체 통과율 35%	No.200체 통과율 50%
유기질 점토 분류	유기질 질토를 미분류	OL, OH, Pt 등으로 분류
특징	분류가 불명확(침하량 기준)	분류가 명확(육안 식별 가능)

(3) 심벽재료의 성토시험

① 입도시험 : 체분석시험, 침강분석시험 등에 의해 입경가적곡선을 작도하여 흙의 입경상태를 파악

② 투수시험 : 점성토는 변수위 투수시험, 사질토는 정수위 투수시험 등을 실시하여 심벽재료의 투수정도를 알 수 있는 투수계수(K)를 결정

③ 다짐도시험 : 건조밀도, 포화도, 상대밀도, 다짐장비·다짐회수 등으로 판정

- ○ 건조밀도(다짐도) $C = \dfrac{\gamma_d}{\gamma_{d\,max}} \times 100(\%)$ 에서 95% 이상

  여기서, γ_d : 건조밀도

  γ_{dmax} : 최대건조밀도

- ○ 포화도 $S = G_s \cdot \dfrac{w}{e}(\%)$ 에서 85~95%

  여기서, G_s : 비중

  w : 함수비

  e : 간극비

- ○ 상대밀도 $D_r = \dfrac{\gamma_d - \gamma_{dmin}}{\gamma_{dmax} - \gamma_{dmin}} \times \dfrac{\gamma_{d\,max}}{\gamma_d}$ 에서 시방규정 이상이면 합격

- ○ 다짐장비, 다짐횟수

  점성토 : 전압장비로 일정한 다짐횟수 이상 다지면 합격

  사질토 : 진동장비로 일정한 다짐횟수 이상 다지면 합격

3. Filter zone 반투수성 재료

(1) Filter의 품질기준

① 투수계수 K=1×10-3cm/sec 이하일 것

② 다짐 후 소요의 투수성을 가질 것

③ 다짐 후 소요의 전단강도를 가질 것

④ 심벽재료 유출방지를 위해 소요의 입도분포(통과입경 기준)를 가질 것

(2) Filter의 종류

① 자연재료

② 쇄석을 씻기 또는 체가름하는 방법

③ 자연자료와 인공재료의 혼합방법

④ Geotextile을 이용하는 방법

(3) Filter의 중요성

① 입도가 크게 다른 두 재료를 인접시키면, 세립토가 굵은 입자 사이로 유출되는 piping이 발생

② 두 재료의 경계면에 반투수성(filter) 재료를 설치하면 침투수는 통과하고, core zone의 세립분 유출을 막아 piping을 방지

(4) Filter의 시공방법

① Filter의 투수성은 심벽재료의 투수성보다 10~100배 커야 한다.

② Filter의 입도곡선은 심벽재료의 입도곡선과 거의 평행하야 한다.

③ Filter는 접착력이 없고, No.200체(0.08mm) 통과세립분 5% 이상 포함한다.

○ Piping 방지를 위해 $\dfrac{F_{15}}{B_{15}}$

○ Filter 투수성 확보를 위해 $\dfrac{F_{15}}{B_{85}}$

여기서, F_{15} : Filter 재료의 15% 통과입경

B_{15} : 심벽재료의 15% 통과입경

B_{85} : 심벽재료의 15% 통과입경

④ Filter의 두께는 이론적으로는 얇은 것이 좋지만, 시공성과 지진 안전성을 고려하여 최소 2~4m 정도를 확보해야 한다.

⑤ Filter는 진동 roller나 buller dozer로 다짐하여 축제를 마무리한다.

4. Rock zone 투수성 재료

(1) 암석의 품질기준

① 균등계수 $C_u = \dfrac{D_{60}}{D_{10}} \geq 15$ (일반토공에서 성토재료는 Cu≥10)

② 암석의 최대치수 20~30cm, 입도분포는 0.2mm 이하가 10% 이하

③ 배수가 양호하고, 전단강도가 클 것

④ 마찰저항과 interlocking이 클 것

⑤ 내구성이 클 것(입자가 견고하고, 균열이 적을 것)

(2) 암석의 분류방법

분류방법	분류요소	용도
RWD	길이 10cm이상의 core 합	암반의 주상도 작성
RMR	암반상태별 배점기준	터널의 지보하중 계산
Q-system	6개 요소에 대한 응력체계	터널의 지보패턴 결정
SMR	불연속면의 특성, 발파공법	사면 보호·보강공법 결정

(3) 암석의 다짐기준

① Fill dam의 Piping 방지를 위해 사전에 기초지반의 투수층 파쇄대를 보강한 후, 암반을 grouting 처리하고, 제체 축조할 때 시험성토를 통해 다짐기준, 재료기준 등을 엄격히 결정해야 한다.[205]

---

205) 박효성 외, 'Final 토목시공기술사 핵심문제', 예문사, pp.976~978, 2008.

11.12 필댐의 축제 중 거동평가

성토댐(embankment dam) 축조기간 중에 발생되는 댐의 거동 [0, 1]

Ⅰ. 개요

1. 댐체의 거동에는 축조과정에서의 침하와 수평변위, 응력증가, 침투거동 등이 있고, 완공 후 담수에 따른 변위 및 응력의 재배열, 지진시의 동적 응답거동 등이 있고, 운영 중 시간경과에 따른 장기적인 크리프 거동 등이 있다.

2. 댐체의 축조 단계별 응력-변형 거동을 해석하여 안전성을 검토하는 방법에는 중력 의존방법(Gravity turn-on method)과 증분방법(Incremental method)이 있다.

   (1) 중력의존방법(Gravity turn-on method) : 일명 single lift method로서, 댐 전체 가 일시에 성토되는 것으로 간주하여 한 번에 댐 전체를 해석한다. 댐마루에서 최대침하, 댐사면에서 최대수평변위가 발생된다는 가정 하에서 계산하므로 계산 시간이 단축되어 간단히 댐거동을 고찰 가능하나 정확성이 저하된다.

   (2) 증분방법(Incremental method) : 댐체의 축조단계를 하중의 증분형태로 고려하여 댐거동을 정확하게 해석하는 방법이다. 현재 거의 모든 댐거동에 증분방법을 적 용하고 있으므로, 본고에서 증분방법을 약술하고자 한다.

3. Fill dam의 축조 중에 발생되는 침하량을 증분방법에 의해 정확히 해석하여 안전성 을 검토해야 되는 필요성은 아래와 같다.

   (1) 댐 축조 중에 발생되는 침하량은 댐 건설공사에서 제체의 안전성 판단, 다짐도 결정, 여성고 결정, 축조재료 물량산출 등에 관련되는 중요한 인자이다.

   (2) 석괴댐은 축조 중 초기침하 및 장기침하를 고려하여 더쌓기를 하는데, 이 더쌓기 양은 댐 축조 완료 후 기준 댐높이의 0.10~0.35% 정도를 추정하여 쌓는다.

   (3) 댐 건설기간은 통상 3~4년의 장기간이 소요되므로 최초 댐 설계에 적용했던 설 계정수들을 댐 축조 중 침하량과 관련하여 수정해야 한다.

   (4) 댐 축조단계별 침하량 분석을 통해 댐 축조 중간단계에서 완료단계의 침하량을 예측하는 간편식을 증분방법에 의해 도출하면 여성고 자료를 취득할 수 있다.

Ⅱ. 침하량 예측을 위한 모델 댐의 현황

1. 공사개황

   (1) 울산광역시 소재 댐높이 52.0m, 길이 190.0m의 콘크리트 표면차수벽 석괴댐
   (2) 표면차수벽 아래에 2겹의 변화구간을 지지층으로 설치하여, 예기치 못한 표면차

수벽 균열손상에 의해 누수가 발생되는 경우에 침투수를 제어하도록 설계

2. 시공내용

(1) 차수벽 콘크리트는 최소두께 30cm, 철근비 0.4%

(2) 차수벽의 경사도는 상류측 1 : 1.4, 하류측 1 : 1.8의 완만한 경사 유지

(3) 본댐의 하류사면은 EL.102.2m까지 친환경 성토층으로 시공하고, 댐 하류사면 말단에 누수집수벽을 설치

3. 단면구성

구분	재료	최대입경	위치
Zone 1	Face bedding	75mm이하	아래 도면 참조
Zone 2	Filter (Transition)	150mm이하	
Zone 3	Graded rock-fill	800mm이하	
Zone 4	Rock-fill	600mm이하	
Zone 5	Planting zone	일반토사	

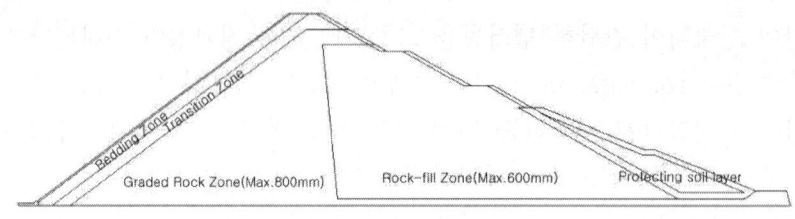

모델 댐의 단면도

Ⅲ. 침하량 예측을 위한 모델 댐의 수치해석

1. 응력-변형 거동 분석

(1) 모델링 방법

① Hyperbolic 모델을 사용하여 댐 축조재료의 응력-변형 가동을 모델링하며, SIGMA/W 프로그램으로 축조 중인 댐거동을 분석한다.

② 댐 축조단계를 실제 현장과 동일하게 62단계로 나누어 성토하고, Face slab 타설 1단계 및 Planting zone 5단계로 하여 총 68단계로 재하한다.

(2) 댐 중심축에 대한 건설기간 동안의 층별침하량

① 성토고에 따른 침하 양상이 일정하며, 최대 층별침하량은 댐 중앙보다 상류 및 하류사면의 양 중앙에서 발생된다.

② 댐 성토고가 높아짐에 따라 등변위선은 댐 중앙을 중심으로 동심원 모양으로 분포하며, 이 현상은 일반적인 사력댐의 변위분포와 유사하며, 시공계측 결과 (최대값 약 10.5cm)와 일치되었다.

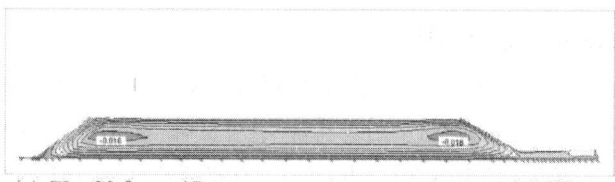

(a) EL. 90.8 m, 17 stage, maximum settlement 0.0188 m

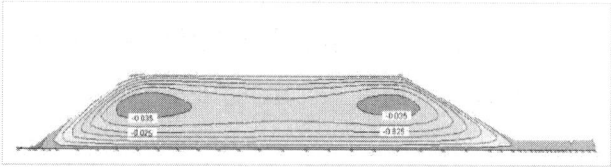

(b) EL. 102.6 m, 31 stage, maximum settlement 0.0393 m

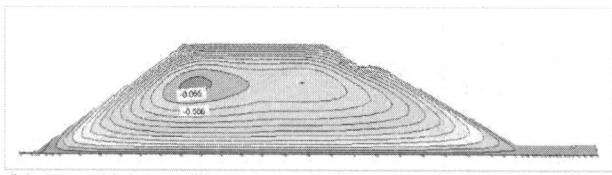

(c) EL. 115.3 m, 46 stage, maximum settlement 0.0665 m

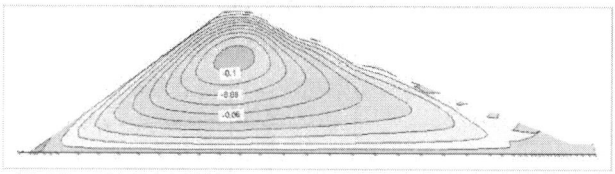

(d) EL. 126.8 m, 68 stage, maximum settlement 0.105 m

성토고에 다른 침하 양상 (단위 : m)

(3) 각 zone별 침하량

① 침하량은 zone 3(graded rock-fill)이 zone 4(rock-fill)보다 약간 더 많이 발생되었으며, 이는 축조재료의 강도 차이에서 발생된 것으로 추정된다.

② 댐 높이 52m에서 연직변위 10.5cm(변형율 0.2%)로 매우 작아, 댐의 연직변위에 대한 거동 양상은 안정하다고 판단된다.

(4) 축조완료 후의 연직응력 분포

① 댐 축조완료 후의 연직응력은 삼각형 형상으로 하부로 갈수록 증가되고 있어, 이를 근거로 댐 축조과정 중의 댐거동은 전반적으로 안정된 것을 판단된다.

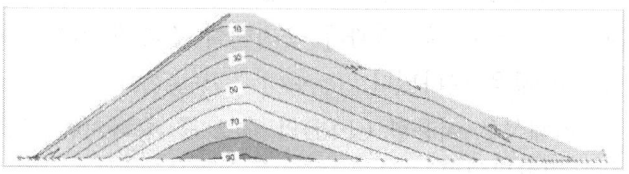

축조완료 후의 연직응력 분포 (단위:t/m^2)

2. 수치해석과 현장계측 결과 비교

(1) 수치해석 결과, EL90.1m와 120.1m에서는 현장계측 결과와 일치하고 있으나, EL.102.2m와 115.0m에서는 현장계측 결과보다 침하량을 크게 예측하고 있다.

① 현장계측 결과, 포물선이 아니라 활(弓)으로 나타나는데, 이는 축조일수와 층두께가 일정하지 않기 때문으로 추정된다.

② 즉, 모델 댐은 68단계 성토를 일정한 성토두께와 성토주기로 수치해석하지만, 실제 댐은 다르기 때문이다.

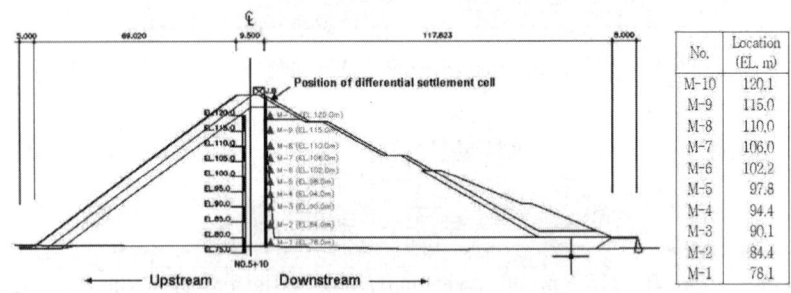

충별침하계의 설치 위치 (M-1 ~ M10)

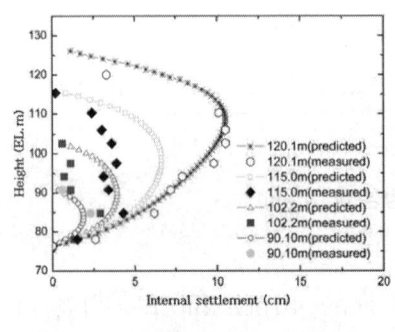

침하량과 수치해석 비교

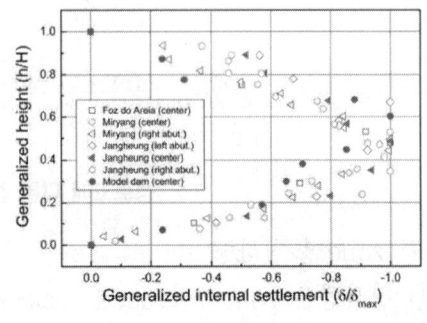

댐높이와 침하량 관계

(2) CFRD 댐 높이와 내부침하량과의 관계를 비교한 결과, 최대침하량은 댐높이의 중앙(0.4~0.6H)에서 발생하며, 그 추세는 포물선 형태이다.

CFRD 댐 축조 중의 침하량은 0.2% 내외이며, 이와 같은 댐의 침하거동은 일반적인 범위로서 안정상태로 판단된다.

(3) 액상침하계의 계측결과, 댐 중앙부에서 침하가 크게 발생되는 경향은 일치되었다. 댐 중앙부(SC-4, SC-5) 계측결과와 수치해석 결과의 차이는 0.62cm 및 1.6cm로서 거의 유사한 값을 나타냈다.

(4) 결론적으로, 수치해석을 이용한 CFRD의 축조 중 침하거동 분석은 타당한 결과를 예측한 것으로 평가되었다.

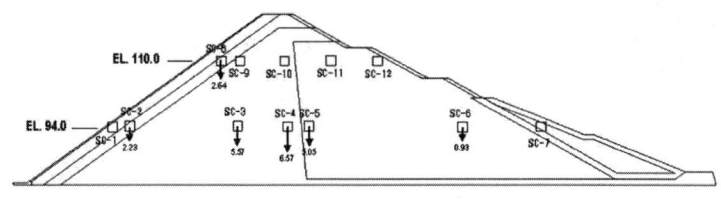

액상침하계의 설치 지점

3. 댐 축조 중간단계에서 완료단계에 대한 침하량 예측

(1) 댐 축조 중의 침하량과 댐높이의 관계는 포물선 형태가 되므로, 댐 축조 중 깊이
에 따른 침하량 분포는 다음과 같은 포물선방정식으로 표시할 수 있다.

$$S = (\frac{4 S_{max}}{H^2}) h (H-h) \quad \cdots\cdots ①$$

여기서, S : 댐의 연직위치 h에서의 침하량

$\quad\quad\quad S_{max}$: 축조된 댐의 높이 H에서의 최대침하량

$\quad\quad\quad H$: 축조된 댐의 높이

$\quad\quad\quad h$: 댐의 연직위치

(2) 일정 높이까지 축조된 댐의 높이(H)에서 그 때까지의 최대침하량을 알면 식①을
이용하여 축조완료 후의 최대침하량을 예측할 수 있다.

최대침하량(S_{max})과 축조된 댐의 높이(H)와의 관계에서 침하계수(α)를 표시하면

$$\alpha = \frac{4 S_{max}}{H^2} \quad \cdots\cdots ②$$

(3) 따라서, 식①과 ②를 이용하면 축조 중간단계의 침하량으로부터 축조 완료단계의
침하량을 예측할 수 있다.

(4) 결론적으로 침하량 계산 간편식은 모델댐의 계측결과와 거의 유사한 값을 나타내
어 그 적용성이 검증되었으므로, 여러 여건상 수치해석을 수행하기 곤란한 댐 현
장에서 손쉽게 활용할 수 있을 것으로 사료된다.[206]

---

206) 서민우 외, '석괴댐의 축조 중 내부침하 거동 평가', 한국농공학회논문집, 제52권 제4호, 2010.

11.13 필댐의 수압할열 (Hydraulic fracturing)

필댐의 수압할열(hydraulic fracturing), 수압파쇄현상 [3, 0]

1. 서론

(1) Fill dam 시공 중에 지형·지질조건, 각 zone에 사용하는 축조재료의 강성, 기초면의 마무리 정도에 따라 부등침하와 응력전이가 발생되는데, 수압할열(割裂)이란 담수 후에 높은 수압이 가해져 제체 내의 미세한 균열을 통해 물이 침투되어 균열이 확장되면서 제체가 찢어지는 현상을 말한다.

(2) 필댐의 유지관리단계에서 주요 붕괴원인 중 하나인 내부침식은 월류와 함께 발생빈도가 높다. 필댐의 내부침식은 누수 방향·위치, 재료조건 등에 따라 파괴양상이 다르며, 월류에 비해 시각적으로 관측하기도 어렵다.

2. 내부 침식에 의한 필댐의 붕괴

(1) 필댐의 파괴는 월류, 침식, 사면활동(sliding) 등 다양한 원인에 의해 발생된다. 필댐의 파괴 원인은 수문학적 원인과 지반공학적 원인으로 구분된다.

① 수문학적 원인 : 월류, 수문 붕괴, 지진침하로 여유고 부족에 의한 월류 등

② 지반공학적 원인 : 제체의 내부침식, 제체 하부기초 지반의 세굴(scour), 제체 내부층의 부등침하(differential settlement)로 인한 아칭(arching)발현으로 생기는 수압파쇄(hydraulic fracture) 등

(2) 제체의 내부침식을 일으키는 원인은 ▲수압파쇄, ▲후방침식, ▲세립자 이탈, ▲인접부 침식 등으로 세분된다.

① 수압파쇄는 제체의 자중보다 수압이 강할 때 발생되는 현상이다.
제체 내부는 수압으로 인해 흐름(piping)이 형성되어, 수압으로 인해 점차 제체의 입자가 쓸려 나감으로써 침식이 시작된다.

② 후방침식은 제체 하부기초 지반에서 발생되는 현상으로 하류 사면의 끝부분에서 입자들이 분출되는 히빙(heaving)현상 또는 분사(sand boil)현상을 말한다.
후방침식이 진행됨에 따라 제체 하부에 흐름(piping)이 발생되어 제체가 쓸려 나가거나 싱크홀이 발생된다.

③ 세립자 이탈은 제체 내부의 불안정으로 점착력이 없는 흙에서 나타나며 작은 입자가 흐름(piping)을 통해 이동하는 현상을 말한다.

④ 인접부 침식은 굵은 입자와 미세입자 사이의 인접부에서 발생되며 미세입자를 점차 침식시킨다.

(3) 이와 같은 4가지 원인으로 인해 필댐은 침식이 시작된다. 침식의 진행은 필터존의

역할이 작용하는 지에 따라 결정된다. 즉, 필터존의 입자와 코어존의 입자가 자체 걸림(self-filtering)효과가 작용할 수 있는 지에 따라 결정된다.

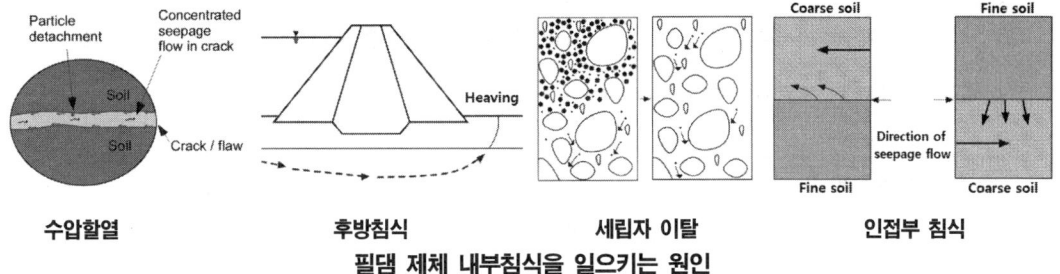

필댐 제체 내부침식을 일으키는 원인

(4) 필댐 내부침식의 진전은 침식의 원인과 관련이 있다.

① 수압파쇄의 경우에는 침식이 진행됨에 따라 흐름(piping) 현상이 발달되어 침식이 점차 진전된다.

② 후방침식의 경우에는 후방침식의 경로가 하류 사면의 끝(toe) 부근에 이르렀을 때 침식이 흐름(piping)층을 형성한다.

③ 세립자 이탈의 경우에는 흐름(piping) 형성에는 관계가 없으며, 투수성이 증가되면서 침식이 점차 진전된다.

④ 인접부 침식의 경우에는 세립층(fine soil)에 흐름(piping)층이 형성되어 침식이 점차 진전된다.

(5) 필댐 내부침식의 진전에 따라 제체 붕괴 매커니즘을 다음 4가지로 분류할 수 있다.

① 침식경로의 확장에 의한 제체 붕괴

② 사면파괴(간극수압 증가로 인한 하류사면 불안정)에

③ 댐마루 침하와 공동화로 인한 월류에 의한 제체 붕괴

④ 하류사면의 피복층 결합력 해체에 의한 제체 붕괴

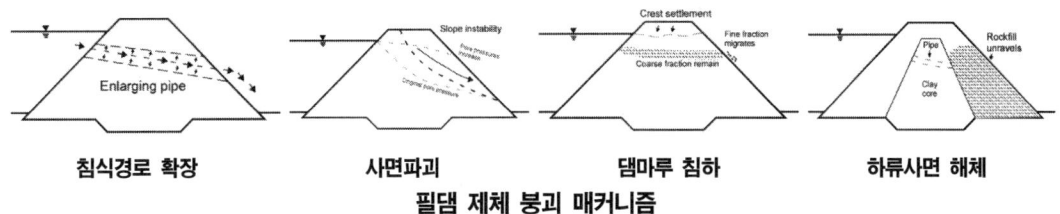

필댐 제체 붕괴 매커니즘

3. Fill dam 수압할열의 시공 대책

(1) 불투수층(core zone)의 단면폭을 넓게 하면 응력전이가 감소된다.

(2) Filter층은 가적통과율 15%인 D15(0.75mm이하) 입경의 가는 모래로 시공한다.

(3) 기초지반과 댐체의 접속부를 凹凸이 없도록 整地하여 부등침하를 방지한다.

(4) Core zone은 최적함수비 습윤 측에서 다짐하여 투수성·팽창성을 최소화한다.

(5) 담수속도를 느리게 하면서 누수가 발생되는 경우에는 담수위를 급강하시킨다.

(6) 기초암반의 절리부분은 봉합하여 지반의 연속성을 유지한다.

(7) 신·구, 상·하 다짐층 사이에 틈새가 없도록 철저히 다짐관리한다.

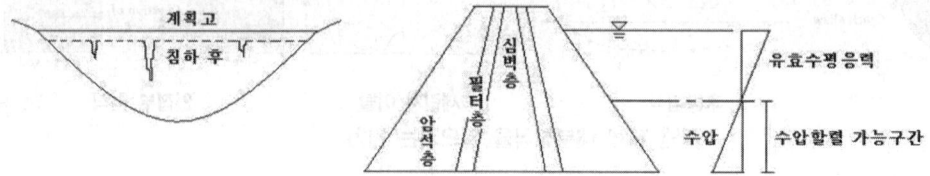

Fill dam의 수압할열(hydraulic fracturing)

4. 결론

(1) 수압할열에 의한 내부침식은 필댐의 붕괴를 일으키는 주요 원인 중 하나이며, 필댐 노후화에 따라 발생 가능성이 높은 현상이므로 유지관리단계에서 중점적으로 고려해야 한다.[207]

---

207) 박효성 외, 'Final 토목시공기술사 핵심문제', 예문사, p.979, 2008.
　　김우용 외, '필댐의 내부침식에 대한 위험도 평가 방안 및 사례 소개', 유신기술회보, 제24호, pp.198~206, 2018.

11.14 | 필댐의 누수원인과 방지대책

필댐(Fill dam)의 누수원인과 방지대책, 파이핑(piping)현상, 제체 축조재료의 구비조건 [0, 7]

I. 개요

1. 필댐(Fill dam)이란 록필댐 또는 흙댐과 같이 암석, 자갈, 토사 등의 천연재료를 층 다짐하면서 쌓아 올려 축조한 부분을 주체로 하는 댐을 말한다.

2. 필댐에서 piping이란 침투수가 하류측 사면으로 유출되면서 세굴이 점차 진행되는 현상을 말한다. 필댐에서 piping으로 누수가 발생되면 기초 지지력이 상실되어 댐체의 붕괴를 초래할 수 있다.

3. 필댐에서 누수의 원인이 되는 piping 발생을 방지하려면 설계단계에서부터 필댐의 안정조건에 적합하도록 축제재료를 선정하고, 시공단계에서 시험성토를 통해 차수성을 확인하는 등 시공 전과정에 걸쳐 품질관리에 만전을 기해야 한다.

II. 필댐의 누수 발생원인

1. Piping 현상

(1) 필댐에서 침투수압에 의해 유효응력이 감소되면 전단강도가 상실되어 地中의 토립자가 부상하여 quick sand(모래 분사) 현상이 발생된다.

(2) Quick sand 현상에 의해 地中의 토립자가 분출하는 boiling 현상이 발생되면 地中의 모래층 내에서 토립자가 점차 유실된다.

(3) 제체에서 토립자가 유실되면서 管狀의 침투유로가 형성되는 Piping 현상이 발생된다. 즉, Piping 현상은 동수경사가 한계동수경사를 초과할 때 발생된다.

(4) 침투수압 증가 → 유효응력 감소 → quick sand → boiling → piping 발생

Boiling & Piping 현상	Piping 발생조건	침투유로(piping) 형성

동수경사 > 한계동수경사
$i = \dfrac{H}{L}$ $i_c = \dfrac{G-1}{1+e}$

$Q = k \cdot H \cdot \dfrac{N_f}{N_d}$ 유선망 / 등수두선

2. 필댐의 누수원인

(1) 침투수압

① 제체에서 액상화를 방지하는 코아층의 필터 효과가 저하되는 경우

② 제체에서 토립자의 저항력보다 더 큰 침투수압이 작용되는 경우

(2) 토질조건(소성지수 PI)

① Piping 最高저항선인 PI 15보다 큰 고소성 점토를 함유한 경우

② Piping 最低저항선인 PI 6보다 적은 입도분포가 불량한 잔모래를 함유한 경우

(3) 다짐 불량

① 제체의 층별다짐, 기초암반과 제체와의 접합부 다짐 등이 불량한 경우

② 암거, 여수로 등 콘크리트구조물 주변의 다짐이 불량한 경우

(4) 수용성 물질의 함유

① 기초지반 내에 백악층(白堊層, 백색의 실트질 흙)이 존재하고 있는 경우

② 제체 축조용 흙 속에 가용성 염분이 함유되어 있는 경우

(5) 제체의 균열

① 성토부의 부등침하에 의한 균열이 발생되는 경우

② 성토부가 건조되거나, 동물(두더쥐)이 구멍을 뚫어 놓은 경우

(6) 불투수층(core zone)의 시공 불량

① 불투수층에 부적절한 재료가 사용되어 지수성이 저하되는 경우

② 불투수층에 대한 다짐 불량으로 다짐층 사이에 균열이 발생되는 경우

Ⅱ. 필댐의 누수 방지대책

1. 필댐의 안정조건을 준수

(1) 제체가 활동(滑動)하지 않을 것

(2) 안정적 여유고를 확보하여 저수가 댐 마루를 월류하지 않을 것

(3) 비탈면이 안정되어 있을 것

(4) 기초지반이 압축에 대해서 안전할 것

(5) 제체 및 기초지반이 투수에 안전하도록 지수성을 갖출 것

2. 필댐의 특성을 고려하는 설계

(1) 필댐 제체는 단위면적에 작용되는 하중이 작고 기초에 전달되는 응력도 작아 풍화암이나 하천 퇴적층의 기초지반에도 기초처리를 하면 축조 가능하다.

(2) 댐 지점 주위에서 얻을 수 있는 천연재료를 활용하도록 한다.

(3) 최적의 장비를 투입하는 기계화 시공으로 다짐도를 철저히 관리한다.

(4) 제체의 재료가 粒狀의 土石이므로 시공 中 또는 시공 後 추가하중으로 인한 변형이 발생되고, 댐체와 원지반 경계면을 통해 piping 현상이 발생될 수 있다.

(5) 홍수가 제체를 절대로 월류하지 않도록 여수로, 가배수로의 규모, 여유고의 결정 등에 세심한 주의가 필요하다.

(6) 필댐은 침하를 수반하는 구조물이므로 여수로를 제체 위에 설치하면 piping의 원인이 될 수 있으므로, 가능하면 여수로와 제체를 분리시켜 설계한다.

(7) 제체 내부의 강성 차이는 부등침하의 원인이므로 이에 대한 대책이 필요하다.

(8) 필댐은 구성요소가 복잡하고 시공관리에 따른 변화요소가 많아 정확한 해석이 어렵기 때문에 안전성 검토 과정에 안전율에 여유치를 반영하도록 한다.

3. 축제재료의 선택기준 준수

(1) 암석재료의 요구조건

① 견고하고 균열이 작아야 한다.

② 물이나 기상 작용에 대한 내구성이 커야 한다.

③ 재료는 될수록 크고 모난 것이 좋으며, 얇은 조각으로 깨지는 것은 좋지 않다.

(2) 코어재료의 요구조건

① 기본적으로 불투수성이어야 한다.

② 전단강도, 압축성, 균질성에서 충분히 신뢰성이 있어야 한다.

③ 0.05mm 이하의 입자를 15~20% 함유하여 입도배분이 좋은 점토, 실트, 모래, 자갈의 혼합물이어야 한다.

④ 흙의 통일분류법에 따르면 GC, SC, CL, SM, CH은 적합하고, ML은 보통이며, OL, MH, OH는 부적당하다.

⑤ 착암부에 쓰이는 재료는 점착성이 양호하고, piping의 원인이 되는 균열 발생을 방지하도록 소성지수(PI) 15 이상의 세립토를 사용한다.

(3) 축제재료 선정을 위한 시험

① 필댐은 불투수성재료, 반투수성재료 및 투수성재료가 상호작용하여 제체의 안정을 이루는 구조물이므로 각 재료는 반드시 시험을 거쳐야 한다.

② 특히 필터와 암석과 같은 조립재료는 반드시 3축 압축시험 등의 전단시험을 통하여 강도 특성 및 응력-변형 특성을 확인해야 한다.

4. 시험성토에서 확인할 사항

(1) 소량의 세립분을 함유한 재료를 코어로 사용할 때의 지수성을 확인

(2) 두 가지의 다른 재료를 혼합할 때 가장 좋은 혼합비를 확인

(3) 강우량이 어느 정도일 때까지 시공이 가능한지를 확인

(4) 함수비가 큰 흙의 건조속도는 어느 정도인지를 확인

(5) 암석재료의 다짐기계, 포설두께, 살수의 필요성 등을 확인

5. Piping 현상의 방지설계

(1) 필댐의 제체 또는 기초지반을 통과하는 침투수가 토립자를 유동시켜 댐체가 손상되는 일이 없도록 재료의 선정 및 다짐도를 충분히 확보한다.

6. 필댐의 기초 시공기준 확인

(1) 전단강도와 지지력을 충분히 가질 것

(2) 침투수량이 충분히 적어 변형침하와 압밀침하가 적을 것

(3) 침투파괴, 활동파괴를 일으키지 않을 것

(4) 지진 발생에 따른 액상화 현상을 일으키지 않을 것

7. 필댐의 존별 시공기준 확인

(1) 코어존(core zone) : 코어존의 기초는 차수성을 갖추고 침하에 대한 안정성이 확보되도록 시공한다. 기초는 극단의 요철(凹凸)과 돌출부가 없도록 굴착하고, 단층 및 이완된 층에 대해서는 적절히 보강 처리를 한다.

(2) 필터존(filter zone) : 필터존의 기초는 코어존의 기초에 준하여 시공하지만, 필터 존이 넓은 경우에는 외측 절반 정도는 암석존에 준하여 시공해도 된다.

(3) 암석존(rock zone) : 암석존의 기초는 소요의 강도를 갖추고 변형이 적도록 시공한다. 또한 암석존의 그 형상은 상부구조에 유해한 영향을 주지 않아야 한다.

(4) 상류측 비탈면 보호 : 파랑에 의하여 댐체가 침식되거나 담수위가 급강하 할 때 댐체의 재료가 유실되지 않도록 비탈면을 보호한다.

8. 침투수에 대한 안전성 확인

(1) 필댐의 제체와 기초는 누수를 완전히 차단할 수는 없기 때문에 침투수압, 동수경사 등을 검토하여 침투수에 대하여 안전하도록 시공한다.

(2) Piping 현상에 대해서는 저스틴(Justin)의 침투유속의 한계치(한계유속)을 구하여 토립자의 이동 가능성을 검토하고, 한계동수경사를 구하여 분사현상(quick sand)의 발생 가능성을 검토하여 안전성을 판정한다.

(3) 수압에 의하여 재료가 파괴되는 수압할렬(hydraulic fracturing, 水壓割裂)의 가능성을 검토하여 부등침하기 없도록 제체를 시공 마무리한다.[208]

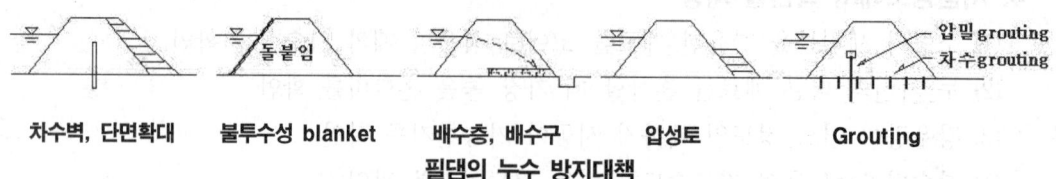

| 차수벽, 단면확대 | 불투수성 blanket | 배수층, 배수구 | 압성토 | Grouting |

필댐의 누수 방지대책

---

208) 박효성 외, 'Final 토목시공기술사 핵심문제', 예문사, pp.982~983, 2008.

11.15 콘크리트 중력댐

대규모 중력식 콘크리트댐의 양생방법, 이음부(joint)의 누수원인, Check Hole의 역할 [1, 5]

Ⅰ. 개요

1. 콘크리트 중력댐은 콘크리트로 만든 제체의 自重에 의해 外力에 저항하고 안전하도록 설계하는 댐이다. 外力에는 저수지의 水壓, 침투수에 의한 양압력, 지진에 따른 관성력 등이 존재한다.

Ⅱ. 콘크리트 중력댐 설계

1. 댐의 위치

(1) 콘크리트 중력댐은 기초암반 등 지질조건이 양호하고 제체 축조에 사용될 골재 (자갈, 모래 등)의 취득이 용이한 곳을 선정한다.

2. 댐의 형식

(1) 댐의 형상계수(=길이/높이)가 3 이하이면 아치댐이 적당하고, 3~6 정도에는 콘크리트 중력댐이 적당하고, 6 이상이면 아치댐 以外의 모든 댐이 가능하다.

(2) 즉, 콘크리트 중력댐은 지형적인 측면에서 비교적 제약이 적은 형식이다.

3. 댐의 특징

(1) 높이 10m를 넘는 콘크리트 중력댐이나 기초암반 전단강도가 비교적 작은 경우에 단면형상은 전단에 대한 안정성 조건으로 결정하고, 댐 높이가 낮아지는 양안부에는 상류면에 연직방향 인장응력을 발생시키지 않도록 단면을 결정한다.

(2) 콘크리트 중력댐의 단면은 삼각형 형상을 기본으로 하며, 일반적으로 기본삼각형 단면에 상류 측으로 두께를 증가시키는 필렛을 부가하는 형식으로 설계한다.

(3) 댐이 外力에 대하여 轉倒·滑動·破壞되지 않도록 안전하게 설계해야 한다. 특히 댐이 하류로 미끄러지는 滑動이 발생되지 않도록 기초처리와 구조설계를 하고, 콘크리트 自重에 의해 변형되거나 균열되지 않도록 설계한다.

(4) 콘크리트 중력댐의 기초지반은 불투수성 암반이어야 하지만, 계곡의 형태[谷形] 에는 제약을 받지 않는다. 반면, 필댐은 기초지반에 제약을 받지 않는다.

(5) 콘크리트 중력댐은 대용량의 여수로를 댐마루와 댐의 하류면을 사용하여 직접 설치할 수 있다. 반면, 필댐은 여수로를 제체와 분리시켜 설치한다.

(6) 콘크리트 중력댐은 콘크리트 용적이 매우 커서 타설량이 많지만, 표준형 거푸집을 사용할 수 있어 시공관리가 비교적 쉬운 특징이 있다.

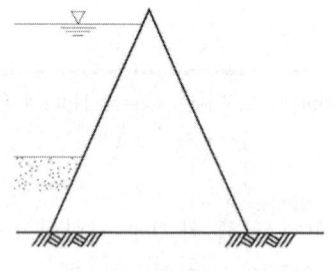
기본삼각형 단면

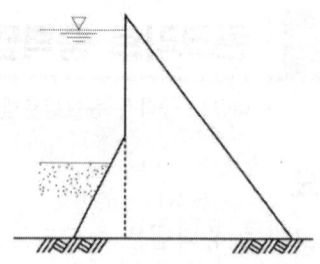
상류 측에 필렛을 부가한 단면

콘크리트 중력댐에서 전단마찰 안전율로 정한 단면

4. 댐에 작용되는 양압력(揚壓力)

⑴ 양압력은 댐 콘크리트와 기초암반의 접촉면, 시공이음이나 공극, 균열 등에서 발생되는 내부수압이며, 임의의 수평단면에 대해 상향의 연직방향으로 작용된다.

⑵ 양압력은 댐의 안정을 감소시키는 외력이므로, 댐체의 양압력을 감소시키기 위해 ▲ 댐 상류 측에 지수판을 설치하고, ▲ 차수 그라우팅을 하고, ▲ 댐 내부의 기초 갤러리에서 천공하여 일정간격(3m 내외)으로 연직 배수공(drainage curtain)을 설치하여 아래 그림과 같이 揚壓力에 대한 안정성을 높여야 한다.

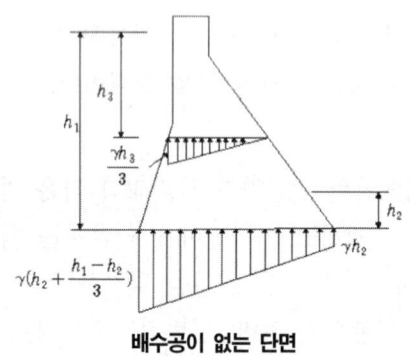
배수공이 없는 단면

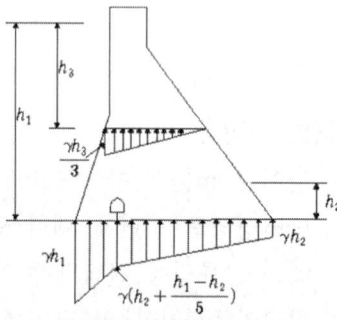
배수공 효과가 미치는 단면

콘크리트 중력댐에서 揚壓力의 분포

Ⅲ. 콘크리트 중력댐 시공

1. 댐 기초굴착 및 Grouting 처리

⑴ 기초암반조사

① 댐 공사 착공 前에 저수지역과 댐 지점 등에 대한 지질조사를 수행하여 정밀도가 높은 지질도를 작성한다.

② 댐 기초암반을 확인하기 위하여 시추(boring), 시험갱 굴착, 물리탐사 등을 통해 단층, 풍화정도, 표토 등의 상황을 조사한다.

(2) 기초굴착공법

① 댐 기초굴착공법은 댐 지점의 지형, 지질, 기상 등의 조건 및 굴착량에 따라 달라지므로 효율적이고 안전한 굴착발파공법을 결정한다.

② 굴착 중에 최종 기초면을 해치지 않도록 제한발파(control blasting)를 실시하고, 최종 계획면은 브레이커 및 인력에 등에 의해 면고르기를 마무리한다.

(3) 사토장

① 사토장의 위치는 부근의 지형, 운반거리, 버려야할 토량 등에 따라 결정하며, 사토량에는 굴착에 의한 토량환산계수(f), 토량변화율(L,C)도 반영한다.

② 버럭의 붕괴 유실로 인한 하류피해 유무도 검토하여 사토장의 비탈보호에 만전을 기한다. 우기 중에 사토가 가배수로에 유입되는 사례가 없도록 한다.

(4) 댐 기초면 정리

① 굴착발파 후에 암반은 하류가 다소 높은 완만한 톱니형으로 표면을 정리하고, 암반과 콘크리트가 완전히 밀착되도록 고압의 분사수로 유해물을 제거한다.

② 정리된 암반표면을 장기간 방치하면 풍화에 의해 손실되므로 콘크리트 타설 공정에 맞추어 표면고르기를 마무리한다.

(5) 댐 기초 Grouting

① 압밀 그라우팅(consolidation grouting) : 주입공의 배치는 기초全面으로 하며, 주입공의 깊이는 5m를 표준으로 하지만, 연약한 부위의 깊이는 추가한다.

② 차수 그라우팅(curtain grouting) : 댐 상류면에 가깝게 가능하면 치밀한 간격으로 배치하되, 연속된 차수막이 형성되도록 1열 혹은 수열로 주입한다.

(6) 단층 및 시임(seam, 층분리) 처리

① 기초암반에서 단층, 현저한 층분리, 불량한 암반 등은 누수의 원인이 되므로 연약부분을 제거하고 콘크리트로 치환하거나 적절한 공법으로 처리한다.

② 특히, 단층은 일반적으로 콘크리트로 치환하며, 치환의 규모와 심도는 단층의 위치, 방향, 규모, 강도, 변형성 등 댐 기초의 안정성을 검토하여 결정한다.

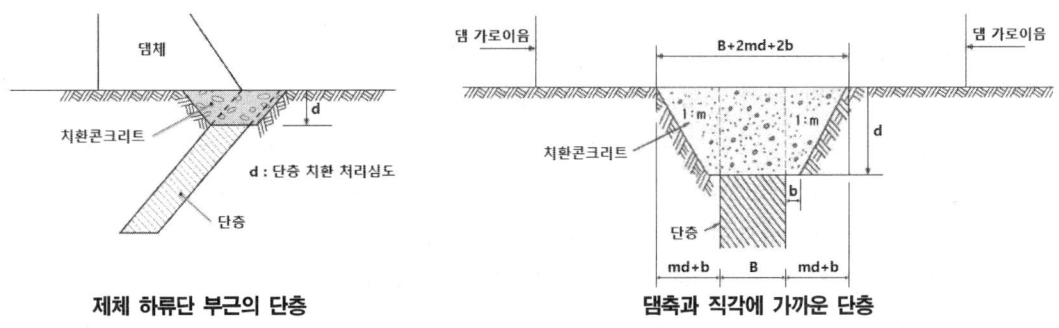

제체 하류단 부근의 단층　　　　댐축과 직각에 가까운 단층

콘크리트 중력댐 기초의 단층 처리

2. 댐 콘크리트 시공설비

(1) 골재관련 설비 : 천연골재 또는 쇄석의 채취장은 댐 지점에서 가깝고 운반에 편리한 곳으로 선정하고, 채취량은 운반·파쇄·제조에 따른 손실을 고려하여 정한다.

(2) 시멘트관련 설비 : 시멘트 Silo 용량은 시멘트공장에서 댐 지점까지의 수송거리에 의해 결정되지만, 최대 타설 月의 日평균 타설량의 2~4일분을 확보한다.

(3) 콘크리트 혼합설비 : Batcher plant는 개별계량, 전자동형을 이용하며, 설비능력은 댐의 규모 및 전체 타설공정을 고려하여 여유 있게 갖춘다.

(4) 콘크리트 운반설비 : 콘크리트 운반설비는 지형, 지질, 운반거리, 댐 규모에 대한 타설능력, 환경성, 경제성 등을 고려하여 결정한다.

(5) 콘크리트 냉각설비 : 콘크리트 혼합 및 양생 중 외기온도의 영향, 콘크리트 자체에서 발생되는 열을 냉각시키기 위한 냉각설비를 설치한다.

3. 댐 콘크리트 배합설계

(1) 특별시방 규정이 없을 경우 f_{ck}는 재령 91일 강도를 기준으로 한다. 다른 재령에 시험을 한 경우 f_{ck}의 시험일자를 설계도 및 시방서에 명시한다.

(2) 콘크리트 인장강도 f_{sp}에 관한 설계규정을 적용해야 할 경우에는 규정된 f_{ck} 값에 해당하는 f_{sp} 값을 설정하기 위한 시험실 시험을 실시한다.

4. 댐 콘크리트 이음(Joint)

(1) 콘크리트댐의 이음은 온도균열 발생 방지를 위한 수축이음과 콘크리트 1일 타설능력에 따른 시공이음이 있으나, 대부분의 경우 시공이음에 곧 수축이음이다.

(2) 수축이음 : 댐축 방향으로 설치되는 세로이음(longitudinal contraction joint)과 댐축 직각방향으로 설치되는 가로이음(transverse contraction joint)이 있다.

  ① 가로이음 간격은 15m, 세로이음 간격은 30~40m를 표준으로 한다. 최근에는 댐 높이 70m까지는 세로이음을 생략하는 것이 일반적이다.

  ② 세로이음은 댐축 방향으로 횡단면에 연직방향이음, 경사방향이음 또는 연직방향에 지그재그(zigzag)로 설치한다. 이때 이음은 그라우팅으로 마무리한다.

(3) 시공이음 : 1회 콘크리트 치기높이(lift) 경계에 설치되는 수평 시공이음(lift joint)과 수직방향의 연직 시공이음(cold joint)이 있다.

(4) 수평 시공이음 : 1회 치기높이(lift)는 Block식 타설방법에서 1.5~2.0m, Layer 타설방법에서 0.5~1.0m, 하상 암착부에서 0.3~0.75m를 표준으로 한다.

  ① 먼저 친 콘크리트의 리프트 높이가 0.75~1.0m(1.5~2.0m)인 경우에는 재령이 3일(5일) 되기 전에, 새 콘크리트를 이어치기하면 안 된다.

  ② 콘크리트 치기를 장기간 중지하는 것은 피하되, 장기간 중지한 후 콘크리트를

이어 칠 때는 표준 리프트 1/2 두께 이하로 여러 층을 나누어 친다.

③ 온도제어양생(Pre-cooling, Pipe cooling)에 의한 균열방지 대책이 있을 때는 균열을 일으키지 않는 범위에서 리프트 높이를 크게 해도 좋다

⑸ 개방이음 : 댐 지점의 계곡형상, 기초지반의 결함, 콘크리트의 온도조절 등을 위해 필요할 경우에는 비틀림이음, 전단이음, 온도조절이음 등을 설치한다.

5. 댐 콘크리트 양생(Curing)

⑴ 댐 콘크리트 타설완료 후에 표면의 물 상승(bleeding)에 따른 불경화층(不硬化層, laitance)를 제거하고, 즉시 습윤양생을 시작한다.

⑵ 습윤양생 기간은 보통콘크리트 14일, 고로 및 실리카 시멘트 21일을 기준으로 하며, 양생 중에 표면온도가 급격히 냉각되지 않도록 보온대책을 강구한다.

⑶ 수화열 감소를 위해 온도제어양생(Pre-cooling, Pipe cooling)을 실시한다.

① Pre-cooling : 콘크리트 재료를 냉각시켜 타설온도를 저하시키는 방법
  ◦ 콘크리트 재료 냉각 효과는 골재온도 ±2℃ 변화에 콘크리트 ±1℃ 변화하며, 물온도 ±4℃ 변화에 콘크리트 ±1℃ 변화한다.
  ◦ 냉각용 얼음은 콘크리트 비비기가 끝나기 전에 완전히 녹아야 한다.
  ◦ 비벼진 콘크리트 온도는 대기온도보다 10~15℃ 낮게 유지해야 한다.

② Pipe cooling : 25mm pipe를 수평배관하여 냉각수를 순환시키는 방법
  ◦ 냉각수는 타설 개시 직후부터 2~4주간 지속적으로 通水해야 한다.
  ◦ 냉각수와 비벼진 콘크리트와의 온도차이는 20℃ 이하를 유지한다.
  ◦ 냉각효과 증진을 위해 pipe 간격은 좁게, 수온은 낮게 유지한다.
  ◦ Pipe cooling이 끝나면 pipe 내부에 cement grouting을 주입, 마무리한다.

Ⅳ. 맺음말

1. 콘크리트 중력댐은 안정성을 확보하기 위하여 댐의 자중, 정수압, 동수압, 풍하중, 온도하중, 양압력, 파압, 빙압, 퇴사압, 지진력 등을 고려하여 설계한다.

2. 댐 콘크리트는 수화열에 의한 온도상승을 억제하고 온도균열을 방지하기 위하여 인공냉각(人工冷却, artificial cooling)을 해야 한다.

3. 냉각방법은 콘크리트 댐의 규모, 댐 지점의 온도조건, 타설할 때의 콘크리트 온도 등을 고려하여 프리 쿨링(pre-coling)과 파이프 쿨링(pipe-coling)을 많이 한다.[209]

---

209) 박효성 외, 'Final 토목시공기술사 핵심문제', 예문사, pp.986~989, 2008.
국토교통부, '댐 설계기준', pp.119~132, 2011.

11.16 | 롤러다짐 콘크리트댐 (RCCD)

진동롤러다짐 콘크리트(RCC, roller compacted concrete), 확장레이어공법(ELCM) [2, 1]

I. 개요

1. 롤러다짐 콘크리트댐(RCCD, roller compacted concrete dam)은 기본적으로 콘크리트 중력댐의 일종으로, 설계기준 역시 콘크리트 중력댐의 설계기준을 따른다.

2. RCCD는 콘크리트댐의 장점을 살리고 필댐의 단점을 보완하면서, 콘크리트댐의 시공 문제점을 개선하여 공사기간 단축과 경제성을 높이고 콘크리트댐의 축조가 적합한 지점에서 댐 건설을 쉽게 하고 댐 지점의 지형, 지질 등의 폭넓은 조건변화에도 쉽게 대응할 수 있는 장점이 있다.

3. RCCD 축조방법은 크게 RCC공법과 RCD공법으로 구분된다. 이 중 RCD공법이 국내에서 많이 적용되고 있으며, 종래의 주상블록식 타설공법과 동일한 수밀성을 갖는 공법이므로 RCD공법을 기준으로 기술한다.

4. RCD공법은 슬럼프가 '0'인 콘크리트를 진동롤러에 의해 다짐하는 콘크리트 중력댐의 시공방법으로, 예상되는 하중에 대하여 안전한 구조이어야 한다.

II. RCD공법의 특징

1. RCD용 콘크리트는 진동롤러로 다짐하므로 단위수량이 적고, 수화열을 저감하기 위해 단위시멘트량을 적게 배합하여 상당히 된비빔의 콘크리트이다.

2. 콘크리트의 타설은 전면 레이어 타설방법을 기본으로 한다.

3. 1 리프트(lift)의 높이는 표면에서의 다짐효과 등을 고려하여 50~75cm를 표준으로 한다. 다만, 다짐 성능이 우수한 장비를 사용할 경우에는 그 이상도 가능하다.

4. 콘크리트의 운반은 범용기계를 사용하며, 배치플랜트(batcher plant)에서 댐 제체까지는 덤프트럭, 케이블크레인, 타워크레인, 인클라인 등으로 운반하고, 댐 제체 내에서는 덤프트럭으로 운반을 표준으로 한다.

5. 콘크리트 펴고르기는 불도저를 이용하여 박층으로 포설한다.

6. 가로이음은 콘크리트를 펴고른 후 진동줄눈절단기로 설치하며, 세로이음은 일반적으로 설치하지 않는다.

7. 수평시공이음 표면의 처리(그린컷)는 모터 스위퍼 등에 의해 효율적으로 청소하고, 다음 리프트 타설 전에 모르타르를 부설하는 것을 표준으로 한다.

8. 콘크리트 양생을 위한 Pipe cooling은 일반적으로 실시하지 않는다.

Ⅲ. RCD공법의 시공

1. 재료

(1) 시멘트 : RCD용 콘크리트에 사용되는 시멘트는 댐 콘크리트에 적합한 것으로, 소요강도를 얻는 범위 내에서 수화열 발생이 적어야 한다.

(2) 잔골재 : 유기불순물 등을 함유하지 않고 깨끗해야 하며, 다짐이 쉽도록 적절한 입도를 가진 골재를 선택하고 입도는 안정된 것이어야 한다.

(3) 굵은골재 : RCD용 콘크리트는 매우 된비빔이며, 덤프트럭으로 운반하기 때문에 특히 재료분리가 일어나지 않도록 적절한 최대치수와 입도를 가져야 한다.

(4) 혼화재료 : RCD용 콘크리트에 일반적으로 사용되는 혼화재는 플라이 애쉬이며, 혼화제는 AE감수제이다.

(5) 굵은골재 최대치수 : RCD용 콘크리트는 대단히 된비빔이기 때문에 재료분리 및 시공의 용이성을 고려하여 보통 80mm를 사용하는 경우가 많다.

2. 이음(Joint) 및 지수(止水)

(1) 가로이음

① 가로이음은 댐의 제체 내에 불규칙적인 온도균열을 방지하기 위한 것이므로 진동줄눈 절단기에 의해 정해진 위치에 확실히 설치한다.

② 가로이음의 지수판에 의한 지수(止水)가 일반적이다. 지수판 배치는 종래 공법과 동일하게 상류 고정 가로이음부에 지수판과 배수공을 고정하여 매립한다.

(2) 수평 시공이음

① 시공이음의 처리

   ○ 시공이음은 구조적으로 약점이 없도록 각 리프트 표면의 레이턴스 및 뜬돌을 적절한 시기에 모터 스위퍼 또는 고압 세정기 등으로 제거한다.

   ○ 그린컷 개시 시기는 여름철 24~36시간, 겨울철 36~48시간 정도 실시한다.

② 모르타르 펴고르기

   ○ 콘크리트의 확실한 부착을 위해 타설 前에 암착부 및 콘크리트 수평시공 이음면의 표면을 충분히 습윤상태로 유지하고 물을 제거한다.

   ○ 이어서 타설 직전에 모르타르를 바르고 펴고르기를 한다. 펴고를 때 모르타르 두께는 암반 면에는 2cm, 시공이음 면에는 1.5cm를 표준으로 한다

3. 시험시공을 통해 확인해야 되는 항목

(1) RCD용 콘크리트의 운반, 부리기, 펴고르기, 다짐의 방법

(2) 줄눈절단기에 의한 가로이음의 시공방법

(3) 시공이음의 처리방법

⑷ 거푸집 사이, 이종 콘크리트 사이의 RCD용 콘크리트의 타설방법

⑸ 단위수량의 변화에 의한 RCD용 콘크리트의 반죽질기, 다짐 특성의 변화

⑹ 콜드조인트의 처리방법

⑺ RCD용 콘크리트 배합이 특수한 경우에 품질 확인 등

4. 콘크리트 타설

⑴ 콘크리트 비비기, 운반, 펴고르기, 다지기

① RCD용 콘크리트의 단위시멘트량 및 단위수량이 적으므로, 균질한 콘크리트를 얻기 위하여 가경식 믹서 또는 강제 비빔형 믹서로 충분히 비빈다.

② 비벼진 RCD용 콘크리트를 타설 장소로 신속히 운반하고 운반 중에 옮겨 싣기 횟수를 적게 하여 재료분리가 없도록 품질관리한다.

③ 펴고르기의 범위는 펴고른 후의 다짐을 소정의 시간내에 마칠 수 있는 범위로 제한하며, 펴고르기 방법은 댐축 방향을 원칙으로 한다.

④ 진동롤러 다짐방법은 펴고르기 방법과 동일하게 댐축 방향으로 다진다. 다짐폭은 2m를 표준으로 하며 인접 Lane의 경계부분에서 겹침폭은 20cm로 한다.

⑵ 콘크리트 양생, 거푸집

① RCD용 콘크리트는 습윤양생을 표준으로 한다. 시공기계의 가동을 고려하여 일반적으로 스프링쿨러에 의한 살수양생을 한다.

② RCD공법에서 가로이음용 끝막이 거푸집은 종래 공법과 달리 1 리프트에서 설치하는 것이므로, 거치·제거·이동이 용이하도록 조립한다.

③ 끝마무리 거푸집은 일반적으로 여름에는 콘크리트 타설 후 12시간, 겨울에는 24시간 경과 후에 경화 정도를 확인하고 철거를 시작한다.

⑶ 콘크리트 온도규제

① RCD공법으로 댐 콘크리트를 설계할 때는 온도규제 계획을 수립하여 콘크리트 수화열에 기인하는 온도균열이 발생하지 않도록 관리한다.

② RCD공법으로 콘크리트 타설 중에 온도균열 방지를 위하여 콘크리트의 최고온도를 규정하며, 콘크리트 타설온도 25℃ 이상에서는 치기를 금지한다.

Ⅳ. 확장레이어공법(ELCM)

1. 용어 정의

⑴ 확장레이어공법(ELCM, extended layer construction method)은 3cm 내외의 슬럼프치를 갖는 콘크리트를 사용하여 세로이음을 설치하지 않고 연속하여 복수의 블록을 한번에 타설하고, 가로이음을 매설 거푸집과 진동줄눈절단기 등에 의해

조성하는 일종의 면상공법으로, 통상 콘크리트 중력댐에 적용된다.

(2) ELCM은 종래 주상블록공법에 의해 축조되는 콘크리트댐과 크게 구별되지 않고 동일한 설계조건으로 시공한다.

2. 온도규제

(1) ELCM은 면상공법으로 가로이음을 설치하지만, 주상블록공법에 비해 타설 구획이 넓어 일반적으로 온도규제가 불리하다.

(2) 따라서 사용되는 콘크리트 배합, 타설속도, 시공기간, 댐 지점의 연간 기온변화 등 현장여건을 고려하여 온도규제 계획을 검토하고 적절한 대응책을 강구한다.

3. 콘크리트

(1) ELCM에 사용되는 콘크리트는 설계에 지장이 없는 범위 내에서 수화열에 의한 온도응력이 저감되고 시공성이 용이하도록 설계·시공한다.

(2) 댐 콘크리트와 공통되는 기타 사항은 "콘크리트 중력댐"의 설계기준에 따른다.

4. 시공방법

(1) ELCM의 댐 콘크리트 시공은 설계의 기본방침에 근거하고, 소요의 품질이 확실히 얻어질 수 있도록 한다.

(2) ELCM의 댐 콘크리트 시공은 RCD의 시공방법과 동일하게 가로이음을 매설 거푸집과 줄눈절단기로 설치한다. 다만, RCD와 달리 줄눈절단기에 의한 가로이음은 바이백(vi-back)에 의한 다짐을 완료한 후에 시공한다.

IV. 맺음말

1. RCD공법은 RCD용 콘크리트를 사용하여 콘크리트 중력댐의 내부 콘크리트를 시공하는 원리이므로 외부 콘크리트나 암착부, 댐 내부 구조물의 주변 등에 대해서는 종래의 공법과 같은 콘크리트가 사용된다.

2. RCD공법은 덤프트럭 등으로 운반한 RCD용 콘크리트를 불도저로 3층 정도의 소정의 리프트 높이로 펴고른 후 적정한 위치에 가로이음을 설치하고 펴고른 콘크리트 상면을 진동롤러로 다짐하는 공법으로, 운반, 펴고르기, 다짐 등에 범용장비를 사용하여 연속적으로 대량 시공이 가능하다.[210]

---

210) 박효성 외, 'Final 토목시공기술사 핵심문제', 예문사, pp.986~989, 2008.
    국토교통부, '댐 설계기준,' pp.147~155, 2011.

11.17 댐의 여수로(餘水路, Spillway)

Dam의 여수로, 감세공, 비상여수로(Emergency Spillway) [4, 0]

I. 개요

1. 댐의 여수로(餘水路, spillway)는 계획된 저수지 공간에 수용할 수 있는 저수량을 초과하는 홍수량 또는 전환댐에서 전환계통의 용량을 초과하는 홍수량을 안전하고 효율적으로 방류할 수 있도록 설치되는 수로를 말한다.

2. 댐의 여수로는 접근수로, 조절부, 급경사수로, 감세공, 방수로, 수문, 공기혼입장치 등으로 구성된다.

II. 여수로(餘水路, spillway)

1. 여수로의 형식

(1) 조절부에서 수문조절(제수밸브 포함) 유무에 따른 조절형과 비조절형

(2) 조절부의 수리특성에 따른 월류형, 측수로 유입형, 샤프트형

(3) 개수로식(자유낙하식, 월류식, 측수로식, 계단식) 관수로형(터널 또는 암거형, 샤프트형, 사이폰형)

2. 여수로의 규모

(1) 여수로 규모는 설계홍수량을 수용할 수 있는 댐의 저류용량과 여수로 방류능력을 비교하고 홍수 월류 피해액 등의 인자를 고려하여 최상의 조합이 되도록 한다.

(2) 홍수가 유입될 때 저수지 저류효과의 불확실성과 댐 안전을 고려하여 여수로의 규모는 가능최대홍수량(PMF)을 안전하게 방류할 수 있고 홍수위(FWL)에서 20년 빈도 홍수의 첨두유입량을 방류할 수 있는 규모로 결정하는 것이 바람직하다.

3. 여수로의 구성

(1) 접근수로(接近水路) : 저수지에서 여수로의 조절부에 이르는 수로

(2) 조절부(調節部) : 저수지로부터의 방류를 제한·차단·조절하는 여수로 물넘이 부분

(3) 급경사수로(急傾斜水路) : 여수로 조절부의 말단에서 감세공 시점에 이르는 수로

(4) 감세공(減勢工) : 여수로의 고속 물 흐름에 의해 댐 하류단의 세굴이나 침식 또는 인접 구조물에 손상이 없도록 에너지를 감세시켜 하천하류로 방류하는 부분

(5) 방수로(放水路) : 감세공으로부터 하천하류에 이르는 수로

(6) 수문(水門) : 여수로 조절부에서 홍수 때 방류량을 조절하는 철제로 제작된 설비

(7) 공기혼입장치(air entertainment devices) : 急傾斜수로에서 고속 물 흐름에 의해

여수로에 발생되는 공동현상(cavitation) 때문에 콘크리트 표면이 손상되지 않도록 공기를 혼입시키는 장치

4. 비상여수로

⑴ 댐의 안전을 위하여 여수로는 가능하면 큰 용량을 갖는 것이 필요하지만, 월류능력을 증대하려면 지형조건 공사비, 하류수로 용량 등에 크게 제약을 받게 된다. 따라서, 가능하다면 비상여수로를 설치하여 댐의 안전성을 높이도록 한다.

⑵ 비상여수로는 가능최대홍수량(PMF)이 유입되는 경우, 20년 빈도 홍수의 첨두유입량을 크게 초과하는 대홍수가 닥치는 경우 등과 같은 비상사태에서 주(主)여수로와는 별도로 혹은 동시에 작동하여 댐의 월류를 방지하여 댐의 안전성을 확보하는 역할을 한다.

⑶ 정상적인 저수지 운영단계에서 비상여수로를 통해 방류할 필요는 없으므로 비상여수로의 조절부 마루높이는 계획홍수위와 같거나 높게 위치시킬 수 있다.

⑷ 비상여수로의 규모는 월류수면 상부구조물의 여유고를 고려하여 가능최대홍수량(PMF) 등 대상 홍수의 저수량을 추적하여 결정한다.

5. 여수로 월류수면 상부구조물의 여유고

⑴ 계획홍수량이 여수로에서 방류되는 경우, 여수로 월류부에 설치되는 수문과 교각 구조물 간의 공간 높이는 월류수맥의 상부 경계면보다 1.5m 이상의 여유가 확보되도록 설계한다.

⑵ 다만, 월류수심이 2.5m 이하일 경우에는 여유고를 1.0m 정도로 낮출 수 있다.

⑶ 가능최대홍수량(PMF)에 대해서는 이 꼭 여유고를 확보하지 않아도 좋으나, 물의 흐름이 월류수면 상부구조물에 직접 부딪치지 않도록 설계한다.

Ⅲ. 감세공

1. 용어 정의

⑴ 감세공은 여수로를 통하여 흐르는 고속사류를 정류화시키고 에너지를 감소시킴으로써, 댐 하류부 구조물의 침식과 파괴를 방지하는 구조물이다.

⑵ 감세공은 여수로의 말단부에서 생기는 고속흐름의 에너지로 인한 하상(河床) 또는 수로(水路) 바닥의 세굴방지를 위하여 설치되는 구조물이다.

2. 감세공 기능

⑴ 여수로의 급경사수로 하류단에는 고유속(高流速)의 방류수가 갖는 높은 에너지에 의하여 댐 본체, 여수로 구조물, 하천하류 구조물이 파괴 또는 침식되는 것을 방

지하기 위하여 감세공을 설치한다.

(2) 감세공의 대상홍수량은 설계홍수량을 기준으로 하되, 경제적 관점에서 감세공에 다소 피해를 주더라도 하류하천의 설계홍수량을 감안하여 설계할 수 있다.

(3) 급경사수로를 통과한 유량은 하류부에서 도수 전후의 수심관계가 유량변화에 선형적이자 않고 작은 유량에서 더 불리하므로 감세공의 규모는 설계홍수량 뿐만 아니라 여러 가지 크기의 유량을 대상으로 검토한다.

3. 감세공 형식

(1) 플립형(Flip type)

① 원리 ◦ 방수로 끝에서 수맥을 공중으로 射出하면서 河床암반(또는 下流水)에 충돌시켜 충격·교란 등에 의해 감세시키는 형식

② 대상 ◦ 하류 수위가 도수심(跳水深)에 비해 상당히 낮은 경우
◦ 放流, 수맥(nappe)의 낙하지점 기초가 단단한 암반인 경우

② 효과 ◦ Flip 하류 끝을 최고수면보다 1.5~2.0m 높게 설치하므로, 다른 형식에 비해 감세효과가 비교적 적다.

(2) 정수지형(Stilling basin type)

① 원리 ◦ 도수현상(hydraulic jump)을 이용하여 水勢를 감세시키는 형식

② 대상 ◦ 하류 하천의 수심이 도수심(跳水深)과 거의 일치된 경우

② 효과 ◦ 수리학적으로 가장 안전한 형식이기에 Fill dam 감세공으로 가장 많이 적용하고 있다.

(3) 롤러버킷형(Roller bucket type)

① 원리 ◦ 수맥(nappe)을 경사면에 따라 물속에 관입시킨 후 물속에서 다시 反轉시켜 하류 하천에 전동류(轉動流)를 발생케 하고, 이 전동작용 (roller)으로 水勢를 감세시키는 형식

② 대상 ◦ 하류 수심이 도수심(跳水深)보다 매우 깊은 경우

② 효과 ◦ 잠수된 버킷형의 轉向裝置를 사용하기에 물흐름이 강한 에너지를 효과적으로 분산시킬 수 있다.211)

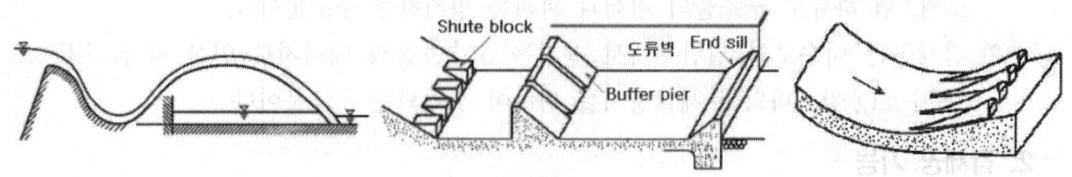

댐 감세공 형식

211) 박효성 외, 'Final 토목시공기술사 핵심문제', 예문사, pp.992~993, 2008.

11.18 댐의 부속구조물

검사랑(檢査廊, check hole, inspection gallery) [1, 0]

1. 개요

(1) 갤러리, 엘리베이터 샤프트, 공도교 등 콘크리트 중력댐에 설치되는 부속구조물은

① 일상적인 유지관리 및 점검을 위하여 반드시 제체에 설치되어야 하는 시설

② 제체 시공을 위하여 부득이하게 공사 중에 설치되어야 하는 시설

③ 제체의 외적 미관을 위하여 설치되어야 하는 시설 등으로 분류된다.

콘크리트 중력댐에 설치되는 부속구조물의 분류

기능 설치위치	유지관리단계에서 필요한 시설	시공단계에서 일시적으로 필요한 시설	외관 측면에서 필요한 시설
댐 제체 内 부속구조물	◦ 갤러리(galery) ◦ 조작실(chamber) ◦ 배수설비 ◦ 엘리베이터 샤프트 ◦ 계측시설(플럼라인, 온도계 등)	◦ 제체 内 가배수로	
댐 제체 外 부속구조물	◦ 풋팅(갤러리 출입구 등) ◦ 댐마루 도로 및 교량(공도교) ◦ 댐마루 조명설비 ◦ 댐마루 게이트 개폐장치실 ◦ 댐마루 배수설비	◦ 풋팅 (그라우팅 때문에)	◦ 댐마루 경관시설

2. 콘크리트댐 갤러리(gallery)=검사랑(Inspection hole)

(1) 갤러리의 필요성

① 콘크리트댐 건설 중에 암반 내의 누수량을 막기 위하여 그라우트를 주입하는 것 보다 배수구멍(drain hole)을 파서 처리하는 것이 더 경제적일 수 있다.

② 이 원리에 의해 대규모 콘크리트댐의 기초지반 굴착 중 층상(層狀)의 퇴적암을 만난 경우에 검사랑(Inspection gallery)의 설치가 필요하다.

(2) 갤러리의 설치 목적

① 공사 중에 기초 배수공의 설치 및 그라우팅 작업

② 줄눈 등에서 발생되는 누수를 제체 안에서 외부로 배수처리

③ 공사 중에 각종 계측기기의 매설 및 완공 후에 관측

④ 완공 후에 댐 제체 내부에서 방류설비의 조작

⑤ 방류용 수문 게이트 설치 및 전기기기 배선 등

(3) 갤러리의 위치 선정

위치① : 댐체 내부에 설치하면, 제체의 안정성 확보에 유리하다.

위치② : 댐체 하류부 비탈면의 끝부분에서 수직방향으로 설치하면, 누수량을 직접 측정할 수 있다.

위치③ : 댐체 하류부 비탈면의 끝부분에서 댐체를 향하여 경사방향으로 설치하면 위치①과 위치②의 장점을 모두 갖출 수 있어 더욱 좋다.

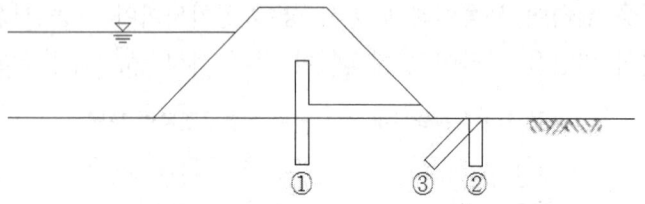

콘크리트 중력댐에 설치되는 갤러리의 위치

(4) 갤러리의 종류

① 콘크리트댐 내부에 설치되는 갤러리의 종류는 설치되는 목적과 위치에 따라 다음과 같이 분류할 수 있다.

콘크리트 중력댐 내부에 설치되는 갤러리의 종류

명칭	설치 목적	
	공사 中	완공 後
기초 갤러리 (foundation gallery)	◦ 기초 그라우팅 시공 ◦ 기초 배수공 설치 ◦ 시공관리	◦ 배수공의 설치 ◦ 누수 배수설비의 설치 ◦ 제체 내 구조물의 육안 점검 ◦ 각종 기기의 조작 등
상단 갤러리 (crest gallery)		◦ 점검, 조작용, 기기설치, 배선
중간 갤러리 (inspection gate gallery)		◦ 점검, 조작용
상·하류 갤러리 (cros gallery)	◦ 시공관리	◦ 배수공 점검(양압력 측정 포함), 조작용, 배수

② 갤러리를 설치할 경우에는 다음 사항을 고려하여 상류면에서의 거리를 결정하되, 적어도 상류면에서 3m 이상 떨어져야 한다.

◦ 하중에 의한 응력

◦ 기초배수공의 상류면에서의 거리

◦ 커튼 그라우팅과의 관계

◦ 콘크리트 타설을 위한 시공 공간

3. 댐 콘크리트 계측설비

⑴ 콘크리트댐의 계측은 댐 제체의 온도, 변형, 응력, 침투량, 지진, 기초의 간극수압과 양압력 측정 등을 위하여 계측기기를 매설한다.

⑵ 계측기기는 온도계, 개도계, 플럼라인, 응력계, 무응력계, 침투량계, 지진계, 간극수압계, 양압력계 등으로 댐의 규모, 기초지반, 안정해석 결과 등에 따라 설치여부를 결정할 수 있다.

콘크리트 중력댐에 설치되는 계측기기의 종류

구분	계측항목	계측기명칭	측정되는 물리량	단위	계측목적
댐체	온도	온도계	콘크리트의 내부 수화열	℃	콘크리트의 품질관리
	변형	개도계	이음부의 수축 변위량	mm	저수위 변동 등에 따른 시공이음부의 상태 파악
		플럼라인	댐의 휨 변위량	mm	저수위 변동 등에 따른 댐 제체의 휨거동 파악
	응력	응력계	콘크리트의 내부 응력	kN/m^2	저수위 변동 등에 따른 댐 제체의 응력분포 및 거동상태 파악
		무응력계	수화열에 의한 콘크리트 응력	kN/m^2	응력계 측정결과의 보정
	침투량	침투량계	댐체·기초를 통과한 침투수 양	ℓ/min	침투수에 대한 댐 제체의 안정성 파악
	지진	지진계	댐 높이별 응답가속도	cm/sec^2	지진 발생에 따른 댐 제체의 거동파악
기초	간극수압	간극수압계	댐 기초암반의 간극수압	kN/m^2	커튼 그라우팅 시공의 댐 기초의 차수효과 파악
	양압력	양압력계	댐 제체에 작용되는 양압력	kN/m^2	댐 제체의 안정성 검토

4. 맺음말

1. 콘크리트 중력댐은 안정성을 확보하기 위하여 댐의 자중, 정수압, 동수압, 풍하중, 온도하중, 양압력, 파압, 빙압, 퇴사압, 지진력 등을 고려해서 설계·시공해야 한다.

2. 예를 들어 댐 콘크리트의 단위중량은 실제 사용되는 재료의 배합으로 시험시공하여 결정하되, 예비설계단계에서는 단위중량을 통상 $23kN/m^3$으로 한다.

3. 댐에 작용되는 정수압 계산을 위한 설계수위는 상시만수위(NHWL)에 파압을 고려한 높이를 더한 수위를 기준으로 하되, 상시만수위에 비해 홍수위(FWL)가 현저히 높을 때는 이를 추가로 반영해야 한다.212)

---

212) 박효성 외, 'Final 토목시공기술사 핵심문제', 예문사, pp.986~989, 2008.
국토교통부, '댐 설계기준', pp.133~137, 2011.

11.19 유수지(遊水池), 조정지(調整池)

유수지(遊水池)와 조절지(調節池)의 기능 [2, 0]

1. 유수지(遊水池)

(1) 용어 정의

① 유수지(遊水池)＝우수조정지(雨水調整)는 장마, 호우 등으로 늘어난 우수유출량을 임시로 저장하여 유량을 조정한 後, 하수관거로 내보내는 침수방지시설이다.

② 배수시설에서 홍수집수시간이 늦추고 배수펌프장과 연결된 배수로에서부터 양수에 필요한 홍수유입이 충분하지 않은 경우, 배수펌프 가동이 중지되는 것을 방지하기 위해 설치하는 저류지이다.

③ 즉, 유수지는 배수펌프장 시설용량과 배수로 통수량 간에 차이가 생기는 것을 조정하는 역할을 한다.

(2) 유수지 설계

① 배수방식은 자연 유하식을 원칙으로 한다.

② 하수관거의 유하능력이 부족한 곳에 설치한다.

③ 하류 지역 배수펌프장의 용량이 부족한 곳에 설치한다.

④ 방류수로의 유하능력이 부족한 곳에 설치한다.

(3) 유수지 형식

① 댐식 : 흙댐 또는 콘크리트댐으로 유수지를 만드는 형식으로, 배수는 자연 유하식으로 설계한다.

② 굴착식 : 평탄한 지형을 굴착하여 유수지를 만드는 형식으로, 배수는 자연 유하식, 펌프식, 또는 수문조작으로 설계한다.

③ 지하식 : 지하관로 또는 저류탱크를 통하여 유수지를 구성하는 형식으로, 배수는 펌프식으로 설계한다.

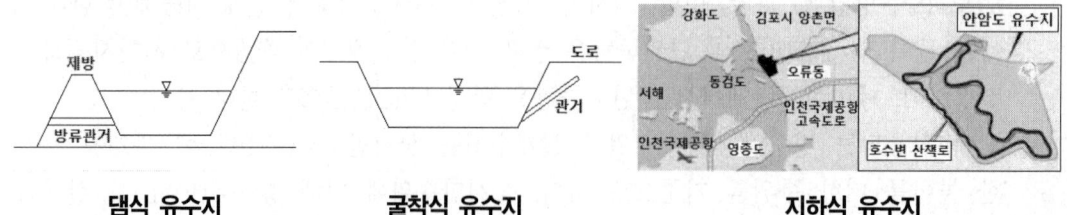

| 댐식 유수지 | 굴착식 유수지 | 지하식 유수지 |

2. 조정지(調整池), 역조정지(逆調整池)

(1) 용어 정의

① 조정지(調整池)는 1일 동안의 부하변동에 대응하여 수력발전량을 조정하는 지(池)이다. 수로식 발전소에서 야간·새벽 低부하시간에 조정지에 물을 저류하고, 주간·저녁 高부하시간에 취수량에 이 물을 추가 공급하여 발전량을 증대시킨다.

② 역조정지(逆調整池)는 수력발전소의 방수로 하류에 설치하여 유량을 조정하는 지(池)로서, 하천하류에서 유량의 시간적 변동을 역(逆)으로 조정하는 역할을 한다. 즉, 피크발전시간에 방류량을 저류하였다가, 비(非)발전시간에 조금씩 방류함으로써 하천하류의 유량변화를 최소화하면 하천을 생태적으로 관리할 수 있다.

(2) 조정지 설계

① 댐·수로식 수력발전(Dan and Conduit Type Power)은 물을 상류댐에서 수로를 따라 하류로 유도하여, 낙차를 높여서 발전하는 방식이다. 수력발전에서 조정지(調整池)를 크게 설치하면 주간에 전력수요 부하(負荷)변동을 조정할 수 있다.

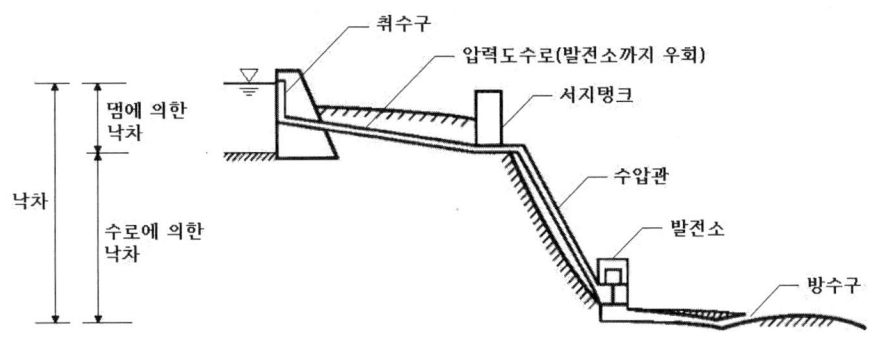

댐·수로식 수력발전

(3) 조정지 용량 결정방법

① 구형(矩形) 부하곡선을 이용하면 수력발전소 조정지의 소유 유량을 간편하게 계산할 수 있다.

② 구형(矩形) 부하곡선에서 첨두부하 및 평균부하의 크기는 각각 동일하고, 저부하 및 고부하의 크기는 각각 일정하며, 아래식으로 조정지 소유 유량을 계산할 수 있다.

$$V = (Q_p - Q_m) \times T \times 60 \times 60$$

여기서, Q_p: 첨두부하 때의 수량(m^3/sec)

Q_m: 평균부하 때의 수량(m^3/sec)

T: 첨두부하의 계속시간(hr)[213]

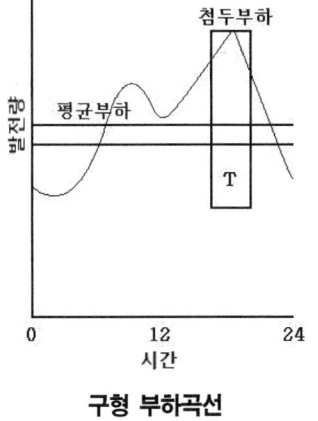

구형 부하곡선

213) 김가현, 'Final 수자원개발기술사', 예문사, pp.896~898, 2009.

11.20 가중크리프비 (weight creep ratio)

가중크리프비(weight creep ratio) [1, 0]

1. 용어 정의

(1) 加重크리프比(weight creep ratio)란 加重値(weight)를 고려한 creep 길이와 제방 및 댐 상·하류 간의 水位차이의 比를 말한다. 여기서, creep 길이란 제체와 기초 접촉면에 연한 流線길이 중 수평부분 길이에 대한 1/3의 계수를 곱한 값이다.

2. 加重크리프比(weight creep ratio)를 이용한 안전 검토

(1) 파이핑(piping)이란 수리구조물(흙댐, 방조제, 널말뚝 등) 하류단에서 동수경사가 한계를 넘으면 흙이 침식되기 시작하여 결국 상부구조물이 붕괴되는 현상이다.

(2) Lane(1935)은 加重크리프比를 이용하여 파이핑(piping)에 대한 안전율을 검토하는 경험식을 아래와 같이 제안하였다.

$$CR = \frac{l_w}{h_1 - h_2}$$

여기서, l_w : 流線이 구조물의 아래 지반을 흐르는 최소거리(加重 크리프 거리, weighted creep distance)

$h_1 - h_2$: 상·하류 수두차

l_w 계산은 가장 짧은 유선이 45°보다 가파르면 연직거리를 사용하고, 45°보다 완만하면 수평거리 합의 1/3을 취해 유선의 최소거리를 계산한다.

우측 그림에서 $l_w = 2l_v + \frac{l_{h1} + l_{h2}}{3}$ 를 계산한 CR값이 아래 표의 안전치보다 크면 파이핑(piping)에 대하여 안전하다.214)

흙 종류별 CR 안전치

흙의 종류	CR 안전치
아주 잔 모래 또는 실트	8.5
잔 모래	7.0
중간 모래	6.0
굵은 모래	5.0
연약 또는 중간 점토	2.0~3.0
단단한 점토	1.8
견고한 점토	1.6

214) 장병욱 외, '토질역학', 구미서관, pp.118~120. 2010.

11.21 댐의 안전점검 방법

필댐(Fill Dam)과 콘크리트댐의 안전점검 방법 [0, 1]

Ⅰ. 개요

1. 댐의 점검·진단 범위

(1) 다목적댐 : 『댐 건설 및 주변지역 지원 등에 관한 법률』에 의해 건설하는 댐으로 두 가지 이상의 목적을 갖는 댐

(2) 발전용댐 : 『전기사업법』에 의의 건설하는 댐으로 발전만을 목적으로 하는 댐 (댐 건설비를 '대체타당지출법'으로 비용 부담할 때 부담율이 80% 이상인 댐)

(3) 용수전용댐 : 『수도법』에 의해 건설하는 댐 또는 농업기반시설의 댐(저수지)으로 생활용수, 공업용수, 농업용수 및 하천유지용수를 제공하기 위한 댐

(4) 홍수전용댐 : 홍수방어를 단일 목적으로 하는 댐

댐의 점검·진단 범위

구분	1종 시설물	2종 시설물
댐	◦다목적댐, 발전용댐, 홍수전용댐, 저수용량 1천만톤 이상 용수전용댐	◦1종 외의 지방상수도 전용댐, 저수용량 1백만톤 이상 용수전용댐

2. 중대한 결함의 정도

(1) 국부결함 : 철근콘크리트의 철근노출, 염해 및 중성화에 따른 내력손실

(2) 중요결함 : 필댐 기초 및 양안부의 침식 및 침투

(3) 중요결함 : 필댐 본체의 균열 및 시공이음부의 시공불량 등에 의한 누수

(4) 국부결함 : 여수로 월류부 구조물의 손상 및 노후화

(5) 중요결함 : 여수로 감세공의 플립버켓 하류 또는 기초의 침식

(6) 중요결함 : 수문 기계설비의 권양기 작동상태

Ⅱ. 댐의 점검·진단 수행과정

1. 외관조사

(1) 댐 본체
  - 필댐 내부·마루 : 누수량, 표면균열, 침하, 변위
  - 콘체 내부·마루 : 콘크리트 강도, 검사랑의 누수·균열·백태
  - 댐 상·하류 사면 : 암반풍화, 사면누수, 하부세굴

(2) 기초지반
  - 댐체 바닥·양안 : 댐체와 접합상태, 누수여부

∘ 댐체 하류 지역 : 용출수여부, 사면 식생상태

(3) 여수로·감세공   ∘ 접근수로·Pier : 수문방류 중 와류 발생, 바닥 라이닝 손상
             ∘ 감세공 벽체·바닥 : 균열, 변형, 세굴, 토사퇴적 여부

(4) 방수로·취수구   ∘ 방수로 : 노후화, 세굴, 침하, 벽체변형 여부
             ∘ 취수구 : 수문 작동상태, 수문 제어상태

(5) 양안부·날개벽   ∘ 양안부 : 접합부의 지형·지질상태, 사면의 안정상태
             ∘ 날개벽 : 벽체의 균열·변형·세굴, 이음부의 누수·침식

(6) 수문·권양기   ∘ Guide roller : 마모, 부식, 균열, 롤러체결상태
             ∘ Hinge·Hoist : 마모, 부식, 균열, 볼트체결상태

(7) 전기설비   ∘ 조작반·모터 : 계전기의 접점, 절연, 진동, 과열상태
             ∘ 케이블·전선 : 케이블의 단선, 전선의 부식·절연·저항상태

2. 상태평가

(1) 상태평가 항목 및 기준
① 중요결함 : 침하, 경사·전도·활동 등과 같이 전체 구조물의 구조적인 안전에 직접 영향을 미치는 결함
② 국부결함 : 수평이음부 불량 등과 같이 구조물의 안전성에 직접 영향을 미치지는 않으나, 진전되면 경우 전체 구조물의 안전에 영향을 미치는 결함
③ 일반손상 : 파손, 마모, 콘크리트 재료분리 등과 같이 구조물의 안전에 크게 영향을 주지 않는 일반적인 손상

(2) 상태평가 결과 산정 방법
① 결함 및 손상의 상태평가지수(E_1) = 평가점수(M)×영향계수(F)
② 개별부재의 상태평가지수(E_2) = Min(다수의 E_1 값)

댐 상태평가 결과 산정

상대평가 결과별 평가지수 범위		구분	영향계수(F)				
평가기준	평가지수 (E_{1-7}, E_S, E_C)	평가기준 (평가점수 : M)	a (5)	b (4)	c (3)	d (2)	e (1)
a	$4.5 \leq E_1 \leq 5.0$	중요결함	1.0	1.0	1.0	1.0	1.0
b	$3.5 \leq E_1 \leq 4.5$						
c	$2.5 \leq E_1 \leq 3.5$	국부결함	1.0	1.1	1.2	1.4	2.0
d	$1.5 \leq E_1 \leq 2.5$						
e	$1.0 \leq E_1 \leq 1.5$	일반손상	1.0	1.1	1.3	1.7	3.0

3. 안전성평가

(1) 안전성평가 기준 ; 필댐의 경우

필댐은 지형·지질·재료·기초 상태에 관계 없이 축조할 수 있으나, 홍수가 월류 되면 저항력이 없다. 침하 계측데이터에 의한 안전성평가가 중요하다.

필댐의 계측데이터에 의한 안전성평가 기준

평가기준	평가점수	상태
a	5	계측치가 허용기준치 이내이며, 경사변화 경향에 증감이 없는 경우
b	4	계측치가 허용기준치 이내이며, 경사변화 경향에 미세한 증감이 있는 경우
c	3	계측치가 허용기준치를 벗어나는 경우도 있으며, 경사변화 경향에 약간의 증감이 있는 경우
d	2	계측치가 허용기준치를 벗어나는 경우도 있으며, 경사변화 경향에 확연하게 증감이 있는 경우
e	1	계측치가 허용기준치를 벗어나는 경우도 있으며, 경사변화 경향에 급격하게 증감이 있는 경우

(2) 안전성평가 결과 산정 방법

다음 식에 의해 산출되는 안전성평가지수(Es)는 각 검토항목의 안전성평가 결과 중 가장 낮은 안전성평가 결과보다 다소 상향된 값으로 산출된다.

$$\text{안전성평가지수(Es)} = L + 0.3(H - L)\frac{\sum_{i=1}^{N-2} M_i}{5 \times (N-2)},\ (N > 2)$$

$$= L + 0.3(H - L),\qquad (N = 2)$$

여기서, N : 안전성 검토항목 수

L : 검토항목의 안전성평가지수(평가점수) 중 최소값

H : 검토항목의 안전성평가지수(평가점수) 중 최대값

M_i : 검토항목의 최대 및 최소값을 제외한 나머지 값들

4. 종합평가

(1) 4대 종합평가 : 개별시설 평가표 작성

① 4단계 종합평가 결과를 결정하기 위해 시설물별 상태평가 및 안전성평가 결과로 산출된 상태평가지수와 안전성평가지수를 사용한다.

② 이 값 중에서 작은 값을 개별시설 종합평가지수(E4)로 적용하여 평가대상 시설물에 대한 종합평가 결과로 결정한다.

③ 이때 안전성평가를 실시하지 않는 경우에는 상태평가지수를 안전성평가지수로 갈음하여 종합평가를 실시한다.

(2) 개별시설의 종합평가지수(E4)=Min(Ec, Es)

　　　여기서, Ec : 개별시설의 상태평가지수

　　　　　　 Es : 개별시설의 안전성평가지수

(2) 4대 종합평가 : 개별시설 평가표 작성

Ⅲ. 댐의 보수·보강공법

1. 필댐 : 주로 균열, 누수, 변형, 침하, 활동, 침식, 풍화 등의 손상현상을 대상으로 하며, 일반적인 공법은 다음과 같다.

(1) 그라우팅공법, 치환공법

(2) 압성토공법

(3) 말뚝공법

(4) 아스팔트 및 점토차수공법

(5) 쉬트파일공법

(6) 토목섬유공법

2. 콘크리트댐 : 주로 균열, 누수, 변형, 침식, 부식, 전도, 침하, 활동 등의 손상현상을 대상으로 하며, 일반적인 공법은 다음과 같다.

(1) 그라우팅공법

(2) 에폭시주입공법

(3) 부식보수공법

(4) 앵커공법

(5) 시일링공법

(6) 스티칭 및 쉬트파일공법

3. 수문 : 수문의 상태를 진단하여 결함의 원인에 대해 안전성을 평가하고 가장 적절한 보수·보강공법을 제시하며, 필요한 경우 작업순서 흐름도를 작성하고 평면도, 정면도, 측면도를 첨부한다.

4. 전기설비 : 전기설비의 상태를 진단하여 결손상 및 기기불량으로 판단되는 경우에는 주동력 기기의 정상가동 또는 주전원설비 시스템의 안전확보를 위해 즉시 교체하고, 경미한 손상은 장래 유비보수계획에 반영하여 보수하도록 한다.[215]

---

215) 한국시설안전공단, '안전점검 및 정밀안전진단 세부지침 해설서(댐)', 2011.

11.22 하천 제방(堤防, levee)

제방법선(Normal Line Bank) 제방측단, 제체재료의 다짐기준, 굴입하도(堀入河道) [3, 7]

1. 용어 정의

(1) 제방(堤防, levee) : 유수의 원활한 소통을 유지시키고 제내지를 보호하기 위하여 하천을 따라 흙, 콘크리트옹벽, 널말뚝, 합성목재 등으로 축조한 공작물

(2) 하안(河岸, bank) : 하천과 육지를 분리시키기 위해 쌓아놓은 둑. 모래나 자갈 등의 물질들이 쌓여서 주위보다 높은 언덕을 형성한 지형으로 급격하게 경사각이 증가하는 언덕이나 모래톱

(3) 제방고 : 제방 부지 중심 지반으로부터 둑마루까지의 높이

(4) 제방표고 : 평균 해수면으로부터 제방 둑마루까지의 높이

(5) 둑마루폭 : 제방 윗부분의 폭

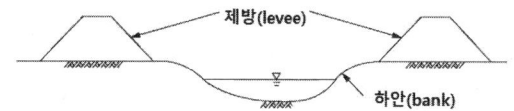

(6) 굴입하도(堀入河道) : 하도의 일정구간에서 평균적으로 계획홍수위가 제내지 지반고보다 낮거나 둑마루나 흙벽의 마루에서 제내지 지반까지 높이가 0.6m 미만인 하도

(7) 완전굴입하도(完全堀入河道) : 굴입하도 중 둑마루가 제내지 지반보다 낮은 하도

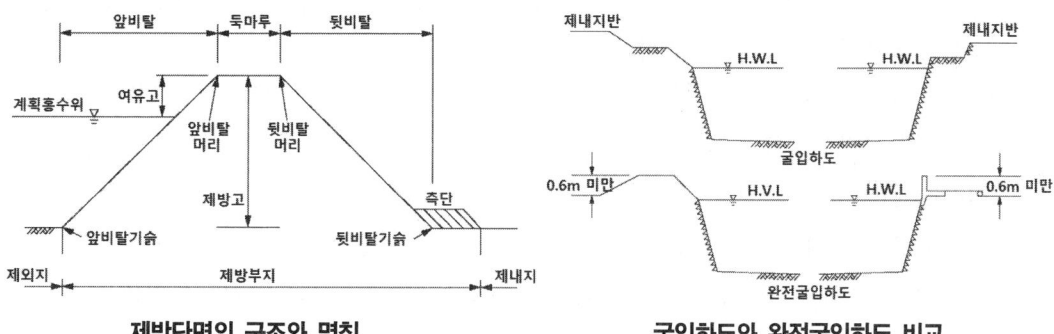

| 제방단면의 구조와 명칭 | 굴입하도와 완전굴입하도 비교 |

2. 제방의 시공계획

(1) 제방의 법선

① 제방법선은 하도평면계획을 기준으로 하천연안의 토지이용현황, 홍수유황, 하도상태, 공사비 등을 검토하여 가급적 부드러운 곡선형태가 되도록 한다.

② 하천환경 측면에서 법선은 해당 하천 고유의 자연환경, 현재 이용현황 등과의 관

계를 충분히 고려하여 하천환경의 보전·관리가 잘 되도록 한다.

③ 완류 하천에서는 어느 정도의 만곡이 필요하므로 무리하게 직선으로 개수하여 평형을 깨지 않도록 하며, 급류 하천에서는 유수가 하안에 충돌하지 않게 한다.

④ 지류는 가능하면 예각으로 합류시키고, 홍수를 원활히 유하시키기 위하여 합류점 이하에 적당한 길이로 도류제를 설치한다.

(2) 제방의 재료

① 제방재료는 통일분류법에 의한 GM, GC, SM, SC, ML, CL 등과 같이 일정 정도의 점토(C) 및 실트(M) 세립분을 함유해야 한다.

② 제방재료의 최대치수는 10mm 이내로 한다.

③ 하상재료를 제방재료로서 사용하는 것은 원칙적으로 금지한다.

④ 하상재료를 제방재료로 부득이 사용할 경우에는 하상재료 채취에 따른 하상변동, 평형하상경사의 변화, 하천생태계에 미치는 영향, 하천제방의 침식방지, 제체의 침투·활동에 대한 안정성 평가 등을 통하여 제방보강공법(단면확대, 앞비탈피복 등)을 적용하여 제방의 안정성을 확보해야 한다.

⑤ 제방재료는 토지이용상황 및 장애물 등으로 인하여 흙으로 쌓는 것이 부적절한 경우에는 제방의 전부 또는 일부를 콘크리트, 강재(鋼材) 등을 이용하여 벽체 구조로 축조할 수 있다.

⑥ 대규격의 제방재료를 사용하는 경우에 정규제방 단면부분에는 일반제방과 동일한 재료를 사용하며, 그 외 부분에는 경제성을 고려하여 하상토, 준설토, 세립토, 순환골재 등을 사용할 수 있다.

⑦ 대규격의 제방재료는 성토재료로서 품질, 장비운용성, 경제성 및 환경적 영향 등을 고려하여 선정한다.

(3) 제방의 다짐

① 제방재료의 다짐기준은 아래와 같다.

   o 제방재료의 다짐도는 KS F 2312의 규정에 따라 실시한 다짐시험결과를 고려하여 90% 이상으로 한다.

   o 구조물 주변은 다짐도를 95% 이상으로 하고, 구조물 주변의 뒷채움재는 반드시 양질의 성토재(SM 및 SC 등)를 사용하여 누수에 대한 안전을 확보한다.

   o 제방재료의 다짐은 장비 다짐을 원칙으로 하며, 다짐장비의 선정, 다짐횟수, 포설두께 등은 현장여건을 고려하여 결정한다.

   o 대규격 제방단면 중 정규제방 단면부분은 상기의 제방 다짐기준을 따르고, 그 외 제내지 성토구간의 다짐도는 85% 이상으로 한다.

② 다짐 후 현장밀도 측정은 다짐층 별로 1,000m³(단, 구조물 주변은 50m³)마다, 제방길이 방향으로 50m마다 1회 이상 실시한다.

- 각 층은 다짐종료 후 다짐검사를 받고, 승인을 얻은 후에 다음 층 시공을 착수하도록 시공관리한다.

(4) 제방고, 여유고

① 제방고는 계획홍수위에 여유고를 더한 높이 이상으로 한다. 다만, 계획홍수위가 제내지의 지반고보다 낮고 지형상황으로 보아 치수에 지장이 없다고 판단되는 구간에서는 예외로 한다.

② 여유고는 계획홍수량을 안전하게 소통시키기 위하여 하천에서 발생될 수 있는 여러 불확실한 요소들에 대한 안전값으로 산출되는 여분의 제방높이를 말한다.

③ 아래 표의 계획홍수량에 따른 여유고는 경험치이므로, 안전율, 하도소통능력 불확실성, 하도 내의 토사퇴적 등을 고려하여 충분히 확보될 수 있도록 한다.

계획홍휴량에 따른 여유고

계획홍수량(m³/s)	여유고(m)
200 미만	0.6 이상
200 이상 ~ 500 미만	0.8 이상
500 이상 ~ 2,000 미만	1.0 이상
2,000 이상 ~ 5,000 미만	1.2 이상
5,000 이상 ~ 10,000 미만	1.5 이상
10,000 이상	2.0 이상

(5) 측단

① 용어 정의

- 측단(側端)은 제방의 안정, 뒷비탈의 유지보수, 제방 둑마루의 차량통행에 의한 인위적 훼손 방지, 경작용 장비 등의 통행, 비상용 토사의 비축, 생태계 유지 등을 위하여 제방 뒷기슭에 설치한다.

② 측단의 종류

- 안정측단, 비상측단 및 생태측단으로 구분할 수 있고, 현장여건을 감안하여 포괄적인 기능을 갖는 측단으로 설치할 수 있다.

③ 측단의 규격

- 안정측단은 생태측단의 역할도 할 수 있으며, 폭은 국가하천에는 4.0m 이상, 지방하천에는 2.0m 이상으로 설치한다.
- 비상측단의 폭은 제방부지(측단 제외) 폭의 1/2 이하(20m 이상 되는 곳은 20m)로 설치한다.

○ 생태측단은 하천의 환경보전을 유지하기 위해 필요한 제방의 한 요소로서, 폭은 제방부지(측단 제외) 폭의 1/2 이하(20m 이상 되는 곳은 20m)로 설치한다.

④ 측단의 설치

○ 안정측단 : 옛 하천부지나 기초지반이 매우 불량한 곳에 축조한 제방 및 제체재료가 불량한 제방 등에 제방의 안정을 위하여 안정측단을 설치한다.

○ 비상측단 : 하도 특성, 수리적 영향 등을 검토하여 제방붕괴가 예측되는 구간에는 원상복구에 대비하여 비상용 토사 비축을 위해 비상측단을 설치한다.

○ 생태측단 : 하천의 환경보전기능을 유지하기 위하여 생태측단이 필요하다. 제방 위에 식수(植樹)는 제방 보호를 위하여 원칙적으로 금지한다. 다만, 치수(治水)에 지장 없는 범위 내에서 생태측단에는 식수할 수 있다.

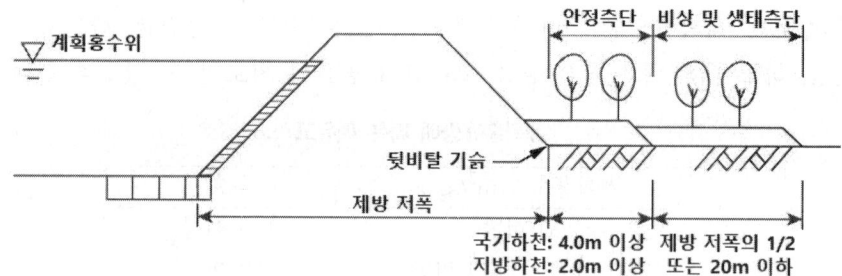

제방 측단의 설치

(6) 둑마루폭, 비탈경사

① 제방의 둑마루폭은 평상시의 하천순찰, 홍수시의 방재활동, 친수 및 여가공간 마련 등의 목적을 달성할 수 있도록 결정한다.

둑마루폭은 목적 달성을 위하여 최소 4.0m 이상을 확보하며, 친수 및 여가공간을 조성할 때는 계획홍수량에 따른 최소폭보다 크게 할 수 있다.

② 제방은 하천유수의 침투에 안정한 비탈면을 가져야 하므로 제방고와 제내지의 지반고 차이가 0.6m 미만인 구간 외에는 1 : 3 또는 이보다 완만하게 설치한다.

지형조건, 물이 흐르는 단면 유지 및 장애물 등의 사유가 있는 경우에는 1 : 3보다 급하게 할 수 있다. 이 경우 계획홍수위에 대한 안정성이 확보되어야 한다.

(7) **관리용 도로, 접근로**

① 관리용 도로는 하천의 순찰, 홍수기에 방재활동 등을 위해 일반적으로 제방 둑마루 또는 제내지 측의 측단을 이용하여 설치한다.

② 접근도로는 제방(관리용도로) 연장 2km마다 1개소를 설치하고, 짧은 구간에는 최소 1개소를 설치하여 둑마루까지 차량 진입하도록 부체도로를 설치한다.

3. 제방의 안정성 평가

(1) 일반사항

① 제방의 파괴를 방지하기 위하여 제방을 설계할 때 누수, 비탈면의 활동 및 침하에 대한 안정성 평가를 수행해야 한다.

② 제방의 침투에 대한 안정성을 평가할 때 제체의 포화정도와 제외지 측의 수위변화조건을 반영하여 해석해야 한다.

(2) 제방의 누수에 대한 안정성 평가

① 제방의 누수는 제외지 측의 수위가 상승하여 제체 또는 지반을 통해 제내지 측으로 침투수가 유입되어 제체와 지반에 누수가 생기는 현상이다.

② 제체의 누수는 제체의 침윤선이 결정적인 원인이므로, 침윤선을 낮추어 제체의 하부에 위치하도록 적절한 대책공법을 강구한다.

⑶ 제체의 하부가 투수성이 높은 경우에는 하천수위가 상승할 때 침투압이 증가하여 제내지 측의 지반에 침투수가 용출하는 파이핑 현상이 발생된다.

(3) 제방의 활동에 대한 안정성 평가

① 제방 활동에 대한 안정성은 계획홍수위 및 수위급강하 때의 침투수 해석으로부터 얻어진 침윤면을 고려하여 앞비탈 및 뒷비탈 활동에 대한 안전율을 구한다.

② 제방 활동에 대한 안정성은 아래 표의 안전율 이하일 때 대책공법을 강구한다.

제체상태에 따른 안전율

제체상태	간극수압상태	안전율
인장균열(crack) 不고려 時	간극수압을 고려하지 않는 경우	2.0 이상
	간극수압을 고려하는 경우	1.4 이상
인장균열(crack) 고려 時	간극수압을 고려하지 않는 경우	1.8 이상
	간극수압을 고려하는 경우	1.3 이상

(4) 제방의 침하에 대한 안정성 평가

① 제방침하의 원인은 지반의 탄성침하, 압밀, 흙이 측방으로 부풀어 오르는 현상 등이므로 제방을 설계할 때 지반조사를 통해 압밀침하량을 산정하여 반영한다.

② 연약지반에 제방을 축조하는 것은 가능하면 피하는 것이 원칙이지만, 제방법선을 설정할 때 부득이 연약지반에 축조하는 경우에는 지반조사를 통해 물리시험 및 역학시험 등을 실시하여 침하량을 추정하고 대책공법을 결정한다.

③ 연약지반처리 중 모래, 쇄석, 인공배수재 등 수평배수재가 적용되는 공법은 홍수기에 침투유로를 유발할 수 있으므로 대책을 강구한다.[216]

---

216) 국토교통부, '하천제방', 국가건설기준 표준시방서, pp.1~12, 2018.

11.23 하천 호안(護岸)

하천의 비탈보호공(덮기공법), 호안의 역할 [1, 2]

1. 용어 정의

(1) 호안(護岸, bank protection) : 제방과 하안(河岸)을 보호하기 위하여 비탈면에 설치하는 구조물

(2) 비탈덮기 : 유수, 유목등에 대해 제방 또는 호안의 비탈면을 보호하기 위하여 설치하는 것

(3) 비탈멈춤 : 비탈덮기의 밑부분에 설치하여 비탈덮기를 지지하고 침하, 세굴 등에 의한 움직임을 막으며, 토사유출을 방지하기 위해 시공하는 것

(4) 밑다짐 : 비탈멈춤 앞쪽 하상에 설치하여 하상세굴을 방지하고 기초와 비탈덮기를 보호하기 위하여 설치하는 것

(5) 수충부 : 단면 축소부 또는 만곡부의 바깥 제방과 같이 흐름 때문에 충격 받는 지역

2. 호안의 분류

(1) 설치위치에 따른 호안의 분류

① 고수호안 : 하천 제방이 복(複)단면일 때, 고수부지 위의 앞비탈 보호를 위하여 설치한다.

② 저수호안 : 저수로에 발생하는 난류를 방지하고 고수부지의 세굴 방지를 위하여 저수로 하안에 설치하며, 홍수기에 수중에 잠기므로 세굴에 대비하여 설치한다.

③ 제방호안 : 하천 제방이 단(單)단면일 때 혹은 복(複)단면에서 고수부지 폭이 좁고 제방과 저수로 하안을 일체로 보호하는 경우에 설치한다. 즉 고수호안과 저수호안이 일체화된 것을 말한다.

④ 제내지(堤內地, protected lowland) : 하천 제방에 의하여 보호되고 있는 지역, 즉 제방으로부터 보호되는 마을까지이다. 하천을 향한 제방 안쪽지역이다.

⑤ 제외지(堤外地, riverside land) : 제내지와는 반대로 하천 제방으로 둘러싸인 하천 측의 지역이다.

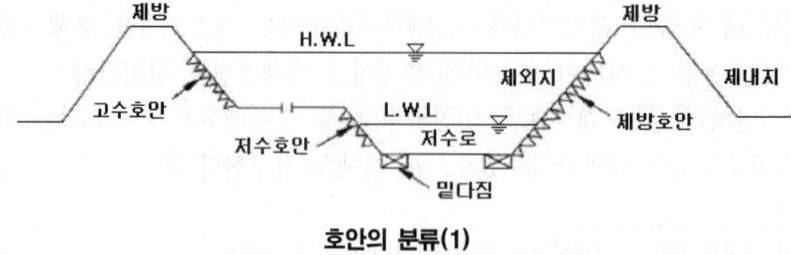

호안의 분류(1)

(2) 구성요소에 따른 호안의 분류

① 호안머리보호공 : 저수호안 상단부와 고수부지를 확실히 접합하고, 저수호안이 유수에 의해 이면에서 파괴되지 않도록 보호한다. 제방을 보호하기 위해 돌망태공, 콘크리트블록, 잡석 등을 1.5~2.0m 정도의 폭으로 설치한다.

② 비탈덮기 : 제방의 비탈면을 보호하기 위해 설치한다. 하상의 수리조건, 설치장소, 비탈면경사 등에 의해 공법을 선정한다.

③ 기초 : 비탈덮기의 밑부분을 지지하기 위하여 설치한다.

④ 비탈멈춤 : 비탈덮기의 활동과 비탈덮기 이면의 토사유출을 방지하기 위하여 설치하며 기초와 겸하는 경우도 있다.

⑤ 밑다짐 : 비탈멈춤 앞쪽 하상에 설치하여 하상세굴을 방지함으로써 기초와 비탈덮기를 보호한다.

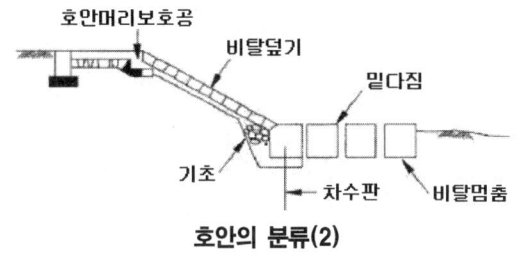

호안의 분류(2)

3. 호안 설계기준

(1) 호안의 설치위치와 연장

① 호안의 설치위치와 연장은 하도 내의 수리현상, 세굴, 퇴적의 변화 등을 고려하여 결정한다.

② 급류 하천이나 준급류 하천에서는 모든 구간에 걸쳐 호안을 설치하고 완류 하천에서는 수충부에 중점적으로 설치한다.

③ 교량, 보, 낙차공 등의 하상구조물 상·하류에는 호안을 설치하여 보호한다.

④ 고수부지의 포락이 진행 중이거나 예상되는 지점에는 저수호안을 설치한다.

⑤ 호안을 설치할 때는 소류력(掃流力) 또는 유속에 따라 호안공법을 선정한다.

⑥ 도시하천에서 비탈경사가 1 : 2 이상 급경사일 때는 전면적으로 호안을 설치한다.

(2) 호안법선

① 호안법선은 하천개수계획에 의해 미리 결정되지만, 설치할 때 인근 하천과 하상상태를 고려하여 계획된 호안법선의 타당성을 다시 검토한다.

② 보, 수문 등의 하천구조물에 연결되는 호안은 와류(渦流) 현상과 사수역(蛇水域)이 발생되지 않도록 설계한다.

③ 급류하천에서 호안법선은 직선에 가까워야 좋으나, 완류하천에서는 어느 정도의 굴곡이 적정 유속을 유지하는데 유리하다.

④ 저수호안법선은 저수(高水)의 흐름방향에 적합하게 결정하지만, 홍수(洪水)에서 유수는 직진하므로 저수와 홍수 각각의 흐름방향을 고려하여 결정한다.

⑤ 저수호안법선이 심하게 만곡된 구간은 유수의 직진성으로 인해 호안머리가 세굴되는 경우가 많으므로, 세굴방지를 위하여 호안머리보호공을 설치한다.

⑥ 호안 공사비는 호안이 하천중심부로 나올수록 증가하므로 법선 형상을 고려하여 제방 쪽으로 들여서 설치되도록 설계한다.

(3) 비탈덮기

① 비탈덮기는 유수의 소류력, 내구성, 수위변화, 생태환경, 기초지반 등을 고려하여 공법을 결정한다.

② 고수호안의 비탈덮기 높이는 일반적으로 계획홍수위로 결정하지만, 특수한 경우에는 제방 둑마루까지로 결정한다.

③ 저수호안의 비탈덮기 높이는 하도상황에 따라 필요한 높이로 하지만 일반적으로 저수호안의 마루높이는 고수부지와 같은 높이로 한다.

④ 비탈덮기는 유수, 굵은 자갈, 파력 등의 외력에 파괴되지 않도록 뒤채움 두께를 결정한다. 이때 비탈덮기 경사는 비탈덮기의 구조·높이를 고려하여 결정한다.

⑥ 비탈덮기의 종류는 식생공, 돌채움 비탈방틀공, 콘크리트블록붙임공, 아스팔트붙임공, 돌붙임공, 돌쌓기공, 파일공, 콘크리트셀 블록공, 사석공, 돌망태공, 섬유 호안, 지오셀 호안, 자연형호안, 바이오폴리머 호안 등이 있다.

⑦ 급류하천에서는 유수에 의해 비탈덮기가 자주 파괴된다. 돌붙임공이나 콘크리트블록붙임공에 너무 작은 사석이나 블록을 사용하면 파괴될 수 있다. 찰붙임에서 이음눈이 약점이 되므로 채움콘크리트 및 이음눈모르타르를 꽉 채워 시공한다.

⑧ 비탈덮기면의 일부파괴가 전체파괴로 확산되지 않도록 종단방향에 10~20m 간격으로 종방향이음을 설치한다. 콘크리트 라이닝에도 시공이음, 수축팽창이음을 설치한다.

⑨ 비탈덮기는 하천환경의 보전·정비와 밀접하게 관련되므로 생태계나 경관 등을 충분히 고려하여 하천환경에 적합한 공종을 선정하여 설계한다.

(4) 비탈멈춤

① 비탈멈춤은 비탈덮기 종류, 하천 경사, 수충부·하상 세굴 등을 고려하여 비탈덮기를 지지하는 구조로 설계한다. 이때 비탈멈춤의 높이는 저수위를 기준으로 한다.

② 비탈멈춤의 깊이는 하도계획에 미리 정해진 계획하상을 기준으로 전반적인 하상

저하나 홍수기의 일시적인 세굴 등을 고려하여 결정한다.

③ 비탈멈춤의 기초는 지반이 양호할 때는 직접기초로 하고 연약지반일 때는 말뚝기초나 강널말뚝을 사용한다. 산성하천, 감조하천 등에서 강널말뚝을 사용할 경우에는 부식 영향을 고려하여 설치토록 한다.

④ 비탈멈춤과 밑다짐이 연결되어 있는 경우에는 유수에 의해 밑다짐이 이동될 때 비탈멈춤이 파괴될 우려가 있으므로 완전 분리하여 설치한다.

(5) 밑다짐

① 밑다짐은 호안 안정에 중요하므로 소류력을 견딜 수 있는 중량을 갖추고, 하상변화에 순응하며, 시공이 용이하고 내구성이 크고 굴요성이 있는 구조로 한다.

② 밑다짐의 상단높이는 계획하상고(현 하상고가 계획하상고보다 낮을 경우는 현 하상고) 이하로 한다.

③ 밑다짐의 폭은 하상의 침식 및 세굴 발생의 정도를 추정하여 결정한다.

④ 밑다짐의 종류는 콘크리트 블록공, 사석공, 침상공, 돌망태공 등이 있다.

⑤ 호안은 세굴에 의해 먼저 기초가 파괴되고 호안 전체로 확대되는 경우가 많으므로, 설계할 때 하상변동을 조사하여 세굴에 안전한 밑다짐공법을 적용해야 한다.

(6) 호안머리(보호)공

① 홍수기에 유수에 의한 저수호안의 침식 방지를 위해 호안머리공 및 호안머리보호공을 설치한다.

② 홍수기에 호안머리에서 큰 유속이 발생되어 호안머리보호공이 유실되면 기초공의 파괴를 초래하므로, 호안머리공은 저수호안의 천단부분을 홍수에 의한 침식으로부터 보호해야 하는 경우에 설치한다.

③ 호안머리와 배후지 사이에서 침식 발생이 예측되면 호안머리보호공을 설치한다.

4. 맺음말

(1) 『하천설계기준(2009)』제24장(호안) 규정에 '이론적 계산에 의해서만 호안을 직접 설계하는 것은 현재의 기술수준으로는 어려우며 이론의 한계를 감안하여 경험과 이론의 양면을 고려하여 설계한다'라고 되어 있다.

(2) 호안을 설계·시공할 때는 침식방지·친수기능 확보, 자연환경 보전·복원 등의 중요한 요소를 고려하기 위하여 구조적인 안정성, 시공성, 경제성, 유지관리 등의 복합적인 측면에서 접근해야 한다.[217]

---

217) 국토교통부, '하천호안', 국가건설기준 표준시방서, pp.1~6, 2018.

11.24 수제공(水制工)

친환경 수제공(Stream Control Works), 하상유지시설의 설치목적 [0, 4]

1. 용어 정의

(1) 수제(水制, groyne, strand dam) : 하천의 하안을 보호하고, 물이 흐르는 방향과 유속 등을 제어하며, 생태환경과 경관을 개선하기 위하여 호안 또는 하안 전면부에 설치하는 구조물

(2) 수제의 설치목적과 수행기능은 하천제방 및 하안 침식방지, 유로제어, 하상 세굴방지, 토사퇴적, 수위상승, 생태보전, 경관개선 등의 역할을 담당하는데 있다.

(3) 수제의 계획은 하천의 평면 및 종·횡단 형상, 하도 특성, 하천 환경 등을 바탕으로, 동·식물의 생식과 생육 환경, 경관, 유하능력의 영향, 상·하류나 대안 측에 대한 영향 등을 충분히 고려하여 수립한다.

(4) 수제를 설계할 때는 수리적으로 안정되고 물이 충분히 흐를 수 있도록 자연친화적으로 접근해야 하며, 수제를 시공할 때는 수치해석 및 수리모형실험 등 검증된 방법을 통하여 세굴, 퇴적, 물 흐름, 수위변화 등의 영향을 검토해야 한다.

2. 수제(水制, groyne, strand dam)

(1) **수제의 목적**

① 제방의 세굴을 방지하고, 하상에서 모래의 이동을 조정한다.

② 유로와 저수로 위치를 고정하고, 본류와 지류의 흐름을 유도한다.

③ 자연생태계를 보전하고, 수위상승으로 하천의 경관을 개선한다.

(2) **수제의 분류**

① 구조특성 : 투과수제, 불투과수제, 혼용수제

② 배치특성 : 횡수제, 평행수제, 혼합형수제

③ 흐름특성 : 비월류수제, 월류수제, 경사수제

④ 설치형태 : 직선형수제, L형수제, T형수제

(3) **수제의 설치위치**

① 수제의 위치는 하도조건, 하천유황, 기존 하천시설물과의 관계 등을 고려하여 치수, 이수, 하천환경 등의 목적에 적합하도록 결정한다.

② 다만, 저수로가 좁은 하천 또는 하폭이 좁은 하천에서는 물의 흐름을 방해할 수 있으므로 수제를 설치하지 않는 것이 좋다.

3. 수제의 시공 유의사항

(1) 수제의 공법선정

① 수제의 공법을 선정할 때는 하도의 평면형태, 종·횡방향 단면, 유량, 유속, 하상재료, 하상변동 경향 등을 조사하여 먼저 수제의 설치위치를 선정한다.

② 선정된 수제의 설치위치를 대상으로 수제의 길이, 폭, 높이, 수제설치에 따라 예측되는 수제 주변의 과다 세굴 및 퇴적 등 제반 영향을 수리모형실험, 현장시험, 수치실험 등 수제 설치에 따른 수리·환경영향을 평가하여 최종 결정한다.

③ 수제의 재료는 수제의 안정성을 고려하여 해당 지역의 여건에 맞는 것으로 선택한다. 또한, 수충부의 보호를 목적으로 수제를 설치하는 곳에는 길이가 짧은 투과성의 밑다짐 수제의 설치를 검토해야 한다.

(2) 수제의 설치방향

① 수제 설치구간에서 발생되는 토사침전, 유량변환, 세굴방지 등은 수제의 설치방향에 영향을 받으므로 설치목적과 하상상황에 따라 설치방향을 결정한다.

(3) 수제의 높이·폭

① 수제의 높이는 설치목적과 기능 및 유수에 대한 저항, 하상변화, 하상고 등을 고려하여 유지관리가 용이한 높이로 결정한다.

② 수제의 폭은 공법종류, 하천상태 등에 따라 다르게 결정되지만, 일반적으로 유수에 의한 충격, 주변 세굴에 견딜 수 있는 폭을 확보해야 한다.

(4) 수제의 길이·간격

① 수제의 길이는 하폭, 하상경사, 수심, 그 외의 하상상황을 종합적으로 판단하여 결정한다. 수제의 간격은 수제의 길이에 비례하여 결정하는 것이 원칙이다.

② 다만, 상류측 수제 앞부분에서의 흐름이 하류 하안에 도달하기 전에 하류측 다음 수제가 저항하도록 정해야 하고 유로경사, 유향, 사행을 고려하여 결정한다.

③ 투과수제는 주변의 과대 세굴 및 퇴적 등을 고려하여 수제의 형상에 따라 적정한 투과율을 갖도록 한다.[218]

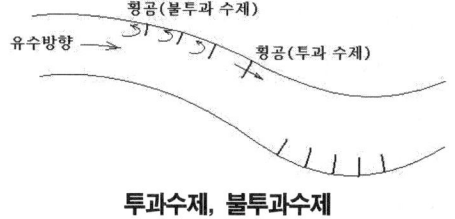

투과수제, 불투과수제

---

[218] 박효성 외, 'Final 토목시공기술사 핵심문제', 예문사, p.943, 2008.
국토교통부, '하천수제', 국가건설기준 표준시방서, pp.1~3, 2018.

11.25 보(洑), 수문·통관·통문

하천의 고정보 및 가동보, 다기능보, 보 하부의 하상세굴 원인 [1, 5]

I. 개요

1. 보(洑)는 하천에서 관개용수를 수로에 끌어들이려고 둑을 쌓아 만든 저수시설이다. 보(洑)는 각종 용수의 취수, 주운(舟運) 및 친수활동 등을 위하여 수위 또는 유량을 조절하거나 바닷물의 역류를 방지하기 위하여 하천의 횡단방향으로 설치하는 저수 시설 중 흐르는 물의 월류(越流)를 허용하는 시설이다.

2. 보(洑)의 종류는 설치목적, 구조·기능, 평면형상, 설치재료 등에 따라 분류된다.
   (1) 설치목적   : 취수보, 분류보, 방조보, 유량조절보
   (2) 구조·기능 : 가동보, 고정보
   (3) 평면형상   : 직선형, 경사형, 굴절형, 원호형
   (4) 설치재료   : 자연형보, 콘크리트보

3. 보(洑)의 형식은 기초형식과 구조형식에 따라 분류된다.
   (1) 보의 기초형식 : 고정형(fixed type), 부상형(floating type)
   (2) 보의 구조형식 : 하천의 전체하폭을 고정보로 하는 형식
   　　　　　　　　　　하천의 전체하폭을 가동보로 하는 형식
   　　　　　　　　　　일부 구간은 고정보, 나머지 구간은 가동보로 하는 복합형식

4. 보(洑)의 종류 및 형식을 선정할 때는 홍수위 변동, 저류부의 퇴적, 수질개선, 생물 및 미생물의 이동, 식생보전, 하천의 자정능력 증대 등을 고려한다.
   (1) 소하천에서는 자연친화적인 재료로 완경사 저수위 낙차보, 경사낙차공 등을 우선 하여 계획한다.
   (2) 중규모 이상의 하천에서는 원칙적으로 가동보 및 복합형보로 설치한다.

5. 보(洑)의 위치를 선정할 때는 아래 지점 중에서 가장 유리한 지점을 선정한다.
   (1) 용수공급지에 도수하는데 필요한 취수위가 확보되고, 유수의 주된 흐름이 취수구 에 가까워야 하며 하안이 안정되어 있고, 하천 수로가 직선상태로 유속의 변화가 적어 유수에 의한 하상변화가 작은 지점
   (2) 상·하류의 영향이 작은 지점
   (3) 기초지반이 양호한 지점
   (4) 구조적으로 안전하고 공사비가 적은 지점
   (5) 계획홍수량을 유하시키는데 필요한 하폭을 가진 지점
   (6) 유지관리가 용이한 지점

II. 보(洑)

1. 일반사항

(1) 안전성 검토

① 보는 전도, 활동, 지지력, 침하, piping에 대하여 안정성이 확보되도록 한다.

② 보를 설계할 때는 상·하류 수위변화에 따른 제방 안정성, 지하수위 변화, 취·배수구조물 및 하천시설물에 대한 영향 등을 검토하여 기술적·구조적 문제가 발생되지 않도록 해야 한다.

③ 보를 설계할 때는 하천 상·하류의 세굴방지를 위하여 보호공을 설치해야 한다.

(2) 설치 기준

① 보는 계획홍수위 이하 수위의 유수작용에 대하여 안전한 구조로 설치한다.

② 보는 계획홍수위 이하 수위의 홍수유하를 방해하지 않고, 부근 하천시설물의 구조에 심각한 지장을 초래하지 않고, 보에 접속되는 하상 및 고수부지의 세굴을 방지할 수 있는 구조로 설치한다.

③ 보의 평면형상 및 설치방향은 홍수가 발생했을 때 물 흐름방향을 고려하여 결정하며, 전도식 수문, 계획담수위 등은 하천특성을 고려하여 결정한다.

④ 보 상류의 관리수위가 제내지(堤內地)보다 높을 때는 제방의 누수(漏水) 및 습윤화(濕潤化) 방지대책을 수립한다.

(3) 보마루 표고 결정

① 보마루 표고는 하천 계획단면적을 확보하고 홍수소통에 지장 없고, 각종 용수량을 정상적으로 취수할 수 있도록 취수구 수위를 기준으로 결정한다.

  ○ 보마루 표고＝계획취수위 － {(갈수량 － 취수량)의 월류수심} ＋ 여유고

(2) 가동보의 바닥표고(Sill 표고)는 계획하상고와 일치시킨다. 가동보에서 가동보의 턱높이는 턱위에 퇴사가 쌓여 수문개폐에 지장 없도록 하상에 잘 부착시킨다.

(3) 배사구는 취수구 앞부분에 퇴적된 토사를 배출시키고 수로를 유지하여 취수가 용이하도록 취수구보다 0.5~1.0m 낮게 설치한다.

(4) 배사구는 평소에도 상시적으로 토사를 배출시켜야 하므로 배사구의 수로부는 약간의 경사를 주어야 한다.

2. 고정보

(1) 고정보 단면 결정

① 고정보의 본체는 콘크리트구조로서, 단면형상은 상류측을 연직 또는 연직에 가까운 기울기로 하고, 하류측을 큰 기울기로 하는 사다리꼴 단면이 역학적인 안

정조건을 만족하며 동시에 수리학적으로 유리하다.

② 돌과 자갈이 많이 유하하는 하천에는 상류측을 완만하게 하고 하류측 경사면을 급하게 설치하면 유하하는 돌과 자갈에 의한 파괴를 방지할 수 있다.

③ 또한, 물 흐름강도를 약화시키기 위해 하류측 경사면 비탈 끝에 곡선을 만들지 않고 월류하는 물을 물받이에 수직으로 낙하시키는 방법도 있다.

④ 고정보의 안전을 검토하기 위해서는 보의 상·하류 수위차에 의한 침투수의 침투길이와 외력에 의한 본체의 전도, 활동, 침하를 고려해야 한다.

(2) 물받이

① 물받이는 월류에 의한 보 상·하류 세굴 방지를 위하여 설치하며, 원칙적으로 철근콘크리트 구조이지만 사석을 활용한 여울형상, 돌붙임형상도 가능하다.

② 보의 직하류는 월류하는 강한 물 흐름에 의해 하류하상이 심하게 침식되므로, 침식작용으로부터 보를 보호하기 위해 물받이를 설치한다.

(3) 바닥보호공

① 바닥보호공은 유속을 약화시켜 하상 세굴을 방지하고 보의 본체 및 물받이를 보호하기 위하여 설치하며, 콘크리트블록, 사석, 돌망태 등으로 보호한다.

② 바닥보호공의 재료는 가능하면 조도가 다른 2종류 이상의 재료를 사용하여 유속을 서서히 감소시켜 물 흐름을 원활하게 할 필요가 있다.

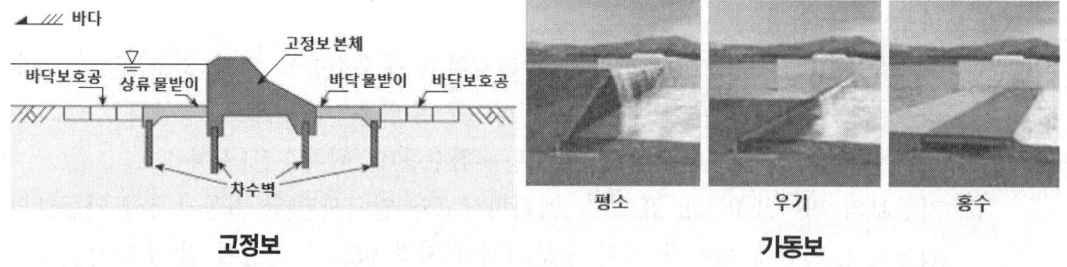

고정보 / 가동보

3. 가동보

(1) 경간길이, 가동부

① 가동보의 경간길이는 인접된 보기둥의 중심선 간의 거리이며, 계획홍수량이닥쳤을 때의 배수위(排水位), 하천상황, 경제성, 시공성 등을 고려하여 결정한다.

② 미개수 하천구간에서 현재의 하상고보다 계획하상고가 낮은 경우에는 하상을 굴착하여 가동보의 가동부(可動部)를 시공한 후, 가동부 턱위에 퇴사가 쌓여 수문조작에 지장이 없도록 해야 한다. 이를 위해 가동부 턱을 계획하상고보다 다소 높게 설치하면 퇴사가 쌓이는 것을 방지할 수 있다.

③ 가동보의 가동부(可動部)가 인양식인 경우에는 최대 인양 중에 가동부 하단이 계획홍수위에 여유높이를 더한 높이보다 더 높아야 한다.

(2) 물받이, 상판

① 가동보의 물받이와 상판과의 연결부는 수밀성이 확보되고 부등침하에 대응할 수 있는 구조로 한다.

② 가동보의 상판은 상부하중을 지지하고 문짝의 수밀성을 확보하며, 보기둥 사이에서 물받이 역할을 하는 구조로 설계한다.

(3) 보기둥

① 보기둥은 상부하중과 홍수 중에 유수의 수압을 안전하게 상판에 전달하는 구조로 설계한다.

② 보기둥의 높이는 수문조작에 지장 없도록 여유고를 반영하고, 두께는 관리교의 폭, 수문 치수, 권양기 치수, 역학적 안정 등을 고려하여 1.5~3.0m로 한다.

③ 아래 좌측 그림에서 보기둥 폭(t)은 수문크기, 보높이, 지반토질조건 등을 고려하여 최대한 좁게 결정하되, 관리교의 교각을 포함한 보기둥 폭은 하천폭의 10%를 초과하지 않도록 한다. 이를 초과하면 하천폭을 확장해야 한다.

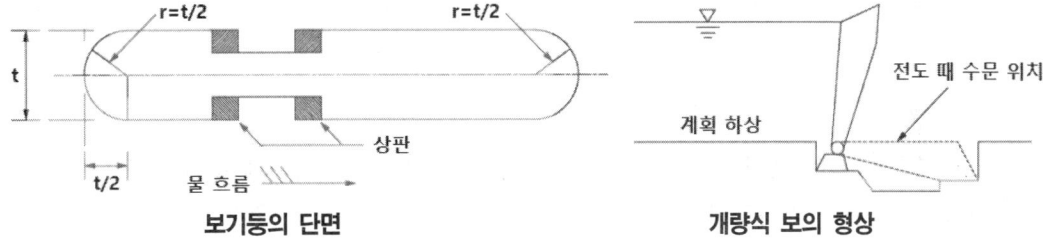

보기둥의 단면 　　　개량식 보의 형상

(4) 문기둥, 문짝

① 가동보의 문기둥은 상부하중을 안전하게 보기둥에 전달할 수 있는 구조로 설계한다. 인양식에서 문기둥의 높이는 수문을 완전히 열었을 때 문짝하단의 높이, 문짝높이, 관리에 필요한 여유고를 더한 값으로 결정한다.

② 가동보의 문짝은 개폐가 확실하고 완전한 수밀성 및 내구성을 갖추고 홍수소통에 지장 없는 구조로 설계한다.

③ 가동보의 문짝에는 인양식과 전도식이 있다. 전도식 문짝은 위 우측 그림과 같이 전도 때의 상단높이가 가동보 기초부(상판 포함) 높이 이하로 한다. 가동보의 수문 부근에 토사 퇴적을 방지하기 위해 수문의 고정부에 볼록부(凸)낙차를 설치할 때는 볼록부의 상단을 계획하상에 맞춘다.

Ⅲ. 보의 부대시설

1. 차수벽

⑴ 보를 투수성 지반에 설치할 때는 Piping 현상이 발생되지 않도록 투수로 길이를 충분히 확보하고, 투수량이 많을 때는 Piping 방지를 위하여 차수벽을 설치한다.

⑵ 차수벽은 아래 그림과 같이 콘크리트, 강널말뚝, 케이슨 등으로 설치하고 상·하류 수위차에 의한 침투수의 동수경사를 감소시켜 토사의 유동을 방지해야 한다.

콘크리트 차수벽　　　　**강널말뚝 차수벽**　　　　**케이슨 차수벽**

2. 연결호안

⑴ 보에 연결되는 호안은 유수작용에 의한 제방 또는 하안의 세굴을 방지하기 위하여 옹벽으로 설치한다.

⑵ 옹벽의 설치는 보의 구조, 제방법선의 선형, 보와 연결부의 선형, 어도, 배사구 등에 따라 다르지만, 물받이 구간까지 점확대 및 점축소 단면으로 설계한다.

3. 취수구

⑴ 취수구는 취수보의 직상류에서 토사가 소류되기 쉬운 위치에 설치한다.

⑵ 양안 취수는 피하도록 하고, 취수유속은 0.6~1.0m/s를 표준으로 한다.

⑶ 체(screen)는 취수구의 제수문 바로 앞에 설치한다.

⑷ 하상의 지형조건이 허용하면 취수정을 설치하는 것이 유지관리에 좋다.

4. 배사구, 침사지

⑴ 배사구의 규모 및 설치위치는 평소에 보 상류에서는 토사가 퇴적되지 않고 보 하류에 대한 토사공급의 기능을 유지할 수 있도록 설치한다.

⑵ 침사지의 도랑 바닥기울기는 지형에 따라 다르지만 일반적으로 1/20~1/70으로 하고 관개용 침사지에서는 1/50 내외를 표준으로 한다.[219]

219) 국토교통부, '하천보', 국가건설기준 표준시방서, pp.1~8, 2018.

Ⅳ. 수문·통관·통문

1. 수문(水門)

⑴ 수문은 본류를 횡단하거나 본류로 유입되는 지류를 횡단하여 제방을 분리시키는 형태로 설치한 개폐문을 가진 구조물이다.

⑵ 수문의 설치위치는 설치목적과 하천관리 상의 지장유무에 따라 신중히 결정해야 한다. 가급적 만곡부, 하도단면이 협소한 장소, 하상이 불안정한 장소 등은 피하는 것이 좋다.

⑶ 수문의 본체는 상판, 보기둥, 조작대, 문기둥, 문짝 등으로 구성되며 통문과 통관의 본체는 암거, 문기둥, 조작대, 차수벽 등으로 구성한다. 수문·통문·통관의 본체는 문짝을 제외하고 철근콘크리트구조로 하는 것이 원칙이다.

⑷ 수문의 본체 형식은 물의 흐름에 지장을 주지 않도록 설계한다. 암거가 윗부분까지 높이가 1.5m 이하이고 길이가 30m 이상인 경우에는 부등침하에 대한 구조검토를 해야 하고 이음매를 암거 중앙부근에 설치를 금지하도록 한다.

⑸ 수문은 구조 형식에 따라 ▲Sluice gate, ▲Rolling gate, ▲Tainter gate, ▲Drum gate 등으로 분류된다.

| Sluice gate | Rolling gate | Tainter gate | Drum gate |

수문의 형식

2. 통관(通管)

⑴ 통관은 원형 단면으로 제방을 관통하여 설치하고 그 끝단에 개폐문을 설치한 구조물이다.

⑵ 통관의 단면은 원칙적으로 내경을 60cm 이상(가능하면 1m 이상)으로 한다. 단, 통관의 길이가 5m 미만이고 제내지반고가 계획홍수위보다 높을 경우에는 내경을 30cm까지 줄일 수 있다.

3. 통문(通門)

⑴ 통문은 사각형 단면으로 제방을 관통하여 설치하고 그 끝단 또는 중간에 개폐문을 설치한 구조물이다.

⑵ 통문은 하천에서 취수하기도 하고 하천으로 배수하기 위하여 제방을 횡단하여 설

치한 구조물로서, 홍수기에 하천수위가 상승할 때 제내지로 물이 유입되는 것을 방어하기 위하여 설치한다.

(3) 통문은 취슈, 배수, 홍수방어 등을 위하여 설치하며, 제방 마루보다 높은 대규모의 통문은 수문(水門)이라 부른다.

통관(通管)

통문(通門)

4. 취수시설 시공 유의사항

(1) 수문·통관·통문은 제방과의 접촉면을 따라 발생하는 침투로 인하여 피해가 발생하지 않도록 계획한다.

(2) 수문·통관·통문은 하천에서 취수·배수·역류방지를 위하여 설치하는 구조물이므로, 계획홍수위 이하 수위의 유수작용에 대하여 안전하도록 설치한다.

(3) 수문은 하상이 안정되어 있고 하천관리에 장애가 없는 곳에 설치하며, 만곡부(灣曲部), 수충부(水衝部, 물살이 강하게 부딪치는 구간), 교량 등의 구조물 주변은 피해 설치해야 한다.

(4) 수문·통관·통문의 개폐문은 수밀성(水密性)을 갖춘 구조로 하며, 필요한 경우에 개폐문의 조작과 보호를 위한 조작실을 추가 설치할 수 있다.[220]

---

220) 박효성 외, 'Final 토목시공기술사 핵심문제', 예문사, pp.941~944, 2008.

11.26 침윤선, 유선망

흙댐의 유선망과 침윤선, 침윤세굴(seepage erosion) [5, 0]

Ⅰ. 침윤선(Saturation Line)

1. 침윤선

(1) 침윤선(浸潤線, saturation line, seepage line)은 제방이나 흙댐에서 하층토를 통과하여 스며드는 물의 상한(上限)을 나타내는 선으로, 유선망을 그릴 때 최상단 경계의 유선(流線)에 해당된다.

(2) 침윤선은 제방의 흙 속에 침투하는 중력수의 정상(正常)침투류에 의한 자유수면, 즉 침투수의 표면유선(流線)을 의미하며 수압이 0인 포물선으로 표시된다.

2. 침윤선 작도 (Casagrande & Kozeny 제안방법)

(1) AE=0.3AG가 되도록 E점을 선정한다. 여기서, G점은 B점에서 연직선을 그어서 수면과 만나는 점이다.

(2) C점을 초점으로 하고 D와 E점을 통과하는 기본포물선을 작도한다.

$(X+S)^2 = X^2 + H^2$ 에서 $S = \sqrt{X^2 + H^2} - X$

포물선의 특성에 의해 $CD = \frac{1}{2}S$에서 D점이 결정된다.

3) A점에서 등수두선(等水頭線) AB와 직각으로 교차되는 선이 기본포물선과 만나도록 원활한 곡선을 작도하면, AJD가 침윤선이다.

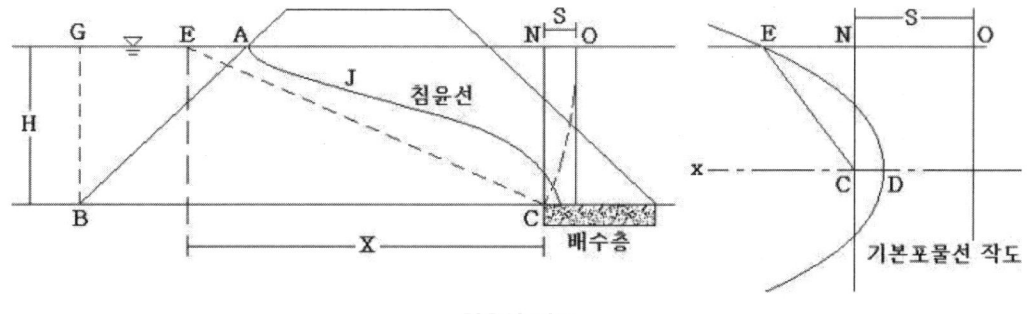

침윤선 작도

3. 침윤선 용도

(1) 제방의 제내지에서 배수층을 설치하는 위치 결정

(2) 제방의 폭원을 결정

(3) 제방의 거동상태를 파악

4. 침윤선 저하대책

(1) 제방 자체에 sheet pile을 타설하여 차수벽을 형성한다.

(2) 제외지 하단에 blanket을 설치하여 불투수층을 형성한다.

(3) 제외지 하단에 압성토를 설치하여 제방의 단면을 확폭한다.

(4) 제내지 하단에 배수층을 설치하여 제체 내에서 저면배수를 유도한다.

| 균일재료 | 중심코어 | 연직배수 | 표면차수벽 |

제방단면 형식에 따른 침윤선 변화

II. 유선망(Flow net)

1. 용어 정의

(1) 유선망(Flow net)은 유선과 등수두선으로 이루어진 망을 말하며, 제방·흙댐 등에서 침투유량과 임의의 점의 간극수압을 구하는데 사용된다.

(2) 물이 유선을 따라 흐르면서 압력이 감소하여 손실수두가 발생하는데, 유선 상에서 수두가 같은 점을 연결한 선을 等水頭線(Equipotential line)이라 한다.

2. 유선망 용도

(1) 간극수압의 계산

(2) 침투유량의 산정

(3) 손실수두(Δh)의 산정

(4) 동수경사($i = \dfrac{\Delta h}{L}$)의 산정

(5) 침투수력($J = i \cdot \gamma_w \cdot V$)의 계산

(6) 흙막이벽에서 Piping 현상의 발생여부의 판단

3. 유선망의 공학적인 특징

(1) 인접한 2개의 유선 사이에서 침투수량은 동일하다.

(2) 인접한 2개의 등수두선 사이에서 손실수두는 동일하다.

(3) 유선(flow line)과 등수선은 서로 직교한다.

(4) 유선과 등수두선으로 이루어지는 사변형은 정사각형이다.

(5) 침투속도와 동수경사는 유선망의 폭에 반비례한다.

(6) 유선망 성립에 필요한 유로 수는 4~6개 정도이다.

(7) 유선망은 수학적, 실험적, 도식적 방법으로 해석할 수 있다.

4. 유선망 작도

(1) (좌측 널말뚝) 상단선 a-d와 하단선 f-g 사이를 적당히 분할한다.

(2) 2~3개의 유선을 수평 b-a와 수직 d-c에 직교하도록 매끄럽게 연결한다.

(3) 유선과 직교하면서 정방향을 이루도록 몇 개의 등수두선을 작도한다.

(4) 수리학적으로 균형이 잡히도록 수정·보완하여 유선망을 완성한다.

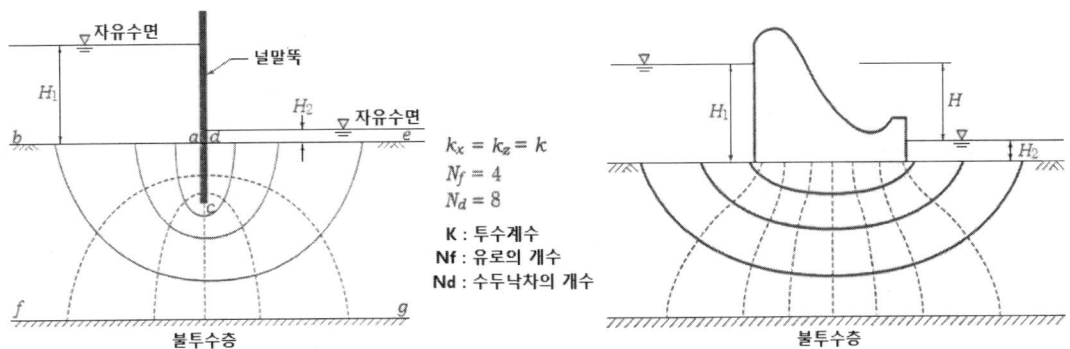

유선망 (널말뚝, 콘크리트댐)

5. 유선망에 의한 물막이벽의 안정성 검토

(1) 물막이벽에서 침투유량과 간극수압을 측정하여 Quick sand 및 Piping 현상을 추정할 때 유선망 검토가 필요하다.

(2) Quick sand 현상은 제방에서 유선이 집중되는 지점에서 침투수가 빨라져 모래가 유실되어 솟아오르는 현상이다.

(3) Piping 현상은 모래지반 내에서 파이프 형태의 물길을 통해 지하수가 유출되는 현상으로, 압밀침하를 유발한다.[221]

---

221) 박효성 외, 'Final 토목시공기술사 핵심문제', 예문사, pp.951, 968~969, 2008.

11.27 하상계수(河狀系數)

1. 하상계수

(1) 하상계수(河狀係數, coefficient of river regime)는 하천의 유량에 관한 상황을 나타내는 계수로서, 1년 중 최대유량과 최소유량의 비(比)를 의미한다.

(2) 하상계수는 하천의 최소유량을 1로 하고, 최대유량과의 비율로 나타낸다. 일명 유량변동계수 또는 하황계수(河況係數)라고도 한다.

(3) 하상계수가 1에 가까울수록 하천상황, 즉 하상이 큰 변화 없이 양호한 편이고, 이 계수가 클수록 유량변화가 크고 치수(治水)하기 어려운 하천이라는 뜻이다.

2. 하상계수 산출

(1) 하천유역의 강수량에서 증발량을 뺀 유출량이 계절에 따른 변화가 클 때, 습윤한 계절과 건조한 계절의 수분조건 차이가 크기 때문에 하상계수도 커진다. 평소에 물이 흐르지 않는 사막의 하천에 홍수가 나면 하상계수는 무한대가 된다.

(2) 하상계수를 인공적으로 줄이기 위해서 댐을 건설한다. 홍수기에 댐에 물을 저장함으로써 하류의 일시적 수량 증가를 줄이고, 갈수기에 댐의 물을 방류함으로써 하천의 수량을 조절하여 하상계수를 줄인다.

(3) 우리나라의 하천의 하상계수는 1:300 전후로서 외국의 하천에 비해 매우 높은 편이다. 그 이유는 장마와 태풍으로 인한 집중호우가 가장 큰 원인이다. 또한 유역면적이 협소하여 하천의 수위변동이 심하고 식물 피복이 빈약하기 때문이다.

(4) 우리나라의 하천들은 하상계수가 클 뿐만 아니라, 국토면적이 적고 산지가 많고 유역면적까지 좁아서 하절기에 하천이 범람하여 홍수피해가 발생된다.

(5) 이와 같이 하천의 유황(流況)이 불안정하면 내륙수운이나 수력발전에도 불리하고, 수자원 이용에도 어려움이 있어 다목적댐의 건설이 불가피하다.[222)

한국 강(江)의 하상계수

구분	한강	낙동강	금강	영산강	섬진강
하상계수	1:393	1:372	-	1:682	1:715

외국 강(江)의 하상계수

구분	템스강	라인강	양쯔강	센강	미시시피강
하상계수	1:8	1:14	1:22	1:34	1:119

---

222) 국토교통부, '하천설계기준 및 해설', 제7장 유량조사, 2009.

11.28 하천공사의 수리특성 조사

1. 용어 정의

(1) 하천공사를 설계할 때는 하천-대수층 간의 수리적 상호연결성을 조사하여, 당해 하천공사 시행 전·후에 하천변 지하수 이용에 미치는 영향을 비교·분석해야 한다.

(2) 하천공사의 지층별 수리특성 조사와 관련된 용어의 의미는 아래와 같다.

① 지하수 : 지상에 내린 강수가 지표면을 통해 지하로 침투하여 단기간 내에 하천으로 방출되지 않고 지하에 머무르면서 흐르는 물

② 대수층 : 지하수로 포화된 투수성이 좋은 지층, 지층군 또는 지층의 일부를 말하며, 자유지하수면을 가진 비피압대수층과 상·하의 불투수층 사이에 위치한 피압대수층으로 구분

③ 불투수층 : 지하수를 통과시키기 어렵거나 통과시키지 못하는 지층

④ 투수계수 : 단위시간 동안에 단위단면적의 흙 사이를 침투하는 물의 유출속도를 말하며, 흙 입자의 크기, 형상, 혼합비, 공기와 물의 상호작용, 수질 등에 의하여 결정되는 값

(3) 하천공사에서 지하수조사는 지하수 관리, 지하수 개발, 지하수의 인공함양, 활동붕괴방지, 지반침하방지, 지하수 유입량·유출량의 추정, 당해 하천공사에 따른 지하수 대책 등을 수립하기 위하여 필요하다.

2. 하천공사에서 지층별 수리특성 조사의 주요내용

(1) 기존자료조사

① 우물자료

② 수리지질 자료

③ 시추 자료(지질시추대장, 지질주상도, 전기검층도, 양수시험기록)

④ 토질조사 자료

⑤ 지하수위 관측자료

⑥ 기상자료(우량년표, 기상순표, 기상월보, 기상연보, 수문조사연보 등)

⑦ 유량자료(유량년표, 댐관리연보 등)

⑧ 조위자료(조석표, 조위표 등)

⑨ 용배수 자료(조작일지, 운전일보 등)

⑩ 양수자료(양수정 분포도, 관측정 분포도, 가스정 분포도 등)

⑪ 하천수 수질 자료(수질년표 등)

⑫ 지하수 수질자료

⑬ 수준측량 자료(수준점 측량성과집, 지반고, 지반침하도 등)

⑭ 지형 및 토양자료(지형분류도, 경사분포도, 토양도 등)

⑮ 토지이용 실태자료(토지구분도, 토지이용현황도 등)

⑯ 기존하도 자료 및 간척지 자료

(2) 수리지질 및 토질조사

① 지하수의 특성을 파악하고 물 흐름변화 산정에 필요한 수리지질 및 토질의 기초
자료를 확보하기 위하여 표층지질조사, 지질시추조사(양수시험 포함), 물리탐사,
물리지층조사 등을 실시한다.

(3) 지하수위조사

① 지하수위조사는 원칙적으로 관측정에 의해 실시한다. 관측정은 필요에 따라 대수
층을 굴착하여 설치한다.

② 관측정을 설치한 後, 관측정 대장을 작성하여 관측소 위치, 관측정 정점표고, 관
측정 구조(깊이, 여과관 위치), 관측소 주변의 간단한 조감도 등을 기록한다.

(4) 강우량조사

① 강우량조사에 필요한 우량계의 배치는 조사 목적, 조사지역 지형, 수리지질구조
등을 감안하여 결정한다.

(5) 하천수위 및 유량조사

① 지하수조사를 위한 하천수위조사는 첨단기술을 활용한 레이더식과 영상식의 수위
측정장치를 활용하여 실시한다.

② 지하수조사를 위한 하천유량조사는 하천·지형 특성을 고려한 선택적 홍수방어 대
안 마련, 표면영상유속계에 의한 유량측정 등을 실시한다.

(6) 증발량 및 침투량조사

① 증발량 및 침투량조사는 계기관측 또는 강우유출조사에 의하여 실시한다. 특별한
조사가 필요할 때는 해당 지역에서 직접 실측한다.

(7) 하천 취·배수량조사

① 하천 취·배수량조사는 일반적인 지하수 관리, 하천수의 지하수 유입·유출량 추정
등과 함께 실시된다.

② 하천 취·배수량조사는 원칙적으로 실측에 따르되, 유수점용허가량을 조사하고 환
원수도 고려해야 한다.

(8) 양수량조사

① 양수량조사는 원칙적으로 자료조사, 현지조사, 설문조사 등에 의해 실시한다.

② 더욱 정확도가 요구되는 경우와 양수량의 시간변화 추이가 필요할 때는 양수정에 유량계를 부착하여 실측한다.

(9) 하천수 수질조사

① 하천수 수질조사는 기후변화에 따른라 빗물이 유입되는 비점오염 부하량을 조사하고, 녹조현상의 원인, 수질예측 방법을 제시하기 위한 하천환경모니터링 기준 등을 조사한다.

(10) 지하수 수질조사

① 지하수는 불균질한 투수성 매체를 통과하여 유동하므로 지표수에 비하여 유속이 느리고, 수질변화가 매우 완만하므로 수질조사는 장기적 관점에서 실시한다.

(11) 지반고조사

① 지반고조사는 지하수위 변화에 따른 지반고 변동이 예상되는 지역에 대하여 1등 수준으로 정밀하게 측량을 한다.

② 지반고 측량을 위한 수준점의 배치간격은 제방과 도로 등의 특수한 구조물의 경우를 제외하고 1~수km로 한다. 필요에 따라 지반침하 관측정을 설치한다.

(12) 토지이용실태조사

① 토지이용 실태는 1 : 25,000~1 : 50,000 도면, 항공사진, 위성사진 등을 이용하여 조사한다.

2. 하천공사에서 조사자료의 해석

(1) 하천공사를 설계할 때 조사된 지하수조사 자료들은 수치해석 등을 실시하여 지하수의 이용 및 보전을 위한 여러 가지 목적의 평가 및 해석을 위하여 사용된다.[223]

---

223) 국토교통부, '지하수조사', 국가건설기준 표준시방서, pp.1~5, 2016.

11.29 하천공사 중 홍수방어계획

하천공사 중 홍수방어 및 조절대책 [0, 1]

1. 개요

(1) 하천공사 기간 중에 필요한 홍수방어계획에는 구조물적 대책(structural measures) 뿐만 아니라 非구조물적 대책(non-structural measures)도 포함되어야 한다.

(2) 홍수방어계획은 하천공사 기간 중에 하천에서 발생되는 홍수재해로부터 인명·재산 피해를 입지 않도록 방어하기 위한 조사, 계획 및 대책수립 사항을 파악하고 결정 하기 위하여 시행하는 치수대책을 말한다.

① 구조물적 대책 : 제방, 방수로 등에 의한 하천정비 및 개수, 홍수조절지 및 유수 지, 홍수조절용 댐 등과 같은 구조물에 의한 치수 대책

② 非구조물적 대책 : 유역관리, 홍수예보, 홍수터 관리, 홍수보험, 홍수방지대책 등 과 같은 비구조물적인 치수 대책

2. 홍수방어계획

(1) 홍수 방어·조절방법의 선정

① 홍수 방어·조절방법은 선택 가능한 여러 방법 중에서 최적의 방법을 선정하여 장 기적인 안목에서 단계적·체계적으로 수행되어야 한다.

② 홍수를 방어·조절할 수 있는 수단을 검토하여 하천의 상·중·하류에 적절한 대책 을 선정하되, 해당 지역의 홍수, 지형, 사회·경제적 특성 등에 따라 가능한 수단 을 적절히 조합하여 홍수 방어목적을 달성하도록 한다.

③ 홍수 방어·조절의 최적방법을 결정하려면 공학적 타당성 조사와 경제성을 조사하 여 결정하는 것이 기본이다.

(2) 종합치수대책의 수립

① 종합치수대책을 수립할 때는 하천을 둘러싼 모든 여건을 조사·검토하는 기초조사 사업을 먼저 시행해야 한다.

② 종합치수대책의 수립목적은 하천유역의 치수시설 정비를 촉진하고 유역개발에 따 른 홍수·토사 유출량을 원활히 소통시켜 하천유역의 유수기능이 유지되도록 함으 로써, 홍수범람 및 토석류 위험유역에서 홍수피해를 최소화하는데 있다.

③ 하천유역의 종합치수대책이나 기타 계획과 관련하여 설계되는 수공구조물이나 치 수대책을 위한 구조물은 해당 하천설계기준에 따라야 한다.

④ 수공구조물이나 하천개수의 계획규모는 유역별로 수립된 종합치수계획에 따라 결

정한다. 다만, 유역종합치수계획이 수립되지 않은 경우에는 아래 표를 참고하여
결정하되 하류지역의 통수능 및 대상하천의 특성을 고려하여 결정한다.

⑤ 즉, 하류지역의 도시관류 하천의 계획규모(재현기간)는 치수경제조사 결과에 따라
빈도를 아래 표보다 상향 적용할 수 있다.

하천의 중요도와 계획규모

하천중요도	계획규모(재현기간)	적용 하천 범위
A 급	200년 이상	국가하천의 주요구간
B 급	100 ~ 200년	국가하천과 지방하천의 주요구간
C 급	50 ~ 200년	지방하천

3. 구조물적 대책

(1) 하천정비 및 개수계획

① 하천정비 및 개수계획은 홍수방어를 위한 하도계획에서 ▲대안의 선택, ▲대안의
책정 등을 통하여 이루어진다.

② 대안의 선택 : 제방 축조·확충, 하도 통수능력 증대방안, 방수로 축조 등을 선택

③ 대안의 책정 : 홍수처리 대안의 기본구상, 가능한 대안의 선정과 보완, 홍수처리규
모 및 방식결정, 최적안 결정 등을 책정

(2) 우수 유출억제시설 계획

① 우수 유출억제시설 계획은 ▲우수 유출억제대책 수립, ▲홍수방어를 위한 유수지
계획, ▲저류시설 계획 등을 통하여 이루어진다.

② 우수 유출억제대책 수립 : 저류형과 침투형으로 구분, 홍수 피해방지 뿐만 아니라
한정된 수자원 활용과 자연생태 유지에 크게 기여되므로 반드시 검토 필요

③ 유수지 계획 : 유수지는 하천의 중·하류에서 홍수의 일부를 저류하여 서서히 방류
하거나 강제로 배수하여 첨두유량을 감소

⑷ 저류시설 계획 : 지상에 유수지 설치가 어려운 경우에는 지하공간에 저류시설을
설치하여 홍수 시에 빗물을 저류하여 물을 이용하고, 홍수 후에 방류

(3) 홍수 조절용 저류지 계획

① 홍수조절용 저류지는 가능하면 다목적 시설로 계획하되, 지형·지질 여건이 허락
하지 않을 경우에는 단지 홍수조절용 저류지만으로 계획한다.

② 홍수조절용 저류지는 계획유역의 치수에 필요한 저수용량을 충분히 확보할 수 있
는 지점에 설치하되, 건설비와 자연환경 보전 등을 종합 검토하여 선정한다.

③ 홍수조절용 저류지를 단일목적으로 할 것인지 아니면 몇 개의 저류지로 구성된

저류지군으로 할 것인지를 종합적으로 판단하여 결정한다.

(4) 기타 구조물적 대책에 의한 홍수방어(조절) 계획

① 지하수보존지역 개발, 토사·쓰레기·부유물의 유입방지시설 계획, 침투성 공공시설 설치, 집수시설 보완 등을 검토한다.

② 도로와 주차장을 침투성 포장으로 시공하면 빗물 침투량을 증가시켜 홍수량을 감소시키고 지하수 활용을 증가시킬 수 있다.

③ 반면, 불투수성 포장으로 시공하면 강우 중에 유출량이 증가되므로 우수의 집수시설 보완·증설을 함께 검토해야 한다.

4. 非구조물적 대책

(1) **저수지 최적운영체계** : 저수지 운영방안과 최적 해석기법의 개선을 통하여 홍수조절 효과를 기대 가능

(2) **홍수예보 시스템** : 현재 운용 중인 홍수예보방법과 홍수경보절차를 개선하면 홍수조절 효과를 기대 가능

(3) **홍수터 관리** : 홍수터의 수리·수문해석방법의 개선, 홍수보험 등과 같이 홍수터 관리와 관련된 항목 등을 종합적으로 개선하면 홍수조절 효과를 기대 가능

(4) **홍수보험** : 홍수보험의 기능과 과정을 명확히 파악하여 제도를 도입하면 홍수조절계획 수립에 일익을 담당 가능

(5) **기상현상 조절에 의한 홍수방지** : 홍수를 유발하는 기상과 수문 등의 자연현상을 조절하면 강우발생을 억제 가능

(6) **유역관리** : 하천유역의 보수, 유수·저수기능의 유지 및 증대 등을 위하여 적절하게 유역을 관리하면 홍수 및 토사의 유출을 조절 가능

(7) **홍수조절방법의 조합** : 홍수조절 사업을 비홍수조절사업과 조합한 다목적 사업으로 하여 경제성을 높이고, 서로 다른 홍수조절방법의 조합을 검토한다.

5. 맺음말

(1) 홍수방어계획은 설계홍수량을 기준으로 설계되는 홍수조절 및 방어계획과 설치되는 하천구조물이 수계 전체에 대하여 일관성 있게 기술적·경제적으로 조화를 이루어 목적하는 기능이 최대한 발휘되도록 하천유역종합계획과 일치되어야 한다.

(2) 홍수방어계획을 수립할 때 하천의 이수·치수·환경 등 제반 기능을 종합적으로 검토하고, 당해 하천의 최대홍수량뿐만 아니라 계획규모를 초과하는 홍수량도 발생될 수 있는 가능성을 고려하여 결정해야 한다.[224]

---

224) 국토교통부, '홍수방어 계획', 국가건설기준 표준시방서, pp.1~10, 2016.

11.30 하천堤防의 붕괴원인 및 방지대책

하천 제방의 누수원인과 방지대책 [0, 10]

I. 개요

1. 2002년 태풍 루사, 2003년 태풍 매미 등으로 강원·영남지역에 극한홍수가 닥쳐 제방이 붕괴됨에 따라, 정부는 홍수방어를 위해 제방의 설계개념을 재정립하였다.

2. 하천제방의 누수는 제외지 측의 수위가 상승할 때 침투수가 제방을 통해 제내지로 유출되는 현상으로, 제방을 붕괴시키는 가장 큰 원인이다. 침투수가 유출되면 quick sand → boiling → piping 현상을 초래하여 제방이 붕괴된다.

3. 홍수가 닥쳤을 때 제방이 붕괴되는 원인은 ▲월류, ▲침식, ▲제체 불안정, ▲하천 구조물에 의한 붕괴 등이다. 제방보강공법을 선정할 때 고려사항은 다음과 같다.
   ⑴ 보강공법의 시공성(확실성)과 경제성
   ⑵ 제체의 누수에 대한 지수효과
   ⑶ 보강공법 시행 후에 기초지반과 제체에 대한 영향

II. 제방누수의 원인

1. 조사·계획·설계 불량
   ⑴ 기초지반의 지질조사 불량
   ⑵ 집수지역의 수문조사 미흡으로 통수단면(교대위치) 부족
   ⑶ 지반지지력의 판정오류, 연약지반개량 미흡
   ⑷ 하천제방 형식선정의 부적합

2. 기초지반 및 제체 시공 불량
   ⑴ 기초지반의 연약화, 하상세굴
   ⑵ 제체의 단면부족, 성토재료의 다짐도(90% 이상) 불량, 비탈면 침식
   ⑶ Core zone(불투수층) 시공불량
   ⑷ 제체와 수리구조물(취수장, 수문 등) 간의 접속부 균열

3. 유지관리 불량
   ⑴ 동식물(나무뿌리, 들쥐 등)에 의한 공동 발생
   ⑵ 풍랑, 유하물 등이 제방에 충돌하면서 비탈면이 세굴, 붕괴
   ⑶ 홍수시 수위가 급강하할 때 과재하중(차량통행 등), piping 발생
   ⑷ 홍수가 제방 둑마루를 월류(overtopping)하여 뒷비탈면이 세굴

III. 제방붕괴의 원인

1. 월류에 의한 제방붕괴

(1) 하도의 통수능을 초과하는 홍수가 닥쳤을 때 토사나 유목 등에 의해 하천의 흐름이 원활하지 못하면 월류에 의해 제방이 붕괴된다.

(2) 계획규모 이상의 홍수가 발생되어 홍수위가 제방고보다 높을 때, 월류에 의한 제방붕괴로 이어진다.

③ 제체의 재료는 주로 흙으로 구성되어 있기 때문에 월류될 때 제외지 측의 비탈면및 비탈끝이 세굴되면 제방이 급격히 붕괴된다.

2. 침식에 의한 제방붕괴

(1) 하천의 급경사 구간 또는 급격한 만곡 부분에서 유속이 과다하거나 소류력이 작용하면 제방의 비탈면과 하단부가 세굴되면서 침식에 의해 제방이 붕괴된다.

(2) 제방 침식은 하안이 깎이는 측방침식과 제방 비탈면의 직접침식으로 구분된다.침식에 의해 제방이 붕괴되는 것은 호안과 부속시설의 침식으로부터 유발된다.

3. 제체 불안정에 의한 제방붕괴

(1) 성토재료의 불량, 제체·기초지반 누수에 의한 piping 등에 의하여 제체(堤體)가불안정해지면 제방이 붕괴된다.

(2) 제체 불안정으로 침투에 의한 제방붕괴는 활동과 누수로 구분할 수 있으며, 누수는 제체누수와 지반누수가 있는데, 누수가 되면 파이핑이 발생된다.

4. 하천구조물에 의한 붕괴

(1) 하천구조물에 의한 제방붕괴는 하천횡단구조물(암거, 교량 등)이 붕괴되어 제방이붕괴되는 경우, 제방에 이질재료로 건설된 구조물(수문, 통문·통관 등) 접촉면이붕괴되는 경우 등이 있다.

(2) 제방과 구조물 접합부에서는 이질적인 재료에 의해 부등침하나 공극이 형성되는공동(空洞)현상으로 인하여 제방이 붕괴된다.

(3) 국내에서도 최근 배수구조물에 의한 붕괴가 다수 발생하였는데, 공통적인 원인은배수구조물을 지지하는데 말뚝기초를 사용하였다는 점이다.

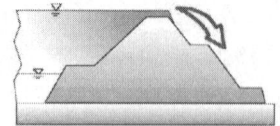  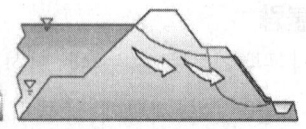 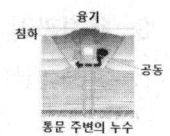

제방붕괴의 원인

Ⅳ. 제방누수·붕괴의 방지대책

1. 기초지반 보강
① 누수가 발생하는 기초지반에 curtain grouting 실시
② 기초지반의 차수성 강화

2. 제방단면 증대
① 침투수가 제방을 통과하는 침투거리를 길게 하여 누수 방지
② 제방의 단면폭, 제체재료, 누수량 등으로 고려하여 단면 결정

3. 지수벽 설치
① Sheet pile 설치 : pile 사이의 이음부에서 누수가 없도록 시공
② Core zone 설치 : 불투수성 점성토 재료로 시공
③ 기초에 약액주입 : 주변지반 지하수에 대한 영향을 고려하여 시공

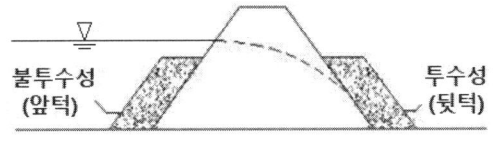

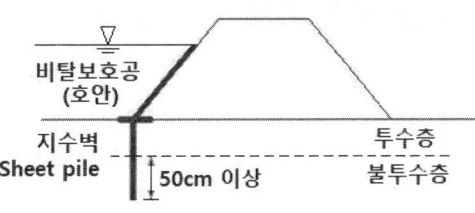

제방단면 증대   지수벽 설치

4. 비탈면 피복공 설치
① 강우시 침투수가 제체로 침입 방지
② 비탈면을 아스팔트, 콘크리트 등 수밀성 재료로 피복

5. 불투수성 약액주입 공법
① 누수지점이 비탈면에 노출되거나 표층의 투수계수가 큰 경우
② 제외지 투수층 표면을 아스팔트로 피복, 기초지반 약액주입하여 침투수 차단

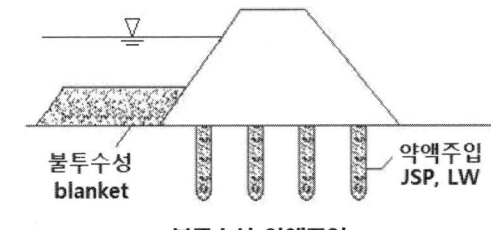

비탈면 피복공   불투수성 약액주입

6. 비탈끝 보강

① 배수를 용이하게 하고 세굴을 방지하기 위하여 세굴이 발생할 우려가 있는 비탈면 끝을 석축으로 보강

7. 압성토공법

① 제내지 비탈 끝에서 quick sand 현상이 발생하는 경우에는 제외지 비탈면에 압성토를 실시하여 heaving, boiling 방지

8. 배수구 설치

① 제체 투수층 두께가 얇고 표토가 얇은 경우에는 투수층에 배수구를 설치하여 quick sand, piping 방지

V. 결론

1. 정량적인 제방 안전성 평가

제방을 설계할 때 형상규정뿐만 아니라 내·외력에 의한 성능규정을 도입하여 제방 안전성을 평가하도록 한다. 또한 극한홍수에 의한 월류붕괴를 고려할 수 있도록 월류에 안전한 제방(난파제)에 대한 안전성 평가를 실시하여 제방붕괴 피해를 줄여야 한다.

2. 침식에 대한 안전성 확보

침식에 대한 제방 안전성은 제방 주위의 유속이나 하상변동에 의해 결정되는데, 이러한 하도 특성을 평가하는 하나의 지표로서 세그먼트 분류를 통해 침식에 대한 안전성 평가와 호안설계기준을 제시함으로서 제방의 침식에 대한 안전성을 확보할 수 있다.

3. 월류에 대한 안전성 확보

하천제방은 보통흙을 재료로 하므로 월류에 대해서 매우 취약하다. 일본의 고규격, 완경사, Green, Frontier 제방 도입을 신중히 검토하는 것이 필요하다.[225]

---

225) 박효성 외, 'Final 토목시공기술사 핵심문제', 예문사, pp.947~948, 2008.
한국건설기술연구원, '하천제방 관련 선진기술개발보고서', 2004.

11.31 하천제방의 보수·보강공법

기존 제방의 보강공사, 하천제방의 차수공법 [1, 3]

I. 개요

1. 『시특법』에 의한 성능평가 및 정밀안전진단을 통해 기존 하천제방의 안전성이 저하된 상태로 판정되면 지체 없이 하천제방의 보수·보강공사를 시행해야 한다.

2. 하천제방은 일반적인 콘크리트표준시방서 및 하천설계 등을 참고로 하여 결함발생원인을 정확히 분석한 後에 가장 적합한 보수·보강공법을 선정해야 한다.

3. 하천제방의 제체에서는 균열, 누수, 변형, 침하, 활동, 침식, 풍화 등의 손상현상이 보수·보강의 대상이며, 아래와 같은 보수·보강공법 중에서 적용하고 있다.
   (1) 제체 침투에 대한 보강공법
   (2) 기초지반 침투에 대한 보강공법
   (3) 제체 단면확대공법
   (4) 앞비탈면 피복공법
   (5) 차수공법

4. 하천제방의 침투에 의한 피해 메카니즘을 고려하여 제방 침투에 대한 보수·보강을 도모하는 기본적인 개념은 다음과 같다.
   (1) 제체에는 전단강도가 큰 재료를 사용한다.
   (2) 제체 내에 강우 및 하천수 유입을 차단한다.
   (3) 제체 내에 침투된 물(강우 및 하천수)은 신속하게 배수한다.
   (4) 제체 및 기초지반의 동수경사를 작게 처리한다.

II. 하천제방 보수·보강의 기본개념

1. 제체 침투에 대한 보수·보강

(1) 단면확대공법은 제체 및 기초지반 침투 모두에 대해 효과적이고, 신뢰성이 높기 때문에 보수·보강공법 선정할 때 일차적으로 검토해야 한다.
   ㅇ 단면확대 시공방향은 ▲제외지 방향, ▲제내지 방향, ▲양자 병용 방향 등에서 각각의 기능과 효과가 다르므로 재료선정에 유의해야 한다.
   ㅇ 단면확대공법의 축제재료는 기존 제방의 전단강도와 동등 이상이어야 하며, 제외지 방향 보강은 불투수성 재료, 제내지 방향은 투수성이 큰 재료이어야 한다.
(2) 앞비탈면 피복공법은 투수성이 좋은 모래, 사질토, 역질토 등으로 구성된 투수성

이 큰 제체에서 수위 급상승될 때 하천수의 앞비탈면으로부터 침투 억제를 위해 불투수성 재료로 피복하는 보강공법이다.

o 피복재료는 불투수성의 흙재료, 토목섬유 인공재료(遮水시트)를 사용한다.

o 遮水시트 피복재료는 강우침투에 의한 잔류수압, 유수 등에 의해 파괴나 부력이 발생될 수 있으므로, 遮水시트+복토+콘크리트블록의 조합을 검토한다.

o 앞비탈면 피복공법의 범위는 원칙적으로 앞비탈 기슭부터 앞비탈 머리까지 모두를 포함해야 한다.

2. 기초지반 침투에 대한 보수·보강

(1) 차수공법은 앞비탈기슭, 둑마루, 소단 부근의 기초지반에 차수벽을 설치하여, 하천으로부터 침투되는 수량과 수압을 경감하고, 침투파괴를 방지하는 공법이다.

① 차수공법은 투수성 기초지반에 적용되지만, 투수층이 너무 두꺼우면 차수벽의 근입깊이를 깊게 해야 하므로 경제성·시공성을 비교하여 선정해야 한다.

② 차수공법은 시트파일공, 연속지중벽공, 그라우트공 등이 주로 사용되지만, 다른 공법과의 병용 방안도 검토해야 된다.

(2) 고수부지 피복공법은 제외지 측의 고수부지 표층을 불투수성 재료로 피복함으로써, 침투유로를 연장하여 기초지반의 침투압을 저감시켜 제내지 뒷비탈기슭에서 침투에 대한 안전성을 향상시키는 방법이다.

① 피복단면은 피복 길이·두께를 변화시키면서 침투계산과 안정계산을 반복적으로 수행하여 경사면 파괴 및 파이핑에 대한 안전성을 확인하여 결정한다.

② 피복재료는 불투수성(투수계수 $k=1\times10^{-5}$cm/s 이하) 토질재료, 遮水시트, 아스팔트포장 등이 주로 사용된다.

Ⅱ. 하천제방 보수·보강의 시공방법

1. 단면확대공법

(1) 단면확대공법은 제내지 측에 보강 성토를 설치하여 침투로 길이를 연장시켜, 평균 동수경사를 저감시키고 동시에 비탈면 경사를 완만하게 개량하여 비탈면 파괴에 대한 안전성을 향상시키는 공법이다.

(2) 단면의 보강형상은 ▲제내지 측에 보강, ▲제외지 측에 보강, ▲제내·외지 측에 동시 보강 등으로 나누어진다.

(2) 제내지 측에 보강은 용지 추가확보가 필요하다. 반면, 제외지 측에 보강은 하천구역 내에서 시공이 가능하지만 하천폭에 여유가 있는 경우로 한정된다. 제내·외지 측에 보강은 하천폭 여유와 용지 추가확보 쌍방 부담을 경감시킬 수 있다.

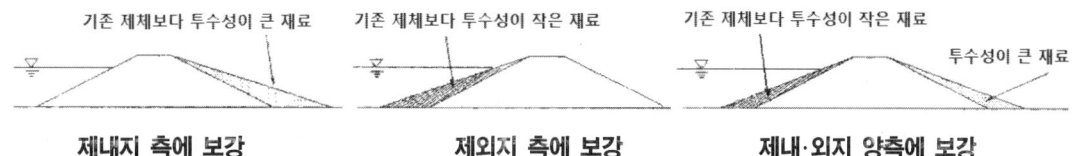

제내지 측에 보강   **제외지 측에 보강**   **제내·외지 양측에 보강**

2. 앞비탈면 피복공법

⑴ 앞비탈 피복공법의 수위 급상승 상태에서 앞비탈면으로부터 하천수의 침투를 억제하기 위해 불투수성 재료로 피복하는 보강공법이다.

⑵ 즉, 투수성이 좋은 사질토나 역질토로 구성된 제체는 앞비탈면으로부터 하천수가 용이하게 제체 내로 침투되어 제방을 불안정화 시키는 요인이 된다.

⑶ 따라서 앞비탈면을 불투수성의 토질재료나 토목섬유(遮水시트)로 피복하면 하천수의 침투를 억제하고, 제체 내의 침윤면 확대를 억제하는데 효과적이다.

⑷ 또한, 하천수의 제체 침투 억제는 홍수 말기에 수위 급강하될 때 잔류수압에 따른 경사면 파괴 방지에도 효과적이다.

⑸ 앞비탈 피복공법의 범위는 원칙적으로 앞비탈 기슭부터 앞비탈 머리까지 모두 포함하여 시행해야 침투 억제에 효과적이다.

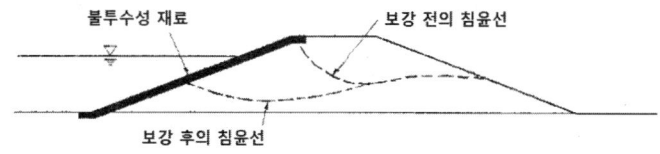

앞비탈 피복공법

3. 차수공법

⑴ 차수공법의 아래의 그림과 같이 ▲앞비탈 기슭, ▲둑마루, ▲뒷비탈 소단 부근의 기초지반에 차수벽을 설치하는 공법이다.

⑵ 이때, 차수벽의 설치위치 선정은 현장시공여건, 양압력, 침투유로에 의한 사면안정, 누수량, 경제성 등을 종합 검토하여 현장에 맞는 최적의 방법을 선정한다.

⑶ 차수공법은 시트파일공법, 연속지중벽공법, 그라우트공법 등으로 대별되며 시공밥법에 따른 특징은 아래 표와 같다.

앞비탈 기슭에 설치   **둑마루에 설치**   **뒷비탈 소단에 설치**
차수공법

차수공법의 특징 비교

공법	특징
시트파일공법	◦ 시공성이 우수하여 많이 쓰이고 있다. ◦ 이음부에서부터 누수가 있고, 특히 역질토로 구성된 제체에서 이음부에 누수가 있는 경우에는 효과가 반감될 수 있다.
슬러리 트렌치공법	◦ 지반에 트렌치를 굴착하고, 굴삭토에 벤토나이트와 시멘트를 첨가한 혼합액으로 매설하여 차수벽을 형성한다. ◦ 슬러리 트렌치 내에 지수재로서 연질 염화비닐시트를 사용하여 지수성을 높이는 공법도 개발되어 있다.
시멘트계 그라우트공법 약액주입공법	◦ 제체 기초지반에 시멘트 밀크나 지수성의 약액을 압입하는 것으로 시공은 용이하지만, 지수효과나 내구성이 불명확한 경우가 있다.

4. 고수부지 피복공법

(1) 고수부지 피복공법은 제외지 측의 고수부지 표층을 불투수성 재료로 피복하는 것으로, 침투유로를 연장시켜 기초지반의 침투압을 저감시키고, 제내지 뒷비탈 기슭에서의 침투에 대한 안전성을 향상시키는 공법이다.

(2) 피복재료의 투수성은 투수계수 $k=1\times10^{-5}$cm/s 이하이면 피복효과를 기대할 수 있고, 두께는 수위 급상승될 때 유수에 따른 세굴에 기능을 상실하지 않는 정도로 피복해야 한다.

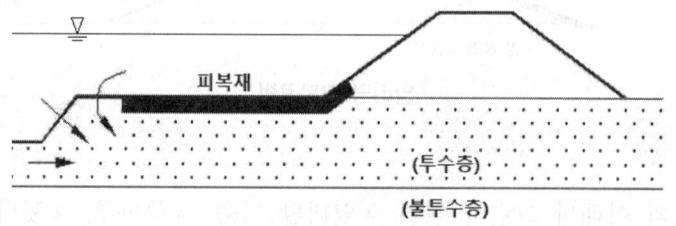

고수부지 피복공법

III. 맺음말

1. 공용 중에 있는 기존 구조물의 결함에 따른 보수·보강을 검토할 때는 보수재료와 공법 선정, 공법의 적용성, 구조적인 안전성, 경제성 등을 비교하여 결정한다.

2. 이 과정에 중요한 것은 기존 구조물의 결함발생 원인에 대한 정확한 분석이며, 이를 통해 적절한 공법을 선정할 수 있고, 적절한 보수재료를 선택할 수 있다.

3. 따라서 시설물 관련 데이터, 안전점검 및 정밀안전진단 중에 수행한 각종 상태평가 및 안전성 평가 결과를 기초로 가장 적합한 보수·보강공법을 선정해야 한다.[226]

---

226) 한국시설안전공단, '안전점검 및 정밀안전진단 세부지침 해설서(제방)', pp.1~12, 2012.12.

11.32 하천河上의 준설공사

하도의 굴착 및 준설공법, 장마철 호우 대비하는 하상(河上) 정비 [0, 2]

I. 개요

1. 오염퇴적물 준설 : 하천에 도시하수, 농업배수, 축산폐수, 산업폐수 등이 유입되어 점차 퇴적되면 수질오염의 주원인이 되므로, 환경보전을 위하여 오염퇴적물을 준설 하여 제거하는 것을 말한다.

2. 퇴적토 준설 : 하도의 퇴적토가 저수로 변형, 취수구 폐쇄, 사주 발생, 저수지 담수 량 감소 등을 초래하면 하천의 이·치수 기능과 환경저해의 원인이 되므로 이를 방 지하기 위하여 퇴적토사를 준설하는 것을 말한다.

3. 저수로 준설 : 하천기본계획에 의한 개발준설과 소요 수심을 유지하기 위한 유지준 설로 구분되며, 유수를 유도하고 수상 이용을 위하여 시행하는 준설을 말한다.

4. 하상정리 : 토석, 모래, 자갈 등의 하천부산물 채취, 홍수 중 유수소통을 위한 하천 단면 확대, 수질개선을 위한 퇴적토 제거 등 하상단면을 정리하는 것을 말한다.

II. 하천河上의 준설공사

1. 준설준비

(1) 해당 준설구역 및 준설위치를 부표나 대나무 등으로 표시해야 한다.

(2) 준설선단구성이 적절하게 구성되었는지 확인하고 안전운영이 되도록 관리한다.

(3) 준설구역과 사토장에서 예상되는 환경오염과 집단민원 대책을 수립한다.

(4) 저수로 준설 중에 하저에 매설된 지장물(통신케이블, 취·배수관, 여울목교, 기존 취수정 등)을 이설 또는 제거한 후 작업을 착수한다.

(5) 홍수기에 준설선 자체의 파손 방지, 준설선과 교량·제방 간의 충돌에 따른 손상 방지를 위하여 사전에 준설중지, 대피요령, 계류방법 등을 교육한다.

2. 송토관 설치

(1) 준설장소부터 사토·투기장소까지의 지형지물을 조사한 後, 하상에 직접 설치하거 나 받침틀을 사용하는 등 적절한 방식으로 송토관을 설치한다.

(2) 수로를 횡단하여 설치되는 송토관이 주운에 지장을 초래할 경우에는 침설관 공법 으로 설치한다.

(3) 준설선 운전 중에 누수 및 지반침하에 의한 송토관 파열사고를 방지하기 위하여 지속적으로 관리해야 한다.

3. 준설

⑴ 준설구간이 넓을 때는 준설선 스윙폭을 기준하여 격자블록으로 나누어 준설함으로써 준설부위를 장기간 방치하여 발생되는 침전물의 유입을 방지하도록 한다.

⑵ 준설심도의 단위는 최소 10cm로 하되, 더파기 허용기준은 아래 표 에 따른다.

⑶ 유속이 큰 하천에서는 유속이 가장 작은 방향을 향하여 준설한다.

⑷ 계획하상고 이하로 준설(오차범위 내)되었거나 유수작용에 의하여 저하된 부분은 하천 부속물에 대한 영향이나 치수 상의 문제가 없는 한 메울 필요는 없다.

하천하상 준설 중 더파기의 허용기준

토질 종류	준설선 종류	더파기 두께(m)	비고
점토질 토사	펌프 준설선	0.3 ~ 0.8	
사질 토사	그래브 준설선	0.3 ~ 0.6	
자갈, 역토사 및 암반	그래브 준설선	0.2 ~ 0.5	

4. 준설의 허용기준

⑴ 준설의 계획수심과 더파기, 여유폭, 준설 비탈면 경사 등의 준설단면도는 아래 그림과 같다.

⑵ 경사면 하상준설은 투입되는 준설선에 따라 아래 표의 여유폭을 기준으로 한다. 다만, 한쪽 여유폭 및 유지관리 준설일 때에는 아래 표의 1/2로 한다.

⑶ 백호우를 이용한 준설 중 허용오차 범위는 계획하상고로부터 ±0.1~±0.5m 이내를 기준으로 한다.

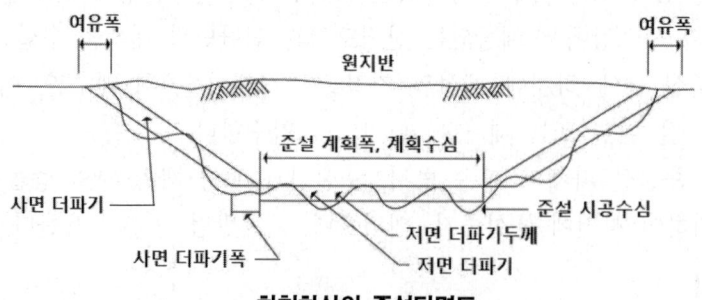

하천하상의 준설단면도

하천하상 사면 준설의 여유폭

준설 방법	여유폭(m)	비고
그래브 및 디퍼선으로 보통토사를 준설할 때	4	
그래브 및 디퍼선으로 경질토를 준설할 때	4	
펌프선 및 버킷선으로 준설할 때	6	

5. 준설항로의 안전

(1) 하천하상 준설 중에 항행 또는 정박하는 선박에 장애가 되지 않도록 해야 한다.

(2) 준설 중에 위험을 수반하는 발파작업의 위치·시간·장소를 사전에 통보함으로써 일반 선박에 대해 항행제한 또는 항행금지를 시행해야 한다.

6. 준설심도 확인

(1) 준설심도는 기준면으로부터 깊이에 대한 심도이므로 준설 중 계속하여 관측하고, 준설 완료 시점에 음향측심기에 의해 심도를 확인하여 수심평면도를 작성한다.

(2) 하천하상의 토사 이동에 의해 준설장소가 단기간에 매몰되어 음향측심기에 의해 준설심도를 확인할 수 없는 경우 배토량을 검수하여 준설토량으로 간주한다.

7. 오염퇴적물 준설

(1) 오염퇴적물 준설기준은 T-N, T-P, COD, 강열감량, 황화물 등의 5개 항목 중에 당해 준설지역에서 2~3개 항목이 아래 표의 기준치를 초과할 경우에는 오염퇴적물로 판정하고 준설해야 한다.

(2) 오염퇴적물을 준설할 때 1회 준설두께는 30cm 이내로 제한하고, 하상 전체를 고르게 준설하되 오염퇴적물이 확산되지 않도록 주의한다.

(4) 준설 중에 오탁도가 급격히 변하면 즉시 준설을 중지하고 원인을 조사·제거한 후 다음 준설을 계속하도록 한다.

(3) 준설 중에 수질이 오탁된 수심을 기록계에 의해 상시 기록·보관한다.

하천하상 오염퇴적물의 항목별 기준치

오염 항목	기준치	비고
T-N (mg/kg)	1,600 ~ 3,000	
T-P (mg/kg)	700 ~ 1,000	
COD (mg/g)	20 ~ 40	
강열감량 (%)	10 ~ 20	
황화물 (mg/g)	1.0 이상	

8. 저수로 준설

(1) 저수로 준설에서 굴착방법은 육상굴착과 수중굴착으로 구분된다.

① 육상굴착 : 백호우로 준설하여 덤프트럭으로 야적장(골재선별장)까지 운반한 後, 선별 및 파쇄하여 골재로 활용한다.

② 수중굴착 : 토질여건 및 준설심도에 따라 백호우, 버킷식 준설선, 펌프식 준설선 등을 이용하여 토운선으로 사토장 및 투기장으로 이송한다.

(2) 준설깊이는 육상장비인 백호우에는 붐대에 굴착깊이를 나타내는 cm 단위를 표시

하고, 수상장비인 준설선에는 심도 게이지장비로 표시하여 통제한다.

9. 하도굴착

(1) 하도굴착으로 발생되는 모래·자갈은 체가름 시험을 실시하여 골재활용 여부를 판단, 건설자재로 활용한다.

(2) 준설토사에 함유된 실트가 0.08mm체 통과량 함유분이 50% 이상인 경우에는 불용토로 분류(건설자재 활용 불가)하여 지정된 장소에 사토한다.

(3) 불용토의 성분을 분석하여 오염퇴적물이 일정기준 이상 포함된 경우에는 『폐기물관리법』에 따라 폐기처분해야 한다.

(4) 계획하상고가 평형하상고보다 높을 때는 계획하상고를 낮추어 변경 조정하고 준설공사를 계속한다.

10. 사토장, 투기장 및 침전지 시설

(1) 사토장 : 위치를 잘 선정하여 인접 하천부지 수로가 매몰되지 않도록 해야 한다.

(2) 투기장 : 준설투기 가능일수를 산정하여 규모를 결정하며, 준설토의 유실방지를 위하여 차수벽 내측에 P.P 매트를 설치한다.

(3) 침전지 : 투기장에서 침전되지 않는 작은 입자가 이동하여 하천에 재유입되지 않도록 침전작용을 유도하는 축조물로서, 월류구간에 3단계 침전지를 설치한다.

Ⅲ. 맺음말

1. 준설장비의 선정 및 공법의 선택은 퇴적물의 양, 하도의 조건 및 오염퇴적물 준설이 수계에 미치는 영향 등을 고려하여 신중히 선정해야 한다.

2. 준설공사 중에 음향측심기를 이용해서 수심측량을 실시하여 준설심도를 확인하며, 검측 체크리스트에는 측점, 시간, 관측수위, 측점좌표(X, Y) 및 준설시방 심도 기준을 표기하여 검측결과 및 조치사항 등을 기록해야 한다.

3. 준설토량은 자연상태인 하저토사를 용적으로 표시한다. 최종 운반량은 기록된 운반일지에 의한 토운선 운반량을 기준으로 하며, 준설구역을 적당한 간격의 횡단면으로 나누어 평균법으로 산출한다.[227]

---

227) 국토교통부, '하천 하상정리공사', 국가건설기준 표준시방서, pp.1~8, 2016.

11.33 생태하천 복원사업

하천 생태(환경) 호안, 하천제방에서 식생블록으로 호안보호공의 안정성검토 [1, 1]

1. 개요

(1) 생태하천 복원은 훼손된 하천생태계를 가능한 원래의 건강한 하천으로 회복시키는 사업으로 생물서식처, 종·횡적 연결성, 유지유량 등을 포함하는 생태계의 구조와 기능을 회복시켜 자연적 치수가 가능하도록 유도하는 사업이다.

(2) 즉, 생태하천 복원은 오염된 하천의 수질을 개선하고 정비하여 훼손된 생물 서식처를 복원함으로서 수(水)생태계의 건강성을 도모하는데 그 목적이 있다.

(3) 생태하천 복원의 유형은 원형복원, 유사복원 및 대체복원으로 구분할 수 있다.

① 원형복원 : 교란된 생태계를 가능한 원래 상태에 가까운 자연조건과 생태기능을 갖도록 회복시키는 복원

② 유사복원 : 훼손된 생태계를 생태기능이 유지되도록 안정시키는 복원

③ 대체복원 : 생태계를 목적에 맞도록 인위적으로 조성하는 복원

2. 생태하천 복원사업

(1) 생물종과 생태계 복원 중심

① 생물종과 생태계 중심의 하천사업 정착

○ 과거 및 현재 하천의 동·식물 분포현황 및 고유종, 희귀종, 법적보호종의 서식현황 등 하천 생태계에 대한 기초조사 실시

○ 기초조사 내용을 바탕으로 사업계획 단계에서부터 생물종 보전·복원 중심의 하천 사업 계획을 수립·추진

○ 하천복원의 지표가 될 수 있는 '깃대종'을 선정하고, 깃대종을 보전·복원하기 위한 목표 및 복원방법 강구

② 깃대종(Flagship Species)이란?

○ 어떤 지역의 생태적, 지리적, 문화적 특성을 반영(상징)하는 동·식물로서 이 종을 보전·복원하면 다른 생물의 서식지도 함께 보전·회복이 가능한 종

(2) 생태계의 종적·횡적 연결성 확보

① 횡적 생태네트워크

○ 하천구역 내에 제한적으로 추진되던 하천복원사업을 하천에서 주변의 자연환경까지 연계한 횡적 생태네트워크 구축개념으로 전환

② 종적 생태네트워크

○ 하천구역 내의 일정 구간에서 제한적으로 추진하는 하천사업의 한계를 벗어나 발원지에서 하구까지 연계한 종적 생태네트워크 구축

(3) 건강한 물순환 체계구축

① 깨끗한 물공급 : 하상여과, 인공습지, 식생수로 등 자연형 하천정화시설 도입

② 수질오염유발원인 제거 : 하천 주변 및 수중의 쓰레기, 장마철 부유쓰레기 등 수거사업 추진

③ 풍부한 물공급 : 하수처리수 재이용, 빗물 저류·활용, 지하수 함양방안 강구

(4) 기후변화 대비

① 고온수·갈수기 유량감소 대비 : 녹지대를 조성하여 수원 함양과 투수층 증대를 도모하고, 하천주변에 습지·저수지를 조성하여 하천 생태유지용수 확보

② 이상홍수로 인한 피해 대비 : 생태하천복원사업할 때 이상홍수에 대응할 수 있는 설계 수행, 생태하천공사할 때 공사시기 조절을 통한 예상피해 최소화

(5) 도심 건천·복개하천 복원

① 산업화·도시화로 인해 콘크리트로 복개된 도심 복개하천 철거

② 사라진 도심지역의 옛물길과 실개천도 함께 찾아내어 복원 깨끗하고 풍부한 물이 흐르도록 수질개선 및 다양한 물공급 방안을 적극 도입

(6) 협의체 중심의 하천사업 추진

① '생태하천복원협의체' 구성을 통한 사업 추진

② 지자체 담당공무원, 주민네트워크, 전문가 그룹 등으로 구성

③ 지자체는 환경·토목 등 관련분야 담당공무원으로 태스크 포스팀을 구성

(7) 하천 고유의 특징·역사·문화를 찾아내는 하천사업

① 하천의 역사·문화·스토리 등을 적극 발굴하여, 하천고유의 정체성(identity)을 부여하고, 기록 유지

② 역사·문화·생태계가 연계된 지속 가능한 지역특화 프로그램 개발

(8) 주민 참여·학습의 장으로서의 하천관리

① 1회사 1하천 운동 등 주민참여 운동을 통한 사후관리 및 유지관리 : 하천조사 및 모니터링, 유지·관리 등에 주민참여 유도

② 하천아카데미, River Parkway 등의 교육활동

③ 하천특성에 맞는 하천 생태지도 제작·배포 : 생물서식현황·역사·문화 등 주민이나 관광객이 쉽게 이해하고 공유하며, 교육자료로 활용 가능하도록 제작[228]

---

228) 국토환경정보센터, '도시계획 및 이용', 생태하천복원, 2018.

11.34 수도정비기본계획

상수도 기본계획의 수립절차와 기초조사 사항 [0, 1]

1. 수도정비기본계획의 범위

(1) 수립목적
① 수도정비기본계획은 『수도법』제4조에 의거하여 일반수도 및 공업용수도를 적정하고 합리적으로 설치·관리하기 위하여
② 환경부장관과 시·도지사, 시장·군수가 수립하는 수도정비에 관한 종합적인 계획으로서
③ 양질의 수돗물을 안정적으로 공급하여 공중위생 향상과 생활환경 개선을 도모하는데 그 목적이 있다.

(2) 계획기간
① 계획기간은 원칙적으로 10년마다 작성하고 5년마다 타당성을 검토하여 변경하되,
② 계획의 목표년도는 20년후로 하고 5년마다 구분된 4단계로 계획을 수립한다.

(3) 계획구역
① 시·군 단위의 전체 행정구역을 원칙으로 하여 기본계획을 수립하되,
② 통합 운영하는 시·군의 수도정비기본계획은 합리적이고 효율적인 급수계획이 될 수 있도록 지역적 범위를 설정한다.

(4) 타 계획과의 관계
① 상위계획 : 전국수도종합계획, 수자원장기종합계획, 물환경관리기본계획, 광역상수도계획, 도시기본계획
② 하위계획 : 각종 상수도 및 중수도 시설계획

2. 수도정비기본계획의 수립절차

⑴ 환경부장관이 기본계획을 수립하는 경우에는 시·도지사의 의견을 들은 後, 관계 중앙행정기관의 장과 협의해야 한다. 기 수립된 기본계획을 변경하고자 하는 경우에도 또한 같다. 다만, 『수도법시행령』제5조에서 규정하고 있는 경미한 사항의 변경은 그러하지 아니한다.

⑵ 특별시장·광역시장·특별자치시장·특별자치도지사·시장·군수가 일반수도 및 공업용수도에 관한 기본계획을 수립하는 경우에는 환경부장관의 승인을 받아야 한다. 대통령령이 정하는 중요한 사항을 변경하고자 하는 때에도 또한 같다.

⑶ 환경부장관 또는 특별시장·광역시장·특별자치시장·특별자치도지사·시장·군수가 수

도정비기본계획을 수립하거나 변경하고자 하는 경우에는 『국토의 계획 및 이용에 관한 법률』제18조의 규정에 의한 도시기본계획을 기본으로 하여야 한다.

(일반수도 및 공업용수도)

환경부장관

승인 요청 ↑   ↓ 승인

해당 도 경유

승인 요청 ↑   ↓ 승인

수도정비기본계획 작성 (특별시장, 광역시장, 특별자치시장, 특별자치도지사, 시장, 군수)

(광역상수도 및 공업용수도)

관계중앙 행정기관의장	협의 ⇄ 의견	수도정비기본계획 작성 (환경부장관)	협의 ⇄ 의견	관계 시·도지사

수도정비기본계획의 승인 또는 변경 흐름도

3. 수도정비기본계획의 기초조사 사항

기초조사의 목적은 수도정비기본계획에 필요한 사항에 국한하여 조사하고, 조사결과를 활용할 수 있도록 변화추이를 분석하여 제시하는데 있다.

기초조사의 기준년도는 수도정비기본계획(변경 포함) 수립 착수 시점의 최근 2년 이내로 결정하고, 기초조사는 최소 20년 이상의 자료를 조사·활용한다.

(1) 자연적 조건에 관한 조사

① 지역개황
- 위치, 면적, 지세, 지형 및 지질 : 지질분포 현황은 지질도(색상)로 제시
- 지진 : 발생했던 지진의 규모, 피해상황, 최고 진동수

② 하천 및 수계 현황
- 계획구역 내 및 그 인근의 수계 현황
- 하천 및 호소의 개요 : 조사지역내 하천, 호소 등의 유량·수위 현황
- 공공수역에서는 갈수위(하천)나 저수위(호소)때가 한계 수질 상태가 되므로 평수위와 평수량을 포함하여 하천이나 호소의 유량이 최저일 때를 조사하여 수록

③ 기상개황
- 최근 20년 이상의 침수 기록 및 침수피해 상황 등(해당지역)
- 호우, 침수, 녹조 등의 문제로 인한 상수도시설의 가동중단이 있는 경우 : 가동중단기간 동안의 강우, 녹조 등 관련자료 제시

(2) 사회적 특성에 관한 조사

① 행정구역 및 인구현황
  ○ 과거 20년간 이상의 인구실태 조사(행정구역 개편으로 인한 사항을 구분 표기)
② 지역경제
  ○ 전국, 도(道) 단위 및 해당지자체의 지역경제 규모를 비교 서술
  ○ 지역경제의 발전 추이를 수치로 제시
③ 산업현황
  ○ 해당 지자체의 주요산업 구성 항목과 비율을 서술
④ 토지이용현황
  ○ 도시계획상 용도지역별 토지이용계획
  ○ 현재 토지이용 항목별(대지, 전, 답, 임야 등) 면적과 구성 비율 제시
  ○ 도시계획상의 토지이용면적 중 개발 실현성이 불가능하거나, 매우 낮은 용도별 면적을 분석하여 제시

(3) 관련계획에 대한 조사

① 국토종합계획, 도종합계획, 시군종합계획 중 상수도와 관련된 계획을 비교 요약
② 전국수도종합계획, 수자원장기종합계획, 물환경관리기본계획, 물재이용기본계획 및 물재이용관리계획, 수질오염총량관리계획 등 수량 및 수질관련 계획
③ 도시계획, 도로계획, 주택단지 및 산업단지개발계획, 도시개발 및 재개발계획, 농어촌정비계획, 관광개발계획 등 인구, 산업배치 등과 관련된 각종 장기계획 등
④ 인접지역의 수도정비기본계획, 하수도정비기본계획 등

(4) 급수량 산정을 위한 기초조사

① 과거 20년간 용도별 사용실적 등 급수량 실적 조사
  ○ 급수보급률은 대급수구역 및 정수장별로 구분
② 급수구역별(정수장별)로 공급량의 변화 분석 제시(최근 20년간)
  ○ 시간별, 일별, 월별, 연도별 공급량에 따른 첨두부하율(일최대) 시간계수 분석
③ 광역상수도 급수구역의 경우, 광역상수도 계통별 또는 광역상수도를 공급받는 배수지별 공급량 분석(시간별·일별·월별, 연도별 분석, 첨두부하 및 시간계수 등)
④ 용도별 사용수량의 변동요인 분석 및 관련자료 조사
⑤ 도시의 성격 및 인구, 발전현황 등이 유사한 다른 도시의 용도별 사용수량 및 1일 1인당 급수량 추이 조사, 지하수 등 자가(自家) 용수 이용 실태 제시
⑥ 과거 20년간의 유수율 현황조사 : 유수수량, 무수수량 등 유수율 자료, 기 추진한 유수율 향상방안, 유수율 영향인자 및 인자별 기여도 등

(5) 제한 및 운반급수 현황 조사

① 최근 20년 이상의 가뭄으로 인한 취수량 부족, 제한 및 비상급수(물차, 병입수, 샘물지원 등) 상황(가뭄피해 기간 및 일수, 제한급수 등 가구 및 인구)

② 가뭄 발생에 따른 비상급수 시 수도시설 운영현황 및 대체시설 확충현황 조사

③ 과거 가뭄 시 비상대응 사항에 대한 평가 및 문제점 분석

(6) 상수도 현황 조사

① 과거 급수현황 : 일반수도(광역, 지방, 마을상수도), 소규모 급수시설

② 수원현황 : 지난 20년간 상수원보호구역 신규지정, 변경, 해제 현황

③ 취·정수 시설현황 : 이력(최근 10년 이상)등에 관한 현황자료를 조사

④ 송·배수 시설현황 : 유지 및 보수 이력(최근 10년 이상)에 관한 현황자료 조사

(7) GIS 구축에 관한 조사

① GIS 구축현황 및 계획, 상하수도시설 통합 관리계획 등 상수도시설 조사

② GIS 구축에 관한 사전 연구 및 기본계획, 연도별 사업추진계획 : 국가지리정보체계 기본계획(국토교통부) 주요내용을 분야별로 제시

③ 국가지리정보체계(NGIS) 수치지도 제작, 수치지도 활용 관련부서 및 활용 업무

④ 시스템 개발 및 활용효과에 관한 조사

(8) 수도시설 운영에 대한 조사

① 수도사업자 전체 생산원가(총괄원가) 관련 자료 조사

② 취·정수장별 생산원가 산정

③ 경영효율화 계획 수립에 필요한 기초자료 조사

(9) 기타 사항 조사

① 기타 장래 용수 수요량 산정에 필요한 사항

② 빗물이용시설, 중수도시설, 하·폐수처리수 등 상수도 사용을 대체하거나, 용수공급원으로 사용하는 시설의 설치현황, 이용현황, 운영비용 및 경제성 등 조사[229]

---

229) 환경부, '수도정비기본계획 수립지침', pp.4~6, 18~23, 2018.

11.35 상수도관의 부설공사

대형 상수도 강관(Steel Pipe)을 교량에 첨가, 하천을 횡단할 때 유의사항 [1, 5]

Ⅰ. 개요

1. 상수도관을 부설할 때에는 미리 설계도 또는 시공표준도에 따라 평면위치, 흙덮기 두께, 구조물 위치 등을 정확하게 파악하고, 시공순서, 시공방법, 사용기구 등에 대하여 공사감독자(감리원)와 충분히 협의한 後 공사에 착수해야 한다.

2. 기존 도로·철도 구조물을 횡단하는 상수도관을 부설할 때는 시공 中 또는 완공 後 관로 침하로 인하여 하자가 발생되지 않도록 필요한 조치를 강구해야 한다.

Ⅱ. 상수도관의 부설공사

1. 관의 설치

(1) 관 기초공사

① 필요한 경우에 공사 착수 전에 관 기초지반의 지질조사를 실시하여 토질, 지층의 성상 등을 확인하고 적절한 관 기초공법을 결정한다.

② 매우 연약한 지반에는 치환공법, 샌드드레인(sand drain) 등의 탈수압밀공법, 고결공법 등의 지반개량을 실시하고 관 기초를 시공한다.

③ 일반적인 연약지반에는 콘크리트기초, 침목기초, 사다리기초 또는 환토기초로 관저 이하의 토사를 관경 정도까지 자갈이나 양질의 모래로 치환한다.

④ 지하수위가 높고 관 중량이 가벼운 경우에는 관 내부가 비어있으면, 浮上하는 경우가 있으므로 부력에 대한 대책을 강구한다.

⑤ 견고지반과 연약지반이 단층으로 접해있을 때와 관의 한 쪽이 구조물에 고정되어 있을 때는 부등침하에 대한 대책이 필요하다.

(2) 관의 설치

① 관을 설치할 때는 관의 양쪽을 완충용 목재나 모래주머니로 받침을 하여 관의 외면 도복부가 자갈·암석에 손상을 입거나 관이 구르지 않도록 주의한다.

② 관의 부설은 원칙적으로 낮은 곳에서부터 높은 곳으로 향하여 부설하고 소켓(socket)이 있는 관은 소켓이 높은 곳으로 향하도록 배열한다.

③ 현장 필릿(filet)용접 접합용으로 제작된 벨엔드(bel end)형의 관은 수구방향이 물의 유입방향으로 향하도록 배열한다.

④ 도복장강관, 덕타일주철관, 유리섬유강화 플라스틱관 등을 설치할 때는 관체를

보호하기 위하여 관 기초에 양질의 모래를 고르게 펴고 깔아야 한다.

⑤ 매일 관 부설작업이 완료된 뒤에는 내부에 토사, 오수 등이 유입되지 않도록 관 끝을 막고, 내부에 헝겊, 공구류 등을 남기지 않고 마무리한다.

(3) 관의 절단

① 주철관의 절단은 절단기로 자르고, 삽입구의 단면을 그라인더로 규정된 모따기를 한 後, 치수를 하얀 선으로 표시한다.

  ○ T형 소켓관 등 이형 주철관은 절단을 금지한다.

② 강관의 절단은 절단선을 중심으로 폭 30cm 범위의 도복장을 벗겨내고 절단선을 표시한 後 절단한다.

  ○ 강관 절단 後에 신관의 말단과 동일한 치수로 접합부를 다듬어 마무리한다.

③ 유리섬유강화 플라스틱관을 절단할 때에는 절단면의 관축이 직각이 되도록 절단선을 표시한 後 절단한다.

  ○ 절단면은 샌드페이퍼를 사용하여 날카로운 부분을 다듬어 마무리한다.

2. 기존 관과의 연결 및 기존 관의 철거

(1) 기존 관과의 연결

① 신설 관과 기존 관의 연결공사는 단수시간, 교통통제 등에 영향을 주므로 사전에 충분히 준비하여 경험을 갖춘 기술자가 정확히 시공해야 한다.

② 연결되는 강재의 절단면은 평활하게 다듬고, 접촉면을 깨끗이 청소한 後 볼트구멍에 정확히 맞추고 단단히 조인다.

③ 강재의 연결부는 오물, 유류 등의 이물질을 제거하고, 콘크리트 속에 묻히는 곳을 제외하고 모두 방식도장으로 마무리한다.

(2) 기존 관의 철거

① 철거되는 관을 재사용할 수 있으므로 이음부를 손상 없이 제거하고 철거한다.

② 석면시멘트관을 철거할 때는 인체에 유해한 분진이 발생되므로 고압살수기로 분무한 後 습윤상태에서 절단하여 철거한다.

③ 지하매설물의 공간확보, 부식으로 인한 토양오염, 지반침하로 인한 안전사고를 사전에 예방하기 위하여 기존 관은 전량 철거함을 원칙으로 한다.

3. 無단수 연결

⑴ 상수도관의 확장공사, 노후된 배관 및 밸브류 교체공사 중에 수돗물의 공급을 중단하지 않고 기존 관에 연결하는 無단수 연결차단공법이 필요하다.

⑵ 無단수 연결차단공법에는 S-Gate밸브설치 차단공법, 동결에 의한 차단공법, 전개판형 차단공법, 폴딩헤드형 차단공법 등의 다양한 공법이 사용되고 있다.

⑶ 無단수 연결을 위한 기존 관의 천공은 無단수분기용 T자관 및 슬루스 밸브를 기초 위에 받침대로 설치하고 수압시험을 통해 누수여부를 확인 後 시공한다.

⑷ 無단수 연결을 위한 패킹이 밸브 본체의 패킹홈 안으로 정확히 들어가서, 패킹 끝단이 서로 정확히 잘 물리도록 조립되어야 한다.

⑸ 無단수 연결 시공 중 발생될 수 있는 안전사고에 대비하여 사전에 비상용수 공급방안 및 복구방법을 수립해 둔다.

4. 관의 보호

(1) 이형관의 보호

① 이형관(곡관, T자관)은 수평·수직방향으로 관내의 수압에 의하여 외측으로 힘이 가해지며 그 힘은 수압, 관경 및 곡관의 각도가 클수록 더 크다.

② 따라서 이형관이 외측으로 이동되거나 이음부가 이탈될 염려가 있는 지점에는 보호콘크리트를 타설하거나, 토크렌치로 추가 조임해야 한다.

③ 이형관 보호콘크리트를 시공할 때는 기초지반의 지내력을 확인하고, 관을 설치하기 전에 먼저 깬돌 기초공으로 보강한다.

   ○ 보호콘크리트를 타설하기 前에 관 표면을 잘 씻고 거푸집을 설치한 後 규정된 철근 배근을 하고 콘크리트를 타설한다.

④ 이형관 이탈방지를 위한 조임구의 조임토크는 1종과 2종관에는 $10 \sim 150N \cdot m$, 3종관에는 $80 \sim 10N \cdot m$를 표준으로 하여 조인다.

   ○ 조임이 완료된 後에는 토크렌치를 사용하여 조임토크의 적정성을 확인하고, 메커니컬 이음의 T자 머리부분에 대한 조임상황을 최종 점검한다.

(2) 직관의 보호

① 도복장강관, 덕타일주철관, 경질염화비닐관, 폴리에틸렌관, 유리섬유강화 플라스틱관 등 각종 직관은 적합하게 보호해야 한다.

② 도로를 횡단하는 직관 내에는 어떠한 경우에도 관부설이 끝날 때까지 관로에 물이 들어가면 아니 되며, 부설완료 후에 도로를 원상복구해야 한다.

③ 암거를 횡단하는 직관은 기존시설물에 피해를 주지 않도록 유의하고, 관부설 후에 암거 밑의 되메우기로 인한 암거 손상이 없도록 한다.

④ 연약지반에서 직관 보호콘크리트 시공 중 콘크리트 자중에 의한 침하가 없도록 쇄석·잡석으로 지반개량하거나 말뚝기초공법으로 보강한다.

5. 관의 횡단부설

(1) 하천의 횡단

① 상수도관의 하천 횡단을 위한 물막이 강널말뚝은 범람 우려가 없도록 가수로를

설치하여 유수를 원활히 소통시킨다.

② 시공 中 또는 부설 後에 하상세굴 또는 부력에 의한 관 손상을 방지하기 위하여 필요한 보호조치를 해야 한다.

③ 연약지반에서 횡단 부설하는 경우에는 부등침하나 응력집중이 발생되지 않도록 말뚝기초공법으로 지반개량하여 기초 지지력을 강화한다.

(2) 궤도의 횡단

① 관 부설공사 중 열차 통과에 주의하고, 침하계 및 경사계를 설치하여 관 부설에 따른 궤도의 변화를 계측한다.

② 관이 레일 상의 차량하중과 진동에 직접 영향을 받지 않도록 측벽과 분리되는 슬래브 형식의 암거, 관경 60mm 이상의 삽입관 등으로 관을 보호한다.

③ 직경 40mm 이상의 상수도관을 횡단 부설할 때는 관 내부를 검사 또는 보수할 수 있도록 출입구를 설치한다.

(3) 지장물의 이설 및 대체

① 상수도관 부설공사 착수 전에 공사구역 내의 모든 지장물에 대하여 설계도면 명시여부에 관계없이 정확한 위치·규모를 조사하여 확인한다.

② 관 부설에 따른 지장물의 이설 또는 대체작업을 신속히 완료하고, 해당 지장물의 관할기관으로부터 증명서를 발급받아 공사감독자에게 제출한다.

6. 매설관의 표시

(1) 관표시테이프 설치

① 도로굴착에 따른 상수도관 파손사고를 방지하기 위하여 『도로법시행규칙』에 따라 사업자명, 부설년도 등을 관표시 테이프에 명시하여 매설함으로써 다른 기관의 지하매설물과 구별하고 인접지역 굴착 중 상수도관을 보호할 수 있다.

관표시테이프

	○○상수도○○ 2013년		○○상수도○○ 2013년

(2) 관표시못 설치

① 제작방식 : 표지못의 테두리 및 내용을 음각과 양각으로 표시하고, 표면처리 후 연마하여 광택이 나도록 제작한다.

② 설치간격 : 지방지역 50m, 도시지역 20m, 곡선부 5~10m 간격

③ 설치지점 : 변곡점에 설치하고, 변곡점 인접한 곳에 10m 간격

④ 표시내용 : 광역상수도관은 '광수도', 지방상수도와 공업용수도 및 이외의 상수
도관은 '상수도'라고 표시하고, 관리기관은 6자 이내로 표시한다.

(3) 관표시석 설치

① 제작방식 : 지반선 이상에 노출부분은 노란색 페인트를 칠한다.

② 설치간격 : 직선구간 20m 간격, 지상으로 30cm 노출, 지하로 50cm 매립

③ 설치지점 : 식별 용이하고, 주변 지형보다 높고, 장애물 없는 장소에 설치

④ 표시내용 : 매설물 종류와 관리기관 표시, 글씨는 음각, 검정색 페인트 칠한다.

7. 공사 실명제표지판 설치

(1) 제작규격 : 150mm×10mm

(2) 설치지점 : 각종 밸브실에 설치

(3) 설치방법 : 각종 밸브실 출입구 쪽의 벽체에 콘크리트못으로 고정

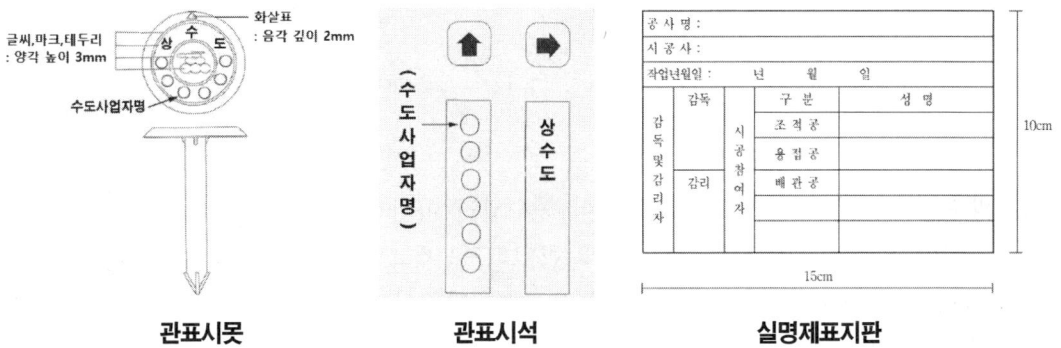

관표시못 　　　**관표시석** 　　　**실명제표지판**

Ⅲ. 맺음말

1. 관경 80mm 이상의 상수도관을 부설할 때에는 작업자의 출입, 재료의 반·출입과 시공 후 내부점검 등 유지관리를 위하여 맨홀을 설치해야 한다.

2. 관경 80mm 미만의 상수도관에는 시공 및 유지관리 中 관로 내부에 감시카메라, 로봇 등을 투입하여 내부상태를 확인할 수 있는 점검구를 둘 수 있다.[230]

---

230) 환경부, '상수도공사 표준시방서', pp.106~120, 2014.

11.36 수로터널

수로터널에서 방수형 터널공, 배수형 터널공, 압력수로 터널공 [0, 1]

Ⅰ. 개요

1. 자유수면 터널은 상시의 사용상태에서 계획유량이 자유수면을 갖고 흐르는 터널로서 내수압이 작용되지 않는 터널을 말하며, 하천에서의 취수터널은 대부분 자유수면 터널이다. 一名, 무압(無壓)터널이라 부른다.

2. 압력수로 터널은 상시의 사용상태에서 계획유량이 터널단면을 만류(滿流)하는 터널로서 내수압이 작용되는 터널을 말하며, 일반의 발전용 도수터널, 저수지에서의 취수터널, 광역상수도터널 등이다.

| 자유수면터널 | 압력수로터널 |

3. 방수형 터널은 터널 내·외부로 물이 통수되면 아니 될 때 鋼라이닝(steel lining) 또는 별도로 고안된 완전 수밀성의 콘크리트 세그먼트 라이닝(concrete segment lining)을 설치하여 완전한 방수기능을 갖는 터널이다.

4. 배수형 터널은 터널주변의 지하수를 터널주변으로 연결된 암반 절리면을 통해 터널 내부로 유입시켜 외수압이 해소되게 함으로써 배수기능을 갖는 터널이다.

Ⅱ. 자유수면 터널, 압력수로 터널

1. 자유수면 터널

(1) 설계유량

① 자유수면 터널은 터널 내부로 물이 통과되거나 저장되기 때문에 이러한 특성을 고려한 설계가 필요하다.

② 자유수면 터널의 설계유량은 터널 용도의 분류에 따라 원칙적으로 계획하되, 배분되는 계획유량의 130% 이상을 통수시킬 수 있는 규모로 설계한다.

(2) 허용유속

① 자유수면 터널에서 허용유속의 최대값은 터널 벽면의 마모를 방지할 수 있는 범위 내에서 결정되어야 하며, 터널 벽체의 재질에 따라 다르게 적용한다.

② 허용유속의 최소값은 유사(流沙)가 가라앉지 않을 정도의 유속으로 한다.

(3) 여유고

① 자유수면 터널의 통수단면은 수리 상의 안정성을 확보하기 위하여 설계유량에 대응하는 설계수면 상에 여유고를 더하여 결정하며, 다음의 [식1]과 [식2]로 계산한 값 중에서 큰 것으로 정한다.

[식1] $d_1/D_1 = 0.80 \sim 0.83$

여기서, d_1 : 설계유량에 대한 수심(m)

D_1 : 터널의 높이(m)

단, $(D_1 - d_1) \geq 0.3$(m)이다.

[식2] $d_2/D_2 = 0.90 \sim 0.93$

여기서, d_2 : 설계유량의 130% 유량에 대한 수심(m)

D_2 : 터널의 높이(m)이다.

2. 압력수로 터널

(1) 검토사항

① 광역상수도사업에서 산악지역에 도수관로를 부설할 때 적용되는 압력수로 터널은 일반적으로 직경이 작아 굴착공법을 NATM 또는 TBM으로 설계한다.

② 압력수로 터널은 내수압이 작용하므로 풍화대가 깊은 갱구부 및 저토피 구간에는 수압파쇄현상(hydro jacking)에 대비하여 강관 보강여부를 검토하고,

③ 또한 연약지반 구간에는 콘크리트 라이닝에 철근 보강, 터널 주변지반에는 그라우팅 보강 등을 통해 내수압에 대한 안정성을 확보해야 한다.

oo댐 압력도수터널 공사개요 사례

구분	터널 제원
도수터널 단면	내경 D=2.4m의 원형단면
도수터널 공법	NATM, L=650m
도수터널 경사	S=-0.05%
도수터널 선형	직선 및 곡선
도수터널 재료	수압 철관 : 입구부 48m, 만곡부 15m, 출구부 34m
도수터널 압력	압력 터널, 라이닝 내수압 조건

(2) 설계기준

① 표준지보패턴 설계

◦ 단면 하부 폭을 축소시키지 않는 수직형 벽면을 표준단면으로 선정

◦ 지보패턴은 내수압이 작용하는 소규모 단면의 도수터널 특성을 고려하여 RMR 및 Q-System을 기준으로 지보재 수량을 산정

② 굴착장비 선정

◦ 높이 2.8m, 폭 2.5m 이상의 소규모 도수터널에서 시공 가능한 장비 선정

공압식 1Boom
점보드릴

숏크리트 타설
숏크리트 장비

레미콘 타설
믹서트럭

버력 상차·운반
低床로더

③ Hydro jacking 검토

◦ 하이드로 잭킹 : 수로터널 내수압이 암반 인장강도보다 커지면 암반의 절리가 확대되어 누수·세굴 발생으로 불안정성이 급상승하는 현상

◦ 하이드로 잭킹 검토 결과, 터널 입·출구 갱구부 30m 이상 구간에는 강관 또는 덕타일 주철관을 삽입

④ 지반보강 그라우팅 설계

◦ 배면 충진 그라우팅(back fill grouting) : 콘크리트 라이닝 타설 후 건조수축, 강재 거푸집 틈새를 통한 배합수 유출을 방지를 위한 공극 채움

◦ 콘택트 그라우팅(contact grouting) : 라이닝과 이완암반 사이의 균열 채움, 암반과 라이닝 사이의 공극 채움, 누수방지 및 차수기능의 보강

◦ 압밀 그라우팅(consolidation grouting) : 연약한 암반의 강성 증가, 지반보강을 통한 지반 분담압 증가

C.T.C=3.0m 간격
충진 그라우팅

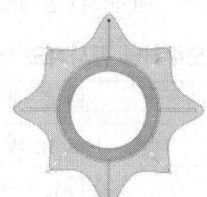
L=1.0m, C.T.C=2.0m 간격
콘택트 그라우팅

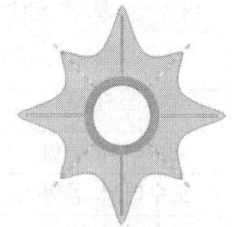
L=2.0m, C.T.C=3.0m 간격
압밀 그라우팅

⑤ 콘크리트 라이닝 설계

◦ 콘크리트 라이닝에 작용되는 하중 : 자중, 암반 이완하중, 내수압(특히 중요), 라이닝 타설 후 시공되는 그라우팅 주입압, 건조수축 등의 하중

◦ 내수압에 의한 균열 제어를 위해 콘크리트 라이닝 설계기준 강도를 일반적인 24MPa 대신 27MPa 적용하여 내구성 확보 및 경제성 향상

Ⅲ. 방수형 터널, 배수형 터널

1. 용어 정의

(1) 수로터널은 지하수 처리방법에 따라 배수형 터널과 방수형 터널로 구분된다.

(2) 방수형 터널은 터널 내·외부로 물이 통수되면 아니 될 때 鋼라이닝(steel lining) 또는 별도로 고안된 완전 수밀성의 콘크리트 세그먼트 라이닝(concrete segment lining)을 설치하여 완전한 방수기능을 갖는 터널이다.

   非배수 방수형 터널은 배수시스템을 설치하지 않고, 지하수가 터널 내부로 전혀 유입될 수 없도록 차단하는 터널로서, 라이닝을 설계할 때 지하수위 조건에 따른 수압을 고려해야 한다.

(3) 배수형 터널은 터널주변 지하수를 터널주변으로 연결된 암반 절리면을 통해 터널 내부로 유입시켜 외수압이 해소되게 함으로써 배수기능을 갖는 터널이다.

(4) 수로터널에서는 유지관리 중에 단수하여 수로터널을 일시에 빈 상태로 만드는 경우가 있으므로 배수조, 부수구 등을 추가 설치해야 한다.

2. 수로터널의 방수·배수 설계

(1) 내수압이 크게 걸리는 수로터널은 非배수 방수터널로 설계하는 것이 원칙이다.

   ① 그 이유는 터널 내부와 외부의 하중을 평형에 가깝게 유지하는 상황에 최대한 안전성을 확보하기 위함이다.

(2) 배수형 터널로 설계하는 경우에는 수로터널의 사용목적을 고려하여 누수량의 허용 정도를 검토해야 한다.

   ① 이 경우 터널라이닝 주변 잔류수압(이론적으로 0)을 고려하여 내수압을 견딜 수 있도록 라이닝 콘크리트를 보강하고 균열을 허용치 이하로 제어한다.

   ② 아래 그림에서 보듯 배수형 터널은 내수압 상승 → 라이닝에 인장응력 발생, 내수압 하강 → 라이닝에 압축응력 발생이 반복되면 라이닝이 열화되면서 유해한 균열이 발생된다.

3. 수로터널의 라이닝 설계

(1) 콘크리트 라이닝은 무근형식, 철근보강형식으로 구분된다.

(2) 무근 라이닝 설계할 때는 건조수축, 물 유입에 따른 온도수축, 온도변화, 내수압, 잔류수압 등을 고려한다. 이때 터널 내부에 물이 있는 경우와 물이 없는 경우를 구분하여 가장 불리한 경우를 기준으로 설계한다.

(3) 내수압이 크게 걸리는 非배수 방수터널을 무근 라이닝으로 설계하는 경우는 별로 없지만, 암질이 양호한 지반에 적용할 수는 있다.

   이 경우에 고압 그라우팅으로 라이닝 외부에 강한 압축 pre-stressing을 가하여

water-tight한 구조를 형성한 후 무근 라이닝을 시공하고 다시 한번 그라우팅을 가해야 한다.

(4) 즉, 암질이 양호한 지반에서 철근을 빼고 무근 라이닝으로 설계할 때는 그라우팅 두께와 회수를 증가시켜야 하므로 경제적인 설계·시공이라고 할 수 없다.

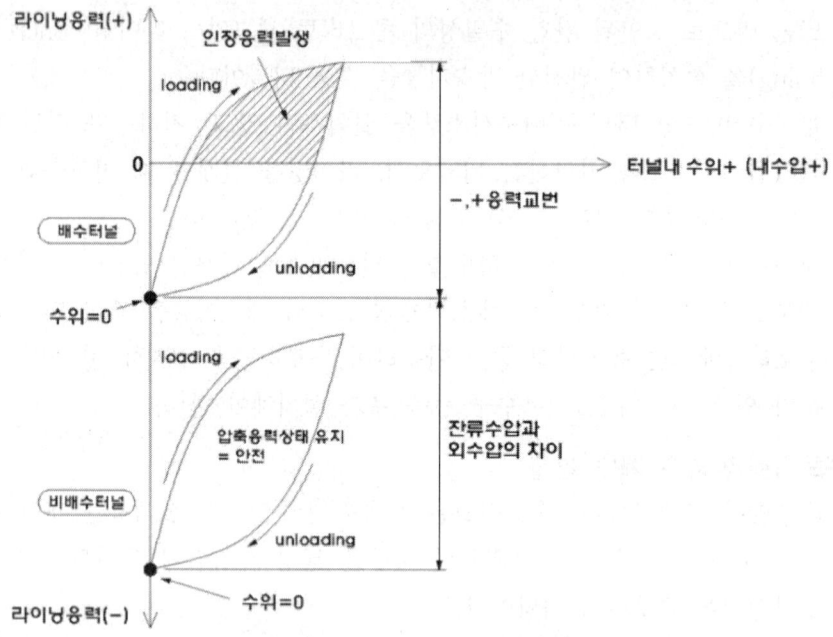

라이닝 콘크리트의 변형율과 응력 상태

4. 수로터널 배수형식의 선정

(1) 선정기준

① 수로터널 배수형식의 선정은 터널의 용도, 지반조건, 지하수 조건, 유지관리의 용이성, 환경성, 안정성, 경제성, 시공성 등을 종합 고려하여 선정한다.

(2) 非배수 방수형 터널 설계 고려사항

① 지하수위가 저하되면 터널주변 지반이 침하되고 인근 시설물에 영향을 미쳐 사회·경제적 손실이 우려는 경우, 터널 내부에서 유입수 처리가 곤란한 경우, 지하수 환경을 보전해야 하는 경우에는 非배수 방수형 터널을 채택한다.

② 차수공법으로 지하수 유입량을 감소시킬 수 없어 배수형 터널로는 고가의 유지비를 장기간 지불해야 할 경우에도 非배수 방수형 터널을 채택한다.

③ 非배수 벙수형 터널은 방수기술의 제한 때문에 작용수압이 0.6MPa 이하인 지역에서만 채택하는 것을 원칙으로 한다.

(3) 배수형 터널 설계 고려사항

① 지반조건이 양호하여 유입수가 적은 반면, 지하수위가 비교적 높은 지역에서는 배수형 터널을 채택한다.

② 작용수압 0.6MPa 이상으로 지하수위가 높은 지역에서 터널의 단면형상 및 재료의 구조적 저항능력을 고려하여 배수형 터널을 채택한다.

③ 배수형 터널은 배수를 통해 수압을 저감시키는 개념이 설계수명 동안 유지되도록 해야 하며, 배수와 수압을 배분한 부분 배수형 터널을 채택할 수 있다.

④ 이중구조 라이닝의 경우 배수 시스템 안쪽의 내부 라이닝은 장기적으로 배수기능 저하에 따른 영향을 고려하며, 계측관리와 연계하여 별도의 내구연한을 갖는 非구조체로 설계할 수 있다.

⑤ 배수 시스템은 자연흐름이 가능하도록 0.2% 이상의 기울기를 유지한다.

⑥ 주변지반에서 과다한 유입수가 예상되는 지역에 터널을 구축하는 경우, 유입수의 양수를 위한 유지관리비용 절감을 위하여 터널주위 지반에 차수 그라우팅을 실시하여 유입수를 최대한 줄인 후 배수형 터널을 채택한다.[231]

---

231) 환경부, '배수 및 방수', 국가건설기준, 설계기준, 2016.
   환경부, '상수도 수로터널공사', 국가건설기준, 표준시방서, 2017.
   이현섭 외, '광역상수도 압력도수터널 설계 사례', 유신기술회보, 2019.

11.37 상수도관의 방수공법

I. 개요

1. 콘크리트 상수도관에 적용되는 방수공법은 액체침투 방수, 콘크리트용 에폭시수지계 방수·방식, 타르에폭시 방수, 규산질계 분말형 도포방수, 세라믹메탈계 방수·방식, 폴리우레아 수지계 도막방수, 콘크리트 표면도포용 액상형 흡수방지, 시트계 (PP, PE) 방수, 내오존 방수 등이 다양하게 상용화되어 있다.

2. 콘크리트 상수도관에 적용되는 방수공법 관련 용어 정의는 아래와 같다.

   (1) 방수 : 상수도 콘크리트관이 지하수위 이하에서 물이 새거나 스며들지 않도록 방지하는 것을 말한다.

   (2) 방식 : 상수도 강관이 기체 또는 액체와 같은 부식성 금속 물질의 화학작용에 의하여 녹이 슬거나 썩지 않도록 방지하는 것을 말한다.

II. 상수도관의 방수공법

1. 액체침투 방수

(1) 정의

① 액체침투 방수란 콘크리트 자체의 표면에 방수액을 침투시켜 콘크리트 표면의 미세한 기공을 막고 표면을 강화시켜 방수효과가 있도록 하는 공법이다.

(2) 시공순서

제1공정(前처리) : 바탕면에 먼지·유분·레이턴스를 와이어 브러시로 제거
제2공정(액체침투방수) : 액체침투방수 모르터 충전, 방수층 형성
제3공정(접착침투제 도포) : 특유의 접착침투제를 롤러 스프레이로 도포
제4공정(방수제 혼합시멘트 풀 바르기) : 시멘트 혼합방수액 시멘트 풀칠
제5공정(액체침투방수 모르터) : 시멘트·모래 1:1 혼합방수 모르터 10mm 미장
제6공정(접착침투제 도포) : 제3공정 반복 도포
제7공정(양생) : 2일간 1일 3회씩 분무기로 물 분사, 축축한 마대로 덮어 양생

(3) 시공 유의사항

① 방수제는 24시간 내에 기온 4.4℃ 이하로 하락할 우려 있을 때 금지한다.
② 시공완료 후 양생 중에 7~8일 동안 관 내부에 물을 채우지 않아야 한다.
③ 방수공사 중에 그 위를 보행하거나 하중재하나 충격·진동을 금지한다.

④ 줄눈의 설치는 도면에 특별한 지시사항이 없는 경우에 6mm로 한다.

2. 콘크리트용 에폭시수지계 방수·방식

(1) 정의

① 에피클로로히드린과 비스페놀 A 또는 多價 알코올의 주원료와 아민류의 경화제를 혼합하여 얻어지는 방수·방식용 도료이다.

② 치밀한 도막을 형성하기 때문에 콘크리트에 도포하면 高壓透水 및 화학환경에 높은 방수성과 방식성을 갖는다.

③ 용제형 에폭시수지계, 무용제형 에폭시수지계, 수용성 에폭시수지계 등이 있다.

(2) 시공순서

제1공정(시공 前 점검) : 기온 5℃ 이상 32℃ 이하, 습도 80% 이하 적절

제2공정(방수·방식 바탕처리) : 중요한 요소이므로 엄격하게 기준을 준수

　○ 면 처리 : 콘크리트 바탕면의 거푸집 단차, 레이턴스 막 등을 고압수 세척

　○ 결함부위 보수 및 바탕강화 : 거푸집 긴결재 제거 및 구멍 보수, 균열 보수, 시공이음 및 콜드조인트 보수, 요철·단차·골재분리 보수

　○ 바탕보완 : 콘크리트 표면에 존재하는 구멍, 요철, 미세한 균열 등을 보완 後 24시간에서 7일 이내에 방수·방식 시공 착수

제3공정(에폭시수지계 계량·혼합) : 1회 시공가능 면적과 시간을 고려하여 계량은 60kg 이하, 혼합은 3~5분 표준

제4공정(시공) : 1차 프라이머 도포, 2차 에폭시 도포 완료 後에 건조도막 두께는 0.5mm 이상 표준

제5공정(보호·양생) : 양생온도 20℃ 기준으로 최소 7일간 양생

(3) 품질시험

① 외관검사 : 全面을 대상으로 1차 육안검사, 미세균열은 확대경으로 상태검사

② 방수·방식성능시험 : 용출성능시험, 내화학성(내약품성)시험, 흡수시험, 부착력시험, 내구성시험 등

③ 도막두께 현장시험 : 전자측정기를 사용하여 1/100mm까지 도막두께 측정

3. 타르에폭시 방수

(1) 정의

① 타르에폭시 수지도료는 에폭시수지, 콜타르, 안료, 경화제, 용매 등 2종 이상의 제품을 주원료로 하는 2액형의 도료를 말한다.

② 도료의 색상은 도장횟수를 확인할 수 있도록 각 층의 색상을 달리 정한다.

(2) 시공 유의사항

① 도막표면에 황변, 핀홀, 주름, 부풀음 등 결함이 있거나 도막이 손상된 경우에는 결함 부분을 세정한 후, 명시된 시방규정에 따라 보수도장을 실시한다.

② 도막두께가 규정보다 미달된 경우에는 동일한 도료로 규정된 도막두께가 되도록 덧도장을 한다.

4. 규산질계 분말형 도포방수

(1) 정의

① 규산질계 분말형 도포 방수제는 시멘트 및 입도 조정된 규사, 규산질 미분말 등으로 구성되어 있으며, 물 또는 전용 폴리머 분산제를 혼합하여 사용한다.

② 콘크리트 표면에 도포하면 조직 속에 불용성의 결정체(규산칼슘수화물, 에트링가이트 등)를 만들어 공극이 치밀해져 투수억제성능과 방수성을 갖춘다.

③ 재료의 종류는 무기질 단일형, 무기·유기질 혼합형이 쓰인다.

(2) 시공 유의사항

① 방수제는 방수제 제조업체가 지정하는 양의 물 및 고분자 에멀션을 혼입한 후 전동 혼합기로 3~5분간 충분히 균질하게 섞일 때까지 혼합한다.

② 이때 물 및 에멀션의 사용량에 따라 방수층의 물성(경화, 강도, 부착력, 투수성, 흡수성, 내부식성)이 크게 좌우되기 때문에 유의한다.

5. 세라믹메탈계 방수·방식

(1) 정의

① 세라믹메탈계 방수·방식 도료는 무기질 소재의 세라믹과 텅스텐, 몰리브덴 등의 금속성 소재로 구성되는 주제와 경화제를 혼합하여 사용하는 겔(gel) 타입의 중방식 도료이다.

(2) 시공 유의사항

① 2액형 겔(gel)의 점도는 전용 희석제를 첨가하여 조절하며, 이때 규정된 중량비 첨가량을 초과하지 않도록 유의한다. 유효기간 내에 사용해야 한다.

② 1차 도포할 때 희석제의 첨가량을 높이면 바탕면에 방수·방식제의 흡수가 빨라 효과적이지만, 일반적으로 10%를 초과해서는 아니 된다.

6. 폴리우레아 수지계 도막방수

(1) 정의

① 폴리우레아란 화학적으로 우레아 결합을 일정량 이상 포함한 고분자 화합물의

총칭이고, 폴리우레아결합은 폴리이소시아네이트 화합물과 폴리아민류와의 부가 중합반응에 의해 얻어지며, 고압력 스프레이기계를 사용하여 충돌-혼합 분사시켜 방수도막을 형성하는 수지계 방수제를 말한다.

(2) 시공 유의사항

① 폴리우레아 수지계 도포는 전용 스프레이건에 의해 온도 70℃를 유지하면서 스프레이 분사압력 2.50~3.00psi에서 도포한다.

② 스프레이 중에 소정의 온도와 압력이 유지되지 못하면 경화 불량, 핀홀 등으로 도막이 정상적으로 형성되지 못하므로 유의한다.

③ 1차 도포 後 재도포 가능시간은 제조업체의 제품시방에 따르는 것을 원칙으로 하되, 일반적으로 상온에서 건조시간 30초 경과 후에 재도포한다.

7. 콘크리트 표면도포용 액상형 흡수방지

(1) 정의

① 콘크리트 표면도포용 액상형 흡수방지제는 규산질계 또는 실리콘계의 무색, 유백색, 흰색의 액체형 방수제로서 콘크리트 표층부의 강도를 보강하거나 흡수를 방지하고 바탕과 바탕조정제의 부착력을 강화시키는 재료이다.

② 이 재료는 일반적으로 사용되는 시멘트계 액체방수와는 용도와 특성이 다르다.

(2) 시공 유의사항

① 콘크리트 표면도포용 액상형 흡수방지제는 바탕상태에 크게 좌우되지 않고, 고압 뿜칠 도포할 수 있어 시공성이 간편하다. 그러나 방식시공을 위한 바탕조정제를 도포할 때는 흡수방지제로 인하여 부착성능이 감소될 수 있다.

② 스프레이를 사용하여 총도포량 $0.6kg/m^2$ 이상이 되도록 1~2차 나누어서 도포한다. 1차 도포 후 4시간 경과하면 같은 방법으로 2차 도포한다. 침투가 충분하지 않은 곳에 한하여 3차 도포한다.

8. 시트계(PP, PE) 방수

(1) 정의

① 시트계(PP, PE) 방수는 저수조의 바닥 및 벽체에 식수용 PP(polypropylene) 시트계 또는 PE(polyethylene) 시트계 방수시트를 부착시켜 콘크리트 구조물의 방수 목적으로 사용되는 재료이다.

(2) 시공 유의사항

① 방수시트를 부착할 때 최상부 고정부위 바탕의 상태를 확인한 후, 부착할 부위를 드릴로 천공하고 부착 볼트로 조여 고정한다.

② 방수시트의 접합부는 물매 윗쪽의 시트가 물매 아래쪽 시트의 위에 오도록 겹친다. 이때 부착 볼트는 1,000mm 간격으로 고정한다.

9. 내오존 방수

(1) 정의

① 무기질 침투성 탄성복합 내오존 방수제는 침투성 무기질의 유기질 탄성복합공법으로 콘크리트 배면으로부터의 내수압성이 높고, 콘크리트 표면의 중성화를 방지하는 내산성이 있는 도료이다.

② 즉, 아크릴계 수지, 활성실리카, 특수시멘트 등을 혼합한 폴리머시멘트 모르터의 복합층을 용도에 따라 적층시킨 도료이다.

(2) 시공 유의사항

① 프라이머는 원액 그대로 붓이나 롤러를 사용하여 바탕면에 도포하고 양생한다.

② 주방수층은 제조업체에서 제시한 주제 및 방수제를 천천히 넣으면서 핸드믹서로 응어리가 없도록 충분히 혼합한 後 쇠흙손으로 도포한다.

③ 방수층이 양생된 후에 보호층의 바름작업을 수행하여 마무리한다.

Ⅲ. 맺음말

1. 상수도관 부설공사는 수밀성을 요구하므로 콘크리트기초 양생 중에 발생되는 수화열에 대하여 온도균열에 따른 방수대책을 수립해야 한다.

2. 상수도관 부설 중 방수공사는 건조하고 맑은 날씨에 해야 한다. 눈·비가 오거나 또는 예상될 경우, 비가 온 직후 시공면이 젖어 있는 경우, 기온이 5℃ 미만으로 바탕이 동결될 수 있는 경우, 강풍이나 먼지가 심한 경우에는 피해야 한다.232)

---

232) 환경부, '상수도공사 표준시방서', pp.232~280, 2014.

11.38 상수도관의 갱생공법

상·하수도관의 성능저하 개선을 위한 세관 및 갱생공사 [1, 1]

Ⅰ. 개요

1. 상수도관 갱생(renovation)공법은 구조적으로 아직 사용가능한 주철관 및 도복장강관의 내부 스케일을 洗管공사로 제거한 後, 기존 도장재를 제거하고 고품질의 파이프 라이닝(pipe lining)을 위한 표면처리를 하여 관 내면에 보호피막 등을 형성시켜 사용기간을 연장시키는 공사이다.

   (1) 갱생(renovation) : 기존 상수도관을 교체하지 않고 기존 매설관의 구조적 기능을 활용하여 보강공법에 의해 악화된 관로의 기능개선을 도모하는 공사이다.

   (2) 파이프 라이닝(pipe lining) : 주로 상수도관 내부를 洗管한 후, 현장에서 라이닝재료를 혼합하여 관 내면에 재료를 분사하여 라이닝을 형성시키거나 이미 제조된 라이닝구조물 등을 다양한 방법으로 관 내부에 삽입하여 고정시키는 공사이다.

2. 상수도관의 갱생공법에는 구조적 관갱생공법과 非구조적 관갱생공법이 있으므로, 다음 사항의 조사결과를 검토하여 갱생공법을 선택한다.

   (1) 관종, 관경

   (2) 관체의 강도

   (3) 이형관부 및 부속설비의 설치위치

   (4) 급수관의 분기위치

   (5) 관망 구성 상황 및 관로 정비계획

   (6) 설계 내용연수

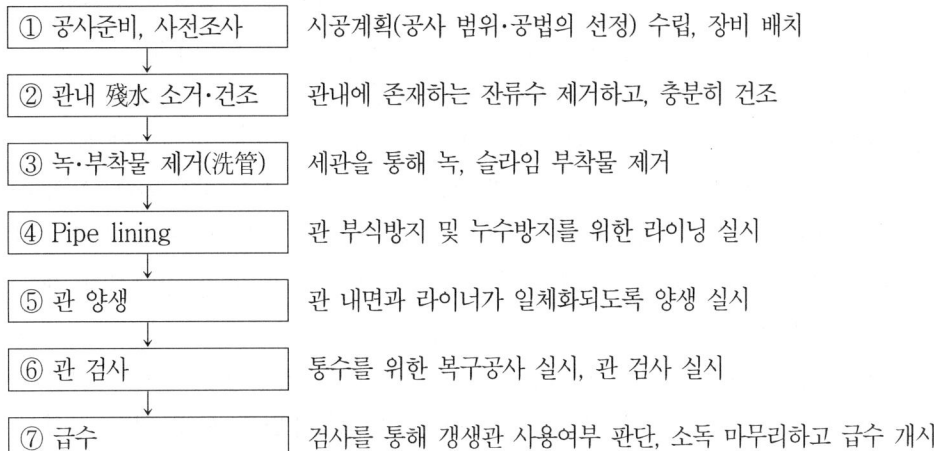

① 공사준비, 사전조사	시공계획(공사 범위·공법의 선정) 수립, 장비 배치
② 관내 殘水 소거·건조	관내에 존재하는 잔류수 제거하고, 충분히 건조
③ 녹·부착물 제거(洗管)	세관을 통해 녹, 슬라임 부착물 제거
④ Pipe lining	관 부식방지 및 누수방지를 위한 라이닝 실시
⑤ 관 양생	관 내면과 라이너가 일체화되도록 양생 실시
⑥ 관 검사	통수를 위한 복구공사 실시, 관 검사 실시
⑦ 급수	검사를 통해 갱생관 사용여부 판단, 소독 마무리하고 급수 개시

상수도관 갱상공법의 일반적인 시공 흐름도

Ⅱ. 구조적 상수도관 갱생공법

1. 합성수지관 삽입

(1) 신관이 삽입되는 정도로 세관된 기존관의 내부에 약간 관경이 작은 합성수지관을 삽입하고, 기존관 내면과 합성수지관 외면과의 틈새에 시멘트밀크를 압입하여 중층구조로 만드는 공법이다.

(2) 합성수지관으로 보강하면 관 내면이 평활하기 때문에 내마모성이 좋고 유속계수가 크게 개선되는 효과가 있다.

(3) 최초 삽입관의 선단에는 선도관을 융착연결하고 도달측 윈치에 연결한 후 끌어당긴다. 최후의 압입관에는 플랜지단관을 융착하고 특수단관의 플랜지면에 밀착될 때까지 삽입을 완료한다.

(4) 관의 삽입이 끝나면 매설관의 양단에 수압계를 설치하고 플랜지 덮개를 덮는다. 수압시험은 한 개 시공구간 또는 몇 개 시공구간을 함께 시험할 수 있다.

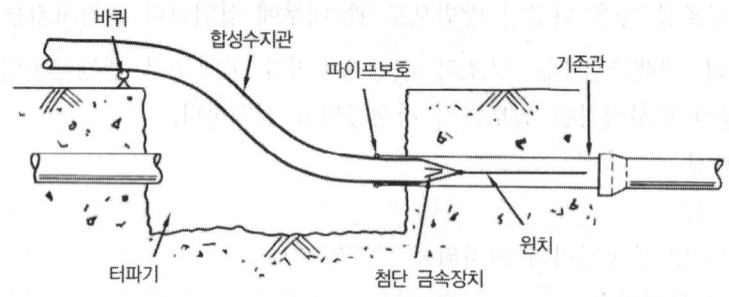

합성수지관 삽입 예시도

2. 피복재 관내 장착

(1) 洗管하여 건조시킨 관내에 접착제를 도포한 박막관을 인입하고 공기압으로 관 내면에 압착시킨 後, 가열하여 라이닝 층을 형성시키는 공법이다.

(2) 관로의 움직임에 대한 추종성이 좋고 곡선부에서도 시공이 가능하다.

(3) 피복재 관내 장착은 反轉삽입 또는 변형관삽입 방법으로 할 수 있다.

(4) 反轉삽입 : 외면이 폴리에스터로 도장된 있는 연성 라이너를 관에 삽입하면서 압축공기를 관 내부로 불어넣어 라이너를 뒤집어 내부에 라이닝을 형성시킨 후, 내부에 열을 공급하여 관 내면과 라이너 외면을 강하게 밀착·경화시켜 라이닝을 형성하는 방법이다

(5) 변형관삽입 : 변형된 라이너 PE관을 관 내부에 삽입한 後, 양단 마개를 유압잭으로 폐쇄시키고 증기 및 고압공기로 라이너를 관 내면에 확대 밀착·경화시켜 라이닝을 형성하는 방법이다

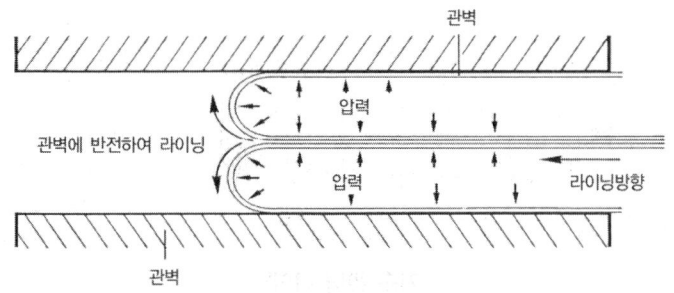

피복재 관내 反轉삽입

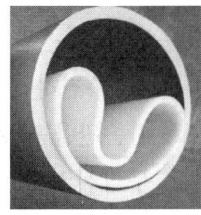 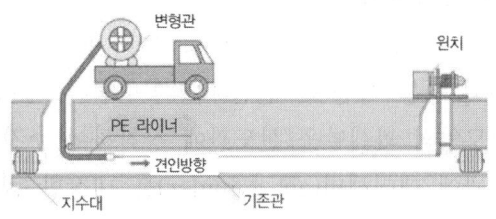

피복재 관내 변형관삽입

3. 기존 관내 삽입

(1) 기존관 내에 신관을 삽입하는 것은 청소한 기존관 내에 신관을 삽입하고 기존관 내면과 신관 외면과의 간극에 모르터를 주입하여 중층구조를 만드는 공법이다.

(2) 이 공법은 작업구, 부속설비 및 급수전을 위한 부분적인 굴착공종을 제외하면 지 표면을 굴착하지 않고 시공할 수 있다.

(3) 삽입관으로 덕타일주철관 및 도복장강관이 사용되고 있으나, 기존관의 관경이나 굴곡 조건이 다른 경우에는 삽입관의 관종·구경 등의 변경을 검토한다.

(4) 이 공법은 모든 관종에 적용할 수 있고 기존관이 노후되었더라도 시공 가능하다.

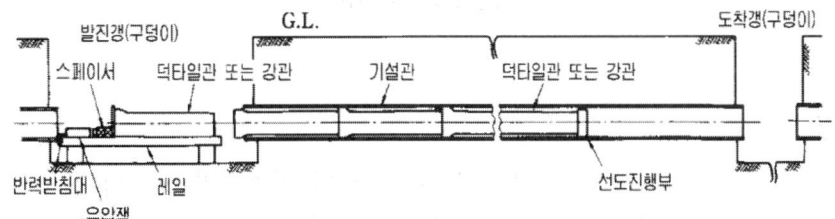

기존 관내 삽입

4. 기존 관내 라이닝

(1) 청소한 기존관 내에 관경이 작은 라이닝강관을 인입하고 관내에서 확관·용접하며 기존관과 신관 사이에 모르터를 주입하여 중층구조로 만드는 공법이다.

(2) 신관을 말아 넣어 인입한 後에 확관하기 때문에 개량 교체되는 신관은 기존관과 비슷한 관경을 확보할 수 있으며, 구부러짐에 대해서도 대응하기 쉽다.

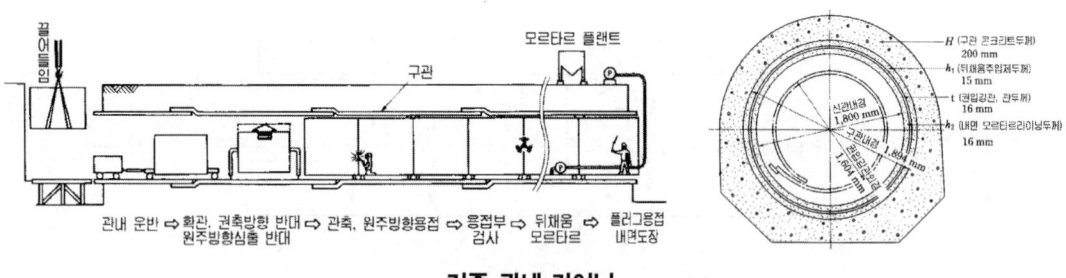

기존 관내 라이닝

5. 기존 관의 파쇄공법

(1) 파쇄기구를 지닌 선도관에서 아래의 파쇄기구를 사용하여 기존관을 파쇄하면서 기존관과 동등 이상 큰 신관(덕타일주철관, 도복장강관)을 추진하는 공법이다.

① 쐐기모양의 파쇄날을 선도관에 장착하여 추진력으로 기존관을 파쇄하는 방법

② 선도관에 에어해머(air hammer)를 내장한 굴착기를 부착시켜 에어해머의 충격으로 기존관을 파쇄하는 방법

(2) 이 공법은 작업구, 부속설비 또는 급수전을 위한 부분적인 개착을 제외하면 지표면을 굴착하지 않고 시공할 수 있다.

(3) 이 공법의 작업구간은 토질이나 기존관 재질에 따라 차이가 있지만, 직선부에서 50~80m 정도 시공이 가능하다. 주로 석면시멘트관 및 주철관에 적용된다.

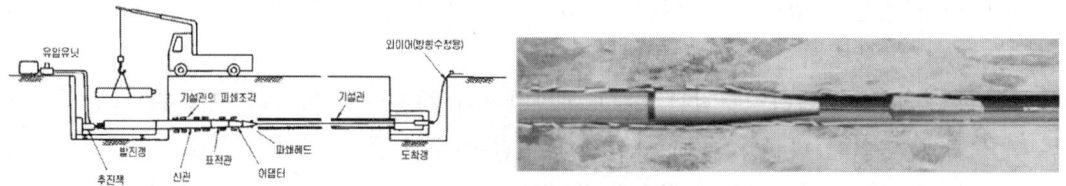

기존 관의 파쇄공법

III. 맺음말

1. 구조적 상수도 갱생공법은 세관을 끝낸 후 관의 구조적인 보강이나 누수방지를 위하여 내력 라이닝 재료를 삽입하는 공법이다. 즉, 관내에 별도의 관이 삽입되는 공법으로 사용되는 라이닝 재료에 따라 구조적인 보강 정도가 다를 수 있다.

2. 상수도관 갱생공사 중에 단수로 인하여 구역 내 주민생활에 미치는 영향이 크므로 정해진 시간 내에 필히 공사를 마무리해야 한다.[233]

---

233) 환경부, '상수도공사 표준시방서', pp.344~362, 2014.

11.39 | 상수도관의 수압시험

Ⅰ. 개요

1. 상수도관의 수압시험에 적용되는 압력은 관로 중 가장 낮은 부분에 최대 정수두의 1.5배로 한다.

2. 주철관의 현장 절단 끝면 테스트밴드에 대한 수압시험을 할 때는 압력수가 모르터라이닝부로 누설하는 것을 방지하기 위해 배관하기 前에 지상에서 塗裝해야 한다.

3. 이때 塗裝에 사용되는 도료는 염화비닐계의 중합물 또는 아크릴계의 중합물로서 수도용 원심력 덕타일주철관의 모르터라이닝이어야 한다.

Ⅱ. 상수도의 수압시험

1. 현장 수압시험

(1) 수압시험방법

① 상수도관의 수압시험을 위한 물 주입 前에 관로를 임시로 되메우기하여 관로가 수압시험 중에 움직이지 않도록 고정시킨다.

② 관로에 물을 주입할 때는 관내 공기를 배제하면서 천천히 주입하며, 充水 중에 공기밸브를 통해 공기가 잘 배제되고 있는지 또는 관로의 이상유무를 확인하며 漏水지점에는 적절한 止水조치를 해야 한다.

③ 관내 充水 후, 최소 24시간 방치시켜 관내 잔류공기를 모두 배제하고, 서서히 규정수압까지 상승시킨다.

④ 규정수압으로 1시간 동안 유지할 때, 압력강하가 0.02MPa(0.2kgf/cm^2)를 초과하면 아니 된다.

⑤ 이때 漏水허용량은 관종, 관경, 이음형식 등에 따라 다르지만 고무링을 이용한 소켓접합방식에는 관경 10mm, 연장 1km당 50~120ℓ을 표준으로 한다.

⑥ 위의 ①~④의 시험을 할 수 없을 때는 압력유지시험으로 대체할 수 있다.

  ∘ 압력유지시험은 관로를 30m 간격으로 제수밸브 또는 블라인드 플랜지(blind flange)를 이용해서 분할하여 규정수압까지 상승시키고 수압의 시간적 변화를 도표로 작성하거나 자기기록장치로 압력강하 상태를 분석하여 관로의 이상유무나나 누수상태를 판단하는 방식이며, 0.5MPa(5.1kgf/cm^2) 수압으로 10시간 동안의 시험경과를 측정한다.

⑦ 현장 수압시험은 제수밸브와 제수밸브 사이에서 수행하는 것을 원칙으로 하되, 시험압력이 변하지 않는 범위 내에서 수행간격을 공사감독자(건설사업관리자)와 협의하여 결정할 수 있다.

(2) 수압시험기에 의한 방법

① 상수도관 중 관경 80mm 이상의 주철관 이음은 공사감독자(건설사업관리자) 입회 하에 이음부마다 관 내면에서 테스트밴드(test band)로 수압시험을 한다.

② 테스트밴드에 대한 시험수압은 0.5MPa(5.1kgf/cm²) 이상에서 5분간 유지하여 0.4MPa(4.1kgf/cm²) 이하로 수압이 내려가지 않아야 한다.

③ 이때 시험수압이 내려가는 경우에는 처음부터 주철관 이음부마다 다시 수압시험을 시작해야 한다.

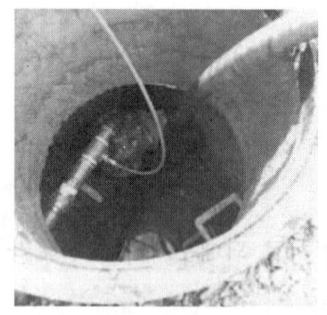  

상수도관의 수압시험

2. 현장 수압시험을 위한 모르터라이닝면의 침투방지 塗裝

(1) 수압시험을 위해 관로를 실링(sealing)하기 전에 모르터라이닝면의 건조상태를 확인한 後, 와이어 브러시로 청소하여 먼지를 깨끗이 제거한다. 이때 관로의 건조상태가 불충분하면 면포 등으로 닦아내야 한다.

(2) 주철관의 塗裝은 현장 절단 끝면에서 약 150mm 정도를 바르며 초벌칠과 마감칠 2회로 나누어 시행한다. 배관은 塗裝한 후 24시간 이상 건조상태로 방치한 다음에 시행한다.

(3) 塗裝은 원액과 희석제를 1 : 2 비율로 혼합하여 초벌용으로 칠하며, 150g/m²를 솔로 모르터라이닝면에 스며들도록 바른다. 塗裝은 비교적 습도가 낮은 시간에 실시하고, 현장 절단 끝면으로 말려들어가는 것처럼 완벽히 칠해야 한다.[234]

---

234) 환경부, '상수도 수압시험 및 수압검사', pp.1~3, 2017.

11.40 열 송수관의 파열원인 및 방지대책

열 송수관로 파열원인 및 파열방지 대책 [0, 1]

I. 개요

1. 열원시설이란 열매체를 가열하거나 냉각하는 기기로서 열발생설비, 열펌프, 냉동설비, 열교환기, 축열조 등 열의 생산과 관련되는 설비를 말한다.

2. 열수송시설이란 열매체를 수송 또는 분배하는 기기로서 열수송관, 열공급펌프 등열의 수송 또는 분배와 관련되는 설비를 말하며, 열수송시설 중 수열시설은 사업자가 열생산자의 열매체를 수열하기 위한 열수송시설을 말한다.

II. 열 송수관의 파열사고

1. 사고개요

(1) 경기도 고양시 일산동구 백석역 부근에서 온수배관이 2018.12.04. 파열되어 주변아파트 2,800여 가구에 난방용 열공급이 끊기는 사고가 발생되었다.

(2) 백석역 부근에서 발생된 열 수송관 파열사고로 여러 사상자가 발생된 이후, 열송수관 중 노후관의 비율이 77%에 달하는 경기 성남시 분당구와 54%인 서울강남구 일대에 대한 정기점검과 단계적 교체의 필요성이 대두되고 있다.

2. 파열원인

(1) 한국지역난방공사 측은 감식에서 열 수송관의 용접부위가 오래되어 녹이 슬어 수압을 견디지 못하여 사고가 발생된 것으로 추정하였다.

(2) 백석역에서 파손된 열 송수관은 가로 50cm, 세로 57cm 크기로서, 지역난방공사측은 내부검사를 위하여 구멍을 뚫은 뒤 용접하여 다시 사용해온 부위였다

(3) 열 송수관의 절반 크기의 용접부위가 쉽게 파손된 점은 용접이 부실했거나 배관의 허용 최대압력보다 더 많은 유량과 수압이 가해졌을 가능성도 있다.

3. 사고사례

(1) 열배관 파열사고는 2018년에 5번 발생되었다. 1월 노원, 2월 분당 서현역, 3월성남 이매동, 4월 강남, 5월 대전 등이다. 열배관의 사용수명이 50년임을 감안할때 잔존수명이 20년 정도 남아있는 배관이 파열된 사고였다.

(2) 한국지역난방공사가 각 가정으로 온수를 공급하기 위해 사용하는 이중보온관은내관은 배관용 탄소강관(SPP, SPPS38 등)을 쓰고, 중간은 폴리우레탄 보온재이며, 외관은 HDPE으로 제작된다.

백석역 부근 열 송수관 파열사고

Ⅲ. 지속가능한 기반시설 안전강화 종합대책

1. 추진배경 및 경과

(1) 추진배경

① KT 통신구 화재('18.11월), 백석역 열수송관 파열('18.12월) 등 사고로 인하여 기반시설 노후화에 대한 관심과 생활안전에 대한 요구 증가

② 『기반시설관리법』제정('18.12월, '20.1월 시행예정)을 계기로 노후 기반시설 관리체계 구축 기반 마련, 총괄적인 관리상태 점검이 필요한 시점

(2) 추진경과

① 정부 차원의 통합 대응 필요성에 대한 공감대를 형성하고 『노후 기반시설 안전강화 범부처 TF』 구성·운영('18.12~)

② 부처별 긴급점검('18.11~'19.1)* 국가안전대진단('19.2~4, 행안부 주관) 등을 통해 노후 기반시설의 안전관리 현황을 중점 점검

2. 기반시설 범위 및 현황

(1) 기반시설의 범위

① (종류) 『국토계획법』에 의한 기반시설은 총 7개 시설군, 46개 시설로 구분

② (검토대상) 범부처 TF(단장 : 국토부 1차관) 중심으로 국민생활 안전에 큰 영향을 미치는 15종의 기반시설을 종합대책 대상으로 선정

< 종합대책 대상시설 선정기준 >

∘ 『국토계획법』에 의한 기반시설 중 건축물(공공·문화체육시설 등)은 제외
∘ 사고 나면 국민의 인명·재산 피해* 발생 가능성이 큰 시설
　* 직접적인 피해뿐만 아니라 기반시설을 사용할 수 없어 생기는 피해도 고려
∘ 국민생활과 밀접한 지하시설물(공급시설·공급망 위주로 선정)
∘ 공공시설 원칙으로 하되, 민간시설이라도 공공성이 높은 시설

---

(2) 기반시설 관리체계

① (관리체계) 개별법 또는 특별법에 따라 기반시설 관리·감독

 ○ 도로·철도·항만 등 중대형 SOC와 상수도(급·배수관 제외), 공동구는 시설물 안전관리특별법('94 제정)에 따라 관리·감독

② (관리주체) 중대형 SOC, 상·하수도, 공동구는 공공(국가·지자체·공공기관), 그 외 지하시설물은 민간 사업자와 일부 공공기관이 관리

 ○ 특히, 통신구(KT), 도시가스(소매)는 100% 민간이 유지관리 담당

(3) 노후화 현황

① '70년대부터 집중 건설된 기반시설의 노후화가 급속히 진행 중

② (중대형 SOC) 30년 이상 노후화 비율은 저수지(96%)가 가장 높으며, 댐(30년 45%), 철도(30년 37%), 항만(30년 23%) 등의 노후화도 높은 수준

③ (지하시설물) 30년 이상 노후화 비율은 통신구(37%), 공동구(25%), 하수관로 (23%) 외에는 낮으나, 20년 이상 비율은 높은 편

(4) 유지관리 투자 현황

① (재원부담) 기본적으로 기반시설 관리 주체가 소요 재원 부담

② (투자현황) 지난 5년간('14~'18) 노후 기반시설 관리에 약 26.2조원(국비 16.0, 공공 9.0, 민간 1.2, 지방비 제외) 투자

③ (중대형 SOC) 교통시설을 중심으로 유지관리 투자가 증가

④ (지하시설물) 상·하수도 관리에 대한 국비투자는 큰 폭 증가, 가스·송유·열수송관 등에 대한 공공기관·민간 분야 투자도 완만하게 증가

3. 시설별 점검결과 및 문제점

(1) 점검개요 및 결과

① (부처별 긴급점검) 최근 사고가 발생한 열수송관, 통신구 등 지하시설물을 중심으로 부처별 긴급 안전점검('18.11~'19.1) 실시

② (국가안전대진단) 행정안전부 주관으로 각 부처에서 위험시설로 관리하는 취약시설을 중심으로 민관합동점검('19.2~'19.4) 실시

(2) 문제점

① 안전점검, 전문가·지자체 의견수렴 및 TF 활동 결과, ▲관리방식, ▲안전투자, ▲관리·이행 체계, ▲정보화 등에서 다양한 문제점 도출

② 지속가능한 기반시설 관리를 위하여 종합적 개선방안 도출 필요 ('20.1월부터 『기반시설관리법』 시행 예정)

4. 비전 및 추진전략

안전하고 지속가능한 기반시설 관리 실현

목 표
◇ 선제적 투자·관리로 '수명연장 + 안전확보'
◇ 관리 시스템 확립으로 안전사고 예방

4대 추진전략	16대 중점 추진과제
1. 생활안전 위협요인 조기 발굴·해소	① 긴급 조치가 필요한 노후시설 조기 발굴·개선 ② 노후 지하시설물 안전관리 규정 강화 ③ 시설물 안전점검 내실화 ④ 생활안전 사각지대 해소
2. 노후 기반시설 안전투자 확대	⑤ 노후 교통 SOC 안전시설 현대화 ⑥ 방재시설 안전관리 투자 강화 ⑦ 노후관로 조기 교체 및 안전투자 확대 ⑧ 지하구 재난대응 능력 강화 ⑨ 인센티브 제공 등을 통한 안전투자 촉진
3. 선제적 관리강화 체계 마련	⑩ 종합적·선제적 유지관리 계획 체계 마련 ⑪ 안정적인 서비스 공급 시스템 마련 ⑫ 입체적 유지관리 이행 체계 구축
4. 안전하고 스마트한 관리 체계 구축	⑬ 기반시설 빅데이터를 활용한 과학적 관리 ⑭ 지하공간통합관리 시스템 고도화 ⑮ 스마트 유지관리 신기술 개발·활용 ⑯ 핵심분야 SW시스템 안전관리 강화

< 노후 기반시설 관리 변화의 모습 >

	현 재	향 후
안전 점검	보이는 위험만 처리	잠재된 위험도 발굴·해소
인프라 투자	신규 건설 위주 투자	노후 시설 안전투자 확대
관리 체계	시설별 사후 위주 관리	총체적·선제적 관리
정보화	기관별 분절적 관리	빅데이터 기반의 스마트 관리

5. 중점 추진과제

(1) 생활안전 위협요인 조기 발굴·해소

① 생활안전을 위협하는 요소들은 긴급점검 후에 즉시 발굴·개선하고, 안전관리 규정 강화·제도개선 등을 통해 안전사각 지대 해소

(2) 노후 기반시설 안전투자 확대

① 국가·공공기관·민간 등의 SOC 중장기 안전투자를 확대하여 노후 기반시설의 적기 개선 적극 지원

② 국가는 선제적 안전투자 확대를 중기재정계획('19~'23)에 반영하고, 공공기관· 민간은 자율적 중장기 계획을 통해 안전투자를 확대

> ☞ 지하구 화재안전기준은 「통신재난방지 및 통신망 안정성 강화 대책('18.12.27)」에 따라 강화* 계획 ('19.1 소방시설법 시행령 개정안 입법예고)
> * (現) 50m 이상 공동구(통신·전력구는 500m 이상)만 화재설비 의무화
> ☞ (개정안) 사람이 출입·점검 가능한 지하구는 길이에 무관하게 의무화

(3) 선제적 관리강화 체계 마련

① 주요 지하시설물을 포함한 15종 기반시설에 대한 일관된 관리체계를 마련하고, 입체적 이행 체계를 구축

(4) 안전하고 스마트한 유지관리 체계 구축

① 빅데이터·3D 지하지도·미래 기술 등을 활용한 스마트 관리체계를 구축하고, 운영 SW 시스템은 보다 안전하게 관리

6. 안전투자 전망 및 향후 계획

(1) 안전투자 전망

① 동 대책 추진되는 '20년부터 '23년까지 노후 기반시설 관리 강화에 연평균 8조원 내외(국비 5조원 내외, 공공·민간 3조원 내외) 투자 전망

② 국가는 선제적 안전투자확대를 중기재정계획 등에 반영하고, 공공기관·민간은 담당 부처를 통해 중장기 투자 계획 수립·이행 유도

(2) 향후 계획

① 『기반시설관리법』이 '20.1월부터 시행될 수 있도록 하위법령 마련, 기반시설관리위원회 구성 등을 추진

② 기반시설 기본계획·관리계획 및 최소유지관리·성능개선 기준도 법 시행에 맞춰 고시할 수 있도록 준비[235]

---

235) 국무총리실, '지속가능한 기반시설 안전강화 종합대책', 관계부처 합동, 2019.

11.41 하수관로시설의 설계기준

하수관의 종류별 특성 및 관의 기초공법, 콘크리트 원형관 암거의 기초형식 [2, 6]

Ⅰ. 개요

1. 하수관로시설은 관로(管路), 맨홀(manhole), 펌프장, 우수토실(雨水吐室, 차집유량조정시설), 토구(吐口, 방류구), 물받이(오수, 우수 및 집수받이) 및 연결관 등을 포함한 시설을 총칭한다.

2. 하수관로시설은 주택, 상업 및 공업지역 등에서 배출되는 오수나 우수를 모아서 처리시설 또는 방류수역까지 이송 또는 유출시키는 역할을 한다.

3. 하수도용 자재기준은 『하수도법』의 규정에 따르며, 하수관로는 내압과 외압에 대하여 충분히 견딜 수 있는 구조·재질로서, 내구성·내식성을 갖추어야 한다.

Ⅱ. 하수관

1. 계획하수량 기준

(1) 오수관로에서는 오수량의 시간적 변화에 대응할 수 있도록 계획시간의 최대오수량을 기준으로 설계한다.

(2) 우수관로에서는 해당 지역의 적합한 강우강도, 유출계수 및 유역면적을 반영한 계획우수량을 기준으로 설계한다.

(3) 합류식 관로에서는 계획시간의 최대오수량에 계획우수량을 추가로 합한 값으로 설계한다. 하수관로 단면결정의 중요한 요소는 계획우수량이다.

(4) 차집관로는 각 지역의 실정, 차집·이송·처리에 따른 오염부하량 저감효과 및 그에 따른 필요비용 등을 고려한 우천 중 계획오수량으로 설계한다.

(5) 계획하수량과 실제 발생하수량 간에 큰 차이가 있을 수 있으므로, 이에 대응하기 위하여 지역실정에 따라 오수관로의 관경을 결정할 때 계획하수량에 여유율을 둘 수 있다. 여유율은 일반적으로 관경증가에 따른 비용부담, 배수구역의 유하시간 차이로 인한 여유율 등을 감안하여 정한다.

2. 하수관의 종류와 단면

(1) 관의 종류

① 콘크리트관

○ 철근콘크리트관에는 원심력철근콘크리트관(흄관), 코아식프리스트레스트콘크리트관(PC관), 진동·전압철근콘크리트관(VR관), 철근콘크리트관

ㅇ 제품화된 철근콘크리트 직사각형거(정사각형거 포함)

ㅇ 현장타설철근콘크리트관

② 도관

③ 합성수지관

　　ㅇ 경질염화비닐관

　　ㅇ 폴리에틸렌(PE)관

④ 덕타일(ductile)주철관

⑤ 파형강관

⑥ 유리섬유 강화 플라스틱관

⑦ 폴리에스테르수지 콘크리트관

(2) 관로의 단면

① 관로의 단면은 단면형상에 따른 수리적 특성을 고려하여 선정하되 원형 또는 직사각형을 표준으로, 소규모 하수도에는 원형 또는 계란형을 표준으로 한다.

② 관로의 단면형상을 결정할 때는 수리학적, 하중, 시공비용, 유지관리비용 및 매설장소 특성이 고려되어야 한다.

③ 복단면 또는 분할관 단면형상은 관로의 유지관리 측면이 크게 요구되는 경우에 적용한다.

(3) 최소관경

① 오수관로는 관로 내 점검·청소 등 유지관리를 위해 200mm를 표준으로 한다.

② 우수관로 및 합류관로는 관로 내 점검·청소 등 유지관리를 위해 250mm를 표준으로 한다.

③ 오수관로에서 장래 하수량 증가가 없는 경우에는 국지적으로 150mm를 제한적으로 사용한다.

3. 하수관로의 기초공

(1) 강성관로(剛性管路)의 기초공

① 철근콘크리트관 등의 강성관로는 조건에 따라 모래, 쇄석(자갈), 콘크리트, 철근콘크리트, 벼개통목, 말뚝 등으로 기초를 설계하며, 필요에 따라 이들을 조합한 기초를 설계한다.

② 모래기초의 경우에는 관의 부식방지를 위하여 KS F 2526『콘크리트용 골재』에 규정된 염화물(NaCl) 함유량이 허용값 이하인 모래를 사용해야 한다. 다만, 지반이 양호한 경우에는 기초를 생략할 수가 있다.

③ 모래기초에서 하수관로 하단의 기초두께는 최소 10~20mm 또는 관로 외경의

0.2~0.25배를 기본으로 설계하고, 매설지반이 암반인 경우에는 다소 두껍게 하는 것이 안전하다.

④ 강성관로의 강도계산에서 매설토의 수직토압에 의해 작용되는 수직등분포 하중을 구할 때는 수직토압공식, 마스톤(Marston)공식, Jansen공식 등을 이용하고 차량 활하중을 고려하여 계산한다.

⑤ 강성관로의 외압에 대한 강도는 철근콘크리트관의 경우에 균열하중을 적용하고, 도관의 경우에 파괴하중을 적용한다.

⑵ 연성관로(軟性管路)의 기초공

① 경질염화비닐관, 폴리에틸렌관 등의 연성관로는 모래, 벼개동목, 포(布), 배드시트, 소일시멘트 등으로 기초를 설계하되, 자유받침 모래기초를 원칙으로 하며, 관체의 보강이나 부등침하 방지 등 기초의 주목적 조건에 따라 단독 또는 조합하여 설치한다.

② 압송관로의 경우에 기초는 모래 대신 양질토를 사용 할 수 있으나, 이 경우에 엄격한 품질검사를 거쳐야 한다.

③ 연성관로 하단의 모래두께는 10~30mm로 하고, 상단 20mm 이상은 양질의 모래로 다짐·시공한다. 이때 연성관로의 기초받침각은 360°로 설계한다.

④ 연성관로의 강도계산에서 작용되는 하중 중 수직토압은 관로폭만의 토압으로 설계하고, 활하중에 의한 수직토압은 강성관로와 동일하게 적용한다.

⑤ 연성관로의 기초공을 설계할 때는 매설토 및 활하중에 의한 휨모멘트 및 휨응력을 구하고 수직방향의 변형량 및 변형율을 구하여 안전율을 적용한다.

4. 하수관로의 접합과 연결

⑴ 하수관 접합

① 하수관로의 방향·경사·관경이 변화하는 장소 및 관로가 합류하는 장소에는 맨홀을 설치하여 관로를 접합한다. 이때 하수관로 내의 물 흐름이 원활하도록 에너지 경사선에 맞추어 접합하는 것이 원칙이다.

② 하수관로의 관경이 변화하는 경우 또는 2개의 관로가 합류하는 경우에는 원칙적으로 수면접합 또는 관정접합으로 설계한다.

③ 지표의 경사가 급한 경우에는 관로 내의 유속조정과 하류 측의 최소 흙두께를 유지하고 상류 측의 굴착깊이를 줄이기 위하여 관경변화 유무에 관계없이 원칙적으로 지표의 경사에 따라 단차접합 또는 계단접합으로 설계한다.

　○ 단차접합 : 1개소당 단차는 1.5m 이내로 설계하며, 단차가 0.6m 이상이면 합류관 및 오수관에 부관(副管)을 사용하여 접합하는 것을 원칙으로 한다.

○ 계단접합 : 대구경관로 또는 현장타설관로에 설치하고, 계단의 높이는 1단당 0.3m 이내로 설계한다.

④ 단차접합이나 계단접합의 설치가 곤란한 때는 감세공을 설치한다. 다만, 고낙차 때문에 관로접합이 필요한 때는 맨홀 저부의 세굴방지 및 하수의 비산방지를 위하여 드롭샤프트를 설치할 수 있다.

⑤ 하수관로 내에서 물 흐름을 원활하게 하고 유속이 빨라지는 것을 방지하기 위하여 2개의 관로가 합류할 때는 중심교각을 30~45°로 설계하고, 장애물이 있을 때는 60° 이하로 설계한다.

⑥ 대구경관에 합류되는 소규경관은 대구경관 지름의 1/2 이하로 설계하고, 수면접합 또는 관정접합으로 설계할 때의 중심교각은 90° 이내로 한다. 다만, 곡선으로 합류할 때 곡률반경은 내경의 5배 이상으로 설계한다.

⑦ 반대방향의 하수관로가 합류하여 곡절하는 지점이나 예각으로 곡절하는 지점에는 2단계 이상으로 곡절되도록 설계하여 물 흐름을 원활하게 한다.

(2) 하수관 연결

① 하수관의 연결은 수밀성, 내구성 및 내부식성을 갖추도록 소켓연결, 맞물림연결, 맞대기연결, 압송관의 플랜지 및 메카니칼연결 등으로 설계한다.

② 하수관의 연결은 하수관 조사를 통해 하수관종에 최적화하여 제시되는 방법으로 연결하며, 필요에 따라 연결방법을 조합하여 적용한다.

③ 연결에 사용되는 충진제, 고무링, 밴드 등은 내구성을 갖추고, 연결구체에 포함된 금속류(볼트·너트)는 내부식성을 갖추어야 한다.

④ 연약지반에서 관로와 맨홀이 강성 높은 구조물과 접속하는 경우에는 연결각도, 연결방향, 접합부 천공 등에 따른 부등침하로 편하중이 발생되어 관로가 손상되는 사고를 일으킬 수 있다. 이 사고는 연성연결로 설계하면 막을 수 있다.[236]

---

236) 환경부, '관로시설 설계기준', pp.1~25, 2017.

11.42 사이펀, 逆사이펀

1. 사이펀(Syphon)

(1) 사이펀(Siphon)이란 대기압을 이용하여 높은 곳의 액체를 낮은 곳으로 이동시키는 관, 또는 그러한 작용이나 현상 등을 의미한다. 즉, 높은 곳에 위치한 통에 담긴 액체를 아랫 쪽으로 구부러진 관을 통하여 수면높이 이하로 이동시키면 계속해서 액체가 아랫 쪽에 위치한 통으로 이동하는 원리이다.

(2) 사이펀의 원리는 베르누이의 원리(유체의 속력이 증가하면 압력이 감소한다)에 의해 액체를 구부러진 관을 따라 이동시키면 관 내부에서 이동하는 액체의 압력이 대기압보다 감소해서, 대기압이 높은 곳의 통의 수면을 누르는 효과가 발생된다.

(3) 사이펀 작용을 일으키는데 필요한 요소는 공기보다 무거운 유체, 대기압, 대기압보다 낮은 관 속의 압력, 중력 등이 있다.

(4) 사이펀 작용이 실제로 쓰이는 용도는 변기의 원리, 계영배 술잔의 원리, 석유 자바라 호스, 배수구 트랩, 사이펀 커피 메이커, 농업용수 관개, 세탁기 헹굼제(섬유유연제) 투입구, 압력계, 우량계 등이 있다.

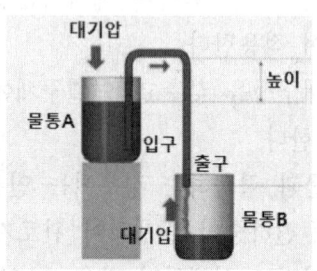

사이펀 원리

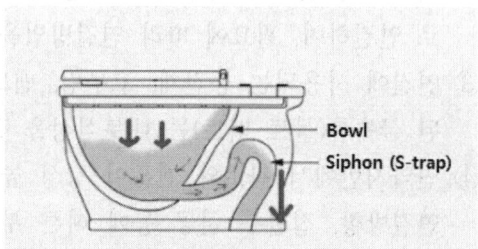

양변기 구조

2. 역사이펀(逆-. Inverted Syphon)

(1) 원리

① 지하매설물의 아래에 하수관을 통과시킬 경우에 逆사이펀 압력관으로 시공하는 부분을 역사이펀이라고 한다.

② 逆사이펀 압력관은 시공이 어렵고 지속적인 유지관리가 필요한 시설이나 다양한 지하매설물의 간섭을 최소화하고, 관로매설 깊이의 증대 방지에 따라 공사비를 절감하고, 펌프시설 등을 하수설비를 최소화할 수 있는 방안이다.

③ 逆사이펀 압력관은 지장물의 이설이 곤란한 곳, 지장물에 따른 관로매설 깊이가

지나치게 증대되는 곳, 펌프시설 설치가 곤란한 곳 등에 적용된다.

(2) 고려사항

① 逆사이펀의 구조는 장애물의 양측에 수직으로 逆사이펀실을 설치하고, 이를 수평 또는 하류로 하향경사의 逆사이펀 관로로 연결한다. 또한 지반의 연경도에 따라 말뚝기초 등의 적당한 기초공을 설치한다.

② 逆사이펀실에는 유량의 조정과 차단을 위한 수문설비 및 깊이 0.5m 정도의 이토 실을 설치하고, 逆사이펀실의 깊이가 5m 이상인 경우에는 중간에 배수펌프를 설 치할 수 있는 설치대를 둔다.

③ 逆사이펀 관로는 복수로 설치하되, 유량변동이 큰 경우에는 관경과 설치높이를 다르게 하여 유량변동에도 일정유속을 확보할 수 있도록 하고, 호안, 기타 구조 물의 하중 및 그들의 부등침하에 대한 영향을 받지 않도록 한다. 또한 설치위치 는 교대, 교각 등의 바로 밑은 피한다.

④ 逆사이펀 관로의 유입구와 유출구는 손실수두를 적게 하기 위하여 종모양(bel mouth)으로 하고, 관로 내의 유속은 상류 측을 20~30% 증가시킨다.

⑤ 逆사이펀 관로의 흙두께는 계획하상고, 계획준설면 또는 현재의 하저 최심부로부 터 중요도에 따라 1m 이상으로 설계하며 하천관리자와 협의한다.

⑥ 하천, 철도, 상수도, 가스·전선·통신케이블 등의 매설관 밑을 亦사이펀으로 횡단 하는 경우에는 관리자와 충분히 협의한 후 필요한 방호시설을 한다.

⑦ 하저를 逆사이펀으로 설계하는 경우로서 상류에 우수토실이 없을 때는 逆사이펀 상류 측에 재해방지를 위한 비상 방류관로를 설치한다.

⑧ 逆사이펀 압력관에는 호안이나 기타 눈에 띄기 쉬운 곳에 표식을 설치하고, 逆사 이펀 관로의 크기 및 매설깊이 등을 명확히 표시한다.

⑨ 逆사이펀은 지속적인 유지관리가 필요한 시설이며, 소규모인 경우에는 인력으로 유지관리가 가능하다.[237]

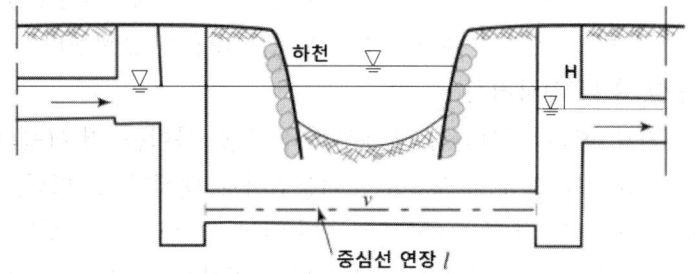

逆사이펀 원리를 이용하는 하수관거 구조

---

237) 환경부, '관로시설 설계기준', pp.8~9, 2017.

11.43   하수관로의 검사 및 시험

하인 [0, 4]

하수관로의 검사 및 시험은 시공 중 또는 시공 후에 하수관로(하수관, 맨홀, 연결관, 배수관 등)의 시공 적정성을 조사하고 판정하는 절차로서, 아래와 같은 주요 내용을 수행해야 한다.

① 경사검사
② 수밀시험(침입수시험, 누수시험, 공기압시험)
③ 부분수밀시험
④ 수압시험
⑤ 내부검사(육안검사, CCTV조사)
⑥ 오접검사, 유입수·침입수 경로조사
⑦ 변형검사

1. 하수관로의 경사검사

경사검사는 부설된 관로의 종·횡 방향에 대한 시공의 적정성을 판단하는 검사로서, 경사의 변동검사, 관의 측선 변동검사, 되메우기 완료 후의 경사검사 등이 있다.

(1) 경사의 변동검사

① 경사의 변동오차는 매 10m마다 수준점을 기준으로 하는 관 저고의 수준측량으로 되메우기 전에 측정하며, 경사의 허용오차는 역경사가 발생치 않는 한도 내에서 ±30mm 이하로 한다.

(2) 관의 측선 변동검사

① 관의 측선 변동검사 허용오차는 매 10m마다 관로중심선에 대하여 좌우 100mm 이하로 한다.

② 하수관로공사 준공서류에 경사검사 결과를 첨부할 때, 허용오차로 인한 통수능 저하, 역경사 발생 여부에 대한 수리학적 검토내용을 포함한다.

(3) 되메우기 완료 후의 경사검사

① 되메우기 완료 후의 경사검사는 맨홀에서 맨홀 사이를 거울(광파, 레이저 등)을 비춤으로서 관로의 경사를 측정하는 거울검사로 대체할 수 있다.

② 한쪽 맨홀에서 빛을 보내고 다른 쪽 맨홀에서 그 빛을 수신하면 관의 경사를 알 수 있다. 중간에 관의 경사가 달라지면 빛의 일부만 도달하거나 도달 못한다.

③ 교통개방 後에 관의 침하를 측정하는 것으로 대체할 수 있으며, 측정방법은 공사 감독자(건설사업관리자)와 협의하여 결정한다.

2. 하수관로의 수밀시험

하수관로의 수밀시험은 침입수시험, 누수시험, 공기압시험 등으로 구분된다.

(1) 침입수(양수)시험

① 지하수위(상·하류 맨홀의 평균수위)가 관 상단 0.5m 이상이고, 현재 관로 내에 침입수가 발생하고 있으며 지하수위를 저하시킬 수 없는 경우에만 적용한다.

② 지하수위고는 설계할 때 측정했던 지점을 육안관측 후 기준이상(관 상단 0.5m 이상)으로 판단되는 지점에 한하여 실측하여 결정한다.

③ 맨홀 사이의 상류 측과 연결관을 止水 에어플러그(air plug)로 폐쇄하고, 하류 측의 맨홀에서 유량을 측정한다.

④ 지하수위 변동에 의해 침입수량이 다르기 때문에 측정한 수량이 항상 침입하고 있다고는 할 수 없으므로 침입수시험은 강우 직후를 피하여 실시한다.

⑤ 침입수시험은 되메우기 끝난 후 맨홀을 포함하거나 맨홀 단독으로 시행하며 침입수량 허용기준은 누수시험의 누수량 허용기준과 동일한 값을 적용한다.

⑥ 침입수시험할 때 침입수의 위치 파악을 위하여 CCTV조사를 병행할 수 있으며, 침입수의 위치·형태 등을 기록하여 유지보수단계에서 활용한다.

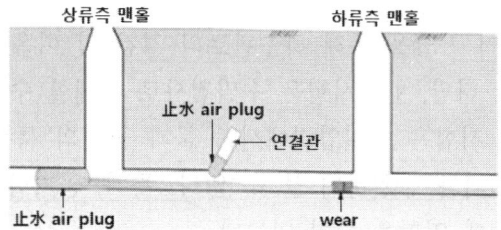

침입수(양수)시험

(2) 누수시험

① 지하수위가 관로의 침입수에 영향을 못 미치는 수준(관 상단 0.5m 미만)의 하부에 있는 경우에 적용하며, 물로 가득 찬 관로에서 누수량을 일정시간 동안 측정하는 방법이다.

② 맨홀단독시험 또는 맨홀과 본관 동시에 수밀시험하여 맨홀의 수밀성을 조사한다. 맨홀단독시험할 때 상·하류 측의 연결부를 포함하여 동일한 방법으로 시험한다.

③ 누수시험용 하수관로는 물이 새지 않아야 한다. 공장제작 관로 기자재는 기술적으로 가능한 범위까지 검사한다.

④ 공사현장에서 벽돌, 콘크리트, 보강콘크리트 등으로 제작된 맨홀과 관로 역시 수밀검사 대상이다. 수밀검사는 하수관로를 되메우기 前에 실시함이 원칙이다.

⑤ φ1,000mm 미만의 자연유하식 하수관로는 높은 쪽 끝의 관로 상부의 내부 압력 수두가 1.0m 되도록 하고, 시험압력은 낮은 쪽 끝의 수두가 5m를 넘지 않아야 한다. 필요하다면 시험을 2~3단계로 나누어 실시할 수 있다.

⑥ 수밀시험의 압력은 하수관로가 매설된 상태에서 관로 상부에 형성되는 지하수위 보다 큰 수두를 적용해야 한다.

⑦ φ1,000mm 이상의 대형 하수관로 누수시험은 시험 중 물이 많이 소요되어 시험 이 어려운 경우에 공기압시험 또는 연결부시험으로 대체하고, 보조시험방법으로 육안조사, CCTV조사, 연기·염료·음향조사를 실시할 수 있다.

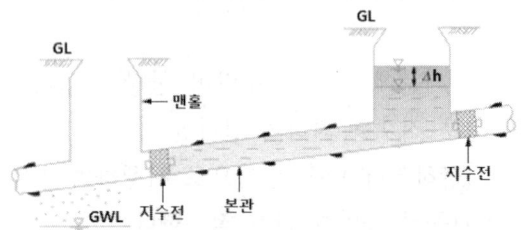

본관 및 맨홀 누수시험

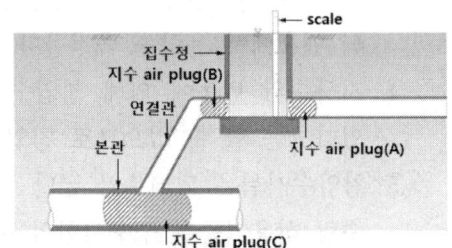

연결관 누수시험

(3) 공기압시험

① 공기압시험은 공기 가압을 통해 하수관로의 경간 및 이음부의 수밀성을 검사하기 위하여 수행한다. 다만, 맨홀시험은 수밀검사로 대체할 수 있다.

② 하수관로에 대한 시험은 동일압력에서도 물과 공기의 특성차이 때문에 공기압시 험과 수압시험 결과를 동일하게 볼 수 없다. 특히, 공기압시험은 관로의 공극, 수 분함량 및 관두께에 영향을 많이 받는다.

③ 공기압시험은 정압시험(constant pressure method)과 가변압시험(time pressure method)으로 구분되며, 하수관로 수밀검사는 가변압시험으로 한다.

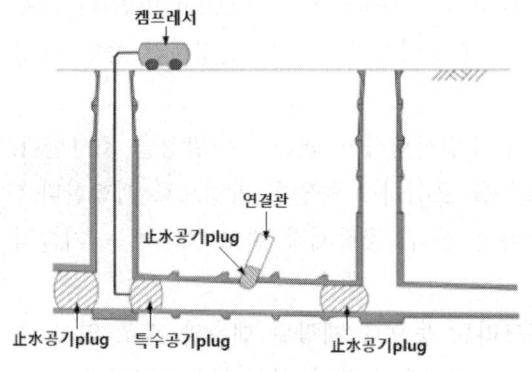

공기압시험(가변압시험)

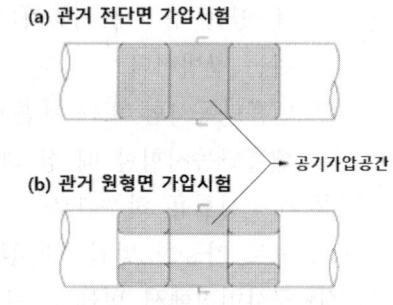

하수관로 이음부의 공기압시험

④ 신설 하수관로에 대한 공기압시험은 관로의 검사압(P0), 관경별 측정시간(t) 등에 따라 저압형, 고압형 방법으로 나누어 시행한다.

⑤ ϕ1,000mm 이상의 대형 하수관로 공기량시험은 이음부 위주로 시험한다.

3. 하수관로의 부분수밀시험

⑴ 하수관로 신설공사 및 개량(교체)공사에서 각 구간에 연결관이 존재하여 맨홀~맨홀 구간 수밀시험을 수행이 어려울 경우에는 부분수밀시험을 적용한다.

⑵ 하수관로의 부분수밀시험은 연결부, 부분보수구간 등과 같이 일부 구간의 수밀성만을 조사할 때 적용하는 시험이다.

⑶ 하수관로의 연결부 또는 시험하려고 하는 특정 구간에 기밀(氣密)을 유지하도록 기구를 장착하고 공기 또는 물을 가압하여 일정시간 동안 압력 또는 누수량을 측정하여 기준치와 측정치를 비교한다.

⑷ 허용감압량 및 허용누수량은 공기압시험 및 누수시험의 이음부 기준을 적용한다.

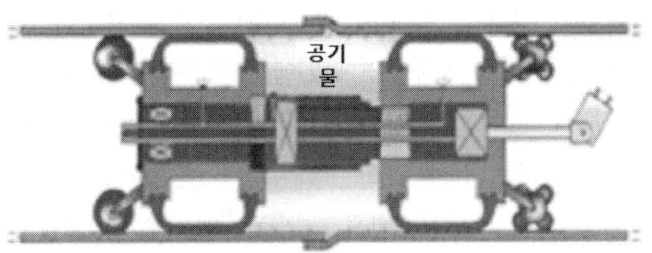

부분수밀시험

4. 하수관로의 수압시험

(1) 기준수압

① ϕ700mm 이하의 압송 하수관로 수압시험에 적용되는 기준수압은 관종별 KS시험 규격에서 정하고 있는 규정수압을 기준으로 한다.

② 덕타일 주철관 수압시험에 대한 KS 규정수압은 ϕ300mm 이하는 6MPa, ϕ350~ 600mm는 5MPa, ϕ700~1000mm는 4MPa를 기준으로 실시한다.

(2) 시험방법

① 수압시험을 위한 물 주입 前에 시험구간 하수관로를 임시로 어느 정도 되메우기 하여 관로가 수압시험 중 이동하지 않도록 고정시킨다.

② 시험구간 하수관로에 물을 채우고 24시간 이상 방치하였다가 서서히 압력을 가하여 규정수압까지 상승시킨다.

③ 규정수압으로 1시간 동안 유지할 때 압력강하가 0.2kgf/cm2(0.02MPa)를 초과하면 아니 된다.

④ 규정수압을 계속 유지하도록 물을 보충하였을 때 1시간 동안 구경 10mm당 1ℓ 이상 누수가 발생되면 아니 된다.

⑤ 수압시험은 300m 간격을 기준으로 수행하되, 제수밸브와 제수밸브 사이에서 시험하는 것이 좋다. 도로매설구간 등 현장여건을 감안하여 실시거리, 시험방법 등을 적절하게 조정할 수 있다.

5. 하수관로의 내부검사(육안검사, CCTV조사)

(1) 필요성

① 굴착 및 비굴착공법에 의해 부설되는 모든 하수관로(빗물관 포함)를 되메우기 後 준공하기 前이나 기존 하수관로의 개·보수 설계를 위한 조사 중에 관로 내부에 대한 육안검사 또는 CCTV조사가 필요하다.

② 특히 하수관로 매설공사 준공 前에 관로 내부검사를 규정한 이유는 대규모 건설공사(택지개발, 공단조성, 공유수면매립)에서 하수관로 매설 後에 홍수로 인해 관로 내에 토사가 퇴적되면 통수단면이 줄어 물 흐름에 지장을 주기 때문이다.

(2) 육안검사

① ϕ1,000mm 이상의 대구경 하수관로, 접속관, 맨홀 등의 상태를 라이트나 반사경을 활용하여 육안으로 직접 점검하고 사진촬영하여 조사의 정밀성을 기하며 추후 분석자료로 활용한다.

② 육안조사는 비교적 접근이 용이한 하수관로에 제한적으로 적용되며, CCTV조사를 위한 사전 조사단계에서 활용한다.

③ 육안검사는 조사대상관 선정 → 육안조사 → 이상부위 촬영 및 기록 → 자료정리 순으로 실시한다.

(3) CCTV조사

① ϕ1,000mm 미만의 하수관로에서 CCTV(closed circuit television)를 관로 내부로 투입하여 균열, 침입수, 이음부, 관 돌출부 등 전반적인 파손상태를 조사하며, 조사결과를 TV로 관측하여 연속 기록촬영 後 분석하고, 준공서류 조사보고서에 전산자료(CD)로 제출한다.

② 유독가스, 산소결핍 등의 사고우려가 있거나 직접 내부 진입이 어려운 경우에는 ϕ1,000mm 이상의 대구경 하수관로 역시 CCTV검사할 수 있다.

③ CCTV조사는 조사대상관 설정 → 준설작업시행 → CCTV설치 → 조사작업 → 영상

및 자료정리의 순으로 실시한다.

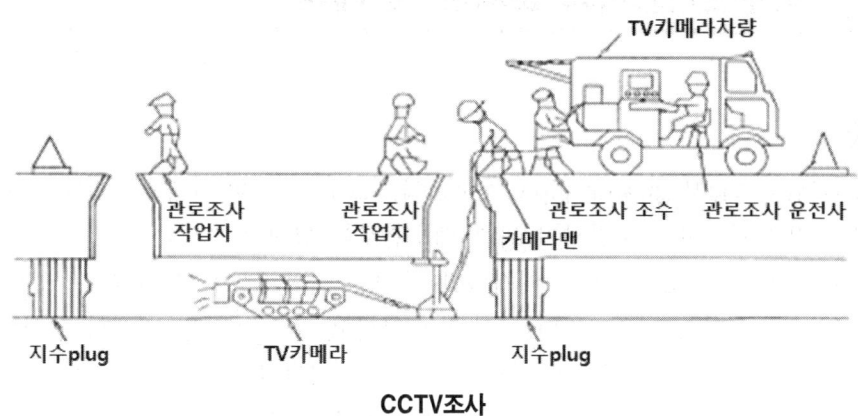

CCTV조사

6. 하수관로의 오접검사, 유입수·침입수 경로조사

(1) 오접 및 유입수·침입수 경로 조사를 위하여 연기시험, 염료시험 및 음향시험 등을 수행한다. 관로 정비시 대상지역에 따라 시험방법을 선택하여 수행 후 관로정비 설계시 반영하고 준공검사시 준공서류에 정비 후 시험결과서를 첨부하여 오접이 없음을 확인하여야 한다.

7. 하수관로의 변형검사

(1) 검사대상 : $\phi200 \sim \phi1,000mm$의 하수관로에 대한 변형검사 실시
　　　　　　　$\phi1,000mm$ 이상의 하수관로는 육안검사 수행으로 대체
(2) 검사용도 : 신설 하수관로 매설공사에서 연성관의 변형상태 검사[238]

---

238) 환경부, '관로검사 및 시험', pp.3~24, 2017.

11.44 하수관거공사의 문제점 및 대책

도심지 하수관거 정비공사의 문제점과 대책 [0, 1]

Ⅰ. 개요

1. 하수관거(下水管渠, sewer pipe, sewer)는 오수(汚水)와 우수(雨水)를 모아 하수처
   리장과 방류지역까지 운반하기 위한 배수관로를 말한다.

2. 하수관거에 의해 오염물질을 배제하면 주거환경을 깨끗이 유지될 수 있으나, 오염
   물질이 공공수역으로 유입되면 하천이 오염되고 각종 전염병 발생의 원인이 된다.

3. 우리나라는 도시와 농어촌 간 공공하수도 보급 격차가 2008년 44.5%p에서 2017년
   26.1%p로 감소되어 전 국민의 93.6%가 공공하수도를 이용하고 있다.

4. 그러나 하수관거 정비 불량으로 발생하수량 100% 대비 不明水의 유입이 43%인 반
   면, 下水의 누수가 36%로서 하수처리장에 도달하는 총하수량이 107% 정도이다.

5. 이러한 不明水 유입 및 下水 누수는 하수처리장의 용량부족 및 효율감소를 초래하
   고, 지하수·토양 및 하천을 오염시키는 원인이 되고 있다.

Ⅱ. 하수관거의 분류

1. 배제방식에 따른 분류

(1) 도시지역에서 발생되는 오수 및 우수 배제방식은 분류식과 합류식으로 구분된다.

오수 및 우수 배제방식 비교

분류식 하수관거	합류식 하수관거
모든 오수를 하수처리장에서 처리 가능	비가 많이 내리면 오수가 하천·바다로 월류
초기 우수에 포함된 지상 오염물질은 처리 불가	초기 우수에 포함된 지상 오염물질도 처리 가능
관거 내 오염물질의 퇴적이 적음	갈수기에 관거 내 오염물질의 침전이 많음
홍수기에도 오수관이 세척되지 않아 별도 청소 빈도가 많음	홍수기에는 많은 빗물로 하수관이 자동 세척
토사 유입이 적음	홍수기에는 토사 유입이 많음
오접합의 우려가 있어 가정이나 빌딩 등 개별하수도의 연결에 주의 요구됨	오접합의 우려가 없음

(2) 분류식 하수관거는 배수구역에서 발생되는 오수와 우수를 발생원으로부터 완전히
    분리시켜 오수는 오수관거를 통하여 하수처리장으로 유입시키고, 우수는 우수관
    거를 통하여 하천 및 호수 등의 공공수역으로 방류하는 방식이다

(3) 합류식 하수관거는 오수와 우수를 동일한 하수관거를 통하여 배제하는 방식이므

로, 우천 시는 우수토실을 이용하여 일정량의 오수만을 차집하여 하수처리장으로
유입시키고, 나머지는 공공수역으로 방류한다.

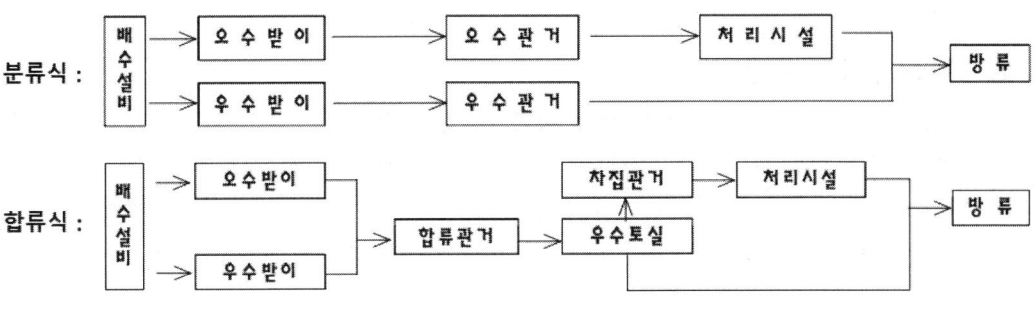

배제방식에 따른 하수관거의 분류

2. 시설주체에 따른 분류

(1) 하수관거의 건설 및 유지관리 주체에 따라 공공하수도와 배수설비로 구분된다.

(2) 공공하수도는 도로 등의 공공용지 우수를 집수하기 위하여 ▲우수받이와 연결관
등의 집수시설, ▲배수설비로부터 유출되는 오수 및 우수의 수송을 위한 관거와
맨홀 등 부대시설로 구성된다.

(3) 배수설비는 크게 옥내(건물)의 배수설비와 옥외 사유지에 설치되는 배수설비로
구분되며, 옥내의 배수설비는 건물의 일부로 취급되고 있다

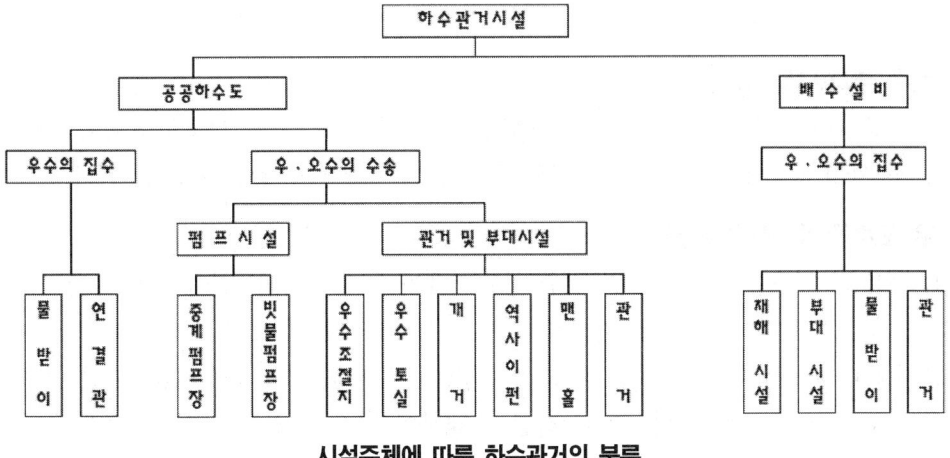

시설주체에 따른 하수관거의 분류

Ⅲ. 하수관거의 현황 및 문제점

1. 하수관거의 용량부족

(1) 기존 도심지 주변 미개발지역이 대단위 신도시로 개발되면서 건설된 합류식 하수

관거시설에는 신도시지역의 유출계수 증대로 우수유출량이 크게 증가되었다.

(2) 도시재개발에 따른 인구증가로 오수발생량이 증가되어 기존 하수관거 단면 부족
현상이 심화되면서 홍수기에 배수불량으로 일시적 침수현상이 발생되고 있다.

2. 不明水의 과다 유입

(1) 기존 하수관거의 노후화에 따른 파손, 접합부 불량 등으로 지하수 유입이 과다하
여 하수발생량 증가, 하수처리율 저하 등 하수처리 문제를 초래하고 있다.

(2) 특히 1993년 이전까지 하수관의 접합이 칼라몰탈 접합방식으로 시공되어 구조적
으로 접합부위에 수밀성(水密性) 유지가 어려워 더욱 문제점이 많다.

3. 하수관거의 노후화

(1) 1960년 이전에 부설된 하수관거의 재질은 시멘트 콘크리트관으로 강도가 약하여
노후화되고, 접합부의 경사(구배) 부실시공으로 하수 정체현상이 발생되어 토사
퇴적, 流水 장애, 슬러지 부패 등으로 악취가 발생되고 있다.

(2) 또한 적정한 유속을 고려하지 않는 하수관거계획으로 토사와 유기물의 퇴적우려
가 있어 수세식 화장실 오수를 직접 유입시킬 수 없는 실정이다.

4. 지하 매설물 교차

(1) 상수도관, 가스관, 통신 케이블, 한전 전력관 등의 지하 매설물이 하수관거를 관
통하거나 관거 내에 부설되어 있어 하수관거 단면 축소뿐만 아니라 관거 파손을
초래하여 배수처리 불량, 불명수 유입 등의 문제를 심화사키고 있다.

5. 하수 부대시설 미비

(1) 빗물받이, 맨홀, 연결관 등 하수관거 부대시설의 부족과 시공불량으로 파손에 의
한 안전사고 위험, 배수처리 불량 등으로 도로침수의 원인이 되고 있다.

6. 우·오수관의 오접(誤接)

(1) 분류식 하수관거에서는 우·오수 분리배제가 중요하지만, 분류식에 대한 인식부족
으로 오수관과 우수관을 직접 연결하는 사례가 있다.

(2) 우리나라에서 대표적인 우·오수관 오접(誤接)사례는 안산시 74%, 과천시 40% 정
도로서, 이는 시화호의 수질악화를 초래하여 담수호 건설이 실패하였다.

(3) 한편 오수를 우수관에 연결시킴에 따라 오수가 설계용량 만큼 하수처리장으로 유
입되지 않아 처리장의 기능저하 및 공정악화는 물론 경제적 손실이 크다.

7. 하수관거 재질·시공 불량

(1) 일부지역의 오수관에 HDPE관을 사용하여 관이 파손되거나 좌굴현상이 나타나
오수배제 불량, 경사(구배) 불량, 오수 침체 등으로 악취가 발생되고 있다.

Ⅳ. 하수관거의 개선대책

1. 행정·제도적 개선방안

(1) 하수처리장 건설공사와 하수관거 정비공사를 병행해야 하지만, 하수처리장은 급속 확충하는 반면 하수관거 정비가 소홀하여 불명수 과다 유입을 초래하고 있다. 유럽의 경우 하수처리장 신설보다 관거정비에 1~3배 더 투자하고 있으나, 우리는 역으로 30~40%에 불과하다.

(2) 현재 관거시스템은 분류식임에도 발생원에서 하수처리하지 않고 기존 차집관거로 연결하여 처리하고 있어 오수처리 효율이 저하되고 있다.
기존 불완전분류지역, 신규택지개발지구, 재건축·재개발지역 등에서는 가능하면 발생원에서 하수를 먼저 처리할 수 있도록 유도한다.

(3) 현재 분류식지역 내에 설치되어 있는 오수정화시설 또는 분뇨정화조를 가능하면 조속히 철거·폐기하도록 행정적으로 유도한다.
다만, 관거 오접 때문에 분뇨의 직접유입이 불가능한 지역에는 소규모하수처리장을 건설·처리한 後, 처리수를 가까운 하천으로 방류하여 생태계를 복원한다.

2. 기술·관리적 개선방안

(1) 현재 전국적으로 실시 중인 하수관거 현황조사를 통하여 과다 퇴적물 적체, 지장물 방치, 심한각 파손 등을 즉시 개량하여 유수소통을 원활히 한다.
하수관거의 효율적·종합적인 전산관리 및 DB 구축을 위하여 하수망 GIS 프로그램을 실현하고, 하수시설유지관리 정보화계획을 앞당겨 실현한다.

(2) 분류식 하수관거가 보급된 지역에서 공공하수도 배수설비를 확충할 때 우·오수관 오접(誤接)사례가 재발되지 않도록 시방기준을 보급·교육한다.
각종 물받이에는 인버트(Invert)를 설치하여 물받이의 저부에 유기물이 침전되어 썩는 사례가 없도록 하고, 밀폐식 뚜껑을 설치하여 악취를 막는다.

(3) 광역도시권 주변에 대규모 택지조성사업에서 근린공원에 지하저류장을 건설하여 홍수기에 침수방지하고, 오염도 높은 초기우수 저류를 장려한다.
용량부족, 구조결함, 역경사, 상수도관 통과 등의 통수능력에 지장을 초래하고 있는 하수관거의 개·보수에 지자체를 계속 재정적으로 지원한다.[239]

---

239) 김갑수, '하수관거의 기능향상을 위한 고찰', 서울도시연구 제1권 제2호, 2000.

11.45 하수관거 非굴착 Pipe Jacking 공법

콘크리트 하수관을 Pipe Jacking 공법으로 시공 유의사항 [0, 1]

1. 개요

(1) 18세기 중반부터 산업혁명을 주도한 유럽과 미국은 국민들의 생활수준 향상이 가속화되는 추세에 따라 도시기반시설의 일환으로 하수관거를 대폭 확충하였다.

대도시의 하수관망이 늘어날수록 노후된 하수관거의 보수와 교체 문제가 심화되면서 점차 非굴착 보수공법이 발전되었다.

(2) 1960년대 개발된 非굴착공법은 도로·철도 아래를 통과하여 통상적인 지반굴착으로는 시공이 불가능한 하수관거 매설공사에 Pipe Jacking, Microtunnelling, Moling과 같은 공법이 최초로 적용되었다.

이러한 非굴착 지하매설공법은 굴착식 관거공사가 교통에 방해가 되거나, 기존 건물에 영향을 주거나, 기초지반이 연약한 경우에 이르기까지 과학기술의 발달에 힘입어 그 적용범위가 점차 확대되었다.

(3) 1981년에 런던에서 '하수도 시스템 복구'라는 주제로 토목공학회가 개최되어, 세계 각국 학자들이 노후된 하수관거 시스템을 보수하는 非굴착공법을 발표하였다.

오늘날 ▲기존 하수관거의 구조적 능력을 원상태로 복구시키는 공법, ▲기존 하수관거 시스템에 침투·유입수를 감소시켜 통수능력을 증가시키는 공법 등이 다양하게 적용되고 있다.

2. 하수관거 非굴착 보수공법

(1) 일반사항

① 기존 하수관을 보수·보강하여 갱신(renovation)하면 마찰계수가 작아져 통수능이 다소 증가되나, 기존관의 통수능이 현저히 부족하면 대형관으로 교체해야 된다.

② 기존 하수관의 갱신공법 또는 교체공법에 터널공법(TBM)이 주로 적용되었으나, 이 공법은 도시지역에서 교통혼잡을 야기하는 등의 문제점이 대두되어 최근에는 하수관거를 非굴착 보수·보강할 수 있는 새로운 공법이 자주 쓰이고 있다.

(2) 非굴착 보수공법 종류

① 관 파쇄(pipe bursting) : 기존관을 부수고 부서진 파편을 주변토양으로 밀어내어 확장시킨 後, 기존관과 관경이 같거나 더 큰 새로운 관을 확장된 공간으로 삽입하기 위하여 밀어 넣는 공법

② 마이크로터널링(microtunneling) : 침투수·침입수 때문에 기존 하수관을 폐기하거

나, 도심지에서 ϕ150~900mm 작은 관경을 확장하는 경우에 非굴착 원격조정하는 기계로 굴착하는 공법

③ 천공(directional drilling) : 하천, 하구, 운하 등의 수면 아래에 수직방향으로 휘어져 있는 긴 곡관에 적용되는데, 소구경의 유도공(pilot-hole)을 원호형태로 천공 後에 유도공보다 약간 큰 세척관이 천공열을 따라 설치하는 공법

④ 제트류 절삭(fluid jet cutting) : 유도공을 만들기 위해 지반토양을 절삭하는 고압(1000~4000psi)의 슬러리 제트노즐(slurry jet nozzles)이 장착되고 원격조정이 가능한 기계를 사용하여 관을 非굴착으로 설치하는 공법

⑤ 충격식 몰링(impact moling) : 압축공기를 이용한 원형 충격식 해머로 지반토양에 충격을 가하여 구멍을 뚫어 관로를 생성하는데, 원격조정이 불가능하며 중력식 하수관거에 적합한 공법

⑥ 충격식 래밍(impact ramming) : 충격식 몰링을 발전시킨 것으로 추진구에서 대형 충격식 몰을 사용하여 토양에 강철 케이싱을 박아 지반토양이 케이싱의 끝부분으로 들어오면 제트 기계로 토양을 절삭하고 관을 삽입하는 방식, 길이 30m 정도의 도로·철도 횡단시공에만 적합한 공법

⑦ 오거보링(auger boring) : 회전식 절삭기 전면부와 그 뒤에 토양을 제거하기 위한 오거 플라이트로 구성되는데, 횡단시공에 널리 사용되지만 침투수·침입수 문제를 해결하기에는 적합하지 않는 공법

⑧ 파이프 잭킹(pipe jacking) : 기존관을 굴착 즉시 유압 잭(oil jack)에 의해 압입추진방식으로 추진관을 설치하여 안전하게 붕괴위험 없이 관을 압입하는 공법

3. 하수관거 非굴착 Pipe Jacking 공법

(1) 적용성

① 별도의 보조공법 없이 연약지반, 지하수위가 높은 지반에도 시공이 가능하며, 곡선 추진 및 장거리 추진도 가능하여 다른 공법에 비해 공기를 단축할 수 있다.

② 철도, 도로, 고속도로, 하천제방 등의 하부를 횡단하는 하수관거의 신규매설공사 또는 보수·보강을 위한 갱신공사에 적합하다.

③ 하수관거 非굴착 압입공법이므로 작업 중에 지반교란에 의한 침하가 거의 없어 지상구조물에 대한 피해가 없는 친환경적인 공법이다.

(2) 시공방법

① 하수관거 中押工法(Pipe Jacking Method)은 지하매설용 관(管)을 중간 잭을 이용하여 흙 속에 압입하면서 非굴착으로 추진공법이다.

② 이 공법은 관로 중간에 부스터 잭(中押 jack)을 배치하여 추력(推力)을 분할하고

수직갱 잭과 교대로 압입하는 공법으로, 토질조건에 따라 150~200mm의 장거리
非굴착 압입도 가능하다. 기술적으로 ∅1200mm 이상 관경에 적용된다.

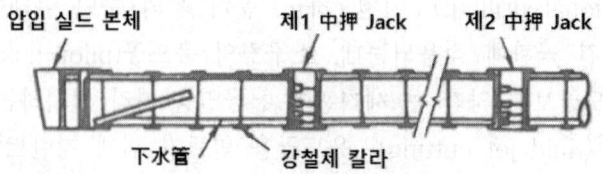

하수관 Pipe Jacking 개념도

4. 하수관거 굴착공법과 非굴착공법 비교

(1) 종전에는 하수관거 신설·교체·보수공사를 할 때 도로전체를 굴착하여 지하시설물을
    해체하고 동종의 신관을 매설한 후 굴착된 도로를 재포장하는 굴착공법이었다.

(2) 지하관로 비굴착공법(Trenchless Technology)은 굴착공법과 같이 지하관로를 파
    지 않고 하수관거를 신설(installation), 교체(replacement), 보수(renovation), 갱신
    (renovation)하거나 이와 관련된 기술을 총칭한다.[240]

굴착공법과 非굴착공법 비교

구분		굴착공법	非굴착공법
공법개요		○ 도로굴착 후 관 교체	○ 도로굴착 없이 신관 이상의 강도 향상 ○ 50년 이상의 내구연한 유지
공사기간		○ 15~30일	○ 1~2일
문제점	교통	○ 시공 전체구간의 교통 차단 ○ 장기간 도로통제로 교통체증 유발	○ 시공 일부구간의 교통 통제 ○ 단기간 도로 통제로 교통체증 해소
	환경	○ 이음부 불량에 의한 하수유출, 토양오염 ○ 지하수 유입, 불명수 발생으로 효율저하 ○ 건설폐자재 다량 발생 ○ 굴착으로 인한 소음·분진·악취 발생	○ 이음부 없는 일체형관으로 하수유출 차단 ○ 하수처리장 처리효율 증대 ○ 건설폐자재 발생 억제 ○ 소음·분진 최소화하는 친환경적 공법
	안전	○ 굴착으로 인한 주변 침하현상 야기 ○ 굴착 중 가스관 저촉우려로 위험 상존	○ 非굴착으로 주변 침하현상과 무관 ○ 다른 매설물과의 저촉우려 전무
	민원	○ 도로굴착으로 인한 민원발생, 행정불신 ○ 신설포장 동절기 굴착 제한 행정규제	○ 단기간 시공으로 민원해소, 행정신뢰 ○ 계획적으로 불량 하수관 정비 추진 가능

240) 이지철, '비굴착공법을 이용한 상하수도관의 신설·교체기법 연구', 서울특별시 정책연구위원회, 2005.
　　이한승 외, '하수관거 보수용 저온경화형 수지 적용기술개발', 한양대학교 산학협력단, 2010.
　　송호면, '비굴착 공법의 개발 역사', 한국건설기술연구원, 코네틱레포트, 2019.

11.46 부력과 양압력

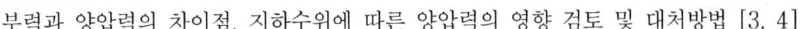

부력과 양압력의 차이점, 지하수위에 따른 양압력의 영향 검토 및 대처방법 [3, 4]

Ⅰ. 부력

1. 정의

(1) 부력(浮力, buoyancy)은 물과 같은 유체에 잠겨있는 물체가 중력에 반하여 밀어 올려지는 힘이다.

2. 이론

(1) 물체가 받는 부력의 크기(F_b)는 물체가 밀어낸 부피만큼의 유체가 갖는 무게와 같다. (아르키메데스의 원리) 다시 말해서,

$$F_b = \rho_f V g$$

여기서, ρ_f : 유체의 밀도

   V : 물체가 밀어낸 유체의 부피

   g : 중력가속도

(2) 결국, 물체가 받는 순수한 힘(F)은 중력과 부력의 차이가 되며, 이는 아래 식과 같이 표현할 수 있다.

$$F = (\rho_f - \rho_s) V g$$

여기서, ρ_s : 물체의 밀도

이 식은 물체가 유체보다 밀도가 큰 경우($\rho_s > \rho_f$)에는 아래방향으로 가라앉고, 그 반대의 경우($\rho_s < \rho_f$)에는 위로 떠오른다는 것을 의미한다.

(3) 부력(浮力)의 작용점을 부력중심이라 하고, 이는 물체가 밀어낸 유체의 무게중심에 해당된다. 부력중심과 무게중심이 일직선 상에 있지 않으면 물체는 회전력(torque)을 받게 된다.

3. 사례

(1) 요트, 카약 등의 수상스포츠에서는 물에 조금만 잠긴 상태에서 평형을 이루면 물에 의한 마찰이 적어 고속 주행할 수 있으므로, 부력을 크게 제작한다.

(2) 사람의 부력은 인체의 주요성분(뼈, 근육, 지방 등) 비율로 결정된다. 지방이 물보다 밀도가 작으므로 지방이 많을수록 잘 뜬다. 폐활량에 따라 부력이 변한다.

(3) 밀도가 큰 유체는 밀도가 작은 유체에 비해 물체에 훨씬 큰 부력을 준다. 염분농도가 큰 사해에서 몸이 잘 뜬다. 수은에서는 동전도 뜬다.

II. 양압력

1. 용어 정의

(1) 양압력(揚壓力, uplift pressure)은 중력방향의 반대 방향으로 작용되는 연직성분의 수압을 말한다.

(2) 즉, 양압력은 어떤 물체가 수중에 있을 경우 그 물체에 수압이 작용하며, 이런 수압중 상향으로 작용하는 수압을 양압력이라 한다.

(2) 콘크리트 댐에서는 기저면 또는 내부의 수평타설 이음에 작용하는 양압력을 간극수압이라 부른다.

2. 사례

(1) 콘크리트댐의 기저면 또는 제체의 수평이음에 작용되는 간극수압은 댐을 들어 올리는 방향으로 작용하는 압력이기 때문에 양압력이라 한다.

(2) 양압력은 댐의 안정에 악영향을 미치기 때문에 드레인 홀을 설치함으로써 양압력을 감소시키는 공법을 적용하는 경우가 많다.

II. 부력과 양압력

1. 차이점

(1) 부력(浮力)이란 지반 중에서 또는 지반과 구조물 사이에서 구조물의 저면에 작용하는 상향의 정수압에 의해 생기는 힘을 말한다.

(2) 양압력(揚壓力)이란 구조물 전후의 수위차 또는 파랑 등에 의한 구조물 위치에서의 일시적인 수위 상승에 의해 생기는 상향의 힘을 말한다.

2. 영향(피해)

(1) 구조물의 自重이 기초바닥에 작용되는 양압력보다 적으면 건물은 浮上한다.

(2) 구조물이 浮上하면 부재의 균열·누수·파손 등 여러 문제점들이 발생된다.

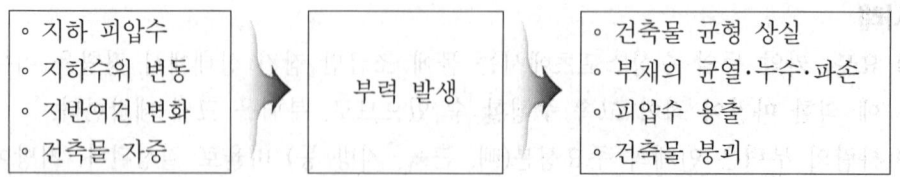

3. 방안검토

(1) 자중, 마찰력, 부력과의 관계

　　자중(W)+마찰력(P) < 부력(U)인 경우에 안정성이 저하된다.

(2) 부력에 의한 모멘트(Md)와 저항모멘트(Mr)와의 관계

　　　Mr < Md인 경우에 안정성이 저하된다.

(3) 기둥과 기둥사이 지간과 부력과의 관계

　　　장 스팬의 경우에는 중앙부에서 발생되는 부력에 대한 안정성이 저하된다.

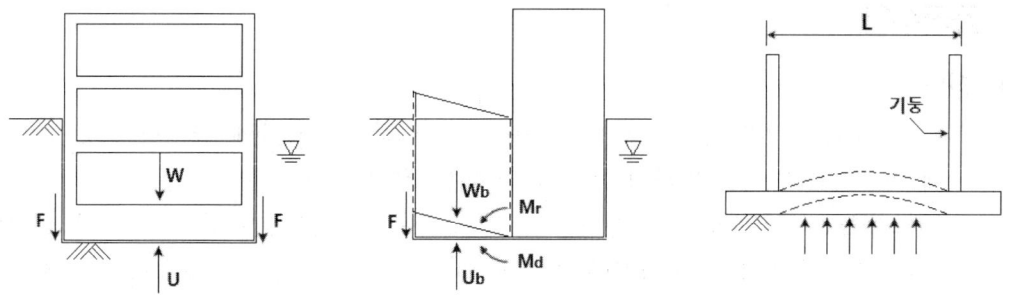

| 자중(W) + 마찰력(P) < 부력(U) | 부력모멘트(Md) > 저항모멘트(Mr) | 기둥 사이 지간dl 큰 경우 |

4. 안정대책

(1) 외력증가공법

　① 사하중(자중) 증가공법 : 구조물의 고정하중을 증가

　② 영구앵커 공법 : 지반을 천공 후 인장재를 투입하여 암반에 긴결

　　ㅇ Rock Anchor 공법, Rock Bolt 공법 등

　③ 인장파일공법 : Micro Pile을 마찰말뚝처럼 사용하여 부력을 방지

(2) 영구적인 강제배수공법

　① 외부배수공법 : 지하벽체 외부에 배수층을 형성하여 집수정으로 유도, 펌프에 의한 강제적인 배수처리

　② 내부배수공법 : 기초저면에 배수층을 형성하여 집수정으로 유도, 펌프에 의한 강제적인 배수처리

　　ㅇ Trench System, Drain Mat System 등[241]

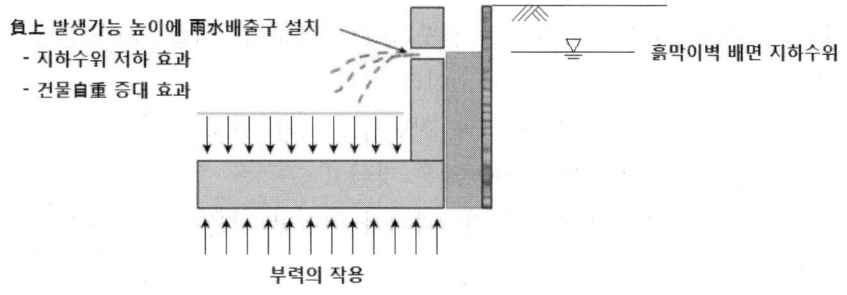

공사 중 홍수기에 대비한 浮上방지대책

241) GIGUMI, '부력과 양압력 및 해결방안', 2013, https://www.gigumi.com/

11.47 공극수압, 침투수력 (Seepage force)

공극수압, 침투수력(seepage force) [2, 0]

I. 공극수압

1. 정의

(1) 공극수압(孔隙水壓, pore water pressure)은 지반토양 내에 존재하는 공극이 물에 작용하는 압력을 말하며, 간극수압(間隙水壓)이라고도 한다.

(2) 광의적으로 공극수압은 토양수의 압력 포텐셜(potential)과 같으며, 토양 매트릭스가 갖는 保水작용, 외력이나 자중에 의해 토양에 작용되는 구속압, 공기압, 지하수면 아래의 토양에 작용되는 정수압 등의 결과로 나타난다.

2. Mohr-Coulomb 이론

(1) 흙이 전단응력을 받아 현저한 전단변형을 일으키거나 명확한 전단활동을 일으킨다면 이를 '흙이 전단파괴되었다'고 하며, 이때의 활동면 상의 전단응력을 전단강도(shear strength, τ)라고 한다.

(2) Mohr-Coulomb 이론에 따르면 전단강도(τ)는 흙입자 사이에 작용하는 점착력(c)과 내부마찰각 또는 전단저항각(ϕ)에 의해서 결정되며, 다음 식과 같다.

$\tau = c + \sigma \tan\phi$

여기서, σ : 全응력

만약, 공극수압(u)이 발생한다면, 全응력(σ) 대신 유효응력($\bar{\sigma}$)을 대입한다. 즉,

$\tau = c + \bar{\sigma} \tan\phi$

여기서, 유효응력($\bar{\sigma}$)은 全응력(σ)에서 공극수압(u)을 뺀 것과 같다.

$\bar{\sigma} = \sigma - u$

(3) 全응력(σ)과 전단강도(τ)에 따른 파괴 포락선(failure envelope)은 실제로는 곡선이지만, 계산할 때는 직선으로 간주하여 사용하며, 이를 모어-쿨롱의 파괴규준(Mohr-Coulomb failure criteria)이라 한다.

파괴규준 선 이하에 全응력(σ)과 전단강도(τ)가 위치하면 아직 전단파괴가 일어나지 않은 것이고,

파괴규준 선에 점이 위치하면 전단파괴가 일어난 것을 의미한다.

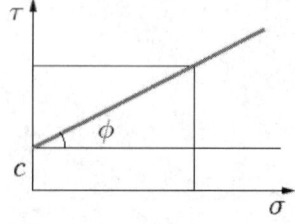

Mohr−Coulomb 파괴규준

II. 침투수력

1. 정의

(1) 침투압(浸透壓, seepage pressure)은 흙 중 임의의 2점 사이에 물이 흐를 때 水頭差에 의한 침투수로 인하여 생기는 유효응력을 말한다. 즉, 침투압은 흐르는 물이 토립자에 가하는 마찰력이다.

① 침투수력(seepage force)은 강우가 지하로 침투될 때 또는 지하수의 흐름에 의해 물이 지중에 침투될 때 단위체적당 작용하는 수압을 말한다.

② 다시 말하면, 全水頭의 손실에 해당하는 압력이 간극수압에서 유효응력으로 이전된다는 의미이다. 따라서 침투압은 물이 흐르는 방향으로 작용되며, 침투압의 크기는 흙의 단위체적당 침투수력으로 표현한다.

(2) 침투압은 수두차$(\Delta h) \times \gamma_w = \Delta h \cdot \gamma_w$ 에서

물이 통과한 체적은 $z \times 1$ 이므로,

단위체적당 침투수력은 $j = \dfrac{\Delta h \cdot \gamma_w}{z} = i \cdot \gamma_w$ 이며,

따라서, 全침투수력은 $J = i \cdot \gamma_w \cdot A \cdot z \equiv i \cdot \gamma_w \cdot V$ 이다.

2. 침투압에 의한 유효응력 변화

(1) 全응력

$$\sigma = h_w \gamma_w + z \gamma_{sat} \ (z : 흙두께)$$

(2) 간극수압

$$u = h_w \gamma_w + z \gamma_w + \Delta h \gamma_w$$

(3) 유효응력(全응력 - 간극수압)

$$\bar{\sigma} = \sigma - u$$
$$= h_w \gamma_w + z \gamma_{sat} - h_w \gamma_w - z \gamma_w - \Delta h_w \gamma_w$$
$$= z(\gamma_{sat} - \gamma_w) - \Delta h \gamma_w$$
$$= z \gamma_{sub} - \Delta h \gamma_w$$

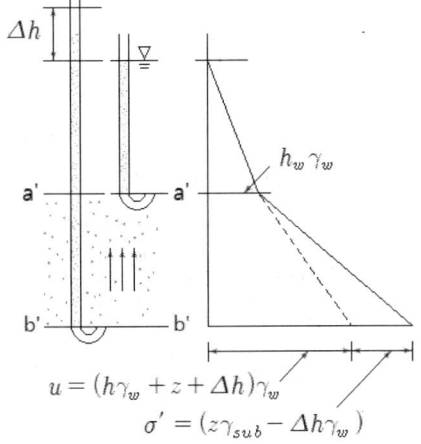

$$u = (h\gamma_w + z + \Delta h)\gamma_w$$
$$\sigma' = (z\gamma_{sub} - \Delta h\gamma_w)$$

(4) 정수압 상태에서는 $\bar{\sigma} = z \gamma_{sub}$ 이므로

상향침투로서 유효응력이 $\Delta h \cdot \gamma_w$ 만큼 감소된다.

(5) 결론적으로 Piping 검토를 위해서는

침투압, 즉 침투수력을 알아야 한다.[242]

---

242) 이춘석, '토질 및 기초기술사 용어해설', 예문사, p.117. 2005.

11.48 표면장력, 도수(跳水)

표면장력(surface tension), 도수(hydraulic jump) [2, 0]

Ⅰ. 개요

1. 정의

(1) 표면장력(表面張力, surface tension)이란 액체가 자유표면 상태에서 표면을 작게 하려고 작용하는 장력을 말한다.

(2) 액체는 표면적에 비례하는 표면에너지를 가지고 있으므로, 액체표면 부근의 분자는 액체내부의 분자보다 위치에너지가 크기 때문에 표면장력이 생긴다.

2. 특성

(1) 액체를 구성하는 분자들 사이에는 서로 끌어당기는 인력이 있다. 만약 인력이 없다면 액체는 유한한 크기를 가질 수 없었을 것이다.

반대로 분자와 분자 간의 거리가 특정 거리보다 가까워지면 분자들끼리 서로 밀어내는 척력이 작용한다.

(2) 아래 그림에서 A지점 유체의 분자는 인력과 척력이 평형상태이므로 작용되는 순수한 분자력은 0이다. 그러나 B지점 유체의 분자에는 유체 내부방향 쪽으로 인력이 작용하지만 표면 부근에서는 외부방향 쪽으로 균형을 이룰 인력이 없다. 따라서 유체 내부방향 쪽으로 순수한 분자력이 존재한다.

(3) 유체의 분자 간 인력의 균형이 표면부근에서는 깨지기 때문에 표면부근에 있는 분자의 위치에너지는 액체내부의 분자보다 더 커진다. 이로 인해 액체는 표면적에 비례하는 표면에너지를 가지게 되고, 이 에너지를 최소로 만들려고 작용되는 힘이 '표면장력'으로 나타난다.

(3) 물 위에 떠다니는 소금쟁이, 거미줄에 매달려 있는 물방울, 풀잎 위의 빗방울이 굴러가는 모습 등은 액체의 표면이 팽팽히 잡아당겨지는 표면장력의 사례이다.

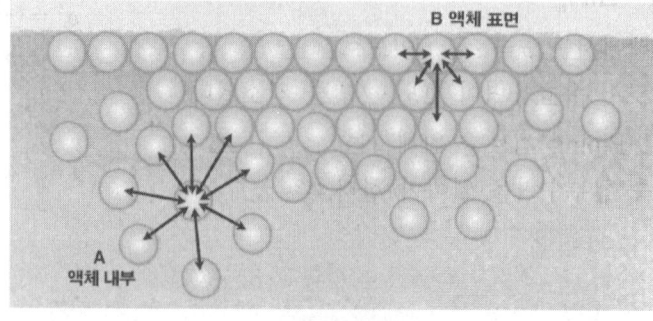

표면장력

Ⅱ. 도수(跳水)

1. 정의

(1) 도수(跳水, hydraulic jump)란 물의 흐름이 사류(射流)에서 상류(常流)로 바뀔 때 변화가 불연속적으로 일어나기 때문에, 표면에서 현저한 소용돌이를 동반하면서 물의 흐름이 작은 수심으로부터 큰 수심으로 급격히 변하는 현상을 말한다.

(2) 도수(跳水)현상은 개수로에서 한계수심보다 작은 수심에서 한계수심보다 큰 수심으로 변화할 때 갑작스럽게 발생되는 수위변화 현상을 말하며, 큰 소용돌이가 발생되며 에너지 손실을 수반하는 특성이 있다.

(3) 도수(跳水)현상은 배수관의 저변에서도 나타난다. 즉, 배수관 내에서 수직으로 낙하되는 물은 전방을 향하여 가로방향으로 90° 전환되면서 곡관부의 원심력이 작용되어 가로관 저변에 접하는 흐름이 된다.

이때 급격하게 유속이 감소되기 때문에 관지름의 몇 배를 지난 지점에서 갑자기 수심이 깊어지고, 그 이후에서는 진동하면서 감쇠되어 평탄한 흐름이 되는 도수 현상을 보인다.

(4) 도수(跳水)현상은 개수로에서 물이 둑을 넘어갈 때에도 볼 수 있고, 유입속도, 가로관의 수심, 관의 거칠기, 관지름, 물매 등에 의해 그 크기가 달라진다.

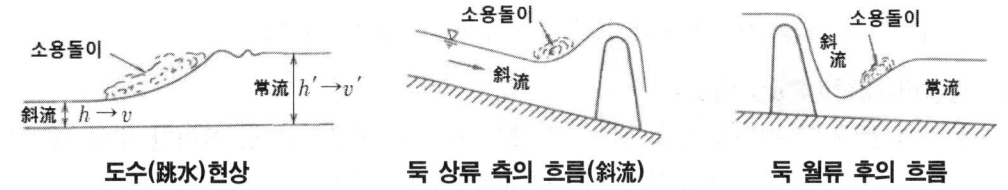

도수(跳水)현상　　　　**둑 상류 측의 흐름(斜流)**　　　　**둑 월류 후의 흐름**

2. 특성

(1) 도수(跳水)현상은 물의 흐름이 사류(射流)에서 상류(常流)로 바뀔 때 급격하게 나타나는 특성이다.

(2) 도수(跳水)현상은 수면이 매끄럽지 못하고 연속적으로 변화하지 못하여 격렬한 표면와류를 수반하면서 분연속적으로 물이 튀어오르는 특성을 나타낸다.

(3) 도수(跳水)현상은 강한 난류이며, 사류가 갖는 큰 에너지의 일부가 소실되는 현상이다.

(4) 도수(跳水) 중에 에너지지의 일부가 손실되기 때문에 도수 後의 비에너지는 도수 前의 비에너지보다 항상 작아지는 특성이 있다.[243]

---

243) ㈜일성엔지니어링, '도수(跳水, hydraulic jump)', 토목용어사전, 2019.

11.49 지하구조물 浮上의 원인과 대책

지하수위가 높은 지역의 저수장 지하구조물 시공, 지하구조물의 부상(浮上) 원인과 대책 [0, 5]

Ⅰ. 용어 정의

1. 부상(浮上, flotation)

(1) 지하수위는 예측이 어렵고 추정값과 실제값에 많은 차이가 있다. 그 이유는 지하수가 움직이기 때문이다. 지하수는 건설공사 대상지역의 영역 내에서만 움직이지 않고 넓은 주변에 영향을 주며, 역으로 주변의 영향을 받기도 한다.

(2) 각종 구조물에는 외적 하중(토압, 수압, 부력, 양압력, 풍하중, 진동, 지진에 의한 동하중 등)이 작용하고 있으므로 공사 도중뿐만 아니라 준공 이후에도 이러한 외적 하중조건에 안전해야 한다.

(3) 구조물의 시공과정에 외적 하중조건 중 지하수에 의한 부력과 양압력에 대한 검토가 미비할 경우에 지하구조물의 부상(浮上)에 의한 피해를 초래할 수 있으므로 건설공사 현장에서는 지하구조물의 부상에 대비해야 한다.

2. 부력(浮力, buoyancy)

(1) 어떤 물체가 수중에 있을 때 그 물체는 물속에 잠긴 물체부피의 물의 무게 만큼 가벼워지는데, 이때 가벼워지는 힘을 부력(浮力)이라 한다.

3. 양압력(揚壓力, up lift)

(1) 어떤 물체가 수중에 있을 때 그 물체는 수압이 작용하는데, 이러한 수압 중 상향(上向)으로 작용하는 수압을 양압력(揚壓力)이라 한다.

Ⅱ. 부력과 양압력

1. 피해 원인

(1) 일반적인 구조물공사는 지하수가 배제된 상태에서 시공하거나 또는 원지반에 구조물을 축조한 후에 주위를 성토하여 구조물을 완성한다.

(2) 부력을 받는 구조물은 설계단계에서 완성예정인 구조물을 대상으로 검토하지만 시공단계에서 검토하지 않는 경우, 부력에 의한 피해가 발생된다.

(3) 전면기초의 경우는 부력에 안전하지만 바닥슬래브 밑에서 상향으로 작용하는 양압력에 대해 단면이 부족한 경우, 양압력에 의한 피해가 발생된다.

(4) 구조물공사 현장에서 시공과정에 아래와 같은 경우, 부력이나 양압력에 의해 지하수위가 상승되면 피해가 발생된다.

① 지하수위가 높은 지역에서 구조물을 완성한 후 배수를 중단할 때

② 강우에 의하여 지표수가 지하로 침투될 때

③ 굴착구 주변의 상수도관이 파열되어 침수될 때

2. 피해 사례

(1) 부력에 의한 피해

    ① 시공 중인 하수처리장 : 침사지, 포기조, 초침, 종침, 펌프동, 정수장 침사지, 지하저수조 등의 부상

    ② 시공 중인 건축물 : 지하실의 부상

    ③ 시공 중인 공동구 : 관로의 부상 등

(2) 양압력에 의한 피해

    ① 시공 중인 건축물 : 지하실 바닥슬래브의 융기·파손, 지하수 용출

3. 부력 저항기구 및 안전율

(1) 부력 저항기구

    ① 구조물의 자중 및 상재하중

    ② 구조물과 되메움 토사와의 마찰력

    ③ 바닥슬래브 저면의 key와 지표와의 wedge 무게

    ④ 말뚝의 인발 저항 및 부력 방지용 Anchor

(2) 부력에 대한 안전율(F_s)

$$F_s = \frac{W + W_w + \mu + Anchor\ force\ or\ 말뚝\ 인발\ 저항력의\ 일부}{U}$$

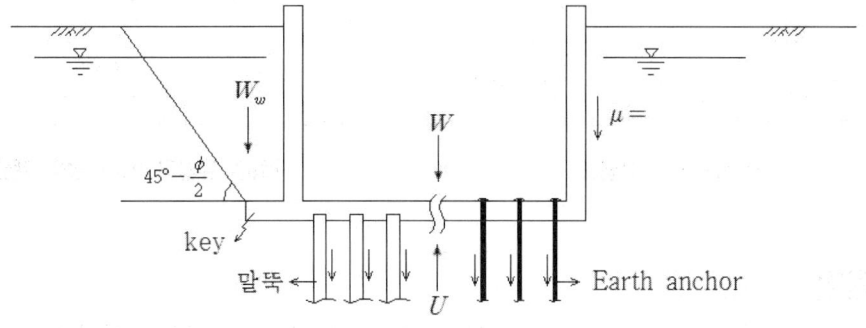

부력에 대한 안전율(F_s)

4. 부상(浮上) 방지대책

(1) 현장에서 구조물의 부력 및 양압력에 대한 검초 및 대책 강구

    ① 현장에서 지반조사 주상도 및 주변 지하수위 조사 결과를 고려하여 시공단계에서 완성 예정인 구조물의 부력을 사전 검토한다.

② 지하수위로 인하여 구조물에 작용되는 양압력에 대한 바닥슬래브의 안전성을
다음 식으로 검토한다.

구조물의 휨모멘트 $M_{\max} = \dfrac{Wl^2}{8}$

구조물의 응력 $\sigma = \dfrac{M}{Z} <$ 콘크리트 허용응력

(2) 홍수기에 지표수 유입으로 지하수가 급격히 상승하지 않도록 대책 강구

① 각 공사 현장의 지표면을 정리하고 가배수로를 설치하여 지표수를 원활히 배제
시켜 굴착구 내부로 지하수 유입을 방지한다.

② 특히, 저수조 현장에서 바닥슬래브에 hole을 설치하여 지하수위 상승으로 구조
물 내부로 지하수 유입을 방지하고, 저수조에 물을 채운다.

③ 주변 계곡부의 지표수가 현장부지로 유입되지 않도록 방호하며, 필요한 경우
지하수 및 지표수 배제용 펌프를 가동한다.

④ 구조물 주변에 맹암거를 설치하여 지하수를 저지대로 배제시켜 지하수위의 상
승을 사전 방지한다.

⑤ 가능하면 홍수기 전에 절토사면·옹벽의 뒷채움재 충진을 완료하고, 옹벽의 저
면에 부력방지용 Anchor를 설치한다.

⑥ 위와 같은 대책 중 1개 또는 그 이상을 조합하여 설치하며, 최악의 경우에도
한계 지하수위 이상으로 상승하지 않도록 조치한다.

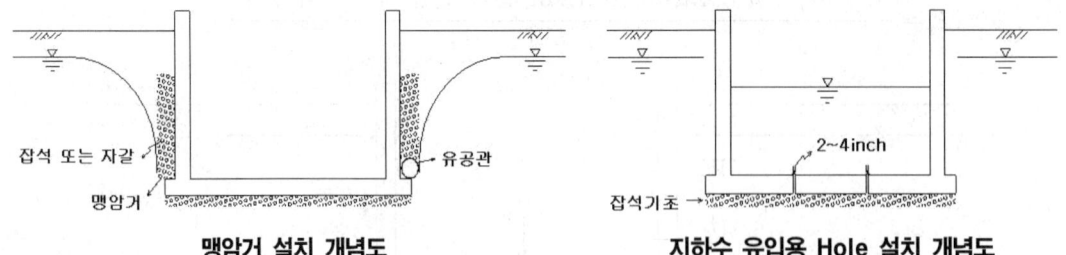

맹암거 설치 개념도   지하수 유입용 Hole 설치 개념도

Ⅲ. 맺음말

1. 2016년 제정된 『지하안전관리에 관한 특별법』에 따라 일정규모 이상의 지하굴착공
사를 수반하는 개발사업에서는 지하안전영향평가 및 사후지하안전영향조사를 실시
하도록 하는 지하안전관리 제도가 도입되었으므로, 부력(浮力)이나 지반침하로 인한
유해·위험을 방지할 수 있어야 한다.[244]

---

244) 박효성 외, 'Final 토목시공기술사 핵심문제', 예문사, pp.970~972, 2008.

11.50 지하구조물 漏水의 원인과 대책

정수장 콘크리트 구조물의 누수원인 및 누수방지 대책 [0, 2]

Ⅰ. 개요

1. 지하구조물(地下構造物, underground structure)은 지표면 아래에 구축되어 흙으로 덮여져 있어 노출되지 않는 모든 구조물을 총칭한다.

   지하구조물은 각종 터널을 비롯하여 지하배수로, 파이프라인, 지중탱크, 지하발전소, 지하하수처리설비, 공공건축물 지하상업시설, 공동주택 지하주차장 등의 광범위한 용도로 이용되고 있다.

2. 누수(漏水, river source)는 상·하수도 등의 관로에서 물이 누출되는 현상으로, 관의 재질, 노후도, 토양, 부식, 지반침하, 시공불량 등에 의해서 발생되거나 포장두께, 대형차량에 의한 노면하중공사에 의한 손상 등에 의해 발생된다.

3. 방수(防水, waterproofing)은 수분이나 습기의 침입·투과를 방지하는 것으로, 각종 방수재료를 사용하여 건축물의 지붕, 벽체, 실내바닥, 지하층 등에서 물을 배제하는 것을 말한다.

   방수란 수압에 견딜 수 있도록 不透水性의 층을 만드는 건축공법으로, 방수상태란 물이나 수증기에 압력이 있거나 없거나 간에 투수성이 없는 상태를 의미한다.

Ⅱ. 지하구조물의 누수(漏水)원인

1. 화학적 및 물리적 영향에 의한 누수

(1) 화학적 영향에 의한 구조물 및 방수층의 손상

① 공동주택 지하주차장의 경우에 외측(외벽)은 지하수 및 지반토양의 영향을 지속적으로 받고 있다.

② 지하수 및 지반토양에는 염소 이온, 산 및 알칼리 성분, 황산염 이온, 기타 유류 성분 등의 화학물질 성분이 포함되어 있기 때문에 구조물 및 방수층의 성능에 영향을 주어 점차 손상되고 있다.

(2) 물리적 영향에 의한 구조물 및 방수층의 손상

① 공동주택 지하주차장의 경우에 외측(외벽)은 동결융해, 온도변화에 따른 수축·팽창, 수압작용, 부등침하, 차량 등이 교통하중에 영향을 받고 있다.

② 이러한 영향은 구조물의 조인트, 균열, 이어치기부 등에서 미세한 거동 발생의 원인이 되어 장기적으로 내구적인 안전성에 위해를 가한다.

2. 구조물 수밀성 확보의 한계에 따른 누수

(1) 콘크리트는 재료는 자체적으로 우수한 수밀성을 갖추고 있지만 현장에서 시공 중 발생되는 이어치기부, 신축이음부, 폼타이 구멍, 균열, 연결부, 결함, 시공오류 등이 존재하므로 완전한 수밀성을 확보 및 유지하기 어렵다.

(2) 콘크리트는 시공 중에 물시멘트비의 조건에 따라 투수계수가 크게 변화한다. 투수계수란 어느 일정한 수압이 지속적으로 작용될 때 물이 투과되는 정도를 나타나는 값이다. 아래 그림은 콘크리트 균열부에서의 투수량, 물시멘트와 투수계수의 관계를 보여주고 있다.

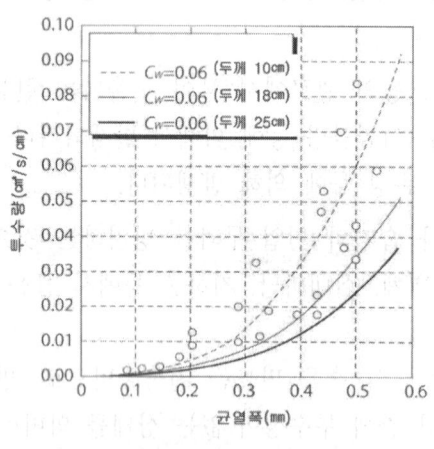

균열폭과 투수량의 관계

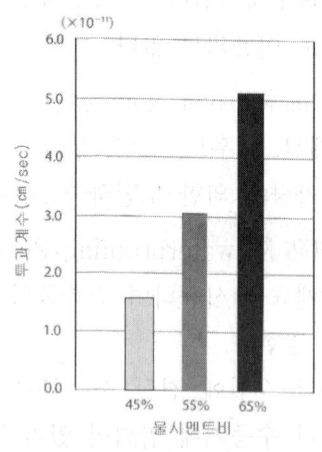

물시멘트와 투수계수의 관계

3. 기존 방수공법의 한계에 따른 누수

(1) 기존 구조물의 지하공간은 거의 구조물 내측(실내공간)에서 시멘트 방수재(시멘트 모르타르 혼입재, 규산질계 도포재 등)를 사용하는 내면방수공법을 채택하였다.

(2) 이는 지하수의 침입을 외부에서 직접 차단하지 않고, 구조물 내측으로 물의 유입을 허용하는 것으로 구조물의 내구성 저하를 방지할 수 없는 기술적 한계이다.

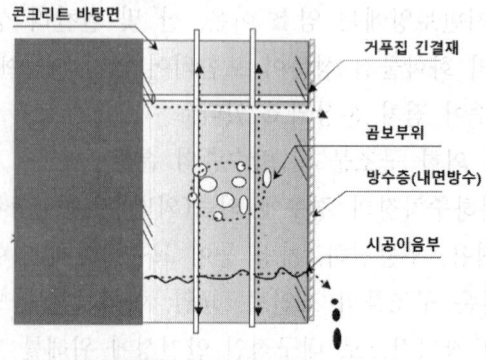

기존 지하구조물 내면방수의 한계

Ⅲ. 지하구조물의 누수(漏水)영향

1. 구조안전성 저해

⑴ 공동주택 지하주차장에 발생된 누수는 철근 부식과 콘크리트 열화를 촉진시켜 콘크리트의 표면박리, 박락, 강조저하 등으로 장기적 안전성과 내구성이 저하된다.

2. 지하수위 저하

⑴ 공동주택 지하주차장에 발생된 누수는 유도배수를 통하여 집수정으로 흘러들어가게 되어 점차 주변 지하수위를 저하시키는 원인이 된다.

3. 생활환경 피해

⑴ 공동주택 지하주차장에 존재하는 각종 조인트, 관통부, 균열 등에서 장기적으로 발생된 누수는 실내공간 오염에 의한 생활환경 훼손에 큰 영향을 미친다.

Ⅳ. 지하구조물의 방수(防水)공법

1. 방수공법 종류

⑴ 현재 국내에서 지하구조물 외방수 공법은 주로 국토교통부 건설신기술(NET)로 인증받은 기술들이 현장에서 사용되고 있다. 이 신기술 중 최근 인증받은 지하방수 관련 건설신기술 5건을 예시하면 아래 표와 같다.

지하방수 관련 건설신기술 예시

No.	신기술 명칭	지정일	보호기간	적용대상
634	점·첩착 EVA 복합 시트를 이용한 비노출 방수공법	2011.11	5년	지하非노출
677	PVC 발포폼을 이용한 단열 보온형 복합 방수공법 (KD-E 시스템)	2012.11	5년	옥상노출/지하非노출
740	재활용 천연라텍스 고무를 이용하여 제조된 고정착 특성의 '터보시트 GTR'과 현장타설 콘크리트 구조체 부착형 'Pre-GTR'을 이용한 콘크리트 지하구조물의 '온통 GTR 외방수공법'	2014.08	5년	지하非노출
742	공장 생산된 박막형 접착 복합 방수시트와 콘크리트 간 재료적 일체성을 가지는 건식화 복합방수 시공기술	2014.08	5년	지하非노출
789	EVA시트 방수층 하부에 수팽창하는 아크릴레이트를 합지한 건식 비노출 방수공법	2016.05	5년	지하非노출

⑵ KIPRIS(특허정보검색서비스-특허정보넷 키프리스)를 통해 지하방수와 관련되어 실제 국내·외에서 상용화되고 생산 및 시공 중인 특허공법은 국토교통부 인증 건설신기술과 별도로 적용되고 있다.

2. 적용 가능한 방수공법 사례

(1) 공동주택 지하주차장 최상부층에서 일반적인 슬래브에 적용 가능한 방수공법을 예시하여 공법의 특징을 비교하면 면 아래 표과 같다.

(2) 또한, 공동주택 지하주차장 최상부층에서 슬래브를 대상으로 건축물의 녹화설계를 전제로 하는 경우에 적용 가능한 방수공법은 별도로 지정되어 있다.[245]

공동주택 지하주차장 최상부층 슬래브 방수공법(일반조건)

구분		제1안 방수공법	제2안 방수공법
공법명칭		점착형 도막방수재와 개량아스팔트 시트의 복합형 방수	자착형 시트 방수
주요내용		비경화 타입의 점착형 도막방수재를 사용하여 바탕면 균열에 유연하게 대응 가능한 방수공법	ㅎ바성고분자계 필름과 자착형 점(접)착재의 바탕면 밀착특성으로 바탕면과 방수층 간 밀실한 부착 가능한 방수공법
시공개요도		누름 콘크리트 개량 아스팔트 시트 점착형 도막방수재(비경화) 지하주차장 최상층 슬래브	누름 콘크리트 자착형 시트방수 프라이머 지하주차장 최상층 슬래브
방수공정순서		① 콘크리트 바탕정리 ② 점착형 도막재 도포 ③ 개량아스팔트 시트 시공 ④ 표면보호재 시공	① 콘크리트 바탕정리 ② 프라이머 도포 ③ 자착식 고무아스팔트 시트 시공 ④ 표면보호재 시공
특징	바탕면 고동대응성	◎	○
	화학수 침적안정성	○	◎
	비탕정리 의존성	◎	○
	공기단축 효과	△	◎
	시공성	△	◎
	방수연속성	○	○
	방수층두께 확보	△	◎

* 방수성 평가 결과 : 우수 ◎, 양호 ○, 중간 △, 취약 ×

---

245) 국토교통부, '공동주택 지하구조물 누수 예방을 위한 방수설계 가이드라인', 2016.

11.51 우수유출 저감시설

도시지역의 물 부족에 따른 우수저류 방법과 활용방안, 우수조정지의 설치목적 및 구조형식 [0, 2]

I. 개요

1. 『자연재해대책법』제19조에 각종 개발사업을 시행하거나 공공시설을 관리하는 자는 우수유출저감대책을 수립하고, 그에 따른 우수유출저감시설기준을 제정 및 운영하여야 한다고 규정되어 있다.

2. 우수저류시설(雨水貯留施設, rainwater impound facilities)은 집중호우가 내릴 때 저류시설에 빗물을 저장해 하수도나 하천 등 수로를 통해 흐르는 빗물의 양을 일시적으로 줄여 저지대나 하류에서 홍수피해가 발생되지 않도록 설치하는 시설로서, 우수저류시설에 모인 빗물은 비가 그친 후에 하천의 사정을 염두에 두고 서서히 배출된다. 우수저류시설은 저지대에서 주택 밀집도가 높고 배수능력이 부족하여 상습적으로 침수피해가 발생되는 경우에 설치한다.

3. 우수유출 저감시설(雨水流出 低減施設, rainwater runoff reduction facilities)은 집중호우가 내릴 때 우수의 직접유출량이 증가함에 따라 관거 및 하도에서 수용할 수 있는 홍수량을 초과하는 우수유출에 대응하기 위하여,
우수의 직접유출량을 저감시키거나 첨두유출시간을 지연시켜 저지대의 침수를 예방하고 물을 재활용하기 위하여 저류시설에 침투시설을 포함하는 개념이다.

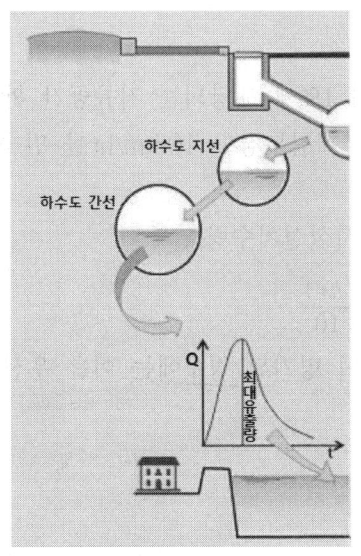

우수저류시설

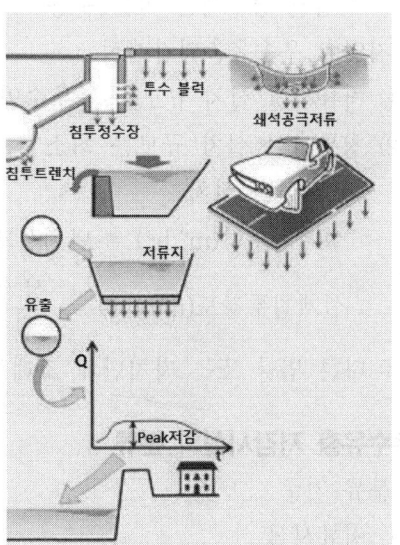

우수유출 저감시설(저류+침투)

II. 우수유출 저감시설

1. 필요성

(1) 기후변화에 따른 강우 양상

① 1970년대부터 최근까지 한반도 강우패턴을 살펴보면, 연대별 日강우량 및 時間當강우량을 분석한 결과, 기후변화로 인하여 日강우량 80mm 이상 또는 時間當 30mm 이상의 강우일수가 증가하고 있다.

(2) 하천정비 및 배수펌프장시설의 한계

① 이상기후에 의한 강우량 증가와 도시화 진행에 따른 불투수층 증가, 홍수도달시간 단축 및 첨두유출량 증가로 인해 홍수범람 및 내배수 침수피해가 가중되고 있어, 통상적인 치수대책만으로는 한계에 도달하였다.

(3) 우수유출저감시설의 필요성

① 집중호우 기간 중 우수의 직접유출량을 저감시키고, 첨두유출시간을 지연시키기 위해서는 배수구역 중심인 面개념을 도입하여 홍수량을 분담시키므로써 홍수범람과 내배수 침수피해를 경감시킬 필요성이 대두되었다.

2. 우수유출 저감시설의 설치기준

(1) 지역外 우수유출저감시설

① 해당 배수구역의 계획강우빈도와 계획방류빈도에 따라 결정

② 우수유출저감시설 기본계획 또는 풍수해저감종합계획 및 유역종합치수계획이 수립된 경우에는 이를 준용

(2) 지역内 우수유출저감시설

① 저류시설 설치 규모는 불투수면적 증가량의 1%에 해당되는 저류공간 확보

② 침투시설 설치 규모는 최소 섟침투량 및 설계침투강도 10mm/hr를 만족하도록록 시설을 설치

○ 설계침투량(m³/hr) = 단위설계침투량 × 시설설치수량

○ 설계침투강도(mm/hr) = $\dfrac{\text{설계침투량}(m^3/hr)}{\text{집수면적}(ha) \times 10}$

③ 다른 법률 또는 자치단체 조례로 설치용량이 명기된 경우에는 이를 우선 준수

3. 우수유출 저감시설의 분류

(1) 분류 기준

① 저류시설

○ 강우기간 中에 우수가 유수지 및 하천유입 前에 일시 저류

○ 수위하강 後에 방류하여 유출량을 감소 또는 최소화 시키는 유입저류 및 방

류장치 등을 갖춘 ▲지역外(off-site) 저류시설, ▲지역內(on-site) 저류시설

② 침투시설

○ 우수의 직접유출량을 감소시키기 위해 지중침투가 용이하도록 고안된 시설

○ 지역에서 발생된 우수유출량은 해당 지역에서 침투시킬 수 있도록 설치

지역內 저류시설

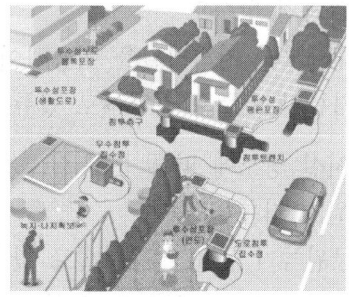

지역內 침투시설

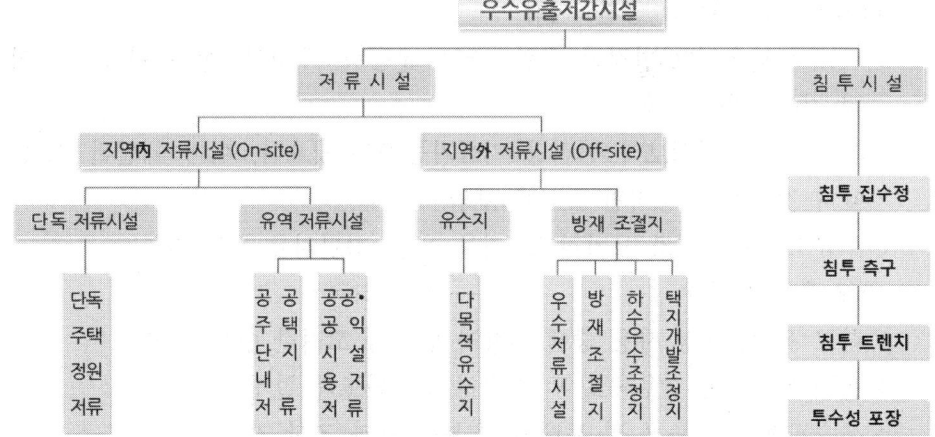

우수유출저 감시설의 분류도

⑵ 저류시설 구조에 따른 분류

① 댐식(제고 15m 미만)

○ 주로 구릉지를 이용하여 설치

○ 방재조절지, 유말조절지에서 많이 사용

○ 대부분의 경우에 우수유출저감기능을 목적으로 하는 전용조정지 설치

② 굴착식

○ 평탄지역을 굴착하여 설치

○ 계획수위고는 주위 지반고 이하로 설계

○ 대부분의 경우에 우수유출저감기능을 목적으로 하는 전용조정지 설치

③ 지하식
  ○ 지하저류조, 매설관, 지하하천 저류
  ○ 집중호우 기간 중에 우수관거의 통수능 초과분을 일시 저류
  ○ 대부분의 경우에 도심의 전용저류는 지하저류조형태로 설치
④ 지하하천 방수로
  ○ 대규모의 지하터널을 이용하여 하수도관 및 하천수를 저류
  ○ 저류된 빗물은 지역外로 방류

(3) 저류시설 장소에 따른 분류
① 공원內 저류
  ○ 공원녹지 등을 저류시설로 활용
  ○ 공원 기능, 이용자 안전 등을 고려하여 저류장소, 용량설정
  ○ 공원內 운동장, 야외공연장 등을 조합하여 대용량 저류 가능
② 단지內(건물 사이의 공간) 저류
  ○ 비교적 넓은 개발면적의 공원, 학교, 운동장, 주차장, 동 주택단지 등의 공간 및 지하공간을 이용
  ○ 지역外 저류시설보다 면적당 저류가능량은 낮으나, 이미 개발된 시가지에서 보다 경제적, 실용적인 효과를 보임
  ○ 소규모 저류시설로는 가정 및 건물 옥상, 화단저류 등도 가능
③ 학교 운동장 저류
  ○ 학교 옥외운동장 사용 중에 사용자 안전을 고려한 수심 설정
  ○ 운동장 기능은 강우종료 후 신속히 회복되도록 설계
  ○ 투수포장, 침투측구 및 트렌치, 침투통 등과 조합 가능

4. 기대효과
(1) 홍수유출량 저감 및 첨두유출시간 지체로 저지대 침수예방
(2) 하천의 홍수부담 경감
(3) 빗물의 재활용 및 대체수자원을 확보하여 하천 유지수, 정원용수, 농업용수, 청소용수 등으로 활용
(4) 물순환의 건전화로 도시열섬현상 완화
(5) 빗물 침투를 통한 지하수 함양으로 도시 물순환 개선[246]

---

246) 소방방재청, '우수유출저감시설 설치사업 설명자료', 2009.

11.52 부영양화 (Eutrophication)

부영양화(eutrophication) [1, 0]

1. 개요

(1) 부영양화(富營養化, Eutrophication)는 '영양물질이 풍부하게 공급되었다'는 뜻으로, 강이나 호수, 바다와 같은 수체에 생활하수나 가축분뇨 등이 유입되어 질소(N)와 인(P)과 같은 영양염류가 풍부해진 현상을 의미한다.

(2) 부영양화는 강이나 호수, 바다와 같은 수체에 화학비료나 오수 등이 유입되어 물에 질소(N)와 인(P)과 같은 영양분이 과잉 공급되어 식물의 급속한 성장 또는 소멸을 유발하고, 조류가 과도하게 번식하여 물에서 산소를 빼앗아 용존산소량(DO)를 감소시켜 생물을 죽게 하는 현상이다.

2. 부영양화 지표

(1) 대한민국에서 사용하는 부영양화 지표는 총 질소(T-N)와 총 인(T-P)의 함유량을 대표적으로 들 수 있다.

(2) 1999년 기준 부영양화 평가지표에 물의 투명도(Secchi disk depth)는 포함되지 않았으나, 2000년 기준 부영양화 평가지표에는 투명도가 가장 일반적인 기준으로 포함되어 있다.

3. 부영양화 생성 및 영향

(1) 일반적으로 하천이나 호수가 처음 생길 때는 영양물질이 충분하지 못해 빈(貧)영양 상태이지만, 각종 오염물질이 수역으로 유입되어 질소(N)와 인(P) 등의 영양염류가 풍부해지면 점차 부(富)영양상태로 바뀌어간다.

① 물속에서 식물플랑크톤의 성장에 질소(N)와 인(P)은 기본요소로 작용되므로, 질소와 인이 부족한 빈(貧)영양상태에서는 식물플랑크톤이 자라기 어렵다.

② 그러나 부(富)영양상태에서는 질소와 인이 너무 풍부하여 식물플랑크톤이 과다 증식함에 따라, 하천은 녹색으로 변하고 바닷물은 붉은색으로 변하게 된다.

(2) 하천이나 호수가 부(富)영양상태로 변할수록 pH는 중성에서 약알칼리성을 띠게 되며, 물의 투명도가 점차 감소된다. 또한, 식물플랑크톤이 물의 표면을 가득 메워 수중으로 가는 햇빛을 차단하면 수생식물 해조류가 죽고, 산소소비량이 급증한다.

① 하천이나 호수를 부(富)영양화시키는 가장 큰 원인은 가정에서 내보내는 생활하수 중 세제 성분에 의한 인(P)의 유입이 전체의 60%를 차지한다.

부영양화 河川 녹색 　　　　　　　　　　　　부영양화 바닷물 붉은색

4. 부영양화 대책

(1) 부(富)영양상태에서 식물플랑크톤이 과다 증식하면 유기물 부하의 증가, DO저하, 철과 망간의 용출, 맛과 냄새, THM 전구물질 등이 생성되어 정수장의 기능에 장애를 유발할 수 있다.

　① 따라서 부영양화를 방지하려면 유입 영양염류의 부하량 감소, 호수 내 조류, 갈대, 수초 등을 제거하고, 부영양화가 발생된 곳을 수원(水源)으로 하는 곳에는 고강도의 정수처리시설 도입이 필요하다.

(2) 하천이나 호수에 화학비료, 오수 등이 유입되어 생물이 죽으면 그 생물이 부식되는 과정에서 또다시 영양분이 계속 과잉공급되면서 물의 맛과 냄새가 이상해진다.

　① 따라서 부영양화를 방지하려면 수계에 질소(N)와 인(P)의 유입을 줄이는 방법, 황산구리($CuSO_4$)를 살포하는 방법 등을 강구해야 한다.[247]

---

247) 인천광역시, '부영양화 현상이란?', 보건환경연구원, 2019.

11.53 매립지의 침출수 처리대책

쓰레기 매립장의 침출수 억제 대책, 폐기물 매립장 계획·시공 고려사항 [0, 3]

I. 개요

1. 침출수(侵出水, leachate)는 폐기물 최종폐기장에서 침출되어 나오는 더러운 물을 말하는데, 부패성 유기물이 많이 함유되어 있어 화학적 산소요구량(COD)과 생화학적 산소요구량(BOD) 비율이 높다.

2. 최근 폐기물의 소각처리 비율이 높아지면서 주로 소각 잔사(殘沙)를 매립하는 최종처분장의 침출수에는 고농도의 무기염류가 포함되어 있고, COD/BOD 비율이 높고, 난분해성 금속물질도 용출되고 있다.

3. 종래의 생물처리·침전여과처리·활성탄흡착처리 시스템으로는 침출수에 포함된 무기염류를 제거할 수 없고, 중금속 난분해성 물질도 제거되지 않아 최종처리수에 잔존하고 있는 실정이다.

II. 매립공법 종류

1. 혐기성 위생매립공법
(1) 혐기성 매립에 샌드위치 방식으로 복토하는 구조
(2) 폐기물의 상태는 혐기성 매립과 같은 구조

2. 개량형 혐기성 위생매립공법
(1) 혐기성 위생매립 바닥저부에 침출수 배제 집수관을 설치한 구조
(2) 혐기적이지만 하부의 수분함량이 낮은 매립구조

3. 준호기성 매립공법
(1) 침출수 집배수관 출구가 대기에 접하고 있으며 매립층 내부의 유공관 둘레에는 일정크기의 잡석·자갈로 둘러쌓아 대기 중의 산소를 공급받아서 호기성 상태로 하는 구조
(2) 호기성 미생물의 작용으로 쓰레기 분해가 촉진되고 침출수가 용이하게 배제도;는 구조(평지매립에 적합)

4. 개량형 준호기성 매립공법
(1) 기존의 준호기성 매립구조에서 사면부 각각의 소단에 침출수 배제 및 통기기능을 부여하는 구조

(2) 침출수의 신속한 배제, 호기성 영역확대, 배제관의 구멍막힘 우려 감소 등을 기대
할 수 있는 구조(경사면이 발달된 산간 계곡매립에 적합)

5. 호기성 매립공법
(1) 준호기성 매립의 집수관 외에 공기 송입관을 설치하여 강제적으로 공기를 불어넣
는 구조
(2) 폐기물층 내부를 호기성 상태로 만드는 구조

Ⅲ. 침출수

1. 침출수 발생 메커니즘
(1) 매립지로 침투된 우수가 복토재의 保水용량과 폐기물이 함유할 수 있는 함수율을
초과하면 불균질 쓰레기층을 통과하면서 각종 오염물질을 용출시키면,
(2) 매립지 내부의 쓰레기가 분해되면서 오염물질의 용출현상이 가속화되어 점차 침
출수가 발생되고,
(3) 발생된 침출수는 매립폐기물의 성분, 폐기물의 수분함량, 매립 후 경과년수, 강우
량, 매립지 설계조건 등에 따라 성상이 크게 달라진다.

2. 침출수 특성
(1) 일반적으로 폐기물 매립 후 2~3년이 경과된 시기에 침출수의 농도가 최대치에
이르며, 그 이후에는 점차 그 농도가 감소되는 특성이 있다.
(2) 즉, 폐기물 매립 後 2~3년이 경과된 시기에 침출수 내의 유기물질 농도가 높아
COD는 10,000~30,000ℓ/mg, BOD/COD 비율은 0.4~0.8로서 이 시기에는 분해
가 용이한 특성이 있다.
(3) 그 이후 매립경과 년수가 경과될수록 매립지 내부가 혐기성 상태로 되며, COD는
1,000~3,000ℓ/mg으로 낮아지고, BOD/COD 비율도 0.4 이하로 낮아져 분해가
용이치 않다. 특히 침출수 내의 질소성분이 높아져 처리가 불가능하다.
(4) 따라서 매립 후 오랜 시간이 경과된 이후에는 생물학적인 방법으로 처리할 수 있
는 성분이 거의 없게 된다는 점이 침출수의 특성이다.

2. 침출수 처리대책
(1) 침출수는 높은 유기물질, T-N, 난분해성 물질, 색도 등으로 지하수 및 지표수의
환경오염 생태계 파괴가 우려되므로 아래와 같은 처리대책이 필요하다.
① 강우가 매립지 내로 가능한 침투되지 않도록 덮개설비를 설치
② 발생된 침출수가 누출되지 않도록 차수설비를 설치

③ 침출수가 잘 집수되도록 유공 집수배관을 설치

④ 침출수 처리기술의 개발

(2) 발생되는 침출수에 대해서 기본적으로 위에 열거된 처리대책을 실시해야 되지만, 근본적으로 침출수 발생량 자체를 최소화할 수 있는 노력이 절실하다.

3. 침출수 처리 고려사항

(1) 적절한 침출수 처리공정의 선정

① 매립쓰레기의 질, 매립작업에 의한 原水 수질기준, 『폐기물관리법』 및 『수질환경보전법』에 의한 방류수역의 이수조건 등을 준수하고 합리적으로 처리한다.

(2) 수질 변동에의 대응

① 침출수 처리시설의 설계대상 수질은 초기(고농도)와 후기(저농도)의 대표적 수질을 적용하여 적절한 처리방식을 선정한다.

② 매립후기의 생물학적 처리가 곤란한 오수에는 저부하로 대처하거나 물리화학적 처리 위주의 공정체제로 전환하는 대응이 필요하다.

(3) 수량 변동에의 대응

① 침출수량은 강우에 의해 변동되고 침출수 처리설비의 처리능력에 한계가 있으므로, 연간 침출수 처리시설의 안정적인 가동을 위해 강우확률을 설정한다.

② 강우량이 많은 지역에서 설정된 강우확률에 따라 침출수 처리능력을 설정하면 용량이 과다해져 비경제적·비합리적안 처리장 운영계획이 될 수 있다.

(4) 침출수 발생 자체의 억제

① 분할매립 검토, 최종복토 선택 등에 의한 효율적인 강우배제를 통하여 매립층으로 우수침투방지를 도모하는 등 침출수 발생 자체를 억제한다.[248]

---

248) 최용석 외, '단순 매립지 폐기물 침출수의 장기적 특성: 난지도 매립지 중심의 사례연구', 한국환경분석학회지 제12권 제2호, pp.136~143, 2009.

11.54 항만공사의 시공계획

I. 개요

항만공사를 시공하기 위하여 해당 공사의 수급자는 계획단계부터 준공단계에 이르기까지 발주자, 설계자, 시공자, 건설사업관리기술자 등 당해 공사 참여자의 역할과 업무범위를 체계적으로 정립하면서, 잠수작업, 해상장비공사 등의 취약공종을 포함하는 세부적인 시공계획을 아래 표와 같이 수립해야 한다.

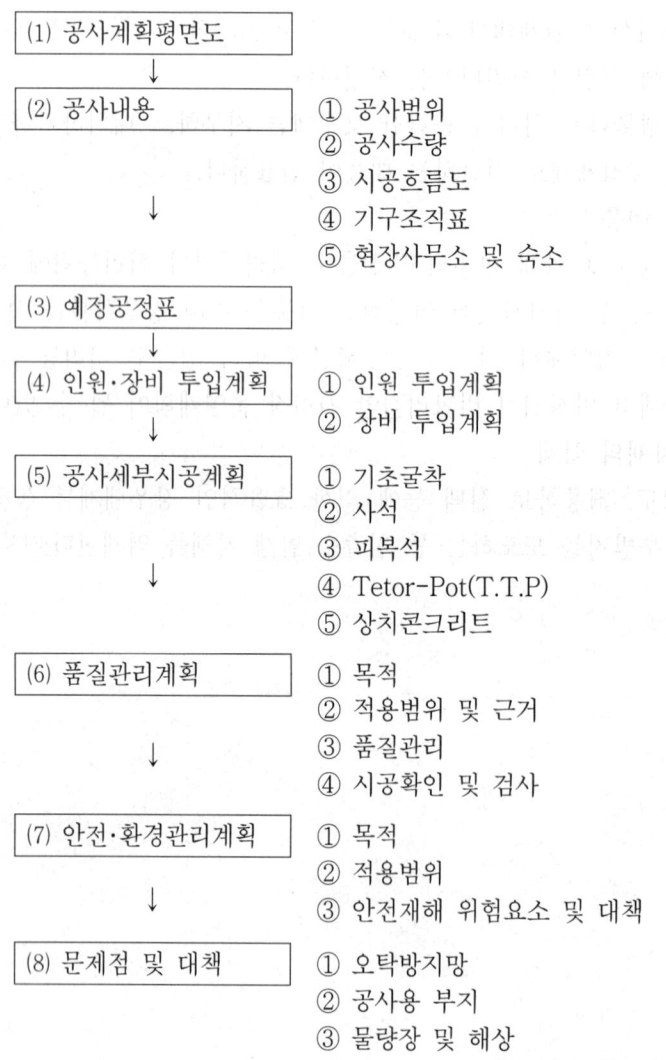

(1) 공사계획평면도	
↓	
(2) 공사내용	① 공사범위 ② 공사수량 ③ 시공흐름도 ④ 기구조직표 ⑤ 현장사무소 및 숙소
↓	
(3) 예정공정표	
(4) 인원·장비 투입계획	① 인원 투입계획 ② 장비 투입계획
↓	
(5) 공사세부시공계획	① 기초굴착 ② 사석 ③ 피복석 ④ Tetor-Pot(T.T.P) ⑤ 상치콘크리트
↓	
(6) 품질관리계획	① 목적 ② 적용범위 및 근거 ③ 품질관리 ④ 시공확인 및 검사
↓	
(7) 안전·환경관리계획	① 목적 ② 적용범위 ③ 안전재해 위험요소 및 대책
↓	
(8) 문제점 및 대책	① 오탁방지망 ② 공사용 부지 ③ 물량장 및 해상

항만공사에 대한 일반적인 시공계획

Ⅱ. 항만공사 시공계획의 주요내용

항만공사를 시공하기 위해서는 위에 예시한 시공계획에 맞추어 공종별로 공사를 착수하기 前에 수급인이 준비해야 되는 주요내용을 열거하면 아래와 같다.

1. 설계도서의 검토

⑴ 수급인은 『항만 및 어항공사 전문시방서(해양수산부, 2014)』에 규정된 내용에 따라 설계도서를 검토하고 문제점이 있을 경우 발주청에 보고해야 한다.

2. 현장사무실의 설치

⑴ 공사의 원활한 추진을 위하여 수급인은 계약에 따라 공사현장사무실, 시험실 등 필요한 임시 가시설물을 설치해야 한다.

3. 공사표지판 등의 설치

⑴ 수급인은 『항만 및 어항공사 전문시방서』에 규정된 공사표지판 등의 입간판을 공사감독자의 지시에 따라 설치해야 한다.

4. 조위표의 설치

① 수급인은 해상공사를 위하여 공사감독자와 협의하여 확인하기 쉽고 관측하기 쉬운 적절한 장소에 조위표를 설치해야 한다.

5. 측량기준점 및 확인측량

⑴ 측량기준점 보호 : 수급인은 발주청에서 설치한 삼각점, 도근점, 수준점 등의 측량기준점이 있을 경우에는 이를 이동 또는 손상시키지 않고 보호해야 한다.

⑵ 규준시설 설치 : 수급인은 토공 및 각종 구조물의 위치, 고저, 시공범위, 방향 등을 표시하는 토공규준틀 등을 설치해야 한다.

6. 착수 前 측량의 실시

⑴ 수급인은 공사 착공과 동시에 공사감독자와 협의하여 발주 설계도면과 실제 현장의 이상 유무를 확인하는 착수 前 측량(수심측량을 포함)을 실시해야 한다.

7. 착수 前 측량 결과의 처리

⑴ 수급인은 착수 前 측량 결과, 설계내용과 측량결과가 현저히 상이할 때에는 발주청에 그 내용을 보고하고 지시를 받아 실제 시공에 착수해야 한다.

8. 착공 後 현지여건 조사

⑴ 수급인은 착공 後 빠른 시간 내에 공사추진에 지장 없도록 공사감독자와 공동으로 ▲각종 재료원 확인, ▲지반·지질상태, ▲진입도로 현황, ▲인접도로 교통규제 상황, ▲지하매설물·장애물, ▲항만공사용 기준면 등의 현지여건을 조사한다.

(2) 현지여건을 조사한 결과, 시공 자료로 활용하고 당초 설계내용의 변경이 필요한 경우에는 규정된 절차에 따라 처리해야 한다.

9. 인근 주민 피해대책 강구

(1) 수급인과 공사감독자는 착공 後 현지여건을 조사한 내용과 설계서의 공법 등을 검토하여 인근 주민에 대한 피해발생 가능성이 있거나 공사수행과 관련하여 문제점이 예상되는 경우에는 다음과 같은 대책을 강구해야 한다.

① 인근 가옥 및 가축 등에 대한 대책

② 지하매설물, 인근의 도로, 교통시설물 등의 손괴에 대한 예방대책

③ 선박 및 차량, 주민 등의 통행지장에 대한 대책

④ 소음·진동대책

⑤ 낙진·먼지대책

⑥ 지반침하대책

⑦ 하수로 인한 인근 주민, 농작물 피해 대책

⑧ 오탁 및 오수발생으로 인한 어장피해 대책

⑨ 우기 중 배수대책

⑩ 환경영향평가(전략환경영향평가 포함) 협의 미비로 인한 민원예측·처리 대책

(2) 수급인은 위와 같은 인근 주민에 대한 피해발생 가능성 예방대책을 수립·시행하면서 설계변경이 필요한 경우에는 규정된 절차에 따라 처리해야 한다.

Ⅲ. 맺음말

1. 향후 우리나라에서 항만재개발에 대한 수요가 크게 늘어날 전망인데 이에 대비한 항만재개발의 모형을 정립하는 방안을 검토할 시점에 있다.

2. 선진 외국의 유사한 항만재개발 사례를 분석함으로써 항만 및 배후도시의 특성을 고려한 개발계획을 수립할 경우에 시행착오를 최소화하고 경제적 효율성을 극대화할 수 있을 것으로 사료된다.[249]

---

249) 해양수산부, '항만 및 어항공사 전문시방서', pp.1~32, 2014.

11.55 항만의 계류시설

항만 계류시설, 접안시설, 널말뚝식 안벽, 잔교식 안벽, Dolphin, 부잔교 [6, 4]

Ⅰ. 개요

1. 『항만시설의 기술기준에 관한 규칙』제9조(계류시설)에 의해 안벽, 물양장, 돌핀, 잔교, 선착장, 램프 등의 계류시설은 선박이 안전하고 원활히 사용할 수 있도록 설치되어야 한다.

    (1) 계류시설은 지형, 기상, 해상 등 자연조건 및 선박의 통행 기타 당해 시설주변 수역의 이용상황을 고려하여 적절한 장소에 설치되어야 한다.

    (2) 계류시설은 자중, 수압, 파도, 토압, 상재하중, 선박에 의한 충격력, 선박의 견인력 등에 대하여 안전한 구조로 설치되어야 한다.

2. 항만 계류시설(繫留施設, mooring facilities)은 선박이 접안하여 화물을 적하(積荷)하고 승객이 승강(乘降)하기 위하여 접안하는 안벽, 물양장, 돌핀, 잔교, 선착장, 램프, 계선부표 등의 접안시설을 총칭한다.

Ⅱ. 계류시설의 이해

1. 항만에 정박되어 있는 선박이 바닷물에 휩쓸리지 않고 고정될 수 있도록 붙잡아 줄 수 있는 시설을 계류시설이라 한다.

2. 계류시설은 육지에 대형 선박(화물선)이 접안하는 시설(안벽)과 육지에 소형선박(어선 등)이 접안하는 시설(물양장)로 대별된다.
   또한, 항만에서 바다 쪽을 보면 길쭉한 철구조물(돌핀)이나 둥그런 철구조물(계선부표)이 눈에 들어오는데, 이 철구조물은 근해에 선박을 고정시키는 구조물로서 선박이 너무 커서 항만에 직접 접안하기 어려운 대형 유조선이나 벌크선이 사용한다.

3. 즉, 계류시설은 출렁이는 바다 위에서 승객들이 오르내리거나, 화물을 이동시킬 때 선박이 움직이지 않고 안정을 유지할 수 있도록 안전하게 붙잡아 두기 위한 항만시설물을 총칭한다.

Ⅲ. 계류시설의 종류 및 특징

1. 안벽, 물양장

    (1) 안벽(岸壁, quay wall)과 물양장은 항만부지에서 바다 쪽에 수직으로 쌓은 벽구조물로서, 벽을 통해 선박과 육상사이를 승객과 화물이 안전히 이동할 수 있다.

(2) 안벽과 물양장의 차이는 水深이다. 안벽은 수심 4.5m 이상으로 1천 톤급 이상의 대형 선박이 접안하며, 물양장은 수심 4.5m 미만으로 1천 톤급 미만의 소형 선박이 접안할 때 이용된다.

(3) 안벽과 물양장을 구조적으로 분류하면 중력식, 널말뚝식, 선반식, 셀식 등이 있다. 중력식 안벽은 콘크리트 또는 철근콘크리트로 제작된 상자나 블록을 조합하여 축조한 벽체로서, 自重에 의해 토압을 지탱하는 구조이므로 연약지반에는 부적당하고 耐震구조로 설계하기도 어렵다.

(4) 널말뚝식, 선반식, 셀식 등의 안벽은 모두 鋼널말뚝을 사용하여 축조한 벽체이므로 연약지반이나 내진설계에도 적합하다. 다만, 鋼널말뚝은 단면크기에 제한을 받으므로 수심이 너무 깊은 안벽은 축조할 수 없고, 鋼材가 염수에 부식되지 않도록 電氣防蝕이 필요하다.

(5) 선반식 안벽은 수심이 비교적 깊은 경우에 널말뚝식 안벽 위에 선반을 추가하는 구조로서, 최근 단면이 큰 상자형 널말뚝이 개발되어 선반식은 사용되지 않는다.

(6) 셀식 안벽은 강널말뚝으로 축조한 벽체로서 수심 8m 이하의 안벽에 주로 사용된다. 최근에는 강널말뚝 대신 ϕ10m 정도의 鋼管을 대형 크레인선으로 설치한다.

안벽(岸壁, quay wall)

2. 돌핀

(1) 돌핀(dolphin)은 항만부두에서 바다 쪽으로 상당히 떨어져 있으며 일정 수심이 확보되는 지점에 선박이 계류하여 하역할 수 있도록 만든 말뚝구조물이다.

(2) 돌핀과 항만부두는 道路橋로 연결되며, 안벽을 별도로 건설하지 않아도 2~4개의 dolphin으로 하나의 선석(船席)을 구성할 수 있으므로 매우 경제적이다.

(3) 항만부두에서 상당히 떨어진 바다 한 가운데에 고립된 말뚝구조물을 선박 길이의 1/2~1/3 간격으로 축조되기 때문에 돌핀(돌고래)이라 부른다.

(4) 사용목적에 따른 돌핀은 계선돌핀, 접안돌핀, 전용돌핀 등이 있다.

① 계선돌핀(mooring dolphin) : 선박의 선수와 후미 방향에 각각 설치되는 돌핀으로, 해당 지점의 중간에 선박을 연결하여 고정시킨다.

② 접안돌핀(breasting dolphin) : 선박을 측면으로 접안하도록 설치되는 돌핀으로, 접안 중에 발생되는 충격을 줄여주고 조류나 파도에 안전하게 계류한다.

③ 하역돌핀 : 대형 유조선이나 벌크선이 화물을 전용으로 하역하는 돌핀

(5) 시공방식에 따른 돌핀은 강관파일, 철근콘크리트케이슨, 강철판세륨 등이 있다.

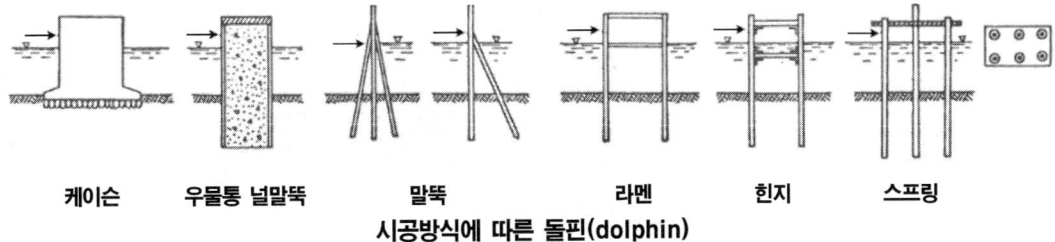

시공방식에 따른 돌핀(dolphin)

(6) 돌핀은 바다에 축조되는 해양구조물이므로 설계과정에 다음 사항을 유의한다.

① 돌핀에 작용되는 하중(해풍, 파랑)방향은 일정하지 않고 수시로 변하므로 돌핀의 구조가 특정한 방향성을 갖는 것은 피한다.

② 말뚝식 돌핀에서 비틀림, 케이슨 돌핀에서 회전력 등을 거의 검토하지 않고 있으나, 비틀림이나 회전력에 의한 위험성도 고려할 필요가 있다.

③ 돌핀의 마루높이는 파랑영향을 피하도록 설계하며, 계선돌핀(mooring dolphin)에는 선박의 갑판높이, 접안돌핀(breasting dolphin)에는 방충재의 설치위치, 하역돌핀에는 로딩 암(loading mrm) 등의 작동범위를 고려하여 결정한다.

④ 또한, 돌핀과 항만부두를 연결하는 道路橋의 마루높이도 파력을 받지 않도록 충분한 높이로 설계한다.

3. 잔교

(1) 잔교(棧橋, pier)는 해안선이 접한 육지에서 직각 또는 일정한 각도로 돌출된 접안시설로서, 선박의 접·이안이 용이하도록 바다 위에 말뚝을 박고 그 위에 콘크리트나 철판으로 상부시설을 설치한 교량형태의 해양구조물이다.

(2) 최근에는 잔교가 발전되어 말뚝 대신에 우물통(井筒), 공기케이슨, 각주구(脚柱構) 등을 설치하여 직립부를 만들고, 이를 수평방향으로 연결하여 설치한다.

(3) 잔교를 항만부두에 평행하게 설치하는 경우에는 배후에 호안을 만들고 그 배후를 매립지로 활용할 수 있다. 이를 횡잔교라 부른다.

(4) 잔교의 구조는 직립부 위에 빔을 설치하고 상판을 올려 만드는 형식으로, 경량구조이므로 연약지반에도 가능하고 耐震설계도 쉽다. 다만, 충격에 약하고, 무거운 상재하중 지탱도 어렵고, 단위면적당 공사비가 비싸 대규모 설치도 어렵다.

(6) 잔교는 직립부의 구조와 재료에 따라 아래와 같이 다양하게 분류된다.

① 나무말뚝식은 공사용 임시구조물로 쓰인다. 鋼말뚝식은 염수 부식이 심해 요즈

음에는 사용되지 않는다.

② 철근콘크리트말뚝식은 물속에서 수평부재를 고정시키기 어려우므로 수심 4m 이내의 비교적 간단한 잔교에 적합하다.

③ 원통식은 건식선거(乾式船渠)를 이용하는 경우 이외에는 만들기 어렵다. 교각식에는 직립부에 철근콘크리트케이슨, 공기케이슨 등이 사용된다.

잔교(棧橋, pier)

4. 계선부표

(1) 계선부표(繫船浮漂, mooring buoy)는 항만 내에서 부두 이외의 지점에 선박을 계류시키기 위한 설비로서, 직경 3m 내외의 원통형 철제 통을 해상에 띄우고 움직이지 않도록 해저에 고정시킨 계선시설이다.

(2) 계선부표의 윗부분에 있는 고리에 선박의 로프를 매어 계류시킨다.
대형 원유수송선이 계류·하역할 수 있도록 전용으로 설치된 계선부표도 있다.
연안해역 거점감시를 위하여 해양경찰청 소속 경비함정 전용 계선부표도 있다.

계선부표(繫船浮漂, mooring buoy)

5. 선착장

(1) 선착장(船着場)은 강이나 좁은 바닷가 물목에서, 배가 닿고 떠나고 하는 일정한 곳이다. 선착장이란 용어는 일제시대 이후에 쓰였고, 우리말은 나루터이다.

(2) 강변 마을 광나루, 마포, 영등포, 노량진, 양화진 등의 지명이 나루터 흔적이다. 나루터는 강이나 좁은 바닷목을 배로 왕래할 때 배를 대고 사람이 오르내리는 곳을 가리키는 말이었다.

6. 부잔교(浮棧橋)

(1) 부잔교(浮棧橋 floating pier)는 간만의 차이가 심한 해안가에서 조위(潮位)에 관계없이 선박이 접안할 수 있도록 한쪽만 고정시켜 수위에 따라 상하로 오르내릴 수 있도록 설치된 계류시설이다.

(2) 부잔교는 부두에서 폰툰(pontoon, 물에 뜨도록 만든 상자형 부체)을 물에 띄우고 그 위에 철근콘크리트·강판·목재로 바닥을 깔아 여객 승·하선, 화물 적양(積揚)에 사용하는 구조물이다. 폰툰을 해저에 와이어 로프로 고정시키고 그 위에 설치한 간이부두로서, 조석 간만의 차이가 큰 곳에서 많이 이용된다.

(3) 군산 내항 뜬다리부두(부잔교)는 일제강점기에 곡물수탈을 위해 대형선박이 접안할 수 있도록 군산항 제3차(1926~1932)와 제4차(1936~1938) 축항공사를 통해 만든 시설로서, 2018.08.06. 대한민국 등록문화재 제719-1호로 지정되었다. 군산항의 기능을 보여주는 상징적인 시설물로서 보존상태가 양호하다.

7. 부교(浮橋)

(1) 부교(浮橋, floating bridge)는 군사용어로서, 부잔교(浮棧橋)와 같은 의미이다.

(2) 부교는 강 건너로 장비 및 병력을 보내기 위하여 부유물에 의하여 가설되는 임시 교량을 뜻한다. 교각을 세우지 않고 선박, 뗏목, 공기튜브 등을 연결하고 그 위에 상판을 설치한다.

(3) 중국 주나라의 문왕이 처음으로 부교를 고안하였으며, 현대에 와서는 전쟁물자 등을 강 건너로 이동시키기 위한 군사무기로 활용된다.[250]

군산 내항 뜬다리부두(부잔교)

부교(浮橋)를 건너는 도하(渡河)작전

250) 인천항만공사, '계류시설을 아시나요?', 2019, https://incheonport.tistory.com/

11.56 　케이슨 안벽 假土堤 (Temporary Bank)

케이슨식(caisson type) 안벽의 시공방법, 가토제(Temporary Bank) [2, 1]

Ⅰ. 개요

1. 연약지반에서 케이슨 안벽공사 중에 안벽부에서 후면 쪽으로 매립지가 너무 넓을 경우에는 일정한 구간마다 잘라서 가토제(假土堤, temporary bank)를 쌓는다.

2. 이때, 안벽부 후면 매립지를 구역별로 잘라서 매립해 나가면 맨끝 단부에는 이물질 이 모여서 웅덩이(pond) 현상이 생기므로, 최종적으로 이를 메꾸어야 한다.

Ⅱ. 케이슨 안벽

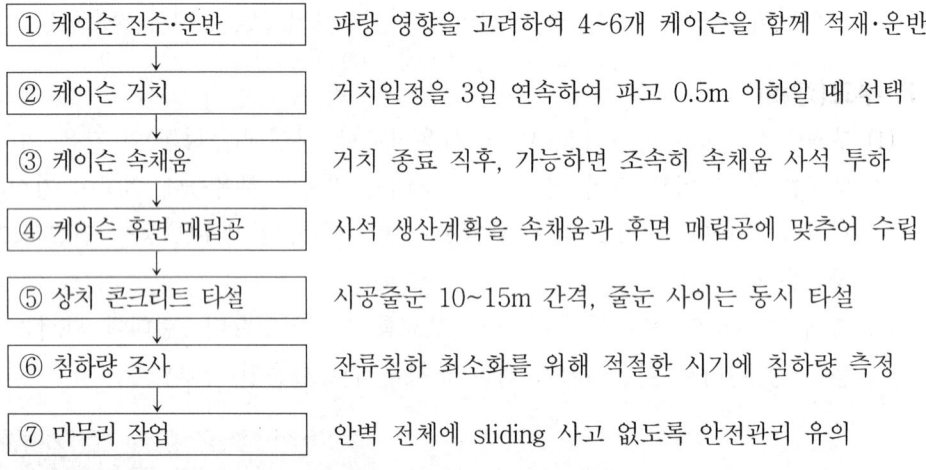

① 케이슨 진수·운반	파랑 영향을 고려하여 4~6개 케이슨을 함께 적재·운반
② 케이슨 거치	거치일정을 3일 연속하여 파고 0.5m 이하일 때 선택
③ 케이슨 속채움	거치 종료 직후, 가능하면 조속히 속채움 사석 투하
④ 케이슨 후면 매립공	사석 생산계획을 속채움과 후면 매립공에 맞추어 수립
⑤ 상치 콘크리트 타설	시공줄눈 10~15m 간격, 줄눈 사이는 동시 타설
⑥ 침하량 조사	잔류침하 최소화를 위해 적절한 시기에 침하량 측정
⑦ 마무리 작업	안벽 전체에 sliding 사고 없도록 안전관리 유의

케이슨 안벽의 시공 흐름도

1. 케이슨 진수·운반

(1) 케이슨 거치장소가 인접해 있더라도 파랑의 영향을 고려해야 할 경우에는 케이슨 에 침수 방지를 위하여 뚜껑을 씌워 예인한다.

(2) 운반거리가 멀고 파랑의 영향을 받은 경우에는 운반선에 4~6개 케이슨을 함께 적재하여 자중을 높여 안전하게 운반한다.

(3) 운반선 제원 : 규모 103×30×6.5m, 적재중량 12,000톤, 최대침강심도 15m

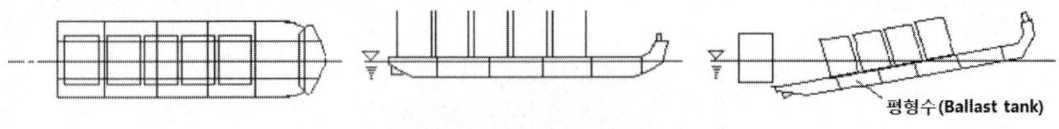

평형수(Ballast tank)

케이슨 진수(進水) 개념도

2. 케이슨 거치

(1) 케이슨 기초사석이 투하되고 고르기가 완성되면 케이슨 거치를 착수한다.

(2) 케이슨 거치공법을 선정할 때는 기초사석의 높이, 케이슨의 흘수, 해상조건(파랑, 조석, 조류), 투입 가능한 기계설비의 능력 등을 고려한다.

(3) 케이슨 거치일정(시기)은 3일간 연속하여 파고 0.5m 이하가 되는 시기를 선택하여 거치를 착수한다.

(4) 케이슨 거치공법은 기중기선을 사용하는 방법에 따라 아래 사항을 검토한다.

① 보통 기중기선을 사용하여 거치할 경우 : 기중기선으로 케이슨을 20~30cm 권상하여 이동하면서 케이슨 내의 valve 시설을 이용하여 소정 위치에 평형수를 주수하여 서서히 침강시킨다. 이때 일시에 주수하면 케이슨이 요동한다.

② 대형 기중기선을 사용하여 거치할 경우 : 일시에 예인·거치하기 때문에 케이슨에 valve 시설을 하지 않고 주수공을 두어 하강 중에 주수한다.

3. 케이슨 속채움

(1) 케이슨 거치가 끝나면 속채움 작업을 연속적으로 시행하여 파랑에 이동되지 않도록 안전하게 평형을 유지한다.

① 속채움 재료 : 모래·자갈 사석 투하, 콘크리트 타설

② 속채움 시기 : 거치 즉시 연속적으로 시행

③ 악천후(강풍, 파랑) : 주야 연속적으로 시행

④ 뚜껑(상치) 콘크리트 타설 : Precast 제품이 유리

(2) 속채움 공법의 적용성

① 모래지반에는 Grab 준설선 또는 Belt conveyor가 적합

② 인근 해저에 많은 모래가 쌓여 있는 지반에는 Pump 준설선이 적합

③ 자갈·사석지반에는 포크레인 또는 Grab 준설선이 적합

(3) 속채움 시공 유의사항

① 케이슨 거치가 끝난 직후, 가능하면 조속히 속채움 사석을 투하해야 한다.

② 케이슨 속채움 재료가 노출되면 파랑에 의해 유실될 우려가 있으므로 항내에는 0.3~0.5m 사석을 피복한다.

③ 파랑 예상지역에서는 Precast 콘크리트 슬래브로 속채움을 마무리하고, 속채움 이음부를 현장타설 콘크리트로 밀실하게 메꾼다.

4. 케이슨 후면 매립공

(1) 케이슨 안벽 속채움 후에 가능하면 조속히 안벽부 후면을 매립하여 파랑의 영향을 최소화해야 한다. 이때 사석 생산계획을 속채움과 후면 매립 공정에 맞춘다.

(2) 케이슨 안벽 후면 매립공은 속채움에 사용했던 사석을 투하하고, 후면이 넓으면 모래 매트(mat)로 가토제(假土堤, temporary bank)를 쌓으면서 보강한다.

(3) 간만 차이에 의한 해수면의 상승·하강으로 후면 매립토사가 유출될 수 있으므로, 잔자갈로 filter층을 설치하거나 모래매트로 메꾸어서 토사유출을 방지한다.

5. 상치 콘크리트

(1) 케이슨 속채움은 기초지반 지질조건, 기초사석 두께조건 등에 따라 30~40cm 침하가 발생되므로, 잔류침하가 거의 일어나지 않는 시점까지 기다려야 한다.

(2) 케이슨 뚜껑(상치) 콘크리트는 波의 영향을 받으므로 기상예보와 케이슨 잔류침하 계측결과를 검토하여 콘크리트 타설 시점을 결정한다.

(3) 케이슨 뚜껑(상치) 콘크리트는 두껍기 때문에 거푸집 유동이 없도록 단단히 조립한 後, 시공줄눈을 10~15m 간격으로 설치하고, 줄눈 사이는 동시 타설한다.

6. 침하량 조사

(1) 침하원인

① 사석기초 시공할 때 사석이 낙하되어 쌓이면서 공극이 생겨 침하되거나, 기초지반이 중량물에 의해 침하되어 최종적으로 30~40cm 침하가 발생된다.

(2) 침하대책

① 케이슨 안벽이 처음 거치되는 기초 위에는 사석을 30cm 더 쌓는다.

② 케이슨 상부 모퉁이 4곳을 관측하여 케이슨의 기초사석 높이를 맞춘다.

③ 케이슨 거치 後, 초기침하는 2~3개월에 70-80% 발생되고, 잔류침하는 6개월 지나면 거의 종료된다.

④ 케이슨 뚜껑(상치) 현장타설 콘크리트는 1개월 지나면 침하가 90% 종료되므로, 침하량을 적절한 시기에 조사해야 잔류침하를 최소화할 수 있다.

7. 마무리 작업

(1) 선박 대형화와 함께 대형 준설선이 개발되면서 新항만 방파제건설공사에 중력식 케이슨 안벽 구조가 많이 적용되는 추세이다.

(2) 중력식 케이슨 안벽의 제작 → 진수 → 예인 → 운반 → 거치 → 속채움 → 뚜껑 콘크리트 타설 → 후면 매립공 과정에 안전사고에 유의해야 한다.

(3) 실트·점토가 많은 지반조건에서는 후면 매립공으로 인해 안벽 전체에 sliding이 발생되지 않도록 안벽 구조물 쪽에서 뒤쪽으로 매립하여 실트·점토를 안벽 후방으로 몰아낸 후에 제거해야 잔류침하에 안전하다.251)

---

251) 박효성 외, 'Final 토목시공기술사 핵심문제', 예문사, pp.1009~1012, 2008.

11.57 항만공사의 사석기초 고르기

항만구조물을 설치하기 위한 기초 사석의 투하 목적과 고르기 시공 [1, 4]

Ⅰ. 개요

1. 항만공사에서 사석기초(捨石基礎, rubble-mound foundation)는 안벽, 물양장, 혼성 방파제 등의 중량구조물을 지지하기 위하여 설치되는 사석마운드에 의한 기초로서, 하중분산, 선굴(先掘)방지, 침하방지 측면에서 효과적이다.

2. 사석 고르기(trimming of rubble bed)는 사석으로 된 경사면을 설계 단면과 같이 형성하는 작업으로, 케이슨이나 셀 블록 등의 항만구조물이 직접 접하는 기초사석의 표면을 소정의 높이로 고르는 것을 특히 사석기초 고르기라고 한다.

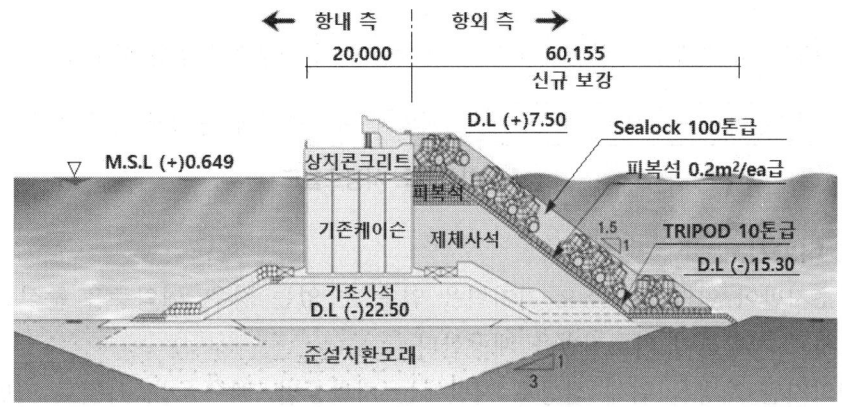

항만공사의 사석기초 고르기 개념도

Ⅱ. 사석기초

1. 사석기초의 적용대상

(1) 직립방파제, 사석방파제, 안벽, 물양장 등 해상 구조물의 기초 사석공사

(2) 기초사석 또는 제체사석을 보호하기 위한 피복석 및 중간피복석 공사

(3) 기초사석 또는 제체 사석 마운드 끝단의 세굴 방지용 사석공사

(4) 뒷채움 또는 제체사석 사이로 배면 토사의 유출방지를 위한 필터 사석공사

(5) 케이슨이나 셀룰러블록 등의 속채움 사석공사

2. 사석기초의 재료조건

(1) 상부구조물의 하중을 기초지반에 넓게 전달할 수 있는 재료

(2) 모양이 넓적하거나 길쭉하지 않고 쉽게 부수어지지 않는 재료

(3) 수중에서도 내구성이 있고 풍화에 강한 재료

(4) 파력에 충분히 견딜 수 있도록 interlocking이 양호한 재료

(5) 기초의 내부에는 100~500kg/개, 외부에는 1,000kg/개 중량의 재료

Ⅲ. 사석기초의 시공

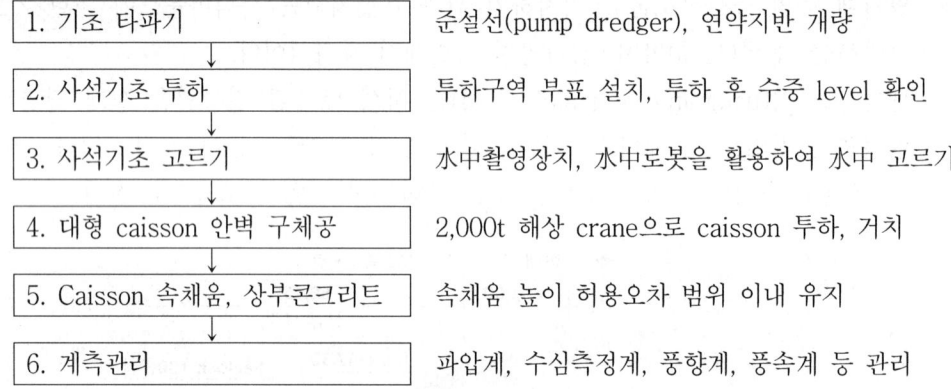

1. 기초 타파기	준설선(pump dredger), 연약지반 개량
2. 사석기초 투하	투하구역 부표 설치, 투하 후 수중 level 확인
3. 사석기초 고르기	水中촬영장치, 水中로봇을 활용하여 水中 고르기
4. 대형 caisson 안벽 구체공	2,000t 해상 crane으로 caisson 투하, 거치
5. Caisson 속채움, 상부콘크리트	속채움 높이 허용오차 범위 이내 유지
6. 계측관리	파압계, 수심측정계, 풍향계, 풍속계 등 관리

사석기초 시공흐름도

1. 기초 터파기

(1) 기초지반이 연약하여 소요 지지력을 얻을 수 없는 경우, 연약층을 준설하고 양질 토사로 치환하여 기초지반을 개량한다.

(2) 연약지반 개량을 위해 점성토 지반에는 치환공법, 배수공법, 사질토 지반에는 모 래말뚝공법, 약액주입공법, SCP공법 등을 적용한다.

(3) 『해양환경오염법』에 의해 고정식 분할 호퍼 바지선(split barge)으로 암석, 모래 등을 운반하여 바다에 투기하는 시공방법으로 지방환경청에 허가를 신청한다.

(4) 허가조건에 따라 오염대책으로 기초터파기 현장에 오탁방지망을 설치하고, 준설 선(pump dredger, grab dredger)을 먼저 투입해야 되는 경우도 있다.

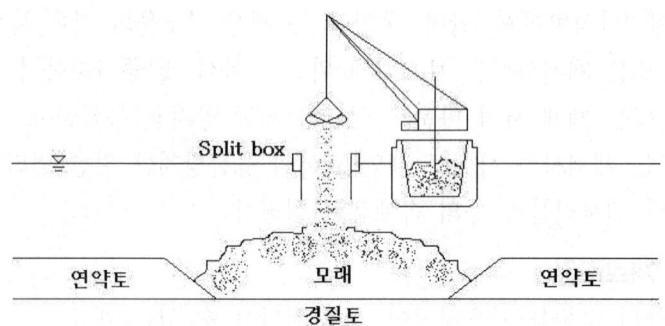

고정식 분할 호퍼 바지선의 사석기초 투하 개념도

2. 사석기초 투하

(1) 사석 재질조건

① 사석은 너무 넓거나 너무 길지 않을 것

② 사석은 풍화되거나 쉽게 부서지지 않을 것

③ 사석은 크고 작은 것이 고루 섞여 입도분포 양호할 것

④ 시방서 규정에 의해 전면의 피복석에는 규격이 큰 암석을 투기할 것

(2) 사석 투하방법

① 준설 후 300t급 고정식 분할 호퍼 바지선(split barge)으로 사석을 투하

② 대형 caisson 안벽을 설치하는 경우에는 ϕ10cm 이상 큰 직경의 쇄석을 두께 50cm 정도까지 투하

③ 바지선에서 사석기초를 투하할 때는 집중투하보다 분산투하, 중앙부에서 순차적으로 주변부로 지역을 확대하면서 투하

(3) 사석 투하 유의사항

① 사석 투하구역은 부표(대나무 깃발) 4개를 설치하여 명확히 표시

② 사석 투하는 split box를 이용하고, 고르기는 수중 grader를 투입

③ 사석 투하 후에 재료의 유실방지, 부유물의 확산방지에 유의

④ 사석 투하 후에 수중촬영, 음향수심측정기 등으로 수중 level을 확인

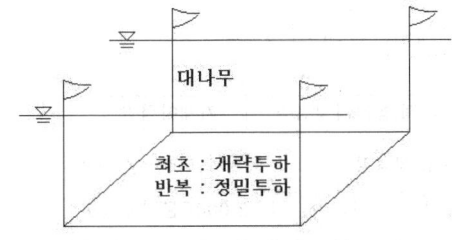

투하구역 부표 설치

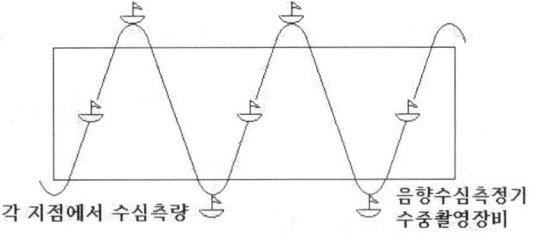

음향수심측정기로 수중 level 확인

3. 사석기초 고르기

(1) 사석투하 후 상부고르기를 할 수 있도록 자갈을 충분히 포설하고, 잔류침하량을 고려하여 계획높이보다 20~40cm 여성토 실시

(2) 규준틀은 조류나 파랑에 의해 이동·손상되지 않도록 견고해야 하며, 바지선 운전자가 쉽게 알아볼 수 있도록 해상 간격 10m 이내로 설치

(3) 종전에는 잠수부를 투입하여 凹凸 ±5cm 이내로 手作業 마무리하고, 틈새로 자갈을 충진하여 표면 평탄성 유지, 부등침하 방지

(4) 최근에는 水中촬영장치가 탑재된 水中로봇을 활용하여 투하하는 추세이며, 해수의 탁도, 흐름의 속도, 파랑의 유무 등을 쉽게 관찰 가능

(5) 사석기초 고르기는 水中에서 직립 구체 거치를 위한 고르기 작업이므로, 안벽의 형식별 직립부 전·후로 아래 표 기준의 여유폭을 가산하여 고르기 시행

사석기초 고르기에서 직립부 여유폭 기준

직립부 구조	여유폭(m)	
	한 쪽	양 쪽
대형 caisson	1.0	2.0
블록 또는 L형 블록	0.5	1.0
현장타설 콘크리트	0.5	1.0

4. 대형 caisson 안벽 구체공

(1) Caisson 작업순서

① Caisson 제작장 배치 → caisson 진수 및 예인 → caisson 거치

(2) Caisson 진수 및 예인

① 기상조건에 의해 작업일수(3일 연속 파고 0.5m 이하 가능) 결정

② 대형 caisson을 2,000t 해상 crane으로 투하지점까지 예인

(3) Caisson 거치

① 투하지점에서 해상 crane으로 caisson을 거치하고, 인접 caisson 사이에는 폐 타이어를 고정시켜 충돌에 의한 파손을 방지

② 인접 caisson 사이의 이격거리 허용오차 10cm 이내 준수

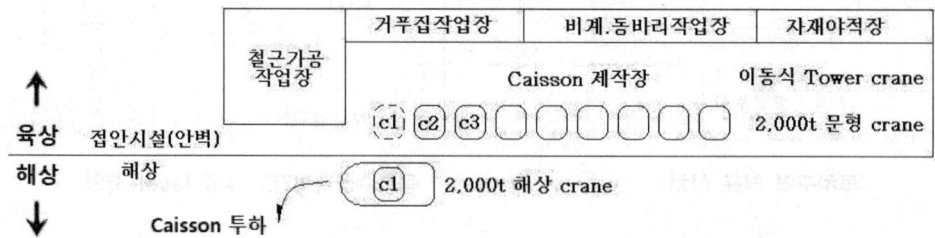

대형 caisson 안벽 투하·거치작업 개념도

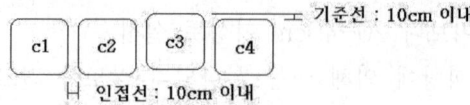

5. Caisson 속채움, 상부콘크리트

(1) Caisson 거치완료 후에 즉시 속채움을 실시하여야 변형 또는 유실을 방지 가능

(2) Caisson 각실 간에 속채움 높이를 일정하게 유지하여야 상부콘크리트 타설 용이

속채움 높이의 허용오차 범위 : 모래·자갈 ±5cm, 콘크리트 ±3cm 준수

(3) Caisson 속채움 완료 후 상부콘크리트를 트레미관에 의해 수중콘크리트로 타설하고, 마무리작업 완료

6. 항만 안벽공사에 필요한 계측관리 항목

(1) 파압계, 파고계, 파향계, 파랑계, 조위계

(2) 간극수압계, 수심측정계

(3) 토압계, 경사계, 풍향계, 풍속계

IV. 사석기초의 시공 사례

1. 공사개요

(1) 2006년 개항된 부산新港 부두 cell block 혼성방파제 축조공사의 경우, 예산부족 등의 사유로 인하여 사석기초설치공사의 일부를 시공 후 1년 이상 방치하였다.

2. 문제점

(1) 방치 1년 중 사석기초 상부에 갯벌이 쌓여 두께 1m 정도 slime 형성

(2) Slime을 완전히 제거하지 않고 후속 caisson 거치공사를 진행

(3) 최종 거치 후에 대형 caisson이 조류방향으로 sliding 현상이 발생

(4) 결국 추가공사 설계변경 및 예산증액하여 slime 완전제거 후 재시공

3. 유의사항

(1) 안벽, 방파제 등의 항만구조물 축조를 위한 연도별 계약공사에서는 주요 공종이 종료될 때마다 반드시 계측을 실시하여 『항만 및 어항공사 전문시방서』의 오차 허용범위를 만족하는지 확인하고 후속공종을 착수해야 한다.[252]

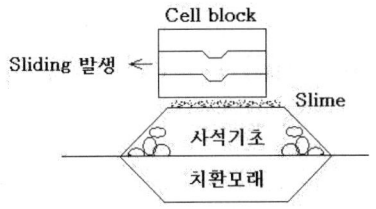

Caisson 거치 중 sliding 발생

---

252) 해양수산부, '항만 및 어항공사 전문시방서', pp.239~260, 2014.

11.58 흡입식 말뚝기초 (Suction Pile)

항만공사용 흡입식 말뚝(suction pile) 적용성 및 시공 유의사항 [1, 1]

I. 개요

1. 흡입식 말뚝기초(suction pile)는 지름 11m의 대구경 원형파일 내부의 물이나 뻘을 흡입식 압력(suction pressure)을 이용하여 외부로 배출시켜 지지층까지 자체 중력에 의해 파일을 설치하는 공법이다.

2. Suction pile은 연약지반 개량이나 준설치환 공정 등이 필요하지 않기 때문에 수심에 관계없이 설치할 수 있는 공법이므로, 안벽, 방파제 등의 대규모 해양구조물 설치공사에서 적용성·경제성이 탁월하고 해양환경오염 우려도 적다.

3. 한국해양연구원은 정부R&D사업(1998~2007, 152억원)에 참여하여 흡입식 말뚝 (suction pile)을 기초로 하는 중력식 방파제 설치공법을 개발하는 과정에 2004년 부터 대우건설이 시공하는 울산신항 北방파제 축조공사에 시범 적용하였다.

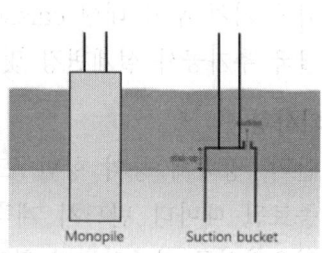

흡입식 말뚝기초(suction pile)

II. 흡입식 말뚝기초(suction pile)

1. 시공사례

(1) 공사명칭 : 울산신항 北방파제 축조공사

(2) 공사내용 : 시험구간 50m를 흡입식 말뚝으로 시공

　　　　　　: 실시간 수중계측시스템 구축하여 2년 동안 태풍·파도·풍랑에 대하여 방파제 의 거동상태 측정

(3) 공사범위 : 시범사업으로 2.75km 시공

(4) 적용효과 : 공사비 1,400억원 절감

2. 시공순서

⑴ 육상에서 지름 11m의 대구경 원형파일을 제작

⑵ 지지층(암반)까지 흡입식 압력(suction pressure)을 이용하여 말뚝을 설치

⑶ 말뚝상부에 케이슨을 거치하여 중력식 방파제를 완성

3. 적용효과

⑴ 방파제 기초의 크기에 관계없이 수심 깊은 연약지반에도 적용 가능

⑵ 大水深에서 항만공사에서 시공성과 경제성이 탁월

⑶ 연약지반에 대한 개량, 준설, 치환 등의 공종 불필요

⑷ 시공 중 소음 없고, 해양환경오염 없음

III. 향후전망

1. 울산신항 北방파제 축조공사에서 이미 설치된 흡입식 파일 위에 케이슨(상자형 콘크리트) 3개를 설치한 후, 방파제를 완성하고 실시간 계측시스템을 설치하여 파도와 풍랑 등에 대한 방파제의 거동상태를 측정하여 공법을 검증하였다.

2. 울산신항 北방파제 suction pile 기초공사를 통해 대수심 해양구조물에 적합한 최적의 설계·시공기술을 확보하였다. 항만구조물 기초를 suction pile로 시공하여 수심이 깊은 연약지반에서 방파제공사를 쉽게, 안전하고, 경제적으로 시공하였다.

3. 향후 해상풍력발전, 해양자원개발, 해상공항 등 해양구조물 건설기술을 확보하여 국가경쟁력을 갖출 수 있을 것으로 기대된다.[253]

---

253) 해양수산부, '연약지반에 적합한 흡입식 방파제 건설공법 개발', 2007.

11.59 하이브리드 케이슨 (Hybrid caisson)

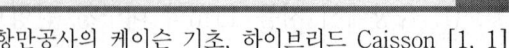

항만공사의 케이슨 기초, 하이브리드 Caisson [1, 1]

1. 용어 정의

⑴ 하이브리드 케이슨(Hybrid caisson)은 철근콘크리트와 강재를 견고하게 일체화시킨 콘크리트와 강판의 합성구조(강+ 콘크리트 복합구조)로 구성된 합성판이다.

⑵ 합성판(Hybrid)은 철근콘크리트(Reinforced concrete)에 비해 동일한 두께에서 부재강도가 커서, 항만공사의 안벽 케이슨공사에 수요가 증대되고 있다.

⑶ 하이브리드 케이슨의 구조는 ▲강판을 한쪽에 배치한 합성판 구조, ▲H형강을 내부에 매설한 SRC구조 등이 있다.254)

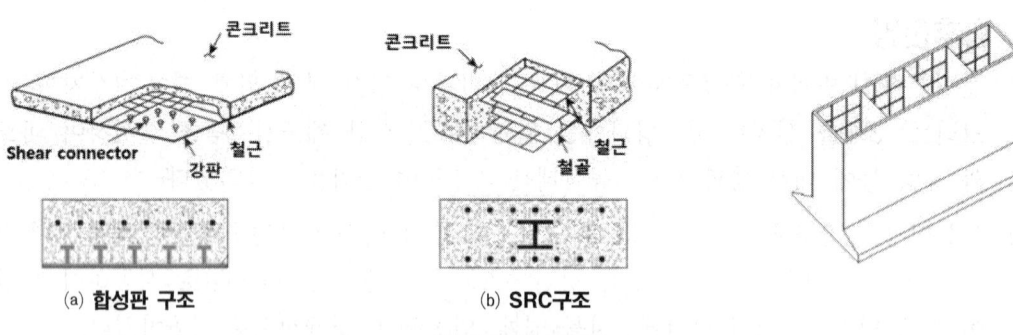

(a) 합성판 구조　　　(b) SRC구조

하이브리드 케이슨

케이슨 공법의 비교

구분	Hybrid caisson	RC caisson
사용재료	◦ 강판, H형강, 전단연결재(stud), 철근콘크리트 ◦ 철근 대신 강판을 2차원적으로 배치하여 역학적 성능 향상	◦ 철근콘크리트
단면형상	◦ 확대기초의 규격을 크게 하여 케이슨 저면에서 발생되는 지반반력을 줄일 수 있다.	◦ 기초의 설치 규격은 길이 1.5m 이내로 제한
자중	◦ 가볍다(경량)	◦ 무겁다(중량)
경제성	◦ 상대적으로 고가	◦ 상대적으로 저렴
기타	◦ 강판 존재 : 콘크리트 균열 발생 후에도 수밀성 유지 ◦ 공장 자동용접 생산으로 현장 철근 배근작업 감소 ◦ 철강판을 콘크리트 타설 중에 거푸집으로 활용 ◦ 구조물 경량화로 시공성·경제성 크게 향상	◦ 철근 배근, 외벽, 격벽 제작을 위해 거푸집 사용

---

254) 박구용 외, '하이브리드 케이슨(Hybrid Caisson)의 설계와 시공', 대한토목학회지, 제52권, 2004.

2. 하이브리드 케이슨(Hybrid caisson)

(1) 장점

① 케이슨 중량 감소 : 진수·예인·거치 등의 작업비용이 절감

② 케이슨 형태 다양성 : 기존 케이슨과 같은 중량에서 1.5~2.0배 이상 길게 제작

③ 케이슨 기초 확폭 : 지반반력과 상부폭원을 줄여 지반 개량범위를 축소

④ 케이슨 가설재 감소 : 거푸집·동바리 감소, 콘크리트량 감소, 고소작업량 감소

(2) 적용성

① 항만시설공사 : 종래의 철근콘크리트로 제작된 케이슨과 동일한 용도로 항만에서의 방파제, 안벽, 호안공사 등에 널리 사용

② 내진안벽 : 높은 강성, 경량화로 인해 구조적 특성이 우수하여 내진성능 강화

③ 해수교환형 케이슨 : 케이슨 내부에 도수관을 설치하여 유수실의 후벽을 개구하면 항만 내부로 해수 교환을 유도 가능

④ 2중 slit caisson : slit 벽을 2중으로 제작하면 短주기에서 長주기까지 소파 능력을 갖춘 유수실이 있는 케이슨 설치 가능

⑤ 상부 사면제 케이슨 : 케이슨 전면벽을 경사지게 설치하여 파력 감소, 경제적인 케이슨 단면 확보

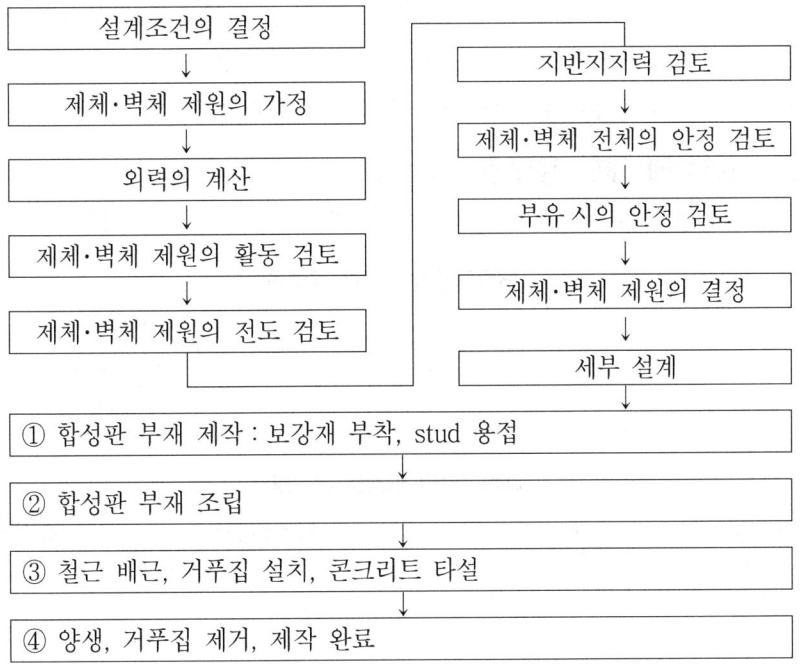

11.60 항만공사 유보율

항만공사 유보율 [2, 0]

1. 용어 정의

(1) 항만의 항로나 박지에서 연약토를 준설하여 인접지역에서 새로운 항만부지의 매립 공사에 사용하면 지반의 침하현상이 발생되므로, 펌프준설선에 의한 매립토사의 경우에 일정한 유보율(留保率, reserve ratio)을 감안한다.

2. 시공계획에 의한 매립토량

$$V = \frac{V_0}{P}$$

여기서, V : 시공계획에 의한 매립토량(m^3)

V_0 : 더돋기를 포함한 매립토량(m^3)

P : 펌프준설선에 의한 매립토사의 유보율

3. 매립토량에 대한 침하량

(1) 총침하량＝원지반 침하량＋매립토사 침하량

(2) 원지반 침하량 : 원지반 흙의 역학적 성질에 따른 침하율로부터 산정

(3) 매립토사 침하량 : 매립토사의 두께에 다음과 같은 유보율을 적용하여 산정

　① 사질토는 층두께의 5% 이하, 점성토는 층두께의 20% 이하

　② 사질토와 점성토의 혼합토사는 층두께의 10~15% 정도

4. 매립토량 침하량에 대한 유보율

(1) 매립토량 참하량은 토질조건에 따라 다르지만, 일반적으로 10~15% 정도[255]

매립토량의 토질별 유보율

토질	유보율(%)
점토 및 점토질 실트	70 이하
모래 및 사질 실트	70~95

매립토량의 입경별 유보율

입경(mm)	유실률(%)	입경(mm)	유실률(%)
1.2 이상	없음	0.3~0.15	20~27
1.2~0.5	5~8	0.15~0.075	30~35
0.6~0.3	10~15	0.075 이하	30~100

---

255) 해양수산부, '항만 및 어항 설계기준·해설-상권', 2014.

11.61 대안거리(對岸距離)

대안거리(Fetch), 파랑(波浪)의 변형파 [2, 0]

1. 대안거리

(1) 대안거리(對岸距離, exposure fetch)는 바람이 특정한 지점까지 일정한 풍향과 풍속으로 장애물이 없는 상태에서 바다 위를 불어온다고 가정하는 수평거리를 말하며, 항만 또는 해안에서 바람에 의한 파도 크기를 추정할 때 사용하는 용어이다.

(2) 대안거리(F)는 항만이나 댐 설계과정에 파랑고(h_w), 파장(L)를 구할 때 사용한다.

파랑고 $h_w = 0.00086V^{1.1}F^{0.45}$ (m)

파장 $L = 0.011^{0.84}F^{0.58}$ (m)

여기서, V : 10분간 평균풍속(m/sec)

F : 대안거리(m)

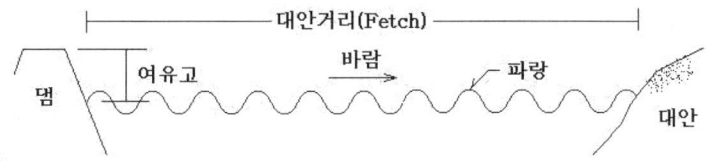

2. 용어 정의

(1) 수면은 풍파, 조석 등으로 인하여 끊임없이 상·하로 변하는데, 파(波, wave)는 이들을 총칭하는 용어이다.

(2) 파고(波高, wave height)는 파봉으로부터 연속한 파곡까지의 연직거리

(3) 파봉(波峰, wave crest)은 波의 변위가 정수면으로부터 가장 높은 부분으로, 일명 파정(波頂)이라 한다.

(4) 파곡(波谷, wave trough)은 연속된 2개의 파봉 사이에서 가장 낮은 부분

(5) 파향(波向, wave direction)은 波가 진행하는 방향으로, 연안에서 파향을 파악하고 내습하는 波의 발생역(發生域)을 추정하여 해안구조물(방파제, 방조제, 도류제)의 위치와 방향을 결정한다.

(6) 파도(波濤, wave swell)는 波의 발생역 안에서 발생된 풍랑이 波의 발생역 밖으로 전파해 가는 현상으로, 파도는 파형이 완만하고 파장이 길며 파봉선(波峰線)이 잘 형성되어 있다.[256]

256) 박효성 외, 'Final 토목시공기술사 핵심문제', 예문사, p.1018, 2008.

11.62 잔류수압(殘溜水壓)

1. 용어 정의

(1) 항만부두의 안벽이 수밀한 구조이거나 매립토가 투수성이 적은 경우, 안벽 전면의 수위변화에 대해 배면의 수위변화가 지연되면서 전·후면에서 수위차이가 발생된다.

(2) 이때 안벽 전면수위와 배면수위의 차이만큼 안벽에 수압이 작용되는데, 이를 잔류수압(殘溜水壓)이라 한다. 잔류수압에 영향을 미치는 요소는 안벽의 수밀성, 매립토의 투수성, 구조물 배면의 토질, 조위차(潮位差) 등이다.

2. 잔류수압(殘溜水壓)

(1) 잔류수압 산정식

$$P_w = \gamma_w h_w$$

여기서, P_w : 잔류수압(t/m²)

γ_w : 물의 단위체적중량(t/m³)

h_w : 안벽 전면수위와 배면수위의 차이(m)

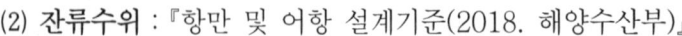
잔류수압

(2) 잔류수위 : 『항만 및 어항 설계기준(2018. 해양수산부)』

① 설계기준 : 중력식 안벽의 잔류수위 $LWL + $조위차의 $\dfrac{1}{3}$

널말뚝식 안벽의 잔류수위 $LWL + $조위차의 $\dfrac{2}{3}$

② 잔류수위는 조수간만 차이, 안벽재료 투수성에 의해 결정된다. 안벽 전·후면의 물은 줄눈, 기초사석, 뒷채움재 틈새를 통해 이동된다.

③ 잔류수위 변화에 따른 안벽의 안정성을 고려하여 중력식 안벽도 널말뚝식 안벽과 같이 잔류수위를 $LWL + $조위차의 $\dfrac{2}{3}$로 상향 적용하는 것이 안전하다.

(3) 잔류수압 대책

① 설계대책 : 안벽 설계할 때 잔류수위로 인한 횡방향 수압, 잔류수압으로 인한 전단강도 저하를 고려하는 것이 안전하다.

② 재료대책 : 투수성이 큰 재료, Interlocking이 양호한 재료를 선정한다.

③ 시공대책 : 뒷채움재의 다짐을 철저히 실시하고, 안벽에 배수공을 설치한다.[257]

---

257) 박효성 외, 'Final 토목시공기술사 핵심문제', 예문사, p.1019, 2008.

11.63 대한민국 평균해면

약최고고조위(A.H.H.W.L) [1, 0]

1. 용어 정의

(1) 천문조위(潮位)는 달과 태양의 인력에 의해 비교적 규칙적으로 발생되는 조석(潮汐)을 말한다.

(2) 천문조위(潮位)는 평균해면, 기본수준면, 각종 조위면의 높이를 고려하여 결정하며, 원칙적으로 1년 이상의 검조(檢潮)기록에 의해 결정한다.

(3) 평균해면(MSL)은 임의 기간에 해면의 평균높이를 그 기간의 평균해면이라 부르며, 1년간 매 시간별 조위의 평균치인 연평균해면을 평균해면으로 간주한다.

(4) 기본수준면(DL) = 약최저 저조위(Approx LLWL)는 대한민국 연안에 대한 수심측정 기준인 기본수준면은 약최저 저조위와 일치한다.
연평균해면으로부터 주요 4개 分潮(M₂, S₂, O₁, K₁ 分潮)에서 半潮差 만큼 내려간 면으로 결정한다.

(5) 약최고 고조위(Approx HHWL)는 연평균해면으로부터 주요 4개 分潮(M₂, S₂, O₁, K₁ 分潮)에서 半潮差 만큼 올라간 면으로 결정한다.

2. 대한민국 평균해면

(1) 한국 지형도 표고기준인 인천항의 평균해면은 한국의 연평균해면과 일치한다.

(2) 임의 항만의 연평균해면은 국가지리정보원 수준점(B.M) 표고 0점과 반드시 일치하지는 않는다. 따라서, 해당 지점의 檢潮에 의한 1년이상 潮位관측치로부터 매일 매시 潮位 평균치로 계산한다.

$$A'_0 = A'_1 + (A_0 - A_1)$$

여기서, A'_0 : 해당지점의 연평균해면

A_0 : 기준檢潮지점의 연평균해면

A'_1, A_1 : 같은 기간에 해당지점, 기준檢潮지점의 연평균해면

(3) 한국의 기본수준면(DL) = 약최저저조위(Approx LLWL)는 인도양 대조저조위(Indian spring low water)를 채택하여 해도, 조석표 등의 기준면으로 사용한다.

$$DL = A_0 - (H_m + H_s + H_0 + H')$$

여기서, DL : 기본수준면

A_0 : 연평균해면

H_m, H_s, H_0, H' : 4개 分潮의 半潮差

11.64 항만 호안(護岸)

항만시설에서 호안의 배치 검토사항과 시공 유의사항 [0, 2]

I. 개요

1. 하천시설물에서 호안공사에는 일반적으로 수제(水制)공사가 수반되는 특징이 있다.
   호안을 시공장소에 따라 분류하면 제방호안, 저수호안, 홍수호안 등이 있다.

   하천 호안의 구조는 비탈덮기공, 기초다짐공, 비탈교정공 등으로 구성된다.

2. 항만시설물에서 호안(護岸, revetment)은 해안선(海岸線)을 보호하고 파도와 파랑에
   의한 안벽의 침식을 방지하기 위하여 그 前面에 설치되는 공작물로서, 콘크리트블
   럭, Caisson 등을 육상제작하여 설치한다.

   항만 호안의 구조는 흉벽, 전면벽(콘크리트블럭), 비탈교정공 등으로 구성된다.

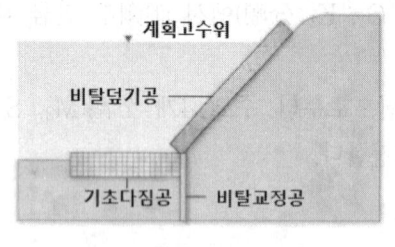

하천(下川) 호안

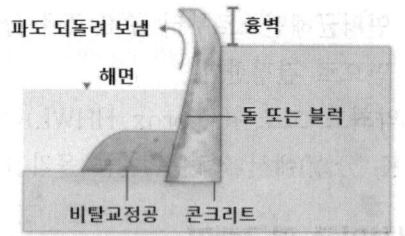

항만(港灣) 호안

3. 호안(護岸, revetment)은 河岸 또는 堤坊을 유수로 인한 파괴와 침식으로부터 직접
   보호하기 위하여 축조하는 구조물이다. 기존 토지나 매립지의 지반이 토압에 의해
   붕괴되거나, 조류나 파랑으로 해안 침식 또는 해안의 흙이 붕괴되는 피해를 방지하
   기 위하여 해안의 당초 지반을 침식에 견디도록 강한 재료로 피복한다.

   (1) '제방'은 원래 지반에 둑을 쌓아서 건설되고 배후에 부지가 이루어지지 않는 경우
      의 시설물로서, 별도로 구분하지 않고 통칭하여 호안으로 부르는 경우가 많다.

   (2) '호안'이란 원래 지반에 둑을 쌓거나 또는 둑을 쌓지 않는 구조물로서 배후가 부
      지로 이루어지는 시설물을 말한다. '완경사 호안'은 경사가 1 : 3보다 완만하다.

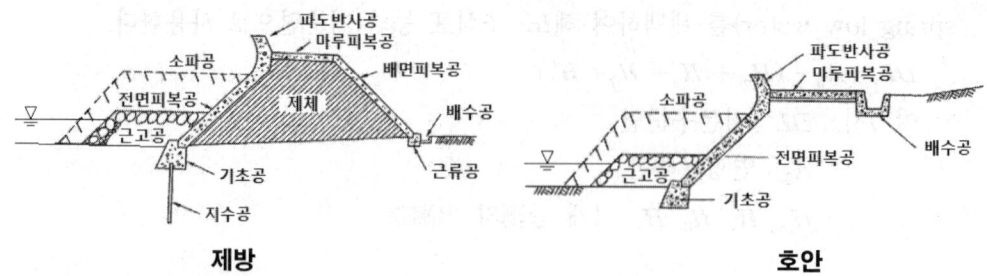

제방   **호안**

Ⅱ. 항만 호안(護岸)

1. 호안 형식

⑴ 호안 형식을 선정할 때는 수리조건, 기초지반, 축조재료, 부지조건, 이용상황, 경관조화, 시공기간 등을 검토하여 안전하고 기능적인 형식을 선정한다.

⑵ 호안 형식은 前面경사, 제체구조, 사용재료 등에 의해 분류된다. 前面경사에 의해 경사식, 직립식, 혼성식 등의 3종류로 분류된다. 前面경사가 1 : 1보다 완만하면 경사식, 1 : 1보다 급격하면 직립식이다. 혼성식은 사석 마운드의 경사식 구조물 위에 케이슨이나 큰크리트블록 등의 직립식 구조물이 설치된 형식이다.

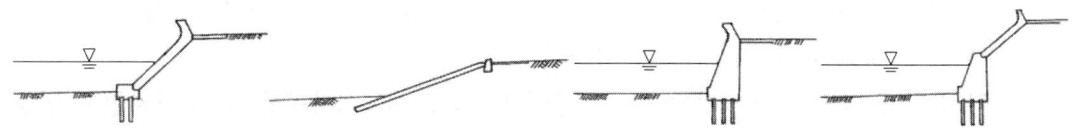

호안에 사용되는 구조 형식

호안 구분	사용되는 구조 형식
경사식	돌붙임식, 콘크리트 블록 붙임식, 콘크리트 피복식, 사석식, 傾斜블록식 등
직립식	돌쌓기식, 중력식, 부벽식, 돌출식(L형식 포함), 케이슨식, 콘크리트 블록식, 셀식, 널말뚝식, 사석틀식 등
혼성식	제한 없음

2. 호안 계획

⑴ 호안의 위치는 해안환경의 보전, 해안 및 인근 토지의 이용상황을 고려하여 결정하며, 다음 사항을 고려한다.
① 波의 수렴
② 지형, 토질, 조위 등을 고려한 시공조건
③ 인근의 토지이용 상황
④ 준공 후의 유지관리, 수방(水防), 내수의 배수, 해변의 이용
⑤ 인접 구조물과의 관계
⑥ 해변지형에 대한 영향

⑵ 호안의 기준선에 모서리, 불연속부 등이 있으면 波가 집중되어 월파, 유량증대, 호안파손 등의 원인이 되므로, 다음 사항을 고려한다.
① 波의 집중이 명확한 곳에서는 이에 대한 방지대책
② 지형 및 토질이 연안보전시설의 공사비 및 안전성에 미치는 영향
③ 조위를 해상공사로 할 때와 육상공사로 할 때의 시공 난이도 검토

④ 해변 이용을 고려하여 호안 전면에 설치되는 해변 폭의 넓이 검토

3. 호안 설계

(1) 조위, 파랑, 유속, 표사
① 파의 차오름에 의한 호안 마루높이는 조위가 설계고조위 보다 낮은 조건에서도 전면수심이 쇄파수심에 해당되는 경우, 파의 차오름이 최대치에 이른다.
② 따라서, 설계고조위가 반드시 설계조위와 일치되지 않는다는 점에 유의한다.
③ 설계파는 확률통계 처리된 재현빈도 30~50년 확률파고를 주로 적용한다.

(2) 해저지형, 해변지형
① 해저 경사가 급한 경우에 波는 연안 측에서 쇄파되면서 쇄파파고가 커지게 되므로 파력이 커지고 월파가 발생되기 쉽다.
② 폭풍해일에는 호안 전면에서 세굴이 발생되므로, 해저지형 및 해변지형을 형성하고 있는 토질조건 고려도 중요하다.

(3) 지반 연경도
① 호안의 건설위치는 여러 제약을 받는 경우가 많아 연약지반에 시공할 수밖에 없는 경우에는 압성토, 지반개량 등을 고려한다.
② 이때 제체의 성토재료는 충분한 다짐이 가능한 재료로 선정한다.

(4) 배후지 활용도
① 호안은 재해한계 내의 범위에서 월파를 허용해도 좋으나, 그 월파유량은 배후지의 중요활용도에 따라 달라진다.
② 호안의 배후지에 인구와 자산이 집중되어 중요도가 높은 경우에는 작은 허용월파유량을 반영하고, 배후지의 지반높이도 충분히 고려한다.

(5) 해안 환경조건
① 호안의 기초공은 암초 등에 맞닿아 축조되므로 해역생물 삶의 터전인 해안선 부근의 갯벌 소실폐해를 방지하고 주변 생태계에 미치는 영향을 고려한다.
② 현지의 자생식물 또는 해역생물의 종류나 분포상황 등을 파악하여 호안의 배치 계획 및 구조형식에 반영한다.

(6) 해안 이용과 이용객 안전
① 해안지역은 어업과 레크리에이션의 장으로 이용됨과 동시에 해운산업 활성화에 대비하여 해안지역의 이용요구는 점점 더 증대되는 추세이다.
② 호안의 배치 및 구조형식 검토할 때 해변의 이용상황(어업, 관광, 레크리에이션, 해양스포츠 등), 이용객의 안전을 함께 고려한다.

(7) 호안 시공조건

① 호안공사가 해상에서 수행되는 경우에는 다양한 시공제약을 받는다. 즉 파랑, 조수간만 차이, 조류 영향 등을 심하게 받아 작업시간이 제한을 받는다.

② 또한 시공에 의한 해수오염의 발생 가능성에 대한 방지대책을 검토한다.

4. 호안 형식별 시공 유의사항

(1) 돌출식(옹벽식)

① 돌출식은 원칙적으로 철근콘크리트구조로 하며, 최소두께 0.3m 이상으로 시공하는 경우가 많다.

② 신축줄눈은 일반적으로 6~10m 간격으로 설치한다.

(2) 케이슨식

① 케이슨식은 일반적으로 공사비가 비싸지므로 ,파력 또는 수심이 아주 깊어 다른 적당한 공법이 없는 경우에 한하여 적용된다.

② 상부구조물은 혼성식을 적용하는 경우가 많다.

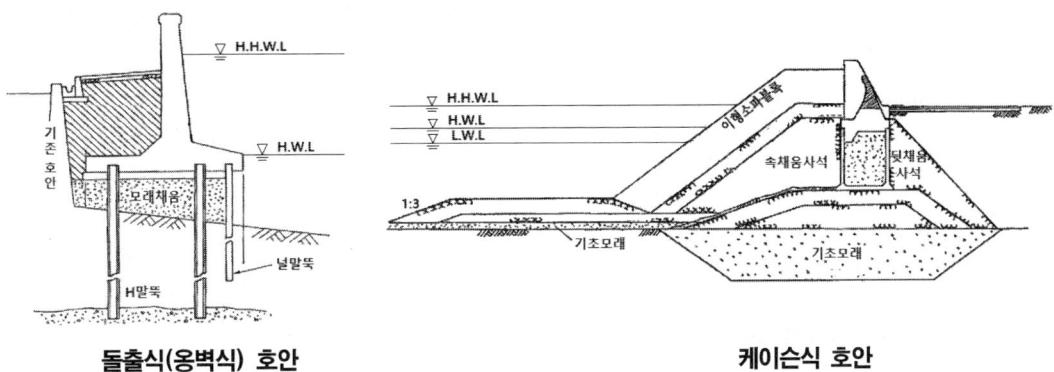

돌출식(옹벽식) 호안   **케이슨식 호안**

(3) 셀식

① 셀식은 시공이 비교적 간단하기 때문에 급속시공에 적합하여 지반이 좋지 않은 경우에는 경제적이다.

② 셀 본체는 강널말뚝 또는 강판이 쓰이므로 강재 시공방식을 고려해야 한다.

③ 셀은 설치 후부터 속채움이 끝날 때까지는 파랑에 대해 매우 취약하므로 신속하게 속채움을 해야 한다.

(4) 널말뚝식

① 널말뚝식은 강널말뚝 또는 철근콘크리트널말뚝을 이용하며, 강재 부식에 대해 고려하고, 널말뚝 정상부는 견고하게 서로 연결해야 한다.

② 널말뚝의 근입깊이는 앞면이 세굴된 경우라도 안전하도록 전체길이의 3분의 1 이상을 관입시키는 것으로 한다.

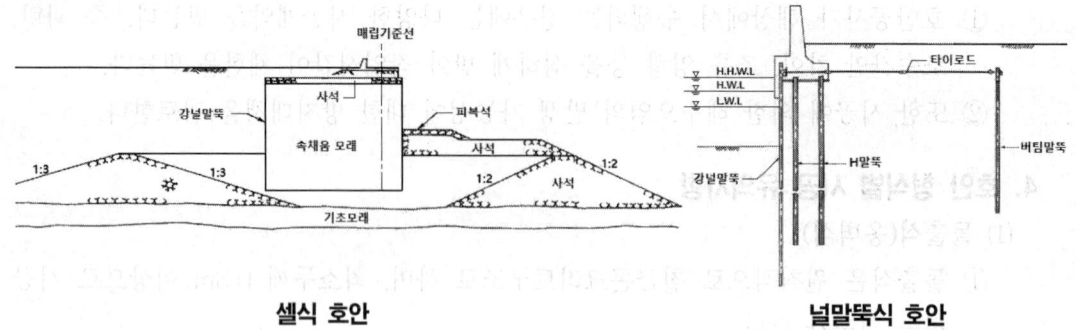

셸식 호안 **널말뚝식 호안**

(5) 콘크리트 블록식

　① 콘크리트 블록식은 블록크기를 중량 3ton 이상으로 한다. 각 블록은 지그재그
　　로 거치하며 일치성을 위해 현장타설콘크리트에 의한 시공이음을 설치한다.

(6) 사석틀식

　① 사석틀식은 철근콘크리트구조로 하며 속채움에는 질량 0.2t 이상의 거친 돌을
　　이용하는 경우가 많다. 또한 사석틀식의 배후에는 뒷채움석을 시설해야 한다.

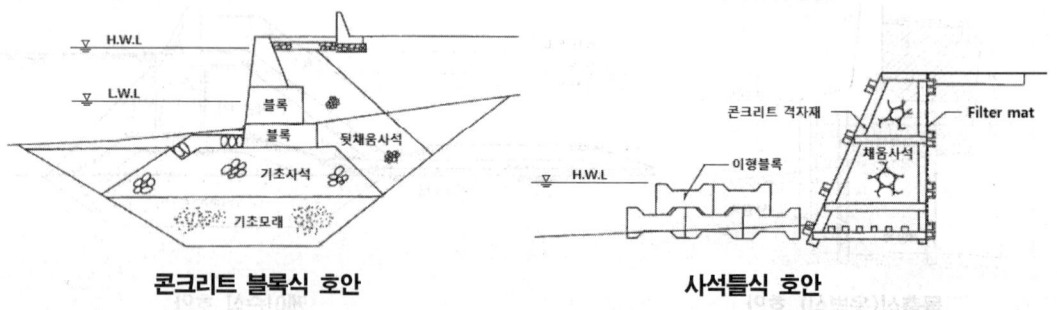

콘크리트 블록식 호안 **사석틀식 호안**

5. 호안 목표성능

　(1) **마루높이** : 호안의 마루높이의 결정은 폭풍해일이나 이상파랑에 의한 해수의 침입
　　을 방지하고 파의 차오름이나 월파를 막는데 충분한 높이로 해야 한다.

　(2) **前面경사** : 前面경사는 호안 형식의 결정에 따라 제체의 안전성, 수리조건, 해빈의
　　이용 상황, 토질, 지형조건 등을 고려하여 결정한다.

　(3) **마루폭** : 마루폭은 제체가 파력에 대항해 월파에 의한 마루 수평면의 월류에 저
　　항할 수 있는 너비로 결정하며 연결도로, 경사로의 차량통행을 고려다.

　(4) **背面경사** : 背面경사는 제체의 원호활동에 대한 안전성 등을 고려하여 호안의 높
　　이나 경사, 길이 등을 결정한다.258)

---

258) 해양수산부, '연안시설 설계기준 해설', pp.51~59, 2016.

11.65 방파제공사

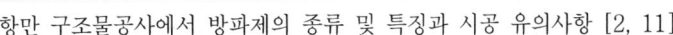

항만 구조물공사에서 방파제의 종류 및 특징과 시공 유의사항 [2, 11]

Ⅰ. 개요

1. 방파제(防波堤, Breakwater)는 항만기본시설의 하나로서, 바다의 파랑(波浪)을 막아 항내를 보호하기 위하여 항만의 외곽에 쌓은 둑을 말한다.

2. 방파제의 설치 목적은 항내의 정온(파도가 없이 조용한 정도)을 유지하고, 선박의 항행, 정박의 안전, 항내시설의 유지, 하역의 원활화 등을 도모하는데 있다.

3. 방파제는 축조방식에 따라 직립방파제·사면방파제·혼성방파제 등으로 분류되며, 돌이나 콘크리트구조물을 해저로부터 수면 위까지 설치하여 외해(外海)의 파랑이 항내(港內)로 들어오는 것을 막을 수 있도록 설치된다.

Ⅱ. 방파제

1. 방파제 종류

(1) **방파제 구조**에 따른 종류

① 직립방파제 : 직각으로 세워진 벽으로 된 방파제로서 콘크리트를 사용하여 시공한다. 내부구조는 단단하고 콘크리트라는 단순재료만을 사용하기 때문에 비용도 적게 들지만, 연약지반에서는 방파제 자체가 뚝 부러져 박살날 수 있다.

② 사면방파제 : 사석이나 테트라포드를 사용하여 경사지게 만든 방파제로서 직립제에 비해 연약지반에서도 사용 가능하지만 재료비가 비싸다는 단점이 있다. 특히 테트라포드를 사용하려면 m당 설치비가 필요하다.

③ 혼성방파제 : 직립제와 사면제를 적절히 조합한 방파제로서 하부는 사면제로 시공하여 연약지반에 대응하고, 상부는 직립제로 마무리한다. 우리나라의 경우에 혼성방파제를 많이 사용하는 편이다.

(2) **방파제 목적**에 따른 종류

① 방파제 : 말 그대로 파도를 막기 위한 목적으로 설치된 구조물이다.

② 방사제 : 해안선에서 바다 방향으로 돌출되어 해류의 흐름을 약화시킬 목적으로 설치된 구조물로서, 해안의 침식이나 항만에 토사가 흘러들어 깊이가 얕아지는 것을 방지하기 위한 목적으로 설치된다.

③ 파제제 : 항구 내부의 파랑을 안정시키기 위하여 항구 내부에 축조된 구조물을 의미한다.

④ 도류제 : 하천의 합류지점·하구부근에서 유로에 토사가 쌓여 항로가 얕아지는

것을 방지하려고 설치하는 구조물이다. 하천에 설치되면 도수제, 바다와 강이 만나는 강어귀에서 바다 방향으로 돌출되어 설치되면 돌제라 한다.

⑤ 이안제 : 해안선에서 멀리 떨어진 곳에 해안선과 평행한 방향으로 수면 아래에 설치하는 구조물로서, 수면 아래에 설치되면 잠제라고 한다. 해안선을 강타하는 파도의 힘을 약화시켜 해변을 안정시키는 것이 주목적이다.

2. 방파제 형식 선정 고려사항

(1) 수심, 파도, 파랑, 파고

① 조위 간만의 차이, 내항의 정온도

(2) 주변지형, 수역환경 등에 미치는 영향

① 내항 사면에 미치는 월류, 외항 사면과 지반에 미치는 세굴

② 해양생태계 보존 여부, 환경오염 여부

(3) 시공성, 경제성

① 해저(海底)의 토질조건, 해상작업 가능일수, 난이도

② 공사비, 장비임대료, 유지관리비

III. 방파제 형식

1. 사석 경사 방파제

(1) 공법

① 사석을 수중에 투하하여 만드는 경사형 단면의 방파제

② 경사면은 파력에 견딜 수 있도록 중량이 큰 사석으로 보강하고, 정상부는 콘크리트를 타설하여 파력과 월류의 피해를 방지한다.

③ 내항 경사면의 경사도는 1 : 1~1.5를 표준으로 한다. 외항 경사면은 파력을 많이 받으므로 내항보다 완만하게 경사도를 1 : 2~3 정도로 한다.

(2) 적용

① 방파제 중에서 가장 많이 사용하는 형식으로서, 주로 수심이 얕고 파력이 비교적 약한 항만(소규모 어항)에 적용된다.

(3) 특징

① 연약지반에는 사석 자체가 기초 역할을 하므로 가장 적합한 공법이다.

② 시공장비와 시공방법이 간단, 지반에 요철이 있어도 시공이 용이하다.

③ 유지보수가 쉽고, 파괴된 경우에도 복구공사가 용이하다.

④ 수심이 깊으면 많은 사석을 투하해야 한다. 더불어, 파고가 높으면 대형 사석이 필요한데 사석은 크면 클수록 재료 구입이 어렵다.

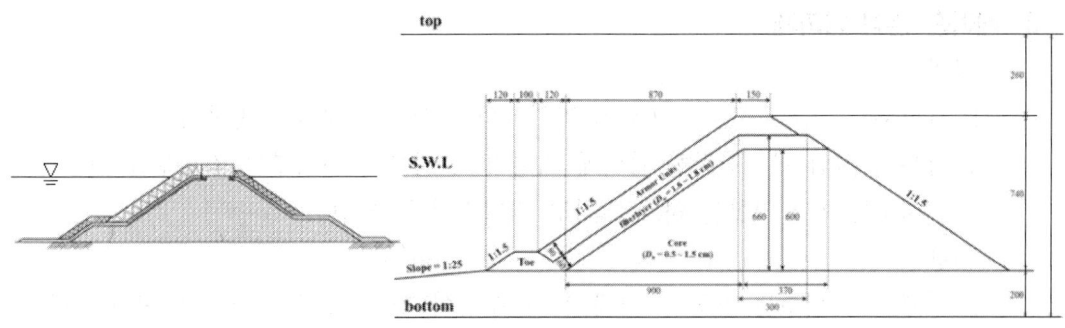

사석 경사 방파제

2. 케이슨 직립 방파제

(1) 공법

① 전면을 연직에 가깝게 세워서 파랑을 전부 반사시키는 방파제

② 시공은 기초 터파기→사석 투하→사석기초 고르기→케이슨 설치 순서로 한다.

(2) 적용

① 지반이 좋고, 파랑에 의해 항만 전면(前面)의 海底가 세굴될 우려 없는 곳

(3) 특징

① 방파제가 일체로 구성되므로 파력에 대한 저항력이 양호하여, 방파제 안쪽을 계류시설(정박시설)로 직접 사용할 수 있다.

② 케이슨(caisson)의 육상제작·해중설치에 많은 장비가 동원되어야 하지만, 그만큼 해중(海中) 공사기간이 단축된다.

③ 연약지반에는 방파제의 바닥면적이 좁아서 부적합하다

④ 수심이 깊어지면 방파제의 높이가 그만큼 높아져야 하므로 부적합하다.

⑤ 파랑에 의해 연직 벽면의 반사파가 커서 인접 선박에 나쁜 영향을 끼친다.

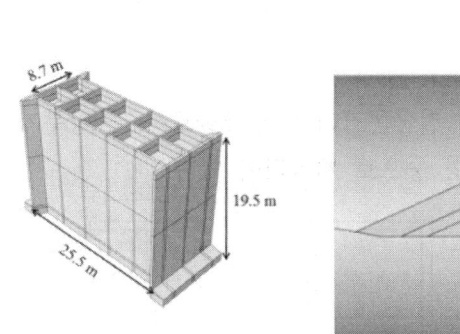
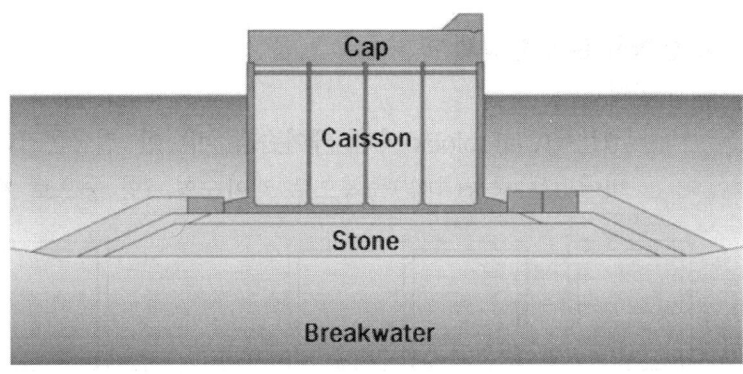

케이슨 직립 방파제

3. 케이슨 혼성 방파제

(1) 공법

① 사석부를 기초로 하고, 그 위에 직립부의 본체를 설치하는 방파제

② 상부의 직립부는 강력한 파력에 저항하고, 하부의 사석부는 직립부를 안전하게 지지하는 기초 역할을 하므로 가장 합리적인 구조이다.

(2) 적용

① 상부의 직립부는 재료가 적게 들어 수심이 깊은 곳에 적합하고, 또한 하부의 사석부는 상부하중을 분산시킬 수 있으므로 연약지반에도 적합하다.

(3) 특징

① 연약지반에는 하부의 사석부 자체가 기초 역할을 담당하므로, 별도의 기초정지를 생략하고 해저상태에 관계없이 직접 시공이 가능하다.

② 하부의 사석부는 깊은 곳에 위치하고 있어 파력을 적게 받아 안전하다.

③ 상부의 직립부는 큰 파력에 저항력이 크고 연직자중으로 사석 세굴을 방지할 수 있고, 직립부 높이를 조절하면 경제적인 단면설계도 가능하다.

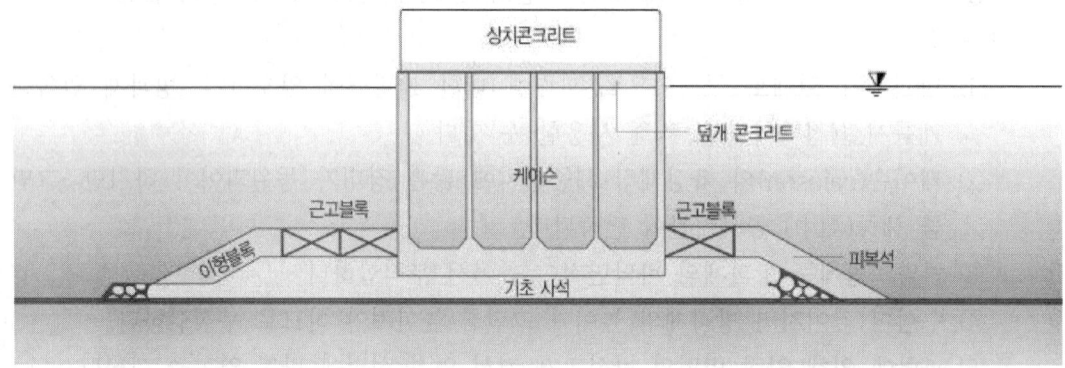

케이슨 혼성 방파제

4. 셀블록 혼성 방파제

(1) 공법

① 셀블록(Cell block)이란 케이슨과 비슷한 철근콘크리트 구조물로서, 중앙부가 비어있는 중공(中空)블록으로 케이슨형, I형 등으로 제작되어 있다.

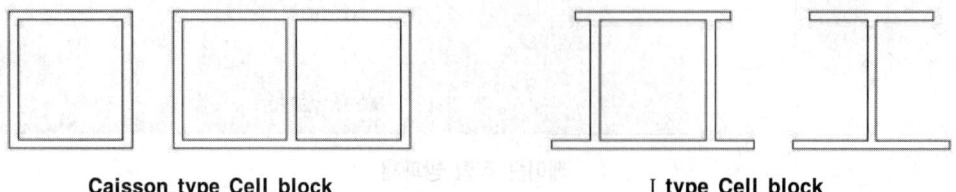

Caisson type Cell block   I type Cell block

셀블록 혼성 방파제

② 셀블록은 방파제, 안벽, 가물막이 등에 다양하게 사용 가능하여 사석방파제와 직립방파제의 장점을 혼합한 형식으로, 대규모 방파제 축조에 적합하다.

③ 상부의 직립부는 강한 파력에 저항하는 구조물 역할을 담당하고, 하부의 사석부는 직립부를 지지하여 안전성을 확보할 수 있다.

(2) 적용

① 수심이 깊은 곳에, 연약지반에, 즉 어려운 해저조건에도 적합한 공법이다.

(3) 특징

① 중공(中空)블록을 값싼 재료로 속채움할 수 있으므로, 중량이 가볍고 대형 치수로 제작 가능하다.

② 사석부와 직립부의 높이를 조정하면 경제적인 단면설계도 가능하다.

③ 현장에서 중공(中空)블록을 조립하려면 다양한 기계설비가 필요하다.

④ 시공 중에 블록과 블록 간의 연결부가 유동(流動)하게 되면 항만구조물로서 일체성이 부족하여 안전성이 취약하다.

⑤ 하부의 사석기초(mound)가 높은 경우는 파력에 의해 쉽게 세굴될 수 있다.

Ⅳ. 방파제 공사 안전대책

< 작업 중 잠수사 신호밧줄 없어 사망 >

수중(水中)에서 작업하는 잠수사는 안전장치로서 신호밧줄 착용은 필수이다. 수중환경은 수시로 변하는 경우가 많아 예측할 수 없으므로 작업자는 입수 전(前)에 안전장비를 점검하고, 사고 발생 가능성은 없는지 확인한 후에 작업에 임해야 한다.

1. 갑작스러운 돌풍에 안전대책 미흡으로 인한 재해

(1) 공사개황

① 방파제 연장공사를 수행하기 위하여 잠수사 3명 투입

(2) 작업순서

① 외항 25m 깊이의 해저 바닥에 매트를 설치하고, 기초사석을 쌓는다.

② 높이 2m씩 기초사석을 투하하고 강제다짐 3회, 총 6m 기초사석을 쌓는다.

③ 케이슨 기초바닥의 평탄성을 갖추도록 기초사석 고르기 작업을 이행한다.

④ 육상에서 제작한 케이슨을 바다로 수송하여 해당 장소에 거치한다.

(3) 사고순간

① 잠수사 3명이 수심 20m에서 방파제 기초사석 고르기 중 순간풍속 10~15m/s의 돌풍이 불어, 잠수사 2명은 즉시 올라왔으나 1명은 보이지 않았다.

② 10분 후에 그 잠수사 1명의 몸이 하늘을 향한 채로 바지선 위로 떠올라, 급히 인양하여 인공호흡과 심폐소생술을 실시하였으나 끝내 사망하였다.

방파제 연장공사 안전대책

2. 통화장치를 부착하지 않은 공기마스크로 인한 재해

(1) 사고원인

① 잠수사 2명은 크레인 좌우측에 배치되어 크레인 기사와의 통신을 위해 통화장치가 부착된 공기마스크를 착용했으나, 나머지 1명은 통화장치가 부착되지 않은 공기마스크를 착용하고 잠수작업에 투입되었다.

② 순간돌풍에 철수하는 순간에 바지선 태광호 우측 선미쪽 앵카가 밀리면서 바지선이 한쪽으로 회전하였다. 통화장치를 통해 철수명령을 받은 2명은 먼저 올라가면서 3m 아래에서 올라오는 다른 1명을 확인하고 있었다.

③ 통상적으로 바지선에서 내려진 생명줄(안전줄)을 잡고 올라오지만, 사고 당시에는 바지선이 흔들려서 생명줄 없이 올라와야 했다. 이 과정에 케이슨 옆에 있는 2명은 즉시 올라왔으나, 나머지 1명은 상황이 여의치 않아 생명줄을 풀고 공기마스크도 벗고 올라오던 중 익사하였다.

(2) 예방조치

① 바지선에서 공기압축기에 의해 공기를 제공받는 잠수작업자의 경우, 육상과 수중 작업자 간의 원활한 의사소통이 어렵다.

② 따라서 잠수작업자는 생명줄(안전줄)을 지급받은 후, 반드시 통화장치가 부착된 공기마스크를 착용하고 잠수작업에 임해야 한다.[259]

---

259) 박효성 외, 'Final 토목시공기술사 핵심문제', 예문사, pp.998~1001, 2008.

11.66 방조제의 최종 물막이공사

대규모 방조제 공사에서 최종 물막이 공법의 종류와 시공 유의사항 [0, 2]

Ⅰ. 개요

1. 간척지사업은 방조제를 쌓아 바닷물을 가둔 후, 그 물을 빼서 육지로 만드는 공사이다. 방조제를 축조하는 동안에 마지막으로 양쪽을 연결하는 최종 물막이공사가 가장 어렵다.

2. 특히, 한반도 서해안 지역은 조수간만 차이가 커서 최종 물막이구간은 조류속도가 대단히 빨라져서 축조된 방파제와 원지반이 세굴되는 피해가 발생될 수 있다.

Ⅱ. 방조제의 최종 물막이공사

1. 검토사항

(1) 최종 물막이의 위치, 구간(통수단면), 시기(조류 고려) 결정

(2) 최종 물막이의 공법 결정

(3) 조류주기의 계산, 조수간만의 차이

(4) 최종 물막이 구간 통수단면의 안전성 검토

(5) 소요 중장비 투입계획, 석산·토취장 위치, 진입로 확보

(6) 최종물막이 완료 후예 방조제의 계측방법

2. 최종 물막이 위치 결정

(1) 암반이 노출되어 있거나 암반선이 표토로부터 깊지 않은 지점

(2) 조류속도가 빨라져도 세굴되지 않을 정도의 경토가 있는 지점

(3) 물막이용 재료를 육상에서든, 해상에서든 직접 투하가 가능한 지점

(4) 기존의 조류 유출입 계통을 계속 존속시킬 수 있는 저지대의 지점

3. 최종 물막이 통수단면 결정

(1) 배후지에 영향을 주지 않도록 조류속도와 수위차이의 지속시간(조류정지시간)을 고려하여 최종 물막이의 표고를 결정한다.

(2) 체절구간에서 최대유속 3~4m/sec 이하를 유지할 수 있도록 최종 물막이 구간의 폭을 1m 이하로 결정한다.

(3) 최종 물막이 구간의 길이는 방조제 전체 구간의 1/4 정도(간척면적을 거리로 환산하여 20~40% 정도)가 되도록 결정한다.

4. 최종 물막이 시기 결정

⑴ 우기·강풍기·동절기 등은 피하고, 봄·가을이 적합

⑵ 연중 조위가 낮은 시기, 즉 제반 수리조건에 유리한 시기

⑶ 상류의 유입량 조절을 위해 배수갑문 완공후 최종물막이를 착수

⑷ 최종 물막이 후에 내외 수위차 급등으로 piping 발생을 고려

⑸ 따라서, 방조제 단면을 보강할 수 있도록 시기를 동절기 이전으로 결정

Ⅲ. 방조제의 최종 물막이공법 종류

◇ 공사기간에 의한 분류 ┬ 단기 물막이 공법
　　　　　　　　　　　　└ 장기 물막이 공법

◇ 조류속도에 의한 분류 ┬ 점고식 공법(high sill method)
　　　　　　　　　　　　├ 점축식 공법(deep sill method)
　　　　　　　　　　　　└ 점고와 첨축 병행 공법

◇ 축제재료에 의한 분류 ┬ 흙가마니 쌓기 공법
　　　　　　　　　　　　├ 사석제 공법
　　　　　　　　　　　　├ 돌망태 공법
　　　　　　　　　　　　├ 콘크리트 블록 공법
　　　　　　　　　　　　├ 정주영 공법(폐선박 침수 공법)
　　　　　　　　　　　　└ 대형철망에 사석 채우기 공법

1. 단기 물막이 공법

⑴ 간만차이가 적고 기초지반이 높은(양호한) 방조제에서 최종 물막이를 3~4일 또는 1회 소조기에 완료하는 공법

⑵ 최대유속을 줄이기 위하여 대사리와 쪽사리 중간의 소조기(小潮期)에 물막이를 하는 것이 적정하다. 소규모 간척지 사업에 적용 가능하다.

2. 장기 물막이 공법

⑴ 조수간만 차가 크고 규모가 큰 방조제에서 소조기(小潮期) 2회 이상의 장기간에 걸쳐 최종 물막이를 완료하는 공법

⑵ 대사리가 지난 다음에 최종 물막이를 개시하여 물막이 도중에 쪽사리를 맞이하도록 공정계획을 수립하는 것이 유리하다.

3. 점고식 공법 (high sill method)

⑴ 최종 물막이 구간 전체를 기초공부터 점차 수평으로 쌓아 올려 조류를 등분포시므로써 流心의 집중을 방지하여 유속을 줄이면서 물막이를 완료하는 공법

⑵ 최대유속은 감소되나 물막이 중에 내·외 수위차가 커서 piping 대책이 필요하다.

⑶ 단위폭당 유량이 적고 해상장비나 cable crane으로 재료 운반이 가능하다.

⑷ 물막이 중 월류로 인해 방조제 상부가 유실되지 않도록 대책 강구가 필요하다.

4. 점축식 공법 (deep sill method)

⑴ 축제선 양단에서 조류가 월류 않는 범위 내에서 통수단면을 점차 좁혀서 최종 물막이를 완료하는 공법

⑵ 물막이 중에 통수단면 축소로 유속이 빨라져 밑다짐공 유실이 우려되며, 물막이 중에 수위차는 적으나 물막이 직후에 수위차가 급증한다.

⑶ 재료운반은 주로 육상장비로 하며 해상투하도 가능하다. 단위폭당 유량이 크지만, 월류가 없으므로 축조된 구간은 안전하다.

5. 점고·점축식 병행 공법

⑴ 수리현상, 시공조건 등을 개선하기 위해 점고·점축식의 장점을 혼용하는 공법

⑵ 최대유속 발생표고 이하는 점고식으로, 그 이상은 점축식으로 물막이한다.

⑶ 재료를 육상, 해상으로 모두 신속히 운반 가능하여 대규모 방조제의 최종 물막이 공법으로 적합하다.

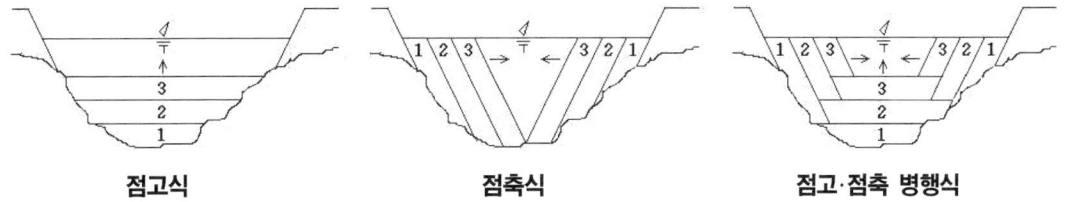

| 점고식 | 점축식 | 점고·점축 병행식 |

5. 정주영 공법 (폐선박 침수 공법)

⑴ 대규모 방조제 공사에서 최종 물막이 투하물량이 과다할 때 대형 caisson을 제작하여 체절구간에 거치하고 물막이를 완료하는 공법

정주영 공법 (폐선박 침수 공법)

⑵ 충남 서산간척사업을 맡은 ㈜현대건설이 방조제 전체길이 6,400m 중 최종 물막이 구간 270m에 유조선으로 사용했던 23만톤 급 폐선을 침수시켜 최종 물막이를 완료하여, 一名 정주영 공법이다. 폐선공법으로 공사비 290억원을 절감했다.

Ⅲ. 방조제의 최종 물막이 검토사항

1. 내·외 수위차, 유속증가 범위 산출

⑴ 최종 물막이가 진행됨에 따라 조수가 출입하는 통수단면이 축소되어 그만큼 내· 외 수위차가 커져 유속이 급격히 증가하므로, 증가된 높이를 검측한다.

2. 내·외 수위차, 유속증가 시간 산출

⑴ 수리계산 결과, 내·외 수위차와 유속을 시간대별로 산출하여, 일정시간 동안 그래프에 표시하여 수위차 지속시간, 유속증가 지속시간을 산출한다.

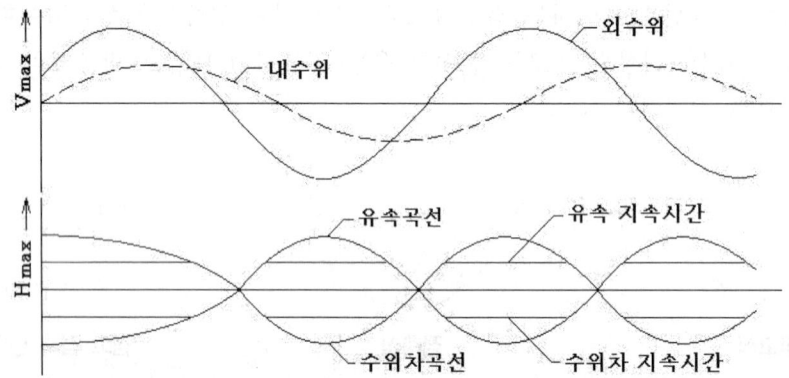

방조제 최종 물막이 중 수위차, 유속증가 그래프

3. 최종 물막이 후의 제체 안전성

⑴ 방조제 배수갑문을 적기에 개방하여 내·외 수위차를 최소화하고, 방조제 내·외의 수위차에 대한 유로길이가 충분한지 검토한다.

⑵ 방조제 비탈 끝에 filter 재료를 포설하여 유실방지하고 piping 현상을 관찰하여 예상치 못한 제체함몰, sliding 등에 대비하여 예비축제재료를 비축한다.

⑶ 파랑에 의한 월류방지를 위하여 제체의 외측을 높이고, 내측 성토작업을 극대화하여 공기를 단축하고, 제체 안전성을 도모한다.[260]

---

260) 박효성 외, 'Final 토목시공기술사 핵심문제', 예문사, pp.1013~1015, 2008.

11.67 방파제의 피복공사

피복석(armor stone), 항만시설물 중 피복공사 [1, 1]

Ⅰ. 개요

1. 항만시설물 중에서 피복공사란 방파제의 기초를 구성하고 있는 사석의 유실을 막기 위하여 방파제 겉면에 큰 돌을 쌓는 작업을 말한다.

2. 종전에는 작업이 기계화되지 않아 피복석을 체인에 감아 물속에 넣으면 잠수부가 수중에서 돌을 적당한 위치에 쌓는 방법이었다. 잠수부가 잠수병에 노출되고, 수심이 깊을수록 탁도는 심하고 어두워서 정교하게 돌을 쌓기도 어렵다.

3. 최근 항만공사용 水中로봇이 상용화되어 훨씬 정교하게 피복공사를 할 수 있다.

Ⅱ. 항만시설물의 피복공사 범위

1. 기초공사

(1) 항만구조물의 기초는 대부분 해저(海底)에 설치
  ① 견고지반 : 원지반의 지지력이 충분하면 원지반을 기초로 사용
  ② 연약지반 : 원지반의 개량, 기초말뚝 등 지반보강대책을 강구

(2) 연약한 모래지반에는 방파제의 기초사석 밑에 각종 mat를 먼저 설치
  ① 원지반이 침하되거나, 조류·파도에 비탈면이 세굴되면 기초 파괴
  ② 기초 파괴를 방지하기 위해 mat를 설치

(3) 항만시설물의 기초공사는 사석축조공법이 가장 일반적으로 적용
  ① 모래부설 : 원지반이 다소 연약하면 모래를 부설하고 사석 축조
  ② 모래치환 : 연약층을 양질재료(모래)로 치환하고 사석 축조
  ③ 말뚝타설 : 말뚝을 타설하여 지반지지력을 확보하고 사석 축조
  ④ 지반개량 : sand drain, sand compaction 공법으로 개량하고 사석 축조

2. 피복공사

(1) 항만 기초사석이 노출되는 부분은 표면을 무거운 돌로 피복
  계선안에서 파도 흐름, 선박스크류 흐름에 의해 기초사석이 세굴되지 않도록 사석기초 표면을 적당한 크기의 돌로 피복하여 보강

(2) 최근에는 外海로 향하는 방파제 기초사석을 이형블록(Tetrapod)으로 피복
  파도가 심한 外海에서 피복효과가 부족하여 이형블록이 유출될 우려가 많으므로 일반적으로 중량 1,000kg/개 정도의 대규모 이형블록으로 피복

(3) 항만시설물에서 피복사석에는 상단높이의 적정여부에 따라 충격적인 波壓이 작용되므로, 단면의 상단고에 일정한 여유고를 계산하여 결정

3. 소파공사

(1) 피복공사에서 비탈면 보호를 위해 소파공 외에 각종 mat도 사용

(2) 이형블록의 중량은 허드슨 공식으로 계산하여 결정

(3) 소파공은 월파와 반사파 방지를 위해 일반적으로 이형블록으로 시공

Ⅲ. 항만시설물의 이형블록 피복공사

1. 개발 배경

(1) 방파제의 피복공사에 쓰이는 이형블록은 1949년 프랑스 Tetrapod가 16t급 이형블록을 개발한 이후, 효율성이 인정되어 널리 사용하고 있다.

(2) 우리나라에는 1963년 여수항 東방파제 피복공사에서 Tetrapod가 발명한 TTP의 형태를 수정하여 사용한 이후, 전국 각지에서 사용되고 있다.

피복재로서 TTP와 일반사석의 비교

구분	TTP	사석
공사비	◦ 개당 가격은 비싸지만, 개당 중량(4t)이 작기 때문에 전체 설치비가 사석보다 저렴	◦ 개당 가격은 싸지만, 개당 중량(5t)이 크기 때문에 전체 설치비가 TTP보다 고가
자재생산	◦ 제작장에서 多量생산 가능	◦ 석산에서 큰 석재 多量생산 곤란
비탈면	◦ 완만한 경사도 1 : 1.3~1.5	◦ 급격한 경사도 1 : 1.2
外海영향	◦ 파랑의 반사, 파압의 감쇄 등에 영향을 적게 받음	◦ 파랑의 반사, 파압의 감쇄 등에 영향을 많이 받음
종합평가	◦ 사석보다 유리	◦ TTP보다 불리

2. TTP 제작

(1) 제작장의 위치결정

① TTP 거치현장과 가깝고, 충분한 면적확보가 가능한 곳

② 해풍, 해일,파랑, 이상건조 등의 기상영향을 받지 않는 곳

③ 레미콘공장과 인접하고 용수, 전력 등의 공급이 가능한 곳

(2) 제작장의 시설배치, 소요면적

① 제작용 거푸집은 2열로 배치하고 조립·해체에 지장 없도록 공간 확보

② 50t TTP 300개를 제작·거치에 소요되는 면적 $8,400m^2(70m \times 120m)$

② 8t TTP 2,000개를 제작·거치에 소요되는 면적 12,000m^2(75m×160m)

(3) TTP 제작계획

① 실제 제작일수, 1일 표준작업량, 제작순서, 공정표 작성

(4) TTP 제작순서

① 거푸집 형식 : TTP 모양이 복잡·다양하므로 반복사용 횟수, 조립·해체 용이성, 곡면처리 등을 고려하여 鋼材거푸집 형식을 선정

② 거푸집 수량 : 1일 생산수량과 거푸집 해체시기에 따라 거푸집 소요 예상수량을 결정하되, 20% 정도의 여유 확보를 고려

③ 거푸집 조립 : 개당 4t 이하의 소형 TTP는 인력으로 조립, 개당 4t 이상의 중· 대형 TTP는 크레인을 사용하여 조립

④ 콘크리트 타설 : 일반적으로 사용되는 레미콘트럭으로 운반, 거치현장에서 콘크 리트 펌프를 사용하여 타설, 진동기로 다짐

⑤ 콘크리트 양생 : 거치현장 조건에 따라 습윤, 피막, 수중, 전기, 전열, 증기 등의 적합한 양생방법 적용

초기양생 : 콘크리트 타설부터 거푸집 해체까지 3~4일

후기양생 : 가치장소로 옮긴 후 약 3주간

⑥ 거푸집 해체 : 개당 16t 이상 대형 TTP 이상에서 측면거푸집 2일, 바닥거푸집 3일 양행 후, 상부→측면→바닥 순으로 해체하고, 다음 작업을 위해 표면손질

3. TTP 기초공사

(1) TTP 이형블록 거치 전에 원지반에 기초공을 실시할 때 파랑에 의한 세굴, 연약 지반 침하, 상부구조물 하중 등을 고려한다.

(2) 세굴되는 지반은 원지반을 1~2m 이상 깊게 굴착하여 배토하고, 굴착 후 기초사 석을 채우고, 이형블록 거치

(3) 연약지반은 사석, 모래 mat를 부설하여 부등침하를 방지하고, 이형블록 거치

(4) 투수성 사질지반은 지수공을 설치하여 piping을 방지하고, 이형블록 거치

4. TTP 운반, 거치

(1) 운반·假거치 : TTP 제작장소에서 거치장소로 운반하여 일시적으로 假거치

① 육상운반 : 트럭(트레일러)에 기중기를 설치, 거치장소까지 운반

② 해상운반 : 대선＋해상기중기＋예인선으로 운반, 수량에 따라 규격 결정

(2) TTP의 假거치 기간 4~5일 경과 후에 정해전 거치방법에 따라 거치·검사

① 거치방법은 層積, 亂積, 整積 등의 방식에 있으며, 주로 亂積으로 거치

② TTP의 4각뿔 형상이 특이하므로 거치 후에 세심하게 검사 실시

Ⅲ. 항만시설물의 피복공사용 水中로봇 개발

1. 개발배경

(1) 해양수산부는 건설R&D 항만공사용 水中로봇 상용화사업을 선정, 2008년 부산 감천항 東방파제에서 水中로봇 시연회를 개최하였다.

2. 작업방법

(1) 水中로봇은 水上작업용과 水中작업용으로 구분

(2) 水上로봇에 유압호스와 전선을 연결하면 굴삭기와 호환 가능

(3) 水中로봇은 투명액체가 담긴 사각뿔 통에 수중촬영장치를 탑재하고, 최대 3t의 PPT를 붙잡고 상하좌우 자유자재로 회전 가능

3. 기대효과

(1) 항만 방파제 피복작업은 잠수병 때문에 근조자들이 회피하는 대표적인 3D 업종 으로, 水中로봇이 산업재해 예방, 인력난 해소, 생산성 향상 등에 효과적이다.

(2) 혼탁한 해양조건에서 잠수부 투입 한계수심 30m 이상의 深海에서도 산업재해로 부터 구속받지 않고 야간작업도 가능하다.

(3) 水中로봇이 상용화되면 하천제방 축조, 콘크리트옹벽 축조, 중량물 조립·철거와 상·하차 등 다양한 분야에 활용할 수 있다.[261]

항만 방파제 피복작업 중인 水中로봇

---

261) 박효성 외, 'Final 토목시공기술사 핵심문제', 예문사, pp.1010~1012, 2008.

11.68 소파블록 (Tetrapod)

I. 개요

1. 항만(港灣, harbour)은 바닷가가 굽어 들어가서 선박이 안전하게 머물 수 있고, 화물 및 사람이 선박으로부터 육지에 오르내리기 편리하게 만든 해역을 말한다.
2. 『항만법』제2조에 '항만'을 선박 출입, 사람 승선·하선, 화물 하역·보관·처리, 해양친수활동 등을 위한 시설과 화물의 조립·가공·포장·제조 등 부가가치 창출을 위한 시설이 갖추어진 곳으로 정의하며, 무역항과 연안항으로 구분하고 있다.

II. 소파블록

1. 용어 정의

(1) 소파블록(Tetrapod)는 콘크리트 이형블록을 4개의 뿔모양으로 만든 제품으로, 파랑 에너지를 약화시키기 위하여 방파제나 호안에서 피복석 대신 사용된다.
(2) 프랑스 Neyrpic Co.가 1949년 개발하여 현재까지 항만구조물공사에 이용되고 있는 소파블록, 약칭 TTP는 외항(外港)으로부터 유입되는 파도와 내항(內港)에서 발생되는 파동에너지를 감쇄시키기 위한 항만구조물이다.

2. 소파블록 특징

(1) 소파블록의 피복층이 거친 면이 제작되어 투과성(空隙率 50%)이 좋으므로 파압, 파의 기어오름 및 반사파를 감소시켜 파의 에너지를 약화시킨다.
(2) 소파블록이 서로 맞물려서 안정되므로 급경사의 비탈면에도 시공할 수 있다.
(3) 소파블록의 중심위치가 낮고 안정성이 좋아 일반적인 콘크리트블록에 비하여 중량을 가볍게 만들 수 있어 경제적이다.
(4) 소파블록은 시공이 극히 용이하여 특별한 주의가 필요 없다.

3. 소파블록이 필요한 지역

(1) 기초 지반이 연약하여 필요한 높이의 방파제를 쌓을 수 없는 지역
(2) 해안의 배면토지가 중요하여 바닷물이 넘어와서는 안 되는 지역
(3) 파랑이 커서 높은 방파제가 필요하지만 건설하기 어려운 지역

4. 소파블록의 설계기준

(1) 소파블록의 설계파고는 유의파(1/3 최대파)를 설계기준으로 한다.
유의파는 어떤 관측시간(보통 20분) 내에 연속기록한 파 중에서 가장 파고가 큰

파에서 헤아려 전체의 1/3에 해당하는 파의 파고를 의미한다.

(2) 소파블록의 설계조위는 구조물에 가장 위험한 조위를 설계기준으로 한다.

설계조위는 방파제의 안전성 확보에 중요한 조건이므로, 삭망평균만조위에 기존의 최대조위편차를 더한 값을 기준으로 결정한다.

5. 소파블록의 시공순서

(1) 소파블록 제작장소의 규모가 클 때는 골리앗 크레인을 사용하여 제작한다.

(2) 소파블록을 작업선(주로 바지선 사용)에 선적하여 거치장소로 이동한다.

(3) 소파블록 거치장소에서 '소파블록 소요갯수(N)'만큼 설치한다.

$$N = \frac{V \times (1 - 0.5)}{V'}$$

여기서, V : 소파블록으로 덮을 전체용적(m^3)

V' : 소파블록 1개의 용적

0.5 : 공극률(50%)

6. 소파블록의 종류

(1) 피복재

① 종전에는 방파제의 기초사석 보호를 위해 자연석을 사용하였으나, 항만 대형화로 기초사석의 수심이 깊어져 파력이 증가하면서 자연석 대신 콘크리트 이형블록으로 TTP를 제작·사용하고 있다.

② 국내에서 일반적으로 T.T.P가 사용되고 있다. 외국에서는 Arch tribar, 중공(中空)삼각블록, 육각블록 등도 사용되고 있다.

 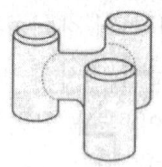  

| T.T.P | Arch tribar | 中空삼각블록 | 육각블록 |

(2) 소파케이슨

① 외항(外港)의 반사파·월파를 감소시키기 위하여 외항으로 향하는 안벽 소파케이슨의 전면(前面)에 수직형 또는 곡면형으로 구멍을 뚫어 놓은 구조물이다.

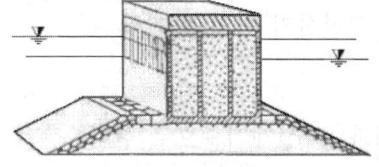 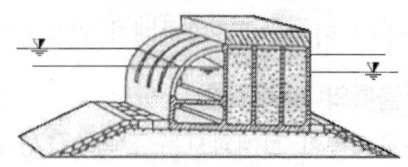

| 수직형 소파케이슨 | 곡면형 소파케이슨 |

(3) 소파블록

① 내항(內港)으로 향하는 파력·파고를 약화시키기 위하여 국내에서 터널형 블록 (Tunnel-block)이 건설신기술로 지정·사용되고 있다.

② 외국에도 이글루(Igloo), 퍼포셀(Perforcell), 와록(Warock) 등이 사용된다.

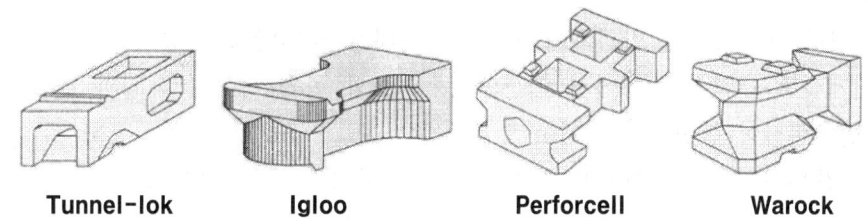

| Tunnel-lok | Igloo | Perforcell | Warock |

III. 소파블록 안전대책

1. 『안전 소파블록』 신제품 개발

(1) 소파블록은 다리가 4개 달린 콘크리트블록이기에 주변에 물고기가 모이고 낚시인 과 관광객들도 올라와서, 미끄럽고 경사가 심해 추락사고가 빈발한다.

(2) 기존 소파블록에 미끄럼방지홈을 설치한 『안전 소파블록(Safety Tetrapod)』은 국내기술로 만들어진 구조물로서, 외국서도 특허를 받아 사용되고 있다.

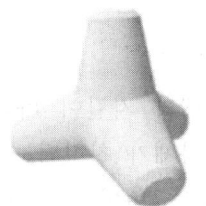
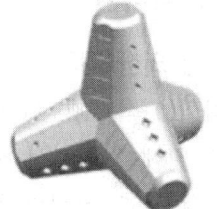

기존 소파블록　　　　　　　　　　　　　　안전 소파블록

2. 『명예낚시관리관』 활용

(1) 해양수산부는 소파블록 인근에서 '명예낚시관리관'을 활용하여 안전하게 낚시할 수 있는 낚시공간(낚시데크) 조성 등의 대책을 마련하였다.

(2) 2017년 상반기(1~6월) 중 전국 소파블록에서 26건의 추락사고가 발생하였으며, 『낚시관리 및 육성법』에 의거하여 현재 낚시명예감시원 100명이 활동하고 있다.

(3) 해양수산부는 지속적으로 발생되고 있는 소파블록 추락사고 예방을 위하여 부산 남항, 제주항에서 스토리텔링型 안전표지판을 시범 설치하였다.[262]

---

262) 박효성 외, 'Final 토목시공기술사 핵심문제', 예문사, p.1017, 2008.

11.69 방파제의 침식원인과 방호대책

방파제의 피해원인, 연안침식의 발생 원인과 대책 [1, 1]

Ⅰ. 개요

1. 우리나라 연안(沿岸) 방파제에는 태풍, 온대성 저기압에 동반되는 폭풍우, 동절기 북서계절풍의 악천후 속에서 해상의 큰 파도와 함께 닥치는 해일과 해면상승에 따른 범람현상이 빈번히 발생되고 있다.

2. 이와 같은 조건에서 연안 방파제에 막대한 피해를 주는 연안재해의 주된 요인으로는 태풍과 그에 따른 해안침식이다. 해안침식에 의한 해안재해는 아래와 같다.

   (1) 백사장은 파랑을 완화시키는 기능을 갖고 있지만, 해면상승으로 백사장의 침식이 활발히 이루어져 연안 방파제 보전이 어렵다.

   (2) 산지의 식생변화 등에 의해 하천으로부터의 토사 공급량이 감소하고, 해면 상승·하강이 반복되면서 해안선이 후퇴하여 방파제가 침식된다.

   (3) 산호초의 윗쪽 성장속도는 연간 8mm인데 해면 상승속도가 더 빠르면 산호초가 침수되어 산호초 천연의 방파제 방호능력이 상실된다.

Ⅱ. 방파제의 침식원인

1. 해안침식에 의한 재해

   (1) 해안침식(海岸侵蝕, beach erosion)은 해안의 모래와 자갈이 바람, 파도 및 물흐름에 의해 씻겨져서 해안이 조금씩 후퇴하여 방파제가 침식되는 현상이다.

   (2) 해안침식은 그 지점의 모래가 운반되는 표사(漂砂) 균형여부에 의해 결정되는데, 공급되는 모래량보다 유실되는 모래량이 많으면 침식이 일어난다.

   (3) 예를 들어 하천의 유출 토사량이 감소하거나 인접 해안에 연안구조물을 설치함으로써 표사 발생량이 감소하는 경우이다.

   (4) 해안침식은 지역적 특성을 갖기 때문에 해안침식 방호대책을 검토할 때는 해안의 연혁, 외력조건, 표사특성, 경제적 평가 등의 사전조사를 해야 한다.

2. 폭풍해일에 의한 재해

   (1) 폭풍해일(暴風海溢, storm surge)은 태풍과 같은 강한 저기압권에서 정역학적 균형을 유지하기 위해 해수면이 부풀어 올라 非정상적으로 상승하는 현상이다.

   (2) 폭풍해일의 첫째 원인은 태풍과 같은 강한 저기압권 안팎의 기압차에 의해서 해수면이 정역학적(靜力學的) 균형을 유지하기 위하여 부풀어 오르기 때문이다.

(3) 폭풍해일의 둘째 원인은 부풀어 오른 해수면의 형상이 태풍과 함께 이동하는데, 그 속도가 해면의 너울속도에 가까우면 공명(共鳴)작용에 의하여 더 부푼다.

(4) 폭풍해일의 셋째 원인은 폭풍 때문에 해수가 해안으로 밀려 들어와 해면이 높아 지는데, 이와 같은 원인에 의한 해수면의 변화를 기상조석이라 한다.

3. 쓰나미에 의한 재해

(1) 쓰나미(津波, tsunami)는 바다 밑에서 일어나는 지진이나 화산 폭발 때문에 해수 면에 갑작스럽게 발생되는 큰 파도를 말한다.

(2) 쓰나미는 현재 알려진 파랑 중에서 가장 에너지가 크고 파괴력이 엄청나다. 쓰나 미 명칭은 항구에 불어닥친 비정상적으로 높은 파도를 가리키는 일본어이다.

(3) 쓰나미가 발생됐을 때 만약 태풍과 겹치게 되면 바닷물이 방파제를 넘어 내륙 깊 숙한 곳까지 밀려들어오기 때문에 상상 이상의 피해를 당한다.

(4) 쓰나미는 보통 파도와 달리 크고 사나운 너울로 발전되는데, 너울의 마루가 둥글 고 파장이 길어 멀리서 보면 위험해 보이지 않으나 당하고 나면 속수무책이다.

4. 고파(高波)에 의한 재해

(1) 제방고파(高波, high wave)는 태풍, 온대성 저기압 등으로 발생된 강풍에 의한 높은 파도를 말하며, 연안을 덮치면 방파제 위의 도로까지 덮친다.

(2) 우리나라 남·동해안은 동절기에 부는 강한 계절풍 또는 하절기에 닥친 태풍으로 고파가 연안으로 밀려오면 방파제가 유실되는 직접적인 원인이 된다.

(3) 최근 지구온난화로 인한 해수면 상승의 영향으로 2014년 우리나라 남·동해안을 강타한 태풍14호 MAEMI와 같은 슈퍼태풍의 발생빈도가 높아질 전망이다.

(4) 이에 따라 국내에서도 해안구조물 설계에 적용되는 心海설계파에 최근 기상자료 를 포함하여 재상정하였으나, 기존 구조물의 유지보수는 여전히 취약하다.

Ⅲ. 방파제의 침식대책

1. 연안방재시설의 종류 및 기능

(1) 침식대책시설 : 波의 흐름을 제어하는 시설로서, 표사량(漂砂量) 제어, 해안선의 침식이나 토사의 퇴적 방지 등으로부터 방파제 보호를 위한 시설

(2) 폭풍해일 및 파랑대책시설 : 태풍, 온대성 저기압 등에 따른 해수면의 상승, 월파 에 의한 침수로부터 배후지 방호를 위한 시설

(3) 쓰나미대책시설 : 쓰나미 발생을 사전에 예·경보하여 인명손실, 배후지침수 등의 피해 최소화를 위한 시설

(4) 해안환경창조시설 : 해안보존, 쾌적한 해양환경 창조를 위한 해안시설 이용, 생태

계 보전, 수질 정화, 에너지 이용 등을 고려한 시설

⑸ 하구처리시설 : 洪水, 高潮에 대하여 하천 유하능력, 치수 안정성을 확보하는 시설

2. 침식대책시설의 시공 유의사항

(1) 해안제방, 해안호안

① 해안제방과 해안호안은 방파제가 파랑에 의해 침식되는 것을 막기 위해 해안선을 구조물로 방호하는 대책이다.

② 종전에는 해안침식대책으로 해안제방과 해안호안이 가장 일반적으로 적용되던 공법이지만, 구조물에 의한 波의 반사 등에 의해 전면의 백사장이 소실되는 문제가 있어 요즘에는 완경사의 해안제방으로 시공하고 있다.

(2) 돌제

① 돌제(突堤, jetty)는 연안 표사량(漂砂量)을 감소시켜 방파제 침식을 방호하는 공법으로, 해안선의 外海방향으로 돌출된 형태의 구조물이다.

② 연안 표사의 일부를 돌제 사이에서 포착하거나 연안 유수를 外海 측으로 밀어 냄으로써 연안 표사량을 감소시켜 해안침식을 방지하는 역할을 한다.

③ 돌제는 1기로 기능을 수행하는 경우도 있지만, 통상적으로 다수의 돌제를 적당한 간격으로 배치한 돌제군이어야 효과를 기대할 수 있다.

④ 돌제로는 파랑감쇄효과를 거의 기대할 수 없기 때문에 波의 작용이 큰 해안선에는 돌제 선단부에 횡제를 붙인 T자형 돌제를 설치해야 한다.

T자형 돌제(突堤)　　　　　　　　　　**이안제(離岸堤)**

(3) 이안제

① 이안제(離岸堤, offshore breakwater)는 해안선에서 떨어진 外海에 해안과 평행하게 설치된 구조물로서 파랑을 감쇄시켜 방파제에 波의 충격을 줄인다.

② 또한 이안제 배후에서 표사를 포착하고 여유부지를 형성하여 연안표사를 저지하는 역할을 한다.

③ 이안제는 투과성능에 따라 투과성과 불투과성으로, 평면형상에 따라 연속제와

불연속제로 구분된다.

④ 제체에 의한 소파, 개구부로부터의 회절 및 그에 따른 여유부지 형성을 기대하여 소파블럭에 의한 투과성 불연속제가 많이 적용되고 있다.

(4) 헤드랜드

① 자연의 곶과 곶 사이에 있는 모래톱으로 이루어진 사빈(沙濱)해안에서는 그 해안을 내습하는 파랑의 탁월파향에 대응하여 안정된 해안지형이 형성된다.

② 헤드랜드(head land)는 연안에 대규모 해안구조물 건설, 하천에서 토사 공급량 감소 등으로 표사원이 감소한 경우에 그 감소에 대응하여 연안 표사량을 제어하고 안정된 해빈군을 형성하는 공법으로, 개념은 돌제공법과 비슷하다.

(5) 양빈

① 양빈(養濱, beach nourishment)은 해안침식의 저감·방지, 海濱 안정성 제고 등을 목적으로 해빈에 인위적으로 모래를 공급하여 넓히는 것을 말한다.

② 일반적으로 양빈과 더불어 양빈모래 유실 방지를 위해 해안구조물을 함께 설치하는데, 투입한 모래가 유실되는 과정이 바로 양빈의 기능이다.

③ 우리나라에서 활성화가 필요한 연안침식대책은 어항 및 해안 시설물 주변의 퇴적모래를 이용하는 순환양빈 혹은 우회양빈이다.

헤드랜드(head land)

양빈(養濱)

3. 기대효과

1. 최근 과학기술분야에서 지구온난화가 최대 이슈로 등장하면서 기후변화에 대한 대중의 경각심을 일깨우고 화석연료 사용을 자제하고 녹색운동에 자발적으로 참여하는 사회적 분위기가 조성되어 있다.

2. 지구온난화에 의한 기후변화는 해수면의 상승과 국지성 폭우 및 폭설 등 기상이변을 유발시키며, 육상 및 연안생태계의 변화에 직·간접적인 영향을 끼치면서 방파에 의한 침식을 앞당기는 주된 원인이 되고 있다.[263]

---

263) 한국방재협회, '풍수해저감종합계획수립', 방재특수전문교육 교재, pp.496~541, 2011.

11.70 준설공법

항만 준설공사에서 준설선의 선정기준, 준설공사의 시공관리, 준설선의 종류 및 특징 [2, 11]

I. 개요

1. 준설(浚渫, dredging)은 하천이나 해안의 바닥에 쌓인 흙이나 암석을 파헤쳐 바닥을 깊게 하는 작업으로, 항만(港灣)에서 항내(港內)는 물론 항외(港外)가 얕아졌을 때에 항로를 따라 바닥토사를 파낸다. 파낸 토사를 매립공사에 이용하기도 한다.

2. 준설방식은 일반준설, 쇄암준설, 발파준설 등으로 대별되는데 아래와 같이 토질에 따라 적당한 방식을 채택한다.

   (1) 일반준설(一般浚渫) : 쇄암선(碎岩船)을 필요로 하지 않고 일반준설선을 사용하는 방식으로, 준설공사의 대부분을 차지한다. 다른 방식보다 비용이 적게 소요되므로 풍화된 바위 등 다소 단단한 지반일지라도 가능하면 일반준설 방식으로 한다.

   (2) 쇄암준설(碎岩浚渫) : 쇄암선에 장착되어 있는 추의 끝으로 물밑 바닥의 암반을 여러 번 찔러서 부순 후 준설하는 방식이다.

   (3) 발파준설(發破浚渫) : 발파선에 장착되어 있는 착암기로 물밑 바닥의 단단한 바위에 깊은 구멍을 뚫고 화약으로 발파한 후 준설하는 방식이다.

II. 준설지역의 현지조사

1. 수심조건

   (1) 음향측심기 또는 level 측량으로 시행하되, 측심간격은 측량기기의 정밀도에 따라 5~10m 간격으로 실시한다.

   (2) 수심측량을 실시할 때는 조위관측과 위치측량(위도, 경도)을 병행해야 한다.

2. 토질조건

   (1) 준설은 토질조건에 따라 준설단가의 산정, 공정계획의 수립, 투입장비의 종류 및 능력 등에 큰 차이가 발생된다.

   (2) 따라서 심도별 지층탐사 또는 100~150m 간격으로 boring 굴착을 통해 토질별로 준설토량을 가급적 정확하게 산출해야 한다.

3. 자연조건

   (1) 준설지역 현지조사에서는 기상, 해상, 지리, 지형 등의 자연조건을 충분히 완벽할 정도로 파악하는 것이 가장 중요하다.

   (2) 풍향·풍속의 연간특성은 파랑의 발생원인이 되며, 특히 준설공사 중의 기상조건

은 준설능력과 작업안전에 결정적인 영향을 미친다.

⑶ 간만의 차이는 준설 정밀도에 영향을 미치며 준설선 능력과 종류에 따라 작업시간에 제한을 받으므로, 간만에 따른 조수대기 시간을 고려해야 한다.

⑷ 지리적 및 지형적 조건에 따른 준설구역, 운반경로 등의 해저상황을 사전에 완벽하게 조사하여 사토장 선정에 활용한다.

4. 사토조건

⑴ 준설토를 매립공사에 활용하는 경우에는 매립지를 사전에 선정하여 준설과 동시에 투기하며, 소량의 비활용 준설토는 水土場 또는 外海에 투기한다.

⑵ 펌프선(pump dredger)에 의한 준설토 연속투기는 부유 준설토사로 인하여 인근 해역오염이 없도록 호안 축조, 여수로 및 오탁방지망 설치 등을 조치한다.

Ⅲ. 사업목적에 따른 준설계획 수립

1. 준설수심 결정

⑴ 항만의 준설수심은 주로 입·출항하는 대형 컨테이너 선박의 TEU(Twenty-foot Equivalent Units)에 의해 결정된다.

⑵ 인천항의 경우에는 현재 航路수심 14m로서 4,000TEU급까지만 입항 가능하지만, 2m 추가 준설하여 16m 확보하면 8,000~10,000TEU급까지 입항할 수 있다.

2. 준설면적 결정

⑴ 준설면적을 결정할 때는 준설 예정항로(또는 박지)를 입·출항하는 선박의 규모를 고려하여 수심, 폭원, 사면, 법선 등을 고려하여 결정한다.

3. 준설토량 산출

⑴ 준설토량을 산출할 때는 계획수심에 따라 토질별(N치별)로 산출하고, 준설면적에 따라 10~50m 간격의 횡단도를 작성하여 평균단면법으로 계산한다.

⑵ 특히 준설토량은 여굴(여쇄), 여유폭, 경사면 등을 고려하여 계산하며, 준설완료될 때까지 예측 가능한 유입·퇴적 토사량도 함께 감안해야 한다.

4. 준설선 선정

⑴ 토질에 따른 선정
준설선의 능력은 흙입자 크기 및 토질경도에 따라 달라지므로 준설토의 N치 및 압축강도, 그에 따른 굴착 난이도를 고려하여 적합한 준설선을 선정한다.

⑵ 토량 및 공기에 따른 선정
준설선을 선정할 때 준설토량의 多少, 준설기간의 長短이 가장 큰 요소이다. 즉, 토질조건은 소형 준설선도 가능하지만, 토량조건과 공기조건에 제한을 받는 경우

에는 대형 준설선을 검토하되, 대형 준설선의 국내 보유척수를 감안한다.

(3) 준설심도에 따른 선정

최근 유조선, 컨테이너선, 크루즈여객선 등이 대형화되는 추세에서 항로 준설심도가 깊어야 하므로 토질조건(토사, 연암, 경암)에 적합한 준설선을 선정한다.

(4) 사토방법에 따른 선정

사토방법, 사토거리에 따라 준선선 선정 및 준설선단 구성 방식을 결정한다.

(5) 기상 및 해상조건에 따른 선정

일반적으로 자항식 준설선은 耐波性이 강하고 外海 준설도 가능하지만, 비자항식은 耐波性이 약하여 주로 內海 준설에 쓰인다. 준설선을 고정시키는 spud에만 의존하는 dipper선, 배송설비의 shooter가 긴 pump선은 풍파에 매우 취약하다.

5. 준설선단 구성

(1) 준설선이 결정되면 이에 적합한 부속선을 선정하여 경제적인 선단을 구성함으로써 선단 구성 불균형에 따른 능률저하, 손료증가 등을 방지한다.

(2) 특히 사토장이 멀거나 인근 항구에 수리설비가 없는 경우에는 토운선 고장 등에 대비하여 선단 구성에 예비 토운선 확보여부를 검토한다.

6. 준설능력 산정

(1) Grab선, Dipper선의 준설능력

$$Q = \frac{3,600 \times q \times k \times f \times E}{Cm} (m^3/hr)$$

(2) Bucket선의 준설능력

$$Q = 60 \times n \times q \times k \times f \times E (m^3/hr)$$

(3) Pump선의 준설능력

$$Q = \frac{q \times b_0 \times E}{1,000} (m^3/hr)$$

여기서, q : Pump선의 전동환산 1,000HP의 시간당 준설량(m^3/hr)

b_0 : Pump선의 전동환산마력(HP)

디젤기관=공칭주기마력×0.8, 터빈기관=공칭주기마력×0.9

E : 작업효율

7. 공정계획 수립

(1) 토질별 준설토량과 준설조건에 따라 준설선단이 구성되면, 전체준설계획에 따라 준설시간을 산정하여 준설방법에 따른 공정계획을 수립한다.[264]

---

264) 주재욱 외, '실무자를 위한 항만 및 어항공학', 한림원, pp.698-713, 2006.

Ⅳ. 준설선 종류

준설선(浚渫船, dredger)은 강, 운하, 항만 등의 바닥에 있는 흙, 모래, 광물 등을 파내기 위한 목적의 선박이다. 준설선은 동력을 가지고 자력으로 항해할 수 있는 경우, 동력이 없이 예인선에 의해 운반만 하는 경우로 나눈다. 또한, 준설방법에 따라 일반준설(grab, pump, dipper, bucket)과 특별준설(쇄암준설, 발파준설) 등으로 나눈다.

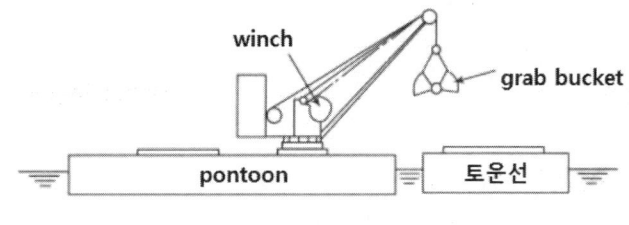

준설선의 개념도

1. Grab 준설선

(1) 구조 　∘ Grab 준설선의 규격은 bucket 용량으로 표시하고, 토사 준설에 적합

　　　　∘ 소형 grab는 대선(barge) 위에 육상 기중기를 조합하여 구성

　　　　∘ 초대형 grab는 다져진 모래, 단단한 점토, 부식암 등에 사용

(2) 장점 　∘ 협소한 장소에서 소규모 준설에 적합

　　　　∘ 준설심도는 깊은 곳까지 가능

　　　　∘ 토질에 따라 grab bucket을 교환하면 준설능력 조정 가능

　　　　∘ 다른 작업(기초항타)에도 겸용 가능

(3) 단점 　∘ 준설능력 저하, 준설가격 고가

　　　　∘ 준설 후 해저표면에 요철이 크게 발생

2. Bucket 준설선

(1) 구조 　∘ 해저(海底)의 흙·모래·자갈을 퍼 올리는 준설에 사용되는 선박에 둥근 그릇모양의 버킷(1개 용량 약 $0.5m^3$) 70개 정도를 연결시켜 원형으로 만든 버킷群을 선체(pontoon)에서 해저를 향해 비스듬히 매달고 원동기(原動機)로 해저의 토사(土砂)를 퍼 올리는 구조

　　　　∘ 작업할 때는 배의 전후·좌우에 6개의 닻을 내리고 윈치(winch)로 닻줄을 감아 선체를 좌우로 이동시키면서 해저의 토사를 굴진하여 연결된 버킷을 회전시켜 토사를 퍼올려 슈트에 의해 토운선에 싣고 운반

(2) 장점 　∘ 비교적 딱딱한 토사·자갈 지반의 대량 준설에 적합

　　　　∘ 소형 버킷 준설선은 자갈 채취, 소규모 준설에 사용

(3) 단점 　∘ 좁은 해역이나 선박이 많은 해역의 준설에는 부적합

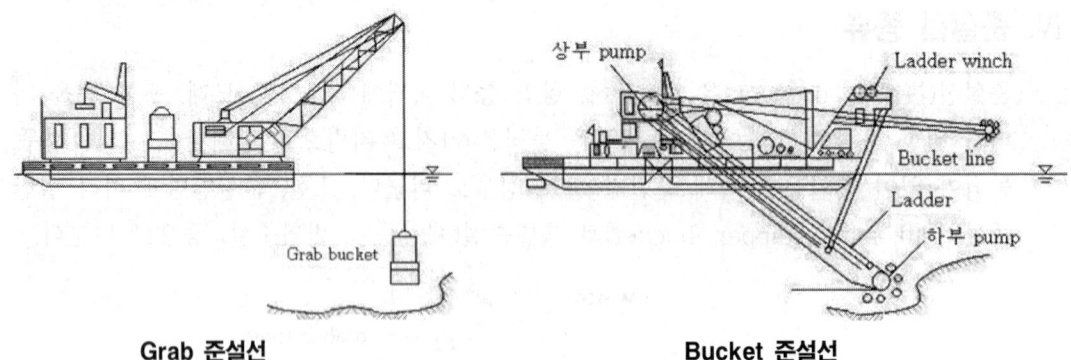

Grab 준설선   **Bucket 준설선**

3. 자항식 Pump 준설선 (Drag suction dredger, Hopper dredger)

⑴ 구조   ∘ 일명 hopper dredger, 연약지반을 수심 80m까지 준설 가능

        ∘ 前面 drag head에서 준설토를 흡입하여 선내 hopper에 가득 채운 후, 자력으로 투기장까지 항행하여 hopper를 열고 투기

        ∘ Hopper : 소형 750m³, 대형 12,000~20,000m³, 초대형 33,000m³

⑵ 장점   ∘ 여러 곳을 준설할 때, 항로를 준설할 때 주로 사용

        ∘ 사토장이 멀리 떨어진 지역에서 이토·사질토 준설에 적합

⑶ 단점   ∘ 준설 후 해저에 굴착흔적이 잔류하여 경질지반에는 부적합

        ∘ 선박의 건조비, 운영비 고가

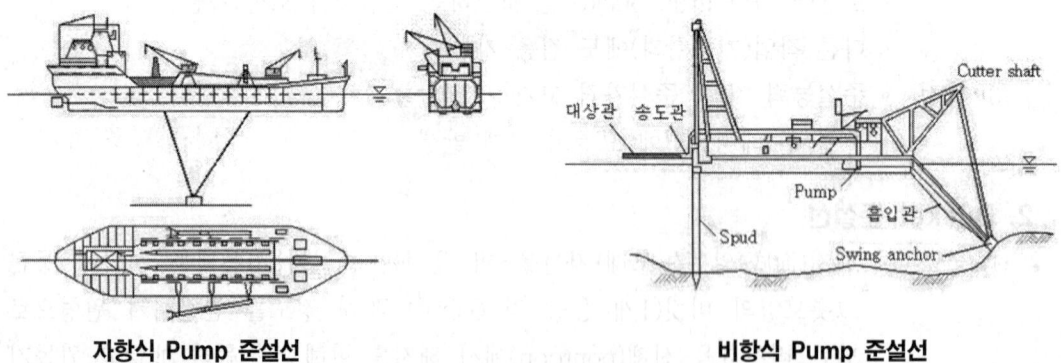

자항식 Pump 준설선   **비항식 Pump 준설선**

4. 비항식 Pump 준설선 (Cutter suction dredger)

⑴ 구조   ∘ 소형(저수지 준설, 모래채취선) 300HP, 대형 20,000HP으로 이토에서 경질토까지 대규모를 준설·매립 겸용 장비

        ∘ Cutter가 달린 ladder를 내리고 모터를 작동시켜 물과 함께 토사(含泥率 10~15%)를 흡입하여, 송토관을 통해 매립장으로 투기

⑵ 장점   ∘ 준설과 함께 송토관으로 매립할 수 있어 효율적임

　◦ 준설능력이 크고, 준설작업을 연속적으로 시행

　◦ 초기 건설비는 비싸지만, 준설단가는 저렴

　◦ 정기적인 항로 준설에 수요가 늘고, 장비가 대형화되는 추세

(3) 단점　◦ 경질토, 암반에는 부적합

　◦ 송토관이 해상에 노출되어, 파랑과 항행에 지장 초래

　◦ 동력의 마력수(HP)에 따라 송토거리를 제한 받음

5. Dipper 준설선 (Back hoe 준설선)

(1) 구조　◦ 경질토나 파쇄암(발파암)을 선단부에 장착된 dipper bucket으로 외측에서 퍼올리면서 준설

　◦ 전후의 spud를 내려 선체를 고정시키고 dipper arm을 통해 wire를 감으면 dipper bucket이 상하운동을 하면서 해저를 준설

　◦ Dipper bucket에 준설토가 담아지면 turn table에 부착된 dipper boom을 회전하여 토운선에 적재

　◦ Dipper bucket 용량은 $2.3m^3$급에서 $4.0m^3$급까지 다양하며, back hoe bucket이 dipper bucket과 반대방향으로 장착되어 내측에서 준설

(2) 장점　◦ 굴착력이 강하여 경질토, 파쇄암, 발파암의 준설에 주로 사용

　◦ Spud를 수직으로 고정시키므로, 준설 중에 선체의 작업공간이 충분

(3) 단점　◦ 초기 건설비 고가, 준설가격 고가

　◦ 장비운전에 숙련공이 필요

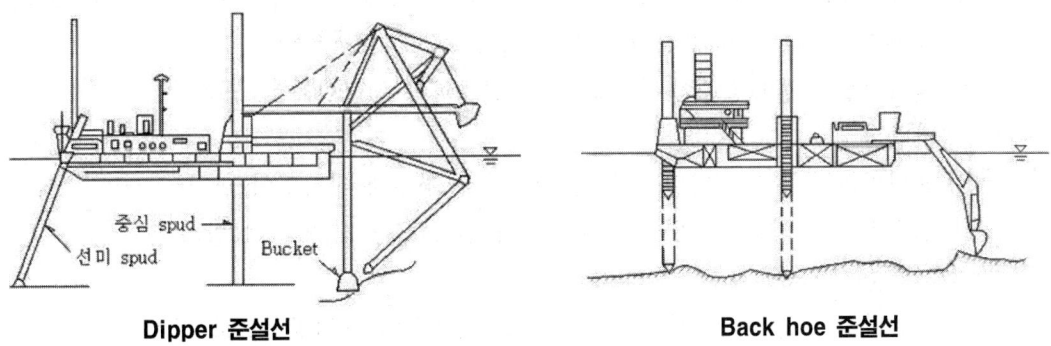

Dipper 준설선　　　　　　　**Back hoe 준설선**

7. 쇄암 준설선

(1) 필요성

① 견고한 암반(경암)은 일반준설 방식으로는 작업이 불가능하므로, 우선 경암을 파쇄하고 파쇄된 암을 준설선으로 인양

② 쇄암준설은 파쇄공종이 추가되며, 중추식과 충격식으로 구분

(2) 쇄암방식

① 중추식 : 선체 중앙에 10~30t의 중추를 달아 적당한 높이까지 들어올린 후에 자유낙하시켜 해저의 암반을 파쇄

② 충격식 : Rock hammer를 압축공기 hose에 연결하고 이를 해저에 내린 후, 연속충격을 가하여 해저의 암반을 파쇄

(3) 작업기준

① 낙하높이 : 3.0~7.0m

② 쇄암간격 : 중추식 1.0×3.0m, 충격식 1.5×2.0m

③ 쇄암깊이 : 중추식 1.0×2.0m, 충격식 1.1×1.6m

쇄암 준설선

8. 발파 준설선

(1) 필요성

① 매우 견고한 암반(극경암)은 쇄암선으로도 파쇄가 불가능하므로, 우선 폭약을 사용하여 암반을 파쇄하고 파쇄된 암을 준설선으로 인양

② 발파준설은 발파공종이 추가되며, 표면발파와 천공발파로 구분

(2) 발파방식

① 표면발파 : 돌출된 암반은 암 표면이나 굴곡부에 장약하여 발파

② 천공발파 : 평탄한 암반은 해저암반에 천공한 후, 장약하여 발파

(3) 작업기준

① 천공방향 : 인력(잠수부), 시추기 등을 이용하여 수직방향으로 천공

② 천공간격 : B=2.0L

③ 천공깊이 : D=1.5L

④ 장약량 : M=3.0CL

여기서, L : 최소저항선길이

C : 발파계수(연암 0.05, 경암 0.7)

11.71 매립공법

항만 준설토의 공학적 특성과 활용방안, 해안 매립공사를 위한 매립공법의 종류 및 특징 [2, 6]

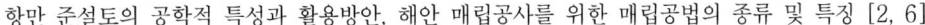

Ⅰ. 개요

1. 매립(埋立, reclamation)은 해안·호수·늪·저지대를 토사로 메워서 항만시설·공업단지·주택단지·농경지 등의 用地를 조성하는 공사를 말한다. 울산·포항 및 여천·광양 등의 臨海공업단지의 경우 주로 해안지역을 매립하여 조성하였다.

2. 매립공법은 해저의 토사를 자항식 펌프준설선(drag suction dredger)을 이용하여 매립지까지 직접 送土하는 경우가 대부분이다. 펌프선 외에 그래프 또는 버킷준설선으로 준설한 토사를 土運船에 싣고 매립지까지 보내기도 한다.

3. 매립지역은 멀리까지 물이 얕고 모래가 많은 해변이 좋다. 모래를 매립하면 잘 굳어져 단단한 지반의 용지가 조성되어 바로 이용할 수 있다. 점토질이 많으면 펌프준설작업은 쉽지만 굳어질 때까지 많은 시간이 소요되며 침하가 심하다.

4. 이와 같은 매립공사는 用地를 이용하는 시기, 필요한 기초지내력(基礎地耐力), 용지 조성 후의 허용침하량 등을 고려하여 설계·시공되어야 한다.

Ⅱ. 매립(埋立)

1. 매립의 구분

(1) 매립방법 : 단순매립, 안전매립, 위생매립(sanitary landfill)

(2) 매립위치 : 내륙매립, 해안매립

(3) 매립구조 : 혐기성 매립, 혐기성 위생매립, 개량 혐기성 위생매립, 호기성 매립, 준호기성 매립

(4) 매립공법
 ① 내륙매립 : 샌드위치 공법, 셀 공법, 압축 공법, 도랑형 공법
 ② 해안매립 : 내수배제 또는 수중투기 공법, 순차투입 공법, 박층뿌림 공법

2. 위생매립(sanitary landfill)

(1) 장점
 ① 매립지 확보가 가능할 경우에 가장 경제적인 공법이며, 거의 모든 종류의 폐기물처리가 가능하다
 ② 매립 후에 일정기간이 경과되어야 토지로 이용될 수 있다
 ③ 추가 처리과정이 요구되는 소각·퇴비化와는 달리 완전한 최종 처리공법이다

④ 분해가스(LFG)를 회수하면 이용 가능하다

(2) 단점

① 매립지 확보가 곤란하고, 유독성 폐기물(방사능, 폐유폐기물, 병원폐기물 등) 처리에 부적합하다

② 매립이 종료된 매립지역에 구조물을 신축하기 위해서는 침하에 대비한 지반개량 설계·시공이 요구된다.

③ 폐기물 분해과정에 발생되는 폭발성 메탄가스가 환경에 惡영향을 미친다.

④ 적절한 위생매립 기준이 매일 지켜지지 않으면 불법투기와 차이가 없다.

3. 해안매립

(1) 순차투입공법

① 호안 측으로부터 쓰레기를 순차적으로 투입하여 해안을 육지화하는 공법

② 수심이 깊은 처분장에서 매립비용이 과다하여 내수를 배제하기 곤란한 경우에 많이 채택된다.

③ 바닥지반이 연약한 해저에서는 쓰레기 하중으로 연약층이 유동하거나, 국부적으로 두껍게 퇴적하는 경우도 발생된다.

④ 부유성 쓰레기가 수면으로 확산되면 수면부와 육지부의 경계구분이 모호해져 매립장비가 매몰되기도 한다.

⑤ 수중부에 쓰레기를 고르게 포설하고 압축다짐하는 마무리작업이 불가능하며, 완벽한 복토를 실시하기도 어렵다.

(2) 박층뿌림공법

① 개량된 해저지반의 붕괴 위험이 있을 때 밑면이 뚫린 바지선에 폐기물을 적재하고 쓰레기를 박층으로 떨어뜨려 뿌림으로써 하중을 균등 분산시키는 공법

② 쓰레기 매립지반을 조기에 안정화하여 매립부지로 활용하는데 유리하다.

③ 대규모 바지선으로 매립하는데 적합하지만, 매립효율은 좋지 않다

(3) 내수배제 또는 수중투기공법

① 호안이나 제방에 의해 고립된 매립지 내의 해수를 그대로 둔 채(내수배제), 쓰레기를 투기하는 육상매립과 같은 방식의 해안매립공법

② 결국은 오염된 내수를 처리해야 하며, 쓰레기 부유, 화재예방, 환경보전, 침수방지 등의 여러 대책이 수반된다.

③ 지반개량이 요구되는 해안, 대규모 장비 투입이 가능한 매립지 등에 적합하며 매립지의 조기 활용에 유리하다.

Ⅲ. 준설토 매립방법

1. 일반사항

(1) 준설현장에서는 토질별 준설토량 및 매립토량, 매립지의 선정과 매립방법, 준설선
단 구성, 준설능력 산정, 월간 및 연간 가동시간, 준설선 정비시간 등의 다양한
상황을 감안하여 전체 공정계획을 수립한다.

(2) 준설토의 매립지는 준설을 능률적·경제적으로 시행할 수 있도록 준설구역으로부
터의 거리와 항로, 매립지의 넓이와 수심 등을 면밀히 검토하여 선정한다.

2. 준설토 매립지 선정 고려사항

(1) 준설구역으로부터의 거리와 경로

(2) 매립지의 넓이와 수심, 해상과 기상

(3) 매립구역에서 매립작업의 안전성(표류 유무 등)

(4) 준설계획과 매립계획과의 관련성

(5) 어업권 보상, 항로 운영, 준설과 매립의 인·허가 등

3. 준설조건에 따른 매립방법

(1) 준설토를 먼 곳에 운반 투기할 때

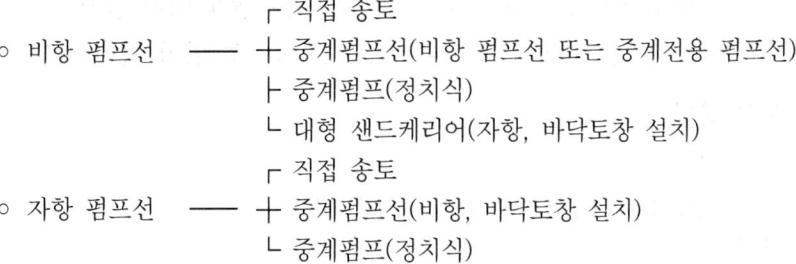

```
○ 비항 버킷선      ┐
○ 비항 디퍼(백호)선  ┤
○ 비항 그래브선    ┤  ┌ 자항 토운선
○ 비항 펌프선      ┼─┤
○ 자항 버킷선      ┤  └ 끌배 및 비항 토운선
○ 자항 펌프선      ┤
○ 자항 그래브선    ┘
```

(2) 준설토를 직접 매립에 이용할 때

```
                    ┌ 직접 송토
○ 비항 펌프선 ── ┼ 중계펌프선(비항 펌프선 또는 중계전용 펌프선)
                    ├ 중계펌프(정치식)
                    └ 대형 샌드케리어(자항, 바닥토창 설치)
                    ┌ 직접 송토
○ 자항 펌프선 ── ┼ 중계펌프선(비항, 바닥토창 설치)
                    └ 중계펌프(정치식)
```

(3) 준설토를 먼 곳에 일단 버린 후, 별도의 준설방법으로 버린 흙을 매립에 이용하
거나 다시 다른 곳에 버릴 때

○ 준설토를 먼 곳에 투기할 때와 동일하게 ▲준설토를 먼 곳에 운반 투기할 때, ▲준설토를 직접 매립에 이용할 때로 나누어 시행

4. 매립지 운영 유의사항

(1) 항로와 박지의 보존

① 준설과 매립으로 인해 운항선박의 항행제한, 항행금지 없도록 유의

② 부정기적으로 운항하는 소형선박에 의한 사고 대비

③ 발파준설 중에 위험표시의 위치, 시간, 장소를 항만관리청에 사전 통보

(2) 안전조업

① 기상, 해상 변화에 대한 긴급 기상예보

② 매립 중에 긴급사태 발생 대피훈련을 평소 실시

③ 평상 시에 돌발적인 피해에 대해 긴급복구 실시

(3) 공정계획 검토 및 조정

① 매립토량, 매립면적을 확인하고 공사 진척상황을 분석

② 공정관리 지침과 공정계획에 대한 정기적인 검토 실시

③ 공정계획에 차질 발생되면 경제적인 만회대책, 확실시공

(4) 매립작업의 위치 확인

① 매립작업의 위치는 착공전, 시공중, 완료시로 나누어 수시 확인

　○ 착공前 : 인근에 있는 물표(기준점)를 이용하거나 별도의 물표 설치

　　　　　　해안 매립구역은 긴 대나무 장대를 이용한 부표로 확인

　　　　　　육상 매립구역은 별도의 육상표지(깃발, 장대)로 확인

　○ 시공中 : 물표(物標)를 기준으로 육상 또는 해상 준설선 상에서

　　　　　　transit 측각법에 의한 삼각분도기로 작도, 수시 확인

　○ 완료後 : 같은 방법으로 수심측량 실시

　　　　　　매립위치에 오차 발생되는 경우에는 추가 매립 실시

② 최근 인공위성에 의한 GPS(DGPS) 관측으로 간단히 위치 확인 가능

(5) 매립심도의 확인

① 매립심도 기준

　○ 기준면{LLW(±)0.00}으로부터의 수심을 관측

② 심도확인 시기

　○ **매립**기간 중에 계속적으로 심도확인 필요

③ 심도확인 방법

　○ 레드(lead, 중추)나 음향기기로 확인하는 것이 원칙

○ 시공 중에는 장대 끝에 추를 달아 점검하는 간이방식 채택

○ 버킷준설선에서는 버킷으로, 펌프준설선에서는 펌프레더로 간단히 확인

④ 심도확인 필수사항

○ 조위를 필히 감안하되, 조위차나 이상조위에 대한 심도 보정을 필히 실시

○ 심도확인 중에 자기검조기가 없을 경우, 양수표를 설치하고 시간별 조위관측 자료를 이용하여 보정 실시

○ 심도확인할 때는 시각과 측량야장 상의 관측기록을 반드시 점검

○ 최근 준설심도 확인도 자동시스템 개발로 정확히 측정 가능

(6) 준설토 매립 배출해역 지정 관련 법령 확인

① 관련법 『해양오염방지법』

② 준설토 매립행위 승인권자 : 해양경찰서장

③ 매립해역 지정절차(법 제16조6항)

○ 폐기물 해역의 지정신청(령 제36조)

○ 폐기물 해역의 지정승인(규칙 제37조)

○ 폐기물 해역의 지정사항 변경(규칙 제38조)

(7) 준설토 매립 수속절차

① 개인 사업자가 준설하는 경우

○ 관련법 『공유수면관리법』제5조(공유수면의 점용 및 사용 허가)

○ 사업자 → 관리청 →관계기관 협의(환경부 등) → 허가

○ 해양이용사전협의(지방해양수산청) 『해양오염방지법시행령』제8조

② 국가·지자체가 준설하는 경우

○ 관련법 『공유수면관리법』제6조(공유수면의 점용 및 사용 협의 또는 승인)

○ 국가(지자체) → 관리청 →관계기관 협의(환경부 등) → 협의 또는 승인

○ 해양이용사전협의(지방해양수산청) 『해양오염방지법시행령』제8조[265)

Ⅳ. 준설토 재활용 방안

1. 필요성

(1) 현재 국내에서는 항만시설 확장, 해상항로 유지, 오염해역 준설 등으로 매년 발생하는 엄청난 양의 해양 준설토를 단순 투기 및 매립에만 의존하고 있다.

(2) 선진국은 단순 매립보다는 모래질 성분이 많이 함유된 준설토를 방파제, 안벽, 호안 건설재료로 재활용하는 신기술·신공법 개발하여 적극 적용하고 있다.

---

265) 주재욱 외, 실무자를 위한 항만 및 어항공학, 한림원, pp.701-704, 2006.

2. 관중(管中)혼합 고화처리공법

(1) 용어 정의

① Grab 준설한 준설토를 공기압송선으로 송토할 때, 고화재를 첨가하고 압송관 내에서 발생되는 plug류에 의한 난류효과를 이용하여 준설토와 고화재를 교반·혼합하는 공법

(2) 적용성

① 배면토압 저감을 목적으로 하는 안벽이나 호안의 뒷채움에 주로 적용

(3) 특징

① 준설토를 재활용

② 고화재를 첨가하여 임의 강도의 재료를 단기간 내에 공급 가능

③ 기존의 대형 공기압송선을 사용함으로써 대규모 급송시공 가능

(4) 시공순서

① Grab 준설한 준설토를 공기압송선의 hopper에 투입하여 공기압송에 의하여 매립지까지 수송하며, 압송선의 hopper 부근에 고화재를 첨가한다.

② 준설토 및 고화재는 압송관 내에서 plug류를 이루면서 운반되고, 압송관 내의 난류효과에 의하여 교반된다.

③ 압송관의 토출구에서는 준설토와 고화재가 혼합된 처리토가 배출된다.

(5) 시공방법

① 해니(海泥) 加水

○ 준설토의 함수비가 액성한계보다 매우 작은 경우, 加水를 하면 consistency가 조절되어 screen을 쉽게 통과하고 점토덩어리나 이물질도 제거된다.

② 공기 압송

○ 압송관 내에 압축공기를 주입하여 점토와 압축공기의 混狀流인 plug류를 형성하면, 압력손실이 줄고 관내압력이 감소되어 압송이 용이하다.

③ 고화재 첨가

○ 고화재의 첨가위치에 따라 압축기첨가방식, line첨가방식이 있고, 고화재의 성상에 따라 slurry 첨가방식, 분말첨가방식이 있다.

④ 타설

○ 공기압송설비로 압송된 처리토를 수중 또는 공기 중에 타설하는데, 수중 타설할 때는 탈착 가능한 treime를 감세 cyclone 하부에 설치하고 타설한다.

3. Plant 혼합방식(pre-mix) 고화처리공법

(1) 용어 정의

① 해상공사의 시공조건은 해상기후에 좌우되고 육상과의 교통수단에 제약을 받는

등의 어려움을 감안하여, 시멘트혼합 플랜트 및 압송장치를 구비한 전용작업선 상에서 고화재 혼합처리를 완료한 후 처리토를 압송하는 방식

(2) 적용성(시공사례)

① 안벽마운드 배면의 지수 lining공에 적용

○ 안벽배면 매립재의 누출 방지를 위해 보통은 Geotextile mat를 설치하나, 잠수부 투입이 곤란한 -20~-40m 深海에는 마운드 배면을 시멘트 처리된 준설토 lining으로 시공한다.

② 준설토 투기장 호안 배면 지수공에 적용

○ 준설토 투기장 내에서 탁수에 의한 침투방지를 위하여 투기장 내면(호안 배면)에 지수공을 고화처리토로 시공한다.

③ 준설토 투기장 내에 여수침전지 제방에 적용

○ 투기장의 여수를 방류하기 전에 오탁여수를 침전시키기 위해 폭 60m, 길이 195m의 유수지 축조시 내부칸막이 제방을 고화처리준설토로 시공한다.

④ 굴착치환공법에 적용

○ 준설토의 배출을 완전히 억제하고 pre-mix방법을 이용하여 전량 현장 내에서 굴착, 교반, 치환하는 지반개량공법에 적용된다.

○ 별도의 양질모래를 반입하지 않고 준설토를 전량 재이용하므로, 액상화 우려가 없는 지수성이 높은 지반으로 개량 가능하다.

(3) 전용작업선

① 사전처리, 시멘트 slurry 플랜트, 혼합기, 배송펀프, spreader 등으로 구성

(4) 고화처리 공정

① 준설토의 사전처리

○ Grab 준설토를 토운선에 적재하여 전용선에 접현하고 대형굴삭기에 의하여 hopper에 투입한다.

○ Screen을 통해 이물질(토괴, 석괴, 콘크리트블록)을 제거하고 큰 토괴는 점토 절단기로 분쇄한다.

② 시멘트 slurry의 제조 및 공급

○ 시멘트 silo에 저장된 시멘트는 배합설계된 W/C비에 따라 해수량과 함께 계량되어 혼합기에서 시멘트 silo가 제조된다.

○ 이를 agitator에 저장하고 압축식 펌프로 혼합기에 정량적으로 공급한다.

③ 준설토와 시멘트 slurry의 혼합

○ 사전처리에 의해 해니(海泥)된 준설토와 시멘트 slurry는 혼합기 내에서 혼합되어 고화처리토로 제조된다.

④ 고화처리토의 압송 및 타설

○ 시멘트혼합 처리된 준설토는 유압 피스톤식 압송펌프의 의해 터설위치까지

압송되며, 압송펌프는 2본의 유압실린더와 전환장치로 구성된다.

4. 경량혼합 처리토공법

(1) 용어 정의
① 준설토에 해수, 경량화재, 고화재 등을 혼합하여 제작한 밀도 $0.6 \sim 1.5 g/cm^3$의 지반재료를 말하며, 경량화재에 따라 다음 2가지로 구분된다.

② 기포혼합처리토 : slurry 상태의 토사에 기포와 고화재를 혼합한 것

③ 발포beads혼합처리토 : slurry 상태의 토사에 직경 1~3mm 발포 스티로폴 입자를 고화재와 혼합한 것

(2) 적용성
① 경량성의 장점을 활용하여 토압경감에 요구되는 제체단면 축소, 압밀침하 억제, 내진교량 보강, 성토체 경량화, 안벽배면 매립 등에 적용

(3) 시공 유의사항
① 밀도와 강도로 조정할 수 있는 균질의 지반재료이므로 압밀침하량 저감

② 수중분리를 방지할 수 있도록 배합설계하므로 주변해역의 오탁 억제

③ 함수비가 큰 준설토를 지반재료로 재활용 가능

④ 시공순서는 준설토 운반, 해니(海泥), 혼합, 타설, 양생 등의 순서로 시공

V. 준설토 재활용에 따른 기대효과

1. 준설토 투기에 따른 해양환경 피해를 최소화하고, 국제적인 환경규제 강화추세에 능동적으로 대응할 수 있다.

2. 인공해변갯벌 등 준설토를 재활용한 친환경적인 항만공간을 창출하고 준설토 재활용을 통해 부족해지는 골재수요에 탄력적으로 공급 가능하다.

3. 폐기물로 발생되는 준설토 재활용으로 해양환경문제를 해소하고, 21세기 해양국가 진입에 대비하여 친환경 항만건설 및 해양기술에 기여할 수 있다.[266]

---

266) 해양수산부, '준설토 재활용 방안연구(IV) 최종보고서', 한국해양연구원, 2003.

11.72 　비말대, 강재부식속도

비말대와 강재부식속도 [1, 0]

1. 비말대

(1) 용어 정의

① 비말대(飛沫帶, Splash zone)란 파도의 비말이 포함되는 해양대기(海洋大氣)영역을 말하며, 고조위 상부에서부터 5m 높이까지의 지역이다.

② 비말대 부위의 강구조물은 항상 해수에 젖은 상태에서 전면 또는 국부적 부식의 발생 가능성이 높다.

(2) 방식대책

① 손상부에 대한 용접 보강

② 코팅 또는 그라우팅

③ 2~4년 주기로 육안검사, 도막검사, 접착력검사 실시

2. 강재부식속도

(1) 용어 정의

① 건식부식(dry corrosion) : 금속표면에 액체가 작용하지 않고 공기 중에서 부식

② 습식부식(wet corrosion) : 금속표면에 물 또는 전해질 용액이 접하면서 부식

(2) 강재부식속도 측정방법

① 전기화학적 방법 : 자연전위 근처에서 전위와 전류 사이에 선형적 관계가 존재한다는 분극특성을 이용하여 분극량을 조정함으로써 전류크기를 측정

　○ Tafel 외삽법, 선형분극법, 임피던스법 등

② 非전기화학적 방법 : 금속을 부식매체 속에 일정시간 동안 방치한 후, 금속의 무게감량이나 용액 속으로 용출된 금속이온량을 측정.

　○ 무게감량법, 용액분석법 등267)

항만구조물에 이용되는 강재부식속도

환경구분		부식속도(mm/년)	환경구분		부식속도(mm/년)
海上	HWL이상	0.3	陸上	육상대기층	0.1
	HWL~LWL	0.1~0.3		흙속(잔류수위上)	0.3
	LWL~해저부	0.1~0.2		흙속(잔류수위下)	0.02
	해저불순물층 내부	0.03			

---

267) 박효성 외, 'Final 토목시공기술사 핵심문제', 예문사, p.1032, 2008.

11.73 해상 강구조물의 도복장(塗覆裝)공법

항만 시설물공사에서 강구조물 시공할 때 도복장공법의 종류 [0, 1]

I. 개요

1. 해양 강구조물에 적용할 수 있는 방식공법은 전기방식(電氣防蝕)공법과 도복장(塗覆裝)공법으로 대별할 수 있다.

2. 도복장(塗覆裝)공법은 ▲도장(塗裝), ▲유기 라이닝(有機 lining), ▲페트로레이팀 라이닝(Petrolatum lining), ▲무기 라이닝(無機 lining) 등으로 분류할 수 있다.

3. 해양 신설 강구도물은 전기방식과 일부 도장(塗裝)공법으로 설계·시공되지만, 일정 기간이 경과되면 필연적으로 부식이 발생된다.

4. 따라서 기존 강구도물은 干潮位 및 水中部에서도 시공 가능한 페트로레이팀 라이닝(Petrolatum lining) 도복장공법이 널리 사용되고 있다.

II. 도복장(塗覆裝)공법 적용범위

1. 해양 강구조물에서 平均干潮位(LWL) 이하 부분에는 電氣防蝕공법을 적용한다.

2. 파랑의 영향, 계절적인 조위변동 등으로 해수 침지(浸漬)시간이 짧은 부분에는 電氣防蝕공법을 적용할 수 없으므로, 삭망(朔望)平均干潮位 이하 1m보다 상부에는 부식 방지를 위해 塗覆裝공법을 병용한다.

3. 해야 강구조물에서 수심이 얕은 강널말뚝식 호안에는 강구조물의 깊이방향 전체길이에 도복장공법을 적용하기도 한다.

III. 도복장(塗覆裝)공법 종류

1. 도장(塗裝)

⑴ 특성

① 대형 구조물이나 복잡한 형상에도 시공할 수 있다.

② 도막두께가 얇고 경량이기 때문에 외관 마무리가 깔끔하다.

③ 현장조건에 따라 도료의 종류나 도막두께를 선택할 수 있다.

④ 내용년수는 비교적 짧으나 가격이 저렴하다.

⑵ 유의사항

① 도장은 영구적인 것이 아니므로 일정 주기마다 제도장해야 된다.

② 재도장은 부식 진행 前에 실시해야 경제적이며 구조물 수명도 연장된다.

③ 海上 大氣部 재도장할때는 기존 도막에 부착된 염분을 모두 제거한다.

④ 도료는 재도장용 프라이머를 선정하되, 舊도막 열화상태, 표면처리 정도, 多層 도장 적합성을 고려한다.

2. 유기 라이닝(有機 lining)

⑴ 유기 라이닝은 도막두께 2~10mm, 도장 도막보다 두껍게 실시한다.

⑵ 방식성, 내충격성, 내마모성이 우수하다.

⑶ 海中部에는 전기방식과 병용하면 효과적이다.

⑷ 종전에는 탱크, 화학플랜트 기기 등의 내·외면 방식에 주로 사용했으나, 요즘에는 해상 강구조물에도 사용한다.

3. 페트로레이텀 라이닝(Petrolatum lining)

⑴ 원유를 감압 증류하여 분리한 Petrolatum(석유 왁스)을 주성분으로 하고, 부식억 제재를 첨가하여 강재를 피복한다.

⑵ 외부의 충격과 부식을 차단하기 위하여 피복한 강재표면에 paste를 도포한 後, 페트로레이텀 테이프를 감고 그 위에 보호덮개(FRP)를 설치한다.

⑶ 주로 海中部에 시공되며, 기존 구조물에도 적용할 수 있다.

4. 무기 라이닝(無機 lining)

⑴ 모르터 라이닝

① 시멘트 모르터나 콘크리트를 피복하기 위하여 콘크리트 타설 後 거푸집을 그대로 남겨두어 보호덮개 역할을 하는 방식

② 거푸집을 남겨두면 충격균열, 중성화로부터 모르터를 보호할 수 있다.

③ 氣密 수밀성이 높고, 내식성이 우수한 재료로 만든 거푸집을 사용한다.

⑵ 금속 라이닝

① 내식성이 우수한 금속을 강재표면에 부착하여 방식

② 기계적 강도가 크고, 내충격성, 내마모성이 우수하다.

③ 라이닝재와 강재와의 경계부에서 異種 금속 접촉으로 강재부식이 발생된다.

④ 아연, 알미늄 등을 사용하는 금속용사(溶射)도 금속 라이닝의 일종이다.

⑶ 電着 라이닝

① 海中部에 설치한 전극에서 강재로 직류전류를 보내고 해수 중의 Ca이온을 강재표면에 $CaCO_3$로 석출(析出)시켜 피복하는 방식

② 주로 海水部에 사용하며, 기존 구조물에도 적용할 수 있다.

③ 피복층이 파손된 경우에는 再通電에 의해 재피복하면 된다.

III. 도복장(塗覆裝)공법 적용 고려사항

1. 환경조건

(1) 해수의 수질, 담수나 오염수의 유입, 溫排水의 혼입 등을 고려한다.

(2) 파랑, 부유물의 충돌 등 외력에 의한 손상 가능성도 검토한다.

2. 방식범위

(1) 항만구조물 형상, 도복장과 전기방식 병용여부에 따라 방식범위를 결정한다.

3. 내용년수

(1) 塗覆裝공법의 내용년수는 아직 충분히 검증되지 않았다.

(2) 과거실적을 통해 검증된 방식공법, 방식재료를 사용한다.

4. 유지관리

(1) 도복장의 방식기능을 지속적으로 유지하기 위해 적절한 유지관리가 필요하다.

(2) 도복장에 대한 유지관리의 난이도를 고려한다.

5. 시공조건

(1) 海上시공에 영향을 주는 요소 : 조위, 파랑

(2) 海中시공에 영향을 주는 요소 : 표면처리작업의 난이도

6. 공사기간

(1) 시공이 가능한 시기, 기간을 선정하여 전체공기를 산정한다.

(2) 기존 해양 강구조물의 도장은 선박의 이동상황, 기상조건을 고려한다.

7. 기존 도복장의 부식정도, 열화상태

(1) 기존 해양만 강구조물에 도복장을 추가 시행하는 경우에는 기존 도복장의 부식상태, 열화상태를 조사하여, 그 상태에 따라 도장방식을 결정한다.

8. 당초의 설계조건

(1) 기존 강구조물은 설계도서를 보고 부재의 형상·치수를 조사한다.

(2) 설계와 실물의 차이점, 기존 도복장의 사양, 잔존 내용년수를 조사한다.[268]

---

268) 윤대현, '강널말뚝 및 벽강관말뚝에 대한 페트로레이팀 피복공법의 적용 사례', 한국부식학회 춘계 학술 발표회 논문 초록집, 2002.

11.74 가압부상방법 (Dissolved Air Flotation)

용존공기부상(DAF, dissolved air flotation) [1, 0]

1. 용어 정의

(1) 가압부상(加壓浮上)방법은 부상분리(浮上分離)의 하나로서 용존공기부상(溶存空氣浮上(dissolved air flotation, DAF)방법이라고도 한다.

(2) 浮上分離는 분산매(dispersion medium) 중에 함유된 부유상(suspended phase)에 미소한 기포를 부착시켜 분산매와 공기가 접하고 있는 한계면까지 부상시켜 고액분리를 유도하는 것을 말한다.

浮上分離는 부유물질, 유분, 그리스 등을 물로부터 분리하여 폐수를 정화하고 슬러지를 분리, 농축하는데 사용된다.

(3) 加壓浮上방법은 북유럽에서 널리 사용되고 있으며, 정수처리에서 기존의 침전공정의 대안으로 개발되었다.

저탁도 부식질, 자연적인 색도·조류 등을 함유한 原水처리, 제지·식품폐수 등의 생물학적 폐수처리, 슬러지를 농축하는 하수처리 등에 사용되고 있다.

2. 加壓浮上방법 효과

(1) 응집시간이 매우 짧기 때문에 응집시설면적을 축소시킬 수 있다.

(2) 45분 가동으로 양호한 수질개선이 가능하여 신속한 가동이 가능하다.

(3) 별도의 응집보조제 등이 필요 없다.

(4) 여과지속시간을 단축시키는 저비중 입자와 조류 제거에 효과적이다.

(5) 부상분리로 얻어진 float는 고형물농도가 3% 정도로서 침전 슬러지보다 농도가 높으며 탈수성도 좋아 처리와 처분이 용이하다.

(6) 침전공정에 비해 고액분리면적이 축소되어 초기 시설투자비가 절약된다.

(7) 침전공정에 비해 여과속도가 빠르고, 여과지속시간이 길어지는 효과가 있다.

(8) 침전공정보다 부상처리수의 잔류응집농도가 낮고 4℃ 이하의 낮은 수온에서도 수질개선이 양호하다.

(9) 이와 같은 장점 때문에 장치설비와 운전조건이 다소 복잡함에도 불구하고 가압부상방법의 수요는 점차 확대되고 있다.[269]

---

269) 네이버 지식백과, 가압부상법(加壓浮上法, dissolved air flotation), 2019.

11.75 해저 Pipeline 부설공법

해저 pipe line의 부설방법과 시공 유의사항 [0, 1]

Ⅰ. 개요

1. 해저 원유·천연가스 개발 수요가 증가되면서 해저 Pipeline 수요도 증가되고 있다. 해저 Pipeline을 부설하여 심해에서 채굴된 원유·천연가스를 육상 석유화학플랜트까지 직접 운송하게 되면 해상 플랫폼 숫자를 줄일 수 있어 경제성이 높아진다.

해저 원유·천연가스 채굴 Pipeline system

Ⅱ. 해저 Pipeline 설계

1. Pipeline 노선 선정

(1) 예상노선 조사 : 해상 활동이 활발한 곳, 해저 장애물이 있는 곳 해저 지형조건 변화가 심한 곳 등에 대하여 정확도가 높은 조사를 실시한다.

(2) 해저지형 조사 : 음향탐사와 물리탐사를 통해 Pipeline 설치 전에 제거·평탄화가 필요한 노출암, 급경사 계곡, 세굴, Sand wave, 침식 퇴적물 등을 파악한다.

2. Pipeline 방호 설계

(1) 해저에서 어망에 의한 기계적 손상과 화학적 부식으로부터 Pipeline을 방호하기 위하여 사석피복 설치, 방호매트리스 매설, 콘크리트 피복, 여유두께 확보 등의 다양한 방법이 쓰인다.

이 중에서 가장 많이 쓰이는 방법은 고강도 특수콘크리트로 피복하고, 내부코팅과 외부코팅을 실시하는 방법이다.

(2) 해저 Pipeline의 내부부식을 방지하기 위해 부식방지제 첨가, 부식허용두께 확보, 내부코팅, 부식저항 합금이나 라이닝 적용, 건조 등의 다양한 방법이 쓰인다.

(3) 외부코팅에는 콜타르. 아스팔트 에나멜, 아스팔트 마스틱, 에폭시 등과 희생양극 (Sacrificial Anode)에 의한 음극방호시스템을 사용한다. 대부분의 경우 희생양극 에는 알루미늄 또는 아연합금을 쓰고 있다.

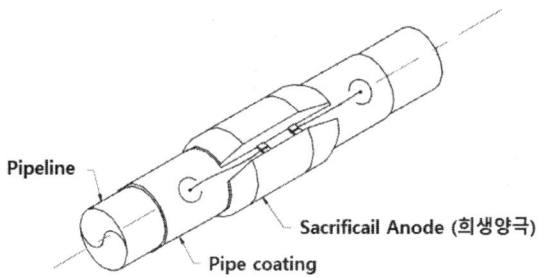

Pipeline
Sacrificail Anode (희생양극)
Pipe coating

해저 Pipeline의 외부코팅과 희생양극

III. 해저 Pipeline 시공

1. 일반사항

(1) 해저 Pipeline의 시공은 설치장소에 따라 ▲해양 Pipeline 설치, ▲連陸 Pipeline 설치로 나눌 수 있다.

(2) 해저 Pipeline의 시공은 연결장소에 따라 ▲부설선 위에서 용접을 통해 파이프를 연결하는 방법, ▲대부분의 용접을 육상에서 실시한 後 파이프를 긴 길이로 현장 까지 운송하는 방법으로 나눌 수 있다.

(3) 해저 Pipeline의 시공은 부설공법에 따라 ▲스팅거 방식(S-lay공법), ▲경사램프 방식(J-Lay공법), ▲릴 방식(Reel-Lay공법) 등의 3가지로 나눌 수 있다.

(4) 본고에서는 가장 많이 쓰이는 스팅거 방식을 약술하고, 해저 Pipeline 보호를 위 한 Trenching 공법을 살펴보도록 한다.

2. 스팅거 방식 부설선 공법

(1) 스팅거 방식은 먼저 파이프를 6m 또는 12m 길이로 절단하여 Cargo barge선에 의해 Lay barge선으로 운반한다.

(2) Lay barge Crane에 의해 파이프 부설작업이 시작되면서 파이프 용접과 비파괴 검사를 통해 외부코팅과 부식방지 양극 부착 콘크리트 피복을 실시한다.

(3) Pipeline을 Barge roller와 스팅거로 지지하며 S자형으로 해저에 내려 부설한다. 스팅거는 부설 중 곡률반경이 유지되도록 볼록굽힘(over bend)을 지지해 준다.

(4) Tensioner는 부설선에서 해저표면까지 파이프를 내릴 때 파이프의 무게를 지탱 하며, 수평력을 가하여 Pipeline의 오목굽힘(sag bend)을 방지하고, 파이프와 스 팅거 사이의 각도가 허용치 이상으로 증가되지 않도록 방지한다.

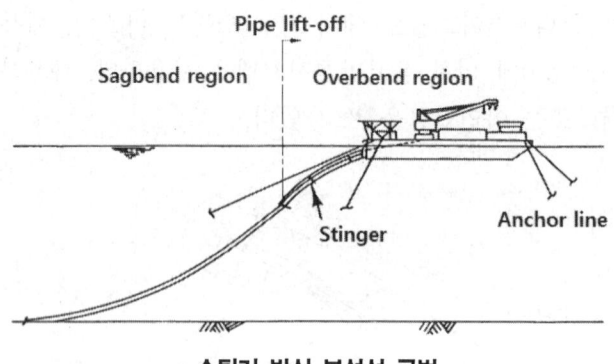

스팅거 방식 부설선 공법

3. Ploughing Trench 공법

⑴ 해저 Pipeline 매설을 위한 굴착은 Jetting, Mechanical ditching, Fluidization, Ploughing 공법 등이 있다.

⑵ 이 중에서 가장 많이 쓰이는 Ploughing Trench 공법은 아래 3가지로 구분된다.

① Preploughing 공법 : 해저 견인공법에 의해서 Trench를 먼저 굴착하고, 나중에 Pipeline을 매설하는 공법

② Simultaneous Ploughing 공법 : 비교적 얕은 수심에서 Trench와 Pipeline을 동시에 매설하는 공법

③ Postploughing 공법 : 심해에서 먼저 해저표면에 먼저 Pipeline을 매설하고, 나중에 Trench를 굴착하여 매설하는 방법

Ⅳ. 맺음말

1. 심해에 설치되는 Pipeline은 닻이나 어구에 의한 파손위험이 크다. 닻이 끌릴 때와 어구가 수직 상향으로 올려질 때 해저 파이프라인에 걸릴 수 있다. 따라서 Pipeline 을 매설할 때는 뒷채움 보호사석 등을 설치하여 방호해야 된다.

2. 태풍에 의한 대형 파랑의 내습, 주기적인 조류의 반복 흐름, 강한 해류의 와류 등에 의한 Pipeline 기초지반의 세굴방지를 위하여 Pipeline을 세굴심도 이하로 매설하거나 세굴에 견딜 수 있는 피복석으로 주위를 감싸주면 효과가 있다.[270]

---

270) 박효성 외, 'Final 토목시공기술사 핵심문제', 예문사, pp.1027~1028, 2008.
　　정현, '해저파이프라인 설계와 시공 개요', 해양기술사, 2019.

11.76 해상 풍력발전기 자켓 지지구조물

해상에 자켓구조물 설치 시 조사항목 및 설치방법 [0, 1]

Ⅰ. 개요

1. 자켓 지지구조물은 해상 풍력발전기 중에서 고정식 석유·가스 채굴 설비로서, 수심 20m에서 50m 사이에서 설치되는 사례가 많다.

2. 자켓 지지구조물은 5MW 이상의 대형 풍력발전기와 타워의 무게가 무거운 대형 해상 풍력발전기의 지지구조물로서 가장 선호도가 높은 지지구조물이다.

3. 최근 국내에서 신재생에너지 공급원으로 대형 해상풍력발전기 수요가 증가하면서 서남해안과 제주도 연안에 적합한 대형 해상풍력발전기 자켓 지지구조물의 개발에 대한 필요성이 대두되고 있다.

Ⅱ. 풍력발전 현황

1. 풍력발전이란?

(1) 풍력발전(風力發電)은 바람을 이용하여 전기를 만들어 내는 원리이다. 풍력발전기는 공기의 유동이 갖는 바람에너지의 역학적 특성을 이용하여 회전자를 회전시켜 기계적 에너지로 변환시켜, 이 기계적 에너지로부터 전기를 얻는 기술이다.

(2) 바람에너지를 전기에너지로 바꿀 때, 이론적으로 바람에너지 중 59.3%만을 전기에너지로 바꿀 수 있지만, 날개형상에 따른 효율, 기계적 마찰, 발전기 효율 등을 고려하면 현대과학으로는 20%~40%만을 전기에너지로 이용 가능하다.

2. 국내 풍력발전 자원

(1) 제주도의 풍력에너지 밀도 500W/m²을 비롯하여 전국 평균 100W/m² 정도로 추산되며, 이는 연간 6억6천만MWh 전력을 생산할 수 있는 자원이다(고리 원자력발전소 1호기 연간 총발전량 6억8333만MWh).

(2) 내륙 고산지역은 강원도 대관령 등과 해안, 강풍지역은 새만금방조제, 시화방조제, 대호방조제 등에서 가능(풍력 4~6등급)한 것으로 조사되었다.

3. 국외 풍력발전 현황

(1) 해상 풍력발전사업은 영국, 덴마크, 스웨덴, 네덜란드 등 유럽에서 매우 활발하다. 2009년 기준 영국은 하루 최대 882.8MW, 덴마크는 하루 최대 639.15MW의 풍력발전 생산이 가능하다.

(2) 2025년까지 유럽의 북해에 800~1200대의 풍력발전기가 건설될 예정이다.

Ⅲ. 자켓 지지구조물

1. 기초형식 비교

구분	특징	적용 사례
Gravity type	◦ 양호한 지반에서 수심 10m 이내에 경제성 확보 가능 ◦ 연약층이 두꺼운 지반에는 적용성이 다소 떨어짐 ◦ 다른 기초형식에 비해 공사기간이 더 많이 소요 ◦ 구조적 안정성 확보에 유리	덴마크, 스웨덴, 벨기에
Mono pile type	◦ 수심 10~30m 이내에서 경제성 확보에 유리 ◦ 직경 4m 이상 대구경 말뚝 시공장비 사용으로 공사비 증가 ◦ 최근 적용사례가 증가하는 추세 ◦ 구조적 안정성 확보에 유리	네덜란드, 스웨덴, 영국
Tri-pod type	◦ 수심 10~30m 이내에서 경제성 확보에 유리 ◦ 지반상태에 대한 제약이 거의 없음 ◦ Jacket, Mono pile보다 중량이 커서 말뚝 대형장비 필요 ◦ 구조적 안정성 확보에 유리	독일, 중국
Jacket type	◦ 수심 30m 이내에서 경제성 확보에 유리 ◦ 지반상태에 대한 제약이 거의 없음 ◦ 소구경 말뚝, Jacket 육상 제작으로 공기 짧고 시공성 우수 ◦ 용접부위가 많아 피로저항성, 구조적 안전성 확보 다소 불리	아일랜드
Floating type	◦ 수심 제약을 거의 받지 않음 ◦ 가장 최근에 제시된 공법 ◦ 조류에 의한 이동 방지를 위해 양호한 지반 위치에 앵커 설치 ◦ 구조적 안전성 확보에 다소 불리 ◦ 공사비 다소 고가	이탈리아, 포루투갈

 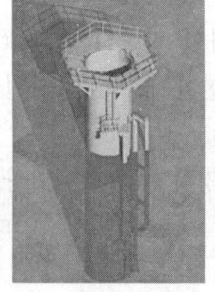   

Gravity type **Mono pile type** **Tri-pod type** **Jacket type** **Floating type**

2. 자켓 지지구조물 설계

(1) 일반사항

① 해상 풍력발전기의 지지구조물은 타워(Tower)와 자켓(Jacket)으로 구성된다.

② 타워는 풍력발전기를 지지하는 상부구조물로서 발전기의 진동과 바람의 영향을 받으며, 자켓은 타워하단을 지지하는 구조물로서, 파랑의 영향을 받는다.

③ 바람과 파랑 영향을 고려하여 전체 구조물을 북북서(NNW) 방향으로 배치하고, 타워와 자켓 간의 응력흐름이 원활하도록 연결부에 보강판을 설치한다.

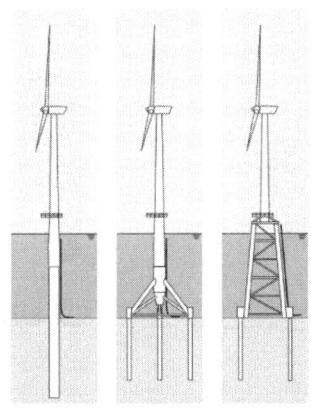 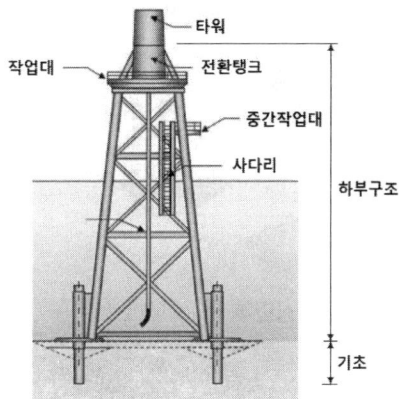

해상 풍력발전기 자켓 지지구조물

(2) 3MW급 해상 풍력발전기 설계

① 타워(Tower)
- 타워의 상단직경은 풍력발전기와의 연결을 위하여 3,070mm로 설계
- 타워의 하단직경은 4개의 자켓상단으로 하중전달, 전환탱크, 작업대, 사다리, 전기시설 배치 등을 고려하여 4,500mm로 설계
- 타워부재 두께는 타워부재 직경의 1/120보다 두껍게 설계
- 타워의 높이는 60.882m이며, 운반·가설을 고려하여 4개의 세그먼트로 구성

② 자켓(Jacket)
- 자켓은 4개의 jacket leg(steel pipe)와 각 leg를 연결하는 브레이싱으로 구성되며, leg와 브레이싱의 연결부는 can구조로 보강
- RCD말뚝의 시공 편의성을 고려하여 상·하단 2개의 세그먼트로 구성
- 하단 세그먼트는 21.619m 높이에 3.0m 여유를 두어 jacket을 제작함으로써 RCD 작업공간을 확보하였으며, RCD 작업 종료되면 3.0m 여유는 제거

③ 기타 구조물
- 제주시 월정리 연안 해상 1.5km에 해상 풍력발전기 구조물이 설치되므로 유지관리용 선박 접안을 위한 보트렌딩(boat landing)시설을 계획

④ 부식방지대책
- 해양구조물의 부식방지를 위한 구역은 일반적으로 3개 구역으로 나눈다.

[제1구역] 상단의 대기구역(Atmospheric zone)

[제2구역] 중간의 비말대구역(Splash zone)

[제3구역] 하단의 수중구역(submerged zone)

◦ 구역을 나누는 기준은 먼저 비말대구역(Splash zone)을 결정하고, 그 이외의 부분을 대기구역과 수중구역으로 나눈다.

자켓 상단부

자켓 하단부

자켓 연결부

Ⅳ. 맺음말

1. 자켓 지지구조물은 해상 풍력발전기 지지구조물 중에서 고정식 석유·가스 채굴설비로서 가장 오랜 역사와 제작·운용 경험이 있고, 수심 20m에서 50m 사이에서 설치실적이 비교적 많다.

2. 또한 자켓 지지구조물은 5MW 이상의 대형 풍력발전기와 타워의 무게가 무거운 대형 해상 풍력발전기의 지지구조물로 가장 선호도가 높은 지지구조물이다.[271]

---

271) 이지현 외, '해상풍력발전기 자켓 지지구조물의 최적설계 및 신뢰성해석', 한국해양공학회지 제28권 제3호, pp 218-226, 2014.
　　이경훈 외, '해상풍력 발전 타워 및 기초설계', 유신기술회보, pp.184~197, 제17호, 2010.

12. 출제경향분석

◆기출문제의 분야별 분류 및 출제빈도 분석　　　　　　　　　　　　　**12. 출제경향분석**

분야	063회~114회 분석					최근 5회 분석					계
	063 ~073	074 ~084	085 ~094	095 ~104	105 ~115	116	117	118	119	120	
01. 정책·관리	31	30	27	22	21	2	4	2	2	4	145
02. 안전·재난	4	9	14	11	19	5	2	2	4	2	72
03. 토질·기초	34	27	27	24	18	1	2	5	4	3	144
04. 사면·옹벽	37	36	32	31	35	1	3	4	3		182
05. 지반·암석	24	32	31	27	41	2			4	2	161
06. 콘크리트	49	39	28	32	29	3	2	4			186
07. 철근·기계	33	38	32	24	34	3	3	4	4	3	178
08. 포장	34	21	18	15	22	2	1	3	3	3	122
09. 교량	15	24	28	28	39	4	4	4	5	4	156
10. 터널	33	40	32	38	35	3	4	2	4	2	193
11. 수자원	43	44	40	58	45	5	7	2	3	8	255
계	341	341	310	310	341	31	31	31	31	31	1798

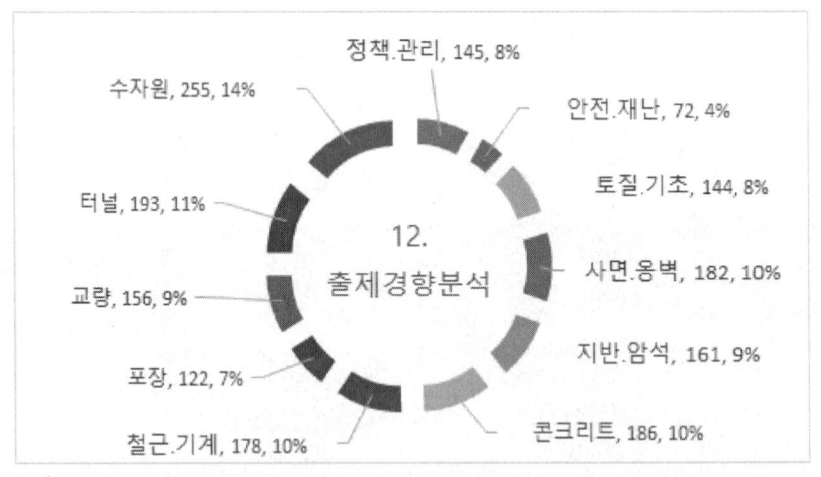

기술사 답안을 논리적으로 기승전결(起承轉結)에 따라 쓸 수 있도록 평소에 훈련이 되어야 한다. 우리 건설업계가 중동을 비롯한 해외건설에서 플랜트, 담수화공장 등 생산설비 프로젝트에 시공 파트너로 1990년대부터 참여했다가 2000년대 초반 업체별로 수천억~수조원 손실처리하는 결산 보고서가 언론이 집중보도되었던 시절에 원가관리 문제가 출제되었다. 공학이 아닌 경제·시사적 인 문제다. 이러한 돌출문제가 나오더라도 쓸 수 있어야 합격 가능성이 높다. 일간지 경제면을 뒤 적이면서 반복적으로 보도되는 건설분야 내용을 요약하는 것도 합격의 비결이다. 학창시절에는 모르는 걸 배우는 자세로 '공부(study)'를 했지만, 나이 들어 경륜이 쌓인 전문가(professionalist) 들은 건설엔지니어라면 누구나 아는 내용을 남보다 차별화하여 채점위원이 감탄하도록 100분씩 4번 온종일 쓸 수 있도록 '반복훈련(repetitive training)'을 해야 합격한다.

< 기출문제 분류 범례 >

저자는 **토목시공기술사 필기시험 제63회(2001.3.11)**부터 **제120회(2020.2.1)**까지 시행된 **1,798문제(31문항×58차분)**를 **분류**하여 **출제경향**을 **분석**한 후, 『12. 출제경향분석』에서 아래 예시와 같이 약어로 표시하였습니다.

　예시 '063.1'은 제063회 1교시에 출제된 단답형 문제를 뜻하며,

　예시 '120.4'는 제120회 4교시에 출제된 논술형 문제를 뜻합니다.

또한, 『01. 정책·관리』부터 『11. 수자원』까지 각 주제별 우측에 기입된 숫자를 보면

　예시 [5, 8]은 해당 주제에 대하여 그동안 출제된 1,798문제를 분석한 결과,

　좌측 5는 단답형으로 5 , 우측 8은 논술형으로 8번 출제되었다는 뜻이며,

　그 출제내용은 『12. 출제경향분석』에 각 주제별 회차순으로 수록되어 있습니다.

- 저 자 씀 -

< 블로그 운영 안내 >

NAVER [기술사 자료 내려받기 ▼] 를 검색하면 **기술사 시험전략, 역량지수 등급체계,** **제118회(2019.5.5) 이후** 출제된 문제에 대한 **사례분석, 모범답안, 상세자료** 등 건설엔지니어에게 필요한 자료를 파일로 **내려받기** 할 수 있습니다.

저자가 블로그에 올리고 있는 자료들은 기술사 시험 준비에 필요할 뿐 아니라, 건설엔지니어들이 평소 업무 수행하면서 기술검토 보고서 작성, 감리자(건설사업관리자) 현장일지 작성 등에 인용할 수 있는 자료들입니다. 우리, 모두 알다시피 기술사 시험 준비가 곧 기술검토 보고서 작성이죠?

- 저 자 씀 -

01. 정책·관리

1. 건설정책

079.2 표준품셈에 의한 적산방식과 실적공사비 적산방식을 비교 설명하시오.

089.2 표준품셈 적산방식과 실적공사비 적산방식을 비교하여 기술하시오.

091.1 실적공사비

096.3 예정가격 작성 시 실적공사비 적산방식을 적용하고자 한다. 문제점 및 개선방향에 대하여 설명하시오.

103.3 표준적산방식과 실적공사비를 비교하고 실적공사비 적용 시 문제점에 대하여 설명하시오.

068.2 건설공사의 입찰방법을 설명하고 현행 턴키(Turn key) 방법과 개선점을 설명하시오.

069.3 시공을 포함하는 위험형 건설사업관리(CM at Risk) 계약과 턴키(Turn Key) 계약 방식에 대하여 서술하시오.

070.1 패스트 트랙 방식(Fast Track Method)

073.1 FAST TRACK construction

083.1 최고가치낙찰제

100.1 물량내역 수정입찰제

105.1 종합심사낙찰제(종심제)

105.4 고속도로 공사의 발주 시 아래 발주방식의 정의, 장점 및 단점에 대하여 설명하시오.
    (1) 최저가 입찰방식
    (2) 턴키입찰방식
    (3) 위험성 건설사업관리(CM at risk) 방식

108.1 주계약자 공동도급방식

113.1 순수내역입찰제도

116.2 주계약자 공동도급제도에 대하여 설명하시오.

120.1 하도급계약의 적정성심사

120.2 건설공사의 공동도급 운영방식에 의한 종류와 공동도급에 대한 장점 및 문제점을 설명하고, 개선대책을 제시하시오.

086.2 최근 공사규모가 대형화되고 공기가 촉박해지면서 공기준수를 위해 설계시공병행(Fast-Track)방식의 공사발주가 활성화되고 있다. 공사책임자로

서 설계 후 시공의 순차적 공사진행방식과 설계시공병행방식의 개요와 장단점을 비교하고 설계시공병행방식에서 이용 가능한 단계구분의 기준을 예시하시오.

2. 공정관리

정표(Network)의 종류에 대해서 서술하시오.

079.3 건설공사 공정계획에서 자원배분(resource allocation)의 의의 및 인력 평
준화(leveling) 방법(요령)에 대해서 설명하시오.

097.3 대단위 토공에서 장비계획 시 장비 배분(allocation)의 필요성과 장비 평준
화(leveling)방법을 설명하시오.

102.1 자원배당(resource allocation)

109.3 공정관리의 자원배당 이유와 방법에 대하여 설명하시오.

113.4 공정관리에서 부진공정의 관리대책을 순서대로 설명하고, 민원/기상/업체
부도를 예상하여 각각의 만회대책을 설명하시오.

119.3 건설공사의 진도관리를 위한 공정관리 곡선의 작성방법과 진도평가 방법
을 설명하시오.

3. 품질·원가관리

4. 시스템관리

02. 안전·재난

1. 현장안전관리

2. 시설유지관리

3. 재해·지진

4. 첨단공학

03. 토질·기초

1. 흙의 특성

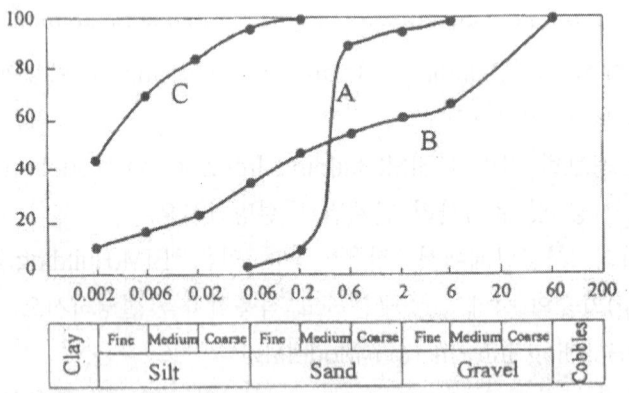

3. 기성말뚝기초

4. 현장타설기초

102.3 오픈 케이슨(open caisson) 기초의 공법과 시공순서를 설명하시오.

103.4 해상 점성토의 깊이가 50m이고, 수심이 10m, 연장이 2km인 연육교의 교각을 건설할 경우 적용 가능한 대구경 현장타설 말뚝공법에 대하여 설명하시오.

113.3 공기케이슨(Pneumatic Caisson) 공법의 시공단계별 시공방법을 설명하시오.

066.3 우물통(Open caisson) 공법에서 침하를 촉진시키는 방법과 시공 시 유의사항을 기술하시오.

071.1 Open caisson의 마찰력 감소방법

072.4 교량기초로 사용되는 공기케이슨(Pneumatic-caisson)의 침하 방법에 대하여 기술하시오.

088.2 우물통 케이슨의 현장 침하 시 작용하는 저항력의 종류와 침하를 촉진시키기 위한 방안을 설명하시오.

04. 사면·옹벽

1. 비탈면

104.3 강우로 인한 지표수 침투, 세굴, 침식 등으로 발생되는 사면의 안전율 감소를 방지하기 위한 대책공법 중 안전율 유지법과 안전율 증가법에 대하여 설명하시오.

066.1 내부 마찰각과 안식각

105.1 흙의 안식각(安息角)

2. 땅깎기·흙쌓기

082.4 사토장 선정 시 고려사항과 현장에서 문제점이 되는 사항에 대하여 대책을 기술하시오.

083.2 도로공사에서 절토 사면길이 30m 이상의 절토구간을 친환경적으로 시공하고자 할 때, 착공 전 준비사항과 착공 후 조치사항을 설명하시오.

094.2 대단위 성토공사에서 요구되는 조건에 따라 성토재료의 조사내용을 열거하고 안정성 및 취급성에 대하여 설명하시오.

096.2 토사와 암석재료를 병용하여 흙쌓기를 하고자 한다. 흙쌓기 시공 시 유의사항과 관리방법에 대하여 설명하시오.

099.3 토공사 현장에서 시공계획 수립을 위한 사전조사 내용을 열거하고 장비 선정 시 고려사항을 설명하시오.

101.4 도로 및 단지조성공사 시 책임기술자로서 사전조사 항목을 포함한 시공계획을 설명하시오.

105.1 토공의 시공기면(formation level)

112.1 잔류토(Residual Soil)

119.4 토공사 준비공 중 준비배수에 대하여 설명하시오.

04.12 비탈면 땅깎기의 시공방법 ···················· 480

095.2 절취 사면에서 소단을 설치하는 이유와 사면을 정밀조사하고 사면안정분석을 해야 하는 경우를 설명하시오.

04.13 노체에서 흙쌓기의 시공방법 ···················· 483

064.3 도로공사에서 암굴착으로 발생된 버력을 성토재료로 사용하고자 할 때 시공 및 품질관리 기준에 대하여 기술하시오.

068.1 노체성토부의 배수대책

068.3 토사 또는 암버력 이외에 노체에 사용할 수 있는 재료와 이들 재료를 사용하는 경우 고려해야 할 사항에 대하여 설명하시오.

084.3 도로공사에서 암 버력을 유용하여 성토작업을 하는데 필요한 유의사항을 설명하시오.

109.3 도로공사 시 파쇄석을 이용한 성토와 토사 성토를 구분하여 다짐 시공하는 이유와 다짐 시 유의사항 및 현장 다짐관리방법을 설명하시오.

115.3 암버력을 성토재료로 사용할 때 시공방법 및 성토 시 유의사항에 대하여 설명하시오.

04.14 흙쌓기 비탈면의 다짐방법 ···················· 489

065.2 성토 비탈면의 전압방법의 종류를 열거하고 각 특징을 설명하시오.

105.2 비탈면 성토작업 시 다음에 대하여 설명하시오.
   (1) 토사 성토 비탈면의 다짐공법
   (2) 비탈면 다짐 시 다짐기계 작업의 유의사항

3. 흙막이벽

063.1 커튼 월 그라우팅(Curtain-Wall Grouting)

064.1 지하연속벽의 Guide-Wall

099.2 흙막이 가설벽체 시공 시 차수 및 지반보강을 위한 그라우팅 공법을 채택할 때, 그라우팅 주입속도와 주입압력에 대하여 설명하시오.

110.1 Cap Beam 콘크리트

093.3 혼잡한 도심지를 통과하는 도시철도의 노면 복공계획 시 조사사항과 검토사항을 설명하시오.

110.3 흙막이 가시설 시공 시 버팀보와 띠장의 설치 및 해체 시 유의사항에 대하여 설명하시오.

066.4 지하수위가 높은 지반에서 굴착으로 인한 주변침하를 최소화하고 향후 영구벽체로 이용이 가능한 공법에 대하여 기술하시오.

069.2 도심지에서 지반굴착 시공 시 발생하는 지하수위 저하와 진동으로 인하여 주변 구조물에 미치는 영향을 열거하고 이에 대한 대책에 관하여 서술하시오.

076.4 해수면을 매립한 연약지반 위에 대형 지하탱크를 건설하고자 한다. 굴착 및 지반안정을 위한 적절한 공법을 선정하고 시공 시 유의사항에 대하여 설명하시오.

086.2 단지조성 시 성토부의 지하시설물 시공방법 중 성토 후 재터파기하여 지하시설물을 시공하는 방법과 성토 전 지하시설물을 먼저 시공하고 되메우기 하는 방법에 대하여 설명하시오.

095.4 지반 굴착 시 지하수위 저하 및 진동이 주변에 미치는 영향과 대책에 대하여 설명하시오.

103.4 지하구조물 시공 시 토류벽 배면의 지하수위가 높을 경우 토류벽 붕괴방지 대책과 차수 및 용수 대책에 대하여 설명하시오.

104.2 흙막이 공법 시공 중 지반굴착 시 지하수위 저하 및 진동이 주변에 미치는 영향과 대책에 대하여 설명하시오.

108.2 공용 중인 철도선로의 지하횡단 공사 시 적용 가능한 공법과 유의사항에 대하여 설명하시오.

102.4 역타공법(top down) 중 완전역타공법에 대하여 설명하시오.

04.26 노반(路盤)하부의 비개착공법 ·· 524

082.4 아래그림과 같이 현재 통행량이 많고 하천 충적층위에 선단지지 pile 기초
로 된 교량하부를 관통하여 지하철 터널굴착 작업을 하려고 한다. 이때
교량하부구조의 보강공법에 대하여 기술하시오.

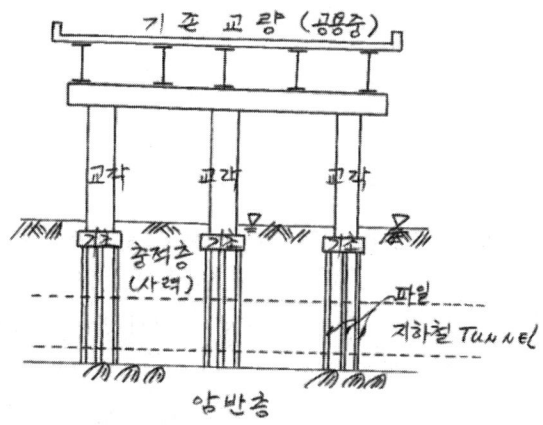

04.27 Underpinning(밑받침공법) ·· 529

081.2 기존 지하철 하부를 통과하는 또 다른 지하철 공사를 Underpinning 공법
으로 시공하고자 한다. 이 공법을 설명하고, 시공 상 유의할 사항에 대하
여 기술하시오.

107.1 도로(지반) 함몰

04.28 흙막이벽의 붕괴원인 및 안전대책 ······························ 531

063.2 지하철 개착식 공법에서 구조물에 발생하는 문제점과 대책에 대하여 설명
하시오.

064.3 시가지 건설공사에서 구조물 설치를 위하여 기존 구조물에 근접하여 개착
(흙파기) 공사를 실시할 때 발생할 수 있는 민원사항, 하자원인 등 문제점
및 대책에 대하여 기술하시오.

064.3 토류벽체의 변위발생 원인에 대하여 설명하시오.

073.2 도심지 교통혼잡지역을 통과하고 주변구조물에 근접하고 있는 지역에서
지하연속구조물 공사를 개착식으로 시공하려고 한다. 안전시공 상의 문제
점을 열거하고, 관리방법을 설명하시오.

078.4 기존 철도 또는 고속도로 하부를 통과하는 지하차도를 시공하고자 한다.
상부차량 통행에 지장 없이 안전하게 시공할 수 있는 공법의 종류를 열거
하고 그 중 귀하가 생각할 때 가장 경제적이고 합리적인 공법을 선정하여

기술하시오.

고 각각에 대하여 설명하시오.

04.30 응력전이현상(Arching effect) 538

04.31 어스 앵커(Earth anchor) 540

04.32 쏘일 네일링(Soil nailing) 545

04.33 강널말뚝 팽창 지수제(Pile lock) 547

4. 옹벽

전 검토사항과 시공 시 주의하여야 할 사항을 기술하시오.

05. 지반·암석

1. 조사·시험

2. 암석·암반

3. 연약지반

공법 및 대책에 대하여 설명하시오.

4. 路床·凍上·배수

5. 측량·계측관리

070.4 흙막이공 시공 시 계측관리를 위한 계측기의 설치 위치 및 방법에 대하여 기술하시오.

080.4 도심지 교통혼잡지역을 통과하는 대규모 굴착공사 시 계측관리 방법에 대하여 설명하시오.

088.3 흙막이 굴착공사 시의 계측 항목을 열거하고 위치 선정에 대한 고려사항을 설명하시오.

092.2 버팀보 가설공법으로 설계된 도심지 대심도 개착식공법에서 지반안정성 확보를 위한 계측의 종류를 열거하고, 특성 및 계측 시공관리방안에 대하여 설명하시오.

093.1 개착터널의 계측빈도

102.1 도심지 흙막이 계측

114.3 가설흙막이 시공 시 안전을 확보할 수 있는 계측관리를 설명하시오.

116.3 가설 흙막이 구조물의 계측위치 선정기준, 초기변위 확보를 위한 설치시기와 유의사항에 대하여 설명하시오.

073.4 연약지반에서 구조물공사 시 계측 시공관리계획에 대하여 설명하시오.

078.2 연약지반 상에 성토 작업 시 시행하는 계측관리를 침하와 안정관리로 구분하여 그 목적과 방법에 대하여 기술하시오.

093.4 압밀침하에 의해 연약지반을 개량하는 현장에서 시공관리를 위한 계측의 종류와 방법에 대하여 설명하시오.

103.3 연약점토지반의 개량공법을 선정하고 계측항목에 대하여 설명하시오.(단, 공사기간이 3년인 4차선 일반국도에서 연장이 300m, 심도가 25m, 성토고가 5m인 경우)

104.1 연약지반의 계측

120.2 연약지반에 흙쌓기를 할 때 주요 계측항목별 계측목적, 활용내용 및 배치기준을 설명하시오.

094.3 교량 상부구조물의 시공 중 및 준공 후 유지관리를 위한 계측관리시스템의 구성 및 운영방안에 대하여 설명하시오.

107.2 교량 준공 후 유지관리를 위한 계측관리시스템의 구성 및 운영방안에 대

하여 설명하시오.

06. 일반콘크리트

1. 콘크리트재료

2. 거푸집·동바리

생하고 있다. 시스템 동바리의 설계 및 시공 상의 문제점을 제시하고, 그 대책에 대해서 설명하시오.

099.2 교량구조물 상부슬래브 시공을 위해 동바리 받침으로 설계되어 있을 때, 동바리 시공 전 조치사항을 설명하시오.

3. 콘크리트성질

4. 배합·양생·관리

하고 시공방법에 대하여 설명하시오.

고 각각에 대하여 설명하시오.

089.3 콘크리트 구조물에서 발생되는 균열의 종류, 발생원인 및 보수보강 방법에 대하여 기술하시오.

095.2 콘크리트 교량의 균열에 대하여 원인별로 분류하고 보수재료에 대한 평가 기준을 설명하시오.

096.4 교량공사에서 슬래브(slab) 거푸집 제거 후 균열 등의 결함이 발생되어 보수공사를 하고자 한다. 사용보수재료의 체적변화를 유발하는 영향인자들을 열거하고 적합성 검토방법에 대하여 설명하시오.

097.1 콘크리트의 보수재료 선정기준

105.3 콘크리트 구조물에서 발생하는 균열의 진행성 여부 판단방법, 보수·보강 시기 및 보수방법에 대하여 설명하시오.

109.4 콘크리트 구조물의 성능을 저하시키는 현상과 원인을 기술하고 이에 대한 보수 및 보강 방법을 설명하시오.

113.2 콘크리트 구조물의 균열발생 시기별 균열의 종류와 특징을 설명하시오.

113.3 콘크리트 구조물의 보수공법 종류 및 보수공법 선정 시 유의사항에 대하여 설명하시오.

07. 혼합·철근·기계

1. 혼합콘크리트

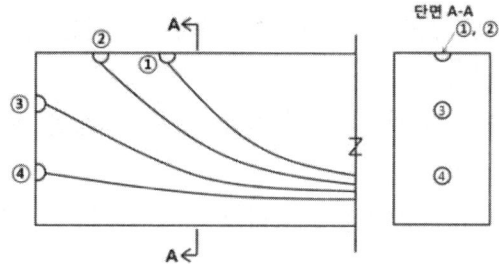

07.02 유동화, 고강도, 섬유보강 콘크리트 956

에 대하여 설명하시오.

하여 설명하시오.

107.1 서중 콘크리트

114.2 서중콘크리트 타설 전 점검사항에 대하여 설명하시오.

115.1 온도균열 제어 수준에 따른 온도균열지수

하시오.

075.4 지하저수 구조물(-8.0m)을 해체하고자 한다. 해체공법을 열거하고 해체 시 유의사항에 대하여 설명하시오.

2. 철근·강재·용접

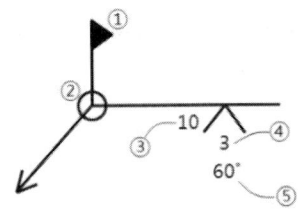

102.3 강상판교의 바닥판 현장용접 방법에 대하여 설명하시오.

110.2 강구조물 용접방법 중에서 피복아크용접(SMAW)과 서브머지드아크용접(SAW)의 장·단점을 설명하시오.

117.3 강교의 현장용접 시 발생하는 문제점과 대책 및 주의사항에 대하여 설명하시오.

078.1 강재의 저온균열, 고온균열

083.1 강재의 용접결함

083.4 강교 시공 시 강재의 이음방법과 강재 부식에 대한 대책을 설명하시오.

089.2 강재용접의 결함 종류 및 대책에 대하여 기술하시오.

092.4 강구조물 연결방법의 종류를 열거하고, 강재부식의 문제점 및 대책에 대하여 설명하시오.

098.2 강교 시공에 있어 현장 용접 시 발생하는 용접 결함의 종류를 열거하고, 그 결함의 원인 및 방지대책에 대하여 설명하시오.

074.1 응력부식(Stress Corrosion)

120.1 철근부식도 시험방법 및 평가방법

093.1 강재의 전기방식(電氣防蝕)

070.3 강교에서 고장력볼트 이음의 종류와 시공 시 유의사항을 기술하시오.

105.2 강교의 현장 이음방법 중 고장력 볼트 이음방법 및 시공 시 유의사항에 대하여 설명하시오.

116.1 고장력볼트 조임검사

118.3 고장력볼토 이음부 시공방법과 볼트체결 검사방법에 대하여 설명하시오.

071.1 강재에 축하중 작용 시의 진응력과 공칭응력

3. 건설기계

102.2 토공장비계획의 기본절차, 장비선정 시 고려사항, 장비조합의 원칙에 대하여 설명하시오.

105.2 건설기계의 선정 시 일반적인 고려사항과 건설기계의 조합원칙에 대하여 설명하시오.

109.2 대규모 산업단지를 조성할 때 토공 건설장비의 선정 및 조합에 대하여 설명하시오.

118.3 기계화 시공 시 일반적인 건설기계의 조합원칙과 기계결정 순서에 대하여 설명하시오.

08. 포장

1. 아스팔트포장

2. 콘크리트포장

3. 포장유지보수

시오.

설명하시오.

114.4 비점오염원과 점오염원의 특성을 비교하고, 오염원 저감시설 설치위치 선정 시 유의사항을 도로의 형상별로 구분하여 설명하시오.

115.4 오염된 지반의 정화기술공법의 종류에 대하여 설명하시오.

120.4 도로 포장면에서 발생되는 노면수 처리를 위해 비점오염 저감시설을 설치하려고 한다. 비점오염원의 정의와 비점오염 물질의 종류, 비점오염 저감시설에 대하여 설명하시오.

112.3 공용 중인 고속국도의 1개 차로를 통제하고 공사 시, 교통관리 구간별 교통안전시설 설치계획에 대하여 설명하시오.

09. 교량

1. 교량하부

070.1 설계강우강도

074.1 유출계수

079.1 가능최대홍수량(PMF, probable maximum flood)

091.1 계획홍수량에 따른 여유고

093.1 설계강우강도

117.1 통수능(通水能(discharge capacity)

066.4 교량 교각의 세굴방지 대책에 대하여 기술하시오.

087.3 세굴에 의한 교량기초의 파손 및 유실이 종종 발생하고 있다. 교량기초의 세굴 예측기법과 방지공법에 대해 설명하시오.

090.2 기설 구조물에 인접하여 교량기초를 시공할 경우, 기설 구조물의 안전과
    기능에 미치는 영향 및 대책을 설명하시오.

112.4 교량 신설계획이나 기존 교량 보수·보강공사 시에 교량의 세굴에 대한 대
    책수립 과정과 세굴보호공의 규모산정에 대하여 설명하시오.

106.3 교량의 한계상태설계법(Limit State)에 대하여 설명하시오.

077.1 표준트럭하중

103.1 교량에 작용하는 주하중, 부하중, 특수하중의 종류

107.1 교량등급에 따른 DB, DL 하중

109.1 교량의 설계 차량활하중(KL-510)

090.1 일체식 교대교량(integral abutment bridge)

101.2 일체식과 반일체식 교대에 대하여 설명하시오.

118.1 일체식교대 교량(integral abutment bridge)

064.3 교량 교대부위에 발생되는 변위의 종류를 설명하고 그에 대한 대책을 기
    술하시오.

083.3 도로교 교대 시공 시 필요한 안정 조건과 안정 조건이 불충분할 경우 조치
    해야 할 사항을 설명하시오.

072.2 연약지반에서 교대지반이 측방 유동을 일으키는 원인과 대책에 대하여 기
    술하시오.

080.2 연약지반 성토작업 시 측방유동이 주변구조물에 문제를 발생시키는 사례를
    열거하고 원인별 대책에 대하여 설명하시오.

082.1 측방유동

085.4 연약지반 상에 설치된 교대의 측방이동의 원인 및 그 대책을 설명하시오.

086.1 측방유동

091.1 측방유동

111.4 교대의 측방유동에 대하여 설명하시오.

112.2 연약지반 상에 말뚝기초를 시공한 후 교대를 설치하고자 한다. 이때 교대
    시공 시 발생할 수 있는 문제점 및 대책에 대하여 설명하시오.

113.2 지하매설관의 측방이동 억지대책에 대하여 설명하시오.

116.2 연약지반에서 교대의 측방유동을 일으키는 원인과 대책을 설명하시오.

09.08 교량받침(교좌장치) ･･･ 1279

068.1 교좌의 가동받침과 고정받침

076.2 교량받침(Shoe)의 파손원인과 방지대책에 대하여 설명하시오.

097.1 교량받침의 손상 원인

102.4 공용 중인 교량의 교좌장치 교체를 위한 상부고주 인상작업 시 검토사항과 시공순서에 대하여 설명하시오.

105.1 탄성받침이 롤러(roller)의 기능을 하는 이유

119.2 기존교량의 받침장치 교체 시 시공순서 및 시공 시 유의사항에 대하여 설명하시오.

120.3 교량받침(Shoe)의 배치와 시공 시 유의사항에 대하여 설명하시오.

09.09 사교(斜橋), 곡선교(曲線橋) ･･･････････････････････････････････ 1285

100.2 강재 거더로 구성된 사교(skew bridge) 가설 시 거더처짐으로 인한 변형의 처리공법을 설명하시오.

09.10 교량 부반력 (Negative reaction) ･･･････････････････････････ 1287

103.4 램프교량공사에서 램프의 받침(shoe)에 작용하는 부반력에 대한 검토기준을 열거하고 대책에 대하여 설명하시오.

105.3 곡선교량의 상부구조 시공 시 유의사항을 설명하시오.

106.1 교량에서의 부반력

09.11 교량 신축이음장치 ･･･ 1290

083.3 교량신축이음장치의 파손원인과 보수방법에 대하여 설명하시오.

097.2 교량의 신축이음 설치 시 요구조건과 누수시험에 대하여 설명하시오.

098.3 교량용 신축이음장치의 형식 선정 및 시공 시 고려사항을 설명하시오.

104.1 교량 신축이음장치

109.2 교량 신축이음장치 유간의 기능과 시공 및 유지관리 시 유의사항에 대하여 설명하시오.

116.1 교량받침과 신축이음 Presetting

118.4 교량의 신축이음장치 설치 시 유의사항과 주요 파손원인을 설명하시오.

2. 콘크리트橋

080.4 3경간 연속교의 상부 콘크리트를 타설하고자 한다. 콘크리트 타설 순서를 설명하고 시공 시 유의사항을 설명하시오.

092.2 콘크리트 교량의 상판 가설(架設)공법 중 현장타설 콘크리트에 의한 공법의 종류를 열거하고 설명하시오.

098.4 교량 시공 시 동바리 공법(FSM : full staging method)의 종류를 열거하고 각 공법의 특징에 대하여 설명하시오.

106.4 3경간 연속철근콘크리트교에서 콘크리트 타설순서 및 시공 시 유의사항에 대하여 설명하시오.

109.3 교량 시공 시 형고가 낮은 콘크리트 거더교를 선정할 때 유리한 점과 저형고 교량의 특징을 설명하시오.

115.2 교량 슬래브의 콘크리트 타설방법에 대하여 설명하시오.

09.22 FCM (Free Cantilever Method)

068.4 교량가설 공법 중 프리캐스트 캔틸레버공법의 (Precast Cantilever) 특징과 가설방법에 대하여 설명하시오.

072.2 교량의 캔틸레버 가설공법(FCM)에 대하여 기술하시오.

076.4 프리스트레스트 콘크리트 박스 거더(PSC Box Girder) 캔틸레버 교량에서 콘크리트 타설 시 유의사항과 처짐관리에 대하여 설명하시오.

082.1 F.C.M공법(Free Cantilever Method)

088.1 FCM(Free Cantilever Method)

110.4 현장타설 FCM(Free Cantilever Method) 시공 시 발생되는 모멘트 변화에 대한 관리방안에 대하여 설명하시오.

114.4 FCM(Free Cantilever Method)에서 주두부의 정의와 주두부 가설방법에 대하여 설명하시오.

09.23 라멘교 (Rahmen bridge)

093.3 경간장 15m, 높이 12m인 콘크리트 라멘교의 시공계획서 작성 시 필요한 내용을 설명하시오.

105.1 라멘교(rahmen)

09.24 ILM (Incremental Launching Method)

081.3 연속압출공법(Incremental Launching Method : ILM)을 설명하고, 시공순서와 시공 상 유의할 사항을 기술하시오.

093.3 연장이 긴(L=1,500m 정도) 장대교량의 상부공을 한 방향에서 연속압출공법(ILM)으로 시공할 때, 시공 시 유의사항에 설명하시오.

100.3 강상자형교의 상부 거더 가설에 추진코(launching nose)에 의한 송출공법을 적용할 때 발생 가능한 문제점 및 대책에 대하여 설명하시오.

107.3 골짜기가 깊어 동바리 설치가 곤란한 산악지역에서 I.L.M(Incremental Launching Method)공법으로 시공할 경우 특징과 유의사항을 설명하시오.

099.4 콘크리트교의 가설공법 중 현장타설 콘크리트공법을 열거하고 이동식 비계공법(movable scaffolding system, MSS)에 대하여 설명하시오.

084.1 FSLM(Full Span Launching Method)

096.3 장대 해상교량 상부 가설공법 중 대블럭 가설공법의 특징 및 시공 시 유의사항에 대하여 설명하시오.

097.3 공장에서 제작된 30~50m 길이의 대형 PSC거더를 운반하여 도심지에서 교량을 가설하고자 한다. 이때 필요한 운반통로 확보 방안과 운반 및 가설장비 운영 시 고려사항을 설명하시오.

104.3 FSLM(full span launching method)에 대하여 설명하시오.

3. 특수교

080.2 고교각(高橋脚) 및 사장교 주탑 시공에 적용하는 거푸집공법 선정이 공기 및 품질관리에 미치는 영향을 설명하시오.

082.1 자정식 현수교

091.1 Air spinning 공법

091.4 사장교와 현수교의 시공 시 중요한 관리사항을 설명하시오.

094.1 사장교와 현수교의 특징 비교

101.1 현수교의 무강성 가설공법(non-stiffness erection method)

103.3 사장교와 현수교의 특징과 장·단점, 시공 시 유의사항 및 현수교의 중앙경간을 사장교보다 길게 할 수 있는 이유에 대하여 설명하시오.

105.4 장대교량의 주탑 시공의 경우, 고강도 콘크리트 타설 시 유의사항에 대하여 설명하시오.

105.3 현수교 케이블 설치 시 단계별 시공순서에 대하여 설명하시오.

4. 鋼橋

084.4 강교 가설공법의 종류, 특징 및 주의사항에 대해 기술하시오.

095.3 강교 형식에서 플레이트 거더교와 박스 거더교의 가설(架設)공사 시 검토
사항을 설명하시오.

104.2 강교의 케이블식 가설(cable erection)공법에 대하여 설명하시오.

118.2 강(鋼)교량 시공 시, 상부구조의 케이블가설(cable election) 공법과 종류
에 대하여 설명하시오.

112.2 구조물 부등침하 원인과 방지대책에 대하여 설명하시오.

114.4 흙깎기 및 흙쌓기 경계부의 부등침하에 대하여 설명하시오.

119.3 구조물 접속부 토공 시 부등침하 방지대책에 대하여 설명하시오.

10. 터널

1. 계획·갱구부

려사항에 대하여 설명하시오.

100.4 도로터널공사에서 갱문의 형식별 특징과 위치 선정 시 고려할 사항을 설명하시오.

10.08 근접 병렬터널

076.3 기존 터널구간에 인접하여 신규 터널공사를 시공할 경우 발생할 수 있는 문제점과 그 대책에 대하여 설명하시오.

088.4 기존 터널에 근접되는 구조물의 시공 시 기존 터널에 예상되는 문제점과 대책을 설명하시오.

109.1 근접병설터널

113.1 병렬터널 필러(Pillar)

115.2 구조물과 구조물 사이의 짧은 도로터널 계획 시 편입용지 및 지장물의 증가에 따라 2-Arch터널, 대단면터널 및 근접병렬터널이 많이 시공되고 있다. 각 터널형식별 문제점 및 대책에 대하여 설명하시오.

118.4 근접시공의 시공방법 결정 시 검토사항에 대하여 설명하시오.

2. 발파·여굴·진동

10.09 발파공법

063.1 쿠션 블라스팅(Cushion Blasting)

068.1 심빼기 발파

070.3 산악지역의 터널굴착 시 제어발파 공법에 대해서 기술하시오.

074.1 Line Drilling Method

075.1 조절발파(제어발파)

077.1 Smooth blasting

081.1 프리스플리팅(Pre-splitting)

088.2 심발(심빼기) 발파의 종류와 지반 진동의 크기를 지배하는 요소에 대해 설명하시오.

088.1 스무스 브라스팅(smooth blasting)

113.3 NATM 시공 시 제어발파(조절발파, Controlled Blasting)공법의 종류 및 특징에 대하여 설명하시오.

115.1 절토부 표준발파공법

10.20 폭파에 의하지 않는 암반 파쇄 1465

065.1 암석 굴착 시 팽창성 파쇄공법

071.1 미진동 발파공법

119.1 수압파쇄(Hydraulic Fracturing)

10.21 발파 공해의 발생원인 및 저감대책 1469

074.3 암석 발파 시에는 진동에 따른 민원이 발생하고 있는 바, 발파진동저감을 위한 진동원 및 전파경로에 대한 대책을 기술하시오.

081.2 도심지 주거 밀집지역에서 암을 굴착하려고 한다. 소음과 진동을 피하여 시공할 수 있는 암 파쇄공법을 설명하고, 시공 상 유의할 사항에 대하여 기술하시오.

083.1 발파에서 지반 진동의 크기를 지배하는 요소

083.2 현장에서 암 발파 시 일어날 수 있는 지반진동, 소음 및 암석비산과 같은 발파공해의 발생원인과 대책을 설명하시오.

087.4 발파진동이 구조물에 미치는 영향을 기술하고, 진동영향 평가방법을 설명 하시오.

092.4 발파시공 현장에서 발파진동에 의한 인근 구조물에 피해가 발생하였다. 구 조물에 미치는 영향에 대한 조사방법을 열거하고 시공 시 유의사항에 대 하여 설명하시오.

097.1 터널 발파 시의 진동저감대책

102.2 발파 시 진동 발생원에서의 진동 경감방안과 전달경로에서의 차단방법에 대하여 설명하시오.

3. 터널굴착공법

10.22 터널공사 계획 고려사항 1474

064.4 산간지역에 연장 2.0km인 2차선 쌍설터널을 시공하고자 한다. 원가, 품질, 공정, 안전에 관한 중요한 내용을 기술하시오.

079.4 균열이 발달된 보통 정도의 암반으로, 중간에 2개소의 단층과 대수층이 예상되는 산간지역에 종단구배가 3.5%이고 연장이 600m인 2차선 일반국 도용 터널이 계획되어 있다. 본공사에 대한 시공계획을 수립하시오.

087.2 기존 지하철노선 하부를 관통하는 신설 터널공사를 계획 시, 기존노선과

신설터널 사이의 지반이 풍화잔적토이며 두께가 약 10m일 때, 신설터널 공사를 위한 시공대책에 대하여 설명하시오.

090.4 신설도로공사에서 연약지반 구간에 지하횡단 박스 컬버트(box culvert) 설치 시 검토사항과 시공 시 유의사항을 설명하시오.

097.3 장대 도로터널의 시공계획과 유지관리 계획에 대하여 설명하시오.

097.4 지하철 정거장에서 2아치 터널의 시공 시 문제점과 대책을 설명하시오.

098.3 산악지역 및 도심지를 관통하는 장대터널 및 대단면 터널 건설 시의 터널 시공계획과 시공 시 고려사항에 대하여 설명하시오.

110.2 터널공사 중 막장 전방의 지질 이상대 파악을 위한 조사방법의 종류 및 특징에 대하여 설명하시오.

102.4 터널 굴착방법의 종류별 특징과 현장관리 시 주의해야 할 사항에 대하여 설명하시오.

107.3 터널 굴착공법 중 굴착단면 형태에 따른 굴착공법을 비교 설명하시오.

112.3 도심지 연약지반에서 터널 굴착 및 보강방법에 대하여 설명하시오.

065.4 하천변 열차운행이 빈번한 철도 하부를 통과하는 지하차도를 건설하려고 한다. 열차운행에 지장을 주지 않는 경제적인 굴착 공법을 설명하시오.

078.4 지하철 건설공사 시공 시 토류판 배면의 지하매설물 관리에 대하여 기술하시오.

104.2 산악지형 장대터널의 저 토피구간 시공방법 중 개착(open cut)공법과 반개착(carinthian cut and curve)공법을 비교 설명하시오.

063.3 NATM의 굴착공법에 대하여 설명하시오.

076.2 NATM 터널 공사에서 공정단계별 장비계획을 수립하시오.

081.3 NATM 터널시공 시 지보공의 종류와 시공순서에 대하여 설명하고, 시공상 유의사항을 기술하시오.

093.2 NATM 터널 시공 시 (1) 굴착 직후 무지보 상태, (2) 1차 지보재(shotcrete)타설 후, (3) 콘크리트라이닝 타설 후의 각 시공단계별 붕괴형태를 설명하고, 터널 붕괴원인 및 대책에 대하여 설명하시오.

103.3 NATM 터널공사에서 사이클 타임과 연계한 세부 작업순서에 대하여 설명하시오.

104.3 터널 기계화 굴착법(open TBM과 shield TBM)과 NATM 적용 시 주요
검토사항 및 적용지질, 시공성, 경제성, 안정성 측면에서 비교 설명하시오.

108.3 저토피, 미고결 등 지반 취약구간의 터널 시공방법에 대하여 설명하시오.

067.3 실드(shield) 터널공법에서 프리캐스트 콘크리트 세그먼트(Precast
concrete segment)의 이음방법을 열거하고 시공 시 유의사항에 대하여
설명하시오.

080.4 현장에서의 쉴드(Shield) 터널의 단계별 굴착방법에 따른 유의사항에 대하
여 설명하시오.

091.1 Segment의 이음방식(쉴드터널)

091.3 쉴드터널 시공 시 뒷채움 주입방식의 종류 및 특징에 대하여 설명하시오.

093.4 쉴드터널 굴착 시 초기굴진 단계의 공정을 거쳐 본굴진 계획을 검토해야
되는데 초기 굴진 시 시공순서, 시공방법 및 유의사항을 설명하시오.

096.4 연약층이 깊은 도심지에서 쉴드(shield)공법에 의한 터널공사 중 부수가
발생하는 취약부를 열거하고 원인 및 보강공법에 대하여 설명하시오.

097.2 실드(shield)공법으로 뚫은 전력통신구의 누수원인을 취약 부위별로 분류
하고, 누수대책을 설명하시오.

098.4 쉴드(Shield)공법에 의한 터널공사 시 발생 가능한 지표면 침하의 종류를
열거하고, 침하종류별 침하의 방지대책에 대하여 설명하시오.

099.2 Shield tunnel 시공 시 발진 및 도달 갱구부에 지반보강을 시행한다. 이
때 (1) 갱구부 지반의 보강목적 (2) 갱구부 지반 보강 범위 (3) 보강공법에
대하여 설명하시오.

112.4 쉴드(Shield) 굴착 시 세그먼트 뒤채움 주입방식 및 주입 시 고려사항에 대
하여 설명하시오.

116.1 쉴드 터널의 테일 보이드(Tail void)

068.4 터널공법 중 세미쉴드(Semi shield) 공법과 쉴드(Shield) 공법에 대하여
설명하고 각기 시공순서를 설명하시오.

071.4 기계식 터널 굴착공법(T.B.M)을 분류하고 각 기종의 특징을 기술하시오.

072.2 TBM(Tunnel Boring Machine) 공법의 특징에 대하여 기술하시오.

073.3 지하 30m 와 20m 사이에서 연암과 연약토층이 혼재된 지반조건을 가진
도심지의 도시터널공사(직경 7.0m, 길이 약 4㎞)를 시공하고자 한다. 인

근건물과 지중매설물의 피해를 최소화하는 기계식 자동화공법의 시공계획서 작성 시 유의사항을 설명하시오.

4. 굴착보조공법

부, 용수부)의 시공 시 유의사항과 분진대책을 설명하시오.

089.4 건식 및 습식 숏크리트(shotrete)의 시공방법과 시공 상의 친환경적인 개
선안에 대하여 기술하시오.

092.2 NATM 터널 시공 시 숏크리트(Shotcrete) 공법의 종류를 열거하고, 리바
운드(Rebound) 저감대책에 대하여 설명하시오.

101.3 터널의 숏크리트 강도특성 중에서 압축강도 이외에 평가하는 방법과 숏크
리트 뿜어붙이기 성능을 결정하는 요소를 설명하시오.

106.3 터널지보공인 숏크리트와 록볼트의 작용효과에 대하여 설명하시오.

108.1 숏크리트의 리바운드(Rebound) 최소화 방안

111.4 현장에서 숏크리트 시공 시 유의사항과 품질관리를 위한 관리항목에 대하
여 설명하시오.

115.1 터널 숏크리트의 리바운드 영향인자 및 감소대책

116.4 NATM터널에서 Shotcrete 타설 시 유의사항과 두께 및 강도가 부족한 경
우의 조치 방안에 대하여 설명하시오.

119.1 습식 숏크리트

10.36 主지보재 : 록볼트 (Rock bolt)

087.3 터널공사에서 록볼트(Rock bolt)의 종류와 정착방식에 따른 작용효과에
대하여 설명하시오.

10.37 케이블 볼트 (Cable bolt)

111.2 터널설계와 시공 시 케이블 볼트(Cable bolt) 지보에 대한 특징 및 시공효
과에 대하여 설명하시오.

10.38 터널 콘크리트 라이닝, 인버트

065.3 NATM 터널공사에서 라이닝 콘크리트(Lining concrete)의 누수 원인을
열거하고 방지대책을 설명하시오.

067.4 터널공사에 있어서 인버트 콘크리트(invert concrete)가 필요한 경우를 들
고, 콘크리트 치기순서에 대하여 설명하시오.

075.4 장대터널공사 현장에서 인버트 콘크리트를 타설하고자 한다. 인버트 콘크
리트의 설치목적과 타설 시 유의해야 할 사항에 대하여 설명하시오.

083.1 터널에서의 콘크리트 라이닝의 기능

088.3 터널 2차 라이닝 콘크리트의 균열발생 원인과 그 방지대책을 설명하시오.

094.1 터널의 인버트 정의 및 역할

101.4 터널 콘크리트 라이닝 시공 시 계획단계 및 시공단계에서 고려해야 할 균

열제어 방안을 설명하시오.

105.2 터널 라이닝콘크리트(lining concrete) 균열 발생원인 및 균열 저감대책에 대하여 설명하시오.

106.1 터널 라이닝(Lining)과 인버트(Invert)

108.4 NATM 터널의 콘크리트 라이닝 균열 발생원인과 저감방안에 대하여 설명하시오.

118.4 터널 라이닝 콘크리트의 누수원인과 대책에 대하여 설명하시오.

120.1 터널 인버트 종류 및 기능

070.4 터널계획 시 지하수 처리 방법에 대하여 기술하시오.

078.4 NATM 터널에서 방수의 기능(역할)을 설명하고 방수막 후면의 지하수 처리 방법에 따른 방수형식을 분류하고 그 장단점을 기술하시오.

082.2 지층변화가 심한 터널 굴착 시 막장에서 지하수 유출 및 파쇄대 출현에 대한 대처방안을 기술하시오.

084.3 배수형 터널과 비배수형 터널을 비교하여 그 개념 및 장점과 단점을 기술하시오.

085.3 산악 터널공사에서 발생하는 지하수 용출에 따른 문제점과 대책을 설명하시오.

092.4 터널의 지하수 처리형식에서 배수형터널과 비배수형터널의 특징을 비교 설명하시오.

096.4 NATM에 의한 터널공사 시 배수처리방안을 시공단계별로 설명하시오.

114.3 지반이 불량하고 용수가 많이 발생하는 지형의 터널시공 시 용수처리와 지반안정을 위한 보조공법에 대하여 설명하시오.

067.3 터널공사에서 자립이 어렵고 용수가 심한 터널 막장을 안정시키기 위한 보조 보강 공법에 대하여 설명하시오.

068.3 터널시공 중 터널막장의 보강공에 대하여 설명하시오.

072.4 터널의 지반보강 방법에 대하여 기술하시오.

107.2 NATM 터널 막장면 보강공법에 대하여 설명하시오.

079.3 연약한 토사층에서 토피 30m 정도의 지하에 터널을 굴착 중 천단부에서 붕락이 일어나고 상부지표가 함몰되었다. 이 때, 조치해야할 사항과 붕락

구간 통과방안에 대해 기술하시오.

080.2 터널 시공 중 천단부 쐐기파괴 발생 시 현장에서의 응급조치 및 복구대책에 대하여 설명하시오.

084.1 터널 굴착 중 연약지반 보조공법 중 강관다단 그라우팅

095.2 터널 천단부와 막장면의 안정에 사용되는 보조재료의 종류와 특징을 설명하시오.

100.3 터널공사 중 저토피 구간에서 붕괴사고가 발생하였다. 저토피 구간에 적용할 수 있는 터널보강공법을 설명하시오.

104.3 도심지 천층터널의 지반특성 및 굴착 시 발생 가능한 문제점과 대책에 대하여 설명하시오.

111.1 휘폴링(Forepoling) 보강공법

117.1 터널변상의 원인

094.2 토피가 낮은 터널을 시공할 때 발생되는 지표침하현상과 침하저감대책에 대하여 설명하시오.

078.2 터널 굴착 중에 터널 파괴에 영향을 미치는 요인에 대하여 기술하시오.

097.1 막장 지지코어 공법

104.1 터널 막장의 주향과 경사

113.2 터널 관통부에 대한 굴착방안 및 관통부 시공 시 유의사항에 대하여 설명하시오.

088.1 프런트잭킹(front jacking) 공법

102.2 도로하부 횡단공법 중 프런트 재킹(front jacking)공법과 파이프 루프(pipe roof)공법의 특징과 시공 시 유의사항에 대하여 설명하시오.

082.3 NATM 공법으로 터널을 시공 시에 많은 계측을 실시하고 있다. 계측의 목적과 계측의 종류별 설치 및 계측 시 유의사항을 기술하시오.

110.4 도심지 내 NATM 터널을 시공하고자 할 경우 터널 내 계측항목, 측정빈도 및 활용방안에 대하여 설명하시오.

117.4 터널 준공 후 유지관리 계측에 대하여 설명하시오.

072.4 시공 중인 노선 터널의 환기(Ventilation) 방식에 대하여 기술하시오.

080.3 공사 중인 터널의 환기방식 및 소요환기량 산정 방법을 설명하시오.

092.3 터널공사 중 발생하는 유해가스, 분진 등을 고려한 환기계획 및 환기방식
의 종류에 대하여 설명하시오.

101.2 도로터널의 환기방식을 분류하고 그 특징과 환기불량 시 터널에 발생되는
문제점을 설명하시오.

089.4 터널의 장대화에 따른 방재시설의 중요성이 강조되고 있다. 장대 도로터널
의 방재시설 계획 시 고려하여야 할 사항과 필요시설의 종류 및 특징에
대하여 기술하시오.

066.3 터널 시공의 안정성 평가 방법에 대하여 기술하시오.

105.4 기존 터널에서 내구성 저하로 성능이 저하된 경우, 보수 방안과 보수 시
유의사항에 대하여 설명하시오.

099.4 콘크리트 지하구조물 균열에 대한 보수·보강공법과 공법 선정 시 유의사항
을 설명하시오.

113.4 터널공사 시 재해유형 및 안전사고 예방을 위한 대책을 설명하시오.

114.1 지하안전관리에 관한 특별법

086.3 대도시 도심부 지하를 관통하는 고심도 지하도로 시공 중 도시시설물 안
전에 미치는 영향 요인들을 열거하고 시공 시 유의사항을 설명하시오.

094.3 최근 수도권 대심도 고속철도나 도로건설에 대한 관련 사업들이 계획되고
있다. 귀하가 도심지 대심도터널을 계획하고자 한다면 사전검토사항과 적
절한 공법을 선정하여 설명하시오.

119.2 지하안전관리에 관한 특별법에 따른 지하안전영향평가 대상의 평가항목
및 평가방법, 안전점검 대상 시설물을 설명하시오.

11. 수자원

1. 댐

089.2 댐(dam) 본체 축조 전에 행하는 사전(事前)공사로써 유수전환 방식 및 특징에 대하여 기술하시오.

106.2 댐공사에서 하천 상류지역 가물막이 공사의 시공계획과 시공 시 주의사항에 대하여 설명하시오.

063.4 기초암반(基礎岩盤)의 보강공법을 설명하시오.

065.1 커튼 그라우팅(curtain grouting)

068.4 댐의 그라우팅(grouting)의 종류와 방법에 대하여 설명하시오.

071.1 Consolidation grouting

073.4 댐(Dam)의 기초 처리공법에 대하여 설명하시오.

075.1 커튼 그라우팅(curtain grouting)

077.1 Consolidation Grouting

079.4 댐 기초공사에서 투수성 지반일 경우의 기초처리공법을 기술하시오.

080.3 댐 기초굴착 결과 일부구간에 파쇄가 심한 불량한 암반이 나타났다. 이에 대한 기초처리 방안에 대하여 설명하시오.

084.3 Fill Dam기초가 암반일 경우 시공 상의 문제점을 열거하고 그 중 특히 Grouting공법에 대하여 기술하시오.

095.1 블랭킷 그라우팅(blanket grouting)

102.3 댐의 기초처리방법과 기초 그라우팅 종류 및 특징에 대하여 설명하시오.

115.4 댐공사 시 지반조건에 따른 기초처리공법에 대하여 설명하시오.

068.1 Lugeon 치

073.1 Lugeon 치

064.4 록필댐의 코아존(Core Zone)을 시공할 때 재료조건, 시공방법 및 품질관리에 대하여 기술하시오.

069.4 콘크리트 댐과 RCD(Roller Compacted Dam)의 특징에 대하여 서술하시오.

081.4 RCD댐 (Roller Compacted Concrete Dam)의 개요와 시공순서를 설명하고 시공 상 유의할 사항에 대하여 기술하시오.

082.2 중력식 Concrete Dam의 Concrete 생산, 운반, 타설 및 양생방법을 기술하시오.

074.4 하천에서 보를 설치하는 경우를 열거하고 시공 시 유의사항을 기술하시오.

088.1 하천의 고정보 및 가동보

092.2 하천공사에 설치하는 기능별 보의 종류를 열거하고, 시공 시 유의사항에 대하여 설명하시오.

096.3 다기능보의 상·하류 수위조건 및 지반의 수리특성을 고려한 기초지반의 차수공법에 대하여 설명하시오.

098.2 하천에서 보(weir)설치를 위한 조건과 유의사항에 대하여 설명하시오.

099.4 하천의 보 하부의 하상세굴의 원인과 대책에 대하여 설명하시오.

068.3 제방의 누수에는 제체누수와 지반누수로 구분할 수 있는데 이들 누수의 원인과 시공대책에 대하여 설명하시오.

080.3 집중 호우 시 수위 상승으로 인한 하천제방의 누수 및 제방붕괴 방지를 위한 대책에 대하여 설명하시오.

086.3 하천제방 제내지 측에 누수징후가 예견되었다. 누수원인과 방지대책을 설명하시오.

088.2 하천제방에서 부위별 누수 방지대책과 차수공법에 대하여 설명하시오.

091.4 하천공사에서 제방을 파괴시키는 누수, 비탈면 활동, 침하에 대하여 설명하시오.

105.3 하천 제방의 누수 원인을 기술하고 누수 방지대책에 대하여 설명하시오.

112.3 제방호안의 피해형태, 피해원인 및 복구공법에 대하여 설명하시오.

115.4 하천호안의 파괴원인 및 방지대책에 대하여 설명하시오.

117.2 하천제방의 누수원인과 방지대책에 대하여 설명하시오.

064.2 기존 제방의 보강공사를 시행할 때 주의하여야 할 사항을 설명하시오.

090.3 하천개수계획 시 중점적으로 고려할 사항과 개수공사 효과를 설명하시오.

097.1 하천의 역행 침식(두부침식)

103.2 하천제방의 차수공법을 공법개요, 신뢰성, 환경성, 장비사용성, 시공성 측면에서 비교·설명하시오.

096.2 하도의 굴착 및 준설공법에 대하여 설명하시오.

110.3 장마철 호우를 대비하여 하상(河上)을 정비하고자 한다. 하상 굴착방법 및 시공 시 유의사항에 대하여 설명하시오.

086.1 하천 생태(환경) 호안

097.4 하천제방에서 식생블록으로 호안보호공을 할 때, 안정성검토에 필요한 사항과 시공 시 주의사항을 설명하시오.

3. 수도

117.4 상수도 기본계획의 수립절차와 기초조사 사항에 대하여 설명하시오.

063.3 상수도관 매설시 유의사항을 설명하시오.

066.4 교량 구조물에 대형 상수도 강관(Steel Pipe)을 첨가하여 시공하고자 할 때 상수도관 시공의 유의사항을 기술하시오.

074.2 대형상수도관을 하천을 횡단하여 부설코자할 때 품질관리와 유지관리를 감안한 시공 상 유의사항을 기술하시오.

086.3 주요 간선도로를 횡단하는 송수관로(직경 2m, 2열)시공 시 교통장애를 유발하지 않는 시공법을 제시하고 시공 시 유의사항을 설명하시오. (지반은

사질토이고 지하수위가 높음)

098.2 하폭이 300m인 하천에 대형 광역상수도관을 횡단시키고자 한다. 관 매설 시 품질관리 및 유지관리를 고려한 시공 시 유의사항을 설명하시오.

120.1 도수로 및 송수관로 결정 시 고려사항

120.3 수로터널에서 방수형 터널공, 배수형 터널공, 압력수로 터널공을 비교 설명하시오.

087.4 상하수도 시설물(주위 배관 포함)의 누수를 방지할 수 있는 방안과 시공 시 유의사항을 설명하시오.

106.1 상수도 수처리구조물 방수공법의 종류

100.2 상·하수도관 등의 장기간 사용으로 인한 성능저하를 개선하기 위해 세관 및 갱생공사를 시행하고자 한다. 이에 대한 공법 및 대책을 설명하시오.

111.1 상수도관 갱생공법

117.1 관로의 수압시험

118.4 열 송수관로 파열원인 및 파열방지 대책에 대하여 설명하시오.

064.1 하수관의 시공검사

065.2 콘크리트 원형관 암거의 기초형식을 열거하고 각 특징을 설명하시오.

090.2 하수관로의 기초공법과 시공 시 유의사항을 설명하시오.

100.4 하수관의 종류별 특성 및 관의 기초공법에 대하여 설명하시오.

104.3 관거매설 시 설치지반에 따른 강성관거 및 연성관거의 기초처리에 대하여 설명하시오.

107.2 관거와 관거의 연결 및 관거와 구조물의 접속에 있어서 그 연결방법과 유의사항에 대하여 설명하시오.

111.3 하수관로 부설 시 토질조건에 따른 강성관 및 연성관의 관기초공에 대하여 설명하시오.

119.1 토질별 하수관거 기초의 종류 및 특성

112.1 공극수압

11.48 표면장력, 도수(跳水) ································· 1792

102.1 표면장력(surface tension)

102.1 도수(hydraulic jump)

11.49 지하구조물 浮上의 원인과 대책 ·················· 1794

067.4 지하저수용 콘크리트 구조물 공사에서 콘크리트 시공 시 유의 사항에 대하여 서명하시오.

070.3 지하수위가 비교적 높은 지역의 저수장 지하구조물 시공법 선정 시 고려해야 할 사항과 각 공법 시공 시 유의해야 할 사항을 기술하시오.

081.4 가동 중인 하수처리장 침전지 (철근콘크리트 구조물)안에 있는 물을 모두 비웠더니 바닥구조물상부에 균열이 발생하였다. 균열이 생긴 원인을 파악하고 균열방지를 위한 당초 시공 상 유의할 사항을 기술하시오.

095.4 지하구조물의 부상(浮上) 원인과 대책에 대하여 설명하시오.

100.4 도심지의 지하 하수관거 공사에 추진공법을 적용할 때 발생하는 주요 문제점 및 대책을 설명하시오.

11.50 지하구조물 漏水의 원인과 대책 ·················· 1797

079.3 정수장 콘크리트 구조물의 누수원인 및 누수방지 대책을 기술하시오.

105.2 정수장에서 수밀이 요구되는 구조물의 누수 원인을 기술하고 누수 방지대책에 대하여 설명하시오.

11.51 우수유출 저감시설 ······························· 1801

095.2 도시지역의 물 부족에 따른 우수저류 방법과 활용방안을 설명하시오.

120.3 우수조정지의 설치목적 및 구조형식, 설계·시공 시 고려사항에 대하여 설명하시오.

11.52 부영양화 (Eutrophication) ······················ 1805

085.1 부영양화(eutrophication)

11.53 매립지의 침출수 처리대책 ······················· 1807

065.2 쓰레기 매립장의 침출수 억제 대책을 설명하시오.

097.4 지반환경에서 쓰레기 매립물의 쓰레기 매립장의 침출수 억제 대책에 대한 검토사항을 설명하시오.

112.2 폐기물 매립장 계획 및 시공 시 고려사항에 대하여 설명하시오.

4. 항만

대하여 기술하시오.

074.3 항만공사에서 그래브(Grab)선 준설능력산정 시 고려할 사항과 시공 시 유의사항을 기술하시오.

079.4 준설토의 운반거리에 따른 준설선의 선정과 준설토의 운반(처분) 방법 및 각 준설선의 특성에 대해서 설명하시오.

080.4 항로에 매몰된 점토질 토사 500,000㎥를 공기 약 6개월 내에 준설하고자 한다. 투기장이 약 3km 거리에 있을 때 준설계획을 설명하시오.

081.1 호퍼준설선(Trailing Suction Hopper Dredger)

085.4 준설선을 토질조건에 따라 선정하고, 각 준설선의 특징을 설명하시오.

090.2 준설공사를 위한 사전조사와 시공방법을 기술하고 시공 시 유의사항을 설명하시오.

094.3 대규모 국가하천 정비공사에서 사용하는 준설선의 종류와 특징에 대하여 설명하시오.

096.3 수중 암굴착을 지상 암굴착과 비교해서 설명하고 수중 암굴착 시 적용장비에 대하여 설명하시오.

108.3 항만 항로폭 확장을 위한 펌프준설선의 기계화 시공에 대하여 장비종류 및 작업계획에 대하여 설명하시오.

111.2 항만 준설공사 시 경제적이고 능률적인 준설작업이 되도록 준설선을 선정할 때 고려해야 할 사항을 설명하시오.

117.1 준설선의 종류 및 특징

118.3 항만 준설과 매립 공사용 작업선박의 종류와 용도에 대하여 설명하시오.

11.71 매립공법 ·········· 1867

079.2 임해지역에서 대규모 매립공사 수행 시 육·해상 토취장 계획과 사용장비 조합을 기술하시오.

086.4 대단위 산업단지 성토를 육상토취장 토사와 해상준설토로 매립하고자 한다. 육·해상 구분하여 성토재의 채취, 운반, 다짐에 필요한 장비조합을 설명하시오. (성토물량과 공기 등은 가정하여 계획할 것)

093.2 매립공사에 사용되는 해양준설투기방법에 있어서 예상되는 문제점 및 대책에 대하여 설명하시오.

094.1 준설토 재활용 방안

095.3 해안에서 5km 떨어진 해중(海中)에 육상의 흙을 사용하여 토운선 매립방식으로 인공섬을 건설하고자 한다. 해상 매립공사를 중심으로 시공계획 시 유의사항을 설명하시오.

참고 문헌

━━━━━━━ < 著者의 辯 > ━━━━━━━

○ 『한국산업인력공단』의 국가기술자격시험 출제기준(Q-net 자료실)에 의하면 토목시공기술사 필기시험 범위는 "토목건설사업관리, 토공사, 기초공사, 콘크리트공사, 도로포장·하천·댐·상하수도·해안·항만공사, 교량공사, 터널·지하공간, 토목시공법규 및 신기술"입니다.

○ 토목시공기술사 필기시험은 국가기반시설(SOC, Social Overhead Capital)의 정책·계획·조사·설계·시공·유지관리 등에 관한 공학지식과 현장경험을 대상으로 합니다. SOC를 재정투자사업으로 하든 민자유치사업으로 하든 사업발주는 정부·지자체 및 공공기관입니다. SOC 발주기관들은 오래 전부터 사업 수행에 필요한 각종 설계기준, 표준시방서, 시공방법, 보수·보강공법 등에 관한 세부지침을 발간하여 공개하고 적용 중에 있습니다.

○ 토목시공기술사 필기시험은 정부 주도 SOC사업을 대상으로 하며, 정부는 그에 대해 세부지침을 적용하고 있습니다. 그 시험을 대비하는 교재는 정부발간물 내용을 기본으로 편집해야 시험준비에 도움이 될 것입니다. 따라서 저자는 이 교재의 원고를 정부발간물 기준으로 편집하였습니다. 부득이하게 정부발간물에 없는 내용이 기술사 시험에 출제된 경우를 분석하여 국내·외적으로 on-off line을 통해 자료를 수집하여 수록하였음을 밝힙니다.

○ 이 교재는 토목공학에 관한 학위논문이나 학술논문이 아니며, 오로지 토목시공기술사 시험 준비에 필요한 자료를 정리한 것에 불과하므로 굳이 국제표준도서번호(ISBN, International Standard Book Number)를 부여받을 필요성이 없다고 생각합니다. 다만, 기술사 시험준비 하시는 많은 분들이 쉽게 구득할 수 있도록 출판사를 통해 발간하였을 뿐입니다.

○ 이 교재를 편집하면서 참고문헌은 각 주제 끝에 각주로 함께 표시하였습니다. 학위논문이나 학술논문과 같이 참고문헌을 각 문장마다 정확하게 모두 표시하는 것은 기술사 시험을 준비하시는 분들에게는 번거롭기 때문입니다. 끝으로 이 교재에 표시하지 못한 참고문헌 목록은 저자 개인 PC에 저장되어 있음을 '著者의 辯'을 통하여 말씀드리며, 모든 관련 기관 및 원 저자에게 머리 숙여 깊이 감사드립니다.

- 저 자 씀 -

국가기록원, '성수대교 붕괴 발생원인', 재난방재, 2006.
국가표준인증 통합정보시스템, '일반구조용 압연강재', SS400, KS 규격, 2019, https://standard.go.kr/
국가표준인증 통합정보시스템, '철근 콘크리트용 봉강', KS D 3504, 2019, https://standard.go.kr/
국립농업과학원, '세계토양분류', 토양과 농업환경, 흙토람, 2019.
국립산림과학원, '국민안전과 국토보전을 위한 산사태 바로알기', 2014.

국토교통부, '가설공사', 국가건설기준 표준시방서, 2018.
국토교통부, '강교량공사', 국가건설기준 표준시방서, 2016.
국토교통부, '건설공사 공동도급운영규정', 제2016-210호, 2016.
국토교통부, '건설공사 부실방지 종합대책', 2000.
국토교통부, '건설공사 사후평가 제도', 2019.
국토교통부, '건설공사 시공상세도 작성지침', 2010.
국토교통부, '건설공사 안전관리계획서', 한국시설안전공단, 2016.
국토교통부, '건설사업정보화(CALS)소개>건설사업정보시스템', 한국건설기술연구원, 2019.
국토교통부, '공동주택 지하구조물 누수 예방을 위한 방수설계 가이드라인', 2016.
국토교통부, '개방형 터널인버트(Invert) 도입방안', 한국도로공사, 건설기술정보시스템, 2009.
국토교통부, '교량 내진설계기준', 국가건설기준 표준시방서, 2017.
국토교통부, '교량받침', 국가건설기준 표준시방서, 2016.
국토교통부, '교량·터널 내진설계기준', 건설기술정보시스템, 2019.
국토교통부, '교면포장, 국가건설기준 표준시방서', 2016.
국토교통부, '교통시설투자평가지침', 제6장 경제적 타당성 분석방법, pp.360~368, 2007.
국토교통부, '도로공사 노천발파 설계·시공지침', 2006.
국토교통부, '도로 공사장 교통관리지침(임시 교통통제시설 종류)', 2012.
국토교통부, '도로교설계기준', 2015.
국토교통부, '도로 비점오염저감시설 설계지침 제정 연구', 중간보고서, 한국건설기술연구원, 2013.
국토교통부, '도로배수시설 설계·관리지침', 2012.
국토교통부, '도로설계편람', 제3편 토공 및 배수, 2012.
국토교통부, '도로설계편람', 제4편 도로포장, 2012.
국토교통부, '도로설계편람', 제5편 교량, 2012.
국토교통부, '도로설계편람', 제6편 터널, 2012.
국토교통부, '도로설계편람', 제7편 포장(동상방지층), 2012.
국토교통부, '도로안전시설 설치 및 관리 지침', 낙석방지시설 편, 2008.
국토교통부, '도로안전시설 설치 및 관리 지침', 미끄럼방지포장 편, 2016.
국토교통부, '도로포장 유지보수 실무편람', 2013.
국토교통부, '대심도 지하개발 안전 대토론회 개최', 2019.
국토교통부, '댐 가설비공', 국가건설기준 표준시방서, 2016.
국토교통부, '댐공사 일반사항', 2016.
국토교통부, '댐 계측설비', 국가건설기준 표준시방서, 2016.
국토교통부, '댐 설계기준', 2011.
국토교통부, '모든 지형지물에 전자식별자(UFID) 도입', 2010.
국토교통부, '토량변화율, 토량환산계수', 국토교통전자정보관, 2019, http://www.codil.or.kr/
국토교통부, '설계 안전성 검토 업무 매뉴얼', 2017.
국토교통부, '설계용역 평가업무(PQ, SOQ, TP) 매뉴얼', 2017.
국토교통부, '소성변형 방지대책', 1998.
국토교통부, '수팽창 지수재 및 지수판공사', 국가건설기준 표준시방서, 2016.
국토교통부, '순환골재 콘크리트', 국가건설기준 표준시방서, 2016.
국토교통부, '시멘트 콘크리트 포장공사', 국가건설기준 표준시방서, 2016.
국토교통부, '시멘트 콘크리트 포장 생산 및 시공지침', 2009.
국토교통부, '생애주기비용 분석 및 평가요령', 2008.
국토교통부, '아스팔트 포장의 소성변형을 위한 지침', 2005.
국토교통부, '아스팔트 콘크리트 포장의 포트홀 저감 종합대책', 2013.
국토교통부, '아스팔트 혼합물의 생산 및 시공지침', 2009.
국토교통부, '아치댐', 국가건설기준 설계기준, 2016.
국토교통부, '알기 쉬운 아스팔트 혼합물의 배합설계', 2011.
국토교통부, '암반구간 포장설계 지침', 2011.

국토교통부, '염해에 대한 내구성 설계기준', 콘크리트구조설계기준 해설, 2016.
국토교통부, '지반계측', 설계기준, 2016.
국토교통부, '지반조사 개요', 국토지반정보 통합DB센터, 2019.
국토교통부, '지반침하(함몰) 안전관리 매뉴얼', 2015.
국토교통부, '지하수조사', 국가건설기준 표준시방서, 2016.
국토교통부, '제작', 국가건설기준 표준시방서, 2016.
국토교통부, '제5차 건설기술진흥기본계획', 2012.
국토교통부, '제6차 건설CALS 기본계획(2018~2022)', 2018.
국토교통부, '직접시공 확대, 하도급 심사 강화 …혁신노력 차질 없이 추진', 2019.
국토교통부, '초속경 LMC를 이용한 교량 바닥판 및 도로포장 보수·재포장 시공지침', 2014.
국토교통부, '턴키 등 설계심의 공정성 확보방안 마련', 2012.
국토교통부, '토석정보공유시스템 TOCYCLE 사용자 매뉴얼 version 5.0', 2019.
국토교통부, '표면차수벽형 석괴댐 축조공', 국가건설기준센터, 2018.
국토교통부, '콘크리트 구조설계기준', 2007.
국토교통부, '콘크리트구조 철근상세 설계기준', 2016.
국토교통부, '콘크리트표준시방서', 2016.
국토교통부, '콘크리트표준시방서', 부록Ⅱ 콘크리트의 내구성 평가, 2016.
국토교통부, '하천보', 국가건설기준 표준시방서, 2018.
국토교통부, '하천설계기준 및 해설', 2009.
국토교통부, '하천수제', 국가건설기준 표준시방서, 2018.
국토교통부, '하천제방', 국가건설기준 표준시방서, 2018.
국토교통부, '하천 하상정리공사', 국가건설기준 표준시방서, 2016.
국토교통부, '하천호안', 국가건설기준 표준시방서, 2018.
국토교통부, '해양 콘크리트', 표준시방서, 2016.
국토교통부, '해체공사 안전관리 요령 안내', 2012.
국토교통부, '홍수방어 계획', 국가건설기준 표준시방서, 2016.
국토교통부, '2011 경제발전경험모듈화사업 : 한국형 신도시 개발', 국토연구원, 2012.
국토교통부, 'DGPS 오차 1m급 위치정보서비스 대중화', 2010.
국토교통부, 'GIS란?', 국가공간정보포털, 2019.
국토교통부, 'GNSS(글로벌항법위성시스템)', 2019.
국토교통부, 'PCT거더(Prestressed Composite Truss Girder) 공법 도입', 건설기술정보시스템, 2009.
고용노동부, '비계 작업 안전대책', 한국산업안전보건공단, 2014.
고용노동부, '산업안전보건법 전부개정안 국회 본회의 통과', 2019.
고용노동부·국토교통부, '유해·위험방지계획서 및 안전관리계획서 통합작성지침서', 2014.
기상청, '지진의 분류, 지진정보, 국내지진 규모별 순위', 2019.
기획재정부, '민간투자사업기본계획', 제2017-99호, 2017.
국무총리실, '지속가능한 기반시설 안전강화 종합대책', 관계부처 합동, 2019.
과학기술정보통신부, '4차 산업혁명에 대응한 지능정보사회 중장기 종합대책', 지능정보추진단, 2019.
대한건설정책연구원, '하도급계약 적정성 심사제도의 개정내용 및 기대효과', 2012.
대한건설진흥회, '건설공사표준품셈', 2007.
대한주택공사 주택연구소, '공정-비용을 통합한 전산공정관리 실용화', 2000.
법제처, '건설공사의 준공, 인계인수', 찾기 쉬운 생활법령정보, 2019.
법제처, '공사계약보증금', 찾기 쉬운 생활법령정보, 2019.
법제처, '물가변동으로 인한 계약금액 조정', 찾기 쉬운 생활법령정보, 2019.
법제처, '설계변경으로 인한 계약금액 조정', 찾기 쉬운 생활법령정보, 2019.
산업안전보건공단, '가설계단 설치 및 사용 안전보건작업 지침', KOSHA guide, 2012.
산업안전보건공단, '거푸집·동바리의 안전작업매뉴얼', 2014.
산업안전보건공단, '굴착공사 계측관리 기술지침', KOSHA guide, 2014.
산업안전보건공단, '기초 파일 작업안전', KOSHA 자율안전클럽(건설업), 2008.

산업안전보건공단, '슬립폼(Slip form) 안전작업 지침', KOSHA guide, 2011.
산업안전보건공단, '외벽석재 해체 중 시스템비계 무너져', 2014.
산업안전보건공단, '장마철 건설현장 안전대책', 웹매거진, 2019.
산업안전보건공단, '케이슨(Caisson) 제작순서에 따른 위험요인 및 안전대책', 2018.
산업안전보건연구원, '건설업 산업안전보건관리비 계상요율 및 사용기준 개선방안 연구', 2015.
서울시립공단, '소규모 굴착복구공사 품질향상 방안 용역보고서', ㈜한국건설품질시험연구원, 2013.
소방방재청, '우수유출저감시설 설치사업 설명자료', 2009.
인천광역시, '부영양화 현상이란?', 보건환경연구원, 2019.
인천항만공사, '계류시설을 아시나요?', 2019, https://incheonport.tistory.com/
익산지방국토관리청, ''익산청 관내 도로건설공사 시공엔지니어링 매뉴얼', 2013.
조달청, '최저가낙찰제 대상공사에 대한 입찰금액의 적정성심사 세부기준', 2011.
통계청, '건설공사비지수', 통계정보 보고서, 2016.
해양수산부, '연안시설 설계기준 해설', 2016.
해양수산부, '연약지반에 적합한 흡입식 방파제 건설공법 개발', 2007.
해양수산부, '준설토 재활용 방안연구(IV) 최종보고서', 한국해양연구원, 2003.
해양수산부, '항만 및 어항공사 전문시방서', 2014.
해양수산부, '항만 및 어항 설계기준·해설-상권', 2014.
한국가스안전공사, '가스시설 전기방식 기준', 2018.
한국건설기술연구원, '교량관리시스템(BMS) 구성', 2019, http://www.roadpms.kr/
한국건설기술교육원, '도로포장기술교육 B 아스팔트혼합물', 2009.
한국건설기술연구원, '포장관리시스템(PMS) 구성', 2019.
한국건설기술연구원, '하천제방 관련 선진기술개발보고서', 2004.
한국건설기술연구원, '2009년 하반기 건설공사 실적공사비 적용 공종 및 단가', 2009.
한국건설기술관리협회, '신기술·신공법 : Prefab Form/Re-bar Slab 철근을 포함한 선조립 대형거푸집', 건설
　　감리, 2010.
한국건설안전협회, '거푸집동바리 붕괴 유발요인 및 안전성 확보 방안', 2016.
한국교통안전공단, '드론 기반의 도로안전 기술적용 시범연구', 2017.
한국개발연구원, '도로·철도부문 예비타당성조사 표준지침 수정·보완 연차보고서', 2013.
한국도로공사, '구조물용 고내구성 콘크리트 표준배합 및 품질관리 방안 연구', 도로교통연구원, 2016.
한국도로공사, '박스암거상부 콘크리트 포장체의 보강방안 개선 연구(Ⅰ)', 도로연구소, 1999.
한국도로공사, '여굴최소화를 위한 최적발파패턴 설계방안에 관한 연구(Ⅰ)', 도로연구소, 1998.
한국도로공사, '일체식 교량 설계지침(무조인트 교량)', 도로교통연구원, 2009.
한국도로공사, '장수명 포장 콘크리트의 표준배합 및 성능평가방법 도출', 도로교통연구원, 2015.
한국도로공사, '터널 발파작업 시공관리', 2000.
한국도로공사, '한계상태설계법 도로교설계기준 설계실무편람 개발', 도로교통연구원, 2011.
한국레미콘공업협회, '콘크리트 기술정보 콘크리트의 중성화', 기술분과위원회, 2011.
한국방재협회, '풍수해저감종합계획수립', 방재특수전문교육 교재, 2011.
한국비파괴검사학회, '비파괴검사 용어사전', 도서출판골드, 2006.
한국산업인력공단, '최근 5년간 국가기술자격 기술사 등급 취득자 추이(2011~2015년)', 국가기술자격통계연
　　보, 2019.
한국시설안전공단, '성능평가 시스템', 시설안전교육센터 성능평가과정, 2019.
한국시설안전공단, '시특법 해설 및 정책', 시설안전교육센터 정밀안전진단과정, 2018.
한국시설안전공단, '안전점검 및 정밀안전진단 세부지침 해설서(댐)', 2011.
한국시설안전공단, '안전점검 및 정밀안전진단 세부지침 해설서(절토사면)', 2012.
한국시설안전공단, '안전점검 및 정밀안전진단 세부지침 해설서(제방)', 2012.12.
한국시설안전공단, '안전점검 및 정밀안전진단 세부지침 해설서(터널)', 2011.
한국시설안전공단, '절토사면의 붕괴유형 및 안전대책', 시설안전교육센터 정밀안전진단과정, 2018.
한국시설안전공단, '절토사면의 점검 및 보수·보강', 시설안전교육센터 정밀안전진단과정, 2018.
한국시설안전공단, '콘크리트 내구성', 시설안전교육센터 정밀안전진단과정, 2018.

한국시설안전공단, '콘크리트용 골재', 시설안전교육센터 정밀안전진단과정, 2018.
한국재태크연구소, '용접결함 및 방지대책', 2018, http://blog.daum.net/
한국재해예방관리원, '건설업 유해·위험방지계획서', 2016.
한국콘크리트학회, '최신 콘크리트공학', 제1장 콘크리트의 탄생 및 역사, 기문당. 2011.
한국토지주택공사, '구조물 뒤채움 전문시방서', 2012.
한국토지주택공사, '국내·외 공사 실패사례,' 토지연구원, 2018.
한국철강협회, '철근 콘크리트용 봉강(KS D 3504) 개정', 철강정책이슈, 2016.
한국철도기술연구원, '고속철도용 터널 미기압파 저감 후드 실용화 기획연구 최종보고서', 2015.
한국철도시설공단, '비개착공법-노반-철도건설공법-사업소개', 2018.
한국철도시설공단, '암판정지침', 2000.
한국철도시설공단, '연약지반', 2012.
한국철도시설공단, '지반조사', 2014.
한국철도시설공단, '콘크리트 구조물의 균열관리', 2001.
한국철도시설공단, '터널안정성해석', 2012.
환경부, '관로검사 및 시험', 2017.
환경부, '관로시설 설계기준', 2017.
환경부, '배수 및 방수', 국가건설기준, 설계기준, 2016.
환경부, '상수도공사 표준시방서', 2014.
환경부, '상수도 수로터널공사', 국가건설기준, 표준시방서, 2017.
환경부, '상수도 수압시험 및 수압검사', 2017.
환경부, '수도정비기본계획 수립지침', 2018.
환경부·국토교통부, '환경친화적인 도로건설 지침', 2015.

고재일, '철근콘크리트 구조물의 부식과 콘크리트피복의 방식', 대림산업, 봄호 2001.
곰돌이, 건설장비의 선정 및 조합, 2010, http://m.blog.daum.net/
강신현 외, '수치해석을 통한 급곡선 구간 Shield TBM의 중절잭 및 스킨플레이트 구조에 관한 연구', 한국터널및지하공간학회 논문집, pp.421~435, 2017.
강영미 외, 'Surveying 측량학', 지우북스, pp.118~122, 2017.
강운산 외, '주계약자 공동도급 제도의 개선 방안', 건설이슈포커스, 2010.
강인석, '한심한 토목CM…낯부끄러운 글로벌 건설한국', 경상대학교 교수, 2015.
강황식, '건설공사 직접시공 의무제 확대', 한국경제, 2011.
국토환경정보센터, '도시계획 및 이용', 생태하천복원, 2018.
굴렁쇠, '내진설계 및 면진설계', 2019, http://blog.naver.com/
김가현, 'Final 수자원개발기술사', 예문사, 2009.
김갑수, '하수관거의 기능향상을 위한 고찰', 서울도시연구 제1권 제2호, 2000.
김경식 외, '탄성받침을 가지는 단경간 곡선 강박스거더 교량의 부반력 특성평가,' 한국전산구조공학회 논문집 제28권 제2호, 2015.
김경수, '분니의 발생원인과 선로보수', 선로이야기, 2008, http://blog.daum.net/
김경수, '캔트 cant', 김경수 코레일 선로 사랑이야기, 2016.
김경수, 'Extradosed교의 기술동향 및 현황', 2014, http://m.blog.daum.net/
김경훈 외, '시멘트 석산현장의 덤프트럭 작업 활동별 사이클 타임 분석', 대한건축학회 춘계학술발표대회논문집 제37권 제1호, 2017.
김낙석·박효성, '실무중심 건설적산학', 피앤피북, 2016.
김낙석·박효성, '앞서가는 토목시공학', 개정 1판1쇄, 예문사, 2018.
김낙영 외, '항타로 인한 말뚝쿠션재료별 소음 분석', 한국소음진동공학회 2010년 춘계학술대회논문집, pp.660~661, 2010.
김남영 외, '국내 도로터널 방재시설 현황 및 전망', 삼보기술단 기전부, 2019.
김동해 외, '석션 드레인 공법에 사용되는 배수재 연결구', ㈜동아지질, 2019.

김두훈 외, '건축물용 지진격리시스템', 한국강구조학회지, 제13권 제2호, 2001.

김명수 외, '도심지 토사재해 관리현황 및 개선방안 제안', 국토연구원 국토정책 Brief, 2016.

김병일 외, '수치해석을 이용한 모래다짐말뚝 치환율에 따른 호안 구조물의 거동 분석', 한국지반신소재학회 논문집 제17권 3호, pp.1~8, 2018.

김성근, '정보통신기술을 이용한 건설기계관리시스템', 한국건설관리학회 논문집, pp.536~538, 2006.

김성훈 외, '토목시설물에 대한 BIM 기반 가상건설장비 시뮬레이션 시스템 개발', 한국전산구조공학회 논문집 제30권 제3호, 2017.

김수혜, '늪처럼 변한 땅…포항 피사의 아파트 불렀나', 조선일보, 2017.

김신구 외, '건설생산성 향상을 위한 건설현장 내 RFID 네트워크 시스템 적용 방안', 한국통신학회논문지, Vol 35, No.8, 2010.

김우용 외, '필댐의 내부침식에 대한 위험도 평가 방안 및 사례 소개', 유신기술회보, 제24호, pp.198~206, 2018.

김영식 외, '용접구조물의 최신 비파괴 검사기술', 한국과학기술정보연구원, 대한용접·접합학회지 제5권, pp.63~70, 2017.4월.

김영신, '건설현장 중대재해 처리요령', 대한산업안전협회 산업재해 관련자료, 2008.

김용훈, '민간투자사업의 트랜드 및 전망', 딜로이트 안진회계법인, 2016.

김진아 외, '암석의 취성파괴에 대한 수치해석적 연구', 한국암반공학회 학술발표회, 2006.

김재홍 등, '경사말뚝의 동적거동과 내진성능 향상을 위한 실험적 고찰', 서울대학교 공과대학 지구환경시스템공학부 석사과정, 2012.

김태준, 'VE자료', 한국건설기술관리협회, KACEM 소식, 2006.

김희철, '원심모형시험에 의한 스미어 존 산정', 서울시립대학교 박사논문, 2009.

권오성, '초속경 라텍스개질 콘크리트를 이용한 교량 바닥 및 콘크리트 포장 보수·보강 공법 적용', 건설기술/쌍용, winter, 2005.

노유정, '우수한 내충격성을 가지는 새로운 허니콘-영감의 디자인', 기계저널, 2015.

네이버 지식백과, 가압부상법(加壓浮上法, dissolved air flotation), 2019.

대우건설, '탄소저감 배출 콘크리트', 2010, www.dwconst.co.kr/

류정곤, '바다모래 채취실태와 개선방안,' 한국해양수산개발원 선임연구위원, 2018.

류한국, '사물인터넷 기술 기반의 건설 작업자 안전관리 방안', 대한건축학회 춘계학술발표대회논문집 제37권 제1호(통권 제67집), pp.873~874, 2017.

마산시, 저도연육교 재가설공사, 2005.

무소뿔, '돗바늘식 공법', 2010, https://m.blog.naver.com/

무소뿔, 'EVMS 개요 -공정관리-', 2009, http://blog.naver.com/

문정훈 외, '자분 및 와전류검사', 원창출판사, 1998.

비점오염관리기술연구단, '비점오염저감시설 정보관리시스템', 2019.

배민혁, 'Hybrid Arch교 콘크리트리브 거푸집 및 동바리', 건설기술/쌍용, 2009.

배제현, '건물철거시 붕괴사고 방지를 위한 제도적 논의', 국회입법조사처, 이슈와 논쟁, 제431호, 2012.

박건형, '지진 청정국, 흔들리는 韓國… 활성단층 대책은?', 조선일보, 2016.

박기웅 외, '지중정착식 앵커리지의 설계', 유신기술회보, 2008.

박구용 외, '하이브리드 케이슨(Hybrid Caisson)의 설계와 시공', 대한토목학회지, 제52권, 2004.

박경룡 외, 'Stress Ribbon 교량(현수 바닥판교)의 특성과 적용', 학술기사, 한국강구조학회, 2019.

박광순, '시설물 내진설계기준 현황 및 개선방안', 한국시설안전공단, 시설물저널, SUMMER, 2012.

박두용, '산업안전보건규제완화의 문제점과 대책', 한성대학교 산업시스템공학부, 2001.

박상헌 외, '해저터널 구난역 플랫폼 화재연기확산 방지를 위한 에어커튼 시스템 차연성능 시뮬레이션 연구', 한국터널지하공간협회 논문집, 제257호, 2015.

박석균, '건설분야에서의 스마트 콘크리트 기술의 현황 및 전망', 2013, https://m.blog.naver.com/

박성수, '석회암 공동지역의 교량기초보강을 위한 CGS공법의 적용사례 연구', 한양大, 석사논문, 2013.

박성식 외, '모래치환법을 이용한 흙의 밀도시험에 관한 고찰', 원광대학교 석사과정, 2009.

박순응 외, '교량받침 교체를 위한 인상공법 시공사례 및 고찰', 한국철도학회, 정기총회 및 추계 학술대회 논문집, pp.291~292, 2018.

박환표, '건설기술진흥법 개정에 따른 건설업계의 대응전략', 한국건설기술연구원, 2013.
박환표, '건설발주체계의 비교·분석', 한국건설기술연구원, 2003.
박효성, '토목시공기술사 기출문제 실제답안', 예문사, 2012.
박효성, '합리적 건설사업관리를 위한 역량지수 활용 연구', 경기대학교, 박사논문, 2015.
박효성 외, 'Final 도로및공항기술사, 2차 개정', 예문사, 2012.
박효성 외, 'Final 토목시공기술사 핵심문제', 예문사, 2008.
보링그라우팅공사업협의회, 'EARTH-DRILL 공법', 시공법 소개, 2019, http://www.kbgwbc.or.kr/
비연, '강관비계와 시스템비계의 차이점', 2017, https://m.blog.naver.com/
배제현 외, '재난및안전관리기본법 개정의 의의와 향후과제', 이슈와 논점, 국회입법조사처, 2013.
사이언스올, '불연속면(discontinuity plane)', 과학백과사전, 2015.
서민규, '청송양수발전소 준공 국내 최초 원격운전 가능', 투데이에너지, 2007.
서민우 외, '석괴댐의 축조 중 내부침하 거동 평가', 한국농공학회논문집, 제52권 제4호, 2010.
서보산업, '시스템비계', 2019, http://www.seobo.co.kr/
성주현 외, '지반굴착공사로 인한 사고사례 분석,' 한국시설안전공단, 2010.
송창영, '시설물 안전관리체계 일원화 방안 연구 용역 최종보고서', (재)한국재난안전기술원, 2015.
송호면, '비굴착 공법의 개발 역사', 한국건설기술연구원, 코네틱레포트, 2019.
신주열, '최근 건설사고 사례 분석 및 예방대책', 한국시설안전공단 건설안전실장, 건설기술/쌍용, 2015.
신창건, '지하안전법 시행 주요내용 및 의미', 한국지반신소재학회지, Vol 17, 2018.
심영호, '건설공사의 공정관리 -일정/비용 통합관리-', 건설관리시스템, 2012.
쌍용, 'R.J.P 공사(Rodin Jet Pile Method)란 무엇인가?', 쌍용 기술소식, 2005.
썬로드의 교량이야기, '상부구조에 따른 교량의 종류(사장교)', 2007. https://sunroad.pe.kr/
썬로드의 교량이야기, '상부구조 형식에 따른 교량의 종류', 2018, https://sunroad.pe.kr/
썬로드의 교량이야기, '상부구조에 따른 교량의 종류(5) 아치교', 2007, https://sunroad.pe.kr/
오동식, 'PSC Box Girder 제작 및 가설을 위한 PSM 공법 개선사례 연구', 울산대학교, 석사논문, 2012.
오정환 외, '흙막이공학', 구미서관, 2004.
우제윤, '가상건설 설계 및 시공체계 구축 기획 연구', 한국건설기술연구원, 2013.
유영일 외, '터널굴착 시 산성암반배수에 대한 습지영향평가 및 구조물대책', 한국암반공학회 학술발표회, 2006.
유재명, '토질 및 기초기술사 해설', 예문사, 1998.
이건묵, '대체적 분쟁해결제도(ADR)법제의 주요 쟁점과 입법과제', NARS 현안보고서 제164호, 국회입법조사처 법제사법팀 입법조사관, 2012.
이경훈 외, '해상풍력 발전 타워 및 기초설계', 유신기술회보, pp.184~197, 제17호, 2010.
이규호 외, '건설현장 절취사면의 산성암반배수 발생특성과 잠재적 산발생능력 평가', 한국지질자원연구원, 자원환경지질, 제38권 제1호, pp.91~99, 2005.
이광원 외, '현수교의 소개 및 가설공법', 토목 기술정보, p.33, 건설기술/쌍용, 2017.
이명구 외, '건설산업의 오픈 이노베이션: 모듈화, 자동화, 디저털화를 주목하라', 삼정KPMG 경제연구원 제107호, 2019.
이병길 외, '고속철도 교량 주거더의 솟음량에 대한 소고', 한국철도학회, 추계학술대회 논문집, 2013.
이상학, '건설산업의 클레임 발생원인과 대책', 군산대학교 사회환경디자인공학부, 2015.
이종석, '콘크리트 표면 잉여수 탈수에 의한 표면강화 기법', 건설기술연구원 인프라구조연구실, 2019.
이지철, '비굴착공법을 이용한 상하수도관의 신설·교체기법 연구', 서울특별시 정책연구위원회, 2005.
이지현 외, '해상풍력발전기 자켓 지지구조물의 최적설계 및 신뢰성해석', 한국해양공학회지 제28권 제3호, pp 218-226, 2014.
이진우, '토목구조기술사[Ⅰ] 모범답안', 예문사, 2007.
이재옥, '암반 비탈면 평사투영해석에 대한 고찰', 유신기술회보 제13호, pp.136~143, 2014.
이춘석, '토질 및 기초공학 이론과 실무', 예문사, 2002.
이춘석, '토질 및 기초기술사 용어해설', 예문사, 2005.
이한승 외, '하수관거 보수용 저온경화형 수지 적용기술개발', 한양대학교 산학협력단, 2010.
이현섭 외, '광역상수도 압력도수터널 설계 사례', 유신기술회보, 2019.

에스이코리아(주), 'ISO 14000 해설 시리즈 - 환경경영시스템의 구조', 노동부지정 안전관리대행기관, 안전보건교육기관, 2012.

육백, '직접기초', 토질및기초기술사, 2007, http://blog.daum.net/

윤대현, '강널말뚝 및 벽강관말뚝에 대한 페트로레이팀 피복공법의 적용 사례', 한국부식학회 춘계 학술발표회 논문 초록집, 2002.

윤영환, '수급인의 담보책임과 관련한 몇 가지 판례', 윤영환 변호사의 법률산책, 건설경제, 2017.

윤종량, '모듈화의 적합성', 한국과학기술정보연구원 KISTI, 2019.

윤현도 외, '수축보상 변형 경화형 시멘트 복합체로 휨보강된 철근콘크리트보의 휨·균열 거동', 한국콘크리트학회 학술대회 논문집, pp.769~770, 2012.05.

임정순, '콘크리트 구조물의 내구성설계', 경기대학교 공과대학 교수, 2011.

양성호 외, '말뚝시험의 종류 및 기준', 기술정보, 2015하반기호, 쌍용엔지니어링, 2015.

양인태 외, '측량정보공학', 구미서관, pp.10~17, 2017.

양창현, '構造力學', 淸文閣, 육군사관학교 교수, 1979.

자유영혼, 'PSC 교량가설공법의 종류, 특징, 공법의 문제점', 2019, https://m.blog.naver.com/

장병욱 외, '토질역학', 구미서관, 2010.

장석권, 'PMIS(Project Management Information System)', 건설기술/쌍용 WINTER, CM팀, 2019.

장용채, 'EPS 블록의 공학적 특성', 목포해양대학교 해양시스템공학부 교수, 한국토목섬유학회지, 2019.

장학성 외, '수중구조물을 위한 가물막이 설계 및 시공사례에 대한 연구', 유신기술회보, 2010.

장현승 외, '건설공사의 자동화·기계화의 효과 및 확대 방안', 한국건설산업연구원, 2003.

정상진 외, '건축시공 신기술공법', 기문당, 2002.

정인수, '유관 시스템 분석을 통한 시설물정보관리종합시스템 개선방향', 한국건설기술연구원, 한국산학기술학회논문지 제16권 제10호, 2015.

정현, '해저파이프라인 설계와 시공 개요', 해양기술사, 2019.

조용민 외, '인천대교 사장교 보강형 및 케이블 가설', 유신기술회보, 2009.

조응래 외, '공공참여를 통한 도로사업의 갈등관리방안', 국토연구원, 2005.

주재욱 외, '실무자를 위한 항만 및 어항공학', 한림원, 2006.

중앙건설산업, 'SPS공법(영구구조물 흙막이 버팀대)', 2015, https://cmpm.tistory.com/

지오임, 'BHTV 탐사 및 음파검증', 지질과학, 2019, https://m.blog.naver.com/

지오메카이앤지, 'TSP 303 plus 3D', 2019, www.gmeng.co.kr/

(주)강남토건, '시험항타계획', 갈천해수탕 신축공사, 2007.12, https://www.google.co.kr/

(주)건설품질시험원, '교량 유지관리 자동화 계측', 2008, http://www.cqtc.co.kr/

(주)건설품질시험원, '자동화 계측 시스템 구축', 2008, http://www.cqtc.co.kr/

(주)건설품질시험원, '절·성토 사면 계측', 2008, http://www.cqtc.co.kr/

(주)건설품질시험원, '흙막이 가시설 계측', 2008, http://www.cqtc.co.kr/

(주)건설품질시험원, NATM 터널 계측, 2008, http://www.cqtc.co.kr/

(주)스톤브릿지, 'PPS 콘크리트 라멘교', 특허 제10-1278151호, 2013.

(주)이엠이, '도로터널 환기현황 및 문제점', 냉동공조기술광장, 2019.

(주)일성엔지니어링, '도수(跳水, hydraulic jump)', 토목용어사전, 2019.

(주)지승컨설턴트, '프리플렉스 거더와 일체식 교대를 이용한 교량의 시공방법', 2010.

(주)한국기술개발·삼보토건㈜, '개량(R.F) C.I.P Pile', 특허(제10-1344096호, 2013.12.16., 등록), 2013.

(재)한국건설안전기술원, '표준발파공법별 분류 기준', 2019.

철구조물의 절대고수, '고장력 볼트의 정의', 2014, http://blog.daum.net/

최고일 외, '국내 고속도로 포장의 평탄성 특성 및 관리방안 연구', 한국아스팔트학회지 논문, Vol. 4, No. 1, pp.19~24, 2014.

최용석 외, '단순 매립지 폐기물 침출수의 장기적 특성: 난지도 매립지 중심의 사례연구', 한국환경분석학회지 제12권 제2호, pp.136~143, 2009.

최진우, '건설공사 유해·위험방지계획서의 효과적 작성방법에 관한 연구', 산업안전학회지, 제17권 제4호, pp.168~172, 2002.

최재호 등, '마이크로파일(Micropile) 공법 소개 및 적용사례', 건설기술/쌍용, 2018.

최찬용 외, '철도 강화노반두께 산정방법에 관한 설계기준 비교', 한국철도학회, 춘계학술대회 논문집, 2006.

토목구조기술사, '<답안>합성형교', 2004, http://cafe413.daum.net/

토쟁이의 토목이야기, '프론트 잭킹(Front Jacking) 공법', 2019, http://blog.naver.com/

콘스쿨, '지하수관리', 건설전문위키-콘스쿨(CONSCHOOL), 2017.

한철구 외, '고강도 콘크리트의 폭열발생 및 방지 메커니즘', 한국콘크리트학회지, Vol.19, No.1, pp.94-100, 2007.

홍기권 외, '능동적 다변형 지반신소재 포켓 및 팽창재료를 이용한 지반함몰 긴급복구기술 개발', 한국지반신소재학회 학회지, Vol.16, No.3, pp.6~11, 2018.

황학주, '최신 교량공학', 제2판, 동명사, 1995.

황현주, '암반 발파설계 및 시공', 협승엔지니어링, 2019.

Civil Engineering, '돌망태(Mesh Gabions) 옹벽 시방서', 2008, https://civileng7.tistory.com/

Civil Engineering, '말뚝기초의 종류', 2008, http://civileng7.tistory.com/

Civil Engineering, '차수공법 비교(LW, JSP, SGR, MSG, SCW)', 2019, https://civileng7.tistory.com/

Civil Engineering, '포러스 콘크리트(Porous Concrete)', 2017, https://civileng7.tistory.com/

Civil Engineering, 'IPC Girder와 타형식(PSC빔, Preflex, 강박스)과의 비교', 2012.

Chopark, '새 민자사업 방식 BTO-rs와 BTO-a', 연합뉴스 [용어설명], 2015.

DAELIM, 'PHC PILE', Pretensioned Spun High Strength Concrete Pile, 2019.

Deloitte, '재해·재난에도 사업중단 없다', Crisis Management 서비스 그룹, Team Spotlight 제35호, 2018. https://www2.deloitte.com/

GIGUMI, '부력과 양압력 및 해결방안', 2013, https://www.gigumi.com/

GIGUMI, 'FAST(Function Analysis System Technique)', 2019, https://www.gigumi.com/

Google Patents, 비용과 일정을 통합한 공정관리 시스템, 2019, https://patents.google.com/

ONE PUSH COUPLER 제품 품질관리 지침서, '기계적 철근이음', 2010, http://www.google.co.kr/

Patents, '비탈면 붕괴 사전 감지시스템', 2014, https://patents.google.com/

S-BEE, '건설 LCA 컨설팅', 건설자재 및 구조물 LCA, 2019, http://www.s-bee.co.kr/

Steelmax, '철강 Mill Test Certificate 진위여부확인', 2013, https://steelmax.co.kr/

TE Solution, '교량풍동실험', 2016, http://www.tesolution.com/

The Best Quality Construction, '철근콘크리트구조물의 유지·보수', 2019, http://www.google.co.kr/

The BIM principle and philosophy, '2017년 BIM 트랜드', 2017. https://sites.google.com/

The BIM principle and philosophy, 'BIM의 논쟁거리들', 2011. https://sites.google.com/

저자 소개

성명	박효성 (朴孝城)
학력	육군사관학교 졸업, 이학사 연세대학교 공학대학원, 공학석사 Nottingham University in U.K. GIS MSc. 공학석사 경기대학교 공과대학원, 공학박사
자격	토목시공기술사, 도로 및 공항기술사
경력	국토교통부 서울지방국토관리청 도로시설국장
저서	박효성 외, 'Final 도로 및 공항기술사', 2차 개정, 예문사, 2012. 토목시공학, 도로공학, 건설적산학 등 다수
현재	㈜예성엔지니어링 회장, 경기대학교, 건설기술교육원, 전문건설협회 기술교육원, 등 출강

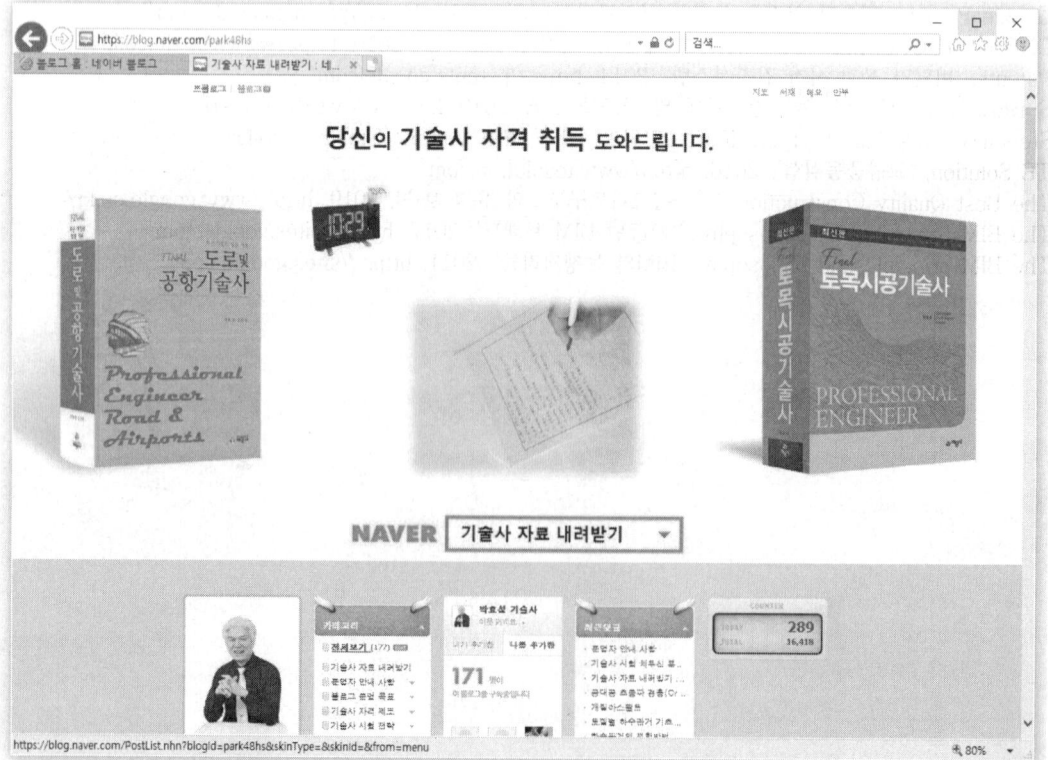

Final 토목시공기술사

발행일 / 2008년 5월 30일 초판 발행
2020년 3월 20일 개정 1판1쇄

저 자 / 박효성
발행인 / 정용수
발행처 /  예문사

주 소 / 경기도 파주시 직지길 460(출판도시) 도서출판 예문사
T E L / (031) 955-0550
F A X / (031) 955-0660

등록번호 / 11-76호

정가 : 80,000원

ISBN 978-89-274-3540-2   93530

이 도서의 국립중앙도서관 출판예정도서목록(CIP)은 서지정보유통지원시스템 홈페이지
(http://seoji.nl.go.kr)와 국가자료종합목록 구축시스템(http://kolis-net.nl.go.kr)에서 이용
하실 수 있습니다. (CIP제어번호 : CIP2020008740)